BEILSTEINS HANDBUCH DER ORGANISCHEN CHEMIE

BEILSTEINS HANDBUCH
DER ORGANISCHEN CHEMIE

VIERTE AUFLAGE

DRITTES ERGÄNZUNGSWERK

DIE LITERATUR VON 1930 BIS 1949 UMFASSEND

HERAUSGEGEBEN VOM
BEILSTEIN-INSTITUT FÜR LITERATUR DER ORGANISCHEN CHEMIE

BEARBEITET VON
HANS-G. BOIT

UNTER MITWIRKUNG VON

OSKAR WEISSBACH

MARIE-ELISABETH FERNHOLZ · HANS HÄRTER
IRMGARD HAGEL · URSULA JACOBSHAGEN · ROTRAUD KAYSER
MARIA KOBEL · KLAUS KOULEN · BRUNO LANGHAMMER
DIETER LIEBEGOTT · RICHARD MEISTER · ANNEROSE NAUMANN
WILMA NICKEL · ANNEMARIE REICHARD · ELEONORE SCHIEBER
EBERHARD SCHWARZ · ILSE SÖLKEN · ACHIM TREDE

ELFTER BAND

SPRINGER-VERLAG
BERLIN · HEIDELBERG · NEW YORK
1972

ISBN 3-540-05823-0 Springer-Verlag, Berlin·Heidelberg·New York
ISBN 0-387-05823-0 Springer-Verlag, New York·Heidelberg·Berlin

Druck der Universitätsdruckerei H. Stürtz AG, Würzburg

Mitarbeiter der Redaktion

Erich Bayer

Elise Blazek

Kurt Bohg

Kurt Bohle

Reinhard Bollwan

Jörg Bräutigam

Ruth Brandt

Eberhard Breither

Liselotte Cauer

Edgar Deuring

Ingeborg Deuring

Fritz Eberle

Walter Eggersglüss

Irene Eigen

Adolf Fahrmeir

Hellmut Fiedler

Franz Heinz Flock

Annelotte Frölich

Ingeborg Geibler

Friedo Giese

Libuse Goebels

Gerhard Grimm

Karl Grimm

Friedhelm Gundlach

Volker Guth

Maria Haag

Alfred Haltmeier

Franz-Josef Heinen

Erika Henseleit

Karl-Heinz Herbst

Heidrun Hinse

Ruth Hintz-Kowalski

Guido Höffer

Eva Hoffmann

Werner Hoffmann

Brigitte Hornischer

Hans Hummel

Gerhard Jooss

Ludwig Klenk

Heinz Klute

Ernst Heinrich Koetter

Irene Kowol

Christine Krasa

Gisela Lange

Lothar Mähler

Gerhard Maleck

Kurt Michels

Ingeborg Mischon

Klaus-Diether Möhle

Gerhard Mühle

Heinz-Harald Müller

Ulrich Müller

Peter Otto

Burkhard Polenski

Hella Rabien

Peter Raig

Walter Reinhard

Gerhard Richter

Hans Richter

Evemarie Ritter

Lutz Rogge

Günter Roth

Heide Lore Saiko

Joachim Schmidt

Gerhard Schmitt

Peter Schomann

Wolfgang Schütt

Wolfgang Schurek

Wolfgang Staehle

Hans Tarrach

Elisabeth Tauchert

Otto Unger

Mathilde Urban

Paul Vincke

Rüdiger Walentowski

Hartmut Wehrt

Hedi Weissmann

Ulrich Winckler

Günter Winkmann

Renate Wittrock

Inhalt

Zweite Abteilung

Isocyclische Verbindungen

(Fortsetzung)

V. Sulfinsäuren

A. Monosulfinsäuren

B. Disulfinsäuren

VI. Sulfonsäuren

A. Monosulfonsäuren

B. Disulfonsäuren

VIII Inhalt

VII. Seleninsäuren und Selenonsäuren

VIII. Tellurinsäuren

Stereochemische Bezeichnungsweisen

Übersicht

Präfix	Definition in §	Symbol	Definition in §
anti	9	c	4
allo	5c, 6c	c_F	7a
altro	5c, 6c	D	6
arabino	5c	D_g	6b
cat_F	7a	D_r	7b
cis	2	D_s	6b
endo	8	L	6
ent	10d	L_g	6b
erythro	5a	L_r	7b
exo	8	L_s	6b
galacto	5c, 6c	r	4c, d, e
gluco	5c, 6c	(r)	1a
glycero	6c	(R)	1a
gulo	5c, 6c	(R_a)	1b
ido	5c, 6c	(R_p)	1b
lyxo	5c	(s)	1a
manno	5c, 6c	(S)	1a
meso	5b	(S_a)	1b
rac	10d	(S_p)	1b
racem.	5b	t	4
ribo	5c	t_F	7a
seqcis	3	α	10a, c
seqtrans	3	α_F	10b, c
syn	9	β	10a, c
talo	5c, 6c	β_F	10b, c
threo	5a	ξ	11a
trans	2	(E)	1c
xylo	5c	(E_a)	1c
		(E_p)	1c
		Ξ	11b

§ 1. a) Die Symbole (*R*) und (*S*) bzw. (*r*) und (*s*) kennzeichnen die absolute Konfiguration an Chiralitätszentren (Asymmetriezentren) bzw. „Pseudoasymmetriezentren" gemäss der „Sequenzregel" und ihren Anwendungsvorschriften (*Cahn, Ingold, Prelog*, Experientia **12** [1956] 81; Ang. Ch. **78** [1966] 413, 419; Ang. Ch. internat. Ed. **5** [1966] 385, 390; *Cahn, Ingold*, Soc. **1951** 612; s. a. *Cahn*, J. chem. Educ. **41** [1964] 116, 508). Zur Kennzeichnung der Konfiguration von Racematen aus Verbindungen mit mehreren Chiralitätszentren dienen die Buchstabenpaare (*RS*) und (*SR*), wobei z. B. durch das Symbol (1*RS*:2*SR*) das aus dem (1*R*:2*S*)-Enantiomeren und dem (1*S*:2*R*)-Enantiomeren bestehende Racemat spezifiziert wird (vgl. *Cahn, Ingold, Prelog*, Ang. Ch. **78** 435; Ang. Ch. internat. Ed. **5** 404).

Beispiele:
(*S*)-3-Benzyloxy-1.2-dibutyryloxy-propan [E III **6** 1473]
(1*R*:2*S*:3*S*)-Pinanol-(3) [E III **6** 281]
(3a*R*:4*S*:8*R*:8a*S*:9*s*)-9-Hydroxy-2.2.4.8-tetramethyl-decahydro-
    4.8-methano-azulen [E III **6** 425]
(1*RS*:2*SR*)-1-Phenyl-butandiol-(1.2) [E III **6** 4663]

b) Die Symbole (***R***ₐ) und (***S***ₐ) bzw. (***R***ₚ) und (***S***ₚ) werden in Anlehnung an den Vorschlag von *Cahn, Ingold* und *Prelog* (Ang. Ch. **78** 437; Ang. Ch. internat. Ed. **5** 406) zur Kennzeichnung der Konfiguration von Elementen der axialen bzw. planaren Chiralität verwendet.

Beispiele:
(*R*ₐ)-5.5′-Dimethoxy-6′-acetoxy-2-äthyl-2′-phenäthyl-biphenyl [E III **6** 6597]
(*R*ₐ:*S*ₐ)-3.3′.6′.3′′-Tetrabrom-2′.5′-bis-[((1*R*)-menthyloxy)-acetoxy]-
    2.4.6.2′′.4′′.6′′-hexamethyl-*p*-terphenyl [E III **6** 5820]
(*R*ₚ)-Cyclohexanhexol-(1*r*.2*c*.3*t*.4*c*.5*t*.6*t*) [E III **6** 6925]

c) Die Symbole (*Ξ*), (*Ξ*ₐ) und (*Ξ*ₚ) zeigen unbekannte Konfiguration von Elementen der zentralen, axialen bzw. planaren Chiralität an; das Symbol (*ξ*) kennzeichnet unbekannte Konfiguration eines Pseudo-asymmetriezentrums.

Beispiele:
(*Ξ*)-1-Acetoxy-2-methyl-5-[(*R*)-2.3-dimethyl-2.6-cyclo-norbornyl-(3)]-
    pentanol-(2) [E III **6** 4183]
(14*Ξ*:18*Ξ*)-Ambranol-(8) [E III **6** 431]
(*Ξ*ₐ)-3*β*.3′*β*-Dihydroxy-(7*ξH*.7′*ξH*)-[7.7′]bi[ergostatrien-(5.8.22*t*)-yl]
    [E III **6** 5897]
(3*ξ*)-5-Methyl-spiro[2.5]octan-dicarbonsäure-(1*r*.2*c*) [E III **9** 4002]

§ 2.   Die Präfixe *cis* und *trans* geben an, dass sich in (oder an) der Bezifferungseinheit [1]), deren Namen diese Präfixe vorangestellt sind, die beiden Bezugsliganden [2]) auf der gleichen Seite (*cis*) bzw. auf den entgegengesetzten Seiten (*trans*) der (durch die beiden doppeltgebundenen Atome verlaufenden) Bezugsgeraden (bei Spezifizierung der Konfiguration an einer Doppelbindung) oder der (durch die Ringatome festgelegten) Bezugsfläche (bei Spezifizierung der Konfiguration an einem Ring oder einem Ringsystem) befinden. Bezugsliganden sind

1) bei Verbindungen mit konfigurativ relevanten Doppelbindungen die von Wasserstoff verschiedenen Liganden an den doppelt-gebundenen Atomen,

2) bei Verbindungen mit konfigurativ relevanten angularen Ringatomen die exocyclischen Liganden an diesen Atomen,

---

[1]) Eine Bezifferungseinheit ist ein durch die Wahl des Namens abgegrenztes cyclisches, acyclisches oder cyclisch-acyclisches Gerüst (von endständigen Heteroatomen oder Heteroatom-Gruppen befreites Molekül oder Molekül-Bruchstück), in dem jedes Atom eine andere Stellungsziffer erhält; z. B. liegt im Namen Stilben nur eine Bezifferungseinheit vor, während der Name 3-Phenyl-penten-(2) aus zwei, der Name [1-Äthyl-propenyl]-benzol aus drei Bezifferungseinheiten besteht.

[2]) Als „Ligand" wird hier ein einfach kovalent gebundenes Atom oder eine einfach kovalent gebundene Atomgruppe verstanden.

3) bei Verbindungen mit konfigurativ relevanten peripheren Ringatomen die von Wasserstoff verschiedenen Liganden an diesen Atomen.

Beispiele:
β-Brom-*cis*-zimtsäure [E III **9** 2732]
trans-β-Nitro-4-methoxy-styrol [E III **6** 2388]
5-Oxo-*cis*-decahydro-azulen [E III **7** 360]
cis-Bicyclohexyl-carbonsäure-(4) [E III **9** 261]

§ 3. Die Bezeichnungen *seqcis* bzw. *seqtrans*, die der Stellungsziffer einer Doppelbindung, der Präfix-Bezeichnung eines doppelt-gebundenen Substituenten oder einem zweiwertigen Funktionsabwandlungssuffix (z. B. -oxim) beigegeben sind, kennzeichnen die cis-Orientierung bzw. trans-Orientierung der zu beiden Seiten der jeweils betroffenen Doppelbindung befindlichen Bezugsliganden[2]), die in diesem Fall mit Hilfe der Sequenz-Regel und ihrer Anwendungsvorschriften (s. § 1) ermittelt werden.

Beispiele:
(3*S*)-9.10-Seco-cholestadien-(5(10).7*seqtrans*)-ol-(3) [E III **6** 2602]
Methyl-[4-chlor-benzyliden-(*seqcis*)]-aminoxyd [E III **7** 873]
1.1.3-Trimethyl-cyclohexen-(3)-on-(5)-*seqcis*-oxim [E III **7** 285]

§ 4. a) Die Symbole **c** bzw. **t** hinter der Stellungsziffer einer C,C-Doppelbindung sowie die der Bezeichnung eines doppelt-gebundenen Radikals (z. B. der Endung „yliden") nachgestellten Symbole -(**c**) bzw. -(**t**) geben an, dass die jeweiligen „Bezugsliganden"[2]) an den beiden doppelt-gebundenen Kohlenstoff-Atomen cis-ständig (*c*) bzw. transständig (*t*) sind (vgl. § 2). Als Bezugsligand gilt auf jeder der beiden Seiten der Doppelbindung derjenige Ligand, der der gleichen Bezifferungseinheit[1]) angehört wie das mit ihm verknüpfte doppelt-gebundene Atom; gehören beide Liganden eines der doppelt-gebundenen Atome der gleichen Bezifferungseinheit an, so gilt der niedrigerbezifferte als Bezugsligand.

Beispiele:
3-Methyl-1-[2.2.6-trimethyl-cyclohexen-(6)-yl]-hexen-(2*t*)-ol-(4) [E III **6** 426]
(1*S*:9*R*)-6.10.10-Trimethyl-2-methylen-bicyclo[7.2.0]undecen-(5*t*) [E III **5** 1083]
5α-Ergostadien-(7.22*t*) [E III **5** 1435]
5α-Pregnen-(17(20)*t*)-ol-(3β) [E III **6** 2591]
(3*S*)-9.10-Seco-ergostatrien-(5*t*.7*c*.10(19))-ol-(3) [E III **6** 2832]
1-[2-Cyclohexyliden-äthyliden-(*t*)]-cyclohexanon-(2) [E III **7** 1231]

b) Die Symbole **c** bzw. **t** hinter der Stellungsziffer eines Substituenten an einem doppelt-gebundenen endständigen Kohlenstoff-Atom eines acyclischen Gerüstes (oder Teilgerüstes) geben an, dass dieser Substituent cis-ständig (*c*) bzw. trans-ständig (*t*) (vgl. § 2) zum „Bezugsliganden" ist. Als Bezugsligand gilt derjenige Ligand[2]) an der nichtendständigen Seite der Doppelbindung, der der gleichen Bezifferungseinheit angehört wie die doppelt-gebundenen Atome; liegt eine an der Doppelbindung verzweigte Bezifferungseinheit vor, so gilt der niedriger bezifferte Ligand des nicht-endständigen doppelt-gebundenen Atoms als Bezugsligand.

Beispiele:
1*c*.2-Diphenyl-propen-(1) [E III **5** 1995]
1*t*.6*t*-Diphenyl-hexatrien-(1.3*t*.5) [E III **5** 2243]

c) Die Symbole *c* bzw. *t* hinter der Stellungsziffer 2 eines Substituenten am Äthylen-System (Äthylen oder Vinyl) geben die cis-Stellung (*c*) bzw. die trans-Stellung (*t*) (vgl. § 2) dieses Substituenten zu dem durch das Symbol *r* gekennzeichneten Bezugsliganden an dem mit 1 bezifferten Kohlenstoff-Atom an.

Beispiele:
1.2*t*-Diphenyl-1*r*-[4-chlor-phenyl]-äthylen [E III **5** 2399]
4-[2*t*-Nitro-vinyl-(*r*)]-benzoesäure-methylester [E III **9** 2756]

d) Die mit der Stellungsziffer eines Substituenten oder den Stellungs-ziffern einer im Namen durch ein Präfix bezeichneten Brücke eines Ringsystems kombinierten Symbole *c* bzw. *t* geben an, dass sich der Substituent oder die mit dem Stamm-Ringsystem verknüpften Brückenatome auf der gleichen Seite (*c*) bzw. der entgegengesetzten Seite (*t*) der „Bezugsfläche" befinden wie der Bezugsligand [2]) (der auch aus einem Brückenzweig bestehen kann), der seinerseits durch Hinzu-fügen des Symbols *r* zu seiner Stellungsziffer kenntlich gemacht ist. Die „Bezugsfläche" ist durch die Atome desjenigen Ringes (oder Systems von ortho/peri-anellierten Ringen) bestimmt, an dem alle Liganden gebunden sind, deren Stellungsziffern die Symbole *r*, *c* oder *t* aufweisen. Bei einer aus mehreren isolierten Ringen oder Ring-systemen bestehenden Verbindung kann jeder Ring bzw. jedes Ring-system als gesonderte Bezugsfläche für Konfigurationskennzeichen fungieren; die zusammengehörigen (d. h. auf die gleichen Bezugs-flächen bezogenen) Sätze von Konfigurationssymbolen *r*, *c* und *t* sind dann im Namen der Verbindung durch Klammerung voneinanderge-trennt oder durch Strichelung unterschieden (s. Beispiele 3 und 4 unter Abschnitt e).

Beispiele:
1*r*.2*t*.3*c*.4*t*-Tetrabrom-cyclohexan [E III **5** 51]
1*r*-Äthyl-cyclopentanol-(2*c*) [E III **6** 79]
1*r*.2*c*-Dimethyl-cyclopentanol-(1) [E III **6** 80]

e) Die mit einem (gegebenenfalls mit hochgestellter Stellungsziffer aus-gestatteten) Atomsymbol kombinierten Symbole *r*, *c* oder *t* beziehen sich auf die räumliche Orientierung des indizierten Atoms (das sich in diesem Fall in einem weder durch Präfix noch durch Suffix be-nannten Teil des Moleküls befindet). Die Bezugsfläche ist dabei durch die Atome desjenigen Ringsystems bestimmt, an das alle indizierten Atome und gegebenenfalls alle weiteren Liganden gebunden sind, deren Stellungsziffern die Symbole *r*, *c* oder *t* aufweisen. Gehört ein indiziertes Atom dem gleichen Ringsystem an wie das Ringatom, zu dessen konfigurativer Kennzeichnung es dient (wie z. B. bei Spiro-Atomen), so umfasst die Bezugsfläche nur denjenigen Teil des Ring-systems [3]), dem das indizierte Atom nicht angehört.

---

[3]) Bei Spiran-Systemen erfolgt die Unterteilung des Ringsystems in getrennte Bezugs-systeme jeweils am Spiro-Atom.

Beispiele:
2*t*-Chlor-(4a*r*H.8a*t*H)-decalin [E III **5** 250]
(3a*r*H.7a*c*H)-3a.4.7.7a-Tetrahydro-4*c*.7*c*-methano-inden [E III **5** 1232]
1-[(4a*R*)-6*t*-Hydroxy-2*c*.5.5.8a*t*-tetramethyl-(4a*r*H)-decahydro-naphth=
   yl-(1*t*)]-2-[(4a*R*)-6*t*-hydroxy-2*t*.5.5.8a*t*-tetramethyl-(4a*r*H)-decahydro-
   naphthyl-(1*t*)]-äthan [E III **6** 4829]
4*c*.4′*t*′-Dihydroxy-(1*r*H.1′*r*′H)-bicyclohexyl [E III **6** 4153]
6*c*.10*c*-Dimethyl-2-isopropyl-(5*r*C¹)-spiro[4.5]decanon-(8) [E III **7** 514]

§ 5. a) Die Präfixe *erythro* bzw. *threo* zeigen an, dass sich die jeweiligen „Bezugsliganden" an zwei Chiralitätszentren, die einer acyclischen Bezifferungseinheit [1]) (oder dem unverzweigten acyclischen Teil einer komplexen Bezifferungseinheit) angehören, in der Projektionsebene auf der gleichen Seite (*erythro*) bzw. auf den entgegengesetzten Seiten (*threo*) der „Bezugsgeraden" befinden. Bezugsgerade ist dabei die in „gerader Fischer-Projektion" [4]) wiedergegebene Kohlenstoffkette der Bezifferungseinheit, der die beiden Chiralitätszentren angehören. Als Bezugsliganden dienen jeweils die von Wasserstoff verschiedenen extracatenalen (d. h. nicht der Kette der Bezifferungseinheit angehörenden) Liganden [2]) der in den Chiralitätszentren befindlichen Atome.

Beispiele:
threo-Pentandiol-(2.3) [E III **1** 2194]
threo-2-Amino-3-methyl-pentansäure-(1) [E III **4** 1463]
threo-3-Methyl-asparaginsäure [E III **4** 1554]
erythro-2.4′.α.α′-Tetrabrom-bibenzyl [E III **5** 1819]

b) Das Präfix *meso* gibt an, dass ein mit 2n Chiralitätszentren (n = 1, 2, 3 usw.) ausgestattetes Molekül eine Symmetrieebene aufweist. Das Präfix *racem.* kennzeichnet ein Gemisch gleicher Mengen von Enantiomeren, die zwei identische Chiralitätszentren oder zwei identische Sätze von Chiralitätszentren enthalten.

Beispiele:
meso-1.2-Dibrom-1.2-diphenyl-äthan [E III **5** 1817]
racem.-1.2-Dicyclohexyl-äthandiol-(1.2) [E III **6** 4156]
racem.-(1*r*H.1′*r*′H)-Bicyclohexyl-dicarbonsäure-(2*c*.2′*c*′) [E III **9** 4020]

c) Die „Kohlenhydrat-Präfixe" *ribo, lyxo, xylo* und *arabino* bzw. *allo, talo, gulo, manno, gluco, ido, galacto* und *altro* kennzeichnen die relative Konfiguration von Molekülen mit drei Chiralitätszentren (deren mittleres ein „Pseudoasymmetriezentrum" sein kann) bzw. vier Chiralitätszentren, die sich jeweils in einer unverzweigten acyclischen Bezifferungseinheit [1]) befinden. In den nachstehend abgebildeten „Leiter-Mustern" geben die horizontalen Striche die Orientierung der wie unter a) definierten Bezugsliganden an der jeweils in „abwärts

---

[4]) Bei „gerader Fischer-Projektion" erscheint eine Kohlenstoffkette als vertikale oder horizontale Gerade; in dem der Projektion zugrunde liegenden räumlichen Modell des Moleküls sind an jedem Chiralitätszentrum (sowie an einem Zentrum der Pseudoasymmetrie) die catenalen (d. h. der Kette angehörenden) Bindungen nach der dem Betrachter abgewandten Seite der Projektionsebene, die extracatenalen (d. h. nicht der Kette angehörenden) Bindungen nach der dem Betrachter zugewandten Seite der Projektionsebene hin gerichtet.

bezifferter vertikaler Fischer-Projektion" [5]) wiedergegebenen Kohlenstoffkette an.

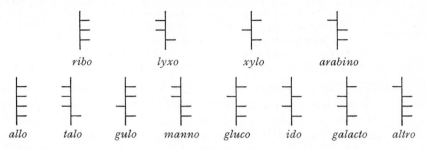

Beispiele:
1.5-Bis-triphenylmethoxy-*ribo*-pentantriol-(2.3.4) [E III **6** 3662]
galacto-2.5-Dibenzyloxy-hexantetrol-(1.3.4.6) [E III **6** 1474]

§ 6. a) Die „Fischer-Symbole" D bzw. L im Namen einer Verbindung mit
einem Chiralitätszentrum geben an, dass sich der Bezugsligand (der
von Wasserstoff verschiedene extracatenale Ligand; vgl. § 5a) am
Chiralitätszentrum in der „abwärts-bezifferten vertikalen Fischer-
Projektion" [5]) der betreffenden Bezifferungseinheit [1]) auf der rechten
Seite (D) bzw. auf der linken Seite (L) der das Chiralitätszentrum enthaltenden Kette befindet.

Beispiele:
L-4-Hydroxy-valeriansäure [E III **3** 612]
D-Pantoinsäure [E III **3** 866]

b) In Kombination mit dem Präfix *erythro* geben die Symbole D und L
an, dass sich die beiden Bezugsliganden (s. § 5a) auf der rechten Seite
(D) bzw. auf der linken Seite (L) der Bezugsgeraden in der „abwärts-
bezifferten vertikalen Fischer-Projektion" der betreffenden Bezifferungseinheit befinden. Die mit dem Präfix *threo* kombinierten Symbole D_g und D_s geben an, dass sich der höherbezifferte (D_g) bzw. der
niedrigerbezifferte (D_s) Bezugsligand auf der rechten Seite der „abwärts-bezifferten vertikalen Fischer-Projektion" befindet; linksseitige
Position des jeweiligen Bezugsliganden wird entsprechend durch die
Symbole L_g bzw. L_s angezeigt.
In Kombination mit den in § 5c aufgeführten konfigurationsbestim-
menden Präfixen werden die Symbole D und L ohne Index verwendet;
sie beziehen sich dabei jeweils auf die Orientierung des höchstbezif-
ferten (d. h. des in der Abbildung am weitesten unten erscheinenden)
Bezugsliganden (die in § 5c abgebildeten „Leiter-Muster" repräsen-
tieren jeweils das D-Enantiomere).

Beispiele:
D-*erythro*-2-Phenyl-butanol-(3) [E III **6** 1855]
D_s-*threo*-2.3-Diamino-bernsteinsäure [E III **4** 1528]
L_g-*threo*-3-Phenyl-hexanol-(4) [E III **6** 2000]
1-Triphenylmethoxy-L-*manno*-hexantetrol-(2.3.4.5) [E III **6** 3664]
1.1-Diphenyl-D-*xylo*-pentantetrol-(2.3.4.5) [E III **6** 6729]

---

[5]) Eine „abwärts-bezifferte vertikale Fischer-Projektion" ist eine vertikal orientierte
„gerade Fischer-Projektion" (s. Anm. 4), bei der sich das niedrigstbezifferte Atom am
oberen Ende der Kette befindet.

c) Kombinationen der Präfixe D-*glycero* oder L-*glycero* mit einem der in § 5c aufgeführten, jeweils mit einem Fischer-Symbol versehenen Kohlenhydrat-Präfixe für Bezifferungseinheiten mit vier Chiralitätszentren dienen zur Kennzeichnung der Konfiguration von Molekülen mit fünf in einer Kette angeordneten Chiralitätszentren (deren mittleres auch „Pseudoasymmetriezentrum" sein kann). Dabei bezieht sich das Kohlenhydrat-Präfix auf die vier niedrigstbezifferten Chiralitätszentren nach der in § 5c und § 6b gegebenen Definition, das Präfix D-*glycero* oder L-*glycero* auf das höchstbezifferte (d. h. in der Abbildung am weitesten unten erscheinende) Chiralitätszentrum.

Beispiel:
Hepta-*O*-benzoyl-D-*glycero*-L-*gulo*-heptit [E III **9** 715]

§ 7. a) Die Symbole c_F bzw. t_F hinter der Stellungsziffer eines Substituenten an einer mehrere Chiralitätszentren aufweisenden unverzweigten acyclischen Bezifferungseinheit [1]) geben an, dass sich dieser Substituent und der Bezugssubstituent, der seinerseits durch das Symbol r_F gekennzeichnet wird, auf der gleichen Seite (c_F) bzw. auf den entgegengesetzten Seiten (t_F) der wie in § 5a definierten Bezugsgeraden befinden. Ist eines der endständigen Atome der Bezifferungseinheit Chiralitätszentrum, so wird der Stellungsziffer des „catenoiden" Substituenten (d. h. des Substituenten, der in der Fischer-Projektion als Verlängerung der Kette erscheint) das Symbol cat_F beigefügt.

b) Die Symbole D_r bzw. L_r am Anfang eines mit dem Kennzeichen r_F ausgestatteten Namens geben an, dass sich der Bezugssubstituent auf der rechten Seite (D_r) bzw. auf der linken Seite (L_r) der in „abwärtsbezifferter vertikaler Fischer-Projektion" wiedergegebenen Kette der Bezifferungseinheit befindet.

Beispiele:
1.7-Bis-triphenylmethoxy-heptanpentol-($2r_F.3c_F.4t_F.5c_F.6c_F$) [E III **6** 3666]
D_r-$1cat_F$.$2cat_F$-Diphenyl-$1r_F$-[4-methoxy-phenyl]-äthandiol-($1.2c_F$)
[E III **6** 6589]

§ 8. Die Symbole *exo* bzw. *endo* hinter der Stellungsziffer eines Substituenten an einem dem Hauptring [6]) angehörenden Atom eines Bicycloalkan-Systems geben an, dass der Substituent der Brücke [6]) zugewandt (*exo*) bzw. abgewandt (*endo*) ist.

Beispiele:
2*endo*-Phenyl-norbornen-(5) [E III **5** 1666]
(±)-1.2*endo*.3*exo*-Trimethyl-norbornandiol-(2*exo*.3*endo*) [E III **6** 4146]
Bicyclo[2.2.2]octen-(5)-dicarbonsäure-(2*exo*.3*exo*) [E III **9** 4054]

[6]) Ein Brücken-System besteht aus drei „Zweigen", die zwei „Brückenkopf-Atome" miteinander verbinden; von den drei Zweigen bilden die beiden „Hauptzweige" den „Hauptring", während der dritte Zweig als „Brücke" bezeichnet wird. Als Hauptzweige gelten
1. die Zweige, die einem ortho- oder ortho/peri-anellierten Ringsystem angehören (und zwar a) dem Ringsystem mit der grössten Anzahl von Ringen, b) dem Ringsystem mit der grössten Anzahl von Ringgliedern),
2. die gliedreichsten Zweige (z. B. bei Bicycloalkan-Systemen),
3. die Zweige, denen auf Grund vorhandener Substituenten oder Mehrfachbindungen Bezifferungsvorrang einzuräumen ist.

§ 9. a) Die Symbole *syn* bzw. *anti* hinter der Stellungsziffer eines Substituenten an einem Atom der Brücke[6]) eines Bicycloalkan-Systems oder einer Brücke über einem ortho- oder ortho/peri-anellierten Ringsystem geben an, dass der Substituent demjenigen Hauptzweig[6]) zugewandt (*syn*) bzw. abgewandt (*anti*) ist, der das niedrigstbezifferte aller in den Hauptzweigen enthaltenen Ringatome aufweist.

Beispiele:
1.7*syn*-Dimethyl-norbornanol-(2*endo*) [E III **6** 236]
(3a*S*)-3*c*.9*anti*-Dihydroxy-1*c*.5.5.8a*c*-tetramethyl-(3a*r*H)-decahydro-1*t*.4*t*-methano-azulen [E III **6** 4183]
(3a*R*)-2*c*.8*t*.11*c*.11a*c*.12*anti*-Pentahydroxy-1.1.8*c*-trimethyl-4-methylen-(3a*r*H.4a*c*H)-tetradecahydro-7*t*.9a*t*-methano-cyclopenta[*b*]heptalen [E III **6** 6892]

b) In Verbindung mit einem stickstoffhaltigen Funktionsabwandlungssuffix an einem auf „-aldehyd" oder „-al" endenden Namen kennzeichnen *syn* bzw. *anti* die cis-Orientierung bzw. trans-Orientierung des Wasserstoff-Atoms der Aldehyd-Gruppe zum Substituenten X der abwandelnden Gruppe =N-X, bezogen auf die durch die doppeltgebundenen Atome verlaufende Gerade.

Beispiel:
Perillaaldehyd-*anti*-oxim [E III **7** 567]

§10. a) Die Symbole α bzw. β hinter der Stellungsziffer eines ringständigen Substituenten im halbrationalen Namen einer Verbindung mit einer dem Cholestan [E III **5** 1132] entsprechenden Bezifferung und Projektionslage geben an, dass sich der Substituent auf der dem Betrachter abgewandten (α) bzw. zugewandten (β) Seite der Fläche des Ringgerüstes befindet.

Beispiele:
3β-Chlor-7α-brom-cholesten-(5) [E III **5** 1328]
Phyllocladandiol-(15α.16α) [E III **6** 4770]
Lupanol-(1β) [E III **6** 2730]
Onocerandiol-(3β.21α) [E III **6** 4829]

b) Die Symbole α_F bzw. β_F hinter der Stellungsziffer eines an der Seitenkette befindlichen Substituenten im halbrationalen Namen einer Verbindung der unter a) erläuterten Art geben an, dass sich der Substituent auf der rechten (α_F) bzw. linken (β_F) Seite der in „aufwärtsbezifferter vertikaler Fischer-Projektion"[7]) dargestellten Seitenkette befindet.

Beispiele:
3β-Chlor-24α_F-äthyl-cholestadien-(5.22*t*) [E III **5** 1436]
24β_F-Äthyl-cholesten-(5) [E III **5** 1336]

c) Sind die Symbole α, β, α_F oder β_F nicht mit der Stellungsziffer eines Substituenten kombiniert, sondern zusammen mit der Stellungsziffer eines angularen Chiralitätszentrums oder eines Wasserstoff-Atoms — in diesem Fall mit dem Atomsymbol *H* versehen

---

[7]) Eine „aufwärts-bezifferte vertikale Fischer-Projektion" ist eine vertikal orientierte „gerade Fischer-Projektion" (s. Anm. 4), bei der sich das niedrigstbezifferte Atom am unteren Ende der Kette befindet.

(α*H*, β*H*, α$_F$*H* bzw. β$_F$*H*) — unmittelbar vor dem Namensstamm einer Verbindung mit halbrationalem Namen angeordnet, so kennzeichnen sie entweder die Orientierung einer angularen exocyclischen Bindung, deren Lage durch den Namen nicht festgelegt ist, oder sie zeigen an, dass die Orientierung des betreffenden exocyclischen Liganden oder Wasserstoff-Atoms (das — wie durch Suffix oder Präfix ausgedrückt — auch substituiert sein kann) in der angegebenen Weise von der mit dem Namensstamm festgelegten Orientierung abweicht.

Beispiele:
5-Chlor-5α-cholestan [E III **5** 1135]
5β.14β.17β*H*-Pregnan [E III **5** 1120]
18α.19β*H*-Ursen-(20(30)) [E III **5** 1444]
(13*R*)-8β*H*-Labden-(14)-diol-(8.13) [E III **6** 4186]
5α.20β$_F$*H*.24β$_F$*H*-Ergostanol-(3β) [E III **6** 2161]

d) Das Präfix *ent* vor dem Namen einer Verbindung mit mehreren Chiralitätszentren, deren Konfiguration mit dem Namen festgelegt ist, dient zur Kennzeichnung des Enantiomeren der betreffenden Verbindung. Das Präfix *rac* wird zur Kennzeichnung des einer solchen Verbindung entsprechenden Racemats verwendet.

Beispiele:
ent-7β*H*-Eudesmen-(4)-on-(3) [E III **7** 692]
rac-Östrapentaen-(1.3.5.7.9) [E III **5** 2043]

§ 11. a) Das Symbol ξ tritt an die Stelle von *seqcis*, *seqtrans*, *c*, *t*, *c*$_F$, *t*$_F$, *cat*$_F$, *endo*, *exo*, *syn*, *anti*, α, β, α$_F$ oder β$_F$, wenn die Konfiguration an der betreffenden Doppelbindung bzw. an dem betreffenden Chiralitätszentrum ungewiss ist.

Beispiele:
(*Ξ*)-3.6-Dimethyl-1-[(1*Ξ*)-2.2.6*c*-trimethyl-cyclohexyl-(*r*)]-octen-(6ξ)-in-(4)-ol-(3) [E III **6** 2097]
10*t*-Methyl-(8ξ*H*.10aξ*H*)-1.2.3.4.5.6.7.8.8a.9.10.10a-dodecahydro-phenanthren-carbonsäure-(9*r*) [E III **9** 2626]
D$_r$-1ξ-Phenyl-1ξ-*p*-tolyl-hexanpentol-(2*r*$_F$.3*t*$_F$.4*c*$_F$.5*c*$_F$.6) [E III **6** 6904]
(1*S*)-1.2ξ.3.3-Tetramethyl-norbornanol-(2ξ) [E III **6** 331]
3ξ-Acetoxy-5ξ.17ξ-pregnen-(20) [E III **6** 2592]
28-Nor-17ξ-oleanen-(12) [E III **5** 1438]
5.6β.22ξ.23ξ-Tetrabrom-3β-acetoxy-24β$_F$-äthyl-5α-cholestan [E III **6** 2179]

b) Das Symbol *Ξ* tritt an die Stelle von D oder L, wenn die Konfiguration des betreffenden Chiralitätszentrums ungewiss ist.

Beispiel:
N-{-*N*-[*N*-(Toluol-sulfonyl-(4))-glycyl]-*Ξ*-seryl-}-L-glutaminsäure [E III **11** 280].

Abkürzungen

A.	Äthanol	Me.	Methanol
Acn.	Aceton	n:	Brechungsindex (z. B. $n_{656,1}^{20}$:
Ae.	Diäthyläther		Brechungsindex für Licht der
Anm.	Anmerkung		Wellenlänge 656,1 mμ bei 20°)
B.	Bildung, Bildungsweise(n)	PAe.	Petroläther
Bd.	Band	Py.	Pyridin
ber.	berechnet	*RRI*	The Ring Index, 2. Aufl. [1960]
Bzl.	Benzol	*RIS*	The Ring Index, Supplement
Bzn.	Benzin	s.	siehe
bzw.	beziehungsweise	S.	Seite
C. I.	Coulour Index, 2. Aufl.	s. a.	siehe auch
D:	Dichte (z. B. D_4^{20}: Dichte bei 20°,	s. o.	siehe oben
	bezogen auf Wasser von 4°)	sog.	sogenannt
Diss.	Dissertation	Spl.	Supplement
E	BEILSTEIN-Ergänzungswerk	stdg.	stündig
E.	Äthylacetat (Essigsäure-äthyl=	s. u.	siehe unten
	ester)	Syst. Nr.	BEILSTEIN-System-Nummer
E:	Erstarrungspunkt	Tl.	Teil
Eg.	Essigsäure, Eisessig	unkorr.	unkorrigiert
F:	Schmelzpunkt	unverd.	unverdünnt
Gew.-%	Gewichtsprozent	verd.	verdünnt
h	Stunde(n)	vgl.	vergleiche
H	BEILSTEIN-Hauptwerk	W.	Wasser
konz.	konzentriert	wss.	wässrig
korr.	korrigiert	z. B.	zum Beispiel
Kp:	Siedepunkt (z. B. Kp_{760}: Siede-	Zers.	Zersetzung
	punkt bei 760 Torr)	ε	Dielektrizitätskonstante

In den Seitenüberschriften sind die Seiten des Beilstein-Hauptwerks angegeben, zu denen der auf der betreffenden Seite des Dritten Ergänzungswerks befindliche Text gehört.

Transliteration von russischen Autorennamen

Russisches Schriftzeichen		Deutsches Äquivalent (BEILSTEIN)	Englisches Äquivalent (Chemical Abstracts)	Russisches Schriftzeichen		Deutsches Äquivalent (BEILSTEIN)	Englisches Äquivalent (Chemical Abstracts)
А	а	a	a	Р	р	r	r
Б	б	b	b	С	с	s̄	s
В	в	w	v	Т	т	t	t
Г	г	g	g	У	у	u	u
Д	д	d	d	Ф	ф	f	f
Е	е	e	e	Х	х	ch	kh
Ж	ж	sh	zh	Ц	ц	z	ts
З	з	s	z	Ч	ч	tsch	ch
И	и	i	i	Ш	ш	sch	sh
Й	й	ï	ï	Щ	щ	schtsch	shch
К	к	k	k	Ы	ы	y	y
Л	л	l	l		ь	'	'
М	м	m	m	Э	э	ė	e
Н	н	n	n	Ю	ю	ju	yu
О	о	o	o	Я	я	ja	ya
П	п	p	p				

Verzeichnis der Kürzungen für die Literatur-Quellen

Kürzung	Titel
A.	Liebigs Annalen der Chemie
Abh. Braunschweig. wiss. Ges.	Abhandlungen der Braunschweigischen Wissenschaftlichen Gesellschaft
Abh. Gesamtgebiete Hyg.	Abhandlungen aus dem Gesamtgebiete der Hygiene. Leipzig
Abh. Kenntnis Kohle	Gesammelte Abhandlungen zur Kenntnis der Kohle
Abh. Preuss. Akad.	Abhandlungen der Preussischen Akademie der Wissenschaften. Mathematisch-naturwissenschaftliche Klasse
Acad. romîne Bulet. ştiinţ.	Academia Republicii Populare Romîne Buletin ştiinţific
Acad. sinica Mem. Res. Inst. Chem.	Academia Sinica, Memoir of the National Research Institute of Chemistry
Acetylen	Acetylen in Wissenschaft und Industrie
A. ch.	Annales de Chimie
Acta Acad. Åbo	Acta Academiae Aboensis. Ser. B. Mathematica et Physica
Acta bot. fenn.	Acta Botanica Fennica
Acta brevia neerl. Physiol.	Acta Brevia Neerlandica de Physiologia, Pharmacologia, Microbiologia E. A.
Acta chem. scand.	Acta Chemica Scandinavica
Acta chim. hung.	Acta Chimica Academiae Scientiarum Hungaricae
Acta chim. sinica	Acta Chimica Sinica [Hua Hsueh Hsueh Pao]
Acta chirurg. scand.	Acta Chirurgica Scandinavica
Acta chirurg. scand. Spl.	Acta Chirurgica Scandinavica Supplementum
Acta Comment. Univ. Tartu	Acta et Commentationes Universitatis Tartuensis (Dorpatensis)
Acta cryst.	Acta Crystallographica. London (ab Bd. 5 Kopenhagen)
Acta endocrin.	Acta Endocrinologica. Kopenhagen
Acta forest. fenn.	Acta Forestalia Fennica
Acta latviens. Chem.	Acta Universitatis Latviensis, Chemicorum Ordinis Series [Latvijas Universitates Raksti, Kimijas Fakultates Serija]. Riga
Acta med. Nagasaki	Acta Medica Nagasakiensia
Acta med. scand.	Acta Medica Scandinavica
Acta med. scand. Spl.	Acta Medica Scandinavica Supplementum
Acta path. microbiol. scand. Spl.	Acta Pathologica et Microbiologica Scandinavica, Supplementum
Acta pharmacol. toxicol.	Acta Pharmacologica et Toxicologica. Kopenhagen
Acta phys. austriaca	Acta Physica Austriaca
Acta physicoch. U.R.S.S.	Acta Physicochimica U.R.S.S.
Acta physiol. scand.	Acta Physiologica Scandinavica
Acta physiol. scand. Spl.	Acta Physiologica Scandinavica Supplementum
Acta phys. polon.	Acta Physica Polonica
Acta phytoch. Tokyo	Acta Phytochimica. Tokyo
Acta Polon. pharm.	Acta Poloniae Pharmaceutica (Beilage zu Farmacja Współczesna)
Acta polytech. scand.	Acta Polytechnica Scandinavica
Acta salmantic.	Acta Salmanticensia Serie de Ciencias
Acta Sch. med. Univ. Kioto	Acta Scholae Medicinalis Universitatis Imperialis in Kioto

Kürzung	Titel
Acta Soc. Med. fenn. Duodecim	Acta Societatis Medicorum Fennicae „Duodecim"
Acta Soc. Med. upsal.	Acta Societatis Medicorum Upsaliensis
Acta Univ. Asiae mediae	s. Trudy sredneaziatskogo gosudarstvennogo Universiteta. Taschkent
Acta Univ. Lund	Acta Universitatis Lundensis
Acta Univ. Szeged	Acta Universitatis Szegediensis. Sectio Scientiarum Naturalium (1928—1939 Acta Chemica, Mineralogica et Physica; 1942—1950 Acta Chemica et Physica; ab 1955 Acta Physica et Chemica)
Actes Congr. Froid	Actes du Congrès International du Froid (Proceedings of the International Congress of Refrigeration)
Adv. Cancer Res.	Advances in Cancer Research. New York
Adv. Carbohydrate Chem.	Advances in Carbohydrate Chemistry. New York
Adv. Catalysis	Advances in Catalysis and Related Subjects. New York
Adv. Chemistry Ser.	Advances in Chemistry Series. Washington, D.C.
Adv. clin. Chem.	Advances in Clinical Chemistry. New York
Adv. Colloid Sci.	Advances in Colloid Science. New York
Adv. Enzymol.	Advances in Enzymology and Related Subjects of Biochemistry. New York
Adv. Food Res.	Advances in Food Research. New York
Adv. inorg. Chem. Radiochem.	Advances in Inorganic Chemistry and Radiochemistry. New York
Adv. Lipid Res.	Advances in Lipid Research. New York
Adv. org. Chem.	Advances in Organic Chemistry: Methods and Results. New York
Adv. Petr. Chem.	Advances in Petroleum Chemistry and Refining. New York
Adv. Protein Chem.	Advances in Protein Chemistry. New York
Aero Digest	Aero Digest. New York
Afinidad	Afinidad. Barcelona
Agra Univ. J. Res.	Agra University Journal of Research. Teil 1: Science
Agric. biol. Chem.	Agricultural and Biological Chemistry. Tokyo
Agric. Chemicals	Agricultural Chemicals. Baltimore, Md.
Agricultura Louvain	Agricultura. Louvain
Akust. Z.	Akustische Zeitschrift. Leipzig
Allg. Öl Fett Ztg.	Allgemeine Öl- und Fett-Zeitung
Aluminium	Aluminium. Berlin
Am.	American Chemical Journal
Am. Doc. Inst.	American Documentation (Institute). Washington, D.C.
Am. Dyest. Rep.	American Dyestuff Reporter
Am. Fertilizer	American Fertilizer (ab **113** Nr. 6 [1950]) & Allied Chemicals
Am. Fruit Grower	American Fruit Grower
Am. Gas Assoc. Monthly	American Gas Association Monthly
Am. Gas Assoc. Pr.	American Gas Association, Proceedings of the Annual Convention
Am. Gas J.	American Gas Journal
Am. Heart J.	American Heart Journal
Am. Inst. min. met. Eng. tech. Publ.	American Institute of Mining and Metallurgical Engineers, Technical Publications
Am. J. Bot.	American Journal of Botany
Am. J. Cancer	American Journal of Cancer
Am. J. clin. Path.	American Journal of Clinical Pathology
Am. J. Hyg.	American Journal of Hygiene
Am. J. med. Sci.	American Journal of the Medical Sciences
Am. J. Obstet. Gynecol.	American Journal of Obstetrics and Gynecology
Am. J. Ophthalmol.	American Journal of Ophthalmology

Kürzung	Titel
Am. J. Path.	American Journal of Pathology
Am. J. Pharm.	American Journal of Pharmacy (ab **109** [1937]) and the Sciences Supporting Public Health
Am. J. Physiol.	American Journal of Physiology
Am. J. publ. Health	American Journal of Public Health (ab 1928) and the Nation's Health
Am. J. Roentgenol. Radium Therapy	American Journal of Roentgenology and Radium Therapy
Am. J. Sci.	American Journal of Science
Am. J. Syphilis	American Journal of Syphilis (ab **18** [1934]) and Neurology bzw. (ab **20** [1936]) Gonorrhoea and Venereal Diseases
Am. Mineralogist	American Mineralogist
Am. Paint J.	American Paint Journal
Am. Perfumer	American Perfumer and Essential Oil Review
Am. Petr. Inst.	s. A. P. I.
Am. Rev. Tuberculosis	American Review of Tuberculosis
Am. Soc.	Journal of the American Chemical Society
An. Acad. Farm.	Anales de la Real Academia de Farmacia. Madrid
Anais Acad. brasil. Cienc.	Anais da Academia Brasileira de Ciencias
Anais Assoc. quim. Brasil	Anais da Associação química do Brasil
Anais Fac. Farm. Odont. Univ. São Paulo	Anais da Faculdade de Farmácia e Odontologia da Universidade de São Paulo
Anal. Biochem.	Analytical Biochemistry. Baltimore, Md.
Anal. Chem.	Analytical Chemistry (Forts. von Ind. eng. Chem. anal.)
Anal. chim. Acta	Analytica Chimica Acta. Amsterdam
Anal. Min. România	Analele Minelor din România (Annales des Mines de Roumanie)
Analyst	Analyst. Cambridge
An. Asoc. quim. arg.	Anales de la Asociación Química Argentina
An. Asoc. Quim. Farm. Uruguay	Anales de la Asociación de Química y Farmacia del Uruguay
An. Bromatol.	Anales de Bromatologia. Madrid
Anesthesiol.	Anesthesiology. Philadelphia, Pa.
An. Farm. Bioquim. Buenos Aires	Anales de Farmacia y Bioquímica. Buenos Aires
Ang. Ch.	Angewandte Chemie (Forts. von Z. ang. Ch. bzw. Chemie)
Anilinokr. Promyšl.	Anilinokrasočnaja Promyšlennost
An. Inst. Invest. Univ. Santa Fé	Anales del Instituto de Investigaciones Científicas y Tecnológicas. Universidad Nacional del Litoral, Santa Fé, Argentinien
Ann. Acad. Sci. fenn.	Annales Academiae Scientiarum Fennicae
Ann. Acad. Sci. tech. Varsovie	Annales de l'Académie des Sciences techniques à Varsovie
Ann. ACFAS	Annales de l'Association canadienne-française pour l'Avancement des Sciences. Montreal
Ann. agron.	Annales Agronomiques
Ann. appl. Biol.	Annals of Applied Biology. London
Ann. Biochem. exp. Med. India	Annals of Biochemistry and Experimental Medicine. India
Ann. Biol. clin.	Annales de Biologie clinique
Ann. Bot.	Annals of Botany. London
Ann. Chim. anal.	Annales de Chimie analytique (ab **24** [1942]) Fortsetzung von:
Ann. Chim. anal. appl.	Annales de Chimie analytique et de Chimie appliquée
Ann. Chimica	Annali di Chimica (ab **40** [1950]). Fortsetzung von:
Ann. Chimica applic.	Annali di Chimica applicata

Kürzung	Titel
Ann. Chimica farm.	Annali di Chimica farmaceutica (1938—1940 Beilage zu Farmacista Italiano)
Ann. entomol. Soc. Am.	Annals of the Entomological Society of America
Ann. Fac. Sci. Marseille	Annales de la Faculté des Sciences de Marseille
Ann. Fac. Sci. Toulouse	Annales de la Faculté des Sciences de l'Université de Toulouse pour les Sciences mathématiques et les Sciences physiques. Paris
Ann. Falsificat.	Annales des Falsifications et des Fraudes
Ann. Fermentat.	Annales des Fermentations
Ann. Hyg. publ.	Annales d'Hygiène Publique, Industrielle et Sociale
Ann. Inst. Pasteur	Annales de l'Institut Pasteur
Ann. Ist. super. agrar. Portici	Annali del regio Istituto superiore agrario di Portici
Ann. Méd.	Annales de Médecine
Ann. Mines	Annales des Mines (von Bd. **132**—**135** [1943—1946]) et des Carburants
Ann. Mines Belg.	Annales des Mines de Belgique
Ann. N.Y. Acad. Sci.	Annals of the New York Academy of Sciences
Ann. Off. Combust. liq.	Annales de l'Office National des Combustibles Liquides
Ann. paediatrici	Annales paediatrici (Jahrbuch für Kinderheilkunde). Basel
Ann. pharm. franç.	Annales pharmaceutiques françaises
Ann. Physik	Annalen der Physik
Ann. Physiol. Physicoch. biol.	Annales de Physiologie et de Physicochimie biologique
Ann. Physique	Annales de Physique
Ann. Rep. ITSUU Labor.	Annual Report of ITSUU Laboratory. Tokyo [Itsuu Kenkyusho Nempo]
Ann. Rep. Low Temp. Res. Labor. Capetown	Union of South Africa, Department of Agriculture and Forestry, Annual Report of the Low Temperature Research Laboratory, Capetown
Ann. Rep. Progr. Chem.	Annual Reports on the Progress of Chemistry. London
Ann. Rep. Shionogi Res. Labor.	Annual Report of Shionogi Research Laboratory. Japan
Ann. Rep. Takeda Res. Labor.	Annual Reports of the Takeda Research Laboratories [Takeda Kenkyusho Nempo]
Ann. Rev. Biochem.	Annual Review of Biochemistry. Stanford, Calif.
Ann. Rev. Microbiol.	Annual Review of Microbiology. Stanford, Calif.
Ann. Rev. phys. Chem.	Annual Review of Physical Chemistry. Palo Alto, Calif.
Ann. Rev. Plant Physiol.	Annual Review of Plant Physiology. Palo Alto, Calif.
Ann. Sci.	Annals of Science. London
Ann. scient. Univ. Jassy	Annales scientifiques de l'Université de Jassy. Sect. I. Mathématiques, Physique, Chimie. Rumänien
Ann. Soc. scient. Bruxelles	Annales de la Société Scientifique de Bruxelles
Ann. Sperim. agrar.	Annali della Sperimentazione agraria
Ann. Staz. chim. agrar. Torino	Annuario della regia Stazione chimica agraria in Torino
Ann. trop. Med. Parasitol.	Annals of Tropical Medicine and Parasitology. Liverpool
Ann. Univ. Åbo	Annales Universitatis (Fennicae) Aboensis. Ser. A. Physicomathematica, Biologica
Ann. Univ. Ferrara	Annali dell' Università di Ferrara
Ann. Univ. Lublin	Annales Universitatis Mariae Curie-Skłodowska, Lublin-Polonia [Roczniki Uniwersytetu Marii Curie-Skłodowskiej w Lublinie. Sectio AA. Fizyka i Chemia]
Ann. Univ. Pisa Fac. agrar.	Annali dell' Università di Pisa, Facoltà agraria

Kürzung	Titel
Ann. Zymol.	Annales de Zymologie. Gent
An. Quim.	Anales de Química
An. Soc. cient. arg.	Anales de la Sociedad Cientifica Argentina
An. Soc. españ.	Anales de la Real Sociedad Española de Física y Química; 1940—1947 Anales de Física y Química
Antigaz	Antigaz. Bukarest
Anz. Akad. Wien	Anzeiger der Akademie der Wissenschaften in Wien. Mathematisch-naturwissenschaftliche Klasse
A.P.	s. U.S.P.
A.P.I. Res. Project	A.P.I. (American Petroleum Institute) Research Project
A.P.I. Toxicol. Rev.	A.P.I. (American Petroleum Institute) Toxicological Review
Apoth.-Ztg.	Apotheker-Zeitung
Appl. scient. Res.	Applied Scientific Research. den Haag
Appl. Spectr.	Applied Spectroscopy. New York
Ar.	Archiv der Pharmazie [und Berichte der Deutschen Pharmazeutischen Gesellschaft]
Arb. Archangelsk. Forsch. Inst. Algen	Arbeiten des Archangelsker wissenschaftlichen Forschungsinstituts für Algen
Arbeitsphysiol.	Arbeitsphysiologie
Arbeitsschutz	Arbeitsschutz
Arb. Inst. exp. Therap. Frankfurt/M.	Arbeiten aus dem Staatlichen Institut für Experimentelle Therapie und dem Forschungsinstitut für Chemotherapie zu Frankfurt/Main
Arb. med. Fak. Okayama	Arbeiten aus der medizinischen Fakultät Okayama
Arb. physiol. angew. Entomol.	Arbeiten über physiologische und angewandte Entomologie aus Berlin-Dahlem
Arch. Biochem.	Archives of Biochemistry and Biophysics. New York
Arch. biol. hung.	Archiva Biologica Hungarica
Arch. biol. Nauk	Archiv Biologičeskich Nauk
Arch. Dermatol. Syphilis	Archiv für Dermatologie und Syphilis
Arch. Elektrotech.	Archiv für Elektrotechnik
Arch. exp. Zellf.	Archiv für experimentelle Zellforschung, besonders Gewebezüchtung
Arch. Farmacol. sperim.	Archivio di Farmacologia sperimentale e Scienze affini
Arch. Gewerbepath.	Archiv für Gewerbepathologie und Gewerbehygiene
Arch. Gynäkol.	Archiv für Gynäkologie
Arch. Hyg. Bakt.	Archiv für Hygiene und Bakteriologie
Arch. internal Med.	Archives of Internal Medicine. Chicago, Ill.
Arch. int. Pharmacod.	Archives internationales de Pharmacodynamie et de Thérapie
Arch. int. Physiol.	Archives internationales de Physiologie
Arch. Ist. biochim. ital.	Archivio dell' Istituto Biochimico Italiano
Arch. ital. Biol.	Archives Italiennes de Biologie
Archiwum Chem. Farm.	Archiwum Chemji i Farmacji. Warschau
Archiwum mineral.	Archiwum Mineralogiczne. Warschau
Arch. Maladies profess.	Archives des Maladies professionnelles, de Médecine du Travail et de Sécurité sociale
Arch. Math. Naturvid.	Archiv for Mathematik og Naturvidenskab. Oslo
Arch. Mikrobiol.	Archiv für Mikrobiologie
Arch. Muséum Histoire natur.	Archives du Muséum national d'Histoire naturelle
Arch. néerl. Physiol.	Archives Néerlandaises de Physiologie de l'Homme et des Animaux
Arch. Neurol. Psychiatry	Archives of Neurology and Psychiatry. Chicago, Ill.

Kürzung	Titel
Arch. Ophthalmol. Chicago	Archives of Ophthalmology. Chicago, Ill.
Arch. Path.	Archives of Pathology. Chicago, Ill.
Arch. Pflanzenbau	Archiv für Pflanzenbau (= Wissenschaftliches Archiv für Landwirtschaft, Abt. A)
Arch. Pharm. Chemi	Archiv for Pharmaci og Chemi. Kopenhagen
Arch. Phys. biol.	Archives de Physique biologique (ab **8** [1930]) et de Chimie-physique des Corps organisés
Arch. Sci.	Archives des Sciences. Genf
Arch. Sci. biol.	Archivio di Scienze biologiche
Arch. Sci. med.	Archivio per le Science mediche
Arch. Sci. physiol.	Archives des Sciences physiologiques
Arch. Sci. phys. nat.	Archives des Sciences physiques et naturelles. Genf
Arch. Soc. Biol. Montevideo	Archivos de la Sociedad de Biologia de Montevideo
Arch. Wärmewirtsch.	Archiv für Wärmewirtschaft und Dampfkesselwesen
Arh. Hem. Farm.	Arhiv za Hemiju i Farmaciju. Zagreb; ab **12** [1938]:
Arh. Hem. Tehn.	Arhiv za Hemiju i Tehnologiju. Zagreb; ab **13** Nr. 3/6 [1939]:
Arh. Kemiju	Arhiv za Kemiju. Zagreb; ab **28** [1956] Croatica chemica Acta
Ark. Fysik	Arkiv för Fysik. Stockholm
Ark. Kemi	Arkiv för Kemi, Mineralogi och Geologi; ab 1949 Arkiv för Kemi
Ark. Mat. Astron. Fysik	Arkiv för Matematik, Astronomi och Fysik. Stockholm
Army Ordonance	Army Ordonance. Washington, D.C.
Ar. Pth.	Naunyn-Schmiedeberg's Archiv für experimentelle Pathologie und Pharmakologie
Arquivos Biol. São Paulo	Arquivos de Biologia. São Paulo
Arquivos Inst. biol. São Paulo	Arquivos do Instituto biologico. São Paulo
Arzneimittel-Forsch.	Arzneimittel-Forschung
ASTM Bl.	ASTM (American Society for Testing and Materials) Bulletin
ASTM Proc.	Amerian Society for Testing and Materials. Proceedings
Astrophys. J.	Astrophysical Journal. Chicago, Ill.
Ateneo parmense	Ateneo parmense. Parma
Atti Accad. Ferrara	Atti della Accademia delle Scienze di Ferrara
Atti Accad. Gioenia Catania	Atti dell' Accademia Gioenia di Scienze Naturali in Catania
Atti Accad. peloritana	Atti della Reale Accademia Peloritana
Atti Accad. pugliese	Atti e Relazioni dell' Accademia Pugliese delle Scienze. Bari
Atti Accad. Torino	Atti della Reale Accademia delle Scienze di Torino. I = Classe di Scienze Fisiche, Matematiche e Naturali
Atti X. Congr. int. Chim. Rom 1938	Atti del X. Congresso Internationale di Chimica. Rom 1938
Atti Congr. naz.Chim.ind.	Atti del Congresso Nazionale di Chimica Industriale
Atti Congr. naz. Chim. pura appl.	Atti del Congresso Nazionale di Chimica Pura ed Applicata
Atti Ist. veneto	Atti del Reale Istituto Veneto di Scienze, Lettere ed Arti. Parte II: Classe di Scienze Matematiche e Naturali
Atti Mem. Accad. Padova	Atti e Memorie della Reale Accademia di Scienze, Lettere ed Arti in Padova. Memorie della Classe di Scienze Fisico-matematiche
Atti Soc. ital. Progr. Sci.	Atti della Società Italiana per il Progresso delle Scienze
Atti Soc. Nat. Mat. Modena	Atti della Società dei Naturalisti e Matematici di Modena
Atti Soc. toscana Sci.nat.	Atti della Società Toscana di Scienze naturali
Australas. J. Pharm.	Australasian Journal of Pharmacy
Austral. chem. Inst. J. Pr.	Australian Chemical Institute Journal and Proceedings

Kürzung	Titel
Austral. J. Chem.	Australian Journal of Chemistry
Austral. J. exp. Biol. med. Sci.	Australian Journal of Experimental Biology and Medical Science
Austral. J. Sci.	Australian Journal of Science
Austral. J. scient. Res.	Australian Journal of Scientific Research
Austral. P.	Australisches Patent
Austral. veterin. J.	Australian Veterinary Journal
Autog. Metallbearb.	Autogene Metallbearbeitung
Avtog. Delo	Avtogennoe Delo (Autogene Industrie; Acetylene Welding)
Azerbajdžansk. neft. Chozjajstvo	Azerbajdžanskoe Neftjanoe Chozjajstvo (Petroleum-Wirtschaft von Aserbaidshan)
B.	Berichte der Deutschen Chemischen Gesellschaft; ab **80** [1947] Chemische Berichte
Bacteriol. Rev.	Bacteriological Reviews. USA
Beitr. Biol. Pflanzen	Beiträge zur Biologie der Pflanzen
Beitr. Klin. Tuberkulose	Beiträge zur Klinik der Tuberkulose und spezifischen Tuberkulose-Forschung
Beitr. Physiol.	Beiträge zur Physiologie
Belg. P.	Belgisches Patent
Bell Labor. Rec.	Bell Laboratories Record. New York
Ber. Dtsch. Bot. Ges.	Berichte der Deutschen Botanischen Gesellschaft
Ber. Ges. Kohlentech.	Berichte der Gesellschaft für Kohlentechnik
Ber. ges. Physiol.	Berichte über die gesamte Physiologie (ab Bd. 3) und experimentelle Pharmakologie
Ber. Ohara-Inst.	Berichte des Ohara-Instituts für landwirtschaftliche Forschungen in Kurashiki, Provinz Okayama, Japan
Ber. Sächs. Akad.	Berichte über die Verhandlungen der Sächsischen Akademie der Wissenschaften zu Leipzig, Mathematisch-physische Klasse
Ber. Sächs. Ges. Wiss.	Berichte über die Verhandlungen der Sächsischen Gesellschaft der Wissenschaften zu Leipzig
Ber. Schimmel	Bericht der Schimmel & Co. A.G., Miltitz b. Leipzig, über Ätherische Öle, Riechstoffe usw.
Ber. Schweiz. bot. Ges.	Berichte der Schweizerischen Botanischen Gesellschaft (Bulletin de la Société botanique suisse)
Biochemistry	Biochemistry. Washington, D.C.
Biochem. Biophys. Res. Commun.	Biochemical and Biophysical Research Communications. New York
Biochem. J.	Biochemical Journal. London
Biochem. Prepar.	Biochemical Preparations. New York
Biochim. biophys. Acta	Biochimica et Biophysica Acta. Amsterdam
Biochimija	Biochimija
Biochim. Terap. sperim.	Biochimica e Terapia sperimentale
Biodynamica	Biodynamica. St. Louis, Mo.
Biol. Bl.	Biological Bulletin. Lancaster, Pa.
Biol. Rev. Cambridge	Biological Reviews (bis **9** [1934]: and Biological Proceedings) of the Cambridge Philosophical Society
Biol. Symp.	Biological Symposia. Lancaster, Pa.
Biol. Zbl.	Biologisches Zentralblatt
BIOS Final Rep.	British Intelligence Objectives Subcommittee. Final Report
Bio. Z.	Biochemische Zeitschrift
Bjull. chim. farm. Inst.	Bjulleten Naučno-issledovatelskogo Chimiko-farmacevtičeskogo Instituta
Bjull. chim. Obšč. Mendeleev	Bjulleten Vsesojuznogo Chimičeskogo Obščestva im Mendeleeva

Kürzung	Titel
Bjull. eksp. Biol. Med.	Bjulleten eksperimentalnoj Biologii i Mediciny
Bl.	Bulletin de la Société Chimique de France
Bl. Acad. Belgique	Bulletin de la Classe des Sciences, Académie Royale de Belgique
Bl. Acad. Méd.	Bulletin de l'Académie de Médecine. Paris
Bl. Acad. Méd. Belgique	Bulletin de l'Académie royale de Médecine de Belgique
Bl. Acad. Méd. Roum.	Bulletin de l'Académie de Médecine de Roumanie
Bl. Acad. polon.	Bulletin International de l'Académie Polonaise des Sciences et des Lettres, Classe des Sciences Mathematiques [A] et Naturelles [B]
Bl. Acad. Sci. Agra Oudh	Bulletin of the Academy of Sciences of the United Provinces of Agra and Oudh. Allahabad, Indien
Bl. Acad. Sci. U.S.S.R. Chem. Div.	Bulletin of the Academy of Sciences of the U.S.S.R., Division of Chemical Science. Englische Übersetzung von Izvestija Akademii Nauk S.S.S.R., Otdelenie Chimičeskich Nauk
Bl. agric. chem. Soc. Japan	Bulletin of the Agricultural Chemical Society of Japan
Bl. Am. Assoc. Petr. Geol.	Bulletin of the American Association of Petroleum Geologists
Bl. Am. phys. Soc.	Bulletin of the American Physical Society
Bl. Assoc. Chimistes	Bulletin de l'Association des Chimistes
Bl. Assoc. Chimistes Sucr. Dist.	Bulletin de l'Association des Chimistes de Sucrerie et de Distillerie de France et des Colonies
Blast Furnace Steel Plant	Blast Furnace and Steel Plant. Pittsburgh, Pa.
Bl. Bur. Mines	s. Bur. Mines Bl.
Bl. chem. Soc. Japan	Bulletin of the Chemical Society of Japan
Bl. Coun. scient. ind. Res. Australia	Commonwealth of Australia. Council for Scientific and Industrial Research. Bulletin
Bl. entomol. Res.	Bulletin of Entomological Research. London
Bl. Forestry exp. Sta. Tokyo	Bulletin of the Imperial Forestry Experimental Station. Tokyo
Bl. imp. Inst.	Bulletin of the Imperial Institute. London
Bl. Inst. Insect Control Kyoto	Scientific Insect Control [Botyu Kagaku] = Bulletin of the Institute of Insect Control. Kyoto University
Bl. Inst. phys. chem. Res. Abstr. Tokyo	Bulletin of the Institute of Physical and Chemical Research, Abstracts. Tokyo
Bl. Inst. phys. chem. Res. Tokyo	Bulletin of the Institute of Physical and Chemical Research. Tokyo [Rikwagaku Kenkyujo Iho]
Bl. Inst. Pin	Bulletin de l'Institut de Pin
Bl. int. Acad. yougosl.	Bulletin International de l'Académie Yougoslave des Sciences et des Beaux Arts [Jugoslavenska Akademija Znanosti i Umjetnosti], Classe des Sciences mathématiques et naturelles
Bl. int. Inst. Refrig.	Bulletin of the International Institute of Refrigeration (Bulletin de l'Institut International du Froid). Paris
Bl. Johns Hopkins Hosp.	Bulletin of the Johns Hopkins Hospital. Baltimore, Md.
Bl. Mat. grasses Marseille	Bulletin des Matières grasses de l'Institut colonial de Marseille
Bl. mens. Soc. linné. Lyon	Bulletin mensuel de la Société Linnéenne de Lyon
Bl. Nagoya City Univ. pharm. School	Bulletin of the Nagoya City University Pharmaceutical School [Nagoya Shiritsu Daigaku Yakugakubu Kiyo]
Bl. nation. Inst. Sci. India	Bulletin of the National Institute of Sciences of India
Bl. nation. Formul. Comm.	Bulletin of the National Formulary Committee. Washington, D. C.
Bl. Orto bot. Univ. Napoli	Bulletino dell'Orto botanico della Reale Università di Napoli
Bl. Patna Sci. Coll. phil. Soc.	Bulletin of the Patna Science College Philosophical Society. Indien
Bl. Res. Coun. Israel	Bulletin of the Research Council of Israel

Kürzung	Titel
Bl. scient. Univ. Kiev	Bulletin Scientifique de l'Université d'État de Kiev, Série Chimique
Bl. Sci. pharmacol.	Bulletin des Sciences pharmacologiques
Bl. Sect. scient. Acad. roum.	Bulletin de la Section Scientifique de l'Académie Roumaine
Bl. Soc. bot. France	Bulletin de la Société Botanique de France
Bl. Soc. chim. Belg.	Bulletin de la Société Chimique de Belgique; ab 1945 Bulletin des Sociétés Chimiques Belges
Bl. Soc. Chim. biol.	Bulletin de la Société de Chimie Biologique
Bl. Soc. Encour. Ind. nation.	Bulletin de la Société d'Encouragement pour l'Industrie Nationale
Bl. Soc. franç. Min.	Bulletin de la Société française de Minéralogie (ab **72** [1949]: et de Cristallographie)
Bl. Soc. franç. Phot.	Bulletin de la Société française de Photographie (ab **16** [1929]: et de Cinématographie)
Bl. Soc. ind. Mulh.	Bulletin de la Société Industrielle de Mulhouse
Bl. Soc. neuchatel. Sci. nat.	Bulletin de la Société Neuchateloise des Sciences naturalles
Bl. Soc. Path. exot.	Bulletin de la Société de Pathologie exotique
Bl. Soc. Pharm. Bordeaux	Bulletin de la Société de Pharmacie de Bordeaux (ab **89** [1951] Fortsetzung von Bulletin des Travaux de la Société de Pharmacie de Bordeaux)
Bl. Soc. Pharm. Lille	Bulletin de la Société de Pharmacie de Lille
Bl. Soc. roum. Phys.	Bulletin de la Société Roumaine de Physique
Bl. Soc. scient. Bretagne	Bulletin de la Société Scientifique de Bretagne. Sciences Mathématiques, Physiques et Naturelles
Bl. Soc. Sci. Liège	Bulletin de la Société Royale des Sciences de Liège
Bl. Soc. vaud. Sci. nat.	Bulletin de la Société vaudoise des Sciences naturelles
Bl. Tokyo Univ. Eng.	Bulletin of the Tokyo University of Engineering [Tokyo Kogyo Daigaku Gakuho]
Bl. Trav. Pharm. Bordeaux	Bulletin des Travaux de la Société de Pharmacie de Bordeaux
Bl. Univ. Asie centrale	Bulletin de l'Université d'Etat de l'Asie centrale. Taschkent
Bl. Univ. Osaka Prefect.	Bulletin of the University of Osaka Prefecture
Bl. Wagner Free Inst.	Bulletin of the Wagner Free Institute of Science. Philadelphia, Pa.
Bodenk. Pflanzenernähr.	Bodenkunde und Pflanzenernährung
Bol. Acad. Cienc. exact. fis. nat. Madrid	Boletin de la Academia de Ciencias Exactas, Fisicas y Naturales Madrid
Bol. Inform. petr.	Boletín de Informaciones petroleras. Buenos Aires
Bol. Inst. Med. exp. Cáncer	Boletin del Instituto de Medicina experimental para el Estudio y Tratamiento del Cáncer. Buenos Aires
Bol. Inst. Quim. Univ. Mexico	Boletin del Instituto de Química de la Universidad Nacional Autónoma de México
Boll. Accad. Gioenia Catania	Bollettino delle Sedute dell' Accademia Gioenia di Scienze Naturali in Catania
Boll. chim. farm.	Bollettino chimico farmaceutico
Boll. Ist. sieroterap. milanese	Bollettino dell'Istituto Sieroterapico Milanese
Boll. scient. Fac. Chim. ind. Bologna	Bollettino Scientifico della Facoltà di Chimica Industriale dell'Università di Bologna
Boll. Sez. ital. Soc. int. Microbiol.	Boletino della Sezione Italiana della Società Internazionale di Microbiologia
Boll. Soc. eustach. Camerino	Bollettino della Società Eustachiana degli Istituti Scientifici dell'Università di Camerino

Kürzung	Titel
Boll. Soc. ital. Biol.	Bollettino della Società Italiana di Biologia sperimentale
Boll. Zool. agrar. Bachicoltura	Bollettino di Zoologia agraria e Bachicoltura, Università degli Studi di Milano
Bol. Minist. Agric. Brazil	Boletim do Ministério da Agricultura, Brazil
Bol. Minist. Sanidad Asist. soc.	Boletin del Ministerio de Sanidad y Asistencia Social. Venezuela
Bol. ofic. Asoc. Quim. Puerto Rico	Boletin oficial de la Asociación de Químicos de Puerto Rico
Bol. Soc. Biol. Santiago Chile	Boletin de la Sociedad de Biologia de Santiago de Chile
Bol. Soc. quim. Peru	Boletin de la Sociedad química del Peru
Bot. Arch.	Botanisches Archiv
Bot. Gaz.	Botanical Gazette. Chicago, Ill.
Bot. Rev.	Botanical Review. Lancaster, Pa.
Bräuer-D'Ans	Fortschritte in der Anorganisch-chemischen Industrie. Herausg. von *A. Bräuer* u. *J. D'Ans*
Braunkohlenarch.	Braunkohlenarchiv. Halle/Saale
Brennerei-Ztg.	Brennerei-Zeitung
Brennstoffch.	Brennstoff-Chemie
Brit. Abstr.	British Abstracts
Brit. ind. Finish.	British Industrial Finishing
Brit. J. exp. Path.	British Journal of Experimental Pathology
Brit. J. ind. Med.	British Journal of Industrial Medicine
Brit. J. Pharmacol. Chemotherapy	British Journal of Pharmacology and Chemotherapy
Brit. J. Phot.	British Journal of Photography
Brit. med. Bl.	British Medical Bulletin
Brit. med. J.	British Medical Journal
Brit. P.	Britisches Patent
Brit. Plastics	British Plastics
Brown Boveri Rev.	Brown Boveri Review. Bern
Bulet.	Buletinul de Chimie Pură si Aplicată al Societății Române de Chimie
Bulet. Cernăuţi	Buletinul Facultății de Ştiinţe din Cernăuţi
Bulet. Cluj	Buletinul Societății de Ştiinţe din Cluj
Bulet. Inst. Cerc. tehnol.	Buletinul Institutului National de Cercetări Tehnologice
Bulet. Inst. politehn. Iaşi	Buletinul Institutului politehnic din Iaşi
Bulet. Soc. Chim. România	Buletinul Societății de Chimie din România
Bulet. Soc. Şti. farm. România	Buletinul Societății de Ştiinţe farmaceutice din România
Bur. Mines Bl.	U. S. Bureau of Mines. Bulletins. Washington, D. C.
Bur. Mines Informat. Circ.	U. S. Bureau of Mines. Information Circulars
Bur. Mines Rep. Invest.	U. S. Bureau of Mines. Report of Investigations
Bur. Mines tech. Pap.	U. S. Bureau of Mines, Technical Papers
Bur. Stand. Circ.	Bureau of Standards Circulars. Washinton, D. C.
C.	Chemisches Zentralblatt
C. A.	Chemical Abstracts
Calif. Agric. Exp. Sta. Bl.	California Agricultural Experiment Station Bulletin
Calif. Citrograph	The California Citrograph
Calif. Oil Wd.	California Oil World
Canad. Chem. Met.	Canadian Chemistry and Metallurgy (ab **22** [1938]):
Canad. Chem. Process Ind.	Canadian Chemistry and Process Industries

Kürzung	Titel
Canad. J. Biochem. Physiol.	Canadian Journal of Biochemistry and Physiology
Canad. J. Chem.	Canadian Journal of Chemistry
Canad. J. med. Technol.	Canadian Journal of Medical Technology
Canad. J. Physics	Canadian Journal of Physics
Canad. J. Res.	Canadian Journal of Research
Canad. med. Assoc. J.	Canadian Medical Association Journal
Canad. P.	Canadisches Patent
Canad. Textile J.	Canadian Textile Journal
Cancer Res.	Cancer Research. Chicago, Ill.
Carbohydrate Res.	Carbohydrate Research. Amsterdam
Caryologia	Caryologia. Giornale di Citologia, Citosistematica e Citogenetica. Florenz
Č. čsl. Lékárn.	Časopis Československého (ab **V.** 1939 Českého) Lékárnictva (Zeitschrift des tschechoslowakischen Apothekenwesens)
Cellulosech.	Cellulosechemie
Cellulose Ind. Tokyo	Cellulose Industry. Tokyo [Sen-i-so Kogyo]
Cereal Chem.	Cereal Chemistry. St. Paul, Minn.
Chaleur Ind.	Chaleur et Industrie
Chalmers Handl.	Chalmers Tekniska Högskolas Handlingar. Göteborg
Ch. Apparatur	Chemische Apparatur
Chem. Age India	Chemical Age of India
Chem. Age London	Chemical Age. London
Chem. and Ind.	Chemistry and Industry. London
Chem. Commun.	Chemical Communications. London
Chem. Eng.	Chemical Engineering. New York
Chem. eng. mining Rev.	Chemical Engineering and Mining Review. Melbourne
Chem. eng. News	Chemical and Engineering News. Washington, D.C.
Chem. eng. Progr.	Chemical Engineering Progress. Philadelphia, Pa.
Chem. eng. Progr. Symp. Ser.	Chemical Engineering Progress Symposium Series
Chem. eng. Sci.	Chemical Engineering Science. London
Chem. High Polymers Japan	Chemistry of High Polymers. Tokyo [Kobunshi Kagaku]
Chemia	Chemia. Revista de Centro Estudiantes universitarios de Química Buenos Aires
Chemie	Chemie
Chem. Industries	Chemical Industries. New York
Chemist-Analyst	Chemist-Analyst. Phillipsburg, N. J.
Chemist Druggist	Chemist and Druggist. London
Chemistry Taipei	Chemistry. Taipei
Chem. Listy	Chemické Listy pro Vědu a Průmysl (Chemische Blätter für Wissenschaft und Industrie). Prag
Chem. met. Eng.	Chemical and Metallurgical Engineering. New York
Chem. News	Chemical News and Journal of Industrial Science. London
Chem. Obzor	Chemicky Obzor (Chemische Rundschau). Prag
Chem. Penicillin 1949	The Chemistry of Penicillin. Herausg. von *H. T. Clarke, J. R. Johnson, R. Robinson.* Princeton, N. J. 1949
Chem. pharm. Bl.	Chemical and Pharmaceutical Bulletin. Tokyo
Chem. Products	Chemical Products and the Chemical News. London
Chem. Reviews	Chemical Reviews. Baltimore, Md.
Chem. Soc. Symp. Bristol 1958	Chemical Society Symposia Bristol 1958
Chem. tech. Rdsch.	Chemisch-Technische Rundschau. Berlin
Chem. Trade J.	Chemical Trade Journal and Chemical Engineer. London

Kürzung	Titel
Chem. Weekb.	Chemisch Weekblad
Chem. Zvesti	Chemické Zvesti (Chemische Nachrichten). Pressburg
Ch. Fab.	Chemische Fabrik
Chim. anal.	Chimie analytique. Paris
Chim. et Ind.	Chimie et Industrie
Chim. farm. Promyšl.	Chimiko-farmacevtičeskaja Promyšlennost
Chimia	Chimia. Zürich
Chimica e Ind.	Chimica e l'Industria. Mailand
Chimija chim. Technol.	Izvestija vysšich učebnych Zavedenij (IVUZ) (Nachrichten von Hochschulen und Lehranstalten); Chimija i chimičeskaja Technologija
Chimis. socialist. Seml.	Chimisacija Socialističeskogo Semledelija (Chemisation of Socialistic Agriculture)
Chim. Mašinostr.	Chimičeskoe Mašinostroenie
Chim. Promyšl.	Chimičeskaja Promyšlennost (Chemische Industrie)
Chimstroi	Chimstroi (Journal for Projecting and Construction of the Chemical Industry in U.S.S.R.)
Chim. tverd. Topl.	Chimija Tverdogo Topliva (Chemie der festen Brennstoffe)
Ch. Ing. Tech.	Chemie-Ingenieur-Technik
Chin. J. Physics	Chinese Journal of Physics
Chin. J. Physiol.	Chinese Journal of Physiology [Chung Kuo Sheng Li Hsueh Tsa Chih]
Chromatogr. Rev.	Chromatographic Reviews
Ch. Tech.	Chemische Technik
Ch. Umschau Fette	Chemische Umschau auf dem Gebiet der Fette, Öle, Wachse und Harze
Ch. Z.	Chemiker-Zeitung
Ciencia	Ciencia. Mexico
Ciencia e Invest.	Ciencia e Investigación. Buenos Aires
CIOS Rep.	Combined Intelligence Objectives Subcommittee Report
Citrus Leaves	Citrus Leaves. Los Angeles, Calif.
Č. Lékářu Českych	Časopis Lékářu Českych (Zeitschrift der tschechischen Ärzte)
Clin. Med.	Clinical Medicine (von 34 [1927] bis 47 Nr. 8 [1940]) and Surgery. Wilmette, Ill.
Clin. veterin.	Clinica Veterinaria e Rassegna di Polizia Sanitaria i Igiene
Coke and Gas	Coke and Gas. London
Cold Spring Harbor Symp. quant. Biol.	Cold Spring Harbor Symposia on Quantitative Biology
Collect.	Collection des Travaux chimiques de Tchécoslovaquie; ab 16/17 [1951/52]: Collection of Czechoslovak Chemical Communications
Collegium	Collegium (Zeitschrift des Internationalen Vereins der Leder-Industrie-Chemiker). Darmstadt
Colliery Guardian	Colliery Guardian. London
Colloid Symp. Monogr.	Colloid Symposium Monograph
Colloques int. Centre nation. Rech. scient.	Colloques Internationaux du Centre National de la Recherche Scientifique
Combustibles	Combustibles. Zaragoza
Comment. biol. Helsingfors	Societas Scientiarum Fennica. Commentationes Biologicae. Helsingfors
Comment. phys. math. Helsingfors	Societas Scientiarum Fennica. Commentationes Physico-mathematicae. Helsingfors
Commun. Kamerlingh-Onnes Lab. Leiden	Communications from the Kamerlingh-Onnes Laboratory of the University of Leiden
Congr. int. Ind. Ferment. Gent 1947	Congres International des Industries de Fermentation, Conferences et Communications, Gent 1947

Kürzung	Titel
IX. Congr. int. Quim. Madrid 1934	IX. Congreso Internacional de Química Pura y Aplicada. Madrid 1934
II. Congr. mondial Pétr. Paris 1937	II. Congrès Mondial du Pétrole. Paris 1937
Contrib. Biol. Labor. Sci. Soc. China Zool. Ser.	Contributions from the Biological Laboratories of the Science Society of China Zoological Series
Contrib. Boyce Thompson Inst.	Contributions from Boyce Thompson Institute. Yonkers, N.Y.
Contrib. Inst. Chem. Acad. Peiping	Contributions from the Institute of Chemistry, National Academy of Peiping
C. r.	Comptes Rendus Hebdomadaires des Séances de l'Académie des Sciences
C. r. Acad. Agric. France	Comptes Rendus Hebdomadaires des Séances de l'Académie d'Agriculture de France
C. r. Acad. Roum.	Comptes rendus des Séances de l'Académie des Sciences de Roumanie
C. r. 66. Congr. Ind. Gaz Lyon 1949	Compte Rendu du 66me Congrès de l'Industrie du Gaz, Lyon 1949
C. r. V. Congr. int. Ind. agric. Scheveningen 1937	Comptes Rendus du V. Congrès international des Industries agricoles, Scheveningen 1937
C. r. Doklady	Comptes Rendus (Doklady) de l'Académie des Sciences de l'U.R.S.S.
Croat. chem. Acta	Croatica Chemica Acta
C. r. Soc. Biol.	Comptes Rendus des Séances de la Société de Biologie et de ses Filiales
C. r. Soc. Phys. Genève	Compte Rendu des Séances de la Société de Physique et d'Histoire naturelle de Genève
C. r. Trav. Carlsberg	Comptes Rendus des Travaux du Laboratoire Carlsberg, Kopenhagen
C. r. Trav. Fac. Sci. Marseille	Comptes Rendus des Travaux de la Faculté des Sciences de Marseille
Cuir tech.	Cuir Technique
Curierul farm.	Curierul Farmaceutic. Bukarest
Curr. Res. Anesth. Analg.	Current Researches in Anesthesia and Analgesia. Cleveland, Ohio
Curr. Sci.	Current Science. Bangalore
Cvetnye Metally	Cvetnye Metally (Nichteisenmetalle)
Dän. P.	Dänisches Patent
Danske Vid. Selsk. Biol. Skr.	Kongelige Danske Videnskabernes Selskab. Biologiske Skrifter
Danske Vid. Selsk. Math. fys. Medd.	Kongelige Danske Videnskabernes Selskab. Mathematisk-Fysiske Meddelelser
Danske Vid. Selsk. Mat. fys. Skr.	Kongelige Danske Videnskabernes Selskab. Matematisk-fysiske Skrifter
Danske Vid. Selsk. Skr.	Kongelige Danske Videnskabernes Selskabs Skrifter, Naturvidenskabelig og Mathematisk Afdeling
Dansk Tidsskr. Farm.	Dansk Tidsskrift for Farmaci
D. A. S.	Deutsche Auslegeschrift
D. B. P.	Deutsches Bundespatent
Dental Cosmos	Dental Cosmos. Chicago, Ill.
Destrukt. Gidr. Topl.	Destruktivnaja Gidrogenizacija Topliv
Discuss. Faraday Soc.	Discussions of the Faraday Society
Diss. Abstr.	Dissertation Abstracts (Microfilm Abstracts). Ann Arbor, Mich.

Kürzung	Titel
Diss. pharm.	Dissertationes Pharmaceuticae. Warschau
Doklady Akad. Arm-jansk. S.S.R.	Doklady Akademii Nauk Armjanskoj S.S.R.
Doklady Akad. S.S.S.R.	Doklady Akademii Nauk S.S.S.R. (Comptes Rendus de l'Académie des Sciences de l'Union des Républiques Soviétiques Socialistes)
Doklady Bolgarsk. Akad.	Doklady Bolgarskoi Akademii Nauk (Comptes Rendus de l'Académie bulgare des Sciences)
Doklady Chem. N.Y.	Doklady Chemistry New York (ab Bd. **148** [1963]). Englische Übersetzung von Doklady Akademii Nauk U.S. S.R.
Dragoco Rep.	Dragoco Report. Holzminden
D.R.B.P. Org. Chem. 1950—1951	Deutsche Reichs- und Bundespatente aus dem Gebiet der Organischen Chemie 1950—1951
D.R.P.	Deutsches Reichspatent
D.R.P. Org. Chem.	Deutsche Reichspatente aus dem Gebiete der Organischen Chemie 1939—1945. Herausg. von Farbenfabriken Bayer, Leverkusen
Drug cosmet. Ind.	Drug and Cosmetic Industry. New York
Drugs Oils Paints	Drugs, Oils & Paints. Philadelphia, Pa.
Dtsch. Apoth.-Ztg.	Deutsche Apotheker-Zeitung
Dtsch. Arch. klin. Med.	Deutsches Archiv für klinische Medizin
Dtsch. Essigind.	Deutsche Essigindustrie
Dtsch. Färber-Ztg.	Deutsche Färber-Zeitung
Dtsch. Lebensm.-Rdsch.	Deutsche Lebensmittel-Rundschau
Dtsch. med. Wschr.	Deutsche medizinische Wochenschrift
Dtsch. Molkerei-Ztg.	Deutsche Molkerei-Zeitung
Dtsch. Parf.-Ztg.	Deutsche Parfümerie-Zeitung
Dtsch. Z. ges. ger. Med.	Deutsche Zeitschrift für die gesamte gerichtliche Medizin
Dyer Calico Printer	Dyer and Calico Printer, Bleacher, Finisher and Textile Review; ab **71** Nr. 8 [1934]:
Dyer Textile Printer	Dyer, Textile Printer, Bleacher and Finisher. London
East Malling Res. Station ann. Rep.	East Malling Research Station, Annual Report. Kent
Econ. Bot.	Economic Botany. New York
Edinburgh med. J.	Edinburgh Medical Journal
Elektrochimica Acta.	Oxford
Electrotech. J. Tokyo	Electrotechnical Journal. Tokyo
Electrotechnics	Electrotechnics. Bangalore
Elektr. Nachr.-Tech.	Elektrische Nachrichten-Technik
Empire J. exp. Agric.	Empire Journal of Experimental Agriculture. London
Endeavour	Endeavour. London
Endocrinology	Endocrinology. Boston bzw. Springfield, Ill.
Energia term.	Energia Termica. Mailand
Énergie	Énergie. Paris
Eng.	Engineering. London
Eng. Mining J.	Engineering and Mining Journal. New York
Enzymol.	Enzymologia. Holland
E. P.	s. Brit. P.
Erdöl Kohle	Erdöl und Kohle
Erdöl Teer	Erdöl und Teer
Ergebn. Biol.	Ergebnisse der Biologie
Ergebn. Enzymf.	Ergebnisse der Enzymforschung
Ergebn. exakt. Naturwiss.	Ergebnisse der Exakten Naturwissenschaften
Ergebn. Physiol.	Ergebnisse der Physiologie
Ernährung	Ernährung. Leipzig

Kürzung	Titel
Ernährungsf.	Ernährungsforschung. Berlin
Experientia	Experientia. Basel
Exp. Med. Surgery	Experimental Medicine and Surgery. New York
Exposés ann. Biochim. méd.	Exposés annules de Biochimie médicale
Fachl. Mitt. Öst. Tabakregie	Fachliche Mitteilungen der Österreichischen Tabakregie
Farbe Lack	Farbe und Lack
Farben Lacke Anstrichst.	Farben, Lacke, Anstrichstoffe
Farben-Ztg.	Farben-Zeitung
Farmacija Moskau	Farmacija. Moskau
Farmacija Sofia	Farmacija. Sofia
Farmaco	Il Farmaco Scienza e Tecnica. Pavia
Farmacognosia	Farmacognosia. Madrid
Farmacoterap. actual	Farmacoterapia actual. Madrid
Farmakol. Toksikol.	Farmakologija i Toksikologija
Farm. chilena	Farmacia Chilena
Farm. Farmakol.	Farmacija i Farmakologija
Farm. Glasnik	Farmaceutski Glasnik. Zagreb
Farm. ital.	Farmacista italiano
Farm. Notisblad	Farmaceutiskt Notisblad. Helsingfors
Farmacia nueva	Farmacia nueva. Madrid
Farm. Revy	Farmacevtisk Revy. Stockholm
Farm. Ž.	Farmacevtičnij Žurnal
Faserforsch. Textiltech.	Faserforschung und Textiltechnik. Berlin
Federal Register	Federal Register. Washington, D. C.
Federation Proc.	Federation Proceedings. Washington, D.C.
Fermentf.	Fermentforschung
Fettch. Umschau	Fettchemische Umschau (ab **43** [1936]):
Fette Seifen	Fette und Seifen (ab **55** [1953]: Fette, Seifen, Anstrichmittel)
Feuerungstech.	Feuerungstechnik
FIAT Final Rep.	Field Information Agency, Technical, United States Group Control Council for Germany. Final Report
Finska Kemistsamf. Medd.	Finska Kemistsamfundets Meddelanden [Suomen Kemistiseuran Tiedonantoja]
Fischwirtsch.	Fischwirtschaft
Fish. Res. Board Canada Progr. Rep. Pacific Sta.	Fisheries Research Board of Canada, Progress Reports of the Pacific Coast Stations
Fisiol. Med.	Fisiologia e Medicina. Rom
Fiziol. Ž.	Fiziologičeskij Žurnal S.S.S.R.
Fiz. Sbornik Lvovsk. Univ.	Fizičeskij Sbornik, Lvovskij Gosudarstvennyj Universitet imeni I. Franko
Flora	Flora oder Allgemeine Botanische Zeitung
Folia pharmacol. japon.	Folia pharmacologica japonica
Food	Food. London
Food Manuf.	Food Manufacture. London
Food Res.	Food Research. Champaign, Ill.
Food Technol.	Food Technology. Champaign, Ill.
Foreign Petr. Technol.	Foreign Petroleum Technology
Forest Res. Inst. Dehra-Dun Bl.	Forest Research Institute Dehra-Dun Indian Forest Bulletin
Forschg. Fortschr.	Forschungen und Fortschritte
Forschg. Ingenieurw.	Forschung auf dem Gebiete des Ingenieurwesens
Forschungsd.	Forschungsdienst. Zentralorgan der Landwirtschaftswissenschaft

Kürzung	Titel
Fortschr. chem. Forsch.	Fortschritte der Chemischen Forschung
Fortschr. Ch. org. Naturst.	Fortschritte der Chemie Organischer Naturstoffe
Fortschr. Hochpoly-meren-Forsch.	Fortschritte der Hochpolymeren-Forschung. Berlin
Fortschr. Min.	Fortschritte der Mineralogie. Stuttgart
Fortschr. Röntgenstr.	Fortschritte auf dem Gebiete der Röntgenstrahlen
Fortschr. Therap.	Fortschritte der Therapie
F. P.	Französisches Patent
Fr.	s. Z. anal. Chem.
France Parf.	France et ses Parfums
Frdl.	Fortschritte der Teerfarbenfabrikation und verwandter Industriezweige. Begonnen von *P. Friedländer*, fortgeführt von *H. E. Fierz-David*
Fruit Prod. J.	Fruit Products Journal and American Vinegar Industry (ab **23** [1943]) and American Food Manufacturer
Fuel	Fuel in Science and Practice. London
Fuel Economist	Fuel Economist. London
Fukuoka Acta med.	Fukuoka Acta Medica [Fukuoka Igaku Zassi]
Furman Stud. Bl.	Furman Studies, Bulletin of Furman University
Fysiograf. Sällsk. Lund Förh.	Kungliga Fysiografiska Sällskapets i Lund Förhandlingar
Fysiograf. Sällsk. Lund Handl.	Kungliga Fysiografiska Sällskapets i Lund Handlingar
G.	Gazzetta Chimica Italiana
Gas Age Rec.	Gas Age Record (ab **80** [1937]: Gas Age). New York
Gas J.	Gas Journal. London
Gas Los Angeles	Gas. Los Angeles, Calif.
Gasschutz Luftschutz	Gasschutz und Luftschutz
Gas-Wasserfach	Gas- und Wasserfach
Gas Wd.	Gas World. London
Gen. Electric Rev.	General Electric Review. Schenectady, N.Y.
Gigiena Sanit.	Gigiena i Sanitarija
Giorn. Batteriol. Immunol.	Giornale di Batteriologia e Immunologia
Giorn. Biol. ind.	Giornale di Biologia industriale, agraria ed alimentare
Giorn. Chimici	Giornale dei Chimici
Giorn. Chim. ind. appl.	Giornale di Chimica industriale ed applicata
Giorn. Farm. Chim.	Giornale di Farmacia, di Chimica e di Scienze affini
Glasnik chem. Društva Beograd	Glasnik Chemiskog Društva Beograd; mit Bd. **11** [1940/46] Fortsetzung von
Glasnik chem. Društva Jugosl.	Glasnik Chemiskog Društva Kral'evine Jugoslavije (Bulletin de la Société Chimique du Royaume de Yougoslavie)
Glasnik šumarskog Fak. Univ. Beograd	Glasnik Šumarskog Fakulteta, Univerzitet u Beogradu
Glückauf	Glückauf
Glutathione Symp.	Glutathione Symposium Ridgefield 1953; London 1958
Gmelin	Gmelins Handbuch der Anorganischen Chemie. 8. Aufl. Herausg. vom Gmelin-Institut
Godišnik Univ. Sofia	Godišnik na Sofijskija Universitet. II. Fiziko-matematičeski Fakultet (Annuaire de l'Université de Sofia. II. Faculté Physico-mathématique)
Gornyj Ž.	Gornyj Žurnal (Mining Journal). Moskau
Group. franç. Rech. aéro-naut.	Groupement Français pour le Développement des Recherches Aéronautiques.
Gummi Ztg.	Gummi-Zeitung

Kürzung	Titel
Gynaecologia	Gynaecologia. Basel
H.	s. Z. physiol. Chem.
Helv.	Helvetica Chimica Acta
Helv. med. Acta	Helvetica Medica Acta
Helv. phys. Acta	Helvetica Physica Acta
Helv. physiol. Acta	Helvetica Physiologica et Pharmacologica Acta
Het Gas	Het Gas. den Haag
Hilgardia	Hilgardia. A Journal of Agricultural Science. Berkeley, Calif.
Hochfrequenztech. Elektroakustik	Hochfrequenztechnik und Elektroakustik
Holz Roh- u. Werkst.	Holz als Roh- und Werkstoff. Berlin
Houben-Weyl	*Houben-Weyl*, Methoden der Organischen Chemie. 3. Aufl. bzw. 4. Aufl. Herausg. von *E. Müller*
Hung. Acta chim.	Hungarica Acta Chimica
Ind. agric. aliment.	Industries agricoles et alimentaires
Ind. Chemist	Industrial Chemist and Chemical Manufacturer. London
Ind. chim. belge	Industrie Chimique Belge
Ind. chimica	L'Industria Chimica. Il Notiziario Chimico-industriale
Ind. chimique	Industrie Chimique
Ind. Corps gras	Industries des Corps gras
Ind. eng. Chem.	Industrial and Engineering Chemistry. Industrial Edition. Washington, D.C.
Ind. eng. Chem. Anal.	Industrial and Engineering Chemistry. Analytical Edition
Ind. eng. Chem. News	Industrial and Engineering Chemistry. News Edition
Ind. eng. Chem. Process Design. Devel.	Industrial and Engineering Chemistry, Process Design and Development
Indian Forest Rec.	Indian Forest Records
Indian J. agric. Sci.	Indian Journal of Agricultural Science
Indian J. Chem.	Indian Journal of Chemistry
Indian J. med. Res.	Indian Journal of Medical Research
Indian J. Physics	Indian Journal of Physics and Proceedings of the Indian Association for the Cultivation of Science
Indian J. veterin. Sci.	Indian Journal of Veterinary Science and Animal Husbandry
Indian Lac Res. Inst. Bl.	Indian Lac Research Institute, Bulletin
Indian Soap J.	Indian Soap Journal
Indian Sugar	Indian Sugar
India Rubber J.	India Rubber Journal. London
India Rubber Wd.	India Rubber World. New York
Ind. Med.	Industrial Medicine. Chicago, Ill.
Ind. Parfum.	Industrie de la Parfumerie
Ind. Plastiques	Industries des Plastiques
Ind. Química	Industria y Química. Buenos Aires
Ind. saccar. ital.	Industria saccarifera Italiana
Ind. textile	Industrie textile. Paris
Informe Estación exp. Puerto Rico	Informe de la Estación experimental de Puerto Rico
Inform. Quim. anal.	Información de Química analitica. Madrid
Ing. Chimiste Brüssel	Ingénieur Chimiste. Brüssel
Ing. Nederl.-Indië	Ingenieur in Nederlandsch-Indië
Ing. Vet. Akad. Handl.	Ingeniörs vetenskaps akademiens Handlingar. Stockholm
Inorg. Chem.	Inorganic Chemistry. Washington, D.C.
Inorg. Synth.	Inorganic Syntheses. New York
Inst. Gas Technol. Res. Bl.	Institute of Gas Technology, Research Bulletin. Chicago, Ill.

Kürzung	Titel
Inst. nacion. Tec. aeronaut. Madrid Comun.	I.N.T.A. = Instituto Nacional de Técnica Aeronáutica. Madrid. Comunicadó
2. Int. Conf. Biochem. Probl. Lipids Gent 1955	Biochemical Problems of Lipids, Proceedings of the 2. International Conference Gent 1955
Int. Congr. Microbiol. ... Abstr.	International Congress for Microbiology (III. New York 1939; IV. Kopenhagen 1947), Abstracts bzw. Report of Proceedings
Int. J. Air Pollution	International Journal of Air Pollution
XIV. Int. Kongr. Chemie Zürich 1955	XIV. Internationaler Kongress für Chemie, Zürich 1955
Int. landwirtsch. Rdsch.	Internationale landwirtschaftliche Rundschau
Int. Sugar J.	International Sugar Journal. London
Ion	Ion. Madrid
Iowa Coll. agric. Exp. Station Res. Bl.	Iowa State College of Agriculture and Mechanic Arts, Agricultura Experiment Station, Research Bulletin
Iowa Coll. J.	Iowa State College Journal of Science
Israel J. Chem.	Israel Journal of Chemistry
Ital. P.	Italienisches Patent
I.V.A.	Ingeniörsvetenskapsakademien. Tidskrift för teknisk-vetenskaplig Forskning. Stockholm
Izv. Akad. Kazachsk. S.S.R.	Izvestija Akademii Nauk Kazachskoi S.S.R.
Izv. Akad. S.S.S.R.	Izvestija Akademii Nauk S.S.S.R. (Bulletin de l'Académie des Sciences de l'U.R.S.S.)
Izv. Armjansk. Akad.	Izvestija Armjanskogo Filiala Akademii Nauk S.S.S.R.; ab 1944 Izvestija Akademii Nauk Armjanskoj S.S.R.
Izv. biol. Inst. Permsk. Univ.	Izvestija Biologičeskogo Naučno-issledovatelskogo Instituta pri Permskom Gosudarstvennom Universitete (Bulletin de l'Institut des Recherches Biologiques de Perm)
Izv. Inst. fiz. chim. Anal.	Izvestija Instituta Fiziko-chimičeskogo Analiza
Izv. Inst. koll. Chim.	Izvestija Gosudarstvennogo Naučno-issledovatelskogo Instituta Kolloidnoj Chimii (Bulletin de l'Institut des Recherches scientifiques de Chimie colloidale à Voronège)
Izv. Inst. Platiny	Izvestija Instituta po Izučeniju Platiny (Annales de l'Institut du Platine)
Izv. Sektora fiz. chim. Anal.	Akademija Nauk S.S.S.R., Institut Obščej i Neorganičeskoj Chimii: Izvestija Sektora Fiziko-chimičeskogo Analiza (Institut de Chimie Générale: Annales du Secteur d'Analyse Physico-chimique)
Izv. Sektora Platiny	Izvestija Sektora Platiny i Drugich Blagorodnich Metallov, Institut Obščej i Neorganičeskoj Chimii
Izv. Sibirsk. Otd. Akad. S.S.S.R.	Izvestija Sibirskogo Otdelenija Akademii Nauk S.S.S.R.
Izv. Tomsk. ind. Inst.	Izvestija Tomskogo industrialnogo Instituta
Izv. Tomsk. politech. Inst.	Izvestija Tomskogo Politechničeskogo Instituta
Izv. Univ. Armenii	Izvestija Gosudarstvennogo Universiteta S.S.R. Armenii
Izv. Uralsk. politech. Inst.	Izvestija Uralskogo Politechničeskogo Instituta
J.	Liebig-Kopps Jahresbericht über die Fortschritte der Chemie
J. acoust. Soc. Am.	Journal of the Acoustical Society of America
J. agric. chem. Soc. Japan	Journal of the Agricultural Chemical Society of Japan
J. Agric. prat.	Journal d'Agriculture pratique et Journal d'Agriculture
J. agric. Res.	Journal of Agricultural Research. Washington, D.C.

Kürzung	Titel
J. agric. Sci.	Journal of Agricultural Science. London
J. Am. Leather Chemists Assoc.	Journal of the American Leather Chemists' Association
J. Am. med. Assoc.	Journal of the American Medical Association
J. Am. Oil Chemists Soc.	Journal of the American Oil Chemists' Society
J. Am. pharm. Assoc.	Journal of the American Pharmaceutical Association. Scientific Edition
J. Am. Soc. Agron.	Journal of the American Society of Agronomy
J. Am. Water Works Assoc.	Journal of the American Water Works Association
J. Annamalai Univ.	Journal of the Annamalai University. Indien
Japan. J. Bot.	Japanese Journal of Botany
Japan. J. exp. Med.	Japanese Journal of Experimental Medicine
Japan. J. med. Sci.	Japanese Journal of Medical Sciences
Japan. J. Obstet. Gynecol.	Japanese Journal of Obstetrics and Gynecology
Japan. J. Physics	Japanese Journal of Physics
Japan. P.	Japanisches Patent
J. appl. Chem.	Journal of Applied Chemistry. London
J. appl. Chem. U.S.S.R.	Journal of Applied Chemistry of the U.S.S.R. Englische Übersetzung von Žurnal Prikladnoj Chimii
J. appl. Mechanics	Journal of Applied Mechanics. Easton, Pa.
J. appl. Physics	Journal of Applied Physics. New York
J. appl. Polymer Sci.	Journal of Applied Polymer Science. New York
J. Assoc. agric. Chemists	Journal of the Association of Official Agricultural Chemists. Washington, D.C.
J. Assoc. Eng. Architects Palestine	Journal of the Association of Engineers and Architects in Palestine
J. Austral. Inst. agric. Sci.	Journal of the Australian Institute of Agricultural Science
J. Bacteriol.	Journal of Bacteriology. Baltimore, Md.
Jb. brennkrafttech. Ges.	Jahrbuch der Brennkrafttechnischen Gesellschaft
Jber. chem.-tech. Reichsanst.	Jahresbericht der Chemisch-technischen Reichsanstalt
Jber. Pharm.	Jahresbericht der Pharmazie
J. Biochem. Tokyo	Journal of Biochemistry. Tokyo [Seikagaku]
J. biol. Chem.	Journal of Biological Chemistry. Baltimore, Md.
J. Biophysics Tokyo	Journal of Biophysics. Tokyo
Jb. phil. Fak. II Univ. Bern	Jahrbuch der philosophischen Fakultät II der Universität Bern
Jb. Radioakt. Elektronik	Jahrbuch der Radioaktivität und Elektronik
Jb. wiss. Bot.	Jahrbücher für wissenschaftliche Botanik
J. cellular compar. Physiol.	Journal of Cellular and Comparative Physiology
J. chem. Educ.	Journal of Chemical Education. Easton, Pa.
J. chem. Eng. China	Journal of Chemical Engineering. China
J. chem. eng. Data	Journal of Chemical and Engineering Data
J. chem. met. min. Soc. S. Africa	Journal of the Chemical, Metallurgical and Mining Society of South Africa
J. Chemotherapy	Journal of Chemotherapy and Advanced Therapeutics
J. chem. Physics	Journal of Chemical Physics. New York
J. chem. Soc. Japan Ind. Chem. Sect.	Journal of the Chemical Society of Japan; ab 1948 Industrial Chemistry Section [Kogyo Kagaku Zasshi]
Pure Chem. Sect.	und Pure Chemistry Section [Nippon Kagaku Zasshi]
J. Chim. phys.	Journal de Chimie Physique
J. Chin. agric. chem. Soc.	Journal of the Chinese Agricultural Chemical Society

Kürzung	Titel
J. Chin. chem. Soc.	Journal of the Chinese Chemical Society. Peking; II Taiwan
J. clin. Endocrin.	Journal of Clinical Endocrinology (ab **12** [1952]) and Metabolism. Springfield, Ill.
J. clin. Invest.	Journal of Clinical Investigation. Cincinnati, Ohio
J. Colloid Sci.	Journal of Colloid Science. New York
J. Coun. scient. ind. Res. Australia	Commonwealth of Australia. Council for Scientific and Industrial Research. Journal
J. Dairy Res.	Journal of Dairy Research. London
J. Dairy Sci.	Journal of Dairy Science. Columbus, Ohio
J. dental Res.	Journal of Dental Research. Columbus, Ohio
J. Dep. Agric. Kyushu Univ.	Journal of the Department of Agriculture, Kyushu Imperial University
J. Dep. Agric. S. Australia	Journal of the Department of Agriculture of South Australia
J. econ. Entomol.	Journal of Economic Entomology. Menasha, Wis.
J. electroch. Assoc. Japan	Journal of the Electrochemical Association of Japan
J. E. Mitchell scient. Soc.	Journal of the Elisha Mitchell Scientific Society. Chapel Hill, N.C.
J. Endocrin.	Journal of Endocrinology
Jernkontor. Ann.	Jernkontorets Annaler
J. exp. Biol.	Journal of Experimental Biology. London
J. exp. Med.	Journal of Experimental Medicine. Baltimore, Md.
J. Fac. Agric. Hokkaido	Journal of the Faculty of Agriculture, Hokkaido University
J. Fac. Sci. Hokkaido	Journal of the Faculty of Science, Hokkaido University
J. Fac. Sci. Univ. Tokyo	Journal of the Faculty of Science, Imperial University of Tokyo
J. Fermentat. Technol. Japan	Journal of Fermentation Technology. Japan [Hakko Kogaku Zasshi]
J. Fish. Res. Board Canada	Journal of the Fisheries Research Board of Canada
J. Four électr.	Journal du Four électrique et des Industries électrochimiques
J. Franklin Inst.	Journal of the Franklin Institute. Lancaster, Pa.
J. Fuel Soc. Japan	Journal of the Fuel Society of Japan [Nenryo Kyokaishi]
J. gen. Chem. U.S.S.R.	Journal of General Chemistry of the U.S.S.R. Englische Übersetzung von Žurnal Obščej Chimii
J. gen. Microbiol.	Journal of General Microbiology. London
J. gen. Physiol.	Journal of General Physiology. Baltimore, Md.
J. heterocycl. Chem.	Journal of Heterocyclic Chemistry. Albuquerque, N. Mex.
J. Hyg.	Journal of Hygiene. London
J. Immunol.	Journal of Immunology. Baltimore, Md.
J. ind. Hyg.	Journal of Industrial Hygiene and Toxicology. Baltimore, Md.
J. Indian chem. Soc.	Journal of the Indian Chemical Society
J. Indian chem. Soc. News	Journal of the Indian Chemical Society; Industrial and News Edition
J. Indian Inst. Sci.	Journal of the Indian Institute of Science
J. inorg. nuclear Chem.	Journal of Inorganic and Nuclear Chemistry. London
J. Inst. Brewing	Journal of the Institute of Brewing. London
J. Inst. electr. Eng. Japan	Journal of the Institute of the Electrical Engineers. Japan
J. Inst. Fuel	Journal of the Institute Fuel. London
J. Inst. Petr.	Journal of the Institute of Petroleum. London (ab **25** [1939]) Fortsetzung von:
J. Inst. Petr. Technol.	Journal of the Institution of Petroleum Technologists. London
J. int. Soc. Leather Trades Chemists	Journal of the International Society of Leather Trades' Chemists

Kürzung	Titel
J. Iowa State med. Soc.	Journal of the Iowa State Medical Society
J. Japan. biochem. Soc.	Journal of Japanese Biochemical Society [Nippon Seikagaku Kaishi]
J. Japan. Bot.	Journal of Japanese Botany [Shokubutsu Kenkyu Zasshi]
J. Japan. Soc. Food Nutrit.	Journal of the Japanese Society of Food and Nutrition [Eiyo to Shokuryo]
J. Labor. clin. Med.	Journal of Laboratory and Clinical Medicine. St. Louis, Mo.
J. Lipid Res.	Journal of Lipid Research. New York
J. makromol. Ch.	Journal für Makromolekulare Chemie
J. Marine Res.	Journal of Marine Research. New Haven, Conn.
J. med. Chem.	Journal of Medicinal Chemistry. Easton, Pa. Fortsetzung von:
J. med. pharm. Chem.	Journal of Medicinal and Pharmaceutical Chemistry. Easton, Pa.
J. Missouri State med. Assoc.	Journal of the Missouri State Medical Association
J. mol. Spectr.	Journal of Molecular Spectroscopy. New York
J. Mysore Univ.	Journal of the Mysore University; ab 1940 unterteilt in A. Arts und B. Science incl. Medicine and Engineering
J. nation. Cancer Inst.	Journal of the National Cancer Institute, Washington, D.C.
J. nerv. mental Disease	Journal of Nervous and Mental Disease. New York
J. New Zealand Inst. Chem.	Journal of the New Zealand Institute of Chemistry
J. Nutrit.	Journal of Nutrition. Philadelphia, Pa.
J. Oil Chemists Soc. Japan	Journal of the Oil Chemists' Society. Japan [Yushi Kagaku Kyokaishi]
J. Oil Colour Chemists Assoc.	Journal of the Oil & Colour Chemists' Association. London
J. Okayama med. Soc.	Journal of the Okayama Medical Society [Okayama-Igakkai-Zasshi]
J. opt. Soc. Am.	Journal of the Optical Society of America
J. org. Chem.	Journal of Organic Chemistry. Baltimore, Md.
J. org. Chem. U.S.S.R.	Journal of Organic Chemistry of the U.S.S.R. Englische Übersetzung von Žurnal organičeskoi Chimii
J. oriental Med.	Journal of Oriental Medicine. Manchu
J. Osmania Univ.	Journal of the Osmania University. Heiderabad
Journée Vinicole-Export	Journée Vinicole-Export
J. Path. Bact.	Journal of Pathology and Bacteriology. Edinburgh
J. Penicillin Tokyo	Journal of Penicillin. Tokyo
J. Petr. Technol.	Journal of Petroleum Technology. New York
J. Pharmacol. exp. Therap.	Journal of Pharmacology and Experimental Therapeutics. Baltimore, Md.
J. pharm. Assoc. Siam	Journal of the Pharmaceutical Association of Siam
J. Pharm. Belg.	Journal de Pharmacie de Belgique
J. Pharm. Chim.	Journal de Pharmacie et de Chimie
J. Pharm. Pharmacol.	Journal of Pharmacy and Pharmacology. London
J. pharm. Sci.	Journal of Pharmaceutical Sciences. Washington, D.C.
J. pharm. Soc. Japan	Journal of the Pharmaceutical Society of Japan [Yakugaku Zasshi]
J. phys. Chem.	Journal of Physical (1947—51 & Colloid) Chemistry. Baltimore, Md.
J. Physics U.S.S.R.	Journal of Physics Academy of Sciences of the U.S.S.R.
J. Physiol. London	Journal of Physiology. London
J. physiol. Soc. Japan	Journal of the Physiological Society of Japan [Nippon Seirigaku Zasshi]
J. Phys. Rad.	Journal de Physique et le Radium

Kürzung	Titel
J. phys. Soc. Japan	Journal of the Physical Society of Japan
J. Polymer Sci.	Journal of Polymer Science. New York
J. pr.	Journal für Praktische Chemie
J. Pr. Inst. Chemists India	Journal and Proceedings of the Institution of Chemists, India
J. Pr. Soc. N.S. Wales	Journal and Proceedings of the Royal Society of New South Wales
J. Recherches Centre nation.	Journal des Recherches du Centre national de la Recherche scientifique, Laboratoires de Bellevue
J. Res. Bur. Stand.	Bureau of Standards Journal of Research; ab **13** [1934] Journal of Research of the National Bureau of Standards. Washington, D.C.
J. Rheol.	Journal of Rheology
J. roy. tech. Coll.	Journal of the Royal Technical College. Glasgow
J. Rubber Res.	Journal of Rubber Research. Croydon, Surrey
J. S. African chem. Inst.	Journal of the South African Chemical Institute
J. S. African veterin. med. Assoc.	Journal of the South African Veterinary Medical Association
J. scient. ind. Res. India	Journal of Scientific and Industrial Research, India
J. scient. Instruments	Journal of Scientifics Instruments. London
J. scient. Res. Inst. Tokyo	Journal of the Scientific Research Institute. Tokyo
J. Sci. Food Agric.	Journal of the Science of Food and Agriculture. London
J. Sci. Hiroshima	Journal of Science of the Hiroshima University
J. Sci. Soil Manure Japan	Journal of the Science of Soil and Manure, Japan [Nippon Dojo Hiryogaku Zasshi]
J. Sci. Technol. India	Journal of Science and Technology, India
J. Shanghai Sci. Inst.	Journal of the Shanghai Science Institute
J. Soc. chem. Ind.	Journal of the Society of Chemical Industry. London
J. Soc. chem. Ind. Japan	Journal of the Society of Chemical Industry, Japan [Kogyo Kwagaku Zasshi]
J. Soc. chem. Ind. Japan Spl.	Journal of the Society of Chemical Industry, Japan. Supplemental Binding
J. Soc. cosmet. Chemists	Journal of the Society of Cosmetic Chemists. London
J. Soc. Dyers Col.	Journal of the Society of Dyers and Colourists. Bradford, Yorkshire
J. Soc. Leather Trades Chemists	Journal of the (von **9** Nr. **10** [1925] — **31** [1947] International) Society of Leather Trades' Chemists
J. Soc. org. synth. Chem. Japan	Journal of the Society of Organic Synthetic Chemistry, Japan [Yuki Gosei Kagaku Kyokaishi]
J. Soc. Rubber Ind. Japan	Journal of the Society of Rubber Industry of Japan [Nippon Gomu Kyokaishi]
J. Soc. trop. Agric. Taihoku Univ.	Journal of the Society of Tropical Agriculture Taihoku University
J. Soc. west. Australia	Journal of the Royal Society of Western Australia
J. State Med.	Journal of State Medicine. London
J. Tennessee Acad.	Journal of the Tennessee Academy of Science
J. trop. Med. Hyg.	Journal of Tropical Medicine and Hygiene. London
Jugosl. P.	Jugoslawisches Patent
J. Univ. Bombay	Journal of the University of Bombay
J. Urol.	Journal of Urology. Baltimore, Md.
J. Usines Gaz	Journal des Usines à Gaz
J. Vitaminol. Japan	Journal of Vitaminology. Osaka bzw. Kyoto
J. Washington Acad.	Journal of the Washington Academy of Sciences
Kali	Kali, verwandte Salze und Erdöl
Kaučuk Rez.	Kaučuk i Rezina (Kautschuk und Gummi)

Kürzung	Titel
Kautschuk	Kautschuk. Berlin
Keemia Teated	Keemia Teated (Chemie-Nachrichten). Tartu
Kem. Maanedsb.	Kemisk Maanedsblad og Nordisk Handelsblad for Kemisk Industri. Kopenhagen
Kimya Ann.	Kimya Annali. Istanbul
Kirk-Othmer	Encyclopedia of Chemical Technology. 1. Aufl. herausg. von *R. E. Kirk* u. *D. F. Othmer*; 2. Aufl. von *A. Standen, H. F. Mark, J. M. McKetta, D. F. Othmer*
Klepzigs Textil-Z.	Klepzigs Textil-Zeitschrift
Klin. Med. S.S.S.R.	Kliničeskaja Medicina S.S.S.R.
Klin. Wschr.	Klinische Wochenschrift
Koks Chimija	Koks i Chimija
Koll. Beih.	Kolloidchemische Beihefte; ab **33** [1931] Kolloid-Beihefte
Koll. Z.	Kolloid-Zeitschrift
Koll. Žurnal	Kolloidnyi Žurnal
Konserv. Plod. Promyšl.	Konservnaja i Plodoovoščnaja Promyšlennost (Konserven. Früchte- und Gemüse-Industrie)
Korros. Metallschutz	Korrosion und Metallschutz
Kraftst.	Kraftstoff
Kulturpflanze	Die Kulturpflanze. Berlin
Kunstsd.	Kunstseide
Kunstsd. Zellw.	Kunstseide und Zellwolle
Kunstst.	Kunststoffe
Kunstst.-Tech.	Kunststoff-Technik und Kunststoff-Anwendung
Labor. Praktika	Laboratornaja Praktika (La Pratique du Laboratoire)
Lait	Lait. Paris
Lancet	Lancet. London
Landolt-Börnstein	*Landolt-Börnstein.* 5. Aufl.: Physikalisch-chemische Tabellen. Herausg. von *W. A. Roth* und *K. Scheel.* — 6. Aufl.: Zahlenwerte und Funktionen aus Physik, Chemie, Astronomie, Geophysik und Technik. Herausg. von *A. Eucken*
Landw. Jb.	Landwirtschaftliche Jahrbücher
Landw. Jb. Schweiz	Landwirtschaftliches Jahrbuch der Schweiz
Landw. Versuchsstat.	Die landwirtschaftlichen Versuchs-Stationen
Lantbruks Högskol. Ann.	Kungliga Lantbrusk-Högskolans Annaler
Latvijas Akad. Vēstis	Latvijas P.S.R. Zinatɲu Akademijas Vēstis
Lesochim. Promyšl.	Lesochimičeskaja Promyšlennost (Holzchemische Industrie)
Lietuvos TSR Mokslu Darbai	Lietuvos TSR Mokslu Akademijos Darbai
Listy cukrovar.	Listy Cukrovarnické (Blätter für die Zuckerindustrie). Prag
M.	Monatshefte für Chemie. Wien
Machinery New York	Machinery. New York
Magyar biol. Kutató-intézet Munkái	Magyar Biologiai Kutatóintézet Munkái (Arbeiten des ungarischen biologischen Forschungs-Instituts in Tihany)
Magyar chem. Folyóirat	Magyar Chemiai Folyóirat (Ungarische Zeitschrift für Chemie)
Magyar gyógysz. Társ. Ért.	Magyar Gyógyszerésztudományi Társaság Értesitöje (Berichte der Ungarischen Pharmazeutischen Gesellschaft)
Magyar kem. Lapja	Magyar kemikusok Lapja (Zeitschrift des Vereins Ungarischer Chemiker)
Magyar orvosi Arch.	Magyar Orvosi Archiwum (Ungarisches medizinisches Archiv)
Makromol. Ch.	Makromolekulare Chemie
Manuf. Chemist	Manufacturing Chemist and Pharmaceutical and Fine Chemical Trade Journal. London

Kürzung	Titel
Margarine-Ind.	Margarine-Industrie
Maslob. žir. Delo	Maslobojno-žirovoe Delo (Öl- und Fett-Industrie)
Materials chem. Ind. Tokyo	Materials for Chemical Industry. Tokyo [Kagaku Kogyo Shiryo]
Mat. grasses	Les Matières Grasses. — Le Pétrole et ses Dérivés
Math. nat. Ber. Ungarn	Mathematische und naturwissenschaftliche Berichte aus Ungarn
Mat. természettud. Értesitö	Matematikai és Természettudományi Értesitö. A Magyar Tudományos Akadémia III. Osztályának Folyóirata (Mathematischer und naturwissenschaftlicher Anzeiger der Ungarischen Akademie der Wissenschaften)
Mech. Eng.	Mechanical Engineering. Easton, Pa.
Med. Ch.I. G.	Medizin und Chemie. Abhandlungen aus den Medizinisch-chemischen Forschungsstätten der I. G. Farbenindustrie AG.
Medd. norsk farm. Selsk.	Meddelelser fra Norsk Farmaceutisk Selskap
Meded. vlaam. Acad.	Mededeelingen van de Koninklijke Vlaamsche Academie voor Wetenschappen, Letteren en Schoone Kunsten van Belgie, Klasse der Wetenschappen
Medicina Buenos Aires	Medicina. Buenos Aires
Med. J. Australia	Medical Journal of Australia
Med. Klin.	Medizinische Klinik
Med. Promyšl.	Medicinskaja Promyšlennost S.S.S.R.
Med. sperim. Arch. ital.	Medicina sperimentale Archivio italiano
Med. Welt	Medizinische Welt
Melliand Textilber.	Melliand Textilberichte
Mem. Acad. Barcelona	Memorias de la real Academia de Ciencias y Artes de Barcelona
Mém. Acad. Belg. 8°	Académie Royale de Belgique, Classe des Sciences: Mémoires. Collection in 8°
Mem. Accad. Bologna	Memorie della Reale Accademia delle Scienze dell'Istituto di Bologna. Classe di Scienze Fisiche
Mem. Accad. Italia	Memorie della Reale Accademia d'Italia. Classe di Scienze Fisiche, Matematiche e Naturali
Mem. Accad. Lincei	Memorie della Reale Accademia Nazionale dei Lincei. Classe di Scienze Fisiche, Matematiche e Naturali. Sezione II: Fisica, Chimica, Geologia, Palaeontologia, Mineralogia
Mém. Artillerie franç.	Mémorial de l'Artillerie française. Sciences et Techniques de l'Armament
Mem. Asoc. Técn. azucar. Cuba	Memoria de la Asociación de Técnicos Azucareros de Cuba
Mem. Coll. Agric. Kyoto	Memoirs of the College of Agriculture, Kyoto Imperial University
Mem. Coll. Eng. Kyushu	Memoirs of the College of Engineering, Kyushu Imperial University
Mem. Coll. Sci. Kyoto	Memoirs of the College of Science, Kyoto Imperial University
Mem. Fac. Sci. Eng. Waseda Univ.	Memoirs of the Faculty of Science and Engineering. Waseda University, Tokyo
Mém. Inst. colon. belge 8°	Institut Royal Colonial Belge, Section des Sciences naturelles et médicales, Mémoires, Collection in 8°
Mem. Inst. O. Cruz	Memórias do Instituto Oswaldo Cruz. Rio de Janeiro
Mem. Inst. scient. ind. Res. Osaka Univ.	Memoirs of the Institute of Scientific and Industrial Research, Osaka University
Mem. N.Y. State agric. Exp. Sta.	Memoirs of the N.Y. State Agricultural Experiment Station

Kürzung	Titel
Mém. Poudres	Mémorial des Poudres
Mem. Ryojun Coll. Eng.	Memoirs of the Ryojun College of Engineering. Mandschurei
Mém. Services chim.	Mémorial des Services Chimiques de l'État
Mém. Soc. Sci. Liège	Mémoires de la Société royale des Sciences de Liège
Mercks Jber.	E. Mercks Jahresbericht über Neuerungen auf den Gebieten der Pharmakotherapie und Pharmazie
Metal Ind. London	Metal Industry. London
Metal Ind. New York	Metal Industry. New York
Metall Erz	Metall und Erz
Metallurgia ital.	Metallurgia italiana
Metals Alloys	Metals and Alloys. New York
Mich. Coll. Agric. eng. Exp. Sta. Bl.	Michigan State College of Agriculture and Applied Science. Engineering Experiment Station, Bulletin
Microchem. J.	Microchemical Journal. New York
Mikrobiologija	Mikrobiologija
Mikroch.	Mikrochemie. Wien (ab **25** [1938]):
Mikroch. Acta	Mikrochimica Acta. Wien
Milchwirtsch. Forsch.	Milchwirtschaftliche Forschungen
Mineração	Mineração e Metalurgia. Rio de Janeiro
Mineral. Syrje	Mineral'noe Syrje (Mineralische Rohstoffe)
Minicam Phot.	Minicam Photography. New York
Mining Met.	Mining and Metallurgy. New York
Mitt. kältetech. Inst. Karlsruhe	Mitteilungen des Kältetechnischen Instituts und der Reichs-forschungs-Anstalt für Lebensmittelfrischhaltung an der Technischen Hochschule Karlsruhe
Mitt. Kohlenforschungs-inst. Prag	Mitteilungen des Kohlenforschungsinstituts in Prag
Mitt. Lebensmittelunters. Hyg.	Mitteilungen aus dem Gebiete der Lebensmitteluntersuchung und Hygiene. Bern
Mitt. med. Akad. Kioto	Mitteilungen aus der Medizinischen Akademie zu Kioto
Mitt. Physiol.-chem. Inst. Berlin	Mitteilungen des Physiologisch-chemischen Instituts der Universität Berlin
Mod. Plastics	Modern Plastics. New York
Mol. Physics	Molecular Physics. New York
Monats-Bl. Schweiz. Ver. Gas-Wasserf.	Monats-Bulletin des Schweizerischen Vereins von Gas- und Wasserfachmännern
Monatsschr. Psychiatrie	Monatsschrift für Psychiatrie und Neurologie
Monatsschr. Textilind.	Monatsschrift für Textil-Industrie
Monit. Farm.	Monitor de la Farmacia y de la Terapéutica. Madrid
Monit. Prod. chim.	Moniteur des Produits chimiques
Monthly Bl. agric. Sci. Pract.	Monthly Bulletin of Agricultural Science and Practice. Rom
Mühlenlab.	Mühlenlaboratorium
Münch. med. Wschr.	Münchener Medizinische Wochenschrift
Nachr. Akad. Göttingen	Nachrichten von der Akademie der Wissenschaften zu Göttingen. Mathematisch-physikalische Klasse
Nachr. Ges. Wiss. Göttingen	Nachrichten von der Gesellschaft der Wissenschaften zu Göttingen. Mathematisch-physikalische Klasse
Nahrung	Nahrung. Berlin
Nation. Advis. Comm. Aeronautics	National Advisory Committee for Aeronautics. Washington, D.C.
Nation. Centr. Univ. Sci. Rep. Nanking	National Central University Science Reports. Nanking
Nation. Inst. Health Bl.	National Institutes of Health Bulletin. Washington, D.C.

Kürzung	Titel
Nation. nuclear Energy Ser.	National Nuclear Energy Series
Nation. Petr. News	National Petroleum News. Cleveland, Ohio
Nation. Res. Coun. Conf. electric Insulation	National Research Council, Conference on Electric Insulation
Nation. Stand. Lab. Australia Tech. Pap.	Commonwealth Scientific and Industrial Research Organisation, Australia. National Standards Laboratory Technical Paper
Nature	Nature. London
Naturf. Med. Dtschld. 1939—1946	Naturforschung und Medizin in Deutschland 1939—1946
Naturwiss.	Naturwissenschaften
Natuurw. Tijdschr.	Natuurwetenschappelijk Tijdschrift
Naučno-issledov. Trudy Moskovsk. tekstil. Inst.	Naučno-issledovatelskie Trudy Moskovskij Tekstilnyj Institut
Naučn. Bjull. Leningradsk. Univ.	Naučnyj Bjulleten Leningradskogo Gosudarstvennogo Ordena Lenina Universiteta
Naučn. Zap. Dnepropetrovsk. Univ.	Naučnye Zapiski Dnepropetrovskij Gosudarstvennyj Universitet
Naval Res. Labor. Rep.	Naval Research Laboratories. Reports
Nederl. Tijdschr. Geneesk.	Nederlandsch Tijdschrift voor Geneeskunde
Nederl. Tijdschr. Pharm. Chem. Toxicol.	Nederlandsch Tijdschrift voor Pharmacie, Chemie en Toxicologie
Neft. Chozjajstvo	Neftjanoe Chozjajstvo (Petroleum-Wirtschaft); 21 [1940] — 22 [1941] Neftjanaja Promyšlennost
Neftechimija	Neftechimija
Netherlands Milk Dairy J.	Netherlands Milk and Dairy Journal
New England J. Med.	New England Journal of Medicine. Boston, Mass.
New Phytologist	New Phytologist. Cambridge
New Zealand J. Agric.	New Zealand Journal of Agriculture
New Zealand J. Sci. Technol.	New Zealand Journal of Science and Technology
Niederl. P.	Niederländisches Patent
Nitrocell.	Nitrocellulose
N. Jb. Min. Geol.	Neues Jahrbuch für Mineralogie, Geologie und Paläontologie
Nordisk Med.	Nordisk Medicin. Stockholm
Norges Apotekerforen. Tidsskr.	Norges Apotekerforenings Tidsskrift
Norske Vid. Akad. Avh.	Norske Videnskaps-Akademi i Oslo. Avhandlinger. I. Matematisk-naturvidenskapelig Klasse
Norske Vid. Selsk. Forh.	Kongelige Norske Videnskabers Selskab. Forhandlinger
Norske Vid. Selsk. Skr.	Kongelige Norske Videnskabers Selskab. Skrifter
Norsk Veterin.-Tidsskr.	Norsk Veterinär-Tidsskrift
North Carolina med. J.	North Carolina Medical Journal
Noticias farm.	Noticias Farmaceuticas. Portugal
Nova Acta Leopoldina	Nova Acta Leopoldina. Halle/Saale
Nova Acta Soc. Sci. upsal.	Nova Acta Regiae Societatis Scientiarum Upsaliensis
Novosti tech.	Novosti Techniki (Neuheiten der Technik)
Nucleonics	Nucleonics. New York
Nucleus	Nucleus. Cambridge, Mass.
Nuovo Cimento	Nuovo Cimento
N. Y. State Agric. Exp. Sta.	New York State Agricultural Experiment Station. Technical Bulletin
N. Y. State Dep. Labor monthly Rev.	New York State Department of Labor; Monthly Review. Division of Industrial Hygiene

Kürzung	Titel
Obščestv. Pitanie	Obščestvennoc Pitanie (Gemeinschaftsverpflegung)
Obstet. Ginecol.	Obstetricía y Ginecología latino-americanas
Occupat. Med.	Occupational Medicine. Chicago, Ill.
Öle Fette Wachse	Öle, Fette, Wachse (ab 1936 Nr. 7), Seife, Kosmetik
Öl Kohle	Öl und Kohle
Ö. P.	Österreichisches Patent
Öst. bot. Z.	Österreichische botanische Zeitschrift
Öst. Chemiker-Ztg.	Österreichische Chemiker-Zeitung; Bd. **45** Nr. 18/20 [1942] — Bd. **47** [1946] Wiener Chemiker-Zeitung
Offic. Digest Federation Paint Varnish Prod. Clubs	Official Digest of the Federation of Paint & Varnish Production Clubs. Philadelphia, Pa.
Ohio J. Sci.	Ohio Journal of Science
Oil Colour Trades J.	Oil and Colour Trades Journal. London
Oil Fat Ind.	Oil an Fat Industries
Oil Gas J.	Oil and Gas Journal. Tulsa, Okla.
Oil Soap	Oil and Soap. Chicago, Ill.
Oil Weekly	Oil Weekly. Houston, Texas
Oléagineux	Oléagineux
Onderstepoort J. veterin. Sci.	Onderstepoort Journal of Veterinary Science and Animal Industry
Optics Spectr.	Optics and Spectroscopy. Englische Übersetzung von Optika i Spektroskopija
Optika Spektr.	Optika i Spektroskopija
Org. Reactions	Organic Reactions. New York
Org. Synth.	Organic Syntheses. New York
Org. Synth. Isotopes	Organic Syntheses with Isotopes. New York
Paint Manuf.	Paint Incorporating Paint Manufacture. London
Paint Oil chem. Rev.	Paint, Oil and Chemical Review. Chicago, Ill.
Paint Technol.	Paint Technology. Pinner, Middlesex, England
Pakistan J. scient. ind. Res.	Pakistan Journal of Scientific and Industrial Research
Paliva	Paliva a Voda (Brennstoffe und Wasser). Prag
Paperi ja Puu	Paperi ja Puu. Helsinki
Paper Ind.	Paper Industry. Chicago, Ill.
Paper Trade J.	Paper Trade Journal. New York
Papeterie	Papeterie. Paris
Papierf.	Papierfabrikant. Technischer Teil
Parf. France	Parfums de France
Parf. Kosmet.	Parfümerie und Kosmetik
Parf. moderne	Parfumerie moderne
Parfumerie	Parfumerie. Paris
Peintures	Peintures, Pigments, Vernis
Perfum. essent. Oil Rec.	Perfumery and Essential Oil Record. London
Period. Min.	Periodico di Mineralogia. Rom
Petr. Berlin	Petroleum. Berlin
Petr. Eng.	Petroleum Engineer. Dallas, Texas
Petr. London	Petroleum. London
Petr. Processing	Petroleum Processing. Cleveland, Ohio
Petr. Refiner	Petroleum Refiner. Houston, Texas
Petr. Technol.	Petroleum Technology. New York
Petr. Times	Petroleum Times. London
Pflanzenschutz Ber.	Pflanzenschutz Berichte. Wien
Pflügers Arch. Physiol.	Pflügers Archiv für die gesamte Physiologie der Menschen und Tiere

Kürzung	Titel
Pharmacia	Pharmacia. Tallinn (Reval), Estland
Pharmacol. Rev.	Pharmacological Reviews. Baltimore, Md.
Pharm. Acta Helv.	Pharmaceutica Acta Helvetiae
Pharm. Arch.	Pharmaceutical Archives. Madison, Wisc.
Pharmazie	Pharmazie
Pharm. Bl.	Pharmaceutical Bulletin. Tokyo
Pharm. Ind.	Pharmazeutische Industrie
Pharm. J.	Pharmaceutical Journal. London
Pharm. Monatsh.	Pharmazeutische Monatshefte. Wien
Pharm. Presse	Pharmazeutische Presse
Pharm. Tijdschr. Nederl.-Indië	Pharmaceutisch Tijdschrift voor Nederlandsch-Indië
Pharm. Weekb.	Pharmaceutisch Weekblad
Pharm. Zentralhalle	Pharmazeutische Zentralhalle für Deutschland
Pharm. Ztg.	Pharmazeutische Zeitung
Ph. Ch.	s. Z. physik. Chem.
Philippine Agriculturist	Philippine Agriculturist
Philippine J. Agric.	Philippine Journal of Agriculture
Philippine J. Sci.	Philippine Journal of Science
Phil. Mag.	Philosophical Magazine. London
Phil. Trans.	Philosophical Transactions of the Royal Society of London
Phot. Ind.	Photographische Industrie
Phot. J.	Photographic Journal. London
Phot. Korresp.	Photographische Korrespondenz
Photochem. Photobiol.	Photochemistry and Photobiology. London
Phys. Ber.	Physikalische Berichte
Physica	Physica. Nederlandsch Tijdschrift voor Natuurkunde; ab 1934 Archives Néerlandaises des Sciences Exactes et Naturelles Ser. IV A
Physics	Physics. New York
Physiol. Plantarum	Physiologia Plantarum. Kopenhagen
Physiol. Rev.	Physiological Reviews. Washington, D.C.
Phys. Rev.	Physical Review. New York
Phys. Z.	Physikalische Zeitschrift. Leipzig
Phys. Z. Sowjet.	Physikalische Zeitschrift der Sowjetunion
Phytochemistry	Phytochemistry. London
Phytopath.	Phytopathology. Lancaster, Pa.
Pitture Vernici	Pitture e Vernici
Planta	Planta. Archiv für wissenschaftliche Botanik (= Zeitschrift für wissenschaftliche Biologie, Abt. E)
Planta med.	Planta Medica
Plant Disease Rep. Spl.	The Plant Disease Reporter, Supplement (United States Department of Agriculture)
Plant Physiol.	Plant Physiology. Lancaster, Pa.
Plant Soil	Plant and Soil. den Haag
Plastic Prod.	Plastic Products. New York
Plast. Massy	Plastičeskie Massy
Polymer Bl.	Polymer Bulletin
Polythem. collect. Rep. med. Fac. Univ. Olomouc	Polythematical Collected Reports of the Medical Faculty of the Palacký University Olomouc (Olmütz)
Portugaliae Physica	Portugaliae Physica
Power	Power. New York
Pr. Acad. Sci. Agra Oudh	Proceedings of the Academy of Sciences of the United Provinces of Agra Oudh. Allahabad, India

Kürzung	Titel
Pr. Acad. Sci. U.S.S.R. Chem. Sect.	Proceedings of the Academy of Sciences of the U.S.S.R., Chemistry Section. Englische Übersetzung von Doklady Akademii Nauk S.S.S.R.
Pr. Acad. Tokyo	Proceedings of the Imperial Academy of Japan; ab **21** [1945] Proceedings of the Japan Academy
Pr. Akad. Amsterdam	Koninklijke Nederlandse Akademie van Wetenschappen, Proceedings
Prakt. Desinf.	Der Praktische Desinfektor
Praktika Akad. Athen.	Praktika tes Akademias Athenon
Pr. Am. Acad. Arts Sci.	Proceedings of the American Academy of Arts and Sciences
Pr. Am. Petr. Inst.	Proceedings of the Annual Meeting, American Petroleum Institute. New York
Pr. Am. Soc. hort. Sci.	Proceedings of the American Society for Horticultural Science
Pr. ann. Conv. Sugar Technol. Assoc. India	Proceedings of the Annual Convention of the Sugar Technologists' Association. India
Pr. Cambridge phil. Soc.	Proceedings of the Cambridge Philosophical Society
Pr. chem. Soc.	Proceedings of the Chemical Society. London
Presse méd.	Presse médicale
Pr. Florida Acad.	Proceedings of the Florida Academy of Sciences
Pr. Indiana Acad.	Proceedings of the Indiana Academy of Science
Pr. Indian Acad.	Proceedings of the Indian Academy of Sciences
Pr. Inst. Food Technol.	Proceedings of Institute of Food Technologists
Pr. Inst. Radio Eng.	Proc. I.R.E. = Proceedings of the Institute of Radio Engineers and Waves and Electrons. Menasha, Wisc.
Pr. int. Conf. bitum. Coal	Proceedings of the International Conference on Bituminous Coal. Pittsburgh, Pa.
Pr. IV. int. Congr. Biochem. Wien 1958	Proceedings of the IV. International Congress of Biochemistry. Wien 1958
Pr. XI. int. Congr. pure appl. Chem. London 1947	Proceedings of the XI. International Congress of Pure and Applied Chemistry. London 1947
Pr. Iowa Acad.	Proceedings of the Iowa Academy of Science
Pr. Irish Acad.	Proceedings of the Royal Irish Academy
Priroda	Priroda (Natur). Leningrad
Pr. Leeds phil. lit. Soc.	Proceedings of the Leeds Philosophical and Literary Society, Scientific Section
Pr. Louisiana Acad.	Proceedings of the Louisiana Academy of Sciences
Pr. Minnesota Acad.	Proceedings of the Minnesota Academy of Science
Pr. nation. Acad. India	Proceedings of the National Academy of Sciences, India
Pr. nation. Acad. U.S.A.	Proceedings of the National Academy of Sciences of the United States of America
Pr. nation. Inst. Sci. India	Proceedings of the National Institute of Sciences of India
Pr. N. Dakota Acad.	Proceedings of the North Dakota Academy of Science
Pr. Nova Scotian Inst. Sci.	Proceedings of the Nova Scotian Institute of Science
Procès-Verbaux Soc. Sci. phys. nat. Bordeaux	Procès-Verbaux des Séances de la Société des Sciences Physiques et Naturalles de Bordeaux
Prod. Finish.	Products Finishing. Cincinnati, Ohio
Progr. Chem. Fats Lipids	Progress in the Chemistry of Fats and other Lipids. Herausg. von *R. T. Holman, W. O. Lundberg* und *T. Malkin*
Progr. org. Chem.	Progress in Organic Chemistry. London
Pr. Oklahoma Acad.	Proceedings of the Oklahoma Academy of Science
Promyšl. org. Chim.	Promyšlennost' Organičeskoj Chimii (Industrie der organischen Chemie)
Protar	Protar. Schweizerische Zeitschrift für Zivilschutz
Protoplasma	Protoplasma. Wien

Kürzung	Titel
Pr. phys. math. Soc. Japan	Proceedings of the Physico-Mathematical Society of Japan [Nippon Suugaku-Buturigakkwai Kizi]
Pr. phys. Soc. London	Proceedings of the Physical Society. London
Pr. roy. Soc.	Proceedings of the Royal Society of London
Pr. roy. Soc. Edinburgh	Proceedings of the Royal Society of Edinburgh
Pr. roy. Soc. Queensland	Proceedings of the Royal Society of Queensland
Pr. Rubber Technol. Conf.	Proceedings of the Rubber Technology Conference. London 1948
Pr. scient. Sect. Toilet Goods Assoc.	Proceedings of the Scientific Section of the Toilet Goods Association. New York
Pr. S. Dakota Acad.	Proceedings of the South Dakota Academy of Science
Pr. Soc. chem. Ind. Chem. eng. Group	Society of Chemical Industry, London, Chemical Engineering Group, Proceedings
Pr. Soc. exp. Biol. Med.	Proceedings of the Society for Experimental Biology and Medicine. New York
Pr. Trans. Nova Scotian Inst. Sci.	Proceedings and Transactions of the Nova Scotian Institute of Science
Pr. Univ. Durham phil. Soc.	Proceedings of the University of Durham Philosophical Society. Newcastle upon Tyne
Pr. Utah Acad.	Proceedings of the Utah Academy of Sciences, Arts and Letters
Pr. Virginia Acad.	Proceedings of the Virginia Academy of Science
Przeg. chem.	Przeglad Chemiczny (Chemische Rundschau). Lwów
Przem. chem.	Przemỹsł Chemiczny (Chemische Industrie). Warschau
Publ. Am. Assoc. Adv. Sci.	Publication of the American Association for the Advancement of Science. Washington
Publ. Centro Invest. tisiol.	Publicaciones del Centro de Investigaciones tisiológicas. Buenos Aires
Public Health Bl.	Public Health Bulletin
Public Health Rep.	U. S. Public Health Service: Public Health Reports
Public Health Service	U. S. Public Health Service
Publ. scient. tech. Minist. Air	Publications Scientifiques et Techniques du Ministère de l'Air
Publ. tech. Univ. Tallinn	Publications from the Technical University of Estonia at Tallinn [Tallinna Tehnikaülikooli Toimetused]
Publ. Wagner Free Inst.	Publications of the Wagner Free Institute of Science. Philadelphia, Pa.
Pure appl. Chem.	Pure and Applied Chemistry. London
Pyrethrum Post	Pyrethrum Post. Nakuru, Kenia
Quaderni Nutriz.	Quaderni della Nutrizione
Quart. J. exp. Physiol.	Quarterly Journal of Experimental Physiology. London
Quart. J. Indian Inst. Sci.	Quarterly Journal of the Indian Institute of Science
Quart. J. Med.	Quarterly Journal of Medicine. Oxford
Quart. J. Pharm. Pharmacol.	Quarterly Journal of Pharmacy and Pharmacology. London
Quart. J. Studies Alcohol	Quarterly Journal of Studies on Alcohol. New Haven, Conn.
Quart. Rev.	Quarterly Reviews. London
Queensland agric. J.	Queensland Agricultural Journal
Química Mexico	Química. Mexico
R.	Recueil des Travaux Chimiques des Pays-Bas
Radiologica	Radiologica. Berlin
Radiology	Radiology. Syracuse, N.Y.

Kürzung	Titel
Rad. jugosl. Akad.	Radovi Jugoslavenske Akademije Znanosti i Umjetnosti. Razreda Matematicko-Priridoslovnoga (Mitteilungen der Jugoslawischen Akademie der Wissenschaften und Künste. Mathematisch-naturwissenschaftliche Reihe)
R.A.L.	Atti della Reale Accademia Nazionale dei Lincei, Classe di Scienze Fisiche, Matematiche e Naturali: Rendiconti
Rasayanam	Rasayanam (Journal for the Progress of Chemical Science). Indien
Rass. clin. Terap.	Rassegna di clinica Terapia e Scienze affini
Rass. Med. ind.	Rassegna di Medicina industriale
Rec. chem. Progr.	Record of Chemical Progress. Kresge-Hooker Scientific Library. Detroit, Mich.
Recent Progr. Hormone Res.	Recent Progress in Hormone Research
Recherches	Recherches. Herausg. von Soc. Anon. Roure-Bertrand Fils & Justin Dupont
Refiner	Refiner and Natural Gasoline Manufacturer. Houston, Texas
Refrig. Eng.	Refrigerating Engineering. New York
Reichsamt Wirtschaftsausbau Chem. Ber.	Reichsamt für Wirtschaftsausbau. Chemische Berichte
Reichsber. Physik	Reichsberichte für Physik (Beihefte zur Physikalischen Zeitschrift)
Rend. Accad. Sci. fis. mat. Napoli	Rendiconto dell'Accademia delle Scienze fisiche e matematiche. Napoli
Rend. Fac. Sci. Cagliari	Rendiconti del Seminario della Facoltà di Scienze della Università di Cagliari
Rend. Ist. lomb.	Rendiconti dell'Istituto Lombardo di Science e Lettere. Classe di Scienze Matematiche e Naturali.
Rend. Ist. super. Sanità	Rendiconti Istituto superiore di Sanità
Rend. Soc. chim. ital.	Rendiconti della Società Chimica Italiana
Rensselaer polytech. Inst. Bl.	Rensselaer Polytechnic Institute Buletin. Troy, N. Y.
Rep. Connecticut agric. Exp. Sta.	Report of the Connecticut Agricultural Experiment Station
Rep. Food Res. Inst. Tokyo	Report of the Food Research Institute. Tokyo [Shokuryo Kenkyusho Kenkyu Hokoku]
Rep. Gov. chem. ind. Res. Inst. Tokyo	Reports of the Government Chemical Industrial Research Institute. Tokyo [Tokyo Kogyo Shikensho Hokoku]
Rep. Inst. chem. Res. Kyoto Univ.	Reports of the Institute for Chemical Research, Kyoto University
Rep. Inst. Sci. Technol. Tokyo	Reports of the Institute of Science and Technology of the University of Tokyo [Tokyo Daigaku Rikogaku Kenkyusho Hokoku]
Rep. Osaka ind. Res. Inst.	Reports of the Osaka Industrial Research Institute [Osaka Kogyo Gijutsu Shikenjo Hokoku]
Rep. Osaka munic. Inst. domestic Sci.	Report of the Osaka Municipal Institute for Domestic Science [Osaka Shiritsu Seikatsu Kagaku Konkyusho Kenkyu Hokoku]
Rep. Radiat. Chem. Res. Inst. Tokyo Univ.	Reports of the Radiation Chemistry Research Institute, Tokyo University
Rep. Tokyo ind. Testing Lab.	Reports of the Tokyo Industrial Testing Laboratory
Res. Bl. Gifu Coll. Agric.	Research Bulletin of the Gifu Imperial College of Agriculture [Gifu Koto Norin Gakko Kagami Kenkyu Hokoku]
Research	Research. London

Kürzung	Titel
Res. Electrotech. Labor. Tokyo	Researches of the Electrotechnical Laboratory Tokyo [Denki Shikensho Kenkyu Hokoku]
Res. Rep. Fac. Eng. Chiba Univ.	Research Reports of the Faculty of Engineering, Chiba University
Rev. alimentar	Revista alimentar. Rio de Janeiro
Rev. appl. Entomol.	Review of Applied Entomology. London
Rev. Asoc. bioquim. arg.	Revista de la Asociación Bioquímica Argentina
Rev. Asoc. Ing. agron.	Revista de la Asociación de Ingenieros agronomicos. Montevideo
Rev. Assoc. brasil. Farm.	Revista da Associação brasileira de Farmacêuticos
Rev. belge Sci. méd.	Revue Belge des Sciences médicales
Rev. brasil. Biol.	Revista Brasileira de Biologia
Rev. brasil. Quim.	Revista Brasileira de Química
Rev. canad. Biol.	Revue Canadienne de Biologie
Rev. Centro Estud. Farm. Bioquim.	Revista del Centro Estudiantes de Farmacia y Bioquímica. Buenos Aires
Rev. Chimica ind.	Revista de Chimica industrial. Rio de Janeiro
Rev. Chim. ind.	Revue de Chimie industrielle. Paris
Rev. Ciencias	Revista de Ciencias. Lima
Rev. Colegio Farm. nacion.	Revista del Colegio de Farmaceuticos nacionales. Rosario, Argentinien
Rev. Fac. Cienc. quim.	Revista de la Facultad de Ciencias Químicas, Universidad Nacional de La Plata
Rev. Fac. Farm. Bioquim. Univ. San Marcos	Revista de la Faculted de Farmacia y Bioquimica, Universidad Nacional Mayor de San Marcos de Lima, Peru
Rev. Fac. Med. veterin. Univ. São Paulo	Revista da Faculdade de Medicina Veterinaria, Universidade de São Paulo
Rev. Fac. Quim. Santa Fé	Revista de la Facultad de Química Industrial y Agricola. Santa Fé, Argentinien
Rev. Fac. Sci. Istanbul	Revue de la Faculté des Sciences de l'Université d'Istanbul
Rev. farm. Buenos Aires	Revista Farmaceutica. Buenos Aires
Rev. franç. Phot.	Revue française de Photographie et de Cinématographie
Rev. Gastroenterol.	Review of Gastroenterology. New York
Rev. gén. Bot.	Revue générale de Botanique
Rev. gén. Caoutchouc	Revue générale du Caoutchouc
Rev. gén. Colloides	Revue générale des Colloides
Rev. gén. Froid	Revue générale du Froid
Rev. gén. Mat. col.	Revue générale des Matières colorantes de la Teinture, de l'Impression, du Blanchiment et des Apprêts
Rev. gén. Mat. plast.	Revue générale des Matières plastiques
Rev. gén. Sci.	Revue générale des Sciences pures et appliquées (ab 1948) et Bulletin de la Société Philomatique
Rev. gén. Teinture	Revue générale de Teinture, Impression, Blanchiment, Apprêt (Tiba)
Rev. Immunol.	Revue d'Immunologie (ab Bd. **10** [1946]) et de Thérapie antimicrobienne
Rev. Inst. A. Lutz	Revista do Instituto Adolfo Lutz. São Paulo
Rev. Inst. franç. Pétr.	Revue de l'Institut Français du Pétrole et Annales des Combustibles liquides
Rev. Inst. Salubridad	Revista del Instituto de Salubridad y Enfermedades tropicales. Mexico
Rev. Marques Parf. France	Revue des Marques — Parfums de France
Rev. Marques Parf. Savonn.	Revue des Marques de la Parfumerie et de la Savonnerie

Kürzung	Titel
Rev. mod. Physics	Reviews of Modern Physics. New York
Rev. Opt.	Revue d'Optique Théorique et Instrumentale
Rev. Parf.	Revue de la Parfumerie et des Industries s'y Rattachant
Rev. petrolif.	Revue pétrolifère
Rev. phys. Chem. Japan	Review of Physical Chemistry of Japan
Rev. Prod. chim.	Revue des Produits Chimiques
Rev. pure appl. Chem.	Reviews of Pure and Applied Chemistry. Melbourne, Australien
Rev. Quim. Farm.	Revista de Química e Farmácia. Rio de Janeiro
Rev. quim. farm. Chile	Revista químico farmacéutica. Santiago, Chile
Rev. Quim. ind.	Revista de Química industrial. Rio de Janeiro
Rev. roum. Chim.	Revue Roumaine de Chimie
Rev. scient.	Revue scientifique. Paris
Rev. scient. Instruments	Review of Scientific Instruments. New York
Rev. Soc. arg. Biol.	Revista de la Sociedad Argentina de Biologia
Rev. Soc. brasil. Quim.	Revista da Sociedade Brasileira de Química
Rev. ştiinţ. Adamachi	Revista Ştiinţifică „V. Adamachi"
Rev. sud-am. Endocrin.	Revista sud-americana de Endocrinologia, Immunologia, Quimioterapia
Rev. univ. Mines	Revue universelle des Mines
Rev. Viticult.	Revue de Viticulture
Rhodora	Rhodora (Journal of the New England Botanical Club). Lancaster, Pa.
Ric. scient.	Ricerca Scientifica ed il Progresso Tecnico nell'Economia Nazionale; ab 1945 Ricerca Scientifica e Ricostruzione; ab 1948 Ricerca Scientifica
Riechstoffind.	Riechstoffindustrie und Kosmetik
Riforma med.	Riforma medica
Riv. Combust.	Rivista dei Combustibili
Riv. ital. Essenze Prof.	Rivista Italiana Essenze, Profumi, Pianti Offizinali, Olii Vegetali, Saponi
Riv. ital. Petr.	Rivista Italiano del Petrolio
Riv. Med. aeronaut.	Rivista di Medicina aeronautica
Riv. Patol. sperim.	Rivista di Patologia sperimentale
Riv. Viticolt.	Rivista di Viticoltura e di Enologia
Rocky Mountain med. J.	Rocky Montain Medical Journal. Denver, Colorado
Roczniki Chem.	Roczniki Chemji (Annales Societatis Chimicae Polonorum)
Roczniki Farm.	Roczniki Farmacji. Warschau
Rossini, Selected Values 1953	Selected Values of Physical and Thermodynamic Properties of Hydrocarbons and Related Compounds. Herausg. von *F. D. Rossini*, *K. S. Pitzer*, *R. L. Arnett*, *R. M. Braun*, *G. C. Pimentel*. Pittsburgh 1953. Comprising the Tables of the A.P.I. Res. Project 44
Roy. Inst. Chem.	Royal Institute of Chemistry, London, Lectures, Monographs, and Reports
Rubber Age N.Y.	Rubber Age. New York
Rubber Chem. Technol.	Rubber Chemistry and Technology. Lancaster, Pa.
Russ. chem. Rev.	Russian Chemical Reviews. Englische Übersetzung von Uspechi Chimii
Russ. P.	Russisches Patent
Safety in Mines Res. Board	Safety in Mines Research Board. London
S. African J. med. Sci.	South African Journal of Medical Sciences
S. African J. Sci.	South African Journal of Science

Kürzung	Titel
Sammlg. Vergiftungsf.	Fühner-Wielands Sammlung von Vergiftungsfällen
Sber. Akad. Wien	Sitzungsberichte der Akademie der Wissenschaften Wien. Mathematisch-naturwissenschaftliche Klasse
Sber. Bayer. Akad.	Sitzungsberichte der Bayerischen Akademie der Wissenschaften, Mathematisch-naturwissenschaftliche Klasse
Sber. finn. Akad.	Sitzungsberichte der Finnischen Akademie der Wissenschaften
Sber. Ges. Naturwiss. Marburg	Sitzungsberichte der Gesellschaft zur Beförderung der gesamten Naturwissenschaften zu Marburg
Sber. Heidelb. Akad.	Sitzungsberichte der Heidelberger Akademie der Wissenschaften. Mathematisch-naturwissenschaftliche Klasse
Sber. Naturf. Ges. Tartu	Sitzungsberichte der Naturforscher-Gesellschaft bei der Universität Tartu
Sber. phys. med. Soz. Erlangen	Sitzungsberichte der physikalisch-medizinischen Sozietät zu Erlangen
Sber. Preuss. Akad.	Sitzungsberichte der Preussischen Akademie der Wissenschaften, Physikalisch-mathematische Klasse
Sbornik čsl. Akad. zeměd.	Sbornik Československé Akademie Zemědělské (Annalen der Tschechoslowakischen Akademie der Landwirtschaft)
Sbornik Statei obšč. Chim.	Sbornik Statei po Obščei Chimii, Akademija Nauk S.S.S.R.
Sbornik Trudov Armjansk. Akad.	Sbornik Trudov Armjanskogo Filial. Akademija Nauk
Sbornik Trudov opytnogo Zavoda Lebedeva	Sbornik Trudov opytnogo Zavoda imeni *S. V. Lebedeva* (Gesammelte Arbeiten aus dem Versuchsbetrieb *S. V. Lebedew*)
Schmerz	Schmerz, Narkose, Anaesthesie
Schwed. P.	Schwedisches Patent
Schweiz. Apoth. Ztg.	Schweizerische Apotheker-Zeitung
Schweiz. med. Wschr.	Schweizerische medizinische Wochenschrift
Schweiz. P.	Schweizer Patent
Schweiz. Wschr. Chem. Pharm.	Schweizerische Wochenschrift für Chemie und Pharmacie
Schweiz. Z. allg. Path.	Schweizerische Zeitschrift für allgemeine Pathologie und Bakteriologie
Sci.	Science. New York/Washington
Sci. Bl. Fac. Agric. Kyushu Univ.	La Bulteno Scienca de la Facultato Tercultura, Kjusu Imperia Universitato; Fukuoka, Japanujo; nach **11** Nr. 2/3 [1945]: Science Bulletin of the Faculty of Agriculture, Kyushu University
Sci. Culture	Science and Culture. Calcutta
Scientia pharm.	Scientia Pharmaceutica. Wien
Scientia Valparaiso	Scientia Valparaiso. Chile
Scient. J. roy. Coll. Sci.	Scientific Journal of the Royal College of Science
Scient. Pap. Inst. phys. chem. Res.	Scientific Papers of the Institute of Physical and Chemical Research. Tokyo
Scient. Pap. Osaka Univ.	Scientific Papers from the Osaka University
Scient. Pr. roy. Dublin Soc.	Scientific Proceedings of the Royal Dublin Society
Sci. Ind. Osaka	Science & Industry. Osaka [Kagaku to Kogyo]
Sci. Ind. phot.	Science et Industries photographiques
Sci. Progr.	Science Progress. London
Sci. Quart. Univ. Peking	Science Quarterly of the National University of Peking
Sci. Rep. Tohoku Univ.	Science Reports of the Tohoku Imperial University

Kürzung	Titel
Sci. Rep. Tokyo Bunrika Daigaku	Science Reports of the Tokyo Bunrika Daigaku (Tokyo University of Literature and Science)
Sci. Rep. Tsing Hua Univ.	Science Reports of the National Tsing Hua University
Sci. Rep. Univ. Peking	Science Reports of the National University of Peking
Sci. Technol. China	Science and Technology. Sian, China [K'o Hsueh Yu Chi Shu]
Sci. Tokyo	Science. Tokyo [Kagaku Tokyo]
Securitas	Securitas. Mailand
Seifens.-Ztg.	Seifensieder-Zeitung
Sei-i-kai-med. J.	Sei-i-kai Medical Journal. Tokyo [Sei-i-kai Zassi]
Semana med.	Semana médica. Buenos Aires
Sint. Kaučuk	Sintetičeskij Kaučuk
Skand. Arch. Physiol.	Skandinavisches Archiv für Physiologie
Skand. Arch. Physiol. Spl.	Skandinavisches Archiv für Physiologie. Supplementum
Soap	Soap. New York
Soap Perfum. Cosmet.	Soap, Perfumery and Cosmetics. London
Soap sanit. Chemicals	Soap and Sanitary Chemicals. New York
Soc.	Journal of the Chemical Society. London
Soc. Sci. Lodz. Acta chim.	Societatis Scientiarum Lodziensis Acta Chimica
Soil Sci.	Soil Science. Baltimore, Md.
Soobšč. Akad. Gruzinsk. S.S.R.	Soobščenija Akademii Nauk Gruzinskoj S.S.R. (Mitteilungen der Akademie der Wissenschaften der Georgischen Republik)
Soobšč. Rabot Kievsk. ind. Inst.	Soobščenija naučn-issledovatelskij Rabot Kievskogo industrialnogo Instituta
Sovešč. sint. Prod. Kanifoli Skipidara Gorki 1963	Soveščanija sintetičeskich Produktov i Kanifoli i Skipidara Gorki 1963
Sovešč. Stroenie židkom Sost. Kiew 1953	Stroenie i fizičeskie Svoistva Veščestva v Židkom Sostojanie (Struktur und physikalische Eigenschaften der Materie im flüssigen Zustand; Konferenz Kiew 1953)
Sovet. Farm.	Sovetskaja Farmacija
Sovet. Sachar	Sovetskaja Sachar
Spectrochim. Acta	Spectrochimica Acta. Berlin; Bd. 3 Città del Vaticano; ab 4 London
Spisy přírodov. Mas. Univ.	Spisy vydávané Přírodovědeckou Fakultou Masarykovy University (Publications de la Faculté des Sciences de l'Université Masaryk. Brno)
Spisy přírodov. Univ. Brno	Spisy Přírodovedecké Fakulty J. E. Purkyne University v Brnj
Sprawozd. Tow. fiz.	Sprawozdania i Prace Polskiego Towarzystwa Fizycznego (Comptes Rendus des Séances de la Société Polonaise de Physique)
Steroids	Steroids. San Francisco, Calif.
Strahlentherapie	Strahlentherapie
Structure Reports	Structure Reports. Herausg. von A. J. C. Wilson. Utrecht
Stud. Inst. med. Chem. Univ. Szeged	Studies from the Institute of Medical Chemistry, University of Szeged
Südd. Apoth.-Ztg.	Süddeutsche Apotheker-Zeitung
Sugar	Sugar. New York
Sugar J.	Sugar Journal. New Orleans, La.
Suomen Kem.	Suomen Kemistilehti (Acta Chemica Fennica)
Suomen Paperi ja Puu.	Suomen Paperi- ja Puutavaralehti
Superphosphate	Superphosphate. Hamburg
Svenska Mejeritidn.	Svenska Mejeritidningen

Kürzung	Titel
Svensk farm. Tidskr.	Svensk Farmaceutisk Tidskrift
Svensk kem. Tidskr.	Svensk Kemisk Tidskrift
Svensk Papperstidn.	Svensk Papperstidning
Symp. Soc. exp. Biol.	Symposia of the Society for Experimental Biology. New York
Synth. appl. Finishes	Synthetic and Applied Finishes. London
Synth. org. Verb.	Synthesen Organischer Verbindungen. Deutsche Übersetzung von Sintezy Organičeskich Socdimenii
Tech. Ind. Schweiz. Chemiker Ztg.	Technik-Industrie und Schweizer Chemiker-Zeitung
Tech. Mitt. Krupp	Technische Mitteilungen Krupp
Technika Budapest	Technika. Budapest
Technol. Chem. Papier-Zellstoff-Fabr.	Technologie und Chemie der Papier- und Zellstoff-Fabrikation
Technol. Museum Sydney Bl.	Technological Museum Sydney. Bulletin
Technol. Rep. Osaka Univ.	Technology Reports of the Osaka University
Technol. Rep. Tohoku Univ.	Technology Reports of the Tohoku Imperial University
Tech. Physics U.S.S.R.	Technical Physics of the U.S.S.R. (Forts. J. Physics U.S.S.R.)
Teer Bitumen	Teer und Bitumen
Tekn. Tidskr.	Teknisk Tidskrift. Stockholm
Tekn. Ukeblad	Teknisk Ukeblad. Oslo
Tetrahedron	Tetrahedron. London
Tetrahedron Letters	Tetrahedron Letters
Textile Colorist	Textile Colorist. New York
Textile Res. J.	Textile Research Journal. New York
Textile Wd.	Textile World. New York
Teysmannia	Teysmannia. Batavia
Theoret. chim. Acta	Theoretica chimica Acta. Berlin
Therap. Gegenw.	Therapie der Gegenwart
Tidsskr. Hermetikind.	Tidsskrift for Hermetikindustri. Stavanger
Tidsskr. Kjemi Bergv.	Tidsskrift för Kjemi og Bergvesen. Oslo
Tidsskr. Kjemi Bergv. Met.	Tidsskrift för Kjemi, Bergvesen og Metallurgi. Oslo
Tijdschr. Artsenijk.	Tijdschrift voor Artsenijkunde
Tijdschr. Plantenz.	Tijdschrift over Plantenziekten
Tohoku J. agric. Res.	Tohoku Journal of Agricultural Research
Tohoku J. exp. Med.	Tohoku Journal of Experimental Medicine
Trab. Lab. Bioquim. Quim. apl.	Trabajos del Laboratorio de Bioquímica y Química aplicada, Instituto „Alonso Barba", Universidad de Zaragoza
Trans. Am. electroch. Soc.	Transactions of the American Electrochemical Society
Trans. Am. Inst. chem. Eng.	Transactions of the American Institute of Chemical Engineers
Trans. Am. Inst. min. met. Eng.	Transactions of the American Institute of Mining and Metallurgical Engineers
Trans. Am. Soc. mech. Eng.	Transactions of the American Society of Mechanical Engineers
Trans. Bose Res. Inst. Calcutta	Transactions of the Bose Research Institute, Calcutta
Trans. Brit. ceram. Soc.	Transactions of the British Ceramic Society
Trans. … Conf. biol. Antioxidants New York …	Transactions of the … Conference on Biological Antioxidants, New York (1. 1946, 2. 1947, 3. 1948)
Trans. electroch. Soc.	Transactions of the Electrochemical Society. New York

Kürzung	Titel
Trans. Faraday Soc.	Transactions of the Faraday Society. Aberdeen, Schottland
Trans. Illinois Acad.	Transactions of the Illinois State Academy of Science
Trans. Inst. chem. Eng.	Transactions of the Institution of Chemical Engineers. London
Trans. Inst. min. Eng.	Transactions of the Institution of Mining Engineers. London
Trans. Inst. Rubber Ind.	Transactions of the Institution of the Rubber Industry (= I.R.I.-Transactions). London
Trans. Kansas Acad.	Transactions of the Kansas Academy of Science
Trans. Kentucky Acad.	Transactions of the Kentucky Academy of Science
Trans. nation. Inst. Sci. India	Transactions of the National Institute of Science of India
Trans. N.Y. Acad. Sci.	Transactions of the New York Academy of Sciences
Trans. Pr. roy. Soc. New Zealand	Transactions and Proceedings of the Royal Society of New Zealand
Trans. roy. Soc. Canada	Transactions of the Royal Society of Canada
Trans. roy. Soc. S. Africa	Transactions of the Royal Society of South Africa
Trans. roy. Soc. trop. Med. Hyg.	Transactions of the Royal Society of Tropical Medicine and Hygiene. London
Trans. third Comm. int. Soc. Soil Sci.	Transactions of the Third Commission of the International Society of Soil Science
Trav. Labor. Chim. gén. Univ. Louvain	Travaux du Laboratoire de Chimie génerale, Université Louvain
Trav. Soc. Chim. biol.	Travaux des Membres de la Société de Chimie biologique
Trav. Soc. Pharm. Montpellier	Travaux de la Societé de Pharmacie de Montpellier
Trudy Akad. Belorussk. S.S.R.	Trudy Akademii Nauk Belorusskoj S.S.R.
Trudy central. biochim. Inst.	Trudy centralnogo naučno-issledovatelskogo biochimičeskogo Instituta Piščevoj i Vkusovoj Promyšlennosti (Schriften des zentralen biochemischen Forschungsinstituts der Nahrungs- und Genußmittelindustrie)
Trudy Charkovsk. chim. technol. Inst.	Trudy Charkovskogo Chimiko-technologičeskogo Instituta
Trudy chim. farm. Inst.	Trudy Naučnogo Chimiko-farmacevtičeskogo Instituta
Trudy Gorkovsk. pedagog. Inst.	Trudy Gorkovskogo Gosudarstvennogo Pedagogičeskogo Instituta
Trudy Inst. č. chim. Reakt.	Trudy Instituta Čistych Chimičeskich Reaktivov (Arbeiten des Instituts für reine chemische Reagentien)
Trudy Inst. efirno-maslič. Promyšl.	Trudy Vsesojuznogo Instituta efirno-masličnoj Promyšlennosti
Trudy Inst. Fiz. Mat. Akad. Azerbajdžansk. S.S.R.	Trudy Instituta Fiziki i Matematiki, Akademija Nauk Azerbajdžanskoj S.S.R. Serija Fizičeskaja
Trudy Inst. Krist. Akad. S.S.S.R.	Trudy Instituta Kristallografii, Akademija Nauk S.S.S.R.
Trudy Inst. Nefti Akad. S.S.S.R.	Trudy Instituta Nefti, Akademija Nauk S.S.S.R.
Trudy Ivanovsk. chim. technol. Inst.	Trudy Ivanovskogo Chimiko-technologičeskogo Instituta
Trudy Kazansk. chim. technol. Inst.	Trudy Kazanskogo Chimiko-technologičeskogo Instituta
Trudy Leningradsk. ind. Inst.	Trudy Leningradskogo Industrialnogo Instituta
Trudy Lvovsk. med. Inst.	Trudy Lvovskogo Medicinskogo Instituta
Trudy Mendeleevsk. S.	Trudy (VI.) Vsesojuznogo Mendeleevskogo Sezda po teoretičeskoj i prikladnoj Chimii (Charkow 1932)

Kürzung	Titel
Trudy Molotovsk. med. Inst.	Trudy Molotovskogo Medicinskogo Instituta
Trudy Moskovsk. zootech. Inst. Konevod.	Trudy Moskovskogo Zootechničeskogo Instituta Konevodstva
Trudy opytno-issledova-telsk. Zavoda Chimgaz	Trudy opytno-issledovatelskogo Zavoda Chimgaz
Trudy radiev. Inst.	Trudy gosudarstvennogo Radievogo Instituta
Trudy Sessii Akad. Nauk org. Chim.	Trudy Sessii Akademii Nauk po Organičeskoj Chimii
Trudy sredneaziatsk. Univ. Taschkent	Trudy sredneaziatskogo gosudarstvennogo Universiteta. Taschkent [Acta Universitatis Asiae Mediae]
Trudy Uzbeksk. Univ. Sbornik Rabot Chim.	Trudy Uzbekskogo Gosudarstvennogo Universiteta. Sbornik Rabot Chimii (Sammlung chemischer Arbeiten)
Trudy Vopr. Chim. Terpenov Terpenoidov Wilna 1959	Trudy Vsesoj uznogo Soveščanija po Voprosi Chimji Terpenov i Terpenoidov Akademija Nauk Litovskoi S.S.R. Wilna 1959
Trudy Voronežsk. Univ.	Trudy Voronežskogo Gosudarstvennogo Universiteta; Chimičeskij Otdelenie (Acta Universitatis Voronegiensis; Sectio chemica)
Uč. Zap. Gorki Univ.	Učenye Zapiski Gorkovskogo Gosudarstvennogo Universiteta
Uč. Zap. Kazansk. Univ.	Učenye Zapiski Kazanskij Gosudarstvennyj Universitet
Uč. Zap. Leningradsk. Univ.	Učenye Zapiski Leningradskogo Gosudarstvennogo Universiteta (Gelehrte Berichte der Staatlichen Universität Leningrad)
Uč. Zap. Molotovsk Univ.	Učenye Zapiski Molotovskogo Gosudarstvennogo Universiteta
Uč. Zap. Moskovsk. Univ.	Učenye Zapiski Moskovskogo Gosudarstvennogo Universiteta: Chimija (Gelehrte Berichte der Moskauer Staatlichen Universität: Chemie)
Uč. Zap. Saratovsk. Univ.	Učenye Zapiski Saratovskogo Gosudarstvennogo Universiteta
Udobr.	Udobrenie i Urožaj (Düngung und Ernte)
Ugol	Ugol (Kohle)
Ukr. biochim. Ž.	Ukrainskij Biochimičnij Žurnal (Ukrainian Biochemical Journal)
Ukr. chim. Ž.	Ukrainskij Chimičnij Žurnal, Naukova Častina (Journal Chimique de l'Ukraine, Partie Scientifique)
Ullmann	Ullmanns Encyklopädie der Technischen Chemie, 3. Aufl. Herausg. von *W. Foerst*
Underwriter's Lab. Bl.	Underwriters' Laboratories, Inc., Bulletin of Research. Chicago, Ill.
Ung. P.	Ungarisches Patent
Union pharm.	Union pharmaceutique
Union S. Africa Dep. Agric. Sci. Bl.	Union South Africa Department of Agriculture, Science Bulletin
Univ. Allahabad Studies	University of Allahabad Studies
Univ. California Publ. Pharmacol.	University of California Publications. Pharmacology
Univ. California Publ. Physiol.	University of California Publications. Physiology
Univ. Illinois eng. Exp. Sta. Bl.	University of Illinois Bulletin. Engineering Experiment Station. Bulletin Series
Univ. Kansas Sci. Bl.	University of Kansas Science Bulletin
Univ. Philippines Sci. Bl.	University of the Philippines Natural and Applied Science Bulletin

Kürzung	Titel
Univ. Queensland Pap. Dep. Chem.	University of Queensland Papers, Department of Chemistry
Univ. São Paulo Fac. Fil.	Universidade de São Paulo, Faculdade de Filosofia, Ciencias e Letras
Univ. Texas Publ.	University of Texas Publication
U.S. Dep. Agric. Bur. Chem. Circ.	U.S. Department of Agriculture. Bureau of Chemistry Circular
U. S. Dep. Agric. Bur. Entomol.	U. S. Department of Agriculture Bureau of Entomology and Plant Quarantine, Entomological Technic
U. S. Dep. Agric. misc. Publ.	U. S. Department of Agriculture. Miscellaneous Publications
U. S. Dep. Agric. tech. Bl.	U. S. Department of Agriculture. Technical Bulletin
U. S. Dep. Comm. Off. Tech. Serv. Rep.	U. S. Department of Commerce, Office of Technical Services, Publication Board Report
U. S. Naval med. Bl.	United States Naval Medical Bulletin
U. S. P.	Patent der Vereinigten Staaten von Amerika
Uspechi Chim.	Uspechi Chimii (Fortschritte der Chemie); englische Übersetzung: Russian Chemical Reviews (ab 1960)
Uspechi fiz. Nauk	Uspechi fizičeskich Nauk
V.D.I.-Forschungsh.	V.D.I.-Forschungsheft. Supplement zu Forschung auf dem Gebiete des Ingenieurwesens
Verh. naturf. Ges. Basel	Verhandlungen der Naturforschenden Gesellschaft in Basel
Verh. Schweiz. Ver. Physiol. Pharmakol.	Verhandlungen des Schweizerischen Vereins der Physiologen und Pharmakologen
Verh. Vlaam. Acad. Belg.	Verhandelingen van de Koninklijke Vlaamsche Academie voor Wetenschappen, Letteren en Schone Kunsten van België. Klasse der Wetenschappen
Vernici	Vernici
Veröff. K.W.I. Silikatf.	Veröffentlichungen aus dem K.W.I. für Silikatforschung
Verre Silicates ind.	Verre et Silicates Industriels, Céramique, Émail, Ciment
Versl. Akad. Amsterdam	Verslag van de Gewone Vergadering der Afdeeling Natuurkunde, Nederlandsche Akademie van Wetenschappen
Vestnik kožev. Promyšl.	Vestnik koževennoj Promyšlennosti i Torgovli (Nachrichten aus Lederindustrie und -handel)
Vestnik Leningradsk. Univ.	Vestnik Leningradskogo Universiteta (Bulletin of the Leningrad University)
Vestnik Moskovsk. Univ.	Vestnik Moskovskogo Universiteta (Bulletin of Moscow University)
Vestnik Oftalmol.	Vestnik Oftalmologii. Moskau
Veterin. J.	Veterinary Journal. London
Virch. Arch. path. Anat.	Virchows Archiv für pathologische Anatomie und Physiologie und für klinische Medizin
Virginia Fruit	Virginia Fruit
Virginia J. Sci.	Virginia Journal of Science
Virology	Virology. New York
Visti Inst. fiz. Chim. Ukr.	Visti Institutu Fizičnoj Chimii Akademija Nauk U.R.S.R. Institut Fizičnoj Chimii
Vitamine Hormone	Vitamine und Hormone. Leipzig
Vitamin Res. News U.S.S.R.	Vitamin Research News U.S.S.R.
Vitamins Hormones	Vitamins and Hormones. New York
Vjschr. naturf. Ges. Zürich	Vierteljahresschrift der Naturforschenden Gesellschaft in Zürich

Kürzung	Titel
Voeding	Voeding (Ernährung). den Haag
Voenn. Chim.	Voennaja Chimija
Vopr. Pitanija	Voprosy Pitanija (Ernährungsfragen)
Vorratspflege Lebens-mittelf.	Vorratspflege und Lebensmittelforschung
Waseda appl. chem. Soc. Bl.	Waseda Applied Chemical Society Bulletin. Tokyo [Waseda Oyo Kagaku Kaiho]
Wasmann Collector	Wasmann Collector. San Francisco, Calif.
Wd. Health Organ.	World Health Organization. New York
Wd. Petr. Congr. London 1933	World Petroleum Congress. London 1933. Proceedings
Wd. Rev. Pest Control	World Review of Pest Control
Wiadom. farm.	Wiadomości Farmaceutyczne. Warschau
Wien. klin. Wschr.	Wiener Klinische Wochenschrift
Wien. med. Wschr.	Wiener medizinische Wochenschrift
Wis- en natuurk. Tijdschr.	Wis- en Natuurkundig Tijdschrift. Gent
Wiss. Mitt. Öst. Heil-mittelst.	Wissenschaftliche Mitteilungen der Österreichischen Heil-mittelstelle
Wiss. Veröff. Dtsch. Ges. Ernähr.	Wissenschaftliche Veröffentlichungen der Deutschen Ge-sellschaft für Ernährung
Wiss. Veröff. Siemens	Wissenschaftliche Veröffentlichungen aus dem Siemens-Konzern bzw. (ab 1935) den Siemens-Werken
Wochenbl. Papierf.	Wochenblatt für Papierfabrikation
Wool Rec. Textile Wd.	Wool Record and Textile World. Bradford
Wschr. Brauerei	Wochenschrift für Brauerei
X-Sen	X-Sen (Röntgen-Strahlen). Japan
Yale J. Biol. Med.	Yale Journal of Biology and Medicine
Yonago Acta med.	Yonago Acta Medica. Japan
Z. anal. Chem.	Zeitschrift für analytische Chemie
Ž. anal. Chim.	Žurnal Analitičeskoj Chimii
Z. ang. Ch.	Zeitschrift für angewandte Chemie
Z. angew. Entomol.	Zeitschrift für angewandte Entomologie
Z. angew. Math. Phys.	Zeitschrift für angewandte Mathematik und Physik
Z. angew. Phot.	Zeitschrift für angewandte Photographie in Wissenschaft und Technik
Z. ang. Phys.	Zeitschrift für angewandte Physik
Z. anorg. Ch.	Zeitschrift für Anorganische und Allgemeine Chemie
Zap. Inst. Chim. Ukr.	Ukrainska Akademija Nauk. Zapiski Institutu Chimii bzw. Zapiski Institutu Chimii Akademija Nauk U.R.S.R.
Zavod. Labor.	Zavodskaja Laboratorija (Betriebslaboratorium)
Z. Berg-, Hütten-Salinenw.	Zeitschrift für das Berg-, Hütten- und Salinenwesen im Deutschen Reich
Z. Biol.	Zeitschrift für Biologie
Zbl. Bakt. Parasitenk.	Zentralblatt für Bakteriologie, Parasitenkunde, Infektions-krankheiten und Hygiene [I] Orig. bzw. [II]
Zbl. Gewerbehyg.	Zentralblatt für Gewerbehygiene und Unfallverhütung
Zbl. inn. Med.	Zentralblatt für Innere Medizin
Zbl. Min.	Zentralblatt für Mineralogie
Zbl. Zuckerind.	Zentralblatt für die Zuckerindustrie
Z. Bot.	Zeitschrift für Botanik
Z. Chem.	Zeitschrift für Chemie. Leipzig

Kürzung	Titel
Ž. chim. Promyšl.	Žurnal Chimičeskoj Promyšlennosti (Journal der Chemischen Industrie)
Z. Desinf.	Zeitschrift für Desinfektions- und Gesundheitswesen
Ž. eksp. Biol. Med.	Žurnal eksperimentalnoj Biologii i Mediciny
Ž. eksp. teor. Fiz.	Žurnal eksperimentalnoj i teoretičeskoj Fiziki
Z. El. Ch.	Zeitschrift für Elektrochemie und angewandte Physikalische Chemie
Zellst. Papier	Zellstoff und Papier
Zesz. Politech. Śląsk.	Zeszyty Naukowe Politechniki Śląskiej. Chemia
Z. Farben Textil Ind.	Zeitschrift für Farben- und Textil-Industrie
Ž. fiz. Chim.	Žurnal fizičeskoj Chimii
Z. ges. Brauw.	Zeitschrift für das gesamte Brauwesen
Z. ges. exp. Med.	Zeitschrift für die gesamte experimentelle Medizin
Z. ges. Getreidew.	Zeitschrift für das gesamte Getreidewesen
Z. ges. innere Med.	Zeitschrift für die gesamte Innere Medizin
Z. ges. Kälteind.	Zeitschrift für die gesamte Kälteindustrie
Z. ges. Naturwiss.	Zeitschrift für die gesamte Naturwissenschaft
Z. ges. Schiess-Spreng-stoffw.	Zeitschrift für das gesamte Schiess- und Sprengstoffwesen
Z. Hyg. Inf.-Kr.	Zeitschrift für Hygiene und Infektionskrankheiten
Z. hyg. Zool.	Zeitschrift für hygienische Zoologie und Schädlings-bekämpfung
Z. Immunitätsf.	Zeitschrift für Immunitätsforschung und experimentelle Therapie
Zinatn. Raksti Rigas politehn. Inst.	Zinatniskie Raksti, Rigas Politehniskais Instituts, Kimijas Fakultate (Wissenschaftliche Berichte des Politechnischen Instituts Riga)
Z. Kinderheilk.	Zeitschrift für Kinderheilkunde
Z. klin. Med.	Zeitschrift für klinische Medizin
Z. kompr. flüss. Gase	Zeitschrift für komprimierte und flüssige Gase
Z. Kr.	Zeitschrift für Kristallographie, Kristallgeometrie, Kristall-physik, Kristallchemie
Z. Krebsf.	Zeitschrift für Krebsforschung
Z. Lebensm. Unters.	Zeitschrift für Lebensmittel-Untersuchung und -Forschung
Z. Naturf.	Zeitschrift für Naturforschung
Ž. obšč. Chim.	Žurnal Obščej Chimii (Journal für Allgemeine Chemie); eng-lische Übersetzung: Journal of General Chemistry of the U.S.S.R. (ab 1949)
Ž. org. Chim.	Žurnal Organičeskoi Chimii; englische Übersetzung: Journal of Organic Chemistry of the U.S.S.R.
Z. Pflanzenernähr.	Zeitschrift für Pflanzenernährung, Düngung und Boden-kunde
Z. Phys.	Zeitschrift für Physik
Z. phys. chem. Unterr.	Zeitschrift für den physikalischen und chemischen Unterricht
Z. physik. Chem.	Zeitschrift für Physikalische Chemie
Z. physiol. Chem.	Hoppe-Seylers Zeitschrift für Physiologische Chemie
Ž. prikl. Chim.	Žurnal Prikladnoj Chimii (Journal für Angewandte Chemie); englische Übersetzung: Journal of Applied Chemistry of the U.S.S.R.
Z. psych. Hyg.	Zeitschrift für psychische Hygiene
Ž. rezin. Promyšl.	Žurnal Rezinovoj Promyšlennosti (Journal of the Rubber Industry)
Ž. russ. fiz.-chim. Obšč.	Žurnal Russkogo Fiziko-chimičeskogo Obščestva. Čast Chimičeskaja (= Chem. Teil)
Z. Spiritusind.	Zeitschrift für Spiritusindustrie
Ž. struktur. Chim.	Žurnal Strukturnoj Chimii

Kürzung	Titel
Ž. tech. Fiz.	Žurnal Techničeskoj Fiziki
Z. tech. Phys.	Zeitschrift für Technische Physik
Z. Tierernähr.	Zeitschrift für Tierernährung und Futtermittelkunde
Z. Tuberkulose	Zeitschrift für Tuberkulose
Z. Unters. Lebensm.	Zeitschrift für Untersuchung der Lebensmittel
Z. Unters. Nahrungs- u. Genussm.	Zeitschrift für Untersuchung der Nahrungs- und Genussmittel sowie der Gebrauchsgegenstände. Berlin
Z.V.D.I.	Zeitschrift des Vereins Deutscher Ingenieure
Z.V.D.I. Beih. Verfahrenstech.	Zeitschrift des Vereins Deutscher Ingenieure. Beiheft Verfahrenstechnik
Z. Verein dtsch. Zuckerind.	Zeitschrift des Vereins der Deutschen Zuckerindustrie
Z. Vitaminf.	Zeitschrift für Vitaminforschung. Bern
Z. Vitamin-Hormon-Fermentf.	Zeitschrift für Vitamin-, Hormon- und Fermentforschung. Wien
Z. Wirtschaftsgr. Zuckerind.	Zeitschrift der Wirtschaftsgruppe Zuckerindustrie
Z. wiss. Phot.	Zeitschrift für wissenschaftliche Photographie, Photophysik und Photochemie
Z. Zuckerind. Čsl.	Zeitschrift für die Zuckerindustrie der Čechoslovakischen Republik
Zymol. Chim. Colloidi	Zymologica e Chimica dei Colloidi
Ж.	s. Ž. russ. fiz.-chim. Obšč.

ZWEITE ABTEILUNG

ISOCYCLISCHE VERBINDUNGEN

(Fortsetzung)

V. Sulfinsäuren

A. Monosulfinsäuren

Monosulfinsäuren $C_nH_{2n}O_2S$

Cyclohexansulfinsäure, *cyclohexanesulfinic acid* $C_6H_{12}O_2S$, Formel I (E II 3).

B. Beim Behandeln von Cyclohexan mit Schwefeldioxid in Gegenwart von Aluminium≈ chlorid (oder Aluminiumbromid) bei 50—60°/25 at oder in Gegenwart von Magnesium≈ chlorid bei 80—100°/25 at (*I.G. Farbenind.*, D.R.P. 506964 [1928]; Frdl. **17** 469).

Kp$_2$: 95—100°. D^{32}: 0,9037.

Cyclohexansulfinylchlorid, *cyclohexanesulfinyl chloride* $C_6H_{11}ClOS$, Formel II.

B. Neben Chlorcyclohexan beim Behandeln von Cyclohexan mit Thionylchlorid und Chlor unter Bestrahlung mit UV-Licht (*Colgate-Palmolive-Peet Co.*, U.S.P. 2412909 [1942]).

Hellgelbes Öl; bei 85—110°/3—4 Torr destillierbar.

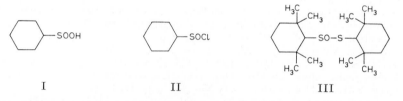

I	II	III

1.1.3.3-Tetramethyl-cyclohexan-sulfinsäure-(2) $C_{10}H_{20}O_2S$.

1.1.3.3-Tetramethyl-cyclohexan-thiosulfinsäure-(2)-S-[2.2.6.6-tetramethyl-cyclohexyl≈ ester], *2,2,6,6-tetramethylcyclohexanethiosulfinic acid* S-(2,2,6,6-tetramethylcyclohexyl) *ester* $C_{20}H_{38}OS_2$, Formel III.

Eine Verbindung (F: 107—107,5°), der vermutlich diese Konstitution zukommt, ist aus 1.1.3.3-Tetramethyl-cyclohexanthiol-(2) beim Erhitzen unter vermindertem Druck sowie beim Behandeln mit Sauerstoff erhalten worden (*Laakso*, Suomen Kem. **13** B [1940] 8, 9, 11).

Monosulfinsäuren $C_nH_{2n-6}O_2S$

Benzolsulfinsäure, *benzenesulfinic acid* $C_6H_6O_2S$, Formel IV (X = OH) auf S. 4 (H 2; E I 3; E II 3).

B. Beim Behandeln von Chlorbenzol mit Natrium in Benzol und Einleiten von Schwe≈ feldioxid in das Reaktionsgemisch (*I.G. Farbenind.*, D.R.P. 633083 [1931]; Frdl. **21** 326). Aus Benzolsulfonylchlorid beim Erwärmen mit wss. Natriumsulfit-Lösung (*Baldwin, Robinson*, Soc. **1932** 1445, 1447). Aus Benzolsulfonylchlorid bei der Hydrierung an Palla≈ dium in wss. Aceton (*De Smet*, Natuurw. Tijdschr. **15** [1933] 215, 222).

IR-Absorption (3—4,5 μ): *Gur'janowa, Šyrkin*, Ž. fiz. Chim. **23** [1949] 105, 113; C. A. **1949** 5245. UV-Spektrum (W. bzw. A.): *Böhme, Wagner*, B. **75** [1942] 606, 610; *Kiss, Vinkler, Csetneky*, Acta Univ. Szeged **2** [1948] 192, 193. Dipolmoment (ε; Dioxan): 3,76 D; Dipolmoment einer Lösung in Benzol bei 25° und 40° (Nachweis von Assozia≈ tion): *Gu., Šy.*, l. c. S. 109. Kryoskopie in Benzol und in Nitrobenzol, auch in Gegenwart von wenig Wasser (Nachweis von Assoziation): *Wright*, Soc. **1949** 683, 686, 687.

Gleichgewicht der Reaktion des Natrium-Salzes mit Jod in wss. Lösung: *Foss*, Norske Vid. Selsk. Forh. **19** [1946] 68. Die beim Behandeln mit rauchender Salpetersäure erhal-

tene Verbindung (s. H 3) ist nicht als Tribenzolsulfonyl-aminoxid, sondern wahrscheinlich als Tribenzolsulfonyl-hydroxylamin zu formulieren (*Farrar*, Soc. **1960** 3063, 3064).
Überführung in Thiophenol durch Erhitzen des Natrium-Salzes mit Wasserstoff in Gegenwart von Nickelpolysulfid, Schwefel und Wasser unter Druck auf 175° sowie durch
Erhitzen der Säure mit Wasserstoff in Gegenwart von Kobaltpolysulfid und Schwefel in
Dioxan unter Druck auf 150°: *Du Pont de Nemours & Co.*, U.S.P. 2402641 [1940]. Die
bei der Umsetzung mit der aus Anthranilsäure hergestellten Diazonium-Verbindung erhaltene Verbindung (s. H 6) ist als 2-[*N.N'*-Dibenzolsulfonyl-hydrazino]-benzoesäure
oder 2-[*N'.N'*-Dibenzolsulfonyl-hydrazino]-benzoesäure zu formulieren (*Farrar*, Chem.
and Ind. **1964** 1985). Beim Behandeln mit Phenylmagnesiumbromid (Überschuss) in Äther
sind Diphenylsulfoxid und geringe Mengen Diphenylsulfid erhalten worden (*Kohler*,
Larsen, Am. Soc. **57** [1935] 1448, 1452). Reaktion mit 1.3-Diphenyl-propin-(1)-on-(3)
in Methanol unter Bildung von 1*c*-Phenylsulfon-1*t*.3-diphenyl-propen-(1)-on-(3): *Kohler*,
Larsen, Am. Soc. **58** [1936] 1518, 1520. Kinetik der Addition an ungesättigte Carbon=
säuren: *Schjånberg*, B. **76** [1943] 287, 288—298.

Beim Behandeln mit Diphenylamin und Schwefelsäure tritt eine blaue Färbung auf
(*Challenger*, *James*, Soc. **1936** 1609, 1612).

Verbindung des Kalium-Salzes mit Benzolsulfinsäure $KC_6H_5O_2S \cdot C_6H_6O_2S$.
Krystalle (aus A.); Zers. oberhalb 150° (*Wright*, Soc. **1940** 859, 860, 862). In Wasser und
Benzol fast unlöslich.

Kupfer(II)-Salz (E II 4). **Dihydrat** $Cu(C_6H_5O_2S)_2 \cdot 2H_2O$. Grüngelbe Krystalle;
F: 202° (*Dubsky*, *Oravec*, Spisy přírodov. Mas. Univ. Nr. 232 [1937] 10, 11; C. **1938** II
3392). — **Verbindung mit Ammoniak** $Cu(C_6H_5O_2S)_2 \cdot 2NH_3$. Blaue Krystalle [aus
wss. Ammoniak] (*Du.*, *Or.*).

Zink-Salz $Zn(C_6H_5O_2S)_2$. Krystalle (aus Eg.); Zers. bei 205° (*Bell*, Soc. **1936** 1242). In
Äthanol schwer löslich (*Bell*). — **Dihydrat** $Zn(C_6H_5O_2S)_2 \cdot 2H_2O$ (H 6). F: 190° (*Du.*,
Or.). — **Verbindung mit Wasser und Ammoniak** $Zn(C_6H_5O_2S)_2 \cdot NH_3 \cdot H_2O$.
Krystalle (aus wss. Ammoniak); F: 225° (*Du.*, *Or.*).

Kobalt(II)-Salz (E II 4). **Dihydrat** $Co(C_6H_5O_2S)_2 \cdot 2H_2O$. Rötliche Krystalle, die
unterhalb 300° nicht schmelzen (*Du.*, *Or.*). Beim Erhitzen erfolgt Blaufärbung.

Nickel(II)-Salz (E II 4). **Dihydrat** $Ni(C_6H_5O_2S)_2 \cdot 2H_2O$. Grüngelb; F: 300° (*Du.*,
Or.). — **Verbindung mit Wasser und Ammoniak** $Ni(C_6H_5O_2S)_2 \cdot 2H_2O \cdot 2NH_3$. Gelbgrün
[aus wss. Ammoniak] (*Du.*, *Or.*).

S-[Naphthyl-(1)-methyl]-isothiuronium-Salz $[C_{12}H_{13}N_2S]C_6H_5O_2S$. Krystalle
(aus W.); F: 177° [korr.; Zers.] (*Bonner*, Am. Soc. **70** [1948] 3508).

Benzolsulfinsäure-äthylester, *benzenesulfinic acid ethyl ester* $C_8H_{10}O_2S$, Formel IV
(X = OC_2H_5) (H 6).

B. Beim Behandeln von Chloroschwefligsäure-äthylester mit Phenylmagnesiumbromid
in Äther (*Carré*, *Libermann*, Bl. [5] **2** [1935] 1700, 1702).

$Kp_{0,05}$: 58° (*Michalski*, *Modro*, *Wieczorkowski*, Soc. **1960** 1665, 1669). n_D^{20}: 1,5308 (*Mi.*,
Mo., *Wi.*).

**3-Benzolsulfinyloxy-1-phenylsulfon-propan, Benzolsulfinsäure-[3-phenylsulfon-propyl=
ester]**, *1-(phenylsulfinyloxy)-3-(phenylsulfonyl)propane* $C_{15}H_{16}O_4S_2$, Formel V.

Diese Konstitution kommt der H 6 im Artikel Benzolsulfinsäure beschriebenen Verbindung $C_{15}H_{16}O_4S_2$ vom F: 101—102° zu (*Cowie*, *Gibson*, Soc. **1933** 306, 307).

B. Neben 1.2.3-Tris-phenylsulfon-propan bei 3-tägigem Erwärmen von (±)-[2.3-Di=
brom-propyl]-phenyl-sulfon mit Natrium-benzolsulfinat in äthanol. Natronlauge (*Co.*,
Gi., l. c. S. 308).

Beim Aufbewahren erfolgt Umwandlung in 1.3-Diphenylsulfon-propan (*Co.*, *Gi.*).

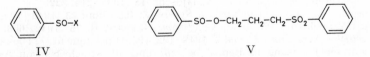

IV   V

Benzolsulfinamid, *benzenesulfinamide* C_6H_7NOS, Formel IV (X = NH_2) (E II 4).
UV-Spektrum von Lösungen in Wasser, wss. Natronlauge und wss. Schwefelsäure:
Böhme, *Wagner*, B. **75** [1942] 606, 611.

4-Fluor-benzol-sulfinsäure-(1), p-*fluorobenzenesulfinic acid* $C_6H_5FO_2S$, Formel VI (X = F).

B. Beim Behandeln einer Dispersion von Fluorbenzol und Aluminiumchlorid in Schwefelkohlenstoff mit Chlorwasserstoff und anschliessend mit Schwefeldioxid (*Hann*, Am. Soc. **57** [1935] 2166). Beim Behandeln einer aus 4-Fluor-anilin in wss. Schwefelsäure bereiteten Diazoniumsalz-Lösung mit Schwefeldioxid und Kupfer-Pulver (*Hampson*, Trans. Faraday Soc. **30** [1934] 877, 879).

Natrium-Salz NaC$_6$H$_4$FO$_2$S. Krystalle (aus W.) mit 2 Mol H$_2$O (*Hann*).

S-Benzyl-isothiuronium-Salz [C$_8$H$_{11}$N$_2$S]C$_6$H$_4$FO$_2$S. Krystalle (aus wss. Salz=säure); F: 161° [korr.] (*Hann*).

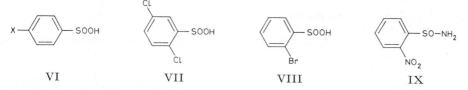

VI   VII   VIII   IX

4-Chlor-benzol-sulfinsäure-(1), p-*chlorobenzenesulfinic acid* $C_6H_5ClO_2S$, Formel VI (X = Cl) (H 7; E I 3; E II 4).

B. Aus 4-Chlor-benzol-sulfonylchlorid-(1) bei der Hydrierung an Palladium in wss. Aceton (*De Smet*, Natuurw. Tijdschr. **15** [1933] 215, 221) sowie mit Hilfe von Natrium=sulfit (*Pickholz*, Soc. **1946** 685).

F: 106—108° (*Pi.*), 97—98° (*De Smet*). IR-Absorption (3—4,5 μ): *Gur'janowa*, *Šyrkin*, Ž. fiz. Chim. **23** [1949] 105, 113; C. A. **1949** 5245. Dipolmoment: 3,29 D [ε; Dioxan], 2,18 D [ε; Bzl.] (*Gu.*, *Šy.*, l. c. S. 109).

Gleichgewicht der Reaktion des Natrium-Salzes mit Jod in wss. Lösung: *Foss*, Norske Vid. Selsk. Forh. **19** [1946] 68. Beim Erwärmen des Natrium-Salzes mit (±)-1-Methyl=mercapto-1-*p*-tolylsulfon-aceton (0,25 Mol) in Äthanol unter Zusatz von Natriumcarbonat ist Methylmercapto-[4-chlor-phenylsulfon]-methan erhalten worden (*Gibson*, Soc. **1932** 1819, 1825).

2.5-Dichlor-benzol-sulfinsäure-(1), *2,5-dichlorobenzenesulfinic acid* $C_6H_4Cl_2O_2S$, Formel VII (E II 5).

F: 119° (*Gibson*, Soc. **1932** 1819, 1824).

Gleichgewicht der Reaktion des Natrium-Salzes mit Jod in wss. Lösung: *Foss*, Norske Vid. Selsk. Forh. **19** [1946] 68.

2-Brom-benzol-sulfinsäure-(1), o-*bromobenzenesulfinic acid* $C_6H_5BrO_2S$, Formel VIII (E II 5).

Gleichgewicht der Reaktion des Natrium-Salzes mit Jod in wss. Lösung: *Foss*, Norske Vid. Selsk. Forh. **19** [1946] 68.

4-Brom-benzol-sulfinsäure-(1), p-*bromobenzenesulfinic acid* $C_6H_5BrO_2S$, Formel VI (X = Br) (H 7; E I 3; E II 5).

B. Aus 4-Brom-benzol-sulfonylchlorid-(1) bei der Hydrierung an Palladium in wss. Aceton (*De Smet*, Natuurw. Tijdschr. **15** [1933] 215, 220).

Gleichgewicht der Reaktion des Natrium-Salzes mit Jod in wss. Lösung: *Foss*, Norske Vid. Selsk. Forh. **19** [1946] 68.

Natrium-Salz NaC$_6$H$_4$BrO$_2$S. Krystalle (aus A.) mit 2 Mol H$_2$O (*De Smet*).

2-Nitro-benzolsulfinamid-(1), o-*nitrobenzenesulfinamide* $C_6H_6N_2O_3S$, Formel IX.

B. Beim Einleiten von Ammoniak in eine äther. Lösung des aus 2-Nitro-benzol-sulfin=säure-(1) (E I 4; E II 5) mit Hilfe von Thionylchlorid hergestellten Säurechlorids (*Schering Corp.*, U.S.P. 2316825 [1938]).

Krystalle (aus A.); F: 150°.

3-Nitro-benzol-sulfinsäure-(1), m-*nitrobenzenesulfinic acid* $C_6H_5NO_4S$, Formel X (H 8; E II 5).

Dipolmoment (ε; Dioxan): 4,23 D (*Gur'janowa*, *Šyrkin*, Ž. fiz. Chim. **23** [1949] 105, 109; C. A. **1949** 5245).

4-Nitro-benzol-sulfinsäure-(1), p-*nitrobenzenesulfinic acid* $C_6H_5NO_4S$, Formel XI
(X = OH) (H 8; E I 4; E II 5).

B. Beim Behandeln einer aus 4-Nitro-anilin bereiteten Diazoniumsalz-Lösung mit
Schwefeldioxid in Gegenwart von Kupfer-Pulver (*Sah*, J. Chin. chem. Soc. **15** [1947/48]
68, 69; *Carter, Hey*, Soc. **1948** 147; vgl. E II 5). Aus 4-Nitro-benzol-sulfonylchlorid-(1)
beim Behandeln mit Zinn(II)-chlorid und Chlorwasserstoff enthaltendem Äthanol
(*Schering Corp.*, U.S.P. 2316825 [1938]).

Krystalle (aus W.); F: 160° [Zers.; nach Sintern bei 136°] (*Ca., Hey*).

Beim Behandeln einer wss.-äthanol. Lösung des Ammonium-Salzes mit Chlor ist
4-Nitro-benzolsulfonamid-(1) erhalten worden (*Ca., Hey*).

Silber-Salz. Gelbe Krystalle (*Sah*).

4-Nitro-benzol-sulfinsäure-(1)-methylester, p-*nitrobenzenesulfinic acid methyl ester*
$C_7H_7NO_4S$, Formel XI (X = OCH_3).

B. Aus 4-Nitro-benzol-sulfinylchlorid-(1) beim Behandeln mit Methanol und Pyridin
(*Dewing et al.*, Soc. **1942** 239, 244).

Krystalle (aus Ae. + PAe.); F: 47°.

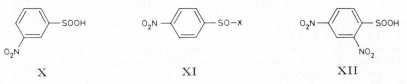

X   XI   XII

4-Nitro-benzol-sulfinsäure-(1)-äthylester, p-*nitrobenzenesulfinic acid ethyl ester*
$C_8H_9NO_4S$, Formel XI (X = OC_2H_5).

B. Aus 4-Nitro-benzol-sulfinylchlorid-(1) beim Behandeln mit Äthanol und Äther in
Gegenwart von Hydrazin-hydrat (*Dewing et al.*, Soc. **1942** 239, 244).

Gelbliche Krystalle (aus Ae. + PAe.); F: 49—51°.

4-Nitro-benzol-sulfinylchlorid-(1), p-*nitrobenzenesulfinyl chloride* $C_6H_4ClNO_3S$, Formel
XI (X = Cl).

B. Aus 4-Nitro-benzol-sulfinsäure-(1) und Thionylchlorid (*Schering Corp.*, U.S.P.
2316825 [1938]).

Krystalle; F: 68°.

4-Nitro-benzolsulfinamid-(1), p-*nitrobenzenesulfinamide* $C_6H_6N_2O_3S$, Formel XI
(X = NH_2).

B. Aus 4-Nitro-benzol-sulfinylchlorid-(1) beim Einleiten von Ammoniak in eine äther.
Lösung (*Schering A.G.*, D.R.P. 741477 [1937]; D.R.P. Org. Chem. **3** 959; *Schering Corp.*,
U.S.P. 2316825 [1938]).

Krystalle (aus A. oder W.); F: 164°.

4-Nitro-*N.N*-dimethyl-benzolsulfinamid-(1), N,N-*dimethyl*-p-*nitrobenzenesulfinamide*
$C_8H_{10}N_2O_3S$, Formel XI (X = $N(CH_3)_2$).

B. Aus 4-Nitro-benzol-sulfinylchlorid-(1) beim Behandeln mit Dimethylamin in Äther
(*Schering A.G.*, D.R.P. 741477 [1937]; D.R.P. Org. Chem. **3** 959; *Schering Corp.*, U.S.P.
2316825 [1938]).

Krystalle (aus wss. A.); F: 74°.

2.4-Dinitro-benzol-sulfinsäure-(1), 2,4-*dinitrobenzenesulfinic acid* $C_6H_4N_2O_6S$,
Formel XII.

Eine von *Davies, Storrie, Tucker* (Soc. **1931** 624, 626) unter dieser Konstitution beschriebene Verbindung (F: 196°) hat sich als Hydrazin-dihydrochlorid erwiesen (*Bradbury, Smith*, Soc. **1952** 2943; s. a. *Meerwein et al.*, B. **90** [1957] 853, 855 Anm. 9); 2.4-Di=
nitro-benzol-sulfinsäure-(1) schmilzt nach *Meerwein et al.* (l. c. S. 859, 860) bei 123°
bis 124°.

Toluol-sulfinsäure-(2), *o*-Toluolsulfinsäure, *o*-*toluenesulfinic acid* $C_7H_8O_2S$, Formel I
(X = OH) (H 8; E I 4; E II 6).

IR-Absorption (2,5—4,5 μ): *Gur'janowa, Šyrkin*, Ž. fiz. Chim. **23** [1949] 105, 113; C. A.
1949 5245. Dipolmoment (ε; Bzl.): 3,02 D (*Gu., Sy.*, l. c. S. 109).

Gleichgewicht der Reaktion des Natrium-Salzes mit Jod in wss. Lösung: *Foss*, Norske Vid. Selsk. Forh. **19** [1946] 68.

Toluol-sulfinylchlorid-(2), o-*toluenesulfinyl chloride* C_7H_7ClOS, Formel I (X = Cl).

B. Aus Toluol-sulfinsäure-(2) und Thionylchlorid (*Courtot, Frenkiel*, C. r. **199** [1934] 557; *Lewtschenko, Derkatsch, Kiršanow*, Ž. obšč. Chim. **31** [1961] 1971, 1974; J. gen. Chem. U.S.S.R. [Übers.] **31** [1961] 1844, 1846).

Kp$_3$: 97—98° (*Le., De., Ki.*).

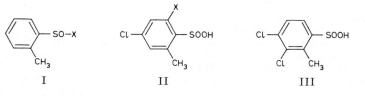

I   II   III

5-Chlor-toluol-sulfinsäure-(2), *4-chloro-o-toluenesulfinic acid* $C_7H_7ClO_2S$, Formel II (X = H).

B. Beim Behandeln einer aus 4-Chlor-2-methyl-anilin in wss. Schwefelsäure bereiteten Diazoniumsalz-Lösung mit Schwefeldioxid in Gegenwart von Kupfer (*Silvester, Wynne*, Soc. **1936** 691, 693).

Krystalle; F: 102—103°.

Barium-Salz Ba($C_7H_6ClO_2S$)$_2$. Krystalle mit 2 Mol H_2O und mit 4 Mol H_2O.

3.5-Dichlor-toluol-sulfinsäure-(2), *4,6-dichloro-o-toluenesulfinic acid* $C_7H_6Cl_2O_2S$, Formel II (X = Cl).

B. Beim Behandeln einer aus 4.6-Dichlor-2-methyl-anilin in wss. Schwefelsäure bereiteten Diazoniumsalz-Lösung mit Schwefeldioxid in Gegenwart von Kupfer (*Silvester, Wynne*, Soc. **1936** 691, 695).

Krystalle (aus Ae. oder Bzn.); F: 115—116°.

Barium-Salz Ba($C_7H_5Cl_2O_2S$)$_2$. Krystalle mit 4 Mol H_2O.

5.6-Dichlor-toluol-sulfinsäure-(2), *3,4-dichloro-o-toluenesulfinic acid* $C_7H_6Cl_2O_2S$, Formel III.

B. Beim Behandeln einer aus 3.4-Dichlor-2-methyl-anilin in wss. Schwefelsäure bereiteten Diazoniumsalz-Lösung mit Schwefeldioxid in Gegenwart von Kupfer (*Silvester, Wynne*, Soc. **1936** 691, 694).

Krystalle (aus Ae.); F: 133°. In Äthanol und Benzin leicht löslich, in Wasser, Benzol und Chloroform schwer löslich. Wenig beständig.

Barium-Salz Ba($C_7H_5Cl_2O_2S$)$_2$. Krystalle mit 4 Mol H_2O.

4-Nitro-toluol-sulfinsäure-(2), *5-nitro-o-toluenesulfinic acid* $C_7H_7NO_4S$, Formel IV (E II 6).

B. Neben anderen Verbindungen aus 4-Nitro-toluol-sulfonylchlorid-(2) und Kalium-äthylxanthogenat (*Bulmer, Mann*, Soc. **1945** 680, 685).

Krystalle (aus W.); F: 122—122,5°.

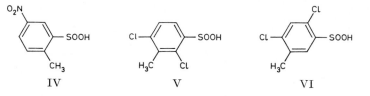

IV   V   VI

Toluol-sulfinsäure-(3), *m*-Toluolsulfinsäure $C_7H_8O_2S$.

2.6-Dichlor-toluol-sulfinsäure-(3), *2,4-dichloro-m-toluenesulfinic acid* $C_7H_6Cl_2O_2S$, Formel V.

B. Beim Behandeln einer aus 2.4-Dichlor-3-methyl-anilin in wss. Schwefelsäure bereiteten Diazoniumsalz-Lösung mit Schwefeldioxid in Gegenwart von Kupfer bei −10° (*Silvester, Wynne*, Soc. **1936** 691, 695).

F: ca. 105°.

Barium-Salz Ba(C$_7$H$_5$Cl$_2$O$_2$S)$_2$. Krystalle mit 4 Mol H$_2$O.

4.6-Dichlor-toluol-sulfinsäure-(3), *4,6-dichloro*-m-*toluenesulfinic acid* C$_7$H$_6$Cl$_2$O$_2$S, Formel VI.

B. Beim Behandeln einer aus 4.6-Dichlor-3-methyl-anilin in wss. Schwefelsäure bereiteten Diazoniumsalz-Lösung mit Schwefeldioxid in Gegenwart von Kupfer (*Silvester, Wynne*, Soc. **1936** 691, 695).

Krystalle (aus Ae.); F: 132°.

Toluol-sulfinsäure-(4), *p*-Toluolsulfinsäure, p-*toluenesulfinic acid* C$_7$H$_8$O$_2$S, Formel VII (R = H) (H 9; E I 4; E II 6).

B. Aus Toluol-sulfonylchlorid-(4) bei der Hydrierung an Palladium/Bariumsulfat in wss. Aceton in Gegenwart von *N.N*-Dimethyl-anilin (*Sakurai, Tanabe*, J. pharm. Soc. Japan **64** [1944] Nr. 8, S. 25; C. A. **1951** 5613).

Krystalle; F: 89—89,5° (*Ingold, Jessop*, Soc. **1930** 708, 712). IR-Absorption (3—4,5 µ): *Gur'janowa, Syrkin*, Ž. fiz. Chim. **23** [1949] 105, 113; C. A. **1949** 5245. Dipolmoment (ε; Dioxan): 4,09 D; Dipolmoment einer Lösung in Benzol bei 25° und 40° (Nachweis von Assoziation): *Gu., Sy.*, l. c. S. 109. Kryoskopie in Benzol und in Nitrobenzol, auch in Gegenwart von Wasser (Nachweis von Assoziation): *Wright*, Soc. **1949** 683, 686, 687.

Die beim Erwärmen des Natrium-Salzes (Dihydrat) oder des Silber-Salzes mit Benzoyl‡ chlorid in Äther erhaltene Verbindung (s. H 11) ist nicht als *p*-Tolyl-benzoyl-sulfon, sondern als Toluol-thiosulfonsäure-(4)-*S*-*p*-tolylester zu formulieren (*Hookway*, Am. Soc. **71** [1949] 3240; *Panizzi, Nicolaus*, G. **80** [1950] 431, 435). Gleichgewicht der Reaktion des Natrium-Salzes mit Jod in wss. Lösung: *Foss*, Norske Vid. Selsk. Forh. **19** [1946] 68. In dem beim Behandeln mit rauchender Salpetersäure erhaltenen, als Tri-[toluol-sulfonyl-(4)]-amin oder Tri-[toluol-sulfonyl-(4)]-aminoxid angesehenen Präparat (s. H 10) hat wahrscheinlich als Tri-[toluol-sulfonyl-(4)]-hydroxylamin vorgelegen (*Farrar*, Soc. **1960** 3063, 3064). Die bei der Umsetzung mit der aus Anthranilsäure hergestellten Diazonium-Verbindung erhaltene Verbindung (s. H 11) ist nicht als 1(oder 2)-[Toluol-sulfonyl-(4)]-4-oxo-1.2-dihydro-4*H*-benz[*d*][1.2.3]oxadiazin, sondern als 2-[*N.N*'-Di-(toluol-sulfonyl-(4))-hydrazino]-benzoesäure oder als 2-[*N'.N*'-Di-(toluol-sulfonyl-(4))-hydrazino]-benzoesäure zu formulieren (*Farrar*, Chem. and Ind. **1964** 1985). Bildung von 2-*p*-Tolylsulfon-2-methyl-pentanon-(4) beim Erwärmen mit Aceton: *Arcus, Kenyon*, Soc. **1938** 684.

Kalium-Salz (H 11). Hydrat KC$_7$H$_7$O$_2$S·H$_2$O. Krystalle [aus CHCl$_3$] (*Wright*, Soc. **1940** 859, 861). — Verbindung mit Toluol-sulfinsäure-(4) KC$_7$H$_7$O$_2$S·C$_7$H$_8$O$_2$S. Krystalle (*Wr.*, l. c. S. 862). In Äthanol und Chloroform leicht löslich.

Kupfer(II)-Salz. Hemihydrat Cu(C$_7$H$_7$O$_2$S)$_2$·0,5H$_2$O. Dunkelgrüne Krystalle [aus W.] (*Wright*, Soc. **1942** 263, 264). — Trihydrat Cu(C$_7$H$_7$O$_2$S)$_2$·3H$_2$O (H 11). Grüne Krystalle [aus W.] (*Wr.*).

Nickel(II)-Salz Ni(C$_7$H$_7$O$_2$S)$_2$. In Wasser schwer löslich, in Äthanol fast unlöslich (*Wright*, Soc. **1942** 263, 265).

Thallium(I)-Salz TlC$_7$H$_7$O$_2$S. Krystalle (aus wss. A.); F: 154—156° [unkorr.; Block] (*Gilman, Abbott*, Am. Soc. **71** [1949] 659). — Thallium(III)-dichlorid-[toluol-sulfonat-(4)] TlCl$_2$(C$_7$H$_7$O$_2$S). F: 203—205° [unkorr.; Zers.; Block] (*Gi., Abb.*, l. c. S. 659).

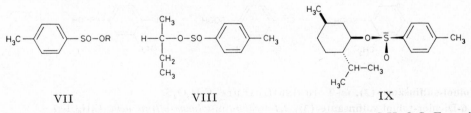

VII   VIII   IX

Toluol-sulfinsäure-(4)-methylester, p-*toluenesulfinic acid methyl ester* C$_8$H$_{10}$O$_2$S, Formel VII (R = CH$_3$) (E II 7).

B. Aus Toluol-sulfinsäure-(4) beim Behandeln mit Diazomethan in Äther (*Arndt, Scholz*, A. **510** [1934] 62, 70).

Kp_{14}: 135°.

Beim Aufbewahren erfolgt Umwandlung in Toluol-thiosulfonsäure-(4)-S-p-tolylester.

Toluol-sulfinsäure-(4)-äthylester, p-*toluenesulfinic acid ethyl ester* $C_9H_{12}O_2S$, Formel VII ($R = C_2H_5$).

(−)-**Toluol-sulfinsäure-(4)-äthylester** (E II 8).

Geschwindigkeit der Racemisierung in Äthanol und Chloroform sowie in (−)-Octan-ol-(2), jeweils in Gegenwart von Toluol-sulfonsäure-(4): *Ziegler, Wenz,* A. **511** [1934] 109, 114, 117.

Toluol-sulfinsäure-(4)-*sec*-butylester, p-*toluenesulfinic acid sec-butyl ester* $C_{11}H_{16}O_2S$.

(*Ξ*)-**Toluol-sulfinsäure-(4)-[(*S*)-*sec*-butylester],** Formel VIII.

B. Beim Behandeln von (*S*)-*sec*-Butylalkohol mit Toluol-sulfinylchlorid-(4) und Pyridin (*Kenyon, Phillips, Pittmann,* Soc. **1935** 1072, 1077).

$Kp_{<0,1}$: 98—100°. D_4^{13}: 1,085; D_4^{25}: 1,066. n_D^{25}: 1,5252. $[\alpha]_D^{13}$: +7,37° [unverd.]; $[\alpha]_D^{13}$: +6,07° [A.; c = 5]; $[\alpha]_{546}^{13}$: +8,46° [unverd.]; $[\alpha]_{546}^{13}$: +7,08° [A.; c = 5]; $[\alpha]_{436}^{13}$: +14,08° [unverd.]; $[\alpha]_{436}^{13}$: +15,77° [A.; c = 5].

Beim Behandeln mit Brom in Petroläther sind Toluol-sulfonylbromid-(4) und (*R*)-2-Brom-butan erhalten worden (*Ke., Ph., Pi.,* l. c. S. 1079).

4-[Toluol-sulfinyl-(4)-oxy]-hepten-(2), Toluol-sulfinsäure-(4)-[1-propyl-buten-(2)-ylester], 4-(p-*tolylsulfinyloxy*)*hept-2-ene* $C_{14}H_{20}O_2S$, Formel VII ($R = CH(CH_2\text{-}CH_2\text{-}CH_3)\text{-}CH = CH\text{-}CH_3$).

a) (+)-**4-[Toluol-sulfinyl-(4)-oxy]-hepten-(2).**

Ein Präparat (Öl; n_D^{17}: 1,5271; α_D^{17}: +1,85°; α_{578}^{17}: +2,07°; α_{546}^{17}: +2,27° [jeweils unverd.; l = 0,5]) von ungewisser Einheitlichkeit ist beim Behandeln von (−)-Hepten-(2)-ol-(4) (α_{546}^{17}: −5,44° [unverd.; l = 2]) mit Toluol-sulfinylchlorid-(4), Pyridin und Äther erhalten worden (*Arcus, Kenyon,* Soc. **1938** 1912, 1918).

b) (±)-**4-[Toluol-sulfinyl-(4)-oxy]-hepten-(2).**

Ein Präparat (nicht destillierbares Öl; n_D^{20}: 1,5273) von ungewisser Einheitlichkeit ist beim Behandeln von (±)-Hepten-(2)-ol-(4) mit Toluol-sulfinylchlorid-(4), Pyridin und Äther erhalten worden (*Arcus, Kenyon,* Soc. **1938** 1912, 1918).

Toluol-sulfinsäure-(4)-[3-methyl-6-isopropyl-cyclohexylester], 3-[Toluol-sulfinyl-(4)-oxy]-*p*-menthan, p-*toluenesulfinic acid* p-*menth-3-yl ester* $C_{17}H_{26}O_2S$.

(*S*)-**Toluol-sulfinsäure-(4)-[(1*R*)-menthylester], O-[(*S*)-Toluol-sulfinyl-(4)]-(1*R*)-menthol** $C_{17}H_{26}O_2S$, Formel IX.

Diese Konfiguration kommt dem E II 9 beschriebenen „*l*-*p*-Toluolsulfinsäure-*l*-menth-ylester" (F: 108—109°; $[\alpha]_{546}^{17}$: −239,9° [Acn.]) zu (*Mislow et al.,* Am. Soc. **87** [1965] 1958; *Axelrod et al.,* Am. Soc. **90** [1968] 4835).

Toluol-sulfinsäure-(4)-[1-phenyl-äthylester], p-*toluenesulfinic acid* α-*methylbenzyl ester* $C_{15}H_{16}O_2S$.

a) (*Ξ*)-**Toluol-sulfinsäure-(4)-[(*R*)-1-phenyl-äthylester],** Formel X.

Die folgenden Angaben beziehen sich auf ein partiell racemisches Präparat von ungewisser Einheitlichkeit.

B. Beim Behandeln von partiell racemischem (*R*)-1-Phenyl-äthanol-(1) (α_{546}: +5,03° [l = 0,25]) mit Toluol-sulfinylchlorid-(4), Äther und Pyridin (*Kenyon, Phillips,* Soc. **1930** 1676, 1684).

$[\alpha]_{546}$: +33,2° [CHCl₃].

Nach 20-tägigem Aufbewahren im geschlossenen Glasgefäss sind Toluol-thiosulfon-säure-(4)-S-p-tolylester und (±)-1-p-Tolylsulfon-1-phenyl-äthan isoliert worden.

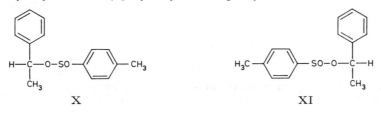

           X   XI

b) **($\varXi$)-Toluol-sulfinsäure-(4)-[(S)-1-phenyl-äthylester]**, Formel XI.

Die folgenden Angaben beziehen sich auf Präparate von ungewisser Einheitlichkeit.

B. Beim Behandeln von (S)-1-Phenyl-äthanol-(1) mit Toluol-sulfinylchlorid-(4), Äther und Pyridin (*Kenyon, Phillips*, Soc. **1930** 1676, 1681; *Arcus, Balfe, Kenyon*, Soc. **1938** 485, 489).

Nicht destillierbare Flüssigkeit; $[\alpha]_{546}$: $-90,8°$ [A.]; $[\alpha]_{436}$: $-159°$ [A.] (*Ke., Ph.*); n_D^{17}: 1,5745; $[\alpha]_{546}^{20}$: $-87,0°$ [A.]; $[\alpha]_{436}^{20}$: $-150,2°$ [A.] (*Ar., Ba., Ke.*).

Bildung von weitgehend racemischem (R)-1-Phenyl-äthylchlorid, Styrol und Toluol-sulfonylchlorid-(4) beim Behandeln mit wss. Hypochlorigsäure: *Houssa, Phillips*, Soc. **1932** 1232, 1234. Bei 9-tägigem Behandeln mit Ameisensäure ist ($\pm$)-1-*p*-Tolylsulfon-1-phenyl-äthan, bei 19-tägigem Behandeln mit Natriumformiat und Ameisensäure sind partiell racemisches (S)-1-*p*-Tolylsulfon-1-phenyl-äthan, partiell racemisches (S)-1-Form=yloxy-1-phenyl-äthan und Toluol-sulfinsäure-(4) erhalten worden (*Ar., Ba., Ke.*).

c) **Opt.-inakt. Toluol-sulfinsäure-(4)-[1-phenyl-äthylester]**, Formel X + XI.

B. Beim Behandeln von ($\pm$)-1-Phenyl-äthanol-(1) mit Toluol-sulfinylchlorid-(4), Äther und Pyridin (*Arcus, Balfe, Kenyon*, Soc. **1938** 485, 489).

Reaktion mit Jodmonochlorid in Wasser unter Bildung von 1-Phenyl-äthylchlorid und Toluol-sulfonyljodid-(4): *Houssa, Phillips*, Soc. **1932** 1232, 1235. Bei 21-tägigem Aufbewahren einer Lösung in Benzol ist 1-*p*-Tolylsulfon-1-phenyl-äthan, bei 24-stdg. Erwärmen in Benzol auf 80° ist Toluol-thiosulfonsäure-(4)-*S*-*p*-tolylester erhalten worden (*Ar., Ba., Ke.*, l. c. S. 486, 490). Bildung von 2-*p*-Tolylsulfon-2-methyl-pentanon-(4) und 1-Phenyl-äthanol-(1) bei mehrmonatigem Behandeln mit Aceton: *Arcus, Kenyon*, Soc. **1938** 684. Beim 22-tägigen Behandeln mit Ameisensäure sind 1-*p*-Tolylsulfon-1-phenyl-äthan und geringe Mengen 1-Formyloxy-1-phenyl-äthan, bei 23-tägigem Behandeln mit Natriumformiat und Ameisensäure sind 1-Formyloxy-1-phenyl-äthan sowie geringe Mengen 1-*p*-Tolylsulfon-1-phenyl-äthan und Toluol-sulfinsäure-(4) erhalten worden (*Ar., Ba., Ke.*).

Toluol-sulfinsäure-(4)-[3-*p*-tolylsulfon-propylester], p-*toluenesulfinic acid 3-(p-tolyl=sulfonyl)propyl ester* $C_{17}H_{20}O_4S_2$, Formel I.

Diese Konstitution kommt der H **6** 419 als 1.2-Di-*p*-tolylsulfon-propan („Propylen-bis-*p*-tolylsulfon") beschriebenen Verbindung zu (*Cowie, Gibson*, Soc. **1933** 306, 307).

B. Beim Erwärmen von ($\pm$)-[2.3-Dibrom-propyl]-*p*-tolyl-sulfon mit Natrium-[toluol-sulfinat-(4)] und äthanol. Natronlauge (*Co., Gi.*, l. c. S. 309).

F: 154°.

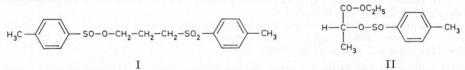

I   II

2-[Toluol-sulfinyl-(4)-oxy]-propionsäure-äthylester, *2-(p-tolylsulfinyloxy)propionic acid ethyl ester* $C_{12}H_{16}O_4S$.

a) **(R)-2-[($\varXi$)-Toluol-sulfinyl-(4)-oxy]-propionsäure-äthylester**, Formel II.

Ein Präparat (Kp$_{<0,1}$: 110°; $D_4^{16,4}$: 1,163; $D_4^{51,6}$: 1,131; n_D^{16}: 1,5197; α_{579}^{16}: $+12,4°$; α_{546}^{16}: $+14,9°$; α_{436}^{16}: $+24,2°$ [unverd.; 1 = 0,25]), in dem ein Gemisch der Diastereoisomeren vorgelegen hat, ist beim Behandeln von D-Milchsäure-äthylester mit Toluol-sulfinyl=chlorid-(4) und Pyridin erhalten worden (*Gerrard, Kenyon, Phillips*, Soc. **1937** 153, 155).

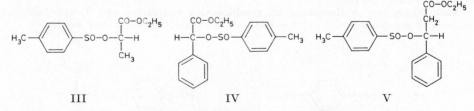

III   IV   V

b) **(S)-2-[($\varXi$)-Toluol-sulfinyl-(4)-oxy]-propionsäure-äthylester**, Formel III.

Präparate (a) Kp$_{<0,1}$: 110—112°; α_{546}^{20}: $-15,7°$ [unverd.; 1 = 0,25]; b) n_D^{17}: 1,5198;

α_{546}^{16}: $-15,7°$ [unverd.; $1 = 0,25$]), in denen Gemische der Diastereoisomeren vorgelegen haben, sind beim Behandeln von L-Milchsäure-äthylester mit Toluol-sulfinylchlorid-(4) und Pyridin erhalten worden (*Gerrard, Kenyon, Phillips*, Soc. **1937** 153, 156).

[Toluol-sulfinyl-(4)-oxy]-phenyl-essigsäure-äthylester, *phenyl(p-tolylsulfinyloxy)acetic acid ethyl ester* $C_{17}H_{18}O_4S$.

(R)-[(Ξ)-Toluol-sulfinyl-(4)-oxy]-phenyl-essigsäure-äthylester, Formel IV.

Partiell racemische Präparate (a) $Kp_{<0,1}$: $136-139°$; $[\alpha]_{546}$: $-536°$ [CHCl$_3$]; α_{546}: $-6,63°$ [unverd.; $1 = 0,25$]; b) $Kp_{<0,1}$: $135-140°$; n_D^{19}: $1,5676$; α_{546}^{20}: $-5,95°$ [unverd.; $1 = 0,25$]; c) $Kp_{<0,1}$: $136-138°$; α_{577}^{20}: $-10,47°$; α_{546}^{20}: $-12,5°$; α_{436}^{20}: $-23,6°$ [jeweils unverd.; $1 = 0,25$]) sind beim Behandeln von D-Mandelsäure-äthylester mit Toluol-sulfinylchlorid-(4) und Pyridin, beim Erhitzen von D-Mandelsäure-äthylester mit Toluol-sulfinsäure-(4)-äthylester unter 18 Torr auf 100° sowie beim Behandeln von (R)-Chlorcarbonyloxy-phenyl-essigsäure-äthylester mit Natrium-[toluol-sulfinat-(4)] in Äther und Erhitzen des Reaktionsprodukts unter vermindertem Druck erhalten worden (*Kenyon, Lipscomb, Phillips*, Soc. **1931** 2275, 2280).

3-[Toluol-sulfinyl-(4)-oxy]-3-phenyl-propionsäure-äthylester, *3-phenyl-3-(p-tolylsulfinyl= oxy)propionic acid ethyl ester* $C_{18}H_{20}O_4S$.

(R)-3-[(Ξ)-Toluol-sulfinyl-(4)-oxy]-3-phenyl-propionsäure-äthylester, Formel V.

B. Beim Behandeln von (R)-3-Hydroxy-3-phenyl-propionsäure-äthylester mit Toluol-sulfinylchlorid-(4) und Pyridin (*Kenyon, Phillips, Shutt*, Soc. **1935** 1663, 1666).

Gelbes Öl; nicht destillierbar. D_4^{17}: $1,178$. n_D^{18}: $1,1529$. α_{546}^{17}: $+3,77°$ [unverd.; $1 = 0,25$].

Toluol-sulfinylchlorid-(4), *p-toluenesulfinyl chloride* C_7H_7ClOS, Formel VII (H 13; E I 5; E II 9).

Beim Behandeln mit Phosphor(III)-bromid ist Di-p-tolyl-disulfid erhalten worden (*Hunter, Sorenson*, Am. Soc. **54** [1932] 3368, 3370).

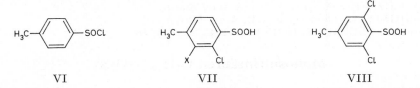

       VI   VII   VIII

3-Chlor-toluol-sulfinsäure-(4), *2-chloro-p-toluenesulfinic acid* $C_7H_7ClO_2S$, Formel VII (X = H).

B. Beim Behandeln einer aus 2-Chlor-4-methyl-anilin in wss. Schwefelsäure bereiteten Diazoniumsalz-Lösung mit Schwefeldioxid in Gegenwart von Kupfer (*Silvester, Wynne*, Soc. **1936** 691, 693).

Krystalle (aus Ae.); F: 110°. Wenig beständig.

Barium-Salz $Ba(C_7H_6ClO_2S)_2$. Krystalle mit 4 Mol H_2O.

2.3-Dichlor-toluol-sulfinsäure-(4), *2,3-dichloro-p-toluenesulfinic acid* $C_7H_6Cl_2O_2S$, Formel VII (X = Cl).

B. Beim Behandeln einer aus 2.3-Dichlor-4-methyl-anilin in wss. Schwefelsäure bereiteten Diazoniumsalz-Lösung mit Schwefeldioxid in Gegenwart von Kupfer (*Silvester, Wynne*, Soc. **1936** 691, 695).

F: 142°.

Barium-Salz $Ba(C_7H_5Cl_2O_2S)_2$. Krystalle mit 1 Mol H_2O.

3.5-Dichlor-toluol-sulfinsäure-(4), *2,6-dichloro-p-toluenesulfinic acid* $C_7H_6Cl_2O_2S$, Formel VIII.

B. Beim Behandeln einer aus 2.6-Dichlor-4-methyl-anilin in wss. Schwefelsäure bereiteten Diazoniumsalz-Lösung mit Schwefeldioxid in Gegenwart von Kupfer (*Silvester, Wynne*, Soc. **1936** 691, 696).

F: ca. 127°.

Toluol-sulfinsäure-(α), *toluene-α-sulfinic acid* $C_7H_8O_2S$, Formel IX (H 13; E II 9; dort auch als Benzylsulfinsäure bezeichnet).

B. Beim Einleiten von Schwefeldioxid in äther. Benzylmagnesiumchlorid-Lösung unter Stickstoff (*Backer, Stevens, Dost*, R. **67** [1948] 451, 456; s. a. *Rothstein*, Soc. **1934** 684, 685). Aus 3-Benzylsulfon-propionsäure, aus 3-Benzylsulfon-buttersäure oder aus (±)-Benzylsulfon-bernsteinsäure beim Erwärmen mit wss. Natronlauge (*Holmberg*, Ark. Kemi **14**A Nr. 8 [1940] 6, 7, 8).

Krystalle; F: 61—63° (*Ho.*, l. c. S. 9).

Natrium-Salz $NaC_7H_7O_2S$. Krystalle [aus A.] (*Ho.*, l. c. S. 11).

Quecksilber(II)-chlorid-[toluol-sulfinat-(α)] $HgCl(C_7H_7O_2S)$. Krystalle; Zers. bei 135° (*Ho.*, l. c. S. 10). In Wasser und Äthanol schwer löslich.

Blei(II)-Salz $Pb(C_7H_7O_2S)_2$. Krystalle (*Ho.*, l. c. S. 11).

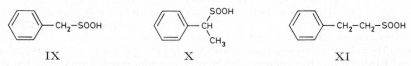

| IX | X | XI |

(±)-1-Phenyl-äthan-sulfinsäure-(1), (±)-*1-phenylethanesulfinic acid* $C_8H_{10}O_2S$, Formel X.

B. Aus (±)-3-[1-Phenyl-äthylsulfon]-propionsäure beim Erwärmen mit wss. Natron= lauge (*Holmberg*, Ark. Kemi **15**A Nr. 21 [1942] 13).

Krystalle; F: 55—65°.

An der Luft wenig beständig.

1-Phenyl-äthan-sulfinsäure-(2), *2-phenylethanesulfinic acid* $C_8H_{10}O_2S$, Formel XI.

B. Aus 1-Phenyl-äthan-sulfonylchlorid-(2) beim Behandeln mit Zink und Äthanol (*Kharasch, May, Mayo*, J. org. Chem. **3** [1938] 175, 189). Aus 3-Phenäthylsulfon-propionsäure beim Erwärmen mit wss. Natronlauge (*Holmberg*, Ark. Kemi **15**A Nr. 21 [1942] 15).

Krystalle; F: 58—59° (*Ho.*).

Zink-Salz. Krystalle [aus A.] (*Kh., May, Mayo*).

Eisen(III)-Salz. Orangegelb (*Kh., May, Mayo*).

Naphthyl-(2)-amin-Salz (F: 123—124° [Zers.]): *Ho.*

Monosulfinsäuren $C_nH_{2n-12}O_2S$

Naphthalin-sulfinsäure-(1), *naphthalene-1-sulfinic acid* $C_{10}H_8O_2S$, Formel I (R = H, X = H) (H 15; E I 5).

B. Aus Naphthalin-sulfonylchlorid-(1) beim Behandeln mit Natriumsulfit und wss. Natronlauge (*Baddeley, Bennett*, Soc. **1933** 46; *Balfe, Wright*, Soc. **1938** 1490).

F: 96° [Zers.] (*Balfe, Wr.*); Krystalle (aus wss. A.) mit 1 Mol H_2O, F: 87° (*Balfe, Wr.*), 86° (*Badd., Be.*). IR-Absorption (2,5—4,5 μ): *Gur'janowa, Šyrkin*, Ž. fiz. Chim. **23** [1949] 105, 113; C. A. **1949** 5245. Dipolmoment (ε; Dioxan): 3,88 D (*Gu., Šy.*, l. c. S. 109). Kryoskopie in Benzol und in Nitrobenzol, auch in Gegenwart von wenig Wasser (Nachweis von Assoziation): *Wright*, Soc. **1949** 683, 685, 686, 688.

Verbindung des Natrium-Salzes mit Naphthalin-sulfinsäure-(1) $NaC_{10}H_7O_2S \cdot C_{10}H_8O_2S$. *B*. Aus Naphthalin-sulfinsäure-(1) beim Behandeln mit Natrium= sulfit und wss. Salzsäure (*Balfe, Wr.*). Dihydrat: F: 75°. — Verbindung mit 1 Mol Äthanol: Krystalle (aus A.); F: 48°.

Über Verbindungen des Kalium-Salzes mit Naphthalin-sulfinsäure-(1) der Zusammensetzung 3 $KC_{10}H_7O_2S \cdot C_{10}H_8O_2S$, 2 $KC_{10}H_7O_2S \cdot C_{10}H_8O_2S$, 2 $KC_{10}H_7O_2S \cdot C_{10}H_8O_2S \cdot 2 H_2O$, 2 $KC_{10}H_7O_2S \cdot C_{10}H_8O_2S \cdot 3 H_2O$, 3 $KC_{10}H_7O_2S \cdot 2 C_{10}H_8O_2S$, 6 $KC_{10}H_7O_2S \cdot C_{10}H_8O_2S$, 6 $KC_{10}H_7O_2S \cdot 6 C_6H_8O_2S \cdot 2 C_2H_5OH$, 6 $KC_{10}H_7O_2S \cdot 6 C_{10}H_8O_2S \cdot 3 C_2H_5OH$, 6 $KC_{10}H_7O_2S \cdot 6 C_{10}H_8O_2S \cdot 6 C_2H_5OH$ (ursprünglich als $KC_{10}H_7O_2S \cdot C_{10}H_8O_2S \cdot C_2H_5OH$ formuliert) und 6 $KC_{10}H_7O_2S \cdot 6 C_{10}H_8O_2S \cdot 12 C_2H_5OH$ (ursprünglich als $KC_{10}H_7O_2S \cdot C_{10}H_8O_2S \cdot 2 C_2H_5OH$ formuliert; Krystalle [aus $CHCl_3$]; F: 38°) s. *Wright*, Soc. **1949** 692, 694, 695; s. a. *Balfe, Wr.*

Kupfer(II)-Salz $Cu(C_{10}H_7O_2S)_2$. Gelbe Krystalle [aus W.] (*Wright*, Soc. **1942** 263, 265). — Hexahydrat: Bläuliche Krystalle (*Wr.*, Soc. **1942** 265).

Silber-Salz $AgC_{10}H_7O_2S$ (H 15). Krystalle (aus Eg.), die unterhalb 300° nicht schmelzen (*Dubský, Oravec*, Spisy přírodov. Mas. Univ. Nr. 232 [1937] 10, 13; C. **1938** II

3392).

Zink-Salz Zn(C₁₀H₇O₂S)₂. Krystalle mit 4 Mol H₂O (*Du., Or.*, l. c. S. 14). In warmem Wasser löslich.

Cadmium-Salz Cd(C₁₀H₇O₂S)₂. Krystalle mit 3 Mol H₂O, die unterhalb 300° nicht schmelzen (*Du., Or.*).

Basisches Zinn(II)-Salz Sn(OH)(C₁₀H₇O₂S). Hellgelbe Krystalle, die unterhalb 300° nicht schmelzen (*Du., Or.*).

Mangan(II)-Salz Mn(C₁₀H₇O₂S)₂. Gelbe Krystalle (*Du., Or.*).

Nickel(II)-Salz Ni(C₁₀H₇O₂S)₂. Hellgrüne Krystalle (aus W.) mit 4 Mol H₂O (*Wr.*, Soc. **1942** 265).

Naphthalin-sulfinsäure-(1)-methylester, *naphthalene-1-sulfinic acid methyl ester* C₁₁H₁₀O₂S, Formel I (R = CH₃, X = H) (H 16).

B. Aus Naphthalin-sulfinsäure-(1) über das Säurechlorid (*Balfe, Wright*, Soc. **1938** 1490).

Krystalle; F: 44°.

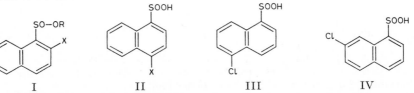

I   II   III   IV

2-Chlor-naphthalin-sulfinsäure-(1), *2-chloronaphthalene-1-sulfinic acid* C₁₀H₇ClO₂S, Formel I (R = H, X = Cl).

B. Aus 2-Chlor-naphthalin-sulfonylchlorid-(1) beim Erwärmen mit Natriumsulfit und wss. Natronlauge (*Beattie, Whitmore*, Am. Soc. **55** [1933] 1567, 1568).

F: 87°.

Am Licht erfolgt Zersetzung.

4-Chlor-naphthalin-sulfinsäure-(1), *4-chloronaphthalene-1-sulfinic acid* C₁₀H₇ClO₂S, Formel II (X = Cl) (vgl. H 16).

B. Aus 4-Chlor-naphthalin-sulfonylchlorid-(1) beim Erwärmen mit Natriumsulfit und wss. Natronlauge (*Beattie, Whitmore*, Am. Soc. **55** [1933] 1567, 1568).

F: 111°.

5-Chlor-naphthalin-sulfinsäure-(1), *5-chloronaphthalene-1-sulfinic acid* C₁₀H₇ClO₂S, Formel III (E II 10).

B. Aus 5-Chlor-naphthalin-sulfonylchlorid-(1) beim Erwärmen mit Natriumsulfit und wss. Natronlauge (*Beattie, Whitmore*, Am. Soc. **55** [1933] 1567, 1568; vgl. E II 10).

F: 121°.

7-Chlor-naphthalin-sulfinsäure-(1), *7-chloronaphthalene-1-sulfinic acid* C₁₀H₇ClO₂S, Formel IV.

B. Aus 7-Chlor-naphthalin-sulfonylchlorid-(1) beim Erwärmen mit Natriumsulfit und wss. Natronlauge (*Beattie, Whitmore*, Am. Soc. **55** [1933] 1567, 1568).

F: 127°.

8-Chlor-naphthalin-sulfinsäure-(1), *8-chloronaphthalene-1-sulfinic acid* C₁₀H₇ClO₂S, Formel V (X = Cl).

B. Aus 8-Chlor-naphthalin-sulfonylchlorid-(1) beim Erwärmen mit Natriumsulfit und wss. Natronlauge (*Beattie, Whitmore*, Am. Soc. **55** [1933] 1567, 1568).

F: 105°.

Am Licht erfolgt Zersetzung.

4-Nitro-naphthalin-sulfinsäure-(1), *4-nitronaphthalene-1-sulfinic acid* C₁₀H₇NO₄S, Formel II (X = NO₂).

B. Beim Behandeln einer aus 4-Nitro-naphthyl-(1)-amin bereiteten Diazoniumsalz-Lösung mit wss. Schwefeldioxid in Gegenwart von Kupfer (*Brunetti*, J. pr. [2] **128** [1930] 44, 45; *Woroshzow, Koslow, Trawkin*, Ž. obšč. Chim. **9** [1939] 522, 523; C. **1940** I 690).

Gelbe Krystalle; F: 132,5° (*Wo., Ko., Tr.*), 131° [unkorr.; aus W.] (*Br.*).

8-Nitro-naphthalin-sulfinsäure-(1), *8-nitronaphthalene-1-sulfinic acid* $C_{10}H_7NO_4S$, Formel V (X = NO_2) (H 16; E II 10).

B. Beim Behandeln einer aus 8-Nitro-naphthyl-(1)-amin bereiteten Diazoniumsalz-Lösung mit wss. Schwefeldioxid in Gegenwart von Kupfer-Pulver (*Woroshzow, Koslow*, B. **69** [1936] 416, 417; Ž. obšč. Chim. **6** [1936] 1247, 1248).

Gelbliche Krystalle (aus wss. A.); F: 151—152°.

Beim Erwärmen mit wss. Natriumcarbonat-Lösung und Natriumsulfid ist Naphtho-sultam (8-Amino-naphthalin-sulfonsäure-(1)-lactam) erhalten worden (*Wo., Ko.*, l. c. S. 418 bzw. 1249).

Kupfer(II)-Salz $Cu(C_{10}H_6NO_4S)_2$. Grünblaue Krystalle (aus W.).

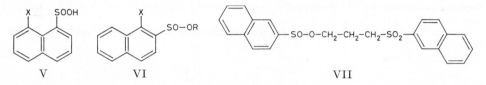

V VI VII

Naphthalin-sulfinsäure-(2), *naphthalene-2-sulfinic acid* $C_{10}H_8O_2S$, Formel VI (R = H, X = H) (H 16; E I 6; E II 10).

B. Aus Naphthalin-sulfonylchlorid-(2) bei der Hydrierung an Palladium in wss. Aceton (*De Smet*, Natuurw. Tijdschr. **15** [1933] 215, 223) sowie bei der Behandlung mit wss. Natriumsulfit-Lösung (*Balfe, Wright*, Soc. **1938** 1490).

F: 105,5—106° (*De Smet*), 105—106° (*Dornow*, B. **72** [1939] 568), 98° (*Ba., Wr.*). Dipolmoment (ε; Dioxan): 3,98 D (*Gur'janowa, Syrkin*, Ž. fiz. Chim. **23** [1949] 105, 109; C. A. **1949** 5245). Kryoskopie in Benzol und Nitrobenzol, auch in Gegenwart von wenig Wasser (Nachweis von Assoziation): *Wright*, Soc. **1949** 683, 685, 686.

Natrium-Salz $NaC_{10}H_7O_2S$. Krystalle [aus A.] (*De Smet*). — Verbindung des Natrium-Salzes mit Naphthalin-sulfinsäure-(2) $NaC_{10}H_7O_2S \cdot C_{10}H_8O_2S$. Krystalle [aus wss. A.] (*Ba., Wr.*).

Verbindung des Kalium-Salzes mit Naphthalin-sulfinsäure-(2) $KC_{10}H_7O_2S \cdot C_{10}H_8O_2S$. Krystalle [aus A.] (*Ba., Wr.*).

Kupfer(II)-Salz $Cu(C_{10}H_7O_2S)_2$. Grüne Krystalle (aus W.) mit 2 Mol H_2O (*Wright*, Soc. **1942** 263, 266).

Silber-Salz $AgC_{10}H_7O_2S$ (H 16). Amorph (*Dubský, Oravec*, Spisy přírodov. Mas. Univ. Nr. **232** [1937] 10, 15; C. **1938** II 3392).

Barium-Salz $Ba(C_{10}H_7O_2S)_2$. Krystalle mit 1 Mol H_2O (*Du., Or.*, l. c. S. 16).

Cadmium-Salz $Cd(C_{10}H_7O_2S)_2 \cdot H_2O$. Amorph (*Du., Or.*).

Quecksilber(II)-Salz $Hg(C_{10}H_7O_2S)_2 \cdot H_2O$. Amorph (*Du., Or.*).

Mangan(II)-Salz $Mn(C_{10}H_7O_2S)_2 \cdot H_2O$. Amorph (*Du., Or.*).

Eisen(III)-Salz $Fe(C_{10}H_7O_2S)_3$. Gelb (*Du., Or.*).

Nickel-Salz $Ni(C_{10}H_7O_2S)_2$. Hellgrün (*Wr.*, Soc. **1942** 266).

Naphthalin-sulfinsäure-(2)-methylester, *naphthalene-2-sulfinic acid methyl ester* $C_{11}H_{10}O_2S$, Formel VI (R = CH_3, X = H) (H 17).

B. Aus Naphthalin-sulfinsäure-(2) über das Säurechlorid (*Balfe, Wright*, Soc. **1938** 1490).

Krystalle; F: 42°.

Naphthalin-sulfinsäure-(2)-[3-(naphthyl-(2)-sulfon)-propylester], *naphthalene-2-sulfinic acid 3-(2-naphthylsulfonyl)propyl ester* $C_{23}H_{20}O_4S_2$, Formel VII.

Diese Konstitution ist der H 17 im Artikel Naphthalin-sulfinsäure-(2) beschriebenen Verbindung $C_{23}H_{20}O_4S_2$ vom F: 157° zuzuordnen (*Cowie, Gibson*, Soc. **1933** 306, 307).

1-Chlor-naphthalin-sulfinsäure-(2), *1-chloronaphthalene-2-sulfinic acid* $C_{10}H_7ClO_2S$, Formel VI (R = H, X = Cl) (E I 6).

B. Beim Behandeln einer aus 1-Nitro-naphthyl-(2)-amin in wss.-äthanol. Salzsäure bereiteten Diazoniumsalz-Lösung mit wss. Schwefeldioxid in Gegenwart von Kupfer-Pulver (*Woroshzow, Koslow, Trawkin*, Ž. obšč. Chim. **9** [1939] 522, 523; C. **1940** I 690).

F: 137,1°.

5-Chlor-naphthalin-sulfinsäure-(2), *5-chloronaphthalene-2-sulfinic acid* $C_{10}H_7ClO_2S$, Formel VIII.

B. Aus 5-Chlor-naphthalin-sulfonylchlorid-(2) beim Erwärmen mit Natriumsulfit und wss. Natronlauge (*Beattie, Whitmore*, Am. Soc. **55** [1933] 1567, 1568).

F: 127—128°.

Im Sonnenlicht erfolgt Verfärbung.

6-Chlor-naphthalin-sulfinsäure-(2), *6-chloronaphthalene-2-sulfinic acid* $C_{10}H_7ClO_2S$, Formel IX.

B. Aus 6-Chlor-naphthalin-sulfonylchlorid-(2) beim Erwärmen mit Natriumsulfit und wss. Natronlauge (*Beattie, Whitmore*, Am. Soc. **55** [1933] 1567, 1568).

Unterhalb 300° nicht schmelzend.

Farbreaktion mit Schwefelsäure: *Bea., Wh.*

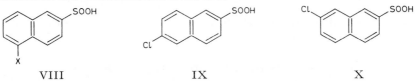

VIII   IX   X

7-Chlor-naphthalin-sulfinsäure-(2), *7-chloronaphthalene-2-sulfinic acid* $C_{10}H_7ClO_2S$, Formel X.

B. Aus 7-Chlor-naphthalin-sulfonylchlorid-(2) beim Erwärmen mit Natriumsulfit und wss. Natronlauge (*Beattie, Whitmore*, Am. Soc. **55** [1933] 1567, 1568).

F: 134°.

Farbreaktion mit Schwefelsäure: *Bea., Wh.*

8-Chlor-naphthalin-sulfinsäure-(2), *8-chloronaphthalene-2-sulfinic acid* $C_{10}H_7ClO_2S$, Formel XI (X = Cl).

B. Aus 8-Chlor-naphthalin-sulfonylchlorid-(2) beim Erwärmen mit Natriumsulfit und wss. Natronlauge (*Beattie, Whitmore*, Am. Soc. **55** [1933] 1567, 1568).

F: 128,5—129°.

Farbreaktion mit Schwefelsäure: *Bea., Wh.*

1-Nitro-naphthalin-sulfinsäure-(2), *1-nitronaphthalene-2-sulfinic acid* $C_{10}H_7NO_4S$, Formel VI (R = H, X = NO₂).

B. Beim Behandeln einer aus 1-Nitro-naphthyl-(2)-amin in wss. Schwefelsäure bereiteten Diazoniumsalz-Lösung mit wss. Schwefeldioxid in Gegenwart von Kupfer-Pulver (*Woroshzow, Koslow, Trawkin*, Ž. obšč. Chim. **9** [1939] 522; C. **1940** I 690).

Gelbliche Krystalle (aus wss. A.); F: 119,5°. Lichtempfindlich.

5-Nitro-naphthalin-sulfinsäure-(2), *5-nitronaphthalene-2-sulfinic acid* $C_{10}H_7NO_4S$, Formel VIII (X = NO₂).

B. Aus 5-Nitro-naphthalin-sulfonylchlorid-(2) beim Erwärmen mit Natriumsulfit und Natriumcarbonat in Wasser (*Woroshzow, Gribow*, Ž. obšč. Chim. **2** [1932] 929, 936; C. **1934** I 215).

Krystalle (aus W.); nicht schmelzbar.

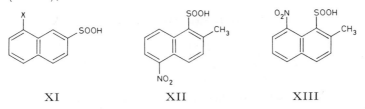

XI   XII   XIII

8-Nitro-naphthalin-sulfinsäure-(2), *8-nitronaphthalene-2-sulfinic acid* $C_{10}H_7NO_4$, Formel XI (X = NO₂).

B. Aus 8-Nitro-naphthalin-sulfonylchlorid-(2) beim Erwärmen mit Natriumsulfit und Natriumcarbonat in Wasser (*Woroshzow, Gribow*, Ž. obšč. Chim. **2** [1932] 929, 935; C. **1934** I 215).

Hellgelbe Krystalle (aus W.); Zers. bei 150—155°.

2-Methyl-naphthalin-sulfinsäure-(1) $C_{11}H_{10}O_2S$.

5-Nitro-2-methyl-naphthalin-sulfinsäure-(1), *2-methyl-5-nitronaphthalene-1-sulfinic acid* $C_{11}H_9NO_4S$, Formel XII.

B. Aus 5-Nitro-2-methyl-naphthalin-sulfonylchlorid-(1) beim Erwärmen mit Natriumsulfit und Natriumhydrogencarbonat in Wasser (*Veselý, Páč*, Collect. **2** [1930] 471, 478). Krystalle.

Beim Erwärmen mit 60%ig. wss. Schwefelsäure sowie bei langem Erwärmen in Pyridin ist 5-Nitro-2-methyl-naphthalin erhalten worden (*Ve., Páč*, l. c. S. 473, 478).

8-Nitro-2-methyl-naphthalin-sulfinsäure-(1), *2-methyl-8-nitronaphthalene-1-sulfinic acid* $C_{11}H_9NO_4S$, Formel XIII.

B. Aus 8-Nitro-2-methyl-naphthalin-sulfonylchlorid-(1) beim Erwärmen mit Natriumsulfit und Natriumhydrogencarbonat in Wasser (*Veselý, Páč*, Collect. **2** [1930] 471, 477). Krystalle.

Beim Erwärmen mit 60%ig. wss. Schwefelsäure sowie bei langem Erwärmen in Pyridin ist 8-Nitro-2-methyl-naphthalin erhalten worden (*Ve., Páč*, l. c. S. 473, 478).

Monosulfinsäuren $C_nH_{2n-14}O_2S$

Biphenyl-sulfinsäure-(4), *biphenyl-4-sulfinic acid* $C_{12}H_{10}O_2S$, Formel I (H 17; E II 11).

Die beim Erwärmen mit wss. Salpetersäure neben Biphenyl-sulfonsäure-(4) erhaltene Verbindung (s. H 17) ist nicht als Tri-[biphenyl-sulfonyl-(4)]-aminoxid, sondern wahrscheinlich als Tri-[biphenyl-sulfonyl-(4)]-hydroxylamin zu formulieren (vgl. diesbezüglich *Farrar*, Soc. **1960** 3063, 3064).

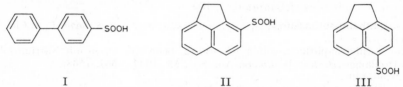

I II III

Acenaphthen-sulfinsäure-(3), *acenaphthene-3-sulfinic acid* $C_{12}H_{10}O_2S$, Formel II.

B. Aus Acenaphthen-sulfonylchlorid-(3) beim Erwärmen mit Zink und wasserhaltigem Äther (*Dziewonski, Grünberg, Schoenówna*, Bl. Acad. polon. **1930** 518, 522) sowie mit Hilfe von Phenylmagnesiumbromid (*Courtot, Kozertchouk*, C. r. **218** [1944] 973).

Krystalle (aus W.); F: 148—149° (*Dz., Gr., Sch.*).

Acenaphthen-sulfinsäure-(5), *acenaphthene-5-sulfinic acid* $C_{12}H_{10}O_2S$, Formel III.

B. Aus Acenaphthen-sulfonylchlorid-(5) beim Behandeln mit Natriumsulfit und Natriumhydrogencarbonat in Wasser (*Bogert, Conklin*, Collect. **5** [1933] 187, 196). Beim Behandeln einer aus 5-Amino-acenaphthen in wss. Schwefelsäure bereiteten Diazoniumsalz-Lösung mit wss. Schwefeldioxid in Gegenwart von Kupfer (*Bo., Co.*).

Krystalle. Wenig beständig.

Eisen(III)-Salz. Orangefarben.

Monosulfinsäuren $C_nH_{2n-16}O_2S$

Fluoren-sulfinsäure-(2), *fluorene-2-sulfinic acid* $C_{13}H_{10}O_2S$, Formel IV.

B. Aus Fluoren-sulfonylchlorid-(2) beim Behandeln mit Kaliumhydrogensulfit und Kaliumhydrogencarbonat in Wasser (*Courtot, Kozertchouk*, C. r. **218** [1944] 973).

Gelbliche Krystalle (aus Eg.) mit 1 Mol H_2O.

1-Methyl-7-isopropyl-9.10-dihydro-phenanthren-sulfinsäure-(2), *7-isopropyl-1-methyl-9,10-dihydrophenanthrene-2-sulfinic acid* $C_{18}H_{20}O_2S$, Formel V.

B. Aus 1-Methyl-7-isopropyl-9.10-dihydro-phenanthren-sulfonylchlorid-(2) beim Erwärmen mit Zink und wasserhaltigem Toluol (*Komppa, Fogelberg*, Am. Soc. **54** [1932] 2900, 2904).

Krystalle (aus wss. A.); F: 123—130°.

Natrium-Salz $NaC_{18}H_{19}O_2S$. Krystalle. In Wasser schwer löslich.

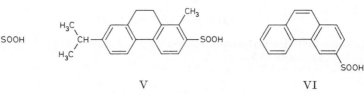

IV   V   VI

Monosulfinsäuren $C_nH_{2n-18}O_2S$

Phenanthren-sulfinsäure-(3), *phenanthrene-3-sulfinic acid* $C_{14}H_{10}O_2S$, Formel VI.

B. Aus Phenanthren-sulfonylchlorid-(3) und Phenylmagnesiumbromid (*Courtot, Kozert-chouk*, C. r. **218** [1944] 973).

Natrium-Salz. Krystalle mit 0,5 Mol H_2O; Zers. bei 320—330°. Beim Behandeln mit Wasser wird eine opalisierende Lösung erhalten.

B. Disulfinsäuren

Disulfinsäuren $C_nH_{2n-6}O_4S_2$

Benzol-disulfinsäure-(1.3), m-*benzenedisulfinic acid* $C_6H_6O_4S_2$, Formel VII (H 17; E I 6; E II 11).

B. Aus Benzol-disulfonylchlorid-(1.3) bei der Hydrierung an Palladium in wss. Aceton (*De Smet*, Natuurw. Tijdschr. **15** [1933] 215, 224).

Beim Behandeln des Natrium-Salzes mit Schwefelsäure tritt eine anfangs rotbraune, später dunkelblaue Färbung auf (*De Smet*).

Natrium-Salz $Na_2C_6H_4O_4S_2$. Hygroskopisch (*De Smet*).

Quecksilber(II)-Salz $HgC_6H_4O_4S_2$. Amorph (*Dubský, Oravec*, Spisy přírodov. Mas. Univ. Nr. 232 [1937] 10, 12; C. **1938** II 3392).

Eisen(III)-Salz $Fe_2(C_6H_4O_4S_2)_3 \cdot 6H_2O$ (vgl. E II 11). Rot (*Du., Or.*).

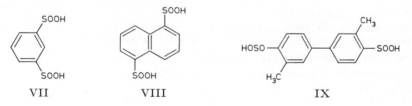

VII   VIII   IX

Disulfinsäuren $C_nH_{2n-12}O_4S_2$

Naphthalin-disulfinsäure-(1.5), *naphthalene-1,5-disulfinic acid* $C_{10}H_8O_4S_2$, Formel VIII.

B. Aus Naphthalin-disulfonylchlorid-(1.5) beim Erwärmen mit Natriumsulfid in wenig Wasser (*Corbellini, Albenga*, G. **61** [1931] 111, 120), mit wss. Natriumsulfit-Lösung (*Macbeth, Price, Winzor*, Soc. **1935** 325, 333) oder mit Zink und Wasser (*Curtius, Tüxen*, J. pr. [2] **125** [1930] 401, 406). Aus Naphthalin-disulfonsäure-(1.5)-dihydrazid beim Erwärmen des Dinatrium-Salzes in wss. Lösung (*Cu., Tü.*, l. c. S. 404).

Krystalle; F: 174—175° [Zers.] (*Co., Al.*), 166—167° (*Cu., Tü.*), 162—163° (*Ma., Pr., Wi.*).

Diammonium-Salz $[NH_4]_2C_{10}H_6O_4S_2$. Krystalle [aus wss. Ammoniak] (*Cu., Tü.*, l. c. S. 408).

Dihydrazinium-Salz $[N_2H_5]_2C_{10}H_6O_4S_2$. Krystalle (aus A.); F: 194° (*Cu., Tü.*).

Quecksilber(II)-Salz. Amorph (*Cu., Tü.*).

Eisen(III)-Salz $Fe_2(C_{10}H_6O_4S_2)_3$. Rot; amorph (*Cu., Tü.*).

Disulfinsäuren $C_nH_{2n-14}O_4S_2$

3.3'-Dimethyl-biphenyl-disulfinsäure-(4.4'), *3,3'-dimethylbiphenyl-4,4'-disulfinic acid*
$C_{14}H_{14}O_4S_2$, Formel IX.

B. Beim Behandeln einer aus 3.3'-Dimethyl-benzidin bereiteten Diazoniumsalz-Lösung mit Schwefeldioxid in Gegenwart von Kupfer-Pulver (*Dominikiewicz, Kijewska*, Archiwum Chem. Farm. **3** [1936] 27, 30; C. **1936** II 1719).

Krystalle (aus wss. A.); Zers. bei 150°.

C. Hydroxysulfinsäuren

Sulfino-Derivate der Hydroxy-Verbindungen $C_nH_{2n-6}O$

2-Hydroxy-benzol-sulfinsäure-(1) $C_6H_6O_3S$.

2-Äthoxy-benzol-sulfinsäure-(1), o-*ethoxybenzenesulfinic acid* $C_8H_{10}O_3S$, Formel I
(H 19).

Krystalle (aus W.); F: 92° (*Gur'janowa, Šyrkin*, Ž. fiz. Chim. **23** [1949] 105, 113; C. A. **1949** 5245). IR-Absorption (2,7—4,0 μ): *Gu., Šy.* Dipolmoment: 4,40 D [ε; Dioxan], 3,99 D [ε; Bzl.] (*Gu., Šy.*, l. c. S. 109).

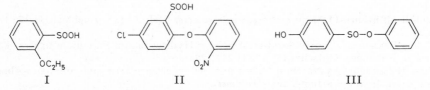

I   II   III

5-Chlor-2-[2-nitro-phenoxy]-benzol-sulfinsäure-(1), *5-chloro-2-(o-nitrophenoxy)benzene=*
sulfinic acid $C_{12}H_8ClNO_5S$, Formel II.

B. Neben 2-Chlor-phenoxathiin-10.10-dioxid beim Erwärmen von [2-Nitro-phenyl]-[5-chlor-2-hydroxy-phenyl]-sulfon mit wss. Natronlauge (*Kent, Smiles*, Soc. **1934** 422, 427).

F: 117—118° [aus wss. Acn.].

Beim Erwärmen mit Jodwasserstoff in Essigsäure unter Einleiten von Schwefeldioxid ist Bis-[5-chlor-2-(2-nitro-phenoxy)-phenyl]-disulfid erhalten worden.

4-Hydroxy-benzol-sulfinsäure-(1) $C_6H_6O_3S$.

4-Hydroxy-benzol-sulfinsäure-(1)-phenylester, p-*hydroxybenzenesulfinic acid phenyl ester*
$C_{12}H_{10}O_3S$, Formel III.

Eine Verbindung (F: 95° [nach Erweichen]; O-Benzoyl-Derivat $C_{19}H_{14}O_4S$: F: 85° bis 90°), der diese Konstitution zugeschrieben wird, ist beim Erhitzen von Diphenylsulfit in Xylol in Gegenwart von Pyridin erhalten worden (*Libermann, Rouaix*, C. r. **226** [1948] 2157).

4-Phenoxy-benzol-sulfinsäure-(1), p-*phenoxybenzenesulfinic acid* $C_{12}H_{10}O_3S$, Formel IV.

B. Aus 4-Phenoxy-benzol-sulfonylchlorid-(1) beim Erwärmen mit Natriumsulfit und Natriumcarbonat in Wasser (*Suter*, Am. Soc. **53** [1931] 1112, 1115).

Als Natrium-Salz $NaC_{12}H_9O_3S$ (Krystalle [aus W.]) isoliert.

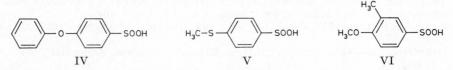

IV   V   VI

4-Methylmercapto-benzol-sulfinsäure-(1), p-(*methylthio*)*benzenesulfinic acid* $C_7H_8O_2S_2$,
Formel V.

B. Aus 4-Methylmercapto-benzol-sulfonylchlorid-(1) beim Behandeln mit Natrium=

sulfit in alkal. wss. Lösung (*Burton, Hu*, Soc. **1948** 604).

Krystalle (aus wss. A.); F: 91—92°.

6-Hydroxy-toluol-sulfinsäure-(3) $C_7H_8O_3S$.

6-Methoxy-toluol-sulfinsäure-(3), *4-methoxy-m-toluenesulfinic acid* $C_8H_{10}O_3S$, Formel VI.

B. Neben Bis-[4-methoxy-3-methyl-phenyl]-disulfon beim Behandeln von 6-Methoxy-toluol-sulfonylchlorid-(3) mit Natriumsulfit in alkal. wss. Lösung (*Kolhatkar, Bokil*, J. Indian chem. Soc. **7** [1930] 843, 849).

Öl; auch unter vermindertem Druck nicht destillierbar.

Beim Aufbewahren erfolgt Umwandlung in 6-Methoxy-toluol-thiosulfonsäure-(3)-S-[4-methoxy-3-methyl-phenylester].

Natrium-Salz $NaC_8H_9O_3S$. Krystalle (aus wss. A.).

Silber-Salz $AgC_8H_9O_3S$. Krystalle (aus W.).

4-Hydroxy-toluol-sulfinsäure-(3) $C_7H_8O_3S$.

4-[2-Nitro-phenoxy]-toluol-sulfinsäure-(3), *6-(o-nitrophenoxy)-m-toluenesulfinic acid* $C_{13}H_{11}NO_5S$, Formel VII (X = H).

B. Aus 2-[2-Nitro-phenylsulfon]-4-methyl-phenol beim Erwärmen mit wss. Natron-lauge (*Levy, Rains, Smiles*, Soc. **1931** 3264, 3267).

Krystalle (aus wss. Acn.); F: 134° (*Coats, Gibson*, Soc. **1940** 442, 446), 132—133° (*Levy, Rains, Sm.*).

Beim Erwärmen in wss. Lösung (pH 4) erfolgt Umwandlung in 2-[2-Nitro-phenyl-sulfon]-4-methyl-phenol (*Co., Gi.*, l. c. S. 443, 444).

Beim Behandeln mit Schwefelsäure wird eine blaue Lösung erhalten (*Levy, Rains, Sm.*).

4-[4-Nitro-phenoxy]-toluol-sulfinsäure-(3), *6-(p-nitrophenoxy)-m-toluenesulfinic acid* $C_{13}H_{11}NO_5S$, Formel VIII (X = H).

B. Aus 2-[4-Nitro-phenylsulfon]-4-methyl-phenol beim Erwärmen mit wss. Alkalilauge (*Levi, Smiles*, Soc. **1932** 1488, 1491).

Krystalle (aus wss. Acn.); F: 113—114°.

Beim Behandeln mit Schwefelsäure wird eine blaue Lösung erhalten.

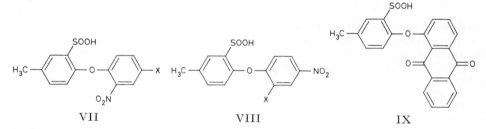

VII   VIII   IX

4-[4-Chlor-2-nitro-phenoxy]-toluol-sulfinsäure-(3), *6-(4-chloro-2-nitrophenoxy)-m-toluenesulfinic acid* $C_{13}H_{10}ClNO_5S$, Formel VII (X = Cl).

B. Aus 2-[4-Chlor-2-nitro-phenylsulfon]-4-methyl-phenol beim Erwärmen mit wss. Natronlauge (*Kent, Smiles*, Soc. **1934** 422, 426).

Krystalle (aus wss. Acn.); F: 137°.

4-[2.4-Dinitro-phenoxy]-toluol-sulfinsäure-(3), *6-(2,4-dinitrophenoxy)-m-toluenesulfinic acid* $C_{13}H_{10}N_2O_7S$, Formel VIII (X = NO_2).

B. Neben 2.4-Dinitro-phenol beim Erwärmen von 2-[2.4-Dinitro-phenylsulfon]-4-methyl-phenol mit wss. Natronlauge (*Kent, Smiles*, Soc. **1934** 422, 427).

Krystalle; F: 140° [Zers.; aus Ae. + Bzn.] (*Coats, Gibson*, Soc. **1940** 442, 446), 117° bis 118° [aus wss. Acn.] (*Kent, Sm.*).

Beim Erwärmen in wss. Lösung (pH 2) erfolgt Umwandlung in 2-[2.4-Dinitro-phenyl-sulfon]-4-methyl-phenol (*Co., Gi.*).

4-[9.10-Dioxo-9.10-dihydro-anthryl-(1)-oxy]-toluol-sulfinsäure-(3), *6-(9,10-dioxo-9,10-dihydro-1-anthryloxy)-m-toluenesulfinic acid* $C_{21}H_{14}O_5S$, Formel IX.

B. Aus 1-[6-Hydroxy-3-methyl-phenylsulfon]-anthrachinon beim Erhitzen mit wss.

Natronlauge auf 130° (*Galbraith, Smiles*, Soc. **1935** 1234, 1236).

Krystalle (aus wss. A.); F: 174°.

5-Chlor-4-[2-nitro-phenoxy]-toluol-sulfinsäure-(3), *5-chloro-6-(o-nitrophenoxy)-m-toluene=sulfinic acid* $C_{13}H_{10}ClNO_5S$, Formel X.

B. Aus 6-Chlor-2-[2-nitro-phenylsulfon]-4-methyl-phenol beim Erwärmen mit wss. Natronlauge (*McClement, Smiles*, Soc. **1937** 1016, 1020).

F: 170° (*Coats, Gibson*, Soc. **1940** 442, 446).

Beim Erwärmen in saurer wss. Lösung erfolgt Umwandlung in 6-Chlor-2-[2-nitro-phenylsulfon]-4-methyl-phenol (*Coats, Gi.*).

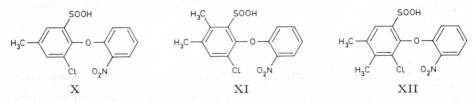

X   XI   XII

4-Hydroxy-*o*-xylol-sulfinsäure-(3) $C_8H_{10}O_3S$.

5-Chlor-4-[2-nitro-phenoxy]-*o*-xylol-sulfinsäure-(3), *5-chloro-6-(o-nitrophenoxy)-2,3-xylenesulfinic acid* $C_{14}H_{12}ClNO_5S$, Formel XI.

B. Aus 6-Chlor-2-[2-nitro-phenylsulfon]-3.4-dimethyl-phenol beim Behandeln mit wss. Natronlauge (*McClement, Smiles*, Soc. **1937** 1016, 1020; *Okamoto, Bunnett*, Am. Soc. **78** [1956] 5357, 5361).

F: 136—138° (*Ok., Bu.*).

5-Hydroxy-*o*-xylol-sulfinsäure-(4) $C_8H_{10}O_3S$.

6-Chlor-5-[2-nitro-phenoxy]-*o*-xylol-sulfinsäure-(4), *5-chloro-6-(o-nitrophenoxy)-3,4-xylenesulfinic acid* $C_{14}H_{12}ClNO_5S$, Formel XII.

B. Aus 2-Chlor-6-[2-nitro-phenylsulfon]-3.4-dimethyl-phenol beim Erwärmen mit wss. Natronlauge (*McClement, Smiles*, Soc. **1937** 1016, 1021; *Okamoto, Bunnett*, Am. Soc. **78** [1956] 5357, 5361).

F: 137—139° (*Ok., Bu.*).

4-Hydroxy-*m*-xylol-sulfinsäure-(5) $C_8H_{10}O_3S$.

4-[2-Nitro-phenoxy]-*m*-xylol-sulfinsäure-(5), *2-(o-nitrophenoxy)-3,5-xylenesulfinic acid* $C_{14}H_{13}NO_5S$, Formel XIII.

B. Aus 6-[2-Nitro-phenylsulfon]-2.4-dimethyl-phenol beim Erwärmen mit wss. Natronlauge (*Kent, Smiles*, Soc. **1934** 422, 427).

Krystalle (aus wss. Acn.); F: 153° (*Coats, Gibson*, Soc. **1940** 442, 446), 129° (*Kent, Sm.*).

Beim Erwärmen in saurer wss. Lösung erfolgt Umwandlung in 6-[2-Nitro-phenylsulfon]-2.4-dimethyl-phenol (*Coats, Gi.*).

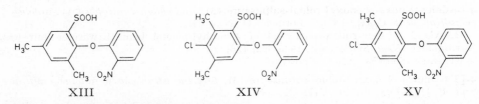

XIII   XIV   XV

5-Hydroxy-*m*-xylol-sulfinsäure-(4) $C_8H_{10}O_3S$.

2-Chlor-5-[2-nitro-phenoxy]-*m*-xylol-sulfinsäure-(4), *3-chloro-6-(o-nitrophenoxy)-2,4-xylenesulfinic acid* $C_{14}H_{12}ClNO_5S$, Formel XIV.

B. Aus 4-Chlor-2-[2-nitro-phenylsulfon]-3.5-dimethyl-phenol beim Behandeln mit wss. Natronlauge (*McClement, Smiles*, Soc. **1937** 1016, 1020).

Krystalle (aus Ae.); F: 131° (*Coats, Gibson*, Soc. **1940** 442, 446).

Beim Erwärmen in wss. Lösung (pH 7) erfolgt Umwandlung in 4-Chlor-2-[2-nitro-phenylsulfon]-3.5-dimethyl-phenol (*Coats, Gi.*).

3-Hydroxy-*p*-xylol-sulfinsäure-(2) $C_8H_{10}O_3S$.

6-Chlor-3-[2-nitro-phenoxy]-*p*-xylol-sulfinsäure-(2), *3-chloro-6-(o-nitrophenoxy)-2,5-xylenesulfinic acid* $C_{14}H_{12}ClNO_5S$, Formel XV.

B. Aus 4-Chlor-6-[2-nitro-phenylsulfon]-2.5-dimethyl-phenol beim Behandeln mit wss. Natronlauge (*McClement, Smiles*, Soc. **1937** 1016, 1020).

Krystalle (aus wss. Acn.); F: 125°.

Sulfino-Derivate der Hydroxy-Verbindungen $C_nH_{2n-12}O$

2-Hydroxy-naphthalin-sulfinsäure-(1) $C_{10}H_8O_3S$.

2-[2-Nitro-phenoxy]-naphthalin-sulfinsäure-(1), *2-(o-nitrophenoxy)naphthalene-1-sulfinic acid* $C_{16}H_{11}NO_5S$, Formel I.

B. Aus 1-[2-Nitro-phenylsulfon]-naphthol-(2) beim Behandeln mit wss. Natronlauge oder mit Natriumäthylat in Benzol (*Levy, Rains, Smiles*, Soc. **1931** 3264, 3268). Aus [2-Nitro-phenyl]-[2-acetoxy-naphthyl-(1)]-sulfon beim Behandeln mit äthanol. Alkali=lauge (*Levy, Rains, Sm.*).

Krystalle; F: 118° [aus wss. Acn.] (*Levy, Rains, Sm.*), 116° [aus Ae. + Bzn.] (*Coats, Gibson*, Soc. **1940** 442, 446).

Beim Erwärmen in saurer wss. Lösung sowie beim Umkrystallisieren aus wss. Aceton erfolgt Umwandlung in 1-[2-Nitro-phenylsulfon]-naphthol-(2) (*Coats, Gi.*).

Beim Behandeln mit Schwefelsäure wird eine blaue Lösung erhalten (*Levy, Rains, Sm.*).

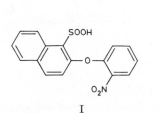   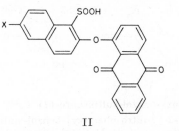

        I   II

2-[9.10-Dioxo-9.10-dihydro-anthryl-(1)-oxy]-naphthalin-sulfinsäure-(1), *2-(9,10-dioxo-9,10-dihydro-1-anthryloxy)naphthalene-1-sulfinic acid* $C_{24}H_{14}O_5S$, Formel II (X = H).

B. Aus 1-[2-Hydroxy-naphthyl-(1)-sulfon]-anthrachinon beim Erhitzen mit wss. Natronlauge (*Galbraith, Smiles*, Soc. **1935** 1234, 1236).

Hellgelbe Krystalle (aus Bzl. + PAe.); F: 160° [Zers.].

6-Brom-2-[9.10-dioxo-9.10-dihydro-anthryl-(1)-oxy]-naphthalin-sulfinsäure-(1), *6-bromo-2-(9,10-dioxo-9,10-dihydro-1-anthryloxy)naphthalene-1-sulfinic acid* $C_{24}H_{13}BrO_5S$, Formel II (X = Br).

B. Beim Behandeln von 1-[6-Brom-2-acetoxy-naphthyl-(1)-sulfon]-anthrachinon mit äthanol. Schwefelsäure und Erhitzen des Reaktionsprodukts mit wss. Natronlauge (*Galbraith, Smiles*, Soc. **1935** 1234, 1236).

F: 170° [Zers.; aus Bzl.].

3-Hydroxy-naphthalin-sulfinsäure-(2) $C_{10}H_8O_3S$.

3-Methoxy-naphthalin-sulfinsäure-(2), *3-methoxynaphthalene-2-sulfinic acid* $C_{11}H_{10}O_3S$, Formel III.

B. Beim Behandeln einer aus 3-Methoxy-naphthyl-(2)-amin in wss. Schwefelsäure bereiteten Diazoniumsalz-Lösung mit Schwefeldioxid in Gegenwart von Kupfer (*Holt, Mason*, Soc. **1931** 377, 378).

Krystalle (aus Ae.); F: 133—134°.

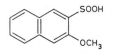   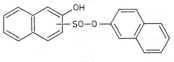

       III   IV

2-Hydroxy-naphthalin-sulfinsäure-(x)-[naphthyl-(2)-ester], *2-hydroxynaphthalene-x-sulfinic acid 2-naphthyl ester* $C_{20}H_{14}O_3S$, Formel IV.

2-Hydroxy-naphthalin-sulfinsäure-(x)-[naphthyl-(2)-ester] vom F: 215°.
Diese Verbindung hat vermutlich auch in einem von *Berkengeïm, Tschenzowa* (Ž. obšč. Chim. **3** [1933] 933, 942; C. **1935** I 376) aus Schwefligsäure-[naphthyl-(2)-ester]-chlorid beim Aufbewahren sowie beim Behandeln einer äther. Lösung mit Ammoniak erhaltenen, als Schwefligsäure-di-[naphthyl-(2)-ester] angesehenen Präparat (F: ca. 200° [Zers.]) vorgelegen (*Libermann, Rouaix*, C. r. **226** [1948] 2157).
B. Aus Schwefligsäure-di-[naphthyl-(2)-ester] beim Behandeln einer Lösung in Chloroform mit Chlorwasserstoff (*Li., Rou.*).
F: 215° (*Li., Rou.*).

Sulfino-Derivate der Dihydroxy-Verbindungen $C_nH_{2n-6}O_2$

3.4-Dihydroxy-benzol-sulfinsäure-(1) $C_6H_6O_4S$.

6-Brom-3.4-dimethoxy-benzol-sulfinsäure-(1), *2-bromo-4,5-dimethoxybenzenesulfinic acid* $C_8H_9BrO_4S$, Formel V.
B. Beim Erwärmen von 6-Brom-3.4-dimethoxy-benzol-sulfonylchlorid-(1) (aus 4-Brom-1.2-dimethoxy-benzol und Chloroschwefelsäure hergestellt) mit wss. Natriumsulfit-Lösung unter Zusatz von Natriumcarbonat (*Levi, Smiles*, Soc. **1931** 520, 524).
Krystalle (aus Bzl.); F: 122°.

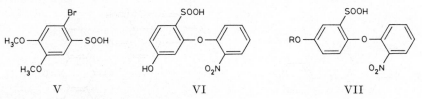

V   VI   VII

2.4-Dihydroxy-benzol-sulfinsäure-(1) $C_6H_6O_4S$.

4-Hydroxy-2-[2-nitro-phenoxy]-benzol-sulfinsäure-(1), *4-hydroxy-2-(o-nitrophenoxy)-benzenesulfinic acid* $C_{12}H_9NO_6S$, Formel VI.
B. Aus 4-[2-Nitro-phenylsulfon]-resorcin beim Erwärmen mit wss. Natronlauge (*Kent, Smiles*, Soc. **1934** 422, 426, 427).
Krystalle (aus wss. Acn.); F: 107° [Zers.].

2.5-Dihydroxy-benzol-sulfinsäure-(1) $C_6H_6O_4S$.

5-Hydroxy-2-[2-nitro-phenoxy]-benzol-sulfinsäure-(1), *5-hydroxy-2-(o-nitrophenoxy)-benzenesulfinic acid* $C_{12}H_9NO_6S$, Formel VII (R = H).
B. Aus 2-[2-Nitro-phenylsulfon]-hydrochinon beim Erwärmen mit wss. Natronlauge (*Kent, Smiles*, Soc. **1934** 422, 426, 427).
Krystalle (aus wss. Acn.), F: 64° (*Kent, Sm.*); Krystalle (aus W.) mit 1 Mol H_2O, F: 98° (*Coats, Gibson*, Soc. **1940** 442, 446).

5-Methoxy-2-[2-nitro-phenoxy]-benzol-sulfinsäure-(1), *5-methoxy-2-(o-nitrophenoxy)-benzenesulfinic acid* $C_{13}H_{11}NO_6S$, Formel VII (R = CH_3).
B. Aus 4-Methoxy-2-[2-nitro-phenylsulfon]-phenol beim Erwärmen mit wss. Natronlauge (*Kent, Smiles*, Soc. **1934** 422, 427).
Krystalle; F: 128° [aus Ae.] (*Coats, Gibson*, Soc. **1940** 442, 446), 122–123° [aus wss. Acn.] (*Kent, Sm.*).

D. Oxosulfinsäuren

Sulfino-Derivate der Oxo-Verbindungen $C_nH_{2n-4}O$

2-Oxo-bornan-sulfinsäure-(10), Campher-sulfinsäure-(10) $C_{10}H_{16}O_3S$.

3-Chlor-2-oxo-bornan-sulfinsäure-(10), *3-chloro-2-oxobornane-10-sulfinic acid* $C_{10}H_{15}ClO_3S$.

(1S)-3endo-Chlor-2-oxo-bornan-sulfinsäure-(10), Formel I (X = Cl).

B. Aus (1S)-3endo-Chlor-2-oxo-bornan-sulfonylchlorid-(10) beim Behandeln mit wss. Natriumsulfit-Lösung (*Loudon*, Soc. **1935** 535).

Krystalle (aus A. + CHCl₃); F: 157° [Zers.].

3-Brom-2-oxo-bornan-sulfinsäure-(10), *3-bromo-2-oxobornane-10-sulfinic acid* C₁₀H₁₅BrO₃S.

(1S)-3endo-Brom-2-oxo-bornan-sulfinsäure-(10), Formel I (X = Br).

B. Aus (1S)-3endo-Brom-2-oxo-bornan-sulfonylchlorid-(10) beim Behandeln mit wss. Natriumsulfit-Lösung (*Loudon*, Soc. **1935** 535).

Krystalle (aus A. + CHCl₃); F: 165° [Zers.].

I   II

[2-Oxo-1.7-dimethyl-norbornyl-(7)]-methansulfinsäure C₁₀H₁₆O₃S.

[3-Brom-2-oxo-1.7-dimethyl-norbornyl-(7)]-methansulfinsäure, (*3-bromo-1,7-dimethyl-2-oxo-7-norbornyl)methanesulfinic acid* C₁₀H₁₅BrO₃S, Formel II.

Ein als 3-Brom-campher-π-sulfinsäure bezeichnetes Präparat (F: 149° [Zers.]) von unbekanntem opt. Drehungsvermögen ist aus nicht näher bezeichnetem [3-Brom-2-oxo-1.7-dimethyl-norbornyl-(7)]-methansulfonylchlorid beim Behandeln mit heisser wss. Natriumsulfit-Lösung erhalten worden (*Loudon*, Soc. **1935** 535).

Sulfino-Derivate der Dioxo-Verbindungen CₙH₂ₙ₋₂₀O₂

9.10-Dioxo-9.10-dihydro-anthracen-disulfinsäure-(1.4), Anthrachinon-disulfinsäure-(1.4), *9,10-dioxo-9,10-dihydroanthracene-1,4-disulfinic acid* C₁₄H₈O₆S₂, Formel III.

B. Aus 9.10-Dioxo-9.10-dihydro-anthracen-disulfonylchlorid-(1.4) beim Behandeln mit Natriumsulfid in Wasser (*Koslow*, *Šmolin*, Ž. obšč. Chim. **19** [1949] 740, 743; C. A. **1950** 3479).

Krystalle (aus A. + HCl); F: 154° [Zers.].

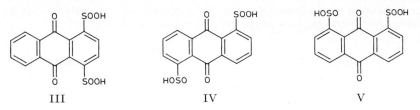

III   IV   V

9.10-Dioxo-9.10-dihydro-anthracen-disulfinsäure-(1.5), Anthrachinon-disulfinsäure-(1.5), *9,10-dioxo-9,10-dihydroanthracene-1,5-disulfinic acid* C₁₄H₈O₆S₂, Formel IV.

B. Aus 9.10-Dioxo-9.10-dihydro-anthracen-disulfonylchlorid-(1.5) beim Behandeln mit Natriumsulfid in Wasser (*Koslow*, *Šmolin*, Ž. obšč. Chim. **19** [1949] 740, 741; C. A. **1950** 3479).

Rötliche Krystalle (aus wss. Me.); F: 218—220° [Zers.]. An der Luft werden allmählich 4 Mol Wasser aufgenommen.

Kupfer(II)-Salz CuC₁₄H₆O₆S₂. Gelbe Krystalle (aus W.) mit 2 Mol H₂O. In 100 g Wasser lösen sich bei 20° 1,3 g, bei 100° 4 g.

Barium-Salz BaC₁₄H₆O₆S₂. Gelbe Krystalle (aus A.). In Wasser fast unlöslich.

Zink-Salz ZnC₁₄H₆O₆S₂. Gelbe Krystalle (aus W.) mit 5 Mol H₂O. In 100 g Wasser lösen sich bei 20° 1,0 g, bei 100° 3,3 g.

Verbindung mit Quecksilber(I)-chlorid C₁₄H₆O₆S₂·Hg₂Cl₂. Gelb, amorph. Beim Erhitzen bilden sich Anthrachinon und Quecksilber(II)-chlorid.

Blei(II)-Salz PbC$_{14}$H$_6$O$_6$S$_2$. Hellgelbe Krystalle (aus W.) mit 1 Mol H$_2$O.
Nickel(II)-Salz NiC$_{14}$H$_6$O$_6$S$_2$. Gelbe Krystalle (aus W.) mit 2 Mol H$_2$O. In 100 g Was=
ser lösen sich bei 20° 0,8 g, bei 100° 1,8 g.

9.10-Dioxo-9.10-dihydro-anthracen-disulfinsäure-(1.8), Anthrachinon-disulfin=
säure-(1.8), *9,10-dioxo-9,10-dihydroanthracene-1,8-disulfinic acid* C$_{14}$H$_8$O$_6$S$_2$, Formel V.
B. Aus 9.10-Dioxo-9.10-dihydro-anthracen-disulfonylchlorid-(1.8) beim Behandeln mit
Natriumsulfid in Wasser (*Koslow, Šmolin, Ž. obšč.* Chim. **19** [1949] 740, 742; C. A. **1950**
3479).
Hellgelbe Krystalle (aus wss.-äthanol. Salzsäure) mit 1 Mol H$_2$O; F: 171° [Zers.].
Kupfer(II)-Salz CuC$_{14}$H$_6$O$_6$S$_2$. Gelbe Krystalle (aus W. oder A.) mit 3 Mol H$_2$O.
In 100 g Wasser lösen sich bei 20° 0,8 g, bei 100° 0,87 g.
Calcium-Salz CaC$_{14}$H$_6$O$_6$S$_2$. Krystalle (aus W.) mit 4 Mol H$_2$O. In 100 g Wasser
lösen sich bei 20° 0,12 g, bei 100° 1,5 g.
Barium-Salz BaC$_{14}$H$_6$O$_6$S$_2$. Krystalle (aus W.) mit 2 Mol H$_2$O. In 100 g Wasser
lösen sich bei 20° 0,12 g, bei 100° 0,69 g.
Zink-Salz ZnC$_{14}$H$_6$O$_6$S$_2$. Krystalle (aus W.) mit 4 Mol H$_2$O. In 100 g Wasser lösen
sich bei 20° 0,5 g, bei 100° 1,0 g.
Blei(II)-Salz PbC$_{14}$H$_6$O$_6$S$_2$. Krystalle (aus W.) mit 1 Mol H$_2$O. In 100 g Wasser
lösen sich bei 20° 0,15 g, bei 100° 0,36 g.
Nickel(II)-Salz NiC$_{14}$H$_6$O$_6$S$_2$. Krystalle (aus W. oder A.) mit 5 Mol H$_2$O. In 100 g
Wasser lösen sich bei 20° 0,29 g, bei 100° 0,61 g.

E. Sulfino-Derivate der Carbonsäuren

Sulfino-Derivate der Carbonsäuren C$_n$H$_{2n-8}$O$_2$

4-Sulfino-benzoesäure C$_7$H$_6$O$_4$S.
1-Cyan-benzol-sulfinsäure-(4), p-*cyanobenzenesulfinic acid* C$_7$H$_5$NO$_2$S, Formel VI.
B. Aus 1-Cyan-benzol-sulfonylchlorid-(4) beim Behandeln mit alkal. wss. Natrium=
sulfit-Lösung (*Fuller, Tonkin, Walker,* Soc. **1945** 633, 636; *Andrewes, King, Walker,*
Pr. roy. Soc. [B] **133** [1946] 20, 51; *Cymerman, Koebner, Short,* Soc. **1948** 381).
Krystalle; F: 128—129° (*Fu., To., Wa.*), 126—127° [aus W.] (*An., King, Wa.*), 121°
bis 122° [aus W.] (*Cy., Koe., Sh.*).
Beim Behandeln des Natrium-Salzes mit Natriumnitrit und wss. Salzsäure ist *N.N*-Bis-
[1-cyan-benzolsulfonyl-(4)]-hydroxylamin erhalten worden (*An., King, Wa.*).

           VI   VII

1-Carbamimidoyl-benzol-sulfinsäure-(4), p-*carbamimidoylbenzenesulfinic acid* C$_7$H$_8$N$_2$O$_2$S,
Formel VII (X = H).
B. Beim Behandeln von 1-Cyan-benzol-sulfinsäure-(4) oder von 1-Cyan-benzolsulfono=
hydroxamsäure-(4) mit Chlorwasserstoff enthaltendem Äthanol und mehrtägigen Be-
handeln des jeweiligen Reaktionsprodukts mit äthanol. Ammoniak (*Andrewes, King,
Walker,* Pr. roy. Soc. [B] **133** [1946] 20, 50, 51).
Krystalle; F: 310—320° [Zers.].
Hydrochlorid C$_7$H$_8$N$_2$O$_2$S·HCl. Krystalle, die unterhalb 350° nicht schmelzen.

1-Hydroxycarbamimidoyl-benzol-sulfinsäure-(4), p-(*hydroxycarbamimidoyl)benzenesulfinic
acid* C$_7$H$_8$N$_2$O$_3$S, Formel VII (X = OH).
B. Aus 1-Cyan-benzol-sulfonsäure-(4)-hydrazid beim Erwärmen mit Hydroxylamin-
hydrochlorid und Natriumcarbonat in wss. Äthanol (*Andrewes, King, Walker,* Pr. roy.
Soc. [B] **133** [1946] 20, 59).
Krystalle (aus W.); F: 236° [Zers.].

F. Sulfino-Derivate der Hydroxycarbonsäuren

Sulfino-Derivate der Hydroxycarbonsäuren $C_nH_{2n-8}O_3$

2-Hydroxy-3-sulfino-benzoesäure $C_7H_6O_5S$.

5-Chlor-2-hydroxy-3-sulfino-benzoesäure, 5-Chlor-3-sulfino-salicylsäure, *5-chloro-3-sulfinosalicylic acid* $C_7H_5ClO_5S$, Formel VIII.

    B. Aus 5-Chlor-2-hydroxy-3-chlorsulfonyl-benzoesäure beim Behandeln mit Zink und Äthanol (*Brit. Dyestuffs Corp.*, U.S.P. 1 766 949 [1928]).

    F: 200—201°.

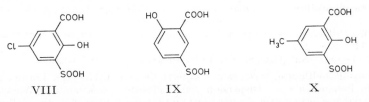

         VIII   IX   X

6-Hydroxy-3-sulfino-benzoesäure, 5-Sulfino-salicylsäure, *5-sulfinosalicylic acid* $C_7H_6O_5S$, Formel IX (E II 16).

    B. Aus 6-Hydroxy-3-chlorsulfonyl-benzoesäure beim Behandeln mit Zink und Äthanol (*Brit. Dyestuffs Corp.*, U.S.P. 1 766 946 [1925]).

6-Hydroxy-5-sulfino-3-methyl-benzoesäure, *5-methyl-3-sulfinosalicylic acid* $C_8H_8O_5S$, Formel X.

    B. Aus 6-Hydroxy-5-chlorsulfonyl-3-methyl-benzoesäure beim Behandeln mit Zink und Äthanol (*Brit. Dyestuffs Corp.*, U.S.P. 1 766 949 [1928]).

    Krystalle; F: 170°.   [*Brandt*]

VI. Sulfonsäuren

A. Monosulfonsäuren

Monosulfonsäuren $C_nH_{2n}O_3S$

Cyclopentansulfonsäure, *cyclopentanesulfonic acid* $C_5H_{10}O_3S$, Formel I (X = OH) (H 23).

B. Beim Erhitzen von Cyclopentylchlorid mit Natriumsulfit bis auf 200° (*Turkiewicz, Pilat*, B. **71** [1938] 284).

Natrium-Salz $NaC_5H_9O_3S$. Krystalle. In Wasser leicht löslich.

Cyclopentansulfonylfluorid, *cyclopentanesulfonyl fluoride* $C_5H_9FO_2S$, Formel I (X = F).

B. Beim Behandeln einer Dispersion von Cyclopentylthiocyanat in Wasser mit Chlor und Erhitzen des erhaltenen Cyclopentansulfonylchlorids mit Kaliumfluorid in Wasser (*Röhm & Haas Co.*, U.S.P. 2174856 [1938]).

Kp_3: 60°.

Cyclohexansulfonsäure, *cyclohexanesulfonic acid* $C_6H_{12}O_3S$, Formel II (X = OH) (H 23; E II 17).

B. Beim Behandeln von Cyclohexan mit Sauerstoff und Schwefeldioxid unter Belichtung (*I.G. Farbenind.*, D.R.P. 735096 [1940]; D.R.P. Org. Chem. 2, Tl. 1, S. 155). Bei mehrwöchigem Behandeln von Cyclohexylbromid mit Natriumsulfit in wss. Äthanol (*Davies, Dick*, Soc. **1932** 483, 484). Beim Behandeln von Cyclohexen mit Chloroschwefel= säure in Äther (*I.G. Farbenind.*, D.R.P. 550243 [1927]; Frdl. **17** 2053). Neben Cyclo= hexanthiosulfonsäure-S-cyclohexylester beim Erwärmen von Cyclohexansulfinsäure= monohydrat unter Ausschluss von Sauerstoff auf 100° (*v. Braun, Weissbach*, B. **63** [1930] 2836, 2842).

Barium-Salz $Ba(C_6H_{11}O_3S)_2$. Krystalle [aus wss. A.] (*Backer, Stedehouder*, R. **52** [1933] 1039, 1045).

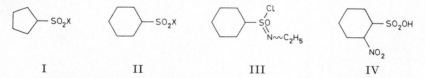

I	II	III	IV

Cyclohexansulfonsäure-butylester, *cyclohexanesulfonic acid butyl ester* $C_{10}H_{20}O_3S$, Formel II (X = O-$[CH_2]_3$-CH_3).

B. Aus Cyclohexansulfonylchlorid, Butanol-(1) und Natrium (*Du Pont de Nemours & Co.*, U.S.P. 2174509 [1938]).

Kp_1: 80—85°.

Cyclohexansulfonsäure-hexadecylester, *cyclohexanesulfonic acid hexadecyl ester* $C_{22}H_{44}O_3S$, Formel II (X = O-$[CH_2]_{15}$-CH_3).

B. Beim Behandeln von Cyclohexansulfonylchlorid mit Hexadecanol-(1) und Pyridin (*Du Pont de Nemours & Co.*, U.S.P. 2174509 [1938]).

F: 43—46°.

Cyclohexansulfonylfluorid, *cyclohexanesulfonyl fluoride* $C_6H_{11}FO_2S$, Formel II (X = F).

B. Aus Cyclohexansulfonylchlorid beim Erwärmen mit Kaliumfluorid in Wasser (*Davies, Dick*, Soc. **1932** 483, 485; *Röhm & Haas Co.*, U.S.P. 2174856 [1938]).

Kp: 218° (*Da., Dick*); Kp_3: 90—97° (*Röhm & Haas Co.*).

Cyclohexansulfonylchlorid, *cyclohexanesulfonyl chloride* $C_6H_{11}ClO_2S$, Formel II (X = Cl) (H 23; E II 17).

B. Neben anderen Verbindungen beim Einleiten eines Gemisches von Chlor und Schwefeldioxid in Cyclohexan (*Du Pont de Nemours & Co.*, U.S.P. 2174509 [1938]). Neben Cyclohexylchlorid beim Eintragen von Sulfurylchlorid in ein Gemisch von Cyclo= hexan und Benzol in Gegenwart von Pyridin oder in Cyclohexan in Gegenwart von Chinolin oder Triphenylamin, jeweils unter Belichtung (*Kharasch, · Read*, Am. Soc. **61** [1939] 3089; s. a. *Du Pont de Nemours & Co.*, U.S.P. 2383319 [1939]). Aus Natrium-cyclohexansulfonat beim Erhitzen mit Benzotrichlorid auf 200° (*I. G. Farbenind.*, D.R.P. 574836 [1931]; Frdl. **19** 627; U.S.P. 2016784 [1932]). Beim Einleiten von Chlor in eine Dispersion von Cyclohexylthiocyanat in Wasser (*Röhm & Haas Co.*, U.S.P. 2174856 [1938]) oder in eine wss. Lösung von *S*-Cyclohexyl-isothiuronium-chlorid (*Sprague, Johnson*, Am. Soc. **59** [1937] 1837, 1838; *Röhm & Haas Co.*, U.S.P. 2147346 [1937]). Aus Dicyclohexyldisulfid beim Behandeln einer Dispersion in Wasser mit Chlor (*Sperling*, Soc. **1949** 1932, 1936).

Kp_{16}: 123—124°; Kp_{14}: 122—123° (*Spr., Jo.*); Kp_{13}: 125° (*I. G. Farbenind.*); Kp_6: 123—124° (*Röhm & Haas Co.*, U.S.P. 2147346). n_D^{21}: 1,4970; n_D^{25}: 1,4960 (*Spr., Jo.*).

Cyclohexansulfonamid, *cyclohexanesulfonamide* $C_6H_{13}NO_2S$, Formel II (X = NH_2) (E II 17).

F: 94—95° (*Sprague, Johnson*, Am. Soc. **59** [1937] 1837, 1838).

***N*.*N*-Dimethyl-cyclohexansulfonamid,** N,N-*dimethylcyclohexanesulfonamide* $C_8H_{17}NO_2S$, Formel II (X = $N(CH_3)_2$).

B. Aus Cyclohexansulfonylchlorid beim Behandeln mit wss. Dimethylamin (*Du Pont de Nemours & Co.*, U.S.P. 2174509 [1938]).

Krystalle; F: 58°. Bei 115—120°/0,3 Torr destillierbar.

***N*-Äthyl-cyclohexansulfonamid,** N-*ethylcyclohexanesulfonamide* $C_8H_{17}NO_2S$, Formel II (X = NH-C_2H_5).

B. Aus Cyclohexansulfonylchlorid und Äthylamin (*v. Braun, Weissbach*, B. **63** [1930] 2836, 2844).

Krystalle (aus PAe.); F: 72°. Bei 183—185°/18 Torr destillierbar.

Beim Erwärmen mit 2 Mol Phosphor(V)-chlorid ist *N*-Äthyl-cyclohexansulfonimidoyl= chlorid, beim Erwärmen mit 4 Mol Phosphor(V)-chlorid und Behandeln des Reaktions-produkts mit kaltem Wasser ist eine vermutlich als 1-Chlor-*N*-äthyl-cyclohexan-sulfonimidoylchlorid-(1) zu formulierende Verbindung $C_8H_{15}Cl_2NOS$ (Krystalle [aus Bzl.]; F: 156°) erhalten worden.

***N*-Propyl-cyclohexansulfonamid,** N-*propylcyclohexanesulfonamide* $C_9H_{19}NO_2S$, Formel II (X = NH-CH_2-CH_2-CH_3).

B. Aus Cyclohexansulfonylchlorid und Propylamin (*v. Braun, Weissbach*, B. **63** [1930] 2836, 2845).

F: 78°.

***N*-Isobutyl-cyclohexansulfonamid,** N-*isobutylcyclohexanesulfonamide* $C_{10}H_{21}NO_2S$, Formel II (X = NH-CH_2-$CH(CH_3)_2$).

B. Aus Cyclohexansulfonylchlorid beim Behandeln mit Isobutylamin in Wasser (*Du Pont de Nemours & Co.*, U.S.P. 2174509 [1938]).

Krystalle; F: 72°. Bei 150—160°/1 Torr destillierbar.

***N*-Heptyl-cyclohexansulfonamid,** N-*heptylcyclohexanesulfonamide* $C_{13}H_{27}NO_2S$, Formel II (X = NH-$[CH_2]_6$-CH_3).

B. Aus Cyclohexansulfonylchlorid und Heptylamin (*v. Braun, Weissbach*, B. **63** [1930] 2836, 2845).

F: 72°.

($\pm$)-*N*-[2-Äthyl-hexyl]-cyclohexansulfonamid, ($\pm$)-N-(2-*ethylhexyl*)*cyclohexanesulfon*= *amide* $C_{14}H_{29}NO_2S$, Formel II (X = NH-CH_2-$CH(C_2H_5)$-$[CH_2]_3$-CH_3).

B. Aus Cyclohexansulfonylchlorid und ($\pm$)-2-Äthyl-hexylamin (*Du Pont de Nemours & Co.*, U.S.P. 2174509 [1938]).

Bei 180—190°/1 Torr destillierbar.

N-Dodecyl-cyclohexansulfonamid, N-*dodecylcyclohexanesulfonamide* $C_{18}H_{37}NO_2S$, Formel
II (X = NH-[CH$_2$]$_{11}$-CH$_3$) auf S. 26.
    B. Aus Cyclohexansulfonylchlorid und Dodecylamin (*Du Pont de Nemours & Co.*,
U.S.P. 2174509 [1938]).
    Wachsartig; F: 55°.

Cyclohexansulfonsäure-ureid, Cyclohexansulfonylharnstoff, (*cyclohexylsulfonyl*)*urea*
$C_7H_{14}N_2O_3S$, Formel II (X = NH-CO-NH$_2$) auf S. 26.
    B. Beim Erwärmen von Cyclohexansulfonamid mit Kaliumcyanat in wss. Äthanol
(*Du Pont de Nemours & Co.*, U.S.P. 2390253 [1943]).
    Krystalle (aus W.).

Methansulfonyl-cyclohexansulfonyl-amin, N-Methansulfonyl-cyclohexansulfonamid,
N-(*methylsulfonyl*)*cyclohexanesulfonamide* $C_7H_{15}NO_4S_2$, Formel II (X = NH-SO$_2$-CH$_3$)
auf S. 26.
    B. Beim Behandeln von Cyclohexansulfonamid mit Methansulfonylchlorid und wss.
Natronlauge (*Helferich, Flechsig*, B. **75** [1942] 532, 536).
    Krystalle (aus A. + PAe.); F: 94—95°. 100 ml einer bei 30° gesättigten wss. Lösung
enthalten 11,3 g.

Cyclohexansulfonsäure-[chlorid-äthylimin], N-Äthyl-cyclohexansulfonimidoylchlorid,
N-*ethylcyclohexanesulfonimidoyl chloride* $C_8H_{16}ClNOS$, Formel III auf S. 26.
    B. Aus N-Äthyl-cyclohexansulfonamid beim Erwärmen mit Phosphor(V)-chlorid
(*v. Braun, Weissbach*, B. **63** [1930] 2836, 2844).
    Krystalle; F: 73—74°. Kp$_{0,7}$: 131—132°.

2-Nitro-cyclohexan-sulfonsäure-(1), 2-*nitrocyclohexanesulfonic acid* $C_6H_{11}NO_5S$, Formel
IV auf S. 26.
    B. Beim Behandeln von 1-Nitro-cyclohexen-(1) mit Natriumhydrogensulfit in wss.
Äthanol (*Imp. Chem. Ind.*, U.S.P. 2465803 [1945]).
    Als Natrium-Salz isoliert.

Cyclohexanthiosulfonsäure-S-cyclohexylester, *cyclohexanethiosulfonic acid* S-*cyclohexyl*
ester $C_{12}H_{22}O_2S_2$, Formel II (X = S-C$_6$H$_{11}$) auf S. 26.
    B. Neben Cyclohexansulfonsäure beim Erwärmen von Cyclohexansulfinsäure-mono≠
hydrat unter Ausschluss von Sauerstoff auf 100° (*v. Braun, Weissbach*, B. **63** [1930] 2836,
2842).
    F: 38° (*Cowie, Gibson*, Soc. **1934** 46). Kp$_{0,1}$: 184—186° (*v. Br., Wei.*).

1-Methyl-cyclohexan-sulfonsäure-(3), 3-*methylcyclohexanesulfonic acid* $C_7H_{14}O_3S$, Formel
V (vgl. H 23).
    Zwei als *cis*-1-Methyl-cyclohexan-sulfonsäure-(3) und als *trans*-1-Methyl-
cyclohexan-sulfonsäure-(3) angesehene opt.-akt. Präparate (a) F: 95°; [α]$_{546}$:
+2,15° [Bzl.]; [α]$_{579}$: +1,85° [Bzl.]; Kalium-Salz: [α]$_{546}$: + 2,05° [W.]; [α]$_{579}$: +1,8°
[W.]; b) F: 93°; [α]$_{546}$: +1,45° [Bzl.]; [α]$_{579}$: +1,2° [Bzl.]; Kalium-Salz: [α]$_{546}$: +1,25°
[W.]; [α]$_{579}$: +1,12° [W.]) von zweifelhafter Einheitlichkeit sind beim Behandeln der aus
(−)-*cis*-3-Chlor-1-methyl-cyclohexan(?) (E III **5** 74) bzw. aus (−)-*trans*-3-Chlor-1-methyl-
cyclohexan(?) (E III **5** 74) hergestellten Grignard-Verbindungen mit Schwefeldioxid
und anschliessend mit Eis und Behandeln der jeweiligen Reaktionslösung mit Kalium≠
permanganat erhalten worden (*Mousseron et al.*, Bl. **1948** 84, 89).

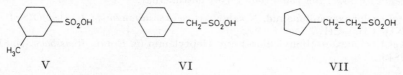

            V   VI   VII

Cyclohexylmethansulfonsäure, *cyclohexylmethanesulfonic acid* $C_7H_{14}O_3S$, Formel VI.
    B. Aus Cyclohexen-(1)-yl-methansulfonsäure bei der Hydrierung des Natrium-Salzes
an Palladium in Wasser (*Arnold, Dowdall*, Am. Soc. **70** [1948] 2590). Aus Cyclohexylmethyl≠
bromid beim Erhitzen mit Natriumsulfit in Wasser (*Ar., Do.*).
    Natrium-Salz. Krystalle (aus W.).
    S-Benzyl-isothiuronium-Salz. F: 182—183°.

1-Cyclopentyl-äthan-sulfonsäure-(2), *2-cyclopentylethanesulfonic acid* $C_7H_{14}O_3S$, Formel VII.

B. Aus 2-Cyclopentyl-äthylbromid beim Erhitzen mit Natriumsulfit auf 200° (*Pilat, Turkiewicz*, B. **72** [1939] 1527, 1529).

Natrium-Salz $NaC_7H_{13}O_3S$. Krystalle (aus A.).

(±)-[3.3-Dimethyl-cyclohexyl]-methansulfonsäure, (±)-*(3,3-dimethylcyclohexyl)methane=sulfonic acid* $C_9H_{18}O_3S$, Formel VIII.

B. Beim Einleiten von Schwefeldioxid in eine aus (±)-[3.3-Dimethyl-cyclohexyl]-methylbromid und Magnesium in Äther bereitete Lösung bei —40°, Behandeln des vom Äther befreiten Reaktionsgemisches mit wss. Schwefelsäure und Behandeln des Reaktionsprodukts mit wss. Kaliumpermanganat-Lösung (*Doering, Beringer*, Am. Soc. **71** [1949] 2221, 2225). Neben [5-Hydroxy-3.3-dimethyl-cyclohexyl]-methansulfonsäure (S. 488) bei der Hydrierung von [5-Oxo-3.3-dimethyl-cyclohexen-(6)-yl]-methansulfonsäure an Platin in Essigsäure (*Doe., Be.*).

Natrium-Salz $NaC_9H_{17}O_3S$. Krystalle (aus A.).

Barium-Salz $Ba(C_9H_{17}O_3S)_2$. Krystalle (aus Me. + A.).

S-Benzyl-isothiuronium-Salz $[C_8H_{11}N_2S]C_9H_{17}O_3S$. Krystalle (aus Me.); F: 181° bis 181,5° [korr.].

Benzidin-Salz (F: 301—303° [korr.; Zers.]): *Doe., Be.*, l. c. S. 2224.

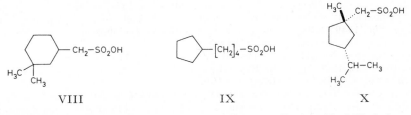

VIII   IX   X

1-Cyclopentyl-butan-sulfonsäure-(4), *4-cyclopentylbutanesulfonic acid* $C_9H_{18}O_3S$, Formel IX.

B. Aus 4-Cyclopentyl-butylbromid beim Erhitzen mit Natriumsulfit auf 160° (*Pilat, Turkiewicz*, B. **72** [1939] 1527, 1529).

Natrium-Salz $NaC_9H_{17}O_3S$. Krystalle.

[1-Methyl-3-isopropyl-cyclopentyl]-methansulfonsäure, *(3-isopropyl-1-methylcyclopentyl)=methanesulfonic acid* $C_{10}H_{20}O_3S$.

[(1S)-1-Methyl-3c-isopropyl-cyclopentyl-(r)]-methansulfonsäure, Formel X (in der Literatur auch als Fencholsulfonsäure bezeichnet).

B. Aus (1S)-1-Methyl-1r-chlormethyl-3c-isopropyl-cyclopentan (E III **5** 141) beim Erhitzen mit Natriumsulfit auf 180° (*Pilat, Turkiewicz*, B. **72** [1939] 1527, 1530).

Natrium-Salz $NaC_{10}H_{19}O_3S$. Hygroskopische Krystalle (aus A.).

1-[3-Methyl-6-isopropyl-cyclohexyl]-äthan-sulfonsäure-(2), *2-(p-menth-3-yl)ethane=sulfonic acid* $C_{12}H_{24}O_3S$.

1-[(3R)-3r-Methyl-6t-isopropyl-cyclohexyl-(ξ)]-äthan-sulfonsäure-(2), Formel XI.

Das Natrium-Salz $NaC_{12}H_{23}O_3S$ (Krystalle [aus W.]) einer Sulfonsäure dieser Konstitution und Konfiguration ist aus (1R)-1r-Methyl-3ξ-[2-chlor-äthyl]-4t-isopropyl-cyclohexan (Kp$_{10}$: 120—125°) beim Erhitzen mit Natriumsulfit auf 160° erhalten worden (*Pilat, Turkiewicz*, B. **72** [1939] 1527, 1530).

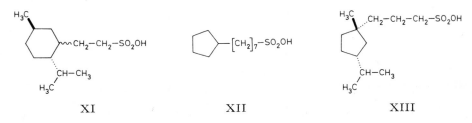

XI   XII   XIII

1-Cyclopentyl-heptan-sulfonsäure-(7), *7-cyclopentylheptanesulfonic acid* $C_{12}H_{24}O_3S$, Formel XII.

B. Beim Erhitzen von 7-Cyclopentyl-heptylchlorid (Kp: 120—125°; aus Toluol-sulfonsäure-(4)-[3-chlor-propylester] durch Umsetzung mit 4-Cyclopentyl-butylmagnesi= um-bromid hergestellt) mit Natriumsulfit auf 160° (*Pilat, Turkiewicz*, B. **72** [1939] 1527, 1529).

Natrium-Salz $NaC_{12}H_{23}O_3S$. Hygroskopische Krystalle (aus A.).

1-[1-Methyl-3-isopropyl-cyclopentyl]-propan-sulfonsäure-(3), *3-(3-isopropyl-1-methyl= cyclopentyl)propanesulfonic acid* $C_{12}H_{24}O_3S$.

1-[(1R)-1-Methyl-3c-isopropyl-cyclopentyl-(r)]-propan-sulfonsäure-(3), Formel XIII.

B. Aus (1R)-1r-Methyl-1-[3-chlor-propyl]-3t-isopropyl-cyclopentan beim Erhitzen mit Natriumsulfit in Wasser (*Pilat, Turkiewicz*, B. **72** [1939] 1527, 1531).

Natrium-Salz $NaC_{12}H_{23}O_3S$. Hygroskopische Krystalle (aus A.).

Monosulfonsäuren $C_nH_{2n-2}O_3S$

Cyclohexen-(1)-sulfonsäure-(1), *cyclohex-1-ene-1-sulfonic acid* $C_6H_{10}O_3S$, Formel I.

B. Neben (±)-*trans*-2-Hydroxy-cyclohexan-sulfonsäure-(1) (S. 487) beim Behandeln von Cyclohexen mit Schwefelsäure, Essigsäure und Acetanhydrid, anfangs bei —20° (*Sperling*, Soc. **1949** 1938). Aus (±)-*trans*-2-Sulfooxy-cyclohexan-sulfonsäure-(1) beim Erhitzen des Natrium-Salzes auf 170° (*Sp.*).

Natrium-Salz $NaC_6H_9O_3S$. Krystalle (aus W.) mit 1 Mol H_2O (*Sp.*).

Barium-Salz $Ba(C_6H_9O_3S)_2$. Krystalle (aus W. oder wss. A.) mit 1 Mol H_2O; das Krystallwasser wird bei 130° abgegeben (*Sp.*).

S-Benzyl-isothiuronium-Salz $[C_8H_{11}N_2S]C_6H_9O_3S$. Krystalle (aus W.); F: 182° bis 183° [unkorr.] (*Bordwell, Peterson*, Am. Soc. **77** [1955] 1145, 1147) [von *Sperling* (l. c.) wird für das Salz, offenbar irrtümlich, F: 150—151° angegeben].

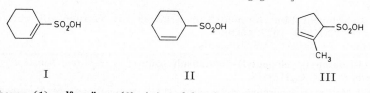

I   II   III

(±)-Cyclohexen-(1)-sulfonsäure-(3), (±)-*cyclohex-2-ene-1-sulfonic acid* $C_6H_{10}O_3S$, Formel II.

B. Neben anderen Verbindungen beim Behandeln von Cyclohexen mit dem Dioxan-Schwefeltrioxid-Addukt in 1.2-Dichlor-äthan (*Sperling*, Soc. **1949** 1925; *Bordwell, Peterson*, Am. Soc. **77** [1955] 1145). Aus (±)-3-Brom-cyclohexen-(1) bei 4-tägigem Er-hitzen mit Ammoniumsulfit in Wasser unter Stickstoff oder Kohlendioxid (*Sp.*).

Barium-Salz $Ba(C_6H_9O_3S)_2$. Krystalle (aus wss. A.) mit 1 Mol H_2O (*Sp.*).

S-Benzyl-isothiuronium-Salz. Krystalle; F: 150—151° [korr.] (*Sp.*), 148—149° [unkorr.] (*Bo., Pe.*).

Phenylhydrazin-Salz (F: 141—143° [korr.]): *Sp.*

(±)-1-Methyl-cyclopenten-(1)-sulfonsäure-(5), (±)-*2-methylcyclopent-2-ene-1-sulfonic acid* $C_6H_{10}O_3S$, Formel III.

B. Neben nicht identifizierten Disulfonsäuren beim Behandeln von 1-Methyl-cyclo= penten-(1) mit dem Dioxan-Schwefeltrioxid-Addukt in 1.2-Dichlor-äthan (*Sperling*, Soc. **1949** 1925).

Barium-Salz $Ba(C_6H_9O_3S)_2$. Krystalle (aus wss. A.) mit 2 Mol H_2O. Bei 120° wird das Krystallwasser abgegeben; bei 140° erfolgt Zersetzung.

S-Benzyl-isothiuronium-Salz. Krystalle (aus wss. A.); F: 79—80,5°.

Cyclohexen-(1)-yl-methansulfonsäure, (*cyclohex-1-en-1-yl)methanesulfonic acid* $C_7H_{12}O_3S$, Formel IV.

B. Beim Eintragen einer Lösung von Methylencyclohexan in 1.2-Dichlor-äthan in eine

Lösung von Schwefeltrioxid in Dioxan und 1.2-Dichlor-äthan bei −5° (*Arnold, Dowdall,* Am. Soc. **70** [1948] 2590).

Als S-Benzyl-isothiuronium-Salz [C₈H₁₁N₂S]C₇H₁₁O₃S (F: 173—173,5°) charakterisiert (*Ar., Do.,* l. c. S. 2591).

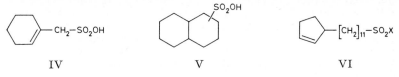

IV   V   VI

Decahydro-naphthalin-sulfonsäure-(x), *decahydronaphthalene-x-sulfonic acid* C₁₀H₁₈O₃S, Formel V.

Decahydro-naphthalin-sulfonsäure-(x), deren S-Benzyl-isothiuronium-Salz bei 166° schmilzt.

B. Beim Einleiten von mit Stickstoff verdünntem Schwefeltrioxid in heisses Decalin [nicht charakterisiert] (*Clemo, Legg,* Soc. **1947** 539, 542).

S-Benzyl-isothiuronium-Salz [C₈H₁₁N₂S]C₁₀H₁₇O₃S. Krystalle (aus Dioxan); F: 165—166°.

1-[Cyclopenten-(2)-yl]-undecan-sulfonsäure-(11), *11-(cyclopent-2-en-1-yl)undecane-sulfonic acid* C₁₆H₃₀O₃S, Formel VI (X = OH).

Das Natrium-Salz NaC₁₆H₂₉O₃S (Krystalle [aus wss. A.]) einer Säure dieser Konstitution von unbekanntem opt. Drehungsvermögen ist aus 1-[11-Brom-undecyl]-cyclopenten-(2) (E III **5** 292) beim Erhitzen mit Natriumsulfit in Wasser auf 190° erhalten worden (*Arnold et al.,* B. **75** [1942] 369, 376).

1-[Cyclopenten-(2)-yl]-undecansulfonamid-(11), *11-(cyclopent-2-en-1-yl)undecanesulfon-amide* C₁₆H₃₁NO₂S, Formel VI (X = NH₂).

Ein Amid (Krystalle [aus Me.]; F: 90—92°) dieser Konstitution von unbekanntem opt. Drehungsvermögen ist aus dem im vorangehenden Artikel beschriebenen Natrium-Salz bei aufeinanderfolgendem Behandeln mit Phosphor(V)-chlorid und mit wss. Ammoniak erhalten worden (*Arnold et al.,* B. **75** [1942] 369, 376).

Monosulfonsäuren C_nH_{2n—4}O₃S

Cyclopentadien-(1.3)-sulfonsäure-(5), *cyclopenta-2,4-diene-1-sulfonic acid* C₅H₆O₃S, Formel VII.

B. Aus Cyclopentadien beim Erwärmen mit Pyridinium-sulfonat-(1) in 1.2-Dichlor-äthan (*Terent'ew, Dombrowškii,* Doklady Akad. S. S. S. R. **67** [1949] 859, 860; Ž. obšč. Chim. **21** [1951] 278; C. A. **1950** 1891, **1951** 7025).

Kalium-Salz KC₅H₅O₃S und Barium-Salz Ba(C₅H₅O₃S)₂: *Te., Do.*

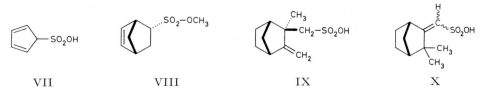

VII   VIII   IX   X

Norbornen-(2)-sulfonsäure-(5) C₇H₁₀O₃S.

Norbornen-(2)-sulfonsäure-(5)-methylester, *norborn-5-ene-2-sulfonic acid methyl ester* C₈H₁₂O₃S.

Ein vermutlich überwiegend aus **(±)-Norbornen-(2)-sulfonsäure-(5endo)-methylester** (Formel VIII + Spiegelbild) bestehendes (vgl. diesbezüglich *Martin, Hill,* Chem. Reviews **61** [1961] 537, 546) Präparat (Kp₀,₀₈: 84—86°) ist beim Erhitzen von Cyclopentadien mit Äthylensulfonsäure-methylester in Toluol auf 150° erhalten worden (*Lambert, Rose,* Soc. **1949** 46, 49).

[2-Methyl-3-methylen-norbornyl-(2)]-methansulfonsäure, Camphen-π-sulfonsäure, *(2-methyl-3-methylene-2-norbornyl)methanesulfonic acid* $C_{10}H_{16}O_3S$.

(±)-[2*endo*-Methyl-3-methylen-norbornyl-(2*exo*)]-methansulfonsäure, Formel IX + Spiegelbild.

Konfiguration: *Wolinsky, Dimmel, Gibson,* J. org. Chem. **32** [1967] 2087.

B. Als Kalium-Salz $KC_{10}H_{15}O_3S$ (Krystalle [aus W.]; Einheitlichkeit ungewiss) beim Erhitzen eines (±)-[3*exo*-Hydroxy-2*endo*.3*endo*-dimethyl-norbornyl-(2*exo*)]-methansulfon=säure-lacton-Präparats (F: 133°; bezüglich der Einheitlichkeit s. *Wo., Di., Gi.*) mit wss. Kalilauge (*Asahina, Sano, Mayekawa,* B. **71** [1938] 312, 315).

Bei der Hydrierung des aus dem Silber-Salz mit Hilfe von Methyljodid hergestellten Methylesters $C_{11}H_{18}O_3S$ ($Kp_{3,5}$: 130°) an Palladium in Äthanol ist eine vermutlich als [2*endo*.3ξ-Dimethyl-norbornyl-(2*exo*)]-methansulfonsäure-methylester zu formulierende Verbindung $C_{11}H_{20}O_3S$ ($Kp_{3,5}$: 134—135°) erhalten worden (*Kawahata* J. pharm. Soc. Japan **61** [1941] 189; dtsch. Ref. S. 79, 80; C. A. **1950** 8890; vgl. *As., Sa., Ma.*).

[3.3-Dimethyl-norbornyliden-(2)]-methansulfonsäure, Camphen-ω-sulfonsäure, *(3,3-dimethyl-2-norbornylidene)methanesulfonic acid* $C_{10}H_{16}O_3S$.

(±)-[3.3-Dimethyl-norbornyliden-(2ξ)]-methansulfonsäure, Formel X + Spiegelbild.

B. Als Barium-Salz $Ba(C_{10}H_{15}O_3S)_2$ (Krystalle; in Wasser leicht löslich) beim Erwärmen von (±)-Camphen mit Pyridinium-sulfonat-(1) in 1.2-Dichlor-äthan (*Terent'ew, Dombrowškiǐ,* Ž. obšč. Chim. **19** [1949] 1467, 1469; C. A. **1950** 1480, 1482).

Monosulfonsäuren $C_nH_{2n-6}O_3S$

Benzolsulfonsäure, *benzenesulfonic acid* $C_6H_6O_3S$, Formel I (R = H) auf S. 37 (H 26; E I 9; E II 18).

Bildungsweisen.

Aus Benzol beim Behandeln mit dem Dioxan-Schwefeltrioxid-Addukt in Tetrachlor=methan (*Suter, Evans, Kiefer,* Am. Soc. **60** [1938] 538), beim Behandeln mit 94%ig. wss. Schwefelsäure unter Einleiten von Borfluorid (*Thomas, Anzilotti, Hennion,* Ind. eng. Chem. **32** [1940] 408), beim Erwärmen mit Schwefelsäure und Fluorwasserstoff (*Simons, Passino, Archer,* Am. Soc. **63** [1941] 608) sowie beim Behandeln mit Chloroschwefelsäure in flüssigem Schwefeldioxid (*Ross et al.,* Ind. eng. Chem. **34** [1942] 924, 926).

Über die Herstellung von Benzolsulfonsäure aus Benzol und Schwefelsäure (oder Schwefeltrioxid) s. *Winkelmüller,* Ullmann **4** [1953] 304ff; *Quinn,* Kirk-Othmer **3** [1964] 401ff.

Physikalische Eigenschaften.

$Kp_{0,1}$: 171—172° (*v. Braun, Weissbach,* B. **63** [1930] 2836, 2839 Anm. 4a). IR-Spektrum (Acetonitril; 7,5—9,5μ): *Schreiber,* Anal. Chem. **21** [1949] 1168, 1171. Raman-Spektrum (W.): *Angus, Leckie, Williams,* Trans. Faraday Soc. **34** [1938] 793, 795. UV-Spektren von Lösungen der Säure in Wasser: *Pestemer, Flaschka,* M. **71** [1938] 325, 326, 327; *Böhme, Wagner,* B. **75** [1942] 606, 610; Ar. **280** [1942] 255, 258; in konz. und wss. Schwefel=säure: *Bandow,* Bio. Z. **296** [1938] 105, 111, **298** [1938] 81, 98; UV-Spektrum einer Lösung des Natrium-Salzes in Wasser: *Vandenbelt, Doub,* Am. Soc. **66** [1944] 1633, 1634; in wss. Natronlauge: *Pe., Fl.*; einer Lösung des Barium-Salzes in Wasser: *Morton, de Gouveia,* Soc. **1934** 916, 920. Dipolmoment (ε; Bzl.): 3,77 D (*Gur'janowa,* Ž. fiz. Chim. **15** [1941] 141; C. A. **1942** 306). Elektrische Leitfähigkeit von Lösungen in Wasser: *Berthoud,* Helv. **13** [1930] 17, 19; *Jeffery, Vogel,* Soc. **1932** 400, 404, 413; von Lösungen in Methanol und in Äthanol: *Murray-Rust, Hartley,* Pr. roy. Soc. [A] **126** [1930] 84, 91, 92, 94; von Lösungen in Formamid: *Verhoek,* Am. Soc. **58** [1936] 2577, 2582.

Verteilung zwischen Wasser und Äther: *Dermer, Markham, Trimble,* Am. Soc. **63** [1941] 3524; *Collander,* Acta chem. scand. **3** [1949] 717, 724. Löslichkeitsdiagramm der ternären Systeme aus Benzolsulfonsäure, Wasser und Magnesium-benzolsulfonat bzw. Calcium-benzolsulfonat, Strontium-benzolsulfonat oder Barium-benzolsulfonat bei 25°: *Dunn, Philip,* Soc. **1934** 658, 665. Ebullioskopie in flüssigem Fluorwasserstoff: *Klatt,* Z. anorg. Ch. **232** [1937] 393, 407. Diffusion in Wasser bei 25°, auch in Gegenwart von Magnesium-benzolsulfonat: *King, Cathcart,* Am. Soc. **59** [1937] 63, 64.

Chemisches Verhalten.
Überführung in Benzol-disulfonsäure-(1.3) durch Erhitzen mit Schwefeltrioxid auf 140°: *Lauer*, J. pr. [2] **143** [1935] 127, 137. Beim Erwärmen des Natrium-Salzes mit Phosphor(V)-bromid sind Benzolsulfonylbromid und geringe Mengen Diphenyldisulfid, beim Erwärmen mit einem Gemisch von Phosphor(V)-bromid und Phosphor(III)-bromid sind Diphenyldisulfid und geringere Mengen Benzolsulfonylbromid erhalten worden (*Kohlhase*, Am. Soc. **54** [1932] 2441, 2445). Bildung von Chlorbenzol bzw. Brombenzol beim Erhitzen von Benzolsulfonsäure oder von Natrium-benzolsulfonat mit Kupfer(II)-chlorid bzw. mit Kupfer(II)-bromid: *Varma, Parekh, Subramanium*, J. Indian chem. Soc. **16** [1939] 460. Bildung von Benzol bei der Reduktion des Natrium-Salzes in wss. Natron=lauge an Blei-Kathoden: *Matsui, Sakurada*, Mem. Coll. Sci. Kyoto [A] **15** [1932] 181, 182. Beim Erhitzen des Natrium-Salzes mit Natriumhydroxid sind Phenol, Di=phenylsulfon, Biphenylol-(2), Biphenylol-(4) und andere, nicht identifizierte Verbin=dungen erhalten worden (*Mikeska, Bogert*, Am. Soc. **57** [1935] 2121, 2122; vgl. E I 11; E II 18).

Salze.
A m m o n i u m - S a l z [NH$_4$]C$_6$H$_5$O$_3$S (H 28; E I 10; E II 18). Krystalle (aus wss. Acn.); F: 285—286° (*Oxley et al.*, Soc. **1946** 763, 768). In flüssigem Ammoniak leicht löslich (*Billman, Audrieth*, Am. Soc. **60** [1938] 1945).

L i t h i u m - S a l z LiC$_6$H$_5$O$_3$S. Krystalle (aus W.) mit 2 Mol H$_2$O (*Lange*, Z. anorg. Chem. **219** [1934] 305, 306). Bei 30° wird allmählich 1 Mol, bei 200° wird das gesamte Krystall=wasser abgegeben.

N a t r i u m - S a l z NaC$_6$H$_5$O$_3$S (H 28; E I 10; E II 18). Das an der Luft getrocknete Salz enthält 1 Mol Krystallwasser (*Lange*, Z. anorg. Chem. **219** [1934] 305, 306; vgl. H 28). In flüssigem Ammoniak leicht löslich (*Billman, Audrieth*, Am. Soc. **60** [1938] 1945). Löslich=keit in Methanol: *Henstock*, Soc. **1934** 1340, 1341. Elektrische Leitfähigkeit von wss. Lösungen: *Jeffery, Vogel*, Soc. **1932** 400, 414. Oberflächenspannung von wss. Lösungen: *v. Kúthy*, Bio. Z. **237** [1931] 380, 389; *Neville, Jeanson*, J. phys. Chem. **37** [1933] 1001, 1002.

K a l i u m - S a l z KC$_6$H$_5$O$_3$S (H 28; E I 10; E II 19). Dichte der Krystalle: 1,576 (*Lange, Lewin*, B. **63** [1930] 2156, 2160). Röntgen-Diagramm: *Hanawalt, Rinn, Frevel*, Ind. eng. Chem. Anal. **10** [1938] 457, 500. Magnetische Susceptibilität: *Clow, Kiston, Thompson*, Trans. Faraday Soc. **36** [1940] 1029, 1032. Löslichkeit in Methanol und in Aceton: *Henstock*, Soc. **1934** 1340. Aufnahme von Wasser bei verschiedenem Wasserdampfdruck (Nachweis der Hydrate KC$_6$H$_5$O$_3$S·0,5 H$_2$O und KC$_6$H$_5$O$_3$S·0,25 H$_2$O): *La., Le.* Auf=nahme von Schwefelwasserstoff (Nachweis einer Verbindung KC$_6$H$_5$O$_3$S·0,25 H$_2$S), Kohlendioxid, Schwefeldioxid, Distickstoffoxid, Ammoniak, Methylchlorid, Propen und Dimethyläther bei 0°: *Lange, v. Krueger*, Z. anorg. Ch. **216** [1934] 49—65; *La., Le.* — H e m i h y d r a t KC$_6$H$_5$O$_3$S·0,5 H$_2$O. Krystalle (aus W.); Dichte der Krystalle: 1,604 (*La., Le.*).

R u b i d i u m - S a l z RbC$_6$H$_5$O$_3$S. Aufnahme von Kohlendioxid und von Methylchlorid bei 0°: *Lange*, Z. anorg. Ch. **219** [1934] 305, 306. — H e m i h y d r a t RbC$_6$H$_5$O$_3$S·0,5 H$_2$O. Krystalle [aus W.] (*La.*).

C ä s i u m - S a l z CsC$_6$H$_5$O$_3$S. Aufnahme von Kohlendioxid und von Methylchlorid bei 0°: *Lange*, Z. anorg. Ch. **219** [1934] 305, 308.

K u p f e r (I I) - S a l z Cu(C$_6$H$_5$O$_3$S)$_2$. Graugrün (*Pfeiffer, Fleitmann, Inoue*, Z. anorg. Ch. **192** [1930] 346, 359). — H e x a h y d r a t Cu(C$_6$H$_5$O$_3$S)$_2$·6 H$_2$O (H 28; E I 10; E II 19). Hellblaue Krystalle [aus W.] (*Pf., Fl., In.*; *Dubský, Trtilek*, J. pr. [2] **140** [1934] 47, 49). pH von wss. Lösungen: *Quintin*, C. r. **204** [1937] 968, *Čupr, Siruček*, Collect. **9** [1937] 68, 73. — Ä t h y l e n d i a m i n - K o m p l e x e. Cu(C$_6$H$_5$O$_3$S)$_2$·2C$_2$H$_8$N$_2$·5 H$_2$O. Dunkelviolette Krystalle; Zers. bei ca. 255° [nach Schmelzen bei 100—110° und Wiedererstarren bei weiterem Erhitzen] (*Du., Tr.*). — Cu(C$_6$H$_5$O$_3$S)$_2$·2 C$_2$H$_8$N$_2$·4 H$_2$O. Blaue Krystalle (aus W.), die an der Luft schnell verwittern (*Pf., Fl., In.*). — Cu(C$_6$H$_5$O$_3$S)$_2$·2 C$_2$H$_8$N$_2$·2 H$_2$O. Violettblaue Krystalle; Zers. bei ca. 260° (*Du., Tr.*). — Cu(C$_6$H$_5$O$_3$S)$_2$·2 C$_2$H$_8$N$_2$·H$_2$O. Blauviolette Krystalle; F: ca. 260° (*Du., Tr.*).

B e r y l l i u m - S a l z. H e x a h y d r a t Be(C$_6$H$_5$O$_3$S)$_2$·6 H$_2$O. Krystalle [aus W.] (*Pfeiffer, Fleitmann, Hansen*, J. pr. [2] **128** [1930] 47, 59; *Čupr, Siruček*, J. pr. [2] **136** [1933] 159, 169; *Booth, Pierce*, J. phys. Chem. **37** [1933] 59, 66). F: 72,9—74,9° und (nach Wieder=erstarren bei weiterem Erhitzen) F: 94,4°; das wasserfreie Salz zersetzt sich bei 358°

[korr.] (*Booth, Pie.*). pH von wss. Lösungen: *Čupr, Si.*, l.c. S. 172. — Ammoniakat Be(C$_6$H$_5$O$_3$S)$_2$·4 NH$_3$: *Pf., Fl., Ha.*

Magnesium-Salz. Hexahydrat Mg(C$_6$H$_5$O$_3$S)$_2$·6 H$_2$O (H 28; E II 19). Monokline Krystalle (aus W.); Raumgruppe *P2$_1$/n*; aus dem Röntgen-Diagramm ermittelte Dimensionen der Elementarzelle: a = 22,6 Å; b = 6,32 Å; c = 6,94 Å; β = 93,60°; n = 2 (*Broomhead, Nicol*, Acta cryst. 1 [1948] 88). 100 g der bei 25° gesättigten Lösung enthalten 8,26 g wasserfreies Salz (*Dunn, Philip*, Soc. 1934 658, 665). — Ammoniakat Mg(C$_6$H$_5$O$_3$S)$_2$·6 NH$_3$: *Pfeiffer, Fleitmann, Hansen,* J. pr. [2] 128 [1930] 47, 62.

Calcium-Salz Ca(C$_6$H$_5$O$_3$S)$_2$ (E II 19). 100 g der bei 25° gesättigten wss. Lösung enthalten 28,07 g (*Dunn, Philip*, Soc. 1934 658, 665). — Ammoniakat Ca(C$_6$H$_5$O$_3$S)$_2$·NH$_3$: *Pfeiffer, Fleitmann, Hansen,* J. pr. [2] 128 [1930] 47, 54.

Strontium-Salz (E II 19). 100 g der bei 25° gesättigten wss. Lösung enthalten 15,37 g (*Dunn, Philip*, Soc. 1934 658, 665).

Barium-Salz (H 28; E II 19). 100 g der bei 25° gesättigten wss. Lösung enthalten 14,33 g (*Dunn, Philip*, Soc. 1934 658, 665); in 100 g Methanol lösen sich bei 15° und bei 66° 0,4 g (*Henstock*, Soc. 1934 1340, 1341).

Zink-Salz. Hexahydrat Zn(C$_6$H$_5$O$_3$S)$_2$·6 H$_2$O (H 28; E I 10; E II 19). Monokline Krystalle (aus W.); Raumgruppe *P 2$_1$/n*; aus dem Röntgen-Diagramm ermittelte Dimensionen der Elementarzelle: a = 22,5 Å; b = 6,32 Å; c = 6,98 Å; β = 93,60°; n = 2 (*Broomhead, Nicol*, Acta cryst. 1 [1948] 88). — Äthylendiamin-Komplex Zn(C$_6$H$_5$O$_3$S)$_2$· 3 C$_2$H$_8$N$_2$·H$_2$O. Krystalle [aus W.] (*Pfeiffer, Fleitmann, Inoue*, Z. anorg. Ch. 192 [1930] 346, 362).

Cadmium-Salz. Hexahydrat Cd(C$_6$H$_5$O$_3$S)$_2$·6 H$_2$O (H 28; E II 19). Krystalle [aus W.] (*Pfeiffer, Fleitmann, Inoue*, Z. anorg. Ch. 192 [1930] 346, 364). pH von wss. Lösungen: *Quintin*, C. r. 206 [1938] 1215. — Ammoniakat Cd(C$_6$H$_5$O$_3$S)$_2$·6 NH$_3$: *Pf., Fl., In.*, l. c. S. 365. — Äthylendiamin-Komplex Cd(C$_6$H$_5$O$_3$S)$_2$·3 C$_2$H$_8$N$_2$·H$_2$O. Krystalle [aus W.] (*Pf., Fl., In.*).

Aluminium-Salz. Nonahydrat Al(C$_6$H$_5$O$_3$S)$_3$·9 H$_2$O (E I 10). Krystalle (aus W.); das Krystallwasser wird bei 160° abgegeben (*Čupr, Šliva*, Spisy přírodov. Mas. Univ. Nr. 200 [1935] 1, 4). pH von wss. Lösungen: *Čupr, Šliva*, l. c. S. 9.

Thallium(I)-Salz TlC$_6$H$_5$O$_3$S. Krystalle (aus wss. A.); F: 185—187° [unkorr.; Block] (*Gilman, Abbott*, Am. Soc. 71 [1949] 659).

Nickel(II)-Salz. Hexahydrat Ni(C$_6$H$_5$O$_3$S)$_2$·6 H$_2$O (H 29; E I 10; E II 19). Hellgrüne Krystalle [aus W.] (*Pfeiffer, Fleitmann, Inoue*, Z. anorg. Ch. 192 [1930] 346, 355). — Äthylendiamin-Komplexe. Ni(C$_6$H$_5$O$_3$S)$_2$·2 C$_2$H$_8$N$_2$·3 H$_2$O. Hellblauviolette Krystalle (aus W.), die an der Luft verwittern (*Pf., Fl., In.*). — Ni(C$_6$H$_5$O$_3$S)$_2$·3 C$_2$H$_8$N$_2$. Violette Krystalle (aus W.) mit 1 Mol oder 2 Mol H$_2$O (*Pf., Fl., In.*, l. c. S. 356).

(±)-Methyl-butyl-[4-phenyl-phenacyl]-sulfonium-Salz [C$_{19}$H$_{23}$OS]C$_6$H$_5$O$_3$S. Krystalle; F: 129—134° (*Bost, Schultze*, Am. Soc. 64 [1942] 1165).

Dihydroxy-methyl-selenonium-Salz [CH$_5$O$_2$Se]C$_6$H$_5$O$_3$S. Krystalle (aus W.); F: ca. 150° [Zers.] (*Backer, van Dam*, R. 54 [1935] 531, 535).

Dihydroxy-äthyl-selenonium-Salz [C$_2$H$_7$O$_2$Se]C$_6$H$_5$O$_3$S. Krystalle (aus W.); F: ca. 130° [Zers.]. (*Backer, van Dam*, R. 54 [1935] 531, 535).

Dihydroxy-propyl-selenonium-Salz [C$_3$H$_9$O$_2$Se]C$_6$H$_5$O$_3$S. Krystalle (aus W.); F: ca. 136° [Zers.] (*Backer, van Dam*, R. 54 [1935] 531, 535).

Dihydroxy-butyl-selenonium-Salz [C$_4$H$_{11}$O$_2$Se]C$_6$H$_5$O$_3$S. Krystalle (aus W.); F: ca. 121° [Zers.] (*Backer, van Dam*, R. 54 [1935] 531, 535).

Methylamin-Salz CH$_5$N·C$_6$H$_6$O$_3$S (H 29). Krystalle (aus Isopropylalkohol); F: 165° (*Oxley, Short*, Soc. 1947 382, 389).

Dimethylamin-Salz C$_2$H$_7$N·C$_6$H$_6$O$_3$S (H 29). Krystalle (aus Isopropylalkohol); F: 116° (*Oxley et al.*, Soc. 1946 763, 770). In Aceton löslich.

Trimethylamin-Salz C$_3$H$_9$N·C$_6$H$_6$O$_3$S (H 29; E II 19). Krystalle (aus A. + Ae.); F: 98—101° (*Vorländer*, B. 64 [1931] 1736, 1739).

Tetramethylammonium-Salz [C$_4$H$_{12}$N]C$_6$H$_5$O$_3$S. Krystalle (aus A.); F: 207—208° (*Vorländer*, B. 64 [1931] 1736, 1738, 1739).

Äthylamin-Salz C$_2$H$_7$N·C$_6$H$_6$O$_3$S (H 29). F: 101° (*Oxley, Short*, Soc. 1947 382, 385 Anm. 19).

Trimethyl-äthyl-ammonium-Salz [C$_5$H$_{14}$N]C$_6$H$_5$O$_3$S. An der Luft zerfliessende Krystalle (*Vorländer*, B. 64 [1931] 1736, 1739).

Triäthylamin-Salz $C_6H_{15}N \cdot C_6H_6O_3S$ (H 29). Krystalle (aus Isopropylalkohol); F: 119° (*Oxley, Partridge, Short*, Soc. **1947** 1110, 1112).

Propyl-heptyl-amin-Salz $C_{10}H_{23}N \cdot C_6H_6O_3S$. Krystalle (aus A.); F: 98° [Block] (*Tiollais*, Bl. **1947** 959, 961).

Glycin-Salz $C_2H_5NO_2 \cdot C_6H_6O_3S$. Krystalle; F: 158—159° [korr.; aus W.] (*Machek*, M. **66** [1935] 345, 350), 159,5° (*Fitzgerald*, Trans. roy. Soc. Canada [3] **31** III [1937] 153, 157).

DL-Alanin-Salz $C_3H_7NO_2 \cdot C_6H_6O_3S$. Krystalle (aus W.); F: 160° (*Fitzgerald*, Trans. roy. Soc. Canada [3] **31** III [1937] 153, 157).

β-Alanin-Salz $C_3H_7NO_2 \cdot C_6H_6O_3S$. Krystalle (aus W.); F: 118° (*Fitzgerald*, Trans. roy. Soc. Canada [3] **31** III [1937] 153, 157).

DL-Leucin-Salz $C_6H_{13}NO_2 \cdot C_6H_6O_3S$. Krystalle (aus W.); F: 148° (*Fitzgerald*, Trans. roy. Soc. Canada [3] **31** III [1937] 153, 157).

Benzamid-Salz $C_7H_7NO \cdot C_6H_6O_3S$. Krystalle (aus Bzl.); F: 121,5—122° (*Oxley et al.*, Soc. **1946** 763, 770). Beim Erhitzen auf 225° bilden sich Benzoesäure und Benzonitril.

Tri-*N*-methyl-acetamidin-Salz $C_5H_{12}N_2 \cdot C_6H_6O_3S$. Hygroskopische Krystalle (aus Acn.); F: 117—118° (*Oxley, Peak, Short*, Soc. **1948** 1618).

Benzamidin-Salz $C_7H_8N_2 \cdot C_6H_6O_3S$ (E I 10). Krystalle (aus W.); F: 178° (*Oxley, Short*, Soc. **1949** 449, 455), 175—176° (*Walker*, Soc. **1949** 1996, 2001).

N-Methyl-benzamidin-Salz $C_8H_{10}N_2 \cdot C_6H_6O_3S$. F: 129° (*Oxley, Short*, Soc. **1947** 382, 385 Anm. 4).

N.N'-Dimethyl-benzamidin-Salz $C_9H_{12}N_2 \cdot C_6H_6O_3S$. F: 104° (*Oxley, Short*, Soc. **1947** 382, 387).

Tri-*N*-methyl-benzamidin-Salz $C_{10}H_{14}N_2 \cdot C_6H_6O_3S$. F: 156,5° (*Oxley, Short*, Soc. **1947** 382, 385 Anm. 7).

N-Äthyl-benzamidin-Salz $C_9H_{12}N_2 \cdot C_6H_6O_3S$. F: 162,5—163° (*Oxley, Short*, Soc. **1947** 382, 385 Anm. 18).

N.N'-Dimethyl-*N*-äthyl-benzamidin-Salz $C_{11}H_{16}N_2 \cdot C_6H_6O_3S$. F: 121,5—122° (*Oxley, Short*, Soc. **1947** 382, 385 Anm. 10).

N.N-Dimethyl-*N'*-äthyl-benzamidin-Salz $C_{11}H_{16}N_2 \cdot C_6H_6O_3S$. F: 138° (*Oxley, Short*, Soc. **1947** 382, 385 Anm. 20).

N-Methyl-*N'.N'*diäthyl-benzamidin-Salz $C_{12}H_{18}N_2 \cdot C_6H_6O_3S$. F: 114° (*Oxley, Short*, Soc. **1947** 382, 385 Anm. 13).

Tri-*N*-äthyl-benzamidin-Salz $C_{13}H_{20}N_2 \cdot C_6H_6O_3S$. F: 104—105° (*Oxley, Short*, Soc. **1947** 382, 385 Anm. 22).

N-Methyl-*N'*-isopropyl-benzamidin-Salz $C_{11}H_{16}N_2 \cdot C_6H_6O_3S$. F: 161—161,5° (*Oxley, Short*, Soc. **1947** 382, 385 Anm. 12).

2-Chlor-benzamidin-Salz $C_7H_7ClN_2 \cdot C_6H_6O_3S$. F: 167° (*Oxley, Short*, Soc. **1949** 449, 455).

4-Chlor-benzamidin-Salz $C_7H_7ClN_2 \cdot C_6H_6O_3S$. F: 247° (*Oxley et al.*, Soc. **1946** 763, 766 Anm. 6).

2.4-Dichlor-benzamidin-Salz $C_7H_6Cl_2N_2 \cdot C_6H_6O_3S$. F: 258° (*Oxley, Short*, Soc. **1949** 449, 455).

3.4-Dichlor-benzamidin-Salz $C_7H_6Cl_2N_2 \cdot C_6H_6O_3S$. Krystalle (aus A.); F: 240° bis 241° (*Oxley et al.*, Soc. **1946** 763, 771).

4-Brom-benzamidin-Salz $C_7H_7BrN_2 \cdot C_6H_6O_3S$. Krystalle (aus W. oder A.); F: 257° (*Oxley, Short*, Soc. **1946** 147).

2-Nitro-benzamidin-Salz $C_7H_7N_3O_2 \cdot C_6H_6O_3S$. Krystalle (aus W. oder A.); F: 213,5° (*Oxley, Short*, Soc. **1946** 147).

3-Nitro-benzamidin-Salz $C_7H_7N_3O_2 \cdot C_6H_6O_3S$ (E I 10). Krystalle (aus W. oder A.); F: 203,5° (*Oxley, Short*, Soc. **1946** 147, 149).

4-Nitro-benzamidin-Salz $C_7H_7N_3O_2 \cdot C_6H_6O_3S$ (E I 10). Krystalle (aus W. oder A.); F: 258,5° (*Oxley, Short*, Soc. **1946** 147).

3.5-Dinitro-benzamidin-Salz $C_7H_6N_4O_4 \cdot C_6H_6O_3S$. Krystalle (aus W.); F: 265° (*Oxley, Partridge, Short*, Soc. **1948** 303, 308).

C-Phenyl-acetamidin-Salz $C_8H_{10}N_2 \cdot C_6H_6O_3S$ (E I 10; E II 19). Krystalle (aus W. oder A.); F: 186—186,5° (*Oxley, Short*, Soc. **1946** 147).

C-[4-Nitro-phenyl]-acetamidin-Salz $C_8H_9N_3O_2 \cdot C_6H_6O_3S$. Gelbliche Krystalle (aus W.); F: 198,5° (*Oxley, Short*, Soc. **1949** 449, 455).

p-Toluamidin-Salz $C_8H_{10}N_2 \cdot C_6H_6O_3S$. Krystalle (aus W.); F: 195,5° (*Oxley, Short*, Soc. **1949** 449, 455).

Naphthamidin-(1)-Salz $C_{11}H_{10}N_2 \cdot C_6H_6O_3S$. Krystalle (aus Isopropylalkohol); F: 218° (*Oxley, Short*, Soc. **1949** 447).

Naphthamidin-(2)-Salz $C_{11}H_{10}N_2 \cdot C_6H_6O_3S$. Krystalle (aus W.); F: 203° (*Oxley, Short*, Soc. **1946** 147).

4-Hydroxy-benzamidin-Salz $C_7H_8N_2O \cdot C_6H_6O_3S$. Krystalle (aus W.); F: 187° (*Partridge, Short*, Soc. **1947** 390, 393 Anm. 3).

4-Methoxy-benzamidin-Salz $C_8H_{10}N_2O \cdot C_6H_6O_3S$. Krystalle (aus W. oder A.); F: 212° (*Oxley, Short*, Soc. **1946** 147).

4-[2-(4-Cyan-phenoxy)-äthoxy]-benzamidin-Salz $C_{16}H_{15}N_3O_2 \cdot C_6H_6O_3S$. Krystalle (aus W.); F: 239—239,5° (*Oxley, Short*, Soc. **1946** 147).

1.2-Bis-[4-carbamimidoyl-phenoxy]-äthan-Salz $C_{16}H_{18}N_4O_2 \cdot 2 C_6H_6O_3S$. Krystalle (aus W.); F: ca. 312° (*Oxley, Short*, Soc. **1949** 449, 455).

1.3-Bis-[4-carbamimidoyl-phenoxy]-propan-Salz $C_{17}H_{20}N_4O_2 \cdot 2 C_6H_6O_3S$. Krystalle (aus W.); F: 236—237° (*Oxley, Short*, Soc. **1946** 147).

4-Methylsulfon-benzamidin-Salz $C_8H_{10}N_2O_2S \cdot C_6H_6O_3S$. Krystalle (aus W.); F: 253° (*Oxley, Short*, Soc. **1946** 147; *Oxley, Partridge, Short*, Soc. **1948** 303, 306).

4-Methylsulfon-N-methyl-benzamidin-Salz $C_9H_{12}N_2O_2S \cdot C_6H_6O_3S$. Krystalle (aus W.); F: 230—231° (*Partridge, Short*, Soc. **1947** 390, 394).

4-Äthylsulfon-benzamidin-Salz $C_9H_{12}N_2O_2S \cdot C_6H_6O_3S$. Krystalle (aus W.); F: 240° (*Oxley et al.*, Soc. **1946** 763, 770).

3.4-Dimethoxy-benzamidin-Salz $C_9H_{12}N_2O_2 \cdot C_6H_6O_3S$. Krystalle (aus W.); F: 190° (*Oxley, Short*, Soc. **1949** 449, 455).

Glutaramidin-Salz $C_5H_{12}N_4 \cdot 2 C_6H_6O_3S$. Krystalle (aus W. oder A.); F: 197° (*Oxley, Short*, Soc. **1946** 147).

Guanidin-Salz $CH_5N_3 \cdot C_6H_6O_3S$ (H 29). Die von *Karrer, Epprecht* (s. E II 20, 25) behauptete Identität der H 44 als Benzolsulfonylguanidin beschriebenen, aus Guanidincarbonat und Benzolsulfonylchlorid mit Hilfe von wss. Natronlauge erhaltenen Verbindung (F: 212°) mit Guanidin-benzolsulfonat wird von *Perrot* (Bl. **1946** 554, 556; s. a. *Clarke, Gillespie*, Am. Soc. **54** [1932] 1964, 1966) bezweifelt. — *B*. Beim Behandeln von Guanidin-carbonat mit Benzolsulfonylchlorid in Wasser, auch unter Zusatz von wss. Alkalilauge, in diesem Fall neben Benzolsulfonylguanidin (*Cl., Gi.*; *Pe.*). — Krystalle; F: 210—212° [korr.; aus W.] (*Pe.*), 210—212° (*Oxley et al.*, Soc. **1946** 763, 767), 209—210° [korr.] (*Cl., Gi.*). Löslichkeit in Wasser: *Cl., Gi.*; in Äthanol: *Pe.*

Benzoylguanidin-Salz $C_8H_9N_3O \cdot C_6H_6O_3S$. Krystalle (aus W.); F: 188° [korr.] (*Perrot*, Bl. **1946** 556).

1-Methyl-biguanid-Salz $C_3H_9N_5 \cdot C_6H_6O_3S$. Krystalle (aus Isopropylalkohol); F: 146° (*Boots Pure Drug Co.*, U.S.P. 2473112 [1947]).

S-Benzyl-isothiuronium-Salz $[C_8H_{11}N_2S]C_6H_5O_3S$. Krystalle; F: 147,5—148,5° [korr; aus wss. A.] (*Chambers, Watt*, J. org. Chem. **6** [1941] 376, 378), 148—149° (*Veibel, Lillelund*, Bl. [5] **5** [1938] 1153, 1157), 144° [korr.] (*Donleavy*, Am. Soc. **58** [1936] 1004).

S-[4-Chlor-benzyl]-isothiuronium-Salz $[C_8H_{10}ClN_2S]C_6H_5O_3S$. Krystalle (aus Dioxan); F: 184° [korr.] (*Dewey, Sperry*, Am. Soc. **61** [1939] 3251).

S-[Naphthyl-(1)-methyl]-isothiuronium-Salz $[C_{12}H_{13}N_2S]C_6H_5O_3S$. Krystalle (aus W.); F: 186° [korr.] (*Bonner*, Am. Soc. **70** [1948] 3508).

Benzolsulfonsäure-methylester, *benzenesulfonic acid methyl ester* $C_7H_8O_3S$, Formel I ($R = CH_3$) (H 30; E II 20).

B. Aus Benzol beim Erhitzen mit Chloroschwefelsäure-methylester (*Frèrejacque*, A. ch. [10] **14** [1930] 147, 156).

Flüssigkeit, die unterhalb 0° krystallin erstarrt (*Fr.*). Kp_{20}: 164°; Kp_{10}: 120° (*Fr.*); $Kp_{1,5}$: 109° (*Oxley, Short*, Soc. **1948** 1514, 1525).

Charakterisierung als Verbindung mit Hexamethylentetramin $C_7H_8O_3S \cdot C_6H_{12}N_4$ (F: 149°): *Fr.*

Benzolsulfonsäure-äthylester, *benzenesulfonic acid ethyl ester* $C_8H_{10}O_3S$, Formel I ($R = C_2H_5$) (H 30; E I 11; E II 20).

B. Aus Benzolsulfonylchlorid beim Erhitzen mit Orthoameisensäure-triäthylester unter

Zusatz von Zinkchlorid auf 155° (*Levaillant*, A. ch. [11] 6 [1936] 459, 550) sowie beim Behandeln mit Äthanol und Pyridin bei —5° (*Morgan, Cretcher*, Am. Soc. 70 [1948] 375, 376).

$Kp_{0,3}$: 96—98°; n_D^{20}: 1,5092 (*Mo., Cr.*). Wärmetönung beim Vermischen mit Chloroform: *Marvel, Copley, Ginsberg*, Am. Soc. 62 [1940] 3109. Geschwindigkeit der Hydrolyse in wss.-äthanol. Natronlauge bei 25°: *Demény*, R. 50 [1931] 60, 67. Geschwindigkeit der Reaktion mit Natriumäthylat in Äthanol bei 35° und 45°: *Mo., Cr.*

2-Chlor-1-benzolsulfonyloxy-äthan, Benzolsulfonsäure-[2-chlor-äthylester], *1-chloro-2-(phenylsulfonyloxy)ethane* $C_8H_9ClO_3S$, Formel I (R = CH_2-CH_2Cl) (E II 20).
B. Aus Benzolsulfonylchlorid und 2-Chlor-äthanol-(1) bei 150° (*Bert*, C. r. 213 [1941] 1015; E II 20).
Kp_{15}: 192°. D_4^{20}: 1,331. n_D^{20}: 1,535.

2-Nitro-1-benzolsulfonyloxy-2-methyl-propan, Benzolsulfonsäure-[β-nitro-isobutylester], *2-methyl-2-nitro-1-(phenylsulfonyloxy)propane* $C_{10}H_{13}NO_5S$, Formel I (R = CH_2-$C(CH_3)_2$-NO_2).
B. Beim Behandeln von Benzolsulfonylchlorid mit 2-Nitro-2-methyl-propanol-(1) und Pyridin (*Riebsomer*, J. org. Chem. 11 [1946] 182).
Krystalle (aus Me.); F: 56°.

3-Benzolsulfonyloxy-propin-(1), Benzolsulfonsäure-[propin-(2)-ylester], Benzolsulfonsäure-propargylester, *3-(phenylsulfonyloxy)propyne* $C_9H_8O_3S$, Formel I (R = CH_2-$C≡CH$).
B. Beim Behandeln von Benzolsulfonylchlorid mit einer wss. Lösung von Propargylalkohol und anschliessend mit wss. Natronlauge (*Schlichting, Klager*, U.S.P. 2340701 [1941]; *Reppe et al.*, A. 596 [1955] 1, 55, 74).
Kp_2: 140—142° (*Re. et al.*).

Benzolsulfonsäure-phenylester, *benzenesulfonic acid phenyl ester* $C_{12}H_{10}O_3S$, Formel II (X = H) (H 30).
B. Beim Erhitzen von Benzolsulfonylchlorid mit Phenol und Pyridin (*Fowler et al.*, Am. Soc. 69 [1947] 1636, 1637).
Kp_{10}: 191—192°.

4-Chlor-1-benzolsulfonyloxy-benzol, Benzolsulfonsäure-[4-chlor-phenylester], *1-chloro-4-(phenylsulfonyloxy)benzene* $C_{12}H_9ClO_3S$, Formel II (X = Cl).
B. Beim Erhitzen von Benzolsulfonylchlorid mit 4-Chlor-phenol und Pyridin (*Fowler et al.*, Am. Soc. 69 [1947] 1636, 1637).
Kp_{10}: 211—212°. Beim Aufbewahren erfolgt Krystallisation.

2-Brom-1-benzolsulfonyloxy-benzol, Benzolsulfonsäure-[2-brom-phenylester], *1-bromo-2-(phenylsulfonyloxy)benzene* $C_{12}H_9BrO_3S$, Formel III (X = Br).
B. Aus Benzolsulfonylchlorid und 2-Brom-phenol mit Hilfe von Pyridin (*Hazlet*, Am. Soc. 59 [1937] 287).
Krystalle (aus Me.); F: 54—56°.

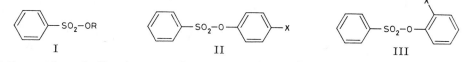

I   II   III

3-Brom-1-benzolsulfonyloxy-benzol, Benzolsulfonsäure-[3-brom-phenylester], *1-bromo-3-(phenylsulfonyloxy)benzene* $C_{12}H_9BrO_3S$, Formel IV.
B. Aus Benzolsulfonylchlorid und 3-Brom-phenol mit Hilfe von Pyridin (*Hazlet*, Am. Soc. 59 [1937] 287).
$Kp_{10,5}$: 217—218°.

4-Brom-1-benzolsulfonyloxy-benzol, Benzolsulfonsäure-[4-brom-phenylester], *1-bromo-4-(phenylsulfonyloxy)benzene* $C_{12}H_9BrO_3S$, Formel II (X = Br).
B. Aus Benzolsulfonylchlorid und 4-Brom-phenol mit Hilfe von Pyridin (*Hazlet*, Am. Soc. 59 [1937] 287).
Krystalle (aus PAe.); F: 50—55°. Bei 197—206°/2,5 Torr destillierbar.

2-Nitro-1-benzolsulfonyloxy-benzol, Benzolsulfonsäure-[2-nitro-phenylester], *1-nitro-2-(phenylsulfonyloxy)benzene* $C_{12}H_9NO_5S$, Formel III (X = NO_2) (H 31).

B. Aus Benzolsulfonylchlorid und 2-Nitro-phenol mit Hilfe von Pyridin (*Raiford, Shelton*, Am. Soc. **65** [1943] 2048).

Krystalle (aus A.); F: 64°.

4-Brom-2-nitro-1-benzolsulfonyloxy-benzol, Benzolsulfonsäure-[4-brom-2-nitro-phenyl=ester], *4-bromo-2-nitro-1-(phenylsulfonyloxy)benzene* $C_{12}H_8BrNO_5S$, Formel V (X = H).

B. Aus Benzolsulfonylchlorid und 4-Brom-2-nitro-phenol mit Hilfe von Pyridin (*Raiford, Shelton*, Am. Soc. **65** [1943] 2048).

Gelbliche Krystalle (aus A.); F: 88—89°.

4.6-Dibrom-2-nitro-1-benzolsulfonyloxy-benzol, Benzolsulfonsäure-[4.6-dibrom-2-nitro-phenylester], *1,5-dibromo-3-nitro-2-(phenylsulfonyloxy)benzene* $C_{12}H_7Br_2NO_5S$, Formel V (X = Br).

B. Aus Benzolsulfonylchlorid und 4.6-Dibrom-2-nitro-phenol mit Hilfe von Pyridin (*Raiford, Shelton*, Am. Soc. **65** [1943] 2048).

Krystalle (aus A.); F: 131,5°.

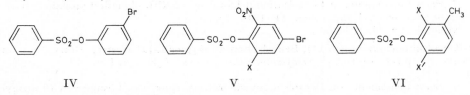

         IV   V   VI

2-Chlor-3-benzolsulfonyloxy-toluol, Benzolsulfonsäure-[2-chlor-3-methyl-phenylester], *2-chloro-3-(phenylsulfonyloxy)toluene* $C_{13}H_{11}ClO_3S$, Formel VI (X = Cl, X' = H).

B. Aus Benzolsulfonylchlorid und 2-Chlor-3-methyl-phenol mit Hilfe von Pyridin (*Huston, Chen*, Am. Soc. **55** [1933] 4214, 4218).

Krystalle (aus A.); F: 58—58,5°.

4-Chlor-3-benzolsulfonyloxy-toluol, Benzolsulfonsäure-[6-chlor-3-methyl-phenylester], *4-chloro-3-(phenylsulfonyloxy)toluene* $C_{13}H_{11}ClO_3S$, Formel VI (X = H, X' = Cl).

B. Aus Benzolsulfonylchlorid und 6-Chlor-3-methyl-phenol mit Hilfe von Pyridin (*Huston, Chen*, Am. Soc. **55** [1933] 4214, 4218).

Krystalle (aus A.); F: 99°.

6-Chlor-3-benzolsulfonyloxy-toluol, Benzolsulfonsäure-[4-chlor-3-methyl-phenylester], *2-chloro-5-(phenylsulfonyloxy)toluene* $C_{13}H_{11}ClO_3S$, Formel VII (X = H).

B. Aus Benzolsulfonylchlorid und 4-Chlor-3-methyl-phenol mit Hilfe von Pyridin (*Huston, Chen*, Am. Soc. **55** [1933] 4214, 4218).

Krystalle (aus A.); F: 66°.

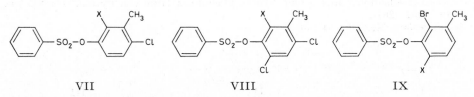

         VII   VIII   IX

2.4-Dichlor-3-benzolsulfonyloxy-toluol, Benzolsulfonsäure-[2.6-dichlor-3-methyl-phenyl=ester], *2,4-dichloro-3-(phenylsulfonyloxy)toluene* $C_{13}H_{10}Cl_2O_3S$, Formel VI (X = X' = Cl).

B. Aus Benzolsulfonylchlorid und 2.6-Dichlor-3-methyl-phenol mit Hilfe von Pyridin (*Huston, Chen*, Am. Soc. **55** [1933] 4214, 4218).

Krystalle (aus A.); F: 70°.

2.6-Dichlor-3-benzolsulfonyloxy-toluol, Benzolsulfonsäure-[2.4-dichlor-3-methyl-phenyl=ester], *2,6-dichloro-3-(phenylsulfonyloxy)toluene* $C_{13}H_{10}Cl_2O_3S$, Formel VII (X = Cl).

B. Aus Benzolsulfonylchlorid und 2.4-Dichlor-3-methyl-phenol mit Hilfe von Pyridin (*Huston, Chen*, Am. Soc. **55** [1933] 4214, 4218).

Krystalle (aus A.); F: 69,5°.

4.6-Dichlor-3-benzolsulfonyloxy-toluol, Benzolsulfonsäure-[4.6-dichlor-3-methyl-phenyl⸗ ester], *2,4-dichloro-5-(phenylsulfonyloxy)toluene* $C_{13}H_{10}Cl_2O_3S$, Formel VIII (X = H).
B. Aus Benzolsulfonylchlorid und 4.6-Dichlor-3-methyl-phenol mit Hilfe von Pyridin (*Huston, Chen,* Am. Soc. **55** [1933] 4214, 4218).
Krystalle (aus A.); F: 86°.

2.4.6-Trichlor-3-benzolsulfonyloxy-toluol, Benzolsulfonsäure-[2.4.6-trichlor-3-methyl- phenylester], *2,4,6-trichloro-3-(phenylsulfonyloxy)toluene* $C_{13}H_9Cl_3O_3S$, Formel VIII (X = Cl).
B. Aus Benzolsulfonylchlorid und 2.4.6-Trichlor-3-methyl-phenol mit Hilfe von Pyridin (*Huston, Chen,* Am. Soc. **55** [1933] 4214, 4218).
Krystalle (aus A.); F: 121°.

2-Brom-3-benzolsulfonyloxy-toluol, Benzolsulfonsäure-[2-brom-3-methyl-phenylester], *2-bromo-3-(phenylsulfonyloxy)toluene* $C_{13}H_{11}BrO_3S$, Formel IX (X = H).
B. Aus Benzolsulfonylchlorid und 2-Brom-3-methyl-phenol mit Hilfe von Pyridin (*Huston, Peterson,* Am. Soc. **55** [1933] 3879, 3882).
Krystalle (aus A.); F: 70—71°

4-Brom-3-benzolsulfonyloxy-toluol, Benzolsulfonsäure-[6-brom-3-methyl-phenylester], *4-bromo-3-(phenylsulfonyloxy)toluene* $C_{13}H_{11}BrO_3S$, Formel X (X = H).
B. Aus Benzolsulfonylchlorid und 6-Brom-3-methyl-phenol mit Hilfe von Pyridin (*Huston, Peterson,* Am. Soc. **55** [1933] 3879, 3881).
Krystalle (aus A.); F: 92—93°.

6-Brom-3-benzolsulfonyloxy-toluol, Benzolsulfonsäure-[4-brom-3-methyl-phenylester], *2-bromo-5-(phenylsulfonyloxy)toluene* $C_{13}H_{11}BrO_3S$, Formel XI (X = H).
B. Aus Benzolsulfonylchlorid und 4-Brom-3-methyl-phenol mit Hilfe von Pyridin (*Huston, Hutchinson,* Am. Soc. **54** [1932] 1504).
Krystalle (aus A.); F: 79—80°.

2.4-Dibrom-3-benzolsulfonyloxy-toluol, Benzolsulfonsäure-[2.6-dibrom-3-methyl-phenyl⸗ ester], *2,4-dibromo-3-(phenylsulfonyloxy)toluene* $C_{13}H_{10}Br_2O_3S$, Formel IX (X = Br).
B. Aus Benzolsulfonylchlorid und 2.6-Dibrom-3-methyl-phenol mit Hilfe von Pyridin (*Huston, Peterson,* Am. Soc. **55** [1933] 3879, 3882).
Krystalle (aus A.); F: 94—95°.

2.6-Dibrom-3-benzolsulfonyloxy-toluol, Benzolsulfonsäure-[2.4-dibrom-3-methyl-phenyl⸗ ester], *2,6-dibromo-3-(phenylsulfonyloxy)toluene* $C_{13}H_{10}Br_2O_3S$, Formel XI (X = Br).
B. Aus Benzolsulfonylchlorid und 2.4-Dibrom-3-methyl-phenol mit Hilfe von Pyridin (*Huston, Peterson,* Am. Soc. **55** [1933] 3879, 3882).
Krystalle (aus A.); F: 92—92,5°.

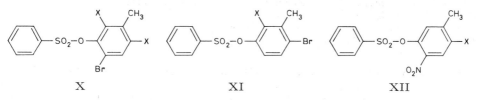

X   XI   XII

2.4.6-Tribrom-3-benzolsulfonyloxy-toluol, Benzolsulfonsäure-[2.4.6-tribrom-3-methyl- phenylester], *2,4,6-tribromo-3-(phenylsulfonyloxy)toluene* $C_{13}H_9Br_3O_3S$, Formel X (X = Br).
B. Aus Benzolsulfonylchlorid und 2.4.6-Tribrom-3-methyl-phenol mit Hilfe von Pyridin (*Huston, Peterson,* Am. Soc. **55** [1933] 3879, 3882).
Krystalle (aus A.); F: 117—117,5°.

4-Nitro-3-benzolsulfonyloxy-toluol, Benzolsulfonsäure-[6-nitro-3-methyl-phenylester], *4-nitro-3-(phenylsulfonyloxy)toluene* $C_{13}H_{11}NO_5S$, Formel XII (X = H).
B. Aus Benzolsulfonylchlorid und 6-Nitro-3-methyl-phenol mit Hilfe von Pyridin (*Raiford, Shelton,* Am. Soc. **65** [1943] 2048).
Gelbliche Krystalle (aus A.); F: 83—84°.

6-Brom-4-nitro-3-benzolsulfonyloxy-toluol, Benzolsulfonsäure-[4-brom-6-nitro-3-methyl-phenylester], *2-bromo-4-nitro-5-(phenylsulfonyloxy)toluene* $C_{13}H_{10}BrNO_5S$, Formel XII (X = Br).

B. Aus Benzolsulfonylchlorid und 4-Brom-6-nitro-3-methyl-phenol mit Hilfe von Pyridin (*Raiford, Shelton*, Am. Soc. **65** [1943] 2048).

Gelbliche Krystalle (aus Ae.); F: 119—120°.

2.6-Dibrom-4-nitro-3-benzolsulfonyloxy-toluol, Benzolsulfonsäure-[2.4-dibrom-6-nitro-3-methyl-phenylester], *2,6-dibromo-4-nitro-3-(phenylsulfonyloxy)toluene* $C_{13}H_9Br_2NO_5S$, Formel I.

B. Aus Benzolsulfonylchlorid und 2.4-Dibrom-6-nitro-3-methyl-phenol mit Hilfe von Pyridin (*Raiford, Shelton*, Am. Soc. **65** [1943] 2048).

Gelbliche Krystalle (aus A.); F: 124—126°.

5-Brom-3-nitro-4-benzolsulfonyloxy-toluol, Benzolsulfonsäure-[6-brom-2-nitro-4-methyl-phenylester], *3-bromo-5-nitro-4-(phenylsulfonyloxy)toluene* $C_{13}H_{10}BrNO_5S$, Formel II (X = Br).

B. Aus Benzolsulfonylchlorid und 6-Brom-2-nitro-4-methyl-phenol mit Hilfe von Pyridin (*Raiford, Shelton*, Am. Soc. **65** [1943] 2048).

Krystalle (aus A.); F: 155°.

3.5-Dinitro-4-benzolsulfonyloxy-toluol, Benzolsulfonsäure-[2.6-dinitro-4-methyl-phenyl-ester], *3,5-dinitro-4-(phenylsulfonyloxy)toluene* $C_{13}H_{10}N_2O_7S$, Formel II (X = NO_2).

B. Beim Erwärmen von 2.6-Dinitro-4-methyl-phenol mit wss. Natriumcarbonat-Lösung und Benzolsulfonylchlorid (*Borrows et al.*, Soc. **1949** Spl. 190, 197).

Hellgelbe Krystalle (aus Eg.); F: 163°.

4-Benzolsulfonyloxy-1-*tert*-butyl-benzol, Benzolsulfonsäure-[4-*tert*-butyl-phenylester], *1-tert-butyl-4-(phenylsulfonyloxy)benzene* $C_{16}H_{18}O_3S$, Formel III (R = C(CH_3)_3).

B. Aus Benzolsulfonylchlorid und 4-*tert*-Butyl-phenol mit Hilfe von Pyridin (*Huston, Hsien*, Am. Soc. **58** [1936] 439).

F: 70—71°.

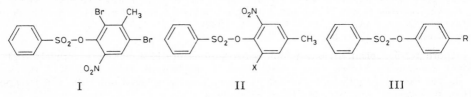

I   II   III

4-Benzolsulfonyloxy-1-*tert*-pentyl-benzol, Benzolsulfonsäure-[4-*tert*-pentyl-phenylester], *1-tert-pentyl-4-(phenylsulfonyloxy)benzene* $C_{17}H_{20}O_3S$, Formel III (R = C(CH_3)_2-CH_2-CH_3).

B. Aus Benzolsulfonylchlorid und 4-*tert*-Pentyl-phenol mit Hilfe von Pyridin (*Huston, Hsien*, Am. Soc. **58** [1936] 439).

Kp_3: 184—185°.

4-Benzolsulfonyloxy-1-[1.1-dimethyl-butyl]-benzol, *1-(1,1-dimethylbutyl)-4-(phenyl-sulfonyloxy)benzene* $C_{18}H_{22}O_3S$, Formel III (R = C(CH_3)_2-CH_2-CH_2-CH_3).

B. Aus Benzolsulfonylchlorid und 4-[1.1-Dimethyl-butyl]-phenol mit Hilfe von Pyridin (*Huston, Hsien*, Am. Soc. **58** [1936] 439).

Kp_3: 174—175°.

4-Benzolsulfonyloxy-1-[1-methyl-1-äthyl-propyl]-benzol, *1-(1-ethyl-1-methylpropyl)-4-(phenylsulfonyloxy)benzene* $C_{18}H_{22}O_3S$, Formel III (R = C(C_2H_5)_2-CH_3).

B. Aus Benzolsulfonylchlorid und 4-[1-Methyl-1-äthyl-propyl]-phenol mit Hilfe von Pyridin (*Huston, Hsien*, Am. Soc. **58** [1936] 439).

4-Benzolsulfonyloxy-1-[1.1.2-trimethyl-propyl]-benzol, *1-(phenylsulfonyloxy)-4-(1,1,2-tri-methylpropyl)benzene* $C_{18}H_{22}O_3S$, Formel III (R = C(CH_3)_2-CH(CH_3)_2).

B. Aus Benzolsulfonylchlorid und 4-[1.1.2-Trimethyl-propyl]-phenol mit Hilfe von Pyridin (*Huston, Hsien*, Am. Soc. **58** [1936] 439).

Kp_3: 178—179°.

3-Benzolsulfonyloxy-10.13-dimethyl-17-[1.5-dimethyl-hexyl]-Δ⁵-tetradecahydro-1H-cyclopenta[a]phenanthren $C_{33}H_{50}O_3S$.

3β-Benzolsulfonyloxy-cholesten-(5), **Benzolsulfonsäure-cholesterylester**, *O-Benzol⁼ sulfonyl-cholesterin*, *3β-(phenylsulfonyloxy)cholest-5-ene* $C_{33}H_{50}O_3S$; Formel s. E III 6 2623, Formel VIII (R = SO_2-C_6H_5).

B. Aus Cholesterin und Benzolsulfonylchlorid mit Hilfe von Pyridin (*Bátyka*, Magyar biol. Kutatóintézet Munkái **13** [1941] 334, 345; C. A. **1942** 484).

Krystalle (aus Acn.); F: 138—140°. $[\alpha]_D^{19}$: —39,6° [CHCl₃; c = 4,6].

2-Benzolsulfonyloxy-biphenyl, **Benzolsulfonsäure-[biphenylyl-(2)-ester]**, *benzenesulfonic acid biphenyl-2-yl ester* $C_{18}H_{14}O_3S$, Formel IV.

B. Aus Benzolsulfonylchlorid und Biphenylol-(2) mit Hilfe von Pyridin (*Hazlet*, Am. Soc. **59** [1937] 287).

Krystalle (aus wss. A.); F: 66—68°.

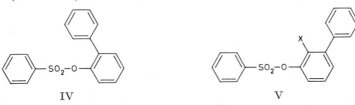

IV   V

3-Benzolsulfonyloxy-biphenyl, **Benzolsulfonsäure-[biphenylyl-(3)-ester]**, *benzenesulfonic acid biphenyl-3-yl ester* $C_{18}H_{14}O_3S$, Formel V (X = H).

B. Aus Benzolsulfonylchlorid und Biphenylol-(3) mit Hilfe von Pyridin (*Hazlet*, Am. Soc. **59** [1937] 287).

Kp₁₆: 273°.

2-Nitro-3-benzolsulfonyloxy-biphenyl, **Benzolsulfonsäure-[2-nitro-biphenylyl-(3)-ester]**, *2-nitro-3-(phenylsulfonyloxy)biphenyl* $C_{18}H_{13}NO_5S$, Formel V (X = NO₂).

B. Aus Benzolsulfonylchlorid und 2-Nitro-biphenylol-(3) (*Dermer*, *Druker*, Pr. Oklahoma Acad. **23** [1943] 55, 57).

F: 130—131°.

4-Benzolsulfonyloxy-biphenyl, **Benzolsulfonsäure-[biphenylyl-(4)-ester]**, *benzenesulfonic acid biphenyl-4-yl ester* $C_{18}H_{14}O_3S$, Formel VI (X = H).

B. Aus Benzolsulfonylchlorid und Biphenylol-(4) mit Hilfe von Pyridin (*Hazlet*, Am. Soc. **59** [1937] 287).

Krystalle (aus wss. A.); F: 104—105°.

Reaktion mit Chlor in Tetrachlormethan in Gegenwart von Jod unter Bildung von 4'-Chlor-4-benzolsulfonyloxy-biphenyl: *Savoy*, *Abernethy*, Am. Soc. **64** [1942] 2719; analoge Reaktion mit Brom in Essigsäure: *Hazlet*, Am. Soc. **59** [1937] 1087.

3-Chlor-4-benzolsulfonyloxy-biphenyl, **Benzolsulfonsäure-[3-chlor-biphenylyl-(4)-ester]**, *3-chloro-4-(phenylsulfonyloxy)biphenyl* $C_{18}H_{13}ClO_3S$, Formel VI (X = Cl).

B. Beim Erhitzen von Benzolsulfonylchlorid mit 3-Chlor-biphenylol-(4) und wss. Natronlauge (*Savoy*, *Abernethy*, Am. Soc. **64** [1942] 2719).

Krystalle (aus A.); F: 59—60°.

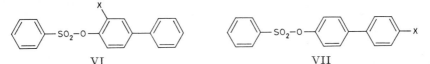

VI   VII

4'-Chlor-4-benzolsulfonyloxy-biphenyl, **Benzolsulfonsäure-[4'-chlor-biphenylyl-(4)-ester]**, *4-chloro-4'-(phenylsulfonyloxy)biphenyl* $C_{18}H_{13}ClO_3S$, Formel VII (X = Cl).

B. Aus Benzolsulfonylchlorid und 4'-Chlor-biphenylol-(4) mit Hilfe von Pyridin (*Savoy*, *Abernethy*, Am. Soc. **64** [1942] 2719). Aus Benzolsulfonsäure-[biphenylyl-(4)-ester] und Chlor in Tetrachlormethan in Gegenwart von Jod (*Sa.*, *Ab.*).

Krystalle (aus Me.); F: 74—75°.

3.5-Dichlor-4-benzolsulfonyloxy-biphenyl, Benzolsulfonsäure-[3.5-dichlor-biphenyl-yl-(4)-ester], *3,5-dichloro-4-(phenylsulfonyloxy)biphenyl* $C_{18}H_{12}Cl_2O_3S$, Formel VIII (X = Cl).

B. Beim Erhitzen von Benzolsulfonylchlorid mit 3.5-Dichlor-biphenylol-(4) und wss. Natronlauge (*Savoy, Abernethy,* Am. Soc. **64** [1942] 2719).
Krystalle (aus A.); F: 128—129°.

3.4'-Dichlor-4-benzolsulfonyloxy-biphenyl, Benzolsulfonsäure-[3.4'-dichlor-biphenyl-yl-(4)-ester], *3,4'-dichloro-4-(phenylsulfonyloxy)biphenyl* $C_{18}H_{12}Cl_2O_3S$, Formel IX (X = H).

B. Beim Erhitzen von Benzolsulfonylchlorid mit 3.4'-Dichlor-biphenylol-(4) und wss. Natronlauge (*Savoy, Abernethy,* Am. Soc. **65** [1943] 1464).
Krystalle (aus A.); F: 100—101°.

3.5.4'-Trichlor-4-benzolsulfonyloxy-biphenyl, Benzolsulfonsäure-[3.5.4'-trichlor-biphenylyl-(4)-ester], *3,4',5-trichloro-4-(phenylsulfonyloxy)biphenyl* $C_{18}H_{11}Cl_3O_3S$, Formel IX (X = Cl).

B. Beim Erhitzen von Benzolsulfonylchlorid mit 3.5.4'-Trichlor-biphenylol-(4) und wss. Natronlauge (*Savoy, Abernethy,* Am. Soc. **64** [1942] 2719).
Krystalle (aus A.); F: 125—126°.

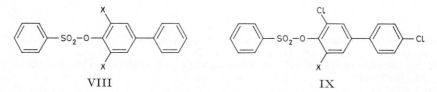

VIII   IX

3-Brom-4-benzolsulfonyloxy-biphenyl, Benzolsulfonsäure-[3-brom-biphenylyl-(4)-ester], *3-bromo-4-(phenylsulfonyloxy)biphenyl* $C_{18}H_{13}BrO_3S$, Formel VI (X = Br).

B. Aus Benzolsulfonylchlorid und 3-Brom-biphenylol-(4) mit Hilfe von Pyridin (*Hazlet,* Am. Soc. **59** [1937] 1087).
Krystalle (aus Me.); F: 102—103°.

4'-Brom-4-benzolsulfonyloxy-biphenyl, Benzolsulfonsäure-[4'-brom-biphenylyl-(4)-ester], *4-bromo-4'-(phenylsulfonyloxy)biphenyl* $C_{18}H_{13}BrO_3S$, Formel VII (X = Br).

B. Aus Benzolsulfonylchlorid und 4'-Brom-biphenylol-(4) mit Hilfe von Pyridin (*Hazlet,* Am. Soc. **59** [1937] 1087). Aus Benzolsulfonsäure-[biphenylyl-(4)-ester] und Brom in heisser Essigsäure in Gegenwart von Eisen (*Ha.*).
Krystalle (aus A.); F: 79—81°.

3.5-Dibrom-4-benzolsulfonyloxy-biphenyl, Benzolsulfonsäure-[3.5-dibrom-biphenylyl-(4)-ester], *3,5-dibromo-4-(phenylsulfonyloxy)biphenyl* $C_{18}H_{12}Br_2O_3S$, Formel VIII (X = Br).

B. Aus Benzolsulfonylchlorid und 3.5-Dibrom-biphenylol-(4) mit Hilfe von Pyridin (*Hazlet,* Am. Soc. **59** [1937] 1087).
Krystalle (aus A.); F: 145—147,5°.

4'-Jod-4-benzolsulfonyloxy-biphenyl, Benzolsulfonsäure-[4'-jod-biphenylyl-(4)-ester], *4-iodo-4'-(phenylsulfonyloxy)biphenyl* $C_{18}H_{13}IO_3S$, Formel VII (X = I).

B. Aus Benzolsulfonylchlorid und 4'-Jod-biphenylol-(4) mit Hilfe von Pyridin (*Schmidt, Savoy, Abernethy,* Am. Soc. **66** [1944] 491, 493). Aus Benzolsulfonsäure-[biphenylyl-(4)-ester] beim Erwärmen mit Jod in Tetrachlormethan oder Essigsäure unter Zusatz von Salpetersäure sowie beim Erwärmen mit Jodmonochlorid in Essigsäure (*Sch., Sa., Ab.*).
Krystalle (aus Me.); F: 93,5°.

3-Chlor-2-benzolsulfonyloxy-1-benzyl-benzol, Benzolsulfonsäure-[6-chlor-2-benzyl-phenylester], *1-benzyl-3-chloro-2-(phenylsulfonyloxy)benzene* $C_{19}H_{15}ClO_3S$, Formel X (X = H).

B. Aus Benzolsulfonylchlorid und 6-Chlor-2-benzyl-phenol mit Hilfe von Pyridin (*Huston et al.,* Am. Soc. **55** [1933] 4639, 4642).
Krystalle (aus A.); F: 62—64°.

5-Chlor-2-benzolsulfonyloxy-1-benzyl-benzol, Benzolsulfonsäure-[4-chlor-2-benzyl-phenylester], *2-benzyl-4-chloro-1-(phenylsulfonyloxy)benzene* $C_{19}H_{15}ClO_3S$, Formel XI (X = H).

B. Aus Benzolsulfonylchlorid und 4-Chlor-2-benzyl-phenol mit Hilfe von Pyridin (*Huston et al.*, Am. Soc. **55** [1933] 4639, 4642).

Krystalle (aus A.); F: 68—69°.

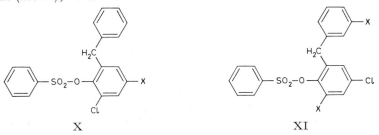

X   XI

3.5-Dichlor-2-benzolsulfonyloxy-1-benzyl-benzol, Benzolsulfonsäure-[4.6-dichlor-2-benzyl-phenylester], *1-benzyl-3,5-dichloro-2-(phenylsulfonyloxy)benzene* $C_{19}H_{14}Cl_2O_3S$, Formel X (X = Cl).

B. Aus Benzolsulfonylchlorid und 4.6-Dichlor-2-benzyl-phenol mit Hilfe von Pyridin (*Huston, Eldridge*, Am. Soc. **53** [1931] 2260, 2264).

Krystalle (aus Ae.); F: 110—110,5°.

3.5-Dichlor-2-benzolsulfonyloxy-1-[3-chlor-benzyl]-benzol, *1,5-dichloro-3-(3-chloro-benzyl)-2-(phenylsulfonyloxy)benzene* $C_{19}H_{13}Cl_3O_3S$, Formel XI (X = Cl).

B. Aus Benzolsulfonylchlorid und 4.6-Dichlor-2-[3-chlor-benzyl]-phenol mit Hilfe von Pyridin (*Huston et al.*, Am. Soc. **55** [1933] 4639, 4642).

Krystalle (aus A.); F: 114,5—115°.

3-Chlor-4-benzolsulfonyloxy-1-benzyl-benzol, Benzolsulfonsäure-[2-chlor-4-benzyl-phenylester], *4-benzyl-2-chloro-1-(phenylsulfonyloxy)benzene* $C_{19}H_{15}ClO_3S$, Formel XII (X = Cl).

B. Aus Benzolsulfonylchlorid und 2-Chlor-4-benzyl-phenol mit Hilfe von Pyridin (*Huston et al.*, Am. Soc. **55** [1933] 4639, 4642).

Krystalle (aus A.); F: 65—68°.

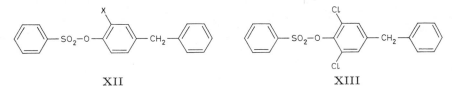

XII   XIII

3.5-Dichlor-4-benzolsulfonyloxy-1-benzyl-benzol, Benzolsulfonsäure-[2.6-dichlor-4-benzyl-phenylester], *5-benzyl-1,3-dichloro-2-(phenylsulfonyloxy)benzene* $C_{19}H_{14}Cl_2O_3S$, Formel XIII.

B. Aus Benzolsulfonylchlorid und 2.6-Dichlor-4-benzyl-phenol mit Hilfe von Pyridin (*Huston, Eldridge*, Am. Soc. **53** [1931] 2260, 2263).

Krystalle (aus Ae.); F: 93—94°.

3-Brom-4-benzolsulfonyloxy-1-benzyl-benzol, Benzolsulfonsäure-[2-brom-4-benzyl-phenylester], *4-benzyl-2-bromo-1-(phenylsulfonyloxy)benzene* $C_{19}H_{15}BrO_3S$, Formel XII (X = Br).

B. Aus Benzolsulfonylchlorid und 2-Brom-4-benzyl-phenol mit Hilfe von Pyridin (*Huston et al.*, Am. Soc. **55** [1933] 2146, 2149).

Krystalle (aus A.); F: 56—57°.

2-Benzolsulfonyloxy-3-methyl-biphenyl, Benzolsulfonsäure-[3-methyl-biphenylyl-(2)-ester], *3-methyl-2-(phenylsulfonyloxy)biphenyl* $C_{19}H_{16}O_3S$, Formel I.

F: 37—38° (*Colbert, Lacy*, Am. Soc. **68** [1946] 270).

6-Benzolsulfonyloxy-3-methyl-biphenyl, Benzolsulfonsäure-[5-methyl-biphenylyl-(2)-ester], *5-methyl-2-(phenylsulfonyloxy)biphenyl* $C_{19}H_{16}O_3S$, Formel II.

F: 65—66° (*Colbert, Lacy*, Am. Soc. **68** [1946] 270).

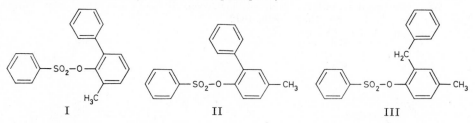

I   II   III

4-Benzolsulfonyloxy-1-methyl-3-benzyl-benzol, Benzolsulfonsäure-[4-methyl-2-benzyl-phenylester], *3-benzyl-4-(phenylsulfonyloxy)toluene* $C_{20}H_{18}O_3S$, Formel III.

B. Aus Benzolsulfonylchlorid und 4-Methyl-2-benzyl-phenol mit Hilfe von Pyridin (*Huston, Lewis*, Am. Soc. **53** [1931] 2379, 2381).

Kp$_2$: 190—192°.

2-Benzolsulfonyloxy-1-äthoxy-äthan, Benzolsulfonsäure-[2-äthoxy-äthylester], *1-ethoxy-2-(phenylsulfonyloxy)ethane* $C_{10}H_{14}O_4S$, Formel IV (R = CH$_2$-CH$_2$-OC$_2$H$_5$).

B. Beim Behandeln von Benzolsulfonylchlorid mit 1-Äthoxy-äthanol-(2) und wss. Natronlauge (*Prelog, Cerkovnikov, Ustricev*, A. **535** [1938] 37, 44; s. a. *Horning, Horning, Platt*, Am. Soc. **70** [1948] 2072, 2073).

Kp$_{10}$: 180—190° (*Pr., Ce., Us.*); Kp$_{0,7}$: 136—144° (*Ho., Ho., Pl.*).

2-Nitro-1.3-bis-benzolsulfonyloxy-2-methyl-propan, *2-methyl-2-nitro-1,3-bis(phenylsulfonyloxy)propane* $C_{16}H_{17}NO_8S_2$, Formel V (R = H).

B. Aus Benzolsulfonylchlorid und 2-Nitro-2-methyl-propandiol-(1.3) (*Riebsomer*, J. org. Chem. **11** [1946] 182).

Krystalle (aus Me.); F: 114°.

2-Nitro-1.3-bis-benzolsulfonyloxy-2-äthyl-propan, *2-ethyl-2-nitro-1,3-bis(phenylsulfonyloxy)propane* $C_{17}H_{19}NO_8S_2$, Formel V (R = CH$_3$).

B. Aus Benzolsulfonylchlorid und 2-Nitro-2-äthyl-propandiol-(1.3) mit Hilfe von Pyridin (*Riebsomer*, J. org. Chem. **11** [1946] 182).

Krystalle (aus Me.); F: 69—69,5°.

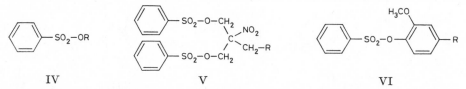

IV   V   VI

1-Benzolsulfonyloxy-tetradecanol-(14), Benzolsulfonsäure-[14-hydroxy-tetradecylester], *14-(phenylsulfonyloxy)tetradecan-1-ol* $C_{20}H_{34}O_4S$, Formel IV (R = [CH$_2$]$_{14}$-OH).

B. Bei 3-tägigem Erhitzen von Tetradecandiol-(1.14) mit Natrium in Toluol und Benzol unter Wasserstoff und anschliessendem Behandeln mit Benzolsulfonylchlorid in Benzol (*Stoll, Scherrer*, Helv. **19** [1936] 735, 738).

Krystalle (aus PAe.); F: 47—48°.

2-Benzolsulfonyloxy-1-methoxy-benzol, Benzolsulfonsäure-[2-methoxy-phenylester], *1-methoxy-2-(phenylsulfonyloxy)benzene* $C_{13}H_{12}O_4S$, Formel VI (R = H) (H 32; dort auch als Guajacolbenzolsulfonat bezeichnet).

B. Aus Benzolsulfonylchlorid und Guajacol mit Hilfe von Pyridin (*Burton, Hoggarth*, Soc. **1945** 14, 16).

F: 51—52°.

3-Benzolsulfonyloxy-1-methoxy-benzol, Benzolsulfonsäure-[3-methoxy-phenylester], *1-methoxy-3-(phenylsulfonyloxy)benzene* $C_{13}H_{12}O_4S$, Formel VII.

B. Aus Benzolsulfonylchlorid und 3-Methoxy-phenol (*Burton, Hoggarth*, Soc. **1945** 14, 16).

Kp$_1$: 188—190°. n$_D^{20}$: 1,5636.

3-Benzolsulfonyloxy-4-methoxy-toluol, Benzolsulfonsäure-[6-methoxy-3-methyl-phenylester], *4-methoxy-3-(phenylsulfonyloxy)toluene* C$_{14}$H$_{14}$O$_4$S, Formel VIII.

B. Aus Benzolsulfonylchlorid und 6-Methoxy-3-methyl-phenol mit Hilfe von Pyridin (*v. Wacek, v. Bézard*, B. **74** [1941] 845, 854).

F: 94°.

4-Benzolsulfonyloxy-3-methoxy-toluol, Benzolsulfonsäure-[2-methoxy-4-methyl-phenylester], *3-methoxy-4-(phenylsulfonyloxy)toluene* C$_{14}$H$_{14}$O$_4$S, Formel VI (R = CH$_3$) (H 32; dort auch als Kresolbenzolsulfonat bezeichnet).

B. Aus Benzolsulfonylchlorid und 2-Methoxy-4-methyl-phenol mit Hilfe von Pyridin (*v. Wacek, v. Bézard*, B. **74** [1941] 845, 854).

F: 65°.

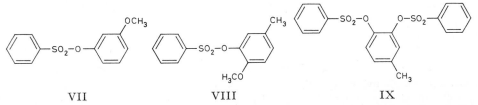

VII   VIII   IX

3.4-Bis-benzolsulfonyloxy-toluol, *3,4-bis(phenylsulfonyloxy)toluene* C$_{19}$H$_{16}$O$_6$S$_2$, Formel IX.

B. Aus Benzolsulfonylchlorid und 4-Methyl-brenzcatechin mit Hilfe von Pyridin (*v. Wacek, v. Bézard*, B. **74** [1941] 845, 853; *Smith & Nephew Ltd.*, Brit. P. 989557 [1962]).

F: 126° (*v. Wa., v. Bé.*), 125,5—126° (*Smith & Nephew Ltd.*).

4.4′-Bis-benzolsulfonyloxy-biphenyl, *4,4′-bis(phenylsulfonyloxy)biphenyl* C$_{24}$H$_{18}$O$_6$S$_2$, Formel X.

B. Aus Benzolsulfonylchlorid und Biphenyldiol-(4.4′) mit Hilfe von Pyridin (*Hazlet*, Am. Soc. **61** [1939] 1921).

Krystalle (aus Propanol-(1)); F: 148°.

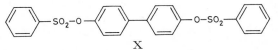

X

4.4′-Bis-benzolsulfonyloxy-α.α′-diäthyl-stilben, *α,α′-diethyl-4,4′-bis(phenylsulfonyloxy)stilbene* C$_{30}$H$_{28}$O$_6$S$_2$.

4.4′-Bis-benzolsulfonyloxy-α.α′-diäthyl-*trans*-stilben, Formel XI.

B. Aus Benzolsulfonylchlorid und α.α′-Diäthyl-*trans*-stilbendiol-(4.4′) mit Hilfe von Pyridin (*Zima, Ritsert, Kreitmair*, Mercks Jber. **56** [1944] 5, 8).

F: 139°.

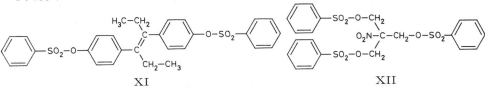

XI   XII

2-Nitro-1.3-bis-benzolsulfonyloxy-2-benzolsulfonyloxymethyl-propan, Nitro-tris-benzolsulfonyloxymethyl-methan, *2-nitro-1,3-bis(phenylsulfonyloxy)-2-(phenylsulfonyloxymethyl)propane* C$_{22}$H$_{21}$NO$_{11}$S$_3$, Formel XII.

B. Aus Benzolsulfonylchlorid und 2-Nitro-2-hydroxymethyl-propandiol-(1.3) mit Hilfe von Pyridin (*Riebsomer*, J. org. Chem. **11** [1946] 182).

Krystalle (aus Me.); F: 122—123°.

3-Benzolsulfonyloxy-brenzcatechin, Benzolsulfonsäure-[2.3-dihydroxy-phenylester], *3-(phenylsulfonyloxy)pyrocatechol* C$_{12}$H$_{10}$O$_5$S, Formel I.

B. Aus Kohlensäure-[3-benzolsulfonyloxy-o-phenylenester] beim Erhitzen mit Wasser

(v. *Wacek*, *Travnicek*, Öst. Chemiker-Ztg. **42** [1939] 281, 285).
Krystalle (aus Bzl.); F: 121°.

2.6-Bis-benzolsulfonyloxy-phenol, *2,6-bis(phenylsulfonyloxy)phenol* $C_{18}H_{14}O_7S_2$, Formel II
(R = H).
   B. Aus 1.2.3-Tris-benzolsulfonyloxy-benzol beim Behandeln mit flüssigem Ammoniak
(v. *Wacek*, *Schöpfer*, Öst. Chemiker-Ztg. **40** [1937] 63).
Krystalle (aus Bzl.); F: 127°.

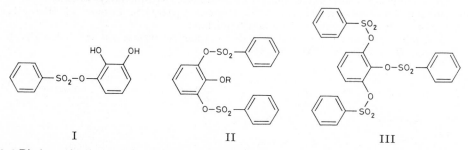

I   II   III

2.6-Bis-benzolsulfonyloxy-1-methoxy-benzol, *2-methoxy-1,3-bis(phenylsulfonyloxy)=
benzene* $C_{19}H_{16}O_7S_2$, Formel II (R = CH₃).
   B. Aus Benzolsulfonylchlorid und 2-Methoxy-resorcin mit Hilfe von Pyridin (v. *Wacek*,
Schöpfer, Öst. Chemiker-Ztg. **40** [1937] 63). Aus 2.6-Bis-benzolsulfonyloxy-phenol und
Diazomethan (v. *Wa.*, *Sch.*).
   Krystalle (aus A.); F: 109°.

2.6-Bis-benzolsulfonyloxy-1-acetoxy-benzol, *2-acetoxy-1,3-bis(phenylsulfonyloxy)benzene*
$C_{20}H_{16}O_8S_2$, Formel II (R = CO-CH₃).
   B. Aus 2.6-Bis-benzolsulfonyloxy-phenol beim Behandeln mit Acetanhydrid und
Pyridin (v. *Wacek*, *Schöpfer*, Öst. Chemiker-Ztg. **40** [1937] 63).
   Krystalle (aus A.); F: 137°.

1.2.3-Tris-benzolsulfonyloxy-benzol, *1,2,3-tris(phenylsulfonyloxy)benzene* $C_{24}H_{18}O_9S_3$,
Formel III.
   B. Aus Benzolsulfonylchlorid und Pyrogallol mit Hilfe von Pyridin (v. *Wacek*, *Schöpfer*,
Öst. Chemiker-Ztg. **40** [1937] 63).
   Krystalle (aus Bzl. oder A.); F: 146°.
   Beim Behandeln mit flüssigem Ammoniak ist 2.6-Bis-benzolsulfonyloxy-phenol er-
halten worden.

**2-Benzolsulfonyloxy-1.3-bis-hydroxymethyl-5-benzyl-benzol, Benzolsulfonsäure-
[2.6-bis-hydroxymethyl-4-benzyl-phenylester]**, *5-benzyl-2-(phenylsulfonyloxy)-m-xylene-
α,α′-diol* $C_{21}H_{20}O_5S$, Formel IV.
   B. Aus Benzolsulfonylchlorid und 2.6-Bis-hydroxymethyl-4-benzyl-phenol (*Wan-
scheidt*, *Itenberg*, *Balandina*, Plast. Massy **1934** Nr. 6, S. 11, 16; C. **1935** II 3837).
   Krystalle (aus Bzl.); F: 82—82,5°.
   Beim Erhitzen mit Natriumdichromat in Essigsäure ist eine als 2-Benzolsulfonyl=
oxy-5-benzyl-isophthalaldehyd angesehene Verbindung $C_{21}H_{16}O_5S$ (Krystalle
[aus Bzn.], F: 136—137°; Phenylhydrazon: gelbe Krystalle, F: 196° [Zers.]) erhalten
worden.

Trimethyl-benzolsulfonyloxymethyl-ammonium, *trimethyl(phenylsulfonyloxymethyl)=
ammonium* $[C_{10}H_{16}NO_3S]^{\oplus}$, Formel V (R = CH₂-N(CH₃)₃]$^{\oplus}$).
   Als Trimethyl-benzolsulfonyloxymethyl-ammonium-Salze sind die von *Kauffmann*,
Vorländer (s. E I 12) und von *Vorländer* (B. **64** [1931] 1736) als Benzolsulfonyl-trimethyl-
ammonium-Salze beschriebenen Verbindungen zu formulieren (*Nerdel*, *Lehmann*, B. **92**
[1959] 2460).
   Chlorid $[C_{10}H_{16}NO_3S]Cl$ (E I 12). Doppelbrechende Krystalle (aus A. + Ae.); F: 184°
bis 186° [Zers.] (*Vo.*).
   Tetrachloroaurat(III) $[C_{10}H_{16}NO_3S]AuCl_4$. Doppelbrechende gelbe Krystalle [aus W.];
F: 194° [Zers.] (*Vo.*).

Hexachloroplatinat(IV) $[C_{10}H_{16}NO_3S]_2PtCl_6$. Doppelbrechende gelbe Krystalle (aus W.); F: 232—233° [korr.; Zers.; im vorgeheizten Bad) (*Vo.*).

Dimethyl-benzolsulfonyloxymethyl-äthyl-ammonium, *ethyldimethyl(phenylsulfonyloxy-methyl)ammonium* $[C_{11}H_{18}NO_3S]^{\oplus}$, Formel V (R = CH_2-N(CH_3)$_2$-C_2H_5]$^{\oplus}$).

Als Dimethyl-benzolsulfonyloxymethyl-äthyl-ammonium-Salze sind die nachstehend beschriebenen, von *Schlegel* (B. **64** [1931] 1739, 1740) als Benzolsulfonyl-dimethyl-äthyl-ammonium-Salze angesehenen Verbindungen zu formulieren (vgl. diesbezüglich *Nerdel*, *Lehmann*, B. **92** [1959] 2460).

Chlorid. *B.* Aus Benzolsulfonylchlorid und Dimethyl-äthyl-amin in wss. Äthanol (*Sch.*).

Perchlorat $[C_{11}H_{18}NO_3S]ClO_4$. Krystalle (aus W.); F: 123—126° [Zers.] (*Sch.*).

Tetrachloroaurat(III) $[C_{11}H_{18}NO_3S]AuCl_4$. Doppelbrechende gelbe Krystalle (aus W.); F: ca. 167° [nach Sintern bei 145°] (*Sch.*). In Aceton leicht löslich, in Äthanol schwer löslich (*Sch.*).

Hexachloroplatinat(IV) $[C_{11}H_{18}NO_3S]_2PtCl_6$. Doppelbrechende Krystalle (aus W.); Zers. von 211° an (*Sch.*).

Pikrat $[C_{11}H_{18}NO_3S][C_6H_2N_3O_7]$. Doppelbrechende gelbe Krystalle (aus W.); F: 120° bis 124° (*Sch.*).

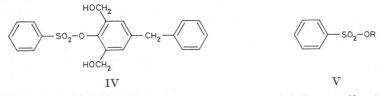

IV   V

(±)-3-Benzolsulfonyloxy-1-methyl-cyclopenten-(3)-on-(2), **(±)-Benzolsulfonsäure-[2-oxo-3-methyl-cyclopenten-(5)-ylester]**, (±)-*5-methyl-2-(phenylsulfonyloxy)cyclopent-2-en-1-one* $C_{12}H_{12}O_4S$, Formel VI.

Diese Konstitution kommt einer aus der Natrium-Verbindung des 3-Hydroxy-1-meth-yl-cyclopenten-(3)-ons-(2) und Benzolsulfonylchlorid erhaltenen, von *Lichtenberger* (Bl. [5] **9** [1942] 206) als 2-Benzolsulfonyloxy-1-methyl-cyclopenten-(1)-on-(3) (Formel VII) angesehenen Verbindung (F: 78°) zu (*Hesse*, *Breig*, A. **592** [1955] 120).

3-Benzolsulfonyloxy-17-oxo-13-methyl-7.8.9.11.12.13.14.15.16.17-decahydro-6H-cyclo-penta[a]phenanthren $C_{24}H_{26}O_4S$.

3-Benzolsulfonyloxy-östratrien-(1.3.5(10))-on-(17), **3-Benzolsulfonyloxy-östra-trien-(A)-on-(17)**, *O*-Benzolsulfonyl-östron, *3-(phenylsulfonyloxy)estra-1,3,5(10)-trien-17-one* $C_{24}H_{26}O_4S$; Formel s. E III 8 1183, Formel IX (R = SO_2-C_6H_5).

B. Aus (+)-Östron (3-Hydroxy-östratrien-(1.3.5(10))-on-(17)) und Benzolsulfonyl-chlorid mit Hilfe von Pyridin (*Carol, Molitor, Haenni*, J. Am. pharm. Assoc. **37** [1948] 173, 174).

Krystalle (aus wss. Me.); F: 153—154,2° [korr.].

3-Benzolsulfonyloxy-17-oxo-13-methyl-9.11.12.13.14.15.16.17-octahydro-6H-cyclopenta-[a]phenanthren $C_{24}H_{24}O_4S$.

3-Benzolsulfonyloxy-östratetraen-(1.3.5(10).7)-on-(17), *O*-Benzolsulfonyl-equilin, *3-(phenylsulfonyloxy)estra-1,3,5(10),7-tetraen-17-one* $C_{24}H_{24}O_4S$; Formel s. E III 8 1416, Formel VI (R = SO_2-C_6H_5).

B. Aus (+)-Equilin (3-Hydroxy-östratetraen-(1.3.5(10).7)-on-(17)) und Benzolsulfonyl-chlorid mit Hilfe von Pyridin (*Carol, Molitor, Haenni*, J. Arm. pharm. Assoc. **37** [1948] 173, 174).

Krystalle (aus wss. Me.); F: 138,4—139,6° [korr.].

3-Benzolsulfonyloxy-17-oxo-13-methyl-12.13.14.15.16.17-hexahydro-11H-cyclopenta-[a]-phenanthren $C_{24}H_{22}O_4S$.

3-Benzolsulfonyloxy-östrapentaen-(1.3.5.7.9)-on-(17), **3-Benzolsulfonyloxy-östra-pentaen-(A.B)-on-(17)**, *O*-Benzolsulfonyl-equilenin, *3-(phenylsulfonyloxy)estra-1,3,5,7,9-pentaen-17-one* $C_{24}H_{22}O_4S$; Formel s. E III 8 1525, Formel V (R = SO_2-C_6H_5).

B. Aus (+)-Equilenin (3-Hydroxy-östrapentaen-(1.3.5.7.9)-on-(17)) und Benzolsulfonylchlorid mit Hilfe von Pyridin (*Carol, Molitor, Haenni*, J. Am. pharm. Assoc. **37** [1948] 173, 174).

Krystalle; F: 182,4—183,6°.

3-Hydroxy-4-benzolsulfonyloxy-benzaldehyd, Benzolsulfonsäure-[2-hydroxy-4-formyl-phenylester], *3-hydroxy-4-(phenylsulfonyloxy)benzaldehyde* $C_{13}H_{10}O_5S$, Formel VIII (R = H) (H 33).

B. Aus 4-Benzolsulfonyloxy-3-methoxymethoxy-benzaldehyd beim Erwärmen einer Lösung in Methanol mit geringen Mengen wss. Salzsäure (*Riedel-de Haën*, D.R.P. 563127 [1929]; Frdl. **19** 761).

Krystalle (aus Toluol); F: 108°.

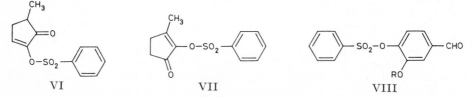

VI   VII   VIII

4-Benzolsulfonyloxy-3-methoxy-benzaldehyd, Benzolsulfonsäure-[2-methoxy-4-formyl-phenylester], *3-methoxy-4-(phenylsulfonyloxy)benzaldehyde* $C_{14}H_{12}O_5S$, Formel VIII (R = CH₃) (H 33).

B. Aus 3-Hydroxy-4-benzolsulfonyloxy-benzaldehyd beim Erwärmen mit Dimethyl= sulfat und wss. Natronlauge (*Riedel-de Haën*, D.R.P. 563127 [1929]; Frdl. **19** 761). F: 67°.

4-Benzolsulfonyloxy-3-methoxymethoxy-benzaldehyd, Benzolsulfonsäure-[2-methoxy= methoxy-4-formyl-phenylester], *3-(methoxymethoxy)-4-(phenylsulfonyloxy)benzaldehyde* $C_{15}H_{14}O_6S$, Formel VIII (R = CH₂-OCH₃).

B. Aus 4-Hydroxy-3-methoxymethoxy-benzaldehyd und Benzolsulfonylchlorid mit Hilfe von äthanol. Natronlauge (*Riedel-de Haën*, D.R.P. 563127 [1929]; Frdl. **19** 761).

Krystalle (aus A.); F: 53—54°.

6-Nitro-3.4-bis-benzolsulfonyloxy-benzaldehyd, *2-nitro-4,5-bis(phenylsulfonyloxy)benz= aldehyde* $C_{19}H_{13}NO_9S_2$, Formel IX auf S. 50.

B. Aus 6-Nitro-3.4-dihydroxy-benzaldehyd und Benzolsulfonylchlorid mit Hilfe von wss. Natronlauge (*Harley-Mason*, Soc. **1948** 1244, 1246).

Krystalle (aus Bzl. + PAe.); F: 159°.

Essigsäure-benzolsulfonsäure-anhydrid, *acetic benzenesulfonic anhydride* $C_8H_8O_4S$, Formel V (R = CO-CH₃).

B. Aus Benzolsulfonylchlorid beim Erhitzen mit Silberacetat auf 150° (*Baroni*, R.A.L. [6] **17** [1933] 1081, 1083).

Kp₂₀: 160—161° (*Ba*.).

Elektrische Leitfähigkeit von Lösungen in Acetanhydrid: *Jander, Rüsberg, Schmidt*, Z. anorg. Ch. **255** [1948] 238, 244.

Benzolsulfonyloxyessigsäure, *(phenylsulfonyloxy)acetic acid* $C_8H_8O_5S$, Formel V (R = CH₂-COOH).

B. Aus Benzolsulfonyloxyacetonitril beim Erhitzen mit wss. Schwefelsäure bis auf 150° sowie beim Behandeln mit wss. Natronlauge (*Lichtenberger, Faure*, Bl. **1948** 995, 999).

Krystalle (aus W.); F: 97° (*Li., Faure*, l. c. S. 996).

Geschwindigkeit der Hydrolyse in wss. Lösung bei 80° und 100°, auch nach Zusatz von Schwefelsäure: *Li., Faure*, l. c. S. 997.

Ammonium-Salz [NH₄]$C_8H_7O_5$S·H₂O, Natrium-Salz Na$C_8H_7O_5$S·H₂O, Kalium-Salz KC₈H₇O₅S·15 H₂O, Kupfer(II)-Salz Cu($C_8H_7O_5$S)₂·15 H₂O und Silber-Salz Ag$C_8H_7O_5$S: *Li., Faure*, l. c. S. 996, 999.

Benzolsulfonyloxyessigsäure-methylester, *(phenylsulfonyloxy)acetic acid methyl ester* $C_9H_{10}O_5S$, Formel V (R = CH₂-CO-OCH₃).

B. Beim Einleiten von Chlorwasserstoff in eine Lösung von Benzolsulfonyloxyaceto=

nitril in Methanol und Versetzen des Reaktionsgemisches mit Wasser (*Lichtenberger*, *Faure*, Bl. **1948** 995, 996, 1000). Aus Benzolsulfonyloxyacetylchlorid (nicht näher beschrieben) und Methanol (*Li.*, *Faure*).
Krystalle; F: 62,5°.

Benzolsulfonyloxyessigsäure-äthylester, *(phenylsulfonyloxy)acetic acid ethyl ester* $C_{10}H_{12}O_5S$, Formel V (R = CH_2-CO-OC_2H_5) auf S. 47.
B. Analog Benzolsulfonyloxyessigsäure-methylester [S. 48] (*Lichtenberger*, *Faure*, Bl. **1948** 995, 1000).
Kp_6: 189°.

Benzolsulfonyloxyessigsäure-butylester, *(phenylsulfonyloxy)acetic acid butyl ester* $C_{12}H_{16}O_5S$, Formel V (R = CH_2-CO-O-$[CH_2]_3$-CH_3) auf S. 47.
B. Analog Benzolsulfonyloxyessigsäure-methylester [S. 48] (*Lichtenberger*, *Faure*, Bl. **1948** 995, 1000).
Kp_7: 205°.

C-**Benzolsulfonyloxyacetamid**, *2-(phenylsulfonyloxy)acetamide* $C_8H_9NO_4S$, Formel V (R = CH_2-CO-NH_2) auf S. 47.
B. Aus Benzolsulfonyloxyacetonitril beim Erwärmen mit wss. Natronlauge (*Lichtenberger*, *Faure*, Bl. **1948** 995, 996, 999).
Krystalle (aus W.); F: 84,5°.

Benzolsulfonyloxyacetonitril, *(phenylsulfonyloxy)acetonitrile* $C_8H_7NO_3S$, Formel V (R = CH_2-CN) auf S. 47.
B. Beim Eintragen von Benzolsulfonylchlorid in eine wss. Lösung von Kaliumcyanid und Formylaldehyd (*Lichtenberger*, *Faure*, Bl. **1948** 995, 998). Aus Glykolonitril und Benzolsulfonylchlorid in Wasser (*Li.*, *Faure*).
Krystalle (aus Ae.); F: 33°. Kp_{15}: 185—187°; bei der Destillation unter vermindertem Druck erfolgt bisweilen heftige Zersetzung.

(±)-**2-Benzolsulfonyloxy-propionsäure**, (±)-*2-(phenylsulfonyloxy)propionic acid* $C_9H_{10}O_5S$, Formel V (R = $CH(CH_3)$-COOH) auf S. 47.
B. Aus (±)-2-Benzolsulfonyloxy-propionitril beim Erhitzen mit wss. Schwefelsäure bis auf 150° (*Lichtenberger*, *Faure*, Bl. **1948** 995, 996).
Nicht rein erhalten.
Geschwindigkeit der Hydrolyse in wss. Lösung bei 100°: *Li.*, *Faure*.

(±)-**2-Benzolsulfonyloxy-propionsäure-methylester**, (±)-*2-(phenylsulfonyloxy)propionic acid methyl ester* $C_{10}H_{12}O_5S$, Formel V (R = $CH(CH_3)$-CO-OCH_3) auf S. 47.
B. Aus (±)-2-Benzolsulfonyloxy-propionylchlorid (nicht näher beschrieben) und Methanol (*Lichtenberger*, *Faure*, Bl. **1948** 995, 996, 1000). Aus (±)-2-Benzolsulfonyloxy-propionitril beim Behandeln mit Methanol unter Einleiten von Chlorwasserstoff (*Li.*, *Faure*).
$Kp_{6,5}$: 169,5°.

(±)-**2-Benzolsulfonyloxy-propionamid**, (±)-*2-(phenylsulfonyloxy)propionamide* $C_9H_{11}NO_4S$, Formel V (R = $CH(CH_3)$-CO-NH_2) auf S. 47.
B. Aus (±)-2-Benzolsulfonyloxy-propionitril beim Erwärmen mit wss. Natronlauge (*Lichtenberger*, *Faure*, Bl. **1948** 995, 999).
Krystalle (aus W.); F: 99°.

(±)-**2-Benzolsulfonyloxy-propionitril**, (±)-*2-(phenylsulfonyloxy)propionitrile* $C_9H_9NO_3S$, Formel V (R = $CH(CH_3)$-CN) auf S. 47.
B. Beim Eintragen von Benzolsulfonylchlorid in eine wss. Lösung von Kaliumcyanid und Acetaldehyd (*Lichtenberger*, *Faure*, Bl. **1948** 995, 998).
Krystalle (aus Ae.); F: 34°.

3.3-Dichlor-2-benzolsulfonyloxy-acrylamid, *3,3-dichloro-2-(phenylsulfonyloxy)acrylamide* $C_9H_7Cl_2NO_4S$, Formel V (R = $C(CO-NH_2)=CCl_2$) auf S. 47.
B. Beim Einleiten von Chlorwasserstoff in eine Lösung von 3.3-Dichlor-2-benzolsulfonyloxy-acrylonitril in Methanol und Versetzen des Reaktiongemisches mit Wasser (*Lichtenberger*, *Faure*, Bl. **1948** 995, 999).
Krystalle (aus W.); F: 118°.

3.3-Dichlor-2-benzolsulfonyloxy-acrylonitril, *3,3-dichloro-2-(phenylsulfonyloxy)acrylo=*
nitrile $C_9H_5Cl_2NO_3S$, Formel V (R = C(CN)=CCl$_2$) auf S. 47.

B. Beim Eintragen von Benzolsulfonylchlorid in eine wss. Lösung von Kaliumcyanid
und Trichloracetaldehyd (*Lichtenberger, Faure*, Bl. **1948** 995, 998). Aus 3.3.3-Trichlor-
2-hydroxy-propionitril und Benzolsulfonylchlorid mit Hilfe von Pyridin (*Li., Faure*).

Krystalle (aus Ae.); F: 77°.

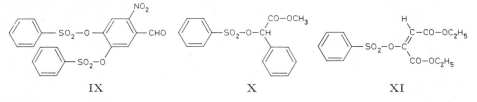

IX   X   XI

(±)-Benzolsulfonyloxy-phenyl-essigsäure-methylester, *phenyl(phenylsulfonyloxy)acetic acid*
methyl ester $C_{15}H_{14}O_5S$, Formel X.

B. Aus (±)-Benzolsulfonyloxy-phenyl-acetonitril (H 34; dort als Benzolsulfonyl=
mandelsäurenitril bezeichnet) beim Behandeln mit Methanol unter Einleiten von Chlor=
wasserstoff (*Lichtenberger, Faure*, Bl. **1948** 995, 996).

Krystalle; F: 69—71°.

Benzolsulfonyloxy-butendisäure-diäthylester $C_{14}H_{16}O_7S$.

Benzolsulfonyloxy-maleinsäure-diäthylester, *(phenylsulfonyloxy)maleic acid diethyl*
ester $C_{14}H_{16}O_7S$, Formel XI.

B. Aus L_g-Weinsäure-diäthylester und Benzolsulfonylchlorid mit Hilfe von Pyridin
(*Bretschneider*, M. **80** [1949] 256, 259). Aus Di-*O*-benzolsulfonyl-L_g-weinsäure-diäthyl=
ester beim Behandeln mit Pyridin (*Br.*).

Öl; bei 150° im Hochvakuum destillierbar.

2.3-Bis-benzolsulfonyloxy-bernsteinsäure $C_{16}H_{14}O_{10}S_2$.

(2R:3R)-2.3-Bis-benzolsulfonyloxy-bernsteinsäure, Di-*O*-benzolsulfonyl-L_g-wein=
säure, *O,O′-bis(phenylsulfonyl)-L_g-tartaric acid* $C_{16}H_{14}O_{10}S_2$, Formel XII (R = H).

B. Aus Di-*O*-benzolsulfonyl-L_g-weinsäure-diäthylester beim Erhitzen mit wss. Salz=
säure (*Bretschneider*, M. **80** [1949] 256, 261).

Krystalle (aus W.); F: 194°—196 [Kofler-App.]. $[\alpha]_D^{18}$: +27,3° [Acn.; c = 6]. In
Aceton und in Äthanol leicht löslich.

2.3-Bis-benzolsulfonyloxy-bernsteinsäure-diäthylester $C_{20}H_{22}O_{10}S_2$.

Di-*O*-benzolsulfonyl-L_g-weinsäure-diäthylester, *O,O′-bis(phenylsulfonyl)-L_g-tartaric*
acid diethyl ester $C_{20}H_{22}O_{10}S_2$, Formel XII (R = C$_2$H$_5$).

B. Beim Behandeln einer äther. Lösung von L_g-Weinsäure-diäthylester mit Benzol=
sulfonylchlorid und Pyridin (*Bretschneider*, M. **80** [1949] 256, 258).

Krystalle (aus A.); F: 88—90°. $[\alpha]_D^{25}$: +29,3° [CHCl$_3$; c = 11]. In Aceton, Benzol
und Chloroform leicht löslich, in Äther und Petroläther schwer löslich.

Beim Behandeln mit Pyridin ist Benzolsulfonyloxy-maleinsäure-diäthylester erhalten
worden.

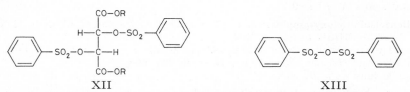

XII   XIII

Benzolsulfonsäure-anhydrid, *benzenesulfonic anhydride* $C_{12}H_{10}O_5S_2$, Formel XIII
(H 34; E I 11; E II 23).

B. Aus Benzolsulfonylchlorid beim Erhitzen mit Oxalsäure (*Shepherd*, J. org. Chem.
12 [1947] 275, 281).

Krystalle (aus Ae.); F: 92°.   [*Koetter*]

Benzolsulfonylfluorid, *benzenesulfonyl fluoride* $C_6H_5FO_2S$, Formel I (X = F) auf S. 53 (E II 23).

B. Aus Benzolsulfonylchlorid beim Erhitzen mit wss. Kaliumfluorid-Lösung (*Davies, Dick*, Soc. **1931** 2104, 2106).

Kp_{753}: 208,5° (*Vogel*, Soc. **1948** 644, 650, 653); $Kp_{14,5}$: 93° (*Bennett, Youle*, Soc. **1938** 887, 893). Dichte D_4 bei Temperaturen von 20° (1,3334) bis 85,6° (1,2608): *Vo.* Oberflächenspannung bei Temperaturen von 15° (38,18 dyn/cm) bis 85,9° (30,59 dyn/cm): *Vo.* $n_{656,3}^{20}$: 1,4882; n_D^{20}: 1,4923; $n_{486,1}^{20}$: 1,5029; $n_{434,0}^{20}$: 1,5114 (*Vo.*). Mit Petroläther mischbar; in organischen Lösungsmitteln leichter löslich als Benzolsulfonylchlorid (*Da., Dick*, l. c. S. 2108).

Beim Erwärmen mit Methylmagnesiumjodid in Äther sind Methyl-phenyl-sulfon und Bis-phenylsulfon-methan (*Cowie, Gibson*, Soc. **1934** 46, 47; s. dazu *Steinkopf, Jaeger*, J. pr. [2] **128** [1930] 63, 65, 77; *Gibson*, J. pr. [2] **142** [1935] 218, 221, 222), beim Behandeln mit Äthylmagnesiumjodid in Äther ist 1.1-Diphenylsulfon-äthan (*Gi.*), beim Erwärmen mit Phenylmagnesiumbromid in Äther sind Diphenylsulfon und geringe Mengen Biphenyl (*St., Jae.*, l. c. S. 79) erhalten worden. Bildung von Benzoylfluorid (Hauptprodukt) und Benzoesäure-anhydrid beim Erhitzen mit Natriumbenzoat auf 240°: *St., Jae.*, l. c. S. 88.

Benzolsulfonylchlorid, *benzenesulfonyl chloride* $C_6H_5ClO_2S$, Formel I (X = Cl) auf S. 53 (H 34; E I 11; E II 23).

B. Beim Einleiten von Chlor in eine Suspension von Thiophenol in Wasser (*Douglass, Johnson*, Am. Soc. **60** [1938] 1486, 1487, 1488) oder in wss. Natrium-thiophenolat-Lösung (*Chem. Fabr. v. Heyden*, D.R.P. 550685 [1928]; Frdl. **17** 531).

F: 15,7° (*Martin, Partington*, Soc. **1936** 1182). Kp_{25}: 143—143,4° (*Buehler, Gardner, Clemens*, J. org. Chem. **2** [1937] 167, 174), 135° (*Vogel*, Soc. **1948** 644, 654); Kp_{11}: 117° (*Ma., Pa.*), 111,8—112,2° (*Hedlund*, Ark. Kemi **14**A Nr. 6 [1940] 3); $Kp_{0,03}$: 76—77° (*Lewin*, J. pr. [2] **126** [1930] 217, 219). Dichte D_4 bei Temperaturen von 20° (1,3762) bis 86,7° (1,3092): *Vo.*; Dichte bei Temperaturen von 40° (1,3556) bis 130,4° (1,2583): *Bue., Ga., Cl.*, l. c. S. 170. Oberflächenspannung bei Temperaturen von 20,9° (43,20 dyn/cm) bis 87,4° (35,74 dyn/cm): *Vo.*; von 40° (40,66 dyn/cm) bis 130,4° (31,38 dyn/cm): *Bue., Ga., Cl.*, l. c. S. 170. n_D^{20}: 1,5524 (*Vo.*), 1,5512 (*He.*); $n_{656,3}^{20}$: 1,5472; $n_{486,1}^{20}$: 1,5655; $n_{434,0}^{20}$: 1,5762 (*Vo.*). IR-Spektrum (CCl_4; 6,6—10 μ): *Schreiber*, Anal. Chem. **21** [1949] 1168, 1171. Raman-Spektrum: *Nisi*, Japan. J. Physics **6** [1930] 1, 4; *Reitz, Stockmaier*, M. **67** [1936] 92, 99. Dipolmoment (ε; Bzl.): 4,53 D (*Gur'janowa*, Ž. fiz. Chim. **21** [1947] 411; C. A. **1947** 6786), 4,47 D (*Ma., Pa.*).

Beim Behandeln mit einem Gemisch von wasserfreier Salpetersäure und Schwefel≠säure sind 3-Nitro-benzol-sulfonylchlorid-(1) (Hauptprodukt), 2-Nitro-benzol-sulfonyl≠chlorid-(1), 4-Nitro-benzol-sulfonylchlorid-(1) und 2.4.6-Trinitro-3-hydroxy-benzol-sulf≠onylchlorid-(1) erhalten worden (*Bennett, Youle*, Soc. **1938** 887, 891). Bildung von Benzol≠sulfinsäure und Diphenyldisulfid bei der Hydrierung an Palladium in wss. Aceton: *De Smet*, Natuurw. Tijdschr. **15** [1933] 215, 222. Bildung von Natrium-benzolsulfinat (Hauptprodukt), Diphenyldisulfon und Benzolthiosulfonsäure-S-phenylester beim Behandeln mit Natriumjodid (2 Mol) in Aceton (vgl. E II 23): *Kroepelin, Born*, Ar. **287** [1954] 561, 564; s. a. *Perret, Perrot*, Bl. [5] **1** [1934] 1531, 1539. Überführung in Di≠phenyldisulfid durch kurzes Erhitzen mit Natriumsulfit und Bromwasserstoff in Essigsäure: *Challenger, Miller, Gibson*, Soc. **1948** 769. Geschwindigkeit der Hydrolyse in wss. Aceton bei 30°, 40° und 50°: *Linezkaja, Šaposhnikowa*, Ž. prikl. Chim. **21** [1948] 876, 879; C. A. **1949** 926; in wss. Salzsäure bei 15°, 20° und 25° sowie in Chlorwasser≠stoff enthaltendem wss. Aceton bei 15° und 25°: *Hedlund*, Ark. Kemi **14**A Nr. 6 [1940] 13, 14.

Beim Erhitzen mit Silberacetat auf 150° oder mit Natriumacetat auf 200° ist Essig≠säure-benzolsulfonsäure-anhydrid (*Baroni*, R.A.L. [6] **17** [1933] 1081, 1083), beim Er≠hitzen mit Natriumacetat auf 230° sind Essigsäure, Acetanhydrid, Acetylchlorid und Natrium-benzolsulfonat (*Shepherd*, J. org. Chem. **12** [1947] 275, 281) erhalten worden. Reaktion mit *trans*-Zimtsäure-hydrazid unter Bildung einer V e r b i n d u n g $C_{15}H_{14}N_2O_3S$ (Krystalle [aus A.]; F: 169—171° [Zers.]): *McFadyen, Stevens*, Soc. **1936** 584. Re≠aktion mit Heptin-(1)-ylnatrium in Äther unter Bildung von 1-Chlor-heptin-(1) und Natrium-benzolsulfinat: *Bourguel, Truchet*, C. r. **190** [1930] 753; *Truchet*, A. ch. [10]

16 [1931] 309, 331. Beim Behandeln mit Phenylmagnesiumbromid in Äther sind Di=
phenylsulfon, Chlorbenzol, geringe Mengen Benzolsulfinsäure und Biphenyl (*Le Fèvre,
Markham*, Soc. **1934** 703; vgl. E II 24), beim Behandeln mit Diphenylcadmium in Äther
sind Diphenylsulfon (Hauptprodukt) und Benzolsulfinsäure (*Gilman, Nelson*, R. **55**
[1936] 518, 522; *Henze, Artman*, J. org. Chem. **22** [1957] 1410), beim Erwärmen mit
p-Tolylmagnesiumbromid in Benzol ist Phenyl-*p*-tolyl-sulfoxid (*Burton, Davy*, Soc. **1948**
528, 529; vgl. E II 24) erhalten worden. Bildung von Diphenyldisulfid oder Diphenyl=
disulfon beim Behandeln mit Kaliumcyanid in Wasser: *Lichtenberger, Faure*, Bl. **1948**
995, 996, 1000.

Benzolsulfonyljodid, *benzenesulfonyl iodide* $C_6H_5IO_2S$, Formel I (X = I) (H 39).
In dem E II 24 unter dieser Konstitution beschriebenen Präparat hat mit Jod verun-
reinigter Benzolthiosulfonsäure-*S*-phenylester vorgelegen (*Kroepelin, Born*, Ar. **287**
[1954] 561, 564).

Benzolsulfonamid, *benzenesulfonamide* $C_6H_7NO_2S$, Formel I (X = NH$_2$) (H 39; E I 12;
E II 24).
Krystalle; F: 162° [korr.; aus W.] (*Gur'janowa*, Ž. fiz. Chim. **21** [1947] 633, 641;
C. A. **1948** 2148), 156—157° [aus W.] (*Kumler, Strait*, Am. Soc. **65** [1943] 2349, 2351),
152° [Kofler-App.; nach Sublimation bei 140°/0,015 Torr] (*Böhme, Wagner*, B. **75** [1942]
606, 614). Mittlere Wärmekapazität bei Temperaturen von 0° bis 99,6°: *Sato, Sogabe*,
Scient. Pap. Inst. phys. chem. Res. **38** [1941] 231, 236. Parachor: *Baroni*, R.A.L.
[7] **1** [1940] 46, 49. IR-Spektrum (Acetonitril; 7—9,5 μ): *Schreiber*, Anal. Chem. **21** [1949]
1168, 1171. Raman-Spektrum: *Angus, Leckie, Williams*, Trans. Faraday Soc. **34** [1938]
793, 795. UV-Spektrum von Lösungen in Äthanol: *Koch*, Soc. **1949** 408, 410; in Wasser:
Böhme, Wagner, B. **75** 612; Ar. **280** [1942] 255, 258; *Ku., St.*; *Doub, Vandenbelt*, Am. Soc.
69 [1947] 2714, 2715; in wss. Natronlauge: *Bö., Wa.*, B. **75** 612; *Ku., St.*; in wss. Schwefel=
säure: *Bö., Wa.*, B. **75** 612. Dipolmoment: 5,17 D [ε; Dioxan] (*Halverstadt, Kumler*,
Am. Soc. **64** [1942] 2988, 2991), 4,73 D [ε; Bzl.] (*Gu.*, l. c. S. 636). In 100 ml Wasser
lösen sich bei 25° 0,46 g (*Booth, Everson*, Ind. eng. Chem. **40** [1948] 1491). Kryoskopie
des Hydrochlorids in Wasser: *Lund, Petersen-Bjergaard, Rasmussen*, Dansk Tidsskr.
Farm. **23** [1949] 119, 125.
Bildung von 3.5-Dinitro-benzonitril, Benzolsulfonsäure und Ammonium-benzolsulf=
onat beim Erhitzen von Benzolsulfonamid mit 3.5-Dinitro-benzoesäure (0,5 Mol) auf
230°: *Oxley et al.*, Soc. **1946** 763, 766. Beim Einleiten von Chlor in eine Suspension
von 2-Mercapto-benzoesäure in Tetrachlormethan und Eintragen des Reaktionsgemisches
in eine Lösung von Benzolsulfonamid in Pyridin ist 3-Oxo-2-benzolsulfonyl-2.3-dihydro-
benz[*d*]isothiazol-1-oxid erhalten worden (*Hart, McClelland, Fowkes*, Soc. **1938** 2114,
2116). Reaktion von Benzolsulfonamid mit Bis-[2-chlorcarbonyl-phenyl]-disulfid unter
Bildung von 3-Oxo-2-benzolsulfonyl-2.3-dihydro-benz[*d*]isothiazol: *Bartlett, Hart, McClelland*, Soc. **1939** 760. Überführung in das Kalium-Salz der Benzolsulfonyl-sulfamidsäure
durch Erhitzen mit Pyridinium-sulfonat-(1) auf 200° und Behandeln des danach iso-
¨ierten Reaktionsprodukts mit Kalilauge: *Baumgarten, Marggraff*, B. **64** [1931] 1582,
1588.
Charakterisierung als *N*-[Xanthenyl-(9)]-Derivat (F: 200—200,5°): *Phillips, Frank*,
J. org. Chem. **9** [1944] 9, 10.

***N*.*N*-Dimethyl-benzolsulfonamid,** N,N-*dimethylbenzenesulfonamide* $C_8H_{11}NO_2S$, Formel I
(X = N(CH$_3$)$_2$) (H 40; E II 24).
F: 51—52° (*Chaplin, Hunter*, Soc. **1937** 1114, 1118). Assoziation in Benzol (kryosko-
pisch ermittelt): *Ch., Hu.*

Benzolsulfonyl-trimethyl-ammonium, *trimethyl(phenylsulfonyl)ammonium* [$C_9H_{14}NO_2S$]$^{\oplus}$,
Formel I (X = N(CH$_3$)$_3$]$^{\oplus}$).
Die E I 12 (s. a. E II 24) als Benzolsulfonyl-trimethyl-ammonium-chlorid beschriebene
Verbindung ist als Trimethyl-benzolsulfonyloxymethyl-ammonium-chlorid (S. 46) zu
formulieren (*Nerdel, Lehmann*, B. **92** [1959] 2460).

***N*-Äthyl-benzolsulfonamid,** N-*ethylbenzenesulfonamide* $C_8H_{11}NO_2S$, Formel I
(X = NH-C$_2$H$_5$) (H 40).
F: 57—58° (*Carswell*, Ind. eng. Chem. **21** [1929] 1176), 56,7° (*Watt, Otto*, Am. Soc. **69**
[1947] 836).

N-[2-Chlor-äthyl]-benzolsulfonamid, N-(2-*chloroethyl*)*benzenesulfonamide* $C_8H_{10}ClNO_2S$, Formel I (X = NH-CH$_2$-CH$_2$Cl).

B. Aus Benzolsulfonylchlorid und Aziridin in Aceton (*Gen. Aniline & Film Corp.*, U.S.P. 2288178 [1939]).

Krystalle (aus wss. A.); F: 70° (*Gen. Aniline & Film Corp.*).

Überführung in 1-Benzolsulfonyl-aziridin mit Hilfe von wss. Natronlauge: *I.G. Farbenind.*, D.R.P. 698597 [1939]; D.R.P. Org. Chem. **6** 1667.

N-[2-Brom-äthyl]-benzolsulfonamid, N-(2-*bromoethyl*)*benzenesulfonamide* $C_8H_{10}BrNO_2S$, Formel I (X = NH-CH$_2$-CH$_2$Br).

B. Beim Behandeln von Benzolsulfonylchlorid mit 2-Brom-äthylamin-hydrobromid und Natriumcarbonat in Wasser (*Rajagopalan*, J. Indian chem. Soc. **17** [1940] 567, 570).

F: 58°.

(±)-*N*-Methyl-*N*-[2-chlor-2-brom-äthyl]-benzolsulfonamid, (±)-N-(2-*bromo-2-chloroethyl*)-N-*methylbenzenesulfonamide* $C_9H_{11}BrClNO_2S$, Formel I (X = N(CH$_3$)-CH$_2$-CHBrCl).

B. Aus *N*-Brom-*N*-methyl-benzolsulfonamid und Vinylchlorid (*Kharasch, Priestley*, Am. Soc. **61** [1939] 3425, 3429, 3431).

Krystalle (aus A.); F: 90°.

Benzolsulfonyl-dimethyl-äthyl-ammonium, *ethyldimethyl*(*phenylsulfonyl*)*ammonium* $[C_{10}H_{16}NO_2S]^{\oplus}$, Formel I (X = N(CH$_3$)$_2$-C$_2H_5$)$^{\oplus}$).

Von *Schlegel* (B. **64** [1931] 1739) als Benzolsulfonyl-dimethyl-äthyl-ammonium-Salze beschriebene Verbindungen sind wahrscheinlich als Dimethyl-benzolsulfonyloxymethyl-äthyl-ammonium-Salze (S. 47) zu formulieren (vgl. diesbezüglich *Nerdel, Lehmann*, B. **92** [1959] 2460).

N.N-Diäthyl-benzolsulfonamid, N,N-*diethylbenzenesulfonamide* $C_{10}H_{15}NO_2S$, Formel I (X = N(C$_2$H$_5$)$_2$) (H 41).

F: 41,5° (*Watt, Otto*, Am. Soc. **69** [1947] 836). Assoziation in Benzol (kryoskopisch ermittelt): *Chaplin, Hunter*, Soc. **1937** 1114, 1117.

N.N-Bis-[2-chlor-äthyl]-benzolsulfonamid, N,N-*bis*(2-*chloroethyl*)*benzenesulfonamide* $C_{10}H_{13}Cl_2NO_2S$, Formel I (X = N(CH$_2$-CH$_2$Cl)$_2$).

B. Aus Benzolsulfonylchlorid und Bis-[2-chlor-äthyl]-amin in Chloroform (*Brintzinger, Pfannstiel, Koddebusch*, B. **82** [1949] 389, 396). Aus *N.N*-Bis-[2-hydroxy-äthyl]-benzol= sulfonamid beim Erhitzen mit Thionylchlorid bis auf 130° (*I.G. Farbenind.*, D.R.P. 695216 [1939]; D.R.P. Org. Chem. **3** 121).

Krystalle (nach Destillation); F: 46,5° (*Br., Pf., Ko.*). Kp$_2$: 186° (*Br., Pf., Ko.*). In Äthanol leicht löslich, in Methanol schwer löslich (*Br., Pf., Ko.*).

Beim Behandeln mit Phenylacetonitril und Natriumamid in Toluol ist 1-Benzolsulfon= yl-4-phenyl-piperidin-carbonitril-(4) erhalten worden (*I.G. Farbenind.*).

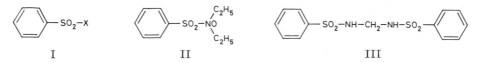

        I   II   III

Benzolsulfonyl-diäthyl-aminoxid, *N.N*-Diäthyl-benzolsulfonamid-*N*-oxid, N,N-*diethyl= benzenesulfonamide* N-*oxide* $C_{10}H_{15}NO_3S$, Formel II.

Diese Konstitution wird der nachstehend beschriebenen Verbindung zugeordnet (*Ber= lin, Schtschukina, Šasonowa*, Ž. obšč. Chim. **14** [1944] 249, 252; C. A. **1945** 2284).

B. Beim Behandeln von Benzolsulfonylchlorid mit *N.N*-Diäthyl-hydroxylamin und wss. Kalilauge (*Be., Schtsch., Ša.*).

Krystalle (aus Ae.); F: 52° [Zers.]. In Aceton löslich, in kaltem Äthanol schwer lös= lich, in kaltem Wasser fast unlöslich.

Wenig beständig; beim Aufbewahren erfolgt bisweilen explosionsartige Zersetzung unter Bildung von Acetaldehyd und Äthylamin-benzolsulfonat; die gleichen Ver= bindungen entstehen beim Erwärmen mit Wasser. Bildung von Acetaldehyd-diäthyl= acetal beim Erwärmen mit Äthanol: *Be., Schtsch., Ša.* Beim Sättigen einer Lösung in Aceton mit Schwefeldioxid und anschliessenden Versetzen mit wenig Wasser ist eine Verbindung $C_4H_{11}NO_3S$ (Krystalle [aus W. + Acn.]; F: 124° [Zers.]) erhalten worden.

(±)-N-[2.3-Dibrom-propyl]-benzolsulfonamid, (±)-N-(*2,3-dibromopropyl*)*benzenesulfon=* *amide* $C_9H_{11}Br_2NO_2S$, Formel I (X = NH-CH$_2$-CHBr-CH$_2$Br).

B. Beim Behandeln von (±)-2.3-Dibrom-propylamin-hydrobromid mit Benzolsulfonyl= chlorid und Natriumcarbonat in Wasser (*Gensler*, Am. Soc. **70** [1948] 1843, 1845). Aus N-Allyl-benzolsulfonamid und Brom in Chloroform (*Ge.*).

Krystalle (aus A.); F: 98—100°.

Beim Behandeln einer äthanol. Lösung mit wss. Natronlauge ist 1-Benzolsulfonyl-2-brommethyl-aziridin erhalten worden.

1.3-Dibrom-2-benzolsulfonylamino-propan, N-[β.β′-Dibrom-isopropyl]-benzolsulfonamid, N-[*2-bromo-1-(bromomethyl)ethyl*]*benzenesulfonamide* $C_9H_{11}Br_2NO_2S$, Formel I (X = NH-CH(CH$_2$Br)$_2$).

B. Beim Behandeln von β.β′-Dibrom-isopropylamin-hydrobromid mit Benzolsulfonyl= chlorid und Natriumcarbonat in Wasser (*Gensler*, Am. Soc. **70** [1948] 1843, 1846). Aus (±)-1-Benzolsulfonyl-2-brommethyl-aziridin beim Erhitzen mit wss. Bromwasserstoff= säure (*Ge.*).

Krystalle (aus CCl$_4$); F: 93—93,5°.

Beim Behandeln einer äthanol. Lösung mit wss. Natronlauge ist 1-Benzolsulfonyl-2-brommethyl-aziridin erhalten worden.

N-Butyl-benzolsulfonamid, N-*butylbenzenesulfonamide* $C_{10}H_{15}NO_2S$, Formel I (X = NH-[CH$_2$]$_3$-CH$_3$) (H 41).

B. Aus Benzolsulfonylchlorid und Butylamin in Äthanol (*Demény*, R. **50** [1931] 51, 52; vgl. H 41).

Flüssigkeit, die bei —30° zu einem Glas erstarrt (*De.*). In 100 ml Wasser lösen sich bei 25° 0,2 ml (*Booth, Everson*, Ind. eng. Chem. **40** [1948] 1491).

(±)-N-[2-Chlor-butyl]-benzolsulfonamid, (±)-N-(*2-chlorobutyl*)*benzenesulfonamide* $C_{10}H_{14}ClNO_2S$, Formel I (X = NH-CH$_2$-CHCl-CH$_2$-CH$_3$), und **(±)-N-[1-Chlormethyl-propyl]-benzolsulfonamid,** N-[*1-(chloromethyl)propyl*]*benzenesulfonamide* $C_{10}H_{14}ClNO_2S$, Formel I (X = NH-CH(C$_2$H$_5$)-CH$_2$Cl).

Eine Verbindung (Krystalle [aus Bzn. + Bzl.]; F: 83,5°), für die diese beiden Formeln in Betracht kommen, ist neben anderen Verbindungen beim Behandeln von Buten-(1) mit Phenol und N.N-Dichlor-benzolsulfonamid in Chloroform unterhalb 0° erhalten worden (*Lichoscherštow, Archangel'skaja*, Ž. obšč. Chim. **7** [1937] 1914, 1927; C. **1938** I 3330; s. a. *Lichoscherštow, Schalaewa*, Ž. obšč. Chim. **8** [1938] 370, 377; C. **1939** II 66; *Lichoscherštow, Shabotinškaja, Pawlowškaja*, Ž. obšč. Chim. **8** [1938] 997, 1001; C. **1939** I 1960).

(±)-N-[2-Brom-butyl]-benzolsulfonamid, (±)-N-(*2-bromobutyl*)*benzenesulfonamide* $C_{10}H_{14}BrNO_2S$, Formel I (X = NH-CH$_2$-CHBr-CH$_2$-CH$_3$), und **(±)-N-[1-Brommethyl-propyl]-benzolsulfonamid,** (±)-N-[*1-(bromomethyl)propyl*]*benzenesulfonamide* $C_{10}H_{14}BrNO_2S$, Formel I (X = NH-CH(C$_2$H$_5$)-CH$_2$Br).

Eine Verbindung (Krystalle [aus Bzn. + Bzl.]; F: 77,5°), für die diese beiden For= meln in Betracht kommen, ist neben anderen Verbindungen beim Behandeln von Buten-(1) mit Methanol und N.N-Dibrom-benzolsulfonamid bei —10° erhalten worden (*Lichoscherštow, Archangel'skaja, Schalaewa*, Ž. obšč. Chim. **9** [1939] 2085, 2094; C. **1940** I 3246).

N.N-Dibutyl-benzolsulfonamid, N,N-*dibutylbenzenesulfonamide* $C_{14}H_{23}NO_2S$, Formel I (X = N(CH$_2$-CH$_2$-CH$_2$-CH$_3$)$_2$).

B. Beim Behandeln von Benzolsulfonylchlorid mit Dibutylamin und wss. Natronlauge (*Suggitt, Wright*, Am. Soc. **69** [1947] 2073). Aus N-Butyl-benzolsulfonamid beim Er= hitzen mit Kaliumhydroxid, Butyljodid und wenig Äthanol (*Walden, Birr*, Z. physik. Chem. [A] **160** [1932] 45, 47).

Kp$_{17}$: 211—211,5°; Kp$_{12}$: 202,5—203° (*Su., Wr.*). n$_D^{25}$: 1,5054 (*Su., Wr.*).

3-Chlor-2-benzolsulfonylamino-butan, N-[2-Chlor-1-methyl-propyl]-benzolsulfonamid, N-(*2-chloro-1-methylpropyl*)*benzenesulfonamide* $C_{10}H_{14}ClNO_2S$, Formel I (X = NH-CH(CH$_3$)-CHCl-CH$_3$).

a) **Opt.-inakt. N-[2-Chlor-1-methyl-propyl]-benzolsulfonamid vom F: 116°.**

B. Neben dem unter b) beschriebenen Stereoisomeren und anderen Verbindungen beim Behandeln von Buten-(2) (nicht charakterisiert) mit Phenol und *N.N*-Dichlor-benzolsulfonamid in Tetrachlormethan unterhalb 0° (*Lichoscherštow, Archangel'škaja,* Ž. obšč. Chim. **7** [1937] 1914, 1923; C. **1938** I 3330; *Lichoscherštow, Schalaewa,* Ž. obšč. Chim. **8** [1938] 370, 374, 375, 376; C. **1939** II 66; s. a. *Lichoscherštow, Shabotinškaja, Pawlowškaja,* Ž. obšč. Chim. **8** [1938] 997, 1000; C. **1939** I 1960). Aus opt.-inakt. 1-Benzol=sulfonyl-2.3-dimethyl-aziridin vom F: 42° beim Behandeln mit Chlorwasserstoff bei 80° (*Li., Ar.; Li., Sch.*).

Krystalle (aus Bzn. + Bzl.); F: 115,8° (*Li., Ar.*). In Äthanol schwerer löslich als das unter b) beschriebene Stereoisomere (*Li., Ar.*).

Beim Erwärmen mit äthanol. Alkalilauge sowie beim Erwärmen mit äthanol. Kali=umäthylat ist 1-Benzolsulfonyl-2.3-dimethyl-aziridin vom F: 42° erhalten worden (*Li., Ar.; Li., Sch.*).

    b) **Opt.-inakt. *N*-[2-Chlor-1-methyl-propyl]-benzolsulfonamid vom F: 83°.**

B. Aus opt.-inakt. 1-Benzolsulfonyl-2.3-dimethyl-aziridin vom F: 77° beim Behan-deln mit Chlorwasserstoff bei 80° (*Lichoscherštow, Archangel'škaja,* Ž. obšč. Chim. **7** [1937] 1914, 1924; C. **1938** I 3330; *Lichoscherštow, Schalaewa,* Ž. obšč. Chim. **8** [1938] 370, 374; C. **1939** II 66). Weitere Bildungsweise s. bei dem unter a) beschriebenen Stereo-isomeren.

Krystalle (aus Bzn. + Bzl.); F: 83° (*Li., Ar.*).

Beim Erwärmen mit äthanol. Alkalilauge sowie beim Erwärmen mit äthanol. Kali=umäthylat ist 1-Benzolsulfonyl-2.3-dimethyl-aziridin vom F: 77° erhalten worden (*Li., Ar.; Li., Sch.*).

3-Brom-2-benzoylsulfonylamino-butan, *N*-[2-Brom-1-methyl-propyl]-benzolsulfonamid, N-*(2-bromo-1-methylpropyl)benzenesulfonamide* $C_{10}H_{14}BrNO_2S$, Formel I (X = NH-CH(CH$_3$)-CHBr-CH$_3$) auf S. 53.

    a) **Opt.-inakt. *N*-[2-Brom-1-methyl-propyl]-benzolsulfonamid vom F: 108°.**

B. Neben dem unter b) beschriebenen Stereoisomeren und anderen Verbindungen beim Behandeln von Buten-(2) (nicht charakterisiert) mit Methanol und *N.N*-Dibrom-benzolsulfonamid bei —10° (*Lichoscherštow, Archangel'škaja, Schalaewa,* Ž. obšč. Chim. **9** [1939] 2085, 2091; C. **1940** I 3246). Aus opt.-inakt. 1-Benzolsulfonyl-2.3-dimethyl-aziridin vom F: 42° beim Behandeln mit Bromwasserstoff bei 80° (*Li., Ar., Sch.,* l. c. S. 2092).

Krystalle (aus A.); F: 108°. In Äthanol schwerer löslich als das unter b) beschriebene Stereoisomere.

Beim Behandeln mit äthanol. Alkalilauge ist 1-Benzolsulfonyl-2.3-dimethyl-aziridin vom F: 42° erhalten worden.

    b) **Opt.-inakt. *N*-[2-Brom-1-methyl-propyl]-benzolsulfonamid vom F: 86°.**

B. Aus opt.-inakt. 1-Benzolsulfonyl-2.3-dimethyl-aziridin vom F: 77° beim Behandeln mit Bromwasserstoff bei 80° (*Lichoscherštow, Archangel'škaja, Schalaewa,* Ž. obšč. Chim. **9** [1939] 2085, 2093; C. **1940** I 3246). Weitere Bildungsweise s. bei dem unter a) beschrie-benen Stereoisomeren.

Krystalle; F: 86,5°.

Beim Behandeln mit äthanol. Alkalilauge ist 1-Benzolsulfonyl-2.3-dimethyl-aziridin vom F: 77° erhalten worden.

***N*-Methyl-*N*-[β-brom-isobutyl]-benzolsulfonamid,** N-*(2-bromo-2-methylpropyl)-*N-*methylbenzenesulfonamide* $C_{11}H_{16}BrNO_2S$, Formel I (X = N(CH$_3$)-CH$_2$-C(CH$_3$)$_2$-Br) auf S. 53.

B. Aus *N*-Brom-*N*-methyl-benzolsulfonamid und 2-Methyl-propen (*Kharasch, Priest-ley,* Am. Soc. **61** [1939] 3425, 3428).

Krystalle (aus A.); F: 95°.

Bei kurzem Erhitzen mit Chinolin ist eine als *N*-Methyl-*N*-[2-methyl-propen=yl]-benzolsulfonamid oder *N*-Methyl-*N*-methallyl-benzolsulfonamid ange-sehene Verbindung $C_{11}H_{15}NO_2S$ (Kp$_{21}$: 203°) erhalten worden.

***N*-[Chlor-*tert*-butyl]-benzolsulfonamid,** N-*(2-chloro-1,1-dimethylethyl)benzenesulfonamide* $C_{10}H_{14}ClNO_2S$, Formel I (X = NH-C(CH$_3$)$_2$-CH$_2$Cl) auf S. 53.

Eine Verbindung (Krystalle [aus Bzn.]; F: 76°), der diese Konstitution zugeschrieben wird, ist in geringer Menge neben anderen Verbindungen beim Behandeln von 2-Methyl-propen mit *N.N*-Dichlor-benzolsulfonamid und Phenol in Chloroform erhalten worden (*Lichoscherštow, Archangel'škaja*, Ž. obšč. Chim. **7** [1937] 1914, 1922, 1927; C. **1938** I 3330).

N-**Pentyl-benzolsulfonamid**, N-*pentylbenzenesulfonamide* $C_{11}H_{17}NO_2S$, Formel I (X = NH-[CH$_2$]$_4$-CH$_3$) auf S. 53.
B. Beim Behandeln von Benzolsulfonylchlorid mit Pentylamin-hydrochlorid und Kaliumhydrogencarbonat in Äthanol (*Demény*, R. **50** [1931] 51, 52).
Flüssigkeit, die bei ca. −30° zu einem Glas erstarrt.

N-**Hexyl-benzolsulfonamid**, N-*hexylbenzenesulfonamide* $C_{12}H_{19}NO_2S$, Formel I (X = NH-[CH$_2$]$_5$-CH$_3$) auf S. 53.
B. Aus Benzolsulfonylchlorid und Hexylamin in Äthanol (*Demény*, R. **50** [1931] 51, 52).
Krystalle; F: 17°.

N-**[2.2-Dimethyl-butyl]-benzolsulfonamid**, N-(*2,2-dimethylbutyl*)*benzenesulfonamide* $C_{12}H_{19}NO_2S$, Formel I (X = NH-CH$_2$-C(CH$_3$)$_2$-CH$_2$-CH$_3$) auf S. 53.
B. Aus Benzolsulfonylchlorid und 2.2-Dimethyl-butylamin (*Kline, Drake*, J. Res. Bur. Stand. **13** [1934] 705, 708; *Drake, Kline, Rose*, Am. Soc. **56** [1934] 2076, 2079).
F: 59,5°.

(±)-**3-Benzolsulfonylamino-2.2-dimethyl-butan**, (±)-*N*-**[1.2.2-Trimethyl-propyl]-benzol⸗ sulfonamid**, (±)-N-(*1,2,2-trimethylpropyl*)*benzenesulfonamide* $C_{12}H_{19}NO_2S$, Formel I (X = NH-CH(CH$_3$)-C(CH$_3$)$_3$) auf S. 53.
F: 96° (*Drake, Kline, Rose*, Am. Soc. **56** [1934] 2076, 2079).

N-**Heptyl-benzolsulfonamid**, N-*heptylbenzenesulfonamide* $C_{13}H_{21}NO_2S$, Formel I (X = NH-[CH$_2$]$_6$-CH$_3$) auf S. 53.
B. Aus Benzolsulfonylchlorid und Heptylamin in Äthanol (*Demény*, R. **50** [1931] 51, 52).
Krystalle; F: 20°.

N-**Dodecyl-benzolsulfonamid**, N-*dodecylbenzenesulfonamide* $C_{18}H_{31}NO_2S$, Formel I (X = NH-[CH$_2$]$_{11}$-CH$_3$) auf S. 53.
B. Beim Erhitzen von Benzolsulfonylchlorid mit Dodecylamin-hydrochlorid in Toluol (*Harber*, Iowa Coll. J. **15** [1940] 13, 18, 24).
F: 57,5−58°.

N-**Tetradecyl-benzolsulfonamid**, N-*tetradecylbenzenesulfonamide* $C_{20}H_{35}NO_2S$, Formel I (X = NH-[CH$_2$]$_{13}$-CH$_3$) auf S. 53.
B. Aus Benzolsulfonylchlorid und Tetradecylamin (*Massie*, Iowa Coll. J. **21** [1946] 41).
F: 66−67°.

N-**Hexadecyl-benzolsulfonamid**, N-*hexadecylbenzenesulfonamide* $C_{22}H_{39}NO_2S$, Formel I (X = NH-[CH$_2$]$_{15}$-CH$_3$) auf S. 53.
B. Aus Benzolsulfonylchlorid und Hexadecylamin (*Massie*, Iowa Coll. J. **21** [1946] 41, 42).
F: 71−72°.

N-**Heptadecyl-benzolsulfonamid**, N-*heptadecylbenzenesulfonamide* $C_{23}H_{41}NO_2S$, Formel I (X = NH-[CH$_2$]$_{16}$-CH$_3$) auf S. 53 (H 42).
Krystalle (aus PAe.); F: 64,7° (*Flaschenträger, Lachmann*, Z. physiol. Chem. **192** [1930] 268, 271).

N-**Octadecyl-benzolsulfonamid**, N-*octadecylbenzenesulfonamide* $C_{24}H_{43}NO_2S$, Formel I (X = NH-[CH$_2$]$_{17}$-CH$_3$) auf S. 53.
B. Beim Erhitzen von Benzolsulfonylchlorid mit Octadecylamin in Toluol (*Harber*, Iowa Coll. J. **15** [1940] 13, 18, 24).
F: 77−77,5°.

N-**Allyl-benzolsulfonamid**, N-*allylbenzenesulfonamide* $C_9H_{11}NO_2S$, Formel I (X = NH-CH$_2$-CH=CH$_2$) auf S. 53 (H 42; E II 25).
F: 39,5−41,5°; Kp$_2$: 156−158° (*Gensler*, Am. Soc. **70** [1948] 1843, 1845).

2-Benzolsulfonylamino-äthanol-(1), *N*-[2-Hydroxy-äthyl]-benzolsulfonamid, N-(*2-hydr=oxyethyl)benzenesulfonamide* $C_8H_{11}NO_3S$, Formel I (X = NH-CH$_2$-CH$_2$OH) auf S. 53 (H 42).

B. Aus Benzolsulfonylchlorid und 2-Amino-äthanol-(1) (*Slotta, Behnisch*, J. pr. [2] **135** [1932] 225, 231; vgl. H 42).

Kp$_{10}$: 247—248°. In Benzol und Äther schwer löslich.

Natrium-Salz NaC$_8$H$_{10}$NO$_3$S. Krystalle (aus A.).

N.N-Bis-[2-hydroxy-äthyl]-benzolsulfonamid, N,N-*bis(2-hydroxyethyl)benzenesulfonamide* $C_{10}H_{15}NO_4S$, Formel I (X = N(CH$_2$-CH$_2$OH)$_2$) auf S. 53.

B. Beim Erwärmen von Benzolsulfonylchlorid mit Bis-[2-hydroxy-äthyl]-amin und Natriumhydrogencarbonat in wss. Aceton (*Shupe*, J. Assoc. agric. Chemists **25** [1942] 227).

F: 130°.

(±)-3.3.3-Trichlor-1-benzolsulfonylamino-propanol-(2), **(±)-*N*-[3.3.3-Trichlor-2-hydr=oxy-propyl]-benzolsulfonamid**, (±)-N-(*3,3,3-trichloro-2-hydroxypropyl)benzenesulfonamide* $C_9H_{10}Cl_3NO_3S$, Formel I (X = NH-CH$_2$-CH(OH)-CCl$_3$) auf S. 53.

B. Beim Behandeln einer Suspension von (±)-3.3.3-Trichlor-1-amino-propanol-(2) in Wasser mit Benzolsulfonylchlorid und wss. Natronlauge (*Compton et al.*, Am. Soc. **71** [1949] 3229, 3231).

Krystalle (aus wss. A.); F: 162—163° [unkorr.].

3-[Benzolsulfonyl-methyl-amino]-propanol-(1), *N*-Methyl-*N*-[3-hydroxy-propyl]-benzol=sulfonamid, N-(*3-hydroxypropyl)-N-methylbenzenesulfonamide* $C_{10}H_{15}NO_3S$, Formel I (X = N(CH$_3$)-CH$_2$-CH$_2$-CH$_2$OH) auf S. 53.

B. Beim Erwärmen des Natrium-Salzes des *N*-Methyl-benzolsulfonamids mit 3-Chlor-propanol-(1) in Wasser (*v. Braun, Anton, Weissbach*, B. **63** [1930] 2847, 2856).

Kp$_{1,5}$: 194°; Kp$_{0,3}$: 167°.

2-Benzolsulfonylamino-2-methyl-propanol-(1), *N*-[Hydroxy-*tert*-butyl]-benzolsulfonamid, N-(*2-hydroxy-1,1-dimethylethyl)benzenesulfonamide* $C_{10}H_{15}NO_3S$, Formel I (X = NH-C(CH$_3$)$_2$-CH$_2$OH) auf S. 53.

B. Beim Erwärmen von Benzolsulfonylchlorid mit 2-Amino-2-methyl-propanol-(1) und Natriumhydrogencarbonat in wss. Aceton (*Shupe*, J. Assoc. agric. Chemists **25** [1942] 227).

F: 121°.

4-Benzolsulfonylamino-2-methyl-3-isopropyl-butanol-(3), *N*-[2-Hydroxy-3-methyl-2-isopropyl-butyl]-benzolsulfonamid, N-(*2-hydroxy-2-isopropyl-3-methylbutyl)benzene=sulfonamide* $C_{14}H_{23}NO_3S$, Formel I (X = NH-CH$_2$-C[CH(CH$_3$)$_2$]$_2$-OH) auf S. 53.

B. Aus 4-Amino-2-methyl-3-isopropyl-butanol-(3) (2.4-Dimethyl-3-aminomethyl-pent=anol-(3)) und Benzolsulfonylchlorid (*Greenwood, Gartner*, J. org. Chem. **6** [1941] 401, 408).

F: 103,9—104,5°.

2-Benzolsulfonylamino-2-methyl-propandiol-(1.3), *N*-[*β.β'*-Dihydroxy-*tert*-butyl]-benzolsulfonamid, N-[2-*hydroxy-1-(hydroxymethyl)-1-methylethyl]benzenesulfonamide* $C_{10}H_{15}NO_4S$, Formel I (X = NH-C(CH$_2$OH)$_2$-CH$_3$) auf S. 53.

B. Beim Erwärmen von Benzolsulfonylchlorid mit 2-Amino-2-methyl-propandiol-(1.3) und Natriumcarbonat in wss. Aceton (*Shupe*, J. Assoc. agric. Chemists **25** [1942] 227).

F: 75°.

N-Hydroxymethyl-benzolsulfonamid, N-(*hydroxymethyl)benzenesulfonamide* $C_7H_9NO_3S$, Formel I (X = NH-CH$_2$OH) auf S. 53 (E II 25).

F: 125° (*Hug*, Bl. [5] **1** [1934] 990, 1001).

Beim Erwärmen mit Benzol ist Bis-benzolsulfonylamino-methan erhalten worden.

Benzolsulfonylamino-methansulfonsäure, *benzenesulfonamidomethanesulfonic acid* $C_7H_9NO_5S_2$, Formel I (X = NH-CH$_2$-SO$_2$OH) auf S. 53.

Diese Konstitution kommt der H 42 beschriebenen, dort als Benzolsulfamino=methylschweflige Säure bezeichneten Verbindung zu (*Backer, Mulder*, R. **52** [1933] 454, 455, 467).

B. Beim Erwärmen von Aminomethansulfonsäure mit Benzolsulfonylchlorid und Natriumcarbonat in wss. Äthanol (*Ba., Mu.*, l. c. S. 463).

Als Natrium-Salz NaC$_7$H$_8$NO$_5$S$_2$ (amorph) isoliert.

Bis-benzolsulfonylamino-methan, *N.N′*-**Methylen-bis-benzolsulfonamid**, N,N′-*methylene=bisbenzenesulfonamide* $C_{13}H_{14}N_2O_4S_2$, Formel III auf S. 53.

B. Neben anderen Substanzen beim Erwärmen von Benzolsulfonamid mit Formal=dehyd und wenig Kaliumcarbonat in Wasser (*Hug*, Bl. [5] **1** [1934] 990, 1001). Aus *N*-Hydroxymethyl-benzolsulfonamid beim Erwärmen in Benzol (*Hug*).

Krystalle (aus Me.); F: 133—134°.

Methyl-bis-[(benzolsulfonyl-methyl-amino)-methyl]-amin, N,N′-*dimethyl*-N,N′-(*methyl=iminodimethylene*)*bisbenzenesulfonamide* $C_{17}H_{23}N_3O_4S_2$, Formel IV.

B. Bei 2-tägigem Behandeln von 1.3.5-Trimethyl-hexahydro-[1.3.5]triazin mit Benzol=sulfonylchlorid in Äther (*Graymore*, Soc. **1942** 29).

Krystalle (aus CHCl₃ + Ae.); F: 122—123°.

Beim Erhitzen mit wss. Salzsäure oder mit wss. Natronlauge sind Formaldehyd, Methylamin und *N*-Methyl-benzolsulfonamid erhalten worden.

[2.2.6-Trimethyl-cyclohexyl]-phenyl-keton-benzolsulfonylimin, *N*-[(2.2.6-Trimethyl-cyclohexyl)-phenyl-methylen]-benzolsulfonamid, N-[α-(*2,2,6-trimethylcyclohexyl*)*benz=ylidene*]*benzenesulfonamide* $C_{22}H_{27}NO_2S$.

(±)-[2.2.6*t*-**Trimethyl-cyclohexyl-(*r*)]-phenyl-keton-benzolsulfonylimin**, Formel V + Spiegelbild.

Eine Verbindung (Krystalle; F: 114,5—116°), der vermutlich diese Konfiguration zu=kommt, ist beim Erhitzen einer vermutlich als (±)-[2.2.6*t*-Trimethyl-cyclohexyl-(*r*)]-phenyl-keton-imin zu formulierenden Verbindung (E III **7** 1558) mit Benzolsulfonyl=chlorid und Pyridin erhalten worden (*Lochte et al.*, Am. Soc. **70** [1948] 2012, 2013).

2-Benzolsulfonylamino-2-methyl-butanon-(3), *N*-[2-Oxo-1.1-dimethyl-propyl]-benzol=sulfonamid, N-(*1,1-dimethylacetonyl*)*benzenesulfonamide* $C_{11}H_{15}NO_3S$, Formel VI (X = NH-C(CH₃)₂-CO-CH₃).

B. Beim Behandeln von 2-Amino-2-methyl-butanon-(3) (aus 2-Methyl-butanon-(3) mit Hilfe von Kaliumhexacyanoferrat(III) hergestellt) mit Benzolsulfonylchlorid und wss. Natronlauge (*Conant, Aston, Tongberg*, Am. Soc. **52** [1930] 407, 418).

Krystalle (aus W.); F: 93,5—94,5°.

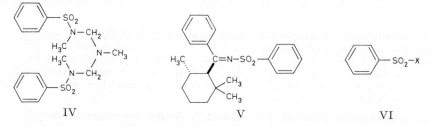

IV   V   VI

4-Benzolsulfonylamino-2-methyl-butanon-(3), *N*-[*β*-Oxo-isopentyl]-benzolsulfonamid, N-(*3-methyl-2-oxobutyl*)*benzenesulfonamide* $C_{11}H_{15}NO_3S$, Formel VI (X = NH-CH₂-CO-CH(CH₃)₂).

B. Aus 4-Amino-2-methyl-butanon-(3) und Benzolsulfonylchlorid (*Greenwood, Gartner*, J. org. Chem. **6** [1941] 401, 407).

F: 81°.

5-Chlor-2-hydroxy-benzaldehyd-benzolsulfonylimin, *N*-[5-Chlor-2-hydroxy-benzyliden]-benzolsulfonamid, N-(*5-chlorosalicylidene*)*benzenesulfonamide* $C_{13}H_{10}ClNO_3S$, Formel VII (X = H) auf S. 60.

B. Beim Erhitzen von 5-Chlor-2-hydroxy-benzaldehyd mit Benzolsulfonamid auf 150° (*Nigam, Pandya*, Pr. Indian Acad. [A] **29** [1949] 56, 60).

Krystalle (aus A.); F: 170°.

Beim Behandeln mit Schwefelsäure tritt eine rote Färbung auf.

3.5-Dichlor-2-hydroxy-benzaldehyd-benzolsulfonylimin, *N*-[3.5-Dichlor-2-hydroxy-benzyliden]-benzolsulfonamid, N-(*3,5-dichlorosalicylidene*)*benzenesulfonamide* $C_{13}H_9Cl_2NO_3S$, Formel VII (X = Cl) auf S. 60.

B. Beim Erhitzen von 3.5-Dichlor-2-hydroxy-benzaldehyd mit Benzolsulfonamid auf

150° (*Nigam, Pandya*, Pr. Indian Acad. [A] **29** [1940] 56, 61).

Krystalle (aus A.); F: 196°.

Beim Erwärmen mit Äthanol sind die Ausgangsverbindungen zurückerhalten worden.

Benzolsulfonyl-acetyl-amin, *N*-Benzolsulfonyl-acetamid, N-*(phenylsulfonyl)acetamide*
$C_8H_9NO_3S$, Formel VI (X = NH-CO-CH₃).

B. Aus Benzolsulfonamid beim Erhitzen mit Acetanhydrid und Kaliumacetat (*Fowkes, McClelland*, Soc. **1945** 405, 407) sowie beim Erhitzen mit Acetylchlorid auf 150° (*Böhme, Wagner*, B. **75** [1942] 606, 614; *Openshaw, Spring*, Soc. **1945** 234, 235).

Krystalle; F: 127° [aus wss. Eg.] (*Fo., McC.*), 126° [Kofler-App.; aus W.] (*Bö., Wa.*), 124—125° [aus wss. A.] (*Op., Sp.*). UV-Spektren von Lösungen in Wasser, in wss. Natronlauge und in wss. Schwefelsäure: *Bö., Wa.*, l. c. S. 612.

Beim Erwärmen mit Phosphor(V)-chlorid (1 Mol) ist *N*-Benzolsulfonyl-acetimidoylchlorid erhalten worden (*v. Braun, Rudolph*, B. **67** [1934] 1762, 1767).

N'-Benzolsulfonyl-*N*-methyl-acetamidin, N-*methyl*-N'-*(phenylsulfonyl)acetamidine*
$C_9H_{12}N_2O_2S$, Formel VI (X = N=C(CH₃)-NH-CH₃ oder X = NH-C(CH₃)=N-CH₃).

B. Beim Erwärmen von Aceton-[*O*-benzolsulfonyl-oxim] mit Benzolsulfonamid in Toluol unter Zusatz von Pyridin (*Oxley, Short*, Soc. **1948** 1514, 1522).

Krystalle (aus W.); F: 128°.

Benzolsulfonyl-chloracetyl-amin, *C*-Chlor-*N*-benzolsulfonyl-acetamid, 2-*chloro*-N-*(phenylsulfonyl)acetamide* $C_8H_8ClNO_3S$, Formel VI (X = NH-CO-CH₂Cl).

B. Aus Benzolsulfonamid und Chloracetylchlorid bei 140° (*v. Braun, Rudolph*, B. **67** [1934] 1762, 1767).

Krystalle (aus Bzl.); F: 106°.

Beim Erwärmen mit 1 Mol Phosphor(V)-chlorid ist *C*-Chlor-*N*-benzolsulfonyl-acetimidoylchlorid, beim Erhitzen mit 3 Mol Phosphor(V)-chlorid auf 120° ist *C.C*-Dichlor-*N*-benzolsulfonyl-acetimidoylchlorid erhalten worden.

Benzolsulfonyl-dichloracetyl-amin, *C.C*-Dichlor-*N*-benzolsulfonyl-acetamid, 2,2-*dichloro*-N-*(phenylsulfonyl)acetamide* $C_8H_7Cl_2NO_3S$, Formel VI (X = NH-CO-CHCl₂).

B. Aus *C.C*-Dichlor-*N*-benzolsulfonyl-acetimidoylchlorid beim Behandeln mit Wasser (*v. Braun, Rudolph*, B. **67** [1934] 1762, 1768).

Krystalle (aus wss. A.); F: 137°.

Benzolsulfonyl-trichloracetyl-amin, *C.C.C*-Trichlor-*N*-benzolsulfonyl-acetamid,
2,2,2-*trichloro*-N-*(phenylsulfonyl)acetamide* $C_8H_6Cl_3NO_3S$, Formel VI (X = NH-CO-CCl₃).

B. Aus Benzolsulfonamid und Trichloracetylchlorid bei 140° (*v. Braun, Rudolph*, B. **67** [1934] 1762, 1768).

F: 157°.

N-Benzolsulfonyl-acetimidoylchlorid, N-*(phenylsulfonyl)acetimidoyl chloride*
$C_8H_8ClNO_2S$, Formel VI (X = N=C(Cl)-CH₃).

B. Aus *N*-Benzolsulfonyl-acetamid beim Erwärmen mit Phosphor(V)-chlorid (1 Mol) (*v. Braun, Rudolph*, B. **67** [1934] 1762, 1767).

Hellgelbe Flüssigkeit. Kp₀,₅: ca. 130° [partielle Zers.].

Beim Erwärmen erfolgt Zersetzung unter Bildung von Acetonitril und Benzolsulfonylchlorid.

N'-Benzolsulfonyl-*N*.*N*-dimethyl-acetamidin, N,N-*dimethyl*-N'-*(phenylsulfonyl)acetamidine* $C_{10}H_{14}N_2O_2S$, Formel VI (X = N=C(CH₃)-N(CH₃)₂).

B. Beim Erwärmen von Aceton-[*O*-benzolsulfonyl-oxim] mit *N*-Methyl-benzolsulfonamid in Toluol unter Zusatz von Pyridin (*Oxley, Short*, Soc. **1948** 1514, 1523).

Kp₁: 139—141°.

Heisses Wasser bewirkt Hydrolyse.

Pikrat $C_{10}H_{14}N_2O_2S \cdot C_6H_3N_3O_7$. Krystalle (aus A.); F: 122°.

C-Chlor-*N*-benzolsulfonyl-acetimidoylchlorid, 2-*chloro*-N-*(phenylsulfonyl)acetimidoyl chloride* $C_8H_7Cl_2NO_2S$, Formel VI (X = N=C(Cl)-CH₂Cl).

B. Beim Erwärmen von *C*-Chlor-*N*-benzolsulfonyl-acetamid mit Phosphor(V)-chlorid [1 Mol] (*v. Braun, Rudolph*, B. **67** [1934] 1762, 1767).

Kp₀,₅: 160—164° [geringfügige Zers.].

***C.C*-Dichlor-*N*-benzolsulfonyl-acetimidoylchlorid,** *2,2-dichloro-*N*-(phenylsulfonyl)acet=
imidoyl chloride* $C_8H_6Cl_3NO_2S$, Formel VI (X = N=C(Cl)-CHCl$_2$) auf S. 58.

B. Beim Erhitzen von *C*-Chlor-*N*-benzolsulfonyl-acetamid mit Phosphor(V)-chlorid
(3 Mol) auf 120° (*v. Braun, Rudolph*, B. **67** [1934] 1762, 1768).

Gelbes Öl; Kp$_{0,5}$: 160° [geringfügige Zers.].

Beim Behandeln mit Wasser ist *C.C*-Dichlor-*N*-benzolsulfonyl-acetamid erhalten worden.

***C.C.C*-Trichlor-*N*-benzolsulfonyl-acetimidoylchlorid,** *2,2,2-trichloro-*N*-(phenylsulfonyl)=
acetimidoyl chloride* $C_8H_5Cl_4NO_2S$, Formel VI (X = N=C(Cl)-CCl$_3$) auf S. 58.

B. Beim Erwärmen von *C.C.C*-Trichlor-*N*-benzolsulfonyl-acetamid mit Phosphor(V)-
chlorid [1 Mol] (*v. Braun, Rudolph*, B. **67** [1934] 1762, 1768).

F: 88°. Kp$_{0,2}$: 158°.

Benzolsulfonyl-methyl-acetyl-amin, *N*-Benzolsulfonyl-*N*-methyl-acetamid, *N-methyl-
N-(phenylsulfonyl)acetamide* $C_9H_{11}NO_3S$, Formel VI (X = N(CH$_3$)-CO-CH$_3$) auf S. 58.

B. Aus dem Kalium-Salz des *N*-Methyl-benzolsulfonamids und Acetylchlorid in
Benzol (*Oxley, Short*, Soc. **1947** 382, 387).

Kp$_{0,7}$: 130°.

Beim Erhitzen mit Methylamin-hydrochlorid auf 170° ist *N.N'*-Dimethyl-acetamidin
erhalten worden.

Benzolsulfonyl-stearoyl-amin, *N*-Benzolsulfonyl-stearinamid, *N-(phenylsulfonyl)stearamide*
$C_{24}H_{41}NO_3S$, Formel VI (X = NH-CO-[CH$_2$]$_{16}$-CH$_3$) auf S. 58 (E I 12).

Krystalle (aus A.); F: 104° (*Petrolite Corp.*, U.S.P. 2344978 [1941], 2405737 [1942]).

VII   VIII

Benzolsulfonyl-benzoyl-amin, *N*-Benzolsulfonyl-benzamid, *N-(phenylsulfonyl)benzamide*
$C_{13}H_{11}NO_3S$, Formel VIII (X = H) (H 43).

B. Beim Erwärmen von Benzolsulfonamid mit Benzoylchlorid und Pyridin (*Oxley
et al.*, Soc. **1946** 763, 768; vgl. H 43). Aus dem Natrium-Salz des Benzamids und Benzol=
sulfonylchlorid in Xylol (*Ox. et al.*).

Krystalle; F: 147—147,2° [aus A.] (*Ox. et al.*), 145—146° [aus Bzl.] (*de Paolini,
de Paolini*, G. **62** [1932] 1059, 1064).

Benzolsulfonyl-[2-nitro-benzoyl]-amin, 2-Nitro-*N*-benzolsulfonyl-benzamid, *o-nitro-
N-(phenylsulfonyl)benzamide* $C_{13}H_{10}N_2O_5S$, Formel VIII (X = NO$_2$).

B. Beim Erhitzen von 2-Nitro-benzoesäure mit Benzolsulfonamid auf 230° (*Oxley
et al.*, Soc. **1946** 763, 769).

Krystalle (aus wss. A.); F: 171°.

Beim Erhitzen auf 225° sind 2-Nitro-benzonitril und Benzolsulfonsäure erhalten
worden.

Benzolsulfonyl-[4-nitro-benzoyl]-amin, 4-Nitro-*N*-benzolsulfonyl-benzamid, p-nitro-
N-(phenylsulfonyl)benzamide* $C_{13}H_{10}N_2O_5S$, Formel IX (R = H, X = NO$_2$).

B. Beim Erhitzen von 4-Nitro-benzoylchlorid mit Benzolsulfonamid auf 150° (*Oxley
et al.*, Soc. **1946** 763, 768).

Krystalle (aus Me.); F: 216—217°.

Beim Erhitzen auf 220° sind 4-Nitro-benzonitril und Benzolsulfonsäure erhalten
worden.

Benzolsulfonyl-methyl-benzoyl-amin, *N*-Benzolsulfonyl-*N*-methyl-benzamid, *N-methyl-
N-(phenylsulfonyl)benzamide* $C_{14}H_{13}NO_3S$, Formel IX (R = CH$_3$, X = H).

B. Beim Erhitzen von *N*-Methyl-benzolsulfonamid mit Benzoylchlorid und Pyridin
(*Oxley, Short*, Soc. **1947** 382, 387).

Krystalle (aus Me.); F: 89,5°. Kp$_2$: 200°.

Beim Erhitzen mit Ammonium-benzolsulfonat auf 225° ist *N*-Methyl-benzamidin, beim Erhitzen mit Pentylamin-[toluol-sulfonat-(4)] auf 200° sind N-Methyl-N'-pentyl-benzamidin (Hauptprodukt), N.N'-Dimethyl-benzamidin und N.N'-Dipentyl-benz=amidin, beim Erhitzen mit Anilin auf 250° sind N-Methyl-benzolsulfonamid, Benzanilid und geringe Mengen N-Methyl-N'-phenyl-benzamidin erhalten worden (*Ox., Sh.,* l. c. S. 384, 388).

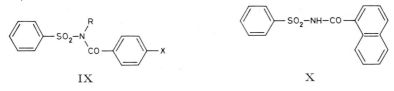

IX   X

Benzolsulfonyl-[naphthoyl-(1)]-amin, N-Benzolsulfonyl-naphthamid-(1), N-(*phenyl=sulfonyl*)-*1-naphthamide* $C_{17}H_{13}NO_3S$, Formel X.

B. Beim Erwärmen von Benzolsulfonamid mit Naphthoyl-(1)-chlorid und Aluminium=chlorid in Nitrobenzol sowie beim Erwärmen von Naphthamid-(1) mit Natriumamid in Xylol und mit Benzolsulfonylchlorid (*Geigy A.G.,* Schweiz.P. 255622 [1944]).

Krystalle (aus A.); F: 174—175°.

Benzolsulfonyl-[naphthoyl-(2)]-amin, N-Benzolsulfonyl-naphthamid-(2), N-(*phenyl=sulfonyl*)-*2-naphthamide* $C_{17}H_{13}NO_3S$, Formel XI.

B. Beim Erwärmen von Benzolsulfonamid mit Naphthoyl-(2)-chlorid und Aluminium=chlorid in Nitrobenzol sowie beim Erwärmen von Naphthamid-(2) mit Natriumamid in Xylol und mit Benzolsulfonylchlorid (*Geigy A.G.,* Schweiz.P. 255610 [1944]).

Krystalle (aus A.); F: 151°.

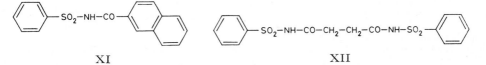

XI   XII

Bernsteinsäure-bis-benzolsulfonylamid, N.N'-Dibenzolsulfonyl-succinamid, N,N'-*bis=(phenylsulfonyl)succinamide* $C_{16}H_{16}N_2O_6S_2$, Formel XII.

B. Beim Erhitzen von Bernsteinsäure-anhydrid mit Benzolsulfonamid und Phosphor=oxychlorid (*Evans, Dehn,* Am. Soc. **52** [1930] 2531).

Krystalle (aus Butanon); F: 235—237°.

Butendisäure-bis-benzolsulfonylamid $C_{16}H_{14}N_2O_6S_2$.

Maleinsäure-bis-benzolsulfonylamid, N.N'-Dibenzolsulfonyl-maleinamid, N,N'-*bis=(phenylsulfonyl)maleamide* $C_{16}H_{14}N_2O_6S_2$, Formel I auf S. 62.

B. Beim Erhitzen von Maleinsäure mit Benzolsulfonamid und Phosphoroxychlorid (*Evans, Dehn,* Am. Soc. **52** [1930] 2531).

Krystalle; F: 258°.

Benzolsulfonsäure-ureid, Benzolsulfonylharnstoff, (*phenylsulfonyl*)*urea* $C_7H_8N_2O_3S$, Formel II (R = CO-NH₂) auf S. 62 (H 44).

B. Beim Erwärmen von Benzolsulfonamid mit Kaliumcyanat in wasserhaltigem Äthanol (*Haack,* U.S.P. 2385571 [1940]). Aus N-Benzolsulfonyl-O-methyl-isoharnstoff (*Chem. Fabr. v. Heyden,* D.R.P. 741533 [1939]; D.R.P. Org. Chem. **3** 926; *Haack,* U.S.P. 2312404 [1940]) oder aus N-Benzolsulfonyl-O-äthyl-isoharnstoff (*Cox, Raymond,* Am. Soc. **63** [1941] 300) beim Erwärmen mit wss. Salzsäure.

Krystalle; F: 170—171° [aus Acn. oder Bzl.] (*Chem. Fabr. v. Heyden; Haack*), 169° [aus A.] (*Cox, Ray.*).

N-Benzolsulfonyl-O-methyl-isoharnstoff, *2-methyl-1-(phenylsulfonyl)isourea* $C_8H_{10}N_2O_3S$, Formel II (R = C(OCH₃)=NH) [auf S. 62] und Tautomeres.

B. Beim Behandeln von O-Methyl-isoharnstoff-methylsulfat mit wss. Kaliumcarbonat-Lösung und Benzolsulfonylchlorid (*Chem. Fabr. v. Heyden,* D.R.P. 741533 [1939]; D.R.P. Org. Chem. **3** 926; *Haack,* U.S.P. 2312404 [1940]).

F: 164—165°.

N-Benzolsulfonyl-*O*-äthyl-isoharnstoff, *2-ethyl-1-(phenylsulfonyl)isourea* C₉H₁₂N₂O₃S,
Formel II (R = C(OC₂H₅)=NH) und Tautomeres (E II 25).

B. Beim Behandeln von *O*-Äthyl-isoharnstoff-hydrochlorid mit Benzolsulfonylchlorid
und wss. Natronlauge (*Cox, Raymond*, Am. Soc. **63** [1941] 300).

Krystalle (aus wss. A.); F: 101°.

N-Benzolsulfonyl-*O*-propyl-isoharnstoff, *1-(phenylsulfonyl)-2-propylisourea* C₁₀H₁₄N₂O₃S,
Formel II (R = C(O-CH₂-CH₂-CH₃)=NH) und Tautomeres.

B. Beim Behandeln einer Lösung von *O*-Propyl-isoharnstoff in wasserhaltigem Äther
mit Benzolsulfonylchlorid und Kaliumcarbonat (*Basterfield, Powell*, Canad. J. Res. **1**
[1929] 261, 266).

Krystalle (aus A.); F: 74°.

Benzolsulfonylguanidin, *(phenylsulfonyl)guanidine* C₇H₉N₃O₂S, Formel II
(R = C(NH₂)=NH) und Tautomeres (H 44).

Die von *Karrer, Epprecht* (s. E II 20, 25) behauptete Identität der H 44 als Benzolsulfonylguanidin beschriebenen Verbindung mit Guanidin-benzolsulfonat wird von
Perrot (Bl. **1946** 554, 555) bezweifelt.

B. Neben Guanidin-benzolsulfonat (S. 36) beim Behandeln von Guanidin-carbonat mit
mit wss. Kalilauge und Benzolsulfonylchlorid (*Pe.*; s. a. *Clarke, Gillespie*, Am. Soc. **54**
[1932] 1964, 1966; vgl. H 44). Aus *N'*-Benzolsulfonyl-*N*-cyan-guanidin beim Erhitzen mit wss. 1-Äthoxy-äthanol-(2) (*Am. Cyanamid Co.*, U.S.P. 2 359 363 [1942]). Aus
N'-Benzolsulfonyl-*N*-benzoyl-guanidin beim Erhitzen mit wss. Salzsäure auf 130° (*Pe.*).

Krystalle (aus A.); F: 215 — 216° [korr.] (*Pe.*), 212° [korr.] (*Cl., Gi.*).

Beim Erhitzen mit *o*-Phenylendiamin (1 Mol) bis auf 225° sind 2-Benzolsulfonylamino-
benzimidazol (Hauptprodukt) und 2-Amino-benzimidazol-benzolsulfonat erhalten worden
(*Price, Reitsema*, J. org. Chem. **12** [1947] 269, 272).

Hydrochlorid C₇H₉N₃O₂S·HCl. F: 160 — 163° [korr.] (*Cl., Gi.*).

N'-Benzolsulfonyl-*N*-methyl-guanidin, *N-methyl-N'-(phenylsulfonyl)guanidine*
C₈H₁₁N₃O₂S, Formel II (R = C(NH-CH₃)=NH) und Tautomere (H 45).

Die E II 25 vorgeschlagene Formulierung dieser Verbindung als Methylguanidin-
benzolsulfonat ist wahrscheinlich nicht richtig (vgl. die entsprechende Bemerkung im
vorangehenden Artikel).

B. Beim Behandeln von Methylguanidin-carbonat mit Benzolsulfonylchlorid und wss.
Natronlauge (*Clarke, Gillespie*, Am. Soc. **54** [1932] 1964, 1967; vgl. H 45).

F: 180,5 — 181° [korr.].

Hydrochlorid C₈H₁₁N₃O₂S·HCl. F: 123 — 126° [korr.].

N'-Benzolsulfonyl-*N.N*-dimethyl-guanidin, *N,N-dimethyl-N'-(phenylsulfonyl)guanidine*
C₉H₁₃N₃O₂S, Formel II (R = C=(NH)-N(CH₃)₂) und Tautomeres.

B. Beim Behandeln von *N.N*-Dimethyl-guanidin-carbonat mit Benzolsulfonylchlorid
und wss. Natronlauge (*Clarke, Gillespie*, Am. Soc. **54** [1932] 1964, 1967).

F: 164,5 — 165,5° [korr.].

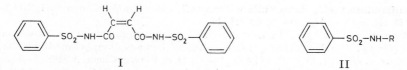

I   II

N'-Benzolsulfonyl-*N*-acetyl-guanidin, *N-acetyl-N'-(phenylsulfonyl)guanidine* C₉H₁₁N₃O₃S,
Formel II (R = C(NH-CO-CH₃)=NH) und Tautomere.

B. Aus Benzolsulfonylguanidin beim Erhitzen mit Acetanhydrid (*Clarke, Gillespie*,
Am. Soc. **54** [1932] 1964, 1966).

Krystalle (aus E.); F: 197 — 197,5° [korr.].

N'-Benzolsulfonyl-*N*-benzoyl-guanidin, *N-benzoyl-N'-(phenylsulfonyl)guanidine*
C₁₄H₁₃N₃O₃S, Formel II (R = C(NH-CO-C₆H₅)=NH) und Tautomere.

B. Beim Erhitzen von Benzoylguanidin mit Benzolsulfonylchlorid in Benzol auf 110°
oder mit Benzolsulfonylchlorid und wss. Kalilauge (*Perrot*, Bl. **1946** 554, 556).

Krystalle (aus A.); F: 233—234° [korr.].

Beim Erhitzen mit wss. Salzsäure auf 130° ist Benzolsulfonylguanidin erhalten worden.

N'-Benzolsulfonyl-*N*-carbamoyl-guanidin, [Benzolsulfonyl-carbamimidoyl]-harnstoff, [*(phenylsulfonyl)carbamimidoyl]urea* $C_8H_{10}N_4O_3S$, Formel II (R = C(NH-CO-NH$_2$)=NH) und Tautomere.

B. Aus *N'*-Benzolsulfonyl-*N*-cyan-guanidin beim Erhitzen mit wss. 1-Äthoxy-äthan= ol-(2) (*Am. Cyanamid Co.*, U.S.P. 2368841 [1942]).

Krystalle (aus wss. 1-Äthoxy-äthanol-(2)); F: 243—244° [Zers.].

N'-Benzolsulfonyl-*N*-cyan-guanidin, Benzolsulfonyl-dicyandiamid, N-*cyano*-N'- *(phenylsulfonyl)guanidine* $C_8H_8N_4O_2S$, Formel II (R = C(NH-CN)=NH) und Tautomere.

B. Beim Behandeln von Benzolsulfonylchlorid mit Cyanguanidin in Aceton unter Zusatz von wss. Kalilauge (*Am. Cyanamid Co.*, U.S.P. 2368841, 2426882 [1942]).

Krystalle; F: 174—175°.

Kalium-Verbindung. Zers. bei 301°.

N-Benzolsulfonyl-*S*-methyl-isothioharnstoff, *2-methyl-1-(phenylsulfonyl)isothiourea* $C_8H_{10}N_2O_2S_2$, Formel II (R = C(S-CH$_3$)=NH) und Tautomeres.

B. Beim Behandeln von Benzolsulfonylchlorid mit *S*-Methyl-isothiuronium-sulfat und Kaliumcarbonat in wss. Aceton (*Cox*, J. org. Chem. **7** [1942] 307).

F: 159—160°.

N-Benzolsulfonyl-*S*-äthyl-isothioharnstoff, *2-ethyl-1-(phenylsulfonyl)isothiourea* $C_9H_{12}N_2O_2S_2$, Formel II (R = C(S-C$_2$H$_5$)=NH) und Tautomeres.

B. Beim Behandeln von Benzolsulfonylchlorid mit *S*-Äthyl-isothiuronium-bromid und wss. Natronlauge (*Sharp & Dohme Inc.*, U.S.P. 2441566 [1942]).

Krystalle (aus wss. A. oder aus Bzl. + PAe.); F: 109—110°.

N-Benzolsulfonyl-glycin, N-*(phenylsulfonyl)glycine* $C_8H_9NO_4S$, Formel II (R = CH$_2$-COOH) (H 45).

B. Beim Behandeln von Glycin mit Benzolsulfonylchlorid und wss. Natronlauge (*Cocker, Lapworth*, Soc. **1931** 1894, 1895; vgl. H 45).

Krystalle; F: 166—167° (*Abderhalden, Bahn*, Z. physiol. Chem. **210** [1932] 246, 256), 165° [aus W.] (*Co., La.*).

N-Benzolsulfonyl-glycin-butylester, N-*(phenylsulfonyl)glycine butyl ester* $C_{12}H_{17}NO_4S$, Formel II (R = CH$_2$-CO-O-[CH$_2$]$_3$-CH$_3$).

B. Beim Erhitzen von *N*-Benzolsulfonyl-glycin mit Butanol-(1) und geringen Mengen wss. Salzsäure unter Entfernen des entstehenden Wassers (*Gurin, Clarke*, J. biol. Chem. **107** [1934] 395, 403).

Krystalle (aus Ae. oder aus Eg. + Bzn.), F: 26—27°; bei 50—55°/10^{-6} bis 10^{-7} Torr destillierbar (*Gurin*, Am. Soc. **58** [1936] 2104).

N-[*N*-Benzolsulfonyl-glycyl]-glycin, N-[N-*(phenylsulfonyl)glycyl]glycine* $C_{10}H_{12}N_2O_5S$, Formel II (R = CH$_2$-CO-NH-CH$_2$-COOH).

B. Beim Behandeln von *N*-Glycyl-glycin mit Benzolsulfonylchlorid und wss. Natron= lauge (*Abderhalden, Neumann*, Fermentf. **13** [1933] 382, 388; *Otani*, Acta Sch. med. Univ. Kioto **17** [1935] 175, 179).

Krystalle (aus wss. A.); F: 154—155° [unkorr.] (*Ot.*).

N-{*N*-[*N*-(*N*-Benzolsulfonyl-glycyl)-glycyl]-glycyl}-glycin, Benzolsulfonyl→triglycyl→ glycin, Benzolsulfonyl-tetraglycin, *(phenylsulfonyl)triglycylglycine* $C_{14}H_{18}N_4O_7S$, Formel II (R = CH$_2$-CO-NH-CH$_2$-CO-NH-CH$_2$-CO-NH-CH$_2$-COOH).

B. Beim Behandeln von Triglycyl-glycin mit Benzolsulfonylchlorid und wss. Natron= lauge (*Abderhalden, Neumann*, Fermentf. **13** [1933] 382, 389).

Krystalle (aus A.); F: 150°.

N-[*N*-Benzolsulfonyl-glycyl]-DL-alanin-äthylester, N-[N-*(phenylsulfonyl)glycyl]- DL-*alanine ethyl ester* $C_{13}H_{18}N_2O_5S$, Formel II (R = CH$_2$-CO-NH-CH(CH$_3$)-CO-OC$_2$H$_5$).

B. Beim Behandeln von *N*-Glycyl-DL-alanin mit Benzolsulfonylchlorid und wss. Natron= lauge und Erwärmen des Reaktionsprodukts mit Chlorwasserstoff enthaltendem Äthanol

(*Surin*, Am. Soc. **58** [1936] 2104, 2105).

Krystalle (aus $CHCl_3$ + PAe.), F: 74°; bei 90—95°/10⁻⁶ bis 10⁻⁷ Torr destillierbar.

N-[N-Benzolsulfonyl-glycyl]-DL-alanin-butylester, N-[N-(*phenylsulfonyl*)*glycyl*]-DL-*ala*= *nine butyl ester* $C_{15}H_{22}N_2O_5S$, Formel II (R = CH_2-CO-NH-CH(CH_3)-CO-O-[CH_2]₃-CH_3) auf S. 62.

B. Beim Behandeln von *N*-Glycyl-DL-alanin mit Benzolsulfonylchlorid und wss. Kaliumcarbonat-Lösung und Erhitzen des Reaktionsprodukts mit Butanol-(1) (*Gurin, Clarke*, J. biol. Chem. **107** [1934] 395, 406).

Krystalle (aus A.); F: 101° (*Gu., Cl.*; *Gurin*, Am. Soc. **58** [1936] 2104). Bei 120—125°/ 10⁻⁶ bis 10⁻⁷ Torr destillierbar (*Gu.*).

Beim Erwärmen mit wss. Ameisensäure unter Zusatz von wss. Salzsäure sind *N*-Benzol= sulfonyl-glycin und Alanin erhalten worden.

N-[N-Benzolsulfonyl-glycyl]-leucin-butylester, N-[N-(*phenylsulfonyl*)*glycyl*]*leucine butyl ester* $C_{18}H_{28}N_2O_5S$.

N-[N-Benzolsulfonyl-glycyl]-L-leucin-butylester, Formel III auf S. 66.

B. Beim Behandeln von *N*-Glycyl-L-leucin mit Benzolsulfonylchlorid und wss. Kalium= carbonat-Lösung und Erhitzen des Reaktionsprodukts mit Butanol-(1) (*Gurin, Clarke*, J. biol. Chem. **107** [1934] 395, 406).

Krystalle (aus Acn.); F: 107° (*Gu., Cl.*; *Gurin*, Am. Soc. **58** [1936] 2104). Bei 125—130°/ 10⁻⁶ bis 10⁻⁷ Torr destillierbar (*Gu.*).

N-Benzolsulfonyl-glycin-nitril, N-Cyanmethyl-benzolsulfonamid, N-(*cyanomethyl*)*benzene*= *sulfonamide* $C_8H_8N_2O_2S$, Formel IV (X = NH-CH_2-CN) auf S. 66 (H 45).

B. Beim Behandeln einer wss. Lösung von Glycinnitril-hydrogensulfat mit Benzolsulfonylchlorid in Benzol unter Zusatz von wss. Natriumcarbonat-Lösung (*Cocker, Harris*, Soc. **1940** 1290, 1293; vgl. H 45).

Krystalle (aus Bzl.); F: 80°.

N-Benzolsulfonyl-sarkosin, N-(*phenylsulfonyl*)*sarcosine* $C_9H_{11}NO_4S$, Formel IV (X = N(CH_3)-CH_2-COOH) auf S. 66 (H 45; E I 12).

B. Beim Behandeln von *N*-Benzolsulfonyl-glycin mit wss. Natronlauge und Dimethyl= sulfat (*Cocker, Lapworth*, Soc. **1931** 1894, 1896).

Krystalle (aus W.); F: 179°.

N-Benzolsulfonyl-N-äthyl-glycin, N-*ethyl*-N-(*phenylsulfonyl*)*glycine* $C_{10}H_{13}NO_4S$, Formel IV (X = N(C_2H_5)-CH_2-COOH) auf S. 66 (H 45).

B. Beim Behandeln von *N*-Benzolsulfonyl-glycin mit Äthyljodid und wss. Natronlauge (*Cocker*, Soc. **1937** 1693).

Krystalle (aus W.); F: 115,5—116°.

N-Benzolsulfonyl-N-propyl-glycin, N-(*phenylsulfonyl*)-N-*propylglycine* $C_{11}H_{15}NO_4S$, Formel IV (X = N(CH_2-CH_2-CH_3)-CH_2-COOH) auf S. 66 (H 46).

B. Beim Erwärmen von *N*-Benzolsulfonyl-glycin mit Propyljodid und wss. Natronlauge (*Cocker*, Soc. **1937** 1693).

Krystalle (aus Bzl. + Bzn.); F: 99—100°.

(±)-N-Benzolsulfonyl-N-[2.3-dibrom-propyl]-glycin, (±)-N-(*2,3-dibromopropyl*)- N-(*phenylsulfonyl*)*glycine* $C_{11}H_{13}Br_2NO_4S$, Formel IV (X = N(CH_2-COOH)-CH_2-CHBr-CH_2Br) auf S. 66.

B. Aus *N*-Benzolsulfonyl-*N*-allyl-glycin und Brom in Chloroform (*Cocker*, Soc. **1943** 373, 378).

Krystalle (aus Bzl. + PAe.); F: 117—118° [bei 80° getrocknetes Präparat].

(±)-N-Benzolsulfonyl-N-[2.3-dibrom-propyl]-glycin-methylester, (±)-N-(*2,3-dibromo*= *propyl*)-N-(*phenylsulfonyl*)*glycine methyl ester* $C_{12}H_{15}Br_2NO_4S$, Formel IV (X = N(CH_2-CO-OCH_3)-CH_2-CHBr-CH_2Br) auf S. 66.

B. Aus (±)-*N*-Benzolsulfonyl-*N*-[2.3-dibrom-propyl]-glycin (*Cocker*, Soc. **1943** 373, 378).

Krystalle (aus Me.); F: 101—102°.

(±)-N-Benzolsulfonyl-N-[2.3-dibrom-propyl]-glycin-äthylester, (±)-N-(*2,3-dibromo*= *propyl*)-N-(*phenylsulfonyl*)*glycine ethyl ester* $C_{13}H_{17}Br_2NO_4S$, Formel IV (X = N(CH_2-CO-OC_2H_5)-CH_2-CHBr-CH_2Br) auf S. 66.

B. Aus (±)-*N*-Benzolsulfonyl-*N*-[2.3-dibrom-propyl]-glycin beim Behandeln mit Chlorwasserstoff enthaltendem Äthanol sowie aus *N*-Benzolsulfonyl-*N*-allyl-glycin-äthylester und Brom (*Cocker*, Soc. **1943** 373, 378).
Krystalle (aus A.); F: 72°.

***N*-Benzolsulfonyl-*N*-butyl-glycin**, N-*butyl*-N-*(phenylsulfonyl)glycine* $C_{12}H_{17}NO_4S$, Formel IV (X = N(CH$_2$-COOH)-[CH$_2$]$_3$-CH$_3$).
B. Beim Erwärmen von *N*-Benzolsulfonyl-glycin mit Butyljodid und wss. Natronlauge (*Cocker*, *Harris*, Soc. **1940** 1290, 1292).
Krystalle (aus Bzl. + Bzn.); F: 101−102°.

***N*-Benzolsulfonyl-*N*-isobutyl-glycin**, N-*isobutyl*-N-*(phenylsulfonyl)glycine* $C_{12}H_{17}NO_4S$, Formel IV (X = N(CH$_2$-COOH)-CH$_2$-CH(CH$_3$)$_2$).
B. Beim Erwärmen von *N*-Benzolsulfonyl-glycin mit Isobutyljodid und wss. Natron=lauge (*Cocker*, *Harris*, Soc. **1940** 1290, 1293).
Krystalle (aus Bzl. + PAe.); F: 90−91°.

***N*-Benzolsulfonyl-*N*-pentyl-glycin**, N-*pentyl*-N-*(phenylsulfonyl)glycine* $C_{13}H_{19}NO_4S$, Formel IV (X = N(CH$_2$-COOH)-[CH$_2$]$_4$-CH$_3$).
B. Beim Erwärmen von *N*-Benzolsulfonyl-glycin mit Pentyljodid und wss. Natronlauge (*Cocker*, *Harris*, Soc. **1940** 1290, 1292).
Krystalle (aus Bzl. + PAe.); F: 84°.

***C*-[Benzolsulfonyl-pentyl-amino]-acetamid**, *N*-Benzolsulfonyl-*N*-pentyl-glycin-amid, 2-(N-*pentylbenzenesulfonamido*)*acetamide* $C_{13}H_{20}N_2O_3S$, Formel IV (X = N(CH$_2$-CO-NH$_2$)-[CH$_2$]$_4$-CH$_3$).
B. Beim Behandeln von *N*-Benzolsulfonyl-*N*-pentyl-glycin-nitril $C_{13}H_{18}N_2O_2S$ (aus *N*-Benzolsulfonyl-glycin-nitril und Pentyljodid hergestellt) mit Schwefelsäure oder Phosphorsäure (*Cocker*, *Harris*, Soc. **1940** 1290, 1294).
Krystalle (aus W.); F: 94°.

***N*-Benzolsulfonyl-*N*-hexyl-glycin**, N-*hexyl*-N-*(phenylsulfonyl)glycine* $C_{14}H_{21}NO_4S$, Formel IV (X = N(CH$_2$-COOH)-[CH$_2$]$_5$-CH$_3$).
B. In geringer Menge beim Erwärmen von *N*-Benzolsulfonyl-glycin-nitril mit Hexyl=jodid und äthanol. Natriumäthylat und Erhitzen des Reaktionsprodukts mit wss. Salz=säure (*Cocker*, *Harris*, Soc. **1940** 1290, 1294).
Krystalle (aus Bzl. + PAe.); F: 85−86°.

***N*-Benzolsulfonyl-*N*-allyl-glycin**, N-*allyl*-N-*(phenylsulfonyl)glycine* $C_{11}H_{13}NO_4S$, Formel IV (X = N(CH$_2$-COOH)-CH$_2$-CH=CH$_2$).
B. Beim Erhitzen von *N*-Benzolsulfonyl-glycin mit Allylbromid und wss. Natronlauge (*Cocker*, Soc. **1943** 373, 376).
Krystalle (aus Bzl.); F: 107°.
Beim Erhitzen mit 60%ig. wss. Schwefelsäure auf 125° ist *N*-[2-Hydroxy-propyl]-glycin, beim Behandeln mit kalter konz. Schwefelsäure ist 4-Benzolsulfonyl-2-methyl-morpholinon-(6) erhalten worden.

***N*-Benzolsulfonyl-*N*-allyl-glycin-äthylester**, N-*allyl*-N-*(phenylsulfonyl)glycine ethyl ester* $C_{13}H_{17}NO_4S$, Formel IV (X = N(CH$_2$-CO-OC$_2$H$_5$)-CH$_2$-CH=CH$_2$).
B. Beim Behandeln von *N*-Benzolsulfonyl-glycin-äthylester mit äthanol. Natrium=äthylat und mit Allylchlorid (*Cocker*, Soc. **1943** 373, 376).
Kp$_1$: 172−173°.

***N*-Benzolsulfonyl-*N*-methallyl-glycin**, N-(2-*methylallyl*)-N-*(phenylsulfonyl)glycine* $C_{12}H_{15}NO_4S$, Formel IV (X = N(CH$_2$-COOH)-CH$_2$-C(CH$_3$)=CH$_2$).
B. Beim Erwärmen von *N*-Benzolsulfonyl-glycin mit Methallylchlorid und wss. Natronlauge (*Cocker*, Soc. **1943** 373, 377).
Krystalle (aus Bzl. + PAe.); F: 91−92°.
Beim Behandeln mit Schwefelsäure sind 4-Benzolsulfonyl-2.2-dimethyl-morpholinon-(6) und geringe Mengen Isobutyraldehyd erhalten worden.

***N*-Benzolsulfonyl-*N*-acetonyl-glycin**, N-*acetonyl*-N-*(phenylsulfonyl)glycine* $C_{11}H_{13}NO_5S$, Formel IV (X = N(CH$_2$-COOH)-CH$_2$-CO-CH$_3$).
B. Aus *N*-Benzolsulfonyl-*N*-methallyl-glycin beim Einleiten von Ozon in eine Lösung

in Chloroform (*Cocker*, Soc. **1943** 373, 377).

Krystalle (aus W.); F: 123°.

N-Benzolsulfonyl-DL-alanin-äthylester, N-(*phenylsulfonyl*)-DL-*alanine ethyl ester*
$C_{11}H_{15}NO_4S$, Formel IV (X = NH-CH(CH_3)-CO-OC_2H_5).

Krystalle (aus PAe. + Bzl.); F: 61—62° (*Cocker*, Soc. **1943** 373, 378).

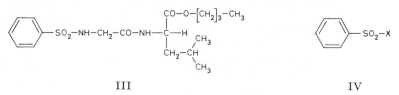

III   IV

N-Benzolsulfonyl-DL-alanin-butylester, N-(*phenylsulfonyl*)-DL-*alanine butyl ester*
$C_{13}H_{19}NO_4S$, Formel IV (X = NH-CH(CH_3)-CO-O-[CH_2]_3-CH_3).

B. Beim Erhitzen von *N*-Benzolsulfonyl-DL-alanin mit Butanol-(1) und geringen Mengen
wss. Salzsäure unter Entfernen des entstehenden Wassers (*Gurin, Clarke*, J. biol. Chem.
107 [1934] 395, 403).

Krystalle; F: 114° [korr.] (*Gurin*, Am. Soc. **58** [1936] 2104). Bei 120—125°/10⁻⁶ Torr
destillierbar (*Gu.*).

N-[N-Benzolsulfonyl-DL-alanyl]-glycin-butylester, N-[N-(*phenylsulfonyl*)-DL-*alanyl*]=
glycine butyl ester $C_{15}H_{22}N_2O_5S$, Formel IV
(X = NH-CH(CH_3)-CO-NH-CH_2-CO-O-[CH_2]_3-CH_3).

B. Beim Behandeln von *N*-DL-Alanyl-glycin mit Benzolsulfonylchlorid und wss.
Kaliumcarbonat-Lösung und Erhitzen des Reaktionsprodukts mit Butanol-(1) unter
Zusatz von geringen Mengen wss. Salzsäure (*Gurin, Clarke*, J. biol. Chem. **107** [1934] 395,
405).

Krystalle (aus Bzn.); F: 76,5° (*Gu., Cl.*). Bei 100—105°/10⁻⁶ destillierbar (*Gurin*, Am.
Soc. **58** [1936] 2104).

Beim Erwärmen mit wss. Ameisensäure und geringen Mengen wss. Salzsäure sind
N-Benzolsulfonyl-DL-alanin und Glycin erhalten worden (*Gu., Cl.*).

N-[N-Benzolsulfonyl-alanyl]-alanin-butylester, N-[N-(*phenylsulfonyl*)*alanyl*]*alanine butyl*
ester $C_{16}H_{24}N_2O_5S$, Formel IV (X = NH-CH(CH_3)-CO-NH-CH(CH_3)-CO-O-[CH_2]_3-CH_3).

Opt.-inakt. N-[N-Benzolsulfonyl-alanyl]-alanin-butylester vom F: 102°.

B. Beim Behandeln von opt.-inakt. *N*-Alanyl-alanin (nicht charakterisiert) mit wss.
Natronlauge und Benzolsulfonylchlorid und Erhitzen des Reaktionsprodukts mit Butan=
ol-(1) und geringen Mengen wss. Salzsäure (*Gurin*, Am. Soc. **58** [1936] 2104).

Krystalle (aus Ae. + PAe.); F: 102°. Bei 115—120°/10⁻⁶ Torr destillierbar.

α-[(N-Benzolsulfonyl-DL-alanyl)-amino]-isobuttersäure, 2-*methyl*-N-[N-(*phenylsulfonyl*)-
DL-*alanyl*]*alanine* $C_{13}H_{18}N_2O_5S$, Formel IV (X = NH-CH(CH_3)-CO-NH-C(CH_3)_2-
COOH).

B. Beim Behandeln von α-DL-Alanylamino-isobuttersäure mit Benzolsulfonylchlorid
und wss. Natronlauge (*Steiger*, Helv. **17** [1934] 573, 581).

Krystalle (aus A.); F: 203—204° [korr.; im vorgeheizten Bad]. In heissem Wasser
löslich.

N-Benzolsulfonyl-N-methyl-DL-alanin, N-*methyl*-N-(*phenylsulfonyl*)-DL-*alanine*
$C_{10}H_{13}NO_4S$, Formel IV (X = N(CH_3)-CH(CH_3)-COOH).

B. Aus *N*-Benzolsulfonyl-DL-alanin und Dimethylsulfat (*Cocker*, Soc. **1937** 1693).

Krystalle (aus Bzl.); F: 96—97°.

Beim Erhitzen mit 60%ig. wss. Schwefelsäure ist *N*-Methyl-DL-alanin erhalten worden.

N-Benzolsulfonyl-N-äthyl-DL-alanin, N-*ethyl*-N-(*phenylsulfonyl*)-DL-*alanine* $C_{11}H_{15}NO_4S$,
Formel IV (X = N(C_2H_5)-CH(CH_3)-COOH).

B. Beim Erwärmen von *N*-Benzolsulfonyl-DL-alanin mit Äthyljodid und wss. Natron=
lauge (*Cocker, Harris*, Soc. **1940** 1290, 1293).

Krystalle (aus W.); F: 145°.

Beim Erhitzen mit 60%ig. wss. Schwefelsäure ist *N*-Äthyl-DL-alanin erhalten worden.

N-Benzolsulfonyl-*N*-propyl-DL-alanin, N-(*phenylsulfonyl*)-N-*propyl*-DL-*alanine*
$C_{12}H_{17}NO_4S$, Formel IV (X = $N(CH_2-CH_2-CH_3)-CH(CH_3)-COOH$).

B. Beim Erwärmen von *N*-Benzolsulfonyl-DL-alanin mit Propyljodid und wss. Natron‑
lauge (*Cocker, Harris*, Soc. **1940** 1290, 1293).

Krystalle (aus W.); F: 117°.

Beim Erhitzen mit 60%ig. wss. Schwefelsäure ist *N*-Propyl-DL-alanin erhalten worden.

N-Benzolsulfonyl-*N*-allyl-DL-alanin, N-*allyl*-N-(*phenylsulfonyl*)-DL-*alanine* $C_{12}H_{15}NO_4S$,
Formel IV (X = $N(CH_2-CH=CH_2)-CH(CH_3)-COOH$).

B. Beim Behandeln von *N*-Benzolsulfonyl-DL-alanin-äthylester mit Allylchlorid und
äthanol. Natriumäthylat und Erwärmen des Reaktionsprodukts mit äthanol. Kalilauge
(*Cocker*, Soc. **1943** 373, 378).

Krystalle (aus Bzl. + PAe.); F: 95°.

Beim Behandeln mit Schwefelsäure ist 4-Benzolsulfonyl-2.5-dimethyl-morpholinon-(6)
erhalten worden.

N-Benzolsulfonyl-*N*-methyl-*β*-alanin, N-*methyl*-N-(*phenylsulfonyl*)-*β*-*alanine* $C_{10}H_{13}NO_4S$,
Formel IV (X = $N(CH_3)-CH_2-CH_2-COOH$) (E II 26).

Krystalle (aus W.); F: 100—101° (*Hosoda*, Z. physiol. Chem. **192** [1930] 264).

N.N-Bis-[2-cyan-äthyl]-benzolsulfonamid, N,N-*bis*(*2-cyanoethyl*)*benzenesulfonamide*
$C_{12}H_{13}N_3O_2S$, Formel IV (X = $N(CH_2-CH_2-CN)_2$).

B. Beim Erwärmen von Benzolsulfonamid mit Acrylnitril in Dioxan unter Zusatz von
Alkalilauge (*Bayer*, Ang. Ch. **61** [1949] 229, 236).

F: 92°.

Beim Behandeln mit Alkalilauge wird 1 Mol Acrylnitril abgespalten.

2-Benzolsulfonylamino-buttersäure, 2-(*benzenesulfonamido*)*butyric acid* $C_{10}H_{13}NO_4S$.

(*S*)-2-Benzolsulfonylamino-buttersäure, Formel V (R = H).

B. Aus (*S*)-2-Amino-buttersäure (*Abderhalden, Bahn*, Z. physiol. Chem. **245** [1937] 246,
254, 255).

F: 136—137°. $[\alpha]_D^{20}$: +4,6° [A.].

(±)-3-Benzolsulfonylamino-buttersäure, (±)-3-(*benzenesulfonamido*)*butyric acid*
$C_{10}H_{13}NO_4S$, Formel IV (X = $NH-CH(CH_3)-CH_2-COOH$).

B. Beim Behandeln von (±)-3-Amino-buttersäure mit Benzolsulfonylchlorid und wss.
Natronlauge (*Abderhalden, Stenger*, Z. physiol. Chem. **251** [1938] 171, 177).

Krystalle (aus W.); F: 120°.

α-Benzolsulfonylamino-isobuttersäure, 2-*methyl*-N-(*phenylsulfonyl*)*alanine* $C_{10}H_{13}NO_4S$,
Formel IV (X = $NH-C(CH_3)_2-COOH$) (E II 26).

Krystalle (aus W.); F: 145—146° [korr.; nach Sintern bei 143°; im vorgeheizten Bad]
(*Steiger*, Helv. **17** [1934] 583, 590). UV-Spektrum (A.): *Magill, Steiger, Allen*,Biochem.
J. **31** [1937] 188, 190, 191; *Allen et al.*, Biochem. J. **31** [1937] 195, 201.

α-Benzolsulfonylamino-isobutyramid, 2-(*benzenesulfonamido*)-2-*methylpropionamide*
$C_{10}H_{14}N_2O_3S$, Formel IV (X = $NH-C(CH_3)_2-CO-NH_2$).

B. Beim Erhitzen von α-Benzolsulfonylamino-isobuttersäure mit Acetanhydrid und
Behandeln des Reaktionsprodukts mit wss.-äthanol. Ammoniak (*Steiger*, Helv. **17**
[1934] 583, 590).

Krystalle (aus A.); F: 202—202,5° [korr.] (*St.*). UV-Spektrum (A.): *Magill, Steiger,
Allen*, Biochem. J. **31** [1937] 188, 191. In heissem Wasser löslich (*St.*).

α-[*α*-Benzolsulfonylamino-isobutyrylamino]-isobuttersäure, 2-*methyl*-N-[2-*methyl*-2-(*phen‑
ylsulfonyl*)*alanyl*]*alanine* $C_{14}H_{20}N_2O_5S$, Formel IV
(X = $NH-C(CH_3)_2-CO-NH-C(CH_3)_2-COOH$).

B. Beim Behandeln von Benzolsulfonylchlorid mit α-[α-Amino-isobutyrylamino]-iso‑
buttersäure und wss. Natronlauge (*Steiger*, Helv. **17** [1934] 573, 582).

Krystalle (aus W.); F: 191—192° [korr.; im vorgeheizten Bad].

N-Benzolsulfonyl-norvalin, N-(*phenylsulfonyl*)*norvaline* $C_{11}H_{15}NO_4S$.

a) *N*-Benzolsulfonyl-L-norvalin, Formel V (R = CH_3).

B. Aus L-Norvalin (*Abderhalden, Bahn*, Z. physiol. Chem. **245** [1937] 246, 254).

F: 144—145°. $[\alpha]_D^{20}$: +14° [A.].

b) **N-Benzolsulfonyl-DL-norvalin**, Formel V (R = CH$_3$) + Spiegelbild.
B. Aus DL-Norvalin und Benzolsulfonylchlorid (*Darapsky*, J. pr. [2] **146** [1936] 250, 256).
Krystalle (aus W.); F: 150—152° [korr.]. In Äthanol und Äther leicht löslich.

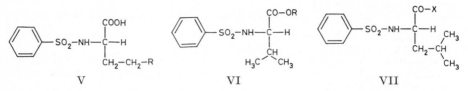

V   VI   VII

N-Benzolsulfonyl-valin, N-(*phenylsulfonyl*)*valine* C$_{11}$H$_{15}$NO$_4$S.
N-Benzolsulfonyl-L-valin, Formel VI (R = H).
B. Aus L-Valin (*Abderhalden, Bahn*, Z. physiol. Chem. **245** [1937] 246, 254). Aus
N-Benzolsulfonyl-L-valin-äthylester beim Erwärmen einer äthanol. Lösung mit wss.
Natronlauge (*Karrer, van der Sluys Veer*, Helv. **15** [1932] 746, 750).
Krystalle; F: 153° [aus wss. A.] (*Ka., v. d. Sl. V.*), 150—151° (*Ab., Bahn*). [α]$_D^{20}$:
+24° [A.] (*Ab., Bahn*); [α]$_D^{20}$: +19,5° [A.; p = 5] (*Ka., v. d. Sl. V.*).

N-Benzolsulfonyl-valin-äthylester, N-(*phenylsulfonyl*)*valine ethyl ester* C$_{13}$H$_{19}$NO$_4$S.
N-Benzolsulfonyl-L-valin-äthylester, Formel VI (R = C$_2$H$_5$).
B. Beim Behandeln von L-Valin-äthylester mit Benzolsulfonylchlorid und Pyridin
(*Karrer, van der Sluys Veer*, Helv. **15** [1932] 746, 748).
Krystalle (aus PAe.); F: 56°. [α]$_D^{20}$: −1,04° [A.; p = 6].

N-Benzolsulfonyl-norleucin, N-(*phenylsulfonyl*)*norleucine* C$_{12}$H$_{17}$NO$_4$S.
a) **N-Benzolsulfonyl-L-norleucin**, Formel V (R = CH$_2$-CH$_3$).
B. Aus L-Norleucin (*Abderhalden, Heyns*, Z. physiol. Chem. **214** [1933] 262, 266).
F: 113°.
b) **N-Benzolsulfonyl-DL-norleucin**, Formel V (R = CH$_2$-CH$_3$) + Spiegelbild (H 46).
F: 115° (*Abderhalden*, Z. physiol. Chem. **251** [1938] 164, 166; s. dagegen H 46).

N-Benzolsulfonyl-leucin, N-(*phenylsulfonyl*)*leucine* C$_{12}$H$_{17}$NO$_4$S.
a) **N-Benzolsulfonyl-L-leucin**, Formel VII (X =OH).
B. Aus N-Benzolsulfonyl-L-leucin-methylester mit Hilfe von wss. Natronlauge (*Karrer, Kehl*, Helv. **13** [1930] 50, 57).
Krystalle (aus wss. A.); F: 119°. [α]$_D^{20}$: −4,4° [A.; p = 7].
b) **N-Benzolsulfonyl-DL-leucin**, Formel VII (X = OH) + Spiegelbild (H 46).
Krystalle; F: 143° [unkorr.; aus Bzl. + PAe.] (*Darapsky*, J. pr. [2] **146** [1936] 250, 262),
116—117° [korr.] (*Wiley, Smith, Johansen*, Am. Soc. **74** [1952] 6298).

N-Benzolsulfonyl-leucin-methylester, N-(*phenylsulfonyl*)*leucine methyl ester* C$_{13}$H$_{19}$NO$_4$S.
N-Benzolsulfonyl-L-leucin-methylester, Formel VII (X = OCH$_3$).
B. Beim Behandeln von L-Leucin-methylester mit Benzolsulfonylchlorid und Pyridin
(*Karrer, Kehl*, Helv. **13** [1930] 50, 54).
Krystalle; F: 64°. [α]$_D^{20}$: −20,8° [A.; p = 1,3].

N-Benzolsulfonyl-leucin-butylester, N-(*phenylsulfonyl*)*leucine butyl ester* C$_{16}$H$_{25}$NO$_4$S.
N-Benzolsulfonyl-L-leucin-butylester, Formel VII (X = O-[CH$_2$]$_3$-CH$_3$).
B. Beim Erhitzen von *N*-Benzolsulfonyl-L-leucin mit Butanol-(1) und geringen Mengen
wss. Salzsäure unter Entfernen des entstehenden Wassers (*Gurin, Clarke*, J. biol. Chem.
107 [1934] 395, 403).
Krystalle [aus PAe.] (*Gu., Cl.*). F: 51° (*Gurin*, Am. Soc. **58** [1936] 2104). Bei 68—73°/
10^{-6} Torr destillierbar (*Gu.*). [α]$_D^{25}$: −15,9° [A.; c = 1] (*Gu.*); [α]$_D^{21}$: −16,1° [A.; c = 3]
(*Gu., Cl.*).

N-[N-(N-Benzolsulfonyl-DL-leucyl)-glycycl]-glycin-äthylester, N-{N-[N-(*phenylsulfonyl*)-
DL-leucyl]*glycyl*}*glycine ethyl ester* C$_{18}$H$_{27}$N$_3$O$_6$S, Formel VII
(X = NH-CH$_2$-CO-NH-CH$_2$-CO-OC$_2$H$_5$) + Spiegelbild.
B. Beim Behandeln von *N*-[*N*-DL-Leucyl-glycyl]-glycin mit Benzolsulfonylchlorid und

wss. Natronlauge und Erwärmen des Reaktionsprodukts mit Chlorwasserstoff enthaltendem Äthanol (*Gurin*, Am. Soc. **58** [1936] 2104).

Krystalle (aus A.); F: 171°. Bei 190—195°/10⁻⁶ Torr destillierbar.

2-Benzolsulfonylamino-3-methyl-valeriansäure $C_{12}H_{17}NO_4S$.

a) **D-*erythro*-2-Benzolsulfonylamino-3-methyl-valeriansäure**, **N-Benzolsulfonyl-
D-isoleucin**, N-(*phenylsulfonyl*)-D-*isoleucine* $C_{12}H_{17}NO_4S$, Formel VIII.

B. Beim Behandeln von D-Isoleucin mit Benzolsulfonylchlorid und wss. Natronlauge
(*Abderhalden, Zeisset*, Z. physiol. Chem. **195** [1931] 121, 128).

Krystalle (aus Bzl.); F: 153—154° [nach Sintern bei 149—150°]. $[\alpha]_D^{20}$: —25,5° [A.;
c = 5]; $[\alpha]_D^{20}$: +14,3° [wss. Natronlauge (0,3 n); c = 7].

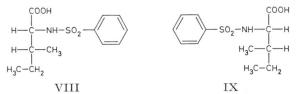

VIII   IX

b) **L-*erythro*-2-Benzolsulfonylamino-3-methyl-valeriansäure**, **N-Benzolsulfonyl-L-iso-
leucin**, N-(*phenylsulfonyl*)-L-*isoleucine* $C_{12}H_{17}NO_4S$, Formel IX.

B. Beim Behandeln von L-Isoleucin mit Benzolsulfonylchlorid und wss. Natronlauge
(*Abderhalden, Zeisset*, Z. physiol. Chem. **195** [1931] 121, 127).

Krystalle (aus Bzl.); F: 153° [nach Sintern bei 149—151°] (*Ab., Zei.*), 149—150°
(*Abderhalden, Bahn*, Z. physiol. Chem. **245** [1937] 246, 254). $[\alpha]_D^{20}$: +25,3° [A.; c = 5];
$[\alpha]_D^{20}$: —14,4° [wss. Natronlauge (0,3 n); c = 7] (*Ab., Zei.*).

c) **Ds-*threo*-2-Benzolsulfonylamino-3-methyl-valeriansäure**, **N-Benzolsulfonyl-D-allo-
isoleucin**, N-(*phenylsulfonyl*)-D-*alloisoleucine* $C_{12}H_{17}NO_4S$, Formel X.

B. Beim Behandeln von D-Alloisoleucin mit Benzolsulfonylchlorid und wss. Natronlauge
(*Abderhalden, Zeisset*, Z. physiol. Chem. **195** [1931] 121, 127).

Krystalle (aus Bzl.); F: 147—148° [nach Sintern bei 144°]. $[\alpha]_D^{20}$: —30,7° [A.; c = 5];
$[\alpha]_D$: ca. + 3,1° [wss. Natronlauge (0,3 n); c = 7].

d) **Ls-*threo*-2-Benzolsulfonylamino-3-methyl-valeriansäure**, **N-Benzolsulfonyl-L-allo-
isoleucin**, N-(*phenylsulfonyl*)-L-*alloisoleucine* $C_{12}H_{17}NO_4S$, Formel XI.

B. Beim Behandeln von L-Alloisoleucin mit Benzolsulfonylchlorid und wss. Natronlauge (*Abderhalden, Zeisset*, Z. physiol. Chem. **195** [1931] 121, 128).

Krystalle (aus Bzl.); F: 148° [nach Sintern bei 146°]. $[\alpha]_D^{20}$: +30,7° [A.; c = 5];
$[\alpha]_D$: ca. —2,5° [wss. Natronlauge (0,3 n); c = 7].

(±)-6-Benzolsulfonylamino-heptansäure-(1), (±)-*6-(benzenesulfonamido)heptanoic acid*
$C_{13}H_{19}NO_4S$, Formel XII (X = NH-CH(CH₃)-[CH₂]₄-COOH).

B. Beim Behandeln von (±)-6-Amino-heptansäure-(1) mit Benzolsulfonylchlorid und
wss. Natronlauge (*Müller, Krauss*, M. **61** [1932] 206, 210).

Krystalle (aus W.); F: 100°.

9-Benzolsulfonylamino-nonansäure-(1), *9-(benzenesulfonamido)nonanoic acid*
$C_{15}H_{23}NO_4S$, Formel XII (X = NH-[CH₂]₈-COOH).

B. Beim Behandeln von 9-Amino-nonansäure-(1) mit Benzolsulfonylchlorid und wss.
Natronlauge (*Flaschenträger, Gebhardt*, Z. physiol. Chem. **192** [1930] 249, 252).

Krystalle (aus wss. A.); F: 85° (*Fl., Ge.*; *Flaschenträger, Halle*, Z. physiol. Chem. **192**
[1930] 253, 257). Doppelbrechend (*Fl., Ge.*).

11-[Benzolsulfonyl-methyl-amino]-undecansäure-(1), *11-(N-methylbenzenesulfonamido)-
undecanoic acid* $C_{18}H_{29}NO_4S$, Formel XII (X = N(CH₃)-[CH₂]₁₀-COOH).

B. Beim Behandeln von 11-Methylamino-undecansäure-(1) mit Benzolsulfonylchlorid
und wss. Natronlauge (*Flaschenträger, Halle, Hosoda*, Z. physiol. Chem. **192** [1930] 245,
248).

Krystalle (aus Ae. + PAe.); F: 47—48° (*Fl., Ha., Ho.*).

Nach subcutaner Verabreichung an einen Hund ist aus dessen Harn N-Benzolsulfonyl-
N-methyl-β-alanin isoliert worden (*Hosoda*, Z. physiol. Chem. **192** [1930] 264).

(±)-2-[Benzolsulfonyl-methyl-amino]-dodecansäure-(1), (±)-*2-(N-methylbenzenesulfon=amido)dodecanoic acid* $C_{19}H_{31}NO_4S$, Formel XII (X = N(CH₃)-CH(COOH)-[CH₂]₉-CH₃).

B. Beim Behandeln von (±)-2-Methylamino-dodecansäure-(1) mit Benzolsulfonyl=chlorid und wss. Alkalilauge (*Flaschenträger et al.*, Z. physiol. Chem. **225** [1934] 157, 163).
Krystalle (aus PAe.); F: 52,3°.

Nach subcutaner Verabreichung an einen Hund ist aus dessen Harn 2-[Benzolsulfonyl-methyl-amino]-adipinsäure isoliert worden.

Calcium-Salz Ca(C₁₉H₃₀NO₄S)₂. Krystalle (aus A.). In Äthylacetat leicht löslich, in Wasser fast unlöslich.

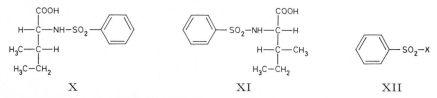

X   XI   XII

13-Benzolsulfonylamino-tridecansäure-(1), *13-(benzenesulfonamido)tridecanoic acid* $C_{19}H_{31}NO_4S$, Formel XII (X = NH-[CH₂]₁₂-COOH).

B. Beim Behandeln von 13-Amino-tridecansäure-(1) mit Benzolsulfonylchlorid und wss. Natronlauge (*Müller, Krauss*, B. **65** [1932] 1354, 1358).
Krystalle (aus wss. A.); F: 102,2° [korr.].

17-Benzolsulfonylamino-heptadecansäure-(1)-äthylester, *17-(benzenesulfonamido)=heptadecanoic acid ethyl ester* $C_{25}H_{43}NO_4S$, Formel XII (X = NH-[CH₂]₁₆-CO-OC₂H₅).

B. Beim Behandeln von 17-Amino-heptadecansäure-(1)-äthylester mit Benzolsulfonyl=chlorid und wss. Natronlauge (*Coffman et al.*, J. Polymer Sci. **3** [1948] 85, 94).
Krystalle (aus wss. A.); F: 67—69°.

22-Benzolsulfonylamino-docosansäure-(1), *22-(benzenesulfonamido)docosanoic acid* $C_{28}H_{49}NO_4S$, Formel XII (X = NH-[CH₂]₂₁-COOH).

B. Beim Erhitzen von 22-Amino-docosansäure-(1)-hydrochlorid mit Benzolsulfonyl=chlorid auf 130° (*Flaschenträger, Blechman, Halle*, Z. physiol. Chem. **192** [1930] 257, 262).
Krystalle (aus A.); F: 114,5° [korr.].

Benzolsulfonyl-[2-(2-oxo-1-acetyl-propylmercapto)-benzoyl]-amin, 2-[2-Oxo-1-acetyl-propylmercapto]-*N*-benzolsulfonyl-benzamid, *o-(1-acetylacetonylthio)-N-(phenylsulfonyl)=benzamide* $C_{18}H_{17}NO_5S_2$, Formel I.

B. Beim Erhitzen von 2-Benzolsulfonyl-3-oxo-2.3-dihydro-benz[*d*]isothiazol mit Acetyl=aceton in Äthanol oder Pyridin (*Barton, McClelland*, Soc. **1947** 1574, 1576).
Krystalle; F: 163° [Zers.]. In Benzol, warmem Methanol und Äthanol löslich, in Äther und Wasser fast unlöslich.

Beim Erhitzen mit Natronlauge oder Pyridin sowie beim Erwärmen mit Schwefelsäure sind 3-Hydroxy-2-acetyl-benzo[*b*]thiophen und Benzolsulfonamid erhalten worden.

Beim Behandeln mit Eisen(III)-chlorid-Lösung tritt eine rote Färbung auf.

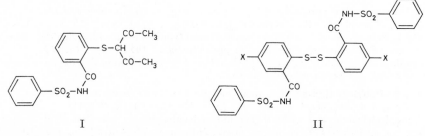

I   II

Bis-[2-benzolsulfonylcarbamoyl-phenyl]-disulfid, *N.N′*-Dibenzolsulfonyl-2.2′-dithio-bis-benzamid, N,N′-*bis(phenylsulfonyl)-o,o′-dithiobisbenzamide* $C_{26}H_{20}N_2O_6S_4$, Formel II (X = H).

B. Aus 2-Benzolsulfonyl-3-oxo-2.3-dihydro-benz[*d*]isothiazol beim Erhitzen mit Pyr=

idin (*Barton, McClelland*, Soc. **1947** 1574, 1578), beim Erhitzen mit wss. Natronlauge, beim Einleiten von Schwefelwasserstoff in eine warme äthanol. Lösung oder beim Erhitzen mit Zink, wss. Salzsäure und Essigsäure und anschliessenden Behandeln mit Eisen(III)-chlorid (*Bartlett, Hart, McClelland*, Soc. **1939** 760, 762).

Krystalle (aus Eg.); F: 225—227° (*Bartl., Hart, McC.*).

Beim Erwärmen mit Acetylaceton in Äthanol ist 2-[2-Oxo-1-acetyl-propylmercapto]-*N*-benzolsulfonyl-benzamid, beim Erhitzen mit Acetylaceton in Pyridin sind hingegen 3-Hydroxy-2-acetyl-benzo[*b*]thiophen und Benzolsulfonamid erhalten worden (*Barton, McC.*).

Bis-[4-chlor-2-benzolsulfonylcarbamoyl-phenyl]-disulfid, 5.5′-Dichlor-*N*.*N*′-dibenzol⸗sulfonyl-2.2′-dithio-bis-benzamid, 5,5′-*dichloro*-N,N′-*bis*(*phenylsulfonyl*)-2,2′-*dithiobis*⸗*benzamide* $C_{26}H_{18}Cl_2N_2O_6S_4$, Formel II (X = Cl).

B. Aus 5-Chlor-2-benzolsulfonyl-3-oxo-2.3-dihydro-benz[*d*]isothiazol beim Einleiten von Schwefelwasserstoff in eine warme äthanol. Lösung, bei kurzem Erwärmen mit wss. Jodwasserstoffsäure und Essigsäure oder beim Erhitzen mit wss. Natronlauge (*Bartlett, Hart, McClelland*, Soc. **1939** 760, 762).

Krystalle (aus Eg.); F: 225°.

Benzolsulfonyl-[4-methylsulfon-benzoyl]-amin, 4-Methylsulfon-*N*-benzolsulfonyl-benzamid, p-(*methylsulfonyl*)-N-(*phenylsulfonyl*)*benzamide* $C_{14}H_{13}NO_5S_2$, Formel III (R = CH₃).

B. Neben grösseren Mengen 4-Methylsulfon-benzonitril beim Erhitzen von 4-Methyl⸗sulfon-benzoesäure mit Benzolsulfonamid (2 Mol) und wenig Benzolsulfonsäure auf 225° (*Oxley et al.*, Soc. **1946** 763, 768). Beim Erhitzen von 4-Methylsulfon-benzoylchlorid mit Benzolsulfonamid auf 145° (*Ox. et al.*).

Krystalle (aus A.); F: 214,6—215°.

Beim Erhitzen auf 230° bildet sich 4-Methylsulfon-benzonitril.

Benzolsulfonyl-[4-äthylsulfon-benzoyl]-amin, 4-Äthylsulfon-*N*-benzolsulfonyl-benzamid, p-(*ethylsulfonyl*)-N-(*phenylsulfonyl*)*benzamide* $C_{15}H_{15}NO_5S_2$, Formel III (R = C₂H₅).

B. Neben grösseren Mengen 4-Äthylsulfon-benzonitril beim Erhitzen von 4-Äthyl⸗sulfon-benzoesäure mit Benzolsulfonamid (2 Mol) auf 225° (*Oxley et al.*, Soc. **1946** 763, 768).

Krystalle (aus W.); F: 189°.

N-Benzolsulfonyl-DL-serin, N-(*phenylsulfonyl*)-DL-*serine* $C_9H_{11}NO_5S$, Formel IV (R = H, X = OH) + Spiegelbild.

B. Aus DL-Serin und Benzolsulfonylchlorid (*Abderhalden, Bahn*, Z. physiol. Chem. **210** [1932] 246, 256; *Gurin, Clarke*, J. biol. Chem. **107** [1934] 395, 402).

Krystalle; F: 208—209° (*Ab., Bahn*), 208° [Zers.] (*Gu., Cl.*). In kaltem Wasser schwer löslich (*Ab., Bahn*).

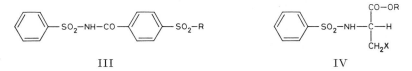

III   IV

N-Benzolsulfonyl-DL-serin-butylester, N-(*phenylsulfonyl*)-DL-*serine butyl ester* $C_{13}H_{19}NO_5S$, Formel IV (R = [CH₂]₃-CH₃, X = OH) + Spiegelbild.

B. Beim Erhitzen von *N*-Benzolsulfonyl-DL-serin mit Butanol-(1) und geringen Mengen wss. Salzsäure unter Entfernen des entstehenden Wassers (*Gurin*, Am. Soc. **58** [1936] 2104, 2106).

Krystalle (aus Ae. + PAe.); F: 55°. Bei 70—75°/10⁻⁶ Torr destillierbar.

N-Benzolsulfonyl-cystein, N-(*phenylsulfonyl*)*cysteine* $C_9H_{11}NO_4S_2$.

N-Benzolsulfonyl-L-cystein, Formel IV (R = H, X = SH).

B. Aus *N*.*N*′-Dibenzolsulfonyl-L-cystin beim Behandeln mit Zink und wss. Natron⸗lauge (*Fruton, Clarke*, J. biol. Chem. **106** [1934] 667, 689).

Krystalle; F: 136—138°. Redoxpotential des Systems mit *N*.*N*′-Dibenzolsulfonyl-L-cystin: *Fr., Cl.*, l. c. S. 682.

N-Benzolsulfonyl-*S*-benzyl-cystein, S-*benzyl*-N-*(phenylsulfonyl)cysteine* $C_{16}H_{17}NO_4S_2$.

    ***N*-Benzolsulfonyl-*S*-benzyl-L-cystein,** Formel IV (R = H, X = S-CH₂-C₆H₅).

    B. Beim Behandeln von *S*-Benzyl-L-cystein mit Benzolsulfonylchlorid und wss. Natron=
lauge (*Bloch, Clarke,* J. biol. Chem. **125** [1938] 275, 281).

    Krystalle (aus wss. A.); F: 137°.

N.N'-Dibenzolsulfonyl-cystin, N,N'-*bis(phenylsulfonyl)cystine* $C_{18}H_{20}N_2O_8S_4$.

    ***N.N'*-Dibenzolsulfonyl-L-cystin,** Formel V (R = H, X = OH).

    B. Beim Behandeln von L-Cystin mit Benzolsulfonylchlorid und wss. Natronlauge
(*Fruton, Clarke,* J. biol. Chem. **106** [1934] 667, 687).

    Krystalle (aus Acn. + 1.2-Dichlor-äthan); F: 213—214°. $[\alpha]_{546}^{24}$: +88,2° [wss. Natron=
lauge (1n); c = 0,4].

N.N'-Dibenzolsulfonyl-cystin-diäthylester, N,N'-*bis(phenylsulfonyl)cystine diethyl ester*
$C_{22}H_{28}N_2O_8S_4$.

    ***N.N'*-Dibenzolsulfonyl-L-cystin-diäthylester,** Formel V (R = H, X = OC₂H₅).

    B. Aus *N.N'*-Dibenzolsulfonyl-L-cystin beim Erwärmen mit Chlorwasserstoff ent-
haltendem Äthanol (*Gurin,* Am. Soc. **58** [1936] 2104, 2106).

    Krystalle (aus E.); F: 121°.

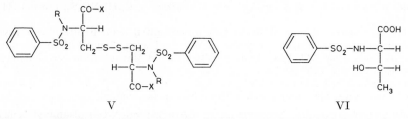

                          V   VI

N.N'-Dibenzolsulfonyl-*N.N'*-dimethyl-cystin, N,N'-*dimethyl*-N,N'-*bis(phenylsulfonyl)*=
cystine $C_{20}H_{24}N_2O_8S_4$.

    ***N.N'*-Dibenzolsulfonyl-*N.N'*-dimethyl-L-cystin,** Formel V (R = CH₃, X = OH).

    B. Aus *N.N'*-Dibenzolsulfonyl-L-cystin beim Behandeln mit Dimethylsulfat und wss.
Natronlauge (*Fruton, Clarke,* J. biol. Chem. **106** [1934] 667, 687).

    Öl; nicht näher beschrieben.

2-Benzolsulfonylamino-3-hydroxy-buttersäure $C_{10}H_{13}NO_5S$.

    (±)-*erythro*-2-Benzolsulfonylamino-3-hydroxy-buttersäure, *N*-Benzolsulfonyl-
DL-allothreonin, N-*(phenylsulfonyl)*-DL-*allothreonine* $C_{10}H_{13}NO_5S$, Formel VI + Spiegelbild.

    B. Beim Behandeln von DL-Allothreonin mit Benzolsulfonylchlorid und wss. Natron=
lauge (*Abderhalden, Stenger,* Z. physiol. Chem. **251** [1938] 171, 177).

    Krystalle (aus W.); F: 162°.

N-Benzolsulfonyl-DL-methionin, N-*(phenylsulfonyl)*-DL-*methionine* $C_{11}H_{15}NO_4S_2$, Formel
VII (R = CH(COOH)-CH₂-CH₂-S-CH₃).

    B. Beim Behandeln von DL-Methionin mit Benzolsulfonylchlorid und wss. Natronlauge
(*Gurin, Clarke,* J. biol. Chem. **107** [1934] 395, 402).

    Krystalle (aus W.); F: 104°.

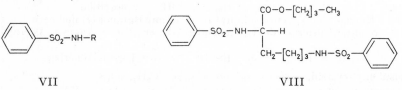

                VII   VIII

(±)-2-Benzolsulfonylamino-4-äthylmercapto-buttersäure, *N*-Benzolsulfonyl-
S-äthyl-DL-homocystein, (±)-2-*(benzenesulfonamido)*-4-*(ethylthio)butyric acid*
$C_{12}H_{17}NO_4S_2$, Formel VII (R = CH(COOH)-CH₂-CH₂-S-C₂H₅).

    B. Aus (±)-2-Amino-4-äthylmercapto-buttersäure und Benzolsulfonylchlorid (*Dyer,*

J. biol. Chem. **124** [1938] 519, 520).
Krystalle (aus Ae. + PAe.); F: 80°.

N-Benzolsulfonyl-DL-methionin-äthylester, N-(*phenylsulfonyl*)-DL-*methionine ethyl ester*
$C_{13}H_{19}NO_4S_2$, Formel VII (R = CH(CO-OC$_2$H$_5$)-CH$_2$-CH$_2$-S-CH$_3$).
B. Aus N-Benzolsulfonyl-DL-methionin beim Behandeln mit Chlorwasserstoff enthaltendem Äthanol (*Gurin*, Am. Soc. **58** [1936] 2104, 2106).
Krystalle (aus Ae. und PAe.); F: 45°. Bei 75—80°/10⁻⁶ Torr destillierbar.

(±)-2-Benzolsulfonylamino-6-methylmercapto-hexansäure-(1), (±)-*2-(benzenesulfon=*
amido)-6-(methylthio)hexanoic acid $C_{13}H_{19}NO_4S_2$, Formel VII
(R = CH(COOH)-[CH$_2$]$_4$-S-CH$_3$).
B. Beim Behandeln von (±)-2-Amino-6-methylmercapto-hexansäure-(1) mit Benzol=
sulfonylchlorid und wss. Natronlauge (*Jones, du Vigneaud,* J. biol. Chem. **120** [1937]
11, 18).
Krystalle (aus W.); F: 86—87°.

N^α.N^ε-Dibenzolsulfonyl-lysin-butylester, N^2,N^6-*bis(phenylsulfonyl)lysine butyl ester*
$C_{22}H_{30}N_2O_6S_2$.
    N^α.N^ε-Dibenzolsulfonyl-L-lysin-butylester, Formel VIII.
B. Aus N^α.N^ε-Dibenzolsulfonyl-L-lysin beim Erhitzen mit Butanol-(1) unter Zusatz
von wss. Salzsäure (*Gurin,* Am. Soc. **58** [1936] 2104).
F: 62°. Bei 155—160°/10⁻⁶ Torr destillierbar.

Benzolsulfonylamino-malonsäure-diäthylester, (*benzenesulfonamido)malonic acid diethyl*
ester $C_{13}H_{17}NO_6S$, Formel VII (R = CH(CO-OC$_2$H$_5$)$_2$).
B. In geringer Menge neben Benzolsulfonamid beim Erhitzen von Benzolsulfonylazid
mit Malonsäure-diäthylester auf 140° (*Curtius, Rissom,* J. pr. [2] **125** [1930] 311, 322).
Krystalle (aus wss. A.); F: 69—70°.

N-Benzolsulfonyl-DL-asparaginsäure, N-(*phenylsulfonyl)-DL-aspartic acid* $C_{10}H_{11}NO_6S$,
Formel IX (X = OH) + Spiegelbild (H 47).
B. Aus DL-Asparaginsäure (*Cocker,* Soc. **1940** 1489, 1491).
Krystalle (aus W.); F: 181—182°.

2-Benzolsulfonylamino-bernsteinsäure-4-amid, N^2-**Benzolsulfonyl-asparagin,** N^2-(*phenyl=*
sulfonyl)asparagine $C_{10}H_{12}N_2O_5S$.
    a) **N^2-Benzolsulfonyl-D-asparagin,** Formel IX (X = NH$_2$).
B. Beim Behandeln von D-Asparagin in alkal. wss. Lösung mit Benzolsulfonylchlorid
in Äther (*Berlingozzi, Carobbi,* G. **60** [1930] 573, 579).
Monoklin-sphenoidische Krystalle (aus W.); F: 163°. D^{15}: 1,434.
    b) **N^2-Benzolsulfonyl-L-asparagin,** Formel X (R = H, X = NH$_2$).
B. Beim Behandeln von L-Asparagin in alkal. wss. Lösung mit Benzolsulfonylchlorid
in Äther (*Berlingozzi, Carobbi,* G. **60** [1930] 573, 579).
Monoklin-sphenoidische Krystalle (aus W.); F: 163°. D^{15}: 1,434.
    c) **N^2-Benzolsulfonyl-DL-asparagin,** Formel IX (X = NH$_2$) + Spiegelbild.
Herstellung aus den Enantiomeren: *Berlingozzi, Carobbi,* G. **60** [1930] 573, 579.
Krystalle (aus W.); F: 174—175° (*Cocker,* Soc. **1940** 1489), 172° (*Be., Ca.*). D^{15}: 1,559
(*Be., Ca.*).

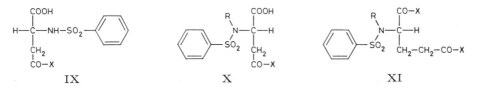

        IX   X   XI

N-Benzolsulfonyl-N-methyl-asparaginsäure, N-*methyl*-N-(*phenylsulfonyl)aspartic acid*
$C_{11}H_{13}NO_6S$.
    N-Benzolsulfonyl-N-methyl-L-asparaginsäure, Formel X (R = CH$_3$, X = OH).
B. Aus N-Benzolsulfonyl-L-asparaginsäure beim Behandeln mit Dimethylsulfat und

wss. Alkalilauge (*Flaschenträger et al.*, Z. physiol. Chem. **250** [1937] 189).

F: 171—173°. In Äthanol, Aceton und Äthylacetat leicht löslich, in Äther löslich, in Benzol und Petroläther schwer löslich.

***N*-Benzolsulfonyl-glutaminsäure**, N-(*phenylsulfonyl*)*glutamic acid* $C_{11}H_{13}NO_6S$.

N-Benzolsulfonyl-L-glutaminsäure, Formel XI (R = H, X = OH).

B. Aus L-Glutaminsäure (*Flaschenträger et al.*, Z. physiol. Chem. **250** [1937] 189).

F: 129—132°. $[\alpha]_D^{22}$: —1,12° [W.; c = 0,5].

Natrium-Salz $NaC_{11}H_{12}NO_6S$. In Wasser schwer löslich.

***N*-Benzolsulfonyl-glutaminsäure-dibutylester**, N-(*phenylsulfonyl*)*glutamic acid dibutyl ester* $C_{19}H_{29}NO_6S$.

N-Benzolsulfonyl-L-glutaminsäure-dibutylester, Formel XI (R = H, X = O-[CH$_2$]$_3$-CH$_3$).

B. Aus *N*-Benzolsulfonyl-L-glutaminsäure beim Erhitzen mit Chlorwasserstoff enthaltendem Butanol-(1) unter Entfernen des entstehenden Wassers (*Gurin, Clarke*, J. biol. Chem. **107** [1934] 395, 403; *Gurin*, Am. Soc. **58** [1936] 2104).

Krystalle (aus Bzn.); F: 58—59° (*Gu., Cl.; Gu.*). Bei 80—85°/10⁻⁶ Torr destillierbar (*Gu.*).

***N*-Benzolsulfonyl-*N*-methyl-glutaminsäure**, N-*methyl*-N-(*phenylsulfonyl*)*glutamic acid* $C_{12}H_{15}NO_6S$.

N-Benzolsulfonyl-N-methyl-L-glutaminsäure, Formel XI (R = CH$_3$, X = OH).

B. Beim Behandeln von *N*-Benzolsulfonyl-L-glutaminsäure mit Dimethylsulfat und Behandeln des Reaktionsprodukts mit äthanol. Kalilauge (*Flaschenträger et al.*, Z. physiol. Chem. **250** [1937] 189).

Krystalle (aus W. oder CHCl$_3$); F: 138—139°. $[\alpha]_D^{23}$: —28,8° [A.; c = 5]. In Äthanol und Äther leicht löslich.

***N*.*N*′-Bis-[*N*-benzolsulfonyl-γ-glutamyl]-cystin-bis-[carboxymethyl-amid]**, N²,N²′-*bis=* (*phenylsulfonyl*)-N⁵,N⁵′-{*dithiobis[1-(carboxymethylcarbamoyl)ethylene]*}*diglutamine* $C_{32}H_{40}N_6O_{16}S_4$.

N.N′-Bis-[N-benzolsulfonyl-γ-L-glutamyl]-L-cystin-bis-[carboxymethyl-amid], **Dibenzolsulfonyl-S.S-glutathion**, Formel XII.

B. Aus *S*.*S*-Glutathion ([*N*.*N*′-Di-γ-L-glutamyl-L-cystin]-bis-[carboxymethyl-amid]) beim Behandeln mit wss. Kaliumcarbonat-Lösung und mit Benzolsulfonylchlorid (*Gurin, Clarke*, J. biol. Chem. **107** [1934] 395, 408).

Amorph; F: 123°.

Bei 6-tägigem Erwärmen mit wss. Ameisensäure und wss. Salzsäure ist *N*-Benzol= sulfonyl-L-glutaminsäure erhalten worden.

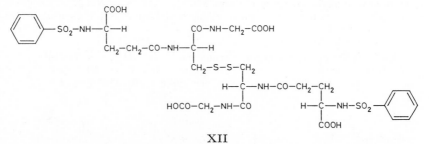

XII

2-Benzolsulfonylamino-2-methyl-bernsteinsäure, *N*-Benzolsulfonyl-homo= asparaginsäure, 2-(*benzenesulfonamido*)-2-*methylsuccinic acid* $C_{11}H_{13}NO_6S$.

a) **(+)-2-Benzolsulfonylamino-2-methyl-bernsteinsäure**, Formel I (X = OH) oder Spiegelbild.

Herstellung aus dem Racemat (S. 75) mit Hilfe von Brucin: *Berlingozzi, Naldi*, R.A.L. [6] **23** [1936] 874, 877.

Krystalle (aus W.) mit 2 Mol H$_2$O; F: 190—191° [Zers.]. $[\alpha]_D^{20}$: +9,7° [wss. Natron= lauge; c = 5].

Brucin-Salz. Krystalle (aus W.); F: ca. 130° [Zers.]. In Wasser schwerer löslich als das Brucin-Salz des Enantiomeren.

b) **(–)-2-Benzolsulfonylamino-2-methyl-bernsteinsäure**, Formel I (X = OH) oder Spiegelbild.

Herstellung aus dem Racemat (s. u.) mit Hilfe von Brucin: *Berlingozzi, Naldi,* R.A.L. [6] **23** [1936] 874, 877.

Krystalle (aus W.) mit 2 Mol H_2O; F: 190—191° [Zers.]. $[\alpha]_D^{20}$: —9,7° [wss. Natron=lauge; c = 5].

Brucin-Salz. Krystalle (aus W.); F: ca. 125° [Zers.].

c) **(±)-2-Benzolsulfonylamino-2-methyl-bernsteinsäure**, Formel I (X = OH) + Spiegelbild.

B. Beim Behandeln von (±)-2-Amino-2-methyl-bernsteinsäure mit Benzolsulfonyl=chlorid und wss. Natronlauge (*Berlingozzi, Naldi,* R.A.L. [6] **23** [1936] 874, 876).

Krystalle (aus W.) mit 1 Mol H_2O; F: 195—197° [Zers.].

2-Benzolsulfonylamino-2-methyl-bernsteinsäure-4-amid, 2-Benzolsulfonylamino-2-methyl-succinamidsäure, *2-(benzenesulfonamido)-2-methylsuccinamic acid* $C_{11}H_{14}N_2O_5S$.

a) **(+)-2-Benzolsulfonylamino-2-methyl-bernsteinsäure-4-amid**, Formel I (X = NH_2) oder Spiegelbild.

Herstellung aus dem Racemat (s. u.) mit Hilfe von Brucin: *Berlingozzi, de Cecco,* Atti V. Congr. naz. Chim. pura appl. Sardinien **1935** 307, 309.

Krystalle; F: 173°. $[\alpha]_D^{20}$: +10,4° [Natrium-Salz in W.].

Brucin-Salz. Krystalle; F: ca. 158° [Zers.]. In wss. Äthanol schwerer.löslich als das Brucin-Salz des Enantiomeren.

b) **(–)-2-Benzolsulfonylamino-2-methyl-bernsteinsäure-4-amid**, Formel I (X = NH_2) oder Spiegelbild.

Herstellung aus dem Racemat (s. u.) mit Hilfe von Brucin: *Berlingozzi, de Cecco,* Atti V. Congr. naz. Chim. pura appl. Sardinien **1935** 307, 309.

Krystalle; F: 173°. $[\alpha]_D^{20}$: —9,72° [Natrium-Salz in W.].

Brucin-Salz. F: ca. 160° [Zers.].

c) **(±)-2-Benzolsulfonylamino-2-methyl-bernsteinsäure-4-amid**, Formel I (X = NH_2) + Spiegelbild.

B. Aus (±)-2-Amino-2-methyl-bernsteinsäure-4-amid und Benzolsulfonylchlorid (*Berlingozzi, de Cecco,* Atti V. Congr. naz. Chim. pura appl. Sardinien **1935** 307, 308).

Krystalle (aus W.); F: 174°. In Äthanol schwer löslich, in Äther fast unlöslich.

(±)-2-Benzolsulfonylamino-adipinsäure, *(±)-2-(benzenesulfonamido)adipic acid* $C_{12}H_{15}NO_6S$, Formel II (X = NH-CH(COOH)-[CH_2]$_3$-COOH).

B. Beim Behandeln von (±)-2-Amino-adipinsäure mit Benzolsulfonylchlorid und wss. Kalilauge (*Flaschenträger et al.,* Z. physiol. Chem. **225** [1934] 157, 165).

Krystalle (aus W.); F: 152—154°. In Äthanol und Aceton leicht löslich, in Äther, Benzol und Äthylacetat schwer löslich.

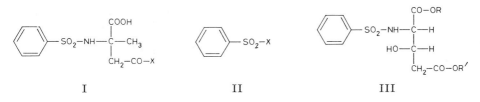

<table>
<tr><td>I</td><td>II</td><td>III</td></tr>
</table>

(±)-2-[Benzolsulfonyl-methyl-amino]-adipinsäure, *(±)-2-(N-methylbenzenesulfonamido)=adipic acid* $C_{13}H_{17}NO_6S$, Formel II (X = N(CH_3)-CH(COOH)-[CH_2]$_3$-COOH).

B. Aus (±)-2-Benzolsulfonylamino-adipinsäure beim Behandeln mit Dimethylsulfat und wss. Natronlauge (*Flaschenträger et al.,* Z. physiol. Chem. **225** [1934] 157, 165). Beim Erhitzen von (±)-2-Brom-adipinsäure-diäthylester mit dem Natrium-Salz des *N*-Methyl-benzolsulfonamids auf 120° und Erwärmen des Reaktionsprodukts mit Kali=lauge (*Flaschenträger et al.,* Z. physiol. Chem. **250** [1937] 189).

Krystalle (aus W.); F: 171—173° (*Fl. et al.,* Z. physiol. Chem. **225** 165).

3-Hydroxy-*N*-benzolsulfonyl-glutaminsäure-1-butylester, *3-hydroxy-N-(phenylsulfonyl)=
glutamic acid 1-butyl ester* $C_{15}H_{21}NO_7S$ und **3-Hydroxy-*N*-benzolsulfonyl-glutaminsäure-
5-butylester,** *3-hydroxy-N-(phenylsulfonyl)glutamic acid 5-butyl ester* $C_{15}H_{21}NO_7S$.

(±)-***erythro*-3-Hydroxy-*N*-benzolsulfonyl-glutaminsäure-1-butylester,** Formel III
(R = [CH₂]₃-CH₃, R' = H) + Spiegelbild, und **(±)-*erythro*-3-Hydroxy-*N*-benzolsulfonyl-
glutaminsäure-5-butylester,** Formel III (R = H, R' = [CH₂]₃-CH₃) + Spiegelbild.
   Eine Verbindung (Krystalle [aus wss. Acn. oder aus Acn. + Ae.]; F: 169—170°),
der eine dieser Formeln zukommt, ist neben dem im folgenden Artikel beschriebenen
Dibutylester beim Behandeln von (±)-*erythro*-3-Hydroxy-glutaminsäure-hydrochlorid mit
Benzolsulfonylchlorid und wss. Kaliumcarbonat-Lösung und Erhitzen des Reaktionsprodukts mit Butanol-(1) und geringen Mengen wss. Salzsäure unter Entfernen des
entstehenden Wassers erhalten worden (*Gurin, Clarke*, J. biol. Chem. **107** [1934] 395,
404).

3-Hydroxy-*N*-benzolsulfonyl-glutaminsäure-dibutylester, *3-hydroxy-N-(phenylsulfonyl)=
glutamic acid dibutyl ester* $C_{19}H_{29}NO_7S$.

(±)-***erythro*-3-Hydroxy-*N*-benzolsulfonyl-glutaminsäure-dibutylester,** Formel III
(R = R' = [CH₂]₃-CH₃) + Spiegelbild.
   Bildung aus (±)-*erythro*-3-Hydroxy-glutaminsäure, Benzolsulfonylchlorid und Butan=
ol-(1) s. im vorangehenden Artikel.
   Krystalle (aus Bzn.); F: 76° (*Gurin, Clarke*, J. biol. Chem. **107** [1934] 395, 404). Bei
95—100°/10⁻⁶ Torr destillierbar (*Gurin*, Am. Soc. **58** [1936] 2104).

N-[2-Amino-äthyl]-benzolsulfonamid, N-Benzolsulfonyl-äthylendiamin, N-(*2-amino=
ethyl)benzenesulfonamide* $C_8H_{12}N_2O_2S$, Formel II (X = NH-CH₂-CH₂-NH₂).
   B. Aus *N'*-Benzolsulfonyl-*N*-acetyl-äthylendiamin beim Erhitzen mit wss. Salzsäure
(*Amundsen, Longley*, Am. Soc. **62** [1940] 2811).
   Hydrochlorid $C_8H_{12}N_2O_2S \cdot HCl$. Krystalle (aus Nitrobenzol); F: 172,1—173,6°
[korr.].

**N-[2-(Methyl-octadecyl-amino)-äthyl]-benzolsulfonamid, N'-Benzolsulfonyl-N-methyl-
N-octadecyl-äthylendiamin,** N-[*2-(methyloctadecylamino)ethyl]benzenesulfonamide*
$C_{27}H_{50}O_2N_2S$, Formel II (X = NH-CH₂-CH₂-N(CH₃)-[CH₂]₁₇-CH₃).
   B. Beim Behandeln von Methyl-octadecyl-amin mit 1-Benzolsulfonyl-aziridin in
Benzol (*I.G. Farbenind.*, D.R.P. 695331 [1938]; D.R.P. Org. Chem. **6** 1668; *Gen. Aniline
& Film Corp.*, U.S.P. 2233296 [1939]).
   Wachsartig. E: 32—34°.

2-Benzolsulfonylamino-1-acetamino-äthan, N'-Benzolsulfonyl-N-acetyl-äthylendiamin,
N-[*2-(benzenesulfonamido)ethyl]acetamide* $C_{10}H_{14}N_2O_3S$, Formel II
(X = NH-CH₂-CH₂-NH-CO-CH₃).
   B. Beim Behandeln von *N*-Acetyl-äthylendiamin mit Benzolsulfonylchlorid und wss.
Natriumhydrogencarbonat-Lösung bzw. wss. Natronlauge (*Amundsen, Longley*, Am. Soc.
62 [1940] 2811; *Aspinall*, Am. Soc. **63** [1941] 852).
   Krystalle (aus W. bzw. aus wss. A.); F: 104,9—105,2° [korr.] (*Am., Lo.*), 103° [korr.]
(*As.*).

**1.2-Bis-benzolsulfonylamino-äthan, N.N'-Dibenzolsulfonyl-äthylendiamin, N.N'-Äthylen-
bis-benzolsulfonamid,** N,N'-*ethylenebisbenzenesulfonamide* $C_{14}H_{16}N_2O_4S_2$, Formel IV
(R = R' = H) (H 47).
   B. Beim Behandeln von Äthylendiamin mit Benzolsulfonylchlorid in Benzol (*Amundsen, Longley*, Am. Soc. **62** [1940] 2811; vgl. H 47).
   Krystalle (aus A.); F: 171° [korr.] (*Aspinall*, J. org. Chem. **6** [1941] 895, 897), 168,6°
bis 169,3° [korr.] (*Am., Lo.*).

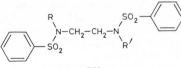   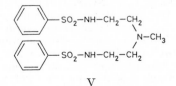

                    IV   V

Methyl-bis-[2-benzolsulfonylamino-äthyl]-amin, 1.7-Dibenzolsulfonyl-
4-methyl-diäthylentriamin, N,N′-(methyliminodiethylene)bisbenzenesulfonamide
$C_{17}H_{23}N_3O_4S_2$, Formel V.

B. Beim Behandeln von Methyl-bis-[2-amino-äthyl]-amin-trihydrochlorid mit Benzol⸗
sulfonylchlorid und Natronlauge (*Mann*, Soc. **1934** 461, 466).

Hydrochlorid $C_{17}H_{23}N_3O_4S_2 \cdot HCl$. Krystalle (aus A.); F: 163—164°.

2-Benzolsulfonylamino-1-[benzolsulfonyl-methyl-amino]-äthan, *N.N′*-Dibenzolsulfonyl-
N-methyl-äthylendiamin, N-methyl-N,N′-ethylenebisbenzenesulfonamide $C_{15}H_{18}N_2O_4S_2$,
Formel IV (R = H, R′ = CH₃).

B. Aus Benzolsulfonylchlorid und *N*-Methyl-äthylendiamin (*Aspinall*, Am. Soc. **63**
[1941] 852).

Krystalle (aus wss. A.); F: 94°.

1.2-Bis-[benzolsulfonyl-äthyl-amino]-äthan, *N.N′*-Dibenzolsulfonyl-*N.N′*-diäthyl-äthylen⸗
diamin, N,N′-diethyl-N,N′-ethylenebisbenzenesulfonamide $C_{18}H_{24}N_2O_4S_2$, Formel IV
(R = R′ = C₂H₅) (H 47).

B. Aus *N.N′*-Dibenzolsulfonyl-äthylendiamin und Diäthylsulfat in alkal. Lösung
(*Pfeiffer, Glaser*, J. pr. [2] **151** [1938] 134, 138).

F: 152°.

2-Benzolsulfonylamino-1-[benzolsulfonyl-acetyl-amino]-äthan, *N.N′*-Dibenzolsulfonyl-
N-acetyl-äthylendiamin, N-[2-(benzenesulfonamido)ethyl]-N-(phenylsulfonyl)acetamide
$C_{16}H_{18}N_2O_5S_2$, Formel IV (R = H, R′ = CO-CH₃).

B. Beim Behandeln von 2-Methyl-Δ^2-imidazolin mit Benzolsulfonylchlorid und wss.
Natriumcarbonat-Lösung (*Aspinall*, J. org. Chem. **6** [1941] 895, 897, 900).

Krystalle (aus wss. A.); F: 122° [korr.].

2-Benzolsulfonylamino-1-[benzolsulfonyl-benzoyl-amino]-äthan, *N.N′*-Dibenzolsulfonyl-
N-benzoyl-äthylendiamin, N-[2-(benzenesulfonamido)ethyl]-N-(phenylsulfonyl)benzamide
$C_{21}H_{20}N_2O_5S_2$, Formel IV (R = H, R′ = CO-C₆H₅).

B. Beim Behandeln einer äthanol. Lösung von 2-Phenyl-Δ^2-imidazolin mit Benzol⸗
sulfonylchlorid und wss. Natriumcarbonat-Lösung (*Aspinall*, J. org. Chem. **6** [1941]
895, 897, 901).

Krystalle (aus A.); F: 162° [korr.].

**1.3-Bis-[benzolsulfonyl-methyl-amino]-2.2-bis-[(benzolsulfonyl-methyl-amino)-methyl]-
propan,** Tetrakis-[(benzolsulfonyl-methyl-amino)-methyl]-methan,
1,3-bis(N-methylbenzenesulfonamido)-2,2-bis[(N-methylbenzenesulfonamido)methyl]propane
$C_{33}H_{40}N_4O_8S_4$, Formel VI.

Krystalle (aus Eg.); F: 239° (*Gibson et al.*, Soc. **1942** 163, 168).

***C*-Diäthylamino-*N′*-benzolsulfonyl-*N.N*-diäthyl-acetamidin,** N,N-diethyl-2-(diethylamino)-
N′-(phenylsulfonyl)acetamidine $C_{16}H_{27}N_3O_2S$, Formel II
(X = N=C[N(C₂H₅)₂]-CH₂-N(C₂H₅)₂) auf S. 75.

B. Beim Behandeln von *C*-Chlor-*N*-benzolsulfonyl-acetimidoylchlorid mit Diäthylamin
in Benzol (*v. Braun, Rudolph*, B. **67** [1934] 1762, 1767).

Öl; als Pikrat $C_{16}H_{27}N_3O_2S \cdot C_6H_3N_3O_7$ (Krystalle; F: 145°) charakterisiert.

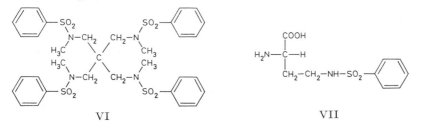

VI   VII

2-Amino-4-benzolsulfonylamino-buttersäure, *2-amino-4-(benzenesulfonamido)butyric acid*
$C_{10}H_{14}N_2O_4S$.

(*S*)-2-Amino-4-benzolsulfonylamino-buttersäure, Formel VII.

B. Beim Erhitzen von (*S*)-2.4-Diamino-buttersäure mit basischem Kupfer(II)-carbonat in Wasser, anschliessenden Behandeln mit Benzolsulfonylchlorid und wss. Natronlauge und Einleiten von Schwefelwasserstoff in eine Suspension des Reaktionsprodukts in Wasser (*Kurtz*, J. biol. Chem. **180** [1949] 1253, 1257, 1259).

Krystalle (aus W.); F: 230—231° [korr.; Zers.]. $[\alpha]_D^{32}$: +22,7°; $[\alpha]_{546}^{32}$: +24,3° [jeweils in wss. Salzsäure (2n); c = 5].

N^{α}-**Benzolsulfonyl-DL-arginin**, N^2-*phenylsulfonyl-DL-arginine* $C_{12}H_{18}N_4O_4S$, Formel VIII (X = NH-CH(COOH)-[CH$_2$]$_3$-NH-C(NH$_2$)=NH) und Tautomeres.

B. Beim Behandeln von DL-Arginin-nitrat mit Benzolsulfonylchlorid und wss. Kalium≈carbonat-Lösung (*Clarke, Gillespie*, Am. Soc. **54** [1932] 1964, 1967).

Harz; als Pikrat $C_{12}H_{18}N_4O_4S \cdot C_6H_3N_3O_7$ (gelbe Krystalle [aus A.]; F: 161—162° [korr.]) charakterisiert.

N^{δ}-**Benzolsulfonyl-DL-ornithin**, N^5-*phenylsulfonyl-DL-ornithine* $C_{11}H_{16}N_2O_4S$, Formel VIII (X = NH-[CH$_2$]$_3$-CH(NH$_2$)-COOH).

B. Beim Erhitzen von DL-Ornithin mit basischem Kupfer(II)-carbonat in Wasser, anschliessenden Behandeln mit Benzolsulfonylchlorid und wss. Natronlauge und Ein-leiten von Schwefelwasserstoff in eine Suspension des Reaktionsprodukts in Wasser (*Kurtz*, J. biol. Chem. **180** [1949] 1253, 1257, 1259).

Krystalle; F: 249° [korr.; Zers.].

N^{α}-**Benzolsulfonyl-lysin**, N^2-(*phenylsulfonyl*)*lysine* $C_{12}H_{18}N_2O_4S$.

N^{α}-**Benzolsulfonyl-L-lysin**, Formel IX (R = H, X = OH).

B. Aus N^{α}-Benzolsulfonyl-N^{ε}-benzoyl-L-lysin beim Erwärmen mit wss. Natronlauge (*Gurin, Clarke*, J. biol. Chem. **107** [1934] 395, 417). Aus $N^{\alpha}.N^{\varepsilon}$-Dibenzolsulfonyl-L-lysin (hergestellt aus L-Lysin und Benzolsulfonylchlorid mit Hilfe von wss. Natronlauge) beim Erwärmen mit wss. Salzsäure (*Gu., Cl.*). Aus N^{α}-Benzolsulfonyl-N^{ε}-benzyloxy≈carbonyl-L-lysin (hergestellt aus N^{α}-Benzolsulfonyl-N^{ε}-benzyloxycarbonyl-L-lysin-methyl≈ester mit Hilfe von Natronlauge) bei der Hydrierung an Palladium in wss.-methanol. Salzsäure (*Bergmann, Zervas, Ross*, J. biol. Chem. **111** [1935] 245, 259).

Krystalle (aus wss. A.); F: 277° [Zers.] (*Be., Ze., Ross.*). $[\alpha]_D^{25}$: −9,6° [Natrium-Salz in W.]. $[\alpha]_D^{25}$: −22,5° [Natrium-Salz in wss. Natronlauge] (*Be., Ze., Ross*); $[\alpha]_D^{23}$: −22,8° [Natrium-Salz in wss. Natronlauge] (*Gu., Cl.*).

N^{α}-**Benzolsulfonyl-N^{ε}-benzoyl-lysin**, N^6-*benzoyl-*N^2-(*phenylsulfonyl*)*lysine* $C_{19}H_{22}N_2O_5S$.

N^{α}-**Benzolsulfonyl-N^{ε}-benzoyl-L-lysin**, Formel IX (R = CO-C$_6$H$_5$, X = OH).

B. Beim Behandeln von N^{ε}-Benzoyl-L-lysin mit Benzolsulfonylchlorid und wss. Natronlauge (*Gurin, Clarke*, J. biol. Chem. **107** [1934] 395, 416).

Krystalle (aus wss. A.); F: 168°.

N^{α}-**Benzolsulfonyl-N^{ε}-benzyloxycarbonyl-lysin-methylester**, N^6-(*benzyloxycarbonyl*)-N^2-(*phenylsulfonyl*)*lysine methyl ester* $C_{21}H_{26}N_2O_6S$.

N^{α}-**Benzolsulfonyl-N^{ε}-benzyloxycarbonyl-L-lysin-methylester**, Formel IX (R = CO-O-CH$_2$-C$_6$H$_5$, X = OCH$_3$).

B. Beim Behandeln von N^{ε}-Benzyloxycarbonyl-L-lysin-methylester-hydrochlorid mit Benzolsulfonylchlorid in Äther und Äthylacetat (*Bergmann, Zervas, Ross*, J. biol. Chem. **111** [1935] 245, 258).

Krystalle (aus Ae. + PAe.); F: 80°.

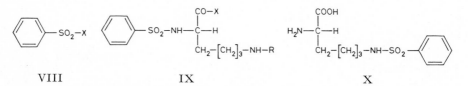

VIII   IX   X

N^{ε}-**Benzolsulfonyl-lysin**, N^6-(*phenylsulfonyl*)*lysine* $C_{12}H_{18}N_2O_4S$.

a) N^{ε}-**Benzolsulfonyl-L-lysin**, Formel X.

B. Beim Behandeln des Kupfer(II)-Salzes des L-Lysins mit Benzolsulfonylchlorid und wss. Natronlauge und Einleiten von Schwefelwasserstoff in eine Suspension des erhaltenen Kupfer(II)-Salzes (S. 79) in Wasser (*Kurtz*, J. biol. Chem. **180** [1949] 1253, 1257, 1258).

F: 219—221° [korr.; Zers.; aus W.]. $[\alpha]_D^{26}$: +15,2°; $[\alpha]_{546}^{26}$: +18,0° [jeweils in wss. Salzsäure (2n)].

Kupfer(II)-Salz $Cu(C_{12}H_{17}N_2O_4S)_2$. F: 238° [korr.; Zers.].

b) *N^{ε}-Benzolsulfonyl-DL-lysin*, Formel X + Spiegelbild.

B. Beim Behandeln des Kupfer(II)-Salzes des DL-Lysins mit Benzolsulfonylchlorid und wss. Natronlauge und Einleiten von Schwefelwasserstoff in eine Suspension des erhaltenen Kupfer(II)-Salzes (s. u.) in Wasser (*Kurtz*, J. biol. Chem. **180** [1949] 1253, 1257, 1258).

Krystalle (aus W.); F: 216—218° [korr.; Zers.].

Kupfer(II)-Salz $Cu(C_{12}H_{17}N_2O_4S)_2$. F: 243° [korr.; Zers.].

N-Chlor-benzolsulfonamid, *N-chlorobenzenesulfonamide* $C_6H_6ClNO_2S$, Formel VIII (X = NHCl) (H 48; E I 13; E II 28).

Reaktion mit Nitrosobenzol in Pyridin, unter Bildung von 2-Benzolsulfonyl-1-phenyl-diazen-1-oxid (F: 123°): *Farrar, Gulland*, Soc. **1944** 368, 370. Bildung von *N*-Benzol=sulfonyl-*S*.*S*-dimethyl-sulfimin beim Behandeln des Natrium-Salzes mit Dimethylsulfid in Aceton: *Lichoscherštow*, Ž. obšč. Chim. **17** [1947] 1477, 1479; C. A. **1949** 172. Beim Erwärmen des Natrium-Salzes mit Dibenzyldisulfid in Äthanol sind *N*.*N*′-Dibenzol=sulfonyl-toluolsulfinamidin-(α) und eine möglicherweise als *N*-Benzolsulfonyl-toluol=sulfinimidsäure-(α)-äthylester zu formulierende Verbindung $C_{15}H_{17}NO_3S_2$ (Harz) erhalten worden (*Tananger*, Ark. Kemi **24** A Nr. 10 [1947] 1, 17).

N.*N*-Dichlor-benzolsulfonamid, *N,N-dichlorobenzenesulfonamide* $C_6H_5Cl_2NO_2S$, Formel VIII (X = NCl₂) (H 48; E I 13; E II 28).

B. Aus Benzolsulfonamid beim Behandeln mit wss. Natriumhypochlorit-Lösung (*Chem. Fabr. v. Heyden*, D.R.P. 530894 [1930]; Frdl. **18** 3011).

F: 72—76° (*Silberg*, Chim. farm. Promyšl. **1934** Nr. 5, S. 1, 16; C. **1935** II 1348).

N-Brom-*N*-methyl-benzolsulfonamid, *N-bromo-N-methylbenzenesulfonamide* $C_7H_8BrNO_2S$, Formel VIII (X = NBr-CH₃) (H 49).

B. Aus *N*-Methyl-benzolsulfonamid beim Behandeln mit Brom und wss. Natronlauge (*Földi*, B. **63** [1930] 2257, 2262).

N-Benzolsulfonyl-*S*.*S*-dimethyl-sulfimin, *S,S-dimethyl-N-(phenylsulfonyl)sulfimine* $C_8H_{11}NO_2S_2$, Formel XI (R = R′ = CH₃).

B. Beim Behandeln des Natrium-Salzes des *N*-Chlor-benzolsulfonamids mit Dimethyl=sulfid in Aceton (*Lichoscherštow*, Ž. obšč. Chim. **17** [1947] 1477, 1479; C. A. **1949** 172).

Krystalle (aus A. oder Acn.); F: 131°.

Beim Erwärmen in wss. Äthanol oder wss. Aceton unter Zusatz von wss. Salzsäure bilden sich Benzolsulfonamid und Dimethylsulfoxid.

N-Benzolsulfonyl-*S*-methyl-*S*-äthyl-sulfimin, *S-ethyl-S-methyl-N-(phenylsulfonyl)sulfimine* $C_9H_{13}NO_2S_2$, Formel XI (R = CH₃, R′ = C₂H₅).

B. Aus dem Natrium-Salz des *N*-Chlor-benzolsulfonamids und Methyl-äthyl-sulfid in Wasser (*Mann*, Soc. **1932** 958, 972).

Krystalle (aus Bzl.); F: 92—94°.

N-Benzolsulfonyl-*S*.*S*-diäthyl-sulfimin, *S,S-diethyl-N-(phenylsulfonyl)sulfimine* $C_{10}H_{15}NO_2S_2$, Formel XI (R = R′ = C₂H₅).

B. Aus dem Natrium-Salz des *N*-Chlor-benzolsulfonamids und Diäthylsulfid in Wasser, Äthanol oder Aceton (*Mann*, Soc. **1932** 958, 972; *Lichoscherštow*, Ž. obšč. Chim. **17** [1947] 1477, 1480; C. A. **1949** 172).

Krystalle (aus A.); F: 114—116° (*Mann*), 115° (*Li.*).

N-Benzolsulfonyl-*S*.*S*-diisopropyl-sulfimin, *S,S-diisopropyl-N-(phenylsulfonyl)sulfimine* $C_{12}H_{19}NO_2S_2$, Formel XI (R = R′ = CH(CH₃)₂).

B. Aus dem Natrium-Salz des *N*-Chlor-benzolsulfonamids und Diisopropylsulfid in Aceton (*Petrow*, Ž. obšč. Chim. **9** [1939] 1635, 1638; C. **1940** I 1644).

Krystalle (aus Bzl.); F: 98°.

N-Benzolsulfonyl-*S*.*S*-dibutyl-sulfimin, *S,S-dibutyl-N-(phenylsulfonyl)sulfimine* $C_{14}H_{23}NO_2S_2$, Formel XI (R = R′ = [CH₂]₃-CH₃).

B. Aus dem Natrium-Salz des *N*-Chlor-benzolsulfonamids und Dibutylsulfid in Aceton

(*Petrow*, Ž. obšč. Chim. **9** [1939] 1635, 1638; C. **1940** I 1644).
Krystalle (aus CHCl₃); F: 65,2°.

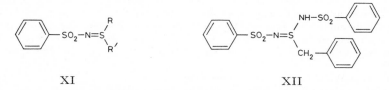

XI   XII

N-Benzolsulfonyl-*S*.*S*-diisopentyl-sulfimin, S,S-*diisopentyl*-N-(*phenylsulfonyl*)*sulfimine*
C₁₆H₂₇NO₂S₂, Formel XI (R = R′ = CH₂-CH₂-CH(CH₃)₂).
B. Aus dem Natrium-Salz des *N*-Chlor-benzolsulfonamids und Diisopentylsulfid in
Aceton (*Petrow*, Ž. obšč. Chim. **9** [1939] 1635, 1639; C. **1940** I 1644).
Krystalle (aus Ae.); F: 87—88°.

N-Benzolsulfonyl-*S*.*S*-dibenzyl-sulfimin, S,S-*dibenzyl*-N-(*phenylsulfonyl*)*sulfimine*
C₂₀H₁₉NO₂S₂, Formel XI (R = R′ = CH₂-C₆H₅).
B. Aus dem Natrium-Salz des *N*-Chlor-benzolsulfonamids und Dibenzylsulfid in Aceton
(*Lichoscheřstow*, Ž. obšč. Chim. **17** [1947] 1480; C. A. **1949** 172).
Krystalle (aus A. oder Acn.); F: 153—153,5°.

[*N*-Benzolsulfonyl-toluolsulfinimidoyl-(α)]-essigsäure, [N-(*phenylsulfonyl*)*benzylsulfin*⹀
imidoyl]*acetic acid* C₁₅H₁₅NO₄S₂, Formel XI (R = CH₂-C₆H₅, R′ = CH₂-COOH).
B. Aus dem Natrium-Salz des *N*-Chlor-benzolsulfonamids und Natrium-benzyl⹀
mercaptoacetat in Wasser (*Tananger*, Ark. Kemi **24** A Nr. 10 [1947] 1, 13).
Krystalle; F: 96—99°.
Beim Erwärmen des Natrium-Salzes mit Wasser (bzw. wss. Salzsäure) und Behandeln
der in Äthylacetat löslichen Anteile des Reaktionsprodukts mit wss. Jod-Lösung sind
Benzolsulfonamid, Dibenzyldisulfid, Glyoxylsäure und Benzylmercapto-essigsäure (bzw.
Dibenzylmercapto-essigsäure) erhalten worden.
Natrium-Salz NaC₁₅H₁₄NO₄S₂. Krystalle.

(±)-2-[*N*-Benzolsulfonyl-methansulfinimidoyl]-propionsäure, (±)-2-[N-(*phenylsulfonyl*)⹀
methylsulfinimidoyl]*propionic acid* C₁₀H₁₃NO₄S₂, Formel XI (R = CH₃,
R′ = CH(CH₃)-COOH).
B. Aus dem Natrium-Salz des *N*-Chlor-benzolsulfonamids und (±)-2-Methylmercapto-
propionsäure in neutraler wss. Lösung (*Tananger*, Ark. Kemi **24**A Nr. 10 [1947] 1, 8).
Krystalle (aus W.); F: ca. 100—101°.

α-[*N*-Benzolsulfonyl-methansulfinimidoyl]-isobuttersäure, 2-methyl-2-[N-(*phenylsulfonyl*)⹀
methylsulfinimidoyl]*propionic acid* C₁₁H₁₅NO₄S₂, Formel XI (R = CH₃,
R′ = C(CH₃)₂-COOH).
B. Neben α-Methylsulfin-isobuttersäure beim Behandeln des Natrium-Salzes des
N-Chlor-benzolsulfonamids mit Natrium-[α-methylmercapto-isobutyrat] in Wasser
(*Tananger*, Ark. Kemi **24**A Nr. 10 [1947] 1, 10, 11).
Krystalle; F: 108—109°.
Beim Erwärmen mit Wasser sind Benzolsulfonamid, Methacrylsäure und Methanthiol
erhalten worden.

N.*N*′-Dibenzolsulfonyl-toluolsulfinamidin-(α), N,N′-*bis*(*phenylsulfonyl*)*toluene*-α-*sulfin*⹀
amidine C₁₉H₁₈N₂O₄S₃, Formel XII.
B. Neben anderen Verbindungen beim Behandeln von Dibenzyldisulfid oder von
(±)-Hydroxy-benzylmercapto-essigsäure mit dem Natrium-Salz des *N*-Chlor-benzolsul⹀
fonamids in Äthanol bzw. in wss. Äthanol (*Tananger*, Ark. Kemi **24**A Nr. 10 [1947] 1,
17).
Krystalle (aus A.); F: 163—164°.

[4-Chlor-6-(*N*.*N*′-dibenzolsulfonyl-sulfinamimidoyl)-2-methyl-phenyl]-glyoxylsäure-
äthylester, {4-*chloro*-6-[N,N′-*bis*(*phenylsulfonyl*)*sulfinamimidoyl*]-o-*tolyl*}*glyoxylic acid ethyl*
ester C₂₃H₂₁ClN₂O₇S₃, Formel I.
B. Beim Erwärmen von 6-Chlor-2.3-dioxo-4-methyl-2.3-dihydro-benzo[*b*]thiophen mit

dem Natrium-Salz des *N*-Chlor-benzolsulfonamids in Äthanol (*Dalgliesh, Mann*, Soc. **1945** 913, 916).
Krystalle (aus A.); F: 169—170°.

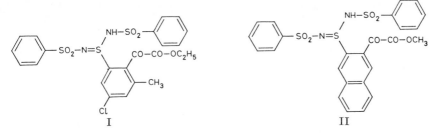

I II

[3-(N.N'-Dibenzolsulfonyl-sulfinamimidoyl)-naphthyl-(2)]-glyoxylsäure-methylester,
{3-[N,N'-bis(phenylsulfonyl)sulfinamimidoyl]-2-naphthyl}glyoxylic acid methyl ester
$C_{25}H_{20}N_2O_7S_3$, Formel II.
B. Beim Erwärmen von 2.3-Dioxo-2.3-dihydro-naphtho[2.3-*b*]thiophen mit dem Natrium-Salz des *N*-Chlor-benzolsulfonamids in Methanol (*Dalgliesh, Mann*, Soc. **1945** 913, 916).
Gelbliche Krystalle (aus A.); F: 245—246°.

1.2-Bis-[dibenzolsulfonyl-amino]-äthan, Tetra-*N*-benzolsulfonyl-äthylendiamin,
N,N'-ethylenebis(dibenzenesulfonamide) $C_{26}H_{24}N_2O_8S_4$, Formel III.
B. Beim Erhitzen des aus *N.N'*-Dibenzolsulfonyl-äthylendiamins mit Hilfe von heisser wss. Natronlauge hergestellten Natrium-Salzes mit Benzolsulfonylchlorid in Nitrobenzol (*Amundsen, Longley*, Am. Soc. **62** [1940] 2811).
Krystalle (aus Nitrobenzol); F: 209—209,7° [korr.].

Benzolsulfonyl-amidoschwefelsäure, Benzolsulfonyl-sulfamidsäure, N-*(phenylsulfonyl)=*
sulfamic acid $C_6H_7NO_5S_2$, Formel IV (X = NH-SO$_2$OH).
Monokalium-Salz $KC_6H_6NO_5S_2$. *B.* Aus dem Dikalium-Salz (s. u.) beim Behandeln mit wss. Perchlorsäure [1 Mol HClO$_4$] (*Baumgarten, Marggraff*, B. **64** [1931] 1582, 1588). — Wässrige Lösungen reagieren stark sauer. Beim Erwärmen mit Wasser bilden sich Benzolsulfonamid und Kaliumhydrogensulfat.
Dikalium-Salz $K_2C_6H_5NO_5S_2$. *B.* Beim Erhitzen von Benzolsulfonamid mit Pyr=idinium-sulfonat-(1) auf 200° und anschliessenden Behandeln mit wss. Kalilauge (*Bau., Ma.*, l. c. S. 1587). — Krystalle [aus W. + A.] (*Bau., Ma.*, l. c. S. 1588).

N-Tripropylplumbyl-benzolsulfonamid, Benzolsulfonylamino-tripropyl-blei, N-*(tripropyl=*
plumbyl)benzenesulfonamide $C_{15}H_{27}NO_2PbS$, Formel IV (X = NH-Pb(CH$_2$-CH$_2$-CH$_3$)$_3$).
B. Beim Behandeln von Benzolsulfonamid mit Tripropylbleihydroxid in Äthanol sowie beim Erwärmen des Natrium-Salzes des Benzolsulfonamids mit Tripropylblei=chlorid in Äthanol (*Saunders*, Soc. **1950** 684, 685; s. a. *McCombie, Saunders*, Nature **159** [1947] 491).
Krystalle (aus Bzn.); F: 96° (*Sau.*). In Äthanol leicht löslich (*McC., Sau.*).
Schleimhautreizend (*Sau.; McC., Sau.*).

Aceton-[*O*-benzolsulfonyl-oxim], *acetone* O-*(phenylsulfonyl)oxime* $C_9H_{11}NO_3S$, Formel IV
(X = O-N=C(CH$_3$)$_2$) (H 50).
F: 53° (*Oxley, Short*, Soc. **1948** 1514, 1518).
Beim Erhitzen von Aceton-[*O*-benzolsulfonyl-oxim] in Toluol oder Xylol sind Benzol=sulfonsäure, Benzolsulfonsäure-anhydrid, Benzolsulfonsäure-methylester, Methylamin-benzolsulfonat, *N.N'*-Dimethyl-acetamidin-benzolsulfonat und das Benzolsulfonat einer als 4-Methylimino-1.2.6-trimethyl-1.4-dihydro-pyrimidin angesehenen Verbindung $C_8H_{13}N_3$ (Pikrat: F: 166°) erhalten worden (*Ox., Sh.*, l. c. S. 1516, 1525). Reaktion mit Ammoniak in Toluol unter Bildung von *N*-Methyl-acetamidin: *Ox., Sh.*, l.c. S. 1519, 1520. Bildung von *N*-Methyl-acetimidsäure-phenylester beim Erhitzen mit Phenol in Toluol: *Ox., Sh.*, l. c. S. 1522. Reaktion mit Cyclohexylamin unter Bildung von *N*-Methyl-*N'*-cyclohexyl-acetamidin: *Ox., Sh.*, l. c. S. 1519, 1521. Beim Erwärmen mit Benzol=sulfonamid in Toluol unter Zusatz von Pyridin ist *N'*-Benzolsulfonyl-*N*-methyl-acetamidin erhalten worden (*Ox., Sh.*, l. c. S. 1522).

1-[4-Brom-phenyl]-äthanon-(1)-[*O*-benzolsulfonyl-oxim], 4-Brom-acetophenon-[*O*-benzolsulfonyl-oxim], *4'-bromoacetophenone O-(phenylsulfonyl)oxime* $C_{14}H_{12}BrNO_3S$, Formel V.

B. Beim Eintragen von Benzolsulfonylchlorid in ein Gemisch von 1-[4-Brom-phenyl]-äthanon-(1)-oxim, Aceton und wss. Kalilauge (*Oxley, Short*, Soc. **1948** 1514, 1518).

F: 103° [Zers.].

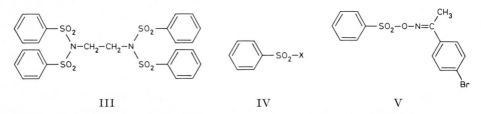

III   IV   V

Benzophenon-[*O*-benzolsulfonyl-oxim], *benzophenone O-(phenylsulfonyl)oxime* $C_{19}H_{15}NO_3S$, Formel IV (X = O-N=C(C_6H_5)$_2$).

B. Beim Eintragen von Benzolsulfonylchlorid in ein Gemisch von Benzophenon-oxim, Aceton und wss. Kalilauge (*Oxley, Short*, Soc. **1948** 1514, 1517).

F: 78—80° [Zers.].

Mehrere Stunden lang haltbar. Beim Erwärmen mit Benzamid in Benzol sind Benz‚anilid, Benzonitril und geringe Mengen *N*-Phenyl-*N'*-benzoyl-benzamidin erhalten worden (*Ox., Sh.*, l. c. S. 1523).

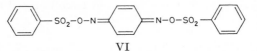

VI

Benzochinon-(1.4)-bis-[*O*-benzolsulfonyl-oxim], p-*benzoquinone bis*[O-(phenylsulfonyl)‚oxime] $C_{18}H_{14}N_2O_6S_2$, Formel VI (E II 29; dort als Chinondioxim-bis-benzolsulfonat bezeichnet).

In dem E II 29 beschriebenen Präparat (F: 175—178°) hat ein Gemisch von zwei Stereoisomeren (a) Krystalle [aus Acn.], F: 203—204° [unkorr.; Zers.; im vorgeheizten Bad] oder F: 196—197° [unkorr.; Zers.; im nicht vorgeheizten Bad]; b) Krystalle [aus CCl₄], F: 157—158° [unkorr.; Zers.]) vorgelegen (*Docken et al.*, J. org. Chem. **24** [1959] 363).

Benzil-mono-[*O*-benzolsulfonyl-oxim], *benzil* [O-(phenylsulfonyl)oxime] $C_{20}H_{15}NO_4S$.

Benzil-mono-[*O*-benzolsulfonyl-*seqcis*-oxim], Formel VII.

Diese Konstitution und Konfiguration ist auch der H **12** 521 als Benzolsulfon‚säure-[*N*-phenyl-benzoylformimidsäure]-anhydrid („*O*-Benzolsulfonyl-*N*-phenyl-benzoyl‚formimidsäure") beschriebenen Verbindung zuzuordnen (*Ayres et al.*, J. org. Chem. **6** [1941] 804).

B. Aus dem Natrium-Salz des Benzil-mono-*secqcis*-oxims und Benzolsulfonylchlorid in Äther (*Ay. et al.*, l. c. S. 807).

Krystalle (aus Ae.); F: 122—123° [korr.; Zers.].

Beim Erhitzen auf 130° sind Benzonitril, Benzoesäure und Anilin erhalten worden. Bildung von Phenylisocyanid beim Erhitzen auf rotglühendem Platinblech: *Ay. et al.*, l. c. S. 808.

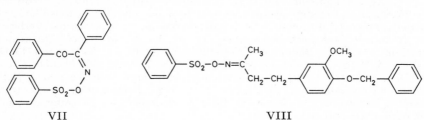

VII   VIII

1-[3-Methoxy-4-benzyloxy-phenyl]-butanon-(3)-[*O*-benzolsulfonyl-oxim], *4-[4-(benzyl=oxy)-3-methoxyphenyl]butan-2-one O-(phenylsulfonyl)oxime* $C_{24}H_{25}NO_5S$, Formel VIII.

B. Aus 1-[3-Methoxy-4-benzyloxy-phenyl]-butanon-(3)-oxim beim Behandeln mit Benzolsulfonylchlorid in Chloroform unter Zusatz von Pyridin (*C. H. Boehringer Sohn*, D.R.P. 579227 [1931]; Frdl. **20** 722).

F: 88°.

Beim Eintragen einer Lösung in Chloroform in heisses Xylol ist 6-Methoxy-7-benzyl=oxy-1-methyl-3.4-dihydro-isochinolin erhalten worden.

Anhydro-[*p*-tolamidoxim-benzolsulfonat] $C_{14}H_{12}N_2O_2S$.

Die H 51 unter dieser Bezeichnung beschriebene Verbindung (F: 89°) ist als *N-p*-Tolyl-*N*-cyan-benzolsulfonamid (Syst. Nr. 1691) zu formulieren (*Kurzer*, Soc. **1949** 1034, 1036).

Benzolsulfonyloxyimino-phenyl-acetonitril, Phenylglyoxylonitril-[*O*-benzol=sulfonyl-oxim], *phenyl(phenylsulfonyloxyimino)acetonitrile* $C_{14}H_{10}N_2O_3S$, Formel IX (X = H).

B. Aus Hydroxyimino-phenyl-acetonitril (*Perrot*, C. r. **199** [1934] 585).

F: 132°.

Benzolsulfonyloxyimino-[2-chlor-phenyl]-acetonitril, [2-Chlor-phenyl]-glyoxylo=nitril-[*O*-benzolsulfonyl-oxim], *(o-chlorophenyl)-(phenylsulfonyloxyimino)aceto=nitrile* $C_{14}H_9ClN_2O_3S$, Formel IX (X = Cl).

B. Aus Hydroxyimino-[2-chlor-phenyl]-acetonitril (*Perrot*, C. r. **199** [1934] 585).

F: 91°.

3-Oxo-2-benzolsulfonyloxyimino-3-phenyl-propionitril, *3-oxo-3-phenyl-2-(phenylsulfonyl=oxyimino)propionitrile* $C_{15}H_{10}N_2O_4S$, Formel IV (X = O-N=C(CN)-CO-C$_6$H$_5$).

B. Aus 3-Oxo-2-hydroxyimino-3-phenyl-propionitril (*Perrot*, C. r. **199** [1934] 585).

F: 112°.

N-Hydroxy-benzolsulfonamid, Benzolsulfonohydroxamsäure, Benzolsulfohydroxam=säure, N-*hydroxybenzenesulfonamide* $C_6H_7NO_3S$, Formel IV (X = NHOH) (H 51; E I 14).

Beim Behandeln mit wss. Wasserstoffperoxid unter Zusatz von Kupfer(I)-oxid und Benzol bei pH 2,9 sind eine nicht näher bezeichnete Nitroso-hydroxy-benzol-sulfinsäure und 2-Nitroso-phenol (E III **7** 3352) erhalten worden (*Baudisch*, Sci. **92** [1940] 336). Die beim Behandeln mit rauchender Salpetersäure erhaltene, früher (H 51) als Tribenzol=sulfonylaminoxid angesehene Verbindung ist nach *Farrar* (Soc. **1960** 3063, 3064) als Tri=benzolsulfonyl-hydroxylamin zu formulieren. Beim Behandeln mit Chloralhydrat ist die im folgenden Artikel beschriebene Verbindung, beim Behandeln mit 4-Methoxy-benz=aldehyd ist eine Verbindung $C_{14}H_{13}NO_4S$ (F: 153—154°) erhalten worden (*Oddo, Deleo*, B. **69** [1936] 294, 296).

(±)-N-Hydroxy-N-[2.2.2-trichlor-1-hydroxy-äthyl]-benzolsulfonamid, (±)-N-[2.2.2-Tri=chlor-1-hydroxy-äthyl]-benzolsulfonohydroxamsäure, *(±)-N-hydroxy-N-(2,2,2-trichloro-1-hydroxyethyl)benzenesulfonamide* $C_8H_8Cl_3NO_4S$, Formel IV (X = N(OH)-CH(OH)-CCl$_3$).

B. Aus Chloralhydrat und Benzolsulfonohydroxamsäure (*Oddo, Deleo*, B. **69** [1936] 294, 296).

Hygroskopische Krystalle (aus Bzl.). In Äther und Äthylacetat leicht löslich, in Benzin und Petroläther fast unlöslich.

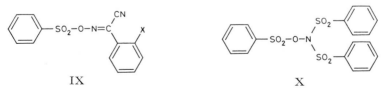

IX   X

Tribenzolsulfonyl-hydroxylamin, *tris(phenylsulfonyl)hydroxylamine* $C_{18}H_{15}NO_7S_3$, Formel X.

Diese Konstitution kommt wahrscheinlich der H 49 als Tribenzolsulfonylamin=oxid beschriebenen Verbindung $C_{18}H_{15}NO_7S_3$, vom F: 98,5° bzw. 99° zu (*Farrar*, Soc. **1960** 3063, 3064).

Benzolsulfonylaminomercapto-essigsäure, *(benzenesulfonamidothio)acetic acid*
C₈H₉NO₄S₂, Formel IV (X = NH-S-CH₂-COOH) auf S. 82.

Eine Verbindung (Krystalle [aus E.]; F: 142—146° [Zers.]), für die diese Konstitution
in Betracht gezogen wird, ist beim Behandeln des Natrium-Salzes des *N*-Chlor-benzol=
sulfonamids mit *tert*-Butylmercapto-essigsäure in neutraler wss. Lösung erhalten worden
(*Tananger*, Ark. Kemi **24** A Nr. 10 [1947] 1, 7).

Benzolsulfonsäure-hydrazid, *benzenesulfonic acid hydrazide* C₆H₈N₂O₂S, Formel I
(R = R′ = H) (H 52; E II 29).

Herstellung aus Benzolsulfonylchlorid und Hydrazin (vgl. H 52): *Friedman, Litle,
Reichle*, Org. Synth. **40** [1960] 93.

N′-Benzolsulfonyl-N-isobutyryl-hydrazin, Isobuttersäure- [N′-benzolsulfonyl-hydrazid],
N-*isobutyryl*-N′-*(phenylsulfonyl)hydrazine* C₁₀H₁₄N₂O₃S, Formel I
(R = CO-CH(CH₃)₂, R′ = H).

B. Beim Behandeln von Isobuttersäure-hydrazid mit Benzolsulfonylchlorid und
Pyridin (*McFadyen, Stevens*, Soc. **1936** 584, 585).

Krystalle (aus A.); F: 156—158°.

N′-Benzolsulfonyl-N-benzoyl-hydrazin, Benzoesäure-[N′-benzolsulfonyl-hydrazid],
N-*benzoyl*-N′-*(phenylsulfonyl)hydrazine* C₁₃H₁₂N₂O₃S, Formel II (R = X = H).

B. Beim Behandeln von Benzoesäure-hydrazid mit Benzolsulfonylchlorid und Pyridin
(*McFadyen, Stevens*, Soc. **1936** 584, 585). Neben *N′*-Benzolsulfonyl-*N.N*-dibenzoyl-
hydrazin beim Behandeln von Benzolsulfonsäure-hydrazid mit Benzoylchlorid und Pyridin
(*McF., St.*).

Krystalle (aus A.); F: 192—194° [Zers.].

Bei kurzem Behandeln mit Natriumcarbonat in Äthylenglykol bei 160° sowie beim
Erhitzen mit Natriumcarbonat und Wasserdampf sind Benzaldehyd, Benzolsulfinsäure
und Stickstoff erhalten worden.

**N′-Benzolsulfonyl-N-[2-chlor-benzoyl]-hydrazin, 2-Chlor-benzoesäure-[N′-benzol=
sulfonyl-hydrazid],** N-*(2-chlorobenzoyl)*-N′-*(phenylsulfonyl)hydrazine* C₁₃H₁₁ClN₂O₃S,
Formel II (R = H, X = Cl).

B. Beim Behandeln von 2-Chlor-benzoesäure-hydrazid mit Benzolsulfonylchlorid und
Pyridin (*McCoubrey, Mathieson*, Soc. **1949** 696, 700).

Krystalle (aus A.); F: 158°.

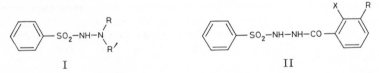

I   II

**N′-Benzolsulfonyl-N-[2-nitro-benzoyl]-hydrazin, 2-Nitro-benzoesäure-[N′-benzol=
sulfonyl-hydrazid],** N-*(2-nitrobenzoyl)*-N′-*(phenylsulfonyl)hydrazine* C₁₃H₁₁N₃O₅S, Formel
II (R = H, X = NO₂).

B. Beim Behandeln von 2-Nitro-benzoesäure-hydrazid mit Benzolsulfonylchlorid und
Pyridin (*Niemann, Hays*, Am. Soc. **65** [1943] 482).

Krystalle (aus A.); F: 184—184,5°.

**N′-Benzolsulfonyl-N-[3-nitro-benzoyl]-hydrazin, 3-Nitro-benzoesäure-[N′-benzol=
sulfonyl-hydrazid],** N-*(3-nitrobenzoyl)*-N′-*(phenylsulfonyl)hydrazine* C₁₃H₁₁N₃O₅S, Formel
III (R = H, X = NO₂).

B. Beim Behanden von 3-Nitro-benzoesäure-hydrazid mit Benzolsulfonylchlorid und
Pyridin (*McFadyen, Stevens*, Soc. **1936** 584, 585).

Krystalle (aus Eg.); F: 222—223° [Zers.].

Bei kurzem Behandeln mit Natriumcarbonat in Äthylenglykol bei 155° sind 3-Nitro-
benzaldehyd, Benzolsulfinsäure und Stickstoff erhalten worden (*McF., St.*, l. c. S. 586).

**N′-Benzolsulfonyl-N-[4-nitro-benzoyl]-hydrazin, 4-Nitro-benzoesäure-[N′-benzol=
sulfonyl-hydrazid],** N-*(4-nitrobenzoyl)*-N′-*(phenylsulfonyl)hydrazine* C₁₃H₁₁N₃O₅S,
Formel IV (X = NO₂).

B. Beim Behandeln von 4-Nitro-benzoesäure-hydrazid mit Benzolsulfonylchlorid und

Pyridin (*Niemann, Hays*, Am. Soc. **65** [1933] 482). Beim Behandeln von Benzolsulfon=
säure-hydrazid mit 4-Nitro-benzoylchlorid und Pyridin (*McFadyen, Stevens*, Soc. **1936**
584, 585).

Krystalle (aus A.); F: 201—202° (*Nie., Hays*), 197—199° (*McF., St.*).

Beim Erhitzen mit Natriumcarbonat in Äthylenglykol auf 160° sind Benzolsulfinsäure,
4-Nitro-benzoesäure und Hydrazin erhalten worden (*Nie., Hays*).

N'-Benzolsulfonyl-N.N-dibenzoyl-hydrazin, N,N-*dibenzoyl*-N'-*(phenylsulfonyl)hydrazine*
$C_{20}H_{16}N_2O_4S$, Formel I (R = R' = CO-C_6H_5).

B. Neben *N'*-Benzolsulfonyl-*N*-benzoyl-hydrazin beim Behandeln von Benzolsulfon=
säure-hydrazid mit Benzoylchlorid und Pyridin (*McFadyen, Stevens*, Soc. **1936** 584, 585).
Beim Behandeln von *N'*-Benzolsulfonyl-*N*-benzoyl-hydrazin mit Benzoylchlorid und
Pyridin (*McF., St.*).

Krystalle (aus A.); F: 198—200° [Zers.].

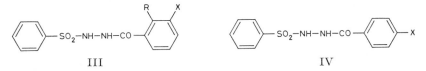

III   IV

N'-Benzolsulfonyl-N-[4-brom-2-methyl-benzoyl]-hydrazin, 4-Brom-2-methyl-benzoe=
säure-[*N'*-benzolsulfonyl-hydrazid], N-*(4-bromo-o-toluoyl)*-N'-*(phenylsulfonyl)hydrazine*
$C_{14}H_{13}BrN_2O_3S$, Formel V.

B. Beim Behandeln von 4-Brom-2-methyl-benzoesäure-hydrazid mit Benzolsulfonyl=
chlorid und Pyridin (*Harris*, Soc. **1947** 690).

Krystalle (aus A.); F: 188°.

N'-Benzolsulfonyl-N-diphenylacetyl-hydrazin, Diphenylessigsäure-[*N'*-benzolsulfonyl-
hydrazid], N-*(diphenylacetyl)*-N'-*(phenylsulfonyl)hydrazine* $C_{20}H_{18}N_2O_3S$, Formel I
(R = CO-CH(C_6H_5)$_2$, R' = H).

B. Beim Behandeln von Diphenylessigsäure-hydrazid mit Benzolsulfonylchlorid und
Pyridin (*McFadyen, Stevens*, Soc. **1936** 584, 585).

Krystalle (aus A.); F: 191—193°.

N'-Benzolsulfonyl-N-salicyloyl-hydrazin, Salicylsäure-[*N'*-benzolsulfonyl-hydrazid],
N-*(phenylsulfonyl)*-N'-*salicyloylhydrazine* $C_{13}H_{12}N_2O_4S$, Formel II (R = H, X = OH).

B. Beim Behandeln von Salicylsäure-hydrazid mit Benzolsulfonylchlorid und Pyridin
(*McFadyen, Stevens*, Soc. **1936** 584, 585).

Krystalle (aus A.); F: 161—162°.

N'-Benzolsulfonyl-N-[4-methoxy-benzoyl]-hydrazin, 4-Methoxy-benzoesäure-[*N'*-benzol=
sulfonyl-hydrazid], N-p-*anisoyl*-N'-*(phenylsulfonyl)hydrazine* $C_{14}H_{14}N_2O_4S$, Formel IV
(X = OCH$_3$).

B. Beim Behandeln von 4-Methoxy-benzoesäure-hydrazid mit Benzolsulfonylchlorid
und Pyridin (*McFadyen, Stevens*, Soc. **1936** 584, 585).

Krystalle (aus A.); F: 187—189° [Zers.].

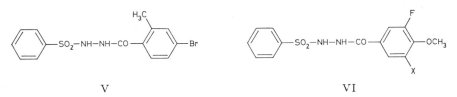

V   VI

N'-Benzolsulfonyl-N-[3-fluor-4-methoxy-benzoyl]-hydrazin, 3-Fluor-4-methoxy-benzoe=
säure-[*N'*-benzolsulfonyl-hydrazid], N-*(3-fluoro-p-anisoyl)*-N'-*(phenylsulfonyl)hydrazine*
$C_{14}H_{13}FN_2O_4S$, Formel VI (X = H).

B. Beim Behandeln von 3-Fluor-4-methoxy-benzoesäure-hydrazid mit Benzolsulfonyl=
chlorid und Pyridin (*Niemann, Benson, Mead*, Am. Soc. **63** [1941] 2204, 2208).

Krystalle (aus A.); F: 176—177°.

N'-Benzolsulfonyl-*N*-[3.5-difluor-4-methoxy-benzoyl]-hydrazin, 3.5-Difluor-4-methoxy-
benzoesäure-[*N'*-benzolsulfonyl-hydrazid], N-(*3,5-difluoro*-p-*anisoyl*)-N'-(*phenylsulfonyl*)=
hydrazine $C_{14}H_{12}F_2N_2O_4S$, Formel VI (X = F).

B. Beim Behandeln von 3.5-Difluor-4-methoxy-benzoesäure-hydrazid mit Benzol=
sulfonylchlorid und Pyridin (*Niemann, Benson, Mead*, Am. Soc. **63** [1941] 2204, 2208).

Krystalle (aus A.); F: 179—180°.

N'-Benzolsulfonyl-*N*-[2-methoxy-3-methyl-benzoyl]-hydrazin, 2-Methoxy-3-methyl-
benzoesäure-[*N'*-benzolsulfonyl-hydrazid], N-(*3-methyl-*o-*anisoyl*)-N'-(*phenylsulfonyl*)=
hydrazine $C_{15}H_{16}N_2O_4S$, Formel II (R = CH_3, X = OCH_3) auf S. 84.

B. Beim Behandeln von 2-Methoxy-3-methyl-benzoesäure-hydrazid mit Benzolsulf=
onylchlorid und Pyridin (*Hill, Short*, Soc. **1937** 260, 261).

Krystalle (aus A.); F: 149—150°.

N'-Benzolsulfonyl-*N*-[3-methoxy-2-äthyl-benzoyl]-hydrazin, 3-Methoxy-2-äthyl-benzoe=
säure-[*N'*-benzolsulfonyl-hydrazid], N-(*2-ethyl-*m-*anisoyl*)-N'-(*phenylsulfonyl*)*hydrazine*
$C_{16}H_{18}N_2O_4S$, Formel III (R = C_2H_5, X = OCH_3).

B. Beim Behandeln von 3-Methoxy-2-äthyl-benzoesäure-hydrazid mit Benzolsulfonyl=
chlorid und Pyridin (*Richtzenhain, Meyer-Delius*, B. **81** [1948] 81, 87).

Krystalle (aus wss. Me.); F: 167—170°.

N'-Benzolsulfonyl-*N*-[3-acetoxy-2-äthyl-benzoyl]-hydrazin, 3-Acetoxy-2-äthyl-benzoe=
säure-[*N'*-benzolsulfonyl-hydrazid], N-(*3-acetoxy-2-ethylbenzoyl*)-N'-(*phenylsulfonyl*)*hydr*=
azine $C_{17}H_{18}N_2O_5S$, Formel III (R = C_2H_5, X = O-CO-CH_3).

B. Beim Behandeln von Benzolsulfonsäure-hydrazid mit 3-Acetoxy-2-äthyl-benzoyl=
chlorid und Pyridin (*Richtzenhain, Meyer-Delius*, B. **81** [1948] 81, 88).

F: 147—155° [nicht rein erhalten].

N'-Benzolsulfonyl-*N*-[3.4-dimethoxy-phenanthrencarbonyl-(9)]-hydrazin, 3.4-Dimeth=
oxy-phenanthren-carbonsäure-(9)-[*N'*-benzolsulfonyl-hydrazid], N-(*3,4-dimethoxy-
9-phenanthrylcarbonyl*)-N'-(*phenylsulfonyl*)*hydrazine* $C_{23}H_{20}N_2O_5S$, Formel VII (X = H).

B. Beim Behandeln von 3.4-Dimethoxy-phenanthren-carbonsäure-(9)-hydrazid mit
Benzolsulfonylchlorid und Pyridin (*Holmes, Lee, Mooradian*, Am. Soc. **69** [1947] 1998).

Krystalle (aus A.); F: 251° [korr.; Zers.].

N'-Benzolsulfonyl-*N*-[3.4.5-trimethoxy-benzoyl]-hydrazin, 3.4.5-Trimethoxy-benzoe=
säure-[*N'*-benzolsulfonyl-hydrazid], N-(*phenylsulfonyl*)-N'-(*3,4,5-trimethoxybenzoyl*)=
hydrazine $C_{16}H_{18}N_2O_6S$, Formel VIII (R = H).

B. Beim Behandeln von 3.4.5-Trimethoxy-benzoesäure-hydrazid mit Benzolsulfonyl=
chlorid und Pyridin (*Buchanan, Cook, Loudon*, Soc. **1944** 325, 327).

F: 250° [Zers.].

N'-Benzolsulfonyl-*N*-[3.4.5-tribenzyloxy-benzoyl]-hydrazin, 3.4.5-Tribenzyloxy-benzoe=
säure-[*N'*-benzolsulfonyl-hydrazid], N-(*phenylsulfonyl*)-N'-[*3,4,5-(tribenzyloxy)benzoyl*]=
hydrazine $C_{34}H_{30}N_2O_6S$, Formel VIII (R = C_6H_5).

B. Beim Behandeln von 3.4.5-Tribenzyloxy-benzoesäure-hydrazid mit Benzolsulfonyl=
chlorid und Pyridin (*Clinton, Geissman*, Am. Soc. **65** [1943] 85).

Krystalle (aus wss. A.); F: 165,0—165,5° [korr.].

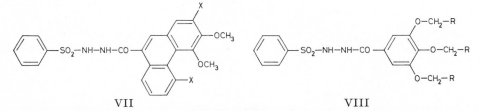

VII   VIII

N'-Benzolsulfonyl-*N*-[4.5.6.4'-tetramethoxy-biphenylcarbonyl-(2)]-hydrazin,
4.5.6.4'-Tetramethoxy-biphenyl-carbonsäure-(2)-[*N'*-benzolsulfonyl-hydrazid],
N-(*phenylsulfonyl*)-N'-(*4,4',5,6-tetramethoxybiphenyl-2-ylcarbonyl*)*hydrazine* $C_{23}H_{24}N_2O_7S$,
Formel IX.

B. Beim Behandeln von 4.5.6.4'-Tetramethoxy-biphenyl-carbonsäure-(2)-hydrazid mit

Benzolsulfonylchlorid und Pyridin (*Barton et al.*, Soc. **1949** 1079, 1081).
F: 177,5—178,5° [aus Me.].

N'-Benzolsulfonyl-N-[2.3.4.5-tetramethoxy-phenanthrencarbonyl-(9)]-hydrazin, 2.3.4.5-Tetramethoxy-phenanthren-carbonsäure-(9)-[N'-benzolsulfonyl-hydrazid], N-(*phenylsulfonyl*)-N'-(*2,3,4,5-tetramethoxy-9-phenanthrylcarbonyl*)*hydrazine* $C_{25}H_{24}N_2O_7S$, Formel VII (X = OCH_3).

B. Beim Behandeln von 2.3.4.5-Tetramethoxy-phenanthren-carbonsäure-(9)-hydrazid mit Benzolsulfonylchlorid und Pyridin (*Buchanan, Cook, Loudon*, Soc. **1944** 325, 329).
F: 232° [Zers.; aus Dioxan + A.].

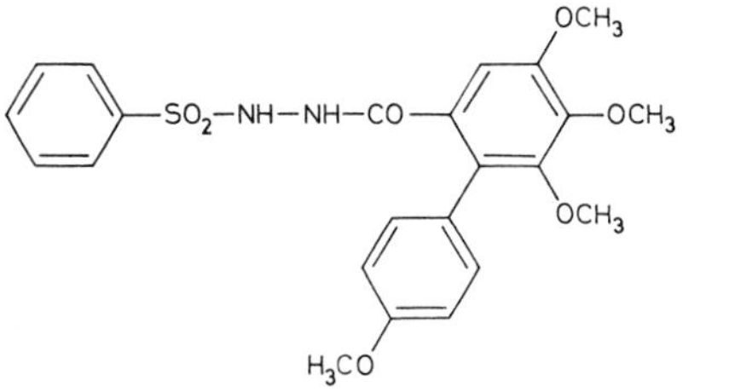

IX

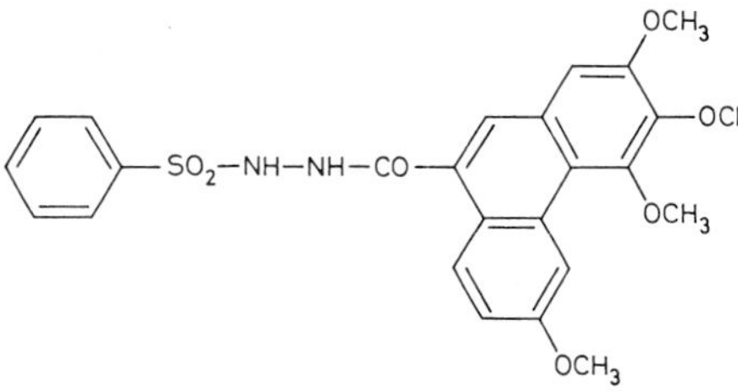

X

N'-Benzolsulfonyl-N-[2.3.4.6-tetramethoxy-phenanthrencarbonyl-(9)]-hydrazin, 2.3.4.6-Tetramethoxy-phenanthren-carbonsäure-(9)-[N'-benzolsulfonyl-hydrazid], N-(*phenylsulfonyl*)-N'-(*2,3,4,6-tetramethoxy-9-phenanthrylcarbonyl*)*hydrazine* $C_{25}H_{24}N_2O_7S$, Formel X.

B. Beim Behandeln von 2.3.4.6-Tetramethoxy-phenanthren-carbonsäure-(9)-hydrazid mit Benzolsulfonylchlorid und Pyridin (*Buchanan, Cook, Loudon*, Soc. **1944** 325, 328).
F: 237° [Zers.; aus A. + Dioxan].

N'-Benzolsulfonyl-N-[2.3.4.7-tetramethoxy-phenanthrencarbonyl-(9)]-hydrazin, 2.3.4.7-Tetramethoxy-phenanthren-carbonsäure-(9)-[N'-benzolsulfonyl-hydrazid], N-(*phenylsulfonyl*)-N'-(*2,3,4,7-tetramethoxy-9-phenanthrylcarbonyl*)*hydrazine* $C_{25}H_{24}N_2O_7S$, Formel XI.

B. Beim Behandeln von 2.3.4.7-Tetramethoxy-phenanthren-carbonsäure-(9)-hydrazid mit Benzolsulfonylchlorid und Pyridin (*Buchanan, Cook, Loudon*, Soc. **1944** 325, 328).
F: 250° [aus Dioxan + A.].

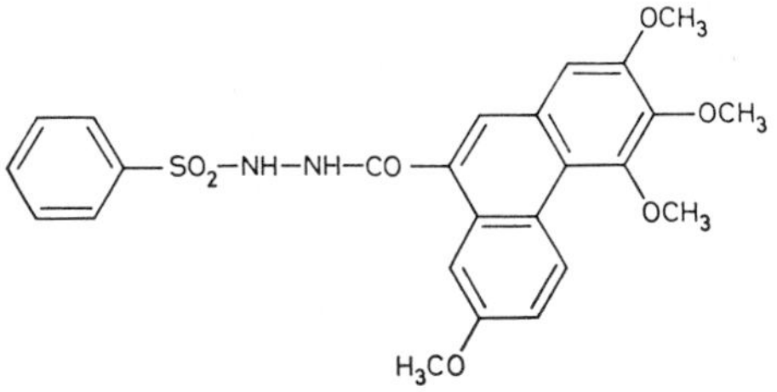

XI

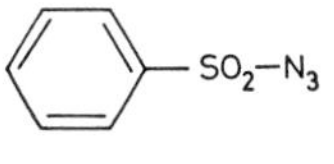

XII

Benzolsulfonylazid, *benzenesulfonylazide* $C_6H_5N_3O_2S$, Formel XII (H 53; E II 30).

B. Aus Benzolsulfonylchlorid und Natriumazid in wss. Äthanol (*Curtius, Rissom*, J. pr. [2] **125** [1930] 303, 311).

Öl. Mit Wasserdampf destillierbar.

Beim Erhitzen mit Benzol auf 105° ist Benzolsulfonsäure-anilid, beim Erhitzen mit Toluol sind Benzolsulfonsäure-*o*-toluidid und Benzolsulfonsäure-*p*-toluidid, beim Erhitzen mit *N*-Methyl-anilin sind Benzolsulfonamid, Bis-[4-methylamino-phenyl]-methan und eine als *N'*-Benzolsulfonyl-*N*-methyl-*o*-phenylendiamin oder *N'*-Benzolsulfonyl-*N*-methyl-*p*-phenylendiamin angesehene Verbindung $C_{13}H_{14}N_2O_2S$ (Pikrat $C_{13}H_{14}N_2O_2S \cdot C_6H_3N_3O_7$: F: 151—152°) erhalten worden (*Cu., Ri.*, l. c. S. 312, 313, 315). Bildung von 9-Benzolsulfonylimino-xanthen beim Erhitzen mit Xanthenthion-(9) in Xylol: *Schönberg, Urban*, Soc. **1935** 530.

4-Fluor-benzol-sulfonsäure-(1), p-*fluorobenzenesulfonic acid* $C_6H_5FO_3S$, Formel I
(X = OH) (H 53).
B. Beim Behandeln von 4-Fluor-benzol-sulfinsäure-(1) mit wss. Natronlauge und wss. Wasserstoffperoxid (*Hann*, Am. Soc. **57** [1935] 2166).
S-Benzyl-isothiuronium-Salz $[C_8H_{11}N_2S]C_6H_4FO_3S$. Krystalle (aus wss. Salzsäure); F: 166° [korr.].

4-Fluor-benzol-sulfonylchlorid-(1), p-*fluorobenzenesulfonyl chloride* $C_6H_4ClFO_2S$, Formel I (X = Cl) (H 53).
B. Beim Behandeln von Fluorbenzol mit Chloroschwefelsäure in Chloroform (*Huntress, Carten*, Am. Soc. **62** [1940] 511, 512).
Krystalle (aus Bzl. + Ae.); F: 35—36°.

4-Fluor-benzolsulfonamid-(1), p-*fluorobenzenesulfonamide* $C_6H_6FNO_2S$, Formel I
(X = NH₂) (H 54).
B. Aus 4-Fluor-benzol-sulfonylchlorid-(1) beim Erhitzen mit wss. Ammoniak sowie beim Erhitzen mit Ammoniumcarbonat (*Huntress, Carten*, Am. Soc. **62** [1940] 511, 512).
Krystalle (aus wss. A.); F: 124—125° [unkorr.; Block].

2-Chlor-benzolsulfonamid-(1), o-*chlorobenzenesulfonamide* $C_6H_6ClNO_2S$, Formel II.
B. Aus 2-Chlor-benzol-sulfonylchlorid-(1) (H 54) beim Erwärmen mit wss. Ammoniak (*Allen, Frame*, J. org. Chem. **7** [1942] 15, 16, 17).
Krystalle (aus W.); F: 188° [unkorr.].

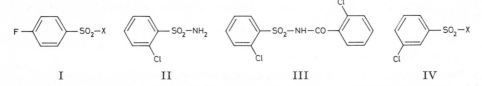

I   II   III   IV

[2-Chlor-benzol-sulfonyl-(1)]-[2-chlor-benzoyl]-amin, 2-Chlor-N-[2-chlor-benzol-sulfonyl-(1)]-benzamid, o-*chloro*-N-(o-*chlorophenylsulfonyl*)*benzamide* $C_{13}H_9Cl_2NO_3S$, Formel III.
B. Beim Erhitzen von 2-Chlor-benzolsulfonamid-(1) mit 2-Chlor-benzoylchlorid auf 180° (*Wertheim*, Am. Soc. **53** [1931] 1172).
Krystalle (aus wss. A. oder wss. Eg.); F: 154—155°.

3-Chlor-benzol-sulfonsäure-(1), m-*chlorobenzenesulfonic acid* $C_6H_5ClO_3S$, Formel IV
(X = OH) (H 54).
Abspaltung der Sulfo-Gruppe beim Erhitzen mit Phosphorsäure auf 182°: *Veselý, Stojanova*, Collect. **9** [1937] 465, 469.
Charakterisierung als Anilin-Salz (F: 206—207° [korr.]), als 4-Chlor-anilin-Salz (F: 195—196° [korr.]), als *p*-Toluidin-Salz (F: 199—200° [korr.]), als 2.4-Dimethyl-anilin-Salz (F: 151—152° [korr.]) und als Naphthyl-(1)-amin-Salz (F: 207—208° [korr.]): *Forster*, J. Soc. chem. Ind. **53** [1934] 358 T.
Kupfer(II)-Salz $Cu(C_6H_4ClO_3S)_2$. Blassgrüne Krystalle (aus W.) mit 6 Mol H_2O (*Čupr, Širůček*, Chem. Listy **31** [1937] 106; C. **1937** II 766).

3-Chlor-benzol-sulfonylfluorid-(1), m-*chlorobenzenesulfonyl fluoride* $C_6H_4ClFO_2S$,
Formel IV (X = F).
B. Beim Erwärmen einer aus 3-Amino-benzol-sulfonylfluorid-(1) in wss. Salzsäure bereiteten Diazoniumsalz-Lösung mit Kupfer-Pulver (*Steinkopf, Hübner*, J. pr. [2] **141** [1934] 193, 199).
Kp_{22}: 90°.

3-Chlor-benzolsulfonamid-(1), m-*chlorobenzenesulfonamide* $C_6H_6ClNO_2S$, Formel IV
(X = NH₂).
B. Aus 3-Chlor-benzol-sulfonylchlorid-(1) (H 54) beim Erwärmen mit wss. Ammoniak (*Allen, Frame*, J. org. Chem. **7** [1942] 15, 16).
F: 148° [unkorr.].

4-Chlor-benzol-sulfonsäure-(1), p-*chlorobenzenesulfonic acid* $C_6H_5ClO_3S$, Formel V (X = OH) (H 54; E I 14; E II 30).

B. Aus Chlorbenzol mit Hilfe von Schwefelsäure (*Tănăsescu, Macarovici*, Bl. [5] **5** [1938] 1126, 1128; vgl. H 54; E I 14; E II 30).

Wasserfreie Krystalle; F: 92—93° [aus $CHCl_3$] (*Tă., Ma.*), 97—98° (*Tănăsescu, Macarovici*, Acad. romîne Bulet. ştiinţ. **5** [1953] 57; C. A. **1956** 14 611).

Abspaltung der Sulfo-Gruppe beim Erhitzen mit Phosphorsäure auf 200°: *Veselý, Stojanova*, Collect. **9** [1937] 465, 469. Bildung von [4-Chlor-phenyl]-[4-hydroxy-phenyl]-sulfon beim Erhitzen mit Phenol auf 245°: *Woroshzow, Kutschkarow*, Ž. obšč. Chim. **19** [1949] 1943, 1948; C. A. **1950** 1922.

Charakterisierung als Anilin-Salz (F: 222—223° [korr.]), als 4-Chlor-anilin-Salz (F: 210—211° [korr.]) und als p-Toluidin-Salz (F: 207—209° [korr.]): *Forster*, J. Soc. chem. Ind. **53** [1934] 358 T; S-Benzyl-isothiuronium-Salz s. u.

Kupfer(II)-Salz $Cu(C_6H_4ClO_3S)_2$. Blaue Krystalle (aus W.) mit 6 Mol H_2O (*Čupr, Širůček*, Chem. Listy **31** [1937] 106, 107; C. **1937** II 766).

Beryllium-Salz $Be(C_6H_4ClO_3S)_2$. Krystalle (aus W.) mit 6 Mol H_2O (*Čupr, Širůček*, J. pr. [2] **136** [1933] 159, 170). Elektrische Leitfähigkeit von wss. Lösungen: *Čupr, Širůček*, Collect. **6** [1934] 97, 99.

Magnesium-Salz $Mg(C_6H_4ClO_3S)_2$. Krystalle (aus W.) mit 6 Mol H_2O (*Čupr, Širůček*, J. pr. [2] **139** [1934] 245, 246).

Calcium-Salz $Ca(C_6H_4ClO_3S)_2$. Krystalle [aus W.] (*Čupr, Ši.*, J. pr. [2] **139** 247).

Strontium-Salz $Sr(C_6H_4ClO_3S)_2$. Krystalle (aus W.) mit 1 Mol H_2O (*Čupr, Ši.*, J. pr. [2] **139** 247).

Zink-Salz $Zn(C_6H_4ClO_3S)_2$. Krystalle (aus W.) mit 6 Mol H_2O (*Čupr, Ši.*, J. pr. [2] **139** 247).

Cadmium-Salz $Cd(C_6H_4ClO_3S)_2$. Krystalle (aus W.) mit 2 Mol H_2O (*Čupr, Ši.*, J. pr. [2] **139** 247).

Aluminium-Salz $Al(C_6H_4ClO_3S)_3$. Krystalle (aus W.) mit 9 Mol H_2O (*Čupr, Sliva*, Spisy přírodov. Mas. Univ. Nr. 200 [1935] 6; C. **1935** I 2669).

Guanidin-Salz $CH_5N_3 \cdot C_6H_5ClO_3S$. Krystalle (aus W.); F: 207° [korr.] (*Perrot*, Bl. **1946** 554, 557).

S-Benzyl-isothiuronium-Salz $[C_8H_{11}N_2S]C_6H_4ClO_3S$. Krystalle (aus wss. A.) mit 1 Mol H_2O; F: 174,9—175,4° [korr.] (*Chambers, Watt*, J. org. Chem. **6** [1941] 376, 378).

(±)-2.2.2-Trichlor-1-[4-chlor-benzol-sulfonyl-(1)-oxy]-1-[2-chlor-phenyl]-äthan, (±)-*1,1,1-trichloro-2-(o-chlorophenyl)-2-(p-chlorophenylsulfonyloxy)ethane* $C_{14}H_9Cl_5O_3S$, Formel VI.

B. Aus 4-Chlor-benzol-sulfonylchlorid-(1) und (±)-2.2.2-Trichlor-1-[2-chlor-phenyl]-äthanol-(1) mit Hilfe von Pyridin oder wss. Kalilauge (*Haller et al.*, Am. Soc. **67** [1945] 1591, 1601).

Krystalle (aus A.); F: 106,9—107,4° [korr.] (*Ha. et al.*). IR-Spektrum (7—14,5 μ; CS_2): *Downing et al.*, Ind. eng. Chem. Anal. **18** [1946] 461, 464. In Äther löslich, in Wasser fast unlöslich (*Ha. et al.*, l. c. S. 1596).

Bei 14-stdg. Erhitzen mit 10%ig. wss. Kalilauge erfolgt keine Veränderung (*Ha. et al.*).

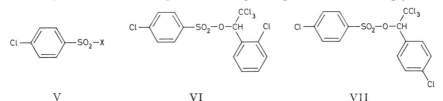

V   VI   VII

(±)-2.2.2-Trichlor-1-[4-chlor-benzol-sulfonyl-(1)-oxy]-1-[4-chlor-phenyl]-äthan, (±)-*1,1,1-trichloro-2-(p-chlorophenyl)-2-(p-chlorophenylsulfonyloxy)ethane* $C_{14}H_9Cl_5O_3S$, Formel VII.

B. Beim Behandeln von 4-Chlor-benzol-sulfonylchlorid-(1) mit (±)-2.2.2-Trichlor-1-[4-chlor-phenyl]-äthanol-(1) und wss. Kalilauge (*Haller et al.*, Am. Soc. **67** [1945] 1591, 1601).

Krystalle (aus A.); F: 141,3—142°.

4-Chlor-benzol-sulfonsäure-(1)-[3-methoxy-phenylester], p-*chlorobenzenesulfonic acid* m-*methoxyphenyl ester* $C_{13}H_{11}ClO_4S$, Formel VIII auf S. 92.

B. Beim Behandeln von 4-Chlor-benzol-sulfonylchlorid-(1) mit 3-Methoxy-phenol und Pyridin (*Burton, Hoggarth*, Soc. **1945** 14, 16).

$Kp_{0,5}$: 190—191°. n_D^{20}: 1,5788.

4-Chlor-benzol-sulfonylfluorid-(1), p-*chlorobenzenesulfonyl fluoride* $C_6H_4FClO_2S$, Formel V (X = F).

B. Aus 4-Chlor-benzol-sulfonylchlorid-(1) beim Erhitzen mit Zinkfluorid in Wasser (*Davies, Dick*, Soc. **1931** 2104, 2107).

Krystalle (aus wss. A.); F: 47—48°.

4-Chlor-benzol-sulfonylchlorid-(1), p-*chlorobenzenesulfonyl chloride* $C_6H_4Cl_2O_2S$, Formel V (X = Cl) (H 55; E I 14; E II 30).

B. Aus Chlorbenzol und Chloroschwefelsäure in Chloroform (*Huntress, Carten*, Am. Soc. **62** [1940] 511, 512; vgl. H 55; E II 30).

Krystalle (aus Bzl. + Ae.); F: 53,5° (*Hu., Ca.*). Dipolmoment (ε; Bzl.): 3,2 D (*Gur'janowa*, Ž. fiz. Chim. **21** [1947] 411; C. A. **1947** 6786).

Hydrierung an Palladium in wss. Aceton unter Bildung von 4-Chlor-benzol-sulfin≈ säure-(1) und Bis-[4-chlor-phenyl]-disulfid: *De Smet*, Natuurw. Tijdschr. **15** [1933] 215, 221.

4-Chlor-benzol-sulfonyljodid-(1), p-*chlorobenzenesulfonyl iodide* $C_6H_4ClIO_2S$, Formel V (X = I).

B. Beim Behandeln einer wss. Lösung des Natrium-Salzes der 4-Chlor-benzol-sulfin≈ säure-(1) mit äthanol. Jod-Lösung (*Bulmer, Mann*, Soc. **1945** 680, 684).

Krystalle (aus PAe.); F: 74—75°.

4-Chlor-benzolsulfonamid-(1), p-*chlorobenzenesulfonamide* $C_6H_6ClNO_2S$, Formel V (X = NH_2) (H 55; E I 15).

B. Aus 4-Chlor-benzol-sulfonylchlorid-(1) beim Erhitzen mit wss. Ammoniak oder mit Ammoniumcarbonat (*Huntress, Carten*, Am. Soc. **62** [1940] 511, 512; *Allen, Frame*, J. org. Chem. **7** [1942] 15, 16, 17; vgl. H 55).

Krystalle; F: 146° [unkorr.; aus W.] (*Gur'janowa*, Ž. fiz. Chim. **21** [1947] 633, 641; C. A. **1948** 2148), 144° [unkorr.; aus W.] (*Allen, Fr.*), 142—143° [unkorr.; Block; aus wss. A.] (*Hu., Ca.*). Dipolmoment: 3,91 [ε; Bzl.], 4,39 D [ε; Dioxan] (*Gu.*).

4-Chlor-*N*-methyl-benzolsulfonamid-(1), p-*chloro-N-methylbenzenesulfonamide* $C_7H_8ClNO_2S$, Formel V (X = NH-CH_3) (E I 14).

B. Aus 4-Chlor-benzol-sulfonamid-(1) beim Erhitzen mit Natriumcarbonat in Chlor≈ benzol und mit Dimethylsulfat (*Geigy A.G.*, Schweiz. P. 245679 [1945]).

F: 62—64°.

4-Chlor-*N.N*-dimethyl-benzolsulfonamid-(1), p-*chloro-N,N-dimethylbenzenesulfonamide* $C_8H_{10}ClNO_2S$, Formel V (X = $N(CH_3)_2$).

B. Beim Erwärmen von Chlorbenzol mit *N.N*-Dimethyl-sulfamidoylchlorid und Aluminiumchlorid (*Geigy A.G.*, Schweiz.P. 248800 [1945]). Aus 4-Chlor-benzol-sulfon≈ säure-(1)-methylester beim Erhitzen mit wss. Dimethylamin (*Geigy A.G.*, Schweiz.P. 248800). Aus 4-Chlor-benzol-sulfonylchlorid-(1) beim Behandeln mit wss. Dimethylamin unter Zusatz von wss. Natronlauge (*Geigy A.G.*, Schweiz.P. 248800). Beim Behandeln von 4-Chlor-*N*-methyl-benzolsulfonamid-(1) mit äthanol. Natriumäthylat und Erwärmen des erhaltenen Natrium-Salzes mit Dimethylsulfat in Chlorbenzol (*Geigy A.G.*, Schweiz.P. 245679 [1945]). Beim Erwärmen einer aus Sulfanilsäure-dimethylamid in wss. Salzsäure bereiteten Diazoniumsalz-Lösung mit Kupfer(I)-chlorid und wss. Salzsäure (*Geigy A.G.*, Schweiz. P. 246983 [1945]).

Krystalle (aus Me.); F: 80° (*Geigy A.G.*).

[4-Chlor-benzol-sulfonyl-(1)]-benzoyl-amin, *N*-[4-Chlor-benzol-sulfonyl-(1)]-benzamid, *N*-(p-*chlorophenylsulfonyl)benzamide* $C_{13}H_{10}ClNO_3S$, Formel V (X = NH-CO-C_6H_5).

B. Beim Erhitzen von 4-Chlor-benzolsulfonamid-(1) mit Benzoylchlorid bis auf 200° (*Chromow, Borisow*, Ž. prikl. Chim. **18** [1945] 612, 622; C. A. **1946** 6365).

Krystalle (aus wss. Ameisensäure); F: 184—185,5°. In Wasser und Äther schwer löslich, in warmem Äthanol sowie in wss. Natriumcarbonat-Lösung löslich.

[4-Chlor-benzol-sulfonyl-(1)]-guanidin, (p-*chlorophenylsulfonyl*)*guanidine* $C_7H_8ClN_3O_2S$, Formel V (X = NH-C(NH$_2$)=NH) [auf S. 89] und Tautomeres.

B. Neben dem Guanidin-Salz der 4-Chlor-benzol-sulfonsäure-(1) beim Behandeln von Guanidin-carbonat (oder Guanidin-hydrochlorid) mit wss. Kalilauge und mit 4-Chlorbenzol-sulfonylchlorid-(1) (*Perrot*, Bl. **1946** 554, 557).

Krystalle (aus W.); F: 203—204° [korr.].

N'-**[4-Chlor-benzol-sulfonyl-(1)]-*N*-isopropyl-guanidin,** N-(p-*chlorophenylsulfonyl*)-*N'-isopropylguanidine* $C_{10}H_{14}ClN_3O_2S$, Formel V (X = NH-C(=NH)-NH-CH(CH$_3$)$_2$) [auf S. 89] und Tautomere.

B. Beim Erwärmen von *N*-[4-Chlor-benzol-sulfonyl-(1)]-*S*-methyl-isothioharnstoff mit Isopropylamin in Äthanol (*Funke, Kornmann,* Bl. **1947** 1062, 1064).

Krystalle (aus A.); F: 137°. In Wasser fast unlöslich.

5-[4-Chlor-benzol-sulfonyl-(1)]-1-isopropyl-biguanid, 1-(p-*chlorophenylsulfonyl*)-5-*iso=propylbiguanide* $C_{11}H_{16}ClN_5O_2S$, Formel V (X = NH-C(=NH)-NH-C(=NH)-NH-CH(CH$_3$)$_2$) [auf S. 89] und Tautomere.

B. Beim Erwärmen von *N'*-[4-Chlor-benzol-sulfonyl-(1)]-*N*-äthylmercaptocarbimidoyl-guanidin mit Isopropylamin in Äthanol (*Funke, Kornmann,* Bl. **1947** 1062, 1064).

Krystalle (aus Acn.); F: 157°. In Wasser löslich.

N'-**[4-Chlor-benzol-sulfonyl-(1)]-*N*-äthylmercaptocarbimidoyl-guanidin,** *S*-Äthyl-*N*-**[4-chlor-benzol-sulfonyl-(1)-carbamimidoyl]-isothioharnstoff,** 1-[(p-*chlorophenyl=sulfonyl*)*carbamimidoyl*]-2-*ethylisothiourea* $C_{10}H_{13}ClN_4O_2S_2$, Formel V (X = NH-C(=NH)-NH-C(=NH)-S-C$_2$H$_5$) [auf S. 89] und Tautomere.

B. Beim Erwärmen von 4-Chlor-benzol-sulfonylchlorid-(1) mit *S*-Äthyl-*N*-carbamimido=yl-isothiuronium-bromid und Natriumcarbonat in Aceton (*Funke, Kornmann,* Bl. **1947** 1062, 1064).

Krystalle (aus A.); F: 140—141°. In heissem Wasser löslich.

N-**[4-Chlor-benzol-sulfonyl-(1)]-*S*-methyl-isothioharnstoff,** N-(p-*chlorophenylsulfonyl*)-*S-methylisothiourea* $C_8H_9ClN_2O_2S_2$, Formel V (X = NH-C(=NH)-S-CH$_3$) auf S. 89.

B. Beim Erwärmen von 4-Chlor-benzol-sulfonylchlorid-(1) mit *S*-Methyl-isothiuronium-sulfat und Natriumcarbonat in Aceton (*Funke, Kornmann,* Bl. **1947** 1062, 1064).

Krystalle (aus A.); F: 114°.

C-**Diazo-*N*-[4-chlor-benzol-sulfonyl-(1)]-malonamidsäure-äthylester,** 2-*diazo*-N-(p-*chloro=phenylsulfonyl*)*malonamic acid ethyl ester* $C_{11}H_{10}ClN_3O_5S$, Formel V (X = NH-CO-C(N$_2$)-CO-OC$_2$H$_5$).

Diese Konstitution ist der nachstehend beschriebenen Verbindung auf Grund ihrer Bildungsweise in Analogie zu *C*-Diazo-*N*-[toluol-sulfonyl-(4)]-malonamidsäure-äthyl=ester (E II **11** 60) zuzuordnen (vgl. *Regitz*, A. **676** [1964] 101, 105).

B. Beim Behandeln von 4-Chlor-benzol-sulfonylazid-(1) mit der Natrium-Verbindung des Malonsäure-diäthylesters in Äthanol (*Curtius, Vorbach,* J. pr. [2] **125** [1930] 340, 357).

Gelbe Krystalle (aus A.); F: 95° (*Cu., Vo.*).

4-Chlor-benzol-sulfonsäure-(1)-hydrazid, p-*chlorobenzenesulfonic acid hydrazide* $C_6H_7ClN_2O_2S$, Formel V (X = NH-NH$_2$) auf S. 89.

B. Aus 4-Chlor-benzol-sulfonylchlorid-(1) beim Behandeln von Lösungen in Äthanol oder in Tetrahydrofuran mit Hydrazin-hydrat (*Curtius, Vorbach,* J. pr. [2] **125** [1930] 340, 341; *Friedman, Litle, Reichle,* Org. Synth. **40** [1960] 93, 95).

Krystalle (aus A. + W.); F: 113—114° (*Cu., Vo.*). In Äthanol, Aceton und Benzol leicht löslich, in kaltem Wasser schwer löslich (*Cu., Vo.*).

Hydrochlorid $C_6H_7ClN_2O_2S \cdot HCl$. Krystalle (aus A. + Ae.); F: 158—159° (*Cu., Vo.*).

Pikrat $C_6H_7ClN_2O_2S \cdot C_6H_3N_3O_7$. Gelbe Krystalle (aus A.); F: 83° (*Cu., Vo.*).

4-Chlor-benzol-sulfonsäure-(1)-isopropylidenhydrazid, Aceton-[4-chlor-benzol-sulfon=yl-(1)-hydrazon], p-*chlorobenzenesulfonic acid isopropylidenehydrazide* $C_9H_{11}ClN_2O_2S$, Formel V (X = NH-N = C(CH$_3$)$_2$) auf S. 89.

B. Beim Behandeln von 4-Chlor-benzol-sulfonsäure-(1)-hydrazid mit Aceton und wss. Salzsäure (*Curtius, Vorbach,* J. pr. [2] **125** [1930] 340, 342).

Krystalle (aus A.); F: ca. 140—143° [Zers.].

4-Chlor-benzol-sulfonsäure-(1)-benzylidenhydrazid, Benzaldehyd-[4-chlor-benzol-sulfonyl-(1)-hydrazon], p-*chlorobenzenesulfonic acid benzylidenehydrazide* $C_{13}H_{11}ClN_2O_2S$, Formel V (X = NH-N = CH-C$_6$H$_5$) auf S. 89.

B. Beim Behandeln von 4-Chlor-benzol-sulfonsäure-(1)-hydrazid mit Benzaldehyd und wss. Salzsäure (*Curtius, Vorbach,* J. pr. [2] **125** [1930] 340, 342).

Krystalle (aus A.); F: 128—129° [Zers.].

4-Chlor-benzol-sulfonylazid-(1), p-*chlorobenzenesulfonyl azide* $C_6H_4ClN_3O_2S$, Formel V (X = N$_3$) auf S. 89.

B. Aus 4-Chlor-benzol-sulfonylchlorid-(1) und Natriumazid in wss. Äthanol (*Curtius, Vorbach,* J. pr. [2] **125** [1930] 340). Aus 4-Chlor-benzol-sulfonsäure-(1)-hydrazid beim Behandeln mit wss. Salzsäure und wss. Natriumnitrit-Lösung (*Cu., Vo.,* l. c. S. 343).

Krystalle (aus A.); F: 39°. Mit Wasserdampf destillierbar.

Bildung von 4-Chlor-N-o-tolyl-benzol-sulfonamid-(1) beim Erhitzen mit Toluol: *Cu., Vo.,* l. c. S. 343—346. Beim Erhitzen mit Anilin auf 125° sind 4-Chlor-benzol-sulfon=säure-(1)-anilid und N-[4-Chlor-benzol-sulfonyl-(1)]-o-phenylendiamin, beim Erhitzen mit N-Methyl-anilin sind N'-[4-Chlor-benzol-sulfonyl-(1)]-N-methyl-o-phenylendiamin und 4-Chlor-benzolsulfonamid-(1), beim Erhitzen mit N.N-Dimethyl-anilin sind 4-Chlor-benzolsulfonamid-(1), Bis-[4-dimethylamino-phenyl]-methan und ein Gemisch von N'-[4-Chlor-benzol-sulfonyl-(1)]-N.N-dimethyl-o-phenylendiamin und N'-[4-Chlor-benzol-sulfonyl-(1)]-N.N-dimethyl-p-phenylendiamin erhalten worden (*Cu., Vo.,* l. c. S. 348 bis 352). Reaktion mit der Natrium-Verbindung des Malonsäure-diäthylesters in Äthanol unter Bildung von C-Diazo-N-[4-chlor-benzol-sulfonyl-(1)]-malonamidsäure-äthylester (S. 91): *Cu., Vo.,* l. c. S. 357.

2.3-Dichlor-benzol-sulfonsäure-(1), *2,3-dichlorobenzenesulfonic acid* $C_6H_4Cl_2O_3S$, Formel IX.

B. In geringer Menge neben 3.4-Dichlor-benzol-sulfonsäure-(1) beim Behandeln von 1.2-Dichlor-benzol mit Schwefelsäure in Gegenwart von Quecksilber und anschliessenden Erwärmen mit rauchender Schwefelsäure auf 100° (*Lauer,* J. pr. [2] **138** [1933] 81, 89).

Zerfliessende Krystalle.

Beim Erhitzen mit Natriumhydroxid sind Pyrogallol und 2.3-Dihydroxy-benzol-sulfon=säure-(1) erhalten worden.

Natrium-Salz NaC$_6$H$_3$Cl$_2$O$_3$S. Krystalle (aus W.) mit 2 Mol H$_2$O.

2.4-Dichlor-benzol-sulfonsäure-(1), *2,4-dichlorobenzenesulfonic acid* $C_6H_4Cl_2O_3S$, Formel X (X = OH) (H 55; E I 15).

B. Aus 1.3-Dichlor-benzol beim Behandeln mit rauchender Schwefelsäure (*van de Lande,* R. **51** [1932] 98, 99; vgl. H 55; E I 15).

Hygroskopische Krystalle (aus W.); F: 86° (*v. d. La.*).

Beim Erhitzen des Kalium-Salzes mit Thionylchlorid auf 180° ist 1.2.4-Trichlor-benzol erhalten worden (*v. d. La.*). Abspaltung der Sulfo-Gruppe beim Erhitzen mit Phosphor=säure auf 155° (*Veselý, Stojanova,* Collect. **9** [1937] 465, 469).

2.4-Dichlor-benzol-sulfonylchlorid-(1), *2,4-dichlorobenzenesulfonyl chloride* $C_6H_3Cl_3O_2S$, Formel X (X = Cl) (E I 15).

B. Aus 1.3-Dichlor-benzol und Chloroschwefelsäure (*Huntress, Carten,* Am. Soc. **62** [1940] 511, 512).

Krystalle (aus PAe.); F: 52—53°.

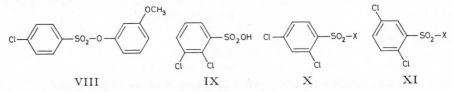

VIII IX X XI

2.4-Dichlor-benzolsulfonamid-(1), *2,4-dichlorobenzenesulfonamide* $C_6H_5Cl_2NO_2S$, Formel X (X = NH$_2$) (E I 15).

B. Aus 2.4-Dichlor-benzol-sulfonylchlorid-(1) beim Erhitzen mit wss. Ammoniak oder mit Ammoniumcarbonat (*Huntress, Carten,* Am. Soc. **62** [1940] 511, 512; vgl. E I 15).

Krystalle (aus wss. A.); F: 179—180° [unkorr.; Block].

2.5-Dichlor-benzol-sulfonsäure-(1), *2,5-dichlorobenzenesulfonic acid* $C_6H_4Cl_2O_3S$, Formel XI (X = OH) (H 55; E I 15; E II 30).

Acidität von Lösungen in Essigsäure und Acetanhydrid: *Russell, Cameron*, Am. Soc. **60** [1938] 1345, 1347.

Natrium-Salz $NaC_6H_3Cl_2O_3S$. Krystalle (aus W.) mit 3 Mol H_2O, von denen bei Raumtemperatur 2 Mol abgegeben werden (*de Crauw*, R. **50** [1931] 753, 766).

Glycin-Salz $C_2H_5NO_2 \cdot C_6H_4Cl_2O_3S$. Krystalle; F: 191° (*Fitzgerald*, Trans. roy. Soc. Canada [3] **31** III [1937] 153, 157).

DL-Alanin-Salz $C_3H_7NO_2 \cdot C_6H_4Cl_2O_3S$. Krystalle; F: 201° (*Fi.*).

β-Alanin-Salz $C_3H_7NO_2 \cdot C_6H_4Cl_2O_3S$. Krystalle; F: 106° (*Fi.*).

DL-Leucin-Salz $C_6H_{13}NO_2 \cdot C_6H_4Cl_2O_3S$. Krystalle; F: 216° (*Fi.*).

**1-[2.5-Dichlor-benzol-sulfonyl-(1)-oxy]-cyclohexanol-(2), 2.5-Dichlor-benzol-sulfon=
säure-(1)-[2-hydroxy-cyclohexylester]**, *2,5-dichlorobenzenesulfonic acid 2-hydroxycyclo=
hexyl ester* $C_{12}H_{14}Cl_2O_4S$.

(±)-**2.5-Dichlor-benzol-sulfonsäure-(1)-[*trans*-2-hydroxy-cyclohexylester]**, Formel XII (R = H) + Spiegelbild.

B. Beim Behandeln von 2.5-Dichlor-benzol-sulfonsäure-(1) mit Peroxyessigsäure in Essigsäure und mit Cyclohexen (*Criegee, Stanger*, B. **69** [1936] 2753, 2755).

Krystalle (aus Bzl. + Bzn.); F: 134° [korr.; Zers.].

2-[2.5-Dichlor-benzol-sulfonyl-(1)-oxy]-1-acetoxy-cyclohexan, *1-acetoxy-2-(2,5-dichloro=
phenylsulfonyloxy)cyclohexane* $C_{14}H_{16}Cl_2O_5S$.

(±)-*trans*-**2-[2.5-Dichlor-benzol-sulfonyl-(1)-oxy]-1-acetoxy-cyclohexan**, Formel XII (R = CO-CH₃) + Spiegelbild.

B. Aus (±)-2.5-Dichlor-benzol-sulfonsäure-(1)-[*trans*-2-hydroxy-cyclohexylester] beim Behandeln mit Acetanhydrid und Schwefelsäure (*Criegee, Stanger*, B. **69** [1936] 2753, 2755).

Krystalle (aus Me.); F: 170° [korr.; Zers.].

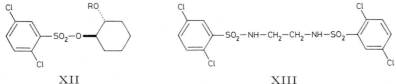

             XII   XIII

2.5-Dichlor-benzol-sulfonylchlorid-(1), *2,5-dichlorobenzenesulfonyl chloride* $C_6H_3Cl_3O_2S$, Formel XI (X = Cl) (E I 15; E II 30).

B. Aus 1.4-Dichlor-benzol und Chloroschwefelsäure in Chloroform (*Huntress, Carten*, Am. Soc. **62** [1940] 511, 512).

Krystalle (aus PAe.); F: 38°.

2.5-Dichlor-benzolsulfonamid-(1), *2,5-dichlorobenzenesulfonamide* $C_6H_5Cl_2NO_2S$, Formel XI (X = NH₂) (E I 15).

B. Aus 2.5-Dichlor-benzol-sulfonylchlorid-(1) beim Erhitzen mit wss. Ammoniak oder mit Ammoniumcarbonat (*Huntress, Carten*, Am. Soc. **62** [1940] 511, 513; vgl. E I 15).

Krystalle (aus wss. A.); F: 179,5—180° [unkorr.; Block].

**[2.5-Dichlor-benzol-sulfonyl-(1)]-acetyl-amin, N-[2.5-Dichlor-benzol-sulfonyl-(1)]-
acetamid**, N-(2,5-dichlorophenylsulfonyl)acetamide $C_8H_7Cl_2NO_3S$, Formel XI (X = NH-CO-CH₃).

B. Aus 2.5-Dichlor-benzolsulfonamid-(1) und Acetylchlorid (*Openshaw, Spring*, Soc. **1945** 234).

Krystalle (aus wss. A.); F: 214°. In wss. Natriumhydrogencarbonat-Lösung löslich.

**1.2-Bis-[2.5-dichlor-benzol-sulfonyl-(1)-amino]-äthan, N.N′-Bis-[2.5-dichlor-benzol-
sulfonyl-(1)]-äthylendiamin, 2.5.2′.5′-Tetrachlor-N.N′-äthylen-bis-benzolsulfonamid-(1)**,
2,2′,5,5′-tetrachloro-N,N′-ethylenebisbenzenesulfonamide $C_{14}H_{12}Cl_4N_2O_4S_2$, Formel XIII.

F: 190—191° (*I. G. Farbenind.*, D.R.P. 506988 [1928]; Frdl. **17** 2114; U.S.P. 1962276 [1929]).

N'-[2.5-Dichlor-benzol-sulfonyl-(1)]-*N*-benzoyl-hydrazin, Benzoesäure-[*N'*-(2.5-dichlor-benzol-sulfonyl-(1))-hydrazid], N-*benzoyl*-N'-*(2,5-dichlorophenylsulfonyl)hydrazine* $C_{13}H_{10}Cl_2N_2O_3S$, Formel I (X = H).

B. Aus 2.5-Dichlor-benzol-sulfonylchlorid-(1) und Benzoesäure-hydrazid mit Hilfe von Pyridin (*McFadyen, Stevens*, Soc. **1936** 584, 585).

Krystalle (aus A.); F: 186—188° [Zers.].

Beim Erhitzen einer Lösung in Äthylenglykol mit Natriumcarbonat (2 Mol) auf 110° bilden sich Benzaldehyd, 2.5-Dichlor-benzol-sulfinsäure-(1) und Stickstoff.

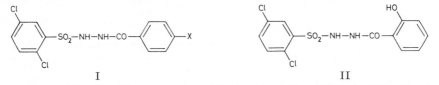

I   II

N'-[2.5-Dichlor-benzol-sulfonyl-(1)]-*N*-[4-chlor-benzoyl]-hydrazin, 4-Chlor-benzoesäure-[*N'*-(2.5-dichlor-benzol-sulfonyl-(1))-hydrazid], N-*(4-chlorobenzoyl)*-N'-*(2,5-dichlorophen=ylsulfonyl)hydrazine* $C_{13}H_9Cl_3N_2O_3S$, Formel I (X = Cl).

B. Aus 2.5-Dichlor-benzol-sulfonylchlorid-(1) und 4-Chlor-benzoesäure-hydrazid mit Hilfe von Pyridin (*McFadyen, Stevens*, Soc. **1936** 584, 585).

Krystalle (aus A.); F: 235—237° [Zers.].

N'-[2.5-Dichlor-benzol-sulfonyl-(1)]-*N*-salicyloyl-hydrazin, Salicylsäure-[*N'*-(2.5-dichlor-benzol-sulfonyl-(1))-hydrazid], N-*(2,5-dichlorophenylsulfonyl)*-N'-*salicyloylhydrazine* $C_{13}H_{10}Cl_2N_2O_4S$, Formel II.

B. Aus 2.5-Dichlor-benzol-sulfonylchlorid-(1) und Salicylsäure-hydrazid mit Hilfe von Pyridin (*McFadyen, Stevens*, Soc. **1936** 584, 585).

Krystalle (aus A.); F: 229—230° [Zers.].

3.4-Dichlor-benzol-sulfonsäure-(1), *3,4-dichlorobenzenesulfonic acid* $C_6H_4Cl_2O_3S$, Formel III (X = OH) (H 55; E I 16; E II 16).

B. Aus 1.2-Dichlor-benzol beim Erhitzen mit Schwefelsäure auf 180° (*Vickery, Winternitz*, J. biol. Chem. **156** [1944] 211, 226). Neben geringen Mengen 2.3-Dichlor-benzol-sulfonsäure-(1) beim Behandeln von 1.2-Dichlor-benzol mit Schwefelsäure in Gegenwart von Quecksilber und anschliessenden Erwärmen mit rauchender Schwefelsäure auf 100° (*Lauer*, J. pr. [2] **138** [1933] 81, 89; vgl. H 55; E I 16).

Krystalle (aus CHCl₃) mit 2 Mol H₂O; F: 71—72° (*Vickery*, J. biol. Chem. **143** [1942] 77, 79).

Beim Erhitzen des Natrium-Salzes mit methanol. Natriummethylat auf 180° ist 3-Chlor-4-hydroxy-benzol-sulfonsäure-(1) erhalten worden (*Kraay*, R. **49** [1930] 1082, 1089).

Natrium-Salz $NaC_6H_3Cl_2O_3S$. Krystalle [aus A.] (*Kr.*, l. c. S. 1083).

L-Arginin-Salz $C_6H_{14}N_4O_2 \cdot 2C_6H_4Cl_2O_3S$. F: 205° (*Vi.*, l. c. S. 83).

L-Leucin-Salz $C_6H_{13}NO_2 \cdot C_6H_4Cl_2O_3S$. Krystalle (aus W.); F: 194—195° (*Vi.*).

L-Cystein-Salz $C_3H_7NO_2S \cdot C_6H_4Cl_2O_3S$. Krystalle (aus W.); F:197° [Zers.] (*Vi., Wi.*).

L-Cystin-Salz $C_6H_{12}N_2O_4S_2 \cdot 2\ C_6H_4Cl_2O_3S$. Krystalle (aus wss. Lösung); F: 215° [Zers.] (*Vi., Wi.*, l. c. S. 226). In wss. Lösung nicht beständig (*Vi., Wi.*).

DL-Methionin-Salz $C_5H_{11}NO_2S \cdot C_6H_4Cl_2O_3S$. Krystalle (aus W.); F: 183° (*Booth, Burnop, Jones*, Soc. **1944** 666).

3.4-Dichlor-benzol-sulfonylchlorid-(1), *3,4-dichlorobenzenesulfonyl chloride* $C_6H_3Cl_3O_2S$, Formel III (X = Cl) (E I 16).

B. Aus 1.2-Dichlor-benzol und Chloroschwefelsäure in Chloroform (*Huntress, Carten*, Am. Soc. **62** [1940] 511, 512).

F: 24,2—24,8° (*Olivier*, R. **59** [1940] 1088, 1089).

3.4-Dichlor-benzolsulfonamid-(1), *3,4-dichlorbenzenesulfonamide* $C_6H_5Cl_2NO_2S$, Formel III (X = NH₂) (E I 16).

B. Aus 3.4-Dichlor-benzol-sulfonylchlorid-(1) beim Erhitzen mit wss. Ammoniak oder mit Ammoniumcarbonat (*Huntress, Carten*, Am. Soc. **62** [1940] 511, 512; vgl. E I 16).

Krystalle (aus wss. A.); F: 134—135° [unkorr.; Block].

3.4-Dichlor-*N*-methyl-benzolsulfonamid-(1), *3,4-dichloro-N-methylbenzenesulfonamide*
C₇H₇Cl₂NO₂S, Formel III (X = NH-CH₃).

B. Aus 3.4-Dichlor-benzol-sulfonylchlorid-(1) und Methylamin in Wasser (*Olivier*, R. **59**
[1940] 1088, 1090).

Krystalle (aus Bzl.); F: 90,9—91,4°. In Aceton, Äther, Benzol und Äthanol leicht löslich, in kaltem Wasser fast unlöslich.

3.4-Dichlor-*N*-äthyl-benzolsulfonamid-(1), *3,4-dichloro-N-ethylbenzenesulfonamide*
C₈H₉Cl₂NO₂S, Formel III (X = NH-C₂H₅).

B. Aus 3.4-Dichlor-benzol-sulfonylchlorid-(1) und Äthylamin mit Hilfe von wss.
Natronlauge (*Monsanto Chem. Co.*, U.S.P. 1993722 [1931]).

Krystalle (aus A.); F: 83,5°.

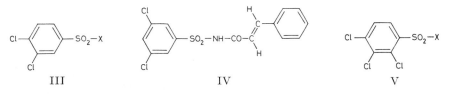

III   IV   V

**[3.4-Dichlor-benzol-sulfonyl-(1)]-acetyl-amin, *N*-[3.4-Dichlor-benzol-sulfonyl-(1)]-
acetamid**, *N-(3,4-dichlorophenylsulfonyl)acetamide* C₈H₇Cl₂NO₃S, Formel III
(X = NH-CO-CH₃).

B. Beim Erhitzen des Natrium-Salzes des 3.4-Dichlor-benzolsulfonamids-(1) mit
Acetylchlorid in Chlorbenzol (*Geigy A.G.*, Schweiz.P. 220746 [1940]).

Krystalle (aus wss. A.); F: 140°.

**[3.4-Dichlor-benzol-sulfonyl-(1)]-methyl-acetyl-amin, *N*-[3.4-Dichlor-benzol-sulfon=
yl-(1)]-*N*-methyl-acetamid**, *N-(3,4-dichlorophenylsulfonyl)-N-methylacetamide*
C₉H₉Cl₂NO₃S, Formel III (X = N(CH₃)-CO-CH₃).

B. Beim Erhitzen von 3.4-Dichlor-*N*-methyl-benzolsulfonamid-(1) mit Acetylchlorid
in Chlorbenzol in Gegenwart von Kupfer-Pulver (*Geigy A.G.*, Schweiz.P. 224848 [1940]).

Krystalle; F: 98°.

**[3.4-Dichlor-benzol-sulfonyl-(1)]-propionyl-amin, *N*-[3.4-Dichlor-benzol-sulfonyl-(1)]-
propionamid**, *N-(3,4-dichlorophenylsulfonyl)propionamide* C₉H₉Cl₂NO₃S, Formel III
(X = NH-CO-CH₂-CH₃).

B. Beim Erhitzen von 3.4-Dichlor-benzolsulfonamid-(1) mit Propionylchlorid in
Chlorbenzol in Gegenwart von Kupfer-Pulver (*Geigy A.G.*, Schweiz.P. 224845 [1940]).

Krystalle (aus wss. A.); F: 126°. In Wasser fast unlöslich.

**[3.4-Dichlor-benzol-sulfonyl-(1)]-methyl-propionyl-amin, *N*-[3.4-Dichlor-benzol-
sulfonyl-(1)]-*N*-methyl-propionamid**, *N-(3,4-dichlorophenylsulfonyl)-N-methylpropion=
amide* C₁₀H₁₁Cl₂NO₃S, Formel III (X = N(CH₃)-CO-CH₂-CH₃).

B. Beim Erhitzen von 3.4-Dichlor-*N*-methyl-benzolsulfonamid-(1) mit Propionyl=
chlorid in Benzol in Gegenwart von Kupfer-Pulver (*Geigy A.G.*, Schweiz.P. 224850
[1940]).

Krystalle (aus wss. A.); F: 84°.

**[3.4-Dichlor-benzol-sulfonyl-(1)]-butyryl-amin, *N*-[3.4-Dichlor-benzol-sulfonyl-(1)]-
butyramid**, *N-(3,4-dichlorophenylsulfonyl)butyramide* C₁₀H₁₁Cl₂NO₃S, Formel III
(X = NH-CO-CH₂-CH₂-CH₃).

B. Beim Erhitzen von 3.4-Dichlor-benzolsulfonamid-(1) mit Butyrylchlorid in Chlor=
benzol in Gegenwart von Kupfer-Pulver (*Geigy A.G.*, Schweiz.P. 224846 [1940]).

Krystalle (aus wss. A.); F: 87—90°.

**[3.4-Dichlor-benzol-sulfonyl-(1)]-methyl-benzoyl-amin, *N*-[3.4-Dichlor-benzol-sulfon=
yl-(1)]-*N*-methyl-benzamid**, *N-(3,4-dichlorophenylsulfonyl)-N-methylbenzamide*
C₁₄H₁₁Cl₂NO₃S, Formel III (X = N(CH₃)-CO-C₆H₅).

B. Beim Erhitzen von 3.4-Dichlor-*N*-methyl-benzolsulfonamid-(1) mit Benzoylchlorid
in Chlorbenzol in Gegenwart von Kupfer-Pulver (*Geigy A.G.*, Schweiz.P. 224856 [1940]).

Krystalle (aus Bzl. + PAe.); F: 110°.

3.4-Dichlor-*N*-[2-diäthylamino-äthyl]-benzolsulfonamid-(1), *N′*-[3.4-Dichlor-benzol-sulfonyl-(1)]-*N.N*-diäthyl-äthylendiamin, *3,4-dichloro-*N*-[2-(diethylamino)ethyl]benzenesulfonamide* $C_{12}H_{18}Cl_2N_2O_2S$, Formel III (X = NH-CH₂-CH₂-N(C₂H₅)₂).

B. Aus 1-[3.4-Dichlor-benzol-sulfonyl-(1)]-aziridin und Diäthylamin in Benzol (*I. G. Farbenind.*, D.R.P. 695 331 [1938]; D.R.P. Org. Chem. **6** 1668).
F: 36°.
Hydrochlorid. Krystalle (aus A.); F: 167—168°.

[3.5-Dichlor-benzol-sulfonyl-(1)]-cinnamoyl-amin, *N*-[3.5-Dichlor-benzol-sulfonyl-(1)]-cinnamamid, *N-(3,5-dichlorophenylsulfonyl)cinnamamide* $C_{15}H_{11}Cl_2NO_3S$.

N-[3.5-Dichlor-benzol-sulfonyl-(1)]-***trans*-cinnamamid**, Formel IV.
B. Beim Erwärmen von 3.5-Dichlor-benzolsulfonamid-(1) (nicht näher beschrieben) mit *trans*-Cinnamoylchlorid und Aluminiumchlorid in Nitrobenzol (*Geigy A. G.*, Schweiz. P. 255 630 [1944]). Beim Erhitzen des Natrium-Salzes des *trans*-Cinnamamids mit 3.5-Dichlor-benzol-sulfonylchlorid-(1) (nicht näher beschrieben) in Xylol (*Geigy A.G.*).
Krystalle (aus A.); F: 160°.

2.3.4-Trichlor-benzol-sulfonylchlorid-(1), *2,3,4-trichlorobenzenesulfonyl chloride* $C_6H_2Cl_4O_2S$, Formel V (X = Cl).
B. Beim Erwärmen von 1.2.3-Trichlor-benzol mit Chloroschwefelsäure ohne Lösungsmittel (*I. G. Farbenind.*, D.R.P. 562 503 [1927]; Frdl. **18** 489; *Gen. Aniline Works*, U.S.P. 1 811 316 [1928]; *Farrar*, Soc. **1960** 3063, 3065) oder in Chloroform (*Huntress, Carten*, Am. Soc. **62** [1940] 511, 512).
Krystalle; F: ca. 65—66° (*Gen. Aniline Works*), 64—65° [aus PAe.] (*Hu., Ca.*), 50° (*Fa.*).

2.3.4-Trichlor-benzolsulfonamid-(1), *2,3,4-trichlorobenzenesulfonamide* $C_6H_4Cl_3NO_2S$, Formel V (X = NH₂).
B. Aus 2.3.4-Trichlor-benzol-sulfonylchlorid-(1) beim Erhitzen mit wss. Ammoniak oder mit Ammoniumcarbonat (*Huntress, Carten*, Am. Soc. **62** [1940] 511, 512) sowie beim Behandeln einer Lösung in Benzol mit Ammoniak (*Farrar*, Soc. **1960** 3063, 3066).
Krystalle; F: 226—230° [unkorr.; Zers.; Block; aus wss. A.], 220° [aus A.] (*Fa.*).

2.4.5-Trichlor-benzol-sulfonylchlorid-(1), *2,4,5-trichlorobenzenesulfonyl chloride* $C_6H_2Cl_4O_2S$, Formel VI (X = Cl).
B. Beim Erhitzen von 1.2.4-Trichlor-benzol mit Chloroschwefelsäure (*Huntress, Carten*, Am. Soc. **62** [1940] 511, 513; *Farrar*, Soc. **1960** 3063, 3065).
Krystalle (aus PAe.); F: 69° (*Fa.*), 31—34° (*Hu., Ca.*).

2.4.5-Trichlor-benzolsulfonamid-(1), *2,4,5-trichlorobenzenesulfonamide* $C_6H_4Cl_3NO_2S$, Formel VI (X = NH₂).
B. Aus 2.4.5-Trichlor-benzol-sulfonylchlorid-(1) beim Erhitzen mit wss. Ammoniak oder mit Ammoniumcarbonat (*Huntress, Carten*, Am. Soc. **62** [1940] 511, 513; vgl. *Farrar*, Soc. **1960** 3063).
Krystalle; F: 195° [aus A.] (*Fa.*), > 200° [aus wss. A.] (*Hu., Ca.*).

2.4.6-Trichlor-benzol-sulfonylchlorid-(1), *2,4,6-trichlorobenzenesulfonyl chloride* $C_6H_2Cl_4O_2S$, Formel VII (X = Cl).
B. Beim Erhitzen von 1.3.5-Trichlor-benzol mit Chloroschwefelsäure (*Huntress, Carten*, Am. Soc. **62** [1940] 511, 512; *Farrar*, Soc. **1960** 3063, 3065).
Krystalle; F: 49° (*Fa.*), 35—40° [aus PAe.] (*Hu., Ca.*).

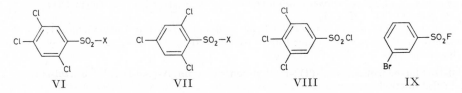

VI   VII   VIII   IX

2.4.6-Trichlor-benzolsulfonamid-(1), *2,4,6-trichlorobenzenesulfonamide* $C_6H_4Cl_3NO_2S$, Formel VII (X = NH₂).
B. Aus 2.4.6-Trichlor-benzol-sulfonylchlorid-(1) beim Erhitzen mit wss. Ammoniak oder mit Ammoniumcarbonat (*Huntress, Carten*, Am. Soc. **62** [1940] 511, 512; vgl. *Farrar*,

Soc. **1960** 3063).

Krystalle; F: 210—212° [unkorr.; Zers.; Block; aus wss. A.] (*Hu.*, *Ca.*), 179° [aus A.] (*Fa.*).

3.4.5-Trichlor-benzol-sulfonylchlorid-(1), *3,4,5-trichlorobenzenesulfonyl chloride* $C_6H_2Cl_4O_2S$, Formel VIII.

B. Beim Erwärmen von 3.4.5-Trichlor-benzol-sulfonsäure-(1) (aus 3.5-Dichlor-4-amino-benzol-sulfonsäure-(1) über die Diazonium-Verbindung hergestellt) mit Chloroschwefel‌säure (*I. G. Farbenind.*, Brit. P. 287858 [1928]).

F: 62°.

3-Brom-benzol-sulfonylfluorid-(1), *m-bromobenzenesulfonyl fluoride* $C_6H_4BrFO_2S$, Formel IX.

B. Beim Erwärmen einer aus 3-Amino-benzol-sulfonylfluorid-(1) in wss. Schwefelsäure bereiteten Diazoniumsalz-Lösung mit Kaliumbromid und Kupfer-Pulver (*Steinkopf*, *Hübner*, J. pr. [2] **141** [1934] 193, 200).

Kp_{23}: 122°.

4-Brom-benzol-sulfonsäure-(1), *p-bromobenzenesulfonic acid* $C_6H_5BrO_3S$, Formel X (R = OH) (H 57; E I 16; E II 31).

B. Aus Brombenzol und Schwefelsäure (*Tanasescu*, *Macarovici*, Bl. [5] **5** [1938] 1126, 1128; vgl. E II 31).

Krystalle (aus $CHCl_3$); F: 88—90° (*Ta.*, *Ma.*).

Abspaltung der Sulfo-Gruppe beim Erhitzen mit Phosphorsäure auf 217°: *Veselý*, *Stojanova*, Collect. **9** [1937] 465, 469.

K u p f e r (II) - S a l z $Cu(C_6H_4BrO_3S)_2$. Blaue Krystalle (aus W.) mit 6 Mol H_2O (*Čupr*, *Širůček*, Chem. Listy **31** [1937] 106, 107; Collect. **9** [1937] 68, 73).

B e r y l l i u m - S a l z $Be(C_6H_4BrO_3S)_2$. Krystalle (aus W.) mit 6 Mol H_2O (*Čupr*, *Širůček*, J. pr. [2] **136** [1933] 159, 170).

S t r o n t i u m - S a l z $Sr(C_6H_4BrO_3S)_2$. Krystalle (aus W.) mit 2 Mol H_2O (*Čupr*, *Širůček*, J. pr. [2] **139** [1934] 245, 247).

C a d m i u m - S a l z $Cd(C_6H_4BrO_3S)_2$. Krystalle (aus W.) mit 3 Mol H_2O (*Čupr*, *Ši.*, J. pr. [2] **139** 247). An der Luft wird allmählich 1 Mol Wasser abgegeben (*Čupr*, *Ši.*, J. pr. [2] **139** 247).

A l u m i n i u m - S a l z $Al(C_6H_4BrO_3S)_3$. Krystalle (aus W.) mit 9 Mol H_2O (*Čupr*, *Sliva*, Spisy přírodov. Mas. Univ. Nr. 200 [1935] 7; C. **1935** I 2669).

T h a l l i u m (I) - S a l z $TlC_6H_4BrO_3S$. Krystalle (aus W.); F: 274—276° (*Gilman*, *Abbott*, Am. Soc. **65** [1943] 123). In Wasser schwer löslich (*Gi.*, *Abb.*).

T r i m e t h y l a m m o n i u m - S a l z $[C_3H_{10}N]C_6H_4BrO_3S$. *B.* s. S. 98 im Artikel 4-Brom-benzol-sulfonsäure-(1)-[(S)-1-methyl-heptylester]. — Krystalle (aus A. + Ae.); F: 112° bis 114° (*Cary*, *Vitcha*, *Shriner*, J. org. Chem. **1** [1936] 280, 285).

(+)-T r i m e t h y l - [1 - m e t h y l - h e p t y l] - a m m o n i u m - S a l z $[C_{11}H_{26}N]C_6H_4BrO_3S$. *B.* s. S. 98 im Artikel 4-Brom-benzol-sulfonsäure-(1)-[(S)-1-methyl-heptylester]. — F: 208—209°; $[\alpha]_D^{25}$: +14,72° [A.; c = 1,3] (*Cary*, *Vi.*, *Sh.*).

(−)-T r i m e t h y l - [1 - m e t h y l - h e p t y l] - a m m o n i u m - S a l z $[C_{11}H_{26}N]C_6H_4BrO_3S$. *B.* s. S. 98 im Artikel 4-Brom-benzol-sulfonsäure-(1)-[(R)-1-methyl-heptylester]. — Krystalle (aus A. + Ae.); F: 208—210°; $[\alpha]_D^{25}$: −14,95° [A.; c = 1,5] (*Cary*, *Vi.*, *Sh.*).

(±)-T r i m e t h y l - [1 - m e t h y l - h e p t y l] - a m m o n i u m - S a l z $[C_{11}H_{26}N]C_6H_4BrO_3S$. *B.* s. S. 98 im Artikel (±)-4-Brom-benzol-sulfonsäure-(1)-[1-methyl-heptylester]. — F: 204° (*Cary*, *Vi.*, *Sh.*).

4-Brom-benzol-sulfonsäure-(1)-äthylester, *p-bromobenzenesulfonic acid ethyl ester* $C_8H_9BrO_3S$, Formel X (R = C_2H_5) (H 57).

B. Aus 4-Brom-benzol-sulfonylchlorid-(1) beim Behandeln mit Natriumäthylat in Äthanol und Äther (*Morgan*, *Cretcher*, Am. Soc. **70** [1948] 375, 376).

F: 39—39,1°. $Kp_{0,15}$: 111—113°.

4-Brom-benzol-sulfonsäure-(1)-isopropylester, *p-bromobenzenesulfonic acid isopropyl ester* $C_9H_{11}BrO_3S$, Formel X (R = $CH(CH_3)_2$).

B. Aus 4-Brom-benzol-sulfonylchlorid-(1) und Isopropylalkohol mit Hilfe von Pyridin (*Grunwald*, *Winstein*, Am. Soc. **70** [1948] 846, 852).

Krystalle (aus PAe.); F: 32,3—34,1°.

Geschwindigkeit der Solvolyse in Methanol, Äthanol, 80%ig. wss. Äthanol und Essigsäure-Acetanhydrid-Gemischen bei 70°: *Gr.*, *Wi.*, l. c. S. 848.

3-[4-Brom-benzol-sulfonyl-(1)-oxy]-2.2-dimethyl-butan, 4-Brom-benzol-sulfonsäure-(1)-[1.2.2-trimethyl-propylester], *3-(p-bromophenylsulfonyloxy)-2,2-dimethylbutane* $C_{12}H_{17}BrO_3S$, Formel X (R = $CH(CH_3)$-$C(CH_3)_3$).

B. Aus 4-Brom-benzol-sulfonylchlorid-(1) und 2.2-Dimethyl-butanol-(3) mit Hilfe von Pyridin (*Grunwald*, *Winstein*, Am. Soc. **70** [1948] 846, 852).

Krystalle (aus PAe.); F: 53,2–53,5°.

Geschwindigkeit der Solvolyse in Methanol, Äthanol, 80%ig. wss. Äthanol und Essigsäure-Acetanhydrid-Gemischen bei 70°: *Gr.*, *Wi.*, l. c. S. 848.

4-Brom-benzol-sulfonsäure-(1)-[1-methyl-heptylester], *p-bromobenzenesulfonic acid 1-methylheptyl ester* $C_{14}H_{21}BrO_3S$.

a) **4-Brom-benzol-sulfonsäure-(1)-[(*R*)-1-methyl-heptylester],** Formel XI.

B. Beim Behandeln von 4-Brom-benzol-sulfonylchlorid-(1) mit (*R*)-Octanol-(2) und Pyridin unterhalb 0° (*Cary*, *Vitcha*, *Shriner*, J. org. Chem. **1** [1936] 280, 284).

Krystalle (aus Me.); F: 30°. $[\alpha]_D^{25}$: −6,70° [A.; c = 4,6].

Wenig beständig; Wasser bewirkt Hydrolyse. Beim Behandeln mit flüssigem Trimethylamin, anfangs bei −10°, ist (−)-Trimethyl-[1-methyl-heptyl]-ammonium-[4-brom-benzol-sulfonat-(1)], bei 27-stdg. Behandeln mit Pyridin ist (+)-1-[1-Methyl-heptyl]-pyridinium-[4-brom-benzol-sulfonat-(1)] erhalten worden.

b) **4-Brom-benzol-sulfonsäure-(1)-[(*S*)-1-methyl-heptylester],** Formel XII

B. Beim Behandeln von 4-Brom-benzol-sulfonylchlorid-(1) mit (*S*)-Octanol-(2) und Pyridin unterhalb 0° (*Cary*, *Vitcha*, *Shriner*, J. org. Chem. **1** [1936] 280, 284).

Krystalle (aus Me.); F: 30°. $[\alpha]_D^{25}$: +7,0° [A.; c = 1,8].

Beim Behandeln mit flüssigem Trimethylamin, anfangs bei −10°, ist (+)-Trimethyl-[1-methyl-heptyl]-ammonium-[4-brom-benzol-sulfonat-(1)], beim Einleiten von Trimethylamin in eine äther. Lösung und anschliessenden Erwärmen sind Trimethylammonium-[4-brom-benzol-sulfonat-(1)] und nicht näher bezeichnetes Octen, beim Erwärmen mit Pyridin in Äther sind linksdrehendes und opt.-inakt. 1-[1-Methyl-heptyl]-pyridinium-[4-brom-benzol-sulfonat-(1)] sowie Pyridin-[4-brom-benzol-sulfonat-(1)] erhalten worden.

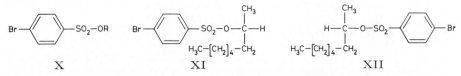

X

XI

XII

c) **(±)-4-Brom-benzol-sulfonsäure-(1)-[1-methyl-heptylester],** Formel XI + XII.

B. Beim Behandeln von 4-Brom-benzol-sulfonylchlorid-(1) mit (±)-Octanol-(2) und Pyridin unterhalb 0° (*Cary*, *Vitcha*, *Shriner*, J. org. Chem. **1** [1936] 280, 284).

Krystalle (aus Me.); F: 40–41°.

Wenig beständig; Wasser bewirkt Hydrolyse. Beim Behandeln mit Trimethylamin, anfangs bei −10°, ist Trimethyl-[1-methyl-heptyl]-ammonium-[4-brom-benzol-sulfonat-(1)], beim Erwärmen mit Pyridin in Äther ist 1-[1-Methyl-heptyl]-pyridinium-[4-brom-benzol-sulfonat-(1)] erhalten worden.

4-Brom-benzol-sulfonsäure-(1)-decylester, *p-bromobenzenesulfonic acid decyl ester* $C_{16}H_{25}BrO_3S$, Formel X (R = $[CH_2]_9$-CH_3).

B. Aus 4-Brom-benzol-sulfonylchlorid-(1) und Decanol-(1) mit Hilfe von Pyridin (*Sekera*, *Marvel*, Am. Soc. **55** [1933] 345, 346; *Marvel*, *Sekera*, Org. Synth. Coll. Vol. III [1955] 366, 367).

Krystalle (aus PAe.); F: 43–44°.

4-Brom-benzol-sulfonsäure-(1)-dodecylester, *p-bromobenzenesulfonic acid dodecyl ester* $C_{18}H_{29}BrO_3S$, Formel X (R = $[CH_2]_{11}$-CH_3).

B. Aus 4-Brom-benzol-sulfonylchlorid-(1) und Dodecanol-(1) mit Hilfe von Pyridin (*Sekera*, *Marvel*, Am. Soc. **55** [1933] 345, 346; *Marvel*, *Sekera*, Org. Synth. Coll. Vol. III [1955] 366, 367).

Krystalle (aus PAe.); F: 49°.

4-Brom-benzol-sulfonsäure-(1)-tetradecylester, p-*bromobenzenesulfonic acid tetradecyl ester* $C_{20}H_{33}BrO_3S$, Formel X (R = $[CH_2]_{13}$-CH_3).

B. Aus 4-Brom-benzol-sulfonylchlorid-(1) und Tetradecanol-(1) mit Hilfe von Pyridin (*Sekera, Marvel,* Am. Soc. **55** [1933] 345, 346; *Marvel, Sekera,* Org. Synth. Coll. Vol. III [1955] 366, 367).

Krystalle (aus PAe.); F: 51,5°.

4-Brom-benzol-sulfonsäure-(1)-hexadecylester, p-*bromobenzenesulfonic acid hexadecyl ester* $C_{22}H_{37}BrO_3S$, Formel X (R = $[CH_2]_{15}$-CH_3).

B. Aus 4-Brom-benzol-sulfonylchlorid-(1) und Hexadecanol-(1) mit Hilfe von Pyridin (*Sekera, Marvel,* Am. Soc. **55** [1933] 345, 346; *Marvel, Sekera,* Org. Synth. Coll. Vol. III [1955] 366, 367).

Krystalle (aus PAe.); F: 60°.

4-Brom-benzol-sulfonsäure-(1)-octadecylester, p-*bromobenzenesulfonic acid octadecyl ester* $C_{24}H_{41}BrO_3S$, Formel X (R = $[CH_2]_{17}$-CH_3).

B. Aus 4-Brom-benzol-sulfonylchlorid-(1) und Octadecanol-(1) mit Hilfe von Pyridin (*Sekera, Marvel,* Am. Soc. **55** [1933] 345, 346; *Marvel, Sekera,* Org. Synth. Coll. Vol. III [1955] 366, 367).

Krystalle (aus PAe.); F: 64—65°.

4-Brom-benzol-sulfonsäure-(1)-cyclohexylester, p-*bromobenzenesulfonic acid cyclohexyl ester* $C_{12}H_{15}BrO_3S$, Formel I (X = H).

B. Aus 4-Brom-benzol-sulfonylchlorid-(1) und Cyclohexanol mit Hilfe von Pyridin (*Winstein, Grunwald, Ingraham,* Am. Soc. **70** [1948] 821, 826).

Krystalle; F: 48,1—48,6° (*Wi., Gr., In.,* l. c. S. 821).

Kinetik der Solvolyse in wss. Essigsäure, in einem Essigsäure-Acetanhydrid-Gemisch und in einem Essigsäure-Acetanhydrid-Kaliumacetat-Gemisch bei 35° und 75°: *Wi., Gr., In.,* l. c. S. 822, 823.

4-Brom-benzol-sulfonsäure-(1)-[2-chlor-cyclohexylester], p-*bromobenzenesulfonic acid 2-chlorocyclohexyl ester* $C_{12}H_{14}BrClO_3S$.

  (±)-4-Brom-benzol-sulfonsäure-(1)-[*trans*-2-chlor-cyclohexylester], Formel I (X = Cl) + Spiegelbild.

B. Aus 4-Brom-benzol-sulfonylchlorid-(1) und (±)-*trans*-2-Chlor-cyclohexanol-(1) mit Hilfe von Pyridin (*Winstein, Grunwald, Ingraham,* Am. Soc. **70** [1948] 821, 826).

Krystalle; F: 77,9—78,3° (*Wi., Gr., In.,* l. c. S. 821).

Kinetik der Solvolyse in einem Essigsäure-Acetanhydrid-Gemisch bei 75° und 100°: *Wi., Gr., In.,* l. c. S. 823.

4-Brom-benzol-sulfonsäure-(1)-[2-brom-cyclohexylester], p-*bromobenzenesulfonic acid 2-bromocyclohexyl ester* $C_{12}H_{14}Br_2O_3S$.

  (±)-4-Brom-benzol-sulfonsäure-(1)-[*trans*-2-brom-cyclohexylester], Formel I (X = Br) + Spiegelbild.

B. Aus 4-Brom-benzol-sulfonylchlorid-(1) und (±)-*trans*-2-Brom-cyclohexanol-(1) mit Hilfe von Pyridin (*Winstein, Grunwald, Ingraham,* Am. Soc. **70** [1948] 821, 826).

Krystalle; F: 91,9—92,3° (*Wi., Gr., In.,* l. c. S. 821).

Kinetik der Solvolyse in wss. Essigsäure, in einem Essigsäure-Acetanhydrid-Gemisch und in Essigsäure-Acetanhydrid-Kaliumacetat-Gemisch bei 75° und 100°: *Wi., Gr., In.,* l. c. S. 823.

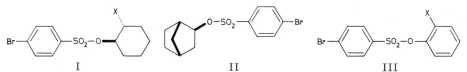

      I   II   III

2-[4-Brom-benzol-sulfonyl-(1)-oxy]-norbornan, 4-Brom-benzol-sulfonsäure-(1)-[norbornyl-(2)-ester], p-*bromobenzenesulfonic acid norborn-2-yl ester* $C_{13}H_{15}BrO_3S$.

  4-Brom-benzol-sulfonsäure-(1)-[(1S)-norbornyl-(2exo)-ester], Formel II.

Konfiguration: *Berson et al.,* Am. Soc. **83** [1961] 3986, 3989.

B. Aus 4-Brom-benzol-sulfonylchlorid-(1) und (1S)-Norbornanol-(2exo) ($[\alpha]_D^{24}$: −2,41°

[CHCl₃]) mit Hilfe von Pyridin (*Winstein, Trifan,* Am. Soc. **71** [1949] 2953, **74** [1952] 1154, 1159).

Krystalle; F: 55,3−56,4°; $[\alpha]_D^{24}$: +1,89° [CHCl₃; c = 10] (*Wi., Tr.,* Am. Soc. **74** 1159).

Beim Erwärmen mit Essigsäure und Natriumacetat auf 40° ist (±)-2*exo*-Acetoxy-norbornan erhalten worden (*Wi., Tr.,* Am. Soc. **71** 2953, **74** 1160).

4-Brom-benzol-sulfonsäure-(1)-phenylester, p-*bromobenzenesulfonic acid phenyl ester* C₁₂H₉BrO₃S, Formel III (X = H).

B. Aus 4-Brom-benzol-sulfonylchlorid-(1) und Phenol mit Hilfe von Pyridin (*Sekera,* Am. Soc. **55** [1933] 421; s. a. *Winstein, Grunwald, Ingraham,* Am. Soc. **70** [1948] 821, 826).

Krystalle; F: 116,6−117,1° [aus PAe. oder aus E. + PAe.] (*Wi., Gr., In.*), 115,5° [aus A.] (*Se.*).

4-Brom-benzol-sulfonsäure-(1)-[2-brom-phenylester], p-*bromobenzenesulfonic acid* o-*bromophenyl ester* C₁₂H₈Br₂O₃S, Formel III (X = Br).

B. Aus 4-Brom-benzol-sulfonylchlorid-(1) und 2-Brom-phenol mit Hilfe von Pyridin (*Sekera,* Am. Soc. **55** [1933] 421).

Krystalle (aus A.); F: 125°.

4-Brom-benzol-sulfonsäure-(1)-[2.4.6-tribrom-phenylester], p-*bromobenzenesulfonic acid* 2,4,6-*tribromophenyl ester* C₁₂H₆Br₄O₃S, Formel IV (X = Br).

B. Aus 4-Brom-benzol-sulfonylchlorid-(1) und 2.4.6-Tribrom-phenol mit Hilfe von Pyridin (*Sekera,* Am. Soc. **55** [1933] 421).

Krystalle (aus A.); F: 139−140°.

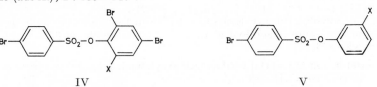

IV   V

4-Brom-benzol-sulfonsäure-(1)-[2-nitro-phenylester], p-*bromobenzenesulfonic acid* o-*nitrophenyl ester* C₁₂H₈BrNO₅S, Formel III (X = NO₂).

B. Aus 4-Brom-benzol-sulfonylchlorid-(1) und 2-Nitro-phenol mit Hilfe von Pyridin (*Sekera,* Am. Soc. **55** [1933] 421).

Krystalle (aus A.); F: 97−98° (*Se.*), 98,5° (*Raiford, Shelton,* Am. Soc. **65** [1943] 2048, 2049).

4-Brom-benzol-sulfonsäure-(1)-[3-nitro-phenylester], p-*bromobenzenesulfonic acid* m-*nitrophenyl ester* C₁₂H₈BrNO₅S, Formel V (X = NO₂).

B. Aus 4-Brom-benzol-sulfonylchlorid-(1) und 3-Nitro-phenol mit Hilfe von Pyridin (*Sekera,* Am. Soc. **55** [1933] 421).

Krystalle (aus A.); F: 108−109°.

4-Brom-benzol-sulfonsäure-(1)-[4-nitro-phenylester], p-*bromobenzenesulfonic acid* p-*nitrophenyl ester* C₁₂H₈BrNO₅S, Formel VI (X = NO₂).

B. Aus 4-Brom-benzol-sulfonylchlorid-(1) und 4-Nitro-phenol mit Hilfe von Pyridin (*Sekera,* Am. Soc. **55** [1933] 421).

Krystalle (aus A.); F: 112°.

VI   VII

4-Brom-2-nitro-1-[4-brom-benzol-sulfonyl-(1)-oxy]-benzol, 4-Brom-benzol-sulfon=säure-(1)-[4-brom-2-nitro-phenylester], *4-bromo-1-(p-bromophenylsulfonyloxy)-2-nitro=benzene* C₁₂H₇Br₂NO₅S, Formel VII.

B. Aus 4-Brom-benzol-sulfonylchlorid-(1) und 4-Brom-2-nitro-phenol mit Hilfe von Pyridin (*Raiford, Shelton,* Am. Soc. **65** [1943] 2048, 2049).

Gelbliche Krystalle (aus A.); F: 101°.

**4.6-Dibrom-2-nitro-1-[4-brom-benzol-sulfonyl-(1)-oxy]-benzol, 4-Brom-benzol-sulfon=
säure-(1)-[4.6-dibrom-2-nitro-phenylester],** *1,5-dibromo-2-(p-bromophenylsulfonyloxy)-
3-nitrobenzene* $C_{12}H_6Br_3NO_5S$, Formel IV (X = NO_2).

B. Aus 4-Brom-benzol-sulfonylchlorid-(1) und 4.6-Dibrom-2-nitro-phenol mit Hilfe von
Pyridin (*Raiford, Shelton,* Am. Soc. **65** [1943] 2048, 2049).

Krystalle (aus A.); F: 131°.

4-Brom-benzol-sulfonsäure-(1)-*o*-tolylester, p-*bromobenzenesulfonic acid* o-*tolyl ester*
$C_{13}H_{11}BrO_3S$, Formel III (X = CH_3) auf S. 99.

B. Aus 4-Brom-benzol-sulfonylchlorid-(1) und *o*-Kresol mit Hilfe von Pyridin (*Sekera,*
Am. Soc. **55** [1933] 421).

Krystalle; F: 82° (*Raiford, Inman,* Am. Soc. **56** [1934] 1586, 1588), 79° [aus A.] (*Se.*).

4-Brom-benzol-sulfonsäure-(1)-*m*-tolylester, p-*bromobenzenesulfonic acid* m-*tolyl ester*
$C_{13}H_{11}BrO_3S$, Formel V (X = CH_3).

B. Aus 4-Brom-benzol-sulfonylchlorid-(1) und *m*-Kresol mit Hilfe von Pyridin (*Sekera,*
Am. Soc. **55** [1933] 421).

Krystalle (aus A.); F: 69—70°.

**4-Nitro-3-[4-brom-benzol-sulfonyl-(1)-oxy]-toluol, 4-Brom-benzol-sulfonsäure-(1)-
[6-nitro-3-methyl-phenylester],** p-*bromobenzenesulfonic acid* 6-*nitro*-m-*tolyl ester*
$C_{13}H_{10}BrNO_5S$, Formel VIII (X = H).

B. Aus 4-Brom-benzol-sulfonylchlorid-(1) und 6-Nitro-3-methyl-phenol mit Hilfe von
Pyridin (*Raiford, Shelton,* Am. Soc. **65** [1943] 2048, 2049).

Gelbliche Krystalle (aus A.); F: 91—92°.

**6-Brom-4-nitro-3-[4-brom-benzol-sulfonyl-(1)-oxy]-toluol, 4-Brom-benzol-sulfon=
säure-(1)-[4-brom-6-nitro-3-methyl-phenylester],** *2-bromo-5-(p-bromobenzenesulfonyl)-
4-nitrotoluene* $C_{13}H_9Br_2NO_5S$, Formel VIII (X = Br).

B. Aus 4-Brom-benzol-sulfonylchlorid-(1) und 4-Brom-6-nitro-3-methyl-phenol mit
Hilfe von Pyridin (*Raiford, Shelton,* Am. Soc. **65** [1943] 2048, 2049).

Krystalle (aus A.); F: 86—87°.

4-Brom-benzol-sulfonsäure-(1)-*p*-tolylester, p-*bromobenzenesulfonic acid* p-*tolyl ester*
$C_{13}H_{11}BrO_3S$, Formel VI (X = CH_3).

B. Aus 4-Brom-benzol-sulfonylchlorid-(1) und *p*-Kresol mit Hilfe von Pyridin (*Sekera,*
Am. Soc. **55** [1933] 421).

Krystalle; F: 104° (*Raiford, Inman,* Am. Soc. **56** [1934] 1586, 1588), 100° [aus A.] (*Se.*).

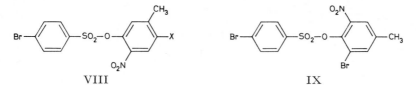

VIII   IX

**5-Brom-3-nitro-4-[4-brom-benzol-sulfonyl-(1)-oxy]-toluol, 4-Brom-benzol-sulfon=
säure-(1)-[6-brom-2-nitro-4-methyl-phenylester],** *3-bromo-4-(p-bromobenzenesulfonyl)-
5-nitrotoluene* $C_{13}H_9Br_2NO_5S$, Formel IX.

B. Aus 4-Brom-benzol-sulfonylchlorid-(1) und 6-Brom-2-nitro-4-methyl-phenol mit
Hilfe von Pyridin (*Raiford, Shelton,* Am. Soc. **65** [1943] 2048, 2049).

Gelbliche Krystalle (aus A.); F: 151°.

**3-[4-Brom-benzol-sulfonyl-(1)-oxy]-*p*-cymol, 4-Brom-benzol-sulfonsäure-(1)-[3-methyl-
6-isopropyl-phenylester],** *O*-[4-Brom-benzol-sulfonyl-(1)]-thymol, *3-(p-bromo=
phenylsulfonyloxy)-p-cymene* $C_{16}H_{17}BrO_3S$, Formel X.

B. Aus 4-Brom-benzol-sulfonylchlorid-(1) und Thymol mit Hilfe von Pyridin (*Sekera,*
Am. Soc. **55** [1933] 421).

Krystalle (aus A.); F: 103,5°.

4-Brom-benzol-sulfonsäure-(1)-[naphthyl-(1)-ester], p-*bromobenzenesulfonic acid*
1-*naphthyl ester* $C_{16}H_{11}BrO_3S$, Formel XI.

B. Aus 4-Brom-benzol-sulfonylchlorid-(1) und Naphthol-(1) mit Hilfe von Pyridin

(*Sekera*, Am. Soc. **55** [1933] 421).
Krystalle (aus A.); F: 104°.

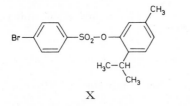

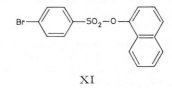

X   XI

4-Brom-benzol-sulfonsäure-(1)-[naphthyl-(2)-ester], p-*bromobenzenesulfonic acid 2-naphthyl ester* C₁₆H₁₁BrO₃S, Formel XII.

B. Aus 4-Brom-benzol-sulfonylchlorid-(1) und Naphthol-(2) mit Hilfe von Pyridin (*Sekera*, Am. Soc. **55** [1933] 421).
Krystalle (aus A.); F: 151—152°.

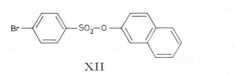

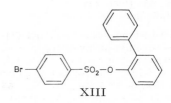

XII   XIII

4-Brom-benzol-sulfonsäure-(1)-[biphenylyl-(2)-ester], p-*bromobenzenesulfonic acid biphenyl-2-yl ester* C₁₈H₁₃BrO₃S, Formel XIII.

B. Aus 4-Brom-benzol-sulfonylchlorid-(1) und Biphenylol-(2) mit Hilfe von Pyridin (*Hazlet*, Am. Soc. **60** [1938] 399).
Krystalle (aus Me.); F: 69—70°.

4-Brom-benzol-sulfonsäure-(1)-[biphenylyl-(3)-ester], p-*bromobenzenesulfonic acid biphenyl-3-yl ester* C₁₈H₁₃BrO₃S, Formel I.

B. Aus 4-Brom-benzol-sulfonylchlorid-(1) und Biphenylol-(3) mit Hilfe von Pyridin (*Hazlet*, Am. Soc. **60** [1938] 399).
Krystalle (aus wss. A.); F: 102,5—103,5°.

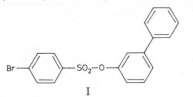

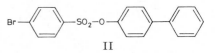

I   II

4-Brom-benzol-sulfonsäure-(1)-[biphenylyl-(4)-ester], p-*bromobenzenesulfonic acid biphenyl-4-yl ester* C₁₈H₁₃BrO₃S, Formel II.

B. Aus 4-Brom-benzol-sulfonylchlorid-(1) und Biphenylol-(4) mit Hilfe von Pyridin (*Hazlet*, Am. Soc. **60** [1938] 399).
Krystalle (aus A.); F: 185—186°.

4-[4-Brom-benzol-sulfonyl-(1)-oxy]-1-[1.1-diphenyl-propyl]-benzol, *1-(p-bromophenyl sulfonyloxy)-4-(1,1-diphenylpropyl)benzene* C₂₇H₂₃BrO₃S, Formel III.

B. Aus 4-[1.1-Diphenyl-propyl]-phenol (*Huston, Jackson*, Am. Soc. **63** [1941] 541, 543).
Krystalle; F: 121° und F: 129° [dimorph].

1-[4-Brom-benzol-sulfonyl-(1)-oxy]-cyclohexanol-(2), 4-Brom-benzol-sulfonsäure-(1)-[2-hydroxy-cyclohexylester], p-*bromobenzenesulfonic acid 2-hydroxycyclohexyl ester* C₁₂H₁₅BrO₄S.

(±)-**4-Brom-benzol-sulfonsäure-(1)-[*trans*-2-hydroxy-cyclohexylester]**, Formel IV (R = H) + Spiegelbild.

B. Beim Behandeln von 4-Brom-benzol-sulfonylchlorid-(1) mit (±)-*trans*-Cyclohexan=

diol-(1.2) und Pyridin (*Winstein, Grunwald, Ingraham*, Am. Soc. **70** [1948] 821, 826).
Krystalle (aus PAe.); F: 106,9—108,8°. Wenig beständig.

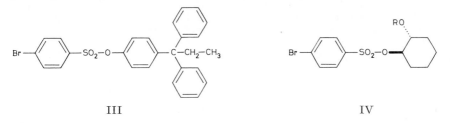

III   IV

4-Brom-benzol-sulfonsäure-(1)-[2-methoxy-cyclohexylester], p-*bromobenzenesulfonic acid*
2-methoxycyclohexyl ester $C_{13}H_{17}BrO_4S$.

    (±)-4-Brom-benzol-sulfonsäure-(1)-[*trans*-2-methoxy-cyclohexylester], Formel IV
(R = CH₃) + Spiegelbild.

    B. Beim Behandeln von 4-Brom-benzol-sulfonylchlorid-(1) mit (±)-*trans*-1-Methoxy-
cyclohexanol-(2) und Pyridin (*Winstein, Grunwald, Ingraham*, Am. Soc. **70** [1948] 821,
826).

    Krystalle (aus PAe.); F: 65,6—66,0°.

    Kinetik der Solvolyse in wss. Essigsäure bei 75° und 99,5° sowie in einem Essigsäure-
Acetanhydrid-Gemisch und in einem Essigsäure-Acetanhydrid-Kaliumacetat-Gemisch bei
75°: *Wi., Gr., In.*, l. c. S. 822, 823.

2-[4-Brom-benzol-sulfonyl-(1)-oxy]-1-acetoxy-cyclohexan, *1-acetoxy-2-*(p-*bromophenyl=
sulfonyloxy)cyclohexane* $C_{14}H_{17}BrO_5S$.

    a) **(±)-*cis*-2-[4-Brom-benzol-sulfonyl-(1)-oxy]-1-acetoxy-cyclohexan**, Formel V +
Spiegelbild.

    B. Beim Behandeln von 4-Brom-benzol-sulfonylchlorid-(1) mit (±)-*cis*-1-Acetoxy-
cyclohexanol-(2) und Pyridin (*Winstein, Grunwald, Ingraham*, Am. Soc. **70** [1948] 821).

    F: 118,4—118,8°.

    Kinetik der Solvolyse in einem Essigsäure-Acetanhydrid-Gemisch bei 75° und 99,5°
sowie in einem Essigsäure-Acetanhydrid-Kaliumacetat-Gemisch und in wss. Essigsäure
bei 75°: *Wi., Gr., In.*, l. c. S. 823.

    b) **(±)-*trans*-2-[4-Brom-benzol-sulfonyl-(1)-oxy]-1-acetoxy-cyclohexan**, Formel IV
(R = CO-CH₃) + Spiegelbild.

    B. Aus (±)-4-Brom-benzol-sulfonsäure-(1)-[*trans*-2-hydroxy-cyclohexylester] beim Be-
handeln mit Acetanhydrid unter Zusatz von Schwefelsäure (*Winstein, Grunwald, Ingraham*, Am. Soc. **70** [1948] 821, 826).

    Krystalle (aus PAe. + E.); F: 97,4—97,9°.

    Kinetik der Solvolyse in wss. Essigsäure bei 75° und 99,5° sowie in einem Essigsäure-
Acetanhydrid-Gemisch und in einem Essigsäure-Acetanhydrid-Kaliumacetat-Gemisch
bei 75°: *Wi., Gr., In.*, l. c. S. 823.

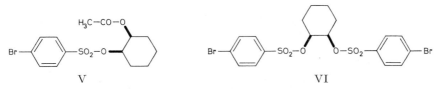

V   VI

1.2-Bis-[4-brom-benzol-sulfonyl-(1)-oxy]-cyclohexan, *1,2-bis*(p-*bromophenylsulfonyloxy)=
cyclohexane* $C_{18}H_{18}Br_2O_6S_2$.

    a) ***cis*-1.2-Bis-[4-brom-benzol-sulfonyl-(1)-oxy]-cyclohexan**, Formel VI.

    B. Beim Behandeln von *cis*-Cyclohexandiol-(1.2) mit 4-Brom-benzol-sulfonylchlorid-(1)
und Pyridin (*Winstein, Grunwald, Ingraham*, Am. Soc. **70** [1948] 821, 826).

    Krystalle (aus PAe.); F: 128,7—129,2°.

    Geschwindigkeit der Solvolyse in einem Essigsäure-Acetanhydrid-Gemisch bei 75°: *Wi.,
Gr., In.*, l. c. S. 823.

b) **(±)-*trans*-1.2-Bis-[4-brom-benzol-sulfonyl-(1)-oxy]-cyclohexan**, Formel VII +
Spiegelbild.

B. Neben 4-Brom-benzol-sulfonsäure-(1)-[*trans*-2-hydroxy-cyclohexylester] beim Behandeln von (±)-*trans*-Cyclohexandiol-(1.2) mit 4-Brom-benzol-sulfonylchlorid-(1) und
Pyridin (*Winstein, Grunwald, Ingraham*, Am. Soc. **70** [1948] 821, 826).

Krystalle (aus PAe.); F: 123,3—123,7°.

Geschwindigkeit der Solvolyse in einem Essigsäure-Acetanhydrid-Gemisch bei 75°: *Wi.*,
Gr., In., 1. c. S. 823.

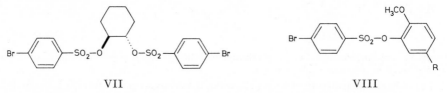

VII   VIII

4-Brom-benzol-sulfonsäure-(1)-[2-methoxy-phenylester], p-*bromobenzenesulfonic acid
o-methoxyphenyl ester* $C_{13}H_{11}BrO_4S$, Formel VIII (R = H).

B. Aus 4-Brom-benzol-sulfonylchlorid-(1) und Guajacol mit Hilfe von Pyridin (*Sekera*,
Am. Soc. **55** [1933] 421).

Krystalle (aus A.); F: 103—104°.

α.β-Dichlor-3-[4-brom-benzol-sulfonyl-(1)-oxy]-4-methoxy-styrol, *3-(p-bromophenyl=
sulfonyloxy)-α,β-dichloro-4-methoxystyrene* $C_{15}H_{11}BrCl_2O_4S$, Formel VIII
(R = CCl=CHCl).

α.β-Dichlor-3-[4-brom-benzol-sulfonyl-(1)-oxy]-4-methoxy-styrol vom F: 95°.

B. Aus 6-Methoxy-3-[1.2-dichlor-vinyl]-phenol [F: 55—56°] (*Goldberg, Turner*, Soc.
1946 111, 112).

Krystalle (aus Bzn.); F: 95°.

4.4′-Bis-[4-brom-benzol-sulfonyl-(1)-oxy]-biphenyl, *4,4′-bis(p-bromophenylsulfonyloxy)=
biphenyl* $C_{24}H_{16}Br_2O_6S_2$, Formel IX.

B. Beim Behandeln von Biphenyldiol-(4.4′) mit 4-Brom-benzol-sulfonylchlorid-(1) und
Pyridin (*Hazlet*, Am. Soc. **61** [1939] 1921).

Krystalle (aus Cyclohexanol); F: 95°.

4-Brom-benzol-sulfonylchlorid-(1), p-*bromobenzenesulfonyl chloride* $C_6H_4BrClO_2S$,
Formel X (X = Cl) (H 57; E I 16; E II 31).

B. Beim Behandeln von Brombenzol mit Chloroschwefelsäure in Chloroform oder ohne
Lösungsmittel (*Huntress, Carten*, Am. Soc. **62** [1940] 511, 512).

Krystalle; F: 77° [aus PAe.] (*Martin, Partington*, Soc. **1936** 1178, 1183), 76° [aus Ae.]
(*Gur'janowa*, Ž. fiz. Chim. **21** [1947] 411, 415; C. A. **1947** 6786), 75,4° [aus PAe.] (*Hu.,
Ca.*). Kp$_{13}$: 150,6° (*Ma., Pa.*). Dipolmoment: 3,3 D [ε; Bzl.] (*Gu.*), 3,23 D [ε; Bzl.]
(*Ma., Pa.*).

Hydrierung an Palladium in wss. Aceton unter Bildung von 4-Brom-benzol-sulfin=
säure-(1) und von Bis-[4-brom-phenyl]-disulfid: *De Smet*, Natuurw. Tijdschr. **15** [1933]
215.

4-Brom-benzolsulfonamid-(1), p-*bromobenzenesulfonamide* $C_6H_6BrNO_2S$, Formel X
(X = NH₂) (H 57; E I 16).

B. Aus 4-Brom-benzol-sulfonylchlorid-(1) beim Erhitzen mit wss. Ammoniak oder mit
Ammoniumcarbonat (*Huntress, Carten*, Am. Soc. **62** [1940] 511, 512).

Krystalle (aus W.); F: 166,5° [korr.] (*Gur'janowa*, Ž. fiz. Chim. **21** [1947] 633, 641;
C. A. **1948** 2148), 166° (*Shupe*, J. Assoc. agric. Chemists **25** [1942] 227). Dipolmoment
(ε; Dioxan): 4,41 D (*Gu.*, 1. c. S. 636).

4-Brom-*N*-[2-chlor-äthyl]-benzolsulfonamid-(1), p-*bromo-N-(2-chloroethyl)benzenesulfon=
amide* $C_8H_9BrClNO_2S$, Formel X (X = NH-CH₂-CH₂Cl).

B. Aus 4-Brom-*N*-[2-hydroxy-äthyl]-benzolsulfonamid-(1) beim Erwärmen mit Thionyl=
chlorid (*Adams, Cairns*, Am. Soc. **61** [1939] 2464, 2465).

Krystalle (aus Me.); F: 150—152,5° [korr.].

4-Brom-*N*.*N*-dibutyl-benzolsulfonamid-(1), p-*bromo*-N,N-*dibutylbenzenesulfonamide*
$C_{14}H_{22}BrNO_2S$, Formel X (X = N(CH_2-CH_2-CH_2-CH_3)_2).
B. Aus 4-Brom-benzol-sulfonylchlorid-(1) und Dibutylamin mit Hilfe von wss. Natron=
lauge (*Suggitt, Wright*, Am. Soc. **69** [1947] 2073).
F: 60,5—60,6°.

4-Brom-*N*-[β-chlor-isobutyl]-benzolsulfonamid-(1), p-*bromo*-N-(*2-chloro-2-methylpropyl*)=
benzenesulfonamide $C_{10}H_{13}BrClNO_2S$, Formel X (X = NH-CH_2-C(CH_3)_2-Cl).
B. Aus 4-Brom-*N*-[β-hydroxy-isobutyl]-benzolsulfonamid-(1) beim Erhitzen mit wss.
Salzsäure (*Adams, Cairns*, Am. Soc. **61** [1939] 2464, 2465).
Krystalle (aus Bzn.); F: 123—128°.
Beim Erwärmen mit wss. Natronlauge sind 1-[4-Brom-benzol-sulfonyl-(1)]-2.2-di=
methyl-aziridin und 4-Brom-*N*-[β-hydroxy-isobutyl]-benzolsulfonamid-(1) erhalten wor-
den.

4-Brom-*N*-pentyl-benzolsulfonamid-(1), p-*bromo*-N-*pentylbenzenesulfonamide*
$C_{11}H_{16}BrNO_2S$, Formel X (X = NH-[CH_2]_4-CH_3).
B. Aus 4-Brom-benzol-sulfonylchlorid-(1) und Pentylamin in Äthanol (*Demény*, R. **50**
[1931] 51, 53).
Krystalle; F: 60—61° (*Winans, Adkins*, Am. Soc. **55** [1933] 2051, 2057), ca. 55° [aus
PAe.] (*De.*).

4-Brom-*N*.*N*-dineopentyl-benzolsulfonamid-(1), p-*bromo*-N,N-*dineopentylbenzenesulfon*=
amide $C_{16}H_{26}BrNO_2S$, Formel X (X = N[CH_2-C(CH_3)_3]_2).
B. Aus 4-Brom-benzol-sulfonylchlorid-(1) und Dineopentylamin (*Winans, Adkins*, Am.
Soc. **55** [1933] 2051, 2057).
F: 128—129°.

4-Brom-*N*-hexyl-benzolsulfonamid-(1), p-*bromo*-N-*hexylbenzenesulfonamide*
$C_{12}H_{18}BrNO_2S$, Formel X (X = NH-[CH_2]_5-CH_3).
B. Aus 4-Brom-benzol-sulfonylchlorid-(1) und Hexylamin in Äthanol (*Demény*, R. **50**
[1931] 51, 53).
Krystalle (aus PAe.); F: 55°.

4-Brom-*N*-heptyl-benzolsulfonamid-(1), p-*bromo*-N-*heptylbenzenesulfonamide*
$C_{13}H_{20}BrNO_2S$, Formel X (X = NH-[CH_2]_6-CH_3).
B. Aus 4-Brom-benzol-sulfonylchlorid-(1) und Heptylamin in Äthanol (*Demény*, R. **50**
[1931] 51, 54).
Krystalle (aus PAe.); F: 65°.

4-Brom-*N*-methallyl-benzolsulfonamid-(1), p-*bromo*-N-(*2-methylallyl*)*benzenesulfonamide*
$C_{10}H_{12}BrNO_2S$, Formel X (X = NH-CH_2-C(CH_3)=CH_2).
B. Aus 4-Brom-benzol-sulfonylchlorid-(1) und Methallylamin (*Adams, Cairns*, Am. Soc.
61 [1939] 2464, 2466).
Krystalle (aus PAe. + CHCl_3); F: 74—76°.

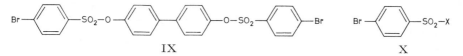

IX   X

4-Brom-*N*-[2-hydroxy-äthyl]-benzolsulfonamid-(1), p-*bromo*-N-(*2-hydroxyethyl*)*benzene*=
sulfonamide $C_8H_{10}BrNO_3S$, Formel X (X = NH-CH_2-CH_2OH).
B. Beim Erwärmen von 4-Brom-benzol-sulfonylchlorid-(1) mit 2-Amino-äthanol-(1)
und wss. Natronlauge (*Adams, Cairns*, Am. Soc. **61** [1939] 2464, 2465).
Krystalle; F: 93,5—95° [aus wss. A.] (*Ad., Cai.*), 94° (*Shupe*, J. Assoc. agric. Chemists
25 [1942] 227, 228).

4-Brom-*N*.*N*-bis-[2-hydroxy-äthyl]-benzolsulfonamid-(1), p-*bromo*-N,N-*bis*(*2-hydroxy*=
ethyl)*benzenesulfonamide* $C_{10}H_{14}BrNO_4S$, Formel X (X = N(CH_2-CH_2OH)_2).
B. Beim Erwärmen von 4-Brom-benzol-sulfonylchlorid-(1) mit Bis-[2-hydroxy-äthyl]-
amin und wss.-äthanol. Natronlauge (*Shupe*, J. Assoc. agric. Chemists **25** [1942] 227, 228).
F: 105°.

(±)-4-Brom-*N*-[2-hydroxy-propyl]-benzolsulfonamid-(1), (±)-p-*bromo*-N-(*2-hydroxy=propyl*)*benzenesulfonamide* $C_9H_{12}BrNO_3S$, Formel X (X = NH-CH$_2$-CH(OH)-CH$_3$).

B. Beim Erwärmen von 4-Brom-benzol-sulfonylchlorid-(1) mit (±)-1-Amino-propan=ol-(2) und wss. Natronlauge (*Cairns, Fletcher*, Am. Soc. **63** [1941] 1034, 1035).

Krystalle (aus Bzl.); F: 89—90,5°.

Beim Erhitzen mit wss. Schwefelsäure sind 4-Brom-benzolsulfonamid-(1) und Propion=aldehyd erhalten worden.

1-[4-Brom-benzol-sulfonyl-(1)-amino]-2-methyl-propanol-(2), 4-Brom-*N*-[β-hydroxy-isobutyl]-benzolsulfonamid-(1), p-*bromo*-N-(*2-hydroxy-2-methylpropyl*)*benzenesulfonamide* $C_{10}H_{14}BrNO_3S$, Formel X (X = NH-CH$_2$-C(CH$_3$)$_2$-OH).

B. Beim Erwärmen von 4-Brom-benzol-sulfonylchlorid-(1) mit 1-Amino-2-methyl-propanol-(2) und wss. Natronlauge (*Adams, Cairns*, Am. Soc. **61** [1939] 2464, 2465).

Krystalle (aus Bzl.); F: 96,5—98° (*Ad., Cai.*).

Überführung in eine als 4-[4-Brom-benzol-sulfonyl-(1)]-2.2.5.5(oder 2.2.6.6)-tetra=methyl-morpholin angesehene Verbindung $C_{14}H_{20}BrNO_3S$ (F: 145—147° [korr.]) durch Erwärmen mit Phosphor(V)-oxid in Benzol: *Ad., Cai.* Beim Erhitzen mit wss. Schwefel=säure oder mit wss. Bromwasserstoffsäure sind 4-Brom-benzolsulfonamid-(1) und Isobutyraldehyd erhalten worden (*Cairns, Fletcher*, Am. Soc. **63** [1941] 1034).

2-[4-Brom-benzol-sulfonyl-(1)-amino]-2-methyl-propanol-(1), 4-Brom-*N*-[hydroxy-*tert*-butyl]-benzolsulfonamid-(1), p-*bromo*-N-(*2-hydroxy-1,1-dimethylethyl*)*benzenesulfon=amide* $C_{10}H_{14}BrNO_3S$, Formel X (X = NH-C(CH$_3$)$_2$-CH$_2$OH).

B. Beim Erwärmen von 4-Brom-benzol-sulfonylchlorid-(1) mit 2-Amino-2-methyl-propanol-(1) und wss.-äthanol. Natronlauge (*Shupe*, J. Assoc. agric. Chemists **25** [1942] 227, 228).

F: 132°.

2-[4-Brom-benzol-sulfonyl-(1)-amino]-2-methyl-propandiol-(1.3), 4-Brom-*N*-[β.β′-di=hydroxy-*tert*-butyl]-benzolsulfonamid-(1), p-*bromo*-N-[*2-hydroxy-1-(hydroxymethyl)-1-methylethyl*]*benzenesulfonamide* $C_{10}H_{14}BrNO_4S$, Formel X (X = NH-C(CH$_2$OH)$_2$-CH$_3$).

B. Beim Erwärmen von 4-Brom-benzol-sulfonylchlorid-(1) mit 2-Amino-2-methyl-propandiol-(1.3) und wss.-äthanol. Natronlauge (*Shupe*, J. Assoc. agric. Chemists **25** [1942] 227, 228).

F: 140°.

2-[4-Brom-benzol-sulfonyl-(1)-amino]-1.1-diphenyl-äthylen, 4-Brom-*N*-[2.2-diphenyl-vinyl]-benzolsulfonamid-(1), p-*bromo*-N-(*2,2-diphenylvinyl*)*benzenesulfonamide* $C_{20}H_{16}BrNO_2S$, Formel X (X = NH-CH=C(C$_6$H$_5$)$_2$) und Tautomeres.

B. Aus 4-Brom-*N*-[2-hydroxy-2.2-diphenyl-äthyl]-benzolsulfonamid-(1) beim Er=wärmen mit Phosphor(V)-oxid in Benzol oder mit Thionylchlorid (*Adams, Cairns*, Am. Soc. **61** [1939] 2464, 2466).

Krystalle (aus wss. Acn.); F: 197—198°.

[4-Brom-benzol-sulfonyl-(1)]-acetyl-amin, *N*-[4-Brom-benzol-sulfonyl-(1)]-acetamid, N-(p-*bromophenylsulfonyl*)*acetamide* $C_8H_8BrNO_3S$, Formel X (X = NH-CO-CH$_3$) (H 58).

B. Aus 4-Brom-benzolsulfonamid-(1) und Acetylchlorid (*Openshaw, Spring*, Soc. **1945** 234; vgl. H 58).

Krystalle (aus wss. A.); F: 202—203°. In wss. Natriumhydrogencarbonat-Lösung lös=lich.

[4-Brom-benzol-sulfonyl-(1)]-methyl-acetyl-amin, *N*-[4-Brom-benzol-sulfonyl-(1)]-*N*-methyl-acetamid, N-(p-*bromophenylsulfonyl*)-N-*methylacetamide* $C_9H_{10}BrNO_3S$, Formel X (X = N(CH$_3$)-CO-CH$_3$).

B. Aus 4-Brom-*N*-methyl-benzolsulfonamid-(1) und Acetylchlorid (*Openshaw, Spring*, Soc. **1945** 234). Aus *N*-[4-Brom-benzol-sulfonyl-(1)]-acetamid und Diazomethan in Äther und Methanol (*Op., Sp.*).

Krystalle (aus wss. A.); F: 94°.

[4-Brom-benzol-sulfonyl-(1)]-äthyl-acetyl-amin, *N*-[4-Brom-benzol-sulfonyl-(1)]-*N*-äthyl-acetamid, N-(p-*bromophenylsulfonyl*)-N-*ethylacetamide* $C_{10}H_{12}BrNO_3S$, Formel X (X = N(C$_2$H$_5$)-CO-CH$_3$).

B. Aus 4-Brom-*N*-äthyl-benzolsulfonamid-(1) und Acetylchlorid (*Openshaw, Spring*,

Soc. **1945** 234).

Krystalle (aus wss. A.); F: 88,5—89,5°.

N.N'-Bis-[4-brom-benzol-sulfonyl-(1)]-bernsteinsäure-diamid, *N.N'*-**Bis-[4-brom-benzol-sulfonyl-(1)]-succinamid,** N,N'-*bis*(p-*bromophenylsulfonyl*)*succinamid* $C_{16}H_{14}Br_2N_2O_6S_2$, Formel XI.

B. Beim Erwärmen von 4-Brom-benzolsulfonamid-(1) mit Bernsteinsäure-anhydrid und Phosphoroxychlorid (*Evans, Dehn,* Am. Soc. **52** [1930] 2531).

Krystalle (aus Toluol); F: 231°.

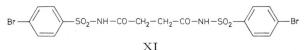

XI

2-[4-Brom-benzol-sulfonyl-(1)-amino]-1-[(4-brom-benzol-sulfonyl-(1))-äthyl-amino]-äthan, *N.N'*-**Bis-[4-brom-benzol-sulfonyl-(1)]-*N*-äthyl-äthylendiamin,** p,p'-*dibromo-N-ethyl*-N,N'-*ethylenebisbenzenesulfonamide* $C_{16}H_{18}Br_2N_2O_4S_2$, Formel XII.

B. Aus 4-Brom-benzol-sulfonylchlorid-(1) und *N*-Äthyl-äthylendiamin (*Aspinall,* Am. Soc. **63** [1941] 852, 854).

Krystalle (aus A.); F: 126° [korr.].

2-[4-Brom-benzol-sulfonyl-(1)-amino]-1-äthylamino-2-methyl-propan, 4-Brom-*N*-[äthylamino-*tert*-butyl]-benzolsulfonamid-(1), *N*-[4-Brom-benzol-sulfonyl-(4)]-1.1-di=methyl-*N'*-äthyl-äthylendiamin, p-*bromo*-N-[2-(*ethylamino*)-*1,1-dimethylethyl*]*benzene=sulfonamide* $C_{12}H_{19}BrN_2O_2S$, Formel X (X = NH-C(CH$_3$)$_2$-CH$_2$-NH-C$_2$H$_5$) auf S. 105.

B. Aus 4-Brom-benzol-sulfonylchlorid-(1) und 2-Amino-1-äthylamino-2-methyl-propan (*Clapp,* Am. Soc. **70** [1948] 184).

F: 106—108° [Block].

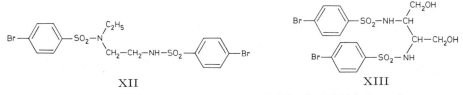

XII   XIII

2.3-Bis-[4-brom-benzol-sulfonyl-(1)-amino]-butandiol-(1.4), *2,3-bis*(p-*bromobenzene=sulfonamido*)*butane-1,4-diol* $C_{16}H_{18}Br_2N_2O_6S_2$, Formel XIII.

Opt.-inakt. **2.3-Bis-[4-brom-benzol-sulfonyl-(1)-amino]-butandiol-(1.4) vom F: 247°.**

B. Beim Behandeln von opt.-inakt. 2.3-Diamino-butandiol-(1.4) (E III **4** 847) mit 4-Brom-benzol-sulfonylchlorid-(1) und wss. Natronlauge (*Kilmer, McKennis,* J. biol. Chem. **152** [1944] 103, 107).

Krystalle (aus Acn.); F: 245—247°.

Bis-[4-brom-benzol-sulfonyl-(1)]-octyl-amin, p,p'-*dibromo*-N-*octyldibenzenesulfonamide* $C_{20}H_{25}Br_2NO_4S_2$, Formel I.

B. Beim Behandeln von 4-Brom-benzol-sulfonylchlorid-(1) mit Octylamin und wss. Natronlauge bei 0° (*Carroll, Wright,* Canad. J. Res. [B] **26** [1948] 271, 280).

Krystalle (aus A.); F: 81,5°.

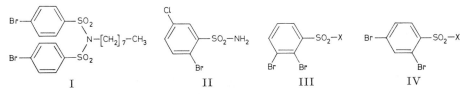

I   II   III   IV

5-Chlor-2-brom-benzolsulfonamid-(1), *2-bromo-5-chlorobenzenesulfonamide* $C_6H_5BrClNO_2S$, Formel II (H 58).

B. Beim Erwärmen von 4-Chlor-1-brom-benzol mit Chloroschwefelsäure und Erhitzen des Reaktionsprodukts mit wss. Ammoniak oder mit Ammoniumcarbonat (*Huntress, Carten,* Am. Soc. **62** [1940] 511, 513).

F: 189—190° [unkorr.; Block].

2.3-Dibrom-benzol-sulfonsäure-(1), *2,3-dibromobenzenesulfonic acid* $C_6H_4Br_2O_3S$, Formel III (X = OH).

B. Neben grösseren Mengen 3.4-Dibrom-benzol-sulfonsäure-(1) beim Behandeln von 1.2-Dibrom-benzol mit Schwefelsäure in Gegenwart von Quecksilber und Erwärmen des Reaktionsgemisches mit rauchender Schwefelsäure (*Lauer,* J. pr. [2] **138** [1933] 81, 87, 90).

Natrium-Salz $NaC_6H_3Br_2O_3S$. Krystalle mit 1 Mol H_2O.

Barium-Salz. Krystalle (aus W.). In Wasser leichter löslich als das Barium-Salz der 3.4-Dibrom-benzol-sulfonsäure-(1).

2.3-Dibrom-benzol-sulfonylchlorid-(1), *2,3-dibromobenzenesulfonyl chloride* $C_6H_3Br_2ClO_2S$, Formel III (X = Cl).

B. Aus 2.3-Dibrom-benzol-sulfonsäure-(1) (*Lauer,* J. pr. [2] **138** [1933] 81, 90).

F: 31—32°.

2.3-Dibrom-benzolsulfonamid-(1), *2,3-dibromobenzenesulfonamide* $C_6H_5Br_2NO_2S$, Formel III (X = NH₂).

B. Aus 2.3-Dibrom-benzol-sulfonsäure-(1) (*Lauer,* J. pr. [2] **138** [1933] 81, 90).

F: 165°.

2.4-Dibrom-benzol-sulfonylchlorid-(1), *2,4-dibromobenzenesulfonyl chloride* $C_6H_3Br_2ClO_2S$, Formel IV (X = Cl) (H 59; E I 17).

B. Aus 1.3-Dibrom-benzol beim Behandeln mit Chloroschwefelsäure (*Huntress, Carten,* Am. Soc. **62** [1940] 511, 512) sowie beim Erwärmen mit Chloroschwefelsäure und Sulfurylchlorid (*Pezold, Schreiber, Shriner,* Am. Soc. **56** [1934] 696).

Krystalle (aus PAe.); F: 82° (*Pe., Sch., Sh.*).

2.4-Dibrom-benzolsulfonamid-(1), *2,4-dibromobenzenesulfonamide* $C_6H_5Br_2NO_2S$, Formel IV (X = NH₂) (H 59).

B. Aus 2.4-Dibrom-benzol-sulfonylchlorid-(1) beim Erhitzen mit wss. Ammoniak oder mit Ammoniumcarbonat (*Huntress, Carten,* Am. Soc. **62** [1940] 511, 512; vgl. H 59).

Krystalle; F: 191—192° (*Mathieson, Newbery,* Soc. **1949** 1133, 1136), 188—189° [unkorr.; Block; aus wss. A.] (*Hu., Ca.*).

2.5-Dibrom-benzol-sulfonsäure-(1), *2,5-dibromobenzenesulfonic acid* $C_6H_4Br_2O_3S$, Formel V (X = OH) (H 59; E I 17).

Praseodym(III)-Salz $Pr(C_6H_3Br_2O_3S)_3 \cdot 9 H_2O$ (E I 17). Absorptionsspektrum sowie Zeeman-Effekt bei —20°: *Merz,* Ann. Physik [5] **28** [1937] 569, 575, 586.

Europium(III)-Salz $Eu(C_6H_3Br_2O_3S)_3$. Monokline Krystalle (aus W. bei Raumtemperatur) mit 12 Mol H_2O (*Singh,* Z. Kr. **105** [1943] 384, 385).

Glycin-Salz $C_2H_5NO_2 \cdot C_6H_4Br_2O_3S$. Krystalle; F: 203° (*Fitzgerald,* Trans. roy. Soc. Canada [3] **31** III [1937] 153, 157).

DL-Alanin-Salz $C_3H_7NO_2 \cdot C_6H_4Br_2O_3S$. Krystalle; F: 208° (*Fi.*).

β-Alanin-Salz $C_3H_7NO_2 \cdot C_6H_4Br_2O_3S$. Krystalle; F: 210° (*Fi.*).

DL-Leucin-Salz $C_6H_{13}NO_2 \cdot C_6H_4Br_2O_3S$. Krystalle; F: 212° (*Fi.*).

DL-Methionin-Salz $C_5H_{11}NO_2 \cdot C_6H_4Br_2O_3S$. Krystalle (aus W.); F: 186° (*Booth, Burnop, Jones,* Soc. **1944** 666).

2.5-Dibrom-benzol-sulfonylchlorid-(1), *2,5-dibromobenzenesulfonyl chloride* $C_6H_3Br_2ClO_2S$, Formel V (X = Cl) (H 60).

B. Aus 1.4-Dibrom-benzol und Chloroschwefelsäure in Chloroform bei Siedetemperatur (*Huntress, Carten,* Am. Soc. **62** [1940] 511, 512).

Krystalle (aus PAe.); F: 71°.

2.5-Dibrom-benzolsulfonamid-(1), *2,5-dibromobenzenesulfonamide* $C_6H_5Br_2NO_2S$, Formel V (X = NH₂) (H 60; E I 18).

B. Aus 2.5-Dibrom-benzol-sulfonylchlorid-(1) beim Erhitzen mit wss. Ammoniak oder mit Ammoniumcarbonat (*Huntress, Carten,* Am. Soc. **62** [1940] 511, 512; vgl. H 60).

Krystalle (aus wss. A.); F: 194—195° [unkorr.; Block].

[2.5-Dibrom-benzol-sulfonyl-(1)]-acetyl-amin, *N*-[2.5-Dibrom-benzol-sulfonyl-(1)]-
acetamid, N-*(2,5-dibromophenylsulfonyl)acetamide* C$_8$H$_7$Br$_2$NO$_3$S, Formel V
(X = NH-CO-CH$_3$).

B. Aus 2.5-Dibrom-benzolsulfonamid-(1) und Acetylchlorid (*Openshaw, Spring,* Soc.
1945 235).

Krystalle (aus wss. A.); F: 228°. In wss. Natriumhydrogencarbonat-Lösung löslich.

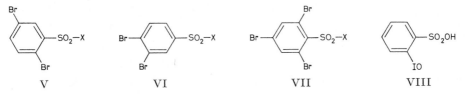

V   VI   VII   VIII

3.4-Dibrom-benzol-sulfonsäure-(1), *3,4-dibromobenzenesulfonic acid* C$_6$H$_4$Br$_2$O$_3$S, Formel
VI (X = OH) (H 60).

B. s. S. 108 im Artikel 2.3-Dibrom-benzol-sulfonsäure-(1).

Das Barium-Salz ist in Wasser schwerer löslich als das Barium-Salz der 2.3-Dibrom-
benzol-sulfonsäure-(1) (*Lauer,* J. pr. [2] **138** [1933] 81, 90).

3.4-Dibrom-benzol-sulfonylchlorid-(1), *3,4-dibromobenzenesulfonyl chloride* C$_6$H$_3$Br$_2$ClO$_2$S,
Formel VI (X = Cl) (H 60; E I 18).

B. Aus 1.2-Dibrom-benzol und Chloroschwefelsäure in Chloroform bei 0° (*Huntress,
Carten,* Am. Soc. **62** [1940] 511, 512).

Krystalle; F: 31—34° [aus PAe.] (*Hu., Ca.*), 33—34° (*Lauer,* J. pr. [2] **138** [1933]
81, 90).

3.4-Dibrom-benzolsulfonamid-(1), *3,4-dibromobenzenesulfonamide* C$_6$H$_5$Br$_2$NO$_2$S,
Formel VI (X = NH$_2$) (H 60).

B. Aus 3.4-Dibrom-benzol-sulfonylchlorid-(1) beim Erhitzen mit wss. Ammoniak oder
mit Ammoniumcarbonat (*Huntress, Carten,* Am. Soc. **62** [1940] 511, 512; vgl. H 60).

Krystalle; F: 175—176° [unkorr.; Block; aus wss. A.] (*Hu., Ca.*), 174° (*Lauer,* J. pr.
[2] **138** [1933] 81, 90).

2.4.6-Tribrom-benzol-sulfonsäure-(1), *2,4,6-tribromobenzenesulfonic acid* C$_6$H$_3$Br$_3$O$_3$S,
Formel VII (X = OH) (H 62).

Beim Erwärmen des (wasserfreien) Natrium-Salzes mit Phosphor(V)-bromid ist Bis-
[2.4.6-tribrom-phenyl]-disulfild erhalten worden (*Kohlhase,* Am. Soc. **54** [1932] 2441,
2444).

Natrium-Salz NaC$_6$H$_2$Br$_3$O$_3$S. Krystalle (aus W.) mit 1,5 Mol H$_2$O.

2.4.6-Tribrom-benzol-sulfonylchlorid-(1), *2,4,6-tribromobenzenesulfonyl chloride*
C$_6$H$_2$Br$_3$ClO$_2$S, Formel VII (X = Cl).

B. Aus 1.3.5-Tribrom-benzol beim Behandeln mit Chloroschwefelsäure (*Huntress,
Carten,* Am. Soc. **62** [1940] 511, 512) sowie beim Erwärmen mit Chloroschwefelsäure
und Sulfurylchlorid (*Pezold, Schreiber, Shriner,* Am. Soc. **56** [1934] 696).

F: 63,5—64° (*Pe., Sch., Sh.*), 58—60° [aus PAe.] (*Hu., Ca.*).

2.4.6-Tribrom-benzol-sulfonylbromid-(1), *2,4,6-tribromobenzenesulfonyl bromide*
C$_6$H$_2$Br$_4$O$_2$S, Formel VII (X = Br).

B. Neben Bis-[2.4.6-tribrom-phenyl]-disulfid beim Behandeln einer wss. Lösung von
Natrium-[2.4.6-tribrom-thiophenolat] mit Brom in wss. Natriumbromid-Lösung (*Hunter,
Kohlhase,* Am. Soc. **54** [1932] 2425, 2431).

Krystalle (aus Ae.); F: 74,5—75,7° (*Hu., Ko.*).

Bildung von 1.3.5-Tribrom-benzol, Bromwasserstoff und Schwefelsäure beim Erhitzen
mit wss. Mineralsäuren: *Hu., Ko.* Beim Behandeln mit Phosphor(III)-bromid oder mit
Phosphor(V)-bromid ist Bis-[2.4.6-tribrom-phenyl]-disulfid erhalten worden (*Hu., Ko.;
Kohlhase,* Am. Soc. **54** [1932] 2441, 2444).

2.4.6-Tribrom-benzolsulfonamid-(1), *2,4,6-tribromobenzenesulfonamide* C$_6$H$_4$Br$_3$NO$_2$S,
Formel VII (X = NH$_2$) (H 62).

B. Aus 2.4.6-Tribrom-benzol-sulfonylchlorid-(1) beim Erhitzen mit wss. Ammoniak sowie beim Erhitzen mit Ammoniumcarbonat (*Huntress, Carten,* Am. Soc. **62** [1940] 511, 513; vgl. H 62).

Krystalle (aus wss. A.); F: 220—222° [unkorr.; Zers.; Block].

2-Jodosyl-benzol-sulfonsäure-(1), 2-Jodoso-benzol-sulfonsäure-(1), o-*iodosyl*= *benzenesulfonic acid* $C_6H_5IO_4S$, Formel VIII (H 64).

B. Aus 2-Jod-benzol-sulfonsäure-(1) beim Behandeln mit Peroxyessigsäure in Essig= säure (*Böeseken, Schneider,* Pr. Akad. Amsterdam **35** [1932] 1140, 1143).

Bei 196° explodierend.

3-Jodosyl-benzol-sulfonsäure-(1), 3-Jodoso-benzol-sulfonsäure-(1), m-*iodosyl*= *benzenesulfonic acid* $C_6H_5IO_4S$, Formel IX.

B. Aus 3-Jod-benzol-sulfonsäure-(1) beim Behandeln mit Peroxyessigsäure in Essig= säure (*Böeseken, Schneider,* Pr. Akad. Amsterdam **35** [1932] 1140, 1143).

Bei 139° explodierend.

4-Jod-benzol-sulfonsäure-(1), p-*iodobenzenesulfonic acid* $C_6H_5IO_3S$, Formel X (X = OH) (H 65; E I 18; E II 31).

Kupfer(II)-Salz $Cu(C_6H_4IO_3S)_2$. Blaue Krystalle (aus W.) mit 6 Mol H_2O (*Čupr, Širůček,* Collect. **9** [1937] 68, 73).

Strontium-Salz $Sr(C_6H_4IO_3S)_2$. Krystalle (aus W.) mit 1 Mol H_2O (*Čupr, Širůček,* J. pr. [2] **139** [1934] 245, 248, 252).

Barium-Salz $Ba(C_6H_4IO_3S)_2$. Löslichkeit in Wasser sowie in wss. Lösungen von Kaliumnitrat, Kaliumchlorid, Magnesiumchlorid und Lanthanchlorid: *Širůček,* J. Chim. phys. **35** [1938] 136, 137.

Zink-Salz $Zn(C_6H_4IO_3S)_2$. Krystalle (aus W.) mit 6 Mol H_2O (*Čupr, Ši.,* J. pr. [2] **139** 248, 252).

Cadmium-Salz $Cd(C_6H_4IO_3S)_2$. Krystalle (aus W.) mit 6 Mol H_2O (*Čupr, Ši.,* J. pr. [2] **139** 248, 252). Das Krystallwasser wird an der Luft abgegeben (*Čupr, Ši.,* J. pr. [2] **139** 248).

4-Jodosyl-benzol-sulfonsäure-(1), 4-Jodoso-benzol-sulfonsäure-(1), p-*iodosyl*= *benzenesulfonic acid* $C_6H_5IO_4S$, Formel XI (E II 31).

B. Aus 4-Jod-benzol-sulfonsäure-(1) beim Behandeln mit Peroxyessigsäure in Essig= säure (*Böeseken, Schneider,* Pr. Akad. Amsterdam **35** [1932] 1140, 1141).

Bei 158° explodierend.

4-Jod-benzol-sulfonylchlorid-(1), p-*iodobenzenesulfonyl chloride* $C_6H_4ClIO_2S$, Formel X (X = Cl) (H 65; E I 18).

B. Aus 4-Jod-benzol-sulfonsäure-(1) mit Hilfe von Phosphoroxychlorid oder von Chloroschwefelsäure (*Dermer, Dermer,* Am. Soc. **60** [1938] 1) sowie mit Hilfe von Phos= phoroxychlorid und Phosphor(V)-chlorid (*Keston, Udenfriend, Cannan,* Am. Soc. **71** [1949] 249, 255).

Krystalle; F: 86° [aus Bzl. + PAe.] (*Ke., Ud., Ca.*), 83,5° [aus Ae.] (*Gur'janowa, Ž. fiz. Chim.* **21** [1947] 411, 415; C. A. **1947** 6786), 80—81° [aus Ae. oder Bzn.] (*De., De.*). Dipolmoment (ε; Bzl.): 3,53 D (*Gu.,* l. c. S. 411).

Mit Jod-131 markiertes 4-Jod-benzol-sulfonylchlorid-(1) ist beim Behandeln einer aus Sulfanilsäure bereiteten Diazoniumsalz-Lösung mit Jod-131 enthaltendem Kalium= jodid und Erwärmen des Reaktionsprodukts mit Phosphoroxychlorid und Phosphor(V)-chlorid erhalten worden (*Ke., Ud., Ca.*).

4-Jod-benzolsulfonamid-(1), p-*iodobenzenesulfonamide* $C_6H_6INO_2S$, Formel X (X = NH_2) (H 65).

B. Aus 4-Jod-benzol-sulfonylchlorid-(1) mit Hilfe von wss. Ammoniak (*Gur'janowa,* Ž. fiz. Chim. **21** [1947] 633, 641; C. A. **1948** 2148).

Krystalle (aus A.); F: 194° [korr.]. Dipolmoment (ε; Dioxan): 4,50 D (*Gu.,* l. c. S. 636).

4-Jod-N.N-diäthyl-benzolsulfonamid-(1), N,N-*diethyl-p-iodobenzenesulfonamide* $C_{10}H_{14}INO_2S$, Formel X (X = $N(C_2H_5)_2$).

B. Aus 4-Jod-benzol-sulfonylchlorid-(1) und Diäthylamin in Äther (*Gilman, Arntzen,* Am. Soc. **69** [1947] 1537, 1538).

Krystalle (aus A.); F: 57—58,5°.

N-[4-Jod-benzol-sulfonyl-(1)]-glycin, N-(p-*iodophenylsulfonyl*)*glycine* C₈H₈INO₄S,
Formel X (X = NH-CH₂-COOH).

B. Beim Behandeln von Glycin mit wss. Natriumhydrogencarbonat-Lösung und mit
4-Jod-benzol-sulfonylchlorid-(1) (*Keston, Udenfriend, Cannan,* Am. Soc. **71** [1949] 249,
252, 256). Beim Erhitzen von *N*-[4-Acetamino-benzol-sulfonyl-(1)]-glycin mit wss. Salz=
säure und Behandeln einer aus dem erhaltenen *N*-[4-Amino-benzol-sulfonyl-(1)]-glycin
bereiteten wss. Diazoniumsalz-Lösung mit Kaliumjodid (*Klemme, Beals,* J. org. Chem.
8 [1943] 448, 452).

Krystalle (aus W. oder wss. Acn.), F: 205—205,5° [korr.] (*Ke., Ud., Ca.*); Pulver, F:
189—191° [korr.] (*Kl., Beals*).

Herstellung eines mit Jod-131 markierten Präparats: *Ke., Ud., Ca.*

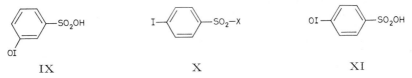

IX   X   XI

N-[4-Jod-benzol-sulfonyl-(1)]-DL-alanin, N-(p-*iodophenylsulfonyl*)-DL-*alanine*
C₉H₁₀INO₄S, Formel X (X = NH-CH(CH₃)-COOH).

B. Beim Behandeln von DL-Alanin mit wss. Natriumhydrogencarbonat-Lösung und mit
4-Jod-benzol-sulfonylchlorid-(1) (*Keston, Udenfriend, Cannan,* Am. Soc. **71** [1949] 249,
252, 256).

Krystalle (aus W. oder wss. Acn.); F: 194,5° [korr.].

Herstellung eines mit Jod-131 markierten Präparats: *Ke., Ud., Ca.*

α-[4-Jod-benzol-sulfonyl-(1)-amino]-isobuttersäure, N-(p-*iodophenylsulfonyl*)-2-*methyl=
alanine* C₁₀H₁₂INO₄S, Formel X (X = NH-C(CH₃)₂-COOH).

B. Beim Behandeln von α-Amino-isobuttersäure mit wss. Natriumhydrogencarbonat-
Lösung und mit 4-Jod-benzol-sulfonylchlorid-(1) (*Keston, Udenfriend, Cannan,* Am. Soc.
71 [1949] 249, 252, 256).

Krystalle (aus W. oder wss. Acn.); F: 183° [korr.].

Herstellung eines mit Jod-131 markierten Präparats: *Ke., Ud., Ca.*

N-[4-Jod-benzol-sulfonyl-(1)]-DL-valin, N-(p-*iodophenylsulfonyl*)-DL-*valine* C₁₁H₁₄INO₄S,
Formel X (X = NH-CH(COOH)-CH(CH₃)₂).

B. Beim Behandeln von DL-Valin mit wss. Natriumhydrogencarbonat-Lösung und mit
4-Jod-benzol-sulfonylchlorid-(1) (*Keston, Udenfriend, Cannan,* Am. Soc. **71** [1949] 249,
252, 256).

Krystalle (aus W. oder wss. Acn.); F: 181,5° [korr.].

Herstellung eines mit Jod-131 markierten Präparats: *Ke., Ud., Ca.*

N-[4-Jod-benzol-sulfonyl-(1)]-DL-leucin, N-(p-*iodophenylsulfonyl*)-DL-*leucine*
C₁₂H₁₆INO₄S, Formel X (X = NH-CH(COOH)-CH₂-CH(CH₃)₂).

B. Beim Behandeln von DL-Leucin mit wss. Natriumhydrogencarbonat-Lösung und
mit 4-Jod-benzol-sulfonylchlorid-(1) (*Keston, Udenfriend, Cannan,* Am. Soc. **71** [1949]
249, 252, 256).

Krystalle (aus W. oder wss. Acn.); F: 125,5—126,5° [korr.].

Herstellung eines mit Jod-131 markierten Präparats: *Ke., Ud., Ca.*

N-[4-Jod-benzol-sulfonyl-(1)]-DL-isoleucin, N-(p-*iodophenylsulfonyl*)-DL-*isoleucine*
C₁₂H₁₆INO₄S, Formel X (X = NH-CH(COOH)-CH(CH₃)-CH₂-CH₃ [*erythro*]).

B. Beim Behandeln von DL-Isoleucin mit wss. Natriumhydrogencarbonat-Lösung und
mit 4-Jod-benzol-sulfonylchlorid-(1) (*Keston, Udenfriend, Cannan,* Am. Soc. **71** [1949]
249, 252, 256).

Krystalle (aus W. oder wss. Acn.); F: 149° [korr.].

Herstellung eines mit Jod-131 markierten Präparats: *Ke., Ud., Ca.*

N-[4-Jod-benzol-sulfonyl-(1)]-DL-asparaginsäure, N-(p-*iodophenylsulfonyl*)-DL-*aspartic
acid* C₁₀H₁₀INO₆S, Formel X (X = NH-CH(COOH)-CH₂-COOH).

B. Beim Behandeln von DL-Asparaginsäure mit wss. Natriumhydrogencarbonat-
Lösung und mit 4-Jod-benzol-sulfonylchlorid-(1) (*Keston, Udenfriend, Cannan,* Am. Soc.

71 [1949] 249, 252, 256).

Krystalle (aus W. oder wss. Acn.); F: 182—184° [korr.].

Herstellung eines mit Jod-131 markierten Präparats: *Ke., Ud., Ca.*

N-[4-Jod-benzol-sulfonyl-(1)]-DL-serin, N-(p-*iodophenylsulfonyl*)-DL-*serine* $C_9H_{10}INO_5S$, Formel X (X = NH-CH(COOH)-CH$_2$OH).

B. Beim Behandeln von DL-Serin mit wss. Natriumhydrogencarbonat-Lösung und mit 4-Jod-benzol-sulfonylchlorid-(1) (*Keston, Udenfriend, Cannan,* Am. Soc. **71** [1949] 249, 252, 256).

Krystalle (aus W. oder wss. Acn.); F: 209,5° [korr.; Zers.].

Herstellung eines mit Jod-131 markierten Präparats: *Ke., Ud., Ca.*

N-[4-Jod-benzol-sulfonyl-(1)]-DL-methionin, N-(p-*iodophenylsulfonyl*)-DL-*methionine* $C_{11}H_{14}INO_4S_2$, Formel X (X = NH-CH(COOH)-CH$_2$-CH$_2$-S-CH$_3$).

B. Beim Behandeln von DL-Methionin mit wss. Natriumhydrogencarbonat-Lösung und mit 4-Jod-benzol-sulfonylchlorid-(1) (*Keston, Udenfriend, Cannan,* Am. Soc. **71** [1949] 249, 252, 256).

Krystalle (aus W. oder wss. Acn.); F: 127° [korr.].

Herstellung eines mit Jod-131 markierten Präparats: *Ke., Ud., Ca.*

Bis-[4-jod-benzol-sulfonyl-(1)]-amin, p,p'-*diiododibenzenesulfonamide* $C_{12}H_9I_2NO_4S_2$, Formel XII.

B. Beim Erwärmen einer aus Bis-[4-amino-benzol-sulfonyl-(1)]-amin in wss. Salzsäure bereiteten Diazoniumsalz-Lösung mit Kaliumjodid (*Klemme, Beals,* J. org. Chem. **8** [1943] 448, 454).

Kalium-Salz $KC_{12}H_8I_2NO_4S_2$. Krystalle (aus W.).

2.5-Dijod-benzol-sulfonsäure-(1), 2,5-*diiodobenzenesulfonic acid* $C_6H_4I_2O_3S$, Formel XIII (X = OH) (H 65; E I 19).

B. Beim Behandeln von 2.5-Diamino-benzol-sulfonsäure-(1) in wss. Phosphorsäure mit einem Gemisch von Natriumnitrit und Schwefelsäure und Eintragen der Reaktionslösung in wss. Kaliumjodid-Lösung (*Schoutissen,* Am. Soc. **55** [1933] 4535, 4538).

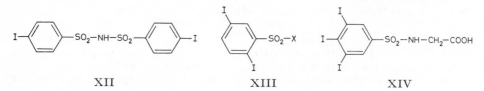

XII	XIII	XIV

2.5-Dijod-benzol-sulfonylchlorid-(1), 2,5-*diiodobenzenesulfonyl chloride* $C_6H_3ClI_2O_2S$, Formel XIII (X = Cl) (H 66).

B. Aus dem Kalium-Salz der 2.5-Dijod-benzol-sulfonsäure-(1) beim Erhitzen mit Phosphor(V)-chlorid bis auf 140° (*Schoutissen,* Am. Soc. **55** [1933] 4535, 4538).

Krystalle (aus CHCl$_3$); F: 131°.

N-[3.4.5-Trijod-benzol-sulfonyl-(1)]-glycin, N-(3,4,5-*triiodophenylsulfonyl*)*glycine* $C_8H_6I_3NO_4S$, Formel XIV.

B. Beim Behandeln einer aus N-[3.5-Dijod-4-amino-benzol-sulfonyl-(1)]-glycin in wss. Salzsäure bereiteten Diazoniumsalz-Lösung mit wss. Kaliumjodid-Lösung (*Klemme, Beals,* J. org. Chem. **8** [1943] 488, 451).

Gelbliche Krystalle (aus wss. Lösung); F: 279—280° [korr.; Zers.].

4-Nitroso-benzolsulfonamid-(1), p-*nitrosobenzenesulfonamide* $C_6H_6N_2O_3S$, Formel I (X = H).

B. Aus 4-Hydroxyamino-benzolsulfonamid-(1) beim Behandeln einer Lösung in wss. Äthanol mit wss. Eisen(III)-chlorid-Lösung (*Bauer, Rosenthal,* Am. Soc. **66** [1944] 611, 613).

Krystalle (aus A.); Zers. oberhalb 155°. Lösungen in Äthanol sind grün.

3.5-Dijod-4-nitroso-benzolsulfonamid-(1), 3,5-*diiodo-4-nitrosobenzenesulfonamide* $C_6H_4I_2N_2O_3S$, Formel I (X = I).

B. Aus 3.5-Dijod-4-amino-benzolsulfonamid-(1) beim Erhitzen mit wss. Natronlauge

und Kaliumpermanganat (*Scudi*, Am. Soc. **59** [1937] 1480, 1482).
    Grüne Krystalle (aus Eg.); F: >270° [Zers.].
    Natrium-Salz $NaC_6H_3I_2N_2O_3S$. Rote Krystalle.

2-Nitro-benzol-sulfonsäure-(1)-äthylester, o-*nitrobenzenesulfonic acid ethyl ester*
$C_8H_9NO_5S$, Formel II (R = C_2H_5).
    B. Aus 2-Nitro-benzol-sulfonylchlorid-(1) und Natriumäthylat in Äther (*Demény*, R.
50 [1931] 60, 65).
    Krystalle; F: 34° [aus Ae. + PAe.] (*Bost, Deebel*, J. E. Mitchell scient. Soc. **66** [1950]
157, 158, 160), 15° [aus Ae.] (*De.*).

**2-Nitro-benzol-sulfonsäure-(1)-[3-methyl-6-isopropyl-cyclohexylester], 3-[2-Nitro-
benzol-sulfonyl-(1)-oxy]-p-menthan,** o-*nitrobenzenesulfonic acid* p-*menth-3-yl ester*
$C_{16}H_{23}NO_5S$.

2-Nitro-benzol-sulfonsäure-(1)-[(1R)-menthylester], *O-[2-Nitro-benzol-sulfon⹀
yl-(1)]-(1R)-menthol* $C_{16}H_{23}NO_5S$, Formel III.
    B. Aus 2-Nitro-benzol-sulfonylchlorid-(1) und (1R)-Menthol (E III **6** 133) mit Hilfe
von Pyridin (*Rule, Smith*, Soc. **1931** 1482, 1487).
    Krystalle (aus Me.); F: 66°. $[M]_D^{18}$: −115° [A.; c = 5]; $[M]_D^{18}$: −86,2° [Bzl.; c = 5].
Optisches Drehungsvermögen von Lösungen in Benzol und in Äthanol bei Wellenlängen
von 546 mμ bis 670 mμ: *Rule, Sm.*

2-Nitro-benzol-sulfonsäure-(1)-phenylester, o-*nitrobenzenesulfonic acid phenyl ester*
$C_{12}H_9NO_5S$, Formel II (R = C_6H_5).
    B. Beim Erhitzen von 2-Nitro-benzol-sulfonylchlorid-(1) mit Kaliumphenolat auf 140°
(*Etabl. Kuhlmann*, F.P. 821551 [1936]; U.S.P. 2134642 [1937]; D.R.P. 709584 [1937];
D.R.P. Org. Chem. **1**, Tl. 1, S. 358).
    Krystalle (aus A.); F: 57°.

2-Nitro-benzol-sulfonsäure-(1)-[4-chlor-phenylester], o-*nitrobenzenesulfonic acid* p-*chloro⹀
phenyl ester* $C_{12}H_8ClNO_5S$, Formel IV (X = H).
    F: 84—86° (*Schetty*, Helv. **32** [1949] 24, 28).

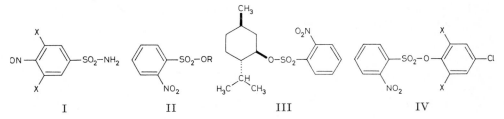

I   II   III   IV

2-Nitro-benzol-sulfonsäure-(1)-[2.4.6-trichlor-phenylester], o-*nitrobenzenesulfonic acid*
2,4,6-trichlorophenyl ester $C_{12}H_6Cl_3NO_5S$, Formel IV (X = Cl).
    B. Beim Erwärmen von 2-Nitro-benzol-sulfonylchlorid-(1) mit 2.4.6-Trichlor-phenol
und Kaliumcarbonat in Aceton (*Tozer, Smiles*, Soc. **1938** 2052, 2056).
    F: 142°.

2-Nitro-benzol-sulfonsäure-(1)-o-tolylester, o-*nitrobenzenesulfonic acid* o-*tolyl ester*
$C_{13}H_{11}NO_5S$, Formel V.
    B. Beim Erhitzen von 2-Nitro-benzol-sulfonylchlorid-(1) mit Kalium-o-kresolat auf
140° (*Etabl. Kuhlmann*, F.P. 821551 [1936]; U.S.P. 2134642 [1937]).
    Krystalle (aus A.); F: 59°.

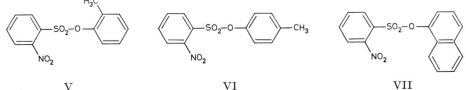

V   VI   VII

2-Nitro-benzol-sulfonsäure-(1)-*p*-tolylester, o-*nitrobenzenesulfonic acid* p-*tolyl ester*
$C_{13}H_{11}NO_5S$, Formel VI.
  F: 88—90° (*Schetty*, Helv. **32** [1949] 24, 28).

2-Nitro-benzol-sulfonsäure-(1)-[naphthyl-(1)-ester], o-*nitrobenzenesulfonic acid*
1-*naphthyl ester* $C_{16}H_{11}NO_5S$, Formel VII.
  F: 103—104° (*Schetty*, Helv. **32** [1949] 24, 28).

2-Nitro-benzol-sulfonsäure-(1)-[naphthyl-(2)-ester], o-*nitrobenzenesulfonic acid*
2-*naphthyl ester* $C_{16}H_{11}NO_5S$, Formel VIII.
  F: 98—99° (*Schetty*, Helv. **32** [1949] 24, 28).

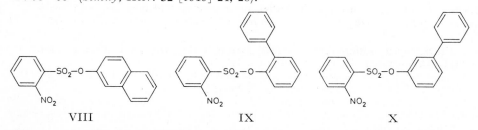

VIII   IX   X

2-Nitro-benzol-sulfonsäure-(1)-[biphenylyl-(2)-ester], o-*nitrobenzenesulfonic acid*
biphenyl-2-yl ester $C_{18}H_{13}NO_5S$, Formel IX.
  B. Aus Biphenylol-(2) und 2-Nitro-benzol-sulfonylchlorid-(1) mit Hilfe von Pyridin
(*Hazlet*, Am. Soc. **60** [1938] 399).
  Krystalle (aus wss. A.); F: 72—73°.

2-Nitro-benzol-sulfonsäure-(1)-[biphenylyl-(3)-ester], o-*nitrobenzenesulfonic acid*
biphenyl-3-yl ester $C_{18}H_{13}NO_5S$, Formel X.
  B. Aus Biphenylol-(3) und 2-Nitro-benzol-sulfonylchlorid-(1) mit Hilfe von Pyridin
(*Hazlet*, Am. Soc. **60** [1938] 399).
  Krystalle (aus Me.); F: 69—70°.

2-Nitro-benzol-sulfonsäure-(1)-[biphenylyl-(4)-ester], o-*nitrobenzenesulfonic acid*
biphenyl-4-yl ester $C_{18}H_{13}NO_5S$, Formel XI.
  B. Aus Biphenylol-(4) und 2-Nitro-benzol-sulfonylchlorid-(1) mit Hilfe von Pyridin
(*Hazlet*, Am. Soc. **60** [1938] 399).
  Krystalle (aus A.); F: 138—139°.

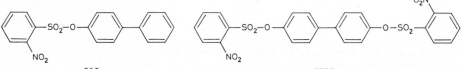

XI   XII

4.4'-Bis-[2-nitro-benzol-sulfonyl-(1)-oxy]-biphenyl, *4,4'-bis*(o-*nitrophenylsulfonyloxy*)=
biphenyl $C_{24}H_{16}N_2O_{10}S_2$, Formel XII.
  B. Aus Biphenyldiol-(4.4') und 2-Nitro-benzol-sulfonylchlorid-(1) mit Hilfe von Pyridin
(*Hazlet*, Am. Soc. **61** [1939] 1921).
  Krystalle (aus Eg.); F: 191—192°.

2-Nitro-benzol-sulfonylfluorid-(1), o-*nitrobenzenesulfonyl fluoride* $C_6H_4FNO_4S$, Formel I
(X = F).
  B. Aus 2-Nitro-benzol-sulfonylchlorid-(1) beim Erhitzen mit wss. Kaliumfluorid-
Lösung (*Davies, Dick*, Soc. **1932** 2042, 2046).
  Krystalle (aus A. + PAe.); F: 60° (*Da., Dick*), 59° (*Bennett, Youle*, Soc. **1938** 887, 893).

2-Nitro-benzol-sulfonylchlorid-(1), o-*nitrobenzenesulfonyl chloride* $C_6H_4ClNO_4S$,
Formel I (X = Cl) (H 67; E I 20; E II 32).
  Krystalle; F: 68,9° [aus Ae.] (*Woroshzow, Koslow*, Ž. obšč. Chim. **2** [1932] 939, 945;
C. **1934** I 216), 67° (*H. Marshall*, Diss. [Zürich 1928] S. 25), 66,5—67° [aus Ae.] (*Hedlund*,
Ark. Kemi **14** A Nr. 6 [1940/41] 1, 4).

Beim Behandeln mit 2-Amino-pyrimidin in Pyridin ist 2-[2-Nitro-anilino]-pyrimidin erhalten worden (*English et al.*, Am. Soc. **68** [1946] 1039, 1047).

2-Nitro-benzol-sulfonylbromid-(1), o-*nitrobenzenesulfonyl bromide* $C_6H_4BrNO_4S$, Formel I (X = Br).

B. Aus Bis-[2-nitro-phenyl]-disulfid beim Erwärmen mit Brom in Essigsäure (*Hunter, Sorenson*, Am. Soc. **54** [1932] 3368, 3371).

Krystalle (aus Bzl. + Bzn.); F: 63—64°.

Beim Behandeln mit Phosphor(III)-bromid sind 2-Nitro-benzol-sulfenylbromid-(1) und Bis-[2-nitro-phenyl]-disulfid erhalten worden.

2-Nitro-benzolsulfonamid-(1), o-*nitrobenzenesulfonamide* $C_6H_6N_2O_4S$, Formel I (X = NH₂) (H 68; E I 20).

Krystalle; F: 190,5—191,5° [aus W.] (*Hunter, Sorenson*, Am. Soc. **54** [1932] 3368, 3372), 191° [aus A.] (*H. Marshall*, Diss. [Zürich 1928] S. 29).

[2-Nitro-benzol-sulfonyl-(1)]-acetyl-amin, N-[2-Nitro-benzol-sulfonyl-(1)]-acetamid, N-(o-*nitrophenylsulfonyl*)*acetamide* $C_8H_8N_2O_5S$, Formel I (X = NH-CO-CH₃).

B. Aus 2-Nitro-benzolsulfonamid-(1) beim Behandeln mit Acetanhydrid und Pyridin (*Tozer, Smiles*, Soc. **1938** 2052, 2056).

Krystalle (aus wss. Eg.); F: 190°.

Beim Behandeln mit alkal. wss. Natriumdithionit-Lösung oder mit Zinn(II)-chlorid in Essigsäure ist 3-Methyl-2H-benzo[1.2.4]thiadiazin-1.1-dioxid erhalten worden.

[2-Nitro-benzol-sulfonyl-(1)]-benzoyl-amin, N-[2-Nitro-benzol-sulfonyl-(1)]-benzamid, N-(o-*nitrophenylsulfonyl*)*benzamide* $C_{13}H_{10}N_2O_5S$, Formel I (X = NH-CO-C₆H₅).

B. Beim Erhitzen von 2-Nitro-benzolsulfonamid-(1) mit Benzoylchlorid auf 180° (*Wertheim*, Am. Soc. **56** [1934] 971).

Krystalle (aus A. + Acn.); F: 197,5—198°.

[2-Nitro-benzol-sulfonyl-(1)]-guanidin, (o-*nitrophenylsulfonyl*)*guanidine* $C_7H_8N_4O_4S$, Formel I (X = NH-C(NH₂)=NH) und Tautomeres.

B. Neben geringen Mengen N.N'-Bis-[2-nitro-benzol-sulfonyl-(1)]-guanidin beim Behandeln von 2-Nitro-benzol-sulfonylchlorid-(1) mit Guanidin, wss. Natronlauge und Aceton (*Backer, Moed*, R. **65** [1946] 59, 62).

Krystalle (aus W.); F: 205—206° [Zers.] (*Backer, Moed*, Bl. Soc. chim. Belg. **57** [1948] 211, 213, 222). In Aceton und warmem Äthanol leicht löslich (*Ba., Moed*, R. **65** 62).

Beim Erhitzen mit wss. Natronlauge ist 3-Amino-benzo[1.2.4]triazin-1-oxid erhalten worden (*Backer, Moed*, R. **66** [1947] 689, 697).

N'-[2-Nitro-benzol-sulfonyl-(1)]-N.N-dimethyl-guanidin, N,N-*dimethyl*-N'-(o-*nitro-phenylsulfonyl*)*guanidine* $C_9H_{12}N_4O_4S$, Formel I (X = NH-C(=NH)-N(CH₃)₂) und Tautomeres.

B. Beim Behandeln von 2-Nitro-benzol-sulfonylchlorid-(1) mit N.N-Dimethyl-guanidin, wss. Natronlauge und Aceton (*Backer, Moed*, R. **66** [1947] 335, 342).

Krystalle (aus A.); F: 148—150° [Zers.] (*Ba., Moed*, l. c. S. 343).

Beim Erhitzen mit wss. Natronlauge ist 3-Dimethylamino-benzo[1.2.4]triazin-1-oxid erhalten worden (*Backer, Moed*, R. **66** [1947] 689, 697).

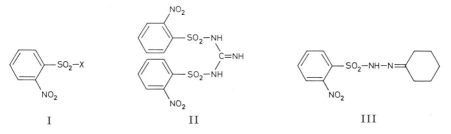

I   II   III

N.N'-Bis-[2-nitro-benzol-sulfonyl-(1)]-guanidin, N,N'-*bis*(o-*nitrophenylsulfonyl*)*guanidine* $C_{13}H_{11}N_5O_8S_2$, Formel II und Tautomeres.

B. s. o. im Artikel [2-Nitro-benzol-sulfonyl-(1)]-guanidin.

Krystalle (aus A.); F: 191—192,5° (*Backer, Moed*, R. **65** [1946] 59, 62).

Beim Erhitzen mit wss. Natronlauge sind Bis-[2-nitro-phenyl]-amin und Cyanamid erhalten worden (*Backer, Moed*, R. **66** [1947] 689, 700).

2-Nitro-benzol-sulfonsäure-(1)-hydrazid, *o-nitrobenzenesulfonic acid hydrazide* $C_6H_7N_3O_4S$, Formel I (X = NH-NH$_2$) (E II 32).

B. Aus 2-Nitro-benzol-sulfonylchlorid-(1) beim Behandeln einer Lösung in Tetrahydro=
furan mit Hydrazin-hydrat (*Friedman, Litle, Reichle*, Org. Synth. **40** [1960] 93, 95).

Krystalle (aus A.); F: 97° (*Witte*, R. **51** [1932] 299, 313).

In warmer äthanol. Lösung nicht beständig (*Wi.*). Beim Erwärmen mit äthanol. Jod-
Lösung ist eine Verbindung $C_{12}H_8N_2O_6S_2$ (graugrün; bei 200° verkohlend) erhalten
worden (*Wi.*).

**2-Nitro-benzol-sulfonsäure-(1)-isopropylidenhydrazid, Aceton-[2-nitro-benzol-sulf=
onyl-(1)-hydrazon]**, *o-nitrobenzenesulfonic acid isopropylidenehydrazide* $C_9H_{11}N_3O_4S$,
Formel I (X = NH-N=C(CH$_3$)$_2$).

B. Beim Erwärmen von 2-Nitro-benzol-sulfonsäure-(1)-hydrazid mit Aceton und
Äthanol (*Davies, Storrie, Tucker*, Soc. **1931** 624, 625).

Krystalle; F: 147—148° [Zers.] (*Da., St., Tu.*), 144° [aus A.] (*Witte*, R. **51** [1932] 299,
314).

**2-Nitro-benzol-sulfonsäure-(1)-*sec*-butylidenhydrazid, Butanon-[2-nitro-benzol-sulf=
onyl-(1)-hydrazon]**, *o-nitrobenzenesulfonic acid sec-butylidenehydrazide* $C_{10}H_{13}N_3O_4S$,
Formel I (X = NH-N=C(CH$_3$)-CH$_2$-CH$_3$).

B. Beim Erwärmen von 2-Nitro-benzol-sulfonsäure-(1)-hydrazid mit Butanon und
Äthanol (*Cameron, Storrie*, Soc. **1934** 1330).

Gelbliche Krystalle (aus A.); F: 143—144° [Zers.].

**2-Nitro-benzol-sulfonsäure-(1)-[1-äthyl-propylidenhydrazid], Pentanon-(3)-[2-nitro-
benzol-sulfonyl-(1)-hydrazon]**, *o-nitrobenzenesulfonic acid (1-ethylpropylidene)hydrazide*
$C_{11}H_{15}N_3O_4S$, Formel I (X = NH-N=C(C$_2$H$_5$)$_2$).

B. Beim Erwärmen von 2-Nitro-benzol-sulfonsäure-(1)-hydrazid mit Pentanon-(3)
und Äthanol (*Cameron, Storrie*, Soc. **1934** 1330).

Krystalle (aus Me.); F: 99—101° [Zers.].

**2-Nitro-benzol-sulfonsäure-(1)-[1.2-dimethyl-propylidenhydrazid], 2-Methyl-butanon-(3)-
[2-nitro-benzol-sulfonyl-(1)-hydrazon]**, *o-nitrobenzenesulfonic acid (1,2-dimethylpropyl=
idene)hydrazide* $C_{11}H_{15}N_3O_4S$, Formel I (X = NH-N=C(CH$_3$)-CH(CH$_3$)$_2$).

B. Beim Erwärmen von 2-Nitro-benzol-sulfonsäure-(1)-hydrazid mit 2-Methyl-butan=
on-(3) und Äthanol (*Cameron, Storrie*, Soc. **1934** 1330).

Krystalle (aus A.); F: 113—114° [Zers.].

**2-Nitro-benzol-sulfonsäure-(1)-[1.3-dimethyl-butylidenhydrazid], 2-Methyl-pentan=
on-(4)-[2-nitro-benzol-sulfonyl-(1)-hydrazon]**, *o-nitrobenzenesulfonic acid (1,3-dimethyl=
butylidene)hydrazide* $C_{12}H_{17}N_3O_4S$, Formel I (X = NH-N=C(CH$_3$)-CH$_2$-CH(CH$_3$)$_2$).

B. Beim Erwärmen von 2-Nitro-benzol-sulfonsäure-(1)-hydrazid mit 2-Methyl-pentan=
on-(4) und Äthanol (*Cameron, Storrie*, Soc. **1934** 1330).

Krystalle (aus Me.); F: 73—74°.

**2-Nitro-benzol-sulfonsäure-(1)-[1.3-dimethyl-buten-(2)-ylidenhydrazid], 2-Methyl-
penten-(2)-on-(4)-[2-nitro-benzol-sulfonyl-(1)-hydrazon]**, Mesityloxid-[2-nitro-
benzol-sulfonyl-(1)-hydrazon], *o-nitrobenzenesulfonic acid (1,3-dimethylbut-2-en=
ylidene)hydrazide* $C_{12}H_{15}N_3O_4S$, Formel I (X = NH-N=C(CH$_3$)-CH=C(CH$_3$)$_2$).

B. Beim Erwärmen von 2-Nitro-benzol-sulfonsäure-(1)-hydrazid mit 2-Methyl-
penten-(2)-on-(4) und Äthanol (*Cameron, Storrie*, Soc. **1934** 1330).

Krystalle (aus Acn.); F: 139—140° [Zers.].

**2-Nitro-benzol-sulfonsäure-(1)-cyclohexylidenhydrazid, Cyclohexanon-[2-nitro-benzol-
sulfonyl-(1)-hydrazon]**, *o-nitrobenzenesulfonic acid cyclohexylidenehydrazide*
$C_{12}H_{15}N_3O_4S$, Formel III.

B. Beim Erwärmen von 2-Nitro-benzol-sulfonsäure-(1)-hydrazid mit Cyclohexanon
und Äthanol (*Cameron, Storrie*, Soc. **1934** 1330).

Krystalle (aus Acn.); F: 135—136° [Zers.].

2-Nitro-benzol-sulfonsäure-(1)-benzylidenhydrazid, Benzaldehyd-[2-nitro-benzol-sulfonyl-(1)-hydrazon], o-*nitrobenzenesulfonic acid benzylidenehydrazide* $C_{13}H_{11}N_3O_4S$, Formel IV (X = H).

B. Beim Erwärmen von 2-Nitro-benzol-sulfonsäure-(1)-hydrazid mit Benzaldehyd in Äthanol (*Cameron, Storrie*, Soc. **1934** 1330).

Gelbe Krystalle (aus Me.); F: 170—171° [Zers.].

2-Nitro-benzol-sulfonsäure-(1)-[2-nitro-benzylidenhydrazid], 2-Nitro-benzaldehyd-[2-nitro-benzol-sulfonyl-(1)-hydrazon], o-*nitrobenzenesulfonic acid (2-nitrobenzylidene)⹀ hydrazide* $C_{13}H_{10}N_4O_6S$, Formel IV (X = NO₂).

B. Beim Erwärmen von 2-Nitro-benzol-sulfonsäure-(1)-hydrazid mit 2-Nitro-benz⹀ aldehyd in Äthanol (*Cameron, Storrie*, Soc. **1934** 1330).

Krystalle (aus Acn.); F: 190—192° [Zers.].

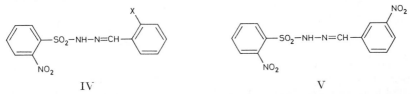

IV   V

2-Nitro-benzol-sulfonsäure-(1)-[3-nitro-benzylidenhydrazid], 3-Nitro-benzaldehyd-[2-nitro-benzol-sulfonyl-(1)-hydrazon], o-*nitrobenzenesulfonic acid (3-nitrobenzylidene)⹀ hydrazide* $C_{13}H_{10}N_4O_6S$, Formel V.

B. Beim Erwärmen von 2-Nitro-benzol-sulfonsäure-(1)-hydrazid mit 3-Nitro-benz⹀ aldehyd in Äthanol (*Cameron, Storrie*, Soc. **1934** 1330).

Krystalle (aus Acn.); F: 185—186° [Zers.].

2-Nitro-benzol-sulfonsäure-(1)-[4-nitro-benzylidenhydrazid], 4-Nitro-benzaldehyd-[2-nitro-benzol-sulfonyl-(1)-hydrazon], o-*nitrobenzenesulfonic acid (4-nitrobenzylidene)⹀ hydrazide* $C_{13}H_{10}N_4O_6S$, Formel VI (X = NO₂).

B. Beim Erwärmen von 2-Nitro-benzol-sulfonsäure-(1)-hydrazid mit 4-Nitro-benz⹀ aldehyd in Äthanol (*Cameron, Storrie*, Soc. **1934** 1330).

Krystalle (aus Acn.); F: 194—196° [Zers.].

2-Nitro-benzol-sulfonsäure-(1)-[1-phenyl-äthylidenhydrazid], Acetophenon-[2-nitro-benzol-sulfonyl-(1)-hydrazon], o-*nitrobenzenesulfonic acid (α-methylbenzylidene)hydrazide* $C_{14}H_{13}N_3O_4S$, Formel I (X = NH-N=C(CH₃)-C₆H₅) auf S. 115.

B. Beim Erwärmen von 2-Nitro-benzol-sulfonsäure-(1)-hydrazid mit Acetophenon in Äthanol (*Cameron, Storrie*, Soc. **1934** 1330).

Krystalle (aus Acn.); F: 138—140° [Zers.].

2-Nitro-benzol-sulfonsäure-(1)-[1-methyl-3-phenyl-propylidenhydrazid], 1-Phenyl-butanon-(3)-[2-nitro-benzol-sulfonyl-(1)-hydrazon], o-*nitrobenzenesulfonic acid (1-methyl-3-phenylpropylidene)hydrazide* $C_{16}H_{17}N_3O_4S$, Formel I (X = NH-N=C(CH₃)-CH₂-CH₂-C₆H₅) auf S. 115.

B. Beim Erwärmen von 2-Nitro-benzol-sulfonsäure-(1)-hydrazid mit 1-Phenyl-butan⹀ on-(3) in Äthanol (*Cameron, Storrie*, Soc. **1934** 1330).

Krystalle (aus A.); F: 95—96° [Zers.].

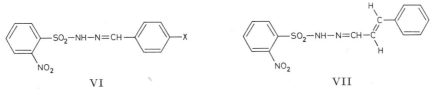

VI   VII

2-Nitro-benzol-sulfonsäure-(1)-cinnamylidenhydrazid, Zimtaldehyd-[2-nitro-benzol-sulfonyl-(1)-hydrazon], o-*nitrobenzenesulfonic acid cinnamylidenehydrazide* $C_{15}H_{13}N_3O_4S$.

trans-**Zimtaldehyd-[2-nitro-benzol-sulfonyl-(1)-hydrazon],** Formel VII.

B. Beim Erwärmen von 2-Nitro-benzol-sulfonsäure-(1)-hydrazid mit *trans*-Zimtaldehyd

in Äthanol (*Cameron, Storrie*, Soc. **1934** 1330).
Gelbe Krystalle (aus A.); F: 153—155° [Zers.].

2-Nitro-benzol-sulfonsäure-(1)-benzhydrylidenhydrazid, Benzophenon-[2-nitro-benzol-sulfonyl-(1)-hydrazon], o-*nitrobenzenesulfonic acid benzhydrylidenehydrazide* $C_{19}H_{15}N_3O_4S$, Formel VIII (R = H).
B. Beim Erwärmen von 2-Nitro-benzol-sulfonsäure-(1)-hydrazid mit Benzophenon in Äthanol (*Cameron, Storrie*, Soc. **1934** 1330).
Krystalle (aus Acn. + A.); F: 138—140° [Zers.].

2-Nitro-benzol-sulfonsäure-(1)-[4-methyl-benzhydrylidenhydrazid], 4-Methyl-benzo=phenon-[2-nitro-benzol-sulfonyl-(1)-hydrazon], o-*nitrobenzenesulfonic acid (4-methylbenz=hydrylidene)hydrazide* $C_{20}H_{17}N_3O_4S$, Formel VIII (R = CH$_3$).
B. Beim Erwärmen von 2-Nitro-benzol-sulfonsäure-(1)-hydrazid mit 4-Methyl-benzo=phenon in Äthanol (*Cameron, Storrie*, Soc. **1934** 1330).
Krystalle (aus A.); F: 128—130°.

2-Nitro-benzol-sulfonsäure-(1)-salicylidenhydrazid, Salicylaldehyd-[2-nitro-benzol-sulfon=yl-(1)-hydrazon], o-*nitrobenzenesulfonic acid salicylidenehydrazide* $C_{13}H_{11}N_3O_5S$, Formel IV (X = OH).
B. Beim Erwärmen von 2-Nitro-benzol-sulfonsäure-(1)-hydrazid mit Salicylaldehyd in Äthanol (*Cameron, Storrie*, Soc. **1934** 1330).
Gelbe Krystalle (aus Acn. + A.); F: 195—196° [Zers.].

2-Nitro-benzol-sulfonsäure-(1)-[4-methoxy-benzylidenhydrazid], 4-Methoxy-benz=aldehyd-[2-nitro-benzol-sulfonyl-(1)-hydrazon], o-*nitrobenzenesulfonic acid (4-methoxy=benzylidene)hydrazide* $C_{14}H_{13}N_3O_5S$, Formel VI (X = OCH$_3$).
B. Beim Erwärmen von 2-Nitro-benzol-sulfonsäure-(1)-hydrazid mit 4-Methoxy-benzaldehyd in Äthanol (*Cameron, Storrie*, Soc. **1934** 1330).
Gelbliche Krystalle (aus A.); F: 116—118° [Zers.].

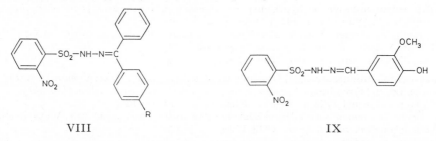

VIII   IX

2-Nitro-benzol-sulfonsäure-(1)-[4-hydroxy-3-methoxy-benzylidenhydrazid], Vanillin-[2-nitro-benzol-sulfonyl-(1)-hydrazon], o-*nitrobenzenesulfonic acid vanillylidenehydrazide* $C_{14}H_{13}N_3O_6S$, Formel IX.
B. Beim Erwärmen von 2-Nitro-benzol-sulfonsäure-(1)-hydrazid mit Vanillin in Äthanol (*Cameron, Storrie*, Soc. **1934** 1330).
Gelbliche Krystalle (aus A.); F: 168—169° [Zers.].

N'-[2-Nitro-benzol-sulfonyl-(1)]-N.N-diacetyl-hydrazin, N,N-*diacetyl-N'-(o-nitrophenyl=sulfonyl)hydrazine* $C_{10}H_{11}N_3O_6S$, Formel I (X = NH-N(CO-CH$_3$)$_2$) auf S. 115.
B. Aus 2-Nitro-benzol-sulfonsäure-(1)-hydrazid und Acetanhydrid (*Witte*, R. **51** [1932] 299, 314).
Krystalle (aus A.); F: 194°. In Chloroform löslich, in Äther fast unlöslich.

3-Nitro-benzol-sulfonsäure-(1), m-*nitrobenzenesulfonic acid* $C_6H_5NO_5S$, Formel X (R = H) auf S. 120 (H 68; E I 21; E II 32).
B. Beim Behandeln von Benzol mit Schwefelsäure in Gegenwart von Borfluorid und Erwärmen des Reaktionsprodukts mit rauchender Salpetersäure (*Du Pont de Nemours & Co.*, U.S.P. 2314212 [1940]). Aus Nitrobenzol und Schwefeltrioxid bei 140° (*Lauer*, J. pr. [2] **143** [1935] 127, 130, 137).
Überführung in Azoxybenzol-disulfonsäure-(3.3') (F: 123°) durch Reduktion an Bronze-Kathoden in wss. Natrium-*p*-cymolsulfonat-Lösung bei 90°: *McKee*,

Brockman, Trans. electroch. Soc. **62** [1932] 203, 212. Hydrierung an Palladium in wss. Äthanol unter Bildung von 3-Amino-benzol-sulfonsäure-(1): *Štrel'zowa, Selinškiǐ*, Izv. Akad. S.S.S.R. Otd. tech. **1943** 56, 57; C. A. **1944** 1214. Überführung in 5-Amino-2-hydroxy-benzol-sulfonsäure-(1) durch Erwärmen mit wss. Schwefelsäure und Aluminium: *Eastman Kodak Co.*, U.S.P. 2446519 [1944]. Bildung von Azobenzol-disulfonsäure-(3.3') und Hydrazobenzol-disulfonsäure-(3.3') beim Behandeln mit wss. Natronlauge und Zinn(II)-chlorid: *Lukaschewitsch*, Ž. obšč. Chim. **17** [1947] 808, 819; C. A. **1948** 6763. Beim Erwärmen des Natrium-Salzes mit Phosphor(V)-bromid sind 3-Nitro-benzol-sulfonyl=bromid-(1) und Bis-[3-nitro-phenyl]-disulfid, beim Erwärmen des Natrium-Salzes mit Phosphor(V)-bromid und Phosphor(III)-bromid ist nur Bis-[3-nitro-phenyl]-disulfid erhalten worden (*Kohlhase*, Am. Soc. **54** [1932] 2441, 2446). Bildung von 3-Methoxy=thiocarbonylamino-benzol-sulfonsäure-(1) beim Behandeln mit Natrium-methylxantho=genat (Natrium-O-methyl-dithiocarbonat) und Methanol: *Csürös*, *Rusznák*, Magyar chem. Folyóirat **50** [1944] 66, 78; C. A. **1950** 6402.

Beryllium-Salz $Be(C_6H_4NO_5S)_2$. Krystalle (aus Acn. + CCl_4), F: 203,7—204,7° [korr.; nach Trocknen bei 180°], 146,8° [korr.; wasserhaltiges Präparat] (*Booth, Pierce*, J. phys. Chem. **37** [1933] 59, 68). In Wasser, Äthanol, Aceton und heisser Essigsäure leicht löslich, in Äther, Benzol und Chloroform fast unlöslich (*Booth, Pie.*).

Aluminium-Salz. Nonahydrat $Al(C_6H_4NO_5S)_3 \cdot 9H_2O$. Gelbliche Krystalle (aus W.); Zers. bei 200° [nach Verlust von 8 Mol H_2O bei 180°] (*Čupr, Sliva*, Spisy přírodov. Mas. Univ. Nr. 200 [1935] 9; C. **1935** I 2669).

Thallium(I)-Salz $TlC_6H_4NO_5S$. Krystalle (aus W.); F: 307—309° (*Gilman, Abbott*, Am. Soc. **65** [1943] 123).

Europium(III)-Salz. Hexahydrat $Eu(C_6H_4NO_5S)_3 \cdot 6H_2O$. Krystalle [aus W.] (*McCoy*, Am. Soc. **61** [1939] 2455).

Gadolinium-Salz (H 69). Heptahydrat $Gd(C_6H_4NO_5S)_3 \cdot 7H_2O$. Paramagnetisch; magnetische Susceptibilität: *MacDougall, Giauque*, Am. Soc. **58** [1936] 1032, 1035.

Dihexylamin-Salz $C_{12}H_{27}N \cdot C_6H_5NO_5S$. F: 119—120° (*Borrows et al.*, Soc. **1947** 197, 199).

Trihexylamin-Salz. Krystalle; F: 107—108° (*Bo. et al.*, l. c. S. 200).

Dioctylamin-Salz $C_{16}H_{35}N \cdot C_6H_5NO_5S$. F: 115—116° (*Bo. et al.*, l. c. S. 199).

(±)-[1-Methyl-heptyl]-octyl-amin-Salz $C_{16}H_{35}N \cdot C_6H_5NO_5S$. Krystalle (aus PAe.); F: 75—76° (*Bo. et al.*, l. c. S. 199).

Dinonylamin-Salz $C_{18}H_{39}N \cdot C_6H_5NO_5S$. Krystalle (aus PAe.); F: 107—108° (*Bo. et al.*, l. c. S. 200).

Butyl-undecyl-amin-Salz $C_{15}H_{33}N \cdot C_6H_5NO_5S$. F: 92—94° (*Bo. et al.*, l. c. S. 199).

8-Amino-pentadecan-Salz $C_{15}H_{33}N \cdot C_6H_5NO_5S$. Krystalle (aus Bzl.); F: 150° (*Bo. et al.*, l. c. S. 198).

9-Amino-heptadecan-Salz $C_{17}H_{37}N \cdot C_6H_5NO_5S$. Krystalle (aus PAe.); F: 142° bis 143° (*Bo. et al.*, l. c. S. 199).

Guanidin-Salz $CH_5N_3 \cdot C_6H_5NO_5S$. Krystalle (aus A.); F: 190—191° (*MacGregor*, J. Soc. chem. Ind. **66** [1947] 343), 188—189° (*Price, Reitsema*, J. org. Chem. **12** [1947] 269, 273). In Wasser leicht löslich (*MacG.*).

S-Benzyl-isothiuronium-Salz $[C_8H_{11}N_2S]C_6H_4NO_5S$. Krystalle (aus A.), F: 140° [korr.] (*Donleavy*, Am. Soc. **58** [1936] 1004); Monohydrat $[C_8H_{11}N_2S]C_6H_4NO_5S \cdot H_2O$: F: 146,1° [korr.] (*Chambers, Watt*, J. org. Chem. **6** [1941] 376, 378).

3-Nitro-benzol-sulfonsäure-(1)-äthylester, m-*nitrobenzenesulfonic acid ethyl ester* $C_8H_9NO_5S$, Formel X (R = C_2H_5) (H 69).

B. Aus 3-Nitro-benzol-sulfonylchlorid-(1) und Natriumäthylat in Äthanol (*Demény*, R. **50** [1931] 60, 65).

Krystalle; F: 42° [aus A.] (*De.*), 37° [aus Ae. + PAe.] (*Bost, Deebel*, J. E. Mitchell scient. Soc. **66** [1950] 157, 158, 160). In Wasser schwer löslich (*De.*).

3-Nitro-benzol-sulfonsäure-(1)-[3-methyl-6-isopropyl-cyclohexylester], 3-[3-Nitro-benzol-sulfonyl-(1)-oxy]-*p*-menthan, m-*nitrobenzenesulfonic acid* p-*menth-3-yl ester* $C_{16}H_{23}NO_5S$.

3-Nitro-benzol-sulfonsäure-(1)-[(1R)-menthylester], O-[3-Nitro-benzol-sulfon=yl-(1)]-(1R)-menthol $C_{16}H_{23}NO_5S$, Formel XI.

B. Aus 3-Nitro-benzol-sulfonylchlorid-(1) und (1R)-Menthol (E III **6** 133) mit Hilfe von Pyridin (*Rule, Smith*, Soc. **1931** 1482, 1487).

Gelbliche Krystalle (aus Me.); F: 80°. $[M]_D^{18}$: −198° [A.; c = 1]; $[M]_D^{18}$: −170° [Bzl.; c = 5]. Optisches Drehungsvermögen von Lösungen in Benzol und in Äthanol bei Wellenlängen von 436 mμ bis 670 mμ: *Rule, Sm.*

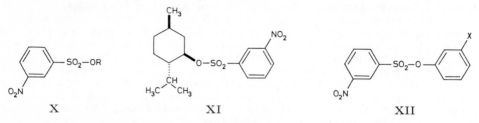

X   XI   XII

3-Nitro-benzol-sulfonsäure-(1)-phenylester, m-*nitrobenzenesulfonic acid phenyl ester* $C_{12}H_9NO_5S$, Formel XII (X = H).

B. Beim Erwärmen von Phenol mit wss. Natronlauge und mit 3-Nitro-benzol-sulfonyl= chlorid-(1) (*Hodgson, Crook*, Soc. **1936** 1677).

Krystalle (aus Eg.); F: 91—92°.

3-Nitro-benzol-sulfonsäure-(1)-[3-fluor-phenylester], m-*nitrobenzenesulfonic acid* m-*fluorophenyl ester* $C_{12}H_8FNO_5S$, Formel XII (X = F).

B. Beim Erwärmen von 3-Fluor-phenol mit wss. Natronlauge und mit 3-Nitro-benzol-sulfonylchlorid-(1) (*Hodgson, Crook*, Soc. **1936** 1677).

Krystalle (aus Eg.); F: 90—91°.

3-Nitro-benzol-sulfonsäure-(1)-[3-chlor-phenylester], m-*nitrobenzenesulfonic acid* m-*chlorophenyl ester* $C_{12}H_8ClNO_5S$, Formel XII (X = Cl).

B. Beim Erwärmen von 3-Chlor-phenol mit wss. Natronlauge und mit 3-Nitro-benzol-sulfonylchlorid-(1) (*Hodgson, Crook*, Soc. **1936** 1677).

Krystalle (aus Eg.); F: 111—112°.

3-Nitro-benzol-sulfonsäure-(1)-[3-brom-phenylester], m-*nitrobenzenesulfonic acid* m-*bromophenyl ester* $C_{12}H_8BrNO_5S$, Formel XII (X = Br).

B. Beim Erwärmen von 3-Brom-phenol mit wss. Natronlauge und mit 3-Nitro-benzol-sulfonylchlorid-(1) (*Hodgson, Crook*, Soc. **1936** 1677).

Krystalle (aus Eg.); F: 135—136°.

3-Nitro-benzol-sulfonsäure-(1)-[3-jod-phenylester], m-*nitrobenzenesulfonic acid* m-*iodo= phenyl ester* $C_{12}H_8INO_5S$, Formel XII (X = I).

B. Beim Erwärmen von 3-Jod-phenol mit wss. Natronlauge und mit 3-Nitro-benzol-sulfonylchlorid-(1) (*Hodgson, Crook*, Soc. **1936** 1677).

Krystalle (aus Eg.); F: 143—144°.

3-Nitro-benzol-sulfonsäure-(1)-[2-nitro-phenylester], m-*nitrobenzenesulfonic acid* o-*nitrophenyl ester* $C_{12}H_8N_2O_7S$, Formel XIII (X = H).

B. Beim Behandeln von 2-Nitro-phenol mit wss. Natriumcarbonat-Lösung bzw. Pyridin und mit 3-Nitro-benzol-sulfonylchlorid-(1) (*Hodgson, Crook*, Soc. **1936** 1677; *Raiford, Shelton*, Am. Soc. **65** [1943] 2048, 2050).

Krystalle; F: 88—89° [aus Eg.] (*Ho., Cr.*), 88° [aus A.] (*Ra., Sh.*).

3-Nitro-benzol-sulfonsäure-(1)-[3-nitro-phenylester], m-*nitrobenzenesulfonic acid* m-*nitrophenyl ester* $C_{12}H_8N_2O_7S$, Formel XII (X = NO₂).

B. Beim Erwärmen von 3-Nitro-phenol mit wss. Natriumcarbonat-Lösung und mit 3-Nitro-benzol-sulfonylchlorid-(1) (*Hodgson, Crook*, Soc. **1936** 1677).

Krystalle (aus Eg.); F: 110,5—111,5°.

3-Nitro-benzol-sulfonsäure-(1)-[4-nitro-phenylester], m-*nitrobenzenesulfonic acid* p-*nitrophenyl ester* $C_{12}H_8N_2O_7S$, Formel XIV (X = H) (H 69).

B. Beim Erwärmen von 4-Nitro-phenol mit wss. Natriumcarbonat-Lösung und mit 3-Nitro-benzol-sulfonylchlorid-(1) (*Hodgson, Crook*, Soc. **1936** 1677).

Krystalle (aus Eg.); F: 131—132,5°.

**5-Fluor-2-nitro-1-[3-nitro-benzol-sulfonyl-(1)-oxy]-benzol, 3-Nitro-benzol-sulfon=
säure-(1)-[5-fluor-2-nitro-phenylester]**, *4-fluoro-1-nitro-2-*(m-*nitrophenylsulfonyloxy*)=
benzene C₁₂H₇FN₂O₇S, Formel XIII (X = F).

B. Beim Erwärmen von 5-Fluor-2-nitro-phenol mit wss. Natriumcarbonat-Lösung und
mit 3-Nitro-benzol-sulfonylchlorid-(1) (*Hodgson, Crook,* Soc. **1936** 1677).

Krystalle (aus Me.); F: 72—72,5°.

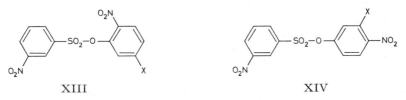

XIII   XIV

**3-Fluor-4-nitro-1-[3-nitro-benzol-sulfonyl-(1)-oxy]-benzol, 3-Nitro-benzol-sulfon=
säure-(1)-[3-fluor-4-nitro-phenylester]**, *2-fluoro-1-nitro-4-*(m-*nitrophenylsulfonyloxy*)=
benzene C₁₂H₇FN₂O₇S, Formel XIV (X = F).

B. Beim Erwärmen von 3-Fluor-4-nitro-phenol mit wss. Natriumcarbonat-Lösung und
mit 3-Nitro-benzol-sulfonylchlorid-(1) (*Hodgson, Crook,* Soc. **1936** 1677). Beim Eintragen
von 3-Nitro-benzol-sulfonsäure-(1)-[3-fluor-phenylester] in Salpetersäure (D: 1,5) bei
—10° (*Ho., Cr.*).

Krystalle (aus Eg.); F: 113—114°.

**5-Chlor-2-nitro-1-[3-nitro-benzol-sulfonyl-(1)-oxy]-benzol, 3-Nitro-benzol-sulfon=
säure-(1)-[5-chlor-2-nitro-phenylester]**, *4-chloro-1-nitro-2-*(m-*nitrophenylsulfonyloxy*)=
benzene C₁₂H₇ClN₂O₇S, Formel XIII (X = Cl).

B. Beim Erwärmen von 5-Chlor-2-nitro-phenol mit wss. Natriumcarbonat-Lösung und
mit 3-Nitro-benzol-sulfonylchlorid-(1) (*Hodgson, Crook,* Soc. **1936** 1677).

Krystalle (aus Eg.); F: 99,5—100,5°.

**3-Chlor-4-nitro-1-[3-nitro-benzol-sulfonyl-(1)-oxy]-benzol, 3-Nitro-benzol-sulfon=
säure-(1)-[3-chlor-4-nitro-phenylester]**, *2-chloro-1-nitro-4-*(m-*nitrophenylsulfonyloxy*)=
benzene C₁₂H₇ClN₂O₇S, Formel XIV (X = Cl).

B. Beim Erwärmen von 3-Chlor-4-nitro-phenol mit wss. Natriumcarbonat-Lösung und
mit 3-Nitro-benzol-sulfonylchlorid-(1) (*Hodgson, Crook,* Soc. **1936** 1677). Beim Eintragen
von 3-Nitro-benzol-sulfonsäure-(1)-[3-chlor-phenylester] in Salpetersäure (D: 1,5) bei
—10° (*Ho., Cr.*).

Krystalle (aus Eg.); F: 104—105°.

**5-Brom-2-nitro-1-[3-nitro-benzol-sulfonyl-(1)-oxy]-benzol, 3-Nitro-benzol-sulfon=
säure-(1)-[5-brom-2-nitro-phenylester]**, *4-bromo-1-nitro-2-*(m-*nitrophenylsulfonyloxy*)=
benzene C₁₂H₇BrN₂O₇S, Formel XIII (X = Br).

B. Beim Erwärmen von 5-Brom-2-nitro-phenol mit wss. Natriumcarbonat-Lösung und
mit 3-Nitro-benzol-sulfonylchlorid-(1) (*Hodgson, Crook,* Soc. **1936** 1677).

Krystalle (aus Eg.); F: 110—110,5°.

**3-Brom-4-nitro-1-[3-nitro-benzol-sulfonyl-(1)-oxy]-benzol, 3-Nitro-benzol-sulfon=
säure-(1)-[3-brom-4-nitro-phenylester]**, *2-bromo-1-nitro-4-*(m-*nitrophenylsulfonyloxy*)=
benzene C₁₂H₇BrN₂O₇S, Formel XIV (X = Br).

B. Beim Erwärmen von 3-Brom-4-nitro-phenol mit wss. Natriumcarbonat-Lösung
and mit 3-Nitro-benzol-sulfonylchlorid-(1) (*Hodgson, Crook,* Soc. **1936** 1677). Beim Eintragen von 3-Nitro-benzol-sulfonsäure-(1)-[3-brom-phenylester] in Salpetersäure (D: 1,5)
bei —10° (*Ho., Cr.*).

Krystalle (aus Eg.); F: 109—110°.

**4.6-Dibrom-2-nitro-1-[3-nitro-benzol-sulfonyl-(1)-oxy]-benzol, 3-Nitro-benzol-sulfon=
säure-(1)-[4.6-dibrom-2-nitro-phenylester]**, *1,5-dibromo-3-nitro-2-*(m-*nitrophenylsulfonyl=
oxy*)*benzene* C₁₂H₆Br₂N₂O₇S, Formel XV (X = Br).

B. Beim Behandeln von 4.6-Dibrom-2-nitro-phenol mit Pyridin und 3-Nitro-benzol-
sulfonylchlorid-(1) (*Raiford, Shelton,* Am. Soc. **65** [1943] 2048, 2050).

Krystalle (aus A.); F: 113°.

**5-Jod-2-nitro-1-[3-nitro-benzol-sulfonyl-(1)-oxy]-benzol, 3-Nitro-benzol-sulfon=
säure-(1)-[5-jod-2-nitro-phenylester],** *4-iodo-1-nitro-2-*(m-*nitrophenylsulfonyloxy*)*benzene*
C$_{12}$H$_7$IN$_2$O$_7$S, Formel XIII (X = I).

B. Beim Erwärmen von 5-Jod-2-nitro-phenol mit wss. Natriumcarbonat-Lösung und
mit 3-Nitro-benzol-sulfonylchlorid-(1) (*Hodgson, Crook,* Soc. **1936** 1677).

Blassgelbe Krystalle (aus Eg.); F: 130—131°.

**3-Jod-4-nitro-1-[3-nitro-benzol-sulfonyl-(1)-oxy]-benzol, 3-Nitro-benzol-sulfon=
säure-(1)-[3-jod-4-nitro-phenylester],** *2-iodo-1-nitro-4-*(m-*nitrophenylsulfonyloxy*)*benzene*
C$_{12}$H$_7$IN$_2$O$_7$S, Formel XIV (X = I).

B. Beim Erwärmen von 3-Jod-4-nitro-phenol mit wss. Natriumcarbonat-Lösung und
mit 3-Nitro-benzol-sulfonylchlorid-(1) (*Hodgson, Crook,* Soc. **1936** 1677). Beim Eintragen
von 3-Nitro-benzol-sulfonsäure-(1)-[3-jod-phenylester] in Salpetersäure (D: 1,5) bei
—10° (*Ho., Cr.*).

Hellgelbe Krystalle (aus Eg.); F: 135—136°.

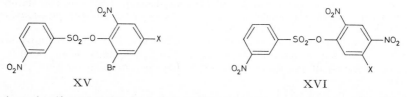

XV   XVI

3-Nitro-benzol-sulfonsäure-(1)-[2.4-dinitro-phenylester], m-*nitrobenzenesulfonic acid
2,4-dinitrophenyl ester* C$_{12}$H$_7$N$_3$O$_9$S, Formel XVI (X = H).

B. Beim Erwärmen von 2.4-Dinitro-phenol mit wss. Natriumcarbonat-Lösung und mit
3-Nitro-benzol-sulfonylchlorid-(1) (*Hodgson, Crook,* Soc. **1936** 1677).

Krystalle (aus Eg.); F: 122—123°.

**5-Fluor-2.4-dinitro-1-[3-nitro-benzol-sulfonyl-(1)-oxy]-benzol, 3-Nitro-benzol-sulfon=
säure-(1)-[5-fluor-2.4-dinitro-phenylester],** *1-fluoro-2,4-dinitro-5-*(m-*nitrophenylsulfonyl=
oxy*)*benzene* C$_{12}$H$_6$FN$_3$O$_9$S, Formel XVI (X = F).

B. Beim Eintragen von 3-Nitro-benzol-sulfonsäure-(1)-[3-fluor-phenylester] in ein
Gemisch von Salpetersäure und Schwefelsäure (*Hodgson, Crook,* Soc. **1936** 1677).

Krystalle (aus Eg.); F: 148—149,5°.

**5-Chlor-2.4-dinitro-1-[3-nitro-benzol-sulfonyl-(1)-oxy]-benzol, 3-Nitro-benzol-sulfon=
säure-(1)-[5-chlor-2.4-dinitro-phenylester],** *1-chloro-2,4-dinitro-5-*(m-*nitrophenylsulfonyl=
oxy*)*benzene* C$_{12}$H$_6$ClN$_3$O$_9$S, Formel XVI (X = Cl).

B. Beim Eintragen von 3-Nitro-benzol-sulfonsäure-(1)-[3-chlor-phenylester] in ein
Gemisch von Salpetersäure und Schwefelsäure (*Hodgson, Crook,* Soc. **1936** 1677).

Krystalle (aus Eg.); F: 127—127,5°.

**5-Brom-2.4-dinitro-1-[3-nitro-benzol-sulfonyl-(1)-oxy]-benzol, 3-Nitro-benzol-sulfon=
säure-(1)-[5-brom-2.4-dinitro-phenylester],** *1-bromo-2,4-dinitro-5-*(m-*nitrophenylsulfonyl=
oxy*)*benzene* C$_{12}$H$_6$BrN$_3$O$_9$S, Formel XVI (X = Br).

B. Beim Eintragen von 3-Nitro-benzol-sulfonsäure-(1)-[3-brom-phenylester] in ein
Gemisch von Salpetersäure und Schwefelsäure (*Hodgson, Crook,* Soc. **1936** 1677).

Krystalle (aus Eg.); F: 137—138,5°.

**5-Brom-3-nitro-4-[3-nitro-benzol-sulfonyl-(1)-oxy]-toluol, 3-Nitro-benzol-sulfon=
säure-(1)-[6-brom-2-nitro-4-methyl-phenylester],** *3-bromo-5-nitro-4-*(m-*nitrophenylsulfon=
yloxy*)*toluene* C$_{13}$H$_9$BrN$_2$O$_7$S, Formel XV (X = CH$_3$).

B. Beim Behandeln von 6-Brom-2-nitro-4-methyl-phenol mit Pyridin und 3-Nitro-
benzol-sulfonylchlorid-(1) (*Raiford, Shelton,* Am. Soc. **65** [1943] 2048, 2050).

Gelbe Krystalle (aus A.); F: 98°.

**4-Nitro-1-[3-nitro-benzol-sulfonyl-(1)-oxy]-naphthalin, 3-Nitro-benzol-sulfonsäure-(1)-
[4-nitro-naphthyl-(1)-ester],** *1-nitro-4-*(m-*nitrophenylsulfonyloxy*)*naphthalene*
C$_{16}$H$_{10}$N$_2$O$_7$S, Formel I (X = H).

B. Aus 3-Nitro-benzol-sulfonsäure-(1)-[naphthyl-(1)-ester] (nicht näher beschrieben)
beim Erwärmen mit einem Gemisch von Salpetersäure und Essigsäure (*Bell,* Soc. **1933**
286).

Krystalle (aus Eg.); F: 135°.

Beim Behandeln mit Salpetersäure ist 4.5-Dinitro-1-[3-nitro-benzol-sulfonyl-(1)-oxy]-naphthalin erhalten worden.

8-Nitro-1-[3-nitro-benzol-sulfonyl-(1)-oxy]-naphthalin, 3-Nitro-benzol-sulfonsäure-(1)-[8-nitro-naphthyl-(1)-ester], *1-nitro-8-(m-nitrophenylsulfonyloxy)naphthalene* $C_{16}H_{10}N_2O_7S$, Formel II (X = H).

B. Beim Eintragen von 3-Nitro-benzol-sulfonsäure-(1)-[naphthyl-(1)-ester] (nicht näher beschrieben) in ein Gemisch von Salpetersäure und Essigsäure (*Bell*, Soc. **1933** 286).

Krystalle (aus Eg.); F: 166°.

I   II

4.5-Dinitro-1-[3-nitro-benzol-sulfonyl-(1)-oxy]-naphthalin, 3-Nitro-benzol-sulfonsäure-(1)-[4.5-dinitro-naphthyl-(1)-ester], *4,5-dinitro-1-(m-nitrophenylsulfonyloxy)naphthalene* $C_{16}H_9N_3O_9S$, Formel I (X = NO_2).

B. Beim Eintragen von 4-Nitro-1-[3-nitro-benzol-sulfonyl-(1)-oxy]-naphthalin in Salpetersäure (*Bell*, Soc. **1933** 286).

Krystalle (aus Eg.); F: 174°.

4.8-Dinitro-1-[3-nitro-benzol-sulfonyl-(1)-oxy]-naphthalin, 3-Nitro-benzol-sulfonsäure-(1)-[4.8-dinitro-naphthyl-(1)-ester], *1,5-dinitro-4-(m-nitrophenylsulfonyloxy)naphthalene* $C_{16}H_9N_3O_9S$, Formel II (X = NO_2).

B. Beim Eintragen von 8-Nitro-1-[3-nitro-benzol-sulfonyl-(1)-oxy]-naphthalin in Salpetersäure (*Bell*, Soc. **1933** 286).

Krystalle (aus Eg.); F: 165°.

1-Nitro-2-[3-nitro-benzol-sulfonyl-(1)-oxy]-naphthalin, 3-Nitro-benzol-sulfonsäure-(1)-[1-nitro-naphthyl-(2)-ester], *1-nitro-2-(m-nitrophenylsulfonyloxy)naphthalene* $C_{16}H_{10}N_2O_7S$, Formel III.

B. Beim Behandeln von 1-Nitro-naphthol-(2) mit 3-Nitro-benzol-sulfonylchlorid-(1) und Pyridin (*Bell*, Soc. **1933** 286).

Krystalle (aus Eg.); F: 176°.

Beim Eintragen in Salpetersäure sind 1.8-Dinitro-2-[3-nitro-benzol-sulfonyl-(1)-oxy]-naphthalin und 1.5-Dinitro-2-[3-nitro-benzol-sulfonyl-(1)-oxy]-naphthalin erhalten worden.

4-Nitro-2-[3-nitro-benzol-sulfonyl-(1)-oxy]-naphthalin, 3-Nitro-benzol-sulfonsäure-(1)-[4-nitro-naphthyl-(2)-ester], *1-nitro-3-(m-nitrophenylsulfonyloxy)naphthalene* $C_{16}H_{10}N_2O_7S$, Formel IV (X = H).

B. Beim Behandeln von 4-Nitro-naphthol-(2) mit 3-Nitro-benzol-sulfonylchlorid-(1) und Pyridin (*Bell*, Soc. **1933** 286).

Krystalle (aus Eg.); F: 149°.

III   IV

5-Nitro-2-[3-nitro-benzol-sulfonyl-(1)-oxy]-naphthalin, 3-Nitro-benzol-sulfonsäure-(1)-[5-nitro-naphthyl-(2)-ester], *1-nitro-6-(m-nitrophenylsulfonyloxy)naphthalene* $C_{16}H_{10}N_2O_7S$, Formel V (X = H).

B. Neben 8-Nitro-2-[3-nitro-benzol-sulfonyl-(1)-oxy]-naphthalin beim Eintragen

von 3-Nitro-benzol-sulfonsäure-(1)-[naphthyl-(2)-ester] (nicht näher beschrieben) in ein
Gemisch von Salpetersäure und Essigsäure (*Bell*, Soc. **1932** 2732).
    Krystalle (aus Eg.); F: 166°.

8-Nitro-2-[3-nitro-benzol-sulfonyl-(1)-oxy]-naphthalin, 3-Nitro-benzol-sulfonsäure-(1)-
[8-nitro-naphthyl-(2)-ester], *1-nitro-7-*(m-*nitrophenylsulfonyloxy*)*naphthalene*
$C_{16}H_{10}N_2O_7S$, Formel VI (X = H).
    Bildung aus 3-Nitro-benzol-sulfonsäure-(1)-[naphthyl-(2)-ester] s. im vorangehenden
Artikel.
    Krystalle (aus Eg.); F: 144—146° (*Bell*, Soc. **1932** 2732).

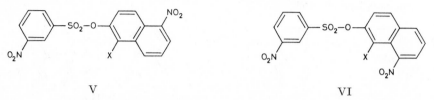

V   VI

1.5-Dinitro-2-[3-nitro-benzol-sulfonyl-(1)-oxy]-naphthalin, 3-Nitro-benzol-sulfon≈
säure-(1)-[1.5-dinitro-naphthyl-(2)-ester], *1,5-dinitro-2-*(m-*nitrophenylsulfonyloxy*)≈
naphthalene $C_{16}H_9N_3O_9S$, Formel V (X = NO₂).

Formel V (X = NO_2).
    B. Neben 4.5-Dinitro-2-[3-nitro-benzol-sulfonyl-(1)-oxy]-naphthalin beim Eintragen
von 5-Nitro-2-[3-nitro-benzol-sulfonyl-(1)-oxy]-naphthalin in Salpetersäure (*Bell*, Soc.
1933 286). Neben grösseren Mengen 1.8-Dinitro-2-[3-nitro-benzol-sulfonyl-(1)-oxy]-
naphthalin beim Eintragen von 1-Nitro-2-[3-nitro-benzol-sulfonyl-(1)-oxy]-naphthalin in
Salpetersäure (*Bell*).
    Krystalle (aus Eg.); F: 153°.

1.8-Dinitro-2-[3-nitro-benzol-sulfonyl-(1)-oxy]-naphthalin, 3-Nitro-benzol-sulfon≈
säure-(1)-[1.8-dinitro-naphthyl-(2)-ester], *1,8-dinitro-2-*(m-*nitrophenylsulfonyloxy*)≈
naphthalene $C_{16}H_9N_3O_9S$, Formel VI (X = NO₂).
    B. Aus 8-Nitro-2-[3-nitro-benzol-sulfonyl-(1)-oxy]-naphthalin beim Behandeln mit
Salpetersäure (*Bell*, Soc. **1933** 286). Neben 1.5-Dinitro-2-[3-nitro-benzol-sulfonyl-(1)-
oxy]-naphthalin beim Eintragen von 1-Nitro-2-[3-nitro-benzol-sulfonyl-(1)-oxy]-naphth≈
alin in Salpetersäure (*Bell*).
    Krystalle (aus Eg.); F: 201°.

4.5-Dinitro-2-[3-nitro-benzol-sulfonyl-(1)-oxy]-naphthalin, 3-Nitro-benzol-sulfon≈
säure-(1)-[4.5-dinitro-naphthyl-(2)-ester], *1,8-dinitro-3-*(m-*nitrophenylsulfonyloxy*)≈
naphthalene $C_{16}H_9N_3O_9S$, Formel IV (X = NO₂).
    B. Beim Eintragen von 4-Nitro-2-[3-nitro-benzol-sulfonyl-(1)-oxy]-naphthalin in
Salpetersäure (*Bell*, Soc. **1933** 286). Neben 1.5-Dinitro-2-[3-nitro-benzol-sulfonyl-(1)-
oxy]-naphthalin beim Eintragen von 5-Nitro-2-[3-nitro-benzol-sulfonyl-(1)-oxy]-naphth≈
alin in Salpetersäure (*Bell*).
    Krystalle (aus Eg.); F: 212°.

3-Nitro-benzol-sulfonsäure-(1)-[biphenylyl-(2)-ester], m-*nitrobenzenesulfonic acid*
biphenyl-2-yl ester $C_{18}H_{13}NO_5S$, Formel VII.
    B. Aus Biphenylol-(2) und 3-Nitro-benzol-sulfonylchlorid-(1) mit Hilfe von Pyridin
(*Hazlet*, Am. Soc. **60** [1938] 399).
    Krystalle (aus A.); F: 130—131°.

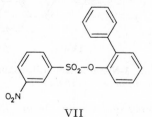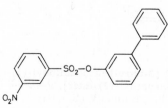

VII   VIII

3-Nitro-benzol-sulfonsäure-(1)-[biphenylyl-(3)-ester], m-*nitrobenzenesulfonic acid biphenyl-3-yl ester* $C_{18}H_{13}NO_5S$, Formel VIII.

B. Aus Biphenylol-(3) und 3-Nitro-benzol-sulfonylchlorid-(1) mit Hilfe von Pyridin (*Hazlet*, Am. Soc. **60** [1938] 399).

Krystalle (aus A.); F: 111—112°.

3-Nitro-benzol-sulfonsäure-(1)-[biphenylyl-(4)-ester], m-*nitrobenzenesulfonic acid biphenyl-4-yl ester* $C_{18}H_{13}NO_5S$, Formel IX.

B. Aus Biphenylol-(4) und 3-Nitro-benzol-sulfonylchlorid-(1) mit Hilfe von Pyridin (*Hazlet*, Am. Soc. **60** [1938] 399).

Krystalle (aus A.); F: 143—144°.

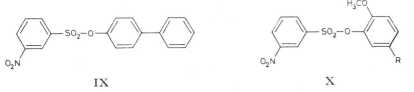

IX   X

3-Nitro-benzol-sulfonsäure-(1)-[2-methoxy-phenylester], m-*nitrobenzenesulfonic acid o-methoxyphenyl ester* $C_{13}H_{11}NO_6S$, Formel X (R = H).

B. Aus 3-Nitro-benzol-sulfonylchlorid-(1) beim Behandeln mit Guajacol und Pyridin sowie beim Erhitzen mit Veratrol unter Zusatz von Zinkchlorid auf 140° (*Burton, Hoggarth*, Soc. **1945** 14, 16).

F: 84°.

3-Nitro-benzol-sulfonsäure-(1)-[3-methoxy-phenylester], m-*nitrobenzenesulfonic acid m-methoxyphenyl ester* $C_{13}H_{11}NO_6S$, Formel XI.

B. Aus 3-Nitro-benzol-sulfonylchlorid-(1) beim Behandeln mit 3-Methoxy-phenol und Pyridin sowie beim Erhitzen mit 1.3-Dimethoxy-benzol unter Zusatz von Zinkchlorid auf 140° (*Burton, Hoggarth*, Soc. **1945** 14, 16).

F: 71—72°.

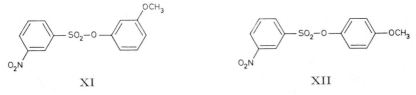

XI   XII

3-Nitro-benzol-sulfonsäure-(1)-[4-methoxy-phenylester], m-*nitrobenzenesulfonic acid p-methoxyphenyl ester* $C_{13}H_{11}NO_6S$, Formel XII.

B. Aus 3-Nitro-benzol-sulfonylchlorid-(1) beim Behandeln mit 4-Methoxy-phenol und Pyridin sowie beim Erhitzen mit 1.4-Dimethoxy-benzol unter Zusatz von Zinkchlorid auf 140° (*Burton, Hoggarth*, Soc. **1945** 14, 16).

F: 91—92°.

α.β-Dichlor-3-[3-nitro-benzol-sulfonyl-(1)-oxy]-4-methoxy-styrol, α,β-*dichloro-4-methoxy-3-(m-nitrophenylsulfonyloxy)styrene* $C_{15}H_{11}Cl_2NO_6S$, Formel X (R = CCl=CHCl).

α.β-Dichlor-3-[3-nitro-benzol-sulfonyl-(1)-oxy]-4-methoxy-styrol vom F: 85°.

B. Aus 6-Methoxy-3-[1.2-dichlor-vinyl]-phenol [F: 56°] (*Goldberg, Turner*, Soc. **1946** 111, 112).

Krystalle (aus Bzl. + Me.); F: 84—85°.

3.5-Bis-[3-nitro-benzol-sulfonyl-(1)-oxy]-1-pentyl-4-[3-methyl-6-isopropenyl-cyclo=hexen-(2)-yl]-benzol, 2-(p-*mentha-1,8-dien-3-yl)-1,3-bis(m-nitrophenylsulfonyloxy)-5-pentylbenzene* $C_{33}H_{36}N_2O_{10}S_2$.

3.5-Bis-[3-nitro-benzol-sulfonyl-(1)-oxy]-1-pentyl-4-[(3R:4R)-p-menthadien-(1.8)-yl-(3)]-benzol, Bis-*O*-[3-nitro-benzol-sulfonyl-(1)]-cannabidiol $C_{33}H_{36}N_2O_{10}S_2$; Formel s. E III **6** 5363, Formel II (R = R′ = SO_2-C_6H_4-NO_2).

B. Beim Erwärmen von (−)-Cannabidiol (E III **6** 5362) mit 3-Nitro-benzol-sulfonyl=

chlorid-(1) und Pyridin (*Adams, Hunt, Clark*, Am. Soc. **62** [1940] 196, 199).
Krystalle (aus A.); F: 119—120° [korr.].

4.4'-Bis-[3-nitro-benzol-sulfonyl-(1)-oxy]-biphenyl, *4,4'-bis*(m-*nitrophenylsulfonyloxy)=
biphenyl* $C_{24}H_{16}N_2O_{10}S_2$, Formel I.
B. Aus Biphenyldiol-(4.4') und 3-Nitro-benzol-sulfonylchlorid-(1) mit Hilfe von
Pyridin (*Hazlet*, Am. Soc. **61** [1930] 1921).
Gelbbraune Krystalle (aus Cyclohexanol); F: 216—217°.

3-Nitro-benzol-sulfonylfluorid-(1), m-*nitrobenzenesulfonyl fluoride* $C_6H_4FNO_4S$, Formel
II (X = F) (E II 33).
B. Aus 3-Nitro-benzol-sulfonylchlorid-(1) beim Erhitzen mit wss. Kaliumfluorid-
Lösung (*Davies, Dick*, Soc. **1932** 2104, 2105). Neben geringen Mengen 4-Nitro-benzol-
sulfonylfluorid-(1) beim Behandeln von Benzolsulfonylfluorid mit Salpetersäure und
Schwefelsäure (*Bennett, Youle*, Soc. **1938** 887, 893; vgl. E II 33).
F: 45—46° (*Be., Youle*).

3-Nitro-benzol-sulfonylchlorid-(1), m-*nitrobenzenesulfonyl chloride* $C_6H_4ClNO_4S$, Formel
II (X = Cl) (H 69; E I 21; E II 33).
B. Aus Nitrobenzol und Chloroschwefelsäure bei 100—130° (*Hodgson, Whitehurst*, Soc.
1944 482; *Pratesi, Raffa*, Farmaco **1** [1946] 26, 31; vgl. H 69). Aus Benzolsulfonylchlorid
beim Behandeln mit Salpetersäure und rauchender Schwefelsäure (*Gurdshi*, Promyšl.
org. Chim. **6** [1939] 253; C. A. **1940** 2343). Aus Natrium-[3-nitro-benzol-sulfonat-(1)]
und Benzotrichlorid (*I.G. Farbenind.*, D.R.P. 574836 [1931]; Frdl. **19** 627).
Krystalle; F: 64° [aus PAe.] (*Gur'janowa*, Ž. fiz. Chim. **21** [1947] 411, 413; C. A. **1947**
6786), 62,4° [aus PAe.] (*Hedlund*, Ark. Kemi **14**A Nr. 6 [1940/41] 1, 4), 61—61,5° [aus
Ae.] (*Gurd.; Pr., Ra.*). Dipolmoment (ε; Bzl.): 4,09 D (*Gur'ja.*).

3-Nitro-benzol-sulfonylbromid-(1), m-*nitrobenzenesulfonyl bromide* $C_6H_4BrNO_4S$, Formel
II (X = Br) (H 70).
B. Neben Bis-[3-nitro-phenyl]-disulfid beim Erwärmen von Natrium-[3-nitro-benzol-
sulfonat-(1)] mit Phosphor(V)-bromid (*Kohlhase*, Am. Soc. **54** [1932] 2441, 2446).

3-Nitro-benzolsulfonamid-(1), m-*nitrobenzenesulfonamide* $C_6H_6N_2O_4S$, Formel II
(X = NH_2) (H 70; E I 21; E II 33).
Krystalle (aus W.); F: 167° [korr.] (*Gur'janowa*, Ž. fiz. Chim. **21** [1947] 633, 641;
C. A. **1948** 2147). Dipolmoment (ε; Dioxan): 4,93 D (*Gu.*, l. c. S. 636).
Beim Erhitzen mit Cyanguanidin (1 Mol) ist [3-Nitro-benzol-sulfonyl-(1)]-guanidin
erhalten worden (*Price, Reitsema*, J. org. Chem. **12** [1947] 269, 273).

3-Nitro-N-methyl-benzolsulfonamid-(1), N-*methyl*-m-*nitrobenzenesulfonamide* $C_7H_8N_2O_4S$,
Formel II (X = $NH-CH_3$) (H 70; E II 33).
B. Beim Behandeln von 3-Nitro-benzol-sulfonylchorid-(1) mit wss. Kalilauge und
wss. Methylamin (*Campbell, Campbell, Salm*, Pr. Indiana Acad. **57** [1948] 97, 99, 100;
vgl. H 70).
Krystalle (aus A.); F: 117—118°.

3-Nitro-N.N-dimethyl-benzolsulfonamid-(1), N,N-*dimethyl*-m-*nitrobenzenesulfonamide*
$C_8H_{10}N_2O_4S$, Formel II (X = $N(CH_3)_2$).
B. Beim Behandeln von 3-Nitro-benzol-sulfonylchlorid-(1) mit wss. Kalilauge und
wss. Dimethylamin (*Campbell, Campbell, Salm*, Pr. Indiana Acad. **57** [1948] 97, 99, 100).
Krystalle (aus A.); F: 73—74°.

3-Nitro-N-äthyl-benzolsulfonamid-(1), N-*ethyl*-m-*nitrobenzenesulfonamide* $C_8H_{10}N_2O_4S$,
Formel II (X = $NH-C_2H_5$) (H 70; E II 33).
B. Beim Behandeln von 3-Nitro-benzol-sulfonylchlorid-(1) mit Äthylamin in Aceton
(*English et al.*, Am. Soc. **68** [1946] 1039, 1045) oder in Wasser unter Zusatz von wss.
Kalilauge (*Campbell, Campbell, Salm*, Pr. Indiana Acad. **57** [1948] 97, 99, 100).
Krystalle; F: 80—81° [aus wss. Me.] (*En. et al.*), 77—78° [aus A.] (*Ca., Ca., Salm*).

3-Nitro-N.N-diäthyl-benzolsulfonamid-(1), N,N-*diethyl*-m-*nitrobenzenesulfonamide*
$C_{10}H_{14}N_2O_4S$, Formel II (X = $N(C_2H_5)_2$) (E II 33).
B. Aus 3-Nitro-benzol-sulfonylchlorid-(1) und Diäthylamin in Aceton (*English et al.*,
Am. Soc. **68** [1946] 1039, 1045) oder in Wasser unter Zusatz von wss. Kalilauge (*Camp-*

bell, Campbell, Salm, Pr. Indiana Acad. **57** [1948] 97, 99, 100).

Krystalle; F: 66° [aus wss. Me.] (*En. et al.*), 65—66° [aus A.] (*Ca., Ca., Salm*).

3-Nitro-*N*-propyl-benzolsulfonamid-(1), m-*nitro*-N-*propylbenzenesulfonamide*
$C_9H_{12}N_2O_4S$, Formel II (X = NH-CH_2-CH_2-CH_3) (E II 33).

B. Beim Behandeln von 3-Nitro-benzol-sulfonylchlorid-(1) mit wss. Kalilauge und Propylamin (*Campbell, Campbell, Salm*, Pr. Indiana Acad. **57** [1948] 97, 99, 100).

Krystalle (aus A.); F: 59—60°.

3-Nitro-*N.N*-dipropyl-benzolsulfonamid-(1), m-*nitro*-N,N-*dipropylbenzenesulfonamide*
$C_{12}H_{18}N_2O_4S$, Formel II (X = $N(CH_2$-CH_2-$CH_3)_2$).

B. Aus 3-Nitro-benzol-sulfonylchlorid-(1) und Dipropylamin analog 3-Nitro-*N*-propyl-benzolsulfonamid-(1) [s. o.] (*Campbell, Campbell, Salm*, Pr. Indiana Acad. **57** [1948] 97, 99, 100).

Krystalle (aus A.); F: 59—60°.

3-Nitro-*N*-isopropyl-benzolsulfonamid-(1), N-*isopropyl*-m-*nitrobenzenesulfonamide*
$C_9H_{12}N_2O_4S$, Formel II (X = NH-$CH(CH_3)_2$).

B. Aus 3-Nitro-benzol-sulfonylchlorid-(1) und Isopropylamin analog 3-Nitro-*N*-propyl-benzolsulfonylamid-(1) [s. o.] (*Campbell, Campbell, Salm*, Pr. Indiana Acad. **57** [1948] 97, 99, 100).

Krystalle (aus A.); F: 64—65°.

3-Nitro-*N.N*-diisopropyl-benzolsulfonamid-(1), N,N-*diisopropyl*-m-*nitrobenzenesulfon=amide* $C_{12}H_{18}N_2O_4S$, Formel II (X = $N[CH(CH_3)_2]_2$).

B. Aus 3-Nitro-benzol-sulfonylchlorid-(1) und Diisopropylamin analog 3-Nitro-*N*-propyl-benzolsulfonamid-(1) [s. o.] (*Campbell, Campbell, Salm*, Pr. Indiana Acad. **57** [1948] 97, 99, 100).

Krystalle (aus A.); F: 320° [Zers.].

3-Nitro-*N*-butyl-benzolsulfonamid-(1), N-*butyl*-m-*nitrobenzenesulfonamide* $C_{10}H_{14}N_2O_4S$, Formel II (X = NH-$[CH_2]_3$-CH_3) (H 70; E II 33).

B. Aus 3-Nitro-benzol-sulfonylchlorid-(1) und Butylamin analog 3-Nitro-*N*-propyl-benzolsulfonamid-(1) [s. o.] (*Campbell, Campbell, Salm*, Pr. Indiana Acad. **57** [1948] 97, 99, 100).

Krystalle (aus A.); F: 55—56°.

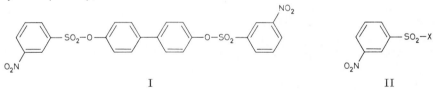

I   II

3-Nitro-*N.N*-dibutyl-benzolsulfonamid-(1), N,N-*dibutyl*-m-*nitrobenzenesulfonamide*
$C_{14}H_{22}N_2O_4S$, Formel II (X = $N([CH_2]_3$-$CH_3)_2$) (E II 33).

B. Aus 3-Nitro-benzol-sulfonylchlorid-(1) und Dibutylamin analog 3-Nitro-*N*-propyl-benzolsulfonamid-(1) [s. o.] (*Campbell, Campbell, Salm*, Pr. Indiana Acad. **57** [1948] 97, 99, 100).

Krystalle (aus A.); F: 59—60°.

(±)-3-Nitro-*N*-sec-butyl-benzolsulfonamid-(1), (±)-N-sec-*butyl*-m-*nitrobenzenesulfon=amide* $C_{10}H_{14}N_2O_4S$, Formel II (X = NH-$CH(CH_3)$-CH_2-CH_3) (H 70).

B. Aus 3-Nitro-benzol-sulfonylchlorid-(1) und (±)-*sec*-Butylamin analog 3-Nitro-*N*-propyl-benzolsulfonamid-(1) [s. o.] (*Campbell, Campbell, Salm*, Pr. Indiana Acad. **57** [1948] 97, 99, 100).

Krystalle (aus A.); F: 58—59°.

3-Nitro-*N.N*-di-sec-butyl-benzolsulfonamid-(1), N,N-*di*-sec-*butyl*-m-*nitrobenzenesulfon=amide* $C_{14}H_{22}N_2O_4S$, Formel II (X = $N[CH(CH_3)$-CH_2-$CH_3]_2$).

Opt.-inakt. 3-Nitro-*N.N*-di-sec-butyl-benzolsulfonamid-(1) vom F: 320°.

B. Aus 3-Nitro-benzol-sulfonylchlorid-(1) und opt.-inakt. Di-*sec*-butylamin (E III **4** 310) analog 3-Nitro-*N*-propyl-benzolsulfonamid-(1) [s. o.] (*Campbell, Campbell, Salm,*

Pr. Indiana Acad. **57** [1948] 97, 99, 100).
Krystalle (aus A.); F: 320° [Zers.].

3-Nitro-*N*-isobutyl-benzolsulfonamid-(1), N-*isobutyl*-m-*nitrobenzenesulfonamide*
$C_{10}H_{14}N_2O_4S$, Formel II (X = NH-CH_2-$CH(CH_3)_2$).
B. Aus 3-Nitro-benzol-sulfonylchlorid-(1) und Isobutylamin analog 3-Nitro-*N*-propyl-benzolsulfonamid-(1) [S. 127] (*Campbell, Campbell, Salm*, Pr. Indiana Acad. **57** [1948] 97, 99, 100).
Krystalle (aus A.); F: 84—85°.

3-Nitro-*N.N*-diisobutyl-benzolsulfonamid-(1), N,N-*diisobutyl*-m-*nitrobenzenesulfonamide*
$C_{14}H_{22}N_2O_4S$, Formel II (X = $N[CH_2$-$CH(CH_3)_2]_2$).
B. Aus 3-Nitro-benzol-sulfonylchlorid-(1) und Diisobutylamin analog 3-Nitro-*N*-propyl-benzolsulfonamid-(1) [S. 127] (*Campbell, Campbell, Salm*, Pr. Indiana Acad. **57** [1948] 97, 99, 100).
Krystalle (aus A.); F: 87—88°.

3-Nitro-*N-tert*-butyl-benzolsulfonamid-(1), N-tert-*butyl*-m-*nitrobenzenesulfonamide*
$C_{10}H_{14}N_2O_4S$, Formel II (X = NH-$C(CH_3)_3$).
B. Aus 3-Nitro-benzol-sulfonylchlorid-(1) und *tert*-Butylamin analog 3-Nitro-*N*-propyl-benzolsulfonamid-(1) [S. 127] (*Campbell, Campbell, Salm*, Pr. Indiana Acad. **57** [1948] 97, 99, 100).
Krystalle (aus A.); F: 99—100°.

[3-Nitro-benzol-sulfonyl-(1)]-acetyl-amin, N-[3-Nitro-benzol-sulfonyl-(1)]-acetamid,
N-(m-*nitrophenylsulfonyl*)*acetamide* $C_8H_8N_2O_5S$, Formel II (X = NH-CO-CH_3).
B. Aus 3-Nitro-benzolsulfonamid-(1) beim Erwärmen mit Acetylchlorid (*Openshaw, Spring*, Soc. **1945** 234) oder mit Acetanhydrid (*Jensen, Lundquist*, Dansk Tidsskr. Farm. **14** [1940] 129, 133).
Krystalle; F: 190—191° (*Je., Lu.*), 189° [aus wss. A.] (*Op., Sp.*).

[3-Nitro-benzol-sulfonyl-(1)]-methyl-acetyl-amin, N-[3-Nitro-benzol-sulfonyl-(1)]-
N-methyl-acetamid, N-*methyl*-N-(m-*nitrophenylsulfonyl*)*acetamide* $C_9H_{10}N_2O_5S$,
Formel II (X = $N(CH_3)$-CO-CH_3).
B. Aus 3-Nitro-*N*-methyl-benzolsulfonamid-(1) beim Erwärmen mit Acetylchlorid (*Openshaw, Spring*, Soc. **1945** 234). Aus N-[3-Nitro-benzol-sulfonyl-(1)]-acetamid mit Hilfe von Diazomethan (*Op., Sp.*).
Krystalle (aus wss. A.); F: 132°.

[3-Nitro-benzol-sulfonyl-(1)]-äthyl-acetyl-amin, N-[3-Nitro-benzol-sulfonyl-(1)]-
N-äthyl-acetamid, N-*ethyl*-N-(m-*nitrophenylsulfonyl*)*acetamide* $C_{10}H_{12}N_2O_5S$, Formel II
(X = $N(C_2H_5)$-CO-CH_3).
B. Aus 3-Nitro-*N*-äthyl-benzolsulfonamid-(1) beim Erwärmen mit Acetylchlorid (*Openshaw, Spring*, Soc. **1945** 234).
Krystalle (aus wss. A.); F: 89°.

[3-Nitro-benzol-sulfonyl-(1)]-butyl-hexanoyl-amin, N-[3-Nitro-benzol-sulfonyl-(1)]-
N-butyl-hexanamid, N-*butyl*-N-(m-*nitrophenylsulfonyl*)*hexanamide* $C_{16}H_{24}N_2O_5S$,
Formel II (X = $N([CH_2]_3$-$CH_3)$-CO-$[CH_2]_4$-CH_3).
B. Aus 3-Nitro-*N*-butyl-benzolsulfonamid-(1) beim Erwärmen mit Hexanoylchlorid und Pyridin (*Am. Cyanamid Co.*, U.S.P. 2456051 [1944]).
Gelbliche Krystalle (aus Ae. + Hexan); F: 52—53,5°.

[3-Nitro-benzol-sulfonyl-(1)]-[3.5-dibrom-benzoyl]-amin, 3.5-Dibrom-*N*-[3-nitro-
benzol-sulfonyl-(1)]-benzamid, 3,5-*dibromo*-N-(m-*nitrophenylsulfonyl*)*benzamide*
$C_{13}H_8Br_2N_2O_5S$, Formel III.
B. Beim Erwärmen von 3-Nitro-benzolsulfonamid-(1) mit 3.5-Dibrom-benzoylchlorid und Pyridin (*English et al.*, Am. Soc. **68** [1946] 1039, 1044, 1045).
Krystalle (aus Me. + 1-Äthoxy-äthanol-(2)); F: 221—222° [korr.].

[3-Nitro-benzol-sulfonyl-(1)]-guanidin, (m-*nitrophenylsulfonyl*)*guanidine* $C_7H_8N_4O_4S$,
Formel II (X = NH-$C(NH_2)$=NH) und Tautomeres.
B. Beim Behandeln von 3-Nitro-benzol-sulfonylchlorid-(1) mit Guanidin, wss. Natron-lauge und Aceton (*English et al.*, Am. Soc. **68** [1946] 1039, 1044, 1045; *Backer, Moed,*

R. **65** [1946] 59, 62). Beim Erhitzen von 3-Nitro-benzolsulfonamid-(1) mit Cyanguanidin (*Price, Reitsema,* J. org. Chem. **12** [1947] 269, 273).

Krystalle; F: 199—201° [korr.; aus 1.1.2.2-Tetrachlor-äthan] (*En. et al.*), 199—200° [aus W.] (*Ba., Moed*), 195—198° [aus A.] (*Pr., Rei.*).

Beim Erhitzen mit *o*-Phenylendiamin in Chinolin auf 260° ist 2-[3-Nitro-benzol-sulfonyl-(1)-amino]-benzimidazol erhalten worden (*Pr., Rei.*).

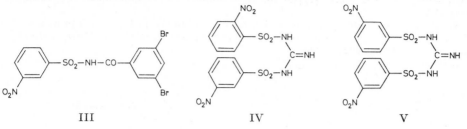

| III | IV | V |

N-[2-Nitro-benzol-sulfonyl-(1)]-N′-[3-nitro-benzol-sulfonyl-(1)]-guanidin, N-(m-*nitrophenylsulfonyl*)-N′-(o-*nitrophenylsulfonyl*)*guanidine* $C_{13}H_{11}N_5O_8S_2$, Formel IV und Tautomere.

B. Beim Behandeln von [2-Nitro-benzol-sulfonyl-(1)]-guanidin mit 3-Nitro-benzolsulfonylchlorid-(1) oder von [3-Nitro-benzol-sulfonyl-(1)]-guanidin mit 2-Nitro-benzolsulfonylchlorid-(1), jeweils unter Zusatz von wss. Natronlauge und Aceton (*Backer, Moed,* R. **66** [1947] 335, 341).

Krystalle (aus A.); F: 181—183° (*Ba., Moed,* l. c. S. 341). Aus wss. Äthanol werden Krystalle mit 1,5 Mol H_2O erhalten (*Ba., Moed,* l. c. S. 341). In Wasser schwer löslich (*Ba., Moed,* l. c. S. 341).

Beim Erhitzen mit wss. Natronlauge (1 n) ist N′-[3-Nitro-benzol-sulfonyl-(1)]-N-[2-nitro-phenyl]-guanidin erhalten worden (*Backer, Moed,* R. **66** [1947] 689, 702).

N.N′-Bis-[3-nitro-benzol-sulfonyl-(1)]-guanidin, N,N′-*bis*(m-*nitrophenylsulfonyl*)*guanidine* $C_{13}H_{11}N_5O_8S_2$, Formel V und Tautomeres.

B. Neben [3-Nitro-benzol-sulfonyl-(1)]-guanidin beim Behandeln von 3-Nitro-benzolsulfonylchlorid-(1) mit Guanidin, wss. Alkalilauge und Aceton (*Backer, Moed,* R. **65** [1946] 59, 62).

Krystalle (aus W.); F: 205,5—206,5°.

Natrium-Salz $NaC_{13}H_{10}N_5O_8S_2$. Krystalle (aus W.) mit 1 Mol H_2O.

N-[3-Nitro-benzol-sulfonyl-(1)]-glycin, N-(m-*nitrophenylsulfonyl*)*glycine* $C_8H_8N_2O_6S$, Formel II (X = NH-CH_2-COOH) auf S. 127 (H 70).

B. Beim Behandeln von Glycin mit wss. Natronlauge und mit 3-Nitro-benzol-sulfonylchlorid-(1) in Benzol (*Cocker,* Soc. **1943** 373, 378).

Krystalle (aus E. + Bzn.); F: 149—150°.

N-[3-Nitro-benzol-sulfonyl-(1)]-glycin-äthylester, N-(m-*nitrophenylsulfonyl*)*glycine ethyl ester* $C_{10}H_{12}N_2O_6S$, Formel II (X = NH-CH_2-CO-OC_2H_5) auf S. 127.

B. Aus N-[3-Nitro-benzol-sulfonyl-(1)]-glycin und Äthanol in Gegenwart von Schwefelsäure (*Cocker,* Soc. **1943** 373, 378).

Krystalle (aus A.); F: 122°.

(±)-N-[3-Nitro-benzol-sulfonyl-(1)]-N-[2.3-dibrom-propyl]-glycin-äthylester, (±)-N-(2,3-*dibromopropyl*)-N-(m-*nitrophenylsulfonyl*)*glycine ethyl ester* $C_{13}H_{16}Br_2N_2O_6S$, Formel II (X = N(CH_2-CHBr-CH_2Br)-CH_2-CO-OC_2H_5) auf S. 127.

B. Aus N-[3-Nitro-benzol-sulfonyl-(1)]-N-allyl-glycin-äthylester und Brom in Chloroform (*Cocker,* Soc. **1943** 373, 378).

Krystalle (aus A.); F: 91—91,5°.

N-[3-Nitro-benzol-sulfonyl-(1)]-N-allyl-glycin-äthylester, N-*allyl*-N-(m-*nitrophenylsulfonyl*)*glycine ethyl ester* $C_{13}H_{16}N_2O_6S$, Formel II (X = N(CH_2-CH=CH_2)-CH_2-CO-OC_2H_5) auf S. 127.

B. Beim Erwärmen von N-[3-Nitro-benzol-sulfonyl-(1)]-glycin-äthylester mit Allylchlorid und äthanol. Natriumäthylat (*Cocker,* Soc. **1949** 373, 378).

Krystalle (aus A.); F: 57,5—58°.

N-[3-Nitro-benzol-sulfonyl-(1)]-DL-alanin, N-(m-*nitrophenylsulfonyl*)-DL-*alanine*
$C_9H_{10}N_2O_6S$, Formel II (X = NH-CH(CH$_3$)-COOH) auf S. 127.

B. Beim Behandeln von DL-Alanin mit wss. Kalilauge und mit 3-Nitro-benzol-sulfonyl=
chlorid-(1) in Benzol (*Colles, Gibson,* Soc. **1931** 279, 282).

Gelbe Krystalle (aus W.); F: 158,5—159°.

Bis-[3-nitro-benzol-sulfonyl-(1)]-amin, m,m'-*dinitrodibenzenesulfonamide* $C_{12}H_9N_3O_8S_2$,
Formel VI.

B. Beim Behandeln von 3-Nitro-benzolsulfonamid-(1) mit wss. Natronlauge, mit
Natriumcarbonat und mit 3-Nitro-benzol-sulfonylchlorid-(1) (*Crossley, Northey, Hultquist,*
Am. Soc. **60** [1938] 2222, 2224).

Natrium-Salz. Krystalle (aus W.).

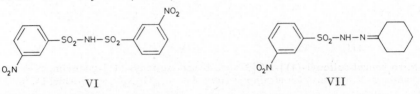

VI   VII

3-Nitro-benzol-sulfonsäure-(1)-hydrazid, m-*nitrobenzenesulfonic acid hydrazide*
$C_6H_7N_3O_4S$, Formel II (X = NH-NH$_2$) auf S. 127.

B. Beim Behandeln einer Lösung von 3-Nitro-benzol-sulfonylchlorid-(1) in Benzol
mit Hydrazin-hydrat (*Witte,* R. **51** [1932] 299, 302; s. a. *Davies, Storrie, Tucker,* Soc.
1931 624, 626; *Friedman, Litle, Reichle,* Org. Synth. **40** [1960] 93, 95).

Krystalle; F: 130° [Zers.] (*Da., St., Tu.*), 126—127° [Zers.; aus A.] (*Wi.*).

Beim Erwärmen mit äthanol. Jod-Lösung ist eine als 3-Nitro-benzol-thiosulfon=
säure-(1)-S-[3-nitro-phenylester] angesehene Verbindung $C_{12}H_8N_2O_6S_2$ (Krystalle
[aus A.]; F: 124°) erhalten worden (*Wi.*).

3-Nitro-benzol-sulfonsäure-(1)-isopropylidenhydrazid, Aceton-[3-nitro-benzol-sulfon=
yl-(1)-hydrazon], m-*nitrobenzenesulfonic acid isopropylidenehydrazide* $C_9H_{11}N_3O_4S$,
Formel II (X = NH-N=C(CH$_3$)$_2$) auf S. 127.

B. Aus 3-Nitro-benzol-sulfonsäure-(1)-hydrazid und Aceton (*Witte,* R. **51** [1932]
299, 304).

Krystalle; F: 153° [Zers.; aus A. oder aus A. + W.] (*Wi.*), 148—150° [Zers.] (*Davies,
Storrie, Tucker,* Soc. **1931** 624, 626).

3-Nitro-benzol-sulfonsäure-(1)-*sec*-butylidenhydrazid, Butanon-[3-nitro-benzol-sulfon=
yl-(1)-hydrazon], m-*nitrobenzenesulfonic acid* sec-*butylidenehydrazide* $C_{10}H_{13}N_3O_4S$,
Formel II (X = NH-N=C(CH$_3$)-CH$_2$-CH$_3$) auf S. 127.

B. Aus 3-Nitro-benzol-sulfonsäure-(1)-hydrazid und Butanon (*Davies, Storrie, Tucker,*
Soc. **1931** 624, 626).

Krystalle; F: 124—125° [Zers.].

3-Nitro-benzol-sulfonsäure-(1)-[1-methyl-butylidenhydrazid], Pentanon-(2)-[3-nitro-
benzol-sulfonyl-(1)-hydrazon], m-*nitrobenzenesulfonic acid* (1-*methylbutylidene*)*hydrazide*
$C_{11}H_{15}N_3O_4S$, Formel II (X = NH-N=C(CH$_3$)-CH$_2$-CH$_2$-CH$_3$) auf S. 127.

B. Aus 3-Nitro-benzol-sulfonsäure-(1)-hydrazid und Pentanon-(2) in Äthanol (*Cameron,
Storrie,* Soc. **1934** 1330).

Krystalle (aus A.); F: 115° [Zers.].

3-Nitro-benzol-sulfonsäure-(1)-[1.2-dimethyl-propylidenhydrazid], 2-Methyl-butanon-(3)-
[3-nitro-benzol-sulfonyl-(1)-hydrazon], m-*nitrobenzenesulfonic acid* (1,2-*dimethylprop*=
ylidene)*hydrazide* $C_{11}H_{15}N_3O_4S$, Formel II (X = NH-N=C(CH$_3$)-CH(CH$_3$)$_2$) auf S. 127.

B. Aus 3-Nitro-benzol-sulfonsäure-(1)-hydrazid und 2-Methyl-butanon-(3) in Äthanol
(*Cameron, Storrie,* Soc. **1934** 1330).

Krystalle (aus A.); F: 129—130° [Zers.].

3-Nitro-benzol-sulfonsäure-(1)-[1.3-dimethyl-butylidenhydrazid], 2-Methyl-pentanon-(4)-
[3-nitro-benzol-sulfonyl-(1)-hydrazon], m-*nitrobenzenesulfonic acid* (1,3-*dimethylbut*=
ylidene)*hydrazide* $C_{12}H_{17}N_3O_4S$, Formel II (X = NH-N=C(CH$_3$)-CH$_2$-CH(CH$_3$)$_2$) auf S. 127.

B. Aus 3-Nitro-benzol-sulfonsäure-(1)-hydrazid und 2-Methyl-pentanon-(4) in Äthanol

(*Cameron, Storrie*, Soc. **1934** 1330).
Krystalle (aus A.); F: 102° [Zers.].

3-Nitro-benzol-sulfonsäure-(1)-[1.3-dimethyl-buten-(2)-ylidenhydrazid], 2-Methyl-penten-(2)-on-(4)-[3-nitro-benzol-sulfonyl-(1)-hydrazon], Mesityloxid-[3-nitro-benzol-sulfonyl-(1)-hydrazon], m-*nitrobenzenesulfonic acid* (*1,3-dimethylbut-2-enylidene*)*hydrazide* $C_{12}H_{15}N_3O_4S$, Formel II (X = NH-N=C(CH$_3$)-CH=C(CH$_3$)$_2$) auf S. 127.
B. Aus 3-Nitro-benzol-sulfonsäure-(1)-hydrazid und 2-Methyl-penten-(2)-on-(4) in Äthanol (*Cameron, Storrie*, Soc. **1934** 1330).
Krystalle (aus A.); F: 128—130° [Zers.].

3-Nitro-benzol-sulfonsäure-(1)-cyclohexylidenhydrazid, Cyclohexanon-[3-nitro-benzol-sulfonyl-(1)-hydrazon], m-*nitrobenzenesulfonic acid cyclohexylidenehydrazide* $C_{12}H_{15}N_3O_4S$, Formel VII.
B. Aus 3-Nitro-benzol-sulfonsäure-(1)-hydrazid und Cyclohexanon in Äthanol (*Cameron, Storrie*, Soc. **1934** 1330).
Krystalle (aus Me.); F: 152—153° [Zers.].

3-Nitro-benzol-sulfonsäure-(1)-benzylidenhydrazid, Benzaldehyd-[3-nitro-benzol-sulfonyl-(1)-hydrazon], m-*nitrobenzenesulfonic acid benzylidenehydrazide* $C_{13}H_{11}N_3O_4S$, Formel VIII (X = H).
B. Aus 3-Nitro-benzol-sulfonsäure-(1)-hydrazid und Benzaldehyd in Äthanol (*Davies, Storrie, Tucker*, Soc. **1931** 624, 626; s. a. *Witte*, R. **51** [1932] 299, 303).
Krystalle; F: 153° (*Wi.*), 150—151° [Zers.] (*Da., St., Tu.*). In Chloroform löslich, in Wasser fast unlöslich (*Wi.*).

3-Nitro-benzol-sulfonsäure-(1)-[4-brom-benzylidenhydrazid], 4-Brom-benzaldehyd-[3-nitro-benzol-sulfonyl-(1)-hydrazon], m-*nitrobenzenesulfonic acid* (*4-bromobenzylidene*)*hydrazide* $C_{13}H_{10}BrN_3O_4S$, Formel VIII (X = Br).
B. Aus 3-Nitro-benzol-sulfonsäure-(1)-hydrazid und 4-Brom-benzaldehyd in Äthanol (*Cameron, Storrie*, Soc. **1934** 1330).
Krystalle (aus Me.); F: 175—176° [Zers.].

3-Nitro-benzol-sulfonsäure-(1)-[2-nitro-benzylidenhydrazid], 2-Nitro-benzaldehyd-[3-nitro-benzol-sulfonyl-(1)-hydrazon], m-*nitrobenzenesulfonic acid* (*2-nitrobenzylidene*)*hydrazide* $C_{13}H_{10}N_4O_6S$, Formel IX (X = NO$_2$).
B. Aus 3-Nitro-benzol-sulfonsäure-(1)-hydrazid und 2-Nitro-benzaldehyd in Äthanol (*Cameron, Storrie*, Soc. **1934** 1330).
Gelbliche Krystalle (aus W. + Me.); F: 179—180° [Zers.].

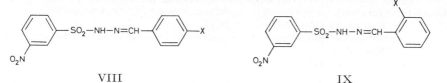

VIII   IX

3-Nitro-benzol-sulfonsäure-(1)-[3-nitro-benzylidenhydrazid], 3-Nitro-benzaldehyd-[3-nitro-benzol-sulfonyl-(1)-hydrazon], m-*nitrobenezenesulfonic acid* (*3-nitrobenzylidene*)*hydrazide* $C_{13}H_{10}N_4O_6S$, Formel X.
B. Aus 3-Nitro-benzol-sulfonsäure-(1)-hydrazid und 3-Nitro-benzaldehyd in Äthanol (*Cameron, Storrie*, Soc. **1934** 1330).
Krystalle (aus Acn. + A.); F: 182—183° [Zers.].

3-Nitro-benzol-sulfonsäure-(1)-[4-nitro-benzylidenhydrazid], 4-Nitro-benzaldehyd-[3-nitro-benzol-sulfonyl-(1)-hydrazon], m-*nitrobenzenesulfonic acid* (*4-nitrobenzylidene*)*hydrazide* $C_{13}H_{10}N_4O_6S$, Formel VIII (X = NO$_2$).
B. Aus 3-Nitro-benzol-sulfonsäure-(1)-hydrazid und 4-Nitro-benzaldehyd in Äthanol (*Cameron, Storrie*, Soc. **1934** 1330).
Krystalle (aus A.); F: 162—163° [Zers.].

3-Nitro-benzol-sulfonsäure-(1)-[1-phenyl-äthylidenhydrazid], Acetophenon-[3-nitro-benzol-sulfonyl-(1)-hydrazon], m-*nitrobenzenesulfonic acid (α-methylbenzylidene)hydrazide* $C_{14}H_{13}N_3O_4S$, Formel XI (X = NH-N=C(CH₃)-C₆H₅).

B. Aus 3-Nitro-benzol-sulfonsäure-(1)-hydrazid und Acetophenon in Äthanol (*Cameron, Storrie*, Soc. **1934** 1330).

Krystalle (aus A.); F: 175° [Zers.].

3-Nitro-benzol-sulfonsäure-(1)-[1-methyl-3-phenyl-propylidenhydrazid], 1-Phenyl-butanon-(3)-[3-nitro-benzol-sulfonyl-(1)-hydrazon], m-*nitrobenzenesulfonic acid (1-methyl-3-phenylpropylidene)hydrazide* $C_{16}H_{17}N_3O_4S$, Formel XI (X = NH-N=C(CH₃)-CH₂-CH₂-C₆H₅).

B. Aus 3-Nitro-benzol-sulfonsäure-(1)-hydrazid und 1-Phenyl-butanon-(3) in Äthanol (*Cameron, Storrie*, Soc. **1934** 1330).

Krystalle (aus A.); F: 131—132° [Zers.].

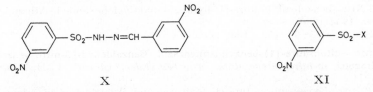

X   XI

3-Nitro-benzol-sulfonsäure-(1)-cinnamylidenhydrazid, Zimtaldehyd-[3-nitro-benzol-sulfonyl-(1)-hydrazon], m-*nitrobenzenesulfonic acid cinnamylidenehydrazide* $C_{15}H_{13}N_3O_4S$.

trans-**Zimtaldehyd-[3-nitro-benzol-sulfonyl-(1)-hydrazon]**, Formel XII (R = H).

B. Aus 3-Nitro-benzol-sulfonsäure-(1)-hydrazid und *trans*-Zimtaldehyd in Äthanol (*Witte*, R. **51** [1932] 299, 305).

Gelbe Krystalle (aus wss. A.); F: 188° [Zers.].

3-Nitro-benzol-sulfonsäure-(1)-[1-methyl-3-phenyl-allylidenhydrazid], 1-Phenyl-buten-(1)-on-(3)-[3-nitro-benzol-sulfonyl-(1)-hydrazon], m-*nitrobenzenesulfonic acid (1-methyl-3-phenylallylidene)hydrazide* $C_{16}H_{15}N_3O_4S$.

1*t*-Phenyl-buten-(1)-on-(3)-[3-nitro-benzol-sulfonyl-(1)-hydrazon], Formel XII (R = CH₃).

B. Aus 3-Nitro-benzol-sulfonsäure-(1)-hydrazid und 1*t*-Phenyl-buten-(1)-on-(3) (*trans*-Benzylidenaceton) in Äthanol (*Cameron, Storrie*, Soc. **1934** 1330).

Krystalle (aus A.); F: 176—177° [Zers.].

3-Nitro-benzol-sulfonsäure-(1)-benzhydrylidenhydrazid, Benzophenon-[3-nitro-benzol-sulfonyl-(1)-hydrazon], m-*nitrobenzenesulfonic acid benzhydrylidenehydrazide* $C_{19}H_{15}N_3O_4S$, Formel XI (X = NH-N=C(C₆H₅)₂).

B. Aus 3-Nitro-benzol-sulfonsäure-(1)-hydrazid und Benzophenon in Äthanol (*Cameron, Storrie*, Soc. **1934** 1330).

Krystalle (aus A.); F: 146—147° [Zers.].

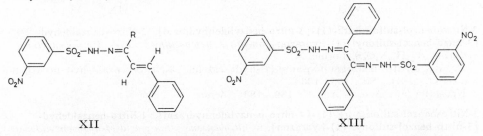

XII   XIII

Benzil-bis-[3-nitro-benzol-sulfonyl-(1)-hydrazon], *benzil bis(3-nitrophenylsulfonyl)hydrazone* $C_{26}H_{20}N_6O_8S_2$, Formel XIII.

B. Aus 3-Nitro-benzol-sulfonsäure-(1)-hydrazid und Benzil in Äthanol (*Cameron, Storrie*, Soc. **1934** 1330).

Gelbliche Krystalle (aus A.); F: 166—167° [Zers.].

3-Nitro-benzol-sulfonsäure-(1)-salicylidenhydrazid, Salicylaldehyd-[3-nitro-benzol-sulfonyl-(1)-hydrazon], m-*nitrobenzenesulfonic acid salicylidenehydrazide* $C_{13}H_{11}N_3O_5S$, Formel IX (X = OH) auf S. 131.

B. Aus 3-Nitro-benzol-sulfonsäure-(1)-hydrazid und Salicylaldehyd in Äthanol (*Witte*, R. **51** [1932] 299, 305; *Cameron, Storrie,* Soc. **1934** 1330).

Krystalle; F: 168° (*Wi.*), 167—168° [Zers.; aus A.] (*Ca., St.*).

3-Nitro-benzol-sulfonsäure-(1)-[4-methoxy-benzylidenhydrazid], 4-Methoxy-benz-aldehyd-[3-nitro-benzol-sulfonyl-(1)-hydrazon], m-*nitrobenzenesulfonic acid (4-methoxy-benzylidene)hydrazide* $C_{14}H_{13}N_3O_5S$, Formel VIII (X = OCH₃) auf S. 131.

B. Aus 3-Nitro-benzol-sulfonsäure-(1)-hydrazid und 4-Methoxy-benzaldehyd in Äthanol (*Witte,* R. **51** [1932] 299, 304; *Cameron, Storrie,* Soc. **1934** 1330).

Gelbliche Krystalle; F: 134° [aus wss. A.] (*Wi.*), 130—131° [aus A.] (*Ca., St.*).

(±)-3-Nitro-benzol-sulfonsäure-(1)-[2-hydroxy-1.2-diphenyl-äthylidenhydrazid], (±)-Benzoin-[3-nitro-benzol-sulfonyl-(1)-hydrazon], (±)-m-*nitrobenzenesulfonic acid (β-hydroxy-α-phenylphenethylidene)hydrazide* $C_{20}H_{17}N_3O_5S$, Formel XI (X = NH-N=C(C₆H₅)-CH(OH)-C₆H₅).

B. Aus 3-Nitro-benzol-sulfonsäure-(1)-hydrazid und (±)-Benzoin in Äthanol (*Cameron, Storrie,* Soc. **1934** 1330).

Krystalle (aus A.); F: 159—160° [Zers.].

3-Nitro-benzol-sulfonsäure-(1)-[4-hydroxy-3-methoxy-benzylidenhydrazid], Vanillin-[3-nitro-benzol-sulfonyl-(1)-hydrazon], m-*nitrobenzenesulfonic acid vanillylidenehydr-azide* $C_{14}H_{13}N_3O_6S$, Formel XIV (R = H).

B. Aus 3-Nitro-benzol-sulfonsäure-(1)-hydrazid und Vanillin in Äthanol (*Cameron, Storrie,* Soc. **1934** 1330).

Gelbe Krystalle (aus A.); F: 159—160° [Zers.].

3-Nitro-benzol-sulfonsäure-(1)-[3.4-dimethoxy-benzylidenhydrazid], Veratrumaldehyd-[3-nitro-benzol-sulfonyl-(1)-hydrazon], m-*nitrobenzenesulfonic acid veratrylidenehydr-azide* $C_{15}H_{15}N_3O_6S$, Formel XIV (R = CH₃).

B. Aus 3-Nitro-benzol-sulfonsäure-(1)-hydrazid und Veratrumaldehyd in Äthanol (*Cameron, Storrie,* Soc. **1934** 1330).

Gelbe Krystalle (aus A.); F: 181—182° [Zers.].

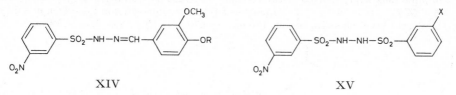

                 XIV   XV

N'-**[3-Nitro-benzol-sulfonyl-(1)]-*N*-acetyl-hydrazin**, N-*acetyl*-N'-(m-*nitrophenylsulfonyl)-hydrazine* $C_8H_9N_3O_5S$, Formel XI (X = NH-NH-CO-CH₃).

B. Aus 3-Nitro-benzol-sulfonsäure-(1)-hydrazid und Acetanhydrid (*Witte,* R. **51** [1932] 299, 303).

Krystalle (aus A.); F: 155° [Zers.]. In Äther, Chloroform und heissem Wasser löslich, in Benzol schwer löslich.

N'-**[3-Nitro-benzol-sulfonyl-(1)]-*N*-benzoyl-hydrazin**, N-*benzoyl*-N'-(m-*nitrophenyl-sulfonyl)hydrazine* $C_{13}H_{11}N_3O_5S$, Formel XI (X = NH-NH-CO-C₆H₅).

B. Aus 3-Nitro-benzol-sulfonsäure-(1)-hydrazid und Benzoylchlorid in Äthanol (*Witte,* R. **51** [1932] 299, 306).

Krystalle (aus A.); F: 177°. In Aceton leicht löslich, in Äther, Benzol und Wasser fast unlöslich.

N'-**Benzolsulfonyl-*N*-[3-nitro-benzol-sulfonyl-(1)]-hydrazin**, N-(m-*nitrophenylsulfonyl)-N'-(phenylsulfonyl)hydrazine* $C_{12}H_{11}N_3O_6S_2$, Formel XV (X = H).

B. Aus 3-Nitro-benzol-sulfonsäure-(1)-hydrazid und Benzolsulfonylchlorid in Äthanol (*Witte,* R. **51** [1932] 299, 306).

Krystalle (aus A.); F: 180—185°.

***N.N'*-Bis-[3-nitro-benzol-sulfonyl-(1)]-hydrazin,** N,N'-*bis*(m-*nitrophenylsulfonyl*)*hydr=azine* $C_{12}H_{10}N_4O_8S_2$, Formel XV (X = NO₂).

B. Aus 3-Nitro-benzol-sulfonsäure-(1)-hydrazid und 3-Nitro-benzol-sulfonylchlorid-(1) in Äthanol (*Witte*, R. **51** [1932] 299, 306).

Zers. bei 200—210° [getrocknetes Präparat].

4-Nitro-benzol-sulfonsäure-(1), p-*nitrobenzenesulfonic acid* $C_6H_5NO_5S$, Formel I (R = H) (H 71; E I 21; E II 33).

Krystalle (aus E. + Bzl.); F: 106—108° (*Burton, Hoggarth*, Soc. **1945** 468).

Natrium-Salz. Krystalle (aus wss. Lösung) mit 3 Mol H_2O (*Witte*, R. **51** [1932] 299, 312).

Tetrammin-kupfer(II)-Salz [Cu(NH₃)₄](C₆H₄NO₅S)₂. Violette Krystalle (aus ammoniakal. wss. Lösung); F: 270° [Zers.] (*Woroshzow, Koslow*, Ž. obšč. Chim. **3** [1933] 917, 924; C. **1934** II 1456). Beim Erhitzen auf 110° werden 2 Mol Ammoniak abgegeben unter Bildung eines Salzes der Zsuammensetzung Cu(C₆H₄NO₅S)₂·2 NH₃ [blaugrüne Krystalle] (*Wo., Ko*).

Calcium-Salz. Krystalle (aus W.) mit 8 Mol H_2O (*Wi.*).

Barium-Salz. Krystalle (aus W.) mit 3 Mol H_2O (*Wi.*).

Guanidin-Salz CH₅N₃·C₆H₅NO₅S. *B.* Als Hauptprodukt beim Erhitzen von 4-Nitrobenzol-sulfonylchlorid-(1) mit Guanidin-nitrat und wss. Natronlauge (*Karrer, Epprecht*, Helv. **24** [1941] 310; *Backer, Moed*, R. **65** [1946] 59, 60, 61; s. a. *Price, Leonard, Whittle*, J. org. Chem. **10** [1945] 327, 331). — Krystalle; F: 250—252° [aus W.] (*Ka., Epp.*; *Ba., Moed*), 248—249° [korr.; Block; aus wss. A.] (*Pr., Le., Wh.*).

4-Nitro-benzol-sulfonsäure-(1)-äthylester, p-*nitrobenzenesulfonic acid ethyl ester* $C_8H_9NO_5S$, Formel I (R = C₂H₅) (E I 33).

Krystalle; F: 92—92,5° [aus Ae.] (*Morgan, Cretcher*, Am. Soc. **70** [1948] 375, 376), 92° [aus PAe.] (*Demény*, R. **50** [1931] 60, 65).

4-Nitro-benzol-sulfonsäure-(1)-[3-methyl-6-isopropyl-cyclohexylester], 3-[4-Nitro-benzol-sulfonyl-(1)-oxy]-*p*-menthan, p-*nitrobenzenesulfonic acid* p-*menth-3-yl ester* $C_{16}H_{23}NO_5S$.

4-Nitro-benzol-sulfonsäure-(1)-[(1*R*)-menthylester], *O*-[4-Nitro-benzol-sulfon=yl-(1)]-(1*R*)-menthol $C_{16}H_{23}NO_5S$, Formel II (E II 33).

Krystalle (aus Me.); F: 70,5° (*Rule, Smith*, Soc. **1931** 1482, 1487). $[M]_D^{18}$: −168° [Bzl.; c = 5]; $[M]_D^{18}$: −195° [A.; c = 5]. Optisches Drehungsvermögen von Lösungen in Äthanol und in Benzol bei Wellenlängen von 436 mμ bis 670 mμ: *Rule, Sm.*, l. c. S. 1489.

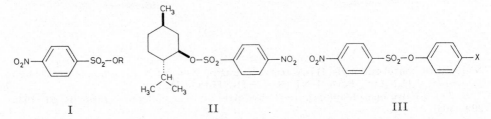

| I | II | III |

4-Nitro-benzol-sulfonsäure-(1)-phenylester, p-*nitrobenzenesulfonic acid phenyl ester* $C_{12}H_9NO_5S$, Formel III (X = H) (E II 33).

B. Beim Behandeln einer Lösung von 4-Nitro-benzol-sulfonylchlorid-(1) in Aceton mit wss. Natriumphenolat-Lösung (*I.G. Farbenind.*, D.R.P. 694946 [1937]; D.R.P. Org. Chem. **3** 972, 976). Beim Erwärmen von 4-Nitro-benzol-sulfonylchlorid-(1) mit Phenol und wss. Natronlauge (*Jensen et al.*, Dansk Tidsskr. Farm. **18** [1944] 201, 204; vgl. E II 33).

Krystalle; F: 117° [aus A.] (*I.G. Farbenind.*), 114° [aus Bzl. oder A.] (*Je. et al.*).

4-Nitro-benzol-sulfonsäure-(1)-[4-nitro-phenylester], p-*nitrobenzenesulfonic acid* p-*nitrophenyl ester* $C_{12}H_8N_2O_7S$, Formel III (X = NO₂) (E II 34).

B. Beim Behandeln von 4-Nitro-benzol-sulfonylchlorid-(1) mit 4-Nitro-phenol und Pyridin (*Burton, Hoggarth*, Soc. **1945** 468, 470; vgl. E II 34).

Krystalle (aus 1-Äthoxy-äthanol-(2)); F: 158°.

4-Nitro-benzol-sulfonsäure-(1)-[biphenylyl-(2)-ester], p-*nitrobenzenesulfonic acid biphenyl-2-yl ester* $C_{18}H_{13}NO_5S$, Formel IV.

B. Beim Behandeln von Biphenylol-(2) mit 4-Nitro-benzol-sulfonylchlorid-(1) und Pyridin (*Hazlet*, Am. Soc. **60** [1938] 399).

Krystalle (aus A.); F: 110—111°.

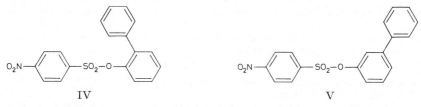

IV   V

4-Nitro-benzol-sulfonsäure-(1)-[biphenylyl-(3)-ester], p-*nitrobenzenesulfonic acid biphenyl-3-yl ester* $C_{18}H_{13}NO_5S$, Formel V.

B. Beim Behandeln von Biphenylol-(3) mit 4-Nitro-benzol-sulfonylchlorid-(1) und Pyridin (*Hazlet*, Am. Soc. **60** [1938] 399).

Krystalle (aus Me.); F: 97—98°.

4-Nitro-benzol-sulfonsäure-(1)-[biphenylyl-(4)-ester], p-*nitrobenzenesulfonic acid biphenyl-4-yl ester* $C_{18}H_{13}NO_5S$, Formel VI.

B. Beim Behandeln von Biphenylol-(4) mit 4-Nitro-benzol-sulfonylchlorid-(1) und Pyridin (*Hazlet*, Am. Soc. **60** [1938] 399).

Krystalle (aus A.); F: 148,5—149,5°.

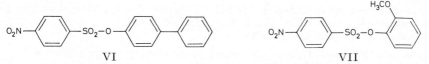

VI   VII

4-Nitro-benzol-sulfonsäure-(1)-[2-methoxy-phenylester], p-*nitrobenzenesulfonic acid o-methoxyphenyl ester* $C_{13}H_{11}NO_6S$, Formel VII.

B. Aus 4-Nitro-benzol-sulfonylchlorid-(1) beim Behandeln mit Guajacol und Pyridin sowie beim Erhitzen mit Veratrol unter Zusatz von Zinkchlorid auf 140° (*Burton, Hoggarth*, Soc. **1945** 14, 16).

Krystalle (aus A.); F: 112°.

4-Nitro-benzol-sulfonsäure-(1)-[3-methoxy-phenylester], p-*nitrobenzenesulfonic acid m-methoxyphenyl ester* $C_{13}H_{11}NO_6S$, Formel VIII.

B. Analog der im vorangehenden Artikel beschriebenen Verbindung (*Burton, Hoggarth*, Soc. **1945** 14, 15).

Krystalle (aus 1-Äthoxy-äthanol-(2)); F: 109°.

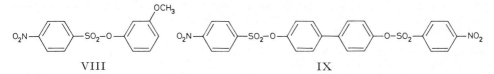

VIII   IX

4-[4-Nitro-benzol-sulfonyl-(1)-oxy]-phenol, 4-Nitro-benzol-sulfonsäure-(1)-[4-hydroxy-phenylester], p-*nitrobenzenesulfonic acid p-hydroxyphenyl ester* $C_{12}H_9NO_6S$, Formel III (X = OH).

B. Beim Behandeln von 4-Nitro-benzol-sulfonylchlorid-(1) mit Hydrochinon und Pyridin (*Burton, Hoggarth*, Soc. **1945** 468, 470).

Gelbliche Krystalle (aus Bzl. + PAe.); F: 134°.

4-Nitro-benzol-sulfonsäure-(1)-[4-methoxy-phenylester], p-*nitrobenzenesulfonic acid p-methoxyphenyl ester* $C_{13}H_{11}NO_6S$, Formel III (X = OCH₃).

B. Beim Behandeln von 4-Nitro-benzol-sulfonylchlorid-(1) mit 4-Methoxy-phenol und Pyridin (*Burton, Hoggarth*, Soc. **1945** 14, 16).

Krystalle (aus A.); F: 153—154°.

4.4'-Bis-[4-nitro-benzol-sulfonyl-(1)-oxy]-biphenyl, *4,4'-bis(p-nitrobenzenesulfonyloxy)-biphenyl* C$_{24}$H$_{16}$N$_2$O$_{10}$S$_2$, Formel IX.

B. Beim Behandeln von Biphenyldiol-(4.4') mit 4-Nitro-benzol-sulfonylchlorid-(1) und Pyridin (*Hazlet*, Am. Soc. **61** [1939] 1921).

Krystalle (aus Dioxan); F: 231°.

4-Nitro-benzol-sulfonylfluorid-(1), p-*nitrobenzenesulfonyl fluoride* C$_6$H$_4$FNO$_4$S, Formel X (X = F).

B. Aus 4-Nitro-benzol-sulfonylchlorid-(1) beim Erhitzen mit wss. Kaliumfluorid-Lösung (*Bennett, Youle*, Soc. **1938** 887, 893).

F: 79°.

4-Nitro-benzol-sulfonylchlorid-(1), p-*nitrobenzenesulfonyl chloride* C$_6$H$_4$ClNO$_4$S, Formel X (X = Cl) (H 72; E I 21; E II 34).

B. Beim Einleiten von Chlor in ein Gemisch von Bis-[4-nitro-phenyl]-disulfid, wss. Salzsäure und Salpetersäure (*Schreiber, Shriner*, Am. Soc. **56** [1934] 114, 115; vgl. E I 21).

Krystalle; F: 79—80° (*Barber*, Soc. **1943** 101, 103), 78—79° [aus Bzl. + PAe.] (*Davies, Storrie, Tucker*, Soc. **1931** 624, 627). Kp$_{1,5}$: 143—144° (*Ba.*).

Beim Behandeln mit Guanidin und Natriumhydroxid in wss. Aceton unterhalb 15° sind [4-Nitro-benzol-sulfonyl-(1)]-guanidin und *N.N'*-Bis-[4-nitro-benzol-sulfonyl-(1)]-guanidin, beim Erhitzen mit Guanidin-nitrat und wss. Natronlauge sind Guanidin-[4-nitro-benzol-sulfonat-(1)] sowie geringe Mengen [4-Nitro-phenyl]-guanidin und Bis-[4-nitro-phenyl]-amin erhalten worden (*Backer, Moed*, R. **65** [1946] 59).

4-Nitro-benzol-sulfonylbromid-(1), p-*nitrobenzenesulfonyl bromide* C$_6$H$_4$BrNO$_4$S, Formel X (X = Br).

B. Aus 4-Nitro-benzol-sulfonsäure-(1) beim Erhitzen des Kalium-Salzes mit Phosphor(V)-bromid (*Winthrop Chem. Co.*, U.S.P. 2280497 [1938]).

Gelbliche Krystalle (aus Acn.); F: 85°.

4-Nitro-benzolsulfonamid-(1), p-*nitrobenzenesulfonamide* C$_6$H$_6$N$_2$O$_4$S, Formel X (X = NH$_2$) (H 72; E I 21; E II 34).

B. Aus 4-Nitro-benzol-sulfonylchlorid-(1) beim Erhitzen mit wss. Ammoniak (*Ribas, Seoane*, An. Soc. españ. [B] **45** [1949] 599, 622). Aus 4-Nitro-benzolsulfenamid-(1) mit Hilfe von alkal. wss. Kaliumpermanganat-Lösung (*Schering Corp.*, U.S.P. 2476655 [1941]). Beim Behandeln von 4-Nitro-benzol-sulfinsäure-(1) mit wss.-äthanol. Ammoniak und Einleiten von Chlor in die Reaktionslösung (*Carter, Hey*, Soc. **1948** 147).

Gelbe Krystalle (aus A. oder wss. A.); F: 178° (*Ri., Seo.*).

Beim Behandeln mit Zink und wss. Ammoniumchlorid-Lösung sind 4-Hydroxyamino-benzolsulfonamid-(1) und eine Verbindung aus 2 Mol 4-Hydroxyamino-benzolsulfonamid-(1) und 1 Mol Sulfanilamid erhalten worden (*Sevag*, Am. Soc. **65** [1943] 110).

4-Nitro-*N*-methyl-benzolsulfonamid-(1), N-*methyl*-p-*nitrobenzenesulfonamide* C$_7$H$_8$N$_2$O$_4$S, Formel X (X = NH-CH$_3$) (E II 34).

B. Beim Behandeln von 4-Nitro-benzol-sulfonylchlorid-(1) mit Methylamin und wss. Kalilauge (*Campbell, Campbell, Salm*, Pr. Indiana Acad. **57** [1948] 97, 100).

Krystalle (aus A.); F: 110—111°.

4-Nitro-*N.N*-dimethyl-benzolsulfonamid-(1), N,N-*dimethyl*-p-*nitrobenzenesulfonamide* C$_8$H$_{10}$N$_2$O$_4$S, Formel X (X = N(CH$_3$)$_2$).

B. Beim Behandeln von 4-Nitro-benzol-sulfonylchlorid-(1) mit Dimethylamin und wss. Kalilauge (*Campbell, Campbell, Salm*, Pr. Indiana Acad. **57** [1948] 97, 100).

Krystalle (aus A.); F: 92—93°.

4-Nitro-*N*-äthyl-benzolsulfonamid-(1), N-*ethyl*-p-*nitrobenzenesulfonamide* C$_8$H$_{10}$N$_2$O$_4$S, Formel X (X = NH-C$_2$H$_5$) (E II 34).

B. Beim Behandeln von 4-Nitro-benzol-sulfonylchlorid-(1) mit Äthylamin und wss. Kalilauge (*Campbell, Campbell, Salm*, Pr. Indiana Acad. **57** [1948] 97, 100).

Krystalle (aus A.); F: 105—106°.

4-Nitro-*N*-[2-brom-äthyl]-benzolsulfonamid-(1), N-(2-*bromoethyl*)-p-*nitrobenzenesulfonamide* C$_8$H$_9$BrN$_2$O$_4$S, Formel X (X = NH-CH$_2$-CH$_2$Br).

B. Beim Behandeln von 4-Nitro-benzol-sulfonylchlorid-(1) mit 2-Brom-äthylamin-hydrobromid und Pyridin (*Lehman, Grivsky,* Bl. Soc. chim. Belg. **55** [1946] 52, 56, 76). Aus 4-Nitro-*N*-[2-hydroxy-äthyl]-benzolsulfonamid-(1) beim Erwärmen mit Phos‍phor(III)-bromid in Dioxan (*Kimura,* J. pharm. Soc. Japan **63** [1943] 325, 327; C. A. **1951** 2935).

Krystalle (aus Bzl.), F: 120—121° (*Ki.*); gelbe Krystalle (aus wss. A.), F: 119,5°—120° (*Le., Gr.*).

4-Nitro-*N.N*-diäthyl-benzolsulfonamid-(1), N,N-*diethyl-p-nitrobenzenesulfonamide* $C_{10}H_{14}N_2O_4S$, Formel X (X = $N(C_2H_5)_2$).

B. Beim Behandeln von 4-Nitro-benzol-sulfonylchlorid-(1) mit Diäthylamin und wss. Kalilauge (*Campbell, Campbell, Salm,* Pr. Indiana Acad. **57** [1948] 97, 100).

Krystalle (aus A.); F: 134—135°.

4-Nitro-*N*-propyl-benzolsulfonamid-(1), p-*nitro-N-propylbenzenesulfonamide* $C_9H_{12}N_2O_4S$, Formel X (X = NH-CH_2-CH_2-CH_3) (E II 34).

B. Beim Behandeln von 4-Nitro-benzol-sulfonylchlorid-(1) mit Propylamin und wss. Kalilauge (*Campbell, Campbell, Salm,* Pr. Indiana Acad. **57** [1948] 97, 100).

Krystalle (aus A.); F: 84—85°.

4-Nitro-*N*-methyl-*N*-[3-chlor-propyl]-benzolsulfonamid-(1), N-(3-*chloropropyl*)-N-*methyl*-p-*nitrobenzenesulfonamide* $C_{10}H_{13}ClN_2O_4S$, Formel X (X = $N(CH_3)$-CH_2-CH_2-CH_2Cl).

B. Beim Erwärmen von 4-Nitro-*N*-methyl-benzolsulfonamid-(1) mit 3-Chlor-1-brom-propan und äthanol. Kalilauge (*Sugasawa, Kobayashi,* J. pharm. Soc. Japan **62** [1942] 294; dtsch. Ref. S. 76; C. A. **1951** 1596).

Gelbliche Krystalle (aus wss. A.); F: 81—82,5°.

4-Nitro-*N.N*-dipropyl-benzolsulfonamid-(1), p-*nitro-N,N-dipropylbenzenesulfonamide* $C_{12}H_{18}N_2O_4S$, Formel X (X = $N(CH_2$-CH_2-$CH_3)_2$).

B. Beim Erwärmen von 4-Nitro-benzol-sulfonylchlorid-(1) mit Dipropylamin und wss. Kalilauge (*Campbell, Campbell, Salm,* Pr. Indiana Acad. **57** [1948] 97, 100).

Krystalle (aus A.); F: 86—87°.

4-Nitro-*N*-isopropyl-benzolsulfonamid-(1), N-*isopropyl-p-nitrobenzenesulfonamide* $C_9H_{12}N_2O_4S$, Formel X (X = NH-$CH(CH_3)_2$).

B. Beim Behandeln von 4-Nitro-benzol-sulfonylchlorid-(1) mit Isopropylamin und wss. Kalilauge (*Campbell, Campbell, Salm,* Pr. Indiana Acad. **57** [1948] 97, 100).

Krystalle (aus A.); F: 114—115°.

4-Nitro-*N.N*-diisopropyl-benzolsulfonamid-(1), N,N-*diisopropyl-p-nitrobenzenesulfonamide* $C_{12}H_{18}N_2O_4S$, Formel X (X = $N[CH(CH_3)_2]_2$).

B. Beim Behandeln von 4-Nitro-benzol-sulfonylchlorid-(1) mit Diisopropylamin und wss. Kalilauge (*Campbell, Campbell, Salm,* Pr. Indiana Acad. **57** [1948] 97, 100).

Krystalle (aus A.); F: 340° [Zers.].

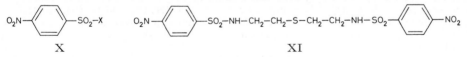

X   XI

4-Nitro-*N*-butyl-benzolsulfonamid-(1), N-*butyl-p-nitrobenzenesulfonamide* $C_{10}H_{14}N_2O_4S$, Formel X (X = NH-$[CH_2]_3$-CH_3) (E II 34).

B. Beim Behandeln von 4-Nitro-benzol-sulfonylchlorid-(1) mit Butylamin und wss. Kalilauge (*Campbell, Campbell, Salm,* Pr. Indiana Acad. **57** [1948] 97, 100).

Krystalle (aus A.); F: 81—82°.

4-Nitro-*N.N*-dibutyl-benzolsulfonamid-(1), N,N-*dibutyl-p-nitrobenzenesulfonamide* $C_{14}H_{22}N_2O_4S$, Formel X (X = $N([CH_2]_3$-$CH_3)_2$).

B. Beim Behandeln von 4-Nitro-benzol-sulfonylchlorid-(1) mit Dibutylamin und wss. Kalilauge (*Campbell, Campbell, Salm,* Pr. Indiana Acad. **57** [1948] 97, 100).

Krystalle (aus A.); F: 55—56°.

(±)-4-Nitro-*N-sec*-butyl-benzolsulfonamid-(1), (±)-N-sec-*butyl-p-nitrobenzenesulfonamide* $C_{10}H_{14}N_2O_4S$, Formel X (X = NH-$CH(CH_3)$-CH_2-CH_3).

B. Beim Behandeln von 4-Nitro-benzol-sulfonylchlorid-(1) mit (±)-*sec*-Butylamin und

wss. Kalilauge (*Campbell, Campbell, Salm*, Pr. Indiana Acad. **57** [1948] 97, 100).
Krystalle (aus A.); F: 114—115°.

4-Nitro-*N*.*N*-di-*sec*-butyl-benzolsulfonamid-(1), N,N-*di*-sec-*butyl*-p-*nitrobenzenesulfon*=
amide $C_{14}H_{22}N_2O_4S$, Formel X (X = N[CH(CH$_3$)-CH$_2$-CH$_3$]$_2$).
  Opt.-inakt. **4-Nitro-*N*.*N*-di-*sec*-butyl-benzolsulfonamid-(1) vom F: 320°**.
  B. Beim Behandeln von 4-Nitro-benzol-sulfonylchlorid-(1) mit opt.-inakt. Di-*sec*-butyl-
amin (E III **4** 310) und wss. Kalilauge (*Campbell, Campbell, Salm*, Pr. Indiana Acad. **57**
[1948] 97, 100).
  Krystalle (aus A.); F: 320° [Zers.].

4-Nitro-*N*-isobutyl-benzolsulfonamid-(1), N-*isobutyl*-p-*nitrobenzenesulfonamide*
$C_{10}H_{14}N_2O_4S$, Formel X (X = NH-CH$_2$-CH(CH$_3$)$_2$).
  B. Beim Behandeln von 4-Nitro-benzol-sulfonylchlorid-(1) mit Isobutylamin und wss.
Kalilauge (*Campell, Campbell, Salm*, Pr. Indiana Acad. **57** [1948] 97, 100).
  Krystalle (aus A.); F: 94—95°.

4-Nitro-*N*.*N*-diisobutyl-benzolsulfonamid-(1), N,N-*diisobutyl*-p-*nitrobenzenesulfonamide*
$C_{14}H_{22}N_2O_4S$, Formel X (X = N[CH$_2$-CH(CH$_3$)$_2$]$_2$).
  B. Beim Behandeln von 4-Nitro-benzol-sulfonylchlorid-(1) mit Diisobutylamin und wss.
Kalilauge (*Campbell, Campbell, Salm*, Pr. Indiana Acad. **57** [1948] 97, 100).
  Krystalle (aus A.); F: 91—92°.

4-Nitro-*N*-*tert*-butyl-benzolsulfonamid-(1), N-tert-*butyl*-p-*nitrobenzenesulfonamide*
$C_{10}H_{14}N_2O_4S$, Formel X (X = NH-C(CH$_3$)$_3$).
  B. Beim Behandeln von 4-Nitro-benzol-sulfonylchlorid-(1) mit *tert*-Butylamin und
wss. Kalilauge (*Campbell, Campbell, Salm*, Pr. Indiana Acad. **57** [1948] 97, 100).
  Krystalle (aus A.); F: 104—105°.

4-Nitro-*N*-heptadecyl-benzolsulfonamid-(1), N-*heptadecyl*-p-*nitrobenzenesulfonamide*
$C_{23}H_{40}N_2O_4S$, Formel X (X = NH-[CH$_2$]$_{16}$-CH$_3$).
  B. Beim Behandeln von 4-Nitro-benzol-sulfonylchlorid-(1) mit Heptadecylamin in
Äther (*Spring, Young*, Soc. **1944** 248).
  Gelbliche Krystalle (aus wss. Acn.); F: 90,5°.

4-Nitro-*N*-[2-hydroxy-äthyl]-benzolsulfonamid-(1), N-(*2-hydroxyethyl*)-p-*nitrobenzene*=
sulfonamide $C_8H_{10}N_2O_5S$, Formel X (X = NH-CH$_2$-CH$_2$OH).
  B. Aus 4-Nitro-benzol-sulfonylchlorid-(1) beim Erhitzen mit 2-Amino-äthanol-(1) in
Wasser (*Crossley, Northey, Hultquist*, Am. Soc. **62** [1940] 532) sowie beim Behandeln mit
2-Amino-äthanol-(1) und Natriumhydrogencarbonat in wasserhaltigem Aceton (*Kimura*,
J. pharm. Soc. Japan **63** [1943] 325, 327; C. A. **1951** 2935).
  Krystalle; F: 130,5—132° [aus W.] (*Ki.*), 126—127° [aus wss. A.] (*Cr., No., Hu.*).

4-Nitro-*N*-[2-lauroyloxy-äthyl]-benzolsulfonamid-(1), N-[2-(*lauroyloxy*)ethyl]-p-*nitro*=
benzenesulfonamide $C_{20}H_{32}N_2O_6S$, Formel X (X = NH-CH$_2$-CH$_2$-O-CO-[CH$_2$]$_{10}$-CH$_3$).
  B. Beim Erwärmen von 4-Nitro-*N*-[2-hydroxy-äthyl]-benzolsulfonamid-(1) mit
Lauroylchlorid unter Zusatz von Pyridin (*Crossley, Northey, Hultquist*, Am. Soc. **62**
[1940] 532).
  Gelbe Krystalle (aus wss. A.); F: 72,0—73,5°.

**2-[4-Nitro-benzol-sulfonyl-(1)-amino]-1-[2-amino-äthylmercapto]-äthan, 4-Nitro-
N-[2-(2-amino-äthylmercapto)-äthyl]-benzolsulfonamid-(1)**, N-[2-(*2-aminoethylthio*)=
ethyl]-p-*nitrobenzenesulfonamide* $C_{10}H_{15}N_3O_4S_2$, Formel X
(X = NH-CH$_2$-CH$_2$-S-CH$_2$-CH$_2$-NH$_2$).
  B. Beim Erwärmen von 4-Nitro-*N*-[2-brom-äthyl]-benzolsulfonamid-(1) mit Natrium-
[2-amino-äthanthiolat-(1)] in Methanol unter Stickstoff (*Lehmann, Grivsky*, Bl. Soc.
chim. Belg. **55** [1946] 52, 56, 76).
  Acetat $C_{10}H_{15}N_3O_4S_2 \cdot C_2H_4O_2$. Krystalle (aus A.); F: 156—161°.

Bis-[2-(4-nitro-benzol-sulfonyl-(1)-amino)-äthyl]-sulfid, p,p'-*dinitro*-N,N'-(*thiodiethyl*=
ene)*bisbenzenesulfonamide* $C_{16}H_{18}N_4O_8S_3$, Formel XI.
  B. Beim Behandeln von 4-Nitro-benzol-sulfonylchlorid-(1) mit Bis-[2-amino-äthyl]-
sulfid und Pyridin (*Lehmann, Grivsky*, Bl. Soc. chim. Belg. **55** [1946] 52, 56, 74).
  Krystalle (aus wss. Acn.); F: 181,5°.

Bis-[2-(4-nitro-benzol-sulfonyl-(1)-amino)-äthyl]-disulfid, p,p'-*dinitro*-N,N'-(*dithio=* *diethylene*)*bisbenzenesulfonamide* $C_{16}H_{18}N_4O_8S_4$, Formel XII (n = 2).

B. Beim Behandeln von 4-Nitro-benzol-sulfonylchlorid-(1) mit Bis-[2-amino-äthyl]-disulfid und Pyridin (*Lehmann, Grivsky*, Bl. Soc. chim. Belg. **55** [1946] 52, 56, 75).

Krystalle (aus wss. A.); F: 144—146°.

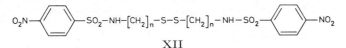

XII

Bis-[3-(4-nitro-benzol-sulfonyl-(1)-amino)-propyl]-disulfid, p,p'-*dinitro*-N,N'-(*dithio=* *bistrimethylene*)*bisbenzenesulfonamide* $C_{18}H_{22}N_4O_8S_4$, Formel XII (n = 3).

B. Beim Behandeln von 4-Nitro-benzol-sulfonylchlorid-(1) mit 2-Amino-5.6-dihydro-4*H*-[1.3]thiazin in Äther und mit wss. Kalilauge (*Lehmann, Grivsky*, Bl. Soc. chim. Belg. **55** [1946] 52, 63, 80).

Krystalle (aus wss. A.); F: 115—118° [Zers.].

4-Nitro-*N*-methyl-*N*-[3-oxo-butyl]-benzolsulfonamid-(1), N-*methyl*-p-*nitro*-N-(*3-oxo=* *butyl*)*benzenesulfonamide* $C_{11}H_{14}N_2O_5S$, Formel X (X = N(CH$_3$)-CH$_2$-CH$_2$-CO-CH$_3$) auf S. 137.

B. Beim Erwärmen von 4-Nitro-*N*-methyl-benzolsulfonamid-(1) mit Trimethyl-[3-oxo-butyl]-ammonium-jodid in Äthanol (*Kimura*, J. pharm. Soc. Japan **63** [1943] 325, 329; C. A. **1951** 2935).

Gelbliche Krystalle (aus A.); F: 104—106°.

4-Nitro-*N*-methyl-*N*-[3-hydroxyimino-butyl]-benzolsulfonamid-(1), N-[*3*-(*hydroxy=* *imino*)*butyl*]-N-*methyl*-p-*nitrobenzenesulfonamide* $C_{11}H_{15}N_3O_5S$, Formel X (X = N(CH$_3$)-CH$_2$-CH$_2$-C(CH$_3$)=NOH) auf S. 137.

B. Aus der im vorangehenden Artikel beschriebenen Verbindung und Hydroxylamin (*Kimura*, J. pharm. Soc. Japan **63** [1943] 325, 329; C. A. **1951** 2935).

Krystalle (aus A.); F: 146—148°.

[4-Nitro-benzol-sulfonyl-(1)]-acetyl-amin, N-[4-Nitro-benzol-sulfonyl-(1)]-acetamid, N-(p-*nitrophenylsulfonyl*)*acetamide* $C_8H_8N_2O_5S$, Formel X (X = NH-CO-CH$_3$) auf S. 137.

B. Aus 4-Nitro-benzolsulfonamid-(1) beim Erhitzen mit Acetanhydrid (*Jensen, Lundquist*, Dansk Tidsskr. Farm. **14** [1940] 129, 132), beim Erwärmen mit Acetylchlorid (*Openshaw, Spring*, Soc. **1945** 234) sowie beim Behandeln der Natrium-Verbindung mit Acetylchlorid in Nitrobenzol (*Geigy A.G.*, Schweiz.P. 228335 [1939]). Aus N-[4-Nitro-benzol-sulfenyl-(1)]-acetamid beim Erhitzen mit Kaliumpermanganat in wss. Essigsäure (*Schering Corp.*, U.S.P. 2476655 [1941]). Aus N-[4-Nitro-benzol-sulfonyl-(1)]-acetamidin beim Erwärmen mit wss. Salzsäure (*Geigy A.G.*, Schweiz.P. 242517 [1943]).

Krystalle; F: 194° [aus A.] (*Geigy A.G.*, Schweiz.P. 242517), 194° (*Barber*, Soc. **1943** 101, 103), 193° (*Schering Corp.*), 192—193° [aus A.] (*Je., Lu.*), 192° [aus wss. A.] (*Op., Sp.*).

N-[4-Nitro-benzol-sulfonyl-(1)]-acetimidsäure-äthylester, N-(p-*nitrophenylsulfonyl*)= *acetimidic acid ethyl ester* $C_{10}H_{12}N_2O_5S$, Formel I (R = CH$_3$, X = OC$_2$H$_5$).

B. Beim Behandeln von 4-Nitro-benzol-sulfonylchlorid-(1) mit Acetimidsäure-äthylester in Äther (*Barber*, Soc. **1943** 101, 103).

Krystalle (aus A.); F: 87—88°.

N-[4-Nitro-benzol-sulfonyl-(1)]-acetimidoylchlorid, N-(p-*nitrophenylsulfonyl*)*acetimidoyl* *chloride* $C_8H_7ClN_2O_4S$, Formel I (R = CH$_3$, X = Cl).

B. Aus N-[4-Nitro-benzol-sulfonyl-(1)]-acetamid beim Erhitzen mit Phosphor(V)-chlorid (*Geigy A.G.*, Schweiz.P. 234252 [1939], 240151 [1939]).

Krystalle (aus Bzn.); F: 114°.

N-[4-Nitro-benzol-sulfonyl-(1)]-acetamidin, N-(p-*nitrophenylsulfonyl*)*acetamidine* $C_8H_9N_3O_4S$, Formel I (R = CH$_3$, X = NH$_2$) und Tautomeres.

B. Aus 4-Nitro-benzol-sulfonylchlorid-(1) beim Erwärmen mit Acetamidin-hydro=chlorid und Pyridin (*Geigy A.G.*, Schweiz.P. 240150 [1939]) sowie beim Behandeln mit Acetamidin, wss. Natronlauge und Aceton, in diesem Falle neben N.N'-Bis-[4-nitro-benzol-sulfonyl-(1)]-acetamidin (*Northey, Pierce, Kertesz*, Am. Soc. **64** [1942] 2763). Aus N-[4-Nitro-benzol-sulfonyl-(1)]-acetimidoylchlorid beim Einleiten von

Ammoniak in eine Lösung in Benzol (*Geigy A. G.*, Schweiz.P. 234252 [1939]).

Krystalle; F: 190,7—191,3° [korr.; aus A. oder W.] (*No., Pie., Ke.*), 190° [aus A.] (*Geigy A. G.*).

N'-[4-Nitro-benzol-sulfonyl-(1)]-N-methyl-acetamidin, N-*methyl*-N'-(p-*nitrophenyl*‌*sulfonyl*)*acetamidine* C₉H₁₁N₃O₄S, Formel I (R = CH₃, X = NH-CH₃) und Tautomeres.

B. Beim Behandeln einer Lösung von N-[4-Nitro-benzol-sulfonyl-(1)]-acetimidoyl‌chlorid in Benzol mit wss. Methylamin (*Geigy A. G.*, Schweiz.P. 240151 [1939]).

Gelbliche Krystalle (aus A.); F: 152°.

N'-[4-Nitro-benzol-sulfonyl-(1)]-N.N-dimethyl-acetamidin, N,N-*dimethyl*-N'-(p-*nitro*‌*phenylsulfonyl*)*acetamidine* C₁₀H₁₃N₃O₄S, Formel I (R = CH₃, X = N(CH₃)₂).

B. Aus N-[4-Nitro-benzol-sulfonyl-(1)]-acetimidoylchlorid und Dimethylamin in Benzol (*Geigy A. G.*, U.S.P. 2337909 [1940]).

Krystalle (aus A.); F: 170°.

N'-[4-Nitro-benzol-sulfonyl-(1)]-N-äthyl-acetamidin, N-*ethyl*-N'-(p-*nitrophenylsulfonyl*)‌*acetamidine* C₁₀H₁₃N₃O₄S, Formel I (R = CH₃, X = NH-C₂H₅) und Tautomeres.

B. Aus N-[4-Nitro-benzol-sulfonyl-(1)]-acetimidoylchlorid und Äthylamin in Benzol (*Geigy A. G.*, Schweiz.P. 240152 [1939]).

Krystalle (aus A.); F: 100°.

N'-[4-Nitro-benzol-sulfonyl-(1)]-N.N-diäthyl-acetamidin, N,N-*diethyl*-N'-(p-*nitrophenyl*‌*sulfonyl*)*acetamidine* C₁₂H₁₇N₃O₄S, Formel I (R = CH₃, X = N(C₂H₅)₂).

B. Aus N-[4-Nitro-benzol-sulfonyl-(1)]-acetimidoylchlorid und Diäthylamin in Benzol (*Geigy A. G.*, U.S.P. 2337909 [1940]).

Krystalle (aus A.); F: 133°.

N'-[4-Nitro-benzol-sulfonyl-(1)]-N-isopropyl-acetamidin, N-*isopropyl*-N'-(p-*nitrophenyl*‌*sulfonyl*)*acetamidine* C₁₁H₁₅N₃O₄S, Formel I (R = CH₃, X = NH-CH(CH₃)₂) und Tauto‌meres.

B. Beim Behandeln von N-[4-Nitro-benzol-sulfonyl-(1)]-acetimidoylchlorid mit Iso‌propylamin-hydrochlorid in Benzol und mit wss. Natronlauge (*Geigy A. G.*, Schweiz.P. 240153 [1939]).

Krystalle (aus A.); F: 153° [Zers.].

N'-[4-Nitro-benzol-sulfonyl-(1)]-N-[2-hydroxy-äthyl]-acetamidin, N-(2-*hydroxyethyl*)-N'-(p-*nitrophenylsulfonyl*)*acetamidine* C₁₀H₁₃N₃O₅S, Formel I (R = CH₃, X = NH-CH₂-CH₂OH) und Tautomeres.

B. Beim Behandeln von N-[4-Nitro-benzol-sulfonyl-(1)]-acetimidoylchlorid mit 2-Amino-äthanol-(1) in Aceton und Eintragen der Reaktionslösung in wss. Salzsäure (*Geigy A. G.*, U.S.P. 2337909 [1940]).

Krystalle (aus A.); F: 164—165°.

N.N'-Bis-[4-nitro-benzol-sulfonyl-(1)]-acetamidin, N,N'-*bis*(p-*nitrophenylsulfonyl*)*acet*‌*amidine* C₁₄H₁₂N₄O₈S₂, Formel II (R = CH₃).

B. s. S. 139 im Artikel N-[4-Nitro-benzol-sulfonyl-(1)]-acetamidin (*Northey, Pierce, Kertesz*, Am. Soc. **64** [1942] 2763).

Krystalle (aus A. oder W.); F: 189—190,7° [korr.].

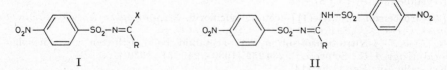

I   II

[4-Nitro-benzol-sulfonyl-(1)]-chloracetyl-amin, C-*Chlor*-N-[4-nitro-benzol-sulfonyl-(1)]-**acetamid,** 2-*chloro*-N-(p-*nitrophenylsulfonyl*)*acetamide* C₈H₇ClN₂O₅S, Formel III (R = CO-CH₂Cl).

B. Beim Behandeln von 4-Nitro-benzolsulfonamid-(1) mit wss. Natronlauge und mit Chloracetylchlorid (*English et al.*, Am. Soc. **64** [1942] 2516).

Krystalle (aus Toluol); F: 173° (*Ribas, Seoane*, An. Soc. españ. [B] **45** [1949] 599, 623), 172—173° [korr.] (*En. et al.*).

C-**Chlor-*N*-[4-nitro-benzol-sulfonyl-(1)]-acetimidoylchlorid**, *2-chloro*-N-(p-*nitrophenyl⸗ sulfonyl)acetimidoyl chloride* $C_8H_6Cl_2N_2O_4S$, Formel I (R = CH_2Cl, X = Cl).

B. Aus *C*-Chlor-*N*-[4-nitro-benzol-sulfonyl-(1)]-acetamid beim Erhitzen mit Phos⸗ phor(V)-chlorid (*Geigy A. G.*, Schweiz. P. 240159 [1939]).

Krystalle (aus Bzl.); F: 130°.

N-**[4-Nitro-benzol-sulfonyl-(1)]-propionimidoylchlorid**, N-(p-*nitrophenylsulfonyl)⸗ propionimidoyl chloride* $C_9H_9ClN_2O_4S$, Formel I (R = C_2H_5, X = Cl).

B. Aus *N*-[4-Nitro-benzol-sulfonyl-(1)]-propionamid (nicht näher beschrieben) beim Erhitzen mit Phosphor(V)-chlorid (*Geigy A. G.*, Schweiz. P. 240154 [1939]).

F: 78—79°.

N-**[4-Nitro-benzol-sulfonyl-(1)]-propionamidin**, N-(p-*nitrophenylsulfonyl)propionamidine* $C_9H_{11}N_3O_4S$, Formel I (R = C_2H_5, X = NH_2) und Tautomeres.

B. Aus *N*-[4-Nitro-benzol-sulfonyl-(1)]-propionimidoylchlorid beim Einleiten von Ammoniak in eine Lösung in Äther (*Geigy A. G.*, Schweiz. P. 240154 [1939]).

Krystalle (aus A.); F: 157°.

N'-**[4-Nitro-benzol-sulfonyl-(1)]-*N*-methyl-propionamidin**, N-*methyl*-N'-(p-*nitrophenyl⸗ sulfonyl)propionamidine* $C_{10}H_{13}N_3O_4S$, Formel I (R = C_2H_5, X = $NH\text{-}CH_3$) und Tauto⸗ meres.

B. Aus *N*-[4-Nitro-benzol-sulfonyl-(1)]-propionimidoylchlorid beim Einleiten von Methylamin in eine Lösung in Benzol (*Geigy A. G.*, Schweiz. P. 240155 [1939]).

Krystalle (aus A.); F: 144° [Zers.].

N'-**[4-Nitro-benzol-sulfonyl-(1)]-*N*-äthyl-propionamidin**, N-*ethyl*-N'-(p-*nitrophenyl⸗ sulfonyl)propionamidine* $C_{11}H_{15}N_3O_4S$, Formel I (R = C_2H_5, X = $NH\text{-}C_2H_5$) und Tauto⸗ meres.

B. Analog der im vorangehenden Artikel beschriebenen Verbindung (*Geigy A. G.*, Schweiz. P. 240156 [1939]).

Krystalle (aus A.); F: 103°.

N-**[4-Nitro-benzol-sulfonyl-(1)]-isovaleramidin**, N-(p-*nitrophenylsulfonyl)isovaleramidine* $C_{11}H_{15}N_3O_4S$, Formel I (R = $CH_2\text{-}CH(CH_3)_2$, X = NH_2) und Tautomeres.

B. Beim Behandeln von 4-Nitro-benzol-sulfonylchlorid-(1) mit Isovaleramidin- hydrochlorid und Pyridin (*Geigy A. G.*, U.S.P. 2337909 [1940]).

Krystalle (aus A.); F: 142—144°.

N-**[4-Nitro-benzol-sulfonyl-(1)]-4-methyl-valeramidin**, 4-*methyl*-N-(p-*nitrophenylsulfon⸗ yl)valeramidine* $C_{12}H_{17}N_3O_4S$, Formel I (R = $CH_2\text{-}CH_2\text{-}CH(CH_3)_2$, X = NH_2) und Tau⸗ tomeres.

B. Beim Behandeln von 4-Nitro-benzol-sulfonylchlorid-(1) mit 4-Methyl-valeramidin in Aceton und mit wss. Natronlauge (*Northey, Pierce, Kertesz*, Am. Soc. **64** [1942] 2763).

Krystalle (aus A. oder W.); F: 247—250° [korr.; Zers.].

III   IV

[4-Nitro-benzol-sulfonyl-(1)]-[3.3-dimethyl-butyryl]-amin, *N*-**[4-Nitro-benzol-sulfon⸗ yl-(1)]-3.3-dimethyl-butyramid**, 3,3-*dimethyl*-N-(p-*nitrophenylsulfonyl)butyramide* $C_{12}H_{16}N_2O_5S$, Formel III (R = $CO\text{-}CH_2\text{-}C(CH_3)_3$).

B. Beim Behandeln von 4-Nitro-benzolsulfonamid-(1) mit 3.3-Dimethyl-butyryl⸗ chlorid und Pyridin (*Geigy A. G.*, Schweiz. P. 245585 [1943]).

Krystalle (aus A.); F: 196°.

[4-Nitro-benzol-sulfonyl-(1)]-[3-methyl-crotonoyl]-amin, *N*-**[4-Nitro-benzol-sulfon⸗ yl-(1)]-3-methyl-crotonamid**, 3-*methyl*-N-(p-*nitrophenylsulfonyl)crotonamide* $C_{11}H_{12}N_2O_5S$, Formel III (R = $CO\text{-}CH=C(CH_3)_2$).

B. Aus 4-Nitro-benzolsulfonamid-(1) beim Erhitzen mit 3-Methyl-crotonsäure und

Phosphor(V)-chlorid in Chlorbenzol sowie beim Behandeln des Natrium-Salzes mit 3-Methyl-crotonoylchlorid in Nitrobenzol (*Geigy A. G.*, D.R.P. 757750 [1940]; D.R.P. Org. Chem. **3** 978). Beim Erhitzen von 4-Nitro-benzol-sulfonylchlorid-(1) mit dem Natrium-Salz des 3-Methyl-crotonamids in Toluol (*Geigy A. G.*, Schweiz.P. 240726 [1943]). Aus N-[4-Nitro-benzol-sulfonyl-(1)]-3-methyl-crotonamidin beim Erwärmen mit wss. Salzsäure (*Geigy A. G.*, Schweiz.P. 242519 [1943]).

Krystalle (aus A.); F: 155°.

N-[4-Nitro-benzol-sulfonyl-(1)]-3-methyl-crotonamidin, *3-methyl-N-(p-nitrophenyl= sulfonyl)crotonamidine* $C_{11}H_{13}N_3O_4S$, Formel I (R = CH=C(CH$_3$)$_2$, X = NH$_2$) [auf S. 140] und Tautomeres.

F: 150° (*Geigy A. G.*, Schweiz.P. 242519 [1943]).

N-[4-Nitro-benzol-sulfonyl-(1)]-cyclohexancarbamidin, N-(p-*nitrophenylsulfonyl)cyclo= hexanecarboxamidine* $C_{13}H_{17}N_3O_4S$, Formel I (R = C$_6$H$_{11}$, X = NH$_2$) [auf S. 140] und Tautomeres.

B. Beim Erhitzen von N-[4-Nitro-benzol-sulfonyl-(1)]-cyclohexancarbamid (aus dem Natrium-Salz des 4-Nitro-benzolsulfonamids-(1) und Cyclohexancarbonylchlorid hergestellt) mit Phosphor(V)-chlorid und Behandeln des Reaktionsprodukts mit Ammoniak in Äther (*Geigy A. G.*, U.S.P. 2337909 [1940]).

Krystalle (aus A.); F: 188—190°.

N-[4-Nitro-benzol-sulfonyl-(1)]-benzimidsäure-äthylester, N-(p-*nitrophenylsulfonyl)= benzimidic acid ethyl ester* $C_{15}H_{14}N_2O_5S$, Formel I (R = C$_6$H$_5$, X = OC$_2$H$_5$) auf S. 140.

B. Beim Behandeln von 4-Nitro-benzol-sulfonylchlorid-(1) mit Benzimidsäure-äthyl= ester in Aceton (*Barber*, Soc. **1943** 101, 103).

Krystalle (aus A.); F: 129—130°.

N-[4-Nitro-benzol-sulfonyl-(1)]-benzimidsäure-phenylester, N-(p-*nitrophenylsulfonyl)= benzimidic acid phenyl ester* $C_{19}H_{14}N_2O_5S$, Formel I (R = C$_6$H$_5$, X = OC$_6$H$_5$) auf S. 140.

B. Beim Erwärmen von N-[4-Nitro-benzol-sulfonyl-(1)]-benzimidoylchlorid mit wss. Natriumphenolat-Lösung (*Barber*, Soc. **1943** 101, 103).

Krystalle (aus Acn.); F: 173—174°.

N-[4-Nitro-benzol-sulfonyl-(1)]-benzimidoylchlorid, N-(p-*nitrophenylsulfonyl)benzimidoyl chloride* $C_{13}H_9ClN_2O_4S$, Formel I (R = C$_6$H$_5$, X = Cl) auf S. 140.

B. Aus N-[4-Nitro-benzol-sulfonyl-(1)]-benzamid (nicht näher beschrieben) beim Erwärmen mit Phosphor(V)-chlorid (*Geigy A. G.*, Schweiz.P. 240157 [1939]).

Krystalle; F: 164—165° (*Barber*, Soc. **1943** 101, 103), 160—162° (*Geigy A. G.*).

N-[4-Nitro-benzol-sulfonyl-(1)]-benzamidin, N-(p-*nitrophenylsulfonyl)benzamidine* $C_{13}H_{11}N_3O_4S$, Formel I (R = C$_6$H$_5$, X = NH$_2$) [auf S. 140] und Tautomeres.

B. Beim Behandeln von 4-Nitro-benzol-sulfonylchlorid-(1) mit Benzamidin in Aceton unter Zusatz von wss. Natronlauge bei Raumtemperatur (*Barber*, Soc. **1943** 101, 103); bei tieferer Temperatur wird N.N'-Bis-[4-nitro-benzol-sulfonyl-(1)]-benzamidin als Nebenprodukt erhalten (*Northey, Pierce, Kertesz*, Am. Soc. **64** [1942] 2763). Aus N-[4-Nitro-benzol-sulfonyl-(1)]-benzimidoylchlorid beim Einleiten von Ammoniak in eine Lösung in Chloroform (*Geigy A.G.*, Schweiz.P. 240157 [1939]). Neben einer als Tautomeres angesehenen, bei 159—165° schmelzenden Verbindung beim Behandeln von N-[4-Nitro-benzol-sulfonyl-(1)]-benzimidsäure-äthylester mit äthanol. Ammoniak (*Ba.*, l. c. S. 103).

Krystalle; F: 180,3—181° [korr.; aus A. oder W.] (*No., Pie., Ke.*), 179° [Zers.; aus A.] (*Ba.*), 177—179° [aus A.] (*Geigy A.G.*).

Beim Erhitzen auf 200° ist N-[4-Nitro-phenyl]-benzamidin erhalten worden (*Ba.*, l. c. S. 103).

N'-[4-Nitro-benzol-sulfonyl-(1)]-N-methyl-benzamidin, N-*methyl-N'-(p-nitrophenyl= sulfonyl)benzamidine* $C_{14}H_{13}N_3O_4S$, Formel I (R = C$_6$H$_5$, X = NH-CH$_3$) [auf S. 140] und Tautomeres.

B. Beim Behandeln von N-[4-Nitro-benzol-sulfonyl-(1)]-benzimidoylchlorid mit wss. Methylamin (*Northey, Pierce, Kertesz*, Am. Soc. **64** [1942] 2763).

Krystalle (aus A. oder W.); F: 181,2° [korr.; Zers.].

***N.N′*-Bis-[4-nitro-benzol-sulfonyl-(1)]-benzamidin,** N,N′-*bis*(p-*nitrophenylsulfonyl*)=
benzamidine $C_{19}H_{14}N_4O_8S_2$, Formel II (R = C_6H_5) auf S. 140.

Bildung aus 4-Nitro-benzol-sulfonylchlorid-(1) und Benzamidin s. S. 142 im Artikel *N*-[4-Nitro-benzol-sulfonyl-(1)]-benzamidin.

Krystalle (aus A. oder W.); F: 241,8—242,6° [korr.] (*Northey, Pierce, Kertesz*, Am. Soc. **64** [1942] 2763).

***N*-[4-Nitro-benzol-sulfonyl-(1)]-*C*-[2-nitro-phenyl]-acetimidsäure-äthylester,** 2-(o-*nitro*=
phenyl)-N-(p-*nitrophenylsulfonyl*)*acetimidic acid ethyl ester* $C_{16}H_{15}N_3O_7S$, Formel IV auf S. 141.

B. Als Hauptprodukt beim Erwärmen von *C*-[2-Nitro-phenyl]-acetimidsäure-äthyl=
ester (aus [2-Nitro-phenyl]-acetonitril hergestellt) mit 4-Nitro-benzol-sulfonylchlorid-(1) (*Barber*, Am. Soc. **67** [1945] 489).

Krystalle (aus Bzl. + PAe.); F: 123°.

***N*-[4-Nitro-benzol-sulfonyl-(1)]-*C*-phenyl-acetamidin,** N-(p-*nitrophenylsulfonyl*)-
2-*phenylacetamidine* $C_{14}H_{13}N_3O_4S$, Formel I (R = CH_2-C_6H_5, X = NH_2) [auf S. 140] und Tautomeres.

B. Beim Behandeln von 4-Nitro-benzol-sulfonylchlorid-(1) mit *C*-Phenyl-acetamidin in Aceton unter Zusatz von wss. Natronlauge (*Northey, Pierce, Kertesz*, Am. Soc. **64** [1942] 2763).

Krystalle (aus A. oder W.); F: 194,3—195,8° [korr.].

[4-Nitro-benzol-sulfonyl-(1)]-*o*-toluoyl-amin, *N*-[4-Nitro-benzol-sulfonyl-(1)]-*o*-tolu=
amid, N-(p-*nitrophenylsulfonyl*)-o-*toluamide* $C_{14}H_{12}N_2O_5S$, Formel V (R = H).

B. Beim Behandeln von 4-Nitro-benzolsulfonamid-(1) mit *o*-Toluoylchlorid und Aluminiumchlorid in Nitrobenzol (*Geigy A.G.*, D.R.P. 758806 [1941]; D.R.P. Org. Chem. **3** 889).

F: 186°.

[4-Nitro-benzol-sulfonyl-(1)]-*m*-toluoyl-amin, *N*-[4-Nitro-benzol-sulfonyl-(1)]-*m*-tolu=
amid, N-(p-*nitrophenylsulfonyl*)-m-*toluamide* $C_{14}H_{12}N_2O_5S$, Formel VI (R = H).

B. Beim Behandeln von 4-Nitro-benzolsulfonamid-(1) mit *m*-Toluoylchlorid und Alu=
miniumchlorid in Nitrobenzol (*Geigy A.G.*, D.R.P. 758806 [1941]; D.R.P. Org. Chem. **3** 889).

F: 126—127°.

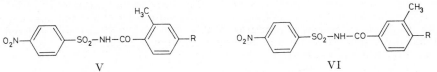

V   VI

[4-Nitro-benzol-sulfonyl-(1)]-*p*-toluoyl-amin, *N*-[4-Nitro-benzol-sulfonyl-(1)]-*p*-tolu=
amid, N-(p-*nitrophenylsulfonyl*)-p-*toluamide* $C_{14}H_{12}N_2O_5S$, Formel VII (R = CH_3).

B. Beim Behandeln von 4-Nitro-benzolsulfonamid-(1) mit *p*-Toluoylchlorid und Aluminiumchlorid in Nitrobenzol (*Geigy A.G.*, D.R.P. 758806 [1941]; D.R.P. Org. Chem. **3** 889).

Krystalle (aus A. oder Cyclohexanon); F: 244°.

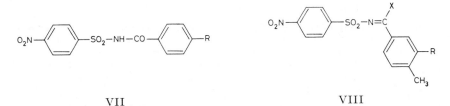

VII   VIII

***N*-[4-Nitro-benzol-sulfonyl-(1)]-*p*-toluamidin,** N-(p-*nitrophenylsulfonyl*)-p-*toluamidine* $C_{14}H_{13}N_3O_4S$, Formel VIII (R = H, X = NH_2) und Tautomeres.

B. Neben geringeren Mengen *N.N′*-Bis-[4-nitro-benzol-sulfonyl-(1)]-*p*-toluamidin beim

Behandeln von 4-Nitro-benzol-sulfonylchlorid-(1) mit *p*-Toluamidin in Aceton unter Zusatz von wss. Natronlauge (*Northey, Pierce, Kertesz*, Am. Soc. **64** [1942] 2763).
Krystalle (aus A. oder W.); F: 149,5—160° [korr.].

N.N′-Bis-[4-nitro-benzol-sulfonyl-(1)]-*p*-toluamidin, N,N′-*bis*(p-*nitrophenylsulfonyl*)-*p-toluamidine* $C_{20}H_{16}N_4O_8S_2$, Formel IX.
Bildung aus 4-Nitro-benzol-sulfonylchlorid-(1) und *p*-Toluamidin s. im vorangehenden Artikel.
Krystalle (aus A. oder W.); F: 213,7—214,9° [korr.] (*Northey, Pierce, Kertesz*, Am. Soc. **64** [1942] 2763).

[4-Nitro-benzol-sulfonyl-(1)]-[4-äthyl-benzoyl]-amin, **N-[4-Nitro-benzol-sulfonyl-(1)]-4-äthyl-benzamid**, p-*ethyl*-N-(p-*nitrophenylsulfonyl*)*benzamide* $C_{15}H_{14}N_2O_5S$, Formel VII (R = C_2H_5).
B. Beim Behandeln von 4-Nitro-benzolsulfonamid-(1) mit 4-Äthyl-benzoylbromid und Aluminiumchlorid in Nitrobenzol (*Geigy A.G.*, U.S.P. 2383874 [1942]).
F: 160—162°.

[4-Nitro-benzol-sulfonyl-(1)]-[2.4-dimethyl-benzoyl]-amin, **N-[4-Nitro-benzol-sulfonyl-(1)]-2.4-dimethyl-benzamid**, 2,4-*dimethyl*-N-(p-*nitrophenylsulfonyl*)*benzamide* $C_{15}H_{14}N_2O_5S$, Formel V (R = CH_3).
B. Beim Behandeln von 4-Nitro-benzolsulfonamid-(1) mit 2.4-Dimethyl-benzoylchlorid und Aluminiumchlorid in Nitrobenzol (*Geigy A.G.*, D.R.P. 758806 [1941]; D.R.P. Org. Chem. **3** 889).
Gelbe Krystalle (aus A.); F: 170°.

[4-Nitro-benzol-sulfonyl-(1)]-[3.4-dimethyl-benzoyl]-amin, **N-[4-Nitro-benzol-sulfonyl-(1)]-3.4-dimethyl-benzamid**, 3,4-*dimethyl*-N-(p-*nitrophenylsulfonyl*)*benzamide* $C_{15}H_{14}N_2O_5S$, Formel VI (R = CH_3).
B. Aus 4-Nitro-benzolsulfonamid-(1) und 3.4-Dimethyl-benzoylchlorid mit Hilfe von Aluminiumchlorid in Nitrobenzol (*Geigy A.G.*, Schweiz.P. 232309 [1941]) oder mit Hilfe von Pyridin (*Geigy A.G.*, U.S.P. 2383874 [1942]). Beim Erhitzen von 4-Nitro-benzol-sulfonylchlorid-(1) mit der Natrium-Verbindung des 3.4-Dimethyl-benzamids in Xylol (*Geigy A.G.*, Schweiz.P. 237880 [1943]). Aus N-[4-Nitro-phenylmercapto]-3.4-dimethyl-benzamid beim Behandeln mit Kaliumpermanganat in Aceton oder mit wss. Wasser= stoffperoxid und Aceton (*Geigy A.G.*, Schweiz. P. 237509 [1943]; U.S.P. 2417004 [1944]). Aus N-[4-Nitro-benzol-sulfonyl-(1)]-3.4-dimethyl-benzimidsäure-äthylester oder aus N-[4-Nitro-benzol-sulfonyl-(1)]-3.4-dimethyl-benzamidin beim Erwärmen mit wss. Salz= säure (*Geigy A.G.*, Schweiz.P. 242215 [1943]). Aus N′-[4-Nitro-benzol-sulfonyl-(1)]-3.4-dimethyl-N-phenyl-benzamidin beim Erhitzen mit Essigsäure und wss. Salzsäure (*Geigy A.G.*, Schweiz.P. 242515).
Krystalle (aus A.); F: 192°.

N-[4-Nitro-benzol-sulfonyl-(1)]-3.4-dimethyl-benzimidsäure-äthylester, 3,4-*dimethyl*-N-(p-*nitrophenylsulfonyl*)*benzimidic acid ethyl ester* $C_{17}H_{18}N_2O_5S$, Formel VIII (R = CH_3, X = OC_2H_5).
F: 320° [Zers.] (*Geigy A.G.*, Schweiz.P. 242515 [1943]).

N-[4-Nitro-benzol-sulfonyl-(1)]-3.4-dimethyl-benzamidin, 3,4-*dimethyl*-N-(p-*nitrophenyl=sulfonyl*)*benzamidine* $C_{15}H_{15}N_3O_4S$, Formel VIII (R = CH_3, X = NH_2) und Tautomeres.
F: 193° (*Geigy A.G.*, Schweiz.P. 242215 [1943]).

[4-Nitro-benzol-sulfonyl-(1)]-[3-methyl-4-äthyl-benzoyl]-amin, **N-[4-Nitro-benzol-sulfonyl-(1)]-3-methyl-4-äthyl-benzamid**, 4-*ethyl*-3-*methyl*-N-(p-*nitrophenylsulfonyl*)*benz=amide* $C_{16}H_{16}N_2O_5S$, Formel VI (R = C_2H_5).
B. Beim Behandeln von 4-Nitro-benzolsulfonamid-(1) mit 3-Methyl-4-äthyl-benzoyl=chlorid und Aluminiumchlorid in Nitrobenzol (*Geigy A.G.*, U.S.P. 2383874 [1942]).
Krystalle (aus wss. A.); F: 170—171°.

[4-Nitro-benzol-sulfonyl-(1)]-[4-*tert*-butyl-benzoyl]-amin, **N-[4-Nitro-benzol-sulfon=yl-(1)]-4-*tert*-butyl-benzamid**, p-tert-*butyl*-N-(p-*nitrophenylsulfonyl*)*benzamide* $C_{17}H_{18}N_2O_5S$, Formel VII (R = $C(CH_3)_3$).
B. Beim Behandeln von 4-Nitro-benzolsulfonamid-(1) mit 4-*tert*-Butyl-benzoylchlorid

und Aluminiumchlorid in Nitrobenzol (*Geigy A.G.*, U.S.P. 2383874 [1942]).
Krystalle (aus wss. A.); F: 212°.

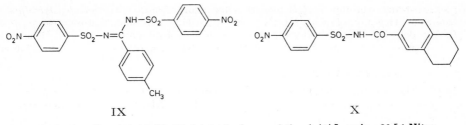

IX   X

[4-Nitro-benzol-sulfonyl-(1)]-[5.6.7.8-tetrahydro-naphthoyl-(2)]-amin, *N*-**[4-Nitro-**
benzol-sulfonyl-(1)]-5.6.7.8-tetrahydro-naphthamid-(2), N-(p-*nitrophenylsulfonyl*)-
5,6,7,8-tetrahydro-2-naphthamide $C_{17}H_{16}N_2O_5S$, Formel X.
B. Beim Behandeln von 4-Nitro-benzolsulfonamid-(1) mit 5.6.7.8-Tetrahydro-naphtho=
yl-(2)-chlorid und Aluminiumchlorid in Nitrobenzol (*Geigy A.G.*, U.S.P. 2383874
[1942]).
Krystalle (aus wss. A.); F: 183—185°.

N′-**[4-Nitro-benzol-sulfonyl-(1)]-***N*.*N*-diäthyl-oxamid**, N,N-*diethyl*-N′-(p-*nitrophenyl=*
sulfonyl)*oxamide* $C_{12}H_{15}N_3O_6S$, Formel XI (X = NH-CO-CO-N$(C_2H_5)_2$).
B. Beim Behandeln des Natrium-Salzes des 4-Nitro-benzolsulfonamids-(1) mit Oxal=
säure-chlorid-diäthylamid in Nitrobenzol (*Geigy A.G.*, Schweiz.P. 240158 [1939]).
Krystalle (aus A.); F: 167—168°.

Oxalsäure-diäthylamid-[amid-(4-nitro-benzol-sulfonyl-(1)-imin)], *N*^{1}.*N*^{1}-**Diäthyl-oxamid-**
2-[4-nitro-benzol-sulfonyl-(1)-imin], N^1,N^1-*diethyloxamide* 2-(p-*nitrophenylsulfonyl*)*imine*
$C_{12}H_{16}N_4O_5S$, Formel XI (X = N=C(NH$_2$)-CO-N$(C_2H_5)_2$) und Tautomeres.
B. Beim Erhitzen von *N′*-[4-Nitro-benzol-sulfonyl-(1)]-*N*.*N*-diäthyl-oxamid mit Phos=
phor(V)-chlorid und Behandeln des Reaktionsprodukts mit Ammoniak in Äther (*Geigy*
A.G., Schweiz.P. 240158 [1939]).
Krystalle (aus W.); F: 137°.

4-Nitro-benzol-sulfonsäure-(1)-ureid, [4-Nitro-benzol-sulfonyl-(1)]-harnstoff, (p-*nitro=*
phenylsulfonyl)*urea* $C_7H_7N_3O_5S$, Formel XI (X = NH-CO-NH$_2$).
B. Beim Erhitzen von 4-Nitro-benzol-sulfonylchlorid-(1) mit Harnstoff bis auf 140°
(*Geigy A.G.*, Schweiz.P. 224070 [1939]). Aus 4-Nitro-benzolsulfonamid-(1) beim Er=
wärmen mit Kaliumcyanat in wss. Äthanol sowie beim Behandeln mit Carbamoylchlorid
und Pyridin in Dioxan (*Geigy A.G.*, U.S.P. 2411661 [1945]). Aus dem Natrium-Salz
des 4-Nitro-*N*-cyan-benzolsulfonamids-(1) bei kurzem Erhitzen mit wss. Salzsäure (*Backer*,
Moed, R. **66** [1947] 335, 347).
Krystalle (aus A.), F: 178—180° und (nach Wiedererstarren) von 222° an [Zers.]
(*Ba.*, *Moed*, l. c. S. 347); Krystalle (aus W.), Zers. bei 190° (*Geigy A.G.*, Schweiz.P.
224070); F: 198—200° (*Geigy A.G.*, U.S.P. 2411661).
Beim Erhitzen mit wss. Natronlauge ist [4-Nitro-phenyl]-harnstoff erhalten worden
(*Backer*, *Moed*, R. **66** [1947] 689, 703).

N′-**[4-Nitro-benzol-sulfonyl-(1)]-***N*-methyl-harnstoff**, *1-methyl-3-*(p-*nitrophenylsulfon=*
yl)*urea* $C_8H_9N_3O_5S$, Formel XI (X = NH-CO-NH-CH$_3$).
B. Beim Behandeln des Natrium-Salzes des 4-Nitro-benzolsulfonamids-(1) mit Methyl=
isocyanat in Nitrobenzol (*Geigy A.G.*, Schweiz.P. 220970 [1939]).
Krystalle (aus A.); F: 213°.

N′-**[4-Nitro-benzol-sulfonyl-(1)]-***N*-äthyl-harnstoff**, *1-ethyl-3-*(p-*nitrophenylsulfonyl*)*urea*
$C_9H_{11}N_3O_5S$, Formel XI (X = NH-CO-NH-C$_2$H$_5$).
B. Beim Behandeln des Natrium-Salzes des 4-Nitro-benzolsulfonamids-(1) mit Äthyl=
isocyanat in Nitrobenzol (*Geigy A.G.*, Schweiz.P. 215241 [1939]).
Krystalle (aus A.); F: 175—176°.

N′-**[4-Nitro-benzol-sulfonyl-(1)]-***N*-isopentyl-harnstoff**, *1-isopentyl-3-*(p-*nitrophenyl=*
sulfonyl)*urea* $C_{12}H_{17}N_3O_5S$, Formel XI (X = NH-CO-NH-CH$_2$-CH$_2$-CH(CH$_3$)$_2$).
B. Beim Behandeln des Natrium-Salzes des 4-Nitro-benzolsulfonamids-(1) mit Iso=

pentylisocyanat in Nitrobenzol (*Geigy A.G.*, Schweiz.P. 220971 [1939]).
Krystalle (aus A.); F: 155°.

***N*-[4-Nitro-benzol-sulfonyl-(1)]-*O*-methyl-isoharnstoff**, *2-methyl-1-(p-nitrophenylsulfon=*
yl)isourea $C_8H_9N_3O_5S$, Formel XI (X = NH-C(OCH₃)=NH) und Tautomeres.
    B. Aus dem Natrium-Salz des 4-Nitro-*N*-cyan-benzolsulfonamids-(1) beim Behandeln
mit Chlorwasserstoff enthaltendem Methanol (*Am. Cyanamid Co.*, U.S.P. 2356949
[1942]).
    Krystalle (aus Me.); F: 203—206°.

***N*-[4-Nitro-benzol-sulfonyl-(1)]-*O*-isopropyl-isoharnstoff**, *2-isopropyl-1-(p-nitrophenyl=*
sulfonyl)isourea $C_{10}H_{13}N_3O_5S$, Formel XI (X = NH-C(=NH)-O-CH(CH₃)₂) und Tautomeres.
    B. Beim Behandeln des Natrium-Salzes des 4-Nitro-*N*-cyan-benzolsulfonamids-(1)
mit Isopropylalkohol und Dioxan unter Einleiten von Chlorwasserstoff (*Am. Cyanamid
Co.*, U.S.P. 2356949 [1942]).
    Krystalle (aus wss. A.); F: 113—114°.

4-Nitro-*N*-cyan-benzolsulfonamid-(1), *N-cyano-p-nitrobenzenesulfonamide* $C_7H_5N_3O_4S$.
Formel XI (X = NH-CN).
    B. Beim Behandeln von 4-Nitro-benzol-sulfonylchlorid-(1) mit Cyanamid und wss.
Natronlauge (*Am. Cyanamid Co.*, U.S.P. 2259721 [1940]; *Backer, Moed*, R. **66** [1947]
335, 346).
    Natrium-Salz NaC₇H₄N₃O₄S. Krystalle (aus Acn. + PAe.); F: 286—288° [Zers.]
(*Am. Cyanamid Co.*). Krystalle (aus W.) mit 2,5 Mol H₂O (*Ba., Moed*).

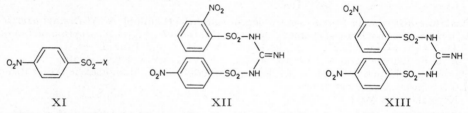

          XI   XII   XIII

[4-Nitro-benzol-sulfonyl-(1)]-guanidin, *(p-nitrophenylsulfonyl)guanidine* $C_7H_8N_4O_4S$,
Formel XI (X = NH-C(NH₂)=NH) und Tautomeres.
    B. Aus 4-Nitro-benzol-sulfonylchlorid-(1) beim Erwärmen mit Guanidin in wss. Lösung
[pH 8—9] (*Am. Cyanamid Co.*, U.S.P. 2218490 [1940]) sowie beim Behandeln mit
Guanidin und Natriumhydroxid in wss. Aceton unter Kühlung, in diesem Falle neben
N.N′-Bis-[4-nitro-benzol-sulfonyl-(1)]-guanidin (*Backer, Moed*, R. **65** [1946] 59, 61;
Bl. Soc. chim. Belg. **57** [1948] 211, 221). Beim Erhitzen des Natrium-Salzes des 4-Nitro-
benzolsulfonamids-(1) mit Äthylthiocyanat in Phenol und anschliessend mit Ammo-
niumnitrat auf 180° (*Das-Gupta, Gupta*, J. Indian chem. Soc. **22** [1945] 334). Beim
Erwärmen von *N*-[4-Nitro-benzol-sulfonyl-(1)]-*S*-äthyl-isothioharnstoff (aus 4-Nitro-
benzol-sulfonylchlorid-(1) und *S*-Äthyl-isothiuronium-chlorid mit Hilfe von Pyridin hergestellt) mit wss.-äthanol. Ammoniak (*CIBA*, U.S.P. 2416995 [1942]).
    Krystalle; F: 214° [Zers.; aus W. bzw. A.] (*Das-G., Gu.*; *Imp. Chem. Ind.*, U.S.P.
2359912 [1942]), 213—215° [Zers.; aus A.] (*Ba., Moed*, Bl. Soc. chim. Belg. **57** 221).
    Beim Erhitzen mit wss. Natronlauge sowie beim Behandeln mit wss. Natronlauge und
Aceton ist [4-Nitro-phenyl]-guanidin erhalten worden (*Backer, Moed*, R. **65** 60, **66**
[1947] 689, 695).

***N′*-[4-Nitro-benzol-sulfonyl-(1)]-*N.N*-dimethyl-guanidin**, *N,N-dimethyl-N′-(p-nitro=*
phenylsulfonyl)guanidine $C_9H_{12}N_4O_4S$, Formel XI (X = NH-C(=NH)-N(CH₃)₂) und
Tautomeres.
    B. Beim Behandeln von 4-Nitro-benzol-sulfonylchlorid-(1) mit *N.N*-Dimethyl-guanidin
in Aceton unter Zusatz von wss. Natronlauge (*Backer, Moed*, R. **66** [1947] 335, 341).
    Krystalle (aus A.); F: 197—198° [Zers.].

***N″*-[4-Nitro-benzol-sulfonyl-(1)]-*N.N.N′.N′*-tetramethyl-guanidin**, *N,N,N′,N′-tetramethyl-*
N″-(p-nitrophenylsulfonyl)guanidine $C_{11}H_{16}N_4O_4S$, Formel XI (X = N=C[N(CH₃)₂]₂).
    B. Beim Behandeln von 4-Nitro-benzol-sulfonylchlorid-(1) mit *N.N.N′.N′*-Tetra=

methyl-guanidin in Aceton unter Zusatz von wss. Natronlauge (*Backer, Moed*, R. **66** [1947] 335, 343).

Krystalle (aus W.); F: 141,5—142,5°.

N′-[4-Nitro-benzol-sulfonyl-(1)]-N-acetyl-guanidin, N-*acetyl*-N′-(p-*nitrophenylsulfonyl*)*guanidine* C₉H₁₀N₄O₅S, Formel XI (X = NH-C(=NH)-NH-CO-CH₃) und Tautomere.

B. Beim Behandeln von 4-Nitro-benzol-sulfonylchlorid-(1) mit Acetylguanidin und Pyridin (*Carter, Hey, Morris*, Soc. **1948** 143, 146). Aus [4-Nitro-benzol-sulfonyl-(1)]-guanidin beim Erhitzen mit Acetanhydrid (*Ca., Hey, Mo.*).

Krystalle (aus A.); F: 230—231°.

N′-[4-Nitro-benzol-sulfonyl-(1)]-N-benzoyl-guanidin, N-*benzoyl*-N′-(p-*nitrophenylsulfonyl*)*guanidine* C₁₄H₁₂N₄O₅S, Formel XI (X = NH-C(=NH)-NH-CO-C₆H₅) und Tautomere.

B. Aus [4-Nitro-benzol-sulfonyl-(1)]-guanidin beim Erhitzen mit Benzoesäure-anhydrid (1 Mol) bis auf 200° (*Carter, Hey, Morris*, Soc. **1948** 143, 147).

Krystalle (aus A.); F: 227°.

N″-[4-Nitro-benzol-sulfonyl-(1)]-N.N′-dibenzoyl-guanidin, N,N′-*dibenzoyl*-N″-(p-*nitrophenylsulfonyl*)*guanidine* C₂₁H₁₆N₄O₆S, Formel XI (X = N=C(NH-CO-C₆H₅)₂) und Tautomeres.

Eine Verbindung (Krystalle [aus A.]; F: 197°), der vermutlich diese Konstitution zukommt, ist beim Erhitzen von [4-Nitro-benzol-sulfonyl-(1)]-guanidin mit Benzoesäure-anhydrid (4 Mol) auf 150° erhalten worden (*Carter, Hey, Morris*, Soc. **1948** 143, 147).

N′-[4-Nitro-benzol-sulfonyl-(1)]-N-cyan-guanidin, [4-Nitro-benzol-sulfonyl-(1)]-dicyandiamid, N-*cyano*-N′-(p-*nitrophenylsulfonyl*)*guanidine* C₈H₇N₄O₄S, Formel XI (X = NH-C(=NH)-NH-CN) und Tautomere.

B. Beim Behandeln von 4-Nitro-benzol-sulfonylchlorid-(1) mit Cyanguanidin in Aceton unter Zusatz von Kalilauge (*Am. Cyanamid Co.*, U.S.P. 2426882 [1942]).

Krystalle; F: 124—126° [Zers.].

Kalium-Salz. F: 250—251° [Zers.].

N-[2-Nitro-benzol-sulfonyl-(1)]-N′-[4-nitro-benzol-sulfonyl-(1)]-guanidin, N-(o-*nitrophenylsulfonyl*)-N′-(p-*nitrophenylsulfonyl*)*guanidine* C₁₃H₁₁N₅O₈S₂, Formel XII und Tautomere.

B. Beim Behandeln von [4-Nitro-benzol-sulfonyl-(1)]-guanidin mit 2-Nitro-benzol-sulfonylchlorid-(1) oder von [2-Nitro-benzol-sulfonyl-(1)]-guanidin mit 4-Nitro-benzol-sulfonylchlorid-(1), jeweils in Aceton unter Zusatz von wss. Natronlauge (*Backer, Moed*, R. **66** [1947] 335, 340; Bl. Soc. chim. Belg. **57** [1948] 211, 222).

Krystalle (aus A.); F: 203,5—205,5° [Zers.] (*Ba., Moed*, R. **66** 340).

Bei kurzem Erhitzen mit wss. Natronlauge sind [2-Nitro-phenyl]-[4-nitro-phenyl]-amin und Cyanamid erhalten worden (*Backer, Moed*, R. **66** [1947] 689, 701).

N-[3-Nitro-benzol-sulfonyl-(1)]-N′-[4-nitro-benzol-sulfonyl-(1)]-guanidin, N-(m-*nitrophenylsulfonyl*)-N′-(p-*nitrophenylsulfonyl*)*guanidine* C₁₃H₁₁N₅O₈S₂, Formel XIII und Tautomere.

B. Beim Behandeln von [4-Nitro-benzol-sulfonyl-(1)]-guanidin mit 3-Nitro-benzol-sulfonylchlorid-(1) oder von [3-Nitro-benzol-sulfonyl-(1)]-guanidin mit 4-Nitro-benzol-sulfonylchlorid-(1), jeweils in Aceton unter Zusatz von wss. Natronlauge (*Backer, Moed*, R. **66** [1947] 335, 340; Bl. Soc. chim. Belg. **57** [1948] 211, 222).

Krystalle (aus A.); F: 215—215,5° (*Ba., Moed*, R. **66** 340; Bl. Soc. chim. Belg. **57** 222).

Beim Erhitzen mit wss. Natronlauge ist N′-[3-Nitro-benzol-sulfonyl-(1)]-N-[4-nitro-phenyl]-guanidin erhalten worden (*Backer, Moed*, R. **66** [1947] 689, 701).

N.N′-Bis-[4-nitro-benzol-sulfonyl-(1)]-guanidin, N,N′-*bis*(p-*nitrophenylsulfonyl*)*guanidine* C₁₃H₁₁N₅O₈S₂, Formel XIV und Tautomeres.

B. Aus 4-Nitro-benzol-sulfonylchlorid-(1) beim Behandeln mit Guanidin und Natriumhydroxid in wasserhaltigem Aceton (*Am. Cyanamid Co.*, U.S.P. 2390734 [1944]; *Backer, Moed*, R. **65** [1946] 59, 61, 63; Bl. Soc. chim. Belg. **57** [1948] 211, 221).

Krystalle; F: 270—272° [aus Butanon + W.] (*Ba., Moed*, R. **65** 61, 64; Bl. Soc. chim. Belg. **57** 222), 265—269° [Zers.] (*Am. Cyanamid Co.*).

Beim Erhitzen mit wss. Natronlauge sind Bis-[4-nitro-phenyl]-amin und Cyanamid erhalten worden (*Backer, Moed*, R. **65** 60, **66** [1947] 689, 698; Bl. Soc. chim. Belg. **57** 223).

Ammonium-Salz [NH$_4$]C$_{13}$H$_{10}$N$_5$O$_8$S$_2$. Gelbliche Krystalle (aus W.) mit 1 Mol H$_2$O (*Backer, Moed*, R. **66** [1947] 335, 339).

Natrium-Salz NaC$_{13}$H$_{10}$N$_5$O$_8$S$_2$. Krystalle (aus W.) mit 1 Mol H$_2$O (*Ba., Moed*, R. **65** 61).

Kalium-Salz KC$_{13}$H$_{10}$N$_5$O$_8$S$_2$. Krystalle [aus W.] (*Ba., Moed*, R. **66** 339).

Guanidin-Salz CH$_5$N$_3$·C$_{13}$H$_{11}$N$_5$O$_8$S$_2$. Krystalle (aus W.) mit 1 Mol H$_2$O, die bei 120° das Wasser abgeben; F: 206—207° [Zers.] (*Ba., Moed*, R. **66** 339).

4-Nitro-*N*-azidocarbimidoyl-benzolsulfonamid-(1), N-*(azidocarbonimidoyl)-p-nitrobenzene= sulfonamide* C$_7$H$_6$N$_6$O$_4$S, Formel XI (X = NH-C(N$_3$)=NH) auf S. 146.

Über die Konstitution dieser ursprünglich (*Roblin et al.*, Am. Soc. **62** [1940] 2002, 2003) als 5-[4-Nitro-benzol-sulfonyl-(1)-amino]-tetrazol angesehenen Verbindung s. *Jensen, Pedersen*, Acta chem. scand. **15** [1961] 991, 994, 999.

B. Beim Behandeln von 4-Nitro-benzol-sulfonylchlorid-(1) mit 5-Amino-tetrazol und Pyridin (*Ro. et al.; Je., Pe.*).

Krystalle; F: 185—186° [korr.; Zers.] (*Ro. et al.*), 185—186° [aus wss. Acn.] (*Je., Pe.*).

N-Nitro-*N*-[4-nitro-benzol-sulfonyl-(1)]-guanidin, N-*nitro*-N-(p-*nitrophenylsulfonyl*)= guanidine C$_7$H$_7$N$_5$O$_6$S, Formel XI (X = N(NO$_2$)-C(NH$_2$)=NH) auf S. 146.

B. Beim Behandeln von 4-Nitro-benzol-sulfonylchlorid-(1) mit Nitroguanidin in Aceton unter Zusatz von wss. Kalilauge (*Greer, Kertesz, Smith*, Am. Soc. **71** [1949] 3005, 3006).

Krystalle (aus wss. A.); F: 202—203° [Zers.].

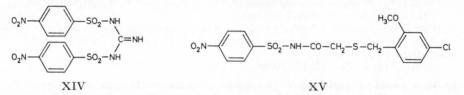

XIV   XV

[4-Nitro-benzol-sulfonyl-(1)]-[(4-chlor-2-methoxy-benzylmercapto)-acetyl]-amin, C-[4-Chlor-2-methoxy-benzylmercapto]-*N*-[4-nitro-benzol-sulfonyl-(1)]-acetamid, 2-(*4-chloro-2-methoxybenzylthio*)-N-(p-*nitrophenylsulfonyl*)*acetamide* C$_{16}$H$_{15}$ClN$_2$O$_6$S$_2$, Formel XV.

B. Beim Behandeln von *C*-Chlor-*N*-[4-nitro-benzol-sulfonyl-(1)]-acetamid mit 4-Chlor-2-methoxy-benzylmercaptan (nicht näher beschrieben) und wss. Natronlauge (*Geigy A.G.*, U.S.P. 2457371 [1945]).

Krystalle (aus wss. A.); F: 125°.

[4-Nitro-benzol-sulfonyl-(1)]-[4-methoxy-benzoyl]-amin, 4-Methoxy-*N*-[4-nitro-benzol-sulfonyl-(1)]-benzamid, N-(p-*nitrophenylsulfonyl*)-p-*anisamide* C$_{14}$H$_{12}$N$_2$O$_6$S, Formel I (R = H, X = OCH$_3$).

B. Beim Erhitzen von 4-Nitro-benzolsulfonamid-(1) mit 4-Methoxy-benzoylchlorid und Kupfer-Pulver in Chlorbenzol (*Geigy A.G.*, D.R.P. 758806 [1941]; D.R.P. Org. Chem. **3** 889).

Krystalle (aus wss. A.); F: 156°.

[4-Nitro-benzol-sulfonyl-(1)]-[4-isopropylmercapto-benzoyl]-amin, 4-Isopropylmercapto-*N*-[4-nitro-benzol-sulfonyl-(1)]-benzamid, p-(*isopropylthio*)-N-(p-*nitrophenylsulfonyl*)= *benzamide* C$_{16}$H$_{16}$N$_2$O$_5$S$_2$, Formel I (R = H, X = S-CH(CH$_3$)$_2$).

B. Beim Erwärmen von 4-Nitro-benzolsulfonamid-(1) mit 4-Isopropylmercapto-benzoylchlorid und Pyridin (*Geigy A.G.*, U.S.P. 2383874 [1942]).

F: 175°.

[4-Nitro-benzol-sulfonyl-(1)]-[4-methoxy-3-methyl-benzoyl]-amin, 4-Methoxy-*N*-[4-nitro-benzol-sulfonyl-(1)]-3-methyl-benzamid, 3-*methyl*-N-(p-*nitrophenylsulfonyl*)-p-*anisamide* C$_{15}$H$_{14}$N$_2$O$_6$S, Formel I (R = CH$_3$, X = OCH$_3$).

B. Beim Erhitzen von 4-Nitro-benzolsulfonamid-(1) mit 4-Methoxy-3-methyl-benzoyl= chlorid (nicht näher beschrieben) und Kupfer-Pulver in Chlorbenzol (*Geigy A.G.*, Schweiz.

P. 230430 [1941]).
Krystalle (aus wss. A.); F: 179°.

[4-Nitro-benzol-sulfonyl-(1)]-[4-äthoxy-3-methyl-benzoyl]-amin, 4-Äthoxy-*N*-[4-nitro-benzol-sulfonyl-(1)]-3-methyl-benzamid, *4-ethoxy-*N*-(p-nitrophenylsulfonyl)-m-toluamide* $C_{16}H_{16}N_2O_6S$, Formel I (R = CH_3, X = OC_2H_5).
B. Beim Erhitzen von 4-Nitro-benzolsulfonamid-(1) mit 4-Äthoxy-3-methyl-benzoyl‌chlorid und Kupfer-Pulver in Chlorbenzol (*Geigy A.G.*, U.S.P. 2383874 [1942]).
F: 114—115°.

[4-Nitro-benzol-sulfonyl-(1)]-[4-methylmercapto-3-methyl-benzoyl]-amin, 4-Methyl‌mercapto-*N*-[4-nitro-benzol-sulfonyl-(1)]-3-methyl-benzamid, *4-(methylthio)-*N*-(p-nitro‌phenylsulfonyl)-m-toluamide* $C_{15}H_{14}N_2O_5S_2$, Formel I (R = CH_3, X = $S\text{-}CH_3$).
B. Beim Erwärmen von 4-Nitro-benzolsulfonamid-(1) mit 4-Methylmercapto-3-methyl-benzoylchlorid und Pyridin (*Geigy A.G.*, U.S.P. 2383874 [1942]).
Gelbliche Krystalle (aus A.); F: 185—187°.

[4-Nitro-benzol-sulfonyl-(1)]-[3-methoxy-4-methyl-benzoyl]-amin, 3-Methoxy-*N*-[4-nitro-benzol-sulfonyl-(1)]-4-methyl-benzamid, *4-methyl-*N*-(p-nitrophenylsulfonyl)-m-anisamide* $C_{15}H_{14}N_2O_6S$, Formel I (R = OCH_3, X = CH_3).
B. Beim Erhitzen von 4-Nitro-benzolsulfonamid-(1) mit 3-Methoxy-4-methyl-benzoyl‌chlorid und Kupfer-Pulver in Chlorbenzol (*Geigy A.G.*, U.S.P. 2383874 [1942]).
Krystalle (aus A.); F: 133—134°.

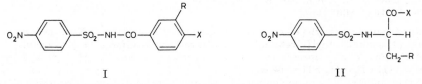

I   II

[4-Nitro-benzol-sulfonyl-(1)]-[4-methoxy-3-allyl-benzoyl]-amin, 4-Methoxy-*N*-[4-nitro-benzol-sulfonyl-(1)]-3-allyl-benzamid, *3-allyl-*N*-(p-nitrophenylsulfonyl)-p-anisamide* $C_{17}H_{16}N_2O_6S$, Formel I (R = $CH_2\text{-}CH\text{=}CH_2$, X = OCH_3).
B. Beim Erhitzen von 4-Nitro-benzolsulfonamid-(1) mit 4-Methoxy-3-allyl-benzoyl‌chlorid und Kupfer-Pulver in Chlorbenzol (*Geigy A.G.*, Schweiz.P. 244991 [1943]).
Krystalle (aus wss. A.); F: 135°.

[4-Nitro-benzol-sulfonyl-(1)]-veratroyl-amin, *N*-[4-Nitro-benzol-sulfonyl-(1)]-veratr‌amid, *N-(p-nitrophenylsulfonyl)veratramide* $C_{15}H_{14}N_2O_7S$, Formel I (R = X = OCH_3).
B. Beim Erhitzen von 4-Nitro-benzolsulfonamid-(1) mit Veratroylchlorid und Kupfer-Pulver in Chlorbenzol (*Geigy A.G.*, U.S.P. 2383874 [1942]).
F: 153—155°.

N-[4-Nitro-benzol-sulfonyl-(1)]-DL-asparaginsäure-diäthylester, N-(p-nitrophenyl‌sulfonyl)-DL-aspartic acid diethyl ester $C_{14}H_{18}N_2O_8S$, Formel II (R = $CO\text{-}OC_2H_5$, X = OC_2H_5) + Spiegelbild.
B. Beim Behandeln von 4-Nitro-benzol-sulfonylchlorid-(1) mit DL-Asparaginsäure-diäthylester in Äther unter Zusatz von wss. Natriumhydrogencarbonat-Lösung (*Lehmann, Grivsky*, Bl. Soc. chim. Belg. **55** [1946] 52, 58, 77).
Krystalle (aus Me.); F: 93°.

N^2-[4-Nitro-benzol-sulfonyl-(1)]-DL-asparagin, N^2-(p-nitrophenylsulfonyl)-DL-asparagine $C_{10}H_{11}N_3O_7S$, Formel II (R = $CO\text{-}NH_2$, X = OH) + Spiegelbild.
B. Beim Erwärmen von 4-Nitro-benzol-sulfonylchlorid-(1) mit DL-Asparagin und wss. Natriumhydrogencarbonat-Lösung (*Lehmann, Grivsky*, Bl. Soc. chim. Belg. **55** [1946] 52, 59, 78).
Krystalle (aus W.); F: 212° [Zers.].

N-[4-Nitro-benzol-sulfonyl-(1)]-DL-asparaginsäure-diamid, (±)-2-(p-nitrobenzenesulfon‌amido)succinamide $C_{10}H_{12}N_4O_6S$, Formel II (R = $CO\text{-}NH_2$, X = NH_2) + Spiegelbild.
B. Aus N-[4-Nitro-benzol-sulfonyl-(1)]-DL-asparaginsäure-diäthylester beim Er‌wärmen mit wss. Ammoniak (*Lehmann, Grivsky*, Bl. Soc. chim. Belg. **55** [1946] 52, 58, 78).
Krystalle (aus W.); F: 257,5—258° [Zers.].

N-[4-Nitro-benzol-sulfonyl-(1)]-glutaminsäure, N-(p-*nitrophenylsulfonyl*)*glutamic acid* C₁₁H₁₂N₂O₈S.

N-[4-Nitro-benzol-sulfonyl-(1)]-L-glutaminsäure, Formel II (R = CH₂-COOH, X = OH).

B. Beim Erwärmen von 4-Nitro-benzol-sulfonylchlorid-(1) mit L-Glutaminsäure und wss. Natronlauge (*Wagner-Jauregg, Wagner*, Z. Naturf. **1** [1946] 229).

Gelbliche Krystalle (aus W.); F: 186° [unkorr.]. [α]ᴅ: −22,8° [wss. Natronlauge (1n); c = 8].

Monokalium-Salz. Gelbliche lichtempfindliche Krystalle (aus W.); F: 247° [unkorr.; Zers.].

4-Nitro-*N*-[2-sulfamoyl-äthyl]-benzolsulfonamid-(1), *N*-[4-Nitro-benzol-sulfonyl-(1)]-taurin-amid, p-*nitro*-N-(*2-sulfamoylethyl*)*benzenesulfonamide* C₈H₁₁N₃O₆S₂, Formel III (X = NH-CH₂-CH₂-SO₂-NH₂).

B. Beim Erhitzen von 4-Nitro-benzol-sulfonylchlorid-(1) mit Taurin-amid und wss. Natriumcarbonat-Lösung (*Rapport et al.*, Am. Soc. **69** [1947] 2561).

Krystalle (aus Isopropylalkohol); F: 139—141° [korr.].

4-Nitro-*N*-[2-amino-äthyl]-benzolsulfonamid-(1), *N*-[4-Nitro-benzol-sulfonyl-(1)]-äthylendiamin, N-(*2-aminoethyl*)-p-*nitrobenzenesulfonamide* C₈H₁₁N₃O₄S, Formel III (X = NH-CH₂-CH₂-NH₂).

B. Aus *N'*-[4-Nitro-benzol-sulfonyl-(1)]-*N*-acetyl-äthylendiamin beim Behandeln mit wss. Salzsäure (*Zienty*, Am. Soc. **67** [1945] 1138).

Gelb; F: 165—166° [korr.].

2-[4-Nitro-benzol-sulfonyl-(1)-amino]-1-acetamino-äthan, *N*-[2-(4-Nitro-benzol-sulfonyl-(1)-amino)-äthyl]-acetamid, *N'*-[4-Nitro-benzol-sulfonyl-(1)]-*N*-acetyl-äthylendiamin, N-[2-(p-*nitrobenzenesulfonamido*)*ethyl*]*acetamide* C₁₀H₁₃N₃O₅S, Formel III (X = NH-CH₂-CH₂-NH-CO-CH₃).

B. Neben anderen Verbindungen beim Behandeln von 4-Nitro-benzol-sulfonylchlorid-(1) mit *N*-Acetyl-äthylendiamin in Chloroform unter Zusatz von wss. Natriumhydrogen‌carbonat-Lösung (*Amundsen, Malentacchi*, Am. Soc. **68** [1946] 584). Aus 1-[4-Nitro-benzol-sulfonyl-(1)]-2-methyl-Δ²-imidazolin beim Behandeln mit wss. Salzsäure (*Zienty*, Am. Soc. **67** [1945] 1138).

Krystalle; F: 150—151° [korr.] (*Zie.*), 147,5—148,5° [aus W., Me. oder A.] (*Am., Ma.*).

1.2-Bis-[4-nitro-benzol-sulfonyl-(1)-amino]-äthan, *N.N'*-Bis-[4-nitro-benzol-sulfon‌yl-(1)]-äthylendiamin, p,p'-*dinitro*-N,N'-*ethylenebisbenzenesulfonamide* C₁₄H₁₄N₄O₈S₂, Formel IV (n = 2).

B. Neben anderen Verbindungen beim Behandeln von 4-Nitro-benzol-sulfonylchlorid-(1) mit *N*-Acetyl-äthylendiamin in Chloroform unter Zusatz von wss. Natriumhydrogen‌carbonat-Lösung (*Amundsen, Malentacchi*, Am. Soc. **68** [1946] 584). Neben 1-[4-Nitro-benzol-sulfonyl-(1)]-2-methyl-Δ²-imidazolin beim Behandeln von 2-Methyl-Δ²-imidazolin mit 4-Nitro-benzol-sulfonylchlorid-(1) in Benzol und Behandeln des Reaktionsprodukts mit Wasser (*Zienty*, Am. Soc. **67** [1945] 1138).

Krystalle; F: 282,1—283,2° [aus 2-Chlor-äthanol-(1)] (*Am., Ma.*), 278—279° [korr.] (*Zie.*).

4-Nitro-*N*-methyl-*N*-[2-amino-äthyl]-benzolsulfonamid-(1), *N*-[4-Nitro-benzol-sulfon‌yl-(1)]-*N*-methyl-äthylendiamin, N-(*2-aminoethyl*)-N-*methyl*-p-*nitrobenzenesulfonamide* C₉H₁₃N₃O₄S, Formel III (X = N(CH₃)-CH₂-CH₂-NH₂).

B. Beim Erwärmen von 1-[(4-Nitro-benzol-sulfonyl-(1))-methyl-amino]-2-phthalimido-äthan mit Hydrazin-hydrat in Äthanol und Erhitzen des Reaktionsprodukts mit wss. Salzsäure (*Sugasawa, Sugimoto*, J. pharm. Soc. Japan **62** [1942] 296; dtsch. Ref. S. 77; C. A. **1951** 1596).

Krystalle.

Hydrochlorid C₉H₁₃N₃O₄S·HCl. Gelbliche Krystalle (aus A. + Ae.); F: 197—198°.

1.3-Bis-[4-nitro-benzol-sulfonyl-(1)-amino]-propan, *N.N'*-Bis-[4-nitro-benzol-sulfon‌yl-(1)]-propandiyldiamin, p,p'-*dinitro*-N,N'-*trimethylenebisbenzenesulfonamide* C₁₅H₁₆N₄O₈S₂, Formel IV (n = 3).

B. Beim Behandeln von 4-Nitro-benzol-sulfonylchlorid-(1) mit Propandiyldiamin und wss. Natronlauge (*Amundsen, Malentacchi*, Am. Soc. **68** [1946] 584).

Krystalle (aus A.); F: 224,5—225,5°.

3-[4-Nitro-benzol-sulfonyl-(1)-amino-]-1-acetamino-propan, *N*-[**3-(4-Nitro-benzol-sulfonyl-(1)-amino)-propyl**]**-acetamid,** *N'*-[**4-Nitro-benzol-sulfonyl-(1)**]**-*N*-acetyl-propandiyldiamin,** N-[3-(p-*nitrobenzenesulfonamido*)*propyl*]*acetamide* $C_{11}H_{15}N_3O_5S$, Formel III (X = NH-[CH$_2$]$_3$-NH-CO-CH$_3$).

B. Beim Behandeln von 4-Nitro-benzol-sulfonylchlorid-(1) mit *N*-Acetyl-propandiyl‑diamin in Chloroform unter Zusatz von wss. Natriumhydrogencarbonat-Lösung (*Amund‑sen, Malentacchi*, Am. Soc. **68** [1946] 584).

Krystalle (aus W.); F: 162,8—163,8°.

4-Nitro-*N*-methyl-*N*-[3-amino-propyl]-benzolsulfonamid-(1), *N*-[**4-Nitro-benzol-sulfonyl-(1)**]**-*N*-methyl-propandiyldiamin,** N-(3-*aminopropyl*)-N-*methyl*-p-*nitrobenzene‑sulfonamide* $C_{10}H_{15}N_3O_4S$, Formel III (X = N(CH$_3$)-[CH$_2$]$_3$-NH$_2$).

B. Beim Erwärmen von 1-[(4-Nitro-benzol-sulfonyl-(1))-methyl-amino]-3-phthalimido-propan mit Hydrazin-hydrat in Äthanol und Erhitzen des Reaktionsprodukts mit wss. Salzsäure (*Sugasawa, Kobayashi*, J. pharm. Soc. Japan **62** [1942] 294; dtsch. Ref. S. 77; C. A. **1951** 1596).

Krystalle, die zwischen 55° und 64° schmelzen.

Hydrochlorid $C_{10}H_{15}N_3O_4S \cdot HCl$. Gelbliche Krystalle (aus A.), die bei 200—204,5° schmelzen.

1.4-Bis-[4-nitro-benzol-sulfonyl-(1)-amino]-butan, *N.N'*-Bis-[**4-nitro-benzol-sulfon‑yl-(1)**]**-butandiyldiamin,** p,p'-*dinitro*-N,N'-*tetramethylenebisbenzenesulfonamide* $C_{16}H_{18}N_4O_8S_2$, Formel IV (n = 4).

B. Beim Behandeln von 4-Nitro-benzol-sulfonylchlorid-(1) mit Butandiyldiamin und wss. Natronlauge (*Spring, Young*, Soc. **1944** 248; *Amundsen, Malentacchi*, Am. Soc. **68** [1946] 584).

Krystalle (aus A.), F: 205—206° (*Am., Ma.*); gelbe Krystalle (aus wss. Acn.); F: 201° (*Sp., Young*).

***C*-Dimethylamino-*N'*-[4-nitro-benzol-sulfonyl-(1)]-*N.N*-dimethyl-acetamidin,** 2-(*dimethylamino*)-N,N-*dimethyl*-N'-(p-*nitrophenylsulfonyl*)*acetamidine* $C_{12}H_{18}N_4O_4S$, Formel III (X = N = C[N(CH$_3$)$_2$]-CH$_2$-N(CH$_3$)$_2$).

B. Beim Behandeln von *C*-Chlor-*N*-[4-nitro-benzol-sulfonyl-(1)]-acetimidoylchlorid in Aceton mit Dimethylamin in Wasser (*Geigy A.G.*, Schweiz. P. 240159 [1939]).

Krystalle; F: 143—144°.

[Butan-sulfonyl-(1)]-[4-nitro-benzol-sulfonyl-(1)]-amin, **4-Nitro-*N*-[butan-sulfon‑yl-(1)]-benzolsulfonamid-(1),** N-(*butylsulfonyl*)-p-*nitrobenzenesulfonamide* $C_{10}H_{14}N_2O_6S_2$, Formel III (X = NH-SO$_2$-[CH$_2$]$_3$-CH$_3$).

B. Beim Behandeln von 4-Nitro-benzolsulfonamid-(1) mit Butan-sulfonylchlorid-(1) und wss. Natronlauge (*Sprague, McBurney, Kissinger*, Am. Soc. **62** [1940] 1714).

Krystalle (aus wss. Salzsäure); F: 117—118,5° [unkorr.].

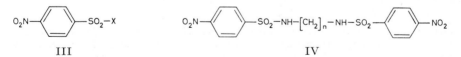

                   III   IV

4-Nitro-*N*-hydroxy-benzolsulfonamid-(1), **4-Nitro-benzolsulfonohydroxamsäure-(1),** N-*hydroxy*-p-*nitrobenzenesulfonamide* $C_6H_6N_2O_5S$, Formel III (X = NHOH).

B. Beim Behandeln von 4-Nitro-benzol-sulfonylchlorid-(1) mit Hydroxylamin-hydro‑chlorid und Pyridin (*Moore, Miller, Miller*, Am. Soc. **62** [1940] 2097).

Krystalle (aus A.); F: 145—149° [Zers.]. Wenig beständig.

4-Nitro-benzol-sulfonsäure-(1)-hydrazid, p-*nitrobenzenesulfonic acid hydrazide* $C_6H_7N_3O_4S$, Formel III (X = NH-NH$_2$).

B. Beim Behandeln von 4-Nitro-benzol-sulfonylchlorid-(1) mit Hydrazin-hydrat in Äthanol und Benzol (*Davies, Storrie, Tucker*, Soc. **1931** 624, 625; *Witte*, R. **51** [1932] 299, 308) oder in Wasser und Tetrahydrofuran (*Friedman, Litle, Reichle*, Org. Synth. **40**

[1960] 93).

Krystalle; F: 150—152° [Zers.; aus A.] (*Da., St., Tu.*), 146—147° [Zers.; aus A.] (*Wi.*).

Beim Erhitzen auf 145° sowie beim Erwärmen mit äthanol. Jod-Lösung ist eine Verbindung $C_{12}H_8N_2O_6S_2$ (F: 159°) erhalten worden (*Wi.*).

4-Nitro-benzol-sulfonsäure-(1)-[*N*-methyl-hydrazid], p-*nitrobenzenesulfonic acid N-methylhydrazide $C_7H_9N_3O_4S$, Formel III (X = N(CH$_3$)-NH$_2$) auf S. 151.

B. Beim Behandeln einer äther. Lösung von 4-Nitro-benzol-sulfonylchlorid-(1) mit wss. Methylhydrazin-Lösung (*Lehmann, Grivsky*, Bl. Soc. chim. Belg. **55** [1946] 52, 69, 85).

Krystalle; F: 95° [Zers.].

4-Nitro-benzol-sulfonsäure-(1)-äthylidenhydrazid, Acetaldehyd-[4-nitro-benzol-sulfon=yl-(1)-hydrazon], p-*nitrobenzenesulfonic acid ethylidenehydrazide $C_8H_9N_3O_4S$, Formel III (X = NH-N=CH-CH$_3$) auf S. 151.

B. Aus 4-Nitro-benzol-sulfonsäure-(1)-hydrazid und Acetaldehyd (*Cameron, Storrie*, Soc. **1934** 1330).

Krystalle (aus wss. Me.); F: 121—122° [Zers.].

4-Nitro-benzol-sulfonsäure-(1)-isopropylidenhydrazid, Aceton-[4-nitro-benzol-sulfon=yl-(1)-hydrazon], p-*nitrobenzenesulfonic acid isopropylidenehydrazide $C_9H_{11}N_3O_4S$, Formel III (X = NH-N=C(CH$_3$)$_2$) auf S. 151.

B. Aus 4-Nitro-benzol-sulfonsäure-(1)-hydrazid und Aceton (*Davies, Storrie, Tucker*, Soc. **1931** 624, 626; *Witte*, R. **51** [1932] 299, 309; *Cameron, Storrie*, Soc. **1934** 1330).

Dimorph: Krystalle (aus A.), F: 183—184° [Zers.], und Krystalle (aus Acn.), F: 169° bis 171° [Zers.] (*Ca., St.*); Krystalle (aus A.), F: 172° (*Wi.*).

4-Nitro-benzol-sulfonsäure-(1)-[methyl-isopropyliden-hydrazid], Aceton-[(4-nitro-benzol-sulfonyl-(1))-methyl-hydrazon], p-*nitrobenzenesulfonic acid isopropylidene=methylhydrazide $C_{10}H_{13}N_3O_4S$, Formel III (X = N(CH$_3$)-N=C(CH$_3$)$_2$) auf S. 151.

B. Aus 4-Nitro-benzol-sulfonsäure-(1)-[*N*-methyl-hydrazid] und Aceton (*Lehmann, Grivsky*, Bl. Soc. chim. Belg. **55** [1946] 52, 69, 85).

Krystalle (aus Acn.); F: 104—105° [Zers.].

4-Nitro-benzol-sulfonsäure-(1)-*sec*-butylidenhydrazid, Butanon-[4-nitro-benzol-sulfon=yl-(1)-hydrazon], p-*nitrobenzenesulfonic acid sec-butylidenehydrazide $C_{10}H_{13}N_3O_4S$, Formel III (X = NH-N=C(CH$_3$)-CH$_2$-CH$_3$) auf S. 151.

B. Aus 4-Nitro-benzol-sulfonsäure-(1)-hydrazid und Butanon (*Cameron, Storrie*, Soc. **1934** 1330).

Krystalle (aus A.); F: 155—156° [Zers.].

4-Nitro-benzol-sulfonsäure-(1)-isopentylidenhydrazid, Isovaleraldehyd-[4-nitro-benzol-sulfonyl-(1)-hydrazon], p-*nitrobenzenesulfonic acid isopentylidenehydrazide $C_{11}H_{15}N_3O_4S$, Formel III (X = NH-N=CH-CH$_2$-CH(CH$_3$)$_2$) auf S. 151.

B. Aus 4-Nitro-benzol-sulfonsäure-(1)-hydrazid und Isovaleraldehyd (*Cameron, Storrie*, Soc. **1934** 1330).

Krystalle (aus Me.); F: 132—133° [Zers.].

4-Nitro-benzol-sulfonsäure-(1)-[1.2-dimethyl-propylidenhydrazid], 2-Methyl-butanon-(3)-[4-nitro-benzol-sulfonyl-(1)-hydrazon], p-*nitrobenzenesulfonic acid (1,2-dimethylprop=ylidene)hydrazide $C_{11}H_{15}N_3O_4S$, Formel III (X = NH-N=C(CH$_3$)-CH(CH$_3$)$_2$).

B. Aus 4-Nitro-benzol-sulfonsäure-(1)-hydrazid und 2-Methyl-butanon-(3) (*Cameron, Storrie*, Soc. **1934** 1330).

Krystalle (aus Me.); F: 160—161° [Zers.].

4-Nitro-benzol-sulfonsäure-(1)-[1.3-dimethyl-butylidenhydrazid], 2-Methyl-pentanon-(4)-[4-nitro-benzol-sulfonyl-(1)-hydrazon], p-*nitrobenzenesulfonic acid (1,3-dimethylbut=ylidene)hydrazide $C_{12}H_{17}N_3O_4S$, Formel III (X = NH-N=C(CH$_3$)-CH$_2$-CH(CH$_3$)$_2$) auf S. 151.

B. Aus 4-Nitro-benzol-sulfonsäure-(1)-hydrazid und 2-Methyl-pentanon-(4) (*Cameron, Storrie*, Soc. **1934** 1330).

Krystalle (aus A.); F: 155—156° [Zers.].

4-Nitro-benzol-sulfonsäure-(1)-[1.3-dimethyl-buten-(2)-ylidenhydrazid], 2-Methyl-penten-(2)-on-(4)-[4-nitro-benzol-sulfonyl-(1)-hydrazon], Mesityloxid-[4-nitro-benzol-sulfonyl-(1)-hydrazon], p-*nitrobenzenesulfonic acid (1,3-dimethylbut-2-en=ylidene)hydrazide* $C_{12}H_{15}N_3O_4S$, Formel III (X = NH-N=C(CH$_3$)-CH=C(CH$_3$)$_2$) auf S. 151.

B. Aus 4-Nitro-benzol-sulfonsäure-(1)-hydrazid und 2-Methyl-penten-(2)-on-(4) (*Cameron, Storrie,* Soc. **1934** 1330).

Gelbliche Krystalle (aus A.); F: 127—128° [Zers.].

4-Nitro-benzol-sulfonsäure-(1)-cyclohexylidenhydrazid, Cyclohexanon-[4-nitro-benzol-sulfonyl-(1)-hydrazon], p-*nitrobenzenesulfonic acid cyclohexylidenehydrazide* $C_{12}H_{15}N_3O_4S$, Formel V.

B. Aus 4-Nitro-benzol-sulfonsäure-(1)-hydrazid und Cyclohexanon (*Cameron, Storrie,* Soc. **1934** 1330).

Krystalle (aus A.); F: 162° [Zers.].

4-Nitro-benzol-sulfonsäure-(1)-benzylidenhydrazid, Benzaldehyd-[4-nitro-benzol-sulfon=yl-(1)-hydrazon], p-*nitrobenzenesulfonic acid benzylidenehydrazide* $C_{13}H_{11}N_3O_4S$, FormelVI (X = H).

B. Aus 4-Nitro-benzol-sulfonsäure-(1)-hydrazid und Benzaldehyd (*Davies, Storrie, Tucker,* Soc. **1931** 624, 626; *Witte,* R. **51** [1932] 299, 309).

Krystalle; F: 142—144° [Zers.] (*Da., St., Tu.*), 142° [aus A.] (*Wi.*).

4-Nitro-benzol-sulfonsäure-(1)-[4-brom-benzylidenhydrazid], 4-Brom-benzaldehyd-[4-nitro-benzol-sulfonyl-(1)-hydrazon], p-*nitrobenzenesulfonic acid (4-bromobenzylidene)=hydrazide* $C_{13}H_{10}BrN_3O_4S$, Formel VI (X = Br).

B. Aus 4-Nitro-benzol-sulfonsäure-(1)-hydrazid und 4-Brom-benzaldehyd (*Cameron, Storrie,* Soc. **1934** 1330).

Krystalle (aus A.); F: 186—187° [Zers.].

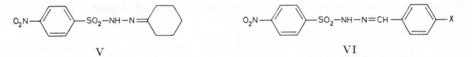

V   VI

4-Nitro-benzol-sulfonsäure-(1)-[2-nitro-benzylidenhydrazid], 2-Nitro-benzaldehyd-[4-nitro-benzol-sulfonyl-(1)-hydrazon], p-*nitrobenzenesulfonic acid (2-nitrobenzylidene)=hydrazide* $C_{13}H_{10}N_4O_6S$, Formel VII (X = NO$_2$).

B. Aus 4-Nitro-benzol-sulfonsäure-(1)-hydrazid und 2-Nitro-benzaldehyd (*Cameron, Storrie,* Soc. **1934** 1330).

Krystalle (aus Acn.); F: 199—200° [Zers.].

4-Nitro-benzol-sulfonsäure-(1)-[3-nitro-benzylidenhydrazid], 3-Nitro-benzaldehyd-[4-nitro-benzol-sulfonyl-(1)-hydrazon], p-*nitrobenzenesulfonic acid (3-nitrobenzylidene)=hydrazide* $C_{13}H_{10}N_4O_6S$, Formel VIII.

B. Aus 4-Nitro-benzol-sulfonsäure-(1)-hydrazid und 3-Nitro-benzaldehyd (*Cameron, Storrie,* Soc. **1934** 1330).

Krystalle (aus A.); F: 195—196° [Zers.].

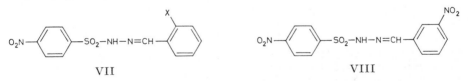

VII   VIII

4-Nitro-benzol-sulfonsäure-(1)-[4-nitro-benzylidenhydrazid], 4-Nitro-benzaldehyd-[4-nitro-benzol-sulfonyl-(1)-hydrazon], p-*nitrobenzenesulfonic acid (4-nitrobenzylidene)=hydrazide* $C_{13}H_{10}N_4O_6S$, Formel VI (X = NO$_2$).

B. Aus 4-Nitro-benzol-sulfonsäure-(1)-hydrazid und 4-Nitro-benzaldehyd (*Cameron, Storrie,* Soc. **1934** 1330).

Krystalle (aus A.); F: 197—198° [Zers.].

4-Nitro-benzol-sulfonsäure-(1)-[1-phenyl-äthylidenhydrazid], Acetophenon-[4-nitro-benzol-sulfonyl-(1)-hydrazon], p-*nitrobenzenesulfonic acid* (α-*methylbenzylidene*)*hydrazide* $C_{14}H_{13}N_3O_4S$, Formel III (X = NH-N=C(CH₃)-C₆H₅) auf S. 151.

B. Aus 4-Nitro-benzol-sulfonsäure-(1)-hydrazid und Acetophenon (*Cameron, Storrie*, Soc. **1934** 1330).

Krystalle (aus A.); F: 192° [Zers.].

4-Nitro-benzol-sulfonsäure-(1)-[1-methyl-3-phenyl-propylidenhydrazid], 1-Phenyl-butanon-(3)-[4-nitro-benzol-sulfonyl-(1)-hydrazon], p-*nitrobenzenesulfonic acid* (*1-methyl-3-phenylpropylidene*)*hydrazide* $C_{16}H_{17}N_3O_4S$, Formel III (X = NH-N=C(CH₃)-CH₂-CH₂-C₆H₅) auf S. 151.

B. Aus 4-Nitro-benzol-sulfonsäure-(1)-hydrazid und 1-Phenyl-butanon-(3) (*Cameron, Storrie*, Soc. **1934** 1330).

Krystalle (aus Me.); F: 153—154° [Zers.].

4-Nitro-benzol-sulfonsäure-(1)-[1-methyl-3-phenyl-allylidenhydrazid], 1-Phenyl-buten-(1)-on-(3)-[4-nitro-benzol-sulfonyl-(1)-hydrazon], p-*nitrobenzenesulfonic acid* (α-*methylcinnamylidene*)*hydrazide* $C_{16}H_{15}N_3O_4S$.

1*t*-Phenyl-buten-(1)-on-(3)-[4-nitro-benzol-sulfonyl-(1)-hydrazon], Formel IX.

B. Aus 4-Nitro-benzol-sulfonsäure-(1)-hydrazid und 1*t*-Phenyl-buten-(1)-on-(3) [*trans*-Benzylidenaceton] (*Cameron, Storrie*, Soc. **1934** 1330).

Gelbe Krystalle (aus Acn.); F: 173—174° [Zers.].

4-Nitro-benzol-sulfonsäure-(1)-salicylidenhydrazid, Salicylaldehyd-[4-nitro-benzol-sulfonyl-(1)-hydrazon], p-*nitrobenzenesulfonic acid salicylidenehydrazide* $C_{13}H_{11}N_3O_5S$, Formel VII (X = OH).

B. Aus 4-Nitro-benzol-sulfonsäure-(1)-hydrazid und Salicylaldehyd in Äthanol (*Witte*, R. **51** [1932] 299, 310; *Cameron, Storrie*, Soc. **1934** 1330).

Gelbliche Krystalle (aus A.); F: 192° [Zers.] (*Ca., St.*), 178—179° (*Wi.*).

4-Nitro-benzol-sulfonsäure-(1)-[4-methoxy-benzylidenhydrazid], 4-Methoxy-benzaldehyd-[4-nitro-benzol-sulfonyl-(1)-hydrazon], p-*nitrobenzenesulfonic acid* (4-*methoxybenzylidene*)*hydrazide* $C_{14}H_{13}N_3O_5S$, Formel VI (X = OCH₃).

B. Aus 4-Nitro-benzol-sulfonsäure-(1)-hydrazid und 4-Methoxy-benzaldehyd in Äthanol (*Witte*, R. **51** [1932] 299, 310).

Gelbe Krystalle [aus A.] (*Wi.*); F: 185—186° [unkorr.; Zers.] (*Zimmer et al.*, J. org. Chem. **24** [1959] 1667, 1671), 160° (*Wi.*).

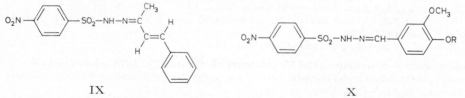

IX   X

4-Nitro-benzol-sulfonsäure-(1)-[4-hydroxy-3-methoxy-benzylidenhydrazid], Vanillin-[4-nitro-benzol-sulfonyl-(1)-hydrazon], p-*nitrobenzenesulfonic acid vanillylidenehydrazide* $C_{14}H_{13}N_3O_6S$, Formel X (R = H).

B. Aus 4-Nitro-benzol-sulfonsäure-(1)-hydrazid und Vanillin (*Cameron, Storrie*, Soc. **1934** 1330).

Gelbliche Krystalle (aus A.); F: 166—167° [Zers.].

4-Nitro-benzol-sulfonsäure-(1)-[3.4-dimethoxy-benzylidenhydrazid], Veratrumaldehyd-[4-nitro-benzol-sulfonyl-(1)-hydrazon], p-*nitrobenzenesulfonic acid veratrylidenehydrazide* $C_{15}H_{15}N_3O_6S$, Formel X (R = CH₃).

B. Aus 4-Nitro-benzol-sulfonsäure-(1)-hydrazid und Veratrumaldehyd (*Cameron, Storrie*, Soc. **1934** 1330).

Gelbe Krystalle (aus A.); F: 188—189° [Zers.].

N'-[4-Nitro-benzol-sulfonyl-(1)]-N-acetyl-hydrazin, N-*acetyl*-N'-(p-*nitrophenylsulfonyl*)-*hydrazine* $C_8H_9N_3O_5S$, Formel III (X = NH-NH-CO-CH₃) auf S. 151.

B. Aus 4-Nitro-benzol-sulfonsäure-(1)-hydrazid und Acetanhydrid (*Witte*, R. **51** [1932]

299, 309).

Krystalle (aus A.); F: 218°.

N'-[4-Nitro-benzol-sulfonyl-(1)]-N-[3-methyl-crotonoyl]-hydrazin, N-(*3-methylcrotonoyl*)-N'-(p-*nitrophenylsulfonyl*)*hydrazine* $C_{11}H_{13}N_3O_5S$, Formel III
(X = NH-NH-CO-CH=C(CH$_3$)$_2$) auf S. 151.

B. Beim Behandeln von 4-Nitro-benzol-sulfonsäure-(1)-hydrazid mit 3-Methyl-crotono‡ ylchlorid und Natriumhydrogencarbonat in Dioxan (*Lehmann, Grivsky*, Bl. Soc. chim. Belg. **55** [1946] 52, 64, 81).

Krystalle (aus Ae.); F: 193,5° [Zers.].

N'-[4-Nitro-benzol-sulfonyl-(1)]-N-benzoyl-hydrazin, N-*benzoyl*-N'-(p-*nitrophenylsulfon*‡ *yl*)*hydrazine* $C_{13}H_{11}N_3O_5S$, Formel XI (X = H).

B. Aus 4-Nitro-benzol-sulfonsäure-(1)-hydrazid und Benzoylchlorid in Äthanol (*Witte*, R. **51** [1932] 299, 310).

Krystalle (aus A.); F: 227°.

N'-[4-Nitro-benzol-sulfonyl-(1)]-N-[4-nitro-benzoyl]-hydrazin, N-(*4-nitrobenzoyl*)-N'-(p-*nitrophenylsulfonyl*)*hydrazine* $C_{13}H_{10}N_4O_7S$, Formel XI (X = NO$_2$).

B. Beim Behandeln von 4-Nitro-benzol-sulfonsäure-(1)-hydrazid mit 4-Nitro-benzoyl‡ chlorid und Natriumhydrogencarbonat in Dioxan (*Lehmann, Grivsky*, Bl. Soc. chim. Belg. **55** [1946] 52, 65, 82).

Krystalle (aus wss. Dioxan); F: 265,5° [Zers.].

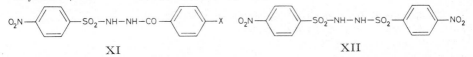

XI   XII

[4-Nitro-benzol-sulfonyl-(1)-amino]-guanidin, 4-Nitro-benzol-sulfonsäure-(1)-[N'-carb‡ amimidoyl-hydrazid], p-*nitrobenzenesulfonic acid* N'-*carbamimidoylhydrazide* $C_7H_9N_5O_4S$, Formel III (X = NH-NH-C(NH$_2$)=NH) [auf S. 151] und Tautomeres.

B. Beim Erwärmen von 4-Nitro-benzol-sulfonylchlorid-(1) mit Aminoguanidin und wss. Natriumhydrogencarbonat-Lösung (*Greer, Kertesz, Smith*, Am. Soc. **71** [1949] 3005, 3007).

Krystalle (aus A.); F: 298—299° [Zers.].

[N'-(4-Nitro-benzol-sulfonyl-(1))-hydrazino]-essigsäure-äthylester, [N'-(p-*nitrophenyl*‡ *sulfonyl*)*hydrazino*]*acetic acid ethyl ester* $C_{10}H_{13}N_3O_6S$, Formel III
(X = NH-NH-CH$_2$-CO-OC$_2$H$_5$) auf S. 151.

B. Beim Behandeln von Hydrazinoessigsäure-äthylester in Wasser mit 4-Nitro-benzol-sulfonylchlorid-(1) in Äther (*Lehmann, Grivsky*, Bl. Soc. chim. Belg. **55** [1946] 52, 70, 85).

Krystalle (aus Bzl.); F: 94° [Zers.].

$N.N'$-Bis-[4-nitro-benzol-sulfonyl-(1)]-hydrazin, N,N'-*bis*(p-*nitrophenylsulfonyl*)*hydr*‡ *azine* $C_{12}H_{10}N_4O_8S_2$, Formel XII.

B. Aus 4-Nitro-benzol-sulfonsäure-(1)-hydrazid und 4-Nitro-benzol-sulfonylchlorid-(1) in Äthanol (*Witte*, R. **51** [1932] 299, 311).

Krystalle; F: 235—236° [Zers.].

4-Chlor-2-nitro-benzol-sulfonsäure-(1), *4-chloro-2-nitrobenzenesulfonic acid* $C_6H_4ClNO_5S$, Formel I (X = OH) (H 72; E II 34).

B. Aus Bis-[4-chlor-2-nitro-phenyl]-disulfid beim Erhitzen mit einem Gemisch von Salpetersäure und wss. Salzsäure (*H. Marschall*, Diss. [E. T. H. Zürich 1928] S. 26; vgl. H 72).

4-Chlor-2-nitro-benzol-sulfonsäure-(1)-phenylester, *4-chloro-2-nitrobenzenesulfonic acid phenyl ester* $C_{12}H_8ClNO_5S$, Formel II (R = X = H).

B. Aus 4-Chlor-2-nitro-benzol-sulfonylchlorid-(1) beim Erhitzen mit Kaliumphenolat bis auf 140° (*Etabl. Kuhlmann*, U.S.P. 2134642 [1937]) oder beim Erwärmen mit Kaliumphenolat in Wasser (*Etabl. Kuhlmann*, D.R.P. 709584 [1937]; D.R.P. Org. Chem. **1** 357).

Krystalle (aus A.); F: 82°.

4-Chlor-2-nitro-benzol-sulfonsäure-(1)-[4-chlor-phenylester], *4-chloro-2-nitrobenzene=sulfonic acid* p-*chlorophenyl ester* C$_{12}$H$_7$Cl$_2$NO$_5$S, Formel II (R = Cl, X = H).
B. Aus 4-Chlor-2-nitro-benzol-sulfonylchlorid-(1) und Kalium-[4-chlor-phenolat] (*Etabl. Kuhlmann*, D.R.P. 709584 [1937]; D.R.P. Org. Chem. **1** 357; U.S.P. 2134642 [1937]).
Krystalle (aus A.); F: 99°.

4-Chlor-2-nitro-benzol-sulfonsäure-(1)-[2.5-dichlor-phenylester], *4-chloro-2-nitrobenzene=sulfonic acid 2,5-dichlorophenyl ester* C$_{12}$H$_6$Cl$_3$NO$_5$S, Formel III.
B. Beim Erwärmen von 4-Chlor-2-nitro-benzol-sulfonylchlorid-(1) mit Kalium[2.5-di=chlor-phenolat] in Chlorbenzol (*Etabl. Kuhlmann*, U.S.P. 2134642 [1937]).
Krystalle (aus A.); F: 130°.

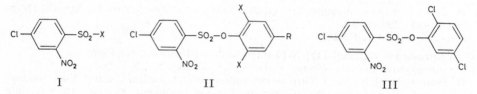

I   II   III

4-Chlor-2-nitro-benzol-sulfonsäure-(1)-[2.4.6-trichlor-phenylester], *4-chloro-2-nitro=benzenesulfonic acid 2,4,6-trichlorophenyl ester* C$_{12}$H$_5$Cl$_4$NO$_5$S, Formel II (R = Cl, X = Cl).
B. Aus 4-Chlor-2-nitro-benzol-sulfonylchlorid-(1) und Kalium-[2.4.6-trichlor-phenolat] (*Etabl. Kuhlmann*, U.S.P. 2134642 [1937]).
Krystalle (aus A.); F: 128°.

4-Chlor-2-nitro-benzol-sulfonsäure-(1)-p**-tolylester**, *4-chloro-2-nitrobenzenesulfonic acid* p-*tolyl ester* C$_{13}$H$_{10}$ClNO$_5$S, Formel II (R = CH$_3$, X = H).
B. Aus 4-Chlor-2-nitro-benzol-sulfonylchlorid-(1) und Kalium-p-kresolat (*Etabl. Kuhl-mann*, D.R.P. 709584 [1937]; D.R.P. Org. Chem. **1** 357; U.S.P. 2 134642 [1937]).
Krystalle; F: 103—104,5° (*Schetty*, Helv. **32** [1949] 24, 28 [die Verbindung ist dort irrtümlich als 5-Chlor-2-nitro-benzol-sulfonsäure-(1)-p-tolylester bezeichnet]), 97—99° [aus A.] (*Etabl. Kuhlmann*).

4-Chlor-2-nitro-benzol-sulfonylchlorid-(1), *4-chloro-2-nitrobenzenesulfonyl chloride* C$_6$H$_3$Cl$_2$NO$_4$S, Formel I (X = Cl) (H 72; E II 34).
B. Aus Bis-[4-chlor-2-nitro-phenyl]-disulfid beim Erhitzen mit einem Gemisch von Salpetersäure und wss. Salzsäure (*H. Marshall*, Diss. [E.T.H. Zürich 1928] S. 27). Beim Einleiten von Chlor in Thiobenzoesäure-S-[4-chlor-2-nitro-phenylester] in wss. Essigsäure (*Loudon, Shulman*, Soc. **1938** 1618, 1621).
Krystalle (aus Eg.); F: 77—78° (*Ma.*).

4-Chlor-2-nitro-benzolsulfonamid-(1), *4-chloro-2-nitrobenzenesulfonamide* C$_6$H$_5$ClN$_2$O$_4$S, Formel I (X = NH$_2$) (E II 35).
B. Aus 4-Chlor-2-nitro-benzol-sulfonylchlorid-(1) beim Erhitzen mit wss. Ammoniak (*H. Marshall*, Diss. [E.T.H. Zürich 1928] S. 29).
Gelbliche Krystalle (aus A.); F: 153° [unkorr.].
Beim Erhitzen mit Piperidin sind 4-Chlor-2-piperidino-benzolsulfonamid-(1) und 2-Nitro-4-piperidino-benzolsulfonamid-(1) erhalten worden (*Loudon, Shulman*, Soc. **1938** 1618, 1620).

5-Chlor-2-nitro-benzol-sulfonsäure-(1), *5-chloro-2-nitrobenzenesulfonic acid* C$_6$H$_4$ClNO$_5$S, Formel IV (H 72; E II 35).
B. Beim Behandeln einer aus 6-Nitro-3-amino-benzol-sulfonsäure-(1) bereiteten Di=azoniumsalz-Lösung mit Kupfer(I)-chlorid und wss. Salzsäure (*Allen, Frame*, J. org. Chem. **7** [1942] 15, 16).

4-Chlor-3-nitro-benzol-sulfonsäure-(1), *4-chloro-3-nitrobenzenesulfonic acid* C$_6$H$_4$ClNO$_5$S, Formel V (X = OH) (H 72; E I 22; E II 35).
B. Beim Erwärmen von Chlorbenzol mit rauchender Schwefelsäure und anschliessen-den Behandeln mit Salpetersäure (*Gerschson*, Ž. prikl. Chim. **9** [1936] 879, 882; C. **1936** II

3905; vgl. H 72; E II 35). Beim Behandeln von 4-Chlor-benzolsulfonamid-(1) mit Kaliumnitrat und Schwefelsäure (*Chromow-Borišow*, Ž. prikl. Chim. **18** [1945] 612, 622; C. A. **1946** 6365).

Natrium-Salz NaC$_6$H$_3$ClNO$_5$S. In 100 g Wasser lösen sich bei 30° 19,4 g (*Dermer, Dermer*, Am. Soc. **60** [1938] 1).

Kalium-Salz KC$_6$H$_3$ClNO$_5$S. Gelbliche Krystalle (aus W.); F: 325—326° [Zers.] (*Ch.-B.*). In 100 g Wasser lösen sich bei 30° 2,06 g (*De., De.*).

4-Chlor-3-nitro-benzol-sulfonsäure-(1)-phenylester, *4-chloro-3-nitrobenzenesulfonic acid phenyl ester* C$_{12}$H$_8$ClNO$_5$S, Formel V (X = OC$_6$H$_5$).

B. Aus 4-Chlor-3-nitro-benzol-sulfonylchlorid-(1) und Natriumphenolat (*I.G. Farbenind.*, D.R.P. 732780 [1938]).

F: 72°.

4-Chlor-3-nitro-benzol-sulfonylfluorid-(1), *4-chloro-3-nitrobenzenesulfonyl fluoride* C$_6$H$_3$ClFNO$_4$S, Formel V (X = F).

B. Aus 4-Chlor-3-nitro-benzol-sulfonylchlorid-(1) beim Erhitzen mit Kaliumfluorid in Wasser auf 130° (*Am. Cyanamid Co.*, U.S.P. 2436697 [1944]).

F: 58—60°. Kp$_5$: 138—140°.

4-Chlor-3-nitro-benzolsulfonamid-(1), *4-chloro-3-nitrobenzenesulfonamide* C$_6$H$_5$ClN$_2$O$_4$S, Formel V (X = NH$_2$) (H 73).

B. Aus 4-Chlor-3-nitro-benzol-sulfonylchlorid-(1) beim Behandeln mit wss. Ammoniak (*Eastman Kodak Co.*, U.S.P. 2422029 [1943]).

Beim Erwärmen mit Hydrazin-hydrat in Äthanol ist 1-Hydroxy-1H-benzotriazol-sulfonamid-(5) erhalten worden (*Allen, Bell, Wilson*, Am. Soc. **66** [1944] 835).

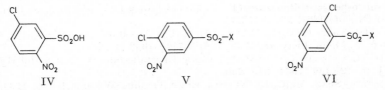

IV   V   VI

4-Chlor-3-nitro-N-methyl-benzolsulfonamid-(1), *4-chloro-N-methyl-3-nitrobenzenesulfonamide* C$_7$H$_7$ClN$_2$O$_4$S, Formel V (X = NH-CH$_3$).

B. Aus 4-Chlor-3-nitro-benzol-sulfonylchlorid-(1) und Methylamin (*Eastman Kodak Co.*, U.S.P. 2422029 [1943]).

F: 61—63°.

4-Chlor-3-nitro-N.N-dimethyl-benzolsulfonamid-(1), *4-chloro-N,N-dimethyl-3-nitrobenzenesulfonamide* C$_8$H$_9$ClN$_2$O$_4$S, Formel V (X = N(CH$_3$)$_2$).

B. Aus 4-Chlor-3-nitro-benzol-sulfonylchlorid-(1) und Dimethylamin (*Eastman Kodak Co.*, U.S.P. 2422029 [1943]).

F: 99—100°.

4-Chlor-3-nitro-N-äthyl-benzolsulfonamid-(1), *4-chloro-N-ethyl-3-nitrobenzenesulfonamide* C$_8$H$_9$ClN$_2$O$_4$S, Formel V (X = NH-C$_2$H$_5$).

B. Aus 4-Chlor-3-nitro-benzol-sulfonylchlorid-(1) und Äthylamin (*Eastman Kodak Co.*, U.S.P. 2422029 [1943]).

F: 97—100°.

4-Chlor-3-nitro-N-isopropyl-benzolsulfonamid-(1), *4-chloro-N-isopropyl-3-nitrobenzenesulfonamide* C$_9$H$_{11}$ClN$_2$O$_4$S, Formel V (X = NH-CH(CH$_3$)$_2$).

B. Aus 4-Chlor-3-nitro-benzol-sulfonylchlorid-(1) und Isopropylamin (*Eastman Kodak Co.*, U.S.P. 2422029 [1943]).

F: 73—75°.

4-Chlor-3-nitro-N-butyl-benzolsulfonamid-(1), *N-butyl-4-chloro-3-nitrobenzenesulfonamide* C$_{10}$H$_{13}$ClN$_2$O$_4$S, Formel V (X = NH-[CH$_2$]$_3$-CH$_3$).

B. Aus 4-Chlor-3-nitro-benzol-sulfonylchlorid-(1) und Butylamin (*Eastman Kodak Co.*, U.S.P. 2422029 [1943]).

F: 69—71°.

4-Chlor-3-nitro-*N*-[2-hydroxy-äthyl]-benzolsulfonamid-(1), *4-chloro-N-(2-hydroxyethyl)-3-nitrobenzenesulfonamide* $C_8H_9ClN_2O_5S$, Formel V (X = $NH-CH_2-CH_2OH$).

B. Aus 4-Chlor-3-nitro-benzol-sulfonylchlorid-(1) und 2-Amino-äthanol-(1) in Benzol (*Allen, Bell, Wilson*, Am. Soc. **66** [1944] 835).

Krystalle (aus W.); F: 125°.

Beim Erwärmen mit Hydrazin-hydrat in Äthanol ist 1-Hydroxy-1*H*-benzotriazol-sulfon=säure-(5)-[2-hydroxy-äthylamid] erhalten worden.

4-Chlor-3-nitro-*N*-[2-methoxy-äthyl]-benzolsulfonamid-(1), *4-chloro-N-(2-methoxyethyl)-3-nitrobenzenesulfonamide* $C_9H_{11}ClN_2O_5S$, Formel V (X = $NH-CH_2-CH_2-OCH_3$).

B. Aus 4-Chlor-3-nitro-benzol-sulfonylchlorid-(1) und 2-Methoxy-äthylamin in wss. Aceton (*Eastman Kodak Co.*, U.S.P. 2422029 [1943]).

F: 81—83°.

***N*-[4-Chlor-3-nitro-benzol-sulfonyl-(1)]-glycin-äthylester**, *N-(4-chloro-3-nitrophenyl=sulfonyl)glycine ethyl ester* $C_{10}H_{11}ClN_2O_6S$, Formel V (X = $NH-CH_2-CO-OC_2H_5$).

B. Beim Erwärmen von 4-Chlor-3-nitro-benzol-sulfonylchlorid-(1) mit Glycin-äthyl=ester-hydrochlorid und Pyridin (*Geigy A.G.*, D.R.P. 741464 [1941]; D.R.P. Org. Chem. **1**, Tl. 1, S. 945).

F: 124°.

4-Chlor-3-nitro-benzol-sulfonsäure-(1)-hydrazid, *4-chloro-3-nitrobenzenesulfonic acid hydrazide* $C_6H_6ClN_3O_4S$, Formel V (X = $NH-NH_2$).

B. Aus 4-Chlor-3-nitro-benzol-sulfonylchlorid-(1) und Hydrazin in Wasser (*Eastman Kodak Co.*, U.S.P. 2422029 [1943]).

F: 136—137°.

6-Chlor-3-nitro-benzol-sulfonsäure-(1), *2-chloro-5-nitrobenzenesulfonic acid* $C_6H_4ClNO_5S$, Formel VI (X = OH) (H 73; E II 35).

K u p f e r (II) - S a l z $Cu(C_6H_3ClNO_5S)_2$. Hellgrüne Krystalle (aus W.) mit 8 Mol H_2O (*Čupr, Širůček*, Chem. Listy **31** [1937] 106, 107; C. **1937** II 766).

B e r y l l i u m - S a l z $Be(C_6H_3ClNO_5S)_2$. Gelbe Krystalle (aus W.) mit 8 Mol H_2O (*Čupr, Širůček*, J. pr. [2] **139** [1934] 245, 250).

M a g n e s i u m - S a l z $Mg(C_6H_3ClNO_5S)_2$. Krystalle (aus W.) mit 9 Mol H_2O, die all-mählich 1 Mol Wasser abgeben (*Čupr, Ši.*, J. pr. [2] **139** 250).

S t r o n t i u m - S a l z $Sr(C_6H_3ClNO_5S)_2$. Gelbgrüne Krystalle (aus W.) mit 1 Mol H_2O (*Čupr, Ši.*, J. pr. [2] **139** 251).

B a r i u m - S a l z $Ba(C_6H_3ClNO_5S)_2$. Grüngraue Krystalle [aus W.] (*Čupr, Širůček*, Spisy přírodov. Mas. Univ. Nr. 186 [1933] 16; C. **1934** I 3434).

Z i n k - S a l z $Zn(C_6H_3ClNO_5S)_2$. Gelbliche Krystalle (aus W.) mit 10 Mol H_2O, die allmählich 1 Mol Wasser abgeben (*Čupr, Ši.*, J. pr. [2] **139** 250).

C a d m i u m - S a l z $Cd(C_6H_3ClNO_5S)_2$. Gelbliche Krystalle (aus W.) mit 10 Mol H_2O, die allmählich 1 Mol Wasser abgeben (*Čupr, Ši.*, J. pr. [2] **139** 250).

A l u m i n i u m - S a l z $Al(C_6H_3ClNO_5S)_3$. Krystalle (aus W.) mit 9 Mol H_2O, die bei 160° das Krystallwasser abgeben (*Čupr, Šliva*, Spisy přírodov. Mas. Univ. Nr. 200 [1935] 8; C. **1935** I 2669).

6-Chlor-3-nitro-benzol-sulfonsäure-(1)-phenylester, *2-chloro-5-nitrobenzenesulfonic acid phenyl ester* $C_{12}H_8ClNO_5S$, Formel VI (X = OC_6H_5) (E II 35).

B. Beim Erwärmen von 6-Chlor-3-nitro-benzol-sulfonylchlorid-(1) mit Phenol und Natriumcarbonat (*Lesslie, Turner*, Soc. **1932** 2021, 2024; vgl. E II 35).

Krystalle (aus PAe. + Bzl.); F: 92—93°.

6-Chlor-3-nitro-benzol-sulfonylchlorid-(1), *2-chloro-5-nitrobenzenesulfonyl chloride* $C_6H_3Cl_2NO_4S$, Formel VI (X = Cl) (H 73; E I 22).

B. Beim Erhitzen von 4-Chlor-1-nitro-benzol mit Chloroschwefelsäure (*Pollak et al.*, M. **55** [1930] 358, 371; *Goldfarb, Berk*, Am. Soc. **65** [1943] 738).

Krystalle; F: 89—90° [aus Ae.] (*Raiford, Grosz*, Am. Soc. **53** [1931] 3420, 3423), 89° [aus PAe.] (*Po. et al.*), 85—87° [aus CCl_4] (*Go., Berk*).

6-Chlor-3-nitro-*N*-[2-hydroxy-äthyl]-benzolsulfonamid-(1), *2-chloro-N-(2-hydroxyethyl)-5-nitrobenzenesulfonamide* $C_8H_9ClN_2O_5S$, Formel VI (X = $NH-CH_2-CH_2OH$).

B. Beim Behandeln von 6-Chlor-3-nitro-benzol-sulfonylchlorid-(1) mit 2-Amino-äthanol-(1) und wss. Kalilauge (*Goldfarb, Berk*, Am. Soc. **65** [1943] 738).

Krystalle (aus W. oder Isopropylalkohol); F: 133—135°.

2-Chlor-4-nitro-benzolsulfonamid-(1), *2-chloro-4-nitrobenzenesulfonamide* $C_6H_5ClN_2O_4S$, Formel VII.

B. Beim Einleiten von Chlor in eine Suspension von 2-Chlor-4-nitro-1-benzylmercapto-benzol in wasserhaltiger Essigsäure und Behandeln des Reaktionsprodukts mit wss. Ammoniak (*Baker, Dodson, Riegel*, Am. Soc. **68** [1946] 2636, 2639).

Krystalle (aus wss. A.); F: 148—149° [Block].

3-Chlor-x-nitro-benzol-sulfonylfluorid-(1), *3-chloro-x-nitrobenzenesulfonyl fluoride* $C_6H_3ClFNO_4S$, Formel VIII (X = Cl).

    3-Chlor-x-nitro-benzol-sulfonylfluorid-(1) vom F: 85°.

B. Aus 3-Chlor-benzol-sulfonylfluorid-(1) beim Behandeln mit Salpetersäure und Schwefelsäure (*Steinkopf, Hübner*, J. pr. [2] **141** [1934] 193, 200).

Krystalle (aus A.); F: 85°.

3-Brom-x-nitro-benzol-sulfonylfluorid-(1), *3-bromo-x-nitrobenzenesulfonyl fluoride* $C_6H_3BrFNO_4S$, Formel VIII (X = Br).

    3-Brom-x-nitro-benzol-sulfonylfluorid-(1) vom F: 104°.

B. Aus 3-Brom-benzol-sulfonylfluorid-(1) beim Behandeln mit Salpetersäure und Schwefelsäure (*Steinkopf, Hübner*, J. pr. [2] **141** [1934] 193, 200).

Krystalle (aus A.); F: 104°.

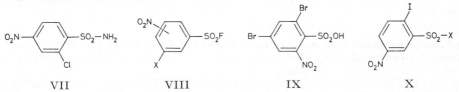

      VII   VIII   IX   X

4.6-Dibrom-2-nitro-benzol-sulfonsäure-(1), *2,4-dibromo-6-nitrobenzenesulfonic acid* $C_6H_3Br_2NO_5S$, Formel IX (H 76).

B. Aus 3.5-Dibrom-1.2-dinitro-benzol beim Erwärmen mit Natriumsulfit in wss. Äthanol (*Kohlhase*, Am. Soc. **54** [1932] 2441, 2447).

6-Jod-3-nitro-benzol-sulfonsäure-(1)-phenylester, *2-iodo-5-nitrobenzenesulfonic acid phenyl ester* $C_{12}H_8INO_5S$, Formel X (X = OC_6H_5).

B. Beim Erwärmen von 6-Jod-3-nitro-benzol-sulfonylchlorid-(1) mit Phenol und Natriumcarbonat (*Lesslie, Turner*, Soc. **1932** 2021, 2025).

Krystalle (aus A.); F: 128—129°.

6-Jod-3-nitro-benzol-sulfonylchlorid-(1), *2-iodo-5-nitrobenzenesulfonyl chloride* $C_6H_3ClINO_4S$, Formel X (X = Cl).

B. Aus dem Natrium-Salz der 6-Jod-3-nitro-benzol-sulfonsäure-(1) und Phosphor(V)-chlorid (*Lesslie, Turner*, Soc. **1932** 2021, 2025).

Krystalle (aus wss. Eg.); F: 122—123°.

2.4-Dinitro-benzol-sulfonsäure-(1), *2,4-dinitrobenzenesulfonic acid* $C_6H_4N_2O_7S$, Formel XI (X = OH) (H 78; E II 36).

Beim Umkrystallisieren des Trihydrats (s. H 78; E II 36) aus Acetonitril und Benzol ist ein Dihydrat erhalten worden (*Toennies, Elliott*, Am. Soc. **57** [1935] 2136).

2.4-Dinitro-benzol-sulfonylchlorid-(1), *2,4-dinitrobenzenesulfonyl chloride* $C_6H_3ClN_2O_6S$, Formel XI (X = Cl) (H 78).

B. Aus 2.4-Dinitro-benzol-sulfenylchlorid-(1) (E III **6** 1101) beim Behandeln mit Dibenzoylperoxid in Tetrachlormethan (*Kharasch, Buess*, Am. Soc. **71** [1949] 2724, 2728). Beim Einleiten von Chlor in ein Gemisch von Bis-[2.4-dinitro-phenyl]-disulfid, wss. Salzsäure und Salpetersäure (*Schreiber, Shriner*, Am. Soc. **56** [1934] 114, 116). Beim Einleiten von Chlor in Suspensionen von Thiobenzoesäure-*S*-[2.4-dinitro-phenylester] oder von Bis-[2.4-dinitro-phenyl]-disulfid in Schwefelsäure und anschliessenden Behandeln mit wss. Essigsäure (*Loudon, Shulman*, Soc. **1938** 1618, 1621).

Krystalle; F: 102° (*Davies, Storrie, Tucker,* Soc. **1931** 624, 626; *Lou., Sh.*), 101—102° [ans Bzl. + PAe.] (*Sprague, Johnson,* Am. Soc. **59** [1937] 2439).

2.4-Dinitro-benzolsulfonamid-(1), *2,4-dinitrobenzenesulfonamide* $C_6H_5N_3O_6S$, Formel XI (X = NH_2) (H 79).

F: 156—157° (*Sprague, Johnson,* Am. Soc. **59** [1937] 2439).

Beim Erwärmen mit Natrium-[4-methyl-thiophenolat] in wss. Äthanol ist [2.4-Dinitrophenyl]-*p*-tolyl-sulfid erhalten worden (*Loudon, Shulman,* Soc. **1938** 1618, 1621). Bildung von 2.4-Dinitro-1-piperidino-benzol beim Erhitzen mit Piperidin: *Lou., Sh.*

2.4-Dinitro-benzol-sulfonsäure-(1)-hydrazid, *2,4-dinitrobenzenesulfonic acid hydrazide* $C_6H_6N_4O_6S$, Formel XI (X = $NH-NH_2$).

B. Beim Behandeln von 2.4-Dinitro-benzol-sulfonylchlorid-(1) in Benzol mit Hydrazinhydrat in Äthanol bei —10° (*Davies, Storrie, Tucker,* Soc. **1931** 624, 626).

Hellgelbe Krystalle; F: 110° [Zers.] (*Da., St., Tu.*).

Beim Erhitzen in wss. Lösung entsteht 1.3-Dinitro-benzol (*Da., St., Tu.*). Eine beim Erhitzen mit wss. Salzsäure erhaltene, als 2.4-Dinitro-benzol-sulfinsäure-(1) angesehene Verbindung vom F: 196° (*Da., St., Tu.*) ist als Hydrazin-dihydrochlorid identifiziert worden (*Bradbury, Smith,* Soc. **1952** 2943).

2.4-Dinitro-benzol-sulfonsäure-(1)-isopropylidenhydrazid, Aceton-[2.4-dinitro-benzolsulfonyl-(1)-hydrazon], *2,4-dinitrobenzenesulfonic acid isopropylidenehydrazide* $C_9H_{10}N_4O_6S$, Formel XI (X = $NH-N=C(CH_3)_2$).

B. Aus 2.4-Dinitro-benzol-sulfonsäure-(1)-hydrazid und Aceton (*Cameron, Storrie,* Soc. **1934** 1330).

Krystalle (aus Acn.); F: 148° [Zers.].

2.4-Dinitro-benzol-sulfonsäure-(1)-benzylidenhydrazid, Benzaldehyd-[2.4-dinitro-benzolsulfonyl-(1)-hydrazon], *2,4-dinitrobenzenesulfonic acid benzylidenehydrazide* $C_{13}H_{10}N_4O_6S$, Formel XI (X = $NH-N=CH-C_6H_5$).

B. Aus 2.4-Dinitro-benzol-sulfonsäure-(1)-hydrazid und Benzaldehyd (*Cameron, Storrie,* Soc. **1934** 1330).

Gelbe Krystalle (aus Acn.); F: 188° [Zers.].

2.4-Dinitro-benzol-sulfonsäure-(1)-benzhydrylidenhydrazid, Benzophenon-[2.4-dinitro-benzol-sulfonyl-(1)-hydrazon], *2,4-dinitrobenzenesulfonic acid benzhydrylidenehydrazide* $C_{19}H_{14}N_4O_6S$, Formel XI (X = $NH-N=C(C_6H_5)_2$).

B. Aus 2.4-Dinitro-benzol-sulfonsäure-(1)-hydrazid und Benzophenon (*Cameron, Storrie,* Soc. **1934** 1330).

Gelbliche Krystalle (aus Acn.); F: 132—133° [Zers.].

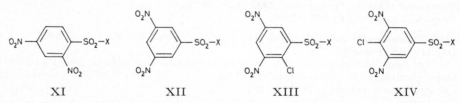

XI   XII   XIII   XIV

3.5-Dinitro-benzol-sulfonylchlorid-(1), *3,5-dinitrobenzenesulfonyl chloride* $C_6H_3ClN_2O_6S$, Formel XII (X = Cl) (H 79).

Beim Erhitzen mit Phosphor(III)-bromid auf 110° ist Bis-[3.5-dinitro-phenyl]-disulfid erhalten worden (*Kohlhase,* Am. Soc. **54** [1932] 2441, 2442, 2446).

N-[3.5-Dinitro-benzol-sulfonyl-(1)]-glycin, N-(*3,5-dinitrophenylsulfonyl)glycine* $C_8H_7N_3O_8S$, Formel XII (X = $NH-CH_2-COOH$).

B. Beim Schütteln von 3.5-Dinitro-benzol-sulfonylchlorid-(1) mit Glycin und wss. Natronlauge (*Saunders, Stacey, Wilding,* Biochem. J. **36** [1942] 368, 374).

Krystalle (aus W.); F: 191—192°.

2-Chlor-3.5-dinitro-benzol-sulfonylchlorid-(1), *2-chloro-3,5-dinitrobenzenesulfonyl chloride* $C_6H_2Cl_2N_2O_6S$, Formel XIII (X = Cl).

B. Aus dem Natrium-Salz der 2-Chlor-3.5-dinitro-benzol-sulfonsäure-(1) beim Erhitzen

mit Chloroschwefelsäure auf 150° (*Eastman Kodak Co.*, U.S.P. 2358465 [1941]).
  F: 101—103°.

2-Chlor-3.5-dinitro-*N*-methyl-benzolsulfonamid-(1), *2-chloro-N-methyl-3,5-dinitro=*
benzenesulfonamide $C_7H_6ClN_3O_6S$, Formel XIII (X = NH-CH$_3$).
  B. Aus 2-Chlor-3.5-dinitro-benzol-sulfonylchlorid-(1) und Methylamin in wss. Aceton
(*Eastman Kodak Co.*, U.S.P. 2358465 [1941]).
  F: 146—149°.

2-Chlor-3.5-dinitro-*N*-äthyl-benzolsulfonamid-(1), *2-chloro-N-ethyl-3,5-dinitrobenzene=*
sulfonamide $C_8H_8ClN_3O_6S$, Formel XIII (X = NH-C$_2$H$_5$).
  B. Aus 2-Chlor-3.5-dinitro-benzol-sulfonylchlorid-(1) und Äthylamin (*Eastman Kodak
Co.*, U.S.P. 2358465 [1941]).
  F: 138—141°.

2-Chlor-3.5-dinitro-*N*-hexadecyl-benzolsulfonamid-(1), *2-chloro-N-hexadecyl-3,5-dinitro=*
benzenesulfonamide $C_{22}H_{36}ClN_3O_6S$, Formel XIII (X = NH-[CH$_2$]$_{15}$-CH$_3$).
  B. Aus 2-Chlor-3.5-dinitro-benzol-sulfonylchlorid-(1) und Hexadecylamin (*Eastman
Kodak Co.*, U.S.P. 2358465 [1941]).
  F: 98—100°.

2-Chlor-3.5-dinitro-*N*-[2-hydroxy-äthyl]-benzolsulfonamid-(1), *2-chloro-N-(2-hydroxy=*
ethyl)-3,5-dinitrobenzenesulfonamide $C_8H_8ClN_3O_7S$, Formel XIII (X = NH-CH$_2$-CH$_2$OH).
  B. Aus 2-Chlor-3.5-dinitro-benzol-sulfonylchlorid-(1) und 2-Amino-äthanol-(1) (*Eastman
Kodak Co.*, U.S.P. 2358465 [1941]).
  F: 149—151°.

2-Chlor-3.5-dinitro-*N*-[2-methoxy-äthyl]-benzolsulfonamid-(1), *2-chloro-N-(2-methoxy=*
ethyl)-3,5-dinitrobenzenesulfonamide $C_9H_{10}ClN_3O_7S$, Formel XIII
(X = NH-CH$_2$-CH$_2$-OCH$_3$).
  B. Aus 2-Chlor-3.5-dinitro-benzol-sulfonylchlorid-(1) und 2-Methoxy-äthylamin (*East-
man Kodak Co.*, U.S.P. 2358465 [1941]).
  F: 86—88°.

2-[2-Chlor-3.5-dinitro-benzol-sulfonyl-(1)-amino]-1-[2-hydroxy-äthoxy]-äthan,
2-Chlor-3.5-dinitro-*N*-[2-(2-hydroxy-äthoxy)-äthyl]-benzolsulfonamid-(1), *2-chloro-*
N-[2-(2-hydroxyethoxy)ethyl]-3,5-dinitrobenzenesulfonamide $C_{10}H_{12}ClN_3O_8S$, Formel XIII
(X = NH-CH$_2$-CH$_2$-O-CH$_2$-CH$_2$OH).
  B. Aus 2-Chlor-3.5-dinitro-benzol-sulfonylchlorid-(1) und 1-[2-Amino-äthoxy]-äthan=
ol-(2) (*Eastman Kodak Co.*, U.S.P. 2358465 [1941]).
  F: 216—217°.

4-Chlor-3.5-dinitro-benzol-sulfonsäure-(1), *4-chloro-3,5-dinitrobenzenesulfonic acid*
$C_6H_3ClN_2O_7S$, Formel XIV (X = OH) (H 79; E II 37).
  B. Beim Erhitzen von Chlorbenzol mit rauchender Schwefelsäure und Kaliumnitrat
(*Hodgson, Dodgson*, Soc. **1948** 1006, 1008; *Schultz*, Org. Synth. Coll. Vol. IV [1963] 364;
vgl. E II 37).
  Krystalle (aus W.); F: 293° (*Ho., Do.*).

4-Chlor-3.5-dinitro-benzol-sulfonylchlorid-(1), *4-chloro-3,5-dinitrobenzenesulfonyl chloride*
$C_6H_2Cl_2N_2O_6S$, Formel XIV (X = Cl) (H 80).
  B. Aus dem Kalium-Salz der 4-Chlor-3.5-dinitro-benzol-sulfonsäure-(1) beim Erhitzen
mit Chloroschwefelsäure auf 150° (*Pollak et al.*, M. **55** [1930] 358, 371).
  Krystalle (aus Bzl. oder Ae.); F: 89°.

2.4.6-Trinitro-benzol-sulfonsäure-(1), *2,4,6-trinitrobenzenesulfonic acid* $C_6H_3N_3O_9S$,
Formel I (H 80; dort auch als Pikrylsulfonsäure bezeichnet).
  B. Aus 2-Chlor-1.3.5-trinitro-benzol beim Erwärmen mit Natriumsulfit in wss. Äthanol
(*Sprung*, Am. Soc. **52** [1930] 1650, 1653; vgl. H 80).
  Beim Erhitzen des Natrium-Salzes mit Phosphor(V)-chlorid, mit Gemischen von
Phosphor(V)-chlorid und Phosphor(III)-chlorid oder mit Gemischen von Phosphor(V)-
chlorid und Phosphoroxychlorid ist 2-Chlor-1.3.5-trinitro-benzol erhalten worden (*Pezold,
Schreiber, Shriner*, Am. Soc. **56** [1934] 696).
  Tris-[2-chlor-äthyl]-sulfonium-Salz $[C_6H_{12}Cl_3S]C_6H_2N_3O_9S$. Krystalle (aus

Acn. + Ae.); F: 154° (*Stahmann, Fruton, Bergmann*, J. org. Chem. **11** [1946] 704, 714).

Bis-[2-chlor-äthyl]-vinyl-sulfonium-Salz [C₆H₁₁Cl₂S]C₆H₂N₃O₉S. Krystalle (aus Acn. + Ae.); F: 134° (*Sta., Fr., Be.*).

Trivinylsulfonium-Salz [C₆H₉S]C₆H₂N₃O₉S. Krystalle (aus Me.); F: 157° (*Sta., Fr., Be.*).

Tris-[2-äthoxy-äthyl]-sulfonium-Salz [C₁₂H₂₇O₃S]C₆H₂N₃O₉S. Krystalle (aus wss. Me.); F: 62—64° (*Sta., Fr., Be.*).

Bis-[2-hydroxy-äthyl]-[2-(2-chlor-äthylmercapto)-äthyl]-sulfonium-Salz [C₈H₁₈ClO₂S₂]C₆H₂N₃O₉S. Krystalle (aus Acn. + A.); F: 91—92° (*Stein, Moore, Bergmann*, J. org. Chem. **11** [1946] 664, 672).

Bis-[2-hydroxy-äthyl]-[2-(2-hydroxy-äthylmercapto)-äthyl]-sulfonium-Salz [C₈H₁₉O₃S₂]C₆H₂N₃O₉S. Krystalle (aus Acn. + Ae.); F: 76—78° (*Stein, Moore, Be.*).

Bis-{2-[bis-(2-hydroxy-äthyl)-sulfonio]-äthyl}-sulfid-Salz [C₁₂H₂₈O₄S₃](C₆H₂N₃O₉S)₂. Krystalle (aus Acn. + wss. A.); F: 138—139° (*Stein, Moore, Be.*).

1.2-Bis-{2-[bis-(2-hydroxy-äthyl)-sulfonio]-äthylmercapto}-äthan-Salz [C₁₄H₃₂O₄S₄](C₆H₂N₃O₉S)₂. F: 125—127° (*Stein, Fruton, Bergmann*, J. org. Chem. **11** [1946] 692, 702).

Tris-[2-chlor-äthyl]-amin-Salz. Krystalle; F: 180—182° (*Golumbic, Stahmann, Bergmann*, J. org. Chem. **11** [1946] 550, 556).

Dihexyl-allyl-amin-Salz C₁₅H₃₁N·C₆H₃N₃O₉S. Krystalle (aus A.); F: 116,8—117,3° [korr.] (*Cope, Towle*, Am. Soc. **71** [1949] 3423, 3424).

Dihexyl-allyl-aminoxid-Salz C₁₅H₃₁NO·C₆H₃N₃O₉S. F: 88,8—89,6° (*Cope, To.,* l. c. S. 3425).

Methyl-[2-chlor-äthyl]-[2-hydroxy-äthyl]-amin-Salz C₅H₁₂ClNO·C₆H₃N₃O₉S. Krystalle (aus Acn. + PAe.); F: 142—144° (*Golumbic, Fruton, Bergmann*, J. org. Chem. **11** [1946] 518, 530).

Äthyl-[2-chlor-äthyl]-[2-hydroxy-äthyl]-amin-Salz C₆H₁₄ClNO·C₆H₃N₃O₉S. Krystalle (aus Acn. + PAe.); F: 110—111° (*Fruton, Bergmann*, J. org. Chem. **11** [1946] 543, 548).

Bis-[2-chlor-äthyl]-[2-hydroxy-äthyl]-amin-Salz C₆H₁₃Cl₂NO·C₆H₃N₃O₉S. Krystalle (aus W.); F: 127—129° (*Go., Sta., Be.*).

{2-[Methyl-(2-chlor-äthyl)-amino]-äthyl}-bis-[2-hydroxy-äthyl]-sulfonium-Salz [C₉H₂₂ClNO₂S](C₆H₂N₃O₉S)₂. Krystalle (aus Acn.); F: 158—160° (*Golumbic, Fruton, Bergmann*, J. org. Chem. **11** [1946] 581, 584).

Methyl-bis-[2-hydroxy-äthyl]-amin-Salz. Krystalle (aus W.); F: 182—183° (*Go., Fr., Be.,* l. c. S. 530).

[2-Chlor-äthyl]-bis-[2-hydroxy-äthyl]-amin-Salz C₆H₁₄ClNO₂·C₆H₃N₃O₉S. Krystalle (aus W.); F: 170—171° (*Go., Sta., Be.*).

Tris-[2-hydroxy-äthyl]-amin-Salz C₆H₁₅NO₃·C₆H₃N₃O₉S. Krystalle; F: 187° bis 189° (*Go., Sta., Be.*).

Methyl-bis-[2-hydroxy-äthyl]-{2-[methyl-(2-chlor-äthyl)-amino]-äthyl}-ammonium-Salz [C₁₀H₂₅ClN₂O₂](C₆H₂N₃O₉S)₂. Krystalle (aus Acn.); F: 213—215° (*Go., Fr., Be.,* l. c. S. 585).

Methyl-bis-[2-hydroxy-äthyl]-{2-[äthyl-(2-chlor-äthyl)-amino]-äthyl}-ammonium-Salz [C₁₁H₂₇ClN₂O₂](C₆H₂N₃O₉S)₂. Krystalle (aus Acn.); F: 191—192° (*Go., Fr., Be.,* l. c. S. 584).

Methyl-bis-[2-hydroxy-äthyl]-{2-[methyl-(2-hydroxy-äthyl)-amino]-äthyl}-ammonium-Salz [C₁₀H₂₆N₂O₃](C₆H₂N₃O₉S)₂. Krystalle (aus W.) mit 0,5 Mol H₂O; F: 204—206° [Zers.] (*Go., Fr., Be.,* l. c. S. 531, 585).

N.N-Dipropyl-O-allyl-hydroxylamin-Salz C₉H₁₉NO·C₆H₃N₃O₉S. Krystalle (aus A.); F: 106,8—107,7° [korr.] (*Cope, To.,* l. c. S. 3428).

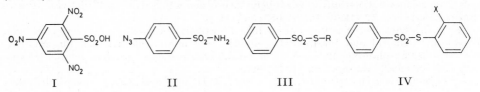

I   II   III   IV

4-Azido-benzolsulfonamid-(1), p-*azidobenzenesulfonamide* $C_6H_6N_4O_2S$, Formel II.

B. Beim Behandeln einer aus Sulfanilamid in wss. Schwefelsäure bereiteten Diazonium=salz-Lösung mit Hydrazin und Natriumacetat (*Am. Cyanamid Co.*, U.S.P. 2254191 [1940]).

Gelbe Krystalle (aus W.); F: 119° [Zers.].

Benzolthiosulfonsäure-*S*-methylester, *benzenethiosulfonic acid* S-*methyl ester* $C_7H_8O_2S_2$, Formel III (R = CH_3).

B. Aus Natrium-benzolthiosulfonat und Dimethylsulfat (*Gibson*, Soc. **1932** 1819, 1822).

Kp$_1$: 123°.

Beim Erwärmen mit Phenylsulfon-aceton, p-Tolylsulfon-aceton oder 1-Methyl=mercapto-1-p-tolylsulfon-aceton, jeweils in Äthanol unter Zusatz von Natriumcarbonat, ist 1-Methylmercapto-1-phenylsulfon-aceton erhalten worden.

Benzolthiosulfonsäure-*S*-phenylester, *benzenethiosulfonic acid* S-*phenyl ester* $C_{12}H_{10}O_2S_2$, Formel IV (X = H) (H 6 324; E I 6 148; E II 11 37).

Diese Verbindung (mit Jod verunreinigt) hat in dem E II 24 als Benzolsulfonyljodid beschriebenen Präparat vorgelegen (*Kroepelin, Born*, Ar. **287** [1954] 561, 564).

Reaktion mit Natrium-[toluol-sulfinat-(4)] in wss. Äthanol unter Bildung von Toluol-thiosulfonsäure-(4)-S-phenylester: *Loudon, Livingston*, Soc. **1935** 896. Bildung von Phenyl=mercapto-phenylsulfon-methan beim Behandeln mit Phenylsulfon-aceton und äthanol. Natriumäthylat: *Philbin et al.*, Soc. **1957** 2338; s. a. *Gibson*, Soc. **1932** 1819, 1824. Beim Behandeln mit (±)-4-[2-Oxo-1-methyl-propylsulfon]-benzoesäure-äthylester und äthanol. Natriumäthylat und Erwärmen des Reaktionsprodukts mit wss.-äthanol. Alkalilauge ist 4-[1-Phenylmercapto-äthylsulfon]-benzoesäure erhalten worden (*Kipping*, Soc. **1935** 18, 19).

Benzolthiosulfonsäure-*S*-[2-nitro-phenylester], *benzenethiosulfonic acid* S-(o-*nitrophenyl*) *ester* $C_{12}H_9NO_4S_2$, Formel IV (X = NO_2).

B. Beim Erwärmen von Natrium-benzolsulfinat mit 2-Nitro-benzol-sulfenylchlorid-(1) in Äther oder mit 2-Nitro-benzol-thiosulfonsäure-(1)-S-[2-nitro-phenylester] in wss. Äthanol (*Loudon, Livingston*, Soc. **1935** 896, 898).

Krystalle (aus A.); F: 87°.

Benzolsulfonyl-äthoxythiocarbonyl-sulfid, [Dithiokohlensäure-*O*-äthylester]-benzol=sulfonsäure-*S*-anhydrid, Äthylxanthogensäure-benzolsulfonsäure-anhydrid, (*phenylsulfonylthio*)*thioformic acid* O-*ethyl ester* $C_9H_{10}O_3S_3$, Formel III (R = $CS-OC_2H_5$) (E I 22).

Über die Existenz dieser Verbindung s. *Bulmer, Mann*, Soc. **1945** 680.

Dibenzolsulfonylsulfid, Benzolthiosulfonsäure-*S*-anhydrid, *benzenesulfonic thioanhydride* $C_{12}H_{10}O_4S_3$, Formel V (H 82).

Krystalle (aus Eg.); F: 133° (*Dawson, Mathieson, Robertson*, Soc. **1948** 322, 325). Monoklin-prismatisch; Raumgruppe A_2/a. Aus dem Röntgen-Diagramm ermittelte Dimensionen der Elementarzelle: a = 15,88 Å; b = 5,52 Å; c = 15,88 Å; β = 112,9°; n = 4 (*Da., Ma., Ro.*). Dichte: 1,583 (*Da., Ma., Ro.*). Atomabstände und Bindungswinkel: *Mathieson, Robertson*, Soc. **1949** 724.

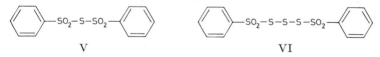

V   VI

Dibenzolsulfonyltrisulfid, *bis(phenylsulfonyl) trisulfide* $C_{12}H_{10}O_4S_5$, Formel VI (H 82).

Krystalle (aus Eg.); F: 103° (*Dawson, Mathieson, Robertson*, Soc. **1948** 322, 326). Tetragonal-trapezoedrisch; Raumgruppe $P4_12_1$ (oder $P4_32_1$); aus dem Röntgen-Dia=gramm ermittelte Dimensionen der Elementarzelle: a = 7,74 Å; c = 26,29 Å; n = 4. Dichte: 1,582.

Benzolsulfonyl-[2-nitro-benzol-selenenyl-(1)]-sulfid, [2-Nitro-benzol-selenensäure-(1)]-benzolthiosulfonsäure-*S*-anhydrid, *benzenesulfonic* o-*nitrobenzeneselenenic thioanhydride* $C_{12}H_9NO_4S_2Se$, Formel VII (X = H).

B. Beim Behandeln von 2-Nitro-benzol-selenenylbromid-(1) mit dem Natrium-Salz oder Kalium-Salz der Benzolthiosulfonsäure in Äthylacetat und Methanol (*Foss*, Am. Soc. **69** [1947] 2236).

Krystalle (aus Bzl.); F: 147° [unkorr.].

Beim Behandeln mit Natriumthiosulfat in wss. Äthanol und Äthylacetat ist Natrium-*S*-[2-nitro-benzol-selenenyl-(1)]-thiosulfat (E III **6** 1118) erhalten worden (*Foss*, l. c. S. 2237).

4-Chlor-benzol-thiosulfonsäure-(1)-*S*-[4-chlor-phenylester], p-*chlorobenzenethiosulfonic acid* S-(p-*chlorophenyl*) *ester* $C_{12}H_8Cl_2O_2S_2$, Formel VIII (X = Cl) (H **6** 330; E II **11** 37).

B. Beim Behandeln von Silber-[4-chlor-thiophenolat] mit 4-Chlor-benzol-sulfonyl=jodid-(1) in Äther (*Bulmer, Mann*, Soc. **1945** 680, 685).

Krystalle (aus A.); F: 137—138°.

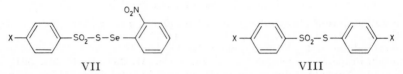

VII   VIII

4-Chlor-benzol-thiosulfonsäure-(1)-*S*-[2.5-dichlor-phenylester], p-*chlorobenzenethio=sulfonic acid* S-(2,5-*dichlorophenyl*) *ester* $C_{12}H_7Cl_3O_2S_2$, Formel IX.

B. Beim Erwärmen von 2.5-Dichlor-benzol-thiosulfonsäure-(1)-*S*-[2.5-dichlor-phenyl=ester] mit Natrium-[4-chlor-benzol-sulfinat-(1)] in Äthanol (*Gibson, Loudon*, Soc. **1937** 487).

F: 121—122°.

2.5-Dichlor-benzol-thiosulfonsäure-(1)-*S*-[2.5-dichlor-phenylester], 2,5-*dichlorobenzene=thiosulfonic acid* S-(2,5-*dichlorophenyl*) *ester* $C_{12}H_6Cl_4O_2S_2$, Formel X (E II 38).

Reaktion mit Natrium-[4-chlor-benzol-sulfinat-(1)] in Äthanol unter Bildung von 4-Chlor-benzol-thiosulfonsäure-(1)-*S*-[2.5-dichlor-phenylester]: *Gibson, Loudon*, Soc. **1937** 487. Beim Behandeln mit (±)-1-Methylmercapto-1-*p*-tolylsulfon-aceton und äthanol. Natriumäthylat sind Bis-[2.5-dichlor-phenyl]-disulfid, 1-[2.5-Dichlor-phenylmercapto]-1-*p*-tolylsulfon-aceton und 2.5-Dichlor-benzol-sulfinsäure-(1) erhalten worden (*Gibson*, Soc. **1932** 1819, 1824; s. a. *Cowie, Gibson*, Soc. **1933** 306, 307).

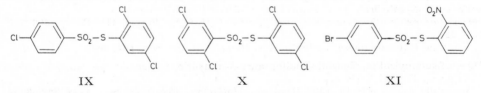

IX   X   XI

4-Brom-benzol-thiosulfonsäure-(1)-*S*-[4-brom-phenylester], p-*bromobenzenethiosulfonic acid* S-(p-*bromophenyl*) *ester* $C_{12}H_8Br_2O_2S_2$, Formel VIII (X = Br) (H **9** 1062; H **11** 83).

Konstitution: *Noordik, Vos*, R. **86** [1967] 156; s. a. *Leandri, Tundo*, Ann. Chimica **47** [1957] 575, 577, 578.

Krystalle (aus A.); F: 159° (*Le., Tu.*). Raumgruppe $P2_1/n$; aus dem Röntgen-Dia=gramm ermittelte Dimensionen der Elementarzelle: *Noo., Vos.* Atomabstände und Bin=dungswinkel: *Noo., Vos.*

4-Brom-benzol-thiosulfonsäure-(1)-*S*-[2-nitro-phenylester], p-*bromobenzenethiosulfonic acid* S-(o-*nitrophenyl*) *ester* $C_{12}H_8BrNO_4S_2$, Formel XI.

B. Beim Erwärmen von Natrium-[4-brom-benzol-sulfinat-(1)] mit 2-Nitro-benzol-thiosulfonsäure-(1)-*S*-[2-nitro-phenylester] in wss. Äthanol, wss. Essigsäure oder wss. Dioxan oder mit [Toluol-sulfonyl-(4)]-[2-nitro-phenyl]-disulfid in wss. Dioxan (*Loudon, Livingston*, Soc. **1935** 896).

Krystalle (aus A.); F: 137°.

[4-Brom-benzol-sulfonyl-(1)]-[2-nitro-benzol-selenenyl-(1)]-sulfid, [2-Nitro-benzol-selenensäure-(1)]-[4-brom-benzol-thiosulfonsäure-(1)]-*S*-anhydrid, p-*bromobenzene=sulfonic o-nitrobenzeneselenenic thioanhydride* $C_{12}H_8BrNO_4S_2Se$, Formel VII (X = Br).

B. Beim Behandeln von 2-Nitro-benzol-selenenylbromid-(1) mit dem Natrium-Salz oder Kalium-Salz der 4-Brom-benzol-thiosulfonsäure-(1) in Äthylacetat und Methanol (*Foss*, Am. Soc. **69** [1947] 2236).

Krystalle (aus Bzl.); F: 169° [unkorr.].

Beim Behandeln mit Natriumthiosulfat in wss. Äthanol und Äthylacetat ist Natrium-*S*-[2-nitro-benzol-selenenyl-(1)]-thiosulfat (E III **6** 1118) erhalten worden (*Foss*, l. c. S. 2237).

2-Jod-benzol-thiosulfonsäure-(1)-*S*-[2-jod-phenylester], o-*iodobenzenethiosulfonic acid* S-(o-*iodophenyl*) *ester* $C_{12}H_8I_2O_2S_2$, Formel XII.

B. Aus 2-Jod-benzol-sulfinsäure-(1) (*Stevenson, Smiles*, Soc. **1931** 718, 719).

F: 147°.

3-Nitro-benzol-thiosulfonsäure-(1)-*S*-[2.5-dichlor-phenylester], m-*nitrobenzenethio= sulfonic acid* S-(2,5-*dichlorophenyl*) *ester* $C_{12}H_7Cl_2NO_4S_2$, Formel XIII.

B. Beim Erwärmen von 2.5-Dichlor-benzol-thiosulfonsäure-(1)-*S*-[2.5-dichlor-phenyl= ester] mit Natrium-[3-nitro-benzol-sulfinat-(1)] in wss. Äthanol, wss. Essigsäure oder wss. Dioxan (*Loudon, Livingston*, Soc. **1935** 896).

Krystalle (aus A.); F: 116°.

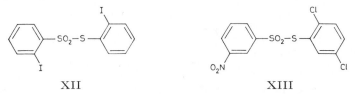

XII   XIII

4-Nitro-benzol-thiosulfonsäure-(1)-*S*-[4-nitro-phenylester], p-*nitrobenzenethiosulfonic acid* S-(p-*nitrophenyl*) *ester* $C_{12}H_8N_2O_6S_2$, Formel VIII (X = NO_2) (H **6** 341; E I **6** 160; vgl. H **11** 83).

B. Neben anderen Verbindungen beim Verreiben von 4-Nitro-benzol-sulfonylchlorid-(1) mit Kalium-äthylxanthogenat [Kalium-*O*-äthyl-dithiocarbonat] (*Bulmer, Mann*, Soc. **1945** 680, 685).

Krystalle (aus A.); F: 180—180,5°.

3.5-Dinitro-benzol-thiosulfonsäure-(1)-*S*-phenylester, 3,5-*dinitrobenzenethiosulfonic acid* S-*phenyl ester* $C_{12}H_8N_2O_6S_2$, Formel XIV.

B. Beim Behandeln von 3.5-Dinitro-benzol-sulfonylchlorid-(1) mit Natrium-thio= phenolat in Benzol (*Kohlhase*, Am. Soc. **54** [1932] 2441, 2446).

Gelbliche Krystalle (aus A.); F: 139—141°.

Beim Behandeln mit Phosphor(III)-bromid und Stehenlassen einer Lösung des Reak-tionsprodukts in wss. Ammoniak an der Luft ist Bis-[3.5-dinitro-phenyl]-disulfid erhalten worden.

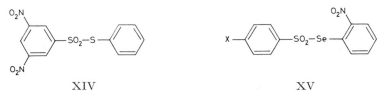

XIV   XV

Benzolselenosulfonsäure-*Se*-[2-nitro-phenylester], *benzeneselenosulfonic acid* Se-(o-*nitro= phenyl*) *ester* $C_{12}H_9NO_4SSe$, Formel XV (X = H).

Diese Konstitution ist wahrscheinlich der nachstehend beschriebenen Verbindung auf Grund ihrer Bildungsweise in Analogie zu Toluol-thiosulfonsäure-(4)-*S*-[2-nitro-phenyl= ester] (S. 327) zuzuordnen.

B. Beim Behandeln von 2-Nitro-benzol-selenenylbromid-(1) mit Natrium-benzol= sulfinat oder Kalium-benzolsulfinat in Äthylacetat und Methanol (*Foss*, Am. Soc. **69** [1947] 2236).

Krystalle (aus A.); F: 109° [unkorr.].

Beim Behandeln einer äthanol. Lösung mit wss. Kaliumcyanid-Lösung ist 2-Nitro-phenylselenocyanat erhalten worden.

4-Brom-benzol-selenosulfonsäure-(1)-Se-[2-nitro-phenylester], p-*bromobenzeneseleno⸗ sulfonic acid* Se-(o-*nitrophenyl*) *ester* $C_{12}H_8BrNO_4SSe$, Formel XV (X = Br).

Diese Konstitution ist wahrscheinlich der nachstehend beschriebenen Verbindung auf Grund ihrer Bildungsweise in Analogie zu Toluol-thiosulfonsäure-(4)-S-[2-nitro-phenyl⸗ ester] (S. 327) zuzuordnen.

B. Beim Behandeln von 2-Nitro-benzol-selenenylbromid-(1) mit Natrium-[4-brom-benzol-sulfinat-(1)] oder Kalium-[4-brom-benzol-sulfinat-(1)] in Äthylacetat und Methanol (*Foss*, Am. Soc. **69** [1947] 2236).

Krystalle (aus Bzl.); F: 126° [unkorr.]. [*Eberle*]

Toluol-sulfonsäure-(2), o-Toluolsulfonsäure, o-*toluenesulfonic acid* $C_7H_8O_3S$, Formel I (X = OH) (H 83; E I 22; E II 39).

Abspaltung der Sulfo-Gruppe beim Erhitzen mit Phosphorsäure auf 188°: *Veselý*, *Stojanova*, Collect. **9** [1937] 465, 469. Beim Erhitzen mit Kupfer(II)-chlorid bzw. Kup⸗ fer(II)-bromid ist 2-Chlor-toluol bzw. 2-Brom-toluol erhalten worden (*Varma*, *Parekh*, *Subramanium*, J. Indian chem. Soc. **16** [1939] 460).

Natrium-Salz (H 84). Oberflächenspannung von wss. Lösungen: *Neville*, *Jeanson*, J. phys. Chem. **37** [1933] 1001, 1003.

Kupfer(II)-Salz $Cu(C_7H_7O_3S)_2 \cdot 3 H_2O$ (vgl. H 85). Hydrolyse in wss. Lösung bei 20°: *Čupr*, *Širuček*, Collect. **9** [1937] 68, 73.

Thallium(I)-Salz $TlC_7H_7O_3S$. Krystalle (aus W.); F: 213—216° (*Gilman*, *Abbott*, Am. Soc. **65** [1943] 123).

Triäthylblei-Salz $[(C_2H_5)_3Pb]C_7H_7O_3S$. *B.* Beim Erhitzen von Toluol-sulfon⸗ säure-(2) oder Toluol-sulfonylchlorid-(2) mit Tetraäthylblei in Gegenwart von Silicagel (*Heap*, *Saunders*, Soc. **1949** 2983, 2987). — Krystalle (aus A.); F: 189°. Schleimhaut-reizend (*Heap*, *Sau.*, l. c. S. 2985).

Tripropylblei-Salz $[(C_3H_7)_3Pb]C_7H_7O_3S$. *B.* Aus Toluol-sulfonsäure-(2) beim Er-wärmen mit Tetrapropylblei (*Heap*, *Saunders*, Soc. **1949** 2983, 2987) sowie beim Behandeln mit Tripropylblei-hydroxid in Wasser (*Saunders*, *Stacey*, Soc. **1949** 919, 924). — Krystalle (aus Bzl. + PAe. oder aus PAe.); F: 87° (*Heap*, *Sau.*), 86—87° (*Sau.*, *St.*). Schleimhaut-reizend.

Triisobutylblei-Salz $[(C_4H_9)_3Pb]C_7H_7O_3S$. *B.* Beim Erwärmen von Toluol-sulfon⸗ säure-(2) mit Tetraisobutylblei in Äther (*Heap*, *Saunders*, Soc. **1949** 2983, 2987). — Kry-stalle (aus PAe.); Zers. bei 166—172°. Schleimhautreizend.

Guanidin-Salz $CH_5N_3 \cdot C_7H_8O_3S$. *B.* Neben [Toluol-sulfonyl-(2)]-guanidin beim Be-handeln von Guanidin-carbonat mit wss. Kalilauge und mit Toluol-sulfonylchlorid-(2) (*Perrot*, Bl. **1946** 554, 557). — Krystalle (aus W.); F: 219—220°.

S-Benzyl-isothiuronium-Salz $[C_8H_{11}N_2S]C_7H_7O_3S$. Krystalle (aus A. oder wss. A.); F: 170—171° (*Veibel*, *Lillelund*, Bl. [5] **5** [1938] 1153, 1157).

Toluol-sulfonsäure-(2)-[3-methyl-6-isopropyl-cyclohexylester], 3-[Toluol-sulfonyl-(2)-oxy]-p-menthan, o-*toluenesulfonic acid* p-*menth-3-yl ester* $C_{17}H_{26}O_3S$.

Toluol-sulfonsäure-(2)-[(1R)-menthylester], O-[Toluol-sulfonyl-(2)]-(1R)-menthol $C_{17}H_{26}O_3S$, Formel II.

B. Beim Behandeln von Toluol-sulfonylchlorid-(2) mit (1R)-Menthol (E III **6** 133) und Pyridin (*Rule*, *Smith*, Soc. **1931** 1482, 1487).

Krystalle (aus Me.); F: 78°. $[\alpha]_{436}^{20}$: —339° [A.; c = 5]; $[\alpha]_{436}^{20}$: —376° [Bzl.; c = 3]. Optisches Drehungsvermögen von Lösungen in Äthanol und in Benzol bei Wellenlängen von 436 mμ bis 670 mμ: *Rule*, *Sm.*

1-[2-(Toluol-sulfonyl-(2)-oxy)-phenyl]-äthanon-(1), Toluol-sulfonsäure-(2)-[2-acetyl-phenylester], 2-[Toluol-sulfonyl-(2)-oxy]-acetophenon, 2′-(o-*tolylsulfonyloxy*)⸗ *acetophenone* $C_{15}H_{14}O_4S$, Formel III.

B. Beim Behandeln von 1-[2-Hydroxy-phenyl]-äthanon-(1) mit Toluol-sulfonyl⸗ chlorid-(2) und Pyridin (*Doyle et al.*, Scient. Pr. roy. Dublin Soc. **24** [1948] 291, 299).

Krystalle (aus wss. A.); F: 90—91°.

Toluol-sulfonylfluorid-(2), o-*toluenesulfonyl fluoride* $C_7H_7FO_2S$, Formel I (X = F) (E II 39).

B. Aus Toluol-sulfonylchlorid-(2) beim Erhitzen mit Zinkfluorid in Wasser (*Davies*, *Dick*, Soc. **1931** 2104, 2106).

Kp: 223—225° (*Da., Dick*, Soc. **1931** 2106). D^{30,5}: 1,278 (*Dann et al.*, Soc. **1933** 15, 20). Oberflächenspannung bei 30,5°: 36 dyn/cm (*Dann et al.*). n$_D^{20}$: 1,5007 (*Da., Dick*, Soc. **1931** 2106).

Beim Behandeln mit Chlor bei 180—200° ist α-Chlor-toluol-sulfonylfluorid-(2) erhalten worden (*Davies, Dick*, Soc. **1932** 2042, 2044).

Toluol-sulfonylchlorid-(2), o-*toluenesulfonyl chloride* $C_7H_7ClO_2S$, Formel I (X = Cl) (H 86; E I 23; E II 39).

Beim Behandeln mit Chlor bei 93° ist 2-Chlor-benzylidendichlorid, beim Behandeln mit Chlor in Gegenwart von Phosphor(III)-chlorid bei 110—130° sind 2-Chlor-benzyl= chlorid, 2-Chlor-toluol und α-Chlor-toluol-sulfonylchlorid-(2) erhalten worden (*Davies, Dick*, Soc. **1932** 2042, 2045).

Toluolsulfonamid-(2), o-*toluenesulfonamide* $C_7H_9NO_2S$, Formel I (X = NH$_2$) (H 86; E I 23; E II 39).

Krystalle (aus W.); F: 153° (*Backer, Mulder*, R. **52** [1933] 454, 464). IR-Spektrum (Acetonitril; 7,4—9,5 μ): *Schreiber*, Anal. Chem. **21** [1949] 1168, 1170, 1171. UV-Absorptionsmaxima einer sauren wss. Lösung (218 mμ und 269 mμ) sowie einer alkal. wss. Lösung (267,5 mμ): *Doub, Vandenbelt*, Am. Soc. **71** [1949] 2414, 2416.

Überführung in Saccharin durch elektrochemische Oxydation in alkal. wss. Lösung bei 75—85° (vgl. H 87; E II 39): *Atanasiu*, Bulet. Inst. Cerc. tehnol. **3** [1948] 29, 31; durch Behandlung mit Kaliumdichromat und 72%ig. wss. Schwefelsäure bei 40—55° (vgl. E II 39): *Silberg*, Chim. farm. Promyšl. **1934** Nr. 4, S. 22. Beim Behandeln mit Acetanhydrid unter Zusatz von Chrom(VI)-oxid sind N-[Toluol-sulfonyl-(2)]-acetamid, eine Verbindung der Zusammensetzung $C_{11}H_{13}NO_5S$ oder $C_{11}H_{11}NO_5S$ (Krystalle [aus Bzl.], F: 174—176°; vielleicht N-[α-Acetoxy-toluol-sulfonyl-(2)]-acetamid oder 3-Acet= oxy-2-acetyl-2.3-dihydro-benz[d]isothiazol-1.1-dioxid) und eine Verbindung $C_{16}H_{20}N_2O_5S_2$ (Krystalle [aus Bzl. oder W.], F: 103—105°), beim Behandeln mit Acet= anhydrid unter Zusatz von Chrom(VI)-oxid sind N-[Toluol-sulfonyl-(2)]-acetamid, N-Acetyl-saccharin und die erwähnte Verbindung $C_{11}H_{13}NO_5S$ oder $C_{11}H_{11}NO_5S$ (F: 174—176°) erhalten worden (*Magidson, Silberg*, Ž. obšč. Chim. **5** [1935] 920, 922; C. A. **1936** 1039). Reaktion mit 1.2-Dibrom-äthan in Gegenwart von Kaliumcarbonat unter Bildung von 1.4-Bis-[toluol-sulfonyl-(2)]-piperazin: *Smith, Pollard*, Am. Soc. **63** [1941] 630. Bildung von Bis-[toluol-sulfonyl-(2)-amino]-methan beim Erwärmen mit Formaldehyd (1,5 Mol) und Kaliumcarbonat (2 Mol) in Wasser: *Hug*, Bl. [5] **1** [1934] 990, 1002. Beim Erwärmen mit Paraformaldehyd in Essigsäure unter Zusatz von Schwefelsäure sowie beim Erwärmen mit wss. Formaldehyd und wss.-äthanol. Salzsäure ist 1.3.5-Tris-[toluol-sulfonyl-(2)]-hexahydro-[1.3.5]triazin, beim Erhitzen mit Paraformaldehyd in wss. Essigsäure ist daneben eine als 1.3-Bis-[toluol-sulfon= yl-(2)]-[1.3]diazetidin angesehene Verbindung (F: 168,8—169,9°) erhalten worden (*McMaster*, Am. Soc. **56** [1934] 204, 206; s. a. *Hug*; *Walter, Gluck*, Koll. Beih. **37** [1933] 343, 362).

Charakterisierung als N-[Xanthenyl-(9)]-Derivat (F: 182—183,5°): *Phillips, Frank*, J. org. Chem. **9** [1944] 9, 10.

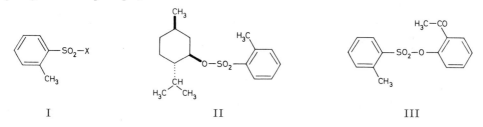

      I   II   III

[Toluol-sulfonyl-(2)-amino]-methansulfonsäure, (o-*toluenesulfonamido*)*methanesulfonic acid* $C_8H_{11}NO_5S_2$, Formel I (X = NH-CH$_2$-SO$_2$OH).

N a t r i u m - S a l z NaC$_8$H$_{10}$NO$_5$S$_2$. B. Beim Erwärmen von Toluol-sulfonylchlorid-(2) mit Aminomethansulfonsäure und Natriumcarbonat in wss. Äthanol (*Backer, Mulder*, R. **52** [1933] 454, 464). — Krystalle (aus wss. A.). — Beim Erhitzen mit Kaliumcyanid in Wasser ist N-Cyanmethyl-toluolsulfonamid-(2) erhalten worden.

Bis-[toluol-sulfonyl-(2)-amino]-methan, *N.N′*-Methylen-bis-toluolsulfonamid-(2),
N,N′-*methylenebis*(o-*toluenesulfonamide*) C₁₅H₁₈N₂O₄S₂, Formel IV.

B. Beim Erwärmen von Toluolsulfonamid-(2) mit Formaldehyd und Kaliumcarbonat
in Wasser (*Hug*, Bl. [5] **1** [1934] 990, 1002).

Krystalle (aus E.); F: 162°. In wss. Alkalilaugen löslich.

[Toluol-sulfonyl-(2)]-acetyl-amin, *N*-[Toluol-sulfonyl-(2)]-acetamid, N-(o-*tolylsulfonyl*)=
acetamide C₉H₁₁NO₃S, Formel I (X = NH-CO-CH₃).

B. Neben anderen Verbindungen beim Behandeln von Toluolsulfonamid-(2) mit
Acetanhydrid und Chrom(VI)-oxid (*Magidson, Silberg*, Ž. obšč. Chim. **5** [1935] 920, 922;
C. A. **1936** 1039).

Krystalle (aus Bzl.); F: 132—134°.

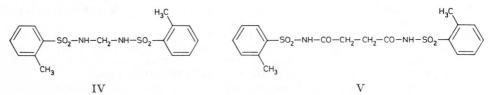

IV   V

Bernsteinsäure-bis-[toluol-sulfonyl-(2)-amid], *N.N′*-Bis-[toluol-sulfonyl-(2)]-succinamid,
N,N′-*bis*(o-*tolylsulfonyl*)*succinamide* C₁₈H₂₀N₂O₆S₂, Formel V.

B. Beim Erhitzen von Toluolsulfonamid-(2) mit Bernsteinsäure-anhydrid und Phos=
phoroxychlorid oder mit Bernsteinsäure-dichlorid in Toluol (*Evans, Dehn*, Am. Soc. **52**
[1930] 2531).

Krystalle (aus Butanon oder A.); F: 231—232°.

[Toluol-sulfonyl-(2)]-guanidin, (o-*tolylsulfonyl*)*guanidine* C₈H₁₁N₃O₂S, Formel I
(X = NH-C(NH₂)=NH) und Tautomeres.

B. Neben dem Guanidin-Salz der Toluol-sulfonsäure-(2) beim Behandeln von Guanidin-
carbonat mit wss. Kalilauge und mit Toluol-sulfonylchlorid-(2) (*Perrot*, Bl. **1946** 554,
557).

Krystalle (aus wss. A.); F: 295°.

C-[Toluol-sulfonyl-(2)-amino]-acetimidsäure-äthylester, *N*-[Toluol-sulfonyl-(2)]-glycin-
[äthylester-imin], 2-(o-*toluenesulfonamido*)*acetimidic acid ethyl ester* C₁₁H₁₆N₂O₃S, FormelI
(X = NH-CH₂-C(OC₂H₅)=NH).

Hydrochlorid C₁₁H₁₆N₂O₃S·HCl. B. Beim Einleiten von Chlorwasserstoff in ein
Gemisch von *N*-Cyanmethyl-toluolsulfonamid-(2), Äthanol und Äther (*Backer, Mulder*,
R. **52** [1933] 454, 465). — Krystalle. — Beim Behandeln mit Wasser ist *N*-[Toluol-
sulfonyl-(2)]-glycin-äthylester C₁₁H₁₅NO₄S (Formel I [X = NH-CH₂-CO-OC₂H₅];
Öl) erhalten worden.

N-[Toluol-sulfonyl-(2)]-glycin-nitril, *N*-Cyanmethyl-toluolsulfonamid-(2), N-(*cyano*=
methyl)-o-*toluenesulfonamide* C₉H₁₀N₂O₂S, Formel I (X = NH-CH₂-CN).

B. Aus dem Natrium-Salz der [Toluol-sulfonyl-(2)-amino]-methansulfonsäure beim
Erhitzen mit Kaliumcyanid in Wasser (*Backer, Mulder*, R. **52** [1933] 454, 464).

Krystalle (aus Ae.); F: 63,5°.

Beim Erwärmen mit wss. Wasserstoffperoxid und äthanol. Natronlauge bildet sich
Toluolsulfonamid-(2).

4-Fluor-toluolsulfonamid-(2), 5-*fluoro*-o-*toluenesulfonamide* C₇H₈FNO₂S, Formel VI
(H 88).

B. Aus 4-Fluor-toluol-sulfonylchlorid-(2) beim Erwärmen mit wss. Ammoniak oder
mit Ammoniumcarbonat (*Huntress, Carten*, Am. Soc. **62** [1940] 511, 512; vgl. H 88).

Krystalle (aus wss. A.); F: 140—141° [unkorr.; Block].

5-Fluor-toluolsulfonamid-(2), 4-*fluoro*-o-*toluenesulfonamide* C₇H₈FNO₂S, Formel VII.

B. Beim Behandeln von 3-Fluor-toluol mit Chloroschwefelsäure und Erwärmen des
Reaktionsprodukts mit wss. Ammoniak oder mit Ammoniumcarbonat (*Huntress, Carten*,
Am. Soc. **62** [1940] 511, 512).

Krystalle (aus wss. A.); F: 172—173° [unkorr.; Block].

4-Chlor-toluol-sulfonsäure-(2), *5-chloro-o-toluenesulfonic acid* $C_7H_7ClO_3S_3$ Formel VIII
(X = OH) (H 88; E I 23).

Beim Behandeln des Natrium-Salzes dieser Säure mit Schwefelsäure und Salpetersäure und Erhitzen des Reaktionsprodukts mit Phosphoroxychlorid und Phosphor(V)-chlorid sind 4-Chlor-6-nitro-toluol-sulfonylchlorid-(2) und 4-Chlor-3-nitro-toluol-sulfonyl= chlorid-(2) erhalten worden (*Wynne*, Soc. **1936** 696, 704).

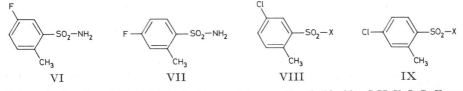

VI   VII   VIII   IX

4-Chlor-toluol-sulfonylchlorid-(2), *5-chloro-o-toluenesulfonyl chloride* $C_7H_6Cl_2O_2S$, Formel
VIII (X = Cl) (H 88).

B. Beim Behandeln von 4-Chlor-toluol mit Chloroschwefelsäure (*Huntress, Carten*, Am. Soc. **62** [1940] 511, 512).

Krystalle; F: 24° (*Wynne*, Soc. **1936** 696, 705), 21° [aus PAe. oder aus $CHCl_3$] (*Hu., Ca.*).

Beim Eintragen in ein Gemisch von Schwefelsäure und Salpetersäure sind 4-Chlor-6-nitro-toluol-sulfonylchlorid-(2) und 4-Chlor-3-nitro-toluol-sulfonylchlorid-(2) erhalten worden (*Wy.*).

4-Chlor-toluolsulfonamid-(2), *5-chloro-o-toluenesulfonamide* $C_7H_8ClNO_2S$, Formel VIII
(X = NH₂) (H 88).

B. Aus 4-Chlor-toluol-sulfonylchlorid-(2) beim Erwärmen mit wss. Ammoniak sowie beim Erwärmen mit Ammoniumcarbonat (*Huntress, Carten*, Am. Soc. **62** [1940] 511, 512; vgl. H 88). Beim Behandeln einer aus 4-Amino-toluol-sulfonsäure-(2) in wss. Salz= säure bereiteten Diazoniumsalz-Lösung mit Kupfer(I)-chlorid in wss. Salzsäure, Erhitzen des danach isolierten Reaktionsprodukts mit Phosphor(V)-chlorid auf 130° und Behan= deln des erhaltenen Säurechlorids mit wss. Ammoniak (*Allen, Frame*, J. org. Chem. **7** [1942] 15, 16; vgl. H 88).

Krystalle; F: 145° [unkorr.; aus W.] (*Allen, Fr.*), 142—143° [unkorr.; Block; aus wss. A.] (*Hu., Ca.*).

5-Chlor-toluol-sulfonsäure-(2), *4-chloro-o-toluenesulfonic acid* $C_7H_7ClO_3S$, Formel IX
(X = OH) (H 115; E II 40).

B. Aus 5-Chlor-toluol-sulfinsäure-(2) beim Behandeln mit wss. Alkalilauge und Kalium= permanganat (*Silvester, Wynne*, Soc. **1936** 691, 693).

Beim Behandeln mit Salpetersäure (D: 1,48) bei 0° sind 5-Chlor-4-nitro-toluol-sulfon= säure-(2) und geringe Mengen 5-Chlor-6-nitro-toluol-sulfonsäure-(2) erhalten worden (*Wynne*, Soc. **1936** 696, 706).

5-Chlor-toluol-sulfonylchlorid-(2), *4-chloro-o-toluenesulfonyl chloride* $C_7H_6Cl_2O_2S$, Formel
IX (X = Cl) (H 115; E II 40).

B. Aus 3-Chlor-toluol beim Behandeln mit Chloroschwefelsäure ohne Lösungsmittel oder in Chloroform (*Huntress, Carten*, Am. Soc. **62** [1940] 511, 512, 513; vgl. E II 40) sowie mit Chloroschwefelsäure in Schwefelkohlenstoff, in diesem Fall neben geringen Mengen Bis-[4-chlor-2-methyl-phenyl]-sulfon (*Wynne*, Soc. **1936** 696, 707).

Krystalle; F: 54° (*Silvester, Wynne*, Soc. **1936** 691, 693), 52—53° [aus PAe.] (*Hu., Ca.*).

Beim Eintragen in ein Gemisch von Salpetersäure und Schwefelsäure sind 5-Chlor-4-nitro-toluol-sulfonylchlorid-(2) und geringe Mengen 5-Chlor-6-nitro-toluol-sulfon= ylchlorid-(2) erhalten worden (*Wy.*).

5-Chlor-toluolsulfonamid-(2), *4-chloro-o-toluenesulfonamide* $C_7H_8ClNO_2S$, Formel IX
(X = NH₂) (H 115; E II 40).

B. Aus 5-Chlor-toluol-sulfonylchlorid-(2) beim Erwärmen mit wss. Ammoniak sowie beim Erwärmen mit Ammoniumcarbonat (*Huntress, Carten*, Am. Soc. **62** [1940] 511, 512, 513).

Krystalle; F: 185° (*Silvester, Wynne*, Soc. **1936** 691, 693), 184—185° [unkorr.; Block; aus wss. A.] (*Hu., Ca.*).

6-Chlor-toluol-sulfonylfluorid-(2), *3-chloro-o-toluenesulfonyl fluoride* C$_7$H$_6$ClFO$_2$S, Formel X (X = F).

B. Aus 6-Chlor-toluol-sulfonylchlorid-(2) beim Erhitzen mit wss. Kaliumfluorid-Lösung (*Davies, Dick*, Soc. **1931** 2104, 2107).

Krystalle (aus wss. A.); F: 44—45°.

6-Chlor-toluol-sulfonylchlorid-(2), *3-chloro-o-toluenesulfonyl chloride* C$_7$H$_6$Cl$_2$O$_2$S, Formel X (X = Cl) (E II 40).

F: 72° (*Turner, Wynne*, Soc. **1936** 707, 711).

α-Chlor-toluol-sulfonylfluorid-(2), *α-chloro-o-toluenesulfonyl fluoride* C$_7$H$_6$ClFO$_2$S, Formel XI (X = F).

B. Aus Toluol-sulfonylfluorid-(2) beim Behandeln mit Chlor bei 180—200° (*Davies, Dick*, Soc. **1932** 2042, 2044). Aus α-Chlor-toluol-sulfonylchlorid-(2) beim Erhitzen mit wss. Kaliumfluorid-Lösung (*Da., Dick*).

Krystalle (aus PAe.); F: 69°.

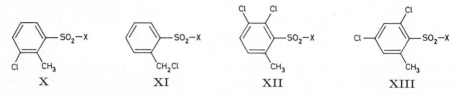

X   XI   XII   XIII

α-Chlor-toluol-sulfonylchlorid-(2), *α-chloro-o-toluenesulfonyl chloride* C$_7$H$_6$Cl$_2$O$_2$S, Formel XI (X = Cl).

B. In geringer Menge neben anderen Verbindungen beim Behandeln von Toluol-sulfonylchlorid-(2) mit Chlor in Gegenwart von Phosphor(III)-chlorid bei 110—130° (*Davies, Dick*, Soc. **1932** 2042, 2045).

Krystalle (aus PAe.); F: 46°.

3.4-Dichlor-toluol-sulfonsäure-(2), *5,6-dichloro-o-toluenesulfonic acid* C$_7$H$_6$Cl$_2$O$_3$S, Formel XII (X = OH).

B. Aus 4-Chlor-3-amino-toluol-sulfonsäure-(2) über die Diazonium-Verbindung (*Wynne*, Soc. **1936** 696, 705).

Natrium-Salz NaC$_7$H$_5$Cl$_2$O$_3$S (Krystalle mit 1 Mol H$_2$O), Kalium-Salz KC$_7$H$_5$Cl$_2$O$_3$S (Krystalle) und Barium-Salz Ba(C$_7$H$_5$Cl$_2$O$_3$S)$_2$ (Krystalle): *Wy.*, l. c. S. 705.

3.4-Dichlor-toluol-sulfonylchlorid-(2), *5,6-dichloro-o-toluenesulfonyl chloride* C$_7$H$_5$Cl$_3$O$_2$S, Formel XII (X = Cl).

B. Aus 3.4-Dichlor-toluol-sulfonsäure-(2) (*Wynne*, Soc. **1936** 696, 705).

Krystalle (aus PAe.); F: 49°.

3.4-Dichlor-toluolsulfonamid-(2), *5,6-dichloro-o-toluenesulfonamide* C$_7$H$_7$Cl$_2$NO$_2$S, Formel XII (X = NH$_2$).

B. Aus 3.4-Dichlor-toluol-sulfonylchlorid-(2) (*Wynne*, Soc. **1936** 696, 705).

Krystalle (aus wss. A.); F: 186°.

3.5-Dichlor-toluol-sulfonsäure-(2), *4,6-dichloro-o-toluenesulfonic acid* C$_7$H$_6$Cl$_2$O$_3$S, Formel XIII (X = OH) (H 115; dort als 3.5-Dichlor-toluol-sulfonsäure-(2 oder 4) be-schrieben).

B. Aus 3.5-Dichlor-toluol-sulfinsäure-(2) beim Behandeln mit wss. Alkalilauge und Kaliumpermanganat (*Silvester, Wynne*, Soc. **1936** 691, 696).

3.5-Dichlor-toluol-sulfonylchlorid-(2), *4,6-dichloro-o-toluenesulfonyl chloride* C$_7$H$_5$Cl$_3$O$_2$S, Formel XIII (X = Cl) (H 115; dort als 3.5-Dichlor-toluol-sulfonsäure-(2 oder 4)-chlorid beschrieben).

F: 43° (*Silvester, Wynne*, Soc. **1936** 691, 696).

3.5-Dichlor-toluolsulfonamid-(2), *4,6-dichloro-o-toluenesulfonamide* C$_7$H$_7$Cl$_2$NO$_2$S, Formel XIII (X = NH$_2$) (H 115; dort als 3.5-Dichlor-toluol-sulfonsäure-(2 oder 4)-amid beschrieben).

F: 168° (*Silvester, Wynne*, Soc. **1936** 691, 696).

3.6-Dichlor-toluol-sulfonsäure-(2), *3,6-dichloro-o-toluenesulfonic acid* $C_7H_6Cl_2O_3S$,
Formel I (X = OH).

B. Aus 6-Chlor-3-amino-toluol-sulfonsäure-(2) über die Diazonium-Verbindung (*Turner, Wynne*, Soc. **1936** 707, 712).

Natrium-Salz $NaC_7H_5Cl_2O_3S$ (Krystalle mit 1 Mol H_2O), Kalium-Salz $KC_7H_5Cl_2O_3S$ (Krystalle) und Barium-Salz $Ba(C_7H_5Cl_2O_3S)_2$ (Krystalle): *Tu., Wy.*

3.6-Dichlor-toluol-sulfonylchlorid-(2), *3,6-dichloro-o-toluenesulfonyl chloride* $C_7H_5Cl_3O_2S$,
Formel I (X = Cl).

B. Aus 3.6-Dichlor-toluol-sulfonsäure-(2) (*Turner, Wynne*, Soc. **1936** 707, 712).

Krystalle (aus PAe.); F: 38°.

3.6-Dichlor-toluolsulfonamid-(2), *3,6-dichloro-o-toluenesulfonamide* $C_7H_7Cl_2NO_2S$,
Formel I (X = NH₂).

B. Aus 3.6-Dichlor-toluol-sulfonylchlorid-(2) (*Turner, Wynne*, Soc. **1936** 707, 712).

Krystalle (aus wss. A.); F: 180°.

4.5-Dichlor-toluol-sulfonsäure-(2), *4,5-dichloro-o-toluenesulfonic acid* $C_7H_6Cl_2O_3S$,
Formel II (X = OH) (H 115; dort als 3.4-Dichlor-toluol-sulfonsäure-(2) oder 4.5-Di‍chlor-toluol-sulfonsäure-(2 oder 3) beschrieben).

B. Aus 5-Chlor-4-amino-toluol-sulfonsäure-(2) über die Diazonium-Verbindung (*Wynne*, Soc. **1936** 696, 706).

4.5-Dichlor-toluol-sulfonylchlorid-(2), *4,5-dichloro-o-toluenesulfonyl chloride* $C_7H_5Cl_3O_2S$,
Formel II (X = Cl) (H 115; dort als 3.4-Dichlor-toluol-sulfonsäure-(2)-chlorid oder 4.5-Dichlor-toluol-sulfonsäure-(2 oder 3)-chlorid beschrieben).

B. Aus 4.5-Dichlor-toluol-sulfonsäure-(2) (*Wynne*, Soc. **1936** 696, 706).

Monokline Krystalle; F: 84°.

4.5-Dichlor-toluolsulfonamid-(2), *4,5-dichloro-o-toluenesulfonamide* $C_7H_7Cl_2NO_2S$,
Formel II (X = NH₂) (H 115; dort als 3.4-Dichlor-toluol-sulfonsäure-(2)-amid oder 4.5-Dichlor-toluol-sulfonsäure-(2 oder 3)-amid beschrieben).

B. Aus 4.5-Dichlor-toluol-sulfonylchlorid-(2) (*Wynne*, Soc. **1936** 696, 706).

F: 190°.

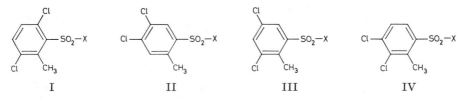

I   II   III   IV

4.6-Dichlor-toluol-sulfonsäure-(2), *3,5-dichloro-o-toluenesulfonic acid* $C_7H_6Cl_2O_3S$,
Formel III (X = OH).

B. Aus 4-Chlor-6-amino-toluol-sulfonsäure-(2) über die Diazonium-Verbindung (*Wynne*, Soc. **1936** 696, 705).

Natrium-Salz $NaC_7H_5Cl_2O_3S$ (Krystalle mit 1 Mol H_2O), Kalium-Salz $KC_7H_5Cl_2O_3S$ (Krystalle mit 1 Mol H_2O) und Barium-Salz $Ba(C_7H_5Cl_2O_3S)_2$: *Wy.*

4.6-Dichlor-toluol-sulfonylchlorid-(2), *3,5-dichloro-o-toluenesulfonyl chloride* $C_7H_5Cl_3O_2S$,
Formel III (X = Cl) (vgl. E II 41).

B. Aus 4.6-Dichlor-toluol-sulfonsäure-(2) (*Wynne*, Soc. **1936** 696, 705).

Krystalle; F: 54°.

4.6-Dichlor-toluolsulfonamid-(2), *3,5-dichloro-o-toluenesulfonamide* $C_7H_7Cl_2NO_2S$,
Formel III (X = NH₂) (vgl. E II 41).

B. Aus 4.6-Dichlor-toluol-sulfonylchlorid-(2) (*Wynne*, Soc. **1936** 696, 705).

Krystalle (aus wss. A.); F: 186°.

5.6-Dichlor-toluol-sulfonsäure-(2), *3,4-dichloro-o-toluenesulfonic acid* $C_7H_6Cl_2O_3S$,
Formel IV (X = OH) (H 115; dort als 5.6-Dichlor-toluol-sulfonsäure-(2) oder 2.3-Di‍chlor-toluol-sulfonsäure-(4) beschrieben).

B. Neben geringen Mengen 5.6-Dichlor-toluol-sulfonsäure-(3) beim Erwärmen von

2.3-Dichlor-toluol mit rauchender Schwefelsäure (*Silvester, Wynne*, Soc. **1936** 691, 694; vgl. H 115). Aus 5.6-Dichlor-toluol-sulfinsäure-(2) beim Behandeln mit wss. Alkalilauge und Kaliumpermanganat (*Si., Wy.*). Aus 5-Chlor-6-amino-toluol-sulfonsäure-(2) über die Diazonium-Verbindung (*Wynne*, Soc. **1936** 696, 707).

Natrium-Salz NaC₇H₅Cl₂O₃S (Krystalle mit 1 Mol H₂O): *Wy.*; Kalium-Salz KC₇H₅Cl₂O₃S und Barium-Salz Ba(C₇H₅Cl₂O₃S)₂: *Si., Wy.*

5.6-Dichlor-toluol-sulfonylchlorid-(2), *3,4-dichloro-o-toluenesulfonyl chloride* $C_7H_5Cl_3O_2S$, Formel IV (X = Cl) (H 115; dort als 5.6-Dichlor-toluol-sulfonsäure-(2)-chlorid oder 2.3-Dichlor-toluol-sulfonsäure-(4)-chlorid beschrieben).

B. Aus 5.6-Dichlor-toluol-sulfonsäure-(2) (*Silvester, Wynne*, Soc. **1936** 691, 694; *Wynne*, Soc. **1936** 696, 707).

F: 54° (*Wy.*), 51—52° (*Si., Wy.*).

5.6-Dichlor-toluolsulfonamid-(2), *3,4-dichloro-o-toluenesulfonamide* $C_7H_7Cl_2NO_2S$, Formel IV (X = NH₂) (H 115; dort als 5.6-Dichlor-toluol-sulfonsäure-(2)-amid oder 2.3-Dichlor-toluol-sulfonsäure-(4)-amid beschrieben).

B. Aus 5.6-Dichlor-toluol-sulfonylchlorid-(2) (*Silvester, Wynne*, Soc. **1936** 691, 694; *Wynne*, Soc. **1936** 696, 707).

F: 228°.

4-Brom-toluol-sulfonylchlorid-(2), *5-bromo-o-toluenesulfonyl chloride* $C_7H_6BrClO_2S$, Formel V (X = Cl) (H 89).

B. Beim Behandeln von 4-Brom-toluol mit Chloroschwefelsäure ohne Lösungsmittel oder in Chloroform (*Huntress, Carten*, Am. Soc. **62** [1940] 511, 512).

Krystalle (aus PAe.); F: 33—35°.

4-Brom-toluolsulfonamid-(2), *5-bromo-o-toluenesulfonamide* $C_7H_8BrNO_2S$, Formel V (X = NH₂) (H 89).

B. Aus 4-Brom-toluol-sulfonylchlorid-(2) beim Erwärmen mit wss. Ammoniak oder mit Ammoniumcarbonat (*Huntress, Carten*, Am. Soc. **62** [1940] 511, 512; vgl. H 89).

Krystalle (aus wss. A.); F: 164—165° [unkorr.; Block].

5-Brom-toluol-sulfonylchlorid-(2), *4-bromo-o-toluenesulfonyl chloride* $C_7H_6BrClO_2S$, Formel VI (X = Cl) (vgl. H 89).

B. Beim Behandeln von 3-Brom-toluol mit Chloroschwefelsäure ohne Lösungsmittel oder in Chloroform (*Huntress, Carten*, Am. Soc. **62** [1940] 511, 512).

Krystalle (aus PAe.); F: 49—50°.

5-Brom-toluolsulfonamid-(2), *4-bromo-o-toluenesulfonamide* $C_7H_8BrNO_2S$, Formel VI (X = NH₂) (vgl. H 89).

B. Aus 5-Brom-toluol-sulfonylchlorid-(2) beim Erwärmen mit wss. Ammoniak oder mit Ammoniumcarbonat (*Huntress, Carten*, Am. Soc. **62** [1940] 511, 512; vgl. H 89).

Krystalle (aus wss. A.); F: 167—168° [unkorr.; Block].

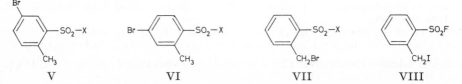

$$V \qquad\qquad VI \qquad\qquad VII \qquad\qquad VIII$$

α-Brom-toluol-sulfonsäure-(2), *α-bromo-o-toluenesulfonic acid* $C_7H_7BrO_3S$, Formel VII (X = OH).

B. Aus α-Brom-toluol-sulfonylchlorid-(2) beim Erwärmen mit wasserhaltigem Äthanol (*Blangey, Fierz-David, Stamm*, Helv. **25** [1942] 1162, 1175).

Öl; nicht rein erhalten.

Charakterisierung durch Überführung in α-[N-Äthyl-anilino]-toluol-sulfonsäure-(2): *Bl., Fierz-D., St.*

α-Brom-toluol-sulfonylchlorid-(2), *α-bromo-o-toluenesulfonyl chloride* $C_7H_6BrClO_2S$, Formel VII (X = Cl).

B. Beim Eintragen von Brom in ein heisses Gemisch von Toluol-sulfonylchlorid-(2) und

Phosphoroxychlorid unter der Einwirkung von Licht (*Blangey*, *Fierz-David*, *Stamm*, Helv. **25** [1942] 1162, 1175).

Krystalle (aus PAe.); F: 60—61°.

α-Jod-toluol-sulfonylfluorid-(2), *α-iodo-o-toluenesulfonyl fluoride* $C_7H_6FIO_2S$, Formel VIII.

B. Aus α-Chlor-toluol-sulfonylfluorid-(2) beim Erwärmen mit Natriumjodid in Aceton (*Davies*, *Dick*, Soc. **1932** 2042, 2044).

Krystalle; F: 85—86°.

Bei kurzem Erhitzen mit Silberoxid in wss. Äthanol sind α-Hydroxy-toluol-sulfonyl≈ fluorid-(2) und α-Hydroxy-toluol-sulfonsäure-(2)-lacton erhalten worden.

4-Nitro-toluol-sulfonsäure-(2), *5-nitro-o-toluenesulfonic acid* $C_7H_7NO_5S$, Formel IX (X = OH) (H 90; E I 23; E II 41).

Krystalle (aus Acn. + Bzl.); F: 137—138° (*Huang-Minlon*, Am. Soc. **70** [1948] 2802, 2804).

Beim Erwärmen einer Lösung in Diäthylenglykol mit alkal. wss. Natriumhypochlorit-Lösung ist 4.4′-Dinitro-stilben-disulfonsäure-(2.2′) (F: 266°) erhalten worden (*Hu.-M.*; vgl. H 90). Überführung in 4.4′-Diamino-stilben-disulfonsäure-(2.2′) (F:>300°) durch Behandlung mit Hydrazin-hydrat, Kaliumhydroxid und Diäthylenglykol: *Hu.-M.* Bildung von 2-Chlor-4-nitro-toluol bzw. 2-Brom-4-nitro-toluol beim Erhitzen mit Kupfer(II)-chlorid bzw. Kupfer(II)-bromid: *Varma*, *Parekh*, *Subramanium*, J. Indian chem. Soc. **16** [1939] 460.

4-Nitro-toluol-sulfonylchlorid-(2), *5-nitro-o-toluenesulfonyl chloride* $C_7H_6ClNO_4S$, Formel IX (X = Cl) (H 92; E II 41).

Krystalle (aus Ae.); F: 44,5° (*Gur'janowa*, Ž. fiz. Chim. **21** [1947] 411, 415; C. A. **1947** 6786). Dipolmoment (ε; Bzl.): 4,82 D (*Gu.*).

Überführung in Bis-[2-methyl-5-nitro-phenyl]-disulfid durch Erwärmen mit Phos≈ phor(III)-bromid: *Kohlhase*, Am. Soc. **54** [1932] 2441, 2445. Beim Behandeln mit Kalium-äthylxanthogenat (Kalium-O-äthyl-dithiocarbonat) sind 4-Nitro-toluol-sulfinsäure-(2), Kalium-[4-nitro-toluol-sulfonat-(2)] und (nach Erhitzen unter vermindertem Druck) Bis-[äthoxythiocarbonyl]-disulfid und Dithiokohlensäure-O.S-diäthylester erhalten wor-den (*Bulmer*, *Mann*, Soc. **1945** 680, 685).

4-Nitro-toluolsulfonamid-(2), *5-nitro-o-toluenesulfonamide* $C_7H_8N_2O_4S$, Formel IX (X = NH₂) (H 92).

Krystalle (aus W.); F: 187° [unkorr.] (*Gur'janowa*, Ž. fiz. Chim. **21** [1947] 633, 641; C. A. **1948** 2147). Dipolmoment (ε; Dioxan): 4,48 D (*Gu.*, l. c. S. 636).

Beim Erhitzen mit dem Natrium-Salz des N-Chlor-benzolsulfonamids in wss. Essig≈ säure und Behandeln des Reaktionsprodukts mit Phenylhydrazin-hydrochlorid und Natriumacetat in wss. Lösung ist 6-Nitro-3-phenylhydrazino-2.3-dihydro-benz[*d*]iso≈ thiazol-1.1-dioxid erhalten worden (*Koetschet*, *Koetschet*, *Viaud*, Helv. **13** [1930] 587, 598).

N-[4-Nitro-toluol-sulfonyl-(2)]-DL-alanin, N-(*5-nitro-o-tolylsulfonyl*)-DL-*alanine* $C_{10}H_{12}N_2O_6S$, Formel IX (X = NH-CH(CH₃)-COOH) (H 92).

Krystalle (aus W.) mit 1 Mol H₂O, F: 91—97°; die wasserfreie Verbindung schmilzt bei 125,5—126,5° (*Colles*, *Gibson*, Soc. **1931** 279, 283).

5-Nitro-toluol-sulfonsäure-(2), *4-nitro-o-toluenesulfonic acid* $C_7H_7NO_5S$, Formel X (X = OH) (vgl. H 116; dort als 3-Nitro-toluol-sulfonsäure-(x) bezeichnet).

B. Neben grösseren Mengen 5-Nitro-toluol-sulfonsäure-(3) beim Behandeln von 3-Nitro-toluol mit rauchender Schwefelsäure (*Huber*, Helv. **15** [1932] 1372, 1376; vgl. H 116). Aus Bis-[4-nitro-2-methyl-phenyl]-disulfid beim Erwärmen mit Salpetersäure (*Pfeiffer*, *Jäger*, B. **75** [1942] 1885, 1890).

Beryllium-Salz Be($C_7H_6NO_5S$)₂. Krystalle mit 9 Mol H₂O (*Čupr*, *Širůček*, Spisy přírodov. Mas. Univ. Nr. 186 [1933] 1, 12; C. **1934** I 3434).

Magnesium-Salz Mg($C_7H_6NO_5S$)₂. Krystalle mit 8 Mol H₂O (*Čupr*, *Ši.*, l. c. S. 13).

Calcium-Salz Ca($C_7H_6NO_5S$)₂. Krystalle mit 6 Mol H₂O (*Čupr*, *Ši.*, l. c. S. 14).

Strontium-Salz Sr($C_7H_6NO_5S$)₂. Krystalle mit 2 Mol H₂O (*Čupr*, *Ši.*, l. c. S. 14).

Barium-Salz Ba($C_7H_6NO_5S$)₂. Krystalle mit 1 Mol H₂O (*Čupr*, *Ši.*, l. c. S. 14).

Zink-Salz Zn($C_7H_6NO_5S$)₂. Krystalle mit 8 Mol H₂O (*Čupr*, *Ši.*, l. c. S. 13).

Cadmium-Salz Cd(C$_7$H$_6$NO$_5$S)$_2$. Krystalle mit 9 Mol H$_2$O, von denen an der Luft allmählich 4 Mol abgegeben werden (*Čupr, Ši.*, l. c. S. 13).

Aluminium-Salz Al(C$_7$H$_6$NO$_5$S)$_3$. Krystalle mit 12 Mol H$_2$O (*Čupr, Sliva,* Spisy přírodov. Mas. Univ. Nr. 200 [1935] 1, 8; C. **1935** I 2669).

5-Nitro-toluol-sulfonsäure-(2)-äthylester, *4-nitro-o-toluenesulfonic acid ethyl ester* C$_9$H$_{11}$NO$_5$S, Formel X (X = OC$_2$H$_5$).

B. Aus 5-Nitro-toluol-sulfonylchlorid-(2) und Äthanol (*Pfeiffer, Jäger,* B. **75** [1942] 1885, 1890).

Krystalle (aus A.); F: 85—86°.

5-Nitro-toluol-sulfonylchlorid-(2), *4-nitro-o-toluenesulfonyl chloride* C$_7$H$_6$ClNO$_4$S, Formel X (X = Cl).

B. Aus 5-Nitro-toluol-sulfonsäure-(2) (*Pfeiffer, Jäger,* B. **75** [1942] 1885, 1890).

Krystalle (aus PAe.); F: 106°.

5-Nitro-toluolsulfonamid-(2), *4-nitro-o-toluenesulfonamide* C$_7$H$_8$N$_2$O$_4$S, Formel X (X = NH$_2$).

B. Aus 5-Nitro-toluol-sulfonylchlorid-(2) beim Erwärmen mit wss. Ammoniak (*Pfeiffer, Jäger,* B. **75** [1942] 1885, 1890).

Krystalle (aus W.); F: 157°.

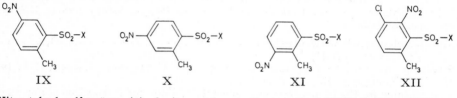

IX   X   XI   XII

6-Nitro-toluol-sulfonsäure-(2), *3-nitro-o-toluenesulfonic acid* C$_7$H$_7$NO$_5$S, Formel XI (X = OH) (vgl. H 93).

B. Beim Erwärmen von 6-Nitro-4-diazonio-toluol-sulfonat-(2) (aus 6-Nitro-4-amino-toluol-sulfonsäure-(2) hergestellt) mit Äthanol (*Hirwe, Jambhekar,* J. Indian chem. Soc. **11** [1934] 239, 242).

Gelbe Krystalle (aus W.) mit 2 Mol H$_2$O; F: 127°.

Barium-Salz Ba(C$_7$H$_6$NO$_5$S)$_2$. Rote Krystalle (aus W.) mit 8 Mol H$_2$O.

6-Nitro-toluolsulfonamid-(2), *3-nitro-o-toluenesulfonamide* C$_7$H$_8$N$_2$O$_4$S, Formel XI (X = NH$_2$).

B. Aus 6-Nitro-toluol-sulfonylchlorid-(2) beim Behandeln mit wss. Ammoniak (*Hirwe, Jambhekar,* J. Indian chem. Soc. **11** [1934] 239, 242).

Krystalle (aus W.); F: 165°.

4-Chlor-3-nitro-toluol-sulfonsäure-(2), *5-chloro-6-nitro-o-toluenesulfonic acid* C$_7$H$_6$ClNO$_5$S, Formel XII (X = OH).

B. Aus 4-Chlor-3-nitro-toluol-sulfonylchlorid-(2) (*Wynne,* Soc. **1936** 696, 705).

Natrium-Salz NaC$_7$H$_5$ClNO$_5$S (Krystalle mit 4 Mol H$_2$O), Kalium-Salz KC$_7$H$_5$ClNO$_5$S (Krystalle) und Barium-Salz Ba(C$_7$H$_5$ClNO$_5$S)$_2$ (Krystalle mit 5 Mol H$_2$O): *Wy.*

4-Chlor-3-nitro-toluol-sulfonylchlorid-(2), *5-chloro-6-nitro-o-toluenesulfonyl chloride* C$_7$H$_5$Cl$_2$NO$_4$S, Formel XII (X = Cl).

B. Neben 4-Chlor-6-nitro-toluol-sulfonsäure-(2) beim Behandeln des Natrium-Salzes der 4-Chlor-toluol-sulfonsäure-(2) mit Schwefelsäure und Salpetersäure und Erhitzen des Reaktionsprodukts mit Phosphor(V)-chlorid und Phosphoroxychlorid sowie beim Behandeln von 4-Chlor-toluol-sulfonylchlorid-(2) mit Salpetersäure und Schwefelsäure (*Wynne,* Soc. **1936** 696, 704, 705).

Krystalle (aus Bzl. oder aus Bzl. + PAe.); F: 154°.

4-Chlor-3-nitro-toluolsulfonamid-(2), *5-chloro-6-nitro-o-toluenesulfonamide* C$_7$H$_7$ClN$_2$O$_4$S, Formel XII (X = NH$_2$).

B. Aus 4-Chlor-3-nitro-toluol-sulfonylchlorid-(2) (*Wynne,* Soc. **1936** 696, 705).

Krystalle (aus A.); F: 183°.

6-Chlor-3-nitro-toluol-sulfonsäure-(2), *3-chloro-6-nitro-o-toluenesulfonic acid* $C_7H_6ClNO_5S$, Formel I (E II 41).

Beim Behandeln des Kalium-Salzes mit Phosphoroxychlorid und Phosphor(V)-chlorid ist eine als 4(oder 5).6-Dichlor-3-nitro-toluol-sulfinylchlorid-(2) angesehene Verbindung $C_7H_4Cl_3NO_3S$ (Krystalle [aus PAe.]; F: 119° [Zers.]) erhalten worden (*Turner*, *Wynne*, Soc. **1936** 707, 711).

Natrium-Salz $NaC_7H_5ClNO_5S$ (Krystalle [aus A.]) und Barium-Salz $Ba(C_7H_5ClNO_5S)_2$ (wasserfreie Krystalle [aus A.] oder Krystalle [aus W.] mit 1 Mol H_2O): *Tu.*, *Wy.*

5-Chlor-4-nitro-toluol-sulfonsäure-(2), *4-chloro-5-nitro-o-toluenesulfonic acid* $C_7H_6ClNO_5S$, Formel II (X = OH) (H 93).

B. Neben geringen Mengen 5-Chlor-6-nitro-toluol-sulfonsäure-(2) beim Behandeln von 5-Chlor-toluol-sulfonsäure-(2) mit Salpetersäure (D: 1,48) bei 0° (*Wynne*, Soc. **1936** 696, 706).

Natrium-Salz $NaC_7H_5ClNO_5S$ (Krystalle mit 1 Mol H_2O), Kalium-Salz $KC_7H_5ClNO_5S$ (gelbliche Krystalle) und Barium-Salz $Ba(C_7H_5ClNO_5S)_2$ (hellorangefarbene Krystalle mit 3 Mol H_2O): *Wy.*

5-Chlor-4-nitro-toluol-sulfonylchlorid-(2), *4-chloro-5-nitro-o-toluenesulfonyl chloride* $C_7H_5Cl_2NO_4S$, Formel II (X = Cl).

B. Neben geringen Mengen 5-Chlor-6-nitro-toluol-sulfonylchlorid-(2) beim Eintragen von 5-Chlor-toluol-sulfonylchlorid-(2) in ein Gemisch von Salpetersäure und Schwefelsäure (*Wynne*, Soc. **1936** 696, 707).

Krystalle (aus Bzl. + PAe.); F: 116°.

5-Chlor-4-nitro-toluolsulfonamid-(2), *4-chloro-5-nitro-o-toluenesulfonamide* $C_7H_7ClN_2O_4S$, Formel II (X = NH$_2$).

B. Aus 5-Chlor-4-nitro-toluol-sulfonylchlorid-(2) (*Wynne*, Soc. **1936** 696, 706).

Krystalle (aus wss. A.); F: 170°.

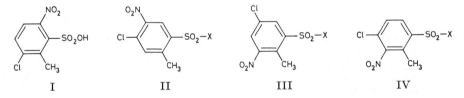

      I   II   III   IV

4-Chlor-6-nitro-toluol-sulfonsäure-(2), *5-chloro-3-nitro-o-toluenesulfonic acid* $C_7H_6ClNO_5S$, Formel III (X = OH).

B. Aus 4-Chlor-6-nitro-toluol-sulfonylchlorid-(2) (*Wynne*, Soc. **1936** 696, 704).

Natrium-Salz $NaC_7H_5ClNO_5S$ (Krystalle mit 1,5 Mol H_2O), Kalium-Salz $KC_7H_5ClNO_5S$ (Krystalle mit 0,5 Mol H_2O) und Barium-Salz $Ba(C_7H_5ClNO_5S)_2$ (Krystalle mit 4 Mol H_2O): *Wy.*

4-Chlor-6-nitro-toluol-sulfonylchlorid-(2), *5-chloro-3-nitro-o-toluenesulfonyl chloride* $C_7H_5Cl_2NO_4S$, Formel III (X = Cl).

B. s. S. 174 im Artikel 4-Chlor-3-nitro-toluol-sulfonylchlorid-(2).

Monokline Krystalle (aus PAe.); F: 60° (*Wynne*, Soc. **1936** 696, 704, 705).

4-Chlor-6-nitro-toluolsulfonamid-(2), *5-chloro-3-nitro-o-toluenesulfonamide* $C_7H_7ClN_2O_4S$, Formel III (X = NH$_2$).

B. Aus 4-Chlor-6-nitro-toluol-sulfonylchlorid-(2) (*Wynne*, Soc. **1936** 696, 704).

Krystalle (aus wss. A.); F: 167°.

5-Chlor-6-nitro-toluol-sulfonsäure-(2), *4-chloro-3-nitro-o-toluenesulfonic acid* $C_7H_6ClNO_5S$, Formel IV (X = OH).

Bildung aus 5-Chlor-toluol-sulfonsäure-(2) s. o. im Artikel 5-Chlor-4-nitro-toluol-sulfonsäure-(2).

Natrium-Salz $NaC_7H_5ClNO_5S$, Kalium-Salz $KC_7H_5ClNO_5S$ und Barium-Salz $Ba(C_7H_5ClNO_5S)_2$: *Wynne*, Soc. **1936** 696, 706.

5-Chlor-6-nitro-toluol-sulfonylchlorid-(2), *4-chloro-3-nitro-o-toluenesulfonyl chloride* C₇H₅Cl₂NO₄S, Formel IV (X = Cl).
  B. s. S. 175 im Artikel 5-Chlor-4-nitro-toluol-sulfonylchlorid-(2).
  Krystalle (aus PAe.); F: 96° (*Wynne*, Soc. **1936** 696, 707).

5-Chlor-6-nitro-toluolsulfonamid-(2), *4-chloro-3-nitro-o-toluenesulfonamide* C₇H₇ClN₂O₄S, Formel IV (X = NH₂).
  B. Aus 5-Chlor-6-nitro-toluol-sulfonylchlorid-(2) (*Wynne*, Soc. **1936** 696, 707).
  Krystalle (aus wss. A.); F: 176°.

4.6-Dinitro-toluol-sulfonsäure-(2), *3,5-dinitro-o-toluenesulfonic acid* C₇H₆N₂O₇S, Formel V (X = OH) (H 93).
  B. Beim Erwärmen von 4-Nitro-toluol-sulfonsäure-(2) mit Schwefelsäure und Salpetersäure (*Hirwe, Jambhekar*, J. Indian chem. Soc. **11** [1934] 239, 240; vgl. H 93).
  Gelbe Krystalle mit 2 Mol H₂O; F: 120°.
  Natrium-Salz NaC₇H₅N₂O₇S (Krystalle [aus W.]), Kalium-Salz KC₇H₅N₂O₇S (Krystalle [aus W.] mit 2 Mol H₂O, die beim Erhitzen unter vermindertem Druck abgegeben werden), Calcium-Salz Ca(C₇H₅N₂O₇S)₂ (Krystalle [aus W.] mit 4 Mol H₂O), Barium-Salz Ba(C₇H₅N₂O₇S)₂ (Krystalle [aus W.] mit 4 Mol H₂O [s. H 93]) und Blei(II)-Salz Pb(C₇H₅N₂O₇S)₂ (gelbe Krystalle mit 4 Mol H₂O): *Hi., Ja.*

4.6-Dinitro-toluol-sulfonylchlorid-(2), *3,5-dinitro-o-toluenesulfonyl chloride* C₇H₅ClN₂O₆S, Formel V (X = Cl).
  B. Aus dem Kalium-Salz der 4.6-Dinitro-toluol-sulfonsäure-(2) mit Hilfe von Phosphor(V)-chlorid (*Hirwe, Jambhekar*, J. Indian chem. Soc. **11** [1934] 239, 241).
  Krystalle (aus Bzl.); F: 107°.

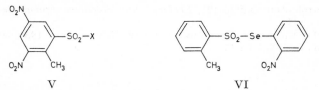

V   VI

Toluol-selenosulfonsäure-(2)-*Se*-[2-nitro-phenylester], *o-tolueneselenosulfonic acid Se-(o-nitrophenyl) ester* C₁₃H₁₁NO₄SSe, Formel VI.
  Diese Konstitution ist wahrscheinlich der nachstehend beschriebenen Verbindung auf Grund ihrer Bildungsweise in Analogie zu Toluol-thiosulfonsäure-(4)-*S*-[2-nitro-phenylester] (S. 327) zuzuordnen.
  B. Beim Behandeln von 2-Nitro-benzol-selenenylbromid-(1) mit Natrium-[toluolsulfinat-(2)] oder Kalium-[toluol-sulfinat-(2)] in Äthylacetat und Methanol (*Foss*, Am. Soc. **69** [1947] 2236).
  Krystalle (aus Me.); F: 95°.

Toluol-sulfonsäure-(3), *m*-Toluolsulfonsäure, *m-toluenesulfonic acid* C₇H₈O₃S, Formel VII (X = H) (H 94; E I 23).
  Abspaltung der Sulfo-Gruppe beim Erhitzen mit Phosphorsäure auf 155°: *Veselý, Stojanova*, Collect. **9** [1937] 465, 469.

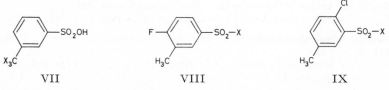

VII   VIII   IX

6-Fluor-toluol-sulfonsäure-(3), *4-fluoro-m-toluenesulfonic acid* C₇H₇FO₃S, Formel VIII (X = OH).
  B. Aus 6-Fluor-toluol-sulfonylchlorid-(3) beim Erwärmen mit wasserhaltigem Äthanol (*Dermer, Dermer*, Am. Soc. **60** [1938] 1).
  Natrium-Salz NaC₇H₆FO₃S. In 100 g Wasser lösen sich bei 30° 27,4 g.
  Kalium-Salz KC₇H₆FO₃S. In 100 g Wasser lösen sich bei 30° 18,3 g.

6-Fluor-toluol-sulfonylchlorid-(3), *4-fluoro*-m-*toluenesulfonyl chloride* $C_7H_6ClFO_2S$, Formel VIII (X = Cl).

B. Beim Behandeln von 2-Fluor-toluol mit Chloroschwefelsäure ohne Lösungsmittel oder in Chloroform (*Huntress, Carten*, Am. Soc. **62** [1940] 511, 512; s. a. *Dermer, Dermer*, Am. Soc. **60** [1938] 1).

Öl (*De., De.*).

Beim Behandeln mit Salpetersäure und Schwefelsäure ist 6-Fluor-5-nitro-toluol-sulfonylchlorid-(3) erhalten worden (*De., De.*).

6-Fluor-toluolsulfonamid-(3), *4-fluoro*-m-*toluenesulfonamide* $C_7H_8FNO_2S$, Formel VIII (X = NH$_2$).

B. Aus 6-Fluor-toluol-sulfonylchlorid-(3) beim Erwärmen mit wss. Ammoniak oder mit Ammoniumcarbonat (*Huntress, Carten*, Am. Soc. **62** [1940] 511, 512).

Krystalle (aus wss. A.); F: 104—105° [unkorr.; Block].

α.α.α-Trifluor-toluol-sulfonsäure-(3), *α,α,α-trifluoro*-m-*toluenesulfonic acid* $C_7H_5F_3O_3S$, Formel VII (X = F).

B. Aus Trifluormethyl-benzol beim Behandeln mit rauchender Schwefelsäure (65% SO$_3$) unterhalb 0° oder mit Schwefeltrioxid bei Raumtemperatur (*I. G. Farbenind.*, D.R.P. 671903 [1935]; Frdl. **25** 129; *Gen. Aniline Works*, U.S.P. 2141893 [1936]).

Charakterisierung als Anilin-Salz (F: 201—202° [unkorr.]): *I. G. Farbenind.*

B a r i u m - S a l z. Krystalle (aus W.) mit 1 Mol H$_2$O. In kaltem Wasser schwer löslich.

4-Chlor-toluol-sulfonsäure-(3), *6-chloro*-m-*toluenesulfonic acid* $C_7H_7ClO_3S$, Formel IX (X = OH) (H 95).

Beim Behandeln des Natrium-Salzes dieser Säure mit Schwefelsäure und Salpeter= säure und Erhitzen des Reaktionsprodukts mit Phosphoroxychlorid und Phosphor(V)-chlorid sind 4-Chlor-2-nitro-toluol-sulfonylchlorid-(3) (Hauptprodukt), 4-Chlor-5-nitro-toluol-sulfonylchlorid-(3) und 4-Chlor-6-nitro-toluol-sulfonylchlorid-(3) erhalten worden (*Wynne*, Soc. **1936** 696, 699).

4-Chlor-toluol-sulfonylchlorid-(3), *6-chloro*-m-*toluenesulfonyl chloride* $C_7H_6Cl_2O_2S$, Formel IX (X = Cl) (H 95).

F: 54° (*Wynne*, Soc. **1936** 696, 703).

Beim Eintragen in ein Gemisch von Salpetersäure und Schwefelsäure sind 4-Chlor-5-nitro-toluol-sulfonylchlorid-(3) (Hauptprodukt) und 4-Chlor-2-nitro-toluol-sulfonyl= chlorid-(3) erhalten worden.

4-Chlor-toluolsulfonamid-(3), *6-chloro*-m-*toluenesulfonamide* $C_7H_8ClNO_2S$, Formel IX (X = NH$_2$) (H 95).

B. Aus 4-Chlor-toluol-sulfonylchlorid-(3) beim Erwärmen mit wss. Ammoniak (*Allen, Frame*, J. org. Chem. **7** [1942] 15, 17).

Krystalle (aus W.); F: 155—156° [unkorr.].

6-Chlor-toluol-sulfonsäure-(3), *4-chloro*-m-*toluenesulfonic acid* $C_7H_7ClO_3S$, Formel X (X = OH) (H 95; E II 42).

Acidität in Essigsäure-Acetanhydrid-Gemischen: *Russell, Cameron*, Am. Soc. **60** [1938] 1345, 1347.

Beim Behandeln des Kalium-Salzes mit Schwefelsäure und Salpetersäure sind 6-Chlor-5-nitro-toluol-sulfonsäure-(3) (Hauptprodukt) und 6-Chlor-4-nitro-toluol-sulfonsäure-(3) erhalten worden (*Turner, Wynne*, Soc. **1936** 707, 708, 712; vgl. H 95).

N a t r i u m - S a l z NaC$_7$H$_6$ClO$_3$S (vgl. H 95). In 100 g Wasser lösen sich bei 30° 8,1 g (*Dermer, Dermer*, Am. Soc. **60** [1938] 1).

K a l i u m - S a l z KC$_7$H$_6$ClO$_3$S. In 100 g Wasser lösen sich bei 30° 10,3 g (*De., De.*).

B e r y l l i u m - S a l z Be(C$_7$H$_6$ClO$_3$S)$_2$. Krystalle (aus Acn. + CCl$_4$); Zers. bei 384,7° bis 399,7° (*Booth, Pierce*, J. phys. Chem. **37** [1933] 59, 65).

6-Chlor-toluol-sulfonylchlorid-(3), *4-chloro*-m-*toluenesulfonyl chloride* $C_7H_6Cl_2O_2S$, Formel X (X = Cl) (H 95; E I 23; E II 42).

B. Beim Behandeln von 2-Chlor-toluol mit Chloroschwefelsäure ohne Lösungsmittel oder in Chloroform (*Huntress, Carten*, Am. Soc. **62** [1940] 511, 512; s. a. *Dermer, Dermer*, Am. Soc. **60** [1938] 1).

Krystalle; F: 64° (*Dosser, Richter*, Am. Soc. **56** [1934] 1132), 63° [aus PAe.] (*Hu., Ca.*),

59—61° [aus PAe. oder Ae.] (*De., De.*).

Beim Eintragen in ein Gemisch von Salpetersäure und Schwefelsäure sind 6-Chlor-5-nitro-toluol-sulfonylchlorid-(3) und geringe Mengen 6-Chlor-4-nitro-toluol-sulfonyl=chlorid-(3) erhalten worden (*Turner, Wynne*, Soc. **1936** 707, 708, 713).

6-Chlor-toluolsulfonamid-(3), *4-chloro-m-toluenesulfonamide* $C_7H_8ClNO_2S$, Formel X (X = NH$_2$) (H 95; E II 42).

B. Aus 6-Chlor-toluol-sulfonylchlorid-(3) beim Erwärmen mit wss. Ammoniak oder mit Ammoniumcarbonat (*Huntress, Carten*, Am. Soc. **62** [1940] 511, 512; *Allen, Frame*, J. org. Chem. **7** [1942] 15, 16).

Krystalle; F: 131° [unkorr.; aus W.] (*Allen, Fr.*), 126° [unkorr.; Block; aus wss. A.] (*Hu., Ca.*).

α.α.α-Trifluor-4-chlor-toluol-sulfonsäure-(3), *6-chloro-α,α,α-trifluoro-m-toluenesulfonic acid* $C_7H_4ClF_3O_3S$, Formel XI.

B. Aus 4-Chlor-1-trifluormethyl-benzol beim Behandeln mit rauchender Schwefelsäure (65% SO$_3$) unterhalb 0° (*I. G. Farbenind.*, D.R.P. 671 903 [1935]; Frdl. **25** 129; *Gen. Aniline Works*, U.S.P. 2 141 893 [1936]).

Natrium-Salz NaC$_7$H$_3$ClF$_3$O$_3$S. Krystalle (aus W.) mit 1 Mol H$_2$O.

Barium-Salz. Krystalle (aus W.). In Wasser schwer löslich.

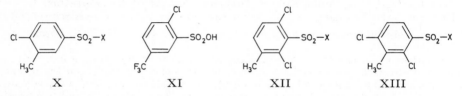

X   XI   XII   XIII

2.4-Dichlor-toluol-sulfonsäure-(3), *2,6-dichloro-m-toluenesulfonic acid* $C_7H_6Cl_2O_3S$, Formel XII (X = OH).

B. Aus 4-Chlor-2-amino-toluol-sulfonsäure-(3) über die Diazonium-Verbindung (*Wynne*, Soc. **1936** 696, 703).

Natrium-Salz NaC$_7$H$_5$Cl$_2$O$_3$S (Krystalle mit 1 Mol H$_2$O), Kalium-Salz KC$_7$H$_5$Cl$_2$O$_3$S (Krystalle) und Barium-Salz Ba(C$_7$H$_5$Cl$_2$O$_3$S)$_2$ (Krystalle mit 1 Mol H$_2$O): *Wy.*

2.4-Dichlor-toluol-sulfonylchlorid-(3), *2,6-dichloro-m-toluenesulfonyl chloride* $C_7H_5Cl_3O_2S$, Formel XII (X = Cl).

F: 19,5° (*Wynne*, Soc. **1936** 696, 703).

2.4-Dichlor-toluolsulfonamid-(3), *2,6-dichloro-m-toluenesulfonamide* $C_7H_7Cl_2NO_2S$, Formel XII (X = NH$_2$).

B. Aus 2.4-Dichlor-toluol-sulfonylchlorid-(3) (*Wynne*, Soc. **1936** 696, 703).

Krystalle (aus wss. A.); F: 188°.

2.6-Dichlor-toluol-sulfonsäure-(3), *2,4-dichloro-m-toluenesulfonic acid* $C_7H_6Cl_2O_3S$, Formel XIII (X = OH) (H 115 [dort als 2.6-Dichlor-toluol-sulfonsäure-(3 oder 4) be-schrieben]; E II 42).

B. Aus Barium-[2.6-dichlor-toluol-sulfinat-(3)] beim Erwärmen mit Kaliumpermanga=nat in wss. Kaliumcarbonat-Lösung (*Silvester, Wynne*, Soc. **1936** 691, 695).

2.6-Dichlor-toluol-sulfonylchlorid-(3), *2,4-dichloro-m-toluenesulfonyl chloride* $C_7H_5Cl_3O_2S$, Formel XIII (X = Cl) (H 115 [dort als 2.6-Dichlor-toluol-sulfonsäure-(3 oder 4)-chlorid beschrieben]; E II 42).

B. Beim Behandeln von 2.6-Dichlor-toluol mit Chloroschwefelsäure (*I. G. Farbenind.*, D.R.P. 555 140 [1926]; Frdl. **18** 487; *Gen. Aniline Works*, U.S.P. 1 897 516 [1927]; *Huntress, Carten*, Am. Soc. **62** [1940] 511, 512).

Krystalle; F: 60° [aus PAe.] (*I. G. Farbenind.; Gen. Aniline Works*), 59° (*Silvester, Wynne*, Soc. **1936** 691, 695), 54—56° [unkorr.; Block; aus PAe.] (*Hu., Ca.*).

2.6-Dichlor-toluolsulfonamid-(3), *2,4-dichloro-m-toluenesulfonamide* $C_7H_7Cl_2NO_2S$, Formel XIII (X = NH$_2$) (H 115 [dort als 2.6-Dichlor-toluol-sulfonsäure-(3 oder 4)-amid beschrieben]; E II 42).

B. Aus 2.6-Dichlor-toluol-sulfonylchlorid-(3) beim Erwärmen mit wss. Ammoniak oder mit Ammoniumcarbonat (*Huntress, Carten*, Am. Soc. **62** [1940] 511, 512).

Krystalle; F: 203° (*Silvester, Wynne*, Soc. **1936** 691, 695), 199—201° [unkorr.; Block; aus wss. A.] (*Hu., Ca.*).

4.5-Dichlor-toluol-sulfonsäure-(3), *5,6-dichloro*-m-*toluenesulfonic acid* $C_7H_6Cl_2O_3S$, Formel I (X = OH).

B. Aus 4-Chlor-5-amino-toluol-sulfonsäure-(3) über die Diazonium-Verbindung (*Wynne*, Soc. **1936** 696, 702).

Natrium-Salz $NaC_7H_5Cl_2O_3S$ (Krystalle mit 1 Mol H_2O), Kalium-Salz $KC_7H_5Cl_2O_3S$ (Krystalle mit 1 Mol H_2O) und Barium-Salz $Ba(C_7H_5Cl_2O_3S)_2$ (Krystalle; in Wasser mässig löslich): *Wy.*

4.5-Dichlor-toluol-sulfonylchlorid-(3), *5,6-dichloro*-m-*toluenesulfonyl chloride* $C_7H_5Cl_3O_2S$, Formel I (X = Cl).

Monokline Krystalle (aus PAe.); F: 64° (*Wynne*, Soc. **1936** 696, 702).

4.5-Dichlor-toluolsulfonamid-(3), *5,6-dichloro*-m-*toluenesulfonamide* $C_7H_7Cl_2NO_2S$, Formel I (X = NH_2).

Krystalle (aus A.); F: 158° (*Wynne*, Soc. **1936** 696, 702).

4.6-Dichlor-toluol-sulfonsäure-(3), *4,6-dichloro*-m-*toluenesulfonic acid* $C_7H_6Cl_2O_3S$, Formel II (X = OH) (H 95).

B. Aus 4.6-Dichlor-toluol-sulfinsäure-(3) beim Erwärmen mit wss. Kaliumcarbonat-Lösung und Kaliumpermanganat (*Silvester, Wynne*, Soc. **1936** 691, 695). Aus 4-Chlor-6-amino-toluol-sulfonsäure-(3) oder aus 6-Chlor-4-amino-toluol-sulfonsäure-(3) über die Diazonium-Verbindungen (*Wynne*, Soc. **1936** 696, 702; *Turner, Wynne*, Soc. **1936** 707, 713).

Natrium-Salz $NaC_7H_5Cl_2O_3S$. Krystalle mit 1 Mol H_2O; in Wasser mässig löslich (*Tu., Wy.*).

Kalium-Salz $KC_7H_5Cl_2O_3S$. Wasserfreie Krystalle oder Krystalle mit 1 Mol H_2O (*Wy.*) sowie Krystalle mit 2 Mol H_2O (*Si., Wy.*).

Barium-Salz $Ba(C_7H_5Cl_2O_3S)_2$. Krystalle mit 2 Mol H_2O; in Wasser leicht löslich (*Wy.*).

4.6-Dichlor-toluol-sulfonylchlorid-(3), *4,6-dichloro*-m-*toluenesulfonyl chloride* $C_7H_5Cl_3O_2S$, Formel II (X = Cl) (H 95).

B. Beim Behandeln von 2.4-Dichlor-toluol mit Chloroschwefelsäure (*I. G. Farbenind.*, D.R.P. 555140 [1926]; Frdl. **18** 487; *Gen. Aniline Works*, U.S.P. 1832209 [1927]; *Huntress, Carten*, Am. Soc. **62** [1940] 511, 512).

Krystalle; F: 72° (*Silvester, Wynne*, Soc. **1936** 691, 695; *Wynne*, Soc. **1936** 696, 702; *Turner, Wynne*, Soc. **1936** 707, 713), 71—72° [aus PAe. oder Bzl.] (*Hu., Ca.*), 71° (*I. G. Farbenind.; Gen. Aniline Works*).

4.6-Dichlor-toluolsulfonamid-(3), *4,6-dichloro*-m-*toluenesulfonamide* $C_7H_7Cl_2NO_2S$, Formel II (X = NH_2) (H 95).

B. Aus 4.6-Dichlor-toluol-sulfonylchlorid-(3) beim Erwärmen mit wss. Ammoniak oder mit Ammoniumcarbonat (*Huntress, Carten*, Am. Soc. **62** [1940] 511, 512).

Krystalle (aus wss. A.); F: 178° (*Wynne*, Soc. **1936** 696, 703), 176° (*Silvester, Wynne*, Soc. **1936** 691, 695; *Turner, Wynne*, Soc. **1936** 707, 713), 175—176° [unkorr.; Block] (*Hu., Ca.*).

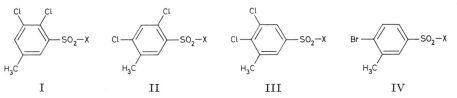

I   II   III   IV

5.6-Dichlor-toluol-sulfonsäure-(3), *4,5-dichloro*-m-*toluenesulfonic acid* $C_7H_6Cl_2O_3S$, Formel III (X = OH) (H 95).

B. Aus 5-Chlor-6-amino-toluol-sulfonsäure-(3) über die Diazonium-Verbindung (*Silvester, Wynne*, Soc. **1936** 691, 694).

Natrium-Salz   NaC₇H₅Cl₂O₃S   (Krystalle   mit   0,5 Mol   H₂O),   Kalium-Salz KC₇H₅Cl₂O₃S (Krystalle) und Barium-Salz Ba(C₇H₅Cl₂O₃S)₂ (Krystalle mit 3 Mol H₂O): *Si., Wy.*

5.6-Dichlor-toluol-sulfonylchlorid-(3), *4,5-dichloro-*m-*toluenesulfonyl chloride* C₇H₅Cl₃O₂S, Formel III (X = Cl) (H 95).
F: 90° (*Turner, Wynne,* Soc. **1936** 707, 713), 88° (*Silvester, Wynne,* Soc. **1936** 691, 694).

5.6-Dichlor-toluolsulfonamid-(3), *4,5-dichloro-*m-*toluenesulfonamide* C₇H₇Cl₂NO₂S, Formel III (X = NH₂) (H 95).
Krystalle; F: 184−185° (*Silvester, Wynne,* Soc. **1936** 691, 694), 184° (*Turner, Wynne,* Soc. **1936** 707, 713).

6-Brom-toluol-sulfonsäure-(3), *4-bromo-*m-*toluenesulfonic acid* C₇H₇BrO₃S, Formel IV (X = OH) (H 96).
Natrium-Salz NaC₇H₆BrO₃S. Krystalle (aus wss. A. oder W.) (*Dermer, Dermer,* Am. Soc. **60** [1938] 1; *Stein et al.,* J. biol. Chem. **143** [1942] 121, 126). In 100 g Wasser lösen sich bei 30° 7 g (*De., De.*).
Kalium-Salz KC₇H₆BrO₃S. Krystalle (aus W.) (*De., De.*). In 100 g Wasser lösen sich bei 30° 10,9 g (*De., De.*).

6-Brom-toluol-sulfonylchlorid-(3), *4-bromo-*m-*toluenesulfonyl chloride* C₇H₆BrClO₂S, Formel IV (X = Cl) (H 96).
B. Beim Behandeln von 2-Brom-toluol mit Chloroschwefelsäure ohne Lösungsmittel oder in Chloroform (*Huntress, Carten,* Am. Soc. **62** [1940] 511, 512; s. a. *Dermer, Dermer,* Am. Soc. **60** [1938] 1).
Krystalle (aus PAe.); F: 61° (*Chien, Kuan,* J. Chin. chem. Soc. **4** [1936] 355, 356), 59−60° (*Hu., Ca.*), 56−57° (*De., De.*).
Beim Behandeln mit einem Gemisch von Salpetersäure und Schwefelsäure ist 6-Brom-5-nitro-toluol-sulfonylchlorid-(3) erhalten worden (*De., De.*).

6-Brom-toluolsulfonamid-(3), *4-bromo-*m-*toluenesulfonamide* C₇H₈BrNO₂S, Formel IV (X = NH₂) (H 96).
B. Aus 6-Brom-toluol-sulfonylchlorid-(3) beim Erwärmen mit wss. Ammoniak oder mit Ammoniumcarbonat (*Huntress, Carten,* Am. Soc. **62** [1940] 511, 512).
Krystalle (aus wss. A.); F: 145−146° [unkorr.; Block].

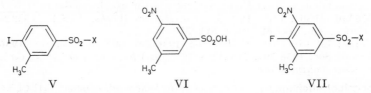

V   VI   VII

6-Jod-toluol-sulfonsäure-(3), *4-iodo-*m-*toluenesulfonic acid* C₇H₇IO₃S, Formel V (X = OH) (E II 42).
Natrium-Salz NaC₇H₆IO₃S. Krystalle (aus wss. A.) (*Dermer, Dermer,* Am. Soc. **60** [1938] 1). In 100 g Wasser lösen sich bei 30° 5 g.
Kalium-Salz KC₇H₆IO₃S. Krystalle (aus W.). In 100 g Wasser lösen sich bei 30° 6,8 g.

6-Jod-toluol-sulfonylchlorid-(3), *4-iodo-*m-*toluenesulfonyl chloride* C₇H₆ClIO₂S, Formel V (X = Cl) (E II 42).
B. Beim Behandeln von 2-Jod-toluol mit rauchender Schwefelsäure und Behandeln des danach isolierten Reaktionsprodukts mit Phosphor(V)-chlorid (*Dermer, Dermer,* Am. Soc. **60** [1938] 1).
Krystalle (aus Ae. oder PAe.); F: 63,5−64,5°.

5-Nitro-toluol-sulfonsäure-(3), *5-nitro-*m-*toluenesulfonic acid* C₇H₇NO₅S, Formel VI (E I 24).
B. Neben geringeren Mengen 5-Nitro-toluol-sulfonsäure-(2) beim Behandeln von 3-Nitro-toluol mit rauchender Schwefelsäure (*Huber,* Helv. **15** [1932] 1372, 1376; vgl. E I 24).

6-Fluor-5-nitro-toluol-sulfonsäure-(3), *4-fluoro-5-nitro-*m-*toluenesulfonic acid*
$C_7H_6FNO_5S$, Formel VII (X = OH).

B. Aus 6-Fluor-5-nitro-toluol-sulfonylchlorid-(3) beim Erwärmen mit wasserhaltigem Äthanol (*Dermer, Dermer,* Am. Soc. **60** [1938] 1).

Natrium-Salz $NaC_7H_5FNO_5S$. Krystalle (aus wss. A.). In 100 g Wasser lösen sich bei 30° 22,7 g.

Kalium-Salz $KC_7H_5FNO_5S$. Krystalle (aus W.). In 100 g Wasser lösen sich bei 30° 1,1 g.

6-Fluor-5-nitro-toluol-sulfonylchlorid-(3), *4-fluoro-5-nitro-*m-*toluenesulfonyl chloride*
$C_7H_5ClFNO_4S$, Formel VII (X = Cl).

B. Aus 6-Fluor-toluol-sulfonylchlorid-(3) beim Behandeln mit einem Gemisch von Salpetersäure und Schwefelsäure (*Dermer, Dermer,* Am. Soc. **60** [1938] 1).

Krystalle (aus Ae. oder PAe.); F: 37—38°.

4-Chlor-2-nitro-toluol-sulfonsäure-(3), *6-chloro-2-nitro-*m-*toluenesulfonic acid*
$C_7H_6ClNO_5S$, Formel VIII (X = OH).

B. Aus 4-Chlor-2-nitro-toluol-sulfonylchlorid-(3) (*Wynne,* Soc. **1936** 696, 703).

Natrium-Salz $NaC_7H_5ClNO_5S$. Krystalle mit 3 Mol H_2O. 100 g der bei 15° gesättigten wss. Lösung enthalten 13,4 g wasserfreies Salz.

Kalium-Salz $KC_7H_5ClNO_5S$. Krystalle. 100 g der bei 15° gesättigten wss. Lösung enthalten 18,5 g.

Barium-Salz $Ba(C_7H_5ClNO_5S)_2$. Krystalle (aus W.) mit 8 Mol H_2O; Krystalle (aus A.) mit 6 Mol H_2O. 100 g der bei 15° gesättigten wss. Lösung enthalten 11,9 g wasserfreies Salz.

4-Chlor-2-nitro-toluol-sulfonylchlorid-(3), *6-chloro-2-nitro-*m-*toluenesulfonyl chloride*
$C_7H_5Cl_2NO_4S$, Formel VIII (X = Cl).

B. Als Hauptprodukt neben 4-Chlor-5-nitro-toluol-sulfonylchlorid-(3) und 4-Chlor-6-nitro-toluol-sulfonylchlorid-(3) beim Behandeln des Natrium-Salzes der 4-Chlor-toluol-sulfonsäure-(3) mit Schwefelsäure und Salpetersäure und Erhitzen des Reaktionsprodukts mit Phosphor(V)-chlorid und Phosphoroxychlorid (*Wynne,* Soc. **1936** 696, 699). Neben grösseren Mengen 4-Chlor-5-nitro-toluol-sulfonylchlorid-(3) beim Eintragen von 4-Chlor-toluol-sulfonylchlorid-(3) in ein Gemisch von Salpetersäure und Schwefelsäure (*Wy.*).

Krystalle (aus PAe.); F: 122°.

4-Chlor-2-nitro-toluolsulfonamid-(3), *6-chloro-2-nitro-*m-*toluenesulfonamide*
$C_7H_7ClN_2O_4S$, Formel VIII (X = NH_2).

B. Aus 4-Chlor-2-nitro-toluol-sulfonylchlorid-(3) (*Wynne,* Soc. **1936** 696, 703).

Krystalle (aus wss. A.); F: 177°.

6-Chlor-4-nitro-toluol-sulfonsäure-(3), *4-chloro-6-nitro-*m-*toluenesulfonic acid*
$C_7H_6ClNO_5S$, Formel IX (X = OH).

B. Neben grösseren Mengen 6-Chlor-5-nitro-toluol-sulfonsäure-(3) beim Behandeln des Kalium-Salzes der 6-Chlor-toluol-sulfonsäure-(3) mit Schwefelsäure und Salpetersäure (*Turner, Wynne,* Soc. **1936** 707, 712).

Natrium-Salz (Krystalle mit 0,5 Mol H_2O), Kalium-Salz (Krystalle) und Barium-Salz $Ba(C_7H_5ClNO_5S)_2$ (Krystalle mit 2 Mol H_2O): *Tu., Wy.*

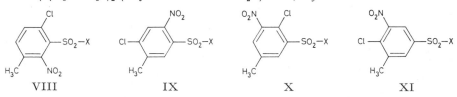

VIII   IX   X   XI

6-Chlor-4-nitro-toluol-sulfonylchlorid-(3), *4-chloro-6-nitro-*m-*toluenesulfonyl chloride*
$C_7H_5Cl_2NO_4S$, Formel IX (X = Cl).

B. In geringer Menge neben 6-Chlor-5-nitro-toluol-sulfonylchlorid-(3) beim Behandeln von 6-Chlor-toluol-sulfonylchlorid-(3) mit einem Gemisch von Salpetersäure und Schwefel‹säure (*Turner, Wynne,* Soc. **1936** 707, 713).

Krystalle (aus PAe.); F: 97°.

6-Chlor-4-nitro-toluolsulfonamid-(3), *4-chloro-6-nitro*-m-*toluenesulfonamide*
$C_7H_7ClN_2O_4S$, Formel IX (X = NH_2).
B. Aus 6-Chlor-4-nitro-toluol-sulfonylchlorid-(3) (*Turner, Wynne*, Soc. **1936** 707, 713).
Krystalle (aus wss. A.); F: 172°.

4-Chlor-5-nitro-toluol-sulfonsäure-(3), *6-chloro-5-nitro*-m-*toluenesulfonic acid*
$C_7H_6ClNO_5S$, Formel X (X = OH).
B. Aus 4-Chlor-5-nitro-toluol-sulfonylchlorid-(3) (*Wynne*, Soc. **1936** 696, 701).
Natrium-Salz. Krystalle mit 1 Mol und 2 Mol H_2O. 100 g der bei 15° gesättigten wss. Lösung enthalten 14,3 g wasserfreies Salz.
Kalium-Salz. Krystalle mit 1 Mol H_2O. 100 g der bei 15° gesättigten wss. Lösung enthalten 2,5 g wasserfreies Salz.
Barium-Salz $Ba(C_7H_5ClNO_5S)_2$. Krystalle mit 2 Mol H_2O. 100 g der bei 15° gesättigten wss. Lösung enthalten 0,8 g wasserfreies Salz.

4-Chlor-5-nitro-toluol-sulfonylchlorid-(3), *6-chloro-5-nitro*-m-*toluenesulfonyl chloride*
$C_7H_5Cl_2NO_4S$, Formel X (X = Cl).
B. Neben 4-Chlor-2-nitro-toluol-sulfonylchlorid-(3) und 4-Chlor-6-nitro-toluol-sulfonyl≈
chlorid-(3) beim Behandeln des Natrium-Salzes der 4-Chlor-toluol-sulfonsäure-(3) mit
Schwefelsäure und Salpetersäure und Erhitzen des Reaktionsprodukts mit Phosphor(V)-
chlorid und Phosphoroxychlorid (*Wynne*, Soc. **1936** 696, 699). Neben geringeren Mengen
4-Chlor-2-nitro-toluol-sulfonylchlorid-(3) beim Eintragen von 4-Chlor-toluol-sulfonyl≈
chlorid-(3) in ein Gemisch von Salpetersäure und Schwefelsäure (*Wy.*, l. c. S. 703).
Krystalle (aus PAe.); F: 62,5°. Krystallographische Angaben: *Wy.*, l. c. S. 701.

4-Chlor-5-nitro-toluol-sulfonamid-(3), *6-chloro-5-nitro*-m-*toluenesulfonamide*
$C_7H_7ClN_2O_4S$, Formel X (X = NH_2).
B. Aus 4-Chlor-5-nitro-toluol-sulfonylchlorid-(3) (*Wynne*, Soc. **1936** 696, 701).
Krystalle (aus wss. A.); F: 196°.

6-Chlor-5-nitro-toluol-sulfonsäure-(3), *4-chloro-5-nitro*-m-*toluenesulfonic acid*
$C_7H_6ClNO_5S$, Formel XI (X = OH) (E II 43).
B. Neben geringeren Mengen 6-Chlor-4-nitro-toluol-sulfonsäure-(3) beim Behandeln
des Kalium-Salzes der 6-Chlor-toluol-sulfonsäure-(3) mit Schwefelsäure und Salpetersäure
(*Turner, Wynne*, Soc. **1936** 707, 712).
Natrium-Salz $NaC_7H_5ClNO_5S$ (E II 43). In 100 g Wasser lösen sich bei 30° 20,3 g
(*Dermer, Dermer*, Am. Soc. **60** [1938] 1; vgl. E II 43).
Kalium-Salz $KC_7H_5ClNO_5S$. In 100 g Wasser lösen sich bei 30° 0,6 g (*Der., Der.*).
Barium-Salz $Ba(C_7H_5ClNO_5S)_2$. Krystalle mit 3,5 Mol H_2O (*Tu., Wy.*).
Carbamoylguanidin-Salz $C_2H_6N_4O \cdot C_7H_6ClNO_5S$. In 100 ml Wasser lösen sich bei
15° 0,34 g (*Deshusses, Deshusses*, Helv. **16** [1933] 783, 791).

6-Chlor-5-nitro-toluol-sulfonylchlorid-(3), *4-chloro-5-nitro*-m-*toluenesulfonyl chloride*
$C_7H_5Cl_2NO_4S$, Formel XI (X = Cl) (E II 43).
B. Neben geringen Mengen 6-Chlor-4-nitro-toluol-sulfonylchlorid-(3) beim Behandeln
von 6-Chlor-toluol-sulfonylchlorid-(3) mit einem Gemisch von Salpetersäure und Schwefel≈
säure (*Turner, Wynne*, Soc. **1936** 707, 712, 713; vgl. E II 43).
Krystalle (aus PAe.); F: 52°.

6-Chlor-5-nitro-toluolsulfonamid-(3), *4-chloro-5-nitro*-m-*toluenesulfonamide* $C_7H_7ClN_2O_4S$,
Formel XI (X = NH_2) (E II 43).
B. Aus 6-Chlor-5-nitro-toluol-sulfonylchlorid-(3) (*Turner, Wynne*, Soc. **1936** 707, 713).
Krystalle (aus wss. A.); F: 201°.

4-Chlor-6-nitro-toluol-sulfonsäure-(3), *6-chloro-4-nitro*-m-*toluenesulfonic acid* $C_7H_6ClNO_5S$,
Formel I (X = OH).
B. Aus 4-Chlor-6-nitro-toluol-sulfonylchlorid-(3) (*Wynne*, Soc. **1936** 696, 702).
Natrium-Salz $NaC_7H_5ClNO_5S$. Gelbliche Krystalle mit 1 Mol H_2O. 100 g der bei
15° gesättigten wss. Lösung enthalten 7,3 g wasserfreies Salz.
Kalium-Salz $KC_7H_5ClNO_5S$. Gelbliche Krystalle. 100 g der bei 15° gesättigten wss.
Lösung enthalten 2,9 g.
Barium-Salz $Ba(C_7H_5ClNO_5S)_2$. Hellgelbe Krystalle mit 2 Mol H_2O. 100 g der bei
15° gesättigten wss. Lösung enthalten 1,7 g wasserfreies Salz.

4-Chlor-6-nitro-toluol-sulfonylchlorid-(3), *6-chloro-4-nitro*-m-*toluenesulfonyl chloride*
$C_7H_5Cl_2NO_4S$, Formel I (X = Cl).

B. Neben 4-Chlor-2-nitro-toluol-sulfonylchlorid-(3) und 4-Chlor-5-nitro-toluol-sulfonyl=
chlorid-(3) beim Behandeln des Natrium-Salzes der 4-Chlor-toluol-sulfonsäure-(3) mit
Schwefelsäure und Salpetersäure und Erhitzen des Reaktionsprodukts mit Phosphor(V)-
chlorid und Phosphoroxychlorid (*Wynne*, Soc. **1936** 696, 699).

Krystalle (aus PAe.); F: 92° (*Wy.*, l. c. S. 702).

4-Chlor-6-nitro-toluolsulfonamid-(3), *6-chloro-4-nitro*-m-*toluenesulfonamide* $C_7H_7ClNO_4S$,
Formel I (X = NH₂).

B. Aus 4-Chlor-6-nitro-toluol-sulfonylchlorid-(3) (*Wynne*, Soc. **1936** 696, 702).

Krystalle (aus wss. A.); F: 188°.

6-Brom-5-nitro-toluol-sulfonsäure-(3), *4-bromo-5-nitro*-m-*toluenesulfonic acid*
$C_7H_6BrNO_5S$, Formel II (X = OH) (vgl. H 97).

B. Aus 6-Brom-5-nitro-toluol-sulfonylchlorid-(3) beim Erwärmen mit wasserhaltigem
Äthanol (*Dermer, Dermer*, Am. Soc. **60** [1938] 1).

Natrium-Salz $NaC_7H_5BrNO_5S$. In 100 g Wasser lösen sich bei 30° 17,5 g.

Kalium-Salz $KC_7H_5BrNO_5S$. In 100 g Wasser lösen sich bei 30° 0,5 g.

6-Brom-5-nitro-toluol-sulfonylchlorid-(3), *4-bromo-5-nitro*-m-*toluenesulfonyl chloride*
$C_7H_5BrClNO_4S$, Formel II (X = Cl).

B. Aus 6-Brom-toluol-sulfonylchlorid-(3) beim Behandeln mit einem Gemisch von
Salpetersäure und Schwefelsäure (*Dermer, Dermer*, Am. Soc. **60** [1938] 1).

Krystalle (aus Ae. oder PAe.); F: 64—64,5°.
　　　　　　　　　　　　　　　　　　　　　　　　　　　　[*Breither*]

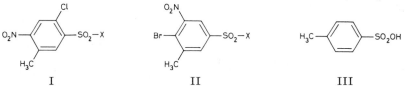

I　　　　　　　　　　　　　II　　　　　　　　　　　　　III

Toluol-sulfonsäure-(4), *p*-Toluolsulfonsäure, p-*toluenesulfonic acid* $C_7H_8O_3S$,
Formel III (H 97; E I 24; E II 43).

Bildungsweisen.

Aus Toluol beim Behandeln mit Schwefelsäure (*Tanasescu, Macarovici*, Bl. [5] **5** [1938]
1126, 1129) sowie beim Behandeln mit Schwefelsäure unter Einleiten von Borfluorid und
anschliessenden Erwärmen (*Thomas, Anzilotti, Hennion*, Ind. eng. Chem. **32** [1940] 408).
Neben geringen Mengen Toluol-sulfonsäure-(2) und Toluol-sulfonsäure-(3) beim Einleiten
von Toluol-Dampf in Schwefelsäure bei 130° (*Swann*, U.S.P. 2225564 [1938]).

Physikalische Eigenschaften.

Krystalle (aus wss. Lösung durch Einleiten von Chlorwasserstoff) mit 1 Mol H₂O;
F: 105—106° [geschlossene Kapillare] (*German, Vogel*, Analyst **62** [1937] 271, 272).
Nachweis einer stabilen und einer instabilen Modifikation eines Tetrahydrats im System
von Toluol-sulfonsäure-(4) mit Wasser: *Taylor, Vincent*, Soc. **1952** 3218, 3219. IR-Spektrum
(Acetonitril; 7,5—9,5 μ): *Schreiber*, Anal. Chem. **21** [1949] 1168, 1171. Raman-Spektrum:
Nissi, Japan. J. Physics **6** [1930] 1, 5; C. **1931** II 1255; *Angus, Leckie, Williams*, Trans.
Faraday Soc. **34** [1938] 793, 795. Elektrolytische Dissoziation in wasserhaltigem Dioxan
sowie in Äthanol enthaltendem Xylol: *Gemant*, J. chem. Physics **12** [1944] 79, 84, 86.
Relative Acidität (aus der Geschwindigkeit der Reaktion mit Diazoessigsäure-äthylester
ermittelt): *Hantzsch, Langbein*, Z. anorg. Ch. **204** [1932] 193, 201, 202. Elektrische Leitfähigkeit von wss. Lösungen: *Bolam, Hope*, Soc. **1941** 843, 845, 847; s. a. *Zipf*, Z. physiol.
Chem. **187** [1930] 214, 218; von Lösungen in wss. Essigsäure und in wasserfreier Essig=
säure: *Kolthoff, Willman*, Am. Soc. **56** [1934] 1007, 1011, 1013; von Lösungen in wasserhaltigem Dioxan und in Äthanol enthaltendem Xylol: *Ge.*, l. c. S. 83, 85—87. Elektrokapillarkurve einer Natriumsulfat enthaltenden wss. Lösung: *Butler, Ockrent*, J. phys.
Chem. **34** [1930] 2286, 2308.

Toluol-sulfonsäure-(4)-monohydrat ist in Nitrobenzol und in Acetophenon bei 93°
leicht löslich (*Ogata, Oda*, Scient. Pap. Inst. phys. chem. Res. **41** [1943] 182, 204); Löslichkeit in Chlorbenzol (40 g/l), in Toluol (9 g/l) und in Anisol (250 g/l) bei 93°: *Ogata, Oda.*

Dichte und Viscosität von wss. Lösungen: *Bolam, Hope*, Soc. **1941** 843, 849, **1941** 850—853. Grenzflächenspannung von wss. Lösungen gegen Toluol: *Lipez, Rimškaja*, Cvetnye Metally **1931** 594, 603; C. **1931** II 1624.

Chemisches Verhalten.

Bei der Oxydation an Platin-Anoden oder an Blei-Anoden (vgl. H 98) sind neben 4-Sulfo-benzoesäure eine als 2.3-Dihydroxy-4-sulfo-benzoesäure angesehene Verbindung, Mesaconsäure und Ameisensäure erhalten worden (*Yokoyama*, Helv. **13** [1930] 1257, 1258—1262). Bildung von 4-Chlor-toluol bzw. 4-Brom-toluol beim Erhitzen mit Kupfer(II)-chlorid bzw. mit Kupfer(II)-bromid: *Varma, Parekh, Subramanium*, J. Indian chem. Soc. **16** [1939] 460. Bildung von Jodbenzol und Kohlendioxid beim Erwärmen des Silber-Salzes mit Jod in Benzol: *Birckenbach, Meisenheimer*, B. **69** [1936] 723, 724. Bildung von geringen Mengen Phenyl-*p*-tolyl-sulfon beim Erwärmen mit Benzol und Fluor-wasserstoff: *Simons, Passino, Archer*, Am. Soc. **63** [1941] 608. Beim 2-tägigen Behandeln mit Isopropylalkohol und Schwefelsäure und Einleiten von Wasserdampf in das mit Wasser versetzte Reaktionsgemisch bei 150—160° sind *o*-Cymol, 2.6-Diisopropyl-1-methyl-benzol und geringe Mengen Toluol erhalten worden (*Desseigne*, C. r. **200** [1935] 466).

Nachweis.

Charakterisierung als 4-Brom-benzylester (F: 74—75° [S. 207]): *Johnson, Jacobs, Schwartz*, Am. Soc. **60** [1938] 1885, 1888; *S*-Benzyl-isothiuronium-Salz, *S*-[4-Chlor-benzyl]-isothiuronium-Salz und *S*-[Naphthyl-(1)-methyl]-isothiuronium-Salz s. S. 187.

Salze.

Ammonium-Salz [NH$_4$]C$_7$H$_7$O$_3$S (H 99; E II 44). Krystalle (aus Nitromethan); F: 345—347° [unkorr.] (*Carpino, Giza, Carpino*, Am. Soc. **81** [1959] 955).

Lithium-Salz. Aktivitätskoeffizienten in wss. Lösung (aus dem Dampfdruck ermittelt): *Robinson*, Am. Soc. **57** [1935] 1165; s. a. *Kielland*, Am. Soc. **59** [1937] 1675, 1678.

Natrium-Salz NaC$_7$H$_7$O$_3$S (E I 24; E II 44; vgl. H 99). Aktivitätskoeffizienten in wss. Lösung (aus dem Dampfdruck ermittelt): *Robinson*, Am. Soc. **57** [1935] 1165—1167. Elektrische Leitfähigkeit einer wss. Lösung: *Zipf*, Z. physiol. Chem. **187** [1930] 214, 218. Elektrokapillarkurve einer Natriumsulfat enthaltenden wss. Lösung: *Butler, Ockrent*, J. phys. Chem. **34** [1930] 2286, 2293. In 100 ml Aceton lösen sich bei 18° 0,12 g (*Foster et al.*, Soc. **1949** 2542, 2544). Oberflächenspannung von wss. Lösungen: *Neville, Jeanson*, J. phys. Chem. **37** [1933] 1001, 1003.

Kalium-Salz KC$_7$H$_7$O$_3$S (vgl. H 99). Röntgen-Diagramm: *Hanawalt, Rinn, Frevel*, Ind. eng. Chem. Anal. **10** [1938] 457, 500. Dampfdruck von wss. Lösungen: *Sinclair*, J. phys. Chem. **37** [1933] 495, 502; *Robinson*, Am. Soc. **57** [1935] 1165, 1166. Aus dem Dampfdruck ermittelte Aktivitätskoeffizienten in wss. Lösung: *Ro.*, l. c. S. 1167.

Kupfer(II)-Salz. Hexahydrat Cu(C$_7$H$_7$O$_3$S)$_2$·6H$_2$O (H 99). Hellblaue Krystalle [aus A.] (*Dubský, Trtílek*, J. pr. [2] **140** [1934] 47, 50). Beim Erhitzen auf 100° wird das Dihydrat (farblos), beim Erhitzen auf 240° wird das wasserfreie Salz (grün) erhalten (*Wright*, Soc. **1942** 263, 264). — Bis-äthylendiamin-kupfer(II)-Salz [Cu(C$_2$H$_8$N$_2$)$_2$](C$_7$H$_7$O$_3$S)$_2$·2H$_2$O. Hellblauviolette Krystalle (aus A.); F: 290—294° [Zers.] (*Du., Tr.*). Das Krystallwasser wird bei 100° abgegeben (*Du., Tr.*). — Tris-äthylendiamin-kupfer(II)-Salz [Cu(C$_2$H$_8$N$_2$)$_3$](C$_7$H$_7$O$_3$S)$_2$·6H$_2$O. Blauviolette Krystalle, die bei ca. 95° schmelzen (*Du., Tr.*). In Wasser (mit blauer Farbe) und in warmem Äthanol leicht löslich. Beim Erwärmen bis auf 100° erfolgt Umwandlung in das Bis-äthylendiamin-kupfer(II)-Salz [s. o.] (*Du., Tr.*).

Beryllium-Salz. Hexahydrat Be(C$_7$H$_7$O$_3$S)$_2$·6H$_2$O (E II 44; dort als Tetra-hydrat beschrieben [s. diesbezüglich *Pfeiffer, Fleitmann, Hansen*, J. pr. [2] **128** [1930] 47, 50, 60; *Čupr, Širuček*, J. pr. [2] **136** [1933] 159, 170]). Krystalle (aus Acn. + CHCl$_3$), F: 133,8° [korr.]; die Schmelze erstarrt zu Krystallen vom F: 143,5—145,5° [korr.] (*Booth, Pierce*, J. phys. Chem. **37** [1933] 59, 63). Das wasserfreie Salz zersetzt sich bei 318,5—319,5° [korr.] (*Booth, Pie.*). Beim Behandeln mit Ammoniak bildet sich das Tetrammin-beryllium-Salz [Be(NH$_3$)$_4$](C$_7$H$_7$O$_3$S)$_2$ (*Pf., Fl., Ha.*, l. c. S. 60).

Magnesium-Salz. Hexahydrat Mg(C$_7$H$_7$O$_3$S)$_2$·6H$_2$O (H 99). Monoklin; Raumgruppe P2$_1$/n; aus dem Röntgen-Diagramm ermittelte Dimensionen der Elementarzelle: a = 25,2 Å; b = 6,26 Å; c = 6,95 Å; β = 91,9°; n = 2 (*Hargreaves*, Acta cryst. **10** [1957] 191; s. a. *Hargreaves*, Nature **158** [1946] 620). Dichte: 1,42 (*Ha.*). Bildung von

Mischkrystallen mit dem Hexahydrat des Zink-Salzes (s. u.): *Ha*. Beim Behandeln des wasserfreien Salzes mit Ammoniak bildet sich das Hexammin-magnesium-Salz [Mg(NH$_3$)$_6$](C$_7$H$_7$O$_3$S)$_2$ (*Pfeiffer, Fleitmann, Hansen*, J. pr. [2] **128** [1930] 47, 62).

Strontium-Salz. Monohydrat Sr(C$_7$H$_7$O$_3$S)$_2$·H$_2$O: *Pfeiffer, Fleitmann, Hansen*, J. pr. [2] **128** [1930] 47, 55.

Zink-Salz. Hexahydrat Zn(C$_7$H$_7$O$_3$S)$_2$·6H$_2$O (H 99). Monoklin; Raumgruppe *P*2$_1$/*n*; aus dem Röntgen-Diagramm ermittelte Dimensionen der Elementarzelle: a = 25,24 Å; b = 6,295 Å; c = 6,98 Å; β = 91,3°; n = 2 (*Hargreaves*, Acta cryst. **10** [1957] 191; s. a. *Hargreaves*, Nature **158** [1946] 620). Dichte: 1,55 (*Ha*.). Bildung von Mischkrystallen mit dem Hexahydrat des Magnesium-Salzes (S. 184): *Ha*.

Cadmium-Salz. Hexahydrat Cd(C$_7$H$_7$O$_3$S)$_2$·6H$_2$O (H 99). Überführung in das Hexammin-cadmium-Salz [Cd(NH$_3$)$_6$](C$_7$H$_7$O$_3$S)$_2$ durch Erhitzen auf 130° und Behandeln des erhaltenen wasserfreien Salzes mit Ammoniak: *Pfeiffer, Fleitmann, Inoue*, Z. anorg. Ch. **192** [1930] 346, 365.

Aluminium-Salz. Nonahydrat Al(C$_7$H$_7$O$_3$S)$_3$·9H$_2$O. Krystalle (*Čupr, Sliva*, Spisy přírodov. Mas. Univ. Nr. 200 [1935] 1, 5; C. **1935** I 2669).

Thallium(I)-Salz. TlC$_7$H$_7$O$_3$S. Krystalle (aus W.); F: 226—228° [unkorr.] (*Gilman, Abbott*, Am. Soc. **65** [1943] 123).

Europium(III)-Salz. Octahydrat Eu(C$_7$H$_7$O$_3$S)$_3$·8H$_2$O. Krystalle [aus W.] (*McCoy*, Am. Soc. **61** [1939] 2455).

Nickel(II)-Salz. Hexahydrat Ni(C$_7$H$_7$O$_3$S)$_2$·6H$_2$O (E I 24). Hellgrüne Krystalle (aus W.), die bei 100° 4 Mol, bei 180° das gesamte Krystallwasser abgeben (*Wright*, Soc. **1942** 263, 265).

Dimethyl-hexadecyl-sulfonium-Salz. *B*. Beim Erhitzen von Methyl-hexadecyl-sulfid mit Toluol-sulfonsäure-(4) und Methanol auf 150° (*N.V. de Bataafsche Petr. Mij.*, D.R.P. 705224 [1938]; D.R.P. Org. Chem. **2** 359; *Shell Devel. Co.*, U.S.P. 2185654 [1938]). — Krystalle, deren wss. Lösung stark schäumt (*Shell Devel. Co.*).

Methyl-[2-(2-hydroxy-äthoxy)-äthyl]-hexadecyl-sulfonium-Salz. *B*. Beim Erhitzen von Methyl-hexadecyl-sulfid mit Toluol-sulfonsäure-(4) und Äthylenoxid auf 100° (*Shell Devel. Co.*, U.S.P. 2208581 [1938]). — Wasserlösliche Krystalle.

Methylamin-Salz CH$_5$N·C$_7$H$_8$O$_3$S (vgl. H 99). Krystalle (aus Isopropylalkohol); F: 147° (*Oxley, Short*, Soc. **1948** 1514, 1526).

Äthylamin-Salz C$_2$H$_7$N·C$_7$H$_8$O$_3$S (vgl. H 99). *B*. Beim Erhitzen von Toluol-sulfon= säure-(4)-methylester mit Äthylamin-hydrochlorid bis auf 150° (*Oxley, Short*, Soc. **1947** 382, 389). — Krystalle (aus Isopropylalkohol); F: 118°.

Methyl-äthyl-amin-Salz. F: 38—40° (*Oxley, Short*, Soc. **1947** 382, 385 Anm. 10). Hygroskopisch.

Diäthylamin-Salz C$_4$H$_{11}$N·C$_7$H$_8$O$_3$S (vgl. H 99). Krystalle (aus Isopropylalkohol +Ae. bzw. aus Acn.); F: 103° (*Oxley, Partridge, Short*, Soc. **1947** 1110, 1113; *Oxley, Short*, Soc. **1951** 1252, 1254).

Trimethyl-[2-brom-äthyl]-ammonium-Salz [C$_5$H$_{13}$BrN]C$_7$H$_7$O$_3$S. Wasserlösli= che Krystalle (*Glücksmann*, D.R.P. 519324 [1927]; Frdl. **17** 2619, 2621).

Propylamin-Salz C$_3$H$_9$N·C$_7$H$_8$O$_3$S. Krystalle (aus Isopropylalkohol); F: 139° bis 139,5° (*Oxley, Short*, Soc. **1947** 382, 385 Anm. 11).

Isopropylamin-Salz C$_3$H$_9$N·C$_7$H$_8$O$_3$S. Krystalle; F: 128° (*Oxley, Short*, Soc. **1947** 382, 385 Anm. 12).

Dodecylamin-Salz C$_{12}$H$_{27}$N·C$_7$H$_8$O$_3$S. Bei 100—137° schmelzend (*Harber*, Iowa Coll. J. **15** [1940] 17).

Octadecylamin-Salz C$_{18}$H$_{39}$N·C$_7$H$_8$O$_3$S. Bei 93—138° schmelzend (*Harber*, Iowa Coll. J. **15** [1940] 17).

Äthylendiamin-Salze. a) C$_2$H$_8$N$_2$·C$_7$H$_8$O$_3$S. Krystalle (aus Isopropylalkohol); F: 123° (*Oxley, Short*, Soc. **1947** 497, 502). — b) C$_2$H$_8$N$_2$·2C$_7$H$_8$O$_3$S. Krystalle (aus wss. A.); F: 360° [Zers.] (*Ox., Sh.*, l. c. S. 503).

Propandiyldiamin-Salz C$_3$H$_{10}$N$_2$·2C$_7$H$_8$O$_3$S. Krystalle (aus Isopropylalkohol); F: 251° (*Oxley, Short*, Soc. **1947** 497, 503).

Butandiyldiamin-Salz C$_4$H$_{12}$N$_2$·2C$_7$H$_8$O$_3$S. Krystalle (aus Me.); F: 224° (*Oxley, Short*, Soc. **1947** 497, 503).

Hexandiyldiamin-Salz C$_6$H$_{16}$N$_2$·2C$_7$H$_8$O$_3$S. Krystalle (aus A.); F: 183° (*Oxley, Short*, Soc. **1947** 497, 503).

Tridecandiyldiamin-Salz $C_{13}H_{30}N_2 \cdot 2\,C_7H_8O_3S$. Krystalle (aus W.); F: 198° [korr.] (*Müller*, B. **67** [1934] 295, 299).

Triäthyl-[2-allophanoyloxy-äthyl]-ammonium-Salz. *B.* Beim Erwärmen von Allophansäure-[2-diäthylamino-äthylester] mit Toluol-sulfonsäure-(4)-äthylester unter Zusatz von Methanol (*E. Merck*, D.R.P. 590311 [1932]; Frdl. **20** 975). — Krystalle (aus A. + E. + Ae.); F: 170° [Zers.].

1-Amino-1-desoxy-D-*glycero*-D-*gulo*-heptit-Salz $C_7H_{17}NO_6 \cdot C_7H_8O_3S$. F: 149° bis 150°; $[\alpha]_D^{22}$: $-4,2°$ [W.; c = 4] (*Sowdon, Fischer*, Am. Soc. **68** [1946] 1511).

Glycin-Salz $C_2H_5NO_2 \cdot C_7H_8O_3S$. *B.* Beim Erhitzen von Hippursäure mit Toluol und Schwefelsäure (*Machek*, M. **66** [1935] 345, 350). — Krystalle (aus W.); F: 200—201° [korr.].

DL-Alanin-Salz $C_3H_7NO_2 \cdot C_7H_8O_3S$. *B.* Beim Erhitzen von DL-Alanin mit Toluol und Schwefelsäure (*Machek*, M. **66** [1935] 345, 353). — Krystalle; F: 193,5—195° [korr.].

DL-Valin-methylester-Salz $C_6H_{13}NO_2 \cdot C_7H_8O_3S$. Bildung beim Behandeln von sog. Methyl-desthiobenzyl-penicillenat (*N*-[(5-Oxo-2-benzyl-oxazolinyliden-(4))-methyl]-DL-valin-methylester) mit Toluol-sulfonsäure-(4) in Äther: *Peck, Folkers*, Chem. Penicillin **1949** 144, 202. — Krystalle (aus A. + Ae.); F: 162—163° [Block].

DL-Leucin-Salz $C_6H_{13}NO_2 \cdot C_7H_8O_3S$. *B.* Beim Erhitzen von DL-Leucin mit Toluol und Schwefelsäure (*Machek*, M. **66** [1935] 345, 354). — Krystalle (aus W.); F: 153—153,5° [korr.].

N.N′-Dimethyl-acetamidin-Salz $C_4H_{10}N_2 \cdot C_7H_8O_3S$. Krystalle (aus Isopropyl=alkohol); F: 119° (*Oxley, Short*, Soc. **1947** 382, 385 Anm. 1).

Hexa-*C*-chlor-*N.N″*-äthylen-bis-acetamidin-Salz (*N.N″*-Äthylen-bis-trichloracetamidin-Salz) $C_6H_8Cl_6N_4 \cdot 2\,C_7H_8O_3S$. Krystalle (aus Isopropylalkohol), F: 254° [Zers.]; Krystalle (aus W.), F: 210° (*Oxley, Partridge, Short*, Soc. **1948** 303, 305).

Valeramidin-Salz $C_5H_{12}N_2 \cdot C_7H_8O_3S$. Krystalle (aus Acn.); F: 134° (*Boots Pure Drug Co.*, U.S.P. 2451779 [1947]; *Oxley, Short*, Soc. **1949** 449, 455).

Benzamidin-Salz $C_7H_8N_2 \cdot C_7H_8O_3S$ (E I 24). Krystalle (aus W.); F: 195° (*Boots Pure Drug Co.*, U.S.P. 2451779 [1947]).

N.N-Diäthyl-benzamidin-Salz $C_{11}H_{16}N_2 \cdot C_7H_8O_3S$. F: 126° (*Oxley, Partridge, Short*, Soc. **1947** 1110, 1113).

C-Phenyl-acetamidin-Salz $C_8H_{10}N_2 \cdot C_7H_8O_3S$. Krystalle (aus Isopropylalkohol); F: 199° (*Boots Pure Drug Co.*, U.S.P. 2451779 [1947]; *Oxley, Short*, Soc. **1949** 449, 455).

p-Toluamidin-Salz $C_8H_{10}N_2 \cdot C_7H_8O_3S$. Krystalle (aus W.); F: 191° (*Boots Pure Drug Co.*, U.S.P. 2451779 [1947]; *Oxley, Short*, Soc. **1949** 449, 455).

C-[Naphthyl-(1)]-acetamidin-Salz $C_{12}H_{12}N_2 \cdot C_7H_8O_3S$. F: 188° (*Oxley, Short*, Soc. **1949** 449, 455).

Guanidin-Salz $CH_5N_3 \cdot C_7H_8O_3S$ (vgl. H 99). Krystalle (aus W.); F: 230° (*Perrot*, Bl. **1946** 554, 557).

Carbamoylguanidin-Salz $C_2H_6N_4O \cdot C_7H_8O_3S$ (vgl. H 99; dort als Salz des Guanyl=harnstoffs bezeichnet). *B.* Neben dem Thiocarbamoylguanidin-Salz (S. 187) beim Eintragen von Toluol-sulfonylchlorid-(4) in eine warme äthanol. Lösung von Thiocarbamoylguan=idin (E III **3** 305) und 2-wöchigen Aufbewahren der mit Äther versetzten Reaktionslö=sung (*Kurzer*, Soc. **1957** 2999, 3003). — Krystalle, F: 242—244° [Zers.]; die Schmelze erstarrt zu einer wachsartigen Substanz (*Ku.*; vgl. H 99).

Cyanguanidin-Salz (Dicyandiamid-Salz) $C_2H_4N_4 \cdot C_7H_8O_3S$. Brechungsindices der Krystalle (n_α: 1,547; n_β: 1,582; n_γ: 1,598) sowie weitere optische Eigenschaften: *Am. Cyanamid Co.*, U.S.P. 2433049 [1945]. — Über krystalline Additionsverbindungen mit Aceton und mit Butanon s. *Am. Cyanamid Co.*, U.S.P. 2402061 [1945].

1.1-Dimethyl-biguanid-Salz $C_4H_{11}N_5 \cdot C_7H_8O_3S$. *B.* Beim Erhitzen von Cyan=guanidin mit dem Dimethylamin-Salz der Toluol-sulfonsäure-(4) auf 160° (*Boots Pure Drug Co.*, U.S.P. 2473112 [1947]; *Oxley, Short*, Soc. **1951** 1252, 1254). — Krystalle (aus Isopropylalkohol bzw. aus W. oder A.); F: 150° (*Boots Pure Drug Co.*; *Ox., Sh.*).

1.1-Diäthyl-biguanid-Salz $C_6H_{15}N_5 \cdot C_7H_8O_3S$. *B.* Beim Erhitzen von Cyanguanidin mit dem Diäthylamin-Salz der Toluol-sulfonsäure-(4) auf 160° (*Boots Pure Drug Co.*, U.S.P. 2473112 [1947]; *Oxley, Short*, Soc. **1951** 1252, 1254). — Krystalle (aus Acn. bzw. aus W. oder A.); F: 142° (*Boots Pure Drug Co.*; *Ox., Sh.*).

1-Isopropyl-biguanid-Salz $C_5H_{13}N_5 \cdot C_7H_8O_3S$. *B.* Beim Erhitzen von Cyanguanidin mit dem Isopropylamin-Salz der Toluol-sulfonsäure-(4) auf 160° (*Boots Pure Drug*

Co., U.S.P. 2473112 [1947]; *Oxley, Short*, Soc. **1951** 1252, 1254). — Krystalle (aus Isopropylalkohol bzw. aus W. oder A.); F: 161—161,5° (*Boots Pure Drug Co.*; *Ox., Sh.*).

Thiocarbamoylguanidin-Salz $C_2H_6N_4S \cdot C_7H_8O_3S$. B. s. im Artikel Thiocarb=amoylguanidin (E III **3** 305) sowie beim Carbamoylguanidin-Salz (S. 186). — Krystalle; F: 178—180° [Zers.; aus W.] (*Am. Cyanamid Co.*, U.S.P. 2364594 [1943]), 176—178° [aus wss. A.] (*Kurzer*, Soc. **1957** 2999, 3003).

S-Benzyl-isothiuronium-Salz $[C_8H_{11}N_2S]C_7H_7O_3S$. Krystalle; F: 182—183° [aus A. oder wss. A.] (*Veibel, Lillelund*, Bl. [5] **5** [1938] 1153, 1157), 181—182° [korr.; aus wss. A.] (*Chambers, Watt*, J. org. Chem. **6** [1941] 376, 378), 178° [korr.; aus A.] (*Donleavy*, Am. Soc. **58** [1936] 1004).

S-[4-Chlor-benzyl]-isothiuronium-Salz $[C_8H_{10}ClN_2S]C_7H_7O_3S$. Krystalle (aus Dioxan); F: 193° [korr.] (*Dewey, Sperry*, Am. Soc. **61** [1939] 3251).

S-Cholesteryl-isothiuronium-Salz $[C_{28}H_{49}N_2S]C_7H_7O_3S$ (F: 234—235°; $[\alpha]_D^{22}$: —27,4° [Py.; c = 3,5]) s. E III **6** 2668 im Artikel S-Cholesteryl-isothioharnstoff.

S-[Naphthyl-(1)-methyl]-isothiuronium-Salz $[C_{12}H_{13}N_2S]C_7H_7O_3S$. Krystalle (aus W.); F: 178° [korr.] (*Bonner*, Am. Soc. **70** [1948] 3508).

S-[3β.5-Dihydroxy-5α-cholestanyl-(6β)]-isothiuronium-Salz $[C_{28}H_{51}N_2O_2S]C_7H_7O_3S$ (F: 228—229°) s. E III **6** 6428 im Artikel S-[3β.5-Dihydroxy-5α-cholestanyl-(6β)]-isothioharnstoff.

4-Methoxy-benzamidin-Salz $C_8H_{10}N_2O \cdot C_7H_8O_3S$. F: 206° (*Oxley, Short*, Soc. **1949** 449, 455).

4-Methylsulfon-benzamidin-Salz $C_8H_{10}N_2O_2S \cdot C_7H_8O_3S$. Krystalle (aus W.); F: 292—293° (*Boots Pure Drug Co.*, U.S.P. 2451779 [1947]; *Oxley, Partridge, Short*, Soc. **1947** 1110, 1114).

4-Methylsulfon-N-äthyl-benzamidin-Salz $C_{10}H_{14}N_2O_2S \cdot C_7H_8O_3S$. F: 242° (*Oxley, Short*, Soc. **1946** 147, 149 Anm. 11).

4-Methylsulfon-N.N-diäthyl-benzamidin-Salz $C_{12}H_{18}N_2O_2S \cdot C_7H_8O_3S$. F: 162° (*Oxley, Partridge, Short*, Soc. **1947** 1110, 1116).

Trimethylblei-Salz $[(CH_3)_3Pb]C_7H_7O_3S$. B. Aus Tetramethylblei und Toluol-sulfon=säure-(4) in Gegenwart von Silicagel (*Heap, Saunders*, Soc. **1949** 2983, 2988). — Krystalle, die unterhalb 220° nicht schmelzen.

Triäthylblei-Salz $[(C_2H_5)_3Pb]C_7H_7O_3S$. B. Beim Erwärmen von Tetraäthylblei mit Toluol-sulfonsäure-(4) (*Gilman, Robinson*, R. **49** [1930] 766), auch in Gegenwart von Silicagel (*Heap, Saunders*, Soc. **1949** 2983, 2986), oder mit Toluol-sulfonylchlorid-(4) in Äther in Gegenwart von Silicagel (*Heap, Sau.*, l. c. S. 2987). — Krystalle (aus Bzl. + PAe.); F: 137° [Zers.] (*Heap, Sau.*), 167—168° (*Gi., Ro.*).

Tripropylblei-Salz $[(C_3H_7)_3Pb]C_7H_7O_3S$. B. Beim Erwärmen von Tetrapropylblei mit Toluol-sulfonsäure-(4) (*Heap, Saunders*, Soc. **1949** 2983, 2987). Beim Behandeln von Tripropylblei-hydroxid mit Toluol-sulfonsäure-(4) in Wasser (*Saunders, Stacey*, Soc. **1949** 919, 924). — Krystalle; F: 82—83° [aus PAe.] (*Sau., St.*), 73—74,5° [aus Bzl. + PAe.] (*Heap, Sau.*).

Tributylblei-Salz $[(C_4H_9)_3Pb]C_7H_7O_3S$. B. Beim Behandeln einer äthanol. Lösung von Tributylblei-hydroxid mit Toluol-sulfonsäure-(4) in Wasser (*Saunders, Stacey*, Soc. **1949** 919, 925). — Krystalle (aus PAe. + Bzl.); F: 81—82°.

Triisobutylblei-Salz $[(C_4H_9)_3Pb]C_7H_7O_3S$. B. Beim Erwärmen von Tetraisobutyl=blei mit Toluol-sulfonsäure-(4) in Äther (*Heap, Saunders*, Soc. **1949** 2983, 2987). — Kry=stalle (aus PAe.), die sich bei 178—180° dunkel färben und bei 190—195° sintern.

Toluol-sulfonsäure-(4)-methylester, p-*toluenesulfonic acid methyl ester* $C_8H_{10}O_3S$, Formel IV (R = CH_3) auf S. 190 (H 99; E II 44).

Krystalle (aus Ae. + PAe.); F: 28° (*Waldmann*, J. pr. [2] **126** [1930] 250, 253). Kp_5: 144,6—145,2° (*Buehler, Gardner, Clemens*, J. org. Chem. **2** [1937] 167, 174). Dichte bei Temperaturen von 40° (1,2087) bis 130,4° (1,1282) sowie Oberflächenspannung bei Temperaturen von 40° (41,10 dyn/cm) bis 130,4° (33,11 dyn/cm): *Bue., Ga., Cl.*, l. c. S. 170. IR-Spektrum (CCl_4; 6,6—10 μ): *Schreiber*, Anal. Chem. **21** [1949] 1168, 1170, 1171. UV-Spektrum (Hexan; 200—280 mμ): *Bernoulli, Stauffer*, Helv. **23** [1940] 615, 619. Dipolmoment (ε; Bzl.): 5,18 D (*LeFèvre, Vine*, Soc. **1938** 1790, 1795). Dichte und Di=elektrizitätskonstante von Lösungen in Chloroform und in Äther: *LeF., Vine*, l. c. S. 1794. Relative Geschwindigkeit der Reaktion mit Natriumjodid in Aceton bei Raumtemperatur: *Tipson, Clapp, Cretcher*, J. org. Chem. **12** [1947] 133, 134; der Reaktion mit Phenyl=magnesiumbromid in Äther bei Siedetemperatur (Bildung von Toluol): *Suter, Gerhart*, Am. Soc. **57** [1935] 107.

Toluol-sulfonsäure-(4)-äthylester, p-*toluenesulfonic acid ethyl ester* $C_9H_{12}O_3S$, Formel IV ($R = C_2H_5$) auf S. 190 (H 99; E I 24; E II 45).

B. Aus Toluol-sulfonylchlorid-(4) beim Behandeln mit Äthanol und Pyridin bei —10° (*Tipson*, J. org. Chem. **9** [1944] 235, 239; vgl. E II 45), beim Behandeln mit Diäthyl=äther und Eisen(III)-chlorid (*Meerwein, Maier-Hüser*, J. pr. [2] **134** [1932] 51, 80) sowie beim Erhitzen mit Orthoameisensäure-triäthylester auf 110° (*Levaillant*, A. ch. [11] **6** [1936] 459, 550).

Krystalle; F: 33—34° [aus Ae. + Pentan] (*Tipson, Clapp, Cretcher*, J. org. Chem. **12** [1947] 133, 135), 32—33° [aus Ae. + Bzn.] (*Mee., Mai.-H.*). E: 32,2—32,3° (*McCleary, Hammett*, Am. Soc. **63** [1941] 2254, 2255), 32,2° (*Morgan, Cretcher*, Am. Soc. **70** [1948] 375, 376). Kp_{2-3}: 143° (*Murray, Cleveland*, J. chem. Physics **12** [1944] 156, 159); $Kp_{0,35}$: 108—109° (*Mo., Cr.*). D_{40}^{40}: 1,1637 (*Tasker, Purves*, Am. Soc. **71** [1949] 1017, 1022). n_D^{35}: 1,5067; n_D^{40}: 1,5050 (*Ta., Pu.*). Raman-Spektrum: *Mu., Cl.*, l. c. S. 158. Magnet=ische Susceptibilität: *Clow, Kirton, Thompson*, Trans. Faraday Soc. **36** [1940] 1029.

Flammpunkt: *Assoc. Factory Insurance Co.*, Ind. eng. Chem. **32** [1940] 880, 882. Bildung von Äthylchlorid beim Erwärmen mit Eisen(III)-chlorid (1 Mol): *Mee., Mai.-H.*, l. c. S. 81. Geschwindigkeit der Hydrolyse in 90%ig. wss. Methanol bei 65°: *Ta., Pu.*, l. c. S. 1020; in wss.-äthanol. Natronlauge bei 25°: *Demény*, R. **50** [1931] 60, 68; in Natri=umhydroxid enthaltendem wss. Dioxan bei 50°: *McC., Ha.*, l. c. S. 2259, 2260. Ge=schwindigkeit der Reaktionen mit Natriumchlorid, mit Kaliumbromid und mit Kalium=jodid in wss. Dioxan bei 50°: *McC., Ha.*, l. c. S. 2259; der Reaktion mit Natriumjodid in Acetonylaceton bei 22°: *Ta., Pu.*, l. c. S. 1020; der Reaktion mit Natriumjodid in Aceton bei Raumtemperatur: *Ti., Cl., Cr.*, l. c. S. 134. Kinetik der Solvolyse beim Behandeln mit Natriumäthylat in Äthanol (vgl. E I 24) bei 35° und 45°: *Mo., Cr.*, l. c. S. 377. Beim Erwärmen mit Natrium-phenylacetylenid in Benzol ist ein Gemisch von 1-Phenyl-butin-(1) und geringen Mengen 1-Phenyl-butin-(3) erhalten worden (*Bergmann, Bondi*, B. **66** [1933] 278, 286).

Toluol-sulfonsäure-(4)-[2-fluor-äthylester], p-*toluenesulfonic acid 2-fluoroethyl ester* $C_9H_{11}FO_3S$, Formel IV ($R = CH_2\text{-}CH_2F$) auf S. 190.

B. Aus Toluol-sulfonylchlorid-(4) beim Behandeln mit 2-Fluor-äthanol-(1) und wss. Natronlauge (*Knunjanz, Kildischewa, Bychowškaja*, Ž. obšč. Chim. **19** [1949] 101, 109; C. A. **1949** 6163) sowie beim Erhitzen mit 2-Fluor-äthanol-(1) (*Childs et al.*, Soc. **1948** 2174, 2176).

Kp_{10}: 174—175° (*Kn., Ki., By.*, l. c. S. 106, 110); Kp_1: 135—136° (*Ch. et al.*). D_{20}^{20}: 1,290; n_D^{20}: 1,5110 (*Kn., Ki., By.*, l. c. S. 106).

Toluol-sulfonsäure-(4)-[2-chlor-äthylester], p-*toluenesulfonic acid 2-chloroethyl ester* $C_9H_{11}ClO_3S$, Formel IV ($R = CH_2\text{-}CH_2Cl$) auf S. 190 (E II 45).

Krystalle; F: 22,5°; $Kp_{1,5}$: 140°; n_D^{25}: 1,5280 [unterkühlte Schmelze] (*Tipson, Cretcher*, Am. Soc. **64** [1942] 1162).

Beim Erwärmen mit Phenyläthinylmagnesiumbromid in Äther und Behandeln des Reaktionsgemisches mit kalter wss. Salzsäure sind 2-Chlor-1-brom-äthan, 4-Chlor-1-phenyl-butin-(1) und geringe Mengen Phenylacetylen erhalten worden (*Johnson, Schwartz, Jacobs*, Am. Soc. **60** [1938] 1882). Bildung von 1.4-Bis-[toluol-sulfonyl-(4)]-piperazin beim Erwärmen mit Toluolsulfonamid-(4) und wss. Natronlauge: *Peacock, Dutta*, Soc. **1934** 1303. Reaktion mit Diäthylamin bei 120° unter Bildung von 1.1.4.4-Tetraäthyl-piperazindiium-bis-[toluol-sulfonat-(4)] (E II **23** 5): *Slotta, Behnisch*, A. **497** [1932] 170, 177.

Toluol-sulfonsäure-(4)-[2-brom-äthylester], p-*toluenesulfonic acid 2-bromoethyl ester* $C_9H_{11}BrO_3S$, Formel IV ($R = CH_2\text{-}CH_2Br$) auf S. 190.

Kp_5: 203° (*Bachman*, Am. Soc. **57** [1935] 382).

Toluol-sulfonsäure-(4)-propylester, p-*toluenesulfonic acid propyl ester* $C_{10}H_{14}O_3S$, Formel IV ($R = CH_2\text{-}CH_2\text{-}CH_3$) auf S. 190 (E II 45).

B. Neben geringen Mengen Dipropyläther beim Erhitzen von Toluol-sulfonylchlorid-(4)

mit Propanol-(1) bis auf 117° unter Durchleiten von Luft (*Slotta, Franke*, B. **63** [1930] 678, 683).

$Kp_{0,06}$: 106—108° (*Tipson, Clapp, Cretcher*, J. org. Chem. **12** [1947] 133, 135).

Relative Geschwindigkeit der Reaktion mit Natriumjodid in Aceton bei Raumtemperatur: *Ti., Cl., Cr.*

Toluol-sulfonsäure-(4)-isopropylester, p-*toluenesulfonic acid isopropyl ester* $C_{10}H_{14}O_3S$, Formel IV (R = $CH(CH_3)_2$).

B. Beim Behandeln von Toluol-sulfonylchlorid-(4) mit Isopropylalkohol und Pyridin (*Butler, Hostler, Cretcher*, Am. Soc. **59** [1937] 2354; *Tipson, Clapp, Cretcher*, J. org. Chem. **12** [1947] 133, 135).

Krystalle (aus Ae. + Pentan); F: 20° (*Ti., Cl., Cr.*). In kleinen Mengen bei 107—109°/ 0,4 Torr destillierbar (*Ti., Cl., Cr.*).

Relative Geschwindigkeit der Reaktion mit Natriumjodid in Aceton bei Raumtemperatur: *Ti., Cl., Cr.*

Toluol-sulfonsäure-(4)-butylester, p-*toluenesulfonic acid butyl ester* $C_{11}H_{16}O_3S$, Formel IV (R = $[CH_2]_3$-CH_3) (E II 46).

B. Aus Butanol-(1) beim Behandeln mit Toluol-sulfonylchlorid-(4) und Pyridin (*Sekera, Marvel*, Am. Soc. **55** [1933] 345, 346; *Marvel, Sekera*, Org. Synth. Coll. Vol. III [1955] 366), beim Erhitzen mit Toluol-sulfonylchlorid-(4) und Natriumcarbonat auf 120° unter Durchleiten von Luft [in diesem Falle neben geringen Mengen Dibutyläther] (*Slotta, Franke*, B. **63** [1930] 678, 683, 684) sowie beim Behandeln mit Natrium in Xylol und anschliessend mit Toluol-sulfonylchlorid-(4) (*Kranzfelder, Sowa*, Am. Soc. **59** [1937] 1490).

Kp_{10}: 170—172° (*Kr., Sowa*); Kp_4: 169° (*Se., Ma.*); Kp_1: 146° (*Sl., Fr.*). D_4^{20}: 1,1319 (*Se., Ma.*). n_D^{20}: 1,5085 (*Se., Ma.*). IR-Spektrum (CCl_4; 6,6—10 μ): *Schreiber*, Anal. Chem. **21** [1949] 1168, 1170, 1171.

Bei 20-stdg. Erhitzen mit Kaliumfluorid in Methanol auf 100° sind annähernd gleiche Mengen Butylfluorid und Methyl-butyl-äther erhalten worden (*Helferich, Gnüchtel*, D.R.P. 710129 [1936]; D.R.P. Org. Chem. **6** 287).

Charakterisierung durch Überführung in 1-Butyl-pyridinium-[toluol-sulfonat-(4)] (F: 114°): *Se., Ma.*

(±)-Toluol-sulfonsäure-(4)-[2-nitro-butylester], (±)-p-*toluenesulfonic acid 2-nitrobutyl ester* $C_{11}H_{15}NO_5S$, Formel IV (R = CH_2-$CH(NO_2)$-CH_2-CH_3).

B. Beim Erwärmen von (±)-2-Nitro-butanol-(1) mit Toluol-sulfonylchlorid-(4) und Pyridin (*Riebsomer*, J. org. Chem. **11** [1946] 182).

Krystalle (aus Me., A. oder Bzl.); F: 52,5—53°.

Toluol-sulfonsäure-(4)-sec-butylester, p-*toluenesulfonic acid* sec-*butyl ester* $C_{11}H_{16}O_3S$.

a) **Toluol-sulfonsäure-(4)-[(R)-sec-butylester]**, Formel V (R = H).

Beim Erwärmen eines aus partiell racemischem (*R*)-Butanol-(2) hergestellten Präparats mit Essigsäure oder mit Kaliumacetat in Äthanol ist Essigsäure-[(S)-sec-butylester] (E III **2** 241), beim Erwärmen mit Kaliumselenocyanat in Äthanol ist Selenocyansäure-[(S)-sec-butylester] (E III **3** 365), beim Erwärmen mit Kaliumbenzoat in Äthanol ist Benzoesäure-[(S)-sec-butylester] (E III **9** 394) erhalten worden (*Kenyon, Phillips, Pittman*, Soc. **1935** 1072, 1079, 1080).

b) **Toluol-sulfonsäure-(4)-[(S)-sec-butylester]**, Formel VI (R = H).

B. Beim Behandeln von (*S*)-Butanol-(2) mit Toluol-sulfonylchlorid-(4) und Pyridin sowie beim Behandeln einer Magnesiumsulfat enthaltenden Lösung von (*Ξ*)-Toluol-sulfinsäure-(4)-[(S)-sec-butylester] (S. 9) in wss. Aceton mit Kaliumpermanganat (*Kenyon, Phillips, Pittman*, Soc. **1935** 1072, 1077).

Bei 95°/0,1 Torr destillierbar. D_4^{20}: 1,146. n_D^{13}: 1,5080. $[\alpha]_D^{20}$: +11,1° [unverd.]; $[\alpha]_{546}^{20}$: +13,0° [unverd.]. $[\alpha]_D^{20}$: +5,8°; $[\alpha]_{546}^{20}$: +7,0°; $[\alpha]_{436}^{20}$: +11,8° [jeweils in A.; c = 5].

Beim Erwärmen mit Kaliumacetat in Äthanol ist partiell racemischer Essigsäure-[(R)-sec-butylester] (E III **2** 241), beim Erwärmen mit Kaliumbenzoat in Äthanol ist partiell racemischer Benzoesäure-[(R)-sec-butylester] (E III **9** 394), beim Behandeln mit Äthylmagnesiumbromid in Äther ist partiell racemisches (*R*)-2-Brom-butan ($[\alpha]_D^{23}$: −17° [unverd.]) erhalten worden (*Ke., Ph., Pi.*, l. c. S. 1079, 1080).

c) **(±)-Toluol-sulfonsäure-(4)-sec-butylester**, Formel V + VI (R = H) (E II 46).

B. Beim Behandeln von (±)-Butanol-(2) mit Toluol-sulfonylchlorid-(4) und Pyridin

(*Butler, Hostler, Cretcher,* Am. Soc. **59** [1937] 2354; *Inui, Kaneko,* J. chem. Soc. Japan Pure Chem. Sect. **77** [1956] 1623; C.A. **1959** 5148).

$Kp_{0,03}$: 95—98° (*Inui, Ka.*).

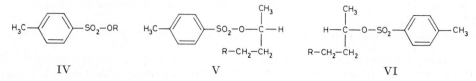

IV   V   VI

Toluol-sulfonsäure-(4)-isobutylester, p-*toluenesulfonic acid isobutyl ester* $C_{11}H_{16}O_3S$, Formel IV (R = CH_2-CH(CH_3)$_2$) (E II 46).

B. Beim Behandeln von Isobutylalkohol mit Toluol-sulfonylchlorid-(4) und Pyridin (*Butler, Hostler, Cretcher,* Am. Soc. **59** [1937] 2354).

F: 12—12,5° (*Winstein, Marshall,* Am. Soc. **74** [1952] 1120, 1126).

2-Nitro-1-[toluol-sulfonyl-(4)-oxy]-2-methyl-propan, Toluol-sulfonsäure-(4)-[β-nitro-isobutylester], *2-methyl-2-nitro-1-(p-tolylsulfonyloxy)propane* $C_{11}H_{15}NO_5S$, Formel IV (R = CH_2-C(CH_3)$_2$-NO_2).

B. Beim Erwärmen von 2-Nitro-2-methyl-propanol-(1) mit Toluol-sulfonylchlorid-(4) und Pyridin (*Riebsomer,* J. org. Chem. **11** [1946] 182; *Boyd, Hansen,* Am. Soc. **75** [1953] 3737).

Krystalle; F: 75,3—76,7° [aus wss. Me.] (*Boyd, Ha.*), 73—74° [aus Me.] (*Rie.*).

Toluol-sulfonsäure-(4)-[1-äthyl-propylester], p-*toluenesulfonic acid 1-ethylpropyl ester* $C_{12}H_{18}O_3S$, Formel IV (R = CH(C_2H_5)$_2$).

B. Beim Behandeln von Pentanol-(3) mit Toluol-sulfonylchlorid-(4) und Pyridin (*Tipson,* J. org. Chem. **9** [1944] 235, 238, 239; s. a. *Tabern, Volwiler,* Am. Soc. **56** [1934] 1139, 1141).

Krystalle; F: 43—45° (*Shonle,* Am. Soc. **56** [1934] 2491), 43—44° [aus Ae. + Pentan] (*Ti.*).

Relative Geschwindigkeit der Reaktion mit Natriumjodid in Aceton bei Raumtemperatur: *Tipson, Clapp, Cretcher,* J. org. Chem. **12** [1947] 133, 134.

Toluol-sulfonsäure-(4)-isopentylester, p-*toluenesulfonic acid isopentyl ester* $C_{12}H_{18}O_3S$, Formel IV (R = CH_2-CH_2-CH(CH_3)$_2$).

B. Aus Isopentylalkohol und Toluol-sulfonylchlorid-(4) (*Slotta, Behnisch,* B. **66** [1933] 360, 363).

$Kp_{0,06}$: 156°.

Toluol-sulfonsäure-(4)-hexylester, p-*toluenesulfonic acid hexyl ester* $C_{13}H_{20}O_3S$, Formel IV (R = [CH_2]$_5$-CH_3).

B. Beim Erhitzen von Hexanol-(1) mit Toluol-sulfonylchlorid-(4) und Natriumcarbonat unter Durchleiten von Luft (*Slotta, Behnisch,* B. **66** [1933] 360, 363).

Bei 145—150°/0,05 Torr destillierbar.

Toluol-sulfonsäure-(4)-[1-propyl-butylester], p-*toluenesulfonic acid 1-propylbutyl ester* $C_{14}H_{22}O_3S$, Formel IV (R = CH(CH_2-CH_2-CH_3)$_2$).

B. Beim Behandeln von Heptanol-(4) mit Toluol-sulfonylchlorid-(4) und Pyridin (*Tipson, Clapp, Cretcher,* J. org. Chem. **12** [1947] 133, 135).

Öl; auch bei vermindertem Druck nicht destillierbar.

Relative Geschwindigkeit der Reaktion mit Natriumjodid in Aceton bei Raumtemperatur: *Ti., Cl., Cr.*

Toluol-sulfonsäure-(4)-[1-methyl-heptylester], p-*toluenesulfonic acid 1-methylheptyl ester* $C_{15}H_{24}O_3S$.

a) **Toluol-sulfonsäure-(4)-[(R)-1-methyl-heptylester],** Formel V (R = [CH_2]$_3$-CH_3) (E II 46; dort als *p*-Toluolsulfonsäure-*l*-octyl-(2)-ester bezeichnet).

Beim Behandeln eines aus partiell racemischem (*R*)-Octanol-(2) hergestellten Präparats mit Natriumthiophenolat in Äthanol ist (*S*)-2-Phenylmercapto-octan (E III **6** 986) erhalten worden (*Kenyon, Phillips, Pittman,* Soc. **1935** 1072, 1082).

b) **Toluol-sulfonsäure-(4)-[(S)-1-methyl-heptylester]**, Formel VI (R = [CH$_2$]$_5$-CH$_3$) (E II 46; dort als p-Toluolsulfonsäure-d-octyl-(2)-ester bezeichnet).

Beim Erwärmen eines aus partiell racemischem (S)-Octanol-(2) hergestellten Präparats mit Phenol und Kaliumcarbonat ist (R)-2-Phenoxy-octan (E III 6 554), beim Erwärmen mit Kaliumhydrogensulfid in Äthanol sind in Abwesenheit von Schwefelwasserstoff (R)-2-Äthylmercapto-octan und nicht näher bezeichnetes Octen, in Gegenwart von Schwefelwasserstoff hingegen (R)-Octanthiol-(2) (E III 1 1722), nicht näher bezeichnetes 2-Äthoxy-octan und Bis-[(R)-1-methyl-heptyl]-sulfid, beim Behandeln mit Phenyl= magnesiumbromid in Äther sind (R)-2-Brom-octan und Biphenyl erhalten worden (*Kenyon, Phillips, Pittman*, Soc. **1935** 1072, 1081,1082).

Toluol-sulfonsäure-(4)-dodecylester, p-*toluenesulfonic acid dodecyl ester* C$_{19}$H$_{32}$O$_3$S, Formel IV (R = [CH$_2$]$_{11}$-CH$_3$).

B. Beim Behandeln von Dodecanol-(1) mit Toluol-sulfonylchlorid-(4) und Pyridir. (*Sekera, Marvel*, Am. Soc. **55** [1933] 345, 346; *Marvel, Sekera*, Org. Synth. Coll. Vol. III [1955] 366).

Krystalle (aus PAe.); F: 30° (*Se., Ma.*), 28—30° (*Ma., Se.*).

Charakterisierung durch Überführung in 1-Dodecyl-pyridinium-[toluol-sulfonat-(4)] (F: 135—136°): *Se., Ma.*

Toluol-sulfonsäure-(4)-tetradecylester, p-*toluenesulfonic acid tetradecyl ester* C$_{21}$H$_{36}$O$_3$S, Formel IV (R = [CH$_2$]$_{13}$-CH$_3$).

B. Beim Behandeln von Tetradecanol-(1) mit Toluol-sulfonylchlorid-(4) und Pyridin (*Sekera, Marvel*, Am. Soc. **55** [1933] 345, 346; *Marvel, Sekera*, Org. Synth. Coll. Vol. III [1955] 366).

Krystalle (aus PAe.); F: 35° (*Se., Ma.; Ma., Se.*).

Toluol-sulfonsäure-(4)-hexadecylester, p-*toluenesulfonic acid hexadecyl ester* C$_{23}$H$_{40}$O$_3$S, Formel IV (R = [CH$_2$]$_{15}$-CH$_3$).

B. Beim Behandeln von Hexadecanol-(1) mit Toluol-sulfonylchlorid-(4) und Pyridin (*Sekera, Marvel*, Am. Soc. **55** [1933] 345, 346; *Marvel, Sekera*, Org. Synth. Coll. Vol. III [1955] 366).

Krystalle (aus PAe.); F: 49° (*Se., Ma.; Ma., Se.*).

Toluol-sulfonsäure-(4)-octadecylester, p-*toluenesulfonic acid octadecyl ester* C$_{25}$H$_{44}$O$_3$S, Formel IV (R = [CH$_2$]$_{17}$-CH$_3$).

B. Beim Behandeln von Octadecanol-(1) mit Toluol-sulfonylchlorid-(4) und Pyridin (*Sekera, Marvel*, Am. Soc. **55** [1933] 345, 346; *Marvel, Sekera*, Org. Synth. Coll. Vol. III [1955] 366).

Krystalle (aus PAe.); F: 56° (*Se., Ma.; Ma., Se.*).

Toluol-sulfonsäure-(4)-allylester, p-*toluenesulfonic acid allyl ester* C$_{10}$H$_{12}$O$_3$S, Formel IV (R = CH$_2$-CH=CH$_2$) (E II 46).

B. Beim Erwärmen von Silber-[toluol-sulfonat-(4)] mit Allylbromid in Benzol (*Stoll*, Z. physiol. Chem. **246** [1937] 1, 9).

Charakterisierung durch Überführung in 1-Allyl-pyridinium-[toluol-sulfonat-(4)] (F: 97°): *St.*

Toluol-sulfonsäure-(4)-cyclohexylester, p-*toluenesulfonic acid cyclohexyl ester* C$_{13}$H$_{18}$O$_3$S, Formel VII (X = H).

B. Beim Behandeln von Cyclohexanol mit Toluol-sulfonylchlorid-(4) und Pyridin (*Hückel et al.*, A. **477** [1930] 99, 143; *Tipson, Clapp, Cretcher*, J. org. Chem. **12** [1947] 133, 135; *Winstein et al.*, Am. Soc. **70** [1948] 816, 819).

Krystalle; F: 45—46° [aus Ae. + Pentan] (*Ti., Cl., Cr.*, l. c. S. 136), 44—45° [aus Me.] (*Hü. et al.*), 43—44° [aus PAe.] (*Wi. et al.*).

Bei mehrtägigem Erwärmen mit Wasser, wss. Salzsäure oder wss. Alkalilaugen ist Cyclohexen, beim Erwärmen mit Blei(II)-acetat in wss. Essigsäure sind Cyclohexen und Essigsäure-cyclohexylester erhalten worden (*Hü. et al.*). Relative Geschwindigkeit der Reaktion mit Natriumjodid in Aceton bei Raumtemperatur und bei 100°: *Ti., Cl., Cr.* Geschwindigkeit der Solvolyse in Essigsäure bei 35°, 50°, 75° und 100°: *Wi.*, l. c. S. 817; *Winstein, Grunwald, Ingraham*, Am. Soc. **70** [1948] 821, 823; *Winstein, Adams*, Am. Soc. **70** [1948] 838.

Toluol-sulfonsäure-(4)-[2-jod-cyclohexylester], p-*toluenesulfonic acid 2-iodocyclohexyl ester* $C_{13}H_{17}IO_3S$.

(±)-**Toluol-sulfonsäure-(4)-[trans-2-jod-cyclohexylester]**, Formel VII (X = I) + Spiegelbild.

B. Beim Behandeln von Cyclohexen mit Jod und Silber-[toluol-sulfonat-(4)] in Äther (*Winstein, Grunwald, Ingraham*, Am. Soc. **70** [1948] 821, 826, 827).

Krystalle; F: 51—52°.

Wenig beständig. Kinetik der Solvolyse in Essigsäure bei 24° und 35°: *Wi., Gr., In.,* l. c. S. 823.

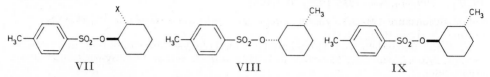

VII   VIII   IX

Toluol-sulfonsäure-(4)-[3-methyl-cyclohexylester], p-*toluenesulfonic acid 3-methylcyclo=hexyl ester* $C_{14}H_{20}O_3S$.

a) **Toluol-sulfonsäure-(4)-[(1S)-cis-3-methyl-cyclohexylester]**, Formel VIII.

Diese Konfiguration ist dem E II 46 beschriebenen „p-Toluolsulfonat des *l-trans*-1-Methyl-cyclohexanols-(3)" (F: 36—37°; $[\alpha]_D^{19}$: —21° [Bzl.]; $[\alpha]_{546}^{19}$: —26,3° [Bzl.]) zuzuordnen (vgl. diesbezüglich *Hückel, Kurz*, B. **91** [1958] 1290, 1291; s. a. die Angaben im Artikel 1-Methyl-cyclohexanol-(3) [E III **6** 67]).

Krystalle (aus PAe.); F: 34—34,4° (*Hü., Kurz*, l. c. S. 1294).

b) (±)-**Toluol-sulfonsäure-(4)-[cis-3-methyl-cyclohexylester]**, Formel VIII + Spiegelbild.

Diese Konfiguration ist dem E II 46 beschriebenen „p-Toluolsulfonat des *dl-trans*-1-Methyl-cyclohexanols-(3)" (F: 39—40°) auf Grund seiner genetischen Beziehung zu (±)-*cis*-1-Methyl-cyclohexanol-(3) (E III **6** 68) zuzuordnen.

c) (±)-**Toluol-sulfonsäure-(4)-[trans-3-methyl-cyclohexylester]**, Formel IX + Spiegelbild.

Diese Konfiguration ist dem E II 47 beschriebenen „p-Toluolsulfonat des *dl-cis*-1-Methyl-cyclohexanols-(3)" (F: 46—47°) auf Grund seiner genetischen Beziehung zu (±)-*trans*-1-Methyl-cyclohexanol-(3) (E III **6** 69) zuzuordnen.

Toluol-sulfonsäure-(4)-[3-methyl-6-isopropyl-cyclohexylester], **3-[Toluol-sulfonyl-(4)-oxy]-p-menthan**, p-*toluenesulfonic acid* p-*menth-3-yl ester* $C_{17}H_{26}O_3S$.

a) **Toluol-sulfonsäure-(4)-[(1R)-neoisomenthylester]**, O-**[Toluol-sulfonyl-(4)]-(1R)-neoisomenthol** $C_{17}H_{26}O_3S$, Formel X.

B. Beim Behandeln von (1R)-Neoisomenthol (E III **6** 132) mit Toluol-sulfonyl=chlorid-(4) und Pyridin (*Hückel, Niggemeyer*, B. **72** [1939] 1354, 1356).

Krystalle (aus PAe.); F: 66—67°.

Gegen Säuren nicht beständig.

b) **Toluol-sulfonsäure-(4)-[(1R)-menthylester]**, O-**[Toluol-sulfonyl-(4)]-(1R)-menthol** $C_{17}H_{26}O_3S$, Formel XI (E I 24; E II 47).

Krystalle; F: 94—95° [aus Hexan] (*Tipson, Clapp, Cretcher*, J. org. Chem. **12** [1947] 133, 136), 93—94° (*Alexander, Pinkus*, Am. Soc. **71** [1949] 1786, 1787), 91—92° [aus Me.] (*Rule, Smith*, Soc. **1931** 1482, 1487). $[\alpha]_D^{24}$: —68,2° [$CHCl_3$] (*Ti., Cl., Cr.*); $[\alpha]_D^{28}$: —67,8° [$CHCl_3$; c = 0,7] (*Al., Pin.*). Optisches Drehungsvermögen von Lösungen in Benzol und in Äthanol bei 671 mμ, 589 mμ, 546 mμ und 436 mμ: *Rule, Sm.,* l. c. S. 1489.

Beim Erhitzen mit Wasser sind jeweils partiell racemisches (1R)-*trans*-p-Menthen-(2), (R)-p-Menthen-(3), (1R)-Menthol und geringe Mengen (1R)-Neomenthol erhalten worden (*Hückel, Tappe*, A. **537** [1939] 113, 122). Relative Geschwindigkeit der Reaktion mit Natriumjodid in Aceton bei Raumtemperatur und bei 100°: *Ti., Cl., Cr.,* l. c. S. 134. Solvolyse in Äthanol bei Siedetemperatur unter Bildung von (R)-p-Menthen-(3), (1R)-*trans*-p-Menthen-(2), Äthyl-[(1R)-neomenthyl]-äther und Äthyl-[(1R)-menthyl]-äther: *Hü., Ta.,* l. c. S. 124, 125; *Hückel, Pietrzok*, A. **543** [1940] 230, 236; s. a. *Hückel*, A. **533** [1938] 1, 31, 32; Solvolyse beim Erwärmen mit Natriumäthylat in Äthanol unter Bildung von (1R)-*trans*-p-Menthen-(2) (Hauptprodukt), (1R)-Menthol und geringen Mengen

Äthyl-[(1*R*)-neomenthyl]-äther: *Hü., Ta.,* l. c. S. 126; *Hü., Pie.,* l. c. S. 238; s. a. *Al., Pin.* Bei eintägigem Erwärmen mit Kaliumacetat in Äthanol sind (*R*)-*p*-Menthen-(3) (Haupt-produkt), (1*R*)-*trans*-p-Menthen-(2), Essigsäure-[(1*R*)-neomenthylester] und (konfigurativ nicht einheitlicher) Äthyl-[(1*R*)-neomenthyl]-äther erhalten worden (*Hü.*).

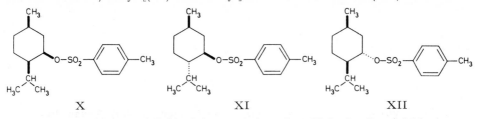

X XI XII

c) **Toluol-sulfonsäure-(4)-[(1R)-isomenthylester], O-[Toluol-sulfonyl-(4)]-(1R)-isomenthol** C₁₇H₂₆O₃S, Formel XII.
B. Aus (1*R*)-Isomenthol [E III **6** 138] (*Hückel, Niggemeyer,* B. **72** [1939] 1354, 1357).
Krystalle; F: 84,5° [aus PAe.] (*Hü., Ni.*), 83° (*Hückel, Wagner,* B. **74** [1941] 657, 662). [α]$_D^{20}$: +5,9° [Bzl.; c = 2] (*Hü., Ni.*).
Bei 11-stdg. Erwärmen mit Natriumäthylat in Äthanol (*Hü., Wa.*) sind (1*R*)-*cis*-*p*-Menthen-(2) und geringe Mengen (*R*)-*p*-Menthen-(3) erhalten worden (*Hü., Wa.*; *Hückel et al.,* A. **624** [1959] 142, 182).

d) **(±)-Toluol-sulfonsäure-(4)-isomenthylester, (±)-O-[Toluol-sulfonyl-(4)]-iso-menthol** C₁₇H₂₆O₃S, Formel XII + Spiegelbild.
B. Aus (±)-Isomenthol [E III **6** 138] (*Hückel, Niggemeyer,* B. **72** [1939] 1354, 1357).
F: 64°.

Toluol-sulfonsäure-(4)-[octadecen-(9)-ylester], p-*toluenesulfonic acid octadec-9-enyl ester* C₂₅H₄₂O₃S.

a) **Toluol-suflonsäure-(4)-[octadecen-(9c)-ylester]**, Formel I (R = [CH₂]₈-CH≙CH-[CH₂]₇-CH₃).
B. Beim Behandeln von Oleylalkohol (E III **1** 1962) mit Toluol-sulfonylchlorid-(4) und Pyridin (*Baer, Rubin, Fischer,* J. biol. Chem. **155** [1944] 447, 451; s. a. *Fieser, Chamberlin,* Am. Soc. **70** [1948] 71, 74).
Krystalle (aus PAe.); F: 18,5—19,5° (*Baer, Ru., Fi.*). n$_D^{26,5}$: 1,4885 (*Baer, Ru., Fi.*).
Charakterisierung durch Überführung in 1-[Octadecen-(9c)-yl]-pyridinium-[toluol-sulfonat-(4)] (F: 123—124,5° [korr.]): *Baer, Ru, Fi.*

b) **Toluol-sulfonsäure-(4)-[octadecen-(9t)-ylester]**, Formel I (R = [CH₂]₈-CH≙CH-[CH₂]₇-CH₃).
B. Beim Behandeln von Elaidinalkohol (E III **1** 1965) mit Toluol-sulfonylchlorid-(4) und Pyridin (*Baer, Fischer,* J. biol. Chem. **170** [1947] 337, 340).
Krystalle (aus Acn.); F: 26—27°.

Toluol-sulfonsäure-(4)-[propin-(2)-ylester], Toluol-sulfonsäure-(4)-propargyl-ester, p-*toluenesulfonic acid prop-2-ynyl ester* C₁₀H₁₀O₃S, Formel I (R = CH₂-C≡CH).
B. Beim Behandeln von Propin-(1)-ol-(3) mit Toluol-sulfonylchlorid-(4) und wss. Natronlauge (*Zeile, Meyer,* B. **75** [1942] 356, 362; *Schlichting, Klager,* U.S.P. 2340701 [1941]; *Reppe et al.,* A. **596** [1955] 1, 74).
Kp₅: 161—162° (*Re. et al.*); Kp₄: 161—162° (*Sch., Kl.*); Kp₀,₃: 117—120° (*Zeile, Meyer*).

(±)-3-[Toluol-sulfonyl-(4)-oxy]-butin-(1), (±)-Toluol-sulfonsäure-(4)-[1-methyl-propin-(2)-ylester], (±)-*3-(p-tolylsulfonyloxy)but-1-yne* C₁₁H₁₂O₃S, Formel I (R = CH(CH₃)-C≡CH).
B. Beim Behandeln von (±)-Butin-(1)-ol-(3) mit Toluol-sulfonylchlorid-(4) und wss. Natronlauge (*Schlichting, Klager,* U.S.P. 2340701 [1941]; *Reppe et al.,* A. **596** [1955] 1, 74).
Krystalle (aus Cyclohexan); F: 58—60° (*Sch., Kl.*; *Re. et al.*).

Toluol-sulfonsäure-(4)-[norbornyl-(2)-ester], p-*toluenesulfonic acid 2-norbornyl ester* C₁₄H₁₈O₃S.

(±)-Toluol-sulfonsäure-(4)-[norbornyl-(2endo)-ester], Formel II + Spiegelbild.
In einem von *Winstein, Trifan* (Am. Soc. **71** [1949] 2953) beschriebenen, aus rohem

(±)-Norbornanol-(2*endo*) hergestellten Präparat (F: 28,1—29,2°) hat wahrscheinlich ein Gemisch von (±)-Toluol-sulfonsäure-(4)-[norbornyl-(2*endo*)-ester] mit ca. 20% (±)-Toluol-sulfonsäure-(4)-[norbornyl-(2*exo*)-ester] vorgelegen (*Winstein, Trifan*, Am. Soc. **74** [1952] 1147, 1152).

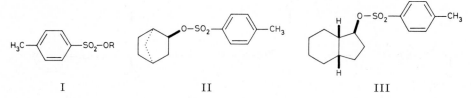

I   II   III

1-[Toluol-sulfonyl-(4)-oxy]-hexahydro-indan, Toluol-sulfonsäure-(4)-[hexahydro-indanyl-(1)-ester], *1-(p-tolylsulfonyloxy)hexahydroindan* $C_{16}H_{22}O_3S$.

a) **(±)-1c-[Toluol-sulfonyl-(4)-oxy]-(3a*rH*.7a*cH*)-hexahydro-indan**, Formel III + Spiegelbild.

B. Aus (±)-(3a*rH*.7a*cH*)-Hexahydro-indanol-(1*c*) (*Hückel et al.*, A. **533** [1938] 128, 170).

Krystalle (aus PAe.); F: 32—33°.

b) **(±)-1t-[Toluol-sulfonyl-(4)-oxy]-(3a*rH*.7a*cH*)-hexahydro-indan**, Formel IV + Spiegelbild.

B. Aus (±)-(3a*rH*.7a*cH*)-Hexahydro-indanol-(1*t*) (*Hückel et al.*, A. **533** [1938] 128, 170).

Krystalle (aus PAe.); F: 54°. Wenig beständig.

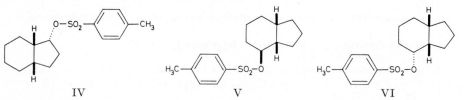

IV   V   VI

4-[Toluol-sulfonyl-(4)-oxy]-hexahydro-indan, Toluol-sulfonsäure-(4)-[hexahydro-indanyl-(4)-ester], *4-(p-tolylsulfonyloxy)hexahydroindan* $C_{16}H_{22}O_3S$.

a) **(±)-4c-[Toluol-sulfonyl-(4)-oxy]-(3a*rH*.7a*cH*)-hexahydro-indan**, Formel V + Spiegelbild.

B. Aus (±)-(3a*rH*.7a*cH*)-Hexahydro-indanol-(4*c*) (*Hückel et al.*, A. **533** [1938] 128, 169).

Krystalle (aus Me.); F: 53—54°.

b) **(±)-4t-[Toluol-sulfonyl-(4)-oxy]-(3a*rH*.7a*cH*)-hexahydro-indan**, Formel VI + Spiegelbild.

B. Aus (±)-(3a*rH*.7a*cH*)-Hexahydro-indanol-(4*t*) (*Hückel et al.*, A. **533** [1938] 128, 169).

Krystalle (aus PAe.); F: 79—80°.

3-[Toluol-sulfonyl-(4)-oxy]-2.2-dimethyl-norbornan, Toluol-sulfonsäure-(4)-[3.3-di=methyl-norbornyl-(2)-ester], *2,2-dimethyl-3-(p-tolylsulfonyloxy)norbornane* $C_{16}H_{22}O_3S$.

(1*R*)-3*endo*-[Toluol-sulfonyl-(4)-oxy]-2.2-dimethyl-norbornan, Formel VII.

B. Bei mehrwöchigem Behandeln von (+)-*endo*-Camphenilol ((1*R*)-2.2-Dimethyl-norbornanol-(3*endo*) [E III **6** 237]) mit Toluol-sulfonylchlorid-(4) und Pyridin (*Hückel et al.*, A. **549** [1941] 186, 198).

Krystalle (aus PAe.); F: 69—70°. $[\alpha]_D^{20}$: + 21,5° [Bzl.; p = 3,6].

1-[Toluol-sulfonyl-(4)-oxy]-7.7-dimethyl-norbornan, Toluol-sulfonsäure-(4)-[7.7-di=methyl-norbornyl-(1)-ester], *7,7-dimethyl-1-(p-tolylsulfonyloxy)norbornane* $C_{16}H_{22}O_3S$, Formel VIII.

B. Aus Apocamphanol-(1) [7.7-Dimethyl-norbornanol-(1) (E III **6** 240)] (*Bartlett, Knox*, Am. Soc. **61** [1939] 3184, 3190).

Krystalle (aus wss. A.); F: 93°.

Toluol-sulfonsäure-(4)-[bicyclopentylyl-(2)-ester], p-*toluenesulfonic acid bicyclopentyl-2-yl ester* $C_{17}H_{24}O_3S$.

a) **(±)-Toluol-sulfonsäure-(4)-[*cis*-bicyclopentylyl-(2)-ester]**, Formel IX + Spiegelbild.

B. Aus (±)-*cis*-Bicyclopentylol-(2) (*Hückel et al.*, A. **477** [1930] 99, 136, **616** [1958] 46, 69).

F: 71,8° (*Hü. et al.*, A. **616** 69).

Wenig beständig (*Hü. et al.*, A. **477** 136).

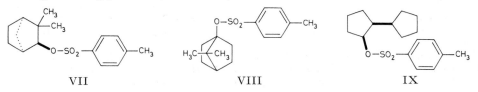

VII   VIII   IX

b) **(±)-Toluol-sulfonsäure-(4)-[*trans*-bicyclopentylyl-(2)-ester]**, Formel X + Spiegelbild.

B. Aus (±)-*trans*-Bicyclopentylol-(2) (*Hückel et al.*, A. **477** [1930] 99, 136).

F: 46,6° (*Hückel et al.*, A. **624** [1959] 142, 252), 44—47° (*Hü. et al.*, A. **477** 136).

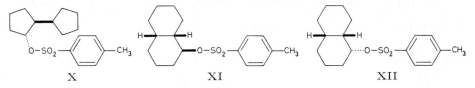

X   XI   XII

1-[Toluol-sulfonyl-(4)-oxy]-decahydro-naphthalin, 1-[Toluol-sulfonyl-(4)-oxy]-decalin, Toluol-sulfonsäure-(4)-[decahydro-naphthyl-(1)-ester], *1-(p-tolylsulfonyloxy)decahydronaphthalene* $C_{17}H_{24}O_3S$.

a) **(±)-1c-[Toluol-sulfonyl-(4)-oxy]-(4arH.8acH)-decalin**, Formel XI + Spiegelbild.

B. Aus (±)-1c-Hydroxy-(4arH.8acH)-decalin (*Hückel et al.*, A. **533** [1938] 128, 168).

Krystalle (aus Bzl. + PAe.); F: 89—90°.

b) **(±)-1t-[Toluol-sulfonyl-(4)-oxy]-(4arH.8acH)-decalin**, Formel XII + Spiegelbild.

B. Beim Behandeln von (±)-1t-Hydroxy-(4arH.8acH)-decalin mit Toluol-sulfonylchlorid-(4) und Pyridin (*Hückel, Schwen*, A. **604** [1957] 97, 104; s. a. *Hückel et al.*, A. **477** [1930] 99, 143).

Krystalle (aus Ae.); F: 96—98° (*Hückel, Naab*, A. **502** [1933] 136, 148).

Wenig beständig (*Hückel et al.*, A. **533** [1938] 128, 168; *Hü., Sch.*). Beim Erwärmen mit Methanol (*Hü. et al.*, l. c. S. 145) oder mit Methanol und Natriumhydrogencarbonat (*Hü., Naab*, l. c. S. 148) sowie bei 2-tägigem Erwärmen mit Natriumäthylat in Äthanol (*Hückel, Tappe, Legutke*, A. **543** [1940] 191, 213, 227) sind Gemische von 1.2.3.4.4a.5.6.7-Octahydro-naphthalin mit geringen Mengen 1.2.3.4.5.6.7.8-Octahydro-naphthalin erhalten worden.

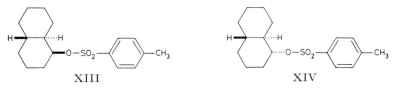

XIII   XIV

c) **(±)-1c-[Toluol-sulfonyl-(4)-oxy]-(4arH.8atH)-decalin**, Formel XIII + Spiegelbild.

B. Bei mehrtägigem Behandeln von (±)-1c-Hydroxy-(4arH.8atH)-decalin mit Toluolsulfonylchlorid-(4) und Pyridin (*Hückel et al.*, A. **477** [1930] 99, 143).

Krystalle (aus PAe.); F: 73° (*Hückel, Naab*, A. **502** [1933] 136, 148), 72° (*Hückel, Tappe, Legutke*, A. **543** [1940] 191, 227).

Beim Erwärmen mit Methanol und Natriumhydrogencarbonat ist ein Gemisch von

1.2.3.4.4a.5.6.7-Octahydro-naphthalin mit geringen Mengen *trans*-1.2.3.4.4a.5.6.8a-Octa=
hydro-naphthalin und 1.2.3.4.5.6.7.8-Octahydro-naphthalin (*Hü.*, *Naab*), beim Erwärmen
mit Natriumäthylat in Äthanol ist ein Gemisch von *trans*-1.2.3.4.4a.5.6.8a-Octahydro-
naphthalin mit geringen Mengen 1.2.3.4.4a.5.6.7-Octahydro-naphthalin und 1ξ-Äthoxy-
(4a*r*H.8a*t*H)-decalin (*Hü.*, *Ta.*, *Le.*, l. c. S. 213, 227; *Hückel et al.*, A. **624** [1959] 142, 185)
erhalten worden.

　　d) **(±)-1*t*-[Toluol-sulfonyl-(4)-oxy]-(4a*r*H.8a*t*H)-decalin**, Formel XIV + Spiegelbild.
　　B. Bei mehrtägigem Behandeln von (±)-1*t*-Hydroxy-(4a*r*H.8a*t*H)-decalin mit Toluol-
sulfonylchlorid-(4) und Pyridin (*Hückel et al.*, A. **477** [1930] 99, 143).
　　Krystalle (aus Me.); F: 99—100° (*Hü. et al.*), 98° (*Hückel, Tappe, Legutke*, A. **543** [1940]
191, 227).
　　Bei eintägigem Erwärmen mit Natriumäthylat in Äthanol sind *trans*-1.2.3.4.4a.5.=
6.8a-Octahydro-naphthalin (Hauptprodukt), 1*t*-Hydroxy-(4a*r*H.8a*t*H)-decalin und
1ξ-Äthoxy-(4a*r*H.8a*t*H)-decalin (Kp₁₆: 104°) erhalten worden (*Hü.*, *Ta.*, *Le.*, l. c. S. 213,
227).

2-[Toluol-sulfonyl-(4)-oxy]-decahydro-naphthalin, 2-[Toluol-sulfonyl-(4)-oxy]-decalin,
Toluol-sulfonsäure-(4)-[decahydro-naphthyl-(2)-ester], *2-(p-tolylsulfonyloxy)decahydro=*
naphthalene $C_{17}H_{24}O_3S$.
　　a) **(±)-2*c*-[Toluol-sulfonyl-(4)-oxy]-(4a*r*H.8a*c*H)-decalin**, Formel I + Spiegelbild.
　　B. Aus (±)-2*c*-Hydroxy-(4a*r*H.8a*c*H)-decalin (*Hückel*, A. **533** [1938] 1, 27).
　　Krystalle (aus PAe. oder Me.); F: 65° (*Hü.*[1])).

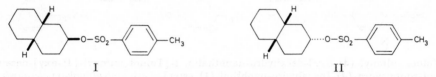

I　　　　　　　　　　　　　　　　　　II

　　b) **(±)-2*t*-[Toluol-sulfonyl-(4)-oxy]-(4a*r*H.8a*c*H)-decalin**, Formel II + Spiegelbild.
　　B. Bei mehrtägigem Behandeln von (±)-2*t*-Hydroxy-(4a*r*H.8a*c*H)-decalin mit Toluol-
sulfonylchlorid-(4) und Pyridin (*Hückel et al.*, A. **477** [1930] 99, 143).
　　Krystalle (aus Me.) vom F: 44°, die sich allmählich in eine bei 76° schmelzende Modifikation umwandeln (*Hückel*, A. **533** [1938] 1, 27).
　　c) **(4a*R*)-2*c*-[Toluol-sulfonyl-(4)-oxy]-(4a*r*H.8a*t*H)-decalin**, Formel III.
　　B. Aus (4a*R*)-2*c*-Hydroxy-(4a*r*H.8a*t*H)-decalin (*Hückel, Sowa*, B. **74** [1941] 57, 62).
　　F: 63°. [α]$_D^{20}$: −1,8° [A.; c = 2].
　　Beim Erwärmen mit Natriumäthylat in Äthanol sind (4a*R*)-(4a*r*H.8a*t*H)-1.2.3.4.4a.=
5.8.8a-Octahydro-naphthalin (E III **5** 360; dort als (−)-*trans*-Δ²-Octalin bezeichnet) und
eine als (4a*R*)-2*t*-Äthoxy-(4a*r*H.8a*t*H)-decalin angesehene Verbindung (Kp₁₅: 100°;
[α]$_D$: −1,2° [E III **6** 271]) erhalten worden.

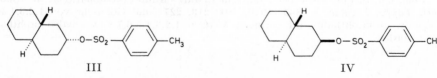

III　　　　　　　　　　　　　　　　　　IV

　　d) **(±)-2*c*-[Toluol-sulfonyl-(4)-oxy]-(4a*r*H.8a*t*H)-decalin**, Formel III + Spiegelbild.
　　B. Bei mehrtägigem Behandeln von (±)-2*c*-Hydroxy-(4a*r*H.8a*t*H)-decalin mit Toluol-
sulfonylchlorid-(4) und Pyridin (*Hückel et al.*, A. **477** [1930] 99, 143).
　　Krystalle; F: 66° (*Hückel, Tappe, Legutke*, A. **543** [1940] 191, 228), 63° [aus Me.] (*Hü.*
et al.).
　　Bei 2-tägigem Erwärmen mit Äthanol und Calciumcarbonat sind *trans*-1.2.3.4.4a.5.=
8.8a-Octahydro-naphthalin und ein Gemisch von 2*t*-Äthoxy-(4a*r*H.8a*t*H)-decalin und

---

　　[1]) Der in einer späteren Publikation (*Hückel*, B. **77/79** [1944/46] 805, 806) angegebene
Schmelzpunkt von 89—90° trifft nicht zu (*Hückel, Rashingkar*, A. **637** [1960] 20, 32
Anm. 38).

wenig 2c-Äthoxy-(4arH.8atH)-decalin (*Hückel, Tappe*, A. **537** [1939] 113, 129), beim Erwärmen mit Natriumäthylat in Äthanol sind *trans*-1.2.3.4.4a.5.8.8a-Octahydro-naphthalin (Hauptprodukt), 2c-Hydroxy-(4arH.8atH)-decalin und 2ξ-Äthoxy-(4arH.8atH)-decalin [Kp$_{22}$: 102—106°] (*Hü., Ta., Le.*) erhalten worden. Bildung von *trans*-1.2.3.4.4a.5.8.8a-Octahydro-naphthalin (Hauptprodukt), 2ξ-Äthoxy-(4arH.8atH)-decalin (Kp$_{15}$: 106°) und 2t-Acetoxy-(4arH.8atH)-decalin bei eintägigem Erwärmen mit Kaliumacetat und Äthanol sowie Bildung von *trans*-1.2.3.4.4a.5.8.8a-Octahydro-naphth-alin, 2c-Acetoxy-(4arH.8atH)-decalin und wenig 2t-Acetoxy-(4arH.8atH)-decalin beim Er-wärmen mit Essigsäure: *Hückel*, A. **533** [1938] 1, 32.

e) **(±)-2t-[Toluol-sulfonyl-(4)-oxy]-(4arH.8atH)-decalin**, Formel IV + Spiegelbild.

B. Bei mehrtägigem Behandeln von (±)-2t-Hydroxy-(4arH.8atH)-decalin mit Toluol-sulfonylchlorid-(4) und Pyridin (*Hückel et al.*, A. **477** [1930] 99, 143).

Krystalle; F: 111° [aus Me.] (*Hü. et al.*), 110° (*Hückel, Tappe, Legutke*, A. **537** [1939] 191, 228), 109° (*Hückel*, A. **533** [1938] 1, 32).

Beim Erwärmen mit Äthanol und Calciumcarbonat sind *trans*-1.2.3.4.4a.5.8.8a-Octa-hydro-naphthalin und ein Gemisch von 2c-Äthoxy-(4arH.8atH)-decalin und wenig 2t-Äthoxy-(4arH.8atH)-decalin (*Hückel, Tappe*, A. **537** [1939] 113, 128, 129), beim Er-wärmen mit Natriumäthylat in Äthanol sind *trans*-1.2.3.4.4a.5.8.8a-Octahydro-naphthalin (Hauptprodukt), 2t-Hydroxy-(4arH.8atH)-decalin und 2c-Äthoxy-(4arH.8atH)-decalin (*Hü., Ta., Le.*; *Hückel, Pietrzok*, A. **543** [1940] 230, 239) erhalten worden. Bildung von *trans*-1.2.3.4.4a.5.8.8a-Octahydro-naphthalin, 2ξ-Äthoxy-(4arH.8atH)-decalin (Kp$_{15}$: 106°) und 2c-Acetoxy-(4arH.8atH)-decalin bei eintägigem Erwärmen mit Kaliumacetat in Äthanol: *Hü.*, l. c. S. 32.

4-[Toluol-sulfonyl-(4)-oxy]-2.2-dimethyl-bicyclo[3.2.1]=octan, Toluol-sulfonsäure-(4)-[4.4-dimethyl-bicyclo[3.2.1]=octyl-(2)-ester], 2,2-*dimethyl-4-(p-tolylsulfonyloxy)bicyclo=[3.2.1]octane* C$_{17}$H$_{24}$O$_3$S, Formel V.

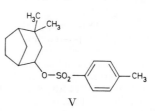

V

a) Opt-inakt. **4-[Toluol-sulfonyl-(4)-oxy]-2.2-dimethyl-bicyclo[3.2.1]octan vom F: 54°.**

B. Aus opt.-inakt. 2.2-Dimethyl-bicyclo[3.2.1]octanol-(4) vom F: 84° [E III **6** 280] (*Hückel*, B. **80** [1947] 41, 45).

Krystalle (aus PAe.); F: 54°.

b) Opt.-inakt. **4-[Toluol-sulfonyl-(4)-oxy]-2.2-dimethyl-bicyclo[3.2.1]octan vom F: 58°.**

B. Aus opt.-inakt. 2.2-Dimethyl-bicyclo[3.2.1]octanol-(4) vom F: 101° [E III **6** 280] (*Hückel*, B. **80** [1947] 41, 45).

Krystalle (aus PAe.); F: 58°. Wenig beständig.

3-[Toluol-sulfonyl-(4)-oxy]-2.6.6-trimethyl-norpinan, 3-[Toluol-sulfonyl-(4)-oxy]-pinan, Toluol-sulfonsäure-(4)-[pinanyl-(3)-ester], 3-(p-*tolylsulfonyloxy)pinane* C$_{17}$H$_{24}$O$_3$S.

a) **(1R:2R:3S)-3-[Toluol-sulfonyl-(4)-oxy]-pinan, *O*-[Toluol-sulfonyl-(4)]-Derivat des (+)-Neoisopinocampheols, Formel VI.**

B. Bei mehrtägigem Behandeln von (+)-Neoisopinocampheol ((1R:2R:3S)-Pinanol-(3)) mit Toluol-sulfonylchlorid-(4) und Pyridin (*Schmidt*, B. **80** [1947] 520, 526).

Krystalle; F: 73°. [α]$_D$: 0° [Acn.]. In Äthanol schwer löslich.

Beim Erwärmen mit Natriumäthylat in Äthanol ist ein Gemisch von (+)-α-Pinen ((1R)-Pinen-(2)), geringen Mengen (+)-*cis*-δ-Pinen ((1R:2S)-Pinen-(3)) und anderen Substanzen erhalten worden.

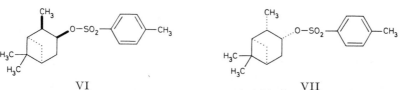

VI   VII

b) **(1R:2S:3R)-3-[Toluol-sulfonyl-(4)-oxy]-pinan, *O*-[Toluol-sulfonyl-(4)]-Derivat des (−)-Neopinocampheols, Formel VII.**

B. Bei mehrtägigem Behandeln von (−)-Neopinocampheol ((1R:2S:3R)-Pinanol-(3))

mit Toluol-sulfonylchlorid-(4) und Pyridin (*Schmidt*, B. **80** [1947] 520, 525).

Krystalle (aus PAe.); F: 73°. $[\alpha]_D$: 0° [Lösungsmittel nicht angegeben].

Beim Erwärmen mit Natriumäthylat in Äthanol ist ein Gemisch von (+)-α-Pinen ((1*R*)-Pinen-(2)) mit geringen Mengen (−)-*trans*-δ-Pinen ((1*R*:2*R*)-Pinen-(3)) und anderen Substanzen erhalten worden.

c) **(1*R*:2*S*:3*S*)-3-[Toluol-sulfonyl-(4)-oxy]-pinan, (+)-*O*-[Toluol-sulfonyl-(4)]-pino⸗campheol,** Formel VIII.

B. Beim mehrtägigen Behandeln von (+)-Pinocampheol ((1*R*:2*S*:3*S*)-Pinanol-(3)) mit Toluol-sulfonylchlorid-(4) und Pyridin (*Schmidt*, B. **80** [1947] 520, 524).

Krystalle (aus PAe.); F: 72—73°. $[\alpha]_D$: +52° [A.; c = 10].

Beim Erwärmen mit Natriumäthylat in Äthanol sind (−)-*trans*-δ-Pinen ((1*R*:2*R*)-Pinen-(3)), ein wahrscheinlich überwiegend aus (1*R*:2*S*:3*R*)-3-Äthoxy-pinan bestehendes Äther-Gemisch und andere Substanzen erhalten worden.

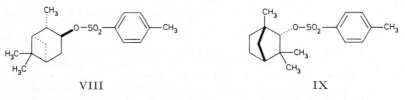

VIII   IX

2-[Toluol-sulfonyl-(4)-oxy]-1.3.3-trimethyl-norbornan, Toluol-sulfonsäure-(4)- [1.3.3-trimethyl-norbornyl-(2)-ester], *2-(p-tolylsulfonyloxy)-1,3,3-trimethylnorbornane* $C_{17}H_{24}O_3S$.

a) **(1*S*)-2*endo*-[Toluol-sulfonyl-(4)-oxy]-1.3.3-trimethyl-norbornan, (−)-*O*-[Toluol-sulfonyl-(4)]-α-fenchol,** Formel IX.

B. Beim Behandeln von (−)-α-Fenchol ((1*S*)-1.3.3-Trimethyl-norbornanol-(2*endo*)) mit Toluol-sulfonylchlorid-(4) und Pyridin (*Hückel et al.*, A. **477** [1930] 99, 143).

Krystalle (aus Me.); F: 97—98° (*Hü. et al.*). $[\alpha]_D^{20}$: −26,6° [Bzl.; c = 2,5] (*Hückel*, B. **77/79** [1944/46] 805, 809).

Beim Erhitzen mit wss. Natronlauge sind (−)-α-Fenchen ((1*S*:4*R*)-7.7-Dimethyl-2-methylen-norbornan) und geringe Mengen einer V e r b i n d u n g $C_{10}H_{18}O$ (Kp: 195—208°; 4 - N i t r o - b e n z o y l - D e r i v a t $C_{17}H_{21}NO_4$: F: 123°) erhalten worden (*Hü. et al.*, l. c. S. 144).

b) **(1*S*)-2*exo*-[Toluol-sulfonyl-(4)-oxy]-1.3.3-trimethyl-norbornan,** *O*-[Toluol-sulfonyl-(4)]-Derivat des (−)-β-Fenchols, Formel X.

In einem von *Hückel* (B. **77/79** [1944/46] 805, 809) unter dieser Konfiguration be-schriebenen Präparat (F: 94°; $[\alpha]_D$: −17,2° [Bzl.]) hat ein Gemisch von (1*S*)-2*exo*-[Toluol-sulfonyl-(4)-oxy]-1.3.3-trimethyl-norbornan und (1*S*)-2*endo*-[Toluol-sulfonyl-(4)-oxy]-1.3.3-trimethyl-norbornan vorgelegen (*Hückel, Rohrer*, B. **93** [1960] 1053, 1054).

B. Bei mehrwöchigem Behandeln von (−)-β-Fenchol ((1*S*)-1.3.3-Trimethyl-norbornan⸗ol-(2*exo*)) mit Toluol-sulfonylchlorid-(4) und Pyridin (*Hü., Ro.*, l. c. S. 1059).

Krystalle (aus PAe.); F: 73,5—74° [Zers.]; $[\alpha]_D^{20}$: +31,1° [Bzl.; c = 2] (*Hü., Ro.*, l. c. S. 1059). Wenig beständig (*Hü., Ro.*).

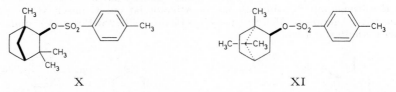

X   XI

2-[Toluol-sulfonyl-(4)-oxy]-1.7.7-trimethyl-norbornan, 2-[Toluol-sulfonyl-(4)-oxy]-bornan, *2-(p-tolylsulfonyloxy)bornane* $C_{17}H_{24}O_3S$.

a) **(1*R*)-2*endo*-[Toluol-sulfonyl-(4)-oxy]-bornan, Toluol-sulfonsäure-(4)- [(1*R*)-bornylester], *O*-[Toluol-sulfonyl-(4)]-(1*R*)-borneol,** Formel XI (E I 24; dort als *p*-Toluolsulfonsäure-*d*-bornylester bezeichnet).

B. Bei mehrtägigem Behandeln von (1*R*)-Borneol (E III **6** 295) mit Toluol-sulfonyl⸗

chlorid-(4) und Pyridin (*Hückel, Tomopulos*, A. **610** [1957] 78, 101).

Krystalle (aus PAe.); F: 55°. [α]$_D^{20}$: +16,7° [A.].

b) **(1S)-2endo-[Toluol-sulfonyl-(4)-oxy]-bornan, Toluol-sulfonsäure-(4)-[(1S)-bornylester], O-[Toluol-sulfonyl-(4)]-(1S)-borneol**, Formel XII.

B. Beim Behandeln von (1S)-Borneol (E III **6** 295) mit Toluol-sulfonylchlorid-(4) und Pyridin (*Hückel*, B. **77/79** [1944/46] 805, 808).

Krystalle (aus PAe.); F: 55°. [α]$_D^{20}$: −16,7° [A.; c = 3].

c) **(±)-2endo-[Toluol-sulfonyl-(4)-oxy]-bornan, (±)-Toluol-sulfonsäure-(4)-bornylester, (±)-O-[Toluol-sulfonyl-(4)]-borneol**, Formel XI + XII.

B. Aus (±)-Borneol [E III **6** 295] (*Hückel*, B. **77/79** [1944/46] 805, 808).

Krystalle (aus A.); F: 81,5° (*Hü.*).

Bei 2-tägigem Erwärmen mit Äthanol und Calciumcarbonat sind Camphen (3.3-Dimethyl-2-methylen-norbornan) und 3exo-Äthoxy-2.2.3endo-trimethyl-norbornan (identifiziert durch Überführung in 2.2.3-Trimethyl-norbornanol-(3exo)) erhalten worden (*Hückel, Pietrzok*, A. **543** [1940] 230, 239).

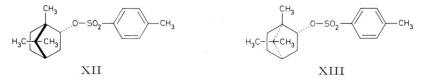

XII   XIII

d) **(1R)-2exo-[Toluol-sulfonyl-(4)-oxy]-bornan, Toluol-sulfonsäure-(4)-[(1R)-isobornylester], O-[Toluol-sulfonyl-(4)]-(1R)-isoborneol**, Formel XIII.

B. Bei 2-wöchigem Behandeln von (1R)-Isoborneol (E III **6** 299) mit Toluol-sulfonylchlorid-(4) und Pyridin (*Hückel*, B. **77/79** [1944/46] 805, 808).

Krystalle (aus PAe.); F: 64°. [α]$_D^{20}$: −23,5° [A.; c = 2].

e) **(±)-2exo-[Toluol-sulfonyl-(4)-oxy]-bornan, (±)-Toluol-sulfonsäure-(4)-isobornylester, (±)-O-[Toluol-sulfonyl-(4)]-isoborneol**, Formel XIII + Spiegelbild.

B. Aus (±)-Isoborneol [E III **6** 299] (*Hückel*, B. **77/79** [1944/46] 805, 808).

F: 83°.

Beim Erwärmen mit Natriumäthylat in Äthanol sind Camphen und geringe Mengen Isoborneol erhalten worden.

Toluol-sulfonsäure-(4)-[bicyclohexylyl-(2)-ester], *p-toluenesulfonic acid bicyclohexyl-2-yl ester* $C_{19}H_{28}O_3S$.

a) **(±)-Toluol-sulfonsäure-(4)-[cis-bicyclohexylyl-(2)-ester]**, Formel I + Spiegelbild.

B. Aus (±)-cis-Bicyclohexylol-(2) (*Hückel et al.*, A. **477** [1930] 99, 123, **616** [1958] 46, 74).

F: 84,2° (*Hü. et al.*, A. **616** 74). Wenig beständig (*Hü. et al.*, A. **477** 123).

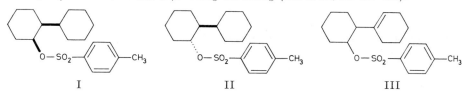

I   II   III

b) **(±)-Toluol-sulfonsäure-(4)-[trans-bicyclohexylyl-(2)-ester]**, Formel II + Spiegelbild.

B. Aus (±)-trans-Bicyclohexylol-(2) (*Hückel et al.*, A. **477** [1930] 99, 122, **616** [1958] 46, 74).

F: 125,8° (*Hü. et al.*, A. **616** 74), 122° (*Hü. et al.*, A. **477** 122).

2-[Toluol-sulfonyl-(4)-oxy]-1-[cyclohexen-(1)-yl]-cyclohexan, Toluol-sulfonsäure-(4)-[2-(cyclohexen-(1)-yl)-cyclohexylester], *1-(cyclohex-1-en-1-yl)-2-(p-tolylsulfonyloxy)cyclohexane* $C_{19}H_{26}O_3S$, Formel III.

Ein Präparat (F: 109−110°) von ungewisser konfigurativer Einheitlichkeit ist beim

Behandeln von opt.-inakt. 1-[Cyclohexen-(1)-yl]-cyclohexanol-(2) (Stereoisomeren-Gemisch; aus (±)-1-[Cyclohexen-(1)-yl]-cyclohexanon-(2) hergestellt) mit Toluol-sulfonyl= chlorid-(4) und Pyridin erhalten worden (*Stoll*, Z. physiol. Chem. **246** [1937] 1, 9).

Toluol-sulfonsäure-(4)-phenylester, p-*toluenesulfonic acid phenyl ester* $C_{13}H_{12}O_3S$, Formel IV (X = H) (H 99; E I 25; E II 47).

F: 97° (*Chem. Fabr. v. Heyden*, D.R.P. 532403 [1930]; Frdl. **18** 517), 94—95° (*Schmid, Karrer*, Helv. **32** [1949] 1371, 1377). In flüssigem Ammoniak fast unlöslich (*Kranzfelder, Sowa*, Am. Soc. **59** [1937] 1490).

Eine beim Erhitzen mit Aluminiumchlorid auf 150° erhaltene, ursprünglich als 4-p-Tolylsulfon-phenol angesehene Verbindung vom F: 125—126° (*Chem. Fabr. v. Heyden*, D.R.P. 532403 [1930], 555409 [1931]; Frdl. **18** 517, **19** 665) ist als 2-p-Tolylsulfon-phenol (E III **6** 4277) zu formulieren (*De Tar, Sagmanli*, Am. Soc. **72** [1950] 965, 969 Anm. 41; *Aleykutty, Baliah*, J. Indian chem. Soc. **31** [1954] 513, 514). Geschwindigkeit der Reaktion mit Chlor in Chlorwasserstoff und 1% Wasser enthaltender Essigsäure bei 20°: *Bradfield, Jones*, Soc. **1931** 2903, 2904. Hydrierung an Molybdänsulfid in Dioxan in Gegenwart von Schwefel bei 250°/70 at unter Bildung von Phenol und Thio-p-kresol: *Du Pont de Nemours & Co.*, U.S.P. 2402641 [1940]. Bei 2-tägigem Erwärmen mit Lithiumaluminiumhydrid in Äther sind Phenol, Toluol-sulfinsäure-(4) und Toluol-thio= sulfonsäure-(4)-S-p-tolylester (S. 328) erhalten worden (*Sch., Ka.*).

Toluol-sulfonsäure-(4)-[2-chlor-phenylester], p-*toluenesulfonic acid o-chlorophenyl ester* $C_{13}H_{11}ClO_3S$, Formel IV (X = Cl).
B. Aus 2-Chlor-phenol (*Bennett, Brooks, Glasstone*, Soc. **1935** 1821, 1823).
Krystalle; F: 74°.

Toluol-sulfonsäure-(4)-[4-chlor-phenylester], p-*toluenesulfonic acid p-chlorophenyl ester* $C_{13}H_{11}ClO_3S$, Formel V (X = Cl).
B. Beim Erwärmen von 4-Chlor-phenol mit Toluol-sulfonylchlorid-(4) und Pyridin (*A.I. Vogel*, Text-Book of Practical Organic Chemistry, 1. Aufl. [London 1948] S. 654, 656, 3. Aufl. [London 1956] S. 684, 685; s. a. *Neeman, Modiano, Shor*, J. org. Chem. **21** [1956] 671).
Krystalle; F: 79,6—80,6° [aus A.] (*Nee., Mo., Shor*), 71° [aus Me. oder A.] (*Vo.*).

Toluol-sulfonsäure-(4)-[2-brom-phenylester], p-*toluenesulfonic acid o-bromophenyl ester* $C_{13}H_{11}BrO_3S$, Formel IV (X = Br).
B. Beim Behandeln von 2-Brom-phenol mit Toluol-sulfonylchlorid-(4) und Pyridin (*Hazlet*, Am. Soc. **59** [1937] 287).
Krystalle (aus wss. A.) (*Ha.*). F: 77—79° (*Ha.*), 76° (*Bennett, Brooks, Glasstone*, Soc. **1935** 1821, 1823).

IV   V

Toluol-sulfonsäure-(4)-[3-brom-phenylester], p-*toluenesulfonic acid m-bromophenyl ester* $C_{13}H_{11}BrO_3S$, Formel VI (X = Br).
B. Beim Behandeln von 3-Brom-phenol mit Toluol-sulfonylchlorid-(4) und Pyridin (*Hazlet*, Am. Soc. **59** [1937] 287).
Krystalle (aus Me.); F: 52—54°.

Toluol-sulfonsäure-(4)-[4-brom-phenylester], p-*toluenesulfonic acid p-bromophenyl ester* $C_{13}H_{11}BrO_3S$, Formel V (X = Br).
B. Beim Behandeln von 4-Brom-phenol mit Toluol-sulfonylchlorid-(4) und Pyridin (*Hazlet*, Am. Soc. **59** [1937] 287).
Krystalle (aus wss. A.); F: 93—95°.

2-Chlor-4-brom-1-[toluol-sulfonyl-(4)-oxy]-benzol, Toluol-sulfonsäure-(4)-[2-chlor-4-brom-phenylester], 4-*bromo-2-chloro-1-(p-tolylsulfonyloxy)benzene* $C_{13}H_{10}BrClO_3S$, Formel VII (X = Cl).
B. Aus 2-Chlor-4-brom-phenol (*Fox, Turner*, Soc. **1930** 1853, 1858).

Krystalle (aus wss. A.); F: 114—115°.

Beim Behandeln mit Salpetersäure ist 2-Nitro-toluol-sulfonsäure-(4)-[6-chlor-4-brom-3-nitro-phenylester] erhalten worden.

VI   VII

4.6-Dichlor-2-brom-1-[toluol-sulfonyl-(4)-oxy]-benzol, Toluol-sulfonsäure-(4)-[4.6-di≠chlor-2-brom-phenylester], *1-bromo-3,5-dichloro-2-(p-tolylsulfonyloxy)benzene* $C_{13}H_9BrCl_2O_3S$, Formel VIII (X = Cl).

B. Aus 4.6-Dichlor-2-brom-phenol (*Fox, Turner*, Soc. **1930** 1853, 1863).

Krystalle (aus PAe.); F: 82—83°.

Beim Behandeln mit Salpetersäure und Erhitzen des Reaktionsprodukts (F: 122° bis 125°) mit Piperidin sind 4.6-Dichlor-2-brom-3-nitro-phenol, 2-Nitro-toluol-sulfonsäu≠re-(4)-piperidid und wahrscheinlich auch 2.4-Dichlor-6-brom-3-nitro-phenol erhalten worden.

Toluol-sulfonsäure-(4)-[2.4-dibrom-phenylester], *p-toluenesulfonic acid 2,4-dibromophenyl ester* $C_{13}H_{10}Br_2O_3S$, Formel VII (X = Br).

B. Beim Erwärmen von 2.4-Dibrom-phenol mit Toluol-sulfonylchlorid-(4) (*Neeman, Modiano, Shor*, J. org. Chem. **21** [1956] 671).

Krystalle; F: 120,6—122,2° [aus A.] (*Nee., Mo., Shor*), 120° [aus Eg.] (*Henley, Turner*, Soc. **1930** 928, 932).

Beim Behandeln mit Salpetersäure ist 2-Nitro-toluol-sulfonsäure-(4)-[4.6-dibrom-3-nitro-phenylester] erhalten worden (*He., Tu.*).

Toluol-sulfonsäure-(4)-[2.5-dibrom-phenylester], *p-toluenesulfonic acid 2,5-dibromophenyl ester* $C_{13}H_{10}Br_2O_3S$, Formel IX.

B. Aus 2.5-Dibrom-phenol (*Henley, Turner*, Soc. **1930** 928, 939).

Krystalle (aus A.); F: 109—110°.

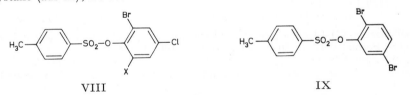

VIII   IX

4-Chlor-2.6-dibrom-1-[toluol-sulfonyl-(4)-oxy]-benzol, Toluol-sulfonsäure-(4)-[4-chlor-2.6-dibrom-phenylester], *1,3-dibromo-5-chloro-2-(p-tolylsulfonyloxy)benzene* $C_{13}H_9Br_2ClO_3S$, Formel VIII (X = Br).

B. Aus 4-Chlor-2.6-dibrom-phenol (*Fox, Turner*, Soc. **1930** 1853, 1861).

Krystalle (aus wss. A.); F: 107—108°.

Toluol-sulfonsäure-(4)-[2-jod-phenylester], *p-toluenesulfonic acid o-iodophenyl ester* $C_{13}H_{11}IO_3S$, Formel IV (X = I) (H 100).

B. Bei 3-tägigem Behandeln von 2-Jod-phenol mit Toluol-sulfonylchlorid-(4) und Pyridin (*Buchan, McCombie*, Soc. **1931** 137, 143).

Krystalle (aus Me.); F: 80°.

Toluol-sulfonsäure-(4)-[2-dichlorjod-phenylester], *p-toluenesulfonic acid o-(dichloroiodo)≠phenyl ester* $C_{13}H_{11}Cl_2IO_3S$, Formel IV (X = ICl₂).

B. Aus Toluol-sulfonsäure-(4)-[2-jod-phenylester] (*Buchan, McCombie*, Soc. **1931** 137, 143).

F: 95—97° [Zers.].

Toluol-sulfonsäure-(4)-[3-jod-phenylester], *p-toluenesulfonic acid m-iodophenyl ester* $C_{13}H_{11}IO_3S$, Formel VI (X = I).

B. Aus 3-Jod-phenol (*Buchan, McCombie*, Soc. **1932** 2857, 2858).

Krystalle (aus PAe.); F: 60—61°.

Toluol-sulfonsäure-(4)-[3-dichlorjod-phenylester], p-*toluenesulfonic acid* m-*(dichloroiodo)*=
phenyl ester $C_{13}H_{11}Cl_2IO_3S$, Formel VI (X = ICl_2).

B. Aus Toluol-sulfonsäure-(4)-[3-jod-phenylester] (*Buchan, McCombie,* Soc. **1932** 2857, 2858).

F: 97—99° [Zers.].

Toluol-sulfonsäure-(4)-[4-jod-phenylester], p-*toluenesulfonic acid* p-*iodophenyl ester*
$C_{13}H_{11}IO_3S$, Formel V (X = I) auf S. 200.

B. Beim Behandeln von 4-Jod-phenol mit Toluol-sulfonylchlorid-(4) und Natrium=
hydroxid in Benzol (*Matheson, McCombie,* Soc. **1931** 1103, 1109).

Krystalle (aus Me.); F: 99°.

Toluol-sulfonsäure-(4)-[4-dichlorjod-phenylester], p-*toluenesulfonic acid* p-*(dichloroiodo)*=
phenyl ester $C_{13}H_{11}Cl_2IO_3S$, Formel V (X = ICl_2) auf S. 200.

B. Beim Einleiten von Chlor in eine Lösung von Toluol-sulfonsäure-(4)-[4-jod-phenyl=
ester] in Chloroform (*Matheson, McCombie,* Soc. **1931** 1103, 1109).

F: 115° [Zers.].

Toluol-sulfonsäure-(4)-[2-nitro-phenylester], p-*toluenesulfonic acid* o-*nitrophenyl ester*
$C_{13}H_{11}NO_5S$, Formel X (X = H) (H 100).

B. Aus 2-Nitro-phenol beim Behandeln mit Toluol-sulfonylchlorid-(4) und Pyridin
bei Raumtemperatur (*Raiford, Shelton,* Am. Soc. **65** [1943] 2048, 2049) sowie beim Erwärmen mit wss. Natriumcarbonat-Lösung und Toluol-sulfonylchlorid-(4) (*Rupe, Bren-
tano,* Helv. **19** [1936] 588, 594; vgl. H 100).

Krystalle (aus A.); F: 81° (*Rupe, Br.; Rai., Sh.*).

Beim Erwärmen einer äthanol. Lösung mit Zinn(II)-chlorid und wss. Salzsäure sind
Toluol-sulfonsäure-(4)-[2-amino-phenylester] und geringe Mengen einer als Toluol-
sulfonsäure-(4)-[5-chlor-2-amino-phenylester] angesehenen Verbindung (F: 112°; *N*-Acet=
yl-Derivat: F: 168°) erhalten worden (*Bell,* Soc. **1930** 1981, 1983).

Toluol-sulfonsäure-(4)-[3-nitro-phenylester], p-*toluenesulfonic acid* m-*nitrophenyl ester*
$C_{13}H_{11}NO_5S$, Formel VI (X = NO_2).

B. Beim Behandeln von 3-Nitro-phenol mit Toluol-sulfonylchlorid-(4) und Pyridin
(*Bell,* Soc. **1930** 1981, 1984).

Krystalle (aus A.); F: 112—113° (*Henley, Turner,* Soc. **1930** 928, 935), 112° (*Bell*).

Toluol-sulfonsäure-(4)-[4-nitro-phenylester], p-*toluenesulfonic acid* p-*nitrophenyl ester*
$C_{13}H_{11}NO_5S$, Formel V (X = NO_2) auf S. 200 (H 100; E I 25).

B. Beim Behandeln von 4-Nitro-phenol mit Toluol-sulfonylchlorid-(4) und Pyridin
(*Murahashi, Takizawa,* J. Soc. chem. Ind. Japan **47** [1944] 784, 791; C. A. **1949** 4856).

F: 97—98°.

**3-Brom-2-nitro-1-[toluol-sulfonyl-(4)-oxy]-benzol, Toluol-sulfonsäure-(4)-[3-brom-
2-nitro-phenylester]**, *1-bromo-2-nitro-3-(p-tolylsulfonyloxy)benzene* $C_{13}H_{10}BrNO_5S$,
Formel X (X = Br).

B. Aus 3-Brom-2-nitro-phenol (*Henley, Turner,* Soc. **1930** 928, 937).

Krystalle (aus A.); F: 136,5—137,5°.

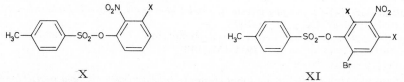

           X   XI

**6-Brom-3-nitro-1-[toluol-sulfonyl-(4)-oxy]-benzol, Toluol-sulfonsäure-(4)-[6-brom-
3-nitro-phenylester]**, *1-bromo-4-nitro-2-(p-tolylsulfonyloxy)benzene* $C_{13}H_{10}BrNO_5S$, Formel
XI (X = H).

B. Aus 6-Brom-3-nitro-phenol (*Henley, Turner,* Soc. **1930** 928, 938).

Krystalle (aus A.); F: 131,5—132,5°.

**4.6-Dibrom-2-nitro-1-[toluol-sulfonyl-(4)-oxy]-benzol, Toluol-sulfonsäure-(4)-[4.6-di=
brom-2-nitro-phenylester]**, *1,5-dibromo-3-nitro-2-(p-tolylsulfonyloxy)benzene* $C_{13}H_9Br_2NO_5$,
Formel XII (E II 47).

B. Beim Behandeln von 4.6-Dibrom-2-nitro-phenol mit Toluol-sulfonylchlorid-(4) und Pyridin (*Raiford, Shelton,* Am. Soc. **65** [1943] 2048, 2049, 2050).
Krystalle (aus A.); F: 141°.

2.4.6-Tribrom-3-nitro-1-[toluol-sulfonyl-(4)-oxy]-benzol, Toluol-sulfonsäure-(4)-[2.4.6-tribrom-3-nitro-phenylester], *1,3,5-tribromo-2-nitro-4-(p-tolylsulfonyloxy)benzene* C₁₃H₈Br₃NO₅S, Formel XI (X = Br).
$C_{13}H_8Br_3NO_5S$, Formel XI (X = Br).
B. Aus 2.4.6-Tribrom-3-nitro-phenol (*Henley, Turner,* Soc. **1930** 928, 936).
Krystalle (aus A.); F: 146—147°.

Toluol-sulfonsäure-(4)-[2.4-dinitro-phenylester], *p-toluenesulfonic acid 2,4-dinitrophenyl ester* $C_{13}H_{10}N_2O_7S$, Formel XIII (X = H) (H 100; E II 47).
B. Beim Behandeln von 2.4-Dinitro-phenol mit Toluol-sulfonylchlorid-(4) und Pyridin (*Tipson,* J. org. Chem. **9** [1944] 235, 240; vgl. E II 47).
Krystalle (aus Me.); F: 122° (*Ti.*).
Beim Erhitzen mit Natriumjodid in Aceton auf 100° sind 2.4-Dinitro-phenol, [2.4-Di=nitro-phenyl]-*p*-tolyl-sulfon und Toluol-sulfonsäure-(4) erhalten worden (*Tipson, Block,* Am. Soc. **66** [1944] 1880). Bildung von 2.4-Dinitro-phenol, 1-[2.4-Dinitro-phenyl]-piperidin und Toluol-sulfonsäure-(4)-piperidid beim Behandeln mit Piperidin: *Bell,* Soc. **1931** 609, 612.

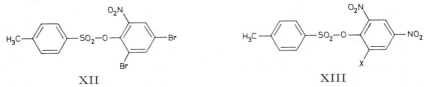

XII   XIII

Toluol-sulfonsäure-(4)-[2.6-dinitro-phenylester], *p-toluenesulfonic acid 2,6-dinitrophenyl ester* $C_{13}H_{10}N_2O_7S$, Formel XIV (X = H).
B. Beim Erhitzen von 2.6-Dinitro-phenol mit Toluol-sulfonylchlorid-(4) und wss. Natriumcarbonat-Lösung (*Sane, Joshi,* J. Indian chem. Soc. **9** [1932] 59, 60).
Krystalle (aus A. + Acn.); F: 135° (*Sane, Jo.*).
Beim Erhitzen mit *N*-Methyl-*o*-phenylendiamin in Benzol ist eine als *N*-Methyl-*N*-[2.6-dinitro-phenyl]-*o*-phenylendiamin oder *N*-Methyl-*N'*-[2.6-dinitro-phenyl]-*o*-phen=ylendiamin angesehene Verbindung (F: 177°) erhalten worden (*Hillemann,* B. **71** [1938] 46, 50).

4-Brom-2.6-dinitro-1-[toluol-sulfonyl-(4)-oxy]-benzol, Toluol-sulfonsäure-(4)-[4-brom-2.6-dinitro-phenylester], *5-bromo-1,3-dinitro-2-(p-tolylsulfonyloxy)benzene* $C_{13}H_9BrN_2O_7S$, Formel XIV (X = Br).
B. Beim Erhitzen von 4-Brom-2.6-dinitro-phenol mit Toluol-sulfonylchlorid-(4) und wss. Natriumcarbonat-Lösung (*Sane, Yoshi,* J. Indian chem. Soc. **9** [1932] 59, 60).
Krystalle; F: 136°.

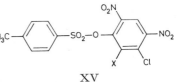

XIV   XV

5-Chlor-6-brom-2.4-dinitro-1-[toluol-sulfonyl-(4)-oxy]-benzol, Toluol-sulfonsäure-(4)-[5-chlor-6-brom-2.4-dinitro-phenylester], *3-bromo-2-chloro-1,5-dinitro-4-(p-tolylsulfonyl=oxy)benzene* $C_{13}H_8BrClN_2O_7S$, Formel XV (X = Br).
B. Beim Erhitzen von 5-Chlor-6-brom-2.4-dinitro-phenol mit Toluol-sulfonylchlorid-(4) und wss. Natriumcarbonat-Lösung (*Sane, Yoshi,* J. Indian chem. Soc. **9** [1932] 59, 61).
Krystalle (aus Acn. + A.); F: 125°.

6-Jod-2.4-dinitro-1-[toluol-sulfonyl-(4)-oxy]-benzol, Toluol-sulfonsäure-(4)-[6-jod-2.4-dinitro-phenylester], *1-iodo-3,5-dinitro-2-(p-tolylsulfonyloxy)benzene* $C_{13}H_9IN_2O_7S$, Formel XIII (X = I).
B. Beim Erhitzen von 6-Jod-2.4-dinitro-phenol mit Toluol-sulfonylchlorid-(4) und wss.

Natriumcarbonat-Lösung (*Sane, Yoshi,* J. Indian chem. Soc. **9** [1932] 59).
Krystalle (aus A.); F: 149°.

4-Jod-2.6-dinitro-1-[toluol-sulfonyl-(4)-oxy]-benzol, Toluol-sulfonsäure-(4)-[4-jod-2.6-dinitro-phenylester], *5-iodo-1,3-dinitro-2-(p-tolylsulfonyloxy)benzene* $C_{13}H_9IN_2O_7S$, Formel XIV (X = I).
B. Beim Erhitzen von 4-Jod-2.6-dinitro-phenol mit Toluol-sulfonylchlorid-(4) und wss. Natriumcarbonat-Lösung (*Sane, Yoshi,* J. Indian chem. Soc. **9** [1932] 59, 60, 61).
Krystalle (aus Acn. + A.); F: 138°.

5-Chlor-6-jod-2.4-dinitro-1-[toluol-sulfonyl-(4)-oxy]-benzol, Toluol-sulfonsäure-(4)-[5-chlor-6-jod-2.4-dinitro-phenylester], *2-chloro-3-iodo-1,5-dinitro-4-(p-tolylsulfonyloxy)benzene* $C_{13}H_8ClIN_2O_7S$, Formel XV (X = I).
B. Beim Erhitzen von 5-Chlor-6-jod-2.4-dinitro-phenol mit Toluol-sulfonylchlorid-(4) und wss. Natriumcarbonat-Lösung (*Sane, Yoshi,* J. Indian chem. Soc. **9** [1932] 59, 61).
Krystalle; F: 150°.

Toluol-sulfonsäure-(4)-*o*-tolylester, *p-toluenesulfonic acid o-tolyl ester* $C_{14}H_{14}O_3S$, Formel I (X = H) (H 100).
F: 52,5°; n_D^{25}: 1,558 [unterkühlte Schmelze] (*Fordyce, Meyer,* Ind. eng. Chem. **32** [1940] 1053, 1054). In 100 ml Wasser lösen sich bei Raumtemperatur 0,003 g (*Fo., Meyer*).
Flammpunkt: *Assoc. Factory Insurance Co.,* Ind. eng. Chem. **32** [1940] 880, 884.

4-Nitro-2-[toluol-sulfonyl-(4)-oxy]-toluol, Toluol-sulfonsäure-(4)-[5-nitro-2-methyl-phenylester], *p-toluenesulfonic acid 5-nitro-o-tolyl ester* $C_{14}H_{13}NO_5S$, Formel I (X = NO_2).
B. Beim Erhitzen von 5-Nitro-2-methyl-phenol mit Toluol-sulfonylchlorid-(4) und wss. Natriumcarbonat-Lösung (*Curd, Robertson,* Soc. **1933** 1166).
Krystalle (aus A.); F: 123—124°. In warmer Essigsäure leicht löslich, in Methanol schwer löslich.
Beim Behandeln mit Salpetersäure ist 2-Nitro-toluol-sulfonsäure-(4)-[5-nitro-2-methyl-phenylester], beim Behandeln mit einem Gemisch von Salpetersäure und Schwefelsäure ist 2-Nitro-toluol-sulfonsäure-(4)-[4.5-dinitro-2-methyl-phenylester] erhalten worden.

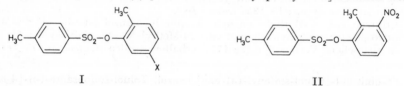

I   II

6-Nitro-2-[toluol-sulfonyl-(4)-oxy]-toluol, Toluol-sulfonsäure-(4)-[3-nitro-2-methyl-phenylester], *p-toluenesulfonic acid 3-nitro-o-tolyl ester* $C_{14}H_{13}NO_5S$, Formel II.
B. Beim Erwärmen von 3-Nitro-2-methyl-phenol mit Toluol-sulfonylchlorid-(4) und Pyridin (*Jones, Robertson,* Soc. **1932** 1689).
Krystalle (aus A.); F: 94°.

Toluol-sulfonsäure-(4)-*m*-tolylester, *p-toluenesulfonic acid m-tolyl ester* $C_{14}H_{14}O_3S$, Formel III (X = H) (H 100).
B. Beim Erwärmen von *m*-Kresol mit Toluol-sulfonylchlorid-(4) und Pyridin (*A. I. Vogel,* Text-Book of Practical Organic Chemistry, 1. Aufl. [London 1948] S. 654, 656, 3. Aufl. [London 1956] S. 684, 685; vgl. H 100).
Krystalle (aus Me. oder A.); F: 56°.

2-Chlor-3-[toluol-sulfonyl-(4)-oxy]-toluol, Toluol-sulfonsäure-(4)-[2-chlor-3-methyl-phenylester], *p-toluenesulfonic acid 2-chloro-m-tolyl ester* $C_{14}H_{13}ClO_3S$, Formel III (X = Cl).
B. Aus 2-Chlor-3-methyl-phenol und Toluol-sulfonylchlorid-(4) (*Huston, Chen,* Am. Soc. **55** [1933] 4214, 4218).
Krystalle (aus A.); F: 96°.

2.4-Dichlor-3-[toluol-sulfonyl-(4)-oxy]-toluol, Toluol-sulfonsäure-(4)-[2.6-dichlor-3-methyl-phenylester], *p-toluenesulfonic acid 2,6-dichloro-m-tolyl ester* $C_{14}H_{12}Cl_2O_3S$, Formel IV (X = Cl).
B. Aus 2.6-Dichlor-3-methyl-phenol und Toluol-sulfonylchlorid-(4) (*Huston, Chen,* Am.

Soc. **55** [1933] 4214, 4218).

Krystalle (aus A.); F: 92–92,5°.

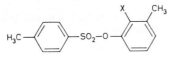   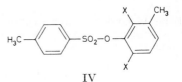

         III   IV

2.6-Dichlor-3-[toluol-sulfonyl-(4)-oxy]-toluol, Toluol-sulfonsäure-(4)-[2.4-dichlor-3-methyl-phenylester], p-*toluenesulfonic acid 2,4-dichloro-*m-*tolyl ester* $C_{14}H_{12}Cl_2O_3S$, Formel V (X = Cl).

B. Aus 2.4-Dichlor-3-methyl-phenol und Toluol-sulfonylchlorid-(4) (*Huston, Chen*, Am. Soc. **55** [1933] 4214, 4218).

Krystalle (aus A.); F: 100–101°.

4.6-Dichlor-3-[toluol-sulfonyl-(4)-oxy]-toluol, Toluol-sulfonsäure-(4)-[4.6-dichlor-3-methyl-phenylester], p-*toluenesulfonic acid 4,6-dichloro-*m-*tolyl ester* $C_{14}H_{12}Cl_2O_3S$, Formel VI (X = H).

B. Aus 4.6-Dichlor-3-methyl-phenol (*Huston, Chen*, Am. Soc. **55** [1933] 4214, 4218).

Krystalle (aus A.); F: 104–105°.

2.4.6-Trichlor-3-[toluol-sulfonyl-(4)-oxy]-toluol, Toluol-sulfonsäure-(4)-[2.4.6-trichlor-3-methyl-phenylester], p-*toluenesulfonic acid 2,4,6-trichloro-*m-*tolyl ester* $C_{14}H_{11}Cl_3O_3S$, Formel VI (X = Cl).

B. Aus 2.4.6-Trichlor-3-methyl-phenol und Toluol-sulfonylchlorid-(4) (*Huston, Chen*, Am. Soc. **55** [1933] 4214, 4218).

Krystalle (aus A.); F: 92–93°.

2-Brom-3-[toluol-sulfonyl-(4)-oxy]-toluol, Toluol-sulfonsäure-(4)-[2-brom-3-methyl-phenylester], p-*toluenesulfonic acid 2-bromo-*m-*tolyl ester* $C_{14}H_{13}BrO_3S$, Formel III (X = Br).

B. Beim Behandeln von 2-Brom-3-methyl-phenol mit Toluol-sulfonylchlorid-(4) und Pyridin (*Huston, Peterson*, Am. Soc. **55** [1933] 3879, 3882).

Krystalle (aus A.); F: 85–85,5°.

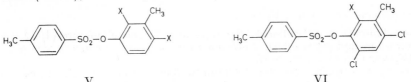

         V   VI

4-Brom-3-[toluol-sulfonyl-(4)-oxy]-toluol, Toluol-sulfonsäure-(4)-[6-brom-3-methyl-phenylester], p-*toluenesulfonic acid 6-bromo-*m-*tolyl ester* $C_{14}H_{13}BrO_3S$, Formel VII (X = H).

B. Beim Behandeln von 6-Brom-3-methyl-phenol mit Toluol-sulfonylchlorid-(4) und Pyridin (*Huston, Peterson*, Am. Soc. **55** [1933] 3879, 3882).

Krystalle (aus A.); F: 72,5–73°.

6-Brom-3-[toluol-sulfonyl-(4)-oxy]-toluol, Toluol-sulfonsäure-(4)-[4-brom-3-methyl-phenylester], p-*toluenesulfonic acid 4-bromo-*m-*tolyl ester* $C_{14}H_{13}BrO_3S$, Formel VIII (X = H).

B. Beim Behandeln von 4-Brom-3-methyl-phenol mit Toluol-sulfonylchlorid-(4) und Pyridin (*Huston, Hutchinson*, Am. Soc. **54** [1932] 1504).

Krystalle (aus A.); F: 84–85°.

2.4-Dibrom-3-[toluol-sulfonyl-(4)-oxy]-toluol, Toluol-sulfonsäure-(4)-[2.6-dibrom-3-methyl-phenylester], p-*toluenesulfonic acid 2,6-dibromo-*m-*tolyl ester* $C_{14}H_{12}Br_2O_3S$, Formel IV (X = Br).

B. Beim Behandeln von 2.6-Dibrom-3-methyl-phenol mit Toluol-sulfonylchlorid-(4) und Pyridin (*Huston, Peterson*, Am. Soc. **55** [1933] 3879, 3882).

Krystalle (aus A.); F: 122–123°.

2.6-Dibrom-3-[toluol-sulfonyl-(4)-oxy]-toluol, Toluol-sulfonsäure-(4)-[2.4-dibrom-3-methyl-phenylester], p-*toluenesulfonic acid 2,4-dibromo*-m-*tolyl ester* $C_{14}H_{12}Br_2O_3S$, Formel V (X = Br).

B. Beim Behandeln von 2.4-Dibrom-3-methyl-phenol mit Toluol-sulfonylchlorid-(4) und Pyridin (*Huston, Peterson*, Am. Soc. **55** [1933] 3879, 3882).

Krystalle (aus A.); F: 89,5—90°.

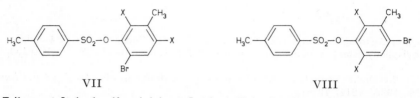

VII   VIII

2.4.6-Tribrom-3-[toluol-sulfonyl-(4)-oxy]-toluol, Toluol-sulfonsäure-(4)-[2.4.6-tribrom-3-methyl-phenylester], p-*toluenesulfonic acid 2,4,6-tribromo*-m-*tolyl ester* $C_{14}H_{11}Br_3O_3S$, Formel VII (X = Br).

B. Beim Behandeln von 2.4.6-Tribrom-3-methyl-phenol mit Toluol-sulfonylchlorid-(4) und Pyridin (*Huston, Peterson*, Am. Soc. **55** [1933] 3879, 3882).

Krystalle (aus A.); F: 113—114°.

6-Brom-2.4-dinitro-3-[toluol-sulfonyl-(4)-oxy]-toluol, Toluol-sulfonsäure-(4)-[4-brom-2.6-dinitro-3-methyl-phenylester], *6-bromo-2,4-dinitro-3-*(p-*tolylsulfonyloxy*)*toluene* $C_{14}H_{11}BrN_2O_7S$, Formel VIII (X = NO₂).

B. Beim Erwärmen von 4-Brom-2.6-dinitro-3-methyl-phenol mit Toluol-sulfonyl=chlorid-(4) und *N.N*-Diäthyl-anilin [oder wss. Natriumcarbonat-Lösung] (*Joshi, Kapoor*, J. Indian chem. Soc. **26** [1949] 539).

Krystalle (aus A. + Acn.); F: 158°.

2-Brom-4.6-dinitro-3-[toluol-sulfonyl-(4)-oxy]-toluol, Toluol-sulfonsäure-(4)-[2-brom-4.6-dinitro-3-methyl-phenylester], *2-bromo-4,6-dinitro-3-*(p-*tolylsulfonyloxy*)*toluene* $C_{14}H_{11}BrN_2O_7S$, Formel IX (X = Br).

B. Beim Erhitzen von 2-Brom-4.6-dinitro-3-methyl-phenol mit Toluol-sulfonyl=chlorid-(4) und wss. Natriumcarbonat-Lösung (*Joshi*, J. Indian chem. Soc. **10** [1933] 677).

Krystalle (aus A. + Acn.); F: 141°.

2-Jod-4.6-dinitro-3-[toluol-sulfonyl-(4)-oxy]-toluol, Toluol-sulfonsäure-(4)-[2-jod-4.6-dinitro-3-methyl-phenylester], *2-iodo-4,6-dinitro-3-*(p-*tolylsulfonyloxy*)*toluene* $C_{14}H_{11}IN_2O_7S$, Formel IX (X = I).

B. Beim Erwärmen von 2-Jod-4.6-dinitro-3-methyl-phenol mit Toluol-sulfonyl=chlorid-(4) und *N.N*-Diäthyl-anilin [oder wss. Natriumcarbonat-Lösung] (*Joshi*, J. Indian chem. Soc. **10** [1933] 677).

Krystalle (aus A. + Acn.); F: 136—137°.

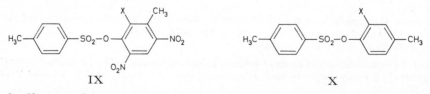

IX   X

Toluol-sulfonsäure-(4)-p-tolylester, p-*toluenesulfonic acid* p-*tolyl ester* $C_{14}H_{14}O_3S$, Formel X (X = H) (H 101).

F: 69° (*Chem. Fabr. v. Heyden*, D.R.P. 532403 [1931]; Frdl. **18** 517).

Beim Erhitzen mit Zinkchlorid bis auf 180° ist 2-p-Tolylsulfon-4-methyl-phenol er-halten worden.

3-Brom-4-[toluol-sulfonyl-(4)-oxy]-toluol, Toluol-sulfonsäure-(4)-[2-brom-4-methyl-phenylester], p-*toluenesulfonic acid 2-bromo*-p-*tolyl ester* $C_{14}H_{13}BrO_3S$, Formel X (X = Br).

B. Beim Behandeln von 2-Brom-4-methyl-phenol mit Toluol-sulfonylchlorid-(4) und

Pyridin (*Kermack*, *Spragg*, Soc. **1932** 2946).

Krystalle (aus A.); F: 121°. In Benzol schwer löslich.

Beim Behandeln mit einem Gemisch von Salpetersäure und Schwefelsäure und Erwärmen des Reaktionsprodukts mit wss. Natronlauge ist 6-Brom-3-nitro-4-methylphenol erhalten worden.

3-Nitro-4-[toluol-sulfonyl-(4)-oxy]-toluol, Toluol-sulfonsäure-(4)-[2-nitro-4-methylphenylester], p-*toluenesulfonic acid 2-nitro-p-tolyl ester* $C_{14}H_{13}NO_5S$, Formel X (X = NO_2).

B. Beim Erwärmen von 2-Nitro-4-methyl-phenol mit Toluol-sulfonylchlorid-(4) und *N.N*-Diäthyl-anilin [oder wss. Natriumcarbonat-Lösung] (*Sen*, J. Indian chem. Soc. **23** [1946] 383). Bei 2-tägigem Behandeln von Silber-[2-nitro-4-methyl-phenolat] mit Toluolsulfonylchlorid-(4) in Benzol unter Zusatz von Pyridin (*Neunhoeffer*, *Kölbel*, B. **68** [1935] 255, 263).

Krystalle; F: 94° [aus Methylcyclohexan] (*Neu.*, *Kö.*), 91° (*Sen*).

5-Brom-3-nitro-4-[toluol-sulfonyl-(4)-oxy]-toluol, Toluol-sulfonsäure-(4)-[6-brom-2-nitro-4-methyl-phenylester], *3-bromo-5-nitro-4-(p-tolylsulfonyloxy)toluene* $C_{14}H_{12}BrNO_5S$, Formel XI.

B. Aus 6-Brom-2-nitro-4-methyl-phenol beim Behandeln mit Toluol-sulfonylchlorid-(4) und Pyridin (*Raiford*, *Shelton*, Am. Soc. **65** [1943] 2048, 2049) sowie beim Erwärmen mit Toluol-sulfonylchlorid-(4) und *N.N*-Diäthyl-anilin [oder wss. Natriumcarbonat-Lösung] (*Sen*, J. Indian chem. Soc. **23** [1946] 383).

Krystalle; F: 128° (*Sen*), 127° [aus A.] (*Rai.*, *Sh.*).

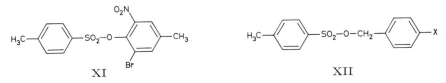

XI   XII

Toluol-sulfonsäure-(4)-benzylester, p-*toluenesulfonic acid benzyl ester* $C_{14}H_{14}O_3S$, Formel XII (X = H) (E II 48).

B. Beim Behandeln von Benzylalkohol mit Toluol-sulfonylchlorid-(4) und Pyridin bei −10° (*Tipson*, J. org. Chem. **9** [1944] 235, 239).

Krystalle (aus $CHCl_3$ + Hexan); F: 55—56° (*Tipson*, *Clapp*, *Cretcher*, J. org. Chem. **12** [1947] 133, 135).

Wenig beständig (*Ti.*, *Cl.*, *Cr.*). Geschwindigkeit der Thermolyse (unter Bildung von Toluol-sulfonsäure-(4)) in Anisol bei 80°, 93° und 115° sowie in Chlorbenzol, Nitro=benzol, Toluol und Acetophenon bei 93°: *Ogata*, *Oda*, Scient. Pap. Inst. phys. chem. Res. **41** [1943] 182, 203; *Ogata*, *Kometani*, *Oda*, Bl. Inst. phys. chem. Res. Tokyo **22** [1943] 583, 584, 586, 587; C. A. **1949** 7797. Relative Geschwindigkeit der Reaktion mit Natriumjodid in Aceton bei Raumtemperatur: *Ti.*, *Cl.*, *Cr.*

Toluol-sulfonsäure-(4)-[4-brom-benzylester], p-*toluenesulfonic acid 4-bromobenzyl ester* $C_{14}H_{13}BrO_3S$, Formel XII (X = Br).

B. Beim Behandeln einer Lösung von 4-Brom-benzylalkohol in Äther mit Toluolsulfonylchlorid-(4) und Kaliumhydroxid bei −10° (*Johnson*, *Jacobs*, *Schwartz*, Am. Soc. **60** [1938] 1885, 1888).

Krystalle (aus Ae. + PAe.); F: 74—75°.

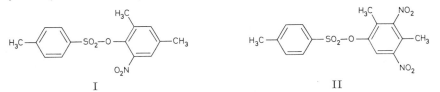

I   II

5-Nitro-4-[toluol-sulfonyl-(4)-oxy]-m-xylol, Toluol-sulfonsäure-(4)-[6-nitro-2.4-di=methyl-phenylester], p-*toluenesulfonic acid 6-nitro-2,4-xylyl ester* $C_{15}H_{15}NO_5S$, Formel I.

B. Aus 6-Nitro-2.4-dimethyl-phenol und Toluol-sulfonylchlorid-(4) (*Fox*, *Turner*, Soc.

1930 1853, 1866).

Krystalle (aus A.); F: 111—112°.

Beim Behandeln mit Salpetersäure ist 2-Nitro-toluol-sulfonsäure-(4)-[5.6-dinitro-2.4-dimethyl-phenylester] erhalten worden.

2.6-Dinitro-4-[toluol-sulfonyl-(4)-oxy]-*m*-xylol, Toluol-sulfonsäure-(4)-[3.5-dinitro-2.4-dimethyl-phenylester], p-*toluenesulfonic acid 3,5-dinitro-2,4-xylyl ester* $C_{15}H_{14}N_2O_7S$, Formel II.

B. Aus 3.5-Dinitro-2.4-dimethyl-phenol und Toluol-sulfonylchlorid-(4) (*Fox, Turner,* Soc. **1930** 1853, 1866).

Hellbraune Krystalle (aus A.); F: 110—111°.

5-[Toluol-sulfonyl-(4)-oxy]-*m*-xylol, Toluol-sulfonsäure-(4)-[3.5-dimethyl-phenylester],
Toluol-sulfonsäure-(4)-[3.5]xylylester, p-*toluenesulfonic acid 3,5-xylyl ester* $C_{15}H_{16}O_3S$, Formel III (X = H).

B. Beim Behandeln von 3.5-Dimethyl-phenol mit Toluol-sulfonylchlorid-(4) und Pyridin (*Rowe et al.,* J. Soc. chem. Ind. **49** [1930] 469 T, 471 T).

Krystalle (aus Eg.); F: 83°.

Beim Behandeln mit einem Gemisch von Salpetersäure und Schwefelsäure ist 2-Nitro-toluol-sulfonsäure-(4)-[2.4-dinitro-3.5-dimethyl-phenylester] erhalten worden (*Rowe et al.,* l. c. S. 471 T).

2.4-Dinitro-5-[toluol-sulfonyl-(4)-oxy]-*m*-xylol, Toluol-sulfonsäure-(4)-[2.4-dinitro-3.5-dimethyl-phenylester], p-*toluenesulfonic acid 2,4-dinitro-3,5-xylyl ester* $C_{15}H_{14}N_2O_7S$, Formel III (X = NO_2).

B. Beim Erwärmen von 2.4-Dinitro-3.5-dimethyl-phenol mit Toluol-sulfonylchlorid-(4) und wss. Natriumcarbonat-Lösung (*Joshi, Kapoor,* J. Indian chem. Soc. **26** [1949] 539).

F: 171°. In Aceton löslich, in Äthanol schwer löslich.

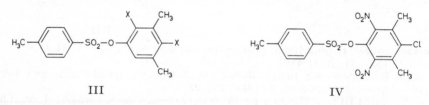

III   IV

2-Chlor-4.6-dinitro-5-[toluol-sulfonyl-(4)-oxy]-*m*-xylol, Toluol-sulfonsäure-(4)-[4-chlor-2.6-dinitro-3.5-dimethyl-phenylester], 2-*chloro-4,6-dinitro-5-*(p-*tolylsulfonyloxy*)-m-*xylene*
$C_{15}H_{13}ClN_2O_7S$, Formel IV.

B. Beim Erwärmen von 4-Chlor-2.6-dinitro-3.5-dimethyl-phenol mit Toluol-sulfonyl-chlorid-(4) und wss. Natriumcarbonat-Lösung (*Joshi, Kapoor,* J. Indian chem. Soc. **26** [1949] 539).

F: 199°. In Aceton löslich, in Äthanol schwer löslich.

3.5-Dinitro-2-[toluol-sulfonyl-(4)-oxy]-*p*-xylol, Toluol-sulfonsäure-(4)-[4.6-dinitro-2.5-dimethyl-phenylester], p-*toluenesulfonic acid 4,6-dinitro-2,5-xylyl ester* $C_{15}H_{14}N_2O_7S$, Formel V.

B. Beim Erwärmen von 4.6-Dinitro-2.5-dimethyl-phenol mit Toluol-sulfonylchlorid-(4) und *N.N*-Diäthyl-anilin (*Sane, Joshi,* J. Indian chem. Soc. **9** [1932] 59, 62).

Krystalle (aus Acn. + A.); F: 137°.

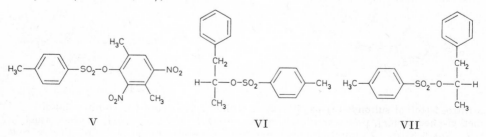

V   VI   VII

2-[Toluol-sulfonyl-(4)-oxy]-1-phenyl-propan, Toluol-sulfonsäure-(4)-[1-methyl-2-phenyl-äthylester], p-*toluenesulfonic acid* α-*methylphenethyl ester* $C_{16}H_{18}O_3S$.

a) **(R)-2-[Toluol-sulfonyl-(4)-oxy]-1-phenyl-propan**, Formel VI (E II 49; dort als „p-Toluolsulfonat des *l*-Methylbenzylcarbinols" bezeichnet) [1]).

B. Beim Behandeln von (R)-1-Phenyl-propanol-(2) mit Toluol-sulfonylchlorid-(4) und Pyridin (*Witkop, Foltz*, Am. Soc. **79** [1957] 197, 200; vgl. E II 49).

Krystalle (aus Acn. + PAe.); F: 69—70° (*Wi., Fo.*). $[\alpha]_D^{20}$: −25,1° [CHCl₃; c = 5] (*Wi., Fo.*).

Reaktion mit Natriumbromid in Äthanol unter Bildung von (S)-2-Brom-1-phenyl-propan: *Kenyon, Phillips, Pittman*, Soc. **1935** 1072, 1084. Beim Erwärmen eines partiell racemischen Präparats mit Natriumsulfid in Äthanol ist eine wahrscheinlich als Bis-[(S)-1-methyl-2-phenyl-äthyl]-sulfid zu formulierende Verbindung (E III **6** 1800) erhalten worden (*Ke., Ph., Pi.*). Reaktion mit Äthylmagnesiumchlorid in Äther unter Bildung von (S)-2-Chlor-1-phenyl-propan: *Ke., Ph., Pi.*

b) **(S)-2-[Toluol-sulfonyl-(4)-oxy]-1-phenyl-propan**, Formel VII (E II 48; dort als „p-Toluolsulfonat des *d*-Methylbenzylcarbinols" bezeichnet).

F: 71—72° (*Winstein et al.*, Am. Soc. **74** [1952] 1140, 1145), 67—68° (*Arcus, Hall-garten*, Soc. **1956** 2987, 2991); der E II 48 angegebene Schmelzpunkt (F: 94°) bezieht sich wahrscheinlich auf (±)-2-[Toluol-sulfonyl-(4)-oxy]-1-phenyl-propan (vgl. *Wi. et al.*). $[\alpha]_D^{20}$: +25,2° [CHCl₃; c = 2] (*Ar., Ha.*); $[\alpha]_D^{26}$: +26,1° [Bzl.; c = 17] (*Wi. et al.*).

Beim Erwärmen mit Lithiumchlorid und Äthanol sind partiell racemisches (R)-2-Chlor-1-phenyl-propan und ein Gemisch von (R)-2-Äthoxy-1-phenyl-propan mit einem ungesättigten Kohlenwasserstoff erhalten worden (*Kenyon, Phillips, Pittman*, Soc. **1935** 1072, 1084). Reaktion mit Natriumphenolat in Äthanol unter Bildung von (R)-2-Phen≈oxy-1-phenyl-propan sowie Reaktion mit Phenylmagnesiumbromid in Äther unter Bildung von (R)-2-Brom-1-phenyl-propan: *Ke., Ph., Pi.*, l. c. S. 1083, 1084.

2-[Toluol-sulfonyl-(4)-oxy]-5-methyl-1.3-bis-brommethyl-benzol, Toluol-sulfonsäure-(4)-[4-methyl-2.6-bis-brommethyl-phenylester], p-*toluenesulfonic acid* α,α''-*dibromomesityl ester* $C_{16}H_{16}Br_2O_3S$, Formel VIII.

B. Aus Toluol-sulfonsäure-(4)-[4-methyl-2.6-bis-hydroxymethyl-phenylester] beim Einleiten von Bromwasserstoff in eine Lösung in Essigsäure (*Hanus, Fuchs*, J. pr. [2] **153** [1939] 327, 336).

Krystalle (aus Bzn.); F: 122,3—122,5°.

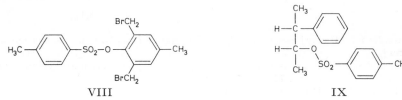

VIII   IX

3-[Toluol-sulfonyl-(4)-oxy]-2-phenyl-butan, Toluol-sulfonsäure-(4)-[1-methyl-2-phenyl-propylester], 2-*phenyl-3-(p-tolylsulfonyloxy)butane* $C_{17}H_{20}O_3S$.

a) **(2R:3R)-3-[Toluol-sulfonyl-(4)-oxy]-2-phenyl-butan, D-*erythro*-3-[Toluol-sulf≈onyl-(4)-oxy]-2-phenyl-butan**, Formel IX.

B. Beim Behandeln von D-*erythro*-2-Phenyl-butanol-(3) (E III **6** 1855) mit Toluol-sulfonylchlorid-(4) und Pyridin (*Cram*, Am. Soc. **71** [1949] 3863, 3869).

Krystalle; F: 46—47° und F: 36—37° [dimorph] (*Cram*, Am. Soc. **74** [1952] 2129, 2130 Tab. I, Anm. f); F: 35—36° [aus Bzl. + PAe.] (*Cram*, Am. Soc. **71** 3865, 3869). $[\alpha]_D^{25}$: −17,4° [Bzl.; c = 5] (*Cram*, Am. Soc. **74** 2130).

Über die Reaktion beim Erwärmen mit Kaliumacetat, Essigsäure und Acetanhydrid s. E III **6** 1855 im Artikel D-*erythro*-2-Phenyl-butanol-(3).

b) **(2R:3S)-3-[Toluol-sulfonyl-(4)-oxy]-2-phenyl-butan, L_g-*threo*-3-[Toluol-sulfon≈yl-(4)-oxy]-2-phenyl-butan**, Formel X.

B. Beim Behandeln von L_g-*threo*-2-Phenyl-butanol-(3) (E III **6** 1856) mit Toluol-

---

[1]) Berichtigung zu E II 49, Zeile 8 v. o.: An Stelle von „Soc. **125** 56, 58" ist zu setzen „Soc. **123** 56, 58".

sulfonylchlorid-(4) und Pyridin (*Cram*, Am. Soc. **71** [1949] 3863, 3869).

Krystalle (aus Bzl. + PAe.); F: 62—63° (*Cram*, Am. Soc. **71** 3865, 3869). $[\alpha]_D^{25}$: +17,0° [Bzl.; c = 5] (*Cram*, Am. Soc. **74** [1952] 2129, 2130).

Über die Reaktionen beim Erwärmen mit Kaliumacetat und Äthanol sowie mit Kalium= acetat, Essigsäure und Acetanhydrid s. E III **6** 1856 im Artikel L$_g$-*threo*-2-Phenyl-butan= ol-(3).

Toluol-sulfonsäure-(4)-[4-*tert*-butyl-phenylester], p-*toluenesulfonic acid* p-tert-*butyl= phenyl ester* $C_{17}H_{20}O_3S$, Formel XI.

B. Aus 4-*tert*-Butyl-phenol und Toluol-sulfonylchlorid-(4) (*Huston, Hsieh*, Am. Soc. **58** [1936] 439; *Simons, Archer, Passino*, Am. Soc. **60** [1938] 2956).

F: 109—110° (*Hu., Hs.*), 108—109° (*Si., Ar., Pa.*).

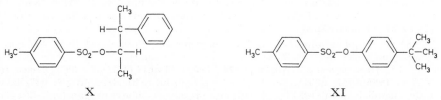

X   XI

3.5-Dinitro-2-[toluol-sulfonyl-(4)-oxy]-*p*-cymol, Toluol-sulfonsäure-(4)-[4.6-dinitro-2-methyl-5-isopropyl-phenylester], *3,5-dinitro-2-(p-tolylsulfonyloxy)-p-cymene* $C_{17}H_{18}N_2O_7S$, Formel XII.

B. Beim Erwärmen von 4.6-Dinitro-2-methyl-5-isopropyl-phenol mit Toluol-sulfonyl= chlorid-(4) und *N.N*-Diäthyl-anilin [oder wss. Natriumcarbonat-Lösung] (*Sane, Chakra-varty, Paramanick*, J. Indian chem. Soc. **9** [1932] 55).

Krystalle (aus A.); F: 125°.

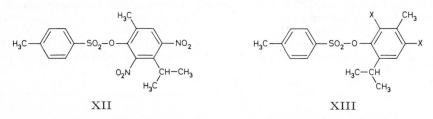

XII   XIII

3-[Toluol-sulfonyl-(4)-oxy]-*p*-cymol, Toluol-sulfonsäure-(4)-[3-methyl-6-isopropyl-phenylester], *3-(p-tolylsulfonyloxy)-p-cymene* $C_{17}H_{20}O_3S$, Formel XIII (X = H).

B. Beim Behandeln von Thymol mit Toluol-sulfonylchlorid-(4) und Pyridin (*Tipson, Clapp, Cretcher*, J. org. Chem. **12** [1947] 133, 135, 136).

Krystalle (aus Ae. + Pentan); F: 71—72°.

2.6-Dinitro-3-[toluol-sulfonyl-(4)-oxy]-*p*-cymol, Toluol-sulfonsäure-(4)-[2.4-dinitro-3-methyl-6-isopropyl-phenylester], *2,6-dinitro-3-(p-tolylsulfonyloxy)-p-cymene* $C_{17}H_{18}N_2O_7S$, Formel XIII (X = NO$_2$).

B. Beim Erwärmen von 2.4-Dinitro-3-methyl-6-isopropyl-phenol mit Toluol-sulfonyl= chlorid-(4) und *N.N*-Diäthyl-anilin [oder wss. Natriumcarbonat-Lösung] (*Sane, Chakra-varty, Paramanick*, J. Indian chem. Soc. **9** [1932] 55).

Krystalle (aus Eg.); F: 142°. In Benzol leicht löslich, in Äthanol schwer löslich.

3-[Toluol-sulfonyl-(4)-oxy]-2-phenyl-pentan, Toluol-sulfonsäure-(4)-[1-äthyl-2-phenyl-propylester], *2-phenyl-3-(p-tolylsulfonyloxy)pentane* $C_{18}H_{22}O_3S$.

a) **(2*R*:3*R*)-3-[Toluol-sulfonyl-(4)-oxy]-2-phenyl-pentan, D-*erythro*-3-[Toluol-sulfonyl-(4)-oxy]-2-phenyl-pentan,** Formel I.

B. Beim Behandeln von D-*erythro*-2-Phenyl-pentanol-(3) (E III **6** 1956) mit Toluol-sulfonylchlorid-(4) und Pyridin (*Cram*, Am. Soc. **71** [1949] 3875, 3881).

Krystalle (aus PAe.); F: 86—87°.

Beim 30-stdg. Erwärmen mit Kaliumacetat, Essigsäure und Acetanhydrid und Er-hitzen des Reaktionsprodukts mit wss. Kalilauge ist ein Gemisch von D-*erythro*-2-Phenyl-pentanol-(3), L-*erythro*-3-Phenyl-pentanol-(2) und ungesättigten Kohlenwasserstoffen erhalten worden (*Cram*, l. c. S. 3882).

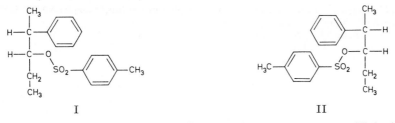

I   II

b) **(2S:3S)-3-[Toluol-sulfonyl-(4)-oxy]-2-phenyl-pentan, L-*erythro*-3-[Toluol-sulf=onyl-(4)-oxy]-2-phenyl-pentan,** Formel II.

B. Beim Behandeln von L-*erythro*-2-Phenyl-pentanol-(3) (E III **6** 1956) mit Toluol-sulfonylchlorid-(4) und Pyridin (*Cram*, Am. Soc. **71** [1949] 3875, 3881).

Krystalle (aus PAe.); F: 86—87°.

c) **(2RS:3RS)-3-[Toluol-sulfonyl-(4)-oxy]-2-phenyl-pentan, (±)-*erythro*-3-[Toluol-sulfonyl-(4)-oxy]-2-phenyl-pentan,** Formel I + II.

B. Beim Behandeln von (±)-*erythro*-2-Phenyl-pentanol-(3) (E III **6** 1956) mit Toluol-sulfonylchlorid-(4) und Pyridin (*Cram*, Am. Soc. **71** [1949] 3875, 3881).

Krystalle (aus PAe.); F: 67—68°.

Beim 30-stdg. Erwärmen mit Kaliumacetat, Essigsäure und Acetanhydrid und Erhitzen des Reaktionsprodukts mit wss. Kalilauge ist ein Gemisch von *erythro*-3-Phenyl-pentanol-(2), *erythro*-2-Phenyl-pentanol-(3) und ungesättigten Kohlenwasserstoffen erhalten worden (*Cram*, l. c. S. 3882).

d) **(2R:3S)-3-[Toluol-sulfonyl-(4)-oxy]-2-phenyl-pentan, L$_g$-*threo*-3-[Toluol-sulf=onyl-(4)-oxy]-2-phenyl-pentan,** Formel III.

B. Beim Behandeln von L$_g$-*threo*-2-Phenyl-pentanol-(3) (E III **6** 1956) mit Toluol-sulfonylchlorid-(4) und Pyridin (*Cram*, Am. Soc. **71** [1949] 3875, 3881).

Krystalle (aus PAe.); F: 100—101°.

Beim 30-stdg. Erwärmen mit Kaliumacetat, Essigsäure und Acetanhydrid und Erhitzen des Reaktionsprodukts mit wss. Kalilauge ist ein Gemisch von D$_g$-*threo*-3-Phenyl-pentanol-(2), L$_g$-*threo*-2-Phenyl-pentanol-(3) und ungesättigten Kohlenwasserstoffen erhalten worden (*Cram*, Am. Soc. **71** 3882).

e) **(2RS:3SR)-3-[Toluol-sulfonyl-(4)-oxy]-2-phenyl-pentan, (±)-*threo*-3-[Toluol-sulfonyl-(4)-oxy]-2-phenyl-pentan,** Formel III + Spiegelbild.

B. Beim Behandeln von (±)-*threo*-2-Phenyl-pentanol-(3) (E III **6** 1957) mit Toluol-sulfonylchlorid-(4) und Pyridin (*Cram*, Am. Soc. **71** [1949] 3875, 3881).

Krystalle (aus PAe. oder aus PAe. + Bzl.); F: 90—91°.

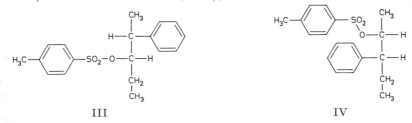

III   IV

2-[Toluol-sulfonyl-(4)-oxy]-3-phenyl-pentan, Toluol-sulfonsäure-(4)-[1-methyl-2-phenyl-butylester], *3-phenyl-2-(p-tolylsulfonyloxy)pentane* $C_{18}H_{22}O_3S$.

a) **(2R:3R)-2-[Toluol-sulfonyl-(4)-oxy]-3-phenyl-pentan, L-*erythro*-2-[Toluol-sulf=onyl-(4)-oxy]-3-phenyl-pentan,** Formel IV.

B. Beim Behandeln von (−)-L-*erythro*-3-Phenyl-pentanol-(2) (E III **6** 1963) mit Toluol-sulfonylchlorid-(4) und Pyridin (*Cram*, Am. Soc. **71** [1949] 3875, 3881).

Krystalle (aus PAe.); F: 41—42°.

Beim 30-stdg. Erwärmen mit Kaliumacetat, Essigsäure und Acetanhydrid und Erhitzen des Reaktionsprodukts mit wss. Kalilauge ist ein Gemisch von D-*erythro*-2-Phenyl-pentanol-(3), L-*erythro*-3-Phenyl-pentanol-(2) und ungesättigten Kohlenwasserstoffen erhalten worden (*Cram*, l. c. S. 3882).

b) **(2S:3S)-2-[Toluol-sulfonyl-(4)-oxy]-3-phenyl-pentan, D-*erythro*-2-[Toluol-sulf-onyl-(4)-oxy]-3-phenyl-pentan**, Formel V.

B. Beim Behandeln von D-*erythro*-3-Phenyl-pentanol-(2) (E III 6 1963) mit Toluol-sulfonylchlorid-(4) und Pyridin (*Cram*, Am. Soc. **71** [1949] 3875, 3881).

Krystalle (aus PAe.); F: 41—42°.

Beim Erwärmen mit Kaliumacetat und Äthanol und Erwärmen des nach der Hydrolyse isolierten Reaktionsprodukts mit Phthalsäure-anhydrid und Pyridin sind geringe Mengen D$_g$-*threo*-2-[2-Carboxy-benzoyloxy]-3-phenyl-pentan erhalten worden (*Cram*, l. c. S. 3882, 3883).

c) **(2RS:3RS)-2-[Toluol-sulfonyl-(4)-oxy]-3-phenyl-pentan, (±)-*erythro*-2-[Toluol-sulfonyl-(4)-oxy]-3-phenyl-pentan**, Formel V + Spiegelbild.

Beim Erwärmen eines aus (±)-*erythro*-3-Phenyl-pentanol-(2) (E III 6 1963) mit Hilfe von Toluol-sulfonylchlorid-(4) und Pyridin hergestellten öligen Präparats mit Kalium-acetat, Essigsäure und Acetanhydrid und Erhitzen des Reaktionsprodukts mit wss. Kalilauge ist ein Gemisch von *erythro*-3-Phenyl-pentanol-(2), *erythro*-2-Phenyl-pent-anol-(3) und ungesättigten Kohlenwasserstoffen erhalten worden (*Cram*, Am. Soc. **71** [1949] 3875, 3881, 3882).

d) **(2S:3R)-2-[Toluol-sulfonyl-(4)-oxy]-3-phenyl-pentan, L$_g$-*threo*-2-[Toluol-sulfon-yl-(4)-oxy]-3-phenyl-pentan**, Formel VI.

B. Beim Behandeln von L$_g$-*threo*-3-Phenyl-pentanol-(2) (E III 6 1964) mit Toluol-sulfonylchlorid-(4) und Pyridin (*Cram*, Am. Soc. **71** [1949] 3875, 3881).

Krystalle (aus PAe.); F: 71—72° (*Cram*, Am. Soc. **71** 3875).

Bei 30-stdg. Erwärmen mit Kaliumacetat, Essigsäure und Acetanhydrid und Erhitzen des Reaktionsprodukts mit wss. Kalilauge ist ein Gemisch von L$_g$-*threo*-3-Phenyl-pentan-ol-(2), D$_g$-*threo*-2-Phenyl-pentanol-(3) und ungesättigten Kohlenwasserstoffen erhalten worden (*Cram*, Am. Soc. **71** 3882, **74** [1952] 2159, 2161).

e) **(2RS:3SR)-2-[Toluol-sulfonyl-(4)-oxy]-3-phenyl-pentan, (±)-*threo*-2-[Toluol-sulfonyl-(4)-oxy]-3-phenyl-pentan**, Formel VI + Spiegelbild.

B. Beim Behandeln von (±)-*threo*-3-Phenyl-pentanol-(2) (E III 6 1964) mit Toluol-sulfonylchlorid-(4) und Pyridin (*Cram*, Am. Soc. **71** [1949] 3875, 3881).

Krystalle (aus PAe.); F: 40—41°.

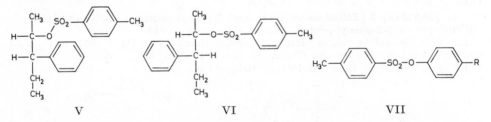

V   VI   VII

Toluol-sulfonsäure-(4)-[4-*tert*-pentyl-phenylester], p-*toluenesulfonic acid* p-tert-*pentyl-phenyl ester* C$_{18}$H$_{22}$O$_3$S, Formel VII (R = C(CH$_3$)$_2$-CH$_2$-CH$_3$).

B. Beim Erwärmen von 4-*tert*-Pentyl-phenol mit Toluol-sulfonylchlorid-(4) und Pyridin (*A. I. Vogel*, Text-Book of Practical Organic Chemistry, 1. Aufl. [London 1948] S. 654, 657; 3. Aufl. [London 1956] S. 684, 686).

Krystalle; F: 54—55° (*Huston, Hsieh*, Am. Soc. **58** [1936] 439), 54° [aus Me.] (*Vo.*).

4-[Toluol-sulfonyl-(4)-oxy]-1-[1.1-dimethyl-butyl]-benzol, 1-(1,1-*dimethylbutyl*)-4-(p-*tolylsulfonyloxy*)*benzene* C$_{19}$H$_{24}$O$_3$S, Formel VII (R = C(CH$_3$)$_2$-CH$_2$-CH$_2$-CH$_3$).

B. Aus 4-[1.1-Dimethyl-butyl]-phenol (*Huston, Hsieh*, Am. Soc. **58** [1936] 439).

Kp$_3$: 194—195°.

4-[Toluol-sulfonyl-(4)-oxy]-1-[1-methyl-1-äthyl-propyl]-benzol, 1-(1-*ethyl-1-methyl-propyl*)-4-(p-*tolylsulfonyloxy*)*benzene* C$_{19}$H$_{24}$O$_3$S, Formel VII (R = C(C$_2$H$_5$)$_2$-CH$_3$).

B. Aus 4-[1-Methyl-1-äthyl-propyl]-phenol (*Huston, Hsieh*, Am. Soc. **58** [1936] 439).

Kp$_3$: 188—189°.

4-[Toluol-sulfonyl-(4)-oxy]-1-[1.1.2-trimethyl-propyl]-benzol, *4-(p-tolylsulfonyloxy)-1-(1,1,2-trimethylpropyl)benzene* $C_{19}H_{24}O_3S$, Formel VII (R = C(CH$_3$)$_2$-CH(CH$_3$)$_2$).

B. Aus 4-[1.1.2-Trimethyl-propyl]-phenol (*Huston, Hsieh,* Am. Soc. **58** [1936] 439). Kp$_3$: 187—188°.

3-[Toluol-sulfonyl-(4)-oxy]-10.13-dimethyl-17-[1.5-dimethyl-hexyl]-hexadecahydro-1*H*-cyclopenta[*a*]phenanthren $C_{34}H_{54}O_3S$.

a) **3α-[Toluol-sulfonyl-(4)-oxy]-5β-cholestan, Toluol-sulfonsäure-(4)-[5β-cholestan=yl-(3α)-ester],** *3α-(p-tolylsulfonyloxy)-5β-cholestane* $C_{34}H_{54}O_3S$; Formel s. E III **6** 2139, Formel VIII (R = SO$_2$-C$_6$H$_4$-CH$_3$).

B. Aus 5β-Cholestanol-(3α) [E III **6** 2130] (*Stoll,* Z. physiol. Chem. **246** [1937] 1,5). Krystalle (aus Acn.); F: 116—118°.

b) **3β-[Toluol-sulfonyl-(4)-oxy]-5α-cholestan, Toluol-sulfonsäure-(4)-[5α-cholestan=yl-(3β)-ester],** *3β-(p-tolylsulfonyloxy)-5α-cholestane* $C_{34}H_{54}O_3S$; Formel s. E III **6** 2138, Formel V (R = SO$_2$-C$_6$H$_4$-CH$_3$).

B. Aus 5α-Cholestanol-(3β) [E III **6** 2131] (*Stoll,* Z. physiol. Chem. **207** [1932] 147, 151). F: 134—135° (*Stoll*).

Beim Erwärmen mit wss.-äthanol. Schwefelsäure oder mit äthanol. Natronlauge ist 5α-Cholestanol-(3α) erhalten worden (*CIBA,* Brit. P. 495887 [1937]). Über die Solvolyse in Methanol s. E III **6** 2134 im Artikel 5α-Cholestanol-(3β).

c) **3α-[Toluol-sulfonyl-(4)-oxy]-5α-cholestan, Toluol-sulfonsäure-(4)-[5α-cholestan=yl-(3α)-ester],** *3α-(p-tolylsulfonyloxy)-5α-cholestane* $C_{34}H_{54}O_3S$; Formel s. E III **6** 2138, Formel VI (R = SO$_2$-C$_6$H$_4$-CH$_3$).

B. Beim Behandeln von 5α-Cholestanol-(3α) (E III **6** 2135) mit Toluol-sulfonyl=chlorid-(4) und Pyridin (*King, Bigelow,* Am. Soc. **74** [1952] 3338).

F: 138—139° (*King, Bi.*). Ein von *Stoll* (Z. physiol. Chem. **246** [1937] 1,5) beschriebenes Präparat vom F: 124—125° ist nicht einheitlich gewesen (*Nace,* Am. Soc. **74** [1952] 5937). [α]$_D$: +12° [CHCl$_3$; c = 1] (*Nace*).

Beim Erwärmen mit Methanol ist ein Gemisch von 5α-Cholesten-(2), 5α-Cholesten-(3) und 3β-Methoxy-5α-cholestan erhalten worden (*Nace*; s. a. *St.*).

5.6-Dichlor-3-[toluol-sulfonyl-(4)-oxy]-10.13-dimethyl-17-[1.5-dimethyl-hexyl]-hexa=decahydro-1*H*-cyclopenta[*a*]phenanthren $C_{34}H_{52}Cl_2O_3S$.

Die Zuordnung der Konfiguration an den C-Atomen 5 und 6 der beiden nachstehend beschriebenen Stereoisomeren ist in Analogie zu 5.6β-Dichlor-3β-benzoyloxy-5α-chole=stan (E III **9** 449) und 5.6α-Dichlor-3β-benzoyloxy-5α-cholestan (E III **9** 450) erfolgt.

a) **5.6β-Dichlor-3β-[toluol-sulfonyl-(4)-oxy]-5α-cholestan, Toluol-sulfonsäure-(4)-[5.6β-dichlor-5α-cholestanyl-(3β)-ester],** *5,6β-dichloro-3β-(p-tolylsulfonyloxy)-5α-cholestane* $C_{34}H_{52}Cl_2O_3S$; Formel s. E III **6** 2147, Formel III (R = SO$_2$-C$_6$H$_4$-CH$_3$).

B. Neben grösseren Mengen des unter b) beschriebenen Stereoisomeren beim Erwärmen von Toluol-sulfonsäure-(4)-cholesterylester (S. 215) mit Dichlorjod-benzol in Chloroform (*Berg, Wallis,* J. biol. Chem. **162** [1946] 683, 690).

Krystalle (aus Acn. + A.); F: 84—85°. [α]$_D^{17}$: −39° [CHCl$_3$; c = 1].

Gegen warme äthanol. Kalilauge beständig (*Berg, Wa.,* l. c. S. 691).

b) **5.6α-Dichlor-3β-[toluol-sulfonyl-(4)-oxy]-5α-cholestan, Toluol-sulfonsäure-(4)-[5.6α-dichlor-5α-cholestanyl-(3β)-ester],** *5,6α-dichloro-3β-(p-tolylsulfonyloxy)-5α-cholestane* $C_{34}H_{52}Cl_2O_3S$; Formel s. E III **6** 2147, Formel IV (R = SO$_2$-C$_6$H$_4$-CH$_3$).

B. s. bei dem unter a) beschriebenen Stereoisomeren.

Krystalle (aus Acn. + A.); F: 190—191° (*Berg, Wallis,* J. biol. Chem. **162** [1946] 683, 690). [α]$_D^{17}$: −6,1° [CHCl$_3$; c = 1].

Beim Erwärmen mit wss. Salzsäure und Aceton (oder Dioxan) sowie beim Erwärmen mit äthanol. Kalilauge erfolgt keine Reaktion (*Berg, Wa.,* l. c. S. 691).

5.6-Dibrom-3-[toluol-sulfonyl-(4)-oxy]-10.13-dimethyl-17-[1.5-dimethyl-hexyl]-hexa=decahydro-1*H*-cyclopenta[*a*]phenanthren $C_{34}H_{52}Br_2O_3S$.

5.6β-Dibrom-3β-[toluol-sulfonyl-(4)-oxy]-5α-cholestan, Toluol-sulfonsäure-(4)-[5.6β-dibrom-5α-cholestanyl-(3β)-ester], *5,6β-dibromo-3β-(p-tolylsulfonyloxy)-5α-chole=stane* $C_{34}H_{52}Br_2O_3S$; Formel s. E III **6** 2152, Formel IX (R = SO$_2$-C$_6$H$_4$-CH$_3$).

B. Beim Behandeln von 5.6β-Dibrom-5α-cholestanol-(3β) (E III **6** 2149) mit Toluol-sulfonylchlorid-(4) und Pyridin (*Darmon*, C.r. **229** [1949] 58). Aus Toluol-sulfonsäure-(4)-cholesterylester (S. 215) beim Behandeln mit Brom in Äther und Essigsäure oder in Schwefelkohlenstoff (*Da.*).

F: 135—136° [Block]. $[\alpha]_{578}^{20}$: —49,0° [Lösungsmittel nicht angegeben].

3-[Toluol-sulfonyl-(4)-oxy]-10.13-dimethyl-17-[1.4.5-trimethyl-hexyl]-hexadecahydro-1H-cyclopenta[a]phenanthren $C_{35}H_{56}O_3S$.

a) **3β-[Toluol-sulfonyl-(4)-oxy]-5α-ergostan, Toluol-sulfonsäure-(4)-[5α-ergostan-yl-(3β)-ester]**, *3β-(p-tolylsulfonyloxy)-5α-ergostane* $C_{35}H_{56}O_3S$; Formel s. E III **6** 2162, Formel XVI (R = SO₂-C₆H₄-CH₃).

B. Aus 5α-Ergostanol-(3β) (E III **6** 2161) und Toluol-sulfonylchlorid-(4) (*Stoll*, Z. physiol. Chem. **207** [1932] 147, 151).

F: 150—151° [Zers.].

b) **3α-[Toluol-sulfonyl-(4)-oxy]-5α-ergostan, Toluol-sulfonsäure-(4)-[5α-ergostan-yl-(3α)-ester]**, *3α-(p-tolylsulfonyloxy)-5α-ergostane* $C_{35}H_{56}O_3S$; Formel s. E III **6** 2162, Formel XVII (R = SO₂-C₆H₄-CH₃).

B. Aus 5α-Ergostanol-(3α) (E III **6** 2162) und Toluol-sulfonylchlorid-(4) (*Stoll*, Z. physiol. Chem. **246** [1937] 1, 5).

F: 140—142° [Rohprodukt].

3-[Toluol-sulfonyl-(4)-oxy]-10.13-dimethyl-17-[1.5-dimethyl-4-äthyl-hexyl]-hexadeca-hydro-1H-cyclopenta[a]phenanthren $C_{36}H_{58}O_3S$.

3β-[Toluol-sulfonyl-(4)-oxy]-5α-stigmastan, Toluol-sulfonsäure-(4)-[5α-stigmastan-yl-(3β)-ester], *3β-(p-tolylsulfonyloxy)-5α-stigmastane* $C_{36}H_{58}O_3S$; Formel s. E III **6** 2175, Formel XIII (R = SO₂-C₆H₄-CH₃).

B. Aus 5α-Stigmastanol-(3β) (E III **6** 2172) und Toluol-sulfonylchlorid-(4) (*Stoll*, Z. physiol. Chem. **207** [1932] 147, 151).

F: 154—155° [Zers.].

(±)-2-[Toluol-sulfonyl-(4)-oxy]-1.2.3.4-tetrahydro-naphthalin, (±)-Toluol-sulfon-säure-(4)-[1.2.3.4-tetrahydro-naphthyl-(2)-ester], *(±)-2-(p-tolylsulfonyloxy)-1,2,3,4-tetra-hydronaphthalene* $C_{17}H_{18}O_3S$, Formel VIII.

B. Beim Behandeln von (±)-1.2.3.4-Tetrahydro-naphthol-(2) mit Toluol-sulfonyl-chlorid-(4) und Pyridin (*Stoll*, Z. physiol. Chem. **246** [1937] 1, 9).

Krystalle (aus Acn.); F: 85°.

VIII   IX

Toluol-sulfonsäure-(4)-[4-phenyl-cyclohexylester], *p-toluenesulfonic acid 4-phenylcyclo-hexyl ester* $C_{19}H_{22}O_3S$.

Toluol-sulfonsäure-(4)-[trans-4-phenyl-cyclohexylester], Formel IX.

B. Aus trans-1-Phenyl-cyclohexanol-(4) und Toluol-sulfonylchlorid-(4) (*Ungnade*, J. org. Chem. **13** [1948] 361, 366).

Krystalle (aus Me.); F: 98,2—98,7°.

(±)-7-[Toluol-sulfonyl-(4)-oxy]-5.6.7.8.9.10-hexahydro-benzocycloocten, (±)-Toluol-sulfonsäure-(4)-[5.6.7.8.9.10-hexahydro-benzocyclooctenyl-(7)-ester], *(±)-7-(p-tolyl-sulfonyloxy)-5,6,7,8,9,10-hexahydrobenzocyclooctene* $C_{19}H_{22}O_3S$, Formel X.

B. Beim Behandeln von (±)-5.6.7.8.9.10-Hexahydro-benzocyclooctenol-(7) mit Toluol-sulfonylchlorid-(4) und Pyridin (*Fieser*, *Pechet*, Am. Soc. **68** [1946] 2577, 2578).

Krystalle (aus A.); F: 100—101,8° [korr.].

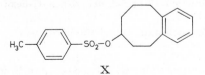 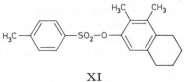

X   XI

3-[Toluol-sulfonyl-(4)-oxy]-1.2-dimethyl-5.6.7.8-tetrahydro-naphthalin, Toluol-sulfon⸗
säure-(4)-[3.4-dimethyl-5.6.7.8-tetrahydro-naphthyl-(2)-ester], *1,2-dimethyl-3-(p-tolyl⸗
sulfonyloxy)-5,6,7,8-tetrahydronaphthalene* $C_{19}H_{22}O_3S$, Formel XI.

B. Aus 3.4-Dimethyl-5.6.7.8-tetrahydro-naphthol-(2) und Toluol-sulfonylchlorid-(4)
(*Cocker*, Soc. **1946** 36, 38).

Krystalle (aus Bzn.); F: 108—109°.

3-[Toluol-sulfonyl-(4)-oxy]-10.13-dimethyl-Δ⁵-tetradecahydro-1*H*-cyclopenta[*a*]phen⸗
anthren $C_{26}H_{36}O_3S$.

3β-[Toluol-sulfonyl-(4)-oxy]-androsten-(5), Toluol-sulfonsäure-(4)-[androsten-(5)-
yl-(3β)-ester], *3β-(p-tolylsulfonyloxy)androst-5-ene* $C_{26}H_{36}O_3S$; Formel s. E III 6 2578,
Formel XI (R = SO_2-C_6H_4-CH_3).

B. Beim Behandeln von Androsten-(5)-ol-(3β) (E III 6 2578) mit Toluol-sulfonyl⸗
chlorid-(4) und Pyridin (*Butenandt, Surányi*, B. **75** [1942] 591, 597).

Krystalle (aus Acn.); F: 136° [unkorr.].

3-Chlor-17-[toluol-sulfonyl-(4)-oxy]-10.13-dimethyl-Δ⁵-tetradecahydro-1*H*-cyclopenta⸗
[*a*]phenanthren $C_{26}H_{35}ClO_3S$.

3β-Chlor-17β-[toluol-sulfonyl-(4)-oxy]-androsten-(5), Toluol-sulfonsäure-(4)-
[3β-chlor-androsten-(5)-yl-(17β)-ester], *3β-chloro-17β-(p-tolylsulfonyloxy)androst-5-ene*
$C_{26}H_{35}ClO_3S$; Formel s. E III 6 2580, Formel II (R = SO_2-C_6H_4-CH_3).

B. Beim Behandeln einer Lösung von 17β-[Toluol-sulfonyl-(4)-oxy]-6β-methoxy-
3α.5α-cyclo-androstan (S. 234) in Essigsäure mit wss. Salzsäure (*Butenandt, Grosse*,
B. **70** [1937] 1446, 1450).

Krystalle (aus Me. + W.); F: 150°. [α]²⁰_D: −60° [CHCl₃; c = 1,5].

3-[Toluol-sulfonyl-(4)-oxy]-10.13-dimethyl-17-[1.5-dimethyl-hexyl]-Δ⁵-tetradecahydro-
1*H*-cyclopenta[*a*]phenanthren $C_{34}H_{52}O_3S$.

3β-[Toluol-sulfonyl-(4)-oxy]-cholesten-(5), Toluol-sulfonsäure-(4)-cholesterylester,
O-[Toluol-sulfonyl-(4)]-cholesterin, *3β-(p-tolylsulfonyloxy)cholest-5-ene* $C_{34}H_{52}O_3S$;
Formel s. E III 6 2623, Formel VIII (R = SO_2-C_6H_4-CH_3).

B. Beim Behandeln von Cholesterin (E III 6 2607) mit Toluol-sulfonylchlorid-(4) und
Pyridin (*Freudenberg, Hess*, A. **448** [1926] 121, 128; *Wallis, Fernholz, Gephart*, Am. Soc.
59 [1937] 137, 139). Aus 3β-[Toluol-sulfonyl-(4)-oxy]-5α-cholestanol-(6β) (S. 233) beim
Behandeln mit Phosphoroxychlorid und Pyridin (*Reich, Lardon*, Helv. 29 [1946] 671,
677).

Krystalle; F: 132—133° (*Winstein, Adams*, Am. Soc. **70** [1948] 838), 131,5—132,5°
[aus Ae.] (*Wallis, Fernholz, Gephart*, Am. Soc. **59** [1937] 137, 139), 132° [aus Acn.]
(*Bátyka*, Magyar biol. Kutatóintézet Munkái **13** [1941] 334, 345; C.A. **1942** 484), 131—132°
[korr.; Kofler-App.; aus Acn. oder wss. Acn.] (*Reich, Lardon*, Helv. **29** [1946] 671, 677),
131° [aus Acn.] (*Freudenberg, Hess*, A. **448** [1926] 121, 128). [α]¹⁹_D: −40,3° [CHCl₃;
c = 3] (*Bá.*).

Reaktion mit Dichlorjod-benzol in Chloroform unter Bildung von 5.6α-Dichlor-
3β-[toluol-sulfonyl-(4)-oxy]-5α-cholestan und 5.6β-Dichlor-3β-[toluol-sulfonyl-(4)-oxy]-
5α-cholestan (S. 213): *Berg, Wallis*, J. biol. Chem. **162** [1946] 683, 690. Beim Behandeln mit
Brom (1 Mol) in einem Gemisch von Essigsäure und Äther oder in Schwefelkohlenstoff
bei Raumtemperatur ist 5.6β-Dibrom-3β-[toluol-sulfonyl-(4)-oxy]-5α-cholestan [S. 213]
(*Darmon*, C.r. **229** [1949] 58), beim Behandeln mit Brom (1 Mol) in Tetrachlormethan
bei 52° oder in Schwefelkohlenstoff unter Belichtung ist 7α-Brom-3β-[toluol-sulfonyl-(4)-
oxy]-cholesten-(5) [S. 216] (*Schaltegger*, Helv. **33** [1950] 2101, 2107; s. a. *Schaltegger*,
Experientia **5** [1949] 321) erhalten worden. Bildung von Cholesten-(5) und 3α.5α-Cyclo-
cholestan (E III **5** 1331) beim Erwärmen mit Lithiumaluminiumhydrid in Benzol und
Äther: *Schmid, Karrer*, Helv. **32** [1949] 1371, 1375, 1376. Überführung in Dicholesteryl⸗
äther durch Erhitzen mit wss. Schwefelsäure auf 130° oder mit Silberoxid und Wasser
auf 150°: *Beynon, Heilbron, Spring*, Soc. **1936** 907, 908, 909. Bildung von 3α.5α-Cyclo-chole⸗
stanol-(6β), Cholesterin und einer krystallinen Verbindung (F: 78,6—79,5°; [α]_D: +54°
[CHCl₃]; mit Hilfe von Säuren in Cholesterin überführbar) beim Erwärmen mit Kalium⸗
acetat enthaltendem wss. Aceton: *Kosower, Winstein*, Am. Soc. **78** [1956] 4347, 4352; s. a.
Beynon, Heilbron, Spring, Soc. **1937** 1459. Beim Erwärmen mit flüssigem Ammoniak sind
3α-Amino-cholesten-(5), 3β-Amino-cholesten-(5) und 6β-Amino-3α.5α-cyclo-cholestan

(*Julian et al.*, Am. Soc. **70** [1948] 1834, 1835; *Haworth, McKenna, Powell*, Soc. **1953** 1111, 1113; *Haworth, Lunts, McKenna*, Soc. **1955** 986, 989) sowie eine Verbindung C$_{54}$H$_{91}$N (Krystalle [aus PAe.], F: 250° [Zers.]; [α]$_D$: —31° [CHCl$_3$]; *N*-Methyl-Derivat C$_{55}$H$_{93}$N: F: 159°; [α]$_D$: —37° [CHCl$_3$]; *N*-Acetyl-Derivat C$_{56}$H$_{93}$NO: F: 179°; *N*-Nitroso-Derivat: F: 260°) und eine Verbindung C$_{54}$H$_{91}$N (Krystalle [aus Me.], F: 172°; [α]$_D$: —9° [CHCl$_3$]; *N*-Methyl-Derivat C$_{55}$H$_{93}$N: F: 186°) (*Ha., Lu., McK.*) erhalten worden.

Geschwindigkeit der Solvolyse in Methanol bei 65° und in Äthanol bei 78°: *Stoll*, Z. physiol. Chem. **246** [1937] 1, 8, 9. Bildung einer wahrscheinlich als 6β-Methoxy-3α.5α-cyclo-cholestan zu formulierenden Verbindung (F: 79° [E III 6 2678]) beim Erwärmen mit Kaliumacetat enthaltendem Methanol: *Stoll*, Z. physiol. Chem. **207** [1932] 147, 149. Bildung einer wahrscheinlich als 6β-Benzyloxy-3α.5α-cyclo-cholestan zu formulierenden Verbindung (E III 6 2679) und von 3β-Benzyloxy-cholesten-(5) beim Erwärmen mit Kaliumacetat enthaltendem Benzylalkohol: *Bey., Hei., Sp.*, Soc. **1936** 909. Bildung einer wahrscheinlich als 3β.5-Diphenylmercapto-5α-cholestan zu formulierenden Verbindung (F: 186—186,5° [E III 6 4809]) beim Erwärmen mit Thiophenol: *McKennis*, Am. Soc. **70** [1948] 675. Geschwindigkeit der Solvolyse in Essigsäure bei 35° und 50° sowie in Lithiumperchlorat, Natriumacetat oder Kaliumacetat enthaltender Essigsäure bei 50°: *Winstein, Adams*, Am. Soc. **70** [1948] 838. Beim Erhitzen mit Kaliumacetat und Essigsäure auf Siedetemperatur ist 3β-Acetoxy-cholesten-(5) (*Bey., Hei., Sp.*, Soc. **1936** 909), beim Erwärmen mit Kaliumacetat und Acetanhydrid auf 70° sind 6β-Acetoxy-3α.5α-cyclo-cholestan (Hauptprodukt), 3β-Acetoxy-cholesten-(5) und ungesättigte Kohlenwasserstoffe (*Wallis, Fernholz, Gephart*, Am. Soc. **59** [1937] 137, 139) erhalten worden. Reaktion mit Kaliumthiocyanat in Aceton unter Bildung von 3β-Thiocyanato-cholesten-(5): *Müller, Bátyka*, B. **74** [1941] 705, 706; *Bátika*, Magyar biol. Kutatóintézet Munkái **13** [1941] 334, 346; C. A. **1942** 484. Reaktion mit Benzylamin unter Bildung von 6β-Benzylamino-3α.5α-cyclo-cholestan und 3β-Benzylamino-cholesten-(5): *Ju. et al.* Reaktion mit Phenylhydrazin unter Bildung von *N*-Phenyl-*N*-cholesteryl-hydrazin: *Bá.*, l. c. S. 349. Bildung von Cholestadien-(3.5) beim Erhitzen mit Kaliumcyanid (2 Mol) in Xylol: *Baker, Squire*, Am. Soc. **70** [1948] 1487, 1489.

Charakterisierung durch Überführung in *S*-Cholesteryl-isothiuronium-[toluol-sulfonat-(4)] (F: 233—235°; [α]$_D^{24}$: —27,1° [Py.]; vgl. E III 6 2668): *King, Dodson, Subluskey*, Am. Soc **70** [1948] 1176.

7-Brom-3-[toluol-sulfonyl-(4)-oxy]-10.13-dimethyl-17-[1.5-dimethyl-hexyl]-Δ^5-tetradecahydro-1*H*-cyclopenta[*a*]phenanthren C$_{34}$H$_{51}$BrO$_3$S.

7α-Brom-3β-[toluol-sulfonyl-(4)-oxy]-cholesten-(5), Toluol-sulfonsäure-(4)-[7α-brom-cholesten-(5)-yl-(3β)-ester], *7α-bromo-3β-(p-tolylsulfonyloxy)cholest-5-ene* C$_{34}$H$_{51}$BrO$_3$S; Formel entsprechend E III 6 2663, Formel II (X = Br; SO$_2$-C$_6$H$_4$-CH$_3$ an Stelle von CO-CH$_3$).

Bezüglich der Konfiguration am C-Atom 7 s. *Hunziker et al.*, Helv. **38** [1955] 1316, 1323.

B. Beim Eintragen von Brom (1 Mol) in eine Lösung von Toluol-sulfonsäure-(4)-cholesterylester (S. 215) in Tetrachlormethan bei 52° oder in Schwefelkohlenstoff unter Belichtung (*Schaltegger*, Helv. **33** [1950] 2101, 2107; s. a. *Schaltegger*, Experientia **5** [1949] 321).

Krystalle (aus PAe.); F: 109—110° (*Sch.*, Helv. **33** 2107). [α]$_D^{21}$: —202° (*Sch.*, Helv. **33** 2107).

Beim Behandeln mit Antimon(III)-chlorid in Chloroform tritt eine blaue Färbung auf (*Sch.*, Helv. **33** 2107).

3-[Toluol-sulfonyl-(4)-oxy]-10.13-dimethyl-17-[1.4.5-trimethyl-hexyl]-Δ^5-tetradecahydro-1*H*-cyclopenta[*a*]phenanthren C$_{35}$H$_{54}$O$_3$S.

3β-[Toluol-sulfonyl-(4)-oxy]-24β$_F$H-ergosten-(5), Toluol-sulfonsäure-(4)-[24β$_F$H-ergosten-(5)-yl-(3β)-ester], *O*-[Toluol-sulfonyl-(4)]-campesterol, *3β-(p-tolylsulfonyloxy)-24$_F$βH-ergost-5-ene* C$_{35}$H$_{54}$O$_3$S; Formel s. E III 6 2681 Formel II (R = SO$_2$-C$_6$H$_4$-CH$_3$).

B. Beim Behandeln von Campesterol (E III 6 2680) mit Toluol-sulfonylchlorid-(4) und Pyridin (*Fernholz, Ruigh*, Am. Soc. **63** [1941] 1157).

Krystalle (aus Acn.); F: 150—152°.

3-[Toluol-sulfonyl-(4)-oxy]-10.13-dimethyl-17-[1.4.5-trimethyl-hexyl]-Δ⁸⁽¹⁴⁾-tetradeca-hydro-1H-cyclopenta[a]phenanthren $C_{35}H_{54}O_3S$.

3β-[Toluol-sulfonyl-(4)-oxy]-5α-ergosten-(8(14)), Toluol-sulfonsäure-(4)-[5α-ergo-sten-(8(14))-yl-(3β)-ester], *3β-(p-tolylsulfonyloxy)-5α-ergost-8(14)-ene* $C_{35}H_{54}O_3S$; Formel s. E III **6** 2687, Formel IX (R = SO₂-C₆H₄-CH₃).

B. Aus 5α-Ergosten-(8(14))-ol-(3β) (E III **6** 2685) und Toluol-sulfonylchlorid-(4) (*Stoll*, Z. physiol. Chem. **207** [1932] 147, 151).

F: 162—163° [Zers.].

3-[Toluol-sulfonyl-(4)-oxy]-10.13-dimethyl-17-vinyl-Δ⁵-tetradecahydro-1H-cyclopenta[a]phenanthren $C_{28}H_{38}O_3S$.

3β-[Toluol-sulfonyl-(4)-oxy]-pregnadien-(5.20), Toluol-sulfonsäure-(4)-[pregna-dien-(5.20)-yl-(3β)-ester], *3β-(p-tolylsulfonyloxy)pregna-5,20-diene* $C_{28}H_{38}O_3S$; Formel s. E III **6** 2804, Formel VIII (R = SO₂-C₆H₄-CH₃).

B. Beim Erwärmen von Pregnadien-(5.20)-ol-(3β) (E III **6** 2804) mit Toluol-sulfonyl-chlorid-(4) und Pyridin (*Julian, Meyer, Printy*, Am. Soc. **70** [1948] 887, 890).

Krystalle (aus PAe.); F: 93,5—96°. [α]²⁶_D: —65° [CHCl₃; c = 1].

3-[Toluol-sulfonyl-(4)-oxy]-10.13-dimethyl-17-[1.2-dimethyl-allyl]-Δ⁵-tetradecahydro-1H-cyclopenta[a]phenanthren $C_{31}H_{44}O_3S$.

3β-[Toluol-sulfonyl-(4)-oxy]-22-methyl-24-nor-20β_FH-choladien-(5.22), Toluol-sulfonsäure-(4)-[22-methyl-24-nor-20β_FH-choladien-(5.22)-yl-(3β)-ester], *22-methyl-3β-(p-tolylsulfonyloxy)-24-nor-20β_FH-chola-5,22-diene* $C_{31}H_{44}O_3S$; Formel s. E III **6** 2807, Formel V (R = SO₂-C₆H₄-CH₃).

B. Beim Behandeln einer Lösung von 22-Methyl-24-nor-20β_FH-choladien-(5.22)-ol-(3β) (E III **6** 2807) in Tetrachlormethan mit Toluol-sulfonylchlorid-(4) und Pyridin (*Julian et al.*, Am. Soc. **67** [1945] 1375, 1379).

Krystalle (aus Bzl. + PAe.); F: 150° [Zers.]. [α]³⁰_D: —11,1° [CHCl₃; c = 2].

3-[Toluol-sulfonyl-(4)-oxy]-10.13-dimethyl-17-[1.4.5-trimethyl-hexen-(2)-yl]-Δ⁵-tetra-decahydro-1H-cyclopenta[a]phenanthren $C_{35}H_{52}O_3S$.

3β-[Toluol-sulfonyl-(4)-oxy]-ergostadien-(5.22t), Toluolsulfonsäure-(4)-[ergosta-dien-(5.22t)-yl-(3β)-ester], *O-[Toluol-sulfonyl-(4)]-brassicasterin*, *3β-(p-tolylsulfonyl-oxy)ergosta-5,22t-diene* $C_{35}H_{52}O_3S$; Formel s. E III **6** 2838, Formel XI (R = SO₂-C₆H₄-CH₃).

B. Beim Behandeln von Brassicasterin (E III **6** 2837) mit Toluol-sulfonylchlorid-(4) und Pyridin (*Fernholz, Ruigh*, Am. Soc. **62** [1940] 3346).

Krystalle (aus Acn.); F: 139,5—140,5°. [α]²⁴_D: — 61,6° [CHCl₃; c = 1].

Beim Erwärmen mit Kaliumacetat enthaltendem Methanol ist 6β-Methoxy-3α.5α-cyclo-ergosten-(22t) (E III **6** 2853) erhalten worden.

3-[Toluol-sulfonyl-(4)-oxy]-10.13-dimethyl-17-[1-methyl-4-isopropyl-penten-(4)-yl]-Δ⁵-tetradecahydro-1H-cyclopenta[a]phenanthren $C_{35}H_{52}O_3S$.

3β-[Toluol-sulfonyl-(4)-oxy]-ergostadien-(5.24(28)), Toluol-sulfonsäure-(4)-[ergo-stadien-(5.24(28))-yl-(3β)-ester], *3β-(p-tolylsulfonyloxy)ergosta-5,24(28)-diene* $C_{35}H_{52}O_3S$; Formel s. E III **6** 2838, Formel XII (R = SO₂-C₆H₄-CH₃).

B. Beim Behandeln von Ergostadien-(5.24(28))-ol-(3β) (E III **6** 2839) mit Toluol-sulfonylchlorid-(4) und Pyridin (*Bergmann, Schedl, Low*, J. org. Chem. **10** [1945] 587, 591).

Krystalle (aus Acn.); F: 113—114,5° [korr.].

3-[Toluol-sulfonyl-(4)-oxy]-10.13-dimethyl-17-[1.5-dimethyl-4-äthyl-hexen-(2)-yl]-Δ⁵-tetradecahydro-1H-cyclopenta[a]phenanthren $C_{36}H_{54}O_3S$.

3β-[Toluol-sulfonyl-(4)-oxy]-stigmastadien-(5.22t), Toluol-sulfonsäure-(4)-stigmasterylester, *O-[Toluol-sulfonyl-(4)]-stigmasterin*, *3β-(p-tolylsulfonyloxy)stigmasta-5,22t-diene* $C_{36}H_{54}O_3S$; Formel s. E III **6** 2860, Formel IX (R = SO₂-C₆H₄-CH₃).

B. Beim Behandeln von Stigmasterin (E III **6** 2857) mit Toluol-sulfonylchlorid-(4) und Pyridin (*Fernholz, Ruigh*, Am. Soc. **62** [1940] 3346).

Krystalle [aus Acn.] (*Fe., Ruigh*). F: 148—150° (*Fe., Ruigh*), 147—148° (*Riegel, Meyer, Beiswanger*, Am. Soc. **65** [1943] 325, 326). [α]²⁴_D: —47,1° [CHCl₃; c = 1] (*Fe.,*

Ruigh); [α]$_D^{27}$: −46,2° [CHCl₃?] (*Heyl, Centolella, Herr*, Am. Soc. **69** [1947] 1957, 1959).
Beim Erwärmen mit Kaliumacetat enthaltendem Methanol ist 6β-Methoxy-3α.5α-cyclo-stigmasten-(22*t*) [E III **6** 2875] (*Fe., Ruigh; Rie., Meyer, Bei.*), beim Erwärmen mit Natriumacetat enthaltendem Methanol ist daneben wenig 3β-Methoxy-stigmasta-dien-(5.22*t*) [E III **6** 2859] (*Heyl, Ce., Herr*) erhalten worden. Geschwindigkeit der Solvolyse in Äthanol bei 78°: *Stoll*, Z. physiol. Chem. **246** [1937] 1,8.

10-[Toluol-sulfonyl-(4)-oxy]-2.2.4a.6a.6b.9.9.12a-octamethyl-Δ¹⁴-eicosahydro-picen
C₃₇H₅₆O₃S.

3β-[Toluol-sulfonyl-(4)-oxy]-oleanen-(12), Toluol-sulfonsäure-(4)-[oleanen-(12)-yl-(3β)-ester], O-[Toluol-sulfonyl-(4)]-β-amyrin, *3β-(p-tolylsulfonyloxy)olean-12-ene*
C₃₇H₅₆O₃S; Formel s. E III **6** 2896, Formel XI (R = SO₂-C₆H₄-CH₃).
B. Beim Behandeln von β-Amyrin (E III **6** 2894) mit Toluol-sulfonylchlorid-(4) und Pyridin (*Kohen, Patnaik, Stevenson*, J. org. Chem. **29** [1964] 2710, 2713; s. a. *Morice, Simpson*, Soc. **1942** 198, 202).
Krystalle (aus PAe.); F: 126−127,5° [Zers.] (*Ko., Pa., St.*). [α]$_D$: +74° [CHCl₃; c = 2] (*Ko., Pa., St.*).

4-Nitro-1-[toluol-sulfonyl-(4)-oxy]-naphthalin, Toluol-sulfonsäure-(4)-[4-nitro-naphthyl-(1)-ester], *1-nitro-4-(p-tolylsulfonyloxy)naphthalene* C₁₇H₁₃NO₅S, Formel I.
B. Beim Erwärmen von 4-Nitro-naphthol-(1) mit Toluol-sulfonylchlorid-(4) und *N.N*-Diäthyl-anilin [oder wss. Natriumcarbonat-Lösung] (*Sen*, J. Indian chem. Soc. **23** [1946] 383).
F: 138°.

Toluol-sulfonsäure-(4)-[naphthyl-(2)-ester], *p-toluenesulfonic acid 2-naphthyl ester*
C₁₇H₁₄O₃S, Formel II (R = X = H) (H 101).
B. Beim Behandeln von Naphthol-(2) mit Toluol-sulfonsäure-(4) und Trifluoressig-säure-anhydrid (*Bourne et al.*, Soc. **1949** 2976, 2979).
Krystalle (aus A.); F: 124° (*Bou. et al.*).
Hydrierung an Raney-Nickel in Äthanol unter Bildung von Tetralin: *Kenner, Murray*, Soc. **1949** Spl. 178, 180.

1.3.6-Tribrom-2-[toluol-sulfonyl-(4)-oxy]-naphthalin, Toluol-sulfonsäure-(4)-[1.3.6-tribrom-naphthyl-(2)-ester], *1,3,6-tribromo-2-(p-tolylsulfonyloxy)naphthalene* C₁₇H₁₁Br₃O₃S, Formel II (R = X = Br).
B. Beim Erwärmen von 1.3.6-Tribrom-naphthol-(2) mit Toluol-sulfonylchlorid-(4) und *N.N*-Diäthyl-anilin [oder wss. Natriumcarbonat-Lösung] (*Sen*, J. Indian chem. Soc. **23** [1946] 383).
F: 150°.

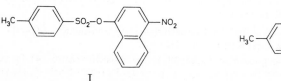

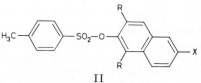

        I   II

6-Brom-1-nitro-2-[toluol-sulfonyl-(4)-oxy]-naphthalin, Toluol-sulfonsäure-(4)-[6-brom-1-nitro-naphthyl-(2)-ester], *6-bromo-1-nitro-2-(p-tolylsulfonyloxy)naphthalene*
C₁₇H₁₂BrNO₅S, Formel III (X = Br).
B. Beim Erwärmen von 6-Brom-1-nitro-naphthol-(2) mit Toluol-sulfonylchlorid-(4) und *N.N*-Diäthyl-anilin [oder wss. Natriumcarbonat-Lösung] (*Sen*, J. Indian chem. Soc. **23** [1946] 383).
F: 145°.

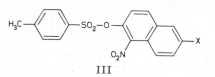

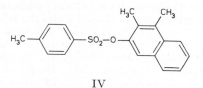

        III   IV

1.6-Dinitro-2-[toluol-sulfonyl-(4)-oxy]-naphthalin, Toluol-sulfonsäure-(4)-[1.6-dinitro-naphthyl-(2)-ester], *1,6-dinitro-2-(p-tolylsulfonyloxy)naphthalene* $C_{17}H_{12}N_2O_7S$, Formel III (X = NO_2).

B. Beim Erwärmen von 1.6-Dinitro-naphthol-(2) mit Toluol-sulfonylchlorid-(4) und *N.N*-Diäthyl-anilin [oder wss. Natriumcarbonat-Lösung] (*Sen*, J. Indian chem. Soc. **23** [1946] 383).

Krystalle (aus Eg.); F: 181°.

3-[Toluol-sulfonyl-(4)-oxy]-1.2-dimethyl-naphthalin, Toluol-sulfonsäure-(4)-[3.4-dimethyl-naphthyl-(2)-ester], *1,2-dimethyl-3-(p-tolylsulfonyloxy)naphthalene* $C_{19}H_{18}O_3S$, Formel IV.

B. Aus 3.4-Dimethyl-naphthol-(2) (*Cocker*, Soc. **1946** 36, 38).

Krystalle (aus Bzn.); F: 128°.

2-[Toluol-sulfonyl-(4)-oxy]-1.3-dimethyl-naphthalin, Toluol-sulfonsäure-(4)-[1.3-dimethyl-naphthyl-(2)-ester], *1,3-dimethyl-2-(p-tolylsulfonyloxy)naphthalene* $C_{19}H_{18}O_3S$, Formel II (R = CH_3, X = H).

B. Aus 1.3-Dimethyl-naphthol-(2) (*Cocker*, Soc. **1946** 36, 38).

Krystalle (aus Bzn.); F: 85—86°.

Toluol-sulfonsäure-(4)-[biphenylyl-(2)-ester], *p-toluenesulfonic acid biphenyl-2-yl ester* $C_{19}H_{16}O_3S$, Formel V (R = X = H).

B. Beim Behandeln von Biphenylol-(2) mit Toluol-sulfonylchlorid-(4) und Pyridin (*Hazlet*, Am. Soc. **59** [1937] 287).

Krystalle (aus wss. A. oder Bzn.); F: 64—66°.

3-Chlor-2-[toluol-sulfonyl-(4)-oxy]-biphenyl, Toluol-sulfonsäure-(4)-[3-chlor-biphenyl-yl-(2)-ester], *3-chloro-2-(p-tolylsulfonyloxy)biphenyl* $C_{19}H_{15}ClO_3S$, Formel V (R = H, X = Cl).

B. Aus 3-Chlor-biphenylol-(2) (*Colbert*, *Lacy*, Am. Soc. **68** [1946] 270).

F: 117—118°.

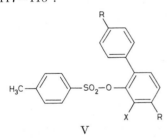
V

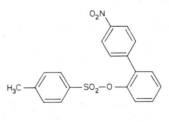
VI

4'-Nitro-2-[toluol-sulfonyl-(4)-oxy]-biphenyl, Toluol-sulfonsäure-(4)-[4'-nitro-biphenylyl-(2)-ester], *4'-nitro-2-(p-tolylsulfonyloxy)biphenyl* $C_{19}H_{15}NO_5S$, Formel VI.

B. Aus 4'-Nitro-biphenylol-(2) (*Colbert*, *Lacy*, Am. Soc. **68** [1946] 270).

F: 128°.

Toluol-sulfonsäure-(4)-[biphenylyl-(3)-ester], *p-toluenesulfonic acid biphenyl-3-yl ester* $C_{19}H_{16}O_3S$, Formel VII.

B. Beim Behandeln von Biphenylol-(3) mit Toluol-sulfonylchlorid-(4) und Pyridin (*Hazlet*, Am. Soc. **59** [1937] 287).

Krystalle (aus Me.); F: 52—54°.

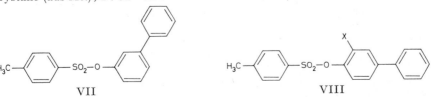
VII   VIII

Toluol-sulfonsäure-(4)-[biphenylyl-(4)-ester], *p-toluenesulfonic acid biphenyl-4-yl ester* $C_{19}H_{16}O_3S$, Formel VIII (X = H) (E II 49).

B. Beim Behandeln von Biphenylol-(4) mit Toluol-sulfonylchlorid-(4) und Pyridin

(*Hazlet*, Am. Soc. **59** [1937] 287; vgl. E II 49).

Krystalle (aus A. + Acn. oder aus Bzl. + Bzn.); F: 178,5—179,5°.

3-Nitro-4-[toluol-sulfonyl-(4)-oxy]-biphenyl, Toluol-sulfonsäure-(4)-[3-nitro-biphenyl⸗yl-(4)-ester], *3-nitro-4-(p-tolylsulfonyloxy)biphenyl* C₁₉H₁₅NO₅S, Formel VIII (X = NO₂).

B. Beim Erwärmen von 3-Nitro-biphenylol-(4) mit Toluol-sulfonylchlorid-(4) und *N.N*-Dimethyl-anilin (*Mikeska, Bogert*, Am. Soc. **57** [1935] 2121, 2123).

Hellgelbe Krystalle (aus A.); F: 114,8° [korr.].

3.5-Dinitro-4-[toluol-sulfonyl-(4)-oxy]-biphenyl, Toluol-sulfonsäure-(4)-[3.5-dinitro-biphenylyl-(4)-ester], *3,5-dinitro-4-(p-tolylsulfonyloxy)biphenyl* C₁₉H₁₄N₂O₇S, Formel IX (X = H).

B. Beim Behandeln von 3.5-Dinitro-biphenylol-(4) mit Toluol-sulfonylchlorid-(4) und Pyridin (*Hazlet, Stauffer, van Orden*, Am. Soc. **64** [1942] 3057).

Krystalle (aus Propanol-(1)), F: 186—187° (*Ha., St., v. Or.*); der von *Sen* (J. Indian chem. Soc. **22** [1945] 183) angegebene Schmelzpunkt (F: 158°) bezieht sich möglicherweise auf 4-Chlor-3.5-dinitro-biphenyl [E III **5** 1762] (*Bunnett, Moe, Knutson*, Am. Soc. **76** [1954] 3936, 3938 Anm. 25).

3.5.4'-Trinitro-4-[toluol-sulfonyl-(4)-oxy]-biphenyl, Toluol-sulfonsäure-(4)-[3.5.4'-tri⸗nitro-biphenylyl-(4)-ester], *3,4',5-trinitro-4-(p-tolylsulfonyloxy)biphenyl* C₁₉H₁₃N₃O₉S, Formel IX (X = NO₂).

B. Beim Behandeln einer Lösung von 3.5.4'-Trinitro-biphenylol-(4) in warmem Dioxan mit Toluol-sulfonylchlorid-(4) und Pyridin (*Hazlet, Stauffer, van Orden*, Am. Soc. **64** [1942] 3057).

Krystalle (aus Me.); F: 219—220°.

3-Chlor-2-[toluol-sulfonyl-(4)-oxy]-1-benzyl-benzol, Toluol-sulfonsäure-(4)-[6-chlor-2-benzyl-phenylester], *1-benzyl-3-chloro-2-(p-tolylsulfonyloxy)benzene* C₂₀H₁₇ClO₃S, Formel X (X = Cl).

B. Beim Behandeln von 6-Chlor-2-benzyl-phenol mit Toluol-sulfonylchlorid-(4) und Pyridin (*Huston et al.*, Am. Soc. **55** [1933] 4639, 4642).

Krystalle (aus A.); F: 81,5—83,5°.

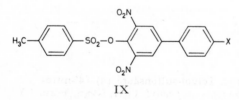

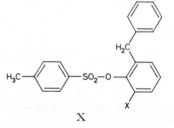

IX   X

5-Chlor-2-[toluol-sulfonyl-(4)-oxy]-1-benzyl-benzol, Toluol-sulfonsäure-(4)-[4-chlor-2-benzyl-phenylester], *2-benzyl-4-chloro-1-(p-tolylsulfonyloxy)benzene* C₂₀H₁₇ClO₃S, Formel XI (X = Cl).

B. Beim Behandeln von 4-Chlor-2-benzyl-phenol mit Toluol-sulfonylchlorid-(4) und Pyridin (*Huston et al.*, Am. Soc. **55** [1933] 4639, 4642).

Krystalle (aus A.); F: 75—75,5°.

3.5-Dichlor-2-[toluol-sulfonyl-(4)-oxy]-1-benzyl-benzol, Toluol-sulfonsäure-(4)-[4.6-dichlor-2-benzyl-phenylester], *1-benzyl-3,5-dichloro-2-(p-tolylsulfonyloxy)benzene* C₂₀H₁₆Cl₂O₃S, Formel XII (X = H).

B. Beim Behandeln von 4.6-Dichlor-2-benzyl-phenol mit Toluol-sulfonylchlorid-(4) und Pyridin (*Huston, Eldridge*, Am. Soc. **53** [1931] 2260, 2264).

Krystalle (aus Ae.); F: 124,5—125°.

3.5-Dichlor-2-[toluol-sulfonyl-(4)-oxy]-1-[3-chlor-benzyl]-benzol, *1,5-dichloro-3-(3-chlorobenzyl)-2-(p-tolylsulfonyloxy)benzene* C₂₀H₁₅Cl₃O₃S, Formel XII (X = Cl).

B. Beim Behandeln von 4.6-Dichlor-2-[3-chlor-benzyl]-phenol mit Toluol-sulfonyl⸗chlorid-(4) und Pyridin (*Huston et al.*, Am. Soc. **55** [1933] 4639, 4642).

Krystalle (aus A.); F: 125,4—126°.

3-Brom-2-[toluol-sulfonyl-(4)-oxy]-1-benzyl-benzol, Toluol-sulfonsäure-(4)-[6-brom-2-benzyl-phenylester], *1-benzyl-3-bromo-2-(p-tolylsulfonyloxy)benzene* $C_{20}H_{17}BrO_3S$, Formel X (X = Br).

B. Beim Behandeln von 6-Brom-2-benzyl-phenol mit Toluol-sulfonylchlorid-(4) und Pyridin (*Huston et al.*, Am. Soc. **55** [1933] 2146, 2149).

Krystalle (aus A.); F: 85—85,5°.

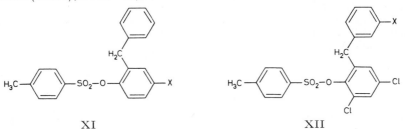

XI   XII

3-Chlor-4-[toluol-sulfonyl-(4)-oxy]-1-benzyl-benzol, Toluol-sulfonsäure-(4)-[2-chlor-4-benzyl-phenylester], *4-benzyl-2-chloro-1-(p-tolylsulfonyloxy)benzene* $C_{20}H_{17}ClO_3S$, Formel XIII.

B. Beim Behandeln von 2-Chlor-4-benzyl-phenol mit Toluol-sulfonylchlorid-(4) und Pyridin (*Huston et al.*, Am. Soc. **55** [1933] 4639, 4642).

Krystalle (aus A.); F: 51—53°.

3.5-Dichlor-4-[toluol-sulfonyl-(4)-oxy]-1-benzyl-benzol, Toluol-sulfonsäure-(4)-[2.6-dichlor-4-benzyl-phenylester], *5-benzyl-1,3-dichloro-2-(p-tolylsulfonyloxy)benzene* $C_{20}H_{16}Cl_2O_3S$, Formel XIV (X = H).

B. Beim Behandeln von 2.6-Dichlor-4-benzyl-phenol mit Toluol-sulfonylchlorid-(4) und Pyridin (*Huston, Eldridge*, Am. Soc. **53** [1931] 2260, 2263).

Krystalle (aus Ae.); F: 120—121°.

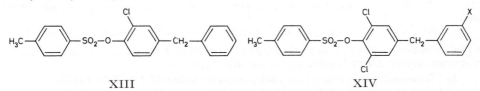

XIII   XIV

3.5-Dichlor-4-[toluol-sulfonyl-(4)-oxy]-1-[3-chlor-benzyl]-benzol, *1,3-dichloro-5-(3-chlorobenzyl)-2-(p-tolylsulfonyloxy)benzene* $C_{20}H_{15}Cl_3O_3S$, Formel XIV (X = Cl).

B. Beim Behandeln von 2.6-Dichlor-4-[3-chlor-benzyl]-phenol mit Toluol-sulfonyl= chlorid-(4) und Pyridin (*Huston et al.*, Am. Soc. **55** [1933] 4639, 4642).

Krystalle (aus A.); F: 104,5—105°.

4-[Toluol-sulfonyl-(4)-oxy]-3-benzyl-toluol, Toluol-sulfonsäure-(4)-[4-methyl-2-benzyl-phenylester], *3-benzyl-4-(p-tolylsulfonyloxy)toluene* $C_{21}H_{20}O_3S$, Formel XI (X = CH$_3$).

B. Beim Behandeln von 4-Methyl-2-benzyl-phenol mit Toluol-sulfonylchlorid-(4) und Pyridin (*Huston, Lewis*, Am. Soc. **53** [1931] 2379, 2381).

Krystalle (aus PAe.); F: 58—59°.

2-[Toluol-sulfonyl-(4)-oxy]-4.4′-dimethyl-biphenyl, Toluol-sulfonsäure-(4)-[4.4′-di= methyl-biphenylyl-(2)-ester], *4,4′-dimethyl-2-(p-tolylsulfonyloxy)biphenyl* $C_{21}H_{20}O_3S$, Formel V (R = CH$_3$, X = H) auf S. 219.

B. Aus 4.4′-Dimethyl-biphenylol-(2) und Toluol-sulfonylchlorid-(4) (*Marler, Turner*, Soc. **1937** 266, 271).

Krystalle; F: 130°.

Toluol-sulfonsäure-(4)-[fluorenyl-(2)-ester], *p-toluenesulfonic acid fluoren-2-yl ester* $C_{20}H_{16}O_3S$, Formel I.

B. Beim Behandeln von Fluorenol-(2) mit wss. Natronlauge und mit Toluol-sulfonyl= chlorid-(4) (*Ruiz*, An. Asoc. quim. arg. **16** [1928] 170, 181).

Krystalle (aus Eg.); F: 174°.

3-[Toluol-sulfonyl-(4)-oxy]-1-methyl-7-isopropyl-phenanthren, Toluol-sulfonsäure-(4)-[1-methyl-7-isopropyl-phenanthryl-(3)-ester], *7-isopropyl-1-methyl-3-*(p-*tolylsulfonyloxy)=phenanthrene* $C_{25}H_{24}O_3S$, Formel II.

Diese Konstitution ist der nachstehend beschriebenen, ursprünglich (*Karrman*, Svensk kem. Tidskr. **57** [1945] 14, 16) als Toluol-sulfonsäure-(4)-[8-methyl-2-isopropyl-phenanthryl-(3)-ester] („6-*p*-Toluolsulfonyloxy-reten") formulierten Verbindung zuzuordnen.

B. Beim Erwärmen von 1-Methyl-7-isopropyl-phenanthrol-(3) (E III **6** 3584) mit Toluol-sulfonylchlorid-(4) und Pyridin (*Ka.*).

Krystalle (aus A.); F: 110,5—111°.

Verbindung mit Pikrinsäure $C_{25}H_{24}O_3S \cdot C_6H_3N_3O_7$. Gelbe Krystalle (aus A.); F: 110—111°.

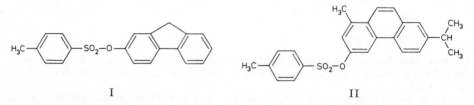

I   II

3-[Toluol-sulfonyl-(4)-oxy]-10.13-dimethyl-17-[1-methyl-2.2-diphenyl-vinyl]-Δ5-tetradecahydro-1*H*-cyclopenta[*a*]phenanthren $C_{41}H_{48}O_3S$.

3β-[Toluol-sulfonyl-(4)-oxy]-20-methyl-21.21-diphenyl-pregnadien-(5.20), **3β-[Toluol-sulfonyl-(4)-oxy]-21.21-diphenyl-23.24-dinor-choladien-(5.20)**, **Toluol-sulfonsäure-(4)-[21.21-diphenyl-23.24-dinor-choladien-(5.20)-yl-(3β)-ester]**, *20-methyl-21,21-diphenyl-3β-*(p-*tolylsulfonyloxy)pregna-5,20-diene* $C_{41}H_{48}O_3S$; Formel s. E III **6** 3800, Formel VI (R = SO_2-C_6H_4-CH_3).

B. Beim Erwärmen von 21.21-Diphenyl-23.24-dinor-choladien-(5.20)-ol-(3β) (E III **6** 3799) mit Toluol-sulfonylchlorid-(4) und Pyridin (*Riegel, Meyer*, Am. Soc. **68** [1946] 1097).

Krystalle (aus Acn. + Me.); F: 137—137,5° [Zers.]. $[\alpha]_D^{26}$: +194,4° [CCl_4; c = 2,5].

3-[Toluol-sulfonyl-(4)-oxy]-10.13-dimethyl-17-[1-methyl-4.4-diphenyl-buten-(3)-yl]-Δ5-tetradecahydro-1*H*-cyclopenta[*a*]phenanthren $C_{43}H_{52}O_3S$.

3β-[Toluol-sulfonyl-(4)-oxy]-24.24-diphenyl-choladien-(5.23), **Toluol-sulfonsäure-(4)-[24.24-diphenyl-choladien-(5.23)-yl-(3β)-ester]**, *24,24-diphenyl-3β-*(p-*tolylsulfonyloxy)chola-5,23-diene* $C_{43}H_{52}O_3S$; Formel s. E III **6** 3802, Formel X (R = SO_2-C_6H_4-CH_3).

B. Beim Behandeln von 24.24-Diphenyl-choladien-(5.23)-ol-(3β) (E III **6** 3801) mit Toluol-sulfonylchlorid-(4) und Pyridin (*Riegel, Dunker, Thomas*, Am. Soc. **64** [1942] 2115, 2119).

Krystalle (aus Acn.); F: 130,6—131,5° [korr.].

Toluol-sulfonsäure-(4)-[2-methoxy-äthylester], p-*toluenesulfonic acid 2-methoxyethyl ester* $C_{10}H_{14}O_4S$, Formel III (R = CH_3).

B. Beim Behandeln von 1-Methoxy-äthanol-(2) mit Toluol-sulfonylchlorid-(4) und Pyridin (*Tipson*, J. org. Chem. **9** [1944] 235, 238, 239) oder mit Toluol-sulfonylchlorid-(4) und wss. Natronlauge (*Koelsch, Rolfson*, Am. Soc. **72** [1950] 1871).

Krystalle [aus Ae.] (*Koe., Ro.*). F: 14—16° (*Koe., Ro.*), 10° (*Ti.*). $Kp_{0,2}$: 141° (*Ti.*). n_D^{25}: 1,5085 (*Ti.*).

Toluol-sulfonsäure-(4)-[2-äthoxy-äthylester], p-*toluenesulfonic acid 2-ethoxyethyl ester* $C_{11}H_{16}O_4S$, Formel III (R = C_2H_5).

B. Beim Behandeln von 1-Äthoxy-äthanol-(2) mit Toluol-sulfonylchlorid-(4) und Pyridin (*Butler et al.*, Am. Soc. **57** [1935] 575, 577; *Tipson*, J. org. Chem. **9** [1944] 235, 238, 239) oder mit Toluol-sulfonylchlorid-(4) und wss. Natronlauge (*Eastman Kodak Co.*, U.S.P. 2231658 [1937]).

F: 18,5° (*Ti.*). Kp_3: 186—187° (*Bu. et al.*); Kp_2: 157—158° (*Eastman Kodak Co.*); $Kp_{0,1}$: 122° (*Ti.*). D_{25}^{25}: 1,1677 (*Tasker, Purves*, Am. Soc. **71** [1949] 1017, 1022). n_D^{25}: 1,5026

(*Ti.*), 1,5032 (*Ta., Pu.*); n_D^{35}: 1,5000 (*Ta., Pu.*); n_D^{40}: 1,4981 (*Ta., Pu.*).

Relative Geschwindigkeit der Reaktion mit Natriumjodid in Aceton bei Raumtemperatur: *Tipson, Clapp, Cretcher*, J. org. Chem. **12** [1947] 133, 134. Geschwindigkeit der Reaktion mit Natriumjodid in Acetonylaceton bei 22° sowie der Solvolyse in 90%ig. wss. Methanol bei 65°: *Ta., Pu.*, l. c. S. 1020.

Toluol-sulfonsäure-(4)-[2-propyloxy-äthylester], p-*toluenesulfonic acid 2-propoxyethyl ester* $C_{12}H_{18}O_4S$, Formel III (R = CH_2-CH_2-CH_3).

B. Beim Behandeln von 1-Propyloxy-äthanol-(2) mit Toluol-sulfonylchlorid-(4) und Pyridin (*Tipson*, J. org. Chem. **9** [1944] 235, 238, 239).

F: 8°. $Kp_{0,1}$: 140°. n_D^{25}: 1,5004.

Toluol-sulfonsäure-(4)-[2-butoxy-äthylester], p-*toluenesulfonic acid 2-butoxyethyl ester* $C_{13}H_{20}O_4S$, Formel III (R = $[CH_2]_3$-CH_3).

B. Beim Behandeln von 1-Butyloxy-äthanol-(2) mit Toluol-sulfonylchlorid-(4) und Pyridin (*Tipson*, J. org. Chem. **9** [1944] 235, 238, 239; s. a. *Butler et al.*, Am. Soc. **59** [1937] 227).

$Kp_{0,1}$: 142° (*Ti.*). n_D^{25}: 1,4960 (*Ti.*).

Toluol-sulfonsäure-(4)-[2-phenoxy-äthylester], p-*toluenesulfonic acid 2-phenoxyethyl ester* $C_{15}H_{16}O_4S$, Formel IV (X = H) (E II 49).

B. Beim Behandeln von 1-Phenoxy-äthanol-(2) mit Toluol-sulfonylchlorid-(4) und Pyridin (*Tipson*, J. org. Chem. **9** [1944] 235, 238—240). Beim Behandeln von 1-Phenoxy-äthanol-(2) mit wss. Natronlauge und mit einer Lösung von Toluol-sulfonylchlorid-(4) in Aceton (*Nair, Peacock*, J. Indian chem. Soc. **12** [1935] 318; vgl. E II 49).

Krystalle; F: 80—81° [aus Ae.] (*Ti.*), 80° [aus A.] (*Nair, Pea.*).

Relative Geschwindigkeit der Reaktion mit Natriumjodid in Aceton bei Raumtemperatur: *Tipson, Clapp, Cretcher*, J. org. Chem. **12** [1947] 133, 134. Beim Erwärmen mit Acetessigsäure-äthylester und äthanol. Natriumäthylat unter Zusatz von Kaliumjodid und Erhitzen des gebildeten 2-[2-Phenoxy-äthyl]-acetessigsäure-äthylesters mit äthanol. Kalilauge sind 5-Phenoxy-pentanon-(2), 4-Phenoxy-buttersäure und 4-Phenoxy-2-[2-phenoxy-äthyl]-buttersäure (1.5-Diphenoxy-pentan-carbonsäure-(3) [E III **6** 625]) erhalten worden (*Nair, Pea.*).

2-[Toluol-sulfonyl-(4)-oxy]-1-[3-chlor-phenoxy]-äthan, *1-(m-chlorophenoxy)-2-(p-tolyl= sulfonyloxy)ethane* $C_{15}H_{15}ClO_4S$, Formel IV (X = Cl).

B. Beim Behandeln einer Lösung von Toluol-sulfonylchlorid-(4) in Aceton mit 1-[3-Chlor-phenoxy]-äthanol-(2) und wss. Natronlauge (*Nair, Peacock*, J. Indian chem. Soc. **12** [1935] 318, 321).

F: 57°.

Beim Erwärmen mit der Natrium-Verbindung des Acetessigsäure-äthylesters in Äthanol und Erhitzen des Reaktionsprodukts mit wss.-äthanol. Kalilauge sind 5-[3-Chlor-phenoxy]-pentanon-(2) und 4-[3-Chlor-phenoxy]-buttersäure erhalten worden (*Nair, Pea.*, l. c. S. 321).

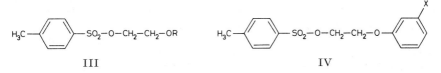

                          III   IV

2-[Toluol-sulfonyl-(4)-oxy]-1-[4-chlor-phenoxy]-äthan, *1-(p-chlorophenoxy)-2-(p-tolyl= sulfonyloxy)ethane* $C_{15}H_{15}ClO_4S$, Formel V.

B. Beim Behandeln einer Lösung von Toluol-sulfonylchlorid-(4) in Aceton mit 1-[4-Chlor-phenoxy]-äthanol-(2) und wss. Natronlauge (*Nair, Peacock*, J. Indian chem. Soc. **12** [1935] 318, 320).

Krystalle (aus Me.); F: 79°.

Beim Erwärmen mit der Natrium-Verbindung des Acetessigsäure-äthylesters in Äthanol und Erwärmen des Reaktionsprodukts mit äthanol. Kalilauge sind 5-[4-Chlor-phenoxy]-pentanon-(2) und 4-[4-Chlor-phenoxy]-buttersäure erhalten worden (*Nair, Pea.*, l. c. S. 320).

Toluol-sulfonsäure-(4)-[2-benzyloxy-äthylester], p-*toluenesulfonic acid 2-(benzyloxy)ethyl ester* $C_{16}H_{18}O_4S$, Formel III (R = CH_2-C_6H_5).

B. Beim Behandeln von 1-Benzyloxy-äthanol-(2) mit Toluol-sulfonylchlorid-(4) und Pyridin (*Butler, Renfrew, Clapp,* Am. Soc. **60** [1938] 1472; *Clapp, Tipson,* Am. Soc. **68** [1946] 1332).

Krystalle (aus Ae.); F: 45° (*Bu., Re., Cl.; Cl., Ti.*).

Relative Geschwindigkeit der Reaktion mit Natriumjodid in Aceton bei Raumtemperatur: *Tipson, Clapp, Cretcher,* J. org. Chem. **12** [1947] 133, 134.

(±)-2-[Toluol-sulfonyl-(4)-oxy]-1-[1-phenyl-äthoxy]-äthan, (±)-*1-(α-methylbenzyloxy)-2-(p-tolylsulfonyloxy)ethane* $C_{17}H_{20}O_4S$, Formel III (R = $CH(CH_3)$-C_6H_5).

B. Beim Behandeln von (±)-1-[1-Phenyl-äthoxy]-äthanol-(2) mit Toluol-sulfonylchlorid-(4) und Pyridin (*Tipson, Clapp, Cretcher,* Am. Soc. **65** [1943] 1092).

Krystalle (aus A.); F: 34—35°.

Toluol-sulfonsäure-(4)-[2-phenäthyloxy-äthylester], p-*toluenesulfonic acid 2-(phenethyloxy)ethyl ester* $C_{17}H_{20}O_4S$, Formel III (R = CH_2-CH_2-C_6H_5).

B. Beim Behandeln von 1-Phenäthyloxy-äthanol-(2) mit Toluol-sulfonylchlorid-(4) und Pyridin (*Tipson, Clapp, Cretcher,* Am. Soc. **65** [1943] 1092).

Krystalle (aus Ae. + Pentan); F: 39—40°.

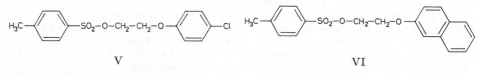

V   VI

2-[Toluol-sulfonyl-(4)-oxy]-1-[naphthyl-(2)-oxy]-äthan, *1-(2-naphthyloxy)-2-(p-tolylsulfonyloxy)ethane* $C_{19}H_{18}O_4S$, Formel VI.

B. Beim Behandeln einer Lösung von Toluol-sulfonylchlorid-(4) in Aceton mit 1-[Naphthyl-(2)-oxy]-äthanol-(2) und wss. Natronlauge (*Nair, Peacock,* J. Indian chem. Soc. **12** [1935] 318, 321).

Krystalle (aus Me.); F: 90°.

Beim Erwärmen mit der Natrium-Verbindung des Acetessigsäure-äthylesters in Äthanol und Erwärmen des Reaktionsprodukts mit äthanol. Kalilauge sind 5-[Naphthyl-(2)-oxy]-pentanon-(2) und 4-[Naphthyl-(2)-oxy]-buttersäure erhalten worden (*Nair, Pea.,* l . c. S. 321).

2-[Toluol-sulfonyl-(4)-oxy]-1-[2-äthoxy-äthoxy]-äthan, O'-[Toluol-sulfonyl-(4)]-O-äthyl-diäthylenglykol, *1-(2-ethoxyethoxy)-2-(p-tolylsulfonyloxy)ethane* $C_{13}H_{20}O_5S$, Formel III (R = CH_2-CH_2-OC_2H_5).

B. Beim Behandeln von O-Äthyl-diäthylenglykol mit Toluol-sulfonylchlorid-(4) und Pyridin (*Tasker, Purves,* Am. Soc. **71** [1949] 1017, 1019).

Öl; D_{25}^{25}: 1,1599; n_D^{25}: 1,4976.

Beim Erhitzen unter 0,13 Torr auf 125° sind Dioxan und Toluol-sulfonsäure-(4)-äthylester erhalten worden. Geschwindigkeit der Reaktion mit Natriumjodid in Acetonylaceton bei 22° sowie der Solvolyse in 90%ig. wss. Methanol bei 65°: *Ta., Pu.*

2-[2-(Toluol-sulfonyl-(4)-oxy)-äthoxy]-1-[2-äthoxy-äthoxy]-äthan, O'-[Toluol-sulfonyl-(4)]-O-äthyl-triäthylenglykol, *1-(2-ethoxyethoxy)-2-[2-(p-tolylsulfonyloxy)ethoxy]ethane* $C_{15}H_{24}O_6S$, Formel III (R = CH_2-CH_2-O-CH_2-CH_2-OC_2H_5).

B. Beim Behandeln von O-Äthyl-triäthylenglykol mit Toluol-sulfonylchlorid-(4) und Pyridin (*Tasker, Purves,* Am. Soc. **71** [1949] 1017, 1019).

Öl; D_{25}^{25}: 1,1698; n_D^{25}: 1,4959.

Beim Erhitzen unter 0,03 Torr auf 135° sind Dioxan und Toluol-sulfonsäure-(4)-[2-äthoxy-äthylester] erhalten worden. Geschwindigkeit der Reaktion mit Natriumjodid in Acetonylaceton bei 22° sowie der Solvolyse in 90%ig. wss. Methanol bei 65°: *Ta., Pu.,* l. c. S. 1020.

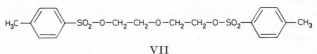

VII

Bis-[2-(toluol-sulfonyl-(4)-oxy)-äthyl]-äther, Bis-*O*-[toluol-sulfonyl-(4)]-di-äthylenglykol, *bis[2-(p-tolylsulfonyloxy)ethyl] ether* $C_{18}H_{22}O_7S_2$, Formel VII.

B. Aus Diäthylenglykol und Toluol-sulfonylchlorid-(4) (*Du Pont de Nemours & Co.*, Schweiz. P. 157 662 [1930]).

Krystalle; F: 87—88°.

2-[Toluol-sulfonyl-(4)-oxy]-1-[2-hydroxy-phenoxy]-äthan, 2-[2-(Toluol-sulfonyl-(4)-oxy)-äthoxy]-phenol, *1-(o-hydroxyphenoxy)-2-(p-tolylsulfonyloxy)ethane* $C_{15}H_{16}O_5S$, Formel VIII.

B. Beim Behandeln von 2-[2-Hydroxy-äthoxy]-phenol mit wss. Natronlauge und mit Toluol-sulfonylchlorid-(4) in Benzol (*Becker, Barthell*, M. **77** [1947] 80, 84).

Krystalle (aus Xylol); F: 79—80°.

2-[Toluol-sulfonyl-(4)-oxy]-1-benzoyloxy-äthan, *1-(benzoyloxy)-2-(p-tolylsulfonyloxy)-ethane* $C_{16}H_{16}O_5S$, Formel III (R = CO-C$_6$H$_5$) auf S. 223.

B. Beim Behandeln von 1-Benzoyloxy-äthanol-(2) mit Toluol-sulfonylchlorid-(4) und Pyridin (*Butler et al.*, Am. Soc. **57** [1935] 575, 577).

Krystalle (aus Me.); F: 74—75°.

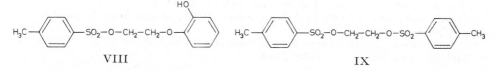

           VIII   IX

1.2-Bis-[toluol-sulfonyl-(4)-oxy]-äthan, *1,2-bis(p-tolylsulfonyloxy)ethane* $C_{16}H_{18}O_6S_2$, Formel IX.

B. Beim Behandeln von Äthylenglykol mit Toluol-sulfonylchlorid-(4) und Pyridin (*Sakellarios*, Helv. **29** [1946] 1675, 1683; s. a. *Butler et al.*, Am. Soc. **57** [1935] 575, 577).

Krystalle; F: 128° [aus A. oder Bzl.] (*Sa.*), 126° [aus A.] (*Bu. et al.*). In warmem Äthylacetat leicht löslich, in Benzin schwer löslich (*Sa.*).

Relative Geschwindigkeit der Reaktion mit Natriumjodid in Aceton bei Raumtemperatur: *Tipson, Clapp, Cretcher*, J. org. Chem. **12** [1947] 133, 134. Beim Erhitzen mit der Kalium-Verbindung des Phthalimids in Xylol sind *N*-[2-(Toluol-sulfonyl-(4)-oxy)-äthyl]-phthalimid und geringe Mengen 1.2-Diphthalimido-äthan erhalten worden (*Sa.*).

(±)-1-[Toluol-sulfonyl-(4)-oxy]-propanol-(2), (±)-Toluol-sulfonsäure-(4)-[2-hydroxy-propylester], (±)-*p-toluenesulfonic acid 2-hydroxypropyl ester* $C_{10}H_{14}O_4S$, Formel X (R = CH$_2$-CH(OH)-CH$_3$).

B. Aus (±)-Propandiol-(1.2) und Toluol-sulfonylchlorid-(4) (*Green, Renfrew, Butler*, Am. Soc. **61** [1939] 1783).

Krystalle (aus Ae.); F: 46°.

(±)-2-[Toluol-sulfonyl-(4)-oxy]-1-benzyloxy-propan, (±)-Toluol-sulfonsäure-(4)-[β-benzyloxy-isopropylester], (±)-*1-(benzyloxy)-2-(p-tolylsulfonyloxy)propane* $C_{17}H_{20}O_4S$, Formel X (R = CH(CH$_3$)-CH$_2$-O-CH$_2$-C$_6$H$_5$).

B. Beim Behandeln von (±)-1-Benzyloxy-propanol-(2) mit Toluol-sulfonylchlorid-(4) und Pyridin (*Butler, Renfrew, Clapp*, Am. Soc. **60** [1938] 1472).

Krystalle (aus Ae.); F: 49°.

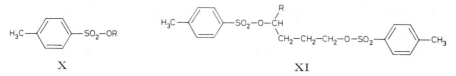

           X   XI

Toluol-sulfonsäure-(4)-[3-benzyloxy-propylester], *p-toluenesulfonic acid 3-(benzyloxy)-propyl ester* $C_{17}H_{20}O_4S$, Formel X (R = [CH$_2$]$_3$-O-CH$_2$-C$_6$H$_5$).

B. Beim Behandeln von 1-Benzyloxy-propanol-(3) mit Toluol-sulfonylchlorid-(4) und Pyridin (*Butler, Renfrew, Clapp*, Am. Soc. **60** [1938] 1472).

Krystalle (aus Ae.); F: 37°.

1.4-Bis-[toluol-sulfonyl-(4)-oxy]-butan, *1,4-bis*(p-*tolylsulfonyloxy*)*butane* $C_{18}H_{22}O_6S_2$, Formel XI (R = H).

B. Aus Butandiol-(1.4) und Toluol-sulfonylchlorid-(4) (*I.G. Farbenind.*, D.R.P. 734849 [1941]; D.R.P. Org. Chem. **1**, Tl. 2, S. 490).

Krystalle (aus A.); F: 80—81°.

3-[Toluol-sulfonyl-(4)-oxy]-2-benzyloxy-butan, Toluol-sulfonsäure-(4)-[2-benzyloxy-1-methyl-propylester], *2-(benzyloxy)-3-*(p-*tolylsulfonyloxy*)*butane* $C_{18}H_{22}O_4S$, Formel X (R = CH(CH₃)-CH(CH₃)-O-CH₂-C₆H₅).

Opt.-inakt. 3-[Toluol-sulfonyl-(4)-oxy]-2-benzyloxy-butan vom F: 47°.

B. Aus 2-Benzyloxy-butanol-(3) und Toluol-sulfonylchlorid-(4) (*Green, Renfrew, Butler*, Am. Soc. **61** [1939] 1783).

Krystalle (aus Ae.); F: 47°.

2.3-Bis-[toluol-sulfonyl-(4)-oxy]-butan, *2,3-bis*(p-*tolylsulfonyloxy*)*butane* $C_{18}H_{22}O_6S_2$.

a) **meso-2.3-Bis-[toluol-sulfonyl-(4)-oxy]-butan,** Formel XII.

B. Neben dem unter b) beschriebenen Stereoisomeren beim Behandeln eines Gemisches von *meso*-Butandiol-(2.3) und *racem.*-Butandiol-(2.3) mit Toluol-sulfonylchlorid-(4) und Pyridin (*Foster, Hammett*, Am. Soc. **68** [1946] 1736, 1737).

Krystalle (aus Ae.); F: 96°. In Äther schwerer löslich als das unter b) beschriebene Stereoisomere.

Geschwindigkeit der Hydrolyse in Natriumhydroxid enthaltendem wss. Dioxan bei 60° und 80°: *Fo., Ha.*, l. c. S. 1738, 1740.

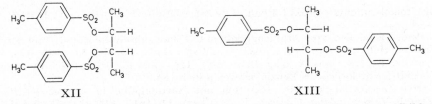

XII   XIII

b) **racem.-2.3-Bis-[toluol-sulfonyl-(4)-oxy]-butan,** Formel XIII + Spiegelbild.

B. Beim Behandeln von *racem.*-Butandiol-(2.3) mit Toluol-sulfonylchlorid-(4) und Pyridin (*Foster, Hammett*, Am. Soc. **68** [1946] 1736, 1738).

Krystalle; F: 82°.

Geschwindigkeit der Hydrolyse in Natriumhydroxid enthaltendem 60%ig. wss. Dioxan bei 60° und 80°: *Fo., Ha.*, l. c. S. 1738, 1740.

2-Nitro-1.3-bis-[toluol-sulfonyl-(4)-oxy]-2-methyl-propan, *2-methyl-2-nitro-1,3-bis-*(p-*tolylsulfonyloxy*)*propane* $C_{18}H_{21}NO_8S_2$, Formel XIV (R = CH₃).

B. Beim Erwärmen von 2-Nitro-2-methyl-propandiol-(1.3) mit Toluol-sulfonylchlorid-(4) und Pyridin (*Riebsomer*, J. org. Chem. **11** [1946] 182).

Krystalle (aus Me., A. oder Bzl.); F: 98,5—99°.

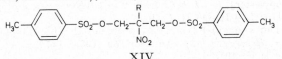

XIV

(±)-1.4-Bis-[toluol-sulfonyl-(4)-oxy]-pentan, (±)-*1,4-bis*(p-*tolylsulfonyloxy*)*pentane* $C_{19}H_{24}O_6S_2$, Formel XI (R = CH₃).

B. Aus (±)-Pentandiol-(1.4) und Toluol-sulfonylchlorid-(4) (*I.G. Farbenind.*, D.R.P. 734849 [1941]; D.R.P. Org. Chem. **1**, Tl. 2, S. 490).

Krystalle (aus Me.); F: 84—85°.

2-Nitro-1.3-bis-[toluol-sulfonyl-(4)-oxy]-2-äthyl-propan, *2-ethyl-2-nitro-1,3-bis*(p-*tolyl-sulfonyloxy*)*propane* $C_{19}H_{23}NO_8S_2$, Formel XIV (R = C₂H₅).

B. Beim Erwärmen von 2-Nitro-2-äthyl-propandiol-(1.3) mit Toluol-sulfonylchlorid-(4) und Pyridin (*Riebsomer*, J. org. Chem. **11** [1946] 182; s. a. *Comm. Solv. Corp.*, U.S.P. 2412116 [1945]).

Krystalle (aus Bzl.); F: 153—154° (*Rie.*; *Comm. Solv. Corp.*).

1-[Toluol-sulfonyl-(4)-oxy]-cyclohexanol-(2), Toluol-sulfonsäure-(4)-[2-hydroxy-cyclo=hexylester], p-*toluenesulfonic acid 2-hydroxycyclohexyl ester* $C_{13}H_{18}O_4S$.

a) **(±)-*cis*-1-[Toluol-sulfonyl-(4)-oxy]-cyclohexanol-(2)**, Formel I (R = H) + Spiegelbild.

B. Beim Behandeln von (±)-*cis*-2-[Toluol-sulfonyl-(4)-oxy]-1-acetoxy-cyclohexan mit Chlorwasserstoff enthaltendem Methanol (*Clarke, Owen*, Soc. **1949** 315, 319).

Öl; durch Überführung in *cis*-2-Methansulfonyloxy-1-[toluol-sulfonyl-(4)-oxy]-cyclo=hexan (F: 75° [S. 228]) und in *cis*-1.2-Bis-[toluol-sulfonyl-(4)-oxy]-cyclohexan (F: 129° [S. 228]) charakterisiert.

b) **(±)-*trans*-1-[Toluol-sulfonyl-(4)-oxy]-cyclohexanol-(2)**, Formel II (R = H) + Spiegelbild.

B. Neben geringen Mengen *trans*-Cyclohexandiol-(1.2) beim Behandeln von Cyclo=hexen mit Toluol-sulfonsäure-(4) und Wasserstoffperoxid in Äther (*Criegee, Stanger*, B. **69** [1936] 2753, 2755). Beim Behandeln von (±)-*trans*-Cyclohexandiol-(1.2) mit Toluol-sulfonylchlorid-(4) (1 Mol) und Pyridin (*Cr., St.*). Beim Behandeln von 1.2-Epoxy-cyclo=hexan mit Toluol-sulfonsäure-(4) in Äther (*Cr., St.*).

Krystalle (aus Bzn.); F: 96—96,4° (*Cr., St.*).

Beim Erwärmen mit wss. Natronlauge sind *trans*-Cyclohexandiol-(1.2) und geringe Mengen Cyclopentancarbaldehyd, beim Behandeln mit methanol. Natriummethylat ist 1.2-Epoxy-cyclohexan erhalten worden (*Clarke, Owen*, Soc. **1949** 315, 319). Bildung von *trans*-1-Acetoxy-cyclohexanol-(2) beim Erwärmen mit Kaliumacetat in Methanol: *Cr., St.*

2-[Toluol-sulfonyl-(4)-oxy]-1-acetoxy-cyclohexan, *1-acetoxy-2-(p-tolylsulfonyloxy)cyclo=hexane* $C_{15}H_{20}O_5S$.

a) **(±)-*cis*-2-[Toluol-sulfonyl-(4)-oxy]-1-acetoxy-cyclohexan**, Formel I (R = CO-CH₃) + Spiegelbild.

B. Beim Behandeln von (±)-*cis*-1-Acetoxy-cyclohexanol-(2) mit Toluol-sulfonyl=chlorid-(4) und Pyridin (*Clarke, Owen*, Soc. **1949** 315, 319; s. a. *Winstein et al.*, Am. Soc. **70** [1948] 816, 819).

Krystalle; F: 80° [aus Me.] (*Cl., Owen*), 77—78° [aus wss. Me.] (*Wi. et al.*).

Beim Erwärmen mit wss. Natronlauge sind Cyclohexanon und *cis*-Cyclohexandiol-(1.2), beim Behandeln mit methanol. Natriummethylat (1 Mol) sind Methylacetat und Cyclo=hexanon erhalten worden (*Cl., Owen*). Geschwindigkeit der Solvolyse in Essigsäure bei 100°: *Wi. et al.* Bildung von *trans*-1.2-Diacetoxy-cyclohexan beim Erhitzen mit Kalium=acetat und Essigsäure: *Wi. et al.*

I   II

b) **(S)-*trans*-2-[Toluol-sulfonyl-(4)-oxy]-1-acetoxy-cyclohexan**, Formel II (R = CO-CH₃).

B. Beim Behandeln von (S)-*trans*-Cyclohexandiol-(1.2) (E III **6** 4060) mit Toluol-sulf=onylchlorid-(4) (1 Mol) und Pyridin und Behandeln des Reaktionsprodukts mit Acet=anhydrid und Schwefelsäure (*Winstein, Hess, Buckles*, Am. Soc. **64** [1942] 2796, 2800).

Krystalle (aus Pentan); F: 47—48°; $[\alpha]_D^{23}$: +24,4° [CHCl₃; c = 2] (*Winstein, Heck*, Am. Soc. **74** [1952] 5584).

Beim Erhitzen mit Kaliumacetat und Essigsäure ist (±)-*trans*-1.2-Diacetoxy-cyclo=hexan erhalten worden (*Wi., Heck*, l. c. S. 5585; s. a. *Wi., Hess, Bu.*).

c) **(±)-*trans*-2-[Toluol-sulfonyl-(4)-oxy]-1-acetoxy-cyclohexan**, Formel II (R = CO-CH₃) + Spiegelbild.

B. Aus (±)-*trans*-1-[Toluolsulfonyl-(4)-oxy]-cyclohexanol-(2) beim Behandeln mit Acetanhydrid und wenig Schwefelsäure (*Criegee, Stanger*, B. **69** [1936] 2753, 2756; *Win-stein, Hess, Buckles*, Am. Soc. **64** [1942] 2796, 2798).

Krystalle; F: 80,5° [aus wss. Me.] (*Winstein, Buckles*, Am. Soc. **65** [1943] 613, 616), 78—79° [aus Bzn.] (*Cr., St.*), 78° [aus Bzn.] (*Wi., Hess, Bu.*).

Beim 40-stdg. Erwärmen mit wasserfreiem Äthanol und Kaliumacetat und Behandeln der Reaktionslösung mit Natriumäthylat in Äthanol und Äther sind 2-Äthoxy-2-methyl-(3arH.7acH)-hexahydro-benzo[1.3]dioxol und geringe Mengen *cis*-Cyclohexan-diol-(1.2) erhalten worden (*Wi.*, *Bu.*). Geschwindigkeit der Solvolyse in Kalium-acetat enthaltendem Äthanol bei 75°: *Winstein*, *Hanson*, *Grunwald*, Am. Soc. **70** [1948] 812, 813. Bildung von *cis*-1.2-Diacetoxy-cyclohexan beim Erhitzen mit Essigsäure: *Cr.*, *St.*, l. c. S. 2757; beim Erwärmen mit Essigsäure und Acetanhydrid auf 100°: *Wi.*, *Hess*, *Bu.* Beim Erhitzen mit Kaliumacetat enthaltender wasserhaltiger Essigsäure auf Siedetemperatur sind *cis*-1.2-Diacetoxy-cyclohexan und *cis*-1-Acetoxy-cyclohexanol-(2), beim Erhitzen mit Kaliumacetat und Essigsäure oder mit Kaliumacetat, Essigsäure und Acetanhydrid ist *trans*-1.2-Diacetoxy-cyclohexan erhalten worden (*Wi.*, *Hess*, *Bu.*). Geschwindigkeit der Solvolyse in Essigsäure bei 100°, in wasserhaltiger Essigsäure bei 75° und 100° sowie in mit Kaliumacetat, mit Kaliumacetat und Acetanhydrid oder mit N.N'-Diphenyl-guanidin versetzter Essigsäure bei 100°: *Wi.*, *Ha.*, *Gr.*

2-Methansulfonyloxy-1-[toluol-sulfonyl-(4)-oxy]-cyclohexan, *1-(methylsulfonyloxy)-2-(p-tolylsulfonyloxy)cyclohexane* $C_{14}H_{20}O_6S_2$.

　　a) **(±)-*cis*-2-Methansulfonyloxy-1-[toluol-sulfonyl-(4)-oxy]-cyclohexan**, Formel I (R = SO_2-CH_3) + Spiegelbild.

B. Beim Behandeln von (±)-*cis*-1-[Toluol-sulfonyl-(4)-oxy]-cyclohexanol-(2) mit Methansulfonylchlorid und Pyridin (*Clarke*, *Owen*, Soc. **1949** 315, 319).

Krystalle (aus wss. A.); F: 75°.

　　b) **(±)-*trans*-2-Methansulfonyloxy-1-[toluol-sulfonyl-(4)-oxy]-cyclohexan**, Formel II (R = SO_2-CH_3) + Spiegelbild.

B. Beim Behandeln von (±)-*trans*-1-[Toluol-sulfonyl-(4)-oxy]-cyclohexanol-(2) mit Methansulfonylchlorid und Pyridin sowie beim Behandeln von (±)-*trans*-1-Methan-sulfonyloxy-cyclohexanol-(2) mit Toluol-sulfonylchlorid-(4) und Pyridin (*Clarke*, *Owen*, Soc. **1949** 315, 318, 319).

Krystalle (aus Me.); F: 108,5°.

1.2-Bis-[toluol-sulfonyl-(4)-oxy]-cyclohexan, *1,2-bis(p-tolylsulfonyloxy)cyclohexane* $C_{20}H_{24}O_6S_2$.

　　a) **cis-1.2-Bis-[toluol-sulfonyl-(4)-oxy]-cyclohexan**, Formel III.

B. Beim Behandeln von *cis*-Cyclohexandiol-(1.2) (*Criegee*, *Stanger*, B. **69** [1936] 2753, 2756) oder von (±)-*cis*-1-[Toluol-sulfonyl-(4)-oxy]-cyclohexanol-(2) (*Clarke*, *Owen*, Soc. **1949** 315, 319) mit Toluol-sulfonylchlorid-(4) und Pyridin.

Krystalle; F: 128,5—129,5° [korr.; aus Me.] (*Cr.*, *St.*), 129° (*Cl.*, *Owen*).

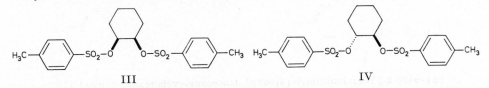

III　　　　　　　　　　　　　　　IV

　　b) **(±)-*trans*-1.2-Bis-[toluol-sulfonyl-(4)-oxy]-cyclohexan**, Formel IV + Spiegel-bild.

B. Beim Behandeln von (±)-*trans*-Cyclohexandiol-(1.2) oder von (±)-*trans*-1-[Toluol-sulfonyl-(4)-oxy]-cyclohexanol-(2) mit Toluol-sulfonylchlorid-(4) und Pyridin (*Criegee*, *Stanger*, B. **69** [1936] 2753, 2756).

Krystalle (aus Me.); F: 109° [korr.].

Beim Erhitzen mit Essigsäure erfolgt keine Reaktion.

1-[Toluol-sulfonyl-(4)-oxy]-cyclohexanol-(4), Toluol-sulfonsäure-(4)-[4-hydroxy-cyclo-hexylester], *p-toluenesulfonic acid 4-hydroxycyclohexyl ester* $C_{13}H_{18}O_4S$.

　　a) **cis-1-[Toluol-sulfonyl-(4)-oxy]-cyclohexanol-(4)**, Formel V (R = H).

B. Beim Behandeln von *cis*-Cyclohexandiol-(1.4) mit Toluol-sulfonylchlorid-(4) (1 Mol) in Chloroform unter Zusatz von Pyridin (*Owen*, *Robins*, Soc. **1949** 320, 324).

Krystalle (aus Bzl. + Bzn.); F: 94—95°.

Beim Erwärmen mit Lithiumchlorid in Äthanol sind *trans*-4-Chlor-cyclohexanol-(1) und geringere Mengen *cis*-4-Chlor-cyclohexanol-(1) erhalten worden.

b) *trans*-1-[Toluol-sulfonyl-(4)-oxy]-cyclohexanol-(4), Formel VI (R = H).

B. Beim Behandeln von *trans*-Cyclohexandiol-(1.4) mit Toluol-sulfonylchlorid-(4) (1 Mol) in Chloroform unter Zusatz von Pyridin (*Owen, Robins*, Soc. **1949** 320, 324). Krystalle (aus Bzl. + Bzn.); F: 111°.

Beim Erhitzen mit wss.-methanol. Salzsäure, mit wss. Kalilauge oder mit methanol. Kalilauge auf 110° sowie mit Methanol auf 100° ist Cyclohexen-(1)-ol-(4), beim Erwärmen mit Kaliumacetat und Äthanol sind daneben geringe Mengen *cis*-1-Acetoxy-cyclohexan-ol-(4) erhalten worden. Bildung von 4-Jod-cyclohexanol-(1) (Kp$_{0,002}$: 70—75° [E III 6 46]) beim Erhitzen mit Natriumjodid in Aceton auf 100°: *Owen, Ro.*

Toluol-sulfonsäure-(4)-[4-methoxy-cyclohexylester], p-*toluoenesulfonic acid 4-methoxy-cyclohexyl ester* C$_{14}$H$_{20}$O$_4$S.

Über die Konfiguration der Stereoisomeren s. *Noyce, Thomas*, Am. Soc. **79** [1957] 755; *Noyce, Woo, Thomas*, J. org. Chem. **25** [1960] 260.

a) **Toluol-sulfonsäure-(4)-[*cis*-4-methoxy-cyclohexylester]**, Formel V (R = CH$_3$).

B. Neben dem unter b) beschriebenen Stereoisomeren beim Erwärmen von 1-Methoxy-cyclohexanol-(4) (Stereoisomeren-Gemisch; Kp$_{11}$: 98—99°) mit Natrium in Benzol und Behandeln des Reaktionsgemisches mit Toluol-sulfonylchlorid-(4) (*Ruggli, Leupin, Businger*, Helv. **24** [1941] 339, 342). Aus *cis*-4-Methoxy-cyclohexanol-(1) (*Noyce, Woo, Thomas*, J. org. Chem. **25** [1960] 260).

Krystalle; F: 87,8—88,2° [aus PAe.] (*Noyce, Woo, Th.*), 86—87° [aus Hexan] (*Ru., Leu., Bu.*).

b) **Toluol-sulfonsäure-(4)-[*trans*-4-methoxy-cyclohexylester]**, Formel VI (R = CH$_3$).

B. Aus *trans*-1-Methoxy-cyclohexanol-(4) (*Noyce, Thomas*, Am. Soc. **79** [1957] 755; *Noyce, Woo, Thomas*, J. org. Chem. **25** [1960] 260).

Krystalle (aus PAe.); F: 66,4—67,2° (*Noyce, Woo, Th.*), 65,5—66,2° (*Noyce, Th.*).

V   VI

4-[Toluol-sulfonyl-(4)-oxy]-1-acetoxy-cyclohexan, *1-acetoxy-4-(p-tolylsulfonyloxy)cyclo-hexane* C$_{15}$H$_{20}$O$_5$S.

a) **cis-4-[Toluol-sulfonyl-(4)-oxy]-1-acetoxy-cyclohexan**, Formel V (R = CO-CH$_3$).

B. Beim Behandeln von *cis*-1-Acetoxy-cyclohexanol-(4) mit Toluol-sulfonylchlorid-(4) und Pyridin (*Owen, Robins*, Soc. **1949** 320, 326). Aus *cis*-1-[Toluol-sulfonyl-(4)-oxy]-cyclohexanol-(4) [S.228] (*Owen, Ro.*, l. c. S. 324).

Krystalle (aus Bzl. + Bzn.); F: 105—106°.

b) **trans-4-[Toluol-sulfonyl-(4)-oxy]-1-acetoxy-cyclohexan**, Formel VI (R = CO-CH$_3$).

B. Aus *trans*-1-[Toluol-sulfonyl-(4)-oxy]-cyclohexanol-(4) [s. o.] (*Owen, Robins*, Soc. **1949** 320, 324).

Krystalle (aus Bzl. + Bzn.); F: 81—83°.

4-[Toluol-sulfonyl-(4)-oxy]-1-benzoyloxy-cyclohexan, *1-(benzoyloxy)-4-(p-tolylsulfonyl-oxy)cyclohexane* C$_{20}$H$_{22}$O$_5$S.

a) **cis-4-[Toluol-sulfonyl-(4)-oxy]-1-benzoyloxy-cyclohexan**, Formel V (R = CO-C$_6$H$_5$).

B. Beim Behandeln von *cis*-1-Benzoyloxy-cyclohexanol-(4) mit Toluol-sulfonyl-chlorid-(4) und Pyridin (*Owen, Robins*, Soc. **1949** 320, 326). Beim Behandeln von *cis*-1-[Toluol-sulfonyl-(4)-oxy]-cyclohexanol-(4) (S. 228) mit Benzoylchlorid und Pyridin (*Owen, Ro.*, l. c. S. 324).

Krystalle (aus A.); F: 150—151° (*Owen, Ro.*, l. c. S. 324).

b) **trans-4-[Toluol-sulfonyl-(4)-oxy]-1-benzoyloxy-cyclohexan**, Formel VI (R = CO-C$_6$H$_5$).

B. Beim Behandeln von *trans*-1-[Toluol-sulfonyl-(4)-oxy]-cyclohexanol-(4) (s. o.) mit Benzoylchlorid und Pyridin (*Owen, Robins*, Soc. **1949** 320, 324).

Krystalle (aus wss. A.); F: 94—95°.

1.4-Bis-[toluol-sulfonyl-(4)-oxy]-cyclohexan, *1,4-bis*(p-*tolylsulfonyloxy*)*cyclohexane* $C_{20}H_{24}O_6S_2$.

a) *cis*-**1.4-Bis-[toluol-sulfonyl-(4)-oxy]-cyclohexan,** Formel VII.

B. Beim Behandeln von *cis*-Cyclohexandiol-(1.4) mit Toluol-sulfonylchlorid-(4) (2 Mol) und Pyridin (*Owen, Robins*, Soc. **1949** 320, 324).

Krystalle (aus Me.); F: 98—99°.

Beim Erwärmen mit Natriumjodid in Aceton sind *trans*-1.4-Dijod-cyclohexan und geringe Mengen *cis*-1.4-Dijod-cyclohexan erhalten worden. Bildung von Cyclohexa≈ dien-(1.4) und geringen Mengen Cyclohexadien-(1.3) beim Erwärmen mit äthanol. Kali≈ lauge: *Owen, Ro.*

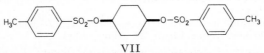

VII

b) *trans*-**1.4-Bis-[toluol-sulfonyl-(4)-oxy]-cyclohexan,** Formel VIII.

B. Beim Behandeln von *trans*-Cyclohexandiol-(1.4) mit Toluol-sulfonylchlorid-(4) (2 Mol) und Pyridin (*Owen, Robins*, Soc. **1949** 320, 324).

Krystalle (aus Bzl.); F: 159° [Zers.].

Überführung in *trans*-1.4-Dijod-cyclohexan durch Erwärmen mit Natriumjodid in Aceton (oder Äthanol): *Owen, Ro.* Bildung von Cyclohexadien-(1.4) und geringen Mengen Cyclohexadien-(1.3) beim Erwärmen mit äthanol. Kalilauge: *Owen, Ro.* Beim Erwär≈ men mit Kaliumacetat und Äthanol sind 4-Acetoxy-cyclohexen-(1) und geringe Men≈ gen *trans*-1.4-Diacetoxy-cyclohexan erhalten worden.

VIII

[Toluol-sulfonyl-(4)-oxy]-[4-hydroxy-cyclohexyl]-methan, **1-[Toluol-sulfonyl-(4)-oxy≈ methyl]-cyclohexanol-(4),** (*4-hydroxycyclohexyl*)-(p-*tolylsulfonyloxy*)*methane* $C_{14}H_{20}O_4S$.

trans-**1-[Toluol-sulfonyl-(4)-oxymethyl]-cyclohexanol-(4),** Formel IX (R = H).

Ein durch Überführung in *trans*-4-Benzoyloxy-1-[toluol-sulfonyl-(4)-oxymethyl]-cyclo≈ hexan (F: 110—111° [s. u.]) charakterisiertes öliges Präparat ist neben geringen Men≈ gen *trans*-4-[Toluol-sulfonyl-(4)-oxy]-1-[toluol-sulfonyl-(4)-oxymethyl]-cyclohexan (S. 231) beim Behandeln von *trans*-1-Hydroxymethyl-cyclohexanol-(4) mit Toluol-sulf≈ onylchlorid-(4) (1 Mol) und Pyridin erhalten worden (*Owen, Robins*, Soc. **1949** 326, 331).

4-[Toluol-sulfonyl-(4)-oxy]-1-benzoyloxymethyl-cyclohexan, *1-[*(*benzoyloxy*)*methyl*]- *4-*(p-*tolylsulfonyloxy*)*cyclohexane* $C_{21}H_{24}O_5S$.

trans-**4-[Toluol-sulfonyl-(4)-oxy]-1-benzoyloxymethyl-cyclohexan,** Formel X.

B. Beim Behandeln von *trans*-1-Benzoyloxymethyl-cyclohexanol-(4) mit Toluol- sulfonylchlorid-(4) und Pyridin (*Owen, Robins*, Soc. **1949** 326, 330).

Krystalle (aus Bzl. + Bzn.); F: 82—83°.

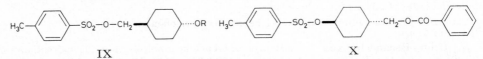

IX   X

4-Benzoyloxy-1-[toluol-sulfonyl-(4)-oxymethyl]-cyclohexan, *1-*(*benzoyloxy*)-*4-[*(p-*tolyl≈ sulfonyloxy*)*methyl*]*cyclohexane* $C_{21}H_{24}O_5S$.

trans-**4-Benzoyloxy-1-[toluol-sulfonyl-(4)-oxymethyl]-cyclohexan,** Formel IX (R = CO-C₆H₅).

B. Beim Behandeln von *trans*-1-[Toluol-sulfonyl-(4)-oxymethyl]-cyclohexanol-(4) mit Benzoylchlorid und Pyridin (*Owen, Robins*, Soc. **1949** 326, 330).

Krystalle (aus A.); F: 110—111°.

Beim Erwärmen mit methanol. Kalilauge ist *trans*-1-Methoxymethyl-cyclohexanol-(4), beim Erwärmen mit Kaliumacetat in Äthanol ist *trans*-4-Benzoyloxy-1-acetoxymethyl-cyclohexan erhalten worden.

4-[Toluol-sulfonyl-(4)-oxy]-1-[toluol-sulfonyl-(4)-oxymethyl]-cyclohexan, *1-(p-tolyl=sulfonyloxy)-4-[(p-tolylsulfonyloxy)methyl]cyclohexane* $C_{21}H_{26}O_6S_2$.

a) *cis*-**4-[Toluol-sulfonyl-(4)-oxy]-1-[toluol-sulfonyl-(4)-oxymethyl]-cyclohexan,** Formel XI.

B. Beim Behandeln von *cis*-1-Hydroxymethyl-cyclohexanol-(4) mit Toluol-sulfonyl=chlorid-(4) und Pyridin (*Owen, Robins*, Soc. **1949** 326, 330).

Krystalle (aus Me.); F: 98,5°.

Beim Erhitzen mit Natriumjodid in Aceton auf 100° ist 4-Jod-1-jodmethyl-cyclo=hexan (n_D^{22}: 1,6209 [E III **5** 78]) erhalten worden.

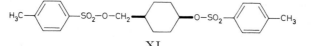

XI

b) *trans*-**4-[Toluol-sulfonyl-(4)-oxy]-1-[toluol-sulfonyl-(4)-oxymethyl]-cyclohexan,** Formel XII.

B. Beim Behandeln von *trans*-1-Hydroxymethyl-cyclohexanol-(4) mit Toluol-sulfonyl=chlorid-(4) und Pyridin (*Owen, Robins*, Soc. **1949** 326, 330).

Krystalle (aus Me.); F: 94°.

Beim Erwärmen mit methanol. Kalilauge ist 1-Methoxymethyl-cyclohexen-(3) erhal-ten worden.

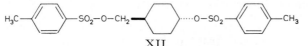

XII

Toluol-sulfonsäure-(4)-[2-methoxy-phenylester], p-*toluenesulfonic acid* o-*methoxyphenyl ester* $C_{14}H_{14}O_4S$, Formel XIII (X = H) (H 101; dort als Guajacol-*p*-toluolsulfonat bezeichnet).

B. Beim Behandeln von Guajacol mit Toluol-sulfonylchlorid-(4) und Pyridin (*Burton, Hoggarth*, Soc. **1945** 14, 16). Neben [3.4-Dimethoxy-phenyl]-*p*-tolyl-sulfon beim Erhit-zen von Veratrol mit Toluol-sulfonylchlorid-(4) und Zinkchlorid auf 110° (*Bu., Ho.*, l. c. S. 16).

F: 85—86°.

1.2-Bis-[toluol-sulfonyl-(4)-oxy]-benzol, *1,2-bis(p-tolylsulfonyloxy)benzene* $C_{20}H_{18}O_6S_2$, Formel XIV.

B. Beim Behandeln von Brenzcatechin mit wss. Natronlauge und mit Toluol-sulfon=ylchlorid-(4) in Aceton (*Porteous, Williams*, Biochem. J. **44** [1949] 56, 57).

Krystalle (aus A.); F: 162—163°.

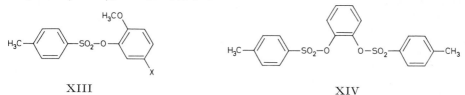

XIII   XIV

4-Nitro-2-[toluol-sulfonyl-(4)-oxy]-1-methoxy-benzol, Toluol-sulfonsäure-(4)-[5-nitro-2-methoxy-phenylester], *1-methoxy-4-nitro-2-(p-tolylsulfonyloxy)benzene* $C_{14}H_{13}NO_6S$, Formel XIII (X = NO₂) (H 101; dort als 4-Nitro-guajacol-*p*-toluolsulfonat bezeichnet).

B. Beim Erwärmen von 5-Nitro-2-methoxy-phenol mit Toluol-sulfonylchlorid-(4) und Pyridin (*Head, Robertson*, Soc. **1931** 1241, 1242).

Krystalle (aus Acn.); F: 149°.

Toluol-sulfonsäure-(4)-[3-methoxy-phenylester], p-*toluenesulfonic acid* m-*methoxyphenyl ester* $C_{14}H_{14}O_4S$, Formel I (X = H).

B. Beim Erwärmen von 3-Methoxy-phenol mit Toluol-sulfonylchlorid-(4) und Pyridin

(*Kenner, Murray*, Soc. **1949** Spl. 178, 179).
Krystalle (aus Bzn.); F: 55—57°.

6-Chlor-3-[toluol-sulfonyl-(4)-oxy]-1-methoxy-benzol, Toluol-sulfonsäure-(4)-[4-chlor-3-methoxy-phenylester], *1-chloro-2-methoxy-4-*(p-*tolylsulfonyloxy*)*benzene* C$_{14}$H$_{13}$ClO$_4$S, Formel I (X = Cl).
B. Beim Behandeln von 4-Chlor-3-methoxy-phenol mit wss. Natronlauge und Toluol-sulfonylchlorid-(4) (*Dodgson, Williams*, Biochem. J. **45** [1949] 381, 382).
Krystalle (aus wss. A.); F: 65—66°.

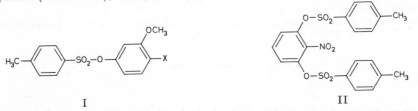

I   II

2-Nitro-1.3-bis-[toluol-sulfonyl-(4)-oxy]-benzol, *2-nitro-1,3-bis*(p-*tolylsulfonyloxy*)*benzene* C$_{20}$H$_{17}$NO$_8$S$_2$, Formel II.
B. Beim Erwärmen von 2-Nitro-resorcin mit Toluol-sulfonylchlorid-(4) und *N.N*-Di=äthyl-anilin [oder wss. Natriumcarbonat-Lösung] (*Sen*, J. Indian chem. Soc. **23** [1946] 383).
F: 140°.

Toluol-sulfonsäure-(4)-[4-methoxy-phenylester], p-*toluenesulfonic acid* p-*methoxyphenyl ester* C$_{14}$H$_{14}$O$_4$S, Formel III.
B. Beim Erwärmen von 4-Methoxy-phenol mit wss. Natronlauge und Toluol-sulfonyl=chlorid-(4) (*Borrows et al.*, Soc. **1949** Spl. 190, 196).
Krystalle (aus PAe.); F: 66—67°.

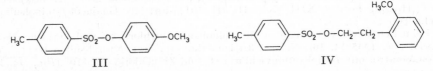

III   IV

Toluol-sulfonsäure-(4)-[2-methoxy-phenäthylester], p-*toluenesulfonic acid 2-methoxy=phenethyl ester* C$_{16}$H$_{18}$O$_4$S, Formel IV.
B. Beim Behandeln von 2-Methoxy-phenäthylalkohol mit Toluol-sulfonylchlorid-(4) in Benzol unter Zusatz von Pyridin (*Hardegger, Redlich, Gal*, Helv. **28** [1945] 628, 631).
Krystalle (aus A.); F: 56—57°.

2-[Toluol-sulfonyl-(4)-oxy]-3.5-dimethyl-benzylalkohol, Toluol-sulfonsäure-(4)-[4.6-di=methyl-2-hydroxymethyl-phenylester], *3,5-dimethyl-2-*(p-*tolylsulfonyloxy*)*benzyl alcohol* C$_{16}$H$_{18}$O$_4$S.
B. Beim Behandeln von 2-Hydroxy-3.5-dimethyl-benzylalkohol mit wss. Natronlauge und mit Toluol-sulfonylchlorid-(4) in Benzol (*v. Euler et al.*, Ark. Kemi **15** B Nr. 9 [1942] 7).
Krystalle (aus CHCl$_3$ + Hexan); F: 59—60°.

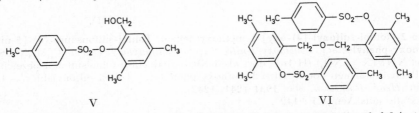

V   VI

Bis-[2-(toluol-sulfonyl-(4)-oxy)-3.5-dimethyl-benzyl]-äther, *bis[3,5-dimethyl-2-*(p-*tolyl=sulfonyloxy*)*benzyl*] *ether* C$_{32}$H$_{34}$O$_7$S$_2$, Formel VI.
B. Aus der im vorangehenden Artikel beschriebenen Verbindung beim Erhitzen im

geschlossenen Gefäss auf 200° (*v. Euler et al.*, Ark. Kemi **15** B Nr. 9 [1942] 7).
Krystalle (aus Eg.); F: 105—106°.

3-Acetoxy-10.13-dimethyl-17-[1-(toluol-sulfonyl-(4)-oxy)-äthyl]-hexadecahydro-1*H*-cyclopenta[*a*]phenanthren C$_{30}$H$_{44}$O$_5$S.

$20\alpha_F$-[Toluol-sulfonyl-(4)-oxy]-3α-acetoxy-5β-pregnan, *3α-acetoxy-20α$_F$-(p-tolyl-sulfonyloxy)-5β-pregnane* C$_{30}$H$_{44}$O$_5$S; Formel s. E III **6** 4779, Formel V (R = CO-CH$_3$, R' = SO$_2$-C$_6$H$_4$-CH$_3$).

B. Beim Behandeln von 3α-Acetoxy-5β-pregnanol-(20α$_F$) (E III **6** 4783) mit Toluol-sulfonylchlorid-(4) und Pyridin (*Hirschmann*, J. biol. Chem. **140** [1941] 797, 802).
Krystalle (aus Me.); F: 112—115° [Zers.]. In Aceton leicht löslich.
Wenig beständig. Beim Erhitzen mit Calciumcarbonat und Pyridin und Behandeln des Reaktionsprodukts mit wss.-methanol. Natronlauge ist 5β-Pregnen-(17(20)ξ)-ol-(3α) (F: 118—120° [E III **6** 2591]) erhalten worden.

3-[Toluol-sulfonyl-(4)-oxy]-4-acetoxy-10.13-dimethyl-17-[1.5-dimethyl-hexyl]-hexadecahydro-1*H*-cyclopenta[*a*]phenanthren C$_{36}$H$_{56}$O$_5$S.

3β-[Toluol-sulfonyl-(4)-oxy]-4α-acetoxy-5α-cholestan, *4α-acetoxy-3β-(p-tolylsulfonyloxy)-5α-cholestane* C$_{36}$H$_{56}$O$_5$S; Formel s. E III **6** 4804, Formel VIII (R = CO-CH$_3$, R' = SO$_2$-C$_6$H$_4$-CH$_3$).

B. Beim Behandeln von 4α-Acetoxy-5α-cholestanol-(3β) (E III **6** 4804) mit Toluol-sulfonylchlorid-(4) und Pyridin (*Ruzicka, Plattner, Furrer*, Helv. **27** [1944] 727, 733).
Krystalle (aus PAe.); F: 146,5—147,5° [korr.].

6-Hydroxy-3-[toluol-sulfonyl-(4)-oxy]-10.13-dimethyl-17-[1.5-dimethyl-hexyl]-hexadecahydro-1*H*-cyclopenta[*a*]phenanthren C$_{34}$H$_{54}$O$_4$S.

3β-[Toluol-sulfonyl-(4)-oxy]-5α-cholestanol-(6β), *3β-(p-tolylsulfonyloxy)-5α-cholestan-6β-ol* C$_{34}$H$_{54}$O$_4$S; Formel s. E III **6** 4809, Formel III (R = SO$_2$-C$_6$H$_4$-CH$_3$, R' = H).

B. Beim Behandeln von 5α-Cholestandiol-(3β.6β) (E III **6** 4810) mit Toluol-sulfonyl-chlorid-(4) und Pyridin (*Reich, Lardon*, Helv. **29** [1946] 671, 676).
Krystalle (aus Ae. + PAe.), F: 139—140°; die Schmelze erstarrt bei weiterem Er-hitzen zu Krystallen vom F: 150° [Zers.].

7-[Toluol-sulfonyl-(4)-oxy]-3-acetoxy-10.13-dimethyl-17-[1.5-dimethyl-hexyl]-hexadecahydro-1*H*-cyclopenta[*a*]phenanthren C$_{36}$H$_{56}$O$_5$S.

a) 7β-[Toluol-sulfonyl-(4)-oxy]-3β-acetoxy-5α-cholestan, *3β-acetoxy-7β-(p-tolyl-sulfonyloxy)-5α-cholestane* C$_{36}$H$_{56}$O$_5$S; Formel s. E III **6** 4815, Formel VIII (R = CO-CH$_3$, R' = SO$_2$-C$_6$H$_4$-CH$_3$).

Bezüglich der Konfiguration dieser ursprünglich (*Wintersteiner, Moore*, Am. Soc. **65** [1943] 1503, 1506) als 7α-[Toluol-sulfonyl-(4)-oxy]-3β-acetoxy-5α-cholestan angesehenen Verbindung am C-Atom 7 s. *Fieser, Fieser, Chakravarti*, Am. Soc. **71** [1949] 2226, 2228; *Barton*, Soc. **1949** 2174, 2177.

B. Beim Behandeln von 3β-Acetoxy-5α-cholestanol-(7β) (E III **6** 4816) mit Toluol-sulfonylchlorid-(4) und Pyridin (*Wi., Moore*, l. c. S. 1506).
Krystalle (aus Me.); F: 152,5—153°; [α]$_D^{24}$: +11,6° [CHCl$_3$; c = 1] (*Wi., Moore*, l. c. S. 1506).
Beim Erhitzen mit Natriumjodid und Pyridin auf 120° ist 3β-Acetoxy-5α-cholesten-(7) erhalten worden (*Wintersteiner, Moore*, Am. Soc. **65** [1943] 1507, 1511).

b) 7α-[Toluol-sulfonyl-(4)-oxy]-3β-acetoxy-5α-cholestan, *3β-acetoxy-7α-(p-tolyl-sulfonyloxy)-5α-cholestane* C$_{36}$H$_{56}$O$_5$S; Formel s. E III **6** 4815, Formel IX (R = CO-CH$_3$, R' = SO$_2$-C$_6$H$_4$-CH$_3$).

B. Neben 3β-Acetoxy-5α-cholesten-(7) beim Erwärmen von 3β-Acetoxy-5α-cholestan-ol-(7α) (E III **6** 4816) mit Toluol-sulfonylchlorid-(4) und Pyridin (*Plattner et al.*, Helv. **31** [1948] 852, 858, 859).
Krystalle (aus Me.); F: 104—105° [korr.; evakuierte Kapillare]. [α]$_D^{20}$: +48,9° [CHCl$_3$].

α.β-Dichlor-3-[toluol-sulfonyl-(4)-oxy]-4-methoxy-styrol, *α,β-dichloro-4-methoxy-3-(p-tolylsulfonyloxy)styrene* C$_{16}$H$_{14}$Cl$_2$O$_4$S, Formel VII.

α.β-Dichlor-3-[toluol-sulfonyl-(4)-oxy]-4-methoxy-styrol vom F: 96°.
B. Aus 6-Methoxy-3-[1.2-dichlor-vinyl]-phenol [F: 55—56° (E III **6** 4983)] (*Goldberg*,

Turner, Soc. **1946** 111).
    Krystalle (aus Bzn.); F: 94—96°.

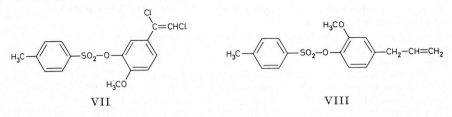

VII   VIII

**4-[Toluol-sulfonyl-(4)-oxy]-3-methoxy-1-allyl-benzol, Toluol-sulfonsäure-(4)-[2-meth⸗
oxy-4-allyl-phenylester],** *4-allyl-2-methoxy-1-(p-tolylsulfonyloxy)benzene* $C_{17}H_{18}O_4S$,
Formel VIII.
    B. Beim Erwärmen von Eugenol (2-Methoxy-4-allyl-phenol) mit Toluol-sulfonyl⸗
chlorid-(4) und Pyridin (*A. I. Vogel*, Text-Book of Practical Organic Chemistry, 1. Aufl.
[London 1948] S. 654, 657; 3. Aufl. [London 1956] S. 684, 686).
    Krystalle (aus Me. oder A.); F: 85°.

**3.17-Bis-[toluol-sulfonyl-(4)-oxy]-10.13-dimethyl-Δ⁵-tetradecahydro-1H-cyclopenta[a]⸗
phenanthren** $C_{33}H_{42}O_6S_2$.
    3β.17β-Bis-[toluol-sulfonyl-(4)-oxy]-androsten-(5), *3β,17β-bis(p-tolylsulfonyloxy)⸗
androst-5-ene* $C_{33}H_{42}O_6S_2$; Formel s. E III **6** 5081, Formel I (R = R′ = SO₂-C₆H₄-CH₃).
    B. Beim Behandeln von Androsten-(5)-diol-(3β.17β) (E III **6** 5079) mit Toluol-sulfon⸗
ylchlorid-(4) und Pyridin (*Butenandt, Grosse*, B. **70** [1937] 1446, 1450).
    F: 140—141° [unkorr.]. $[\alpha]_D^{20}$: —59° [CHCl₃; c = 3].

**17-[Toluol-sulfonyl-(4)-oxy]-6-methoxy-10.13-dimethyl-hexadecahydro-3.5-cyclo-
cyclopenta[a]phenanthren** $C_{27}H_{38}O_4S$.
    17β-[Toluol-sulfonyl-(4)-oxy]-6β-methoxy-3α.5α-cyclo-androstan, *6β-methoxy-
17β-(p-tolylsulfonyloxy)-3α,5α-cycloandrostane* $C_{27}H_{38}O_4S$, Formel IX.
    Bezüglich der Konfigurationszuordnung vgl. *Shoppee, Summers*, Soc. **1952** 3361, 3362,
3369 Anm.
    B. Beim Erwärmen von 3β.17β-Bis-[toluol-sulfonyl-(4)-oxy]-androsten-(5) (s. o.) mit
Kaliumacetat enthaltendem Methanol (*Butenandt, Grosse*, B. **70** [1937] 1446, 1450).
    F: 124°. $[\alpha]_D^{20}$: +23,5° [CHCl₃; c = 3,5].
    Beim Behandeln einer Lösung in Essigsäure mit wss. Salzsäure ist 3β-Chlor-17β-[toluol-
sulfonyl-(4)-oxy]-androsten-(5) (S. 215) erhalten worden.

**3-[Toluol-sulfonyl-(4)-oxy]-7-benzoyloxy-10.13-dimethyl-17-[1.5-dimethyl-hexyl]-
Δ⁵-tetradecahydro-1H-cyclopenta[a]phenanthren** $C_{41}H_{56}O_5S$.
    3β-[Toluol-sulfonyl-(4)-oxy]-7β-benzoyloxy-cholesten-(5), *7β-(benzoyloxy)-
3β-(p-tolylsulfonyloxy)cholest-5-ene* $C_{41}H_{56}O_5S$; Formel s. E III **6** 5132, Formel VIII
(R = SO₂-C₆H₄-CH₃, R′ = CO-C₆H₅).
    Bezüglich der Konfiguration dieser ursprünglich (*Wintersteiner, Ruigh*, Am. Soc. **64**
[1942] 1177) als 3β-[Toluol-sulfonyl-(4)-oxy]-7α-benzoyloxy-cholesten-(5) angesehenen
Verbindung am C-Atom 7 s. die im Artikel Cholesten-(5)-diol-3β.7β) (E III **6** 5130)
zitierte Literatur.
    B. Beim Behandeln von 7β-Benzoyloxy-cholesten-(5)-ol-(3β) (E III **9** 598) mit Toluol-
sulfonylchlorid-(4) und Pyridin (*Wi., Ruigh*).
    Krystalle (aus Hexan), die je nach der Geschwindigkeit des Erhitzens zwischen 90°
und 100° unter Zersetzung schmelzen. $[\alpha]_D^{20}$: +83,8° [CHCl₃; p = 1].

**10.14-Bis-[toluol-sulfonyl-(4)-oxy]-1.4a.6a.6b.9.9.12a-heptamethyl-2-methylen-docosa⸗
hydro-picen** $C_{44}H_{62}O_6S_2$.
    **3ξ.12ξ-Bis-[toluol-sulfonyl-(4)-oxy]-18α.19βH-ursen-(20(30)), 3ξ.12ξ-Bis-[toluol-
sulfonyl-(4)-oxy]-taraxasten-(20(30)),** *3ξ,12ξ-bis(p-tolylsulfonyloxy)-18α,19βH-urs-
20(30)-ene* $C_{44}H_{62}O_6S_2$ vom **F: 134°**; Bis-*O*-[toluol-sulfonyl-(4)]-arnidiol, Bis-*O*-[toluol-
sulfonyl-(4)]-arnidendiol (Formel s. E III **6** 5225, Formel XIV [R = SO₂-C₆H₄-CH₃]).
    B. Beim Behandeln von Arnidiol (E III **6** 5226) mit Toluol-sulfonylchlorid-(4) und

Pyridin (*Dieterle, Engelhard*, Ar. **278** [1940] 225, 228).
   F: 134°.

**10-Acetoxy-2.2.6a.6b.9.9.12a-heptamethyl-4a-[toluol-sulfonyl-(4)-oxymethyl]-Δ¹⁴-eicosa=
hydro-picen** $C_{39}H_{58}O_5S$.

   28-[Toluol-sulfonyl-(4)-oxy]-3β-acetoxy-oleanen-(12), *3β-acetoxy-28-(p-tolylsulfonyl=
oxy)olean-12-ene* $C_{39}H_{58}O_5S$; Formel s. E III **6** 5232, Formel XI (R = CO-CH₃,
R′ = SO₂-C₆H₄-CH₃).
   B. Beim Erwärmen von 3β-Acetoxy-oleanen-(12)-ol-(28) (E III **6** 5232) mit Toluol-
sulfonylchlorid-(4) in Benzol unter Zusatz von Pyridin (*Prelog, Norymberski, Jeger*, Helv.
29 [1946] 360, 363).
   Krystalle (aus Acn.); F: 221,5—222,5° [korr.].

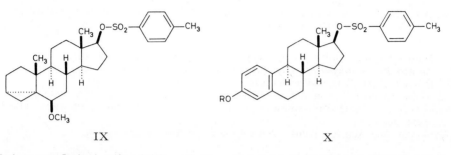

            IX   X

**3-Hydroxy-17-[toluol-sulfonyl-(4)-oxy]-13-methyl-7.8.9.11.12.13.14.15.16.17-decahydro-
6H-cyclopenta[a]phenanthren** $C_{25}H_{30}O_4S$.

   **17β-[Toluol-sulfonyl-(4)-oxy]-östratrien-(1.3.5(10))-ol-(3), 17β-[Toluol-sulf=
onyl-(4)-oxy]-östratrien-(A)-ol-(3)**, *17β-(p-tolylsulfonyloxy)estra-1,3,5(10)-trien-3-ol*
$C_{25}H_{30}O_4S$, Formel X (R = H).
   B. Aus 17β-[Toluol-sulfonyl-(4)-oxy]-3-acetoxy-östratrien-(1.3.5(10)) (F: 168—170°;
hergestellt aus 3-Acetoxy-östratrien-(1.3.5(10))-ol-(17β) [E III **6** 5340] und Toluol-
sulfonylchlorid-(4)) beim Behandeln einer Lösung in Dioxan mit wss.-methanol. Natron=
lauge (*Searle & Co.*, U.S.P. 2840577 [1956]). Aus 17β-[Toluol-sulfonyl-(4)-oxy]-3-benzoyl=
oxy-östratrien-(1.3.5(10)) (S. 236) oder aus 3.17β-Bis-[toluol-sulfonyl-(4)-oxy]-östratrien-
(1.3.5(10)) (hergestellt aus Östradiol [E III **6** 5332] und Toluol-sulfonylchlorid-(4))
beim Erwärmen mit äthanol. Kalilauge (*Urushibara, Nitta*, Bl. chem. Soc. Japan **16**
[1941] 179, 182).
   Krystalle; F: ca. 186—187° [aus E. + Cyclohexan] (*Searle & Co.*), 172—173° [korr.;
aus Me.] (*Uru., Ni.*).

**3-[Toluol-sulfonyl-(4)-oxy]-17-methoxy-13-methyl-7.8.9.11.12.13.14.15.16.17-decahydro-
6H-cyclopenta[a]phenanthren** $C_{26}H_{32}O_4S$.

   **3-[Toluol-sulfonyl-(4)-oxy]-17β-methoxy-östratrien-(1.3.5(10)), 3-[Toluol-sulf=
onyl-(4)-oxy]-17β-methoxy-östratrien-(A)**, *17β-methoxy-3-(p-tolylsulfonyloxy)estra-
1,3,5(10)-triene* $C_{26}H_{32}O_4S$; Formel s. E III **6** 5340, Formel IV (R = SO₂-C₆H₄-CH₃).
   B. Beim Behandeln von 17β-Methoxy-östratrien-(1.3.5(10))-ol-(3) (E III **6** 5339) mit
Toluol-sulfonylchlorid-(4) und Pyridin (*Urushibara, Nitta*, Bl. chem. Soc. Japan **16**
[1941] 179, 181).
   Krystalle (aus Acn.); F: 124,5—125,5° [korr.].

**17-[Toluol-sulfonyl-(4)-oxy]-3-methoxy-13-methyl-7.8.9.11.12.13.14.15.16.17-decahydro-
6H-cyclopenta[a]phenanthren** $C_{26}H_{32}O_4S$.

   **17β-[Toluol-sulfonyl-(4)-oxy]-3-methoxy-östratrien-(1.3.5(10)), 17β-[Toluol-
sulfonyl-(4)-oxy]-3-methoxy-östratrien-(A)**, *3-methoxy-17β-(p-tolylsulfonyloxy)estra-
1,3,5(10)-triene* $C_{26}H_{32}O_4S$, Formel X (R = CH₃).
   B. Beim Behandeln von 3-Methoxy-östratrien-(1.3.5(10))-ol-(17β) (E III **6** 5338) mit
Toluol-sulfonylchlorid-(4) und Pyridin (*Urushibara, Nitta*, Bl. chem. Soc. Japan **16** [1941]
179, 182).
   F: 160—161° [korr.].

17-[Toluol-sulfonyl-(4)-oxy]-3-benzoyloxy-13-methyl-7.8.9.11.12.13.14.15.16.17-deca=
hydro-6H-cyclopenta[a]phenanthren $C_{32}H_{34}O_5S$.

17β-[Toluol-sulfonyl-(4)-oxy]-3-benzoyloxy-östratrien-(1.3.5(10)), 17β-[Toluol-
sulfonyl-(4)-oxy]-3-benzoyloxy-östratrien-(A), *3-(benzoyloxy)-17β-(p-tolylsulfonyloxy)=*
estra-1,3,5(10)-triene $C_{32}H_{34}O_5S$, Formel X (R = CO-C$_6$H$_5$).

B. Beim Behandeln von 3-Benzoyloxy-östratrien-(1.3.5(10))-ol-(17β) (E III 9 613) mit
Toluol-sulfonylchlorid-(4) und Pyridin (*Urushibara, Nitta*, Bl. chem. Soc. Japan **16** [1941]
179, 182).

Krystalle (aus Acn.); F: 184,5—185,5° [korr.].

5.5′-Dibrom-2-[toluol-sulfonyl-(4)-oxy]-biphenylol-(2′), Toluol-sulfonsäure-(4)-
[5.5′-dibrom-2′-hydroxy-biphenylyl-(2)-ester], *5,5′-dibromo-2′-(p-tolylsulfonyloxy)biphen=*
yl-2-ol $C_{19}H_{14}Br_2O_4S$, Formel XI (R = H, X = Br).

B. Aus 5.5′-Dibrom-biphenyldiol-(2.2′) und Toluol-sulfonylchlorid-(4) (*Gilman, Swiss,*
Cheney, Am. Soc. **62** [1940] 1963, 1966).

F: 198—199°.

5.3′-Dinitro-2′-[toluol-sulfonyl-(4)-oxy]-2-methoxy-biphenyl, Toluol-sulfonsäure-(4)-
[3.5′-dinitro-2′-methoxy-biphenylyl-(2)-ester], *2-methoxy-3′,5-dinitro-2′-(p-tolylsulfonyl=*
oxy)biphenyl $C_{20}H_{16}N_2O_8S$, Formel XII.

B. Beim Erwärmen von 5.3′-Dinitro-2-methoxy-biphenylol-(2′) mit Toluol-sulfonyl=
chlorid-(4) und *N.N*-Diäthyl-anilin (*Yamashiro*, J. chem. Soc. Japan **59** [1938] 443, 447;
C. A. **1938** 9085).

Krystalle (aus Acn.); F: 261—262°. In warmer Essigsäure löslich.

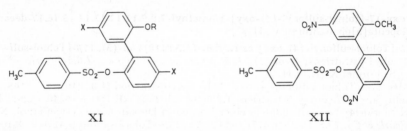

XI   XII

5.5′-Dinitro-2′-[toluol-sulfonyl-(4)-oxy]-2-methoxy-biphenyl, Toluol-sulfonsäure-(4)-
[5.5′-dinitro-2′-methoxy-biphenylyl-(2)-ester], *2-methoxy-3′,5-dinitro-2′-(p-tolylsulfonyl=*
oxy)biphenyl $C_{20}H_{16}N_2O_8S$, Formel XI (R = CH$_3$, X = NO$_2$).

B. Beim Erwärmen von 5.5′-Dinitro-2-methoxy-biphenylol-(2′) mit Toluol-sulfonyl=
chlorid-(4) und *N.N*-Diäthyl-anilin (*Yamashiro*, J. chem. Soc. Japan **59** [1938] 443, 446;
C. A. **1938** 9085).

Krystalle (aus Eg.); F: 188—189,5°. In Chloroform, Benzol, Aceton und Äthylacetat
leicht löslich, in Äthanol und Äther schwer löslich.

4.4′-Bis-[toluol-sulfonyl-(4)-oxy]-biphenyl, *4,4′-bis(p-tolylsulfonyloxy)biphenyl*
$C_{26}H_{22}O_6S_2$, Formel XIII (E II 50).

B. Beim Behandeln von Biphenyldiol-(4.4′) mit Toluol-sulfonylchlorid-(4) und Pyridin
(*Hazlet*, Am. Soc. **61** [1939] 1921).

Krystalle (aus Propanol-(1)); F: 187—188°.

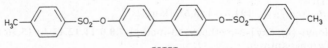

XIII

4-[Toluol-sulfonyl-(4)-oxy]-3-methoxy-1-benzyl-benzol, Toluol-sulfonsäure-(4)-
[2-methoxy-4-benzyl-phenylester], *4-benzyl-2-methoxy-1-(p-tolylsulfonyloxy)benzene*
$C_{21}H_{20}O_4S$, Formel XIV.

B. Beim Erhitzen von 2-Methoxy-4-benzyl-phenol mit wss. Natronlauge und Toluol-
sulfonylchlorid-(4) (*Behaghel, Freiensehner*, B. **67** [1934] 1368, 1375).

Krystalle (aus Me.); F: 102,5—103°.

Bis-[5-nitro-2-(toluol-sulfonyl-(4)-oxy)-phenyl]-methan, *bis[5-nitro-2-(p-tolylsulfonyl=*
oxy)phenyl]methane $C_{27}H_{22}N_2O_{10}S_2$, Formel XV.

B. Beim Erwärmen von Bis-[5-nitro-2-hydroxy-phenyl]-methan mit Toluol-sulfonyl=
chlorid-(4) und *N.N*-Diäthyl-anilin [oder wss. Natriumcarbonat-Lösung] (*Sen*, J. Indian
chem. Soc. **23** [1946] 383).

F: 155°.

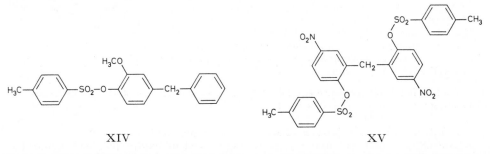

XIV   XV

2.2.2-Trichlor-1.1-bis-[4-(toluol-sulfonyl-(4)-oxy)-phenyl]-äthan, *1,1,1-trichloro-2,2-bis=*
[p-(p-tolylsulfonyloxy)phenyl]ethane $C_{28}H_{23}Cl_3O_6S_2$; Formel s. E III **6** 5436, Formel VII
$(R = SO_2\text{-}C_6H_4\text{-}CH_3)$.

B. Aus 2.2.2-Trichlor-1.1-bis-[4-hydroxy-phenyl]-äthan (*Stephenson, Waters*, Soc. **1946**
339, 343).

F: 220°.

3-[Toluol-sulfonyl-(4)-oxy]-10.13-dimethyl-17-[2-hydroxy-1-methyl-2-phenyl-äthyl]-
Δ⁵-tetradecahydro-1*H*-cyclopenta[*a*]phenanthren $C_{35}H_{46}O_4S$.

(21*S*)-3β-[Toluol-sulfonyl-(4)-oxy]-20β_F-methyl-21-phenyl-pregnen-(5)-ol-(21),
(22*S*)-3β-[Toluol-sulfonyl-(4)-oxy]-22-phenyl-23.24-dinor-cholen-(5)-ol-(22),
(21S)-*20β_F-methyl-21-phenyl-3β-(p-tolylsulfonyloxy)pregn-5-en-21-ol* $C_{35}H_{46}O_4S$; Formel
s. E III **6** 5677, Formel II $(R = SO_2\text{-}C_6H_4\text{-}CH_3, R' = H)$.

B. Beim Behandeln von (22S)-22-Phenyl-23.24-dinor-cholen-(5)-diol-(3β.22) (E III **6**
5676) mit Toluol-sulfonylchlorid-(4) und Pyridin (*Heyl, Herr, Centolella*, Am. Soc. **71**
[1949] 247; s. a. *Heyl, Centolella, Herr*, Am. Soc. **69** [1947] 1957, 1960).

Krystalle (aus Bzl. + Hexan); F: 157—159° [Zers.]; $[\alpha]_D^{25}$: —38,9° [CHCl₃; c = 0,8]
(*Heyl, Herr, Ce.*, l. c. S. 247).

4.4′-Bis-[toluol-sulfonyl-(4)-oxy]-α.α′-diäthyliden-bibenzyl, 3.4-Bis-[4-(toluol-sulfon=
yl-(4)-oxy)-phenyl]-hexadien-(2.4), *α,α′-diethylidene-4,4′-bis(p-tolylsulfonyloxy)bibenzyl*
$C_{32}H_{30}O_6S_2$.

4.4′-Bis-[toluol-sulfonyl-(4)-oxy]-α.α′-bis-[äthyliden-(*seqtrans*)]-bibenzyl
$C_{32}H_{30}O_6S_2$; Formel s. E III **6** 5713, Formel V $(R = SO_2\text{-}C_6H_4\text{-}CH_3)$.

B. Aus Dienöstrol [α.α′-Bis-[äthyliden-(*seqtrans*)]-bibenzyldiol-(4.4′) (E III **6** 5713)]
(*Hobday, Short*, Soc. **1943** 609, 612).

F: 168°.

3-[Toluol-sulfonyl-(4)-oxy]-10.13-dimethyl-17-[2-hydroxy-1-methyl-2.2-diphenyl-
äthyl]-Δ⁵-tetradecahydro-1*H*-cyclopenta[*a*]phenanthren $C_{41}H_{50}O_4S$.

3β-[Toluol-sulfonyl-(4)-oxy]-20β_F-methyl-21.21-diphenyl-pregnen-(5)-ol-(21),
3β-[Toluol-sulfonyl-(4)-oxy]-22.22-diphenyl-23.24-dinor-cholen-(5)-ol-(22),
20β_F-methyl-21,21-diphenyl-3β-(p-tolylsulfonyloxy)pregn-5-en-21-ol $C_{41}H_{50}O_4S$; Formel
s. E III **6** 5855, Formel IX $(R = SO_2\text{-}C_6H_4\text{-}CH_3)$.

B. Beim Erwärmen von 22.22-Diphenyl-23.24-dinor-cholen-(5)-diol-(3β.22) (E III **6**
5854) mit Toluol-sulfonylchlorid-(4) und Pyridin (*Riegel, Meyer*, Am. Soc. **68** [1946]
1097).

Krystalle (aus Acn.); F: 134—134,6° [Zers.]. $[\alpha]_D^{24}$: —74,6° [CHCl₃; c = 1,4].

Beim Erwärmen mit Methanol ist 3β-Methoxy-21.21-diphenyl-23.24-dinor-chola=
dien-(5.20) (E III **6** 3799), beim Erwärmen mit Kaliumacetat enthaltendem Methanol
ist hingegen 6β-Methoxy-22.22-diphenyl-23.24-dinor-3α.5α-cyclo-cholanol-(22) (E III **6**
5859) erhalten worden.

3-[Toluol-sulfonyl-(4)-oxy]-10.13-dimethyl-17-[4-hydroxy-1-methyl-4.4-diphenyl-butyl]-Δ⁵-tetradecahydro-1*H*-cyclopenta[*a*]phenanthren $C_{43}H_{54}O_4S$.

3β-[Toluol-sulfonyl-(4)-oxy]-24.24-diphenyl-cholen-(5)-ol-(24), *24,24-diphenyl-3β-(p-tolylsulfonyloxy)chol-5-en-24-ol* $C_{43}H_{54}O_4S$; Formel s. E III **6** 5861, Formel IV (R = SO_2-C_6H_4-CH_3).

B. Beim Behandeln von **24.24-Diphenyl-cholen-(5)-diol-(3β.24)** (E III **6** 5860) mit Toluol-sulfonylchlorid-(4) und Pyridin (*Riegel, Dunker, Thomas*, Am. Soc. **64** [1942] 2115, 2118).

Krystalle (aus Acn. + PAe.); F: 143,2—144° [korr.].

Bei wiederholtem Umkrystallisieren erfolgt Dehydratisierung. Beim Erwärmen mit Kaliumacetat enthaltendem Methanol ist 6β-Methoxy-24.24-diphenyl-3α.5α-cyclo-chol-anol-(24) (E III **6** 5865) erhalten worden.   [*Schurek*]

1-[Toluol-sulfonyl-(4)-oxy]-propandiol-(2.3), Toluol-sulfonsäure-(4)-[2.3-dihydroxy-propylester], O^1-[Toluol-sulfonyl-(4)]-glycerin, *p-toluenesulfonic acid 2,3-dihydr-oxypropyl ester* $C_{10}H_{14}O_5S$.

a) **Toluol-sulfonsäure-(4)-[(*R*)-2.3-dihydroxy-propylester]**, Formel I.

B. Aus (*R*)-3-[Toluol-sulfonyl-(4)-oxy]-1.2-isopropylidendioxy-propan beim Erwärmen mit wss. Salzsäure (*Sowden, Fischer*, Am. Soc. **64** [1942] 1291; s. a. *Fischer, Baer*, Natur-wiss. **25** [1937] 588).

Krystalle; F: 63—64° (*Fi., Baer*), 60—61° [aus W.] (*So., Fi.*). [α]_D: —7,3° [Py.; c = 6] (*So., Fi.*).

Beim Behandeln mit Natriummethylat in Äther und Methanol ist (*R*)-1.2-Epoxy-propanol-(3) erhalten worden (*So., Fi.*).

b) **(±)-Toluol-sulfonsäure-(4)-[2.3-dihydroxy-propylester]**, Formel I + Spiegelbild.

B. Aus (±)-3-[Toluol-sulfonyl-(4)-oxy]-1.2-isopropylidendioxy-propan beim Erhitzen mit wss. Salzsäure (*Tipson, Clapp, Cretcher*, Am. Soc. **65** [1943] 1092).

Krystalle (aus Ae. + Pentan); F: 54°.

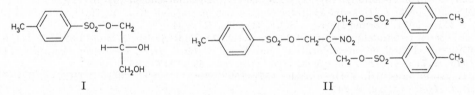

I   II

2-Nitro-1.3-bis-[toluol-sulfonyl-(4)-oxy]-2-[toluol-sulfonyl-(4)-oxymethyl]-propan, Nitro-tris-[toluol-sulfonyl-(4)-oxymethyl]-methan, *2-nitro-1,3-bis(p-tolyl-sulfonyloxy)-2-[(p-tolylsulfonyloxy)methyl]propane* $C_{25}H_{27}NO_{11}S_3$, Formel II.

B. Beim Erwärmen von 2-Nitro-2-hydroxymethyl-propandiol-(1.3) mit Toluol-sulf-onylchlorid-(4) und Pyridin (*Comm. Solv. Corp.*, U.S.P. 2412117 [1945]; *Riebsomer*, J. org. Chem. **11** [1946] 182).

Krystalle (aus Me.); F: 122—123°.

1.2.3-Tris-[toluol-sulfonyl-(4)-oxy]-benzol, *1,2,3-tris(p-tolylsulfonyloxy)benzene* $C_{27}H_{24}O_9S_3$, Formel III.

B. Beim Behandeln von Pyrogallol mit wss. Natronlauge und mit Toluol-sulfonyl-chlorid-(4) in Aceton (*Porteous, Williams*, Biochem. J. **44** [1949] 56, 57).

Krystalle (aus A.); F: 137—140°.

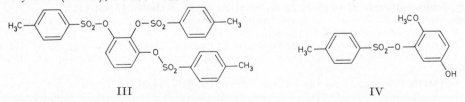

III   IV

3-[Toluol-sulfonyl-(4)-oxy]-4-methoxy-phenol, Toluol-sulfonsäure-(4)-[5-hydroxy-2-methoxy-phenylester], *4-methoxy-3-(p-tolylsulfonyloxy)phenol* $C_{14}H_{14}O_5S$, Formel IV.

B. Beim Erhitzen einer aus 3-[Toluol-sulfonyl-(4)-oxy]-4-methoxy-anilin-sulfat bereiteten wss. Diazoniumsalz-Lösung mit Kupfer(II)-sulfat (*Head, Robertson*, Soc. **1931** 1241, 1243).

Krystalle (aus wss. Me.); F: 124°. In Äthanol und Benzol leicht löslich, in Wasser fast unlöslich.

Beim Behandeln mit Eisen(III)-chlorid in äthanol. Lösung tritt eine grüne Färbung auf.

1.2.4-Tris-[toluol-sulfonyl-(4)-oxy]-benzol, *1,2,4-tris*(p-*tolylsulfonyloxy)benzene* $C_{27}H_{24}O_9S_3$, Formel V.

B. Beim Behandeln von 1.2.4-Trihydroxy-benzol mit wss. Natriumcarbonat-Lösung und mit Toluol-sulfonylchlorid-(4) in Aceton (*Porteous, Williams*, Biochem. J. **44** [1949] 56, 57).

Krystalle (aus A.); F: 105—106°.

Beim Erwärmen mit Schwefelsäure tritt eine grüne Färbung auf.

5-Chlor-2-[toluol-sulfonyl-(4)-oxy]-1.3-bis-hydroxymethyl-benzol, Toluol-sulfon=säure-(4)-[4-chlor-2.6-bis-hydroxymethyl-phenylester], *5-chloro-2-*(p-*tolylsulfonyloxy)-*m-*xylene-α,α'-diol* $C_{15}H_{15}ClO_5S$, Formel VI (X = Cl).

B. Aus 4-Chlor-2.6-bis-hydroxymethyl-phenol mit Hilfe von Toluol-sulfonylchlorid-(4) (*Zinke, Hanus, Ziegler*, J. pr. [2] **152** [1939] 126, 142).

Krystalle (aus Toluol); F: 151°.

2-[Toluol-sulfonyl-(4)-oxy]-5-methyl-1.3-bis-hydroxymethyl-benzol, Toluol-sulfon=säure-(4)-[4-methyl-2.6-bis-hydroxymethyl-phenylester], p-*toluenesulfonic acid α,α''-di=hydroxymesityl ester* $C_{16}H_{18}O_5S$, Formel VI (X = CH$_3$) (H 102; dort als 1^1.3^1-Dioxy-2-p-toluolsulfonyloxy-1.3.5-trimethyl-benzol bezeichnet).

Über die Dehydratisierung beim Erhitzen auf Temperaturen oberhalb 200° s. *Zinke, Hanus, Ziegler*, J. pr. [2] **152** [1939] 126, 130, 139; *Hanus, Fuchs*, J. pr. [2] **153** [1939] 327, 329, 336; *Zinke, Ziegler*, B. **77/79** [1944/46] 264, 265, 267. Beim Erhitzen unter Kohlendioxid auf 240° sind 2-Hydroxy-5-methyl-isophthalaldehyd und 2-[Toluol-sulfonyl-(4)-oxy]-5-methyl-isophthalaldehyd erhalten worden (*Zi., Zie.*, l. c. S. 267, 270).

2-[Toluol-sulfonyl-(4)-oxy]-1.3-bis-hydroxymethyl-5-äthyl-benzol, Toluol-sulfon=säure-(4)-[2.6-bis-hydroxymethyl-4-äthyl-phenylester], *5-ethyl-2-*(p-*tolylsulfonyloxy)-*m-*xylene-α,α'-diol* $C_{17}H_{20}O_5S$, Formel VI (X = C$_2$H$_5$).

B. Beim Behandeln von 2.6-Bis-hydroxymethyl-4-äthyl-phenol mit wss. Natronlauge und mit Toluol-sulfonylchlorid-(4) (*Hanus, Fuchs*, J. pr. [2] **153** [1939] 327, 332).

Krystalle (aus Bzl.); F: 130—131°.

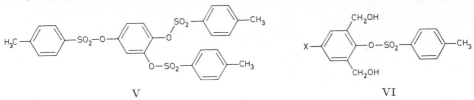

            V   VI

2-[Toluol-sulfonyl-(4)-oxy]-1.3-bis-hydroxymethyl-5-*tert*-butyl-benzol, Toluol-sulfon=säure-(4)-[2.6-bis-hydroxymethyl-4-*tert*-butyl-phenylester], *5-*tert-butyl-2-*(p-*tolylsulfon=yloxy)-*m-*xylene-α,α'-diol* $C_{19}H_{24}O_5S$, Formel VI (X = C(CH$_3$)$_3$).

B. Aus 2.6-Bis-hydroxymethyl-4-*tert*-butyl-phenol mit Hilfe von Toluol-sulfonyl=chlorid-(4) (*Hanus, Fuchs*, J. pr. [2] **153** [1939] 327, 333).

Krystalle (aus Bzl. oder E.); F: 140° [nicht rein erhalten].

3-Hydroxy-12-[toluol-sulfonyl-(4)-oxy]-17-[3-methoxycarbonyl-propionyloxy]-10.13-di=methyl-hexadecahydro-1*H*-cyclopenta[*a*]phenanthren $C_{31}H_{44}O_8S$.

12α-[Toluol-sulfonyl-(4)-oxy]-17β-[3-methoxycarbonyl-propionyloxy]-5β-androstan=ol-(3α), Bernsteinsäure-methylester-[3α-hydroxy-12α-(toluol-sulfonyl-(4)-oxy)-5β-andro=stanyl-(17β)-ester], *17β-[3-(methoxycarbonyl)propionyloxy]-12α-*(p-*tolylsulfonyloxy)-5β-androstan-3α-ol* $C_{31}H_{44}O_8S$, Formel VII (R = H).

B. Aus der im folgenden Artikel beschriebenen Verbindung beim Behandeln einer

Lösung in Benzol mit wss.-methanol. Kaliumcarbonat-Lösung (*Meystre, Wettstein,* Helv. **32** [1949] 1978, 1989).

Krystalle (aus Acn. + Diisopropyläther); F: 180—181° [korr.; Zers.; Kofler-App.].

**12-[Toluol-sulfonyl-(4)-oxy]-3.17-bis-[3-methoxycarbonyl-propionyloxy]-10.13-di=
methyl-hexadecahydro-1*H*-cyclopenta[*a*]phenanthren** C₃₆H₅₀O₁₁S.

**12α-[Toluol-sulfonyl-(4)-oxy]-3α.17β-bis-[3-methoxycarbonyl-propionyloxy]-
5β-androstan,** *3α,17β-bis[3-(methoxycarbonyl)propionyloxy]-12α-(p-tolylsulfonyloxy)-
5β-androstane* C₃₆H₅₀O₁₁S, Formel VII (R = CO-CH₂-CH₂-CO-OCH₃).

B. Beim Erwärmen von 5β-Androstantriol-(3α.12α.17β) (E III **6** 6388) mit Bernstein=
säure-anhydrid und Pyridin, Behandeln des Reaktionsprodukts mit Diazomethan in
Äther und mehrtägigen Erwärmen des danach isolierten Reaktionsprodukts mit Toluol-
sulfonylchlorid-(4) und Pyridin (*Meystre, Wettstein,* Helv. **32** [1949] 1978, 1988).

Krystalle (aus Acn. + Diisopropyläther); F: 155—158° [korr.; Kofler-App.]. [α]$_D^{20}$:
+75,5° [CHCl₃; c = 0,7].

Beim Erhitzen mit Collidin auf 155° und Erwärmen des Reaktionsprodukts mit
wss.-methanol. Kaliumcarbonat-Lösung ist 5β-Androsten-(11)-diol-(3α.17β) erhalten
worden (*Mey., We.,* l. c. S. 1990).

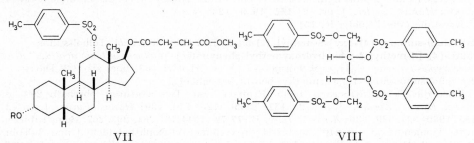

VII   VIII

**2-[Toluol-sulfonyl-(4)-oxy]-1.3-bis-hydroxymethyl-5-cyclohexyl-benzol, Toluol-sulfon=
säure-(4)-[2.6-bis-hydroxymethyl-4-cyclohexyl-phenylester],** *5-cyclohexyl-2-(p-tolyl=
sulfonyloxy)-m-xylene-α,α'-diol* C₂₁H₂₆O₅S, Formel VI (X = C₆H₁₁).

B. Beim Behandeln von 2.6-Bis-hydroxymethyl-4-cyclohexyl-phenol mit wss. Natron=
lauge und mit Toluol-sulfonylchlorid-(4) in Benzol (*Zinke, Hanus, Ziegler,* J. pr. [2]
152 [1939] 126, 137).

Krystalle (aus Bzl.); F: 162—162,5°.

**5.10-Diacetoxy-2.2.6a.6b.9.9.12a-heptamethyl-4a-[toluol-sulfonyl-(4)-oxymethyl]-
Δ¹⁴-eicosahydro-picen** C₄₁H₆₀O₇S.

28-[Toluol-sulfonyl-(4)-oxy]-3β.16α-diacetoxy-oleanen-(12), *3β,16α-diacetoxy-
28-(p-tolylsulfonyloxy)olean-12-ene* C₄₁H₆₀O₇S; Formel s. E III **6** 6498, Formel VII
(R = R′ = CO-CH₃, R″ = SO₂-C₆H₄-CH₃).

B. Beim Erhitzen von 3β.16α-Diacetoxy-oleanen-(12)-ol-(28) (E III **6** 6499) mit
Toluol-sulfonylchlorid-(4), Pyridin und Benzol auf 140° (*Jeger, Nisoli, Ruzicka,* Helv.
29 [1946] 1183, 1187).

Krystalle (aus Ae. + PAe.), F: 129,5—131° und (nach Wiedererstarren bei weiterem
Erhitzen) F: 194—195,5° [korr.; evakuierte Kapillare]. [α]$_D$: —6,7° [CHCl₃; c = 1].

1.2.3.4-Tetrakis-[toluol-sulfonyl-(4)-oxy]-butan, *1,2,3,4-tetrakis(p-tolylsulfonyloxy)butane*
C₃₂H₃₄O₁₂S₄.

**meso-1.2.3.4-Tetrakis-[toluol-sulfonyl-(4)-oxy]-butan, Tetrakis-*O*-[toluol-sulfon=
yl-(4)]-erythrit,** Formel VIII.

B. Beim Behandeln von Erythrit mit Toluol-sulfonylchlorid-(4) und Pyridin (*Tipson,
Cretcher,* J. org. Chem. **8** [1943] 95, 97).

Krystalle (aus Acn.); F: 165—166°.

**5-Methoxy-2-[toluol-sulfonyl-(4)-oxy]-1.3-bis-hydroxymethyl-benzol, Toluol-sulfon=
säure-(4)-[4-methoxy-2.6-bis-hydroxymethyl-phenylester],** *5-methoxy-2-(p-tolylsulfonyl=
oxy)-m-xylene-α,α'-diol* C₁₆H₁₈O₆S, Formel VI (X = OCH₃).

B. Aus 4-Methoxy-2.6-bis-hydroxymethyl-phenol mit Hilfe von Toluol-sulfonyl=

chlorid-(4) (*Zinke, Hanus, Ziegler*, J. pr. [2] **152** [1939] 126, 139).
Krystalle; F: 134°.

17-Hydroxy-3-benzoyloxy-10.13-dimethyl-17-[1-hydroxy-2-(toluol-sulfonyl-(4)-oxy)-äthyl]-hexadecahydro-1*H*-cyclopenta[*a*]phenanthren $C_{35}H_{46}O_7S$.

21-[Toluol-sulfonyl-(4)-oxy]-3β-benzoyloxy-5α.17βH-pregnandiol-(17.20ξ),
3β-(benzoyloxy)-21-(p-tolylsulfonyloxy)-5α,17βH-pregnane-17,20ξ-diol $C_{35}H_{46}O_7S$, Formel IX (R = H), vom F: 180°.

B. Neben 3β-Benzoyloxy-20ξ.21-epoxy-5α.17βH-pregnanol-(17) (F: 206—208°) bei mehrtägigem Behandeln von 3β-Benzoyloxy-5α.17βH-pregnantriol-(17.20ξ.21) (F: 248° bis 249°) mit Toluol-sulfonylchlorid-(4) und Pyridin (*Salamon, Reichstein*, Helv. **30** [1947] 1929, 1942).
Krystalle (aus CHCl₃ + Ae.); F: 178—180° [korr.; Zers.; Kofler-App.].
Beim Behandeln einer Lösung in Benzol mit alkalihaltigem Aluminiumoxid ist 3β-Benzoyloxy-20ξ.21-epoxy-5α.17βH-pregnanol-(17) (F: 206—208°) erhalten worden.

17-Hydroxy-3-benzoyloxy-10.13-dimethyl-17-[2-(toluol-sulfonyl-(4)-oxy)-1-acetoxy-äthyl]-hexadecahydro-1*H*-cyclopenta[*a*]phenanthren $C_{37}H_{48}O_8S$.

21-[Toluol-sulfonyl-(4)-oxy]-20ξ-acetoxy-3β-benzoyloxy-5α.17βH-pregnanol-(17),
20ξ-acetoxy-3β-(benzoyloxy)-21-(p-tolylsulfonyloxy)-5α,17βH-pregnan-17-ol $C_{37}H_{48}O_8S$,
Formel IX (R = CO-CH₃), vom F: 137°.

B. Beim Behandeln der im vorangehenden Artikel beschriebenen Verbindung mit Acetanhydrid und Pyridin (*Salamon, Reichstein*, Helv. **30** [1947] 1929, 1943).
Krystalle (aus Acn. + Ae.); F: 130—137° [korr.; Zers.; Kofler-App.].

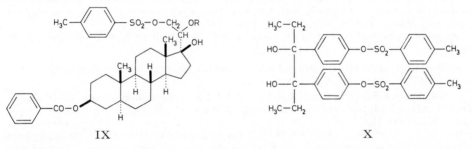

IX   X

4.4′-Bis-[toluol-sulfonyl-(4)-oxy]-α.α′-diäthyl-bibenzyldiol-(α.α′), **3.4-Bis-[4-(toluol-sulfonyl-(4)-oxy)-phenyl]-hexandiol-(3.4)**, *3,4-bis*[p-(p-*tolylsulfonyloxy*)*phenyl*]*hexane-3,4-diol* $C_{32}H_{34}O_8S_2$.

meso-3.4-Bis-[4-(toluol-sulfonyl-(4)-oxy)-phenyl]-hexandiol-(3.4), Formel X.
B. Aus meso-3.4-Bis-[4-hydroxy-phenyl]-hexandiol-(3.4) (*Hobday, Short*, Soc. **1943** 609, 611).
Krystalle (aus Bzl.); F: 205°.

2.3.4.5-Tetrakis-[toluol-sulfonyl-(4)-oxy]-1-benzoyloxy-hexan, *1-(benzoyloxy)-2,3,4,5-tetrakis*(p-*tolylsulfonyloxy*)*hexane* $C_{41}H_{42}O_{14}S_4$.

L-galacto-2.3.4.5-Tetrakis-[toluol-sulfonyl-(4)-oxy]-1-benzoyloxy-hexan,
$O^2.O^3.O^4.O^5$-Tetra-[toluol-sulfonyl-(4)]-O^6-benzoyl-D-1-desoxy-galactit,
$O^2.O^3.O^4.O^5$-Tetra-[toluol-sulfonyl-(4)]-O^1-benzoyl-L-fucit $C_{41}H_{42}O_{14}S_4$, Formel I.
B. Neben $O^x.O^x.O^x$-Tri-[toluol-sulfonyl-(4)]-O^1-benzoyl-L-fucit $C_{34}H_{36}O_{12}S_3$ (Krystalle [aus A.]; F: 155—156° [korr.]; $[\alpha]_D^{20}$: +13,8° [CHCl₃; c = 1]) bei mehrtägigem Behandeln von O^1-Benzoyl-L-fucit (E III **9** 702) mit Toluol-sulfonylchlorid-(4) und Pyridin (*Ness, Hann, Hudson*, Am. Soc. **64** [1942] 982, 984).
Krystalle (aus A.); F: 143—145° [korr.]. $[\alpha]_D^{20}$: +18,0° [CHCl₃; c = 1].

2.4-Bis-[toluol-sulfonyl-(4)-oxy]-hexantetrol-(1.3.5.6), *3,5-bis*(p-*tolylsulfonyloxy*)*hexane-1,2,4,6-tetrol* $C_{20}H_{26}O_{10}S_2$.

D-manno-2.4-Bis-[toluol-sulfonyl-(4)-oxy]-hexantetrol-(1.3.5.6), $O^2.O^4$-Di-[toluol-sulfonyl-(4)]-D-mannit $C_{20}H_{26}O_{10}S_2$, Formel II (R = X = H).
B. Aus $O^3.O^5$-Di-[toluol-sulfonyl-(4)]-$O^2.O^4$-diacetyl-$O^1.O^6$-dibenzoyl-D-mannit (S. 243)

beim Behandeln mit Natriummethylat in Methanol (*Müller*, B. **67** [1934] 830, 834).

Krystalle (aus A. + Ae. + PAe.); F: 157° [Zers.]. $[\alpha]_D^{18}$: +20° [Py.; p = 6]. In Pyridin leicht löslich, in Chloroform und Wasser schwer löslich.

Bildung von $O^2.O^4$-Di-[toluol-sulfonyl-(4)]-D-arabinose und Formaldehyd beim Behandeln mit Blei(IV)-acetat in Essigsäure: *Mü.*

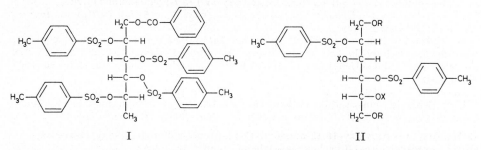

I   II

1.6-Bis-[toluol-sulfonyl-(4)-oxy]-2.3.4.5-tetraacetoxy-hexan, *2,3,4,5-tetraacetoxy-1,6-bis= (p-tolylsulfonyloxy)hexane* $C_{28}H_{34}O_{14}S_2$.

D-*manno*-1.6-Bis-[toluol-sulfonyl-(4)-oxy]-2.3.4.5-tetraacetoxy-hexan, $O^1.O^6$-Di- [toluol-sulfonyl-(4)]-$O^2.O^3.O^4.O^5$-tetraacetyl-D-mannit $C_{28}H_{34}O_{14}S_2$, Formel III (R = CO-CH₃).

B. Aus $O^1.O^6$-Di-[toluol-sulfonyl-(4)]-$O^2.O^4$:$O^3.O^5$-dibenzyliden-D-mannit (F: 185° bis 186°; zur Konstitution dieser Verbindung vgl. *Baggett et al.*, Soc. **1965** 3401, 3405) beim Behandeln mit einem Gemisch von Acetanhydrid, Essigsäure und wenig Schwefelsäure (*Haskins, Hann, Hudson*, Am. Soc. **65** [1943] 1419, 1421).

Krystalle (aus A.); F: 119—120° [korr.]; $[\alpha]_D^{20}$: +22,9° [CHCl₃; c = 0,8] (*Ha., Hann, Hu.*).

3.4-Bis-[toluol-sulfonyl-(4)-oxy]-1.2.5.6-tetraacetoxy-hexan, *1,2,5,6-tetraacetoxy-3,4-bis= (p-tolylsulfonyloxy)hexane* $C_{28}H_{34}O_{14}S_2$.

D-*manno*-3.4-Bis-[toluol-sulfonyl-(4)-oxy]-1.2.5.6-tetraacetoxy-hexan, $O^3.O^4$-Di- [toluol-sulfonyl-(4)]-$O^1.O^2.O^5.O^6$-tetraacetyl-D-mannit $C_{28}H_{34}O_{14}S_2$, Formel IV (R = X = CO-CH₃).

B. Beim Erwärmen von $O^3.O^4$-Di-[toluol-sulfonyl-(4)]-$O^1.O^2$:$O^5.O^6$-diisopropyliden- D-mannit mit wss. Essigsäure und Erhitzen des Reaktionsprodukts mit Acetanhydrid und Natriumacetat (*Wiggins*, Soc. **1947** 1403).

Öl. $[\alpha]_D^{18}$: −0,8° [CHCl₃; c = 10].

Beim Behandeln einer Lösung in Chloroform mit methanol. Natriummethylat ist 1.4:3.6-Dianhydro-D-idit erhalten worden.

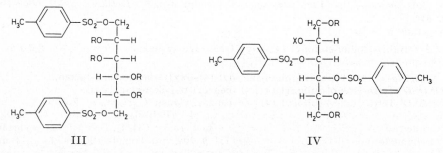

III   IV

2.5-Bis-[toluol-sulfonyl-(4)-oxy]-1.6-dibenzoyloxy-hexandiol-(3.4), *1,6-bis(benzoyloxy)- 2,5-bis(p-tolylsulfonyloxy)hexane-3,4-diol* $C_{34}H_{34}O_{12}S_2$.

D-*manno*-2.5-Bis-[toluol-sulfonyl-(4)-oxy]-1.6-dibenzoyloxy-hexandiol-(3.4), $O^2.O^5$-Di-[toluol-sulfonyl-(4)]-$O^1.O^6$-dibenzoyl-D-mannit $C_{34}H_{34}O_{12}S_2$, Formel V (R = H).

B. Aus $O^2.O^5$-Di-[toluol-sulfonyl-(4)]-$O^3.O^4$-isopropyliden-$O^1.O^6$-dibenzoyl-D-mannit beim Behandeln mit Essigsäure und wss. Salzsäure (*Brigl, Grüner*, B. **67** [1934] 1969,

1973).

Krystalle (aus A. + PAe.); F: 76—77°. $[\alpha]_D$: —27,8° [CHCl$_3$; c = 2].

3.4-Bis-[toluol-sulfonyl-(4)-oxy]-1.6-dibenzoyloxy-hexandiol-(2.5), *1,6-bis(benzoyloxy)-3,4-bis(p-tolylsulfonyloxy)hexane-2,5-diol* C$_{34}$H$_{34}$O$_{12}$S$_2$.

D-*manno*-**3.4-Bis-[toluol-sulfonyl-(4)-oxy]-1.6-dibenzoyl-hexandiol-(2.5)**, $O^3.O^4$-Di-[toluol-sulfonyl-(4)]-$O^1.O^6$-dibenzoyl-D-mannit C$_{34}$H$_{34}$O$_{12}$S$_2$, Formel IV (R = CO-C$_6$H$_5$, X = H).

B. Beim Erwärmen von $O^3.O^4$-Di-[toluol-sulfonyl-(4)]-$O^1.O^2$:$O^5.O^6$-diisopropyliden-D-mannit mit wss. Essigsäure und Behandeln des Reaktionsprodukts mit Benzoylchlorid und Pyridin (*Brigl, Grüner*, B. **67** [1934] 1969, 1972).

Krystalle (aus A.); F: 145—146°. $[\alpha]_D$: +42,2° [CHCl$_3$; c = 1].

3.5-Bis-[toluol-sulfonyl-(4)-oxy]-2.4-diacetoxy-1.6-dibenzoyloxy-hexan, *2,4-diacetoxy-1,6-bis(benzoyloxy)-3,5-bis(p-tolylsulfonyloxy)hexane* C$_{38}$H$_{38}$O$_{14}$S$_2$.

D-*manno*-**3.5-Bis-[toluol-sulfonyl-(4)-oxy]-2.4-diacetoxy-1.6-dibenzoyloxy-hexan**, $O^3.O^5$-Di-[toluol-sulfonyl-(4)]-$O^2.O^4$-diacetyl-$O^1.O^6$-dibenzoyl-D-mannit C$_{38}$H$_{38}$O$_{14}$S$_2$, Formel II (R = CO-C$_6$H$_5$, X = CO-CH$_3$).

Konstitution: *Müller*, B. **67** [1934] 830, 832, 834; *Brigl, Grüner*, B. **67** [1934] 1969, 1971.

B. Aus $O^2.O^3.O^4.O^5$-Tetra-[toluol-sulfonyl-(4)]-$O^1.O^6$-dibenzoyl-D-mannit (S. 245) beim Erhitzen mit Acetanhydrid und Natriumacetat (*Müller, v. Vargha*, B. **66** [1933] 1165, 1167).

Krystalle (aus A.); F: 108—109°. $[\alpha]_D^{20}$: +74,3° [CHCl$_3$; p = 3].

2.5-Bis-[toluol-sulfonyl-(4)-oxy]-3.4-diacetoxy-1.6-dibenzoyloxy-hexan, *3,4-diacetoxy-1,6-bis(benzoyloxy)-2,5-bis(p-tolylsulfonyloxy)hexane* C$_{38}$H$_{38}$O$_{14}$S$_2$.

D-*manno*-**2.5-Bis-[toluol-sulfonyl-(4)-oxy]-3.4-diacetoxy-1.6-dibenzoyloxy-hexan**, $O^2.O^5$-Di-[toluol-sulfonyl-(4)]-$O^3.O^4$-diacetyl-$O^1.O^6$-dibenzoyl-D-mannit C$_{38}$H$_{38}$O$_{14}$S$_2$, Formel V (R = CO-CH$_3$).

B. Beim Behandeln von $O^2.O^5$-Di-[toluol-sulfonyl-(4)]-$O^1.O^6$-dibenzoyl-D-mannit (S. 242) mit Acetanhydrid und Pyridin (*Brigl, Grüner*, B. **67** [1934] 1969, 1973).

Krystalle (aus A.); F: 121°. $[\alpha]_D$: +56,4° [CHCl$_3$; c = 2].

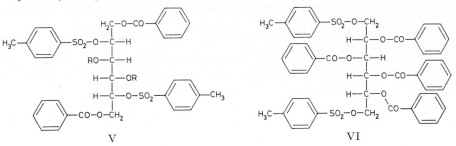

                V   VI

3.4-Bis-[toluol-sulfonyl-(4)-oxy]-2.5-diacetoxy-1.6-dibenzoyloxy-hexan, *2,5-diacetoxy-1,6-bis(benzoyloxy)-3,4-bis(p-tolylsulfonyloxy)hexane* C$_{38}$H$_{38}$O$_{14}$S$_2$.

D-*manno*-**3.4-Bis-[toluol-sulfonyl-(4)-oxy]-2.5-diacetoxy-1.6-dibenzoyloxy-hexan**, $O^3.O^4$-Di-[toluol-sulfonyl-(4)]-$O^2.O^5$-diacetyl-$O^1.O^6$-dibenzoyl-D-mannit C$_{38}$H$_{38}$O$_{14}$S$_2$, Formel IV (R = CO-C$_6$H$_5$, X = CO-CH$_3$).

B. Beim Behandeln von $O^3.O^4$-Di-[toluol-sulfonyl-(4)]-$O^1.O^6$-dibenzoyl-D-mannit (S. 242) mit Acetanhydrid und Pyridin (*Brigl, Grüner*, B. **67** [1934] 1969, 1972).

Krystalle (aus A.); F: 142°. $[\alpha]_D$: +55,9° [CHCl$_3$; c = 0,6].

1.6-Bis-[toluol-sulfonyl-(4)-oxy]-2.3.4.5-tetrabenzoyloxy-hexan, *2,3,4,5-tetrakis=(benzoyloxy)-1,6-bis(p-tolylsulfonyloxy)hexane* C$_{48}$H$_{42}$O$_{14}$S$_2$.

a) D-*manno*-**1.6-Bis-[toluol-sulfonyl-(4)-oxy]-2.3.4.5-tetrabenzoyloxy-hexan**, $O^1.O^6$-Di-[toluol-sulfonyl-(4)]-$O^2.O^3.O^4.O^5$-tetrabenzoyl-D-mannit C$_{48}$H$_{42}$O$_{14}$S$_2$, Formel III (R = CO-C$_6$H$_5$).

B. Beim Behandeln von $O^2.O^3.O^4.O^5$-Tetrabenzoyl-D-mannit (E III **9** 711) mit Toluol-sulfonylchlorid-(4) und Pyridin (*Müller*, B. **65** [1932] 1051, 1053).

Krystalle (aus E. + A. oder aus Eg. + Py.); F: 171°; $[\alpha]_D^{18}$: +36,6° [CHCl$_3$; p = 1] oder F: 166°; $[\alpha]_D^{19}$: +37,0° [CHCl$_3$; p = 1]. In Benzol, Chloroform und Aceton löslich, in Äther fast unlöslich.

b) D-*gluco*-1.6-Bis-[toluol-sulfonyl-(4)-oxy]-2.3.4.5-tetrabenzoyloxy-hexan, $O^1.O^6$-Di-[toluol-sulfonyl-(4)]-$O^2.O^3.O^4.O^5$-tetrabenzoyl-D-glucit, $O^1.O^6$-Bis-[toluol-sulfonyl-(4)]-$O^2.O^3.O^4.O^5$-tetrabenzoyl-sorbit C$_{48}$H$_{42}$O$_{14}$S$_2$, Formel VI.

B. Beim Behandeln einer Lösung von $O^1.O^6$-Bis-triphenylmethyl-$O^2.O^3.O^4.O^5$-tetrabenzoyl-D-glucit (E III **9** 711) in Chloroform mit Bromwasserstoff in Essigsäure und Behandeln des Reaktionsprodukts mit Toluol-sulfonylchlorid-(4) und Pyridin (*Hamamura*, J. agric. chem. Soc. Japan **18** [1942] 581; Bl. agric. chem. Soc. Japan **18** [1942] 49; C. A. **1951** 4652).

Krystalle (aus Me.); F: 124—125°. $[\alpha]_D^{15}$: +13,0° [CHCl$_3$; c = 2].

3.5-Bis-[toluol-sulfonyl-(4)-oxy]-1.2.4.6-tetrabenzoyloxy-hexan, *1,2,4,6-tetrakis-(benzoyloxy)-3,5-bis(p-tolylsulfonyloxy)hexane* C$_{48}$H$_{42}$O$_{14}$S$_2$.

D-*manno*-3.5-Bis-[toluol-sulfonyl-(4)-oxy]-1.2.4.6-tetrabenzoyloxy-hexan, $O^3.O^5$-Di-[toluol-sulfonyl-(4)]-$O^1.O^2.O^4.O^6$-tetrabenzoyl-D-mannit C$_{48}$H$_{42}$O$_{14}$S$_2$, Formel II (R = X = CO-C$_6$H$_5$) auf S. 242.

B. Bei mehrtägigem Behandeln von $O^2.O^4$-Di-[toluol-sulfonyl-(4)]-D-mannit (S. 241) mit Benzoylchlorid und Pyridin (*Müller*, B. **67** [1934] 830, 834).

Krystalle (aus E. + A.); F: 153° [nach Sintern bei 150°]. $[\alpha]_D^{19}$: +41,6° [CHCl$_3$; p = 12].

3.4-Bis-[toluol-sulfonyl-(4)-oxy]-1.2.5.6-tetrabenzoyloxy-hexan, *1,2,5,6-tetrakis-(benzoyloxy)-3,4-bis(p-tolylsulfonyloxy)hexane* C$_{48}$H$_{42}$O$_{14}$S$_2$.

D-*manno*-3.4-Bis-[toluol-sulfonyl-(4)-oxy]-1.2.5.6-tetrabenzoyloxy-hexan, $O^3.O^4$-Di-[toluol-sulfonyl-(4)]-$O^1.O^2.O^5.O^6$-tetrabenzoyloxy-D-mannit C$_{48}$H$_{42}$O$_{14}$S$_2$, Formel IV (R = X = CO-C$_6$H$_5$) auf S. 242.

B. Bei mehrtägigem Behandeln von $O^1.O^2.O^5.O^6$-Tetrabenzoyl-D-mannit (E III **9** 710) mit Toluol-sulfonylchlorid-(4) und Pyridin (*Brigl, Grüner*, B. **66** [1933] 1945, 1949).

Krystalle (aus A.); F: 136—137°. $[\alpha]_D$: —4,8° [CHCl$_3$; c = 2].

1.2.5.6-Tetrakis-[toluol-sulfonyl-(4)-oxy]-hexandiol-(3.4), *1,2,5,6-tetrakis(p-tolylsulfonyloxy)hexane-3,4-diol* C$_{34}$H$_{38}$O$_{14}$S$_4$.

D-*manno*-1.2.5.6-Tetrakis-[toluol-sulfonyl-(4)-oxy]-hexandiol-(3.4), $O^1.O^2.O^5.O^6$-Tetra-[toluol-sulfonyl-(4)]-D-mannit C$_{34}$H$_{38}$O$_{14}$S$_4$, Formel VII.

B. Aus $O^1.O^2.O^5.O^6$-Tetra-[toluol-sulfonyl-(4)]-$O^3.O^4$-isopropyliden-D-mannit beim Erwärmen mit wss. Salzsäure und Aceton auf 70° (*Karrer, Davis*, Helv. **31** [1948] 1611, 1614).

Krystalle (aus Toluol); F: 141,5—142°.

Beim Erwärmen mit Natriumjodid in Aceton sind D$_g$-*threo*-Hexadien-(1.5)-diol-(3.4) und D$_g$-*threo*-3.4-Isopropylidendioxy-hexadien-(1.5) erhalten worden (*Ka., Da.*, l. c. S. 1615).

2.3.4.5-Tetrakis-[toluol-sulfonyl-(4)-oxy]-1.6-dibenzoyloxy-hexan, *1,6-bis(benzoyloxy)-2,3,4,5-tetrakis(p-tolylsulfonyloxy)hexane* C$_{48}$H$_{46}$O$_{16}$S$_4$.

D-*manno*-2.3.4.5-Tetrakis-[toluol-sulfonyl-(4)-oxy]-1.6-dibenzoyloxy-hexan, $O^2.O^3.O^4.O^5$-Tetra-[toluol-sulfonyl-(4)]-$O^1.O^6$-dibenzoyl-D-mannit C$_{48}$H$_{46}$O$_{16}$S$_4$, Formel VIII.

Ein Gemisch dieser Verbindung mit $O^3.O^4$-Di-[toluol-sulfonyl-(4)]-$O^1.O^6$-dibenzoyl-2.5-anhydro-D-glucit(?) (F: 142°; $[\alpha]_D^{18}$: +56,1° [CHCl$_3$]) hat in einem von *Müller* (B. **65** [1932] 1055, 1057) ursprünglich als $O^x.O^x.O^x$-Tri-[toluol-sulfonyl-(4)]-$O^1.O^6$-dibenzoyl-D-mannit angesehenen Präparat vorgelegen (*Müller, v. Vargha*, B. **66** [1933] 1165).

B. Neben $O^3.O^4$-Di-[toluol-sulfonyl-(4)]-$O^1.O^6$-dibenzoyl-2.5-anhydro-D-glucit (?) bei mehrtägigem Behandeln von $O^1.O^6$-Dibenzoyl-D-mannit mit Toluol-sulfonylchlorid-(4) (>4 Mol) und Pyridin (*Mü., v. Va.*).

Krystalle (aus E.); F: 159° (*Mü., v. Va.*, l. c. S. 1167). $[\alpha]_D^{18}$: +42,0° [CHCl$_3$; c = 3] (*Mü., v. Va.*, l. c. S. 1167). In Benzol und Chloroform löslich, in Äther und Äthanol schwer löslich (*Mü., v. Va.*, l. c. S. 1167).

Beim Erhitzen mit Acetanhydrid und Natriumacetat ist $O^3.O^5$-Di-[toluol-sulfon=yl-(4)]-$O^2.O^4$-diacetyl-$O^1.O^6$-dibenzoyl-D-mannit (S. 243) erhalten worden (*Mü., v. Va.*, l. c. S. 1167).

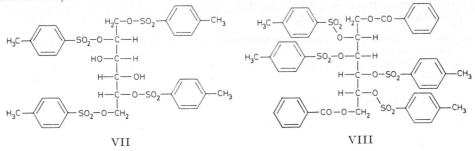

VII   VIII

2.3.4.5.6-Pentaacetoxy-1-[toluol-sulfonyl-(4)-oxymethyl]-cyclohexanol-(1), *2,3,4,5,6-pentaacetoxy-1-[(p-tolylsulfonyloxy)methyl]cyclohexanol* $C_{24}H_{30}O_{14}S$.

2t.3c.4t.5c.6t-Pentaacetoxy-1r-[toluol-sulfonyl-(4)-oxymethyl]-cyclohexanol-(1), C^2-**[Toluol-sulfonyl-(4)-oxymethyl]-$O^1.O^3.O^4.O^5.O^6$-pentaacetyl-*myo*-inosit** $C_{24}H_{30}O_{14}S$, Formel IX.

B. Bei 3-tägigem Behandeln von (3s)-4r.5t.6c.7t.8c-Pentaacetoxy-1-oxa-spiro[2.5]octan (aus 2-Oxo-penta-O-acetyl-2-desoxy-*myo*-inosit [E III **8** 4200] hergestellt) mit Toluol-sulfonsäure-(4) in Chloroform (*Posternak*, Helv. **27** [1944] 457, 466).

Krystalle (aus A.); F: 187—188° [Zers.; bei schnellem Erhitzen].

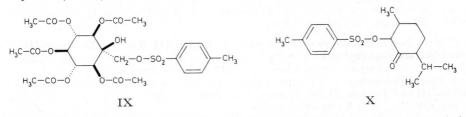

IX   X

2-[Toluol-sulfonyl-(4)-oxy]-*p*-menthanon-(3), Toluol-sulfonsäure-(4)-[6-oxo-2-methyl-5-isopropyl-cyclohexylester], *2-(p-tolylsulfonyloxy)-p-menthan-3-one* $C_{17}H_{24}O_4S$, Formel X.

Ein opt.-inakt. Ester (Krystalle [aus A. oder E.]; F: 106—107°) dieser Konstitution ist beim Behandeln von opt.-inakt. 2-Hydroxy-*p*-menthanon-(3) (Kp$_{12}$: 108—115° [E III **8** 26]) mit Toluol-sulfonylchlorid-(4) und Pyridin erhalten worden (*Walker, Read*, Soc. **1934** 238, 240).

(±)-3-[Toluol-sulfonyl-(4)-oxy]-1-methyl-cyclopenten-(3)-on-(2), (±)-Toluol-sulfon=säure-(4)-[2-oxo-3-methyl-cyclopenten-(5)-ylester], *(±)-5-methyl-2-(p-tolylsulfonyloxy)=cyclopent-2-en-1-one* $C_{13}H_{14}O_4S$, Formel XI.

Diese Konstitution kommt einer von *Lichtenberger* (Bl. [5] **9** [1942] 206) als 2-[Toluol-sulfonyl-(4)-oxy]-1-methyl-cyclopenten-(1)-on-(3) angesehenen, aus dem Na=trium-Salz des 1-Methyl-cyclopentandions-(2.3) (3-Hydroxy-1-methyl-cyclopenten-(3)-ons-(2)) und Toluol-sulfonylchlorid-(4) erhaltenen Verbindung vom F: 95—96° (*Li.*) zu (*Hesse, Breig*, A. **592** [1955] 120).

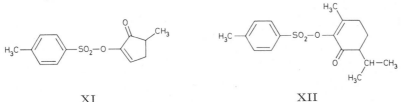

XI   XII

(±)-2-[Toluol-sulfonyl-(4)-oxy]-*p*-menthen-(1)-on-(3), (±)-Toluol-sulfonsäure-(4)-[3-oxo-*p*-menthen-(1)-yl-(2)-ester], *(±)-2-(p-tolylsulfonyloxy)-p-menth-1-en-3-one* C₁₇H₂₂O₄S, Formel XII.

B. Beim Behandeln von Diosphenol (E III 7 3249) mit Toluol-sulfonylchlorid-(4) und Pyridin (*Walker, Read*, Soc. **1934** 238, 241).

Krystalle (aus E. + A.); F: 76°.

3-Nitro-2-[toluol-sulfonyl-(4)-oxy]-benzaldehyd, Toluol-sulfonsäure-(4)-[6-nitro-2-formyl-phenylester], *3-nitro-2-(p-tolylsulfonyloxy)benzaldehyde* C₁₄H₁₁NO₆S, Formel I.

B. Beim Erwärmen von 3-Nitro-2-hydroxy-benzaldehyd mit Toluol-sulfonylchlorid-(4) unter Zusatz von wss. Natriumcarbonat-Lösung (*Allan, Loudon*, Soc. **1949** 821, 823).

Krystalle (aus Bzl.); F: 131°.

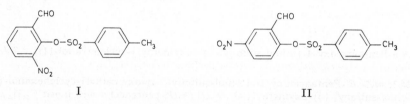

I   II

5-Nitro-2-[toluol-sulfonyl-(4)-oxy]-benzaldehyd, Toluol-sulfonsäure-(4)-[4-nitro-2-formyl-phenylester], *5-nitro-2-(p-tolylsulfonyloxy)benzaldehyde* C₁₄H₁₁NO₆S, Formel II.

B. Beim Erwärmen von 5-Nitro-2-hydroxy-benzaldehyd mit Toluol-sulfonylchlorid-(4) und *N.N*-Dimethyl-anilin (*Allan, Loudon*, Soc. **1949** 821, 823).

Krystalle (aus Eg.); F: 97—98°.

Beim Erwärmen mit Pyridin und Benzol ist 1-[4-Nitro-2-formyl-phenyl]-pyridinium-[toluol-sulfonat-(4)] erhalten worden.

1-[3-Nitro-2-(toluol-sulfonyl-(4)-oxy)-phenyl]-äthanon-(1), Toluol-sulfonsäure-(4)-[6-nitro-2-acetyl-phenylester], 3-Nitro-2-[toluol-sulfonyl-(4)-oxy]-acetophenon, *3'-nitro-2'-(p-tolylsulfonyloxy)acetophenone* C₁₅H₁₃NO₆S, Formel III.

B. Beim Behandeln von 1-[3-Nitro-2-hydroxy-phenyl]-äthanon-(1) mit Toluol-sulfonyl-chlorid-(4) und Pyridin (*Allan, Loudon*, Soc. **1949** 821, 824).

Krystalle (aus A.); F: 98—99°.

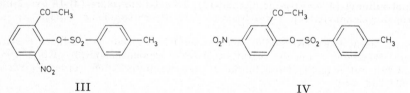

III   IV

1-[5-Nitro-2-(toluol-sulfonyl-(4)-oxy)-phenyl]-äthanon-(1), Toluol-sulfonsäure-(4)-[4-nitro-2-acetyl-phenylester], 5-Nitro-2-[toluol-sulfonyl-(4)-oxy]-acetophenon, *5'-nitro-2'-(p-tolylsulfonyloxy)acetophenone* C₁₅H₁₃NO₆S, Formel IV.

B. Beim Behandeln von 1-[5-Nitro-2-hydroxy-phenyl]-äthanon-(1) mit Toluol-sulfonyl-chlorid-(4) und Pyridin (*Allan, Loudon*, Soc. **1949** 821, 824).

Krystalle (aus A.); F: 93—94°.

3-[Toluol-sulfonyl-(4)-oxy]-17-oxo-10.13-dimethyl-hexadecahydro-1*H*-cyclopenta[*a*]-phenanthren C₂₆H₃₆O₄S.

3β-[Toluolsulfonyl-(4)-oxy]-5α-androstanon-(17), *3β-(p-tolylsulfonyloxy)-5α-andro-stan-17-one* C₂₆H₃₆O₄S; Formel s. E III **8** 590, Formel I (R = SO₂-C₆H₄-CH₃).

B. Beim Behandeln von 3β-Hydroxy-5α-androstanon-(17) (E III **8** 584) mit Toluol-sulfonylchlorid-(4) und Pyridin (*CIBA*, Brit.P. 495887 [1937]).

F: 164—166°.

Beim Erhitzen mit Kaliumacetat und Essigsäure ist 3α-Acetoxy-5α-androstanon-(17) erhalten worden.

3-[Toluol-sulfonyl-(4)-oxy]-6-oxo-10.13-dimethyl-17-[1.5-dimethyl-hexyl]-hexadeca⸗hydro-1H-cyclopenta[a]phenanthren $C_{34}H_{52}O_4S$.

a) **3β-[Toluol-sulfonyl-(4)-oxy]-5α-cholestanon-(6)**, *3β-(p-tolylsulfonyloxy)-5α-chole⸗stan-6-one* $C_{34}H_{52}O_4S$; Formel s. E III **8** 659, Formel II (R = SO_2-C_6H_4-CH_3).

B. Beim Erwärmen von 3β-Hydroxy-5α-cholestanon-(6) (E III **8** 658) mit Toluol-sulfonylchlorid-(4) und Pyridin (*Dodson, Riegel*, J. org. Chem. **13** [1948] 424, 433).

Krystalle (aus Acn.), die je nach der Geschwindigkeit des Erhitzens zwischen 169° und 179° [Zers.; Block] schmelzen. $[\alpha]_D^{21}$: $-5,5°$ [CHCl₃; c = 2].

Überführung in 3α.5α-Cyclo-cholestanon-(6) durch Erwärmen mit äthanol. Kalilauge: *Do., Rie.* Bei 17-stdg. Erhitzen mit Natriumacetat und Essigsäure und Erwärmen des Reaktionsprodukts mit äthanol. Kalilauge sind 5α-Cholesten-(2)-on-(6), 3α-Hydroxy-5α-cholestanon-(6) und 3β-Hydroxy-5α-cholestanon-(6) erhalten worden.

b) **3α-[Toluol-sulfonyl-(4)-oxy]-5α-cholestanon-(6)**, *3α-(p-tolylsulfonyloxy)-5α-chole⸗stan-6-one* $C_{34}H_{52}O_4S$, Formel s. E III **8** 659, Formel III (R = SO_2-C_6H_4-CH_3).

B. Beim Erwärmen von 3α-Hydroxy-5α-cholestanon-(6) (E III **8** 659) mit Toluol-sulfonylchlorid-(4) und Pyridin (*Dodson, Riegel*, J. org. Chem. **13** [1948] 424, 435).

Krystalle (aus Me.); F: 147—148° [Block]. $[\alpha]_D^{24,5}$: $+1,1°$ [CHCl₃; c = 2].

Beim Erwärmen mit äthanol. Kalilauge ist 5α-Cholesten-(2)-on-(6) erhalten worden.

3-[Toluol-sulfonyl-(4)-oxy]-17-oxo-10.13-dimethyl-Δ⁵-tetradecahydro-1H-cyclopenta[a]⸗phenanthren $C_{26}H_{34}O_4S$.

3β-[Toluol-sulfonyl-(4)-oxy]-androsten-(5)-on-(17), *3β-(p-tolylsulfonyloxy)androst-5-en-17-one* $C_{26}H_{34}O_4S$; Formel s. E III **8** 920, Formel VIII (R = SO_2-C_6H_4-CH_3).

B. Beim Behandeln von 3β-Hydroxy-androsten-(5)-on-(17) (E III **8** 914) mit Toluol-sulfonylchlorid-(4) und Pyridin (*Butenandt, Grosse*, B. **69** [1936] 2726; *Butenandt, Surányi*, B. **75** [1942] 591, 594).

Krystalle; F: 157—158° [Zers.; aus Bzl. + PAe.] (*Bu., Gr.*), 153—154° [unkorr.; aus Acn.] (*Bu., Su.*). $[\alpha]_D^{20}$: $-12,1°$ [Dioxan; c = 4] (*Bu., Gr.*).

Überführung in 3β-Methoxy-androsten-(5)-on-(17) durch Erwärmen mit Methanol: *Bu., Gr.* Beim Erwärmen mit Kaliumacetat und Methanol ist 6β-Methoxy-3α.5α-cyclo-androstanon-(17) (E III **8** 934) erhalten worden (*Bu., Gr.*).

3-[Toluol-sulfonyl-(4)-oxy]-10.13-dimethyl-17-acetyl-Δ⁵-tetradecahydro-1H-cyclopenta⸗[a]phenanthren $C_{28}H_{38}O_4S$.

3β-[Toluol-sulfonyl-(4)-oxy]-pregnen-(5)-on-(20), *3β-(p-tolylsulfonyloxy)pregn-5-en-20-one* $C_{28}H_{38}O_4S$; Formel s. E III **8** 954, Formel I (R = SO_2-C_6H_4-CH_3).

B. Beim Behandeln von 3β-Hydroxy-pregnen-(5)-on-(20) (E III **8** 949) mit Toluol-sulfonylchlorid-(4) und Pyridin (*Butenandt, Grosse*, B. **70** [1937] 1446, 1448).

Krystalle (aus wss. Acn.); F: 139—140° [unkorr.]. $[\alpha]_D^{20}$: $+9°$ [CHCl₃; c = 7].

Beim Erwärmen mit Methanol ist 3β-Methoxy-pregnen-(5)-on-(20), beim Erwärmen mit Kaliumacetat und Methanol ist 6β-Methoxy-3α.5α-cyclo-pregnanon-(20) erhalten worden.

3-Oxo-10.13-dimethyl-17-[β-(toluol-sulfonyl-(4)-oxy)-isopropyl]-Δ⁴-tetradecahydro-1H-cyclopenta[a]phenanthren $C_{29}H_{40}O_4S$.

21-[Toluol-sulfonyl-(4)-oxy]-20β_F-methyl-pregnen-(4)-on-(3), 22-[Toluol-sulfon⸗yl-(4)-oxy]-23.24-dinor-cholen-(4)-on-(3), *20β_F-methyl-21-(p-tolylsulfonyloxy)pregn-4-en-3-one* $C_{29}H_{40}O_4S$; Formel entsprechend E III **8** 971, Formel VI.

B. Beim Behandeln von 22-Hydroxy-23.24-dinor-cholen-(4)-on-(3) (E III **8** 971) mit Toluol-sulfonylchlorid-(4) und Pyridin (*Meystre, Miescher*, Helv. **32** [1949] 1758, 1762).

Krystalle (aus Acn.); F: 178—180° [korr.]. $[\alpha]_D^{22}$: $+56°$ [CHCl₃; c = 1].

Beim Erhitzen mit Collidin ist 20-Methyl-pregnadien-(4.20)-on-(3) erhalten worden (*Mey., Mie.*, l. c. S. 1763).

3-[Toluol-sulfonyl-(4)-oxy]-2-oxo-10.13-dimethyl-17-[1.5-dimethyl-hexyl]-Δ³-tetradeca⸗hydro-1H-cyclopenta[a]phenanthren $C_{34}H_{50}O_4S$.

3-[Toluol-sulfonyl-(4)-oxy]-5α-cholesten-(3)-on-(2), *3-(p-tolylsulfonyloxy)-5α-cholest-3-en-2-one* $C_{34}H_{50}O_4S$; Formel entsprechend E III **8** 991, Formel IX.

B. Beim Behandeln von 3-Hydroxy-5α-cholesten-(3)-on-(2) (E III **7** 3580) mit Toluol-sulfonylchlorid-(4) und Pyridin (*Ruzicka, Plattner, Furrer*, Helv. **27** [1944] 524, 528).

Krystalle (aus E. + Me.); F: 161—162° [korr.]. [α]$_D$: +83° [CHCl$_3$; c = 1].

Beim Erhitzen mit Natriumjodid in Aceton auf 160° und Erwärmen des Reaktions-produkts mit Zink in Äthanol ist Cholestadien-(3.5)-on-(2) erhalten worden . Überführung in 5α-Cholestanon-(2) durch Hydrierung an Raney-Nickel in Äthanol bei 70° und Be-handlung einer Lösung des Reaktionsprodukts in Chloroform und Essigsäure mit Chrom(VI)-oxid und Wasser: *Ru., Pl., Fu.*, l. c. S. 529.

3-[Toluol-sulfonyl-(4)-oxy]-10.13-dimethyl-17-[4-oxo-1.5-dimethyl-hexyl]-Δ^5-tetradeca-hydro-1H-cyclopenta[a]phenanthren C$_{34}$H$_{50}$O$_4$S.

3β-[Toluol-sulfonyl-(4)-oxy]-cholesten-(5)-on-(24), *3β-(p-tolylsulfonyloxy)cholest-5-en-24-one* C$_{34}$H$_{50}$O$_4$S; Formel s. E III **8** 1004, Formel VI (R = SO$_2$-C$_6$H$_4$-CH$_3$).

B. Beim Behandeln von 3β-Hydroxy-cholesten-(5)-on-(24) (E III **8** 1004) mit Toluol-sulfonylchlorid-(4) und Pyridin (*Riegel, Kaya*, Am. Soc. **66** [1944] 723).

Krystalle (aus PAe.); F: 119—120° [Zers.; nach Sintern von 115° an]. [α]$_D^{26}$: −35° [CHCl$_3$; c = 1].

Beim Erwärmen mit Methanol und Kaliumacetat ist 6β-Methoxy-3α.5α-cyclo-chole-stanon-(24) erhalten worden.

Bis-[β'-(toluol-sulfonyl-(4)-oxy)-β-oxo-isopropyl]-äther, 3.3'-Bis-[toluol-sulfonyl-(4)-oxy]-2.2'-oxy-dipropionaldehyd, *3,3'-bis(p-tolylsulfonyloxy)-2,2'-oxydipropionaldehyde* C$_{20}$H$_{22}$O$_9$S$_2$.

Bis-[(S)-β'-(Toluol-sulfonyl-(4)-oxy)-β-oxo-isopropyl]-äther C$_{20}$H$_{22}$O$_9$S$_2$, Formel V.

B. Aus O^1.O^6-Di-[toluol-sulfonyl-(4)]-2.5-anhydro-L-idit ((2S)-2r.5t-Bis-[toluol-sulfon-yl-(4)-oxymethyl]-tetrahydro-furandiol-(3c.4t)) beim Behandeln mit Blei(IV)-acetat in Benzol (*Vargha, Puskás*, B. **76** [1943] 859, 861).

Amorph. [α]$_D^{20}$: −51,3° [Py.; c = 3].

Bei der Umsetzung mit Phenylhydrazin ist eine krystalline Verbindung vom F: 196° bis 197° erhalten worden.

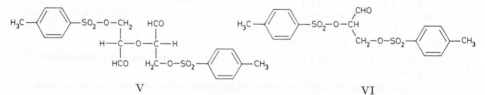

V   VI

(±)-2.3-Bis-[toluol-sulfonyl-(4)-oxy]-propionaldehyd, Di-O-[toluol-sulfonyl-(4)]-DL-glycerinaldehyd, *(±)-2,3-bis(p-tolylsulfonyloxy)propionaldehyde* C$_{17}$H$_{18}$O$_7$S$_2$, Formel VI.

B. Beim Erhitzen von (±)-2.3-Bis-[toluol-sulfonyl-(4)-oxy]-propionaldehyd-diäthyl-acetal mit wss. Salzsäure und Essigsäure bis auf 105° (*Karrer, Schick, Schwyzer*, Helv. **13** [1948] 784).

Krystalle (aus A.); F: 54—56°.

Beim Behandeln mit Natriumjodid in Aceton entsteht Acrylaldehyd.

(±)-2.3-Bis-[toluol-sulfonyl-(4)-oxy]-propionaldehyd-diäthylacetal, *(±)-2,3-bis(p-tolyl-sulfonyloxy)propionaldehyde diethyl acetal* C$_{21}$H$_{28}$O$_8$S$_2$, Formel VII.

B. Bei mehrtägigem Behandeln von DL-Glycerinaldehyd-diäthylacetal mit Toluol-sulfonylchlorid-(4) (Überschuss) und Pyridin (*Karrer, Schick, Schwyzer*, Helv. **31** [1948] 784).

Krystalle (aus A.); F: 88—90°. In Äther schwer löslich, in Wasser fast unlöslich.

Beim Erwärmen mit Natriumjodid in Aceton sind Acrylaldehyd und Acrylaldehyd-diäthylacetal erhalten worden.

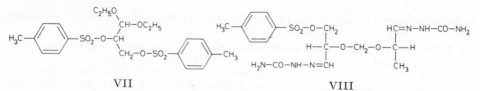

VII   VIII

[Semicarbazono-isopropyloxy]-[β'-(toluol-sulfonyl-(4)-oxy)-β-semicarbazono-iso=
propyloxy]-methan, *3-(p-tolylsulfonyloxy)-2,2'-(methylenedioxy)dipropionaldehyde disemi=
carbazone* $C_{16}H_{24}N_6O_7S$.

[(**S**)-Semicarbazono-isopropyloxy]-[(**R**)-β'-(toluol-sulfonyl-(4)-oxy)-β-semicarb=
azono-isopropyloxy]-methan, Formel VIII.

B. Beim Behandeln von O^1-[Toluol-sulfonyl-(4)]-$O^2.O^5$-methylen-L-rhamnit mit
Blei(IV)-acetat (1 Mol) in Essigsäure und Behandeln des Reaktionsprodukts mit Semi=
carbazid-hydrochlorid und Natriumacetat in Wasser (*Haskins, Hann, Hudson,* Am. Soc.
67 [1945] 1800, 1806).

Krystalle (aus A.); Zers. bei 143—144°. $[\alpha]_D^{20}$: —81,8° [Eg.]. In Pyridin leicht löslich.

**12-[Toluol-sulfonyl-(4)-oxy]-17-[3-methoxycarbonyl-propionyloxy]-3-oxo-10.13-di=
methyl-hexadecahydro-1*H*-cyclopenta[*a*]phenanthren** $C_{31}H_{42}O_8S$.

**12α-[Toluol-sulfonyl-(4)-oxy]-17β-[3-methoxycarbonyl-propionyloxy]-5β-andro=
stanon-(3)**, Bernsteinsäure-methylester-[12α-(toluol-sulfonyl-(4)-oxy)-3-oxo-5β-andro=
stanyl-(17β)-ester], *17β-[3-(methoxycarbonyl)propionyloxy]-12α-(p-tolylsulfonyloxy)-
5β-androstan-3-one* $C_{31}H_{42}O_8S$, Formel IX (X = H).

B. Beim Behandeln einer Lösung von 12α-[Toluol-sulfonyl-(4)-oxy]-17β-[3-methoxy=
carbonyl-propionyloxy]-5β-androstanol-(3α) in wasserhaltiger Essigsäure und 1.2-Di=
brom-äthan mit Chrom(VI)-oxid (*Meystre, Wettstein,* Helv. **32** [1949] 1978, 1989).

Krystalle (aus Ae.) mit 1 Mol H_2O; F: 170—172° [korr.; Kofler-App.].

**4-Brom-12-[toluol-sulfonyl-(4)-oxy]-17-[3-methoxycarbonyl-propionyloxy]-3-oxo-
10.13-dimethyl-hexadecahydro-1*H*-cyclopenta[*a*]phenanthren** $C_{31}H_{41}BrO_8S$.

**4β-Brom-12α-[toluol-sulfonyl-(4)-oxy]-17β-[3-methoxycarbonyl-propionyloxy]-
5β-androstanon-(3)**, Bernsteinsäure-methylester-[4β-brom-12α-(toluol-sulfonyl-(4)-oxy)-
3-oxo-5β-androstanyl-(17β)-ester], *4β-bromo-17β-[3-(methoxycarbonyl)propionyloxy]-
12α-(p-tolylsulfonyloxy)-5β-androstan-3-one* $C_{31}H_{41}BrO_8S$, Formel IX (X = Br).

Bezüglich der Zuordnung der Konfiguration am C-Atom 4 vgl. *Corey,* Experientia
9 [1953] 329; *Ch. W. Shoppee,* Chemistry of the Steroids, 4. Aufl. [London 1964] S. 86.

B. Aus der im vorangehenden Artikel beschriebenen Verbindung beim Behandeln
mit Brom in Bromwasserstoff enthaltender Essigsäure (*Meystre, Wettstein,* Helv. **32**
[1949] 1978, 1989).

Krystalle (aus Acn. + Ae.); F: 188—189° [korr.; Zers.; Kofler-App.] [nicht rein
erhalten] (*Mey., We.*).

Beim Erhitzen mit Collidin auf 155°, Erwärmen des Reaktionsprodukts mit Kalium=
carbonat in wss. Methanol und Erwärmen des danach isolierten Reaktionsprodukts mit
Acetanhydrid und Pyridin ist 17β-Acetoxy-androstadien-(4.11)-on-(3) erhalten worden
(*Mey., We.,* l. c. S. 1990).

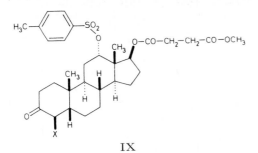 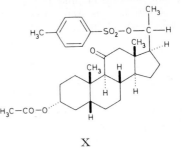

IX   X

**12-[Toluol-sulfonyl-(4)-oxy]-3-acetoxy-17-oxo-10.13-dimethyl-hexadecahydro-1*H*-
cyclopenta[*a*]phenanthren** $C_{28}H_{38}O_6S$.

12α-[Toluol-sulfonyl-(4)-oxy]-3α-acetoxy-5β-androstanon-(17), *3α-acetoxy-
12α-(p-tolylsulfonyloxy)-5β-androstan-17-one* $C_{28}H_{38}O_6S$; Formel s. E III **8** 2267, Formel
XI (R = SO$_2$-C$_6$H$_4$-CH$_3$).

B. Bei mehrtägigem Behandeln von 12α-Hydroxy-3α-acetoxy-5β-androstanon-(17)
mit Toluol-sulfonylchlorid-(4) und Pyridin (*Lardon, Lieberman,* Helv. **30** [1947] 1373,

1376).

Krystalle (aus A. + PAe.); F: 161—163° [korr.; Kofler-App.]. $[\alpha]_D^{13}$: +125,8° [CHCl₃; c = 1].

Bei 2-tägigem Erhitzen mit Pyridin auf 130° ist 3α-Acetoxy-5β-androsten-(11)-on-(17) erhalten worden.

3-Acetoxy-11-oxo-10.13-dimethyl-17-[1-(toluol-sulfonyl-(4)-oxy)-äthyl]-hexadeca= hydro-1H-cyclopenta[a]phenanthren C₃₀H₄₂O₆S.

20β_F-[Toluol-sulfonyl-(4)-oxy]-3α-acetoxy-5β-pregnanon-(11), *3α-acetoxy-20β_F-(p-tolylsulfonyloxy)-5β-pregnan-11-one* C₃₀H₄₂O₆S, Formel X.

B. Beim Behandeln von 20β_F-Hydroxy-3α-acetoxy-5β-pregnanon-(11) (E III **8** 2281) mit Toluol-sulfonylchlorid-(4) und Pyridin (*Sarett*, Am. Soc. **70** [1948] 1690, 1692).

Dimorph: Krystalle (aus Me.); F: 173° [korr.] und F: 144—145° [korr.]. $[\alpha]_D^{25}$: +57,5° [Acn.; c = 1].

Beim Erhitzen mit Collidin sind 3α-Acetoxy-5β-pregnen-(17(20)*seqcis*)-on-(11) (Haupt-produkt), 3α-Acetoxy-5β-pregnen-(20)-on-(11) und geringe Mengen einer nicht identifi-zierten Verbindung C₃₀H₄₂O₆S (Krystalle [aus Me.], F: 197—200°; $[\alpha]_D^{25}$: +46,5° [Acn.]; mit Hilfe von Natrium-Amalgam und wss. Methanol in eine Verbindung C₂₁H₃₄O₃ vom F: 294—297° [Diacetyl-Derivat C₂₅H₃₈O₅: F: 183°] überführbar) erhalten worden.

5-Chlor-2-[toluol-sulfonyl-(4)-oxy]-isophthalaldehyd, Toluol-sulfonsäure-(4)-[4-chlor-2.6-diformyl-phenylester], *5-chloro-2-(p-tolylsulfonyloxy)isophthalaldehyde* C₁₅H₁₁ClO₅S, Formel XI (X = Cl).

B. Aus Toluol-sulfonsäure-(4)-[4-chlor-2.6-bis-hydroxymethyl-phenylester] beim Er-hitzen mit Natriumdichromat in Essigsäure (*Zinke, Hanus, Ziegler*, J. pr. [2] **152** [1939] 126, 142).

Krystalle (aus wss. A.); F: 123°.

2-[Toluol-sulfonyl-(4)-oxy]-5-methyl-isophthalaldehyd, Toluol-sulfonsäure-(4)-[4-methyl-2.6-diformyl-phenylester], *5-methyl-2-(p-tolylsulfonyloxy)isophthalaldehyde* C₁₆H₁₄O₅S, Formel XI (X = CH₃) (H 102).

B. Neben 2-Hydroxy-5-methyl-isophthalaldehyd beim Erhitzen von Toluol-sulfon= säure-(4)-[4-methyl-2.6-bis-hydroxymethyl-phenylester] unter Kohlendioxid auf 240° (*Zinke, Ziegler*, B. **77/79** [1944/46] 264, 270).

12-[Toluol-sulfonyl-(4)-oxy]-3.17-dioxo-10.13-dimethyl-hexadecahydro-1H-cyclopenta= [a]phenanthren C₂₆H₃₄O₅S.

12α-[Toluol-sulfonyl-(4)-oxy]-5β-androstandion-(3.17), *12α-(p-tolylsulfonyloxy)-5β-androstane-3,17-dione* C₂₆H₃₄O₅S, Formel XII (X = H).

B. Bei mehrtägigem Erwärmen von 12α-Hydroxy-5β-androstandion-(3.17) mit Toluol-sulfonylchlorid-(4) und Pyridin (*Meystre, Wettstein*, Helv. **32** [1949] 1978, 1987).

Krystalle (aus Acn. + Diisopropyläther + Ae.); F: 164—167° [korr.; Kofler-App.]. $[\alpha]_D^{23}$: +81° [CHCl₃; c = 0,8].

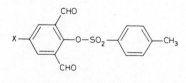

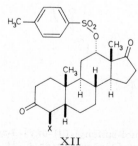

XI   XII

4-Brom-12-[toluol-sulfonyl-(4)-oxy]-3.17-dioxo-10.13-dimethyl-hexadecahydro-1H-cyclopenta[a]phenanthren C₂₆H₃₃BrO₅S.

4β-Brom-12α-[toluol-sulfonyl-(4)-oxy]-5β-androstandion-(3.17), *4β-bromo-12α-(p-tolylsulfonyloxy)-5β-androstane-3,17-dione* C₂₆H₃₃BrO₅S, Formel XII (X = Br).

Bezüglich der Zuordnung der Konfiguration am C-Atom 4 vgl. *Corey*, Experientia

9 [1953] 329; *Ch. W. Shoppee*, Chemistry of the Steroids, 4. Aufl. [London 1964] S.86.

B. Aus der im vorangehenden Artikel beschriebenen Verbindung beim Behandeln mit Brom in Bromwasserstoff enthaltender Essigsäure (*Meystre, Wettstein*, Helv. **32** [1949] 1978, 1987).

Krystalle (aus Acn. + Ae.); F: 181—182° [korr.; Zers.; Kofler-App.] (*Mey., We.*).

Beim Erhitzen mit Collidin auf 155° ist Androstadien-(4.11)-dion-(3.17) erhalten worden (*Mey., We.*).

3-Hydroxy-10.13-dimethyl-17-[(toluol-sulfonyl-(4)-oxy)-acetyl]-Δ⁵-tetradecahydro-1*H*-cyclopenta[*a*]phenanthren C₂₈H₃₈O₅S.

3β-Hydroxy-21-[toluol-sulfonyl-(4)-oxy]-pregnen-(5)-on-(20), *3β-hydroxy-21-(p-tolylsulfonyloxy)pregn-5-en-20-one* C₂₈H₃₈O₅S, Formel XIII (R = H).

B. Beim Erwärmen von 3β-Hydroxy-21-diazo-pregnen-(5)-on-(20) mit Toluol-sulfon‐säure-(4) in Benzol (*Reichstein, Schindler*, Helv. **23** [1940] 669, 672).

Krystalle (aus Ae. + Pentan); F: 123—124°.

3-Acetoxy-10.13-dimethyl-17-[(toluol-sulfonyl-(4)-oxy)-acetyl]-Δ⁵-tetradecahydro-1*H*-cyclopenta[*a*]phenanthren C₃₀H₄₀O₆S.

21-[Toluol-sulfonyl-(4)-oxy]-3β-acetoxy-pregnen-(5)-on-(20), *3β-acetoxy-21-(p-tolylsulfonyloxy)pregn-5-en-20-one* C₃₀H₄₀O₆S, Formel XIII (R = CO-CH₃).

B. Beim Erwärmen von 3β-Acetoxy-21-diazo-pregnen-(5)-on-(20) mit Toluol-sulfon‐säure-(4) in Benzol (*Reichstein, Schindler*, Helv. **23** [1940] 669, 672).

Krystalle (aus Ae. + Pentan); F: 120—121°.

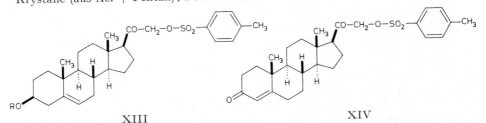

XIII   XIV

3.11-Dioxo-10.13-dimethyl-17-[1-(toluol-sulfonyl-(4)-oxy)-äthyl]-hexadecahydro-1*H*-cyclopenta[*a*]phenanthren C₂₈H₃₈O₅S.

20β_F-[Toluol-sulfonyl-(4)-oxy]-5β-pregnandion-(3.11), *20β_F-(p-tolylsulfonyloxy)-5β-pregnane-3,11-dione* C₂₈H₃₈O₅S; Formel s. E III **8** 2430, Formel III (R = SO₂-C₆H₄-CH₃).

B. Beim Behandeln von 20β_F-Hydroxy-5β-pregnandion-(3.11) mit Toluol-sulfonyl-chlorid-(4) und Pyridin (*Sarett*, Am. Soc. **71** [1949] 1165, 1167).

Krystalle (aus E. + PAe.); F: 153° [korr.; Kofler-App.].

12-[Toluol-sulfonyl-(4)-oxy]-3-oxo-10.13-dimethyl-17-acetyl-hexadecahydro-1*H*-cyclo‐penta[*a*]phenanthren C₂₈H₃₈O₅S.

12α-[Toluol-sulfonyl-(4)-oxy]-5β-pregnandion-(3.20), *12α-(p-tolylsulfonyloxy)-5β-pregnane-3,20-dione* C₂₈H₃₈O₅S; Formel s. E III **8** 2433, Formel VIII (R = SO₂-C₆H₄-CH₃).

B. Bei mehrtägigem Behandeln von 12α-Hydroxy-5β-pregnandion-(3.20) mit Toluol-sulfonylchlorid-(4) und Pyridin (*v. Euw, Reichstein*, Helv. **29** [1946] 654, 669).

Krystalle (aus Ae. + PAe.); F: 131—132° [korr.; Kofler-App.].

Bildung von 5β-Pregnen-(11)-dion-(3.20) beim Erhitzen mit Collidin: *v. Euw, Rei.* Beim Behandeln mit Brom (1 Mol) in Essigsäure und Erhitzen des Reaktionsprodukts mit Collidin sind 5β-Pregnen-(11)-dion-(3.20), Pregnadien-(4.11)-dion-(3.20) und eine bei 237—239° schmelzende Verbindung erhalten worden.

2-[Toluol-sulfonyl-(4)-oxy]-5-cyclohexyl-isophthalaldehyd, Toluol-sulfonsäure-(4)-[4-cyclohexyl-2.6-diformyl-phenylester], *5-cyclohexyl-2-(p-tolylsulfonyloxy)isophthalalde‐hyde* C₂₁H₂₂O₅S, Formel XI (R = C₆H₁₁).

B. Aus Toluol-sulfonsäure-(4)-[2.6-bis-hydroxymethyl-4-cyclohexyl-phenylester] beim Erhitzen mit Natriumdichromat in Essigsäure (*Zinke, Hanus, Ziegler*, J. pr. [2] **152**

[1939] 126, 142).

Krystalle (aus W.); F: 133°.

12-[Toluol-sulfonyl-(4)-oxy]-3.17-dioxo-10.13-dimethyl-Δ⁴-tetradecahydro-1H-cyclopenta[a]phenanthren C₂₆H₃₂O₅S.

12α-[Toluol-sulfonyl-(4)-oxy]-androsten-(4)-dion-(3.17), *12α-(p-tolylsulfonyloxy)androst-4-ene-3,17-dione* C₂₆H₃₂O₅S; Formel s. E III **8** 2487, Formel XII (R = SO₂-C₆H₄-CH₃).

B. Bei mehrtägigem Erwärmen von 12α-Hydroxy-androsten-(4)-dion-(3.17) mit Toluol-sulfonylchlorid-(4) und Pyridin (*Meystre, Wettstein*, Helv. **32** [1949] 1978, 1986).

Krystalle (aus Acn. + Ae.); F: 220—224° [korr.; Zers.; Kofler-App.]. [α]₂₃D: +122,5° [CHCl₃; c = 1].

12-[Toluol-sulfonyl-(4)-oxy]-3-oxo-10.13-dimethyl-17-acetyl-Δ⁴-tetradecahydro-1H-cyclopenta[a]phenanthren C₂₈H₃₆O₅S.

12α-[Toluol-sulfonyl-(4)-oxy]-pregnen-(4)-dion-(3.20), *12α-(p-tolylsulfonyloxy)pregn-4-ene-3,20-dione* C₂₈H₃₆O₅S; Formel s. E III **8** 2501, Formel XI (R = SO₂-C₆H₄-CH₃).

B. Bei mehrtägigem Erwärmen von 12α-Hydroxy-pregnen-(4)-dion-(3.20) mit Toluol-sulfonylchlorid-(4) und Pyridin (*Meystre, Tschopp, Wettstein*, Helv. **31** [1948] 1463, 1469).

Krystalle (aus Ae.); F: 185—188° [Block]. [α]₂₄D: +110° [CHCl₃; c = 1].

3-Oxo-10.13-dimethyl-17-[(toluol-sulfonyl-(4)-oxy)-acetyl]-Δ⁴-tetradecahydro-1H-cyclopenta[a]phenanthren C₂₈H₃₆O₅S.

21-[Toluol-sulfonyl-(4)-oxy]-pregnen-(4)-dion-(3.20), *21-(p-tolylsulfonyloxy)pregn-4-ene-3,20-dione* C₂₈H₃₆O₅S, Formel XIV.

B. Beim Erwärmen von 21-Diazo-pregnen-(4)-dion-(3.20) mit Toluol-sulfonsäure-(4) in Benzol (*Reichstein, Schindler*, Helv. **23** [1940] 669, 673). Neben 21-Chlor-pregnen-(4)-dion-(3.20) beim Behandeln von Desoxycorticosteron (21-Hydroxy-pregnen-(4)-dion-(3.20)) mit Toluol-sulfonylchlorid-(4) (2 Mol) in Chloroform unter Zusatz von Pyridin (*Reichstein, Fuchs*, Helv. **23** [1940] 684, 686).

Krystalle (aus Ae. + Pentan); F: 170—171° (*Rei., Sch.*).

3-[Toluol-sulfonyl-(4)-oxy]-1-methyl-7-isopropyl-phenanthren-chinon-(9.10), Toluol-sulfonsäure-(4)-[9.10-dioxo-1-methyl-7-isopropyl-9.10-dihydro-phenanthryl-(3)-ester], *7-isopropyl-1-methyl-3-(p-tolylsulfonyloxy)phenanthrenequinone* C₂₅H₂₂O₅S, Formel I.

Die Konstitution dieser ursprünglich als 6-[Toluol-sulfonyl-(4)-oxy]-1-methyl-7-isopropyl-phenanthren-chinon-(9.10) formulierten Verbindung ergibt sich aus ihrer genetischen Beziehung zu 1-Methyl-7-isopropyl-phenanthrol-(3) (E III **6** 3584).

B. Aus 3-[Toluol-sulfonyl-(4)-oxy]-1-methyl-7-isopropyl-phenanthren (S. 222) beim Behandeln mit Chrom(VI)-oxid in Essigsäure (*Karrman*, Svensk kem. Tidskr. **57** [1945] 14).

Gelbe Krystalle (aus Propanol-(1)); F: 163,3—164,5°.

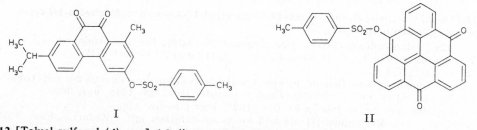

I   II

12-[Toluol-sulfonyl-(4)-oxy]-4.8-dioxo-4H.8H-dibenzo[cd.mn]pyren, *12-(p-tolylsulfonyloxy)-4H,8H-dibenzo[cd,mn]pyrene-4,8-dione* C₂₉H₁₆O₅S, Formel II.

B. Beim Behandeln von 12-Hydroxy-4.8-dioxo-4H.8H-dibenzo[cd.mn]pyren (E III **8** 3108) mit Toluol-sulfonylchlorid-(4) und Pyridin (*Weiss, Müller*, M. **65** [1935] 129, 134).

Hellrote Krystalle (aus Anisol); Zers. bei 200° [unter Blaufärbung].

4.6-Dihydroxy-2-[toluol-sulfonyl-(4)-oxy]-benzaldehyd, *2,4-dihydroxy-6-(p-tolylsulfonyloxy)benzaldehyde* C₁₄H₁₂O₆S, Formel III.

Diese Konstitution wird der nachstehend beschriebenen Verbindung zugeordnet.

B. Beim Behandeln von 2.4.6-Trihydroxy-benzaldehyd mit Toluol-sulfonylchlorid-(4) in Aceton unter Zusatz von wss. Kalilauge (*Ainley, Robinson,* Soc. **1937** 453, 455). Krystalle (aus CHCl₃ + PAe. oder aus Bzl.); F: 130°.

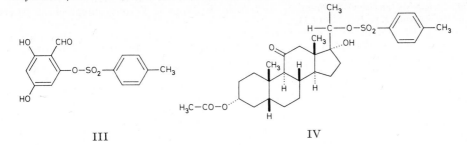

III   IV

17-Hydroxy-3-acetoxy-11-oxo-10.13-dimethyl-17-[1-(toluol-sulfonyl-(4)-oxy)-äthyl]-hexadecahydro-1*H*-cyclopenta[*a*]phenanthren C₃₀H₄₂O₇S.

17-Hydroxy-20α_F-[toluol-sulfonyl-(4)-oxy]-3α-acetoxy-5β-pregnanon-(11), *3α-acet= oxy-17-hydroxy-20α_F-(p-tolylsulfonyloxy)-5β-pregnan-11-one* C₃₀H₄₂O₇S, Formel IV.

B. Beim Behandeln von 17.20α_F-Dihydroxy-3α-acetoxy-5β-pregnanon-(11) mit Toluol-sulfonylchlorid-(4) und Pyridin (*Sarett,* Am. Soc. **71** [1949] 1169, 1173).

Krystalle (aus Ae.), die je nach der Geschwindigkeit des Erhitzens zwischen 145° und 159° [korr.; Zers.; Kofler-App.] schmelzen (*Sa.,* l. c. S. 1173).

Beim Behandeln mit wss. Kalilauge und Aceton ist 3α-Hydroxy-17.20β_F-epoxy-5β-pregnanon-(11) erhalten worden (*Sarett,* Am. Soc. **71** [1949] 1175, 1179).

3-Acetoxy-11-oxo-10.13-dimethyl-17-[1-(toluol-sulfonyl-(4)-oxy)-2-acetoxy-äthyl]-hexadecahydro-1*H*-cyclopenta[*a*]phenanthren C₃₂H₄₄O₈S.

20β_F-[Toluol-sulfonyl-(4)-oxy]-3α.21-diacetoxy-5β-pregnanon-(11), *3α,21-diacetoxy-20β_F-(p-tolylsulfonyloxy)-5β-pregnan-11-one* C₃₂H₄₄O₈S; Formel s. E III **8** 3469, Formel IX (R = SO₂-C₆H₄-CH₃).

B. Beim Behandeln von 20β_F-Hydroxy-3α.21-diacetoxy-5β-pregnanon-(11) mit Toluol-sulfonylchlorid-(4) und Pyridin (*Sarett,* Am. Soc. **71** [1949] 1165, 1169).

Krystalle (aus Ae.); F: 175—176° [korr.; Kofler-App.] (*Sa.,* l. c. S. 1169).

Überführung in 3α.21-Dihydroxy-5β-pregnen-(17(20)*seqtrans*)-on-(11) durch Erhitzen mit Collidin und Erwärmen des Reaktionsprodukts mit methanol. Kalilauge: *Sarett,* Am. Soc. **71** [1949] 1169, 1173. Beim Behandeln mit methanol. Kalilauge ist 3α-Hydroxy-20α_F.21-epoxy-5β-pregnanon-(11) (*Sarett,* Am. Soc. **71** [1949] 1175, 1178), beim Erwärmen mit Natrium-methanthiolat in Methanol ist 3α.20α_F-Dihydroxy-21-methylmercapto-5β-pregnanon-(11) (*Sa.,* l. c. S. 1179) erhalten worden.

2-[Toluol-sulfonyl-(4)-oxy]-5-methoxy-isophthalaldehyd, Toluol-sulfonsäure-(4)-[4-meth= oxy-2.6-diformyl-phenylester], *5-methoxy-2-(p-tolylsulfonyloxy)isophthalaldehyde* C₁₆H₁₄O₆S, Formel V.

B. Aus Toluol-sulfonsäure-(4)-[4-methoxy-2.6-bis-hydroxymethyl-phenylester] beim Erhitzen mit Natriumdichromat und Essigsäure (*Zinke, Hanus, Ziegler,* J. pr. [2] **152** [1939] 126, 139).

Krystalle (aus A.); F: 121,5°.

Dioxim C₁₆H₁₆N₂O₆S. Krystalle (aus wss. A.); F: 158°.

5-Hydroxy-3-[toluol-sulfonyl-(4)-oxy]-6.17-dioxo-10.13-dimethyl-hexadecahydro-1*H*-cyclopenta[*a*]phenanthren C₂₆H₃₄O₆S.

5-Hydroxy-3β-[toluol-sulfonyl-(4)-oxy]-5α-androstandion-(6.17), *5-hydroxy-3β-(p-tolylsulfonyloxy)-5α-androstane-6,17-dione* C₂₆H₃₄O₆S; Formel s. E III **8** 3532, Formel VII (R = SO₂-C₆H₄-CH₃).

B. Beim Behandeln von 3β.5-Dihydroxy-5α-androstandion-(6.17) mit Toluol-sulfonyl= chlorid-(4) und Pyridin (*Ruzicka, Grob, Raschka,* Helv. **23** [1940] 1518, 1526).

Krystalle (aus E.); F: 133° [korr.; Zers.].

Bei 36-stdg. Erhitzen mit Pyridin ist eine als 5-Hydroxy-5α-androsten-(3)-dion-(6.17) angesehene Verbindung (F: 240° [Zers.]) erhalten worden.

**3.11-Dioxo-10.13-dimethyl-17-[1-(toluol-sulfonyl-(4)-oxy)-2-acetoxy-äthyl]-hexadeca=
hydro-1H-cyclopenta[a]phenanthren** $C_{30}H_{40}O_7S$.

20β_F-[Toluol-sulfonyl-(4)-oxy]-21-acetoxy-5β-pregnandion-(3.11), *21-acetoxy-
20β_F-(p-tolylsulfonyloxy)-5β-pregnane-3,11-dione* $C_{30}H_{40}O_7S$; Formel entsprechend E III
8 3540, Formel XI (R = CO-CH₃).

B. Beim Behandeln von 20β_F-Hydroxy-21-acetoxy-5β-pregnandion-(3.11) (E III **8** 3541)
mit Toluol-sulfonylchlorid-(4) und Pyridin (*Sarett*, Am. Soc. **70** [1948] 1690, 1693).

Krystalle (aus Acn.); F: 193—194° [korr.].

Beim Erhitzen mit Collidin und Behandeln einer methanol. Lösung des Reaktionsprodukts mit Kaliumcarbonat und Kaliumhydrogencarbonat in Wasser ist 21-Hydroxy-
5β-pregnen-(17(20)*seqtrans*)-dion-(3.11) erhalten worden.

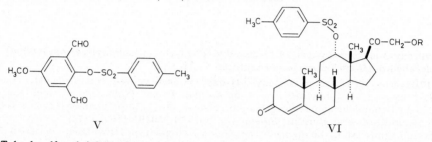

V   VI

**12-[Toluol-sulfonyl-(4)-oxy]-3-oxo-10.13-dimethyl-17-acetoxyacetyl-Δ⁴-tetradecahydro-
1H-cyclopenta[a]phenanthren** $C_{30}H_{38}O_7S$.

12α-[Toluol-sulfonyl-(4)-oxy]-21-acetoxy-pregnen-(4)-dion-(3.20), *21-acetoxy-
12α-(p-tolylsulfonyloxy)pregn-4-ene-3,20-dione* $C_{30}H_{38}O_7S$, Formel VI (R = CO-CH₃).

B. Bei mehrtägigem Behandeln von 12α-Hydroxy-21-acetoxy-pregnen-(4)-dion-(3.20)
mit Toluol-sulfonylchlorid-(4) und Pyridin (*v. Euw, Reichstein*, Helv. **29** [1946] 654, 670,
31 [1948] 2076, 2078).

Krystalle (aus CHCl₃ + Ae.); F: 188—190° [korr.; Zers.; Kofler-App.] (*v. Euw, Rei.*,
Helv. **31** 2078).

Beim Erhitzen mit Pyridin unter Luftausschluss auf 134° ist 21-Acetoxy-pregna=
dien-(4.11)-dion-(3.20) erhalten worden (*v. Euw, Rei.*, Helv. **31** 2078).

**12-[Toluol-sulfonyl-(4)-oxy]-3-oxo-10.13-dimethyl-17-[(3-methoxycarbonyl-propionyl=
oxy)-acetyl]-Δ⁴-tetradecahydro-1H-cyclopenta[a]phenanthren** $C_{33}H_{42}O_9S$.

**12α-[Toluol-sulfonyl-(4)-oxy]-21-[3-methoxycarbonyl-propionyloxy]-pregnen-(4)-
dion-(3.20), Bernsteinsäure-methylester-[12α-(toluol-sulfonyl-(4)-oxy)-3.20-dioxo-
pregnen-(4)-yl-(21)-ester]**, *21-[3-(methoxycarbonyl)propionyloxy]-12α-(p-tolylsulfonyloxy)-
pregn-4-ene-3,20-dione* $C_{33}H_{42}O_9S$, Formel VI (R = CO-CH₂-CH₂-CO-OCH₃).

B. Bei mehrtägigem Behandeln von 12α-Hydroxy-21-[3-methoxycarbonyl-propionyl=
oxy]-pregnen-(4)-dion-(3.20) mit Toluol-sulfonylchlorid-(4) und Pyridin (*Meystre, Wettstein*, Helv. **31** [1948] 1890, 1897).

Krystalle (aus Acn. + Diisopropyläther); F: 139° [korr.; Kofler-App.].

Beim Erhitzen mit Collidin und o-Xylol, Erwärmen einer Lösung des Reaktionsprodukts in Methanol mit wss. Kaliumhydrogencarbonat-Lösung und Behandeln des
danach isolierten Reaktionsprodukts mit Acetanhydrid und Pyridin ist 21-Acetoxy-
pregnadien-(4.11)-dion-(3.20) erhalten worden.

**1-Hydroxy-2-[toluol-sulfonyl-(4)-oxy]-anthrachinon, Toluol-sulfonsäure-(4)-[1-hydr=
oxy-9.10-dioxo-9.10-dihydro-anthryl-(2)-ester]**, *1-hydroxy-2-(p-tolylsulfonyloxy)anthra=
quinone* $C_{21}H_{14}O_6S$, Formel VII (E II 51).

B. Beim Erwärmen von Alizarin (1.2-Dihydroxy-anthrachinon) mit Toluol-sulfonyl=
chlorid-(4) und N.N-Diäthyl-anilin [oder wss. Natriumcarbonat-Lösung] (*Sen*, J. Indian
chem. Soc. **23** [1946] 383).

F: 211°.

2.3-Bis-[toluol-sulfonyl-(4)-oxy]-anthrachinon, *2,3-bis(p-tolylsulfonyloxy)anthraquinone*
$C_{28}H_{20}O_8S_2$, Formel VIII.

B. Beim Erwärmen von 2.3-Dihydroxy-anthrachinon mit Toluol-sulfonylchlorid-(4)

und Pyridin (*Waldmann*, J. pr. [2] **150** [1938] 99, 103).
    Gelbe Krystalle (aus Toluol); F: 204°.

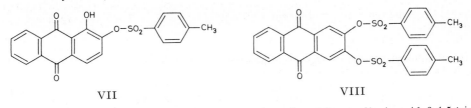

VII   VIII

Toluol-sulfonsäure-(4)-[3.4.5-triacetoxy-phenacylester], p-*toluenesulfonic acid 3,4,5-tri=
acetoxyphenacyl ester* $C_{21}H_{20}O_{10}S$, Formel IX (R = CO-CH$_3$).
    B. Beim Behandeln von 2-Diazo-1-[3.4.5-triacetoxy-phenyl]-äthanon-(1) mit Toluol-
sulfonsäure-(4) in Aceton (*Reynolds, Robinson*, Soc. **1934** 1039, 1040).
    Krystalle (aus PAe. + Acn.); F: 134°.

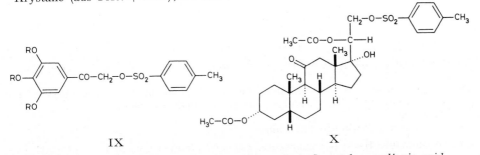

IX   X

Toluol-sulfonsäure-(4)-[3.4.5-tribenzoyloxy-phenacylester], p-*toluenesulfonic acid
3,4,5-tris(benzoyloxy)phenacyl ester* $C_{36}H_{26}O_{10}S$, Formel IX (R = CO-C$_6$H$_5$).
    B. Aus 2-Diazo-1-[3.4.5-tribenzoyloxy-phenyl]-äthanon-(1) (*Reynolds, Robinson*, Soc.
1934 1039, 1040).
    Krystalle; F: 148°.

**17-Hydroxy-3-acetoxy-11-oxo-10.13-dimethyl-17-[2-(toluol-sulfonyl-(4)-oxy)-1-acetoxy-
äthyl]-hexadecahydro-1H-cyclopenta[a]phenanthren** $C_{32}H_{44}O_9S$.
    17-Hydroxy-21-[toluol-sulfonyl-(4)-oxy]-3α.20β$_F$-diacetoxy-5β-pregnanon-(11),
3α,20β$_F$-diacetoxy-17-hydroxy-21-(p-tolylsulfonyloxy)-5β-pregnan-11-one $C_{32}H_{44}O_9S$,
Formel X.
    B. Beim Behandeln von 17.20β$_F$.21-Trihydroxy-3α-acetoxy-5β-pregnanon-(11) (E III
8 4003) mit Toluol-sulfonylchlorid-(4) und Pyridin und Erwärmen des danach isolierten Reaktionsprodukts mit Acetanhydrid und Pyridin (*Sarett*, Am. Soc. **71** [1949]
1175, 1179).
    Krystalle (aus CHCl$_3$ + Ae.), F: 145° [korr.; Zers.]; Krystalle (aus Me.), F: 140°
[korr.; Zers.].
    Beim Erwärmen mit Natrium-methanthiolat in Methanol und Behandeln des danach
isolierten Reaktionsprodukts mit Acetanhydrid und Pyridin ist 17-Hydroxy-3α.20β$_F$-di=
acetoxy-21-methylmercapto-5β-pregnanon-(11) erhalten worden (*Sa.*, l. c. S. 1179).

Essigsäure-[toluol-sulfonsäure-(4)]-anhydrid, *acetic p-toluenesulfonic anhydride*
$C_9H_{10}O_4S$, Formel XI (R = CO-CH$_3$).
    B. Beim Erhitzen von Toluol-sulfonylchlorid-(4) mit Natriumacetat auf 200° (*Baroni*,
R.A.L. [6] **17** [1933] 1081, 1084).
    Kp$_{20}$: 186—188°.

[Toluol-sulfonyl-(4)-oxy]-essigsäure, (p-*tolylsulfonyloxy)acetic acid* $C_9H_{10}O_5S$, Formel XI
(R = CH$_2$-COOH).
    B. Aus [Toluol-sulfonyl-(4)-oxy]-acetonitril beim Erhitzen mit wss. Schwefelsäure bis
auf 150° (*Lichtenberger, Faure*, Bl. **1948** 995, 996, 999).
    Krystalle; F: 137°. In heissem Wasser löslich.

[Toluol-sulfonyl-(4)-oxy]-essigsäure-methylester, (p-*tolylsulfonyloxy*)*acetic acid methyl ester* C$_{10}$H$_{12}$O$_5$S, Formel XI (R = CH$_2$-CO-OCH$_3$).
  B. Beim Erwärmen des aus [Toluol-sulfonyl-(4)-oxy]-essigsäure mit Hilfe von Thionyl‑chlorid hergestellten Säurechlorids mit Methanol (*Lichtenberger, Faure*, Bl. **1948** 995, 996, 1000).
  Krystalle; F: 46—48°.

[Toluol-sulfonyl-(4)-oxy]-essigsäure-äthylester, (p-*tolylsulfonyloxy*)*acetic acid ethyl ester* C$_{11}$H$_{14}$O$_5$S, Formel XI (R = CH$_2$-CO-OC$_2$H$_5$).
  B. Beim Behandeln von Glykolsäure-äthylester mit Toluol-sulfonylchlorid-(4) in Äther unter Zusatz von Pyridin (*Newman, Magerlein*, Am. Soc. **69** [1947] 469). Beim Behandeln des aus [Toluol-sulfonyl-(4)-oxy]-essigsäure mit Hilfe von Thionylchlorid hergestellten Säurechlorids mit Äthanol (*Lichtenberger, Faure*, Bl. **1948** 995, 996, 1000).
  Krystalle; F: 48—49° (*Li., Faure*, l. c. S. 996).

C-**[Toluol-sulfonyl-(4)-oxy]-acetamid,** 2-(p-*tolylsulfonyloxy*)*acetamide* C$_9$H$_{11}$NO$_4$S, Formel XI (R = CH$_2$-CO-NH$_2$).
  B. Aus [Toluol-sulfonyl-(4)-oxy]-acetonitril beim Erhitzen mit wss. Natronlauge (*Lichtenberger, Faure*, Bl. **1948** 995, 996, 999). Aus [Toluol-sulfonyl-(4)-oxy]-essigsäure über das Säurechlorid (*Li., Faure*).
  Krystalle; F: 118°. In heissem Wasser löslich.

[Toluol-sulfonyl-(4)-oxy]-acetonitril, (p-*tolylsulfonyloxy*)*acetonitrile* C$_9$H$_9$NO$_3$S, Formel XI (R = CH$_2$-CN).
  B. Bei der Umsetzung von Kaliumcyanid mit Formaldehyd und anschliessend mit Toluol-sulfonylchlorid-(4) (*Lichtenberger, Faure*, Bl. **1948** 995, 998).
  Krystalle; F: 51°.
  Hautschädigende Wirkung: *Li., Faure.*

2-[Toluol-sulfonyl-(4)-oxy]-propionsäure, 2-(p-*tolylsulfonyloxy*)*propionic acid* C$_{10}$H$_{12}$O$_5$S.
  a) **(R)-2-[Toluol-sulfonyl-(4)-oxy]-propionsäure,** Formel XII (X = OH) (E II 52).
  Gewinnung eines partiell racemischen Präparats ([α]$_{546}$: +27,2° [Me.; c = 5]) aus dem Racemat mit Hilfe von Chinin: *Bean, Kenyon, Phillips*, Soc. **1936** 303, 306.
  Beim Erwärmen der Säure mit Lithiumchlorid in wasserhaltigem Aceton, Wasser oder wss. Salzsäure ist (*S*)-2-Chlor-propionsäure, beim Erwärmen des Ammonium-Salzes, des Kalium-Salzes oder des Anilin-Salzes mit Lithiumchlorid in wasserhaltigem Aceton ist hingegen (*R*)-2-Chlor-propionsäure erhalten worden (*Bean, Ke., Ph.*, l. c. S. 304).

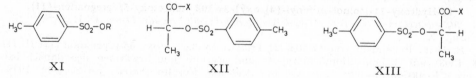

XI   XII   XIII

  b) **(S)-2-[Toluol-sulfonyl-(4)-oxy]-propionsäure,** Formel XIII (X = OH) (E II 52).
  Gewinnung eines partiell racemischen Präparats aus dem Racemat mit Hilfe von Chinin: *Bean, Kenyon, Phillips*, Soc. **1936** 303, 306.
  Beim Erwärmen mit Lithiumchlorid in wasserhaltigem Aceton ist (*R*)-2-Chlor-propion‑säure, beim Erwärmen des Barium-Salzes mit Lithiumchlorid in wasserhaltigem Aceton ist hingegen (*S*)-2-Chlor-propionsäure erhalten worden (*Bean, Ke., Ph.*, l. c. S. 304, 309, 310). Reaktion des Ammonium-Salzes mit Kaliumacetat in (wasserfreiem) Aceton unter Bildung von (*S*)-2-Acetoxy-propionsäure: *Bean, Ke., Ph.*, l. c. S. 309. Bildung von L-Milchsäure-äthylester beim Erwärmen mit Kaliumacetat in (wasserfreiem) Äthanol und Erwärmen des Reaktionsprodukts mit Toluol-sulfonsäure-(4)-äthylester in Äthanol: *Bean, Ke., Ph.*, l. c. S. 309.

2-[Toluol-sulfonyl-(4)-oxy]-propionsäure-methylester, 2-(p-*tolylsulfonyloxy*)*propionic acid methyl ester* C$_{11}$H$_{14}$O$_5$S.
  (R)-2-[Toluol-sulfonyl-(4)-oxy]-propionsäure-methylester, Formel XII (X = OCH$_3$).
  B. Beim Behandeln von D-Milchsäure-methylester mit Toluol-sulfonylchlorid-(4) und Pyridin (*Freudenberg, Kuhn, Bumann*, B. **63** [1930] 2380, 2389).
  Flüssigkeit; D^{20}: 1,22. [α]$_{578}^{20}$: +51,6° [unverd.].

2-[Toluol-sulfonyl-(4)-oxy]-propionsäure-äthylester, 2-(p-*tolylsulfonyloxy*)*propionic acid ethyl ester* $C_{12}H_{16}O_5S$.

a) **(R)-2-[Toluol-sulfonyl-(4)-oxy]-propionsäure-äthylester,** Formel XII (X = OC_2H_5) (E II 52).

B. Aus (R)-2-[(Ξ)-Toluol-sulfinyl-(4)-oxy]-propionsäure-äthylester (S. 10) beim Behandeln mit Kaliumpermanganat und Magnesiumsulfat in wss. Aceton (*Gerrard, Kenyon, Phillips*, Soc. **1937** 153, 156).

Kp$_{<0,1}$: 138° (*Ge., Ke., Ph.*). n_D^{16}: 1,5005 (*Ge., Ke., Ph.*); $n_{589,6}^{16,5}$: 1,5011; $n_{546,1}^{16,5}$: 1,5040 (*Kenyon, Phillips, Turley*, Soc. **127** [1925] 399, 416). $\alpha_{546}^{18,5}$: +15,9° [unverd.; l = 0,25] (*Ge., Ke., Ph.*).

b) **(S)-2-[Toluol-sulfonyl-(4)-oxy]-propionsäure-äthylester,** Formel XIII (X = OC_2H_5) (E II 52).

Flüssigkeit; $\alpha_{589,3}^{20}$: −27,5° [unverd.; l = 0,5] (*Gerrard, Kenyon, Phillips*, Soc. **1937** 153, 156).

Beim Erwärmen mit Kaliumthiocyanat in wasserfreiem Äthanol ist (R)-2-Thio=cyanato-propionsäure-äthylester erhalten worden.

2-[Toluol-sulfonyl-(4)-oxy]-propionylchlorid, 2-(p-*tolylsulfonyloxy*)*propionyl chloride* $C_{10}H_{11}ClO_4S$.

a) **(R)-2-[Toluol-sulfonyl-(4)-oxy]-propionylchlorid,** Formel XII (X = Cl) (E II 52).

Ein partiell racemisches Präparat (Krystalle; F: 53°; $[\alpha]_{546}$: +3,7° [Bzl.; c = 5]) ist aus partiell racemischer (R)-2-[Toluol-sulfonyl-(4)-oxy]-propionsäure ($[\alpha]_{546}$: +48,5° [Me.]) beim Erwärmen mit Thionylchlorid erhalten worden (*Bean, Kenyon, Phillips*, Soc. **1936** 303, 306).

b) **(S)-2-[Toluol-sulfonyl-(4)-oxy]-propionylchlorid,** Formel XIII (X = Cl).

Überführung eines partiell racemischen Präparats ($[\alpha]_{546}$: −42,4° [unverd.]; aus partiell racemischer (S)-2-[Toluol-sulfonyl-(4)-oxy]-propionsäure hergestellt) in (R)-2-Chlor-propionylchlorid durch Erwärmen mit Lithiumchlorid in wasserfreiem Aceton: *Bean, Kenyon, Phillips*, Soc. **1936** 303, 306.

2-[Toluol-sulfonyl-(4)-oxy]-propionamid, 2-(p-*tolylsulfonyloxy*)*propionamide* $C_{10}H_{13}NO_4S$.

a) **(R)-2-[Toluol-sulfonyl-(4)-oxy]-propionamid,** Formel XII (X = NH_2) (E II 52).

Beim Erwärmen mit Kaliumbenzoat und Wasser ist (S)-2-Benzoyloxy-propionamid erhalten worden (*Bean, Kenyon, Phillips*, Soc. **1936** 303, 307).

b) **(S)-2-[Toluol-sulfonyl-(4)-oxy]-propionamid,** Formel XIII (X = NH_2).

Beim Erhitzen eines partiell racemischen Präparats ($[\alpha]_{546}$: −37,8° [A.; c = 5]) mit (wasserfreiem) Kaliumacetat in Äthanol ist (R)-2-Acetoxy-propionamid erhalten worden (*Bean, Kenyon, Phillips*, Soc. **1936** 303, 307).

3-[Toluol-sulfonyl-(4)-oxy]-propionitril, 3-(p-*tolylsulfonyloxy*)*propionitrile* $C_{10}H_{11}NO_3S$, Formel XI (R = CH_2-CH_2-CN) (E II 53).

B. Beim Behandeln von 3-Hydroxy-propionitril mit Toluol-sulfonylchlorid-(4) und Pyridin (*Sakellarios*, Helv. **29** [1946] 1675, 1682).

Krystalle (aus A.); F: 65,5°.

Beim Erhitzen mit der Kalium-Verbindung des Phthalimids in Xylol auf 130° sind Acrylonitril, Phthalimid und Kalium-[toluol-sulfonat-(4)] erhalten worden.

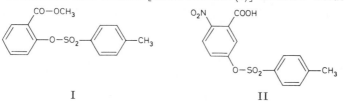

I   II

2-[Toluol-sulfonyl-(4)-oxy]-benzoesäure-methylester, 2-(p-*tolylsulfonyloxy*)*benzoic acid methyl ester* $C_{15}H_{14}O_5S$, Formel I.

B. Beim Erwärmen von Salicylsäure-methylester mit Toluol-sulfonylchlorid-(4) und Pyridin (*Kenner, Murray*, Soc. **1949** Spl. 178, 179).

Krystalle (aus A.); F: 85—87°.

Beim Erwärmen mit Raney-Nickel in Äthanol sowie bei der Hydrierung an Raney-Nickel in Äthanol ist Benzoesäure-methylester erhalten worden.

6-Nitro-3-[toluol-sulfonyl-(4)-oxy]-benzoesäure, *2-nitro-5-(p-tolylsulfonyloxy)benzoic acid* $C_{14}H_{11}NO_7S$, Formel II.

B. Aus 6-Nitro-3-[toluol-sulfonyl-(4)-oxy]-benzaldehyd beim Erwärmen mit Kalium=permanganat in Aceton (*Giovannini, Portmann,* Helv. **31** [1948] 1381, 1389).

Krystalle (aus CCl$_4$); F: 155—156° [unkorr.].

3.5-Dijod-4-[toluol-sulfonyl-(4)-oxy]-benzoesäure-methylester, *3,5-diiodo-4-(p-tolyl=sulfonyloxy)benzoic acid methyl ester* $C_{15}H_{12}I_2O_5S$, Formel III (X = X′ = I).

B. Beim Behandeln von 3.5-Dijod-4-hydroxy-benzoesäure-methylester mit Toluol-sulfonylchlorid-(4) und Pyridin (*Borrows et al.,* Soc. **1949** Spl. 190, 198).

Krystalle (aus E.); F: 160°.

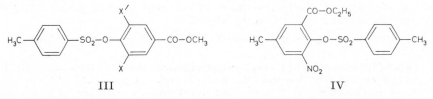

III   IV

3-Nitro-4-[toluol-sulfonyl-(4)-oxy]-benzoesäure-methylester, *3-nitro-4-(p-tolylsulfonyl=oxy)benzoic acid methyl ester* $C_{15}H_{13}NO_7S$, Formel III (X = NO$_2$, X′ = H).

B. Beim Erwärmen von 3-Nitro-4-hydroxy-benzoesäure-methylester mit Toluol-sulfonylchlorid-(4) und N.N-Diäthyl-anilin (*Sane, Joshi,* J. Indian chem. Soc. **9** [1932] 59, 63).

Krystalle (aus A.); F: 86°.

5-Brom-3-nitro-4-[toluol-sulfonyl-(4)-oxy]-benzoesäure-methylester, *3-bromo-5-nitro-4-(p-tolylsulfonyloxy)benzoic acid methyl ester* $C_{15}H_{12}BrNO_7S$, Formel III (X = NO$_2$, X′ = Br).

B. Beim Erwärmen von 5-Brom-3-nitro-4-hydroxy-benzoesäure-methylester mit Toluol-sulfonylchlorid-(4) und N.N-Diäthyl-anilin (*Sane, Joshi,* J. Indian chem. Soc. **9** [1932] 59, 63).

Krystalle; F: 127°.

5-Nitro-6-[toluol-sulfonyl-(4)-oxy]-3-methyl-benzoesäure-äthylester, *5-nitro-6-(p-tolyl=sulfonyloxy)-m-toluic acid ethyl ester* $C_{17}H_{17}NO_7S$, Formel IV.

B. Beim Erwärmen von 5-Nitro-6-hydroxy-3-methyl-benzoesäure-äthylester mit Toluol-sulfonylchlorid-(4) und N.N-Diäthyl-anilin (*Sane, Chakravarty, Parmanick,* J. Indian chem. Soc. **9** [1932] 55).

Krystalle (aus A.); F: 110°.

5-Nitro-2-[toluol-sulfonyl-(4)-oxy]-4-methyl-benzoesäure-methylester, *5-nitro-2-(p-tolyl=sulfonyloxy)-p-toluic acid methyl ester* $C_{16}H_{15}NO_7S$, Formel V.

B. Beim Erwärmen von 5-Nitro-2-hydroxy-4-methyl-benzoesäure-methylester mit Toluol-sulfonylchlorid-(4) und N.N-Diäthyl-anilin (*Sane, Joshi,* J. Indian chem. Soc. **9** [1932] 59, 62).

Krystalle; F: 93°.

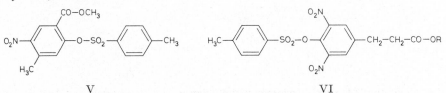

V   VI

3-[3.5-Dinitro-4-(toluol-sulfonyl-(4)-oxy)-phenyl]-propionsäure, *3-[3,5-dinitro-4-(p-tolyl=sulfonyloxy)phenyl]propionic acid* $C_{16}H_{14}N_2O_9S$, Formel VI (R = H).

B. Beim Behandeln von 3-[3.5-Dinitro-4-hydroxy-phenyl]-propionsäure-äthylester mit

Toluol-sulfonylchlorid-(4), wss. Natronlauge und Aceton (*Borrows et al.*, Soc. **1949** Spl. 190, 196).

Krystalle (aus wss. A. oder Eg.); F: 157°.

3-[3.5-Dinitro-4-(toluol-sulfonyl-(4)-oxy)-phenyl]-propionsäure-äthylester, *3-[3,5-di= nitro-4-(p-tolylsulfonyloxy)phenyl]propionic acid ethyl ester* C₁₈H₁₈N₂O₉S, Formel VI (R = C₂H₅).

B. Beim Erwärmen von 3-[3.5-Dinitro-4-hydroxy-phenyl]-propionsäure-äthylester mit Toluol-sulfonylchlorid-(4) und *N.N*-Diäthyl-anilin (*Borrows et al.*, Soc. **1949** Spl. 190, 196).

Krystalle (aus Eg.); F: 103°.

3-[Toluol-sulfonyl-(4)-oxy]-10.13-dimethyl-hexadecahydro-1*H*-cyclopenta[*a*]phen= anthren-carbonsäure-(17)-methylester C₂₈H₄₀O₅S.

3β-[Toluol-sulfonyl-(4)-oxy]-5α-androstan-carbonsäure-(17β)-methylester,
3β-[Toluol-sulfonyl-(4)-oxy]-21-nor-5α-pregnansäure-(20)-methylester, *3β-(p-tolyl= sulfonyloxy)-5α-androstane-17β-carboxylic acid methyl ester* C₂₈H₄₀O₅S; Formel s. E III 10 666, Formel VI (R = SO₂-C₆H₄-CH₃, X = OCH₃).

B. Beim Behandeln von 3β-Hydroxy-5α-androstan-carbonsäure-(17β)-methylester mit Toluol-sulfonylchlorid-(4) unter Zusatz von Pyridin (*Plattner, Fürst*, Helv. **26** [1943] 2266, 2272).

Krystalle (aus Acn.); F: 147° [korr.] (*Pl., Fü.*). [α]_D: +80,1° [CHCl₃; c = 1] (*Pl., Fü.*).

Beim Erhitzen mit Pyridin auf 170° ist 5α-Androsten-(2)-carbonsäure-(17β)-methyl= ester (*Casanova, Reichstein*, Helv. **32** [1949] 647, 651), beim Erhitzen mit Natriumacetat und Essigsäure auf Siedetemperatur ist daneben 3α-Acetoxy-5α-androstan-carbonsäu= re-(17β)-methylester (*Pl., Fü.*) erhalten worden.

3-[Toluol-sulfonyl-(4)-oxy]-10.13-dimethyl-Δ⁵-tetradecahydro-1*H*-cyclopenta[*a*]phen= anthren-carbonsäure-(17)-methylester C₂₈H₃₈O₅S.

3β-[Toluol-sulfonyl-(4)-oxy]-androsten-(5)-carbonsäure-(17β)-methylester,
3β-[Toluol-sulfonyl-(4)-oxy]-21-nor-pregnen-(5)-säure-(20)-methylester, *3β-(p-tolyl= sulfonyloxy)androst-5-ene-17β-carboxylic acid methyl ester* C₂₈H₃₈O₅S; Formel s. E III 10 933, Formel VI (R = SO₂-C₆H₄-CH₃, X = OCH₃).

B. Beim Behandeln von 3β-Hydroxy-androsten-(5)-carbonsäure-(17β)-methylester mit Toluol-sulfonylchlorid-(4) unter Zusatz von Pyridin (*Reich, Lardon*, Helv. **29** [1946] 671, 682).

Krystalle; F: 156° [korr.; Kofler-App.; aus Ae. + PAe.] (*Reich, La.*), 155—157,5° (*Julian, Meyer, Printy*, Am. Soc. **70** [1948] 887, 890).

Beim Erwärmen mit Methanol ist 3β-Methoxy-androsten-(5)-carbonsäure-(17β)-methylester erhalten worden (*Ju., Meyer, Pr.*).

2-[3-(Toluol-sulfonyl-(4)-oxy)-10.13-dimethyl-Δ⁵-tetradecahydro-1*H*-cyclopenta[*a*]= phenanthrenyl-(17)]-propionsäure-methylester C₃₀H₄₂O₅S.

3β-[Toluol-sulfonyl-(4)-oxy]-20β_F-methyl-pregnen-(5)-säure-(21)-methylester,
3β-[Toluol-sulfonyl-(4)-oxy]-23.24-dinor-cholen-(5)-säure-(22)-methylester,
20β_F-methyl-3β-(p-tolylsulfonyloxy)pregn-5-en-21-oic acid methyl ester C₃₀H₄₂O₅S; Formel s. E III 10 952, Formel I (R = SO₂-C₆H₄-CH₃, X = OCH₃).

B. Beim Erwärmen von 3β-Hydroxy-23.24-dinor-cholen-(5)-säure-(22)-methylester mit Toluol-sulfonylchlorid-(4) und Pyridin (*Riegel, Meyer, Beiswanger*, Am. Soc. **65** [1943] 325, 327).

Krystalle (aus Acn.); F: 133—134°.

Beim Erwärmen mit Kaliumacetat und Methanol ist 6β-Methoxy-23.24-dinor-3α.5α-cyclo-cholansäure-(22)-methylester erhalten worden.

4-[3-(Toluol-sulfonyl-(4)-oxy)-10.13-dimethyl-Δ⁵-tetradecahydro-1*H*-cyclopenta[*a*]= phenanthrenyl-(17)]-valeriansäure-methylester C₃₂H₄₆O₅S.

3β-[Toluol-sulfonyl-(4)-oxy]-cholen-(5)-säure-(24)-methylester, *3β-(p-tolyl= sulfonyloxy)chol-5-en-24-oic acid methyl ester* C₃₂H₄₆O₅S; Formel s. E III 10 964, Formel VII (R = SO₂-C₆H₄-CH₃, X = OCH₃).

B. Beim Behandeln von 3β-Hydroxy-cholen-(5)-säure-(24)-methylester mit Toluol-sulfonylchlorid-(4) unter Zusatz von Pyridin (*Riegel, Vanderpool, Dunker*, Am. Soc. **63**

17*

[1941] 1630).

Krystalle (aus Acn. + PAe.); F: 120—120,6° [korr.; Zers.].

**9-[Toluol-sulfonyl-(4)-oxy]-5a.5b.8.8.11a-pentamethyl-1-isopropenyl-eicosahydro-cyclo=
penta[*a*]chrysen-carbonsäure-(3a)-methylester** $C_{38}H_{56}O_5S$.

3β-[Toluol-sulfonyl-(4)-oxy]-lupen-(20(29))-säure-(28)-methylester, *O-*[Toluol-
sulfonyl-(4)]-betulinsäure-methylester, *3β-(p-tolylsulfonyloxy)lup-20(29)-en-28-oic
acid methyl ester* $C_{38}H_{56}O_5S$; Formel s. E III **10** 1062, Formel XIV (R = SO_2-C_6H_4-CH_3,
X = OCH_3).

B. Bei 3-tägigem Erwärmen von 3β-Hydroxy-lupen-(20(29))-säure-(28)-methylester mit
Toluol-sulfonylchlorid-(4) und Pyridin (*Robertson, Soliman, Owen*, Soc. **1939** 1267, 1271).

Krystalle (aus Bzl. + A.); F:172—174° [Zers.]. In Aceton und in Methanol schwer
löslich.

7-Brom-3-[toluol-sulfonyl-(4)-oxy]-naphthamid-(2), *7-bromo-3-(p-tolylsulfonyloxy)-
2-naphthamide* $C_{18}H_{14}BrNO_4S$, Formel VII.

B. Beim Erhitzen von 7-Brom-3-hydroxy-naphthamid-(2) mit Toluol-sulfonyl=
chlorid-(4) und wss. Natronlauge (*Gen. Aniline Works*, U.S.P. 1850526 [1927]).

Krystalle (aus Eg.); F: 184—185° [unkorr.].

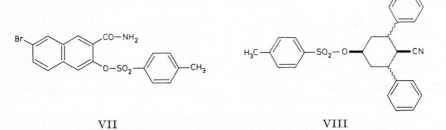

VII   VIII

4-[Toluol-sulfonyl-(4)-oxy]-2.6-diphenyl-cyclohexan-carbonitril-(1), *2,6-diphenyl-
4-(p-tolylsulfonyloxy)cyclohexanecarbonitrile* $C_{26}H_{25}NO_3S$.

Opt.-inakt. **4c-[Toluol-sulfonyl-(4)-oxy]-2ξ.6ξ-diphenyl-cyclohexan-carbonitril-(1r)**,
Formel VIII, vom **F: 142°**.

B. Beim Behandeln von 4c-Hydroxy-2ξ.6ξ-diphenyl-cyclohexan-carbonitril-(1r) (F:
143—144° [E III **10** 1290]) mit Toluol-sulfonylchlorid-(4) und Pyridin (*Marvel, Moore*,
Am. Soc. **71** [1949] 28, 32).

Krystalle (aus A.); F: 140—142°. IR-Absorption: *Ma., Moore.*

Beim Erwärmen mit Methanol erfolgt keine Reaktion. Bei eintägigem Erwärmen mit
methanol. Natriummethylat oder mit äthanol. Natriumäthylat sind geringe Mengen eines
Gemisches von 2.6-Diphenyl-cyclohexen-(1)-carbonitril-(1) und 2.6-Diphenyl-cyclo=
hexen-(2)-carbonitril-(1) erhalten worden.

**(±)-2-[4-Hydroxy-2-(toluol-sulfonyl-(4)-oxy)-3.3-dimethyl-butyrylamino]-äthan-
sulfonsäure-(1), (±)-N-[4-Hydroxy-2-(toluol-sulfonyl-(4)-oxy)-3.3-dimethyl-butyryl]-
taurin**, *(±)-N-[4-hydroxy-3,3-dimethyl-2-(p-tolylsulfonyloxy)butyryl]taurine* $C_{15}H_{23}NO_8S_2$,
Formel IX.

Natrium-Salz $NaC_{15}H_{22}NO_8S_2$. *B.* Beim Erwärmen von (±)-4-Hydroxy-2-[toluol-
sulfonyl-(4)-oxy]-3.3-dimethyl-buttersäure-lacton mit dem Natrium-Salz des Taurins in
Methanol (*Barnett et al.*, Soc. **1944** 94). — Hygroskopisches Pulver.

**6-Hydroxy-3-[toluol-sulfonyl-(4)-oxy]-10.13-dimethyl-hexadecahydro-1H-cyclopenta[*a*]=
phenanthren-carbonsäure-(17)-methylester** $C_{28}H_{40}O_6S$.

**6β-Hydroxy-3β-[toluol-sulfonyl-(4)-oxy]-5α-androstan-carbonsäure-(17β)-methyl=
ester, 6β-Hydroxy-3β-[toluol-sulfonyl-(4)-oxy]-21-nor-5α-pregnansäure-(20)-methyl=
ester**, *6β-hydroxy-3β-(p-tolylsulfonyloxy)-5α-androstane-17β-carboxylic acid methyl ester*
$C_{28}H_{40}O_6S$; Formel s. E III **10** 1594, Formel VI (R = SO_2-C_6H_4-CH_3, X = H).

B. Beim Behandeln von 3β.6β-Dihydroxy-5α-androstan-carbonsäure-(17β)-methylester
mit Toluol-sulfonylchlorid-(4) und Pyridin (*Reich, Lardon*, Helv. **29** [1946] 671, 682).

Krystalle (aus Ae. + PAe.); F: 163—164° [korr.; Kofler-App.].

12-[Toluol-sulfonyl-(4)-oxy]-3-acetoxy-10.13-dimethyl-hexadecahydro-1H-cyclopenta=[a]phenanthren-carbonsäure-(17)-methylester $C_{30}H_{42}O_7S$.

12α-[Toluol-sulfonyl-(4)-oxy]-3α-acetoxy-5β-androstan-carbonsäure-(17β)-methyl=ester, 12α-[Toluol-sulfonyl-(4)-oxy]-3α-acetoxy-21-nor-5β-pregnansäure-(20)-methyl=ester, *3α-acetoxy-12α-(p-tolylsulfonyloxy)-5β-androstane-17β-carboxylic acid methyl ester* $C_{30}H_{42}O_7S$, Formel X.

B. Bei 3-tägigem Behandeln von 12α-Hydroxy-3α-acetoxy-5β-androstan-carbon=säure-(17β)-methylester mit Toluol-sulfonylchlorid-(4) und Pyridin (*v. Euw, Reichstein,* Helv. **29** [1946] 654, 669).

Krystalle (aus Acn. + Ae.); F: 144,5—146° [korr.; Kofler-App.] (*v. Euw, Rei.*).

Bei 2-tägigem Erhitzen mit Pyridin im geschlossenen Gefäss ist 3α-Acetoxy-5β-andro=sten-(11)-carbonsäure-(17β)-methylester erhalten worden (*Reichstein,* Schweiz.P. 242994 [1941]).

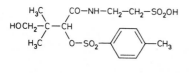   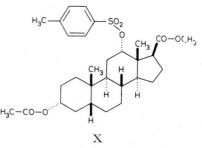

              IX   X

2-[12-(Toluol-sulfonyl-(4)-oxy)-3-acetoxy-10.13-dimethyl-hexadecahydro-1H-cyclo=penta[a]phenanthrenyl-(17)]-propionsäure-methylester $C_{32}H_{46}O_7S$.

12α-[Toluol-sulfonyl-(4)-oxy]-3α-acetoxy-20β_F-methyl-5β-pregnansäure-(21)-methylester, 12α-[Toluol-sulfonyl-(4)-oxy]-3α-acetoxy-23.24-dinor-5β-cholansäure-(22)-methylester, *3α-acetoxy-20β_F-methyl-12α-(p-tolylsulfonyloxy)-5β-pregnan-21-oic acid methyl ester* $C_{32}H_{46}O_7S$; Formel s. E III **10** 1617, Formel IX (R = CO-CH₃, R′ = SO₂-C₆H₄-CH₃, X = OCH₃).

B. Bei mehrtägigem Behandeln von 12α-Hydroxy-3α-acetoxy-23.24-dinor-5β-cholan=säure-(22)-methylester mit Toluol-sulfonylchlorid-(4) und Pyridin (*v. Euw, Reichstein,* Helv. **29** [1946] 654, 661).

Krystalle (aus CHCl₃ + Ae.); F: 180—181° [korr.; Kofler-App.].

Beim Erhitzen mit Collidin ist neben anderen Substanzen 3α-Acetoxy-23.24-dinor-5β-cholen-(11)-säure-(22)-methylester erhalten worden.

4-[12-Hydroxy-3-(toluol-sulfonyl-(4)-oxy)-10.13-dimethyl-hexadecahydro-1H-cyclo=penta[a]phenanthrenyl-(17)]-valeriansäure-methylester $C_{32}H_{48}O_6S$.

12α-Hydroxy-3α-[toluol-sulfonyl-(4)-oxy]-5β-cholansäure-(24)-methylester, *12α-hydroxy-3α-(p-tolylsulfonyloxy)-5β-cholan-24-oic acid methyl ester* $C_{32}H_{48}O_6S$; Formel s. E III **10** 1648, Formel IV (R = SO₂-C₆H₄-CH₃, R′ = H, X = OCH₃).

B. Beim Behandeln von Desoxycholsäure-methylester mit Toluol-sulfonylchlorid-(4) und Pyridin (*Barnett, Reichstein,* Helv. **21** [1938] 926, 931).

Krystalle (aus Ae. + Pentan); F: 149° [korr.].

Beim Erhitzen mit Pyridin ist 12α-Hydroxy-5β-cholen-(3)-säure-(24)-methylester er=halten worden.

10-Benzoyloxy-1.2.6b.9.9.12a-hexamethyl-4a-[toluol-sulfonyl-(4)-oxymethyl]-Δ¹⁴-octa=decahydro-6H-picen-carbonsäure-(6a)-methylester $C_{45}H_{60}O_7S$.

28-[Toluol-sulfonyl-(4)-oxy]-3β-benzoyloxy-ursen-(12)-säure-(27)-methylester, *3β-(benzoyloxy)-28-(p-tolylsulfonyloxy)urs-12-en-27-oic acid methyl ester* $C_{45}H_{60}O_7S$; Formel entsprechend E III **10** 1915, Formel IV.

B. Beim Erwärmen von 28-Hydroxy-3β-benzoyloxy-ursen-(12)-säure-(27)-methylester (E III **10** 1915) mit Toluol-sulfonylchlorid-(4), Pyridin und Benzol (*Ruzicka, Szpilfogel, Jeger,* Helv. **29** [1946] 1520, 1522).

Krystalle (aus CH₂Cl₂ + Me.); F: 204—205° [korr.]. $[\alpha]_D$: +94° [CHCl₃; c = 0,8].

3.4-Dihydroxy-5-[toluol-sulfonyl-(4)-oxy]-cyclohexen-(1)-carbonsäure-(1)-methylester,
3,4-*dihydroxy-5-*(p-*tolylsulfonyloxy*)*cyclohex-1-ene-1-carboxylic acid methyl ester* $C_{15}H_{18}O_7S$.

(**3R**)**-3r.4c-Dihydroxy-5t-[toluol-sulfonyl-(4)-oxy]-cyclohexen-(1)-carbonsäure-(1)-methylester,** Formel I.

B. Aus (3R)-5t-[Toluol-sulfonyl-(4)-oxy]-3r.4c-isopropylidendioxy-cyclohexen-(1)-carbonsäure-(1)-methylester beim Behandeln mit Essigsäure (*Fischer, Dangschat,* Helv. **18** [1935] 1206, 1211).

Krystalle (aus E. + Bzn.); F: 137—138°.

**4-[7.12-Dihydroxy-3-(toluol-sulfonyl-(4)-oxy)-10.13-dimethyl-hexadecahydro-1H-cyclo=
penta[a]phenanthrenyl-(17)]-valeriansäure-methylester** $C_{32}H_{48}O_7S$.

7α.12α-Dihydroxy-3α-[toluol-sulfonyl-(4)-oxy]-5β-cholansäure-(24)-methylester,
7α,12α-*dihydroxy-3α-*(p-*tolylsulfonyloxy*)*-5β-cholan-24-oic acid methyl ester* $C_{32}H_{48}O_7S$; Formel s. E III **10** 2170, Formel IV (R = SO_2-C_6H_4-CH_3, R' = H, X = OCH_3).

B. Beim Behandeln von Cholsäure-methylester (E III **10** 2168) mit Toluol-sulfonyl=
chlorid-(4) und Pyridin (*Barnett, Reichstein,* Helv. **21** [1938] 926, 931).

Krystalle (aus Me.); F: 131—133°.

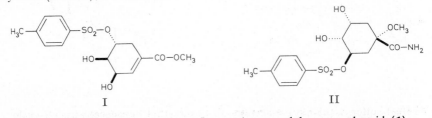

I II

4.5-Dihydroxy-3-[toluol-sulfonyl-(4)-oxy]-1-methoxy-cyclohexan-carbamid-(1),
3,4-*dihydroxy-1-methoxy-5-*(p-*tolylsulfonyloxy*)*cyclohexanecarboxamide* $C_{15}H_{21}NO_7S$.

(**1S**)**-4t.5t-Dihydroxy-3c-[toluol-sulfonyl-(4)-oxy]-1-methoxy-cyclohexan-carb=
amid-(1r),** Formel II.

B. Aus (1S)-5c-[Toluol-sulfonyl-(4)-oxy]-1-methoxy-3t.4t-isopropylidendioxy-cyclo=
hexan-carbamid-(1r) beim Behandeln mit wss. Essigsäure (*Fischer, Dangschat,* B. **65** [1932] 1009, 1031).

Krystalle (aus Bzl. + Bzn.) mit 0,5 Mol Benzol; F: ca. 108° [nach Sintern]. In Methanol, Äthanol, Essigsäure, warmem Wasser und warmem Chloroform leicht löslich, in Äther und Petroläther kaum löslich.

3-[Toluol-sulfonyl-(4)-oxy]-2-phenylacetylimino-propionsäure-methylester, 2-(*phenyl=
acetylimino*)*-3-*(p-*tolylsulfonyloxy*)*propionic acid methyl ester* $C_{19}H_{19}NO_6S$, Formel III, und
2-[C-Phenyl-acetamino]-3-[toluol-sulfonyl-(4)-oxy]-acrylsäure-methylester, 2-(*2-phenyl=
acetamido*)*-3-*(p-*tolylsulfonyloxy*)*acrylic acid methyl ester* $C_{19}H_{19}NO_6S$, Formel IV.

B. Beim Behandeln einer wss. Lösung der Natrium-Verbindung des Benzylpenaldin=
säure-methylesters (E III **9** 2230) mit Toluol-sulfonylchlorid-(4) (*Brown,* Chem. Penicillin **1949** 473, 509).

Krystalle (aus A. oder Bzl.); F: 147—148°.

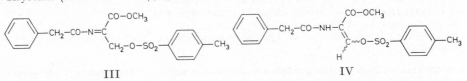

III IV

**12-[Toluol-sulfonyl-(4)-oxy]-3-oxo-10.13-dimethyl-hexadecahydro-1H-cyclopenta[a]=
phenanthren-carbonsäure-(17)-methylester** $C_{28}H_{38}O_6S$.

12α-[Toluol-sulfonyl-(4)-oxy]-3-oxo-5β-androstan-carbonsäure-(17β)-methylester,
12α-[Toluol-sulfonyl-(4)-oxy]-3-oxo-21-nor-5β-pregnansäure-(20)-methylester, 3-*oxo-
12α-*(p-*tolylsulfonyloxy*)*-5β-androstane-17β-carboxylic acid methyl ester* $C_{28}H_{38}O_6S$, Formel V (X = H).

B. Bei mehrtägigem Behandeln von 12α-Hydroxy-3-oxo-5β-androstan-carbon=

säure-(17β)-methylester mit Toluol-sulfonylchlorid-(4) und Pyridin (*v. Euw, Reichstein*, Helv. **29** [1946] 654, 662).

Krystalle (aus Ae. oder aus CHCl$_3$ + Ae.); F: 186—187° [korr.; Kofler-App.]. [α]$_D^{17}$: +96,3°; [α]$_{546}^{17}$: +111,3° [jeweils in CHCl$_3$; c = 1].

Beim Erhitzen mit Pyridin, Collidin oder Chinolin sind 3-Oxo-5β-androsten-(11)-carbonsäure-(17β)-methylester und zwei Verbindungen C$_{21}$H$_{30}$O$_3$ (F: 158—159° bzw. F: 136—137° [korr.; Kofler-App.]) erhalten worden.

4-Brom-12-[toluol-sulfonyl-(4)-oxy]-3-oxo-10.13-dimethyl-hexadecahydro-1*H*-cyclo⸗ penta[*a*]phenanthren-carbonsäure-(17)-methylester C$_{28}$H$_{37}$BrO$_6$S.

4β-Brom-12α-[toluol-sulfonyl-(4)-oxy]-3-oxo-5β-androstan-carbonsäure-(17β)-methylester, 4β-Brom-12α-[toluol-sulfonyl-(4)-oxy]-3-oxo-21-nor-5β-pregnansäure-(20)-methylester, *4β-bromo-3-oxo-12α-(p-tolylsulfonyloxy)-5β-androstane-17β-carboxylic acid methyl ester* C$_{28}$H$_{37}$BrO$_6$S, Formel V (X = Br).

Bezüglich der Zuordnung der Konfiguration am C-Atom 4 vgl. *Corey*, Experientia **9** [1953] 329; *Ch. W. Shoppee*, Chemistry of the Steroids, 4. Aufl. [London 1964] S. 86.

B. Aus 12α-[Toluol-sulfonyl-(4)-oxy]-3-oxo-5β-androstan-carbonsäure-(17β)-methyl⸗ ester beim Behandeln mit Brom in Essigsäure (*v. Euw, Reichstein*, Helv. **29** [1946] 654, 664).

Krystalle (aus CHCl$_3$ + Ae.); F: 170—171° [korr.; Kofler-App.] (*v. Euw, Rei.*).

Beim Erhitzen mit Pyridin auf 135° sind 3-Oxo-androstadien-(4.11)-carbonsäure-(17β)-methylester und geringe Mengen einer Verbindung C$_{21}$H$_{29}$BrO$_3$ (F: 202—203° [korr.; Kofler-App.]; λ_{max}[A.]: 238 mμ) erhalten worden (*v. Euw, Rei.*).

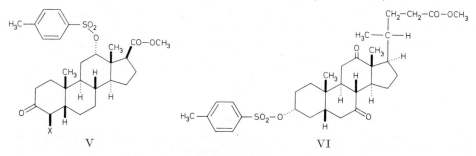

V   VI

4-[6-(Toluol-sulfonyl-(4)-oxy)-3-oxo-10.13-dimethyl-hexadecahydro-1*H*-cyclopenta[*a*]⸗ phenanthrenyl-(17)]-valeriansäure-methylester C$_{32}$H$_{46}$O$_6$S.

6α-[Toluol-sulfonyl-(4)-oxy]-3-oxo-5β-cholansäure-(24)-methylester, *3-oxo-6α-(p-tolylsulfonyloxy)-5β-cholan-24-oic acid methyl ester* C$_{32}$H$_{46}$O$_6$S; Formel s. E III **10** 4309, Formel III (R = SO$_2$-C$_6$H$_4$-CH$_3$, X = OCH$_3$).

B. Beim Behandeln des aus 6α-Hydroxy-3-oxo-5β-cholansäure-(24) (E III **10** 4308) mit Hilfe von Diazomethan hergestellten Methylesters mit Toluol-sulfonylchlorid-(4) und Pyridin (*Gallagher, Xenos*, J. biol. Chem. **165** [1946] 365, 368).

Krystalle (aus E.); F: 189—190° [korr.; Zers.]. [α]$_D^{21}$: +8,9° [CHCl$_3$].

Beim Erhitzen mit Collidin ist 3-Oxo-cholen-(4)-säure-(24)-methylester erhalten worden.

4-[12-(Toluol-sulfonyl-(4)-oxy)-3-oxo-10.13-dimethyl-hexadecahydro-1*H*-cyclopenta[*a*]⸗ phenanthrenyl-(17)]-valeriansäure-methylester C$_{32}$H$_{46}$O$_6$S.

12α-[Toluol-sulfonyl-(4)-oxy]-3-oxo-5β-cholansäure-(24)-methylester, *3-oxo-12α-(p-tolylsulfonyloxy)-5β-cholan-24-oic acid methyl ester* C$_{32}$H$_{46}$O$_6$S; Formel s. E III **10** 4310, Formel VII (R = SO$_2$-C$_6$H$_4$-CH$_3$, X = OCH$_3$, X' = O).

B. Bei mehrtägigem Behandeln von 12α-Hydroxy-3-oxo-5β-cholansäure-(24)-methyl⸗ ester (E III **10** 4311) mit Toluol-sulfonylchlorid-(4) und Pyridin (*v. Euw, Reichstein*, Helv. **29** [1946] 654, 659).

Krystalle (aus CHCl$_3$ + Ae.); F: 154—155° [korr.; Kofler-App.]. [α]$_D^{17}$: +28,1°; [α]$_{546}^{17}$: +33,1° [jeweils in CHCl$_3$; c = 1].

Beim Erhitzen mit Collidin oder Pyridin ist 3-Oxo-5β-cholen-(11)-säure-(24)-methyl⸗ ester erhalten worden.

4-[3-(Toluol-sulfonyl-(4)-oxy)-6-oxo-10.13-dimethyl-hexadecahydro-1H-cyclopenta[a]-phenanthrenyl-(17)]-valeriansäure-methylester $C_{32}H_{46}O_6S$.

3α-[Toluol-sulfonyl-(4)-oxy]-6-oxo-5α-cholansäure-(24)-methylester, *6-oxo-3α-(p-tolylsulfonyloxy)-5α-cholan-24-oic acid methyl ester* $C_{32}H_{46}O_6S$; Formel s. E III **10** 4314, Formel XIII (R = SO_2-C_6H_4-CH_3, X = OCH_3).

B. Beim Behandeln von 3α-Hydroxy-6-oxo-5α-cholansäure-(24)-methylester (E III **10** 4314) mit Toluol-sulfonylchlorid-(4) und Pyridin (*Gallagher, Xenos,* J. biol. Chem. **165** [1946] 365, 368).

Krystalle (aus Ae.); F: 133,5−134,5° [korr.]. $[\alpha]_D^{22}$: −5,3° [CHCl$_3$].

12-[Toluol-sulfonyl-(4)-oxy]-3-oxo-10.13-dimethyl-Δ^4-tetradecahydro-1H-cyclopenta[a]-phenanthren-carbonsäure-(17)-methylester $C_{28}H_{36}O_6S$.

12α-[Toluol-sulfonyl-(4)-oxy]-3-oxo-androsten-(4)-carbonsäure-(17β)-methylester,
12α-[Toluol-sulfonyl-(4)-oxy]-3-oxo-21-nor-pregnen-(4)-säure-(20)-methylester,
3-oxo-12α-(p-tolylsulfonyloxy)androst-4-ene-17β-carboxylic acid methyl ester $C_{28}H_{36}O_6S$; Formel s. E III **10** 4357, Formel III (R = SO_2-C_6H_4-CH_3, X = H).

B. Bei mehrtägigem Behandeln von 12α-Hydroxy-3-oxo-androsten-(4)-carbon-säure-(17β)-methylester (E III **10** 4357) mit Toluol-sulfonylchlorid-(4) und Pyridin (*v. Euw, Reichstein,* Helv. **29** [1946] 654, 666).

Krystalle (aus CHCl$_3$ + Ae.); F: 206−207° [korr.; Kofler-App.].

Beim Erhitzen mit Pyridin auf 135° sind 3-Oxo-androstadien-(4.11)-carbonsäure-(17β)-methylester und geringe Mengen einer nicht identifizierten Verbindung vom F: 214° bis 215° erhalten worden.

4-[3.12-Bis-(toluol-sulfonyl-(4)-oxy)-11-oxo-10.13-dimethyl-hexadecahydro-1H-cyclo-penta[a]phenanthrenyl-(17)]-valeriansäure-methylester $C_{39}H_{52}O_9S_2$.

3α.12β-Bis-[toluol-sulfonyl-(4)-oxy]-11-oxo-5β-cholansäure-(24)-methylester,
11-oxo-3α,12β-bis(p-tolylsulfonyloxy)-5β-cholan-24-oic acid methyl ester $C_{39}H_{52}O_9S_2$; Formel s. E III **10** 4592, Formel I (R = X = SO_2-C_6H_4-CH_3, X' = OCH_3).

B. Beim Behandeln von 3α.12β-Dihydroxy-11-oxo-5β-cholansäure-(24)-methylester (E III **10** 4591) mit Toluol-sulfonylchlorid-(4) und Pyridin (*Borgstrom, Gallagher,* J. biol. Chem. **177** [1949] 951, 957).

Krystalle; F: 154−154,5° [korr.]. $[\alpha]_D^{22}$: +93° [Acn.].

4-[3-(Toluol-sulfonyl-(4)-oxy)-7.12-dioxo-10.13-dimethyl-hexadecahydro-1H-cyclo-penta[a]phenanthrenyl-(17)]-valeriansäure-methylester $C_{32}H_{44}O_7S$.

3α-[Toluol-sulfonyl-(4)-oxy]-7.12-dioxo-5β-cholansäure-(24)-methylester,
7,12-dioxo-3α-(p-tolylsulfonyloxy)-5β-cholan-24-oic acid methyl ester $C_{32}H_{44}O_7S$, Formel VI.

B. Aus 7α.12α-Dihydroxy-3α-[toluol-sulfonyl-(4)-oxy]-5β-cholansäure-(24)-methyl-ester beim Behandeln mit Chrom(VI)-oxid und wss. Essigsäure (*Jacobsen et al.,* J. biol. Chem. **171** [1947] 87, 88).

Krystalle (aus Me.); F: 142,5−143,5°.

Beim Erhitzen mit Natriumjodid in Hexandion-(2.5) unter Zusatz von Natriumthio-sulfat ist 3ξ-Jod-7.12-dioxo-5β-cholansäure-(24)-methylester (F: 171,5−172°) erhalten worden.

1.3-Bis-dimethylamino-2-[toluol-sulfonyl-(4)-oxy]-propan, Toluol-sulfonsäure-(4)-[β.β'-bis-dimethylamino-isopropylester], 2-[Toluol-sulfonyl-(4)-oxy]-tetra-N-methyl-propandiyldiamin, *1,3-bis(dimethylamino)-2-(p-tolylsulfonyloxy)propane* $C_{14}H_{24}N_2O_3S$, Formel VII.

B. Beim Behandeln von 1.3-Bis-dimethylamino-propanol-(2) mit Toluol-sulfonyl-chlorid-(4) in Chloroform (*Campbell, La Forge, Campbell,* J. org. Chem. **14** [1949] 346, 353).

Hydrochlorid $C_{14}H_{24}N_2O_3S\cdot HCl$. Krystalle (aus A. + Ae.) mit 0,5 Mol H_2O; F: 166−167° [unkorr.; Zers.; geschlossene Kapillare].

2-Benzamino-3-[toluol-sulfonyl-(4)-oxy]-buttersäure-äthylester $C_{20}H_{23}NO_6S$.

(±)-erythro-2-Benzamino-3-[toluol-sulfonyl-(4)-oxy]-buttersäure-äthylester,
O-[Toluol-sulfonyl-(4)]-N-benzoyl-DL-allothreonin-äthylester, N-*benzoyl-O-(p-tolylsulfon-yl)-DL-allothreonine ethyl ester,* Formel VIII + Spiegelbild.

B. Beim Behandeln von N-Benzoyl-DL-allothreonin-äthylester mit Toluol-sulfonyl-chlorid-(4) und Pyridin (*Attenburrow, Elliott, Penny,* Soc. **1948** 310, 317).

Krystalle (aus E. + PAe.), F: 148,5—151,5° [korr.]; Krystalle (aus PAe.), F: 82,5° bis 83°.

Beim Erwärmen mit Natriumacetat in Äthanol ist 5*t*-Methyl-2-phenyl-*Δ²*-oxazolin-carbonsäure-(4*r*)-äthylester erhalten worden.

Toluol-peroxysulfonsäure-(4), p-*tolueneperoxysulfonic acid* $C_7H_8O_4S$, Formel IX (X = OOH).

B. Beim Behandeln einer Lösung von Toluol-sulfonylchlorid-(4) in Benzol mit einer Suspension von Natriumperoxid in Äthanol (*Farb- und Gerbstoffwerke Carl Flesch,* D.R.P. 561521 [1930]; Frdl. **19** 2296).

Natrium-Salz. In Wasser leicht löslich.

Toluol-sulfonylfluorid-(4), p-*toluenesulfonyl fluoride* $C_7H_7FO_2S$, Formel IX (X = F) (E II 54).

B. Aus Toluol-sulfonylchlorid-(4) beim Erhitzen mit Kaliumfluorid in Wasser (*Davies, Dick,* Soc. **1931** 2104, 2106).

Krystalle (aus wss. A.); F: 41—42° (*Dav., Dick,* Soc. **1931** 2106). D⁶⁰: 1,233 (*Dann et al.,* Soc. **1933** 15, 20). Oberflächenspannung bei 60°: 33,04 dyn/cm (*Dann et al.*).

Überführung in α-Chlor-toluol-sulfonylfluorid-(4) durch Behandlung mit Chlor bei 160—210°: *Davies, Dick,* Soc. **1932** 2042, 2045. Beim Behandeln mit Methylmagnesium-jodid in Äther ist Di-*p*-tolylsulfon-methan, beim Behandeln mit Isopropylmagnesiumjodid in Äther ist Di-*p*-tolyl-disulfon erhalten worden (*Gibson,* J. pr. [2] **142** [1935] 218, 222).

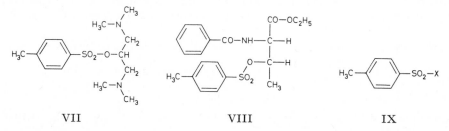

VII   VIII   IX

Toluol-sulfonylchlorid-(4), p-*toluenesulfonyl chloride* $C_7H_7ClO_2S$, Formel IX (X = Cl) (H 103; E I 26; E II 54).

B. Neben geringen Mengen Di-*p*-tolyl-disulfon beim Behandeln von Toluol mit Chloro-schwefelsäure in Chloroform (*Huntress, Autenrieth,* Am. Soc. **63** [1941] 3446; vgl. H 103). Aus 4-Methyl-thiophenol beim Einleiten von Chlor in ein Gemisch mit Tetrachlormethan und Wasser sowie beim Behandeln eines Gemisches mit Benzol und wss. Salzsäure mit wss. Alkalihypochlorit-Lösung (*Chem. Fabr. v. Heyden,* D.R.P. 550685 [1928]; Frdl. **17** 531). Beim Behandeln eines Gemisches von Toluol-sulfonsäure-(4) und Schwefel mit Chlor, auch in Gegenwart von Tetrachlormethan (*Chem. Fabr. v. Heyden,* D.R.P. 499052 [1928]; Frdl. **17** 525). Neben Benzoylchlorid beim Erhitzen von Natrium-[toluol-sulfonat-(4)] mit Benzotrichlorid auf 200° (*I. G. Farbenind.,* D.R.P. 574836 [1931]; Frdl. **19** 627).

Reinigung durch Schmelzen unter Wasser: *Slotta, Franke,* B. **63** [1930] 678, 682; *Hess, Stenzel,* B. **68** [1935] 981, 985 Anm. 10; durch Erwärmen mit Metalloxiden: *Monsanto Chem. Works,* U.S.P. 1906761 [1930].

Kp₁₆: 142,6° (*Martin, Partington,* Soc. **1936** 1182). Dichte bei Temperaturen von 100,9° (1,2336) bis 174,8° (1,1526) sowie Oberflächenspannung bei Temperaturen von 100,9° (33,26 dyn/cm) bis 174,8° (26,61 dyn/cm): *Buehler, Gardner, Clemens,* J. org. Chem. **2** [1937] 167, 170. Dipolmoment (ε; Bzl.): 5,0 D (*Gur'janowa,* Ž. fiz. Chim. **21** [1947] 411, 416; C. A. **1947** 6786). Brechungsdispersion (436—670 mμ) von Lösungen in Benzol: *Gu.,* l. c. S. 419.

Geschwindigkeit der Reaktion mit Brom in Tetrachlormethan unter der Einwirkung von UV-Licht bei 57°: *Sampey, Fawcett, Morehead,* Am. Soc. **62** [1940] 1839. Bei der Reduktion an Blei-Kathoden in äthanol. Schwefelsäure sind Toluol-sulfinsäure-(4), Toluol-thiosulfonsäure-(4)-S-*p*-tolylester, Di-*p*-tolyl-disulfid und 4-Methyl-thiophenol erhalten worden (*Takagi, Suzuki, Imaeda,* J. pharm. Soc. Japan **69** [1949] 358, 359; C. A. **1950** 1832). Überführung in Di-*p*-tolyl-disulfon durch Behandlung mit Kalium (1 Grammatom) in warmem Xylol: *Pearl, Evans, Dehn,* Am. Soc. **60** [1938] 2478. Bildung von 4-Methyl-thiophenol, Toluol-sulfinsäure-(4) und Di-*p*-tolyl-disulfid beim Erhitzen mit Zink und Essigsäure: *Knusli*, G. **79** [1949] 621, 623. Überführung in 4-Methylthiophenol durch Erhitzen mit Zinn und wss. Salzsäure: *Backer, Kramer*, R. **53** [1934] 1101, 1103; durch Erhitzen mit Kaliumjodid, Phosphor und Phosphorsäure (vgl. E I 26): *Miescher, Billeter*, Helv. **22** [1939] 601, 609.

Reaktion mit Heptin-(1)-yl-natrium in Äther unter Bildung von 1-Chlor-heptin-(1) und Natrium-[toluol-sulfinat-(4)]: *Truchet*, A. ch. [10] **16** [1931] 309, 325, 334. Reaktion mit Äthylmagnesiumbromid in Äther unter Bildung von Äthylchlorid und Magnesium-bromid-[toluol-sulfinat-(4)]: *Tr.*, l. c. S. 311, 361; s. a. *LeFèvre, Markham*, Soc. **1934** 703. Beim Behandeln mit 1 Mol Phenylmagnesiumbromid in Äther bei −5° sind Toluol-sulfinsäure-(4), Chlorbenzol, Biphenyl und Phenyl-*p*-tolylsulfon, beim Erwärmen mit 3 Mol Phenylmagnesiumbromid in Benzol sind Phenyl-*p*-tolyl-sulfoxid, Chlorbenzol und Biphenyl erhalten worden (*Burton, Davy*, Soc. **1948** 528; s. a. *LeFè., Ma.*; vgl. E II 55). Geschwindigkeitskonstanten der Hydrolyse in verd. wss. Salzsäure sowie in Gemischen von wss. Salzsäure und Aceton bei 15°, 20° und 25°: *Hedlund*, Ark. Kemi **14** A Nr. 6 [1940] 13, 14. Beim Erwärmen mit 2-Diäthylaminoäthanol-(1) und Natriumcarbonat in Benzol ist 1.1.4.4-Tetraäthyl-piperazindiium-bis-[toluol-sulfonat-(4)], beim Erwärmen mit 2-Diäthylamino-äthanol-(1) und Pyridin ist 1-[2-Diäthylamino-äthyl]-pyridinium-[toluol-sulfonat-(4)] erhalten worden (*Slotta, Behnisch*, A. **497** [1932] 170, 177, 180). Reaktion mit Diäthyläther in Gegenwart von Eisen(III)-chlorid unter Bildung von Toluol-sulfonsäure-(4)-äthylester und Äthylchlorid: *Meerwein, Maier-Hüser*, J. pr. [2] **134** [1932] 51, 54, 80. Bildung von Essigsäure-[toluol-sulfon‹ säure-(4)]-anhydrid beim Erhitzen mit Natriumacetat auf 200°: *Baroni*, R. A. L. [6] **17** [1933] 1081, 1084.

Toluol-sulfonylbromid-(4), p-*toluenesulfonyl bromide* C₇H₇BrO₂S, Formel IX (X = Br) (H 104; E I 27; E II 55).

F: 95—97° [aus PAe.] (*Kenyon, Phillips, Pittman*, Soc. **1935** 1072, 1079).

Beim Erwärmen mit Phosphor(III)-bromid ist Di-*p*-tolyl-disulfid erhalten worden (*Hunter, Sorenson*, Am. Soc. **54** [1932] 3368, 3371).

Toluolsulfonamid-(4), p-*toluenesulfonamide* C₇H₉NO₂S, Formel IX (X = NH₂) (H 104; E I 27; E II 55).

Krystalle; F: 137,5° [korr.; aus W.] (*Gur'janowa*, Ž. fiz. Chim. **21** [1947] 633, 641; C. A. **1948** 2148), 135,7—137° [korr.; aus wss. A.] (*Nevenzel, Shelberg, Niemann*, Am. Soc. **71** [1949] 3024), 135,5—136° [unkorr.; aus wss. A.] (*Huntress, Autenrieth*, Am. Soc. **63** [1941] 3446). Röntgen-Diagramm: *Hanawalt, Rinn, Frevel*, Ind. eng. Chem. Anal. **10** [1938] 457, 483. Brechungsdispersion von Lösungen in Äthanol: *Gu.*, l. c. S. 635. IR-Spektrum (Acetonitril; 7—10 μ): *Schreiber*, Anal. Chem. **21** [1949] 1168, 1170, 1171. Raman-Spektrum der Krystalle sowie einer Lösung in Methanol: *Angus, Leckie, Williams*, Trans. Faraday Soc. **34** [1938] 793, 795. UV-Absorptionsmaxima einer Lösung in wss. Salzsäure (0,1n): *Doub, Vandenbelt*, Am. Soc. **69** [1947] 2714, 2717. Dipolmoment: 5,00 D [ε; Bzl.], 5,39 D [ε; Dioxan] (*Gu.*, l. c. S. 634, 635, 636). Toluolsulfonamid-(4) ist in Aceton löslich (*Carswell*, Ind. eng. Chem. **21** [1929] 1176), in Benzol schwer löslich (*Ca.*; *Le Fèvre, Vine*, Soc. **1938** 1790, 1792), in flüssigem Ammoniak mässig löslich (*Bergstrom, Gilkey, Lung*, Ind. eng. Chem. **24** [1932] 57, 61). Thermische Analyse des Systems mit α-Chlor-toluol‹ sulfonamid-(4): *Takizawa*, Mem. Inst. scient. ind. Res. Osaka Univ. **6** [1948] 89.

Beim Behandeln mit Chrom(VI)-oxid, Essigsäure, Acetanhydrid und Schwefelsäure ist *N*-[α.α-Diacetoxy-toluol-sulfonyl-(4)]-acetamid erhalten worden (*Momose, Uyeda*, J. pharm. Soc. Japan **67** [1947] 23; C.A. **1951** 9498; s. a. *Burton, Hu*, Soc. **1948** 601). Geschwindigkeit der Reaktion mit *N*-Chlor-acetanilid in neutraler wss. Lösung (Bildung von *N*-Chlor-toluolsulfonamid-(4)) bei 25°: *Pryde, Soper*, Soc. **1931** 1514, 1516. Reaktion mit Naphthoyl-(1)-chlorid bei 180° unter Bildung von Toluol-sulfonsäure-(4) und Naphtho‹ nitril-(1): *Kemp, Stephen*, Soc. **1948** 110.

Bildung von *N*-[Toluol-sulfonyl-(4)]-*S.S*-diäthyl-sulfimin beim Erwärmen mit Diäthyl‹ sulfoxid und Acetanhydrid sowie beim Erwärmen mit Diäthylsulfoxid und Phosphor(V)-oxid in Chloroform: *Tarbell, Weaver*, Am. Soc. **63** [1941] 2939, 2942. Beim Erwärmen mit Triphenylphosphinoxid in Benzol ist eine als *N.N*-Bis-[(toluol-sulfonyl-(4)-amino)-triphenyl-phosphoranyl]-toluolsulfonamid-(4) angesehene Verbindung (F: 138°) erhalten worden (*Mann, Chaplin*, Soc. **1937** 527, 530). Reaktion mit Tri-*m*-tolyl-phosphinoxid in

Äthanol unter Bildung von N-[Toluol-sulfonyl-(4)]-P.P.P-tri-m-tolyl-phosphoranamid≠ säure sowie analoge Reaktionen mit Tri-p-tolyl-phosphinoxid und mit Tris-[3-methoxy-phenyl]-phosphinoxid: *Mann, Ch.*, l. c. S. 531, 532. Reaktion mit Tris-[2-chlor-vinyl]-arsinoxid (F: 154°) in Benzol unter Bildung von [Toluol-sulfonyl-(4)-amino]-hydroxy-tris-[2-chlor-vinyl]-arsoran (F: 122—123°): *Mann*, Soc. **1932** 958, 964.

Reaktion mit Diazomethan in Äther unter Bildung von N-Methyl-toluolsulfonamid-(4): *Arndt, Martius*, A. **499** [1932] 228, 239, 265. Beim Erwärmen einer Lösung in Äthanol mit 0,5 Mol 1.3-Dibrom-propan und wss. Natronlauge sind neben 1-[Toluol-sulfonyl-(4)]-azetidin und 1.5-Di-[toluol-sulfonyl-(4)]-octahydro-[1.5]diazocin (vgl. H 105) geringe Mengen N.N′-Di-[toluol-sulfonyl-(4)]-propandiyldiamin (*Boon*, Soc. **1947** 307, 310, 311), beim Erwärmen mit 1 Mol 1.3-Dibrom-propan und wss.-äthanol. Kalilauge sind neben 1-[Toluol-sulfonyl-(4)]-azetidin zwei nicht näher beschriebene, durch Erhitzen mit Natrium und Isoamylalkohol in 3-Amino-propanol-(1) bzw. in Bis-[3-hydroxy-propyl]-amin überführbare Toluol-sulfonyl-(4)-Derivate (*Janbikow*, Ž. obšč. Chim. **8** [1938] 1545; C. **1939** I 4951) erhalten worden. Bildung von 1.13-Bis-[toluol-sulfonyl-(4)-amino]-tridecan und einer als 1.15-Bis-[toluol-sulfonyl-(4)]-1.15-diaza-cyclooctacosan ange-sehenen Verbindung (F: 163°) beim Erwärmen mit 1 Mol 1.13-Dibrom-tridecan und wss.-äthanol. Kalilauge: *Müller*, B. **67** [1934] 295, 297. Beim Erhitzen des Natrium-Salzes mit 1.3-Dibrom-2.2-bis-brommethyl-propan auf 210° sind 1.3-Bis-[toluol-sulfonyl-(4)-amino]-2.2-bis-[(toluol-sulfonyl-(4)-amino)-methyl]-propan und 1-[Toluol-sulfonyl-(4)]-3.3-bis-[(toluolsulfonyl-(4)-amino)-methyl]-azetidin, beim Erhitzen des Natrium-Salzes mit 2-Acetoxy-1.1.1-tris-brommethyl-äthan auf 180° sind 2-[Toluol-sulfonyl-(4)-amino]-1.1-bis-[(toluol-sulfonyl-(4)-amino)-methyl]-cyclopropan und 2.6-Bis-[toluol-sulfonyl-(4)]-2.6-diaza-spiro[3.3]heptan erhalten worden (*Litherland, Mann*, Soc. **1938** 1588, 1591, 1594). Bildung von 2-[Toluol-sulfonyl-(4)]-1.2.3.4-tetrahydro-isochinolin beim Erhitzen mit 1-Brommethyl-2-[2-brom-äthyl]-benzol und Kaliumcarbonat auf 160°: *Holliman, Mann*, Soc. **1942** 737, 739. Beim Erhitzen mit Toluol-sulfonsäure-(4)-[2-chlor-äthyl≠ ester] (1 Mol) und wss. Natronlauge ist 1.4-Di-[toluol-sulfonyl-(4)]-piperazin erhalten worden (*Peacock, Dutta*, Soc. **1934** 1303). Bildung von 1.3.5-Tri-[toluol-sulfonyl-(4)]-hexahydro-[1.3.5]triazin beim Erhitzen einer Lösung in Äthanol mit wss. Formaldehyd unter Zusatz von wss. Salzsäure (vgl. E II 56): *McMaster*, Am. Soc. **56** [1934] 204, 205; beim Erwärmen mit Paraformaldehyd und Essigsäure unter Zusatz von Schwefelsäure: *McM.*; beim Erhitzen mit Paraformaldehyd auf Temperaturen oberhalb 137°: *Scheele, Steinke*, Koll. Z. **97** [1941] 176, 182, **100** [1942] 361, 364.

Nach Verfütterung von Toluolsulfonamid-(4) an einen Hund ist aus dessen Harn 4-Sulfamoyl-benzoesäure isoliert worden (*Flaschenträger et al.*, Z. physiol. Chem. **225** [1934] 157, 159, 162).

Charakterisierung als N-[Xanthenyl-(9)]-Derivat (F: 197—197,5°): *Phillips, Frank*, J. org. Chem. **9** [1944] 9, 10.

Verbindung mit Titan(IV)-chlorid $C_7H_9NO_2S \cdot TiCl_4$. Gelbbraune Krystalle (*Dermer, Fernelius*, Z. anorg. Ch. **221** [1934] 83, 91).

N-Methyl-toluolsulfonamid-(4), N-*methyl-p-toluenesulfonamide* $C_8H_{11}NO_2S$, Formel I (X = NH-CH₃) auf S. 270 (H 105; E II 56).

B. Aus Toluolsulfonamid-(4) und Diazomethan in Äther (*Arndt, Martius*, A. **499** [1932] 228, 239, 265).

F: 78° (*Ar., Ma.*). Assoziation in Benzol (kryoskopisch ermittelt): *Chaplin, Hunter*, Soc. **1937** 1114, 1115, 1117. Assoziation in Benzol, Chloroform und Äther (aus den Dielektrizitätskonstanten ermittelt): *Le Fèvre, Vine*, Soc. **1938** 1790, 1792—1795. Dipolmoment (ε; Bzl.): 5,4 D (*Le F., Vine*, l. c. S. 1795). In Benzol, Aceton und Äthanol leicht löslich (*Carswell*, Ind. eng. Chem. **21** [1929] 1176).

Beim Erwärmen mit wss. Formaldehyd und wss. Salzsäure (*Hug*, Bl. [5] **1** [1934] 990, 1003; *McMaster*, Am. Soc. **56** [1934] 204) oder mit Paraformaldehyd in Essigsäure unter Zusatz von Schwefelsäure (*McM.*) ist Bis-[(toluol-sulfonyl-(4))-methyl-amino]-methan erhalten worden.

N.N-Dimethyl-toluolsulfonamid-(4), N,N-*dimethyl-p-toluenesulfonamide* $C_9H_{13}NO_2S$, Formel I (X = N(CH₃)₂) auf S. 270 (E II 56).

B. Aus Toluolsulfonamid-(4) mit Hilfe von wss. Alkalilauge und Dimethylsulfat (*Clarke, Kenyon, Phillips*, Soc. **1930** 1225, 1229).

Krystalle; F: 80—81° (*Chaplin, Hunter*, Soc. **1937** 1114, 1118), 78—79° [aus A.] (*Cl.*, *Ke.*, *Ph.*). Assoziation in Benzol (kryoskopisch ermittelt): *Ch.*, *Hu.*, l. c. S. 1115, 1117; in Benzol, Chloroform und Äther (aus den Dielektrizitätskonstanten ermittelt): *Le Fèvre*, *Vine*, Soc. **1938** 1790, 1792—1794. Dipolmoment (ε; Bzl.): 5,48 D (*Le F.*, *Vine*, l. c. S. 1790, 1795).

N-Äthyl-toluolsulfonamid-(4), N-*ethyl*-p-*toluenesulfonamide* $C_9H_{13}NO_2S$, Formel I ($X = NH\text{-}C_2H_5$) auf S. 270 (H 105; E II 56).
F: 63,2° (*Carswell*, Ind. eng. Chem. **21** [1929] 1176). In Benzol, Aceton und Äthanol leicht löslich (*Ca.*).
Flammpunkt: *Assoc. Factory Insurance Co.*, Ind. eng. Chem. **32** [1940] 880, 882.

N-[2-Fluor-äthyl]-toluolsulfonamid-(4), N-*(2-fluoroethyl)*-p-*toluenesulfonamide* $C_9H_{12}FNO_2S$, Formel I ($X = NH\text{-}CH_2\text{-}CH_2F$) auf S. 270.
B. Aus Toluol-sulfonylchlorid-(4) und 2-Fluor-äthylamin-hydrochlorid in Äther (*Childs et al.*, Soc. **1948** 2174, 2176).
Krystalle (aus wss. A.); F: 104°.

N-[2-Chlor-äthyl]-toluolsulfonamid-(4), N-*(2-chloroethyl)*-p-*toluenesulfonamide* $C_9H_{12}ClNO_2S$, Formel I ($X = NH\text{-}CH_2\text{-}CH_2Cl$) auf S. 270.
B. Beim Erhitzen von Toluol-sulfonylchlorid-(4) mit 2-Amino-äthanol-(1) auf 130° (*Slotta, Behnisch*, J. pr. [2] **135** [1932] 225, 230). Aus 2-[Toluol-sulfonyl-(4)-amino]-äthanol-(1) beim Erwärmen mit Thionylchlorid (*Peacock, Dutta*, Soc. **1934** 1303).
Krystalle; F: 101° [aus Bzn.] (*Sl., Be.*), 99° [aus Me. oder A.] (*Pe., Du.*).
Beim Erwärmen mit Diäthylentriamin (1 Mol) in Äthanol sind 1.4-Bis-[toluol-sulfonyl-(4)]-piperazin und 1-[Toluol-sulfonyl-(4)]-triäthylentetramin (S. 291) erhalten worden (*Peacock, Gwan*, Soc. **1937** 1468, 1471).

N-[2-Brom-äthyl]-toluolsulfonamid-(4), N-*(2-bromoethyl)*-p-*toluenesulfonamide* $C_9H_{12}BrNO_2S$, Formel I ($X = NH\text{-}CH_2\text{-}CH_2Br$) auf S. 270.
B. Aus 2-[Toluol-sulfonyl-(4)-amino]-äthanol-(1) beim Behandeln mit Natrium=bromid und wss. Schwefelsäure (*Peacock, Dutta*, Soc. **1934** 1303).
Krystalle (aus Me.); F: 88—90°.

N-Methyl-N-äthyl-toluolsulfonamid-(4), N-*ethyl*-N-*methyl*-p-*toluenesulfonamide* $C_{10}H_{15}NO_2S$, Formel I ($X = N(CH_3)\text{-}C_2H_5$) auf S. 270 (E II 56).
B. Beim Behandeln von Toluol-sulfonylchlorid-(4) mit Methyl-äthyl-amin und wss. Natronlauge (*Graymore*, Soc. **1938** 1311).
Kp_{50}: 210°.

$(\pm)$-N-Methyl-N-[2-chlor-2-brom-äthyl]-toluolsulfonamid-(4), $(\pm)$-N-*(2-bromo-2-chloro=ethyl)*-N-*methyl*-p-*toluenesulfonamide* $C_{10}H_{13}BrClNO_2S$, Formel I ($X = N(CH_3)\text{-}CH_2\text{-}CHClBr$) auf S. 270.
B. Aus N-Brom-N-methyl-toluolsulfonamid-(4) und Vinylchlorid (*Kharasch, Priestley*, Am. Soc. **61** [1939] 3425, 3429, 3431).
F: 90°.
Beim Erwärmen mit äthanol. Natriumäthylat ist N-Methyl-N-[2-chlor-vinyl]-toluol=sulfonamid-(4) (F: 91°) erhalten worden.

$N.N$-Diäthyl-toluolsulfonamid-(4), N,N-*diethyl*-p-*toluenesulfonamide* $C_{11}H_{17}NO_2S$, Formel I ($X = N(C_2H_5)_2$) auf S. 270 (H 105; E II 56).
B. Beim Behandeln einer Lösung von Toluol-sulfonylchlorid-(4) in Aceton mit Diäthyl=amin und wss. Natronlauge (*Goldberg*, Soc. **1945** 826, 828).
Krystalle (aus wss. A.); F: 60—62° (*Go.*). Assoziation in Benzol (kryoskopisch ermittelt): *Chaplin, Hunter*, Soc. **1937** 1114, 1115, 1117.

$N.N$-Bis-[2-fluor-äthyl]-toluolsulfonamid-(4), N,N-*bis(2-fluoroethyl)*-p-*toluenesulfonamide* $C_{11}H_{15}F_2NO_2S$, Formel I ($X = N(CH_2\text{-}CH_2F)_2$) auf S. 270.
B. Beim Behandeln einer Lösung von Toluol-sulfonylchlorid-(4) in Äther mit Bis-[2-fluor-äthyl]-amin und wss. Natronlauge (*Childs et al.*, Soc. **1948** 2174, 2176).
Krystalle (aus Bzn.); F: 79°.

N-Äthyl-N-[2-chlor-äthyl]-toluolsulfonamid-(4), N-*(2-chloroethyl)*-N-*ethyl*-p-*toluenesulfon=amide* $C_{11}H_{16}ClNO_2S$, Formel I ($X = N(C_2H_5)\text{-}CH_2\text{-}CH_2Cl$) auf S. 270.

B. Bei der Umsetzung der Natrium-Verbindung des *N*-Äthyl-toluolsulfonamids-(4) mit 2-Chlor-äthanol-(1) oder Äthylenoxid und Behandlung des jeweiligen Reaktionsprodukts mit Thionylchlorid in Tetrachlormethan unter Zusatz von Pyridin (*Peacock, Gwan,* Soc. **1937** 1468, 1470).

Krystalle (aus Ae. + PAe.); F: 67°.

Beim Erhitzen mit Äthylendiamin in Amylalkohol und Erhitzen des Reaktionsprodukts mit Toluol-sulfonylchlorid-(4) ist 1.4.7-Tri-[toluol-sulfonyl-(4)]-1-äthyl-diäthylentriamin (S. 294) erhalten worden.

N.N-Bis-[2-chlor-äthyl]-toluolsulfonamid-(4), N,N-*bis(2-chloroethyl)*-p-*toluenesulfon=amide* $C_{11}H_{15}Cl_2NO_2S$, Formel I (X = $N(CH_2$-$CH_2Cl)_2$).

B. Aus *N.N*-Bis-[2-hydroxy-äthyl]-toluolsulfonamid-(4) beim Erhitzen mit Thionyl=chlorid bis auf 130° (*Eisleb,* B. **74** [1941] 1433, 1445).

Krystalle (aus Me.); F: 48—49°.

Beim Erhitzen mit Phenylacetonitril (1 Mol) und Natriumamid (2 Mol) in Toluol ist 1-[Toluol-sulfonyl-(4)]-4-phenyl-piperidin-carbonitril-(4) erhalten worden.

N-[3-Chlor-propyl]-toluolsulfonamid-(4), N-*(3-chloropropyl)*-p-*toluenesulfonamide* $C_{10}H_{14}ClNO_2S$, Formel I (X = NH-CH_2-CH_2-CH_2Cl).

B. Beim Erhitzen der Natrium-Verbindung des Toluolsulfonamids-(4) mit 3-Chlor-propanol-(1) auf 160° und Erwärmen des erhaltenen 3-[Toluol-sulfonyl-(4)-amino]-propanols-(1) $C_{10}H_{15}NO_3S$ (Öl) mit Thionylchlorid und Pyridin (*Peacock, Gwan,* Soc. **1937** 1468, 1470).

Krystalle (aus Bzl. + PAe.); F: 53°.

Beim Erwärmen mit Äthylendiamin (1 Mol) in Äthanol sind *N'*-[Toluol-sulfonyl-(4)]-*N*-[2-amino-äthyl]-propandiyldiamin und *N.N'*-Bis-[3-(toluol-sulfonyl-(4)-amino)-prop=yl]-äthylendiamin erhalten worden.

N-Methyl-*N*-propyl-toluolsulfonamid-(4), N-*methyl*-N-*propyl*-p-*toluenesulfonamide* $C_{11}H_{17}NO_2S$, Formel I (X = $N(CH_3)$-CH_2-CH_2-CH_3).

B. Bei der Behandlung von (±)-*N*-Methyl-*N*-[2-brom-propyl]-toluolsulfonamid-(4) mit heisser äthanol. Natriumäthylat-Lösung und Hydrierung des Reaktionsprodukts an Palladium/Bariumsulfat in Methanol (*Kharasch, Priestley,* Am. Soc. **61** [1939] 3425, 3429, 3431).

Krystalle; F: 40°.

(±)-*N*-Methyl-*N*-[2-brom-propyl]-toluolsulfonamid-(4), (±)-N-*(2-bromopropyl)*-N-*methyl*-p-*toluenesulfonamide* $C_{11}H_{16}BrNO_2S$, Formel I (X = $N(CH_3)$-CH_2-$CHBr$-CH_3).

B. Beim Erwärmen von *N*-Brom-*N*-methyl-toluolsulfonamid-(4) mit Propen in Chloro=form (*Kharasch, Priestley,* Am. Soc. **61** [1939] 3425, 3429, 3431).

Krystalle (aus A.); F: 92°.

N-Isopropyl-toluolsulfonamid-(4), N-*isopropyl*-p-*toluenesulfonamide* $C_{10}H_{15}NO_2S$, Formel I (X = NH-$CH(CH_3)_2$).

B. Beim Erwärmen von Toluol-sulfonylchlorid-(4) mit Isopropylamin und Pyridin (*Briscoe, Challenger, Duckworth,* Soc. **1956** 1755, 1767).

Krystalle (aus wss. A.); F: 49,5—51°.

N-Methyl-*N*-isopropyl-toluolsulfonamid-(4), N-*isopropyl*-N-*methyl*-p-*toluenesulfonamide* $C_{11}H_{17}NO_2S$, Formel I (X = $N(CH_3)$-$CH(CH_3)_2$).

B. Beim Erhitzen einer Lösung der Natrium-Verbindung des *N*-Isopropyl-toluol-sulfonamids-(4) (aus *N*-Isopropyl-toluolsulfonamid-(4) und Natriumäthylat hergestellt) in Xylol mit Dimethylsulfat (*Boon,* Soc. **1947** 307, 311).

Krystalle (aus PAe.); F: 78°. Kp_{40}: 226°.

N-Butyl-toluolsulfonamid-(4), N-*butyl*-p-*toluenesulfonamide* $C_{11}H_{17}NO_2S$, Formel I (X = NH-$[CH_2]_3$-CH_3).

B. Beim Behandeln von Toluol-sulfonylchlorid-(4) mit Butylamin in Äthanol (*Demény,* R. **50** [1931] 51, 54) oder mit Butylamin und wss. Natronlauge (*Du Pont de Nemours & Co.,* U.S.P. 2186262 [1935]; s. a. *Eastman Kodak Co.,* U.S.P. 2132884 [1934]; *Sakellarios,* Helv. **29** [1946] 1675, 1681).

Krystalle; F:48,5° [aus Ae. + Bzn.] (*Sa.*), 43° [aus Ae.] (*De.*), 41—42,5° (*Eastman Kodak Co.*), 42° [aus A.] (*Du Pont de Nemours & Co.*). Kp_{20}: 233—234° (*Eastman Kodak Co.*).

N-Methyl-N-butyl-toluolsulfonamid-(4), N-*butyl*-N-*methyl*-p-*toluenesulfonamide*
$C_{12}H_{19}NO_2S$, Formel I (X = N(CH$_3$)-[CH$_2$]$_3$-CH$_3$).
B. Beim Behandeln von *N*-Methyl-toluolsulfonamid-(4) mit wss. Natronlauge und an-
schliessenden Erwärmen mit Butylbromid (*Lukeš, Přeučil*, Collect. **10** [1938] 384, 386,
391).
Kp$_{12}$: 200—202°.

N.N-Dibutyl-toluolsulfonamid-(4), N,N-*dibutyl*-p-*toluenesulfonamide* $C_{15}H_{25}NO_2S$,
Formel I (X = N([CH$_2$]$_3$-CH$_3$)$_2$).
B. Beim Behandeln von Toluol-sulfonylchlorid-(4) mit Dibutylamin, wss. Natronlauge
und Benzol (*Eastman Kodak Co.*, U.S.P. 2132884 [1934]).
Kp$_{20}$: 233—234°.

(±)-N-sec-Butyl-toluolsulfonamid-(4), (±)-N-sec-*butyl*-p-*toluenesulfonamide* $C_{11}H_{17}NO_2S$,
Formel I (X = NH-CH(CH$_3$)-CH$_2$-CH$_3$) (E I 27).
F: 61,5—62,5° (*Emmons, Freeman*, Am. Soc. **77** [1955] 6061).

N-Methyl-N-[β-brom-isobutyl]-toluolsulfonamid-(4), N-*(2-bromo-2-methylpropyl)*-
N-*methyl*-p-*toluenesulfonamide* $C_{12}H_{18}BrNO_2S$, Formel I (X = N(CH$_3$)-CH$_2$-C(CH$_3$)$_2$-Br).
B. Aus *N*-Brom-*N*-methyl-toluolsulfonamid-(4) und 2-Methyl-propen (*Kharasch*,
Priestley, Am. Soc. **61** [1939] 3425, 3428, 3431).
Krystalle (aus A.); F: 93°.

N.N-Diisobutyl-toluolsulfonamid-(4), N,N-*diisobutyl*-p-*toluenesulfonamide* $C_{15}H_{25}NO_2S$,
Formel I (X = N[CH$_2$-CH(CH$_3$)$_2$]$_2$).
B. Beim Behandeln von Toluol-sulfonylchlorid-(4) mit Diisobutylamin und wss. Kali=
lauge (*Michael, Carlson*, J. org. Chem. **5** [1940] 1, 6).
F: 110—111°.

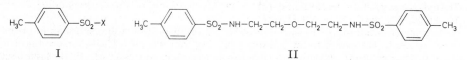

I   II

N-[β.β'.β''-Trichlor-tert-butyl]-toluolsulfonamid-(4), N-[2-*chloro-1,1-bis(chloromethyl)*=
ethyl]-p-*toluenesulfonamide* $C_{11}H_{14}Cl_3NO_2S$, Formel I (X = NH-C(CH$_2$Cl)$_3$).
B. Beim Behandeln von β.β'.β''-Trichlor-*tert*-butylamin mit Toluol-sulfonylchlorid-(4)
und Pyridin (*Fort, McLean*, Soc. **1948** 1902, 1905).
Krystalle (aus CCl$_4$); F: 134—135°.

N-Pentyl-toluolsulfonamid-(4), N-*pentyl*-p-*toluenesulfonamide* $C_{12}H_{19}NO_2S$, Formel I
(X = NH-[CH$_2$]$_4$-CH$_3$).
B. Aus Toluol-sulfonylchlorid-(4) und Pentylamin in Äthanol (*Demény*, R. **50** [1931] 51,
54).
Kp$_{0,2}$: 158°; n$_D^{20}$: 1,5206 (*Emmons, Freeman*, Am. Soc. **77** [1955] 6061).

N-Isopentyl-toluolsulfonamid-(4), N-*isopentyl*-p-*toluenesulfonamide* $C_{12}H_{19}NO_2S$,
Formel I (X = NH-CH$_2$-CH$_2$-CH(CH$_3$)$_2$).
B. Aus Toluol-sulfonylchlorid-(4) und Isopentylamin in Äther (*Wright, Elderfield*, J.
org. Chem. **11** [1946] 111, 118).
Kp$_1$: 178—180°; n$_D^{25}$: 1,5171.

N-Hexyl-toluolsulfonamid-(4), N-*hexyl*-p-*toluenesulfonamide* $C_{13}H_{21}NO_2S$, Formel I
(X = NH-[CH$_2$]$_5$-CH$_3$).
B. Beim Behandeln von Toluol-sulfonylchlorid-(4) mit Hexylamin und Natriumhydro=
gencarbonat in Äthanol (*Demény*, R. **50** [1931] 51, 54).
Krystalle (aus PAe.); F: 62°.

N-Heptyl-toluolsulfonamid-(4), N-*heptyl*-p-*toluenesulfonamide* $C_{14}H_{23}NO_2S$, Formel I
(X = NH-[CH$_2$]$_6$-CH$_3$).
B. Aus Toluol-sulfonylchlorid-(4) und Heptylamin in Äthanol (*Demény*, R. **50** [1931]
51, 54).
Krystalle (aus PAe.); F: 27°.

N.N-Dioctyl-toluolsulfonamid-(4), N,N-*dioctyl-p-toluenesulfonamide* $C_{23}H_{41}NO_2S$, Formel I (X = N([CH$_2$]$_7$-CH$_3$)$_2$).

B. Beim Behandeln von Toluol-sulfonylchlorid-(4) mit Dioctylamin, wss. Kalilauge und Äther (*Carroll, Wright*, Canad. J. Res. [B] **26** [1948] 271, 276).

Kp$_{11}$: 265—269°.

N-[1.1.4-Trimethyl-pentyl]-toluolsulfonamid-(4), N-*(1,1,4-trimethylpentyl)-p-toluene= sulfonamide* $C_{15}H_{25}NO_2S$, Formel I (X = NH-C(CH$_3$)$_2$-CH$_2$-CH$_2$-CH(CH$_3$)$_2$).

B. Beim Erwärmen von Toluol-sulfonylchlorid-(4) mit 2-Amino-2.5-dimethyl-hexan und wss. Kalilauge (*Aston, Ailman*, Am. Soc. **60** [1938] 1930, 1931).

F: 89,5—90°.

N-Dodecyl-toluolsulfonamid-(4), N-*dodecyl-p-toluenesulfonamide* $C_{19}H_{33}NO_2S$, Formel I (X = NH-[CH$_2$]$_{11}$-CH$_3$).

B. Beim Erhitzen der Natrium-Verbindung des Toluolsulfonamids-(4) mit Dodecyl= chlorid auf 220° (*I. G. Farbenind.*, D.R.P. 637771 [1933]; Frdl. **21** 205).

Krystalle (aus A.); F: 73°.

N-Octadecyl-toluolsulfonamid-(4), N-*octadecyl-p-toluenesulfonamide* $C_{25}H_{45}NO_2S$, Formel I (X = NH-[CH$_2$]$_{17}$-CH$_3$).

B. Aus Toluol-sulfonylchlorid-(4) und Octadecylamin (*Hoyt*, Iowa Coll. J. **15** [1940/41] 75).

F: 89—91°.

N.N-Dioctadecyl-toluolsulfonamid-(4), N,N-*dioctadecyl-p-toluenesulfonamide* $C_{43}H_{81}NO_2S$, Formel I (X = N([CH$_2$]$_{17}$-CH$_3$)$_2$).

B. Aus Toluol-sulfonylchlorid-(4) und Dioctadecylamin (*Hoyt*, Iowa Coll. J. **15** [1940/41] 75).

F: 59—61°.

N-Methyl-N-[2-chlor-vinyl]-toluolsulfonamid-(4), N-*(2-chlorovinyl)-N-methyl-p-toluene= sulfonamide* $C_{10}H_{12}ClNO_2S$, Formel I (X = N(CH$_3$)-CH=CHCl).

    N-Methyl-N-[2-chlor-vinyl]-toluolsulfonamid-(4) vom F: 91°.

B. Aus (±)-N-Methyl-N-[2-chlor-2-brom-äthyl]-toluolsulfonamid-(4) beim Erwärmen mit äthanol. Natriumäthylat (*Kharasch, Priestley*, Am. Soc. **61** [1939] 3425, 3429, 3431).

Krystalle (aus A.); F: 91°.

N-Methyl-N-propenyl-toluolsulfonamid-(4), N-*methyl-N-(prop-1-enyl)-p-toluenesulfon= amide* $C_{11}H_{15}NO_2S$, Formel I (X = N(CH$_3$)-CH=CH-CH$_3$).

    N-Methyl-N-propenyl-toluolsulfonamid-(4) vom F: 56°.

B. Neben N-Methyl-N-allyl-toluolsulfonamid-(4) (?) (Kp$_{20}$: 195—205°) beim Er= wärmen von (±)-N-Methyl-N-[2-brom-propyl]-toluolsulfonamid-(4) mit äthanol. Natri= umäthylat (*Kharasch, Priestley*, Am. Soc. **61** [1939] 3425, 3429, 3431).

F: 54—56°.

N-[2-Brom-allyl]-toluolsulfonamid-(4), N-*(2-bromoallyl)-p-toluenesulfonamide* $C_{10}H_{12}BrNO_2S$, Formel I (X = NH-CH$_2$-CBr=CH$_2$) (vgl. H. 105).

B. Beim Behandeln von 2-Brom-allylamin-hydrochlorid mit Toluol-sulfonylchlorid-(4) und wss. Natronlauge (*Lamberton*, Austral. J. Chem. **8** [1955] 289; vgl. H 105).

Krystalle (aus Bzn.); F: 69—70°.

N-Methyl-N-allyl-toluolsulfonamid-(4), N-*allyl-N-methyl-p-toluenesulfonamide* $C_{11}H_{15}NO_2S$, Formel I (X = N(CH$_3$)-CH$_2$-CH=CH$_2$).

B. Beim Erwärmen von N-Methyl-toluolsulfonamid-(4) mit Allylchlorid und äthanol. Kalilauge (*Weston, Ruddy, Suter*, Am. Soc. **65** [1943] 674, 676).

Kp$_{12}$: 190—193°. n$_D^{20}$: 1,5340.

Über ein ebenfalls als N-Methyl-N-allyl-toluolsulfonamid-(4) angesehenes Präparat (Kp$_{20}$: 195—205°) s. o. im Artikel N-Methyl-N-propenyl-toluolsulfonamid-(4).

N.N-Bis-[3-chlor-buten-(2)-yl]-toluolsulfonamid-(4), N,N-*bis(3-chlorobut-2-enyl)- p-toluenesulfonamide* $C_{15}H_{19}Cl_2NO_2S$, Formel I (X = N(CH$_2$-CH=CCl-CH$_3$)$_2$).

    N.N-Bis-[3-chlor-buten-(2)-yl]-toluolsulfonamid-(4) vom F: 73°.

B. Beim Erhitzen von Toluolsulfonamid-(4) mit wss. Natronlauge und 1.3-Dichlorbuten-(2) (nicht charakterisiert) bis auf 170° unter Entfernen des Wassers (*Wichterle*, *Hudlický*, Collect. **12** [1947] 101, 129).

Krystalle (aus Bzn.); F: 72—73°. $Kp_{8,5-9}$: 244°.

Bei der Behandlung mit Schwefelsäure unter Zusatz von Hydroxylamin-sulfat und anschliessenden Hydrolyse ist 1-[Toluol-sulfonyl-(4)]-4-methyl-3-acetyl-1.2.5.6-tetra=hydro-pyridin erhalten worden.

2-[Toluol-sulfonyl-(4)-amino]-äthanol-(1), *N*-[2-Hydroxy-äthyl]-toluolsulfonamid-(4),

N-(*2-hydroxyethyl*)-p-*toluenesulfonamide* $C_9H_{13}NO_3S$, Formel I (X = NH-CH$_2$-CH$_2$OH) auf S. 270.

B. Aus Toluol-sulfonylchlorid-(4) beim Erwärmen mit 2-Amino-äthanol-(1), auch unter Zusatz von Pyridin (*Slotta, Behnisch*, J. pr. [2] **135** [1932] 225, 230, 231), sowie beim Behandeln mit 2-Amino-äthanol-(1) und wss. Natronlauge (*Linnell, Smith*, Quart. J. Pharm. Pharmacol. **21** [1948] 121, 124). Beim Erhitzen des Natrium-Salzes des Toluol=sulfonamids-(4) mit 2-Chlor-äthanol-(1) auf 120° (*Peacock, Dutta*, Soc. **1934** 1303).

F: 56° (*Sl., Be.*), 54,5° (*Li., Sm.*). Kp_{10}: 250° (*Sl., Be.*); Kp_1: 228—229° (*Li., Sm.*); $Kp_{0,06}$: 200—210° (*Sl., Be.*). In heissem Wasser löslich, in Benzol und Äther schwer löslich (*Sl., Be.; Li., Sm.*).

Natrium-Salz $NaC_9H_{12}NO_3S$. Krystalle; F: 272—273° [Zers.] (*Li., Sm.*).

Kalium-Salz $KC_9H_{12}NO_3S$. Krystalle [aus A.] (*Sl., Be.*).

Quecksilber(II)-Salz $Hg(C_9H_{12}NO_3S)_2$. Krystalle (aus A.); F: 196° [Zers.] (*Li., Sm.*).

N-[2-Methoxy-äthyl]-toluolsulfonamid-(4), *N*-(*2-methoxyethyl*)-p-*toluenesulfonamide*

$C_{10}H_{15}NO_3S$, Formel I (X = NH-CH$_2$-CH$_2$-OCH$_3$) auf S. 270.

B. Beim Erwärmen von Toluolsulfonamid-(4) mit 2-Methoxy-äthylchlorid und wss. Natronlauge (*DuPont Viscoloid Co.*, U.S.P. 2031206 [1934]).

Krystalle (aus Ae. + PAe.); F: 38—39° (*Grot et al.*, A. **679** [1964] 42, 45, 46).

N-[2-Phenoxy-äthyl]-toluolsulfonamid-(4), *N*-(*2-phenoxyethyl*)-p-*toluenesulfonamide*

$C_{15}H_{17}NO_3S$, Formel I (X = NH-CH$_2$-CH$_2$-O-C$_6$H$_5$) auf S. 270 (H 105).

B. Beim Erwärmen von *N*-[2-Chlor-äthyl]-toluolsulfonamid-(4) mit Natriumphenolat in Äthanol (*Peacock, Dutta*, Soc. **1934** 1303).

F: 104°.

Bis-[2-(toluol-sulfonyl-(4)-amino)-äthyl]-äther, N,N'-(*oxydiethylene*)bis-p-*toluenesulfon=amide* $C_{18}H_{24}N_2O_5S_2$, Formel II auf S. 270.

B. Beim Erwärmen von Toluolsulfonamid-(4) mit Bis-[2-chlor-äthyl]-äther und wss. Natronlauge (*DuPont Viscoloid Co.*, U.S.P. 2031206 [1934]).

Krystalle [aus Bzl.].

N-Methyl-*N*-[2-hydroxy-äthyl]-toluolsulfonamid-(4), N-(*2-hydroxyethyl*)-N-*methyl*-p-*toluenesulfonamide* $C_{10}H_{15}NO_3S$, Formel I (X = N(CH$_3$)-CH$_2$-CH$_2$OH) auf S. 270.

B. Beim Erwärmen von Toluol-sulfonylchlorid-(4) mit 2-Methylamino-äthanol-(1), auch unter Zusatz von wss. Natronlauge (*Slotta, Behnisch*, J. pr. [2] **135** [1932] 225, 234). Beim Erhitzen von *N*-Methyl-toluolsulfonamid-(4) mit 2-Chlor-äthanol-(1) und äthanol. Kali=lauge auf 170° (*Sl., Be.*).

Kp_{20}: 250°; $Kp_{3,5}$: 180—185°.

N-Methyl-*N*-[2-acetoxy-äthyl]-toluolsulfonamid-(4), N-(*2-acetoxyethyl*)-N-*methyl*-p-*toluenesulfonamide* $C_{12}H_{17}NO_4S$, Formel I (X = N(CH$_3$)-CH$_2$-CH$_2$-O-CO-CH$_3$) auf S. 270.

B. Aus *N*-Methyl-*N*-[2-hydroxy-äthyl]-toluolsulfonamid-(4) beim Erhitzen mit Acet=anhydrid (*Slotta, Behnisch*, J. pr. [2] **135** [1932] 225, 235).

Krystalle (aus Bzn.); F: 58°.

N.N-Bis-[2-hydroxy-äthyl]-toluolsulfonamid-(4), N,N-*bis*(*2-hydroxyethyl*)-p-*toluene=sulfonamide* $C_{11}H_{17}NO_4S$, Formel I (X = N(CH$_2$-CH$_2$OH)$_2$) auf S. 270.

B. Beim Erwärmen von Toluol-sulfonylchlorid-(4) mit Bis-[2-hydroxy-äthyl]-amin und wss. Natriumcarbonat-Lösung (*Eisleb*, B. **74** [1941] 1433, 1445). Beim Erwärmen von Toluolsulfonamid-(4) mit 2-Chlor-äthanol-(1) und wss. Natronlauge (*Imp. Chem. Ind.*, D.R.P. 520156 [1928]; Frdl. **17** 651; U.S.P. 1859527 [1928]). Beim Erhitzen der Mono=natrium-Verbindung des *N*-[2-Hydroxy-äthyl]-toluol-sulfonamids-(4) mit 2-Chlor-äth=

anol-(1) auf 120° (*Peacock, Dutta*, Soc. **1934** 1303).

Krystalle; F: 101° [aus wss. Acn.] (*Pea., Du.*), 100—101° [aus W. oder Toluol] (*Ei.*), 99° (*Shupe*, J. Assoc. agric. Chemists **25** [1942] 227, 228).

N.N-Bis-[2-(toluol-sulfonyl-(4)-oxy)-äthyl]-toluolsulfonamid-(4), N,N-*bis[2-(p-tolyl= sulfonyloxy)ethyl]-p-toluenesulfonamide* $C_{25}H_{29}NO_8S_3$, Formel III.

B. Beim Behandeln von *N.N-*Bis-[2-hydroxy-äthyl]-toluolsulfonamid-(4) mit Toluol-sulfonylchlorid-(4) und wss. Natronlauge (*Peacock, Dutta*, Soc. **1934** 1303).

Krystalle (aus A.); F: 65—67° [trübe Schmelze, die bei 75° klar wird].

2-[Toluol-sulfonyl-(4)-amino]-2-methyl-propanol-(1), **N-[Hydroxy-*tert*-butyl]-toluol= sulfonamid-(4)**, N-*(2-hydroxy-1,1-dimethylethyl)-p-toluenesulfonamide* $C_{11}H_{17}NO_3S$, Formel I (X = NH-C(CH$_3$)$_2$-CH$_2$OH) auf S. 270.

B. Beim Behandeln von Toluol-sulfonylchlorid-(4) mit 2-Amino-2-methyl-propanol-(1) und wss. Alkalilauge (*Shupe*, J. Assoc. agric. Chemists **25** [1942] 227, 228).

F: 94°.

(±)-3-[Toluol-sulfonyl-(4)-amino]-2-methyl-butanol-(2), **(±)-N-[2-Hydroxy-1.2-di= methyl-propyl]-toluolsulfonamid-(4)**, (±)-N-*(2-hydroxy-1,2-dimethylpropyl)-p-toluene= sulfonamide* $C_{12}H_{19}NO_3S$, Formel I (X = NH-CH(CH$_3$)-C(CH$_3$)$_2$-OH) auf S. 270.

B. Aus (±)-3-Amino-2-methyl-butanol-(2) und Toluol-sulfonylchlorid-(4) (*Michael, Carlson*, J. org. Chem. **4** [1939] 169, 187, 188).

F: 128—129°.

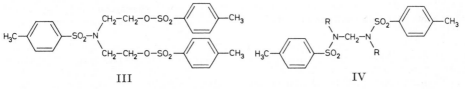

III   IV

2-[Toluol-sulfonyl-(4)-amino]-2-methyl-propandiol-(1.3), **N-[*β*.*β′*-Dihydroxy-*tert*-butyl]-toluolsulfonamid-(4)**, N-*[2-hydroxy-1-(hydroxymethyl)-1-methylethyl]-p-toluenesulfonamide* $C_{11}H_{17}NO_4S$, Formel I (X = NH-C(CH$_2$OH)$_2$-CH$_3$) auf S. 270.

B. Beim Behandeln von 2-Amino-2-methyl-propandiol-(1.3) mit Toluol-sulfonyl= chlorid-(4) und wss. Alkalilauge (*Shupe*, J. Assoc. agric. Chemists **25** [1942] 227, 228).

F: 122°.

[Toluol-sulfonyl-(4)-amino]-methanol, N-Hydroxymethyl-toluolsulfonamid-(4), N-*(hydroxymethyl)-p-toluenesulfonamide* $C_8H_{11}NO_3S$, Formel I (X = NH-CH$_2$OH) auf S. 270 (E II 57).

Krystalle (aus Me. oder A.); F: 137° (*Hug*, Bl. [5] **1** [1934] 990, 996). In Wasser fast unlöslich (*Hug*, l. c. S. 994).

Beim Erwärmen in Benzol sind Bis-[toluolsulfonyl-(4)-amino]-methan und geringe Mengen einer als 1.3-Di-[toluol-sulfonyl-(4)]-[1.3]diazetidin angesehenen Verbindung (F: 165°), beim Erwärmen in Äthanol unter Zusatz von Schwefelsäure ist nur die zuletzt genannte Verbindung, beim Behandeln mit Essigsäure ist neben dieser *N-*[Toluol-sulfonyl-(4)]-acetamid erhalten worden. Bildung von Bis-[3-nitro-4-hydroxy-phenyl]-methan und der erwähnten Verbindung vom F: 165° beim Behandeln mit 2-Nitro-phenol in saurer Lösung: *Hug*, l. c. S. 997.

[Toluol-sulfonyl-(4)-amino]-methansulfonsäure, (p-*toluenesulfonamido)methanesulfonic acid* $C_8H_{11}NO_5S_2$, Formel I (X = NH-CH$_2$-SO$_2$OH) auf S. 270.

Kalium-Salz KC$_8$H$_{10}$NO$_5$S$_2$. *B.* Neben Toluolsulfonamid-(4) beim Erwärmen von Aminomethansulfonsäure mit Toluol-sulfonylchlorid-(4) und Kaliumcarbonat in wss. Äthanol (*Backer, Mulder*, R. **52** [1933] 454, 465). — Krystalle (aus wss. A.). — Beim Erhitzen mit Kaliumcyanid in Wasser erfolgt Zersetzung unter Bildung von Kaliumsulfit und Toluolsulfonamid-(4).

Bis-[toluol-sulfonyl-(4)-amino]-methan, **N.N′-Methylen-bis-toluolsulfonamid-(4)**, **N.N′-Di-[toluol-sulfonyl-(4)]-methylendiamin**, N,N′-*methylenebis-p-toluenesulfonamide* $C_{15}H_{18}N_2O_4S_2$, Formel IV (R = H).

B. Beim Erwärmen von Toluolsulfonamid-(4) mit wss. Formaldehyd und Kalium=

carbonat (*Hellmann, Aichinger, Wiedemann*, A. **626** [1959] 35, 44). Neben geringen Mengen einer als 1.3-Di-[toluol-sulfonyl-(4)]-[1.3]diazetidin angesehenen Verbindung (F: 165°) beim Erwärmen von *N*-Hydroxymethyl-toluolsulfonamid-(4) in Benzol (*Hug*, Bl. [5] **1** [1934] 990, 998).

Krystalle; F: 154° [Zers.; aus Me.] (*Hug*), 140—143° [aus A.] (*He., Ai., Wie.*). In Aceton und Äthylacetat löslich, in Wasser schwer löslich (*Hug*, l. c. S. 994, 998).

Bis-[(toluol-sulfonyl-(4))-methyl-amino]-methan, *N.N'*-Dimethyl-*N.N'*-methylen-bis-toluolsulfonamid-(4), *N.N'*-Di-[toluol-sulfonyl-(4)]-*N.N'*-dimethyl-methylendiamin, N,N'-*dimethyl*-N,N'-*methylenebis*-p-*toluenesulfonamide* $C_{17}H_{22}N_2O_4S_2$, Formel IV (R = CH_3).

B. Beim Erwärmen von *N*-Methyl-toluolsulfonamid-(4) mit wss. Formaldehyd und wss. Salzsäure (*Hug*, Bl. [5] **1** [1934] 990, 1003; s. a. *McMaster*, Am. Soc. **56** [1934] 204) oder mit Paraformaldehyd in Essigsäure unter Zusatz von Schwefelsäure (*McM.*).

Krystalle; F: 117—118° [aus Ae.] (*Graymore*, Soc. **1942** 29), 115° (*Hug*), 113—114° [korr.; Monohydrat(?); aus A.] (*McM.*).

N-**Methylen-toluolsulfonamid-(4)** $C_8H_9NO_2S$ s. unter 1.3-Di-[toluol-sulfonyl-(4)]-[1.3]=diazetidin (Syst. Nr. 3460) und 1.3.5-Tri-[toluol-sulfonyl-(4)]-hexahydro-[1.3.5]triazin (Syst. Nr. 3796).

2-[Toluol-sulfonyl-(4)-imino]-2.3-dihydro-phenalenon-(1), *N*-[1-Oxo-3*H*-phenalen=yliden-(2)]-toluolsulfonamid-(4), N-(1-*oxophenalen*-2(3H)-*yliden*)-p-*toluenesulfonamide* $C_{20}H_{15}NO_3S$, Formel V, und **2-[Toluol-sulfonyl-(4)-amino]-phenalenon-(1), *N*-[1-Oxo-phenalenyl-(2)]-toluolsulfonamid-(4),** N-(1-*oxophenalen*-2-*yl*)-p-*toluenesulfonamide* $C_{20}H_{15}NO_3S$, Formel VI.

B. Als Kalium-Salz beim Erhitzen von 2-Chlor-phenalenon-(1) mit Toluolsulfonamid-(4) und Kaliumjodid in Amylalkohol unter Zusatz von Kupfer(I)-jodid (*Gen. Aniline Works*, U.S.P. 2174751 [1937]).

Gelbbraune Krystalle (aus Chlorbenzol); F: 218°.

Kalium-Salz. Rote Krystalle.

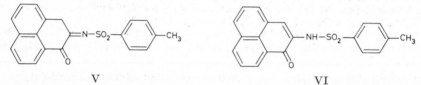

V   VI

10-[Toluol-sulfonyl-(4)-imino]-9.10-dihydro-anthracen-carbaldehyd-(9), *N*-[10-Formyl-10*H*-anthryliden-(9)]-toluolsulfonamid-(4), N-(10-*formyl*-9(10H)-*anthrylidene*)-p-*toluene=sulfonamide* $C_{22}H_{17}NO_3S$, Formel VII, und **10-[Toluol-sulfonyl-(4)-amino]-anthracen-carbaldehyd-(9), *N*-[10-Formyl-anthryl-(9)]-toluolsulfonamid-(4),** N-(10-*formyl*-9-*anthryl*)-p-*toluenesulfonamide* $C_{22}H_{17}NO_3S$, Formel VIII.

B. Beim Erhitzen von 10-Chlor-anthracen-carbaldehyd-(9) mit Toluolsulfonamid-(4) und Kaliumcarbonat in Nitrobenzol unter Zusatz von Kupfer-Pulver und Kupfer(I)-chlorid auf 200° (*I. G. Farbenind.*, D.R.P. 521724 [1929]; Frdl. **17** 561; *Gen. Aniline Works*, U.S.P. 1876955 [1930]).

Hellgelbe Krystalle (aus Eg.); F: 270° [Zers.].

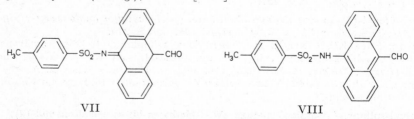

VII   VIII

N-**[2.2-Diäthoxy-äthyl]-toluolsulfonamid-(4),** N-(2,2-*diethoxyethyl*)-p-*toluenesulfonamide* $C_{13}H_{21}NO_4S$, Formel IX (X = NH-CH_2-CH(OC_2H_5)$_2$).

B. Beim Behandeln von Toluol-sulfonylchlorid-(4) mit Aminoacetaldehyd-diäthyl=

acetal und wss. Natronlauge (*Cook*, *Heilbron*, Chem. Penicillin **1949** 921, 967).

Krystalle (aus A. + W.); F: 67°.

Charakterisierung durch Überführung in [Toluol-sulfonyl-(4)-amino]-acetaldehyd-[2.4-dinitro-phenylhydrazon] (F: 175°): *Cook*, *Hei.*

3-Chlor-1-[toluol-sulfonyl-(4)-amino]-aceton, *N*-[3-Chlor-acetonyl]-toluolsulfonamid-(4)
N-(*3-chloroacetonyl*)-p-*toluenesulfonamide* $C_{10}H_{12}ClNO_3S$, Formel IX
(X = NH-CH$_2$-CO-CH$_2$Cl).

B. Beim Behandeln von *N*-[Toluol-sulfonyl-(4)]-glycylchlorid in Chloroform mit Diazomethan in Äther und Einleiten von Chlorwasserstoff in das Reaktionsgemisch (*Harington*, *Moggridge*, Soc. **1940** 706, 711).

Krystalle (aus E.); F: 142°. In Äther fast unlöslich.

2-Hydroxy-naphthochinon-(1.4)-4-[toluol-sulfonyl-(4)-imin], *N*-[3-Hydroxy-4-oxo-4*H*-naphthyliden-(1)]-toluolsulfonamid-(4), N-(*3-hydroxy-4-oxo-1(4H)-naphthylidene*)-p-*toluenesulfonamide* $C_{17}H_{13}NO_4S$, Formel X, und **4-[Toluol-sulfonyl-(4)-amino]-naphthochinon-(1.2), *N*-[3.4-Dioxo-3.4-dihydro-naphthyl-(1)]-toluolsulfonamid-(4)**,
N-(*3,4-dioxo-3,4-dihydro-1-naphthyl*)-p-*toluenesulfonamide* $C_{17}H_{13}NO_4S$, Formel XI.

B. Beim Behandeln von 4-[Toluol-sulfonyl-(4)-amino]-1-acetamino-naphthalin mit wss. Salpetersäure (D: 1,42) und Essigsäure (*King*, *Beer*, Soc. **1945** 791, 792).

Gelbe Krystalle (aus A.); F: 140—160° [Zers.].

[Toluol-sulfonyl-(4)]-acetyl-amin, *N*-[Toluol-sulfonyl-(4)]-acetamid, N-(p-*tolylsulfonyl*)=*acetamide* $C_9H_{11}NO_3S$, Formel IX (X = NH-CO-CH$_3$) (E II 57).

B. Aus Toluolsulfonamid-(4) beim Erwärmen mit Acetylchlorid (*Openshaw*, *Spring*, Soc. **1945** 234) oder mit Acetanhydrid und Kaliumacetat (*Fowkes*, *McClelland*, Soc. **1945** 405; vgl. E II 57).

Krystalle; F: 137° [aus wss. A.] (*Op.*, *Sp.*), 136—137° [aus wss. A. oder aus A.] (*Chaplin*, *Hunter*, Soc. **1937** 1114, 1118), 136° (*Fo.*, *McC.*). Assoziation in Nitrobenzol (kryoskopisch ermittelt): *Ch.*, *Hu.* Scheinbarer Dissoziationsexponent pK'$_a$ (Wasser; potentiometrisch ermittelt) bei 22,5°: 4,8 (*Op.*, *Sp.*). In Benzol löslich, in Wasser schwer löslich (*Ch.*, *Hu.*).

Überführung in *N.N*-Dibrom-toluolsulfonamid-(4) mit Hilfe von Natriumhypobromit: *Kharasch*, *Priestley*, Am. Soc. **61** [1939] 3425, 3429.

[Toluol-sulfonyl-(4)]-chloracetyl-amin, *C*-Chlor-*N*-[toluol-sulfonyl-(4)]-acetamid,
2-*chloro-N-(p-tolylsulfonyl)acetamide* $C_9H_{10}ClNO_3S$, Formel IX (X = NH-CO-CH$_2$Cl).

B. Beim Erhitzen von Toluolsulfonamid-(4) mit Chloressigsäure-anhydrid auf 130° (*Abderhalden*, *Riesz*, Fermentf. **12** [1931] 180, 213).

Krystalle (aus CS$_2$ oder aus Ae. + PAe.); F: 88—89°.

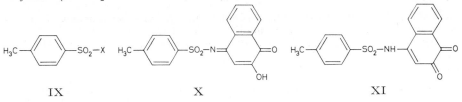

IX X XI

[Toluol-sulfonyl-(4)]-methyl-acetyl-amin, *N*-[Toluol-sulfonyl-(4)]-*N*-methyl-acetamid,
N-*methyl*-N-(p-*tolylsulfonyl*)*acetamide* $C_{10}H_{13}NO_3S$, Formel IX (X = N(CH$_3$)-CO-CH$_3$).

B. Beim Erhitzen von *N*-Methyl-toluolsulfonamid-(4) mit Acetanhydrid und Natriumacetat bis auf 200° (*Chaplin*, *Hunter*, Soc. **1937** 1114, 1118). Aus *N*-[Toluol-sulfonyl-(4)]-acetamid und Diazomethan (*Openshaw*, *Spring*, Soc. **1945** 234, 236).

Krystalle; F: 59° [aus wss. A.] (*Op.*, *Sp.*), 58—59° [aus A.] (*Ch.*, *Hu.*). Assoziation in Benzol (kryoskopisch ermittelt): *Ch.*, *Hu.*

[Toluol-sulfonyl-(4)]-äthyl-acetyl-amin, *N*-[Toluol-sulfonyl-(4)]-*N*-äthyl-acetamid,
N-*ethyl*-N-(p-*tolylsulfonyl*)*acetamide* $C_{11}H_{15}NO_3S$, Formel IX (X = N(C$_2$H$_5$)-CO-CH$_3$).

B. Beim Erhitzen einer Lösung von *N*-Äthyl-toluolsulfonamid-(4) in Essigsäure mit Acetanhydrid und geringen Mengen Schwefelsäure (*Monsanto Chem. Co.*, U.S.P. 1916604 [1929]).

Krystalle (aus A.); F: 52,5°.

[Toluol-sulfonyl-(4)]-propionyl-amin, N-[Toluol-sulfonyl-(4)]-propionamid, N-(p-*tolyl-sulfonyl*)*propionamide* $C_{10}H_{13}NO_3S$, Formel IX (X = NH-CO-CH$_2$-CH$_3$).

B. Beim Behandeln von Toluolsulfonamid-(4) mit Propionsäure-anhydrid und wenig Schwefelsäure (*Kemp, Stephen*, Soc. **1948** 110).

Krystalle (aus W.); F: 111—112°.

[Toluol-sulfonyl-(4)]-[2-chlor-propionyl]-amin, 2-Chlor-N-[toluol-sulfonyl-(4)]-propionamid, 2-*chloro*-N-(p-*tolylsulfonyl*)*propionamide* $C_{10}H_{12}ClNO_3S$.

(R)-2-Chlor-N-[toluol-sulfonyl-(4)]-propionamid, Formel XII.

Zwei Präparate (jeweils Krystalle [aus Bzl. + PAe.], F: 118°; $[\alpha]_{546}$: + 29,7° [A.] bzw. $[\alpha]_D$: +23,2° [A.]; $[\alpha]_{546}$: +28,2° [A.]) von ungewisser konfigurativer Einheitlichkeit sind aus (S)-2-[Toluol-sulfonyl-(4)-oxy]-N-[toluol-sulfonyl-(4)]-propionamid (nicht näher beschrieben) bzw. dessen Lithium-Salz beim Erwärmen mit Lithiumchlorid in Äthanol erhalten worden (*Bean, Kenyon, Phillips*, Soc. **1936** 303, 309).

(±)-[Toluol-sulfonyl-(4)]-[2-brom-propionyl]-amin, (±)-2-Brom-N-[toluol-sulfonyl-(4)]-propionamid, (±)-2-*bromo*-N-(p-*tolylsulfonyl*)*propionamide* $C_{10}H_{12}BrNO_3S$, Formel IX (X = NH-CO-CHBr-CH$_3$).

B. Beim Erhitzen von Toluolsulfonamid-(4) mit (±)-2-Brom-propionsäure-anhydrid auf 140° (*Abderhalden, Riesz*, D.R.P. 539403 [1930]; Frdl. **18** 464).

Krystalle (aus Bzn.); F: 127°.

[Toluol-sulfonyl-(4)]-butyryl-amin, N-[Toluol-sulfonyl-(4)]-butyramid, N-(p-*tolyl-sulfonyl*)*butyramide* $C_{11}H_{15}NO_3S$, Formel IX (X = NH-CO-CH$_2$-CH$_2$-CH$_3$).

B. Beim Behandeln von Toluolsulfonamid-(4) mit Buttersäure-anhydrid und wenig Schwefelsäure (*Kemp, Stephen*, Soc. **1948** 110).

Krystalle (aus W.); F: 82—83°.

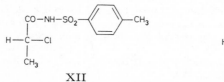

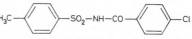

              XII   XIII

[Toluol-sulfonyl-(4)]-lauroyl-amin, N-[Toluol-sulfonyl-(4)]-laurinamid, N-(p-*tolyl-sulfonyl*)*lauramide* $C_{19}H_{31}NO_3S$, Formel IX (X = NH-CO-[CH$_2$]$_{10}$-CH$_3$).

B. Beim Erhitzen von Toluolsulfonamid-(4) mit Lauroylchlorid (*Gilman, Ford*, Iowa Coll. J. **13** [1938/39] 135, 137).

Krystalle (aus A.); F: 83—84°.

[Toluol-sulfonyl-(4)]-myristoyl-amin, N-[Toluol-sulfonyl-(4)]-myristinamid, N-(p-*tolyl-sulfonyl*)*myristamide* $C_{21}H_{35}NO_3S$, Formel IX (X = NH-CO-[CH$_2$]$_{12}$-CH$_3$).

B. Beim Erhitzen von Toluolsulfonamid-(4) mit Myristoylchlorid (*Gilman, Ford*, Iowa Coll. J. **13** [1938/39] 135, 137).

Krystalle (aus A.); F: 89—90°.

[Toluol-sulfonyl-(4)]-palmitoyl-amin, N-[Toluol-sulfonyl-(4)]-palmitinamid, N-(p-*tolyl-sulfonyl*)*palmitamide* $C_{23}H_{39}NO_3S$, Formel IX (X = NH-CO-[CH$_2$]$_{14}$-CH$_3$) (E I 27).

B. Beim Erhitzen von Toluolsulfonamid-(4) mit Palmitoylchlorid (*Gilman, Ford*, Iowa Coll. J. **13** [1938/39] 135, 137; vgl. E I 27).

Krystalle (aus A.); F: 100—102° (*Petrolite Corp.*, U.S.P. 2344978, 2405737 [1942]), 93—94° (*Gi., Ford*).

[Toluol-sulfonyl-(4)]-stearoyl-amin, N-[Toluol-sulfonyl-(4)]-stearinamid, N-(p-*tolyl-sulfonyl*)*stearamide* $C_{25}H_{43}NO_3S$, Formel IX (X = NH-CO-[CH$_2$]$_{16}$-CH$_3$).

B. Beim Erhitzen von Toluolsulfonamid-(4) mit Stearoylchlorid (*Gilman, Ford*, Iowa Coll. J. **13** [1938/39] 135, 137).

Krystalle (aus A.); F: 98—99°.

[Toluol-sulfonyl-(4)]-benzoyl-amin, N-[Toluol-sulfonyl-(4)]-benzamid, N-(p-*tolyl-sulfonyl*)*benzamide* $C_{14}H_{13}NO_3S$, Formel IX (X = NH-CO-C$_6$H$_5$) (H 106).

B. Beim Behandeln von Toluolsulfonamid-(4) mit Benzoylchlorid unter Zusatz von

Pyridin oder wss. Natronlauge (*Kemp, Stephen*, Soc. **1948** 110; vgl. H 106).

Krystalle (aus A. oder Eg.); F: 147°.

N-[Toluol-sulfonyl-(4)]-benzamidin, N-(p-*tolylsulfonyl*)*benzamidine* $C_{14}H_{14}N_2O_2S$, Formel IX (X = N=C(NH$_2$)-C$_6$H$_5$) [auf S. 275] und Tautomeres (vgl. H 106).

B. Beim Einleiten von Ammoniak in eine äther. Lösung von N-[Toluol-sulfon = yl-(4)]-benzimidoylchlorid (*Kemp, Stephen*, Soc. **1948** 110; vgl. H 106).

Krystalle; F: 147—147,5° [aus Acetonitril] (*Kresze et al.*, B. **98** [1965] 3401, 3408), 146—147° (*Kemp, St.*).

[Toluol-sulfonyl-(4)]-[4-chlor-benzoyl]-amin, 4-Chlor-N-[toluol-sulfonyl-(4)]-benzamid, p-*chloro*-N-(p-*tolylsulfonyl*)*benzamide* $C_{14}H_{12}ClNO_3S$, Formel XIII.

B. Beim Erwärmen von Toluolsulfonamid-(4) mit 4-Chlor-benzoylchlorid und Alu = miniumchlorid in Nitrobenzol (*Geigy A.G.*, Schweiz.P. 255614 [1944]). Beim Erhitzen der Natrium-Verbindung des 4-Chlor-benzamids mit Toluol-sulfonylchlorid-(4) in Xylol (*Geigy A.G.*).

Krystalle (aus A. oder aus Bzl. + PAe.); F: 195°.

[Toluol-sulfonyl-(4)]-[2.5-dichlor-benzoyl]-amin, 2.5-Dichlor-N-[toluol-sulfonyl-(4)]-benzamid, 2,5-*dichloro*-N-(p-*tolylsulfonyl*)*benzamide* $C_{14}H_{11}Cl_2NO_3S$, Formel XIV.

B. Beim Erwärmen von Toluolsulfonamid-(4) mit 2.5-Dichlor-benzoylchlorid und Aluminiumchlorid in Nitrobenzol (*Geigy A.G.*, Schweiz.P. 249867 [1944]). Beim Er = hitzen der Natrium-Verbindung des 2.5-Dichlor-benzamids mit Toluol-sulfonylchlorid-(4) in Xylol (*Geigy A.G.*).

Krystalle (aus A. oder aus Bzl. + PAe.); F: 198°.

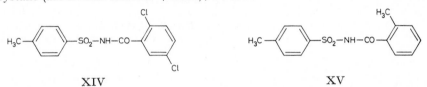

XIV   XV

[Toluol-sulfonyl-(4)]-äthyl-benzoyl-amin, N-[Toluol-sulfonyl-(4)]-N-äthyl-benzamid, N-*ethyl*-N-(p-*tolylsulfonyl*)*benzamide* $C_{16}H_{17}NO_3S$, Formel IX (X = N(C$_2$H$_5$)-CO-C$_6$H$_5$) auf S. 275.

B. Beim Erwärmen von N-Äthyl-toluolsulfonamid-(4) mit Benzoylchlorid und Pyridin (*Oxley, Short*, Soc. **1947** 382, 387).

Krystalle (aus Me.); F: 51°.

Beim Erhitzen mit Ammonium-benzolsulfonat auf 225° ist N-Äthyl-benzamidin er = halten worden (*Ox., Sh.*, l. c. S. 384).

N-[Toluol-sulfonyl-(4)]-benzimidoylchlorid, N-(p-*tolylsulfonyl*)*benzimidoyl chloride* $C_{14}H_{12}ClNO_2S$, Formel IX (X = N=CCl-C$_6$H$_5$) auf S. 275 (H 106).

F: 103° (*Kemp, Stephen*, Soc. **1948** 110).

[Toluol-sulfonyl-(4)]-phenylacetyl-amin, N-[Toluol-sulfonyl-(4)]-C-phenyl-acetamid, 2-*phenyl*-N-(p-*tolylsulfonyl*)*acetamide* $C_{15}H_{15}NO_3S$, Formel IX (X = NH-CO-CH$_2$-C$_6$H$_5$) auf S. 275.

B. Aus Toluolsulfonamid-(4) und Phenylacetylchlorid beim Behandeln mit wss. Natronlauge (*Kemp, Stephen*, Soc. **1948** 110) sowie beim Erwärmen mit Aluminium = chlorid in Nitrobenzol (*Geigy A.G.*, Schweiz.P. 255623 [1944]). Beim Erhitzen der Natrium-Verbindung des C-Phenyl-acetamids mit Toluol-sulfonylchlorid-(4) in Xylol (*Geigy A.G.*).

Krystalle; F: 149—151° (*Hayman et al.*, J. Pharm. Pharmacol. **16** [1964] 677, 680), 147,5—148,5° [aus A. oder aus Eg.] (*Kemp, St.*), 133—135° [aus A. oder aus wss.A.] (*Geigy A.G.*).

[Toluol-sulfonyl-(4)]-o-toluoyl-amin, N-[Toluol-sulfonyl-(4)]-o-toluamid, N-(p-*tolyl = sulfonyl*)-o-*toluamide* $C_{15}H_{15}NO_3S$, Formel XV.

B. In geringer Menge beim Erhitzen von Toluolsulfonamid-(4) mit o-Toluoylchlorid auf 130° (*Kemp, Stephen*, Soc. **1948** 110).

Krystalle (aus A.); F: 112,5—113°.

[Toluol-sulfonyl-(4)]-*m*-toluoyl-amin, *N*-[Toluol-sulfonyl-(4)]-*m*-toluamid, N-(p-*tolyl=sulfonyl*)-m-*toluamide* $C_{15}H_{15}NO_3S$, Formel I.

B. Beim Behandeln von Toluolsulfonamid-(4) mit wss. Natronlauge und mit *m*-Toluoyl=chlorid (*Kemp, Stephen*, Soc. **1948** 110).

Krystalle (aus A. oder Eg.); F: 132—132,5°.

[Toluol-sulfonyl-(4)]-*p*-toluoyl-amin, *N*-[Toluol-sulfonyl-(4)]-*p*-toluamid, N-(p-*tolyl=sulfonyl*)-p-*toluamide* $C_{15}H_{15}NO_3S$, Formel II (R = H).

B. Beim Erwärmen von Toluolsulfonamid-(4) mit *p*-Toluoylchlorid und Pyridin (*Kemp, Stephen*, Soc. **1948** 110).

Krystalle (aus A. oder Eg.); F: 138—139°.

I   II

[Toluol-sulfonyl-(4)]-[3.4-dimethyl-benzoyl]-amin, *N*-[Toluol-sulfonyl-(4)]-3.4-di=methyl-benzamid, 3,4-*dimethyl*-N-(p-*tolylsulfonyl*)*benzamide* $C_{16}H_{17}NO_3S$, Formel II (R = CH_3).

F: 147—148° (*Geigy A.G.*, Schweiz.P. 248641 [1944]).

[Toluol-sulfonyl-(4)]-[naphthoyl-(1)]-amin, *N*-[Toluol-sulfonyl-(4)]-naphthamid-(1), N-(p-*tolylsulfonyl*)-1-*naphthamide* $C_{18}H_{15}NO_3S$, Formel III.

B. Beim Erhitzen der Natrium-Verbindung des Naphthamids-(1) mit Toluol-sulfonyl=chlorid-(4) in Xylol (*Geigy A.G.*, Schweiz.P. 255625 [1944]). Beim Erwärmen von Toluolsulfonamid-(4) mit Naphthoyl-(1)-chlorid und Aluminiumchlorid in Nitrobenzol (*Geigy A.G.*).

Krystalle (aus A. oder wss. A.); F: 150°.

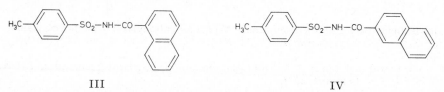

III   IV

[Toluol-sulfonyl-(4)]-[naphthoyl-(2)]-amin, *N*-[Toluol-sulfonyl-(4)]-naphthamid-(2), N-(p-*tolylsulfonyl*)-2-*naphthamide* $C_{18}H_{15}NO_3S$, Formel IV.

B. Beim Erhitzen der Natrium-Verbindung des Naphthamids-(2) mit Toluol-sulfon=ylchlorid-(4) in Xylol (*Geigy A.G.*, Schweiz.P. 255624 [1949]). Aus Toluolsulfonamid-(4) und Naphthoyl-(2)-chlorid beim Erhitzen auf 130° (*Kemp, Stephen*, Soc. **1948** 110) sowie beim Erwärmen mit Aluminiumchlorid in Nitrobenzol (*Geigy A.G.*).

Krystalle; F: 166—168° [aus A. oder wss. A.] (*Geigy A.G.*), 162,5—163° [aus A.] (*Kemp, St.*).

Toluol-sulfonsäure-(4)-ureid, [Toluol-sulfonyl-(4)]-harnstoff, (p-*tolylsulfonyl*)*urea* $C_8H_{10}N_2O_3S$, Formel V (R = CO-NH_2).

B. Beim Erwärmen von Toluolsulfonamid-(4) mit dem Natrium-Salz des Nitroharn=stoffs in wss. Äthanol (*Haack*, U.S.P. 2385571 [1940]). Aus *N*-[Toluol-sulfonyl-(4)]-O-äthyl-isoharnstoff beim Erwärmen mit wss. Salzsäure (*Cox, Raymond*, Am. Soc. **63** [1941] 300).

Krystalle; F: 192° (*Cox, Ray.*), 184—188° [Zers.] (*Haack*).

N-[Toluol-sulfonyl-(4)]-*O*-äthyl-isoharnstoff, 2-*ethyl*-1-(p-*tolylsulfonyl*)*isourea* $C_{10}H_{14}N_2O_3S$, Formel V (R = C(OC_2H_5)=NH) und Tautomeres.

B. Beim Behandeln von Toluol-sulfonylchlorid-(4) mit *O*-Äthyl-isoharnstoff-hydro=chlorid und wss. Natronlauge (*Cox, Raymond*, Am. Soc. **63** [1941] 300).

Krystalle; F: 79°.

[Toluol-sulfonyl-(4)]-guanidin, (p-*tolylsulfonyl*)*guanidine* $C_8H_{11}N_3O_2S$, Formel V
(R = C(NH$_2$)=NH) und Tautomeres.

B. Beim Behandeln von Toluol-sulfonylchlorid-(4) mit Guanidin-nitrat und wss.
Natronlauge (*Cerkovnikov, Tomašić*, Arh. Kemiju **19** [1947] 38, 39; C. A. **1948** 7724) oder
mit Guanidin-carbonat und wss. Kalilauge, in diesem Fall neben Guanidin-[toluol-
sulfonat-(4)] und geringen Mengen *N.N'*-Di-[toluol-sulfonyl-(4)]-guanidin (*Perrot*, Bl.
1946 554, 555, 557).

Krystalle; F: 207—208° [korr.; aus wss. A.] (*Pe.*), 207—208° [Monohydrat (?); aus A.]
(*Ce., To.*).

N.N'-Di-[toluol-sulfonyl-(4)]-guanidin, N,N'-*bis*(p-*tolylsulfonyl*)*guanidine* $C_{15}H_{17}N_3O_4S_2$,
Formel VI und Tautomeres.

B. s. im vorangehenden Artikel.

Krystalle (aus wss. A.); F: 201—202° [korr.] (*Perrot*, Bl. **1946** 554, 557).

N-Azidocarbimidoyl-toluolsulfonamid-(4), N-(*azidocarbonimidoyl*)-p-*toluenesulfonamide*
$C_8H_9N_5O_2S$, Formel V (R = C(N$_3$)=NH) und Tautomeres.

Diese Konstitution kommt der nachstehend beschriebenen, von *Dahlbom, Ekstrand*
(Svensk kem. Tidskr. **55** [1943] 122) als 5-[Toluol-sulfonyl-(4)-amino]-tetrazol angesehenen
Verbindung zu (*Jensen, Pedersen*, Acta chem. scand. **15** [1961] 991, 994).

B. Beim Erwärmen von Toluol-sulfonylchlorid-(4) mit 5-Amino-tetrazol und Pyridin
(*Da., Ek.*; *Je., Pe.*, l. c. S. 998).

Krystalle (aus A.); F: 150—151° (*Je., Pe.*), 146—147° [Zers.; Block] (*Da., Ek.*).

Beim Behandeln mit wss. Natronlauge, beim Erwärmen mit wss. Natriumcarbonat-
Lösung sowie beim Erhitzen in Xylol bildet sich 5-[Toluol-sulfonyl-(4)-amino]-tetrazol
(*Je., Pe.*, l. c. S. 999).

N-[Toluol-sulfonyl-(4)]-S-methyl-isothioharnstoff, 2-*methyl*-1-(p-*tolylsulfonyl*)*isothiourea*
$C_9H_{12}N_2O_2S_2$, Formel V (R = C(=NH)-S-CH$_3$) und Tautomeres.

B. Beim Behandeln von Toluol-sulfonylchlorid-(4) mit *S*-Methyl-isothiuronium-bromid
und wss. Natronlauge (*Sharp & Dohme Inc.*, U.S.P. 2441566 [1942]), mit *S*-Methyl-
isothiuronium-sulfat und Kaliumcarbonat in wss. Aceton (*Cox*, J. org. Chem. **7** [1942] 307)
oder mit *S*-Methyl-isothiuronium-chlorid und Natriumcarbonat in Aceton (*Bergmann*,
Am. Soc. **68** [1946] 761, 764).

Krystalle; F: 119—120° [aus A.] (*Be.*), 118—119° (*Sharp & Dohme Inc.*; *Cox*).

Beim Erwärmen mit Chlorwasserstoff enthaltendem Äthanol bilden sich Toluol=
sulfonamid-(4) und Ammoniumchlorid.

N-[Toluol-sulfonyl-(4)]-S-tert-butyl-isothioharnstoff, 2-tert-*butyl*-1-(p-*tolylsulfonyl*)=
isothiourea $C_{12}H_{18}N_2O_2S_2$, Formel V (R = C(=NH)-S-C(CH$_3$)$_3$) und Tautomeres.

B. Beim Erwärmen von Toluol-sulfonylchlorid-(4) mit *S*-tert-Butyl-isothiuronium-
chlorid und Natriumcarbonat in Aceton (*Bergmann*, Am. Soc. **68** [1946] 761, 764).

Krystalle (aus Toluol); F: 109—110°.

Beim Erwärmen mit Chlorwasserstoff enthaltendem Äthanol erfolgt keine Reaktion.

V   VI

N-[Toluol-sulfonyl-(4)]-glycin, N-(p-*tolylsulfonyl*)*glycine* $C_9H_{11}NO_4S$, Formel VII
(R = H, X = OH) (H 106; E I 27; E II 57).

B. Beim Schütteln einer aus Glycin und wss. Natronlauge hergestellten Lösung mit
Toluol-sulfonylchlorid-(4) in Äther (*McChesney, Swann*, Am. Soc. **59** [1937] 1116; vgl.
H 106; E I 27).

Krystalle (aus wss. A. oder W.); F: 147° [unkorr.].

N-[N-(Toluol-sulfonyl-(4))-glycyl]-glycin, N-[N-(p-*tolylsulfonyl*)*glycyl*]*glycine*
$C_{11}H_{14}N_2O_5S$, Formel VII (R = H, X = NH-CH$_2$-COOH) (E II 57).

B. Beim Erwärmen von *N*-Glycyl-glycin mit wss. Natronlauge und mit Toluol-

sulfonylchlorid-(4) (*Otani*, Acta Sch. med. Univ. Kioto **17** [1935] 175, 176).
Krystalle (aus W.); F: 172° [unkorr.].

N-{N-[N-(Toluol-sulfonyl-(4))-glycyl]-seryl}-glutaminsäure, N-{N-[N-(p-*tolylsulfonyl*)=
glycyl]*seryl*}*glutamic acid* $C_{17}H_{23}N_3O_9S$.

N-{N-[N-(Toluol-sulfonyl-(4))-glycyl]-Ξ-seryl}-L-glutaminsäure, Formel VIII.
Ein Präparat (hygroskopische Krystalle [aus CHCl₃ + Ae.]) von ungewisser konfigura-
tiver Einheitlichkeit ist beim Behandeln einer Lösung des aus N-[N-(Toluol-sulfonyl-(4))-
glycyl]-DL-serin-hydrazid mit Hilfe von Natriumnitrit und wss. Salzsäure hergestellten
Azids in Äthylacetat mit L-Glutaminsäure-diäthylester in Äther und Behandeln des
Reaktionsprodukts mit wss.-methanol. Natronlauge erhalten worden (*Woolley*, J. biol.
Chem. **172** [1948] 71, 76).

N-[N-(Toluol-sulfonyl-(4))-glycyl]-DL-serin-hydrazid, N-[N-(p-*tolylsulfonyl*)*glycyl*]-
DL-*serine hydrazide* $C_{12}H_{18}N_4O_5S$, Formel VII (R = H,
X = NH-CH(CH₂OH)-CO-NH-NH₂).
B. Beim Behandeln einer Lösung des aus N-[Toluol-sulfonyl-(4)]-glycin-hydrazid mit
Hilfe von Natriumnitrit und wss. Salzsäure hergestellten Azids in Äthylacetat mit
DL-Serin-äthylester in Äther und Behandeln des Reaktionsprodukts mit Hydrazin-hydrat
in Äthanol (*Woolley*, J. biol. Chem. **172** [1948] 71, 76).
Krystalle mit 1 Mol H₂O; F: 180°.

N-[Toluol-sulfonyl-(4)]-glycin-nitril, N-Cyanmethyl-toluol-sulfonamid-(4), N-(*cyano*=
methyl)-p-*toluenesulfonamide* $C_9H_{10}N_2O_2S$, Formel V (R = CH₂-CN).
B. Beim Behandeln von Toluol-sulfonylchlorid-(4) mit Glycin-nitril-hydrochlorid und
Pyridin (*Freudenberg, Eichel, Leutert*, B. **65** [1932] 1183, 1188).
Krystalle (aus Me., A. oder wss. A.); F: 136°. In heissem Wasser leicht löslich, in
Chloroform, Äther und Benzol kaum löslich.

C-[Toluol-sulfonyl-(4)-amino]-acetamidin, 2-(p-*toluenesulfonamido*)*acetamidine*
$C_9H_{13}N_3O_2S$, Formel V (R = CH₂-C(NH₂)=NH).
B. Aus N-[Toluol-sulfonyl-(4)]-glycin-nitril (*Freudenberg, Eichel, Leutert*, B. **65** [1932]
1183, 1188).
Hydrochlorid $C_9H_{13}N_3O_2S \cdot HCl$. Zers. bei ca. 185°.

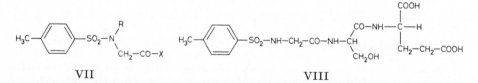

VII   VIII

N-[Toluol-sulfonyl-(4)]-glycin-hydrazid, N-(p-*tolylsulfonyl*)*glycine hydrazide*
$C_9H_{13}N_3O_3S$, Formel VII (R = H, X = NH-NH₂) (E II 67).
F: 160° (*Woolley*, J. biol. Chem. **172** [1948] 71, 76).

(±)-N-[Toluol-sulfonyl-(4)]-N-[2.3-dibrom-propyl]-glycin, (±)-N-(*2,3-dibromopropyl*)-
N-(p-*tolylsulfonyl*)*glycine* $C_{12}H_{15}Br_2NO_4S$, Formel VII (R = CH₂-CHBr-CH₂Br,
X = OH).
B. Aus N-[Toluol-sulfonyl-(4)]-N-allyl-glycin und Brom in Chloroform (*Cocker*, Soc.
1943 373, 375, 378).
Krystalle (aus Bzl. + PAe.); F: 127—128°.
Beim Erhitzen mit wss. Natronlauge sind N-[Toluol-sulfonyl-(4)]-glycin, Acrylaldehyd
und geringe Mengen N-[Toluol-sulfonyl-(4)]-N-[3-brom-propenyl]-glycin (F: 193°) er-
halten worden.

N-[Toluol-sulfonyl-(4)]-N-[β-chlor-isobutyl]-glycin-äthylester, N-(*2-chloro-2-methyl*=
propyl)-N-(p-*tolylsulfonyl*)*glycine ethyl ester* $C_{15}H_{22}ClNO_4S$, Formel VII
(R = CH₂-C(CH₃)₂-Cl, X = OC₂H₅).
B. Aus N-[Toluol-sulfonyl-(4)]-N-methallyl-glycin beim Behandeln mit Chlorwasser=
stoff enthaltendem Äthanol (*Cocker*, Soc. **1943** 373, 377).
Krystalle (aus PAe.); F: 67,5—68°.

N-[Toluol-sulfonyl-(4)]-*N*-[3-brom-propenyl]-glycin, N-(*3-bromoprop-1-enyl*)-N-(p-*tolyl-sulfonyl*)*glycine* C$_{12}$H$_{14}$BrNO$_4$S, Formel VII (R = CH=CH-CH$_2$Br, X = OH).

    N-[Toluol-sulfonyl-(4)]-*N*-[3-brom-propenyl]-glycin vom F: 193°.

    B. In geringer Menge neben *N*-[Toluol-sulfonyl-(4)]-glycin und Acrylaldehyd beim Erhitzen von (±)-*N*-[Toluol-sulfonyl-(4)]-*N*-[2.3-dibrom-propyl]-glycin mit wss. Natronlauge (*Cocker*, Soc. **1943** 373, 375, 378).

    Krystalle (aus A.); F: 193°.

N-[Toluol-sulfonyl-(4)]-*N*-allyl-glycin, N-*allyl*-N-(p-*tolylsulfonyl*)*glycine* C$_{12}$H$_{15}$NO$_4$S, Formel VII (R = CH$_2$-CH=CH$_2$, X = OH).

    B. Beim Erwärmen von *N*-[Toluol-sulfonyl-(4)]-glycin mit wss. Natronlauge und mit Allylbromid (*Cocker*, Soc. **1943** 373, 376).

    Krystalle (aus Bzl.); F: 111,5° (*Co.*, l. c. S. 378).

    Beim Behandeln mit Schwefelsäure sind *N*-[Toluol-sulfonyl-(4)]-*N*-[2-hydroxy-propyl]-glycin und geringe Mengen *N*-[Toluol-sulfonyl-(4)]-*N*-[2-hydroxy-propyl]-glycin-lacton erhalten worden (*Co.*, l. c. S. 377).

N-[Toluol-sulfonyl-(4)]-*N*-methallyl-glycin, N-(*2-methylallyl*)-N-(p-*tolylsulfonyl*)*glycine* C$_{13}$H$_{17}$NO$_4$S, Formel VII (R = CH$_2$-C(CH$_3$)=CH$_2$, X = OH).

    B. Beim Erwärmen von *N*-[Toluol-sulfonyl-(4)]-glycin mit wss. Natronlauge und mit Methallylchlorid (*Cocker*, Soc. **1943** 373, 377).

    Krystalle (aus Bzl.); F: 109—110°.

    Beim Behandeln mit Schwefelsäure ist *N*-[Toluol-sulfonyl-(4)]-*N*-[β-hydroxy-iso-butyl]-glycin-lacton erhalten worden.

(±)-*N*-[Toluol-sulfonyl-(4)]-*N*-[2-hydroxy-propyl]-glycin, (±)-N-(*2-hydroxypropyl*)-N-(p-*tolylsulfonyl*)*glycine* C$_{12}$H$_{17}$NO$_5$S, Formel VII (R = CH$_2$-CH(OH)-CH$_3$, X = OH).

    B. Beim Behandeln von (±)-*N*-[2-Hydroxy-propyl]-glycin mit Toluol-sulfonylchlorid-(4) und wss. Natronlauge (*Cocker*, Soc. **1943** 373, 376). Neben anderen Verbindungen beim Behandeln von *N*-[Toluol-sulfonyl-(4)]-*N*-allyl-glycin mit Schwefelsäure (*Co.*, l. c. S. 377).

    Krystalle (aus W.); F: 139° (*Co.*, l. c. S. 377).

    Beim Erhitzen unter vermindertem Druck auf 120°, beim Behandeln mit Acetanhydrid oder mit Thionylchlorid sowie beim Erwärmen in Benzol ist *N*-[Toluol-sulfonyl-(4)]-*N*-[2-hydroxy-propyl]-glycin-lacton erhalten worden (*Co.*, l. c. S. 376).

N-[Toluol-sulfonyl-(4)]-*N*-[β-hydroxy-isobutyl]-glycin-hydroxyamid, *C*-[(Toluol-sulf-onyl-(4))-(β-hydroxy-isobutyl)-amino]-acetohydroxamsäure, 2-[N-(*2-hydroxy-2-methyl-propyl*)-p-*toluenesulfonamido*]*acetohydroxamic acid* C$_{13}$H$_{20}$N$_2$O$_5$S, Formel VII (R = CH$_2$-C(CH$_3$)$_2$-OH, X = NHOH).

    B. Aus *N*-[Toluol-sulfonyl-(4)]-*N*-[β-hydroxy-isobutyl]-glycin-lacton beim Erwärmen mit Hydroxylamin-hydrochlorid und Natriumacetat in Äthanol (*Clemo*, *Cocker*, Soc. **1946** 30, 35).

    Krystalle (aus wss. A.); F: 105° [Zers.].

N-[Toluol-sulfonyl-(4)]-*N*-[2-oxo-äthyl]-glycin, N-(*2-oxoethyl*)-N-(p-*tolylsulfonyl*)*glycine* C$_{11}$H$_{13}$NO$_5$S, Formel VII (R = CH$_2$-CHO, X = OH).

    B. Beim Behandeln von *N*-[Toluol-sulfonyl-(4)]-*N*-allyl-glycin in Chloroform mit Ozon und anschliessenden Erhitzen mit Wasser (*Cocker*, Soc. **1943** 373, 376).

    Öl; als 2.4-Dinitro-phenylhydrazon (F: 173—174°) charakterisiert.

[Toluol-sulfonyl-(4)]-phenoxyacetyl-amin, *N*-[Toluol-sulfonyl-(4)]-*C*-phenoxy-acetamid, 2-*phenoxy*-N-(p-*tolylsulfonyl*)*acetamide* C$_{15}$H$_{15}$NO$_4$S, Formel V (R = CO-CH$_2$-O-C$_6$H$_5$) auf S. 279.

    B. Beim Erhitzen von Toluolsulfonamid-(4) mit Phenoxyacetylchlorid auf 130° (*Kemp*, *Stephen*, Soc. **1948** 110).

    Krystalle (aus A.); F: 139°.

N-[Toluol-sulfonyl-(4)]-alanin, N-(p-*tolylsulfonyl*)*alanine* C$_{10}$H$_{13}$NO$_4$S.

    a) *N*-[Toluol-sulfonyl-(4)]-L-alanin, Formel IX (R = H) (E I 28).

    B. Beim Erwärmen von L-Alanin mit Toluol-sulfonylchlorid-(4) und wss. Natronlauge (*Bergmann*, *Niemann*, J. biol. Chem. **122** [1937] 577, 593, 595; vgl. E I 28).

Krystalle; F: 135—136° (*Be., Nie.*), 132—133° [unkorr.; aus wss. A. oder W.] (*McChesney, Swann,* Am. Soc. **59** [1937] 1116). [α]$_D^{25}$: —6,8° [A.; c = 14,7] (*Be., Nie.*).

b) *N*-[Toluol-sulfonyl-(4)]-DL-alanin, Formel IX (R = H) + Spiegelbild (E I 28; E II 58).

B. Beim Behandeln einer aus DL-Alanin und wss. Natronlauge hergestellten Lösung mit Toluol-sulfonylchlorid-(4) in Äther (*McChesney, Swann,* Am. Soc. **59** [1937] 1116). Krystalle; F: 138—139° [unkorr.; aus wss. A. oder W.] (*McC., Sw.*), 138° [aus wss. A.] (*Linnell, Smith,* Quart. J. Pharm. Pharmacol. **21** [1948] 121, 123).

N-[Toluol-sulfonyl-(4)]-DL-alanin-äthylester, N-(p-*tolylsulfonyl*)-DL-*alanine ethyl ester* C$_{12}$H$_{17}$NO$_4$S, Formel IX (R = C$_2$H$_5$) + Spiegelbild (E II 58).
Krystalle (aus Bzl. + Bzn.); F: 66,5° (*Linnell, Smith,* Quart. J. Pharm. Pharmacol. **21** [1948] 121, 123).

N-[Toluol-sulfonyl-(4)]-DL-alanin-[2-chlor-äthylester], N-(p-*tolylsulfonyl*)-DL-*alanine 2-chloroethyl ester* C$_{12}$H$_{16}$ClNO$_4$S, Formel IX (R = CH$_2$-CH$_2$Cl) + Spiegelbild.
B. Beim Erwärmen von *N*-[Toluol-sulfonyl-(4)]-DL-alanin mit 2-Chlor-äthanol-(1) unter Einleiten von Chlorwasserstoff (*Linnell, Smith,* Quart. J. Pharm. Pharmacol. **21** [1948] 121, 124).
Krystalle (aus wss. A.); F: 69°. In Pyridin leicht löslich.

[Toluol-sulfonyl-(4)]-[2-äthoxy-propionyl]-amin, 2-Äthoxy-*N*-[toluol-sulfonyl-(4)]-propionamid, 2-*ethoxy*-N-(p-*tolylsulfonyl*)*propionamide* C$_{12}$H$_{17}$NO$_4$S.

a) **(S)-2-Äthoxy-*N*-[toluol-sulfonyl-(4)]-propionamid,** Formel X (X = C$_2$H$_5$).
Partiell racemische Präparate (Krystalle [aus Bzl. + PAe.], F: 79—80° bzw. F: 80° bis 81°; [α]$_D$: —21,0° [A.] bzw. [α]$_D$: —10,0° [A.]) sind beim Behandeln von (S)-2-Äth=oxy-propionylchlorid (aus partiell racemischem L-Milchsäure-äthylester hergestellt) in Äther mit dem Natrium-Salz des Toluolsulfonamids-(4) in Äther sowie aus partiell racemischem (S)-2-[Toluol-sulfonyl-(4)-oxy]-*N*-[toluol-sulfonyl-(4)]-propionamid (s. u.) beim Erwärmen des Kalium-Salzes mit Äthanol erhalten worden (*Bean, Kenyon, Phillips,* Soc. **1936** 303, 308, 309).

b) **(±)-2-Äthoxy-*N*-[toluol-sulfonyl-(4)]-propionamid,** Formel X (X = C$_2$H$_5$) + Spiegelbild.
B. Aus dem Kalium-Salz des (±)-2-[Toluol-sulfonyl-(4)-oxy]-*N*-[toluol-sulfonyl-(4)]-propionamids und Äthanol (*Bean, Kenyon, Phillips,* Soc. **1936** 303, 308).
F: 80—81°.

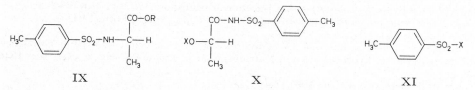

IX   X   XI

[Toluol-sulfonyl-(4)]-[2-(toluol-sulfonyl-(4)-oxy)-propionyl]-amin, 2-[Toluol-sulfon=yl-(4)-oxy]-*N*-[toluol-sulfonyl-(4)]-propionamid, N-(p-*tolylsulfonyl*)-2-(p-*tolylsulfonyl=oxy*)*propionamide* C$_{17}$H$_{19}$NO$_6$S$_2$.

a) **(S)-2-[Toluol-sulfonyl-(4)-oxy]-*N*-[toluol-sulfonyl-(4)]-propionamid,** Formel X (X = SO$_2$-C$_6$H$_4$-CH$_3$).
Ein als Kalium-Salz KC$_{17}$H$_{18}$NO$_6$S$_2$ (Krystalle [aus Acn. + A.], F: 160° [Zers.]; [α]$_{546}$: —79,4° [Acn.]) charakterisiertes partiell racemisches Präparat ist beim Behandeln des aus partiell racemischer (S)-2-[Toluol-sulfonyl-(4)-oxy]-propionsäure ([α]$_{546}$: —34° [Me.]) hergestellten Säurechlorids mit dem Natrium-Salz des Toluolsulfonamids-(4) in Äther erhalten worden (*Bean, Kenyon, Phillips,* Soc. **1936** 303, 308).

b) **(±)-2-[Toluol-sulfonyl-(4)-oxy]-*N*-[toluol-sulfonyl-(4)]-propionamid,** Formel X (X = SO$_2$-C$_6$H$_4$-CH$_3$) + Spiegelbild.
B. Beim Behandeln von (±)-2-[Toluol-sulfonyl-(4)-oxy]-propionylchlorid mit dem Natrium-Salz des Toluolsulfonamids-(4) in Äther (*Bean, Kenyon, Phillips,* Soc. **1936** 303, 308).
Krystalle (aus Bzl. + PAe.); F: 137°.

N-[Toluol-sulfonyl-(4)]-β-alanin, N-(p-*tolylsulfonyl*)-β-*alanine* $C_{10}H_{13}NO_4S$, Formel XI (X = NH-CH$_2$-CH$_2$-COOH).

B. Aus β-Alanin (*Holley, Holley*, Am. Soc. **71** [1949] 2129).
Krystalle (aus A. + Ae. + PAe.); F: 119,5—121° [korr.].

N-[Toluol-sulfonyl-(4)]-*N*-methyl-β-alanin, N-*methyl*-N-(p-*tolylsulfonyl*)-β-*alanine* $C_{11}H_{15}NO_4S$, Formel XI (X = N(CH$_3$)-CH$_2$-CH$_2$-COOH).
B. Beim Behandeln von *N*-Methyl-β-alanin mit wss. Kalilauge und mit Toluol-sulfon⸗ ylchlorid-(4) in Äther (*Späth, Wiebaut, Kesztler*, B. **71** [1938] 100, 104).
Krystalle; F: 110—111° [aus Ae. + PAe.] (*Späth, Wie., Ke.*), 108,5—110° [korr.; aus A. + W.] (*Holley, Holley*, Am. Soc. **71** [1949] 2124, 2128).

4-[Toluol-sulfonyl-(4)-amino]-buttersäure, 4-(p-*toluenesulfonamido*)*butyric acid* $C_{11}H_{15}NO_4S$, Formel XI (X = NH-[CH$_2$]$_3$-COOH) (E I 28).
B. Beim Erhitzen des Natrium-Salzes des Toluolsulfonamids-(4) mit 4-Hydroxy-buttersäure-lacton auf 200° (*I.G. Farbenind.*, D.R.P. 743661 [1940]; D.R.P. Org. Chem. **2** 13).
Krystalle (aus W.); F: 131°.

N-[Toluol-sulfonyl-(4)]-valin, N-(p-*tolylsulfonyl*)*valine* $C_{12}H_{17}NO_4S$.

a) *N*-[Toluol-sulfonyl-(4)]-ʟ-valin, Formel XII (R = H, X = OH).
B. Beim Behandeln einer aus ʟ-Valin und wss. Natronlauge hergestellten Lösung mit Toluol-sulfonylchlorid-(4) in Äther (*McChesney, Swann*, Am. Soc. **59** [1937] 1116; s. a. *Christensen*, J. biol. Chem. **151** [1943] 319, 322; *Cook, Cox, Farmer*, Soc. **1949** 1022, 1026). Aus *N*-[Toluol-sulfonyl-(4)]-ʟ-valin-äthylester beim Erwärmen mit wss.-äthanol. Natronlauge (*Karrer, van der Sluys Veer*, Helv. **15** [1932] 746, 750).
Krystalle; F:147° [aus wss. A.] (*Ka., v. d. Sl. V.; Ch.*), 147° [unkorr.; aus wss. A.] (*McCh., Sw.*), 146—147° [aus W.] (*Cook, Cox, Fa.*). [α]$_D^{20}$: +25,0° [A.; p = 3] (*Ka., v. d. Sl. V.*); [α]$_D^{21}$: + 19,4° [A.; c = 1,5] (*Cook, Cox, Fa.*).

b) *N*-[Toluol-sulfonyl-(4)]-ᴅʟ-valin, Formel XII (R = H, X = OH) + Spiegelbild.
B. Beim Behandeln von ᴅʟ-Valin mit wss. Natronlauge und Toluol-sulfonychlorid-(4) (*Christensen*, J. biol. Chem. **151** [1943] 319, 322).
Krystalle (aus wss. A.); F: 170° [korr.].

N-[Toluol-sulfonyl-(4)]-valin-äthylester, N-(p-*tolylsulfonyl*)*valine ethyl ester* $C_{14}H_{21}NO_4S$.
N-[Toluol-sulfonyl-(4)]-ʟ-valin-äthylester, Formel XII (R = H, X = OC$_2$H$_5$).
B. Beim Behandeln von ʟ-Valin-äthylester mit Toluol-sulfonylchlorid-(4) und Pyridin (*Karrer, van der Sluys Veer*, Helv. **15** [1932] 746, 749).
Krystalle (aus PAe.); F: 59°. [α]$_D^{20}$: +3,99° [A.; p = 8].

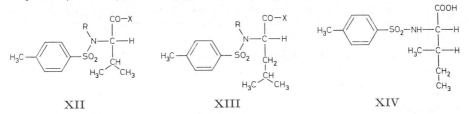

XII   XIII   XIV

N-[Toluol-sulfonyl-(4)]-*N*-methyl-valin, N-*methyl*-N-(p-*tolylsulfonyl*)*valine* $C_{13}H_{19}NO_4S$.
N-[Toluol-sulfonyl-(4)]-*N*-methyl-ʟ-valin, Formel XII (R = CH$_3$, X = OH).
B. Aus *N*-[Toluol-sulfonyl-(4)]-ʟ-valin beim Behandeln mit wss. Natronlauge und mit Methyljodid (*Cook, Cox, Farmer*, Soc. **1949** 1022, 1026).
Harz. [α]$_D^{21}$: —20,8° [A.; c = 1,5].

N-[Toluol-sulfonyl-(4)]-ᴅʟ-norleucin, N-(p-*tolylsulfonyl*)-ᴅʟ-*norleucine* $C_{13}H_{19}NO_4S$, Formel XI (X = NH-CH(COOH)-[CH$_2$]$_3$-CH$_3$).
B. Beim Behandeln einer aus ᴅʟ-Norleucin und wss. Natronlauge hergestellten Lö-sung mit Toluol-sulfonylchlorid-(4) in Äther (*McChesney, Swann*, Am. Soc. **59** [1937] 1116).
Krystalle (aus wss. A.); F: 124° [unkorr.].

N-[Toluol-sulfonyl-(4)]-leucin, N-(p-*tolylsulfonyl*)*leucine*   C₁₃H₁₉NO₄S.

   N-[Toluol-sulfonyl-(4)]-ʟ-leucin, Formel XIII (R = H, X = OH) (E I 29).
   B. Beim Behandeln einer aus ʟ-Leucin und wss. Natronlauge hergestellten Lösung mit Toluol-sulfonylchlorid-(4) und wss. Kalilauge (*Karrer, Kehl*, Helv. **13** [1930] 50, 57; vgl. E I 29). Aus *N*-[Toluol-sulfonyl-(4)]-ʟ-leucin-methylester beim Behandeln mit wss.-äthanol. Natronlauge (*Ka., Kehl*).
   Krystalle; F: 123—124° (*Sakota, Koine, Okita*, J. chem. Soc. Japan Pure Chem. Sect. **90** [1969] 77, 78; C. A. **70** [1969] 115517), 121—122° [unkorr.; aus wss. A. oder Bzl.] (*McChesney, Swann*, Am. Soc. **59** [1937] 1116), 113,5° [aus A. und W.] (*Ka., Kehl*). $[\alpha]_D^{20}$: −4,05° [A.; p = 3] (*Ka., Kehl*; s. dagegen E I 29); $[\alpha]_D^{25,5}$: −1,1° [Me.; c = 4] (*Sa., Ko., Ok.*).

N-[Toluol-sulfonyl-(4)]-leucin-methylester, N-(p-*tolylsulfonyl*)*leucine methyl ester*
C₁₄H₂₁NO₄S.

   N-[Toluol-sulfonyl-(4)]-ʟ-leucin-methylester, Formel XIII (R = H, X = OCH₃).
   B. Beim Behandeln von Toluol-sulfonylchlorid-(4) mit ʟ-Leucin-methylester und Pyridin (*Karrer, Kehl*, Helv. **13** [1930] 50, 54).
   Krystalle (aus Bzn.); F: 55°. $[\alpha]_D^{20}$: −15,95° [A.; p = 2].

N-[Toluol-sulfonyl-(4)]-*N*-methyl-leucin-methylester, N-*methyl*-N-(p-*tolylsulfonyl*)*leucine methyl ester*   C₁₅H₂₃NO₄S.

   N-[Toluol-sulfonyl-(4)]-*N*-methyl-ʟ-leucin-methylester, Formel XIII (R = CH₃, X = OCH₃).
   B. Beim Behandeln einer aus *N*-[Toluol-sulfonyl-(4)]-ʟ-leucin und wss. Natronlauge hergestellten Lösung mit Dimethylsulfat und wss. Natronlauge (*Blanchard et al.*, J. biol. Chem. **155** [1944] 421, 438).
   Krystalle (aus wss. A.); F: 75—76°. $[\alpha]_D^{24}$: −31,6° [A.; c = 3].

2-[Toluol-sulfonyl-(4)-amino]-3-methyl-valeriansäure   C₁₃H₁₉NO₄S.

   a) ʟ-*erythro*-2-[Toluol-sulfonyl-(4)-amino]-3-methyl-valeriansäure, *N*-[Toluol-sulfonyl-(4)]-ʟ-isoleucin, N-(p-*tolylsulfonyl*)-ʟ-*isoleucine*, Formel XIV.
   B. Beim Behandeln einer aus ʟ-Isoleucin und wss. Natronlauge hergestellten Lösung mit Toluol-sulfonylchlorid-(4) in Äther (*McChesney, Swann*, Am. Soc. **59** [1937] 1116).
   Krystalle (aus wss. A.); F: 130—132° [unkorr.].

   b) (±)-*erythro*-2-[Toluol-sulfonyl-(4)-amino]-3-methyl-valeriansäure, *N*-[Toluol-sulfonyl-(4)]-ᴅʟ-isoleucin, N-(p-*tolylsulfonyl*)-ᴅʟ-*isoleucine*, Formel XIV + Spiegelbild (H 107).
   B. Beim Behandeln einer aus ᴅʟ-Isoleucin und wss. Natronlauge hergestellten Lösung mit Toluol-sulfonylchlorid-(4) in Äther (*McChesney, Swann*, Am. Soc. **59** [1937] 1116).
   Krystalle (aus wss. A.); F: 139—140° [unkorr.].

2-[Toluol-sulfonyl-(4)-amino]-3.3-dimethyl-buttersäure   C₁₃H₁₉NO₄S.

   (*S*)-2-[Toluol-sulfonyl-(4)-amino]-3.3-dimethyl-buttersäure, *N*-[Toluol-sulfonyl-(4)]-ʟ-pseudoleucin, (*S*)-3,3-*dimethyl*-2-(p-*toluenesulfonamido*)*butyric acid*, Formel I (E II 59).
   B. Beim Behandeln von Toluol-sulfonylchlorid-(4) mit ʟ-Pseudoleucin ((*S*)-2-Amino-3.3-dimethyl-buttersäure), wss. Natronlauge und Äther (*Abderhalden, Faust, Haase*, Z. physiol. Chem. **228** [1934] 187, 192; vgl. E II 59).
   Krystalle (aus wss. A.); F: 239—240°. $[\alpha]_D^{20}$: +47,3° [A.; c = 5]; $[\alpha]_D^{22,5}$: +46,9° [A.; c = 4]; $[\alpha]_D^{29}$: +47,1° [A.; c = 4].

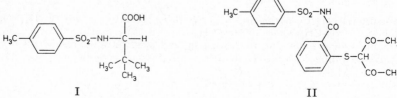

                  I   II

[Toluol-sulfonyl-(4)]-[2-(2-oxo-1-acetyl-propylmercapto)-benzoyl]-amin, 2-[2-Oxo-1-acetyl-propylmercapto]-*N*-[toluol-sulfonyl-(4)]-benzamid, o-(*1-acetylacetonylthio*)-*N*-(p-*tolylsulfonyl*)*benzamide* $C_{19}H_{19}NO_5S_2$, Formel II.

B. Beim Erwärmen von 2-[Toluol-sulfonyl-(4)]-3-oxo-2.3-dihydro-benz[*d*]isothiazol mit Acetylaceton in Äthanol (*Barton, McClelland*, Soc. **1947** 1574, 1576).

Krystalle (aus A.); F: 180° [Zers.].

Beim Erhitzen in Pyridin sind 3-Hydroxy-2-acetyl-benzo[*b*]thiophen und Toluol-sulfonamid-(4) erhalten worden.

Bis-[2-(toluol-sulfonyl-(4)-carbamoyl)-phenyl]-disulfid, *N*.*N'*-Di-[toluol-sulfonyl-(4)]-2.2'-dithio-bis-benzamid, N,N'-*bis*(p-*tolylsulfonyl*)-o,o'-*dithiobisbenzamide* $C_{28}H_{24}N_2O_6S_4$, Formel III.

B. Beim Einleiten von Schwefelwasserstoff in eine warme äthanol. Lösung von 2-[Toluol-sulfonyl-(4)]-3-oxo-2.3-dihydro-benz[*d*]isothiazol (*Bartlett, Hart, McClelland*, Soc. **1939** 760).

Krystalle (aus Eg.); F: 218°.

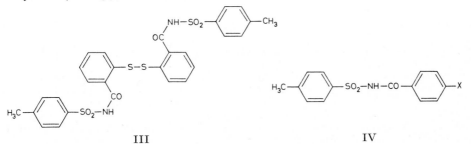

III   IV

[Toluol-sulfonyl-(4)]-[4-methoxy-benzoyl]-amin, 4-Methoxy-*N*-[toluol-sulfonyl-(4)]-benzamid, N-(p-*tolylsulfonyl*)-p-*anisamide* $C_{15}H_{15}NO_4S$, Formel IV (X = OCH$_3$).

B. Beim Erwärmen von Toluolsulfonamid-(4) mit 4-Methoxy-benzoylchlorid und Aluminiumchlorid in Nitrobenzol (*Geigy A.G.*, Schweiz.P. 255615 [1944]). Beim Erhitzen der Natrium-Verbindung des 4-Methoxy-benzamids mit Toluol-sulfonylchlorid-(4) in Xylol (*Geigy A.G.*).

Krystalle (aus A. oder aus Bzl. + PAe.); F: 176°.

[Toluol-sulfonyl-(4)]-[4-methylmercapto-benzoyl]-amin, 4-Methylmercapto-*N*-[toluol-sulfonyl-(4)]-benzamid, p-(*methylthio*)-N-(p-*tolylsulfonyl*)*benzamide* $C_{15}H_{15}NO_3S_2$, Formel IV (X = S-CH$_3$).

B. Beim Erhitzen von Toluolsulfonamid-(4) mit 4-Methylmercapto-benzoesäure und Phosphor(V)-oxid in Chlorbenzol (*Geigy A.G.*, Schweiz.P. 255613 [1944]). Beim Erhitzen der Natrium-Verbindung des 4-Methylmercapto-benzamids mit Toluol-sulfonylchlorid-(4) in Xylol (*Geigy A.G.*).

Krystalle (aus Bzl. + PAe.); F: 180°.

[Toluol-sulfonyl-(4)]-[3-methoxy-naphthoyl-(2)]-amin, 3-Methoxy-*N*-[toluol-sulfonyl-(4)]-naphthamid-(2), *3-methoxy*-N-(p-*tolylsulfonyl*)-2-*naphthamide* $C_{19}H_{17}NO_4S$, Formel V.

B. Beim Erwärmen von Toluolsulfonamid-(4) mit 3-Methoxy-naphthoyl-(2)-chlorid und Aluminiumchlorid in Nitrobenzol (*Geigy A.G.*, Schweiz.P. 255626 [1944]). Beim Erhitzen der Natrium-Verbindung des 3-Methoxy-naphthamids-(2) mit Toluol-sulfonylchlorid-(4) in Xylol (*Geigy A.G.*).

Krystalle (aus A. oder wss. A.); F: 158—160°.

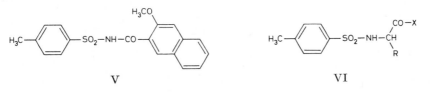

V   VI

N-[Toluol-sulfonyl-(4)]-DL-serin, N-(p-*tolylsulfonyl*)-DL-*serine* $C_{10}H_{13}NO_5S$, Formel VI
(R = CH_2OH, X = OH).

B. Beim Behandeln einer aus DL-Serin und wss. Natronlauge hergestellten Lösung mit
Toluol-sulfonylchlorid-(4) in Äther (*McChesney, Swann,* Am. Soc. **59** [1937] 1116; s. a.
Woolley, J. biol. Chem. **172** [1948] 71, 73).

Krystalle (aus wss. A.); F: 212—213° [unkorr.; Zers.] (*McCh., Sw.*).

N-{*N*-[*N*-(Toluol-sulfonyl-(4))-seryl]-glycyl}-asparaginsäure, N-{N-[N-(p-*tolylsulfonyl*)=
seryl]*glycyl*}*aspartic acid* $C_{16}H_{21}N_3O_9S$.

N-{*N*-[*N*-(Toluol-sulfonyl-(4))-*Ξ*-seryl]-glycyl}-L-asparaginsäure, Formel VII
(R = COOH).

Ein Präparat (F: 100—105°) von ungewisser konfigurativer Einheitlichkeit ist beim
Behandeln einer Lösung des aus *N*-[*N*-(Toluol-sulfonyl-(4))-DL-seryl]-glycin-hydrazid mit
Hilfe von Natriumnitrit und wss. Salzsäure hergestellten Azids in Äthylacetat mit
L-Asparaginsäure-diäthylester in Äther und Behandeln des danach isolierten Reaktions-
produkts mit wss.-methanol. Natronlauge erhalten worden (*Woolley,* J. biol. Chem. **172**
[1948] 71, 76).

N-{*N*-[*N*-(Toluol-sulfonyl-(4))-seryl]-glycyl}-glutaminsäure, N-{N-[N-(p-*tolylsulfonyl*)=
seryl]*glycyl*}*glutamic acid* $C_{17}H_{23}N_3O_9S$.

N-{*N*-[*N*-(Toluol-sulfonyl-(4))-*Ξ*-seryl]-glycyl}-L-glutaminsäure, Formel VII
(R = CH_2-COOH).

Ein Präparat (hygroskopische Krystalle [aus $CHCl_3$ + Ae.]) von ungewisser konfigurativer Einheitlichkeit ist beim Behandeln einer Lösung des aus *N*-[*N*-(Toluol-sulfon=
yl-(4))-DL-seryl]-glycin-hydrazid mit Hilfe von Natriumnitrit und wss. Salzsäure hergestellten Azids in Äthylacetat mit L-Glutaminsäure-diäthylester in Äther und Behandeln des Reaktionsprodukts mit wss.-methanol. Natronlauge erhalten worden (*Woolley,* J. biol. Chem. **172** [1948] 71, 74).

N-[*N*-(Toluol-sulfonyl-(4))-DL-seryl]-glycin-hydrazid, N-[N-(p-*tolylsulfonyl*)-DL-*seryl*]=
glycine hydrazide $C_{12}H_{18}N_4O_5S$, Formel VI (R = CH_2OH, X = NH-CH_2-CO-NH-NH_2).

B. Beim Behandeln einer Lösung des aus *N*-[Toluol-sulfonyl-(4)]-DL-serin-hydrazid
mit Hilfe von Natriumnitrit und wss. Salzsäure hergestellten Azids in Äthylacetat mit
Glycin-äthylester und Behandeln einer Lösung des Reaktionsprodukts in Äthanol mit
Hydrazin-hydrat (*Woolley,* J. biol. Chem. **172** [1948] 71, 74).

Krystalle; F: 215—216°. In Äthanol schwer löslich.

N-[Toluol-sulfonyl-(4)]-DL-serin-hydrazid, N-(p-*tolylsulfonyl*)-DL-*serine hydrazide*
$C_{10}H_{15}N_3O_4S$, Formel VI (R = CH_2OH, X = NH-NH_2).

B. Beim Behandeln von *N*-[Toluol-sulfonyl-(4)]-DL-serin mit Chlorwasserstoff enthaltendem Äthanol und Behandeln einer Lösung des erhaltenen Esters in Äthanol mit
Hydrazin-hydrat (*Woolley,* J. biol. Chem. **172** [1948] 71, 73).

Krystalle (aus A.); F: 155° [nach Sintern bei 148°]. In Äthanol schwer löslich, in Wasser
fast unlöslich.

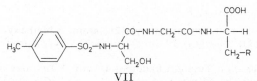

VII

Bis-[2-(toluol-sulfonyl-(4)-amino)-2-carboxy-äthyl]-disulfid, *N.N′*-Di-[toluol-sulfon=
yl-(4)]-cystin, N,N′-*bis*(p-*tolylsulfonyl*)*cystine* $C_{20}H_{24}N_2O_8S_4$.

N.N′-Di-[toluol-sulfonyl-(4)]-L-cystin, Formel VIII (R = H).

B. Beim Behandeln einer aus L-Cystin und wss. Natronlauge hergestellten Lösung mit
Toluol-sulfonylchlorid-(4) in Äther (*McChesney, Swann,* Am. Soc. **59** [1937] 1116; s. a.
Bloch, Clarke, J. biol. Chem. **125** [1938] 275, 281; *Kies et al.,* J. biol. Chem. **128** [1939]
207, 209).

Krystalle; F: 213—215° [Zers.; aus Acn. + Bzl.] (*Bl., Cl.*), 214° [korr.] (*Kies et al.*),
201—203° [unkorr.; Zers.; aus wss. A.] (*McCh., Sw.*). $[\alpha]_D^{22}$: —153° [wss. Ammoniak]
(*Kies et al.*).

Bis-{2-[(toluol-sulfonyl-(4))-methyl-amino]-2-carboxy-äthyl}-disulfid, *N.N'*-Di-[toluol-sulfonyl-(4)]-*N.N'*-dimethyl-cystin, N,N'-*dimethyl*-N,N'-*bis*(p-*tolylsulfonyl*)*cystine* $C_{22}H_{28}N_2O_8S_4$.

N.N'-Di-[toluol-sulfonyl-(4)]-*N.N'*-dimethyl-L-cystin, Formel VIII (R = CH_3).

B. Aus N.N'-Di-[toluol-sulfonyl-(4)]-L-cystin beim Behandeln mit Dimethylsulfat und wss. Natronlauge (*Bloch, Clarke*, J. biol. Chem. **125** [1938] 275, 282).

Krystalle (aus Acn. + Bzl.); F: 125—127°. $[\alpha]_D^{24}$: +57,7° [wss. Natronlauge (1 n)].

Beim Behandeln mit 7—8 Grammatom Natrium in flüssigem Ammoniak ist *N*-Methyl-L-cystein, beim Behandeln mit 10—11 Grammatom Natrium in flüssigem Ammoniak und Leiten von Luft durch eine mit Eisen(II)-sulfat versetzte Lösung des Reaktionsprodukts in wss. Ammoniak ist partiell racemisches N.N'-Dimethyl-L-cystin erhalten worden (*Bl., Cl.*, l. c. S. 282, 283).

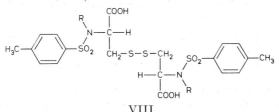

VIII

***N*-[Toluol-sulfonyl-(4)]-DL-methionin,** N-(p-*tolylsulfonyl*)-DL-*methionine* $C_{12}H_{17}NO_4S_2$, Formel VI (R = CH_2-CH_2-S-CH_3, X = OH) auf S. 285.

B. Beim Behandeln einer aus DL-Methionin und wss. Natronlauge hergestellten Lösung mit Toluol-sulfonylchlorid-(4) in Äther (*McChesney, Swann*, Am. Soc. **59** [1937] 1116).

Krystalle (aus wss. A.); F: 104—105° [unkorr.].

(±)-α-[Toluol-sulfonyl-(4)-amino]-β-benzylmercapto-isovaleriansäure, *N*-[Toluol-sulfonyl-(4)]-*S*-benzyl-DL-penicillamin, S-*benzyl*-N-(p-*tolylsulfonyl*)-DL-*penicillamine* $C_{19}H_{23}NO_4S_2$, Formel VI (R = C(CH_3)$_2$-S-CH_2-C_6H_5, X = OH) auf S. 285.

B. Beim Behandeln von *S*-Benzyl-DL-penicillamin (E III 6 1632) mit Toluol-sulfonylchlorid-(4), wss. Natronlauge und Äther (*Bentley, Cook, Elvidge*, Soc. **1949** 3216, 3220).

Krystalle; F: 176—177° (*Crooks*, Chem. Penicillin **1949** 455, 472), 173° [aus wss. A.] (*Be., Cook, El.*).

Bis-[2-(toluol-sulfonyl-(4)-amino)-1.1-dimethyl-2-carboxy-äthyl]-disulfid, α.α'-Bis-[toluol-sulfonyl-(4)-amino]-β.β'-dithio-diisovaleriansäure, 3,3'-*dimethyl*-2,2'-*bis*(p-*toluene*-*sulfonamido*)-3,3'-*dithiodibutyric acid* $C_{24}H_{32}N_2O_8S_4$, Formel IX.

Ein opt.-inakt. Präparat vom F: 224—228° (Krystalle [aus Eg.]) ist beim Behandeln von opt.-inakt. Bis-[2-amino-1.1-dimethyl-2-carboxy-äthyl]-disulfid (F: 160° [Zers.]) mit Toluol-sulfonylchlorid-(4) und wss. Natronlauge erhalten worden (*Abraham et al.*, Chem. Penicillin **1949** 10, 31).

(±)-α-[Toluol-sulfonyl-(4)-amino]-β-benzylmercapto-isovaleriansäure-methylester, *N*-[Toluol-sulfonyl-(4)]-*S*-benzyl-DL-penicillamin-methylester, S-*benzyl*-N-(p-*tolyl*-*sulfonyl*)-DL-*penicillamine methyl ester* $C_{20}H_{25}NO_4S_2$, Formel VI
(R = C(CH_3)$_2$-S-CH_2-C_6H_5, X = OCH_3) auf S. 285.

F: 67—68° (*Crooks*, Chem. Penicillin **1949** 455, 472).

IX   X

[Toluol-sulfonyl-(4)]-[3.4-dimethoxy-benzoyl]-amin, *N*-[Toluol-sulfonyl-(4)]-veratramid, N-(p-*tolylsulfonyl*)*veratramide* $C_{16}H_{17}NO_5S$, Formel X (X = H).

B. In geringer Menge beim Erhitzen der Natrium-Verbindung des Toluolsulfonamids-(4) mit Veratroylchlorid auf 130° sowie beim Erwärmen von Toluolsulfonamid-(4) mit Veratroylchlorid und Pyridin (*Kemp, Stephen*, Soc. **1948** 110).

Krystalle (aus A.) mit 1 Mol H_2O; F: 132—134° [Zers.].

N-[Toluol-sulfonyl-(4)]-asparaginsäure, N-(p-*tolylsulfonyl*)*aspartic acid* $C_{11}H_{13}NO_6S$.

a) *N*-[Toluol-sulfonyl-(4)]-L-asparaginsäure, Formel XI (X = X' = OH) (E II 59).

B. Beim Behandeln von L-Asparaginsäure mit Toluol-sulfonylchlorid-(4) und wss. Natronlauge (*Ressler*, Am. Soc. **82** [1960] 1641, 1643).

Krystalle (aus W.) mit 1 Mol H_2O; F: 86—89°. $[\alpha]_D^{21,5}$: $+3,4°$ [W.; c = 0,8].

b) *N*-[Toluol-sulfonyl-(4)]-DL-asparaginsäure, Formel XI (X = X' = OH) + Spiegelbild.

B. Beim Behandeln von DL-Asparaginsäure mit wss. Natronlauge und Toluol-sulfonylchlorid-(4) in Äther (*Bovarnick*, J. biol. Chem. **148** [1943] 151, 155).

Krystalle (aus W.); F: 159—160°.

N-[Toluol-sulfonyl-(4)]-asparaginsäure-1-methylester, N-(p-*tolylsulfonyl*)*aspartic acid 1-methyl ester* $C_{12}H_{15}NO_6S$.

N-[Toluol-sulfonyl-(4)]-L-asparaginsäure-1-methylester, Formel XI (X = OCH_3, X' = OH).

Diese Konstitution ist wahrscheinlich der nachstehend beschriebenen Verbindung auf Grund ihrer Bildungsweise in Analogie zu *N*-Benzoyl-L-asparaginsäure-1-methylester (E I **9** 115) zuzuordnen.

B. Aus *N*-[Toluol-sulfonyl-(4)]-L-asparaginsäure-anhydrid beim Behandeln mit methanol. Natriummethylat (*Harington, Moggridge*, Soc. **1940** 706, 712).

Krystalle (aus E. + PAe. oder aus W.); F: 96°.

N-[Toluol-sulfonyl-(4)]-asparaginsäure-dibutylester, N-(p-*tolylsulfonyl*)*aspartic acid dibutyl ester* $C_{19}H_{29}NO_6S$.

N-[Toluol-sulfonyl-(4)]-L-asparaginsäure-dibutylester, Formel XI (X = X' = O-[$CH_2]_3$-CH_3).

B. Beim Erhitzen von *N*-[Toluol-sulfonyl-(4)]-L-asparaginsäure mit Butanol-(1) unter Zusatz von wss. Salzsäure (*McChesney, Swann*, Am. Soc. **59** [1937] 1116).

Krystalle (aus PAe. + A.); F: 64—65°.

N-[Toluol-sulfonyl-(4)]-DL-asparaginsäure-1-benzylester, N-(p-*tolylsulfonyl*)-DL-*aspartic acid 1-benzyl ester* $C_{18}H_{19}NO_6S$, Formel XI (X = O-CH_2-C_6H_5, X' = OH) + Spiegelbild.

B. Neben geringeren Mengen *N*-[Toluol-sulfonyl-(4)]-DL-asparaginsäure-4-benzylester beim Erwärmen von *N*-[Toluol-sulfonyl-(4)]-DL-asparaginsäure-anhydrid mit Benzylalkohol (*Bovarnick*, J. biol. Chem. **148** [1943] 151, 156).

Krystalle (aus Ae. + PAe.); F: 108,5—109°.

N-[Toluol-sulfonyl-(4)]-DL-asparaginsäure-4-benzylester, N-(p-*tolylsulfonyl*)-DL-*aspartic acid 4-benzyl ester* $C_{18}H_{19}NO_6S$, Formel XI (X = OH, X' = O-CH_2-C_6H_5) + Spiegelbild.

B. s. im vorangehenden Artikel.

Krystalle (aus E. + PAe.); F: 135,5—137° (*Bovarnick*, J. biol. Chem. **148** [1943] 151, 156). In Äther mässig löslich.

N-[Toluol-sulfonyl-(4)]-asparaginsäure-bis-[4-phenyl-phenacylester], N-(p-*tolylsulfonyl*)-*aspartic acid bis(4-phenylphenacyl) ester* $C_{39}H_{33}NO_8S$.

N-[Toluol-sulfonyl-(4)]-L-asparaginsäure-bis-[4-phenyl-phenacylester], Formel XI (X = X' = O-CH_2-CO-C_6H_4-C_6H_5).

B. Aus *N*-[Toluol-sulfonyl-(4)]-L-asparaginsäure und 4-Phenyl-phenacylbromid (*Christensen*, J. biol. Chem. **160** [1945] 75, 80).

Krystalle (aus A.); F: 138—141°.

(±)-2-[Toluol-sulfonyl-(4)-amino]-bernsteinsäure-1-amid, N^2-[Toluol-sulfonyl-(4)]-DL-isoasparagin, N^2-(p-*tolylsulfonyl*)-DL-*isoasparagine* $C_{11}H_{14}N_2O_5S$, Formel XI (X = NH_2, X' = OH) + Spiegelbild.

B. Aus *N*-[Toluol-sulfonyl-(4)]-DL-asparaginsäure-1-benzylester beim Behandeln mit wss. Ammoniak (*Bovarnick*, J. biol. Chem. **148** [1943] 151, 157).

Krystalle (aus W.); F: 177,5—178°. In Aceton und Äthanol löslich.

2-[Toluol-sulfonyl-(4)-amino]-bernsteinsäure-4-amid, N^2-[Toluol-sulfonyl-(4)]-asparagin, N^2-(p-*tolylsulfonyl*)*asparagine* $C_{11}H_{14}N_2O_5S$.

a) **N^2-[Toluol-sulfonyl-(4)]-L-asparagin**, Formel XI (X = OH, X' = NH$_2$) (E II 59).

Krystalle; F: 206° [nach Trocknen bei 110°] (*Schwatschkin, Asarowa,* Ž. obšč. Chim. **34** [1964] 407, 410; J. gen. Chem. U.S.S.R. [Übers.] **34** [1964] 411, 413), 191° [korr.; aus W.] (*Zaoral, Rudinger,* Collect. **24** [1959] 1993, 1999), 186,5—187° [korr.; aus wss. A.] (*Ressler,* Am. Soc. **82** [1960] 1641, 1644). $[\alpha]_D^{20}$: +9,7° [Kalium-Salz in W.; c = 5] (*Za., Ru.*).

b) **N^2-[Toluol-sulfonyl-(4)]-DL-asparagin**, Formel XI (X = OH, X' = NH$_2$) + Spiegelbild.

B. Aus *N*-[Toluol-sulfonyl-(4)]-DL-asparaginsäure-4-benzylester beim Behandeln mit wss. Ammoniak (*Bovarnick,* J. biol. Chem. **148** [1943] 151, 156).

Krystalle (aus W.); F: 174,5—175,5°. In Aceton und Äthanol löslich.

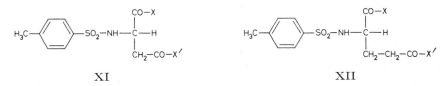

XI   XII

N-[Toluol-sulfonyl-(4)]-glutaminsäure, N-(p-*tolylsulfonyl*)*glutamic acid* $C_{12}H_{15}NO_6S$.

a) **N-[Toluol-sulfonyl-(4)]-L-glutaminsäure**, Formel XII (X = X' = OH) (E I 29; E II 59).

Krystalle; F: 145—146° [unkorr.; aus W.] (*Rudinger,* Collect. **19** [1954] 366, 369), 124—126° (*Sakota, Koine, Okita,* J. chem. Soc. Japan Pure Chem. Sect. **90** [1969] 77, 78; C. A. **70** [1969] 115517).

Beim Erhitzen mit Acetanhydrid oder Acetylchlorid ist Essigsäure-[(S)-1-(toluol-sulfonyl-(4))-5-oxo-pyrrolidin-carbonsäure-(2)]-anhydrid (F: 148°) erhalten worden (*Harington, Moggridge,* Soc. **1940** 706, 709).

b) **N-[Toluol-sulfonyl-(4)]-DL-glutaminsäure**, Formel XII (X = X' = OH) + Spiegelbild.

B. Beim Erwärmen von DL-Glutaminsäure mit wss. Natronlauge und Toluol-sulfonyl=chlorid-(4) (*Harington, Moggridge,* Soc. **1940** 706, 711).

Krystalle (aus E.); F: 172,5°.

N-[Toluol-sulfonyl-(4)]-glutaminsäure-dibutylester, N-(p-*tolylsulfonyl*)*glutamic acid dibutyl ester* $C_{20}H_{31}NO_6S$.

N-[Toluol-sulfonyl-(4)]-L-glutaminsäure-dibutylester, Formel XII (X = X' = O-[CH$_2$]$_3$-CH$_3$).

B. Beim Erhitzen von N-[Toluol-sulfonyl-(4)]-L-glutaminsäure mit Butanol-(1) unter Zusatz von wss. Salzsäure (*McChesney, Swann,* Am. Soc. **59** [1937] 1116).

Krystalle (aus PAe. + A.); F: 61—62°.

N-[Toluol-sulfonyl-(4)]-glutaminsäure-bis-[4-phenyl-phenacylester], N-(p-*tolylsulfonyl*)= *glutamic acid bis(4-phenylphenacyl) ester* $C_{40}H_{35}NO_8S$.

N-[Toluol-sulfonyl-(4)]-L-glutaminsäure-bis-[4-phenyl-phenacylester], Formel XII (X = X' = O-CH$_2$-CO-C$_6$H$_4$-C$_6$H$_5$).

B. Aus *N*-[Toluol-sulfonyl-(4)]-L-glutaminsäure und 4-Phenyl-phenacylbromid (*Christensen,* J. biol. Chem. **160** [1945] 75, 80).

Krystalle (aus A.); F: 138—141°.

2-[Toluol-sulfonyl-(4)-amino]-glutarsäure-1-amid, N^2-[Toluol-sulfonyl-(4)]-isoglutamin, N^2-(p-*tolylsulfonyl*)*isoglutamine* $C_{12}H_{16}N_2O_5S$.

N^2-[Toluol-sulfonyl-(4)]-L-isoglutamin, Formel XII (X = NH$_2$, X' = OH).

B. Aus (S)-1-[Toluol-sulfonyl-(4)]-5-oxo-pyrrolidin-carbamid-(2) beim Erwärmen mit wss. Natronlauge (*Harington, Moggridge,* Soc. **1940** 706, 711).

Krystalle (aus wss. A.), die von 158° bis 170° schmelzen.

[Toluol-sulfonyl-(4)]-[3.4.5-trimethoxy-benzoyl]-amin, **3.4.5-Trimethoxy-N-[toluol-sulfonyl-(4)]-benzamid**, *3,4,5-trimethoxy-*N-(p-*tolylsulfonyl)benzamide* C₁₇H₁₉NO₆S, Formel X (X = OCH₃) auf S. 287.

B. Beim Erhitzen von Toluolsulfonamid-(4) mit 3.4.5-Trimethoxy-benzoylchlorid auf 130° (*Kemp, Stephen,* Soc. **1948** 110).

Krystalle; F: 168—169°.

4-[Toluol-sulfonyl-(4)-amino]-5-oxo-hexansäure-(1), *5-oxo-4-*(p-*toluenesulfonamido)ₓ hexanoic acid* C₁₃H₁₇NO₅S, Formel I (X = H).

Ein Präparat (Krystalle [aus E.]; F: 138°) von unbekanntem opt. Drehungsvermögen ist beim Erwärmen eines (*S*)-1-[Toluol-sulfonyl-(4)]-5-oxo-2-acetyl-pyrrolidin-Prä parats (F: 135,5°; [α]₅₄₆: —4,5° [Dioxan]) von ungewisser konfigurativer Einheitlichkeit in Dioxan mit wss. Natronlauge erhalten und durch Behandlung einer Lösung in Chloro form mit Brom in 6-Brom-4-[toluol-sulfonyl-(4)-amino]-5-oxo-hexansäure-(1) C₁₃H₁₆BrNO₅S (Formel I [X = Br]; Krystalle [aus E. + Bzl.], F: 148,5° [Zers.]) über geführt worden (*Harington, Moggridge,* Soc. **1940** 706, 710).

I II

(±)-3-[Toluol-sulfonyl-(4)-amino]-2-hydroxy-propan-sulfonsäure-(1), (±)-*2-hydroxy-3-*(p-*toluenesulfonamido)propane-1-sulfonic acid* C₁₀H₁₅NO₆S₂, Formel II (R = H).

Natrium-Salz NaC₁₀H₁₄NO₆S₂. *B.* Beim Behandeln von (±)-3-Amino-2-hydroxy propan-sulfonsäure-(1) mit wss. Natronlauge, Toluol-sulfonylchlorid-(4) und Äther (*Tsunoo,* J. Biochem. Tokyo **25** [1937] 375, 383). — Krystalle (aus W.); F: 260° [Zers.].

(±)-3-[(Toluol-sulfonyl-(4))-methyl-amino]-2-hydroxy-propan-sulfonsäure-(1), (±)-*2-hydroxy-3-*(N-*methyl-*p-*toluenesulfonamido)propane-1-sulfonic acid* C₁₁H₁₇NO₆S₂, Formel II (R = CH₃).

Natrium-Salz NaC₁₁H₁₆NO₆S₂. *B.* Beim Behandeln von (±)-3-Methylamino-2-hydr oxy-propan-sulfonsäure-(1) mit wss. Natronlauge, Toluol-sulfonylchlorid-(4) und Äther (*Tsunoo,* J. Biochem. Tokyo **25** [1937] 375, 383). — Krystalle, die unterhalb 280° nicht schmelzen.

N-[2-Amino-äthyl]-toluolsulfonamid-(4), **N-[Toluol-sulfonyl-(4)]-äthylendiamin**, N-(*2-aminoethyl)-*p-*toluenesulfonamide* C₉H₁₄N₂O₂S, Formel III (R = H) (E II 60).

B. Neben N.N'-Di-[toluol-sulfonyl-(4)]-äthylendiamin beim Behandeln von Äthylen diamin mit wss. Salzsäure und mit Toluol-sulfonylchlorid-(4) in Äther (*Amundsen, Long ley,* Am. Soc. **62** [1940] 2811). Neben Bis-[2-[toluol-sulfonyl-(4)-amino]-äthyl]-amin und einer Verbindung vom F: 104° beim Erhitzen von N-[2-Chlor-äthyl]-toluolsulfonamid-(4) mit äthanol. Ammoniak auf 120° (*Peacock, Dutta,* Soc. **1934** 1303).

Krystalle; F: 124° [aus W.] (*Pea., Du.*), 123—124° [aus W. oder Bzl.] (*Am., Lo.*).

2-[Toluol-sulfonyl-(4)-amino]-1-acetamino-äthan, **N-[2-(Toluol-sulfonyl-(4)-amino)-äthyl]-acetamid**, **N'-[Toluol-sulfonyl-(4)]-N-acetyl-äthylendiamin**, N-[2-(p-*toluenesulfon amido)ethyl]acetamide* C₁₁H₁₆N₂O₃S, Formel III (R = CO-CH₃).

B. Beim Behandeln von N-Acetyl-äthylendiamin mit Toluol-sulfonylchlorid-(4), wss. Natriumhydrogencarbonat-Lösung und Benzol (*Amundsen, Longley,* Am. Soc. **62** [1940] 2811).

Krystalle (aus W.); F: 109,5—109,9°.

2-[Toluol-sulfonyl-(4)-amino]-1-benzamino-äthan, **N-[2-(Toluol-sulfonyl-(4)-amino)-äthyl]-benzamid**, **N'-[Toluol-sulfonyl-(4)]-N-benzoyl-äthylendiamin**, N-[2-(p-*toluene sulfonamido)ethyl]benzamide* C₁₆H₁₈N₂O₃S, Formel III (R = CO-C₆H₅).

B. Aus N-[2-Amino-äthyl]-toluolsulfonamid-(4) (*Peacock, Dutta,* Soc. **1934** 1303).

Krystalle (aus A. + Acn.); F: 135°.

2-[Toluol-sulfonyl-(4)-amino]-1-[2-amino-äthylamino]-äthan, **N-[2-(2-Amino-äthyl amino)-äthyl]-toluolsulfonamid-(4)**, **1-[Toluol-sulfonyl-(4)]-diäthylentriamin**, N-[2-(2-*aminoethylamino)ethyl]-*p-*toluenesulfonamide* C₁₁H₁₉N₃O₂S, Formel IV (R = H).

B. Neben 1.2-Bis-[2-(toluol-sulfonyl-(4)-amino)-äthylamino]-äthan beim Erwärmen von *N*-[2-Chlor-äthyl]-toluolsulfonamid-(4) mit Äthylendiamin (2 Mol) in Äthanol (*Peacock*, Soc. **1936** 1518) oder mit Äthylendiamin-dihydrochlorid (1 Mol) und Natrium= hydroxid (2 Mol) in wss. Äthanol (*Pea.*).

Dihydrochlorid $C_{11}H_{19}N_3O_2S \cdot 2HCl$. Krystalle (aus A. + wss. Salzsäure); F: 182°.

Kupfer-Komplexsalz $[Cu(C_{11}H_{19}N_3O_2S)_2(H_2O)_2]SO_4$. Hellviolett. In Wasser schwer löslich.

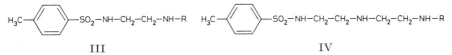

III   IV

2-[2-Amino-äthylamino]-1-[2-(toluol-sulfonyl-(4)-amino)-äthylamino]-äthan,

1-[Toluol-sulfonyl-(4)]-triäthylentetramin, N-{2-[2-(2-aminoethylamino)ethyl= amino]ethyl}-p-*toluenesulfonamide* $C_{13}H_{24}N_4O_2S$, Formel IV (R = CH$_2$-CH$_2$-NH$_2$).

B. Neben 1.4-Di-[toluol-sulfonyl-(4)]-piperazin beim Erwärmen von Bis-[2-amino-äthyl]-amin mit *N*-[2-Chlor-äthyl]-toluolsulfonamid-(4) (1 Mol) in Äthanol (*Peacock*, *Gwan*, Soc. **1937** 1468, 1471).

Trihydrochlorid $C_{13}H_{24}N_4O_2S \cdot 3HCl$. Krystalle, die unterhalb 360° nicht schmelzen.

1.2-Bis-[2-(toluol-sulfonyl-(4)-amino)-äthylamino]-äthan, 1.10-Di-[toluol-sulfon= yl-(4)]-triäthylentetramin, N,N'-[ethylenbis(iminoethylene)]bis-p-*toluenesulfonamide* $C_{20}H_{30}N_4O_4S_2$, Formel V (n = 2).

B. Neben 2-[Toluol-sulfonyl-(4)-amino]-1-[2-amino-äthylamino]-äthan beim Erwärmen von *N*-[2-Chlor-äthyl]-toluolsulfonamid-(4) mit Äthylendiamin (2 Mol) in Äthanol (*Peacock*, Soc. **1936** 1518) oder mit Äthylendiamin-dihydrochlorid (1 Mol) und Natrium= hydroxid (2 Mol) in wss. Äthanol (*Pea.*).

F: 160°.

Dihydrochlorid $C_{20}H_{30}N_4O_4S_2 \cdot 2HCl$. Krystalle; F: 246°. In Äthanol und in kaltem Wasser mässig löslich.

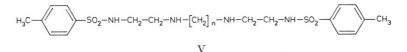

V

Bis-[2-(toluol-sulfonyl-(4)-amino)-äthyl]-amin, 1.7-Di-[toluol-sulfonyl-(4)]-diäthylentriamin, N,N'-(iminodiethylene)bis-p-*toluenesulfonamide* $C_{18}H_{25}N_3O_4S_2$,

Formel VI (R = H).

B. Neben *N*-[2-Amino-äthyl]-toluolsulfonamid-(4) und einer nicht identifizierten Verbindung vom F: 104° beim Erhitzen von *N*-[2-Chlor-äthyl]-toluolsulfonamid-(4) mit äthanol. Ammoniak auf 120° (*Peacock*, *Dutta*, Soc. **1934** 1303).

Hydrochlorid $C_{18}H_{25}N_3O_4S_2 \cdot HCl$. Krystalle (aus W. oder wss. Acn.); F: 163°.

Sulfat $C_{18}H_{25}N_3O_4S_2 \cdot H_2SO_4$. Krystalle; F: 228°.

N.N-Bis-[2-(toluol-sulfonyl-(4)-amino)-äthyl]-benzamid, 1.7-Di-[toluol-sulfon= yl-(4)]-4-benzoyl-diäthylentriamin, N,N-*bis*[2-(p-*toluenesulfonamido*)ethyl]benz= amide $C_{25}H_{29}N_3O_5S_2$, Formel VI (R = CO-C$_6$H$_5$).

B. Aus Bis-[2-(toluol-sulfonyl-(4)-amino)-äthyl]-amin und Benzoylchlorid (*Peacock*, *Dutta*, Soc. **1934** 1303).

Krystalle (aus A.); F: 167°.

2-[Toluol-sulfonyl-(4)-amino]-1-[3-amino-propylamino]-äthan, N-[2-(3-Amino-propyl= amino)-äthyl]-toluolsulfonamid-(4), N-[2-(3-*aminopropylamino*)ethyl]-p-*toluenesulfon= amide* $C_{12}H_{21}N_3O_2S$, Formel III (R = [CH$_2$]$_3$-NH$_2$).

B. Neben 1.3-Bis-[2-(toluol-sulfonyl-(4)-amino)-äthylamino]-propan beim Erwärmen von *N*-[2-Chlor-äthyl]-toluolsulfonamid-(4) mit Propandiyldiamin in Äthanol (*Peacock*, *Gwan*, Soc. **1937** 1468, 1470).

Trihydrochlorid $C_{12}H_{21}N_3O_2S \cdot 3HCl$. Krystalle; F: 205°. In Wasser und in warmem Äthanol leicht löslich.

1.3-Bis-[2-(toluol-sulfonyl-(4)-amino)-äthylamino]-propan, N,N'-*[trimethylenebis(imino= ethylene)]bis-p-toluenesulfonamide* $C_{21}H_{32}N_4O_4S_2$, Formel V (n = 3).

B. s. im vorangehenden Artikel.

Dihydrochlorid $C_{21}H_{32}N_4O_4S_2 \cdot 2\,HCl$. Krystalle; F: 215° (*Peacock, Gwan*, Soc. **1937** 1468, 1470). In kaltem Wasser schwer löslich.

1.2-Bis-[toluol-sulfonyl-(4)-amino]-äthan, *N.N'*-**Äthylen-bis-toluolsulfonamid-(4),**
N.N'-**Di-[toluol-sulfonyl-(4)]-äthylendiamin,** N,N'-*ethylenebis-p-toluenesulfonamide*
$C_{16}H_{20}N_2O_4S_2$, Formel VII (R = X = H) (H 107; E II 60).

B. Beim Erwärmen von Toluol-sulfonylchlorid-(4) mit Äthylendiamin in Benzol (*Amundsen, Longley*, Am. Soc. **62** [1940] 2811; vgl. H 107). Aus N-[2-Amino-äthyl]-toluolsulfonamid-(4) und Toluol-sulfonylchlorid-(4) (*Peacock, Dutta*, Soc. **1934** 1303).

Krystalle; F: 162,6—163,6° [aus A.] (*Am., Lo.*), 155° (*Pea., Du.*).

1.2-Bis-[(toluol-sulfonyl-(4))-methyl-amino]-äthan, *N.N'*-**Di-[toluol-sulfonyl-(4)]-**
N.N'-**dimethyl-äthylendiamin,** N,N'-*dimethyl*-N,N'-*ethylenebis-p-toluenesulfonamide*
$C_{18}H_{24}N_2O_4S_2$, Formel VII (R = X = CH$_3$) (E II 60).

B. Beim Erwärmen einer Lösung von *N.N'*-Di-[toluol-sulfonyl-(4)]-äthylendiamin in Methanol mit wss. Natronlauge und mit Dimethylsulfat (*Boon*, Soc. **1947** 307, 312; vgl. E II 60).

Krystalle (aus Eg.); F: 164° [korr.].

2-[Toluol-sulfonyl-(4)-amino]-1-[(toluol-sulfonyl-(4))-(2-chlor-äthyl)-amino]-äthan,
N.N'-**Di-[toluol-sulfonyl-(4)]-**N-**[2-chlor-äthyl]-äthylendiamin,** N-(2-*chloroethyl*)-
N,N'-*ethylenebis-p-toluenesulfonamide* $C_{18}H_{23}ClN_2O_4S_2$, Formel VII (R = CH$_2$-CH$_2$Cl, X = H).

B. Neben *N.N'*-Di-[toluol-sulfonyl-(4)]-*N.N'*-bis-[2-hydroxy-äthyl]-äthylendiamin beim Erhitzen von *N.N'*-Di-[toluol-sulfonyl-(4)]-äthylendiamin mit Äthylenoxid und Natriumäthylat in Äthanol und Benzol und Erwärmen der in wss. Natronlauge löslichen Anteile des Reaktionsprodukts mit Thionylchlorid, Pyridin und Tetrachlormethan (*Peacock, Gwan*, Soc. **1937** 1468, 1471).

Krystalle (aus Ae. + PAe.); F: 111°.

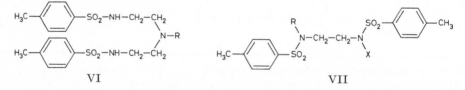

VI   VII

1.2-Bis-[(toluol-sulfonyl-(4))-äthyl-amino]-äthan, *N.N'*-**Di-[toluol-sulfonyl-(4)]-**
N.N'-**diäthyl-äthylendiamin,** N,N'-*diethyl*-N,N'-*ethylenebis-p-toluenesulfonamide*
$C_{20}H_{28}N_2O_4S_2$, Formel VII (R = X = C$_2$H$_5$).

B. Beim Erwärmen einer Lösung von *N.N'*-Di-[toluol-sulfonyl-(4)]-äthylendiamin in Methanol mit wss. Natronlauge und mit Diäthylsulfat (*Boon*, Soc. **1947** 307, 312).

Krystalle (aus Eg.); F: 158° [korr.].

1.2-Bis-[(toluol-sulfonyl-(4))-(2-chlor-äthyl)-amino]-äthan, *N.N'*-**Di-[toluol-sulfon=**
yl-(4)]-N.N'**-bis-[2-chlor-äthyl]-äthylendiamin,** N,N'-*bis(2-chloroethyl)*-N,N'-*ethylenebis-*
p-toluenesulfonamide $C_{20}H_{26}Cl_2N_2O_4S_2$, Formel VII (R = X = CH$_2$-CH$_2$Cl).

B. Aus *N.N'*-Di-[toluol-sulfonyl-(4)]-*N.N'*-bis-[2-hydroxy-äthyl]-äthylendiamin beim Erwärmen mit Thionylchlorid in Tetrachlormethan unter Zusatz von Pyridin (*Peacock, Gwan*, Soc. **1937** 1468, 1471).

Krystalle (aus Bzl. + PAe.); F: 145°.

Beim Erhitzen mit äthanol. Ammoniak bis auf 120° sind 1.2-Bis-[(toluol-sulfonyl-(**4**))-(2-amino-äthyl)-amino]-äthan und eine als 1.4-Di-[toluol-sulfonyl-(4)]-octahydro-1*H*-[1.4.7]triazonin angesehene Verbindung (F: 218°) erhalten worden.

1.2-Bis-[(toluol-sulfonyl-(4))-propyl-amino]-äthan, *N.N'*-**Di-[toluol-sulfonyl-(4)]-**
N.N'-**dipropyl-äthylendiamin,** N,N'-*dipropyl*-N,N'-*ethylenebis-p-toluenesulfonamide*
$C_{22}H_{32}N_2O_4S_2$, Formel VII (R = X = CH$_2$-CH$_2$-CH$_3$).

B. Aus *N.N'*-Di-[toluol-sulfonyl-(4)]-äthylendiamin beim Behandeln mit Propyl=

bromid und wss.-äthanol. Natronlauge (*Imp. Chem. Ind.*, U.S.P. 2398283 [1943]; s. a. *Boon*, Soc. **1947** 307, 312).

Krystalle (aus Eg.); F: 122° [korr.] (*Boon*).

1.2-Bis-[(toluol-sulfonyl-(4))-isopropyl-amino]-äthan, *N.N'*-Di-[toluol-sulfonyl-(4)]-*N.N'*-diisopropyl-äthylendiamin, N,N'-*diisopropyl*-N,N'-*ethylenebis*-p-*toluenesulfonamide* $C_{22}H_{32}N_2O_4S_2$, Formel VII (R = X = CH(CH$_3$)$_2$).

B. In geringer Menge beim Erwärmen einer Lösung von *N.N'*-Di-[toluol-sulfonyl-(4)]-äthylendiamin in Methanol mit wss. Natronlauge und mit Diisopropylsulfat oder Iso-propylhalogenid (*Boon*, Soc. **1947** 307, 312).

Krystalle (aus 1-Methoxy-äthanol-(2)); F: 221° [korr.].

1.2-Bis-[(toluol-sulfonyl-(4))-butyl-amino]-äthan, *N.N'*-Di-[toluol-sulfonyl-(4)]-*N.N'*-di-butyl-äthylendiamin, N,N'-*dibutyl*-N,N'-*ethylenebis*-p-*toluenesulfonamide* $C_{24}H_{36}N_2O_4S_2$, Formel VII (R = X = [CH$_2$]$_3$-CH$_3$).

B. Aus *N.N'*-Di-[toluol-sulfonyl-(4)]-äthylendiamin und Butylbromid mit Hilfe von wss.-äthanol. Natronlauge (*Imp. Chem. Ind.*, U.S.P. 2398283 [1943]; s. a. *Boon*, Soc. **1947** 307, 312).

Krystalle (aus Me.); F: 119° [korr.] (*Boon*).

1.2-Bis-[(toluol-sulfonyl-(4))-isobutyl-amino]-äthan, *N.N'*-Di-[toluol-sulfonyl-(4)]-*N.N'*-diisobutyl-äthylendiamin, N,N'-*diisobutyl*-N,N'-*ethylenebis*-p-*toluenesulfonamide* $C_{24}H_{36}N_2O_4S_2$, Formel VII (R = X = CH$_2$-CH(CH$_3$)$_2$).

B. Beim Erwärmen einer Lösung von *N.N'*-Di-[toluol-sulfonyl-(4)]-äthylendiamin in Methanol mit wss. Natronlauge und mit Diisobutylsulfat oder Isobutylhalogenid (*Boon*, Soc. **1947** 307, 312).

Krystalle (aus A.); F: 143° [korr.].

1.2-Bis-[(toluol-sulfonyl-(4))-allyl-amino]-äthan, *N.N'*-Di-[toluol-sulfonyl-(4)]-*N.N'*-di-allyl-äthylendiamin, N,N'-*diallyl*-N,N'-*ethylenebis*-p-*toluenesulfonamide* $C_{22}H_{28}N_2O_4S_2$, Formel VII (R = X = CH$_2$-CH=CH$_2$).

B. Beim Erwärmen einer Lösung von *N.N'*-Di-[toluol-sulfonyl-(4)]-äthylendiamin in Methanol mit wss. Natronlauge und mit Diallylsulfat oder Allylhalogenid (*Boon*, Soc. **1947** 307, 312).

Krystalle (aus Eg.); F: 146° [korr.].

1.2-Bis-[(toluol-sulfonyl-(4))-(2-hydroxy-äthyl)-amino]-äthan, *N.N'*-Di-[toluol-sulfon-yl-(4)]-*N.N'*-bis-[2-hydroxy-äthyl]-äthylendiamin, N,N'-*bis(2-hydroxyethyl)*-N,N'-*ethyl-enebis*-p-*toluenesulfonamide* $C_{20}H_{28}N_2O_6S_2$, Formel VII (R = X = CH$_2$-CH$_2$OH).

B. Neben *N.N'*-Di-[toluol-sulfonyl-(4)]-*N*-[2-hydroxy-äthyl]-äthylendiamin (nach Be-handlung mit Thionylchlorid als *N.N'*-Di-[toluol-sulfonyl-(4)]-*N*-[2-chlor-äthyl]-äthylen-diamin isoliert) beim Erhitzen von *N.N'*-Di-[toluol-sulfonyl-(4)]-äthylendiamin mit Äth-ylenoxid und Natriumäthylat in Äthanol und Benzol auf 110° (*Peacock*, *Gwan*, Soc. **1937** 1468, 1470).

Krystalle (aus wss. A.); F: 144°.

1.2-Bis-[(toluol-sulfonyl-(4))-benzoyl-amino]-äthan, *N.N'*-Di-[toluol-sulfonyl-(4)]-*N.N'*-äthylen-bis-benzamid, *N.N'*-Di-[toluol-sulfonyl-(4)]-*N.N'*-dibenzoyl-äthylendiamin, N,N'-*bis(p-tolylsulfonyl)*-N,N'-*ethylenebisbenzamide* $C_{30}H_{28}N_2O_6S_2$, Formel VII (R = X = CO-C$_6$H$_5$).

B. Beim Erwärmen der Dikalium-Verbindung des *N.N'*-Di-[toluol-sulfonyl-(4)]-äthylendiamins mit Benzoylchlorid in Benzol (*Oxley*, *Short*, Soc. **1947** 497, 498, 504).

Krystalle (aus 1-Äthoxy-äthanol-(2)); F: 195°.

Beim Erhitzen mit Ammonium-[toluol-sulfonat-(4)] auf 200° ist 2-Phenyl-4.5-dihydro-imidazol erhalten worden.

1.2-Bis-[(toluol-sulfonyl-(4))-(2-amino-äthyl)-amino]-äthan, 4.7-Di-[toluol-sulfon-yl-(4)]-triäthylentetramin, N,N'-*bis(2-aminoethyl)*-N,N'-*ethylenebis*-p-*toluenesulfon-amide* $C_{20}H_{30}N_4O_4S_2$, Formel VII (R = X = CH$_2$-CH$_2$-NH$_2$).

B. Neben einer als 1.4-Di-[toluol-sulfonyl-(4)]-octahydro-1*H*-[1.4.7]triazonin an-gesehenen Verbindung (F: 218°) beim Erhitzen von *N.N'*-Di-[toluol-sulfonyl-(4)]-*N.N'*-bis-[2-chlor-äthyl]-äthylendiamin mit äthanol. Ammoniak bis auf 120° (*Peacock*, *Gwan*, Soc. **1937** 1468, 1471).

Krystalle (aus wss. A.); F: 134°.

Dihydrochlorid $C_{20}H_{30}N_4O_4S_2 \cdot 2HCl$. Krystalle (aus A. + HCl); F: 243°.

***N.N*-Bis-[2-(toluol-sulfonyl-(4)-amino)-äthyl]-toluolsulfonamid-(4)**, 1.4.7-Tri-[toluol-sulfonyl-(4)]-diäthylentriamin, N,N-*bis*[2-(p-*toluenesulfonamido*)*ethyl*]-p-*toluene*-*sulfonamide* $C_{25}H_{31}N_3O_6S_3$, Formel VIII (R = H).

B. Beim Behandeln von 2-[Toluol-sulfonyl-(4)-amino]-1-[2-amino-äthylamino]-äthan mit Toluol-sulfonylchlorid-(4) und wss. Natronlauge (*Peacock*, Soc. **1936** 1518). Aus Bis-[2-(toluol-sulfonyl-(4)-amino)-äthyl]-amin und Toluol-sulfonylchlorid-(4) (*Peacock*, *Dutta*, Soc. **1934** 1303).

Krystalle (aus Eg.); F: 173° (*Pea., Du.*), 170° (*Pea.*).

***N*-[2-(Toluol-sulfonyl-(4)-amino)-äthyl]-*N*-{2-[(toluol-sulfonyl-(4))-äthyl-amino]-äthyl}-toluolsulfonamid-(4)**, 1.4.7-Tri-[toluol-sulfonyl-(4)]-1-äthyl-diäthylen-triamin, N-[2-(N-*ethyl*-p-*toluenesulfonamido*)*ethyl*]-N-[2-(p-*toluenesulfonamido*)*ethyl*]-p-*toluenesulfonamide* $C_{27}H_{35}N_3O_6S_3$, Formel VIII (R = C_2H_5).

B. Beim Erhitzen von N-Äthyl-N-[2-chlor-äthyl]-toluolsulfonamid-(4) mit Äthylen-diamin in Amylalkohol und Erhitzen des Reaktionsprodukts mit Toluol-sulfonylchlorid-(4) (*Peacock, Gwan*, Soc. **1937** 1468, 1470).

Krystalle (aus Eg.); F: 203°.

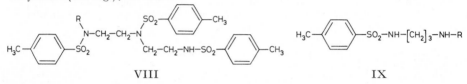

VIII   IX

3-[Toluol-sulfonyl-(4)-amino]-1-[2-amino-äthylamino]-propan, *N*-[3-(2-Amino-äthyl-amino)-propyl]-toluolsulfonamid-(4), *N'*-[Toluol-sulfonyl-(4)]-*N*-[2-amino-äthyl]-propandiyldiamin, N-[3-(2-*aminoethylamino*)*propyl*]-p-*toluenesulfonamide* $C_{12}H_{21}N_3O_2S$, Formel IX (R = $CH_2\text{-}CH_2\text{-}NH_2$).

B. Neben *N.N'*-Bis-[3-(toluol-sulfonyl-(4)-amino)-propyl]-äthylendiamin beim Er-wärmen von N-[3-Chlor-propyl]-toluolsulfonamid-(4) mit Äthylendiamin in Äthanol (*Peacock, Gwan*, Soc. **1937** 1468, 1470).

Dihydrochlorid $C_{12}H_{21}N_3O_2S \cdot 2HCl$. Krystalle (aus A.); F: 202°. In Wasser leicht löslich.

1.2-Bis-[3-(toluol-sulfonyl-(4)-amino)-propylamino]-äthan, *N.N'*-Bis-[3-(toluol-sulfon-yl-(4)-amino)-propyl]-äthylendiamin, N,N'-[*ethylenebis*(*iminotrimethylene*)]*bis*-p-*toluene*-*sulfonamide* $C_{22}H_{34}N_4O_4S_2$, Formel X.

B. s. im vorangehenden Artikel.

Dihydrochlorid $C_{22}H_{34}N_4O_4S_2 \cdot 2HCl$. Krystalle (*Peacock, Gwan*, Soc. **1937** 1468, 1470). In Wasser schwer löslich.

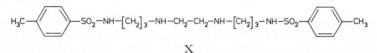

X

1.3-Bis-[(toluol-sulfonyl-(4))-methyl-amino]-propan, *N.N'*-Di-[toluol-sulfonyl-(4)]-*N.N'*-dimethyl-propandiyldiamin, N,N'-*dimethyl*-N,N'-*trimethylenebis*-p-*toluenesulfonamide* $C_{19}H_{26}N_2O_4S_2$, Formel XI (R = CH_3, n = 3).

B. Beim Erwärmen von *N.N'*-Di-[toluol-sulfonyl-(4)]-propandiyldiamin (H 107) in Methanol mit wss. Natronlauge und mit Dimethylsulfat oder Methylhalogenid (*Boon*, Soc. **1947** 307, 312).

Krystalle (aus Me.); F: 113° [korr.].

1.3-Bis-[(toluol-sulfonyl-(4))-äthyl-amino]-propan, *N.N'*-Di-[toluol-sulfonyl-(4)]-*N.N'*-diäthyl-propandiyldiamin, N,N'-*diethyl*-N,N'-*trimethylenebis*-p-*toluenesulfonamide* $C_{21}H_{30}N_2O_4S_2$, Formel XI (R = C_2H_5, n = 3).

B. Beim Erwärmen einer Lösung von *N.N'*-Di-[toluol-sulfonyl-(4)]-propandiyldiamin (H 107) in Methanol mit wss. Natronlauge und mit Diäthylsulfat oder Äthylhalogenid

(*Boon*, Soc. **1947** 307, 312).

Krystalle (aus A.); F: 68°.

1.3-Bis-[(toluol-sulfonyl-(4))-propyl-amino]-propan, *N.N′*-Di-[toluol-sulfonyl-(4)]-*N.N′*-dipropyl-propandiyldiamin, N,N′-*dipropyl*-N,N′-*trimethylenebis*-p-*toluenesulfon=amide* C₂₃H₃₄N₂O₄S₂, Formel XI (R = CH₂-CH₂-CH₃, n = 3).

B. Beim Erhitzen der Natrium-Verbindung des *N*-Propyl-toluolsulfonamids-(4) mit 1.3-Dibrom-propan in Xylol (*Boon*, Soc. **1947** 307, 312).

Krystalle (aus PAe.); F: 47°.

1.4-Bis-[(toluol-sulfonyl-(4))-methyl-amino]-butan, *N.N′*-Di-[toluol-sulfonyl-(4)]-*N.N′*-dimethyl-butandiyldiamin, N,N′-*dimethyl*-N,N′-*tetramethylenebis*-p-*toluenesulfon=amide* C₂₀H₂₈N₂O₄S₂, Formel XI (R = CH₃, n = 4).

B. Beim Erhitzen der Natrium-Verbindung des *N*-Methyl-toluolsulfonamids-(4) mit 1.4-Dibrom-butan in Xylol (*Boon*, Soc. **1947** 307, 312).

Krystalle (aus A.); F: 131° [korr.].

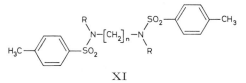

XI

Bis-[β.β′.β″-tris-(toluol-sulfonyl-(4)-amino)-*tert*-butyl]-amin, *bis*[2-(p-*toluenesulfon=amido*)-1,1-*bis*(p-*toluenesulfonamidomethyl*)*ethyl*]*amine* C₅₀H₆₁N₇O₁₂S₆, Formel XII.

B. Beim Erhitzen von β.β′.β″-Trichlor-*tert*-butylamin mit wss.-äthanol. Ammoniak auf 110° und Behandeln der nach der Abtrennung von 1.2.3-Triamino-2-aminomethyl-propan verbleibenden Anteile des Reaktionsprodukts mit Toluol-sulfonylchlorid-(4) und wss. Alkalilauge (*Fort*, *McLean*, Soc. **1948** 1902, 1906).

Krystalle (aus Eg.); F: 275—278°.

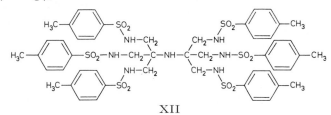

XII

1.2.3-Tris-[toluol-sulfonyl-(4)-amino]-2-[(toluol-sulfonyl-(4)-amino)-methyl]-propan, *1,2,3-tris*(p-*toluenesulfonamido*)-2-(p-*toluenesulfonamidomethyl*)*propane* C₃₂H₃₈N₄O₈S₄, Formel XIII (R = H).

B. Beim Erhitzen von *N*-[β.β′.β″-Trichlor-*tert*-butyl]-toluolsulfonamid-(4) mit Toluol=sulfonamid-(4) in Äthanol unter Zusatz von wss. Natronlauge oder mit der Natrium-Verbindung des Toluolsulfonamids-(4) (*Fort*, *McLean*, Soc. **1948** 1902, 1905).

Krystalle (aus Eg.); F: 197—198°.

2-[Toluol-sulfonyl-(4)-amino]-1.3-bis-[(toluol-sulfonyl-(4))-methyl-amino]-2-{[(toluol-sulfonyl-(4))-methyl-amino]-methyl}-propan, *1,3-bis*(N-*methyl*-p-*toluenesulfonamido*)-2-(N-*methyl*-p-*toluenesulfonamidomethyl*)-2-(p-*toluenesulfonamido*)*propane* C₃₅H₄₄N₄O₈S₄, Formel XIII (R = CH₃).

B. Beim Erhitzen von *N*-[β.β′.β″-Trichlor-*tert*-butyl]-toluolsulfonamid-(4) mit der Natrium-Verbindung des *N*-Methyl-toluolsulfonamids-(4) (*Fort*, *McLean*, Soc. **1948** 1902, 1905).

Krystalle (aus Eg.); F: 195°.

1.5-Bis-[(toluol-sulfonyl-(4))-methyl-amino]-pentan, *N.N′*-Di-[toluol-sulfonyl-(4)]-*N.N′*-dimethyl-pentandiyldiamin, N,N′-*dimethyl*-N,N′-*pentamethylenebis*-p-*toluenesulfon=amide* C₂₁H₃₀N₂O₄S₂, Formel XI (R = CH₃, n = 5).

B. Beim Erhitzen der Natrium-Verbindung des *N*-Methyl-toluolsulfonamids-(4) mit

1.5-Dibrom-pentan in Xylol (*Boon*, Soc. **1947** 307, 312).
Krystalle (aus A.); F: 61°. Kp$_{0,4}$: 285°.

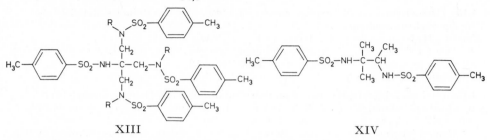

XIII   XIV

**(±)-2.3-Bis-[toluol-sulfonyl-(4)-amino]-2-methyl-butan, (±)-*N.N'*-Di-[toluol-sulfon=
yl-(4)]-1.1.2-trimethyl-äthylendiamin,** (±)-N,N'-*(trimethylethylene)bis*-p-*toluenesulfon=
amide* C$_{19}$H$_{26}$N$_2$O$_4$S$_2$, Formel XIV.

B. Aus (±)-2.3-Diamino-2-methyl-butan (*Michael, Carlson*, J. org. Chem. **4** [1939]
169, 189).
F: 162—163°.

**1.3-Bis-[toluol-sulfonyl-(4)-amino]-2-chlormethyl-2-[(toluol-sulfonyl-(4)-amino)-
methyl]-propan,** 2-*(chloromethyl)-1,3-bis*(p-*toluenesulfonamido)-2-*(p-*toluenesulfonamido=
methyl)propane* C$_{26}$H$_{32}$ClN$_3$O$_6$S$_3$, Formel XV (X = Cl).
B. Aus 1-[Toluol-sulfonyl-(4)]-3.3-bis-[(toluol-sulfonyl-(4)-amino)-methyl]-azetidin
beim Erhitzen mit wss. Salzsäure bis auf 170° (*Litherland, Mann*, Soc. **1938** 1588, 1593).
Krystalle (aus 1-Äthoxy-äthanol-(2)); F: 271—272° [Zers.].
Beim Erhitzen mit wss. Natronlauge sind 1-[Toluol-sulfonyl-(4)]-3.3-bis-[(toluol-sulfon=
yl-(4)-amino)-methyl]-azetidin und geringe Mengen 3.3-Bis-aminomethyl-azetidin erhalten worden.

**1.3-Bis-[toluol-sulfonyl-(4)-amino]-2-brommethyl-2-[(toluol-sulfonyl-(4)-amino)-
methyl]-propan,** 2-*(bromomethyl)-1,3-bis*(p-*toluenesulfonamido)-2-*(p-*toluenesulfonamido=
methyl)propane* C$_{26}$H$_{32}$BrN$_3$O$_6$S$_3$, Formel XV (X = Br).
B. Aus 1-[Toluol-sulfonyl-(4)]-3.3-bis-[(toluol-sulfonyl-(4)-amino)-methyl]-azetidin
beim Erhitzen mit wss. Bromwasserstoffsäure auf 140° (*Litherland, Mann*, Soc. **1938**
1588, 1594).
Krystalle (aus 1-Äthoxy-äthanol-(2)); F: 268°.

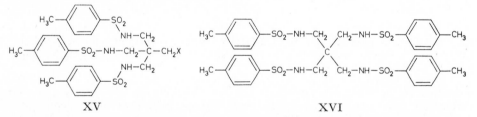

XV   XVI

1.3-Bis-[toluol-sulfonyl-(4)-amino]-2.2-bis-[(toluol-sulfonyl-(4)-amino)-methyl]-propan,
Tetrakis-[(toluol-sulfonyl-(4)-amino)-methyl]-methan, *1,3-bis*(p-*toluenesulfonamido)-2,2-bis*(p-*toluenesulfonamidomethyl)propane* C$_{33}$H$_{40}$N$_4$O$_8$S$_4$, Formel XVI.
B. Neben 1-[Toluol-sulfonyl-(4)]-3.3-bis-[(toluol-sulfonyl-(4)-amino)-methyl]-azetidin
beim Erhitzen von 1.3-Dibrom-2.2-bis-brommethyl-propan mit der Natrium-Verbindung
des Toluolsulfonamids-(4) auf 210° (*Litherland, Mann*, Soc. **1938** 1588, 1591).
Krystalle (aus Eg.); F: 248°.

**1.6-Bis-[toluol-sulfonyl-(4)-amino]-hexan, *N.N'*-Di-[toluol-sulfonyl-(4)]-hexandiyl=
diamin,** N,N'-*hexamethylenebis*-p-*toluenesulfonamide* C$_{20}$H$_{28}$N$_2$O$_4$S$_2$, Formel XI (R = H,
n = 6) (E II 60).
B. Beim Erhitzen von Toluol-sulfonylchlorid-(4) mit Hexandiyldiamin und wss.
Natronlauge (*Work*, Soc. **1940** 1315, 1319; s. a. *Boon*, Soc. **1947** 307, 311).
Krystalle (aus A.); F: 152° (*Work*), 149° [korr.] (*Boon*).

1.6-Bis-[(toluol-sulfonyl-(4))-methyl-amino]-hexan, *N.N'*-Di-[toluol-sulfonyl-(4)]-
N.N'-dimethyl-hexandiyldiamin, N,N'-*dimethyl*-N,N'-*hexamethylenebis*-p-*toluenesulfon=*
amide $C_{22}H_{32}N_2O_4S_2$, Formel XI (R = CH$_3$, n = 6) auf S. 295.
    B. Beim Erwärmen einer Lösung von *N.N'*-Di-[toluol-sulfonyl-(4)]-hexandiyldiamin
in Methanol mit wss. Natronlauge und mit Dimethylsulfat oder Methylhalogenid (*Boon*,
Soc. **1947** 307, 312).
    Krystalle (aus Eg.); F: 140° [korr.].

1.6-Bis-[(toluol-sulfonyl-(4))-äthyl-amino]-hexan, *N.N'*-Di-[toluol-sulfonyl-(4)]-
N.N'-diäthyl-hexandiyldiamin, N,N'-*diethyl*-N,N'-*hexamethylenebis*-p-*toluenesulfonamide*
$C_{24}H_{36}N_2O_4S_2$, Formel XI (R = C$_2$H$_5$, n = 6) auf S. 295.
    B. Beim Erwärmen einer Lösung von *N.N'*-Di-[toluol-sulfonyl-(4)]-hexandiyldiamin
in Methanol mit wss. Natronlauge und mit Diäthylsulfat oder Äthylhalogenid (*Boon*,
Soc. **1947** 307, 312).
    Krystalle (aus A.); F: 115° [korr.].

1.8-Bis-[toluol-sulfonyl-(4)-amino]-octan, *N.N'*-Di-[toluol-sulfonyl-(4)]-octandiyl=
diamin, N,N'-*octamethylenebis*-p-*toluenesulfonamide* $C_{22}H_{32}N_2O_4S_2$, Formel XI (R = H,
n = 8) auf S. 295.
    B. Aus Octandiyldiamin und Toluol-sulfonylchlorid-(4) (*Müller, Kindlmann*, B. **74**
[1941] 416, 420). Aus 1.8-Dibrom-octan und Toluolsulfonamid-(4) (*Mü., Ki.*).
    Krystalle (aus A.); F: 149° [korr.].

1.10-Bis-[toluol-sulfonyl-(4)-amino]-decan, *N.N'*-Di-[toluol-sulfonyl-(4)]-decandiyl=
diamin, N,N'-*decamethylenebis*-p-*toluenesulfonamide* $C_{24}H_{36}N_2O_4S_2$, Formel XI (R = H,
n = 10) auf S. 295.
    B. Beim Erhitzen von Toluol-sulfonylchlorid-(4) mit Decandiyldiamin und wss.
Natronlauge [2 Mol] (*Work*, Soc. **1940** 1315, 1320).
    Krystalle (aus A.); F: 129°.

1.13-Bis-[toluol-sulfonyl-(4)-amino]-tridecan, *N.N'*-Di-[toluol-sulfonyl-(4)]-tridecan=
diyldiamin, N,N'-*tridecamethylenebis*-p-*toluenesulfonamide* $C_{27}H_{42}N_2O_4S_2$, Formel XI
(R = H, n = 13) auf S. 295.
    B. Aus Tridecandiyldiamin und Toluol-sulfonylchlorid-(4) mit Hilfe von wss. Kali=
lauge (*Müller*, B. **67** [1934] 295, 300). Neben einer als 1.15-Di-[toluol-sulfonyl-(4)]-
1.15-diaza-cyclooctacosan angesehenen Verbindung (F: 163°) beim Erwärmen von
1.13-Dibrom-tridecan mit Toluolsulfonamid-(4) und wss.-äthanol. Kalilauge (*Mü.*, l. c.
S. 299).
    Krystalle (aus Me.); F: 92°.

1.3-Bis-[(toluol-sulfonyl-(4))-methyl-amino]-propanol-(2), N,N'-*dimethyl*-N,N'-*(2-hydr=*
oxypropanediyl)bis-p-*toluenesulfonamide* $C_{19}H_{26}N_2O_5S_2$, Formel I (R = H).
    B. Beim Erhitzen von *N*-Methyl-toluolsulfonamid-(4) mit Natriumäthylat in Xylol
und mit 1.3-Dichlor-propanol-(2) (*Boon*, Soc. **1949** 1378).
    Krystalle (aus Me.); F: 118°.

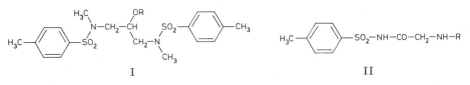

                               I   II

1.3-Bis-[(toluol-sulfonyl-(4))-methyl-amino]-2-methoxy-propan, N,N'-*dimethyl-*
N,N'-*(2-methoxypropanediyl)bis*-p-*toluenesulfonamide* $C_{20}H_{28}N_2O_5S_2$, Formel I (R = CH$_3$).
    B. Beim Erhitzen von 1.3-Bis-[(toluol-sulfonyl-(4))-methyl-amino]-propanol-(2) mit
Natrium in Toluol und anschliessenden Behandeln mit Dimethylsulfat (*Boon*, Soc. **1949**
1378).
    Krystalle (aus Me.); F: 88°.

[Toluol-sulfonyl-(4)]-glycyl-amin, Glycin-[toluol-sulfonyl-(4)-amid], *2-amino-*
N-(p-*tolylsulfonyl*)*acetamide* $C_9H_{12}N_2O_3S$, Formel II (R = H).
    B. Aus *C*-Chlor-*N*-[toluol-sulfonyl-(4)]-acetamid beim Erwärmen mit wss. Ammoniak

(*Abderhalden, Riesz*, Fermentf. **12** [1931] 180, 214).

Krystalle (aus W. oder A.); F: 207°.

(±)-[Toluol-sulfonyl-(4)]-[N-(2-brom-4-methyl-valeryl)-glycyl]-amin, (±)-N-[2-Brom-4-methyl-valeryl]-glycin-[toluol-sulfonyl-(4)-amid], (±)-*2-(2-bromo-4-methylvaleramido)-N-(p-tolylsulfonyl)acetamide* $C_{15}H_{21}BrN_2O_4S$, Formel II (R = CO-CHBr-CH$_2$-CH(CH$_3$)$_2$).

B. Aus Glycin-[toluol-sulfonyl-(4)-amid] und (±)-2-Brom-4-methyl-valerylbromid mit Hilfe von wss. Natriumcarbonat-Lösung (*Abderhalden, Riesz*, Fermentf. **12** [1931] 180, 214).

F: 137°.

N^α-[Toluol-sulfonyl-(4)]-ornithin, N^2-*(p-tolylsulfonyl)ornithine* $C_{12}H_{18}N_2O_4S$.

N^α-[Toluol-sulfonyl-(4)]-L-ornithin, Formel III (R = H, X = OH).

B. Aus N^α-[Toluol-sulfonyl-(4)]-L-arginin mit Hilfe eines Arginase-Präparats (*Bloch, Schoenheimer*, J. biol. Chem. **138** [1941] 167, 184).

Krystalle; F: 207°. $[\alpha]_D^{25}$: −5,5° [wss. Salzsäure].

Über ein aus N^α-[Toluol-sulfonyl-(4)]-L-arginin mit Bariumhydroxid in Wasser erhaltenes partiell racemisches Präparat (F: 207°; $[\alpha]_D^{24}$: −3,15° [wss. Salzsäure]) s. *Bl., Sch.*, l. c. S. 183.

N^α-[Toluol-sulfonyl-(4)]-arginin, N^α-*(p-tolylsulfonyl)arginine* $C_{13}H_{20}N_4O_4S$.

N^α-[Toluol-sulfonyl-(4)]-L-arginin, Formel III (R = C(NH$_2$)=NH, X = OH).

B. Beim Behandeln von L-Arginin mit wss. Natronlauge und mit einer Lösung von Toluol-sulfonylchlorid-(4) in Äther (*Bergmann, Fruton, Pollok*, J. biol. Chem. **127** [1939] 643, 647).

Krystalle (aus W.) mit 3 Mol H$_2$O; F: 256−257° [Zers.] (*Be., Fr., Po.*). $[\alpha]_D^{22}$: −15,0° [wss. Salzsäure] (*Bloch, Schoenheimer*, J. biol. Chem. **138** [1941] 167, 183).

Ein N^α-[Toluol-sulfonyl-(4)]-[$^{15}N^\omega$]-L-arginin enthaltendes Präparat ist aus N^α-[Toluol-sulfonyl-(4)]-L-ornithin beim Behandeln mit Stickstoff-15 enthaltendem O-Methyl-isoharnstoff in wss. Methanol unter Zusatz von Ammoniak erhalten worden (*Bl., Sch.*, l. c. S. 184).

N^α-[Toluol-sulfonyl-(4)]-arginin-methylester, N^α-*(p-tolylsulfonyl)arginine methyl ester* $C_{14}H_{22}N_4O_4S$.

N^α-[Toluol-sulfonyl-(4)]-L-arginin-methylester, Formel III (R = C(NH$_2$)=NH, X = OCH$_3$).

B. Als Hydrochlorid (Krystalle [aus Ae.]) beim Behandeln von N^α-[Toluol-sulfonyl-(4)]-L-arginin mit Chlorwasserstoff enthaltendem Methanol (*Bergmann, Fruton, Pollok*, J. biol. Chem. **127** [1939] 643, 647).

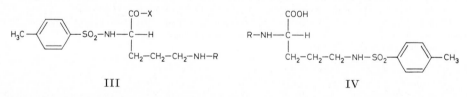

III   IV

N^α-[Toluol-sulfonyl-(4)]-arginin-amid, *5-guanidino-2-(p-toluenesulfonamido)valeramide* $C_{13}H_{21}N_5O_3S$.

N^α-[Toluol-sulfonyl-(4)]-L-arginin-amid, Formel III (R = C(NH$_2$)=NH, X = NH$_2$).

B. Als Hydrochlorid (Krystalle mit 1 Mol H$_2$O) beim Behandeln von N^α-[Toluol-sulfonyl-(4)]-L-arginin-methylester-hydrochlorid mit methanol. Ammoniak (*Bergmann, Fruton, Pollok*, J. biol. Chem. **127** [1939] 643, 647).

N^δ-[Toluol-sulfonyl-(4)]-ornithin, N^5-*(p-tolylsulfonyl)ornithine* $C_{12}H_{18}N_2O_4S$.

N^δ-[Toluol-sulfonyl-(4)]-L-ornithin, Formel IV (R = H).

B. Beim Erhitzen von L-Ornithin-dihydrochlorid mit Kupfer(II)-carbonat in Wasser, anschliessenden Behandeln mit wss. Natronlauge und mit einer äther. Lösung von Toluol-sulfonylchlorid-(4) und Einleiten von Schwefelwasserstoff in die angesäuerte

Reaktionslösung (*Christensen*, J. biol. Chem. **160** [1945] 75, 80).
Krystalle (aus W.); F: 210—215° [Zers.].

N^δ-[Toluol-sulfonyl-(4)]-N^α-acetyl-ornithin, N²-*acetyl*-N⁵-(p-*tolylsulfonyl*)*ornithine*
$C_{14}H_{20}N_2O_5S$.

N^δ-[Toluol-sulfonyl-(4)]-N^α-acetyl-L-ornithin, Formel IV (R = CO-CH₃).

B. Aus N^δ-[Toluol-sulfonyl-(4)]-L-ornithin beim Behandeln mit Acetanhydrid und wss.
Natronlauge (*Christensen*, J. biol. Chem. **160** [1945] 75, 80).
Krystalle (aus Acn. + Ae.); F: 153°.

N^δ-[Toluol-sulfonyl-(4)]-N^α-benzoyl-ornithin, N²-*benzoyl*-N⁵-(p-*tolylsulfonyl*)*ornithine*
$C_{19}H_{22}N_2O_5S$.

N^δ-[Toluol-sulfonyl-(4)]-N^α-benzoyl-L-ornithin, Formel IV (R = CO-C₆H₅).

B. Aus N^δ-[Toluol-sulfonyl-(4)]-L-ornithin beim Behandeln mit Benzoylchlorid und
wss. Natronlauge (*Christensen*, J. biol. Chem. **160** [1945] 75, 80).
Krystalle (aus Eg.); F: 183°.

N^α-[Toluol-sulfonyl-(4)]-N^ε-benzoyl-DL-lysin, N⁶-*benzoyl*-N²-(p-*tolylsulfonyl*)-DL-*lysine*
$C_{20}H_{24}N_2O_5S$, Formel V (R = X = H) + Spiegelbild (E II 61).

B. Aus $N^ε$-Benzoyl-DL-lysin beim Behandeln mit wss. Natronlauge und mit Toluol-
sulfonylchlorid-(4) in Benzol (*Enger, Halle*, Z. physiol. Chem. **191** [1930] 103, 109) sowie
beim Behandeln mit wss. Natronlauge und anschliessend mit Toluol-sulfonylchlorid-(4)
und wss. Kalilauge (*Enger*, Z. physiol. Chem. **191** [1930] 117, 119; vgl. E II 61).
Krystalle; F: 199° [korr.] (*En., Ha.*).

N^α-[Toluol-sulfonyl-(4)]-$N^ε$-methyl-$N^ε$-benzoyl-DL-lysin, N⁶-*benzoyl*-N⁶-*methyl*-
N²-(p-*tolylsulfonyl*)-DL-*lysine* $C_{21}H_{26}N_2O_5S$, Formel V (R = H, X = CH₃) + Spiegelbild.

B. Beim Behandeln von $N^ε$-Methyl-$N^ε$-benzoyl-DL-lysin mit wss. Natronlauge und mit
Toluol-sulfonylchlorid-(4) in Benzol (*Enger, Halle*, Z. physiol. Chem. **191** [1930] 103, 110).
F: 168° [korr.].

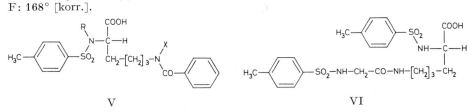

V   VI

N^α-[Toluol-sulfonyl-(4)]-$N^ε$-[N-(toluol-sulfonyl-(4))-glycyl]-DL-lysin, N²-(p-*tolyl⸗*
sulfonyl)-N⁶-[N-(p-*tolylsulfonyl*)*glycyl*]-DL-*lysine* $C_{22}H_{29}N_3O_7S_2$, Formel VI + Spiegelbild.

B. Beim Behandeln einer aus N^α-[Toluol-sulfonyl-(4)]-DL-lysin und wss. Natronlauge
hergestellten Lösung mit Natriumcarbonat und einer Lösung von N-[Toluol-sulfonyl-(4)]-
glycylchlorid in Benzol (*Enger*, Z. physiol. Chem. **191** [1930] 117, 119).
Krystalle (aus wss. A.); F: 132° [nach Sintern bei 128°].

N^α-[Toluol-sulfonyl-(4)]-N^α-methyl-$N^ε$-benzoyl-DL-lysin, N⁶-*benzoyl*-N²-*methyl*-
N²-(p-*tolylsulfonyl*)-DL-*lysine* $C_{21}H_{26}N_2O_5S$, Formel V (R = CH₃, X = H) + Spiegelbild.

B. Beim Behandeln von N^α-Methyl-$N^ε$-benzoyl-DL-lysin mit wss. Natronlauge und mit
Toluol-sulfonylchlorid-(4) in Benzol (*Enger, Halle*, Z. physiol. Chem. **191** [1930] 103, 109).
Aus N^α-[Toluol-sulfonyl-(4)]-$N^ε$-benzoyl-DL-lysin beim Erwärmen mit Dimethylsulfat und
wss. Kalilauge (*En., Ha.*, l. c. S. 110).
Krystalle (aus wss. A.); F: 180° [korr.].

$N^ε$-[Toluol-sulfonyl-(4)]-N^α-benzoyl-DL-lysin, N²-*benzoyl*-N⁶-(p-*tolylsulfonyl*)-DL-*lysine*
$C_{20}H_{24}N_2O_5S$, Formel VII (R = H) + Spiegelbild.

B. Beim Behandeln von N^α-Benzoyl-DL-lysin mit wss. Natronlauge und mit Toluol-
sulfonylchlorid-(4) in Benzol (*Enger, Halle*, Z. physiol. Chem. **191** [1930] 103, 108).
Krystalle (aus wss. A.); F: 140° [korr.].

N.N'-Di-[toluol-sulfonyl-(4)]-DL-lysin-butylester, N²,N⁶-*bis*(p-*tolylsulfonyl*)-DL-*lysine*
butyl ester $C_{24}H_{34}N_2O_6S$, Formel VIII (R = [CH₂]₃-CH₃) + Spiegelbild.

B. Beim Behandeln von DL-Lysin mit wss. Natronlauge und mit einer Lösung von

Toluol-sulfonylchlorid-(4) in Äther und Erhitzen des danach isolierten Reaktionsprodukts mit Butanol-(1) unter Zusatz von wss. Salzsäure (*McChesney, Swann*, Am. Soc. **59** [1937] 1116).

Krystalle (aus PAe. + A.); F: 111—113°.

N^ε-[Toluol-sulfonyl-(4)]-N^α-methyl-N^α-benzoyl-DL-lysin, N^2-*benzoyl*-N^2-*methyl*-N^6-(*p-tolylsulfonyl*)-DL-*lysine* $C_{21}H_{26}N_2O_5S$, Formel VII (R = CH₃) + Spiegelbild.

B. Aus N^ε-[Toluol-sulfonyl-(4)]-N^α-benzoyl-DL-lysin beim Erwärmen mit Dimethylsulfat und wss. Kalilauge (*Enger, Halle*, Z. physiol. Chem. **191** [1930] 103, 110).

Krystalle (aus wss. A.); F: 148° [korr.].

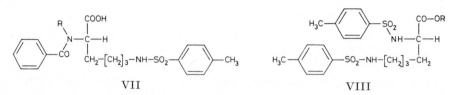

| VII | VIII |

N-Chlor-toluolsulfonamid-(4), N-*chloro*-p-*toluenesulfonamide* $C_7H_8ClNO_2S$, Formel IX (R = H, X = Cl) auf S. 303.

Natrium-Salz NaC₇H₇ClNO₂S; Chloramin-T [Trihydrat] (H 107; E I 29; E II 62). *B.* Beim Behandeln von Toluolsulfonamid-(4) mit *N.N*-Dichlor-toluolsulfonamid-(4) und wss. Natronlauge (*Chem. Fabr. v. Heyden*, D.R.P. 514094 [1927]; Frdl. **17** 528; s. a. *Chem. Fabr. v. Heyden*, D.R.P. 515465 [1928]; Frdl. **17** 532). — Dissoziationsexponent pK_a (Wasser; potentiometrisch ermittelt) bei 25°: 4,55 (*Morris, Salazar, Wineman*, Am. Soc. **70** [1948] 2036). Redoxpotential: *Afanas'ew*, Ž. fiz. Chim. **22** [1948] 499; C. A. **1948** 7169. — Kinetik der Reaktion mit Wasserstoffperoxid in wss. Lösung: *Coull, Hope, Gouguell*, Am. Soc. **57** [1935] 1489. Geschwindigkeit der Hydrolyse in neutraler wss. Lösung bei 25°: *Pryde, Soper*, Soc. **1931** 1514, 1515, 1516. Beim Behandeln mit Äthanthiol und wss. Natronlauge (*Clarke, Kenyon, Phillips*, Soc. **1930** 1225, 1227), mit Diäthyldisulfid in Wasser (*Alexander, McCombie*, Soc. **1932** 2087) sowie mit Dithiokohlensäure-*S.S*-diäthylester oder Dithiokohlensäure-*O.S*-diäthylester in Wasser (*Bulmer, Mann*, Soc. **1945** 666, 674) entsteht *N.N'*-Di-[toluol-sulfonyl-(4)]-äthansulfinamidin. Beim Behandeln mit Äthylmercaptoessigsäure und wss. Natronlauge ist neben *N.N'*-Di-[toluol-sulfonyl-(4)]-äthansulfinamidin eine Verbindung $C_{10}H_{12}Cl_2NO_4S_2$ (?) (Krystalle [aus A.], die bei 128° unter Umwandlung in eine Verbindung vom F:108—112° schmelzen; durch Erhitzen mit wss. Salzsäure in Toluolsulfonamid-(4) überführbar) erhalten worden (*Cl., Ke., Ph.*, l. c. S. 1227, 1228). Beim Behandeln mit Bis-[2-chlor-äthyl]-disulfid entsteht in neutralem wss. Medium 2-Chlor-*N.N'*-di-[toluol-sulfonyl-(4)]-äthansulfinamidin-(1) (*Al., McC.*), in mit wss. Salzsäure versetztem Dioxan hingegen 2-Chlor-äthansulfonsäure-(1) (*Price, Bullitt*, J. org. Chem. **12** [1947] 238, 247). Beim Erwärmen des Trihydrats mit 0,25 Mol bzw. 1 Mol 2.3-Dioxo-2.3-dihydro-benzo[b]thiophen und Äthanol ist {2-[*N.N'*-Di-(toluol-sulfonyl-(4))-sulfinamimidoyl]-phenyl}-glyoxylsäure-äthylester bzw. Bis-[2-äthoxalyl-phenyl]-disulfid erhalten worden (*Dalgliesh, Mann*, Soc. **1945** 913, 915). Reaktion des wasserfreien Salzes mit Triphenylphosphin in Äthanol unter Bildung von Triphenylphosphin-[toluol-sulfonyl-(4)-imid]: *Mann, Chaplin*, Soc. **1937** 527, 530. Das Trihydrat reagiert mit Triphenylphosphin in Äthanol unter Bildung einer als *N.N*-Bis-[(toluol-sulfonyl-(4)-amino)-triphenyl-phosphoranyl]-toluolsulfonamid-(4) angesehenen Verbindung (F: 138°), mit Tri-*o*-tolyl-phosphin in Äthanol unter Bildung von Tri-*o*-tolyl-phosphin-[toluol-sulfonyl-(4)-imid], Tri-*o*-tolyl-phosphinoxid und Toluolsulfonamid-(4), mit Tri-*m*-tolyl-phosphin in Äthanol unter Bildung von *N*-[Toluol-sulfonyl-(4)]-*P.P.P*-tri-*m*-tolyl-phosphoranamidsäure, mit Tri-*p*-tolyl-phosphin in Äthanol unter Bildung von Tri-*p*-tolyl-phosphin-[toluol-sulfonyl-(4)-imid] und *N*-[Toluol-sulfonyl-(4)]-*P.P.P*-tri-*p*-tolyl-phosphoranamidsäure (*Mann, Ch.*, l. c. S. 528, 530, 531). Die beim Erwärmen des Trihydrats mit Tris-[2-chlor-vinyl]-arsin in Aceton erhaltene Verbindung vom F:124° (s. E II 63) ist nicht als Tris-[2-chlor-vinyl]-arsin-[toluol-sulfonyl-(4)-imid]-hydrat, sondern als [Toluol-sulfonyl-(4)-amino]-hydroxy-tris-[2-chlor-vinyl]-arsoran (S. 310) zu formulieren (*Mann*, Soc. **1932** 958, 960); analoge Reaktionen mit Tri-*o*-tolyl-arsin, mit Tri-*m*-tolyl-arsin und mit Tri-*p*-tolyl-arsin in Äthanol sowie mit Diäthyl-phenyl-arsin in Aceton: *Mann*, l. c. S. 964—968. Reaktion des wasserfreien Salzes mit Triphenylarsin in Äthanol unter Bildung von Triphenylarsin-[toluol-sulfonyl-(4)-imid] sowie analoge Reaktionen mit Tri-*o*-tolyl-arsin und mit Tri-*p*-tolyl-arsin: *Mann, Ch.*, l. c. S. 535. Die beim Erwärmen mit Triphenylarsin in Wasser erhaltene, ursprünglich als Addukt aus Triphenylarsin-[toluol-sulfonyl-(4)-imid] und Toluolsulfonamid-(4) angesehene Verbindung vom F: 176,5° (s. E II 63) ist wahrscheinlich als *N.N*-Bis-[(toluol-sulfonyl-(4)-amino)-triphenyl-arsoranyl]-toluolsulfonamid-(4) zu formulieren (*Mann*, l. c. S. 962, 969). Beim Erwärmen des Trihydrats mit Tribenzylarsin in Äthanol sind Dibenzylarsinsäure und Tribenzylarsinoxid erhalten worden (*Mann*, l. c. S. 961, 969). — Jodometrische Bestimmung (vgl. E II 63): *Tomíček, Sucharda*, Collect. **4** [1932] 285, 295, 297. Jodometrische Bestimmung neben Natriumhypochlorit: *van der Meulen*, Chem. Weekb. **31** [1934] 558. Titrimetrische Bestimmung mit Hilfe von Arsen(III)-oxid: *Meier*, Chem. tech. Rdsch. **46** [1931] 427; *To., Su.*, l. c. S. 288, 297; *Komorowsky, Filonowa, Korenman*, Z. anal. Chem. **96** [1934] 321, 322, 327; *Noll*, Ch. Z. **64** [1940] 308; *Charlot*, Bl. [5] **8** [1941] 222, 226. Titrimetrische Bestimmung mit Hilfe von Hydrazin-sulfat: *Ko., Fi., Ko.*, l. c. S. 326.

Silber-Salz. *B.* Aus dem Natrium-Salz und Silbernitrat in Wasser (*I. G. Farbenind.*, D.R.P. 598141 [1932]; Frdl. **21** 603). — Mikrokrystallin.

2-Methoxy-äthylquecksilber-Salz. *B.* Beim Behandeln von Natrium-[*N*-chlortoluolsulfonamid-(4)] mit 2-Methoxy-äthylquecksilber-chlorid in Wasser (*Winthrop Chem. Co.*, U.S.P. 2119701 [1936]).— Krystallin; Zers. oberhalb 100° [nach Sintern bei 70°] (*Winthrop Chem. Co.*; *I. G. Farbenind.*, D.R.P. 711526 [1934]; Frdl. **25** 1366).

N-Chlor-*N*-methyl-toluolsulfonamid-(4), N-*chloro*-N-*methyl-p-toluenesulfonamide* $C_8H_{10}ClNO_2S$, Formel IX (R = CH_3, X = Cl) auf S. 303 (H 107).

Assoziation in Benzol (kryoskopisch ermittelt): *Chaplin, Hunter*, Soc. **1937** 1114, 1115, 1118.

N-Chlor-*N*-butyl-toluolsulfonamid-(4), N-*butyl*-N-*chloro-p-toluenesulfonamide* $C_{11}H_{16}ClNO_2S$, Formel IX (R = $[CH_2]_3$-CH_3, X = Cl) auf S. 303.

B. Beim Eintragen von Essigsäure in ein Gemisch von *N*-Butyl-toluolsulfonamid-(4), Chloroform und wss. Natriumhypochlorit-Lösung (*Fuller, Hickinbottom*, Soc. **1965** 3228, 3233; s. a. *Coleman*, U.S.P. 2285413 [1940]).

F: 44° (*Fu., Hi.*).

Beim Erhitzen mit Schwefelsäure sind Pyrrolidin und Butylamin erhalten worden (*Coleman, Schulze, Hoppens*, Pr. Iowa Acad. **47** [1940] 264; s. a. *Co.*).

Chlor-[toluol-sulfonyl-(4)]-benzoyl-amin, *N*-Chlor-*N*-[toluol-sulfonyl-(4)]-benzamid, N-*chloro*-N-(p-*tolylsulfonyl*)*benzamide* $C_{14}H_{12}ClNO_3S$, Formel IX (R = CO-C_6H_5, X = Cl) auf S. 303.

B. Beim Behandeln eines Gemisches von *N*-[Toluol-sulfonyl-(4)]-benzamid, Tetrachlormethan und Wasser mit Calciumhypochlorit und mit wss. Essigsäure (*Ziegler et al.*, A. **551** [1942] 80, 105).

F: 59—63° [nicht rein erhalten].

Beim Erwärmen mit Cyclohexen in Tetrachlormethan sind geringe Mengen 3-Chlorcyclohexen-(1) erhalten worden.

N.N-Dichlor-toluolsulfonamid-(4), Dichloramin-T, N,N-*dichloro-p-toluenesulfonamide* $C_7H_7Cl_2NO_2S$, Formel X (X = Cl) auf S. 303 (H 107; E I 29; E II 63).

B. Aus Toluolsulfonamid-(4) oder aus Natrium-[*N*-chlor-toluolsulfonamid-(4)] beim Behandeln mit wss. Natriumhypochlorit-Lösung (*Chem. Fabr. v. Heyden*, D.R.P. 530894 [1930]; Frdl. **18** 3011).

Assoziation in Benzol (kryoskopisch ermittelt): *Chaplin, Hunter*, Soc. **1937** 1114, 1115, 1118.

Stabilität in organischen Lösungsmitteln: *Kinsey, Grant*, Ind. eng. Chem. Anal. **18** [1946] 794. Bildung von Toluolsulfonamid-(4), Ammoniumchlorid und Stickstoff beim Eintragen in flüssiges Ammoniak: *Curl, Fernelius*, Am. Soc. **53** [1931] 1478, 1479, 1481. Beim Behandeln mit Hydrazobenzol in Chloroform sind *trans*-Azobenzol, Benzidindihydrochlorid und Toluolsulfonamid-(4) erhalten worden (*Curl, Fe.*, l. c. S. 1482). Bildung von geringen Mengen Chlorbenzol beim Behandeln mit Phenylmagnesiumbromid in Äther: *Le Fèvre*, Soc. **1932** 1745.

N-Brom-*N*-methyl-toluolsulfonamid-(4), N-*bromo*-N-*methyl*-p-*toluenesulfonamide* $C_8H_{10}BrNO_2S$, Formel IX (R = CH$_3$, X = Br) (H 108).

Reaktion mit Vinylchlorid unter Bildung von *N*-Methyl-*N*-[2-chlor-2-brom-äthyl]-toluolsulfonamid-(4): *Kharasch, Priestley*, Am. Soc. **61** [1939] 3425, 3429. Beim Erwärmen mit Propen in Chloroform ist *N*-Methyl-*N*-[2-brom-propyl]-toluolsulfonamid-(4) erhalten worden.

N.N-Dibrom-toluolsulfonamid-(4), N,N-*dibromo*-p-*toluenesulfonamide* $C_7H_7Br_2NO_2S$, Formel X (X = R = Br) (H 108).

Reaktion mit Styrol in Chloroform unter Bildung von *N*-[2-Brom-1-phenyl-äthyl]-toluolsulfonamid-(4): *Kharasch, Priestley*, Am. Soc. **61** [1939] 3425, 3429.

Äthansulfinyl-[toluol-sulfonyl-(4)]-amin, *N*-Äthansulfinyl-toluolsulfonamid-(4), N-(*ethylsulfinyl*)-p-*toluenesulfonamide* $C_9H_{13}NO_3S_2$, Formel IX (R = H, X = SO-C$_2$H$_5$).

B. Neben *N.N*-Dimethyl-toluolsulfonamid-(4) beim Behandeln von *N.N'*-Di-[toluol-sulfonyl-(4)]-äthansulfinamidin mit Dimethylsulfat und wss. Natronlauge (*Clarke, Kenyon, Phillips*, Soc. **1930** 1225, 1226, 1229).

Krystalle (aus A.); F: 120°.   [*Hinse*]

N-[Toluol-sulfonyl-(4)]-*S.S*-dimethyl-sulfimin, S,S-*dimethyl*-N-(p-*tolylsulfonyl*)*sulfimine* $C_9H_{13}NO_2S_2$, Formel XI (R = R' = CH$_3$).

B. Beim Erwärmen von Dimethylsulfid mit Natrium-[*N*-chlor-toluolsulfonamid-(4)] in wss. Äthanol (*Todd, Fletcher, Tarbell*, Am. Soc. **65** [1943] 350, 352) oder mit Natrium-[*N*-brom-toluolsulfonamid-(4)] in Aceton (*Lichoscherštow*, Ž. obšč. Chim. **17** [1947] 1477, 1480; C.A. **1949** 172).

Krystalle; F: 158—159° [aus Acn.] (*Li.*), 154—155° (*Todd, Fl., Ta.*).

N-[Toluol-sulfonyl-(4)]-*S*-methyl-*S*-[2-chlor-äthyl]-sulfimin, S-(2-*chloroethyl*)-S-*methyl*-N-(p-*tolylsulfonyl*)*sulfimine* $C_{10}H_{14}ClNO_2S_2$, Formel XI (R = CH$_3$, R' = CH$_2$-CH$_2$Cl).

B. Beim Behandeln von Methyl-[2-chlor-äthyl]-sulfid mit Natrium-[*N*-chlor-toluol=sulfonamid-(4)] in Wasser (*Goldsworthy et al.*, Soc. **1948** 2177, 2179).

Krystalle (aus A.); F: 121°.

N-[Toluol-sulfonyl-(4)]-*S.S*-diäthyl-sulfimin, S,S-*diethyl*-N-(p-*tolylsulfonyl*)*sulfimine* $C_{11}H_{17}NO_2S_2$, Formel XI (R = R' = C$_2$H$_5$) (E II 65).

B. Beim Erwärmen von Toluolsulfonamid-(4) mit Diäthylsulfoxid unter Zusatz von Acet= anhydrid oder von Phosphor(V)-oxid in Chloroform (*Tarbell, Weaver*, Am. Soc. **63** [1941] 2939, 2942). Beim Erwärmen von Natrium-[*N*-brom-toluolsulfonamid-(4)] mit Diäthyl= sulfid in Aceton (*Lichoscherštow*, Ž. obšč. Chim. **17** [1947] 1477, 1480; C.A. **1949** 172).

Krystalle; F: 145—146° (*Ta., Wea.*), 145° [Zers.; aus Acn.] (*Li.*).

N-[Toluol-sulfonyl-(4)]-*S*-[2-chlor-äthyl]-*S*-[2.2-dichlor-äthyl]-sulfimin, S-(2-*chloro= ethyl*)-S-(2,2-*dichloroethyl*)-N-(p-*tolylsulfonyl*)*sulfimine* $C_{11}H_{14}Cl_3NO_2S_2$, Formel XI (R = CH$_2$-CH$_2$Cl, R' = CH$_2$-CHCl$_2$).

B. Beim Behandeln von [2-Chlor-äthyl]-[2.2-dichlor-äthyl]-sulfid mit Natrium-[*N*-chlor-toluolsulfonamid-(4)] in wss. Aceton (*Fuson, Parham*, J. org. Chem. **11** [1946] 482, 484).

Krystalle (aus wss. A.); F: 157—158° [Zers.].

N-[Toluol-sulfonyl-(4)]-*S*-äthyl-*S*-[2-brom-äthyl]-sulfimin, S-(2-*bromoethyl*)-S-*ethyl*-N-(p-*tolylsulfonyl*)*sulfimine* $C_{11}H_{16}BrNO_2S_2$, Formel XI (R = C$_2$H$_5$, R' = CH$_2$-CH$_2$Br).

B. Beim Behandeln einer Lösung von Natrium-[*N*-chlor-toluolsulfonamid-(4)] in Wasser mit Äthyl-[2-brom-äthyl]-sulfid in Aceton (*Dawson*, Am. Soc. **69** [1947] 968).

Krystalle; F: 146°.

N-[Toluol-sulfonyl-(4)]-*S.S*-bis-[2-brom-äthyl]-sulfimin, S,S-*bis*(2-*bromoethyl*)-N-(p-*tolylsulfonyl*)*sulfimine* $C_{11}H_{15}Br_2NO_2S_2$, Formel XI (R = R' = CH$_2$-CH$_2$Br).

B. Aus Bis-[2-brom-äthyl]-sulfid (*Woodward*, Soc. **1948** 35, 37).

Krystalle (aus A.); F: 161° [korr.; Zers.].

N-[Toluol-sulfonyl-(4)]-*S*-[2-chlor-äthyl]-*S*-propyl-sulfimin, S-(2-*chloroethyl*)-S-*propyl*-N-(p-*tolylsulfonyl*)*sulfimine* $C_{12}H_{18}ClNO_2S_2$, Formel XI (R = CH$_2$-CH$_2$Cl, R' = CH$_2$-CH$_2$-CH$_3$).

B. Beim Behandeln einer Lösung von Natrium-[*N*-chlor-toluolsulfonamid-(4)] in

Wasser mit [2-Chlor-äthyl]-propyl-sulfid in Aceton (*Dawson*, Am. Soc. **69** [1947] 968).
Krystalle; F: 118—119°.

(±)-*N*-[Toluol-sulfonyl-(4)]-*S*-äthyl-*S*-[2-chlor-propyl]-sulfimin, (±)-S-(*2-chloropropyl*)-
S-*ethyl*-N-(p-*tolylsulfonyl*)*sulfimine* C₁₂H₁₈ClNO₂S₂, Formel XI (R = C₂H₅,
R′ = CH₂-CHCl-CH₃).

B. Beim Behandeln einer Lösung von Natrium-[*N*-chlor-toluolsulfonamid-(4)] in
Wasser mit (±)-Äthyl-[2-chlor-propyl]-sulfid in Aceton (*Fuson, Price, Burness*, J. org.
Chem. **11** [1946] 475, 479; *Dawson*, Am. Soc. **69** [1947] 968).
Krystalle; F: 121,5—122,5° (*Fu., Pr., Bu.*, l. c. S. 480), 119—120° (*Da.*).

***N*-[Toluol-sulfonyl-(4)]-*S*-äthyl-*S*-[3-chlor-propyl]-sulfimin,** S-(*3-chloropropyl*)-S-*ethyl*-
N-(p-*tolylsulfonyl*)*sulfimine* C₁₂H₁₈ClNO₂S₂, Formel XI (R = C₂H₅,
R′ = CH₂-CH₂-CH₂Cl).

B. Beim Behandeln einer Lösung von Natrium-[*N*-chlor-toluolsulfonamid-(4)] in
Wasser mit Äthyl-[3-chlor-propyl]-sulfid in Aceton (*Dawson*, Am. Soc. **69** [1947] 968).
Krystalle; F: 86—87°.

***N*-[Toluol-sulfonyl-(4)]-*S.S*-dipropyl-sulfimin,** S,S-*dipropyl*-N-(p-*tolylsulfonyl*)*sulfimine*
C₁₃H₂₁NO₂S₂, Formel XI (R = R′ = CH₂-CH₂-CH₃).

B. Beim Erwärmen von Natrium-[*N*-chlor-toluolsulfonamid-(4)] mit Dipropylsulfid in
wss. Äthanol (*Todd, Fletcher, Tarbell*, Am. Soc. **65** [1943] 350, 352).
Krystalle; F: 110—111,5°.

***N*-[Toluol-sulfonyl-(4)]-*S.S*-bis-[2-chlor-propyl]-sulfimin,** S,S-*bis*(*2-chlor-propyl*)-
N-(p-*tolylsulfonyl*)*sulfimine* C₁₃H₁₉Cl₂NO₂S₂, Formel XI (R = R′ = CH₂-CHCl-CH₃).

    Opt.-inakt. *N*-[Toluol-sulfonyl-(4)]-*S.S*-bis-[2-chlor-propyl]-sulfimin vom F: 170°.

B. Beim Behandeln einer Lösung von Natrium-[*N*-chlor-toluolsulfonamid-(4)] in
Wasser mit opt.-inakt. Bis-[2-chlor-propyl]-sulfid (E III **1** 1437) in Aceton (*Dawson,*
Am. Soc. **69** [1947] 968).
Krystalle; F: 169—170° (*Da.*), 166° [aus A.] (*Williams, Woodward*, Soc. **1948** 38, 40).

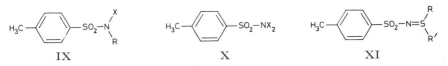

        IX   X   XI

***N*-[Toluol-sulfonyl-(4)]-*S.S*-diisopropyl-sulfimin,** S,S-*diisopropyl*-N-(p-*tolylsulfonyl*)⹀
sulfimine C₁₃H₂₁NO₂S₂, Formel XI (R = R′ = CH(CH₃)₂).

B. Beim Erwärmen von Diisopropylsulfid mit Natrium-[*N*-chlor-toluolsulfonamid-(4)]
in Aceton (*Petrow*, Ž. obšč. Chim. **9** [1939] 1635, 1639; C. **1940** I 1644).
Krystalle (aus Bzl.); F: 102—103°.

***N*-[Toluol-sulfonyl-(4)]-*S*-[2-chlor-äthyl]-*S*-butyl-sulfimin,** S-*butyl*-S-(*2-chloroethyl*)-
N-(p-*tolylsulfonyl*)*sulfimine* C₁₃H₂₀ClNO₂S₂, Formel XI (R = CH₂-CH₂Cl,
R′ = [CH₂]₃-CH₃).

B. Beim Behandeln einer Lösung von Natrium-[*N*-chlor-toluolsulfonamid-(4)] in
Wasser mit [2-Chlor-äthyl]-butyl-sulfid in Aceton (*Dawson*, Am. Soc. **69** [1947] 968).
Krystalle; F: 117—118°.

***N*-[Toluol-sulfonyl-(4)]-*S.S*-dibutyl-sulfimin,** S,S-*dibutyl*-N-(p-*tolylsulfonyl*)*sulfimine*
C₁₅H₂₅NO₂S₂, Formel XI (R = R′ = [CH₂]₃-CH₃).

B. Beim Erwärmen von Natrium-[*N*-chlor-toluolsulfonamid-(4)] mit Dibutylsulfid in
wss. Äthanol (*Todd, Fletcher, Tarbell*, Am. Soc. **65** [1943] 350, 352).
Krystalle (aus Bzl. + PAe.); F: 64—65°.

***N*-[Toluol-sulfonyl-(4)]-*S*-[2-chlor-äthyl]-*S*-isopentyl-sulfimin,** S-(*2-chloroethyl*)-S-*iso*⹀
pentyl-N-(p-*tolylsulfonyl*)*sulfimine* C₁₄H₂₂ClNO₂S₂, Formel XI (R = CH₂-CH₂Cl,
R′ = CH₂-CH₂-CH(CH₃)₂).

B. Beim Behandeln einer Lösung von Natrium-[*N*-chlor-toluolsulfonamid-(4)] in
Wasser mit [2-Chlor-äthyl]-isopentyl-sulfid in Aceton (*Dawson*, Am. Soc. **69** [1947] 968).
Krystalle; F: 91—92°.

N-[Toluol-sulfonyl-(4)]-*S.S-diisopentyl-sulfimin*, S,S-*diisopentyl*-N-(p-*tolylsulfonyl*)*sulfimine* C₁₇H₂₉NO₂S₂, Formel XI (R = R′ = CH₂-CH₂-CH(CH₃)₂).
B. Aus Diisopentylsulfid und Natrium-[*N*-chlor-toluolsulfonamid-(4)] in Chloroform oder in wss. Äthanol (*Petrow*, Ž. obšč. Chim. **9** [1939] 1635, 1639; C. **1940** I 1644).
Krystalle (aus A.); F: 112°.

N-[Toluol-sulfonyl-(4)]-*S*-[2-chlor-äthyl]-*S*-vinyl-sulfimin, S-(2-*chloroethyl*)-N-(p-*tolyl-sulfonyl*)-S-*vinylsulfimine* C₁₁H₁₄ClNO₂S₂, Formel XI (R = CH=CH₂, R′ = CH₂-CH₂Cl).
B. Beim Behandeln von [2-Chlor-äthyl]-vinyl-sulfid mit Natrium-[*N*-chlor-toluol-sulfonamid-(4)] in Wasser (*Davies*, *Oxford*, Soc. **1931** 224, 235).
Krystalle (aus Toluol); F: 101,5—103°.

N-[Toluol-sulfonyl-(4)]-*S*-[2-chlor-äthyl]-*S*-[2-chlor-vinyl]-sulfimin, S-(2-*chloroethyl*)-S-(2-*chlorovinyl*)-N-(p-*tolylsulfonyl*)*sulfimine* C₁₁H₁₃Cl₂NO₂S₂, Formel XI (R = CH=CHCl, R′ = CH₂-CH₂Cl).

    N-[Toluol-sulfonyl-(4)]-*S*-[2-chlor-äthyl]-*S*-[2-chlor-vinyl]-sulfimin vom F: 105°.
B. Beim Erwärmen einer Lösung von Natrium-[*N*-chlor-toluolsulfonamid-(4)] in Wasser mit [2-Chlor-äthyl]-[2-chlor-vinyl]-sulfid (F: —24° [E III **1** 1870]) in Aceton (*Fuson et al.*, J. org. Chem. **11** [1946] 469, 472).
Krystalle (aus CCl₄); F: 105—105,5°.

N-[Toluol-sulfonyl-(4)]-*S.S*-divinyl-sulfimin, S,S-*divinyl*-N-(p-*tolylsulfonyl*)*sulfimine* C₁₁H₁₃NO₂S₂, Formel XI (R = R′ = CH=CH₂).
B. Aus Divinylsulfid und Natrium-[*N*-chlor-toluolsulfonamid-(4)] in Wasser (*Davies*, *Oxford*, Soc. **1931** 224, 235).
Krystalle (aus A.); F: 91—93°.

N-[Toluol-sulfonyl-(4)]-*S*-[2-chlor-äthyl]-*S*-allyl-sulfimin, S-*allyl*-S-(2-*chloroethyl*)-N-(p-*tolylsulfonyl*)*sulfimine* C₁₂H₁₆ClNO₂S₂, Formel XI (R = CH₂-CH₂Cl, R′ = CH₂-CH=CH₂).
B. Aus [2-Chlor-äthyl]-allyl-sulfid und Natrium-[*N*-chlor-toluolsulfonamid-(4)] in Wasser (*Goldsworthy et al.*, Soc. **1948** 2177, 2179).
Krystalle (aus A.); F: 60—61°.

N-[Toluol-sulfonyl-(4)]-*S*-[2-chlor-äthyl]-*S*-[2-chlor-cyclohexyl]-sulfimin, S-(2-*chloro-cyclohexyl*)-S-(2-*chloroethyl*)-N-(p-*tolylsulfonyl*)*sulfimine* C₁₅H₂₁Cl₂NO₂S₂, Formel XII (X = Cl).

    Opt.-inakt. *N*-[Toluol-sulfonyl-(4)]-*S*-[2-chlor-äthyl]-*S*-[2-chlor-cyclohexyl]-sulf-imin vom F: 146°.
B. Beim Erwärmen einer Lösung von Natrium-[*N*-chlor-toluolsulfonamid-(4)] in Wasser mit opt.-inakt. [2-Chlor-äthyl]-[2-chlor-cyclohexyl]-sulfid (Kp₀,₂: 84—86°) in Aceton (*Fuson et al.*, J. org. Chem. **11** [1946] 469, 472).
Krystalle (aus A.); F: 145,5—146° [im vorgeheizten Bad].

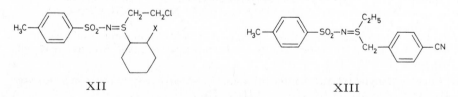

               XII   XIII

N-[Toluol-sulfonyl-(4)]-*S*-[2-chlor-äthyl]-*S*-[2-brom-cyclohexyl]-sulfimin, S-(2-*bromo-cyclohexyl*)-S-(2-*chloroethyl*)-N-(p-*tolylsulfonyl*)*sulfimine* C₁₅H₂₁BrClNO₂S₂, Formel XII (X = Br).

    Opt.-inakt. *N*-[Toluol-sulfonyl-(4)]-*S*-[2-chlor-äthyl]-*S*-[2-brom-cyclohexyl]-sulfimin vom F: 146°.
B. Beim Erwärmen einer Lösung von Natrium-[*N*-chlor-toluolsulfonamid-(4)] in Wasser mit opt.-inakt. [2-Chlor-äthyl]-[2-brom-cyclohexyl]-sulfid (E III **6** 53) in Aceton (*Fuson et al.*, J. org. Chem. **11** [1946] 469, 473).
Krystalle (aus A.); F: 145—146°.

N-[Toluol-sulfonyl-(4)]-*S.S*-diphenyl-sulfimin, S,S-*diphenyl*-N-(p-*tolylsulfonyl*)*sulfimine* $C_{19}H_{17}NO_2S_2$, Formel XI (R = R' = C_6H_5) auf S. 303.
B. Beim Erwärmen von Toluolsulfonamid-(4) mit Diphenylsulfoxid und Phosphor(V)-oxid in Chloroform (*Tarbell, Weaver,* Am. Soc. **63** [1941] 2939, 2941). Aus Diphenylsulfid und Natrium-[*N*-chlor-toluolsulfonamid-(4)] (*Ta., Wea.*).
Krystalle (aus Bzl.); F: 108—110°.

N-[Toluol-sulfonyl-(4)]-*S*-[2-chlor-äthyl]-*S*-benzyl-sulfimin, S-*benzyl*-S-(*2-chloroethyl*)-N-(p-*tolylsulfonyl*)*sulfimine* $C_{16}H_{18}ClNO_2S_2$, Formel XI (R = CH_2-CH_2Cl, R' = CH_2-C_6H_5) auf S. 303.
B. Beim Behandeln einer Lösung von Natrium-[*N*-chlor-toluolsulfonamid-(4)] in Wasser mit [2-Chlor-äthyl]-benzyl-sulfid in Aceton (*Dawson,* Am. Soc. **69** [1947] 968).
Krystalle; F: 133—134°.

N-[Toluol-sulfonyl-(4)]-*S.S*-dibenzyl-sulfimin, S,S-*dibenzyl*-N-(p-*tolylsulfonyl*)*sulfimine* $C_{21}H_{21}NO_2S_2$, Formel XI (R = R' = CH_2-C_6H_5) auf S. 303 (E II 65).
B. Beim Behandeln von Natrium-[*N*-brom-toluolsulfonamid-(4)] mit Dibenzylsulfid in Aceton (*Lichoscherštow,* Ž. obšč. Chim. **17** [1947] 1477, 1481; C.A. **1949** 172).
Krystalle (aus Bzl.); F: 192—193°.

N-[Toluol-sulfonyl-(4)]-*S*-[2-chlor-äthyl]-*S*-[2-hydroxy-äthyl]-sulfimin, S-(*2-chloro= ethyl*)-S-(*2-hydroxyethyl*)-N-(p-*tolylsulfonyl*)*sulfimine* $C_{11}H_{16}ClNO_3S_2$, Formel XI (R = CH_2-CH_2Cl, R' = CH_2-CH_2OH) auf S. 303.
B. Beim Behandeln von [2-Chlor-äthyl]-[2-hydroxy-äthyl]-sulfid mit Natrium-[*N*-chlor-toluolsulfonamid-(4)] in Wasser (*Fuson, Ziegler,* J. org. Chem. **11** [1946] 510, 511).
Krystalle (aus A.); F: 122,5° und F: 137—138° [dimorph].

N-[Toluol-sulfonyl-(4)]-*S*-[2-chlor-äthyl]-*S*-[2-methoxy-äthyl]-sulfimin, S-(*2-chloro= ethyl*)-S-(*2-methoxyethyl*)-N-(p-*tolylsulfonyl*)*sulfimine* $C_{12}H_{18}ClNO_3S_2$, Formel XI (R = CH_2-CH_2Cl, R' = CH_2-CH_2-OCH_3) auf S. 303.
B. Beim Behandeln von [2-Chlor-äthyl]-[2-methoxy-äthyl]-sulfid mit Natrium-[*N*-chlor-toluolsulfonamid-(4)] in Wasser (*Goldsworthy et al.,* Soc. **1948** 2177, 2179).
Krystalle (aus A.); F: 113°.

N-[Toluol-sulfonyl-(4)]-*S*-[2-chlor-äthyl]-*S*-[2-propyloxy-äthyl]-sulfimin, S-(*2-chloro= ethyl*)-S-(*2-propoxyethyl*)-N-(p-*tolylsulfonyl*)*sulfimine* $C_{14}H_{22}ClNO_3S_2$, Formel XI (R = CH_2-CH_2Cl, R' = CH_2-CH_2-O-CH_2-CH_2-CH_3) auf S. 303.
B. Beim Behandeln von [2-Chlor-äthyl]-[2-propyloxy-äthyl]-sulfid mit Natrium-[*N*-chlor-toluolsulfonamid-(4)] in Wasser (*Goldsworthy et al.,* Soc. **1948** 2177, 2179).
Krystalle (aus A.); F: 77—78°.

N-[Toluol-sulfonyl-(4)]-*S.S*-bis-[2-hydroxy-äthyl]-sulfimin, S,S-*bis*(*2-hydroxyethyl*)-N-(p-*tolylsulfonyl*)*sulfimine* $C_{11}H_{17}NO_4S_2$, Formel XI (R = R' = CH_2-CH_2OH) auf S. 303.
B. Beim Behandeln von Bis-[2-hydroxy-äthyl]-sulfid mit Natrium-[*N*-chlor-toluolsulf= onamid-(4)] in Wasser (*Davies, Oxford,* Soc. **1931** 224, 229; *Mann,* Soc. **1932** 958, 971).
Krystalle mit 1 Mol H_2O; F: 86—88° [aus $CHCl_3$ + A.] (*Mann*), 86—87° [aus $CHCl_3$; nach Sintern bei 83°] (*Da., Ox.*).

N-[Toluol-sulfonyl-(4)]-*S.S*-bis-chlormethyl-sulfimin, S,S-*bis*(*chloromethyl*)-N-(p-*tolyl= sulfonyl*)*sulfimine* $C_9H_{11}Cl_2NO_2S_2$, Formel XI (R = R' = CH_2Cl) auf S. 303 (E II 65).
B. Beim Behandeln einer Lösung von Natrium-[*N*-chlor-toluolsulfonamid-(4)] in Wasser mit Bis-chlormethyl-sulfid in Aceton (*Dawson,* Am. Soc. **69** [1947] 968; vgl. E II 65).
Krystalle; F: 101—102°.

[*N*-(Toluol-sulfonyl-(4))-äthansulfinimidoyl]-aceton, *N*-[Toluol-sulfonyl-(4)]-*S*-äthyl-*S*-acetonyl-sulfimin, S-*acetonyl*-S-*ethyl*-N-(p-*tolylsulfonyl*)*sulfimine* $C_{12}H_{17}NO_3S_2$, Formel XI (R = C_2H_5, R' = CH_2-CO-CH_3) auf S. 303.
B. Beim Erwärmen einer Lösung von Natrium-[*N*-chlor-toluolsulfonamid-(4)] in Wasser mit Äthylmercaptoaceton in Aceton (*Fuson, Price, Burness,* J. org. Chem. **11** [1946] 475, 479).
F: 123—124°.

N-[Toluol-sulfonyl-(4)]-*S*-äthyl-*S*-[4-cyan-benzyl]-sulfimin, S-(*4-cyanobenzyl*)-S-*ethyl*-N-(p-*tolylsulfonyl*)*sulfimine* $C_{17}H_{18}N_2O_2S_2$, Formel XIII auf S. 304.

B. Beim Erwärmen von 4-Äthylmercaptomethyl-benzonitril mit Natrium-[*N*-chlor-toluolsulfonamid-(4)] in Äthanol (*Mann*, Soc. **1930** 1740, 1751).

Krystalle (aus A.); F: 158—160°.

[**2-Amino-*N*-(toluol-sulfonyl-(4))-äthansulfinimidoyl-(1)]-diäthyl-gold, Diäthylgold-[2-amino-*N*-(toluol-sulfonyl-(4))-äthansulfinimidat-(1)]**, S-(*2-aminoethyl*)-S-*diethyl*-*aurio*-N-(p-*tolylsulfonyl*)*sulfimine* $C_{13}H_{23}AuN_2O_2S_2$, Formel XI (R = CH$_2$-CH$_2$-NH$_2$, R' = Au(C$_2$H$_5$)$_2$) auf S. 303.

B. Beim Behandeln einer Lösung von Natrium-[*N*-chlor-toluolsulfonamid-(4)] in Wasser mit [2-Amino-äthylmercapto]-diäthyl-gold in Äthanol (*Ewens*, *Gibson*, Soc. **1949** 431, 435).

Krystalle (aus A.); F: 136° [Zers.]. In Chloroform leicht löslich, in Benzol schwer löslich.

1.2-Bis-[2-chlor-*N*-(toluol-sulfonyl-(4))-äthansulfinimidoyl-(1)]-äthan, S,S'-(*2-chloro*-*ethyl*)-N,N'-*bis*(p-*tolylsulfonyl*)-S,S'-*ethylenebissulfimine* $C_{20}H_{26}Cl_2N_2O_4S_4$, Formel I.

B. Beim Behandeln einer Lösung von 1.2-Bis-[2-chlor-äthylmercapto]-äthan in Dioxan mit Natrium-[*N*-chlor-toluolsulfonamid-(4)] in Wasser (*Price*, *Roberts*, J. org. Chem. **12** [1947] 255, 261).

Krystalle (aus Me.); F: 148—149°.

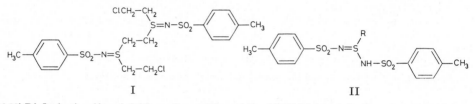

I   **II**

N.N'-**Di-[toluol-sulfonyl-(4)]-methansulfinamidin**, N,N'-*bis*(p-*tolylsulfonyl*)*methane*-*sulfinamidine* $C_{15}H_{18}N_2O_4S_3$, Formel II (R = CH$_3$).

B. Beim Behandeln von Dimethyldisulfid oder von Dithiokohlensäure-*O.S*-dimethylester mit Natrium-[*N*-chlor-toluolsulfonamid-(4)] in Wasser (*Bulmer*, *Mann*, Soc. **1945** 666, 674).

Krystalle (aus A.); F: 190,5—192°.

N.N'-**Di-[toluol-sulfonyl-(4)]-äthansulfinamidin**, N,N'-*bis*(p-*tolylsulfonyl*)*ethanesulfin*-*amidine* $C_{16}H_{20}N_2O_4S_3$, Formel II (R = C$_2$H$_5$).

B. Beim Behandeln von Diäthyldisulfid (*Alexander*, *McCombie*, Soc. **1932** 2087; *Bulmer*, *Mann*, Soc. **1945** 674, 679, 686), von Dithiokohlensäure-*O.S*-diäthylester oder von Dithiokohlensäure-*S.S*-diäthylester (*Bulmer*, *Mann*, Soc. **1945** 666, 674) mit Natrium-[*N*-chlor-toluolsulfonamid-(4)] in Wasser. Beim Behandeln von Äthanthiol oder von Äthylmercaptoessigsäure mit wss. Natronlauge und mit Natrium-[*N*-chlor-toluolsulfon-amid-(4)] (*Clarke*, *Kenyon*, *Phillips*, Soc. **1930** 1225, 1227).

Krystalle; F: 189° [Zers.; aus A.] (*Cl.*, *Ke.*, *Ph.*), 187—188° (*Al.*, *McC.*; *Bu.*, *Mann*).

Überführung in eine als *N.N'*-Bis-[1-carboxy-benzol-sulfonyl-(4)]-äthan-sulfinamidin ($C_{16}H_{16}N_2O_8S_3$) oder als *N.N'*-Bis-[1-carboxy-benzol-sulfonyl-(4)]-äthansulfonamidin ($C_{16}H_{16}N_2O_9S_3$) angesehene Verbindung (Krystalle [aus A.]; F: 275—276° [Zers.]) durch Behandlung mit wss. Natronlauge und mit Kaliumperman-ganat: *Cl.*, *Ke.*, *Ph.*, l. c. S. 1228. Beim Behandeln mit Dimethylsulfat und wss. Natron-lauge sind *N.N*-Dimethyl-toluolsulfonamid-(4) und *N*-Äthansulfinyl-toluolsulfonamid-(4), beim Erhitzen mit Dimethylsulfat und Kaliumcarbonat in Toluol sind *N*-Methyl-toluol-sulfonamid-(4) und *N.N*-Dimethyl-toluolsulfonamid-(4), beim Erwärmen des Silber-Salzes mit Methyljodid ist *N.N*-Dimethyl-toluolsulfonamid-(4) erhalten worden (*Cl.*, *Ke.*, *Ph.*, l. c. S. 1229).

2-Chlor-*N.N'*-di-[toluol-sulfonyl-(4)]-äthansulfinamidin-(1), 2-*chloro*-N,N'-*bis*(p-*tolyl*-*sulfonyl*)*ethanesulfinamidine* $C_{16}H_{19}ClN_2O_4S_3$, Formel II (R = CH$_2$-CH$_2$Cl).

B. Beim Behandeln von Bis-[2-chlor-äthyl]-disulfid mit Natrium-[*N*-chlor-toluolsulfon-amid-(4)] in Wasser (*Alexander*, *McCombie*, Soc. **1932** 2087).

Krystalle (aus Me.); F: 154°.

N.N'-Di-[toluol-sulfonyl-(4)]-benzolsulfinamidin, N,N'-*bis*(p-*tolylsulfonyl*)*benzenesulfin=*
amidine $C_{20}H_{20}N_2O_4S_3$, Formel II (R = C_6H_5).

B. Beim Behandeln von Natrium-[N-chlor-toluolsulfonamid-(4)] mit Thiophenol und
wss. Natronlauge, Essigsäure oder Pyridin (*Clarke, Kenyon, Phillips*, Soc. **1930** 1225,
1229, 1230), mit Natrium-[phenylmercapto-acetat] in Wasser (*Cl., Ke., Ph.*, l. c. S.
1230) oder mit Diphenyldisulfid in Wasser (*Alexander, McCombie*, Soc. **1932** 2087).

Krystalle; F: 152—153° [aus A.] (*Cl., Ke., Ph.*), 149—151° (*Al., McC.*).

Beim Behandeln einer wss. Lösung des Natrium-Salzes mit Kaliumpermanganat
ist eine als N.N'-Bis-[1-carboxy-benzol-sulfonyl-(4)]-benzolsulfinamidin
($C_{20}H_{16}N_2O_8S_3$) oder N.N'-Bis-[1-carboxy-benzol-sulfonyl-(4)]-benzolsulfon=
amidin ($C_{20}H_{16}N_2O_9S_3$) angesehene Verbindung (Krystalle [aus A.]; F: 201° [Zers.])
erhalten worden (*Cl., Ke., Ph.*, l. c. S. 1231).

Natrium-Salz $NaC_{20}H_{19}N_2O_4S_3$. Krystalle; F: 227—228° [aus A.] (*Cl., Ke., Ph.*),
225° (*Al., McC.*).

N.N'-Di-[toluol-sulfonyl-(4)]-toluolsulfinamidin-(α), N,N'-*bis*(p-*tolylsulfonyl*)*toluene-*
α-sulfinamidine $C_{21}H_{22}N_2O_4S_3$, Formel III (R = H).

B. Beim Erwärmen von Natrium-[N-chlor-toluolsulfonamid-(4)] mit Benzylmercaptan
oder Dibenzyldisulfid in Äthanol (*Bulmer, Mann*, Soc. **1945** 666, 674).

Krystalle (aus A.); F: 171—171,5°.

N.N'-Di-[toluol-sulfonyl-(4)]-p-xylol-sulfinamidin-(α), N,N'-*bis*(p-*tolylsulfonyl*)-
p-*xylene-α-sulfinamidine* $C_{22}H_{24}N_2O_4S_3$, Formel III (R = CH_3).

B. Beim Erwärmen von Natrium-[N-chlor-toluolsulfonamid-(4)] mit 4-Methyl-
benzylmercaptan oder Bis-[4-methyl-benzyl]-disulfid in Äthanol (*Bulmer, Mann*, Soc.
1945 666, 674).

Krystalle (aus A.); F: 160°.

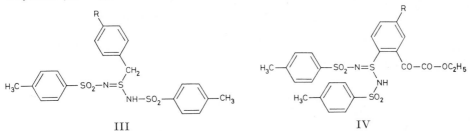

III   IV

{2-[*N.N'*-Di-(toluol-sulfonyl-(4))-sulfinamimidoyl]-phenyl}-glyoxylsäure-äthylester,
{o-[N,N'-*bis*(p-*tolylsulfonyl*)*sulfinamimidoyl*]*phenyl*}*glyoxylic acid ethyl ester* $C_{24}H_{24}N_2O_7S_3$,
Formel IV (R = H).

B. Beim Erwärmen von 2.3-Dioxo-2.3-dihydro-benzo[b]thiophen mit Natrium-
[N-chlor-toluolsulfonamid-(4)] in Äthanol (*Dalgliesh, Mann*, Soc. **1945** 913, 915).

Krystalle (aus A.); F: 224°.

{6-[*N.N'*-Di-(toluol-sulfonyl-(4))-sulfinamimidoyl]-2-methyl-phenyl}-glyoxylsäure-
äthylester, {6-[N,N'-*bis*(p-*tolylsulfonyl*)*sulfinamimidoyl*]-o-*tolyl*}*glyoxylic acid ethyl ester*
$C_{25}H_{26}N_2O_7S_3$, Formel V (X = H).

B. Beim Erwärmen von 2.3-Dioxo-4-methyl-2.3-dihydro-benzo[b]thiophen mit
Natrium-[N-chlor-toluolsulfonamid-(4)] in Äthanol (*Dalgliesh, Mann*, Soc. **1945** 913, 917).

Krystalle (aus A.); F: 210—211°.

{4-Chlor-6-[*N.N'*-di-(toluol-sulfonyl-(4))-sulfinamimidoyl]-2-methyl-phenyl}-glyoxyl=
säure-äthylester, {6-[N,N'-*bis*(p-*tolylsulfonyl*)*sulfinamimidoyl*]-4-*chloro-o-tolyl*}*glyoxylic*
acid ethyl ester $C_{25}H_{25}ClN_2O_7S_3$, Formel V (X = Cl).

B. Beim Erwärmen von 6-Chlor-2.3-dioxo-4-methyl-2.3-dihydro-benzo[b]thiophen mit
Natrium-[N-chlor-toluolsulfonamid-(4)] in Äthanol (*Dalgliesh, Mann*, Soc. **1945** 913,
916).

Krystalle (aus A.); F: 209—210°.

Beim Erwärmen mit 3-Oxo-2.3-dihydro-naphtho[1.2-b]thiophen in Äthanol unter
Zusatz von Zinkchlorid sind [4-Chlor-6-(toluol-sulfonyl-(4)-aminomercapto)-2-methyl-

phenyl]-glyoxylsäure-äthylester, Toluolsulfonamid-(4) und 3.3'-Dioxo-3*H*.3'*H*-[2.2']bi‑
[naphtho[1.2-*b*]thienyliden] erhalten worden.

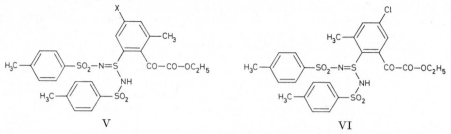

V   VI

{5-Chlor-2-[*N.N'*-di-(toluol-sulfonyl-(4))-sulfinamimidoyl]-3-methyl-phenyl}-glyoxyl‑
säure-äthylester, {*2*-[N,N'-*bis*(p-*tolylsulfonyl*)*sulfinamimidoyl*]-*5-chloro*-m-*tolyl*}*glyoxylic*
acid ethyl ester C₂₅H₂₅ClN₂O₇S₃, Formel VI.
$C_{25}H_{25}ClN_2O_7S_3$
    B. Beim Erwärmen von 5-Chlor-2.3-dioxo-7-methyl-2.3-dihydro-benzo[*b*]thiophen mit
Natrium-[*N*-chlor-toluolsulfonamid-(4)] in Äthanol (*Dalgliesh, Mann,* Soc. **1945** 913, 916).
    Krystalle (aus A.); F: 169—170°.

{6-[*N.N'*-Di-(toluol-sulfonyl-(4))-sulfinamimidoyl]-3-methyl-phenyl}, {*6*-[N,N'-*bis*(p-*tolylsulfonyl*)*sulfinamimidoyl*]-m-*tolyl*}*glyoxylic acid ethyl ester*
äthylester,
C₂₅H₂₆N₂O₇S₃, Formel IV (R = CH₃).
$C_{25}H_{26}N_2O_7S_3$
    B. Beim Erwärmen von 2.3-Dioxo-5-methyl-2.3-dihydro-benzo[*b*]thiophen mit
Natrium-[*N*-chlor-toluolsulfonamid-(4)] in Äthanol (*Dalgliesh, Mann,* Soc. **1945** 913, 916).
    Krystalle (aus A.); F: 200—201°.

{2-[*N.N'*-Di-(toluol-sulfonyl-(4))-sulfinamimidoyl]-naphthyl-(1)}-glyoxylsäure-äthyl‑
ester, {*2*-[N,N'-*bis*(p-*tolylsulfonyl*)*sulfinamimidoyl*]-*1-naphthyl*}*glyoxylic acid ethyl ester*
C₂₈H₂₆N₂O₇S₃, Formel VII.
$C_{28}H_{26}N_2O_7S_3$
    B. Beim Erwärmen von 1.2-Dioxo-1.2-dihydro-naphtho[2.1-*b*]thiophen mit Natrium-
[*N*-chlor-toluolsulfonamid-(4)] in Äthanol (*Dalgliesh, Mann,* Soc. **1945** 913, 916).
    Gelbliche Krystalle (aus A.); F: 197—198°.

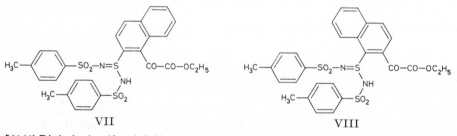

VII   VIII

{1-[*N.N'*-Di-(toluol-sulfonyl-(4))-sulfinamimidoyl]-naphthyl-(2)}-glyoxylsäure-äthyl‑
ester, {*1*-[N,N'-*bis*(p-*tolylsulfonyl*)*sulfinamimidoyl*]-*2-naphthyl*}*glyoxylic acid ethyl ester*
C₂₈H₂₆N₂O₇S₃, Formel VIII.
$C_{28}H_{26}N_2O_7S_3$
    B. Beim Erwärmen von 2.3-Dioxo-2.3-dihydro-naphtho[1.2-*b*]thiophen mit Natrium-
[*N*-chlor-toluolsulfonamid-(4)] in Äthanol (*Dalgliesh, Mann,* Soc. **1945** 913, 916).
    Krystalle (aus A.); F: 213—214°.

{4-Äthoxy-2-[*N.N'*-di-(toluol-sulfonyl-(4))-sulfinamimidoyl]-phenyl}-glyoxylsäure,
{*2*-[N,N'-*bis*(p-*tolylsulfonyl*)*sulfinamimidoyl*]-*4-ethoxyphenyl*}*glyoxylic acid* C₂₄H₂₄N₂O₈S₃,
Formel IX (R = H).
$C_{24}H_{24}N_2O_8S_3$
    B. Beim Erwärmen von Bis-[5-äthoxy-2-oxal-phenyl]-disulfid mit Natrium-[*N*-chlor-
toluolsulfonamid-(4)] in Äthanol (*Dalgliesh, Mann,* Soc. **1945** 913, 916).
    Krystalle (aus Bzl.); F: 214°[Zers.].

{4-Äthoxy-2-[*N.N'*-di-(toluol-sulfonyl-(4))-sulfinamimidoyl]-phenyl}-glyoxylsäure-
äthylester, {*2*-[N,N'-*bis*(p-*tolylsulfonyl*)*sulfinamimidoyl*]-*4-ethoxyphenyl*}*glyoxylic acid*
ethyl ester C₂₆H₂₈N₂O₈S₃, Formel IX (R = C₂H₅).
$C_{26}H_{28}N_2O_8S_3$
    B. Beim Erwärmen von 6-Äthoxy-2.3-dioxo-2.3-dihydro-benzo[*b*]thiophen mit Natrium-

[*N*-chlor-toluolsulfonamid-(4)] in Äthanol (*Dalgliesh*, *Mann*, Soc. **1945** 913, 915).
Krystalle (aus A.); F: 161°.

                                                                      [*Winckler*]

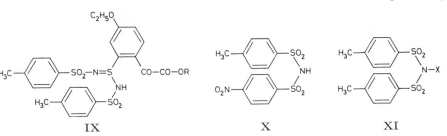

         IX   X   XI

[4-Nitro-benzol-sulfonyl-(1)]-[toluol-sulfonyl-(4)]-amin, *N*-[4-Nitro-benzol-sulfonyl-(1)]-toluolsulfonamid-(4), p-*methyl*-p'-*nitrodibenzenesulfonamide* C₁₃H₁₂N₂O₆S₂,
Formel X.
    B. Beim Behandeln von 4-Nitro-benzolsulfonamid-(1) mit Toluol-sulfonylchlorid-(4)
und wss. Natronlauge (*Deutsche Hydrierwerke*, D.R.P. 757 262 [1939]; D.R.P. Org.
Chem. **3** 1369; *Hydronaphthene Corp.*, U.S.P. 2 348 226 [1940]). Beim Erhitzen von 4-Nitro-
benzol-sulfonylchlorid-(1) mit Natrium-toluolsulfonamid-(4) in Toluol (*Hentrich*, *Schirm*,
U.S.P. 2 408 066 [1939]).
    Charakterisierung durch Überführung in [4-Amino-benzol-sulfonyl-(1)]-[toluol-sulfon-
yl-(4)]-amin (F: 231—232°): *He.*, *Sch.*

Di-[toluol-sulfonyl-(4)]-amin, Ditoluolsulfonamid-(4), *di*-p-*toluenesulfonamide*
C₁₄H₁₅NO₄S₂, Formel XI (X = H) (H 108; E II 64).
    B. Beim Erhitzen von Natrium-[toluolsulfonamid-(4)] mit Toluol-sulfonylchlorid-(4) in
1.2-Dichlor-benzol auf 200° (*Ziegler et al.*, A. **551** [1942] 80, 106; vgl. H 108).
    Krystalle (aus Eg.); F: 168,5°.

Di-[toluol-sulfonyl-(4)]-octadecyl-amin, N-*octadecyldi*-p-*toluenesulfonamide*
C₃₂H₅₁NO₄S₂, Formel XI (X = [CH₂]₁₇-CH₃).
    B. Beim Erhitzen der Natrium-Verbindung des Di-[toluol-sulfonyl-(4)]-amins mit
Octadecylchlorid in Tetrahydrofurylalkohol (*Deutsche Hydrierwerke*, D.R.P. 737 980
[1938]; D.R.P. Org. Chem. **6** 1676; *Unichem A.G.*, U.S.P. 2 292 998 [1939]).
    F: 58° [aus A.].

**1.2-Bis-[di-(toluol-sulfonyl-(4))-amino]-äthan, Tetra-*N*-[toluol-sulfonyl-(4)]-äthylen-
diamin,** N,N'-*ethylenebis*(*di*-p-*toluenesulfonamide*) C₃₀H₃₂N₂O₈S₄, Formel XII.
    B. Beim Erhitzen der Dinatrium-Verbindung des *N*.*N*'-Di-[toluol-sulfonyl-(4)]-
äthylendiamins mit Toluol-sulfonylchlorid-(4) ohne Lösungsmittel oder in Nitrobenzol
(*Amundsen*, *Longley*, Am. Soc. **62** [1940] 2811).
    Krystalle (aus Nitrobenzol); F: 248,5—249,7°.

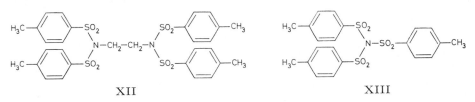

                 XII   XIII

Chlor-di-[toluol-sulfonyl-(4)]-amin, N-*chlorodi*-p-*toluenesulfonamide* C₁₄H₁₄ClNO₄S₂,
Formel XI (X = Cl).
    B. Beim Behandeln eines Gemisches von Di-[toluol-sulfonyl-(4)]-amin, Tetrachlor-
methan und Wasser mit Calciumhypochlorit und mit wss. Essigsäure (*Ziegler et al.*,
A. **551** [1942] 80, 106).
    F: 100—102°.
    Beim Behandeln mit Cyclohexen in Tetrachlormethan sind geringe Mengen 3-Chlor-
cyclohexen-(1) erhalten worden.

Tri-[toluol-sulfonyl-(4)]-amin, Tritoluolsulfonamid-(4), *tri-p-toluenesulfonamide* $C_{21}H_{21}NO_6S_3$, Formel XIII.

Die H 108 unter dieser Konstitution oder als Tri-[toluol-sulfonyl-(4)]-aminoxid ($C_{21}H_{21}NO_7S_3$) beschriebene Verbindung (F: 190° oder F: 184°) ist wahrscheinlich als Tri-[toluol-sulfonyl-(4)]-hydroxylamin zu formulieren (*Farrar*, Soc. **1960** 3063, 3064).

B. Beim Erhitzen der Silber-Verbindung des Di-[toluol-sulfonyl-(4)]-amins mit Toluol-sulfonylchlorid-(4) auf 175° (*Stetter, Hansmann*, B. **90** [1957] 2728, 2730).

Krystalle (aus Chlorbenzol); F: 230° (*St., Ha.*). In Chloroform und Benzol löslich, in Äther und Aceton schwer löslich, in Methanol und Wasser fast unlöslich (*St., Ha.*).

[Nitroso-(toluol-sulfonyl-(4))-amino]-methansulfonsäure, (N-*nitroso-p-toluenesulfon= amido*)*methanesulfonic acid* $C_8H_{10}N_2O_6S_2$, Formel I (R = CH_2-SO_2OH, X = NO).

Kalium-Salz $KC_8H_9N_2O_6S_2$. *B.* Aus [Toluol-sulfonyl-(4)-amino]-methansulfonsäure mit Hilfe von Kaliumnitrit (*Backer, Mulder*, R. **52** [1933] 454, 466). — Krystalle (aus wss. A.).

N-Nitro-N-methyl-toluolsulfonamid-(4), N-*methyl-N-nitro-p-toluenesulfonamide* $C_8H_{10}N_2O_4S$, Formel I (R = CH_3, X = NO_2) (E II 67).

B. Aus N-Methyl-toluolsulfonamid-(4) beim Behandeln mit Salpetersäure (*Gillibrand, Lamberton*, Soc. **1949** 1883, 1886). Aus N-Nitro-toluolsulfonamid-(4) beim Behandeln des Silber-Salzes mit Methyljodid in Äther oder in warmem Dioxan (*Gi., La.*).

Krystalle (aus A.); F: 57°.

[Nitro-(toluol-sulfonyl-(4))-amino]-methansulfonsäure, (N-*nitro-p-toluenesulfonamido*)= *methanesulfonic acid* $C_8H_{10}N_2O_7S_2$, Formel I (R = CH_2-SO_2OH, X = NO_2).

Kalium-Salz $KC_8H_9N_2O_7S_2$. *B.* Aus dem Kalium-Salz der [Toluol-sulfonyl-(4)-amino]-methansulfonsäure beim Behandeln mit wasserfreier Salpetersäure (*Backer, Mulder*, R. **52** [1933] 454, 466). — Krystalle, die beim Erhitzen verpuffen. Beim Erwärmen mit wss. Ammoniak im geschlossenen Gefäss ist Toluolsulfonamid-(4) erhalten worden.

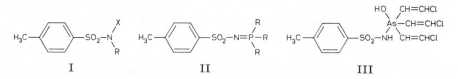

I   II   III

[Toluol-sulfonyl-(4)-imino]-triäthyl-phosphoran, Triäthylphosphin-[toluol-sulfonyl-(4)-imid], *triethylphosphine* p-*tolylsulfonylimide* $C_{13}H_{22}NO_2PS$, Formel II (R = C_2H_5).

B. Beim Erwärmen von Triäthylphosphin mit (wasserfreiem) Natrium-[N-chlor-toluol= sulfonamid-(4)] in Äthanol (*Mann, Chaplin*, Soc. **1937** 527, 535).

Krystalle (aus A.); F: 119°.

[Toluol-sulfonyl-(4)-imino]-tripropyl-phosphoran, Tripropylphosphin-[toluol-sulfon= yl-(4)-imid], *tripropylphosphine* p-*tolylsulfonylimide* $C_{16}H_{28}NO_2PS$, Formel II (R = CH_2-CH_2-CH_3).

B. Analog der im vorangehenden Artikel beschriebenen Verbindung unter Verwendung von Tripropylphosphin (*Mann, Chaplin*, Soc. **1937** 527, 535).

Krystalle (aus Ae.); F: 66°.

[Toluol-sulfonyl-(4)-imino]-tributyl-phosphoran, Tributylphosphin-[toluol-sulfonyl-(4)-imid], *tributylphosphine* p-*tolylsulfonylimide* $C_{19}H_{34}NO_2PS$, Formel II (R = [CH_2]$_3$-CH_3).

B. Analog [Toluol-sulfonyl-(4)-imino]-triäthyl-phosphoran (s. o.) unter Verwendung von Tributylphosphin (*Mann, Chaplin*, Soc. **1937** 527, 535).

Krystalle (aus Cyclohexan); F: 54°.

[Toluol-sulfonyl-(4)-amino]-hydroxy-tris-[2-chlor-vinyl]-arsoran, *tris(2-chlorovinyl)- N-(p-tolylsulfonyl)arsoranamidic acid* $C_{13}H_{15}AsCl_3NO_3S$, Formel III.

Diese Konstitution kommt auch der E II 67 als Tris-[2-chlor-vinyl]-arsin-[toluol-sulfonyl-(4)-imid]-hydrat formulierten Verbindung (F: 124°) zu (*Mann*, Soc. **1932** 958, 960).

B. Beim Erwärmen von Tris-[2-chlor-vinyl]-arsinoxid mit Toluolsulfonamid-(4) in

Benzol (*Mann*, l. c. S. 964).

Krystalle; F: 122—123°.   [*Hinse*]

N-Triäthylplumbyl-toluolsulfonamid-(4), **[Toluol-sulfonyl-(4)-amino]-triäthyl-blei**, N-(*triethylplumbyl*)-p-*toluenesulfonamide* $C_{13}H_{23}NO_2PbS$, Formel I (R = $Pb(C_2H_5)_3$, X = H).

B. Beim Behandeln von Toluolsulfonamid-(4) mit Triäthylbleihydroxid in Äthanol sowie beim Erwärmen des Natrium-Salzes des Toluolsulfonamids-(4) mit Triäthylblei=chlorid in Äthanol (*Saunders*, Soc. **1950** 684, 685; s. a. *McCombie, Saunders*, Nature **159** [1947] 491, 493).

Krystalle (aus Bzl.); F: 127° (*Sau.*). Schleimhautreizend.

Aceton-[O-(toluol-sulfonyl-(4))-oxim], *acetone* O-(p-*tolylsulfonyl*)*oxime* $C_{10}H_{13}NO_3S$, Formel IV (R = R' = CH_3) (H 108; dort als O-p-Toluolsulfonyl-acetoxim bezeichnet).

B. Beim Behandeln von Aceton-oxim mit Toluol-sulfonylchlorid-(4) und Pyridin (*Neber, Huh*, A. **515** [1935] 283, 293).

Krystalle (aus Bzl. + Bzn.); F: 88° [Zers.] (*Ne., Huh*).

Beim Schütteln mit äthanol. Kaliumäthylat und Behandeln der (vom gebildeten Kalium-[toluol-sulfonat-(4)] befreiten) Reaktionslösung mit wss. Schwefelsäure oder wss. Salzsäure ist Aminoaceton erhalten worden (*Ne., Huh*; *Neber, Burgard, Thier*, A. **526** [1936] 277, 292).

Cyclohexanon-[O-(toluol-sulfonyl-(4))-oxim], *cyclohexanone* O-(p-*tolylsulfonyl*)*oxime* $C_{13}H_{17}NO_3S$, Formel V.

B. Beim Behandeln der Natrium-Verbindung des Cyclohexanon-oxims (aus Cyclo=hexanon-oxim und Natriumamid in Benzol hergestellt) mit Toluol-sulfonylchlorid-(4) in Benzol (*Csürös et al.*, Acta chim. hung. **1** [1951] 66, 77; *Heldt*, Am. Soc. **80** [1958] 5880, 5881).

Krystalle; F: 66° [aus Bzl. oder aus Bzl. + Bzn.] (*Cs. et al.*), 56,9—58° [aus CCl₄ + Bzn.] (*He.*).

Über ein vermutlich nicht einheitliches Präparat (Krystalle; leicht zersetzlich), das beim Behandeln von Cyclohexanon-oxim mit Toluol-sulfonylchlorid-(4) und Pyridin erhalten worden ist, s. *Smith*, Am. Soc. **70** [1948] 323, 325.

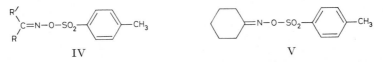

IV   V

1-Phenyl-äthanon-(1)-[O-(toluol-sulfonyl-(4))-oxim], **Acetophenon-[O-(toluol-sulfon=yl-(4))-oxim]**, *acetophenone* O-(p-*tolylsulfonyl*)*oxime* $C_{15}H_{15}NO_3S$.

Acetophenon-[O-(toluol-sulfonyl-(4))-oxim] vom F: 79°, vermutlich **Acetophenon-[O-(toluol-sulfonyl-(4))-*seqtrans*-oxim]**, Formel VI (R = CH_3).

B. Beim Behandeln von Acetophenon-*seqtrans*(?)-oxim (E III 7 954) mit Toluol-sulfonylchlorid-(4) und Pyridin (*Neber, Huh*, A. **515** [1935] 283, 292) oder mit Toluol-sulfonylchlorid-(4) und wss. Kalilauge (*Oxley, Short*, Soc. **1948** 1514, 1518).

Krystalle (aus E. + Bzn.); F: 79° [Zers.] (*Ne., Huh*).

Bei eintägigem Behandeln mit Äthanol ist Anilin-[toluol-sulfonat-(4)], beim Schütteln mit äthanol. Kaliumäthylat und Behandeln der (vom gebildeten Kalium-[toluol-sulfon=at-(4)] befreiten) Reaktionslösung mit wss. Salzsäure ist Phenacylamin erhalten worden (*Ne., Huh*).

1-Phenyl-propanon-(1)-[O-(toluol-sulfonyl-(4))-oxim], **Propiophenon-[O-(toluol-sulfonyl-(4))-oxim]**, *propiophenone* O-(p-*tolylsulfonyl*)*oxime* $C_{16}H_{17}NO_3S$, Formel IV (R = C_2H_5, R' = C_6H_5).

B. Beim Behandeln von Propiophenon-oxim mit wss. Natronlauge und mit einer Lösung von Toluol-sulfonylchlorid-(4) in Aceton (*Neber, Huh*, A. **515** [1935] 283, 292).

Krystalle (aus Bzl. + Bzn.); F: 65°.

Wenig beständig. Beim Schütteln mit äthanol. Kaliumäthylat und Behandeln der (vom gebildeten Kalium-[toluol-sulfonat-(4)] befreiten) Reaktionslösung mit wss. Salz=säure ist 2-Amino-1-phenyl-propanon-(1) erhalten worden.

[2-Nitro-phenyl]-aceton-[*O*-(toluol-sulfonyl-(4))-oxim], *1-(o-nitrophenyl)propan-2-one O-(p-tolylsulfonyl)oxime* $C_{16}H_{16}N_2O_5S$.

[2-Nitro-phenyl]-aceton-[*O*-(toluol-sulfonyl-(4))-*seqcis*-oxim], Formel VII [1]).

B. Beim Behandeln von [2-Nitro-phenyl]-aceton-*seqcis*-oxim (E II **7** 235) mit Toluol-sulfonylchlorid-(4) und Pyridin (*Neber, Huh,* A. **515** [1935] 283, 290).

Krystalle (aus Bzl. + PAe.); F: 124°.

Überführung in *N*-Methyl-*C*-[2-nitro-phenyl]-acetamid durch Behandlung mit wss. Schwefelsäure: *Ne., Huh.* Beim Schütteln mit äthanol. Kaliumäthylat und Behandeln der (vom gebildeten Kalium-[toluol-sulfonat-(4)] befreiten) Reaktionslösung mit wss. Salzsäure ist 1-Amino-1-[2-nitro-phenyl]-aceton erhalten worden.

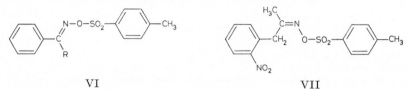

VI   VII

Indanon-(1)-[*O*-(toluol-sulfonyl-(4))-oxim], *indan-1-one O-(p-tolylsulfonyl)oxime* $C_{16}H_{15}NO_3S$.

Indanon-(1)-[*O*-(toluol-sulfonyl-(4))-oxim] vom F: 157°, vermutlich **Indanon-(1)-[*O*-(toluol-sulfonyl-(4))-*seqtrans*-oxim]**, Formel VIII.

B. Beim Behandeln von Indanon-(1)-[*seqtrans*(?)-oxim] (F: 144° [E III **7** 1394]) mit Toluol-sulfonylchlorid-(4) und Pyridin (*Neber, Burgard, Thier,* A. **526** [1936] 277, 287).

Krystalle (aus E.); F: 157° [Zers.]. In Benzol schwer löslich.

Beim Schütteln mit äthanol. Kaliumäthylat und Behandeln der (vom gebildeten Kalium-[toluol-sulfonat-(4)] befreiten) Reaktionslösung mit wss. Salzsäure ist 2-Amino-indanon-(1) erhalten worden.

1-[Toluol-sulfonyl-(4)-oxyimino]-1.2.3.4-tetrahydro-naphthalin, 3.4-Dihydro-2*H*-naphthalinon-(1)-[*O*-(toluol-sulfonyl-(4))-oxim], *3,4-dihydronaphthalen-1(2H)-one O-(p-tolylsulfonyl)oxime* $C_{17}H_{17}NO_3S$, Formel IX (X = H).

B. Aus 1-Hydroxyimino-1.2.3.4-tetrahydro-naphthalin (F: 104°) beim Behandeln mit Toluol-sulfonylchlorid-(4) und Pyridin (*Neber, Burgard, Thier,* A. **526** [1936] 277, 288) sowie beim Behandeln einer Lösung in Aceton mit Toluol-sulfonylchlorid-(4) und Kalium-hydroxid (*Schroeter et al.,* B. **63** [1930] 1308, 1323).

Krystalle; F: 98° [aus E.] (*Sch. et al.*), 96° [aus E. + PAe.] (*Ne., Bu., Th.*).

Beim Erwärmen mit Methanol bzw. mit Äthanol auf 100° entsteht 4-[2-Amino-phenyl]-buttersäure-methylester-[toluol-sulfonat-(4)] bzw. 4-[2-Amino-phenyl]-buttersäure-äthyl-ester-[toluol-sulfonat-(4)] (*Sch. et al.*). Beim Schütteln mit äthanol. Kaliumäthylat und Behandeln der (vom gebildeten Kalium-[toluol-sulfonat-(4)] befreiten) Reaktions-lösung mit wss. Salzsäure ist 2-Amino-1-oxo-1.2.3.4-tetrahydro-naphthalin erhalten worden (*Ne., Bu., Th.*). Bildung von 2-Phenoxy-4.5-dihydro-3*H*-benz[*b*]azepin-[toluol-sulfonat-(4)] beim Erwärmen mit Phenol unter Durchleiten von Stickstoff: *Sch. et al.*

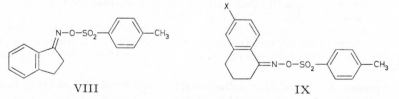

VIII   IX

2-[Toluol-sulfonyl-(4)-oxyimino]-1.2.3.4-tetrahydro-naphthalin, 3.4-Dihydro-1*H*-naphthalinon-(2)-[*O*-(toluol-sulfonyl-(4))-oxim], *3,4-dihydronaphthalen-2(1H)-one O-(p-tolylsulfonyl)oxime* $C_{17}H_{17}NO_3S$, Formel X.

B. Beim Behandeln von 2-Hydroxyimino-1.2.3.4-tetrahydro-naphthalin (E III **7** 1425) mit Toluol-sulfonylchlorid-(4) und Pyridin (*Knunjanz, Fabritschnyi,* Doklady Akad. S.S.S.R. **68** [1949] 523, 525; C. A. **1950** 1469).

---

[1]) [2-Nitro-phenyl]-aceton-[*O*-(toluol-sulfonyl-(4))-*seqtrans*-oxim] s. E II **64**.

Krystalle (aus Py. + W.); F: 111° [Zers.]. In Aceton schwer löslich, in Äthanol und Äther fast unlöslich.

Beim Erwärmen mit Methanol auf 100° ist [2-(2-Amino-äthyl)-phenyl]-essigsäure-lactam erhalten worden.

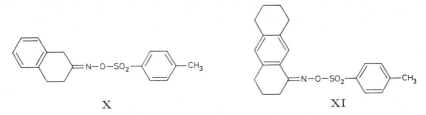

X   XI

1-[Toluol-sulfonyl-(4)-oxyimino]-1.2.3.4.5.6.7.8-octahydro-anthracen, 3.4.5.6.7.8-Hexa = hydro-2*H*-anthracenon-(1)-[*O*-(toluol-sulfonyl-(4))-oxim], *3,4,5,6,7,8-hexa = hydroanthracen-1(2H)-one O-(p-tolylsulfonyl)oxime* C₂₁H₂₃NO₃S, Formel XI.

B. Beim Behandeln einer Lösung von 1-Hydroxyimino-1.2.3.4.5.6.7.8-octahydro-anthracen (E II **7** 327) in Aceton mit Toluol-sulfonylchlorid-(4) und wss. Kalilauge (*Schroeter et al.*, B. **63** [1930] 1308, 1325).

F: 146—147° [aus E.].

Beim Erwärmen mit Methanol auf 100° ist 4-[3-Amino-5.6.7.8-tetrahydro-naphth = yl-(2)]-buttersäure-methylester-[toluol-sulfonat-(4)], beim Erwärmen mit Phenol auf 100° sind 2-Phenoxy-4.5.7.8.9.10-hexahydro-3*H*-naphth[2.3-*b*]azepin-[toluol-sulfonat-(4)] und geringe Mengen 2-[Toluol-sulfonyl-(4)-oxy]-4.5.7.8.9.10-hexahydro-3*H*-naphth[2.3-*b*] = azepin erhalten worden.

1-[Toluol-sulfonyl-(4)-oxyimino]-1.2.3.4.5.6.7.8-octahydro-phenanthren, 3.4.5.6.7.8-Hexahydro-2*H*-phenanthrenon-(1)-[*O*-(toluol-sulfonyl-(4))-oxim], *3,4,5,6,7,8-hexahydrophenanthren-1(2H)-one O-(p-tolylsulfonyl)oxime* C₂₁H₂₃NO₃S, Formel XII (X = H).

B. Beim Behandeln von 1-Hydroxyimino-1.2.3.4.5.6.7.8-octahydro-phenanthren (E II **7** 327) mit äthanol. Kalilauge und mit Toluol-sulfonylchlorid-(4) (*Schroeter et al.*, B. **63** [1930] 1308, 1327).

F: 132—133° [aus E.].

Beim Erwärmen mit Methanol auf 100° ist 4-[2-Amino-5.6.7.8-tetrahydro-naphthyl-(1)]-buttersäure-methylester-[toluol-sulfonat-(4)], beim Erwärmen mit wss.-äthanol. Salz = säure ist 4-[2-Amino-5.6.7.8-tetrahydro-naphthyl-(1)]-buttersäure-äthylester erhalten worden.

9-Nitro-1-[toluol-sulfonyl-(4)-oxyimino]-1.2.3.4.5.6.7.8-octahydro-phenanthren, 9-Nitro-3.4.5.6.7.8-hexahydro-2*H*-phenanthrenon-(1)-[*O*-(toluol-sulfon = yl-(4))-oxim], *9-nitro-3,4,5,6,7,8-hexahydrophenanthren-1(2H)-one O-(p-tolylsulfonyl) = oxime* C₂₁H₂₂N₂O₅S, Formel XII (X = NO₂).

B. Beim Behandeln von 9-Nitro-1-hydroxyimino-1.2.3.4.5.6.7.8-octahydro-phenanthren (F: 195—196°) mit Toluol-sulfonylchlorid-(4) und äthanol. Kalilauge (*Schroeter et al.*, B. **63** [1930] 1308, 1328).

F: 164—165° [aus A. oder Acetanhydrid].

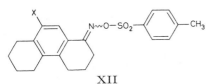

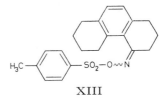

XII   XIII

4-[Toluol-sulfonyl-(4)-oxyimino]-1.2.3.4.5.6.7.8-octahydro-phenanthren, 1.2.5.6.7.8-Hexahydro-3*H*-phenanthrenon-(4)-[*O*-(toluol-sulfonyl-(4))-oxim], *1,2,5,6,7,8-hexahydrophenanthren-4(3H)-one O-(p-tolylsulfonyl)oxime* C₂₁H₂₃NO₃S, Formel XIII.

B. Beim Behandeln von 4-Hydroxyimino-1.2.3.4.5.6.7.8-octahydro-phenanthren

(F: 167—169°) mit Toluol-sulfonylchlorid-(4) und äthanol. Kalilauge (*Schroeter et al.*, B. **63** [1930] 1308, 1329).

F: 117—118° [aus Eg.].

Beim Erwärmen mit Methanol auf 100° ist 4-[1-Amino-5.6.7.8-tetrahydro-naphthyl-(2)]-buttersäure-methylester-[toluol-sulfonat-(4)] erhalten worden.

Benzophenon-[O-(toluol-sulfonyl-(4))-oxim], *benzophenone O-(p-tolylsulfonyl)oxime* $C_{20}H_{17}NO_3S$, Formel IV (R = R′ = C_6H_5) auf S. 311.

B. Beim Behandeln von Benzophenon-oxim mit wss. Natronlauge und mit Toluol-sulfonylchlorid-(4) in Aceton (*Oxley, Short*, Soc. **1948** 1514, 1518).

F: 88° [Zers.].

Beim Erwärmen mit Benzol sind *N.N′*-Diphenyl-*N*-benzoyl-benzamidin und Toluol-sulfonsäure-(4)-anhydrid erhalten worden (*Ox., Sh.*, l. c. S. 1524).

1.2-Diphenyl-äthanon-(1)-[O-(toluol-sulfonyl-(4))-oxim], Desoxybenzoin-[O-(toluol-sulfonyl-(4))-oxim], *deoxybenzoin O-(p-tolylsulfonyl)oxime* $C_{21}H_{19}NO_3S$.

Desoxybenzoin-[O-(toluol-sulfonyl-(4))-*seqtrans*-oxim], Formel VI (R = CH_2-C_6H_5) auf S. 312.

B. Beim Behandeln von Desoxybenzoin-*seqtrans*-oxim (E III **7** 2102) mit Toluol-sulfonylchlorid-(4) und Pyridin (*Neber, Huh*, A. **515** [1935] 283, 291).

Krystalle (aus Bzl.); F: 81°.

Wenig beständig. Beim Behandeln mit äthanol. Kaliumäthylat und Behandeln der (vom gebildeten Kalium-[toluol-sulfonat-(4)] befreiten) Reaktionslösung mit wss. Salz= säure ist Desylamin erhalten worden.

Cyclohexandion-(1.4)-bis-[O-(toluol-sulfonyl-(4))-oxim], *cyclohexane-1,4-dione bis-O-(p-tolylsulfonyl)oxime* $C_{20}H_{22}N_2O_6S_2$, Formel XIV.

B. Beim Behandeln von Cyclohexandion-(1.4)-dioxim (Stereoisomeren-Gemisch) mit Toluol-sulfonylchlorid-(4) und Pyridin unterhalb —4° (*Knunjanz, Fabritschnyi*, Doklady Akad. S.S.S.R. **68** [1949] 701, 702; C. A. **1950** 1918).

F: 140° [aus Py. + W.]. In warmem Aceton schwer löslich, in Methanol und Äthanol fast unlöslich.

Beim Erwärmen mit Methanol auf 100° und Erhitzen des Reaktionsprodukts mit wss. Salzsäure sind Bernsteinsäure, Äthylendiamin und *β*-Alanin erhalten worden.

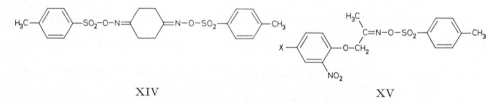

XIV   XV

[2-Nitro-phenoxy]-aceton-[O-(toluol-sulfonyl-(4))-oxim], *1-(o-nitrophenoxy)propan-2-one O-(tolylsulfonyl)oxime* $C_{16}H_{16}N_2O_6S$, Formel XV (X = H).

B. Beim Behandeln von [2-Nitro-phenoxy]-aceton-oxim (F: 134°) mit Toluol-sulfonyl= chlorid-(4) und Pyridin (*Neber, Huh*, A. **515** [1935] 283, 295).

Krystalle (aus A.); F: 104°.

[2.4-Dinitro-phenoxy]-aceton-[O-(toluol-sulfonyl-(4))-oxim], *1-(2,4-dinitrophenoxy)= propan-2-one O-(p-tolylsulfonyl)oxime* $C_{16}H_{15}N_3O_8S$, Formel XV (X = NO_2).

B. Beim Behandeln von [2.4-Dinitro-phenoxy]-aceton-oxim (F: 154°) mit Toluol-sulfonylchlorid-(4) und Pyridin (*Neber, Huh*, A. **515** [1935] 283, 296).

Gelbe Krystalle (aus A.); F: 123°.

6-Methoxy-1-[toluol-sulfonyl-(4)-oxyimino]-1.2.3.4-tetrahydro-naphthalin, 6-Methoxy-3.4-dihydro-2H-naphthalinon-(1)-[O-(toluol-sulfonyl-(4))-oxim], *6-methoxy-3,4-dihydronaphthalen-1(2H)-one O-(p-tolylsulfonyl)oxime* $C_{18}H_{19}NO_4S$, Formel IX (X = OCH_3) auf S. 312.

B. Beim Behandeln von 6-Methoxy-1-hydroxyimino-1.2.3.4-tetrahydro-naphthalin (F: 139—140°) mit wss.-äthanol. Kalilauge und mit Toluol-sulfonylchlorid-(4) in Aceton (*Schroeter et al.*, B. **63** [1930] 1308, 1324).

Krystalle (aus Bzl. oder PAe.); F: 140°.

Beim Erwärmen mit Methanol auf 100° ist 4-[6-Amino-3-methoxy-phenyl]-buttersäure-methylester-[toluol-sulfonat-(4)] erhalten worden.

[Toluol-sulfonyl-(4)-oxyimino]-phenyl-acetonitril, *phenyl*(p-*tolylsulfonyloxyimino*)*aceto=nitrile* $C_{15}H_{12}N_2O_3S$, Formel I (X = H).

B. Aus Hydroxyimino-phenyl-acetonitril [F: 128,5°] (*Perrot*, C.r. **199** [1934] 585).

F: 134,5°.

[Toluol-sulfonyl-(4)-oxyimino]-[2-chlor-phenyl]-acetonitril, (o-*chlorophenyl*)-(p-*tolyl=sulfonyloxyimino*)*acetonitrile* $C_{15}H_{11}ClN_2O_3S$, Formel I (X = Cl).

B. Aus Hydroxyimino-[2-chlor-phenyl]-acetonitril [F: 125°] (*Perrot*, C.r. **199** [1934] 585).

F: 104°.

[Toluol-sulfonyl-(4)-oxyimino]-[2-nitro-phenyl]-acetonitril, (o-*nitrophenyl*)-(p-*tolyl=sulfonyloxyimino*)*acetonitrile* $C_{15}H_{11}N_3O_5S$, Formel I (X = NO₂).

B. Aus Hydroxyimino-[2-nitro-phenyl]-acetonitril [nicht charakterisiert] (*Perrot*, C.r. **199** [1934] 585).

F: 150°.

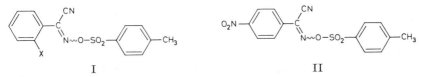

I   II

[Toluol-sulfonyl-(4)-oxyimino]-[4-nitro-phenyl]-acetonitril, (p-*nitrophenyl*)-(p-*tolyl=sulfonyloxyimino*)*acetonitrile* $C_{15}H_{11}N_3O_5S$, Formel II.

B. Aus Hydroxyimino-[4-nitro-phenyl]-acetonitril [F: 166°] (*Perrot*, C.r. **199** [1934] 585).

F: 152°.

2-[Toluol-sulfonyl-(4)-oxyimino]-3-[2-nitro-phenyl]-propionsäure-äthylester, [2-Nitro-phenyl]-brenztraubensäure-äthylester-[O-(toluol-sulfonyl-(4))-oxim], *3-(o-nitrophenyl)-2-(p-tolylsulfonyloxyimino)propionic acid ethyl ester* $C_{18}H_{18}N_2O_7S$, Formel III.

B. Beim Behandeln von 2-Hydroxyimino-3-[2-nitro-phenyl]-propionsäure-äthylester (F: 124°) mit Toluol-sulfonylchlorid-(4) und Pyridin unterhalb 0° (*Neber, Huh*, A. **515** [1935] 283, 295).

Orangegelbe Krystalle (aus A.); F: 120°.

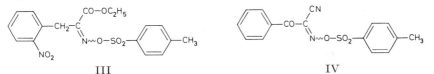

III   IV

3-Oxo-2-[toluol-sulfonyl-(4)-oxyimino]-3-phenyl-propionitril, *3-oxo-3-phenyl-2-(p-tolyl=sulfonyloxyimino)propionitrile* $C_{16}H_{12}N_2O_4S$, Formel IV.

B. Aus 3-Oxo-2-hydroxyimino-3-phenyl-propionitril [F: 122°] (*Perrot*, C.r. **199** [1934] 585).

F: 117°.

7-Methoxy-2-methyl-1-[2-(toluol-sulfonyl-(4)-oxyimino)-propyl]-1.2.3.4-tetrahydro-phenanthren-carbonsäure-(2)-methylester, *7-methoxy-2-methyl-1-[2-(p-tolylsulfonyloxy=imino)propyl]-1,2,3,4-tetrahydrophenanthrene-2-carboxylic acid methyl ester* $C_{28}H_{31}NO_6S$.

(±)-**7-Methoxy-2***t*-**methyl-1***r*-**[2-(toluol-sulfonyl-(4)-oxyimino)-propyl]-1.2.3.4-tetra=hydro-phenanthren-carbonsäure-(2c)-methylester,** Formel V + Spiegelbild.

B. Aus (±)-7-Methoxy-2*t*-methyl-1*r*-[2-hydroxyimino-propyl]-1.2.3.4-tetrahydro-phen-anthren-carbonsäure-(2c)-methylester (*Billeter, Miescher*, Helv. **31** [1948] 1302, 1316).

Krystalle (aus Me.); F: 113—114° [korr.].

Benzaminoaceton-[O-(toluol-sulfonyl-(4))-oxim], *1-benzamidopropan-2-one O-(p-tolyl=sulfonyl)oxime* C$_{17}$H$_{18}$N$_2$O$_4$S, Formel VI.

B. Beim Behandeln von Benzaminoaceton-oxim mit Toluol-sulfonylchlorid-(4) und Pyridin unterhalb −10° (*Neber, Burgard, Thier*, A. **526** [1936] 277, 293).

Krystalle (aus E.); F: 74° [Zers.].

Wenig beständig. Beim Schütteln mit äthanol. Kaliumäthylat und Behandeln der (vom gebildeten Kalium-[toluol-sulfonat-(4)] befreiten) Reaktionslösung mit wss. Salz= säure ist 3-Amino-1-benzamino-aceton C$_{10}$H$_{12}$N$_2$O$_2$ (Hydrochlorid: Krystalle [aus A.]; F: 207°) erhalten worden.

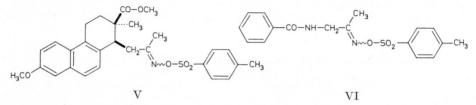

V   VI

N-Hydroxy-toluolsulfonamid-(4), **Toluolsulfonohydroxamsäure-(4)**, N-*hydroxy-p-toluene=sulfonamide* C$_7$H$_9$NO$_3$S, Formel VII (R = H) (H 109).

Krystalle (aus Bzl.); F: 153° (*Arndt, Scholz*, A. **510** [1934] 62, 71).

Beim Behandeln mit Diazomethan in Äther sind N-Methoxy-N-methyl-toluolsulfon= amid-(4) und geringe Mengen Toluol-sulfinsäure-(4)-methylester erhalten worden.

N-Methoxy-N-methyl-toluolsulfonamid-(4), **N.O-Dimethyl-toluolsulfonohydroxam=säure-(4)**, N-*methoxy-N-methyl-p-toluenesulfonamide* C$_9$H$_{13}$NO$_3$S, Formel VII (R = CH$_3$).

B. s. im vorangehenden Artikel.

Krystalle (aus PAe.); F: 57° (*Arndt, Scholz*, A. **510** [1934] 62, 71).

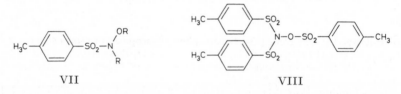

VII   VIII

Tri-[toluol-sulfonyl-(4)]-hydroxylamin, *tris*(p-*tolylsulfonyl*)*hydroxylamine* C$_{21}$H$_{21}$NO$_7$S$_3$, Formel VIII.

Diese Konstitution kommt wahrscheinlich der früher (H 108) als Tri-[toluol-sulfon= yl-(4)]-amin oder Tri-[toluol-sulfonyl-(4)]-aminoxid angesehenen Verbindung (F: 190° oder F: 184°) zu (*Farrar*, Soc. **1960** 3063, 3065).

[4-Chlor-6-(toluol-sulfonyl-(4)-aminomercapto)-2-methyl-phenyl]-glyoxylsäure-äthyl=ester, [*4-chloro-6-*(p-*tolylsulfonylaminothio*)-o-*tolyl*]*glyoxylic acid ethyl ester* C$_{18}$H$_{18}$ClNO$_5$S$_2$, Formel IX.

B. Neben 3.3′-Dioxo-3H.3′H-[2.2′]bi[naphtho[1.2-b]thienyliden] und Toluolsulfon= amid-(4) beim Erwärmen von {4-Chlor-6-[N.N′-di-(toluol-sulfonyl-(4))-sulfinamimidoyl]-2-methyl-phenyl}-glyoxylsäure-äthylester (S. 307) mit 3-Oxo-2.3-dihydro-naphtho= [1.2-b]thiophen und geringen Mengen Zinkchlorid in Äthanol (*Dalgliesh, Mann*, Soc. **1945** 913, 916).

Krystalle (aus A.); F: 170—171°.

Toluol-sulfonsäure-(4)-hydrazid, p-*toluenesulfonic acid hydrazide* C$_7$H$_{10}$N$_2$O$_2$S, Formel X (R = H$_2$) (E II 66).

B. Beim Behandeln einer Lösung von Toluol-sulfonylchlorid-(4) in Tetrahydrofuran mit wss. Hydrazin (*Friedman, Litle, Reichle*, Org. Synth. **40** [1960] 93; vgl. E II 66).

Krystalle; F: 112° [aus W. oder CHCl$_3$] (*Albert, Royer*, Soc. **1949** 1148, 1150), 109—110° [Zers.; aus A.] (*Curtius*, J. pr. [2] **125** [1930] 303, 325), 104—107° [aus wss. Me.] (*Fr., Li., Rei.*).

Bei längerem Erwärmen mit wss. Äthanol oder mit Äthanol erfolgt Zersetzung unter Bildung von Stickstoff und Wasserstoff (*Cu.*). Beim Erhitzen mit Acetonylaceton in

Essigsäure ist 1-[Toluol-sulfonyl-(4)-amino]-2.5-dimethyl-pyrrol erhalten worden (*Walsh*, Soc. **1942** 726).

Hydrochlorid $C_7H_{10}N_2O_2S\cdot HCl$. Krystalle; F: 164—165° [Zers.] (*Cu.*).

Verbindung mit Silbernitrat $C_7H_{10}N_2O_2S\cdot AgNO_3$. Krystalle (*Cu.*).

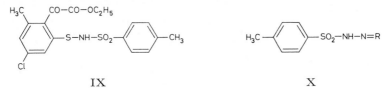

IX   X

Toluol-sulfonsäure-(4)-benzylidenhydrazid, Benzaldehyd-[toluol-sulfonyl-(4)-hydrazon], p-*toluenesulfonic acid benzylidenehydrazide* $C_{14}H_{14}N_2O_2S$, Formel X (R = CH-C₆H₅) (E II 66).

B. Beim Behandeln von Toluol-sulfonsäure-(4)-hydrazid mit Benzaldehyd in Äthanol (*Curtius*, J. pr. [2] **125** [1930] 303, 326; vgl. E II 66).

Krystalle (aus A.); F: 127—128° [Zers.].

Toluol-sulfonsäure-(4)-[5-benzoyloxy-pentadien-(2.4)-ylidenhydrazid], 1-Benzoyloxy-pentadien-(1.3)-al-(5)-[toluol-sulfonyl-(4)-hydrazon], p-*toluenesulfonic acid* [5-(benzoyloxy)penta-2,4-dienylidene]hydrazide $C_{19}H_{18}N_2O_4S$, Formel X (R = CH-CH=CH-CH=CH-O-CO-C₆H₅).

B. Bei 3-tägigem Behandeln von 1-Benzoyloxy-pentadien-(1.3)-al-(5) (E II **9** 130) mit Toluol-sulfonsäure-(4)-hydrazid in Äther (*Datta*, J. Indian chem. Soc. **24** [1947] 109, 115, 116).

Hellgelbe Krystalle [aus Me.] (*Da.*).

Beim Erwärmen mit Chlorwasserstoff enthaltendem Äthanol sind 1-[Toluol-sulfonyl-(4)-amino]-pyridinium-betain (über die Konstitution dieser Verbindung s. *Buchanan, Levine*, Soc. **1950** 2248) und Benzoesäure-äthylester erhalten worden (*Da.*).

N′-[Toluol-sulfonyl-(4)]-N-m-toluoyl-hydrazin, N-m-*toluoyl*-N′-(p-*tolylsulfonyl*)*hydrazine* $C_{15}H_{16}N_2O_3S$, Formel XI.

B. Beim Behandeln von m-Toluylsäure-hydrazid mit Toluol-sulfonylchlorid-(4) und Pyridin (*Hey, Kohn*, Soc. **1949** 3177, 3179).

Krystalle (aus wss. A.); F: 140°.

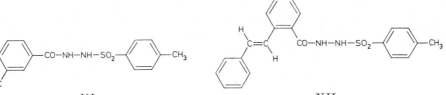

XI   XII

N′-[Toluol-sulfonyl-(4)]-N-[stilbencarbonyl-(2)]-hydrazin, N-(*stilben-2-ylcarbonyl*)-N′-(p-*tolylsulfonyl*)*hydrazine* $C_{22}H_{20}N_2O_3S$.

N′-[Toluol-sulfonyl-(4)]-N-[*trans*-stilbencarbonyl-(2)]-hydrazin, Formel XII.

B. Beim Erwärmen von *trans*-Stilben-carbonsäure-(2)-hydrazid (E III **9** 3429) mit Toluol-sulfonylchlorid-(4) und Pyridin (*Natelson, Gottfried*, Am. Soc. **63** [1941] 487).

Krystalle (aus Bzl.); F: 190°.

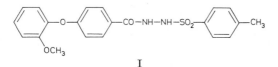

I

N′-[Toluol-sulfonyl-(4)]-N-[4-(2-methoxy-phenoxy)-benzoyl]-hydrazin, N-[4-(o-*methoxyphenoxy*)*benzoyl*]-N′-(p-*tolylsulfonyl*)*hydrazine* $C_{21}H_{20}N_2O_5S$, Formel I.

B. Beim Behandeln von 4-[2-Methoxy-phenoxy]-benzoesäure-hydrazid mit Toluol-sulfonylchlorid-(4) und Pyridin (*Ungnade*, Am. Soc. **63** [1941] 2091).

Krystalle (aus Eg.); F: 205—206°.

N′-[Toluol-sulfonyl-(4)]-N-[4-(4-methoxy-phenoxy)-benzoyl]-hydrazin, N-[*4*-(p-*meth=oxyphenoxy*)*benzoyl*]-N′-(p-*tolylsulfonyl*)*hydrazine* $C_{21}H_{20}N_2O_5S$, Formel II (X = H).

B. Beim Behandeln von 4-[4-Methoxy-phenoxy]-benzoesäure-hydrazid mit Toluol-sulfonylchlorid-(4) und Pyridin (*Harington, Pitt Rivers*, Soc. **1940** 1101).

Krystalle (aus Eg.); F: 172—173°.

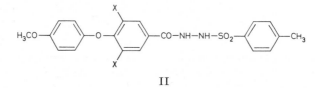

II

N′-[Toluol-sulfonyl-(4)]-N-[3.5-dijod-4-(4-methoxy-phenoxy)-benzoyl]-hydrazin, N-[*3,5-diiodo-4*-(p-*methoxyphenoxy*)-*benzoyl*]-N′-(p-*tolylsulfonyl*)*hydrazine* $C_{21}H_{18}I_2N_2O_5S$, Formel II (X = I).

B. Beim Behandeln von 3.5-Dijod-4-[4-methoxy-phenoxy]-benzoesäure-hydrazid mit Toluol-sulfonylchlorid-(4) und Pyridin (*Borrows, Clayton, Hems*, Soc. **1949** Spl. 185, 190).

Hellgelbe Krystalle (aus A.); F: 196—197°.

N′-[Toluol-sulfonyl-(4)]-N-[4-benzylmercapto-benzoyl]-hydrazin, N-[*4*-(*benzylthio*)=*benzoyl*]-N′-(p-*tolylsulfonyl*)*hydrazine* $C_{21}H_{20}N_2O_3S_2$, Formel III.

B. Beim Behandeln von 4-Benzylmercapto-benzoesäure-hydrazid mit Toluol-sulfonyl=chlorid-(4) und Pyridin (*Elliott, Harington*, Soc. **1949** 1374, 1377).

Krystalle (aus Eg.); F: 180° [unkorr.].

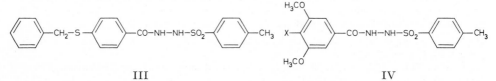

III   IV

N′-[Toluol-sulfonyl-(4)]-N-[3.5-dimethoxy-benzoyl]-hydrazin, N-(*3,5-dimethoxybenzoyl*)-N′-(p-*tolylsulfonyl*)*hydrazine* $C_{16}H_{18}N_2O_5S$, Formel IV (X = H).

B. Beim Erwärmen von 3.5-Dimethoxy-benzoesäure-hydrazid mit Toluol-sulfonyl=chlorid-(4) und Pyridin (*Adams, MacKenzie, Loewe*, Am. Soc. **70** [1948] 664, 666).

Krystalle (aus wss. A.); F: 165—166°.

N′-[Toluol-sulfonyl-(4)]-N-[3.4.5-trimethoxy-benzoyl]-hydrazin, N′-(p-*tolylsulfonyl*)-N-(*3,4,5-trimethoxybenzoyl*)*hydrazine* $C_{17}H_{20}N_2O_6S$, Formel IV (X = OCH_3).

B. Beim Behandeln von 3.4.5-Trimethoxy-benzoesäure-hydrazid mit Toluol-sulfonyl=chlorid-(4) und Pyridin (*Nakada, Nishihara*, J. pharm. Soc. Japan **64** [1944] 74; C. A. **1951** 2955).

Krystalle (aus A.); F: 235—236° [Zers.].

N-Nitro-toluolsulfonamid-(4), N-*nitro*-p-*toluenesulfonamide* $C_7H_8N_2O_4S$, Formel V (X = NH-NO_2) (E II 67).

Beim Erhitzen des Silber-Salzes (s. u.) mit Benzylchlorid in Dioxan ist N-Nitro-N-benz=yl-toluolsulfonamid-(4), bei mehrtägigem Behandeln des Silber-Salzes mit Benzylchlorid in Äther sind die im folgenden Artikel beschriebene Verbindung und geringe Mengen N-Nitro-N-benzyl-toluolsulfonamid-(4) erhalten worden (*Gillibrand, Lamberton*, Soc. **1949** 1883, 1886).

Silber-Salz AgC_7H_7N_2O_4S. F: 219°.

S-Benzyl-isothiuronium-Salz [C_8H_{11}N_2S]C_7H_7N_2O_4S. Krystalle (aus wss. A.); F: 136°.

N-[O-Benzyl-*aci*-nitro]-toluolsulfonamid-(4), N-(O-*benzyl*-aci-*nitro*)-p-*toluenesulfonamide* $C_{14}H_{14}N_2O_4S$, Formel VI.

B. s. im vorangehenden Artikel.

Krystalle (aus Cyclohexan); F: 66—68° (*Gillibrand, Lamberton*, Soc. **1949** 1883, 1886).

Beim Einleiten von Ammoniak in eine äther. Lösung bildet sich das Ammonium-Salz des *N*-Nitro-toluolsulfonamids-(4). Beim Erhitzen mit wss. Natronlauge sind Benzyl=alkohol und *N*-Nitro-toluolsulfonamid-(4) erhalten worden.

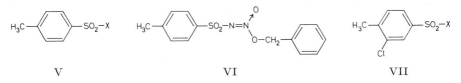

V   VI   VII

Toluol-sulfonylazid-(4), p-*toluenesulfonyl azide* $C_7H_7N_3O_2S$, Formel V (X = N$_3$) (E II 67).

Gegen kalte wss. Natronlauge beständig (*Curtius*, J. pr. [2] **125** [1930] 303, 324). Bildung von Toluolsulfonamid-(4) und einer ursprünglich (*Cu.*, l. c. S. 340) als 3(oder 4)-[Toluol-sulfonyl-(4)-amino]-pyridin angesehenen, nach *Buchanan, Levine* (Soc. **1950** 2248) aber als 1-[Toluol-sulfonyl-(4)-amino]-pyridinium-betain zu formulierenden Verbindung $C_{12}H_{12}N_2O_2S$ (F: 210°) beim Erhitzen mit Pyridin: *Cu.*, l. c. S. 336; s. a. *Datta*, J. Indian chem. Soc. **24** [1947] 109, 115. Reaktionen mit Benzol und mit *p*-Xylol unter Bildung von Toluolsulfonanilid-(4) bzw. von *N*-[2.5-Dimethyl-phenyl]-toluolsulfon=amid-(4) (*Cu.*, l. c. S. 327). Beim Erwärmen mit Anilin unter 30 Torr auf 95° ist Anilin-[toluol-sulfonat-(4)], beim Erhitzen mit Anilin unter Normaldruck auf 130° sind hingegen Toluolsulfonamid-(4) und andere Substanzen erhalten worden (*Cu.*, l. c. S. 329, 330). Bildung von Toluolsulfonamid-(4), Bis-[4-dimethylamino-phenyl]-methan, *N'*-[Toluol-sulfonyl-(4)]-*N.N*-dimethyl-*o*-phenylendiamin und *N'*-[Toluol-sulfonyl-(4)]-*N.N*-dimeth=yl-*p*-phenylendiamin beim Erhitzen mit *N.N*-Dimethyl-anilin auf 140°: *Cu.*, l. c. S. 334—336.

2-Chlor-toluol-sulfonsäure-(4), *3-chloro*-p-*toluenesulfonic acid* $C_7H_7ClO_3S$, Formel VII (X = OH) (H 109; E I 29; E II 67).

B. Aus 2-Chlor-toluol-sulfonylchlorid-(4) beim Erhitzen mit wss. Schwefelsäure (*McMaster, Carol*, Ind. eng. Chem. **23** [1931] 218).

Beim Behandeln des Kalium-Salzes mit einem Gemisch von Schwefelsäure und Sal=petersäure sind 6-Chlor-3-nitro-toluol-sulfonsäure-(4) und geringe Mengen 6-Chlor-2-nitro-toluol-sulfonsäure-(4) erhalten worden (*Turner, Wynne*, Soc. **1936** 707, 709).

2-Chlor-toluol-sulfonylchlorid-(4), *3-chloro*-p-*toluenesulfonyl chloride* $C_7H_6Cl_2O_2S$, Formel VII (X = Cl) (H 109; E I 30; E II 67).

B. Aus 2-Chlor-toluol-sulfonsäure-(4) beim Erwärmen mit Chloroschwefelsäure (*I. G. Farbenind.*, D.R.P. 565461 [1929]; Frdl. **18** 1817).

Krystalle; F: 37° (*McMaster, Carol*, Ind. eng. Chem. **23** [1931] 218).

2-Chlor-toluolsulfonamid-(4), *3-chloro*-p-*toluenesulfonamide* $C_7H_8ClNO_2S$, Formel VII (X = NH$_2$) (H 109; E II 67).

B. Beim Behandeln von 2-Chlor-toluol-sulfonsäure-(4) mit Phosphor(V)-chlorid und Erwärmen des Reaktionsprodukts mit wss. Ammoniak (*Allen, Frame*, J. org. Chem. **7** [1942] 15, 16, 17).

F: 137,5° (*McMaster, Carol*, Ind. eng. Chem. **23** [1931] 218, 219), 135° (*Allen, Fr.*).

3-Chlor-toluol-sulfonsäure-(4), *2-chloro*-p-*toluenesulfonic acid* $C_7H_7ClO_3S$, Formel VIII (X = OH).

B. Aus 3-Chlor-toluol-sulfinsäure-(4) mit Hilfe von Kaliumpermanganat (*Silvester, Wynne*, Soc. **1936** 691, 693).

Als Kalium-Salz $KC_7H_6ClO_3S$ isoliert.

3-Chlor-toluol-sulfonylchlorid-(4), *2-chloro*-p-*toluenesulfonyl chloride* $C_7H_6Cl_2O_2S$, Formel VIII (X = Cl).

B. Aus 3-Chlor-toluol-sulfonsäure-(4) (*Silvester, Wynne*, Soc. **1936** 691, 693).

Krystalle (aus Bzn.); F: 46°.

3-Chlor-toluolsulfonamid-(4), *2-chloro*-p-*toluenesulfonamide* $C_7H_8ClNO_2S$, Formel VIII (X = NH$_2$).

B. Aus 3-Chlor-toluol-sulfonylchlorid-(4) mit Hilfe von Ammoniak (*Silvester, Wynne*,

Soc. **1936** 691, 693).

Krystalle (aus wss. A.); F: 186°.

α-Chlor-toluol-sulfonylfluorid-(4), *α-chloro-p-toluenesulfonyl fluoride* C₇H₆ClFO₂S, Formel IX (X = F).

B. Aus Toluol-sulfonylfluorid-(4) und Chlor bei 160—210° (*Davies, Dick*, Soc. **1932** 2042, 2045).

Krystalle (aus PAe.); F: 56°.

α-Chlor-toluol-sulfonylchlorid-(4), *α-chloro-p-toluenesulfonyl chloride* C₇H₆Cl₂O₂S, Formel IX (X = Cl) (E I 30).

B. Aus Toluol-sulfonylchlorid-(4) beim Erwärmen mit Sulfurylchlorid und wenig Dibenzoylperoxid in Tetrachlormethan (*Takizawa*, Mem. Inst. scient. ind. Res. Osaka Univ. **6** [1948] 89).

Krystalle (aus PAe.); F: 62—63° (*Ta.*), 58—58,5° (*Amagasa, Hida, Kamoi*, J. chem. Soc. Japan Ind. Chem. Sect. **52** [1949] 114, 116; C. A. **1951** 2149).

Beim Behandeln mit methanol. oder äthanol. Ammoniak sind α-Amino-toluolsulfon⸗ amid-(4) und Bis-[4-sulfamoyl-benzyl]-amin erhalten worden (*Ama., Hida, Ka.*, l. c. S. 117).

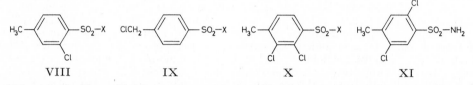

VIII IX X XI

α-Chlor-toluolsulfonamid-(4), *α-chloro-p-toluenesulfonamide* C₇H₈ClNO₂S, Formel IX (X = NH₂).

B. Aus α-Chlor-toluol-sulfonylchlorid-(4) beim Behandeln mit wss. Ammoniak (*Takizawa*, Mem. Inst. scient. ind. Res. Osaka Univ. **6** [1948] 89) oder mit äther. Ammoniak (*Amagasa, Hida, Kamoi*, J. chem. Soc. Japan Ind. Chem. Sect. **52** [1949] 114, 116; C. A. **1951** 2149).

Krystalle; F: 166—167° [korr; aus Bzl. + Acn.] (*Ama., Hida, Ka.*), 163° (*Ta.*). In Methanol und in Äthanol leicht löslich, in Äther fast unlöslich (*Ama., Hida, Ka.*). Thermische Analyse des Systems mit Toluolsulfonamid-(4): *Ta.*

Beim Behandeln mit flüssigem Ammoniak sind α-Amino-toluolsulfonamid-(4) und Bis-[4-sulfamoyl-benzyl]-amin erhalten worden (*Ama., Hida, Ka.*, l. c. S. 117).

2.3-Dichlor-toluol-sulfonsäure-(4), *2,3-dichloro-p-toluenesulfonic acid* C₇H₆Cl₂O₃S, Formel X (X = OH).

B. Aus 2.3-Dichlor-toluol-sulfinsäure-(4) mit Hilfe von Kaliumpermanganat (*Silvester, Wynne*, Soc. **1936** 691, 695).

Als Kalium-Salz KC₇H₅Cl₂O₃S isoliert.

2.3-Dichlor-toluol-sulfonylchlorid-(4), *2,3-dichloro-p-toluenesulfonyl chloride* C₇H₅Cl₃O₂S, Formel X (X = Cl).

B. Aus 2.3-Dichlor-toluol-sulfonsäure-(4) (*Silvester, Wynne*, Soc. **1936** 691, 695).

Krystalle (aus PAe.); F: 40—41°.

2.3-Dichlor-toluolsulfonamid-(4), *2,3-dichloro-p-toluenesulfonamide* C₇H₇Cl₂NO₂S, Formel X (X = NH₂).

B. Aus 2.3-Dichlor-toluol-sulfonylchlorid-(4) (*Silvester, Wynne*, Soc. **1936** 691, 695).

Krystalle (aus A.); F: 237°.

2.5-Dichlor-toluolsulfonamid-(4), *2,5-dichloro-p-toluenesulfonamide* C₇H₇Cl₂NO₂S, Formel XI (H 109).

B. Aus 2.5-Dichlor-toluol-sulfonylchlorid-(4) [H 109] (*Turner, Wynne*, Soc. **1936** 707, 710).

F: 196°.

2.6-Dichlor-toluol-sulfonsäure-(4), *3,5-dichloro-p-toluenesulfonic acid* C₇H₆Cl₂O₃S, Formel I (E II 68).

B. Aus 6-Chlor-2-amino-toluol-sulfonsäure-(4) (*Turner, Wynne*, Soc. **1936** 707, 711).

Als Kalium-Salz $KC_7H_5Cl_2O_3S$ (Krystalle [aus W.]) isoliert.
Charakterisierung als Chlorid (F: 69°) und als Amid (F: 192°): *Tu., Wy.,* l. c. S. 711; vgl. E II 68.

3.5-Dichlor-toluol-sulfonsäure-(4), *2,6-dichloro-p-toluenesulfonic acid* $C_7H_6Cl_2O_3S$, Formel II (X = OH).
B. Aus dem Kalium-Salz der 3.5-Dichlor-toluol-sulfinsäure-(4) mit Hilfe von Kalium=permanganat (*Silvester, Wynne,* Soc. **1936** 691, 696).
Als Kalium-Salz $KC_7H_5Cl_2O_3S \cdot H_2O$ isoliert.

3.5-Dichlor-toluol-sulfonylchlorid-(4), *2,6-dichloro-p-toluenesulfonyl chloride* $C_7H_5Cl_3O_2S$, Formel II (X = Cl).
B. Aus 3.5-Dichlor-toluol-sulfonsäure-(4) (*Silvester, Wynne,* Soc. **1936** 691, 696).
Krystalle; F: 56°.

3.5-Dichlor-toluolsulfonamid-(4), *2,6-dichloro-p-toluenesulfonamide* $C_7H_7Cl_2NO_2S$, Formel II (X = NH_2).
B. Aus 3.5-Dichlor-toluol-sulfonylchlorid-(4) (*Silvester, Wynne,* Soc. **1936** 691, 696).
Krystalle; F: 154—155°.

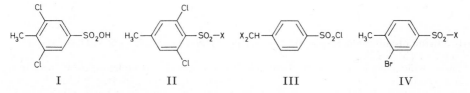

I	II	III	IV

α.α-Dichlor-toluol-sulfonylchlorid-(4), *α,α-dichloro-p-toluenesulfonyl chloride* $C_7H_5Cl_3O_2S$, Formel III (X = Cl).
B. Beim Einleiten von Chlor in Phosphor(V)-chlorid enthaltendes Toluol-sulfonyl=chlorid-(4) bei 150—170° unter Belichtung (*I. G. Farbenind.,* D.R.P. 747994 [1940]; D.R.P. Org. Chem. **6** 1688).
Bei 167°/5 Torr destillierbare Flüssigkeit, die krystallin erstarrt.

2-Brom-toluol-sulfonsäure-(4), *3-bromo-p-toluenesulfonic acid* $C_7H_7BrO_3S$, Formel IV (X = OH) (H 110).
Thallium(I)-Salz $TlC_7H_6BrO_3S$. Krystalle (aus W.); F: 220—222° (*Gilman, Abbott,* Am. Soc. **65** [1943] 123).

2-Brom-toluol-sulfonsäure-(4)-[2.4.5-tribrom-phenylester], *3-bromo-p-toluenesulfonic acid 2,4,5-tribromophenyl ester* $C_{13}H_8Br_4O_3S$, Formel V.
B. Beim Behandeln einer aus 2-Amino-toluol-sulfonsäure-(4)-[4.6-dibrom-3-amino-phenylester], Natriumnitrit und wss. Salzsäure bereiteten Diazoniumsalz-Lösung mit Brom in wss. Kaliumbromid-Lösung und Erwärmen des Reaktionsprodukts mit Essig=säure (*Henley, Turner,* Soc. **1930** 928, 933).
Krystalle (aus A.); F: 107—108°.

2-Brom-toluol-sulfonylchlorid-(4), *3-bromo-p-toluenesulfonyl chloride* $C_7H_6BrClO_2S$, Formel IV (X = Cl) (vgl. H 110).
Diese Konstitution ist der E I 30 als 3-Brom-toluol-sulfonylchlorid-(4) beschriebenen Verbindung (F: 80°) auf Grund ihrer genetischen Beziehung zu Bis-[3-brom-4-methyl-phenyl]-disulfid (E III **6** 1435) zuzuordnen; die E I 30 als 2-Brom-toluol-sulfonyl=chlorid-(4) beschriebene Verbindung (F: 60°) ist hingegen als 3-Brom-toluol-sulfonyl=chlorid-(4) (S. 322) zu formulieren (vgl. diesbezüglich *Neumoyer, Amstutz,* Am. Soc. **66** [1944] 1680, 1683 Anm. 18).

3-Brom-toluol-sulfonsäure-(4), *2-bromo-p-toluenesulfonic acid* $C_7H_7BrO_3S$, Formel VI (X = OH).
B. Beim Behandeln von 3-Amino-toluol-sulfonsäure-(4) mit Natriumnitrit und wss. Schwefelsäure, Eintragen einer wss. Suspension des erhaltenen Diazoniumsalzes in eine heisse Lösung von Kupfer(I)-bromid in wss. Bromwasserstoffsäure und Sättigen der Reaktionslösung mit Schwefelwasserstoff bei 50° (*Gilman, Martin,* Am. Soc. **74** [1952] 5317; s. a. *Martin,* Iowa Coll. J. **21** [1946] 38).

Als Natrium-Salz isoliert (*Gi.*, *Ma.*) und als *p*-Toluidin-Salz (F: 216—218°) charakterisiert (*Ma.*; *Gi.*, *Ma.*).

3-Brom-toluol-sulfonsäure-(4)-methylester, *2-bromo-*p-*toluenesulfonic acid methyl ester* $C_8H_9BrO_3S$, Formel VI (X = OCH_3).
   B. Aus 3-Brom-toluol-sulfonylchlorid-(4) (*Martin*, Iowa Coll. J. **21** [1946] 38; *Gilman*, *Martin*, Am. Soc. **74** [1952] 5317).
   F: 62—63° (*Ma.*; *Gi.*, *Ma.*).

3-Brom-toluol-sulfonsäure-(4)-äthylester, *2-bromo-*p-*toluenesulfonic acid ethyl ester* $C_9H_{11}BrO_3S$, Formel VI (X = OC_2H_5).
   B. Aus 3-Brom-toluol-sulfonylchlorid-(4) (*Martin*, Iowa Coll. J. **21** [1946] 38; *Gilman*, *Martin*, Am. Soc. **74** [1952] 5317).
   F: 70—71° (*Ma.*; *Gi.*, *Ma.*).

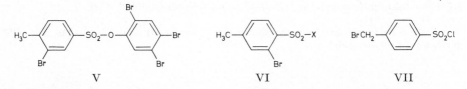

| V | VI | VII |

3-Brom-toluol-sulfonylchlorid-(4), *2-bromo-*p-*toluenesulfonyl chloride* $C_7H_6BrClO_2S$, Formel VI (X = Cl).
   Diese Konstitution ist der E I 30 als 2-Brom-toluol-sulfonylchlorid-(4) beschriebenen Verbindung (F: 60°) auf Grund ihrer genetischen Beziehung zu Bis-[2-brom-4-methylphenyl]-disulfid (E III **6** 1435) zuzuordnen; die E I 30 als 3-Brom-toluol-sulfonyl≠chlorid-(4) beschriebene Verbindung (F: 80°) ist hingegen als 2-Brom-toluol-sulfonyl≠chlorid-(4) zu formulieren (vgl. diesbezüglich *Neumoyer*, *Amstutz*, Am. Soc. **66** [1944] 1680, 1683 Anm. 18).
   B. Aus 3-Brom-toluol-sulfonsäure-(4) beim Erhitzen mit Phosphor(V)-chlorid auf 160° (*Gilman*, *Martin*, Am. Soc. **74** [1952] 5317).
   Krystalle (aus PAe.), F: 64—65° (*Martin*, Iowa Coll. J. **21** [1946] 38; *Gi.*, *Ma.*).

3-Brom-toluolsulfonamid-(4), *2-bromo-*p-*toluenesulfonamide* $C_7H_8BrNO_2S$, Formel VI (X = NH_2).
   B. Aus 3-Brom-toluol-sulfonylchlorid-(4) beim Erwärmen mit wss. Ammoniak (*Gilman*, *Martin*, Am. Soc. **74** [1952] 5317; s. a. *Martin*, Iowa Coll. J. **21** [1946] 38).
   Krystalle (aus wss. A.), F: 153,5—154,5° (*Ma.*; *Gi.*, *Ma.*).

α-Brom-toluol-sulfonylchlorid-(4), *α-bromo-*p-*toluenesulfonyl chloride* $C_7H_6BrClO_2S$, Formel VII.
   B. Aus Toluol-sulfonylchlorid-(4) beim Behandeln mit Brom (1 Mol) bei 170° (*Andrewes*, *King*, *Walker*, Pr. roy. Soc. [B] **133** [1946] 20, 34).
   Krystalle (aus Bzn.); F: 72—73°.

α.α-Dibrom-toluol-sulfonylchlorid-(4), *α,α-dibromo-*p-*toluenesulfonyl chloride* $C_7H_5Br_2ClO_2S$, Formel III (X = Br).
   B. Aus Toluol-sulfonylchlorid-(4) beim Behandeln mit Brom (2 Mol) bei 150—170° unter der Einwirkung von Licht (*I. G. Farbenind.*, D.R.P. 747994 [1940]; D.R.P. Org. Chem. **6** 1688).
   Bei 165°/1 Torr destillierbare Flüssigkeit, die krystallin erstarrt.

2-Jod-toluol-sulfonylfluorid-(4), *3-iodo-*p-*toluenesulfonyl fluoride* $C_7H_6FIO_2S$, Formel VIII.
   B. Beim Behandeln einer aus 2-Amino-toluol-sulfonylfluorid-(4), Natriumnitrit und wss. Schwefelsäure bereiteten Diazoniumsalz-Lösung mit wss. Kaliumjodid-Lösung (*Steinkopf*, *Jaeger*, J. pr. [2] **128** [1930] 63, 73).
   Krystalle (aus PAe.); F: 35—36°.

3-Jod-toluol-sulfonsäure-(4), *2-iodo-*p-*toluenesulfonic acid* $C_7H_7IO_3S$, Formel IX (X = OH).
   B. Beim Behandeln von 3-Amino-toluol-sulfonsäure-(4) mit Natriumnitrit und wss.

Schwefelsäure und Behandeln einer wss. Suspension des erhaltenen Diazoniumsalzes mit wss. Kaliumjodid-Lösung (*Gilman, Martin*, Am. Soc. **74** [1952] 5317; s. a. *Martin*, Iowa Coll. J. **21** [1946] 38).

Als *p*-Toluidin-Salz (F: 227,5—230°) charakterisiert (*Ma.; Gi., Ma.*).

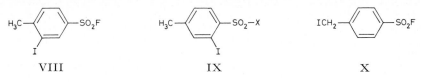

VIII   IX   X

3-Jod-toluol-sulfonylchlorid-(4), *2-iodo-p-toluenesulfonyl chloride* $C_7H_6ClIO_2S$, Formel IX (X = Cl).

B. Aus 3-Jod-toluol-sulfonsäure-(4) beim Erhitzen des Kalium-Salzes mit Phosphor(V)-chlorid auf 160° (*Gilman, Martin*, Am. Soc. **74** [1952] 5317; s. a. *Martin*, Iowa Coll. J. **21** [1946] 38).

Krystalle (aus PAe.); F: 66—67° (*Ma.; Gi., Ma.*).

3-Jod-toluolsulfonamid-(4), *2-iodo-p-toluenesulfonamide* $C_7H_8INO_2S$, Formel IX (X = NH₂).

B. Aus 3-Jod-toluol-sulfonylchlorid-(4) beim Erwärmen mit wss. Ammoniak (*Gilman, Martin*, Am. Soc. **74** [1952] 5317; s. a. *Martin*, Iowa Coll. J. **21** [1946] 38).

Krystalle (aus A.); F: 165—166° (*Ma.; Gi., Ma.*).

α-Jod-toluol-sulfonylfluorid-(4), *α-iodo-p-toluenesulfonyl fluoride* $C_7H_6FIO_2S$, Formel X.

B. Aus α-Chlor-toluol-sulfonylfluorid-(4) beim Erwärmen mit Natriumjodid in Aceton (*Davies, Dick*, Soc. **1932** 2042, 2045).

Krystalle (aus PAe.); F: 106°.

2-Nitro-toluol-sulfonsäure-(4), *3-nitro-p-toluenesulfonic acid* $C_7H_7NO_5S$, Formel XI (X = OH) (H 110; E II 68).

B. Aus Toluol-sulfonsäure-(4) beim Behandeln mit Salpetersäure unter Einleiten von Borfluorid (*Thomas, Anzilotti, Hennion*, Ind. eng. Chem. **32** [1940] 408) sowie bei 2-tägigem Behandeln einer Lösung in Acetanhydrid mit wss. Salpetersäure [D: 1,41] (*Hirwe, Jambhekar*, J. Indian chem. Soc. **10** [1933] 47, 48).

Hygroskopische gelbliche Krystalle (aus W.) mit 2 Mol H_2O, F: 92°; bei 245° erfolgt Zersetzung (*Hi., Ja.*).

K a l i u m - S a l z $KC_7H_6NO_5S$ (H 110). Krystalle [aus W.] (*Hi., Ja.*).

K u p f e r (II) - S a l z. T e t r a h y d r a t $Cu(C_7H_6NO_5S)_2·4H_2O$. Hellblaue Krystalle, die bei 100° 3 Mol Wasser abgeben (*Dubský, Trtílek*, J. pr. [2] **140** [1934] 47, 51). — N o n a h y d r a t $Cu(C_7H_6NO_5S)_2·9H_2O$. Blaue Krystalle, die an der Luft verwittern (*Čupr, Širůček*, Chem. Listy **31** [1937] 106; C. **1937** II 766). — B i s - ä t h y l e n d i a m i n - k u p f e r (II) - S a l z. T e t r a h y d r a t $[Cu(C_2H_8N_2)_2](C_7H_6NO_5S)_2·4H_2O$. Herstellung aus dem Nonahydrat des Tris-äthylendiamin-kupfer(II)-Salzes (s. u.) durch Erwärmen mit Äthanol: *Du., Tr.*, l. c. S. 53. Violettblaue Krystalle. — T r i s - ä t h y l e n d i a m i n - k u p f e r (II) - S a l z. N o n a h y d r a t $[Cu(C_2H_8N_2)_3](C_7H_6NO_5S)_2·9H_2O$. Herstellung aus dem Kupfer(II)-Salz (Tetrahydrat; s. o.) und Äthylendiamin in Wasser: *Du., Tr.*, l. c. S. 52. Violettblaue Krystalle; Zers. bei 255°. Bei 100° werden 3 Mol Wasser und 1 Mol Äthylendiamin abgegeben. Beim Erhitzen mit Äthylendiamin in Wasser bildet sich ein H e x a h y d r a t $[Cu(C_2H_8N_2)_3)](C_7H_6NO_5S)_2·6H_2O$ (dunkelviolettblaue Krystalle; Zers. bei 258°).

B e r y l l i u m - S a l z. $Be(C_7H_6NO_5S)_2$. Wasserhaltige Krystalle (aus Acn. + Toluol), F: 140,6—141,6° [korr.] und (nach Wiedererstarren) F: 181,3—182,3° [korr.]; das wasserfreie Salz zersetzt sich bei 273,6° [korr.] (*Booth, Pierce*, J. phys. Chem. **37** [1933] 59, 67, 68). Elektrische Leitfähigkeit von wss. Lösungen: *Čupr, Širůček*, Collect. **6** [1934] 97, 98, 99. — N o n a h y d r a t $Be(C_7H_6NO_5S)_2·9H_2O$. Krystalle [aus W.] (*Čupr, Širůček*, J. pr. [2] **139** [1934] 245, 246).

M a g n e s i u m - S a l z. O c t a h y d r a t $Mg(C_7H_6NO_5S)_2·8H_2O$. Gelbe Krystalle (*Čupr, Ši.*, J. pr. [2] **139** 249).

C a l c i u m - S a l z. H e x a h y d r a t $Ca(C_7H_6NO_5S)_2·6H_2O$. Gelbe Krystalle (*Čupr, Ši.*, J. pr. [2] **139** 250).

S t r o n t i u m - S a l z. D i h y d r a t $Sr(C_7H_6NO_5S)_2·2H_2O$. Gelbe Krystalle (*Čupr, Ši.*,

J. pr. [2] **139** 250).

Barium-Salz. Monohydrat Ba(C₇H₆NO₅S)₂·H₂O. Gelbe Krystalle (*Čupr, Ši.,* J. pr. [2] **139** 250). — Über ein unbeständiges Tetrahydrat s. *Čupr, Ši.,* J. pr. [2] **139** 250.

Zink-Salz. Octahydrat Zn(C₇H₆NO₅S)₂·8H₂O. Gelbe Krystalle (*Čupr, Ši.,* J. pr. [2] **139** 249). — Über ein unbeständiges Decahydrat s. *Čupr, Ši.,* J. pr. [2] **139** 249.

Cadmium-Salz. Nonahydrat Cd(C₇H₆NO₅S)₂·9H₂O. Gelbe Krystalle, die sich allmählich in ein Pentahydrat Cd(C₇H₆NO₅S)₂·5H₂O umwandeln (*Čupr, Ši.,* J. pr. [2] **139** 249).

S-Benzyl-isothiuronium-Salz. F: 166° [Block] (*Tatibouet, Setton,* Bl. **1952** 382).

6-Chlor-4-brom-3-nitro-1-[2-nitro-toluol-sulfonyl-(4)-oxy]-benzol, 2-Nitro-toluol-sulfonsäure-(4)-[6-chlor-4-brom-3-nitro-phenylester], *1-bromo-5-chloro-2-nitro-4-(3-nitro-*p*-tolylsulfonyloxy)benzene* C₁₃H₈BrClN₂O₇S, Formel XII (X = Cl).

B. Aus Toluol-sulfonsäure-(4)-[2-chlor-4-brom-phenylester] beim Behandeln mit Salpetersäure (*Fox, Turner,* Soc. **1930** 1853, 1858).

Krystalle (aus wss. Eg.); F: 107—108°.

4.6-Dichlor-2-brom-3-nitro-1-[2-nitro-toluol-sulfonyl-(4)-oxy]-benzol, 2-Nitro-toluol-sulfonsäure-(4)-[4.6-dichlor-2-brom-3-nitro-phenylester], *3-bromo-1,5-dichloro-2-nitro-4-(3-nitro-*p*-tolylsulfonyloxy)benzene* C₁₃H₇BrCl₂N₂O₇S, Formel XIII (R = Br, X = Cl).

B. Aus 4.6-Dichlor-2-brom-3-nitro-phenol und 2-Nitro-toluol-sulfonylchlorid-(4) (*Fox, Turner,* Soc. **1930** 1853, 1863).

Krystalle (aus Eg.); F: 134—135°.

2.4-Dichlor-6-brom-3-nitro-1-[2-nitro-toluol-sulfonyl-(4)-oxy]-benzol, 2-Nitro-toluol-sulfonsäure-(4)-[2.4-dichlor-6-brom-3-nitro-phenylester], *1-bromo-3,5-dichloro-4-nitro-2-(3-nitro-*p*-tolylsulfonyloxy)benzene* C₁₃H₇BrCl₂N₂O₇S, Formel XIII (R = Cl, X = Br).

B. Aus 2.4-Dichlor-6-brom-3-nitro-phenol und 2-Nitro-toluol-sulfonylchlorid-(4) (*Fox, Turner,* Soc. **1930** 1853, 1863).

Krystalle (aus Eg.); F: 122—122,5°.

2-Nitro-toluol-sulfonsäure-(4)-[4.6-dibrom-3-nitro-phenylester], *3-nitro-*p*-toluenesulfonic acid 2,4-dibromo-5-nitrophenyl ester* C₁₃H₈Br₂N₂O₇S, Formel XII (X = Br).

B. Aus Toluol-sulfonsäure-(4)-[2.4-dibrom-phenylester] beim Behandeln mit Salpetersäure (*Henley, Turner,* Soc. **1930** 928, 932).

Krystalle (aus Eg.); F: 122—123°.

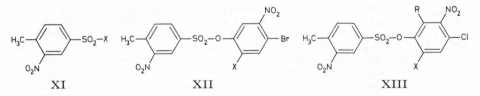

XI   XII   XIII

2-Nitro-toluol-sulfonsäure-(4)-[5-nitro-2-methyl-phenylester], *3-nitro-*p*-toluenesulfonic acid 5-nitro-*o*-tolyl ester* C₁₄H₁₂N₂O₇S, Formel XIV (R = X = H).

B. Aus Toluol-sulfonsäure-(4)-[5-nitro-2-methyl-phenylester] beim Behandeln mit Salpetersäure (*Curd, Robertson,* Soc. **1933** 1166).

Krystalle (aus A.); F: 120—121°.

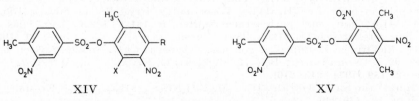

XIV   XV

2-Nitro-toluol-sulfonsäure-(4)-[4.5-dinitro-2-methyl-phenylester], *3-nitro-*p*-toluene-sulfonic acid 4,5-dinitro-*o*-tolyl ester* C₁₄H₁₁N₃O₉S, Formel XIV (R = NO₂, X = H).

B. Aus Toluol-sulfonsäure-(4)-[5-nitro-2-methyl-phenylester] beim Behandeln mit einem Gemisch von Schwefelsäure und Salpetersäure (*Curd, Robertson,* Soc. **1933** 1166). Krystalle (aus A.); F: 125—126°. In Aceton und in heisser Essigsäure leicht löslich.

2-Nitro-toluol-sulfonsäure-(4)-[5.6-dinitro-2.4-dimethyl-phenylester], *3-nitro-p-toluene= sulfonic acid 5,6-dinitro-2,4-xylyl ester* $C_{15}H_{13}N_3O_9S$, Formel XIV (R = CH₃, X = NO₂).
B. Aus Toluol-sulfonsäure-(4)-[6-nitro-2.4-dimethyl-phenylester] beim Behandeln mit Salpetersäure (*Fox, Turner,* Soc. **1930** 1853, 1866).
Krystalle (aus A. + Eg.); F: 140—141°.

2-Nitro-toluol-sulfonsäure-(4)-[2.4-dinitro-3.5-dimethyl-phenylester], *3-nitro-p-toluene= sulfonic acid 2,4-dinitro-3,5-xylyl ester* $C_{15}H_{13}N_3O_9S$, Formel XV.
B. Aus Toluol-sulfonsäure-(4)-[3.5-dimethyl-phenylester] beim Behandeln mit einem Gemisch von Salpetersäure und Schwefelsäure (*Rowe et al.,* J. Soc. chem. Ind. **49** [1930] 469 T, 471 T).
Krystalle (aus Eg.); F: 148—149°.

2-Nitro-toluol-sulfonylchlorid-(4), *3-nitro-p-toluenesulfonyl chloride* $C_7H_6ClNO_4S$, Formel XI (X = Cl) (H 111; E II 68).
B. Aus Toluol-sulfonylchlorid-(4) beim Behandeln mit Salpetersäure (*Fox, Turner,* Soc. **1930** 1853, 1863; vgl. H 111).
Krystalle (aus Ae.); F: 36° (*Chardonnens, Venetz,* Helv. **22** [1939] 853, 857; *Pratesi, Raffa,* Farmaco **1** [1946] 102, 105).

2-Nitro-toluolsulfonamid-(4), *3-nitro-p-toluenesulfonamide* $C_7H_8N_2O_4S$, Formel XI (X = NH₂) (H 111; E II 68).
Beim Erhitzen mit dem Natrium-Salz des *N*-Chlor-benzolsulfonamids (0,25 Mol) und wss. Essigsäure oder mit 4-Dichlorsulfamoyl-benzoesäure (0,25 Mol) und wss. Natron= lauge sind geringe Mengen 2-Nitro-1-formyl-benzolsulfonamid-(4) erhalten worden (*Koetschet, Koetschet, Viaud,* Helv. **13** [1930] 587, 594, 602).

N.N′-Bis-[2-nitro-toluol-sulfonyl-(4)]-succinamid, N,N′-*bis(3-nitro-p-tolylsulfonyl)= succinamide* $C_{18}H_{18}N_4O_{10}S_2$, Formel I.
B. Beim Erwärmen von Bernsteinsäure-anhydrid mit 2-Nitro-toluolsulfonamid-(4) und Phosphoroxychlorid (*Evans, Dehn,* Am. Soc. **52** [1930] 2531).
Krystalle (aus Toluol); F: 236°.

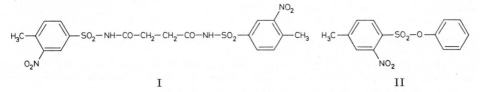

I   II

3-Nitro-toluol-sulfonsäure-(4)-phenylester, *2-nitro-p-toluenesulfonic acid phenyl ester* $C_{13}H_{11}NO_5S$, Formel II.
B. Beim Erwärmen von Kaliumphenolat mit 3-Nitro-toluol-sulfonylchlorid-(4) in Chlorbenzol bis auf Siedetemperatur (*Etabl. Kuhlmann,* F.P. 821551 [1936]; D.R.P. 709584 [1937]; D.R.P. Org. Chem. **1**, Tl. 1, S. 357, 358; U.S.P. 2134642 [1937]).
Krystalle (aus A.); F: 101°.

α-Nitro-toluolsulfonamid-(4), *α-nitro-p-toluenesulfonamide* $C_7H_8N_2O_4S$, Formel III.
B. Beim Behandeln von α-Nitro-toluol mit Chloroschwefelsäure und Erwärmen des erhaltenen α-Nitro-toluol-sulfonylchlorids-(4) mit wss. Ammoniak (*I.G. Farben= ind.,* D.R.P. 726386 [1939]; D.R.P. Org. Chem. **3** 943, 946; *Winthrop Chem. Co.,* U.S.P. 2288531 [1940]).
Krystalle (aus A.); F: 141°.

6-Chlor-3-nitro-toluol-sulfonsäure-(4), *5-chloro-2-nitro-p-toluenesulfonic acid* $C_7H_6ClNO_5S$, Formel IV (X = OH) (E II 69).
B. Neben geringen Mengen 6-Chlor-2-nitro-toluol-sulfonsäure-(4) beim Behandeln des Kalium-Salzes der 2-Chlor-toluol-sulfonsäure-(4) mit einem Gemisch von Salpetersäure und Schwefelsäure (*Turner, Wynne,* Soc. **1936** 707, 708, 709).
Beim Erhitzen einer Suspension des Kalium-Salzes in Phosphoroxychlorid mit Phos=

phor(V)-chlorid (2 Mol) sind 6-Chlor-3-nitro-toluol-sulfonylchlorid-(4) und geringe Mengen einer als 6.x-Dichlor-3-nitro-toluol-sulfinylchlorid-(4) angesehenen Verbindung $C_7H_4Cl_3NO_3S$ (Krystalle [aus PAe.]; Zers. bei 128°) erhalten worden.

   Kalium-Salz $KC_7H_5ClNO_5S$. Gelbliche Krystalle (*Tu., Wy.*).

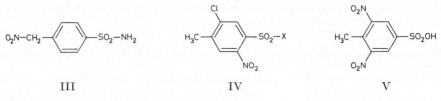

III   IV   V

6-Chlor-3-nitro-toluol-sulfonylfluorid-(4), *5-chloro-2-nitro-p-toluenesulfonyl fluoride* $C_7H_5ClFNO_4S$, Formel IV (X = F).

   B. Aus 6-Chlor-3-nitro-toluol-sulfonylchlorid-(4) beim Erhitzen mit wss. Natrium= fluorid-Lösung (*Davies, Dick*, Soc. **1931** 2104, 2107).

   Krystalle (aus wss. A.); F: 84—85°.

6-Chlor-3-nitro-toluol-sulfonylchlorid-(4), *5-chloro-2-nitro-p-toluenesulfonyl chloride* $C_7H_5Cl_2NO_4S$, Formel IV (X = Cl) (E II 69).

   Krystalle; F: 99° (*Turner, Wynne*, Soc. **1936** 707, 710). Monoklin; krystallographische Untersuchung: *Tu., Wy.*

6-Chlor-3-nitro-toluol-sulfonsäure-(4)-isopropylidenhydrazid, Aceton-[6-chlor-3-nitro-toluol-sulfonyl-(4)-hydrazon], *5-chloro-2-nitro-p-toluenesulfonic acid isopropylidene= hydrazide* $C_{10}H_{12}ClN_3O_4S$, Formel IV (X = NH-N=C(CH$_3$)$_2$).

   B. Aus 6-Chlor-3-nitro-toluol-sulfonsäure-(4)-hydrazid (E II 70) und Aceton in Äthanol (*Cameron, Storrie*, Soc. **1934** 1330).

   Krystalle (aus Acn.); F: 156—157°.

6-Chlor-3-nitro-toluol-sulfonsäure-(4)-benzylidenhydrazid, Benzaldehyd-[6-chlor-3-nitro-toluol-sulfonyl-(4)-hydrazon], *5-chloro-2-nitro-p-toluenesulfonic acid benzylidenehydrazide* $C_{14}H_{12}ClN_3O_4S$, Formel IV (X = NH-N=CH-C$_6$H$_5$).

   B. Aus 6-Chlor-3-nitro-toluol-sulfonsäure-(4)-hydrazid (E II 70) und Benzaldehyd in Äthanol (*Cameron, Storrie*, Soc. **1934** 1330).

   Krystalle (aus A.); F: 158—160°.

2.6-Dinitro-toluol-sulfonsäure-(4), *3,5-dinitro-p-toluenesulfonic acid* $C_7H_6N_2O_7S$, Formel V (H 112).

   B. Beim Erhitzen von 2-Nitro-toluol mit rauchender Schwefelsäure auf 110° und Behandeln der Reaktionslösung mit einem Gemisch von Salpetersäure und Schwefel= säure bei 90° (*Allied Chem. & Dye Corp.*, U.S.P. 2378168 [1942]).

   Als Kalium-Salz isoliert.

Toluol-thiosulfonsäure-(4), *p-toluenethiosulfonic acid* $C_7H_8O_2S_2$, Formel VI (R = H) (H 113; E II 70).

   Natrium-Salz (vgl. H 114). Diamagnetisch; magnetische Susceptibilität: *Clow, Kirton, Thompson*, Trans. Faraday Soc. **36** [1940] 1029, 1032.

   S-Benzyl-isothiuronium-Salz $[C_8H_{11}N_2S]C_7H_7O_2S_2$. Krystalle (aus A. + PAe.); F: 121—123° (*Kurzer, Powell*, Soc. **1952** 3728, 3732).

Toluol-thiosulfonsäure-(4)-S-methylester, *p-toluenethiosulfonic acid S-methyl ester* $C_8H_{10}O_2S_2$, Formel VI (R = CH$_3$).

   B. Aus Natrium-[toluol-thiosulfonat-(4)] und Dimethylsulfat (*Gibson*, Soc. **1931** 2637, 2640).

   Krystalle; F: 58°.

   Reaktion mit Phenyl-[2.4-dinitro-phenyl]-sulfon in wss. Dioxan in Gegenwart von Natriumcarbonat unter Bildung von [2.4-Dinitro-phenyl]-*p*-tolyl-sulfon: *Loudon*, Soc. **1935** 537. Beim Erwärmen mit Phenylsulfonaceton (5 Mol) und Natriumcarbonat in Äthanol entsteht 1-Methylmercapto-1-phenylsulfon-aceton (*Gibson*, Soc. **1932** 1819, 1823). Beim Behandeln mit 5 Mol [4-Chlor-phenylsulfon]-aceton und Natriumcarbonat in Äthanol und Behandeln des Reaktionsprodukts mit wss. Natriumcarbonat-Lösung ist 1-Methylmercapto-1-[4-chlor-phenylsulfon]-methan, beim Behandeln mit 0,2 Mol [4-Chlor-phenylsulfon]-aceton und Natriumcarbonat in Äthanol sind hingegen 1-Methyl‑mercapto-1-*p*-tolylsulfon-aceton und 4-Chlor-benzol-sulfinsäure-(1) erhalten worden (*Gi.*, Soc. **1932** 1825). Bildung von 2-Methylmercapto-3-oxo-3-phenyl-propionitril beim Behandeln einer äthanol. Lösung mit 3-Oxo-3-phenyl-propionitril und wss. Natronlauge: *Cowie, Gibson*, Soc. **1934** 46.

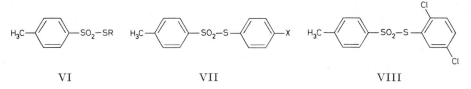

            VI   **VII**   **VIII**

Toluol-thiosulfonsäure-(4)-S-äthylester, p-*toluenethiosulfonic acid* S-*ethyl ester* $C_9H_{12}O_2S_2$, Formel VI (R = C_2H_5) (H 114; E II 70).

   B. Aus Natrium-[toluol-thiosulfonat-(4)] und Diäthylsulfat (*Gibson*, Soc. **1932** 1819, 1822).

   Krystalle (aus A.); F: 32°.

   Beim Behandeln mit *p*-Tolylsulfonaceton und Natriumcarbonat in Äthanol sowie beim Erwärmen mit 1-Methylmercapto-1-phenylsulfon-aceton und Natriumcarbonat (je 0,07 Mol) in Äthanol ist 1-Äthylmercapto-1-*p*-tolylsulfon-aceton erhalten worden (*Gi.*, l. c. S. 1823).

Toluol-thiosulfonsäure-(4)-S-phenylester, p-*toluenethiosulfonic acid* S-*phenyl ester* $C_{13}H_{12}O_2S_2$, Formel VII (X = H).

   B. Aus Benzolthiosulfonsäure-S-phenylester und Natrium-[toluol-sulfinat-(4)] (*Loudon, Livingston*, Soc. **1935** 896).

   Krystalle (aus A.); F: 74°.

Toluol-thiosulfonsäure-(4)-S-[4-chlor-phenylester], p-*toluenethiosulfonic acid* S-(p-*chloro‑phenyl*) *ester* $C_{13}H_{11}ClO_2S_2$, Formel VII (X = Cl).

   B. Beim Behandeln von Toluol-sulfinsäure-(4) mit 4-Chlor-thiophenol und Äthylnitrit (2 Mol) in Äther (*Kresze, Kort*, B. **94** [1961] 2624, 2626).

   Krystalle (aus Me.); F: 90° (*Kr., Kort*).

   Über ein aus 4-Chlor-benzol-thiosulfonsäure-(1)-S-[4-chlor-phenylester] und Natrium-[toluol-sulfinat-(4)] erhaltenes Präparat (Krystalle [aus A.]; F: 65°) s. *Loudon, Living‑ston*, Soc. **1935** 896.

Toluol-thiosulfonsäure-(4)-S-[2.5-dichlor-phenylester], p-*toluenethiosulfonic acid* S-(2,5-*dichlorophenyl*) *ester* $C_{13}H_{10}Cl_2O_2S_2$, Formel VIII.

   B. Aus 2.5-Dichlor-benzol-thiosulfonsäure-(1)-S-[2.5-dichlor-phenylester] und Natri‑um-[toluol-sulfinat-(4)] (*Loudon, Livingston*, Soc. **1935** 896).

   Dimorph: Krystalle (aus A.), F: ca. 103° bzw. F: 86—87°; die niedrigerschmelzende Modifikation wandelt sich bei weiterem Erhitzen in die höherschmelzende Modifikation um.

Toluol-thiosulfonsäure-(4)-S-[4-brom-phenylester], p-*toluenethiosulfonic acid* S-(p-*bromo‑phenyl*) *ester* $C_{13}H_{11}BrO_2S_2$, Formel VII (X = Br).

   B. Aus 4-Brom-benzol-thiosulfonsäure-(1)-S-[4-brom-phenylester] und Natrium-[toluol-sulfinat-(4)] (*Loudon, Livingston*, Soc. **1935** 896, 898).

   Krystalle (aus A.); F: 107°.

Toluol-thiosulfonsäure-(4)-S-[2-nitro-phenylester], p-*toluenethiosulfonic acid* S-(o-*nitro‑phenyl*) *ester* $C_{13}H_{11}NO_4S_2$, Formel IX (R = H) (E II 70).

   B. Beim Erwärmen von 2-Nitro-benzol-sulfenylchlorid-(1) mit Natrium-[toluol-sulfinat-(4)] in Benzol (*Uhlenbroek, Koopsmans*, R. **76** [1957] 657, 663, 664). Beim Erwärmen einer Lösung von [Toluol-sulfonyl-(4)]-[2-nitro-phenyl]-disulfid (S. 328) in Dioxan mit Natrium-[toluol-sulfinat-(4)] in Wasser (*Loudon, Livingston*, Soc. **1935** 896).

   Gelbe Krystalle [aus Bzl. + Bzn.] (*Uh., Koo.*). F: 97—98° (*Lou., Li.*), 96—98° (*Uh., Koo.*).

   Beim Erhitzen mit Natrium-[toluol-sulfinat-(4)] in Äthylenglykol ist nach ¹/₂-stdg.

Reaktionsdauer Toluol-thiosulfonsäure-(4)-S-p-tolylester, nach $^3/_4$-stdg. Reaktionsdauer Di-p-tolyl-disulfid erhalten worden (*Lou., Li.*).

4-Nitro-3-[toluol-sulfonyl-(4)-mercapto]-toluol, Toluol-thiosulfonsäure-(4)-S-[6-nitro-3-methyl-phenylester], p-*toluenethiosulfonic acid* S-(*6-nitro-m-tolyl*) *ester* $C_{14}H_{13}NO_4S_2$, Formel IX (R = CH₃).

B. Beim Erwärmen einer Lösung von [6-Nitro-3-methyl-phenyl]-cyan-disulfid in Äthanol und Äthylacetat mit Natrium-[toluol-sulfinat-(4)] in Wasser (*Foss*, Acta chem. scand. 1 [1947] 307, 324). Beim Behandeln einer Lösung von Methansulfonyl-[6-nitro-3-methyl-phenyl]-disulfid in Äthanol mit Natrium-[toluol-sulfinat-(4)] in Wasser (*Foss*).

Gelbgrüne Krystalle (aus Me.); F: 104° [korr.].

Toluol-thiosulfonsäure-(4)-S-p-tolylester, p-*toluenethiosulfonic acid* S-p-*tolyl ester* $C_{14}H_{14}O_2S_2$, Formel VII (X = CH₃) (H 6 425; E I 6 212; [dort als p.p-*Ditolyldisulfoxyd* bezeichnet]; E II 11 70).

Diese Konstitution kommt auch der H 9 422 als „Hydrat des p-Tolyl-benzoyl-sulfons" beschriebenen Verbindung (F: 80°) zu (*Hookway*, Am. Soc. 71 [1949] 3240; *Panizzi, Nicolaus*, G. 80 [1950] 431, 435, 436).

Krystalle (aus A.); F: 77—78° (*Schmid, Karrer*, Helv. 32 [1949] 1371, 1377). Diamagnetisch; magnetische Susceptibilität: *Clow, Kirton, Thompson*, Trans. Faraday Soc. 36 [1940] 1029.

Beim Behandeln mit Phenyl-[2.4-dinitro-phenyl]-sulfon und Natriumcarbonat in wss. Dioxan ist [2.4-Dinitro-phenyl]-p-tolyl-sulfon erhalten worden (*Loudon*, Soc. 1935 537). Beim Behandeln mit Phenylsulfonaceton (0,25 Mol) und Natriumcarbonat in Äthanol entsteht 1-p-Tolylmercapto-1-phenylsulfon-aceton (*Gibson*, Soc. 1932 1819, 1824).

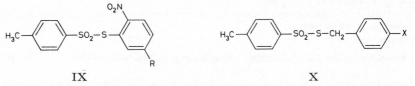

IX   X

Toluol-thiosulfonsäure-(4)-S-benzylester, p-*toluenethiosulfonic acid* S-*benzyl ester* $C_{14}H_{14}O_2S_2$, Formel X (X = H).

B. Beim Erwärmen von Kalium-[toluol-thiosulfonat-(4)] mit Benzylchlorid in wss. Äthanol (*Loudon, Livingston*, Soc. 1935 896; s. a. *Fromm, Erfurt*, B. 42 [1909] 3816, 3822). Aus Toluol-thiosulfonsäure-(α)-S-benzylester und Natrium-[toluol-sulfinat-(4)] (*Lou., Li.*).

Krystalle; F: 60° [aus A.] (*Lou., Li.*), 55° (*Fr., Er.*).

Toluol-thiosulfonsäure-(4)-S-[4-nitro-benzylester], p-*toluenethiosulfonic acid* S-(*4-nitro-benzyl*) *ester* $C_{14}H_{13}NO_4S_2$, Formel X (X = NO₂).

B. Beim Erwärmen von Kalium-[toluol-thiosulfonat-(4)] mit 4-Nitro-benzylbromid in wss. Äthanol (*Loudon, Livingston*, Soc. 1935 896).

Krystalle (aus Eg. + A.); F: 120°.

[Toluol-sulfonyl-(4)]-[2-nitro-phenyl]-disulfid, o-*nitrophenyl* p-*tolylsulfonyl disulfide* $C_{13}H_{11}NO_4S_3$, Formel XI (R = H) (E II 72).

B. Beim Behandeln von Dimethoxyphosphinyl-[2-nitro-phenyl]-disulfid mit Kalium-[toluol-thiosulfonat-(4)] in wss. Äthanol (*Foss*, Acta chem. scand. 1 [1947]] 307, 319).

Krystalle [aus Eg.] (*Foss*). F: 141° [korr.] (*Foss*), 139° (*Loudon, Livingston*, Soc. 1935 896, 898).

Beim Erwärmen von Lösungen in Dioxan mit Natrium-[4-brom-benzol-sulfinat-(1)] bzw. mit Natrium-[toluol-sulfinat-(4)] in Wasser ist 4-Brom-benzol-thiosulfonsäure-(1)-S-[2-nitro-phenylester] bzw. Toluol-thiosulfonsäure-(4)-S-[2-nitro-phenylester] (S. 327) erhalten worden (*Lou., Li.*).

[Toluol-sulfonyl-(4)]-[6-nitro-3-methyl-phenyl]-disulfid, 6-*nitro-m-tolyl* p-*tolylsulfonyl disulfide* $C_{14}H_{13}NO_4S_3$, Formel XI (R = CH₃).

B. Aus Kalium-[toluol-thiosulfonat-(4)] beim Behandeln mit 4-Nitro-toluol-sulfenyl-bromid-(3) in Äther sowie beim Erwärmen einer wss. Lösung mit [6-Nitro-3-methyl-phenyl]-cyan-disulfid in Äthanol und Äthylacetat (*Foss*, Acta chem. scand. **1** [1947] 307, 319).

Gelbgrüne Krystalle (aus Bzl.); F: 144° [korr.].

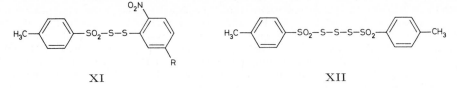

XI   XII

Di-[toluol-sulfonyl-(4)]-trisulfid, *bis*(p-*tolylsulfonyl*) *trisulfide* $C_{14}H_{14}O_4S_5$, Formel XII (H 114; E II 72).

B. Beim Erwärmen von Bis-dimethoxyphosphinyl-disulfid mit Natrium-[toluol-sulfinat-(4)] in Wasser (*Foss*, Acta chem. scand. **1** [1947] 8, 27).

Krystalle; F: 184° [aus Eg.] (*Foss*), 180° (*Dawson, Mathieson, Robertson*, Soc. **1948** 322, 327). Tetragonal; Raumgruppe $P4_12_1 = D_4^4$ oder $P4_32_1 = D_4^8$; aus dem Röntgen-Diagramm ermittelte Dimensionen der Elementarzelle: a = 7,70 Å; c = 29,50 Å; n = 4 (*Da., Ma., Ro.*). Dichte: 1,547 (*Da., Ma., Ro.*).

[2-Nitro-benzol-selenenyl-(1)]-[toluol-sulfonyl-(4)]-sulfid, [2-Nitro-benzol-selenen-säure-(1)]-[toluol-thiosulfonsäure-(4)]-S-anhydrid, o-*nitrobenzeneselenenic* p-*toluene-sulfonic thioanhydride* $C_{13}H_{11}NO_4S_2Se$, Formel I.

B. Beim Behandeln einer Lösung von 2-Nitro-benzol-selenenylbromid-(1) in Äthyl-acetat und Methanol mit Natrium-[toluol-thiosulfonat-(4)] oder Kalium-[toluol-thio-sulfonat-(4)] in Methanol (*Foss*, Am. Soc. **69** [1947] 2236).

Krystalle (aus Bzl.); F: 148° [unkorr.].

Beim Behandeln einer Lösung in Äthanol und Äthylacetat mit wss. Natriumthio-sulfat-Lösung ist S-[2-Nitro-benzol-selenenyl-(1)]-hydrogenthiosulfat erhalten worden.

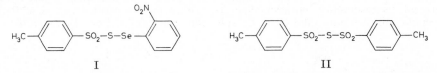

I   II

Di-[toluol-sulfonyl-(4)]-sulfid, [Toluol-sulfonsäure-(4)]-[toluol-thiosulfonsäure-(4)]-S-anhydrid, p-*toluenesulfonic thioanhydride* $C_{14}H_{14}O_4S_3$, Formel II (H 114; E II 71).

Krystalle; F: 138° (*Dawson, Mathieson, Robertson*, Soc. **1948** 322, 326). Monoklin; Raumgruppe $A2/a = C_{2h}^6$; aus dem Röntgen-Diagramm ermittelte Dimensionen der Elementarzelle: a = 16,50 Å; b = 5,85 Å; c = 18,88 Å; $\beta = 119,9°$; n = 4. Dichte: 1,427.

Toluol-selenosulfonsäure-(4)-Se-[2-nitro-phenylester], p-*tolueneselenosulfonic acid* Se-(o-*nitrophenyl*) *ester* $C_{13}H_{11}NO_4SSe$, Formel III.

Diese Konstitution ist wahrscheinlich der nachstehend beschriebenen Verbindung auf Grund ihrer Bildungsweise in Analogie zu Toluol-thiosulfonsäure-(4)-S-[2-nitro-phenyl-ester] (S. 327) zuzuordnen.

B. Beim Behandeln einer Lösung von 2-Nitro-benzol-selenenylbromid-(1) in Äthyl-acetat und Methanol mit Natrium-[toluol-sulfinat-(4)] oder Kalium-[toluol-sulfinat-(4)] in Methanol (*Foss*, Am. Soc. **69** [1947] 2236).

Krystalle (aus A.); F: 118° [unkorr.].

Beim Behandeln einer Lösung in Äthanol oder in Äthanol und Äthylacetat mit wss. Kaliumcyanid-Lösung sind 2-Nitro-phenylselenocyanat und Kalium-[toluol-sulfinat-(4)] erhalten worden.

Toluol-sulfonsäure-(α), *toluene*-α-*sulfonic acid* $C_7H_8O_3S$, Formel IV (X = OH) (H 116; E I 32; E II 72; dort als Benzylsulfonsäure bezeichnet).

B. Beim Erhitzen von Benzylchlorid mit Natriumsulfit (Heptahydrat) auf 200° (*Turkiewicz, Pilat*, B. **71** [1938] 284, 285; vgl. H 116). Beim Erhitzen von Benzyl-chlorid mit wss. Ammoniumsulfit-Lösung (*Wagner, Reid*, Am. Soc. **53** [1931] 3407,

3410). Beim Behandeln von Benzylmercaptan oder von Dibenzyldisulfid mit Peroxy= essigsäure in Acetonitril (*Cavallito, Fruehauf*, Am. Soc. **71** [1949] 2248). Neben *N.N*-Di= methyl-anilin beim Erwärmen von Dimethyl-phenyl-benzyl-ammonium-chlorid mit Natriumsulfit in Wasser (*Snyder, Speck*, Am. Soc. **61** [1939] 668, 670).

Beim Erwärmen des Natrium-Salzes mit Phosphor(V)-bromid (3,8 Mol) auf 90° ist Benzylbromid, beim Erwärmen des Kalium-Salzes mit Phosphor(V)-bromid (1 Mol) auf 100° und Erwärmen des Reaktionsgemisches mit Phosphor(III)-bromid (2,4 Mol) ist Dibenzyldisulfid erhalten worden (*Hunter, Sorenson*, Am. Soc. **54** [1932] 3364, 3366). Bildung von Toluol, Natriumsulfit und geringen Mengen Bibenzyl beim Behandeln des Natrium-Salzes mit Natrium in flüssigem Ammoniak: *Suter, Milne*, Am. Soc. **65** [1943] 582, 583.

Natrium-Salz NaC₇H₇O₃S (H 116). Krystalle (aus A.), die unterhalb 310° nicht schmelzen (*Tu., Pi.*). Über eine aus konz. wss. Lösung erhaltene instabile orthorhom= bische Modifikation des Monohydrats, die sich allmählich in eine monokline oder tri= kline Modifikation umwandelt, s. *Dodge*, Am. Soc. **58** [1936] 437. Das Salz ist in flüssigem Ammoniak schwer löslich (*Billman, Audrieth*, Am. Soc. **60** [1938] 1945). Eine 40%ig. wss. Lösung ist mit Benzylalkohol bei 30° mischbar (*Neuberg, Fischer*, R. **59** [1940] 77, 86). Lösungsvermögen einer 40%ig. wss. Lösung für Äthylacetat und Anilin bei 30°: *Neu., Fi.*

Barium-Salz Ba(C₇H₇O₃S)₂ (H 116). Krystalle [aus A.] (*Wa., Reid*, l. c. S. 3411).

Harnstoff-Salz CH₄N₂O·C₇H₈O₃S. *B.* s. u. beim *S*-Benzyl-isothiuronium-Salz. — Krystalle; F: 145° [korr.; aus Acn.] (*Exner*, Collect. **23** [1958] 1314, 1317), 141° [aus Eg. + Acn.] (*Böeseken*, R. **67** [1948] 603, 619).

Cyanguanidin-Salz (Dicyandiamid-Salz). Krystalle vom F: 138°, deren Schmelze bei weiterem Erhitzen wieder erstarrt (*Am. Cyanamid Co.*, U.S.P. 2433394 [1945]). Brechungsindices der Krystalle (n_α: 1,485; n_β: 1,590) sowie weitere optische Eigenschaf= ten der Krystalle: *Am. Cyanamid Co.*

S-Benzyl-isothiuronium-Salz [C₈H₁₁N₂S]C₇H₇O₃S. *B.* Neben dem Harnstoff-Salz (s. o.) beim Behandeln einer Lösung von *S*-Benzyl-isothiuronium-acetat in Essig= säure mit Schwefelsäure enthaltendem wss. Wasserstoffperoxid (*Ex.*; s. a. *Bö.*). — Krystalle (aus W.) mit 1 Mol H₂O (*Ex.*). F: 166—167° (*Bö.*), 166° [korr.] (*Ex.*).

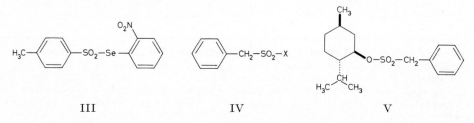

III   IV   V

Toluol-sulfonsäure-(α)-[3-methyl-6-isopropyl-cyclohexylester], 3-[Toluol-sulfonyl-(α)- oxy]-*p*-menthan, *toluene-α-sulfonic acid* p-*menth-3-yl ester* C₁₇H₂₆O₃S.

Toluol-sulfonsäure-(α)-[(1*R*)-menthylester], *O*-[Toluol-sulfonyl-(α)]-(1*R*)-menthol C₁₇H₂₆O₃S, Formel V.

B. Beim Behandeln von (1*R*)-Menthol (E III **6** 133) mit Toluol-sulfonylchlorid-(α) und Pyridin (*Kenner, Murray*, Soc. **1949** Spl. 178, 180).

Krystalle (aus A.); F: 66—67°. [α]¹⁶_D: −57° [CHCl₃; c = 3].

Toluol-sulfonsäure-(α)-phenylester, *toluene-α-sulfonic acid phenyl ester* C₁₃H₁₂O₃S, Formel VI (R = H).

B. Beim Behandeln von Phenol mit wss. Natronlauge und mit Toluol-sulfonyl= chlorid-(α) (*Heyden Chem. Corp.*, U.S.P. 2373298 [1942]).

Krystalle (aus Me.); F: 80—81°.

Toluol-sulfonsäure-(α)-[4-*tert*-butyl-phenylester], *toluene-α-sulfonic acid* p-tert-*butyl= phenyl ester* C₁₇H₂₀O₃S, Formel VI (R = C(CH₃)₃).

B. Beim Behandeln von 4-*tert*-Butyl-phenol mit wss. Natronlauge und mit Toluol= sulfonylchlorid-(α) (*Heyden Chem. Corp.*, U.S.P. 2373298 [1942]).

Krystalle (aus Me.); F: 83—84°.

4-[Toluol-sulfonyl-(α)-oxy]-1-[1.1.3.3-tetramethyl-butyl]-benzol, *1-(1,1,3,3-tetramethyl=butyl)-4-(benzylsulfonyloxy)benzene* $C_{21}H_{28}O_3S$, Formel VI
($R = C(CH_3)_2$-CH_2-$C(CH_3)_3$).

B. Beim Behandeln von 4-[1.1.3.3-Tetramethyl-butyl]-phenol mit wss. Natronlauge und mit Toluol-sulfonylchlorid-(α) (*Heyden Chem. Corp.*, U.S.P. 2373298 [1942]).

Krystalle (aus A.); F: 65—66°.

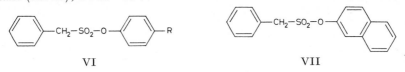

VI   VII

Toluol-sulfonsäure-(α)-[naphthyl-(2)-ester], *toluene-α-sulfonic acid 2-naphthyl ester* $C_{17}H_{14}O_3S$, Formel VII.

B. Beim Behandeln von Naphthol-(2) mit wss. Natronlauge und mit Toluol-sulfonyl=chlorid-(α) (*Heyden Chem. Corp.*, U.S.P. 2373298 [1942]).

Krystalle (aus A.); F: 73—75°.

2-[Toluol-sulfonyl-(α)-oxy]-benzoesäure-methylester, *o-(benzylsulfonyloxy)benzoic acid methyl ester* $C_{15}H_{14}O_5S$, Formel VIII.

B. Beim Erwärmen von Salicylsäure-methylester mit Toluol-sulfonylchlorid-(α) und Pyridin (*Kenner, Murray*, Soc. **1949** Spl. 178, 179).

Krystalle (aus A.); F: 83—84°.

Toluol-sulfonylfluorid-(α), *toluene-α-sulfonyl fluoride* $C_7H_7FO_2S$, Formel IV (X = F).

B. Beim Erhitzen einer Lösung von Toluol-sulfonylchlorid-(α) in Xylol mit wss. Kaliumfluorid-Lösung (*Davies, Dick*, Soc. **1932** 483, 486).

Krystalle (aus Bzn.); F: 90—91°.

Toluol-sulfonylchlorid-(α), *toluene-α-sulfonyl chloride* $C_7H_7ClO_2S$, Formel IV (X = Cl) (H 116; E I 32; E II 73).

B. Beim Einleiten von Chlor in Lösungen von Formaldehyd-dibenzylmercaptal, von Dibenzyldisulfid, von Toluol-thiosulfonsäure-(α)-*S*-benzylester (*Lee, Dougherty*, J. org. Chem. **5** [1940] 81, 83), von Natrium-*S*-benzyl-thiosulfat oder von *S*-Benzyl-isothiuroni=um-chlorid in wss. Essigsäure (*Heyden Chem. Corp.*, U.S.P. 2293971 [1940]), in wss. Lösungen von *S*-Benzyl-isothiuronium-chlorid (*Johnson, Sprague*, Am. Soc. **58** [1936] 1348, 1349, 1350; *Sprague, Johnson*, Am. Soc. **59** [1937] 1837, 1840; *Johnson, Douglass*, Am. Soc. **61** [1939] 2548), in wss. Lösungen von *S*-Benzyl-isothiuronium-hydrogensulfat (E I 6 228) oder von *S*-Benzyl-isothiuronium-nitrat [E I 6 228] (*Jo., Sp.*) sowie in eine wss. Suspension von Toluol-thiosulfonsäure-(α)-*S*-benzylester [S. 334] (*Douglass, Johnson*, Am. Soc. **60** [1938] 1486, 1488). Beim Behandeln von *S*-Benzyl-isothiuronium-chlorid mit Dichlorcarbamidsäure-methylester in Wasser (*Chabrier*, Bl. **1947** 797, 805).

Krystalle (aus Bzl.); F: 91—92° (*Sp., Jo.*). Dipolmoment (ε; Bzl.): 3,85 D (*Gur'janowa*, Ž. fiz. Chim. **21** [1947] 411, 416; C. A. **1947** 6786).

Charakterisierung durch Überführung in das Anilid (F: 105° bzw. F: 103°): *Ch.*; *Dou., Jo.*; in das *p*-Toluidid (F: 113—114°): *Dou., Jo.*

Toluolsulfonamid-(α), *toluene-α-sulfonamide* $C_7H_9NO_2S$, Formel IV (X = NH_2) (H 117; E I 32; E II 73).

Krystalle (aus W.); F: 104° [korr.] (*Gur'janowa*, Ž. fiz. Chim. **21** [1947] 633, 641; C. A. **1948** 2147). Dipolmoment: 4,02 D [ε; Bzl.], 4,63 D [ε; Dioxan] (*Gu.*, l. c. S. 634 bis 635).

Beim Behandeln mit Acrylnitril (2 Mol) in Dioxan unter Zusatz von wss. Trimethyl-benzyl-ammonium-hydroxid-Lösung ist *N*.*N*-Bis-[2-cyan-äthyl]-toluolsulfonamid-(α) (S. 332) erhalten worden (*Bruson, Riener*, Am. Soc. **65** [1943] 23, 25, **70** [1948] 214, 215).

N-Methyl-N-isobutyl-toluolsulfonamid-(α), *N-isobutyl-N-methyltoluene-α-sulfonamide* $C_{12}H_{19}NO_2S$, Formel IV (X = $N(CH_3)$-CH_2-$CH(CH_3)_2$).

B. Aus einer wahrscheinlich als *N*-Methyl-*N*-[2-methyl-propenyl]-toluolsulfon=amid-(α) zu formulierenden Verbindung (F: 60° [S. 332]) bei der Hydrierung an Platin in Äthanol (*Kharasch, Priestley*, Am. Soc. **61** [1939] 3425, 3429, 3431).

F: 83°.

N-Methyl-N-[β-brom-isobutyl]-toluolsulfonamid-(α), N-*(2-bromo-2-methylpropyl)*-N-*methyltoluene-α-sulfonamide* $C_{12}H_{18}BrNO_2S$, Formel IV (X = N(CH$_3$)-CH$_2$-C(CH$_3$)$_2$-Br) auf S. 330.

B. Aus N-Brom-N-methyl-toluolsulfonamid-(α) (nicht näher beschrieben) und 2-Methyl-propen (*Kharasch, Priestley*, Am. Soc. **61** [1939] 3425, 3429, 3431).

Krystalle (aus A.); F: 123°.

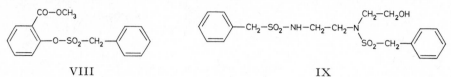

VIII   IX

N-Methyl-N-[2-methyl-propenyl]-toluolsulfonamid-(α), N-*methyl*-N-*(2-methylprop-1-enyl)toluene-α-sulfonamide* $C_{12}H_{17}NO_2S$, Formel IV (X = N(CH$_3$)-CH=C(CH$_3$)$_2$) auf S. 330.

Eine Verbindung (F: 60°), der wahrscheinlich diese Konstitution zukommt, für die aber auch die Formulierung als N-Methyl-N-methallyl-toluolsulfonamid-(α) $C_{12}H_{17}NO_2S$ (Formel IV [X = N(CH$_3$)-CH$_2$-C(CH$_3$)=CH$_2$]) in Betracht gezogen wird, ist bei kurzem Erhitzen von N-Methyl-N-[β-brom-isobutyl]-toluolsulfonamid-(α) (s. o.) mit Chinolin erhalten worden (*Kharasch, Priestley*, Am. Soc. **61** [1939] 3425, 3429, 3431).

2-[Toluol-sulfonyl-(α)-amino]-äthanol-(1), **N-[2-Hydroxy-äthyl]-toluolsulfonamid-(α)**, N-*(2-hydroxyethyl)toluene-α-sulfonamide* $C_9H_{13}NO_3S$, Formel IV (X = NH-CH$_2$-CH$_2$OH) auf S. 330.

B. Beim Behandeln einer mit Natriumhydroxid versetzten wss. Lösung von 2-Amino-äthanol-(1) mit Toluol-sulfonylchlorid-(α) (*Heyden Chem. Corp.*, U.S.P. 2373299 [1943]).

Krystalle (aus wss. Diacetonalkohol); F: 155—158°.

N.N-Bis-[2-hydroxy-äthyl]-toluolsulfonamid-(α), N,N-*bis(2-hydroxyethyl)toluene-α-sulfonamide* $C_{11}H_{17}NO_4S$, Formel IV (X = N(CH$_2$-CH$_2$OH)$_2$) auf S. 330.

B. Beim Erwärmen von Bis-[2-hydroxy-äthyl]-amin mit Toluol-sulfonylchlorid-(α) in Benzol (*Heyden Chem. Corp.*, U.S.P. 2373299 [1943]).

Krystalle (aus Me.); F: 144—145°.

[Toluol-sulfonyl-(α)]-acetyl-amin, **N-[Toluol-sulfonyl-(α)]-acetamid**, N-*(benzylsulfonyl)=acetamide* $C_9H_{11}NO_3S$, Formel IV (X = NH-CO-CH$_3$) auf S. 330.

B. Beim Erhitzen von Toluolsulfonamid-(α) mit Acetanhydrid (*Koszowa*, Ž. obšč. Chim. **11** [1941] 63, 65; C. A. **1941** 5462) oder mit Acetylchlorid (*Openshaw, Spring*, Soc. **1945** 234, 235).

Krystalle; F: 130° [aus wss. A.] (*Op., Sp.*), 129° [aus W.] (*Ko.*). In Benzol leicht löslich (*Ko.*).

[Toluol-sulfonyl-(α)]-benzoyl-amin, **N-[Toluol-sulfonyl-(α)]-benzamid**, N-*(benzylsulfon=yl)benzamide* $C_{14}H_{13}NO_3S$, Formel IV (X = NH-CO-C$_6$H$_5$) auf S. 330.

B. Beim Erhitzen von Toluolsulfonamid-(α) mit Benzoylchlorid auf 150° (*Koszowa*, Ž. obšč. Chim. **11** [1941] 63, 66; C. A. **1941** 5462).

Krystalle (aus Bzl.); F: 148°. In Äthanol und Aceton löslich.

N-[Toluol-sulfonyl-(α)]-β-alanin, N-*(benzylsulfonyl)-β-alanine* $C_{10}H_{13}NO_4S$, Formel IV (X = NH-CH$_2$-CH$_2$-COOH) auf S. 330.

B. Aus N.N-Bis-[2-cyan-äthyl]-toluolsulfonamid-(α) beim Erhitzen mit wss. Natron-lauge (*Bruson, Riener*, Am. Soc. **70** [1948] 214, 216).

Krystalle (aus W.); F: 151—152° [unkorr.].

N.N-Bis-[2-cyan-äthyl]-toluolsulfonamid-(α), N,N-*bis(2-cyanoethyl)toluene-α-sulfon=amide* $C_{13}H_{15}N_3O_2S$, Formel IV (X = N(CH$_2$-CH$_2$-CN)$_2$) auf S. 330.

Diese Konstitution kommt der nachstehend beschriebenen, ursprünglich (*Bruson, Riener*, Am. Soc. **65** [1943] 23, 25) als 3-Phenyl-1.5-dicyan-pentansulfon=amid-(3) angesehenen Verbindung zu (*Bruson, Riener*, Am. Soc. **70** [1948] 214, 215).

B. Beim Behandeln von Bis-[2-cyan-äthyl]-amin mit Toluol-sulfonylchlorid-(α) in Benzol (*Br., Rie.*, Am. Soc. **70** 216). Beim Behandeln von Toluolsulfonamid-(α) mit

Acrylonitril in Dioxan unter Zusatz von wss. Trimethyl-benzyl-ammonium-hydroxid-Lösung (*Br., Rie.*, Am. Soc. **65** 25).

Krystalle (aus A.); F: 103—104° (*Br., Rie.*, Am. Soc. **65** 25), 103° [unkorr.] (*Br., Rie.*, Am. Soc. **70** 216).

N-[Toluol-sulfonyl-(α)]-DL-valin, N-(*benzylsulfonyl*)-DL-*valine* $C_{12}H_{17}NO_4S$, Formel IV (X = NH-CH(COOH)-CH(CH$_3$)$_2$) auf S. 330.

B. Beim Behandeln von DL-Valin mit Toluol-sulfonylchlorid-(α), Pyridin und Chloroform oder mit Toluol-sulfonylchlorid-(α) und wss. Natronlauge (*Behrens et al.*, J. biol. Chem. **175** [1948] 771, 778, 782).

Krystalle (aus 1.2-Dichlor-äthan oder E.); F: 120—123°.

2-[Toluol-sulfonyl-(α)-amino]-1-[(toluol-sulfonyl-(α))-(2-hydroxy-äthyl)-amino]-äthan, N.N′-Di-[toluol-sulfonyl-(α)]-N-[2-hydroxy-äthyl]-äthylendiamin, N-(*2-hydroxyethyl*)-N,N′-*ethylenebistoluene-α-sulfonamide* $C_{18}H_{24}N_2O_5S_2$, Formel IX.

B. Beim Behandeln einer mit Natriumhydroxid versetzten wss. Lösung von 2-[2-Amino-äthylamino]-äthanol-(1) mit Toluol-sulfonylchlorid-(α) (*Heyden Chem. Corp.*, U.S.P. 2373299 [1943]).

Krystalle (aus Me.); F: 152—155°.

2-Chlor-toluol-sulfonylchlorid-(α), o-*chlorotoluene-α-sulfonyl chloride* $C_7H_6Cl_2O_2S$, Formel X (E I 33).

B. Beim Einleiten von Chlor in eine Lösung von Natrium-S-[2-chlor-benzyl]-thiosulfat (E III **6** 1638) in wss. Essigsäure (*Heyden Chem. Corp.*, U.S.P. 2293971 [1940]).

F: 62—64°.

4-Chlor-toluol-sulfonylchlorid-(α), p-*chlorotoluene-α-sulfonyl chloride* $C_7H_6Cl_2O_2S$, Formel XI (H 117).

B. Beim Einleiten von Chlor in eine wss.-methanol. Lösung von Bis-[4-chlor-benzyl]-disulfid (*Unichem A.G.*, U.S.P. 2277325 [1939]), in eine Lösung von Natrium-S-[4-chlor-benzyl]-thiosulfat (E III **6** 1641) in wss. Essigsäure (*Heyden Chem. Corp.*, U.S.P. 2293971 [1940]) oder in eine wss. Lösung von S-[4-Chlor-benzyl]-isothiuronium-chlorid (*Stirling*, Soc. **1957** 3597, 3602).

Krystalle; F: 93—94° [aus Bzl. + PAe.] (*St.*), 89—91° (*Heyden Chem. Corp.*), 85,5° [aus Ae.] (*Unichem A.G.*).

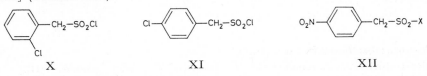

              X   XI   XII

4-Nitro-toluol-sulfonsäure-(α), p-*nitrotoluene-α-sulfonic acid* $C_7H_7NO_5S$, Formel XII (X = OH) (H 118; E II 76).

B. Beim Erwärmen von 4-Nitro-benzylbromid mit Natriumsulfit in wss. Äthanol (*Rao*, J. Indian chem. Soc. **17** [1940] 227, 229). Beim Erhitzen von 2-Methoxy-1-[4-nitro-benzyloxy]-benzol mit wss. Natriumhydrogensulfit-Lösung auf 135° (*Richtzenhain*, B. **72** [1939] 2152, 2157).

Als Naphthyl-(2)-amin-Salz (F: 207—208° [Zers.]) isoliert (*Ri.*).

4-Nitro-toluol-sulfonylchlorid-(α), p-*nitrotoluene-α-sulfonyl chloride* $C_7H_6ClNO_4S$, Formel XII (X = Cl) (E II 76).

B. Beim Einleiten von Chlor in eine wss.-äthanol. Lösung von S-[4-Nitro-benzyl]-isothiuronium-chlorid (*Sprague, Johnson*, Am. Soc. **59** [1937] 1837, 1838) oder in eine Suspension von 4-Nitro-benzylthiocyanat in Wasser (*Rohm & Haas Co.*, U.S.P. 2174856 [1938]).

Krystalle (aus Bzl.); F: 92—93° (*Sp., Jo.*, l. c. S. 1839).

Bis-[4-nitro-toluol-sulfonyl-(α)]-amin, p,p′-*dinitroditoluene-α-sulfonamide* $C_{14}H_{13}N_3O_8S_2$, Formel XIII.

B. Aus 4-Nitro-toluol-sulfonylchlorid-(α) beim Verreiben mit Ammoniumcarbonat sowie beim Erhitzen mit wss. Ammoniak (*Rao*, J. Indian chem. Soc. **17** [1940] 227, 232).

Krystalle (aus wss. A.); F: 268° [Zers.]. In Wasser leicht löslich.

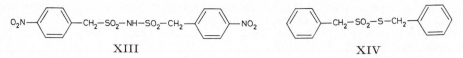

XIII   XIV

Toluol-thiosulfonsäure-(α)-S-benzylester, *toluene-α-thiosulfonic acid* S-*benzyl ester*
$C_{14}H_{14}O_2S_2$, Formel XIV (H **6** 466; dort als Dibenzyldisulfoxyd bezeichnet]; E II **11** 77).

B. Aus Dibenzyldisulfid beim Behandeln mit Chlor (2 Mol) in wss. Essigsäure (*Lee,
Dougherty,* J. org. Chem. **5** [1940] 81, 84) sowie beim Behandeln mit *N*-Chlor-acetamid
(2 Mol) in Äthanol (*Lichoscherštow,* Ž. obšč. Chim. **17** [1947] 1477, 1482; C. A. **1949**
172).

Krystalle; F: 108° [aus A.] (*Lee, Dou.*), 107—108° (*Li.*).

Beim Einleiten von Chlor in eine Lösung in wss. Essigsäure (*Lee, Dou.,* l. c. S. 84)
oder in eine Suspension in Wasser (*Douglass, Johnson,* Am. Soc. **60** [1938] 1486, 1488)
entsteht Toluol-sulfonylchlorid-(α). Beim Behandeln mit Sulfurylchlorid (6 Mol) in
Benzol unter Stickstoff ist Benzylchlorid, beim Erwärmen mit Sulfurylchlorid (2—3 Mol)
in wasserhaltigem Benzol unter Stickstoff sind Benzylchlorid und Toluol-sulfonyl=
chlorid-(α) erhalten worden (*Elliott, Speakman,* Soc. **1940** 641, 647, 649). Bildung von
Benzylmercapto-methylsulfon-methan bei der Behandlung mit Methylsulfonaceton und
Natriumcarbonat in Äthanol und anschliessenden Hydrolyse: *Cowie, Gibson,* Soc. **1934**
46, 48.

[*Winckler*]

1-Äthyl-benzol-sulfonsäure-(2), o-*ethylbenzenesulfonic acid* $C_8H_{10}O_3S$, Formel I   (H 119;
E II 77).

B. Neben grösseren Mengen 1-Äthyl-benzol-sulfonsäure-(4) beim Eintragen von
Schwefelsäure in heisses Äthylbenzol (*Paquette, Lingafelter, Tartar,* Am. Soc. **65** [1943]
686; vgl. E II 77).

Barium-Salz (H 119). Krystalle [aus W.]. In Wasser leichter löslich als das Barium-
Salz der 1-Äthyl-benzol-sulfonsäure-(4).

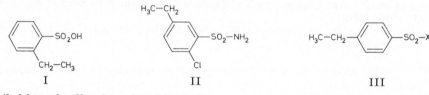

I   II   III

1-Äthyl-benzol-sulfonsäure-(3) $C_8H_{10}O_3S$.

4-Chlor-1-äthyl-benzolsulfonamid-(3), *2-chloro-5-ethylbenzenesulfonamide* $C_8H_{10}ClNO_2S$,
Formel II.

B. Aus 4-Amino-1-äthyl-benzol-sulfonsäure-(3) (*Allen, Van Allan,* J. org. Chem. **10**
[1945] 1).

F: 122°.

1-Äthyl-benzol-sulfonsäure-(4), p-*ethylbenzenesulfonic acid* $C_8H_{10}O_3S$, Formel III
(X = OH) (H 120; E II 77).

B. Neben geringeren Mengen 1-Äthyl-benzol-sulfonsäure-(2) beim Eintragen von
Schwefelsäure in heisses Äthylbenzol (*Paquette, Lingafelter, Tartar,* Am. Soc. **65** [1943]
686; vgl. H 120).

Natrium-Salz (vgl. H 120; E II 77). Krystalle [aus A.] (*Pa., Li., Ta.*). Elektrische
Leitfähigkeit von wss. Lösungen: *Pa., Li., Ta.,* l. c. S. 689, 690; *Scott, Tartar,* Am. Soc.
65 [1943] 692, 697.

Kupfer(II)-Salz Cu$(C_8H_9O_3S)_2 \cdot 4H_2O$ (vgl. H 120). Krystalle (*Čupr, Širůček,* Chem.
Listy **31** [1937] 106; C. **1937** II 767).

Beryllium-Salz Be$(C_8H_9O_3S)_2 \cdot 6H_2O$. Krystalle (aus W.); das Krystallwasser wird
bei allmählichem Erwärmen unter 50 Torr abgegeben (*Čupr, Širůček,* J. pr. [2] **136** [1933]
159, 166, 170).

Magnesium-Salz Mg$(C_8H_9O_3S)_2 \cdot 6H_2O$. Krystalle [aus W.] (*Čupr, Širůček,* J. pr.
[2] **139** [1934] 245, 246).

Strontium-Salz Sr$(C_8H_9O_3S)_2 \cdot H_2O$. Krystalle [aus W.] (*Čupr, Ši.,* J. pr. [2] **139** 246).

Zink-Salz Zn(C$_8$H$_9$O$_3$S)$_2$·6H$_2$O. Krystalle [aus W.] (*Čupr, Ši.*, J. pr. [2] **139** 246).
Cadmium-Salz Cd(C$_8$H$_9$O$_3$S)$_2$·6H$_2$O (vgl. H 120). Krystalle [aus W.] (*Čupr, Ši.*, J. pr. [2] **139** 246).

1-Äthyl-benzol-sulfonylfluorid-(4), p-*ethylbenzenesulfonyl fluoride* C$_8$H$_9$FO$_2$S, Formel III (X = F).
B. Aus Äthylbenzol beim Behandeln mit Fluoroschwefelsäure (*Steinkopf, Hübner*, J. pr. [2] **141** [1934] 193, 195).
Kp: 238—239°; Kp$_{14}$: 124—125°.
Beim Behandeln mit Methylmagnesiumjodid in Äther ist Bis-[4-äthyl-phenylsulfon]-methan, beim Behandeln mit Phenylmagnesiumbromid in Äther ist Phenyl-[4-äthyl-phenyl]-sulfon erhalten worden.

1-Äthyl-benzolsulfonamid-(4), p-*ethylbenzenesulfonamide* C$_8$H$_{11}$NO$_2$S, Formel III (X = NH$_2$) (H 120; E II 77).
B. Aus 1-Äthyl-benzol-sulfonylfluorid-(4) beim Behandeln mit flüssigem Ammoniak (*Steinkopf, Hübner*, J. pr. [2] **141** [1934] 193, 196). Neben geringen Mengen Bis-[4-äthyl-phenyl]-sulfon beim Behandeln von Äthylbenzol mit Chloroschwefelsäure in Chloroform und Erwärmen des Reaktionsprodukts mit Ammoniumcarbonat (*Huntress, Autenrieth*, Am. Soc. **63** [1941] 3446).
Krystalle; F: 109—110° [unkorr.; Block; aus wss. A.] (*Hu., Au.*), 109° [aus A.] (*St., Hü.*).
Charakterisierung als N-[Xanthenyl-(9)]-Derivat (F: 195,5—197°): *Phillips, Frank*, J. org. Chem. **9** [1944] 9.

[1-Äthyl-benzol-sulfonyl-(4)]-acetyl-amin, N-[1-Äthyl-benzol-sulfonyl-(4)]-acetamid, N-(p-*ethylphenylsulfonyl*)*acetamide* C$_{10}$H$_{13}$NO$_3$S, Formel III (X = NH-CO-CH$_3$).
B. Aus 1-Äthyl-benzolsulfonamid-(4) und Acetylchlorid (*Openshaw, Spring*, Soc. **1945** 234).
Krystalle (aus wss. A.); F: 97°.

1-[2-Brom-äthyl]-benzol-sulfonylchlorid-(4), p-(2-*bromoethyl*)*benzenesulfonyl chloride* C$_8$H$_8$BrClO$_2$S, Formel IV (X = Cl).
B. Neben geringen Mengen Bis-[4-(2-brom-äthyl)-phenyl]-sulfon beim Behandeln von Phenäthylbromid mit Chloroschwefelsäure (*Inskeep, Deanin*, Am. Soc. **69** [1947] 2237).
Nicht rein erhalten; durch Überführung in das Amid (s. u.) und das Dimethylamid (s. u.) charakterisiert.

1-[2-Brom-äthyl]-benzolsulfonamid-(4), p-(2-*bromoethyl*)*benzenesulfonamide* C$_8$H$_{10}$BrNO$_2$S, Formel IV (X = NH$_2$).
B. Aus 1-[2-Brom-äthyl]-benzol-sulfonylchlorid-(4) beim Erwärmen mit wss. Ammoniak (*Inskeep, Deanin*, Am. Soc. **69** [1947] 2237).
Krystalle (aus A.); F: 185,5—186° [korr.].

N.N-Dimethyl-1-[2-brom-äthyl]-benzolsulfonamid-(4), p-(2-*bromoethyl*)-N,N-*dimethyl-benzenesulfonamide* C$_{10}$H$_{14}$BrNO$_2$S, Formel IV (X = N(CH$_3$)$_2$).
B. Aus 1-[2-Brom-äthyl]-benzol-sulfonylchlorid-(4) beim Behandeln mit Dimethylamin in Wasser (*Inskeep, Deanin*, Am. Soc. **69** [1947] 2237).
Krystalle (aus A.); F: 99—100°.

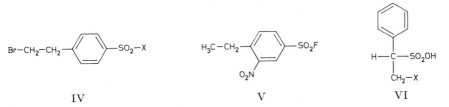

IV   V   VI

2-Nitro-1-äthyl-benzol-sulfonylfluorid-(4), 4-*ethyl-3-nitrobenzenesulfonyl fluoride* C$_8$H$_8$FNO$_4$S, Formel V.
B. Beim Eintragen von 1-Äthyl-benzol-sulfonylfluorid-(4) in ein warmes Gemisch von Salpetersäure und Schwefelsäure (*Steinkopf, Hübner*, J. pr. [2] **141** [1934] 193, 196).
Kp$_{15}$: 179°.

1-Phenyl-äthan-sulfonsäure-(1), *1-phenylethanesulfonic acid* $C_8H_{10}O_3S$.

a) **(R)-1-Phenyl-äthan-sulfonsäure-(1)**, D_r-1cat_F-Phenyl-äthan-sulfonsäure-(1r_F), Formel VI (X = H) [1]).

Ein als Natrium-Salz $NaC_8H_9O_3S$ (Krystalle [aus A.]; $[\alpha]_D$: $+4,7°$ [W.; c = 5]) und als Naphthyl-(2)-amin-Salz (F: 196—197°, $[\alpha]_D$: $+9,5°$ [A.; c = 2,5]) charakterisiertes Präparat von ungewisser konfigurativer Einheitlichkeit ist neben Bis-[(R)-1-phenyläthyl]-disulfid beim Behandeln von (R)-1-Phenyl-äthanthiol-(1) (E III **6** 1697) mit wss. Wasserstoffperoxid erhalten worden (*Holmberg*, Ark. Kemi **13**A Nr. 8 [1939] 8).

b) **(±)-1-Phenyl-äthan-sulfonsäure-(1)**, Formel VI (X = H) + Spiegelbild (E II 77).

B. Neben Bis-[1-phenyl-äthyl]-äther (Kp_{12}: 149—151°) beim Erhitzen von (±)-1-Phen=yl-äthanol-(1) mit wss. Schwefeldioxid und Natriumhydrogensulfit auf 130° (*Hedén, Holmberg*, Svensk kem. Tidskr. **48** [1936] 207, 208). Neben *racem.*(?)-Bis-[1-phenyläthyl]-disulfid beim Behandeln von (±)-1-Phenyl-äthanthiol-(1) mit wss. Wasserstoff=peroxid (*Holmberg*, Ark. Kemi **12**A Nr. 28 [1938] 8; vgl. *He., Ho.*).

Überführung in Äthylbenzol durch Behandlung des Natrium-Salzes mit Natrium in flüssigem Ammoniak: *Suter, Milne*, Am. Soc. **65** [1943] 582. Beim Behandeln des Natri=um-Salzes, des Kalium-Salzes oder des Barium-Salzes mit Phosphor(V)-chlorid in Tetrachlormethan oder ohne Lösungsmittel entsteht 1-Phenyl-äthylchlorid (*Kharasch, May, Mayo*, J. org. Chem. **3** [1938] 175, 189).

Naphthyl-(2)-amin-Salz (F: 199—201°): *He., Ho.* Phenylhydrazin-Salz (F: 115°): *Kh., May, Mayo*, l. c. S. 188.

(±)-2-Nitro-1-phenyl-äthan-sulfonsäure-(1), *2-nitro-1-phenylethanesulfonic acid* $C_8H_9NO_5S$, Formel VI (X = NO_2) + Spiegelbild.

B. Aus *trans-β*-Nitro-styrol beim Behandeln einer Lösung in Dioxan mit wss. Natrium=hydrogensulfit-Lösung (*Heath, Piggott*, Soc. **1947** 1481, 1484) sowie bei mehrtägigem Behandeln mit wss. Schwefeldioxid unter Ausschluss von Sauerstoff (*Heath, Pi.*). Aus (±)-2-Nitro-1-phenyl-äthanol-(1) beim Erwärmen mit wss. Ammoniumhydrogensulfit-Lösung und anschliessenden Einleiten von Schwefeldioxid (*Visking Corp.*, U.S.P. 2477869 [1946]).

Als Ammonium-Salz [Krystalle] (*Visking Corp.*) sowie als Natrium-Salz $NaC_8H_8NO_5S$ [Krystalle (aus A.)] (*Heath, Pi.*) isoliert.

1-Phenyl-äthan-sulfonsäure-(2), *2-phenylethanesulfonic acid* $C_8H_{10}O_3S$, Formel VII (X = OH) (E II 78).

B. Neben 1-Hydroxy-1-phenyl-äthan-sulfonsäure-(2) und *trans*-Styrol-sulfonsäure-(β) (S. 370) bzw. neben 1-Hydroxy-1-phenyl-äthan-sulfonsäure-(2) beim Behandeln von Styrol mit Natriumhydrogensulfit in Wasser oder wss. Pyridin in Gegenwart von Luft oder Sauerstoff bzw. in Gegenwart von Natriumnitrit, Ammoniumnitrit oder Ammo=niumperoxodisulfat unter Ausschluss von Sauerstoff (*Kharasch, Schenck, Mayo*, Am. Soc. **61** [1939] 3092, 3093, 3096). Aus Phenäthylmercaptan beim Behandeln mit Kalium=permanganat in wss. Aceton (*Kharasch, May, Mayo*, J. org. Chem. **3** [1938] 175, 189) oder mit wss. Wasserstoffperoxid (*Hedén, Holmberg*, Svensk kem. Tidskr. **48** [1936] 207, 210).

Charakterisierung als Naphthyl-(2)-amin-Salz (F: 250° [Zers.]): *He., Ho.*; als Phenyl=hydrazin-Salz (F: 154°): *Kh., May, Mayo*.

S-[4-Chlor-benzyl]-isothiuronium-Salz. F: 197° (*Suter, Milne*, Am. Soc. **65** [1943] 582).

1-Phenyl-äthan-sulfonylchlorid-(2), *2-phenylethanesulfonyl chloride* $C_8H_9ClO_2S$, Formel VII (X = Cl) (E II 78).

B. Beim Einleiten von Chlor in eine wss. Lösung von *S*-Phenäthyl-isothiuronium-chlorid (*Johnson, Sprague*, Am. Soc. **58** [1936] 1348).

F: 32—33°. Kp_3: 121—123°. n_D^{35}: 1,5390.

1-Phenyl-äthan-sulfonylbromid-(2), *2-phenylethanesulfonyl bromide* $C_8H_9BrO_2S$, Formel VII (X = Br).

B. Aus 1-Phenyl-äthan-thiosulfonsäure-(2)-*S*-phenäthylester [S. 337] (*Holmberg*, Ark.

[1]) (S)-1-Phenyl-äthan-sulfonsäure-(1) s. E II 77.

Kemi **12** A Nr. 28 [1938] 11) oder aus Thioessigsäure-*S*-phenäthylester (*Holmberg*, Ark. Kemi **12** B Nr. 47 [1938] 2) beim Behandeln mit Brom in wasserhaltiger Essigsäure. Krystalle (aus Bzl. + PAe.); F: 59—60°.

1-Phenyl-äthansulfonamid-(2), *2-phenylethanesulfonamide* $C_8H_{11}NO_2S$, Formel VII (X = NH₂) (E II 78).

B. Beim Einleiten von Ammoniak in eine äther. Lösung von 1-Phenyl-äthan-sulfonyl⸗chlorid-(2) (*Kharasch, Schenck, Mayo*, Am. Soc. **61** [1939] 3092, 3097) oder in eine Lösung vom 1-Phenyl-äthan-sulfonylbromid-(2) in Benzol (*Holmberg*, Ark. Kemi **12** B Nr. 28 [1938] 12). Krystalle; F: 124° (*Kh., Sch., Mayo*), 122—123° [aus W.] (*Ho.*).

VII   VIII   IX

1-[4-Nitro-phenyl]-äthan-sulfonylchlorid-(2), *2-(p-nitrophenyl)ethanesulfonyl chloride* $C_8H_8ClNO_4S$, Formel VIII (X = Cl).

B. Beim Behandeln von 4-Nitro-phenäthylchlorid (E III **5** 804) mit Thioharnstoff in Äthanol und Einleiten von Chlor in eine wss. Lösung des Reaktionsprodukts (*Miller et al.*, Am. Soc. **62** [1940] 2099, 2100). Krystalle (aus Bzl.); F: 81,5—83°.

1-[4-Nitro-phenyl]-äthan-sulfonamid-(2), *2-(p-nitrophenyl)ethanesulfonamide* $C_8H_{10}N_2O_4S$, Formel VIII (X = NH₂).

B. Aus 1-[4-Nitro-phenyl]-äthan-sulfonylchlorid-(2) beim Behandeln mit wss. Am⸗moniak (*Miller et al.*, Am. Soc. **62** [1940] 2099, 2100, 2102). Krystalle (aus wss. A.); F: 120,5—122°.

1-Phenyl-äthan-thiosulfonsäure-(2)-S-phenäthylester, *2-phenylethanethiosulfonic acid S-phenethyl ester* $C_{16}H_{18}O_2S_2$, Formel VII (X = S-CH₂-CH₂-C₆H₅).

Bezüglich der Konstitution dieser ursprünglich als Diphenäthyldisulfoxid ange-sehenen Verbindung vgl. E II **11** 37 Anm.

B. Neben Acrylsäure beim Erwärmen von (±)-3-Phenäthylsulfin-propionsäure mit wss. Salzsäure (*Holmberg*, Ark. Kemi **15** A Nr. 21 [1942] 10). Neben geringen Mengen 1-Phenyl-äthan-sulfonsäure-(2) bei 3-wöchigem Behandeln von Phenäthylmercaptan mit wss. Wasserstoffperoxid (*Holmberg*, Ark. Kemi **12** A Nr. 28 [1938] 11). Krystalle (aus A.); F: 48—49° (*Ho.*, Ark. Kemi **15** A Nr. 21, S. 10).

Beim Behandeln mit Brom in wasserhaltiger Essigsäure ist 1-Phenyl-äthan-sulfonyl⸗bromid-(2) erhalten worden (*Ho.*, Ark. Kemi **12** A Nr. 28, S. 11).

***o*-Xylol-sulfonsäure-(3)**, *2,3-xylenesulfonic acid* $C_8H_{10}O_3S$, Formel IX (H 120).

B. Neben grösseren Mengen *o*-Xylol-sulfonsäure-(4) beim Behandeln von *o*-Xylol mit wasserfreier Schwefelsäure in Gegenwart von Quecksilber und anschliessenden Erwär-men mit rauchender Schwefelsäure (*Lauer*, J. pr. [2] **138** [1933] 81, 86, 89).

Barium-Salz. Krystalle (aus wss. A.). In Wasser leichter löslich als das Barium-Salz der *o*-Xylol-sulfonsäure-(4).

6-Chlor-*o*-xylolsulfonamid-(3), *4-chloro-2,3-xylenesulfonamide* $C_8H_{10}ClNO_2S$, Formel X (H 121).

B. Aus 6-Amino-*o*-xylol-sulfonsäure-(3) (*Allen, Van Allan*, J. org. Chem. **10** [1945] 1). F: 198°.

***o*-Xylol-sulfonsäure-(4)**, *3,4-xylenesulfonic acid* $C_8H_{10}O_3S$, Formel XI (X = OH) (H 121; E I 33; E II 78).

Überführung in *o*-Xylol durch Erhitzen mit Phosphorsäure auf 175°: *Veselý, Sto-janova*, Collect. **9** [1937] 465, 469; durch Erhitzen mit wss. Schwefelsäure bis auf 185° bzw. 210°: *Nakatsuchi*, J. Soc. chem. Ind. Japan **33** [1930] 181, 184; J. Soc. chem. Ind. Japan Spl. **33** [1930] 65; C. **1930** I 2876; *Kishner*, Ž. obšč. Chim. **3** [1933] 578; C. A. **1934** 2693. Beim Erhitzen mit Kupfer(II)-chlorid ist 4-Chlor-*o*-xylol erhalten worden (*Varma, Parekh, Subramanium*, J. Indian chem. Soc. **16** [1939] 460).

Charakterisierung als 1-[4-Nitro-benzyl]-pyridinium-Salz (F: 158,5°): *Huntress, Foote*, Am. Soc. **64** [1942] 1017, 1018.

Natrium-Salz (vgl. H 121). Kompressibilität bei Drucken von 2500 at bis 40000 at: *Bridgman*, Pr. Am. Acad. Arts Sci. **76** [1948] 71, 84. In 100 g Wasser lösen sich bei 25° 26,7 g (*Na.*).

Calcium-Salz (E II 78). In 100 g Wasser lösen sich bei 25° 21,9 g (*Na.*).

Barium-Salz (vgl. H 121; E I 33). D²⁵: 1,747 (*Strassmann*, Z. physik. Chem. [B] **26** [1934] 362, 365). In Wasser schwerer löslich als das Barium-Salz der *o*-Xylol-sulfon‍säure-(3) (*Lauer*, J. pr. [2] **138** [1933] 81, 89).

S-Benzyl-isothiuronium-Salz [C₈H₁₁N₂S]C₈H₉O₃S. Krystalle (aus wss. A.); F: 207,6—208,1° [korr.] (*Chambers, Watt*, J. org. Chem. **6** [1941] 376, 378).

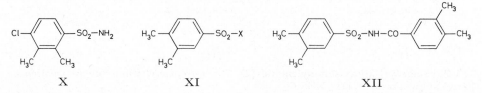

X   XI   XII

o-**Xylol-sulfonylchlorid-(4)**, *3,4-xylenesulfonyl chloride* C₈H₉ClO₂S, Formel XI (X = Cl) (H 121).

B. Aus *o*-Xylol beim Behandeln mit Chloroschwefelsäure in Chloroform (*Huntress, Autenrieth*, Am. Soc. **63** [1941] 3446; vgl. *I.G. Farbenind.*, D.R.P. 565461 [1929]; Frdl. **18** 1817, 1819).

Krystalle; F: 52,5° (*I.G. Farbenind.*), 52° (*Hu., Au.*).

o-**Xylolsulfonamid-(4)**, *3,4-xylenesulfonamide* C₈H₁₁NO₂S, Formel XI (X = NH₂) (H 121).

B. Aus *o*-Xylol-sulfonylchlorid-(4) beim Erwärmen mit Ammoniumcarbonat (*Huntress, Autenrieth*, Am. Soc. **63** [1941] 3446).

Krystalle (aus wss. A.); F: 143—144° [unkorr.; Block] (*Hu., Au.*).

Charakterisierung als *N*-[Xanthenyl-(9)]-Derivat (F: 189—190°): *Phillips, Frank*, J. org. Chem. **9** [1944] 9.

[*o*-**Xylol-sulfonyl-(4)**]-[3.4-dimethyl-benzoyl]-amin, *N*-[*o*-**Xylol-sulfonyl-(4)**]-3.4-di‍methyl-benzamid, *3,4-dimethyl-N-(3,4-xylylsulfonyl)benzamide* C₁₇H₁₉NO₃S, Formel XII.

B. Beim Erhitzen von *o*-Xylolsulfonamid-(4) mit 3.4-Dimethyl-benzoesäure und Phosphor(V)-oxid in Chlorbenzol (*Geigy A.G.*, Schweiz.P. 255612 [1944]). Beim Erwär‍men von 3.4-Dimethyl-benzamid mit Natriumamid in Xylol und anschliessend mit *o*-Xylol-sulfonylchlorid-(4) (*Geigy A.G.*).

Krystalle (aus A. oder aus Bzl. + PAe.); F: 119°.

[*o*-**Xylol-sulfonyl-(4)**]-[naphthoyl-(1)]-amin, *N*-[*o*-**Xylol-sulfonyl-(4)**]-naphthamid-(1), *N-(3,4-xylylsulfonyl)-1-naphthamide* C₁₉H₁₇NO₃S, Formel XIII.

B. Beim Erwärmen von *o*-Xylolsulfonamid-(4) mit Naphthoyl-(1)-chlorid und Alu‍miniumchlorid in Nitrobenzol (*Geigy A.G.*, Schweiz.P. 255628 [1944]). Beim Erwärmen von Naphthamid-(1) mit Natriumamid in Xylol und anschliessenden Erhitzen mit *o*-Xylol-sulfonylchlorid-(4) (*Geigy A.G.*).

Krystalle (aus A.); F: 140°.

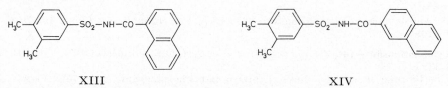

XIII   XIV

[*o*-**Xylol-sulfonyl-(4)**]-[naphthoyl-(2)]-amin, *N*-[*o*-**Xylol-sulfonyl-(4)**]-naphthamid-(2), *N-(3,4-xylylsulfonyl)-2-naphthamide* C₁₉H₁₇NO₃S, Formel XIV.

B. Beim Erwärmen von *o*-Xylolsulfonamid-(4) mit Naphthoyl-(2)-chlorid und Alu‍miniumchlorid in Nitrobenzol (*Geigy A.G.*, Schweiz.P. 255627 [1944]). Beim Erwärmen von Naphthamid-(2) mit Natriumamid in Xylol und anschliessenden Erhitzen mit o-Xylol-sulfonylchlorid-(4) (*Geigy A.G.*).

Krystalle (aus A.); F: 180°.

N-[o-Xylol-sulfonyl-(4)]-S-methyl-isothioharnstoff, *2-methyl-1-(3,4-xylylsulfonyl)isothio= urea* $C_{10}H_{14}N_2O_2S_2$, Formel XI (X = NH-C(S-CH$_3$)=NH) und Tautomeres.

B. Beim Behandeln von o-Xylol-sulfonylchlorid-(4) mit S-Methyl-isothiuronium-bromid und wss. Natronlauge (*Sharp & Dohme Inc.*, U.S.P. 2441566 [1942]) oder mit S-Methyl-isothiuronium-sulfat und Kaliumcarbonat in wss. Aceton (*Cox*, J. org. Chem. **7** [1942] 307).

F: 136—137°.

5-Chlor-o-xylolsulfonamid-(4), *6-chloro-3,4-xylenesulfonamide* $C_8H_{10}ClNO_2S$, Formel I (H 121).

B. Aus 5-Amino-o-xylol-sulfonsäure-(4) (*Allen, Van Allan*, J. org. Chem. **10** [1945] 1).

F: 209°.

m-Xylol-sulfonsäure-(4), *2,4-xylenesulfonic acid* $C_8H_{10}O_3S$, Formel II (X = OH) (H 123; E I 34; E II 79).

B. Aus m-Xylol beim Behandeln mit dem Dioxan-Schwefeltrioxid-Addukt in Tetra= chlormethan (*Suter, Evans, Kiefer*, Am. Soc. **60** [1938] 538).

Überführung in m-Xylol durch Erhitzen mit Phosphorsäure auf 137°: *Veselý, Stoja= nova*, Collect. **9** [1937] 465, 469. Relative Geschwindigkeit der Reaktion mit Octanol-(1) in Toluol bei 118° sowie in Äthylbenzol bei 145°: *Carroll*, Soc. **1949** 557, 558, 561. Über= führung in 4-Chlor-m-xylol durch Erhitzen mit Kupfer(II)-chlorid: *Varma, Parekh, Subramanium*, J. Indian chem. Soc. **16** [1939] 460.

Natrium-Salz (vgl. H 123; E II 79). Kompressibilität bei Drucken von 2500 at bis 40000 at: *Bridgman*, Pr. Am. Acad. Arts Sci. **76** [1948] 71, 84. In 100 g Wasser lösen sich bei 25° 64,7 g (*Nakatsuchi*, J. Soc. chem. Ind. Japan **33** [1930] 181, 182; J. Soc. chem. Ind. Japan Spl. **33** [1930] 65; C. **1930** I 2876).

Calcium-Salz (E II 79). In 100 g Wasser lösen sich bei 25° 32,7 g (*Na.*).

Barium-Salz (H 123; E II 79). D^{25}: 1,718 (*Strassmann*, Z. physik. Chem. [B] **26** [1934] 362, 368).

Glycin-Salz $C_2H_5NO_2 \cdot C_8H_{10}O_3S$. *B.* Beim Erhitzen von m-Xylol mit Hippursäure und Schwefelsäure (*Machek*, M. **66** [1935] 345, 351). — Krystalle (aus W.); F: 171,5° bis 172,5° [korr.] (*Ma.*).

S-Benzyl-isothiuronium-Salz $[C_8H_{11}N_2S]C_8H_9O_3S$. Krystalle (aus wss. A.); F: 145,6—146,1° [korr.] (*Chambers, Watt*, J. org. Chem. **6** [1941] 376, 378).

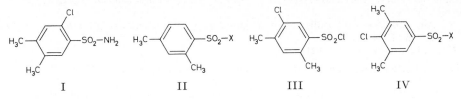

I   II   III   IV

m-Xylol-sulfonylfluorid-(4), *2,4-xylenesulfonyl fluoride* $C_8H_9FO_2S$, Formel II (X = F) (E II 79).

B. Aus m-Xylol-sulfonylchlorid-(4) beim Erhitzen mit wss. Kaliumfluorid-Lösung (*Davies, Dick*, Soc. **1931** 2104, 2107).

Kp: 246°; n_D^{20}: 1,5086 (*Da., Dick*).

Beim Erwärmen mit Methylmagnesiumjodid in Äther ist Bis-[2.4-dimethyl-phenyl= sulfon]-methan, beim Behandeln mit 1.5-Bis-chloromagnesio-pentan in Äther ist 1.5-Bis-[2.4-dimethyl-phenylsulfon]-pentan erhalten worden (*Steinkopf, Hübner*, J. pr. [2] **141** [1934] 193, 197, 199).

m-Xylol-sulfonylchlorid-(4), *2,4-xylenesulfonyl chloride* $C_8H_9ClO_2S$, Formel II (X = Cl) (H 123; E II 79).

B. Aus m-Xylol beim Behandeln mit Chloroschwefelsäure (*Schreiber, Shriner*, Am. Soc. **56** [1934] 1618).

Krystalle; F: 34°. Kp_{15}: 163—165°.

22*

m-Xylolsulfonamid-(4), *2,4-xylenesulfonamide* $C_8H_{11}NO_2S$, Formel II (X = NH_2) (H 123).
B. Aus *m*-Xylol-sulfonylchlorid beim Erwärmen mit Ammoniumcarbonat (*Huntress, Autenrieth*, Am. Soc. **63** [1941] 3446).
Krystalle (aus wss. A.); F: 136,5—137° [unkorr.; Block] (*Hu., Au.*).
Charakterisierung als N-[Xanthenyl-(9)]-Derivat (F: 187—188,5°): *Phillips, Frank*, J. org. Chem. **9** [1944] 9.

N-[m-Xylol-sulfonyl-(4)]-S-methyl-isothioharnstoff, *2-methyl-1-(2,4-xylylsulfonyl)iso= thiourea* $C_{10}H_{14}N_2O_2S_2$, Formel II (X = NH-C(S-CH_3)=NH) und Tautomeres.
B. Aus *m*-Xylol-sulfonylchlorid-(4) beim Behandeln mit *S*-Methyl-isothiuronium-bromid und wss. Natronlauge (*Sharp & Dohme Inc.*, U.S.P. 2441566 [1942]) oder mit *S*-Methyl-isothiuronium-sulfat und Kaliumcarbonat in wss. Aceton (*Cox*, J. org. Chem. **7** [1942] 307).
F: 137—138°.

N-[m-Xylol-sulfonyl-(4)]-glycin, N-*(2,4-xylylsulfonyl)glycine* $C_{10}H_{13}NO_4S$, Formel II (X = NH-CH_2-COOH) (H 123).
B. Aus *m*-Xylol-sulfonylchlorid-(4) und Glycin (*Cocker*, Soc. **1937** 1695; vgl. H 123).
Krystalle (aus Bzl.), F: 110—110,5°; Krystalle (aus W.) mit 1 Mol H_2O, F: 76°.

N-[m-Xylol-sulfonyl-(4)]-sarkosin, N-*(2,4-xylylsulfonyl)sarcosine* $C_{11}H_{15}NO_4S$, Formel II (X = N(CH_3)-CH_2-COOH).
B. Aus N-[*m*-Xylol-sulfonyl-(4)]-glycin mit Hilfe von Dimethylsulfat (*Cocker*, Soc. **1937** 1695).
Krystalle (aus Bzn.); F: 104,5—105°.

N-[m-Xylol-sulfonyl-(4)]-N-äthyl-glycin, N-*ethyl-N-(2,4-xylylsulfonyl)glycine* $C_{12}H_{17}NO_4S$, Formel II (X = N(C_2H_5)-CH_2-COOH).
B. Aus N-[*m*-Xylol-sulfonyl-(4)]-glycin beim Erwärmen mit Toluol-sulfonsäure-(4)-äthylester und wss. Natronlauge sowie mit Hilfe von Äthyljodid (*Cocker*, Soc. **1937** 1695).
Krystalle; F: 108—109°.

6-Chlor-m-xylol-sulfonylchlorid-(4), *5-chloro-2,4-xylenesulfonyl chloride* $C_8H_8Cl_2O_2S$, Formel III.
B. Aus 4-Chlor-*m*-xylol und Chloroschwefelsäure (*CIBA*, D.R.P. 638450 [1932]; Frdl. **23** 738).
Kp_7: 147—148°.

m-Xylol-sulfonsäure-(5) $C_8H_{10}O_3S$.

2-Chlor-m-xylol-sulfonylchlorid-(5), *4-chloro-3,5-xylenesulfonyl chloride* $C_8H_8Cl_2O_2S$, Formel IV (X = Cl).
B. Aus 2.6-Dimethyl-anilin über 2-Amino-*m*-xylol-sulfonsäure-(5) (*Dosser, Richter*, Am. Soc. **56** [1934] 1132).
Krystalle (aus Bzn.); F: 121°.

2-Chlor-m-xylolsulfonamid-(5), *4-chloro-3,5-xylenesulfonamide* $C_8H_{10}ClNO_2S$, Formel IV (X = NH_2).
B. Aus 2-Chlor-*m*-xylol-sulfonylchlorid-(5) (*Dosser, Richter*, Am. Soc. **56** [1934] 1132).
Krystalle (aus A.); F: 205°.

4-Chlor-m-xylol-sulfonylchlorid-(5), *2-chloro-3,5-xylenesulfonyl chloride* $C_8H_8Cl_2O_2S$, Formel V (X = Cl).
B. Aus 4-Amino-*m*-xylol-sulfonsäure-(5) (*CIBA*, D.R.P. 623554 [1933], 638450 [1932]; Frdl. **22** 776, **23** 738).
F: 61—62°. Kp_6: 160—161°.

4-Chlor-m-xylolsulfonamid-(5), *2-chloro-3,5-xylenesulfonamide* $C_8H_{10}ClNO_2S$, Formel V (X = NH_2).
B. Aus 4-Amino-*m*-xylol-sulfonsäure-(5) (*Allen, VanAllan*, J. org. Chem. **10** [1945] 1).
F: 159°.

p-Xylol-sulfonsäure-(2), *2,5-xylenesulfonic acid* $C_8H_{10}O_3S$, Formel VI (X = OH) (H 127; E I 34; E II 80).
Überführung in 2-Chlor-*p*-xylol durch Erhitzen mit Kupfer(II)-chlorid: *Varma*,

Parekh, Subramanium, J. Indian chem. Soc. **16** [1939] 460.

Charakterisierung als 1-[4-Nitro-benzyl]-pyridinium-Salz (F: 139,5° [unkorr.]): *Huntress, Foote,* Am. Soc. **64** [1942] 1017, 1018.

Natrium-Salz (H 127). Kompressibilität des Monohydrats bei Drucken von 2500 at bis 40000 at: *Bridgman,* Pr. Am. Acad. Arts Sci. **76** [1948] 71, 84. In 100 g Wasser lösen sich bei 25° 20,0 g (*Nakatsuchi,* J. Soc. chem. Ind. Japan **33** [1930] 181, 182; J. Soc. chem. Ind. Japan Spl. **33** [1930] 65; C. **1930** I 2876).

Beryllium-Salz Be($C_8H_9O_3S$)$_2 \cdot 5 H_2O$. Monokline Krystalle (aus W.), F: 143,2° bis 144,2° [korr.] und (nach Wiedererstarren bei weiterem Erhitzen) F: 177,8—178,8° [korr.]; das bei 190° getrocknete Salz zersetzt sich bei 326,9—332,2° [korr.] (*Booth, Pierce,* J. phys. Chem. **37** [1933] 59, 64). In Äthanol, Aceton und heisser Essigsäure leicht löslich, in Äther, Benzol und Chloroform fast unlöslich.

Calcium-Salz. In 100 g Wasser lösen sich bei 25° 11,8 g (*Na.*).

Barium-Salz (H 127). D^{25}: 1,788 (*Strassmann,* Z. physik. Chem. [B] **26** [1934] 362, 368).

S-Benzyl-isothiuronium-Salz [$C_8H_{11}N_2S$]$C_8H_9O_3S$. Krystalle (aus wss. A.); F: 183,7° [korr.] (*Chambers, Watt,* J. org. Chem. **6** [1941] 376, 378).

***p*-Xylol-sulfonylchlorid-(2),** *2,5-xylenesulfonyl chloride* $C_8H_9ClO_2S$, Formel VI (X = Cl) (H 127; E II 80).

B. Aus *p*-Xylol beim Behandeln mit Chloroschwefelsäure (*CIBA,* D.R.P. 622938 [1933]; Frdl. **21** 990; U.S.P. 2017613 [1933]).

Kp$_{22}$: 152—155°.

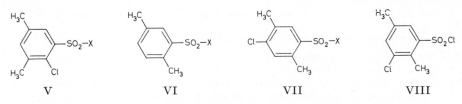

          V   VI   VII   VIII

***p*-Xylolsulfonamid-(2),** *2,5-xylenesulfonamide* $C_8H_{11}NO_2S$, Formel VI (X = NH$_2$) (H 127).

B. Aus *p*-Xylol-sulfonylchlorid-(2) beim Erwärmen mit Ammoniumcarbonat (*Huntress, Autenrieth,* Am. Soc. **63** [1941] 3446).

Krystalle (aus wss. A.); F: 145,5—146,5° [unkorr.; Block] (*Hu., Au.*).

Charakterisierung als *N*-[Xanthenyl-(9)]-Derivat (F: 175—176°): *Phillips, Frank,* J. org. Chem. **9** [1944] 9.

***N*-[*p*-Xylol-sulfonyl-(2)]-*S*-methyl-isothioharnstoff,** *2-methyl-1-(2,5-xylylsulfonyl)isothiourea* $C_{10}H_{14}N_2O_2S_2$, Formel VI (X = NH-C(S-CH$_3$)=NH) und Tautomeres.

B. Beim Behandeln von *p*-Xylol-sulfonylchlorid-(2) mit *S*-Methyl-isothiuronium-bromid und wss. Natronlauge (*Sharp & Dohme Inc.,* U.S.P. 2441566 [1942]) oder mit *S*-Methyl-isothiuronium-sulfat und Kaliumcarbonat in wss. Aceton (*Cox,* J. org. Chem. **7** [1942] 307).

F: 144—145°.

5-Chlor-*p*-xylol-sulfonsäure-(2), *4-chloro-2,5-xylenesulfonic acid* $C_8H_9ClO_3S$, Formel VII (X = OH) (H 127; dort als *eso*-Chlor-*p*-xylol-*eso*-sulfonsäure bezeichnet).

B. Aus 2-Chlor-*p*-xylol beim Behandeln mit Schwefelsäure (*Wahl,* A. ch. [11] **5** [1936] 5, 14; vgl. H 127). Aus 5-Amino-*p*-xylol-sulfonsäure-(2) über die Diazonium-Verbindung (*Wahl,* l. c. S. 17).

Krystalle (aus wss. Salzsäure) mit 2 Mol H$_2$O; F: ca. 100°.

Beim Erwärmen einer Lösung in Schwefelsäure mit Salpetersäure (1,3 Mol) sind 5-Chlor-6-nitro-*p*-xylol-sulfonsäure-(2) und geringere Mengen 3-Chlor-2.6-dinitro-*p*-xylol erhalten worden (*Wahl,* l. c. S. 18, 57).

Natrium-Salz NaC$_8$H$_8$ClO$_3$S·H$_2$O (H 127). Krystalle; in kaltem Wasser schwer löslich (*Wahl,* l. c. S. 15).

Calcium-Salz Ca($C_8H_8ClO_3S$)$_2 \cdot 3 H_2O$. Krystalle; in kaltem Wasser schwer löslich (*Wahl,* l. c. S. 15).

5-Chlor-*p*-xylol-sulfonylchlorid-(2), *4-chloro-2,5-xylenesulfonyl chloride* C$_8$H$_8$Cl$_2$O$_2$S, Formel VII (X = Cl).

B. Aus 5-Chlor-*p*-xylol-sulfonsäure-(2) beim Erhitzen des Natrium-Salzes oder des Calcium-Salzes mit Phosphor(V)-chlorid und Phosphoroxychlorid auf 110° (*Wahl*, A. ch. [11] **5** [1936] 5, 15). Aus 2-Chlor-*p*-xylol beim Behandeln mit Chloroschwefelsäure (*Gen. Aniline Works*, U.S.P. 1832209 [1927]). Aus 5-Amino-*p*-xylol-sulfonsäure-(2) (*Dosser, Richter*, Am. Soc. **56** [1934] 1132).

Krystalle; F: 50° [aus Acn. bzw. PAe.] (*Gen. Aniline Works*; *Wahl*), 49—49,5° (*Do., Ri.*).

5-Chlor-*p*-xylolsulfonamid-(2), *4-chloro-2,5-xylenesulfonamide* C$_8$H$_{10}$ClNO$_2$S, Formel VII (X = NH$_2$).

B. Aus 5-Chlor-*p*-xylol-sulfonylchlorid-(2) (*Dosser, Richter*, Am. Soc. **56** [1934] 1132; *Wahl*, A. ch. [11] **5** [1936] 5, 16; *Allen, VanAllan*, J. org. Chem. **10** [1945] 1).

Krystalle; F: 189—190° (*Do., Ri.*), 189° (*Allen, VanA.*), 185° (*Wahl*).

6-Chlor-*p*-xylol-sulfonylchlorid-(2), *3-chloro-2,5-xylenesulfonyl chloride* C$_8$H$_8$Cl$_2$O$_2$S, Formel VIII.

B. Aus *p*-Xylol-sulfonylchlorid-(2) und Chlor in Gegenwart von Jod, Antimon(V)-chlorid oder Eisen(III)-chlorid (*CIBA*, D.R.P. 700758 [1935]; D.R.P. Org. Chem. **1**, Tl. 2, S. 692).

Kp$_4$: 132—133°.

3.5-Dichlor-*p*-xylol-sulfonsäure-(2), *4,6-dichloro-2,5-xylenesulfonic acid* C$_8$H$_8$Cl$_2$O$_3$S, Formel IX (X = OH).

B. Aus 2.6-Dichlor-*p*-xylol beim Erwärmen mit Schwefelsäure (*Wahl*, A. ch. [11] **5** [1936] 5, 55).

Kalium-Salz KC$_8$H$_7$Cl$_2$O$_3$S·H$_2$O. Krystalle.

3.5-Dichlor-*p*-xylol-sulfonylchlorid-(2), *4,6-dichloro-2,5-xylenesulfonyl chloride* C$_8$H$_7$Cl$_3$O$_2$S, Formel IX (X = Cl).

B. Aus 3.5-Dichlor-*p*-xylol-sulfonsäure-(2) beim Erhitzen des Kalium-Salzes mit Phos= phor(V)-chlorid und Phosphoroxychlorid (*Wahl*, A. ch. [11] **5** [1936] 5, 56).

Krystalle (aus PAe.); F: 81°.

3.5-Dichlor-*p*-xylolsulfonamid-(2), *4,6-dichloro-2,5-xylenesulfonamide* C$_8$H$_9$Cl$_2$NO$_2$S, Formel IX (X = NH$_2$).

B. Aus 3.5-Dichlor-*p*-xylol-sulfonylchlorid-(2) beim Behandeln mit äthanol. Ammoniak (*Wahl*, A. ch. [11] **5** [1936] 5, 56).

Krystalle (aus A.); F: 150°.

3.6-Dichlor-*p*-xylol-sulfonsäure-(2), *3,6-dichloro-2,5-xylenesulfonic acid* C$_8$H$_8$Cl$_2$O$_3$S, Formel X (X = OH).

B. Aus 2.5-Dichlor-*p*-xylol beim Erwärmen mit rauchender Schwefelsäure (*Wahl*, A. ch. [11] **5** [1936] 5, 54).

Kalium-Salz KC$_8$H$_7$Cl$_2$O$_3$S·H$_2$O. Krystalle.

3.6-Dichlor-*p*-xylol-sulfonylchlorid-(2), *3,6-dichloro-2,5-xylenesulfonyl chloride* C$_8$H$_7$Cl$_3$O$_2$S, Formel X (X = Cl).

B. Aus 3.6-Dichlor-*p*-xylol-sulfonsäure-(2) beim Erhitzen des Kalium-Salzes mit Phosphor(V)-chlorid und Phosphoroxychlorid (*Wahl*, A. ch. [11] **5** [1936] 5, 54).

Krystalle (aus PAe.); F: 71°.

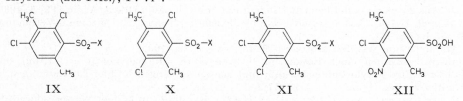

IX   X   XI   XII

3.6-Dichlor-*p*-xylolsulfonamid-(2), *3,6-dichloro-2,5-xylenesulfonamide* C$_8$H$_9$Cl$_2$NO$_2$S, Formel X (X = NH$_2$).

B. Aus 3.6-Dichlor-*p*-xylol-sulfonylchlorid-(2) beim Behandeln mit äthanol. Ammoniak

(*Wahl*, A. ch. [11] **5** [1936] 5, 54).
Krystalle (aus wss. A.); F: 165°.

5.6-Dichlor-*p*-xylol-sulfonsäure-(2), *3,4-dichloro-2,5-xylenesulfonic acid* $C_8H_8Cl_2O_3S$,
Formel XI (X = OH).
B. Aus 2.3-Dichlor-*p*-xylol beim Erwärmen mit Schwefelsäure (*Wahl*, A. ch. [11] **5**
[1936] 5, 54, 57). Aus 5-Chlor-6-amino-*p*-xylol-sulfonsäure-(2) über die Diazonium-
Verbindung (*Wahl*, l. c. S. 58).
Kalium-Salz $KC_8H_7Cl_2O_3S \cdot H_2O$. Krystalle (aus W.).
Calcium-Salz $Ca(C_8H_7Cl_2O_3S)_2 \cdot H_2O$. Krystalle.

5.6-Dichlor-*p*-xylol-sulfonylchlorid-(2), *3,4-dichloro-2,5-xylenesulfonyl chloride*
$C_8H_7Cl_3O_2S$, Formel XI (X = Cl).
B. Aus 2.3-Dichlor-*p*-xylol und Chloroschwefelsäure (*Wahl*, A. ch. [11] **5** [1936] 5,
55). Aus 5.6-Dichlor-*p*-xylol-sulfonsäure-(2) beim Erhitzen des Kalium-Salzes oder des
Calcium-Salzes mit Phosphor(V)-chlorid und Phosphoroxychlorid (*Wahl*, l. c. S. 55, 57).
Krystalle (aus PAe.); F: 61—62°.

5.6-Dichlor-*p*-xylolsulfonamid-(2), *3,4-dichloro-2,5-xylenesulfonamide* $C_8H_9Cl_2NO_2S$,
Formel XI (X = NH_2).
B. Aus 5.6-Dichlor-*p*-xylol-sulfonylchlorid-(2) beim Behandeln mit äthanol. Ammoniak
(*Wahl*, A. ch. [11] **5** [1936] 5, 55).
Krystalle (aus A.); F: 201°.

5-Chlor-6-nitro-*p*-xylol-sulfonsäure-(2), *4-chloro-3-nitro-2,5-xylenesulfonic acid*
$C_8H_8ClNO_5S$, Formel XII.
B. Neben geringeren Mengen 3-Chlor-2.6-dinitro-*p*-xylol beim Erwärmen einer Lösung
von 5-Chlor-*p*-xylol-sulfonsäure-(2) in Schwefelsäure mit Salpetersäure [1,3 Mol] (*Wahl*,
A. ch. [11] **5** [1936] 5, 18, 57).
Natrium-Salz. $NaC_8H_7ClNO_5S$. In 100 g Wasser lösen sich bei 30° 93,4 g (*Dermer*,
Dermer, Am. Soc. **61** [1939] 3302).
Kalium-Salz $KC_8H_7ClNO_5S$. In 100 g Wasser lösen sich bei 30° 9,2 g (*De., De.*).
Calcium-Salz $Ca(C_8H_7ClNO_5S)_2 \cdot 4H_2O$. In Wasser leicht löslich (*Wahl*).

1-Propyl-benzol-sulfonsäure-(4) $C_9H_{12}O_3S$.

1-Propyl-benzolsulfonamid-(4), p-*propylbenzenesulfonamide* $C_9H_{13}NO_2S$, Formel I
(H 128).
B. Beim Behandeln von Propylbenzol mit Chloroschwefelsäure in Chloroform und
Erwärmen des Reaktionsprodukts mit Ammoniumcarbonat (*Huntress*, *Autenrieth*, Am.
Soc. **63** [1941] 3446).
Krystalle (aus wss. A.); F: 107—108° [unkorr.; Block] (*Hu., Au.*).
Charakterisierung als *N*-[Xanthenyl-(9)]-Derivat (F: 199—200,5°): *Phillips*, *Frank*,
J. org. Chem. **9** [1944] 9.

(±)-1-Phenyl-propan-sulfonsäure-(1), (±)-*1-phenylpropane-1-sulfonic acid* $C_9H_{12}O_3S$,
Formel II (E II 81).
B. Aus (±)-1-Phenyl-propanol-(1) beim Erhitzen mit wss. Schwefeldioxid und Natrium-
hydrogensulfit auf 135° (*Kratzl*, *Däubner*, B. **77/79** [1944/46] 519, 523).
S-Benzyl-isothiuronium-Salz $[C_8H_{11}N_2S]C_9H_{11}O_3S$. F: 173°.

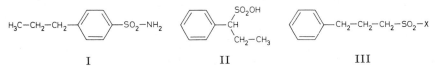

I   II   III

1-Phenyl-propan-sulfonsäure-(3), *3-phenylpropane-1-sulfonic acid* $C_9H_{12}O_3S$, Formel III
(X = OH) (E II 81).
B. Aus 3-Phenyl-propylbromid beim Erhitzen mit wss. Natriumsulfit-Lösung (*Kratzl*,
Däubner, *Siegens*, M. **77** [1947] 146, 156; vgl. E II 81).
Natrium-Salz $NaC_9H_{11}O_3S \cdot H_2O$ (vgl. E II 81). Krystalle (aus A.).
S-Benzyl-isothiuronium-Salz $[C_8H_{11}N_2S]C_9H_{11}O_3S$. Krystalle (aus wss. A.);
F: 132°.

1-Phenyl-propansulfonamid-(3), *3-phenylpropane-1-sulfonamide* C₉H₁₃NO₂S, Formel III (X = NH₂) (E II 81).

B. Beim Behandeln von Bis-[3-phenyl-propyl]-disulfid mit Chlor in wasserhaltiger Essigsäure und Behandeln des erhaltenen 1-Phenyl-propan-sulfonylchlorids-(3) (s. E II 81) mit Ammoniak in Wasser oder in Äther (*Truce, Milionis*, Am. Soc. **74** [1952] 974, 975).

Krystalle (aus PAe.); F: 60,5—61° (*Tr., Mi.*; s. dagegen E II 81).

Cumol-sulfonsäure-(2) C₉H₁₂O₃S.

4-Nitro-cumol-sulfonylchlorid-(2), *5-nitro-o-cumenesulfonyl chloride* C₉H₁₀ClNO₄S, Formel IV (X = Cl).

B. Aus 1.4-Diisopropyl-benzol-sulfonylchlorid-(2) beim Behandeln mit Salpetersäure (*Newton*, Am. Soc. **65** [1943] 2439).

Gelbliche Krystalle (aus Isooctan); F: 101,6—102,1°.

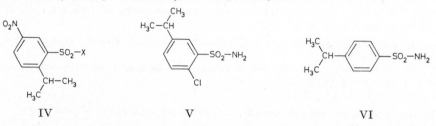

IV   V   VI

4-Nitro-cumolsulfonamid-(2), *5-nitro-o-cumenesulfonamide* C₉H₁₂N₂O₄S, Formel IV (X = NH₂).

B. Aus 4-Nitro-cumol-sulfonylchlorid-(2) beim Behandeln einer Lösung in Benzol mit wss. Ammoniak (*Newton*, Am. Soc. **65** [1943] 2439).

Gelbliche Krystalle (aus Isopropylalkohol); F: 172,5—173,5°.

Cumol-sulfonsäure-(3) C₉H₁₂O₃S.

4-Chlor-cumolsulfonamid-(3), *6-chloro-m-cumenesulfonamide* C₉H₁₂ClNO₂S, Formel V.

Zwei Verbindungen (F: 143—143,5° [aus W.] bzw. F: 91°), denen diese Konstitution zugeschrieben wird, sind aus der beim Behandeln von 4-Chlor-cumol mit rauchender Schwefelsäure erhaltenen 4-Chlor-cumol-sulfonsäure über das Säurechlorid (Kp₂₂: 172° bis 174°) bzw. aus dem beim Behandeln von 4-Chlor-cumol mit Chloroschwefelsäure erhaltenen 4-Chlor-cumol-sulfonylchlorid erhalten worden (*Kirjakka*, Suomen Kem. **13**B [1940] 22; *Ellingboe, Fuson*, Am. Soc. **55** [1933] 2960, 2965).

Cumol-sulfonsäure-(4) C₉H₁₂O₃S.

Cumolsulfonamid-(4), *p-cumenesulfonamide* C₉H₁₃NO₂S, Formel VI (H 129).

B. Neben geringen Mengen Bis-[4-isopropyl-phenyl]-sulfon beim Behandeln von Cumol mit Chloroschwefelsäure in Chloroform und Erwärmen des Reaktionsprodukts mit Ammoniumcarbonat (*Huntress, Autenrieth*, Am. Soc. **63** [1941] 3446).

Krystalle (aus wss. A.); F: 104,5—105,5° [unkorr.; Block].

1.2.3-Trimethyl-benzol-sulfonsäure-(4), *2,3,4-trimethylbenzenesulfonic acid* C₉H₁₂O₃S, Formel VII (H 130; E II 81; dort auch als Hemellitol-sulfonsäure-(4) bezeichnet).

B. Aus 1.2.3-Trimethyl-benzol beim Behandeln mit Schwefelsäure (*Buehler, Spees, Sanguinetti*, Am. Soc. **71** [1949] 11; vgl. H 130).

Krystalle (aus wss. Salzsäure); F: 115° [unkorr.] (*Bue., Sp., Sa.*).

Beim Erwärmen mit Schwefelsäure und anschliessenden Behandeln mit Salpetersäure ist 4.5.6-Trinitro-1.2.3-trimethyl-benzol (H **5** 400) erhalten worden (*Smith, Moyle*, Am. Soc. **58** [1936] 1, 4).

1.2.4-Trimethyl-benzol-sulfonsäure-(5), *2,4,5-trimethylbenzenesulfonic acid* C₉H₁₂O₃S, Formel VIII (X = OH) (H 131; E I 36; E II 81; dort auch als Pseudocumol-sulfonsäure-(5) bezeichnet).

B. Aus 1.2.4-Trimethyl-benzol beim Behandeln mit Schwefelsäure (*Smith, Cass*, Am. Soc. **54** [1932] 1603, 1606; vgl. H 131; E II 81).

Krystalle (aus W.) mit 2 Mol H₂O; F: 114,5—115° (*Tistchenko* [*Tischtschenko*], Bl.

[4] **53** [1933] 1423, 1425; Ž. prikl. Chim. **6** [1933] 1182; C. **1944** II 2556); die wasserfreie Verbindung schmilzt bei ca. 128—131° (*Sm.*, *Cass*).

1.2.4-Trimethyl-benzolsulfonamid-(5), *2,4,5-trimethylbenzenesulfonamide* C₉H₁₃NO₂S, Formel VIII (X = NH₂) (H 132; E II 82).

B. Beim Behandeln von 1.2.4-Trimethyl-benzol mit Chloroschwefelsäure in Chloroform und Erwärmen des Reaktionsprodukts mit Ammoniumcarbonat (*Huntress, Autenrieth*, Am. Soc. **63** [1941] 3446). Aus 3-Chlor-1.2.4-trimethyl-benzolsulfonamid-(5) beim Erhitzen mit Zink und wss. Essigsäure (*Smith, Moyle*, Am. Soc. **58** [1936] 1, 5).

Krystalle; F: 180° (*Sm., Moyle*), 175—176° [unkorr.; Block; aus wss. A.] (*Hu., Au.*).

[1.2.4-Trimethyl-benzol-sulfonyl-(5)]-acetyl-amin, N-[1.2.4-Trimethyl-benzol-sulfon-yl-(5)]-acetamid, N-(2,4,5-*trimethylphenylsulfonyl*)*acetamide* C₁₁H₁₅NO₃S, Formel VIII (X = NH-CO-CH₃).

B. Aus 1.2.4-Trimethyl-benzolsulfonamid-(5) beim Erwärmen mit Acetylchlorid (*Openshaw, Spring*, Soc. **1945** 234).

Krystalle (aus wss. A.); F: 155°.

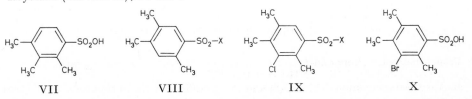

VII   VIII   IX   X

3-Chlor-1.2.4-trimethyl-benzol-sulfonsäure-(5), *3-chloro-2,4,5-trimethylbenzenesulfonic acid* C₉H₁₁ClO₃S, Formel IX (X = OH) (vgl. die H 135 als 3-Chlor-pseudocumol-sulfon-säure-(5 oder 6) beschriebene Verbindung).

B. Aus 1.2.4-Trimethyl-benzol-sulfonsäure-(5) beim Behandeln einer Lösung des Natrium-Salzes in Tetrachlormethan und Äthanol mit Chlor in Tetrachlormethan (*Smith, Moyle*, Am. Soc. **58** [1936] 1, 8). Aus 3-Chlor-1.2.4-trimethyl-benzol beim Behandeln mit rauchender Schwefelsäure (*Sm., Moyle*, l. c. S. 5).

Überführung in 3-Chlor-1.2.4-trimethyl-benzol durch Erhitzen mit wss. Schwefelsäure bis auf 150°: *Sm., Moyle*, l. c. S. 8. Beim Erwärmen des Natrium-Salzes mit Brom in Essigsäure ist 3-Chlor-5.6-dibrom-1.2.4-trimethyl-benzol erhalten worden (*Sm., Moyle*, l. c. S. 8).

Natrium-Salz. Krystalle [aus W.] (*Sm., Moyle*, l. c. S. 5).

3-Chlor-1.2.4-trimethyl-benzolsulfonamid-(5), *3-chloro-2,4,5-trimethylbenzenesulfonamide* C₉H₁₂ClNO₂S, Formel IX (X = NH₂) (H 133).

B. Aus 3-Chlor-1.2.4-trimethyl-benzol-sulfonsäure-(5) (*Smith, Moyle*, Am. Soc. **58** [1936] 1, 5).

F: 182°.

3-Brom-1.2.4-trimethyl-benzol-sulfonsäure-(5), *3-bromo-2,4,5-trimethylbenzenesulfonic acid* C₉H₁₁BrO₃S, Formel X (H 133).

B. Neben geringen Mengen 3.5.6-Tribrom-1.2.4-trimethyl-benzol beim Erwärmen von 5-Brom-1.2.4-trimethyl-benzol mit rauchender Schwefelsäure (*Smith, Moyle*, Am. Soc. **58** [1936] 1, 4; vgl. H 133). Neben grösseren Mengen 5-Brom-1.2.4-trimethyl-benzol beim Behandeln von 1.2.4-Trimethyl-benzol-sulfonsäure-(5) mit Brom in wss. Salzsäure (*Smith, Kiess*, Am. Soc. **61** [1939] 284, 286; *Smith, Stanfield*, Am. Soc. **71** [1949] 81; vgl. H 133).

F: 116° (*Sm., Kiess*).

Mesitylen-sulfonsäure-(2), *2,4,6-trimethylbenzenesulfonic acid* C₉H₁₂O₃S, Formel XI (X = OH) (H 135; E I 36; E II 82).

B. Aus Mesitylen beim Behandeln mit Schwefelsäure (*Smith, Cass*, Am. Soc. **54** [1932] 1603, 1606; vgl. H 135; E II 82).

Krystalle (aus CHCl₃) mit 2 Mol H₂O, F: 78°; die wasserfreie Verbindung schmilzt bei ca. 98,5—100° (*Sm., Cass*).

Überführung in 2-Chlor-mesitylen durch Erhitzen mit Kupfer(II)-chlorid: *Varma, Parekh, Subramanium*, J. Indian chem. Soc. **16** [1939] 460.

Ein Kohlenstoff-14 enthaltendes Mesitylen-sulfonsäure-(2)-Präparat ist aus am C-Atom 1 mit Kohlenstoff-14 markiertem Mesitylen erhalten worden (*Grosse, Weinhouse*, Sci. **104** [1946] 402).

Mesitylen-sulfonylchlorid-(2), *2,4,6-trimethylbenzenesulfonyl chloride* $C_9H_{11}ClO_2S$, Formel XI (X = Cl) (H 136).

B. Aus Mesitylen beim Behandeln mit Chloroschwefelsäure ohne Lösungsmittel (*Demény*, R. **50** [1931] 51, 55; *Pezold, Schreiber, Shriner*, Am. Soc. **56** [1934] 696; s. a. *Backer*, R. **54** [1935] 544, 545, 546) oder in Chloroform (*Huntress, Autenrieth*, Am. Soc. **63** [1941] 3446).

Krystalle (aus PAe.); F: 58° (*Ba.*), 56° (*De.*; *Pe., Sch., Sh.*).

Mesitylensulfonamid-(2), *2,4,6-trimethylbenzenesulfonamide* $C_9H_{13}NO_2S$, Formel XI (X = NH₂) (H 136; E II 82).

B. Aus Mesitylen-sulfonylchlorid-(2) beim Behandeln mit Ammoniak in Äther (*Backer*, R. **54** [1935] 544, 546; vgl. H 136) sowie beim Erwärmen mit Ammoniumcarbonat (*Huntress, Autenrieth*, Am. Soc. **63** [1941] 3446).

Krystalle; F: 143—144° [aus W.] (*Ba.*), 141,5—142,5° [unkorr.; Block; aus wss. A.] (*Hu., Au.*). Sublimierbar (*Ba.*).

Charakterisierung als N-[Xanthenyl-(9)]-Derivat (F: 203—204°): *Phillips, Frank*, J. org. Chem. **9** [1944] 9.

N-Propyl-mesitylensulfonamid-(2), *2,4,6-trimethyl-N-propylbenzenesulfonamide* $C_{12}H_{19}NO_2S$, Formel XI (X = NH-CH₂-CH₂-CH₃).

B. Aus Mesitylen-sulfonylchlorid-(2) und Propylamin in Äthanol (*Demény*, R. **50** [1931] 51, 55).

Krystalle (aus PAe.); F: 54°.

N-Butyl-mesitylensulfonamid-(2), *N-butyl-2,4,6-trimethylbenzenesulfonamide* $C_{13}H_{21}NO_2S$, Formel XI (X = NH-[CH₂]₃-CH₃).

B. Aus Mesitylen-sulfonylchlorid-(2) und Butylamin in Äthanol (*Demény*, R. **50** [1931] 51, 55).

Krystalle (aus PAe.); F: 44°.

N-Pentyl-mesitylensulfonamid-(2), *2,4,6-trimethyl-N-pentylbenzenesulfonamide* $C_{14}H_{23}NO_2S$, Formel XI (X = NH-[CH₂]₄-CH₃).

B. Aus Mesitylen-sulfonylchlorid-(2) und Pentylamin in Äthanol (*Demény*, R. **50** [1931] 51, 56).

Krystalle (aus PAe.); F: 42°.

N-Hexyl-mesitylensulfonamid-(2), *N-hexyl-2,4,6-trimethylbenzenesulfonamide* $C_{15}H_{25}NO_2S$, Formel XI (X = NH-[CH₂]₅-CH₃).

B. Beim Erwärmen von Mesitylen-sulfonylchlorid-(2) mit Hexylamin und Natrium=hydrogencarbonat in Äthanol (*Demény*, R. **50** [1931] 51, 56).

Krystalle (aus PAe.); F: 64°.

N-Heptyl-mesitylensulfonamid-(2), *N-heptyl-2,4,6-trimethylbenzenesulfonamide* $C_{16}H_{27}NO_2S$, Formel XI (X = NH-[CH₂]₆-CH₃).

B. Aus Mesitylen-sulfonylchlorid-(2) und Heptylamin in Äthanol (*Demény*, R. **50** [1931] 51, 56).

Krystalle (aus PAe.); F: 45°.

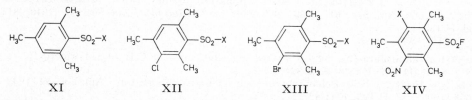

XI XII XIII XIV

[Mesitylen-sulfonyl-(2)]-acetyl-amin, N-[Mesitylen-sulfonyl-(2)]-acetamid, N-(*mesityl=sulfonyl*)*acetamide* $C_{11}H_{15}NO_3S$, Formel XI (X = NH-CO-CH₃).

B. Aus Mesitylensulfonamid-(2) und Acetylchlorid (*Openshaw, Spring*, Soc. **1945** 234).

Krystalle (aus wss. A.); F: 165,5°.

N-[Mesitylen-sulfonyl-(2)]-glycin, N-*(mesitylsulfonyl)glycine* $C_{11}H_{15}NO_4S$, Formel XI (X = NH-CH$_2$-COOH).

B. Beim Behandeln einer aus Glycin und wss. Natronlauge erhaltenen Lösung mit Mesitylen-sulfonylchlorid-(2) in Benzol (*Cocker*, Soc. **1937** 1695).

Krystalle; F: 154,5°. In heissem Wasser und Benzol löslich.

N-[Mesitylen-sulfonyl-(2)]-glycin-äthylester, N-*(mesitylsulfonyl)glycine ethyl ester* $C_{13}H_{19}NO_4S$, Formel XI (X = NH-CH$_2$-CO-OC$_2$H$_5$).

Krystalle (aus Bzl. + PAe.); F: 43—44° (*Cocker*, Soc. **1943** 373, 377).

N-[Mesitylen-sulfonyl-(2)]-sarkosin, N-*(mesitylsulfonyl)sarcosine* $C_{12}H_{17}NO_4S$, Formel XI (X = N(CH$_3$)-CH$_2$-COOH).

B. Aus *N*-[Mesitylen-sulfonyl-(2)]-glycin und Dimethylsulfat (*Cocker*, Soc. **1937** 1695).

Krystalle; F: 164—165° [nach Sintern bei 157,5°]. In heissem Wasser löslich.

N-[Mesitylen-sulfonyl-(2)]-*N*-methallyl-glycin, N-*(mesitylsulfonyl)-N-(2-methylallyl)= glycine* $C_{15}H_{21}NO_4S$, Formel XI (X = N(CH$_2$-COOH)-CH$_2$-C(CH$_3$)=CH$_2$).

B. Beim Erwärmen von *N*-[Mesitylen-sulfonyl-(2)]-glycin-äthylester mit Methallyl= chlorid in äthanol. Natriumäthylat und Behandeln des vom Äthanol befreiten Reaktions-gemisches mit Wasser (*Cocker*, Soc. **1943** 373, 377).

Krystalle (aus wss. A.); F: 117—118°.

Beim Erhitzen mit Essigsäure und wss. Salzsäure ist *N*-[β-Hydroxy-isobutyl]-glycin erhalten worden.

N-[Mesitylen-sulfonyl-(2)]-alanin, N-*(mesitylsulfonyl)alanine* $C_{12}H_{17}NO_4S$, Formel XI (X = NH-CH(CH$_3$)-COOH).

Über ein vermutlich opt.-inakt. Präparat (Krystalle [aus Bzl.]; F: 155—156°) s. *Cocker*, Soc. **1943** 373, 378.

N-[Mesitylen-sulfonyl-(2)]-alanin-äthylester, N-*(mesitylsulfonyl)alanine ethyl ester* $C_{14}H_{21}NO_4S$, Formel XI (X = NH-CH(CH$_3$)-CO-OC$_2$H$_5$).

Über ein vermutlich opt.-inakt. Präparat (Krystalle [aus A.]; F: 99°) s. *Cocker*, Soc. **1943** 373, 378.

4-Chlor-mesitylen-sulfonsäure-(2), *3-chloro-2,4,6-trimethylbenzenesulfonic acid* $C_9H_{11}ClO_3S$, Formel XII (X = OH).

B. Aus 2-Chlor-mesitylen beim Behandeln mit rauchender Schwefelsäure (*Smith*, *Moyle*, Am. Soc. **58** [1936] 1, 7).

Natrium-Salz NaC$_9$H$_{10}$ClO$_3$S·0,5 H$_2$O.

4-Chlor-mesitylen-sulfonylchlorid-(2), *3-chloro-2,4,6-trimethylbenzenesulfonyl chloride* $C_9H_{10}Cl_2O_2S$, Formel XII (X = Cl).

B. Aus Natrium-[4-chlor-mesitylen-sulfonat-(2)] mit Hilfe von Phosphor(V)-chlorid (*Smith*, *Moyle*, Am. Soc. **58** [1936] 1, 7).

Öl.

4-Chlor-mesitylensulfonamid-(2), *3-chloro-2,4,6-trimethylbenzenesulfonamide* $C_9H_{12}ClNO_2S$, Formel XII (X = NH$_2$).

B. Aus 4-Chlor-mesitylen-sulfonylchlorid-(2) (*Smith*, *Moyle*, Am. Soc. **58** [1936] 1, 7).

Krystalle (aus A.); F: 165,5—166°.

4-Brom-mesitylen-sulfonsäure-(2), *3-bromo-2,4,6-trimethylbenzenesulfonic acid* $C_9H_{11}BrO_3S$, Formel XIII (X = OH) (H 136).

B. Aus 2-Brom-mesitylen beim Behandeln mit Schwefelsäure (*Smith*, *Moyle*, Am. Soc. **58** [1936] 1, 7; vgl. H 136).

Natrium-Salz NaC$_9$H$_{10}$BrO$_3$S·0,5 H$_2$O (vgl. H 136). Krystalle (aus W.).

4-Brom-mesitylensulfonamid-(2), *3-bromo-2,4,6-trimethylbenzenesulfonamide* $C_9H_{12}BrNO_2S$, Formel XIII (X = NH$_2$).

B. Aus 4-Brom-mesitylen-sulfonsäure-(2) (*Smith*, *Moyle*, Am. Soc. **58** [1936] 1, 7).

Krystalle (aus A.); F: 160—160,5°.

4-Nitro-mesitylen-sulfonylfluorid-(2), *2,4,6-trimethyl-3-nitrobenzenesulfonyl fluoride* $C_9H_{10}FNO_4S$, Formel XIV (X = H) (E II 82).

B. Aus Mesitylen-sulfonylfluorid-(2) (E II 82) beim Behandeln mit einem Gemisch von

wss. Salpetersäure (D: 1,4) und Schwefelsäure (*Steinkopf, Jaeger,* J. pr. [2] **128** [1930]
63, 75 Anm.; vgl. E II 82).

4.6-Dinitro-mesitylen-sulfonylfluorid-(2), *2,4,6-trimethyl-3,5-dinitrobenzenesulfonyl
fluoride* $C_9H_9FN_2O_6S$, Formel XIV (X = NO_2) auf S. 346.

B. Aus Mesitylen-sulfonylfluorid-(2) (E II 82) beim Behandeln mit einem Gemisch von
rauchender Salpetersäure und Schwefelsäure (*Steinkopf, Jaeger,* J. pr. [2] **128** [1930]
63, 76).

Krystalle (aus A.); F: 157—158°. In Aceton und Benzol leicht löslich, in Äther und
heissem Benzin löslich, in Wasser fast unlöslich.

1-Butyl-benzol-sulfonsäure-(4), p-*butylbenzenesulfonic acid* $C_{10}H_{14}O_3S$, Formel I.

Diese Konstitution kommt der H 137 beschriebenen „α-[Butylbenzol-*eso*-sulfonsäure]"
zu (*Paquette, Lingafelter, Tartar,* Am. Soc. **65** [1943] 686, 687).

B. Neben geringen Mengen eines Isomeren beim Behandeln von Butylbenzol mit wenig
Schwefelsäure und anschliessend mit rauchender Schwefelsäure (*Pa., Li., Ta.*; vgl.
H 137).

Natrium-Salz. Krystalle (aus A.). Elektrische Leitfähigkeit von wss. Lösungen:
Pa., Li., Ta., l. c. S. 689, 690.

1-*sec*-Butyl-benzol-sulfonsäure-(2) $C_{10}H_{14}O_3S$.

(±)-4-Nitro-1-*sec*-butyl-benzol-sulfonylchlorid-(2), (±)-*2-sec-butyl-5-nitrobenzenesulfonyl
chloride* $C_{10}H_{12}ClNO_4S$, Formel II (X = Cl).

B. Aus opt.-inakt. 1.4-Di-*sec*-butyl-benzol-sulfonylchlorid-(2) (S. 361) beim Behandeln
mit Salpetersäure (*Legge,* Am. Soc. **69** [1947] 2238).

Krystalle (aus PAe.); F: 71,4—72°.

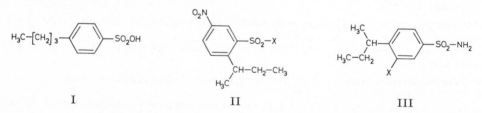

I   II   III

(±)-4-Nitro-1-*sec*-butyl-benzolsulfonamid-(2), (±)-*2-sec-butyl-5-nitrobenzenesulfonamide*
$C_{10}H_{14}N_2O_4S$, Formel II (X = NH_2).

B. Aus (±)-4-Nitro-1-*sec*-butyl-benzol-sulfonylchlorid-(2) beim Behandeln einer Lösung
in Benzol mit wss. Ammoniak (*Legge,* Am. Soc. **69** [1947] 2238).

Krystalle (aus Isooctan); F: 171,4—171,7°.

1-*sec*-Butyl-benzol-sulfonsäure-(4) $C_{10}H_{14}O_3S$.

(±)-1-*sec*-Butyl-benzolsulfonamid-(4), (±)-p-sec-*butylbenzenesulfonamide* $C_{10}H_{15}NO_2S$,
Formel III (X = H) (vgl. das H 137 beschriebene *sek.*-Butyl-benzol-*eso*-sulfonsäure-amid).

B. Beim Behandeln von (±)-*sec*-Butyl-benzol mit Chloroschwefelsäure in Chloroform
und Erwärmen des Reaktionsprodukts mit Ammoniumcarbonat (*Huntress, Autenrieth,*
Am. Soc. **63** [1941] 3446).

Krystalle (aus Bzl. + PAe.); F: 81—82,5°.

(±)-2-Nitro-1-*sec*-butyl-benzolsulfonamid-(4), (±)-*4-sec-butyl-3-nitrobenzenesulfonamide*
$C_{10}H_{14}N_2O_4S$, Formel III (X = NO_2).

B. Aus (±)-*sec*-Butyl-benzol über (±)-1-*sec*-Butyl-benzolsulfonylchlorid-(4) und
(±)-2-Nitro-1-*sec*-butyl-benzol-sulfonylchlorid-(4) (*Legge,* Am. Soc. **69** [1947] 2238).

Krystalle; F: 111,2—112°.

2-Phenyl-butan-sulfonsäure-(1), *2-phenylbutane-1-sulfonic acid* $C_{10}H_{14}O_3S$, Formel IV.

Ein linksdrehendes Präparat ($[\alpha]_D^{25}$: —32,7° [wss. Salzsäure]) von ungewisser Einheitlichkeit ist beim Erwärmen einer Lösung von (+)-2-Phenyl-butylchlorid ($[\alpha]_D$: +5,5°
[Ae.]) in Äthanol mit Kaliumhydrogensulfit und Behandeln des Reaktionsprodukts mit
Bariumpermanganat in Aceton erhalten worden (*Levene, Mikeska, Passoth,* J. biol. Chem.
88 [1930] 27, 47).

1-Isobutyl-benzol-sulfonsäure-(4) $C_{10}H_{14}O_3S$.

1-Isobutyl-benzolsulfonamid-(4), p-*isobutylbenzenesulfonamide* $C_{10}H_{15}NO_2S$, Formel V.

B. Beim Behandeln von Isobutylbenzol mit Chloroschwefelsäure in Chloroform und Erwärmen des Reaktionsprodukts mit Ammoniumcarbonat (*Huntress, Autenrieth*, Am. Soc. **63** [1941] 3446).

Krystalle (aus Bzl. + PAe.); F: 84—85°.

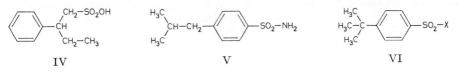

IV   V   VI

1-*tert*-Butyl-benzol-sulfonsäure-(4), p-tert-*butylbenzenesulfonic acid* $C_{10}H_{14}O_3S$, Formel VI (X = OH) (H 137).

B. Aus 1-*tert*-Butyl-benzol-sulfonylchlorid-(4) (*Legge*, Am. Soc. **69** [1947] 2086, 2090). Bildung beim Erwärmen von 1.4-Di-*tert*-butyl-benzol mit Benzol und Schwefelsäure: *Ipatieff, Corson*, Am. Soc. **59** [1937] 1417.

Natrium-Salz $NaC_{10}H_{13}O_3S$. Krystalle [aus A.] (*Ip., Co.*); Krystalle mit 1,5 Mol H_2O (*Le.*).

1-*tert*-Butyl-benzol-sulfonylchlorid-(4), p-tert-*butylbenzenesulfonyl chloride* $C_{10}H_{13}ClO_2S$, Formel VI (X = Cl).

B. Aus *tert*-Butylbenzol beim Behandeln mit Chloroschwefelsäure in Chloroform (*Huntress, Autenrieth*, Am. Soc. **63** [1941] 3446). Aus Kalium-[1-*tert*-butyl-benzol-sulfonat-(4)] beim Erwärmen mit Phosphor(V)-chlorid (*Backer, Kramer*, R. **53** [1934] 1101, 1104). Bildung beim Behandeln von 1.4-Di-*tert*-butyl-benzol mit Chloroschwefel≈ säure in Tetrachlormethan: *Legge*, Am. Soc. **69** [1947] 2086, 2090.

Krystalle; F: 83° [aus PAe.] (*Ba., Kr.*, l. c. S. 1104), 81—82° (*Le.*, l. c. S. 2088), 80—82° (*Hu., Au.*).

1-*tert*-Butyl-benzolsulfonamid-(4), p-tert-*butylbenzenesulfonamide* $C_{10}H_{15}NO_2S$, Formel VI (X = NH₂) (H 137).

B. Aus 1-*tert*-Butyl-benzol-sulfonylchlorid-(4) beim Erwärmen mit Ammoniumcarbonat (*Huntress, Autenrieth*, Am. Soc. **63** [1941] 3446).

Krystalle; F: 139,1—139,6° [aus W.] (*Legge*, Am. Soc. **69** [1947] 2086, 2088, 2090), 136—137° [unkorr.; Block; aus wss. A.] (*Hu., Au.*).

***p*-Cymol-sulfonsäure-(2)**, 5-*isopropyl-2-methylbenzenesulfonic acid* $C_{10}H_{14}O_3S$, Formel VII (X = OH) (H 140; E II 83).

B. Neben wenig *p*-Cymol-sulfonsäure-(3) beim Behandeln von *p*-Cymol mit rauchender Schwefelsäure (*Le Fèvre*, Soc. **1934** 1501; vgl. H 140; E II 83). Bildung beim Erhitzen von *p*-Cymol mit rauchender Schwefelsäure: *Dsirkal*, Trudy Inst. č. chim. Reakt. **1939** Nr. 17, S. 40, 42; C.A. **1942** 2257.

Barium-Salz $Ba(C_{10}H_{13}O_3S)_2 \cdot 3H_2O$ (H 140). Krystalle [aus W.] (*Le F.*). 100 ml der bei 16—18° gesättigten wss. Lösung enthalten 2,05 g (*Le F.*).

***p*-Cymol-sulfonylchlorid-(2)**, 5-*isopropyl-2-methylbenzenesulfonyl chloride* $C_{10}H_{13}ClO_2S$, Formel VII (X = Cl) (H 140; E II 83).

B. Aus *p*-Cymol beim Behandeln mit Chloroschwefelsäure (*LeFèvre*, Soc. **1934** 1501; *Malinowškiĭ, Barabaschowa*, Ž. prikl. Chim. **21** [1948] 185; C.A. **1948** 4967) sowie beim Behandeln mit Chloroschwefelsäure in Chloroform (*Huntress, Autenrieth*, Am. Soc. **63** [1941] 3446).

Öl; auch bei 5 Torr nicht destillierbar (*Ma., Ba.*).

***p*-Cymolsulfonamid-(2)**, 5-*isopropyl-2-methylbenzenesulfonamide* $C_{10}H_{15}NO_2S$, Formel VII (X = NH₂) (H 141; E II 83).

B. Aus *p*-Cymol-sulfonylchlorid-(2) beim Erwärmen mit Ammoniumcarbonat (*Huntress, Autenrieth*, Am. Soc. **63** [1941] 3446).

Krystalle; F: 114,5—115,5° [unkorr.; aus wss. A.] (*Hu., Au.*), 114—115° [aus W.] (*Le Fèvre*, Soc. **1934** 1501).

[p-Cymol-sulfonyl-(2)]-acetyl-amin, N-[p-Cymol-sulfonyl-(2)]-acetamid, N-*(5-isopropyl-2-methylphenylsulfonyl)acetamide* $C_{12}H_{17}NO_3S$, Formel VII (X = NH-CO-CH₃).

Über eine aus *p*-Cymolsulfonamid-(2?) und Acetylchlorid erhaltene Verbindung (Krystalle [aus wss. A.]; F: 149°), der vermutlich diese Konstitution zukommt, s. *Openshaw, Spring,* Soc. **1945** 234.

N-[p-Cymol-sulfonyl-(2)]-[3-phenyl-propionyl]-amin, N-[p-Cymol-sulfonyl-(2)]-3-phenyl-propionamid, N-*(5-isopropyl-2-methylphenylsulfonyl)-3-phenylpropionamide* $C_{19}H_{23}NO_3S$, Formel VII (X = NH-CO-CH₂-CH₂-C₆H₅).

F: 130—132° (*Geigy A.G.,* Schweiz. P. 248641 [1944]).

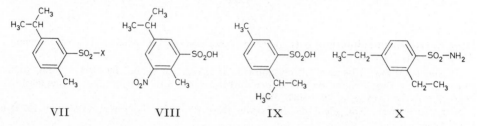

VII   VIII   IX   X

6-Nitro-p-cymol-sulfonsäure-(2), *5-isopropyl-2-methyl-3-nitrobenzenesulfonic acid* $C_{10}H_{13}NO_5S$, Formel VIII (H 141; E II 83).

Beim Erwärmen einer wss. Lösung des Magnesium-Salzes dieser Säure mit alkal. wss. Natriumhypochlorit-Lösung ist eine 6.6-Dinitro-4.4′-diisopropyl-stilben-disulfonsäure-(2.2′) erhalten worden (*CIBA,* D.R.P. 728835 [1937]; D.R.P. Org. Chem. **6** 2170).

p-Cymol-sulfonsäure-(3), *2-isopropyl-5-methylbenzenesulfonic acid* $C_{10}H_{14}O_3S$, Formel IX (H 141; E I 37; E II 84).

B. Neben grösseren Mengen *p*-Cymol-sulfonsäure-(2) beim Erwärmen von *p*-Cymol mit rauchender Schwefelsäure (*Le Fèvre,* Soc. **1934** 1501; vgl. H 141; E II 84).

Barium-Salz $Ba(C_{10}H_{13}O_3S)_2 \cdot 3H_2O$ (H 141). 100 ml der bei 18° gesättigten wss. Lösung enthalten ca. 32 g.

1.3-Diäthyl-benzol-sulfonsäure-(4) $C_{10}H_{14}O_3S$.

1.3-Diäthyl-benzolsulfonamid-(4), *2,4-diethylbenzenesulfonamide* $C_{10}H_{15}NO_2S$, Formel X (vgl. H 143).

Diese Konstitution kommt wahrscheinlich der nachstehend beschriebenen Verbindung zu.

B. Beim Behandeln von 1.3-Diäthyl-benzol mit Chloroschwefelsäure in Chloroform und Erwärmen des Reaktionsprodukts mit Ammoniumcarbonat (*Huntress, Autenrieth,* Am. Soc. **63** [1941] 3446).

Krystalle; F: 98—99°.

1.4-Dimethyl-2-äthyl-benzol-sulfonsäure-(5) $C_{10}H_{14}O_3S$.

1.4-Dimethyl-2-äthyl-benzolsulfonamid-(5), *4-ethyl-2,5-xylenesulfonamide* $C_{10}H_{15}NO_2S$, Formel XI.

B. Aus 1.4-Dimethyl-2-äthyl-benzol über das mit Hilfe von Chloroschwefelsäure hergestellte 1.4-Dimethyl-2-äthyl-benzol-sulfonylchlorid-(5) (*Lester, Suratt,* Am. Soc. **71** [1949] 2262; *Cagniant, Faller, Cagniant,* Bl. **1964** 2423, 2429).

F: 108—109° [aus Bzl. + PAe.] (*Ca., Fa., Ca.*), 107—108° (*Le., Su.*).

1.3-Dimethyl-4-äthyl-benzol-sulfonsäure-(6) $C_{10}H_{14}O_3S$.

1.3-Dimethyl-4-äthyl-benzolsulfonamid-(6), *5-ethyl-2,4-xylenesulfonamide* $C_{10}H_{15}NO_2S$, Formel XII (H 144; dort als 1.5-Dimethyl-2-äthyl-benzol-*eso*-sulfonsäure-amid bezeichnet).

B. Aus 1.3-Dimethyl-4-äthyl-benzol über das mit Hilfe von Chloroschwefelsäure hergestellte 1.3-Dimethyl-4-äthyl-benzol-sulfonylchlorid-(6) (*Huntress, Autenrieth,* Am. Soc. **63** [1941] 3446; *Cagniant, Faller, Cagniant,* Bl. **1964** 2423, 2429).

Krystalle; F: 148° [aus Bzl. + PAe.] (*Ca., Fa., Ca.*), 147—148° [unkorr.; Block; aus wss. A.] (*Hu., Au.*).

1.2.3.4-Tetramethyl-benzol-sulfonsäure-(5), *2,3,4,5-tetramethylbenzenesulfonic acid*
$C_{10}H_{14}O_3S$, Formel XIII (X = OH) (H 145; E II 85; dort auch als Prehnitol-sulfonsäu=
re-(5) bezeichnet).

B. Aus 1.2.3.4-Tetramethyl-benzol beim Behandeln mit Schwefelsäure (*Smith, Cass*,
Am. Soc. **54** [1932] 1609, 1612). Als Hauptprodukt bei mehrtägigem Behandeln von
1.2.4.5-Tetramethyl-benzol oder von 1.2.3.5-Tetramethyl-benzol mit Schwefelsäure
(*Smith, Cass*, Am. Soc. **54** [1932] 1614, 1617, 1620). Neben Hexamethylbenzol beim
Behandeln von Pentamethylbenzolsulfonsäure mit Schwefelsäure (*Smith, Moyle*, Am.
Soc. **58** [1936] 1, 7).

Krystalle (aus wss. Salzsäure) mit 2 Mol H_2O; F: 104° (*Sm., Cass*, l. c. S. 1612). In
warmem Benzol und warmem Chloroform löslich (*Sm., Cass*, l. c. S. 1610).

T h a l l i u m (I) - S a l z $TlC_{10}H_{13}O_3S$. Krystalle; F: 260—262° [unkorr.]; in Wasser leicht
löslich (*Gilman, Abbott*, Am. Soc. **65** [1943] 123).

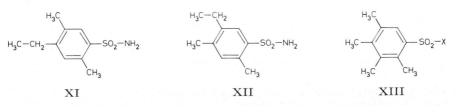

XI   XII   XIII

1.2.3.4-Tetramethyl-benzol-sulfonylchlorid-(5), *2,3,4,5-tetramethylbenzenesulfonyl chloride*
$C_{10}H_{13}ClO_2S$, Formel XIII (X = Cl) (E II 85).
B. Aus 1.2.3.4-Tetramethyl-benzol beim Behandeln mit Chloroschwefelsäure in Chloro=
form (*Huntress, Autenrieth*, Am. Soc. **63** [1941] 3446).
Krystalle; F: 72—73°.

1.2.3.4-Tetramethyl-benzolsulfonamid-(5), *2,3,4,5-tetramethylbenzenesulfonamide*
$C_{10}H_{15}NO_2S$, Formel XIII (X = NH$_2$) (H 145; E II 85).
B. Aus 1.2.3.4-Tetramethyl-benzol-sulfonylchlorid-(5) beim Erwärmen mit Ammonium=
carbonat (*Huntress, Autenrieth*, Am. Soc. **63** [1941] 3446).
Krystalle; F: 187° (*Smith, Kiess*, Am. Soc. **61** [1939] 989, 994), 183,5—184° [unkorr.;
Block; aus wss. A.] (*Hu., Au.*).

1.2.3.5-Tetramethyl-benzol-sulfonsäure-(4), *2,3,4,6-tetramethylbenzenesulfonic acid*
$C_{10}H_{14}O_3S$, Formel I (X = OH) (H 145; dort auch als Isodurol-*eso*-sulfonsäure bezeich-
net).
B. Aus 1.2.3.5-Tetramethyl-benzol beim Behandeln mit Schwefelsäure (*Smith, Cass*,
Am. Soc. **54** [1932] 1609, 1612; vgl. H 145).
Krystalle (aus wss. Salzsäure) mit 2 Mol H_2O; F: 79° (*Sm., Cass*). In warmem Benzol
und warmem Chloroform löslich (*Sm., Cass*).
Überführung in 1.2.3.5-Tetramethyl-benzol durch Erwärmen mit wss. Schwefelsäure
oder wss. Salzsäure: *Sm., Cass*.
T h a l l i u m (I) - S a l z $TlC_{10}H_{13}O_3S$. Krystalle; F: 283—285° [unkorr.]; in Wasser
mässig löslich (*Gilman, Abbott*, Am. Soc. **65** [1943] 123).

1.2.3.5-Tetramethyl-benzolsulfonamid-(4), *2,3,4,6-tetramethylbenzenesulfonamide*
$C_{10}H_{15}NO_2S$, Formel I (X = NH$_2$) (H 145).
B. Beim Behandeln von 1.2.3.5-Tetramethyl-benzol mit Chloroschwefelsäure in Chloro=
form und Erwärmen des Reaktionsprodukts mit Ammoniumcarbonat (*Huntress, Auten-
rieth*, Am. Soc. **63** [1941] 3446).
Krystalle (aus wss. A.); F: 141,5—142° [unkorr.; Block].

1.2.4.5-Tetramethyl-benzol-sulfonsäure-(3), *2,3,5,6-tetramethylbenzenesulfonic acid*
$C_{10}H_{14}O_3S$, Formel II (X = OH) (H 145; E II 85; dort auch als Durol-*eso*-sulfonsäure
bezeichnet).
B. Aus 1.2.4.5-Tetramethyl-benzol bei kurzem Behandeln mit rauchender Schwefel=
säure (*Smith, Cass*, Am. Soc. **54** [1932] 1609, 1612).
Krystalle (aus wss. Salzsäure) mit 2 Mol H_2O; F: 113° (*Sm., Cass*, l. c. S. 1612). In
warmem Benzol löslich, in Chloroform schwer löslich (*Sm., Cass*, l. c. S. 1610).

Beim Behandeln mit Phosphor(V)-oxid sind 1.2.4.5-Tetramethyl-benzol und 1.2.3.4-Tetramethyl-benzol-sulfonsäure-(5) erhalten worden (*Smith, Cass*, Am. Soc. **54** [1932] 1614, 1619).

Thallium-(I)-Salz TlC$_{10}$H$_{13}$O$_3$S. Krystalle; F: 340—341° [unkorr.; Zers.]; in Wasser fast unlöslich (*Gilman, Abbott*, Am. Soc. **65** [1943] 123).

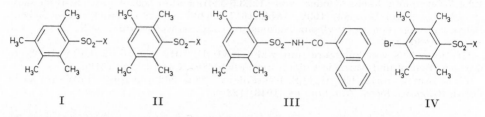

I	II	III	IV

1.2.4.5-Tetramethyl-benzol-sulfonylchlorid-(3), *2,3,5,6-tetramethylbenzenesulfonyl chloride* C$_{10}$H$_{13}$ClO$_2$S, Formel II (X = Cl) (H 145).

B. Aus 1.2.4.5-Tetramethyl-benzol beim Behandeln mit Chloroschwefelsäure in Chloro= form (*Huntress, Autenrieth*, Am. Soc. **63** [1941] 3446).

Krystalle; F: 98—99°.

1.2.4.5-Tetramethyl-benzolsulfonamid-(3), *2,3,5,6-tetramethylbenzenesulfonamide* C$_{10}$H$_{15}$NO$_2$S, Formel II (X = NH$_2$) (H 146).

B. Aus 1.2.4.5-Tetramethyl-benzol-sulfonylchlorid-(3) beim Erwärmen mit Ammonium= carbonat (*Huntress, Autenrieth*, Am. Soc. **63** [1941] 3446).

Krystalle (aus wss. A.); F: 153—154° [unkorr.; Block].

[1.2.4.5-Tetramethyl-benzol-sulfonyl-(3)]-[naphthoyl-(1)]-amin, N-[1.2.4.5-Tetra= methyl-benzol-sulfonyl-(3)]-naphthamid-(1), *N-(2,3,5,6-tetramethylphenylsulfonyl)- 1-naphthamide* C$_{21}$H$_{21}$NO$_3$S, Formel III.

B. Beim Erwärmen von Naphthamid-(1) mit Natriumamid in Xylol und anschliessenden Erhitzen mit 1.2.4.5-Tetramethyl-benzol-sulfonylchlorid-(3) (*Geigy A.G.*, Schweiz. P. 255629 [1944]). Beim Erwärmen von Naphthoyl-(1)-chlorid mit 1.2.4.5-Tetramethyl- benzolsulfonamid-(3) und Aluminiumchlorid in Nitrobenzol (*Geigy A.G.*).

Krystalle (aus A.); F: 220—222°.

6-Brom-1.2.4.5-tetramethyl-benzol-sulfonsäure-(3), *4-bromo-2,3,5,6-tetramethylbenzene= sulfonic acid* C$_{10}$H$_{13}$BrO$_3$S, Formel IV (X = OH).

B. Aus 3-Brom-1.2.4.5-tetramethyl-benzol bei kurzem Behandeln mit rauchender Schwefelsäure (*Smith, Moyle*, Am. Soc. **55** [1933] 1676, 1681).

Krystalle (aus wss. Salzsäure) mit 1,5 Mol H$_2$O; F: 142—143° [Zers.].

Beim eintägigen Behandeln mit Schwefelsäure sind 3.6-Dibrom-1.2.4.5-tetramethyl- benzol und geringe Mengen 1.2.3.4-Tetramethyl-benzol-sulfonsäure-(5) erhalten worden (*Sm., Moyle*, l. c. S. 1679).

6-Brom-1.2.4.5-tetramethyl-benzol-sulfonylchlorid-(3), *4-bromo-2,3,5,6-tetramethyl= benzenesulfonyl chloride* C$_{10}$H$_{12}$BrClO$_2$S, Formel IV (X = Cl).

B. Aus Natrium-[6-brom-1.2.4.5-tetramethyl-benzol-sulfonat-(3)] mit Hilfe von Phosphor(V)-chlorid (*Smith, Moyle*, Am. Soc. **55** [1933] 1676, 1681).

Krystalle (aus Ae.); F: 185°.

6-Brom-1.2.4.5-tetramethyl-benzolsulfonamid-(3), *4-bromo-2,3,5,6-tetramethylbenzene= sulfonamide* C$_{10}$H$_{14}$BrNO$_2$S, Formel IV (X = NH$_2$).

B. Aus 6-Brom-1.2.4.5-tetramethyl-benzol-sulfonylchlorid-(3) beim Erwärmen mit wss. Ammoniak (*Smith, Moyle*, Am. Soc. **55** [1933] 1676, 1681).

Krystalle (aus A.); F: 194°.

1-Pentyl-benzol-sulfonsäure-(4), *p-pentylbenzenesulfonic acid* C$_{11}$H$_{16}$O$_3$S, Formel V (X = OH).

B. Aus Pentylbenzol beim Erwärmen mit Schwefelsäure (*Radcliffe, Simpkin*, J. Soc. chem. Ind. **40** [1921] 119 T, 120 T).

Hygroskopische Krystalle. In Wasser leicht löslich.

Barium-Salz Ba(C$_{11}$H$_{15}$SO$_3$)$_2$. Krystalle (aus W.).

1-Pentyl-benzol-sulfonylchlorid-(4), p-*pentylbenzenesulfonyl chloride* $C_{11}H_{15}ClO_2S$, Formel V (X = Cl).

B. Aus Barium-[1-pentyl-benzol-sulfonat-(4)] beim Erwärmen mit Phosphor(V)-chlorid (*Radcliffe, Simpkin*, J. Soc. chem. Ind. **40** [1921] 119 T, 121 T).

Krystalle; F: 38—39°. In kaltem Äthanol schwer löslich.

1-Pentyl-benzolsulfonamid-(4), p-*pentylbenzenesulfonamide* $C_{11}H_{17}NO_2S$, Formel V (X = NH₂).

B. Aus 1-Pentyl-benzol-sulfonylchlorid-(4) beim Erwärmen mit Ammoniumcarbonat (*Radcliffe, Simpkin*, J. Soc. chem. Ind. **40** [1921] 119 T, 121 T). Beim Behandeln von Pentylbenzol mit Chloroschwefelsäure in Chloroform und Erwärmen des danach iso≠ lierten Reaktionsprodukts mit Ammoniumcarbonat (*Huntress, Autenrieth*, Am. Soc. **63** [1941] 3446).

Krystalle; F: 86—87° [aus wss. A.] (*Ra., Si.*), 85,5—86,5° [aus Bzl. + PAe.] (*Hu., Au.*).

Charakterisierung als *N*-[Xanthenyl-(9)]-Derivat (F: 164,5—165°): *Phillips, Frank*, J. org. Chem. **9** [1944] 9.

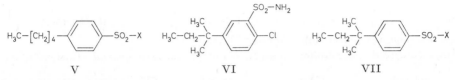

V   VI   VII

1-*tert*-Pentyl-benzol-sulfonsäure-(3) $C_{11}H_{16}O_3S$.

4-Chlor-1-*tert*-pentyl-benzolsulfonamid-(3), *2-chloro-5-tert-pentylbenzenesulfonamide* $C_{11}H_{16}ClNO_2S$, Formel VI.

F: 137° (*Allen, Van Allan*, J. org. Chem. **10** [1945] 1).

1-*tert*-Pentyl-benzol-sulfonsäure-(4) $C_{11}H_{16}O_3S$.

1-*tert*-Pentyl-benzol-sulfonylchlorid-(4), p-tert-*pentylbenzenesulfonyl chloride* $C_{11}H_{15}ClO_2S$, Formel VII (X = Cl).

B. Aus *tert*-Pentyl-benzol beim Behandeln einer Lösung in Tetrachlormethan mit Chloroschwefelsäure (*Legge*, Am. Soc. **69** [1947] 2079, 2083).

Krystalle (aus PAe.); F: 50,4—51,3°.

1-*tert*-Pentyl-benzolsulfonamid-(4), p-tert-*pentylbenzenesulfonamide* $C_{11}H_{17}NO_2S$, Formel VII (X = NH₂).

B. Beim Behandeln von *tert*-Pentyl-benzol mit Chloroschwefelsäure in Chloroform und Erwärmen des danach isolierten Reaktionsprodukts mit Ammoniumcarbonat (*Huntress, Autenrieth*, Am. Soc. **63** [1941] 3446). Aus 1-*tert*-Pentyl-benzol-sulfonylchlorid-(4) beim Behandeln einer Lösung in Benzol mit wss. Ammoniak (*Legge*, Am. Soc. **69** [1947] 2079, 2083).

Krystalle; F: 84,7—85,2° [aus W.] (*Le.*, l. c. S. 2083), 83—84° [aus Bzl. + PAe.] (*Hu., Au.*).

1-Methyl-3-*sec*-butyl-benzol-sulfonsäure-(x), *3-sec-butyltoluene-x-sulfonic acid* $C_{11}H_{16}O_3S$, Formel VIII.

(±)-1-Methyl-3-*sec*-butyl-benzol-sulfonsäure-(x), deren Anilid bei 121° schmilzt.

B. Aus (±)-1-Methyl-3-*sec*-butyl-benzol beim Behandeln mit Schwefelsäure (*Shoesmith, McGechen*, Soc. **1930** 2231, 2235).

Überführung in das Chlorid $C_{11}H_{15}ClO_2S$ (Kp₁₁: 164—165°) und in das Anilid $C_{17}H_{21}NO_2S$ (Krystalle [aus wss. A.]; F: 120,5—121°): *Sh., McG.*

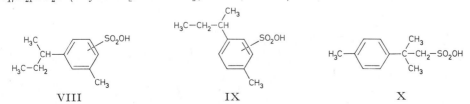

VIII   IX   X

1-Methyl-4-*sec*-butyl-benzol-sulfonsäure-(x), *4-sec-butyltoluene-x-sulfonic acid* $C_{11}H_{16}O_3S$, Formel IX.

(±)-1-Methyl-4-*sec*-butyl-benzol-sulfonsäure-(x), deren Anilid bei 125° schmilzt.

B. Aus (±)-1-Methyl-4-*sec*-butyl-benzol beim Erwärmen mit Schwefelsäure (*Shoesmith, McGechen*, Soc. **1930** 2231, 2235).

Überführung in das Chlorid $C_{11}H_{15}ClO_2S$ (Kp$_{12}$: 162—164°) und in das Anilid $C_{17}H_{21}NO_2S$ (Krystalle [aus wss. A.]; F: 124,5—125°): *Sh., McG.*

2-Methyl-2-*p*-tolyl-propan-sulfonsäure-(1), *2-methyl-2-p-tolylpropane-1-sulfonic acid* $C_{11}H_{16}O_3S$, Formel X.

B. Beim Einleiten von Borfluorid in ein Gemisch von Natrium-[2-methyl-propen-(1)-sulfonat-(3)], Toluol, Schwefelsäure und 1.2-Dichlor-äthan (*Archer, Malkemus, Suter,* Am. Soc. **67** [1945] 43). Beim Behandeln von 1-Methyl-4-[chlor-*tert*-butyl]-benzol mit Magnesium in Äther, Leiten von Schwefeldioxid über die Reaktionslösung und Erwärmen der erhaltenen Sulfinsäure mit wss. Kalilauge und mit wss. Kaliumpermanganat-Lösung (*Ar., Ma., Su.*).

S-Benzyl-isothiuronium-Salz $[C_8H_{11}N_2S]C_{11}H_{15}O_3S$. Krystalle; F: 159,5—160,3°.

1-Äthyl-4-isopropyl-benzol-sulfonsäure-(2) $C_{11}H_{16}O_3S$.

1-Äthyl-4-isopropyl-benzolsulfonamid-(2), *6-ethyl-m-cumenesulfonamide* $C_{11}H_{17}NO_2S$, Formel XI.

B. Beim Behandeln von 1-Äthyl-4-isopropyl-benzol mit Chloroschwefelsäure in Chloroform und Erwärmen des Reaktionsprodukts mit Ammoniumcarbonat (*Todd,* Am. Soc. **71** [1949] 1356).

Krystalle (aus A.); F: 69—70,5°.

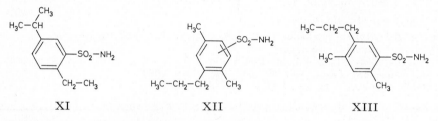

XI   XII   XIII

1.4-Dimethyl-2-propyl-benzol-sulfonsäure-(x) $C_{11}H_{16}O_3S$.

1.4-Dimethyl-2-propyl-benzolsulfonamid-(x), *2-propyl-p-xylene-x-sulfonamide* $C_{11}H_{17}NO_2S$, Formel XII.

1.4-Dimethyl-2-propyl-benzolsulfonamid-(x) vom F:118° (vgl. das H 148 beschriebene 1.4-Dimethyl-2-propyl-benzol-*eso*-sulfonsäure-amid).

B. Aus 1.4-Dimethyl-2-propyl-benzol (*Lester, Suratt,* Am. Soc. **71** [1949] 2262). F: 117—118°.

1.3-Dimethyl-4-propyl-benzol-sulfonsäure-(6) $C_{11}H_{16}O_3S$.

1.3-Dimethyl-4-propyl-benzolsulfonamid-(6), *5-propyl-2,4-xylenesulfonamide* $C_{11}H_{17}NO_2S$, Formel XIII (vgl. das H 148 beschriebene 1.5-Dimethyl-2-propyl-benzol-*eso*-sulfonsäure-amid).

Diese Konstitution wird für die nachstehend beschriebene Verbindung in Betracht gezogen.

B. Beim Behandeln von 1.3-Dimethyl-4-propyl-benzol mit Chloroschwefelsäure in Chloroform und Erwärmen des Reaktionsprodukts mit Ammoniumcarbonat (*Huntress, Autenrieth,* Am. Soc. **63** [1941] 3446).

Krystalle (aus Bzl. + PAe.); F: 90—93°.

1.2-Dimethyl-4-isopropyl-benzol-sulfonsäure-(x) $C_{11}H_{16}O_3S$.

1.2-Dimethyl-4-isopropyl-benzolsulfonamid-(x), *3,4-dimethylcumene-x-sulfonamide* $C_{11}H_{17}NO_2S$, Formel I.

1.2-Dimethyl-4-isopropyl-benzolsulfonamid-(x) vom F:160° (E II 86; dort als „Amid der α-[1.2-Dimethyl-4-isopropyl-benzol-*eso*-sulfonsäure]" bezeichnet).

B. Beim Behandeln von 1.2-Dimethyl-4-isopropyl-benzol mit Chloroschwefelsäure in Chloroform und Erwärmen des Reaktionsprodukts mit Ammoniumcarbonat (*Plattner et al.*, Helv. **32** [1949] 2137, 2140).

Krystalle (aus A. + PAe.); F: 159—160° [korr.].

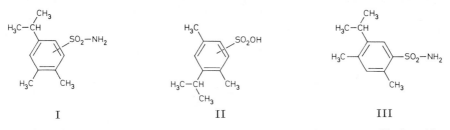

I   II   III

1.4-Dimethyl-2-isopropyl-benzol-sulfonsäure-(x), *2,5-dimethylcumene-x-sulfonic acid* $C_{11}H_{16}O_3S$, Formel II.

1.4-Dimethyl-2-isopropyl-benzol-sulfonsäure-(x), deren Amid bei 112° schmilzt.

B. Aus 1.4-Dimethyl-2-isopropyl-benzol beim Behandeln mit wasserfreier Schwefel=säure (*Kruber*, Öl Kohle **35** [1939] 770, 774).

Krystalle (aus wss. Schwefelsäure).

Charakterisierung als Amid $C_{11}H_{17}NO_2S$ (Krystalle [aus wss. A.]; F: 112°): *Kr.*, l. c. S. 774.

1.3-Dimethyl-4-isopropyl-benzol-sulfonsäure-(6) $C_{11}H_{16}O_3S$.

1.3-Dimethyl-4-isopropyl-benzolsulfonamid-(6), *4,6-dimethyl-m-cumenesulfonamide* $C_{11}H_{17}NO_2S$, Formel III (vgl. das H 148 beschriebene 1.5-Dimethyl-2-isopropyl-benzol-*eso*-sulfonsäure-amid).

Diese Konstitution wird für die nachstehend beschriebene Verbindung in Betracht gezogen.

B. Beim Behandeln von 1.3-Dimethyl-4-isopropyl-benzol mit Chloroschwefelsäure in Chloroform und Erwärmen des Reaktionsprodukts mit Ammoniumcarbonat (*Huntress, Autenrieth*, Am. Soc. **63** [1941] 3446).

Krystalle (aus wss. A.); F: 155,5—156° [unkorr.; Block].

1.2.4-Trimethyl-3-äthyl-benzol-sulfonsäure-(x), *2-ethyl-1,3,4-trimethylbenzene-x-sulfonic acid* $C_{11}H_{16}O_3S$, Formel IV.

1.2.4-Trimethyl-3-äthyl-benzol-sulfonsäure-(x) vom F:64°.

B. Aus 1.2.4-Trimethyl-3-äthyl-benzol beim Behandeln mit Schwefelsäure (*Smith, Kiess*, Am. Soc. **61** [1939] 989, 994).

F: 62—64° [aus Bzl. oder wss. Salzsäure].

Charakterisierung als Amid $C_{11}H_{17}NO_2S$ (Krystalle [aus W.]; F: 154°): *Sm., Kiess.*

1.3.5-Trimethyl-2-äthyl-benzol-sulfonsäure-(4), *3-ethyl-2,4,6-trimethylbenzenesulfonic acid* $C_{11}H_{16}O_3S$, Formel V (X = OH) (H 148).

B. Aus 1.3.5-Trimethyl-2-äthyl-benzol beim Behandeln mit Schwefelsäure (*Smith, Kiess*, Am. Soc. **61** [1939] 989, 995; vgl. H 148).

F: 78—80°.

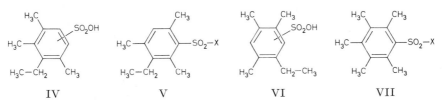

IV   V   VI   VII

1.3.5-Trimethyl-2-äthyl-benzolsulfonamid-(4), *3-ethyl-2,4,6-trimethylbenzenesulfonamide* $C_{11}H_{17}NO_2S$, Formel V (X = NH_2).

B. Beim Erwärmen von Natrium-[1.3.5-trimethyl-2-äthyl-benzol-sulfonat-(4)] mit

Phosphoroxychlorid und Phosphor(V)-chlorid und Erwärmen einer äther. Lösung des Reaktionsprodukts mit wss. Ammoniak (*Smith, Kiess,* Am. Soc. **61** [1939] 989, 995). Beim Behandeln von 1.3.5-Trimethyl-2-äthyl-benzol mit Chloroschwefelsäure in Chloroform und Erwärmen des Reaktionsprodukts mit Ammoniumcarbonat (*Huntress, Autenrieth,* Am. Soc. **63** [1941] 3446).

Krystalle; F: 131—133° (*Sm., Kiess*), 131—132° [unkorr.; Block; aus wss. A.] (*Hu., Au.*).

1.2.4-Trimethyl-5-äthyl-benzol-sulfonsäure-(x), *1-ethyl-2,4,5-trimethylbenzene-x-sulfonic acid* $C_{11}H_{16}O_3S$, Formel VI.

    1.2.4-Trimethyl-5-äthyl-benzol-sulfonsäure-(x) vom F: 73° (vgl. H 148).

    B. Aus 1.2.4-Trimethyl-5-äthyl-benzol beim Behandeln mit rauchender Schwefelsäure (*Smith, Kiess,* Am. Soc. **61** [1939] 989, 993).

Krystalle (aus wss. Salzsäure oder Bzl.); F: 72—73°.

Charakterisierung als **Amid** $C_{11}H_{17}NO_2S$ (Krystalle [aus A.]; F: 97—98°): *Sm., Kiess,* l. c. S. 993.

Pentamethylbenzolsulfonsäure, *pentamethylbenzenesulfonic acid* $C_{11}H_{16}O_3S$, Formel VII (X = OH) (H 148; E II 86).

    B. Aus Pentamethylbenzol beim Behandeln mit rauchender Schwefelsäure (*Smith, Moyle,* Am. Soc. **58** [1936] 1, 9).

F: 113°.

Beim Behandeln mit Schwefelsäure sind Hexamethylbenzol und 1.2.3.4-Tetramethyl-benzol-sulfonsäure-(5) erhalten worden (*Sm., Moyle,* l. c. S. 7).

Thallium(I)-Salz $TlC_{11}H_{15}O_3S$. Krystalle; F: 325—326° [unkorr.] (*Gilman, Abbott,* Am. Soc. **65** [1943] 123).

Pentamethylbenzolsulfonsäure-methylester, *pentamethylbenzenesulfonic acid methyl ester* $C_{12}H_{18}O_3S$, Formel VII (X = OCH$_3$).

    B. Aus Pentamethylbenzolsulfonylchlorid beim Erwärmen mit methanol. Natrium= methylat (*Smith, Moyle,* Am. Soc. **58** [1936] 1, 10).

Krystalle (aus Me.); F: 91—91,5°.

Pentamethylbenzolsulfonylchlorid, *pentamethylbenzenesulfonyl chloride* $C_{11}H_{15}ClO_2S$, Formel VII (X = Cl) (H 149).

    B. Aus Natrium-pentamethylbenzolsulfonat (*Smith, Moyle,* Am. Soc. **58** [1936] 1, 9). Beim Behandeln von Pentamethylbenzol mit Chloroschwefelsäure in Chloroform (*Huntress, Autenrieth,* Am. Soc. **63** [1941] 3446).

Krystalle; F: 81° [aus Ae.] (*Sm., Moyle*), 77—78,5° (*Hu., Au.*).

1.2.3.4.5-Pentamethyl-benzolsulfonamid-(6), *2,3,4,5,6-pentamethylbenzenesulfonamide* $C_{11}H_{17}NO_2S$, Formel VII (X = NH$_2$) (H 149).

    B. Aus Pentamethylbenzolsulfonylchlorid beim Erwärmen mit Ammoniumcarbonat (*Huntress, Autenrieth,* Am. Soc. **63** [1941] 3446) sowie beim Behandeln mit wss. Ammoniak (*Smith, Moyle,* Am. Soc. **58** [1936] 1, 9).

Krystalle (aus wss. A.); F: 186° (*Sm., Moyle*), 182—183° [unkorr.; Block] (*Hu., Au.*).

1-Hexyl-benzol-sulfonsäure-(4) $C_{12}H_{18}O_3S$.

1-Hexyl-benzolsulfonamid-(4), *p-hexylbenzenesulfonamide* $C_{12}H_{19}NO_2S$, Formel VIII.

    B. Beim Behandeln von Hexylbenzol mit rauchender Schwefelsäure, Erwärmen des Natrium-Salzes der erhaltenen Sulfonsäure mit Phosphor(V)-chlorid und Behandeln des Reaktionsprodukts mit wss. Ammoniak (*Gilman, Meals,* J. org. Chem. **8** [1943] 126, 143). Beim Behandeln von Hexylbenzol mit Chloroschwefelsäure in Chloroform und Erwärmen des Reaktionsprodukts mit Ammoniumcarbonat (*Huntress, Autenrieth,* Am. Soc. **63** [1941] 3446).

Krystalle; F: 86° (*Gi., Meals*), 85—85,5° [aus Bzl. + PAe.] (*Hu., Au.*).

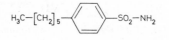 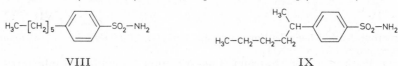

                VIII   IX

1-[1-Methyl-pentyl]-benzol-sulfonsäure-(4) $C_{12}H_{18}O_3S$.

(±)-1-[1-Methyl-pentyl]-benzolsulfonamid-(4), (±)-p-(*1-methylpentyl*)*benzenesulfonamide* $C_{12}H_{19}NO_2S$, Formel IX.

Diese Konstitution kommt wahrscheinlich der nachstehend beschriebenen Verbindung zu.

B. Beim Behandeln von (±)-2-Phenyl-hexan mit rauchender Schwefelsäure, Erwärmen des Natrium-Salzes der erhaltenen Sulfonsäure mit Phosphor-(V)-chlorid und Behandeln des Reaktionsprodukts mit wss. Ammoniak (*Gilman, Meals*, J. org. Chem. **8** [1943] 126, 143).

F: 83°.

1-[2-Methyl-pentyl]-benzol-sulfonsäure-(4) $C_{12}H_{18}O_3S$.

(±)-1-[2-Methyl-pentyl]-benzolsulfonamid-(4), (±)-p-(*2-methylpentyl*)*benzenesulfonamide* $C_{12}H_{19}NO_2S$, Formel X.

B. Beim Eintragen von (±)-2-Methyl-1-phenyl-pentan in Chloroschwefelsäure und Behandeln des Reaktionsprodukts mit wss. Ammoniak (*Stenzl, Fichter*, Helv. **20** [1937] 846, 850, 851).

Krystalle (aus Bzl. + PAe.); F: 86°.

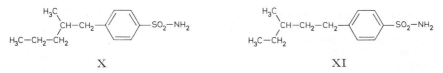

            X   XI

1-[3-Methyl-pentyl]-benzol-sulfonsäure-(4) $C_{12}H_{18}O_3S$.

(±)-1-[3-Methyl-pentyl]-benzolsulfonamid-(4), (±)-p-(*3-methylpentyl*)*benzenesulfonamide* $C_{12}H_{19}NO_2S$, Formel XI.

B. Beim Eintragen von (±)-3-Methyl-1-phenyl-pentan in Chloroschwefelsäure und Behandeln des Reaktionsprodukts mit wss. Ammoniak (*Stenzl, Fichter*, Helv. **20** [1937] 846, 850).

Krystalle (aus Bzl. + PAe.); F: 69,5°.

1-[1-Äthyl-butyl]-benzol-sulfonsäure-(4) $C_{12}H_{18}O_3S$.

(±)-1-[1-Äthyl-butyl]-benzolsulfonamid-(4), (±)-p-(*1-ethylbutyl*)*benzenesulfonamide* $C_{12}H_{19}NO_2S$, Formel XII.

Diese Konstitution kommt wahrscheinlich der nachstehend beschriebenen Verbindung zu.

B. Beim Behandeln von (±)-3-Phenyl-hexan mit rauchender Schwefelsäure, Erwärmen des Natrium-Salzes der erhaltenen Sulfonsäure mit Phosphor(V)-chlorid und Behandeln des Reaktionsprodukts mit wss. Ammoniak (*Gilman, Meals*, J. org. Chem. **8** [1943] 126, 143).

F: 63°.

            XII   XIII

1-[2-Äthyl-butyl]-benzol-sulfonsäure-(4) $C_{12}H_{18}O_3S$.

1-[2-Äthyl-butyl]-benzolsulfonamid-(4), p-(*2-ethylbutyl*)*benzenesulfonamide* $C_{12}H_{19}NO_2S$, Formel XIII.

B. Beim Eintragen von 2-Äthyl-1-phenyl-butan in Chloroschwefelsäure und Behandeln des Reaktionsprodukts mit wss. Ammoniak (*Stenzl, Fichter*, Helv. **20** [1937] 846, 850, 851).

Krystalle (aus Bzl. + PAe.); F: 89°.

2-Methyl-2-[4-äthyl-phenyl]-propan-sulfonsäure-(1), 2-(p-*ethylphenyl*)-2-methylpropane-1-sulfonic acid $C_{12}H_{18}O_3S$, Formel I.

B. Beim Einleiten von Borfluorid in ein Gemisch von Natrium-[2-methyl-propen-(1)-

sulfonat-(3)], Äthylbenzol, Schwefelsäure und 1.2-Dichlor-äthan (*Archer, Malkemus, Suter*, Am. Soc. **67** [1945] 43).

Natrium-Salz NaC$_{12}$H$_{17}$O$_3$S. Krystalle (aus A.).

S-Benzyl-isothiuronium-Salz [C$_8$H$_{11}$N$_2$S]C$_{12}$H$_{17}$O$_3$S. F: 135—137°.

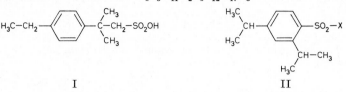

I   II

1.3-Diisopropyl-benzol-sulfonsäure-(4), *2,4-diisopropylbenzenesulfonic acid* C$_{12}$H$_{18}$O$_3$S, Formel II (X = OH) (vgl. die H 150 beschriebene 1.3-Diisopropyl-benzol-*eso*-sulfon‍säure).

B. Beim Behandeln von 1.3-Diisopropyl-benzol mit Chloroschwefelsäure in Tetrachlor‍methan und Erwärmen des Reaktionsprodukts mit wss. Natronlauge (*Newton*, Am. Soc. **65** [1943] 2439).

Natrium-Salz. Krystalle.

1.3-Diisopropyl-benzol-sulfonylchlorid-(4), *2,4-diisopropylbenzenesulfonyl chloride* C$_{12}$H$_{17}$ClO$_2$S, Formel II (X = Cl).

B. Aus Natrium-[1.3-diisopropyl-benzol-sulfonat-(4)] und Phosphor(V)-chlorid (*Newton*, Am. Soc. **65** [1943] 2439).

Krystalle; F: 35—40°.

1.3-Diisopropyl-benzolsulfonamid-(4), *2,4-diisopropylbenzenesulfonamide* C$_{12}$H$_{19}$NO$_2$S, Formel II (X = NH$_2$) (vgl. das H 150 beschriebene 1.3-Diisopropyl-benzol-*eso*-sulfon‍säure-amid).

B. Aus 1.3-Diisopropyl-benzol-sulfonylchlorid-(4) beim Behandeln einer Lösung in Benzol mit wss. Ammoniak (*Newton*, Am. Soc. **65** [1943] 2439).

Krystalle (aus wss. Isopropylalkohol); F: 144,2—144,9°.

6-Nitro-1.3-diisopropyl-benzol-sulfonylchlorid-(4), *2,4-diisopropyl-5-nitrobenzenesulfonyl chloride* C$_{12}$H$_{16}$ClNO$_4$S, Formel III (X = Cl).

B. Aus 1.3-Diisopropyl-benzol-sulfonylchlorid-(4) oder aus 1.2.4-Triisopropyl-benzol-sulfonylchlorid-(5) beim Behandeln mit Salpetersäure (*Newton*, Am. Soc. **65** [1943] 2439).

Gelbliche Krystalle (aus Isooctan); F: 102,1—103°.

6-Nitro-1.3-diisopropyl-benzolsulfonamid-(4), *2,4-diisopropyl-5-nitrobenzenesulfonamide* C$_{12}$H$_{18}$N$_2$O$_4$S, Formel III (X = NH$_2$).

B. Aus 6-Nitro-1.3-diisopropyl-benzol-sulfonylchlorid-(4) beim Behandeln einer Lösung in Benzol mit wss. Ammoniak (*Newton*, Am. Soc. **65** [1943] 2439).

Grünlichgelbe Krystalle (aus Isopropylalkohol); F: 192,4—192,8°.

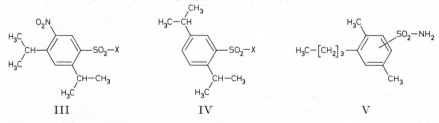

III   IV   V

1.4-Diisopropyl-benzol-sulfonsäure-(2) C$_{12}$H$_{18}$O$_3$S.

1.4-Diisopropyl-benzol-sulfonylchlorid-(2), *2,5-diisopropylbenzenesulfonyl chloride* C$_{12}$H$_{17}$ClO$_2$S, Formel IV (X = Cl).

B. Beim Behandeln von 1.4-Diisopropyl-benzol mit Chloroschwefelsäure in Tetrachlor‍methan (*Newton*, Am. Soc. **65** [1943] 2439).

Krystalle (aus Isooctan); F: 52,5—53°.

Beim Behandeln mit Salpetersäure ist 4-Nitro-cumol-sulfonylchlorid-(2) erhalten worden.

1.4-Diisopropyl-benzolsulfonamid-(2), *2,5-diisopropylbenzenesulfonamide* $C_{12}H_{19}NO_2S$, Formel IV (X = NH$_2$).

B. Aus 1.4-Diisopropyl-benzol-sulfonylchlorid-(2) beim Behandeln einer Lösung in Benzol mit wss. Ammoniak (*Newton*, Am. Soc. **65** [1943] 2439).

Krystalle (aus wss. Isopropylalkohol); F: 110,2—110,8°.

1.4-Dimethyl-2-butyl-benzol-sulfonsäure-(x) $C_{12}H_{18}O_3S$.

1.4-Dimethyl-2-butyl-benzolsulfonamid-(x), *2-butyl-p-xylene-x-sulfonamide* $C_{12}H_{19}NO_2S$, Formel V.

    1.4-Dimethyl-2-butyl-benzolsulfonamid-(x) vom F: 108°.

B. Aus 1.4-Dimethyl-2-butyl-benzol (*Lester, Suratt*, Am. Soc. **71** [1949] 2262).

F: 107—108°.

1.3-Dimethyl-5-*tert*-butyl-benzol-sulfonsäure-(2), *4-tert-butyl-2,6-xylenesulfonic acid* $C_{12}H_{18}O_3S$, Formel VI (X = OH) (vgl. die H 150 und E I 37 beschriebene 1.3-Dimethyl-5-*tert*-butyl-benzol-sulfonsäure-(2 oder 4)).

B. Aus 1.3-Dimethyl-5-*tert*-butyl-benzol oder aus 1.3-Dimethyl-5-*tert*-butyl-2-acetyl-benzol beim Behandeln mit wasserhaltiger Schwefelsäure (*Tchitchibabine*, Bl. [4] **51** [1932] 1436, 1444, 1458).

Natrium-Salz $NaC_{12}H_{17}O_3S$. Wasserhaltige Krystalle.

1.3-Dimethyl-5-*tert*-butyl-benzolsulfonamid-(2), *4-tert-butyl-2,6-xylenesulfonamide* $C_{12}H_{19}NO_2S$, Formel VI (X = NH$_2$).

Diese Konstitution kommt möglicherweise einer von *Huntress, Autenrieth* (Am. Soc. **63** [1941] 3446) unter Vorbehalt als 1.3-Dimethyl-5-*tert*-butyl-benzolsulfonamid-(4) (Formel VII) formulierten Verbindung (Krystalle [aus wss. A.]; F: 132—133° [unkorr.; Block]) zu, die beim Behandeln von 1.3-Dimethyl-5-*tert*-butyl-benzol (E III **5** 1032) mit Chloroschwefelsäure in Chloroform und Erwärmen des danach isolierten 1.3-Dimethyl-5-*tert*-butyl-benzol-sulfonylchlorids $C_{12}H_{17}ClO_2S$ (Krystalle; F: 65° bis 67°) mit Ammoniumcarbonat erhalten worden ist (*Hu., Au.*).

Über ein aus 1.3-Dimethyl-4-*tert*-butyl-benzol nach dem gleichen Verfahren hergestelltes Dimethyl-*tert*-butyl-benzolsulfonamid vom F: 128—130° (Krystalle [aus wss. A.]) s. *Hu., Au.*

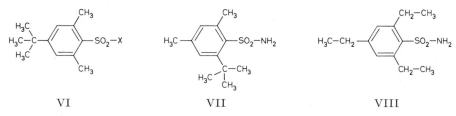

        VI   VII   VIII

1.3.5-Triäthyl-benzol-sulfonsäure-(2) $C_{12}H_{18}O_3S$.

1.3.5-Triäthyl-benzolsulfonamid-(2), *2,4,6-triethylbenzenesulfonamide* $C_{12}H_{19}NO_2S$, Formel VIII (H 151).

B. Beim Behandeln von 1.3.5-Triäthyl-benzol mit Chloroschwefelsäure in Chloroform und Erwärmen des Reaktionsprodukts mit Ammoniumcarbonat (*Huntress, Autenrieth*, Am. Soc. **63** [1941] 3446).

Krystalle (aus wss. A.); F: 118—118,5° [unkorr.; Block].

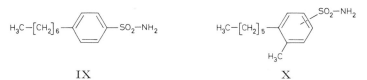

              IX   X

1-Heptyl-benzol-sulfonsäure-(4) $C_{13}H_{20}O_3S$.

1-Heptyl-benzolsulfonamid-(4), *p-heptylbenzenesulfonamide* $C_{13}H_{21}NO_2S$, Formel IX.

Diese Konstitution kommt wahrscheinlich der nachstehend beschriebenen Verbindung zu.

B. Beim Behandeln von 1-Phenyl-heptan mit rauchender Schwefelsäure, Erwärmen des Natrium-Salzes der erhaltenen Sulfonsäure mit Phosphor(V)-chlorid und Behandeln des danach isolierten Reaktionsprodukts mit wss. Ammoniak (*Gilman, Meals,* J. org. Chem. **8** [1943] 126, 143).

F: 90,5°.

1-Methyl-2-hexyl-benzol-sulfonsäure-(x) $C_{13}H_{20}O_3S$.

1-Methyl-2-hexyl-benzolsulfonamid-(x), *2-hexyltoluene-x-sulfonamide* $C_{13}H_{21}NO_2S$, Formel X.

1-Methyl-2-hexyl-benzolsulfonamid-(x) vom F: 75°.
B. Aus 1-Methyl-2-hexyl-benzol (*Morton, Little, Strong,* Am. Soc. **65** [1943] 1339, 1345).

F: 75,5°.

1-Methyl-4-hexyl-benzol-sulfonsäure-(x) $C_{13}H_{20}O_3S$.

1-Methyl-4-hexyl-benzolsulfonamid-(x), *4-hexyltoluene-x-sulfonamide* $C_{13}H_{21}NO_2S$, Formel XI.

1-Methyl-4-hexyl-benzolsulfonamid-(x) vom F: 76°.
B. Aus 1-Methyl-4-hexyl-benzol (*Morton, Little, Strong,* Am. Soc. **65** [1943] 1339, 1345).

F: 76,5°.

2-Methyl-2-[4-propyl-phenyl]-propan-sulfonsäure-(1), *2-methyl-2-(p-propylphenyl)= propane-1-sulfonic acid* $C_{13}H_{20}O_3S$, Formel XII.
B. Beim Einleiten von Borfluorid in ein Gemisch von Propylbenzol, Natrium-[2-methyl-propen-(1)-sulfonat-(3)] und Schwefelsäure (*Archer, Malkemus, Suter,* Am. Soc. **67** [1945] 43).
S-Benzyl-isothiuronium-Salz $[C_8H_{11}N_2S]C_{13}H_{19}O_3S$. F: 89—91°.

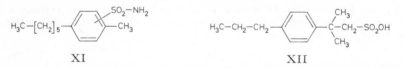

XI   XII

1-Isopropyl-2-*tert*-butyl-benzol-sulfonsäure-(5) $C_{13}H_{20}O_3S$.

1-Isopropyl-2-*tert*-butyl-benzolsulfonamid-(5), *4-tert-butyl-m-cumenesulfonamide* $C_{13}H_{21}NO_2S$, Formel XIII.
Die Identität einer von *Legge* (Am. Soc. **69** [1947] 2079, 2084) unter dieser Konstitution beschriebenen, aus vermeintlichen 1-Isopropyl-2-*tert*-butyl-benzol (E III **5** 1050) hergestellten Verbindung (Krystalle [aus wasserhaltigem Isopropylalkohol]; F: 186,6° bis 187,5° [korr.]) ist ungewiss (vgl. diesbezüglich *Condon, Burgoyne,* Am. Soc. **73** [1951] 4021).

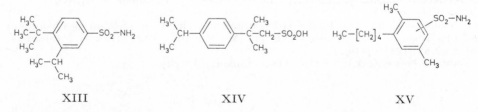

XIII   XIV   XV

2-Methyl-2-[4-isopropyl-phenyl]-propan-sulfonsäure-(1), 2-Methyl-2-*p*-cumenyl-propan-sulfonsäure-(1), *2-p-cumenyl-2-methylpropane-1-sulfonic acid* $C_{13}H_{20}O_3S$, Formel XIV.
B. Beim Einleiten von Borfluorid in ein Gemisch von Cumol, Natrium-[2-methyl-propen-(1)-sulfonat-(3)] und Schwefelsäure (*Archer, Malkemus, Suter,* Am. Soc. **67** [1945] 43).
S-Benzyl-isothiuronium-Salz $[C_8H_{11}N_2S]C_{13}H_{19}O_3S$. F: 145—147°.

1.4-Dimethyl-2-pentyl-benzol-sulfonsäure-(x) $C_{13}H_{20}O_3S$.

1.4-Dimethyl-2-pentyl-benzolsulfonamid-(x), *2-pentyl-p-xylene-x-sulfonamide*
$C_{13}H_{21}NO_2S$, Formel XV.

1.4-Dimethyl-2-pentyl-benzolsulfonamid-(x) vom F: 100°.

B. Aus 1.4-Dimethyl-2-pentyl-benzol (*Lester, Suratt*, Am. Soc. **71** [1949] 2262).
F: 99—100°.

1-Octyl-benzol-sulfonsäure-(4), p-*octylbenzenesulfonic acid* $C_{14}H_{22}O_3S$, Formel I (vgl. die
H 151 beschriebene n-Octyl-benzol-*eso*-sulfonsäure).

B. Neben 1-Octyl-benzol-sulfonsäure-(2) beim Erwärmen von 1-Phenyl-octan
mit rauchender Schwefelsäure (*Paquette, Lingafelter, Tartar*, Am. Soc. **65** [1943] 686, 687).

Natrium-Salz. Krystalle (aus A.). Dichte und elektrische Leitfähigkeit von wss.
Lösungen: *Pa., Li., Ta.*, l. c. S. 689—691.

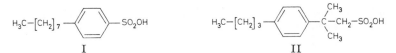

$$\text{I} \qquad\qquad\qquad\qquad \text{II}$$

2-Methyl-2-[4-butyl-phenyl]-propan-sulfonsäure-(1), *2-(p-butylphenyl)-2-methylpropane-
1-sulfonic acid* $C_{14}H_{22}O_3S$, Formel II.

B. Beim Einleiten von Borfluorid in ein Gemisch von Butylbenzol, Natrium-[2-methyl-
propen-(1)-sulfonat-(3)], Schwefelsäure und 1.2-Dichlor-äthan (*Archer, Malkemus, Suter*,
Am. Soc. **67** [1945] 43).

S-Benzyl-isothiuronium-Salz $[C_8H_{11}N_2S]C_{14}H_{21}O_3S$. F: 142—143°.

1.4-Di-*sec*-butyl-benzol-sulfonsäure-(2), *2,5-di-sec-butylbenzenesulfonic acid* $C_{14}H_{22}O_3S$,
Formel III (X = OH).

Eine als krystallines Natrium-Salz $NaC_{14}H_{21}O_3S \cdot 4H_2O$ isolierte opt.-inakt. Säure
dieser Konstitution ist aus dem im folgenden Artikel beschriebenen Säurechlorid beim
Behandeln mit wss. Natronlauge erhalten worden (*Legge*, Am. Soc. **69** [1947] 2238).

1.4-Di-*sec*-butyl-benzol-sulfonylchlorid-(2), *2,5-di-sec-butylbenzenesulfonyl chloride*
$C_{14}H_{21}ClO_2S$, Formel III (X = Cl).

Ein opt.-inakt. Säurechlorid (Öl; mit Hilfe von Salpetersäure in 4-Nitro-1-*sec*-butyl-
benzol-sulfonylchlorid-(2) überführbar) dieser Konstitution ist beim Behandeln von
opt.-inakt. 1.4-Di-*sec*-butyl-benzol (E III **5** 1064) mit Chloroschwefelsäure in Tetra=
chlormethan erhalten worden (*Legge*, Am. Soc. **69** [1947] 2238).

1.4-Di-*sec*-butyl-benzolsulfonamid-(2), *2,5-di-sec-butylbenzenesulfonamide* $C_{14}H_{23}NO_2S$,
Formel III (X = NH_2).

Opt.-inakt. 1.4-Di-*sec*-butyl-benzolsulfonamid-(2) vom F: 64°.

B. Aus dem im vorangehenden Artikel beschriebenen Säurechlorid beim Behandeln
einer Lösung in Benzol mit wss. Ammoniak (*Legge*, Am. Soc. **69** [1947] 2238).

Krystalle (aus wss. Isopropylalkohol); F: 63,2—64,1°.

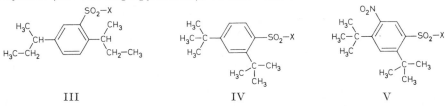

$$\text{III} \qquad\qquad\qquad \text{IV} \qquad\qquad\qquad \text{V}$$

1.3-Di-*tert*-butyl-benzol-sulfonsäure-(4), *2,4-di-tert-butylbenzenesulfonic acid* $C_{14}H_{22}O_3S$,
Formel IV (X = OH).

Diese Konstitution ist wahrscheinlich der nachstehend beschriebenen, von *Legge* (Am.
Soc. **69** [1947] 2079, 2085) als 1-Isopropyl-3-*tert*-butyl-benzol-sulfonsäure-(6)
($C_{13}H_{20}O_3S$) angesehenen Verbindung auf Grund ihrer genetischen Beziehung zu 1.3-Di-
tert-butyl-benzol (ursprünglich als 1-Isopropyl-3-*tert*-butyl-benzol angesehen; s. diesbezüglich *Condon, Burgoyne*, Am. Soc. **73** [1951] 4021) zuzuordnen.

B. Aus dem im folgenden Artikel beschriebenen Säurechlorid beim Behandeln mit wss. Natronlauge (*Le.*).

Natrium-Salz. Wasserhaltige Krystalle [aus W.] (*Le.*).

1.3-Di-*tert*-butyl-benzol-sulfonylchlorid-(4), *2,4-di-*tert-*butylbenzenesulfonyl chloride* C₁₄H₂₁ClO₂S, Formel IV (X = Cl).

Diese Konstitution kommt wahrscheinlich der nachstehend beschriebenen Verbindung zu (s. die Bemerkung im vorangehenden Artikel).

B. Beim Behandeln von 1.3-Di-*tert*-butyl-benzol mit Chloroschwefelsäure (*Legge*, Am. Soc. **69** [1947] 2079, 2085).

Krystalle (aus PAe.); F: 89,5—90,5°.

1.3-Di-*tert*-butyl-benzolsulfonamid-(4), *2,4-di-*tert-*butylbenzenesulfonamide* C₁₄H₂₃NO₂S, Formel IV (X = NH₂).

Diese Konstitution kommt wahrscheinlich der nachstehend beschriebenen Verbindung zu.

B. Aus dem im vorangehenden Artikel beschriebenen Säurechlorid beim Behandeln einer Lösung in Benzol mit wss. Ammoniak (*Legge*, Am. Soc. **69** [1947] 2079, 2085).

Krystalle (aus W.); F: 158,8—159,1° [korr.].

6-Nitro-1.3-di-*tert*-butyl-benzol-sulfonylchlorid-(4), *2,4-di-*tert-*butyl-5-nitrobenzene= sulfonyl chloride* C₁₄H₂₀ClNO₄S, Formel V (X = Cl).

Diese Konstitution kommt wahrscheinlich der nachstehend beschriebenen Verbindung zu.

B. Aus 1.3-Di-*tert*-butyl-benzol-sulfonylchlorid-(4) (s. o.) beim Behandeln mit Sal= petersäure (*Legge*, Am. Soc. **69** [1947] 2079, 2085).

Krystalle (aus PAe.); F: 142,6—143,6° [korr.].

6-Nitro-1.3-di-*tert*-butyl-benzolsulfonamid-(4), *2,4-di-*tert-*butyl-5-nitrobenzenesulfon= amide* C₁₄H₂₂N₂O₄S, Formel V (X = NH₂).

Diese Konstitution kommt wahrscheinlich der nachstehend beschriebenen Verbindung zu.

B. Aus dem im vorangehenden Artikel beschriebenen Säurechlorid beim Behandeln einer Lösung in Benzol mit wss. Ammoniak (*Legge*, Am. Soc. **69** [1947] 2079, 2085).

Krystalle (aus Isooctan oder Benzol); F: 184,8—185,8° [korr.].

1.4-Di-*tert*-butyl-benzol-sulfonsäure-(2) C₁₄H₂₂O₃S.

1.4-Di-*tert*-butyl-benzolsulfonamid-(2), *2,5-di-*tert-*butylbenzenesulfonamide* C₁₄H₂₃NO₂S, Formel VI.

Diese Konstitution wird der nachstehend beschriebenen Verbindung zugeordnet (*Huntress, Autenrieth*, Am. Soc. **63** [1941] 3446; s. dagegen *Legge*, Am. Soc. **69** [1947] 2086, 2090).

B. Beim Behandeln von 1.4-Di-*tert*-butyl-benzol mit Chloroschwefelsäure in Chloro= form und Erwärmen des Reaktionsprodukts mit Ammoniumcarbonat (*Hu., Au.*).

Krystalle (aus wss. A.); F: 135,5—136,5° [unkorr.; Block] (*Hu., Au.*).

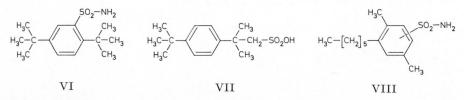

VI   VII   VIII

2-Methyl-2-[4-*tert*-butyl-phenyl]-propan-sulfonsäure-(1), *2-*(p-tert-*butylphenyl)-2-methyl= propane-1-sulfonic acid* C₁₄H₂₂O₃S, Formel VII.

B. Beim Einleiten von Borfluorid in ein Gemisch von *tert*-Butyl-benzol, Natrium-[2-methyl-propen-(1)-sulfonat-(3)], Schwefelsäure und 1.2-Dichlor-äthan (*Archer, Mal= kemus, Suter*, Am. Soc. **67** [1945] 43). Beim Behandeln einer Lösung von 1.4-Di-*tert*-butyl-benzol in Benzol mit Sulfurylchlorid und wenig Pyridin unter Belichtung und anschliessenden Erwärmen mit wss. Natronlauge (*Ar., Ma., Su.*).

Natrium-Salz NaC₁₄H₂₁O₃S. Krystalle (aus A.). In Wasser fast unlöslich.

S-Benzyl-isothiuronium-Salz [C₈H₁₁N₂S]C₁₄H₂₁O₃S. F: 196,5—197,5°.

1.4-Dimethyl-2-hexyl-benzol-sulfonsäure-(x) $C_{14}H_{22}O_3S$.

1.4-Dimethyl-2-hexyl-benzolsulfonamid-(x), *2-hexyl-p-xylene-x-sulfonamide* $C_{14}H_{23}NO_2S$, Formel VIII.

1.4-Dimethyl-2-hexyl-benzolsulfonamid-(x) vom F: 95°.

B. Aus 1.4-Dimethyl-2-hexyl-benzol (*Lester, Suratt*, Am. Soc. **71** [1949] 2262).

F: 94—95°.

1.2.3.4-Tetraäthyl-benzol-sulfonsäure-(5), *2,3,4,5-tetraethylbenzenesulfonic acid* $C_{14}H_{22}O_3S$, Formel IX (X = OH) (H 151).

B. Beim Erwärmen eines Gemisches von 1.2.3.5-Tetraäthyl-benzol und 1.2.4.5-Tetra= äthyl-benzol mit Schwefelsäure (*Smith, Guss*, Am. Soc. **62** [1940] 2631, 2633). Aus 1.2.4.5-Tetraäthyl-benzol-sulfonsäure-(3) bei kurzem Erwärmen mit Schwefelsäure auf 100° (*Sm., Guss*).

Krystalle (aus Bzl. + PAe.) mit 1 Mol H_2O; F: 118—120°.

1.2.3.4-Tetraäthyl-benzolsulfonamid-(5), *2,3,4,5-tetraethylbenzenesulfonamide* $C_{14}H_{23}NO_2S$, Formel IX (X = NH₂) (H 152).

B. Beim Erwärmen von 1.2.3.4-Tetraäthyl-benzol-sulfonsäure-(5) mit Phosphor(V)- chlorid und Phosphoroxychlorid und Behandeln einer äther. Lösung des danach iso- lierten Reaktionsprodukts mit wss. Ammoniak (*Smith, Guss*, Am. Soc. **62** [1940] 2631, 2633).

Krystalle (aus wss. A.); F: 103—105°.

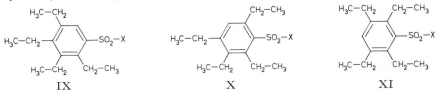

       IX   X   XI

1.2.3.5-Tetraäthyl-benzol-sulfonsäure-(4), *2,3,4,6-tetraethylbenzenesulfonic acid* $C_{14}H_{22}O_3S$, Formel X (X = OH).

B. Beim Behandeln von 1.2.3.5-Tetraäthyl-benzol mit Chloroschwefelsäure und Er- wärmen des Reaktionsprodukts mit wss. Natronlauge (*Smith, Guss*, Am. Soc. **62** [1940] 2625, 2629).

Krystalle (aus Bzl. + PAe.) mit 1 Mol H_2O; F: 97—99°.

1.2.3.5-Tetraäthyl-benzolsulfonamid-(4), *2,3,4,6-tetraethylbenzenesulfonamide* $C_{14}H_{23}NO_2S$, Formel X (X = NH₂).

B. Aus 1.2.3.5-Tetraäthyl-benzol-sulfonsäure-(4) (*Smith, Guss*, Am. Soc. **62** [1940] 2625, 2629).

Krystalle (aus wss. A.); F: 56—57°.

1.2.4.5-Tetraäthyl-benzol-sulfonsäure-(3), *2,3,5,6-tetraethylbenzenesulfonic acid* $C_{14}H_{22}O_3S$, Formel XI (X = OH) (H 152).

B. Beim Behandeln von 1.2.4.5-Tetraäthyl-benzol mit Chloroschwefelsäure und Er- wärmen des Reaktionsprodukts mit wss. Natronlauge (*Smith, Guss*, Am. Soc. **62** [1940] 2625, 2629).

Krystalle (aus Bzl. + PAe.) mit 1 Mol H_2O; F: 105—107° (*Sm., Guss*, l. c. S. 2629). Bei kurzem Erwärmen mit Schwefelsäure auf 100° ist 1.2.3.4-Tetraäthyl-benzol- sulfonsäure-(5) erhalten worden (*Smith, Guss*, Am. Soc. **62** [1940] 2631, 2633).

1.2.4.5-Tetraäthyl-benzolsulfonamid-(3), *2,3,5,6-tetraethylbenzenesulfonamide* $C_{14}H_{23}NO_2S$, Formel XI (X = NH₂) (H 152).

B. Aus 1.2.4.5-Tetraäthyl-benzol-sulfonsäure-(3) (*Smith, Guss*, Am. Soc. **62** [1940] 2625, 2629)·

Krystalle (aus wss. A.); F: 123—125°.

1-Nonyl-benzol-sulfonsäure-(4) $C_{15}H_{24}O_3S$.

1-Nonyl-benzolsulfonamid-(4), *p-nonylbenzenesulfonamide* $C_{15}H_{25}NO_2S$, Formel I.

B. Beim Behandeln von 1-Phenyl-nonan mit Chloroschwefelsäure in Chloroform und Erwärmen des Reaktionsprodukts mit Ammoniumcarbonat (*Huntress, Autenrieth*, Am.

Soc. **63** [1941] 3446).

Krystalle (aus Bzl. + PAe.); F: 94,5—95°.

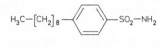

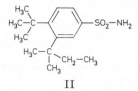

I

II

1-*tert*-Butyl-2-*tert*-pentyl-benzol-sulfonsäure-(4) $C_{15}H_{24}O_3S$.

1-*tert*-Butyl-2-*tert*-pentyl-benzolsulfonamid-(4), *4-tert-butyl-3-tert-pentylbenzenesulfon=amide* $C_{15}H_{25}NO_2S$, Formel II.

Die Identität einer von *Legge* (Am. Soc. **69** [1947] 2079, 2080, 2085) mit Vorbehalt unter dieser Konstitution beschriebenen, aus vermeintlichem 1-*tert*-Butyl-2-*tert*-pentyl-benzol (E III **5** 1079) hergestellten Verbindung (F: 206,6—207,6° [korr.]) ist ungewiss (vgl. diesbezüglich *Condon, Burgoyne*, Am. Soc. **73** [1951] 4021).

2-Methyl-2-[4-*tert*-pentyl-phenyl]-propan-sulfonsäure-(1), *2-methyl-2-(p-tert-pentyl=phenyl)propane-1-sulfonic acid* $C_{15}H_{24}O_3S$, Formel III.

B. Beim Einleiten von Borfluorid in ein Gemisch von Natrium-[2-methyl-propen-(1)-sulfonat-(3)], *tert*-Pentyl-benzol, Schwefelsäure und 1.2-Dichlor-äthan (*Archer, Malkemus, Suter*, Am. Soc. **67** [1945] 43).

S-Benzyl-isothiuronium-Salz $[C_8H_{11}N_2S]C_{15}H_{23}O_3S$. F: 151—152°.

III

IV

1.4-Dimethyl-2-heptyl-benzol-sulfonsäure-(x) $C_{15}H_{24}O_3S$.

1.4-Dimethyl-2-heptyl-benzolsulfonamid-(x), *2-heptyl-p-xylene-x-sulfonamide* $C_{15}H_{25}NO_2S$, Formel IV.

1.4-Dimethyl-2-heptyl-benzolsulfonamid-(x) vom F: 101°.

B. Aus 1.4-Dimethyl-2-heptyl-benzol (*Lester, Suratt*, Am. Soc. **71** [1949] 2262). F: 100—101°.

1.2.4-Triisopropyl-benzol-sulfonsäure-(5), *2,4,5-triisopropylbenzenesulfonic acid* $C_{15}H_{24}O_3S$, Formel V (X = OH).

B. Aus 1.2.4-Triisopropyl-benzol-sulfonylchlorid-(5) beim Behandeln mit wss. Natron=lauge (*Newton*, Am. Soc. **65** [1943] 2441).

Beim Behandeln des Natrium-Salzes mit wss. Salzsäure und Brom ist 5-Brom-1.2.4-triisopropyl-benzol erhalten worden (*Ne.*).

Die gleiche Verbindung hat vermutlich in einem Präparat (Krystalle mit 1 Mol H_2O; F: 149° [bei schnellem Erhitzen]) vorgelegen, das beim Behandeln von 1.2.4-Triiso=propyl-benzol mit rauchender Schwefelsäure erhalten worden ist (*Kirrmann, Graves*, Bl. [5] **1** [1934] 1494, 1496).

1.2.4-Triisopropyl-benzol-sulfonsäure-(5)-methylester, *2,4,5-triisopropylbenzenesulfonic acid methyl ester* $C_{16}H_{26}O_3S$, Formel V (X = OCH₃).

B. Aus 1.2.4-Triisopropyl-benzol-sulfonylchlorid-(5) (S. 365) beim Erwärmen mit wss. Methanol (*Huntress, Autenrieth*, Am. Soc. **63** [1941] 3446).

Krystalle (aus wss. Me.); F: 126—126,5° [unkorr.; Block].

1.2.4-Triisopropyl-benzol-sulfonsäure-(5)-äthylester, *2,4,5-triisopropylbenzenesulfonic acid ethyl ester* $C_{17}H_{28}O_3S$, Formel V (X = OC₂H₅).

B. Aus 1.2.4-Triisopropyl-benzol-sulfonylchlorid-(5) (S. 365) beim Erwärmen mit wss. Äthanol (*Huntress, Autenrieth*, Am. Soc. **63** [1941] 3446).

Krystalle; F: 99—99,5° [Block; aus wss. A.].

1.2.4-Triisopropyl-benzol-sulfonylchlorid-(5), *2,4,5-triisopropylbenzenesulfonyl chloride*
$C_{15}H_{23}ClO_2S$, Formel V (X = Cl).

Diese Konstitution kommt der nachstehend beschriebenen, ursprünglich (*Huntress, Autenrieth*, Am. Soc. **63** [1941] 3446) als 1.2.4.5-Tetraisopropyl-benzol-sulfonylchlorid-(3) ($C_{18}H_{29}ClO_2S$) angesehenen Verbindung zu (*Newton*, Am. Soc. **65** [1943] 2439).

B. Beim Behandeln von 1.2.4-Triisopropyl-benzol oder von 1.2.4.5-Tetraisopropyl-benzol mit Chloroschwefelsäure in Tetrachlormethan (*Ne.*; vgl. *Hu.*, *Au.*).

Krystalle; F: 141,5—142,2° [aus Isooctan] (*Ne.*), 141,5—142° (*Hu.*, *Au.*).

Beim Behandeln mit Salpetersäure ist 6-Nitro-1.3-diisopropyl-benzol-sulfonylchlorid-(4) erhalten worden (*Ne.*).

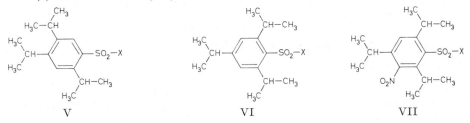

               V   VI   VII

1.2.4-Triisopropyl-benzolsulfonamid-(5), *2,4,5-triisopropylbenzenesulfonamide*
$C_{15}H_{25}NO_2S$, Formel V (X = NH_2).

B. Aus 1.2.4-Triisopropyl-benzol-sulfonylchlorid-(5) (s. o.) beim Behandeln einer Lösung in Benzol mit wss. Ammoniak (*Newton*, Am. Soc. **65** [1943] 2439; vgl. *Huntress, Autenrieth*, Am. Soc. **63** [1941] 3446).

Krystalle; F: 154,8—155,7° [aus Isooctan] (*Ne.*), 154,5—155° [unkorr.; Block; aus wss. A.] (*Hu.*, *Au.*).

1.3.5-Triisopropyl-benzol-sulfonsäure-(2) $C_{15}H_{24}O_3S$.

1.3.5-Triisopropyl-benzol-sulfonylchlorid-(2), *2,4,6-triisopropylbenzenesulfonyl chloride*
$C_{15}H_{23}ClO_2S$, Formel VI (X = Cl).

B. Beim Behandeln von 1.3.5-Triisopropyl-benzol mit Chloroschwefelsäure in Tetrachlormethan (*Newton*, Am. Soc. **65** [1943] 2439).

Krystalle (aus Isooctan); F: 97,2—98,4°.

Beim Behandeln mit Salpetersäure sind 4-Nitro-1.3.5-triisopropyl-benzol-sulfonylchlorid-(2) und geringe Mengen einer Verbindung $C_{30}H_{44}N_2O_8S_2$(?) (gelbliche Krystalle [aus Isopropylalkohol], F: 150,2—151,1°; möglicherweise Bis-[3-nitro-2.4.6-triisopropyl-phenyl]-disulfon) erhalten worden.

1.3.5-Triisopropyl-benzolsulfonamid-(2), *2,4,6-triisopropylbenzenesulfonamide* $C_{15}H_{25}NO_2S$,
Formel VI (X = NH_2).

B. Aus 1.3.5-Triisopropyl-benzol-sulfonylchlorid-(2) beim Behandeln einer Lösung in Benzol mit wss. Ammoniak (*Newton*, Am. Soc. **65** [1943] 2439).

Krystalle (aus wss. Isopropylalkohol); F: 119—119,6°.

4-Nitro-1.3.5-triisopropyl-benzol-sulfonylchlorid-(2), *2,4,6-triisopropyl-3-nitrobenzenesulfonyl chloride* $C_{15}H_{22}ClNO_4S$, Formel VII (X = Cl).

B. s. o. im Artikel 1.3.5-Triisopropyl-benzol-sulfonylchlorid-(2).

Krystalle (aus PAe.); F: 157,8—158,4° (*Newton*, Am. Soc. **65** [1943] 2439).

4-Nitro-1.3.5-triisopropyl-benzolsulfonamid-(2), *2,4,6-triisopropyl-3-nitrobenzenesulfonamide* $C_{15}H_{24}N_2O_4S$, Formel VII (X = NH_2).

B. Aus 4-Nitro-1.3.5-triisopropyl-benzol-sulfonylchlorid-(2) beim Behandeln einer Lösung in Benzol mit wss. Ammoniak (*Newton*, Am. Soc. **65** [1943] 2439).

Krystalle (aus Isopropylalkohol); F: 165,9—166,3°.

1-Decyl-benzol-sulfonsäure-(4) $C_{16}H_{26}O_3S$.

1-Decyl-benzol-sulfonylfluorid-(4), p-*decylbenzenesulfonyl fluoride* $C_{16}H_{25}FO_2S$,
Formel VIII.

Eine Verbindung ($Kp_{1,5}$: ca. 160°), der vermutlich diese Konstitution zukommt, ist beim Behandeln von 1-Phenyl-decan mit Chloroschwefelsäure und Erhitzen einer Lösung des gebildeten Sulfonylchlorids in Xylol mit wss. Kaliumfluorid-Lösung erhalten worden (*Monsanto Chem. Co.*, U.S.P. 2337532 [1941]).

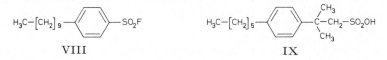

VIII   IX

2-Methyl-2-[4-hexyl-phenyl]-propan-sulfonsäure-(1), *2-(p-hexylphenyl)-2-methylpropane-1-sulfonic acid* $C_{16}H_{26}O_3S$, Formel IX.

B. Beim Einleiten von Borfluorid in ein Gemisch von Natrium-[2-methyl-propen-(1)-sulfonat-(3)], Hexylbenzol, Schwefelsäure und 1.2-Dichlor-äthan (*Archer, Malkemus, Suter*, Am. Soc. **67** [1945] 43).

S-Benzyl-isothiuronium-Salz $[C_8H_{11}N_2S]C_{16}H_{25}O_3S$. F: 126—127°.

1.4-Dimethyl-2-octyl-benzol-sulfonsäure-(x) $C_{16}H_{26}O_3S$.

1.4-Dimethyl-2-octyl-benzolsulfonamid-(x), *2-octyl-p-xylene-x-sulfonamide* $C_{16}H_{27}NO_2S$, Formel X.

    1.4-Dimethyl-2-octyl-benzolsulfonamid-(x) vom F: 101°.

B. Aus 1.4-Dimethyl-2-octyl-benzol (*Lester, Suratt*, Am. Soc. **71** [1949] 2262). F: 100—101°.

Pentaäthylbenzolsulfonsäure, *pentaethylbenzenesulfonic acid* $C_{16}H_{26}O_3S$, Formel XI (X = OH) (H 152).

B. Beim Behandeln einer Lösung von Pentaäthylbenzol in Tetrachlormethan mit Chloroschwefelsäure und Erwärmen des Reaktionsprodukts mit wss. Natronlauge (*Smith, Guss*, Am. Soc. **62** [1940] 2631, 2634; vgl. H 152).

Krystalle (aus Bzl. + PAe.) mit 1 Mol H_2O; F: 113—115°.

Beim Behandeln mit Schwefelsäure ist Pentaäthylbenzol erhalten worden.

Pentaäthylbenzolsulfonsäure-äthylester, *pentaethylbenzenesulfonic acid ethyl ester* $C_{18}H_{30}O_3S$, Formel XI (X = OC_2H_5).

B. Aus Pentaäthylbenzolsulfonylchlorid beim Erwärmen mit wss. Äthanol (*Smith, Guss*, Am. Soc. **62** [1940] 2631, 2634).

Krystalle (aus wss. A.); F: 70—71°.

Pentaäthylbenzolsulfonylchlorid, *pentaethylbenzenesulfonyl chloride* $C_{16}H_{25}ClO_2S$, Formel XI (X = Cl).

B. Aus Pentaäthylbenzolsulfonsäure beim Erwärmen mit Phosphoroxychlorid und Phosphor(V)-chlorid (*Smith, Guss*, Am. Soc. **62** [1940] 2631, 2634).

Krystalle (aus wss. Dioxan); F: 137—138°.

Beim Erwärmen mit wss. Ammoniak erfolgt keine Reaktion.

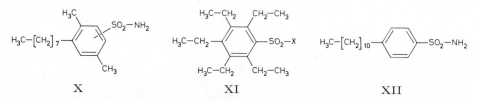

X   XI   XII

1-Undecyl-benzol-sulfonsäure-(4) $C_{17}H_{28}O_3S$.

1-Undecyl-benzolsulfonamid-(4), p-*undecylbenzenesulfonamide* $C_{17}H_{29}NO_2S$, Formel XII.

B. Beim Behandeln von 1-Phenyl-undecan mit Chloroschwefelsäure in Chloroform und Erwärmen des Reaktionsprodukts mit Ammoniumcarbonat (*Huntress, Autenrieth*, Am. Soc. **63** [1941] 3446).

Krystalle (aus Bzl. + PAe.); F: 95,7—96,2°.

1-Dodecyl-benzol-sulfonsäure-(4), p-*dodecylbenzenesulfonic acid* $C_{18}H_{30}O_3S$, Formel I (X = OH).

B. Als Hauptprodukt beim Erwärmen von 1-Phenyl-dodecan mit rauchender Schwefel=säure (*Paquette, Lingafelter, Tartar*, Am. Soc. **65** [1943] 686, 687; vgl. *Nishizawa, Kawa*-

saki, Hiraoka, J. Soc. chem. Ind. Japan **39** [1936] 747, 748; J. Soc. chem. Ind. Japan Spl. **39** [1936] 360; C. **1937** I 4576).

Natrium-Salz. Krystalle [aus W. oder A.] (*Pa., Li., Ta.*). In 1 l Wasser lösen sich bei Raumtemperatur 2 g, bei 60° 35 g (*Pa., Li., Ta.*). Dichte und elektrische Leitfähigkeit von wss. Lösungen: *Pa., Li., Ta.,* l. c. S. 689.

Barium-Salz. In Wasser schwer löslich (*Pa., Li., Ta.*).

1-Dodecyl-benzolsulfonamid-(4), p-*dodecylbenzenesulfonamide* $C_{18}H_{31}NO_2S$, Formel I (X = NH_2).

Diese Konstitution kommt wahrscheinlich der nachstehend beschriebenen Verbindung zu.

B. Beim Behandeln von 1-Phenyl-dodecan mit rauchender Schwefelsäure, Erwärmen des Natrium-Salzes der erhaltenen Sulfonsäure mit Phosphor(V)-chlorid und Behandeln des Reaktionsprodukts mit wss. Ammoniak (*Gilman, Meals,* J. org. Chem. **8** [1943] 126, 143).

F: 97,5°.

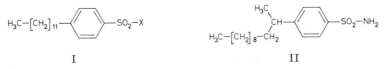

I   II

1-[1-Methyl-undecyl]-benzol-sulfonsäure-(4) $C_{18}H_{30}O_3S$.

(±)-1-[1-Methyl-undecyl]-benzolsulfonamid-(4), (±)-p-(*1-methylundecyl*)*benzenesulfonamide* $C_{18}H_{31}NO_2S$, Formel II.

Diese Konstitution kommt wahrscheinlich der nachstehend beschriebenen Verbindung zu.

B. Beim Behandeln von (±)-2-Phenyl-dodecan mit rauchender Schwefelsäure, Erwärmen des Natrium-Salzes der erhaltenen Sulfonsäure mit Phosphor(V)-chlorid und Behandeln des Reaktionsprodukts mit wss. Ammoniak (*Gilman, Meals,* J. org. Chem. **8** [1943] 126, 143).

F: 99°.

1-[1-Äthyl-decyl]-benzol-sulfonsäure-(4) $C_{18}H_{30}O_3S$.

(±)-1-[1-Äthyl-decyl]-benzolsulfonamid-(4), (±)-p-(*1-ethyldecyl*)*benzenesulfonamide* $C_{18}H_{31}NO_2S$, Formel III.

Diese Konstitution kommt wahrscheinlich der nachstehend beschriebenen Verbindung zu.

B. Beim Behandeln von (±)-3-Phenyl-dodecan mit rauchender Schwefelsäure, Erwärmen des Natrium-Salzes der erhaltenen Sulfonsäure mit Phosphor(V)-chlorid und Behandeln des Reaktionsprodukts mit wss. Ammoniak (*Gilman, Meals,* J. org. Chem. **8** [1943] 126, 143).

F: 56°.

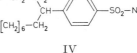

III   IV

1-[1-Propyl-nonyl]-benzol-sulfonsäure-(4) $C_{18}H_{30}O_3S$.

(±)-1-[1-Propyl-nonyl]-benzolsulfonamid-(4), (±)-p-(*1-propylnonyl*)*benzenesulfonamide* $C_{18}H_{31}NO_2S$, Formel IV.

Diese Konstitution kommt wahrscheinlich der nachstehend beschriebenen Verbindung zu.

B. Beim Behandeln von (±)-4-Phenyl-dodecan mit rauchender Schwefelsäure, Erwärmen des Natrium-Salzes der erhaltenen Sulfonsäure mit Phosphor(V)-chlorid und Behandeln des Reaktionsprodukts mit wss. Ammoniak (*Gilman, Meals,* J. org. Chem. **8** [1943] 126, 143).

F: 60°.

2-Methyl-2-[4-octyl-phenyl]-propan-sulfonsäure-(1), *2-methyl-2-(p-octylphenyl)propane-1-sulfonic acid* $C_{18}H_{30}O_3S$, Formel V.

B. Beim Einleiten von Borfluorid in ein Gemisch von Natrium-[2-methyl-propen-(1)-sulfonat-(3)], 1-Phenyl-octan, Schwefelsäure und 1.2-Dichlor-äthan (*Archer, Malkemus, Suter*, Am. Soc. **67** [1945] 43).

S-Benzyl-isothiuronium-Salz $[C_8H_{11}N_2S]C_{18}H_{29}O_3S$. F: 115—117°.

V   VI

1-Tetradecyl-benzol-sulfonsäure-(4) $C_{20}H_{34}O_3S$.

1-Tetradecyl-benzolsulfonamid-(4), *p-tetradecylbenzenesulfonamide* $C_{20}H_{35}NO_2S$, Formel VI.

Diese Konstitution kommt wahrscheinlich der nachstehend beschriebenen Verbindung zu.

B. Beim Behandeln von 1-Phenyl-tetradecan mit rauchender Schwefelsäure, Erwärmen des Natrium-Salzes der erhaltenen Sulfonsäure mit Phosphor(V)-chlorid und Behandeln des Reaktionsprodukts mit wss. Ammoniak (*Gilman, Meals*, J. org. Chem. **8** [1943] 126, 143).

F: 97,5—98°.

2-Methyl-2-[4-decyl-phenyl]-propan-sulfonsäure-(1), *2-(p-decylphenyl)-2-methylpropane-1-sulfonic acid* $C_{20}H_{34}O_3S$, Formel VII.

B. Beim Einleiten von Borfluorid in ein Gemisch von Natrium-[2-methyl-propen-(1)-sulfonat-(3)], 1-Phenyl-decan, Schwefelsäure und 1.2-Dichlor-äthan (*Archer, Malkemus, Suter*, Am. Soc. **67** [1945] 43).

S-Benzyl-isothiuronium-Salz $[C_8H_{11}N_2S]C_{20}H_{33}O_3S$. F: 124—125°.

VII   VIII

2-Methyl-2-[4-undecyl-phenyl]-propan-sulfonsäure-(1), *2-methyl-2-(p-undecylphenyl)propane-1-sulfonic acid* $C_{21}H_{36}O_3S$, Formel VIII.

B. Beim Einleiten von Borfluorid in ein Gemisch von Natrium-[2-methyl-propen-(1)-sulfonat-(3)], 1-Phenyl-undecan, Schwefelsäure und 1.2-Dichlor-äthan (*Archer, Malkemus, Suter*, Am. Soc. **67** [1945] 43).

S-Benzyl-isothiuronium-Salz $[C_8H_{11}N_2S]C_{21}H_{35}O_3S$. F: 125—127°.

1-Hexadecyl-benzol-sulfonsäure-(4), *p-hexadecylbenzenesulfonic acid* $C_{22}H_{38}O_3S$, Formel IX (X = OH) (H 152; dort als 1-Cetyl-benzol-sulfonsäure-(4) bezeichnet).

B. Beim Erwärmen von 1-Phenyl-hexadecan mit rauchender Schwefelsäure (*Nishizawa, Kawasaki, Hiraoka*, J. Soc. chem. Ind. Japan **39** [1936] 747, 749; J. Soc. chem. Ind. Japan Spl. **39** [1936] 360; C. **1937** I 4576).

Krystalle (aus wasserhaltigem Ae.). Monoklin; krystallographische Untersuchung: *Ni., Ka., Hi.*

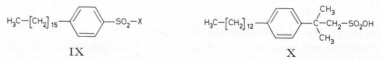

IX   X

1-Hexadecyl-benzolsulfonamid-(4), *p-hexadecylbenzenesulfonamide* $C_{22}H_{39}NO_2S$, Formel IX (X = NH_2).

B. Beim Behandeln von 1-Phenyl-hexadecan mit rauchender Schwefelsäure, Erwärmen des Natrium-Salzes der erhaltenen Sulfonsäure mit Phosphor(V)-chlorid und Behandeln des Reaktionsprodukts mit wss. Ammoniak (*Gilman, Meals*, J. org. Chem. **8** [1943] 126, 143).

F: 97°.

2-Methyl-2-[4-tridecyl-phenyl]-propan-sulfonsäure-(1), *2-methyl-2-(p-tridecylphenyl)₌propane-1-sulfonic acid* $C_{23}H_{40}O_3S$, Formel X.

B. Beim Einleiten von Borfluorid in ein Gemisch von Natrium-[2-methyl-propen-(1)-sulfonat-(3)], 1-Phenyl-tridecan, Schwefelsäure und 1.2-Dichlor-äthan (*Archer, Malkemus, Suter*, Am. Soc. **67** [1945] 43).

S-[4-Chlor-benzyl]-isothiuronium-Salz $[C_8H_{10}ClN_2S]C_{23}H_{39}O_3S$. F: 124—125°.

1-Octadecyl-benzol-sulfonsäure-(4), *p-octadecylbenzenesulfonic acid* $C_{24}H_{42}O_3S$, Formel XI (X = OH) (H 153).

B. Beim Behandeln von 1-Phenyl-octadecan mit rauchender Schwefelsäure (*Seidel, Engelfried*, B. **69** [1936] 2567, 2580; *Nishizawa, Tokuriki*, J. Soc. chem. Ind. Japan **39** [1936] 994; J. Soc. chem. Ind. Japan Spl. **39** [1936] 488; C. **1937** II 1693; vgl. H 153).

Natrium-Salz $NaC_{24}H_{41}O_3S$. Krystalle [aus wss. A.] (*Sei., En.*).

Barium-Salz $Ba(C_{24}H_{41}O_3S)_2$: *Ni., To.*

1-Octadecyl-benzolsulfonamid-(4), *p-octadecylbenzenesulfonamide* $C_{24}H_{43}NO_2S$, Formel XI (X = NH₂).

B. Beim Erwärmen von Natrium-[1-octadecyl-benzol-sulfonat-(4)] mit Phosphor(V)-chlorid und Behandeln des Reaktionsprodukts mit wss. Ammoniak (*Seidel, Engelfried*, B. **69** [1936] 2567, 2580).

Krystalle (aus Bzn.); F: 99—100°. In Chloroform und Pyridin leicht löslich, in Äthanol, Benzol und Tetrachlormethan löslich.

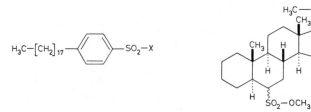

XI   XII

10.13-Dimethyl-17-[1.5-dimethyl-hexyl]-hexadecahydro-1*H*-cyclopenta[*a*]phenanthren-sulfonsäure-(6) $C_{27}H_{48}O_3S$.

10.13-Dimethyl-17-[1.5-dimethyl-hexyl]-hexadecahydro-1*H*-cyclopenta[*a*]phenanthren-sulfonsäure-(6)-methylester $C_{28}H_{50}O_3S$.

5α-Cholestan-sulfonsäure-(6ξ)-methylester, *5α-cholestane-6ξ-sulfonic acid methyl ester* $C_{28}H_{50}O_3S$, Formel XII, **vom F: 133°**.

B. Neben geringen Mengen einer vermutlich als 5β-Cholestan-sulfonsäure-(6ξ)-methylester zu formulierenden Verbindung (F: 96—97°) bei der Hydrierung von Cholestadien-(3.5)-sulfonsäure-(6)-methylester an Palladium in Äther (*Windaus, Mielke*, A. **536** [1938] 116, 126).

Krystalle (aus Acn.); F: 133°.

Überführung in 6.7-Seco-5α-cholestandisäure-(6.7) durch Erwärmen mit Salpetersäure und Essigsäure: *Wi., Mie.*, l. c. S. 126. Beim Erwärmen des aus dem Ester mit Hilfe von Lithiumhydroxid in Methanol hergestellten Lithium-Salzes der 5α-Cholestan-sulfon₌säure-(6ξ) mit Kaliumpermanganat in wss. Natronlauge ist 5α-Cholestanon-(6) erhalten worden (*Wi., Mie.*, l. c. S. 126).   [*Breither*]

Monosulfonsäuren $C_nH_{2n-8}O_3S$

Styrol-sulfonsäure-(4) $C_8H_8O_3S$.

***N.N*-Dimethyl-styrolsulfonamid-(4)**, N,N-*dimethyl-p-styrenesulfonamide* $C_{10}H_{13}NO_2S$, Formel I (X = N(CH₃)₂) auf S. 371.

B. Aus *N.N*-Dimethyl-1-[2-brom-äthyl]-benzolsulfonamid-(4) beim Erwärmen mit

äthanol. Kalilauge (*Inskeep, Deanin,* Am. Soc. **69** [1947] 2237).
Krystalle (aus Bzn.); F: 63—63,5°.
Polymerisation: *In., Dea.*

Styrol-sulfonsäure-(β), *styrene-β-sulfonic acid* $C_8H_8O_3S$.

***trans*-Styrol-sulfonsäure-(β),** Formel II (X = OH) (vgl. E II 86).
Konfiguration: *Terent'ew, Gratschewa, Schtscherbatowa,* Doklady Akad. S.S.S.R. **84**
[1952] 975; C. A. **1953** 3262.

B. Aus Styrol beim Behandeln mit dem Dioxan-Schwefeltrioxid-Addukt in 1.2-Di=
chlor-äthan und anschliessenden Behandeln mit Wasser (*Rondestvedt, Bordwell,* Org.
Synth. Coll. Vol. IV [1963] 846, 850; s. a. *Bordwell, Rondestvedt,* Am. Soc. **70** [1948] 2429,
2432; *Bordwell et al.,* Am. Soc. **68** [1946] 139), beim Erwärmen mit Pyridinium-sulfonat-(1)
(*Terent'ew, Dombrowškiǐ, Ž.* obšč. Chim. **19** [1949] 1467, 1469; C. A. **1950** 1481) sowie (neben
anderen Verbindungen) beim Behandeln mit wss. Alkalihydrogensulfit-Lösung und Sauerstoff (*Kharasch, May, Mayo,* J. org. Chem. **3** [1938] 174, 187; *Kharasch, Schenck, Mayo,*
Am. Soc. **61** [1939] 3092, 3097). Beim Behandeln von (±)-1-Hydroxy-1-phenyl-äthan-
sulfonsäure-(2) mit Phosphor(V)-chlorid und Erhitzen des Reaktionsprodukts mit wss.
Natriumcarbonat-Lösung (*Kh., Sch., Mayo,* l. c. S. 3098). Aus (±)-1-Acetoxy-1-phenyl-
äthan-sulfonsäure-(2) beim Erhitzen des Natrium-Salzes bis auf 200° (*Suter, Milne,*
Am. Soc. **65** [1943] 582).

Überführung in β-Brom-styrol-sulfonsäure-(β) (E III **7** 1363; Amid: F: 130—131°)
durch Behandlung des Natrium-Salzes mit wss. Brom-Lösung: *Bo., Ro.,* l. c. S. 2433.
Beim Behandeln des Natrium-Salzes mit alkal. wss. Natriumhydrogensulfit-Lösung in
Gegenwart von Sauerstoff ist 1-Phenyl-äthan-disulfonsäure-(2.2) $C_8H_{10}O_6S_2$
(Dinatrium-Salz: Krystalle [aus wss. A.] mit 2 Mol H_2O) erhalten worden (*Kh., Sch.,
Mayo,* l. c. S. 3098).

Charakterisierung als Anilid (F: 114—114,5°) und als *p*-Toluidin-Salz (F: 208° bis
209°): *Bo. et al.,* l. c. S. 139; als Phenylhydrazin-Salz (F: 148°): *Kh., May, Mayo,* l. c.
S. 191.

Natrium-Salz. Krystalle [aus A. oder W.] (*Kh., Sch., Mayo; Ro., Bo.,* l. c. S. 86).
Barium-Salz $Ba(C_8H_7O_3S)_2 \cdot H_2O$. Krystalle [aus W.] (*Kh., Sch., Mayo*).
S-Benzyl-isothiuronium-Salz $[C_8H_{11}N_2S]C_8H_7O_3S$. Krystalle (aus wss. A.);
F: 166—167° (*Bo. et al.*).
S-[4-Chlor-benzyl]-isothiuronium-Salz $[C_8H_{10}ClN_2S]C_8H_7O_3S$. Krystalle; F:
203—204° [aus wss. A.] (*Bo. et al.*), 199° (*Su., Mi.*).

Styrol-sulfonylchlorid-(β), *styrene-β-sulfonyl chloride* $C_8H_7ClO_2S$.

***trans*-Styrol-sulfonylchlorid-(β),** Formel II (X = Cl) (E II 87).
Konfiguration: *Terent'ew, Gratschewa, Schtscherbatowa,* Doklady Akad. S.S.S.R. **84**
[1952] 975; C. A. **1953** 3262.

Krystalle; F: 89—89,5° [aus CS_2 oder Hexan] (*Bordwell et al.,* Am. Soc. **68** [1946]
139), 87° [aus Bzn.] (*Kharasch, May, Mayo,* J. org. Chem. **3** [1938] 174, 191).

Beim Behandeln mit roter rauchender Salpetersäure oder mit einem Gemisch von
Salpetersäure und Schwefelsäure bei 0° sind 4-Nitro-*trans*-styrol-sulfonylchlorid-(β) und
geringere Mengen 2-Nitro-*trans*-styrol-sulfonylchlorid-(β) erhalten worden (*Bordwell,
Colbert, Alan,* Am. Soc. **68** [1946] 1778, 1780). Überführung in [2.4-Dinitro-phenyl]-
styryl-sulfon (F: 165,5—167°) durch Behandeln mit Lithiumaluminiumhydrid in Äther
bei —70° und Erwärmen des Natrium-Salzes der erhaltenen Styrol-sulfinsäure-(β)
($C_8H_8O_2S$) mit 4-Chlor-1.3-dinitro-benzol in Äthanol: *Field, Grunwald,* J. org. Chem. **16**
[1951] 946, 950; s. a. *Kh., May, Mayo.*

Styrolsulfonamid-(β), *styrene-β-sulfonamide* $C_8H_9NO_2S$.

***trans*-Styrolsulfonamid-(β),** Formel II (X = NH_2) (E II 87).
Konfiguration: *Terent'ew, Gratschewa, Schtscherbatowa,* Doklady Akad. S.S.S.R. **84**
[1952] 975; C. A. **1953** 3262.

B. Aus *trans*-Styrol-sulfonylchlorid-(β) beim Behandeln einer Lösung in Äther mit
Ammoniak (*Kharasch, May, Mayo,* J. org. Chem. **3** [1938] 174, 191). Beim Erwärmen
des Barium-Salzes der β-Brom-styrol-sulfonsäure-(β) (E III **7** 1363; Amid: F: 132—133°)
mit Zink und wss. Salzsäure, Erhitzen des Reaktionsprodukts mit Phosphor(V)-chlorid
in 1.2-Dichlor-äthan und Behandeln der Reaktionslösung mit flüssigem Ammoniak

(*Truce, Suter*, Am. Soc. **70** [1948] 3851).

Krystalle; F: 143° (*Kharasch, Schenck, Mayo*, Am. Soc. **61** [1939] 3092, 3097), 142° (*Kh., May, Mayo*), 140—142° [aus W.] (*Tr., Su.*).

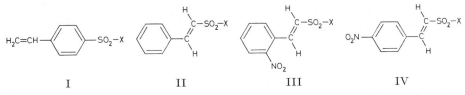

I   II   III   IV

2-Nitro-styrol-sulfonylchlorid-(β), *2-nitrostyrene-β-sulfonyl chloride* $C_8H_6ClNO_4S$.

2-Nitro-*trans*-styrol-sulfonylchlorid-(β), Formel III (X = Cl).

B. Neben grösseren Mengen 4-Nitro-*trans*-styrol-sulfonylchlorid-(β) beim Behandeln von *trans*-Styrol-sulfonylchlorid-(β) mit roter rauchender Salpetersäure oder mit einem Gemisch von Salpetersäure und Schwefelsäure bei 0° (*Bordwell, Colbert, Alan*, Am. Soc. **68** [1946] 1778, 1780).

Krystalle (aus CCl_4); F: 103—105° [korr.].

2-Nitro-styrolsulfonamid-(β), *2-nitrostyrene-β-sulfonamide* $C_8H_8N_2O_4S$.

2-Nitro-*trans*-styrolsulfonamid-(β), Formel III (X = NH_2).

B. Aus 2-Nitro-*trans*-styrol-sulfonylchlorid-(β) beim Behandeln mit flüssigem Ammoniak (*Bordwell, Colbert, Alan*, Am. Soc. **68** [1946] 1778, 1780).

Krystalle (aus W.); F: 145—148°.

[2-Nitro-styrol-sulfonyl-(β)]-acetyl-amin, N-[2-Nitro-styrol-sulfonyl-(β)]-acetamid, N-(*2-nitrostyrylsulfonyl*)*acetamide* $C_{10}H_{10}N_2O_5S$.

N-[2-Nitro-*trans*-styrol-sulfonyl-(β)]-acetamid, Formel III (X = NH-CO-CH₃).

B. Aus 2-Nitro-*trans*-styrolsulfonamid-(β) beim Erhitzen mit Acetanhydrid unter Zusatz von Toluol-sulfonsäure-(4) (*Bordwell, Colbert, Alan*, Am. Soc. **68** [1946] 1778, 1780).

Krystalle (aus 1.2-Dichlor-äthan); F: 183—184°.

2-Nitro-styrol-sulfonsäure-(β)-hydrazid, *2-nitrostyrene-β-sulfonic acid hydrazide* $C_8H_9N_3O_4S$.

2-Nitro-*trans*-styrol-sulfonsäure-(β)-hydrazid, Formel III (X = NH-NH₂).

B. Aus 2-Nitro-*trans*-styrol-sulfonylchlorid-(β) beim Behandeln mit wasserhaltigem Hydrazin (*Bordwell, Rohde*, Am. Soc. **70** [1948] 1191).

F: 116—119° [Rohprodukt].

2-Nitro-styrol-sulfonsäure-(β)-isopropylidenhydrazid, Aceton-[2-nitro-styrol-sulfon=yl-(β)-hydrazon], *2-nitrostyrene-β-sulfonic acid isopropylidenehydrazide* $C_{11}H_{13}N_3O_4S$.

2-Nitro-*trans*-styrol-sulfonsäure-(β)-isopropylidenhydrazid, Formel III (X = NH-N=C(CH₃)₂).

B. Aus 2-Nitro-*trans*-styrol-sulfonsäure-(β)-hydrazid und Aceton (*Bordwell, Rohde*, Am. Soc. **70** [1948] 1191).

F: 157—159°.

4-Nitro-styrol-sulfonylchlorid-(β), *4-nitrostyrene-β-sulfonyl chloride* $C_8H_6ClNO_4S$.

4-Nitro-*trans*-styrol-sulfonylchlorid-(β), Formel IV (X = Cl).

B. Neben geringeren Mengen 2-Nitro-*trans*-styrol-sulfonylchlorid-(β) beim Behandeln von *trans*-Styrol-sulfonylchlorid-(β) mit roter rauchender Salpetersäure oder mit einem Gemisch von Salpetersäure und Schwefelsäure bei 0° (*Bordwell, Colbert, Alan*, Am. Soc. **68** [1946] 1778, 1780).

Krystalle (aus Bzl.); F: 172—174°.

4-Nitro-styrolsulfonamid-(β), *4-nitrostyrene-β-sulfonamide* $C_8H_8N_2O_4S$.

4-Nitro-*trans*-styrolsulfonamid-(β), Formel IV (X = NH_2).

B. Aus 4-Nitro-*trans*-styrol-sulfonylchlorid-(β) beim Behandeln mit flüssigem Ammoniak (*Bordwell, Colbert, Alan*, Am. Soc. **68** [1946] 1778, 1780).

Krystalle (aus wss. Acn.); F: 193—194°.

24*

[4-Nitro-styrol-sulfonyl-(β)]-acetyl-amin, N-[4-Nitro-styrol-sulfonyl-(β)]-acetamid, N-(4-nitrostyrylsulfonyl)acetamide $C_{10}H_{10}N_2O_5S$.

N-[4-Nitro-*trans*-styrol-sulfonyl-(β)]-acetamid, Formel IV (X = NH-CO-CH₃) auf S. 371.

B. Aus 4-Nitro-*trans*-styrolsulfonamid-(β) beim Erhitzen mit Acetanhydrid unter Zusatz von Toluol-sulfonsäure-(4) (*Bordwell, Colbert, Alan*, Am. Soc. **68** [1946] 1778, 1780).

Krystalle (aus A.); F: 191—192° [korr.].

4-Nitro-styrol-sulfonsäure-(β)-hydrazid, 4-nitrostyrene-β-sulfonic acid hydrazide $C_8H_9N_3O_4S$.

4-Nitro-*trans*-styrol-sulfonsäure-(β)-hydrazid, Formel IV (X = NH-NH₂) auf S. 371.

B. Aus 4-Nitro-*trans*-styrol-sulfonylchlorid-(β) beim Behandeln mit wasserhaltigem Hydrazin (*Bordwell, Rohde*, Am. Soc. **70** [1948] 1191).

F: 142—144° [Rohprodukt].

4-Nitro-styrol-sulfonsäure-(β)-isopropylidenhydrazid, Aceton-[4-nitro-styrol-sulfon≠yl-(β)-hydrazon], 4-nitrostyrene-β-sulfonic acid isopropylidenehydrazide $C_{11}H_{13}N_3O_4S$.

4-Nitro-*trans*-styrol-sulfonsäure-(β)-isopropylidenhydrazid, Formel IV (X = NH-N=C(CH₃)₂) auf S. 371.

B. Aus 4-Nitro-*trans*-styrol-sulfonsäure-(β)-hydrazid und Aceton (*Bordwell, Rohde*, Am. Soc. **70** [1948] 1191).

F: 201—202°.

1-Phenyl-propen-(1)-sulfonsäure-(2), 1-phenylprop-1-ene-2-sulfonic acid $C_9H_{10}O_3S$, Formel V (X = OH).

1-Phenyl-propen-(1)-sulfonsäure-(2), deren Amid bei 139° schmilzt.

B. Aus Propenylbenzol (nicht charakterisiert) beim Behandeln mit dem Dioxan-Schwefeltrioxid-Addukt in 1.2-Dichlor-äthan (*Suter, Truce*, Am. Soc. **66** [1944] 1105, 1108).

Natrium-Salz $NaC_9H_9O_3S$. Krystalle (aus W.); F: ca. 180°.

Barium-Salz. Krystalle (aus W.); Zers. bei ca. 200°.

S-[4-Chlor-benzyl]-isothiuronium-Salz $[C_8H_{10}ClN_2S]C_9H_9O_3S$. Krystalle (aus W.); F: 162—163° [unkorr.].

1-Phenyl-propen-(1)-sulfonamid-(2), 1-phenylprop-1-ene-2-sulfonamide $C_9H_{11}NO_2S$, Formel V (X = NH₂).

1-Phenyl-propen-(1)-sulfonamid-(2) vom F: 139°.

B. Beim Erwärmen des Natrium-Salzes der im vorangehenden Artikel beschriebenen Säure oder des Natrium-Salzes der opt.-inakt. 1-Hydroxy-1-phenyl-propan-sulfonsäu≠re-(2) (S-[4-Chlor-benzyl]-isothiuronium-Salz: F: 184—185°) mit Phosphor(V)-chlorid in Tetrachlormethan und Behandeln der Reaktionslösung mit flüssigem Ammoniak (*Suter, Truce*, Am. Soc. **66** [1944] 1105, 1108).

Krystalle (aus 1.2-Dichlor-äthan + Bzn.); F: 138—139°.

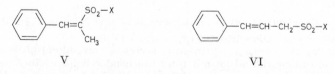

V　　　　　　　　　　　　　　　　VI

1-Phenyl-propen-(1)-sulfonsäure-(3), 3-phenylprop-2-ene-1-sulfonic acid $C_9H_{10}O_3S$, Formel VI (X = OH).

1-Phenyl-propen-(1)-sulfonsäure-(3), deren Amid bei 127° schmilzt.

B. Neben 2-Hydroxy-1-phenyl-propan-sulfonsäure-(3) beim Behandeln von Allyl≠benzol mit dem Dioxan-Schwefeltrioxid-Addukt in 1.2-Dichlor-äthan (*Suter, Truce*, Am. Soc. **66** [1944] 1105, 1107). Beim Behandeln von Cinnamylchlorid (nicht charakteri-siert) mit wss. Natriumsulfit-Lösung (*Su., Tr.*, l. c. S. 1108). Aus (±)-2-Acetoxy-1-phenyl-propan-sulfonsäure-(3) beim Erhitzen des Natrium-Salzes auf 210° (*Su., Tr.*, l. c. S.

1108).

Natrium-Salz NaC₉H₉O₃S. Krystalle (aus W.).

S-[4-Chlor-benzyl]-isothiuronium-Salz [C₈H₁₀ClN₂S]C₉H₉O₃S. Krystalle (aus W.); F: 196—198°.

1-Phenyl-propen-(1)-sulfonamid-(3), *3-phenylprop-2-ene-1-sulfonamide* C₉H₁₁NO₂S, Formel VI (X = NH₂).

1-Phenyl-propen-(1)-sulfonamid-(3) vom F: 127°.

B. Beim Erwärmen des Natrium-Salzes der im vorangehenden Artikel beschriebenen Säure mit Phosphor(V)-chlorid in 1.2-Dichlor-äthan und Behandeln der Reaktions-lösung mit flüssigem Ammoniak (*Suter, Truce*, Am. Soc. 66 [1944] 1105, 1107).

Krystalle (aus wss. A.); F: 126—127°.

1-Phenyl-propen-(2)-sulfonsäure-(3) C₉H₁₀O₃S.

1-Phenyl-propen-(2)-sulfonamid-(3), *3-phenylprop-1-ene-1-sulfonamide* C₉H₁₁NO₂S, Formel VII.

1-Phenyl-propen-(2)-sulfonamid-(3) vom F: 67°.

B. Beim Erhitzen des Barium-Salzes der (±)-2-Hydroxy-1-phenyl-propan-sulfonsäure-(3) mit Phosphor(V)-chlorid in 1.2-Dichlor-äthan und Behandeln der Reaktionslösung mit flüssigem Ammoniak (*Suter, Truce*, Am. Soc. 66 [1944] 1105, 1107).

Krystalle (aus W.); F: 65—67°.

| VII | VIII | IX |

Indan-sulfonsäure-(4), *indan-4-sulfonic acid* C₉H₁₀O₃S, Formel VIII (X = OH) (H 153; dort als Hydrinden-sulfonsäure-(4) bezeichnet).

B. Aus Indan-sulfonylchlorid-(4) beim Erhitzen mit Wasser (*Arnold, Zaugg*, Am. Soc. 63 [1941] 1317, 1319).

Natrium-Salz. Krystalle (aus W.).

Indan-sulfonylchlorid-(4), *indan-4-sulfonyl chloride* C₉H₉ClO₂S, Formel VIII (X = Cl).

B. Neben Indan-sulfonylchlorid-(5) beim Behandeln von Indan mit Chloroschwefelsäure bei —10° (*Arnold, Zaugg*, Am. Soc. 63 [1941] 1317, 1319).

Krystalle (aus PAe.); F: 53—53,5°.

Indansulfonamid-(4), *indan-4-sulfonamide* C₉H₁₁NO₂S, Formel VIII (X = NH₂) (H 153).

In dem H 153 beschriebenen Präparat hat wahrscheinlich ein Gemisch von Indansulfonamid-(4) und Indansulfonamid-(5) vorgelegen (*Arnold, Zaugg*, Am. Soc. 63 [1941] 1317, 1319).

B. Aus Indan-sulfonylchlorid-(4) beim Erwärmen mit wss. Ammoniak (*Ar., Zaugg*, l. c. S. 1319).

Krystalle (aus wss. A.); F: 118—119°.

Indan-sulfonsäure-(5), *indan-5-sulfonic acid* C₉H₁₀O₃S, Formel IX (X = OH) (H 153; E II 87; dort als Hydrinden-sulfonsäure-(5) bezeichnet).

Krystalle (aus wss. Schwefelsäure) mit 3 Mol H₂O; F: 92° (*Cook, Linstead*, Soc. 1934 946, 952).

Indan-sulfonylchlorid-(5), *indan-5-sulfonyl chloride* C₉H₉ClO₂S, Formel IX (X = Cl) (H 153; E II 87).

B. Neben Indan-sulfonylchlorid-(4) beim Behandeln von Indan mit Chloroschwefelsäure bei —10° (*Arnold, Zaugg*, Am. Soc. 63 [1941] 1317, 1319).

Krystalle (aus PAe.); F: 46—47°.

Indansulfonamid-(5), *indan-5-sulfonamide* C₉H₁₁NO₂S, Formel IX (X = NH₂) (H 153).

B. Aus Indan-sulfonylchlorid-(5) beim Erwärmen mit Ammoniumcarbonat (*Huntress, Carten*, Am. Soc. 62 [1940] 511, 512; *Huntress, Autenrieth*, Am. Soc. 63 [1941] 3446).

Krystalle (aus wss. A.); F: 135—136° (*Arnold, Zaugg*, Am. Soc. 63 [1941] 1317, 1319), 132,5—133,5° (*Hu., Au.*).

2-Methyl-1-phenyl-propen-(1)-sulfonsäure-(3), *2-methyl-3-phenylprop-2-ene-1-sulfonic acid* $C_{10}H_{12}O_3S$, Formel X.

2-Methyl-1-phenyl-propen-(1)-sulfonsäure-(3), deren *p*-Toluidin-Salz bei 228° schmilzt.

B. Neben 2-Benzyl-propen-(1)-sulfonsäure-(3) (Hauptprodukt) beim Behandeln von 2-Methyl-1-phenyl-propen-(2) mit dem Dioxan-Schwefeltrioxid-Addukt (1 Mol) in 1.2-Dichlor-äthan (*Bordwell, Suter, Webber*, Am. Soc. **67** [1945] 827, 830). Beim Behandeln von 2-Methyl-3-phenyl-allylalkohol (E III **6** 2443) mit Thionylchlorid und *N.N*-Dimethyl-anilin und Erhitzen des Reaktionsprodukts mit alkal. wss. Natrium= sulfit-Lösung (*Bo., Su., We.*, l. c. S. 831). Aus 2-Benzyl-propen-(1)-sulfonsäure-(3) beim Erwärmen des Natrium-Salzes mit wss. Salzsäure oder wss. Natronlauge (*Bo., Su., We.*, l. c. S. 832).

Beim Behandeln des Natrium-Salzes mit Brom in Wasser ist 2-Brom-1-hydroxy-2-methyl-1-phenyl-propan-sulfonsäure-(3)-lacton (F: 113—114°) erhalten worden.

Charakterisierung als *p*-Toluidin-Salz (F: 226—228° [Zers.]): *Bo., Su., We.*

Natrium-Salz $NaC_{10}H_{11}O_3S$ und Barium-Salz $Ba(C_{10}H_{11}O_3S)_2$ (Krystalle [aus W.]): *Bo., Su., We.*

S-Benzyl-isothiuronium-Salz $[C_8H_{11}N_2S]C_{10}H_{11}O_3S$. Krystalle (aus wss. A.); F: 157,5—158,5°.

X   XI

2-Benzyl-propen-(1)-sulfonsäure-(3), 2-Methylen-1-phenyl-propan-sulfonsäure-(3), *2-benzylprop-2-ene-1-sulfonic acid* $C_{10}H_{12}O_3S$, Formel XI (X = OH).

B. Beim Behandeln von 3-Chlor-2-methyl-propen-(1) mit Chlor in Wasser, Behandeln des Reaktionsprodukts mit Phenylmagnesiumbromid in Äther und anschliessend mit kalter wss. Salzsäure und Erwärmen des danach isolierten Reaktionsprodukts mit Natriumsulfit in Wasser (*Bordwell, Suter, Webber*, Am. Soc. **67** [1945] 827, 831). Neben geringeren Mengen der im vorangehenden Artikel beschriebenen Säure beim Behandeln von 2-Methyl-1-phenyl-propen-(2) mit dem Dioxan-Schwefeltrioxid-Addukt (1 Mol) in 1.2-Dichlor-äthan (*Bo., Su., We.*, l. c. S. 831).

Beim Erwärmen des Natrium-Salzes mit wss. Natronlauge oder wss. Salzsäure ist die im vorangehenden Artikel beschriebene Säure erhalten worden.

Charakterisierung als *p*-Toluidin-Salz (F: 143—144°): *Bo., Su., We.*

Natrium-Salz $NaC_{10}H_{11}O_3S$ (Krystalle [aus A.]) und Barium-Salz $Ba(C_{10}H_{11}O_3S)_2$ (Krystalle [aus A.]): *Bo., Su., We.*

S-Benzyl-isothiuronium-Salz $[C_8H_{11}N_2S]C_{10}H_{11}O_3S$. Krystalle (aus W. + A.); F: 129—129,5°.

2-Benzyl-propen-(1)-sulfonamid-(3), *2-benzylprop-2-ene-1-sulfonamide* $C_{10}H_{13}NO_2S$, Formel XI (X = NH_2).

B. Beim Erwärmen des Natrium-Salzes oder des Barium-Salzes der 2-Benzyl-propen-(1)-sulfonsäure-(3) mit Phosphor(V)-chlorid und Behandeln einer Lösung des Reaktionsprodukts in Äther mit wss. Ammoniak (*Bordwell, Suter, Webber*, Am. Soc. **67** [1945] 827, 831).

Krystalle (aus Bzl.); F: 109—110°.

1.2.3.4-Tetrahydro-naphthalin-sulfonsäure-(5) $C_{10}H_{12}O_3S$.

8-Chlor-1.2.3.4-tetrahydro-naphthalin-sulfonsäure-(5), *4-chloro-5,6,7,8-tetrahydronaphth= alene-1-sulfonic acid* $C_{10}H_{11}ClO_3S$, Formel XII (E II 88).

B. Neben 7-Chlor-1.2.3.4-tetrahydro-naphthalin-sulfonsäure-(6) beim Behandeln eines Gemisches von 5-Chlor-tetralin und 6-Chlor-tetralin (aus Tetralin und Chlor in Gegen-wart von Eisen hergestellt) mit Schwefelsäure (*Schroeter, Erzberger, Passavant*, B. **71** [1938] 1040, 1044, 1046; vgl. E II 88).

Krystalle (aus Bzl.) mit 1 Mol H_2O, F: 80—81°; aus wss. Salzsäure krystallisiert ein Dihydrat (*Sch., Er., Pa.*, l. c. S. 1046).

Natrium-Salz $NaC_{10}H_{10}ClO_3S \cdot 2H_2O$, Silber-Salz $AgC_{10}H_{10}ClO_3S \cdot H_2O$ und

Magnesium-Salz $Mg(C_{10}H_{10}ClO_3S)_2 \cdot 2H_2O$ (jeweils Krystalle [aus W.]): *Sch., Er., Pa.*, l. c. S. 1046.

1.2.3.4-Tetrahydro-naphthalin-sulfonsäure-(6), *5,6,7,8-tetrahydronaphthalene-2-sulfonic acid* $C_{10}H_{12}O_3S$, Formel XIII (X = OH) (E I 37; E II 88).

Beim Erhitzen des Natrium-Salzes mit rauchender Schwefelsäure auf 160° ist 1.2.3.4-Tetrahydro-naphthalin-disulfonsäure-(5.7) erhalten worden (*Schroeter, Erzberger, Passavant*, B. **71** [1938] 1040, 1052). Bildung von Tetralin beim Erhitzen mit Phosphor= säure auf 150°: *Veselý, Stojanova*, Collect. **9** [1937] 465, 469.

Barium-Salz (E II 88). Absorptionsspektrum (225—235 mμ; W.): *Morton, de Gouveia*, Soc. **1934** 916, 920.

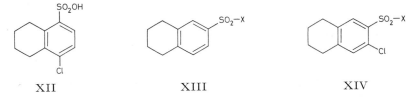

XII   XIII   XIV

1.2.3.4-Tetrahydro-naphthalin-sulfonylchlorid-(6), *5,6,7,8-tetrahydronaphthalene-2-sulfonyl chloride* $C_{10}H_{11}ClO_2S$, Formel XIII (X = Cl) (E II 88).

B. Beim Behandeln von Tetralin mit Chloroschwefelsäure in Chloroform (*Huntress, Autenrieth*, Am. Soc. **63** [1941] 3446).

Krystalle; F: 58—58,5° [aus Bzn.] (*Hu., Au.*), 57° (*Schroeter, Erzberger, Passavant*, B. **71** [1938] 1040, 1056).

1.2.3.4-Tetrahydro-naphthalinsulfonamid-(6), *5,6,7,8-tetrahydronaphthalene-2-sulfon= amide* $C_{10}H_{13}NO_2S$, Formel XIII (X = NH_2) (E II 89).

B. Aus 1.2.3.4-Tetrahydro-naphthalin-sulfonylchlorid-(6) beim Erwärmen mit Am= moniumcarbonat (*Huntress, Autenrieth*, Am. Soc. **63** [1941] 3446).

Krystalle; F: 136° (*Schroeter, Erzberger, Passavant*, B. **71** [1938] 1040, 1056), 134,5° bis 135° [aus wss. A.] (*Hu., Au.*).

[1.2.3.4-Tetrahydro-naphthalin-sulfonyl-(6)]-acetyl-amin, N-[1.2.3.4-Tetrahydro-naphthalin-sulfonyl-(6)]-acetamid, *N-(5,6,7,8-tetrahydro-2-naphthylsulfonyl)acetamide* $C_{12}H_{15}NO_3S$, Formel XIII (X = NH-CO-CH_3).

B. Aus 1.2.3.4-Tetrahydro-naphthalinsulfonamid-(6) und Acetylchlorid (*Openshaw, Spring*, Soc. **1945** 234).

Krystalle (aus wss. A.); F: 138°.

7-Chlor-1.2.3.4-tetrahydro-naphthalin-sulfonsäure-(6), *3-chloro-5,6,7,8-tetrahydro= naphthalene-2-sulfonic acid* $C_{10}H_{11}ClO_3S$, Formel XIV (X = OH).

B. s. S. 374 im Artikel 8-Chlor-1.2.3.4-tetrahydro-naphthalin-sulfonsäure-(5).

Krystalle (aus wss. Salzsäure) mit 2 Mol H_2O; F: 130—131° (*Schroeter, Erzberger, Passavant*, B. **71** [1938] 1040, 1047). In Chloroform schwer löslich, in Benzol fast un= löslich.

Überführung in 7-Hydroxy-1.2.3.4-tetrahydro-naphthalin-sulfonsäure-(6) durch Er= hitzen des Natrium-Salzes mit wss. Natronlauge und Kupfer auf 180°: *Sch., Er., Pa.*, l. c. S. 1048.

Natrium-Salz $NaC_{10}H_{10}ClO_3S \cdot 2H_2O$ (Krystalle [aus W.]) und Magnesium-Salz $Mg(C_{10}H_{10}ClO_3S)_2 \cdot 7H_2O$ (Krystalle [aus W.]): *Sch., Er., Pa.*

7-Chlor-1.2.3.4-tetrahydro-naphthalinsulfonamid-(6), *3-chloro-5,6,7,8-tetrahydro= naphthalene-2-sulfonamide* $C_{10}H_{12}ClNO_2S$, Formel XIV (X = NH_2).

B. Beim Behandeln des Natrium-Salzes der 7-Chlor-1.2.3.4-tetrahydro-naphthalin-sulfonsäure-(6) mit Phosphor(V)-chlorid und Behandeln des erhaltenen Säurechlorids mit wss. Ammoniak (*Schroeter, Erzberger, Passavant*, B. **71** [1938] 1040, 1047).

Krystalle (aus wss. Eg.); F: 193—194°.

1-Cyclopentyl-benzol-sulfonsäure-(4), *p-cyclopentylbenzenesulfonic acid* $C_{11}H_{14}O_3S$, Formel I.

Eine als Barium-Salz $Ba(C_{11}H_{13}O_3S)_2 \cdot H_2O$ (Krystalle) isolierte Säure, der vermutlich

diese Konstitution zukommt, ist beim Behandeln von Cyclopentylbenzol mit Schwefel=
säure erhalten worden (*Nametkin, Pokrowškaja*, Ž. obšč. Chim. **8** [1938] 699, 711; C.A.
1939 1298; Doklady Akad. S.S.S.R. **61** [1948] 1043; C. A. **1949** 2957).

2-Methyl-5.6.7.8-tetrahydro-naphthalin-sulfonsäure-(3), *3-methyl-5,6,7,8-tetrahydro=
naphthalene-2-sulfonic acid* $C_{11}H_{14}O_3S$, Formel II (X = OH).

B. Aus 2-Methyl-5.6.7.8-tetrahydro-naphthalin beim Erwärmen mit wasserhaltiger
Schwefelsäure (*Shreve, Lux*, Ind. eng. Chem. **35** [1943] 306, 308; s. a. *Vesely, Štursa*,
Collect. **6** [1934] 137, 140).

Krystalle (aus $CHCl_3$); F: 102—103° (*Ve., Št.*).

Natrium-Salz $NaC_{11}H_{13}O_3S$ (Krystalle [aus W.]) und Barium-Salz $Ba(C_{11}H_{13}O_3S)_2$
(Krystalle [aus W.]): *Ve., Št.*

2-Methyl-5.6.7.8-tetrahydro-naphthalinsulfonamid-(3), *3-methyl-5,6,7,8-tetrahydro=
naphthalene-2-sulfonamide* $C_{11}H_{15}NO_2S$, Formel II (X = NH_2).

B. Beim Behandeln des Natrium-Salzes der 2-Methyl-5.6.7.8-tetrahydro-naphthalin-
sulfonsäure-(3) mit Phosphor(III)-chlorid und Erhitzen des Reaktionsprodukts mit
Ammoniak (*Vesely, Štursa*, Collect. **6** [1934] 137, 141).

Krystalle; F: 158—159° [aus Eg.] (*Ve., Št.*), 155° (*Shreve, Lux*, Ind. eng. Chem. **35**
[1943] 306, 310).

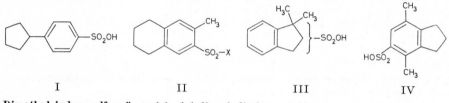

I   II   III   IV

1.1-Dimethyl-indan-sulfonsäure-(x), *1,1-dimethylindan-x-sulfonic acid* $C_{11}H_{14}O_3S$,
Formel III.

1.1-Dimethyl-indan-sulfonsäure-(x) vom F: 67°.

B. Aus 1.1-Dimethyl-indan beim Erwärmen mit Schwefelsäure (*Bogert, Davidson*, Am.
Soc. **56** [1934] 185, 189).

Krystalle (aus CCl_4 oder aus CCl_4 + $CHCl_3$); F: 67°.

4.7-Dimethyl-indan-sulfonsäure-(5), *4,7-dimethylindan-5-sulfonic acid* $C_{11}H_{14}O_3S$,
Formel IV.

B. Aus 4.7-Dimethyl-indan beim Erwärmen mit Schwefelsäure (*Fieser, Lothrop*, Am.
Soc. **58** [1936] 2050, 2053).

Als *p*-Toluidin-Salz (F: 248—249° [Zers.]) charakterisiert.

1-Cyclohexyl-benzol-sulfonsäure-(4), p-*cyclohexylbenzenesulfonic acid* $C_{12}H_{16}O_3S$,
Formel V (X = OH) (H 154).

B. Aus Cyclohexylbenzol beim Behandeln mit rauchender Schwefelsäure (*I.G.Farben-
ind.*, D.R.P. 616545 [1932]; Frdl. **22** 233; *Gen. Aniline Works*, U.S.P. 2028271 [1933];
vgl. H 154) sowie beim Erwärmen mit wasserfreier Schwefelsäure (*I.G.Farbenind.*;
Nametkin, Pokrowškaja, Doklady Akad. S.S.S.R. **61** [1948] 1043; C.A. **1949** 2957).

Barium-Salz $Ba(C_{12}H_{15}O_3S)_2 \cdot H_2O$. Krystalle; in Äthanol fast unlöslich (*Na., Po.*).

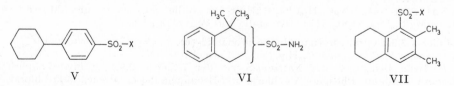

V   VI   VII

1-Cyclohexyl-benzol-sulfonylchlorid-(4), p-*cyclohexylbenzenesulfonyl chloride* $C_{12}H_{15}ClO_2S$,
Formel V (X = Cl).

B. Beim Behandeln von Cyclohexylbenzol mit Chloroschwefelsäure in Chloroform
(*Huntress, Autenrieth*, Am. Soc. **63** [1941] 3446).

Krystalle (aus Ae. oder PAe.); F: 51—52,5°.

1-Cyclohexyl-benzolsulfonamid-(4), p-*cyclohexylbenzenesulfonamide* $C_{12}H_{17}NO_2S$, Formel V (X = NH_2).

B. Aus 1-Cyclohexyl-benzol-sulfonylchlorid-(4) beim Erwärmen mit Ammonium≠carbonat (*Huntress, Autenrieth*, Am. Soc. **63** [1941] 3446).

Krystalle (aus wss. A.); F: 160—160,5°.

1.1-Dimethyl-1.2.3.4-tetrahydro-naphthalin-sulfonsäure-(x) $C_{12}H_{16}O_3S$.

1.1-Dimethyl-1.2.3.4-tetrahydro-naphthalinsulfonamid-(x), *1,1-dimethyl-1,2,3,4-tetra≠hydronaphthalene-x-sulfonamide* $C_{12}H_{17}NO_2S$, Formel VI.

    1.1-Dimethyl-1.2.3.4-tetrahydro-naphthalinsulfonamid-(x) vom F: 149°.

B. Neben geringeren Mengen eines 1.1-Dimethyl-1.2.3.4-tetrahydro-naphth≠alinsulfonamids-(x) vom F: 111° beim Erwärmen von 1.1-Dimethyl-1.2.3.4-tetra≠hydro-naphthalin mit Schwefelsäure, Behandeln des Reaktionsprodukts mit Phos≠phor(V)-chlorid und Behandeln des danach isolierten Reaktionsprodukts mit wss. Ammoniak (*Bogert, Davidson, Apfelbaum*, Am. Soc. **56** [1934] 959, 962).

Krystalle (aus Acn. + W.); F: 148—149°.

2.3-Dimethyl-5.6.7.8-tetrahydro-naphthalin-sulfonsäure-(1), *2,3-dimethyl-5,6,7,8-tetra≠hydronaphthalene-1-sulfonic acid* $C_{12}H_{16}O_3S$, Formel VII (X = OH).

B. Aus 2.3-Dimethyl-5.6.7.8-tetrahydro-naphthalin beim Behandeln mit Schwefel≠säure (*Coulson*, Soc. **1938** 1305, 1307).

Beim Erhitzen des Natrium-Salzes mit Kaliumhydroxid und wenig Wasser bis auf 330° sind 6.7-Dimethyl-naphthol-(1) und 6.7-Dimethyl-naphthol-(2), beim Erhitzen mit Kaliumhydroxid und wenig Wasser unter Stickstoff auf 350° sind 6.7-Dimethyl-naphth≠ol-(2) und 2.3-Dimethyl-naphthalin erhalten worden.

Natrium-Salz $NaC_{12}H_{15}O_3S \cdot 7H_2O$ (Krystalle; in Wasser mässig löslich) und Barium-Salz $Ba(C_{12}H_{15}O_3S)_2 \cdot 6H_2O$ (Krystalle [aus W.]): *Cou.*

2.3-Dimethyl-5.6.7.8-tetrahydro-naphthalinsulfonamid-(1), *2,3-dimethyl-5,6,7,8-tetra≠hydronaphthalene-1-sulfonamide* $C_{12}H_{17}NO_2S$, Formel VII (X = NH_2).

B. Beim Behandeln von 2.3-Dimethyl-5.6.7.8-tetrahydro-naphthalin mit Chloro≠schwefelsäure in Chloroform und Erwärmen des Reaktionsprodukts mit wss. Ammoniak (*Smith, Lo*, Am. Soc. **70** [1948] 2209, 2213). Beim Erhitzen des Natrium-Salzes der 2.3-Dimethyl-5.6.7.8-tetrahydro-naphthalin-sulfonsäure-(1) mit Phosphor(V)-chlorid und Behandeln des Reaktionsprodukts mit wss. Ammoniak (*Coulson*, Soc. **1938** 1305, 1307).

Krystalle (aus wss. A.); F: 135—136° (*Sm., Lo*), 135° (*Cou.*).

2.3-Dimethyl-1.2.3.4-tetrahydro-naphthalin-sulfonsäure-(6), *6,7-dimethyl-5,6,7,8-tetra≠hydronaphthalene-2-sulfonic acid* $C_{12}H_{16}O_3S$.

  a) Opt.-inakt. **2.3-Dimethyl-1.2.3.4-tetrahydro-naphthalin-sulfonsäure-(6)**, deren Amid bei 143° schmilzt, vermutlich (±)-**2r.3c-Dimethyl-1.2.3.4-tetrahydro-naphth≠alin-sulfonsäure-(6)**, Formel VIII (X = OH) + Spiegelbild.

B. Aus 2r.3c(?)-Dimethyl-1.2.3.4-tetrahydro-naphthalin (E III **5** 1265) beim Erwär≠men mit Schwefelsäure (*Coulson*, Soc. **1938** 1305, 1308).

Beim Erhitzen des Natrium-Salzes mit Kaliumhydroxid auf 330° ist 6r.7c-Dimethyl-5.6.7.8-tetrahydro-naphthol-(2) erhalten worden.

Natrium-Salz $NaC_{12}H_{15}O_3S \cdot 2H_2O$ und Barium-Salz $Ba(C_{12}H_{15}O_3S)_2$: *Cou.*

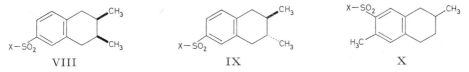

     VIII   IX   X

  b) Opt.-inakt. **2.3-Dimethyl-1.2.3.4-tetrahydro-naphthalin-sulfonsäure-(6)**, deren Amid bei 211° schmilzt, vermutlich (±)-**2r.3t-Dimethyl-1.2.3.4-tetrahydro-naphth≠alin-sulfonsäure-(6)**, Formel IX (X = OH) + Spiegelbild.

B. Aus (±)-2r.3t(?)-Dimethyl-1.2.3.4-tetrahydro-naphthalin (E III **5** 1265) beim Er≠wärmen mit Schwefelsäure (*Coulson*, Soc. **1938** 1305, 1309).

Beim Erhitzen des Natrium-Salzes mit Kaliumhydroxid auf 330° ist 6r.7t-Dimethyl-5.6.7.8-tetrahydro-naphthol-(2) erhalten worden.

Barium-Salz $Ba(C_{12}H_{15}O_3S)_2 \cdot 6H_2O$: *Cou.*

2.3-Dimethyl-1.2.3.4-tetrahydro-naphthalinsulfonamid-(6), *6,7-dimethyl-5,6,7,8-tetra=*
hydronaphthalene-2-sulfonamide $C_{12}H_{17}NO_2S$.

a) **Opt.-inakt. 2.3-Dimethyl-1.2.3.4-tetrahydro-naphthalinsulfonamid-(6) vom
F: 143°**, vermutlich **(±)-2r.3c-Dimethyl-1.2.3.4-tetrahydro-naphthalinsulfonamid-(6)**,
Formel VIII (X = NH₂) + Spiegelbild.

B. Beim Erhitzen des Natrium-Salzes der (±)-2r.3c(?)-Dimethyl-1.2.3.4-tetrahydro-
naphthalin-sulfonsäure-(6) (S. 377) mit Phosphor(V)-chlorid und Behandeln des Reaktionsprodukts mit wss. Ammoniak (*Coulson*, Soc. **1938** 1305, 1309).

Krystalle (aus A. oder wss. A.); F: 143°.

b) **Opt.-inakt. 2.3-Dimethyl-1.2.3.4-tetrahydro-naphthalinsulfonamid-(6) vom
F: 211°**, vermutlich **(±)-2r.3t-Dimethyl-1.2.3.4-tetrahydro-naphthalinsulfonamid-(6)**,
Formel IX (X = NH₂) + Spiegelbild.

B. Beim Erhitzen des Natrium-Salzes der (±)-2r.3t(?)-Dimethyl-1.2.3.4-tetrahydro-
naphthalin-sulfonsäure-(6) (S. 377) mit Phosphor(V)-chlorid und Behandeln des Reaktionsprodukts mit wss. Ammoniak (*Coulson*, Soc. **1938** 1305, 1309).

Krystalle (aus A.); F: 210—211°.

(±)-2.6-Dimethyl-1.2.3.4-tetrahydro-naphthalin-sulfonsäure-(7), *(±)-3,7-dimethyl-*
5,6,7,8-tetrahydronaphthalene-2-sulfonic acid $C_{12}H_{16}O_3S$, Formel X (X = OH).

B. Aus (±)-2.6-Dimethyl-1.2.3.4-tetrahydro-naphthalin beim Behandeln mit Schwefel=
säure (*Coulson*, Soc. **1935** 77, 81).

Barium-Salz. Krystalle (aus W.).

(±)-2.6-Dimethyl-1.2.3.4-tetrahydro-naphthalinsulfonamid-(7), *(±)-3,7-dimethyl-*
5,6,7,8-tetrahydronaphthalene-2-sulfonamide $C_{12}H_{17}NO_2S$, Formel X (X = NH₂).

B. Beim Erhitzen des Natrium-Salzes der (±)-2.6-Dimethyl-1.2.3.4-tetrahydro-
naphthalin-sulfonsäure-(7) mit Phosphor(V)-chlorid und Erhitzen des Reaktionsprodukts
mit wss. Ammoniak (*Coulson*, Soc. **1935** 77, 81).

Krystalle (aus wss. A.); F: 166—167°.

(±)-2.7-Dimethyl-1.2.3.4-tetrahydro-naphthalin-sulfonsäure-(6), *(±)-3,6-dimethyl-*
5,6,7,8-tetrahydronaphthalene-2-sulfonic acid $C_{12}H_{16}O_3S$, Formel XI (X = OH).

B. Aus (±)-2.7-Dimethyl-1.2.3.4-tetrahydro-naphthalin beim Behandeln mit Schwefel=
säure (*Coulson*, Soc. **1935** 77, 82).

Beim Erhitzen des Natrium-Salzes mit Kaliumhydroxid und wenig Wasser bis auf
340° sind 3.6-Dimethyl-5.6.7.8-tetrahydro-naphthol-(2) und 3.6-Dimethyl-naphthol-(2)
erhalten worden.

(±)-2.7-Dimethyl-1.2.3.4-tetrahydro-naphthalinsulfonamid-(6), *(±)-3,6-dimethyl-*
5,6,7,8-tetrahydronaphthalene-2-sulfonamide $C_{12}H_{17}NO_2S$, Formel XI (X = NH₂).

B. Beim Erhitzen des Natrium-Salzes der im vorangehenden Artikel beschriebenen
Säure mit Phosphor(V)-chlorid und Erhitzen des Reaktionsprodukts mit wss. Ammoniak
(*Coulson*, Soc. **1935** 77, 82).

Krystalle (aus wss. A.); F: 145,5°.

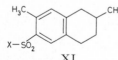

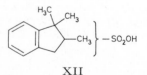

           XI   XII

(±)-1.1.2-Trimethyl-indan-sulfonsäure-(x), *(±)-1,1,2-trimethylindan-x-sulfonic acid*
$C_{12}H_{16}O_3S$, Formel XII.

(±)-1.1.2-Trimethyl-indan-sulfonsäure-(x) vom F: 109°.

B. Aus (±)-1.1.2-Trimethyl-indan beim Erwärmen mit Schwefelsäure (*Bogert, Davidson*, Am. Soc. **56** [1934] 185, 189).

Krystalle (aus CCl₄ oder aus CCl₄ + CHCl₃); F: 109°.

1-Cycloheptyl-benzol-sulfonsäure-(4) $C_{13}H_{18}O_3S$.

1-Cycloheptyl-benzolsulfonamid-(4), *p-cycloheptylbenzenesulfonamide* $C_{13}H_{19}NO_2S$,
Formel I.

Eine Verbindung (F: 131°), der vermutlich diese Konstitution zukommt, ist beim

Behandeln von Phenylcycloheptan mit Chloroschwefelsäure in Chloroform und Erwärmen des Reaktionsprodukts mit Ammoniumcarbonat erhalten worden (*Pines, Edeleanu, Ipatieff*, Am. Soc. **67** [1945] 2193, 2195).

I   II

1-[4-Methyl-cyclohexyl]-benzol-sulfonsäure-(4) $C_{13}H_{18}O_3S$.

1-[4-Methyl-cyclohexyl]-benzolsulfonamid-(4), p-(*4-methylcyclohexyl*)*benzenesulfonamide* $C_{13}H_{19}NO_2S$, Formel II.

Eine Verbindung (F: 164°), der vermutlich diese Konstitution zukommt, ist beim Behandeln von 1-Methyl-4-phenyl-cyclohexan (Kp$_{21}$: 120° [E III **5** 1275]) mit Chloroschwefelsäure in Chloroform und Erwärmen des danach isolierten Reaktionsprodukts mit Ammoniumcarbonat erhalten worden (*Pines, Edeleanu, Ipatieff*, Am. Soc. **67** [1945] 2193, 2195).

2-Propyl-5.6.7.8-tetrahydro-naphthalin-sulfonsäure-(x) $C_{13}H_{18}O_3S$.

2-Propyl-5.6.7.8-tetrahydro-naphthalinsulfonamid-(x), *2-propyl-5,6,7,8-tetrahydronaphthalene-x-sulfonamide* $C_{13}H_{19}NO_2S$, Formel III.

2-Propyl-5.6.7.8-tetrahydro-naphthalinsulfonamid-(x) vom F: 119°.

B. Beim Behandeln von 2-Propyl-5.6.7.8-tetrahydro-naphthalin mit Chloroschwefelsäure in Chloroform und Erhitzen des Reaktionsprodukts mit wss. Ammoniak (*Smith, Lo*, Am. Soc. **70** [1948] 2209, 2211).

Krystalle (aus A.); F: 117—119°.

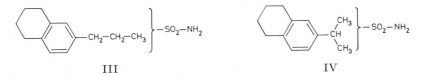

III   IV

2-Isopropyl-5.6.7.8-tetrahydro-naphthalin-sulfonsäure-(x) $C_{13}H_{18}O_3S$.

2-Isopropyl-5.6.7.8-tetrahydro-naphthalinsulfonamid-(x), *2-isopropyl-5,6,7,8-tetrahydronaphthalene-x-sulfonamide* $C_{13}H_{19}NO_2S$, Formel IV.

2-Isopropyl-5.6.7.8-tetrahydro-naphthalinsulfonamid-(x) vom F: 158°.

B. Beim Behandeln von 2-Isopropyl-5.6.7.8-tetrahydro-naphthalin mit Chloroschwefelsäure in Chloroform und Erhitzen des Reaktionsprodukts mit wss. Ammoniak (*Smith, Lo*, Am. Soc. **70** [1948] 2209, 2212).

Krystalle (aus wss. Me.); F: 157—158°.

(±)-1.1.4-Trimethyl-1.2.3.4-tetrahydro-naphthalin-sulfonsäure-(x), (±)-*1,1,4-trimethyl-1,2,3,4-tetrahydronaphthalene-x-sulfonic acid* $C_{13}H_{18}O_3S$, Formel V.

(±)-1.1.4-Trimethyl-1.2.3.4-tetrahydro-naphthalin-sulfonsäure-(x), deren Anilin-Salz bei 170° schmilzt.

B. Aus (±)-1.1.4-Trimethyl-1.2.3.4-tetrahydro-naphthalin beim Erwärmen mit Schwefelsäure (*Kloetzel*, Am. Soc. **62** [1940] 3405, 3409).

Charakterisierung als Anilin-Salz (F: 168—170° [Zers.]), als 4-Nitro-anilin-Salz (F: 240—241° [Zers.]) und als *p*-Toluidin-Salz (F: 195—196° [Zers.]): *Kl.*

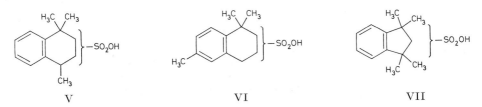

V   VI   VII

1.1.6-Trimethyl-1.2.3.4-tetrahydro-naphthalin-sulfonsäure-(x), *1,1,6-trimethyl-1,2,3,4-tetrahydronaphthalene-x-sulfonic acid* $C_{13}H_{18}O_3S$, Formel VI.

1.1.6-Trimethyl-1.2.3.4-tetrahydro-naphthalin-sulfonsäure-(x), deren Amid bei 158° schmilzt.

B. Aus 1.1.6-Trimethyl-1.2.3.4-tetrahydro-naphthalin beim Erwärmen mit Schwefel= säure (*Bogert, Fourman*, Am. Soc. **55** [1933] 4670, 4677).

Natrium-Salz $NaC_{13}H_{17}O_3S \cdot 5H_2O$ (Krystalle [aus W.]) und Barium-Salz $Ba(C_{13}H_{17}O_3S)_2 \cdot 3H_2O$ (Krystalle [aus W.]): *Bo., Fou.*

Überführung in das Säurechlorid $C_{13}H_{17}ClO_2S$ (Krystalle [aus Bzn.]; F: 89°) und in das Säureamid $C_{13}H_{19}NO_2S$ (Krystalle [aus wss. A.], F: 157—158° [korr.]): *Bo., Fou.*

1.1.3.3-Tetramethyl-indan-sulfonsäure-(x), *1,1,3,3-tetramethylindan-x-sulfonic acid* $C_{13}H_{18}O_3S$, Formel VII.

1.1.3.3-Tetramethyl-indan-sulfonsäure-(x) vom F: 108°.

B. Aus 1.1.3.3-Tetramethyl-indan beim Erwärmen mit Schwefelsäure (*Bogert, David-son*, Am. Soc. **56** [1934] 185, 189).

Krystalle (aus CCl_4 oder aus $CCl_4 + CHCl_3$); F: 107—108°.

1.1-Dimethyl-6-äthyl-1.2.3.4-tetrahydro-naphthalin-sulfonsäure-(x) $C_{14}H_{20}O_3S$.

1.1-Dimethyl-6-äthyl-1.2.3.4-tetrahydro-naphthalinsulfonamid-(x), *6-ethyl-1,1-dimethyl-1,2,3,4-tetrahydronaphthalene-x-sulfonamide* $C_{14}H_{21}NO_2S$, Formel VIII.

1.1-Dimethyl-6-äthyl-1.2.3.4-tetrahydro-naphthalinsulfonamid-(x) vom F: 130°.

B. Aus 1.1-Dimethyl-6-äthyl-1.2.3.4-tetrahydro-naphthalin beim Behandeln mit Chloroschwefelsäure und Behandeln des erhaltenen Säurechlorids mit wss. Ammoniak sowie beim Erwärmen mit Schwefelsäure, Behandeln des Reaktionsprodukts mit Phosphor(V)-chlorid und Behandeln des erhaltenen Säurechlorids mit wss. Ammoniak (*Pope, Bogert*, J. org. Chem. **2** [1937] 277, 281).

Krystalle (aus wss. A.); F: 129—130° [korr.].

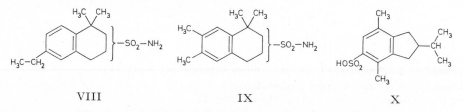

VIII   IX   X

1.1.6.7-Tetramethyl-1.2.3.4-tetrahydro-naphthalin-sulfonsäure-(x) $C_{14}H_{20}O_3S$.

1.1.6.7-Tetramethyl-1.2.3.4-tetrahydro-naphthalinsulfonamid-(x), *1,1,6,7-tetramethyl-1,2,3,4-tetrahydronaphthalene-x-sulfonamide* $C_{14}H_{21}NO_2S$, Formel IX.

1.1.6.7-Tetramethyl-1.2.3.4-tetrahydro-naphthalinsulfonamid-(x) vom F: 138°.

B. Aus 1.1.6.7-Tetramethyl-1.2.3.4-tetrahydro-naphthalin beim Behandeln mit Chloro= schwefelsäure und Behandeln des erhaltenen Säurechlorids mit wss. Ammoniak sowie beim Erwärmen mit Schwefelsäure, Behandeln des Reaktionsprodukts mit Phosphor(V)-chlorid und Behandeln des erhaltenen Säurechlorids mit wss. Ammoniak (*Pope, Bogert*, J. org. Chem. **2** [1937] 277, 283).

Krystalle (aus A. + W.); F: 137—138° [korr.].

(±)-4.7-Dimethyl-2-isopropyl-indan-sulfonsäure-(5), (±)-*2-isopropyl-4,7-dimethylindan-5-sulfonic acid* $C_{14}H_{20}O_3S$, Formel X.

B. Aus 4.7-Dimethyl-2-isopropyl-indan beim Behandeln mit Schwefelsäure (*Pfau, Plattner*, Helv. **23** [1940] 768, 792).

Natrium-Salz (Krystalle [aus W.]) und Silber-Salz $AgC_{14}H_{19}O_3S$: *Pfau, Pl.*

Monosulfonsäuren $C_nH_{2n-10}O_3S$

Inden-sulfonsäure-(2), *indene-2-sulfonic acid* $C_9H_8O_3S$, Formel I.

Eine als Barium-Salz $Ba(C_9H_7O_3S)_2$ isolierte Verbindung, der vermutlich diese

Konstitution zukommt, ist beim Erwärmen von Inden mit Pyridinium-sulfonat-(1) erhalten worden (*Terent'ew*, *Dombrowškiĭ*, Ž. obšč. Chim. **19** [1949] 1467, 1470; C.A. **1950** 1481).

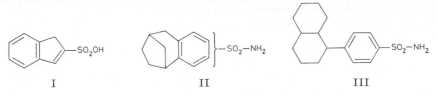

I   II   III

6.7.8.9-Tetrahydro-5*H*-5.8-methano-benzocyclohepten-sulfonsäure-(x) $C_{12}H_{14}O_3S$.

6.7.8.9-Tetrahydro-5*H*-5.8-methano-benzocycloheptensulfonamid-(x), *6,7,8,9-tetrahydro-5H-5,8-methanobenzocycloheptene-x-sulfonamide* $C_{12}H_{15}NO_2S$, Formel II.

(±)-**6.7.8.9-Tetrahydro-5*H*-5.8-methano-benzocycloheptensulfonamid-(x)** vom F: 156°.

B. Beim Behandeln von (±)-6.7.8.9-Tetrahydro-5*H*-5.8-methano-benzocyclohepten mit Chloroschwefelsäure in Chloroform und Erwärmen des Reaktionsprodukts mit Am= moniumcarbonat (*Baker*, *Leeds*, Soc. **1948** 974, 976, 979).

Krystalle (aus Bzl.); F: 151—156°.

1-[Decahydro-naphthyl-(1)]-benzol-sulfonsäure-(4) $C_{16}H_{22}O_3S$.

1-[Decahydro-naphthyl-(1)]-benzolsulfonamid-(4), *p-(decahydro-1-naphthyl)benzene= sulfonamide* $C_{16}H_{23}NO_2S$, Formel III.

Eine opt.-inakt. Verbindung (Krystalle [aus wss. A.]; F: 154—158°), der vermutlich diese Konstitution zukommt, ist beim Behandeln von opt.-inakt. 1-Phenyl-decalin (Kp$_{0,3}$: 103—104°; n$_D^{20}$: 1,5420) mit Chloroschwefelsäure und Erwärmen des Reaktions= produkts mit wss. Ammoniak oder mit Ammoniumcarbonat erhalten worden (*Boekelheide*, Am. Soc. **69** [1947] 790, 792).

1-[Octahydro-4*H*-naphthyl-(4a)]-benzol-sulfonsäure-(4) $C_{16}H_{22}O_3S$.

1-[Octahydro-4*H*-naphthyl-(4a)]-benzolsulfonamid-(4) $C_{16}H_{23}NO_2S$.

1-[*trans*-Octahydro-4*H*-naphthyl-(4a)]-benzolsulfonamid-(4), *p-[trans-octahydro-4a(4H)-naphthyl]benzenesulfonamide*, Formel IV.

Eine Verbindung (Krystalle [aus wss. A.]; F: 161—162°), der vermutlich diese Kon= stitution zukommt, ist beim Behandeln von 4a-Phenyl-*trans*-decalin mit Chloroschwefel= säure und Erwärmen des Reaktionsprodukts mit wss. Ammoniak oder mit Ammonium= carbonat erhalten worden (*Boekelheide*, Am. Soc. **69** [1947] 790, 792).

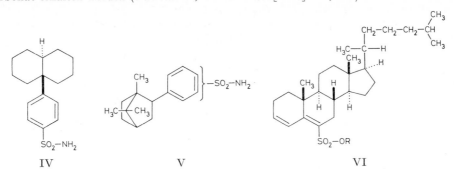

IV   V   VI

1-[1.7.7-Trimethyl-norbornyl-(2)]-benzol-sulfonsäure-(x) $C_{16}H_{22}O_3S$.

1-[1.7.7-Trimethyl-norbornyl-(2)]-benzolsulfonamid-(x), *1-(2-bornyl)benzene-x-sulfon= amide* $C_{16}H_{23}NO_2S$, Formel V.

Ein 1-[1.7.7-Trimethyl-norbornyl-(2)]-benzolsulfonamid-(x) (Krystalle [aus PAe.+Ae.]; F: 167°) von unbekanntem opt. Drehungsvermögen ist beim Behandeln von sog. Bornyl= benzol (E III **5** 1413) mit Schwefelsäure, Erwärmen des Barium-Salzes (Ba($C_{16}H_{21}O_3S$)$_2$; Krystalle [aus A.]) der gebildeten Sulfonsäure mit Phosphor(V)-chlorid und Erwärmen des Reaktionsprodukts mit Ammoniumcarbonat erhalten worden (*Kamienski, Wierz-chowski*, Roczniki Chem. **15** [1935] 92, 96; C. **1935** II 2217).

10.13-Dimethyl-17-[1.5-dimethyl-hexyl]-2.7.8.9.10.11.12.13.14.15.16.17-dodecahydro-1*H*-cyclopenta[*a*]phenanthren-sulfonsäure-(6) $C_{27}H_{44}O_3S$.

Cholestadien-(3.5)-sulfonsäure-(6), *cholesta-3,5-diene-6-sulfonic acid* $C_{27}H_{44}O_3S$, Formel VI (R = H).

Konstitution: *Windaus, Mielke*, A. **536** [1938] 116, 120.

B. Aus Cholestadien-(3.5) beim Behandeln mit Schwefelsäure, Acetanhydrid und Essigsäure (*Windaus, Kuhr*, A. **532** [1937] 52, 68; s. a. *Yoder*, J. biol. Chem. **116** [1936] 71, 76).

Als Methylester (s. u.) charakterisiert.

Beim Behandeln mit Kaliumpermanganat in Wasser ist $4\xi.5$-Dihydroxy-5ξ-chole-standion-(3.6) (F: 219—224° [E III **8** 3557]) erhalten worden (*Wi., Mie.*, l. c. S. 127).

Das Lithium-Salz, das Natrium-Salz und das Kalium-Salz sind in Wasser und in Äthanol schwer löslich (*Wi., Kuhr*).

Calcium-Salz $Ca(C_{27}H_{43}O_3S)_2$ und Barium-Salz $Ba(C_{27}H_{43}O_3S)_2$: *Yo.*, l. c. S. 77, 78.

10.13-Dimethyl-17-[1.5-dimethyl-hexyl]-$\Delta^{3.5}$-dodecahydro-1*H*-cyclopenta[*a*]phenanthren-sulfonsäure-(6)-methylester $C_{28}H_{46}O_3S$.

Cholestadien-(3.5)-sulfonsäure-(6)-methylester, *cholesta-3,5-diene-6-sulfonic acid methyl ester* $C_{28}H_{46}O_3S$, Formel VI (R = CH_3).

B. Aus der im vorangehenden Artikel beschriebenen Säure und Diazomethan in Äther (*Windaus, Kuhr*, A. **532** [1937] 52, 68).

Krystalle (aus $CHCl_3$ + Me.); F: 175—176° (*Wi., Kuhr*).

Bei der Hydrierung an Palladium in Äther sind 5α-Cholestan-sulfonsäure-(6ξ)-methyl-ester (F: 133°) und geringe Mengen einer vermutlich als 5β-Cholestan-sulfonsäure-(6ξ)-methylester zu formulierenden Verbindung (F: 96—97°) erhalten worden (*Windaus, Mielke*, A. **536** [1938] 116, 126).

[*Rogge*]

Monosulfonsäuren $C_nH_{2n-12}O_3S$

Naphthalin-sulfonsäure-(1), *naphthalene-1-sulfonic acid* $C_{10}H_8O_3S$, Formel I (X = OH) auf S. 385 (H 155; E I 37; E II 91).

B. Aus Naphthalin beim Behandeln mit wasserfreier Schwefelsäure (*Nation. Aniline & Chem. Co.*, U.S.P. 2025197 [1934]; vgl. H 155), beim Behandeln mit wasserhaltiger Schwefelsäure (94%ig) unter Einleiten von Borfluorid (*Thomas, Anzilotti, Hennion*, Ind. eng. Chem. **32** [1940] 408) sowie beim Behandeln mit Chloroschwefelsäure und [1.4]Oxa-thian in Benzol (*Gen. Aniline & Film Corp.*, U.S.P. 2219748 [1939]). Über die Herstellung von Naphthalin-sulfonsäure-(1) aus Naphthalin s. a. *Suter, Weston*, Org. Reactions **3** [1946] 141, 156, 182; *Goll*, Ullmann **12** [1960] 593, 594; *Treibl*, Kirk-Othmer, 2. Aufl. **13** [1967] 697, 700.

Abtrennung von Naphthalin-sulfonsäure-(2) mit Hilfe von Eisen(II)-sulfat: *Geigy A.G.*, U.S.P. 1992481 [1933].

UV-Spektrum einer Lösung der Säure in wss. Salzsäure sowie einer Lösung des Natrium-Salzes in wss. Natronlauge: *Rollett*, M. **70** [1937] 425, 429. Fluorescenz-Spektrum von wss. Lösungen der Säure und des Natrium-Salzes: *Allen, Franklin, McDonald*, J. Franklin Inst. **215** [1933] 705, 709, 710, 711. Dissoziationskonstante (Wasser; konduktometrisch ermittelt) bei 20°: 0,680 (*Lauer*, B. **70** [1937] 1288, 1293). Lösungsenthalpie des Systems mit Wasser: *Špryškow*, Ž. obšč. Chim. **18** [1948] 98, 99; C.A. **1949** 1368.

Bildung von Naphthalin-disulfonsäure-(2.7) und Naphthalin-sulfonsäure-(2) beim Er-hitzen des Barium-Salzes oder des Blei(II)-Salzes auf 240°: *Ufimzew*, Ž. obšč. Chim. **16** [1946] 1619, 1621, 1622; C.A. **1947** 5872. Beim Behandeln mit Kaliumchlorat und wss. Salzsäure sind bei 20° 5-Chlor-naphthalin-sulfonsäure-(1) und 8-Chlor-naphthalin-sulfonsäure-(1), bei 50—60° 1.6-Dichlor-naphthalin, 1.5-Dichlor-naphthalin und 1.8-Di-chlor-naphthalin, bei 100° zusätzlich 1.7-Dichlor-naphthalin und 6-Chlor-naphtho-chinon-(1.4) erhalten worden (*Koslow, Talybow*, Ž. obšč. Chim. **9** [1939] 1827, 1829; C. **1940** I 2946; vgl. H 155). Überführung in 1-Chlor-naphthalin bzw. 1-Brom-naphthalin durch Erhitzen mit Kupfer(II)-chlorid bzw. Kupfer(II)-bromid: *Varma, Parekh, Subra-*

manium, J. Indian chem. Soc. **16** [1939] 460. Bildung von 5-Brom-naphthalin-sulfon=
säure-(1), 1.5-Dibrom-naphthalin und 1.4-Dibrom-naphthalin beim Erwärmen einer
wss. Lösung mit Brom (vgl. H 155; E II 91): *Sal'kind, Weißbrut, Alešeewa*, Ž. obšč.
Chim. **3** [1933] 892, 893; C. **1934** II 2217. Beim Eintragen in Salpetersäure ist bei —10°
in geringer Menge 1.8-Dinitro-naphthalin, bei Raumtemperatur hingegen 1.3.8-Trinitro-
naphthalin erhalten worden (*Kerkhof*, R. **51** [1932] 739, 750). Reduktion an Blei-
Kathoden in wss.-äthanol. Natronlauge unter Bildung von Naphthalin: *Matsui, Sakurada*,
Mem. Coll. Sci. Kyoto [A] **15** [1932] 181, 185. Geschwindigkeit der Hydrolyse in wss.
Schwefelsäure verschiedener Konzentration bei 100°: *Lantz*, Bl. [5] **2** [1935] 2092, 2098;
Cowdrey, Davies, Soc. **1949** 1871, 1877, 1878. Bildung von Naphthalin und Naphthalin-
sulfonsäure-(2) beim Erhitzen mit wss. Schwefelsäure verschiedener Konzentration auf
140° bzw. auf 160° (vgl. H 156): *La.*, l. c. S. 2099, 2102; auf 160—163°: *Špryškow,
Owsjankina*, Ž. obšč. Chim. **16** [1946] 1057; C. A. **1947** 2720.

N a t r i u m - S a l z (E II 91). Oberflächenspannung einer wss. Lösung: *v. Kúthy*, Bio. Z.
237 [1931] 380, 389.

K u p f e r (II) - S a l z. Hexahydrat $Cu(C_{10}H_7O_3S)_2 \cdot 6H_2O$ (E II 91). Hellblaue Krystalle
[aus W.] (*Pfeiffer, Fleitmann, Inoue*, Z. anorg. Ch. **192** [1930] 346, 356; vgl. *Čupr, Širůček*,
Chem. Listy **31** [1937] 106, 107; C. **1937** II 766). Bei 100° werden 2 Mol, bei 185° wird das
gesamte Wasser abgegeben (*Wright*, Soc. **1942** 263, 264; vgl. E II 91). — H e x a m m i n -
k u p f e r (II) - S a l z $[Cu(NH_3)_6](C_{10}H_7O_3S)_2$. Blau (*Pf., Fl., In.*, l. c. S. 358). — Ä t h y l e n =
d i a m i n - k u p f e r (II) - K o m p l e x s a l z e $[Cu(H_2O)_4(C_2H_8N_2)](C_{10}H_7O_3S)_2$ (hellblaue Krystalle [aus W.]) und $[Cu(H_2O)_2(C_2H_8N_2)_2](C_{10}H_7O_3S)_2$ (dunkelviolette Krystalle [aus
W.]): *Pf., Fl., In.*, l. c. S. 357.

B e r y l l i u m - S a l z. Tetrahydrat $Be(C_{10}H_7O_3S)_2 \cdot 4H_2O$. Krystalle [aus W.] (*Čupr,
Širůček*, J. pr. [2] **139** [1934] 245, 251). In Wasser leicht löslich (*Pfeiffer, Fleitmann,
Hansen*, J. pr. [2] **128** [1930] 47, 58). Acidität von Lösungen in Wasser: *Čupr, Širůček*,
Collect. **6** [1934] 97, 99. — T e t r a m m i n - b e r y l l i u m - S a l z $[Be(NH_3)_4](C_{10}H_7O_3S)_2$: *Pf.,
Fl., Ha.*

H e x a m m i n - m a g n e s i u m - S a l z $[Mg(NH_3)_6](C_{10}H_7O_3S)_2$: *Pfeiffer, Fleitmann, Hansen*,
J. pr. [2] **128** [1930] 47, 61.

C a l c i u m - S a l z $Ca(C_{10}H_7O_3S)_2 \cdot 0,5 H_2O$ (vgl. H 156). Krystalle; in Wasser leicht löslich
(*Pfeiffer, Fleitmann, Hansen*, J. pr. [2] **128** [1930] 47, 53).

S t r o n t i u m - S a l z $Sr(C_{10}H_7O_3S)_2 \cdot H_2O$. Krystalle [aus W.] (*Pfeiffer, Fleitmann, Hansen*,
J. pr. [2] **128** [1930] 47, 55).

B a r i u m - S a l z $Ba(C_{10}H_7O_3S)_2 \cdot 1,5 H_2O$ (vgl. H 156). Krystalle [aus W.] (*Čupr, Širůček*,
J. pr. [2] **139** [1934] 245, 251).

T e t r a m m i n - z i n k - S a l z $[Zn(NH_3)_4](C_{10}H_7O_3S)_2$: *Pfeiffer, Fleitmann, Inoue*, Z.
anorg. Ch. **192** [1930] 346, 361. — T r i s - ä t h y l e n d i a m i n - z i n k - S a l z
$[Zn(C_2H_8N_2)_3](C_{10}H_7O_3S)_2$. Krystalle [aus W.] (*Pf., Fl., In.* l. c. S. 360).

H e x a m m i n - c a d m i u m - S a l z $[Cd(NH_3)_6](C_{10}H_7O_3S)_2$: *Pfeiffer, Fleitmann, Inoue*,
Z. anorg. Ch. **192** [1930] 346, 363. — T r i s - ä t h y l e n d i a m i n - c a d m i u m - S a l z
$[Cd(C_2H_8N_2)_3](C_{10}H_7O_3S)_2$. Krystalle [aus W.] (*Pf., Fl., In.*).

N i c k e l (II) - S a l z. Hexahydrat $Ni(C_{10}H_7O_3S)_2 \cdot 6 H_2O$ (E II 92). Bei 100° werden
3 Mol, bei 150° werden 4 Mol Wasser abgegeben (*Wright*, Soc. **1942** 263, 264; s. a. *Pfeiffer,
Fleitmann, Inoue*, Z. anorg. Ch. **192** [1930] 346, 353). — Ä t h y l e n d i a m i n - n i c k e l (II) -
K o m p l e x s a l z e $[Ni(H_2O)_4(C_2H_8N_2)](C_{10}H_7O_3S)_2$ (hellblaue Krystalle [aus W.]),
$[Ni(H_2O)_2(C_2H_8N_2)_2](C_{10}H_7O_3S)_2$ (Krystalle [aus W.]) und $[Ni(C_2H_8N_2)_3](C_{10}H_7O_3S)_2$
(rotviolette Krystalle [aus W.]): *Pf., Fl., In.*

S - B e n z y l - i s o t h i u r o n i u m - S a l z $[C_8H_{11}N_2S]C_{10}H_7O_3S$ (E II 92). Krystalle (aus wss.
A.); F: 136,8° [korr.] (*Chambers, Watt*, J. org. Chem. **6** [1941] 376, 378).

G l y c i n - S a l z $C_2H_5NO_2 \cdot C_{10}H_8O_3S$. Bildung beim Erhitzen von Naphthalin-sulfon=
säure-(1) mit Hippursäure: *Machek*, M. **66** [1935] 345, 352. — Krystalle (aus W.); F:
170—171° [korr.].

Naphthalin-sulfonylchlorid-(1), *naphthalene-1-sulfonyl chloride* $C_{10}H_7ClO_2S$, Formel I
(X = Cl) auf S. 385 (H 157; E I 37; E II 93)[1]).

B. Aus Natrium-[naphthalin-sulfonat-(1)] beim Erhitzen mit Phosphor(V)-chlorid und

---

[1]) Berichtigung zu H 157, Zeile 19 v. o.: An Stelle von „Alkohol" ist zu setzen „Schwefel=
kohlenstoff".

Phosphor(III)-chlorid (*Koslow, Talybow*, Ž. obšč. Chim. **9** [1939] 1827, 1830; C. **1940** I 2946; vgl. H 157).

Krystalle; F: 68° [aus Ae.] (*Linezkaja, Šaposhnikowa*, Ž. prikl. Chim. **21** [1948] 876, 878; C. A. **1949** 926), 68° [aus Bzl. + Bzn.] (*Walter, Engelberg*, Koll. Beih. **40** [1934] 29, 35), 68° [aus PAe.] (*Gur'janowa*, Ž. fiz. Chim. **21** [1947] 411, 415; C. A. **1947** 6786), 66° [aus Bzl.] (*Ko., Ta.*). Dipolmoment (ε; Bzl.): 4,76 D (*Gu.*, l. c. S. 411).

Kinetik der Hydrolyse in wss. Aceton bei 30° und 40°: *Li., Ša.*, l. c. S. 879.

Naphthalin-sulfonylbromid-(1), *naphthalene-1-sulfonyl bromide* $C_{10}H_7BrO_2S$, Formel I (X = Br) (H 157).

Krystalle (aus Bzl. + PAe.); F: 95° (*Gur'janowa*, Ž. fiz. Chim. **21** [1947] 411, 415; C. A. **1947** 6786). Dipolmoment (ε; Bzl.): 4,94 D.

Naphthalinsulfonamid-(1), *naphthalene-1-sulfonamide* $C_{10}H_9NO_2S$, Formel I (X = NH$_2$) (H 157; E II 93).

Krystalle; F: 153° [aus W.] (*Curtius, Bottler, Hasse*, J. pr. [2] **125** [1930] 366, 374), 152° [aus A.] (*Walter, Engelberg*, Koll. Beih. **40** [1934] 29, 36), 150,5° [korr.; aus A.] (*Gur'-janowa*, Ž. fiz. Chim. **21** [1947] 633, 636; C. A. **1948** 2147). Dipolmoment (ε; Dioxan): 5,12 D (*Gu.*).

N.N-Bis-hydroxymethyl-naphthalinsulfonamid-(1), N,N-*bis(hydroxymethyl)naphthalene-1-sulfonamide* $C_{12}H_{13}NO_4S$, Formel I (X = N(CH$_2$OH)$_2$).

B. Beim Behandeln von Naphthalinsulfonamid-(1) mit wss. Formaldehyd und wss. Kalilauge (*Walter, Engelberg*, Koll. Beih. **40** [1934] 29, 36; *Walter*, Trans. Faraday Soc. **32** [1936] 402, 405).

Krystalle (aus A.); F: 120° (*Wa., En.*).

[Naphthalin-sulfonyl-(1)]-acetyl-amin, N-[Naphthalin-sulfonyl-(1)]-acetamid, N-(*1-naphthylsulfonyl)acetamide* $C_{12}H_{11}NO_3S$, Formel I (X = NH-CO-CH$_3$).

B. Aus Naphthalinsulfonamid-(1) und Acetylchlorid (*Openshaw, Spring*, Soc. **1945** 234).

Krystalle (aus wss. A.); F: 185°.

[Naphthalin-sulfonyl-(1)]-[2-chlor-benzoyl]-amin, 2-Chlor-N-[naphthalin-sulfonyl-(1)]-benzamid, o-*chloro*-N-(*1-naphthylsulfonyl)benzamide* $C_{17}H_{12}ClNO_3S$, Formel II.

F: 177—178° (*Geigy A. G.*, Schweiz. P. 248641 [1944]).

[Naphthalin-sulfonyl-(1)]-[3.4-dimethyl-benzoyl]-amin, N-[Naphthalin-sulfonyl-(1)]-3.4-dimethyl-benzamid, *3,4-dimethyl*-N-(*1-naphthylsulfonyl)benzamide* $C_{19}H_{17}NO_3S$, Formel III.

B. Aus Naphthalinsulfonamid-(1) beim Erhitzen mit 3.4-Dimethyl-benzoesäure und Phosphor(V)-oxid in Chlorbenzol, beim Erwärmen mit 3.4-Dimethyl-benzoylchlorid und Pyridin sowie beim Erwärmen mit 3.4-Dimethyl-benzoylchlorid und Aluminiumchlorid in Nitrobenzol (*Geigy A. G.*, Schweiz. P. 255611 [1944]). Beim Erwärmen von 3.4-Di=methyl-benzamid mit Natriumamid in Xylol und anschliessenden Erhitzen mit Naphth=alin-sulfonylchlorid-(1) (*Geigy A. G.*).

Krystalle (aus wss. A.); F: 186°.

Naphthalin-sulfonsäure-(1)-ureid, [Naphthalin-sulfonyl-(1)]-harnstoff, (*1-naphthyl=sulfonyl)urea* $C_{11}H_{10}N_2O_3S$, Formel I (X = NH-CO-NH$_2$).

B. Aus N-[Naphthalin-sulfonyl-(1)]-O-äthyl-isoharnstoff bei kurzem Erhitzen mit wss. Salzsäure (*Cox, Raymond*, Am. Soc. **63** [1941] 300).

Krystalle (aus A.); F: 211°.

N-[Naphthalin-sulfonyl-(1)]-O-methyl-isoharnstoff, *2-methyl-1-(1-naphthylsulfonyl)=isourea* $C_{12}H_{12}N_2O_3S$, Formel I (X = NH-C(OCH$_3$)=NH) und Tautomeres.

B. Beim Behandeln von Naphthalin-sulfonylchlorid-(1) mit O-Methyl-isoharnstoff-hydrochlorid und Kaliumcarbonat in wasserhaltigem Äther (*Basterfield, Powell*, Canad. J. Res. **1** [1929] 261, 264).

Krystalle (aus A.); F: 152°.

N-[Naphthalin-sulfonyl-(1)]-O-äthyl-isoharnstoff, *2-ethyl-1-(1-naphthylsulfonyl)isourea* $C_{13}H_{14}N_2O_3S$, Formel I (X = NH-C(OC$_2$H$_5$)=NH) und Tautomeres.

B. Beim Behandeln von Naphthalin-sulfonylchlorid-(1) mit O-Äthyl-isoharnstoff-

hydrochlorid und wss. Natronlauge (*Cox, Raymond*, Am. Soc. **63** [1941] 300).
Krystalle (aus wss. A.); F: 145°.

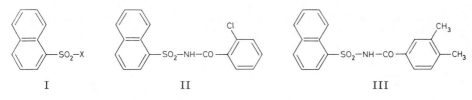

I   II   III

[Naphthalin-sulfonyl-(1)]-glykoloyl-amin, *C*-Hydroxy-*N*-[naphthalin-sulfonyl-(1)]-
acetamid, N-(*1-naphthylsulfonyl*)*glycolamide* $C_{12}H_{11}NO_4S$, Formel I
(X = NH-CO-CH₂OH).
B. Aus der im folgenden Artikel beschriebenen Verbindung beim Erhitzen mit Wasser
(*Curtius, Bottler, Hasse*, J. pr. [2] **125** [1930] 366, 373).
Krystalle (aus W.); F: 210°. In heissem Wasser und Äthanol leicht löslich, in Äther
schwer löslich.

C-Diazo-*N*-[naphthalin-sulfonyl-(1)]-malonamidsäure, *2-diazo*-N-(*1-naphthylsulfonyl*)=
malonamic acid $C_{13}H_9N_3O_5S$, Formel I (X = NH-CO-C(N₂)-COOH).
Bezüglich der Konstitutionszuordnung vgl. die entsprechende Angabe im folgenden
Artikel.
B. Aus der im folgenden Artikel beschriebenen Verbindung beim Erwärmen mit wss.-
äthanol. Natronlauge (*Curtius, Bottler, Hasse*, J. pr. [2] **125** [1930] 366, 372).
Krystalle (aus Bzl.). In kaltem Wasser schwer löslich, in Äthanol und Äther fast un-
löslich.
Beim Erhitzen mit Wasser ist *C*-Hydroxy-*N*-[naphthalin-sulfonyl-(1)]-acetamid er-
halten worden.
Dinatrium-Salz $Na_2C_{13}H_7N_3O_5S$. Krystalle; Zers. bei 197°. In Äthanol fast un-
löslich.

C-Diazo-*N*-[naphthalin-sulfonyl-(1)]-malonamidsäure-äthylester, *2-diazo*-N-(*1-naphthyl*=
sulfonyl)*malonamic acid ethyl ester* $C_{15}H_{13}N_3O_5S$, Formel I
(X = NH-CO-C(N₂)-CO-OC₂H₅).
Diese Konstitution ist der nachstehend beschriebenen Verbindung auf Grund ihrer
Bildungsweise in Analogie zu *C*-Diazo-*N*-[toluol-sulfonyl-(4)]-malonamidsäure-äthylester
(E II **11** 60) zuzuordnen (vgl. diesbezüglich *Regitz*, A. **676** [1964] 101, 105).
B. Beim Behandeln von Naphthalin-sulfonylazid-(1) mit der Natrium-Verbindung des
Malonsäure-diäthylesters in Äthanol (*Curtius, Bottler, Hasse*, J. pr. [2] **125** [1930] 366,
369).
Krystalle (aus A.); F: 140° [Zers.] (*Cu., Bo., Ha.*). In Äthanol und Pyridin leicht löslich,
in Äther und Benzol löslich, in Wasser fast unlöslich; in warmen wss. Alkalilaugen und
warmem wss. Ammoniak mit gelber Farbe löslich (*Cu., Bo., Ha.*).
Bei mehrtägigem Behandeln mit wss. Ammoniak bei Raumtemperatur bildet sich
die im folgenden Artikel beschriebene Verbindung (*Curtius*, J. pr. [2] **125** [1930] 303,
310; *Cu., Bo., Ha.*, l. c. S. 375); beim Erhitzen mit wss. Ammoniak oder äthanol.
Ammoniak auf 120° entsteht hingegen Naphthalinsulfonamid-(1) (*Cu., Bo., Ha.*, l. c.
S. 374). Bei mehrtägigem Behandeln mit Hydrazin in Äthanol bei Raumtemperatur ist
C-Diazo-*N*-[naphthalin-sulfonyl-(1)]-malonamidsäure-hydrazid (S. 386), beim Erwärmen
mit Hydrazin-hydrat auf 95° sind hingegen Naphthalinsulfonamid-(1) und eine als
1-Amino-5-hydroxy-1*H*-[1.2.3]triazol-carbonsäure-(4)-hydrazid angesehene,
möglicherweise aber als Diazomalonsäure-dihydrazid zu formulierende Verbindung
$C_3H_6N_6O_2$ (Krystalle, die bei 230° verpuffen; Hydrazinium-Salz [N₂H₅]C₃H₅N₆O₂:
Krystalle (aus wss. A.), F: 210° [Zers.]; Dibenzyliden-Derivat $C_{17}H_{14}N_6O_2$: Kry-
stalle (aus A.), F: 201° [Zers.]; Bis-[2-nitro-benzyliden]-Derivat $C_{17}H_{12}N_8O_6$:
orangefarbene Krystalle, F: 211° [Zers.]; Disalicyliden-Derivat $C_{17}H_{14}N_6O_4$:
F: 207° [Zers.]) erhalten worden (*Cu.*, l. c. S. 311; *Cu., Bo., Ha.*, l. c. S. 376, 377, 400).
Beim Behandeln mit Eisen(III)-chlorid in äthanol. Lösung tritt eine rotviolette
Färbung auf (*Cu., Bo., Ha.*, l. c. S. 370).
Ammonium-Salz [NH₄]C₁₅H₁₂N₃O₅S. Krystalle (aus A.), F: 158° [Zers.]; in Wasser

und Äthanol leicht löslich, in Äther schwer löslich (*Cu., Bo., Ha.*, l. c. S. 371).

H y d r a z i n i u m - S a l z [N₂H₅]C₁₅H₁₂N₃O₅S. Krystalle (aus W.), F: 135° [Zers.]; in warmem Äthanol leicht löslich, in Äther schwer löslich (*Cu., Bo., Ha.*, l. c. S. 371).

N a t r i u m - S a l z NaC₁₅H₁₂N₃O₅S. Krystalle (aus W.), F: 178° [Zers.]; in Äthanol und Äther unlöslich (*Cu., Bo., Ha.*, l. c. S. 370).

B a r i u m - S a l z Ba(C₁₅H₁₂N₃O₅S)₂. Krystalle (aus W.), F: 192° [Zers.]; in Äthanol und Äther fast unlöslich (*Cu., Bo., Ha.*, l. c. S. 371).

C-Diazo-N-[naphthalin-sulfonyl-(1)]-malonamid, *2-diazo-N-(1-naphthylsulfonyl)malon=amide* C₁₃H₁₀N₄O₄S, Formel I (X = NH-CO-C(N₂)-CO-NH₂).

B. Aus der im vorangehenden Artikel beschriebenen Verbindung bei mehrtägigem Behandeln mit wss. Ammoniak bei Raumtemperatur (*Curtius, Bottler, Hasse*, J. pr. [2] **125** [1930] 366, 375).

Krystalle (aus A.); F: 177° [Zers.].

A m m o n i u m - S a l z [NH₄]C₁₃H₉N₄O₄S. Krystalle (aus W.); F: 179° [Zers.].

C-Diazo-N-[naphthalin-sulfonyl-(1)]-malonamidsäure-hydrazid, *2-diazo-N-(1-naphthyl=sulfonyl)malonamic acid hydrazide* C₁₃H₁₁N₅O₄S, Formel I (X = NH-CO-C(N₂)-CO-NH-NH₂).

B. Aus *C*-Diazo-*N*-[naphthalin-sulfonyl-(1)]-malonamidsäure-äthylester (S. 385) bei mehrtägigem Behandeln mit Hydrazin in Äthanol (*Curtius, Bottler, Hasse*, J. pr. [2] **125** [1930] 366, 376).

Krystalle (aus A.); F: 168° [Zers.].

B i s - h y d r a z i n - S a l z [N₂H₄]₂C₁₃H₁₁N₅O₄S. Krystalle (aus W.); Zers. bei 185°.

C-Diazo-N-[naphthalin-sulfonyl-(1)]-malonamidsäure-benzylidenhydrazid, *2-diazo-N-(1-naphthylsulfonyl)malonamic acid benzylidenehydrazide* C₂₀H₁₅N₅O₄S, Formel I (X = NH-CO-C(N₂)-CO-NH-N=CH-C₆H₅).

B. Aus der im vorangehenden Artikel beschriebenen Verbindung und Benzaldehyd (*Curtius, Bottler, Hasse*, J. pr. [2] **125** [1930] 366, 377).

F: 203° [Zers.].

Naphthalin-sulfonsäure-(1)-hydrazid, *naphthalene-1-sulfonic acid hydrazide* C₁₀H₁₀N₂O₂S, Formel I (X = NH-NH₂).

B. Aus Naphthalin-sulfonylchlorid-(1) beim Behandeln mit Hydrazin-hydrat in Äthanol (*Curtius, Bottler, Hasse*, J. pr. [2] **125** [1930] 366, 367).

Krystalle (aus A. oder W.); F: 123° [Zers.].

H y d r o c h l o r i d C₁₀H₁₀N₂O₂S·HCl. F: 142°. In Äthanol, Äther und Benzol leicht löslich.

Naphthalin-sulfonsäure-(1)-isopropylidenhydrazid, Aceton-[naphthalin-sulfonyl-(1)-hydrazon], *naphthalene-1-sulfonic acid isopropylidenehydrazide* C₁₃H₁₄N₂O₂S, Formel I (X = NH-N=C(CH₃)₂).

B. Beim Behandeln einer äthanol. Lösung von Naphthalin-sulfonsäure-(1)-hydrazid mit Aceton (*Curtius, Bottler, Hasse*, J. pr. [2] **125** [1930] 366, 368).

Krystalle; F: 165°.

Naphthalin-sulfonsäure-(1)-benzylidenhydrazid, Benzaldehyd-[naphthalin-sulfonyl-(1)-hydrazon], *naphthalene-1-sulfonic acid benzylidenehydrazide* C₁₇H₁₄N₂O₂S, Formel I (X = NH-N=CH-C₆H₅).

B. Beim Behandeln einer äthanol. Lösung von Naphthalin-sulfonsäure-(1)-hydrazid mit Benzaldehyd (*Curtius, Bottler, Hasse*, J. pr. [2] **125** [1930] 366, 367).

Krystalle (aus A.); Zers. von 153° an.

Naphthalin-sulfonylazid-(1), *naphthalene-1-sulfonyl azide* C₁₀H₇N₃O₂S, Formel I (X = N₃).

B. Aus Naphthalin-sulfonylchlorid-(1) und Natriumazid in wss. Äthanol (*Curtius, Bottler, Hasse*, J. pr. [2] **125** [1930] 366). Aus Naphthalin-sulfonsäure-(1)-hydrazid beim Behandeln einer äthanol. Lösung mit Natriumnitrit und wss. Essigsäure (*Cu., Bo., Ha.*, l. c. S. 368).

Krystalle (aus A.); F: 53° (*Cu., Bo., Ha.*).

Beim Behandeln mit der Natrium-Verbindung des Malonsäure-diäthylesters in Äthanol ist *C*-Diazo-*N*-[naphthalin-sulfonyl-(1)]-malonamidsäure-äthylester (S. 385) erhalten worden (*Cu., Bo., Ha.*, l. c. S. 369). Beim Erhitzen mit *p*-Xylol entsteht *N*-[2.5-Dimeth‑ yl-phenyl]-naphthalinsulfonamid-(1) (*Cu., Bo., Ha.*, l. c. S. 368; s. dazu *Cremlyn*, Soc. **1965** 1132, 1133, 1136).

[*Reinhard*]

2-Fluor-naphthalin-sulfonylchlorid-(1), *2-fluoronaphthalene-1-sulfonyl chloride* $C_{10}H_6ClFO_2S$, Formel IV.

B. In geringer Menge beim Eintragen einer aus 2-Amino-naphthalin-sulfonsäure-(1) bereiteten Diazonium-Verbindung in Fluorwasserstoff, anschliessenden Behandeln mit Natriumcarbonat und Behandeln des erhaltenen Natrium-Salzes mit Phosphor(V)-chlorid (*Schiemann, Gueffroy, Winkelmüller*, A. **487** [1931] 270, 280).

Krystalle (aus $CHCl_3$); F: 59,5° [nach Sintern bei 55°].

4-Fluor-naphthalin-sulfonsäure-(1), *4-fluoronaphthalene-1-sulfonic acid* $C_{10}H_7FO_3S$, Formel V (X = OH) (H 159).

B. Aus 1-Fluor-naphthalin beim Erwärmen mit rauchender Schwefelsäure (*Schiemann, Gueffroy, Winkelmüller*, A. **487** [1931] 270, 278). Aus 4-Fluor-naphthalin-sulfonyl‑ chlorid-(1) beim Erhitzen mit Wasser bis auf 150° (*Sch., Gue., Wi.*, l. c. S. 277).

Krystalle (aus Ae.) mit 2 Mol H_2O; F: 100°.

Natrium-Salz. Krystalle (aus A.). In kaltem Wasser schwer löslich.

Blei(II)-Salz $Pb(C_{10}H_6FO_3S)_2$. Krystalle (aus W.).

4-Fluor-naphthalin-sulfonylchlorid-(1), *4-fluoronaphthalene-1-sulfonyl chloride* $C_{10}H_6ClFO_2S$, Formel V (X = Cl) (H 159).

B. Aus 1-Fluor-naphthalin beim Behandeln mit Chloroschwefelsäure (*Schiemann, Gueffroy, Winkelmüller*, A. **487** [1931] 270, 277).

Krystalle; F: 86° [nach Destillation im Hochvakuum]. $Kp_{0,05}$: 131,5—132°.

4-Fluor-naphthalinsulfonamid-(1), *4-fluoronaphthalene-1-sulfonamide* $C_{10}H_8FNO_2S$, Formel V (X = NH_2) (H 159).

Krystalle; F: 206° (*Schiemann, Gueffroy, Winkelmüller*, A. **487** [1931] 270, 278).

2-Chlor-naphthalin-sulfonylchlorid-(1), *2-chloronaphthalene-1-sulfonyl chloride* $C_{10}H_6Cl_2O_2S$, Formel VI (X = Cl) (H 160).

B. Aus Natrium-[2-chlor-naphthalin-sulfonat-(1)] und Phosphor(V)-chlorid (*Beattie, Whitmore*, Am. Soc. **55** [1933] 1546).

Krystalle (aus Bzn., CCl_4 oder Eg.); F: 74—75°.

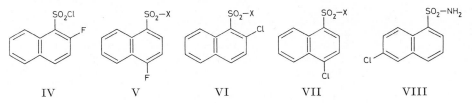

IV   V   VI   VII   VIII

2-Chlor-naphthalinsulfonamid-(1), *2-chloronaphthalene-1-sulfonamide* $C_{10}H_8ClNO_2S$, Formel VI (X = NH_2) (H 160).

B. Aus 2-Chlor-naphthalin-sulfonylchlorid-(1) beim Behandeln mit wss. Ammoniak (*Allen, Frame*, J. org. Chem. **7** [1942] 15, 16).

F: 153° [unkorr.].

4-Chlor-naphthalin-sulfonsäure-(1), *4-chloronaphthalene-1-sulfonic acid* $C_{10}H_7ClO_3S$, Formel VII (X = OH) (H 160; E II 94).

B. Aus 1-Chlor-naphthalin beim Behandeln mit Schwefelsäure (*Woroshzow, Kobelew*, Ž. obšč. Chim. **9** [1939] 1569, 1574; C. **1940** I 1968; *Berkman, Šawiekii*, Ž. prikl. Chim. **8** [1935] 133, 135; C. **1935** II 3739; vgl. H 160; E II 94).

Krystalle (aus wss. Salzsäure); F: 120° [Zers.] (*Be., Ša.*).

Kinetik der Reaktion des Natrium-Salzes mit Ammoniak in Wasser in Gegenwart von Kupfer(I)-chlorid bei 210—230°: *Wo., Ko.*, l. c. S. 1575.

Natrium-Salz $NaC_{10}H_6ClO_3S$ (E II 94). Krystalle (aus A.) mit 0,5 Mol H_2O (*Bog‑ danow, Pawlowškaja*, Ž. obšč. Chim. **19** [1949] 1374, 1376; C.A. **1950** 1083); Krystalle (aus W.) mit 1 Mol H_2O (*Cumming, Muir*, J. roy. tech. Coll. **3** [1934] 223; *Be., Ša.*).

4-Chlor-naphthalin-sulfonylchlorid-(1), *4-chloronaphthalene-1-sulfonyl chloride* $C_{10}H_6Cl_2O_2S$, Formel VII (X = Cl) (H 160; E II 94).

Krystalle; F: 95° [aus Acn.] (*Cumming, Muir*, J. roy. tech. Coll. **3** [1934] 223, 224), 92—93° [aus Bzn., CCl₄ oder Eg.] (*Beattie, Whitmore*, Am. Soc. **55** [1933] 1546), 92—93° [aus PAe.] (*Huntress, Carten*, Am. Soc. **62** [1940] 511, 512), 91,5° [aus Bzl.] (*Bogdanow, Pawlowškaja*, Ž. obšč. Chim. **19** [1949] 1374, 1376; C.A. **1950** 1083).

4-Chlor-naphthalinsulfonamid-(1), *4-chloronaphthalene-1-sulfonamide* $C_{10}H_8ClNO_2S$, Formel VII (X = NH₂) (H 160; E II 94).

B. Aus 4-Chlor-naphthalin-sulfonylchlorid-(1) beim Erwärmen mit Ammoniumcarbonat (*Huntress, Carten*, Am. Soc. **62** [1940] 511, 512).

Krystalle; F: 187° [unkorr.] (*Allen, Frame*, J. org. Chem. **7** [1942] 15, 16), 185—186° [unkorr.; Block; aus wss. A.] (*Hu., Ca.*, l. c. S. 513), 185° [aus W.] (*Cumming, Muir*, J. roy. tech. Coll. **3** [1934] 223, 224), 184° [aus W.] (*Bogdanow, Pawlowškaja*, Ž. obšč. Chim. **19** [1949] 1374, 1376; C.A. **1950** 1083).

6-Chlor-naphthalinsulfonamid-(1), *6-chloronaphthalene-1-sulfonamide* $C_{10}H_8ClNO_2S$, Formel VIII (H 161).

B. Aus 6-Chlor-naphthalin-sulfonylchlorid-(1) beim Behandeln mit wss. Ammoniak (*Allen, Frame*, J. org. Chem. **7** [1942] 15, 17).

F: 214° [unkorr.].

7-Chlor-naphthalin-sulfonylchlorid-(1), *7-chloronaphthalene-1-sulfonyl chloride* $C_{10}H_6Cl_2O_2S$, Formel IX (X = Cl) (H 161).

B. Aus 2-Chlor-naphthalin und Chloroschwefelsäure (*Huntress, Carten*, Am. Soc. **62** [1940] 511, 512).

Krystalle; F: 129° [aus Bzn., CCl₄ oder Eg.] (*Beattie, Whitmore*, Am. Soc. **55** [1933] 1546), 124—126° [unkorr.; Block; aus PAe.] (*Hu., Ca.*, l. c. S. 513).

7-Chlor-naphthalinsulfonamid-(1), *7-chloronaphthalene-1-sulfonamide* $C_{10}H_8ClNO_2S$, Formel IX (X = NH₂) (H 162).

B. Aus 7-Chlor-naphthalin-sulfonylchlorid-(1) beim Erwärmen mit Ammoniumcarbonat (*Huntress, Carten*, Am. Soc. **62** [1940] 511, 512).

Krystalle; F: 235° [unkorr.; aus wss. A.] (*Allen, Frame*, J. org. Chem. **7** [1942] 15, 16), 231—232° [unkorr.; Block; aus wss. A.] (*Hu., Ca.*).

8-Chlor-naphthalin-sulfonsäure-(1), *8-chloronaphthalene-1-sulfonic acid* $C_{10}H_7ClO_3S$, Formel X (X = OH) (H 162).

B. Neben 8-Hydroxy-naphthalin-sulfonsäure-(1)-lacton beim Behandeln eines aus 8-Amino-naphthalin-sulfonsäure-(1) bereiteten Diazoniumsalzes mit Kupfer(I)-chlorid in wss. Salzsäure (*Beattie, Whitmore*, Am. Soc. **55** [1933] 1546; *Cumming, Muir*, J. roy. tech. Coll. **3** [1936] 562, 564; s. a. *Cumming, Muir*, J. roy. tech. Coll. **3** [1934] 223, 228).

Beim Einleiten von Chlor in eine Lösung in wss. Salzsäure ist bei 25° 5.8-Dichlor-naphthalin-sulfonsäure-(1), bei 90—100° hingegen 1.4.5-Trichlor-naphthalin-sulfonsäure-(1) erhalten worden (*I.G. Farbenind.*, D.R.P. 516671 [1928]; Frdl. **17** 670). Bildung von 8-Chlor-1-brom-naphthalin und 8-Chlor-5-brom-naphthalin-sulfonsäure-(1) beim Behandeln einer Lösung in wss. Salzsäure mit Brom: *I.G. Farbenind.*

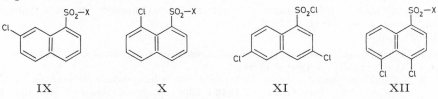

IX   X   XI   XII

8-Chlor-naphthalin-sulfonylchlorid-(1), *8-chloronaphthalene-1-sulfonyl chloride* $C_{10}H_6Cl_2O_2S$, Formel X (X = Cl) (H 162).

B. Aus Natrium-[8-chlor-naphthalin-sulfonat-(1)] und Phosphor(V)-chlorid (*Beattie, Whitmore*, Am. Soc. **55** [1933] 1546; *Cumming, Muir*, J. roy. tech. Coll. **3** [1936] 562, 564).

Krystalle; F: 101° [aus wss. Acn.] (*Cumming, Muir*, J. roy. tech. Coll. **4** [1937] 61, 66), 96—98° [aus Bzn., CCl₄ oder Eg.] (*Bea., Wh.*).

8-Chlor-naphthalinsulfonamid-(1), *8-chloronaphthalene-1-sulfonamide* $C_{10}H_8ClNO_2S$, Formel X (X = NH$_2$) (H 162).

B. Aus 8-Chlor-naphthalin-sulfonylchlorid-(1) beim Behandeln mit wss. Ammoniak (*Cumming, Muir*, J. roy. tech. Coll. **3** [1936] 562, 564; *Allen, Frame*, J. org. Chem. **7** [1942] 15, 17).

F: 199° (*Cu., Muir*), 197° [unkorr.] (*Allen, Fr.*, l. c. S. 16).

3.6-Dichlor-naphthalin-sulfonylchlorid-(1), *3,6-dichloronaphthalene-1-sulfonyl chloride* $C_{10}H_5Cl_3O_2S$, Formel XI.

B. Beim Behandeln des Kalium-Salzes der 3.6-Dichlor-naphthalin-sulfonsäure-(1) (aus 2.7-Dichlor-naphthalin und Chloroschwefelsäure in Schwefelkohlenstoff hergestellt) mit Phosphor(V)-chlorid (*Turner, Wynne*, Soc. **1941** 243, 256).

F: 152°.

4.5-Dichlor-naphthalin-sulfonsäure-(1), *4,5-dichloronaphthalene-1-sulfonic acid* $C_{10}H_6Cl_2O_3S$, Formel XII (X = OH) (H 162).

B. Neben 1.4.5-Trichlor-naphthalin und 5.8-Dichlor-naphthalin-sulfonsäure-(1) beim Erhitzen von 4-Chlor-naphthalin-disulfonylchlorid-(1.5) mit Phosphor(V)-chlorid (1 Mol) auf 170° (*Turner, Wynne*, Soc. **1941** 243, 254).

Natrium-Salz NaC$_{10}$H$_5$Cl$_2$O$_3$S·0,5H$_2$O (Krystalle) und Barium-Salz Ba(C$_{10}$H$_5$Cl$_2$O$_3$S)$_2$ (Krystalle [aus W.]): *Tu., Wy.*

4.5-Dichlor-naphthalin-sulfonylchlorid-(1), *4,5-dichloronaphthalene-1-sulfonyl chloride* $C_{10}H_5Cl_3O_2S$, Formel XII (X = Cl).

B. Aus Natrium-[4.5-dichlor-naphthalin-sulfonat-(1)] und Phosphor(V)-chlorid (*Turner, Wynne*, Soc. **1941** 243, 255).

Krystalle (aus Bzl. + PAe.); F: 117°.

4.6-Dichlor-naphthalin-sulfonylchlorid-(1), *4,6-dichloronaphthalene-1-sulfonyl chloride* $C_{10}H_5Cl_3O_2S$, Formel I (H 162).

Krystalle (aus Bzl.) mit 1 Mol Benzol; F: 119° (*Turner, Wynne*, Soc. **1941** 243, 254).

5.8-Dichlor-naphthalin-sulfonsäure-(1), *5,8-dichloronaphthalene-1-sulfonic acid* $C_{10}H_6Cl_2O_3S$, Formel II (X = OH).

B. Beim Einleiten von Chlor in eine Lösung von 8-Chlor-naphthalin-sulfonsäure-(1) in wss. Salzsäure (*I.G. Farbenind.*, D.R.P. 516671 [1928]; Frdl. **17** 670). Neben 1.4.5-Trichlor-naphthalin und 4.5-Dichlor-naphthalin-sulfonsäure-(1) beim Erhitzen von 4-Chlor-naphthalin-disulfonylchlorid-(1.5) mit Phosphor(V)-chlorid (1 Mol) auf 170° (*Turner, Wynne*, Soc. **1941** 243, 255).

Natrium-Salz NaC$_{10}$H$_5$Cl$_2$O$_3$S (Krystalle) und Barium-Salz Ba(C$_{10}$H$_5$Cl$_2$O$_3$S)$_2$·2H$_2$O (Krystalle [aus W.]): *Tu., Wy.*

5.8-Dichlor-naphthalin-sulfonylchlorid-(1), *5,8-dichloronaphthalene-1-sulfonyl chloride* $C_{10}H_5Cl_3O_2S$, Formel II (X = Cl).

B. Aus Natrium-[5.8-dichlor-naphthalin-sulfonat-(1)] und Phosphor(V)-chlorid (*Turner, Wynne*, Soc. **1941** 243, 255).

Krystalle (aus Bzl. + PAe.); F: 96°.

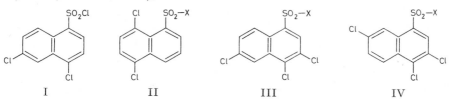

I   II   III   IV

3.4.6-Trichlor-naphthalin-sulfonsäure-(1), *3,4,6-trichloronaphthalene-1-sulfonic acid* $C_{10}H_5Cl_3O_3S$, Formel III (X = OH).

Konstitution: *Hardy, Ward, Day*, Soc. **1956** 1979, 1981.

B. Beim Behandeln von 1.2.7-Trichlor-naphthalin mit Chloroschwefelsäure in Schwefelkohlenstoff (*Turner, Wynne*, Soc. **1941** 243, 252).

Natrium-Salz NaC$_{10}$H$_4$Cl$_3$O$_3$S·H$_2$O (Krystalle), Kalium-Salz KC$_{10}$H$_4$Cl$_3$O$_3$S·H$_2$O (Krystalle) und Barium-Salz Ba(C$_{10}$H$_4$Cl$_3$O$_3$S)$_2$·3,5H$_2$O (Krystalle): *Tu., Wy.*

3.4.6-Trichlor-naphthalin-sulfonylchlorid-(1), *3,4,6-trichloronaphthalene-1-sulfonyl chloride* $C_{10}H_4Cl_4O_2S$, Formel III (X = Cl).

B. Aus Natrium-[3.4.6-trichlor-naphthalin-sulfonat-(1)] und Phosphor(V)-chlorid (*Turner, Wynne*, Soc. **1941** 243, 252).

Krystalle (aus Bzl.); F: 176°.

3.4.7-Trichlor-naphthalin-sulfonsäure-(1), *3,4,7-trichloronaphthalene-1-sulfonic acid* $C_{10}H_5Cl_3O_3S$, Formel IV (X = OH).

B. Beim Behandeln von 1.2.6-Trichlor-naphthalin mit Chloroschwefelsäure in Schwefel= kohlenstoff (*Turner, Wynne*, Soc. **1941** 243, 252).

Natrium-Salz $NaC_{10}H_4Cl_3O_3S \cdot 2 H_2O$. Krystalle.

3.4.7-Trichlor-naphthalin-sulfonylchlorid-(1), *3,4,7-trichloronaphthalene-1-sulfonyl chloride* $C_{10}H_4Cl_4O_2S$, Formel IV (X = Cl).

B. Aus Natrium-[3.4.7-trichlor-naphthalin-sulfonat-(1)] und Phosphor(V)-chlorid (*Turner, Wynne*, Soc. **1941** 243, 252).

Krystalle (aus Bzl.); F: 184°.

3.5.7-Trichlor-naphthalin-sulfonsäure-(1), *3,5,7-trichloronaphthalene-1-sulfonic acid* $C_{10}H_5Cl_3O_3S$, Formel V (X = OH).

B. Neben anderen Verbindungen beim Behandeln von 1.3.7-Trichlor-naphthalin mit Chloroschwefelsäure in Schwefelkohlenstoff (*Turner, Wynne*, Soc. **1941** 243, 253).

Natrium-Salz $NaC_{10}H_4Cl_3O_3S \cdot 2,5 H_2O$ (Krystalle), Kalium-Salz $KC_{10}H_4Cl_3O_3S \cdot 0,5 H_2O$ (Krystalle) und Barium-Salz $Ba(C_{10}H_4Cl_3O_3S)_2 \cdot 3,5 H_2O$ (Krystalle): *Tu., Wy.*

3.5.7-Trichlor-naphthalin-sulfonylchlorid-(1), *3,5,7-trichloronaphthalene-1-sulfonyl chloride* $C_{10}H_4Cl_4O_2S$, Formel V (X = Cl).

B. Aus Natrium-[3.5.7-trichlor-naphthalin-sulfonat-(1)] und Phosphor(V)-chlorid (*Turner, Wynne*, Soc. **1941** 243, 253).

Krystalle (aus Bzl.); F: 138°.

3.6.7-Trichlor-naphthalin-sulfonsäure-(1), *3,6,7-trichloronaphthalene-1-sulfonic acid* $C_{10}H_5Cl_3O_3S$, Formel VI (X = OH).

B. Neben 2.3.6-Trichlor-naphthalin-sulfonsäure-(x) (Säurechlorid: F: 94° [S. 422]) beim Behandeln von 2.3.6-Trichlor-naphthalin mit Chloroschwefelsäure in Schwefelkohlenstoff (*Turner, Wynne*, Soc. **1941** 243, 256).

Natrium-Salz $NaC_{10}H_4Cl_3O_3S \cdot 1,5 H_2O$ (Krystalle) und Barium-Salz $Ba(C_{10}H_4Cl_3O_3S)_2 \cdot 3,5 H_2O$ (Krystalle): *Tu., Wy.*

3.6.7-Trichlor-naphthalin-sulfonylchlorid-(1), *3,6,7-trichloronaphthalene-1-sulfonyl chloride* $C_{10}H_4Cl_4O_2S$, Formel VI (X = Cl).

B. Aus Natrium-[3.6.7-trichlor-naphthalin-sulfonat-(1)] und Phosphor(V)-chlorid (*Turner, Wynne*, Soc. **1941** 243, 256).

Krystalle (aus Bzl. + PAe.); F: 118°.

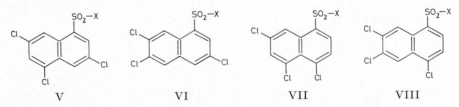

V   VI   VII   VIII

4.5.7-Trichlor-naphthalin-sulfonsäure-(1), *4,5,7-trichloronaphthalene-1-sulfonic acid* $C_{10}H_5Cl_3O_3S$, Formel VII (X = OH).

B. Beim Behandeln von 1.3.8-Trichlor-naphthalin mit Chloroschwefelsäure in Schwefel= kohlenstoff (*Turner, Wynne*, Soc. **1941** 243, 254).

Natrium-Salz $NaC_{10}H_4Cl_3O_3S \cdot 1,5 H_2O$ (Krystalle), Kalium-Salz $KC_{10}H_4Cl_3O_3S \cdot 1,5 H_2O$ (Krystalle) und Barium-Salz $Ba(C_{10}H_4Cl_3O_3S)_2 \cdot 3 H_2O$ (Krystalle): *Tu., Wy.*

4.5.7-Trichlor-naphthalin-sulfonylchlorid-(1), *4,5,7-trichloronaphthalene-1-sulfonyl chloride* $C_{10}H_4Cl_4O_2S$, Formel VII (X = Cl).

B. Aus Natrium-[4.5.7-trichlor-naphthalin-sulfonat-(1)] und Phosphor(V)-chlorid

(*Turner, Wynne*, Soc. **1941** 243, 254).
Krystalle (aus Bzl.); F: 127°.

4.6.7-Trichlor-naphthalin-sulfonsäure-(1), *4,6,7-trichloronaphthalene-1-sulfonic acid*
$C_{10}H_5Cl_3O_3S$, Formel VIII (X = OH).
B. Beim Behandeln von 1.6.7-Trichlor-naphthalin mit Chloroschwefelsäure in Schwefel⸗
kohlenstoff (*Turner, Wynne*, Soc. **1941** 243, 255).
Kalium-Salz $KC_{10}H_4Cl_3O_3S \cdot H_2O$ (Krystalle) und Barium-Salz $Ba(C_{10}H_4Cl_3O_3S)_2 \cdot$
$3 H_2O$ (Krystalle): *Tu., Wy.*

4.6.7-Trichlor-naphthalin-sulfonylchlorid-(1), *4,6,7-trichloronaphthalene-1-sulfonyl*
chloride $C_{10}H_4Cl_4O_2S$, Formel VIII (X = Cl).
B. Aus Natrium-[4.6.7-trichlor-naphthalin-sulfonat-(1)] und Phosphor(V)-chlorid
(*Turner, Wynne*, Soc. **1941** 243, 255).
Krystalle (aus Bzl. oder PAe.); F: 164°.

5.6.7-Trichlor-naphthalin-sulfonsäure-(1), *5,6,7-trichloronaphthalene-1-sulfonic acid*
$C_{10}H_5Cl_3O_3S$, Formel IX (X = OH).
Diese Konstitution kommt auch der H 190 als 1.2.3-Trichlor-naphthalin-sulfon⸗
säure-(x) beschriebenen Verbindung zu (*Turner, Wynne*, Soc. **1941** 243, 244, 249).
B. Neben 6.7.8-Trichlor-naphthalin-sulfonsäure-(2) beim Behandeln von 1.2.3-Tri⸗
chlor-naphthalin mit Chloroschwefelsäure in Schwefelkohlenstoff (*Tu., Wy.*). Neben
5.6.7-Trichlor-naphthalin-disulfonsäure-(1.3) beim Erwärmen von 1.2.3-Trichlor-naph⸗
thalin mit rauchender Schwefelsäure (*Tu., Wy.*; vgl. H 190).
Natrium-Salz $NaC_{10}H_4Cl_3O_3S \cdot H_2O$. Krystalle.

5.6.7-Trichlor-naphthalin-sulfonylchlorid-(1), *5,6,7-trichloronaphthalene-1-sulfonyl*
chloride $C_{10}H_4Cl_4O_2S$, Formel IX (X = Cl).
B. Aus Kalium-[5.6.7-trichlor-naphthalin-sulfonat-(1)] und Phosphor(V)-chlorid
(*Turner, Wynne*, Soc. **1941** 243, 249).
Krystalle (aus Bzl.); F: 131°.

5.6.7-Trichlor-naphthalinsulfonamid-(1), *5,6,7-trichloronaphthalene-1-sulfonamide*
$C_{10}H_6Cl_3NO_2S$, Formel IX (X = NH_2).
B. Aus 5.6.7-Trichlor-naphthalin-sulfonylchlorid-(1) (*Turner, Wynne*, Soc. **1941** 243,
249).
Krystalle (aus A.); F: 249°.

3.5.6.7-Tetrachlor-naphthalin-sulfonsäure-(1), *3,5,6,7-tetrachloronaphthalene-1-sulfonic*
acid $C_{10}H_4Cl_4O_3S$, Formel X (X = OH).
B. Als Hauptprodukt beim Behandeln von 1.2.3.7-Tetrachlor-naphthalin mit Chloro⸗
schwefelsäure in Schwefelkohlenstoff (*Turner, Wynne*, Soc. **1941** 243, 250).
Natrium-Salz $NaC_{10}H_3Cl_4O_3S \cdot 2 H_2O$. Krystalle.

3.5.6.7-Tetrachlor-naphthalin-sulfonylchlorid-(1), *3,5,6,7-tetrachloronaphthalene-*
1-sulfonyl chloride $C_{10}H_3Cl_5O_2S$, Formel X (X = Cl).
B. Aus Natrium-[3.5.6.7-tetrachlor-naphthalin-sulfonat-(1)] und Phosphor(V)-chlorid
(*Turner, Wynne*, Soc. **1941** 243, 250).
Krystalle (aus Bzl.); F: 199°.

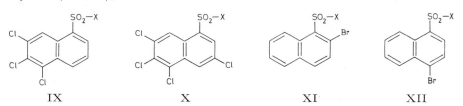

IX   X   XI   XII

2-Brom-naphthalin-sulfonsäure-(1), *2-bromonaphthalene-1-sulfonic acid* $C_{10}H_7BrO_3S$,
Formel XI (X = OH).
B. Beim Behandeln einer aus 2-Amino-naphthalin-sulfonsäure-(1) bereiteten Di⸗
azonium-Verbindung mit Kupfer(I)-bromid in wss. Bromwasserstoffsäure (*Mercanton,
Goldstein*, Helv. **28** [1945] 533, 537; *Wahl, Basilios*, Bl. **1947** 482; vgl. *Cumming, Muir*,

J. roy. tech. Coll. **3** [1936] 562, 567).

Kalium-Salz $KC_{10}H_6BrO_3S$. Krystalle [aus W.] (*Me., Go.*).

2-Brom-naphthalin-sulfonsäure-(1)-methylester, *2-bromonaphthalene-1-sulfonic acid methyl ester* $C_{11}H_9BrO_3S$, Formel XI (X = OCH_3).

B. Aus Silber-[2-brom-naphthalin-sulfonat-(1)] beim Erwärmen mit Methyljodid in Benzol (*Mercanton, Goldstein*, Helv. **28** [1945] 533, 538).

Krystalle (aus CCl_4); F: 93°.

2-Brom-naphthalin-sulfonsäure-(1)-äthylester, *2-bromonaphthalene-1-sulfonic acid ethyl ester* $C_{12}H_{11}BrO_3S$, Formel XI (X = OC_2H_5).

B. Aus Silber-[2-brom-naphthalin-sulfonat-(1)] beim Erwärmen mit Äthyljodid in Benzol (*Mercanton, Goldstein*, Helv. **28** [1945] 533, 538).

Krystalle (aus CCl_4); F: 65,5°.

2-Brom-naphthalin-sulfonylchlorid-(1), *2-bromonaphthalene-1-sulfonyl chloride* $C_{10}H_6BrClO_2S$, Formel XI (X = Cl).

B. Aus Kalium-[2-brom-naphthalin-sulfonat-(1)] und Phosphor(V)-chlorid (*Cumming, Muir*, J. roy. tech. Coll. **3** [1936] 562, 567; *Mercanton, Goldstein*, Helv. **28** [1945] 533, 538).

Krystalle; F: 98° [aus CCl_4] (*Me., Go.*), 97° [aus wss. Acn.] (*Cu., Muir*).

2-Brom-naphthalinsulfonamid-(1), *2-bromonaphthalene-1-sulfonamide* $C_{10}H_8BrNO_2S$, Formel XI (X = NH_2).

B. Aus 2-Brom-naphthalin-sulfonylchlorid-(1) beim Erwärmen mit wss.-äthanol. Ammoniak (*Mercanton, Goldstein*, Helv. **28** [1945] 533, 538; vgl. *Cumming, Muir*, J. roy. tech. Coll. **3** [1936] 562, 567).

Krystalle; F: 145° [aus A.] (*Me., Go.*), 140° [aus wss. Acn.] (*Cu., Muir*).

4-Brom-naphthalin-sulfonylchlorid-(1), *4-bromonaphthalene-1-sulfonyl chloride* $C_{10}H_6BrClO_2S$, Formel XII (X = Cl) (H 164).

B. Aus 1-Brom-naphthalin und Chloroschwefelsäure (*Huntress, Carten*, Am. Soc. **62** [1940] 511, 512).

Krystalle (aus PAe.); F: 81—83°.

4-Brom-naphthalinsulfonamid-(1), *4-bromonaphthalene-1-sulfonamide* $C_{10}H_8BrNO_2S$, Formel XII (X = NH_2) (H 164).

B. Aus 4-Brom-naphthalin-sulfonylchlorid-(1) beim Erwärmen mit Ammoniumcarbonat (*Huntress, Carten*, Am. Soc. **62** [1940] 511, 512).

Krystalle (aus wss. A.); F: 191—193° [unkorr.; Block].

5-Brom-naphthalin-sulfonsäure-(1), *5-bromonaphthalene-1-sulfonic acid* $C_{10}H_7BrO_3S$, Formel I (X = H) (H 165).

B. Neben geringen Mengen 1.4-Dibrom-naphthalin und 1.5-Dibrom-naphthalin beim Behandeln von Naphthalin-sulfonsäure-(1) mit Brom in wss. Salzsäure oder mit Brom in Schwefelsäure (*Sal'kind, Weĭsbrut, Alekšeewa*, Ž. obšč. Chim. **3** [1933] 892, 893; C. **1934** II 2217).

Kalium-Salz $KC_{10}H_6BrO_3S$. In Wasser und Äthanol leicht löslich.

7-Brom-naphthalin-sulfonylchlorid-(1), *7-bromonaphthalene-1-sulfonyl chloride* $C_{10}H_6BrClO_2S$, Formel II (X = Cl) (H 166).

B. Aus 2-Brom-naphthalin und Chloroschwefelsäure (*Huntress, Carten*, Am. Soc. **62** [1940] 511, 512).

Krystalle (aus PAe.); F: 142—143° [unkorr.; Block].

7-Brom-naphthalinsulfonamid-(1), *7-bromonaphthalene-1-sulfonamide* $C_{10}H_8BrNO_2S$, Formel II (X = NH_2) (H 166).

B. Aus 7-Brom-naphthalin-sulfonylchlorid-(1) beim Erwärmen mit wss. Ammoniak oder Ammoniumcarbonat (*Huntress, Carten*, Am. Soc. **62** [1940] 511, 512).

Krystalle (aus PAe.); F: 207—208° [unkorr.; Block].

8-Brom-naphthalin-sulfonylchlorid-(1), *8-bromonaphthalene-1-sulfonyl chloride* $C_{10}H_6BrClO_2S$, Formel III.

B. In geringer Menge beim Behandeln einer aus 8-Amino-naphthalin-sulfonsäure-(1)

bereiteten Diazonium-Verbindung mit einem Gemisch von Kupfer(I)-oxid, Ammonium‹
bromid und Wasser und Behandeln der erhaltenen 8-Brom-naphthalin-sulfonsäure-(1)
mit Phosphor(V)-chlorid (*Cumming, Muir*, J. roy. tech. Coll. **3** [1936] 562, 564; s. a.
CIBA, D.R.P. 659653 [1935]; Frdl. **24** 610).

Krystalle; F: 110° [aus wss. Acn.] (*Cu., Muir*), 102—103° [aus Bzn.] (*CIBA*).

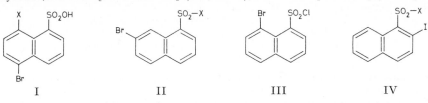

I   II   III   IV

8-Chlor-5-brom-naphthalin-sulfonsäure-(1), *5-bromo-8-chloronaphthalene-1-sulfonic acid*
$C_{10}H_6BrClO_3S$, Formel I (X = Cl).

B. Neben 8-Chlor-1-brom-naphthalin beim Behandeln von 8-Chlor-naphthalin-sulfon‹
säure-(1) mit Brom in wss. Salzsäure (*I. G. Farbenind.*, D.R.P. 516671 [1928]; Frdl. **17**
670).

Natrium-Salz. Krystalle [aus W.].

2-Jod-naphthalin-sulfonsäure-(1), *2-iodonaphthalene-1-sulfonic acid* $C_{10}H_7IO_3S$, Formel
IV (X = OH).

B. Beim Erwärmen einer aus 2-Amino-naphthalin-sulfonsäure-(1) bereiteten Di‹
azonium-Verbindung mit Kaliumjodid (oder Natriumjodid) und wss. Schwefelsäure
(*Cumming, Muir*, J. roy. tech. Coll. **3** [1936] 562, 565; *Mercanton, Goldstein*, Helv. **28**
[1945] 319, 324).

Natrium-Salz $NaC_{10}H_6IO_3S$. Krystalle [aus W.] (*Me., Go.*).
Kalium-Salz $KC_{10}H_6IO_3S \cdot H_2O$. Krystalle (*Cu., Muir*).

2-Jod-naphthalin-sulfonsäure-(1)-methylester, *2-iodonaphthalene-1-sulfonic acid methyl
ester* $C_{11}H_9IO_3S$, Formel IV (X = OCH_3).

B.Aus Silber-[2-jod-naphthalin-sulfonat-(1)] beim Erwärmen mit Methyljodid in Benzol
(*Mercanton, Goldstein*, Helv. **28** [1945] 319, 324).

Krystalle (aus CCl_4); F: 95,5°.

2-Jod-naphthalin-sulfonsäure-(1)-äthylester, *2-iodonaphthalene-1-sulfonic acid ethyl ester*
$C_{12}H_{11}IO_3S$, Formel IV (X = OC_2H_5).

B. Aus Silber-[2-jod-naphthalin-sulfonat-(1)] beim Erwärmen mit Äthyljodid in Benzol
(*Mercanton, Goldstein*, Helv. **28** [1945] 319, 324).

Krystalle; F: 92,5°.

2-Jod-naphthalin-sulfonylchlorid-(1), *2-iodonaphthalene-1-sulfonyl chloride* $C_{10}H_6ClIO_2S$,
Formel IV (X = Cl).

B. Aus Kalium-[2-jod-naphthalin-sulfonat-(1)] oder Natrium-[2-jod-naphthalin-
sulfonat-(1)] und Phosphor(V)-chlorid (*Cumming, Muir*, J. roy. tech. Coll. **3** [1936] 562,
566; *Mercanton, Goldstein*, Helv. **28** [1945] 319, 324).

Krystalle; F: 110° [korr.; aus CCl_4] (*Me., Go.*, l. c. S. 324), 109,5° [aus wss. Acn.]
(*Cu., Muir*).

2-Jod-naphthalinsulfonamid-(1), *2-iodonaphthalene-1-sulfonamide* $C_{10}H_8INO_2S$, Formel
IV (X = NH_2).

B. Aus 2-Jod-naphthalin-sulfonylchlorid-(1) beim Erwärmen mit wss.-äthanol. Am‹
moniak (*Cumming, Muir*, J. roy. tech. Coll. **3** [1936] 562, 567; *Mercanton, Goldstein*, Helv.
28 [1945] 319, 324).

Krystalle; F: 156,5° [korr.; aus A.] (*Me., Go.*), 154° [aus A.] (*Cu., Muir*).

4-Jod-naphthalin-sulfonsäure-(1), *4-iodonaphthalene-1-sulfonic acid* $C_{10}H_7IO_3S$, Formel V
(X = OH).

B. Als Hauptprodukt beim Behandeln von 1-Jod-naphthalin mit Chloroschwefelsäure
oder Schwefelsäure (*Tilden, Armstrong*, Chem. News **56** [1887] 241; s. a. *Tilden, Armstrong*, Chem. News **54** [1886] 326). In geringer Menge beim Behandeln einer aus 4-Amino-
naphthalin-sulfonsäure-(1) bereiteten Diazonium-Verbindung mit wss. Kaliumjodid-

Lösung und Kupfer (*Cumming, Muir*, J. roy. tech. Coll. **3** [1934] 223, 225) oder mit Natriumjodid und wss. Schwefelsäure (*Goldstein, Blezinger, Fischer*, Helv. **20** [1937] 218).

Überführung in Naphthalin-sulfonsäure-(1) durch Erhitzen des Kalium-Salzes mit Kupfer und Kupfer(II)-sulfat in Wasser sowie mit Zink oder Magnesium: *Cumming, Muir*, J. roy. tech. Coll. **4** [1937] 61, 64. Reaktion mit Brom unter Bildung von 4-Brom-1-jod-naphthalin: *Ti., Ar.*

Kalium-Salz $KC_{10}H_6IO_3S$ (Krystalle [aus W.]): *Cu., Muir*, J. roy. tech. Coll. **3** 225; Natrium-Salz $NaC_{10}H_6IO_3S\cdot H_2O$ (Krystalle [aus W.]), Silber-Salz $AgC_{10}H_6IO_3S$ (Krystalle [aus W.]) und Barium-Salz $Ba(C_{10}H_6IO_3S)_2$ (Krystalle [aus W.]): *Go., Bl., Fi.*

4-Jod-naphthalin-sulfonsäure-(1)-methylester, *4-iodonaphthalene-1-sulfonic acid methyl ester* $C_{11}H_9IO_3S$, Formel V (X = OCH_3).

B. Aus Silber-[4-jod-naphthalin-sulfonat-(1)] beim Erwärmen mit Methyljodid in Benzol (*Goldstein, Blezinger, Fischer*, Helv. **20** [1937] 218).

Krystalle (aus wss. Me.); F: 113° [korr.].

4-Jod-naphthalin-sulfonsäure-(1)-äthylester, *4-iodonaphthalene-1-sulfonic acid ethyl ester* $C_{12}H_{11}IO_3S$, Formel V (X = OC_2H_5).

B. Aus Silber-[4-jod-naphthalin-sulfonat-(1)] beim Erwärmen mit Äthyljodid in Benzol (*Goldstein, Blezinger, Fischer*, Helv. **20** [1937] 218).

Krystalle (aus wss. A.); F: 102° [korr.].

4-Jod-naphthalin-sulfonylchlorid-(1), *4-iodonaphthalene-1-sulfonyl chloride* $C_{10}H_6ClIO_2S$, Formel V (X = Cl).

B. Aus Kalium-[4-jod-naphthalin-sulfonat-(1)] und Phosphor(V)-chlorid (*Cumming, Muir*, J. roy. tech. Coll. **3** [1934] 223, 226).

Krystalle; F: 124,5° [korr.] (*Goldstein, Blezinger, Fischer*, Helv. **20** [1937] 218), 123° (*Tilden, Armstrong*, Chem. News **56** [1887] 241), 121° [aus A. oder aus Acn.] (*Cu., Muir*).

4-Jod-naphthalinsulfonamid-(1), *4-iodonaphthalene-1-sulfonamide* $C_{10}H_8INO_2S$, Formel V (X = NH_2).

B. Aus 4-Jod-naphthalin-sulfonylchlorid-(1) beim Erwärmen mit wss. Ammoniak (*Cumming, Muir*, J. roy. tech. Coll. **3** [1934] 223, 226).

Krystalle; F: 206,5° [korr.] (*Goldstein, Blezinger, Fischer*, Helv. **20** [1937] 218), 202° [aus W.] (*Cu., Muir*).

5-Jod-naphthalin-sulfonsäure-(1), *5-iodonaphthalene-1-sulfonic acid* $C_{10}H_7IO_3S$, Formel VI (X = OH) (H 166).

Beim Erwärmen des Kalium-Salzes mit Zink in Wasser entsteht Naphthalin-sulfon= säure-(1); beim Erwärmen mit Kupfer-Pulver in Wasser erfolgt keine Reaktion (*Cumming, Muir*, J. roy. tech. Coll. **4** [1937] 61, 65).

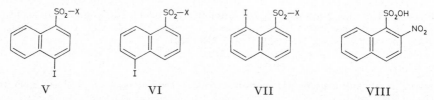

V   VI   VII   VIII

5-Jod-naphthalin-sulfonylchlorid-(1), *5-iodonaphthalene-1-sulfonyl chloride* $C_{10}H_6ClIO_2S$, Formel VI (X = Cl) (H 166).

B. Aus Kalium-[5-jod-naphthalin-sulfonat-(1)] und Phosphor(V)-chlorid (*Cumming, Muir*, J. roy. tech. Coll. **3** [1934] 223, 227).

F: 113°.

5-Jod-naphthalinsulfonamid-(1), *5-iodonaphthalene-1-sulfonamide* $C_{10}H_8INO_2S$, Formel VI (X = NH_2) (H 166).

B. Aus 5-Jod-naphthalin-sulfonylchlorid-(1) beim Erwärmen mit wss. Ammoniak (*Cumming, Muir*, J. roy. tech. Coll. **3** [1934] 223, 227).

F: 236°.

8-Jod-naphthalin-sulfonsäure-(1), *8-iodonaphthalene-1-sulfonic acid* $C_{10}H_7IO_3S$, Formel VII (X = OH).

B. Neben 8-Hydroxy-naphthalin-sulfonsäure-(1)-lacton beim Behandeln einer aus 8-Amino-naphthalin-sulfonsäure-(1) bereiteten Diazonium-Verbindung mit wss. Kalium=jodid-Lösung unter Zusatz von Pyridin oder Aceton (*Cumming, Muir*, J. roy. tech. Coll. **3** [1936] 562).

Natrium-Salz. Krystalle [aus W.].

8-Jod-naphthalin-sulfonylchlorid-(1), *8-iodonaphthalene-1-sulfonyl chloride* $C_{10}H_6ClIO_2S$, Formel VII (X = Cl).

B. Aus Natrium-[8-jod-naphthalin-sulfonat-(1)] und Phosphor(V)-chlorid (*Cumming, Muir*, J. roy. tech. Coll. **3** [1936] 562, 563).

Krystalle (aus wss. Acn.); F: 115°.

8-Jod-naphthalinsulfonamid-(1), *8-iodonaphthalene-1-sulfonamide* $C_{10}H_8INO_2S$, Formel VII (X = NH$_2$).

B. Beim Behandeln von 8-Jod-naphthalin-sulfonylchlorid-(1) in Aceton mit wss. Ammoniak (*Cumming, Muir*, J. roy. tech. Coll. **3** [1936] 562, 563).

Krystalle; F: 187° [Zers.].

2-Nitro-naphthalin-sulfonsäure-(1), *2-nitronaphthalene-1-sulfonic acid* $C_{10}H_7NO_5S$, Formel VIII.

B. Beim Behandeln einer aus 2-Amino-naphthalin-sulfonsäure-(1) bereiteten Diazonium-Verbindung mit einer aus Natriumnitrit, Kupfer(I)-kupfer(II)-sulfit und Wasser hergestellten Lösung (*Woroshzow, Koslow, Trawkin*, Ž. obšč. Chim. **9** [1939] 522, 524; C. **1940** I 690).

Natrium-Salz NaC$_{10}$H$_6$NO$_5$S. Hygroskopische gelbe Krystalle [aus A.].

4-Nitro-naphthalin-sulfonsäure-(1), *4-nitronaphthalene-1-sulfonic acid* $C_{10}H_7NO_5S$, Formel IX (X = OH) (H 167).

B. Aus 4-Nitro-naphthalin-sulfinsäure-(1) beim Leiten von Luft durch eine wss. Lösung sowie beim Behandeln mit wss. Wasserstoffperoxid (*Woroshzow, Koslow, Trawkin*, Ž. obšč. Chim. **9** [1939] 522, 524; C. **1940** I 690).

4-Nitro-naphthalin-sulfonylchlorid-(1), *4-nitronaphthalene-1-sulfonyl chloride* $C_{10}H_6ClNO_4S$, Formel IX (X = Cl) (H 167).

B. Beim Einleiten von Chlor in eine wss. Lösung von Kalium-[4-nitro-naphthalin-sulfinat-(1)] (*Brunetti*, J. pr. [2] **128** [1930] 44).

Krystalle (aus Bzl.); F: 99°.

5-Nitro-naphthalin-sulfonsäure-(1), *5-nitronaphthalene-1-sulfonic acid* $C_{10}H_7NO_5S$, Formel X (X = OH) (H 167; E II 95).

B. Aus 1-Nitro-naphthalin beim Erwärmen mit rauchender Schwefelsäure unter Zusatz von Natriumsulfat (*Du Pont de Nemours & Co.*, U.S.P. 2143963 [1937]).

Charakterisierung als Anilid (F: 123° [korr.]): *Steiger*, Helv. **16** [1933] 793, 799; als Pyridin-Salz (F: 194—195° [korr.]): *Steiger*, Helv. **16** [1933] 1315, 1320.

N-Glycyl-glycin-Salz C$_4$H$_8$N$_2$O$_3$·C$_{10}$H$_7$NO$_5$S. Krystalle [aus W.] (*Smith, Bergmann*, J. biol. Chem. **153** [1944] 627, 644).

L-Arginin-Salz C$_6$H$_{14}$N$_4$O$_2$·2 C$_{10}$H$_7$NO$_5$S·2 H$_2$O. Krystalle (*Doherty, Stein, Bergmann*, J. biol. Chem. **135** [1940] 487, 495).

L-Lysin-Salz C$_6$H$_{14}$N$_2$O$_2$·2 C$_{10}$H$_7$NO$_5$S·3 H$_2$O. Krystalle (*Do., St., Be.*).

L-Leucin-Salz C$_6$H$_{13}$NO$_2$·C$_{10}$H$_7$NO$_5$S. Krystalle (*Do., St., Be.*).

5-Nitro-naphthalin-sulfonylchlorid-(1), *5-nitronaphthalene-1-sulfonyl chloride* $C_{10}H_6ClNO_4S$, Formel X (X = Cl) (H 168; E II 95).

F: 113—115° (*Doherty, Stein, Bergmann*, J. biol. Chem. **135** [1940] 487, 496).

5-Nitro-naphthalinsulfonamid-(1), *5-nitronaphthalene-1-sulfonamide* $C_{10}H_8N_2O_4S$, Formel X (X = NH$_2$) (H 168).

B. Aus 5-Nitro-naphthalin-sulfonylchlorid-(1) beim Erwärmen mit äthanol. Ammoniak (*Steiger*, Helv. **16** [1933] 793, 798).

Krystalle; F: 236° [korr.; Zers.; aus A.] (*Steiger*), 229—230° (*Doherty, Stein, Bergmann*, J. biol. Chem. **135** [1940] 487, 496). In Pyridin leicht löslich, in Benzol und Chloroform schwer löslich (*Steiger*).

8-Nitro-naphthalin-sulfonsäure-(1), *8-nitronaphthalene-1-sulfonic acid* $C_{10}H_7NO_5S$, Formel XI (X = OH) (H 168; E II 95).

B. Aus 8-Nitro-naphthalin-sulfonylchlorid-(1) mit Hilfe von wss. Natronlauge (*Steiger*, Helv. **17** [1934] 794, 803).

Verhalten bei der Bestrahlung einer wss. Lösung mit Sonnenlicht: *Woroshzow, Koslow*, Ž. obšč. Chim. **7** [1937] 996, 1610; C. **1938** II 1929.

Charakterisierung als Anilin-Salz (Zers. bei $226-229°$ [korr.]): *St.*, Helv. **17** 803; als Pyridin-Salz (F: $165-167°$ [korr.]) und als 1-Methyl-pyridinium-Salz (F: $162-164°$ [korr.]): *Steiger*, Helv. **16** [1933] 1315, 1321.

Kalium-Salz $KC_{10}H_6NO_5S$. Krystalle (*St.*, Helv. **16** 1322).

Hexammin-nickel(II)-Salz $[Ni(NH_3)_6](C_{10}H_6NO_5S)_2$. Krystalle (*Woroshzow, Koslow*, Ž. obšč. Chim. **3** [1933] 917, 919, 924; C. A. **1934** 2639).

8-Nitro-naphthalin-sulfonsäure-(1)-methylester, *8-nitronaphthalene-1-sulfonic acid methyl ester* $C_{11}H_9NO_5S$, Formel XI (X = OCH₃) (H 168).

Krystalle (aus Bzl. + Heptan); F: $124-125°$ [korr.] (*Steiger*, Helv. **17** [1934] 794, 801).

8-Nitro-naphthalin-sulfonsäure-(1)-äthylester, *8-nitronaphthalene-1-sulfonic acid ethyl ester* $C_{12}H_{11}NO_5S$, Formel XI (X = OC₂H₅) (H 169).

B. Aus 8-Nitro-naphthalin-sulfonylchlorid-(1) beim Behandeln mit äthanol. Natrium‑ äthylat (*Steiger*, Helv. **17** [1934] 794, 801; vgl. H 169).

Krystalle (aus Bzl. + Heptan); F: $123,5-124°$ [korr.].

8-Nitro-naphthalin-sulfonsäure-(1)-phenylester, *8-nitronaphthalene-1-sulfonic acid phenyl ester* $C_{16}H_{11}NO_5S$, Formel XI (X = OC₆H₅).

B. Beim Erwärmen von 8-Nitro-naphthalin-sulfonylchlorid-(1) mit Natriumphenolat in Toluol (*Steiger*, Helv. **17** [1934] 794, 802).

Krystalle (aus Bzl. + Heptan); F: $132,5-133,5°$ [korr.].

8-Nitro-naphthalin-sulfonylchlorid-(1), *8-nitronaphthalene-1-sulfonyl chloride* $C_{10}H_6ClNO_4S$, Formel XI (X = Cl) (H 169; E II 95).

B. Neben anderen Verbindungen beim Behandeln von Naphthalin-sulfonylchlorid-(1) mit Acetanhydrid und Salpetersäure (*Joy, Bogert*, J. org. Chem. **1** [1936] 236, 238; s. a. *Steiger*, Helv. **17** [1934] 794; *Hamer, Rathbone*, Soc. **1943** 487, 489; vgl. H 169; E II 95).

Krystalle; Zers. bei $167,5°$ [korr.; im vorgeheizten Bad; aus Acn.] (*St.*); F: $161°$ bis $162°$ [korr.; aus Bzl. + Bzn.] (*Joy, Bo.*).

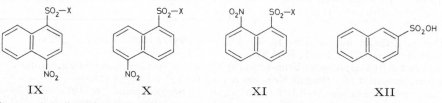

IX　　　　　　　　X　　　　　　　　XI　　　　　　　　XII

8-Nitro-naphthalinsulfonamid-(1), *8-nitronaphthalene-1-sulfonamide* $C_{10}H_8N_2O_4S$, Formel XI (X = NH₂) (H 169).

Krystalle (aus A.); F: $190,5-191,5°$ [korr.; Zers.] (*Steiger*, Helv. **17** [1934] 794, 795).

8-Nitro-*N*-methyl-naphthalinsulfonamid-(1), *N-methyl-8-nitronaphthalene-1-sulfonamide* $C_{11}H_{10}N_2O_4S$, Formel XI (X = NH-CH₃).

B. Aus 8-Nitro-naphthalin-sulfonylchlorid-(1) und Methylamin in Äthanol (*Steiger*, Helv. **17** [1934] 794, 796).

Krystalle (aus A.); F: $195,5-196°$ [korr.].

8-Nitro-*N.N*-dimethyl-naphthalinsulfonamid-(1), *N,N-dimethyl-8-nitronaphthalene-1-sulfonamide* $C_{12}H_{12}N_2O_4S$, Formel XI (X = N(CH₃)₂).

B. Aus 8-Nitro-naphthalin-sulfonylchlorid-(1) und Dimethylamin in Äthanol und Toluol (*Steiger*, Helv. **17** [1934] 794, 796).

Krystalle (aus A.); F: $151,5-152,5°$ [korr.].

8-Nitro-*N*-äthyl-naphthalinsulfonamid-(1), *N-ethyl-8-nitronaphthalene-1-sulfonamide* $C_{12}H_{12}N_2O_4S$, Formel XI (X = NH-C₂H₅).

B. Aus 8-Nitro-naphthalin-sulfonylchlorid-(1) und Äthylamin in wss. Äthanol (*Steiger*,

Helv. **17** [1934] 794, 797).

Krystalle (aus A.); F: 127,5—128,5° [korr.].

8-Nitro-*N.N*-diäthyl-naphthalinsulfonamid-(1), N,N-*diethyl-8-nitronaphthalene-1-sulfon*= *amide* $C_{14}H_{16}N_2O_4S$, Formel XI (X = N(C₂H₅)₂).

B. Aus 8-Nitro-naphthalin-sulfonylchlorid-(1) und Diäthylamin in Toluol (*Steiger*, Helv. **17** [1934] 794, 798).

Krystalle (aus A.); F: 115—116° [korr.].   [*Klute*]

Naphthalin-sulfonsäure-(2), *naphthalene-2-sulfonic acid* $C_{10}H_8O_3S$, Formel XII (H 171; E I 38; E II 96).

B. Beim Eintragen von Schwefelsäure in Naphthalin bei 160° unter Entfernen des entstehenden Wassers und anschliessenden Einleiten von überhitztem Wasserdampf (*Othmer, Jacobs, Buschmann*, Ind. eng. Chem. **35** [1943] 326; s. a. *Goll*, Ullmann **12** [1960] 593, 594). Abtrennung von Naphthalin-sulfonsäure-(1) durch Erhitzen mit wss. Schwefel= säure auf 150°: *Nation. Aniline & Chem. Co.*, U.S.P. 1922813 [1932].

Absorptionsmaxima von Lösungen in Schwefelsäure: 230 mμ und 284 mμ (*Bandow*, Bio. Z. **301** [1939] 37, 38).

Beim Erwärmen des Natrium-Salzes mit Kaliumchlorat und wss. Salzsäure sind bei 50° 5-Chlor-naphthalin-sulfonsäure-(2) und 8-Chlor-naphthalin-sulfonsäure-(2), bei 100° 1.8-Dichlor-naphthalin, 2.6-Dichlor-naphthalin und 6-Chlor-naphthochinon-(1.4) erhalten worden (*Koslow, Talybow*, Ž. obšč. Chim. **9** [1939] 1827, 1831; C. A. **1940** 4067). Beim Behandeln mit 1 Mol Brom in Wasser bilden sich 5-Brom-naphthalin-sulfonsäure-(2) und 8-Brom-naphthalin-sulfonsäure-(2) (*Sal'kind, Belikowa*, Ž. obšč. Chim. **4** [1934] 1211, 1212; C. **1936** I 4431; vgl. H 172). Bildung von Naphthalin-disulfonsäure-(1.6) und Naphth= alin-disulfonsäure-(1.7) beim Behandeln des Barium-Salzes mit rauchender Schwefel= säure unterhalb 40°: *Ufimzew, Kriwoschlükowa*, J. pr. [2] **140** [1934] 172, 180. Ausbeute an Naphthalin-disulfonsäure-(1.6), Naphthalin-disulfonsäure-(1.7), Naphthalin-disulfon= säure-(2.6), Naphthalin-disulfonsäure-(2.7) und Naphthalin-trisulfonsäure-(1.3.6) beim Behandeln mit rauchender Schwefelsäure bei Temperaturen von 20° bis 160°: *Fierz-David, Richter*, Helv. **28** [1945] 257, 260, 265; s. a. *Lantz*, Bl. [5] **12** [1945] 253, 256. Hydrolyse beim Behandeln mit wss. Schwefelsäure verschiedener Konzentration bei verschiedenen Temperaturen: *Woroshzow, Krašowa*, Anilinokr. Promyšl. **2** Nr. 11 [1932] 15; C. **1934** I 1108; *Špryškow*, Ž. obšč. Chim. **17** [1947] 591, 592, 595, 598; C. A. **1949** 471. Beim Erhitzen mit Phenol auf 200° ist Bis-[4-hydroxy-phenyl]-sulfon erhalten worden (*Woroshzow, Kutschkarow*, Ž. obšč. Chim. **19** [1949] 1943, 1944; C. A. **1950** 1922).

Bestimmung neben Naphthalin-sulfonsäure-(1) und Naphthalin-disulfonsäuren durch Titration des Benzidin-Salzes mit wss. Natronlauge: *Tschukšanowa, Bilik*, Anilinokr. Promyšl. **3** [1933] 459; C. **1935** II 727. Gravimetrische Bestimmung neben Naphthalin-sulfonsäure-(1) als Magnesium-Salz: *Kiprianow, Milošlawškiĭ, Bilenko*, Zavod. Labor. **3** [1934] 414; C. **1936** I 1275.

Kupfer(II)-Salz. Hexahydrat $Cu(C_{10}H_7O_3S)_2 \cdot 6H_2O$ (E I 38; E II 97). Hellblaue Krystalle, die bei 100° 4 Mol, bei 130° das gesamte Wasser abgeben (*Pfeiffer, Fleitmann, Inoue*, Z. anorg. Ch. **192** [1930] 346, 358; s. a. *Dubský, Trtilek*, J. pr. [2] **140** [1934] 47, 53; *Wright*, Soc. **1942** 263, 264). — Hexammin-kupfer(II)-Salz $[Cu(NH_3)_6](C_{10}H_7O_3S)_2$. Blau (*Pf., Fl., In.*, l. c. S. 359). — Äthylendiamin-kupfer(II)-Komplex= salze: $[Cu(C_2H_8N_2)(H_2O)_4](C_{10}H_7O_3S)_2$. Blaue Krystalle [aus W.] (*Pf., Fl., In.*). $[Cu(C_2H_8N_2)_2(H_2O)_2](C_{10}H_7O_3S)_2$. Violette Krystalle [aus W. bzw. A.] (*Pf., Fl., In.; Du., Tr.*); F: 278° [Zers.] (*Du., Tr.*). $[Cu(C_2H_8N_2)_3](C_{10}H_7O_3S)_2 \cdot 4H_2O$. Violettblau; Zers. bei 260—265° (*Du., Tr.*).

Beryllium-Salz. Hexahydrat $Be(C_{10}H_7O_3S)_2 \cdot 6H_2O$. Krystalle (aus W.), die bei ca. 150° das Wasser abgeben (*Pfeiffer, Fleitmann, Hansen*, J. pr. [2] **128** [1930] 47, 58; s. a. *Čupr, Sirůček*, J. pr. [2] **139** [1934] 245, 251). — Tetrammin-beryllium-Salz $[Be(NH_3)_4](C_{10}H_7O_3S)_2$: *Pf., Fl., Ha.*

Hexammin-magnesium-Salz $[Mg(NH_3)_6](C_{10}H_7O_3S)_2$: *Pfeiffer, Fleitmann, Hansen*, J. pr. [2] **128** [1930] 47, 61.

Tetrammin-zink-Salz $[Zn(NH_3)_4](C_{10}H_7O_3S)_2$: *Pfeiffer, Fleitmann, Inoue*, Z. anorg. Ch. **192** [1930] 346, 361. — Tris-äthylendiamin-zink-Salz $[Zn(C_2H_8N_2)_3](C_{10}H_7O_3S)_2$. Krystalle [aus W.] (*Pf., Fl., In.*).

Äthylendiamin-cadmium-Komplexsalz $[Cd(C_2H_8N_2)_2(H_2O)_2](C_{10}H_7O_3S)_2$. Krystalle [aus W.] (*Pfeiffer, Fleitmann, Inoue,* Z. anorg. Ch. **192** [1930] 346, 364).

Quecksilber(II)-Salz. Hexahydrat $Hg(C_{10}H_7O_3S)_2 \cdot 6 H_2O$. Krystalle, die über Phosphor(V)-oxid bei Raumtemperatur 5 Mol, bei 80° das gesamte Wasser abgeben (*Pfeiffer, v. Müllenheim, Quehl,* J. pr. [2] **136** [1933] 249, 252).

Thallium(I)-Salz $TlC_{10}H_7O_3S$. Krystalle (aus W. + A.); F: 234—236° [unkorr.; Fisher-Johns-Block] (*Gilman, Abbot,* Am. Soc. **71** [1949] 659; *Abbot,* Iowa Coll. J. **18** [1943] 3).

Uranyl-Salz. Hexahydrat $[UO_2](C_{10}H_7O_3S)_2 \cdot 6 H_2O$ (vgl. E II 97). Grüngelbe Krystalle, die bei 80° das Wasser abgeben (*Pfeiffer, v. Müllenheim, Quehl,* J. pr. [2] **136** [1933] 249, 253). — Tetrammin-uranyl-Salz $[UO_2(NH_3)_4](C_{10}H_7O_3S)_2$ und Hexammin-uranyl-Salz $[UO_2(NH_3)_6](C_{10}H_7O_3S)_2$: *Pf., Mü., Qu.*

Nickel(II)-Salz. Hexahydrat $Ni(C_{10}H_7O_3S)_2 \cdot 6 H_2O$ (E I 39; E II 98). Hellgrüne Krystalle (aus W.), die bei 130° 4 Mol, bei 190° das gesamte Wasser abgeben (*Pfeiffer, Fleitmann, Inoue,* Z. anorg. Ch. **192** [1930] 346, 354). — Hexammin-nickel(II)-Salz $[Ni(NH_3)_6](C_{10}H_7O_3S)_2$. Blauviolette Krystalle (*Pf., Fl., In.,* l. c. S. 355). — Äthylendiamin-nickel(II)-Komplexsalze $[Ni(C_2H_8N_2)_2(H_2O)_2](C_{10}H_7O_3S)_2 \cdot H_2O$ (hellblauviolette Krystalle) und $[Ni(C_2H_8N_2)_3](C_{10}H_7O_3S)_2$ (blauviolette Krystalle [aus W.]): *Pf., Fl., In.,* l. c. S. 356.

Triäthylblei-Salz $[Pb(C_2H_5)_3]C_{10}H_7O_3S$. B. Beim Erhitzen von Tetraäthylblei mit Naphthalin-sulfonsäure-(2) in Gegenwart von Silicagel (*Heap, Saunders,* Soc. **1949** 2983, 2987). — Krystalle (aus Bzl.); F: 152°. — Schleimhautreizend.

Tripropylblei-Salz $[Pb(C_3H_7)_3]C_{10}H_7O_3S$. B. Beim Behandeln von Tripropylbleichlorid mit wasserhaltigem Silberoxid in Äthanol und Erwärmen der Reaktionslösung mit Naphthalin-sulfonsäure-(2) (*Saunders, Stacey,* Soc. **1949** 919, 924). — Krystalle (aus Bzl.); F: 126—127°. — Schleimhautreizend.

Tributylblei-Salz $[Pb(C_4H_9)_3]C_{10}H_7O_3S$. B. Aus Tributylbleichlorid analog dem Tripropylblei-Salz [s. o.] (*Saunders, Stacey,* Soc. **1949** 919, 925). — Krystalle (aus Bzl. + PAe.); F: 68°. — Schleimhautreizend.

Guanidin-Salz $CH_5N_3 \cdot C_{10}H_8O_3S$ (H 173). Krystalle; F: 268—269° [korr.] (*Perrot,* Bl. **1946** 554, 557).

S-Benzyl-isothiuronium-Salz $[C_8H_{11}N_2S]C_{10}H_7O_3S$ (E II 98). Krystalle (aus wss. A.) mit 2 Mol H_2O; F: 190,5—190,8° [korr.] (*Chambers, Watt,* J. org. Chem. **6** [1941] 376, 378).

S-[Naphthyl-(1)-methyl]-isothiuronium-Salz $[C_{12}H_{13}N_2S]C_{10}H_7O_3S$. Krystalle (aus A.); F: 179,5° [korr.] (*Bonner,* Am. Soc. **70** [1948] 3508).

Glycin-Salz $C_2H_5NO_2 \cdot C_{10}H_8O_3S$. Krystalle; F: 197° (*Fitzgerald,* Trans. roy. Soc. Canada [3] **31** III [1937] 153, 157), 195—196° [korr.; aus W.] (*Machek,* M. **66** [1935] 345, 351), 193° (*Pfeiffer et al.,* J. pr. [2] **126** [1930] 97, 125). In Methanol leicht löslich.

Sarkosin-Salz $C_3H_7NO_2 \cdot C_{10}H_8O_3S$. F: 186° (*Pfeiffer et al.,* J. pr. [2] **126** [1930] 97, 125).

N-Glycyl-glycin-Salz $C_4H_8N_2O_3 \cdot C_{10}H_8O_3S$. F: 225° (*Pfeiffer et al.,* J. pr. [2] **126** [1930] 97, 126).

DL-Alanin-Salz $C_3H_7NO_2 \cdot C_{10}H_8O_3S$. Krystalle; F: 224—227° [aus W.] (*Machek,* M. **66** [1935] 345, 354), 221° (*Fitzgerald,* Trans. roy. Soc. Canada [3] **31** III [1937] 153, 157).

β-Alanin-Salz $C_3H_7NO_2 \cdot C_{10}H_8O_3S$. F: 181° (*Fitzgerald,* Trans. roy. Soc. Canada [3] **31** III [1937] 153, 157).

(±)-3-Amino-buttersäure-Salz $C_4H_9NO_2 \cdot C_{10}H_8O_3S$. Krystalle; F: 157—158° [korr.] (*Machek,* M. **66** [1935] 345, 355).

L-Arginin-Salze. a) $C_6H_{14}N_4O_2 \cdot C_{10}H_8O_3S$. F: 243° [Zers.] (*Bergmann, Stein,* J. biol. Chem. **129** [1939] 609, 614). — b) $C_6H_{14}N_4O_2 \cdot 2 C_{10}H_8O_3S$. Krystalle (aus W.); F: 209° bis 211° [Zers.] (*Be., St.*).

L-Leucin-Salz $C_6H_{13}NO_2 \cdot C_{10}H_8O_3S$. Krystalle (aus W.) mit 1 Mol H_2O; F: 187,5° bis 189° [Zers.] (*Bergmann, Stein,* J. biol. Chem. **129** [1939] 609, 613).

DL-Leucin-Salz $C_6H_{13}NO_2 \cdot C_{10}H_8O_3S$. Krystalle; F: 203° (*Fitzgerald,* Trans. roy. Soc. Canada [3] **31** III [1937] 153, 157), 202—203° [korr.; aus W.] (*Machek,* M. **66** [1935] 345, 354).

N-Glycyl-L-leucin-Salz $C_8H_{16}N_2O_3 \cdot C_{10}H_8O_3S$. Krystalle (aus W.); F: 211—212° [Zers.] (*Bergmann, Stein,* J. biol. Chem. **129** [1939] 609, 615).

D-Methionin-Salz $C_5H_{11}NO_2S \cdot C_{10}H_8O_3S$. Krystalle (aus W.); F: 203—205° [korr.; Kofler-App.] (*Brenner, Kocher*, Helv. **32** [1949] 333, 335). $[\alpha]_D^{19,5}$: —15,6° [1-Methoxy-äthanol-(2)].

L-Methionin-Salz $C_5H_{11}NO_2S \cdot C_{10}H_8O_3S$. Krystalle (aus W.); F: 203—205° [korr.; Kofler-App.] (*Brenner, Kocher*, Helv. **32** [1949] 333, 335). $[\alpha]_D^{19,5}$: +15,6° [1-Methoxy-äthanol-(2)].

DL-Methionin-Salz $C_5H_{11}NO_2S \cdot C_{10}H_8O_3S$. Krystalle (aus W.); F: 187—190° [korr.; Kofler-App.] (*Brenner, Kocher*, Helv. **32** [1949] 333, 335).

Naphthalin-sulfonsäure-(2)-phenylester, *naphthalene-2-sulfonic acid phenyl ester* $C_{16}H_{12}O_3S$, Formel I (R = H) (H 173).

Beim Erhitzen mit Aluminiumchlorid auf 150° ist 2-[Naphthyl-(2)-sulfon]-phenol erhalten worden (*Chem. Fabr. v. Heyden*, D.R.P. 532403 [1930]; Frdl. **18** 517).

(±)-3-[Naphthalin-sulfonyl-(2)-oxy]-1-methyl-cyclopenten-(3)-on-(2), (±)-Naphthalin-sulfonsäure-(2)-[2-oxo-3-methyl-cyclopenten-(5)-ylester], *(±)-5-methyl-2-(2-naphthyl=sulfonyloxy)cyclopent-2-en-1-one* $C_{16}H_{14}O_4S$, Formel II.

B. Aus dem Mononatrium-Salz des (±)-3-Hydroxy-1-methyl-cyclopenten-(3)-ons-(2) (E III **7** 3213) und Naphthalin-sulfonylchlorid-(2) (*Lichtenberger*, Bl. [5] **9** [1942] 206). F: 99—100°.

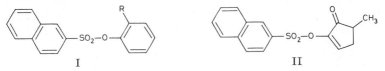

I   II

2-[Naphthalin-sulfonyl-(2)-oxy]-benzaldehyd, Naphthalin-sulfonsäure-(2)-[2-formyl-phenylester], *naphthalene-2-sulfonic acid o-formylphenyl ester* $C_{17}H_{12}O_4S$, Formel I (R = CHO).

B. Beim Behandeln von Salicylaldehyd mit Naphthalin-sulfonylchlorid-(2) und Pyridin (*Read, Johnston*, Soc. **1934** 226, 233).
F: 74—75°.

3-Methoxy-4-[naphthalin-sulfonyl-(2)-oxy]-benzaldehyd, Naphthalin-sulfonsäure-(2)-[2-methoxy-4-formyl-phenylester], *3-methoxy-4-(2-naphthylsulfonyloxy)benzaldehyde* $C_{18}H_{14}O_5S$, Formel III.

B. Beim Behandeln von Vanillin mit Naphthalin-sulfonylchlorid-(2) und Pyridin (*Read, Johnston*, Soc. **1934** 226, 233).
F: 98°.

Naphthalin-sulfonylfluorid-(2), *naphthalene-2-sulfonyl fluoride* $C_{10}H_7FO_2S$, Formel IV (X = F) (E II 99).

B. Aus Naphthalin-sulfonylchlorid-(2) beim Erwärmen mit Kaliumfluorid in Wasser (*Davies, Dick*, Soc. **1931** 2104, 2108).
Krystalle (aus wss. A.); F: 86—88°.

Naphthalin-sulfonylchlorid-(2), *naphthalene-2-sulfonyl chloride* $C_{10}H_7ClO_2S$, Formel IV (X = Cl) (H 173; E I 39; E II 99).

B. Beim Erhitzen von Natrium-naphthalin-sulfonat-(2) mit Benzotrichlorid auf 200° (*I.G. Farbenind.*, D.R.P. 574836 [1931]; Frdl. **19** 627; U.S.P. 2016784 [1932]).

Krystalle; F: 78° [aus Ae.] (*Linezkaja, Šaposhnikowa*, Ž. prikl. Chim. **21** [1948] 876, 878; C. A. **1949** 926), 76° [aus Bzl.] (*Koslow, Talybow*, Ž. obšč. Chim. **9** [1939] 1827, 1830; C. **1940** I 2946), 76° [Zers.; aus PAe.] (*Gur'janowa*, Ž. fiz. Chim. **21** [1947] 411, 415; C. A. **1947** 6786). Dipolmoment (ε; Bzl.): 4,96 D (*Gu.*).

Geschwindigkeit der Hydrolyse in wss. Aceton bei 30°, 40° und 50°: *Li., Ša.*, l. c. S. 879.

Naphthalinsulfonamid-(2), *naphthalene-2-sulfonamide* $C_{10}H_9NO_2S$, Formel IV (X = NH₂) (H 174; E II 99).

Krystalle; F: 217° [aus A.] (*Gur'janowa*, Ž. fiz. Chim. **21** [1947] 633, 641; C. A. **1948** 2148), 215° [aus A.] (*Curtius, Bottler, Raudenbusch*, J. pr. [2] **125** [1930] 380, 383). Dipolmoment (ε; Dioxan): 5,27 D (*Gu.*).

N-Methyl-naphthalinsulfonamid-(2), N-*methylnaphthalene-2-sulfonamide* $C_{11}H_{11}NO_2S$,
Formel IV (X = NH-CH$_3$) (H 174).

Äthylquecksilber-Salz [C$_2$H$_5$Hg]C$_{11}$H$_{10}$NO$_2$S. Krystalle (aus A.); F: 119—121°
(*Du Pont de Nemours & Co.*, U.S.P. 2452595 [1945]).

N.N-Diäthyl-naphthalinsulfonamid-(2), N,N-*diethylnaphthalene-2-sulfonamide*
$C_{14}H_{17}NO_2S$, Formel IV (X = N(C$_2$H$_5$)$_2$).

B. Beim Behandeln von Naphthalin-sulfonylchlorid-(2) mit Diäthylamin und wss.
Kalilauge (*Campbell, Campbell, Salm*, Pr. Indiana Acad. **57** [1947] 97, 99, 100).
F: 83—84°.

N-Isopropyl-naphthalinsulfonamid-(2), N-*isopropylnaphthalene-2-sulfonamide*
$C_{13}H_{15}NO_2S$, Formel IV (X = NH-CH(CH$_3$)$_2$).

B. Beim Behandeln von Naphthalin-sulfonylchlorid-(2) mit Isopropylamin und wss.
Kalilauge (*Campbell, Campbell, Salm*, Pr. Indiana Acad. **57** [1947] 97, 99, 100).
F: 100—101°.

N-Butyl-naphthalinsulfonamid-(2), N-*butylnaphthalene-2-sulfonamide* $C_{14}H_{17}NO_2S$,
Formel IV (X = NH-[CH$_2$]$_3$-CH$_3$).

B. Beim Behandeln von Naphthalin-sulfonylchlorid-(2) mit Butylamin und wss. Kali=
lauge (*Campbell, Campbell, Salm*, Pr. Indiana Acad. **57** [1947] 97, 99, 100).
F: 54—55°.

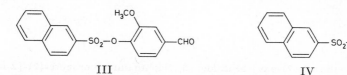

III   IV

N.N-Dibutyl-naphthalinsulfonamid-(2), N,N-*dibutylnaphthalene-2-sulfonamide*
$C_{18}H_{25}NO_2S$, Formel IV (X = N([CH$_2$]$_3$-CH$_3$)$_2$).

B. Beim Behandeln von Naphthalin-sulfonylchlorid-(2) mit Dibutylamin und wss.
Kalilauge (*Campbell, Campbell, Salm*, Pr. Indiana Acad. **57** [1947] 97, 99, 100).
F: 66—67°.

(±)-*N-sec*-Butyl-naphthalinsulfonamid-(2), (±)-N-sec-*butylnaphthalene-2-sulfonamide*
$C_{14}H_{17}NO_2S$, Formel IV (X = NH-CH(CH$_3$)-CH$_2$-CH$_3$).

B. Beim Behandeln von Naphthalin-sulfonylchlorid-(2) mit (±)-*sec*-Butylamin und
wss. Kalilauge (*Campbell, Campbell, Salm*, Pr. Indiana Acad. **57** [1947] 97, 99, 100).
F: 101—102°.

N-Isobutyl-naphthalinsulfonamid-(2), N-*isobutylnaphthalene-2-sulfonamide* $C_{14}H_{17}NO_2S$,
Formel IV (X = NH-CH$_2$-CH(CH$_3$)$_2$).

B. Beim Behandeln von Naphthalin-sulfonylchlorid-(2) mit Isobutylamin und wss.
Kalilauge (*Campbell, Campbell, Salm*, Pr. Indiana Acad. **57** [1947] 97, 99, 100).
F: 84—85°.

N.N-Diisobutyl-naphthalinsulfonamid-(2), N,N-*diisobutylnaphthalene-2-sulfonamide*
$C_{18}H_{25}NO_2S$, Formel IV (X = N[CH$_2$-CH(CH$_3$)$_2$]$_2$).

B. Beim Behandeln von Naphthalin-sulfonylchlorid-(2) mit Diisobutylamin und wss.
Kalilauge (*Campbell, Campbell, Salm*, Pr. Indiana Acad. **57** [1947] 97, 99, 100).
F: 81—82°.

N.N-Bis-[2-hydroxy-äthyl]-naphthalinsulfonamid-(2), N,N-*bis(2-hydroxyethyl)naphth=
alene-2-sulfonamide* $C_{14}H_{17}NO_4S$, Formel IV (X = N(CH$_2$-CH$_2$OH)$_2$).

B. Beim Erwärmen von Naphthalin-sulfonylchlorid-(2) mit Bis-[2-hydroxy-äthyl]-
amin in Wasser (*Gen. Mills Inc.*, U.S.P. 2496650 [1946]). Beim Erwärmen von Naphth=
alinsulfonamid-(2) mit 2-Chlor-äthanol-(1) und wss. Natronlauge (*Imp. Chem. Ind.*,
D.R.P. 520156 [1928]; Frdl. **17** 651).

Krystalle; F: 95° [aus A.] (*Imp. Chem. Ind.*), 92—94° [aus Me.] (*Gen. Mills Inc.*).

[Naphthalin-sulfonyl-(2)]-acetyl-amin, *N*-[Naphthalin-sulfonyl-(2)]-acetamid,
N-(2-*naphthylsulfonyl*)*acetamide* $C_{12}H_{11}NO_3S$, Formel IV (X = NH-CO-CH$_3$).

B. Aus Naphthalinsulfonamid-(2) und Acetylchlorid (*Openshaw, Spring*, Soc. **1945**

234).

Krystalle (aus wss. A.); F: 145—146°.

[Naphthalin-sulfonyl-(2)]-methyl-acetyl-amin, *N*-[Naphthalin-sulfonyl-(2)]-*N*-methyl-acetamid, N-*methyl*-N-*(2-naphthylsulfonyl)acetamide* $C_{13}H_{13}NO_3S$, Formel IV (X = N(CH₃)-CO-CH₃).

B. Aus *N*-Methyl-naphthalinsulfonamid-(2) und Acetylchlorid (*Openshaw, Spring,* Soc. **1945** 234). Aus *N*-[Naphthalin-sulfonyl-(2)]-acetamid und Diazomethan in Äther (*Op., Sp.*).

Krystalle (aus wss. A.); F: 82°.

[Naphthalin-sulfonyl-(2)]-äthyl-acetyl-amin, *N*-[Naphthalin-sulfonyl-(2)]-*N*-äthyl-acetamid, N-*ethyl*-N-*(2-naphthylsulfonyl)acetamide* $C_{14}H_{15}NO_3S$, Formel IV (X = N(C₂H₅)-CO-CH₃).

B. Aus *N*-Äthyl-naphthalinsulfonamid-(2) und Acetylchlorid (*Openshaw, Spring,* Soc. **1945** 234).

Krystalle (aus wss. A.); F: 76°.

[Naphthalin-sulfonyl-(2)]-benzyl-acetyl-amin, *N*-[Naphthalin-sulfonyl-(2)]-*N*-benzyl-acetamid, N-*benzyl*-N-*(2-naphthylsulfonyl)acetamide* $C_{19}H_{17}NO_3S$, Formel IV (X = N(CO-CH₃)-CH₂-C₆H₅).

B. Aus *N*-Benzyl-naphthalinsulfonamid-(2) (nicht näher beschrieben) und Acetyl=chlorid (*Openshaw, Spring,* Soc. **1945** 234).

Krystalle (aus wss. A.); F: 168,5—169°.

[Naphthalin-sulfonyl-(2)]-*o*-toluoyl-amin, *N*-[Naphthalin-sulfonyl-(2)]-*o*-toluamid, N-*(2-naphthylsulfonyl)-o-toluamide* $C_{18}H_{15}NO_3S$, Formel V.

B. Beim Erhitzen von Naphthalin-sulfonylchlorid-(2) mit der Natrium-Verbindung des *o*-Toluamids in Xylol (*Geigy A.G.,* Schweiz.P. 255618 [1944]). Aus Naphthalin=sulfonamid-(2) beim Erhitzen mit *o*-Toluylsäure und Phosphor(V)-oxid in Chlorbenzol sowie beim Erwärmen mit *o*-Toluoylchlorid und Pyridin oder mit *o*-Toluoylchlorid und Aluminiumchlorid in Nitrobenzol (*Geigy A.G.*).

Krystalle (aus wss. A.); F: 145—146°.

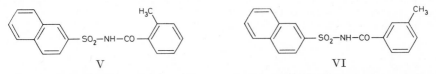

V   VI

[Naphthalin-sulfonyl-(2)]-*m*-toluoyl-amin, *N*-[Naphthalin-sulfonyl-(2)]-*m*-toluamid, N-*(2-naphthylsulfonyl)-m-toluamide* $C_{18}H_{15}NO_3S$, Formel VI.

B. Aus Naphthalin-sulfonylchlorid-(2) und *m*-Toluamid sowie aus Naphthalinsulfon=amid-(2) und *m*-Toluylsäure oder *m*-Toluoylchlorid analog der im vorangehenden Artikel beschriebenen Verbindung (*Geigy A.G.,* Schweiz.P. 255617 [1944]).

Krystalle (aus wss. A.); F: 147°.

[Naphthalin-sulfonyl-(2)]-*p*-toluoyl-amin, *N*-[Naphthalin-sulfonyl-(2)]-*p*-toluamid, N-*(2-naphthylsulfonyl)-p-toluamide* $C_{18}H_{15}NO_3S$, Formel VII (R = H).

B. Aus Naphthalin-sulfonylchlorid-(2) und *p*-Toluamid sowie aus Naphthalinsulfon=amid-(2) und *p*-Toluylsäure oder *p*-Toluoylchlorid analog *N*-[Naphthalin-sulfonyl-(2)]-*o*-toluamid [s. o.] (*Geigy A.G.,* Schweiz.P. 255616 [1944]). Aus *N*-[Naphthalin-sulfon=yl-(2)]-*p*-toluamidin (nicht näher beschrieben) beim Erwärmen mit wss. Salzsäure (*Geigy A.G.,* Schweiz.P. 242528 [1943]).

Krystalle; F: 166—168° [aus A.] (*Geigy A.G.,* Schweiz.P. 242528), 158—161° [aus wss. A.] (*Geigy A.G.,* Schweiz.P. 255616).

[Naphthalin-sulfonyl-(2)]-[3.4-dimethyl-benzoyl]-amin, *N*-[Naphthalin-sulfonyl-(2)]-3.4-dimethyl-benzamid, 3,4-*dimethyl*-N-*(2-naphthylsulfonyl)benzamide* $C_{19}H_{17}NO_3S$, Formel VII (R = CH₃).

B. Aus Naphthalin-sulfonylchlorid-(2) und 3.4-Dimethyl-benzamid sowie aus Naphth=alinsulfonamid-(2) und 3.4-Dimethyl-benzoesäure oder 3.4-Dimethyl-benzoylchlorid analog *N*-[Naphthalin-sulfonyl-(2)]-*o*-toluamid [s. o.] (*Geigy A.G.,* Schweiz.P. 255621

[1944]).
    Krystalle (aus wss. A.); F: 210°.

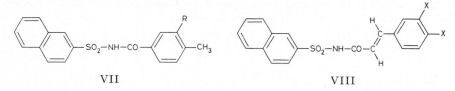

VII   VIII

[Naphthalin-sulfonyl-(2)]-cinnamoyl-amin, N-[Naphthalin-sulfonyl-(2)]-cinnamamid,
N-*(2-naphthylsulfonyl)cinnamamide* $C_{19}H_{15}NO_3S$.

N-[Naphthalin-sulfonyl-(2)]-*trans*-cinnamamid, Formel VIII (X = H).
    F: 176—177° (*Geigy A.G.*, Schweiz. P. 248 641 [1944]).

[Naphthalin-sulfonyl-(2)]-[3.4-dichlor-cinnamoyl]-amin, 3.4-Dichlor-N-[naphthalin-sulfonyl-(2)]-cinnamamid, *3,4-dichloro*-N-*(2-naphthylsulfonyl)cinnamamide*
$C_{19}H_{13}Cl_2NO_3S$.

3.4-Dichlor-N-[naphthalin-sulfonyl-(2)]-*trans*-cinnamamid Formel VIII
(X = Cl).
    B. Aus Naphthalin-sulfonylchlorid-(2) und 3.4-Dichlor-*trans*-cinnamamid (nicht näher
beschrieben) sowie aus Naphthalinsulfonamid-(2) und 3.4-Dichlor-*trans*-zimtsäure oder
3.4-Dichlor-*trans*-cinnamoylchlorid (nicht näher beschrieben) analog N-[Naphthalin-sulf=
onyl-(2)]-o-toluamid [S. 401] (*Geigy A.G.*, Schweiz. P. 255 620 [1944]).
    Krystalle (aus wss. A.); F: 296—298°.

**[Naphthalin-sulfonyl-(2)]-[naphthoyl-(1)]-amin, N-[Naphthalin-sulfonyl-(2)]-naphth=
amid-(1),** N-*(2-naphthylsulfonyl)-1-naphthamide* $C_{21}H_{15}NO_3S$, Formel IX.
    B. Aus Naphthalin-sulfonylchlorid-(2) und Naphthamid-(1) sowie aus Naphthalin=
sulfonamid-(2) und Naphthoesäure-(1) oder Naphthoyl-(1)-chlorid analog N-[Naphthalin-
sulfonyl-(2)]-o-toluamid [S. 401] (*Geigy A.G.*, Schweiz. P. 255 619 [1944]). Aus N-[Naphth=
alin-sulfonyl-(2)]-naphthamidin-(1) (nicht näher beschrieben) beim Erwärmen mit wss.
Salzsäure (*Geigy A.G.*, Schweiz.P. 242 526 [1943]).
    Krystalle (aus wss. A.); F: 181—182° (*Geigy A.G.*, Schweiz.P. 255 619).

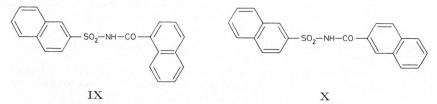

IX   X

**[Naphthalin-sulfonyl-(2)]-[naphthoyl-(2)]-amin, N-[Naphthalin-sulfonyl-(2)]-naphth=
amid-(2),** N-*(2-naphthylsulfonyl)-2-naphthamide* $C_{21}H_{15}NO_3S$, Formel X.
    B. Beim Erwärmen von Naphthalinsulfonamid-(2) mit Naphthoyl-(2)-chlorid und
Pyridin (*Geigy A.G.*, Brit.P. 602 426 [1945]).
    Krystalle (aus wss. A.); F: 204—206°.

N.N'-Di-[naphthalin-sulfonyl-(2)]-succinamid, N,N'-*bis(2-naphthylsulfonyl)succinamide*
$C_{24}H_{20}N_2O_6S_2$, Formel XI.
    B. Beim Erwärmen von Naphthalinsulfonamid-(2) mit Bernsteinsäure-anhydrid und
Phosphoroxychlorid (*Evans, Dehn*, Am. Soc. **52** [1930] 2531).
    Krystalle; F: 248°.

[Naphthalin-sulfonyl-(2)]-guanidin, *(2-naphthylsulfonyl)guanidine* $C_{11}H_{11}N_3O_2S$,
Formel IV (X = NH-C(NH_2)=NH) [auf S. 400] und Tautomeres.
    B. Beim Behandeln von Naphthalin-sulfonylchlorid-(2) mit Guanidin-carbonat und
wss. Kalilauge (*Perrot*, Bl. **1946** 554, 557).
    Krystalle (aus A.); F: 247—248° [korr.].

N'-[Naphthalin-sulfonyl-(2)]-*N*-methyl-guanidin, N-*methyl*-N'-*(2-naphthylsulfonyl)*=
guanidine $C_{12}H_{13}N_3O_2S$, Formel IV (X = NH-C(NH-CH$_3$)=NH) [auf S. 400] und Tautomere.

B. Beim Behandeln einer wss. Lösung von Methylguanidin-hydrochlorid mit Naphth=
alin-sulfonylchlorid-(2) in Äther unter Zusatz von wss. Natronlauge (*Hess, Sullivan,* Am.
Soc. **57** [1935] 2331).

Krystalle (aus A.); F: 101—102° [unkorr.]. In 100 ml Wasser lösen sich bei 24° 21 mg.

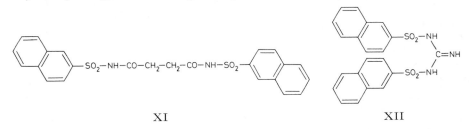

XI   XII

N.N'-Di-[naphthalin-sulfonyl-(2)]-guanidin, N,N'-*bis(2-naphthylsulfonyl)guanidine*
$C_{21}H_{17}N_3O_4S_2$, Formel XII und Tautomeres.

B. Beim Behandeln von Guanidin-carbonat mit wss. Natronlauge und mit Naphthalin-
sulfonylchlorid-(2) in Äther (*Hess, Sullivan,* Am. Soc. **57** [1935] 2331).

Krystalle (aus A.) mit 2 Mol H_2O; F: 204—206° [unkorr.].

N-{*N*-[*N*-(Naphthalin-sulfonyl-(2))-glycyl]-glycyl}-alanin, [Naphthalin-sulfonyl-(2)]=
→diglycyl→alanin, N-{N-[N-*(2-naphthylsulfonyl)glycyl]glycyl}alanine* $C_{17}H_{19}N_3O_6S$.

N-{*N*-[*N*-(Naphthalin-sulfonyl-(2))-glycyl]-glycyl}-ʟ-alanin, Formel XIII.

B. Beim Behandeln von *N*-[*N*-Glycyl-glycyl]-ʟ-alanin mit wss. Natronlauge und mit
Naphthalin-sulfonylchlorid-(2) in Äther (*Abderhalden, v. Ehrenwall,* Fermentf. **12** [1931]
376, 394).

Krystalle, die bei 222° unter Verfärbung sintern. In Äthanol löslich, in Wasser schwer
löslich.

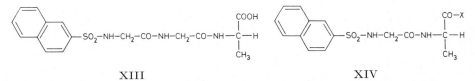

XIII   XIV

N-[*N*-(Naphthalin-sulfonyl-(2))-glycyl]-alanin, N-[N-*(2-naphthylsulfonyl)glycyl]*=
alanine $C_{15}H_{16}N_2O_5S$.

N-[*N*-(Naphthalin-sulfonyl-(2))-glycyl]-ʟ-alanin, Formel XIV (X = OH) (H 175).

B. Beim Behandeln von *N*-Glycyl-ʟ-alanin mit wss. Natronlauge und mit anschliessend
Naphthalin-sulfonylchlorid-(2) in Äther (*Abderhalden, v. Ehrenwall,* Fermentf. **12** [1931]
376, 392).

Krystalle (aus A. + W.).

N-{*N*-[*N*-(Naphthalin-sulfonyl-(2))-glycyl]-ᴅʟ-alanyl}-glycin, N-{N-[N-*(2-naphthyl*=
sulfonyl)glycyl]-ᴅʟ-*alanyl}glycine* $C_{17}H_{19}N_3O_6S$, Formel XIV (X = NH-CH$_2$-COOH) +
Spiegelbild.

B. Beim Behandeln von *N*-[*N*-Glycyl-ᴅʟ-alanyl]-glycin mit wss. Natronlauge und mit
Naphthalin-sulfonylchlorid-(2) in Äther (*Abderhalden, v. Ehrenwall,* Fermentf. **12** [1931]
376, 394).

Krystalle; F: 213° [Zers.]. In Äthanol und in warmem Wasser löslich, in Äther fast
unlöslich.

[Naphthalin-sulfonyl-(2)]→glycyl→alanyl→glycyl→alanin, N-(N-{N-[N-*(2-naphthyl*=
sulfonyl)glycyl]alanyl}glycyl)alanine $C_{20}H_{24}N_4O_7S$.

[Naphthalin-sulfonyl-(2)]→glycyl→ʟ-alanyl→glycyl→ʟ-alanin, Formel I.

B. Beim Behandeln von *N*-[*N*-(*N*-Glycyl-ʟ-alanyl)-glycyl]-ʟ-alanin mit wss. Natron=

lauge und mit Naphthalin-sulfonylchlorid-(2) in Äther (*Abderhalden, v. Ehrenwall,* Fermentf. **12** [1931] 376, 394).

Krystalle; Zers. bei 215°. In Äthanol leicht löslich, in warmem Wasser löslich.

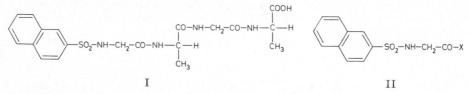

I   II

(±)-2-{[N-(Naphthalin-sulfonyl-(2))-glycyl]-amino}-buttersäure, *(±)-2-[2-(naphthalene-2-sulfonamido)acetamido]butyric acid* $C_{16}H_{18}N_2O_5S$, Formel II
(X = NH-CH(C_2H_5)-COOH).

B. Beim Behandeln von (±)-2-Glycylamino-buttersäure mit wss. Natronlauge und mit Naphthalin-sulfonylchlorid-(2) in Äther (*Abderhalden, Vlassopoulos,* Fermentf. **10** [1929] 365, 373).

F: 112—114° [aus A. + W.]. In Äthanol leicht löslich, in Äther schwer löslich, in Wasser fast unlöslich.

N-{N-[N-(Naphthalin-sulfonyl-(2))-glycyl]-norvalyl}-norvalin, N-{N-[N-(*2-naphthyl-sulfonyl)glycyl]norvalyl}norvaline* $C_{22}H_{29}N_3O_6S$, Formel II
(X = NH-CH(CH$_2$-CH$_2$-CH$_3$)-CO-NH-CH(CH$_2$-CH$_2$-CH$_3$)-COOH).

Opt.-inakt. N-{N-[N-(Naphthalin-sulfonyl-(2))-glycyl]-norvalyl}-norvalin vom F: 195°.

B. Beim Behandeln von opt.-inakt. *N*-[*N*-Glycyl-norvalyl]-norvalin (F: 238—240°) mit wss. Natronlauge und mit Naphthalin-sulfonylchlorid-(2) in Äther (*Abderhalden, Vlassopoulos,* Fermentf. **10** [1929] 365, 376).

Krystalle (aus wss. A.); F: 195°. In Äthanol leicht löslich, in Äther mässig löslich, in Wasser fast unlöslich.

N-{N-[N-(Naphthalin-sulfonyl-(2))-glycyl]-valyl}-valin, N-{N-[N-(*2-naphthylsulfonyl)-glycyl]valyl}valine* $C_{22}H_{29}N_3O_6S$.

N-{N-[N-(Naphthalin-sulfonyl-(2))-glycyl]-ʟ-valyl}-ʟ-valin, Formel III.

B. Beim Behandeln von *N*-[*N*-Glycyl-ʟ-valyl]-ʟ-valin mit wss. Natronlauge und mit Naphthalin-sulfonylchlorid-(2) in Äther (*Abderhalden, Vlassopoulos,* Fermentf. **10** [1929] 365, 382).

Krystalle. In Äthanol leicht löslich, in Äther schwer löslich, in Wasser fast unlöslich.

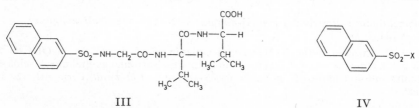

III   IV

N-[N-(Naphthalin-sulfonyl-(2))-sarkosyl]-sarkosin, N-[N-(*2-naphthylsulfonyl)sarcosyl]-sarcosine* $C_{16}H_{18}N_2O_5S$, Formel IV (X = N(CH$_3$)-CH$_2$-CO-N(CH$_3$)-CH$_2$-COOH).

B. Beim Behandeln von *N*-Sarkosyl-sarkosin mit wss. Natronlauge und mit Naphthalin-sulfonylchlorid-(2) in Äther (*Sigmund, Liedl,* Z. physiol. Chem. **202** [1931] 268, 278).

Krystalle (aus wss. A.); F: 173° [nach Sintern von 167° an].

[Naphthalin-sulfonyl-(2)]-glykoloyl-amin, C-Hydroxy-N-[naphthalin-sulfonyl-(2)]-acetamid, N-(*2-naphthylsulfonyl)glycolamide* $C_{12}H_{11}NO_4S$, Formel IV
(X = NH-CO-CH$_2$OH).

B. Beim Erwärmen von *C*-Diazo-*N*-[naphthalin-sulfonyl-(2)]-malonamidsäure (S. 409) mit Wasser (*Curtius, Bottler, Raudenbusch,* J. pr. [2] **125** [1930] 380, 396).

Krystalle; F: 147°. In Äthanol und in warmem Wasser leicht löslich, in Äther schwer löslich.

N-[Naphthalin-sulfonyl-(2)]-alanin, N-(*2-naphthylsulfonyl*)*alanine* $C_{13}H_{13}NO_4S$.

N-[Naphthalin-sulfonyl-(2)]-L-alanin, Formel V (R = H, X = OH) (H 176; E II 100).

Krystalle (aus W. oder aus A. + W.) mit 2 Mol H_2O; F: 60° (*Fromageot, Desnuelle*, Bl. [4] **53** [1933] 541, 546). Optisches Drehungsvermögen von Lösungen in Äthanol und in verd. wss. Natronlauge bei Wellenlängen von 435 mμ bis 690 mμ: *Fromageot, Desnuelle*, Bio. Z. **273** [1934] 24, 26. In kaltem Wasser fast unlöslich (*Fr., De.*, Bl. [4] **53** 546).

N-[*N*-(Naphthalin-sulfonyl-(2))-DL-alanyl]-glycin, N-[N-(*2-naphthylsulfonyl*)-DL-*alanyl*]= *glycine* $C_{15}H_{16}N_2O_5S$, Formel V (R = H, X = NH-CH$_2$-COOH) + Spiegelbild (vgl. H 176).

B. Beim Behandeln von *N*-DL-Alanyl-glycin mit wss. Natronlauge und mit Naphth= alin-sulfonylchlorid-(2) in Äther (*Abderhalden, v. Ehrenwall*, Fermentf. **12** [1931] 376, 394).

Krystalle; F: 175° (*Ab., v. Eh.*), 141—142° [aus W.] (*Freudenberg, Eichel, Leutert*, B. **65** [1932] 1183, 1189). In Äthanol leicht löslich, in warmem Wasser mässig löslich (*Ab., v. Eh.*).

N-{*N*-[*N*-(Naphthalin-sulfonyl-(2))-DL-alanyl]-glycyl}-glycin, N-{N-[N-(*2-naphthyl*= *sulfonyl*)-DL-*alanyl*]*glycyl*}*glycine* $C_{17}H_{19}N_3O_6S$, Formel V (R = H, X = NH-CH$_2$-CO-NH-CH$_2$-COOH) + Spiegelbild.

B. Beim Behandeln von *N*-[*N*-DL-Alanyl-glycyl]-glycin mit wss. Natronlauge und mit Naphthalin-sulfonylchlorid-(2) in Äther (*Abderhalden, Dinerstein, Genes*, Fermentf. **10** [1929] 532, 538).

In Äthanol und Aceton leicht löslich, in Wasser löslich, in Chloroform und Äther fast unlöslich.

N-{*N*-[*N*-(Naphthalin-sulfonyl-(2))-alanyl]-glycyl}-alanin, N-{N-[N-(*2-naphthylsulfon*= *yl*)*alanyl*]*glycyl*}*alanine* $C_{18}H_{21}N_3O_6S$.

N-{*N*-[*N*-(Naphthalin-sulfonyl-(2))-L-alanyl]-glycyl}-L-alanin, Formel VI.

B. Beim Behandeln von *N*-[*N*-L-Alanyl-glycyl]-L-alanin mit wss. Natronlauge und mit Naphthalin-sulfonylchlorid-(2) in Äther (*Abderhalden, v. Ehrenwall*, Fermentf. **12** [1931] 376, 393).

Krystalle; F: 182° [Zers.]. In Äthanol leicht löslich, in Wasser schwer löslich.

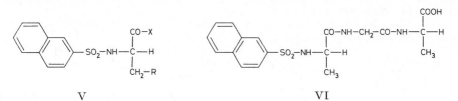

$$\text{V} \qquad\qquad\qquad \text{VI}$$

N-[Naphthalin-sulfonyl-(2)]-β-alanin, N-(*2-naphthylsulfonyl*)-β-*alanine* $C_{13}H_{13}NO_4S$, Formel IV (X = NH-CH$_2$-CH$_2$-COOH).

B. Beim Behandeln von β-Alanin mit wss. Natronlauge und mit Naphthalin-sulfonyl= chlorid-(2) in Äther (*Weinstock et al.*, Am. Soc. **61** [1939] 1421, 1424; *Lythgoe et al.*, Biochem. J. **34** [1940] 1335, 1337).

Krystalle (aus W.); F: 135,5—136,5° (*Wei. et al.*), 134,5—135,5° (*Ly. et al.*). Löslich= keit in Wasser und in Äther: *Wei. et al.*

(±)-*N*-[2-(Naphthalin-sulfonyl-(2)-amino)-butyryl]-glycin, (±)-N-[2-(*naphthalene*-2-*sulfonamido*)*butyryl*]*glycine* $C_{16}H_{18}N_2O_5S$, Formel V (R = CH$_3$, X = NH-CH$_2$-COOH) + Spiegelbild.

B. Beim Behandeln von (±)-*N*-[2-Amino-butyryl]-glycin mit wss. Natronlauge und mit Naphthalin-sulfonylchlorid-(2) in Äther (*Abderhalden, Vlassopoulos*, Fermentf. **10** [1929] 365, 371).

F: 165,5° [aus A. + W.]. In Äthanol leicht löslich, in Äther schwer löslich, in Wasser fast unlöslich.

(±)-N-{N-[2-(Naphthalin-sulfonyl-(2)-amino)-butyryl]-glycyl}-glycin,
(±)-N-{N-[2-(naphthalene-2-sulfonamido)butyryl]glycyl}glycine $C_{18}H_{21}N_3O_6S$, Formel V
(R = CH_3, X = NH-CH_2-CO-NH-CH_2-COOH) + Spiegelbild.
B. Beim Behandeln von (±)-N-[N-(2-Amino-butyryl)-glycyl]-glycin mit wss. Natron=
lauge und mit Naphthalin-sulfonylchlorid-(2) in Äther (*Abderhalden, Vlassopoulos,*
Fermentf. **10** [1929] 365, 372).
Krystalle (aus wss. A.); F: 140°.

N-[N-(Naphthalin-sulfonyl-(2))-norvalyl]-norvalin, N-[N-(2-naphthylsulfonyl)norvalyl]=
norvaline $C_{20}H_{26}N_2O_5S$, Formel V (R = C_2H_5, X = NH-CH(CH_2-CH_2-CH_3)-COOH)
+ Spiegelbild.
Opt.-inakt. **N-[N-(Naphthalin-sulfonyl-(2))-norvalyl]-norvalin** vom F: 177°.
B. Beim Behandeln von opt.-inakt. N-Norvalyl-norvalin (F: ca. 270° [Zers.]) mit wss.
Natronlauge und mit Naphthalin-sulfonylchlorid-(2) in Äther (*Abderhalden, Vlassopoulos,*
Fermentf. **10** [1929] 365, 375).
F: 177° [aus A. + W.]. In Äthanol leicht löslich, in Chloroform und Äther schwer
löslich, in Wasser fast unlöslich.

N-[Naphthalin-sulfonyl-(2)]-valin, N-(2-naphthylsulfonyl)valine $C_{15}H_{17}NO_4S$.
N-[Naphthalin-sulfonyl-(2)]-L-valin, Formel VII (X = OH).
B. Aus N-[Naphthalin-sulfonyl-(2)]-L-valin-äthylester beim Erwärmen mit wss.-
äthanol. Natronlauge (*Karrer, van der Sluys Veer,* Helv. **15** [1932] 746, 750).
Krystalle (aus wss. A.); F: 173°. $[\alpha]_D^{20}$: +6,2° [A.; p = 2].

N-[Naphthalin-sulfonyl-(2)]-valin-äthylester, N-(2-naphthylsulfonyl)valine ethyl ester
$C_{17}H_{21}NO_4S$.
N-[Naphthalin-sulfonyl-(2)]-L-valin-äthylester, Formel VII (X = OC_2H_5).
B. Beim Behandeln von L-Valin-äthylester mit Naphthalin-sulfonylchlorid-(2) und
Pyridin (*Karrer, van der Sluys Veer,* Helv. **15** [1932] 746, 749).
Krystalle (aus Bzn.); F: 99°. $[\alpha]_D^{20}$: −24,7° [A.; p = 5].

N-[N-(Naphthalin-sulfonyl-(2))-valyl]-valin, N-[N-(2-naphthylsulfonyl)valyl]valine
$C_{20}H_{26}N_2O_5S$.
a) **N-[N-(Naphthalin-sulfonyl-(2))-L-valyl]-L-valin,** Formel VIII.
B. Beim Behandeln von N-L-Valyl-L-valin (F: >300° [E III **4** 1369]) mit wss. Natron=
lauge und mit Naphthalin-sulfonylchlorid-(2) in Äther (*Abderhalden, Vlassopoulos,*
Fermentf. **10** [1929] 365, 381).
F: 213−215°. In Äthanol leicht löslich, in Chloroform und Petroläther schwer löslich, in Wasser fast unlöslich.

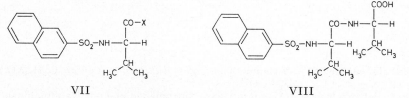

VII   VIII

b) Opt.-inakt. **N-[N-(Naphthalin-sulfonyl-(2))-valyl]-valin** vom F: 208°.
B. Beim Behandeln von opt.-inakt. N-Valyl-valin (E III **4** 1381) mit wss. Natron=
lauge und mit Naphthalin-sulfonylchlorid-(2) in Äther (*Abderhalden, Vlassopoulos,*
Fermentf. **10** [1929] 365, 381).
Krystalle (aus wss. A.); F: 203°. In Äthanol leicht löslich, in Chloroform, Petroläther
und Äther schwer löslich, in Wasser fast unlöslich.

N-[Naphthalin-sulfonyl-(2)]-leucin, N-(2-naphthylsulfonyl)leucine $C_{16}H_{19}NO_4S$.
N-[Naphthalin-sulfonyl-(2)]-L-leucin, Formel IX (X = OH) (H 177; E I 40).
B. Aus N-[Naphthalin-sulfonyl-(2)]-L-leucin-methylester mit Hilfe von wss.-äthanol.
Natronlauge (*Karrer, Kehl,* Helv. **13** [1930] 50, 57).
Krystalle (aus wss. A.); F: 117,5−118° [wasserfreies Präparat]. $[\alpha]_D^{20}$: +1,7° [A.;
p = 4].

N-[Naphthalin-sulfonyl-(2)]-leucin-methylester, N-*(2-naphthylsulfonyl)leucine methyl ester* C₁₇H₂₁NO₄S.

    N-[Naphthalin-sulfonyl-(2)]-L-leucin-methylester, Formel IX (X = OCH₃).
    B. Beim Behandeln von L-Leucin-methylester mit Naphthalin-sulfonylchlorid-(2) und Pyridin (*Karrer, Kehl,* Helv. **13** [1930] 50, 55).
    Krystalle; F: 91,5—92°. [α]²⁰_D: −31° [A.; p = 2].

N-[*N*-(Naphthalin-sulfonyl-(2))-DL-leucyl]-glycin, N-[N-*(2-naphthylsulfonyl)-*DL-*leucyl]-glycine* C₁₈H₂₂N₂O₅S, Formel IX (X = NH-CH₂-COOH) + Spiegelbild (E II 101).
    Krystalle; F: 108—109° [nach Sintern bei 104°; aus W.] (*Abderhalden, Hanson,* Fermentf. **16** [1942] 37, 47), 105° [aus wss. A.] (*Otani,* Acta Sch. med. Univ. Kioto **17** [1935] 182, 189).

N-{*N*-[*N*-(Naphthalin-sulfonyl-(2))-DL-leucyl]-glycyl}-glycin, N-{N-[N-*(2-naphthyl-sulfonyl)-*DL-*leucyl]glycyl}glycine* C₂₀H₂₅N₃O₆S, Formel IX (X = NH-CH₂-CO-NH-CH₂-COOH) + Spiegelbild.
    B. Beim Behandeln von *N*-[*N*-DL-Leucyl-glycyl]-glycin mit wss. Natronlauge und mit Naphthalin-sulfonylchlorid-(2) in Äther (*Abderhalden, Schweitzer,* Fermentf. **10** [1929] 341, 345).
    Krystalle; F: 180—182° (*Abderhalden, Dinerstein, Genes,* Fermentf. **10** [1929] 532, 535), 175° [Zers.; aus wss. A.] (*Ab., Sch.*). In Äthanol leicht löslich, in kaltem Wasser und Äther fast unlöslich (*Ab., Sch.*).

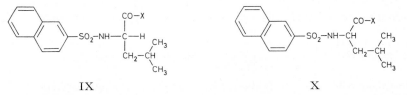

           IX   X

N-{*N*-[*N*-(Naphthalin-sulfonyl-(2))-leucyl]-glycyl}-leucin, N-{N-[N-*(2-naphthylsulfon-yl)leucyl]glycyl}leucine* C₂₄H₃₃N₃O₆S, Formel X
(X = NH-CH₂-CO-NH-CH(COOH)-CH₂-CH(CH₃)₂).
    Opt.-inakt. *N*-{*N*-[*N*-(Naphthalin-sulfonyl-(2))-leucyl]-glycyl}-leucin vom F: 200°.
    B. Beim Behandeln von opt.-inakt. *N*-[*N*-Leucyl-glycyl]-leucin (nicht charakterisiert) mit wss. Natronlauge und mit Naphthalin-sulfonylchlorid-(2) in Äther (*Abderhalden, Schweitzer,* Fermentf. **11** [1930] 45, 48).
    Krystalle (aus wss. A.); F: 200° [unkorr.; Zers.]. In warmem Äthanol leicht löslich, in warmem Aceton löslich, in kaltem Wasser fast unlöslich.

N-[*N*-(Naphthalin-sulfonyl-(2))-leucyl]-leucin, N-[N-*(2-naphthylsulfonyl)leucyl]leucine* C₂₂H₃₀N₂O₅S, Formel X (X = NH-CH(COOH)-CH₂-CH(CH₃)₂) (vgl. E II 101).
    Opt.-inakt. *N*-[*N*-(Naphthalin-sulfonyl-(2))-leucyl]-leucin vom F: 172°.
    B. Beim Behandeln von opt.-inakt. *N*-Leucyl-leucin (nicht charakterisiert) mit wss. Natronlauge und mit Naphthalin-sulfonylchlorid-(2) in Äther (*Otani,* Acta Sch. med. Univ. Kioto **17** [1935] 182, 192).
    Krystalle (aus A.); F: 172° [unkorr.].

[Naphthalin-sulfonyl-(2)]→leucyl→leucyl→glycyl→glycin, N-(N-{N-[N-*(2-naphthyl-sulfonyl)leucyl]leucyl}glycyl)glycine* C₂₆H₃₆N₄O₇S, Formel X
(X = NH-CH[CH₂-CH(CH₃)₂]-CO-NH-CH₂-CO-NH-CH₂-COOH).
    Opt.-inakt. [Naphthalin-sulfonyl-(2)]→leucyl→leucyl→glycyl→glycin vom F: 162°.
    B. Beim Behandeln von opt.-inakt. *N*-[*N*-(*N*-Leucyl-leucyl)-glycyl]-glycin (nicht charakterisiert) mit wss. Natronlauge und mit Naphthalin-sulfonylchlorid-(2) in Äther (*Abderhalden,* Fermentf. **14** [1935] 370, 374).
    Krystalle (aus A. + Ae.) mit 1 Mol H₂O; F: 160—162° [nach Sintern von 156° an].

N-[Naphthalin-sulfonyl-(2)]-serin, N-*(2-naphthylsulfonyl)serine* C₁₃H₁₃NO₅S (vgl. H 177).

    N-[Naphthalin-sulfonyl-(2)]-L-serin, Formel XI (X = OH).
    B. Beim Behandeln von L-Serin mit wss. Natronlauge und mit Naphthalin-sulfonyl=

chlorid-(2) in Äther (*Chargaff, Ziff,* J. biol. Chem. **140** [1941] 927).

Krystalle; F: 234—235° [korr.; Zers.]. $[\alpha]_D^{28}$: —6,1° [A.].

N-[Naphthalin-sulfonyl-(2)]-*S*-benzyl-DL-cystein, S-*benzyl-*N-*(2-naphthylsulfonyl)-*
DL-*cysteine* $C_{20}H_{19}NO_4S_2$, Formel XI (X = S-CH$_2$-C$_6$H$_5$) + Spiegelbild.

B. Beim Behandeln von *S*-Benzyl-DL-cystein mit wss. Natronlauge und anschliessend mit Naphthalin-sulfonylchlorid-(2) in Äther (*Saunders,* Biochem. J. **27** [1933] 397, 401).

Krystalle (aus wss. Eg.); F: 132°.

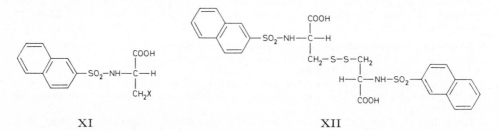

XI   XII

N-[Naphthalin-sulfonyl-(2)]-*S*-[2-carboxy-äthyl]-cystein, S-*(2-carboxyethyl)-*N-*(2-naphth=*
ylsulfonyl)cysteine $C_{16}H_{17}NO_6S_2$.

   N-[Naphthalin-sulfonyl-(2)]-*S*-[2-carboxy-äthyl]-L-cystein, Formel XI
(X = S-CH$_2$-CH$_2$-COOH).

B. Beim Behandeln von *S*-[2-Carboxy-äthyl]-L-cystein mit Naphthalin-sulfonyl=
chlorid-(2) und wss. Alkalilauge (*Schöberl,* B. **80** [1947] 379, 385).

Krystalle (aus wss. A.); F: 146° [unkorr.; Block].

N.N'-Di-[naphthalin-sulfonyl-(2)]-cystin, N,N'-*bis(2-naphthylsulfonyl)cystine*
$C_{26}H_{24}N_2O_8S_4$.

   N.N'-Di-[naphthalin-sulfonyl-(2)]-L-cystin, Formel XII (H 177; E I 41; E II 101).

B. Beim Behandeln von L-Cystin mit wss. Natronlauge und mit Naphthalin-sulfonyl=
chlorid-(2) in Äther (*Saunders,* Biochem. J. **27** [1933] 397, 400).

Krystalle (aus A.); F: 216°.

Dinatrium-Salz $Na_2C_{26}H_{22}N_2O_8S_4$. Krystalle (aus wss. A.); Zers. bei 214°.

(±)-4-[Naphthalin-sulfonyl-(2)-amino]-3-hydroxy-buttersäure, (±)-*3-hydroxy-*
4-(naphthalene-2-sulfonamido)butyric acid $C_{14}H_{15}NO_5S$, Formel XIII
(X = NH-CH$_2$-CH(OH)-CH$_2$-COOH).

B. Beim Behandeln von (±)-4-Amino-3-hydroxy-buttersäure mit wss. Natronlauge und mit Naphthalin-sulfonylchlorid-(2) in Äther (*Fukagawa,* Z. physiol. Chem. **231** [1935] 202).

Krystalle (aus A.); F: 144° [Zers.]. In warmem Wasser leicht löslich, in Äther schwer löslich.

(±)-4-[(Naphthalin-sulfonyl-(2))-methyl-amino]-3-hydroxy-buttersäure, (±)-*3-hydroxy-*
4-(N-methylnaphthalene-2-sulfonamido)butyric acid $C_{15}H_{17}NO_5S$, Formel XIII
(X = N(CH$_3$)-CH$_2$-CH(OH)-CH$_2$-COOH).

B. Aus (±)-4-[Naphthalin-sulfonyl-(2)-amino]-3-hydroxy-buttersäure beim Erwärmen mit wss. Natronlauge und mit Dimethylsulfat (*Iseki,* J. Biochem. Tokyo **25** [1937] 549, 550).

Krystalle (aus wss. A.); F: 138—139°. In warmem Wasser, warmem Benzol und warmem Äthanol leicht löslich.

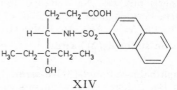

XIII   XIV

4-[Naphthalin-sulfonyl-(2)-amino]-3-hydroxy-3-äthyl-heptansäure-(7), *5-ethyl-5-hydroxy-4-(naphthalene-2-sulfonamido)heptanoic acid* $C_{19}H_{25}NO_5S$.

(S)-4-[Naphthalin-sulfonyl-(2)-amino]-3-hydroxy-3-äthyl-heptansäure-(7), Formel XIV.

B. Beim Behandeln von (S)-4-Amino-3-hydroxy-3-äthyl-heptansäure-(7) mit wss. Natronlauge und mit Naphthalin-sulfonylchlorid-(2) in Äther (*Kanao*, Bl. chem. Soc. Japan **22** [1949] 4, 6).

Krystalle (aus Me.); F: 203° [Zers.]. In Äthanol und Aceton löslich.

N-{S-[2.4-Dinitro-phenyl]-N-[N-(naphthalin-sulfonyl-(2))-γ-glutamyl]-cysteinyl}-glycin, *N-{S-(2,4-dinitrophenyl)-N-[N-(2-naphthylsulfonyl)-γ-glutamyl]cysteinyl}glycine* $C_{26}H_{25}N_5O_{12}S_2$.

N-{S-[2.4-Dinitro-phenyl]-N-[N-(naphthalin-sulfonyl-(2))-γ-L-glutamyl]-L-cysteinyl}-glycin, Formel XV.

B. Neben Bis-[2.4-dinitro-phenyl]-disulfid beim Behandeln von S-[2.4-Dinitro-phenyl]-glutathion (E III **6** 1101) mit wss. Natronlauge und mit Naphthalin-sulfonylchlorid-(2) in Äther (*Saunders*, Biochem. J. **28** [1934] 1977, 1980).

Krystalle (aus W.); F: 158°. In Äthanol löslich, in Wasser schwer löslich.

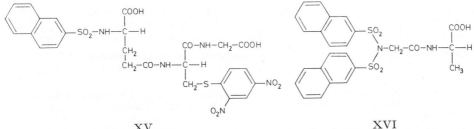

XV   XVI

C-Diazo-N-[naphthalin-sulfonyl-(2)]-malonamidsäure, *2-diazo-N-(2-naphthylsulfonyl)=malonamic acid* $C_{13}H_9N_3O_5S$, Formel XIII (X = NH-CO-CN$_2$-COOH).

Bezüglich der Konstitutionszuordnung s. die entsprechende Angabe im folgenden Artikel.

B. Beim Erwärmen von Naphthalin-sulfonylazid-(2) mit Malonsäure-diäthylester und wss. Natronlauge (*Curtius, Bottler, Raudenbusch*, J. pr. [2] **125** [1930] 380, 395). Aus der im folgenden Artikel beschriebenen Verbindung beim Erwärmen mit wss. Natronlauge (*Cu., Bo., Rau.*).

Zers. bei 132—137° [nicht rein erhalten]. In kaltem Wasser, Äthanol und Äther schwer löslich. Wenig beständig.

Bildung von C-Hydroxy-N-[naphthalin-sulfonyl-(2)]-acetamid und geringen Mengen Naphthalinsulfonamid-(2) beim Erwärmen mit Wasser: *Cu., Bo., Rau.*, l. c. S. 396.

Dinatrium-Salz. In warmem Wasser löslich, in Äthanol und Äther fast unlöslich.

C-Diazo-N-[naphthalin-sulfonyl-(2)]-malonamidsäure-äthylester, *2-diazo-N-(2-naphthyl=sulfonyl)malonamic acid ethyl ester* $C_{15}H_{13}N_3O_5S$, Formel XIII (X = NH-CO-CN$_2$-CO-OC$_2$H$_5$).

Diese Konstitution ist der nachstehend beschriebenen Verbindung auf Grund ihrer Bildungsweise in Analogie zu C-Diazo-N-[toluol-sulfonyl-(4)]-malonamidsäure-äthylester (E II **11** 60) zuzuordnen (vgl. diesbezüglich *Regitz*, A. **676** [1964] 101, 105).

B. Beim Behandeln von Malonsäure-diäthylester mit Naphthalin-sulfonylazid-(2) und wss. Natronlauge (*Curtius, Bottler, Raudenbusch*, J. pr. [2] **125** [1930] 380, 393).

Krystalle (aus A.); F: 127° (*Cu., Bo., Rau.*). In warmem Äther leicht löslich, in Wasser und Benzin fast unlöslich (*Cu., Bo., Rau.*).

Ammonium-Salz [NH$_4$]C$_{15}$H$_{12}$N$_3$O$_5$S. Krystalle, F: 153° [Zers.]; in Wasser und Äthanol leicht löslich (*Cu., Bo., Rau.*).

Hydrazinium-Salz [N$_2$H$_5$]C$_{15}$H$_{12}$N$_3$O$_5$S. Krystalle (aus A.), F: 133°; in Wasser löslich (*Cu., Bo., Rau.*).

Natrium-Salz NaC$_{15}$H$_{12}$N$_3$O$_5$S. Krystalle (aus A.); F: 142° [Zers.] (*Cu., Bo., Rau.*).

Barium-Salz Ba(C$_{15}$H$_{12}$N$_3$O$_5$S)$_2$. In Wasser fast unlöslich (*Cu., Bo., Rau.*).

C-Diazo-N-[naphthalin-sulfonyl-(2)]-malonamid, *2-diazo-N-(2-naphthylsulfonyl)malonamide* $C_{13}H_{10}N_4O_4S$, Formel XIII (X = NH-CO-CN$_2$-CO-NH$_2$).

B. Aus der im vorangehenden Artikel beschriebenen Verbindung beim Behandeln mit wss. Ammoniak (*Curtius, Bottler, Raudenbusch*, J. pr. [2] **125** [1930] 380, 397).

Krystalle (aus CHCl$_3$); F: 169° [Zers.]. In Wasser, Äthanol und Äther schwer löslich.

Ammonium-Salz [NH$_4$]C$_{13}$H$_9$N$_4$O$_4$S. Krystalle (aus A.); F: 178° [Zers.]. In Wasser leicht löslich, in Äther fast unlöslich.

C-Diazo-N-[naphthalin-sulfonyl-(2)]-malonamidsäure-hydrazid, *2-diazo-N-(2-naphthylsulfonyl)malonamic acid hydrazide* $C_{13}H_{11}N_5O_4S$, Formel XIII (X = NH-CO-CN$_2$-CO-NH-NH$_2$).

B. Aus *C-Diazo-N-[naphthalin-sulfonyl-(2)]-malonamidsäure-äthylester* (S. 409) beim Behandeln mit Hydrazin in Äthanol (*Curtius, Bottler, Raudenbusch*, J. pr. [2] **125** [1930] 380, 398, 399).

Krystalle; F: 171° [Zers.]. In kaltem Wasser, Äthanol und Äther fast unlöslich.

Hydrazin-Salz [N$_2$H$_4$]$_2$C$_{13}$H$_{11}$N$_5$O$_4$S. Gelbliche Krystalle (aus wss. A.); Zers. bei 198°.

C-Diazo-N-[naphthalin-sulfonyl-(2)]-malonamidsäure-isopropylidenhydrazid, *2-diazo-N-(2-naphthylsulfonyl)malonamic acid isopropylidenehydrazide* $C_{16}H_{15}N_5O_4S$, Formel XIII (X = NH-CO-CN$_2$-CO-NH-N=C(CH$_3$)$_2$) auf S. 408.

B. Aus der im vorangehenden Artikel beschriebenen Verbindung beim Erwärmen mit Aceton (*Curtius, Bottler, Raudenbusch*, J. pr. [2] **125** [1930] 380, 399).

Gelbe Krystalle; F: 184° [Zers.]. In Äthanol löslich, in Wasser und Äther fast unlöslich.

C-Diazo-N-[naphthalin-sulfonyl-(2)]-malonamidsäure-benzylidenhydrazid, *2-diazo-N-(2-naphthylsulfonyl)malonamic acid benzylidenehydrazide* $C_{20}H_{15}N_5O_4S$, Formel XIII (X = NH-CO-CN$_2$-CO-NH-N=CH-C$_6$H$_5$).

B. Beim Erwärmen von *C-Diazo-N-[naphthalin-sulfonyl-(2)]-malonamidsäure-hydrazid* (s. o.) mit Benzaldehyd in wss. Äthanol (*Curtius, Bottler, Raudenbusch*, J. pr. [2] **125** [1930] 380, 399).

Krystalle (aus A.); F: 200° [Zers.]. In Wasser, kaltem Äthanol und Äther fast unlöslich.

(±)-3-[Naphthalin-sulfonyl-(2)-amino]-2-hydroxy-propan-sulfonsäure-(1), (±)-2-hydroxy-3-(naphthalene-2-sulfonamido)propane-1-sulfonic acid $C_{13}H_{15}NO_6S_2$, Formel XIII (X = NH-CH$_2$-CH(OH)-CH$_2$-SO$_2$OH) auf S. 408.

B. Beim Behandeln von (±)-3-Amino-2-hydroxy-propan-sulfonsäure-(1) mit wss. Natronlauge und mit Naphthalin-sulfonylchlorid-(2) in Äther (*Tsunoo*, B. **68** [1935] 1334, 1340).

Natrium-Salz NaC$_{13}$H$_{14}$NO$_6$S$_2$. Krystalle (aus W.); F: 265° [unkorr.; Zers.]. In Äthanol fast unlöslich.

Barium-Salz Ba(C$_{13}$H$_{14}$NO$_6$S$_2$)$_2$. Krystalle (aus W.). In Wasser schwer löslich.

(±)-3-[(Naphthalin-sulfonyl-(2))-methyl-amino]-2-hydroxy-propan-sulfonsäure-(1), (±)-2-hydroxy-3-(N-methylnaphthalene-2-sulfonamido)propane-1-sulfonic acid $C_{14}H_{17}NO_6S_2$, Formel XIII (X = N(CH$_3$)-CH$_2$-CH(OH)-CH$_2$-SO$_2$OH) auf S. 408.

B. Beim Behandeln von (±)-3-Methylamino-2-hydroxy-propan-sulfonsäure-(1) mit wss. Natronlauge und mit Naphthalin-sulfonylchlorid-(2) in Äther (*Tsunoo*, J. Biochem. Tokyo **25** [1937] 375, 382).

Natrium-Salz NaC$_{14}$H$_{16}$NO$_6$S$_2$. Krystalle (aus W.), die unterhalb 280° nicht schmelzen.

N-[N.N-Di-(naphthalin-sulfonyl-(2))-glycyl]-alanin, N-[N,N-bis(2-naphthylsulfonyl)glycyl]alanine $C_{25}H_{22}N_2O_7S_2$.

N-[N.N-Di-(naphthalin-sulfonyl-(2))-glycyl]-L-alanin, Formel XVI.

Eine Verbindung (Zers. bei 250° [nach Sintern von 228° an]), der wahrscheinlich diese Konstitution zukommt, ist in geringer Menge neben *N-[N-(Naphthalin-sulfonyl-(2))-glycyl]-L-alanin* beim Behandeln von *N-Glycyl-L-alanin* mit wss. Natronlauge und mit Naphthalin-sulfonylchlorid-(2) in Äther erhalten worden (*Abderhalden, v. Ehrenwall*, Fermentf. **12** [1931] 376, 393).

Naphthalin-sulfonylazid-(2), *naphthalene-2-sulfonyl azide* $C_{10}H_7N_3O_2S$, Formel XIII (X = N$_3$) auf S. 408 (H 179).

B. Aus Naphthalin-sulfonylchlorid-(2) und Natriumazid in wss. Äthanol (*Curtius*,

Bottler, Raudenbusch, J. pr. [2] **125** [1930] 380).

F: 45° (*Cu., Bo., Rau.*).

Beim Erhitzen mit Pyridin ist eine ursprünglich als 2-[Naphthalin-sulfonyl-(2)-amino]-pyridin angesehene, nach *Buchanan, Levine* (Soc. **1950** 2248) aber als 1-[Naphthalin-sulfonyl-(2)-amino]-pyridinium-betain zu formulierende Verbindung erhalten worden (*Cu., Bo., Rau.*, l. c. S. 388). Bildung von *N*-[2.5-Dimethyl-phenyl]-naphthalinsulfon‑amid-(2) beim Erhitzen mit *p*-Xylol sowie Bildung von *N*-[Naphthyl-(1)]-naphthalin‑sulfonamid-(2) beim Erhitzen mit Naphthalin: *Cu., Bo., Rau.*, l. c. S. 381, 382. Beim Erhitzen mit Anilin auf 160° sind *N*-[Naphthalin-sulfonyl-(2)]-*o*-phenylendiamin und Naphthalinsulfonamid-(2), beim Erhitzen mit *N.N*-Dimethyl-anilin auf 125° sind *N'*-[Naphthalin-sulfonyl-(2)]-*N.N*-dimethyl-*p*-phenylendiamin, Bis-[4-dimethylamino-phenyl]-methan und Di-[naphthyl-(2)]-disulfid erhalten worden (*Cu., Bo., Rau.*, l. c. S. 387). Bildung von *C*-Diazo-*N*-[naphthalin-sulfonyl-(2)]-malonamidsäure-äthylester (S. 409) beim Behandeln mit Malonsäure-diäthylester und wss. Natronlauge: *Cu., Bo., Rau.*, l. c. S. 393.   [*Unger*]

6-Fluor-naphthalin-sulfonsäure-(2), *6-fluoronaphthalene-2-sulfonic acid* $C_{10}H_7FO_3S$, Formel I (X = OH).

B. Aus 2-Fluor-naphthalin beim Erhitzen mit rauchender Schwefelsäure auf 120° (*Schiemann, Gueffroy, Winkelmüller,* A. **487** [1931] 270, 279). Aus 6-Fluor-naphthalin-sulfonylchlorid-(2) beim Erhitzen mit Wasser bis auf 150° (*Sch., Gue., Wi.*).

Krystalle (aus Ae.) mit 1 Mol H_2O; F: 105°. Hygroskopisch.

Anilid (F: 129°): *Sch., Gue., Wi.*

Blei(II)-Salz $Pb(C_{10}H_6FO_3S)_2$: *Sch., Gue., Wi.*

6-Fluor-naphthalin-sulfonylchlorid-(2), *6-fluoronaphthalene-2-sulfonyl chloride* $C_{10}H_6ClFO_2S$, Formel I (X = Cl).

B. Aus 2-Fluor-naphthalin und Chloroschwefelsäure in Tetrachlormethan (*Schiemann, Gueffroy, Winkelmüller,* A. **487** [1931] 270, 2 79). Aus Natrium-[6-fluor-naphthalin-sulf‑onat-(2)] und Phosphor(V)-chlorid (*Sch., Gue., Wi.*).

Krystalle; F: 100° [nach Destillation bei 0,05 Torr].

6-Fluor-naphthalinsulfonamid-(2), *6-fluoronaphthalene-2-sulfonamide* $C_{10}H_8FNO_2S$, Formel I (X = NH_2).

B. Aus 6-Fluor-naphthalin-sulfonylchlorid-(2) mit Hilfe von wss. Ammoniak (*Schiemann, Gueffroy, Winkelmüller,* A. **487** [1931] 270, 280).

Krystalle (aus wss. A.); F: 133°.

1-Chlor-naphthalin-sulfonylchlorid-(2), *1-chloronaphthalene-2-sulfonyl chloride* $C_{10}H_6Cl_2O_2S$, Formel II (X = Cl) (H 179; E I 41).

B. Aus Natrium-[1-chlor-naphthalin-sulfonat-(2)] und Phosphor(V)-chlorid (*Bogdanow, Pawlowškaja,* Ž. obšč. Chim. **19** [1949] 1374, 1375; C. A. **1950** 1083; vgl. H 179).

Krystalle (aus Bzl.); F: 81°.

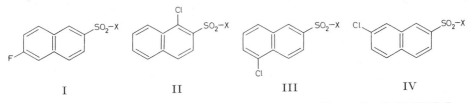

I   II   III   IV

1-Chlor-naphthalinsulfonamid-(2), *1-chloronaphthalene-2-sulfonamide* $C_{10}H_8ClNO_2S$, Formel II (X = NH_2) (H 179).

B. Aus 1-Chlor-naphthalin-sulfonylchlorid-(2) beim Behandeln mit wss. Ammoniak (*Bogdanow, Pawlowškaja,* Ž. obšč. Chim. **19** [1949] 1374, 1375; C. A. **1950** 1083; vgl. H 179).

Krystalle (aus W. + A.), die unterhalb 251° nicht schmelzen.

5-Chlor-naphthalin-sulfonylchlorid-(2), *5-chloronaphthalene-2-sulfonyl chloride* $C_{10}H_6Cl_2O_2S$, Formel III (X = Cl) (H 180).

B. Aus Natrium-[5-chlor-naphthalin-sulfonat-(2)] und Phosphor(V)-chlorid (*Beattie,*

Whitmore, Am. Soc. **55** [1933] 1546).
Krystalle; F: 111—112°.

5-Chlor-naphthalinsulfonamid-(2), *5-chloronaphthalene-2-sulfonamide* C$_{10}$H$_8$ClNO$_2$S, Formel III (X = NH$_2$) (H 180).
B. Aus 5-Chlor-naphthalin-sulfonylchlorid-(2) beim Behandeln mit wss. Ammoniak (*Allen, Frame*, J. org. Chem. **7** [1942] 15, 16).
Krystalle (aus W.); F: 216° [unkorr.].

7-Chlor-naphthalin-sulfonylchlorid-(2), *7-chloronaphthalene-2-sulfonyl chloride* C$_{10}$H$_6$Cl$_2$O$_2$S, Formel IV (X = Cl) (H 181).
B. Aus Natrium-[7-chlor-naphthalin-sulfonat-(2)] und Phosphor(V)-chlorid (*Beattie, Whitmore*, Am. Soc. **55** [1933] 1546).
Krystalle; F: 84,5—85°.

7-Chlor-naphthalinsulfonamid-(2), *7-chloronaphthalene-2-sulfonamide* C$_{10}$H$_8$ClNO$_2$S, Formel IV (X = NH$_2$) (H 181).
B. Aus 7-Chlor-naphthalin-sulfonylchlorid-(2) beim Behandeln mit wss. Ammoniak (*Allen, Frame*, J. org. Chem. **7** [1942] 15, 16).
Krystalle (aus W.); F: 176° [unkorr.].

8-Chlor-naphthalin-sulfonylchlorid-(2), *8-chloronaphthalene-2-sulfonyl chloride* C$_{10}$H$_6$Cl$_2$O$_2$S, Formel V (X = Cl) (H 181).
B. Aus Natrium-[8-chlor-naphthalin-sulfonat-(2)] und Phosphor(V)-chlorid (*Beattie, Whitmore*, Am. Soc. **55** [1933] 1546).
Krystalle; F: 92—92,5°.

8-Chlor-naphthalinsulfonamid-(2), *8-chloronaphthalene-2-sulfonamide* C$_{10}$H$_8$ClNO$_2$S, Formel V (X = NH$_2$) (H 181).
B. Aus 8-Chlor-naphthalin-sulfonylchlorid-(2) beim Behandeln mit wss. Ammoniak (*Allen, Frame*, J. org. Chem. **7** [1942] 15, 16; vgl. H 181).
Krystalle (aus W.); F: 181° [unkorr.].

1.5-Dichlor-naphthalin-sulfonsäure-(2), *1,5-dichloronaphthalene-2-sulfonic acid* C$_{10}$H$_6$Cl$_2$O$_3$S, Formel VI (X = OH) (H 181).
B. In geringer Menge neben 4.8-Dichlor-naphthalin-sulfonsäure-(2) beim Behandeln von 1.5-Dichlor-naphthalin mit Chloroschwefelsäure in Schwefelkohlenstoff (*Turner, Wynne*, Soc. **1941** 243, 253 Anm.).
Natrium-Salz NaC$_{10}$H$_5$Cl$_2$O$_3$S·H$_2$O: *Tu., Wy.*

1.5-Dichlor-naphthalin-sulfonylchlorid-(2), *1,5-dichloronaphthalene-2-sulfonyl chloride* C$_{10}$H$_5$Cl$_3$O$_2$S, Formel VI (X = Cl) (H 181).
F: 125° (*Turner, Wynne*, Soc. **1941** 243, 253 Anm.).

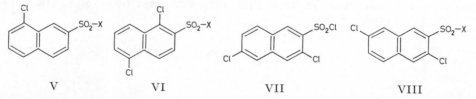

V   VI   VII   VIII

3.6-Dichlor-naphthalin-sulfonylchlorid-(2), *3,6-dichloronaphthalene-2-sulfonyl chloride* C$_{10}$H$_5$Cl$_3$O$_2$S, Formel VII (H 182).
B. Aus Natrium-[3.6-dichlor-naphthalin-sulfonat-(2)] und Phosphor(V)-chlorid (*Turner, Wynne*, Soc. **1941** 243, 256).
F: 166°.

3.7-Dichlor-naphthalin-sulfonsäure-(2), *3,7-dichloronaphthalene-2-sulfonic acid* C$_{10}$H$_6$Cl$_2$O$_3$S, Formel VIII (X = OH).
B. In geringer Menge neben 2.3.6-Trichlor-naphthalin beim Erhitzen von 3-Chlor-naphthalin-disulfonylchlorid-(2.7) mit Phosphor(V)-chlorid auf 200° (*Turner, Wynne*, Soc. **1941** 243, 256).
Natrium-Salz NaC$_{10}$H$_5$Cl$_2$O$_3$S. Krystalle mit 5 Mol H$_2$O.

3.7-Dichlor-naphthalin-sulfonylchlorid-(2), *3,7-dichloronaphthalene-2-sulfonyl chloride*
$C_{10}H_5Cl_3O_2S$, Formel VIII (X = Cl).

B. Aus Natrium-[3.7-dichlor-naphthalin-sulfonat-(2)] und Phosphor(V)-chlorid (*Turner*, *Wynne*, Soc. **1941** 243, 256).

Krystalle (aus Bzl. + PAe.); F: 131°.

4.8-Dichlor-naphthalin-sulfonylchlorid-(2), *4,8-dichloronaphthalene-2-sulfonyl chloride*
$C_{10}H_5Cl_3O_2S$, Formel IX (H 182).

B. Aus Natrium-[4.8-dichlor-naphthalin-sulfonat-(2)] und Phosphor(V)-chlorid (*Turner*, *Wynne*, Soc. **1941** 243, 253).

F: 141°.

1.4.6-Trichlor-naphthalin-sulfonsäure-(2), *1,4,6-trichloronaphthalene-2-sulfonic acid*
$C_{10}H_5Cl_3O_3S$, Formel X (X = OH).

Bezüglich der Konstitutionszuordnung vgl. *Cencelj*, B. **93** [1960] 988.

B. Aus 1.4.6-Trichlor-naphthalin und Chloroschwefelsäure in Schwefelkohlenstoff (*Turner*, *Wynne*, Soc. **1941** 243, 254).

Natrium-Salz $NaC_{10}H_4Cl_3O_3S \cdot H_2O$ (Krystalle [aus wss. A.]), Kalium-Salz $KC_{10}H_4Cl_3O_3S \cdot H_2O$ (Krystalle [aus wss. A.]) und Barium-Salz $Ba(C_{10}H_4Cl_3O_3S)_2$ (Krystalle): *Tu.*, *Wy.*

1.4.6-Trichlor-naphthalin-sulfonylchlorid-(2), *1,4,6-trichloronaphthalene-2-sulfonyl chloride* $C_{10}H_4Cl_4O_2S$, Formel X (X = Cl).

B. Aus Natrium-[1.4.6-trichlor-naphthalin-sulfonat-(2)] und Phosphor(V)-chlorid (*Turner*, *Wynne*, Soc. **1941** 243, 254).

Krystalle (aus Bzl.); F: 144°.

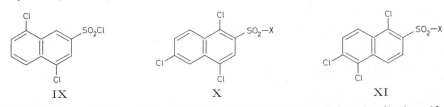

IX   X   XI

1.5.6-Trichlor-naphthalin-sulfonsäure-(2), *1,5,6-trichloronaphthalene-2-sulfonic acid*
$C_{10}H_5Cl_3O_3S$, Formel XI (X = OH).

Bezüglich der Konstitutionszuordnung vgl. *Piggott*, *Slinger*, Soc. **1952** 259.

B. Neben 4.7.8-Trichlor-naphthalin-sulfonsäure-(2) beim Behandeln von 1.2.5-Trichlornaphthalin mit Chloroschwefelsäure in Schwefelkohlenstoff (*Turner*, *Wynne*, Soc. **1941** 243, 251).

Natrium-Salz $NaC_{10}H_4Cl_3O_3S \cdot H_2O$ (Krystalle) und Kalium-Salz $KC_{10}H_4Cl_3O_3S$ (Krystalle): *Tu.*, *Wy.*

1.5.6-Trichlor-naphthalin-sulfonylchlorid-(2), *1,5,6-trichloronaphthalene-2-sulfonyl chloride* $C_{10}H_4Cl_4O_2S$, Formel XI (X = Cl).

B. Aus Natrium-[1.5.6-trichlor-naphthalin-sulfonat-(2)] und Phosphor(V)-chlorid (*Turner*, *Wynne*, Soc. **1941** 243, 251).

Krystalle (aus Bzl.); F: 146°.

3.6.8-Trichlor-naphthalin-sulfonsäure-(2), *3,6,8-trichloronaphthalene-2-sulfonic acid*
$C_{10}H_5Cl_3O_3S$, Formel XII (X = OH) (H 191; dort als 1.3.6-Trichlor-naphthalin-sulfonsäure-(x) bezeichnet).

B. Aus 1.3.6-Trichlor-naphthalin und Chloroschwefelsäure in Schwefelkohlenstoff (*Turner*, *Wynne*, Soc. **1941** 243, 253).

Natrium-Salz $NaC_{10}H_4Cl_3O_3S \cdot 1,5\ H_2O$ (Krystalle), Kalium-Salz $KC_{10}H_4Cl_3O_3S \cdot H_2O$ (Krystalle) und Barium-Salz $Ba(C_{10}H_4Cl_3O_3S)_2$ (Krystalle): *Tu.*, *Wy.*

3.6.8-Trichlor-naphthalin-sulfonylchlorid-(2), *3,6,8-trichloronaphthalene-2-sulfonyl chloride* $C_{10}H_4Cl_4O_2S$, Formel XII (X = Cl) (H 191; dort als 1.3.6-Trichlor-naphthalinsulfonsäure-(x)-chlorid bezeichnet).

B. Aus Natrium-[3.6.8-trichlor-naphthalin-sulfonat-(2)] und Phosphor(V)-chlorid

(*Turner, Wynne*, Soc. **1941** 243, 253).

Krystalle (aus Bzl.); F: 156°.

Beim Erhitzen mit Phosphor(V)-chlorid auf 200° ist 1.3.6.7-Tetrachlor-naphthalin erhalten worden.

4.5.8-Trichlor-naphthalin-sulfonsäure-(2), *4,5,8-trichloronaphthalene-2-sulfonic acid* $C_{10}H_5Cl_3O_3S$, Formel XIII (X = OH).

B. Als Hauptprodukt beim Behandeln von 1.4.5-Trichlor-naphthalin mit Chloro‹ schwefelsäure in Schwefelkohlenstoff (*Turner, Wynne*, Soc. **1941** 243, 255).

Natrium-Salz $NaC_{10}H_4Cl_3O_3S$. Wasserhaltige Krystalle.

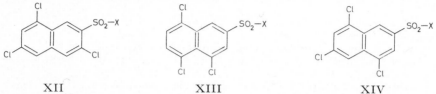

| XII | XIII | XIV |

4.5.8-Trichlor-naphthalin-sulfonylchlorid-(2), *4,5,8-trichloronaphthalene-2-sulfonyl chloride* $C_{10}H_4Cl_4O_2S$, Formel XIII (X = Cl).

B. Aus Natrium-[4.5.8-trichlor-naphthalin-sulfonat-(2)] und Phosphor(V)-chlorid (*Turner, Wynne*, Soc. **1941** 243, 255).

Krystalle (aus Bzl. + PAe.); F: 118°.

4.6.8-Trichlor-naphthalin-sulfonsäure-(2), *4,6,8-trichloronaphthalene-2-sulfonic acid* $C_{10}H_5Cl_3O_3S$, Formel XIV (X = OH).

B. Als Hauptprodukt beim Behandeln von 1.3.5-Trichlor-naphthalin mit Chloro‹ schwefelsäure in Schwefelkohlenstoff (*Turner, Wynne*, Soc. **1941** 243, 253).

Kalium-Salz $KC_{10}H_4Cl_3O_3S$ (Krystalle) und Barium-Salz $Ba(C_{10}H_4Cl_3O_3S)_2$ (Krystalle mit 2,5 Mol H_2O): *Tu., Wy.*

4.6.8-Trichlor-naphthalin-sulfonylchlorid-(2), *4,6,8-trichloronaphthalene-2-sulfonyl chloride* $C_{10}H_4Cl_4O_2S$, Formel XIV (X = Cl).

B. Aus Kalium-[4.6.8-trichlor-naphthalin-sulfonat-(2)] und Phosphor(V)-chlorid (*Turner, Wynne*, Soc. **1941** 243, 253).

Krystalle (aus Bzl.); F: 152°.

4.7.8-Trichlor-naphthalin-sulfonsäure-(2), *4,7,8-trichloronaphthalene-2-sulfonic acid* $C_{10}H_5Cl_3O_3S$, Formel I (X = OH).

Bezüglich der Konstitutionszuordnung vgl. *Cencelj*, B. **93** [1960] 988.

B. Neben 1.5.6-Trichlor-naphthalin-sulfonsäure-(2) beim Behandeln von 1.2.5-Trichlor-naphthalin mit Chloroschwefelsäure in Schwefelkohlenstoff (*Turner, Wynne*, Soc. **1941** 243, 251).

Natrium-Salz $NaC_{10}H_4Cl_3O_3S$ (Krystalle mit 1,5 Mol H_2O) und Kalium-Salz $KC_{10}H_4Cl_3O_3S$ (Krystalle mit 1 Mol H_2O): *Tu., Wy.*

4.7.8-Trichlor-naphthalin-sulfonylchlorid-(2), *4,7,8-trichloronaphthalene-2-sulfonyl chloride* $C_{10}H_4Cl_4O_2S$, Formel I (X = Cl).

B. Aus Kalium-[4.7.8-trichlor-naphthalin-sulfonat-(2)] und Phosphor(V)-chlorid (*Turner, Wynne*, Soc. **1941** 243, 251).

Krystalle (aus Bzl.); F: 179°.

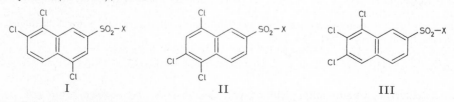

| I | II | III |

5.6.8-Trichlor-naphthalin-sulfonsäure-(2), *5,6,8-trichloronaphthalene-2-sulfonic acid* $C_{10}H_5Cl_3O_3S$, Formel II (X = OH).

Diese Konstitution ist der H 191 als 1.2.4-Trichlor-naphthalin-sulfon‹

säure-(x) beschriebenen Verbindung zuzuordnen (*Turner, Wynne,* Soc. **1941** 243, 251, 252).

B. Aus 1.2.4-Trichlor-naphthalin und Chloroschwefelsäure in Schwefelkohlenstoff (*Tu., Wy.*; vgl. H 191).

5.6.8-Trichlor-naphthalin-sulfonylchlorid-(2), *5,6,8-trichloronaphthalene-2-sulfonyl chloride* $C_{10}H_4Cl_4O_2S$, Formel II (X = Cl).

B. Aus Kalium-[5.6.8-trichlor-naphthalin-sulfonat-(2)] und Phosphor(V)-chlorid (*Turner, Wynne,* Soc. **1941** 243, 251).

Krystalle; F: 158°.

6.7.8-Trichlor-naphthalin-sulfonsäure-(2), *6,7,8-trichloronaphthalene-2-sulfonic acid* $C_{10}H_5Cl_3O_3S$, Formel III (X = OH).

B. Neben 5.6.7-Trichlor-naphthalin-sulfonsäure-(1) beim Behandeln von 1.2.3-Trichlornaphthalin mit Chloroschwefelsäure in Schwefelkohlenstoff (*Turner, Wynne,* Soc. **1941** 243, 249).

Natrium-Salz $NaC_{10}H_4Cl_3O_3S$. Krystalle mit 1 Mol H_2O.

6.7.8-Trichlor-naphthalin-sulfonylchlorid-(2), *6,7,8-trichloronaphthalene-2-sulfonyl chloride* $C_{10}H_4Cl_4O_2S$, Formel III (X = Cl).

B. Aus Kalium-[6.7.8-trichlor-naphthalin-sulfonat-(2)] und Phosphor(V)-chlorid (*Turner, Wynne,* Soc. **1941** 243, 249).

Krystalle (aus Bzl.); F: 157°.

6.7.8-Trichlor-naphthalinsulfonamid-(2), *6,7,8-trichloronaphthalene-2-sulfonamide* $C_{10}H_6Cl_3NO_2S$, Formel III (X = NH$_2$).

B. Aus 6.7.8-Trichlor-naphthalin-sulfonylchlorid-(2) (*Turner, Wynne,* Soc. **1941** 243, 250).

Krystalle (aus A.); F: 254°.

4.6.7.8-Tetrachlor-naphthalin-sulfonsäure-(2), *4,6,7,8-tetrachloronaphthalene-2-sulfonic acid* $C_{10}H_4Cl_4O_3S$, Formel IV (X = OH).

B. Aus 1.2.3.5-Tetrachlor-naphthalin und Chloroschwefelsäure in Schwefelkohlenstoff (*Turner, Wynne,* Soc. **1941** 243, 249). Neben 1.2.3.5.7-Pentachlor-naphthalin beim Erhitzen von 5.6.7-Trichlor-naphthalin-disulfonylchlorid-(1.3) mit Phosphor(V)-chlorid auf 185° und Behandeln des Reaktionsprodukts mit äthanol. Kalilauge (*Tu., Wy.,* l. c. S. 250).

Natrium-Salz $NaC_{10}H_3Cl_4O_3S \cdot 1,5 H_2O$ (Krystalle), Kalium-Salz $KC_{10}H_3Cl_4O_3S \cdot H_2O$ (Krystalle [aus W.]) und Barium-Salz $Ba(C_{10}H_3Cl_4O_3S)_2 \cdot 3 H_2O$ (Krystalle [aus W.]): *Tu., Wy.*

4.6.7.8-Tetrachlor-naphthalin-sulfonylchlorid-(2), *4,6,7,8-tetrachloronaphthalene-2-sulfonyl chloride* $C_{10}H_3Cl_5O_2S$, Formel IV (X = Cl).

B. Aus Natrium-[4.6.7.8-tetrachlor-naphthalin-sulfonat-(2)] und Phosphor(V)-chlorid (*Turner, Wynne,* Soc. **1941** 243, 249).

Krystalle (aus Bzl. oder PAe.); F: 176°.

4.6.7.8-Tetrachlor-naphthalinsulfonamid-(2), *4,6,7,8-tetrachloronaphthalene-2-sulfonamide* $C_{10}H_5Cl_4NO_2S$, Formel IV (X = NH$_2$).

B. Aus 4.6.7.8-Tetrachlor-naphthalin-sulfonylchlorid-(2) (*Turner, Wynne,* Soc. **1941** 243, 250).

Krystalle (aus A.); F: 235°.

1-Brom-naphthalin-sulfonsäure-(2), *1-bromonaphthalene-2-sulfonic acid* $C_{10}H_7BrO_3S$, Formel V (X = OH) (E II 102).

B. Beim Eintragen einer aus 1-Amino-naphthalin-sulfonsäure-(2) bereiteten Diazonium-Verbindung in eine aus Kupfer(I)-oxid, Ammoniumbromid und Wasser hergestellte Lösung (*Cumming, Muir,* J. roy. tech. Coll. **4** [1937] 61, 62; vgl. E II 102).

1-Brom-naphthalinsulfonamid-(2), *1-bromonaphthalene-2-sulfonamide* $C_{10}H_8BrNO_2S$, Formel V (X = NH$_2$).

B. Aus 1-Brom-naphthalin-sulfonylchlorid-(2) mit Hilfe von wss. Ammoniak (*Cumming, Muir,* J. roy. tech. Coll. **4** [1937] 61, 63).

Krystalle; F: 271°.

4-Brom-naphthalin-sulfonsäure-(2), *4-bromonaphthalene-2-sulfonic acid* $C_{10}H_7BrO_3S$, Formel VI (X = OH).

B. Beim Erwärmen einer aus 4-Amino-naphthalin-sulfonsäure-(2) in wss. Bromwasser‹ stoffsäure bereiteten Diazonium-Verbindung mit Kupfer(I)-bromid in wss. Bromwasser‹ stoffsäure (*Mercanton, Goldstein*, Helv. **28** [1945] 533, 534).

Anilid (F: 172° [korr.]): *Me., Go.*, l. c. S. 535.

Natrium-Salz $NaC_{10}H_6BrO_3S$. Krystalle [aus W.].

4-Brom-naphthalin-sulfonsäure-(2)-methylester, *4-bromonaphthalene-2-sulfonic acid methyl ester* $C_{11}H_9BrO_3S$, Formel VI (X = OCH₃).

B. Aus Silber-[4-brom-naphthalin-sulfonat-(2)] beim Erwärmen mit Methyljodid in Benzol (*Mercanton, Goldstein*, Helv. **28** [1945] 533, 534).

Krystalle (aus CCl_4); F: 132° [korr.].

4-Brom-naphthalin-sulfonsäure-(2)-äthylester, *4-bromonaphthalene-2-sulfonic acid ethyl ester* $C_{12}H_{11}BrO_3S$, Formel VI (X = OC₂H₅).

B. Aus Silber-[4-brom-naphthalin-sulfonat-(2)] beim Erwärmen mit Äthyljodid in Benzol (*Mercanton, Goldstein*, Helv. **28** [1945] 533, 534).

Krystalle (aus CCl_4); F: 90°.

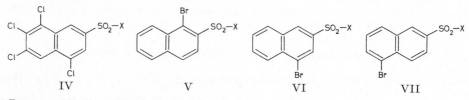

IV   V   VI   VII

4-Brom-naphthalin-sulfonylchlorid-(2), *4-bromonaphthalene-2-sulfonyl chloride* $C_{10}H_6BrClO_2S$, Formel VI (X = Cl).

B. Aus Natrium-[4-brom-naphthalin-sulfonat-(2)] und Phosphor(V)-chlorid (*Mercanton, Goldstein*, Helv. **28** [1945] 533, 535).

Krystalle (aus CCl_4); F: 112,5° [korr.].

4-Brom-naphthalinsulfonamid-(2), *4-bromonaphthalene-2-sulfonamide* $C_{10}H_8BrNO_2S$, Formel VI (X = NH₂).

B. Aus 4-Brom-naphthalin-sulfonylchlorid-(2) beim Behandeln mit wss.-äthanol. Ammoniak (*Mercanton, Goldstein*, Helv. **28** [1945] 533, 535).

Krystalle (aus A.); F: 183,5° [korr.].

5-Brom-naphthalin-sulfonsäure-(2), *5-bromonaphthalene-2-sulfonic acid* $C_{10}H_7BrO_3S$, Formel VII (X = OH).

B. Beim Erwärmen einer aus 5-Amino-naphthalin-sulfonsäure-(2) in wss. Bromwasser‹ stoffsäure bereiteten Diazonium-Verbindung mit Kupfer(I)-bromid in wss. Bromwasser‹ stoffsäure (*Cohen et al.*, Soc. **1934** 653, 656; *Mercanton, Goldstein*, Helv. **28** [1945] 533, 535). Neben 8-Brom-naphthalin-sulfonsäure-(2) beim Behandeln von Naphthalin-sulfon‹ säure-(2) mit Brom in Wasser (*Sal'kind, Belikowa*, Ž. obšč. Chim. **4** [1934] 1211, 1212; C. **1936** I 4431).

Krystalle (aus W.) mit 3 Mol H_2O, F: ca. 60°; die wasserfreie Säure schmilzt bei 118−120° (*Sa., Be.*). Über ein Monohydrat und ein Dihydrat s. *Sa., Be.*

Anilid (F: 207,5° [korr.]): *Me., Go.*, l. c. S. 536.

Natrium-Salz $NaC_{10}H_6BrO_3S \cdot H_2O$ (Krystalle [aus W.]), Kalium-Salz $KC_{10}H_6BrO_3S$ (Krystalle [aus W.]), Kupfer(II)-Salz $Cu(C_{10}H_6BrO_3S)_2 \cdot 6H_2O$ (grünliche Krystalle [aus W.]), Silber-Salz (Krystalle [aus W.]), Calcium-Salz $Ca(C_{10}H_6BrO_3S)_2 \cdot H_2O$ (Krystalle [aus W.]), Barium-Salz $Ba(C_{10}H_6BrO_3S)_2 \cdot 6H_2O$ (Krystalle [aus W.]) und Zink-Salz $Zn(C_{10}H_6BrO_3S)_2 \cdot 6H_2O$ (Krystalle [aus W.]): *Sa., Be.*

5-Brom-naphthalin-sulfonsäure-(2)-methylester, *5-bromonaphthalene-2-sulfonic acid methyl ester* $C_{11}H_9BrO_3S$, Formel VII (X = OCH₃).

B. Aus Silber-[5-brom-naphthalin-sulfonat-(2)] beim Erwärmen mit Methyljodid in Benzol (*Mercanton, Goldstein*, Helv. **28** [1945] 533, 536).

Krystalle (aus CCl_4); F: 110° [korr.].

5-Brom-naphthalin-sulfonsäure-(2)-äthylester, *5-bromonaphthalene-2-sulfonic acid ethyl ester* $C_{12}H_{11}BrO_3S$, Formel VII (X = OC_2H_5).

B. Aus Silber-[5-brom-naphthalin-sulfonat-(2)] beim Erwärmen mit Äthyljodid in Benzol (*Mercanton, Goldstein*, Helv. **28** [1945] 533, 536).

Krystalle (aus CCl_4); F: 125° [korr.].

5-Brom-naphthalin-sulfonylchlorid-(2), *5-bromonaphthalene-2-sulfonyl chloride* $C_{10}H_6BrClO_2S$, Formel VII (X = Cl).

B. Aus Kalium-[5-brom-naphthalin-sulfonat-(2)] oder Natrium-[5-brom-naphthalin-sulfonat-(2)] und Phosphor(V)-chlorid (*Sal'kind, Belikowa*, Ž. obšč. Chim. **4** [1934] 1211, 1214; C. **1936** I 4431; *Mercanton, Goldstein*, Helv. **28** [1945] 533, 536).

Krystalle; F: 100° [aus CCl_4] (*Me., Go.*), 96—96,5° [aus PAe.] (*Sa., Be.*).

5-Brom-naphthalinsulfonamid-(2), *5-bromonaphthalene-2-sulfonamide* $C_{10}H_8BrNO_2S$, Formel VII (X = NH_2).

B. Aus 5-Brom-naphthalin-sulfonylchlorid-(2) beim Erwärmen mit wss.-äthanol. Ammoniak (*Mercanton, Goldstein*, Helv. **28** [1945] 533, 536) oder mit Ammoniumcarbonat (*Sal'kind, Belikowa*, Ž. obšč. Chim. **4** [1934] 1211, 1215; C. **1936** I 4431).

Krystalle; F: 225° [korr.; aus A.] (*Me., Go.*), 219—220° [aus Me.] (*Sa., Be.*).

8-Brom-naphthalin-sulfonsäure-(2), *8-bromonaphthalene-2-sulfonic acid* $C_{10}H_7BrO_3S$, Formel VIII (X = OH).

B. Beim Erwärmen der aus 8-Amino-naphthalin-sulfonsäure-(2) bereiteten Diazonium-Verbindung mit Kupfer(I)-bromid in wss. Bromwasserstoffsäure (*Mercanton, Goldstein*, Helv. **28** [1945] 533, 536). Neben 5-Brom-naphthalin-sulfonsäure-(2) beim Behandeln von Naphthalin-sulfonsäure-(2) mit Brom in Wasser (*Sal'kind, Belikowa*, Ž. obšč. Chim. **4** [1934] 1211, 1215; C. **1936** I 4431).

Gelbliche Krystalle; F: 83—85° (*Sa., Be.*).

Anilid (F: 170° [korr.]): *Me., Go.*

Natrium-Salz (Krystalle [aus W.]), Kalium-Salz $KC_{10}H_6BrO_3S$ (Krystalle [aus wss. A.]), Kupfer(II)-Salz $Cu(C_{10}H_6BrO_3S)_2 \cdot H_2O$ (grünliche Krystalle), Calcium-Salz (Krystalle [aus Me.]) und Barium-Salz $Ba(C_{10}H_6BrO_3S)_2 \cdot 3H_2O$ (Krystalle [aus W.]): *Sa., Be.*

8-Brom-naphthalin-sulfonsäure-(2)-methylester, *8-bromonaphthalene-2-sulfonic acid methyl ester* $C_{11}H_9BrO_3S$, Formel VIII (X = OCH_3).

B. Aus Silber-[8-brom-naphthalin-sulfonat-(2)] beim Erwärmen mit Methyljodid in Benzol (*Mercanton, Goldstein*, Helv. **28** [1945] 533, 537).

Krystalle (aus CCl_4); F: 97°.

8-Brom-naphthalin-sulfonsäure-(2)-äthylester, *8-bromonaphthalene-2-sulfonic acid ethyl ester* $C_{12}H_{11}BrO_3S$, Formel VIII (X = OC_2H_5).

B. Aus Silber-[8-brom-naphthalin-sulfonat-(2)] beim Erwärmen mit Äthyljodid in Benzol (*Mercanton, Goldstein*, Helv. **28** [1945] 533, 537).

Krystalle (aus CCl_4); F: 92,5°.

8-Brom-naphthalin-sulfonylchlorid-(2), *8-bromonaphthalene-2-sulfonyl chloride* $C_{10}H_6BrClO_2S$, Formel VIII (X = Cl).

B. Aus Kalium-[8-brom-naphthalin-sulfonat-(2)] und Phosphor(V)-chlorid (*Sal'kind, Belikowa*, Ž. obšč. Chim. **4** [1934] 1211, 1216; C. **1936** I 4431; *Mercanton, Goldstein*, Helv. **28** [1945] 533, 537).

Krystalle; F: 120—121,5° [korr.; aus CCl_4] (*Me., Go.*), 120—121,5° [aus PAe.] (*Sa., Be.*).

8-Brom-naphthalin-sulfonylbromid-(2), *8-bromonaphthalene-2-sulfonyl bromide* $C_{10}H_6Br_2O_2S$, Formel VIII (X = Br).

B. Aus Kalium-[8-brom-naphthalin-sulfonat-(2)] und Phosphor(V)-bromid (*Sal'kind, Belikowa*, Ž. obšč. Chim. **4** [1934] 1211, 1216; C. **1936** I 4431).

Krystalle (aus PAe.); F: 124—125°.

8-Brom-naphthalinsulfonamid-(2), *8-bromonaphthalene-2-sulfonamide* $C_{10}H_8BrNO_2S$, Formel VIII (X = NH_2).

B. Aus 8-Brom-naphthalin-sulfonylchlorid-(2) beim Erwärmen mit wss.-äthanol.

Ammoniak (*Mercanton, Goldstein*, Helv. **28** [1945] 533, 537) sowie beim Erwärmen mit Ammoniumcarbonat (*Sal'kind, Belikowa*, Ž. obšč. Chim. **4** [1934] 1211, 1216; C. **1936** I 4431).

Krystalle; F: 193° [korr.; aus A.] (*Me., Go.*), 187—188° [aus PAe.] (*Sa., Be.*).

1-Jod-naphthalin-sulfonylchlorid-(2), *1-iodonaphthalene-2-sulfonyl chloride* $C_{10}H_6ClIO_2S$, Formel IX (X = Cl) (E II 102).

B. Aus Natrium-[1-jod-naphthalin-sulfonat-(2)] und Phosphor(V)-chlorid (*Cumming, Muir*, J. roy. tech. Coll. **4** [1937] 61, 62).

F: 94°.

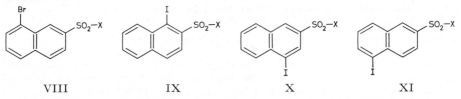

| VIII | IX | X | XI |

1-Jod-naphthalinsulfonamid-(2), *1-iodonaphthalene-2-sulfonamide* $C_{10}H_8INO_2S$, Formel IX (X = NH$_2$).

B. Aus 1-Jod-naphthalin-sulfonylchlorid-(2) mit Hilfe von wss. Ammoniak (*Cumming, Muir*, J. roy. tech. Coll. **4** [1937] 61, 62).

Krystalle (aus wss. Acn.); F: 247°.

4-Jod-naphthalin-sulfonsäure-(2), *4-iodonaphthalene-2-sulfonic acid* $C_{10}H_7IO_3S$, Formel X (X = OH).

B. Beim Erwärmen einer aus 4-Amino-naphthalin-sulfonsäure-(2) bereiteten Diazoni= um-Verbindung mit Natriumjodid und wss. Schwefelsäure (*Mercanton, Goldstein*, Helv. **28** [1945] 319, 320).

Anilid (F: 171,5° [korr.]): *Me., Go.*

Natrium-Salz $NaC_{10}H_6IO_3S$. Krystalle [aus W.].

4-Jod-naphthalin-sulfonsäure-(2)-methylester, *4-iodonaphthalene-2-sulfonic acid methyl ester* $C_{11}H_9IO_3S$, Formel X (X = OCH$_3$).

B. Aus Silber-[4-jod-naphthalin-sulfonat-(2)] beim Erwärmen mit Methyljodid in Benzol (*Mercanton, Goldstein*, Helv. **28** [1945] 319, 321).

Krystalle (aus CCl$_4$); F: 119,5° [korr.].

4-Jod-naphthalin-sulfonsäure-(2)-äthylester, *4-iodonaphthalene-2-sulfonic acid ethyl ester* $C_{12}H_{11}IO_3S$, Formel X (X = OC$_2$H$_5$).

B. Aus Silber-[4-jod-naphthalin-sulfonat-(2)] beim Erwärmen mit Äthyljodid in Benzol (*Mercanton, Goldstein*, Helv. **28** [1945] 319, 321).

Krystalle (aus CCl$_4$); F: 99,5°.

4-Jod-naphthalin-sulfonylchlorid-(2), *4-iodonaphthalene-2-sulfonyl chloride* $C_{10}H_6ClIO_2S$, Formel X (X = Cl).

B. Aus Natrium-[4-jod-naphthalin-sulfonat-(2)] und Phosphor(V)-chlorid (*Mercanton, Goldstein*, Helv. **28** [1945] 319, 321).

Krystalle (aus CCl$_4$); F: 124° [korr.].

4-Jod-naphthalinsulfonamid-(2), *4-iodonaphthalene-2-sulfonamide* $C_{10}H_8INO_2S$, Formel X (X = NH$_2$).

B. Aus 4-Jod-naphthalin-sulfonylchlorid-(2) beim Erwärmen mit wss.-äthanol. Ammo= niak (*Mercanton, Goldstein*, Helv. **28** [1945] 319, 321).

Krystalle (aus A.); F: 207° [korr.].

5-Jod-naphthalin-sulfonsäure-(2), *5-iodonaphthalene-2-sulfonic acid* $C_{10}H_7IO_3S$, Formel XI (X = OH).

B. Beim Behandeln einer aus 5-Amino-naphthalin-sulfonsäure-(2) bereiteten Di= azonium-Verbindung mit Natriumjodid und wss. Schwefelsäure (*Mercanton, Goldstein*, Helv. **28** [1945] 319, 322).

Anilid (F: 235° [korr.]): *Me., Go.*

Natrium-Salz $NaC_{10}H_6IO_3S$. Krystalle [aus W.].

5-Jod-naphthalin-sulfonsäure-(2)-methylester, *5-iodonaphthalene-2-sulfonic acid methyl ester* $C_{11}H_9IO_3S$, Formel XI (X = OCH₃).

B. Aus Silber-[5-jod-naphthalin-sulfonat-(2)] beim Erwärmen mit Methyljodid in Benzol (*Mercanton, Goldstein,* Helv. **28** [1945] 319, 322).

Krystalle (aus CCl₄); F: 97°.

5-Jod-naphthalin-sulfonsäure-(2)-äthylester, *5-iodonaphthalene-2-sulfonic acid ethyl ester* $C_{12}H_{11}IO_3S$, Formel XI (X = OC₂H₅).

B. Aus Silber-[5-jod-naphthalin-sulfonat-(2)] beim Erwärmen mit Äthyljodid in Benzol (*Mercanton, Goldstein,* Helv. **28** [1945] 319, 322).

Krystalle (aus CCl₄); F: 119° [korr.].

5-Jod-naphthalin-sulfonylchlorid-(2), *5-iodonaphthalene-2-sulfonyl chloride* $C_{10}H_6ClIO_2S$, Formel XI (X = Cl).

B. Aus Natrium-[5-jod-naphthalin-sulfonat-(2)] und Phosphor(V)-chlorid (*Mercanton, Goldstein,* Helv. **28** [1945] 319, 322).

Krystalle (aus CCl₄); F: 102° [korr.].

5-Jod-naphthalinsulfonamid-(2), *5-iodonaphthalene-2-sulfonamide* $C_{10}H_8INO_2S$, Formel XI (X = NH₂).

B. Aus 5-Jod-naphthalin-sulfonylchlorid-(2) beim Erwärmen mit wss.-äthanol. Ammoniak (*Mercanton, Goldstein,* Helv. **28** [1945] 319, 322).

Krystalle (aus A.); F: 229° [korr.].

8-Jod-naphthalin-sulfonsäure-(2), *8-iodonaphthalene-2-sulfonic acid* $C_{10}H_7IO_3S$, Formel XII (X = OH).

B. Beim Erwärmen einer aus 8-Amino-naphthalin-sulfonsäure-(2) bereiteten Diazonium-Verbindung mit Kaliumjodid und wss. Schwefelsäure (*Mercanton, Goldstein,* Helv. **28** [1945] 319, 323).

Anilid (F: 173,5° [korr.]): *Me., Go.*

Kalium-Salz KC₁₀H₆IO₃S. Krystalle.

8-Jod-naphthalin-sulfonsäure-(2)-methylester, *8-iodonaphthalene-2-sulfonic acid methyl ester* $C_{11}H_9IO_3S$, Formel XII (X = OCH₃).

B. Aus Silber-[8-jod-naphthalin-sulfonat-(2)] beim Erwärmen mit Methyljodid in Benzol (*Mercanton, Goldstein,* Helv. **28** [1945] 319, 323).

Krystalle (aus CCl₄); F: 116° [korr.].

8-Jod-naphthalin-sulfonsäure-(2)-äthylester, *8-iodonaphthalene-2-sulfonic acid ethyl ester* $C_{12}H_{11}IO_3S$, Formel XII (X = OC₂H₅).

B. Aus Silber-[8-jod-naphthalin-sulfonat-(2)] beim Erwärmen mit Äthyljodid in Benzol (*Mercanton, Goldstein,* Helv. **28** [1945] 319, 323).

Krystalle (aus CCl₄); F: 90,5°.

8-Jod-naphthalin-sulfonylchlorid-(2), *8-iodonaphthalene-2-sulfonyl chloride* $C_{10}H_6ClIO_2S$, Formel XII (X = Cl).

B. Aus Kalium-[8-jod-naphthalin-sulfonat-(2)] und Phosphor(V)-chlorid (*Mercanton, Goldstein,* Helv. **28** [1945] 319, 323).

Krystalle (aus CCl₄); F: 142° [korr.].

8-Jod-naphthalinsulfonamid-(2), *8-iodonaphthalene-2-sulfonamide* $C_{10}H_8INO_2S$, Formel XII (X = NH₂).

B. Aus 8-Jod-naphthalin-sulfonylchlorid-(2) beim Erwärmen mit wss.-äthanol. Ammoniak (*Mercanton, Goldstein,* Helv. **28** [1945] 319, 323).

Krystalle (aus A.); F: 198,5° [korr.].

1-Nitro-naphthalin-sulfonsäure-(2), *1-nitronaphthalene-2-sulfonic acid* $C_{10}H_7NO_5S$, Formel XIII (X = OH).

B. Als Hauptprodukt beim Behandeln einer aus 1-Amino-naphthalin-sulfonsäure-(2) bereiteten Diazonium-Verbindung mit wss. Natriumnitrit-Lösung unter Zusatz von Kupfer(I)-oxid und anschliessenden Erhitzen; Reinigung über das Quecksilber(I)-Salz (*Woroshzow, Koslow,* Ž. obšč. Chim. **2** [1932] 939, 950, 956; C. **1934** I 216).

Hellgrüne Krystalle mit 1 Mol H₂O; F: 104,7° (*Wo., Ko.,* Ž. obšč. Chim. **2** 959).

Natrium-Salz NaC₁₀H₆NO₅S·4,5H₂O. Gelbe Krystalle [aus wss. A.] (*Wo., Ko.,* Ž.

obšč. Chim. **2** 953). — Verbindung des Natrium-Salzes mit 1-Nitro-naphthɔ alin-sulfonsäure-(2) NaC₁₀H₆NO₅S·C₁₀H₇NO₅S. Gelbe Krystalle (aus W.); F: 93,1° bis 94,1° (*Wo., Ko., Ž.* obšč. Chim. **2** 953).

Kupfer(II)-Salz. Hexahydrat Cu(C₁₀H₆NO₅S)₂·6H₂O. Grüne Krystalle [aus W.] (*Wo., Ko., Ž.* obšč. Chim. **2** 958). — Ammoniakat Cu(C₁₀H₆NO₅S)₂·4NH₃·2H₂O. Dimorph: blauviolette Krystalle, Zers. bei 241°, und stahlgraue Krystalle, Zers. bei 248° (*Woroshzow, Koslow, Ž.* obšč. Chim. **3** [1933] 917, 920; C. **1934** II 1456). — Verbindung des Kupfer(II)-Salzes mit Ammoniumsulfat Cu(C₁₀H₆NO₅S)₂·[NH₄]₂SO₄. Krystalle (*Wo., Ko., Ž.* obšč. Chim. **3** 925).

Silber-Salz AgC₁₀H₆NO₅S. Krystalle [aus W.] (*Wo., Ko., Ž.* obšč. Chim. **2** 958).

Magnesium-Salz Mg(C₁₀H₆NO₅S)₂·8H₂O. Gelbliche Krystalle [aus W.] (*Wo., Ko., Ž.* obšč. Chim. **2** 958).

Barium-Salz Ba(C₁₀H₆NO₅S)₂·4H₂O. Gelbe Krystalle [aus W.] (*Wo., Ko., Ž.* obšč. Chim. **2** 958).

Zink-Salz Zn(C₁₀H₆NO₅S)₂·4H₂O. Gelbe Krystalle [aus W.] (*Wo., Ko., Ž.* obšč. Chim. **2** 958).

Quecksilber(I)-Salz HgC₁₀H₆NO₅S·2H₂O. Krystalle [aus W.] (*Wo., Ko., Ž.* obšč. Chim. **2** 958).

Nickel(II)-Salz. Ammoniakat Ni(C₁₀H₆NO₅S)₂·6 NH₃. Grünliche Krystalle (*Wo., Ko., Ž.* obšč. Chim. **3** 922).

1-Nitro-naphthalin-sulfonylchlorid-(2), *1-nitronaphthalene-2-sulfonyl chloride* C₁₀H₆ClNO₄S, Formel XIII (X = Cl).

B. Aus Natrium-[1-nitro-sulfonat-(2)] beim Erhitzen mit Phosphor(V)-chlorid und Phosphor(III)-chlorid (*Woroshzow, Koslow, Ž.* obšč. Chim. **2** [1932] 939, 959; C. **1934** I 216).

Krystalle (aus Bzl. + PAe.); F: 120,5°.

1-Nitro-naphthalinsulfonamid-(2), *1-nitronaphthalene-2-sulfonamide* C₁₀H₈N₂O₄S, Formel XIII (X = NH₂).

B. Beim Einleiten von Ammoniak in eine Lösung von 1-Nitro-naphthalin-sulfonylɔ chlorid-(2) in Benzol (*Woroshzow, Koslow, Ž.* obšč. Chim. **2** [1932] 939, 960; C. **1934** I 216).

Krystalle (aus wss. A.); F: 214,3°.

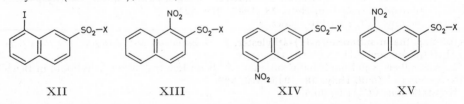

| XII | XIII | XIV | XV |

5-Nitro-naphthalin-sulfonsäure-(2), *5-nitronaphthalene-2-sulfonic acid* C₁₀H₇NO₅S, Formel XIV (X = OH) (H 186; E II 102).

Trennung von 8-Nitro-naphthalin-sulfonsäure-(2) durch fraktionierte Krystallisation der Säurechloride (vgl. H 186): *Woroshzow, Gribow, Ž.* obšč. Chim. **2** [1932] 929, 933; C. **1934** I 215.

Hellgelbe Krystalle (aus wss. Salzsäure) mit 2 Mol H₂O; F: 118—119° (*Fabrowicz, Leśniański,* Roczniki Chem. **11** [1931] 636, 639; C. **1931** II 3103).

Anilid (F: 173—174°): *Wo., Gr.,* l. c. S. 936.

Kupfer(II)-Salz. Hexahydrat Cu(C₁₀H₆NO₅S)₂·6H₂O (H 186). Grünliche Krystalle [aus W.] (*Wo., Gr.,* l. c. S. 937). — Ammoniakat Cu(C₁₀H₆NO₅S)₂·4NH₃·4H₂O. Hellblaue Krystalle [aus wss. Ammoniak] (*Woroshzow, Koslow, Ž.* obšč. Chim. **3** [1933] 917, 923; C. **1934** II 1456).

Silber-Salz AgC₁₀H₆NO₅S (H 186). Hellgelbe Krystalle [aus W.] (*Wo., Gr.,* l. c. S. 937).

Magnesium-Salz Mg(C₁₀H₆NO₅S)₂·7H₂O (H 186). Hellgelbe Krystalle [aus W.] (*Wo., Gr.,* l. c. S. 937).

Barium-Salz Ba(C₁₀H₆NO₅S)₂·H₂O (H 186). Krystalle [aus W.] (*Wo., Gr.,* l. c. S. 937).

Eisen(II)-Salz. Hellgelbe Krystalle [aus W.] (*Wo., Gr.,* l. c. S. 937).

Nickel(II)-Salz. Ammoniakat Ni(C₁₀H₆NO₅S)₂·6NH₃. Gelbgrüne Krystalle [aus wss. Ammoniak] (*Wo., Ko.,* l. c. S. 923).

5-Nitro-naphthalin-sulfonylchlorid-(2), *5-nitronaphthalene-2-sulfonyl chloride* $C_{10}H_6ClNO_4S$, Formel XIV (X = Cl) (H 186).

Krystalle (aus Bzl.); F: 128,5—129,5° (*Woroshzow, Gribow*, Ž. obšč. Chim. **2** [1932] 929, 935; C. **1934** I 215).

5-Nitro-naphthalinsulfonamid-(2), *5-nitronaphthalene-2-sulfonamide* $C_{10}H_8N_2O_4S$, Formel XIV (X = NH$_2$) (H 186).

B. Beim Einleiten von Ammoniak in eine Lösung von 5-Nitro-naphthalin-sulfon= ylchlorid-(2) in Benzol (*Woroshzow, Gribow*, Ž. obšč. Chim. **2** [1932] 929, 936; C. **1934** I 215).

Hellgelbe Krystalle (aus A.); F: 187,5—188,5°.

8-Nitro-naphthalin-sulfonsäure-(2), *8-nitronaphthalene-2-sulfonic acid* $C_{10}H_7NO_5S$, Formel XV (X = OH) (H 187; E II 102).

B. Aus Naphthalin-sulfonsäure-(2) beim Behandeln mit einem Gemisch von Schwefel= säure und Salpetersäure (*Fabrowicz, Leśniański*, Roczniki Chem. **11** [1931] 636, 640; C. **1931** II 3103).

Trennung von 5-Nitro-naphthalin-sulfonsäure-(2) durch fraktionierte Krystallisation der Säurechloride: *Woroshzow, Gribow*, Ž. obšč. Chim. **2** [1932] 929, 933; C. **1934** I 215.

Gelbliche Krystalle (aus wss. Salzsäure) mit 1,5 Mol H$_2$O; F: 135—136° (*Fa., Le.*). Kupfer(II)-Salz. Octahydrat Cu(C$_{10}$H$_6$NO$_5$S)$_2$·8 H$_2$O (H 187). Hellblaue Krystalle [aus W.] (*Wo., Gr.*, l. c. S. 937). — Ammoniakat Cu(C$_{10}$H$_6$NO$_5$S)$_2$·4 NH$_3$·2,5 H$_2$O. Grünliche Krystalle (aus wss. Ammoniak); F: 242° [Zers.] (*Woroshzow, Koslow*, Ž. obšč. Chim. **3** [1933] 917, 923; C. **1934** II 1456).

Silber-Salz AgC$_{10}$H$_6$NO$_5$S (H 187). Hellgelbe Krystalle [aus W.] (*Wo., Gr.*, l. c. S. 937).

Magnesium-Salz Mg(C$_{10}$H$_6$NO$_5$S)$_2$·9 H$_2$O (H 187). Gelbe Krystalle [aus W.] (*Wo., Gr.*, l. c. S. 937).

Barium-Salz Ba(C$_{10}$H$_6$NO$_5$S)$_2$·3,5 H$_2$O (H 187). Krystalle [aus W.] (*Wo., Gr.*, l. c. S. 937).

Eisen(II)-Salz. Gelbe Krystalle [aus W.] (*Wo., Gr.*, l. c. S. 937).

Nickel(II)-Salz. Ammoniakat Ni(C$_{10}$H$_6$NO$_5$S)$_2$·6 NH$_3$. Krystalle [aus wss. Am= moniak] (*Wo., Ko.*, l. c. S. 924).

8-Nitro-naphthalin-sulfonylchlorid-(2), *8-nitronaphthalene-2-sulfonyl chloride* $C_{10}H_6ClNO_4S$, Formel XV (X = Cl) (H 187).

Krystalle (aus Bzl.); F: 168—169° (*Woroshzow, Gribow*, Ž. obšč. Chim. **2** [1932] 929, 935; C. **1934** I 215).

8-Nitro-naphthalinsulfonamid-(2), *8-nitronaphthalene-2-sulfonamide* $C_{10}H_8N_2O_4S$, Formel XV (X = NH$_2$) (H 187).

B. Beim Einleiten von Ammoniak in eine Lösung von 8-Nitro-naphthalin-sulfonyl= chlorid-(2) in Benzol (*Woroshzow, Gribow*, Ž. obšč. Chim. **2** [1932] 929, 936; C. **1934** I 215).

Krystalle (aus A.); F: 227—228°.

1.2.8-Trichlor-naphthalin-sulfonsäure-(x), *1,2,8-trichloronaphthalene-x-sulfonic acid* $C_{10}H_5Cl_3O_3S$, Formel I.

1.2.8.-Trichlor-naphthalin-sulfonsäure-(x), deren Chlorid bei 105° schmilzt (H 191).

B. Aus 1.2.8-Trichlor-naphthalin und Chloroschwefelsäure in Schwefelkohlenstoff (*Turner, Wynne*, Soc. **1941** 243, 252).

Barium-Salz Ba(C$_{10}$H$_4$Cl$_3$O$_3$S)$_2$·H$_2$O. Krystalle.

Überführung in das Säurechlorid C$_{10}$H$_4$Cl$_4$O$_2$S (Krystalle [aus Bzl.], F: 105°) durch Behandlung des Kalium-Salzes mit Phosphor(V)-chlorid: *Tu., Wy.*

1.4.5-Trichlor-naphthalin-sulfonsäure-(x), *1,4,5-trichloronaphthalene-x-sulfonic acid* $C_{10}H_5Cl_3O_3S$, Formel II (X = H).

1.4.5-Trichlor-naphthalin-sulfonsäure-(x), deren Chlorid bei 178° schmilzt.

B. Neben 4.5.8-Trichlor-naphthalin-sulfonsäure-(2) beim Behandeln von 1.4.5-Tri= chlor-naphthalin mit Chloroschwefelsäure in Schwefelkohlenstoff (*Turner, Wynne*, Soc. **1941** 243, 255).

Natrium-Salz NaC$_{10}$H$_4$Cl$_3$O$_3$S·1,5 H$_2$O. Krystalle.

Überführung in das Säurechlorid $C_{10}H_4Cl_4O_2S$ (Krystalle [aus PAe.], F: 178°) durch Behandlung des Natrium-Salzes mit Phosphor(V)-chlorid: Tu., Wy.

2.3.6-Trichlor-naphthalin-sulfonsäure-(x), *2,3,6-trichloronaphthalene-x-sulfonic acid* $C_{10}H_5Cl_3O_3S$, Formel III.

2.3.6-Trichlor-naphthalin-sulfonsäure-(x), deren Chlorid bei 94° schmilzt.

B. Neben 3.6.7-Trichlor-naphthalin-sulfonsäure-(1) beim Behandeln von 2.3.6-Trichlor-naphthalin mit Chloroschwefelsäure in Schwefelkohlenstoff (*Turner, Wynne*, Soc. **1941** 256).

Natrium-Salz $NaC_{10}H_4Cl_3O_3S \cdot H_2O$ (Krystalle [aus W.]) und Barium-Salz $Ba(C_{10}H_4Cl_3O_3S)_2 \cdot 3H_2O$ (Krystalle [aus W.]): *Tu., Wy.*

Überführung in das Säurechlorid $C_{10}H_4Cl_4O_2S$ (Krystalle [aus Bzl. + PAe.], F: 94°) durch Behandlung des Natrium-Salzes mit Phosphor(V)-chlorid: *Tu., Wy.*

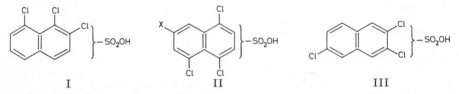

1.2.3.4-Tetrachlor-naphthalin-sulfonsäure-(x), *1,2,3,4-tetrachloronaphthalene-x-sulfonic acid* $C_{10}H_4Cl_4O_3S$, Formel IV.

1.2.3.4-Tetrachlor-naphthalin-sulfonsäure-(x), deren Chlorid bei 132° schmilzt.

B. Als Hauptprodukt beim Erhitzen von 1.2.3.4-Tetrachlor-naphthalin (E III **5** 1577) mit rauchender Schwefelsäure auf 150° (*Turner, Wynne*, Soc. **1941** 243, 247).

Natrium-Salz $NaC_{10}H_3Cl_4O_3S \cdot H_2O$. Krystalle (aus W.).

Überführung in das Säurechlorid $C_{10}H_3Cl_5O_2S$ (Krystalle [aus PAe.] vom F: 132°, die nach Abkühlen der Schmelze bei 122—123° schmelzen) durch Behandlung des Natrium-Salzes mit Phosphor(V)-chlorid: *Tu., Wy.*

1.2.4.6-Tetrachlor-naphthalin-sulfonsäure-(x), *1,2,4,6-tetrachloronaphthalene-x-sulfonic acid* $C_{10}H_4Cl_4O_3S$, Formel V.

1.2.4.6-Tetrachlor-naphthalin-sulfonsäure-(x), deren Chlorid bei 140° schmilzt.

B. Beim Erhitzen von 1.2.4.6-Tetrachlor-naphthalin mit rauchender Schwefelsäure auf 150° (*Turner, Wynne*, Soc. **1941** 243, 251).

Natrium-Salz $NaC_{10}H_3Cl_4O_3S \cdot 1,5\ H_2O$. Krystalle [aus W.].

Überführung in das Säurechlorid $C_{10}H_3Cl_5O_2S$ (Krystalle [aus Bzl.], F: 140°) durch Behandlung des Natrium-Salzes mit Phosphor(V)-chlorid: *Tu., Wy.*

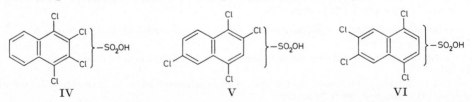

1.3.5.8-Tetrachlor-naphthalin-sulfonsäure-(x), *1,3,5,8-tetrachloronaphthalene-x-sulfonic acid* $C_{10}H_4Cl_4O_3S$, Formel II (X = Cl).

1.3.5.8-Tetrachlor-naphthalin-sulfonsäure-(x), deren Chlorid bei 146° schmilzt.

B. Aus 1.3.5.8-Tetrachlor-naphthalin beim Behandeln mit Chloroschwefelsäure in Schwefelkohlenstoff sowie beim Erwärmen mit rauchender Schwefelsäure (*Turner, Wynne*, Soc. **1941** 243, 246).

Natrium-Salz $NaC_{10}H_3Cl_4O_3S \cdot H_2O$. Krystalle (aus W.).

Überführung in das Säurechlorid $C_{10}H_3Cl_5O_2S$ (Krystalle [aus Bzl.], F: 146°) durch Behandlung des Natrium-Salzes mit Phosphor(V)-chlorid: *Tu., Wy.*

1.4.6.7-Tetrachlor-naphthalin-sulfonsäure-(x), *1,4,6,7-tetrachloronaphthalene-x-sulfonic acid* $C_{10}H_4Cl_4O_3S$, Formel VI.

    1.4.6.7-Tetrachlor-naphthalin-sulfonsäure-(x), deren Chlorid bei 133° schmilzt.

    B. Aus 1.4.6.7-Tetrachlor-naphthalin und Chloroschwefelsäure in Schwefelkohlenstoff (*Turner, Wynne*, Soc. **1941** 243, 246).

    Natrium-Salz $NaC_{10}H_3Cl_4O_3S$. Krystalle (aus W.).

    Überführung in das Säurechlorid $C_{10}H_3Cl_5O_2S$ (Krystalle [aus Bzl. + PAe.], F: 133°) durch Behandlung des Natrium-Salzes mit Phosphor(V)-chlorid: *Tu., Wy.*

1-Methyl-naphthalin-sulfonsäure-(3), *4-methylnaphthalene-2-sulfonic acid* $C_{11}H_{10}O_3S$, Formel VII (X = OH).

    B. Beim Erhitzen von 1-Methyl-naphthalin mit Schwefelsäure bis auf 120° (*Veselý, Štursa*, Collect. **3** [1931] 328, 329, 331). Neben 1-Methyl-naphthalin-sulfonsäure-(6), 1-Methyl-naphthalin-sulfonsäure-(7) und geringen Mengen 1-Methyl-naphthalin-sulfon‑säure-(4) beim Behandeln von 1-Methyl-naphthalin mit Schwefelsäure bei 165° bis 175° (*Dziewoński, Kowalczyk*, Bl. Acad. polon. [A] **1935** 559, 560).

    Barium-Salz. Krystalle [aus W.] (*Ve., Št.; Dz., Ko.*).

1-Methyl-naphthalin-sulfonylchlorid-(3), *4-methylnaphthalene-2-sulfonyl chloride* $C_{11}H_9ClO_2S$, Formel VII (X = Cl).

    B. Aus 1-Methyl-naphthalin-sulfonsäure-(3) beim Erhitzen des Kalium-Salzes mit Phosphor(V)-chlorid (*Veselý, Štursa*, Collect. **3** [1931] 328, 331).

    Krystalle (aus Ae.); F: 124—125°. In Aceton leicht löslich.

1-Methyl-naphthalinsulfonamid-(3), *4-methylnaphthalene-2-sulfonamide* $C_{11}H_{11}NO_2S$, Formel VII (X = NH_2).

    B. Aus 1-Methyl-naphthalin-sulfonylchlorid-(3) beim Erwärmen mit wss. Ammoniak (*Veselý, Štursa*, Collect. **3** [1931] 328, 332).

    Krystalle (aus A.); F: 143—144°.

1-Methyl-naphthalin-sulfonsäure-(4), *4-methylnaphthalene-1-sulfonic acid* $C_{11}H_{10}O_3S$, Formel VIII (X = OH) (E II 103).

    B. Neben anderen Verbindungen beim Behandeln von 1-Methyl-naphthalin mit Chloro‑schwefelsäure in Tetrachlormethan (*Steiger*, Helv. **13** [1930] 173, 177; *Veselý, Štursa*, Collect. **3** [1931] 328, 329; *Fieser, Bowen*, Am. Soc. **62** [1940] 2103, 2105). Isolierung über das Kalium-Salz: *Fieser, Bradsher*, Am. Soc. **61** [1939] 417, 420.

    Charakterisierung als *p*-Toluidin-Salz (F: 232—233°): *Fie., Br.*

    Kalium-Salz $KC_{11}H_9O_3S$. Krystalle [aus W.] (*St.; Fie., Bo.*). In Wasser schwer löslich (*St.; Ve., Št.*). Beim Erwärmen mit Brom und Natriumbromid in Wasser ist 4-Brom-1-methyl-naphthalin erhalten worden (*Fie., Bo.*).

1-Methyl-naphthalin-sulfonylchlorid-(4), *4-methylnaphthalene-1-sulfonyl chloride* $C_{11}H_9ClO_2S$, Formel VIII (X = Cl) (E II 103).

    Beim Behandeln mit Salpetersäure (D: 1,48) bei 0° unter Lichtausschluss sind 5-Nitro-1-methyl-naphthalin-sulfonylchlorid-(4) und 8-Nitro-1-methyl-naphthalin-sulfonylchlor‑id-(4) erhalten worden (*Steiger*, Helv. **13** [1930] 173, 182, **17** [1934] 1142, 1146).

1.N-Dimethyl-naphthalinsulfonamid-(4), *4,N-dimethylnaphthalene-1-sulfonamide* $C_{12}H_{13}NO_2S$, Formel VIII (X = $NH\text{-}CH_3$).

    B. Aus 1-Methyl-naphthalin-sulfonylchlorid-(4) und Methylamin in Äthanol (*Steiger*, Helv. **17** [1934] 1142, 1156).

    Krystalle (aus A.); F: 165—166° [korr.].

5-Nitro-1-methyl-naphthalin-sulfonsäure-(4), *4-methyl-8-nitronaphthalene-1-sulfonic acid* $C_{11}H_9NO_5S$, Formel IX (X = OH).

    B. Aus 5-Nitro-1-methyl-naphthalin-sulfonylchlorid-(4) beim Erhitzen mit wss. Natron‑lauge (*Steiger*, Helv. **13** [1930] 173, 185).

    Natrium-Salz $NaC_{11}H_8NO_5S \cdot 2,5\ H_2O$. Krystalle (aus W.).

5-Nitro-1-methyl-naphthalin-sulfonsäure-(4)-methylester, *4-methyl-8-nitronaphthalene-1-sulfonic acid methyl ester* $C_{12}H_{11}NO_5S$, Formel IX (X = OCH_3).

    B. Aus 5-Nitro-1-methyl-naphthalin-sulfonylchlorid-(4) beim Erwärmen mit methanol.

Natriummethylat (*Steiger*, Helv. **17** [1934] 1142, 1153).

Krystalle (aus Bzl. + Heptan); F: 138—139° [korr.] (*St.*, l. c. S. 1154). Lichtempfindlich (*Steiger*, Helv. **17** [1934] 1354, 1356).

5-Nitro-1-methyl-naphthalin-sulfonsäure-(4)-äthylester, *4-methyl-8-nitronaphthalene-1-sulfonic acid ethyl ester* $C_{13}H_{13}NO_5S$, Formel IX (X = OC_2H_5).

B. Aus 5-Nitro-1-methyl-naphthalin-sulfonylchlorid-(4) beim Erwärmen mit äthanol. Natriumäthylat (*Steiger*, Helv. **17** [1934] 1142, 1154).

Krystalle (aus Bzl. + Heptan); F: 107,5—108,5° [korr.] (*St.*, l. c. S. 1155). Lichtempfindlich (*Steiger*, Helv. **17** [1934] 1354, 1355).

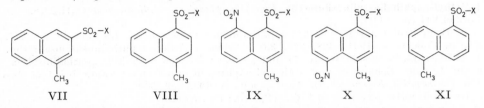

VII   VIII   IX   X   XI

5-Nitro-1-methyl-naphthalin-sulfonsäure-(4)-phenylester, *4-methyl-8-nitronaphthalene-1-sulfonic acid phenyl ester* $C_{17}H_{13}NO_5S$, Formel IX (X = OC_6H_5).

B. Beim Erhitzen von 5-Nitro-1-methyl-naphthalin-sulfonylchlorid-(4) mit Natrium‑phenolat in Toluol (*Steiger*, Helv. **17** [1934] 1142, 1155).

Krystalle (aus Toluol); F: 175,5—176,5° [korr.] (*St.*, l. c. S. 1155). Lichtempfindlich (*Steiger*, Helv. **17** [1934] 1354, 1356).

5-Nitro-1-methyl-naphthalin-sulfonylchlorid-(4), *4-methyl-8-nitronaphthalene-1-sulfonyl chloride* $C_{11}H_8ClNO_4S$, Formel IX (X = Cl).

B. Neben 8-Nitro-1-methyl-naphthalin-sulfonylchlorid-(4) beim Behandeln von 1-Meth‑yl-naphthalin-sulfonylchlorid-(4) mit Salpetersäure (D: 1,48) bei 0° unter Lichtausschluss (*Steiger*, Helv. **13** [1930] 173, 182, **17** [1934] 1142, 1146; *Veselý et al.*, Collect. **1** [1929] 493, 504).

Krystalle; F: 170° [korr.; Zers.; im vorgeheizten Bad; aus Acn.] (*St.*, Helv. **17** 1146), 161—161,5° [aus Bzl.] (*Ve. et al.*). In Äther schwer löslich (*St.*, Helv. **13** 183). Lichtempfindlich (*Steiger*, Helv. **17** [1934] 1354, 1356).

5-Nitro-1-methyl-naphthalinsulfonamid-(4), *4-methyl-8-nitronaphthalene-1-sulfonamide* $C_{11}H_{10}N_2O_4S$, Formel IX (X = NH_2).

B. Aus 5-Nitro-1-methyl-naphthalin-sulfonylchlorid-(4) beim Erwärmen einer Suspension in Äthanol mit wss. Ammoniak (*Steiger*, Helv. **17** [1934] 1142, 1147).

Krystalle (aus A.); F: 228° [korr.; Zers.; im vorgeheizten Bad] (*St.*, l. c. S. 1147). Lichtempfindlich (*Steiger*, Helv. **17** [1934] 1354, 1356).

5-Nitro-1.*N*-dimethyl-naphthalinsulfonamid-(4), *4,N-dimethyl-8-nitronaphthalene-1-sulfonamide* $C_{12}H_{12}N_2O_4S$, Formel IX (X = $NH\text{-}CH_3$).

B. Beim Behandeln einer Lösung von 5-Nitro-1-methyl-naphthalin-sulfonylchlorid-(4) in Benzol mit Methylamin in Äthanol (*Steiger*, Helv. **17** [1934] 1142, 1147).

Krystalle (aus A.); F: 243—244° [korr.; Zers.; im vorgeheizten Bad] (*St.*, l. c. S. 1148). Lichtempfindlich (*Steiger*, Helv. **17** [1934] 1354, 1356).

5-Nitro-1.*N*.*N*-trimethyl-naphthalinsulfonamid-(4), *4,N,N-trimethyl-8-nitronaphthalene-1-sulfonamide* $C_{13}H_{14}N_2O_4S$, Formel IX (X = $N(CH_3)_2$).

B. Beim Behandeln einer Lösung von 5-Nitro-1-methyl-naphthalin-sulfonylchlorid-(4) in Toluol mit Dimethylamin in Äthanol (*Steiger*, Helv. **17** [1934] 1142, 1148).

Krystalle (aus A.); F: 171,5—172° [korr.] (*St.*, l. c. S. 1148). Lichtempfindlich (*Steiger*, Helv. **17** [1934] 1354, 1355).

5-Nitro-1-methyl-*N*-äthyl-naphthalinsulfonamid-(4), *N-ethyl-4-methyl-8-nitronaphthalene-1-sulfonamide* $C_{13}H_{14}N_2O_4S$, Formel IX (X = $NH\text{-}C_2H_5$).

B. Aus 5-Nitro-1-methyl-naphthalin-sulfonylchlorid-(4) beim Erwärmen einer Suspension in Äthanol mit wss. Äthylamin (*Steiger*, Helv. **17** [1934] 1142, 1149).

Krystalle (aus A.); F: 185,5—186° [korr.; im vorgeheizten Bad] (*St.*, l. c. S. 1150). Lichtempfindlich (*Steiger*, Helv. **17** [1934] 1354, 1356).

8-Nitro-1-methyl-naphthalin-sulfonylchlorid-(4), *4-methyl-5-nitronaphthalene-1-sulfonyl chloride* $C_{11}H_8ClNO_4S$, Formel X (X = Cl).

B. Neben 5-Nitro-1-methyl-naphthalin-sulfonylchlorid-(4) beim Behandeln von 1-Methyl-naphthalin-sulfonylchlorid-(4) mit Salpetersäure (D: 1,48) bei 0° unter Lichtausschluss (*Veselý et al.*, Collect. **1** [1929] 493, 504; *Steiger*, Helv. **13** [1930] 173, 182, **17** [1934] 1142, 1146).

Krystalle; F: 115—116° [aus Acn.] (*Ve. et al.*), 115,5° [korr.; aus Acn.] (*St.*, Helv. **13** 183). Die Krystalle färben sich im Sonnenlicht orangerot (*St.*, Helv. **13** 183).

8-Nitro-1-methyl-naphthalinsulfonamid-(4), *4-methyl-5-nitronaphthalene-1-sulfonamide* $C_{11}H_{10}N_2O_4S$, Formel X (X = NH₂).

B. Beim Behandeln einer Lösung von 8-Nitro-1-methyl-naphthalin-sulfonylchlorid-(4) in Toluol mit Ammoniak in Äthanol (*Steiger*, Helv. **16** [1933] 793, 796).

Krystalle (aus A.); F: 236° [korr.; Zers.]. Lichtempfindlich.

8-Nitro-1-methyl-*N*.*N*-diäthyl-naphthalinsulfonamid-(4), *N,N-diethyl-4-methyl-5-nitro⸗naphthalene-1-sulfonamide* $C_{15}H_{18}N_2O_4S$, Formel X (X = N(C₂H₅)₂).

B. Aus 8-Nitro-1-methyl-naphthalin-sulfonylchlorid-(4) beim Erwärmen mit Diäthyl⸗amin in Toluol (*Steiger*, Helv. **13** [1930] 173, 183).

Krystalle (aus A.); F: 130—131° [korr.]. Die Krystalle färben sich im Sonnenlicht orangerot.

1-Methyl-naphthalin-sulfonsäure-(5), *5-methylnaphthalene-1-sulfonic acid* $C_{11}H_{10}O_3S$, Formel XI (X = OH).

B. Neben 1-Methyl-naphthalin-sulfonsäure-(4) beim Behandeln von 1-Methyl-naphth⸗alin mit Chloroschwefelsäure in Tetrachlormethan (*Veselý, Štursa*, Collect. **3** [1931] 328, 330; s. a. *Steiger*, Helv. **13** [1930] 173, 177).

Krystalle; F: 115° (*Ve., Št.*).

Kalium-Salz $KC_{11}H_9O_3S$. Krystalle [aus W.] (*Ve., Št.*).

1-Methyl-naphthalinsulfonamid-(5), *5-methylnaphthalene-1-sulfonamide* $C_{11}H_{11}NO_2S$, Formel XI (X = NH₂).

B. Beim Behandeln des Kalium-Salzes der 1-Methyl-naphthalin-sulfonsäure-(5) mit Phosphor(V)-chlorid und Erwärmen des erhaltenen Säurechlorids mit wss. Ammoniak (*Veselý, Štursa*, Collect. **3** [1931] 328, 330).

Krystalle (aus A.); F: 176—178°.

1-Methyl-naphthalin-sulfonsäure-(6), *5-methylnaphthalene-2-sulfonic acid* $C_{11}H_{10}O_3S$, Formel I (X = OH).

Diese Konstitution kommt der nachstehend beschriebenen, ursprünglich (*Dziewoński, Waszkowski*, Bl. Acad. polon. [A] **1929** 604, 606) als 1-Methyl-naphthalin-sulfonsäure-(7) angesehenen Verbindung zu (*Dziewoński, Otto*, Bl. Acad. polon. [A] **1935** 201, 202).

B. Neben anderen Verbindungen beim Behandeln von 1-Methyl-naphthalin mit Schwefelsäure bei 175° (*Dz., Wa.*; *Dz., Otto*, l. c. S. 203; *Dziewoński, Kowalczyk*, Bl. Acad. polon. [A] **1935** 559, 560).

Charakterisierung als Anilin-Salz (F: 248—250°): *Dz., Wa.*; *Dz., Otto*.

Natrium-Salz $NaC_{11}H_9O_3S$ (Krystalle [aus wss. A.]) und Barium-Salz $Ba(C_{11}H_9O_3S)_2$ (Krystalle [aus W.]): *Dz., Wa.*

1-Methyl-naphthalin-sulfonylchlorid-(6), *5-methylnaphthalene-2-sulfonyl chloride* $C_{11}H_9ClO_2S$, Formel I (X = Cl).

B. Aus 1-Methyl-naphthalin-sulfonsäure-(6) (s. o.) beim Behandeln des Natrium-Salzes mit Phosphor(V)-chlorid (*Dziewoński, Waszkowski*, Bl. Acad. polon. [A] **1929** 604, 607; *Dziewoński, Otto*, Bl. Acad. polon. [A] **1935** 201, 204).

Krystalle; F: 120—122° [aus Bzn.] (*Dz., Wa.*), 120—121° (*Dz., Otto*).

1-Methyl-naphthalinsulfonamid-(6), *5-methylnaphthalene-2-sulfonamide* $C_{11}H_{11}NO_2S$, Formel I (X = NH₂).

B. Aus 1-Methyl-naphthalin-sulfonylchlorid-(6) (s. o.) beim Erwärmen mit wss. Am⸗moniak (*Dziewoński, Waszkowski*, Bl. Acad. polon. [A] **1929** 604, 607; *Dziewoński, Otto*, Bl. Acad. polon. [A] **1935** 201, 202).

Krystalle (aus W. oder wss. A.); F: 188—189° (*Dz., Wa.*; *Dz., Otto*).

1-Methyl-naphthalin-sulfonsäure-(7), *8-methylnaphthalene-2-sulfonic acid* $C_{11}H_{10}O_3S$, Formel II (X = OH).

B. Neben anderen Verbindungen beim Behandeln von 1-Methyl-naphthalin mit Schwefelsäure bei 175° (*Dziewoński, Kowalczyk*, Bl. Acad. polon. [A] **1935** 559, 560). Beim Eintragen einer aus 4-Amino-1-methyl-naphthalin-sulfonsäure-(7) hergestellten Diazonium-Verbindung in warmes Äthanol (*I. G. Farbenind.*, D.R.P. 665923 [1935]; Frdl. **25** 155; *Gen. Aniline Works*, U.S.P. 2107911 [1936]).

Charakterisierung als Anilin-Salz (F: 209—211°): *Dz., Ko.*

Natrium-Salz $NaC_{11}H_9O_3S$ (Krystalle [aus A.]) und Barium-Salz $Ba(C_{11}H_9O_3S)_2$ (Krystalle [aus A.]): *Dz., Ko.*

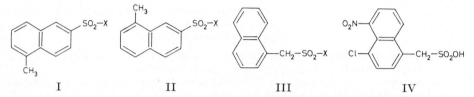

I   II   III   IV

1-Methyl-naphthalin-sulfonylchlorid-(7), *8-methylnaphthalene-2-sulfonyl chloride* $C_{11}H_9ClO_2S$, Formel II (X = Cl).

B. Aus 1-Methyl-naphthalin-sulfonsäure-(7) beim Behandeln des Barium-Salzes mit Phosphor(V)-chlorid (*Dziewoński, Kowalczyk*, Bl. Acad. polon. [A] **1935** 559, 561).

Krystalle; F: 107° (*I. G. Farbenind.*, D.R.P. 665923 [1935]; Frdl. **25** 155; *Gen. Aniline Works*, U.S.P. 2107911 [1936]), 88° [aus Bzn. + Bzl.] (*Dz., Ko.*).

1-Methyl-naphthalinsulfonamid-(7), *8-methylnaphthalene-2-sulfonamide* $C_{11}H_{11}NO_2S$, Formel II (X = NH₂).

B. Beim Einleiten von Ammoniak in eine Lösung von 1-Methyl-naphthalin-sulfonyl=chlorid-(7) in Benzol (*Dziewoński, Kowalczyk*, Bl. Acad. polon. [A] **1935** 559, 562).

Krystalle; F: 131° (*I. G. Farbenind.*, D.R.P. 665923 [1935]; Frdl. **25** 155; *Gen. Aniline Works*, U.S.P. 2107911 [1936]), 116° [aus W. oder PAe.] (*Dz., Ko.*).

Naphthyl-(1)-methansulfonsäure, *(1-naphthyl)methanesulfonic acid* $C_{11}H_{10}O_3S$, Formel III (X = OH).

B. Aus 1-Chlormethyl-naphthalin beim Erhitzen mit alkal. wss. Natriumsulfit-Lösung (*Anderson, Short*, Soc. **1933** 485) oder mit Kaliumdisulfit in Wasser (*Veldstra*, Enzymol. **11** [1944] 97, 130).

Natrium-Salz. Krystalle [aus A.] (*An., Sh.*).

Kalium-Salz $KC_{11}H_9O_3S$. Krystalle [aus A.] (*Ve.*).

Naphthyl-(1)-methansulfonsäure-amid, *C*-[Naphthyl-(1)]-methansulfonamid, *1-(1-naphthyl)methanesulfonamide* $C_{11}H_{11}NO_2S$, Formel III (X = NH₂).

B. In geringer Ausbeute beim Einleiten von Chlor in eine Lösung von *S*-[Naphth=yl-(1)-methyl]-isothiuronium-chlorid in Wasser und Einleiten von Ammoniak in eine Lösung des Reaktionsproduktes in Äther (*Sprague, Johnson*, Am. Soc. **59** [1937] 1837, 1839).

F: 171—172° [aus W.].

[4-Chlor-5-nitro-naphthyl-(1)]-methansulfonsäure, *(4-chloro-5-nitro-1-naphthyl)methane=sulfonic acid* $C_{11}H_8ClNO_5S$, Formel IV.

B. Aus 4-Chlor-5-nitro-1-chlormethyl-naphthalin beim Erhitzen mit Natriumsulfit in Wasser (*I. G. Farbenind.*, D.R.P. 705315 [1938]; D.R.P. Org. Chem. 6 2219; *Gen. Aniline & Film Corp.*, U.S.P. 2199568 [1939]).

Krystalle. In Wasser leicht löslich.

2-Methyl-naphthalin-sulfonsäure-(1), *2-methylnaphthalene-1-sulfonic acid* $C_{11}H_{10}O_3S$, Formel V (X = OH).

B. Neben 2-Methyl-naphthalin-sulfonsäure-(8) beim Behandeln von 2-Methyl-naphth=alin mit Chloroschwefelsäure in Tetrachlormethan bei —5° (*Veselý, Páč*, Collect. **2** [1930] 471, 475; *Bendich, Chargaff*, Am. Soc. **65** [1943] 1568).

Barium-Salz. Krystalle [aus W.] (*Ve., Páč; Be., Ch.*).

2-Methyl-naphthalin-sulfonylchlorid-(1), *2-methylnaphthalene-1-sulfonyl chloride*
$C_{11}H_9ClO_2S$, Formel V (X = Cl).

    B. Aus 2-Methyl-naphthalin-sulfonsäure-(1) beim Behandeln des Kalium-Salzes mit Phosphor(V)-chlorid (*Veselý, Páč*, Collect. **2** [1930] 471, 475).

    Krystalle (aus Ae.); F: 83—85°.

    Beim Behandeln mit Salpetersäure (D: 1,48) bei 0° sind 8-Nitro-2-methyl-naphthalin-sulfonylchlorid-(1) und 5-Nitro-2-methyl-naphthalin-sulfonylchlorid-(1) erhalten worden.

2-Methyl-naphthalinsulfonamid-(1), *2-methylnaphthalene-1-sulfonamide* $C_{11}H_{11}NO_2S$,
Formel V (X = NH₂).

    B. Aus 2-Methyl-naphthalin-sulfonylchlorid-(1) beim Erwärmen mit wss. Ammoniak (*Veselý, Páč*, Collect. **2** [1930] 471, 475).

    Krystalle (aus A.); F: 124°.

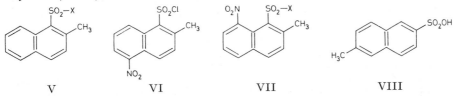

    V   VI   VII   VIII

5-Nitro-2-methyl-naphthalin-sulfonylchlorid-(1), *2-methyl-5-nitronaphthalene-1-sulfonyl chloride* $C_{11}H_8ClNO_4S$, Formel VI.

    B. Neben 8-Nitro-2-methyl-naphthalin-sulfonylchlorid-(1) beim Behandeln von 2-Methyl-naphthalin-sulfonylchlorid-(1) mit Salpetersäure (D: 1,48) bei 0° (*Veselý, Páč*, Collect. **2** [1930] 471, 476, 477).

    Gelbe Krystalle (aus Ae.); F: 84—85°.

8-Nitro-2-methyl-naphthalin-sulfonsäure-(1), *2-methyl-8-nitronaphthalene-1-sulfonic acid* $C_{11}H_9NO_5S$, Formel VII (X = OH).

    B. Aus 8-Nitro-2-methyl-naphthalin-sulfonylchlorid-(1) beim Erhitzen mit wss. Natronlauge (*Veselý, Páč*, Collect. **2** [1930] 471, 478).

    Natrium-Salz $NaC_{11}H_8NO_5S$. Grüngelbe Krystalle.

8-Nitro-2-methyl-naphthalin-sulfonylchlorid-(1), *2-methyl-8-nitronaphthalene-1-sulfonyl chloride* $C_{11}H_8ClNO_4S$, Formel VII (X = Cl).

    B. Neben 5-Nitro-2-methyl-naphthalin-sulfonylchlorid-(1) beim Behandeln von 2-Methyl-naphthalin-sulfonylchlorid-(1) mit Salpetersäure (D: 1,48) bei 0° (*Veselý, Páč*, Collect. **2** [1930] 471, 476, 477).

    Gelbe Krystalle (aus Bzl.); F: 145°.

2-Methyl-naphthalin-sulfonsäure-(6), *6-methylnaphthalene-2-sulfonic acid* $C_{11}H_{10}O_3S$,
Formel VIII (E II 103).

    B. Bei 8-stdg. Erwärmen von 2-Methyl-naphthalin mit wasserhaltiger Schwefelsäure (93%ig) auf 95° (*Shreve, Lux*, Ind. eng. Chem. **35** [1943] 306, 307).

    Charakterisierung als *p*-Toluidin-Salz (F: 250—251°): *Fieser, Hartwell, Seligman*, Am. Soc. **58** [1936] 1223, 1227.

    Natrium-Salz. Löslichkeit in Wasser sowie Dichte, Viscosität und Oberflächenspannung von wss. Lösungen: *Sh., Lux*.

    Barium-Salz. Löslichkeit in Wasser: *Sh., Lux*.

2-Methyl-naphthalin-sulfonsäure-(7), *7-methylnaphthalene-2-sulfonic acid* $C_{11}H_{10}O_3S$,
Formel IX (X = OH).

    B. Beim Erhitzen von 2-Methyl-naphthalin mit wasserhaltiger Schwefelsäure (93%ig) auf 160° (*Shreve, Lux*, Ind. eng. Chem. **35** [1943] 306, 308).

    Natrium-Salz. Löslichkeit in Wasser sowie Dichte, Viscosität und Oberflächenspannung von wss. Lösungen: *Sh., Lux*.

    Barium-Salz. Löslichkeit in Wasser: *Sh., Lux*.

2-Methyl-naphthalin-sulfonylchlorid-(7), *7-methylnaphthalene-2-sulfonyl chloride*
$C_{11}H_9ClO_2S$, Formel IX (X = Cl).

    F: 63—64° (*Shreve, Lux*, Ind. eng. Chem. **35** [1943] 306, 310).

2-Methyl-naphthalinsulfonamid-(7), *7-methylnaphthalene-2-sulfonamide* $C_{11}H_{11}NO_2S$,
Formel IX (X = NH$_2$).
    F: 163—164° (*Shreve, Lux*, Ind. eng. Chem. **35** [1943] 306, 310).

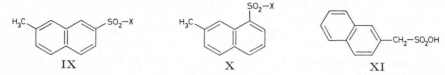

IX   X   XI

2-Methyl-naphthalin-sulfonsäure-(8), *7-methylnaphthalene-1-sulfonic acid* $C_{11}H_{10}O_3S$,
Formel X (X = OH) (H 192).
    B. Neben geringen Mengen 2-Methyl-naphthalin-sulfonsäure-(6) beim Behandeln von
2-Methyl-naphthalin mit Schwefelsäure bei 40° (*Morgan, Coulson*, J. Soc. chem. Ind. **53**
[1934] 73 T; *Shreve, Lux*, Ind. eng. Chem. **35** [1943] 306). Beim Erwärmen von 2-Methyl-
naphthalin mit Chloroschwefelsäure in Nitrobenzol (*Dziewoński, Wulffsohn*, Bl. Acad.
polon. [A] **1929** 143, 144). Neben 2-Methyl-naphthalin-sulfonsäure-(1) beim Behandeln
von 2-Methyl-naphthalin mit Chloroschwefelsäure in Tetrachlormethan bei —5° (*Veselý,
Páč*, Collect. **2** [1930] 471, 475; *Bendich, Chargaff*, Am. Soc. **65** [1943] 1568).
    Natrium-Salz NaC$_{11}$H$_9$O$_3$S. Krystalle [aus W.] (*Dz., Wu.*). Löslichkeit in Wasser so-
wie Dichte, Viscosität und Oberflächenspannung von wss. Lösungen: *Sh., Lux*.
    Barium-Salz (H 192). Tetrahydrat Ba(C$_{11}$H$_9$O$_3$S)$_2$·4 H$_2$O. Krystalle [aus W.] (*Dz.,
Wu.*, l. c. S. 145). — Trihydrat Ba(C$_{11}$H$_9$O$_3$S)$_2$·3 H$_2$O. Krystalle [aus W.] (*Sh., Lux*).
Löslichkeit in Wasser: *Sh., Lux*.

2-Methyl-naphthalin-sulfonylchlorid-(8), *7-methylnaphthalene-1-sulfonyl chloride*
$C_{11}H_9ClO_2S$, Formel X (X = Cl).
    B. Aus 2-Methyl-naphthalin-sulfonsäure-(8) beim Erwärmen des Natrium-Salzes mit
Phosphor(V)-chlorid (*Dziewoński, Wulffsohn*, Bl. Acad. polon. [A] **1929** 143, 145).
    Krystalle; F: 96° [aus Ae.] (*Veselý, Páč*, Collect. **2** [1930] 471, 476), 95—96° (*Shreve,
Lux*, Ind. eng. Chem. **35** [1943] 306, 310), 94—96° [aus PAe.] (*Dz., Wu.*), 94—95° [aus
wss. Eg.] (*Bendich, Chargaff*, Am. Soc. **65** [1943] 1568).

2-Methyl-naphthalinsulfonamid-(8), *7-methylnaphthalene-1-sulfonamide* $C_{11}H_{11}NO_2S$,
Formel X (X = NH$_2$).
    B. Aus 2-Methyl-naphthalin-sulfonylchlorid-(8) beim Erwären mit wss. Ammoniak
(*Dziewoński, Wulffsohn*, Bl. Acad. polon. [A] **1929** 143, 145).
    Krystalle; F: 197° [aus wss. A.] (*Bendich, Chargaff*, Am. Soc. **65** [1943] 1568), 195° bis
196° [aus A.] (*Veselý, Páč*, Collect. **2** [1930] 471, 476; *Shreve, Lux*, Ind. eng. Chem. **35**
[1943] 306, 310), 194° (*Morgan, Coulson*, J. Soc. chem. Ind. **53** [1934] 73 T).

Naphthyl-(2)-methansulfonsäure, *(2-naphthyl)methanesulfonic acid* $C_{11}H_{10}O_3S$, Formel XI.
    B. Aus 2-Chlormethyl-naphthalin beim Erhitzen mit Natriumsulfit-hydrat auf 200°
(*Turkiewicz, Pilat*, B. **71** [1938] 284).
    Natrium-Salz NaC$_{11}$H$_9$O$_3$S. Krystalle (aus W.).

2-Äthyl-naphthalin-sulfonsäure-(6), *6-ethylnaphthalene-2-sulfonic acid* $C_{12}H_{12}O_3S$,
Formel I (X = OH) (H 192; dort als 2-Äthyl-naphthalin-*eso*-sulfonsäure bezeichnet).
    B. Beim Erwärmen von 2-Äthyl-naphthalin mit Schwefelsäure auf 95° (*Lévy*, A. ch.
[11] **9** [1938] 5, 81; vgl. H 192).
    Natrium-Salz. Krystalle [aus wss. A.].

2-Äthyl-naphthalin-sulfonylchlorid-(6), *6-ethylnaphthalene-2-sulfonyl chloride*
$C_{12}H_{11}ClO_2S$, Formel I (X = Cl).
    B. Aus 2-Äthyl-naphthalin-sulfonsäure-(6) beim Behandeln des Natrium-Salzes mit
Phosphor(V)-chlorid und wenig Phosphoroxychlorid (*Lévy*, A. ch. [11] **9** [1938] 5, 81).
    Krystalle (aus Bzl.); F: 69—69,5°.

2-Äthyl-naphthalinsulfonamid-(6), *6-ethylnaphthalene-2-sulfonamide* $C_{12}H_{13}NO_2S$,
Formel I (X = NH$_2$).
    B. Beim Einleiten von Ammoniak in eine Lösung von 2-Äthyl-naphthalin-sulfonyl=
chlorid-(6) in Benzol (*Lévy*, A. ch. [11] **9** [1938] 5, 81).
    Krystalle (aus A.); F: 190—191° [korr.].

2-Äthyl-naphthalin-sulfonsäure-(8), *7-ethylnaphthalene-1-sulfonic acid* $C_{12}H_{12}O_3S$, Formel II.

Eine als Amid $C_{12}H_{13}NO_2S$ (Krystalle [aus A.]; F: 163°) charakterisierte Säure, der vermutlich diese Konstitution zukommt, ist beim Behandeln von 2-Äthyl-naphthalin mit Schwefelsäure bei 40—45° erhalten worden (*Kruber, Schade*, B. **69** [1936] 1722, 1728).

1.2-Dimethyl-naphthalin-sulfonsäure-(4), *3,4-dimethylnaphthalene-1-sulfonic acid* $C_{12}H_{12}O_3S$, Formel III (X = OH).

B. Beim Behandeln von 1.2-Dimethyl-naphthalin mit wasserhaltiger Schwefelsäure (90%ig) bei 50° (*Kruber, Schade*, B. **68** [1935] 11, 15).

Krystalle (aus wss. Schwefelsäure).

Überführung in 1.2-Dimethyl-naphthalin durch Behandlung einer wss. Lösung mit Natrium-Amalgam: *Kr., Sch.*

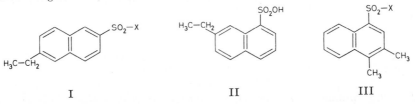

I   II   III

1.2-Dimethyl-naphthalinsulfonamid-(4), *3,4-dimethylnaphthalene-1-sulfonamide* $C_{12}H_{13}NO_2S$, Formel III (X = NH$_2$).

B. Beim Behandeln des Natrium-Salzes der 1.2-Dimethyl-naphthalin-sulfonsäure-(4) mit Phosphor(V)-chlorid und Behandeln des erhaltenen Säurechlorids mit wss. Ammoniak (*Kruber, Schade*, B. **68** [1935] 11, 15).

Krystalle (aus wss. A.); F: 183° [unkorr.].

1.7-Dimethyl-naphthalin-sulfonsäure-(4), *4,6-dimethylnaphthalene-1-sulfonic acid* $C_{12}H_{12}O_3S$, Formel IV (X = OH).

B. Beim Behandeln von 1.7-Dimethyl-naphthalin mit Schwefelsäure bei 45° (*Kruber, Schade*, B. **69** [1936] 1722, 1725).

Krystalle (aus wss. Schwefelsäure).

Natrium-Salz. Krystalle (aus W.).

1.7-Dimethyl-naphthalinsulfonamid-(4), *4,6-dimethylnaphthalene-1-sulfonamide* $C_{12}H_{13}NO_2S$, Formel IV (X = NH$_2$).

B. Beim Behandeln des Natrium-Salzes der 1.7-Dimethyl-naphthalin-sulfonsäure-(4) mit Phosphor(V)-chlorid und Behandeln des erhaltenen Säurechlorids mit wss. Ammoniak (*Kruber, Schade*, B. **69** [1936] 1722, 1725).

Krystalle (aus Eg.); F: 204—205° [unkorr.].

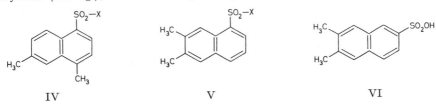

IV   V   VI

2.3-Dimethyl-naphthalin-sulfonsäure-(5), *6,7-dimethylnaphthalene-1-sulfonic acid* $C_{12}H_{12}O_3S$, Formel V (X = OH).

B. Beim Behandeln von 2.3-Dimethyl-naphthalin in Tetrachlormethan mit Schwefelsäure bei 40—50° oder (neben geringen Mengen 2.3-Dimethyl-naphthalin-sulfonsäure-(6)) mit Chloroschwefelsäure bei 0° (*Coulson*, Soc. **1938** 1305, 1310).

Natrium-Salz $NaC_{12}H_{11}O_3S \cdot 2H_2O$ (Krystalle [aus W.]) und Barium-Salz $Ba(C_{12}H_{11}O_3S)_2$ (Krystalle [aus W.]): *Cou.*

2.3-Dimethyl-naphthalinsulfonamid-(5), *6,7-dimethylnaphthalene-1-sulfonamide* $C_{12}H_{13}NO_2S$, Formel V (X = NH$_2$).

B. Beim Behandeln des Natrium-Salzes der 2.3-Dimethyl-naphthalin-sulfonsäure-(5)

mit Phosphor(V)-chlorid und Eintragen des Reaktionsgemisches in wss. Ammoniak (*Coulson*, Soc. **1938** 1305, 1310).

Krystalle (aus Eg.); F: 208°.

2.3-Dimethyl-naphthalin-sulfonsäure-(6), *6,7-dimethylnaphthalene-2-sulfonic acid* $C_{12}H_{12}O_3S$, Formel VI (E II 104).

B. Beim Erwärmen von 2.3-Dimethyl-naphthalin mit Schwefelsäure auf 100° (*Haworth, Bolam*, Soc. **1932** 2248, 2250).

Barium-Salz. Krystalle [aus W.] (*Coulson*, Soc. **1938** 1305, 1310).

2.6-Dimethyl-naphthalin-sulfonsäure-(1), *2,6-dimethylnaphthalene-1-sulfonic acid* $C_{12}H_{12}O_3S$, Formel VII (X = OH).

B. Neben geringen Mengen 2.6-Dimethyl-naphthalin-sulfonsäure-(3) beim Behandeln von 2.6-Dimethyl-naphthalin mit Schwefelsäure oder Chloroschwefelsäure bei 110—120° (*I.G. Farbenind.*, D.R.P. 676976 [1935]; D.R.P. Org. Chem. **6** 2199; *Gen. Aniline Works*, U.S.P. 2107910 [1936]).

2.6-Dimethyl-naphthalin-sulfonylchlorid-(1), *2,6-dimethylnaphthalene-1-sulfonyl chloride* $C_{12}H_{11}ClO_2S$, Formel VII (X = Cl).

B. Aus dem Natrium-Salz der 2.6-Dimethyl-naphthalin-sulfonsäure-(1) und Phos≈ phor(V)-chlorid (*Gen. Aniline Works*, U.S.P. 2107910 [1936]).

F: 116—117°.

2.6-Dimethyl-naphthalinsulfonamid-(1), *2,6-dimethylnaphthalene-1-sulfonamide* $C_{12}H_{13}NO_2S$, Formel VII (X = NH₂).

B. Aus 2.6-Dimethyl-naphthalin-sulfonylchlorid-(1) (*Gen. Aniline Works*, U.S.P. 2107910 [1936]).

F: 124—125°.

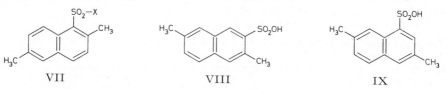

VII   VIII   IX

2.6-Dimethyl-naphthalin-sulfonsäure-(3), *3,7-dimethylnaphthalene-2-sulfonic acid* $C_{12}H_{12}O_3S$, Formel VIII (E I 42).

B. Aus dem Natrium-Salz der 2.6-Dimethyl-naphthalin-sulfonsäure-(1) beim Erhitzen mit wasserhaltiger Schwefelsäure (90%ig) auf 120° (*I.G. Farbenind.*, D.R.P. 676012 [1935]; Frdl. **25** 157). Beim Erhitzen von 2.6-Dimethyl-naphthalin mit Schwefelsäure bis auf 150° (*Veselý, Štursa*, Collect. **4** [1932] 21, 26; s. a. *Fieser, Seligman*, Am. Soc. **56** [1934] 2690, 2693).

Krystalle (aus wss. Schwefelsäure); F: 171—172° (*Ve., Št.*).

Charakterisierung als *p*-Toluidin-Salz (F: 286°): *Fieser*, Am. Soc. **55** [1933] 4977, 4981.

Kalium-Salz. Krystalle [aus W.] (*Fie., Se.*).

2.6-Dimethyl-naphthalin-sulfonsäure-(4), *3,7-dimethylnaphthalene-1-sulfonic acid* $C_{12}H_{12}O_3S$, Formel IX (E I 42).

B. Beim Behandeln von 2.6-Dimethyl-naphthalin in 1.1.2.2-Tetrachlor-äthan, Nitro≈ benzol oder 1.2-Dichlor-benzol mit Schwefelsäure oder Chloroschwefelsäure(*I.G. Farbenind.*, D.R.P. 672369 [1935]; Frdl. **25** 156; vgl. E I 42).

Charakterisierung als *p*-Toluidin-Salz (F: 279°): *Fieser*, Am. Soc. **55** [1933] 4977, 4981.

Natrium-Salz. Krystalle [aus W.] (*I.G. Farbenind.*).

2-Isopropyl-naphthalin-sulfonsäure-(1), *2-isopropylnaphthalene-1-sulfonic acid* $C_{13}H_{14}O_3S$, Formel X.

Die Identität der E II 104 unter dieser Konstitution beschriebenen Säure sowie des aus ihr hergestellten Chlorids $C_{13}H_{13}ClO_2S$ (E II 104) und Amids $C_{13}H_{15}NO_2S$ (E II 104) ist ungewiss (*Ecke, Napolitano*, Am. Soc. **77** [1955] 6373; s. a. die Bemerkung im Artikel 2-Isopropyl-naphthol-(1) [E III **6** 3050]).

2-*tert*-Butyl-naphthalin-sulfonsäure-(7), 7-tert-*butylnaphthalene-2-sulfonic acid* $C_{14}H_{16}O_3S$, Formel XI (X = OH).

Diese Konstitution kommt der nachstehend beschriebenen, ursprünglich (*Contractor, Peters, Rowe*, Soc. **1949** 1993, 1995) als **6-*tert*-Butyl-naphthalin-sulfonsäure-(2)** formulierten Verbindung zu (*Buu-Hoi, Le Bihan, Leroux*, J. org. Chem. **18** [1953] 582).

B. Beim Erwärmen von 2-*tert*-Butyl-naphthalin mit Schwefelsäure (*Co., Pe., Rowe; Buu-Hoi, Le B., Le.,* l. c. S. 584).

Kalium-Salz $KC_{14}H_{15}O_3S$ und Barium-Salz $Ba(C_{14}H_{15}O_3S)_2 \cdot 2H_2O$: *Co., Pe., Rowe.*

S-Benzyl-isothiuronium-Salz $[C_8H_{11}N_2S]C_{14}H_{15}O_3S$. Krystalle (aus A.); F: 210° bis 211° (*Co., Pe., Rowe*).

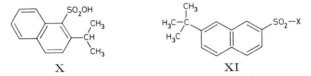

X   XI

2-*tert*-Butyl-naphthalin-sulfonylchlorid-(7), 7-tert-*butylnaphthalene-2-sulfonyl chloride* $C_{14}H_{15}ClO_2S$, Formel XI (X = Cl).

B. Aus 2-*tert*-Butyl-naphthalin-sulfonsäure-(7) (s. o.) beim Behandeln des Kalium-Salzes mit Phosphor(V)-chlorid (*Contractor, Peters, Rowe*, Soc. **1949** 1993, 1995).

E: −15°.

2-*tert*-Butyl-naphthalinsulfonamid-(7), 7-tert-*butylnaphthalene-2-sulfonamide* $C_{14}H_{17}NO_2S$, Formel XI (X = NH₂).

B. Aus 2-*tert*-Butyl-naphthalin-sulfonylchlorid-(7) [s. o.] (*Contractor, Peters, Rowe,* Soc. **1949** 1993, 1995).

Krystalle (aus wss. A.); F: 201—202°.

x.x-Dimethyl-x-isopropyl-naphthalin-sulfonsäure-(x), x-isopropyl-x,x-*dimethylnaphth=alene-x-sulfonic acid* $C_{15}H_{18}O_3S$ **vom F: 124°.**

Die Konstitution der nachstehend beschriebenen, von *Gripenberg* (Ann. Acad. Sci. fenn. [A] **59** Nr. 14 [1943] 51, 77) als **1.6-Dimethyl-4-isopropyl-naphthalin-sulfonsäure-(7)** („Cadalin-sulfonsäure-(7)") angesehenen Verbindung ist ungewiss (*Lindahl*, Ann. Acad. Sci. fenn. [A II] Nr. 48 [1953] 35, 38, 54; s. a. *Briggs et al.,* Soc. **1949** 1098, 1099; vgl. die Bemerkung im Artikel 3.8-Dimethyl-5-isopropyl-naphth=ol-(2) [E III **6** 3064]).

B. Beim Behandeln von 1.6-Dimethyl-4-isopropyl-naphthalin mit Schwefelsäure bei 40° (*Gr.; Li.;* s. a. *Br. et al.,* l. c. S. 1100).

Krystalle (aus Bzl.); F: 124—125° [korr.; Dihydrat] (*Gr.*), 121—122° (*Br. et al.*).

Beim Erhitzen des Natrium-Salzes mit Kaliumhydroxid bis auf 310° ist eine Verbindung $C_{15}H_{18}O$ vom F: 89—90° erhalten worden (*Gr.; Br. et al.; Li.;* s. a. E III **6** 3064 im Artikel 3.8-Dimethyl-5-isopropyl-naphthol-(2)).

S-Benzyl-isothiuronium-Salz $[C_8H_{11}N_2S]C_{15}H_{17}O_3S$. Krystalle (aus A.); F: 228° (*Br. et al.*), 222—223° [korr.] (*Gr.,* l. c. S. 78).

Überführung in das Amid $C_{15}H_{19}NO_2S$ (Krystalle [aus A.]; F: 175,5—176° [korr.] bzw. F: 157—158°) durch Erwärmen des Natrium-Salzes mit Phosphor(V)-chlorid und Erwärmen des erhaltenen Säurechlorids mit wss. Ammoniak: *Gr.; Br. et al.*

Monosulfonsäuren $C_nH_{2n-14}O_3S$

Biphenyl-sulfonsäure-(2), biphenyl-2-*sulfonic acid* $C_{12}H_{10}O_3S$, Formel I (X = OH).

B. Beim Eintragen von Dibenzothiophen-5.5-dioxid in ein auf 180—200° erhitztes Gemisch von Natriumhydroxid und wenig Wasser und anschliessenden Erhitzen auf 250° (*Courtot, Chaix,* C. r. **192** [1931] 1667).

Natrium-Salz. Krystalle (aus W.).

Biphenyl-sulfonylchlorid-(2), biphenyl-2-*sulfonyl chloride* $C_{12}H_9ClO_2S$, Formel I (X = Cl).

Krystalle (aus PAe.); F: 103° (*Courtot, Chaix,* C. r. **192** [1931] 1667).

Biphenylsulfonamid-(2), *biphenyl-2-sulfonamide* $C_{12}H_{11}NO_2S$, Formel I (X = NH$_2$).

B. Aus Biphenyl-sulfonylchlorid-(2) beim Erhitzen mit wss. Ammoniak auf 120° (*Courtot, Chaix*, C. r. **192** [1931] 1667).

Krystalle (aus Toluol); F: 120,5°.

5-Chlor-biphenyl-sulfonsäure-(2), *5-chlorobiphenyl-2-sulfonic acid* $C_{12}H_9ClO_3S$, Formel II (X = OH).

B. Beim Einleiten von Schwefeldioxid in eine aus 5-Chlor-biphenylyl-(2)-amin, Natriumnitrit und wss. Salzsäure bereitete Diazoniumsalz-Lösung, Eintragen der Reaktionslösung in eine Suspension von Kupfer-Pulver in Wasser und Behandeln der erhaltenen Sulfinsäure mit wss. Natronlauge und wss. Kaliumpermanganat-Lösung (*Chaix, de Rochebouët*, Bl. [5] **2** [1935] 273, 279).

Natrium-Salz $NaC_{12}H_8ClO_3S$. Krystalle; F: 285° [korr.].

5-Chlor-biphenyl-sulfonylchlorid-(2), *5-chlorobiphenyl-2-sulfonyl chloride* $C_{12}H_8Cl_2O_2S$, Formel II (X = Cl).

Krystalle (aus Bzl. + Bzn.); F: 102° (*Chaix, de Rochebouët*, Bl. [5] **2** [1935] 273, 279).

Beim Erwärmen mit Aluminiumchlorid in Nitrobenzol ist 2-Chlor-dibenzothiophen-5.5-dioxid erhalten worden.

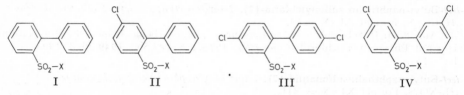

I II III IV

4.4′-Dichlor-biphenyl-sulfonsäure-(2), *4,4′-dichlorobiphenyl-2-sulfonic acid* $C_{12}H_8Cl_2O_3S$, Formel III (X = OH).

B. Aus 3.7-Dichlor-dibenzothiophen-5.5-dioxid beim Erhitzen mit Natriumhydroxid und wenig Wasser auf 200° (*Courtot, Evain*, Bl. [4] **49** [1931] 1555, 1560).

Natrium-Salz $NaC_{12}H_7Cl_2O_3S$. Krystalle (aus W.) mit 1 Mol H$_2$O.

4.4′-Dichlor-biphenyl-sulfonylchlorid-(2), *4,4′-dichlorobiphenyl-2-sulfonyl chloride* $C_{12}H_7Cl_3O_2S$, Formel III (X = Cl).

B. Aus 4.4′-Dichlor-biphenyl-sulfonsäure-(2) beim Erhitzen des Natrium-Salzes mit Phosphor(V)-chlorid auf 130° (*Courtot, Evain*, Bl. [4] **49** [1931] 1555, 1561).

Krystalle (aus Eg.); F: 75°.

4.4′-Dichlor-biphenylsulfonamid-(2), *4,4′-dichlorobiphenyl-2-sulfonamide* $C_{12}H_9Cl_2NO_2S$, Formel III (X = NH$_2$).

B. Aus 4.4′-Dichlor-biphenyl-sulfonylchlorid-(2) beim Erhitzen mit wss. Ammoniak auf 150° (*Courtot, Evain*, Bl. [4] **49** [1931] 1555, 1562).

Krystalle (aus Bzl.); F: 155°.

5.3′-Dichlor-biphenyl-sulfonsäure-(2), *3′,5-dichlorobiphenyl-2-sulfonic acid* $C_{12}H_8Cl_2O_3S$, Formel IV (X = OH).

B. Aus 2.8-Dichlor-dibenzothiophen-5.5-dioxid beim Erhitzen mit Natriumhydroxid und wenig Wasser bis auf 230° (*Courtot*, C. r. **198** [1934] 2260, 2261).

5.3′-Dichlor-biphenyl-sulfonylchlorid-(2), *3′,5-dichlorobiphenyl-2-sulfonyl chloride* $C_{12}H_7Cl_3O_2S$, Formel IV (X = Cl).

F: 202° (*Courtot*, C. r. **198** [1934] 2260, 2261).

5-Brom-biphenyl-sulfonsäure-(2), *5-bromobiphenyl-2-sulfonic acid* $C_{12}H_9BrO_3S$, Formel V (X = OH).

B. Aus 5-Brom-biphenylyl-(2)-amin analog 5-Chlor-biphenyl-sulfonsäure-(2) [s. o.] (*Chaix, de Rochebouët*, Bl. [5] **2** [1935] 273, 278). Aus 5-Brom-biphenylthiol-(2) beim Behandeln mit wss. Natronlauge und wss. Kaliumpermanganat-Lösung (*Ch., de R.*).

Natrium-Salz. Krystalle.

5-Brom-biphenyl-sulfonylchlorid-(2), *5-bromobiphenyl-2-sulfonyl chloride* $C_{12}H_8BrClO_2S$, Formel V (X = Cl).

B. Aus 5-Brom-biphenyl-sulfonsäure-(2) beim Erwärmen des Natrium-Salzes mit

Phosphor(V)-chlorid (*Chaix, de Rochebouët*, Bl. [5] **2** [1935] 273, 279).

Krystalle; F: 119° [korr.] (*Courtot*, C. r. **198** [1934] 2260, 2262), 118—119° [korr.; aus PAe.] (*Ch., de R.*).

Beim Erwärmen mit Aluminiumchlorid in Nitrobenzol ist 2-Brom-dibenzothiophen-5.5-dioxid erhalten worden (*Ch., de R.*).

4.4′-Dibrom-biphenyl-sulfonsäure-(2), *4,4′-dibromobiphenyl-2-sulfonic acid* $C_{12}H_8Br_2O_3S$, Formel VI (X = OH).

B. Aus 3.7-Dibrom-dibenzothiophen-5.5-dioxid beim Erhitzen mit Natriumhydroxid und wenig Wasser auf 200° (*Courtot, Evain*, Bl. [4] **49** [1931] 1555, 1560).

Natrium-Salz $NaC_{12}H_7Br_2O_3S$. Krystalle (aus W.) mit 1 Mol H_2O.

         V   VI   VII

4.4′-Dibrom-biphenyl-sulfonylchlorid-(2), *4,4′-dibromobiphenyl-2-sulfonyl chloride* $C_{12}H_7Br_2ClO_2S$, Formel VI (X = Cl).

B. Aus 4.4′-Dibrom-biphenyl-sulfonsäure-(2) beim Erhitzen des Natrium-Salzes mit Phosphor(V)-chlorid auf 130° (*Courtot, Evain*, Bl. [4] **49** [1931] 1555, 1561).

Krystalle (aus Eg.); F: 123° [korr.].

4.4′-Dibrom-biphenylsulfonamid-(2), *4,4′-dibromobiphenyl-2-sulfonamide* $C_{12}H_9Br_2NO_2S$, Formel VI (X = NH₂).

B. Aus 4.4′-Dibrom-biphenyl-sulfonylchlorid-(2) beim Erhitzen mit wss. Ammoniak auf 150° (*Courtot, Evain*, Bl. [4] **49** [1931] 1555, 1562).

Krystalle (aus Bzl.); F: 188°.

5.3′-Dibrom-biphenyl-sulfonsäure-(2), *3′,5-dibromobiphenyl-2-sulfonic acid* $C_{12}H_8Br_2O_3S$, Formel VII (X = OH).

B. Aus 2.8-Dibrom-dibenzothiophen-5.5-dioxid beim Erhitzen mit Natriumhydroxid und wenig Wasser bis auf 210° (*Courtot, Chaix*, C. r. **192** [1931] 1667).

Natrium-Salz $NaC_{12}H_7Br_2O_3S$. Krystalle (aus A.).

5.3′-Dibrom-biphenyl-sulfonylchlorid-(2), *3′,5-dibromobiphenyl-2-sulfonyl chloride* $C_{12}H_7Br_2ClO_2S$, Formel VII (X = Cl).

Krystalle (aus Bzn.); F: 93,5—94,5° (*Courtot, Chaix*, C. r. **192** [1931] 1667).

5.3′-Dibrom-biphenylsulfonamid-(2), *3′,5-dibromobiphenyl-2-sulfonamide* $C_{12}H_9Br_2NO_2S$, Formel VII (X = NH₂).

B. Aus 5.3′-Dibrom-biphenyl-sulfonylchlorid-(2) beim Erhitzen mit wss. Ammoniak auf 120° (*Courtot, Chaix*, C. r. **192** [1931] 1667).

Krystalle (aus Bzl. + PAe.); F: 151—152°.

Biphenyl-sulfonsäure-(3) $C_{12}H_{10}O_3S$.

4.4′-Dichlor-biphenyl-sulfonsäure-(3), *4,4′-dichlorobiphenyl-3-sulfonic acid* $C_{12}H_8Cl_2O_3S$, Formel VIII (X = OH).

B. Beim Behandeln einer aus 4.4′-Diamino-biphenyl-sulfonsäure-(3), Natriumnitrit und wss. Salzsäure bereiteten Diazoniumsalz-Lösung mit Kupfer(I)-chlorid (*Courtot, Lin*, Bl. [4] **49** [1931] 1047, 1048, 1052).

Natrium-Salz $NaC_{12}H_7Cl_2O_3S$. Krystalle.

4.4′-Dichlor-biphenyl-sulfonylchlorid-(3), *4,4′-dichlorobiphenyl-3-sulfonyl chloride* $C_{12}H_7Cl_3O_2S$, Formel VIII (X = Cl).

B. Aus 4.4′-Dichlor-biphenyl-sulfonsäure-(3) beim Erhitzen des Natrium-Salzes mit Phosphor(V)-chlorid auf 140° (*Courtot, Lin*, Bl. [4] **49** [1931] 1047, 1048, 1052).

Gelbliche Krystalle (aus Bzl.); F: 104°.

4.4′-Dichlor-biphenylsulfonamid-(3), *4,4′-dichlorobiphenyl-3-sulfonamide* $C_{12}H_9Cl_2NO_2S$, Formel VIII (X = NH₂).

B. Aus 4.4′-Dichlor-biphenyl-sulfonylchlorid-(3) beim Erhitzen mit wss. Ammoniak auf

140° (*Courtot, Lin*, Bl. [4] **49** [1931] 1047, 1048, 1052).
F: 189°.

4.4′-Dibrom-biphenyl-sulfonsäure-(3), *4,4′-dibromobiphenyl-3-sulfonic acid* $C_{12}H_8Br_2O_3S$, Formel IX (X = OH).
B. Beim Behandeln einer aus 4.4′-Diamino-biphenyl-sulfonsäure-(3), Natriumnitrit und wss. Bromwasserstoffsäure bereiteten Diazoniumsalz-Lösung mit Kupfer(I)-bromid (*Courtot, Lin*, Bl. [4] **49** [1931] 1047, 1048, 1052). Neben 3.7-Dibrom-dibenzothiophen-5.5-dioxid beim Erwärmen von 4.4′-Dibrom-biphenyl mit Chloroschwefelsäure in Chloroform (*Cou., Lin*, l. c. S. 1055).
Natrium-Salz $NaC_{12}H_7Br_2O_3S$ (orangefarbene Krystalle [aus W.]) und Calcium-Salz $Ca(C_{12}H_7Br_2O_3S)_2$ (Krystalle [aus W.]): *Cou., Lin.*

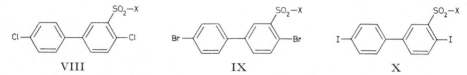

VIII   IX   X

4.4′-Dibrom-biphenyl-sulfonylchlorid-(3), *4,4′-dibromobiphenyl-3-sulfonyl chloride* $C_{12}H_7Br_2ClO_2S$, Formel IX (X = Cl).
B. Aus 4.4′-Dibrom-biphenyl-sulfonsäure-(3) beim Erhitzen des Natrium-Salzes mit Phosphor(V)-chlorid auf 140° (*Courtot, Lin*, Bl. [4] **49** [1931] 1047, 1048, 1052).
Krystalle (aus Bzl.); F: 131°.

4.4′-Dibrom-biphenylsulfonamid-(3), *4,4′-dibromobiphenyl-3-sulfonamide* $C_{12}H_9Br_2NO_2S$, Formel IX (X = NH$_2$).
B. Aus 4.4′-Dibrom-biphenyl-sulfonylchlorid-(3) beim Erhitzen mit wss. Ammoniak auf 140° (*Courtot, Lin*, Bl. [4] **49** [1931] 1047, 1048, 1052).
Krystalle (aus wss. A.); F: 200°. In Äthanol leicht löslich.

4.4′-Dijod-biphenyl-sulfonsäure-(3), *4,4′-diiodobiphenyl-3-sulfonic acid* $C_{12}H_8I_2O_3S$, Formel X (X = OH).
B. Beim Behandeln einer aus 4.4′-Diamino-biphenyl-sulfonsäure-(3), Natriumnitrit und wss. Salzsäure bereiteten Diazoniumsalz-Lösung mit Kaliumjodid (*Courtot, Lin*, Bl. [4] **49** [1931] 1047, 1048, 1053).
Natrium-Salz $NaC_{12}H_7I_2O_3S$. Krystalle (aus W.).

4.4′-Dijod-biphenyl-sulfonylchlorid-(3), *4,4′-diiodobiphenyl-3-sulfonyl chloride* $C_{12}H_7ClI_2O_2S$, Formel X (X = Cl).
B. Aus 4.4′-Dijod-biphenyl-sulfonsäure-(3) beim Erhitzen des Natrium-Salzes mit Phosphor(V)-chlorid auf 140° (*Courtot, Lin*, Bl. [4] **49** [1931] 1047, 1048, 1053).
Grüngelb; F: 157°.

4.4′-Dijod-biphenylsulfonamid-(3), *4,4′-diiodobiphenyl-3-sulfonamide* $C_{12}H_9I_2NO_2S$, Formel X (X = NH$_2$).
B. Aus 4.4′-Dijod-biphenyl-sulfonylchlorid-(3) beim Erhitzen mit wss. Ammoniak auf 140° (*Courtot, Lin*, Bl. [4] **49** [1931] 1047, 1048, 1053).
Braun; F: 192°.

Biphenyl-sulfonsäure-(4), *biphenyl-4-sulfonic acid* $C_{12}H_{10}O_3S$, Formel XI (X = OH) (H 192; E I 43; E II 105).
B. Aus Biphenyl beim Erwärmen mit Schwefelsäure (*I.G. Farbenind.*, D.R.P. 535075 [1930]; Frdl. **18** 472; vgl. H 192), auch unter Zusatz von Benzol oder Nitrobenzol (*Dow Chem. Co.*, U.S.P. 1981337 [1930]; vgl. E II 105) sowie beim Erhitzen mit Chloroschwefelsäure auf 150° (*Pollak et al.*, M. **55** [1930] 358, 376).
Hygroskopische Krystalle (aus CHCl$_3$); F: 138° (*Po. et al.*).
Beim Erhitzen mit Kupfer(II)-chlorid sind geringe Mengen 4-Chlor-biphenyl erhalten worden (*Varma, Parekh, Subramanium*, J. Indian chem. Soc. **16** [1939] 460).
Natrium-Salz. Krystalle [aus W.] (*Dow Chem. Co.*).

Biphenyl-sulfonylfluorid-(4), *biphenyl-4-sulfonyl fluoride* $C_{12}H_9FO_2S$, Formel XI (X = F).
B. Aus Biphenyl und Fluoroschwefelsäure in Schwefelkohlenstoff (*Renoll*, Am. Soc.

64 [1942] 1489).

Krystalle (aus Hexan); F: 76—78°.

Beim Behandeln mit Aluminiumchlorid in Schwefelkohlenstoff ist Biphenyl-sulf=
onylchlorid-(4) erhalten worden.

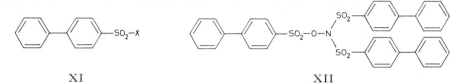

XI   XII

Biphenylsulfonamid-(4), *biphenyl-4-sulfonamide* $C_{12}H_{11}NO_2S$, Formel XI (X = NH_2).

B. Aus Biphenyl-sulfonylchlorid-(4) beim Erwärmen mit wss. Ammoniak unter Zusatz
von Ammoniumcarbonat (*Pollak et al.*, M. **55** [1930] 358, 375).

Krystalle; F: 228° (*Po. et al.*). Dipolmoment (ε; Dioxan) bei 25°: 5,25 D (*Halverstadt,
Kumler*, Am. Soc. **64** [1942] 2988, 2991), 5,20 D (*Kumler, Halverstadt*, Am. Soc. **63** [1941]
2182, 2183). Konzentrationsabhängigkeit der Dielektrizitätskonstanten (Dioxan): *Ku.,
Ha.*

Tris-[biphenyl-sulfonyl-(4)]-hydroxylamin, *tris(biphenyl-4-ylsulfonyl)hydroxylamine*
$C_{36}H_{27}NO_7S_3$, Formel XII.

Diese Konstitution kommt wahrscheinlich der H 193 als Tris-[biphenylsulfon=
yl-(4)]-aminoxid formulierten Verbindung $C_{36}H_{27}NO_7S_3$ zu (*Farrar*, Soc. **1960** 3063,
3064).

2′-Nitro-biphenyl-sulfonsäure-(4), *2′-nitrobiphenyl-4-sulfonic acid* $C_{12}H_9NO_5S$, Formel I
(X = OH).

B. Beim Erwärmen von 2-Nitro-biphenyl mit Schwefelsäure (*Gen. Aniline & Film
Corp.*, U.S.P. 2363819 [1942]).

Krystalle (aus W.).

2′-Nitro-biphenyl-sulfonylchlorid-(4), *2′-nitrobiphenyl-4-sulfonyl chloride* $C_{12}H_8ClNO_4S$,
Formel I (X = Cl).

B. Aus 2-Nitro-biphenyl und Chloroschwefelsäure (*Popkin*, Am. Soc. **65** [1943] 2043).

Krystalle (aus Bzl. + PAe.); F: 78—80°.

2′-Nitro-biphenylsulfonamid-(4), *2′-nitrobiphenyl-4-sulfonamide* $C_{12}H_{10}N_2O_4S$, Formel I
(X = NH_2).

B. Aus 2′-Nitro-biphenyl-sulfonylchlorid-(4) beim Erwärmen mit wss. Ammoniak
(*Popkin*, Am. Soc. **65** [1943] 2043).

Krystalle (aus A.); F: 203—204°.

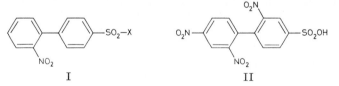

I   II

2.2′.4′-Trinitro-biphenyl-sulfonsäure-(4), *2,2′,4′-trinitrobiphenyl-4-sulfonic acid*
$C_{12}H_7N_3O_9S$, Formel II.

B. Aus Biphenyl-sulfonsäure-(4) beim Erwärmen mit Schwefelsäure und Salpetersäure
(*I.G. Farbenind.*, D.R.P. 535075 [1930]; Frdl. **18** 472).

Nicht näher beschrieben.

Acenaphthen-sulfonsäure-(3), *acenaphthene-3-sulfonic acid* $C_{12}H_{10}O_3S$, Formel III
(X = OH) (E I 43; E II 105).

Charakterisierung als Anilin-Salz (F: 284—286° [Zers.]): *Dziewoński, Grünberg,
Schoenówna*, Bl. Acad. polon. [A] **1930** 518, 522.

Acenaphthen-sulfonylchlorid-(3), *acenaphthene-3-sulfonyl chloride* $C_{12}H_9ClO_2S$, Formel
III (X = Cl) (E II 105).

Krystalle (aus Bzn.); F: 113—114° (*Dziewoński, Grünberg, Schoenówna*, Bl. Acad.

polon. [A] **1930** 518, 521).

Reaktion mit Phenylmagnesiumbromid unter Bildung von Acenaphthen-sulfinsäure-(3) und geringen Mengen einer schwefelhaltigen Verbindung (F: 137—139°): *Courtot, Kozertchouk*, C. r. **218** [1944] 973. Beim Behandeln mit Zink und wss. Schwefelsäure ist 3-Mercapto-acenaphthen, beim Erwärmen mit Zink und wasserhaltigem Äther ist Acenaphthen-sulfinsäure-(3) erhalten worden (*Dz., Gr., Sch.*).

5.6-Dichlor-acenaphthen-sulfonsäure-(3), *5,6-dichloroacenaphthene-3-sulfonic acid* $C_{12}H_8Cl_2O_3S$, Formel IV (X = OH).

B. Beim Erwärmen von 5.6-Dichlor-acenaphthen mit Schwefelsäure (*Daschewškiĭ, Karischin*, Promyšl. org. Chim. **6** [1939] 507, 508; C. A. **1940** 2362).

Krystalle (aus Eg.); F: 192° [Zers.].

5.6-Dichlor-acenaphthen-sulfonylchlorid-(3), *5,6-dichloroacenaphthene-3-sulfonyl chloride* $C_{12}H_7Cl_3O_2S$, Formel IV (X = Cl).

B. Aus 5.6-Dichlor-acenaphthen-sulfonsäure-(3) beim Erwärmen des Natrium-Salzes mit Phosphor(V)-chlorid (*Daschewškiĭ, Karischin*, Promyšl. org. Chim. **6** [1939] 507, 509; C. A. **1940** 2362).

Krystalle (aus Eg. oder wss. Acn.); F: 179°. In Benzin und Aceton leicht löslich, in Äthanol schwer löslich, in Wasser fast unlöslich.

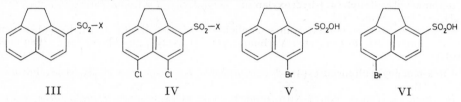

III　　　　　　　　　　IV　　　　　　　　　　V　　　　　　　　　　VI

5.6-Dichlor-acenaphthensulfonamid-(3), *5,6-dichloroacenaphthene-3-sulfonamide* $C_{12}H_9Cl_2NO_2S$, Formel IV (X = NH$_2$).

B. Aus 5.6-Dichlor-acenaphthen-sulfonylchlorid-(3) beim Behandeln mit wss. Ammoniak (*Daschewškiĭ, Karischin*, Promyšl. org. Chim. **6** [1939] 507, 509; C. A. **1940** 2362).

Krystalle (aus A.); F: 270—272° [Zers.].

5-Brom-acenaphthen-sulfonsäure-(3), *5-bromoacenaphthene-3-sulfonic acid* $C_{12}H_9BrO_3S$, Formel V, und **6-Brom-acenaphthen-sulfonsäure-(3)**, *6-bromoacenaphthene-3-sulfonic acid* $C_{12}H_9BrO_3S$, Formel VI.

Diese Konstitutionsformeln kommen für die beiden nachstehend beschriebenen Verbindungen in Betracht (*Dziewoński, Grünberg, Schoenówna*, Bl. Acad. polon. [A] **1930** 518, 519).

a) **x-Brom-acenaphthen-sulfonsäure-(3)**, deren Chlorid bei 135° schmilzt.

B. Neben dem unter b) beschriebenen Isomeren beim Behandeln von 5-Brom-acenaphthen mit Chloroschwefelsäure in Nitrobenzol (*Dziewoński, Schoenówna, Glaznerówna*, Bl. Acad. polon. [A] **1929** 636, 644, 646).

Charakterisierung als Anilin-Salz (F: 260—261°) und als Naphthyl-(2)-amin-Salz (F: 265—266°): *Dz., Sch., Gl.*, l. c. S. 644, 645.

Natrium-Salz $NaC_{12}H_8BrO_3S$. Krystalle (aus W. oder A.); in Wasser und in Äthanol schwerer löslich als das Natrium-Salz der unter b) beschriebenen Sulfonsäure (*Dz., Sch., Gl.*, l. c. S. 644).

Überführung in das Säurechlorid $C_{12}H_8BrClO_2S$ (gelbe Krystalle [aus Bzn.]; F: 134—135°) und das Säureamid $C_{12}H_{10}BrNO_2S$ (Krystalle [aus A. oder Bzl.]; F: 237° bis 238°): *Dz., Sch., Gl.*, l. c. S. 645; vgl. *Dziewoński, Grünberg, Schoenówna*, Bl. Acad. polon. [A] **1930** 518, 519 Anm. 2.

b) **x-Brom-acenaphthen-sulfonsäure-(3)**, deren Chlorid bei 193° schmilzt.

B. s. bei dem unter a) beschriebenen Isomeren.

Charakterisierung als Anilin-Salz (F: 256—257°): *Dziewoński, Schoenówna, Glaznerówna*, Bl. Acad. polon. [A] **1929** 636, 646.

Natrium-Salz $NaC_{12}H_8BrO_3S$. Krystalle (aus wss. Lösung).

Überführung in den Äthylester $C_{14}H_{13}BrO_3S$ (Krystalle [aus A.]; F: 140—141°), das Säurechlorid $C_{12}H_8BrClO_2S$ (gelbe Krystalle [aus Bzn.]; F: 192—193° [Zers.])

und das Säureamid C₁₂H₁₀BrNO₂S (Krystalle [aus A. oder Bzl.]; F: 233—234°):
Dz., Sch., Gl., l. c. S. 647.

5.6-Dibrom-acenaphthen-sulfonsäure-(3), *5,6-dibromoacenaphthene-3-sulfonic acid*
C₁₂H₈Br₂O₃S, Formel VII (X = OH).
  B. Beim Erwärmen von 5.6-Dibrom-acenaphthen mit Schwefelsäure (*Daschewskiĭ,
Karischin*, Promyšl. org. Chim. **6** [1939] 507, 510; C. A. **1940** 2362).
  Krystalle (aus Eg.); F: 240° [Zers.].

5.6-Dibrom-acenaphthen-sulfonylchlorid-(3), *5,6-dibromoacenaphthene-3-sulfonyl chloride*
C₁₂H₇Br₂ClO₂S, Formel VII (X = Cl).
  B. Aus 5.6-Dibrom-acenaphthen-sulfonsäure-(3) beim Erwärmen des Natrium-Salzes
mit Phosphor(V)-chlorid (*Daschewskiĭ, Karischin*, Promyšl. org. Chim. **6** [1939] 507, 510;
C. A. **1940** 2362).
  Krystalle (aus A. + Bzl.); F: 190—191°.

5.6-Dibrom-acenaphthensulfonamid-(3), *5,6-dibromoacenaphthene-3-sulfonamide*
C₁₂H₉Br₂NO₂S, Formel VII (X = NH₂).
  B. Aus 5.6-Dibrom-acenaphthen-sulfonylchlorid-(3) beim Behandeln mit wss. Am=
moniak (*Daschewskiĭ, Karischin*, Promyšl. org. Chim. **6** [1939] 507, 510; C. A. **1940** 2362).
  Krystalle (aus Bzl.); F: 260—262°.

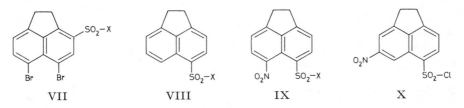

| VII | VIII | IX | X |

Acenaphthen-sulfonsäure-(5) C₁₂H₁₀O₃S.

Acenaphthen-sulfonsäure-(5)-methylester, *acenaphthene-5-sulfonic acid methyl ester*
C₁₃H₁₂O₃S, Formel VIII (X = OCH₃).
  B. Aus dem Natrium-Salz der Acenaphthen-sulfonsäure-(5) und Dimethylsulfat
(*Bogert, Conklin*, Collect. **5** [1933] 187, 196).
  Krystalle (aus Me.); F: 131—132° [korr.].

Acenaphthen-sulfonsäure-(5)-äthylester, *acenaphthene-5-sulfonic acid ethyl ester*
C₁₄H₁₄O₃S, Formel VIII (X = OC₂H₅) (E II 106).
  Krystalle; F: 140—141° [korr.] (*Bogert, Conklin*, Collect. **5** [1933] 187, 197).

Acenaphthen-sulfonylchlorid-(5), *acenaphthene-5-sulfonyl chloride* C₁₂H₉ClO₂S, Formel
VIII (X = Cl).
  Krystalle (aus Bzn.); F: 110—111° [korr.] (*Bogert, Conklin*, Collect. **5** [1933] 187,
197), 109—111° (*Dziewoński, Krasowska, Schoenówna*, Bl. Acad. polon. [A] **1931** 400,
401).

6-Nitro-acenaphthen-sulfonsäure-(5), *6-nitroacenaphthene-5-sulfonic acid* C₁₂H₉NO₅S,
Formel IX (X = OH).
  B. Aus Acenaphthen-sulfonsäure-(5) beim Behandeln des Natrium-Salzes mit
Salpetersäure und Essigsäure (*Bogert, Conklin*, Collect. **5** [1933] 187, 198).
  Natrium-Salz NaC₁₂H₈NO₅S. Krystalle (aus wss. A.).

6-Nitro-acenaphthen-sulfonylchlorid-(5), *6-nitroacenaphthene-5-sulfonyl chloride*
C₁₂H₈ClNO₄S, Formel IX (X = Cl).
  B. Neben der im folgenden Artikel beschriebenen Verbindung beim Behandeln einer
Suspension von Acenaphthen-sulfonylchlorid-(5) in Acetanhydrid mit Salpetersäure
(*Bogert, Conklin*, Collect. **5** [1933] 187, 199).
  Gelbe Krystalle (aus CHCl₃); Zers. bei 190,3—191,3° [korr.; im vorgeheizten Bad].

7-Nitro-acenaphthen-sulfonylchlorid-(5), *7-nitroacenaphthene-5-sulfonyl chloride*
C₁₂H₈ClNO₄S, Formel X.
  Eine Verbindung (gelbliche Krystalle; F: 167,5—168,5° [korr.]), für die diese Kon-

stitution in Betracht gezogen wird, ist neben 6-Nitro-acenaphthen-sulfonylchlorid-(5) beim Behandeln einer Suspension von Acenaphthen-sulfonylchlorid-(5) in Acetanhydrid mit Salpetersäure erhalten worden (*Bogert, Conklin*, Collect. **5** [1933] 187, 199, 200).

Diphenylmethansulfonsäure, *diphenylmethanesulfonic acid* $C_{13}H_{12}O_3S$, Formel I (E I 43).

B. Neben geringeren Mengen Dibenzhydryläther beim Erhitzen von Benzhydrol mit wss. Schwefeldioxid und Natriumhydrogensulfit auf 130° (*Hedén, Holmberg*, Svensk kem. Tidskr. **48** [1936] 207, 210; s. a. *Kratzl, Däubner, Siegens*, M. **77** [1947] 146, 155, 158).

Natrium-Salz $NaC_{13}H_{11}O_3S$. Krystalle [aus A.] (*He., Ho.*).

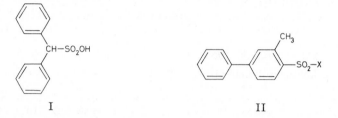

I   II

3-Methyl-biphenyl-sulfonsäure-(4), *3-methylbiphenyl-4-sulfonic acid* $C_{13}H_{12}O_3S$, Formel II (X = OH).

B. Beim Erwärmen von 3-Methyl-biphenyl (Rohprodukt) mit Schwefelsäure (*Kruber*, B. **65** [1932] 1382, 1385).

Kalium-Salz. Krystalle (aus W.).

3-Methyl-biphenylsulfonamid-(4), *3-methylbiphenyl-4-sulfonamide* $C_{13}H_{13}NO_2S$, Formel II (X = NH$_2$).

B. Aus 3-Methyl-biphenyl-sulfonsäure-(4) über das Säurechlorid (*Kruber*, B. **65** [1932] 1382, 1385).

Krystalle (aus A.); F: 174—175° [unkorr.].

4-Methyl-biphenyl-sulfonsäure-(4′), *4′-methylbiphenyl-4-sulfonic acid* $C_{13}H_{12}O_3S$, Formel III (X = OH).

B. Beim Erwärmen von 4-Methyl-biphenyl (Rohprodukt) mit Schwefelsäure (*Kruber*, B. **65** [1932] 1382, 1385, 1386).

Natrium-Salz (Krystalle [aus W.]) und Kalium-Salz (Krystalle [aus W.]): *Kr.,* l. c. S. 1386.

4-Methyl-biphenylsulfonamid-(4′), *4′-methylbiphenyl-4-sulfonamide* $C_{13}H_{13}NO_2S$, Formel III (X = NH$_2$).

B. Aus 4-Methyl-biphenyl-sulfonsäure-(4′) über das Säurechlorid (*Kruber*, B. **65** [1932] 1382, 1387).

Krystalle (aus A.); F: 236—237°.

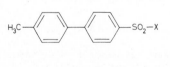 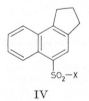

III   IV

2.3-Dihydro-1*H*-cyclopenta[*a*]naphthalin-sulfonsäure-(5), *2,3-dihydro-1H-cyclopenta*[a]*naphthalene-5-sulfonic acid* $C_{13}H_{12}O_3S$, Formel IV (X = OH).

B. Beim Erwärmen von 2.3-Dihydro-1*H*-cyclopenta[*a*]naphthalin (Rohprodukt) mit Schwefelsäure (*Kruber*, B. **65** [1932] 1382, 1383, 1387).

Krystalle (aus wss. Schwefelsäure).

Natrium-Salz $NaC_{13}H_{11}O_3S$. Krystalle (aus W.) mit 1,5 Mol H_2O.

2.3-Dihydro-1*H*-cyclopenta[*a*]naphthalinsulfonamid-(5), *2,3-dihydro-1H-cyclopenta*[a]*naphthalene-5-sulfonamide* $C_{13}H_{13}NO_2S$, Formel IV (X = NH$_2$).

B. Aus 2.3-Dihydro-1*H*-cyclopenta[*a*]naphthalin-sulfonsäure-(5) über das Säurechlorid

(*Kruber*, B. **65** [1932] 1382, 1388).

Krystalle (aus A.); F: 204—205°.

Phenyl-*p*-tolyl-methansulfonsäure, *phenyl-p-tolylmethanesulfonic acid* $C_{14}H_{14}O_3S$.

a) **(+)-Phenyl-*p*-tolyl-methansulfonsäure,** Formel V (X = OH) oder Spiegelbild.

Gewinnung aus dem unter c) beschriebenen Racemat mit Hilfe von Strychnin: *Pedersen, Jensen*, Acta chem. scand. **2** [1948] 651, 654.

Krystalle (aus wss. Salzsäure) mit 2 Mol H_2O; F: 115—119,5°. $[\alpha]_D$: +7,7° [Lösungsmittel nicht angegeben].

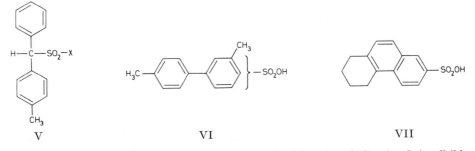

V   VI   VII

b) **(–)-Phenyl-*p*-tolyl-methansulfonsäure,** Formel V (X = OH) oder Spiegelbild.

Gewinnung aus dem unter c) beschriebenen Racemat mit Hilfe von Strychnin: *Pedersen, Jensen*, Acta chem. scand. **2** [1948] 651, 654.

$[\alpha]_D$: —7,1° [Lösungsmittel nicht angegeben].

c) **(±)-Phenyl-*p*-tolyl-methansulfonsäure,** Formel V (X = OH) + Spiegelbild.

B. Neben 4-Methyl-benzhydrol und Bis-[4-methyl-benzhydryl]-äther (Kp₉: 275°) beim Erhitzen von (±)-4-Methyl-benzhydrylbromid mit wss. Natriumsulfit-Lösung (*Pedersen, Jensen*, Acta chem. scand. **2** [1948] 651, 654).

Krystalle (aus W.) mit 2 Mol H_2O; F: 124—125° [Zers.].

Natrium-Salz $NaC_{14}H_{13}O_3S$. Krystalle (aus W.) mit 2 Mol H_2O.

Phenyl-*p*-tolyl-methansulfonsäure-äthylester, *phenyl-p-tolylmethanesulfonic acid ethyl ester* $C_{16}H_{18}O_3S$.

a) **(+)-Phenyl-*p*-tolyl-methansulfonsäure-äthylester,** Formel V (X = OC_2H_5) oder Spiegelbild.

B. Aus (+)-Phenyl-*p*-tolyl-methansulfonsäure beim Behandeln des Silber-Salzes mit Äthyljodid in Äther (*Pedersen, Jensen*, Acta chem. scand. **2** [1948] 651, 655).

Krystalle (aus A.). $[\alpha]_D^{25}$: +5,4° [Bzl.; c = 5]; $[\alpha]_D^{25}$: +3,0° [Toluol; c = 5]; $[\alpha]_D^{25}$: +2,1° [A.; c = 1].

Beim Behandeln mit äthanol. Natriumäthylat erfolgt Racemisierung.

b) **(–)-Phenyl-*p*-tolyl-methansulfonsäure-äthylester,** Formel V (X = OC_2H_5) oder Spiegelbild.

B. Aus (–)-Phenyl-*p*-tolyl-methansulfonsäure beim Behandeln des Silber-Salzes mit Äthyljodid in Äther (*Pedersen, Jensen*, Acta chem. scand. **2** [1948] 651, 656).

Krystalle (aus A.); F: 89—89,3°. $[\alpha]_D^{20}$: —5,6° [Bzl.].

c) **(±)-Phenyl-*p*-tolyl-methansulfonsäure-äthylester,** Formel V (X = OC_2H_5) + Spiegelbild.

B. Aus (±)-Phenyl-*p*-tolyl-methansulfonsäure beim Behandeln des Silber-Salzes mit Äthyljodid in Äther (*Pedersen, Jensen*, Acta chem. scand. **2** [1948] 651, 656).

Krystalle (aus A.); F: 65—65,5°.

3.4′-Dimethyl-biphenyl-sulfonsäure-(x), *3,4′-dimethylbiphenyl-x-sulfonic acid* $C_{14}H_{14}O_3S$, Formel VI.

3.4′-Dimethyl-biphenyl-sulfonsäure-(x), deren Amid bei 204° schmilzt.

B. Beim Erwärmen von 3.4′-Dimethyl-biphenyl (Rohprodukt) mit Schwefelsäure (*Kruber*, B. **65** [1932] 1382, 1387, 1390).

Als Amid $C_{14}H_{15}NO_2S$ (Krystalle; F: 204°) charakterisiert.

1.2.3.4-Tetrahydro-phenanthren-sulfonsäure-(7), *5,6,7,8-tetrahydrophenanthrene-2-sulfonic acid* $C_{14}H_{14}O_3S$, Formel VII.

B. Bei kurzem Erhitzen von 1.2.3.4-Tetrahydro-phenanthren mit Schwefelsäure auf 160° (*Griffing, Elderfield*, J. org. Chem. **11** [1946] 123, 128).

Als *p*-Toluidin-Salz (F: 293—295° [korr.; Zers.]) charakterisiert.

1.2-Diphenyl-propan-sulfonsäure-(3), *2,3-diphenylpropane-1-sulfonic acid* $C_{15}H_{16}O_3S$.

(+)-1.2-Diphenyl-propan-sulfonsäure-(3), Formel VIII oder Spiegelbild.

Ein partiell racemisches Präparat ([α]$_D^{25}$: +10,6° [wss. A.; c = 1]; [α]$_D^{25}$: +11,2° [W.; c = 2]; Barium-Salz Ba($C_{15}H_{15}O_3S$)$_2$: [α]$_D^{25}$: +11,5° [W.; c = 5]) ist beim Behandeln von konfigurativ nicht einheitlichem (+)-1.2-Diphenyl-propanthiol-(3) ($Kp_{0,3}$: 123° bis 127°; [α]$_D^{25}$: +13,3° [Ae.; c = 8]) mit Bariumpermanganat in wasserhaltigem Aceton erhalten worden (*Levene, Mikeska, Passoth*, J. biol. Chem. **88** [1930] 27, 58).

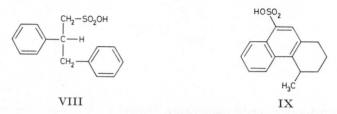

VIII   IX

(±)-4-Methyl-1.2.3.4-tetrahydro-phenanthren-sulfonsäure-(9), *(±)-4-methyl-1,2,3,4-tetra= hydrophenanthrene-9-sulfonic acid* $C_{15}H_{16}O_3S$, Formel IX + Spiegelbild.

B. Aus (±)-4-Methyl-1.2.3.4-tetrahydro-phenanthren und Chloroschwefelsäure in Tetrachlormethan (*Bachmann, Dice*, J. org. Chem. **12** [1947] 876, 882).

Kalium-Salz. Krystalle (aus W.).   [*Jooss*]

Monosulfonsäuren $C_nH_{2n-16}O_3S$

Fluoren-sulfonsäure-(2), *fluorene-2-sulfonic acid* $C_{13}H_{10}O_3S$, Formel I (H 193; E II 107).

In den beim Erhitzen dieser Säure mit Kaliumhydroxid auf 290° erhaltenen Prä= paraten (vgl. H 193; E II 107) haben möglicherweise Gemische von 4-Hydroxy-bi= phenyl-carbonsäure-(2) und 4'-Hydroxy-biphenyl-carbonsäure-(2) vorgelegen (*Huntress, Seikel*, Am. Soc. **61** [1939] 816, 817). Beim Erhitzen mit Kaliumhydroxid in Diphenyl= äther auf 180° ist 4'-Hydroxy-biphenyl-carbonsäure-(2) erhalten worden (*Hu., Sei.*, l. c. S. 821).

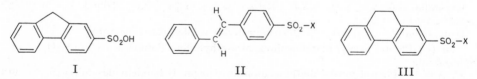

I   II   III

Stilben-sulfonsäure-(4), *stilbene-4-sulfonic acid* $C_{14}H_{12}O_3S$.

trans-Stilben-sulfonsäure-(4), Formel II (X = OH).

B. Beim Behandeln von *trans*-Zimtsäure in Aceton mit einer aus Sulfanilsäure, Natriumnitrit und wss. Salzsäure bereiteten Suspension der Diazonium-Verbindung und anschliessend mit Natriumacetat und Kupfer(II)-chlorid in Wasser (*Meerwein, Büchner, van Emster*, J. pr. [2] **152** [1939] 237, 258).

Natrium-Salz $NaC_{14}H_{11}O_3S$. Krystalle (aus W.); Zers. bei 259°.

Stilbensulfonamid-(4), *stilbene-4-sulfonamide* $C_{14}H_{13}NO_2S$.

trans-Stilben-sulfonsäure-(4)-amid, $C_{14}H_{13}NO_2S$, Formel II (X = NH$_2$).

B. Beim Behandeln von *trans*-Zimtsäure in Aceton mit der aus Sulfanilamid berei= teten Diazonium-Verbindung und anschliessenden Erwärmen mit Natriumacetat und Kupfer(II)-chlorid in Wasser (*Haddow et al.*, Phil. Trans. [A] **241** [1948] 147, 185).

Krystalle (aus A.); F: 228—229° [unkorr.].

9.10-Dihydro-phenanthren-sulfonsäure-(2), *9,10-dihydrophenanthrene-2-sulfonic acid*
$C_{14}H_{12}O_3S$, Formel III (X = OH).

B. Als Hauptprodukt beim Behandeln von 9.10-Dihydro-phenanthren mit Schwefel=
säure (*Mosettig*, *Stuart*, Am. Soc. **61** [1939] 1, 4).

Barium-Salz. In Wasser schwer löslich.

9.10-Dihydro-phenanthren-sulfonylchlorid-(2), *9,10-dihydrophenanthrene-2-sulfonyl
chloride* $C_{14}H_{11}ClO_2S$, Formel III (X = Cl).

B. Aus 9.10-Dihydro-phenanthren-sulfonsäure-(2) (*Mosettig*, *Stuart*, Am. Soc. **61**
[1939] 1, 4).

F: 137°.

1.2.3.6.7.8-Hexahydro-pyren-sulfonsäure-(4), *1,2,3,6,7,8-hexahydropyrene-4-sulfonic acid*
$C_{16}H_{16}O_3S$, Formel IV.

B. Aus 1.2.3.6.7.8-Hexahydro-pyren bei kurzem Erwärmen mit Schwefelsäure (*Cook*,
Schoental, Soc. **1948** 170, 173) sowie beim Behandeln mit Chloroschwefelsäure in Nitro=
benzol (*Vollmann et al.*, A. **531** [1937] 1, 143).

Überführung in 4-Methoxy-pyren durch Erhitzen des Natrium-Salzes mit Kalium=
hydroxid auf 290°, anschliessendes Behandeln mit Dimethylsulfat und wss. Alkalilauge
und Erhitzen des Reaktionsprodukts mit Palladium auf 270°: *Cook*, *Sch.*; s. dagegen
Vo. et al.

Natrium-Salz $NaC_{16}H_{15}O_3S$. Krystalle (*Vo. et al.*).

1-Methyl-7-isopropyl-9.10-dihydro-phenanthren-sulfonsäure-(2), *7-isopropyl-1-methyl-
9,10-dihydrophenanthrene-2-sulfonic acid* $C_{18}H_{20}O_3S$, Formel V (X = OH).

Diese Konstitution ist der nachstehend beschriebenen, von *Komppa*, *Fogelberg* (Am.
Soc. **54** [1932] 2900, 2901, 2903) als A-Dihydroretensulfonsäure bezeichneten Ver=
bindung auf Grund ihrer genetischen Beziehung zu 1-Methyl-7-isopropyl-phenanthrol-(2)
(,,A-Retenol" [E III **6** 3583]) und 1-Methyl-7-isopropyl-phenanthren-sulfonsäure-(2)
(,,A-Retensulfonsäure" [S. 446]) zuzuordnen.

B. Aus 1-Methyl-7-isopropyl-9.10-dihydro-phenanthren (E III **5** 2039) beim Erwär=
men mit Schwefelsäure auf 68° (*Ko.*, *Fo.*).

Krystalle (aus Ae.) mit 2 Mol H_2O; F: 147—148°.

Überführung in 1-Methyl-7-isopropyl-9.10-dihydro-phenanthren durch Erhitzen mit
Wasser auf 200°: *Ko.*, *Fo.*, l. c. S. 2901.

Löslichkeit des Ammonium-Salzes $[NH_4]C_{18}H_{19}O_3S$, des Natrium-Salzes
$NaC_{18}H_{19}O_3S \cdot H_2O$, des Kalium-Salzes $KC_{18}H_{19}O_3S \cdot H_2O$, des Kupfer(II)-Salzes
$Cu(C_{18}H_{19}O_3S)_2 \cdot 2H_2O$, des Calcium-Salzes $Ca(C_{18}H_{19}O_3S)_2$ und des Barium-Salzes
$Ba(C_{18}H_{19}O_3S)_2$ in Wasser: *Ko.*, *Fo.*, l. c. S. 2904.

1-Methyl-7-isopropyl-9.10-dihydro-phenanthren-sulfonsäure-(2)-methylester, *7-isopropyl-
1-methyl-9,10-dihydrophenanthrene-2-sulfonic acid methyl ester* $C_{19}H_{22}O_3S$, Formel V
(X = OCH_3).

B. Aus dem Kalium-Salz der 1-Methyl-7-isopropyl-9.10-dihydro-phenanthren-sulfon=
säure-(2) (s. o.) und Dimethylsulfat (*Komppa*, *Fogelberg*, Am. Soc. **54** [1932] 2900, 2903).

Krystalle (aus Me.); F: 98—99°.

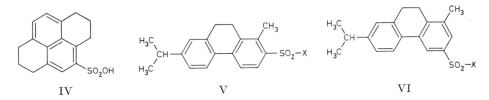

IV   V   VI

1-Methyl-7-isopropyl-9.10-dihydro-phenanthren-sulfonsäure-(2)-äthylester, *7-isopropyl-
1-methyl-9,10-dihydrophenanthrene-2-sulfonic acid ethyl ester* $C_{20}H_{24}O_3S$, Formel V
(X = OC_2H_5).

B. Aus dem Kalium-Salz der 1-Methyl-7-isopropyl-9.10-dihydro-phenanthren-sulfon=
säure-(2) (s. o.) und Diäthylsulfat (*Komppa*, *Fogelberg*, Am. Soc. **54** [1932] 2900, 2903).

Krystalle (aus A.); F: 72,5—73,5°.

1-Methyl-7-isopropyl-9.10-dihydro-phenanthren-sulfonylchlorid-(2), *7-isopropyl-1-methyl-9,10-dihydrophenanthrene-2-sulfonyl chloride* $C_{18}H_{19}ClO_2S$, Formel V (X = Cl).

B. Aus 1-Methyl-7-isopropyl-9.10-dihydro-phenanthren-sulfonsäure-(2) (S. 441) beim Behandeln des Kalium-Salzes mit Phosphor(V)-chlorid und wenig Phosphoroxychlorid (*Komppa, Fogelberg*, Am. Soc. **54** [1932] 2900, 2904).

Krystalle (aus Bzn.); F: 91—92° und F: 82—83° (dimorph).

1-Methyl-7-isopropyl-9.10-dihydro-phenanthrensulfonamid-(2), *7-isopropyl-1-methyl-9,10-dihydrophenanthrene-2-sulfonamide* $C_{18}H_{21}NO_2S$, Formel V (X = NH₂).

B. Aus 1-Methyl-7-isopropyl-9.10-dihydro-phenanthren-sulfonylchlorid-(2) (s. o.) beim Behandeln mit wss. Ammoniak (*Komppa, Fogelberg*, Am. Soc. **54** [1932] 2900, 2904).

Krystalle; F: 193—194°.

1-Methyl-7-isopropyl-9.10-dihydro-phenanthren-sulfonsäure-(3), *7-isopropyl-1-methyl-9,10-dihydrophenanthrene-3-sulfonic acid* $C_{18}H_{20}O_3S$, Formel VI (X = OH).

Diese Konstitution ist der nachstehend beschriebenen, von *Komppa, Fogelberg* (Am. Soc. **54** [1932] 2900, 2901, 2905) als B-Dihydroretensulfonsäure bezeichneten Ver-bindung auf Grund ihrer genetischen Beziehung zu 1-Methyl-7-isopropyl-phenanthrol-(3) (,,B-Retenol" [E III **6** 3584]) und 1-Methyl-7-isopropyl-phenanthren-sulfonsäure-(3) (,,B-Retensulfonsäure" [S. 446]) zuzuordnen.

B. Aus 1-Methyl-7-isopropyl-9.10-dihydro-phenanthren (E III **5** 2039) beim Erhitzen mit Schwefelsäure auf 200° (*Ko., Fo.*).

Krystalle (aus Bzl.) mit 2 Mol H_2O; F: 106—107°.

Löslichkeit des Ammonium-Salzes $[NH_4]C_{18}H_{19}O_3S$, des Kalium-Salzes $KC_{18}H_{19}O_3S \cdot H_2O$, des Kupfer(II)-Salzes $Cu(C_{18}H_{19}O_3S_2)_2 \cdot 5{,}5\,H_2O$, des Calcium-Salzes $Ca(C_{18}H_{19}O_3S)_2 \cdot 6\,H_2O$ und des Barium-Salzes $Ba(C_{18}H_{19}O_3S)_2 \cdot H_2O$ in Wasser: *Ko., Fo.*, l. c. S. 2906.

1-Methyl-7-isopropyl-9.10-dihydro-phenanthren-sulfonsäure-(3)-methylester, *7-isopropyl-1-methyl-9,10-dihydrophenanthrene-3-sulfonic acid methyl ester* $C_{19}H_{22}O_3S$, Formel VI (X = OCH₃).

B. Aus dem Kalium-Salz der 1-Methyl-7-isopropyl-9.10-dihydro-phenanthren-sulfon= säure-(3) (s. o.) und Dimethylsulfat (*Komppa, Fogelberg*, Am. Soc. **54** [1932] 2900, 2906).

Krystalle (aus Me.); F: 85—86°.

1-Methyl-7-isopropyl-9.10-dihydro-phenanthren-sulfonsäure-(3)-äthylester, *7-isopropyl-1-methyl-9,10-dihydrophenanthrene-3-sulfonic acid ethyl ester* $C_{20}H_{24}O_3S$, Formel VI (X = OC₂H₅).

B. Aus dem Kalium-Salz der 1-Methyl-7-isopropyl-9.10-dihydro-phenanthren-sulfon= säure-(3) (s. o.) und Diäthylsulfat (*Komppa, Fogelberg*, Am. Soc. **54** [1932] 2900, 2906).

Krystalle (aus A.); F: 78—79°.

1-Methyl-7-isopropyl-9.10-dihydro-phenanthren-sulfonylchlorid-(3), *7-isopropyl-1-methyl-9,10-dihydrophenanthrene-3-sulfonyl chloride* $C_{18}H_{19}ClO_2S$, Formel VI (X = Cl).

B. Aus 1-Methyl-7-isopropyl-9.10-dihydro-phenanthren-sulfonsäure-(3) (s. o.) beim Behandeln des Kalium-Salzes mit Phosphor(V)-chlorid und wenig Phosphoroxychlorid (*Komppa, Fogelberg*, Am. Soc. **54** [1932] 2900, 2906).

Krystalle (aus Bzn.); F: 112—113°.

1-Methyl-7-isopropyl-9.10-dihydro-phenanthrensulfonamid-(3), *7-isopropyl-1-methyl-9,10-dihydrophenanthrene-3-sulfonamide* $C_{18}H_{21}NO_2S$, Formel VI (X = NH₂).

B. Aus 1-Methyl-7-isopropyl-9.10-dihydro-phenanthren-sulfonylchlorid-(3) (s. o.) beim Behandeln mit wss. Ammoniak (*Komppa, Fogelberg*, Am. Soc. **54** [1932] 2900, 2906).

Krystalle; F: 189—190°.

Monosulfonsäuren $C_nH_{2n-18}O_3S$

Anthracen-sulfonsäure-(1), *anthracene-1-sulfonic acid* $C_{14}H_{10}O_3S$, Formel VII (X = OH) (H 194; E I 44; E II 108).

Löslichkeit des Natrium-Salzes $NaC_{14}H_9O_3S$ (E II 108), des Kalium-Salzes $KC_{14}H_9O_3S$ (E II 108), des Magnesium-Salzes $Mg(C_{14}H_9O_3S)_2 \cdot 4\,H_2O$ (E II 109), des

Calcium-Salzes Ca($C_{14}H_9O_3S$)$_2$·3 H_2O (E II 109), des Barium-Salzes Ba($C_{14}H_9O_3S$)$_2$·
3 H_2O (E II 109), des Zink-Salzes Zn($C_{14}H_9O_3S$)$_2$·6 H_2O (E II 109) und des Blei(II)-
Salzes Pb($C_{14}H_9O_3S$)$_2$·2H_2O in Wasser bei 20° und bei 100°: *Fedorow, Lodygin,* Ž. prikl.
Chim. **15** [1942] 164, 167—170; C. A. **1943** 2248.

Anthracen-sulfonylchlorid-(1), *anthracene-1-sulfonyl chloride* $C_{14}H_9ClO_2S$, Formel VII
(X = Cl) (E II 109).
     Gelbe Krystalle (aus Acn. oder wss. Dioxan); F: 127,5° (*Koslow et al.,* Ž. obšč. Chim.
32 [1962] 1241, 1244; J. gen. Chem. U.S.S.R. [Übers.] **32** [1962] 1214).

Anthracensulfonamid-(1), *anthracene-1-sulfonamide* $C_{14}H_{11}NO_2S$, Formel VII (X = NH$_2$)
(E II 109).
     Krystalle (aus A. oder Toluol); F: 246° (*Koslow et al.,* Ž. obšč. Chim. **32** [1962] 1241,
1244; J. gen. Chem. U.S.S.R. [Übers.] **32** [1962] 1214).

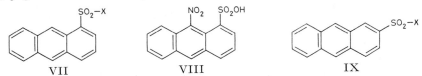

          VII   VIII   IX

9-Nitro-anthracen-sulfonsäure-(1), *9-nitroanthracene-1-sulfonic acid* $C_{14}H_9NO_5S$,
Formel VIII.
     Diese Konstitution kommt der E II 109 als 9(?)-Nitro-anthracen-sulfonsäure-(1) be-
schriebenen Verbindung zu (*Woroshzow, Koslow,* Ž. obšč. Chim. **7** [1937] 729, 730; C.
1938 I 589).
     Krystalle (aus Eg.); die sich oberhalb von 300° dunkel färben (*Wo., Ko.,* l. c. S.
732).
     Bildung von 9-Nitro-anthracen beim Erwärmen mit Schwefelsäure: *Wo., Ko.* Beim
Erwärmen mit Kaliumchlorat und wss. Salzsäure sind 1.9-Dichlor-anthracen und geringe
Mengen 1-Chlor-anthrachinon erhalten worden.
     Natrium-Salz Na$C_{14}H_8NO_5S$·H_2O (gelbe Krystalle [aus W.]), Kupfer(II)-Salz
Cu($C_{14}H_8NO_5S$)$_2$·3 H_2O (grüngelbe Krystalle), Silber-Salz Ag$C_{14}H_8NO_5S$·2 H_2O (gelbe
Krystalle [aus wss. A.]), Calcium-Salz Ca($C_{14}H_8NO_5S$)$_2$·2 H_2O (gelbliche Krystalle),
Barium-Salz Ba($C_{14}H_8NO_5S$)$_2$·3 H_2O (gelbliche Krystalle), Quecksilber(I)-Salz
Hg$C_{14}H_8NO_5S$·2 H_2O (gelbliche Krystalle [aus wss. A.]), Quecksilber(II)-Salz
Hg($C_{14}H_8NO_5S$)$_2$·3 H_2O (gelbe Krystalle), Blei(II)-Salz Pb($C_{14}H_8NO_5S$)$_2$·6 H_2O (gelb-
liche Krystalle) und Eisen(III)-Salz Fe($C_{14}H_8NO_5S$)$_3$·2 H_2O (gelbe Krystalle): *Wo.,
Ko.,* l. c. S. 734, 735.

Anthracen-sulfonsäure-(2), *anthracene-2-sulfonic acid* $C_{14}H_{10}O_3S$, Formel IX (X = OH)
(H 194; E I 44; E II 109).
     Löslichkeit des Natrium-Salzes Na$C_{14}H_9O_3S$ (vgl. H 195; E II 109), des Kalium-
Salzes K$C_{14}H_9O_3S$·2 H_2O (vgl. E II 108), des Magnesium-Salzes Mg($C_{14}H_9O_3S$)$_2$·4H_2O
(E II 109), des Calcium-Salzes Ca($C_{14}H_9O_3S$)$_2$·H_2O (E II 109), des Barium-Salzes
Ba($C_{14}H_9O_3S$)$_2$ (H 195; E II 109), des Zink-Salzes Zn($C_{14}H_9O_3S$)$_2$·6 H_2O (E II 109) und
des Blei(II)-Salzes Pb($C_{14}H_9O_3S$)$_2$·2 H_2O (H 195) in Wasser bei 20° und bei 100°:
Fedorow, Lodygin, Ž. prikl. Chim. **15** [1942] 164, 167—170; C. A. **1943** 2248.

Anthracen-sulfonylchlorid-(2), *anthracene-2-sulfonyl chloride* $C_{14}H_9ClO_2S$, Formel IX
(X = Cl) (H 195).
     B. Aus Anthracen-sulfonsäure-(2) beim Erhitzen des Natrium-Salzes mit Phosphor(III)-
chlorid und Phosphoroxychlorid auf 120° (*Woroshzow, Koslow,* Ž. obšč. Chim. **7** [1937]
729, 736; C. **1938** I 589).
     Krystalle; F: 142,5° [aus Dioxan oder Toluol] (*Koslow et al.,* Ž. obšč. Chim. **32** [1962]
1241, 1244; J. gen. Chem. U.S.S.R. [Übers.] **32** [1962] 1214), 123° [aus A. + Toluol]
(*Wo., Ko.*).

Anthracensulfonamid-(2), *anthracene-2-sulfonamide* $C_{14}H_{11}NO_2S$, Formel IX (X = NH$_2$)
(H 195).
     Krystalle (aus Dioxan); F: 287° (*Koslow et al.,* Ž. obšč. Chim. **32** [1962] 1241, 1244;
J. gen. Chem. U.S.S.R. [Übers.] **32** [1962] 1214).

9.10-Dichlor-anthracen-sulfonsäure-(2), *9,10-dichloroanthracene-2-sulfonic acid*
$C_{14}H_8Cl_2O_3S$, Formel X (X = OH) (E I 44).

B. Beim Behandeln von 9.10-Dichlor-anthracen in Nitrobenzol mit rauchender Schwe=
felsäure (*Minaeff, Fedoroff*, Rev. gén. Mat. col. **34** [1930] 330, 376, 377; *Fedorow*, Ž. obšč.
Chim. **6** [1936] 444, 449; C. **1936** II 1538; vgl. E I 44).

Gelbe Krystalle (aus A.) mit 2,5 Mol H_2O, F: 158—159°; die wasserfreie Säure
schmilzt bei 212,1° [korr.; Zers.] (*Fe.*).

Beim Erhitzen mit wss. Natronlauge auf 200° sind 9-Oxo-9.10-dihydro-anthracen-
sulfonsäure-(2) und geringe Mengen 1.2-Dihydroxy-anthrachinon (*Fe.*, l. c. S. 452), beim
Erhitzen des Natrium-Salzes mit wss. Ammoniak in Gegenwart von Kupfer(II)-oxid oder
Mangan(IV)-oxid auf 200° sind 2-Amino-anthrachinon und 9-Oxo-9.10-dihydro-anthracen-
sulfonsäure-(2) (*Fedorow, Awrorowa*, Ž. prikl. Chim. **10** [1937] 1237, 1239; C. A. **1938**
1691; vgl. E I 44) erhalten worden. Überführung in Anthracen-trisulfonsäure-(2.9.10)
durch Erhitzen des Natrium-Salzes mit wss. Natriumsulfit-Lösung auf 180°: *Fedorow,
Scheludjakowa*, Ž. obšč. Chim. **8** [1938] 1699, 1701; C. A. **1939** 4981.

Natrium-Salz $NaC_{14}H_7Cl_2O_3S \cdot H_2O$ (vgl. E I 44). Gelbe Krystalle [aus A.] (*Fe.*).

9.10-Dichlor-anthracen-sulfonylchlorid-(2), *9,10-dichloroanthracene-2-sulfonyl chloride*
$C_{14}H_7Cl_3O_2S$, Formel X (X = Cl).

B. Aus 9.10-Dichlor-anthracen-sulfonsäure-(2) beim Erhitzen des Natrium-Salzes mit
Phosphor(V)-chlorid auf 165° (*Fedorow*, Ž. obšč. Chim. **6** [1936] 444, 451; C. **1936** II
1538).

Krystalle (aus Bzl.); F: 221—225° [Zers.; bei schnellem Erhitzen].

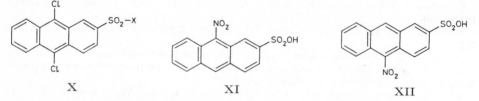

X   XI   XII

9.10-Dichlor-anthracensulfonamid-(2), *9,10-dichloroanthracene-2-sulfonamide*
$C_{14}H_9Cl_2NO_2S$, Formel X (X = NH_2).

B. Aus 9.10-Dichlor-anthracen-sulfonylchlorid-(2) beim Erhitzen mit äthanol. Am=
moniak bis auf 175° (*Fedorow*, Ž. obšč. Chim. **6** [1936] 444, 451; C. **1936** II 1538).

Gelbe Krystalle (aus Bzl.); F: 279°.

9-Nitro-anthracen-sulfonsäure-(2), *9-nitroanthracene-2-sulfonic acid* $C_{14}H_9NO_5S$, Formel
XI, und **10-Nitro-anthracen-sulfonsäure-(2)**, *10-nitroanthracene-2-sulfonic acid*
$C_{14}H_9NO_5S$, Formel XII (vgl. E II 110).

Diese beiden Formeln kommen für die nachstehend beschriebene Verbindung in
Betracht.

B. Neben 9.10-Dioxo-9.10-dihydro-anthracen-sulfonsäure-(2) und anderen Verbin-
dungen beim Behandeln von Natrium-[anthracen-sulfonat-(2)] mit wss. Salpetersäure
(D: 1,4) und Essigsäure bei 5° (*Woroshzow, Koslow*, Ž. obšč. Chim. **7** [1937] 729, 736;
C. **1938** I 589; vgl. E II 110).

Beim Erwärmen mit Zink und wss. Salzsäure und Erwärmen des Reaktionsprodukts
mit Phosphoroxychlorid ist eine möglicherweise als 9(oder 10)-Oxo-9.10-dihydro-
anthracen-sulfonylchlorid-(2) ($C_{14}H_9ClO_3S$) zu formulierende Verbindung (gelbe
Krystalle [aus Eg.]; F: ca. 200°) erhalten worden (*Wo., Ko.*, l. c. S. 737).

Kupfer(II)-Salz $Cu(C_{14}H_8NO_5S)_2 \cdot 3 H_2O$. Grüngelbe Krystalle (aus wss. Eg.).
Silber-Salz $AgC_{14}H_8NO_5S$. Gelbliche Krystalle (aus A.).
Barium-Salz $Ba(C_{14}H_8NO_5S)_2 \cdot H_2O$. Gelbliche Krystalle (aus wss. A.).
Blei(II)-Salz $Pb(C_{14}H_8NO_5S)_2 \cdot 0,5 H_2O$. Gelbliche Krystalle (aus wss. A.).
Eisen(II)-Salz $Fe(C_{14}H_8NO_5S)_2 \cdot 4 H_2O$. Gelbliche Krystalle (aus W.).

Anthracen-sulfonsäure-(9), *anthracene-9-sulfonic acid* $C_{14}H_{10}O_3S$, Formel I (E II 110).

Beim Behandeln mit wss. Salpetersäure sind Anthrachinon und 2.7-Dinitro-anthra=
chinon erhalten worden (*Yura, Oda*, J. Soc. chem. Ind. Japan **44** [1941] 731; C. A. **1948**
6793).

Phenanthren-sulfonsäure-(2), *phenanthrene-2-sulfonic acid* $C_{14}H_{10}O_3S$, Formel II (H 195; E I 44; E II 110).

B. Neben Phenanthren-sulfonsäure-(3) beim Erhitzen von Phenanthren mit Schwefel= säure bis auf 150° (*Ioffe*, Ž. obšč. Chim. **3** [1933] 448; C. A. **1934** 1694; *Sal'kind, Cheifez*, Ž. obšč. Chim. **15** [1945] 368, 371; C. A. **1946** 3748; vgl. H 195; E II 110).

Elektrische Leitfähigkeit von wss. Lösungen: *Bolam, Hope*, Soc. **1941** 843, 845, 847.

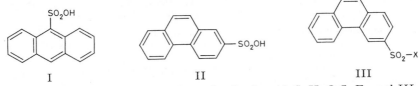

I   II   III

Phenanthren-sulfonsäure-(3), *phenanthrene-3-sulfonic acid* $C_{14}H_{10}O_3S$, Formel III (X = OH) (H 196; E I 45; E II 110).

B. Neben Phenanthren-sulfonsäure-(2) bei der Behandlung von 9-Brom-phenanthren mit Schwefelsäure und Hydrierung des Reaktionsprodukts an Palladium/Kohle in wss.- äthanol. Salzsäure (*May, Mosettig*, J. org. Chem. **11** [1946] 15, 17). Bildung aus Phen= anthren s. im vorangehenden Artikel.

F: 88° (*Bolam, Hope*, Soc. **1941** 843). Viscosität und elektrische Leitfähigkeit von wss. Lösungen: *Bolam, Hope*, Soc. **1941** 845, 847, 850, 852, 853.

Phenanthren-sulfonylchlorid-(3), *phenanthrene-3-sulfonyl chloride* $C_{14}H_9ClO_2S$, Formel III (X = Cl) (H 196; E I 45).

Reaktion mit Phenylmagnesiumbromid unter Bildung von Phenanthren-sulfinsäure-(3): *Courtot, Kozertchouk*, C. r. **218** [1944] 973.

9-Chlor-phenanthren-sulfonsäure-(3), *9-chlorophenanthrene-3-sulfonic acid* $C_{14}H_9ClO_3S$, Formel IV (X = Cl) (E I 45).

B. Aus 9-Chlor-phenanthren beim Erwärmen mit Schwefelsäure (*Bolam, Hope*, Soc. **1941** 843, 844; vgl. E I 45).

F: 208,8—209,3° [aus Acn. + Bzl.]. Viscosität und elektrische Leitfähigkeit von wss. Lösungen: *Bolam, Hope*, Soc. **1941** 847, 850, 852, 853.

9-Brom-phenanthren-sulfonsäure-(3), *9-bromophenanthrene-3-sulfonic acid* $C_{14}H_9BrO_3S$, Formel IV (X = Br) (H 197; E I 46; E II 111).

B. Aus 9-Brom-phenanthren beim Erwärmen mit Schwefelsäure (*Bolam, Hope*, Soc. **1941** 843, 844; vgl. H 197; E I 46).

F: 203,5—204° [aus Acn. + Bzl.]. Viscosität und elektrische Leitfähigkeit von wss. Lösungen: *Bolam, Hope*, Soc. **1941** 847, 850, 852, 853.

1.2.3.10b-Tetrahydro-fluoranthen-sulfonsäure-(4) $C_{16}H_{14}O_3S$.

(±)-1.2.3.10b-Tetrahydro-fluoranthen-sulfonylchlorid-(4), (±)-*4,5,6,6a-tetrahydrofluor= anthene-3-sulfonyl chloride* $C_{16}H_{13}ClO_2S$, Formel V (X = Cl).

B. Beim Behandeln von (±)-1.2.3.10b-Tetrahydro-fluoranthen mit Chloroschwefel= säure in Chloroform bei —20° und Erwärmen des Natrium-Salzes der erhaltenen Sulfon= säure mit Phosphoroxychlorid (*v. Braun, Manz*, A. **496** [1932] 170, 192).

Krystalle (aus E.); F: 118°.

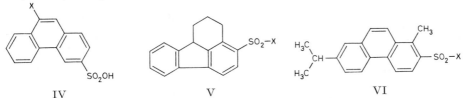

IV   V   VI

(±)-N-Äthyl-1.2.3.10b-tetrahydro-fluoranthensulfonamid-(4), (±)-N-*ethyl-4,5,6,6a-tetrahydrofluoranthene-3-sulfonamide* $C_{18}H_{19}NO_2S$, Formel V (X = NH-C$_2$H$_5$).

B. Aus (±)-1.2.3.10b-Tetrahydro-fluoranthen-sulfonylchlorid-(4) und Äthylamin (*v. Braun, Manz*, A. **496** [1932] 170, 192).

Krystalle (aus A.); F: 156—157°.

1-Methyl-7-isopropyl-phenanthren-sulfonsäure-(2), *7-isopropyl-1-methylphenanthrene-2-sulfonic acid* $C_{18}H_{18}O_3S$, Formel VI (X = OH).

Diese Konstitution kommt der nachstehend beschriebenen, von *Komppa, Wahlforss* (Am. Soc. **52** [1930] 5009, 5013) als A-Retensulfonsäure bezeichneten Verbindung zu (*Fieser, Young*, Am. Soc. **53** [1931] 4120, 4121).

B. Beim Erwärmen von Reten (1-Methyl-7-isopropyl-phenanthren) mit Schwefelsäure auf 100° (*Ko., Wa.*; *Kuo*, J. Chin. chem. Soc. **12** [1945] 15).

Krystalle; F: 188—189° [aus Eg.] (*Ko., Wa.*); Zers. > 360° (?) (*Kuo*).

1-Methyl-7-isopropyl-phenanthren-sulfonsäure-(2)-methylester, *7-isopropyl-1-methyl= phenanthrene-2-sulfonic acid methyl ester* $C_{19}H_{20}O_3S$, Formel VI (X = OCH_3).

B. Aus dem Kalium-Salz der 1-Methyl-7-isopropyl-phenanthren-sulfonsäure-(2) (s. o.) und Dimethylsulfat (*Komppa, Wahlforss*, Am. Soc. **52** [1930] 5009, 5014).

Krystalle (aus Me.); F: 164—166°.

1-Methyl-7-isopropyl-phenanthren-sulfonsäure-(2)-äthylester, *7-isopropyl-1-methylphen= anthrene-2-sulfonic acid ethyl ester* $C_{20}H_{22}O_3S$, Formel VI (X = OC_2H_5).

B. Aus dem Ammonium-Salz der 1-Methyl-7-isopropyl-phenanthren-sulfonsäure-(2) (s. o.) und Diäthylsulfat (*Komppa, Fogelberg*, Am. Soc. **54** [1932] 2900, 2907).

Krystalle; F: 137,5—138,5°.

1-Methyl-7-isopropyl-phenanthren-sulfonylchlorid-(2), *7-isopropyl-1-methylphenanthrene-2-sulfonyl chloride* $C_{18}H_{17}ClO_2S$, Formel VI (X = Cl).

B. Aus dem Ammonium-Salz der 1-Methyl-7-isopropyl-phenanthren-sulfonsäure-(2) (s. o.) beim Behandeln mit Phosphor(V)-chlorid und Phosphoroxychlorid (*Komppa, Fogelberg*, Am. Soc. **54** [1932] 2900, 2907).

Hellgelbe Krystalle (aus Ae.); F: 135—136°.

1-Methyl-7-isopropyl-phenanthren-sulfonsäure-(3), *7-isopropyl-1-methylphenanthrene-3-sulfonic acid* $C_{18}H_{18}O_3S$, Formel VII (X = OH).

Diese Konstitution kommt der nachstehend beschriebenen, von *Komppa, Wahlforss* (Am. Soc. **52** [1930] 5009, 5014) als B-Retensulfonsäure bezeichneten Verbindung zu (*Campbell, Todd*, Am. Soc. **62** [1940] 1287, 1288; *Karrman*, Svensk kem. Tidskr. **62** [1950] 67, 68), die von *Fieser, Young* (Am. Soc. **53** [1931] 4120, 4122), von *Hasselstrom, Bogert* (Am. Soc. **57** [1935] 1579) und von *Karrman* (Svensk kem. Tidskr. **57** [1945] 14, 15) als 1-Methyl-7-isopropyl-phenanthren-sulfonsäure-(6) angesehen worden ist.

B. Beim Erhitzen von Reten (1-Methyl-7-isopropyl-phenanthren) mit Schwefelsäure auf 200° (*Ko., Wa.*; s. a. *Fie., Young*, l. c. S. 4124; *Ha., Bo.*; *Ka.*, Svensk kem. Tidskr. **57** 15; *Kuo*, J. Chin. chem. Soc. **12** [1945] 15).

Krystalle; F: 121—123° (*Ko., Wa.*; *Kuo*).

p-Toluidin-Salz (F: 233—234°): *Fie., Young*.

Löslichkeit des Ammonium-Salzes $[NH_4]C_{18}H_{17}O_3S$ (Krystalle), des Natrium-Salzes $NaC_{18}H_{17}O_3S \cdot 3\,H_2O$ (Krystalle [aus W.]), des Kalium-Salzes $KC_{18}H_{17}O_3S$ (Krystalle [aus W.]), des Kupfer(II)-Salzes $Cu(C_{18}H_{17}O_3S)_2 \cdot 5\,H_2O$ (hellgrüne Krystalle), des Calcium-Salzes $Ca(C_{18}H_{17}O_3S)_2 \cdot 4\,H_2O$ (Krystalle [aus W.]), des Strontium-Salzes $Sr(C_{18}H_{17}O_3S)_2 \cdot 4\,H_2O$ (Krystalle) und des Barium-Salzes $Ba(C_{18}H_{17}O_3S)_2 \cdot 2\,H_2O$ (Krystalle) in Wasser: *Ko., Wa.*

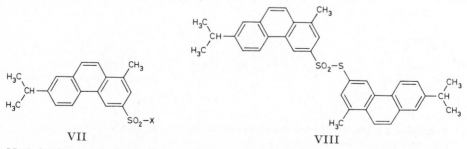

VII   VIII

1-Methyl-7-isopropyl-phenanthren-sulfonsäure-(3)-methylester, *7-isopropyl-1-methyl= phenanthrene-3-sulfonic acid methyl ester* $C_{19}H_{20}O_3S$, Formel VII (X = OCH_3).

B. Aus dem Ammonium-Salz der 1-Methyl-7-isopropyl-phenanthren-sulfonsäure-(3)

(S. 446) und Dimethylsulfat (*Komppa, Wahlforss,* Am. Soc. **52** [1930] 5009, 5016).
Krystalle (aus Me.); F: 117—119°.

1-Methyl-7-isopropyl-phenanthren-sulfonsäure-(3)-äthylester, *7-isopropyl-1-methyl=*
phenanthrene-3-sulfonic acid ethyl ester $C_{20}H_{22}O_3S$, Formel VII (X = OC_2H_5).
B. Aus dem Ammonium-Salz der 1-Methyl-7-isopropyl-phenanthren-sulfonsäure-(3)
(S. 446) und Diäthylsulfat (*Komppa, Fogelberg,* Am. Soc. **54** [1932] 2900, 2907).
Krystalle (aus A.); F: 114—115°.

1-Methyl-7-isopropyl-phenanthren-sulfonylchlorid-(3), *7-isopropyl-1-methylphen=*
anthrene-3-sulfonyl chloride $C_{18}H_{17}ClO_2S$, Formel VII (X = Cl).
B. Aus dem Kalium-Salz der 1-Methyl-7-isopropyl-phenanthren-sulfonsäure-(3)
(S. 446) beim Erwärmen mit Phosphoroxychlorid und Phosphor(V)-chlorid (*Komppa,*
Wahlforss, Am. Soc. **52** [1930] 5009, 5015).
Krystalle (aus Bzl.); F: 146,5—148° (*Ko., Wa.*), 146—147,5° [korr.] (*Hasselstrom,*
Bogert, Am. Soc. **57** [1935] 1579).
Beim Erwärmen einer Lösung in Benzol mit Zink und Wasser ist 1-Methyl-7-isopropyl-
phenanthren-thiosulfonsäure-(3)-*S*-[1-methyl-7-isopropyl-phenanthryl-(3)-ester] erhalten
worden (*Ha., Bo.*).

1-Methyl-7-isopropyl-phenanthrensulfonamid-(3), *7-isopropyl-1-methylphenanthrene-*
3-sulfonamide $C_{18}H_{19}NO_2S$, Formel VII (X = NH_2).
B. Aus 1-Methyl-7-isopropyl-phenanthren-sulfonylchlorid-(3) (s. o.) beim Behandeln
mit wss. Ammoniak (*Komppa, Wahlforss,* Am. Soc. **52** [1930] 5009, 5016).
Krystalle; F: 206—207,5°.

1-Methyl-7-isopropyl-phenanthren-thiosulfonsäure-(3)-*S*-[1-methyl-7-isopropyl-phen=
anthryl-(3)-ester], *7-isopropyl-1-methylphenanthrene-3-thiosulfonic acid S-(7-isopropyl-*
1-methyl-3-phenanthryl) ester $C_{36}H_{34}O_2S_2$, Formel VIII.
B. Aus 1-Methyl-7-isopropyl-phenanthren-sulfonylchlorid-(3) (s. o.) beim Erwärmen
einer Lösung in Benzol mit Zink und Wasser (*Hasselstrom, Bogert,* Am. Soc. **57** [1935]
1579).
Krystalle (aus A.); F: 142,5—143,5° [korr.].

Monosulfonsäuren $C_nH_{2n-20}O_3S$

1-Phenyl-naphthalin-sulfonsäure-(4), *4-phenylnaphthalene-1-sulfonic acid* $C_{16}H_{12}O_3S$,
Formel IX (E II 111).
B. Beim Erwärmen von 1-Phenyl-naphthalin mit rauchender Schwefelsäure (*v. Braun,*
Anton, B. **67** [1934] 1051, 1053; vgl. E II 111).
Krystalle; F: 165—167°.

Atronylensulfonsäure.
Die von *Fittig* (H 197) unter dieser Bezeichnung und der Bruttoformel $C_{16}H_{12}O_3S$ beschriebene Verbindung ist als 6a*H*-Benzo[*b*]naphtho[1.2-*d*]thiophen-carbonsäure-(11b)-
7.7-dioxid ($C_{17}H_{12}O_4S$) zu formulieren (*Voigtländer, Graf,* A. **625** [1959] 196, 200).

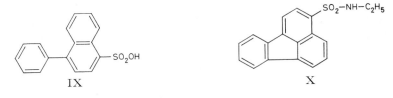

IX   X

Monosulfonsäuren $C_nH_{2n-22}O_3S$

Fluoranthen-sulfonsäure-(3) $C_{16}H_{10}O_3S$.
***N*-Äthyl-fluoranthensulfonamid-(3),** N-*ethylfluoranthene-3-sulfonamide* $C_{18}H_{15}NO_2S$,
Formel X.
B. Beim Behandeln von Fluoranthen mit Chloroschwefelsäure in Chloroform, Erwär-

men des Natrium-Salzes der erhaltenen Sulfonsäure mit Phosphoroxychlorid und Behandeln des danach isolierten Säurechlorids mit Äthylamin in Benzol (*v. Braun, Manz, A.* **488** [1931] 111, 117). Aus (±)-*N*-Äthyl-1.2.3.10b-tetrahydro-fluoranthen-sulfonamid-(4) beim Erhitzen mit Schwefel bis auf 210° (*v. Braun, Manz, A.* **496** [1932] 170, 192).

Krystalle (aus A.); F: 167—168° (*v. Br., Manz, A.* **488** 119).

Pyren-sulfonsäure-(1), *pyrene-1-sulfonic acid* $C_{16}H_{10}O_3S$, Formel XI (X = OH).

Diese Konstitution kommt vermutlich auch der H 198 beschriebenen Pyrensulfonsäure zu (*Vollmann et al., A.* **531** [1937] 1, 32).

B. Beim Behandeln von Pyren mit Chloroschwefelsäure in Tetrachlormethan oder in 1.1.2.2-Tetrachlor-äthan (*Vo. et al.,* l. c. S. 106; *Tietze, Bayer, A.* **540** [1939] 189, 201).

Bei einstündigem Behandeln des Natrium-Salzes mit Schwefelsäure sind Pyren-disulfonsäure-(1.6) und Pyren-disulfonsäure-(1.3), bei eintägigem Behandeln mit Schwefelsäure (Überschuss) ist Pyren-trisulfonsäure-(1.3.6), beim Behandeln mit Schwefelsäure und anschliessend mit Schwefeltrioxid enthaltender Schwefelsäure ist hingegen Pyren-tetrasulfonsäure-(1.3.6.8) erhalten worden (*Tie., Bayer,* l. c. S. 192, 202, 203, 204).

Natrium-Salz. Krystalle [aus W.] (*Vo. et al.,* l. c. S. 106).

Pyren-sulfonylchlorid-(1), *pyrene-1-sulfonyl chloride* $C_{16}H_9ClO_2S$, Formel XI (X = Cl).

B. Aus dem Natrium-Salz der Pyren-sulfonsäure-(1) beim Erwärmen mit Phosphor(V)-chlorid und Phosphoroxychlorid (*Vollmann et al., A.* **531** [1937] 1, 106).

Krystalle; F: 120° [Zers.].

Pyren-sulfonsäure-(2), *pyrene-2-sulfonic acid* $C_{16}H_{10}O_3S$, Formel XII.

B. Beim Behandeln des Natrium-Salzes der 1-Amino-pyren-sulfonsäure-(2) mit Natriumnitrit und wss. Salzsäure und Erwärmen des Reaktionsprodukts mit Äthanol (*Vollmann et al., A.* **531** [1937] 1, 141).

Natrium-Salz $NaC_{16}H_9O_3S$. Krystalle (aus W.).

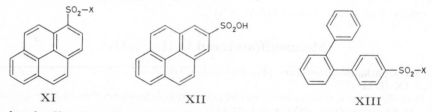

XI   XII   XIII

***o*-Terphenyl-sulfonsäure-(4)**, o-*terphenyl-4-sulfonic acid* $C_{18}H_{14}O_3S$, Formel XIII (X = OH).

B. Beim Behandeln von *o*-Terphenyl mit Chloroschwefelsäure in Chloroform (*Allen, Burness,* J. org. Chem. **14** [1949] 163, 164).

Charakterisierung als *N.N′.N″*-Triphenyl-guanidinium-Salz (F: 239,5—241°): *Allen, Bu.*

Natrium-Salz $NaC_{18}H_{14}O_3S$. Krystalle (aus W.).

***o*-Terphenylsulfonamid-(4)**, o-*terphenyl-4-sulfonamide* $C_{18}H_{15}NO_2S$, Formel XIII (X = NH_2).

B. Aus *o*-Terphenyl-sulfonsäure-(4) (*Allen, Burness,* J. org. Chem. **14** [1949] 163, 165). Krystalle (aus Bzl.); F: 182—183°.

Monosulfonsäuren $C_nH_{2n-24}O_3S$

Benz[a]anthracen-sulfonsäure-(2), *benz*[a]*anthracene-2-sulfonic acid* $C_{18}H_{12}O_3S$, Formel I.

B. Aus 7.12-Dioxo-7.12-dihydro-benz[a]anthracen-sulfonsäure-(2) beim Behandeln des Kalium-Salzes mit Zink und wss. Ammoniak (*Ioffe, Fedorowa,* Ž. obšč. Chim. **11** [1941] 619, 624; C. A. **1941** 6952; *Badger,* Soc. **1947** 940, 942).

Kalium-Salz $KC_{18}H_{11}O_3S$. Krystalle [aus W.] (*Io., Fe.; Ba.*).

Benz[a]anthracen-sulfonsäure-(4), *benz*[a]*anthracene-4-sulfonic acid* C₁₈H₁₂O₃S, Formel II (X = OH).

B. Aus 7.12-Dioxo-7.12-dihydro-benz[*a*]anthracen-sulfonsäure-(4) beim Erwärmen des Kalium-Salzes mit Zink und wss. Ammoniak (*Sempronj*, G. **69** [1939] 448, 450; *Ioffe, Fedorowa*, Ž. obšč. Chim. **14** [1944] 88, 93; C. A. **1945** 927).

Kalium-Salz KC₁₈H₁₁O₃S. Krystalle [aus W.] (*Se.; Io., Fe.*).

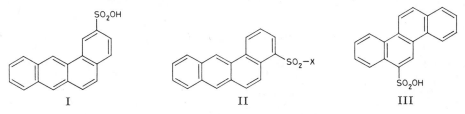

I   II   III

Benz[a]anthracen-sulfonsäure-(4)-äthylester, *benz*[a]*anthracene-4-sulfonic acid ethyl ester* C₂₀H₁₆O₃S, Formel II (X = OC₂H₅).

B. Aus Benz[*a*]anthracen-sulfonylchlorid-(4) und Äthanol (*Sempronj*, G. **69** [1939] 448, 451).

Krystalle (aus A.); F: 157°.

Benz[a]anthracen-sulfonylchlorid-(4), *benz*[a]*anthracene-4-sulfonyl chloride* C₁₈H₁₁ClO₂S, Formel II (X = Cl).

B. Aus Benz[*a*]anthracen-sulfonsäure-(4) beim Erwärmen mit Phosphor(V)-chlorid und Phosphoroxychlorid (*Sempronj*, G. **69** [1939] 448, 451).

Krystalle (aus Bzl.); F: 193°.

Chrysen-sulfonsäure-(6), *chrysene-6-sulfonic acid* C₁₈H₁₂O₃S, Formel III.

B. Beim Behandeln von Chrysen mit Chloroschwefelsäure in 1.1.2.2-Tetrachlor-äthan (*Newman, Cathcart*, J. org. Chem. **5** [1940] 618, 621).

Krystalle (aus E. + Bzn.); F: 193—194° [korr.; wasserfreies Präparat] (*Ne., Ca.*).
UV-Spektrum (Dioxan): R. A. *Friedel*, M. *Orchin*, Ultraviolet Spectra of Aromatic Compounds [New York 1951] Nr. 462.

p-Toluidin-Salz (F: 273—274,5° [korr.; Zers.]): *Ne., Ca.*
Natrium-Salz NaC₁₈H₁₁O₃S. Krystalle [aus W.] (*Ne., Ca.*).

Triphenylen-sulfonsäure-(2), *triphenylene-2-sulfonic acid* C₁₈H₁₂O₃S, Formel IV.

B. Beim Behandeln von Triphenylen in Nitrobenzol mit Chloroschwefelsäure oder mit Schwefelsäure bei 80—90° (*I.G. Farbenind.*, D.R.P. 654283 [1934]; Frdl. **24** 962).

Natrium-Salz. Krystalle.

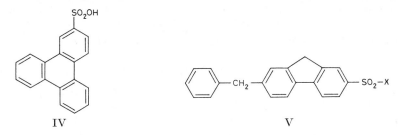

IV   V

2-Benzyl-fluoren-sulfonsäure-(7), *7-benzylfluorene-2-sulfonic acid* C₂₀H₁₆O₃S, Formel V (X = OH).

B. Beim Erhitzen von 2-Benzyl-fluoren mit Schwefelsäure auf 140° (*Dziewoński, Reicher*, Bl. Acad. polon. [A] **1931** 643, 645).

Krystalle (aus Bzl.); F: 147,5°. Hygroskopisch.
Natrium-Salz NaC₂₀H₁₅O₃S. Krystalle. In Wasser und in Äthanol schwer löslich.

2-Benzyl-fluoren-sulfonylchlorid-(7), *7-benzylfluorene-2-sulfonyl chloride* C₂₀H₁₅ClO₂S, Formel V (X = Cl).

B. Aus 2-Benzyl-fluoren-sulfonsäure-(2) beim Erwärmen des Natrium-Salzes mit

Phosphor(V)-chlorid (*Dziewoński, Reicher*, Bl. Acad. polon. [A] **1931** 643, 646).
Krystalle (aus Bzn.); F: 15⁵°.

2-Benzyl-fluorensulfonamid-(7), *7-benzylfluorene-2-sulfonamide* $C_{20}H_{17}NO_2S$, Formel V (X = NH₂).

B. Aus 2-Benzyl-fluoren-sulfonylchlorid-(7) beim Erwärmen mit wss. Ammoniak (*Dzie-woński, Reicher*, Bl. Acad. polon. [A] **1931** 643, 646).
Krystalle (aus Eg. oder A.); F: 145°.

Monosulfonsäuren $C_nH_{2n-26}O_3S$

3-Methyl-cholanthren-sulfonsäure-(x), *3-methylcholanthrene-x-sulfonic acid* $C_{21}H_{16}O_3S$, Formel VI.

3-Methyl-cholanthren-sulfonsäure-(x) vom F: 240°.

B. Beim Behandeln von 3-Methyl-cholanthren mit Schwefelsäure und Acetanhydrid (*Rossner*, Z. physiol. Chem. **249** [1937] 267, 271).
Gelbe Krystalle (aus Acn.); F: 240°.
Überführung in den Methylester $C_{22}H_{18}O_3S$ (hellgelbe Krystalle [aus Acn.]; F: 274°) durch Behandlung mit Diazomethan in Äther: *Ro.*

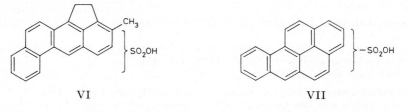

VI   VII

Monosulfonsäuren $C_nH_{2n-28}O_3S$

Benzo[*def*]chrysen-sulfonsäure-(x), *benzo*[def]*chrysene-x-sulfonic acid* $C_{20}H_{12}O_3S$, Formel VII.

Benzo[*def*]chrysen-sulfonsäure-(x) vom F: 148°.

B. Beim Behandeln von Benzo[*def*]chrysen mit Schwefelsäure und Acetanhydrid (*Windaus, Rennhak*, Z. physiol. Chem. **249** [1937] 256, 263).
Hellgelbe Krystalle (aus Eg.); F: 146—148° [Zers.; im vorgeheizten Block]. In Methanol leicht löslich, in Wasser, Chloroform, Aceton und Benzol löslich, in Äther und Petroläther schwer löslich.
Überführung in den Methylester $C_{21}H_{14}O_3S$ (hellgelbe Krystalle [aus wss. Acn.]; F: 206°) durch Behandlung mit Diazomethan in Äther: *Wi., Re.*, l. c. S. 264.

13H-Dibenzo[*a.g*]fluoren-sulfonsäure-(11), *13H-dibenzo*[a,g]*fluorene-11-sulfonic acid* $C_{21}H_{14}O_3S$, Formel VIII.

Eine Verbindung (Krystalle [aus Eg.]; F: 112—120° [Zers.]), der wahrscheinlich diese Konstitution zukommt, ist beim Behandeln von 13*H*-Dibenzo[*a.g*]fluoren mit Schwefel= säure und Acetanhydrid erhalten worden (*Cook, Preston*, Soc. **1944** 553, 557).

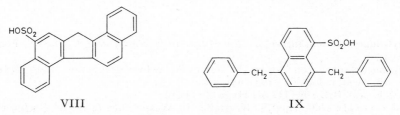

VIII   IX

1.4-Dibenzyl-naphthalin-sulfonsäure-(5), *5,8-dibenzylnaphthalene-1-sulfonic acid* $C_{24}H_{20}O_3S$, Formel IX.

B. Beim Behandeln von 1.4-Dibenzyl-naphthalin mit Chloroschwefelsäure in Nitro=

benzol und anschliessend mit Wasser (*Dziewoński et al.*, Bl. Acad. polon. [A] **1929** 650, 656).

Natrium-Salz NaC$_{24}$H$_{19}$O$_3$S. Krystalle (aus A.).

1.8-Dibenzyl-naphthalin-sulfonsäure-(4), *4,5-dibenzylnaphthalene-1-sulfonic acid* C$_{24}$H$_{20}$O$_3$S, Formel X (X = OH) (E II 112).

B. Beim Erwärmen von 1.8-Dibenzyl-naphthalin mit Chloroschwefelsäure in Nitro≈ benzol und Behandeln des Reaktionsgemisches mit Wasser (*Dziewoński, Auerbach, Moszew*, Bl. Acad. polon. [A] **1929** 658, 662; vgl. E II 112).

Anilin-Salz (F: 252—253°): *Dz., Au., Mo.*

Natrium-Salz NaC$_{24}$H$_{19}$O$_3$S. Krystalle (aus W.).

1.8-Dibenzyl-naphthalin-sulfonylchlorid-(4), *4,5-dibenzylnaphthalene-1-sulfonyl chloride* C$_{24}$H$_{19}$ClO$_2$S, Formel X (X = Cl).

B. Aus 1.8-Dibenzyl-naphthalin-sulfonsäure-(4) beim Behandeln des Natrium-Salzes mit Phosphor(V)-chlorid (*Dziewoński, Auerbach, Moszew*, Bl. Acad. polon. [A] **1929** 658, 663).

Krystalle (aus Bzl.); F: 151°.

1.8-Dibenzyl-naphthalinsulfonamid-(4), *4,5-dibenzylnaphthalene-1-sulfonamide* C$_{24}$H$_{21}$NO$_2$S, Formel X (X = NH$_2$).

B. Aus 1.8-Dibenzyl-naphthalin-sulfonylchlorid-(4) beim Erwärmen mit wss. Ammoniak (*Dziewoński, Auerbach, Moszew*, Bl. Acad. polon. [A] **1929** 658, 663).

Krystalle (aus A.); F: 168°.

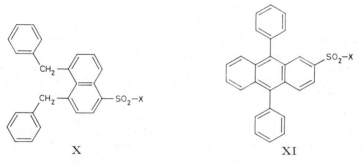

X   XI

Monosulfonsäuren C$_n$H$_{2n-34}$O$_3$S

9.10-Diphenyl-anthracen-sulfonsäure-(2), *9,10-diphenylanthracene-2-sulfonic acid* C$_{26}$H$_{18}$O$_3$S, Formel XI (X = OH).

B. Als Hauptprodukt beim Erhitzen von 9.10-Diphenyl-anthracen in Acetanhydrid enthaltender Essigsäure mit rauchender Schwefelsäure auf 130° (*Étienne, Lepeley, Heymès*, Bl. **1949** 835, 836).

Krystalle (aus W.) mit 3 Mol H$_2$O; die wasserfreie Säure schmilzt bei 187—188° [Block]. In Äthanol löslich, in Wasser schwer löslich; die Lösungen fluorescieren blau-violett.

Anilin-Salz (F: 275—276°): *Ét., Le., Hey.*

Natrium-Salz. Grüngelbe Krystalle (aus wss. Me.) mit 4 Mol H$_2$O.

9.10-Diphenyl-anthracen-sulfonsäure-(2)-äthylester, *9,10-diphenylanthracene-2-sulfonic acid ethyl ester* C$_{28}$H$_{22}$O$_3$S, Formel XI (X = OC$_2$H$_5$).

B. Aus 9.10-Diphenyl-anthracen-sulfonylchlorid-(2) beim Erwärmen mit wss.-äthanol. Natronlauge (*Étienne, Lepeley, Heymès*, Bl. **1949** 835, 837).

Hellgelbe Krystalle (aus Eg. + E.); F: 170—172° [Block].

9.10-Diphenyl-anthracen-sulfonylchlorid-(2), *9,10-diphenylanthracene-2-sulfonyl chloride* C$_{26}$H$_{17}$ClO$_2$S, Formel XI (X = Cl).

B. Aus 9.10-Diphenyl-anthracen-sulfonsäure-(2) beim Erwärmen des Natrium-Salzes mit Phosphor(V)-chlorid und Phosphoroxychlorid (*Étienne, Lepeley, Heymès*, Bl. **1949** 835, 837).

Gelbe Krystalle (aus Eg.); F: 192—194° [Block].

9.10-Diphenyl-anthracensulfonamid-(2), *9,10-diphenylanthracene-2-sulfonamide* $C_{26}H_{19}NO_2S$, Formel XI (X = NH$_2$).

B. Beim Behandeln von 9.10-Diphenyl-anthracen-sulfonylchlorid-(2) in Chloroform mit äthanol. Ammoniak (*Étienne, Lepeley, Heymès*, Bl. **1949** 835, 837).

Krystalle (aus Bzl.); F: 276—277° [Block].   [*Bräutigam*]

B. Disulfonsäuren

Disulfonsäuren $C_nH_{2n}O_6S_2$

Cyclohexan-disulfonsäure-(1.2), *cyclohexane-1,2-disulfonic acid* $C_6H_{12}O_6S_2$.

(±)-***trans*-Cyclohexan-disulfonsäure-(1.2)**, Formel I + Spiegelbild.

Diese Konfiguration kommt der nachstehend beschriebenen, von *Sperling* (Soc. **1949** 1939) als *cis*-Cyclohexan-disulfonsäure-(1.2) angesehenen Verbindung zu (*Adley, Anisuzzaman, Owen*, Soc. [C] **1967** 807, 809).

B. Beim Behandeln von Cyclohexen mit wss. Natriumhydrogensulfit-Lösung in Gegenwart von Ammoniumperoxodisulfat unter Sauerstoff (*Sp.*). Aus (±)-*trans*-1.2-Di= thiocyanato-cyclohexan beim Erwärmen mit wss. Salpetersäure unter Zusatz von Ammoniumvanadat (*Sp.*).

Charakterisierung als Bis-phenylhydrazin-Salz (F: 264—265° [korr.]): *Sp.*

Barium-Salz $BaC_6H_{10}O_6S_2$. Krystalle (aus W.) mit 2 Mol H$_2$O (*Sp.*).

Cyclohexan-disulfonsäure-(1.4) $C_6H_{12}O_6S_2$.

Cyclohexan-disulfonylchlorid-(1.4), *cyclohexane-1,4-disulfonyl dichloride* $C_6H_{10}Cl_2O_4S_2$.

***trans*-Cyclohexan-disulfonylchlorid-(1.4)**, Formel II (X = Cl).

Diese Konfiguration kommt der nachstehend beschriebenen Verbindung zu (*Helberger, Reichsamt Wirtschaftsausbau* Chem. Ber. **1942** 269; s. a. *Schöberl* in *K. Ziegler*, Präparative Organische Chemie, Tl. I (= Naturf. Med. Dtschld. 1939—1946, Bd. 36) [Wiesbaden 1948] S. 364).

B. Neben Cyclohexansulfonylchlorid und geringen Mengen eines Cyclohexan-disulfonylchlorids-(1.x) (Krystalle [aus CCl$_4$]; F: 96°) beim Einleiten eines Gemisches von Chlor und Schwefeldioxid in Cyclohexan unter Belichtung (*Du Pont de Nemours & Co.*, U.S.P. 2174509 [1938]; s. a. *He.*).

Krystalle (aus Bzl.); F: 187° [Zers.] (*Du Pont*).

Beim Erhitzen auf 180° entsteht *trans*-1.4-Dichlor-cyclohexan (*Du Pont; He.*).

Cyclohexandisulfonamid-(1.4), *cyclohexane-1,4-disulfonamide* $C_6H_{14}N_2O_4S_2$.

***trans*-Cyclohexandisulfonamid-(1.4)**, Formel II (X = NH$_2$).

B. Aus *trans*-Cyclohexan-disulfonylchlorid-(1.4) und Ammoniak (*Du Pont de Nemours & Co.*, U.S.P. 2174509 [1938]).

Krystalle, die nicht unterhalb 275° schmelzen.

Tetra-*N*-chlor-cyclohexandisulfonamid-(1.4), N,N,N′,N′-*tetrachlorocyclohexane-1,4-di= sulfonamide* $C_6H_{10}Cl_4N_2O_4S_2$.

Tetra-*N*-chlor-*trans*-cyclohexandisulfonamid-(1.4), Formel II (X = NCl$_2$).

B. Beim Einleiten von Chlor in eine Suspension von *trans*-Cyclohexandisulfonamid-(1.4) in Wasser (*Du Pont de Nemours & Co.*, U.S.P. 2394902 [1942]).

Zers. bei 170° [nach Erweichen bei 140°].

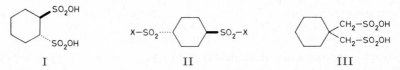

I   II   III

1.1-Bis-sulfomethyl-cyclohexan, Cyclohexandiyl-(1.1)-bis-methansulfonsäure, *cyclohexyl= idenebismethanesulfonic acid* $C_8H_{16}O_6S_2$, Formel III.

B. Aus 2.3-Dithia-spiro[4.5]decan beim Behandeln mit Essigsäure und wss. Wasser=

stoffperoxid (*Backer*, *Tamsma*, R. **57** [1938] 1183, 1190).

Natrium-Salz $Na_2C_8H_{14}O_6S_2 \cdot 4H_2O$. Krystalle (aus W. + A.).

Barium-Salz $BaC_8H_{14}O_6S_2 \cdot 4H_2O$. Krystalle.

Thallium(I)-Salz $Tl_2C_8H_{14}O_6S_2 \cdot 2H_2O$. Krystalle (aus W. + A.); Zers. bei 150—160°.

Disulfonsäuren $C_nH_{2n-6}O_6S_2$

Benzol-disulfonsäure-(1.2) $C_6H_6O_6S_2$.

4-Chlor-benzol-disulfonsäure-(1.2), *4-chlorobenzene-1,2-disulfonic acid* $C_6H_5ClO_6S_2$, Formel IV (X = OH).

B. Beim Erwärmen einer aus 5-Chlor-2-amino-benzol-sulfonsäure-(1) bereiteten wss. Diazoniumsalz-Lösung mit Kalium-äthylxanthogenat und Behandeln des Reaktionsprodukts mit wss. Salpetersäure [D: 1,4] (*Mills*, *Clark*, Soc. **1936** 175, 178).

Barium-Salz $BaC_6H_3ClO_6S_2$: *Mi.*, *Cl.*

4-Chlor-benzol-disulfonylchlorid-(1.2), *4-chlorobenzene-1,2-disulfonyl dichloride* $C_6H_3Cl_3O_4S_2$, Formel IV (X = Cl).

B. Aus 4-Chlor-benzol-disulfonsäure-(1.2) beim Erhitzen des Dinatrium-Salzes mit Phosphor(V)-chlorid auf 140° (*Mills*, *Clark*, Soc. **1936** 175, 178).

Krystalle (aus PAe.); F: 82—83°.

Benzol-disulfonsäure-(1.3), *m-benzenedisulfonic acid* $C_6H_6O_6S_2$, Formel V (X = X' = OH) (H 199; E I 48; E II 113).

B. Beim Behandeln von Benzol mit Schwefeltrioxid in flüssigem Schwefeldioxid und Erwärmen des Reaktionsprodukts mit Schwefeltrioxid (*Du Pont de Nemours & Co.*, U.S.P. 1999955 [1933]). Beim Behandeln von Benzol mit rauchender Schwefelsäure unter Zusatz von Natriumsulfat und Ammoniumvanadat und Erhitzen des Reaktionsgemisches auf 250° (*Nation. Aniline & Chem. Co.*, U.S.P. 1915925 [1929]). Beim Behandeln von Benzolsulfonsäure mit Schwefeltrioxid bei 140° (*Lauer*, J. pr. [2] **143** [1935] 127, 137).

Beim Erhitzen des Dinatrium-Salzes mit Natriumhydroxid auf 350° sind Resorcin und geringe Mengen Phenol, beim Erhitzen mit wss. Natronlauge unter 200 at bis auf 400° sind Phenol und geringe Mengen 3-Hydroxy-benzol-sulfonsäure-(1) erhalten worden (*Fierz-David*, *Stamm*, Helv. **25** [1942] 364, 368; vgl. H 99; E I 48). Bildung von 1.3-Dibrom-benzol beim Erhitzen mit Kupfer(II)-bromid: *Varma*, *Parekh*, *Subramanium*, J. Indian chem. Soc. **16** [1939] 460.

S-Benzyl-isothiuronium-Salz $[C_8H_{11}N_2S]_2C_6H_4O_6S_2$. Krystalle (aus wss. A.) mit 1 Mol H_2O; F: 214,3° [korr.] (*Chambers*, *Watt*, J. org. Chem. **6** [1941] 376, 378).

Benzol-disulfonsäure-(1.3)-bis-[4-nitro-phenylester], *m-benzenedisulfonic acid bis-(p-nitrophenyl) ester* $C_{18}H_{12}N_2O_{10}S_2$, Formel VI.

Eine Verbindung (F: 158—159°), der vermutlich diese Konstitution zukommt, ist beim Erhitzen von Benzol-disulfonylchlorid-(1.3)(?) mit 4-Nitro-phenol und Kaliumcarbonat auf 180° erhalten worden (*Murahashi*, *Takizawa*, J. Soc. chem. Ind. Japan **47** [1944] 784, 791; C. A. **1949** 4856).

Benzol-disulfonylfluorid-(1.3), *m-benzenedisulfonyl difluoride* $C_6H_4F_2O_4S_2$, Formel V (X = X' = F) (E II 113).

B. Aus Benzol-disulfonylchlorid-(1.3) beim Erwärmen mit wss. Kaliumfluorid-Lösung (*Davies*, *Dick*, Soc. **1931** 2104, 2107).

Krystalle (aus wss. A.); F: 38—39°.

Benzol-disulfonylchlorid-(1.3), *m-benzenedisulfonyl dichloride* $C_6H_4Cl_2O_4S_2$, Formel V (X = X' = Cl) (H 200; E I 48; E II 113).

B. Neben anderen Verbindungen beim Erhitzen von Benzol mit Chloroschwefelsäure auf 150° (*Pollak et al.*, M. **55** [1930] 358, 363).

Krystalle (aus Bzl. + PAe.); F: 63° (*Po. et al.*).

Beim Behandeln mit Chlor bei 200—240° ist 1.3-Dichlor-benzol erhalten worden (*I. G. Farbenind.*, zit. bei *Delfs* in *K. Ziegler*, Präparative Organische Chemie, Tl. I (= Naturf. Med. Dtschld. 1939—1946, Bd. 36) [Wiesbaden 1948] S. 255). Hydrierung an Palladium in wss. Aceton unter Bildung von Benzol-disulfinsäure-(1.3): *De Smet*, Natuurw. Tijdschr. **15** [1933] 215, 224.

Benzol-disulfonsäure-(1.3)-hexadecylester-methansulfonylamid, 1-[Methansulfonyl-sulfamoyl]-benzol-sulfonsäure-(3)-hexadecylester, m-[*(methylsulfonyl)sulfamoyl]*-*benzenesulfonic acid hexadecyl ester* $C_{23}H_{41}NO_7S_3$, Formel V (X = O-[CH$_2$]$_{15}$-CH$_3$, X = NH-SO$_2$-CH$_3$).

B. Beim Erhitzen des Dinatrium-Salzes der 1-[Methansulfonyl-sulfamoyl]-benzol-sulfonsäure-(3) (aus 3-Nitro-benzol-sulfonylchlorid-(1) durch Umsetzung mit Methan-sulfonamid, Reduktion, Diazotierung und Behandlung mit wss. Schwefeldioxid hergestellt) mit Hexadecylchlorid in Butanol-(1) unter Zusatz von Natriumjodid (*Hertrich, Schirm, Engelbrecht,* U.S.P. 2374934 [1941]).

Natrium-Salz. Krystalle (aus W. oder wss. A.).

Tetrakis-*N*-[2-chlor-äthyl]-benzoldisulfonamid-(1.3), N,N,N′,N′-*tetrakis(2-chloroethyl)*-m-*benzenedisulfonamide* $C_{14}H_{20}Cl_4N_2O_4S_2$, Formel V (X = X′ = N(CH$_2$-CH$_2$Cl)$_2$).

B. Aus Benzol-disulfonylchlorid-(1.3) und Bis-[2-chlor-äthyl]-amin in Chloroform (*Brintzinger, Pfannstiel, Koddebusch,* B. **82** [1949] 389, 396).

Krystalle (aus Me.); F: 87°. In Aceton und Chloroform leicht löslich, in Äther schwer löslich.

N.N′-Dichlor-benzoldisulfonamid-(1.3), N,N′-*dichloro*-m-*benzenedisulfonamide* $C_6H_6Cl_2N_2O_4S_2$, Formel V (X = X′ = NHCl).

Dinatrium-Salz Na$_2$C$_6$H$_4$Cl$_2$N$_2$O$_4$S$_2$. *B.* Aus Benzoldisulfonamid-(1.3) beim Behandeln mit wss. Natriumhypochlorit-Lösung (*Sil'berg,* Ž. obšč. Chim. **16** [1946] 2145, 2147; C. A. **1948** 143). — Krystalle (aus W.) mit 5 Mol H$_2$O. — Beim Ansäuern der wss. Lösung mit Essigsäure oder wss. Salzsäure bilden sich Tetra-*N*-chlor-benzoldisulfon-amid-(1.3) und Benzoldisulfonamid-(1.3).

Tetra-*N*-chlor-benzoldisulfonamid-(1.3), N,N,N′,N′-*tetrachloro*-m-*benzenedisulfonamide* $C_6H_4Cl_4N_2O_4S_2$, Formel V (X = X′ = NCl$_2$) (H 201).

B. Aus Benzoldisulfonamid-(1.3) beim Einleiten von Chlor in eine alkal. wss. Lösung sowie beim Behandeln mit wss. Natriumhypochlorit-Lösung und anschliessenden Ansäuern mit Essigsäure (*Sil'berg,* Ž. obšč. Chim. **16** [1946] 2145, 2147; C. A. **1948** 143; vgl. H 201).

Krystalle (aus CHCl$_3$ + PAe.); F: 129—130°.

Benzol-disulfonsäure-(1.3)-dihydrazid, m-*benzenedisulfonic acid dihydrazide* $C_6H_{10}N_4O_4S_2$, Formel V (X = X′ = NH-NH$_2$).

B. Aus Benzol-disulfonylchlorid-(1.3) beim Behandeln mit wss. Hydrazin-hydrat (*Curtius, Meier,* J. pr. [2] **125** [1930] 358).

Krystalle (aus W.); F: 145° [Zers.]. In kaltem Wasser und in Äthanol schwer löslich, in Äther fast unlöslich.

Verbindung mit Silbernitrat C$_6$H$_{10}$N$_4$O$_4$S$_2$·2AgNO$_3$: *Cu., Meier.*

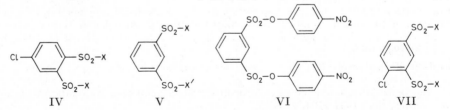

IV   V   VI   VII

Benzol-disulfonsäure-(1.3)-bis-isopropylidenhydrazid, m-*benzenedisulfonic acid bis-(isopropylidenehydrazide)* $C_{12}H_{18}N_4O_4S_2$, Formel V (X = X′ = NH-N=C(CH$_3$)$_2$).

B. Aus Benzol-disulfonsäure-(1.3)-dihydrazid und Aceton (*Curtius, Meier,* J. pr. [2] **125** [1930] 358, 360).

Krystalle (aus Acn.) mit 0,5 Mol Aceton; F: 149° [Zers.].

Benzol-disulfonsäure-(1.3)-bis-benzylidenhydrazid, m-*benzenedisulfonic acid bis-(benzylidenehydrazide)* $C_{20}H_{18}N_4O_4S_2$, Formel V (X = X′ = NH-N=CH-C$_6$H$_5$).

B. Aus Benzol-disulfonsäure-(1.3)-dihydrazid und Benzaldehyd (*Curtius, Meier,* J. pr. [2] **125** [1930] 358, 359).

Krystalle (aus wss. A.); F: 171°.

Benzol-disulfonylazid-(1.3), m-*benzenedisulfonyl diazide* $C_6H_4N_6O_4S_2$, Formel V
(X = X' = N_3).

B. Aus Benzol-disulfonylchlorid-(1.3) und Natriumazid in wss. Äthanol (*Curtius, Meier*,
J. pr. [2] **125** [1930] 358). Aus Benzol-disulfonsäure-(1.3)-dihydrazid beim Behandeln mit
Natriumnitrit und wss. Salzsäure (*Cu., Meier*, l. c. S. 360).

Krystalle (aus A.); F: 82°.

Beim Erhitzen mit *N.N*-Dimethyl-anilin auf 130° sind Benzoldisulfonamid-(1.3) und
Bis-[4-dimethylamino-phenyl]-methan erhalten worden (*Cu., Meier*, l. c. S. 363).

4-Chlor-benzol-disulfonylfluorid-(1.3) *4-chlorobenzene-1,3-disulfonyl difluoride*
$C_6H_3ClF_2O_4S_2$, Formel VII (X = F).

B. Aus 4-Chlor-benzol-disulfonylchlorid-(1.3) beim Erwärmen mit wss. Kaliumfluorid-
Lösung (*Davies, Dick*, Soc. **1931** 2104, 2107).

Krystalle (aus wss. A.); F: 88—89°.

4-Chlor-benzol-disulfonylchlorid-(1.3), *4-chlorobenzene-1,3-disulfonyl dichloride*
$C_6H_3Cl_3O_4S_2$, Formel VII (X = Cl) (E I 49; E II 113).

B. Beim Erhitzen von Chlorbenzol oder von 4-Chlor-benzol-sulfonylchlorid-(1) mit
Chloroschwefelsäure (*Pollak et al.*, M. **55** [1930] 358, 370).

Krystalle (aus PAe.); F: 90—91°.

4-Chlor-benzoldisulfonamid-(1.3), *4-chlorobenzene-1,3-disulfonamide* $C_6H_7ClN_2O_4S_2$,
Formel VII (X = NH_2) (E I 49; E II 113).

Krystalle (aus W.); F: 217° [unkorr.] (*Allen, Frame*, J. org. Chem. **7** [1942] 15, 16).

4.5-Dichlor-benzol-disulfonylchlorid-(1.3) *4,5-dichlorobenzene-1,3-disulfonyl dichloride*
$C_6H_2Cl_4O_4S_2$, Formel VIII.

B. Beim Erwärmen von 1.2-Dichlor-benzol mit Chloroschwefelsäure (*I. G. Farbenind.*,
U. S. P. 2165484 [1936]).

F: 110—111° [aus Bzl.].

4.6-Dichlor-benzol-disulfonylfluorid-(1.3), *4,6-dichlorobenzene-1,3-disulfonyl difluoride*
$C_6H_2Cl_2F_2O_4S_2$, Formel IX (X = F).

B. Aus 4.6-Dichlor-benzol-disulfonylchlorid-(1.3) beim Erwärmen mit wss. Natriumfluorid-Lösung (*Davies, Dick*, Soc. **1931** 2104, 2107).

Krystalle (aus wss. A.); F: 141—143°.

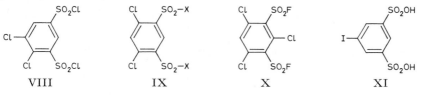

VIII   IX   X   XI

4.6-Dichlor-benzoldisulfonamid-(1.3), *4,6-dichlorobenzene-1,3-disulfonamide*
$C_6H_6Cl_2N_2O_4S_2$, Formel IX (X = NH_2) (E II 114).

Krystalle (aus W.); F: 265° [Zers.] (*Bourdais, Meyer*, Bl. **1961** 550, 552).

2.4.6-Trichlor-benzol-disulfonylfluorid-(1.3), *2,4,6-trichlorobenzene-1,3-disulfonyl*
difluoride $C_6HCl_3F_2O_4S_2$, Formel X.

B. Aus 2.4.6-Trichlor-benzol-disulfonylchlorid-(1.3) beim Erwärmen einer Lösung in
Xylol mit wss. Kaliumfluorid-Lösung (*Davies, Dick*, Soc. **1931** 2104, 2107).

Krystalle (aus wss. A.); F: 109—110°.

5-Jod-benzol-disulfonsäure-(1.3), *5-iodobenzene-1,3-disulfonic acid* $C_6H_5IO_6S_2$,
Formel XI.

B. Aus 5-Amino-benzol-disulfonsäure-(1.3) über die Diazonium-Verbindung (*Suter*,
Scrutchfield, J. org. Chem. **1** [1936] 189, 192).

Hydrolyse in 60%ig. wss. Kalilauge bei 130° und 166°: *Su., Sc.*, l. c. S. 190.

Natrium-Salz $Na_2C_6H_3IO_6S_2$. Krystalle (aus A.).

4-Chlor-5-nitro-benzol-disulfonsäure-(1.3), *4-chloro-5-nitrobenzene-1,3-disulfonic acid*
$C_6H_4ClNO_8S_2$, Formel I (X = OH).

B. Beim Behandeln einer Lösung von 4-Chlor-benzol-disulfonsäure-(1.3) in Schwefel=

säure mit rauchender Salpetersäure und Erwärmen des Reaktionsgemisches auf dem Dampfbad (*Pollak et al.*, M. **55** [1930] 358, 371, 372).

Kalium-Salz KC$_6$H$_3$ClNO$_8$S$_2$. Krystalle (aus W.).

4-Chlor-5-nitro-benzol-disulfonylchlorid-(1.3), *4-chloro-5-nitrobenzene-1,3-disulfonyl dichloride* C$_6$H$_2$Cl$_3$NO$_6$S$_2$, Formel I (X = Cl).

B. Beim Erhitzen des im vorangehenden Artikel erwähnten Kalium-Salzes mit Chloro= schwefelsäure bis auf 160° (*Pollak et al.*, M. **55** [1930] 358, 372).

Krystalle (aus PAe.); F: 98°.

Benzol-disulfonsäure-(1.4), p-*benzenedisulfonic acid* C$_6$H$_6$O$_6$S$_2$, Formel II (H 202; E I 49; E II 115).

B. Beim Erwärmen der aus 2-Amino-benzol-disulfonsäure-(1.4) bereiteten Diazonium-Verbindung mit Äthanol unter Zusatz von Kupfer (*Fierz-David, Stamm*, Helv. **25** [1942] 364, 369).

Beim Erhitzen des Dikalium-Salzes mit Kaliumhydroxid auf 320° sind geringe Mengen Phenol, Biphenyldiol-(2.4′) und Resorcin erhalten worden (*Fierz-D., St.*, l. c. S. 365, 369; vgl. H 202).

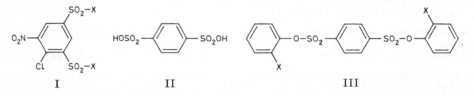

I   II   III

Benzol-disulfonsäure-(1.4)-diphenylester, p-*benzenedisulfonic acid diphenyl ester* C$_{18}$H$_{14}$O$_6$S$_2$, Formel III (X = H).

B. Beim Behandeln von Benzol-disulfonylchlorid-(1.4) mit Phenol in Aceton unter Zusatz von Natriumcarbonat oder *N.N*-Diäthyl-anilin (*Raghavan, Iyer, Guha*, Curr. Sci. **16** [1947] 344).

F: 167—168°.

Benzol-disulfonsäure-(1.4)-bis-[2-chlor-phenylester], p-*benzenedisulfonic acid bis= (o-chlorophenyl) ester* C$_{18}$H$_{12}$Cl$_2$O$_6$S$_2$, Formel III (X = Cl).

B. Analog Benzol-disulfonsäure-(1.4)-diphenylester [s. o.] (*Raghavan, Iyer, Guha*, Curr. Sci. **16** [1947] 344).

F: 183—184°.

Benzol-disulfonsäure-(1.4)-bis-[4-chlor-phenylester], p-*benzenedisulfonic acid bis= (p-chlorophenyl) ester* C$_{18}$H$_{12}$Cl$_2$O$_6$S$_2$, Formel IV (X = Cl).

B. Analog Benzol-disulfonsäure-(1.4)-diphenylester [s. o.] (*Raghavan, Iyer, Guha*, Curr. Sci. **16** [1947] 344).

F: 224—225°.

Benzol-disulfonsäure-(1.4)-bis-[2-nitro-phenylester], p-*benzenedisulfonic acid bis= (o-nitrophenyl) ester* C$_{18}$H$_{12}$N$_2$O$_{10}$S$_2$, Formel III (X = NO$_2$).

B. Analog Benzol-disulfonsäure-(1.4)-diphenylester [s. o.] (*Raghavan, Iyer, Guha*, Curr. Sci. **16** [1947] 344).

F: 176—177°.

Benzol-disulfonsäure-(1.4)-bis-[4-nitro-phenylester], p-*benzenedisulfonic acid bis= (p-nitrophenyl) ester* C$_{18}$H$_{12}$N$_2$O$_{10}$S$_2$, Formel IV (X = NO$_2$).

B. Analog Benzol-disulfonsäure-(1.4)-diphenylester [s. o.] (*Raghavan, Iyer, Guha*, Curr. Sci. **16** [1947] 344).

F: 240° [Zers.].

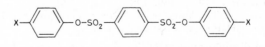

IV

Benzol-disulfonsäure-(1.4)-bis-[2.4-dinitro-phenylester], p-*benzenedisulfonic acid bis=*
(2,4-dinitrophenyl) ester $C_{18}H_{10}N_4O_{14}S_2$, Formel V.

    B. Analog Benzol-disulfonsäure-(1.4)-diphenylester [S. 456] (*Raghavan, Iyer, Guha*, Curr.
Sci. **16** [1947] 344).

    F: 203—205°.

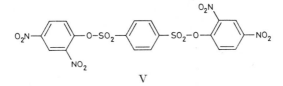

V

Benzol-disulfonsäure-(1.4)-di-*m*-tolylester, p-*benzenedisulfonic acid di*-m-*tolyl ester*
$C_{20}H_{18}O_6S_2$, Formel VI.

    B. Analog Benzol-disulfonsäure-(1.4)-diphenylester [S. 456] (*Raghavan, Iyer, Guha*, Curr.
Sci. **16** [1947] 344).

    F: 180—181°.

Benzol-disulfonsäure-(1.4)-di-*p*-tolylester, p-*benzenedisulfonic acid di*-p-*tolyl ester*
$C_{20}H_{18}O_6S_2$, Formel IV (X = CH_3).

    B. Analog Benzol-disulfonsäure-(1.4)-diphenylester [S. 456] (*Raghavan, Iyer, Guha*,
Curr. Sci. **16** [1947] 344).

    F: 163—165°.

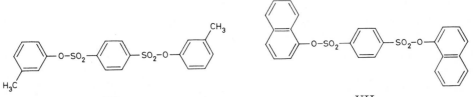

VI   VII

Benzol-disulfonsäure-(1.4)-di-[naphthyl-(1)-ester], p-*benzenedisulfonic acid*
di-1-naphthyl ester $C_{26}H_{18}O_6S_2$, Formel VII.

    B. Analog Benzol-disulfonsäure-(1.4)-diphenylester [S. 456] (*Raghavan, Iyer, Guha*,
Curr. Sci. **16** [1947] 344).

    F: 175—176°.

Benzol-disulfonsäure-(1.4)-di-[naphthyl-(2)-ester], p-*benzenedisulfonic acid*
di-2-naphthyl ester $C_{26}H_{18}O_6S_2$, Formel VIII.

    B. Analog Benzol-disulfonsäure-(1.4)-diphenylester [S. 456] (*Raghavan, Iyer, Guha*,
Curr. Sci. **16** [1947] 344).

    F: 219—220°.

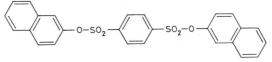

VIII

Benzol-disulfonsäure-(1.4)-bis-[5-oxo-3.3-dimethyl-cyclohexen-(6)-ylester], p-*benzene=*
disulfonic acid bis(5,5-dimethyl-3-oxocyclohex-1-en-1-yl) ester $C_{22}H_{26}O_8S_2$, Formel IX.

    B. Analog Benzol-disulfonsäure-(1.4)-diphenylester [S. 456] (*Raghavan, Iyer, Guha*,
Curr. Sci. **16** [1947] 344).

    F: 138—139°.

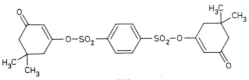

IX

***N.N*'-Dimethyl-benzoldisulfonamid-(1.4)**, N,N'-*dimethyl*-p-*benzenedisulfonamide*
$C_8H_{12}N_2O_4S_2$, Formel X (X = NH-CH$_3$).
B. Aus Benzol-disulfonylchlorid-(1.4) und Methylamin (*Raghavan, Iyer, Guha*, Curr.
Sci. **16** [1947] 344).
F: 219—220°.

***N.N*'-Diäthyl-benzoldisulfonamid-(1.4)**, N,N'-*diethyl*-p-*benzenedisulfonamide*
$C_{10}H_{16}N_2O_4S_2$, Formel X (X = NH-C$_2$H$_5$).
B. Aus Benzol-disulfonylchlorid-(1.4) und Äthylamin (*Raghavan, Iyer, Guha*, Curr.
Sci. **16** [1947] 344).
F: 172—173°.

***N.N*'-Bis-[1-methyl-butyl]-benzoldisulfonamid-(1.4)**, N,N'-*bis(1-methylbutyl)*-p-*benzene*=
disulfonamide $C_{16}H_{28}N_2O_4S_2$, Formel X (X = NH-CH(CH$_3$)-CH$_2$-CH$_2$-CH$_3$).
Opt.-inakt. *N.N*'-Bis-[1-methyl-butyl]-benzoldisulfonamid-(1.4) vom F: 123°.
B. Aus Benzol-disulfonylchlorid-(1.4) und (±)-1-Methyl-butylamin (*Raghavan, Iyer,
Guha*, Curr. Sci. **16** [1947] 344).
F: 123°.

***N.N*'-Bis-[1.3-dimethyl-butyl]-benzoldisulfonamid-(1.4)**, N,N'-*bis(1,3-dimethylbutyl)*-
p-*benzenedisulfonamide* $C_{18}H_{32}N_2O_4S_2$, Formel X (X = NH-CH(CH$_3$)-CH$_2$-CH(CH$_3$)$_2$).
Opt.-inakt. *N.N*'-Bis-[1.3-dimethyl-butyl]-benzoldisulfonamid-(1.4) vom F: 175°.
B. Aus Benzol-disulfonylchlorid-(1.4) und (±)-1.3-Dimethyl-butylamin (*Raghavan,
Iyer, Guha*, Curr. Sci. **16** [1947] 344).
F: 174—175°.

2-Chlor-benzoldisulfonamid-(1.4), 2-*chlorobenzene-1,4-disulfonamide* $C_6H_7ClN_2O_4S_2$,
Formel XI.
B. Aus 2-Chlor-benzol-disulfonylchlorid-(1.4) beim Behandeln mit wss. Ammoniak
(*Allen, Frame*, J. org. Chem. **7** [1942] 15, 17).
Krystalle (aus W.); F: 229° [unkorr.].

2-Nitro-benzol-disulfonsäure-(1.4), 2-*nitrobenzene-1,4-disulfonic acid* $C_6H_5NO_8S_2$,
Formel XII (X = X' = OH) (H 203; E II 115).
Beim Erhitzen mit Chloroschwefelsäure oder Phosphor(V)-chlorid ist 4-Chlor-3-nitro-
benzol-sulfonylchlorid-(1) erhalten worden (*Pollak et al.*, M. **55** [1930] 358, 371).

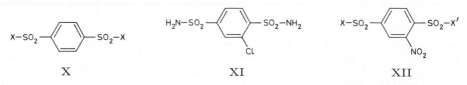

X   XI   XII

2-Nitro-benzol-disulfonsäure-(1.4)-1-chlorid-4-dimethylamid, 3-Nitro-1-dimethylsulf=
amoyl-benzol-sulfonylchlorid-(4), 4-(*dimethylsulfamoyl*)-2-*nitrobenzenesulfonyl chloride*
$C_8H_9ClN_2O_6S_2$, Formel XII (X = N(CH$_3$)$_2$, X' = Cl).
B. Beim Einleiten von Chlor in eine Lösung von Bis-[2-nitro-4-dimethylsulfamoyl-
phenyl]-disulfid in wss. Essigsäure (*Etabl. Kuhlmann*, D.R.P. 732438 [1938]; D.R.P.
Org. Chem. **1**, Tl. 1, S. 365).
Krystalle (aus Eg.); F: 151°.

2-Nitro-benzol-disulfonsäure-(1.4)-1-chlorid-4-diäthylamid, 3-Nitro-1-diäthylsulfamoyl-
benzol-sulfonylchlorid-(4), 4-(*diethylsulfamoyl*)-2-*nitrobenzenesulfonyl chloride*
$C_{10}H_{13}ClN_2O_6S_2$, Formel XII (X = N(C$_2$H$_5$)$_2$, X' = Cl).
B. Beim Einleiten von Chlor in eine Lösung von Bis-[2-nitro-4-diäthylsulfamoyl-
phenyl]-disulfid in wss. Essigsäure (*Etabl. Kuhlmann*, D.R.P. 732438 [1938]; D.R.P.
Org. Chem. **1**, Tl. 1, S. 365).
Grüngelbe Krystalle (aus Eg.); F: 102°.

2-Nitro-tetra-*N*-methyl-benzoldisulfonamid-(1.4), N,N,N',N'-*tetramethyl-2-nitrobenzene-*
1,4-disulfonamide $C_{10}H_{15}N_3O_6S_2$, Formel XII (X = X' = N(CH$_3$)$_2$).
B. Aus 3-Nitro-1-dimethylsulfamoyl-benzol-sulfonylchlorid-(4) und Dimethylamin

(*Etabl. Kuhlmann*, D.R.P. 732438 [1938]; D.R.P. Org. Chem. **1**, Tl. 1, S. 365).
Krystalle (aus A.); F: 184°.

2-Nitro-N^1.N^1-dimethyl-N^4.N^4-diäthyl-benzoldisulfonamid-(1.4), N^4,N^4-*diethyl*-N^1,N^1-*di=
methyl-2-nitrobenzene-1,4-disulfonamide* $C_{12}H_{19}N_3O_6S_2$, Formel XII (X = N(C₂H₅)₂,
X' = N(CH₃)₂).
  B. Aus 3-Nitro-1-diäthylsulfamoyl-benzol-sulfonylchlorid-(4) und Dimethylamin
(*Etabl. Kuhlmann*, D.R.P. 732438 [1938]; D.R.P. Org. Chem. **1**, Tl. 1, S. 365).
  Gelbliche Krystalle (aus A.); F: 120°.

3-Nitro-N^1.N^1-dimethyl-N^4.N^4-diäthyl-benzoldisulfonamid-(1.4), N^1,N^1-*diethyl*-N^4,N^4-*di=
methyl-2-nitrobenzene-1,4-disulfonamide* $C_{12}H_{19}N_3O_6S_2$, Formel XII (X = N(CH₃)₂,
X' = N(C₂H₅)₂).
  B. Aus 3-Nitro-1-dimethylsulfamoyl-benzol-sulfonylchlorid-(4) und Diäthylamin
(*Etabl. Kuhlmann*, D.R.P. 732438 [1938]; D.R.P. Org. Chem. **1**, Tl. 1, S. 365).
  Gelbliche Krystalle (aus Eg.); F: 134°.

2-Nitro-tetra-N-äthyl-benzoldisulfonamid-(1.4), *N,N,N',N'-tetraethyl-2-nitrobenzene-
1,4-disulfonamide* $C_{14}H_{23}N_3O_6S_2$, Formel XII (X = X' = N(C₂H₅)₂).
  B. Aus 3-Nitro-1-diäthylsulfamoyl-benzol-sulfonylchlorid-(4) und Diäthylamin (*Etabl.
Kuhlmann*, D.R.P. 732438 [1938]; D.R.P. Org. Chem. **1**, Tl. 1, S. 365).
  Gelbliche Krystalle (aus A.); F: 118°.

Toluol-disulfonsäure-(2.4) $C_7H_8O_6S_2$.

Toluol-disulfonylfluorid-(2.4), *4-methylbenzene-1,3-disulfonyl difluoride* $C_7H_6F_2O_4S_2$,
Formel I (X = X' = F) (E II 115).
  Beim Erwärmen mit Phenylmagnesiumbromid in Äther und Benzol sind 2.4-Diphenyl=
sulfon-toluol und geringe Mengen einer Verbindung $C_{25}H_{22}O_4S_2$ (Krystalle; Zers. bei
125—126°; in wss.-äthanol. Natronlauge unter Gelbfärbung löslich) erhalten worden
(*Steinkopf, Jaeger*, J. pr. [2] **128** [1930] 63, 79; s. a. *Steinkopf, Hübner*, J. pr. [2] **141**
[1934] 193, 194).

Toluol-disulfonsäure-(2.4)-2-chlorid, 2-Chlorsulfonyl-toluol-sulfonsäure-(4), *3-(chloro=
sulfonyl)-p-toluenesulfonic acid* $C_7H_7ClO_5S_2$, Formel I (X = Cl, X' = OH).
  B. Beim Erhitzen von Toluol-sulfonylchlorid-(2) mit rauchender Schwefelsäure bis
auf 200° (*I.G. Farbenind.*, D.R.P. 719598 [1937]; D.R.P. Org. Chem. **6** 1665).
  Krystalle.

Toluol-disulfonylchlorid-(2.4), *4-methylbenzene-1,3-disulfonyl dichloride* $C_7H_6Cl_2O_4S_2$,
Formel I (X = X' = Cl) (H 205; E II 116).
  B. Beim Behandeln von Toluol mit Schwefelsäure und Tetrachlormethan und Er=
hitzen des Reaktionsgemisches auf 150° (*Deutsche Hydrierwerke*, D.R.P. 757503 [1940];
D.R.P. Org. Chem. **6** 2200).

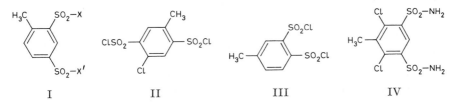

I   II   III   IV

Toluoldisulfonamid-(2.4), *4-methylbenzene-1,3-disulfonamide* $C_7H_{10}N_2O_4S_2$, Formel I
(X = X' = NH₂) (H 205; E II 116).
  B. Aus Toluol-disulfonylchlorid-(2.4) mit Hilfe von Ammoniumcarbonat (*Pollak et al.*,
M. **55** [1930] 358, 364).
  F: 185—186° (*Po. et al.*).
  Beim Behandeln mit 4-Dichlorsulfamoyl-benzoesäure und wss. Natronlauge und an=
schliessend mit Phenylhydrazin ist 3-[N'-Phenyl-hydrazino]-2.3-dihydro-benz[*d*]isothi=
azolsulfonamid-(6)-1.1-dioxid erhalten worden (*Koetschet, Viaud*, Helv. **13** [1930] 587,
589, 603).

Toluol-disulfonsäure-(2.5) $C_7H_8O_6S_2$.

4-Chlor-toluol-disulfonylchlorid-(2.5), *2-chloro-5-methylbenzene-1,4-disulfonyl dichloride* $C_7H_5Cl_3O_4S_2$, Formel II (H 206).

B. Aus 4-Chlor-toluol-disulfonsäure-(2.5) beim Erhitzen des Dinatrium-Salzes mit Phosphor(V)-chlorid auf 160° (*Pollak, Pollak, Riesz*, M. **58** [1931] 118, 127).

Krystalle (aus Bzn.); F: 144°.

Toluol-disulfonsäure-(3.4) $C_7H_8O_6S_2$.

Toluol-disulfonylchlorid-(3.4), *4-methylbenzene-1,2-disulfonyl dichloride* $C_7H_6Cl_2O_4S_2$, Formel III (H 207).

B. Aus Toluol-disulfonsäure-(3.4) beim Erwärmen des Dinatrium-Salzes mit Phosphor(V)-chlorid und Phosphoroxychlorid (*Mills, Clark*, Soc. **1936** 175, 178).

Krystalle (aus PAe.); F: 109°.

Toluol-disulfonsäure-(3.5) $C_7H_8O_6S_2$.

2.6-Dichlor-toluoldisulfonamid-(3.5), *4,6-dichloro-5-methylbenzene-1,3-disulfonamide* $C_7H_8Cl_2N_2O_4S_2$, Formel IV (E II 116).

Krystalle (aus W.); F: 296—297° (*Bourdais, Meyer*, Bl. **1961** 550, 552).

(±)-1-Phenyl-äthan-disulfonsäure-(1.2), *(±)-1-phenylethane-1,2-disulfonic acid* $C_8H_{10}O_6S_2$, Formel V.

B. Beim Erwärmen von (±)-1.2-Dibrom-1-phenyl-äthan mit Natriumsulfit in Wasser (*Kharasch, Schenck, Mayo*, Am. Soc. **61** [1939] 3092, 3098).

Beim Behandeln des Dinatrium-Salzes mit Phosphor(V)-chlorid und Behandeln des Reaktionsprodukts mit Ammoniak in Äther sind geringe Mengen *trans*-Styrolsulfon=amid-(β) (S. 370) erhalten worden.

Charakterisierung als Bis-phenylhydrazin-Salz (F: 187—188° [Zers.]): *Kh., Sch., Mayo*.

Dinatrium-Salz. Krystalle (aus wss. A.).

o-**Xylol-disulfonsäure-(3.5)** $C_8H_{10}O_6S_2$.

o-**Xylol-disulfonylchlorid-(3.5)**, *4,5-dimethylbenzene-1,3-disulfonyl dichloride* $C_8H_8Cl_2O_4S_2$, Formel VI (H 209; E II 116).

B. Beim Erhitzen des Natrium-Salzes der *o*-Xylol-sulfonsäure-(4) mit Chloroschwefel=säure auf 150° (*Pollak et al.*, M. **55** [1930] 358, 365).

Krystalle (aus Ae.); F: 79°.

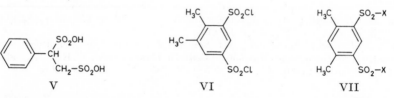

V   VI   VII

m-**Xylol-disulfonsäure-(4.6)** $C_8H_{10}O_6S_2$.

m-**Xylol-disulfonylfluorid-(4.6)**, *4,6-dimethylbenzene-1,3-disulfonyl difluoride* $C_8H_8F_2O_4S_2$, Formel VII (X = F) (E II 117).

B. Aus *m*-Xylol-disulfonylchlorid-(4.6) beim Erwärmen mit wss. Zinkfluorid-Lösung (*Davies, Dick*, Soc. **1931** 2104, 2107).

Krystalle (aus wss. A.); F: 116—118° (*Da., Dick*).

Beim Behandeln dieser Verbindung (von den Autoren irrtümlich als *m*-Xylol-di=sulfonylfluorid-(2.4) formuliert; s. diesbezüglich E II 117) mit Methylmagnesiumjodid in Äther sind 4.6-Dimethylsulfon-*m*-xylol und geringe Mengen zweier Verbindungen $C_{17}H_{20}F_2O_7S_4$(?) (Krystalle [aus A.], F: 135° bzw. Krystalle [aus Acn.], F: 272°) erhalten worden (*Steinkopf, Hübner*, J. pr. [2] **141** [1934] 193, 198; *Steinkopf*, J. pr. [2] **142** [1935] 223; s. a. *Gibson*, J. pr. [2] **142** [1935] 218).

m-**Xylol-disulfonylchlorid-(4.6)**, *4,6-dimethylbenzene-1,3-disulfonyl dichloride* $C_8H_8Cl_2O_4S_2$, Formel VII (X = Cl) (H 210; E II 118).

Beim Erhitzen dieser Verbindung (von den Autoren irrtümlich als *m*-Xylol-disulfonyl=chlorid-(2.4) formuliert; s. diesbezüglich E II 118) mit Kaliumhydroxid und wenig

Wasser auf 250° ist 6-Hydroxy-3-methyl-benzoesäure erhalten worden (*Asahina, Nonomura*, J. pharm. Soc. Japan **54** [1934] 488, 490; dtsch. Ref. S. 79, 82; C. A. **1937** 97).

Mesitylen-disulfonsäure-(2.4), *2,4,6-trimethylbenzene-1,3-disulfonic acid* $C_9H_{12}O_6S_2$, Formel VIII (X = OH) (H 210).

B. Aus Mesitylen-disulfonylchlorid-(2.4) beim Erhitzen mit wss. Natronlauge (*Backer*, R. **54** [1935] 544, 546).

Hygroskopische Krystalle (aus W.) mit 4 Mol H_2O; F: ca. 85°.

Barium-Salz $BaC_9H_{10}O_6S_2 \cdot 3H_2O$ (H 210). Krystalle (aus W.); Zers. oberhalb 150°.

Thallium(I)-Salz $Tl_2C_9H_{10}O_6S_2$. Krystalle (aus W.).

Mesitylen-disulfonsäure-(2.4)-diphenylester, *2,4,6-trimethylbenzene-1,3-disulfonic acid diphenyl ester* $C_{21}H_{20}O_6S_2$, Formel VIII (X = OC_6H_5).

B. Beim Erhitzen von Mesitylen-disulfonylchlorid-(2.4) mit Phenol und Natrium≠ amylat in Amylalkohol (*Backer*, R. **54** [1935] 544, 547).

Krystalle (aus A.); F: 110—111°. In Aceton, Chloroform und Benzol leicht löslich, in Petroläther und Äther löslich.

Mesitylen-disulfonylchlorid-(2.4), *2,4,6-trimethylbenzene-1,3-disulfonyl dichloride* $C_9H_{10}Cl_2O_4S_2$, Formel VIII (X = Cl) (E II 119).

B. Beim Behandeln von Mesitylen mit Chloroschwefelsäure unterhalb −5° (*Backer*, R. **54** [1935] 544, 545).

Krystalle (aus PAe.); F: 123,5—124°. Monoklin; krystallographische Untersuchung: *Ba.*

N.N′-Dimethyl-mesitylendisulfonamid-(2.4), *2,4,6,N,N′-pentamethylbenzene-1,3-disulfon≠ amide* $C_{11}H_{18}N_2O_4S_2$, Formel VIII (X = $NH-CH_3$).

B. Aus Mesitylen-disulfonylchlorid-(2.4) und Methylamin in Chloroform (*Backer*, R. **54** [1935] 544, 547).

Krystalle (aus A.); F: 171—171,5°. Monoklin; krystallographische Untersuchung: *Ba.*

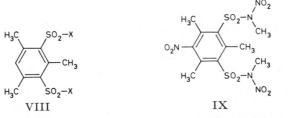

VIII   IX

Tetra-N-methyl-mesitylendisulfonamid-(2.4), *2,4,6,N,N,N′,N′-heptamethyl≠ benzene-1,3-disulfonamide* $C_{13}H_{22}N_2O_4S_2$, Formel VIII (X = $N(CH_3)_2$).

B. Aus Mesitylen-disulfonylchlorid-(2.4) und Dimethylamin in Chloroform (*Backer*, R. **54** [1935] 544, 548).

Krystalle (aus A.); F: 137,5—138°. In Petroläther, Chloroform und Toluol leicht lös≠ lich, in Äther schwer löslich.

N.N′-Di-*tert*-butyl-mesitylendisulfonamid-(2.4), *N,N′-di-tert-butyl-2,4,6-trimethylbenzene-1,3-disulfonamide* $C_{17}H_{30}N_2O_4S_2$, Formel VIII (X = $NH-C(CH_3)_3$).

B. Aus Mesitylen-disulfonylchlorid-(2.4) und *tert*-Butylamin in Chloroform (*Backer*, R. **54** [1935] 544, 549).

Krystalle (aus Me.); F: ca. 223° [Zers.]. Triklin; krystallographische Untersuchung: *Ba.*

N.N′-Dinitroso-N.N′-dimethyl-mesitylendisulfonamid-(2.4), *2,4,6,N,N′-pentamethyl-N,N′-dinitrosobenzene-1,3-disulfonamide* $C_{11}H_{16}N_4O_6S_2$, Formel VIII (X = $N(NO)-CH_3$).

B. Aus N.N′-Dimethyl-mesitylendisulfonamid-(2.4) beim Erwärmen mit Natrium≠ nitrit in Essigsäure (*Backer*, R. **54** [1935] 544, 548).

Krystalle (aus Bzl.); Zers. bei ca. 183°.

6.N.N′-Trinitro-N.N′-dimethyl-mesitylendisulfonamid-(2.4), *2,4,6,N,N′-pentamethyl-5,N,N′-trinitrobenzene-1,3-disulfonamide* $C_{11}H_{15}N_5O_{10}S_2$, Formel IX.

B. Aus N.N′-Dimethyl-mesitylendisulfonamid-(2.4) beim Behandeln mit wasserfreier

Salpetersäure unterhalb $-10°$ (*Backer*, R. **54** [1935] 544, 548).
Krystalle (aus Eg. oder Toluol), die bei 181° explodieren.

Disulfonsäuren $C_nH_{2n-8}O_6S_2$

2-Phenyl-propen-disulfonsäure-(1.3), *2-phenylpropene-1,3-disulfonic acid* $C_9H_{10}O_6S_2$, Formel X (X = OH).

2-Phenyl-propen-disulfonsäure-(1.3), deren Diamid bei 200° schmilzt.

B. Beim Behandeln von Isopropenylbenzol mit dem Schwefeltrioxid-Dioxan-Adduk t in 1.2-Dichlor-äthan (*Suter*, *Truce*, Am. Soc. **66** [1944] 1105, 1106).
Dinatrium-Salz $Na_2C_9H_8O_6S_2$. Krystalle (aus W.).
Barium-Salz $BaC_9H_8O_6S_2$. Krystalle (aus wss. Acn.).
S-[4-Chlor-benzyl]-isothiuronium-Salz $[C_8H_{10}ClN_2S]_2C_9H_8O_6S_2$. Krystalle (aus Me.); F: 215−217° [unkorr.].

2-Phenyl-propendisulfonamid-(1.3), *2-phenylpropene-1,3-disulfonamide* $C_9H_{12}N_2O_4S_2$, Formel X (X = NH_2).

2-Phenyl-propendisulfonamid-(1.3) vom F: 200°.

B. Beim Erwärmen der im vorangehenden Artikel beschriebenen Säure (eingesetzt als Dioxan-Addukt) mit Phosphor(V)-chlorid in 1.2-Dichlor-äthan und anschliessenden Behandeln mit flüssigem Ammoniak (*Suter*, *Truce*, Am. Soc. **66** [1944] 1105, 1107).
Krystalle (aus W.); F: 197−200° [unkorr.].

X   XI

1.2.3.4-Tetrahydro-naphthalin-disulfonsäure-(5.7), *5,6,7,8-tetrahydronaphthalene-1,3-disulfonic acid* $C_{10}H_{12}O_6S_2$, Formel XI (X = OH).

B. Beim Erhitzen des Natrium-Salzes der 1.2.3.4-Tetrahydro-naphthalin-sulfonsäure-(6) mit rauchender Schwefelsäure auf 160° (*Schroeter*, *Erzberger*, *Passavant*, B. **71** [1938] 1040, 1052).
Beim Erhitzen des Dinatrium-Salzes mit Kaliumhydroxid auf 220° sind 5.6.7.8-Tetrahydro-naphthol-(1) und Naphthol-(1), beim Erhitzen mit Kaliumhydroxid auf 280° ist nur Naphthol-(1) erhalten worden.
Dinatrium-Salz $Na_2C_{10}H_{10}O_6S_2$: *Sch.*, *Er.*, *Pa.*

1.2.3.4-Tetrahydro-naphthalin-disulfonylchlorid-(5.7), *5,6,7,8-tetrahydronaphthalene-1,3-disulfonyl dichloride* $C_{10}H_{10}Cl_2O_4S_2$, Formel XI (X = Cl).

B. Aus dem Dinatrium-Salz der 1.2.3.4-Tetrahydro-naphthalin-disulfonsäure-(5.7) beim Erwärmen mit Phosphor(V)-chlorid (*Schroeter*, *Erzberger*, *Passavant*, B. **71** [1938] 1040, 1053).
Krystalle (aus Bzn.); F: 103−104°.

Disulfonsäuren $C_nH_{2n-12}O_6S_2$

Naphthalin-disulfonsäure-(1.3), *naphthalene-1,3-disulfonic acid* $C_{10}H_8O_6S_2$, Formel I (X = OH) auf S. 464 (H 211).

B. Beim Erwärmen der aus 7-Amino-naphthalin-disulfonsäure-(1.3) hergestellten Diazonium-Verbindung mit Kupfer(II)-oxid und Äthanol (*Fierz-David*, *Richter*, Helv. **28** [1945] 257, 267; vgl. H 211).
Beim Erhitzen mit Kaliumhydroxid bis auf 280° sind Naphthalindiol-(1.3), o-Toluylsäure und andere Verbindungen erhalten worden (*Koslow*, *Odinzow*, Ž. prikl. Chim. **17** [1944] 219; C. A. **1945** 2744).
Dinatrium-Salz. Löslichkeit in Wasser, Methanol und Äthanol: *Fierz-D.*, *Ri.*, l. c. S. 273.

Naphthalin-disulfonylchlorid-(1.3), *naphthalene-1,3-disulfonyl dichloride* $C_{10}H_6Cl_2O_4S_2$, Formel I (X = Cl) (H 212).

B. Aus Naphthalin-disulfonsäure-(1.3) beim Behandeln des Dinatrium-Salzes mit Phosphor(V)-chlorid (*Fierz-David, Richter,* Helv. **28** [1945] 257, 270).

Krystalle; F: 137,2—137,5° [aus Dioxan, PAe. oder Bzl.] (*Fie.-D., Ri.*), 136,5—137° (*Chuksanova,* C. r. Doklady **26** [1940] 445).

Naphthalindisulfonamid-(1.3), *naphthalene-1,3-disulfonamide* $C_{10}H_{10}N_2O_4S_2$, Formel I (X = NH_2).

B. Aus Naphthalin-disulfonylchlorid-(1.3) beim Erwärmen mit wss. Ammoniak (*Fierz-David, Richter,* Helv. **28** [1945] 257, 273).

Krystalle (aus Me.); F: 292—293°.

5.6.7-Trichlor-naphthalin-disulfonsäure-(1.3), *5,6,7-trichloronaphthalene-1,3-disulfonic acid* $C_{10}H_5Cl_3O_6S_2$, Formel II (X = OH).

B. Neben anderen Verbindungen beim Erwärmen von 1.2.3-Trichlor-naphthalin mit rauchender Schwefelsäure (*Turner, Wynne,* Soc. **1941** 243, 248, 250).

Dikalium-Salz $K_2C_{10}H_3Cl_3O_6S_2 \cdot 3H_2O$ (Krystalle [aus W.]) und Barium-Salz $BaC_{10}H_3Cl_3O_6S_2 \cdot 4H_2O$ (Krystalle [aus W.]): *Tu., Wy.*

5.6.7-Trichlor-naphthalin-disulfonylchlorid-(1.3), *5,6,7-trichloronaphthalene-1,3-disulfonyl dichloride* $C_{10}H_3Cl_5O_4S_2$, Formel II (X = Cl).

Diese Konstitution kommt auch der H 190 als 1.2.3-Trichlor-naphthalin-sulfon= säure-(x)-chlorid ($C_{10}H_4Cl_4O_2S$) beschriebenen Verbindung zu (*Turner, Wynne,* Soc. **1941** 243, 249).

B. Aus dem Dikalium-Salz der 5.6.7-Trichlor-naphthalin-disulfonsäure-(1.3) und Phosphor(V)-chlorid (*Tu., Wy.,* l. c. S. 250).

Krystalle (aus Bzl.); F: 184°.

Beim Erhitzen mit Phosphor(V)-chlorid auf 185° sind 4.6.7.8-Tetrachlor-naphthalin-sulfonylchlorid-(2) und 1.2.3.5.7-Pentachlor-naphthalin erhalten worden.

5.6.7-Trichlor-naphthalindisulfonamid-(1.3), *5,6,7-trichloronaphthalene-1,3-disulfonamide* $C_{10}H_7Cl_3N_2O_4S_2$, Formel II (X = NH_2).

Diese Konstitution kommt der H 190 als 1.2.3-Trichlor-naphthalin-sulfon= säure-(x)-amid ($C_{10}H_6Cl_3NO_2S$) beschriebenen Verbindung zu (vgl. diesbezüglich *Turner, Wynne,* Soc. **1941** 243, 249).

Naphtalin-disulfonsäure-(1.4), *naphthalene-1,4-disulfonic acid* $C_{10}H_8O_6S_2$, Formel III (X = H) (H 212; E II 119).

B. Beim Behandeln der aus 4-Amino-naphthalin-sulfonsäure-(1) bereiteten Diazo= nium-Verbindung mit einer aus Kupfer(II)-sulfat, wss. Ammoniak und Schwefeldioxid hergestellten Lösung (*Cumming, Muir,* J. roy. tech. Coll. **3** [1936] 562, 567).

Naphthalin-disulfonylchlorid-(1.4), *naphthalene-1,4-disulfonyl dichloride* $C_{10}H_6Cl_2O_4S_2$, Formel III (X = Cl) (H 212).

B. Aus Naphthalin-disulfonsäure-(1.4) und Phosphor(V)-chlorid (*Cumming, Muir,* J. roy. tech. Coll. **3** [1936] 562, 568).

F: 158°.

Naphthalindisulfonamid-(1.4), *naphthalene-1,4-disulfonamide* $C_{10}H_{10}N_2O_4S_2$, Formel III (X = NH_2) (H 212).

B. Aus Naphthalin-disulfonylchlorid-(1.4) mit Hilfe von wss. Ammoniak (*Cumming, Muir,* J. roy. tech. Coll. **3** [1936] 562, 568).

F: 269°.

Naphthalin-disulfonsäure-(1.5), *naphthalene-1,5-disulfonic acid* $C_{10}H_8O_6S_2$, Formel IV (X = X' = OH) (H 212; E I 50; E II 119).

B. Beim Behandeln der aus 5-Amino-naphthalin-sulfonsäure-(1) bereiteten Diazonium-Verbindung mit einer aus Kupfer(II)-sulfat, wss. Ammoniak und Schwefeldioxid her-gestellten Lösung (*Cumming, Muir,* J. roy. tech. Coll. **3** [1936] 562, 567).

Auftreten von Fluorescenz bei der Einwirkung von UV-Licht, Röntgen-Strahlen und Kathodenstrahlen: *Allen, Franklin, McDonald,* J. Franklin Inst. **215** [1933] 705, 709 bis 711.

Beim Erwärmen mit Schwefelsäure auf 100° sind Naphthalin-disulfonsäure-(1.6) sowie geringe Mengen Naphthalin-disulfonsäure-(2.6) und Naphthalin-disulfonsäure-(2.7) erhalten worden (*Lantz*, Bl. [5] **12** [1945] 262, 270; vgl. E II 119). Sulfonierung beim Behandeln mit Schwefelsäure bei Temperaturen von 27° bis 188°: *Lantz*, Bl. **1947** 95, 96. Nitrierung beim Behandeln mit Salpetersäure und Schwefelsäure: *Lantz*, Bl. [5] **6** [1939] 289, 298. Hydrolyse beim Erhitzen mit wss. Schwefelsäure auf 140°: *Lantz*, Bl. [5] **12** [1945] 253, 261.

Charakterisierung als Naphthyl-(1)-amin-Salz (F: 231°) und als Naphthyl-(2)-amin-Salz (F: 205°): *Forster, Hishiyama*, J. Soc. chem. Ind. **51** [1932] 297 T.

Quantitative Bestimmung neben Naphthalin-disulfonsäure-(1.6) und Naphthalin-tri= sulfonsäuren als Benzidin-Salz: *Korolew, Bilik, Tschuxanowa*, B. **69** [1936] 946, 948. Bestimmung in Gemischen mit Naphthalin-sulfonsäure-(1) und Naphthalin-disulfon= säure-(1.6) durch Nitrierung: *Lantz*, Bl. [5] **12** [1945] 245, 247.

Zink-Salz. Hexahydrat $ZnC_{10}H_6O_6S_2 \cdot 6H_2O$. Krystalle [aus W.] (*Pfeiffer et al.*, Z. anorg. Ch. **260** [1949] 84, 93). — Äthylendiamin-zink-Komplexsalze $[Zn(C_2H_8N_2)(H_2O)_4]C_{10}H_6O_6S_2 \cdot 2H_2O$ (Krystalle; in Wasser schwer löslich), $[Zn(C_2H_8N_2)_2(H_2O)_2]C_{10}H_6O_6S_2 \cdot 2H_2O$ (Krystalle) und $[Zn(C_2H_8N_2)_3]C_{10}H_6O_6S_2 \cdot 2H_2O$ (Krystalle [aus W.]): *Pf. et al.*, l. c. S. 92, 93.

Cadmium-Salz. Dihydrat $CdC_{10}H_6O_6S_2 \cdot 2H_2O$. Krystalle [aus W.] (*Pf. et al.*, l. c. S. 96). — Äthylendiamin-cadmium-Komplexsalze $[Cd(C_2H_8N_2)(H_2O)_4]C_{10}H_6O_6S_2 \cdot 2H_2O$ (Krystalle [aus W.]), $[Cd(C_2H_8N_2)_2(H_2O)_2]C_{10}H_6O_6S_2$ (Krystalle [aus W.]) und $[Cd(C_2H_8N_2)_3]C_{10}H_6O_6S_2 \cdot 2H_2O$ (Krystalle [aus W.]): *Pf. et al.*, l. c. S. 95, 96.

Nickel(II)-Salz $NiC_{10}H_6O_6S_2$. Gelb (*Pf. et al.*, l. c. S. 88). — Hexahydrat $NiC_{10}H_6O_6S_2 \cdot 6H_2O$ (E II 120). Grüne Krystalle (*Pf. et al.*, l. c. S. 88). — Hexammin-nickel(II)-Salz $[Ni(NH_3)_6]C_{10}H_6O_6S_2$. Blauviolett (*Pf. et al.*, l. c. S. 89). — Äthylen= diamin-nickel(II)-Komplexsalze $[Ni(C_2H_8N_2)(H_2O)_4]C_{10}H_6O_6S_2 \cdot 2H_2O$ (blaue Krystalle [aus W.]), $[Ni(C_2H_8N_2)_2(H_2O)_2]C_{10}H_6O_6S_2 \cdot 2H_2O$ (violette Krystalle [aus W.]) und $[Ni(C_2H_8N_2)_3]C_{10}H_6O_6S_2 \cdot 2H_2O$ (violette Krystalle [aus W.]): *Pf. et al.*, l. c. S. 87, 88.

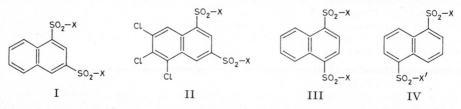

I   II   III   IV

Naphthalin-disulfonsäure-(1.5)-monoäthylester, *naphthalene-1,5-disulfonic acid ethyl ester* $C_{12}H_{12}O_6S_2$, Formel IV (X = OH, X' = OC_2H_5).

B. Aus Naphthalin-disulfonylchlorid-(1.5) und Äthanol (*Curtius, Tüxen*, J. pr. [2] **125** [1930] 401, 409).

Krystalle (aus A.); F: 147°. In Tetrachlormethan leicht löslich, in Äther und Wasser fast unlöslich.

Pyridin-Salz (F: 242°): *Cu., Tü.*

Naphthalin-disulfonsäure-(1.5)-diphenylester, *naphthalene-1,5-disulfonic acid diphenyl ester* $C_{22}H_{16}O_6S_2$, Formel IV (X = X' = OC_6H_5).

B. Aus Naphthalin-disulfonylchlorid-(1.5) und Natriumphenolat in Aceton (*Macbeth, Price, Winzor*, Soc. **1935** 325, 333).

Krystalle (aus Acn.); F: 173—174°.

Naphthalin-disulfonylchlorid-(1.5), *naphthalene-1,5-disulfonyl dichloride* $C_{10}H_6Cl_2O_4S_2$, Formel IV (X = X' = Cl) (H 213; E II 120).

B. Aus Naphthalin und Chloroschwefelsäure (*Pollak et al.*, M. **55** [1930] 358, 378; *Walter, Engelberg*, Koll. Beih. **40** [1934] 29, 38; vgl. E II 120). Aus Dinatrium-[naphthalin-disulfonat-(1.5)] beim Erwärmen mit Chloroschwefelsäure (*Špryškow, Apar'ewa, Ž. obšč. Chim.* **19** [1949] 1576). Beim Einleiten von Chlor in eine aus Naphthalin-disulfin= säure-(1.5), Natriumcarbonat und Wasser hergestellte Lösung (*Curtius, Tüxen*, J. pr. [2] **125** [1930] 401, 408).

Krystalle; F: 184° [korr.; aus Bzl.] (*Gur'janowa*, Ž. fiz. Chim. **21** [1947] 411, 415; C. A. **1947** 6786), 183° (*Cu., Tü.*), 183° [aus Bzl.] (*Po. et al.*; *Corbellini, Albenga*, G. **61** [1931] 111, 120), 183° [aus Eg.] (*Fierz-David, Richter*, Helv. **28** [1945] 257, 269). UV-Spektrum (A.): *Bljumenfel'd*, Ž. fiz. Chim. **22** [1948] 1419, 1424; C. A. **1949** 2864. Dipolmoment (ε; Bzl.): 1,55 D (*Gu.*).

Überführung in ein Nitro-Derivat $C_{10}H_5Cl_2NO_6S_2$ (Krystalle [aus Bzl.]; F: 163° bis 164°) durch Erhitzen mit Salpetersäure: *Po. et al.*, l. c. S. 378.

Naphthalin-disulfonsäure-(1.5)-monoamid, 1-Sulfamoyl-naphthalin-sulfonsäure-(5),
5-sulfamoylnaphthalene-1-sulfonic acid $C_{10}H_9NO_5S_2$, Formel IV (X = OH, X′ = NH₂).

B. Neben Naphthalindisulfonamid-(1.5) beim Behandeln von Naphthalin mit Schwefelsäure und anschliessend mit Schwefeltrioxid enthaltender Schwefelsäure und Eintragen des Reaktionsgemisches in wss. Ammoniak (*Blangey, Fierz-David*, Helv. **32** [1949] 631, 633, 634).

Barium-Salz $Ba(C_{10}H_8NO_5S_2)_2$. Krystalle (aus W.).

Naphthalindisulfonamid-(1.5), *naphthalene-1,5-disulfonamide* $C_{10}H_{10}N_2O_4S_2$, Formel IV (X = X′ = NH₂) (E II 120).

Krystalle (aus Bzl. oder Acn.); Zers. bei 321—325° (*Pollak et al.*, M. **55** [1930] 358, 378).

Tetra-*N*-methyl-naphthalindisulfonamid-(1.5), N,N,N′,N′-*tetramethylnaphthalene-1,5-disulfonamide* $C_{14}H_{18}N_2O_4S_2$, Formel IV (X = X′ = N(CH₃)₂).

B. Aus Naphthalin-disulfonylchlorid-(1.5) und Dimethylamin (*Macbeth, Price, Winzor*, Soc. **1935** 325, 333). Aus Naphthalindisulfonamid-(1.5) mit Hilfe von Dimethylsulfat und Alkalilauge (*Ma., Pr., Wi.*).

Krystalle (aus Acn.); F: 241—242°.

***N.N′*-Diglykoloyl-naphthalindisulfonamid-(1.5),** N,N′-(*naphthalene-1,5-diyldisulfonyl*)bisglycolamide $C_{14}H_{14}N_2O_8S_2$, Formel IV (X = X′ = NH-CO-CH₂OH).

B. Aus der im folgenden Artikel beschriebenen Verbindung beim Erwärmen mit Wasser (*Curtius, Tüxen*, J. pr. [2] **125** [1930] 401, 417).

Krystalle (aus W.); F: 247—248° [Zers.].

***N.N′*-Bis-[diazo-carboxy-acetyl]-naphthalindisulfonamid-(1.5),** 2,2′-*bisdiazo-*N,N′-(*naphthalene-1,5-diyldisulfonyl*)*dimalonamic acid* $C_{16}H_{10}N_6O_{10}S_2$, Formel IV (X = X′ = NH-CO-C(N₂)-COOH).

B. Aus dem im folgenden Artikel beschriebenen Diäthylester beim Erwärmen mit wss. Natronlauge (*Curtius, Tüxen*, J. pr. [2] **125** [1930] 401, 417).

Krystalle. In Äthanol, Äther, Aceton und Chloroform leicht löslich, in Tetrachlormethan schwer löslich, in Benzol und Petroläther fast unlöslich.

***N.N′*-Bis-[diazo-äthoxycarbonyl-acetyl]-naphthalindisulfonamid-(1.5),** 2,2′-*bisdiazo-*N,N′-(*naphthalene-1,5-diyldisulfonyl*)*dimalonamic acid diethyl ester* $C_{20}H_{18}N_6O_{10}S_2$, Formel IV (X = X′ = NH-CO-C(N₂)-CO-OC₂H₅).

Diese Konstitution ist der nachstehend beschriebenen Verbindung auf Grund ihrer Bildungsweise in Analogie zu C-Diazo-N-[toluol-sulfonyl-(4)]-malonamidsäure-äthylester (E II **11** 60) zuzuordnen (vgl. diesbezüglich *Regitz*, A. **676** [1964] 101, 105).

B. Beim Erwärmen von Naphthalin-disulfonylazid-(1.5) mit Malonsäure-diäthylester und äthanol. Natriumäthylat (*Curtius, Tüxen*, J. pr. [2] **125** [1930] 401, 413).

Gelbliche Krystalle (aus CHCl₃ + A.); F: 216° [Zers.] (*Cu., Tü.*). In warmem Chloroform, Benzol und Aceton leicht löslich, in Wasser, Äthanol, Petroläther und Äther fast unlöslich (*Cu., Tü.*).

Charakterisierung als Pyridin-Salz (F: 188°): *Cu., Tü.*, l. c. S. 416.

Ammonium-Salz. Krystalle; F: 181° [Zers.] (*Cu., Tü.*, l. c. S. 416).

Natrium-Salz $Na_2C_{20}H_{16}N_6O_{10}S_2$. Krystalle (aus W.); F: 210—211° [Zers.] (*Cu., Tü.*, l. c. S. 415).

Kalium-Salz $K_2C_{20}H_{16}N_6O_{10}S_2$. Krystalle; in kaltem Wasser schwer löslich (*Cu., Tü.*, l. c. S. 416).

***N.N′*-Bis-[diazo-carbamoyl-acetyl]-naphthalindisulfonamid-(1.5),** 2,2′-*bisdiazo-*N,N′′-(*naphthalene-1,5-diyldisulfonyl*)*bismalonamide* $C_{16}H_{12}N_8O_8S_2$, Formel IV (X = X′ = NH-CO-C(N₂)-CO-NH₂).

B. Aus der im vorangehenden Artikel beschriebenen Verbindung beim Erwärmen mit wss. Ammoniak (*Curtius, Tüxen,* J. pr. [2] **125** [1930] 401, 419).

Krystalle; F: 202°. In heissem Wasser und warmem Äthanol löslich, in Aceton, Chloroform, Benzol und Äther fast unlöslich.

Diammonium-Salz $[NH_4]_2C_{16}H_{10}N_8O_8S_2$. Krystalle (aus W.); F: 196—197°.

Naphthalin-disulfonsäure-(1.5)-dihydrazid, *naphthalene-1,5-disulfonic acid dihydrazide* $C_{10}H_{12}N_4O_4S_2$, Formel IV (X = X' = NH-NH$_2$) auf S. 464.

B. Aus Naphthalin-disulfonylchlorid-(1.5) beim Behandeln mit Hydrazin-hydrat in Äthanol (*Curtius, Tüxen,* J. pr. [2] **125** [1930] 401, 402).

Krystalle; Zers. bei 240°. Bei schnellem Erhitzen erfolgt Verpuffung.

Dihydrochlorid $C_{10}H_{12}N_4O_4S_2 \cdot 2$ HCl, Sulfat $C_{10}H_{12}N_4O_4S_2 \cdot 2$ H$_2$SO$_4$ und Dinitrat $C_{10}H_{12}N_4O_4S_2 \cdot 2$ HNO$_3$ (jeweils Krystalle): *Cu., Tü.*

Dinatrium-Salz $Na_2C_{10}H_{10}N_4O_4S_2 \cdot 3$ H$_2$O. Gelbe Krystalle.

Naphthalin-disulfonsäure-(1.5)-bis-isopropylidenhydrazid, *naphthalene-1,5-disulfonic acid bis(isopropylidenehydrazide)* $C_{16}H_{20}N_4O_4S_2$, Formel IV (X = X' = NH-N=C(CH$_3$)$_2$) auf S. 464.

B. Aus Naphthalin-disulfonsäure-(1.5)-dihydrazid und Aceton (*Curtius, Tüxen,* J. pr. [2] **125** [1930] 401, 405).

Krystalle (aus Acn.); F: 201—202° [Zers.; nach Sintern].

Naphthalin-disulfonsäure-(1.5)-bis-benzylidenhydrazid, *naphthalene-1,5-disulfonic acid bis(benzylidenehydrazide)* $C_{24}H_{20}N_4O_4S_2$, Formel IV (X = X' = NH-N=CH-C$_6$H$_5$) auf S. 464.

B. Aus Naphthalin-disulfonsäure-(1.5)-dihydrazid und Benzaldehyd (*Curtius, Tüxen,* J. pr. [2] **125** [1930] 401, 404).

Krystalle (aus Acn. oder Eg.); Zers. bei 288°.

Naphthalin-disulfonylazid-(1.5), *naphthalene-1,5-disulfonyl diazide* $C_{10}H_6N_6O_4S_2$, Formel IV (X = X' = N$_3$) auf S. 464.

B. Aus Naphthalin-disulfonylchlorid-(1.5) beim Behandeln mit Natriumazid in wss. Äthanol (*Curtius, Tüxen,* J. pr. [2] **125** [1930] 401). Aus Naphthalin-disulfonsäure-(1.5)-dihydrazid beim Behandeln mit Essigsäure und wss. Natriumnitrit-Lösung (*Cu., Tü.,* l. c. S. 405).

Krystalle (aus CHCl$_3$ oder Eg.); F: 177°. Bei 190° erfolgt Verpuffung. In Tetrachlormethan, Benzol und Aceton leicht löslich, in Äthanol schwer löslich, in Wasser, Petroläther und Äther fast unlöslich.

Beim Behandeln mit Hydrazin-hydrat in Äthanol entsteht Diammonium-[naphthalin-disulfinat-(1.5)] (*Cu., Tü.,* l. c. S. 405). Beim Behandeln mit Malonsäure-diäthylester und äthanol. Natriumäthylat ist *N.N'*-Bis-[diazo-äthoxycarbonyl-acetyl]-naphthalindisulfonamid-(1.5) (S. 465) erhalten worden (*Cu., Tü.,* l. c. S. 413).

4-Chlor-naphthalin-disulfonylchlorid-(1.5), *4-chloronaphthalene-1,5-disulfonyl dichloride* $C_{10}H_5Cl_3O_4S_2$, Formel V (H 213).

Beim Erhitzen mit 3 Mol Phosphor(V)-chlorid auf 200° ist 1.4.5-Trichlor-naphthalin, beim Erhitzen mit 1 Mol Phosphor(V)-chlorid auf 160° sind daneben 5.8-Dichlor-naphthalin-sulfonylchlorid-(1) und 4.5-Dichlor-naphthalin-sulfonylchlorid-(1) erhalten worden (*Turner, Wynne,* Soc. **1941** 243, 254).

3-Nitro-naphthalin-disulfonsäure-(1.5), *3-nitronaphthalene-1,5-disulfonic acid* $C_{10}H_7NO_8S_2$, Formel VI (X = OH) (H 213; E II 121).

B. Aus Naphthalin-disulfonsäure-(1.5) beim Behandeln mit Salpetersäure und rauchender Schwefelsäure (*Montecatini,* D.R.P. 702398 [1938]; D.R.P. Org. Chem. **6** 2209; vgl. H 213).

Isolierung als Magnesium-Salz (Krystalle [aus W.]): *Nation. Aniline Chem. & Co.,* U.S.P. 1 756537 [1926].

3-Nitro-naphthalin-disulfonylchlorid-(1.5), *3-nitronaphthalene-1,5-disulfonyl dichloride* $C_{10}H_5Cl_2NO_6S_2$, Formel VI (X = Cl).

B. Aus 3-Nitro-naphthalin-disulfonsäure-(1.5) beim Erwärmen des Dinatrium-Salzes mit Phosphor(V)-chlorid (*Tschukšanowa, Sokolowa,* Ž. prikl. Chim. **18** [1945] 55, 56; C. A. **1946** 74).

Krystalle (aus Bzl.); F: 158°. In Äther und Chloroform leicht löslich.

4-Nitro-naphthalin-disulfonylchlorid-(1.5), *4-nitronaphthalene-1,5-disulfonyl dichloride* $C_{10}H_5Cl_2NO_6S_2$, Formel VII.

B. Aus 4-Nitro-naphthalin-disulfonsäure-(1.5) beim Erwärmen des Dinatrium-Salzes mit Phosphor(V)-chlorid und Phosphoroxychlorid (*Tschukšanowa, Šokolowa*, Ž. prikl. Chim. **18** [1945] 55, 56; C. A. **1946** 74).

Krystalle (aus Bzl.); F: 177°. In Äther und Petroläther schwer löslich.

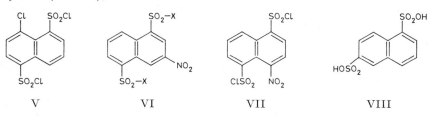

V   VI   VII   VIII

Naphthalin-disulfonsäure-(1.6), *naphthalene-1,6-disulfonic acid* $C_{10}H_8O_6S_2$, Formel VIII (H 213; E II 121).

B. Neben Naphthalin-disulfonsäure-(1.7) beim Behandeln von Naphthalin-sulfonsäure-(2) mit rauchender Schwefelsäure (*Fierz-David, Richter*, Helv. **28** [1945] 257, 265; vgl. H 213; E II 121).

Auftreten von Fluorescenz bei der Einwirkung von UV-Licht, Röntgen-Strahlen und Kathodenstrahlen: *Allen, Franklin, McDonald*, J. Franklin Inst. **215** [1933] 705, 709—711.

Isomerisierung zu Naphthalin-disulfonsäure-(2.6) und Naphthalin-disulfonsäure-(2.7) beim Erhitzen mit Schwefelsäure auf 100° und 130° (vgl. E II 121): *Lantz*, Bl. [5] **12** [1945] 262, 266. Beim Erhitzen des Dinatrium-Salzes mit rauchender Schwefelsäure auf 160° ist Naphthalin-trisulfonsäure-(1.3.6) als Hauptprodukt erhalten worden (*Fierz-D., Ri.*, l. c. S. 267). Sulfonierung beim Behandeln mit Schwefelsäure bei Temperaturen von 27° bis 188°: *Lantz*, Bl. **1947** 95, 96, 100. Nitrierung beim Behandeln mit Salpetersäure und Schwefelsäure: *Lantz*, Bl. [5] **6** [1939] 289, 297. Hydrolyse beim Erhitzen mit wss. Schwefelsäure auf 140°: *Lantz*, Bl. [5] **12** [1945] 253, 261.

Charakterisierung z. B. als Naphthyl-(1)-amin-Salz (F: 272°) und als *p*-Anisidin-Salz (F: 299°): *Forster, Hishiyama*, J. Soc. chem. Ind. **51** [1932] 297T.

Acidimetrische Bestimmung neben anderen Naphthalinsulfonsäuren: *Tschukšanowa, Bilik*, Anilinokr. Promyšl. **3** [1933] 459; C. **1935** II 727. Bestimmung in Gemischen mit Naphthalin-sulfonsäure-(1) und Naphthalin-disulfonsäure-(1.5) durch Nitrierung: *Lantz*, Bl. [5] **12** [1945] 245, 247.

Natrium-Salz $Na_2C_{10}H_6O_6S_2 \cdot 7H_2O$ (H 214). Löslichkeit in Wasser: *Tolmatschew*, Anilinokr. Promyšl. **5** [1935] 219; C. **1936** I 1867.

Calcium-Salz $CaC_{10}H_6O_6S_2 \cdot 4H_2O$ (vgl. E II 120): *Ufimzew, Kriwoschlükowa*, J. pr. [2] **140** [1934] 172, 184.

Zink-Salz. Hexahydrat $ZnC_{10}H_6O_6S_2 \cdot 6H_2O$ (E II 120). Krystalle [aus W.] (*Pfeiffer et al.*, Z. anorg. Ch. **260** [1949] 84, 94). — Äthylendiamin-zink-Komplexsalze $[Zn(C_2H_8N_2)(H_2O)_4]C_{10}H_6O_6S_2$, $[Zn(C_2H_8N_2)_2(H_2O)_2]C_{10}H_6O_6S_2$ und $[Zn(C_2H_8N_2)_3]C_{10}H_6O_6S_2 \cdot 4H_2O$ (jeweils Krystalle [aus W.]): *Pf. et al.*, l. c. S. 93.

Nickel(II)-Salz. Hexahydrat $NiC_{10}H_6O_6S_2 \cdot 6H_2O$ (E II 121). Hellgrüne Krystalle [aus W.] (*Pf. et al.*, l. c. S. 90). — Äthylendiamin-nickel(II)-Komplexsalze $[Ni(C_2H_8N_2)(H_2O)_4]C_{10}H_6O_6S_2$ (hellblaue Krystalle [aus W.]), $[Ni(C_2H_8N_2)_2(H_2O)_2]C_{10}H_6O_6S_2$ (violettblaue Krystalle [aus W.]) und $[Ni(C_2H_8N_2)_3]C_{10}H_6O_6S_2 \cdot 4H_2O$ (hellviolette Krystalle [aus W.]): *Pf. et al.*, l. c. S. 89.

Naphthalin-disulfonsäure-(1.7), *naphthalene-1,7-disulfonic acid* $C_{10}H_8O_6S_2$, Formel IX (X = OH) (H 215).

B. Beim Behandeln der aus 8-Amino-naphthalin-sulfonsäure-(2) (*Fierz-David, Richter*, Helv. **28** [1945] 257, 273) oder der aus 7-Amino-naphthalin-sulfonsäure-(1) (*Ufimzew*, B. **69** [1936] 2188, 2196) bereiteten Diazonium-Verbindung in wss. Schwefelsäure mit Kupfer-Pulver und mit Schwefeldioxid und Behandeln der nach dem Neutralisieren erhaltenen Reaktionsprodukte mit wss. Wasserstoffperoxid.

Natrium-Salz. Löslichkeit in Wasser und in Methanol: *Fierz-D., Ri.*, l. c. S. 274.

Naphthalin-disulfonylchlorid-(1.7), *naphthalene-1,7-disulfonyl dichloride* $C_{10}H_6Cl_2O_4S_2$, Formel IX (X = Cl) (H 215).

B. Aus Dinatrium-[naphthalin-disulfonat-(1.7)] beim Erwärmen mit Phosphor(V)-chlorid (*Ufimzew*, B. **69** [1936] 2188, 2196; *Fierz-David, Richter*, Helv. **28** [1945] 257, 274).

Krystalle; F: 122,2—122,8° [aus Bzl.] (*Ufimzew, Kriwoschlükowa*, J. pr. [2] **140** [1934] 172, 181), 122,2—122,5° [aus Eg.] (*Fierz-D., Ri.*). Löslichkeit in Benzol: *Uf., Kr.*; *Fierz-D., Ri.*

Naphthalindisulfonamid-(1.7), *naphthalene-1,7-disulfonamide* $C_{10}H_{10}N_2O_4S_2$, Formel IX (X = NH$_2$).

B. Aus Naphthalin-disulfonylchlorid-(1.7) beim Erwärmen mit wss. Ammoniak (*Fierz-David, Richter*, Helv. **28** [1945] 257, 274).

Krystalle; F: 298—300°.

Naphthalin-disulfonsäure-(1.8), *naphthalene-1,8-disulfonic acid* $C_{10}H_8O_6S_2$, Formel X (H 215).

B. Beim Behandeln der aus 8-Amino-naphthalin-sulfonsäure-(1) bereiteten Diazonium-Verbindung mit einer aus Kupfer(II)-sulfat, wss. Ammoniak und Schwefeldioxid hergestellten Lösung (*Cumming, Muir*, J. roy. tech. Coll. **3** [1936] 562, 567).

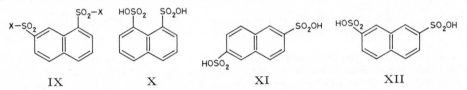

IX   X   XI   XII

Naphthalin-disulfonsäure-(2.6), *naphthalene-2,6-disulfonic acid* $C_{10}H_8O_6S_2$, Formel XI (H 215; E II 122).

B. Neben anderen Verbindungen beim Erhitzen von Naphthalin-sulfonsäure-(2) mit rauchender Schwefelsäure auf 160° (*Fierz-David, Richter*, Helv. **28** [1945] 257, 265; vgl. H 215).

Auftreten von Fluorescenz bei der Einwirkung von UV-Licht, Röntgen-Strahlen und Kathodenstrahlen: *Allen, Franklin, McDonald*, J. Franklin. Inst. **215** [1933] 705, 709 bis 711.

Sulfonierung beim Behandeln mit Schwefelsäure bei Temperaturen von 28° bis 188°: *Lantz*, Bl. **1947** 95, 96, 99. Nitrierung beim Behandeln mit Salpetersäure und Schwefelsäure: *Lantz*, Bl. [5] **6** [1939] 289, 298. Hydrolyse beim Erhitzen mit wss. Schwefelsäure auf 180°: *Lantz*, Bl. [5] **12** [1945] 253, 259.

Acidimetrische Bestimmung neben anderen Naphthalinsulfonsäuren: *Tschukšanowa, Bilik*, Anilinokr. Promyšl. **3** [1933] 459; C. **1935** II 727. Bestimmung in Gemischen mit anderen Naphthalindisulfonsäuren durch Nitrierung: *Lantz*, Bl. [5] **12** [1945] 245, 252.

Naphthalin-disulfonsäure-(2.7), *naphthalene-2,7-disulfonic acid* $C_{10}H_8O_6S_2$, Formel XII (H 216; E II 122).

B. Als Hauptprodukt beim Erhitzen von Naphthalin-sulfonsäure-(2) mit rauchender Schwefelsäure auf 160° (*Fierz-David, Richter*, Helv. **28** [1945] 257, 265; vgl. H 216).

Auftreten von Fluorescenz bei der Einwirkung von UV-Licht, Röntgen-Strahlen und Kathodenstrahlen: *Allen, Franklin, McDonald*, J. Franklin Inst. **215** [1933] 705, 709 bis 711.

Beim Erhitzen des Dinatrium-Salzes mit rauchender Schwefelsäure auf 160° ist Naphthalin-trisulfonsäure-(1.3.6) als Hauptprodukt erhalten worden (*Fierz-D., Ri.*, l. c. S. 267). Sulfonierung beim Behandeln mit Schwefelsäure bei Temperaturen von 27° bis 188°: *Lantz*, Bl. **1947** 95, 96, 99. Nitrierung beim Behandeln mit Salpetersäure und Schwefelsäure: *Lantz*, Bl. [5] **6** [1939] 289, 298. Hydrolyse beim Erhitzen mit wss. Schwefelsäure auf 180°: *Lantz*, Bl. [5] **12** [1945] 253, 259.

Acidimetrische Bestimmung neben anderen Naphthalinsulfonsäuren: *Tschukšanowa, Bilik*, Anilinokr. Promyšl. **3** [1933] 459; C. **1935** II 727. Bestimmung in Gemischen mit anderen Naphthalindisulfonsäuren durch Nitrierung: *Lantz*, Bl. [5] **12** [1945] 245, 252.

S-Benzyl-isothiuronium-Salz $[C_8H_{11}N_2S]_2C_{10}H_6O_6S_2$. Krystalle (aus wss. A.) mit 2 Mol H_2O; F: 205° [korr.; Zers.] (*Chambers, Watt*, J. org. Chem. **6** [1941] 376, 378).

[*Bohg*]

Disulfonsäuren $C_nH_{2n-14}O_6S_2$

Biphenyl-disulfonsäure-(2.2′), *biphenyl-2,2′-disulfonic acid* $C_{12}H_{10}O_6S_2$, Formel I (X = OH).

a) (+)-Biphenyl-disulfonsäure-(2.2′).

Gewinnung aus dem unter c) beschriebenen Racemat über das Strychnin-Salz (s. u.): *Lesslie, Turner*, Soc. **1932** 2394.

Lösungen des Ammonium-Salzes in Chloroform sind rechtsdrehend.

Bei kurzem Erwärmen einer Lösung in Chloroform erfolgt Racemisierung.

Strychnin-Salz $C_{21}H_{22}N_2O_2 \cdot C_{12}H_{10}O_6S_2$. Krystalle (aus W.) mit 7,5 Mol H_2O; F: 275—276° [korr.; Zers.; nach Erweichen bei 135°]. $[\alpha]_{579}^{20}$: —8,5° [$CHCl_3$; c = 1,5].

b) (−)-Biphenyl-disulfonsäure-(2.2′).

Gewinnung aus dem unter c) beschriebenen Racemat über das Strychnin-Salz (s. u.): *Lesslie, Turner*, Soc. **1932** 2394.

Lösungen des Ammonium-Salzes in Chloroform sind linksdrehend.

Strychnin-Salz $C_{21}H_{22}N_2O_2 \cdot C_{12}H_{10}O_6S_2$. Krystalle (aus W.) mit 4 Mol H_2O; F: 143° bis 145° und (nach Wiedererstarren bei weiterem Erhitzen) F: 209—210° [korr.]. $[\alpha]_{579}^{20}$: —13,8° [$CHCl_3$; c = 1,6].

c) (±)-Biphenyl-disulfonsäure-(2.2′) (H 218).

B. Beim Behandeln einer aus 2-Amino-benzol-sulfonsäure-(1) bereiteten Diazonium=salz-Lösung mit einer aus Kupfer(II)-sulfat, wss. Ammoniak und Hydroxylamin hergestellten Lösung (*Atkinson et al.*, Am. Soc. **67** [1945] 1513).

Allmählich erstarrendes Öl (*Stanley, Adams*, Am. Soc. **52** [1930] 4471, 4474). UV-Spektrum einer Lösung des Dinatrium-Salzes in Äthanol: *Williamson, Rodebush*, Am. Soc. **63** [1941] 3018, 3020. In Wasser und Äthanol leicht löslich, in Aceton löslich, in Chloroform und Benzol fast unlöslich (*St., Ad.*).

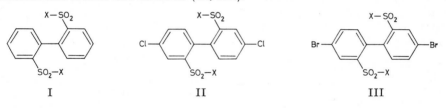

         I   II   III

Biphenyl-disulfonylchlorid-(2.2′), *biphenyl-2,2′-disulfonyl dichloride* $C_{12}H_8Cl_2O_4S_2$, Formel I (X = Cl) (H 219; E II 123).

Krystalle; F: 143—144° [aus Eg.] (*Armarego, Turner*, Soc. **1956** 1665, 1667), 139° bis 140° [unkorr.; aus $CHCl_3$] (*Adkins et al.*, Am. Soc. **67** [1945] 1513).

4.4′-Dichlor-biphenyl-disulfonsäure-(2.2′), *4,4′-dichlorobiphenyl-2,2′-disulfonic acid* $C_{12}H_8Cl_2O_6S_2$, Formel II (X = OH).

B. Beim Behandeln einer aus 4.4′-Diamino-biphenyl-disulfonsäure-(2.2′) bereiteten Diazoniumsalz-Lösung mit Kupfer(I)-chlorid und wss. Salzsäure (*Courtot, Lin*, Bl. [4] **49** [1931] 1047, 1049).

Dinatrium-Salz $Na_2C_{12}H_6Cl_2O_6S_2$. Krystalle (aus A.) mit 2 Mol Äthanol.

4.4′-Dichlor-biphenyl-disulfonylchlorid-(2.2′), *4,4′-dichlorobiphenyl-2,2′-disulfonyl dichloride* $C_{12}H_6Cl_4O_4S_2$, Formel II (X = Cl).

B. Aus 4.4′-Dichlor-biphenyl-disulfonsäure-(2.2′) beim Erhitzen des Dinatrium-Salzes mit Phosphor(V)-chlorid auf 140° (*Courtot, Lin*, Bl. [4] **49** [1931] 1047, 1049).

Gelbliche Krystalle (aus Bzl.); F: 148°.

4.4′-Dichlor-biphenyldisulfonamid-(2.2′), *4,4′-dichlorobiphenyl-2,2′-disulfonamide* $C_{12}H_{10}Cl_2N_2O_4S_2$, Formel II (X = NH_2).

B. Aus 4.4′-Dichlor-biphenyl-disulfonylchlorid-(2.2′) beim Erhitzen mit Ammoniak auf

140° (*Courtot, Lin*, Bl. [4] **49** [1931] 1047, 1049).

Krystalle (aus W.); F: 308°.

4.4′-Dibrom-biphenyl-disulfonsäure-(2.2′), *4,4′-dibromobiphenyl-2,2′-disulfonic acid*
$C_{12}H_8Br_2O_6S_2$, Formel III (X = OH) (H 219).

B. Beim Behandeln einer aus 4.4′-Diamino-biphenyl-disulfonsäure-(2.2′) bereiteten
Diazoniumsalz-Lösung mit Kupfer(1)-bromid und wss. Bromwasserstoffsäure (*Courtot,
Lin*, Bl. [4] **49** [1931] 1047, 1049).

Dinatrium-Salz $Na_2C_{12}H_6Br_2O_6S_2$. Krystalle (aus A.) mit 1 Mol Äthanol.

4.4′-Dibrom-biphenyl-disulfonylchlorid-(2.2′), *4,4′-dibromobiphenyl-2,2′-disulfonyl
dichloride* $C_{12}H_6Br_2Cl_2O_4S_2$, Formel III (X = Cl) (H 219).

B. Aus 4.4′-Dibrom-biphenyl-disulfonsäure-(2.2′) beim Erhitzen des Dinatrium-Salzes
mit Phosphor(V)-chlorid bis auf 140° (*Courtot, Lin*, Bl. [4] **49** [1931] 1047, 1050; vgl.
H 219).

Krystalle (aus Bzl.); F: 190°.

4.4′-Dibrom-biphenyldisulfonamid-(2.2′), *4,4′-dibromobiphenyl-2,2′-disulfonamide*
$C_{12}H_{10}Br_2N_2O_4S_2$, Formel III (X = NH₂) (H 219).

B. Aus 4.4′-Dibrom-biphenyl-disulfonylchlorid-(2.2′) beim Erhitzen mit Ammoniak
auf 140° (*Courtot, Lin*, Bl. [4] **49** [1931] 1047, 1050; vgl. H 219).

Krystalle (aus W.); F: 296°.

4.4′-Dijod-biphenyl-disulfonylchlorid-(2.2′), *4,4′-diiodobiphenyl-2,2′disulfonyl dichloride*
$C_{12}H_6Cl_2I_2O_4S_2$, Formel IV (X = Cl).

B. Beim Behandeln einer aus 4.4′-Diamino-biphenyl-disulfonsäure-(2.2′) bereiteten
Diazoniumsalz-Lösung mit wss. Kaliumjodid-Lösung und mit wss. Natronlauge und
Erhitzen des erhaltenen Dinatrium-[4.4′-dijod-biphenyl-disulfonats-(2.2′)] mit
Phosphor(V)-chlorid auf 140° (*Courtot, Lin*, Bl. [4] **49** [1931] 1047, 1050).

Krystalle (aus Acn.); F: 232°.

4.4′-Dijod-biphenyldisulfonamid-(2.2′), *4,4′-diiodobiphenyl-2,2′-disulfonamide*
$C_{12}H_{10}I_2N_2O_4S_2$, Formel IV (X = NH₂).

B. Aus 4.4′-Dijod-biphenyl-disulfonylchlorid-(2.2′) beim Erhitzen mit Ammoniak auf
140° (*Courtot, Lin*, Bl. [4] **49** [1931] 1047, 1050).

Krystalle (aus W.), die unterhalb 400° nicht schmelzen.

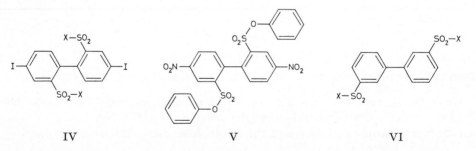

IV   V   VI

4.4′-Dinitro-biphenyl-disulfonsäure-(2.2′)-diphenylester, *4,4′-dinitrobiphenyl-2,2′-di≈
sulfonic acid diphenyl ester* $C_{24}H_{16}N_2O_{10}S_2$, Formel V.

B. Aus 6-Jod-3-nitro-benzol-sulfonsäure-(1)-phenylester beim Erhitzen mit Kupfer-
Pulver auf 200° (*Lesslie, Turner*, Soc. **1932** 2021, 2025).

Krystalle (aus wss. A.); F: 149—150°.

Biphenyl-disulfonsäure-(3.3′) $C_{12}H_{10}O_6S_2$ (H 219).

Biphenyl-disulfonylfluorid-(3.3′), *biphenyl-3,3′-disulfonyl difluoride* $C_{12}H_8F_2O_4S_2$, Formel
VI (X = F).

B. Aus 3-Jod-benzol-sulfonylfluorid-(1) beim Erhitzen mit Kupfer-Pulver auf 200°
(*Steinkopf, Jaeger*, J. pr. [2] **128** [1930] 63, 72).

Krystalle (aus A.); F: 133—134°. In Aceton leicht löslich, in Benzol und Benzin
löslich, in Äther schwer löslich.

Biphenyl-disulfonylchlorid-(3.3′), *biphenyl-3,3′-disulfonyl dichloride* $C_{12}H_8Cl_2O_4S_2$, Formel VI (X = Cl) (H 219).

B. Aus Biphenyl-disulfonylfluorid-(3.3′) beim Behandeln mit Chloroschwefelsäure (*Steinkopf, Jaeger,* J. pr. [2] **128** [1930] 63, 73).

Krystalle (aus Bzn.); F: 127—128,5°.

4.4′-Dichlor-biphenyl-disulfonsäure-(3.3′), *4,4′-dichlorobiphenyl-3,3′-disulfonic acid* $C_{12}H_8Cl_2O_6S_2$, Formel VII (X = OH).

B. Beim Behandeln einer aus 4.4′-Diamino-biphenyl-disulfonsäure-(3.3′) bereiteten Diazoniumsalz-Lösung mit Kupfer(I)-chlorid und wss. Salzsäure (*Courtot, Lin,* Bl. [4] **49** [1931] 1047, 1051).

Dinatrium-Salz $Na_2C_{12}H_6Cl_2O_6S_2$. Krystalle (aus W.).

4.4′-Dichlor-biphenyl-disulfonylchlorid-(3.3′), *4,4′-dichlorobiphenyl-3,3′-disulfonyl dichloride* $C_{12}H_6Cl_4O_4S_2$, Formel VII (X = Cl) (E II 123).

B. Aus 4.4′-Dichlor-biphenyl-disulfonsäure-(3.3′) beim Erhitzen des Dinatrium-Salzes mit Phosphor(V)-chlorid auf 140° (*Courtot, Lin,* Bl. [4] **49** [1931] 1047, 1051).

Krystalle (aus Bzl.); F: 172°.

4.4′-Dichlor-biphenyldisulfonamid-(3.3′), *4,4′-dichlorobiphenyl-3,3′-disulfonamide* $C_{12}H_{10}Cl_2N_2O_4S_2$, Formel VII (X = NH₂).

B. Aus 4.4′-Dichlor-biphenyl-disulfonylchlorid-(3.3′) beim Erhitzen mit Ammoniak auf 140° (*Courtot, Lin,* Bl. [4] **49** [1931] 1047, 1051).

Krystalle (aus W.); F: 286—287°.

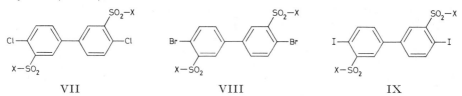

VII   VIII   IX

4.4′-Dibrom-biphenyl-disulfonsäure-(3.3′), *4,4′-dibromobiphenyl-3,3′-disulfonic acid* $C_{12}H_8Br_2O_6S_2$, Formel VIII (X = OH).

B. Neben anderen Verbindungen beim Erwärmen von 4.4′-Dibrom-biphenyl mit rauchender Schwefelsäure (*Courtot, Lin,* Bl. [4] **49** [1931] 1047, 1058). Beim Behandeln einer aus 4.4′-Diamino-biphenyl-disulfonsäure-(3.3′), wss. Bromwasserstoffsäure und Natriumnitrit bereiteten Diazoniumsalz-Lösung mit Kupfer(I)-bromid (*Cou., Lin,* l. c. S. 1051).

Dinatrium-Salz $Na_2C_{12}H_6Br_2O_6S_2$. Krystalle (aus W.).

4.4′-Dibrom-biphenyl-disulfonylchlorid-(3.3′), *4,4′-dibromobiphenyl-3,3′-disulfonyl dichloride* $C_{12}H_6Br_2Cl_2O_4S_2$, Formel VIII (X = Cl).

B. Aus 4.4′-Dibrom-biphenyl-disulfonsäure-(3.3′) beim Erhitzen des Dinatrium-Salzes mit Phosphor(V)-chlorid auf 140° (*Courtot, Lin,* Bl. [4] **49** [1931] 1047, 1051, 1060).

Krystalle (aus Bzl.); F: 210°. In Aceton und Essigsäure löslich.

4.4′-Dibrom-biphenyldisulfonamid-(3.3′), *4,4′-dibromobiphenyl-3,3′-disulfonamide* $C_{12}H_{10}Br_2N_2O_4S_2$, Formel VIII (X = NH₂).

B. Aus 4.4′-Dibrom-biphenyl-disulfonylchlorid-(3.3′) beim Erhitzen mit Ammoniak auf 140° (*Courtot, Lin,* Bl. [4] **49** [1931] 1047, 1051).

F: 332°.

4.4′-Dijod-biphenyl-disulfonsäure-(3.3′), *4,4′-diiodobiphenyl-3,3′-disulfonic acid* $C_{12}H_8I_2O_6S_2$, Formel IX (X = OH).

B. Beim Behandeln einer aus 4.4′-Diamino-biphenyl-disulfonsäure-(3.3′) bereiteten Diazoniumsalz-Lösung mit wss. Kaliumjodid-Lösung (*Courtot, Lin,* Bl. [4] **49** [1931] 1047, 1051).

Dinatrium-Salz $Na_2C_{12}H_6I_2O_6S_2$. Krystalle (aus W.).

4.4′-Dijod-biphenyl-disulfonylchlorid-(3.3′), *4,4′-diiodobiphenyl-3,3′-disulfonyl dichloride* $C_{12}H_6Cl_2I_2O_4S_2$, Formel IX (X = Cl).

B. Aus 4.4′-Dijod-biphenyl-disulfonsäure-(3.3′) beim Erhitzen des Dinatrium-Salzes mit

Phosphor(V)-chlorid auf 140° (*Courtot, Lin*, Bl. [4] **49** [1931] 1047, 1052).
Krystalle (aus Bzl.); F: 254°.

4.4′-Dijod-biphenyldisulfonamid-(3,3′), *4,4′-diiodobiphenyl-3,3′-disulfonamide*
$C_{12}H_{10}I_2N_2O_4S_2$, Formel IX (X = NH$_2$).
B. Aus 4.4′-Dijod-biphenyl-disulfonylchlorid-(3.3′) beim Erhitzen mit Ammoniak auf
140° (*Courtot, Lin*, Bl. [4] **49** [1931] 1047, 1052).
Krystalle; F: 316°.

Biphenyl-disulfonsäure-(4.4′), *biphenyl-4,4′-disulfonic acid* $C_{12}H_{10}O_6S_2$, Formel X
(X = X′ = OH) (H 219).
B. Beim Erhitzen von Biphenyl mit Schwefelsäure auf 140° (*Feldmann*, Helv. **14** [1931]
751, 764; vgl. H 219). Neben Biphenyl-sulfonsäure-(4) beim Erwärmen von Biphenyl mit
Schwefelsäure in Gegenwart von Borfluorid (*Thomas, Anzilotti, Hennion*, Ind. eng. Chem.
32 [1940] 408).
S-Benzyl-isothiuronium-Salz $[C_8H_{11}N_2S]_2C_{12}H_8O_6S_2$. Krystalle (aus wss. A.) mit
7 Mol H$_2$O; F: 171° [korr.] (*Chambers, Watt*, J. org. Chem. **6** [1941] 376, 378).

Biphenyl-disulfonylfluorid-(4.4′), *biphenyl-4,4′-disulfonyl difluoride* $C_{12}H_8F_2O_4S_2$,
Formel X (X = X′ = F).
B. Beim Eintragen von Biphenyl in Fluoroschwefelsäure bei 70° (*Renoll*, Am. Soc. **64**
[1942] 1489).
Krystalle (aus CH$_2$Cl$_2$ + Hexan); F: 197—200°. In Äthanol, Aceton und Benzol
löslich, in Wasser fast unlöslich.

Biphenyl-disulfonsäure-(4.4′)-monochlorid, 4-Chlorsulfonyl-biphenyl-sulfonsäure-(4′),
4′-(chlorosulfonyl)biphenyl-4-sulfonic acid $C_{12}H_9ClO_5S_2$, Formel X (X = Cl, X′ = OH).
B. Aus Biphenyl-sulfonylchlorid-(4) beim Behandeln mit rauchender Schwefelsäure
(*I. G. Farbenind*., D.R.P. 719598 [1937]; D.R.P. Org. Chem. **6** 1665).
Krystalle.

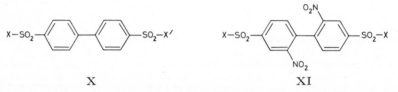

        X   XI

Biphenyl-disulfonylchlorid-(4.4′), *biphenyl-4,4′-disulfonyl dichloride* $C_{12}H_8Cl_2O_4S_2$,
Formel X (X = X′ = Cl) (H 219; E I 50; E II 124).
B. Beim Erhitzen von Biphenyl mit Schwefelsäure auf 120° und anschliessend mit
Chloroschwefelsäure auf 150° (*Pollak et al*., M. **55** [1930] 358, 376). Aus Dikalium-[biphenyl-
disulfonat-(4.4′)] beim Erwärmen mit Phosphor(V)-chlorid und Phosphoroxychlorid
(*Feldmann*, Helv. **14** [1931] 751, 764; vgl. H 219).
Krystalle; F: 202—204° [unkorr.] (*Renoll*, Am. Soc. **64** [1942] 1489), 203° [aus CHCl$_3$]
(*Po. et al*.).

N.N′-Didodecyl-biphenyldisulfonamid-(4.4′), *N,N′-didodecylbiphenyl-4,4′-disulfonamide*
$C_{36}H_{60}N_2O_4S_2$, Formel X (X = X′ = NH-[CH$_2$]$_{11}$-CH$_3$).
B. Aus Biphenyl-disulfonylchlorid-(4.4′) und Dodecylamin (*Monsanto Chem. Co*.,
U.S.P. 2358273 [1941]).
Krystalle (aus Xylol); F: 192°.

2.2′-Dinitro-biphenyl-disulfonsäure-(4.4′), *2,2′-dinitrobiphenyl-4,4′-disulfonic acid*
$C_{12}H_8N_2O_{10}S_2$, Formel XI (X = OH) (H 220).
B. Beim Erhitzen von Biphenyl mit Schwefelsäure auf 140° und Behandeln des er-
kalteten Reaktionsgemisches mit wss. Salpetersäure (*Feldmann*, Helv. **14** [1931] 751,
765).
Dinatrium-Salz Na$_2$C$_{12}$H$_6$N$_2$O$_{10}$S$_2$. Krystalle (aus W.) mit 2 Mol H$_2$O.
Dikalium-Salz K$_2$C$_{12}$H$_6$N$_2$O$_{10}$S$_2$ (H 220). Krystalle (aus W.).

2.2′-Dinitro-biphenyl-disulfonylchlorid-(4.4′), *2,2′-dinitrobiphenyl-4,4′-disulfonyl
dichloride* $C_{12}H_6Cl_2N_2O_8S_2$, Formel XI (X = Cl).
B. Aus 2.2′-Dinitro-biphenyl-disulfonsäure-(4.4′) beim Erhitzen des Dinatrium-Salzes

mit Phosphor(V)-chlorid auf 130° (*Feldmann*, Helv. **14** [1931] 751, 766).
Krystalle (aus Ae.); Zers. von 151° an.

Acenaphthen-disulfonsäure-(3.8) $C_{12}H_{10}O_6S_2$.

5.6-Dichlor-acenaphthen-disulfonsäure-(3.8), *5,6-dichloroacenaphthene-3,8-disulfonic acid*
$C_{12}H_8Cl_2O_6S_2$, Formel XII (X = OH).

B. Neben 5.6-Dichlor-acenaphthen-sulfonsäure-(3) beim Erwärmen von 5.6-Dichlor-acenaphthen mit Schwefelsäure (*Daschewškiĭ, Karischin*, Promyšl. org. Chim. **6** [1939] 507, 510; C. A. **1940** 2362).
Krystalle (aus Eg.); F: 265—266° [Zers.].

5.6-Dichlor-acenaphthen-disulfonylchlorid-(3.8), *5,6-dichloroacenaphthene-3,8-disulfonyl dichloride* $C_{12}H_6Cl_4O_4S_2$, Formel XII (X = Cl).

B. Aus 5.6-Dichlor-acenaphthen-disulfonsäure-(3.8) beim Erwärmen des Dinatrium-Salzes mit Phosphor(V)-chlorid (*Daschewškiĭ, Karischin*, Promyšl. org. Chim. **6** [1939] 507, 510; C. A. **1940** 2362).
Krystalle (aus A. + Bzl.); F: 198—200°.

5.6-Dichlor-acenaphthendisulfonamid-(3.8), *5,6-dichloroacenaphthene-3,8-disulfonamide*
$C_{12}H_{10}Cl_2N_2O_4S_2$, Formel XII (X = NH$_2$).

B. Aus 5.6-Dichlor-acenaphthen-disulfonylchlorid-(3.8) beim Behandeln mit äthanol. Ammoniak (*Daschewškiĭ, Karischin*, Promyšl. org. Chim. **6** [1939] 507, 510; C. A. **1940** 2362).
Krystalle (aus A.), die unterhalb 400° nicht schmelzen.

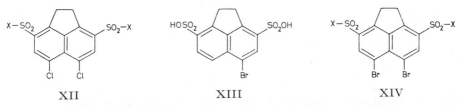

XII   XIII   XIV

5-Brom-acenaphthen-disulfonsäure-(3.8), *5-bromoacenaphthene-3,8-disulfonic acid*
$C_{12}H_9BrO_6S_2$, Formel XIII.
Diese Konstitution kommt möglicherweise der nachstehend beschriebenen Verbindung zu.

B. Beim Erwärmen von 5-Brom-acenaphthen mit Schwefelsäure (*Dziewoński, Schoenówna, Glaznerówna*, Bl. Acad. polon. [A] **1929** 636, 648).
Dinatrium-Salz Na$_2$C$_{12}$H$_7$BrO$_6$S$_2$. Krystalle (aus wss. A.) mit 3 Mol H$_2$O.
Barium-Salz BaC$_{12}$H$_7$BrO$_6$S$_2$. Krystalle (aus W.).
Überführung in den Diäthylester $C_{16}H_{17}BrO_6S_2$ (Krystalle [aus Acn. + Bzl.]; F: 164°), in das Dichlorid $C_{12}H_7BrCl_2O_4S_2$ (Krystalle [aus Bzl.]; F: 181—182°) und in das Diamid $C_{12}H_{11}BrN_2O_4S_2$ (Krystalle [aus W.]; F: 289° [Zers.]): *Dz., Sch., Gl.*, l. c. S. 648.

5.6-Dibrom-acenaphthen-disulfonsäure-(3.8), *5,6-dibromoacenaphthene-3,8-disulfonic acid*
$C_{12}H_8Br_2O_6S_2$, Formel XIV (X = OH).
B. Beim Erwärmen von 5.6-Dibrom-acenaphthen mit Schwefelsäure (*Daschewškiĭ, Karischin*, Promyšl. org. Chim. **6** [1939] 507, 511; C. A. **1940** 2362).
Krystalle (aus Eg.); F: 252° [Zers.].

5.6-Dibrom-acenaphthen-disulfonylchlorid-(3.8), *5,6-dibromoacenaphthene-3,8-disulfonyl dichloride* $C_{12}H_6Br_2Cl_2O_4S_2$, Formel XIV (X = Cl).
B. Aus 5.6-Dibrom-acenaphthen-disulfonsäure-(3.8) beim Erwärmen des Dinatrium-Salzes mit Phosphor(V)-chlorid (*Daschewškiĭ, Karischin*, Promyšl. org. Chim. **6** [1939] 507, 511; C. A. **1940** 2362).
Krystalle (aus Bzl. + A.); F: 197—198° [Zers.].

5.6-Dibrom-acenaphthendisulfonamid-(3.8), *5,6-dibromoacenaphthene-3,8-disulfonamide*
$C_{12}H_{10}Br_2N_2O_4S_2$, Formel XIV (X = NH$_2$).
B. Aus 5.6-Dibrom-acenaphthen-disulfonylchlorid-(3.8) beim Behandeln mit äthanol.

Ammoniak (*Daschewškiǐ, Karischin*, Promyšl. org. Chim. **6** [1939] 507, 511; C. A. **1940** 2362).

Krystalle (aus A.); F: 274—275°.

Bibenzyl-disulfonsäure-(2.2′) $C_{14}H_{14}O_6S_2$.

4.4′-Dinitro-bibenzyl-disulfonsäure-(2.2′), *4,4′-dinitrobibenzyl-2,2′-disulfonic acid* $C_{14}H_{12}N_2O_{10}S_2$, Formel I (H 220).

Beim Behandeln einer Lösung in Diäthylenglykol mit Hydrazin-hydrat ist 4.4′-Di‑ amino-bibenzyl-disulfonsäure-(2.2′), beim Behandeln einer Lösung in Diäthylenglykol mit Hydrazin-hydrat und Kaliumhydroxid ist hingegen 4.4′-Diamino-stilben-disulfon‑ säure-(2.2′) (F: >300°) erhalten worden (*Huang-Minlon*, Am. Soc. **70** [1948] 2802, 2804).

1.1-Bis-[3-sulfo-phenyl]-äthan $C_{14}H_{14}O_6S_2$.

2.2.2-Trichlor-1.1-bis-[4-chlor-3-sulfo-phenyl]-äthan, 4.4′-Dichlor-1.1′-[2.2.2-trichlor-äthyliden]-dibenzol-disulfonsäure-(3.3′), *6,6′-dichloro-3,3′-(2,2,2-trichloroethylidene)bis‑ benzenesulfonic acid* $C_{14}H_9Cl_5O_6S_2$, Formel II.

Dinatrium-Salz. F: 210° (*Busvine*, J. Soc. chem. Ind. **65** [1946] 356, 357).

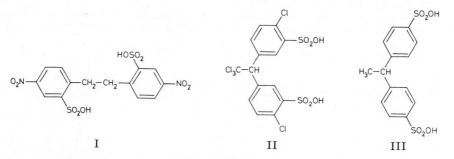

           I   II   III

1.1-Bis-[4-sulfo-phenyl]-äthan, 1.1′-Äthyliden-dibenzol-disulfonsäure-(4.4′), *p,p′-ethylidenebisbenzenesulfonic acid* $C_{14}H_{14}O_6S_2$, Formel III.

B. Beim Erwärmen von 1.1-Diphenyl-äthan mit Schwefelsäure (*Li*, Rep. Inst. chem. Res. Kyoto Univ. **14** [1947] 29, 30; C. A. **1952** 4511).

Beim Erhitzen des Dikalium-Salzes mit Kaliumhydroxid sind 4-Hydroxy-benzoesäure und geringe Mengen 4.4′-Dihydroxy-benzophenon erhalten worden.

Dikalium-Salz $K_2C_{14}H_{12}O_6S_2$. Wasserfreie Krystalle (aus wss. A.); Krystalle (aus W.) mit 2 Mol H_2O.

2.2′-Dimethyl-biphenyl-disulfonsäure-(5.5′) $C_{14}H_{14}O_6S_2$.

2.2′-Dimethyl-biphenyl-disulfonylfluorid-(5.5′), *6,6′-dimethylbiphenyl-3,3′-disulfonyl difluoride* $C_{14}H_{12}F_2O_4S_2$, Formel IV (X = F).

B. Aus 2-Jod-toluol-sulfonylfluorid-(4) beim Erhitzen mit Kupfer-Pulver auf 220° (*Steinkopf, Jaeger*, J. pr. [2] **128** [1930] 63, 74).

Krystalle (aus A.); F: 146—147°.

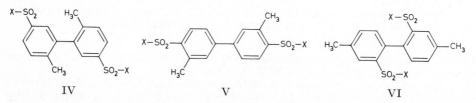

           IV   V   VI

2.2′.N.N.N′.N′-Hexamethyl-biphenyldisulfonamid-(5.5′), *2,2′,N,N,N′,N′-hexamethyl‑ biphenyl-5,5′-disulfonamide* $C_{18}H_{24}N_2O_4S_2$, Formel IV (X = N(CH$_3$)$_2$).

B. Aus 2.2′-Dimethyl-biphenyl-disulfonylfluorid-(5.5′) und Dimethylamin in Äthanol (*Steinkopf, Jaeger*, J. pr. [2] **128** [1930] 63, 74).

Krystalle (aus Toluol); F: 244—247°.

3.3'-Dimethyl-biphenyl-disulfonsäure-(4.4'), *3,3'-dimethylbiphenyl-4,4'-disulfonic acid* $C_{14}H_{14}O_6S_2$, Formel V (X = OH).

B. Aus 3.3'-Dimethyl-biphenyl-disulfinsäure-(4.4') beim Erwärmen mit wss. Kalium= carbonat-Lösung und Kaliumpermanganat (*Dominikiewicz, Kijewska,* Archiwum Chem. Farm. **3** [1936] 27, 31; C. **1936** II 1719).

Dikalium-Salz $K_2C_{14}H_{12}O_6S_2$. Krystalle, die unterhalb 300° nicht schmelzen.

3.3'-Dimethyl-biphenyl-disulfonylchlorid-(4.4'), *3,3'-dimethylbiphenyl-4,4'-disulfonyl dichloride* $C_{14}H_{12}Cl_2O_4S_2$, Formel V (X = Cl).

B. Aus 3.3'-Dimethyl-biphenyl-disulfonsäure-(4.4') beim Erwärmen des Dikalium-Salzes mit Phosphor(V)-chlorid (*Dominikiewicz, Kijewska,* Archiwum Chem. Farm. **3** [1936] 27, 31; C. **1936** II 1719).

Krystalle (aus Eg.); F: 164—166°.

3.3'-Dimethyl-biphenyldisulfonamid-(4.4'), *3,3'-dimethylbiphenyl-4,4'-disulfonamide* $C_{14}H_{16}N_2O_4S_2$, Formel V (X = NH$_2$).

B. Aus 3.3'-Dimethyl-biphenyl-disulfonylchlorid-(4.4') beim Erhitzen mit Ammonium= carbonat auf 150° (*Dominikiewicz, Kijewska,* Archiwum Chem. Farm. **3** [1936] 27, 32; C. **1936** II 1719).

Krystalle (aus wss. A.), die bei 230—240° verharzen.

4.4'-Dimethyl-biphenyl-disulfonsäure-(2.2') $C_{14}H_{14}O_6S_2$.

4.4'-Dimethyl-biphenyl-disulfonylchlorid-(2.2'), *4,4'-dimethylbiphenyl-2,2'-disulfonyl dichloride* $C_{14}H_{12}Cl_2O_4S_2$, Formel VI (X = Cl) (E II 125).

Krystalle (aus Eg.); F: 183—184° (*Armarego, Turner,* Soc. **1956** 1665, 1669).

4.4'-Dimethyl-biphenyl-disulfonsäure-(3.3') $C_{14}H_{14}O_6S_2$.

4.4'-Dimethyl-biphenyldisulfonamid-(3.3'), *4,4'-dimethylbiphenyl-3,3'-disulfonamide* $C_{14}H_{16}N_2O_4S_2$, Formel VII.

Diese Konstitution kommt der E II 125 irrtümlich als 4.4'-Dimethyl-biphenyl-disulfonsäure-(2.2')-diamid (Formel VI [X = NH$_2$]) beschriebenen Verbindung zu.

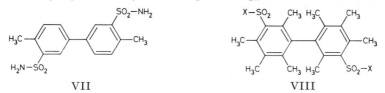

VII   VIII

2.3.4.6.2'.3'.4'.6'-Octamethyl-biphenyl-disulfonsäure-(5.5'), *octamethylbiphenyl-3,3'-di= sulfonic acid* $C_{20}H_{26}O_6S_2$, Formel VIII (X = OH).

  a) **(+)-2.3.4.6.2'.3'.4'.6'-Octamethyl-biphenyl-disulfonsäure-(5.5').**

Gewinnung aus dem unter c) beschriebenen Racemat über das Strychnin-Salz (s. u.): *Knauf, Adams,* Am. Soc. **55** [1933] 4704, 4707.

Ammonium-Salz [NH$_4$]$_2C_{20}H_{24}O_6S_2$. $[\alpha]_D^{20}$: +11,2° [W.; c = 2].

Strychnin-Salz $2C_{21}H_{22}N_2O_2 \cdot C_{20}H_{26}O_6S_2$. Krystalle (aus A.); F: 248—251° [Zers.]. $[\alpha]_D^{20}$: —10,3° [wss. Me.]. In Äthanol leichter löslich als das Strychnin-Salz des Enantio-meren.

  b) **(−)-2.3.4.6.2'.3'.4'.6'-Octamethyl-biphenyl-disulfonsäure-(5.5').**

Gewinnung aus dem unter c) beschriebenen Racemat über das Strychnin-Salz (s. u.): *Knauf, Adams,* Am. Soc. **55** [1933] 4704, 4707.

Ammonium-Salz [NH$_4$]$_2C_{20}H_{24}O_6S_2$. $[\alpha]_D^{20}$: —11,4° [W.; c = 2].

Strychnin-Salz $2C_{21}H_{22}N_2O_2 \cdot C_{20}H_{26}O_6S_2$. Krystalle (aus A.); F: 252—255° [Zers.]. $[\alpha]_D^{20}$: —21,6° [wss. Me.].

  c) **(±)-2.3.4.6.2'.3'.4'.6'-Octamethyl-biphenyl-disulfonsäure-(5.5').**

B. Aus 2.3.4.6.2'.3'.4'.6'-Octamethyl-biphenyl-disulfonylchlorid-(5.5') beim Erhitzen mit wss. Natronlauge (*Knauf, Adams,* Am. Soc. **55** [1933] 4704, 4707).

2.3.4.6.2'.3'.4'.6'-Octamethyl-biphenyl-disulfonylchlorid-(5.5'), *octamethylbiphenyl-3,3'-disulfonyl dichloride* $C_{20}H_{24}Cl_2O_4S_2$, Formel VIII (X = Cl).

B. Beim Behandeln von 2.3.4.6.2'.3'.4'.6'-Octamethyl-biphenyl mit Chloroschwefel=

säure (*Knauf*, *Adams*, Am. Soc. **55** [1933] 4704, 4706).
Krystalle (aus Bzl.); F: 159—160°.

Disulfonsäuren $C_nH_{2n-16}O_6S_2$

Stilben-disulfonsäure-(2.2′), *stilbene-2,2′-disulfonic acid* $C_{14}H_{12}O_6S_2$.

trans-Stilben-disulfonsäure-(2.2′), Formel I (X = OH) (H 222).

B. Beim Erwärmen der aus 4.4′-Diamino-*trans*-stilben-disulfonsäure-(2.2′) mit Hilfe
von wss. Schwefelsäure und Natriumnitrit hergestellten Diazonium-Verbindung mit
Kupfer(I)-oxid und Äthanol (*Ruggli*, *Peyer*, Helv. **9** [1926] 929, 950; *Ruggli*, *Welge*,
Helv. **15** [1932] 576, 586).

Beim Behandeln einer wss. Lösung des Dikalium-Salzes mit Brom ist in der Kälte
α′-Brom-α-hydroxy-bibenzyl-disulfonsäure-(2.2′)-2-lacton, bei 55° hingegen α.α′-Di-
hydroxy-bibenzyl-disulfonsäure-(2.2′)-dilacton (Zers. bei 243—245°) erhalten worden
(*Ru.*, *We.*, l. c. S. 581, 588).

Charakterisierung als Dianilid (F: 253°): *Ru.*, *We.*

Dikalium-Salz $K_2C_{14}H_{10}O_6S_2$. Krystalle (aus W.) mit 5 H_2O (*Ru.*, *We.*).

Stilben-disulfonsäure-(2.2′)-dimethylester, *stilbene-2,2′-disulfonic acid dimethyl ester*
$C_{16}H_{16}O_6S_2$.

trans-Stilben-disulfonsäure-(2.2′)-dimethylester, Formel I (X = OCH₃).

B. Aus *trans*-Stilben-disulfonylchlorid-(2.2′) beim Behandeln mit Methanol und
Natriumhydrogencarbonat (*Ruggli*, *Welge*, Helv. **15** [1932] 576, 587).
Krystalle (aus Me.); Zers. bei 168—170°.

Stilben-disulfonylchlorid-(2.2′), *stilbene-2,2′-disulfonyl dichloride* $C_{14}H_{10}Cl_2O_4S_2$.

trans-Stilben-disulfonylchlorid-(2.2′) Formel I (X = Cl) (E II 126).

B. Aus dem Dikalium-Salz der *trans*-Stilben-disulfonsäure-(2.2′) und Phosphor(V)-
chlorid (*Ruggli*, *Welge*, Helv. **15** [1932] 576, 587).
Hellgelbe Krystalle (aus Bzl.); Zers. bei 161°.

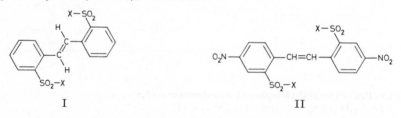

I   II

4.4′-Dinitro-stilben-disulfonsäure-(2.2′), *4,4′-dinitrostilbene-2,2′-disulfonic acid*
$C_{14}H_{10}N_2O_{10}S_2$, Formel II (X = OH) (vgl. H 222; E II 126).

    4.4′-Dinitro-stilben-disulfonsäure-(2.2′) vom F: 266°.

B. Aus 4-Nitro-toluol-sulfonsäure-(2) beim Behandeln einer Lösung in Diäthylenglykol
mit alkal. wss. Natriumhypochlorit-Lösung bei 50° (*Huang-Minlon*, Am. Soc. **70** [1948]
2802, 2804; vgl. H 222).
Krystalle (aus Eg.); F: 266° (*Hu.-M.*).

Beim Behandeln einer Lösung in Diäthylenglykol mit Hydrazin-hydrat ist 4.4′-Di-
amino-bibenzyl-disulfonsäure-(2.2′), beim Behandeln einer Lösung in Diäthylenglykol
mit Hydrazin-hydrat und Kaliumhydroxid ist 4.4′-Diamino-stilben-disulfonsäure-(2.2′)
(F: >300°) erhalten worden (*Hu.-M.*). Bildung von 4-Nitro-toluol-sulfonsäure-(2) und
Ameisensäure beim Erhitzen mit wss. Kalilauge: *Schemjakin*, *Oranškiĭ*, Ž. obšč. Chim.
13 [1943] 175, 181; C. A. **1944** 1490.

4.4′-Dinitro-stilben-disulfonsäure-(2.2′)-diäthylester, *4,4′-dinitrostilbene-2,2′-disulfonic
acid diethyl ester* $C_{18}H_{18}N_2O_{10}S_2$, Formel II (X = OC₂H₅).

    4.4′-Dinitro-stilben-disulfonsäure-(2.2′)-diäthylester vom F: 225°.

B. Aus dem im folgenden Artikel beschriebenen Säurechlorid beim Erwärmen mit
Äthanol (*Rodionow*, *Mandrošowa*, Ž. prikl. Chim. **16** [1943] 20, 22; C. A. **1944** 2949).
Krystalle (aus A.); F: 225°.

4.4′-Dinitro-stilben-disulfonylchlorid-(2.2′), *4,4′-dinitrostilbene-2,2′-disulfonyl dichloride* $C_{14}H_8Cl_2N_2O_8S_2$, Formel II (X = Cl).

4.4′-Dinitro-stilben-disulfonylchlorid-(2.2′) vom F: 234°.
B. Aus 4.4′-Dinitro-stilben-disulfonsäure-(2.2′) (nicht charakterisiert) beim Erwärmen des Dinatrium-Salzes mit Phosphor(V)-chlorid und Phosphoroxychlorid oder mit Chloroschwefelsäure (*Rodionow, Mandrošowa*, Ž. prikl. Chim. **16** [1943] 20, 22; C. A. **1944** 2949).
Krystalle (aus Bzl.); F: 234°.
Überführung in das Diamid $C_{14}H_{12}N_4O_8S_2$ (Krystalle, die unterhalb 310° nicht schmelzen) mit Hilfe von Ammoniak: *Ro., Ma.*, l. c. S. 23.

α.α′-Dibrom-4.4′-dinitro-stilben-disulfonsäure-(2.2′), *α,α′-dibromo-4,4′-dinitrostilbene-2,2′-disulfonic acid* $C_{14}H_8Br_2N_2O_{10}S_2$, Formel III.
Eine als Dikalium-Salz $K_2C_{14}H_6Br_2N_2O_{10}S_2$ (gelbe Krystalle) isolierte Säure dieser Konstitution ist beim Behandeln einer wss. Lösung des Dikalium-Salzes des Bis-[4-nitro-2-sulfo-phenyl]-acetylens (E II 127) mit Brom erhalten und durch Erwärmen mit Wasser in ein α′-Brom-4.4′-dinitro-α-hydroxy-stilben-disulfonsäure-(2.2′)-2-lacton übergeführt worden (*Ruggli, Welge*, Helv. **15** [1932] 576, 584).

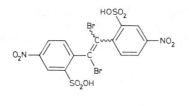

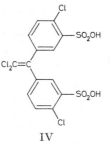

III   IV

1.1-Bis-[3-sulfo-phenyl]-äthylen $C_{14}H_{12}O_6S_2$.
2.2-Dichlor-1.1-bis-[4-chlor-3-sulfo-phenyl]-äthylen, 4.4′-Dichlor-1.1′-[dichlor-vinyliden]-dibenzol-disulfonsäure-(3.3′), *6,6′-dichloro-3,3′-(dichlorovinylidene)bisbenzenesulfonic acid* $C_{14}H_8Cl_4O_6S_2$, Formel IV.
Dinatrium-Salz. F: 210° (*Busvine*, J. Soc. chem. Ind. **65** [1946] 356, 357).

1.2.3.6.7.8-Hexahydro-pyren-disulfonsäure-(4.9), *1,2,3,6,7,8-hexahydropyrene-4,9-disulfonic acid* $C_{16}H_{16}O_6S_2$, Formel V.
B. Beim Behandeln von 1.2.3.6.7.8-Hexahydro-pyren mit Schwefelsäure (*Vollmann et al.*, A. **531** [1937] 1, 144).
Dinatrium-Salz $Na_2C_{16}H_{14}O_6S_2$. Krystalle.

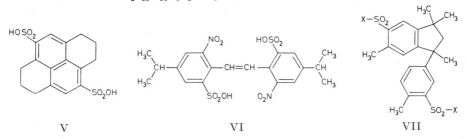

V   VI   VII

4.4′-Diisopropyl-stilben-disulfonsäure-(2.2′) $C_{20}H_{24}O_6S_2$.
6.6′-Dinitro-4.4′-diisopropyl-stilben-disulfonsäure-(2.2′), *4,4′-diisopropyl-6,6′-dinitrostilbene-2,2′-disulfonic acid* $C_{20}H_{22}N_2O_{10}S_2$, Formel VI.
Eine Disulfonsäure (Dinatrium-Salz: orangegelbe Krystalle) dieser Konstitution ist beim Erwärmen des Magnesium-Salzes der 6-Nitro-*p*-cymol-sulfonsäure-(2) mit alkal. wss. Natriumhypochlorit-Lösung erhalten worden (*CIBA*, D.R.P. 728835 [1937]; D.R.P. Org. Chem. **6** 2170).

(±)-1.1.3.5-Tetramethyl-3-[3-sulfo-4-methyl-phenyl]-indan-sulfonsäure-(6),
(±)-*1,3,3,6-tetramethyl-1-(3-sulfo-p-tolyl)indan-5-sulfonic acid* $C_{20}H_{24}O_6S_2$, Formel VII
(X = OH).

Eine als Calcium-Salz $CaC_{20}H_{22}O_6S_2$ (Krystalle [aus W.] mit 2 Mol H_2O) isolierte krystalline Disulfonsäure, der wahrscheinlich diese Konstitution zukommt, ist beim Behandeln von (±)-1.1.3.5-Tetramethyl-3-*p*-tolyl-indan („Dicymen") mit rauchender Schwefelsäure erhalten worden (*Puranen*, Ann. Acad. Sci. fenn. [A] **37** Nr. 10 [1933] 24, 61).

(±)-1.1.3.5-Tetramethyl-3-[3-sulfamoyl-4-methyl-phenyl]-indansulfonamid-(6),
(±)-*1,3,3,6-tetramethyl-1-(3-sulfamoyl-p-tolyl)indan-5-sulfonamide* $C_{20}H_{26}N_2O_4S_2$, Formel VII (X = NH$_2$).

Eine Verbindung (Krystalle [aus wss. A.]; F: 227—228°), der wahrscheinlich diese Konstitution zukommt, ist beim Behandeln von (±)-1.1.3.5-Tetramethyl-3-*p*-tolyl-indan mit Chloroschwefelsäure in Chloroform und Erwärmen des Reaktionsprodukts mit Ammoniumcarbonat erhalten worden (*Ipatieff*, *Pines*, *Olberg*, Am. Soc. **70** [1948] 2123, 2127).

Disulfonsäuren $C_nH_{2n-18}O_6S_2$

Bis-[2-sulfo-phenyl]-acetylen, 1.1'-Äthindiyl-dibenzol-disulfonsäure-(2.2'), Tolan-disulfonsäure-(2.2'), *o,o'-ethynylenebisbenzenesulfonic acid* $C_{14}H_{10}O_6S_2$, Formel VIII.

B. Beim Erwärmen der aus Bis-[4-amino-2-sulfo-phenyl]-acetylen in wss. Schwefelsäure bereiteten Diazonium-Verbindung mit Kupfer(I)-oxid und Äthanol (*Ruggli*, *Welge*, Helv. **15** [1932] 576, 589).

Beim Erwärmen einer wss. Lösung des Dikalium-Salzes mit Brom ist ein α'-Brom-α-hydroxy-stilben-disulfonsäure-(2.2')-2-lacton erhalten worden.

Barium-Salz $BaC_{14}H_8O_6S_2$: *Ru.*, *We.*

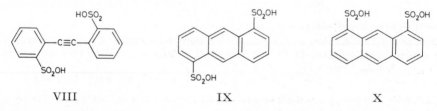

VIII IX X

Anthracen-disulfonsäure-(1.5), *anthracene-1,5-disulfonic acid* $C_{14}H_{10}O_6S_2$, Formel IX
(H 224; E II 127).

Löslichkeit des Dinatrium-Salzes $Na_2C_{14}H_8O_6S_2 \cdot 2H_2O$, des Dikalium-Salzes $K_2C_{14}H_8O_6S_2 \cdot 2H_2O$, des Magnesium-Salzes $MgC_{14}H_8O_6S_2 \cdot 3H_2O$, des Calcium-Salzes $CaC_{14}H_8O_6S_2 \cdot 3H_2O$ (H 224), des Barium-Salzes $BaC_{14}H_8O_6S_2 \cdot 4H_2O$ (H 224), des Zink-Salzes $ZnC_{14}H_8O_6S_2 \cdot 3H_2O$ und des Blei(II)-Salzes $PbC_{14}H_8O_6S_2 \cdot 2H_2O$ in Wasser bei 20° und bei 100°: *Fedorow*, *Lodygin*, Ž. prikl. Chim. **15** [1942] 164; C. A. **1943** 2248.

Anthracen-disulfonsäure-(1.8), *anthracene-1,8-disulfonic acid* $C_{14}H_{10}O_6S_2$, Formel X
(H 224; E I 51; E II 127).

Löslichkeit des Dinatrium-Salzes $Na_2C_{14}H_8O_6S_2 \cdot 3H_2O$, des Dikalium-Salzes $K_2C_{14}H_8O_6S_2 \cdot H_2O$ (H 224), des Magnesium-Salzes $MgC_{14}H_8O_6S_2 \cdot 3H_2O$, des Calcium-Salzes $CaC_{14}H_8O_6S_2 \cdot 5H_2O$ (H 224), des Barium-Salzes $BaC_{14}H_8O_6S_2 \cdot 4H_2O$ (H 224), des Zink-Salzes $ZnC_{14}H_8O_6S_2 \cdot 4H_2O$ und des Blei(II)-Salzes $PbC_{14}H_8O_6S_2 \cdot 2H_2O$ in Wasser bei 20° und bei 100°: *Fedorow*, *Lodygin*, Ž. prikl. Chim. **15** [1942] 164; C. A. **1943** 2248.

Anthracen-disulfonsäure-(2.6), *anthracene-2,6-disulfonic acid* $C_{14}H_{10}O_6S_2$, Formel XI
(H 224).

Löslichkeit des Dinatrium-Salzes $Na_2C_{14}H_8O_6S_2 \cdot H_2O$, des Dikalium-Salzes $K_2C_{14}H_8O_6S_2$, des Magnesium-Salzes $MgC_{14}H_8O_6S_2 \cdot 4H_2O$, des Calcium-Salzes $CaC_{14}H_8O_6S_2 \cdot 5H_2O$, des Barium-Salzes $BaC_{14}H_8O_6S_2 \cdot 5H_2O$, des Zink-Salzes

$ZnC_{14}H_8O_6S_2 \cdot 6H_2O$ und des Blei(II)-Salzes $PbC_{14}H_8O_6S_2 \cdot 4H_2O$ in Wasser bei 20° und bei 100°: *Fedorow, Lodygin,* Ž. prikl. Chim. **15** [1942] 164; C. A. **1943** 2248.

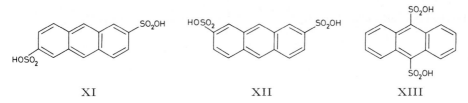

XI   XII   XIII

Anthracen-disulfonsäure-(2.7), *anthracene-2,7-disulfonic acid* $C_{14}H_{10}O_6S_2$, Formel XII (H 225).

Löslichkeit des Dinatrium-Salzes $Na_2C_{14}H_8O_6S_2 \cdot 2H_2O$, des Dikalium-Salzes $K_2C_{14}H_8O_6S_2$, des Magnesium-Salzes $MgC_{14}H_8O_6S_2 \cdot 2H_2O$, des Calcium-Salzes $CaC_{14}H_8O_6S_2 \cdot 3H_2O$, des Barium-Salzes $BaC_{14}H_8O_6S_2 \cdot 6H_2O$, des Zink-Salzes $ZnC_{14}H_8O_6S_2 \cdot 4H_2O$ und des Blei(II)-Salzes $PbC_{14}H_8O_6S_2 \cdot 3H_2O$ in Wasser bei 20° und bei 100°: *Fedorow, Lodygin,* Ž. prikl. Chim. **15** [1942] 164; C. A. **1943** 2248.

Anthracen-disulfonsäure-(9.10), *anthracene-9,10-disulfonic acid* $C_{14}H_{10}O_6S_2$, Formel XIII.

B. Aus 9.10-Dichlor-anthracen beim Erhitzen mit wss. Natriumsulfit-Lösung und Phenol auf 180° (*Marschalk, Ouroussoff,* Bl. [5] **2** [1935] 1216).

Lösungen in Wasser sind hellgelb und fluorescieren blau; Lösungen in Schwefelsäure sind anfangs gelb, später olivgrün und schliesslich braun.

Beim Erhitzen ohne Zusatz sowie beim Erwärmen mit wss. Schwefelsäure entsteht Anthracen.

Dinatrium-Salz $Na_2C_{14}H_8O_6S_2$. Gelbe Krystalle (aus A. oder wss. A.).

Disulfonsäuren $C_nH_{2n-22}O_6S_2$

Fluoranthen-disulfonsäure-(3.9), *fluoranthene-3,9-disulfonic acid* $C_{16}H_{10}O_6S_2$, Formel I.

Diese Konstitution ist der H 226 (s. a. E I 52) beschriebenen Fluoranthendisulfonsäure zuzuordnen (*Campbell, Keir,* Soc. **1955** 1233, 1234; *Holbro, Campbell,* Soc. **1957** 2652).

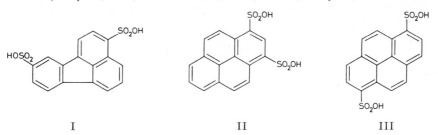

I   II   III

Pyren-disulfonsäure-(1.3), *pyrene-1,3-disulfonic acid* $C_{16}H_{10}O_6S_2$, Formel II.

B. Neben grösseren Mengen Pyren-disulfonsäure-(1.6) beim Behandeln des Natrium-Salzes der Pyren-sulfonsäure-(1) mit Schwefelsäure (*Tietze, Bayer,* A. **540** [1939] 189, 203). Aus Pyren-tetrasulfonsäure-(1.3.6.8) beim Erhitzen mit Zink und wss. Natronlauge (*Tie., Bayer,* l. c. S. 207).

Beim Erhitzen des Dinatrium-Salzes mit wss. Kalilauge auf 210—220° bzw. auf 250—260° ist 3-Hydroxy-pyren-sulfonsäure-(1) bzw. Pyrendiol-(1.3) erhalten worden (*Tie., Bayer,* l. c. S. 208).

Dinatrium-Salz $Na_2C_{16}H_8O_6S_2$ (Krystalle [aus Me. + Ae.]) und Calcium-Salz $CaC_{16}H_8O_6S_2$ (Krystalle [aus W.]): *Tie., Bayer,* l. c. S. 203, 207.

Pyren-disulfonsäure-(1.6), *pyrene-1,6-disulfonic acid* $C_{16}H_{10}O_6S_2$, Formel III.

B. Beim Behandeln von Pyren mit Schwefelsäure (*Tietze, Bayer,* A. **540** [1939] 189, 192, 202). Als Hauptprodukt beim Behandeln des Natrium-Salzes der Pyren-sulfon=

säure-(1) mit Schwefelsäure (*Tie.*, *Bayer*).

Dinatrium-Salz Na₂C₁₆H₈O₆S₂. Gelbliche Krystalle (aus W.). Lösungen in Wasser fluorescieren violett.

o-Terphenyl-disulfonsäure-(4.4''), o-*terphenyl-4,4''-disulfonic acid* $C_{18}H_{14}O_6S_2$, Formel IV.

B. Beim Erwärmen von o-Terphenyl mit Schwefelsäure (*Allen*, *Burness*, J. org. Chem. **14** [1949] 163, 165).

Dikalium-Salz K₂C₁₈H₁₂O₆S₂. Krystalle (aus W.).

IV   V

m-Terphenyl-disulfonsäure-(2.4), m-*terphenyl-2,4-disulfonic acid* $C_{18}H_{14}O_6S_2$, Formel V.

Eine als Dinatrium-Salz (Krystalle [aus W.]) isolierte Disulfonsäure, für die diese Konstitution in Betracht gezogen wird, ist beim Erwärmen von m-Terphenyl mit konz. Schwefelsäure erhalten worden (*I. G. Farbenind.*, D.R.P. 582267 [1932]; Frdl. **20** 447).

Disulfonsäuren $C_nH_{2n-26}O_6S_2$

[1.1']Binaphthyl-disulfonsäure-(2.2'), *1,1'-binaphthyl-2,2'-disulfonic acid* $C_{20}H_{14}O_6S_2$, Formel VI (X = OH) (E II 127).

Die Verbindung ist nach dem E II 127 angegebenen Verfahren nicht wieder erhalten worden (*Cumming*, *Muir*, J. roy. tech. Coll. **4** [1937] 61, 62).

[1.1']Binaphthyl-disulfonylchlorid-(2.2'), *1,1'-binaphthyl-2,2'-disulfonyl dichloride* $C_{20}H_{12}Cl_2O_4S_2$, Formel VI (X = Cl) (E II 128).

Das E II 128 beschriebene Präparat ist vermutlich mit Naphthalin-sulfonylchlorid-(2) verunreinigt gewesen (*Armarego*, *Turner*, Soc. **1957** 13, 14).

B. Aus dem Dinatrium-Salz der [1.1']Binaphthyl-disulfonsäure-(2.2') mit Hilfe von Phosphor(V)-chlorid und Phosphoroxychlorid (*Ar.*, *Tu.*, l. c. S. 17).

Gelbliche Krystalle (aus Eg.); F: 203—204°.

Beim Behandeln mit Zink und wss. Salzsäure ist kein Naphthalinthiol-(2) erhalten worden (*Ar.*, *Tu.*, l. c. S. 14; vgl. E II 128).

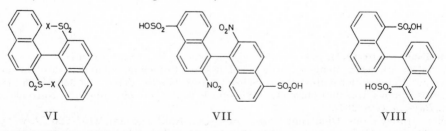

VI   VII   VIII

[1.1']Binaphthyl-disulfonsäure-(5.5') $C_{20}H_{14}O_6S_2$.

2.2'-Dinitro-[1.1']binaphthyl-disulfonsäure-(5.5'), *2,2'-dinitro-1,1'-binaphthyl-5,5'-di=sulfonic acid* $C_{20}H_{12}N_2O_{10}S_2$, Formel VII.

Eine als Barium-Salz BaC₂₀H₁₀N₂O₁₀S₂ (gelbe Krystalle mit 5,5 Mol H₂O) isolierte Säure, der diese Konstitution zugeschrieben wird, ist beim Behandeln von 2.2'-Dinitro-[1.1']binaphthyl mit rauchender Schwefelsäure bei 45° erhalten und mit Hilfe von (R)-1-Phenyl-äthylamin bzw. (S)-1-Phenyl-äthylamin in die Enantiomeren ($[\alpha]_D^{33}$:

$+36,9°$ [Barium-Salz in W.] bzw. $[\alpha]_D^{33}$: $-35,5°$ [Barium-Salz in W.]) zerlegt worden (*Murahashi*, Scient. Pap. Inst. phys. chem. Res. **17** [1931/32] 297).

[1.1′]Binaphthyl-disulfonsäure-(8.8′), *1,1′-binaphthyl-8,8′-disulfonic acid* $C_{20}H_{14}O_6S_2$, Formel VIII.

Eine als Dinatrium-Salz isolierte Säure, der wahrscheinlich diese Konstitution zukommt, ist beim Erhitzen des Natrium-Salzes der 8-Jod-naphthalin-sulfonsäure-(1) mit Kupfer-Pulver und wenig Kupfer(II)-sulfat in Wasser erhalten und durch Behandeln mit Phosphor(V)-chlorid in 8-Chlor-naphthalin-sulfonylchlorid-(1), durch Erhitzen mit Anilin-hydrochlorid auf 250° in eine als 8′-Hydroxy-[1.1′]binaphthyl-sulfonsäure-(8)-lacton angesehene Verbindung (F: 252° [Zers.]) übergeführt worden (*Cumming, Muir*, J. roy. tech. Coll. **4** [1937] 61, 65).

[2.2′]Binaphthyl-disulfonsäure-(1.1′), *2,2′-binaphthyl-1,1′-disulfonic acid* $C_{20}H_{14}O_6S_2$, Formel IX (X = OH).

B. Beim Erhitzen des Kalium-Salzes der 2-Brom-naphthalin-sulfonsäure-(1) oder des Kalium-Salzes der 2-Jod-naphthalin-sulfonsäure-(1) mit Kupfer-Pulver und wenig Kupfer(II)-sulfat in Wasser (*Cumming, Muir*, J. roy. tech. Coll. **4** [1937] 61, 67, 68). Beim Eintragen der aus 2-Amino-naphthalin-sulfonsäure-(1) bereiteten Diazonium-Verbindung in eine aus Kupfer(II)-sulfat, wss. Ammoniak und Hydroxylamin hergestellte Lösung (*Cu., Muir*). Beim Erhitzen des Dikalium-Salzes mit Kaliumhydroxid ist bei Verwendung eines Eisen-Gefässes [2.2′]Binaphthyl, bei Verwendung eines Nickel-Gefässes [2.2′]Binaphthyldiol-(1.1′) erhalten worden.

Diammonium-Salz $[NH_4]_2C_{20}H_{12}O_6S_2$. Krystalle; F: 303—304°.
Dikalium-Salz. Krystalle.

[2.2′]Binaphthyl-disulfonylchlorid-(1.1′), *2,2′-binaphthyl-1,1′-disulfonyl dichloride* $C_{20}H_{12}Cl_2O_4S_2$, Formel IX (X = Cl).

B. Aus dem Dikalium-Salz der [2.2′]Binaphthyl-disulfonsäure-(1.1′) mit Hilfe von Phosphor(V)-chlorid (*Cumming, Muir*, J. roy. tech. Coll. **4** [1937] 61, 67, 68).

Krystalle (aus wss. Acn.); F: 246° [Zers.].

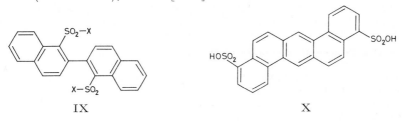

               IX   X

Disulfonsäuren $C_nH_{2n-30}O_6S_2$

Dibenz[a.h]anthracen-disulfonsäure-(4.11), *dibenz[a,h]anthracene-4,11-disulfonic acid* $C_{22}H_{14}O_6S_2$, Formel X.

B. Aus dem Di-*p*-toluidin-Salz der 7.14-Dioxo-7.14-dihydro-dibenz[*a.h*]anthracen-disulfonsäure-(4.11) beim Erwärmen mit Zink und wss. Ammoniak (*Cason, Fieser*, Am. Soc. **62** [1940] 2681, 2686).

Zink-Salz. In Wasser fast unlöslich.

Disulfonsäuren $C_nH_{2n-34}O_6S_2$

9.10-Diphenyl-anthracen-disulfonsäure-(2.6), *9,10-diphenylanthracene-2,6-disulfonic acid* $C_{26}H_{18}O_6S_2$, Formel XI (X = OH).

B. Neben anderen Verbindungen beim Eintragen von rauchender Schwefelsäure in Lösungen von 9.10-Diphenyl-anthracen oder von Natrium-[9.10-diphenyl-anthracen-sulfonat-(2)] in Essigsäure-Acetanhydrid-Gemischen und anschliessenden Erhitzen auf 110° (*Étienne, Lepeley, Heymès*, Bl. **1949** 835, 838).

Gelbliche Krystalle (aus W.) mit 4 Mol H_2O; die wasserfreie Säure schmilzt bei 310° bis 312° [Block]. In Äthanol löslich.

Dinatrium-Salz. Hellgelbe Krystalle (aus W.) mit 6 Mol H_2O.

9.10-Diphenyl-anthracen-disulfonsäure-(2.6)-diäthylester, *9,10-diphenylanthracene-2,6-disulfonic acid diethyl ester* $C_{30}H_{26}O_6S_2$, Formel XI (X = OC_2H_5).

B. Aus 9.10-Diphenyl-anthracen-disulfonylchlorid-(2.6) beim Behandeln mit äthanol. Natriumäthylat (*Étienne, Lepeley, Heymès*, Bl. **1949** 835, 838).

Gelbliche Krystalle (aus $CHCl_3$); F: 251—252° [Block].

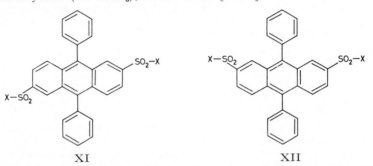

XI   XII

9.10-Diphenyl-anthracen-disulfonylchlorid-(2.6), *9,10-diphenylanthracene-2,6-disulfonyl dichloride* $C_{26}H_{16}Cl_2O_4S_2$, Formel XI (X = Cl).

B. Aus dem Dinatrium-Salz der 9.10-Diphenyl-anthracen-disulfonsäure-(2.6) mit Hilfe von Phosphor(V)-chlorid und Phosphoroxychlorid (*Étienne, Lepeley, Heymès*, Bl. **1949** 835, 838).

Gelbe Krystalle (aus Eg.); F: 324—326° [Block].

9.10-Diphenyl-anthracendisulfonamid-(2.6), *9,10-diphenylanthracene-2,6-disulfonamide* $C_{26}H_{20}N_2O_4S_2$, Formel XI (X = NH_2).

B. Aus 9.10-Diphenyl-anthracen-disulfonylchlorid-(2.6) beim Behandeln einer Lösung in Chloroform mit äthanol. Ammoniak (*Étienne, Lepeley, Heymès*, Bl. **1949** 835, 838).

Gelbliche Krystalle (aus Anisol); F: 357—359° [Block].

9.10-Diphenyl-anthracen-disulfonsäure-(2.7), *9,10-diphenylanthracene-2,7-disulfonic acid* $C_{26}H_{18}O_6S_2$, Formel XII (X = OH).

B. Neben anderen Verbindungen beim Eintragen von rauchender Schwefelsäure in Lösungen von 9.10-Diphenyl-anthracen oder von Natrium-[9.10-diphenyl-anthracen-sulfonat-(2)] in Essigsäure-Acetanhydrid-Gemischen und anschliessenden Erhitzen auf 110° (*Étienne, Lepeley, Heymès*, Bl. **1949** 835, 838).

Grüngelbe Krystalle (aus W.) mit 4 Mol H_2O; F: 273—275° [Block].

9.10-Diphenyl-anthracen-disulfonsäure-(2.7)-diäthylester, *9,10-diphenylanthracene-2,7-disulfonic acid diethyl ester* $C_{30}H_{26}O_6S_2$, Formel XII (X = OC_2H_5).

B. Aus 9.10-Diphenyl-anthracen-disulfonylchlorid-(2.7) beim Behandeln mit äthanol. Natriumäthylat (*Étienne, Lepeley, Heymès*, Bl. **1949** 835, 839).

Krystalle (aus Bzl. + A.); F: 224—225° [Block].

9.10-Diphenyl-anthracen-disulfonylchlorid-(2.7), *9,10-diphenylanthracene-2,7-disulfonyl dichloride* $C_{26}H_{16}Cl_2O_4S_2$, Formel XII (X = Cl).

B. Aus dem Dinatrium-Salz der 9.10-Diphenyl-anthracen-disulfonsäure-(2.7) mit Hilfe von Phosphor(V)-chlorid und Phosphoroxychlorid (*Étienne, Lepeley, Heymès*, Bl. **1949** 835, 839).

Krystalle (aus Eg.); F: 271—273° [Block].

9.10-Diphenyl-anthracendisulfonamid-(2.7), *9,10-diphenylanthracene-2,7-disulfonamide* $C_{26}H_{20}N_2O_4S_2$, Formel XII (X = NH_2).

B. Aus 9.10-Diphenyl-anthracen-disulfonylchlorid-(2.7) beim Behandeln einer Lösung in Chloroform mit äthanol. Ammoniak (*Étienne, Lepeley, Heymès*, Bl. **1949** 835, 839).

Krystalle (aus 1-Methoxy-äthanol-(2)); F: 356—358° [Block].

C. Trisulfonsäuren

Trisulfonsäuren $C_nH_{2n-6}O_9S_3$

Benzol-trisulfonsäure-(1.3.5), *benzene-1,3,5-trisulfonic acid* $C_6H_6O_9S_3$, Formel I (X = OH) (H 227; E I 52; E II 128).

B. Beim Erhitzen des Dinatrium-Salzes der Benzol-disulfonsäure-(1.3) mit rauchender Schwefelsäure unter Zusatz von Quecksilber auf 275° (*Suter, Harrington,* Am. Soc. **59** [1937] 2575).

Benzol-trisulfonylfluorid-(1.3.5), *benzene-1,3,5-trisulfonyl trifluoride* $C_6H_3F_3O_6S_3$, Formel I (X = F).

B. Aus Benzol-trisulfonylchlorid-(1.3.5) beim Erhitzen einer Lösung in Xylol mit wss. Kaliumfluorid-Lösung (*Davies, Dick,* Soc. **1931** 2104, 2108).

Krystalle (aus wss. A.); F: 166—167°.

Benzol-trisulfonylchlorid-(1.3.5), *benzene-1,3,5-trisulfonyl trichloride* $C_6H_3Cl_3O_6S_3$, Formel I (X = Cl) (H 227; E I 52; E II 128).

B. Aus dem Trinatrium-Salz der Benzol-trisulfonsäure-(1.3.5) beim Erhitzen mit Chloroschwefelsäure auf 140° (*Walter, Lutwak,* Koll. Beih. **37** [1933] 385, 390).

Krystalle; F: 187° [korr.] (*Suter, Harrington,* Am. Soc. **59** [1937] 2575), 186,5—187° [aus Bzl.] (*de Smet,* Natuurw. Tijdschr. **15** [1933] 215, 224).

2-Chlor-benzol-trisulfonylfluorid-(1.3.5), *2-chlorobenzene-1,3,5-trisulfonyl trifluoride* $C_6H_2ClF_3O_6S_3$, Formel II.

Diese Verbindung hat vermutlich in einem von *Davies, Dick* (Soc. **1931** 2104, 2108) als 3-Chlor-benzol-trisulfonylfluorid-(1.2.4) (Formel III) beschriebenen Präparat (Krystalle [aus wss. A.]; F: 179—181°) vorgelegen.

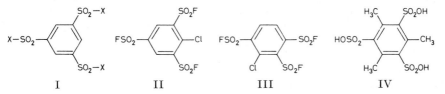

| I | II | III | IV |

Mesitylen-trisulfonsäure-(2.4.6), *2,4,6-trimethylbenzene-1,3,5-trisulfonic acid* $C_9H_{12}O_9S_3$, Formel IV.

B. Beim Erhitzen von Mesitylen-disulfonylchlorid-(2.4) mit Schwefeltrioxid auf 120° und Behandeln des Reaktionsprodukts mit wss. Bariumhydroxid (*Backer,* R. **54** [1935] 544, 550).

Ammonium-Salz $[NH_4]_3C_9H_9O_9S_3$. Krystalle (aus W.) mit 8 Mol H_2O.

Barium-Salz $Ba_3(C_9H_9O_9S_3)_2$. Krystalle (aus W. + A.) mit 12 Mol H_2O.

Trisulfonsäuren $C_nH_{2n-12}O_9S_3$

Naphthalin-trisulfonsäure-(1.3.5), *naphthalene-1,3,5-trisulfonic acid* $C_{10}H_8O_9S_3$, Formel V (X = OH) (H 228).

B. Beim Behandeln von Dinatrium-[naphthalin-disulfonat-(1.5)] mit wasserfreier Schwefelsäure und anschliessenden Erwärmen mit rauchender Schwefelsäure (*Lantz,* Bl. [5] **6** [1939] 289, 292; s. a. *Bušše, Bregman, Trochimowškaja,* Chim. farm. Promyšl. **1934** Nr. 1, S. 31; C. **1935** I 2212; vgl. H 228).

Nitrierung beim Behandeln mit Gemischen von Salpetersäure und Schwefelsäure: *Bu., Br., Tr.; Lantz,* Bl. [5] **6** [1939] 280, 283, 294.

Naphthalin-trisulfonylchlorid-(1.3.5), *naphthalene-1,3,5-trisulfonyl trichloride* $C_{10}H_5Cl_3O_6S_3$, Formel V (X = Cl) (H 228; E II 129).

B. Aus Dinatrium-[naphthalin-disulfonat-(1.5)] beim Erhitzen mit Chloroschwefelsäure auf 180° (*Deutsche Hydrierwerke,* D.R.P. 748003 [1939]; D.R.P. Org. Chem. **6** 2204) oder mit Chloroschwefelsäure und Tetrachlormethan bis auf 140° (*Deutsche Hydrierwerke,*

D.R.P. 757503 [1940]; D.R.P. Org. Chem. **6** 2200). Aus Trinatrium-[naphthalin-trisulfonat-(1.3.5)] mit Hilfe von Phosphor(V)-chlorid (*Fierz-David*, *Richter*, Helv. **28** [1945] 257, 264, 269).

Krystalle; F: 146° [aus Eg.] (*Fierz-D.*, *Ri.*), 145° [aus Bzl. + Bzn.] (*Deutsche Hydrierwerke*).

Naphthalin-trisulfonsäure-(1.3.6), *naphthalene-1,3,6-trisulfonic acid* $C_{10}H_8O_9S_3$, Formel VI (X = OH) (H 229; E II 129).

B. Aus Naphthalin-disulfonsäure-(1.6) (*Fierz-David*, *Richter*, Helv. **28** [1945] 257, 265) oder aus Naphthalin-disulfonsäure-(2.7) (*Lantz*, Bl. [5] **6** [1939] 289, 291; *Fierz-D.*, *Ri.*) beim Erhitzen mit rauchender Schwefelsäure.

Nitrierung beim Behandeln mit Gemischen von Salpetersäure und Schwefelsäure: *Lantz*, Bl. [5] **6** [1939] 280, 283, 293. Hydrolyse beim Erhitzen mit wss. Schwefelsäure verschiedener Konzentration auf 180°: *Lantz*, Bl. **1947** 95, 98.

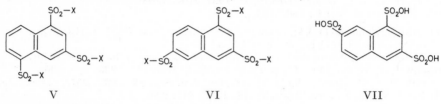

V   VI   VII

Naphthalin-trisulfonylchlorid-(1.3.6), *naphthalene-1,3,6-trisulfonyl trichloride* $C_{10}H_5Cl_3O_6S_3$, Formel VI (X = Cl) (H 229).

B. Aus Dinatrium-[naphthalin-disulfonat-(2.7)] beim Erhitzen mit Chloroschwefelsäure auf 180° (*Deutsche Hydrierwerke*, D.R.P. 748003 [1939]; D.R.P. Org. Chem. **6** 2204) sowie beim Erhitzen mit Chloroschwefelsäure und Tetrachlormethan bis auf 140° (*Deutsche Hydrierwerke*, D.R.P. 757503 [1940]; D.R.P. Org. Chem. **6** 2200). Aus Trinatrium-[naphthalin-trisulfonat-(1.3.6)] mit Hilfe von Phosphor(V)-chlorid (*Walter*, *Engelberg*, Koll. Beih. **40** [1934] 29, 41; *Fierz-David*, *Richter*, Helv. **28** [1945] 257, 264, 269).

Krystalle; F: 197,8—198° [aus Bzl.] (*Ufimzew*, B. **69** [1936] 2188, 2198), 197° [aus Eg.] (*Fierz-D.*, *Ri.*).

Naphthalin-trisulfonsäure-(1.3.7), *naphthalene-1,3,7-trisulfonic acid* $C_{10}H_8O_9S_3$, Formel VII (H 229).

B. Beim Behandeln von Dinatrium-[naphthalin-disulfonat-(2.6)] mit wasserfreier Schwefelsäure und anschliessenden Erwärmen mit rauchender Schwefelsäure (*Lantz*, Bl. [5] **6** [1939] 289, 292; vgl. H 229).

Fluorescenz-Spektrum einer wss. Lösung des Trinatrium-Salzes: *Allen*, *Franklin*, *McDonald*, J. Franklin Inst. **215** [1933] 705, 709, 711.

Nitrierung beim Behandeln mit Gemischen von Salpetersäure und Schwefelsäure: *Lantz*, Bl. [5] **6** [1939] 280, 283, 294.

Trisulfonsäuren $C_nH_{2n-16}O_9S_3$

Fluoren-trisulfonsäure-(2.4.7), *fluorene-2,4,7-trisulfonic acid* $C_{13}H_{10}O_9S_3$, Formel VIII.

Eine als Trichlorid $C_{13}H_7Cl_3O_6S_3$ (Krystalle [aus Bzl. + PAe.]; F: 214° [Block]) charakterisierte Trisulfonsäure, der wahrscheinlich diese Konstitution zukommt, ist beim Erwärmen von Fluoren mit konz. Schwefelsäure und anschliessend mit rauchender Schwefelsäure erhalten worden (*Courtot*, A. ch. [10] **14** [1930] 5, 47).

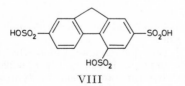
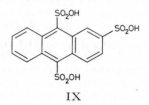

VIII   IX

Trisulfonsäuren $C_nH_{2n-18}O_9S_3$

Anthracen-trisulfonsäure-(2.9.10), *anthracene-2,9,10-trisulfonic acid* $C_{14}H_{10}O_9S_3$, Formel IX.

B. Aus Natrium-[9.10-dichlor-anthracen-sulfonat-(2)] beim Erhitzen mit wss. Natrium=sulfit-Lösung auf 180° (*Fedorow, Scheludjakowa,* Ž. obšč. Chim. **8** [1938] 1699, 1700; C. **1939** I 4950).

Beim Erwärmen mit wss. Salzsäure ist Anthracen-sulfonsäure-(2) erhalten worden (*Fe., Sch.,* l. c. S. 1702).

Trinatrium-Salz $Na_3C_{14}H_7O_9S_3$. Hellgelbe Krystalle (aus A.) mit 2 Mol H_2O.

Trisulfonsäuren $C_nH_{2n-22}O_9S_3$

Pyren-trisulfonsäure-(1.3.6), *pyrene-1,3,6-trisulfonic acid* $C_{16}H_{10}O_9S_3$, Formel X (X = H).

B. In geringer Menge beim Behandeln von Natrium-[pyren-sulfonat-(1)] mit Schwefel=säure (*Tietze, Bayer,* A. **540** [1939] 189, 203).

Natrium-dikalium-Salz $NaK_2C_{16}H_7O_9S_3$. Gelbe Krystalle (aus W.). Lösungen in Wasser sind farblos und fluorescieren violett.

8-Chlor-pyren-trisulfonsäure-(1.3.6), *8-chloropyrene-1,3,6-trisulfonic acid* $C_{16}H_9ClO_9S_3$, Formel X (X = Cl).

B. Beim Eintragen von 1-Chlor-pyren in Natriumsulfat enthaltende Schwefelsäure bei 40—50° und Behandeln der Reaktionslösung mit rauchender Schwefelsäure bei 50° bis 60° (*Tietze, Bayer,* A. **540** [1939] 189, 205).

Trinatrium-Salz $Na_3C_{16}H_6ClO_9S_3$. Krystalle.

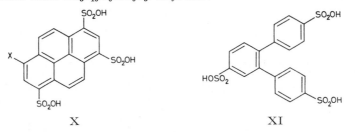

X   XI

o-**Terphenyl-trisulfonsäure-(4.4′.4″),** *o-terphenyl-4,4′,4″-trisulfonic acid* $C_{18}H_{14}O_9S_3$, Formel XI.

B. Beim Erhitzen von *o*-Terphenyl mit Schwefelsäure auf 110° (*Allen, Burness,* J. org. Chem. **14** [1949] 163, 165).

Trikalium-Salz $K_3C_{18}H_{11}O_9S_3$. Krystalle (aus W.) mit 2 Mol H_2O.

D. Tetrasulfonsäuren

Tetrasulfonsäuren $C_nH_{2n-12}O_{12}S_4$

Naphthalin-tetrasulfonsäure-(1.3.5.7), *naphthalene-1,3,5,7-tetrasulfonic acid* $C_{10}H_8O_{12}S_4$, Formel XII (X = OH) (H 230; E II 130).

B. Beim Erhitzen von Dinatrium-[naphthalin-disulfonat-(2.6)] mit rauchender Schwe=felsäure auf 180° (*Lantz,* Bl. [5] **6** [1939] 289, 292; vgl. H 230).

Naphthalin-tetrasulfonylchlorid-(1.3.5.7), *naphthalene-1,3,5,7-tetrasulfonyl tetrachloride* $C_{10}H_4Cl_4O_8S_4$, Formel XII (X = Cl) (H 230 [dort im Artikel Naphthalin-tetrasulfonsäu=re-(1.3.5.7)]; E II 130).

B. Aus Tetranatrium-[naphthalin-tetrasulfonat-(1.3.5.7)] beim Erhitzen mit Chloro=schwefelsäure auf 140° (*Deutsche Hydrierwerke,* D.R.P. 748003 [1939]; D.R.P. Org. Chem. **6** 2204).

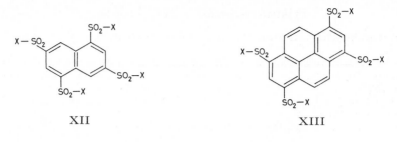

XII   XIII

Tetrasulfonsäuren $C_nH_{2n-22}O_{12}S_4$

Pyren-tetrasulfonsäure-(1.3.6.8), *pyrene-1,3,6,8-tetrasulfonic acid* $C_{16}H_{10}O_{12}S_4$, Formel XIII (X = OH).

B. Beim Eintragen von Pyren in Natriumsulfat enthaltende konz. Schwefelsäure und Behandeln des Reaktionsgemisches mit rauchender Schwefelsäure (*Tietze, Bayer,* A. **540** [1939] 189, 194, 204). Beim Behandeln von Natrium-[pyren-sulfonat-(1)] mit konz. Schwefelsäure und anschliessend mit rauchender Schwefelsäure (*Tie., Bayer,* l. c. S. 204).

Beim Erhitzen mit wss. Natronlauge auf Siedetemperatur ist 8-Hydroxy-pyren-tri⸗ sulfonsäure-(1.3.6), beim Erhitzen mit Natriumhydroxid und wenig Wasser bis auf 170° ist 6.8-Dihydroxy-pyren-disulfonsäure-(1.3), beim Erhitzen mit wss. Natronlauge auf 250° ist Pyrentetrol-(1.3.6.8) erhalten worden (*Tie., Bayer,* l. c. S. 205, 206, 208). Bil⸗ dung von 8-Amino-pyren-trisulfonsäure-(1.3.6) und 8-Hydroxy-pyren-trisulfonsäu⸗ re-(1.3.6) beim Erhitzen des Natrium-Salzes mit wss. Ammoniak auf 200°: *Tie., Bayer,* l. c. S. 205. Beim Erhitzen mit Zink und wss. Natronlauge ist Pyren-disulfonsäure-(1.3) erhalten worden (*Tie., Bayer,* l. c. S. 207).

Tetranatrium-Salz $Na_4C_{16}H_6O_{12}S_4$. Gelbe Krystalle [aus wss. Natriumchlorid-Lösung].

Pyren-tetrasulfonylchlorid-(1.3.6.8), *pyrene-1,3,6,8-tetrasulfonyl tetrachloride* $C_{16}H_6Cl_4O_8S_4$, Formel XIII (X = Cl).

B. Aus Tetranatrium-[pyren-tetrasulfonat-(1.3.6.8)] beim Behandeln einer Suspension in Phosphoroxychlorid mit Phosphor(V)-chlorid (*Tietze, Bayer,* A. **540** [1939] 189, 195).

Krystalle (aus Nitrobenzol), die unterhalb 450° nicht schmelzen.

E. Hexasulfonsäuren

Hexasulfonsäuren $C_nH_{2n-6}O_{18}S_6$

Hexakis-sulfomethyl-benzol, *benzenehexaylhexakismethanesulfonic acid* $C_{12}H_{18}O_{18}S_6$, Formel XIV.

B. Aus Hexakis-brommethyl-benzol beim Erhitzen mit wss. Kaliumsulfit-Lösung auf 210° (*Backer,* R. **54** [1935] 745, 748).

Hygroskopische Krystalle (aus W.) mit 9 Mol H_2O.

Kalium-Salz $K_6C_{12}H_{12}O_{18}S_6$. Krystalle (aus W. oder wss. A.) mit 3 Mol H_2O.

Barium-Salz $Ba_3C_{12}H_{12}O_{18}S_6$. Krystalle mit 9 Mol H_2O.

Thallium(I)-Salz $Tl_6C_{12}H_{12}O_{18}S_6$. Krystalle (aus W.) mit 3 Mol H_2O.

[*Liebegott*]

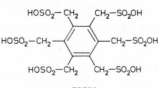

XIV

F. Hydroxysulfonsäuren

Sulfo-Derivate der Monohydroxy-Verbindungen $C_nH_{2n}O$

2-Hydroxy-cyclohexan-sulfonsäure-(1), *2-hydroxycyclohexanesulfonic acid* $C_6H_{12}O_4S$.
Über die Konfiguration der folgenden Stereoisomeren s. *Bordwell, Peterson*, Am. Soc.
76 [1954] 3957, 3959.

a) **(±)-*cis*-2-Hydroxy-cyclohexan-sulfonsäure-(1)**, Formel I (X = H) + Spiegelbild.
B. Als Barium-Salz (s. u.) beim Erhitzen des Barium-Salzes der (±)-*cis*-2-Sulfooxy-
cyclohexan-sulfonsäure-(1) (s. u.) mit Wasser auf 125° (*Sperling*, Soc. **1949** 1925).
Charakterisierung als *S*-Benzyl-isothiuronium-Salz (s. u.): *Sp.*; *Bordwell, Peterson*,
Am. Soc. **76** [1954] 3957, 3961; als Anilin-Salz (F: 205—206°): *Bo., Pe.*; als Phenyl=
hydrazin-Salz (F: 158—159° [korr.]): *Sp.*
Barium-Salz. Krystalle [aus W.]; 100 g einer bei 18° gesättigten wss. Lösung enthalten 17,8 g (*Sp.*).
S-Benzyl-isothiuronium-Salz [$C_8H_{11}N_2S]C_6H_{11}O_4S$. Krystalle; F: 156—157°
[korr.] (*Sp.*), 151—152,5° [unkorr.; aus W.] (*Bo., Pe.*).

b) **(±)-*trans*-2-Hydroxy-cyclohexan-sulfonsäure-(1)**, Formel II (X = H) + Spiegelbild (H 233; dort als „*cis*"-Cyclohexanol-(1)-sulfonsäure-(2) bezeichnet).
B. Beim Behandeln von Cyclohexen mit Schwefelsäure, Essigsäure und Acetanhydrid
(*Friese*, B. **64** [1931] 2103, 2106; s. a. *Sperling*, Soc. **1949** 1938). Aus (±)-*trans*(?)-2-Chlor-
cyclohexanol-(1) bei 3-tägigem Erwärmen mit wss. Ammoniumsulfat-Lösung (*Sperling*,
Soc. **1949** 1925). Neben geringen Mengen *trans*-Cyclohexandiol-(1.2) beim Erwärmen
von 1.2-Epoxy-cyclohexan mit Natriumthiosulfat in wss. Äthanol (*Culvenor, Davies,
Heath*, Soc. **1949** 278, 281).
Überführung in *trans*-Cyclohexandiol-(1.2) durch Erhitzen des Natrium-Salzes mit wss.
Kaliumhydrogensulfid-Lösung auf 140°: *Mousseron*, C. r. **216** [1943] 812. Beim Erhitzen
des Natrium-Salzes mit Kaliumcyanid und Erhitzen des gebildeten 2-Hydroxy-cyclo=
hexan-carbonitrils-(1) (Öl) mit wss. Salzsäure sind geringe Mengen *trans*-2-Hydroxy-
cyclohexan-carbonsäure-(1) erhalten worden (*Fr.*, l. c. S. 2107).
Charakterisierung als Phenylhydrazin-Salz (F: 140—141° [korr.]): *Sp.*, l. c. S. 1926,
1938.
Natrium-Salz $NaC_6H_{11}O_4S$. Krystalle [aus wss. A.] (*Cu., Da., Heath*).
Barium-Salz $Ba(C_6H_{11}O_4S)_2$. Krystalle [aus wss. A.] (*Fr.; Sp.*, l. c. S. 1238). 100 g
einer bei 18° gesättigten wss. Lösung enthalten 8,2 g (*Sp.*, l. c. S. 1926).

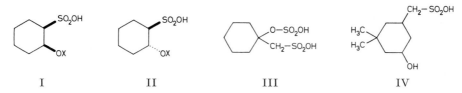

I   II   III   IV

2-Sulfooxy-cyclohexan-sulfonsäure-(1), *2-(sulfooxy)cyclohexanesulfonic acid* $C_6H_{12}O_7S_2$.
Über die Konfiguration der folgenden Stereoisomeren s. *Bordwell, Peterson*, Am. Soc.
76 [1954] 3957, 3959.

a) **(±)-*cis*-2-Sulfooxy-cyclohexan-sulfonsäure-(1)**, Formel I (X = SO_2OH)
+Spiegelbild.
B. Neben Cyclohexen-(1)-sulfonsäure-(3) und anderen Verbindungen beim Behandeln
von Cyclohexen mit dem Dioxan-Schwefeltrioxid-Addukt in 1.2-Dichlor-äthan und Eintragen des Reaktionsgemisches in Wasser (*Sperling*, Soc. **1949** 1925; *Bordwell, Peterson*,
Am. Soc. **76** [1954] 3957, 3961). Beim Erwärmen von Cyclohexen mit Pyridinium-
sulfonat-(1) und Einleiten von Wasserdampf in das mit Bariumcarbonat versetzte Reaktionsgemisch (*Terent'ew, Dombrowškiǐ*, Ž. obšč. Chim. **19** [1949] 1467, 1468; C. A.
1950 1481).

Charakterisierung als Dianilin-Salz (F: 201—203° [unkorr.]): *Bo.*, *Pe.*
Barium-Salz BaC₆H₁₀O₇S₂·3 H₂O. Krystalle [aus wss. A.] (*Sp.*).

b) **(±)-*trans*-2-Sulfooxy-cyclohexan-sulfonsäure-(1)**, Formel II (X = SO₂OH)
+ Spiegelbild.
B. Beim Behandeln von (±)-*trans*-2-Hydroxy-cyclohexan-sulfonsäure-(1) mit Schwefel=
säure (*Sperling*, Soc. **1949** 1938).
Beim Erhitzen des Dinatrium-Salzes auf 170° ist das Natrium-Salz der Cyclohexen-(1)-
sulfonsäure-(1) erhalten worden.

[1-Hydroxy-cyclohexyl]-methansulfonsäure C₇H₁₄O₄S.

[1-Sulfooxy-cyclohexyl]-methansulfonsäure, *[1-(sulfooxy)cyclohexyl]methanesulfonic acid*
C₇H₁₄O₇S₂, Formel III.
Eine als Barium-Salz BaC₇H₁₂O₇S₂ (in Äthanol fast unlöslich) isolierte Verbindung,
der wahrscheinlich diese Konstitution zukommt, ist beim Erwärmen von Methylencyclo=
hexan mit Pyridinium-sulfonat-(1) und Einleiten von Wasserdampf in das mit Barium=
carbonat versetzte Reaktionsgemisch erhalten worden (*Terent'ew, Dombrowskiĭ*, Ž. obšč.
Chim. **19** [1949] 1467, 1469; C. A. **1950** 1481).

[5-Hydroxy-3.3-dimethyl-cyclohexyl]-methansulfonsäure, (*5-hydroxy-3,3-dimethylcyclo=
hexyl)methanesulfonic acid* C₉H₁₈O₄S, Formel IV.
Eine als Benzidin-Salz C₁₂H₁₂N₂·C₉H₁₈O₄S (F: 217—219° [korr.; Zers.]) isolierte
opt.-inakt. Säure dieser Konstitution ist neben grösseren Mengen [3.3-Dimethyl-cyclo=
hexyl]-methansulfonsäure bei der Hydrierung von [5-Oxo-3.3-dimethyl-cyclohexen-(6)-
yl]-methansulfonsäure an Platin in Essigsäure erhalten worden (*Doering, Beringer*,
Am. Soc. **71** [1949] 2221, 2224, 2225).

Sulfo-Derivate der Monohydroxy-Verbindungen C_nH_{2n—2}O

[2-Hydroxy-1.7-dimethyl-norbornyl-(7)]-methansulfonsäure C₁₀H₁₈O₄S.

(1R)-2ξ-Hydroxy-1.7*syn*-dimethyl-norbornyl-(7*anti*)]-methansulfonsäure,
(1R)-2ξ-Hydroxy-bornan-sulfonsäure-(8), (1R)-2ξ-*hydroxybornane-8-sulfonic acid*,
Formel V.
Eine als Natrium-Salz NaC₁₀H₁₇O₄S (Krystalle [aus W.]; [α]_D²⁰: +9,4° [W.]) iso=
lierte Säure von ungewisser konfigurativer Einheitlichkeit ist beim Erwärmen von
(1R)-2-Oxo-bornan-sulfonsäure-(8) mit Natrium und Äthanol erhalten und durch Er=
wärmen mit wss. Salzsäure und Essigsäure in (±)-[3*exo*-Hydroxy-2*endo*.3*endo*-dimethyl-
norbornyl-(2*exo*)]-methansulfonsäure-lacton (über die Konfiguration dieser Verbindung
s. *Wolinsky, Dimmel, Gibson*, J. org. Chem. **32** [1967] 2087, 2089, 2090) übergeführt
worden (*Asahina, Sano, Mayekawa*, B. **71** [1938] 312, 316, 317).

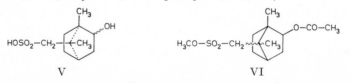

V VI

[2-Acetoxy-1.7-dimethyl-norbornyl-(7)]-methansulfonsäure-methylester, (*2-acetoxy-
1,7-dimethyl-7-norbornyl)methanesulfonic acid methyl ester* C₁₃H₂₂O₅S, Formel VI.
Ein opt.-inakt. Ester (Kp₃: 166—167°), für den diese Konstitution in Betracht
gezogen wird, ist in geringer Menge beim Erwärmen von (±)-[2*endo*-Methyl-3-methylen-
norbornyl-(2*exo*)]-methansulfonsäure-methylester (Kp₃,₅: 130° [S. 32]) mit Essigsäure
unter Zusatz von wss. Schwefelsäure erhalten worden (*Kawahata*, J. pharm. Soc. Japan
61 [1941] 189; dtsch. Ref. S. 80; C. A. **1950** 8890).

Sulfo-Derivate der Monohydroxy-Verbindungen C_nH_{2n—6}O

2-Hydroxy-benzol-sulfonsäure-(1), Phenol-sulfonsäure-(2), o-*hydroxybenzenesulfonic
acid* C₆H₆O₄S, Formel VII (R = H, X = OH) (H 234; E I 53; E II 131).
B. Beim Behandeln von Phenol mit wss. Ammoniak, Ammoniumsulfit und Kupfer(II)-

hydroxid in Sauerstoff-Atmosphäre oder unter Luftzutritt (*Garreau*, Bl. [5] **1** [1934] 1563, 1567; A. ch. [11] **10** [1938] 485, 526, 527). Neben 4-Hydroxy-benzol-sulfonsäure-(1) beim Erwärmen von Phenol mit Schwefelsäure (1 Mol), Essigsäure und Acetanhydrid (*Friese*, D.R.P. 588709 [1930]; Frdl. **19** 660; vgl. H 234).

Wasserhaltige Krystalle, deren Schmelzpunkt vom Wassergehalt abhängt (*Ishihara*, J. pharm. Soc. Japan **50** [1930] 124, 128; C. A. **1930** 4002).

Beim Erhitzen mit Kupfer(II)-chlorid bzw. Kupfer(II)-bromid sind geringe Mengen 2-Chlor-phenol bzw. 2-Brom-phenol erhalten worden (*Varma, Parekh, Subramanium*, J. Indian chem. Soc. **16** [1939] 460). Überführung in 2-Hydroxy-3-hydroxymercurio-benzol-sulfonsäure-(1) durch Erwärmen mit Quecksilber(II)-oxid in Wasser: *Ishi.*, l. c. S. 128.

Farbreaktionen: *Ishi.*, l. c. S. 128; *Wesp, Brode*, Am. Soc. **56** [1934] 1037, 1039; *Emerson, Beacham, Beegle*, J. org. Chem. **8** [1943] 417, 421.

2-Methoxy-benzol-sulfonsäure-(1), o-*methoxybenzenesulfonic acid* $C_7H_8O_4S$, Formel VII (R = CH_3, X = OH) (H 235).

B. Neben 4-Methoxy-benzol-sulfonsäure-(1) beim Erwärmen von Anisol mit einem Gemisch von Schwefelsäure, Essigsäure und Acetanhydrid (*Friese*, D.R.P. 588709 [1930]; Frdl. **19** 660).

Als Barium-Salz $Ba(C_7H_7O_4S)_2$ isoliert (*Fr.*, D.R.P. 588709).

Beim Erhitzen des Barium-Salzes mit wss. Schwefelsäure (25 %ig) auf 150° sind Anisol und geringe Mengen Phenol erhalten worden (*Friese*, B. **64** [1931] 2103, 2107).

[2-Hydroxy-benzol-sulfonyl-(1)]-benzoyl-amin, N-**[2-Hydroxy-benzol-sulfonyl-(1)]-benzamid**, N-(o-*hydroxyphenylsulfonyl*)*benzamide* $C_{13}H_{11}NO_4S$, Formel VII (R = H, X = $NH-CO-C_6H_5$).

Diese Konstitution kommt der nachstehend beschriebenen, ursprünglich (*Wertheim*, Am. Soc. **56** [1934] 971) als 2-Benzoyloxy-benzolsulfonamid-(1) angesehenen Verbindung zu (*Suzue, Irikura*, Chem. pharm. Bl. **16** [1968] 806, 809).

B. Aus 3-Phenyl-benz[4.1.2]oxathiazin-1.1-dioxid beim Behandeln mit wss. Natron-lauge (*We.*).

Krystalle (aus wss. Eg.); F: 178—180° (*We.*).

5-Fluor-2-methoxy-benzolsulfonamid-(1), 5-*fluoro-2-methoxybenzenesulfonamide* $C_7H_8FNO_3S$, Formel VIII.

B. Beim Behandeln einer Lösung von 4-Fluor-anisol in Chloroform mit Chloroschwefel-säure und Behandeln der Reaktionslösung mit Ammoniumcarbonat (*Huntress, Carten*, Am. Soc. **62** [1940] 603).

Krystalle (aus wss. A.); F: 174—175° [unkorr.; Block].

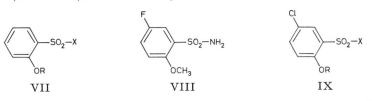

VII   VIII   IX

5-Chlor-2-hydroxy-benzol-sulfonsäure-(1), 5-*chloro-2-hydroxybenzenesulfonic acid* $C_6H_5ClO_4S$, Formel IX (R = H, X = OH) (H 236; E II 131; dort als 4-Chlor-phenol-sulfonsäure-(2) bezeichnet[1])).

Elektrolytische Dissoziation des Natrium-Salzes in wss. Lösung von verschiedenem pH bei 10°, 25°, 40° und 60°: *Hamer, Pinching, Acree*, J. Res. Bur. Stand. **31** [1943] 291, 302.

1.2-Bis-[(5-chlor-2-hydroxy-benzol-sulfonyl-(1))-amino]-äthan, N.N'-**Bis-[5-chlor-2-hydroxy-benzol-sulfonyl-(1)]-äthylendiamin**, 5,5'-*dichloro-2,2'-dihydroxy*-N,N'-*ethyl-enebisbenzenesulfonamide* $C_{14}H_{14}Cl_2N_2O_6S_2$, Formel X.

B. Aus 5-Chlor-2-hydroxy-benzol-sulfonylchlorid-(1) (nicht näher beschrieben) und Äthylendiamin (*I.G. Farbenind.*, D.R.P. 506988 [1928]; Frdl. **17** 2114; U.S.P. 1962276

[1]) Berichtigung zu E II 131, Zeile 10 v. u.: An Stelle von „A. **157** [1871] 236" ist zu setzen „A. **157** [1871] 136".

[1929]).

F: 217°.

5-Chlor-2-methoxy-benzolsulfonamid-(1), *5-chloro-2-methoxybenzenesulfonamide*
$C_7H_8ClNO_3S$, Formel IX (R = CH_3, X = NH_2) (E II 132).

B. Beim Behandeln einer Lösung von 4-Chlor-anisol in Chloroform mit Chloroschwefel=
säure und Behandeln der Reaktionslösung mit Ammoniumcarbonat (*Huntress, Carten,*
Am. Soc. **62** [1940] 603).

Krystalle (aus wss. A.); F: 150—151° [unkorr.; Block].

5-Chlor-2-äthoxy-benzolsulfonamid-(1), *5-chloro-2-ethoxybenzenesulfonamide*
$C_8H_{10}ClNO_3S$, Formel IX (R = C_2H_5, X = NH_2).

B. Beim Behandeln einer Lösung von 4-Chlor-phenetol in Chloroform mit Chloro=
schwefelsäure und Behandeln der Reaktionslösung mit Ammoniumcarbonat (*Huntress,
Carten,* Am. Soc. **62** [1940] 603).

Krystalle (aus wss. A.); F: 134—134,5° [unkorr.; Block].

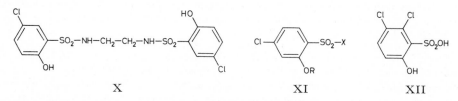

| X | XI | XII |

4-Chlor-2-hydroxy-benzol-sulfonsäure-(1), *4-chloro-2-hydroxybenzenesulfonic acid*
$C_6H_5ClO_4S$, Formel XI (R = H, X = OH).

B. Beim Behandeln von 3-Chlor-phenol mit Schwefelsäure (*Hodgson, Kershaw,* Soc.
1930 1419, 1420).

Wasserhaltige Krystalle.

Beim Behandeln des Barium-Salzes mit wss. Bariumhypochlorit-Lösung ist 3.4.5-Tri=
chlor-2-hydroxy-benzol-sulfonsäure-(1), beim Behandeln einer wss. Lösung des Barium-
Salzes mit Brom (4 Mol) ist 4-Chlor-3.5-dibrom-2-hydroxy-benzol-sulfonsäure-(1), beim
Behandeln des Barium-Salzes mit Jod (4 Mol) und Quecksilber(II)-oxid (2 Mol) in wss.
Äthanol ist 4-Chlor-3.5-dijod-2-hydroxy-benzol-sulfonsäure-(1) erhalten worden (*Ho.,
Ke.,* l. c. S. 1421, 1422).

Beim Behandeln mit Eisen(III)-chlorid in wss. Lösung tritt eine violette Färbung
auf.

Ammonium-Salz $NH_4C_6H_4ClO_4S$ (Krystalle), Natrium-Salz $NaC_6H_4ClO_4S$ (Krystalle [aus W.]), Kalium-Salz $KC_6H_4ClO_4S$ (Krystalle; in Wasser schwerer löslich als
das Natrium-Salz), Calcium-Salz $Ca(C_6H_4ClO_4S)_2 \cdot H_2O$ (Krystalle [aus W.]), Stron=
tium-Salz $Sr(C_6H_4ClO_4S)_2$ (Krystalle [aus W.]), Barium-Salz $Ba(C_6H_4ClO_4S)_2$ (Krystalle) und Blei(II)-Salz $Pb(C_6H_4ClO_4S)_2$ (Krystalle; in Wasser leicht löslich): *Ho., Ke.*

4-Chlor-2-methoxy-benzolsulfonamid-(1), *4-chloro-2-methoxybenzenesulfonamide*
$C_7H_8ClNO_3S$, Formel XI (R = CH_3, X = NH_2).

B. Aus 4-Chlor-2-methoxy-benzol-sulfonsäure-(1) (nicht näher beschrieben) mit Hilfe
von Phosphor(V)-chlorid und von wss. Ammoniak (*Allen, VanAllan,* J. org. Chem. **10**
[1945] 1).

F: 168°.

5.6-Dichlor-2-hydroxy-benzol-sulfonsäure-(1), *2,3-dichloro-6-hydroxybenzenesulfonic acid*
$C_6H_4Cl_2O_4S$, Formel XII.

B. Beim Erwärmen einer Suspension der aus 5.6-Dichlor-3-amino-2-hydroxy-benzol-
sulfonsäure-(1) mit Hilfe von Natriumnitrit und wss. Schwefelsäure hergestellten Di=
azonium-Verbindung in Äthanol mit Kupfer(I)-oxid (*Beech,* Soc. **1948** 212, 214).

Als Kalium-Salz $KC_6H_3Cl_2O_4S$ (Krystalle [aus W.]) isoliert.

Überführung in 2.3.4-Trichlor-phenol durch Erhitzen des Kalium-Salzes mit Phos=
phor(V)-chlorid und Phosphoroxychlorid: *Beech.*

Charakterisierung durch Überführung in 5.6-Dichlor-2-methoxy-benzol-sulfonsäure-(1)-
[*N*-äthyl-anilid] (F: 117°): *Beech.*

4.5-Dichlor-2-hydroxy-benzol-sulfonsäure-(1), *4,5-dichloro-2-hydroxybenzenesulfonic acid*
$C_6H_4Cl_2O_4S$, Formel I (R = H, X = OH).

B. Beim Erwärmen von 3.4-Dichlor-phenol mit Schwefelsäure (*Beech*, Soc. **1948**
212, 213).

Als Kalium-Salz $KC_6H_3Cl_2O_4S$ (Krystalle [aus W.]) isoliert.

Überführung in 1.2.4.5-Tetrachlor-benzol durch Erhitzen des Kalium-Salzes mit Phos=
phor(V)-chlorid und Phosphoroxychlorid: *Beech*.

Charakterisierung durch Überführung in 4.5-Dichlor-2-methoxy-benzolsulfonamid-(1)
(F: 206°) und in 4.5-Dichlor-2-methoxy-benzol-sulfonsäure-(1)-[*N*-äthyl-anilid] (F: 118°):
Beech.

4.5-Dichlor-2-methoxy-benzolsulfonamid-(1), *4,5-dichloro-2-methoxybenzenesulfonamide*
$C_7H_7Cl_2NO_3S$, Formel I (R = CH_3, X = NH_2).

B. Beim Erwärmen einer wss. Lösung des Kalium-Salzes der 4.5-Dichlor-2-hydroxy-
benzol-sulfonsäure-(1) mit Dimethylsulfat und wss. Natronlauge, Behandeln des Reaktionsprodukts mit Phosphor(V)-chlorid und Behandeln des erhaltenen 4.5-Dichlor-2-meth=
oxy-benzol-sulfonylchlorids-(1) mit wss. Ammoniak (*Beech*, Soc. **1948** 212, 214).

Krystalle (aus Me.); F: 206°.

3.5-Dichlor-2-hydroxy-benzol-sulfonsäure-(1), *3,5-dichloro-2-hydroxybenzenesulfonic acid*
$C_6H_4Cl_2O_4S$, Formel II (H 236; dort als 4.6-Dichlor-phenol-sulfonsäure-(2) bezeichnet).

B. Aus (±)-5.7-Dichlor-3-trichlormethyl-benzo[2.4.1]dioxathiin-1.1-dioxid beim Erhitzen mit wss. Kalilauge unter Zusatz von Äthanol (*Ettel, Weichet*, Collect. **13** [1948]
433, 439).

Als Kalium-Salz $KC_6H_3Cl_2O_4S$ (Krystalle [aus W.]) isoliert.

Beim Behandeln des Kalium-Salzes mit Eisen(III)-chlorid-Lösung tritt eine violette
Färbung auf.

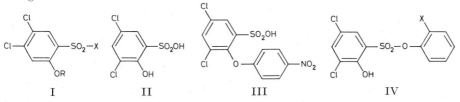

I   II   III   IV

3.5-Dichlor-2-[4-nitro-phenoxy]-benzol-sulfonsäure-(1), *3,5-dichloro-2-(p-nitrophenoxy)=
benzenesulfonic acid* $C_{12}H_7Cl_2NO_6S$, Formel III.

B. Beim Erhitzen von 2.4.8.10-Tetrachlor-dibenzo[1.5.2.6]dioxadithiocin-6.6.12.12-
tetraoxid mit Natrium-[4-nitro-phenolat] in Äthanol (*I.G. Farbenind.*, D.R.P. 733513
[1939]; D.R.P. Org. Chem. **6** 1959).

Als Kalium-Salz (Krystalle [aus A.]) isoliert.

3.5-Dichlor-2-hydroxy-benzol-sulfonsäure-(1)-phenylester, *3,5-dichloro-2-hydroxybenzene=
sulfonic acid phenyl ester* $C_{12}H_8Cl_2O_4S$, Formel IV (X = H).

B. Beim Erwärmen von 2.4.8.10-Tetrachlor-dibenzo[1.5.2.6]dioxadithiocin-6.6.12.12-
tetraoxid mit Natriumphenolat in Äthanol (*I.G. Farbenind.*, D.R.P. 733513 [1939];
D.R.P. Org. Chem. **6** 1959).

Krystalle (aus Bzn.); F: 108°.

3.5-Dichlor-2-hydroxy-benzol-sulfonsäure-(1)-[2-chlor-phenylester], *3,5-dichloro-2-hydr=
oxybenzenesulfonic acid o-chlorophenyl ester* $C_{12}H_7Cl_3O_4S$, Formel IV (X = Cl).

B. Aus 2.4.8.10-Tetrachlor-dibenzo[1.5.2.6]dioxadithiocin-6.6.12.12-tetraoxid und
Natrium-[2-chlor-phenolat] in Äthanol (*I.G. Farbenind.*, D.R.P. 733513 [1939]; D.R.P.
Org. Chem. **6** 1959).

F: 84°.

3.5-Dichlor-2-hydroxy-benzol-sulfonsäure-(1)-[2.4-dichlor-phenylester], *3,5-dichloro-
2-hydroxybenzenesulfonic acid 2,4-dichlorophenyl ester* $C_{12}H_6Cl_4O_4S$, Formel V (X = H).

B. Aus 2.4.8.10-Tetrachlor-dibenzo[1.5.2.6]dioxadithiocin-6.6.12.12-tetraoxid und
Natrium-[2.4-dichlor-phenolat] in Äthanol (*I.G. Farbenind.*, D.R.P. 733513 [1939];
D.R.P. Org. Chem. **6** 1959).

F: 92°.

3.5-Dichlor-2-hydroxy-benzol-sulfonsäure-(1)-[2.4.6-trichlor-phenylester], *3,5-dichloro-2-hydroxybenzenesulfonic acid 2,4,6-trichlorophenyl ester* $C_{12}H_5Cl_5O_4S$, Formel V (X = Cl).
B. Aus 2.4.8.10-Tetrachlor-dibenzo[1.5.2.6]dioxadithiocin-6.6.12.12-tetraoxid und Natrium-[2.4.6-trichlor-phenolat] in Äthanol (*I.G. Farbenind.*, D.R.P. 733513 [1939]; D.R.P. Org. Chem. **6** 1959).
F: 158°.

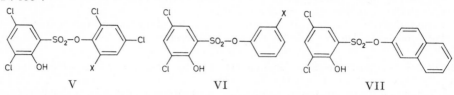

V VI VII

3.5-Dichlor-2-hydroxy-benzol-sulfonsäure-(1)-[3-nitro-phenylester], *3,5-dichloro-2-hydroxybenzenesulfonic acid m-nitrophenyl ester* $C_{12}H_7Cl_2NO_6S$, Formel VI (X = NO₂).
B. Aus 2.4.8.10-Tetrachlor-dibenzo[1.5.2.6]dioxadithiocin-6.6.12.12-tetraoxid und Natrium-[3-nitro-phenolat] in Äthanol (*I.G. Farbenind.*, D.R.P. 733513 [1939]; D.R.P. Org. Chem. **6** 1959).
F: 126°.

3.5-Dichlor-2-hydroxy-benzol-sulfonsäure-(1)-[naphthyl-(2)-ester], *3,5-dichloro-2-hydroxybenzenesulfonic acid 2-naphthyl ester* $C_{16}H_{10}Cl_2O_4S$, Formel VII.
B. Aus 2.4.8.10-Tetrachlor-dibenzo[1.5.2.6]dioxadithiocin-6.6.12.12-tetraoxid und Natrium-[naphtholat-(2)] in Äthanol (*I.G. Farbenind.*, D.R.P. 733513 [1939]; D.R.P. Org. Chem. **6** 1959).
Als **Natrium-Salz** (F: 238°) isoliert.

4-[3.5-Dichlor-2-hydroxy-benzol-sulfonyl-(1)-oxy]-1-[4-hydroxy-phenylsulfon]-benzol,
3.5-Dichlor-2-hydroxy-benzol-sulfonsäure-(1)-[4-(4-hydroxy-phenylsulfon)-phenylester], *3,5-dichloro-2-hydroxybenzenesulfonic acid p-(p-hydroxyphenylsulfonyl)phenyl ester* $C_{18}H_{12}Cl_2O_7S_2$, Formel VIII.
Eine Verbindung (F: 66°), der diese Konstitution zugeschrieben wird (*I.G. Farbenind.*, D.R.P. 706680 [1939]; D.R.P. Org. Chem. **5** 195), ist aus 2.4.8.10-Tetrachlor-dibenzo[1.5.2.6]dioxadithiocin-6.6.12.12-tetraoxid und dem Dinatrium-Salz des Bis-[4-hydroxy-phenyl]-sulfons in Äthanol erhalten worden (*I.G. Farbenind.*, D.R.P. 733513 [1939]; D.R.P. Org. Chem. **6** 1959).

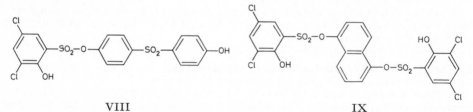

VIII IX

1.5-Bis-[3.5-dichlor-2-hydroxy-benzol-sulfonyl-(1)-oxy]-naphthalin, *1,5-bis(3,5-dichloro-2-hydroxyphenylsulfonyloxy)naphthalene* $C_{22}H_{12}Cl_4O_8S_2$, Formel IX.
B. Aus 2.4.8.10-Tetrachlor-dibenzo[1.5.2.6]dioxadithiocin-6.6.12.12-tetraoxid und dem Dinatrium-Salz des Naphthalindiols-(1.5) in Äthanol (*I.G. Farbenind.*, D.R.P. 733513 [1939]; D.R.P. Org. Chem. **6** 1959).
F: 195°.

4.4'-Bis-[3.5-dichlor-2-hydroxy-benzol-sulfonyl-(1)-oxy]-biphenyl, *4,4'-bis(3,5-dichloro-2-hydroxyphenylsulfonyloxy)biphenyl* $C_{24}H_{14}Cl_4O_8S_2$, Formel X.
B. Aus 2.4.8.10-Tetrachlor-dibenzo[1.5.2.6]dioxadithiocin-6.6.12.12-tetraoxid und dem Dinatrium-Salz des Biphenyldiols-(4.4') in Äthanol (*I.G. Farbenind.*, D.R.P. 733513 [1939]; D.R.P. Org. Chem. **6** 1959).
F: 223°.

3.5-Dichlor-2-hydroxy-benzol-sulfonsäure-(1)-[3-formyl-phenylester], 3-[3.5-Dichlor-2-hydroxy-benzol-sulfonyl-(1)-oxy]-benzaldehyd, *3,5-dichloro-2-hydroxybenzenesulfonic acid* m-*formylphenyl ester* $C_{13}H_8Cl_2O_5S$, Formel VI (X = CHO).

B. Aus 2.4.8.10-Tetrachlor-dibenzo[1.5.2.6]dioxadithiocin-6.6.12.12-tetraoxid und dem Natrium-Salz des 3-Hydroxy-benzaldehyds in Äthanol (*I.G. Farbenind.*, D.R.P. 733513 [1939]; D.R.P. Org. Chem. **6** 1959).

F: 120°.

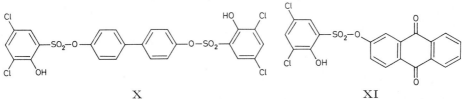

X   XI

3.5-Dichlor-2-hydroxy-benzol-sulfonsäure-(1)-[9.10-dioxo-9.10-dihydro-anthryl-(2)-ester], 2-[3.5-Dichlor-2-hydroxy-benzol-sulfonyl-(1)-oxy]-anthrachinon, *3,5-dichloro-2-hydroxybenzenesulfonic acid 9,10-dioxo-9,10-dihydro-2-anthryl ester* $C_{20}H_{10}Cl_2O_6S$, Formel XI.

B. Aus 2.4.8.10-Tetrachlor-dibenzo[1.5.2.6]dioxadithiocin-6.6.12.12-tetraoxid und dem Natrium-Salz des 2-Hydroxy-anthrachinons in Äthanol (*I.G. Farbenind.*, D.R.P. 733513 [1939]; D.R.P. Org. Chem. **6** 1959).

F: 168°.

3.5-Dichlor-2-hydroxy-benzolsulfonamid-(1), *3,5-dichloro-2-hydroxybenzenesulfonamide* $C_6H_5Cl_2NO_3S$, Formel I (R = H).

B. Aus 2.4.8.10-Tetrachlor-dibenzo[1.5.2.6]dioxadithiocin-6.6.12.12-tetraoxid beim Erhitzen mit wss. Ammoniak auf 145° (*I.G. Farbenind.*, D.R.P. 733514 [1939]; D.R.P. Org. Chem. **6** 1961).

Krystalle (aus 1.2-Dichlor-benzol); F: 230°.

3.5-Dichlor-2-hydroxy-*N*-butyl-benzolsulfonamid-(1), N-*butyl-3,5-dichloro-2-hydroxy⸗ benzenesulfonamide* $C_{10}H_{13}Cl_2NO_3S$, Formel I (R = [CH$_2$]$_3$-CH$_3$).

B. Beim Erwärmen von 2.4.8.10-Tetrachlor-dibenzo[1.5.2.6]dioxadithiocin-6.6.12.12-tetraoxid mit Butylamin in Benzol (*I.G. Farbenind.*, D.R.P. 733514 [1939]; D.R.P. Org. Chem. **6** 1961).

F: 88°.

3.4.5-Trichlor-2-hydroxy-benzol-sulfonsäure-(1), *3,4,5-trichloro-2-hydroxybenzenesulfonic acid* $C_6H_3Cl_3O_4S$, Formel II (X = Cl).

B. Beim Eintragen der aus 4.5-Dichlor-3-amino-2-hydroxy-benzol-sulfonsäure-(1) mit Hilfe von Natriumnitrit und wss. Salzsäure hergestellten Diazonium-Verbindung in ein Gemisch von Kupfer(I)-chlorid und wss. Salzsäure und anschliessenden Erwärmen (*Beech*, Soc. **1948** 212, 214). Aus 4-Chlor-2-hydroxy-benzol-sulfonsäure-(1) beim Behandeln des Barium-Salzes mit wss. Bariumhypochlorit-Lösung (*Hodgson, Kershaw*, Soc. **1930** 1419, 1421).

Natrium-Salz $NaC_6H_2Cl_3O_4S$. Krystalle [aus Me.] (*Beech*).

Barium-Salz $Ba(C_6H_2Cl_3O_4S)_2$. Krystalle; in Wasser schwer löslich (*Ho., Ke.*).

5-Brom-2-hydroxy-benzol-sulfonsäure-(1), *5-bromo-2-hydroxybenzenesulfonic acid* $C_6H_5BrO_4S$, Formel III (R = H, X = OH) (H 236; dort als 4(?)-Brom-phenol-sulfon⸗ säure-(2) bezeichnet).

Bestätigung der Konstitutionszuordnung: *Ettel, Weichet*, Collect. **13** [1948] 433, 436.

B. Als Kalium-Salz (s. H 237) beim Erhitzen von (±)-7-Brom-3-trichlormethyl-benzo[2.4.1]dioxathiin-1.1-dioxid mit wss. Kalilauge unter Zusatz von Äthanol (*Ettel, Wei.*, l. c. S. 440).

Beim Behandeln mit Eisen(III)-chlorid-Lösung tritt eine violette Färbung auf.

5-Brom-2-[4-brom-phenoxy]-benzol-sulfonsäure-(1), *5-bromo-2-(p-bromophenoxy)⸗ benzenesulfonic acid* $C_{12}H_8Br_2O_4S$, Formel IV (X = OH).

B. Beim Erwärmen von Bis-[4-brom-phenyl]-äther mit Chloroschwefelsäure in Tetra⸗ chlormethan und anschliessenden Behandeln mit Wasser (*Suter, McKenzie, Maxwell*,

Am. Soc. **58** [1936] 717, 719).

Als Natrium-Salz NaC$_{12}$H$_7$Br$_2$O$_4$S (Krystalle [aus W.]) isoliert.

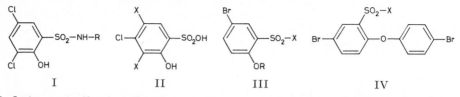

$\quad$ I $\qquad\qquad$ II $\qquad\qquad$ III $\qquad\qquad\qquad$ IV

Bis-[4-brom-2-sulfo-phenyl]-äther, 5.5′-Dibrom-2.2′-oxy-bis-benzolsulfonsäure-(1),

5,5′-dibromo-2,2′-oxybisbenzenesulfonic acid C$_{12}$H$_8$Br$_2$O$_7$S$_2$, Formel V (X = OH).

B. Als Dinatrium-Salz Na$_2$C$_{12}$H$_6$Br$_2$O$_7$S$_2$ (Krystalle [aus wss. Me.]) beim Behandeln von Bis-[4-brom-phenyl]-äther mit Chloroschwefelsäure und Eintragen des Reaktionsgemisches in wss. Natronlauge (*Suter, McKenzie, Maxwell*, Am. Soc. **58** [1936] 717, 719).

5-Brom-2-[4-brom-phenoxy]-benzol-sulfonylchlorid-(1), *5-bromo-2-(p-bromophenoxy)= benzenesulfonyl chloride* C$_{12}$H$_7$Br$_2$ClO$_3$S, Formel IV (X = Cl).

B. Aus 5-Brom-2-[4-brom-phenoxy]-benzol-sulfonsäure-(1) beim Erwärmen des Natrium-Salzes mit Phosphoroxychlorid (*Suter, McKenzie, Maxwell*, Am. Soc. **58** [1936] 717, 719).

Krystalle (aus PAe. + Bzl.); F: 128—129°.

Beim Erwärmen mit Aluminiumchlorid (3 Mol) in 1.1.2.2-Tetrachlor-äthan ist 2.8-Di= brom-phenoxathiin-10.10-dioxid erhalten worden.

Bis-[4-brom-2-chlorsulfonyl-phenyl]-äther, 5.5′-Dibrom-2.2′-oxy-bis-benzolsulfonyl= chlorid-(1), *5,5′-dibromo-2,2′-oxybisbenzenesulfonyl chloride* C$_{12}$H$_6$Br$_2$Cl$_2$O$_5$S$_2$, Formel V (X = Cl).

B. Beim Erwärmen von Bis-[4-brom-phenyl]-äther mit Chloroschwefelsäure (*Suter, McKenzie, Maxwell*, Am. Soc. **58** [1936] 717, 718).

Krystalle (aus CHCl$_3$ oder aus Acn. + W.); F: 241—243°.

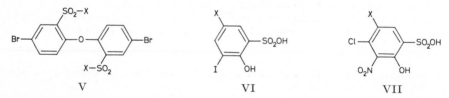

$\quad$ V $\qquad\qquad\qquad$ VI $\qquad\qquad\qquad$ VII

5-Brom-2-methoxy-benzolsulfonamid-(1), *5-bromo-2-methoxybenzenesulfonamide*

C$_7$H$_8$BrNO$_3$S, Formel III (R = CH$_3$, X = NH$_2$).

B. Beim Behandeln einer Lösung von 4-Brom-anisol in Chloroform mit Chloroschwe= felsäure und Behandeln der Reaktionslösung mit Ammoniumcarbonat (*Huntress, Carten*, Am. Soc. **62** [1940] 603).

Krystalle (aus wss. A.); F: 147—148° [unkorr.; Block].

5-Brom-2-äthoxy-benzolsulfonamid-(1), *5-bromo-2-ethoxybenzenesulfonamide*

C$_8$H$_{10}$BrNO$_3$S, Formel III (R = C$_2$H$_5$, X = NH$_2$).

B. Beim Behandeln einer Lösung von 4-Brom-phenetol in Chloroform mit Chloro= schwefelsäure und Behandeln der Reaktionslösung mit Ammoniumcarbonat (*Huntress, Carten*, Am. Soc. **62** [1940] 603).

Krystalle (aus wss. A.); F: 144—144,5° [unkorr.; Block].

4-Chlor-3.5-dibrom-2-hydroxy-benzol-sulfonsäure-(1), *3,5-dibromo-4-chloro-2-hydroxy= benzenesulfonic acid* C$_6$H$_3$Br$_2$ClO$_4$S, Formel II (X = Br).

B. Aus 4-Chlor-2-hydroxy-benzol-sulfonsäure-(1) beim Behandeln einer wss. Lösung des Barium-Salzes mit Brom (*Hodgson, Kershaw*, Soc. **1930** 1419, 1421).

Natrium-Salz NaC$_6$H$_2$Br$_2$ClO$_4$S (Krystalle), Kalium-Salz KC$_6$H$_2$Br$_2$ClO$_4$S (Kry= stalle) und Barium-Salz Ba(C$_6$H$_2$Br$_2$ClO$_4$S)$_2$·2H$_2$O (Krystalle; in Wasser schwer lös= lich): *Ho., Ke.*

3-Jod-2-hydroxy-benzol-sulfonsäure-(1), *2-hydroxy-3-iodobenzenesulfonic acid* $C_6H_5IO_4S$, Formel VI (X = H).

B. Als Kalium-Salz $KC_6H_4IO_4S$ (Krystalle [aus W.]) neben den Kalium-Salzen der 3.5-Dijod-2-hydroxy-benzol-sulfonsäure-(1) und der 5-Jod-4-hydroxy-3-sulfo-benzoe= säure beim 4-tägigen Erwärmen des Dinatrium-Salzes der 4-Hydroxy-5-sulfo-3-hydr= oxymercurio-benzoesäure mit Wasser, Behandeln der in Wasser leichter löslichen An= teile des Reaktionsprodukts mit einer wss. Lösung von Jod und Kaliumjodid und Er= wärmen des erhaltenen Salzgemisches mit wss. Salzsäure (*Ishihara*, J. pharm. Soc. Japan **50** [1930] 29, 41—44).

Über eine Additionsverbindung des Kalium-Salzes mit dem Kalium-Salz der 3.5-Di= jod-2-hydroxy-benzol-sulfonsäure-(1) s. u.

3.5-Dijod-2-hydroxy-benzol-sulfonsäure-(1), *2-hydroxy-3,5-diiodobenzenesulfonic acid* $C_6H_4I_2O_4S$, Formel VI (X = I).

B. Als Kalium-Salz beim Behandeln des Natrium-Salzes der 2-Hydroxy-3.5-bis-hydroxymercurio-benzol-sulfonsäure-(1) oder des Dinatrium-Salzes der 2-Hydroxy-3-hydroxymercurio-benzol-sulfonsäure-(1) mit einer wss. Lösung von Jod und Kalium= jodid und Erwärmen des jeweiligen Reaktionsprodukts mit wss. Salzsäure (*Ishihara*, J. pharm. Soc. Japan **50** [1930] 29, 47, 124, 129; C. A. **1930** 1361, 4002).

Beim Behandeln des Kalium-Salzes mit Salpetersäure (D: 1,5) und Neutralisieren einer wss. Lösung des Reaktionsprodukts mit Kaliumcarbonat ist das Dikalium-Salz der 3.5-Dinitro-2-hydroxy-benzol-sulfonsäure-(1), bei kurzem Erhitzen des Kalium-Salzes mit Salpetersäure (D: 1,5) ist hingegen Pikrinsäure erhalten worden (*Ishi.*, l. c. S. 44, 45, 48).

Charakterisierung als Anilin-Salz (F: 206—207°): *Ishi.*, l. c. S. 42, 130.

Beim Behandeln des Kalium-Salzes mit Eisen(III)-chlorid in wss. Lösung tritt eine blauviolette Färbung auf (*Ishi.*, l. c. S. 47).

Kalium-Salz $KC_6H_3I_2O_4S$. Krystalle [aus W.] (*Ishi.*, l. c. S. 43, 47, 130).

Verbindung des Kalium-Salzes mit dem Kalium-Salz der 3-Jod-2-hydr= oxy-benzol-sulfonsäure-(1) $KC_6H_3I_2O_4S \cdot 5 KC_6H_4IO_4S$. *B.* Aus 2-Hydroxy-3-hydr= oxymercurio-benzol-sulfonsäure-(1) beim Behandeln mit einer wss. Lösung von Jod und Kaliumjodid (*Ishi.*, l. c. S. 130, 131). — Krystalle (aus W.). — Beim Erwärmen mit wss.-äthanol. Salzsäure ist 3-Jod-4-hydroxy-benzol-sulfonsäure-(1) (als Anilin-Salz [F: 213° bis 214°] isoliert) erhalten worden (*Ishi.*, l. c. S. 130).

4-Chlor-3.5-dijod-2-hydroxy-benzol-sulfonsäure-(1), *4-chloro-2-hydroxy-3,5-diiodo= benzenesulfonic acid* $C_6H_3ClI_2O_4S$, Formel II (X = I).

B. Beim Schütteln des Barium-Salzes der 4-Chlor-2-hydroxy-benzol-sulfonsäure-(1) mit Jod (4 Mol) und Quecksilber(II)-oxid (2 Mol) in wss. Äthanol und Behandeln des erhaltenen Barium-Salzes $Ba(C_6H_2ClI_2O_4S)_2 \cdot 4H_2O$ (Krystalle; in Wasser schwer löslich) mit wss. Schwefelsäure (*Hodgson, Kershaw*, Soc. **1930** 1419, 1422).

Krystalle mit 3 Mol H_2O; F: 167° [Zers.].

4.5-Dichlor-3-nitro-2-hydroxy-benzol-sulfonsäure-(1), *4,5-dichloro-2-hydroxy-3-nitro= benzenesulfonic acid* $C_6H_3Cl_2NO_6S$, Formel VII (X = Cl).

B. Beim Erwärmen von 3.4-Dichlor-phenol mit Schwefelsäure und Behandeln des Reaktionsprodukts mit wss. Salpetersäure (*Beech*, Soc. **1948** 212, 214).

Als Natrium-Salz $NaC_6H_2Cl_2NO_6S$ (gelbe Krystalle [aus W.]) isoliert.

3.5-Dinitro-2-hydroxy-benzol-sulfonsäure-(1), *2-hydroxy-3,5-dinitrobenzenesulfonic acid* $C_6H_4N_2O_8S$, Formel VIII (H 238; E I 53; E II 132; dort als 4.6-Dinitro-phenol-sulfon= säure-(2) bezeichnet [1])).

F: 115,5—116° [Block] (*Desvergnes*, Ann. Chim. anal. appl. [2] **13** [1931] 321, 322 Tab.).

Farbreaktionen: *Ishihara*, J. pharm. Soc. Japan **50** [1930] 29, 45, 48; *De.*

4-Chlor-3.5-dinitro-2-hydroxy-benzol-sulfonsäure-(1), *4-chloro-2-hydroxy-3,5-dinitro= benzenesulfonic acid* $C_6H_3ClN_2O_8S$, Formel VII (X = NO_2).

B. Neben 2-Chlor-3.5-dinitro-4-hydroxy-benzol-sulfonsäure-(1) beim Behandeln von

---

[1]) Berichtigung zu E II 132, Zeile 23 v. u.: An Stelle von „Soc. **119** 118" ist zu setzen „Soc. **119** 2118".

3-Chlor-2-nitro-phenol mit rauchender Schwefelsäure und anschliessend mit einem Gemisch von Salpetersäure und rauchender Schwefelsäure (*Hodgson, Kershaw*, Soc. **1930** 2169).

Als Kalium-Salz $KC_6H_2ClN_2O_8S$ (gelbe Krystalle [aus W.], die beim Erhitzen explodieren) isoliert.

5-Azido-2-[4-azido-phenylsulfon]-benzolsulfonamid-(1), *5-azido-2-(p-azidophenyl= sulfonyl)benzenesulfonamide* $C_{12}H_9N_7O_4S_2$, Formel IX.

B. Beim Behandeln einer aus 5-Amino-2-[4-amino-phenylsulfon]-benzolsulfonamid-(1), Natriumnitrit und wss. Salzsäure bereiteten Diazoniumsalz-Lösung mit wss. Hydrazin unter Zusatz von Natriumacetat (*Banks, Gruhzit*, Am. Soc. **70** [1948] 1268).

Krystalle (aus A. + Acn. + W.); Zers. bei $176-178°$ [unter Explosion].

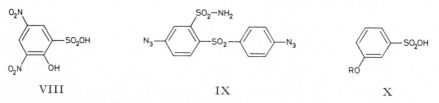

VIII IX X

3-Hydroxy-benzol-sulfonsäure-(1), Phenol-sulfonsäure-(3), m-*hydroxybenzenesulfonic acid* $C_6H_6O_4S$, Formel X (R = H) (H 239; E I 54; E II 133).

B. Als Natrium-Salz beim 2-wöchigen Erwärmen von Resorcin mit wss. Natrium= hydrogensulfit-Lösung und Erwärmen der Reaktionslösung mit wss. Natronlauge (*Lauer, Langkammerer*, Am. Soc. **56** [1934] 1628) sowie beim Behandeln einer nach *Podstata, Šnobl, Allan* (Collect. **31** [1966] 3563, 3565) als Trinatrium-Salz der 1.3-Dihydroxy-cyclohexan-trisulfonsäure-(1.3.5) oder der 1.3-Epoxy-cyclohexan-trisulfonsäure-(1.3.5) zu formulierenden Verbindung (S. 613) mit wss. Natronlauge [20%ig] (*Ufimzew*, Ž. prikl. Chim. **20** [1947] 1199, 1204; C. A. **1949** 2595).

Beim Behandeln mit einer aus 4-Nitro-anilin hergestellten Diazoniumsalz-Lösung und Kaliumcarbonat ist das Kalium-Salz der 6-[4-Nitro-phenylazo]-3-hydroxy-benzol-sulfon= säure-(1) erhalten worden (*Uf.*, l. c. S. 1205).

Beim Behandeln des Barium-Salzes mit Eisen(III)-chlorid in wss. Lösung tritt eine rote Färbung auf (*Wesp, Brode*, Am. Soc. **56** [1934] 1037, 1039).

Natrium-Salz $NaC_6H_5O_4S \cdot H_2O$. Krystalle (aus A.); F: $314°$ (*Uf.*).

3-Methoxy-benzol-sulfonsäure-(1), m-*methoxybenzenesulfonic acid* $C_7H_8O_4S$, Formel X (R = CH_3) (H 239; E I 54; E II 133).

Beim Behandeln einer wss. Lösung des Natrium-Salzes mit Brom (1 Mol) in Wasser bei $0°$ entsteht 6-Brom-3-methoxy-benzol-sulfonsäure-(1) [als Säurechlorid isoliert] (*Kanjaew*, Ž. obšč. Chim. **16** [1946] 95, 97; C. A. **1946** 7155). Geschwindigkeit der Reak-tion des Natrium-Salzes mit Chlor in Wasser bei $0°$: *Kanjaew, Schilow*, Ž. fiz. Chim. **13** [1939] 1563, 1575; Trudy Ivanovsk. chim. technol. Inst. Nr. 3 [1940] 52, 63; C. A. **1941** 371, 2779; mit Brom in Wasser bei $0°$: *Ka., Sch.*, Ž. fiz. Chim. **13** 1571—1574; Trudy Ivanovsk. chim. technol. Inst. Nr. 3, S. 60—63; mit Hypobromigsäure in Wasser bei $0°$: *Ka., Sch.*, Ž. fiz. Chim. **13** 1566—1571; Trudy Ivanovsk. chim. technol. Inst. Nr. 3, S. 56—60.

Natrium-Salz $NaC_7H_7O_4S \cdot H_2O$. Krystalle [aus A.] (*Lauer, Langkammerer*, Am. Soc. **56** [1934] 1628).

6-Chlor-3-methoxy-benzolsulfonamid-(1), *2-chloro-5-methoxybenzenesulfonamide* $C_7H_8ClNO_3S$, Formel XI.

B. Aus 6-Chlor-3-methoxy-benzol-sulfonsäure-(1) (nicht näher beschrieben) mit Hilfe von Phosphor(V)-chlorid und von wss. Ammoniak (*Allen, VanAllan*, J. org. Chem. **10** [1945] 1).

F: $148°$.

4-Chlor-3-methoxy-benzolsulfonamid-(1), *4-chloro-3-methoxybenzenesulfonamide* $C_7H_8ClNO_3S$, Formel XII (R = CH_3).

B. Aus 4-Chlor-3-methoxy-benzol-sulfonsäure-(1) (nicht näher beschrieben) mit Hilfe von Phosphor(V)-chlorid und von wss. Ammoniak (*Allen, VanAllan,* J. org. Chem. **10** [1945] 1).

F: 124°.

4-Chlor-3-äthoxy-benzolsulfonamid-(1), *4-chloro-3-ethoxybenzenesulfonamide* $C_8H_{10}ClNO_3S$, Formel XII (R = C_2H_5).

B. Aus 4-Chlor-3-äthoxy-benzol-sulfonsäure-(1) (nicht näher beschrieben) mit Hilfe von Phosphor(V)-chlorid und von wss. Ammoniak (*Allen, VanAllan,* J. org. Chem. **10** [1945] 1).

F: 136°.

6-Brom-3-methoxy-benzol-sulfonylchlorid-(1), *2-bromo-5-methoxybenzenesulfonyl chloride* $C_7H_6BrClO_3S$, Formel XIII (X = Cl).

B. Beim Behandeln des Natrium-Salzes der 3-Methoxy-benzol-sulfonsäure-(1) mit Brom (1 Mol) in Wasser, Eindampfen der mit Natriumcarbonat neutralisierten Reaktions-lösung und Erwärmen des Reaktionsprodukts mit Phosphor(V)-chlorid (*Kanjaew, Ž. obšč.* Chim. **16** [1946] 95, 96; C. A. **1946** 7155). Beim Erwärmen der aus 6-Brom-3-amino-benzol-sulfonsäure-(1) mit Hilfe von Natriumnitrit und wss. Schwefelsäure hergestellten Diazonium-Verbindung mit Kupfer-Pulver und wss. Schwefelsäure, Behandeln der mit Bariumcarbonat neutralisierten Reaktionslösung mit Dimethylsulfat und wss. Alkali-lauge und Erwärmen des Reaktionsprodukts mit Phosphor(V)-chlorid (*Ka.,* l. c. S. 96, 97).

Krystalle (aus Bzn.); F: 63,5—64°.

6-Brom-3-methoxy-benzolsulfonamid-(1), *2-bromo-5-methoxybenzenesulfonamide* $C_7H_8BrNO_3S$, Formel XIII (X = NH_2).

B. Aus 6-Brom-3-methoxy-benzol-sulfonylchlorid-(1) beim Erhitzen mit Ammonium-carbonat (*Kanjaew, Ž. obšč.* Chim. **16** [1946] 95, 97; C. A. **1946** 7155).

Krystalle (aus W.); F: 132—132,5°.

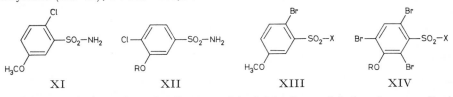

      XI   XII   XIII   XIV

2.4.6-Tribrom-3-hydroxy-benzol-sulfonsäure-(1), *2,4,6-tribromo-3-hydroxybenzenesulfonic acid* $C_6H_3Br_3O_4S$, Formel XIV (R = H, X = OH).

B. Als Natrium-Salz $NaC_6H_2Br_3O_4S$ (Krystalle [aus A.]) beim Behandeln einer wss. Lösung des Natrium-Salzes der 3-Hydroxy-benzol-sulfonsäure-(1) mit Brom (*Lauer, Langkammerer,* Am. Soc. **56** [1934] 1628).

Überführung in 2.4.6-Tribrom-phenol durch Behandlung mit 50%ig. wss. Schwefel-säure: *Lauer, La.*

Charakterisierung als Anilid (F: 159,8—160,2°): *Lauer, La.*; Chlorid s. u. Amid s. S. 498.

2.4.6-Tribrom-3-methoxy-benzol-sulfonsäure-(1), *2,4,6-tribromo-3-methoxybenzenesulfonic acid* $C_7H_5Br_3O_4S$, Formel XIV (R = CH_3, X = OH).

B. Als Natrium-Salz $NaC_7H_4Br_3O_4S$ (Krystalle [aus wss. A.]) beim Behandeln des Natrium-Salzes der 2.4.6-Tribrom-3-hydroxy-benzol-sulfonsäure-(1) mit wss. Natron-lauge und Dimethylsulfat (*Lauer, Langkammerer,* Am. Soc. **56** [1934] 1628).

Charakterisierung als Anilid (F: 160—160,2°): *Lauer, La.*; Chlorid s. u. Amid s. S. 498.

2.4.6-Tribrom-3-hydroxy-benzol-sulfonylchlorid-(1), *2,4,6-tribromo-3-hydroxybenzene-sulfonyl chloride* $C_6H_2Br_3ClO_3S$, Formel XIV (R = H, X = Cl).

B. Aus dem Natrium-Salz der 2.4.6-Tribrom-3-hydroxy-benzol-sulfonsäure-(1) (*Lauer, Langkammerer,* Am. Soc. **56** [1934] 1628).

F: 57,6—58,8°.

2.4.6-Tribrom-3-methoxy-benzol-sulfonylchlorid-(1), *2,4,6-tribromo-3-methoxybenzene-sulfonyl chloride* $C_7H_4Br_3ClO_3S$, Formel XIV (R = CH_3, X = Cl).

B. Aus dem Natrium-Salz der 2.4.6-Tribrom-3-methoxy-benzol-sulfonsäure-(1) mit

Hilfe von Phosphor(V)-chlorid und Phosphoroxychlorid (*Lauer, Langkammerer*, Am. Soc. **56** [1934] 1628).
Krystalle (aus PAe.); F: 57,2—58,2°.

2.4.6-Tribrom-3-hydroxy-benzolsulfonamid-(1), *2,4,6-tribromo-3-hydroxybenzenesulfon=amide* $C_6H_4Br_3NO_3S$, Formel XIV (R = H, X = NH_2).
B. Aus 2.4.6-Tribrom-3-hydroxy-benzol-sulfonylchlorid-(1) (*Lauer, Langkammerer*, Am. Soc. **56** [1934] 1628).
F: 176,2—177°.

2.4.6-Tribrom-3-methoxy-benzolsulfonamid-(1), *2,4,6-tribromo-3-methoxybenzenesulfon=amide* $C_7H_6Br_3NO_3S$, Formel XIV (R = CH_3, X = NH_2).
B. Aus 2.4.6-Tribrom-3-methoxy-benzol-sulfonylchlorid-(1) beim Erwärmen mit wss. Ammoniak (*Lauer, Langkammerer*, Am. Soc. **56** [1934] 1628).
Krystalle (aus wss. A.); F: 176,6—178°.

2.4.6-Trinitro-3-hydroxy-benzol-sulfonsäure-(1), *3-hydroxy-2,4,6-trinitrobenzenesulfonic acid* $C_6H_3N_3O_{10}S$, Formel I (H 240; dort als 2.4.6-Trinitro-phenol-sulfonsäure-(3) bezeichnet).
B. Aus 2-Hydroxy-4-sulfo-benzoesäure beim Erwärmen mit wss. Salpetersäure [D: 1,4] (*Hirwe, Jambhekar*, Pr. Indian Acad. [A] **3** [1936] 236, 238).
Hellgelbe Krystalle (aus W.) mit 4 Mol H_2O; F: 105°. Hygroskopisch.

3-Äthylsulfon-benzol-sulfonylchlorid-(1), *m-(ethylsulfonyl)benzenesulfonyl chloride* $C_8H_9ClO_4S_2$, Formel II (R = C_2H_5, X = H).
B. Beim Erhitzen von Äthyl-phenyl-sulfon mit Chloroschwefelsäure auf 150° (*Pollak et al.*, M. **55** [1930] 358, 373).
Krystalle (aus Bzn.); F: 93,5°.

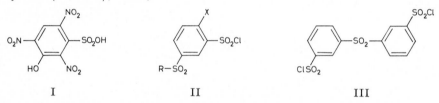

I   II   III

Bis-[3-chlorsulfonyl-phenyl]-sulfon, 3.3′-Sulfonyl-bis-benzolsulfonylchlorid-(1), m,m′-*sulfonylbisbenzenesulfonyl chloride* $C_{12}H_8Cl_2O_6S_3$, Formel III (H 241; dort als Diphenylsulfon-disulfonsäure-(3.3′)-dichlorid bezeichnet).
B. Neben geringen Mengen Benzol-disulfonylchlorid-(1.3) beim Behandeln von Benzol mit Chloroschwefelsäure (0,5 Mol) und Erhitzen des Reaktionsgemisches mit Chloro=schwefelsäure auf 150° (*Pollak et al.*, M. **55** [1930] 358, 363).
Krystalle (aus Bzn.); F: 174—175°.

6-Chlor-3-methylsulfon-benzol-sulfonylchlorid-(1), *2-chloro-5-(methylsulfonyl)benzene=sulfonyl chloride* $C_7H_6Cl_2O_4S_2$, Formel II (R = CH_3, X = Cl).
B. Beim Erhitzen von Methyl-[4-chlor-phenyl]-sulfon mit Chloroschwefelsäure bis auf 180° (*Heppenstall, Smiles*, Soc. **1938** 899, 904).
Krystalle (aus Bzl.); F: 144°. Überführung in Bis-[6-chlor-3-methylsulfon-phenyl]-disulfid durch Erwärmen mit einem Gemisch von wss. Jodwasserstoffsäure und Essig=säure: *He., Sm.* Beim Behandeln mit der Natrium-Verbindung des Malonsäure-diäthyl=esters in Äthanol und Erwärmen des Reaktionsprodukts mit Methyljodid in Äthanol ist 4-Chlor-1.3-dimethylsulfon-benzol erhalten worden.
Charakterisierung durch Überführung in 6-Chlor-3-methylsulfon-benzol-sulfonsäure-(1)-anilid (F: 161°): *He., Sm.*   [*Schurek*]

4-Hydroxy-benzol-sulfonsäure-(1), Phenol-sulfonsäure-(4), *p-hydroxybenzenesulfonic acid* $C_6H_6O_4S$, Formel IV (R = H) auf S. 500 (H 241; E I 55; E II 134).
B. Aus Phenol beim Erwärmen mit Schwefelsäure in Gegenwart von Borfluorid (*Thomas, Anzilotti, Hennion*, Ind. eng. Chem. **32** [1940] 408) sowie beim Schütteln eines Gemisches mit wss. Ammoniak, Ammoniumsulfit und Kupferhydroxid mit Sauerstoff (*Garreau*, Bl. [5] **1** [1934] 1563, 1567). Aus 4-Chlor-benzol-sulfonsäure-(1) beim Erhitzen

des Calcium-Salzes mit wss. Natronlauge auf 270° (*Yamamoto, Ohara*, J. pharm. Soc. Japan **60** [1940] 535; C. A. **1941** 1773; vgl. E I 55). Aus Sulfanilsäure beim Erhitzen des Kalium-Salzes mit Kaliumhydroxid im Stickstoff-Strom auf 350° (*Woroshtzow, Schemjakin*, B. **69** [1936] 148, 149; Ž. obšč. Chim. **6** [1936] 880, 881).

Krystalle (aus W.) mit 1 Mol H_2O; F: 138—142° (*Ishihara*, J. pharm. Soc. Japan **49** [1929] 1058, 1070, 1075; C. A. **1930** 1361). UV-Spektren von wss. Lösungen der Säure und der Alkalimetallsalze bei verschiedenem pH: *Sager, Schooley, Acree*, J. Res. Bur. Stand. **31** [1943] 197, 201, 203; *Sager et al.*, J. Res. Bur. Stand. **35** [1945] 521, 529. 4-Hydroxy-benzol-sulfonsäure-(1) ist piezoelektrisch (*Hettich, Steinmetz*, Z. Phys. **76** [1932] 688, 698). Scheinbare Dissoziationsexponenten pK_1' und pK_2' (Wasser; spektrographisch ermittelt) bei 25°: 4,51 bzw. 9,33 (*Sa. et al.*, l. c. S. 529, 530). Dissoziationsexponent pK_2 (Wasser; potentiometrisch ermittelt) bei Temperaturen von 0° (9,352) bis 60° (8,787): *Bates, Siegel, Acree*, J. Res. Bur. Stand. **31** [1943] 205, 216; *Bates, Acree*, J. Res. Bur. Stand. **32** [1944] 131, 134; *Bates et al.*, J. Res. Bur. Stand. **37** [1946] 251, 257.

Über die Reaktion mit Quecksilber(II)-oxid in Wasser (vgl. E I 55) s. *Ishihara*, J. pharm. Soc. Japan **49** [1929] 1058, 1078. Geschwindigkeit der Reaktion mit 4-Sulfobenzol-diazonium-(1)-chlorid in Borat enthaltender wss. Lösung bei 15°: *Conant, Peterson*, Am. Soc. **52** [1930] 1220, 1229.

Charakterisierung als Anilin-Salz (F: 221—222°): *Ishihara*, J. pharm. Soc. Japan **49** [1929] 1058, 1070.

Farbreaktionen: *Gerngross, Voss, Herfeld*, B. **66** [1933] 435, 441; *Wesp, Brode*, Am. Soc. **56** [1934] 1037, 1039; *Emmerson, Beachman, Beegle*, J. org. Chem. **8** [1943] 417, 421; *Emmerson et al.*, J. org. Chem. **9** [1944] 226, 233.

Bromometrische Bestimmung (vgl. E I 55): *Sager, Schooley, Acree*, J. Res. Bur. Stand. **31** [1943] 197, 199. Jodometrische Bestimmung als Zink-Salz: *Evans*, J. Assoc. agric. Chemists **20** [1937] 645.

Ammonium-Salz $[NH_4]C_6H_5O_4S$ (H 241; E I 55). Krystalle (aus W.); F: 270—271° [Zers.] (*Oxley, Partridge, Short*, Soc. **1948** 303, 307).

Kupfer(II)-Salz. Hexahydrat $Cu(C_6H_5O_4S)_2 \cdot 6 H_2O$ und Decahydrat $Cu(C_6H_5O_4S)_2 \cdot 10 H_2O$ (H 242): *Čupr, Sirůček*, Collect. **9** [1937] 68, 73.

Beryllium-Salz $Be(C_6H_5O_4S)_2 \cdot 6 H_2O$. Krystalle (aus W.); das Wasser wird beim Erhitzen abgegeben (*Čupr, Sirůček*, J. pr. [2] **136** [1933] 159, 171).

Strontium-Salz $Sr(C_6H_5O_4S)_2 \cdot 5 H_2O$. Krystalle [aus W.] (*Čupr, Sirůček*, J. pr. [2] **139** [1934] 245, 246).

Cadmium-Salz $Cd(C_6H_5O_4S)_2 \cdot 4 H_2O$. Krystalle [aus W.] (*Čupr, Si.*, J. pr. [2] **139** 248).

Lanthan-Salz $La(C_6H_5O_4S)_3 \cdot 6 H_2O$ (Krystalle), Praseodym-Salz $Pr(C_6H_5O_4S)_3 \cdot 6 H_2O$ (grün, amorph), Neodym-Salz $Nd(C_6H_5O_4S)_3 \cdot 6 H_2O$ (rosaviolett, amorph) und Samarium-Salz $Sm(C_6H_5O_4S)_3 \cdot 6 H_2O$ (gelb, amorph): *Mannelli*, G. **73** [1943] 105, 108.

S-Benzyl-isothiuronium-Salz $[C_8H_{11}N_2S]C_6H_5O_4S$. Krystalle mit 1 Mol H_2O; F: 168,7° [korr.] (*Chambers, Watt*, J. org. Chem. **6** [1941] 376, 378).

S-[Naphthyl-(1)-methyl]-isothiuronium-Salz $[C_{12}H_{13}N_2S]C_6H_5O_4S$. Krystalle (aus A.); F: 106° [korr.] (*Bonner*, Am. Soc. **70** [1948] 3508).

Glycin-Salz $C_2H_5NO_2 \cdot C_6H_6O_4S$. Bildung beim Erhitzen von Phenol mit Glycin (oder Hippursäure) und Schwefelsäure: *Machek*, M. **65** [1935] 433, 441. — Krystalle (aus W.); F: 185—186° [korr.].

DL-Alanin-Salz $C_3H_7NO_2 \cdot C_6H_6O_4S$. Bildung beim Erhitzen von Phenol mit DL-Alanin und Schwefelsäure: *Machek*, M. **66** [1935] 345, 353. — Krystalle (aus W.); F: 179,5—180,5° [korr.].

(±)-3-Amino-buttersäure-Salz $C_4H_9NO_2 \cdot C_6H_6O_4S$. Bildung beim Erhitzen von Phenol mit (±)-3-Amino-buttersäure und Schwefelsäure: *Machek*, M. **66** 355. — Krystalle (aus W.); F: 182—183° [korr.].

4-Methoxy-benzol-sulfonsäure-(1), p-*methoxybenzenesulfonic acid* $C_7H_8O_4S$, Formel IV (R = CH_3) (H 242; E I 55; E II 134).

B. Beim Behandeln von Anisol mit dem Schwefeltrioxid-Dioxan-Addukt in 1.2-Dichlor-äthan (*Suter, Evans, Kiefer*, Am. Soc. **60** [1938] 538). Aus 4-Hydroxy-benzol-sulfonsäure-(1) beim Erwärmen des Mononatrium-Salzes mit Dimethylsulfat und wss.-methanol. Natronlauge (*Carr, Brown*, Am. Soc. **69** [1947] 1170).

4-Äthoxy-benzol-sulfonsäure-(1), p-*ethoxybenzenesulfonic acid* $C_8H_{10}O_4S$, Formel IV
(R = C_2H_5) (H 242; E II 135).

B. Aus 4-Hydroxy-benzol-sulfonsäure-(1) beim Erwärmen des Mononatrium-Salzes mit
Diäthylsulfat und wss. Natronlauge (*Carr, Brown*, Am. Soc. **69** [1947] 1170).

4-Propyloxy-benzol-sulfonsäure-(1), p-*propoxybenzenesulfonic acid* $C_9H_{12}O_4S$, Formel IV
(R = CH_2-CH_2-CH_3).

B. Aus dem Mononatrium-Salz der 4-Hydroxy-benzol-sulfonsäure-(1) beim Erwärmen
mit Propylbromid in Äthanol (*Carr, Brown*, Am. Soc. **69** [1947] 1170).

Als Natrium-Salz (Krystalle) isoliert.

4-Butyloxy-benzol-sulfonsäure-(1), p-*butoxybenzenesulfonic acid* $C_{10}H_{14}O_4S$, Formel IV
(R = $[CH_2]_3$-CH_3).

B. Aus dem Mononatrium-Salz der 4-Hydroxy-benzol-sulfonsäure-(1) beim Erwärmen
mit Butylbromid (*Carr, Brown*, Am. Soc. **69** [1947] 1170).

Als Natrium-Salz (Krystalle) isoliert.

4-Phenoxy-benzol-sulfonsäure-(1), p-*phenoxybenzenesulfonic acid* $C_{12}H_{10}O_4S$, Formel V
(X = H) (E II 135).

B. Aus Diphenyläther beim Erhitzen mit Schwefelsäure auf 150° (*Chem. Fabr. v.
Heyden*, D.R.P. 629312 [1934]; Frdl. **23** 220) sowie beim Erwärmen mit Schwefelsäure
und Acetanhydrid (*Suter*, Am. Soc. **53** [1931] 1112, 1114).

F: 84° (*Chem. Fabr. v. Heyden*).

Charakterisierung als *p*-Toluidin-Salz (F: 221–222°): *Su.*

4-[4-Brom-phenoxy]-benzol-sulfonsäure-(1), p-(p-*bromophenoxy*)*benzenesulfonic acid*
$C_{12}H_9BrO_4S$, Formel V (X = Br).

B. Beim Erwärmen von Phenyl-[4-brom-phenyl]-äther mit Schwefelsäure (*Suter*, Am.
Soc. **53** [1931] 1112, 1115). Neben geringen Mengen Bis-[4-brom-phenyl]-äther beim
Behandeln einer wss. Lösung von Natrium-[4-phenoxy-benzol-sulfonat-(1)] mit Brom
(*Su.*, l. c. S. 1114). Aus Bis-[4-sulfo-phenyl]-äther beim Behandeln einer wss. Lösung
des Barium-Salzes mit Brom (*Su.*, l. c. S. 1113).

Charakterisierung als *p*-Toluidin-Salz (F: 245–247°): *Su.*

Natrium-Salz $NaC_{12}H_8BrO_4S$. Krystalle.

4-Nitro-diphenyläther-sulfonsäure-(x) $C_{12}H_9NO_6S$.

Die E I 57 unter dieser Bezeichnung beschriebene Säure (F: 132°) ist vermutlich als
6-Brom-3-nitro-benzol-sulfonsäure-(1) ($C_6H_4BrNO_5S$) zu formulieren, da in der
Ausgangsverbindung nicht Phenyl-[4-nitro-phenyl]-äther, sondern wahrscheinlich
4-Brom-1-nitro-benzol vorgelegen hat (*Hahn, Kochansky, Težak-Jenic*, Arh. Kemiju **26**
[1954] 257, 258; engl. Ref. S. 264; C. A. **1956** 858).

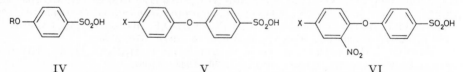

IV	V	VI

4-[2.4-Dinitro-phenoxy]-benzol-sulfonsäure-(1), p-(2,4-*dinitrophenoxy*)*benzenesulfonic
acid* $C_{12}H_8N_2O_8S$, Formel VI (X = NO_2).

Diese Verbindung hat auch in dem E I 57 als 2.4-Dinitro-diphenyläther-sulfon =
säure-(x) beschriebenen Präparat vorgelegen (*Hahn, Kochansky, Težak-Jenic*, Arh.
Kemiju **26** [1954] 257, 258; engl. Ref. S. 265).

B. Beim Erwärmen des Mononatrium-Salzes der 4-Hydroxy-benzol-sulfonsäure-(1)
mit 4-Chlor-1.3-dinitro-benzol und wss.-äthanol. Natronlauge (*Doherty, Stein, Bergmann*,
J. biol. Chem. **135** [1940] 487, 492; s. a. *Hahn, Ko., Te.-J.*).

Krystalle (aus Bzl.) mit 1 Mol H_2O; F: 110–112° [nach Sintern bei 65°] (*Hahn, Ko.,
Te.-J.*).

Ammonium-Salz $[NH_4]C_{12}H_7N_2O_8S \cdot H_2O$, L-Leucin-Salz $C_6H_{13}NO_2 \cdot C_{12}H_8N_2O_8S \cdot
H_2O$, L-Lysin-Salz $C_6H_{14}N_2O_2 \cdot 2C_{12}H_8N_2O_8S \cdot 2H_2O$, L-Arginin-Salz $C_6H_{14}N_4O_2 \cdot
2C_{12}H_8N_2O_8S \cdot 0,5H_2O$, DL-Phenylalanin-Salz $C_9H_{11}NO_2 \cdot C_{12}H_8N_2O_8S \cdot H_2O$ und
L-Tyrosin-Salz $C_9H_{11}NO_3 \cdot C_{12}H_8N_2O_8S \cdot H_2O$: *Do., St., Be.*, l. c. S. 491, 494, 495.

4-[2-Nitro-4-methyl-phenoxy]-benzol-sulfonsäure-(1), p-*(2-nitro-p-tolyloxy)benzene*=
sulfonic acid $C_{13}H_{11}NO_6S$, Formel VI (X = CH_3).

B. Beim Erwärmen von [4-Brom-phenyl]-[2-nitro-4-methyl-phenyl]-äther mit Schwe=
felsäure (*Fox, Turner*, Soc. **1930** 1853, 1865).

Krystalle; F: 131—132°.

4-Benzyloxy-benzol-sulfonsäure-(1), p-*(benzyloxy)benzenesulfonic acid* $C_{13}H_{12}O_4S$,
Formel IV (R = CH_2-C_6H_5) (H 243).

Glycin-Salz $C_2H_5NO_2 \cdot C_{13}H_{12}O_4S$, DL-Alanin-Salz $C_3H_7NO_2 \cdot C_{13}H_{12}O_4S$,
L-Leucin-Salz $C_6H_{13}NO_2 \cdot C_{13}H_{12}O_4S$, L-Arginin-Salz $C_6H_{14}N_4O_2 \cdot 2\,C_{13}H_{12}O_4S$,
DL-Phenylalanin-Salz $C_9H_{11}NO_2 \cdot C_{13}H_{12}O_4S \cdot H_2O$ und L-Histidin-Salz
$C_6H_9N_3O_2 \cdot 2\,C_{13}H_{12}O_4S \cdot 0{,}75\,H_2O$: *Doherty, Stein, Bergmann*, J. biol. Chem. **135** [1940]
487, 491, 495.

4-[4-Stearoyl-phenoxy]-benzol-sulfonsäure-(1), p-*(p-stearoylphenoxy)benzenesulfonic acid*
$C_{30}H_{44}O_5S$, Formel V (X = CO-$[CH_2]_{16}$-CH_3).

B. Aus 1-[4-Phenoxy-phenyl]-octadecanon-(1) (*McCorkle*, Iowa Coll. J. **14** [1939/40]
64).

F: 95—98°.

4-[Octadecen-(9)-oyloxy]-benzol-sulfonsäure-(1) $C_{24}H_{38}O_5S$.

4-Oleoyloxy-benzol-sulfonsäure-(1), p-*(oleoyloxy)benzenesulfonic acid*, Formel IV
(R = CO-$[CH_2]_7$-$CH\stackrel{c}{=}CH$-$[CH_2]_7$-CH_3).

B. Beim Erhitzen des Mononatrium-Salzes der 4-Hydroxy-benzol-sulfonsäure-(1) mit
Oleoylchlorid bis auf 160° (*I.G. Farbenind.*, D.R.P. 657357 [1930]; Frdl. **22** 1321).

Als Natrium-Salz isoliert.

4-[4-Sulfo-phenoxy]-benzoesäure, p-*(p-sulfophenoxy)benzoic acid* $C_{13}H_{10}O_6S$, Formel V
(X = COOH).

B. Aus 4-[4-Stearoyl-phenoxy]-benzol-sulfonsäure-(1) beim Behandeln mit wss. Sal=
petersäure (*McCorkle*, Iowa Coll. J. **14** [1939/40] 64).

Charakterisierung als *p*-Toluidin-Salz (F: 266—267°): *McC.*

4-[4-Äthoxycarbonyloxy-benzoyloxy]-benzol-sulfonsäure-(1), p-*[4-(ethoxycarbonyloxy)*=
benzoyloxy]benzenesulfonic acid $C_{16}H_{14}O_8S$, Formel IV (R = CO-C_6H_4-O-CO-OC_2H_5).

B. Beim Behandeln des Magnesium-Salzes der 4-Hydroxy-benzol-sulfonsäure-(1) mit
wss. Kalilauge und mit einer Lösung von 4-Äthoxycarbonyloxy-benzoylchlorid (E I **10**
77) in Äther (*Merkel & Kienlin*, D.R.P. 638072 [1936]; Frdl. **23** 520).

Magnesium-Salz $Mg(C_{16}H_{13}O_8S)_2$. Krystalle mit 1 Mol H_2O. In Wasser schwer lös=
lich.

Bis-[4-sulfo-phenyl]-äther, 4.4′-Oxy-bis-benzolsulfonsäure-(1), p,p′-*oxybisbenzene*=
sulfonic acid $C_{12}H_{10}O_7S_2$, Formel VII.

Diese Konstitution kommt der H 249 als Diphenyläther-disulfonsäure-(x.x′)
beschriebenen Verbindung zu (*Suter*, Am. Soc. **53** [1931] 1112).

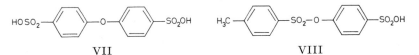

VII   VIII

4-[Toluol-sulfonyl-(4)-oxy]-benzol-sulfonsäure-(1), p-*(p-tolylsulfonyloxy)benzenesulfonic*
acid $C_{13}H_{12}O_6S_2$, Formel VIII.

B. Beim Erwärmen des Mononatrium-Salzes der 4-Hydroxy-benzol-sulfonsäure-(1)
mit Toluol-sulfonylchlorid-(4) und wss.-äthanol. Natronlauge (*Doherty, Stein, Bergmann*,
J. biol. Chem. **135** [1940] 487, 493).

Natrium-Salz $NaC_{13}H_{11}O_6S_2$. Krystalle (aus W.) mit 2 Mol H_2O.

L-Leucin-Salz $C_6H_{13}NO_2 \cdot C_{13}H_{12}O_6S_2$ und DL-Phenylalanin-Salz $C_9H_{11}NO_2 \cdot$
$C_{13}H_{12}O_6S_2 \cdot H_2O$: *Do., St., Be.*, l. c. S. 495.

4-Methoxy-benzol-sulfonsäure-(1)-methylester, p-*methoxybenzenesulfonic acid methyl ester*
$C_8H_{10}O_4S$, Formel IX (R = CH_3, X = OCH_3) auf S. 503 (E II 135).

B. Beim Behandeln von 4-Methoxy-benzol-sulfonylchlorid-(1) mit Methanol und mit wss. Natronlauge (*Carr, Brown*, Am. Soc. **69** [1947] 1170).

Krystalle; F: 32—33° [aus Bzl.] (*Below, Schepelenkowa*, Ž. obšč. Chim. **11** [1941] 757, 758; C. A. **1942** 419), 32° (*Carr, Br.*). Bei 168—172°/1 Torr destillierbar (*Carr, Br.*).

4-Äthoxy-benzol-sulfonsäure-(1)-methylester, p-*ethoxybenzenesulfonic acid methyl ester* $C_9H_{12}O_4S$, Formel IX (R = C_2H_5, X = OCH_3).

B. Beim Behandeln von 4-Äthoxy-benzol-sulfonylchlorid-(1) mit Methanol und mit wss. Natronlauge (*Carr, Brown*, Am. Soc. **69** [1947] 1170).

Krystalle; F: 47,5°. Kp_1: 172—173° [korr.].

4-Propyloxy-benzol-sulfonsäure-(1)-methylester, p-*propoxybenzenesulfonic acid methyl ester* $C_{10}H_{14}O_4S$, Formel IX (R = CH_2-CH_2-CH_3, X = OCH_3).

B. Beim Behandeln von 4-Propyloxy-benzol-sulfonylchlorid-(1) mit Methanol und mit wss. Natronlauge (*Carr, Brown*, Am. Soc. **69** [1947] 1170).

Krystalle; F: 11°. Kp_1: 180—182° [korr.].

4-Butyloxy-benzol-sulfonsäure-(1)-methylester, p-*butoxybenzenesulfonic acid methyl ester* $C_{11}H_{16}O_4S$, Formel IX (R = $[CH_2]_3$-CH_3, X = OCH_3).

B. Beim Behandeln von 4-Butyloxy-benzol-sulfonylchlorid-(1) mit Methanol und mit wss. Natronlauge (*Carr, Brown*, Am. Soc. **69** [1947] 1170).

Krystalle; F: 11°. Kp_1: 181° [korr.].

4-Phenoxy-benzol-sulfonsäure-(1)-methylester, p-*phenoxybenzenesulfonic acid methyl ester* $C_{13}H_{12}O_4S$, Formel IX (R = C_6H_5, X = OCH_3).

B. Neben anderen Verbindungen beim Erhitzen von Diphenyläther mit Dimethyl=sulfat bis auf 180° (*Below, Schepelenkowa*, Ž. obšč. Chim. **11** [1941] 757, 759; C. A. **1942** 419).

Kp_{10-11}: 220—223°.

4-Methoxy-benzol-sulfonsäure-(1)-äthylester, p-*methoxybenzenesulfonic acid ethyl ester* $C_9H_{12}O_4S$, Formel IX (R = CH_3, X = OC_2H_5).

B. Beim Behandeln von 4-Methoxy-benzol-sulfonylchlorid-(1) mit Äthanol und mit wss. Natronlauge (*Carr, Brown*, Am. Soc. **69** [1947] 1170) oder mit äthanol. Natriumäthylat (*Morgan, Cretcher*, Am. Soc. **70** [1948] 375, 376).

Krystalle; F: 5° (*Carr, Br.*). Kp_1: 169—172° [korr.] (*Carr, Br.*); $Kp_{0,3}$: 137—139° (*Mo., Cr.*). n_D^{20}: 1,5230 (*Mo., Cr.*).

Geschwindigkeit der Reaktion mit Natriumäthylat in Äthanol bei 35° und 45°: *Mo., Cr.*

4-Methoxy-benzol-sulfonsäure-(1)-[2-chlor-äthylester], p-*methoxybenzenesulfonic acid 2-chloroethyl ester* $C_9H_{11}ClO_4S$, Formel IX (R = CH_3, X = O-CH_2-CH_2Cl).

B. Beim Behandeln von 4-Methoxy-benzol-sulfonylchlorid-(1) mit 2-Chlor-äthanol-(1) und mit wss. Natronlauge (*Carr, Brown*, Am. Soc. **69** [1947] 1170).

Krystalle; F: 28,5°. Kp_1: 192° [korr.].

4-Methoxy-benzol-sulfonsäure-(1)-[2-brom-äthylester], p-*methoxybenzenesulfonic acid 2-bromoethyl ester* $C_9H_{11}BrO_4S$, Formel IX (R = CH_3, X = O-CH_2-CH_2Br).

B. Analog der im vorangehenden Artikel beschriebenen Verbindung (*Carr, Brown*, Am. Soc. **69** [1947] 1170).

Krystalle; F: 35°. Kp_1: 206° [korr.].

4-Äthoxy-benzol-sulfonsäure-(1)-äthylester, p-*ethoxybenzenesulfonic acid ethyl ester* $C_{10}H_{14}O_4S$, Formel IX (R = C_2H_5, X = OC_2H_5).

B. Beim Behandeln von 4-Äthoxy-benzol-sulfonylchlorid-(1) mit Äthanol und mit wss. Natronlauge (*Carr, Brown*, Am. Soc. **69** [1947] 1170).

Krystalle; F: 18°. Kp_1: 180° [korr.].

4-Äthoxy-benzol-sulfonsäure-(1)-[2-chlor-äthylester], p-*ethoxybenzenesulfonic acid 2-chloroethyl ester* $C_{10}H_{13}ClO_4S$, Formel IX (R = C_2H_5, X = O-CH_2-CH_2Cl).

B. Beim Behandeln von 4-Äthoxy-benzol-sulfonylchlorid-(1) mit 2-Chlor-äthanol-(1) und mit wss. Natronlauge (*Carr, Brown*, Am. Soc. **69** [1947] 1170).

Krystalle; F: 47,5°. Kp_1: 202° [korr.].

4-Äthoxy-benzol-sulfonsäure-(1)-[2-brom-äthylester], p-*ethoxybenzenesulfonic acid 2-bromoethyl ester* $C_{10}H_{13}BrO_4S$, Formel IX (R = C_2H_5, X = O-CH_2-CH_2Br).
B. Analog der im vorangehenden Artikel beschriebenen Verbindung (*Carr, Brown*, Am. Soc. **69** [1947] 1170).
Krystalle; F: 33,5°.

4-Propyloxy-benzol-sulfonsäure-(1)-äthylester, p-*propoxybenzenesulfonic acid ethyl ester* $C_{11}H_{16}O_4S$, Formel IX (R = CH_2-CH_2-CH_3, X = OC_2H_5).
B. Beim Behandeln von 4-Propyloxy-benzol-sulfonylchlorid-(1) mit Äthanol und mit wss. Natronlauge (*Carr, Brown*, Am. Soc. **69** [1947] 1170).
Krystalle; F: 33,5°. Kp_1: 186° [korr.].

4-Propyloxy-benzol-sulfonsäure-(1)-[2-chlor-äthylester], p-*propoxybenzenesulfonic acid 2-chloroethyl ester* $C_{11}H_{15}ClO_4S$, Formel IX (R = CH_2-CH_2-CH_3, X = O-CH_2-CH_2Cl).
B. Beim Behandeln von 4-Propyloxy-benzol-sulfonylchlorid-(1) mit 2-Chlor-äthanol-(1) und mit wss. Natronlauge (*Carr, Brown*, Am. Soc. **69** [1947] 1170).
Krystalle; F: 15°. Kp_1: 179° [korr.].

4-Propyloxy-benzol-sulfonsäure-(1)-[2-brom-äthylester], p-*propoxybenzenesulfonic acid 2-bromoethyl ester* $C_{11}H_{15}BrO_4S$, Formel IX (R = CH_2-CH_2-CH_3, X = O-CH_2-CH_2Br).
B. Analog der im vorangehenden Artikel beschriebenen Verbindung (*Carr, Brown*, Am. Soc. **69** [1947] 1170).
Krystalle; F: 35°. Kp_1: 195° [korr.].

4-Butyloxy-benzol-sulfonsäure-(1)-äthylester, p-*butoxybenzenesulfonic acid ethyl ester* $C_{12}H_{18}O_4S$, Formel IX (R = [CH_2]$_3$-CH_3, X = OC_2H_5).
B. Beim Behandeln von 4-Butyloxy-benzol-sulfonylchlorid-(1) mit Äthanol und mit wss. Natronlauge (*Carr, Brown*, Am. Soc. **69** [1947] 1170).
Krystalle; F: 23°. Kp_1: 177° [korr.].

4-Butyloxy-benzol-sulfonsäure-(1)-[2-chlor-äthylester], p-*butoxybenzenesulfonic acid 2-chloroethyl ester* $C_{12}H_{17}ClO_4S$, Formel IX (R = [CH_2]$_3$-CH_3, X = O-CH_2-CH_2Cl).
B. Beim Behandeln von 4-Butyloxy-benzol-sulfonylchlorid-(1) mit 2-Chlor-äthanol-(1) und mit wss. Natronlauge (*Carr, Brown*, Am. Soc. **69** [1947] 1170).
Krystalle; F: 20°. Kp_1: 182° [korr.].

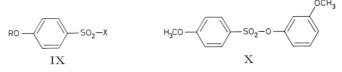

IX   X

4-Butyloxy-benzol-sulfonsäure-(1)-[2-brom-äthylester], p-*butoxybenzenesulfonic acid 2-bromoethyl ester* $C_{12}H_{17}BrO_4S$, Formel IX (R = [CH_2]$_3$-CH_3, X = O-CH_2-CH_2Br).
B. Analog der im vorangehenden Artikel beschriebenen Verbindung (*Carr, Brown*, Am. Soc. **69** [1947] 1170).
Krystalle; F: 35°. Kp_1: 177° [korr.].

4-Methoxy-benzol-sulfonsäure-(1)-propylester, p-*methoxybenzenesulfonic acid propyl ester* $C_{10}H_{14}O_4S$, Formel IX (R = CH_3, X = O-CH_2-CH_2-CH_3).
B. Beim Behandeln von 4-Methoxy-benzol-sulfonylchlorid-(1) mit Propanol-(1) und mit wss. Natronlauge (*Carr, Brown*, Am. Soc. **69** [1947] 1170).
$Kp_{0,1}$: 180° [korr.].

4-Äthoxy-benzol-sulfonsäure-(1)-propylester, p-*ethoxybenzenesulfonic acid propyl ester* $C_{11}H_{16}O_4S$, Formel IX (R = C_2H_5, X = O-CH_2-CH_2-CH_3).
B. Beim Behandeln von 4-Äthoxy-benzol-sulfonylchlorid-(1) mit Propanol-(1) und mit wss. Natronlauge (*Carr, Brown*, Am. Soc. **69** [1947] 1170).
Kp_1: 187° [korr.].

4-Propyloxy-benzol-sulfonsäure-(1)-propylester, p-*propoxybenzenesulfonic acid propyl ester* $C_{12}H_{18}O_4S$, Formel IX (R = CH_2-CH_2-CH_3, X = O-CH_2-CH_2-CH_3).
B. Beim Behandeln von 4-Propyloxy-benzol-sulfonylchlorid-(1) mit Propanol-(1) und mit wss. Natronlauge (*Carr, Brown*, Am. Soc. **69** [1947] 1170).
Kp_1: 174—176° [korr.].

4-Butyloxy-benzol-sulfonsäure-(1)-propylester, p-*butoxybenzenesulfonic acid propyl ester* $C_{13}H_{20}O_4S$, Formel IX (R = $[CH_2]_3$-CH_3, X = O-CH_2-CH_2-CH_3).
B. Beim Behandeln von 4-Butyloxy-benzol-sulfonylchlorid-(1) mit Propanol-(1) und mit wss. Natronlauge (*Carr, Brown*, Am. Soc. **69** [1947] 1170).
Kp_1: 185° [korr.].

4-Methoxy-benzol-sulfonsäure-(1)-isopropylester, p-*methoxybenzenesulfonic acid isopropyl ester* $C_{10}H_{14}O_4S$, Formel IX (R = CH_3, X = O-$CH(CH_3)_2$).
B. Beim Behandeln von 4-Methoxy-benzol-sulfonylchlorid-(1) mit Isopropylalkohol und mit wss. Natronlauge (*Carr, Brown*, Am. Soc. **69** [1947] 1170).
Krystalle; F: 35°.

4-Äthoxy-benzol-sulfonsäure-(1)-isopropylester, p-*ethoxybenzenesulfonic acid isopropyl ester* $C_{11}H_{16}O_4S$, Formel IX (R = C_2H_5, X = O-$CH(CH_3)_2$).
B. Beim Behandeln von 4-Äthoxy-benzol-sulfonylchlorid-(1) mit Isopropylalkohol und mit wss. Natronlauge (*Carr, Brown*, Am. Soc. **69** [1947] 1170).
Krystalle; F: 26°.

4-Propyloxy-benzol-sulfonsäure-(1)-isopropylester, p-*propoxybenzenesulfonic acid isopropyl ester* $C_{12}H_{18}O_4S$, Formel IX (R = CH_2-CH_2-CH_3, X = O-$CH(CH_3)_2$).
B. Beim Behandeln von 4-Propyloxy-benzol-sulfonylchlorid-(1) mit Isopropylalkohol und mit wss. Natronlauge (*Carr, Brown*, Am. Soc. **69** [1947] 1170).
Kp_1: 167° [korr.].

4-Butyloxy-benzol-sulfonsäure-(1)-isopropylester, p-*butoxybenzenesulfonic acid isopropyl ester* $C_{13}H_{20}O_4S$, Formel IX (R = $[CH_2]_3$-CH_3, X = O-$CH(CH_3)_2$).
B. Beim Behandeln von 4-Butyloxy-benzol-sulfonylchlorid-(1) mit Isopropylalkohol und mit wss. Natronlauge (*Carr, Brown*, Am. Soc. **69** [1947] 1170).
Öl; auch bei 1 Torr nicht destillierbar.

4-Methoxy-benzol-sulfonsäure-(1)-butylester, p-*methoxybenzenesulfonic acid butyl ester* $C_{11}H_{16}O_4S$, Formel IX (R = CH_3, X = O-$[CH_2]_3$-CH_3).
B. Beim Behandeln von 4-Methoxy-benzol-sulfonylchlorid-(1) mit Natriumbutylat in Butanol-(1) (*Carr, Brown*, Am. Soc. **69** [1947] 1170).
Kp_1: 198° [korr.].

4-Äthoxy-benzol-sulfonsäure-(1)-butylester, p-*ethoxybenzenesulfonic acid butyl ester* $C_{12}H_{18}O_4S$, Formel IX (R = C_2H_5, X = O-$[CH_2]_3$-CH_3).
B. Beim Behandeln von 4-Äthoxy-benzol-sulfonylchlorid-(1) mit Natriumbutylat in Butanol-(1) (*Carr, Brown*, Am. Soc. **69** [1947] 1170).
Krystalle; F: 9,5°. Kp_1: 184° [korr.].

4-Propyloxy-benzol-sulfonsäure-(1)-butylester, p-*propoxybenzenesulfonic acid butyl ester* $C_{13}H_{20}O_4S$, Formel IX (R = CH_2-CH_2-CH_3, X = O-$[CH_2]_3$-CH_3).
B. Beim Behandeln von 4-Propyloxy-benzol-sulfonylchlorid-(1) mit Natriumbutylat in Butanol-(1) (*Carr, Brown*, Am. Soc. **69** [1947] 1170).
Kp_1: 187—188° [korr.].

4-Butyloxy-benzol-sulfonsäure-(1)-butylester, p-*butoxybenzenesulfonic acid butyl ester* $C_{14}H_{22}O_4S$, Formel IX (R = $[CH_2]_3$-CH_3, X = O-$[CH_2]_3$-CH_3).
B. Beim Behandeln von 4-Butyloxy-benzol-sulfonylchlorid-(1) mit Natriumbutylat in Butanol-(1) (*Carr, Brown*, Am. Soc. **69** [1947] 1170).
Krystalle; F: 12,5°. Kp_1: 178° [korr.].

4-Methoxy-benzol-sulfonsäure-(1)-[3-methoxy-phenylester], p-*methoxybenzenesulfonic acid* m-*methoxyphenyl ester* $C_{14}H_{14}O_5S$, Formel X.
B. Beim Behandeln von 4-Methoxy-benzol-sulfonylchlorid-(1) mit 3-Methoxy-phenol und Pyridin unter Zusatz von Zinkchlorid (*Burton, Hoggarth*, Soc. **1945** 14, 16).
Krystalle (aus Me.); F: 52°. $Kp_{0,5}$: 200—202°. n_D^{20}: 1,5731.

4-Methoxy-benzol-sulfonylchlorid-(1), p-*methoxybenzenesulfonyl chloride* $C_7H_7ClO_3S$, Formel IX (R = CH_3, X = Cl) (H 243; E I 56; E II 136).
B. Beim Behandeln einer Lösung von Anisol in Chloroform mit Chloroschwefelsäure (*Morgan, Cretcher*, Am. Soc. **70** [1948] 375). Aus Natrium-[4-methoxy-benzol-sulfonat-(1)]

beim Erhitzen mit Phosphor(V)-chlorid (*Carr, Brown,* Am. Soc. **69** [1947] 1170).
Krystalle; F: 41—42° [aus Hexan] (*Mo., Cr.*), 41° [aus Ae. oder PAe.] (*Carr, Br.*).
Kp$_{0,25}$: 103—105° (*Mo., Cr.*).

4-Äthoxy-benzol-sulfonylchlorid-(1), p-*ethoxybenzenesulfonyl chloride* $C_8H_9ClO_3S$,
Formel IX (R = C$_2$H$_5$, X = Cl) auf S. 503 (H 243; E II 136).
B. Aus Natrium-[4-äthoxy-benzol-sulfonat-(1)] beim Erhitzen mit Phosphor(V)-chlorid (*Carr, Brown,* Am. Soc. **69** [1947] 1170; vgl. H 243).
Krystalle (aus Ae. oder PAe.); F: 37°.

4-Propyloxy-benzol-sulfonylchlorid-(1), p-*propoxybenzenesulfonyl chloride* $C_9H_{11}ClO_3S$,
Formel IX (R = CH$_2$-CH$_2$-CH$_3$, X = Cl) auf S. 503.
B. Aus Natrium-[4-propyloxy-benzol-sulfonat-(1)] beim Erhitzen mit Phosphor(V)-chlorid (*Carr, Brown,* Am. Soc. **69** [1947] 1170).
Krystalle (aus Ae. oder PAe.); F: 23°.

4-Butyloxy-benzol-sulfonylchlorid-(1), p-*butoxybenzenesulfonyl chloride* $C_{10}H_{13}ClO_3S$,
Formel IX (R = [CH$_2$]$_3$-CH$_3$, X = Cl) auf S. 503.
B. Aus Natrium-[4-butyloxy-benzol-sulfonat-(1)] beim Erhitzen mit Phosphor(V)-chlorid (*Carr, Brown,* Am. Soc. **69** [1947] 1170).
Krystalle (aus Ae. oder PAe.); F: 19,0°.

4-Dodecyloxy-benzol-sulfonylchlorid-(1), p-*(dodecyloxy)benzenesulfonyl chloride*
$C_{18}H_{29}ClO_3S$, Formel IX (R = [CH$_2$]$_{11}$-CH$_3$, X = Cl) auf S. 503.
B. Beim Behandeln von Dodecyl-phenyl-äther mit Schwefelsäure, anschliessenden Neutralisieren mit äthanol. Kalilauge und Erhitzen des erhaltenen Kalium-Salzes mit Phosphor(V)-chlorid (*Hanby, Rydon,* Soc. **1946** 865).
Krystalle (aus PAe.); F: 37°.

4-Hexadecyloxy-benzol-sulfonylchlorid-(1), p-*(hexadecyloxy)benzenesulfonyl chloride*
$C_{22}H_{37}ClO_3S$, Formel IX (R = [CH$_2$]$_{15}$-CH$_3$, X = Cl) auf S. 503.
B. Aus Hexadecyl-phenyl-äther analog der im vorangehenden Artikel beschriebenen Verbindung (*Hanby, Rydon,* Soc. **1946** 865).
F: 58°.

4-[4-Brom-phenoxy]-benzol-sulfonylchlorid-(1), p-*(p-bromophenoxy)benzenesulfonyl chloride* $C_{12}H_8BrClO_3S$, Formel XI (X = Br).
B. Aus Phenyl-[4-brom-phenyl]-äther und Chloroschwefelsäure (*Suter,* Am. Soc. **53** [1931] 1112, 1115). Aus 4-Phenoxy-benzol-sulfonylchlorid-(1) (E II 136) beim Behandeln mit Brom in Tetrachlormethan (*Su.*).
Krystalle (aus PAe.); F: 81—82°.

4-[4-Nitro-phenoxy]-benzol-sulfonylchlorid-(1), p-*(p-nitrophenoxy)benzenesulfonyl chloride* $C_{12}H_8ClNO_5S$, Formel XI (X = NO$_2$).
B. Beim Erwärmen von Phenyl-[4-nitro-phenyl]-äther mit Schwefelsäure und Behandeln des Natrium-Salzes der erhaltenen Sulfonsäure mit Phosphor(V)-chlorid (*Dermer, Dermer,* Am. Soc. **64** [1942] 3056). Aus 4-Phenoxy-benzol-sulfonylchlorid-(1) beim Erwärmen einer Lösung in Essigsäure mit Salpetersäure und Schwefelsäure (*De., De.*).
Krystalle; F: 85,5—86,5° [aus Ae.], 84—85° [aus Diisopropyläther].

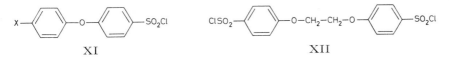

XI   XII

1.2-Bis-[4-chlorsulfonyl-phenoxy]-äthan, p,p'-*(ethylenedioxy)bisbenzenesulfonyl chloride*
$C_{14}H_{12}Cl_2O_6S_2$, Formel XII.
B. Beim Behandeln einer Lösung von 1.2-Diphenoxy-äthan in Chloroform mit Chloroschwefelsäure (*King,* Am. Soc. **66** [1944] 2076, 2078).
Krystalle (aus Pentan); F: 115—116°.

1.3-Bis-[4-chlorsulfonyl-phenoxy]-propan, p,p'-*(trimethylenedioxy)bisbenzenesulfonyl chloride* $C_{15}H_{14}Cl_2O_6S_2$, Formel XIII.
B. Beim Behandeln einer Lösung von 1.3-Diphenoxy-propan in Chloroform mit

Chloroschwefelsäure (*King, McMillan,* Am. Soc. **67** [1945] 336).
Krystalle (aus PAe.); F: 121° [unkorr.].

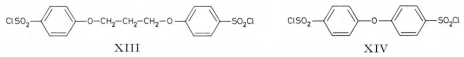

XIII   XIV

Bis-[4-chlorsulfonyl-phenyl]-äther, 4.4′-Oxy-bis-benzolsulfonylchlorid-(1), p,p′-*oxybis=
benzenesulfonyl chloride* $C_{12}H_8Cl_2O_5S_2$, Formel XIV.

B. Aus Diphenyläther und Chloroschwefelsäure (*Suter,* Am. Soc. **53** [1931] 1112, 1115).
Krystalle (aus PAe.); F: 128—129° [korr.] (*Su.*).

4-Hydroxy-benzolsulfonamid-(1), p-*hydroxybenzenesulfonamide* $C_6H_7NO_3S$, Formel I
(R = H, X = NH_2) (H 243).

B. Beim Erwärmen einer aus Sulfanilamid hergestellten wss. Diazoniumsalz-Lösung
(*Kermack, Spragg, Tebrich,* Soc. **1939** 608).

Krystalle (aus wss. Eg.); F: 178° (*Ke., Sp., Te.*). In Wasser und Äthanol löslich, in
Benzol und Petroläther schwer löslich (*Ke., Sp., Te.*).

Nach Verabreichung von 4-Hydroxy-benzolsulfonamid-(1) an Kaninchen ist aus
deren Harn 3.4-Dihydroxy-benzolsulfonamid-(1) isoliert worden (*Sammons, Shelswell,
Williams,* Biochem. J. **35** [1941] 557; *Williams,* Biochem. J. **35** [1941] 1169).

Natrium-Salz $NaC_6H_6NO_3S$. Krystalle (aus A. + W.) mit 2 Mol H_2O; F: 276°
(*Ke., Sp., Te.*).

4-Hydroxy-N.N-dimethyl-benzolsulfonamid-(1), p-*hydroxy-N,N-dimethylbenzenesulfon=
amide* $C_8H_{11}NO_3S$, Formel I (R = H, X = N(CH_3)$_2$).

B. Beim Erwärmen einer aus Sulfanilsäure-dimethylamid hergestellten Diazoniumsalz-
Lösung (*King,* Am. Soc. **66** [1944] 2076, 2079).
Krystalle (aus Bzl.); F: 95°.

**[4-Hydroxy-benzol-sulfonyl-(1)]-[3.4-dimethyl-benzoyl]-amin, N-[4-Hydroxy-benzol-
sulfonyl-(1)]-3.4-dimethyl-benzamid,** N-(p-*hydroxyphenylsulfonyl)-3,4-dimethylbenzamide*
$C_{15}H_{15}NO_4S$, Formel II.

B. Beim Erhitzen der aus N-Sulfanilyl-3.4-dimethyl-benzamid hergestellten Di=
azonium-Verbindung mit Wasser (*Jensen, Christensen,* Acta chem. scand. **3** [1949] 207).
Krystalle (aus W.); F: 187°.

[4-Hydroxy-benzol-sulfonyl-(1)]-guanidin, (p-*hydroxyphenylsulfonyl)guanidine*
$C_7H_9N_3O_3S$, Formel I (R = H, X = NH-C(NH_2)=NH) und Tautomeres.

B. Aus Sulfanilyl-guanidin analog der im vorangehenden Artikel beschriebenen Ver=
bindung (*Jensen, Christensen,* Acta chem. scand. **3** [1949] 207).
Krystalle (aus W.); F: 185—185,5° (*Stavrić, Cerkovnikov,* Croat. chem. Acta **32** [1960]
203, 206), 160—162° (*Je., Ch.*).

4-Methoxy-benzolsulfonamid-(1), p-*methoxybenzenesulfonamide* $C_7H_9NO_3S$, Formel I
(R = CH_3, X = NH_2) (H 243; E I 56; E II 136).

B. Aus 4-Methoxy-benzol-sulfonylchlorid-(1) beim Behandeln einer Lösung in Chloro=
form mit Ammoniumcarbonat unter Eindampfen (*Huntress, Carten,* Am. Soc. **62** [1940]
603).

Krystalle; F: 110—112° (*Below, Finkel'schtein,* Ž. obšč. Chim. **16** [1946] 1248, 1251;
C. A. **1947** 3065), 110—111° [Block; unkorr.; aus wss. A.] (*Hu., Ca.*), 110° [korr.; aus
wss. A. oder wss. Acn.] (*Carr, Brown,* Am. Soc. **69** [1947] 1170).

4-Methoxy-N.N-dimethyl-benzolsulfonamid-(1), p-*methoxy-N,N-dimethylbenzenesulfon=
amide* $C_9H_{13}NO_3S$, Formel I (R = CH_3, X = N(CH_3)$_2$).

B. Beim Behandeln von 4-Hydroxy-benzolsulfonamid-(1) mit Dimethylsulfat und wss.
Natronlauge unter Zusatz von Methanol (*Williams,* Biochem. J. **35** [1941] 1169, 1172).
Krystalle (aus W.); F: 75°.

**[4-Methoxy-benzol-sulfonyl-(1)]-acetyl-amin, N-[4-Methoxy-benzol-sulfonyl-(1)]-
acetamid,** N-(p-*methoxyphenylsulfonyl)acetamide* $C_9H_{11}NO_4S$, Formel I (R = CH_3,
X = NH-CO-CH_3).

B. Aus 4-Methoxy-benzolsulfonamid-(1) und Acetylchlorid (*Openshaw, Spring,* Soc.

1945 234).

Krystalle (aus wss. A.); F: 140°.

4-Äthoxy-benzolsulfonamid-(1), p-*ethoxybenzenesulfonamide* $C_8H_{11}NO_3S$, Formel I ($R = C_2H_5$, $X = NH_2$) (H 243; E II 136).

B. Beim Behandeln einer Lösung von Phenetol in Chloroform mit Chloroschwefelsäure und Eindampfen der Reaktionslösung mit Ammoniumcarbonat (*Huntress, Carten*, Am. Soc. **62** [1940] 603).

Krystalle; F: 151,5° [korr.; aus wss. A. oder wss. Acn.] (*Carr, Brown*, Am. Soc. **69** [1947] 1170), 149—150° [aus wss. A.] (*Hu., Ca.*).

[4-Äthoxy-benzol-sulfonyl-(1)]-acetyl-amin, *N*-**[4-Äthoxy-benzol-sulfonyl-(1)]-acet≈ amid**, N-(p-*ethoxyphenylsulfonyl*)*acetamide* $C_{10}H_{13}NO_4S$, Formel I ($R = C_2H_5$, $X = NH-CO-CH_3$).

B. Aus 4-Äthoxy-benzolsulfonamid-(1) und Acetylchlorid (*Openshaw, Spring*, Soc. **1945** 234).

Krystalle (aus wss. A.); F: 151,5°.

4-Propyloxy-benzolsulfonamid-(1), p-*propoxybenzenesulfonamide* $C_9H_{13}NO_3S$, Formel I ($R = CH_2-CH_2-CH_3$, $X = NH_2$).

B. Aus Propyl-phenyl-äther analog 4-Äthoxy-benzolsulfonamid-(1) [s. o.] (*Huntress, Carten*, Am. Soc. **62** [1940] 603).

Krystalle; F: 119,5° [korr.; aus wss. A. oder wss. Acn.] (*Carr, Brown*, Am. Soc. **69** [1947] 1170), 116—117° [aus wss. A.] (*Hu., Ca.*).

4-Butyloxy-benzolsulfonamid-(1), p-*butoxybenzenesulfonamide* $C_{10}H_{15}NO_3S$, Formel I ($R = [CH_2]_3-CH_3$, $X = NH_2$).

B. Aus Butyl-phenyl-äther analog 4-Äthoxy-benzolsulfonamid-(1) [s. o.] (*Huntress, Carten*, Am. Soc. **62** [1940] 603). Beim Behandeln von Butyl-phenyl-äther mit Schwefel≈ säure, Behandeln der erhaltenen Sulfonsäure mit Phosphor(V)-chlorid und Erwärmen des danach isolierten Säurechlorids mit wss. Ammoniak (*Hanby, Rydon*, Soc. **1946** 865).

Krystalle; F: 108° [aus wss. A.] (*Ha., Ry.*), 106° [korr.; aus wss. A. oder wss. Acn.] (*Carr, Brown*, Am. Soc. **69** [1947] 1170), 103—104° [aus wss. A.] (*Hu., Ca.*).

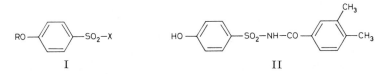

I   II

N-Chlor-4-butyloxy-benzolsulfonamid-(1), p-*butoxy*-N-*chlorobenzenesulfonamide* $C_{10}H_{14}ClNO_3S$, Formel I ($R = [CH_2]_3-CH_3$, $X = NHCl$).

B. Aus 4-Butyloxy-benzolsulfonamid-(1) beim Behandeln mit wss. Natronlauge und mit wss. Natriumhypochlorit-Lösung (*Hanby, Rydon*, Soc. **1946** 865).

Natrium-Salz $NaC_{10}H_{13}ClNO_3S$. Krystalle (aus W.) mit 2 Mol H_2O; F: 162° [Zers.].

4-Pentyloxy-benzolsulfonamid-(1), p-*(pentyloxy)benzenesulfonamide* $C_{11}H_{17}NO_3S$, Formel I ($R = [CH_2]_4-CH_3$, $X = NH_2$).

B. Aus Pentyl-phenyl-äther analog 4-Butyloxy-benzolsulfonamid-(1) [s. o.] (*Hanby, Rydon*, Soc. **1946** 865).

Krystalle (aus wss. A.); F: 96°.

N-Chlor-4-pentyloxy-benzolsulfonamid-(1), N-*chloro*-p-*(pentyloxy)benzenesulfonamide* $C_{11}H_{16}ClNO_3S$, Formel I ($R = [CH_2]_4-CH_3$, $X = NHCl$).

B. Beim Behandeln von 4-Pentyloxy-benzolsulfonamid-(1) mit wss. Natronlauge und mit wss. Natriumhypochlorit-Lösung (*Hanby, Rydon*, Soc. **1946** 865).

Natrium-Salz $NaC_{11}H_{15}ClNO_3S$. Krystalle (aus W.) mit 1 Mol H_2O; F: 158° [Zers.].

4-Hexyloxy-benzolsulfonamid-(1), p-*(hexyloxy)benzenesulfonamide* $C_{12}H_{19}NO_3S$, Formel I ($R = [CH_2]_5-CH_3$, $X = NH_2$).

B. Aus Hexyl-phenyl-äther analog 4-Butyloxy-benzolsulfonamid-(1) [s. o.] (*Hanby, Rydon*, Soc. **1946** 865).

Krystalle (aus wss. A.); F: 100°.

Natrium-Salz $NaC_{12}H_{18}NO_3S$. Krystalle (aus W.); F: 265—270° [Zers.].

N-Chlor-4-hexyloxy-benzolsulfonamid-(1), N-*chloro*-p-(*hexyloxy*)*benzenesulfonamide* $C_{12}H_{18}ClNO_3S$, Formel I (R = $[CH_2]_5$-CH_3, X = NHCl).
B. Beim Behandeln von 4-Hexyloxy-benzolsulfonamid-(1) mit wss. Natronlauge und mit wss. Natriumhypochlorit-Lösung (*Hanby, Rydon*, Soc. **1946** 865).
Natrium-Salz $NaC_{12}H_{17}ClNO_3S$. Krystalle (aus W.) mit 1 Mol H_2O; F: 160° [Zers.].

4-Heptyloxy-benzolsulfonamid-(1), p-(*heptyloxy*)*benzenesulfonamide* $C_{13}H_{21}NO_3S$, Formel I (R = $[CH_2]_6$-CH_3, X = NH_2).
B. Aus Heptyl-phenyl-äther analog 4-Butyloxy-benzolsulfonamid-(1) [S. 507] (*Hanby, Rydon*, Soc. **1946** 865).
Krystalle (aus wss. A.); F: 99°.

N-Chlor-4-heptyloxy-benzolsulfonamid-(1), N-*chloro*-p-(*heptyloxy*)*benzenesulfonamide* $C_{13}H_{20}ClNO_3S$, Formel I (R = $[CH_2]_6$-CH_3, X = NHCl).
B. Aus 4-Heptyloxy-benzolsulfonamid-(1) beim Behandeln mit wss. Natronlauge und mit wss. Natriumhypochlorit-Lösung (*Hanby, Rydon*, Soc. **1946** 865).
Natrium-Salz $NaC_{13}H_{19}ClNO_3S$. Krystalle (aus W.); F: 156° [Zers.].

4-Octyloxy-benzolsulfonamid-(1), p-(*octyloxy*)*benzenesulfonamide* $C_{14}H_{23}NO_3S$, Formel I (R = $[CH_2]_7$-CH_3, X = NH_2).
B. Aus Octyl-phenyl-äther analog 4-Butyloxy-benzolsulfonamid-(1) [S. 507] (*Hanby, Rydon*, Soc. **1946** 865).
Krystalle (aus wss. A.); F: 104°.

N-Chlor-4-octyloxy-benzolsulfonamid-(1), N-*chloro*-p-(*octyloxy*)*benzenesulfonamide* $C_{14}H_{22}ClNO_3S$, Formel I (R = $[CH_2]_7$-CH_3, X = NHCl).
B. Aus 4-Octyloxy-benzolsulfonamid-(1) beim Behandeln mit wss. Natronlauge und mit wss. Natriumhypochlorit-Lösung (*Hanby, Rydon*, Soc. **1946** 865).
Natrium-Salz $NaC_{14}H_{21}ClNO_3S$. Krystalle (aus W.); F: 162° [Zers.].

4-Decyloxy-benzolsulfonamid-(1), p-(*decyloxy*)*benzenesulfonamide* $C_{16}H_{27}NO_3S$, Formel I (R = $[CH_2]_9$-CH_3, X = NH_2).
B. Aus Decyl-phenyl-äther analog 4-Butyloxy-benzolsulfonamid-(1) [S. 507] (*Hanby, Rydon*, Soc. **1946** 865).
Krystalle (aus wss. A.); F: 107°.

N-Chlor-4-decyloxy-benzolsulfonamid-(1), N-*chloro*-p-(*decyloxy*)*benzenesulfonamide* $C_{16}H_{26}ClNO_3S$, Formel I (R = $[CH_2]_9$-CH_3, X = NHCl).
B. Beim Behandeln von 4-Decyloxy-benzolsulfonamid-(1) mit wss. Natronlauge und mit wss. Natriumhypochlorit-Lösung (*Hanby, Rydon*, Soc. **1946** 865).
Natrium-Salz $NaC_{16}H_{25}ClNO_3S$. Krystalle (aus W.) mit 1 Mol H_2O; F: 152° [Zers.].

4-Dodecyloxy-benzolsulfonamid-(1), p-(*dodecyloxy*)*benzenesulfonamide* $C_{18}H_{31}NO_3S$, Formel I (R = $[CH_2]_{11}$-CH_3, X = NH_2).
B. Aus 4-Dodecyloxy-benzol-sulfonylchlorid-(1) beim Erwärmen mit wss. Ammoniak (*Hanby, Rydon*, Soc. **1946** 865).
Krystalle (aus wss. A.); F: 109°.

N-Chlor-4-dodecyloxy-benzolsulfonamid-(1), N-*chloro*-p-(*dodecyloxy*)*benzenesulfonamide* $C_{18}H_{30}ClNO_3S$, Formel I (R = $[CH_2]_{11}$-CH_3, X = NHCl).
B. Aus N.N-Dichlor-4-dodecyloxy-benzolsulfonamid-(1) beim Erwärmen mit wss. Natronlauge (*Hanby, Rydon*, Soc. **1946** 865).
Natrium-Salz $NaC_{18}H_{29}ClNO_3S$. Krystalle (aus Dioxan); F: 145°.

N.N-Dichlor-4-dodecyloxy-benzolsulfonamid-(1), N,N-*dichloro*-p-(*dodecyloxy*)*benzene=sulfonamide* $C_{18}H_{29}Cl_2NO_3S$, Formel I (R = $[CH_2]_{11}$-CH_3, X = NCl_2).
B. Aus 4-Dodecyloxy-benzolsulfonamid-(1) beim Behandeln mit Chlorkalk in Essig=säure (*Hanby, Rydon*, Soc. **1946** 865).
Krystalle (aus PAe.); F: 47°.

4-Hexadecyloxy-benzolsulfonamid-(1), p-(*hexadecyloxy*)*benzenesulfonamide* $C_{22}H_{39}NO_3S$, Formel I (R = $[CH_2]_{15}$-CH_3, X = NH_2).
B. Aus 4-Hexadecyloxy-benzol-sulfonylchlorid-(1) beim Erwärmen mit wss. Ammoniak

(*Hanby, Rydon*, Soc. **1946** 865). Aus Bis-[4-hexadecyloxy-benzol-sulfonyl-(1)]-amin beim Erwärmen mit wss.-methanol. Ammoniak (*Ha., Ry.*).

Krystalle (aus wss. A.); F: 111°.

Natrium-Salz $NaC_{22}H_{38}NO_3S$. F: 310° [Zers.].

N-Chlor-4-hexadecyloxy-benzolsulfonamid-(1), N-*chloro*-p-(*hexadecyloxy*)*benzenesulfon=amide* $C_{22}H_{38}ClNO_3S$, Formel I (R = $[CH_2]_{15}$-CH_3, X = NHCl) auf S. 507.

B. Aus N.N-Dichlor-4-hexadecyloxy-benzolsulfonamid-(1) beim Erwärmen mit wss. Natronlauge (*Hanby, Rydon*, Soc. **1946** 865).

Natrium-Salz $NaC_{22}H_{37}ClNO_3S$. Krystalle (aus Dioxan); F: 215° [Zers.].

N.N-Dichlor-4-hexadecyloxy-benzolsulfonamid-(1), N,N-*dichloro*-p-(*hexadecyloxy*)*benzene=sulfonamide* $C_{22}H_{37}Cl_2NO_3S$, Formel I (R = $[CH_2]_{15}$-CH_3, X = NCl_2) auf S. 507.

B. Aus 4-Hexadecyloxy-benzolsulfonamid-(1) beim Behandeln mit Chlorkalk in Essigsäure (*Hanby, Rydon*, Soc. **1946** 865).

Krystalle (aus PAe.); F: 63—64°.

Bis-[4-hexadecyloxy-benzol-sulfonyl-(1)]-amin, p,p'-*bis*(*hexadecyloxy*)*dibenzenesulfon=amide* $C_{44}H_{75}NO_6S_2$, Formel III.

B. Aus 4-Hexadecyloxy-benzolsulfonamid-(1) beim Eindampfen einer Lösung in Chloroform mit Ammoniumcarbonat (*Hanby, Rydon*, Soc. **1946** 865).

Krystalle (aus Eg.); F: 89—92°.

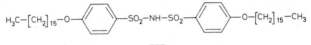

III

4-Phenoxy-benzolsulfonamid-(1), p-*phenoxybenzenesulfonamide* $C_{12}H_{11}NO_3S$, Formel IV (X = H) (E II 136).

Krystalle (aus wss. Ammoniak); F: 126—128° (*Below, Finkel'schtein*, Ž. obšč. Chim. **16** [1946] 1248, 1251; C. A. **1947** 3065).

4-[4-Brom-phenoxy]-benzolsulfonamid-(1), p-(p-*bromophenoxy*)*benzenesulfonamide* $C_{12}H_{10}BrNO_3S$, Formel IV (X = Br).

B. Beim Behandeln einer Lösung von Phenyl-[4-brom-phenyl]-äther in Chloroform mit Chloroschwefelsäure und Eindampfen der Reaktionslösung mit Ammoniumcarbonat (*Huntress, Carten*, Am. Soc. **62** [1940] 603). Aus 4-[4-Brom-phenoxy]-benzol-sulfon=säure-(1) (*Suter*, Am. Soc. **53** [1931] 1112, 1115).

Krystalle; F: 131—132° [korr.; aus wss. Me.] (*Su.*), 130—131° [unkorr.; Block; aus wss. A.] (*Hu., Ca.*).

4-[4-Nitro-phenoxy]-benzolsulfonamid-(1), p-(p-*nitrophenoxy*)*benzenesulfonamide* $C_{12}H_{10}N_2O_5S$, Formel IV (X = NO_2).

B. Beim Behandeln von Phenyl-[4-nitro-phenyl]-äther mit Chloroschwefelsäure bei 10° und Schütteln des Reaktionsprodukts mit wss. Ammoniak (*Dewing et al.*, Soc. **1942** 239, 242). Aus 4-[4-Nitro-phenoxy]-benzol-sulfonylchlorid-(1) (*Dermer, Dermer*, Am. Soc. **64** [1942] 3056).

Gelbe Krystalle; F: 130—131° [aus wss. A.] (*Der., Der.*), 129° [aus A.] (*Dew. et al.*). In Aceton leicht löslich, in Wasser fast unlöslich (*Dew. et al.*).

1.2-Bis-[4-sulfamoyl-phenoxy]-äthan, p,p'-(*ethylenedioxy*)*bisbenzenesulfonamide* $C_{14}H_{16}N_2O_6S_2$, Formel V (X = NH_2).

B. Beim Behandeln einer Lösung von 1.2-Diphenoxy-äthan in Chloroform mit Chloro=schwefelsäure und Eindampfen der Reaktionslösung mit Ammoniumcarbonat (*Huntress, Carten*, Am. Soc. **62** [1940] 603) oder Behandeln der Reaktionslösung mit wss. Ammoniak (*King*, Am. Soc. **66** [1944] 2076, 2077, 2078).

Krystalle (aus wss. A.); F: 228—229° (*Hu., Ca.; King*).

1.2-Bis-[4-methylsulfamoyl-phenoxy]-äthan, N,N'-*dimethyl*-p,p'-(*ethylenedioxy*)*bis=benzenesulfonamide* $C_{16}H_{20}N_2O_6S_2$, Formel V (X = NH-CH_3).

B. Beim Behandeln einer Lösung von 1.2-Diphenoxy-äthan in Chloroform mit Chloro=schwefelsäure und Eintragen von wss. Methylamin in eine Lösung des Reaktionsprodukts

in Chloroform (*King*, Am. Soc. **66** [1944] 2076, 2077, 2078).
Krystalle (aus wss. Eg.); F: 191—192° [unkorr.].

1.2-Bis-[4-dimethylsulfamoyl-phenoxy]-äthan, N,N,N′,N′-*tetramethyl*-p,p′-*(ethylenedi= oxy)bisbenzenesulfonamide* C$_{18}$H$_{24}$N$_2$O$_6$S$_2$, Formel V (X = N(CH$_3$)$_2$).
B. Beim Erwärmen von 4-Hydroxy-*N.N*-dimethyl-benzolsulfonamid-(1) mit 1.2-Di= brom-äthan und äthanol. Kalilauge (*King*, Am. Soc. **66** [1944] 2076, 2080). Beim Be= handeln einer Lösung von 1.2-Diphenoxy-äthan in Chloroform mit Chloroschwefelsäure und Eintragen von Dimethylamin in eine Lösung des Reaktionsprodukts in Chloroform (*King*, l. c. S. 2077).
Krystalle (aus wss. Eg.); F: 198—198,5° [unkorr.].

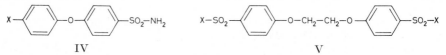

IV   V

1.2-Bis-[4-äthylsulfamoyl-phenoxy]-äthan, N,N′-*diethyl*-p,p′-*(ethylenedioxy)bisbenzene= sulfonamide* C$_{18}$H$_{24}$N$_2$O$_6$S$_2$, Formel V (X = NH-C$_2$H$_5$).
B. Aus 1.2-Diphenoxy-äthan, Chloroschwefelsäure und Äthylamin analog 1.2-Bis-[4-methylsulfamoyl-phenoxy]-äthan [S. 509] (*King*, Am. Soc. **66** [1944] 2076, 2077).
Krystalle (aus wss. A.); F: 170° [unkorr.].

1.2-Bis-[4-diäthylsulfamoyl-phenoxy]-äthan, N,N,N′,N′-*tetraethyl*-p,p′-*(ethylenedioxy)bis= benzenesulfonamide* C$_{22}$H$_{32}$N$_2$O$_6$S$_2$, Formel V (X = N(C$_2$H$_5$)$_2$).
B. Beim Behandeln einer Lösung von 1.2-Diphenoxy-äthan in Chloroform mit Chloro= schwefelsäure und mit Diäthylamin unter Eintragen von wss. Kalilauge (*King*, Am. Soc. **66** [1944] 2076, 2077, 2078).
Krystalle (aus A.); F: 125—125,5° [unkorr.].

1.2-Bis-[4-propylsulfamoyl-phenoxy]-äthan, N,N′-*dipropyl*-p,p′-*(ethylenedioxy)bis= benzenesulfonamide* C$_{20}$H$_{28}$N$_2$O$_6$S$_2$, Formel V (X = NH-CH$_2$-CH$_2$-CH$_3$).
B. Beim Behandeln von 1.2-Bis-[4-chlorsulfonyl-phenoxy]-äthan mit Propylamin in Dioxan (*King*, Am. Soc. **66** [1944] 2076, 2077).
Krystalle (aus A.); F: 177—178° [unkorr.].

1.2-Bis-[4-dipropylsulfamoyl-phenoxy]-äthan, N,N,N′,N′-*tetrapropyl*-p,p′-*(ethylenedi= oxy)bisbenzenesulfonamide* C$_{26}$H$_{40}$N$_2$O$_6$S$_2$, Formel V (X = N(CH$_2$-CH$_2$-CH$_3$)$_2$).
B. Beim Behandeln von 1.2-Bis-[4-chlorsulfonyl-phenoxy]-äthan mit Dipropylamin in Dioxan (*King*, Am. Soc. **66** [1944] 2076, 2077).
Krystalle (aus wss. Me.); F: 111° [unkorr.].

1.2-Bis-[4-isopropylsulfamoyl-phenoxy]-äthan, N,N′-*diisopropyl*-p,p′-*(ethylenedioxy)bis= benzenesulfonamide* C$_{20}$H$_{28}$N$_2$O$_6$S$_2$, Formel V (X = NH-CH(CH$_3$)$_2$).
B. Beim Behandeln von 1.2-Bis-[4-chlorsulfonyl-phenoxy]-äthan mit Isopropylamin in Dioxan (*King*, Am. Soc. **66** [1944] 2076, 2077, 2078).
Krystalle (aus Butanol-(1)); F: 190° [unkorr.].

1.2-Bis-[4-dibutylsulfamoyl-phenoxy]-äthan, N,N,N′,N′-*tetrabutyl*-p,p′-*(ethylenedioxy)= bisbenzenesulfonamide* C$_{30}$H$_{48}$N$_2$O$_6$S$_2$, Formel V (X = N([CH$_2$]$_3$-CH$_3$)$_2$).
B. Aus 1.2-Diphenoxy-äthan, Chloroschwefelsäure und Dibutylamin analog 1.2-Bis-[4-methylsulfamoyl-phenoxy]-äthan [S. 509] (*King*, Am. Soc. **66** [1944] 2076, 2077, 2078).
Krystalle (aus CHCl$_3$ + Pentan); F: 82—82,5°.

1.2-Bis-[4-dioctylsulfamoyl-phenoxy]-äthan, N,N,N′,N′-*tetraoctyl*-p,p′-*(ethylenedioxy)bis= benzenesulfonamide* C$_{46}$H$_{80}$N$_2$O$_6$S$_2$, Formel V (X = N([CH$_2$]$_7$-CH$_3$)$_2$).
B. Aus 1.2-Bis-[4-chlorsulfonyl-phenoxy]-äthan und Dioctylamin (*King*, Am. Soc. **66** [1944] 2076, 2077, 2078).
Krystalle (aus Me.); F: 84°.

1.2-Bis-[4-(2-hydroxy-äthylsulfamoyl)-phenoxy]-äthan, N,N′-*bis(2-hydroxyethyl)*-p,p′-*(ethylenedioxy)bisbenzenesulfonamide* C$_{18}$H$_{24}$N$_2$O$_8$S$_2$, Formel V (X = NH-CH$_2$-CH$_2$OH).
B. Aus 1.2-Diphenoxy-äthan, Chloroschwefelsäure und 2-Amino-äthanol-(1) analog

1.2-Bis-[4-methylsulfamoyl-phenoxy]-äthan [S. 509] (*King*, Am. Soc. **66** [1944] 2076, 2077).

Krystalle (aus wss. Eg.); F: 168,5—169° [unkorr.].

1.2-Bis-{4-[bis-(2-hydroxy-äthyl)-sulfamoyl]-phenoxy}-äthan, N,N,N′,N′-*tetrakis=* (*2-hydroxyethyl*)-*p,p′-(ethylenedioxy)bisbenzenesulfonamide* $C_{22}H_{32}N_2O_{10}S_2$, Formel V (X = N(CH$_2$-CH$_2$OH)$_2$).

B. Aus 1.2-Diphenoxy-äthan, Chloroschwefelsäure und Bis-[2-hydroxy-äthyl]-amin analog 1.2-Bis-[4-dimethylsulfamoyl-phenoxy]-äthan [S. 510] (*King*, Am. Soc. **66** [1944] 2076, 2077, 2078).

Krystalle (aus W.); F: 188—188,5° [unkorr.].

1.2-Bis-[4-acetylsulfamoyl-phenoxy]-äthan, N,N′-*diacetyl-p,p′-(ethylenedioxy)bisbenzene= sulfonamide* $C_{18}H_{20}N_2O_8S_2$, Formel V (X = NH-CO-CH$_3$).

B. Beim Erhitzen von 1.2-Bis-[4-sulfamoyl-phenoxy]-äthan mit Acetanhydrid und wenig Schwefelsäure (*King*, Am. Soc. **66** [1944] 2076, 2077, 2078).

Krystalle (aus wss. A.) mit 2 Mol H$_2$O; F: 190—191° [unkorr.].

Dinatrium-Salz Na$_2$C$_{18}$H$_{18}$N$_2$O$_8$S$_2$: *King.*

1.2-Bis-[4-(carboxymethyl-sulfamoyl)-phenoxy]-äthan, N,N′-[(*ethylenedioxy)bis=* (*p-phenylenesulfonyl*)]*bisglycine* $C_{18}H_{20}N_2O_{10}S_2$, Formel V (X = NH-CH$_2$-COOH).

B. Aus 1.2-Bis-[4-(äthoxycarbonylmethyl-sulfamoyl)-phenoxy]-äthan beim Erhitzen mit wss. Salzsäure (*King*, Am. Soc. **66** [1944] 2076, 2077, 2079).

Krystalle (aus wss. Salzsäure); F: 226° [unkorr.].

Tetranatrium-Salz Na$_4$C$_{18}$H$_{16}$N$_2$O$_{10}$S$_2$. Krystalle (aus wss.-äthanol. Natronlauge).

1.2-Bis-[4-(äthoxycarbonylmethyl-sulfamoyl)-phenoxy]-äthan, N,N′-[(*ethylenedioxy)=* *bis(p-phenylenesulfonyl)]bisglycine diethyl ester* $C_{22}H_{28}N_2O_{10}S_2$, Formel V (X = NH-CH$_2$-CO-OC$_2$H$_5$).

B. Beim Behandeln einer Lösung von 1.2-Bis-[4-chlorsulfonyl-phenoxy]-äthan in 1.2-Dichlor-äthan mit einer aus Glycin-äthylester, Kaliumcarbonat und Wasser hergestellten Lösung (*King*, Am. Soc. **66** [1944] 2076, 2077, 2079).

Krystalle (aus wss. Dioxan); F: 150—151° [unkorr.].

1.2-Bis-[4-(4-diäthylamino-1-methyl-butylsulfamoyl)-phenoxy]-äthan, N,N′-*bis[4-(di=* *ethylamino)-1-methylbutyl]-p,p′-(ethylenedioxy)bisbenzenesulfonamide* $C_{32}H_{54}N_4O_6S_2$, Formel V (X = NH-CH(CH$_3$)-[CH$_2$]$_3$-N(C$_2$H$_5$)$_2$).

Opt.-inakt. **1.2-Bis-[4-(4-diäthylamino-1-methyl-butylsulfamoyl)-phenoxy]-äthan** vom F: 94°.

B. Aus 1.2-Bis-[4-chlorsulfonyl-phenoxy]-äthan und (±)-4-Amino-1-diäthylamino-pentan (*King*, Am. Soc. **66** [1944] 2076, 2077, 2079).

Krystalle (aus Bzl. + Pentan); F: 93—94°.

Dihydrochlorid C$_{32}$H$_{54}$N$_4$O$_6$S$_2$·2HCl. Krystalle.

1.3-Bis-[4-sulfamoyl-phenoxy]-propan, p,p′-(*trimethylenedioxy)bisbenzenesulfonamide* $C_{15}H_{18}N_2O_6S_2$, Formel VI (X = NH$_2$).

B. Beim Behandeln einer Lösung von 1.3-Diphenoxy-propan in Chloroform mit Chloroschwefelsäure und Versetzen einer Lösung des Reaktionsprodukts in Chloroform mit wss. Ammoniak (*King, McMillan*, Am. Soc. **67** [1945] 336).

Krystalle (aus A. + Butanon); F: 194,5—195° [unkorr.] (*King, McM.*).

Die Identität eines ebenfalls als 1.3-Bis-[4-sulfamoyl-phenoxy]-propan angesehenen, aus 1.3-Diphenoxy-propan mit Hilfe von Chloroschwefelsäure und Ammoniumcarbonat hergestellten Präparats vom F: 245—255° (*Huntress, Carten*, Am. Soc. **62** [1940] 603) ist ungewiss (*King, McM.*).

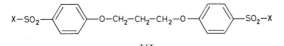

VI

1.3-Bis-[4-dimethylsulfamoyl-phenoxy]-propan, N,N,N′,N′-*tetramethyl-p,p′-(trimethylene=* *dioxy)bisbenzenesulfonamide* $C_{19}H_{26}N_2O_6S_2$, Formel VI (X = N(CH$_3$)$_2$).

B. Beim Erwärmen von 4-Hydroxy-N.N-dimethyl-benzolsulfonamid-(1) mit 1.3-Di=

brom-propan und äthanol. Kalilauge (*King, McMillan*, Am. Soc. **67** [1945] 336). Aus 1.3-Diphenoxy-propan, Chloroschwefelsäure und Dimethylamin analog 1.3-Bis-[4-sulf=amoyl-phenoxy]-propan [S. 511] (*King, McM.*).

Krystalle (aus A.); F: 191° [unkorr.].

1.3-Bis-[4-äthylsulfamoyl-phenoxy]-propan, N,N'-*diethyl*-p,p'-*(trimethylenedioxy)bis=benzenesulfonamide* $C_{19}H_{26}N_2O_6S_2$, Formel VI (X = NH-C_2H_5).

B. Beim Behandeln einer Lösung von 1.3-Bis-[4-chlorsulfonyl-phenoxy]-propan in Chloroform mit wss. Äthylamin (*King, McMillan*, Am. Soc. **67** [1945] 336).

Krystalle (aus A.); F: 143,5—144° [unkorr.].

1.3-Bis-[4-acetylsulfamoyl-phenoxy]-propan, N,N'-*diacetyl*-p,p'-*(trimethylenedioxy)bis=benzenesulfonamide* $C_{19}H_{22}N_2O_8S_2$, Formel VI (X = NH-CO-CH_3).

B. Aus 1.3-Bis-[4-sulfamoyl-phenoxy]-propan beim Erhitzen mit Acetanhydrid (*King, McMillan*, Am. Soc. **67** [1945] 336).

Krystalle (aus wss. Eg.) mit 1 Mol H_2O; F: 169—170° [unkorr.].

4-Acetoxy-benzolsulfonamid-(1), p-*acetoxybenzenesulfonamide* $C_8H_9NO_4S$, Formel VII (R = CO-CH_3).

Krystalle (aus wss. A.); F: 159° [unkorr.] (*Sammons, Shelswell, Williams*, Biochem. J. **35** [1941] 557, 561).

4-Benzoyloxy-benzolsulfonamid-(1), p-*(benzoyloxy)benzenesulfonamide* $C_{13}H_{11}NO_4S$, Formel VII (R = CO-C_6H_5) (H 243).

Krystalle (aus A.); F: 238° (*Sammons, Shelswell, Williams*, Biochem. J. **35** [1941] 557, 561).

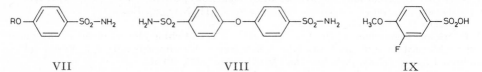

VII   VIII   IX

Bis-[4-sulfamoyl-phenyl]-äther, 4.4'-Oxy-bis-benzolsulfonamid-(1), p,p'-*oxybisbenzene=sulfonamide* $C_{12}H_{12}N_2O_5S_2$, Formel VIII.

B. Beim Behandeln einer Lösung von Diphenyläther in Chloroform mit Chloroschwe=felsäure und Eindampfen der Reaktionslösung mit Ammoniumcarbonat (*Huntress, Car-ten*, Am. Soc. **62** [1940] 603).

Krystalle; F: 179—181° [unkorr.; aus W.] (*Poshkus, Herweh, Magnotta*, J. org. Chem. **28** [1963] 2766, 2767), 159° [aus wss. A.] (*Hu., Ca.*), 158—160° [korr.; aus W.] (*Suter*, Am. Soc. **53** [1931] 1112, 1115).

Die gleiche Verbindung hat vermutlich auch in einem als Diphenyläther-disulfon=säure-(x.x) bezeichneten Präparat (F: 178—179°) vorgelegen, das von *Below, Finkel'-schtein* (Ž. obšč. Chim. **16** [1946] 1248, 1251; C. A. **1947** 3065) neben 4-Phenoxy-benzol=sulfonamid-(1) beim Erhitzen von Diphenyläther mit Diäthylsulfat bis auf 190° und Behandeln des erkalteten Reaktionsgemisches mit wss. Ammoniak erhalten worden ist.

3-Fluor-4-methoxy-benzol-sulfonsäure-(1), 3-*fluoro-4-methoxybenzenesulfonic acid* $C_7H_7FO_4S$, Formel IX.

B. Aus 2-Fluor-anisol und Schwefelsäure (*Niemann, Benson, Mead*, Am. Soc. **63** [1941] 2204, 2206).

Natrium-Salz $NaC_7H_6FO_4S$. Krystalle (aus W.).

3-Chlor-4-hydroxy-benzol-sulfonsäure-(1), 3-*chloro-4-hydroxybenzenesulfonic acid* $C_6H_5ClO_4S$, Formel X (R = H, X = OH) (H 244).

B. Aus 3.4-Dichlor-benzol-sulfonsäure-(1) beim Erhitzen mit methanol. Natriummethylat auf 180° (*Kraay*, R. **49** [1930] 1082, 1089). Aus 4-Hydroxy-benzol-sulfonsäure-(1) beim Behandeln einer Lösung in Methanol mit Chlor (*Plazek*, Roczniki Chem. **10** [1930] 761, 764, 771; C. **1931** I 1427; vgl. H 244).

Beim Behandeln mit Salpetersäure (D: 1,52) ist 6-Chlor-2.4-dinitro-phenol erhalten worden (*Kr.*).

3-Chlor-2-hydroxy-benzol-sulfonylfluorid-(1), *3-chloro-2-hydroxybenzenesulfonyl fluoride*
$C_6H_4ClFO_3S$, Formel XI, und **3-Chlor-4-hydroxy-benzol-sulfonylfluorid-(1)**, *3-chloro-4-hydroxybenzenesulfonyl fluoride* $C_6H_4ClFO_3S$, Formel X (R = H, X = F).

Eine Verbindung (Krystalle [aus Bzn.]; F: 83—84°), für die diese beiden Konstitutionsformeln in Betracht kommen, ist bei 36-stdg. Behandeln von 2-Chlor-phenol mit Fluoroschwefelsäure erhalten worden (*Steinkopf, Jaeger,* J. pr. [2] **128** [1930] 63, 87).

3-Chlor-4-methoxy-benzol-sulfonylchlorid-(1), *3-chloro-4-methoxybenzenesulfonyl chloride* $C_7H_6Cl_2O_3S$, Formel X (R = CH_3, X = Cl).

B. Aus 2-Chlor-anisol und Chloroschwefelsäure (*Child,* Soc. **1932** 715, 718). Beim Behandeln des Natrium-Salzes der 3-Chlor-4-methoxy-benzol-sulfonsäure-(1) (aus 3-Amino-4-methoxy-benzol-sulfonsäure-(1) über die Diazonium-Verbindung hergestellt) mit Phosphor(V)-chlorid (*Ch.,* l. c. S. 717).

Krystalle (aus PAe.); F: 81—82°.

3-Chlor-4-methoxy-benzolsulfonamid-(1), *3-chloro-4-methoxybenzenesulfonamide* $C_7H_8ClNO_3S$, Formel X (R = CH_3, X = NH_2).

B. Beim Behandeln einer Lösung von 2-Chlor-anisol in Chloroform mit Chloroschwefelsäure und Eindampfen der Reaktionslösung mit Ammoniumcarbonat (*Huntress, Carten,* Am. Soc. **62** [1940] 603).

Krystalle; F: 130—131° [unkorr.; Block; aus wss. A.] (*Hu., Ca.*), 130—131° [korr.; aus W.] (*Child,* Soc. **1932** 715, 717).

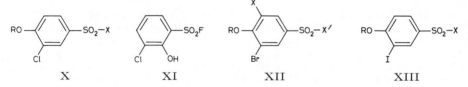

X   XI   XII   XIII

3-Chlor-4-äthoxy-benzolsulfonamid-(1), *3-chloro-4-ethoxybenzenesulfonamide* $C_8H_{10}ClNO_3S$, Formel X (R = C_2H_5, X = NH_2).

B. Aus 2-Chlor-phenetol analog 3-Chlor-4-methoxy-benzolsulfonamid-(1) [s. o.] (*Huntress, Carten,* Am. Soc. **62** [1940] 603).

Krystalle (aus wss. A.); F: 132—133°.

3-Brom-4-methoxy-benzolsulfonamid-(1), *3-bromo-4-methoxybenzenesulfonamide* $C_7H_8BrNO_3S$, Formel XII (R = CH_3, X = H, X' = NH_2).

B. Aus 2-Brom-anisol analog 3-Chlor-4-methoxy-benzolsulfonamid-(1) [s. o.] (*Huntress, Carten,* Am. Soc. **62** [1940] 603).

Krystalle (aus wss. A.); F: 139—140°.

3-Brom-4-äthoxy-benzolsulfonamid-(1), *3-bromo-4-ethoxybenzenesulfonamide* $C_8H_{10}BrNO_3S$, Formel XII (R = C_2H_5, X = H, X' = NH_2).

B. Aus 2-Brom-phenetol analog 3-Chlor-4-methoxy-benzolsulfonamid-(1) [s. o.] (*Huntress, Carten,* Am. Soc. **62** [1940] 603).

Krystalle (aus wss. A.); F: 134—135°.

3.5-Dibrom-4-hydroxy-benzol-sulfonsäure-(1), *3,5-dibromo-4-hydroxybenzenesulfonic acid* $C_6H_4Br_2O_4S$, Formel XII (R = H, X = Br, X' = OH) (H 244).

Beim Erwärmen mit Natriumnitrit in Wasser sind 2.6-Dibrom-4-nitro-phenol und 5-Brom-3-nitro-4-hydroxy-benzol-sulfonsäure-(1) erhalten worden (*Contardi, Ciocca,* G. **63** [1933] 878, 883).

3-Jod-4-hydroxy-benzol-sulfonsäure-(1), *4-hydroxy-3-iodobenzenesulfonic acid* $C_6H_5IO_4S$, Formel XIII (R = H, X = OH).

B. Aus 4-Hydroxy-3-hydroxymercurio-benzol-sulfonsäure-(1) beim Behandeln des Dinatrium-Salzes mit einer wss. Lösung von Jod und Kaliumjodid (*Ishihara,* J. pharm. Soc. Japan **49** [1929] 1058, 1080). Beim Erwärmen der auf S. 495 beschriebenen Verbindung von Kalium-[3-jod-2-hydroxy-benzol-sulfonat-(1)] und Kalium-[3.5-dijod-2-hydroxy-benzol-sulfonat-(1)] mit wss.-äthanol. Salzsäure (*Ishihara,* J. pharm. Soc. Japan **50** [1930] 124, 131; C. A. **1930** 4002).

Krystalle (aus W.) mit 1 Mol H_2O; F: 126—132°; in Äthanol leicht löslich (*Ishi.,*

J. pharm. Soc. Japan **49** 1080).

Charakterisierung als Anilin-Salz (F: 213—214°): *Ishi.*, J. pharm. Soc. Japan **49** 1081.

Beim Behandeln mit Eisen(III)-chlorid-Lösung tritt eine rotviolette Färbung auf (*Ishi.*, J. pharm. Soc. Japan **49** 1080).

Kalium-Salz $KC_6H_4IO_4S$. Krystalle; in Wasser leicht löslich (*Ishi.*, J. pharm. Soc. Japan **49** 1081).

3-Jod-4-methoxy-benzol-sulfonylfluorid-(1), *3-iodo-4-methoxybenzenesulfonyl fluoride* $C_7H_6FIO_3S$, Formel XIII (R = CH_3, X = F).

B. Beim Behandeln einer aus 3-Amino-4-methoxy-benzol-sulfonylfluorid-(1) hergestellten wss. Diazoniumsalz-Lösung mit Kaliumjodid (*Steinkopf, Jaeger*, J. pr. [2] **128** [1930] 63, 75).

Krystalle (aus Bzn.); F: 58—58,5°.

3.5-Dijod-4-hydroxy-benzol-sulfonsäure-(1), Sozojodolsäure, *4-hydroxy-3,5-diiodo= benzenesulfonic acid* $C_6H_4I_2O_4S$, Formel I (R = H) (H 245; E I 56; E II 137).

B. Beim Behandeln von Kalium-[4-hydroxy-benzol-sulfonat-(1)] mit einer wss. Lösung von Kaliumjodid und Kaliumjodat und mit wss. Schwefelsäure bei 80° (*Ishihara*, J. pharm. Soc. Japan **49** [1929] 902, 925, 1058, 1070, 1071; C. A. **1930** 1361; vgl. H 245) oder mit einer wss. Lösung von Jod und Kaliumjodid unter Zusatz von Quecksilber(II)-oxid (*Ishi.*, l. c. S. 1073). Beim Behandeln von 6-Hydroxy-3-sulfo-benzoesäure mit wss. Ammoniak und Eintragen von Jod in die warme Reaktionslösung (*Hoffmann*, Bl. **1948** 1046).

Krystalle, F: 162—166° (*Ishi.*, l. c. S. 1066); Krystalle mit 2 Mol H_2O, F: 121—122° (*Ishi.*, l. c. S. 1073); Krystalle (aus Eg. + $CHCl_3$) mit 1,5 Mol H_2O, F: 123—125° (*Ishi.*, l. c. S. 1067, 1071). In Wasser, Essigsäure und Äthanol leicht löslich, in Äther fast unlöslich (*Ishi.*, l. c. S. 1066).

Charakterisierung als Anilin-Salz (F: 240—241°): *Ishi.*, l. c. S. 1068, 1071, 1082.

Beim Behandeln mit Eisen(III)-chlorid-Lösung tritt eine blauviolette Färbung auf (*Ho.*).

Ammonium-Salz $[NH_4]C_6H_3I_2O_4S$. Krystalle; Zers. bei ca. 300° (*Ho.*). In Äthanol schwer löslich, in Äther und Aceton fast unlöslich (*Ho.*).

Basisches Quecksilber(II)-Salz $Hg(OH)C_6H_3I_2O_4S$ (vgl. E I 56). Orangegelb; in Wasser schwer löslich (*Ishi.*, l. c. S. 925).

Harnstoff-Salz $CH_4N_2O \cdot C_6H_4I_2O_4S$. Krystalle (aus W.); Zers. von 208° an (*Ackermann*, Z. physiol. Chem. **225** [1934] 46).

Guanidin-Salz $CH_5N_3 \cdot C_6H_4I_2O_4S$. Krystalle (aus W.); Zers. bei 247—249° (*Ack.*).

Butandiyldiamin-Salz (Putrescin-Salz) $C_4H_{12}N_2 \cdot 2\,C_6H_4I_2O_4S$. Krystalle (aus W.) mit 2 Mol H_2O; Zers. bei 250° (*Ack.*). Das Krystallwasser wird bei 100° abgegeben (*Ack.*).

N.N′-Bis-[3-amino-propyl]-butandiyldiamin-Salz (Spermin-Salz) $C_{10}H_{26}N_4 \cdot 4\,C_6H_4I_2O_4S$. Krystalle (aus W.); Zers. bei 244—246° (*Ack.*).

Pentandiyldiamin-Salz (Cadaverin-Salz) $C_5H_{14}N_2 \cdot 2\,C_6H_4I_2O_4S$. Krystalle (aus W.); Zers. bei 242° (*Ack.*).

Trimethyl-[2-hydroxy-äthyl]-ammonium-Salz (Cholin-Salz) $[C_5H_{14}NO]C_6H_3I_2O_4S$. Krystalle (aus W.); Zers. bei 180° (*Ack.*).

D-Glucosamin-Salz $C_6H_{13}NO_5 \cdot C_6H_4I_2O_4S$. Krystalle (aus W.); Zers. bei 181—182° (*Ack.*).

Trimethylammonio-essigsäure-Salz (Betain-Salz) $C_5H_{11}NO_2 \cdot C_6H_4I_2O_4S$. Krystalle (aus W.); Zers. bei 223—224° (*Ack.*).

Kreatinin-Salz $C_4H_7N_3O \cdot C_6H_4I_2O_4S$. Krystalle (aus W.); Zers. bei 229—231° (*Ack.*).

N-Glycyl-L-alanin-Salz $C_5H_{10}N_2O_3 \cdot C_6H_4I_2O_4S$. Krystalle [aus W.] (*Stein, Moore, Bergmann*, J. biol. Chem. **154** [1944] 191, 192, 199).

N-L-Alanyl-glycin-Salz $C_5H_{10}N_2O_3 \cdot C_6H_4I_2O_4S$. Krystalle (aus W.) mit 2 Mol H_2O (*St., Moore, Be.*).

L-Arginin-Salze. a) $C_6H_{14}N_4O_2 \cdot C_6H_4I_2O_4S$. Krystalle (aus W.); Zers. bei 213° bis 214° (*Ack.; Heinsen*, Z. physiol. Chem. **239** [1936] 162). — b) $C_6H_{14}N_4O_2 \cdot 2\,C_6H_4I_2O_4S$. Krystalle mit 2 Mol H_2O (*Doherty, Stein, Bergmann*, J. biol. Chem. **135** [1940] 487, 491, 495).

DL-Arginin-Salz $C_6H_{14}N_4O_2 \cdot 2\,C_6H_4I_2O_4S$. Krystalle (aus W.); F: 201° (*Hei.*)

L(?)-Lysin-Salz $C_6H_{14}N_2O_2\cdot2\,C_6H_4I_2O_4S$. Krystalle (aus W.); Zers. bei 234—235° (*Ack.*).

DL-Phenylalanin-Salz $C_9H_{11}NO_2\cdot C_6H_4I_2O_4S$. Krystalle mit 2 Mol H_2O (*Do., St., Be.*).

L-Tyrosin-Salz $C_9H_{11}NO_3\cdot C_6H_4I_2O_4S$. Krystalle (*Do., St., Be.*).

3.5-Dijod-4-carboxymethoxy-benzol-sulfonsäure-(1), [2.6-Dijod-4-sulfo-phenoxy]-essigsäure, (*2,6-diiodo-4-sulfophenoxy*)*acetic acid* $C_8H_6I_2O_6S$, Formel I (R = CH_2-COOH).

B. Beim Erwärmen von Natrium-[3.5-dijod-4-hydroxy-benzol-sulfonat-(1)] mit Natrium-chloracetat in wss. Natronlauge (*Winthrop Chem. Co.*, U.S.P. 2098094 [1936]).

Dinatrium-Salz $Na_2C_8H_4I_2O_6S$. Krystalle. In Wasser leicht löslich.

3-Nitro-4-hydroxy-benzol-sulfonsäure-(1), *4-hydroxy-3-nitrobenzenesulfonic acid* $C_6H_5NO_6S$, Formel II (R = H, X = OH) (H 245; E I 57; E II 137).

B. Aus Natrium-[4-chlor-3-nitro-benzol-sulfonat-(1)] beim Erhitzen mit wss. Natron= lauge (*Gerschson*, Ž. prikl. Chim. **9** [1936] 879, 883; C. **1936** II 3905).

Natrium-Salz $NaC_6H_4NO_6S$ (H 246). Gelbe Krystalle mit 3 Mol H_2O (*Woroshzow*, Ž. obšč. Chim. **10** [1940] 935, 939; C. **1940** II 3024).

3-Nitro-4-[4-nitro-phenoxy]-benzol-sulfonsäure-(1), *3-nitro-4-(p-nitrophenoxy)benzene= sulfonic acid* $C_{12}H_8N_2O_8S$, Formel III (R = NO_2, X = OH).

B. Beim Erwärmen von Diphenyläther mit Schwefelsäure und Erwärmen der Reak= tionslösung mit einem Gemisch von Salpetersäure und Schwefelsäure (*Woroshzow*, Ž. obšč. Chim. **10** [1940] 935, 936, 937; C. **1940** II 3024).

Beim Erhitzen des Natrium-Salzes mit wss. Natronlauge sind 4-Nitro-phenol und 3-Nitro-4-hydroxy-benzol-sulfonsäure-(1) erhalten worden. Bildung von 4-Nitro-phenol und 3-Nitro-4-amino-benzolsulfonamid-(1) beim Erwärmen mit wss. Ammoniak im Autoklaven: *Wo.*

Natrium-Salz $NaC_{12}H_7N_2O_8S$. Krystalle (aus W.) mit 3 Mol H_2O.

Barium-Salz $Ba[C_{12}H_7N_2O_8S]_2$. Krystalle. In Wasser schwer löslich.

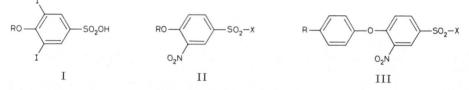

I   II   III

3-Nitro-4-[2.4-dinitro-phenoxy]-benzol-sulfonsäure-(1), *4-(2,4-dinitrophenoxy)-3-nitro= benzenesulfonic acid* $C_{12}H_7N_3O_{10}S$, Formel IV (X = OH).

B. Beim Erwärmen von Diphenyläther mit Schwefelsäure und Erwärmen der Reak= tionslösung mit einem Gemisch von Salpetersäure (Überschuss) und Schwefelsäure (*Woroshzow*, Ž. obšč. Chim. **10** [1940] 935, 937; C. **1940** II 3024).

Beim Erwärmen des Natrium-Salzes mit Schwefelsäure und Salpetersäure ist Bis-[2.4-dinitro-phenyl]-äther erhalten worden. Bildung von 2.4-Dinitro-anilin und 3-Nitro-4-hydroxy-benzolsulfonamid-(1) beim Erwärmen des Natrium-Salzes mit wss. Ammoniak im Autoklaven: *Wo.*, l. c. S. 939.

Natrium-Salz $NaC_{12}H_6N_3O_{10}S$. Hellgelbe Krystalle (aus W.) mit 1 Mol H_2O.

3-Nitro-4-p-tolyloxy-benzol-sulfonsäure-(1), *3-nitro-4-(p-tolyloxy)benzenesulfonic acid* $C_{13}H_{11}NO_6S$, Formel III (R = CH_3, X = OH).

B. Beim Erwärmen von [4-Chlor-2-nitro-phenyl]-*p*-tolyl-äther mit Kaliumnitrat und Schwefelsäure (*Fox, Turner*, Soc. **1930** 1115, 1123).

Krystalle (aus PAe.); F: 129—130° [korr.].

3-Nitro-4-[4-nitro-phenoxy]-benzol-sulfonylchlorid-(1), *3-nitro-4-(p-nitrophenoxy)benzene= sulfonyl chloride* $C_{12}H_7ClN_2O_7S$, Formel III (R = NO_2, X = Cl).

B. Aus 3-Nitro-4-[4-nitro-phenoxy]-benzol-sulfonsäure-(1) beim Erwärmen des Natri= um-Salzes mit Phosphor(V)-chlorid (*Woroshzow*, Ž. obšč. Chim. **10** [1940] 935, 937; C. **1940** II 3024).

Krystalle (aus Bzl.); F: 134—136,5°.

Beim Erwärmen mit wss. Ammoniak sind 3-Nitro-4-amino-benzolsulfonamid-(1) und 4-Nitro-phenol erhalten worden.

3-Nitro-4-[2.4-dinitro-phenoxy]-benzol-sulfonylchlorid-(1), *4-(2,4-dinitrophenoxy)-3-nitrobenzenesulfonyl chloride* $C_{12}H_6ClN_3O_9S$, Formel IV (X = Cl).

B. Aus 3-Nitro-4-[2.4-dinitro-phenoxy]-benzol-sulfonsäure-(1) beim Erwärmen des Natrium-Salzes mit Phosphor(V)-chlorid (*Woroshzow*, Ž. obšč. Chim. **10** [1940] 935, 938; C. **1940** II 3024).

Krystalle (aus Bzl.); F: 157—159°.

Beim Erwärmen mit wss. Ammoniak sind 2.4-Dinitro-anilin und 3-Nitro-4-hydroxy-benzolsulfonamid-(1) erhalten worden.

3-Nitro-4-hydroxy-benzolsulfonamid-(1), *4-hydroxy-3-nitrobenzenesulfonamide* $C_6H_6N_2O_5S$, Formel II (R = H, X = NH$_2$).

B. Beim Behandeln von 4-Hydroxy-benzolsulfonamid-(1) mit Schwefelsäure und Salpetersäure (*Kermack, Spragg, Tebrich*, Soc. **1939** 608). Beim Erwärmen von Natrium-[3-nitro-4-hydroxy-benzol-sulfonat-(1)] mit Acetanhydrid, Erwärmen des erhaltenen Acetyl-Derivats mit Phosphor(V)-chlorid und Behandeln einer Lösung des danach isolierten Säurechlorids in Benzol mit wss. Ammoniak (*Woroshzow*, Ž. obšč. Chim. **10** [1940] 935, 940; C. **1940** II 3024). Aus 3-Nitro-4-amino-benzolsulfonamid-(1) beim Eintragen in heisse wss. Natronlauge (*Ke., Sp., Te.*, l. c. S. 608).

Gelbe Krystalle; F: 210° [aus A.] (*Ke., Sp., Te.*), 203—206,5° [aus W.] (*Wo.*).

Beim Behandeln mit Eisen(III)-chlorid in äthanol. Lösung tritt eine rotbraune Färbung auf (*Ke., Sp., Te.*).

Natrium-Salz. Orangefarbene Krystalle, die bei 330° explodieren (*Ke., Sp., Te.*). In Wasser schwer löslich, in Äthanol fast unlöslich (*Ke., Sp., Te.*).

Blei(II)-Salz. Orangefarbene Krystalle [aus W.] (*Ke., Sp., Te.*).

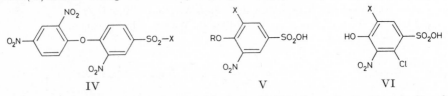

| IV | V | VI |

N-[3-Nitro-4-hydroxy-benzol-sulfonyl-(1)]-glycin, *N-(4-hydroxy-3-nitrophenylsulfonyl)-glycine* $C_8H_8N_2O_7S$, Formel II (R = H, X = NH-CH$_2$-COOH).

B. Aus *N*-[4-Chlor-3-nitro-benzol-sulfonyl-(1)]-glycin-äthylester beim Erhitzen mit wss. Natronlauge (*Geigy A.G.*, D.R.P. 741464 [1941]; D.R.P. Org. Chem. **1**, Tl. 1, S. 945, 947; U.S.P. 2317733 [1941]).

F: 153°.

3-Nitro-4-methoxy-N.N-diäthyl-benzolsulfonamid-(1), *N,N-diethyl-4-methoxy-3-nitro-benzenesulfonamide* $C_{11}H_{16}N_2O_5S$, Formel II (R = CH$_3$, X = N(C$_2$H$_5$)$_2$).

B. Aus 3-Nitro-4-methoxy-benzol-sulfonylchlorid-(1) (H 247) und Diäthylamin (*I.G. Farbenind.*, D.R.P. 575216 [1931]; Frdl. **19** 1613).

Gelbe Krystalle; F: 77—78°.

3-Nitro-4-[2.4-dinitro-phenoxy]-benzolsulfonamid-(1), *4-(2,4-dinitrophenoxy)-3-nitro-benzenesulfonamide* $C_{12}H_8N_4O_9S$, Formel IV (X = NH$_2$).

B. Aus 3-Nitro-4-[2.4-dinitro-phenoxy]-benzol-sulfonylchlorid-(1) beim Behandeln mit wss. Ammoniak (*Woroshzow*, Ž. obšč. Chim. **10** [1940] 935, 938; C. **1940** II 3024).

Gelbliche Krystalle (aus A.); F: 188—190°.

5-Fluor-3-nitro-4-methoxy-benzol-sulfonsäure-(1), *3-fluoro-4-methoxy-5-nitrobenzene-sulfonic acid* $C_7H_6FNO_6S$, Formel V (R = CH$_3$, X = F).

B. Beim Behandeln von 3-Fluor-4-methoxy-benzol-sulfonsäure-(1) mit Schwefelsäure und Salpetersäure (*Niemann, Benson, Mead*, Am. Soc. **63** [1941] 2204, 2206).

Natrium-Salz NaC$_7$H$_5$FNO$_6$S. Krystalle.

2-Chlor-3-nitro-4-hydroxy-benzol-sulfonsäure-(1), *2-chloro-4-hydroxy-3-nitrobenzene-sulfonic acid* $C_6H_4ClNO_6S$, Formel VI (X = H).

B. Beim Behandeln von 3-Chlor-2-nitro-phenol mit rauchender Schwefelsäure (*Hodg-*

son, *Kershaw*, Soc. **1930** 2169).

Kalium-Salz $KC_6H_3ClNO_6S$. Hellgelbe Krystalle mit 2 Mol H_2O.

6-Chlor-3-nitro-4-hydroxy-benzol-sulfonsäure-(1), *2-chloro-4-hydroxy-5-nitrobenzene=
sulfonic acid* $C_6H_4ClNO_6S$, Formel VII.

B. Beim Behandeln von 5-Chlor-2-nitro-phenol mit rauchender Schwefelsäure (*Hodgson, Kershaw*, Soc. **1930** 2169).

Kalium-Salz $KC_6H_3ClNO_6S$. Bräunliche Krystalle mit 2 Mol H_2O.

3.5-Dinitro-4-hydroxy-benzol-sulfonsäure-(1), *4-hydroxy-3,5-dinitrobenzenesulfonic acid*
$C_6H_4N_2O_8S$, Formel V (R = H, X = NO_2) (H 247; E I 57; E II 138).

Natrium-Salz (vgl. E II 138). F: 250° [Zers.; Block] (*Desvergnes*, Ann. Chim. anal.
appl. [2] **13** [1931] 321, 322 Tab.).

3.5-Dinitro-4-äthoxy-benzol-sulfonsäure-(1), *4-ethoxy-3,5-dinitrobenzenesulfonic acid*
$C_8H_8N_2O_8S$, Formel V (R = C_2H_5, X = NO_2).

B. Aus 3.5-Dinitro-4-äthoxy-phenylthiocyanat beim Erwärmen mit Salpetersäure
(*Dienske*, R. **50** [1931] 165, 174).

Oberhalb 200° erfolgt Zersetzung.

Über ein schwer lösliches Anilin-Salz s. *Di.*

2-Chlor-3.5-dinitro-4-hydroxy-benzol-sulfonsäure-(1), *2-chloro-4-hydroxy-3,5-dinitro=
benzenesulfonic acid* $C_6H_3ClN_2O_8S$, Formel VI (X = NO_2).

B. Neben anderen Verbindungen bei aufeinanderfolgendem Behandeln von 3-Chlor-
2-nitro-phenol oder von 5-Chlor-2-nitro-phenol mit rauchender Schwefelsäure und mit
einem Gemisch von Salpetersäure und rauchender Schwefelsäure (*Hodgson, Kershaw*,
Soc. **1930** 2169).

Kalium-Salz $KC_6H_2ClN_2O_8S$. Gelbe Krystalle, die beim Erhitzen explodieren.

4-Mercapto-benzol-sulfonsäure-(1), p-*mercaptobenzenesulfonic acid* $C_6H_6O_3S_2$, Formel
VIII (R = H, X = OH) (E II 138).

Äthylquecksilber-Salz $[C_2H_5Hg]C_6H_5O_3S_2$. Herstellung aus 4-Mercapto-benzol-
sulfonsäure-(1) und Äthylquecksilberchlorid in Äthanol: *Waldo*, Am. Soc. **53** [1931] 992,
995. — Krystalle, die unterhalb 300° nicht schmelzen.

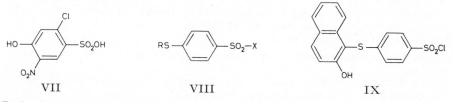

VII   VIII   IX

4-Dodecylmercapto-benzol-sulfonsäure-(1), p-*(dodecylthio)benzenesulfonic acid*
$C_{18}H_{30}O_3S_2$, Formel VIII (R = $[CH_2]_{11}$-CH_3, X = OH).

B. Beim Behandeln einer aus 4-Amino-benzol-sulfonsäure-(1) bereiteten wss. Diazoni=
umsalz-Lösung mit einer aus Dodecanthiol-(1) und äthanol. Natronlauge hergestellten
Lösung (*Henkel & Cie.*, D.R.P. 614311 [1932]; Frdl. **21** 1253).

Natrium-Salz. Krystalle (aus W.).

4-Methylmercapto-benzol-sulfonylchlorid-(1), p-*(methylthio)benzenesulfonyl chloride*
$C_7H_7ClO_2S_2$, Formel VIII (R = CH_3, X = Cl).

B. Aus Methyl-phenyl-sulfid und Chloroschwefelsäure in Chloroform (*Burton, Hu*,
Soc. **1948** 604).

Krystalle (aus Bzl. + Bzn.); F: 44—45°.

4-[2-Hydroxy-naphthyl-(1)-mercapto]-benzol-sulfonylchlorid-(1), p-*(2-hydroxy-1-naphth=
ylthio)benzenesulfonyl chloride* $C_{16}H_{11}ClO_3S_2$, Formel IX.

B. Beim Behandeln einer Suspension von Bis-[4-chlorsulfonyl-phenyl]-disulfid in
Tetrachlormethan mit Chlor und Behandeln des Reaktionsgemisches mit Naphthol-(2)
in Tetrachlormethan (*Warren, Smiles*, Soc. **1932** 1040, 1043).

Krystalle (aus Bzl. + PAe.); F: 160°.

Beim Behandeln mit Eisen(III)-chlorid in äthanol. Lösung tritt eine grüne Färbung
auf.

4-[2-Hydroxy-naphthyl-(1)-sulfon]-benzol-sulfonylchlorid-(1), p-*(2-hydroxy-1-naphthyl=
sulfonyl)benzenesulfonyl chloride* $C_{16}H_{11}ClO_5S_2$, Formel X.

B. Aus der im vorangehenden Artikel beschriebenen Verbindung beim Erwärmen mit
wss. Wasserstoffperoxid und Essigsäure (*Warren, Smiles*, Soc. **1932** 1040, 1043, 1044).

Krystalle (aus Eg.); F: 184°.

Bis-[4-chlorsulfonyl-phenyl]-disulfid, **4.4'-Dithio-bis-benzolsulfonylchlorid-(1)**, p,p'-*di=
thiobisbenzenesulfonyl chloride* $C_{12}H_8Cl_2O_4S_4$, Formel XI (X = Cl) (H 248; E II 139).

B. Aus Bis-[4-sulfo-phenyl]-disulfid beim Behandeln des Dikalium-Salzes mit Phos=
phoroxychlorid (*Warren, Smiles*, Soc. **1932** 1040, 1043; vgl. H 248).

Krystalle (aus Acn.); F: 146° [korr.] (*Gur'janowa*, Ž. fiz. Chim. **21** [1947] 411, 415;
C. A. **1947** 6786). Dipolmoment (ε; Bzl.): 4,64 D (*Gu.*, l. c. S. 417).

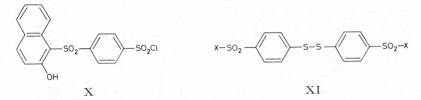

X   XI

4-Mercapto-benzolsulfonamid-(1), p-*mercaptobenzenesulfonamide* $C_6H_7NO_2S_2$, Formel
VIII (R = H, X = NH$_2$).

B. Beim Eintragen einer aus Sulfanilamid bereiteten wss. Diazoniumsalz-Lösung in
alkal. wss. Alkali-äthylxanthogenat-Lösung bei 75° (*Am. Cyanamid Co.*, U.S.P. 2356265
[1942]). Aus Bis-[4-sulfamoyl-phenyl]-disulfid beim Erwärmen mit Zink und Essigsäure
(*Ajello, Pappalardo*, Farmaco **3** [1948] 145, 150) oder mit Zink und wss. Äthanol
unter Zusatz von Ammoniumchlorid (*Pappalardo*, Farmaco **4** [1949] 663, 664).

Krystalle; F: 139,5—140,5° [aus Bzl. oder W.] (*Am. Cyanamid Co.*), 132—133° [aus
wss. Eg.] (*Aj., Pa.*).

4-Methylmercapto-benzolsulfonamid-(1), p-*(methylthio)benzenesulfonamide* $C_7H_9NO_2S_2$,
Formel VIII (R = CH$_3$, X = NH$_2$) (E II 139).

B. Aus 4-Methylmercapto-benzol-sulfonylchlorid-(1) beim Erwärmen mit Ammonium=
carbonat in Chloroform (*Burton, Hu*, Soc. **1948** 604).

Krystalle (aus A.); F: 164—165°.

4-Methylsulfon-benzolsulfonamid-(1), p-*(methylsulfonyl)benzenesulfonamide* $C_7H_9NO_4S_2$,
Formel XII.

B. Aus 4-Methylmercapto-benzolsulfonamid-(1) beim Erwärmen mit wss. Wasserstoff=
peroxid und Essigsäure (*Burton, Hu*, Soc. **1948** 604).

Krystalle (aus A.); F: 236°.

4-[4-Nitro-phenylmercapto]-benzolsulfonamid-(1), p-*(p-nitrophenylthio)benzenesulfon=
amide* $C_{12}H_{10}N_2O_4S_2$, Formel XIII (X = NH$_2$).

B. Beim Eintragen einer aus Sulfanilamid bereiteten wss. Diazoniumsalz-Lösung in
eine heisse, aus 4-Nitro-thiophenol und wss. Natronlauge hergestellte Lösung (*Hoffmann-
La Roche*, Schweiz.P. 200845 [1937], 206925 [1937]).

Krystalle (aus Me.); F: 167—168°. In warmem Äthanol und Äthylacetat leicht löslich, in Äther, Benzol und Wasser fast unlöslich.

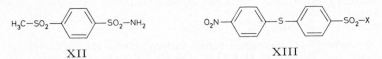

XII   XIII

4-[4-Nitro-phenylmercapto]-N-methyl-benzolsulfonamid-(1), N-*methyl*-p-*(p-nitrophenyl=
thio)benzenesulfonamide* $C_{13}H_{12}N_2O_4S_2$, Formel XIII (X = NH-CH$_3$).

B. Beim Eintragen einer aus 4-Amino-N-methyl-benzolsulfonamid-(1) bereiteten wss.
Diazoniumsalz-Lösung in eine heisse, aus 4-Nitro-thiophenol und wss. Natronlauge hergestellte Lösung (*Hoffmann-La Roche*, Schweiz.P. 208882 [1937]).

Krystalle (aus Me.); F: 105—106°.

4-[4-Nitro-phenylmercapto]-*N*.*N*-dimethyl-benzolsulfonamid-(1), N,N-*dimethyl*-
p-(p-*nitrophenylthio*)*benzenesulfonamide* $C_{14}H_{14}N_2O_4S_2$, Formel XIII (X = N(CH$_3$)$_2$).
B. Aus 4-[4-Nitro-phenylmercapto]-benzolsulfonamid-(1) beim Erwärmen mit Di=
methylsulfat und wss.-methanol. Natronlauge (*Hoffmann-La Roche*, Schweiz.P. 206925
[1937]).
Krystalle (aus Eg.); F: 150—151°.

4-[4-Nitro-phenylsulfon]-benzolsulfonamid-(1), p-(p-*nitrophenylsulfonyl*)*benzenesulfon=
amide* $C_{12}H_{10}N_2O_6S_2$, Formel XIV (X = NH$_2$).
B. Aus 4-[4-Nitro-phenylmercapto]-benzolsulfonamid-(1) beim Erhitzen mit
Chrom(VI)-oxid in Essigsäure sowie beim Erwärmen mit Natriumcarbonat enthaltender
wss. Natronlauge und Kaliumpermanganat (*Hoffmann-La Roche*, Schweiz.P. 200845
[1937]).
Krystalle (aus A. oder Eg.); F: 254—255°. In Methanol schwer löslich.

4-[4-Nitro-phenylsulfon]-*N*-methyl-benzolsulfonamid-(1), N-*methyl*-p-(p-*nitrophenyl=
sulfonyl*)*benzenesulfonamide* $C_{13}H_{12}N_2O_6S_2$, Formel XIV (X = NH-CH$_3$).
B. Aus 4-[4-Nitro-phenylmercapto]-*N*-methyl-benzolsulfonamid-(1) beim Erwärmen mit
Chrom(VI)-oxid in Essigsäure (*Hoffmann-La Roche*, Schweiz.P. 208882 [1937]).
Krystalle (aus Eg.); F: 240—242°. In Methanol und Äthanol schwer löslich.

4-[4-Nitro-phenylsulfon]-*N*.*N*-dimethyl-benzolsulfonamid-(1), N,N-*dimethyl*-p-(p-*nitro=
phenylsulfonyl*)*benzenesulfonamide* $C_{14}H_{14}N_2O_6S_2$, Formel XIV (X = N(CH$_3$)$_2$).
B. Aus 4-[4-Nitro-phenylmercapto]-*N*.*N*-dimethyl-benzolsulfonamid-(1) beim Erwärmen mit Chrom(VI)-oxid in Essigsäure (*Hoffmann-La Roche*, Schweiz.P. 206925 [1937]).
Krystalle (aus Eg.); F: 271°. In Methanol und Äthanol schwer löslich.

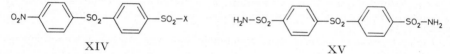

           XIV   XV

4-Benzoylmercapto-benzolsulfonamid-(1), p-(*benzoylthio*)*benzenesulfonamide*
$C_{13}H_{11}NO_3S_2$, Formel VIII (R = CO-C$_6$H$_5$, X = NH$_2$) auf S. 517.
B. Aus 4-Mercapto-benzolsulfonamid-(1) und Benzoylchlorid in Benzol (*Ajello, Pappa-
lardo*, Farmaco **3** [1948] 145, 150).
Krystalle (aus Bzl.); F: 214—217°.

4-Thiocyanato-benzolsulfonamid-(1), p-*thiocyanatobenzenesulfonamide* $C_7H_6N_2O_2S_2$,
Formel VIII (R = CN, X = NH$_2$) auf S. 517.
B. Beim Eintragen einer aus Sulfanilamid bereiteten wss. Diazoniumsalz-Lösung in
eine aus Kaliumthiocyanat, Kupfer(II)-sulfat und Wasser hergestellte Lösung (*Ajello,
Pappalardo*, Farmaco **3** [1948] 145, 149).
Krystalle (aus Bzl.); F: 141—142°. In Äthanol und Äther löslich, in kaltem Wasser
schwer löslich.
Beim Behandeln mit äthanol. Kalilauge ist Bis-[4-sulfamoyl-phenyl]-disulfid erhalten
worden.

[4-Sulfamoyl-phenylmercapto]-essigsäure, (p-*sulfamoylphenylthio*)*acetic acid* $C_8H_9NO_4S_2$,
Formel VIII (R = CH$_2$-COOH, X = NH$_2$) auf S. 517.
B. Beim Behandeln von 4-Mercapto-benzol-sulfonsäure-(1) mit einer wss. Lösung
von Natrium-chloracetat, mehrtägigen Behandeln des Reaktionsprodukts mit Phosphor=
oxychlorid und Behandeln der danach isolierten [4-Chlorsulfonyl-phenylmer=
capto]-essigsäure (C$_9$H$_7$ClO$_4$S$_2$) mit wss. Ammoniak (*Soper et al.*, Am. Soc. **70** [1948]
2849, 2854).
Krystalle (aus W.); F: 160—161°.

[4-Allylsulfamoyl-phenylmercapto]-essigsäure, [p-(*allylsulfamoyl*)*phenylthio*]*acetic acid*
$C_{11}H_{13}NO_4S_2$, Formel VIII (R = CH$_2$-COOH, X = NH-CH$_2$-CH=CH$_2$) auf S. 517.
B. Aus [4-Chlorsulfonyl-phenylmercapto]-essigsäure (s. im vorangehenden Artikel)
beim Behandeln mit Allylamin und wss. Natronlauge (*Soper et al.*, Am. Soc. **70** [1948]
2849, 2854).
Krystalle (aus E. + PAe.); F: 129—130°.

N-[4-Carboxymethylmercapto-benzol-sulfonyl-(1)]-DL-valin, N-[p-*(carboxymethylthio)*=*phenylsulfonyl*]-DL-*valine* $C_{13}H_{17}NO_6S_2$, Formel VIII (R = CH_2-COOH,
X = NH-CH(COOH)-CH(CH$_3$)$_2$) auf S. 517.

B. Beim Eintragen von [4-Chlorsulfonyl-phenylmercapto]-essigsäure (s. S. 519 im Artikel [4-Sulfamoyl-phenylmercapto]-essigsäure) in eine aus DL-Valin und wss. Natronlauge hergestellte Lösung (*Soper et al.*, Am. Soc. **70** [1948] 2849, 2854).

Unterhalb 300° nicht schmelzend.

Bis-[4-sulfamoyl-phenyl]-sulfon, 4.4′-Sulfonyl-bis-benzolsulfonamid-(1), p,p′-*sulfonyl*=*bisbenzenesulfonamide* $C_{12}H_{12}N_2O_6S_3$, Formel XV.

B. Aus Bis-[4-chlorsulfonyl-phenyl]-sulfon (H 248) beim Behandeln mit wss. Ammoniak (*Buttle et al.*, Biochem. J. **32** [1938] 1101, 1109).

Krystalle (aus A.); F: 288°.

Bis-[4-sulfamoyl-phenyl]-disulfid, 4.4′-Dithio-bis-benzolsulfonamid-(1), p,p′-*dithiobis*=*benzenesulfonamide* $C_{12}H_{12}N_2O_4S_4$, Formel XI (X = NH$_2$) auf S. 518.

B. Beim Behandeln einer aus Sulfanilamid bereiteten wss. Diazoniumsalz-Lösung mit Natriumdisulfid (*Ajello, Pappalardo*, Farmaco **3** [1948] 145, 149). Aus Bis-[4-chlor=sulfonyl-phenyl]-disulfid beim Behandeln mit wss. Ammoniak (*Gur'janowa*, Ž. fiz. Chim. **21** [1947] 633, 641; C. A. **1948** 2148). Aus 4-Thiocyanato-benzolsulfonamid-(1) beim Behandeln mit äthanol. Kalilauge (*Aj., Pa.*).

Krystalle; F: 260° [aus A.] (*Aj., Pa.*), 258° [korr.; aus wss. A.] (*Gu.*). Dipolmoment (ε; Dioxan): 6,37 D (*Gu.*, l. c. S. 634, 636).

6-Hydroxy-5-[2-nitro-4-sulfo-phenylsulfon]-3-methyl-benzoesäure, 5-*methyl-3-(2-nitro-4-sulfophenylsulfonyl)salicylic acid* $C_{14}H_{11}NO_{10}S_2$, Formel I.

B. Beim Erhitzen von 6-Hydroxy-5-sulfino-3-methyl-benzoesäure mit 4-Chlor-3-nitro-benzol-sulfonsäure-(1) und wss. Natriumcarbonat-Lösung (*Brit. Dyestuffs Corp.*, U.S.P. 1766949 [1928]).

Krystalle. In Wasser löslich. Beim Behandeln mit wss. Alkalilaugen werden gelbe Lösungen erhalten.

Bis-[2-nitro-4-sulfo-phenyl]-sulfid, 3.3′-Dinitro-4.4′-thio-bis-benzolsulfonsäure-(1), 3,3′-*dinitro-4,4′-thiobisbenzenesulfonic acid* $C_{12}H_8N_2O_{10}S_3$, Formel II (X = OH).

B. Aus 4-Chlor-3-nitro-benzol-sulfonsäure-(1) beim Erhitzen des Natrium-Salzes mit wss. Natriumthiosulfat-Lösung sowie beim Erwärmen des Barium-Salzes mit Kalium-äthylxanthogenat in Wasser (*Pollak, Deutscher*, M. **56** [1930] 365, 371, 377).

Dinatrium-Salz Na$_2$C$_{12}$H$_6$N$_2$O$_{10}$S$_3$. Gelbe Krystalle (aus W.) mit 3 Mol H$_2$O.

Barium-Salz BaC$_{12}$H$_6$N$_2$O$_{10}$S$_3$. Krystalle (aus W.) mit 5 Mol H$_2$O.

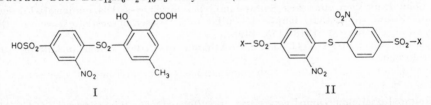

I   II

Bis-[2-nitro-4-sulfo-phenyl]-sulfon, 3.3′-Dinitro-4.4′-sulfonyl-bis-benzolsulfonsäure-(1), 3,3′-*dinitro-4,4′-sulfonylbisbenzenesulfonic acid* $C_{12}H_8N_2O_{12}S_3$, Formel III.

B. Aus Bis-[2-nitro-4-sulfo-phenyl]-sulfid oder aus Bis-[2-nitro-4-chlorsulfonyl-phenyl]-sulfid beim Erhitzen mit Salpetersäure (*Pollak, Deutscher*, M. **56** [1930] 365, 374, 375).

Barium-Salz BaC$_{12}$H$_6$N$_2$O$_{12}$S$_3$. Gelbliche Krystalle mit 3 Mol H$_2$O. In Wasser leicht löslich.

Blei(II)-Salz PbC$_{12}$H$_6$N$_2$O$_{12}$S$_3$. Krystalle mit 3 Mol H$_2$O.

Bis-[2-nitro-4-sulfo-phenyl]-disulfid, 3.3′-Dinitro-4.4′-dithio-bis-benzolsulfonsäure-(1), 3,3′-*dinitro-4,4′-dithiobisbenzenesulfonic acid* $C_{12}H_8N_2O_{10}S_4$, Formel IV (X = OH).

B. Aus 4-Chlor-3-nitro-benzol-sulfonsäure-(1) beim Behandeln mit Natriumdisulfid in Äthanol (*Pollak, Deutscher*, M. **56** [1930] 365, 370).

Dikalium-Salz K$_2$C$_{12}$H$_6$N$_2$O$_{10}$S$_4$. Gelbe Krystalle.

**Bis-[2-nitro-4-chlorsulfonyl-phenyl]-sulfid, 3.3′-Dinitro-4.4′-thio-bis-benzolsulfonyl=
chlorid-(1),** *3,3′-dinitro-4,4′-thiobisbenzenesulfonyl chloride* C₁₂H₆Cl₂N₂O₈S₃, Formel II
(X = Cl).

B. Aus Bis-[2-nitro-4-sulfo-phenyl]-sulfid beim Behandeln des Dinatrium-Salzes oder
des Barium-Salzes mit Phosphor(V)-chlorid (*Pollak, Deutscher*, M. **56** [1930] 365, 371,
377).

Orangegelbe Krystalle (aus CHCl₃); F: 195°. In Äther schwer löslich.

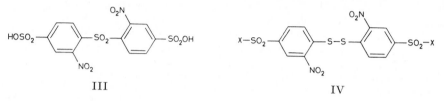

III   IV

3-Nitro-4-mercapto-*N.N*-dimethyl-benzolsulfonamid-(1), *4-mercapto-N,N-dimethyl-
3-nitrobenzenesulfonamide* C₈H₁₀N₂O₄S₂, Formel V (R = H, X = N(CH₃)₂).

B. In geringer Menge neben Bis-[2-nitro-4-dimethylsulfamoyl-phenyl]-disulfid beim
Behandeln einer Lösung von 4-Chlor-3-nitro-*N.N*-dimethyl-benzolsulfonamid-(1) in
Äthanol mit einer warmen Suspension von Natriumsulfid und Schwefel in Äthanol
(*Etabl. Kuhlmann*, F.P. 835491 [1937]; U.S.P. 2169162 [1938]).

F: 162—165°.

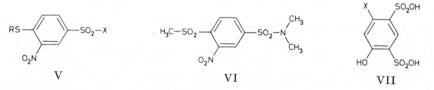

V   VI   VII

3-Nitro-4-methylsulfon-*N.N*-dimethyl-benzolsulfonamid-(1), N,N-*dimethyl-4-(methyl=
sulfonyl)-3-nitrobenzenesulfonamide* C₉H₁₂N₂O₆S₂, Formel VI.

B. Aus [2-Nitro-4-dimethylsulfamoyl-phenylsulfon]-essigsäure (nicht näher beschrieben) beim Erwärmen mit wss. Natriumcarbonat-Lösung (*Gen. Aniline Works*, U.S.P.
1939416 [1933]).

F: 176—177°.

3-Nitro-4-dimethylthiocarbamoylmercapto-*N*-methyl-benzolsulfonamid-(1), *4-(dimethyl=
thiocarbamoylthio)-N-methyl-3-nitrobenzenesulfonamide* C₁₀H₁₃N₃O₄S₃, Formel V
(R = CS-N(CH₃)₂, X = NH-CH₃).

B. Beim Erwärmen von 4-Chlor-3-nitro-*N*-methyl-benzolsulfonamid-(1) (nicht näher
beschrieben) mit Natrium-dimethyldithiocarbamat in Aceton (*I.G. Farbenind.*, D.R.P.
654527 [1931]; Frdl. **24** 1248).

F: 155—156°.

**Bis-[2-nitro-4-dimethylsulfamoyl-phenyl]-disulfid, 3.3′-Dinitro-tetra-*N*-methyl-4.4′-di=
thio-bis-benzolsulfonamid-(1),** N,N,N′,N′-*tetramethyl-3,3′-dinitro-4,4′-dithiobisbenzene=
sulfonamide* C₁₆H₁₈N₄O₈S₄, Formel IV (X = N(CH₃)₂).

B. Beim Erwärmen von 4-Chlor-3-nitro-*N.N*-dimethyl-benzolsulfonamid-(1) mit
Natriumsulfid und Schwefel in Äthanol (*Etabl. Kuhlmann*, F.P. 835491 [1937]; U.S.P.
2169162 [1938]).

Krystalle (aus Eg.); F: 280° [Zers.].

**Bis-[2-nitro-4-diäthylsulfamoyl-phenyl]-disulfid, 3.3′-Dinitro-tetra-*N*-äthyl-4.4′-dithio-
bis-benzolsulfonamid-(1),** N,N,N′,N′-*tetraethyl-3,3′-dinitro-4,4′-dithiobisbenzenesulfon=
amide* C₂₀H₂₆N₄O₈S₄, Formel IV (X = N(C₂H₅)₂).

B. Beim Erwärmen von 4-Chlor-3-nitro-*N.N*-diäthyl-benzolsulfonamid-(1) (nicht näher
beschrieben) mit Natriumsulfid und Schwefel in Äthanol (*Etabl. Kuhlmann*, F.P. 835491
[1937]; U.S.P. 2169162 [1938]).

Grüngelbe Krystalle (aus Eg.); F: 190°.

4-Hydroxy-benzol-disulfonsäure-(1.3), Phenol-disulfonsäure-(2.4), *4-hydroxybenzene-1,3-disulfonic acid* $C_6H_6O_7S_2$, Formel VII (X = H) (H 250; E I 58; E II 139).

Dilithium-Salz $Li_2C_6H_4O_7S_2 \cdot 3H_2O$, Dinatrium-Salz $Na_2C_6H_4O_7S_2 \cdot H_2O$, Dikalium-Salz $K_2C_6H_4O_7S_2 \cdot H_2O$ (vgl. H 250), Kupfer(II)-Salz $CuC_6H_4O_7S_2 \cdot 6H_2O$, Beryllium-Salz $BeC_6H_4O_7S_2 \cdot 4H_2O$, Magnesium-Salz $MgC_6H_4O_7S_2 \cdot 8H_2O$, Calcium-Salz $CaC_6H_4O_7S_2 \cdot 2H_2O$, Strontium-Salz $SrC_6H_4O_7S_2 \cdot 3,5H_2O$, Barium-Salz $BaC_6H_4O_7S_2 \cdot 4H_2O$ (vgl. H 251), Zink-Salz $ZnC_6H_4O_7S_2 \cdot 7H_2O$, Cadmium-Salz $CdC_6H_4O_7S_2 \cdot 3H_2O$, Aluminium-Salz $Al_2(C_6H_4O_7S_2)_3 \cdot 12H_2O$, Mangan(II)-Salz $MnC_6H_4O_7S_2 \cdot 4H_2O$, Kobalt(II)-Salz $CoC_6H_4O_7S_2 \cdot 7H_2O$, und Nickel(II)-Salz $NiC_6H_4O_7S_2 \cdot 7H_2O$: *Širuček*, Chem. Listy **29** [1943] 243; C. **1936** I 1211.

4-[9.10-Dioxo-9.10-dihydro-anthryl-(2)-oxy]-benzol-disulfonsäure-(1.3), *4-(9,10-dioxo-9,10-dihydro-2-anthryloxy)benzene-1,3-disulfonic acid* $C_{20}H_{12}O_9S_2$, Formel VIII.

B. Beim Behandeln von 2-Chlor-anthrachinon mit Phenol und Kaliumcarbonat und Erwärmen des Reaktionsprodukts mit rauchender Schwefelsäure (*I.G. Farbenind.*, D.R.P. 680093 [1937]; D.R.P. Org. Chem. **1**, Tl. 2, S. 807; *Agfa Ansco Corp.*, U.S.P. 2172192 [1938]).

Dinatrium-Salz. In Wasser leicht löslich.

6-Chlor-4-hydroxy-benzol-disulfonsäure-(1.3), *4-chloro-6-hydroxybenzene-1,3-disulfonic acid* $C_6H_5ClO_7S_2$, Formel VII (X = Cl).

B. Beim Eintragen von 3-Chlor-phenol in rauchende Schwefelsäure und anschliessenden Erhitzen (*Hodgson, Kershaw*, Soc. **1930** 1419, 1423).

Barium-Salz $BaC_6H_3ClO_7S_2$. Krystalle (aus W.) mit 4 Mol H_2O. Beim Behandeln mit Eisen(III)-chlorid in wss. Lösung tritt eine rote Färbung auf.

5.6-Dichlor-4-hydroxy-benzol-disulfonsäure-(1.3), *4,5-dichloro-6-hydroxybenzene-1,3-disulfonic acid* $C_6H_4Cl_2O_7S_2$, Formel IX (X = Cl).

B. Aus 6-Chlor-4-hydroxy-benzol-disulfonsäure-(1.3) beim Behandeln des Barium-Salzes mit Bariumhypochlorit in Wasser (*Hodgson, Kershaw*, Soc. **1930** 1419, 1423).

Barium-Salz $BaC_6H_2Cl_2O_7S_2$. Krystalle (aus W.) mit 4 Mol H_2O.

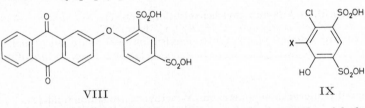

VIII   IX

6-Chlor-5-brom-4-hydroxy-benzol-disulfonsäure-(1.3), *5-bromo-4-chloro-6-hydroxybenzene-1,3-disulfonic acid* $C_6H_4BrClO_7S_2$, Formel IX (X = Br).

B. Aus 6-Chlor-4-hydroxy-benzol-disulfonsäure-(1.3) und Brom in Wasser (*Hodgson, Kershaw*, Soc. **1930** 1419, 1424).

Barium-Salz $BaC_6H_2BrClO_7S_2$. Krystalle (aus W.) mit 4 Mol H_2O.

6-Chlor-5-jod-4-hydroxy-benzol-disulfonsäure-(1.3), *4-chloro-6-hydroxy-5-iodobenzene-1,3-disulfonic acid* $C_6H_4ClIO_7S_2$, Formel IX (X = I).

B. Aus 6-Chlor-4-hydroxy-benzol-disulfonsäure-(1.3) beim Behandeln des Barium-Salzes mit Jod und Quecksilber(II)-oxid in wss. Äthanol (*Hodgson, Kershaw*, Soc. **1930** 1419, 1424).

Barium-Salz $BaC_6H_2ClIO_7S_2$. Krystalle mit 4 Mol H_2O.

Hydroxy-benzol-disulfonsäure $C_6H_6O_7S_2$.

[4-Nitro-phenoxy]-benzoldisulfonamid, *(p-nitrophenoxy)benzenedisulfonamide* $C_{12}H_{11}N_3O_7S_2$.

Eine als [4-Nitro-phenoxy]-benzoldisulfonamid bezeichnete Verbindung (Krystalle [aus Me.]; F: 270°; in Äthanol schwer löslich, in Wasser fast unlöslich) ist in geringer Menge beim Eintragen von Phenyl-[4-nitro-phenyl]-äther in Chloroschwefelsäure, Erwärmen des Reaktionsgemisches auf 95° und Behandeln des danach isolierten Reaktionsprodukts mit wss. Ammoniak erhalten worden (*Dewing et al.*, Soc. **1942** 239, 242).

[*Hornischer*]

2-Hydroxy-toluol-sulfonsäure-(3) C₇H₈O₄S.

2-Methoxy-toluolsulfonamid-(3), *2-methoxy*-m-*toluenesulfonamide* C₈H₁₁NO₃S, Formel I.

B. Aus dem Kalium-Salz der 2-Methoxy-toluol-sulfonsäure-(3) (H 252; E I 58) über das Säurechlorid (*Shah, Bhatt, Kanga*, Soc. **1933** 1375, 1377).

Krystalle (aus W.); F: 143—144°.

2-Hydroxy-toluol-sulfonsäure-(4), *3-hydroxy*-p-*toluenesulfonic acid* C₇H₈O₄S, Formel II (R = H, X = OH) (H 253; dort als 2-Oxy-1-methyl-benzol-sulfonsäure-(4) bezeichnet).

Bei der Oxydation an Blei-Anoden bei 70—75° sind Mesaconsäure (E III **2** 1934) und eine als 2.3-Dihydroxy-4-sulfo-benzoesäure angesehene Verbindung erhalten worden (*Yokoyama*, Helv. **13** [1930] 1257, 1262).

Barium-Salz Ba(C₇H₇O₄S)₂·2H₂O. Krystalle (*Shah, Bhatt, Kanga*, Soc. **1933** 1375, 1377).

2-Methoxy-toluol-sulfonsäure-(4), *3-methoxy*-p-*toluenesulfonic acid* C₈H₁₀O₄S, Formel II (R = CH₃, X = OH) (H 253; E II 141).

B. Aus 2-Hydroxy-toluol-sulfonsäure-(4) beim Behandeln mit wss. Natronlauge und Dimethylsulfat (*Shah, Bhatt, Kanga*, Soc. **1933** 1375, 1378).

Natrium-Salz NaC₈H₉O₄S·H₂O und Barium-Salz Ba(C₈H₉O₄S)₂·1,5H₂O: *Shah, Bh., Ka.*

2-Methoxy-toluolsulfonamid-(4), *3-methoxy*-p-*toluenesulfonamide* C₈H₁₁NO₃S, Formel II (R = CH₃, X = NH₂).

Die H 253 unter dieser Konstitution beschriebene Verbindung ist als 6-Methoxy-toluolsulfonamid-(3) zu formulieren (s. diesbezüglich E II 141 im Artikel 2-Methoxy-toluol-sulfonsäure-(4)).

B. Aus dem Natrium-Salz der 2-Methoxy-toluol-sulfonsäure-(4) über das Säurechlorid (*Shah, Bhatt, Kanga*, Soc. **1933** 1375, 1378).

Krystalle (aus A.); F: 123°.

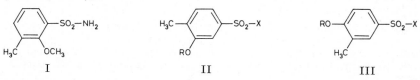

I II III

6-Hydroxy-toluol-sulfonsäure-(3), *4-hydroxy*-m-*toluenesulfonic acid* C₇H₈O₄S, Formel III (R = H, X = OH) (H 254; E I 59; E II 142; dort als 2-Oxy-toluol-sulfonsäure-(5) bezeichnet).

Eine wahrscheinlich als Glycin-Salz C₂H₅NO₂·C₇H₈O₄S dieser Säure zu formulierende Verbindung (Krystalle [aus W.], F: 161—162° [korr.]; mit Eisen(III)-chlorid in wss. Lösung unter Blauviolettfärbung reagierend) ist beim Erhitzen von Hippursäure mit o-Kresol und Schwefelsäure auf 120° erhalten worden (*Machek*, M. **65** [1935] 433, 437).

6-Hydroxy-toluol-sulfonylfluorid-(3), *4-hydroxy*-m-*toluenesulfonyl fluoride* C₇H₇FO₃S, Formel III (R = H, X = F) (E II 142; dort als 2-Oxy-toluol-sulfonsäure-(5?)-fluorid bezeichnet).

Bestätigung der Konstitutionszuordnung (vgl. E II 142): *Steinkopf, Jaeger*, J. pr. [2] **128** [1930] 63, 70.

Beim Erwärmen mit Fluoroschwefelsäure ist 2.8-Bis-fluorsulfonyl-4.10-dimethyl-dibenzo[1.5.2.6]dioxadithiocin-6.6.12.12-tetraoxid erhalten worden (*St., Jae.*, l. c. S. 83).

6-Methoxy-toluol-sulfonylchlorid-(3), *4-methoxy*-m-*toluenesulfonyl chloride* C₈H₉ClO₃S, Formel III (R = CH₃, X = Cl) (E II 142).

B. Neben geringen Mengen Bis-[4-methoxy-3-methyl-phenyl]-sulfon beim Behandeln von 2-Methyl-anisol mit Chloroschwefelsäure (*Kolhatkar, Bokil*, J. Indian chem. Soc. **7** [1930] 843, 845).

Krystalle (aus Ae.).

Beim Behandeln mit alkal. wss. Natriumsulfit-Lösung sind 6-Methoxy-toluol-sulfinsäure-(3) und Bis-[4-methoxy-3-methyl-phenyl]-disulfon erhalten worden (*Ko., Bo.*, l. c. S. 849). Reaktion mit Anisol in Gegenwart von Aluminiumchlorid unter Bildung von

[4-Methoxy-phenyl]-[4-methoxy-3-methyl-phenyl]-sulfon und [2-Methoxy-phenyl]-[4-methoxy-3-methyl-phenyl]-sulfon(?) (F: 102°): *Ko.*, *Bo.*, l. c. S. 847. Bildung von Bis-[4-methoxy-3-methyl-phenyl]-sulfon beim Erwärmen mit 2-Methyl-anisol und Aluminiumchlorid in Schwefelkohlenstoff: *Ko.*, *Bo.*, l. c. S. 845.

6-Methoxy-toluolsulfonamid-(3), *4-methoxy-*m-*toluenesulfonamide* C$_8$H$_{11}$NO$_3$S, Formel III (R = CH$_3$, X = NH$_2$) (E II 142).

B. Beim Behandeln von 2-Methyl-anisol mit Chloroschwefelsäure in Chloroform und Erwärmen des Reaktionsgemisches mit Ammoniumcarbonat (*Huntress, Carten*, Am. Soc. **62** [1940] 603).

Krystalle (aus wss. A.); F: 137° [unkorr.; Block].

6-Äthoxy-toluolsulfonamid-(3), *4-ethoxy-*m-*toluenesulfonamide* C$_9$H$_{13}$NO$_3$S, Formel III (R = C$_2$H$_5$, X = NH$_2$).

B. Aus 2-Methyl-phenetol analog der im vorangehenden Artikel beschriebenen Verbindung (*Huntress, Carten*, Am. Soc. **62** [1940] 603).

Krystalle (aus wss. A.); F: 148—149° [unkorr.; Block].

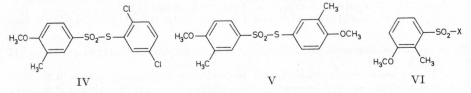

IV   V   VI

6-Butyloxy-toluolsulfonamid-(3), *4-butoxy-*m-*toluenesulfonamide* C$_{11}$H$_{17}$NO$_3$S, Formel III (R = [CH$_2$]$_3$-CH$_3$, X = NH$_2$).

B. Aus Butyl-*o*-tolyl-äther analog 6-Methoxy-toluolsulfonamid-(3) [s. o.] (*Huntress, Carten*, Am. Soc. **62** [1940] 603).

Krystalle (aus wss. A.); F: 95—96°.

6-Methoxy-toluol-thiosulfonsäure-(3)-*S*-[2.5-dichlor-phenylester], *4-methoxy-*m-*toluene-thiosulfonic acid* S-*(2,5-dichlorophenyl) ester* C$_{14}$H$_{12}$Cl$_2$O$_3$S$_2$, Formel IV.

B. Beim Erwärmen von 2.5-Dichlor-benzol-thiosulfonsäure-(1)-*S*-[2.5-dichlor-phenylester] mit Natrium-[6-methoxy-toluol-sulfinat-(3)] in Äthanol (*Gibson, Loudon*, Soc. **1937** 487).

F: 96°.

6-Methoxy-toluol-thiosulfonsäure-(3)-*S*-[4-methoxy-3-methyl-phenylester], *4-methoxy-*m-*toluenethiosulfonic acid* S-*(4-methoxy-*m-*tolyl) ester* C$_{16}$H$_{18}$O$_4$S$_2$, Formel V.

B. Aus Bis-[4-methoxy-3-methyl-phenyl]-disulfid beim Behandeln mit wss. Wasserstoffperoxid und Essigsäure (*Kolhatkar, Bokil*, J. Indian chem. Soc. **7** [1930] 843, 849). Aus 6-Methoxy-toluol-sulfinsäure-(3) beim Aufbewahren (*Ko., Bo.*).

Krystalle; F: 118°.

6-Hydroxy-toluol-sulfonsäure-(2) C$_7$H$_8$O$_4$S.

6-Methoxy-toluolsulfonamid-(2), *3-methoxy-*o-*toluenesulfonamide* C$_8$H$_{11}$NO$_3$S, Formel VI (X = NH$_2$).

B. Aus 3-Methoxy-2-methyl-anilin über 6-Methoxy-toluol-sulfinsäure-(2), 6-Methoxy-toluol-sulfonsäure-(2) und 6-Methoxy-toluol-sulfonylchlorid-(2) (*Shah, Bhatt, Kanga*, Soc. **1933** 1375, 1379).

Krystalle; F: 164°.

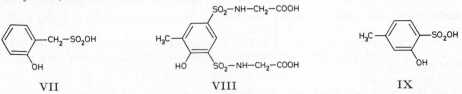

VII   VIII   IX

2-Hydroxy-toluol-sulfonsäure-(α), *2-hydroxytoluene-α-sulfonic acid* C$_7$H$_8$O$_4$S, Formel VII (H 255; vgl. E II 143; dort als 2-Oxy-1-methyl-benzol-sulfonsäure-(1[1]) bzw. als 2(?)-

Oxy-toluol-sulfonsäure-(1¹) bezeichnet).

B. Aus 2-Hydroxy-benzylalkohol beim Erhitzen mit Natriumhydrogensulfit in Wasser (*Shearing, Smiles*, Soc. **1937** 1348, 1350).

Natrium-Salz $NaC_7H_7O_4S$. Krystalle.

2-Hydroxy-toluol-disulfonsäure-(3.5) $C_7H_8O_7S_2$.

2-Hydroxy-*N.N′*-bis-carboxymethyl-toluoldisulfonamid-(3.5), N,N′-(*4-hydroxy-5-methyl-m-phenylenedisulfonyl*)*bisglycine* $C_{11}H_{14}N_2O_9S_2$, Formel VIII.

B. Beim Erwärmen von 2-Hydroxy-toluol-disulfonylchlorid-(3.5) mit Glycin-äthyl= ester in Äther und Behandeln des Reaktionsprodukts mit wss. Natronlauge (*Abderhalden, Riesz*, Fermentf. **12** [1931] 180, 195).

Krystalle (aus Ae.); F: 128°.

3-Hydroxy-toluol-sulfonsäure-(4), *2-hydroxy*-p-*toluenesulfonic acid* $C_7H_8O_4S$, Formel IX (E I 60; E II 144).

B. Neben anderen Verbindungen beim Erhitzen von *m*-Kresol mit Schwefelsäure auf 120° (*Tchitchibabine, Barkovsky*, C. r. **213** [1941] 206; vgl. E II 144).

Barium-Salz (E I 60; E II 144). Krystalle; Zers. oberhalb 200°. In 100 ml Wasser lösen sich bei 20° 3,1 g, bei 100° 17,5 g.

5-Hydroxy-toluol-sulfonsäure-(2), *4-hydroxy*-o-*toluenesulfonic acid* $C_7H_8O_4S$, Formel X (R = H, X = OH) (H 256; E I 60; E II 145; dort als 3-Oxy-toluol-sulfonsäure-(6) be- zeichnet).

Barium-Salz $Ba(C_7H_7O_4S)_2 \cdot H_2O$ (H 257; E II 145). In Äthanol schwer löslich; in 100 ml Wasser lösen sich bei 23° 17,5 g (*Tchitchibabine, Barkovsky*, C. r. **213** [1941] 206).

Eine wahrscheinlich als Glycin-Salz $C_2H_5NO_2 \cdot C_7H_8O_4S$ der 5-Hydroxy-toluol- sulfonsäure-(2) zu formulierende Verbindung (Krystalle [aus W.], F: 175—176° [korr.]; mit Eisen(III)-chlorid in wss. Lösung unter Blauviolettfärbung reagierend) ist beim Erhitzen von Hippursäure mit *m*-Kresol und Schwefelsäure auf 120° erhalten worden (*Machek*, M. **65** [1935] 433, 438).

5-Methoxy-toluol-sulfonsäure-(2), *4-methoxy*-o-*toluenesulfonic acid* $C_8H_{10}O_4S$, Formel X (R = CH_3, X = OH) (E II 145; dort als 3-Methoxy-toluol-sulfonsäure-(6) bezeichnet).

B. Beim Behandeln von 3-Methyl-anisol mit Schwefelsäure (*Shah, Bhatt, Kanga*, J. Univ. Bombay **3**, Tl. 2 [1934] 153; *Suter, McKenzie*, Am. Soc. **56** [1934] 2470).

Beim Einleiten von Brom-Dampf (1 Mol) in eine wss. Lösung ist 6-Brom-3-methoxy- toluol erhalten worden (*Shah, Bh., Ka.*).

Charakterisierung als *p*-Toluidin-Salz (F: 204—205° [korr.]): *Su., McK.*

5-Äthoxy-toluol-sulfonsäure-(2), *4-ethoxy*-o-*toluenesulfonic acid* $C_9H_{12}O_4S$, Formel X (R = C_2H_5, X = OH).

B. Beim Behandeln von 3-Methyl-phenetol mit Schwefelsäure (*Buchanan, Loudon, Robertson*, Soc. **1943** 168).

Beim Behandeln einer Lösung in Schwefelsäure mit Salpetersäure sind 4.6-Dinitro- 3-äthoxy-toluol, 6-Nitro-5-äthoxy-toluol-sulfonsäure-(2) und 4-Nitro-5-äthoxy-toluol- sulfonsäure-(2) erhalten worden.

Natrium-Salz. Krystalle (aus W.).

5-Hydroxy-toluol-sulfonylfluorid-(2), *4-hydroxy*-o-*toluenesulfonyl fluoride* $C_7H_7FO_3S$, Formel X (R = H, X = F) (E II 145; dort als 3-Oxy-toluol-sulfonsäure-(6?)-fluorid bezeichnet).

Bestätigung der Konstitutionszuordnung: *Steinkopf, Jaeger*, J. pr. [2] **128** [1930] 63, 70.

Beim Erwärmen mit Fluoroschwefelsäure ist eine als 5 (oder 3)-Hydroxy-toluol- disulfonylfluorid-(2.4(oder 2.6)) zu formulierende Verbindung (S. 527) erhalten worden (*St., Jae.*, l. c. S. 84).

5-Methoxy-toluol-sulfonylchlorid-(2), *4-methoxy*-o-*toluenesulfonyl chloride* $C_8H_9ClO_3S$, Formel X (R = CH_3, X = Cl) (E II 145).

B. Aus Natrium-[5-methoxy-toluol-sulfonat-(2)] mit Hilfe von Phosphoroxychlorid (*Suter, McKenzie*, Am. Soc. **56** [1934] 2470).

Kp_{17}: 173—175°. D_4^{25}: 1,321. n_D^{25}: 1,5685.

5-Äthoxy-toluol-sulfonylchlorid-(2), *4-ethoxy-o-toluenesulfonyl chloride* C₉H₁₁ClO₃S,
Formel X (R = C₂H₅, X = Cl).
B. Aus Natrium-[5-äthoxy-toluol-sulfonat-(2)] (*Buchanan, Loudon, Robertson*, Soc.
1943 168).
Kp₁₀: 176—177°.

5-Hydroxy-toluolsulfonamid-(2), *4-hydroxy-o-toluenesulfonamide* C₇H₉NO₃S, Formel X
(R = H, X = NH₂).
B. Beim Behandeln einer Lösung von 5-Amino-toluolsulfonamid-(2) in Methanol mit
Methylnitrit und Schwefelsäure und Erhitzen des Reaktionsprodukts mit Wasser (*Backe-
berg, Marais*, Soc. **1943** 78).
Krystalle (aus W.); F: 207°.

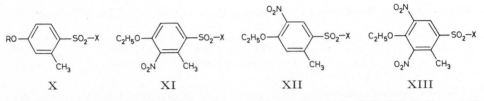

X   XI   XII   XIII

5-Methoxy-toluolsulfonamid-(2), *4-methoxy-o-toluenesulfonamide* C₈H₁₁NO₃S, Formel X
(R = CH₃, X = NH₂) (E II 146).
B. Beim Behandeln von 3-Methyl-anisol mit Chloroschwefelsäure in Chloroform und
Erwärmen des Reaktionsgemisches mit Ammoniumcarbonat (*Huntress, Carten*, Am. Soc.
62 [1940] 603). Beim Behandeln von 5-Hydroxy-toluolsulfonamid-(2) mit wss. Natron=
lauge und Dimethylsulfat (*Backeberg, Marais*, Soc. **1943** 78). Aus 5-Methoxy-toluol-
sulfonylchlorid-(2) mit Hilfe von Ammoniak (*Shah, Bhatt, Kanga*, J. Univ. Bombay **3**,
Tl. 2 [1934] 153).
F: 130° (*Shah, Bh., Ka.*), 129—130° [unkorr.; Block; aus wss. A.] (*Hu., Ca.*), 128°
bis 129° [korr.] (*Suter, McKenzie*, Am. Soc. **56** [1934] 2470), 128° (*Ba., Ma.*).

5-Äthoxy-toluolsulfonamid-(2), *4-ethoxy-o-toluenesulfonamide* C₉H₁₃NO₃S, Formel X
(R = C₂H₅, X = NH₂).
B. Beim Behandeln von 3-Methyl-phenetol mit Chloroschwefelsäure in Chloroform und
Erwärmen des Reaktionsgemisches mit Ammoniumcarbonat (*Huntress, Carten*, Am. Soc.
62 [1940] 603).
Krystalle (aus wss. A.); F: 113—114° (*Buchanan, Loudon, Robertson*, Soc. **1943** 168),
110—111° [unkorr.; Block] (*Hu., Ca.*).

6-Nitro-5-äthoxy-toluol-sulfonsäure-(2), *4-ethoxy-3-nitro-o-toluenesulfonic acid*
C₉H₁₁NO₆S, Formel XI (X = OH).
B. Neben anderen Verbindungen beim Behandeln von 5-Äthoxy-toluol-sulfonsäure-(2)
mit wss. Salpetersäure (D: 1,42) und Schwefelsäure (*Buchanan, Loudon, Robertson*, Soc.
1943 168).
Natrium-Salz NaC₉H₁₀NO₆S. Krystalle (aus W.).

6-Nitro-5-äthoxy-toluol-sulfonylchlorid-(2), *4-ethoxy-3-nitro-o-toluenesulfonyl chloride*
C₉H₁₀ClNO₅S, Formel XI (X = Cl).
B. Aus 6-Nitro-5-äthoxy-toluol-sulfonsäure-(2) (*Buchanan, Loudon, Robertson*, Soc.
1943 168).
F: 97°.

4-Nitro-5-äthoxy-toluol-sulfonsäure-(2), *4-ethoxy-5-nitro-o-toluenesulfonic acid*
C₉H₁₁NO₆S, Formel XII (X = OH).
B. Aus 4-Nitro-3-äthoxy-toluol und Chloroschwefelsäure (*Buchanan, Loudon, Robert-
son*, Soc. **1943** 168). Neben anderen Verbindungen beim Behandeln von 5-Äthoxy-
toluol-sulfonsäure-(2) mit wss. Salpetersäure (D: 1,42) und Schwefelsäure (*Bu., Lou.,
Ro.*).
Krystalle (aus W.).
Charakterisierung als *p*-Toluidin-Salz (F: 232—233°): *Bu., Lou., Ro.*
Natrium-Salz NaC₉H₁₀NO₆S. Krystalle (aus A.).

4-Nitro-5-äthoxy-toluol-sulfonylchlorid-(2), *4-ethoxy-5-nitro-o-toluenesulfonyl chloride* $C_9H_{10}ClNO_5S$, Formel XII (X = Cl).

B. Aus 4-Nitro-5-äthoxy-toluol-sulfonsäure-(2) (*Buchanan, Loudon, Robertson*, Soc. **1943** 168).

Krystalle (aus Bzn.); F: 110—111°.

4.6-Dinitro-5-äthoxy-toluol-sulfonsäure-(2), *4-ethoxy-3,5-dinitro-o-toluenesulfonic acid* $C_9H_{10}N_2O_8S$, Formel XIII (X = OH).

B. Aus Natrium-[5-äthoxy-toluol-sulfonat-(2)] beim Behandeln mit Salpetersäure und Schwefelsäure (*Buchanan, Loudon, Robertson*, Soc. **1943** 168).

Charakterisierung als *p*-Toluidin-Salz (F: 225—227° [Zers.]): *Bu., Lou., Ro.*, l. c. S. 169.

4.6-Dinitro-5-äthoxy-toluol-sulfonylchlorid-(2), *4-ethoxy-3,5-dinitro-o-toluenesulfonyl chloride* $C_9H_9ClN_2O_7S$, Formel XIII (X = Cl).

B. Aus 4.6-Dinitro-3-äthoxy-toluol-sulfonsäure-(2) (*Buchanan, Loudon, Robertson*, Soc. **1943** 168).

F: 104°.

3-Hydroxy-toluol-sulfonsäure-(x) $C_7H_8O_4S$.

6-Nitro-3-hydroxy-toluol-sulfonsäure-(x), *5-hydroxy-2-nitrotoluene-x-sulfonic acid* $C_7H_7NO_6S$, Formel I.

Eine als Natrium-Salz $NaC_7H_6NO_6S$ (Krystalle [aus wss. Salzsäure] mit 1 Mol H_2O) isolierte 6-Nitro-3-hydroxy-toluol-sulfonsäure-(x) ist beim Behandeln einer Lösung von Kohlensäure-di-*m*-tolylester in Schwefelsäure mit einem Gemisch von Schwefelsäure und Salpetersäure, Behandeln des gebildeten Kohlensäure-bis-[4-nitro-x-sulfo-3-methyl-phenylesters] $C_{15}H_{12}N_2O_{13}S_2$ mit wss. Natriumcarbonat-Lösung und anschliessenden Ansäuern mit wss. Salzsäure erhalten worden (*Faltis, Wagner, Adler*, B. **77/79** [1944/46] 686, 692).

5-Hydroxy-toluol-disulfonsäure-(2.4), *4-hydroxy-6-methylbenzene-1,3-disulfonic acid* $C_7H_8O_7S_2$, Formel II (X = OH) (H 257; E I 60; E II 146; dort als 3-Oxy-toluol-disulfon‍säure-(4.6) bezeichnet).

B. Neben anderen Verbindungen beim Erhitzen von *m*-Kresol mit Schwefelsäure auf 120° sowie beim Behandeln von *m*-Kresol mit Chloroschwefelsäure in Schwefelkohlen‍stoff bei —10° (*Tchitchibabine, Barkovsky*, C. r. **213** [1941] 206).

Barium-Salz $BaC_7H_6O_7S_2\cdot H_2O$ (vgl. H 257; E II 146). Krystalle [aus W.]. In 100 ml Wasser lösen sich bei 22° 27,5 g.

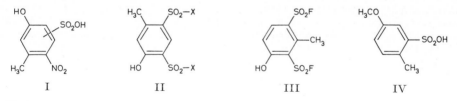

I   II   III   IV

5-Hydroxy-toluol-disulfonylfluorid-(2.4), *4-hydroxy-6-methylbenzene-1,3-disulfonyl difluoride* $C_7H_6F_2O_5S_2$, Formel II (X = F), und **3-Hydroxy-toluol-disulfonylfluorid-(2.6)**, *4-hydroxy-2-methylbenzene-1,3-disulfonyl difluoride* $C_7H_6F_2O_5S_2$, Formel III.

Diese Konstitutionsformeln werden für die nachstehend beschriebene Verbindung in Betracht gezogen.

B. Aus 5-Hydroxy-toluol-sulfonylfluorid-(2) beim Erwärmen mit Fluoroschwefelsäure (*Steinkopf, Jaeger*, J. pr. [2] **128** [1930] 63, 70, 84).

Krystalle (aus Bzn.); F: 125—126,5°.

Überführung in das Diamid $C_7H_{10}N_2O_5S_2$ (5-Hydroxy-toluoldisulfonamid-(2.4) oder 3-Hydroxy-toluoldisulfonamid-(2.6); Krystalle [aus W.], F: 244—245,5°) und in ein Nitro-Derivat $C_7H_5F_2NO_7S_2$ (6-Nitro-5-hydroxy-toluol-disulfonyl‍fluorid-(2.4) oder 4-Nitro-3-hydroxy-toluol-disulfonylfluorid-(2.6); gelbliche Krystalle [aus Bzn. oder CCl_4], F: 99—100°): *St., Jae.*, l. c. S. 84, 85.

Ammonium-Salz $[NH_4]C_7H_5F_2O_5S_2$. Krystalle (aus Ae.); F: 163—165° (*St., Jae.*, l. c. S. 84).

4-Hydroxy-toluol-sulfonsäure-(2) $C_7H_8O_4S$.

4-Methoxy-toluol-sulfonsäure-(2), *5-methoxy-o-toluenesulfonic acid* $C_8H_{10}O_4S$, Formel IV (H 258).

B. Aus 4-Hydroxy-toluol-sulfonsäure-(2) (H 258; E I 60) beim Behandeln mit wss. Natronlauge und Dimethylsulfat (*Shah, Bhatt, Kanga*, J. Univ. Bombay **3**, Tl. 2 [1934] 155, 156).

5-Brom-4-methoxy-toluolsulfonamid-(2), *4-bromo-5-methoxy-o-toluenesulfonamide* $C_8H_{10}BrNO_3S$, Formel V.

B. Beim Erwärmen von 3-Brom-4-methoxy-toluol mit Chloroschwefelsäure und Erwärmen des erhaltenen 5-Brom-4-methoxy-toluol-sulfonylchlorids-(2) (Krystalle) mit wss. Ammoniak (*I.G. Farbenind.*, D.R.P. 681686 [1937]; Frdl. **25** 376; *Winthrop Chem. Co.*, U.S.P. 2202219 [1938]).

Krystalle (aus A.); F: 194°.

4-[3-Chlorsulfonyl-phenylsulfon]-toluol-sulfonylchlorid-(2), 6-Methyl-3.3'-sulfonyl-bis-benzolsulfonylchlorid-(1), *6-methyl-m,m'-sulfonylbisbenzenesulfonyl chloride* $C_{13}H_{10}Cl_2O_6S_3$, Formel VI (R = H, X = Cl).

B. Aus Phenyl-*p*-tolyl-sulfon beim Erhitzen mit Chloroschwefelsäure auf 150° (*Chardonnens, Venetz*, Helv. **22** [1939] 853, 867).

Krystalle (aus Bzl.); F: 159°. In Äthanol und in Äther schwer löslich, in Wasser fast unlöslich.

Bis-[3-chlorsulfonyl-4-methyl-phenyl]-sulfon, 4.4'-Sulfonyl-bis-toluolsulfonylchlorid-(2), *5,5'-sulfonylbis-o-toluenesulfonyl chloride* $C_{14}H_{12}Cl_2O_6S_3$, Formel VI (R = CH_3, X = Cl).

B. Aus Di-*p*-tolyl-sulfon beim Erhitzen mit Chloroschwefelsäure bis auf 160° (*Pollak et al.*, M. **55** [1930] 358, 364).

Krystalle (aus Bzl.); F: 177—178°.

Bis-[3-sulfamoyl-4-methyl-phenyl]-sulfon, 4.4'-Sulfonyl-bis-toluolsulfonamid-(2), *5,5'-sulfonylbis-o-toluenesulfonamide* $C_{14}H_{16}N_2O_6S_3$, Formel VI (R = CH_3, X = NH_2).

B. Aus der im vorangehenden Artikel beschriebenen Verbindung beim Erwärmen mit Ammoniumcarbonat (*Pollak et al.*, M. **55** [1930] 358, 365).

Krystalle (aus wss. A.); F: 268°.

4-Hydroxy-toluol-sulfonsäure-(3), *6-hydroxy-m-toluenesulfonic acid* $C_7H_8O_4S$, Formel VII (R = H, X = OH) (H 259; E I 61; E II 147).

F: 79° [aus W.] (*Ekström*, Svensk kem. Tidskr. **62** [1950] 113, 117).

Natrium-Salz $NaC_7H_7O_4S \cdot 0,5H_2O$ (E I 61). Krystalle [aus wss. Eg.] (*Sprung, Wallis*, Am. Soc. **56** [1934] 1715, 1719).

Eine wahrscheinlich als Glycin-Salz $C_2H_5NO_2 \cdot C_7H_8O_4S$ der 4-Hydroxy-toluol-sulfonsäure-(3) zu formulierende Verbindung (Krystalle [aus W.], F: 180—181° [korr.]; mit Eisen(III)-chlorid in wss. Lösung unter Blaufärbung reagierend) ist beim Erhitzen von Hippursäure mit *p*-Kresol und Schwefelsäure auf 120° erhalten worden (*Machek*, M. **65** [1935] 433, 440).

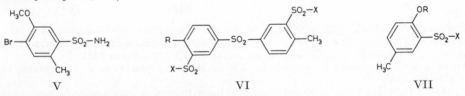

V   VI   VII

4-Methoxy-toluol-sulfonsäure-(3), *6-methoxy-m-toluenesulfonic acid* $C_8H_{10}O_4S$, Formel VII (R = CH_3, X = OH) (H 259).

B. Aus 4-Methyl-anisol beim Behandeln mit Schwefelsäure oder mit Chloroschwefelsäure (*Shah, Bhatt, Kanga*, Soc. **1933** 1375, 1380).

Krystalle (aus W.); F: 108° (*Pfeiffer et al.*, J. pr. [2] **126** [1930] 97, 124).

4-Hydroxy-toluol-sulfonsäure-(3)-methylester, *6-hydroxy-m-toluenesulfonic acid methyl ester* $C_8H_{10}O_4S$, Formel VII (R = H, X = OCH_3).

Eine Verbindung (Krystalle, F: 70°; Benzoyl-Derivat $C_{15}H_{14}O_5S$: F: 68°), der vermutlich diese Konstitution zukommt, ist neben anderen Verbindungen beim Erhitzen von *p*-Kresol mit Dimethylsulfat erhalten worden (*Frèrejacque*, A. ch. [10] **14** [1930] 147, 192).

4-Methoxy-toluol-sulfonsäure-(3)-methylester, *6-methoxy*-m-*toluenesulfonic acid methyl ester* $C_9H_{12}O_4S$, Formel VII (R = CH_3, X = OCH_3).

Eine Verbindung (Krystalle; F: 70°), der vermutlich diese Konstitution zukommt, ist neben anderen Verbindungen beim Erhitzen von *p*-Kresol mit Dimethylsulfat erhalten worden (*Simon, Frèrejacque*, C. r. **176** [1923] 900; *Frèrejacque*, A. ch. [10] **14** [1930] 147, 192).

4-Hydroxy-toluol-sulfonsäure-(3)-phenylester, *6-hydroxy*-m-*toluenesulfonic acid phenyl ester* $C_{13}H_{12}O_4S$, Formel VIII (X = H).

B. Beim Erhitzen von 4-Acetoxy-toluol-sulfonylchlorid-(3) mit Phenol und Pyridin und Behandeln des Reaktionsprodukts mit äthanol. Kalilauge (*Arndt, Martius*, A. **499** [1932] 228, 276). Beim Erwärmen von 4-Äthoxycarbonyloxy-toluol-sulfonylchlorid-(3) mit Phenol und Kaliumcarbonat in Aceton und Behandeln des Reaktionsprodukts mit äthanol. Natronlauge (*Tozer, Smiles*, Soc. **1938** 1897, 1899).

Krystalle; F: 57° (*To., Sm.*), 55° [aus PAe.] (*Ar., Ma.*).

Beim Behandeln mit Eisen(III)-chlorid in äthanol. Lösung tritt eine dunkelbraune Färbung auf (*Ar., Ma.*).

Natrium-Salz $NaC_{13}H_{11}O_4S$. F: 220—230° (*To., Sm.*).

4-Hydroxy-toluol-sulfonsäure-(3)-[2-nitro-phenylester], *6-hydroxy*-m-*toluenesulfonic acid o-nitrophenyl ester* $C_{13}H_{11}NO_6S$, Formel VIII (X = NO_2).

B. Beim Erhitzen von 4-Äthoxycarbonyloxy-toluol-sulfonylchlorid-(3) mit Kalium-[2-nitro-phenolat] und Behandeln des Reaktionsprodukts mit äthanol. Natronlauge (*Tozer, Smiles*, Soc. **1938** 1897, 1899).

Krystalle (aus wss. Eg.); F: 88°.

Beim Behandeln mit Eisen(III)-chlorid in äthanol. Lösung tritt eine grüngelbe Färbung auf.

4-[2-Nitro-phenoxy]-toluol-sulfonylchlorid-(3), *6-(o-nitrophenoxy)*-m-*toluenesulfonyl chloride* $C_{13}H_{10}ClNO_5S$, Formel IX (X = Cl).

B. Beim Erwärmen von 4-Hydroxy-toluol-sulfonsäure-(3)-[2-nitro-phenylester] mit äthanol. Natronlauge und Erhitzen des erhaltenen Natrium-Salzes der 4-[2-Nitro-phenᵒoxy]-toluol-sulfonsäure-(3) mit Phosphor(V)-chlorid auf 130° (*Tozer, Smiles*, Soc. **1938** 1897, 1899). Aus 4-[2-Nitro-phenoxy]-toluol-sulfinsäure-(3) beim Behandeln des Natriᵒum-Salzes mit wss. Natriumhypochlorit-Lösung (*To., Sm.*).

Hellgelbe Krystalle (aus Eg.); F: 132°.

4-Äthoxycarbonyloxy-toluol-sulfonylchlorid-(3), *6-(ethoxycarbonyloxy)*-m-*toluenesulfonyl chloride* $C_{10}H_{11}ClO_5S$, Formel VII (R = CO-OC_2H_5, X = Cl) (E I 61).

B. Aus 4-Äthoxycarbonyloxy-toluol-sulfonsäure-(3) und Phosphor(V)-chlorid (*Bennett, Leslie, Turner*, Soc. **1937** 444; vgl. E I 61).

Beim Erwärmen mit 4-Methyl-anisol und Aluminiumchlorid und Behandeln des Reaktionsprodukts mit äthanol. Natronlauge ist [6-Hydroxy-3-methyl-phenyl]-[6-methᵒoxy-3-methyl-phenyl]-sulfon erhalten worden (*Heppenstall, Smiles*, Soc. **1938** 899, 903).

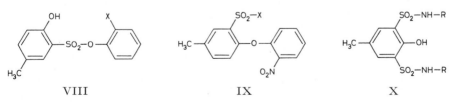

VIII   IX   X

4-Methoxy-toluolsulfonamid-(3), *6-methoxy*-m-*toluenesulfonamide* $C_8H_{11}NO_3S$, Formel VII (R = CH_3, X = NH_2) (H 259; E II 148).

B. Beim Behandeln von 4-Methyl-anisol mit Chloroschwefelsäure in Chloroform und Erwärmen des Reaktionsgemisches mit Ammoniumcarbonat (*Huntress, Carten*, Am. Soc. **62** [1940] 603).

Krystalle (aus wss. A.); F: 182° [unkorr.; Block].

4-Äthoxy-toluolsulfonamid-(3), *6-ethoxy*-m-*toluenesulfonamide* $C_9H_{13}NO_3S$, Formel VII
($R = C_2H_5$, $X = NH_2$) auf S. 528 (H 259).

B. Beim Behandeln von 4-Methyl-phenetol mit Chloroschwefelsäure in Chloroform
und Erwärmen des Reaktionsgemisches mit Ammoniumcarbonat (*Huntress, Carten*, Am.
Soc. **62** [1940] 603).

Krystalle (aus wss. A.); F: 138—138,5° [unkorr.; Block].

4-Propyloxy-toluolsulfonamid-(3), *6-propoxy*-m-*toluenesulfonamide* $C_{10}H_{15}NO_3S$, Formel
VII ($R = CH_2\text{-}CH_2\text{-}CH_3$, $X = NH_2$) auf S. 528 (H 260).

B. Beim Behandeln von 4-Propyloxy-toluol mit Chloroschwefelsäure in Chloroform
und Erwärmen des Reaktionsgemisches mit Ammoniumcarbonat (*Huntress, Carten*, Am.
Soc. **62** [1940] 603) [1]).

Krystalle (aus wss. A.); F: 126—127° [unkorr.; Block].

4-[2-Nitro-phenoxy]-toluolsulfonamid-(3), *6-*(o-*nitrophenoxy*)-m-*toluenesulfonamide*
$C_{13}H_{12}N_2O_5S$, Formel IX ($X = NH_2$).

B. Aus 4-[2-Nitro-phenoxy]-toluol-sulfonylchlorid-(3) (*Tozer, Smiles*, Soc. **1938** 2052,
2055).

Krystalle (aus A.); F: 159°.

Beim Erhitzen mit wss. Natronlauge ist 4-Hydroxy-*N*-[2-nitro-phenyl]-toluolsulfon=
amid-(3) erhalten worden.

4-[2-Nitro-phenoxy]-*N*-methyl-toluolsulfonamid-(3), N-*methyl-6-*(o-*nitrophenoxy*)-
m-*toluenesulfonamide* $C_{14}H_{14}N_2O_5S$, Formel IX ($X = NH\text{-}CH_3$).

B. Aus 4-[2-Nitro-phenoxy]-toluol-sulfonylchlorid-(3) (*Tozer, Smiles*, Soc. **1938** 2052,
2055).

Krystalle (aus A.); F: 145°.

4-Hydroxy-toluol-disulfonsäure-(3.5) $C_7H_8O_7S_2$.

4-Hydroxy-toluoldisulfonamid-(3.5), *2-hydroxy-5-methylbenzene-1,3-disulfonamide*
$C_7H_{10}N_2O_5S_2$, Formel X ($R = H$).

B. Aus 2.8-Dimethyl-dibenzo[1.5.2.6]dioxadithiocin-disulfonylfluorid-(4.10)-6.6.12.12-
tetraoxid bei 3-tägigem Behandeln mit flüssigem Ammoniak (*Steinkopf, Jaeger*, J. pr.
[2] **128** [1930] 63, 85).

Krystalle (aus W.); F: 219,5—220,5°.

**4-Hydroxy-*N.N'*-bis-[3-methyl-1-(carboxymethyl-carbamoyl)-butyl]-toluoldisulfon=
amid-(3.5)**, N,N'-*bis-{1-[(carboxymethyl)carbamoyl]-3-methylbutyl}-2-hydroxy-5-methyl=*
benzene-1,3-disulfonamide $C_{23}H_{36}N_4O_{11}S_2$, Formel X
($R = CH(CO\text{-}NH\text{-}CH_2\text{-}COOH)\text{-}CH_2\text{-}CH(CH_3)_2$).

Ein opt.-inakt. Präparat vom F: 140° (Krystalle) ist beim Behandeln einer Lösung
von 4-Hydroxy-toluol-disulfonylchlorid-(3.5) in Äther mit *N*-DL-Leucyl-glycin und
Natriumcarbonat in Wasser erhalten worden (*Abderhalden, Riesz*, Fermentf. **12** [1931]
180, 193).

α-Hydroxy-toluol-sulfonsäure-(2) $C_7H_8O_4S$.

α-Butyloxy-toluol-sulfonsäure-(2), α-*butoxy*-o-*toluenesulfonic acid* $C_{11}H_{16}O_4S$, Formel XI
($R = [CH_2]_3\text{-}CH_3$, $X = OH$).

B. Aus α-Hydroxy-toluol-sulfonsäure-(2)-lacton beim Erhitzen mit Natriumbutylat
in Butanol-(1) (*Helberger*, D.R.P. 743570 [1940]; D.R.P. Org. Chem. **2** 185).

Natrium-Salz. In Wasser leicht löslich.

α-Benzyloxy-toluol-sulfonsäure-(2), α-(*benzyloxy*)-o-*toluenesulfonic acid* $C_{14}H_{14}O_4S$,
Formel XI ($R = CH_2\text{-}C_6H_5$, $X = OH$).

B. Analog der im vorangehenden Artikel beschriebenen Verbindung (*Helberger*, D.R.P.
743570 [1940]; D.R.P. Org. Chem. **2** 185).

Natrium-Salz. In Wasser leicht löslich.

α-Lauroyloxy-toluol-sulfonsäure-(2), α-(*lauroyloxy*)-o-*toluenesulfonic acid* $C_{19}H_{30}O_5S$,
Formel XI ($R = CO\text{-}[CH_2]_{10}\text{-}CH_3$, $X = OH$).

B. Aus α-Hydroxy-toluol-sulfonsäure-(2)-lacton beim Erhitzen mit Natriumlaurat auf

---

[1]) Im Original ist die Verbindung irrtümlich als 3-Propyloxy-toluolsulfonamid-(4)
formuliert.

135° (*Helberger, Manecke, Heyden*, A. **565** [1949] 22, 35).

Natrium-Salz NaC$_{19}$H$_{29}$O$_5$S. Krystalle (aus A.). In Wasser und Benzol leicht löslich, in Äther schwer löslich.

α-Stearoyloxy-toluol-sulfonsäure-(2), α-*(stearoyloxy)-o-toluenesulfonic acid* C$_{25}$H$_{42}$O$_5$S, Formel XI (R = CO-[CH$_2$]$_{16}$-CH$_3$, X = OH).

B. Aus α-Hydroxy-toluol-sulfonsäure-(2)-lacton beim Erhitzen mit Natriumstearat in Toluol (*Helberger, Manecke, Heyden*, A. **565** [1949] 22, 35).

Natrium-Salz. Krystalle (aus Me.). In Wasser und Benzol löslich, in Äther schwer löslich.

α-Phenylacetoxy-toluol-sulfonsäure-(2), α-*(phenylacetoxy)-o-toluenesulfonic acid* C$_{15}$H$_{14}$O$_5$S, Formel XI (R = CO-CH$_2$-C$_6$H$_5$, X = OH).

B. Aus α-Hydroxy-toluol-sulfonsäure-(2)-lacton beim Erhitzen mit Natrium-phenylacetat auf 135° (*Helberger, Manecke, Heyden*, A. **565** [1949] 22, 34).

Natrium-Salz. Krystalle. In Wasser leicht löslich.

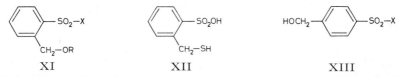

       XI   XII   XIII

α-Hydroxy-toluol-sulfonylfluorid-(2), α-*hydroxy-o-toluenesulfonyl fluoride* C$_7$H$_7$FO$_3$S, Formel XI (R = H, X = F).

Ein nicht einheitliches Präparat (Kp$_1$: 128—130°) ist neben α-Hydroxy-toluol-sulfonsäure-(2)-lacton beim Erhitzen von α-Jod-toluol-sulfonylfluorid-(2) mit Silberoxid in wss. Äthanol erhalten worden (*Davies, Dick*, Soc. **1932** 2042, 2045).

α-Mercapto-toluol-sulfonsäure-(2), α-*mercapto-o-toluenesulfonic acid* C$_7$H$_8$O$_3$S$_2$, Formel XII.

B. Aus α-Hydroxy-toluol-sulfonsäure-(2)-lacton beim Erhitzen mit Natriumhydrogensulfid auf 125° (*Helberger, Manecke, Heyden*, A. **565** [1949] 22, 35).

Natrium-Salz NaC$_7$H$_7$O$_3$S$_2$. Krystalle (aus W. + A.). In Wasser leicht löslich.

α-Hydroxy-toluol-sulfonsäure-(4) C$_7$H$_8$O$_4$S.

α-Hydroxy-toluol-sulfonylfluorid-(4), α-*hydroxy*-p-*toluenesulfonyl fluoride* C$_7$H$_7$FO$_3$S, Formel XIII (X = F).

B. Aus α-Jod-toluol-sulfonylfluorid-(4) beim Erhitzen mit Silberoxid in wss. Äthanol (*Davies, Dick*, Soc. **1932** 2042, 2045).

Kp$_1$: 157—160°.

α-Hydroxy-N.N-dimethyl-toluolsulfonamid-(4), α-*hydroxy-N,N-dimethyl*-p-*toluenesulfonamide* C$_9$H$_{13}$NO$_3$S, Formel XIII (X = N(CH$_3$)$_2$).

B. Neben 4-Dimethylsulfamoyl-benzoesäure beim Erwärmen von α-Oxo-N.N-dimethyl-toluolsulfonamid-(4) mit wss. Kalilauge (*Koetschet, Koetschet, Viaud*, Helv. **13** [1930] 587, 604).

Krystalle (aus Bzl. + Bzn.); F: 83—84°. In Wasser und Äther leicht löslich.

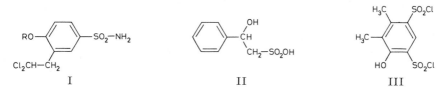

       I   II   III

6-Hydroxy-1-äthyl-benzol-sulfonsäure-(3) C$_8$H$_{10}$O$_4$S.

6-Hydroxy-1-[2.2-dichlor-äthyl]-benzolsulfonamid-(3), 3-*(2,2-dichloroethyl)-4-hydroxybenzenesulfonamide* C$_8$H$_9$Cl$_2$NO$_3$S, Formel I (R = H).

Eine unter dieser Konstitution beschriebene Verbindung (Krystalle [aus W.]; F: 181—184°), für die aber auch die Formulierung als 6-Hydroxy-1-[2.2-dichlor-vinyl]-benzolsulfonamid-(3) (C$_8$H$_7$Cl$_2$NO$_3$S) in Betracht kommt (vgl. diesbezüglich

Dharwarkar, Alimchandani, J. Univ. Bombay **9**, Tl. 3 [1940] 163), ist aus 2.4-Bis-tri=chlormethyl-benzo[1.3]dioxansulfonamid-(6) beim Behandeln mit Zink und Essigsäure erhalten und mit Hilfe von Acetanhydrid in das Acetyl-Derivat (6-Acetoxy-1-[2.2-di=chlor-äthyl]-benzolsulfonamid-(3) $C_{10}H_{11}Cl_2NO_4S$ oder 6-Acetoxy-1-[2.2-di=chlor-vinyl]-benzolsulfonamid-(3) $C_{10}H_9Cl_2NO_4S$; Krystalle [aus A.], F: 140°) übergeführt worden (*Meldrum, Tata,* J. Univ. Bombay **6**, Tl. 2 [1937] 120).

(±)-1-Hydroxy-1-phenyl-äthan-sulfonsäure-(2), *(±)-2-hydroxy-2-phenylethanesulfonic acid* $C_8H_{10}O_4S$, Formel II.

B. Beim Behandeln von Styrol mit Chloroschwefelsäure in Äther und Behandeln des Reaktionsgemisches mit Wasser (*I.G. Farbenind.,* D.R.P. 615795 [1933]; Frdl. **22** 234). Als Hauptprodukt neben 1-Phenyl-äthan-sulfonsäure-(2) und *trans*-Styrol-sulfon=säure-(β) beim Behandeln von Styrol mit wss. Alkalihydrogensulfit-Lösung in Gegen=wart von Luft oder Sauerstoff (*Kharasch, Schenck, Mayo,* Am. Soc. **61** [1939] 3092, 3093; *Kharasch, May, Mayo,* J. org. Chem. **3** [1938] 175, 178, 187). Neben 1-Phenyl-äthan-sulfonsäure-(2) beim Behandeln von Styrol mit wss. Alkalihydrogensulfit-Lösung in Gegenwart von Natriumnitrit oder Ammoniumperoxodisulfat (*Kh., Sch., Mayo,* l. c. S. 3093). Neben *trans*-Styrol-sulfonsäure-(β) und geringen Mengen 4.6-Diphenyl-[1.2]oxathian-2.2-dioxid (F: 152—153°) beim Behandeln von Styrol mit dem Dioxan-Schwefeltrioxid-Addukt in 1.2-Dichlor-äthan und Behandeln des Reaktionsgemisches mit Wasser (*Bordwell, Rondestvedt,* Am. Soc. **70** [1948] 2429, 2432; s. a. *Rondestvedt, Bordwell,* Org. Synth. Coll. Vol. IV [1963] 846, 850). Neben 1-Phenyl-äthan-sulfonsäu=re-(2) und 1-Phenyl-äthandiol-(1.2) beim Behandeln von Styrol mit Brom und Natrium=bromid in Wasser und Erwärmen des Reaktionsgemisches mit Natriumsulfit (*Suter, Milne,* Am. Soc. **65** [1943] 582).

Überführung in (±)-1-Acetoxy-1-phenyl-äthan-sulfonsäure-(2) $C_{10}H_{12}O_5S$ mit Hilfe von Acetanhydrid: *Su., Mi.*

Natrium-Salz $NaC_8H_9O_4S$. Krystalle [aus wss. A.] (*Bo., Ro.; Ro., Bo.; Su., Mi.*). S-[4-Chlor-benzyl]-isothiuronium-Salz. Krystalle; F: 182—183° (*Su., Mi.*), 179—180° (*Bo., Ro.*).

6-Hydroxy-*o*-xylol-disulfonsäure-(3.5) $C_8H_{10}O_7S_2$.

6-Hydroxy-*o*-xylol-disulfonylchlorid-(3.5), *4-hydroxy-5,6-dimethylbenzene-1,3-disulfonyl dichloride* $C_8H_8Cl_2O_5S_2$, Formel III.

B. Neben 3.4.9.10-Tetramethyl-dibenzo[1.5.2.6]dioxadithiocin-disulfonylchlorid-(2.8)-6.6.12.12-tetraoxid beim Behandeln von 2.3-Dimethyl-phenol mit Chloroschwefelsäure (*Katscher,* M. **56** [1930] 381, 384).

Krystalle (aus PAe.); F: 104—105°.

Charakterisierung durch Überführung in 6-Hydroxy-*o*-xylol-disulfonsäure-(3.5)-di=anilid (F: 232°): *Ka.*

4-Hydroxy-*o*-xylol-disulfonsäure-(3.6) $C_8H_{10}O_7S_2$.

4-Hydroxy-*o*-xylol-disulfonylchlorid-(3.6), *5-hydroxy-2,3-dimethylbenzene-1,4-disulfonyl dichloride* $C_8H_8Cl_2O_5S_2$, Formel IV.

B. Aus 3.4-Dimethyl-phenol und Chloroschwefelsäure (*Katscher,* M. **56** [1930] 381, 386). Krystalle (aus Bzn.); F: 72°.

Charakterisierung durch Überführung in 4-Hydroxy-*o*-xylol-disulfonsäure-(3.6)-di=anilid (F: 160°): *Ka.*

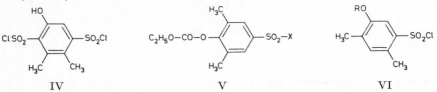

IV   V   VI

2-Hydroxy-*m*-xylol-sulfonsäure-(5) $C_8H_{10}O_4S$.

2-Äthoxycarbonyloxy-*m*-xylol-sulfonsäure-(5), *4-(ethoxycarbonyloxy)-3,5-xylenesulfonic acid* $C_{11}H_{14}O_6S$, Formel V (X = OH).

B. Beim Erhitzen von 2.6-Dimethyl-phenol mit Schwefelsäure und Behandeln des erhaltenen Natrium-Salzes der 2-Hydroxy-*m*-xylol-sulfonsäure-(5) mit wss. Natronlauge und Chlorameisensäure-äthylester (*Karrer, Leiser*, Helv. **27** [1944] 678, 680).

Natrium-Salz $NaC_{11}H_{13}O_6S$. Krystalle (aus wss. A.).

2-Äthoxycarbonyloxy-*m*-xylol-sulfonylchlorid-(5), *4-(ethoxycarbonyloxy)-3,5-xylene= sulfonyl chloride* $C_{11}H_{13}ClO_5S$, Formel V (X = Cl).

B. Aus 2-Äthoxycarbonyloxy-*m*-xylol-sulfonsäure-(5) beim Erwärmen des Natrium-Salzes mit Phosphor(V)-chlorid (*Karrer, Leiser*, Helv. **27** [1944] 678, 681).

Krystalle (aus Bzl. + Bzn.); F: 127°.

6-Hydroxy-*m*-xylol-sulfonsäure-(4) $C_8H_{10}O_4S$.

6-Hydroxy-*m*-xylol-sulfonylchlorid-(4), *5-hydroxy-2,4-xylenesulfonyl chloride* $C_8H_9ClO_3S$, Formel VI (R = H).

Konstitution: *Wessely, Swoboda, Schmidt*, M. **91** [1960] 57, 62.

B. Neben geringen Mengen einer Verbindung $C_{16}H_{16}O_6S_2$ (Krystalle [aus Nitrobenzol]; Zers. oberhalb 300°) beim Behandeln von 2.4-Dimethyl-phenol mit Chloroschwefelsäure (*Katscher*, M. **56** [1930] 381, 389; *Katscher, Lehr*, M. **64** [1934] 236, 244).

Krystalle (aus PAe.); F: 93–95° (*Ka.*, l. c. S. 390).

Beim Erwärmen mit wss. Kalilauge, beim Einleiten von Ammoniak in eine äther. Lösung sowie beim Behandeln einer Lösung in Aceton mit wss. Natriumacetat-Lösung erfolgt Umwandlung in die erwähnte Verbindung $C_{16}H_{16}O_6S_2$ (*Ka., Lehr*).

Charakterisierung durch Überführung in 6-Hydroxy-*m*-xylol-sulfonsäure-(4)-anilid (F: 142–143°): *Ka., Lehr*, l. c. S. 242.

6-Acetoxy-*m*-xylol-sulfonylchlorid-(4), *5-acetoxy-2,4-xylenesulfonyl chloride* $C_{10}H_{11}ClO_4S$, Formel VI (R = CO-CH₃).

B. Aus 6-Hydroxy-*m*-xylol-sulfonylchlorid-(4) beim Erhitzen mit Acetanhydrid (*Katscher, Lehr*, M. **64** [1934] 236, 243).

Krystalle (aus PAe.); F: 62°.

Charakterisierung durch Überführung in 6-Acetoxy-*m*-xylol-sulfonsäure-(4)-anilid (F: 105°): *Ka., Lehr*.

6-Hydroxy-*m*-xylol-sulfonsäure-(α), **[6-Hydroxy-3-methyl-phenyl]-methansulfonsäure**, *(6-hydroxy-*m*-tolyl)methanesulfonic acid* $C_8H_{10}O_4S$, Formel VII.

B. Beim Erhitzen von *p*-Kresol mit wss. Formaldehyd und Natriumsulfit (*Shearing, Smiles*, Soc. **1937** 1348, 1351; *Suter, Bair, Bordwell*, J. org. Chem. **10** [1945] 470, 471). Aus 6-Hydroxy-3-methyl-benzylalkohol beim Erhitzen mit Natriumhydrogensulfit in Wasser (*Sh., Sm.*).

Natrium-Salz. In heissem Äthanol löslich (*Sh., Sm.*).

5-Hydroxy-*m*-xylol-sulfonsäure-(4), *6-hydroxy-2,4-xylenesulfonic acid* $C_8H_{10}O_4S$, Formel VIII (X = H) (E I 62; E II 151).

B. Aus 3.5-Dimethyl-phenol beim Behandeln mit Schwefelsäure oder Chloroschwefel= säure (*Rowe et al.*, J. Soc. chem. Ind. **49** [1930] 469 T, 470 T; vgl. E I 62).

Der E I 62 angegebene Schmelzpunkt (F: 102–103°) bezieht sich auf ein nicht identi= fiziertes Nebenprodukt.

Natrium-Salz. Krystalle (aus W.).

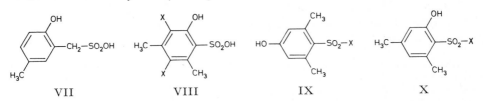

VII   VIII   IX   X

2.6-Dinitro-5-hydroxy-*m*-xylol-sulfonsäure-(4), *6-hydroxy-3,5-dinitro-2,4-xylenesulfonic acid* $C_8H_8N_2O_8S$, Formel VIII (X = NO₂) (vgl. H 264).

B. Neben geringen Mengen 2.4-Dinitro-3.5-dimethyl-phenol und 2.4.6-Trinitro-3.5-di= methyl-phenol beim Erwärmen von 5-Hydroxy-*m*-xylol-sulfonsäure-(4) mit Salpetersäure und Schwefelsäure (*Rowe et al.*, J. Soc. chem. Ind. **49** [1930] 469 T, 471 T).

Als Natrium-Salz isoliert.

5-Hydroxy-*m*-xylol-sulfonsäure-(2) C$_8$H$_{10}$O$_4$S und **5-Hydroxy-*m*-xylol-sulfonsäure-(4)** C$_8$H$_{10}$O$_4$S.

5-Hydroxy-*m*-xylol-sulfonylfluorid-(2), *4-hydroxy-2,6-xylenesulfonyl fluoride* C$_8$H$_9$FO$_3$S, Formel IX (X = F), und **5-Hydroxy-*m*-xylol-sulfonylfluorid-(4)**, *6-hydroxy-2,4-xylene=sulfonyl fluoride* C$_8$H$_9$FO$_3$S, Formel X (X = F).

Eine Verbindung (Krystalle [aus Bzn.]; F: 107—108°), für die diese Konstitutions-formeln in Betracht kommen, ist beim Behandeln von 3.5-Dimethyl-phenol mit wss. Fluoroschwefelsäure erhalten worden (*Steinkopf, Jaeger*, J. pr. [2] **128** [1930] 63, 86).

5-Hydroxy-*m*-xylolsulfonamid-(2), *4-hydroxy-2,6-xylenesulfonamide* C$_8$H$_{11}$NO$_3$S, Formel IX (X = NH$_2$), und **5-Hydroxy-*m*-xylolsulfonamid-(4)**, *6-hydroxy-2,4-xylenesulfonamide* C$_8$H$_{11}$NO$_3$S, Formel X (X = NH$_2$).

Eine Verbindung (Krystalle [aus W.]; F: 161—162°), für die diese Konstitutions-formeln in Betracht kommen, ist beim Behandeln des im vorangehenden Artikel be-schriebenen Säurefluorids mit flüssigem Ammoniak erhalten worden (*Steinkopf, Jaeger*, J. pr. [2] **128** [1930] 63, 86).

4.6-Dichlor-5-hydroxy-*m*-xylol-sulfonsäure-(2), *3,5-dichloro-4-hydroxy-2,6-xylenesulfonic acid* C$_8$H$_8$Cl$_2$O$_4$S, Formel XI, und **2.6-Dichlor-5-hydroxy-*m*-xylol-sulfonsäure-(4)**, *3,5-dichloro-6-hydroxy-2,4-xylenesulfonic acid* C$_8$H$_8$Cl$_2$O$_4$S, Formel XII.

Eine als Kalium-Salz KC$_8$H$_7$Cl$_2$O$_4$S (Krystalle [aus Eg.]; Zers. > 300°) isolierte Säure, für die diese Formeln in Betracht kommen, ist neben 2.4.6-Trichlor-3.5-di=methyl-phenol beim Behandeln von 5-Hydroxy-*m*-xylol-disulfonylchlorid-(2.4) mit wss. Kalilauge und Behandeln des Reaktionsgemisches mit wss. Salzsäure und wss. Wasser=stoffperoxid erhalten worden (*Katscher, Lehr*, M. **64** [1934] 236, 240).

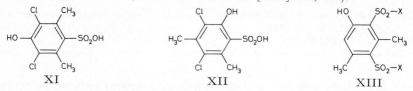

| XI | XII | XIII |

5-Hydroxy-*m*-xylol-disulfonsäure-(2.4) C$_8$H$_{10}$O$_7$S$_2$.

5-Hydroxy-*m*-xylol-disulfonylchlorid-(2.4), *6-hydroxy-2,4-dimethylbenzene-1,3-disulfonyl dichloride* C$_8$H$_8$Cl$_2$O$_5$S$_2$, Formel XIII (X = Cl).

B. Neben 5-Hydroxy-*m*-xylol-disulfonylchlorid-(4.6) beim Behandeln von 3.5-Dimethyl-phenol mit Chloroschwefelsäure (*Katscher*, M. **56** [1930] 381, 388; *Katscher, Lehr*, M. **64** [1934] 236).

Krystalle (aus PAe.); F: 117—119° (*Ka.*).

Charakterisierung durch Überführung in 5-Hydroxy-*m*-xylol-disulfonsäure-(2.4)-di=anilid (F: 205—207°): *Ka.*; *Ka., Lehr*.

5-Hydroxy-*m*-xyloldisulfonamid-(2.4), *6-hydroxy-2,4-dimethylbenzene-1,3-disulfonamide* C$_8$H$_{12}$N$_2$O$_5$S$_2$, Formel XIII (X = NH$_2$).

B. Beim Einleiten von Ammoniak in eine äther. Lösung von 5-Hydroxy-*m*-xylol-disulfonylchlorid-(2.4) (*Katscher, Lehr*, M. **64** [1934] 236, 238).

Krystalle (aus W.); F: 206—208°.

5-Hydroxy-*m*-xylol-disulfonsäure-(4.6) C$_8$H$_{10}$O$_7$S$_2$.

5-Hydroxy-*m*-xylol-disulfonylchlorid-(4.6), *2-hydroxy-4,6-dimethylbenzene-1,3-disulfonyl dichloride* C$_8$H$_8$Cl$_2$O$_5$S$_2$, Formel I.

B. Aus 3.5-Dimethyl-phenol beim Behandeln mit Chloroschwefelsäure und Schwefel=trioxid (*Katscher*, M. **56** [1930] 381, 388).

Krystalle (aus PAe.); F: 89—91° [nicht rein erhalten].

Charakterisierung durch Überführung in 5-Hydroxy-*m*-xylol-disulfonsäure-(4.6)-di=anilid (F: 160—161°): *Ka.*

6-Hydroxy-*p*-xylol-sulfonsäure-(2) C$_8$H$_{10}$O$_4$S.

Bis-[3-chlorsulfonyl-2.5-dimethyl-phenyl]-sulfon, 6.6′-Sulfonyl-bis-*p*-xylolsulfonyl=chlorid-(2), *3,3′-sulfonylbis-2,5-xylenesulfonyl chloride* C$_{16}$H$_{16}$Cl$_2$O$_6$S$_3$, Formel II (X = Cl).

B. Aus Bis-[2.5-dimethyl-phenyl]-sulfon beim Erhitzen mit Chloroschwefelsäure bis auf 160° (*Pollak et al.*, M. **55** [1930] 358, 369).

Gelbliche Krystalle (aus Bzn.); F: 190°.

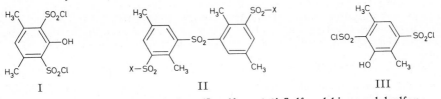

       I   II   III

Bis-[3-aminosulfonyl-2.5-dimethyl-phenyl]-sulfon, **6.6′-Sulfonyl-bis-*p*-xylolsulfon=
amid-(2)**, *3,3′-sulfonylbis-2,5-xylenesulfonamide* $C_{16}H_{20}N_2O_6S_3$, Formel II (X = NH₂).

B. Aus Bis-[3-chlorsulfonyl-2.5-dimethyl-phenyl]-sulfon beim Erwärmen mit wss.
Ammoniak und Ammoniumcarbonat (*Pollak et al.*, M. **55** [1930] 358, 370).

Krystalle (aus A.), die unterhalb 325° nicht schmelzen.

3-Hydroxy-*p*-xylol-disulfonsäure-(2.5) $C_8H_{10}O_7S_2$.

3-Hydroxy-*p*-xylol-disulfonylchlorid-(2.5), *3-hydroxy-2,5-dimethylbenzene-1,4-disulfonyl
dichloride* $C_8H_8Cl_2O_5S_2$, Formel III.

B. Aus 2.5-Dimethyl-phenol und Chloroschwefelsäure (*Katscher*, M. **56** [1930] 381, 387).

Krystalle (aus Bzn.); F: 58°.

Charakterisierung durch Überführung in 3-Hydroxy-*p*-xylol-disulfonsäure-(2.5)-di=
anilid (F:173°): *Ka.*

4-Hydroxy-1-propyl-benzol-sulfonsäure-(3), *2-hydroxy-5-propylbenzenesulfonic acid*
$C_9H_{12}O_4S$, Formel IV.

B. Beim Erwärmen von 4-Propyl-phenol mit Schwefelsäure (*Suter, Moffett*, Am. Soc.
54 [1932] 2983).

Charakterisierung als *p*-Toluidin-Salz (F: 141—143°): *Su., Mo.*

Natrium-Salz $NaC_9H_{11}O_4S$. Krystalle (aus W.). In 100 ml Wasser lösen sich bei
26° 1,5—1,6 g.

1-Hydroxy-1-phenyl-propan-sulfonsäure-(2), *1-hydroxy-1-phenylpropane-2-sulfonic acid*
$C_9H_{12}O_4S$.

Ein über das Natrium-Salz $NaC_9H_{11}O_4S$ (Krystalle [aus A.]) isoliertes, als
S-[4-Chlor-benzyl]-isothiuronium-Salz (Krystalle [aus wss. A.]; F: 184—185°
[unkorr.]) charakterisiertes opt.-inakt. Präparat, in dem vermutlich **(1*RS*:2*RS*)-
1-Hydroxy-1-phenyl-propan-sulfonsäure-(2)** (Formel V + Spiegelbild) vorgelegen hat,
ist beim Erwärmen von (1*RS*:2*RS*)-2-Brom-1-phenyl-propanol-(1) mit wss. Natri=
umsulfit-Lösung erhalten worden (*Suter, Truce*, Am. Soc. **66** [1944] 1105, 1108).

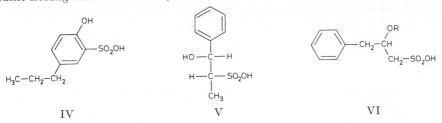

         IV   V   VI

(±)-2-Hydroxy-1-phenyl-propan-sulfonsäure-(3), *(±)-2-hydroxy-3-phenylpropane-1-sulf=
onic acid* $C_9H_{12}O_4S$, Formel VI (R = H).

B. Neben 1-Phenyl-propen-(1)-sulfonsäure-(3) (*S*-[4-Chlor-benzyl]-isothiuronium-Salz:
F: 196—198°) beim Behandeln von Allylbenzol mit dem Dioxan-Schwefeltrioxid-
Addukt in 1.2-Dichlor-äthan (*Suter, Truce*, Am. Soc. **66** [1944] 1105, 1107). Beim Er=
wärmen von Allylbenzol mit Brom und Kaliumbromid in Wasser und 2-tägigen Erhitzen
des Reaktionsprodukts mit Natriumsulfit in Wasser (*Su., Tr.*).

Natrium-Salz $NaC_9H_{11}O_4S$. Krystalle (aus W.).

Barium-Salz $Ba(C_9H_{11}O_4S)_2$. Krystalle.

S-[4-Chlor-benzyl]-isothiuronium-Salz $[C_8H_{10}ClN_2S]C_9H_{11}O_4S$. Krystalle (aus
W.); F: 156—158° [unkorr.].

(±)-2-Acetoxy-1-phenyl-propan-sulfonsäure-(3), *(±)-2-acetoxy-3-phenylpropane-1-sulfonic acid* $C_{11}H_{14}O_5S$, Formel VI (R = CO-CH₃).

B. Aus (±)-2-Hydroxy-1-phenyl-propan-sulfonsäure-(3) beim Erhitzen des Natrium-Salzes mit Acetanhydrid (*Suter, Truce*, Am. Soc. **66** [1944] 1105, 1107).

Beim Erhitzen des Natrium-Salzes bis auf 215° ist 1-Phenyl-propen-(1)-sulfonsäure-(3) (*S*-[4-Chlor-benzyl]-isothiuronium-Salz: F: 196—198°) erhalten worden (*Su., Tr.*, l. c. S. 1108).

Natrium-Salz $NaC_{11}H_{13}O_5S$. Krystalle (aus A. + Ae.); F: 171—174° [unkorr.].

2-Hydroxy-2-phenyl-propan-disulfonsäure-(1.3), *2-hydroxy-2-phenylpropane-1,3-disulfonic acid* $C_9H_{12}O_7S_2$, Formel VII.

B. Aus 1.3-Dichlor-2-hydroxy-2-phenyl-propan bei 60-stdg. Erwärmen mit Natrium=sulfit in Wasser (*Suter, Truce*, Am. Soc. **66** [1944] 1105, 1107).

Beim Erhitzen des Natrium-Salzes mit Acetanhydrid oder mit einem Gemisch von Phosphor(V)-chlorid und Phosphoroxychlorid ist 2-Phenyl-propen-disulfonsäure-(1.3) (*S*-[4-Chlor-benzyl]-isothiuronium-Salz: F: 215—217°) erhalten worden.

Dinatrium-Salz $Na_2C_9H_{10}O_7S_2$. Krystalle (aus wss. A.).

S-[4-Chlor-benzyl]-isothiuronium-Salz $[C_8H_{10}ClN_2S]_2C_9H_{10}O_7S_2$. F: 164—166°.

3-Hydroxy-1.2.4-trimethyl-benzol-sulfonsäure-(6) $C_9H_{12}O_4S$.

3-Äthoxycarbonyloxy-1.2.4-trimethyl-benzol-sulfonsäure-(6), *4-(ethoxycarbonyloxy)-2,3,5-trimethylbenzenesulfonic acid* $C_{12}H_{16}O_6S$, Formel VIII (X = OH).

B. Beim Erhitzen von 2.3.6-Trimethyl-phenol mit Schwefelsäure und Behandeln der erhaltenen 3-Hydroxy-1.2.4-trimethyl-benzol-sulfonsäure-(6) mit wss. Natronlauge und Chlorameisensäure-äthylester (*Karrer, Leiser*, Helv. **27** [1944] 678, 683).

Natrium-Salz $NaC_{12}H_{15}O_6S \cdot H_2O$. Krystalle (aus wss. A.).

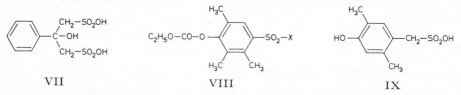

VII   VIII   IX

3-Äthoxycarbonyloxy-1.2.4-trimethyl-benzol-sulfonylchlorid-(6), *4-(ethoxycarbonyloxy)-2,3,5-trimethylbenzenesulfonyl chloride* $C_{12}H_{15}ClO_5S$, Formel VIII (X = Cl).

B. Aus 3-Äthoxycarbonyloxy-1.2.4-trimethyl-benzol-sulfonsäure-(6) beim Erwärmen des Natrium-Salzes mit Phosphor(V)-chlorid (*Karrer, Leiser*, Helv. **27** [1944] 678, 684).

Krystalle (aus Bzl. + PAe.); F: 81°.

[4-Hydroxy-2.5-dimethyl-phenyl]-methansulfonsäure, *(4-hydroxy-2,5-xylyl)methane=sulfonic acid* $C_9H_{12}O_4S$, Formel IX.

B. Aus 4-Hydroxy-2.5-dimethyl-benzylalkohol beim Erhitzen mit Natriumhydrogen=sulfit in Wasser (*Shearing, Smiles*, Soc. **1937** 1348, 1351).

Natrium-Salz. Krystalle. In warmem Äthanol löslich.

Barium-Salz $Ba(C_9H_{11}O_4S)_2$. Krystalle (aus W.).

2-Hydroxy-mesitylen-sulfonsäure-(α), **[2-Hydroxy-3.5-dimethyl-phenyl]-methansulfon=säure**, *(2-hydroxy-3,5-xylyl)methanesulfonic acid* $C_9H_{12}O_4S$, Formel X.

B. Beim Erhitzen von 2.4-Dimethyl-phenol mit wss. Formaldehyd und Natriumsulfit sowie beim Erhitzen von 2-Hydroxy-3.5-dimethyl-benzylalkohol mit Natriumhydrogen=sulfit in Wasser (*Shearing, Smiles*, Soc. **1937** 1348, 1351).

Charakterisierung durch Überführung in [2-Hydroxy-3.5-dimethyl-phenyl]-methan=sulfonsäure-lacton (F: 92,5°): *Sh., Sm.*

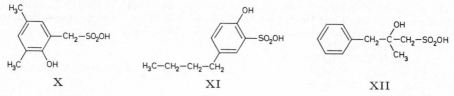

X   XI   XII

4-Hydroxy-1-butyl-benzol-sulfonsäure-(3), *5-butyl-2-hydroxybenzenesulfonic acid*
$C_{10}H_{14}O_4S$, Formel XI.

B. Beim Erwärmen von 4-Butyl-phenol mit Schwefelsäure (*Suter, Moffett*, Am. Soc.
54 [1932] 2983).

Charakterisierung als *p*-Toluidin-Salz (F: 149—150°): *Su., Mo.*

Natrium-Salz $NaC_{10}H_{13}O_4S$. Krystalle (aus W.). In 100 ml Wasser löst sich bei
26° 1,0 g.

(±)-2-Hydroxy-2-methyl-1-phenyl-propan-sulfonsäure-(3), (±)-*2-hydroxy-2-methyl-*
3-phenylpropane-1-sulfonic acid $C_{10}H_{14}O_4S$, Formel XII.

B. Beim Behandeln von 2-Benzyl-propen-(1) mit Brom und Kaliumbromid in Wasser
und Erwärmen des erhaltenen 1-Brom-2-benzyl-propanols-(2) mit alkal. wss.
Natriumsulfit-Lösung (*Bordwell, Suter, Webber*, Am. Soc. **67** [1945] 827, 832).

Charakterisierung als *p*-Toluidin-Salz (F: 148—149°): *Bo., Su., We.*

Natrium-Salz. In Wasser leicht löslich, in Äthanol schwer löslich.

S-Benzyl-isothiuronium-Salz $[C_8H_{11}N_2S]C_{10}H_{13}O_4S$. Krystalle (aus W.); F: 132,5°
bis 133°.

6-Hydroxy-*p*-cymol-sulfonsäure-(3), *4-hydroxy-2-isopropyl-5-methylbenzenesulfonic acid*
$C_{10}H_{14}O_4S$, Formel I (H 266; E II 151; dort auch als Carvacrol-sulfonsäure-(4) bezeichnet).

B. Aus 6-Chlor-*p*-cymol-sulfonsäure-(3) oder aus 6-Brom-*p*-cymol-sulfonsäure-(3) beim
Erhitzen mit wss. Natronlauge oder mit wss. Calciumhydroxid unter Zusatz von Kupfer-
Pulver bis auf 250° bzw. 200° (*Chem. Fabr. v. Heyden*, D.R.P. 545582 [1928]; Frdl.
19 719).

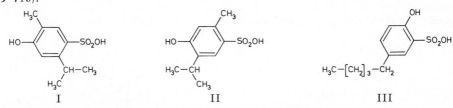

I   II   III

5-Hydroxy-*p*-cymol-sulfonsäure-(2), *4-hydroxy-5-isopropyl-2-methylbenzenesulfonic acid*
$C_{10}H_{14}O_4S$, Formel II (H 267; E II 151; dort auch als Thymol-sulfonsäure-(4) bezeichnet).

Tris-[2-hydroxy-äthyl]-amin-Salz. Krystalle (aus A.); F: 128—135° (*Schering
A.G.*, D.R.P. 672857 [1935]; Frdl. **25** 498).

S-Benzyl-isothiuronium-Salz $[C_8H_{11}N_2S]C_{10}H_{13}O_4S \cdot H_2O$. Krystalle (aus wss. A.);
F: 212,4° [korr.] (*Chambers, Watt*, J. org. Chem. **6** [1941] 376, 378).

(±)-3-Diäthylamino-1-phenylacetoxy-propanol-(2)-Salz. F: 133° (*Merrell
Co.*, U.S.P. 2379381 [1941]).

(±)-3-Diäthylamino-1.2-bis-phenylacetoxy-propan-Salz. F: 59° (*Merrell
Co.*).

4-Hydroxy-1-pentyl-benzol-sulfonsäure-(3), *2-hydroxy-5-pentylbenzenesulfonic acid*
$C_{11}H_{16}O_4S$, Formel III.

B. Beim Erwärmen von 4-Pentyl-phenol mit Schwefelsäure (*Suter, Moffett*, Am. Soc.
54 [1932] 2983).

Charakterisierung als *p*-Toluidin-Salz (F: 147—149°): *Su., Mo.*

Natrium-Salz $NaC_{11}H_{15}O_4S$. Krystalle (aus W.). In 100 ml Wasser lösen sich bei
26° 1,3 g.

4-Hydroxy-1-hexyl-benzol-sulfonsäure-(3), *2-hydroxy-5-hexylbenzenesulfonic acid*
$C_{12}H_{18}O_4S$, Formel IV.

B. Beim Erwärmen von 4-Hexyl-phenol mit Schwefelsäure (*Suter, Moffett*, Am. Soc.
54 [1932] 2983).

Charakterisierung als *p*-Toluidin-Salz (F: 139—140°): *Su., Mo.*

Natrium-Salz $NaC_{12}H_{17}O_4S$. Krystalle (aus W.). In 100 ml Wasser lösen sich bei
26° 0,5 g.

4-Hydroxy-1-[1.1.3.3-tetramethyl-butyl]-benzol-sulfonsäure-(3), *2-hydroxy-5-(1,1,3,3-*
tetramethylbutyl)benzenesulfonic acid $C_{14}H_{22}O_4S$, Formel V.

B. Aus 4-[1.1.3.3-Tetramethyl-butyl]-phenol beim Erwärmen mit Schwefelsäure

[1 Mol] (*Röhm & Haas Co.*, U.S.P. 2073316 [1935]; *Niederl*, Ind. eng. Chem. **30** [1938] 1269, 1272).

Hygroskopisch (*Röhm & Haas Co.*).

Beim Behandeln mit Eisen(III)-chlorid-Lösung tritt eine blaue Färbung auf (*Röhm & Haas Co.*).

Natrium-Salz $NaC_{14}H_{21}O_4S$. In Wasser schwer löslich (*Nie.*).

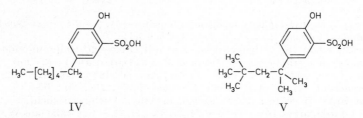

IV   V

4-Hydroxy-1-[1.1.3.3-tetramethyl-butyl]-benzol-disulfonsäure-(3.5), *2-hydroxy-5-(1,1,3,3-tetramethylbutyl)benzene-1,3-disulfonic acid* $C_{14}H_{22}O_7S_2$, Formel VI.

B. Aus 4-[1.1.3.3-Tetramethyl-butyl]-phenol beim Erwärmen mit Schwefelsäure [2 Mol] (*Röhm & Haas Co.*, U.S.P. 2073316 [1935]; *Niederl*, Ind. eng. Chem. **30** [1938] 1269, 1272).

Hygroskopisch (*Röhm & Haas Co.*).

Beim Behandeln mit Eisen(III)-chlorid-Lösung tritt eine blaue Färbung auf (*Röhm & Haas Co.*).

Dinatrium-Salz $Na_2C_{14}H_{20}O_7S_2$. Krystalle [aus W.] (*Röhm & Haas Co.*; *Nie.*).

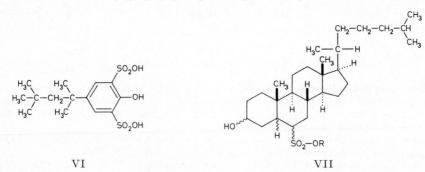

VI   VII

3-Hydroxy-10.13-dimethyl-17-[1.5-dimethyl-hexyl]-hexadecahydro-1*H***-cyclopenta[a]-phenanthren-sulfonsäure-(6)** $C_{27}H_{48}O_4S$.

3ξ-Hydroxy-5ξ-cholestan-sulfonsäure-(6ξ), *3ξ-hydroxy-5ξ-cholestane-6ξ-sulfonic acid* $C_{27}H_{48}O_4S$, Formel VII (R = H), deren Methylester bei 155° schmilzt.

B. Aus 3-Oxo-cholesten-(4)-sulfonsäure-(6ξ) (S. 604) bei der Hydrierung an Platin in Essigsäure (*Windaus, Kuhr*, A. **532** [1937] 52, 60).

Krystalle; Zers. bei 200° [nach Sintern].

Bei 4-stdg. Erwärmen mit Chrom(VI)-oxid und wss. Essigsäure (70%ig) auf 65° sind geringe Mengen 6-Oxo-2.3-seco-5α-cholestandisäure-(2.3) erhalten worden (*Wi., Kuhr*, l. c. S. 63).

Das Natrium-Salz ist in Wasser schwer löslich, das Kalium-Salz ist in Wasser leicht löslich.

3-Hydroxy-10.13-dimethyl-17-[1.5-dimethyl-hexyl]-hexadecahydro-1*H***-cyclopenta[a]-phenanthren-sulfonsäure-(6)-methylester** $C_{28}H_{50}O_4S$.

3ξ-Hydroxy-5ξ-cholestan-sulfonsäure-(6ξ)-methylester, *3ξ-hydroxy-5ξ-cholestane-6ξ-sulfonic acid methyl ester* $C_{28}H_{50}O_4S$, Formel VII (R = CH₃), **vom F: 155°**.

B. Aus der im vorangehenden Artikel beschriebenen Säure (*Windaus, Kuhr*, A. **532** [1937] 52, 60).

Krystalle; F: 155°.

Sulfo-Derivate der Monohydroxy-Verbindungen $C_nH_{2n-8}O$

2-Hydroxy-indan-sulfonsäure-(1), *2-hydroxyindan-1-sulfonic acid* $C_9H_{10}O_4S$.

(±)-*trans*-**2-Hydroxy-indan-sulfonsäure-(1)**, Formel VIII (R = H) + Spiegelbild.
Eine als Natrium-Salz $NaC_9H_9O_4S$ (Krystalle [aus A.]) isolierte Verbindung (mit Hilfe von Natrium und flüssigem Ammoniak in Indanol-(2) überführbar), der vermutlich diese Konstitution und Konfiguration zukommt, ist neben geringen Mengen *trans*-Indandiol-(1.2) beim Erwärmen von (±)-*trans*-2-Brom-indanol-(1) bzw. neben geringen Mengen *cis*-Indandiol-(1.2) und *trans*-Indandiol-(1.2) beim Erwärmen von (±)-1.2-Epoxy-indan mit Natriumsulfit in Wasser erhalten worden (*Suter, Milne*, Am. Soc. **65** [1943] 582).

2-Acetoxy-indan-sulfonsäure-(1), *2-acetoxyindan-1-sulfonic acid* $C_{11}H_{12}O_5S$.

(±)-*trans*-**2-Acetoxy-indan-sulfonsäure-(1)**, Formel VIII (R = CO-CH₃) + Spiegelbild.
Eine als Natrium-Salz $NaC_{11}H_{11}O_5S$ (Krystalle [aus A.]; F: 235—236° [korr.]) isolierte Verbindung, der vermutlich diese Konstitution und Konfiguration zukommt, ist beim Erhitzen des Natrium-Salzes der im vorangehenden Artikel beschriebenen Säure mit Acetanhydrid erhalten worden (*Suter, Milne*, Am. Soc. **65** [1943] 582).

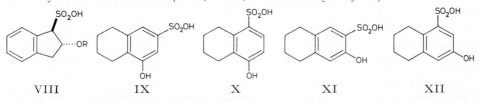

VIII   IX   X   XI   XII

8-Hydroxy-1.2.3.4-tetrahydro-naphthalin-sulfonsäure-(6), *4-hydroxy-5,6,7,8-tetrahydro-naphthalene-2-sulfonic acid* $C_{10}H_{12}O_4S$, Formel IX.
B. Beim Erhitzen einer aus 8-Amino-1.2.3.4-tetrahydro-naphthalin-sulfonsäure-(6) bereiteten wss. Diazoniumsalz-Lösung (*Schroeter, Erzberger, Passavant*, B. **71** [1938] 1040, 1051).
Als Natrium-Salz $NaC_{10}H_{11}O_4S$ isoliert.
Beim Erhitzen mit Kaliumhydroxid bis auf 320° ist Naphthol-(1) erhalten worden.

8-Hydroxy-1.2.3.4-tetrahydro-naphthalin-sulfonsäure-(5), *4-hydroxy-5,6,7,8-tetrahydro-naphthalene-1-sulfonic acid* $C_{10}H_{12}O_4S$, Formel X (E I 63; E II 152; dort als 5-Oxy-1.2.3.4-tetrahydro-naphthalin-sulfonsäure-(8) bezeichnet).
B. Aus 8-Chlor-1.2.3.4-tetrahydro-naphthalin-sulfonsäure-(5) beim Erhitzen mit wss. Natronlauge unter Zusatz von Kupfer-Pulver auf 210° (*Schroeter, Erzberger, Passavant*, B. **71** [1938] 1040, 1048; vgl. E II 152).
Natrium-Salz $NaC_{10}H_{11}O_4S \cdot H_2O$. Krystalle (aus W.).
Barium-Salz $Ba(C_{10}H_{11}O_4S)_2 \cdot 3 H_2O$. In heissem Wasser leicht löslich.

7-Hydroxy-1.2.3.4-tetrahydro-naphthalin-sulfonsäure-(6), *3-hydroxy-5,6,7,8-tetrahydro-naphthalene-2-sulfonic acid* $C_{10}H_{12}O_4S$, Formel XI (E II 153; dort als 6-Oxy-1.2.3.4-tetrahydro-naphthalin-sulfonsäure-(7) bezeichnet).
B. Aus 7-Chlor-1.2.3.4-tetrahydro-naphthalin-sulfonsäure-(6) beim Erhitzen mit wss. Natronlauge unter Zusatz von Kupfer auf 180° (*Schroeter, Erzberger, Passavant*, B. **71** [1938] 1040, 1048).
Beim Behandeln mit Eisen(III)-chlorid-Lösung tritt eine blaue Färbung auf.
Natrium-Salz $NaC_{10}H_{11}O_4S$. Krystalle (aus W.).

7-Hydroxy-1.2.3.4-tetrahydro-naphthalin-sulfonsäure-(5), *3-hydroxy-5,6,7,8-tetrahydro-naphthalene-1-sulfonic acid* $C_{10}H_{12}O_4S$, Formel XII.
B. Beim Erhitzen einer aus 7-Amino-1.2.3.4-tetrahydro-naphthalin-sulfonsäure-(5) bereiteten wss. Diazoniumsalz-Lösung (*Schroeter, Erzberger, Passavant*, B. **71** [1938] 1040, 1052).
Nicht näher beschrieben.
Beim Erhitzen mit Kaliumhydroxid bis auf 290° sind Naphthol-(2) und 5.6.7.8-Tetrahydro-naphthol-(2) erhalten worden.   [*Schurek*]

Sulfo-Derivate der Monohydroxy-Verbindungen $C_nH_{2n-12}O$

1-Hydroxy-naphthalin-sulfonsäure-(2), *1-hydroxynaphthalene-2-sulfonic acid* $C_{10}H_8O_4S$, Formel I (H 269; E I 63; E II 153; dort auch als Naphthol-(1)-sulfonsäure-(2) bezeichnet).

B. Aus Natrium-naphthyl-(1)-sulfat oder Kalium-naphthyl-(1)-sulfat sowie aus Natrium-[4-hydroxy-naphthalin-sulfonat-(1)] oder Kalium-[4-hydroxy-naphthalin-sulfonat-(1)] beim Erhitzen in Gegenwart von Quarzsand auf 160° bzw. auf 180° (*Koslow, Schloßberg*, Ž. obšč. Chim. **16** [1946] 1291, 1299, 1300, 1301; C. A. **1947** 3087; vgl. E I 63).

Kritisches Oxydationspotential: *Fieser*, Am. Soc. **52** [1930] 5204, 5235.

Beim Behandeln mit Eisen(III)-chlorid in wss. Lösung tritt vorübergehend eine grüne Färbung auf (*Wesp, Brode*, Am. Soc. **56** [1934] 1037, 1040).

S-Benzyl-isothiuronium-Salz [$C_8H_{11}N_2S$]$C_{10}H_7O_4S$. Krystalle (aus wss. A.); F: 169,4° [korr.] (*Chambers, Watt*, J. org. Chem. **6** [1941] 376, 378).

4-Hydroxy-naphthalin-sulfonsäure-(2) $C_{10}H_8O_4S$.

4-Äthoxycarbonyloxy-naphthalin-sulfonsäure-(2)-äthylester, *4-(ethoxycarbonyloxy)-naphthalene-2-sulfonic acid ethyl ester* $C_{15}H_{16}O_6S$, Formel II.

B. Aus 4-Äthoxycarbonyloxy-naphthalin-sulfonylchlorid-(2) und Äthanol (*Jusa, Grün*, M. **64** [1934] 267, 275).

Krystalle (aus Bzn.); F: 66°.

4-Hydroxy-naphthalin-sulfonsäure-(1), *4-hydroxynaphthalene-1-sulfonic acid* $C_{10}H_8O_4S$, Formel III (R = H, X = OH) (H 271; E I 64; E II 154; dort als Naphthol-(1)-sulfonsäure-(4) und als Nevile-Winthersche Säure bezeichnet).

B. Aus Natrium-[4-chlor-naphthalin-sulfonat-(1)] beim Erhitzen mit wss. Natronlauge (4 Mol NaOH) bis auf 250° (*Woroshzow, Karlasch*, Anilinokr. Promyšl. **4** [1934] 545, 547—550; C. **1935** II 48; Rev. gén. Mat. col. **39** [1935] 373, 375—378; vgl. H 271). Aus Natrium-[4-amino-naphthalin-sulfonat-(1)] beim Erwärmen mit Natriumhydrogensulfit in Wasser unter Einleiten von Schwefeldioxid (*Virginia Smelting Co.*, U.S.P. 1 880 701 [1926]; vgl. H 271; E I 64).

UV-Spektren von wss. Lösungen der Säure und des Natrium-Salzes: *Rollett*, M. **70** [1937] 425, 427; *Rollett, Bacher*, M. **73** [1941] 20, 22). Fluorescenz-Spektrum einer wss. Lösung des Natrium-Salzes: *Allen, Franklin, McDonald*, J. Franklin Inst. **215** [1933] 705, 716. Löschung der Fluorescenz von Lösungen durch Zusatz von Nitrat, Jodat oder Jodid: *Rollefson, Boaz*, J. phys. Chem. **52** [1948] 518, 523; s. a. *Rollefson, Stroughton*, Am. Soc. **63** [1941] 1517, 1519.

Isomerisierung des Kalium-Salzes sowie des Natrium-Salzes zu Kalium-[1-hydroxy-naphthalin-sulfonat-(2)] bzw. Natrium-[1-hydroxy-naphthalin-sulfonat-(2)] beim Erhitzen in Gegenwart von Quarzsand auf 180° (vgl. E I 64): *Koslow, Schloßberg*, Ž. obšč. Chim. **16** [1946] 1291, 1293, 1299; C. A. **1947** 3087. Beim Behandeln des Natrium-Salzes mit wss. Natriumhypochlorit-Lösung und Erwärmen der gebildeten 3-Chlor-4-hydroxy-naphthalin-sulfonsäure-(1) $C_{10}H_7ClO_4S$ mit Mangan(IV)-oxid in wss. Schwefelsäure ist 2-Chlor-naphthochinon-(1.4) erhalten worden (*Hodgson, Rosenberg*, J. Soc. chem. Ind. **48** [1929] 287 T, 288 T). Die bei der Umsetzung mit Natriumhydrogensulfit (vgl. H 271) erhaltene Verbindung ist als 4-Oxo-1.2.3.4-tetrahydro-naphthalin-disulfonsäure-(1.2) (S. 604) zu formulieren (*Rieche, Seeboth*, A. **638** [1960] 43, 50). Kinetik der Reaktionen mit Natriumhydrogensulfit, mit Ammoniumsulfit und mit Ammoniak in wss. Lösung: *Cowdrey*, Soc. **1946** 1044, 1046, 1049, 1050. Die beim Erwärmen mit wss. Natriumhydrogensulfit-Lösung und mit Phenylhydrazin erhaltene, früher (s. H 271) als 1-[*N*(oder *N'*)-Sulfo-*N'*-phenylhydrazino]-naphthalin-sulfonsäure-(4) angesehene Verbindung ist als 4-Phenylhydrazono-1.2.3.4-tetrahydro-naphthalin-disulfonsäure-(1.2) zu formulieren (*Rieche, Seeboth*, A. **638** [1960] 81, 83). Konkurrierende Reaktion von 4-Hydroxy-naphthalin-sulfonsäure-(1) und von Naphthol-(2) mit 4-Nitro-benzol-diazonium-(1)-Salz in Ammoniumacetat enthaltender wss.-äthanol. Lösung: *Ogata, Oda*, Scient. Pap. Inst. phys. chem. Res. **41** [1943] 182, 199; C. A. **1947** 6557. Geschwindigkeit der Reaktionen mit Benzol-diazonium-Salz, mit Toluol-diazonium-(4)-Salz, mit 2-Methoxy-benzol-diazonium-(1)-Salz und mit 1-Diazonio-benzol-sulfonat-(4) in wss. Lösung (pH 4,5—7,1) bei 15° und bei 25°: *Conant, Peterson*, Am. Soc. **52** [1930] 1220, 1223, 1224, 1226, 1228, 1229.

Farbreaktionen: *Wesp, Brode,* Am. Soc. **56** [1934] 1037, 1040; *Emerson, Beacham, Beegle,* J. org. Chem. **8** [1943] 417, 423.

S-Benzyl-isothiuronium-Salz $[C_8H_{11}N_2S]C_{10}H_7O_4S$. Krystalle (aus wss. A.) mit 7 Mol H_2O; F: 103,4° [korr.] (*Chambers, Watt,* J. org. Chem. **6** [1941] 376, 378).

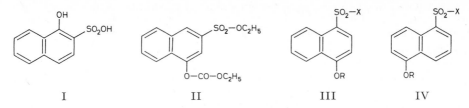

| I | II | III | IV |

4-Methoxy-naphthalin-sulfonsäure-(1), *4-methoxynaphthalene-1-sulfonic acid* $C_{11}H_{10}O_4S$, Formel III (R = CH_3, X = OH) (E I 64).

UV-Spektren von wss. Lösungen der Säure und des Natrium-Salzes: *Rollett,* M. **70** [1937] 425, 428.

4-Benzoyloxy-naphthalin-sulfonsäure-(1), *4-(benzoyloxy)naphthalene-1-sulfonic acid* $C_{17}H_{12}O_5S$, Formel III (R = $CO-C_6H_5$, X = OH).

B. Aus 4-Hydroxy-naphthalin-sulfonsäure-(1) beim Behandeln mit Benzoylchlorid und wss. Natriumcarbonat-Lösung (*Whitmore, Gebhardt,* Ind. eng. Chem. Anal. **10** [1938] 654). Krystallographische Angaben: *Wh., Ge.,* l. c. S. 657.

4-Methoxy-naphthalinsulfonamid-(1), *4-methoxynaphthalene-1-sulfonamide* $C_{11}H_{11}NO_3S$, Formel III (R = CH_3, X = NH_2).

B. Beim Behandeln von 1-Methoxy-naphthalin mit Chloroschwefelsäure in Chloroform und Behandeln des Reaktionsgemisches mit Ammoniumcarbonat (*Huntress, Carten,* Am. Soc. **62** [1940] 603).

Krystalle (aus wss. A.); F: 156—157° [unkorr.; Block].

4-Äthoxy-naphthalinsulfonamid-(1), *4-ethoxynaphthalene-1-sulfonamide* $C_{12}H_{13}NO_3S$, Formel III (R = C_2H_5, X = NH_2) (H 273).

B. Analog der im vorangehenden Artikel beschriebenen Verbindung (*Huntress, Carten,* Am. Soc. **62** [1940] 603).

Krystalle (aus wss. A.); F: 164—165° [unkorr.; Block].

5-Hydroxy-naphthalin-sulfonsäure-(1), *5-hydroxynaphthalene-1-sulfonic acid* $C_{10}H_8O_4S$, Formel IV (R = H, X = OH) (H 273; E I 65; E II 155; dort als Naphthol-(1)-sulfon‑ säure-(5) bezeichnet).

B. Aus Dinatrium-[naphthalin-disulfonat-(1.5)] beim Erhitzen mit wss. Natronlauge auf 260° (*H. E. Fierz-David, L. Blangey,* Grundlegende Operationen der Farbenchemie, 8. Aufl. [Wien 1952] S. 212). Aus 5-Amino-naphthalin-sulfonsäure-(1) bei 24-stdg. Erwärmen mit Natriumhydrogensulfit (7 Mol) in Wasser auf 100° (*Kogan, Nikolaewa,* Ž. prikl. Chim. **11** [1938] 652, 655; C. **1939** II 1055).

UV-Spektren von wss. Lösungen der Säure und des Natrium-Salzes: *Rollett,* M. **70** [1937] 425, 427.

In dem bei der Umsetzung mit Natriumhydrogensulfit erhaltenen, früher (s. E I 65) als 5-Sulfinooxy-naphthalin-sulfonsäure-(1) („saurer Schwefligsäureester der Naphthol-(1)-sulfonsäure-(5)") angesehenen Präparat hat wahrscheinlich unreine 4-Oxo-1.2.3.4-tetrahydro-naphthalin-disulfonsäure-(2.8) (S. 603) vorgelegen (*Rieche, Seeboth,* A. **638** [1960] 43, 48, 101). Kinetik der Reaktion mit Natriumhydrogen‑ sulfit, mit Ammoniumsulfit und mit Ammoniak in wss. Lösung: *Cowdrey,* Soc. **1946** 1044, 1046, 1049.

Farbreaktionen: *Wesp, Brode,* Am. Soc. **56** [1934] 1037, 1040; *Emerson, Beacham, Beegle,* J. org. Chem. **8** [1943] 417, 423.

5-Äthoxycarbonyloxy-naphthalin-sulfonsäure-(1)-äthylester, *5-(ethoxycarbonyloxy)‑ naphthalene-1-sulfonic acid ethyl ester* $C_{15}H_{16}O_6S$, Formel IV (R = $CO-OC_2H_5$, X = OC_2H_5).

B. Aus 5-Äthoxycarbonyloxy-naphthalin-sulfonylchlorid-(1) und Äthanol (*Jusa, Grün,*

M. **64** [1934] 267, 284).

Krystalle (aus A., Eg. oder Bzn.); F: 77°.

5-Äthoxycarbonyloxy-naphthalin-sulfonylchlorid-(1), *5-(ethoxycarbonyloxy)naphthalene-1-sulfonyl chloride* $C_{13}H_{11}ClO_5S$, Formel IV (R = CO-OC$_2$H$_5$, X = Cl) (E I 65; E II 156; dort als 1-[Carbäthoxy-oxy]-naphthalin-sulfonsäure-(5)-chlorid bezeichnet).

Berichtigung zu E I 65, Zeile 21 v. u.: An Stelle von „1-[Carbäthoxy-oxy]-naphthalin-sulfinsäure-(5)" ist zu setzen „1-Oxy-naphthalin-sulfinsäure-(5)".

N-[5-Hydroxy-naphthalin-sulfonyl-(1)]-glycin, *N-(5-hydroxy-1-naphthylsulfonyl)glycine* $C_{12}H_{11}NO_5S$, Formel IV (R = H, X = NH-CH$_2$-COOH).

B. Beim Behandeln von 5-Methoxycarbonyloxy-naphthalin-sulfonylchlorid-(1) (nicht näher beschrieben) mit Glycin-äthylester-hydrochlorid und Pyridin und Erwärmen des erhaltenen *N*-[5-Methoxycarbonyloxy-naphthalin-sulfonyl-(1)]-glycin-äthyl=esters mit wss. Alkalilauge (*Geigy A. G.*, D.R.P. 747531 [1941]; D.R.P. Org. Chem. **1**, Tl. 1, S. 815, 817).

Krystalle; F: 194—195°.

5-Hydroxy-naphthalin-sulfonsäure-(2), *5-hydroxynaphthalene-2-sulfonic acid* $C_{10}H_8O_4S$, Formel V (X = H) auf S. 546 (H 274; E II 156; dort als Naphthol-(1)-sulfonsäure-(6) bezeichnet).

UV-Spektren von wss. Lösungen der Säure und des Natrium-Salzes: *Rollett*, M. **70** [1937] 425, 427.

6.8-Dinitro-5-hydroxy-naphthalin-sulfonsäure-(2), *5-hydroxy-6,8-dinitronaphthalene-2-sulfonic acid* $C_{10}H_6N_2O_8S$, Formel V (X = NO$_2$) auf S. 546.

B. Beim Erwärmen einer aus 5-Amino-naphthalin-sulfonsäure-(2), wss. Salzsäure und Natriumnitrit bereiteten Diazoniumsalz-Lösung mit Salpetersäure (*Ryshow*, Anilinokr. Promyšl. **5** [1935] 19, 20; C. **1935** II 216).

Gelbliche Krystalle (aus wss. Salzsäure) mit 3 Mol H$_2$O; F: 184°.

Dikalium-Salz $K_2C_{10}H_4N_2O_8S$. Krystalle (aus W.) mit 1,5 Mol H$_2$O.

8-Hydroxy-naphthalin-sulfonsäure-(2), *8-hydroxynaphthalene-2-sulfonic acid* $C_{10}H_8O_4S$, Formel VI (R = H, X = H) auf S. 546 (H 274; E II 156; dort als Naphthol-(1)-sulfon=säure-(7) bezeichnet).

UV-Spektren von wss. Lösungen der Säure und des Natrium-Salzes: *Rollett*, M. **70** [1937] 425, 427.

5.7-Dinitro-8-hydroxy-naphthalin-sulfonsäure-(2), **Flaviansäure**, *8-hydroxy-5,7-dinitro=naphthalene-2-sulfonic acid* $C_{10}H_6N_2O_8S$, Formel VI (R = H, X = NO$_2$) auf S. 546 (H 275; E I 65; E II 156[1])).

B. Beim Erwärmen einer aus 8-Amino-naphthalin-sulfonsäure-(2), wss. Salzsäure und Natriumnitrit bereiteten Diazoniumsalz-Lösung mit Salpetersäure (*Ryshow*, Anilinokr. Promyšl. **5** [1935] 19; C. **1935** II 216).

Krystalle (aus wss. Salzsäure) mit 3 Mol H$_2$O, F: 150° (*Ryshow*, Anilinokr. Promyšl. **5** [1935] 19; *Langley, Albrecht*, J. biol. Chem. **108** [1935] 729, 734), 148—149,5° (*Frediani*, Ind. eng. Chem. Anal. **10** [1938] 447); Krystalle (aus Eg. + E.) mit 2 Mol H$_2$O, F: 136—137° (*Badoche*, Bl. **1946** 37, 41). Optische Eigenschaften der Krystalle: *La., Al.* Absorptionsspektren (350—500 mμ bzw. 220—500 mμ) von wss. Lösungen des Mono=natrium(?)-Salzes: *Klotz, Walker*, J. phys. Chem. **51** [1947] 666, 676; des Dinatrium-Salzes: *Kortüm*, Z. physik. Chem. [B] **34** [1936] 255, 260; *Mohler, Forster*, Z. anal. Chem. **108** [1937] 167, 174. Verbrennungswärme des Dihydrats bei konstantem Volumen und 17°: 3162,1 cal/g (*Ba.*, l. c. S. 39). Lösungsenthalpie (W.) sowie Neutralisations=wärme (wss. Ammoniak): *Ba.*, l. c. S. 40, 41, 42.

Beim Behandeln mit wss. Ammoniak und mit Natriumdithionit tritt eine rosarote Färbung auf (*Jelley*, Analyst **55** [1930] 34). Colorimetrische Bestimmung auf Grund der beim Erwärmen mit Aluminium und wss. Schwefelsäure, anschliessenden Versetzen mit wss. Natronlauge und Leiten von Luft durch die warme Reaktionslösung auftretenden roten Färbung: *Langley, Albrecht*, J. biol. Chem. **108** [1935] 729, 731. Bestimmung durch Titration mit Titan(III)-chlorid: *Evenson, Nagel*, Ind. eng. Chem. Anal. **3** [1931] 167, 168,

---

[1]) Berichtigung zu E II 156, Zeile 17 v. u.: An Stelle von „900,0 kcal/Mol" ist zu setzen „929,3 kcal/Mol".

4 [1932] 151, 153.

Ammonium-Salze. a) [NH$_4$]C$_{10}$H$_5$N$_2$O$_8$S. Krystalle; F: 291—292° [aus W.], 292° bis 293° [aus A.] (*Langley, Albrecht*, J. biol. Chem. **108** [1935] 729, 734). Löslichkeit in Wasser, Äthanol und Butanol-(1): *Langley, Noonan*, Am. Soc. **64** [1942] 2507. — b) [NH$_4$]$_2$C$_{10}$H$_4$N$_2$O$_8$S (H 275; E II 156). Verbrennungswärme bei konstantem Volumen bei 17°: 3567,9 cal/g (*Badoche*, Bl. **1946** 37, 40). Lösungsenthalpie: *Ba.*

Hydroxylamin-Salz NH$_3$O·C$_{10}$H$_6$N$_2$O$_8$S. Krystalle (aus A.); F: 216,5—218° (*Langley, Albrecht*, J. biol. Chem. **108** [1935] 729, 734). Löslichkeit in Wasser, Butanol-(1) und Äthanol: *Langley, Noonan*, Am. Soc. **64** [1942] 2507.

Dinatrium-Salz Na$_2$C$_{10}$H$_4$N$_2$O$_8$S (H 275; E I 65; E II 156). Löslichkeit in Wasser: *Dermer, Dermer*, Am. Soc. **61** [1939] 3302, 3303. Dampfdruck von wss. Lösungen bei 20°: *Jury, Ernst*, J. phys. Chem. **53** [1949] 609, 618. Diffusion in Wasser: *Nisizawa*, Bl. chem. Soc. Japan **7** [1932] 72, 78.

Kalium-Salze. a) KC$_{10}$H$_5$N$_2$O$_8$S. Krystalle (aus W.), die unterhalb 300° nicht schmelzen (*Langley, Albrecht*, J. biol. Chem. **108** [1935] 729, 735). Löslichkeit in Wasser, Äthanol und Butanol-(1): *Langley, Noonan*, Am. Soc. **64** [1942] 2507. — b) K$_2$C$_{10}$H$_4$N$_2$O$_8$S (H 275; E II 156). Löslichkeit in Wasser: *Dermer, Dermer*, Am. Soc. **61** [1939] 3302, 3303.

Hydroxo-aquo-tetrammin-kobalt(III)-Salz [Co(NH$_3$)$_4$(H$_2$O)(OH)]C$_{10}$H$_4$N$_2$O$_8$S· H$_2$O. Gelbe Krystalle (*King*, Soc. **1932** 1275, 1278).

Methyl-bis-[2-hydroxy-äthyl]-sulfonium-Salz [C$_5$H$_{13}$O$_2$S]C$_{10}$H$_5$N$_2$O$_8$S. Krystalle [aus wss. Lösung] (*Stahmann, Fruton, Bergmann* J. org. Chem. **11** [1946] 704, 718).

Methylamin-Salz CH$_5$N·C$_{10}$H$_6$N$_2$O$_8$S. Krystalle; F: 262,5° [aus A.] (*Langley, Albrecht*, J. biol. Chem. **108** [1935] 729, 735), 265—268° [Zers.] (*Sievers, Müller*, Z. Biol. **89** [1930] 37, 38). Löslichkeit in Wasser und Äthanol: *Sie., Mü.; Langley, Noonan*, Am. Soc. **64** [1942] 2507; in Methanol: *Müller*, Z. Biol. **92** [1932] 513, 517; in Butanol-(1): *La., Noo.*

Dimethylamin-Salz C$_2$H$_7$N·C$_{10}$H$_6$N$_2$O$_8$S. Krystalle; F: 234—236° [aus A.] (*Langley, Albrecht*, J. biol. Chem. **108** [1935] 729, 735), 230—235° [Zers.] (*Sievers, Müller*, Z. Biol. **89** [1930] 37, 38). Löslichkeit in Wasser und Äthanol: *Sie., Mü.*; in Methanol: *Müller*, Z. Biol. **92** [1932] 513, 517.

Trimethylamin-Salz C$_3$H$_9$N·C$_{10}$H$_6$N$_2$O$_8$S. Krystalle; F: 239° [aus A.] (*Langley, Albrecht*, J. biol. Chem. **108** [1935] 729, 735), 217—223° [Zers.] (*Sievers, Müller*, Z. Biol. **89** [1930] 37, 39). Löslichkeit in Wasser und Äthanol: *Sie., Mü.; Langley, Noonan*, Am. Soc. **64** [1942] 2507; in Methanol: *Müller*, Z. Biol. **92** [1932] 513, 517; in Butanol-(1): *La., Noo.*

Trimethylaminoxid-Salz C$_3$H$_9$NO·C$_{10}$H$_6$N$_2$O$_8$S. Krystalle; F: 218° [aus A.] (*Langley, Albrecht*, J. biol. Chem. **108** [1935] 729, 734), 215—219° [Zers.] (*Müller*, Z. Biol. **92** [1932] 513). Löslichkeit in Wasser, Methanol und Äthanol: *Mü.*

Tetramethylammonium-Salz [C$_4$H$_{12}$N]C$_{10}$H$_5$N$_2$O$_8$S. Krystalle; F: 273—274° [aus A.] (*Langley, Albrecht*, J. biol. Chem. **108** [1935] 729, 736), 259—260° [Zers.] (*Müller*, Z. Biol. **92** [1932] 513, 514). Löslichkeit in Wasser und Äthanol bei 18—19°: *Mü.; Langley, Noonan*, Am. Soc. **64** [1942] 2507; in Methanol: *Mü.*; in Butanol-(1): *La., Noo.*

Isopentylamin-Salz C$_5$H$_{13}$N·C$_{10}$H$_6$N$_2$O$_8$S. Krystalle (aus W., Me. oder A.); F: 213—215° [Zers.] (*Müller*, Z. Biol. **92** [1932] 513, 515). Löslichkeit in Wasser, Methanol und Äthanol: *Mü.*

Äthylendiamin-Salz C$_2$H$_8$N$_2$·2 C$_{10}$H$_6$N$_2$O$_8$S. Krystalle; Zers. bei 265—267° (*Sievers, Müller*, Z. Biol. **89** [1930] 37, 39). Löslichkeit in Wasser und Äthanol: *Sie., Mü.*; in Methanol: *Müller*, Z. Biol. **92** [1932] 513, 517.

N.N-Diäthyl-propandiyldiamin-Salz C$_7$H$_{18}$N$_2$·C$_{10}$H$_6$N$_2$O$_8$S. Orangegelbe Krystalle; F: 260° [Zers.] (*King, King*, Soc. **1947** 943, 947). In warmem Äthanol löslich.

Butandiyldiamin-Salze (Putrescin-Salze). a) C$_4$H$_{12}$N$_2$·C$_{10}$H$_6$N$_2$O$_8$S. Krystalle (aus W.); F: 285° (*Langley, Albrecht*, J. biol. Chem. **108** [1935] 729, 734). Löslichkeit in Wasser, Äthanol und Butanol-(1): *Langley, Noonan*, Am. Soc. **64** [1942] 2507. — b) C$_4$H$_{12}$N$_2$·2 C$_{10}$H$_6$N$_2$O$_8$S. Krystalle (aus W., Me. oder A.); Zers. bei 268—273° (*Müller*, Z. Biol. **92** [1932] 513, 514). Löslichkeit in Wasser, Methanol und Äthanol: *Mü.*

N.N′-Bis-[3-amino-propyl]-butandiyldiamin-Salze (Spermin-Salze). a) C$_{10}$H$_{26}$N$_4$·2 C$_{10}$H$_6$N$_2$O$_8$S. Rotgelbe Krystalle (*Fuchs*, Z. physiol. Chem. **257** [1939] 149). In 100 ml Wasser lösen sich bei 22° 0,003 g. — b) C$_{10}$H$_{26}$N$_4$·3 C$_{10}$H$_6$N$_2$O$_8$S. Zers. bei 249—250° (*Fu.*, l. c. S. 150). In 100 ml Wasser lösen sich bei 21° 0,15 g. —

c) $C_{10}H_{26}N_4 \cdot 4\,C_{10}H_6N_2O_8S$. Beim Erhitzen mit Wasser erfolgt Umwandlung in das unter a) beschriebene Salz (*Fu.*).

($\pm$)-4-Amino-1-[methyl-propyl-amino]-pentan-Salz $C_9H_{22}N_2 \cdot 2\,C_{10}H_6N_2O_8S$. F: 243—246° [Zers.; Block] (*Corse, Bryant, Shonle*, Am. Soc. **68** [1946] 1905, 1908).

($\pm$)-4-Amino-1-[äthyl-propyl-amino]-pentan-Salz $C_{10}H_{24}N_2 \cdot 2\,C_{10}H_6N_2O_8S$. F: 255° [Zers.; Block] (*Corse, Bryant, Shonle*, Am. Soc. **68** [1946] 1905, 1908).

($\pm$)-4-Amino-1-[propyl-isopropyl-amino]-pentan-Salz $C_{11}H_{26}N_2 \cdot 2\,C_{10}H_6N_2O_8S$. F: 255—256° [Block] (*Corse, Bryant, Shonle*, Am. Soc. **68** [1946] 1905, 1908).

Pentandiyldiamin-Salz (Cadaverin-Salz) $C_5H_{14}N_2 \cdot 2\,C_{10}H_6N_2O_8S$. Krystalle (aus W., Me. oder A.); Zers. bei 260—264° (*Müller*, Z. Biol. **92** [1932] 513, 514). Löslichkeit in Wasser, Methanol und Äthanol: *Mü.*

2-Amino-äthanol-(1)-Salz. Krystalle (aus wss. Butanol-(1)); F: 211—212° (*Langley, Albrecht*, J. biol. Chem. **108** [1935] 729, 735). Über eine Modifikation vom F: 198° s. *Outhouse*, Biochem. J. **30** [1936] 197, 200. Löslichkeit in Äthanol und Butanol-(1): *Langley, Noonan*, Am. Soc. **64** [1942] 2507.

Phosphorsäure-mono-[2-amino-äthylester]-Salz $C_2H_8NO_4P \cdot C_{10}H_6N_2O_8S$. Krystalle; F: 225° (*Outhouse*, Biochem. J. **30** [1936] 197, 199).

Phosphorsäure-äthylester-[2-amino-äthylester]-Salz $C_4H_{12}NO_4P \cdot C_{10}H_6N_2O_8S$. Krystalle; F: 160° [nach Erweichen bei 120°] (*McMeekin*, Am. Soc. **59** [1937] 2383, 2384).

Trimethyl-[2-hydroxy-äthyl]-ammonium-Salz (Cholin-Salz) $[C_5H_{14}NO]C_{10}H_5N_2O_8S$. Krystalle; F: 162° [aus wss. Butanol-(1)] (*Langley, Albrecht*, J. biol. Chem. **108** [1935] 729, 735). Löslichkeit in Wasser: *Sievers, Müller*, Z. Biol. **89** [1930] 37, 39; in Methanol: *Müller*, Z. Biol. **92** [1932] 513, 517; in Äthanol: *Sie., Mü.*; *Langley, Noonan*, Am. Soc. **64** [1942] 2507; in Butanol-(1): *La., Noo.*

Trimethyl-[2-acetoxy-äthyl]-ammonium-Salz (O-Acetyl-cholin-Salz) $[C_7H_{16}NO_2]C_{10}H_5N_2O_8S$. Krystalle (aus A. oder Butanol-(1)); F: 222,5—225° (*Langley, Albrecht*, J. biol. Chem. **108** [1935] 729, 734). Löslichkeit in Butanol-(1): *Langley, Noonan*, Am. Soc. **64** [1942] 2507.

Trimethyl-[2-(hydroxy-äthoxy-phosphinyloxy)-äthyl]-ammonium-Salz $[C_7H_{19}NO_4P]C_{10}H_5N_2O_8S$. Krystalle (aus wss. A. + Butanol-(1)); F: 155° [nach Erweichen bei 130°] (*McMeekin*, Am. Soc. **59** [1937] 2383, 2384).

2-[4-Nitro-benzamino]-1-[2-diäthylamino-äthoxy]-äthan-Salz $C_{15}H_{23}N_3O_4 \cdot C_{10}H_6N_2O_8S$. F: 190,5—192° [korr.] (*Clinton et al.*, Am. Soc. **70** [1948] 950, 953).

Glycin-Salz $C_2H_5NO_2 \cdot C_{10}H_6N_2O_8S$. Krystalle; F: 244—245° [nach Sintern] (*Dakin*, J. biol. Chem. **154** [1944] 549, 555). Löslichkeit in Wasser bei 17°: *Da.*

Trimethylammonio-essigsäure-Salz (Betain-Salz) $[C_5H_{12}NO_2]C_{10}H_5N_2O_8S$. Krystalle; F: 242—243° [aus W. oder A.] (*Langley, Albrecht*, J. biol. Chem. **108** [1935] 729, 734), 231—232° [Zers.; nach Sintern bei 220°] (*Müller*, Z. Biol. **92** [1932] 513, 515). Löslichkeit in Wasser, Methanol und Äthanol: *Mü.*

($\pm$)-N-Isopropyl-N-sec-butyl-glycin-nitril-Salz $C_9H_{18}N_2 \cdot C_{10}H_6N_2O_8S$. F: 120° bis 125° [Block] (*Corse, Bryant, Shonle*, Am. Soc. **68** [1946] 1905, 1906).

N-Isopropyl-N-pentyl-glycin-nitril-Salz $C_{10}H_{20}N_2 \cdot C_{10}H_6N_2O_8S$. F: 157—159° [Block] (*Corse, Bryant, Shonle*, Am. Soc. **68** [1946] 1905, 1906).

($\pm$)-N-Äthyl-N-[1-methyl-butyl]-glycin-nitril-Salz $C_9H_{18}N_2 \cdot C_{10}H_6N_2O_8S$. F: 152—154° [Block] (*Corse, Bryant, Shonle*, Am. Soc. **68** [1946] 1905, 1906).

($\pm$)-N-Äthyl-N-[1-methyl-hexyl]-glycin-nitril-Salz $C_{11}H_{22}N_2 \cdot C_{10}H_6N_2O_8S$. F: 125—126° [Block] (*Corse, Bryant, Shonle*, Am. Soc. **68** [1946] 1905, 1906).

3-[Propyl-isopropyl-amino]-propionitril-Salz (N-Propyl-N-isopropyl-β-alanin-nitril-Salz) $C_9H_{18}N_2 \cdot C_{10}H_6N_2O_8S$. F: 160—161° [Block] (*Corse, Bryant, Shonle*, Am. Soc. **68** [1946] 1905, 1906).

3-[Propyl-butyl-amino]-propionitril-Salz (N-Propyl-N-butyl-β-alanin-nitril-Salz) $C_{10}H_{20}N_2 \cdot C_{10}H_6N_2O_8S$. F: 124—127° [Block] (*Corse, Bryant, Shonle*, Am. Soc. **68** [1946] 1905, 1906).

3-[Äthyl-isobutyl-amino]-propionitril-Salz (N-Äthyl-N-isobutyl-β-alanin-nitril-Salz) $C_9H_{18}N_2 \cdot C_{10}H_6N_2O_8S$. F: 164—168° [Block] (*Corse, Bryant, Shonle*, Am. Soc. **68** [1946] 1905, 1906).

3-[Propyl-isobutyl-amino]-propionitril-Salz (N-Propyl-N-isobutyl-β-alanin-nitril-Salz) $C_{10}H_{20}N_2 \cdot C_{10}H_6N_2O_8S$. F: 156—158° [Block] (*Corse, Bryant, Shonle*, Am. Soc. **68** [1946] 1905, 1906).

4-[Methyl-äthyl-amino]-butyronitril-Salz $C_7H_{14}N_2 \cdot C_{10}H_6N_2O_8S$. F: 139—140° [Block] (*Corse, Bryant, Shonle*, Am. Soc. **68** [1946] 1905, 1908).

4-[Methyl-propyl-amino]-butyronitril-Salz $C_8H_{16}N_2 \cdot C_{10}H_6N_2O_8S$. F: 167° bis 169° [Block] (*Corse, Bryant, Shonle*, Am. Soc. **68** [1946] 1905, 1908).

N^α-Methyl-DL-ornithin-Salz $C_6H_{14}N_2O_2 \cdot C_{10}H_6N_2O_8S$. Krystalle (aus W.); F: 222° bis 223° [Zers.] (*Zimmermann, Canzanelli*, Z. physiol. Chem. **219** [1933] 207, 213).

($\pm$)-5-Amino-2-trimethylammonio-valeriansäure-Salz $[C_8H_{19}N_2O_2]C_{10}H_5N_2O_8S \cdot C_{10}H_6N_2O_8S$. Krystalle (aus W.); Zers. bei 260° (*Dirr, Lang*, Z. physiol. Chem. **225** [1934] 79, 90); F: 240—242° [Zers.] (*Zimmermann, Canzanelli*, Z. physiol. Chem. **219** [1933] 207, 211).

(R)-2-Trimethylammonio-3-mercapto-propionsäure-Salz $[C_6H_{14}NO_2S]C_{10}H_5N_2O_8S$. Krystalle (aus A.); F: 210° (*Schubert*, J. biol. Chem. **111** [1935] 671, 677).

Bis-[(R)-2-trimethylammonio-2-carboxy-äthyl]-disulfid-Salz $[C_{12}H_{26}N_2O_4S_2](C_{10}H_5N_2O_8S)_2$. Krystalle (aus A.); F: 230° (*Schubert*, J. biol. Chem. **111** [1935] 671, 677).

($\pm$)-2-Amino-4-hydroxy-4-methyl-valeriansäure-Salz $C_6H_{13}NO_3 \cdot C_{10}H_6N_2O_8S$. Gelbe Krystalle (aus W.); F: 272—273° (*Dakin*, J. biol. Chem. **154** [1944] 549, 554).

Harnstoff-Salz $CH_4N_2O \cdot C_{10}H_6N_2O_8S$ (E II 157). Krystalle (aus W.); F: 289° (*Langley, Albrecht*, J. biol. Chem. **108** [1935] 729, 735). Löslichkeit in Wasser, Äthanol und Butanol-(1): *Langley, Noonan*, Am. Soc. **64** [1942] 2507.

Methylharnstoff-Salz $C_2H_6N_2O \cdot C_{10}H_6N_2O_8S$. Krystalle (aus A.); F: 201—202° (*Langley, Albrecht*, J. biol. Chem. **108** [1935] 729, 735). Löslichkeit in Äthanol und Butanol-(1): *Langley, Noonan*, Am. Soc. **64** [1942] 2507.

N^α-Methyl-N^δ-dimethylcarbamoyl-DL-ornithin-Salz. Krystalle (aus W.); F: 235° [Zers.] (*Zimmermann, Canzanelli*, Z. physiol. Chem. **219** [1933] 207, 213).

($\pm$)-2-Trimethylammonio-5-ureido-valeriansäure-Salz $[C_9H_{20}N_3O_3]C_{10}H_5N_2O_8S$. Krystalle (aus W.); Zers. bei 218° (*Dirr, Lang*, Z. physiol. Chem. **225** [1934] 79, 89).

Guanidin-Salz $CH_5N_3 \cdot C_{10}H_6N_2O_8S$ (E II 157). Krystalle (aus W.); F: 279,5—280° (*Langley, Albrecht*, J. biol. Chem. **108** [1935] 729, 735). Löslichkeit in Wasser und Äthanol: *Müller*, Z. Biol. **92** [1932] 513, 518; *Langley, Noonan*, Am. Soc. **64** [1942] 2507; in Methanol: *Mü.*; in Butanol-(1): *La., Noo.*

Methylguanidin-Salz $C_2H_7N_3 \cdot C_{10}H_6N_2O_8S$. Krystalle (aus W. oder Butanol-(1)); F: 230° (*Langley, Albrecht*, J. biol. Chem. **108** [1935] 729, 735). Löslichkeit in Wasser, Äthanol und Butanol-(1): *Langley, Noonan*, Am. Soc. **64** [1942] 2507.

$N.N$-Dimethyl-guanidin-Salz $C_3H_9N_3 \cdot C_{10}H_6N_2O_8S$. Krystalle (aus W.); F: 265—266° (*Langley, Albrecht*, J. biol. Chem. **108** [1935] 729, 735). Löslichkeit in Wasser, Äthanol und Butanol-(1): *Langley, Noonan*, Am. Soc. **64** [1942] 2507.

[3-Methyl-buten-(2)-yl]-guanidin-Salz (Galegin-Salz) $C_6H_{13}N_3 \cdot C_{10}H_6N_2O_8S$. Krystalle (aus W., Me. oder A.); F: 159—160° [Zers.] (*Müller*, Z. Biol. **92** [1932] 513, 516). Löslichkeit in Wasser, Methanol und Äthanol: *Mü.*

1.6-Diguanidino-1.6-didesoxy-D-mannit-Salz $C_8H_{20}N_6O_4 \cdot 2\,C_{10}H_6N_2O_8S$. Krystalle (aus wss. Salzsäure); Zers. bei 265—265,5° (*Kawai, Sugiyama*, Scient. Pap. Inst. phys. chem. Res. **31** [1937] 147, 150).

Kreatin-Salz. Krystalle (aus A.); F: 231° (*Langley, Albrecht*, J. biol. Chem. **108** [1935] 729, 736).

L-Arginin-Salz $C_6H_{14}N_4O_2 \cdot C_{10}H_6N_2O_8S$ (E II 157). Krystalle [aus W.] (*Langley, Albrecht*, J. biol. Chem. **108** [1935] 729, 736); Zers. bei 270° (*Tazawa*, Acta phytoch. Tokyo **13** [1942/43] 57, 71). Brechungsindices: *La., Al.*

DL-Arginin-Salz $C_6H_{14}N_4O_2 \cdot C_{10}H_6N_2O_8S$ (E II 157). Gelbe Krystalle (*Turba, Schuster*, Z. physiol. Chem. **283** [1948] 27, 30); Zers. bei 255—270° (*Kurtz*, J. biol. Chem. **180** [1949] 1253, 1260).

$N^\alpha.N^\omega.N^\omega$-Trimethyl-DL-arginin-Salz $C_9H_{20}N_4O_2 \cdot 2\,C_{10}H_6N_2O_8S$. Krystalle (aus W.). Zers. bei 225—228° (*Zimmermann, Canzanelli*, Z. physiol. Chem. **219** [1933] 207,

212).

N^δ-Methyl-DL-arginin-Salz $C_7H_{16}N_4O_2 \cdot 2\ C_{10}H_6N_2O_8S$. Krystalle (aus W.); F: 231° [Zers.] (*Thomas, Milhorat, Techner*, Z. physiol. Chem. **214** [1933] 121, 133). Löslichkeit in Wasser: *Th., Mi., Te.*

(S)-2-Trimethylammonio-5-guanidino-valeriansäure-Salz
$[C_9H_{21}N_4O_2]C_{10}H_5N_2O_8S \cdot C_{10}H_6N_2O_8S$. Krystalle (aus wss. Lösung); Zers. bei 245° (*Dirr, Lang*, Z. physiol. Chem. **225** [1934] 79, 87).

(±)-2-Trimethylammonio-5-guanidino-valeriansäure-Salze.
a) $[C_9H_{21}N_4O_2]C_{10}H_5N_2O_8S$. Krystalle; Zers. bei 222° [nach Sintern bei 200°] (*Dirr, Lang*, Z. physiol. Chem. **225** [1934] 79, 85). — b) $[C_9H_{21}N_4O_2]C_{10}H_5N_2O_8S \cdot C_{10}H_6N_2O_8S$. Krystalle (aus W.); Zers. bei 260° (*Dirr, Lang*).

N^α-Glycyl-L-arginin-Salz $C_8H_{17}N_5O_3 \cdot 2\ C_{10}H_6N_2O_8S$. Krystalle (aus W.) mit 2 Mol H_2O; Zers. bei 220—225° [korr.; nach Sintern bei 190°] (*Bergmann, Zervas, Rinke*, Z. physiol. Chem. **224** [1934] 40, 44).

N^α-[(R)-1-Carboxy-äthyl]-L-arginin-Salz (Salz des (+)-Octopins)
$C_9H_{18}N_4O_4 \cdot C_{10}H_6N_2O_8S$. Orangegelbe Krystalle (*Akasi*, J. Biochem. Tokyo **25** [1937] 261, 263). Löslichkeit in Wasser: *Akasi*.

N^α-[(S)-1-Carboxy-äthyl]-L-arginin-Salz (Salz des (+)-Isooctopins).
Krystalle (aus W.); F: 206—207° [Zers.] (*Herbst, Swart*, J. org. Chem. **11** [1946] 368, 374).

N^α-L-Arginyl-L-arginin-Salz $C_{12}H_{26}N_8O_3 \cdot 2\ C_{10}H_6N_2O_8S$. Krystalle (aus W.); Zers. bei 225° [nach Sintern] (*Felix, Hirohata, Dirr*, Z. physiol. Chem. **218** [1933] 269, 274; *Felix, Schuberth*, Z. physiol. Chem. **273** [1942] 97, 99; s. dazu *Zervas, Winitz, Greenstein*, J. org. Chem. **21** [1957] 1515, 1516 Anm. 12).

N^α-L-Arginyl-L-arginin-amid-Salz $C_{12}H_{27}N_9O_2 \cdot 2\ C_{10}H_6N_2O_8S$. Krystalle (aus W.); Zers. bei 270° (*Felix, Schuberth*, Z. physiol. Chem. **273** [1942] 97, 100; s. dazu *Zervas, Winitz, Greenstein*, J. org. Chem. **21** [1957] 1515, 1516 Anm. 12).

(S)-2-Amino-6-guanidino-hexansäure-(1)-Salz (L-Homoarginin-Salz)
$C_7H_{16}N_4O_2 \cdot C_{10}H_6N_2O_8S$. Krystalle; Zers. bei 247—254° (*Kurtz*, J. biol. Chem. **180** [1949] 1253, 1262).

(±)-2-Amino-6-guanidino-hexansäure-(1)-Salz (DL-Homoarginin-Salz)
$C_7H_{16}N_4O_2 \cdot C_{10}H_6N_2O_8S$. Orangerote Krystalle; Zers. bei 232° (*Kurtz*, J. biol. Chem. **180** [1949] 1253, 1261).

(S)-2-Amino-4-aminooxy-buttersäure-Salz   (L-Canalin-Salz).   F: 211° [Zers.] (*Kitagawa*, J. Biochem. Tokyo **25** [1937] 23, 33).

(S)-2-Amino-4-guanidinooxy-buttersäure-Salz (L-Canavanin-Salz)
$C_5H_{12}N_4O_3 \cdot 2\ C_{10}H_6N_2O_8S$. Gelbe Krystalle (aus W.); F: 210—215° [Zers.; nach Sintern bei 190°] (*Kitagawa, Yamada*, J. Biochem. Tokyo **16** [1932] 339, 341), 212° (*Gulland, Morris*, Soc. **1935** 763, 765).

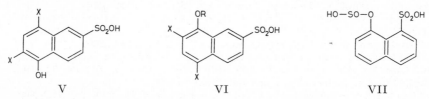

      V   VI   VII

8-Hydroxy-naphthalin-sulfonsäure-(1) $C_{10}H_8O_4S$.

8-Sulfinooxy-naphthalin-sulfonsäure-(1), *8-(sulfinooxy)naphthalene-1-sulfonic acid* $C_{10}H_8O_6S_2$, Formel VII.

In dem E I 65 unter dieser Konstitution beschriebenen, dort als „saurer Schwefligsäureester der Naphthol-(1)-sulfonsäure-(8)" bezeichneten Präparat hat vermutlich unreine (±)-4-Oxo-1.2.3.4-tetrahydro-naphthalin-disulfonsäure-(2.5) $(C_{10}H_{10}O_7S_2)$ vorgelegen (*Rieche, Seeboth*, A. **638** [1960] 43, 48).

4-Hydroxy-naphthalin-disulfonsäure-(1.3), *4-hydroxynaphthalene-1,3-disulfonic acid* $C_{10}H_8O_7S_2$, Formel VIII (H 276; E I 65; E II 158; dort als Naphthol-(1)-disulfonsäure-(2.4) bezeichnet).

Beim Behandeln mit Chlorschwefelsäure ist 4-Hydroxy-naphthalin-trisulfonyl=

chlorid-(1.3.6) erhalten worden (*Gebauer-Fuelnegg, Haemmerle*, Am. Soc. **53** [1931] 2648, 2651).

4-Hydroxy-naphthalin-disulfonsäure-(2.7) $C_{10}H_8O_7S_2$.

4-Äthoxycarbonyloxy-naphthalin-disulfonylchlorid-(2.7), *4-(ethoxycarbonyloxy)naphthalene-2,7-disulfonyl dichloride* $C_{13}H_{10}Cl_2O_7S_2$, Formel IX (R = $CO-OC_2H_5$).

B. Beim Behandeln des Dinatrium-Salzes der 4-Hydroxy-naphthalin-disulfonsäure-(2.7) mit wss. Kalilauge und Chlorameisensäure-äthylester und Erhitzen des Reaktionsprodukts mit Phosphor(V)-chlorid bis auf 150° (*Gebauer-Fuelnegg, Haemmerle*, Am. Soc. **53** [1931] 2648, 2653).

Krystalle (aus Ae.); F: 95°.

8-Hydroxy-naphthalin-disulfonsäure-(1.6), *8-hydroxynaphthalene-1,6-disulfonic acid* $C_{10}H_8O_7S_2$, Formel X (R = H, X = OH) (H 278; E I 66; E II 159; dort als Naphthol-(1)-disulfonsäure-(3.8) bezeichnet).

Beim Behandeln des Natrium-Salzes mit Chloroschwefelsäure ist 8-Hydroxy-naphthalin-disulfonsäure-(1.6)-1-lacton-6-chlorid erhalten worden (*Gebauer-Fuelnegg, Haemmerle*, Am. Soc. **53** [1931] 2648, 2651, 2652). Geschwindigkeit der Reaktionen mit Benzoldiazonium-Salz, 4-Brom-benzol-diazonium-(1)-Salz, 2-Methoxy-benzol-diazonium-(1)-Salz, Toluol-diazonium-(4)-Salz und 1-Diazonio-benzol-sulfonat-(4) in wss. Lösung (pH 4,94—8,17) bei 15°: *Conant, Peterson*, Am. Soc. **52** [1930] 1220, 1225, 1229.

8-Äthoxycarbonyloxy-naphthalin-disulfonylchlorid-(1.6), *8-(ethoxycarbonyloxy)naphthalene-1,6-disulfonyl dichloride* $C_{13}H_{10}Cl_2O_7S_2$, Formel X (R = $CO-OC_2H_5$, X = Cl).

B. Beim Behandeln von Dinatrium-[8-hydroxy-naphthalin-disulfonat-(1.6)] mit wss. Kalilauge und mit Chlorameisensäure-äthylester und Erhitzen des Reaktionsprodukts mit Phosphor(V)-chlorid bis auf 150° (*Gebauer-Fuelnegg, Haemmerle*, Am. Soc. **53** [1931] 2648, 2653).

Krystalle; F: 180—181°.

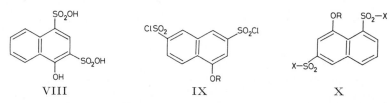

VIII   IX   X

4-Hydroxy-naphthalin-disulfonsäure-(1.7), *4-hydroxynaphthalene-1,7-disulfonic acid* $C_{10}H_8O_7S_2$, Formel XI (H 278; E II 159; dort als Naphthol-(1)-disulfonsäure-(4.6) bezeichnet).

Beim Erhitzen mit Chloroschwefelsäure ist 8-Hydroxy-naphthalin-trisulfonyl-chlorid-(1.3.5) erhalten worden (*Gebauer-Fuelnegg, Haemmerle*, Am. Soc. **53** [1931] 2648, 2652).

4-Hydroxy-naphthalin-disulfonsäure-(1.6), *4-hydroxynaphthalene-1,6-disulfonic acid* $C_{10}H_8O_7S_2$, Formel XII (R = H, X = OH) (H 279; E II 159; dort auch als Naphthol-(1)-disulfonsäure-(4.7) bezeichnet).

Beim Behandeln mit Chloroschwefelsäure ist 4-Hydroxy-naphthalin-trisulfonyl-chlorid-(1.3.6) erhalten worden (*Gebauer-Fuelnegg, Haemmerle*, Am. Soc. **53** [1931] 2648, 2652).

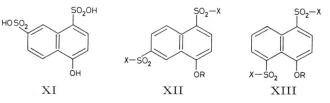

XI   XII   XIII

4-Äthoxycarbonyloxy-naphthalin-disulfonylchlorid-(1.6), *4-(ethoxycarbonyloxy)naphthalene-1,6-disulfonyl dichloride* $C_{13}H_{10}Cl_2O_7S_2$, Formel XII (R = $CO-OC_2H_5$, X = Cl).

B. Beim Behandeln von Dinatrium-[4-hydroxy-naphthalin-disulfonat-(1.6)] mit wss.

Kalilauge und mit Chlorameisensäure-äthylester und Erhitzen des Reaktionsprodukts mit Phosphor(V)-chlorid bis auf 150° (*Gebauer-Fuelnegg, Haemmerle*, Am. Soc. **53** [1931] 2648, 2651, 2652).

Krystalle (aus CS_2); F: 120°.

4-Hydroxy-naphthalin-disulfonsäure-(1.5), *4-hydroxynaphthalene-1,5-disulfonic acid* $C_{10}H_8O_7S_2$, Formel XIII (R = H, X = OH) (H 279; E II 159; dort auch als Naphthol-(1)-disulfonsäure-(4.8) bezeichnet).

Beim Erhitzen der Säure mit Chloroschwefelsäure ist 8-Hydroxy-naphthalin-trisulfonyl-chlorid-(1.3.5), beim Behandeln des Dinatrium-Salzes mit Chloroschwefelsäure ist 4-Hydroxy-naphthalin-disulfonsäure-(1.5)-5-lacton-1-chlorid erhalten worden (*Gebauer-Fuelnegg, Haemmerle*, Am. Soc. **53** [1931] 2648, 2652).

S-Benzyl-isothiuronium-Salz $[C_8H_{11}N_2S]_2C_{10}H_6O_7S_2$. Krystalle (aus wss. A.); F: 205,2° [korr.] (*Chambers, Watt*, J. org. Chem. **6** [1941] 376, 378).

4-Äthoxycarbonyloxy-naphthalin-disulfonylchlorid-(1.5), *4-(ethoxycarbonyloxy)naphthalene-1,5-disulfonyl dichloride* $C_{13}H_{10}Cl_2O_7S_2$, Formel XIII (R = CO-OC$_2$H$_5$, X = Cl).

B. Beim Behandeln von Dinatrium-[4-hydroxy-naphthalin-disulfonat-(1.5)] mit wss. Kalilauge und mit Chlorameisensäure-äthylester und Erhitzen des Reaktionsprodukts mit Phosphor(V)-chlorid bis auf 150° (*Gebauer-Fuelnegg, Haemmerle*, Am. Soc. **53** [1931] 2648, 2651, 2653).

Krystalle (aus CS_2); F: 177—179°.

An feuchter Luft erfolgt Umwandlung in 4-Hydroxy-naphthalin-disulfonsäure-(1.5)-5-lacton-1-chlorid.

4-Hydroxy-naphthalin-trisulfonsäure-(1.3.6) $C_{10}H_8O_{10}S_3$.

4-Hydroxy-naphthalin-trisulfonylchlorid-(1.3.6), *4-hydroxynaphthalene-1,3,6-trisulfonyl trichloride* $C_{10}H_5Cl_3O_7S_3$, Formel I (E II 160; dort als Naphthol-(1)-trisulfonsäure-(2.4.7)-trichlorid bezeichnet).

B. Beim Behandeln von 4-Hydroxy-naphthalin-disulfonsäure-(1.3) oder von 4-Hydroxy-naphthalin-disulfonsäure-(1.6) mit Chloroschwefelsäure (*Gebauer-Fuelnegg, Haemmerle*, Am. Soc. **53** [1931] 2648, 2651, 2652).

Krystalle (aus CS_2); F: 174°.

8-Hydroxy-naphthalin-trisulfonsäure-(1.3.5) $C_{10}H_8O_{10}S_3$.

8-Hydroxy-naphthalin-trisulfonylchlorid-(1.3.5), *8-hydroxynaphthalene-1,3,5-trisulfonyl trichloride* $C_{10}H_5Cl_3O_7S_3$, Formel II (E II 160; dort als Naphthol-(1)-trisulfonsäure-(4.6.8)-trichlorid bezeichnet).

B. Beim Erhitzen von 4-Hydroxy-naphthalin-disulfonsäure-(1.7) oder von 4-Hydroxy-naphthalin-disulfonsäure-(1.5) mit Chloroschwefelsäure (*Gebauer-Fuelnegg, Haemmerle*, Am. Soc. **53** [1931] 2648, 2652).

Krystalle (aus CS_2); F: 217°. [*Klute*]

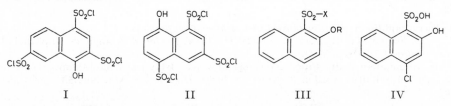

I II III IV

2-Hydroxy-naphthalin-sulfonsäure-(1), *2-hydroxynaphthalene-1-sulfonic acid* $C_{10}H_8O_4S$, Formel III (R = H, X = OH) (H 281; E I 66; E II 160; dort auch als Naphthol-(2)-sulfonsäure-(1) bezeichnet).

B. Beim Einleiten von Schwefeltrioxid-Dampf in eine mit Borsäure versetzte Lösung von Naphthol-(2) in 1.1.2.2-Tetrachlor-äthan (*Du Pont de Nemours & Co.*, U.S.P. 1934216 [1932]). Herstellung aus Naphthol-(2) und Schwefelsäure (vgl. H 281): *Engel*, Am. Soc. **52** [1930] 2835, 2837, 2842; *Woronzow*, Anilinokr. Promyšl. **4** [1934] 565—569; C. **1935** II 48; *Woronzow, Sokolowa*, Promyšl. org. Chim. **2** [1936] 399; C. **1937** I 2264.

Dissoziationskonstante K_2 (Wasser; potentiometrisch ermittelt) bei 22°: $1,1 \cdot 10^{-11}$

(*Engel, Hutchinson,* Am. Soc. **52** [1930] 211, 213).

Bildung von Naphthol-(2), Kalium-naphthyl-(2)-sulfat und Kalium-[6-hydroxy-naphthalin-sulfonat-(2)] beim Erhitzen des Kalium-Salzes (auch im Gemisch mit Naphthalin oder Quarzsand) auf Temperaturen von 110° bis 230°: *Koslow, Kusnezowa,* Ž. obšč. Chim. **17** [1947] 2244, 2250; C. A. **1949** 5388. Bildung von 1.6-Dinitro-naphthol-(2) und einer als 6-Nitro-2-hydroxy-naphthalin-sulfonsäure-(1) ($C_{10}H_7NO_6S$) angesehenen Verbindung beim Behandeln einer Lösung des Natrium-Salzes in wss. Äthanol mit Salpetersäure: *I.G. Farbenind.,* D.R.P. 670358 [1935]; Frdl. **25** 154. Beim Erwärmen des Natrium-Salzes mit Phenylhydrazin und wss. Natriumhydrogensulfit-Lösung sind neben 5*H*-Benzo[*b*]carbazol-sulfonsäure-(6) (vgl. H 281) 7*H*-Benzo[*c*]carbazol sowie (nach Behandlung mit wss. Natronlauge) 2-Phenylazo-naphthalin (F: 84°) und 2-Phenylazo-naphthalin-sulfonsäure-(1) (nicht charakterisiert) erhalten worden (*Bucherer, Rauch,* J. pr. [2] **132** [1931] 227, 258). Bildung von 1-Phenylazo-naphthol-(2) beim Behandeln mit wss. Natriumhydrogencarbonat-Lösung und wss. Benzoldiazoniumchlorid-Lösung und Eintragen des Reaktionsgemisches in wss. Salzsäure: *Bucherer, Möhlau,* J. pr. [2] **131** [1931] 193, 252, s. dagegen H 281. Beim Behandeln mit Benzoldiazoniumchlorid in wss. Salzsäure, aufeinanderfolgenden Behandeln des Reaktionsprodukts mit wss. Natriumcarbonat-Lösung, mit wss. Natronlauge und mit wss. Salzsäure und Eintragen einer ammoniakal. wss. Lösung des danach isolierten Reaktionsprodukts in heisse wss. Salzsäure sind [4-Hydroxy-2-phenyl-1.2-dihydro-phthalazinyl-(1)]-essigsäure und geringe Mengen [2-Anilino-3-oxo-isoindolinyl-(1)]-essigsäure (nachgewiesen durch Überführung in 2.8-Dioxo-1-phenyl-2.3.3a.8-tetrahydro-1*H*-pyrazolo[5.1-*a*]isoindol) erhalten worden (*Peters, Rowe, Brodrick,* Soc. **1948** 1249).

Quantitative Bestimmung neben 7-Hydroxy-naphthalin-sulfonsäure-(1), 7-Hydroxy-naphthalin-disulfonsäure-(1.3) und 7-Hydroxy-naphthalin-trisulfonsäure-(1.3.6) durch potentiometrische Titration mit Brom in schwefelsaurer Lösung: *Harland, Forrester, Bain,* J. Soc. chem. Ind. **50** [1931] 100 T. Bestimmung neben 6-Hydroxy-naphthalin-sulfonsäure-(2) und 7-Hydroxy-naphthalin-sulfonsäure-(1) durch Titration des beim Erhitzen mit wss. Salzsäure bzw. wss. Schwefelsäure entstehenden Naphthols-(2) mit Toluol-diazonium-chlorid-(4)-Lösung bzw. 4-Nitro-benzol-diazonium-(1)-chlorid-Lösung: *Engel,* Am. Soc. **52** [1930] 2835, 2841; *Bucherer, Möhlau,* J. pr. [2] **131** [1931] 193, 244; s. a. *Schtscherbatschew, Baschkirowa,* Anilinokr. Promyšl. **4** [1934] 114, 115; 206, 209; C. **1935** I 1424.

2-Äthoxycarbonyloxy-naphthalin-sulfonylchlorid-(1), *2-(ethoxycarbonyloxy)naphthalene-1-sulfonyl chloride* $C_{13}H_{11}ClO_5S$, Formel III (R = CO-OC$_2$H$_5$, X = Cl).

B. Beim Behandeln von 2-Hydroxy-naphthalin-sulfonsäure-(1) (Rohprodukt) mit wss. Kalilauge und Chlorameisensäure-äthylester und Erhitzen des erhaltenen Kalium-[2-äthoxycarbonyloxy-naphthyl-(1)-sulfonats] mit Phosphor(V)-chlorid auf 135° (*Jusa, Hönigsfeld,* M. **72** [1939] 93, 109).

Krystalle (aus CS$_2$); F: 117°.

Beim Erwärmen mit Zink und wss.-äthanol. Salzsäure ist 2-Oxo-naphth[1.2-*d*][1.3]-oxathiol erhalten worden.

Charakterisierung durch Überführung in 2-Äthoxycarbonyloxy-naphthalin-sulfonsäure-(1)-anilid (F: 129°): *Jusa, Hö.*

N-[2-Methoxy-naphthalin-sulfonyl-(1)]-glycin, *N-(2-methoxy-1-naphthylsulfonyl)glycine* $C_{13}H_{13}NO_5S$, Formel III (R = CH$_3$, X = NH-CH$_2$-COOH).

B. Aus Glycin und 2-Methoxy-naphthalin-sulfonylchlorid-(1) [nicht näher beschrieben] (*Cocker,* Soc. **1937** 1695).

Krystalle; F: 184,5°.

N-[2-Methoxy-naphthalin-sulfonyl-(1)]-sarkosin, *N-(2-methoxy-1-naphthylsulfonyl)sarcosine* $C_{14}H_{15}NO_5S$, Formel III (R = CH$_3$, X = N(CH$_3$)-CH$_2$-COOH).

B. Aus *N*-[2-Methoxy-naphthalin-sulfonyl-(1)]-glycin und Dimethylsulfat (*Cocker,* Soc. **1937** 1695).

Krystalle; F: 145°.

4-Chlor-2-hydroxy-naphthalin-sulfonsäure-(1), *4-chloro-2-hydroxynaphthalene-1-sulfonic acid* $C_{10}H_7ClO_4S$, Formel IV.

B. In geringer Menge beim Erwärmen von 1.4-Dichlor-naphthol-(2) mit Natriumsulfit in wss. Äthanol (*Burton*, Soc. **1945** 280).

Krystalle (aus W.) mit 0,5 Mol H_2O, die bei 200° sintern, aber unterhalb 260° nicht schmelzen.

3-Hydroxy-naphthalin-sulfonsäure-(2), *3-hydroxynaphthalene-2-sulfonic acid* $C_{10}H_8O_4S$, Formel V (R = H, X = OH).

B. Aus 3-Methoxy-naphthalin-sulfonsäure-(2) beim Erhitzen mit wss. Salzsäure (*Holt, Mason*, Soc. **1931** 377, 380).

Krystalle (aus wss. Salzsäure) mit 1 Mol H_2O.

Beim Behandeln mit Eisen(III)-chlorid-Lösung tritt eine blaue Färbung auf.

Charakterisierung als Anilin-Salz (F: 241—242°) und als Naphthyl-(1)-amin-Salz (F: 247—248°): *Holt, Ma.*

Natrium-Salz $NaC_{10}H_7O_4S$. Krystalle (aus wss. A.) mit 1 Mol H_2O. Lösungen in wss. Ammoniak und in wss. Natriumcarbonat fluorescieren blau.

3-Methoxy-naphthalin-sulfonsäure-(2), *3-methoxynaphthalene-2-sulfonic acid* $C_{11}H_{10}O_4S$, Formel V (R = CH_3, X = OH).

B. Aus 3-Methoxy-naphthalin-sulfinsäure-(2) beim Erwärmen einer Suspension in Aceton mit Kaliumpermanganat (*Holt, Mason*, Soc. **1931** 377, 379).

Charakterisierung als Amid (s. u.) und als Anilid (F: 173—174°): *Holt, Ma.*, l. c. S. 380.

Kalium-Salz $KC_{11}H_9O_4S$. Krystalle (aus A.).

3-Methoxy-naphthalin-sulfonylchlorid-(2), *3-methoxynaphthalene-2-sulfonyl chloride* $C_{11}H_9ClO_3S$, Formel V (R = CH_3, X = Cl).

B. Aus 3-Methoxy-naphthalin-sulfinsäure-(2) beim Behandeln mit alkal. wss. Natrium=hypochlorit-Lösung (*Holt, Mason*, Soc. **1931** 377, 379). Aus 3-Methoxy-naphthalin-sulfonsäure-(2) beim Erwärmen des Kalium-Salzes mit Phosphor(V)-chlorid oder Thionyl=chlorid (*Holt, Ma.*).

Krystalle (aus Ae.); F: 137—138°.

3-Hydroxy-naphthalinsulfonamid-(2), *3-hydroxynaphthalene-2-sulfonamide* $C_{10}H_9NO_3S$, Formel V (R = H, X = NH_2).

B. Beim Erhitzen von 3-Hydroxy-naphthalin-sulfonsäure-(2) mit Phosphor(V)-chlorid und Behandeln einer Lösung des erhaltenen Säurechlorids in Benzol mit wss. Ammoniak (*Holt, Mason*, Soc. **1931** 377, 380).

F: 110°.

3-Methoxy-naphthalinsulfonamid-(2), *3-methoxynaphthalene-2-sulfonamide* $C_{11}H_{11}NO_3S$, Formel V (R = CH_3, X = NH_2).

B. Aus 3-Methoxy-naphthalin-sulfonylchlorid-(2) und Ammoniumcarbonat (*Holt, Mason*, Soc. **1931** 377, 379).

Krystalle (aus A.); F: 113°.

3-Hydroxy-naphthalin-sulfonsäure-(1), *3-hydroxynaphthalene-1-sulfonic acid* $C_{10}H_8O_4S$, Formel VI (R = H, X = OH) (H 282; E II 161; dort als Naphthol-(2)-sulfonsäure-(4) bezeichnet)[1].

B. Aus 2-Hydroxy-naphthalin-disulfonsäure-(1.4) beim Erhitzen des Dinatrium-Salzes mit Wasser auf 150° sowie beim Erhitzen des Dikalium-Salzes mit wss. Schwefelsäure auf Siedetemperatur (*Krebser, Vannotti*, Helv. **21** [1938] 1221, 1228). Aus 2-Hydroxy-1-diazonio-naphthalin-sulfonat-(4) beim Behandeln mit einer aus Zinn(II)-chlorid und wss. Natronlauge hergestellten Lösung (*Fierz-David, Ischer*, Helv. **21** [1938] 664, 698; s. a. *Bogdanow, Migatschewa*, Ž. obšč. Chim. **19** [1949] 1490; C. A. **1950** 1082), mit Eisen(II)-chlorid und wss. Natronlauge (*I.G. Farbenind.*, D.R.P. 698318 [1938]; D.R.P. Org. Chem. **6** 2217) oder mit D-Glucose und wss. Natronlauge (*I.G. Farbenind.*, D.R.P. 694662 [1938]; D.R.P. Org. Chem. **6** 2215; *Gen. Aniline & Film Corp.*, U.S.P. 2230791 [1939]).

Krystalle (aus W.) (*Fierz-D., Ischer*).

Überführung in 2.2'-Dihydroxy-[1.1']binaphthyl-disulfonsäure-(4.4') durch Erwärmen des Barium-Salzes mit Eisen(III)-sulfat oder Eisen(III)-chlorid in Wasser: *Ioffe, Beni-*

---

[1] Berichtigung zu E II 161, Zeile 24 v. o.: An Stelle von „Unlöslich" ist zu setzen „Löslich".

diktowa-Fleischer, Ž. obšč. Chim. **7** [1937] 2678; C. **1938** II 1589. Beim Erwärmen des Natrium-Salzes mit Natriumsulfit und Mangan(IV)-oxid in Wasser ist 2-Hydroxy-naphthalin-disulfonsäure-(1.4) erhalten worden (*Bogdanow*, Ž. obšč. Chim. **9** [1939] 1145; C. **1940** I 1500).

Natrium-Salz $NaC_{10}H_7O_4S$. Krystalle (aus W.) mit 1 Mol H_2O [bei langsamem Abkühlen] oder mit 2 Mol H_2O [bei schnellem Abkühlen] (*Bo., Mi.*).

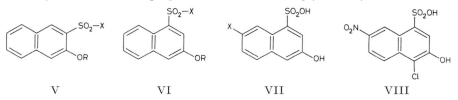

V   VI   VII   VIII

3-Äthoxycarbonyloxy-naphthalin-sulfonylchlorid-(1), *3-(ethoxycarbonyloxy)naphthalene-1-sulfonyl chloride* $C_{13}H_{11}ClO_5S$, Formel VI (R = CO-OC₂H₅, X = Cl).

Ein amorphes Präparat (F: 117° [aus Eg. + W.]) von ungewisser Einheitlichkeit ist beim Behandeln von 3-Hydroxy-naphthalin-sulfonsäure-(1) (Rohprodukt) mit wss. Kalilauge und Chlorameisensäure-äthylester und Behandeln des Reaktionsprodukts mit Phosphor(V)-chlorid erhalten worden (*Jusa, Hönigsfeld*, M. **72** [1939] 97, 108).

N-[3-Hydroxy-naphthalin-sulfonyl-(1)]-glycin, *N-(3-hydroxy-1-naphthylsulfonyl)= glycine* $C_{12}H_{11}NO_5S$, Formel VI (R = H, X = NH-CH₂-COOH).

B. Aus *N*-[3-Methoxycarbonyloxy-naphthalin-sulfonyl-(1)]-glycin-äthylester beim Erwärmen mit wss. Alkalilauge (*Geigy A.G.*, D.R.P. 747531 [1941]; D.R.P. Org. Chem. **1**, Tl. 1, S. 815; U.S.P. 2331278 [1941]).

Krystalle; F: 197—198°.

N-[3-Methoxycarbonyloxy-naphthalin-sulfonyl-(1)]-glycin-äthylester, *N-[3-(methoxy= carbonyloxy)-1-naphthylsulfonyl]glycine ethyl ester* $C_{16}H_{17}NO_7S$, Formel VI (R = CO-OCH₃, X = NH-CH₂-CO-OC₂H₅).

B. Aus 3-Methoxycarbonyloxy-naphthalin-sulfonylchlorid-(1) (nicht näher beschrieben) und Glycinäthylester-hydrochlorid mit Hilfe von Pyridin (*Geigy A.G.*, D.R.P. 747531 [1941]; D.R.P. Org. Chem. **1**, Tl. 1, S. 815; U.S.P. 2331278 [1941]).

Krystalle; F: 118—119°.

7-Chlor-3-hydroxy-naphthalin-sulfonsäure-(1), *7-chloro-3-hydroxynaphthalene-1-sulfonic acid* $C_{10}H_7ClO_4S$, Formel VII (X = Cl) (E II 161).

B. Aus 6-Chlor-2-hydroxy-1-diazonio-naphthalin-sulfonat-(4) beim Erwärmen mit Natronlauge (*I.G. Farbenind.*, D.R.P. 694662 [1938]; D.R.P. Org. Chem. **6** 2215; *Gen. Aniline & Film Corp.*, U.S.P. 2230791 [1939]).

Beim Erhitzen mit Phosphor(V)-chlorid auf 180° sind 1.3.7-Trichlor-naphthalin und eine als 1.4.6-Trichlor-naphthol-(2) angesehene Verbindung (F: 136—137°) erhalten worden (*Battegay, Silbermann, Kienzle*, Bl. [4] **49** [1931] 716, 719).

7-Brom-3-hydroxy-naphthalin-sulfonsäure-(1), *7-bromo-3-hydroxynaphthalene-1-sulfonic acid* $C_{10}H_7BrO_4S$, Formel VII (X = Br).

B. Aus 6-Brom-2-hydroxy-naphthalin-disulfonsäure-(1.4) beim Erwärmen mit wss. Schwefelsäure (*Krebser, Vannotti*, Helv. **21** [1938] 1221, 1230). Beim Erwärmen einer aus 7-Amino-3-hydroxy-naphthalin-sulfonsäure-(1), wss. Bromwasserstoffsäure und Natriumnitrit hergestellten Diazoniumsalz-Lösung mit einem Gemisch von Kupfer(I)-bromid, Kupfer-Pulver und wss. Bromwasserstoffsäure (*Kr., Va.*). Aus 6-Brom-2-hydr= oxy-1-diazonio-naphthalin-sulfonat-(4) beim Erwärmen mit wasserhaltigem Äthanol unter Zusatz von Kupfer(I)-oxid (*Ruggli, Michels*, Helv. **14** [1931] 779, 781) oder mit D-Glucose und Natronlauge (*I.G. Farbenind.*, D.R.P. 694662 [1938]; D.R.P. Org. Chem. **6** 2215; *Gen. Aniline & Film Corp.*, U.S.P. 2230791 [1939]).

Krystalle mit 3 Mol H_2O (*Battegay, Silbermann, Kienzle*, Bl. [4] **49** [1931] 716, 721). Natrium-Salz $NaC_{10}H_6BrO_4S$. Krystalle (aus W.) mit 1,5 Mol H_2O (*Kr., Va.*).

7-Nitro-3-hydroxy-naphthalin-sulfonsäure-(1), *3-hydroxy-7-nitronaphthalene-1-sulfonic acid* $C_{10}H_7NO_6S$, Formel VII (X = NO₂) (E II 161).

B. Aus 6-Nitro-2-hydroxy-naphthalin-disulfonsäure-(1.4) beim Erhitzen mit wss.

Schwefelsäure (*Krebser, Vannotti*, Helv. **21** [1938] 1221, 1231). Aus 6-Nitro-2-hydroxy-1-diazonio-naphthalin-sulfonat-(4) beim Behandeln mit Eisen(II)-chlorid und wss. Natronlauge (*I.G. Farbenind.*, D.R.P. 698318 [1938]; D.R.P. Org. Chem. **6** 2217) sowie beim Erwärmen mit D-Glucose und wss. Natronlauge (*I.G. Farbenind.*, D.R.P. 694662 [1938]; D.R.P. Org. Chem. **6** 2215; *Gen. Aniline & Film Corp.*, U.S.P. 2230791 [1939]).

Gelbe Krystalle (*I.G. Farbenind.*, D.R.P. 694662).

4-Chlor-7-nitro-3-hydroxy-naphthalin-sulfonsäure-(1), *4-chloro-3-hydroxy-7-nitro-naphthalene-1-sulfonic acid* $C_{10}H_6ClNO_6S$, Formel VIII.

B. Aus 7-Nitro-3-hydroxy-naphthalin-sulfonsäure-(1) beim Erwärmen des Natrium-Salzes mit Eisen(III)-chlorid in Wasser (*Ioffe, Benidiktowa-Fleischer*, Ž. obšč. Chim. **7** [1937] 2678; C. **1938** II 1589).

Hellgelbe Krystalle (aus W.). In Wasser leicht löslich.

6-Hydroxy-naphthalin-sulfonsäure-(1), *6-hydroxynaphthalene-1-sulfonic acid* $C_{10}H_8O_4S$, Formel IX (H 282; E II 161; dort als Naphthol-(2)-sulfonsäure-(5) bezeichnet).

Beim Erwärmen des Natrium-Salzes mit Eisen(III)-chlorid oder Eisen(III)-sulfat in wss. Lösung ist 2.2′-Dihydroxy-[1.1′]binaphthyl-disulfonsäure-(5.5′) erhalten worden (*Ioffe, Kobjakowa*, Ž. obšč. Chim. **7** [1937] 2457, 2458; C. **1938** II 1589).

6-[Naphthyl-(2)-sulfon]-naphthalin-sulfonsäure-(1), *6-(2-naphthylsulfonyl)naphthalene-1-sulfonic acid* $C_{20}H_{14}O_5S_2$, Formel X (X = OH).

B. Neben anderen Sulfonsäuren aus Di-[naphthyl-(2)]-sulfon beim Erhitzen mit Chloroschwefelsäure bis auf 120° (*Kuczyński, Kuczyński, Sucharda*, Roczniki Chem. **18** [1938] 625, 642; C. **1939** II 2059) sowie beim Erwärmen mit Schwefelsäure (*Koslow, Tubjanškaja*, Doklady Akad. S.S.S.R. **58** [1947] 233, 234; C. A. **1951** 7991).

Charakterisierung durch Überführung in 6-[Naphthyl-(2)-sulfon]-naphthalin-sulfonsäure-(1)-anilid (F: 184°): *Ku., Ku., Su.*, l. c. S. 644.

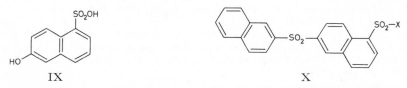

IX   X

Bis-[5-sulfo-naphthyl-(2)]-sulfon, 6.6′-Sulfonyl-bis-naphthalinsulfonsäure-(1), *6,6′-sulfonylbisnaphthalene-1-sulfonic acid* $C_{20}H_{14}O_8S_3$, Formel XI (X = OH).

B. Neben anderen Sulfonsäuren aus Di-[naphthyl-(2)]-sulfon beim Behandeln mit rauchender Schwefelsäure sowie beim Erwärmen mit konz. Schwefelsäure (*Koslow, Tubjanškaja*, Doklady Akad. S.S.S.R. **58** [1947] 233, 234; C. A. **1951** 7991).

F: 64°. Hygroskopisch.

Beim Erhitzen des Natrium-Salzes oder des Barium-Salzes mit Phosphor(V)-chlorid oder Phosphoroxychlorid auf 200° ist 1.6-Dichlor-naphthalin erhalten worden.

Charakterisierung als Diamid (S. 553), als Dianilin-Salz (Tetrahydrat: F: 175°), als Benzidin-Salz (Trihydrat: F: 291°) und als Dianilid (F: 278°): *Ko., Tu.*

Natrium-Salz. In 100 g Wasser lösen sich bei 15° 12,5 g.

Barium-Salz $BaC_{20}H_{12}O_8S_3$. Krystalle mit 5 Mol H_2O (aus W.), mit 7 Mol H_2O (aus wss. A.) und mit 9 Mol H_2O (aus W.).

Blei(II)-Salz $PbC_{20}H_{12}O_8S_3$. Krystalle (aus wss. Eg.) mit 2 Mol H_2O. In Wasser und Äthanol fast unlöslich.

6-[Naphthyl-(2)-sulfon]-naphthalin-sulfonylchlorid-(1), *6-(2-naphthylsulfonyl)naphthalene-1-sulfonyl chloride* $C_{20}H_{13}ClO_4S_2$, Formel X (X = Cl).

B. Aus 6-[Naphthyl-(2)-sulfon]-naphthalin-sulfonsäure-(1) beim Erwärmen des Barium-Salzes mit Phosphor(V)-chlorid (*Koslow, Tubjanškaja*, Doklady Akad. S.S.S.R. **58** [1947] 233, 236; C. A. **1951** 7991; s. a. *Kuczyński, Kuczyński, Sucharda*, Roczniki Chem. **18** [1938] 625, 644; C. **1939** II 2059).

Krystalle; F: 166—167° [aus Bzl.] (*Ko., Tu.*), 166° [aus Eg.] (*Ku., Ku., Su.*).

Beim Erhitzen mit Phosphor(V)-chlorid auf 160° sind 2-Chlor-naphthalin und 1.6-Dichlor-naphthalin erhalten worden (*Ku., Ku., Su.*).

Bis-[5-chlorsulfonyl-naphthyl-(2)]-sulfon, 6.6′-Sulfonyl-bis-naphthalinsulfonyl⸗ chlorid-(1), *6,6′-sulfonylbisnaphthalene-1-sulfonyl chloride* $C_{20}H_{12}Cl_2O_6S_3$, Formel XI (X = Cl).

B. Aus Bis-[5-sulfo-naphthyl-(2)]-sulfon beim Erwärmen des Barium-Salzes mit Phosphor(V)-chlorid (*Koslow, Tubjanškaja*, Doklady Akad. S.S.S.R. **58** [1947] 233, 235; C. A. **1951** 7991).

Krystalle (aus Bzl., Xylol oder Eg.); F: 222°.

Bis-[5-sulfamoyl-naphthyl-(2)]-sulfon, 6.6′-Sulfonyl-bis-naphthalinsulfonamid-(1), *6,6′-sulfonylbisnaphthalene-1-sulfonamide* $C_{20}H_{16}N_2O_6S_3$, Formel XI (X = NH₂).

B. Aus Bis-[5-chlorsulfonyl-naphthyl-(2)]-sulfon (*Koslow, Tubjanškaja*, Doklady Akad. S.S.S.R. **58** [1947] 233, 235; C. A. **1951** 7991).

Krystalle (aus Acn. + Me.); F: 269°.

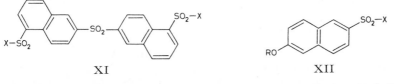

XI   XII

6-Hydroxy-naphthalin-sulfonsäure-(2), *6-hydroxynaphthalene-2-sulfonic acid* $C_{10}H_8O_4S$, Formel XII (R = H, X = OH) (H 282; E I 66; E II 162; dort als Naphthol-(2)-sulfon⸗ säure-(6) und als Schaeffersche Säure bezeichnet).

B. Beim Erwärmen von Naphthol-(2) mit Schwefelsäure (*Woronzow*, Ž. chim. Promyšl. **7** [1930] 1287, 1288; C. A. **1931** 5515; *Engel*, Am. Soc. **52** [1930] 2835, 2837; vgl. H 282; E II 162). Aus Kalium-naphthyl-(2)-sulfat beim Erhitzen mit Kaliumhydrogensulfat auf 200° (*Koslow, Kusnezowa*, Ž. obšč. Chim. **17** [1947] 2244, 2250; C. A. **1949** 5388). Aus Kalium-[2-hydroxy-naphthalin-sulfonat-(1)] beim Erhitzen im Gemisch mit Quarz⸗ sand auf 200° (*Ko., Ku.*, l. c. S. 2249, 2250). Aus 2-Hydroxy-naphthalin-disulfonsäu⸗ re-(1.6) beim Erwärmen mit wss. Mineralsäuren (*Engel*, l. c. S. 2843; *Bogdanow, Iwanowa*, Ž. obšč. Chim. **8** [1938] 1071, 1076; C. **1939** II 3411; *Krebser, Vannotti*, Helv. **21** [1938] 1221, 1223, 1229).

Reinigung und Trennung von anderen 2-Hydroxy-naphthalin-sulfonsäuren durch Ein⸗ leiten von Chlorwasserstoff in eine wss. Lösung: *Engel, Hutchinson*, Am. Soc. **52** [1930] 211.

Krystalle mit 2 Mol H_2O (aus wss. Lösung durch Einleiten von Chlorwasserstoff erhalten), F: 118° [korr.]; Krystalle mit 1 Mol H_2O [nach Trocknen des Dihydrats über Schwefelsäure oder Phosphor(V)-oxid bei 20°], F: 129° [korr.]; die wasserfreie Säure schmilzt bei 167° [korr.] (*Engel, Hutchinson*, Am. Soc. **52** [1930] 211, 212). Verbren⸗ nungswärme bei konstantem Volumen bei 17°: 5232,0 cal/g (*Badoche*, Bl. **1946** 37, 38, 39). Fluorescenz-Spektrum einer wss. Lösung des Natrium-Salzes: *Allen, Franklin, McDonald*, J. Franklin Inst. **215** [1933] 705, 716, 717. Farbe der Fluorescenz von wss. Lösungen bei verschiedenem pH: *Déribéré*, Ann. Chim. anal. appl. [3] **18** [1936] 173. Dissoziationskonstanten K_1 und K_2 (Wasser; potentiometrisch ermittelt) bei 17°: $3,3 \cdot 10^{-2}$ bzw. $1 \cdot 10^{-9}$ (*En., Hu.*, l. c. S. 215). Lösungsenthalpie (W.) sowie Neutralisa⸗ tionswärme: *Ba.*, l. c. S. 40, 41, 42.

Bildung von geringen Mengen 6-Chlor-naphthol-(2) beim Erhitzen mit Kupfer(II)-chlorid: *Varma, Parekh, Subramanium*, J. Indian chem. Soc. **16** [1939] 460, 462. Beim Behandeln des Natrium-Salzes mit Eisen(III)-chlorid in wss. Lösung ist bei Raumtem⸗ peratur 2.2′-Dihydroxy-[1.1′]binaphthyl-disulfonsäure-(6.6′) (*Ioffe, Kusnezow*, Ž. obšč. Chim. **5** [1935] 877, 880; C. **1936** I 2935), bei Siedetemperatur hingegen in geringer Menge 5-Chlor-6-hydroxy-naphthalin-sulfonsäure-(2) (*Ioffe*, Anilinokr. Promyšl. **5** [1935] 325; C. **1936** I 2825) erhalten worden. Ausbeute an 3-Hydroxy-naphthalin-disulfonsäure-(2.7), 7-Hydroxy-naphthalin-disulfonsäure-(1.3) und 2-Hydroxy-naphthalin-disulfonsäure-(1.6) beim Erwärmen mit rauchender Schwefelsäure: *Schtscherbatschew*, Ž. prikl. Chim. **8** [1935] 1216, 1217, 1219; C. **1936** II 3415. Ausbeute an 2-Hydroxy-naphthalin-disulfon⸗ säure-(1.6) beim Erhitzen des Natrium-Salzes mit Natriumsulfit und Mangan(IV)-oxid in Wasser auf 130° bzw. auf 85°: *Bogdanow, Iwanowa*, Ž. obšč. Chim. **8** [1938] 1071, 1076, 1079; C. **1939** II 3411. Bildung von Naphthol-(2) beim Erwärmen mit wss.

Natronlauge und Nickel-Aluminium-Legierung: *Schwenk et al.*, J. org. Chem. **9** [1944] 1, 2.

Bromometrische Bestimmung neben 7-Hydroxy-naphthalin-disulfonsäure-(1.3) und neben 7-Hydroxy-naphthalin-sulfonsäure-(1): *Forrester, Bain*, J. Soc. chem. Ind. **49** [1930] 410 T, 423 T. Bestimmung durch Titration mit 4-Chlor-benzol-diazonium-(1)-Salz in alkal. wss. Lösung: *Ueno, Sekiguchi*, J. Soc. chem. Ind. Japan **38** [1935] 341, 344; J. Soc. chem. Ind. Japan Spl. **38** [1935] 142; durch Titration mit Toluol-diazo= nium-(4)-chlorid in alkal. wss. Lösung: *Engel*, Am. Soc. **52** [1930] 2835, 2840; s. a. *Schtscherbatschew, Baschkirowa*, Anilinokr. Promyšl. **4** [1934] 206, 209; C. **1935** I 1424. Bestimmung neben 7-Hydroxy-naphthalin-sulfonsäure-(2) durch Messung der Ernie-drigung der kritischen Lösungstemperatur des Systems Phenol-Wasser: *Kerr*, J. Soc. chem. Ind. **52** [1933] 336 T.

Ammonium-Salz [NH$_4$]C$_{10}$H$_7$O$_4$S (H 283; E II 162). Verbrennungswärme bei konstantem Volumen bei 17°: 5193,8 cal/g (*Badoche*, Bl. **1946** 37, 39). Lösungsenthalpie (W.): *Ba.*, l. c. S. 40.

Eisen(II)-Salz Fe(C$_{10}$H$_7$O$_4$S)$_2$. Grünliche Krystalle mit 7 Mol H$_2$O (*Ioffe, Kusnezow*, Ž. obšč. Chim. **5** [1935] 877, 881; C. **1936** I 2935).

S-Benzyl-isothiuronium-Salz [C$_8$H$_{11}$N$_2$S]C$_{10}$H$_7$O$_4$S. F: 206,7° [korr.] (*Chambers, Watt*, J. org. Chem. **6** [1941] 376, 378).

Glycin-Salz C$_2$H$_5$NO$_2$·C$_{10}$H$_8$O$_4$S. Krystalle; F: 238° (*Pfeiffer et al.*, J. pr. [2] **126** [1930] 97, 127).

Sarkosin-Salz 2C$_3$H$_7$NO$_2$·3C$_{10}$H$_8$O$_4$S. Krystalle mit 1 Mol H$_2$O; F: 205—210° [Zers.] (*Pfeiffer et al.*, J. pr. [2] **126** [1930] 97, 128).

N-Glycyl-glycin-Salz C$_4$H$_8$N$_2$O$_3$·C$_{10}$H$_8$O$_4$S. Krystalle mit 0,3 Mol H$_2$O; F: 231° [Zers.] (*Pfeiffer et al.*, J. pr. [2] **126** [1930] 97, 104, 128).

6-Methoxy-naphthalin-sulfonsäure-(2), *6-methoxynaphthalene-2-sulfonic acid* C$_{11}$H$_{10}$O$_4$S, Formel XII (R = CH$_3$, X = OH) (H 284).

B. Neben anderen Verbindungen beim Erhitzen von 2-Methoxy-naphthalin mit Di= methylsulfat auf 180° und anschliessenden Erwärmen mit wss. Kalilauge (*Below, Schepelenkowa*, Ž. obšč. Chim. **11** [1941] 757, 760; C. A. **1942** 419).

Kalium-Salz. Krystalle (aus W.).

6-Benzoyloxy-naphthalin-sulfonsäure-(2), *6-(benzoyloxy)naphthalene-2-sulfonic acid* C$_{17}$H$_{12}$O$_5$S, Formel XII (R = CO-C$_6$H$_5$, X = OH).

B. Aus 6-Hydroxy-naphthalin-sulfonsäure-(2) beim Behandeln mit wss. Natrium= carbonat-Lösung und mit Benzoylchlorid (*Whitmore, Gebhart*, Ind. eng. Chem. Anal. **10** [1938] 654).

Optische Untersuchung der Krystalle: *Wh., Ge.*, l. c. S. 657, 659.

Natrium-Salz. Krystalle (aus W. + A.).

N-[6-Hydroxy-naphthalin-sulfonyl-(2)]-glycin, *N-(6-hydroxy-2-naphthylsulfonyl)= glycine* C$_{12}$H$_{11}$NO$_5$S, Formel XII (R = H, X = NH-CH$_2$-COOH).

B. Aus der im folgenden Artikel beschriebenen Verbindung beim Erwärmen mit wss. Alkalilauge (*Geigy A.G.*, D.R.P. 747531 [1941]; D.R.P. Org. Chem. **1**, Tl. 1, S. 815; U.S.P. 2331278 [1941]).

Krystalle; F: 207—209°.

N-[6-Methoxycarbonyloxy-naphthalin-sulfonyl-(2)]-glycin-äthylester, *N-[6-(methoxy= carbonyloxy)-2-naphthylsulfonyl]glycine ethyl ester* C$_{16}$H$_{17}$NO$_7$S, Formel XII (R = CO-OCH$_3$, X = NH-CH$_2$-CO-OC$_2$H$_5$).

B. Aus 6-Methoxycarbonyloxy-naphthalin-sulfonylchlorid-(2) (nicht näher beschrie-ben) und Glycin-äthylester-hydrochlorid mit Hilfe von Pyridin (*Geigy A.G.*, D.R.P. 747531 [1941]; D.R.P. Org. Chem. **1**, Tl. 1, S. 815; U.S.P. 2331278 [1941]).

Krystalle; F: 109—110°.

6-Hydroxy-naphthalin-sulfonsäure-(2)-hydrazid, *6-hydroxynaphthalene-2-sulfonic acid hydrazide* C$_{10}$H$_{10}$N$_2$O$_3$S, Formel XII (R = H, X = NH-NH$_2$).

B. Aus 6-Äthoxycarbonyloxy-naphthalin-sulfonylchlorid-(2) (E I 67) beim Erwärmen mit Hydrazin-hydrat (*Seligman, Friedman, Herz*, Endocrinology **44** [1949] 584, 586).

Krystalle (aus Me.); F: 188° [korr.].

5-Chlor-6-hydroxy-naphthalin-sulfonsäure-(2), *5-chloro-6-hydroxynaphthalene-2-sulfonic acid* $C_{10}H_7ClO_4S$, Formel I (R = H, X = OH).

B. In geringer Menge beim Erhitzen von Natrium-[6-hydroxy-naphthalin-sulfonat-(2)] mit Eisen(III)-chlorid in wss. Lösung (*Ioffe*, Anilinokr. Promyšl. **5** [1935] 325; C. **1936** I 2825).

Natrium-Salz $NaC_{10}H_6ClO_4S$. Krystalle mit 2 Mol H_2O. In 100 ml Wasser lösen sich bei 20° 2,7 g.

5-Chlor-6-methoxy-naphthalin-sulfonylchlorid-(2), *5-chloro-6-methoxynaphthalene-2-sulfonyl chloride* $C_{11}H_8Cl_2O_3S$, Formel I (R = CH_3, X = Cl).

B. Aus 5-Amino-6-methoxy-naphthalin-sulfonsäure-(2) über die Diazonium-Verbindung und 5-Chlor-6-methoxy-naphthalin-sulfonsäure-(2) (*CIBA*, D.R.P. 743675 [1937]; D.R.P. Org. Chem. **1**, Tl. 2, S. 694; U.S.P. 2250630 [1938]).

Krystalle (aus Bzl.); F: 142°.

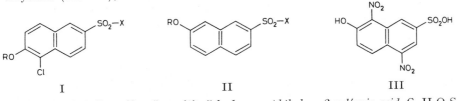

I   II   III

7-Hydroxy-naphthalin-sulfonsäure-(2), *7-hydroxynaphthalene-2-sulfonic acid* $C_{10}H_8O_4S$, Formel II (R = H, X = OH) (H 285; E I 67; E II 163; dort als Naphthol-(2)-sulfonsäure-(7) und als F-Säure bezeichnet).

Krystalle mit 4 Mol H_2O [aus wss. Lösung durch Einleiten von Chlorwasserstoff erhalten], F: 67°; Krystalle mit 2 Mol H_2O [aus dem Tetrahydrat nach Aufbewahren über Kaliumhydroxid erhalten], F: 95°; Krystalle mit 1 Mol H_2O [aus dem Tetrahydrat nach Trocknen über Schwefelsäure erhalten], F: 108—109°; die wasserfreie Säure (aus den Hydraten durch Trocknen über Phosphor(V)-oxid erhalten) schmilzt bei 115—116° (*Harland, Forrester, Bain*, J. Soc. chem. Ind. **50** [1931] 100 T). Fluorescenz-Spektrum von wss. Lösungen des Natrium-Salzes: *Allen, Franklin, McDonald*, J. Franklin Inst. **215** [1933] 705, 716, 717. Alkalische Lösungen fluorescieren im UV-Licht blau, neutrale und saure Lösungen fluorescieren nicht (*Déribéré*, Ann. Chim. anal. appl. [3] **19** [1937] 262).

Beim Erhitzen des Natrium-Salzes mit Eisen(III)-chlorid in schwach saurer wss. Lösung ist 2.2'-Dihydroxy-[1.1']binaphthyl-disulfonsäure-(7.7') erhalten worden (*Ioffe*, Ž. obšč. Chim. **3** [1933] 453, 458; C. A. **1934** 1691). Bildung von 2-Hydroxy-naphthalin-disulfonsäure-(1.7) beim Erwärmen des Natrium-Salzes mit wss. Natriumsulfit-Lösung unter Zusatz von Mangan(IV)-oxid: *Bogdanow*, Ž. obšč. Chim. **9** [1939] 1145; C. **1940** I 1500.

Bromometrische Bestimmung neben 7-Hydroxy-naphthalin-sulfonsäure-(1), 7-Hydroxy-naphthalin-disulfonsäure-(1.3) und 7-Hydroxy-naphthalin-trisulfonsäure-(1.3.6) mit Kaliumbromid: *Ha., Fo., Bain*. Bestimmung durch Titration mit Toluol-diazonium-(4)-Salz in wss. Natriumcarbonat-Lösung: *Schtscherbatschew, Baschkirowa*, Anilinokr. Promyšl. **4** [1934] 206, 207, 209; C. **1935** I 1424. Bestimmung neben 6-Hydroxy-naphthalin-sulfonsäure-(2) durch Messung der Erniedrigung der kritischen Lösungstemperatur des Systems Phenol-Wasser: *Kerr*, J. Soc. chem. Ind. **52** [1933] 336 T.

7-Äthoxycarbonyloxy-naphthalin-sulfonylchlorid-(2), *7-(ethoxycarbonyloxy)naphthalene-2-sulfonyl chloride* $C_{13}H_{11}ClO_5S$, Formel II (R = $CO-OC_2H_5$, X = Cl).

B. Beim Behandeln von 7-Hydroxy-naphthalin-sulfonsäure-(2) mit wss. Kalilauge und Chlorameisensäure-äthylester und Erwärmen des Kalium-Salzes der erhaltenen 7-Äthoxycarbonyloxy-naphthalin-sulfonsäure-(2) mit Phosphor(V)-chlorid (*Jusa, Breuer*, M. **64** [1934] 247, 260).

Krystalle (aus CS_2); F: 69°.

4.8-Dinitro-7-hydroxy-naphthalin-sulfonsäure-(2), *7-hydroxy-4,8-dinitronaphthalene-2-sulfonic acid* $C_{10}H_6N_2O_8S$, Formel III.

B. Aus 7-Hydroxy-naphthalin-sulfonsäure-(2) beim Behandeln mit einem Gemisch von Salpetersäure und Schwefelsäure (*Wolotschnewa*, Ž. prikl. Chim. **11** [1938] 369;

C. **1938** II 1645).

Kalium-Salz $KC_{10}H_5N_2O_8S$. Gelbe Krystalle (aus W.) mit 1 Mol H_2O; das Wasser wird bei 105—110° abgegeben (Wo., Ž. prikl. Chim. **11** 370. In kaltem Wasser fast unlöslich; Löslichkeit in Wasser bei Temperaturen von 0° bis 55°: Wo., Ž. prikl. Chim. **11** 371.

Calcium-Salz $Ca(C_{10}H_5N_2O_8S)_2$. Gelbe Krystalle (aus W.) mit 6 Mol H_2O; das Wasser wird bei 105—110° abgegeben (Wo., Ž. prikl. Chim. **11** 370). Löslichkeit in Wasser bei Temperaturen von 16° bis 55°: Wo., Ž. prikl. Chim. **11** 370.

Barium-Salze. a) $Ba(C_{10}H_5N_2O_8S)_2$. Gelbe, in Äthanol lösliche Krystalle (aus W.) mit 7 Mol H_2O, die bei 100—110° 6 Mol, bei 120—130° das gesamte Wasser abgeben; das wasserfreie Salz ist orangefarben (Wolotschnewa, Ž. obšč. Chim. **19** [1949] 1529; C. A. **1950** 1083). — b) $BaC_{10}H_4N_2O_8S$. Rote Krystalle (aus W.); in Wasser schwer löslich (Wo., Ž. obšč. Chim. **19** 1530).

Bis-[7-sulfo-naphthyl-(2)]-sulfon, 7.7′-Sulfonyl-bis-naphthalinsulfonsäure-(2), *7,7′-sulfonylbisnaphthalene-2-sulfonic acid* $C_{20}H_{14}O_8S_3$, Formel IV (X = OH).

B. Beim Erhitzen von Di-[naphthyl-(2)]-sulfon mit Schwefelsäure auf 165° (Koslow, Tubjanškaja, Doklady Akad. S.S.S.R. **58** [1947] 233, 234; C. A. **1951** 7991).

Beim Erhitzen des Dinatrium-Salzes oder des Barium-Salzes mit Phosphor(V)-chlorid oder Phosphoroxychlorid auf 220° ist 2.7-Dichlor-naphthalin erhalten worden.

Charakterisierung als Diamid (s. u.) und als Dianilid (F: 227°): Ko., Tu., l. c. S. 235.

Dinatrium-Salz $Na_2C_{20}H_{12}O_8S_3$. Hygroskopische Krystalle (aus A.) mit 4 Mol H_2O. In 100 g Wasser lösen sich bei 13° 39,7 g.

Barium-Salz $BaC_{20}H_{12}O_8S_3$. Krystalle (aus A.).

Bis-[7-chlorsulfonyl-naphthyl-(2)]-sulfon, 7.7′-Sulfonyl-bis-naphthalinsulfonyl‑chlorid-(2), *7,7′-sulfonylbisnaphthalene-2-sulfonyl chloride* $C_{20}H_{12}Cl_2O_6S_3$, Formel IV (X = Cl).

B. Aus Bis-[7-sulfo-naphthyl-(2)]-sulfon (Koslow, Tubjanškaja, Doklady Akad. S.S.S.R. **58** [1947] 233, 235; C. A. **1951** 7991).

Krystalle (aus Eg.); F: 135°.

Bis-[7-sulfamoyl-naphthyl-(2)]-sulfon, 7.7′-Sulfonyl-bis-naphthalinsulfonamid-(2), *7,7′-sulfonylbisnaphthalene-2-sulfonamide* $C_{20}H_{16}N_2O_6S_3$, Formel IV (X = NH₂).

B. Aus Bis-[7-chlorsulfonyl-naphthyl-(2)]-sulfon (Koslow, Tubjanškaja, Doklady Akad. S.S.S.R. **58** [1947] 233, 235; C. A. **1951** 7991).

Krystalle (aus Me.); F: 188°.

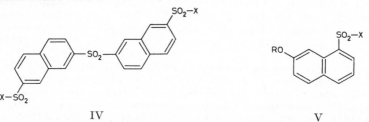

IV   V

7-Hydroxy-naphthalin-sulfonsäure-(1), *7-hydroxynaphthalene-1-sulfonic acid* $C_{10}H_8O_4S$, Formel V (R = H, X = OH) (H 286; E I 67; E II 163; dort als Naphthol-(2)-sulfon‑säure-(8) und als Croceinsäure bezeichnet)[1].

B. Neben 6-Hydroxy-naphthalin-sulfonsäure-(2) und 2-Hydroxy-naphthalin-disulfon‑säure-(1.6) beim Behandeln von Naphthol-(2) mit Schwefelsäure (Engel, Am. Soc. **52** [1930] 2835, 2837, 2839; vgl. H 287; E II 163).

Fluorescenz-Spektrum von wss. Lösungen des Natrium-Salzes: Allen, Franklin, McDonald, J. Franklin Inst. **215** [1933] 705, 716, 717.

Quantitative Bestimmung durch Titration mit Toluol-diazonium-(4)-chlorid in alkal. wss. Lösung: En., l. c. S. 2840; s. a. Schtscherbatschew, Baschkirowa, Anilinokr. Promyšl. **4** [1934] 114, 117, 206, 209; C. **1935** I 1424.

[1]) Berichtigung zu H 286, Zeile 10—9 v. u.: Der Passus „oder mit Alkohol (Nietzki, Zubelen, B. **22**, 454)" ist zu streichen.

7-Äthoxy-naphthalin-sulfonsäure-(1), *7-ethoxynaphthalene-1-sulfonic acid* $C_{12}H_{12}O_4S$, Formel V (R = C_2H_5, X = OH) (H 287).

Berichtigung zu H 287, Zeile 19 v. u.: An Stelle von „Chem. N. **55**, 8" ist zu setzen „Chem. N. **57**, 8".

7-Methoxy-naphthalinsulfonamid-(1), *7-methoxynaphthalene-1-sulfonamide* $C_{11}H_{11}NO_3S$, Formel V (R = CH_3, X = NH_2) (H 287).

B. Beim Behandeln einer Lösung von 2-Methoxy-naphthalin in Chloroform mit Chloroschwefelsäure und Eindampfen des Reaktionsgemisches mit Ammoniumcarbonat (*Huntress, Carten*, Am. Soc. **62** [1940] 603).

Krystalle (aus wss. A.); F: 150—151° [unkorr.; Block].

7-Äthoxy-naphthalinsulfonamid-(1), *7-ethoxynaphthalene-1-sulfonamide* $C_{12}H_{13}NO_3S$, Formel V (R = C_2H_5, X = NH_2) (H 287).

B. Aus 2-Äthoxy-naphthalin analog der im vorangehenden Artikel beschriebenen Verbindung (*Huntress, Carten*, Am. Soc. **62** [1940] 603).

Krystalle (aus wss. A.); F: 161—163° [unkorr.; Block].

7-[Naphthyl-(2)-sulfon]-naphthalin-sulfonsäure-(1), *7-(2-naphthylsulfonyl)naphthalene-1-sulfonic acid* $C_{20}H_{14}O_5S_2$, Formel VI (X = OH).

B. Neben 6-[Naphthyl-(2)-sulfon]-naphthalin-sulfonsäure-(1), Bis-[8-sulfo-naphthyl-(2)]-sulfon und einem Bis-[x-sulfo-naphthyl-(2)]-sulfon $C_{20}H_{14}O_8S_3$ (Dichlorid $C_{20}H_{12}Cl_2O_6S_3$: Krystalle [aus Eg.], F: 216°) beim Erwärmen von Di-[naphthyl-(2)]-sulfon mit Chloroschwefelsäure in Tetrachlormethan auf Siedetemperatur und Erhitzen des vom Tetrachlormethan befreiten Reaktionsgemisches auf 120° (*Kuczyński, Kuczyński, Sucharda*, Roczniki Chem. **18** [1938] 625, 642—646; C. **1939** II 2059).

Als Anilid (F: 188°) charakterisiert.

Barium-Salz $Ba(C_{20}H_{13}O_5S_2)_2$. Krystalle (aus wss. A.).

Bis-[8-sulfo-naphthyl-(2)]-sulfon, 7.7'-Sulfonyl-bis-naphthalinsulfonsäure-(1), *7,7'-sulfonylbisnaphthalene-1-sulfonic acid* $C_{20}H_{14}O_8S_3$, Formel VII (X = OH).

B. s. im vorangehenden Artikel.

Krystalle [aus wss. Schwefelsäure] (*Kuczyński, Kuczyński, Sucharda*, Roczniki Chem. **18** [1938] 625, 645; C. **1939** II 2059). In Wasser löslich.

Dinatrium-Salz $Na_2C_{20}H_{12}O_8S_3$. Krystalle mit 6 Mol H_2O. In Wasser leicht löslich.

Barium-Salz $BaC_{20}H_{12}O_8S_3$. Krystalle (aus W.) mit 5 Mol H_2O.

Blei(II)-Salz $PbC_{20}H_{12}O_8S_3$. Krystalle (aus W.) mit 6,5 Mol H_2O.

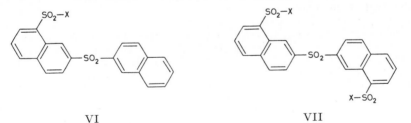

VI   VII

7-[Naphthyl-(2)-sulfon]-naphthalin-sulfonylchlorid-(1), *7-(2-naphthylsulfonyl)naphthalene-1-sulfonyl chloride* $C_{20}H_{13}ClO_4S_2$, Formel VI (X = Cl).

B. Aus 7-[Naphthyl-(2)-sulfon]-naphthalin-sulfonsäure-(1) beim Erwärmen des Barium-Salzes mit Phosphor(V)-chlorid und Phosphoroxychlorid (*Kuczyński, Kuczyński, Sucharda*, Roczniki Chem. **18** [1938] 625, 643; C. **1939** II 2059).

Krystalle (aus Bzl. oder Eg.); F: 168°.

Beim Erhitzen mit Phosphor(V)-chlorid auf 160° sind 2-Chlor-naphthalin und 1.7-Dichlor-naphthalin erhalten worden.

Bis-[8-chlorsulfonyl-naphthyl-(2)]-sulfon, 7.7'-Sulfonyl-bis-naphthalinsulfonylchlorid-(1), *7,7'-sulfonylbisnaphthalene-1-sulfonyl chloride* $C_{20}H_{12}Cl_2O_6S_3$, Formel VII (X = Cl).

B. Aus Bis-[8-sulfo-naphthyl-(2)]-sulfon beim Erwärmen des Barium-Salzes mit Phosphor(V)-chlorid und Phosphoroxychlorid (*Kuczyński, Kuczyński, Sucharda*, Roczniki

Chem. **18** [1938] 625, 645; C. **1939** II 2059).

Krystalle (aus Xylol); F: 247°. In Essigsäure schwer löslich.

Beim Erhitzen mit Phosphor(V)-chlorid auf 160° ist 1.7-Dichlor-naphthalin erhalten worden.

2-Hydroxy-naphthalin-disulfonsäure-(1.4), *2-hydroxynaphthalene-1,4-disulfonic acid* $C_{10}H_8O_7S_2$, Formel VIII (X = H).

B. Beim Erwärmen des Natrium-Salzes der 3-Hydroxy-naphthalin-sulfonsäure-(1) mit wss. Natriumsulfit-Lösung und Mangan(IV)-oxid (*Bogdanow*, Ž. obšč. Chim. **9** [1939] 1145; C. **1940** I 1500). Beim Behandeln des aus 2-Hydroxy-1-diazonio-naphthalin-sulfonat-(4) hergestellten Natrium-Salzes mit wss. Natriumsulfit-Lösung und Erhitzen des Reaktionsgemisches unter Zusatz von Kupfer(II)-sulfat und Kupfer-Pulver (*Krebser, Vannotti*, Helv. **21** [1938] 1221, 1227).

Beim Erhitzen des Dinatrium-Salzes mit Wasser auf 150° sowie beim Erhitzen des Dikalium-Salzes mit wss. Schwefelsäure auf Siedetemperatur ist 3-Hydroxy-naphthalin-sulfonsäure-(1) erhalten worden (*Kr., Va.*).

Beim Behandeln des Dinatrium-Salzes mit Eisen(III)-chlorid-Lösung tritt eine violette Färbung auf (*Kr., Va.; Bo.*).

Dinatrium-Salz $Na_2C_{10}H_6O_7S_2$. Krystalle (aus W.) mit 3 Mol H_2O (*Kr., Va.; Bo.*).
Dikalium-Salz $K_2C_{10}H_6O_7S_2$. Krystalle [aus W.] (*Kr., Va.*).

6-Brom-2-hydroxy-naphthalin-disulfonsäure-(1.4), *6-bromo-2-hydroxynaphthalene-1,4-disulfonic acid* $C_{10}H_7BrO_7S_2$, Formel VIII (X = Br).

B. Beim Behandeln des aus 6-Brom-2-hydroxy-1-diazonio-naphthalin-sulfonat-(4) hergestellten Natrium-Salzes mit Natriumsulfit in Wasser und Erwärmen des Reaktionsgemisches unter Zusatz von Kupfer(II)-sulfat und Kupfer-Pulver (*Krebser, Vannotti*, Helv. **21** [1938] 1221, 1229).

Beim Behandeln des Dinatrium-Salzes mit Eisen(III)-chlorid-Lösung tritt eine schwarzviolette Färbung auf.

Dinatrium-Salz $Na_2C_{10}H_5BrO_7S_2$. Krystalle (aus W.) mit 1 Mol H_2O.

6-Nitro-2-hydroxy-naphthalin-disulfonsäure-(1.4), *2-hydroxy-6-nitronaphthalene-1,4-disulfonic acid* $C_{10}H_7NO_9S_2$, Formel VIII (X = NO_2).

B. Beim Behandeln des aus 6-Nitro-2-hydroxy-1-diazonio-naphthalin-sulfonat-(4) hergestellten Natrium-Salzes mit Natriumsulfit in Wasser und Erwärmen der erhaltenen Verbindung $Na_2C_{10}H_5N_3O_9S_2 \cdot 3H_2O$ (Krystalle [aus W.]) mit wss. Natriumsulfit-Lösung unter Zusatz von Kupfer(II)-sulfat und Kupfer-Pulver (*Krebser, Vannotti*, Helv. **21** [1938] 1221, 1226, 1230).

Diammonium-Salz. Krystalle. In Wasser schwer löslich.

Natrium-Salze. a) $Na_2C_{10}H_5NO_9S_2$. Hellgelbe Krystalle (aus W.) mit 2 Mol H_2O. In Wasser schwer löslich. — b) $Na_3C_{10}H_4NO_9S_2$. Orangerote Krystalle (aus W.) mit 8 Mol H_2O, die beim Aufbewahren an der Luft 2 Mol Wasser abgeben.

Dikalium-Salz. Hellgelbe Krystalle. In Wasser schwer löslich.

Barium-Salz. Orangefarbene Krystalle. In Wasser schwer löslich.

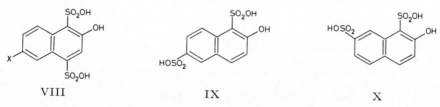

VIII   IX   X

2-Hydroxy-naphthalin-disulfonsäure-(1.6), *2-hydroxynaphthalene-1,6-disulfonic acid* $C_{10}H_8O_7S_2$, Formel IX (E II 164; dort auch als Naphthol-(2)-disulfonsäure-(1.6) bezeichnet).

B. Neben 6-Hydroxy-naphthalin-sulfonsäure-(2) und 7-Hydroxy-naphthalin-sulfonsäure-(1) beim Erwärmen von Naphthol-(2) mit Schwefelsäure unter Zusatz von Borsäure (*Engel*, Am. Soc. **52** [1930] 2835, 2837, 2842; s. dagegen *Schtscherbatschew*, Ž. prikl. Chim. **8** [1935] 1216, 1217; C. **1936** II 3415). Aus Natrium-[6-hydroxy-naphthalin-sulfonat-(2)] beim Behandeln mit rauchender Schwefelsäure (*Schtsch.*) sowie beim Erhitzen mit wss. Natriumsulfit-Lösung und Mangan(IV)-oxid auf 130° (*Bogdanow, Iwanowa,* Ž. obšč. Chim. **8** [1938] 1071, 1076; C. **1939** II 3411). Neben 6-Hydroxy-naphthalin-sulfonsäure-(2) beim Behandeln des aus 2-Hydroxy-1-diazonio-naphthalin-sulfonat-(6) hergestellten Natrium-Salzes mit Natriumsulfit in Wasser und Erwärmen des Reaktionsgemisches unter Zusatz von Kupfer(II)-sulfat und Kupfer-Pulver (*Krebser, Vannotti,* Helv. **21** [1938] 1221, 1228).

Farbreaktionen: *En.*; *Bo.*, *Iw.* Bestimmung neben 6-Hydroxy-naphthalin-sulfon≠säure-(2) durch Titration mit Toluol-diazonium-(4)-chlorid in alkal. wss. Lösung vor und nach dem Erhitzen mit wss. Salzsäure: *En.*, l. c. S. 2843.

Dinatrium-Salz $Na_2C_{10}H_6O_7S_2$. Krystalle (aus W.) mit 3 Mol H_2O (*En.*; *Schtsch.*; *Bo.*, *Iw.*; *Kr.*, *Va.*). In Äthanol schwer löslich (*Bo.*, *Iw.*; *Schtsch.*).

Dikalium-Salz $K_2C_{10}H_6O_7S_2$. Krystalle (aus W.) mit 1 Mol H_2O (*En.*; *Schtsch.*). In Äthanol schwer löslich (*Schtsch.*).

Barium-Salz $BaC_{10}H_6O_7S_2$. Krystalle mit 1 Mol H_2O (*Schtsch.*).

2-Hydroxy-naphthalin-disulfonsäure-(1.7), *2-hydroxynaphthalene-1,7-disulfonic acid* $C_{10}H_8O_7S_2$, Formel X (H 288; E II 164; dort auch als Naphthol-(2)-disulfonsäure-(1.7) bezeichnet).

B. Beim Erwärmen des Natrium-Salzes der 7-Hydroxy-naphthalin-sulfonsäure-(2) mit Natriumsulfit und Mangan(IV)-oxid in Wasser (*Bogdanow,* Ž. obšč. Chim. **9** [1939] 1145; C. **1940** I 1500).

Beim Behandeln mit Eisen(III)-chlorid-Lösung tritt eine blauviolette Färbung auf.

3-Hydroxy-naphthalin-disulfonsäure-(2.7), *3-hydroxynaphthalene-2,7-disulfonic acid* $C_{10}H_8O_7S_2$, Formel XI (X = H) (H 288; E I 67; E II 164; dort als Naphthol-(2)-disulfon≠säure-(3.6) und als R-Säure bezeichnet).

B. Beim Erhitzen von Naphthol-(2) mit rauchender Schwefelsäure bis auf 135° (*Woron-zow, Šokolowa,* Anilinokr. Promyšl. **4** [1934] 17; C. **1934** II 1457; vgl. H 288; E II 164). Als Hauptprodukt beim Erwärmen von Naphthol-(2) mit Schwefelsäure in Gegenwart von Borfluorid (*Hennion, Schmidle,* Am. Soc. **65** [1943] 2468).

Beim Erwärmen des Natrium-Salzes mit Eisen(III)-chlorid in wss. Salzsäure ist 4-Chlor-3-hydroxy-naphthalin-disulfonsäure-(2.7), beim Erhitzen mit Eisen(III)-chlorid in Wasser, auch nach Zusatz von Bariumacetat, ist daneben 2.2′-Dihydroxy-[1.1′]bi≠naphthyl-tetrasulfonsäure-(3.6.3′.6′) $(C_{20}H_{14}O_{14}S_4)$ erhalten worden (*Ioffe, Tscher-nyschewa,* Ž. obšč. Chim. **7** [1937] 2398; C. **1938** II 1588). Überführung in 2-Hydroxy-naphthalin-trisulfonsäure-(1.3.6) durch Erwärmen des Natrium-Salzes mit Natriumsulfit in wss. Lösung unter Zusatz von Mangan(IV)-oxid: *Bogdanow,* Ž. obšč. Chim. **9** [1939] 1145; C. **1940** I 1500. Beim Erhitzen mit rauchender Schwefelsäure auf 175° ist 7-Hydr≠oxy-naphthalin-trisulfonsäure-(1.3.6) erhalten worden (*Harland, Forrester, Bain,* J. Soc. chem. Ind. **50** [1931] 100 T). Bildung von Naphthol-(2) beim Erwärmen mit wss. Natron≠lauge und Nickel-Aluminium-Legierung: *Schwenk et al.,* J. org. Chem. **9** [1944] 1, 2.

Farbreaktionen: *Wesp, Brode,* Am. Soc. **56** [1934] 1037, 1040; *Emerson, Beacham, Beegle,* J. org. Chem. **8** [1943] 417, 419, 423. Quantitative Bestimmung neben anderen 2-Hydroxy-naphthalin-sulfonsäuren durch Titration mit 3-Nitro-benzol-diazonium-(1)-Salz in alkal. wss. Lösung: *Schtscherbatschew, Baschkirowa,* Anilinokr. Promyšl. **4** [1934] 206, 210; C. **1935** I 1424. Bromometrische Bestimmung neben 7-Hydroxy-naphth≠alin-disulfonsäure-(1.3) und neben 7-Hydroxy-naphthalin-sulfonsäure-(1): *Forrester, Bain,* J. Soc. chem. Ind. **49** [1930] 410 T, 423 T.

S-Benzyl-isothiuronium-Salz $[C_8H_{11}N_2S]_2C_{10}H_6O_7S_2$. Krystalle; F: 233,2° [korr.] (*Chambers, Watt,* J. org. Chem. **6** [1941] 376, 378). Optische Untersuchung der Krystalle: *Whitmore, Gebhart,* Ind. eng. Chem. Anal. **10** [1938] 654, 657, 661.

4-Chlor-3-hydroxy-naphthalin-disulfonsäure-(2.7), *4-chloro-3-hydroxynaphthalene-2,7-di≠sulfonic acid* $C_{10}H_7ClO_7S_2$, Formel XI (X = Cl).

B. Aus 3-Hydroxy-naphthalin-disulfonsäure-(2.7) beim Erwärmen des Natrium-Salzes mit Eisen(III)-chlorid in wss. Salzsäure (*Ioffe, Tschernyschewa,* Ž. obšč. Chim. **7** [1937] 2398, 2399; C. **1938** II 1588).

Lösungen des Dinatrium-Salzes in Wasser fluorescieren blau (*Io., Tsch.,* l. c. S. 2400).

Beim Behandeln mit Eisen(III)-chlorid in wss. Lösung tritt eine blaue Färbung auf (*Io., Tsch.*).

Dinatrium-Salz $Na_2C_{10}H_5ClO_7S_2$. Krystalle [aus W.] (*Io., Tsch.*).

Blei(II)-Salz. In 100 ml Wasser lösen sich bei 20° 0,12 g, bei 100° 0,13 g (*Ioffe.* Anilinokr. Promyšl. **5** [1935] 325; C. **1936** I 2825).

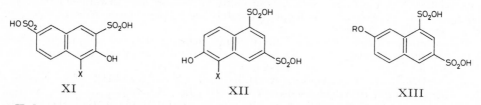

XI   XII   XIII

6-Hydroxy-naphthalin-disulfonsäure-(1.3), *6-hydroxynaphthalene-1,3-disulfonic acid* $C_{10}H_8O_7S_2$, Formel XII (X = H) (H 290; dort als Naphthol-(2)-disulfonsäure-(5.7) bezeichnet).

B. Aus 6-Amino-naphthalin-disulfonsäure-(1.3) über die Diazonium-Verbindung (*Ioffe, Kobjakowa,* Ž. obšč. Chim. **7** [1937] 2457, 2459; C. **1938** II 1589).

Beim Behandeln des Natrium-Salzes mit wss. Eisen(III)-sulfat-Lösung ist 2.2'-Dihydroxy-[1.1']binaphthyl-tetrasulfonsäure-(5.7.5'.7') ($C_{20}H_{14}O_{14}S_4$), beim Behandeln des Natrium-Salzes mit Eisen(III)-chlorid in Wasser oder wss. Salzsäure ist daneben 5-Chlor-6-hydroxy-naphthalin-disulfonsäure-(1.3) erhalten worden.

5-Chlor-6-hydroxy-naphthalin-disulfonsäure-(1.3), *5-chloro-6-hydroxynaphthalene-1,3-disulfonic acid* $C_{10}H_7ClO_7S_2$, Formel XII (X = Cl).

B. Neben 2.2'-Dihydroxy-[1.1']binaphthyl-tetrasulfonsäure-(5.7.5'.7') beim Erwärmen von 6-Hydroxy-naphthalin-disulfonsäure-(1.3) mit Eisen(III)-chlorid in wss. Salzsäure (*Ioffe, Kobjakowa,* Ž. obšč. Chim. **7** [1937] 2457, 2460; C. **1938** II 1589).

Wässrige Lösungen des Dinatrium-Salzes fluorescieren grün.

Dinatrium-Salz $Na_2C_{10}H_5ClO_7S_2$. Krystalle (aus W.).

7-Hydroxy-naphthalin-disulfonsäure-(1.3), *7-hydroxynaphthalene-1,3-disulfonic acid* $C_{10}H_8O_7S_2$, Formel XIII (R = H) (H 290; E I 67; E II 165; dort als Naphthol-(2)-disulfonsäure-(6.8) und als G-Säure bezeichnet).

B. Beim Erwärmen von Naphthol-(2) mit rauchender Schwefelsäure (*Woronzow, Šokolowa,* Anilinokr. Promyšl. **5** [1935] 334; C. **1936** I 2343; *Woronzow,* Ž. prikl. Chim. **20** [1947] 464; C. A. **1948** 3373; vgl. H 290; E II 165).

UV-Spektrum einer wss. Lösung des Dikalium-Salzes: *Pöckel, Wagner,* Ar. **280** [1942] 373, 379. Fluorescenz-Spektrum von wss. Lösungen des Dinatrium-Salzes: *Allen, Franklin, McDonald,* J. Franklin Inst. **215** [1933] 705, 716, 717. Abhängigkeit der Fluorescenz wässriger Lösungen vom pH: *Déribéré,* Ann. Chim. anal. [3] **19** [1937] 262.

Beim Erhitzen mit rauchender Schwefelsäure auf 175° ist 7-Hydroxy-naphthalin-trisulfonsäure-(1.3.6) erhalten worden (*Harland, Forrester, Bain,* J. Soc. chem. Ind. **50** [1931] 100 T).

Farbreaktionen: *Wesp, Brode,* Am. Soc. **56** [1934] 1037, 1040; *Emerson, Beacham, Beegle,* J. org. Chem. **8** [1943] 417, 419, 423.

7-Benzoyloxy-naphthalin-disulfonsäure-(1.3), *7-(benzoyloxy)naphthalene-1,3-disulfonic acid* $C_{17}H_{12}O_8S_2$, Formel XIII (R = CO-C_6H_5).

B. Aus 7-Hydroxy-naphthalin-disulfonsäure-(1.3) beim Behandeln mit wss. Natriumcarbonat-Lösung und mit Benzoylchlorid (*Whitmore, Gebhart,* Ind. eng. Chem. Anal. **10** [1938] 654).

Optische Untersuchung der Krystalle: *Wh., Ge.,* l. c. S. 657.

Natrium-Salz. Krystalle (aus W.).

2-Hydroxy-naphthalin-trisulfonsäure-(1.3.6), *2-hydroxynaphthalene-1,3,6-trisulfonic acid* $C_{10}H_8O_{10}S_3$, Formel I.

B. Beim Erwärmen des Natrium-Salzes der 3-Hydroxy-naphthalin-disulfonsäure-(2.7) mit Natriumsulfit und Mangan(IV)-oxid in Wasser (*Bogdanow,* Ž. obšč. Chim. **9** [1939] 1145; C. **1940** I 1500).

Beim Behandeln mit Eisen(III)-chlorid tritt eine violette Färbung auf.

Trinatrium-Salz. Krystalle (aus W.) mit 3,5 Mol H_2O.

7-Hydroxy-naphthalin-trisulfonsäure-(1.3.6), *7-hydroxynaphthalene-1,3,6-trisulfonic acid* $C_{10}H_8O_{10}S_3$, Formel II (H 291; E I 68; E II 166; dort als Naphthol-(2)-trisulfon= säure-(3.6.8) bezeichnet).

B. Beim Erhitzen von 3-Hydroxy-naphthalin-disulfonsäure-(2.7) oder von 7-Hydroxy-naphthalin-disulfonsäure-(1.3) mit rauchender Schwefelsäure auf 175° (*Harland, For-rester, Bain,* J. Soc. chem. Ind. **50** [1931] 100T).

Fluorescenz-Spektrum von wss. Lösungen des Trinatrium-Salzes: *Allen, Franklin, McDonald,* J. Franklin Inst. **215** [1933] 705, 716, 717.

Quantitative Bestimmung durch Titration mit 3-Nitro-benzol-diazonium-(1)-Salz in alkal. wss. Lösung: *Schtscherbatschew, Baschkirowa,* Anilinokr. Promyšl. **4** [1934] 206, 210; C. **1935** I 1424.

I   II

[2-Hydroxy-naphthyl-(1)]-methansulfonsäure, *(2-hydroxy-1-naphthyl)methanesulfonic acid* $C_{11}H_{10}O_4S$, Formel III (R = H, X = H) (E I 68).

B. Beim Erwärmen von Naphthol-(2) mit wss. Formaldehyd und Natriumsulfit (*Suter, Bair, Bordwell,* J. org. Chem. **10** [1945] 470, 474; vgl. E I 68).

Natrium-Salz $NaC_{11}H_9O_4S$. Krystalle (aus wss. A.).

S-Benzyl-isothiuronium-Salz $[C_8H_{11}N_2S]C_{11}H_9O_4S$. F: 225—227° [unkorr.].

[2-Methoxy-naphthyl-(1)]-methansulfonsäure, *(2-methoxy-1-naphthyl)methanesulfonic acid* $C_{12}H_{12}O_4S$, Formel III (R = CH₃, X = H) (E II 166).

S-Benzyl-isothiuronium-Salz $[C_8H_{11}N_2S]C_{12}H_{11}O_4S$. F: 173—175° [unkorr.] (*Suter, Bair, Bordwell,* J. org. Chem. **10** [1945] 470, 474).

[2-Octyloxy-naphthyl-(1)]-methansulfonsäure, *(2-octyloxy-1-naphthyl)methanesulfonic acid* $C_{19}H_{26}O_4S$, Formel III (R = [CH₂]₇-CH₃, X = H).

B. Beim Erwärmen von Natrium-[(2-hydroxy-naphthyl-(1))-methansulfonat] mit wss. Natronlauge und mit einem Gemisch von Octylbromid und Äthanol unter Zusatz von Kupfer-Pulver (*Suter, Bair, Bordwell,* J. org. Chem. **10** [1945] 470, 474).

Natrium-Salz $NaC_{19}H_{25}O_4S$. Krystalle (aus A.); F: 213—216° [unkorr.].

S-Benzyl-isothiuronium-Salz $[C_8H_{11}N_2S]C_{19}H_{25}O_4S$. F: 148—149° [unkorr.].

[2-Acetoxy-naphthyl-(1)]-methansulfonsäure, *(2-acetoxy-1-naphthyl)methanesulfonic acid* $C_{13}H_{12}O_5S$, Formel III (R = CO-CH₃, X = H).

B. Aus Natrium-[(2-hydroxy-naphthyl-(1))-methansulfonat] beim Erhitzen mit Acet= anhydrid und Essigsäure (*Suter, Bair, Bordwell,* J. org. Chem. **10** [1945] 470, 474).

Natrium-Salz $NaC_{13}H_{11}O_5S$. Krystalle (aus A.).

S-Benzyl-isothiuronium-Salz $[C_8H_{11}N_2S]C_{13}H_{11}O_5S$. F: 168—169° [unkorr.].

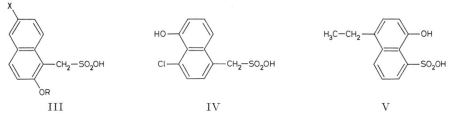

III   IV   V

[6-Brom-2-hydroxy-naphthyl-(1)]-methansulfonsäure, *(6-bromo-2-hydroxy-1-naphthyl)= methanesulfonic acid* $C_{11}H_9BrO_4S$, Formel III (R = H, X = Br).

B. Neben Bis-[6-brom-2-hydroxy-naphthyl-(1)]-methan beim Behandeln von 6-Brom-naphthol-(2) mit wss. Formaldehyd und Natriumsulfit (*Shearing, Smiles,* Soc. **1937** 1348, 1350).

Natrium-Salz. Krystalle (aus W.).

[6-Brom-2-methoxy-naphthyl-(1)]-methansulfonsäure, *(6-bromo-2-methoxy-1-naphthyl)=* *methanesulfonic acid* $C_{12}H_{11}BrO_4S$, Formel III (R = CH_3, X = Br).

Blei(II)-Salz $Pb(C_{12}H_{10}BrO_4S)_2 \cdot 2 H_2O$. In Wasser schwer löslich (*Shearing, Smiles,* Soc. **1937** 1348, 1350).

[5-Hydroxy-naphthyl-(1)]-methansulfonsäure $C_{11}H_{10}O_4S$.

[4-Chlor-5-hydroxy-naphthyl-(1)]-methansulfonsäure, *(4-chloro-5-hydroxy-1-naphthyl)=* *methanesulfonic acid* $C_{11}H_9ClO_4S$, Formel IV.

B. Aus [4-Chlor-5-amino-naphthyl-(1)]-methansulfonsäure beim Erhitzen mit wss. Schwefelsäure auf 200° (*I.G. Farbenind.*, D.R.P. 705315 [1938]; D.R.P. Org. Chem. **6** 2219; *Gen. Aniline & Film Corp.*, U.S.P. 2199568 [1939]).

Krystalle (aus Me.). In Wasser leicht löslich.

4-Hydroxy-1-äthyl-naphthalin-sulfonsäure-(5), *5-ethyl-8-hydroxynaphthalene-1-sulfonic* *acid* $C_{12}H_{12}O_4S$, Formel V.

B. Aus Natrium-[4-hydroxy-1-acetyl-naphthalin-sulfonat-(5)] beim Erhitzen mit Zink und wss. Ammoniak unter Zusatz von Kupfer(II)-sulfat auf 200° (*Schetty,* Helv. **30** [1947] 1650, 1658).

Als Kalium-Salz (Krystalle) isoliert.

Beim Behandeln einer wss. Lösung des Kalium-Salzes mit Natrium-Amalgam und mit wss. Salzsäure ist 4-Äthyl-naphthol-(1) erhalten worden (*Sch.*, l. c. S. 1659).

[*Bohg*]

Sulfo-Derivate der Monohydroxy-Verbindungen $C_nH_{2n-14}O$

6-Hydroxy-biphenyl-sulfonsäure-(3), *6-hydroxybiphenyl-3-sulfonic acid* $C_{12}H_{10}O_4S$, Formel VI (X = H).

In einem von *Woroshzow, Troschtschenko* (Ž. obšč. Chim. **9** [1939] 59, 60, 61; C. **1940** II 2153) unter dieser Konstitution beschriebenen, beim Erwärmen von Bi= phenylol-(2) mit Schwefelsäure erhaltenen Präparat (Calcium-Salz $Ca(C_{12}H_9O_4S)_2$: Krystalle [aus W.] mit 4 Mol H_2O; durch Erhitzen mit Acetanhydrid und Erwärmen des Reaktionsprodukts mit Phosphor(V)-chlorid in eine als 6-Acetoxy-biphenyl-sulfonylchlorid-(3) angesehene Verbindung $C_{14}H_{11}ClO_4S$ [F:76—77°] sowie in eine als 6-Acetoxy-biphenyl-sulfonsäure-(3)-anilid angesehene Verbindung $C_{20}H_{17}NO_4S$ [F: 141—142°] überführbar) hat vermutlich ein Gemisch mit 2-Hydroxy-biphenyl-sulfonsäure-(3) vorgelegen (vgl. diesbezüglich *Weissberger, Salminen,* Am. Soc. **67** [1945] 58).

5-Nitro-6-hydroxy-biphenyl-sulfonsäure-(3), *6-hydroxy-5-nitrobiphenyl-3-sulfonic acid* $C_{12}H_9NO_6S$, Formel VI (X = NO_2).

Die Identität eines von *Woroshzow, Troschtschenko* (Ž. obšč. Chim. **9** [1939] 59, 62, 63) unter dieser Konstitution beschriebenen, beim Erhitzen von Biphenylol-(2) mit Schwefel= säure auf 120° und Behandeln des mit Wasser verdünnten Reaktionsgemisches mit Natriumnitrat neben 3-Nitro-biphenylol-(2) erhaltenen Präparats (Natrium-Salz $NaC_{12}H_8NO_6S$ und Kalium-Salz $KC_{12}H_8NO_6S$: gelbe Krystalle [aus W.]; Calcium-Salz $Ca(C_{12}H_8NO_6S)_2$: hellgelbe Krystalle [aus W.] mit 3,5 Mol H_2O; durch Erhitzen mit wss. Schwefelsäure in 3-Nitro-biphenylol-(2), durch Erhitzen mit wss. Salpetersäure in 3.5-Dinitro-biphenylol-(2) überführbar) ist ungewiss (*Weissberger, Salminen,* Am. Soc. **67** [1945] 58).

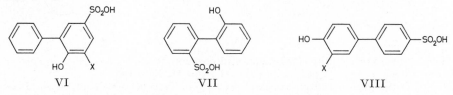

VI   VII   VIII

2'-Hydroxy-biphenyl-sulfonsäure-(2), *2'-hydroxybiphenyl-2-sulfonic acid* $C_{12}H_{10}O_4S$, Formel VII.

B. Als Kalium-Salz $KC_{12}H_9O_4S$ (Krystalle [aus W.] mit 1 Mol H_2O, die allmählich das Krystallwasser abgeben) beim Erhitzen von 2'-Hydroxy-biphenyl-sulfonsäure-(2)-lacton mit wss. Kalilauge (*Schetty*, Helv. **32** [1949] 24, 29).

Beim Erhitzen des Kalium-Salzes mit Phosphoroxychlorid entsteht 2'-Hydroxy-biphenyl-sulfonsäure-(2)-lacton.

4'-Hydroxy-biphenyl-sulfonsäure-(4), *4'-hydroxybiphenyl-4-sulfonic acid* $C_{12}H_{10}O_4S$, Formel VIII (X = H) (H 292).

B. Beim Behandeln von 4'-Amino-biphenyl-sulfonsäure-(4) mit wss. Schwefelsäure und Natriumnitrit und Erwärmen der erhaltenen Diazonium-Verbindung mit Wasser (*Van Meter, Bianculli, Lowy*, Am. Soc. **62** [1940] 3146). Beim Behandeln einer aus 3'-Amino-4'-hydroxy-biphenyl-sulfonsäure-(4) und wss. Natronlauge hergestellten Lösung mit Natriumnitrit und wss. Schwefelsäure und Erwärmen der erhaltenen Diazonium-Verbindung mit Kupfer(I)-oxid und Äthanol (*Beech*, Soc. **1948** 212, 216).

Natrium-Salz $NaC_{12}H_9O_4S$. Krystalle (aus W.) mit 2 Mol H_2O (*Beech*).

3'-Nitro-4'-hydroxy-biphenyl-sulfonsäure-(4), *4'-hydroxy-3'-nitrobiphenyl-4-sulfonic acid* $C_{12}H_9NO_6S$, Formel VIII (X = NO₂).

B. Beim Erwärmen von 3-Nitro-biphenylol-(4) mit Schwefelsäure (*Mikeska, Bogert*, Am. Soc. **57** [1935] 2121, 2122; *Beech*, Soc. **1948** 212, 216).

Barium-Salz $Ba(C_{12}H_8NO_6S)_2$. Hellgelbe Krystalle (*Mi., Bo.*).

Sulfo-Derivate der Monohydroxy-Verbindungen $C_nH_{2n-18}O$

3-Hydroxy-1-methyl-7-isopropyl-phenanthren-sulfonsäure-(9), *3-hydroxy-7-isopropyl-1-methylphenanthrene-9-sulfonic acid* $C_{18}H_{18}O_4S$, Formel IX (R = H, X = OH), und
3-Hydroxy-1-methyl-7-isopropyl-phenanthren-sulfonsäure-(10), *6-hydroxy-2-isopropyl-8-methylphenanthrene-9-sulfonic acid* $C_{18}H_{18}O_4S$, Formel X (R = H, X = OH).

Diese Konstitutionsformeln kommen für die nachstehend beschriebene Verbindung in Betracht.

B. Beim Erwärmen von 1-Methyl-7-isopropyl-phenanthrol-(3) (E III **6** 3584) mit Schwefelsäure und Essigsäure (*Karrman, Varpila*, Svensk kem. Tidskr. **60** [1948] 137, 138).

Als *p*-Toluidin-Salz $C_7H_9N \cdot C_{18}H_{18}O_4S$ (F: 228—229°) charakterisiert (*Ka., Va.,* l. c. S. 139).

Das Natrium-Salz und das Kalium-Salz sind in Wasser leicht löslich, das Calcium-Salz und das Barium-Salz sind in Wasser mässig löslich, das Blei(II)-Salz und das Silber-Salz sind in Wasser schwer löslich.

3-Methoxy-1-methyl-7-isopropyl-phenanthren-sulfonsäure-(9), *7-isopropyl-3-methoxy-1-methylphenanthrene-9-sulfonic acid* $C_{19}H_{20}O_4S$, Formel IX (R = CH₃, X = OH), und
3-Methoxy-1-methyl-7-isopropyl-phenanthren-sulfonsäure-(10), *2-isopropyl-6-methoxy-8-methylphenanthrene-9-sulfonic acid* $C_{19}H_{20}O_4S$, Formel X (R = CH₃, X = OH).

Diese Konstitutionsformeln kommen für die nachstehend beschriebene Verbindung in Betracht.

B. Aus der im vorangehenden Artikel beschriebenen Verbindung mit Hilfe von wss. Alkalilauge und Dimethylsulfat (*Karrman, Varpila*, Svensk kem. Tidskr. **60** [1948] 137, 139).

Als Anilid $C_{25}H_{25}NO_3S$ (Krystalle [aus A.]; F: 185—186°) und als *p*-Toluidin-Salz $C_7H_9N \cdot C_{19}H_{20}O_4S$ (Krystalle [aus W.]; F: 234—235°) charakterisiert (*Ka., Va.,* l. c. S. 139, 141).

Beim Erhitzen des Natrium-Salzes (Krystalle [aus W.]) mit Phosphoroxychlorid und Phosphor(V)-chlorid ist neben dem entsprechenden Säurechlorid (S. 564) in einem Falle eine als x-Chlor-3-methoxy-1-methyl-7-isopropyl-phenanthren-sulfonyl=chlorid-(9 oder 10) zu formulierende Verbindung $C_{19}H_{18}Cl_2O_3S$ (Krystalle [aus Ae.]; F: 142—143°) erhalten worden, die sich in x-Chlor-3-methoxy-1-methyl-7-iso=propyl-phenanthrensulfonamid-(9 oder 10) $C_{19}H_{20}ClNO_3S$ (Krystalle; F: 215,5° bis 216,5°) und in x-Chlor-3-methoxy-1-methyl-7-isopropyl-phenanthren-sulfonsäure-(9 oder 10)-anilid $C_{25}H_{24}ClNO_3S$ (Krystalle [aus A.]; F: 204,5—206°) hat überführen lassen.

3-Benzoyloxy-1-methyl-7-isopropyl-phenanthren-sulfonsäure-(9), *3-(benzoyloxy)-7-iso=
propyl-1-methylphenanthrene-9-sulfonic acid* $C_{25}H_{22}O_5S$, Formel IX (R = CO-C_6H_5,
X = OH), und **3-Benzoyloxy-1-methyl-7-isopropyl-phenanthren-sulfonsäure-(10)**,
6-(benzoyloxy)-2-isopropyl-8-methylphenanthrene-9-sulfonic acid $C_{25}H_{22}O_5S$, Formel X
(R = CO-C_6H_5, X = OH).

Diese Konstitutionsformeln kommen für die nachstehend beschriebene Verbindung in
Betracht.

B. Aus 3-Hydroxy-1-methyl-7-isopropyl-phenanthren-sulfonsäure-(9 oder 10) (S. 563)
und Benzoylchlorid (*Karrman, Varpila,* Svensk kem. Tidskr. **60** [1948] 137, 139).

Als *p*-Toluidin-Salz $C_7H_9N \cdot C_{25}H_{22}O_5S$ (Krystalle [aus W.]; F: 244—245°) charakterisiert.

3-Methoxy-1-methyl-7-isopropyl-phenanthren-sulfonsäure-(9)-methylester, *7-isopropyl-
3-methoxy-1-methylphenanthrene-9-sulfonic acid methyl ester* $C_{20}H_{22}O_4S$, Formel IX
(R = CH_3, X = OCH_3), und **3-Methoxy-1-methyl-7-isopropyl-phenanthren-sulfon=
säure-(10)-methylester**, *2-isopropyl-6-methoxy-8-methylphenanthrene-9-sulfonic acid methyl
ester* $C_{20}H_{22}O_4S$, Formel X (R = CH_3, X = OCH_3).

Diese Konstitutionsformeln kommen für die nachstehend beschriebene Verbindung in
Betracht.

B. Aus 3-Methoxy-1-methyl-7-isopropyl-phenanthren-sulfonylchlorid-(9 oder 10)
(s. u.) und Methanol (*Karrman, Varpila,* Svensk kem. Tidskr. **60** [1948] 137, 141).

Krystalle; F: 137—138°.

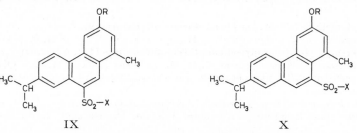

IX   X

3-Methoxy-1-methyl-7-isopropyl-phenanthren-sulfonsäure-(9)-äthylester, *7-isopropyl-
3-methoxy-1-methylphenanthrene-9-sulfonic acid ethyl ester* $C_{21}H_{24}O_4S$, Formel IX (R = CH_3,
X = OC_2H_5), und **3-Methoxy-1-methyl-7-isopropyl-phenanthren-sulfonsäure-(10)-äthyl=
ester**, *2-isopropyl-6-methoxy-8-methylphenanthrene-9-sulfonic acid ethyl ester* $C_{21}H_{24}O_4S$,
Formel X (R = CH_3, X = OC_2H_5).

Diese Konstitutionsformeln kommen für die nachstehend beschriebene Verbindung in
Betracht.

B. Aus 3-Methoxy-1-methyl-7-isopropyl-phenanthren-sulfonylchlorid-(9 oder 10)
(s. u.) und Äthanol (*Karrman, Varpila,* Svensk kem. Tidskr. **60** [1948] 137, 141).

Krystalle; F: 112—113°.

3-Methoxy-1-methyl-7-isopropyl-phenanthren-sulfonsäure-(9)-propylester, *7-isopropyl-
3-methoxy-1-methylphenanthrene-9-sulfonic acid propyl ester* $C_{22}H_{26}O_4S$, Formel IX
(R = CH_3, X = O-CH_2-CH_2-CH_3), und **3-Methoxy-1-methyl-7-isopropyl-phenanthren-
sulfonsäure-(10)-propylester**, *2-isopropyl-6-methoxy-8-methylphenanthrene-9-sulfonic acid
propyl ester* $C_{22}H_{26}O_4S$, Formel X (R = CH_3, X = O-CH_2-CH_2-CH_3).

Diese Konstitutionsformeln kommen für die nachstehend beschriebene Verbindung
in Betracht.

B. Aus 3-Methoxy-1-methyl-7-isopropyl-phenanthren-sulfonylchlorid-(9 oder 10)
(s. u.) und Propanol-(1) (*Karrman, Varpila,* Svensk kem. Tidskr. **60** [1948] 137, 141).

Krystalle; F: 101—102°.

3-Methoxy-1-methyl-7-isopropyl-phenanthren-sulfonylchlorid-(9), *7-isopropyl-3-methoxy-
1-methylphenanthrene-9-sulfonyl chloride* $C_{19}H_{19}ClO_3S$, Formel IX (R = CH_3, X = Cl),
und **3-Methoxy-1-methyl-7-isopropyl-phenanthren-sulfonylchlorid-(10)**, *2-isopropyl-
6-methoxy-8-methylphenanthrene-9-sulfonyl chloride* $C_{19}H_{19}ClO_3S$, Formel X (R = CH_3,
X = Cl).

Diese Konstitutionsformeln kommen für die nachstehend beschriebene Verbindung in

Betracht.

B. Aus 3-Methoxy-1-methyl-7-isopropyl-phenanthren-sulfonsäure-(9 oder 10) (S. 563) beim Erhitzen des Natrium-Salzes mit Phosphor(V)-chlorid und Phosphoroxychlorid (*Karrman, Varpila*, Svensk kem. Tidskr. **60** [1948] 137, 140).

Krystalle (aus Ae.); F: 145—146°.

3-Äthoxy-1-methyl-7-isopropyl-phenanthren-sulfonylchlorid-(9), *3-ethoxy-7-isopropyl-1-methylphenanthrene-9-sulfonyl chloride* $C_{20}H_{21}ClO_3S$, Formel IX (R = C_2H_5, X = Cl), und **3-Äthoxy-1-methyl-7-isopropyl-phenanthren-sulfonylchlorid-(10)**, *6-ethoxy-2-isopropyl-8-methylphenanthrene-9-sulfonyl chloride* $C_{20}H_{21}ClO_3S$, Formel X (R = C_2H_5, X = Cl).

Diese Konstitutionsformeln kommen für die nachstehend beschriebene Verbindung in Betracht.

B. Beim Behandeln von 3-Hydroxy-1-methyl-7-isopropyl-phenanthren-sulfonsäure-(9 oder 10) (S. 563) mit Alkalilauge und Diäthylsulfat und Erwärmen des Natrium-Salzes der erhaltenen Säure mit Phosphor(V)-chlorid (*Karrman, Varpila*, Svensk kem. Tidskr. **60** [1948] 137, 141).

Krystalle (aus Ae.); F: 138—139°.

Sulfo-Derivate der Monohydroxy-Verbindungen $C_nH_{2n-20}O$

4-Hydroxy-1-benzyl-naphthalin-sulfonsäure-(5), *5-benzyl-8-hydroxynaphthalene-1-sulfonic acid* $C_{17}H_{14}O_4S$, Formel XI.

B. Als Kalium-Salz (Krystalle [aus W.]) beim Behandeln von 4-Hydroxy-1-chlormethyl-naphthalin-sulfonsäure-(5)-lacton oder 4-Hydroxy-1-brommethyl-naphthalin-sulfonsäure-(5)-lacton mit Benzol und Aluminiumchlorid und Erhitzen des Reaktions-produkts mit wss. Kalilauge (*Geigy A.G.*, U.S.P. 2451579 [1945]).

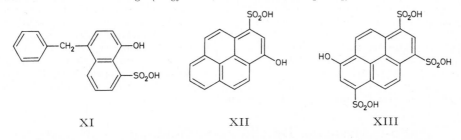

XI   XII   XIII

Sulfo-Derivate der Monohydroxy-Verbindungen $C_nH_{2n-22}O$

3-Hydroxy-pyren-sulfonsäure-(1), *3-hydroxypyrene-1-sulfonic acid* $C_{16}H_{10}O_4S$, Formel XII.

B. Aus Pyren-disulfonsäure-(1.3) beim Erhitzen des Dinatrium-Salzes mit wss. Kalilauge auf 220° (*Tietze, Bayer*, A. **540** [1939] 189, 208).

Natrium-Salz. Krystalle (aus wss. Lösung). Neutrale wss. Lösungen fluorescieren blaugrün.

8-Hydroxy-pyren-trisulfonsäure-(1.3.6), *8-hydroxypyrene-1,3,6-trisulfonic acid* $C_{16}H_{10}O_{10}S_3$, Formel XIII.

B. Aus Pyren-tetrasulfonsäure-(1.3.6.8) beim Erhitzen des Tetranatrium-Salzes mit wss. Natronlauge (20%ig) auf Siedetemperatur (*Tietze, Bayer*, A. **540** [1939] 189, 205).

Neutrale und alkal. wss. Lösungen fluorescieren grün, saure wss. Lösungen fluorescieren blau (*Tie., Bayer*, l. c. S. 195).

Überführung in Pyrenol-(1) durch Erhitzen mit wss. Schwefelsäure: *Tie., Bayer*, l. c. S. 197.

Natrium-Salz $Na_3C_{16}H_7O_{10}S_3$. Krystalle (aus schwach saurer wss. Lösung) mit 1 Mol H_2O.

Diphenyl-[4-hydroxy-phenyl]-methansulfonsäure, (p-*hydroxyphenyl*)*diphenylmethane-sulfonic acid* $C_{19}H_{16}O_4S$, Formel XIV.

Die H 294 unter dieser Konstitution beschriebene Verbindung wird von *Ioffe, Chawin*

(Ž.obšč.Chim **19** [1949] 917, 920; C.A. **1949** 8683) als 4-Hydroxy-1-benzhydryliden-cyclohexadien-(2.5)-sulfonsäure-(4) $C_{19}H_{16}O_4S$ (Formel XV) formuliert.

B. Als Natrium-Salz aus Diphenyl-[4-hydroxy-phenyl]-methanol oder aus Fuchson beim Erwärmen von Lösungen in Essigsäure mit wss. Natriumhydrogensulfit-Lösung sowie beim Behandeln mit wss. Salzsäure und mit wss. Natriumhydrogensulfit-Lösung (*Io., Ch.,* l. c. S. 925; vgl. H **294**).

Beim Behandeln mit wss. Salzsäure ist Diphenyl-[4-hydroxy-phenyl]-methanol, beim Erwärmen mit Essigsäure ist Fuchson erhalten worden.

Natrium-Salz. Krystalle [aus W.]; in kaltem Wasser schwer löslich.

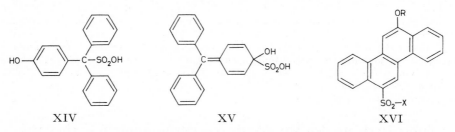

XIV   XV   XVI

Sulfo-Derivate der Monohydroxy-Verbindungen $C_nH_{2n-24}O$

12-Hydroxy-chrysen-sulfonsäure-(6), *12-hydroxychrysene-6-sulfonic acid* $C_{18}H_{12}O_4S$, Formel XVI (R = H, X = OH).

Präparate (Natrium-Salz: Krystalle [aus W.]), in denen vermutlich diese Verbindung vorgelegen hat, sind aus Chrysenol-(6) beim Behandeln mit Chloroschwefelsäure in Nitrobenzol, beim Erhitzen mit Chloroschwefelsäure und Pyridin auf 140° oder beim Behandeln mit Schwefelsäure sowie aus 12-Amino-chrysen-sulfonsäure-(6?) (hergestellt aus 6-Amino-chrysen und Schwefelsäure) beim Erhitzen mit wss. Salzsäure auf 200° erhalten (*CIBA*, D.R.P. 686907 [1936]; D.R.P. Org. Chem. **1**, Tl. 2, S. 536; U.S.P. 2134446 [1936]; s.a. *CIBA*, Schweiz.P. 188882 [1935]) und in eine vermutlich als 12-Methoxy-chrysen-sulfonylchlorid-(6) (Formel XVI [R = CH₃, X = Cl]) zu formulierende Verbindung $C_{19}H_{13}ClO_3S$ (F: 200–202°) übergeführt worden (*CIBA*, Schweiz.P. 188882; U.S.P. 2134446).

Sulfo-Derivate der Dihydroxy-Verbindungen $C_nH_{2n-6}O_2$

2.3-Dihydroxy-benzol-sulfonsäure-(1) $C_6H_6O_5S$.

Bis-[5-chlor-2-hydroxy-3-sulfo-phenyl]-sulfid, 5.5′-Dichlor-2.2′-dihydroxy-3.3′-thio-bis-benzolsulfonsäure-(1), *5,5′-dichloro-2,2′-dihydroxy-3,3′-thiobisbenzenesulfonic acid* $C_{12}H_8Cl_2O_8S_3$, Formel I.

B. Beim Erwärmen von Bis-[5-chlor-2-hydroxy-phenyl]-sulfid mit Schwefelsäure (*Pfleger et al.,* Z. Naturf. **4b** [1949] 344, 349).

Ammonium-Salz $[NH_4]_2C_{12}H_6Cl_2O_8S_3$; F: 260–263°.

Barium-Salz. Krystalle (aus W.).

3.4-Dihydroxy-benzol-sulfonsäure-(1), *3,4-dihydroxybenzenesulfonic acid* $C_6H_6O_5S$, Formel II (R = H, X = OH) (H **295**; E I 69; E II 168; dort als Brenzcatechin-sulfonsäure-(4) bezeichnet).

Beim Behandeln des Natrium-Salzes mit 2 Mol bzw. 10 Mol Natriumnitrit und wss. Schwefelsäure (oder wss. Essigsäure) ist das Natrium-Salz der 6-Nitroso-3.4-dihydroxy-benzol-sulfonsäure-(1) [S. 647] (*Zika,* Collect. **6** [1934] 60, 62) bzw. das Dinatrium-Salz der 2.6-Dinitroso-3.4-dihydroxy-benzol-sulfonsäure-(1) [S. 648] (*Frejka, Zika,* Collect. **5** [1933] 253, 256) erhalten worden.

3-Hydroxy-4-methoxy-benzol-sulfonsäure-(1), *3-hydroxy-4-methoxybenzenesulfonic acid* $C_7H_8O_5S$, Formel III (H **295**; E I 69; E II 168).

Bildung bei der Bestrahlung einer wss. Lösung von 6-Methoxy-1-diazonio-benzol-sulfonat-(3) (nicht näher beschrieben) mit UV-Licht: *de Jonge, Dijkstra*, R. **68** [1949] 426, 428.

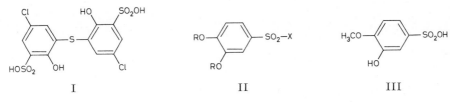

I   II   III

4-Hydroxy-3-methoxy-benzol-sulfonsäure-(1), *4-hydroxy-3-methoxybenzenesulfonic acid* $C_7H_8O_5S$, Formel IV (H 295; E I 69).

Beim Behandeln dieser Verbindung mit wss. Salpetersäure ist 4.6-Dinitro-2-methᵒ oxy-phenol erhalten worden (*Berkengeïm, Al'bizkaja*, Ž. obšč. Chim. **4** [1934] 104, 109, 113; C. **1935** I 2794).

3.4-Diacetoxy-benzol-sulfonylchlorid-(1), *3,4-diacetoxybenzenesulfonyl chloride* $C_{10}H_9ClO_6S$, Formel II (R = CO-CH₃, X = Cl).

B. Beim Behandeln von 3.4-Dihydroxy-benzol-sulfonsäure-(1) mit Acetanhydrid und Pyridin und Behandeln des Reaktionsprodukts mit Phosphor(V)-chlorid (*Williams*, Biochem. J. **35** [1941] 1169, 1172).

Krystalle (aus CCl₄); F: 116° [unkorr.].

3.4-Dimethoxy-benzolsulfonamid-(1), *3,4-dimethoxybenzenesulfonamide* $C_8H_{11}NO_4S$, Formel II (R = CH₃, X = NH₂) (H 297; E I 69).

B. Aus 3.4-Dimethoxy-benzol-sulfonylchlorid-(1) beim Eindampfen einer Lösung in Chloroform mit Ammoniumcarbonat (*Huntress, Carten*, Am. Soc. **62** [1940] 603; vgl. H 297).

Krystalle (aus wss. A.); F: 135—136° [unkorr.; Block].

N.N-Dimethyl-3.4-dimethoxy-benzolsulfonamid-(1), *3,4-dimethoxy-N,N-dimethylbenzeneᵒ sulfonamide* $C_{10}H_{15}NO_4S$, Formel II (R = CH₃, X = N(CH₃)₂).

B. Aus 3.4-Dimethoxy-benzolsulfonamid-(1) beim Behandeln mit wss. Natronlauge und mit Dimethylsulfat (*Williams*, Biochem. J. **35** [1941] 1169, 1171). Beim Behandeln von 3.4-Diacetoxy-benzol-sulfonylchlorid-(1) mit wss. Ammoniak und Behandeln des erhaltenen Amids (Harz) mit Dimethylsulfat und wss. Alkalilauge (*Wi.*, l. c. S. 1172).

Krystalle (aus W.); F: 115° [unkorr.]. In Äthanol löslich.

3.4-Diäthoxy-benzolsulfonamid-(1), *3,4-diethoxybenzenesulfonamide* $C_{10}H_{15}NO_4S$, Formel II (R = C₂H₅, X = NH₂).

B. Beim Behandeln einer Lösung von 1.2-Diäthoxy-benzol in Chloroform mit Chloroᵒ schwefelsäure und Eindampfen des Reaktionsgemisches mit Ammoniumcarbonat (*Huntress, Carten*, Am. Soc. **62** [1940] 603).

Krystalle (aus wss. A.); F: 162—163° [unkorr.; Block].

6-Brom-3.4-dimethoxy-benzol-sulfonylchlorid-(1), *2-bromo-4,5-dimethoxybenzenesulfonyl chloride* $C_8H_8BrClO_4S$, Formel V (X = Cl).

B. Aus 4-Brom-1.2-dimethoxy-benzol und Chloroschwefelsäure (*Levi, Smiles*, Soc. **1931** 520, 523).

Als Amid (s. u.) charakterisiert.

Beim Erwärmen mit wss. Natriumsulfit-Lösung unter Zusatz von Natriumcarbonat ist 6-Brom-3.4-dimethoxy-benzol-sulfinsäure-(1), beim Erwärmen mit Zinn und wss. Salzᵒ säure ist 3.4-Dimethoxy-thiophenol erhalten worden. Überführung in 3.4-Dimethoxy-benzol-sulfonsäure-(1) durch Hydrolyse und anschliessende Hydrierung an Palladium in wss. Kalilauge: *Levi, Sm.*

6-Brom-3.4-dimethoxy-benzolsulfonamid-(1), *2-bromo-4,5-dimethoxybenzenesulfonamide* $C_8H_{10}BrNO_4S$, Formel V (X = NH₂).

B. Aus 6-Brom-3.4-dimethoxy-benzol-sulfonylchlorid-(1) (*Levi, Smiles*, Soc. **1931** 520, 523).

Krystalle (aus Eg.); F: 236°.

6-Nitroso-3.4-dimethoxy-benzol-sulfonsäure-(1), *4,5-dimethoxy-2-nitrosobenzenesulfonic acid* C$_8$H$_9$NO$_6$S, Formel VI (X = OH).

B. Als Natrium-Salz bzw. Kalium-Salz beim Erhitzen des Natrium-Salzes bzw. des Kalium-Salzes der 6-Nitroso-3.4-dihydroxy-benzol-sulfonsäure-(1) (S. 647) mit Dimethyl=sulfat und Natriumcarbonat bzw. Kaliumcarbonat in Wasser (*Zika*, Collect. **6** [1934] 60, 65).

Beim Erwärmen mit wss. Salpetersäure ist 4.5-Dinitro-1.2-dimethoxy-benzol erhalten worden.

Charakterisierung als Amid (s. u.) und als Anilid (F: 163°): *Zika*, l. c. S. 61, 67.

Natrium-Salz NaC$_8$H$_8$NO$_6$S. Krystalle (aus W.) mit 1 Mol H$_2$O.

Kalium-Salz KC$_8$H$_8$NO$_6$S. Krystalle (aus W.). In warmem Äthanol mässig löslich.

6-Nitroso-3.4-dimethoxy-benzol-sulfonylchlorid-(1), *4,5-dimethoxy-2-nitrosobenzene=sulfonyl chloride* C$_8$H$_8$ClNO$_5$S, Formel VI (X = Cl).

B. Aus 6-Nitroso-3.4-dimethoxy-benzol-sulfonsäure-(1) beim Behandeln des Natrium-Salzes oder des Kalium-Salzes mit Phosphor(V)-chlorid (*Zika*, Collect. **6** [1934] 60, 66).

Gelbe Krystalle (aus A.); F: 132°. An der Luft erfolgt Orangefärbung.

IV   V   VI   VII

6-Nitroso-3.4-dimethoxy-benzolsulfonamid-(1), *4,5-dimethoxy-2-nitrosobenzenesulfonamide* C$_8$H$_{10}$N$_2$O$_5$S, Formel VI (X = NH$_2$).

B. Aus 6-Nitroso-3.4-dimethoxy-benzol-sulfonylchlorid-(1) beim Erwärmen einer äthan=ol. Lösung mit wss. Ammoniak (*Zika*, Collect. **6** [1934] 60, 67).

Gelbe Krystalle (aus A.); F: 198—201°. In Wasser schwer löslich.

4.5-Dihydroxy-benzol-disulfonsäure-(1.3), *4,5-dihydroxybenzene-1,3-disulfonic acid* C$_6$H$_6$O$_8$S$_2$, Formel VII (H 297; E I 69; E II 169; dort als Brenzcatechin-disulfon=säure-(3.5) bezeichnet).

Farbreaktionen beim Behandeln von wss. Lösungen des Dinatrium-Salzes mit Titan(IV)-Salzen, Eisen(III)-Salzen und anderen Metallsalzen: *Yoe, Jones*, Ind. eng. Chem. Anal. **16** [1944] 111, 113, 114; *Yoe, Armstrong*, Anal. Chem. **19** [1947] 100).

Über wasserlösliche Schwermetall-Komplexe des Natrium-Salzes, des Kalium-Salzes und des Calcium-Salzes s. *I.G. Farbenind.*, D.R.P. 501469 [1927]; Frdl. **17** 2357; D.R.P. 501608 [1927]; Frdl. **17** 2360; D.R.P. 515206 [1928]; Frdl. **17** 2420; D.R.P. 567754 [1930]; Frdl. **19** 1456; *Winthrop Chem. Co.*, U.S.P. 1988575 [1928], 1988576 [1929]; *Schmidt*, Med. Ch. I.G. **2** [1934] 93, 97, **3** [1936] 418, 420, 424, 425; *Yoe, Jo.*, l. c. S. 112, 113; *Jones, Yeatts*, Am. Soc. **69** [1947] 1277, 1279.

2.4-Dihydroxy-benzol-sulfonsäure-(1), *2,4-dihydroxybenzenesulfonic acid* C$_6$H$_6$O$_5$S, Formel VIII (R = H, X = OH) (H 298; E I 70; E II 169; dort als Resorcin-sulfon=säure-(4) bezeichnet).

In dem E II 169 erwähnten, von *Bucherer, Hoffmann* als 2.4-Dihydroxy-benzol-sulf=onsäure-(1) angesehenen Präparat (hergestellt durch Umsetzung von Resorcin mit Natri=umhydrogensulfit und Behandlung des erhaltenen, vermeintlichen Trinatrium-Salzes der 2.4-Bis-sulfinooxy-benzol-sulfonsäure-(1) [„Resorcin-sulfonsäure-(4)-bis-schweflig=säureester"; E II 169]) mit wss. Alkalilauge hat vermutlich ein Gemisch von 3-Hydr=oxy-benzol-sulfonsäure-(1) und 3.5-Dioxo-cyclohexan-sulfonsäure-(1) vorgelegen (*Allan, Podstata*, Collect. **31** [1966] 3573, 3576; s. a. *Lauer, Langkammerer*, Am. Soc. **56** [1934] 1628; *Ufimzew*, Ž. prikl. Chim. **20** [1947] 1199, 1200; C.A. **1949** 2595).

2.4-Dimethoxy-benzol-sulfonsäure-(1), *2,4-dimethoxybenzenesulfonic acid* C$_8$H$_{10}$O$_5$S, Formel VIII (R = CH$_3$, X = OH).

B. Aus 1.3-Dimethoxy-benzol beim Behandeln mit Schwefelsäure (*Suter, Hansen*, Am. Soc. **55** [1933] 2080).

Als *p*-Toluidin-Salz (F: 191—192° [korr.]) charakterisiert (*Su., Ha.*).

Elektrische Leitfähigkeit von Lösungen in Essigsäure: *Hantzsch*, *Langbein*, Z. anorg. Ch. **204** [1932] 193, 198.

Beim Einleiten von Chlor in eine wss. Lösung des Kalium-Salzes ist 4.6-Dichlor-1.3-dimethoxy-benzol erhalten worden (*Su.*, *Ha.*).

2.4-Dimethoxy-benzol-sulfonylchlorid-(1), *2,4-dimethoxybenzenesulfonyl chloride* $C_8H_9ClO_4S$, Formel VIII (R = CH_3, X = Cl).

B. Aus 1.3-Dimethoxy-benzol beim Behandeln einer Lösung in Chloroform mit Chloroschwefelsäure (*Huntress*, *Carten*, Am. Soc. **62** [1940] 603). Aus 2.4-Dimethoxy-benzolsulfonsäure-(1) beim Erhitzen des Kalium-Salzes mit Phosphoroxychlorid (*Suter*, *Hansen*, Am. Soc. **55** [1933] 2080).

Krystalle (aus Bzl. + Bzn.); F: 70,5° [nach Sintern bei 69°] (*Su.*, *Ha.*).

2.4-Dimethoxy-benzolsulfonamid-(1), *2,4-dimethoxybenzenesulfonamide* $C_8H_{11}NO_4S$, Formel VIII (R = CH_3, X = NH_2).

B. Aus 2.4-Dimethoxy-benzol-sulfonylchlorid-(1) beim Behandeln mit wss.-äthanol. Ammoniak (*Suter*, *Hansen*, Am. Soc. **55** [1933] 2080) sowie beim Eindampfen einer Lösung in Chloroform mit Ammoniumcarbonat (*Huntress*, *Carten*, Am. Soc. **62** [1940] 603).

Krystalle; F: 166—167° [aus A.] (*Su.*, *Ha.*), 166—167° [unkorr.; Block; aus wss. A.] (*Hu.*, *Ca.*).

2.4-Diäthoxy-benzolsulfonamid-(1), *2,4-diethoxybenzenesulfonamide* $C_{10}H_{15}NO_4S$, Formel VIII (R = C_2H_5, X = NH_2).

B. Beim Behandeln einer Lösung von 1.3-Diäthoxy-benzol in Chloroform mit Chloroschwefelsäure und Eindampfen des Reaktionsgemisches mit Ammoniumcarbonat (*Huntress*, *Carten*, Am. Soc. **62** [1940] 603).

Krystalle (aus wss. A.); F: 184—185° [unkorr.; Block].

3.5-Dihydroxy-benzol-sulfonsäure-(1), *3,5-dihydroxybenzenesulfonic acid* $C_6H_6O_5S$, Formel IX (R = H, X = OH) (H 298; dort als R e s o r c i n - s u l f o n s ä u r e - (5) bezeichnet).

B. Aus Benzol-trisulfonsäure-(1.3.5) beim Erhitzen des Trinatrium-Salzes mit Natriumhydroxid und wenig Wasser auf 250° (*Suter*, *Harrington*, Am. Soc. **59** [1937] 2575, 2577; vgl. H 298).

N a t r i u m - S a l z $NaC_6H_5O_5S \cdot 2H_2O$. Das Krystallwasser wird beim Trocknen unter vermindertem Druck abgegeben.

3.5-Dibenzoyloxy-benzol-sulfonsäure-(1), *3,5-bis(benzoyloxy)benzenesulfonic acid* $C_{20}H_{14}O_7S$, Formel IX (R = $CO-C_6H_5$, X = OH).

B. Als N a t r i u m - S a l z $NaC_{20}H_{13}O_7S$ beim Behandeln von Natrium-[3.5-dihydroxybenzol-sulfonat-(1)] mit wss. Natronlauge und mit Benzoylchlorid (*Suter*, *Harrington*, Am. Soc. **59** [1937] 2575, 2577).

3.5-Dibenzoyloxy-benzol-sulfonylchlorid-(1), *3,5-bis(benzoyloxy)benzenesulfonyl chloride* $C_{20}H_{13}ClO_6S$, Formel IX (R = $CO-C_6H_5$, X = Cl).

B. Aus 3.5-Dibenzoyloxy-benzol-sulfonsäure-(1) beim Erhitzen des Natrium-Salzes mit Phosphoroxychlorid (*Suter*, *Harrington*, Am. Soc. **59** [1937] 2575, 2577).

Krystalle (aus Decalin); F: 105° [korr.].

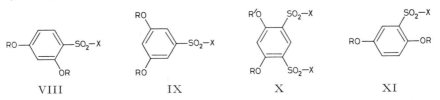

VIII   IX   X   XI

4.6-Dihydroxy-benzol-disulfonsäure-(1.3), *4,6-dihydroxybenzene-1,3-disulfonic acid* $C_6H_6O_8S_2$, Formel X (R = R' = H, X = OH) (H 299; E I 70; E II 169; dort als R e s o r c i n - d i s u l f o n s ä u r e - (4.6) bezeichnet).

D i n a t r i u m - S a l z. 100 ml der bei 15° gesättigten wss. Lösung enthalten 9,2 g (*Peltier*, Anal. Chim. Acta **2** [1948] 328). — Über Schwermetall-Komplexe s. *I.G. Farbenind.*, D.R.P. 526392 [1928]; Frdl. **18** 2811.

4.6-Dioctyloxy-benzol-disulfonsäure-(1.3), *4,6-bis(octyloxy)benzene-1,3-disulfonic acid* $C_{22}H_{38}O_8S_2$, Formel X (R = R' = $[CH_2]_7$-CH_3, X = OH).

B. Aus 1.3-Dioctyloxy-benzol beim Erwärmen mit Schwefelsäure (*Hartley*, Soc. **1939** 1828, 1833).

Krystalle (aus wss. Salzsäure) mit 6 Mol H_2O, die im Vakuum bei 40° schmelzen; die Schmelze erstarrt bei weiterem Erwärmen nach Abgabe von 5 Mol Wasser zu Krystallen vom F: ca. 90° (*Ha.*, l. c. S. 1833).

Beim Erwärmen in Äthanol, Propanol-(1), Isopropylalkohol oder Dioxan bildet sich 1.3-Dioctyloxy-benzol (*Hartley*, Soc. **1939** 1834).

6-Hexyloxy-4-dodecyloxy-benzol-disulfonsäure-(1.3), *4-(dodecyloxy)-6-(hexyloxy)benzene-1,3-disulfonic acid* $C_{24}H_{42}O_8S_2$, Formel X (R = $[CH_2]_5$-CH_3, R' = $[CH_2]_{11}$-CH_3, X = OH).

B. Aus 3-Hexyloxy-1-dodecyloxy-benzol beim Erwärmen mit Schwefelsäure (*Hartley*, Soc. **1939** 1828, 1833).

Krystalle mit 2 Mol H_2O.

4.6-Dimethoxy-benzol-disulfonylfluorid-(1.3), *4,6-dimethoxybenzene-1,3-disulfonyl difluoride* $C_8H_8F_2O_6S_2$, Formel X (R = R' = CH_3, X = F).

B. Aus 4.6-Dimethoxy-benzol-disulfonyldichlorid-(1.3) beim Erwärmen mit wss. Natriumfluorid-Lösung (*Davies*, *Dick*, Soc. **1931** 2104, 2108).

Krystalle (aus wss. A.); F: 209—211°.

2.5-Dihydroxy-benzol-sulfonsäure-(1), *2,5-dihydroxybenzenesulfonic acid* $C_6H_6O_5S$, Formel XI (R = H, X = OH) (H 300; E I 70; E II 170; dort als H y d r o c h i n o n = s u l f o n s ä u r e bezeichnet).

B. Aus Hydrochinon beim Erwärmen mit Schwefelsäure in Gegenwart von Jod (*Rây*, *Dey*, Soc. **117** [1920] 1405; vgl. H 300; E I 70) sowie beim Behandeln mit Silberbromid und Alkalisulfit in Wasser in Gegenwart von Formaldehyd oder Aceton (*Seyewetz*, *Szymson*, Bl. [4] **53** [1933] 1260, 1265).

Geschwindigkeit der Oxydation des Natrium-Salzes in Natriumsulfit enthaltender wss. Lösung (pH 9,9) an der Luft bei 20°: *James*, *Weissberger*, Am. Soc. **61** [1939] 444. Bei mehrtägigem Behandeln mit Methylamin und Kupfer(II)-hydroxid in Wasser unter Luftzutritt ist 2.5-Bis-methylamino-3.6-dioxo-cyclohexadien-(1.4)-sulfonsäure-(1) erhalten worden (*Garreau*, A. ch. [11] **10** [1938] 485, 533).

N a t r i u m - S a l z $NaC_6H_5O_5S$ (E I 71; E II 170). Krystalle [aus A.] (*Ja.*, *Wei.*).

2.5-Dimethoxy-benzol-sulfonsäure-(1), *2,5-dimethoxybenzenesulfonic acid* $C_8H_{10}O_5S$, Formel XI (R = CH_3, X = OH).

B. Aus 1.4-Dimethoxy-benzol beim Erwärmen mit Schwefelsäure (*Baker*, *Evans*, Soc. **1938** 372, 373).

Stark lichtbrechende Krystalle (aus E.) mit 2 Mol H_2O, die bei 100—105° im Krystallwasser schmelzen (*Ba.*, *Ev.*); Krystalle mit 1 Mol H_2O (*Hantzsch*, *Langbein*, Z. anorg. Ch. **204** [1932] 193, 197).

Beim Erhitzen mit Kaliumhydroxid und wenig Wasser auf 150° ist 1.4-Dimethoxy-benzol erhalten worden (*Ba.*, *Ev.*).

2.5-Dioctyloxy-benzol-sulfonsäure-(1), *2,5-bis(octyloxy)benzenesulfonic acid* $C_{22}H_{38}O_5S$, Formel XI (R = $[CH_2]_7$-CH_3, X = OH).

B. Aus 1.4-Dioctyloxy-benzol beim Behandeln einer Lösung in Chloroform (*Hartley*, Soc. **1939** 1828, 1833) oder in Tetrachlormethan (*Gallent*, J. org. Chem. **23** [1958] 75) mit Chloroschwefelsäure.

Als *p*-Toluidin-Salz (F: 160—161° [korr.]) charakterisiert (*Ga.*).

K a l i u m - S a l z $KC_{22}H_{37}O_5S$. In Aceton löslich (*Ha.*).

6-Hydroxy-3-phenoxy-benzol-sulfonsäure-(1), *2-hydroxy-5-phenoxybenzenesulfonic acid* $C_{12}H_{10}O_5S$, Formel XII.

B. Aus 4-Phenoxy-phenol beim Erwärmen mit Schwefelsäure (*Walter*, Barell-Festschr. [Basel 1936] S. 266, 270, 274).

N a t r i u m - S a l z und B a r i u m - S a l z: Krystalle (aus A.).

2.5-Dimethoxy-benzolsulfonamid-(1), *2,5-dimethoxybenzenesulfonamide* $C_8H_{11}NO_4S$, Formel XI (R = CH_3, X = NH_2).

B. Beim Behandeln einer Lösung von 1.4-Dimethoxy-benzol in Chloroform mit Chloro=

schwefelsäure und Eindampfen des Reaktionsgemisches mit Ammoniumcarbonat (*Huntress, Carten*, Am. Soc. **62** [1940] 603).

Krystalle (aus wss. A.); F: 148° [unkorr.; Block].

2.5-Diäthoxy-benzolsulfonamid-(1), *2,5-diethoxybenzenesulfonamide* $C_{10}H_{15}NO_4S$, Formel XI (R = C_2H_5, X = NH_2) auf S. 569.

B. Beim Behandeln einer Lösung von 1.4-Diäthoxy-benzol in Chloroform mit Chloroschwefelsäure und Eindampfen des Reaktionsgemisches mit Ammoniumcarbonat (*Huntress, Carten*, Am. Soc. **62** [1940] 603).

Krystalle (aus wss. A.); F: 154—155° [unkorr.; Block].

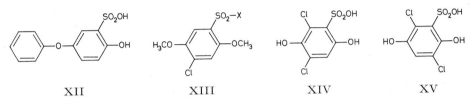

XII   XIII   XIV   XV

4-Chlor-2.5-dimethoxy-benzol-sulfonsäure-(1), *4-chloro-2,5-dimethoxybenzenesulfonic acid* $C_8H_9ClO_5S$, Formel XIII (X = OH).

B. Beim Erwärmen einer aus 4-Chlor-2.5-dimethoxy-anilin, wss. Salzsäure und Natriumnitrit bereiteten Diazoniumsalz-Lösung mit einer wss. Lösung von Kalium-äthylxanthogenat und Erwärmen einer Lösung des danach isolierten Reaktionsprodukts in Aceton mit wss. Kaliumpermanganat-Lösung (*Beech*, Soc. **1948** 212, 215). Beim Erwärmen einer aus 5-Hydroxy-2-methoxy-4-amino-benzol-sulfonsäure-(1), wss. Salzsäure und Natriumnitrit bereiteten Diazoniumsalz-Lösung mit Kupfer(I)-chlorid und Erwärmen des danach isolierten Reaktionsprodukts mit wss. Natronlauge und Dimethylsulfat (*Beech*).

Als Amid (s. u.) und als *N*-Äthyl-anilid (F: 114°) charakterisiert.

Natrium-Salz $NaC_8H_8ClO_5S$. Krystalle (aus W.).

4-Chlor-2.5-dimethoxy-benzolsulfonamid-(1), *4-chloro-2,5-dimethoxybenzenesulfonamide* $C_8H_{10}ClNO_4S$, Formel XIII (X = NH_2).

B. Beim Erwärmen von 4-Chlor-2.5-dimethoxy-benzol-sulfonsäure-(1) mit Phosphor(V)-chlorid und Behandeln des Reaktionsprodukts mit wss. Ammoniak (*Beech*, Soc. **1948** 212, 215).

Krystalle (aus Me.); F: 207°.

4.6-Dichlor-2.5-dihydroxy-benzol-sulfonsäure-(1), *2,4-dichloro-3,6-dihydroxybenzenesulfonic acid* $C_6H_4Cl_2O_5S$, Formel XIV.

B. Neben geringen Mengen 2.6-Dichlor-hydrochinon beim Behandeln einer äthanol. Lösung von 2.6-Dichlor-benzochinon-(1.4) mit wss. Natriumsulfit-Lösung (*Dodgson*, Soc. **1930** 2498, 2500, 2501).

Beim Behandeln des Barium-Salzes $Ba(C_6H_3Cl_2O_5S)_2$ mit Eisen(III)-chlorid-Lösung tritt eine blauviolette Färbung auf.

3.6-Dichlor-2.5-dihydroxy-benzol-sulfonsäure-(1), *2,5-dichloro-3,6-dihydroxybenzenesulfonic acid* $C_6H_4Cl_2O_5S$, Formel XV.

B. Neben geringen Mengen 2.5-Dichlor-hydrochinon beim Behandeln einer äthanol. Lösung von 2.5-Dichlor-benzochinon-(1.4) mit wss. Natriumsulfit-Lösung (*Dodgson*, Soc. **1930** 2498, 2500).

Beim Behandeln des Barium-Salzes $Ba(C_6H_3Cl_2O_5S)_2$ mit Eisen(III)-chlorid-Lösung tritt eine blauviolette Färbung auf.

3.6-Dihydroxy-benzol-disulfonsäure-(1.2), *3,6-dihydroxybenzene-1,2-disulfonic acid* $C_6H_6O_8S_2$, Formel I.

Diese Konstitution wird von *Pinnow* (Z. wiss. Phot. **37** [1938] 76, 78) für die H 301 und nachstehend abgehandelte „γ-Hydrochinondisulfonsäure" in Betracht gezogen.

B. Neben den in den beiden folgenden Artikeln abgehandelten Säuren beim Erwärmen von Hydrochinon mit rauchender Schwefelsäure (*Pi.*, l. c. S. 77).

Kalium-Salz. Krystalle (aus W.).

2.5-Dihydroxy-benzol-disulfonsäure-(1.4), *2,5-dihydroxybenzene-1,4-disulfonic acid*
$C_6H_6O_8S_2$, Formel II (H 300; E I 71 [dort als „β-Hydrochinondisulfonsäure" bezeichnet];
E II 171).

B. Aus Hydrochinon beim Behandeln von wss. Lösungen mit Blei(IV)-oxid (oder
Silberbromid) und Natriumsulfit (oder Kaliumsulfit) in Gegenwart von Alkalihydroxid,
Alkalicarbonat oder Ammoniak (*Seyewetz, Szymson*, Bl. [4] **53** [1933] 1260, 1261; vgl.
H 301; E I 71).

Beim Behandeln einer wss. Lösung des Diammonium-Salzes mit wss. Ammoniak und
Kupfer(II)-hydroxid unter Luftzutritt sind die Diammonium-Salze der 3.6-Diamino-
2.5-dihydroxy-benzol-disulfonsäure-(1.4) und einer als 5-Amino-2-hydroxy-6-oxo-3-imino-
cyclohexadien-(1.4)-disulfonsäure-(1.4) oder 2-Amino-5-hydroxy-6-oxo-3-imino-cyclo=
hexadien-(1.4)-disulfonsäure-(1.4) angesehenen Säure erhalten worden (*Garreau*, A. ch.
[11] **10** [1938] 485, 496, 534).

Diammonium-Salz $[NH_4]_2C_6H_4O_8S_2$. Krystalle [aus W.] (*Ga.*, l. c. S. 528).

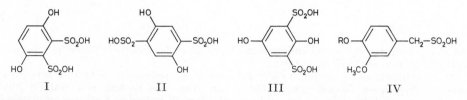

I   II   III   IV

2.5-Dihydroxy-benzol-disulfonsäure-(1.3), *2,5-dihydroxybenzene-1,3-disulfonic acid*
$C_6H_6O_8S_2$, Formel III.

Diese Konstitution wird von *Pinnow* (Z. wiss. Phot. **37** [1938] 76, 78) für die H 300
und nachstehend abgehandelte „α-Hydrochinondisulfonsäure" in Betracht gezogen.

B. s. S. 571 im Artikel 3.6-Dihydroxy-benzol-disulfonsäure-(1.2).

Dikalium-Salz $K_2C_6H_4O_8S_2$. Krystalle (aus W.) mit 1 Mol H_2O. Bei Raumtemperatur
in der 10-fachen Menge Wasser löslich (*Pi.*, l. c. S. 79).

3.4-Dihydroxy-toluol-sulfonsäure-(α) $C_7H_8O_5S$.

4-Hydroxy-3-methoxy-toluol-sulfonsäure-(α), *4-hydroxy-3-methoxytoluene-α-sulfonic acid*
$C_8H_{10}O_5S$, Formel IV (R = H).

B. Aus 4-Hydroxy-3-methoxy-benzylalkohol beim Erhitzen mit wss. Calciumhydrogen=
sulfit-Lösung auf 135° (*Lindgren*, Acta chem. scand. **3** [1949] 1011, 1016; s. a. *Ivnäs,
Lindberg*, Acta chem. scand. **15** [1961] 1081).

UV-Spektrum (W.): *Lindg.*, l. c. S. 1015.

Als Pyridin-Salz (F: 189—190°) charakterisiert (*Lindg.*).

Barium-Salz. Krystalle [aus wss. Me. + Ae.] (*Lindg.*).

3.4-Dimethoxy-toluol-sulfonsäure-(α), *3,4-dimethoxytoluene-α-sulfonic acid* $C_9H_{12}O_5S$,
Formel IV (R = CH_3).

B. Aus 3.4-Dimethoxy-benzylalkohol beim Erhitzen mit wss. Calciumhydrogensulfit-
Lösung auf 135° (*Lindgren*, Acta chem. scand. **3** [1949] 1011, 1016).

Als Pyridin-Salz (F: 149°) charakterisiert.

Barium-Salz. Krystalle (aus wss. Me. + Ae.).

1-[3.4-Dihydroxy-phenyl]-äthan-sulfonsäure-(1) $C_8H_{10}O_5S$.

(±)-1-[4-Hydroxy-3-methoxy-phenyl]-äthan-sulfonsäure-(1), *(±)-1-(4-hydroxy-3-meth=
oxyphenyl)ethanesulfonic acid* $C_9H_{12}O_5S$, Formel V (R = H).

B. Aus (±)-1-[4-Hydroxy-3-methoxy-phenyl]-äthanol-(1) beim Erhitzen mit wss.
Calciumhydrogensulfit-Lösung auf 135° (*Lindgren*, Acta chem. scand. **3** [1949] 1011,
1016).

Als Pyridin-Salz (F: 164—164,5°) charakterisiert.

Barium-Salz. Krystalle (aus wss. Me. + Ae.).

(±)-1-[3.4-Dimethoxy-phenyl]-äthan-sulfonsäure-(1), *(±)-1-(3,4-dimethoxyphenyl)=
ethanesulfonic acid* $C_{10}H_{14}O_5S$, Formel V (R = CH_3).

B. Aus (±)-1-[3.4-Dimethoxy-phenyl]-äthanol-(1) beim Erhitzen mit wss. Calcium=
hydrogensulfit-Lösung auf 135° (*Lindgren*, Acta chem. scand. **3** [1949] 1011, 1016).

Als Pyridin-Salz (F: 148°) charakterisiert.
Barium-Salz. Krystalle (aus A.).

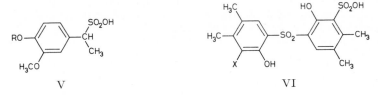

V   VI

4.5-Dihydroxy-*o*-xylol-sulfonsäure-(3) $C_8H_{10}O_5S$.

4-Hydroxy-5-[6-hydroxy-3.4-dimethyl-phenylsulfon]-*o*-xylol-sulfonsäure-(3), *6-hydroxy-5-(6-hydroxy-3,4-xylylsulfonyl)-2,3-xylenesulfonic acid* $C_{16}H_{18}O_7S_2$, Formel VI (X = H).

Diese Konstitution ist für die nachstehend beschriebene Verbindung in Betracht zu ziehen.

B. Neben der im folgenden Artikel beschriebenen Disulfonsäure beim Behandeln von Bis-[6-hydroxy-3.4-dimethyl-phenyl]-sulfon mit Schwefelsäure (*Zehenter*, J. pr. [2] **139** [1934] 309, 313).

Krystalle (aus wss. Salzsäure) mit 1,5 Mol H_2O, die bei 80—90° das Krystallwasser abgeben und bei 152—154° [Zers.] schmelzen. In Äther löslich.

Beim Behandeln mit Eisen(III)-chlorid in wss. Lösung tritt eine violette Färbung auf.

Kalium-Salz $KC_{16}H_{17}O_7S_2$. Hygroskopische Krystalle (aus W.) mit 1 Mol H_2O, die bei 100° das Krystallwasser abgeben. In Wasser schwer löslich.

Barium-Salz $Ba(C_{16}H_{17}O_7S_2)_2$. Krystalle mit 8,5 Mol H_2O oder Krystalle mit 7 Mol H_2O.

Bis-[6-hydroxy-5-sulfo-3.4-dimethyl-phenyl]-sulfon, 4.4'-Dihydroxy-5.5'-sulfo-bis-*o*-xylolsulfonsäure-(3), *6,6'-dihydroxy-5,5'-sulfonylbis-2,3-xylenesulfonic acid* $C_{16}H_{18}O_{10}S_3$, Formel VI (X = SO_2OH).

Diese Konstitution ist für die nachstehend beschriebene Verbindung in Betracht zu ziehen.

B. Neben der im vorangehenden Artikel beschriebenen Sulfonsäure beim Behandeln von Bis-[6-hydroxy-3.4-dimethyl-phenyl]-sulfon mit Schwefelsäure (*Zehenter*, J. pr. [2] **139** [1934] 309, 314).

Hygroskopische Krystalle (aus wss. Salzsäure) mit 2,5 Mol H_2O; F: 124—125°, und nach Wiedererstarren 163—165° [Zers.].

Beim Trocknen bei 100° tritt Zersetzung ein unter Bildung von Bis-[6-hydroxy-3.4-dimethyl-phenyl]-sulfon.

Beim Behandeln mit Eisen(III)-chlorid in wss. Lösung tritt eine violette Färbung auf.

Kalium-Salz $K_2C_{16}H_{16}O_{10}S_3$. Krystalle (aus W.) mit 2,5 Mol H_2O, die bei 110° das Krystallwasser abgeben.

Barium-Salze. a) $BaC_{16}H_{16}O_{10}S_3$. Hygroskopische Krystalle (aus W.) mit 2 Mol H_2O. — b) $Ba_3(C_{16}H_{15}O_{10}S_3)_2$. Krystalle mit 7 Mol H_2O.

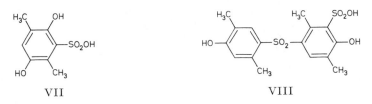

VII   VIII

3.6-Dihydroxy-*p*-xylol-sulfonsäure-(2), *3,6-dihydroxy-2,5-xylenesulfonic acid* $C_8H_{10}O_5S$, Formel VII.

B. Neben 2.5-Dimethyl-hydrochinon beim Behandeln einer äthanol. Lösung von 2.5-Dimethyl-benzochinon-(1.4) mit wss. Natriumsulfit-Lösung (*Dodgson*, Soc. **1930** 2498, 2500).

Beim Behandeln des Barium-Salzes $Ba(C_8H_9O_5S)_2$ mit Eisen(III)-chlorid-Lösung tritt eine grünblaue Färbung auf.

3-Hydroxy-6-[4-hydroxy-2.5-dimethyl-phenylsulfon]-*p*-xylol-sulfonsäure-(2), *6-hydroxy-3-(4-hydroxy-2,5-xylylsulfonyl)-2,5-xylenesulfonic acid* $C_{16}H_{18}O_7S_2$, Formel VIII.

Diese Konstitution kommt vermutlich der nachstehend beschriebenen Verbindung zu.

B. Aus Bis-[4-hydroxy-2.5-dimethyl-phenyl]-sulfon beim Behandeln mit Schwefel=säure (*Zehenter*, J. pr. [2] **137** [1933] 216, 224).

Krystalle (aus wss. Salzsäure); F: 149—150° [unter Rotfärbung].

Beim Behandeln mit Eisen(III)-chlorid in wss. Lösung tritt eine violette Färbung auf.

Natrium-Salz $NaC_{16}H_{17}O_7S_2$. Krystalle.

Barium-Salz $Ba(C_{16}H_{17}O_7S_2)_2$. Krystalle mit 3 Mol H_2O, die bei 120° das Krystall=wasser abgeben.

Blei(II)-Salz $Pb(C_{16}H_{17}O_7S_2)_2$. Krystalle mit 4 Mol H_2O; Zers. bei 130°.

4.5-Dihydroxy-1-propyl-benzol-sulfonsäure-(3) $C_9H_{12}O_5S$.

4-Hydroxy-5-methoxy-1-propyl-benzol-sulfonsäure-(3), *2-hydroxy-3-methoxy-5-propyl=benzenesulfonic acid* $C_{10}H_{14}O_5S$, Formel IX (R = H).

Diese Konstitution kommt wahrscheinlich der E II 172 beschriebenen 4-Hydroxy-3-methoxy-1-propyl-benzol-sulfonsäure-(x) (Natrium-Salz: F: 260—265°) zu (vgl. *Clemo, Turnbull*, Soc. **1947** 124).

B. Aus 2-Methoxy-4-propyl-phenol beim Behandeln mit Schwefelsäure (*Cl., Tu.*).

Kalium-Salz $KC_{10}H_{13}O_5S$. Krystalle (aus W.). pH einer 0,1-normalen wss. Lösung: 6,2—6,4. Beim Behandeln mit Eisen(III)-chlorid-Lösung tritt eine blaue Färbung auf.

Barium-Salz. Krystalle (aus W.).

S-Benzyl-isothiuronium-Salz $[C_8H_{11}N_2S]C_{10}H_{13}O_5S$. Krystalle (aus wss. A.); F: 109—112°.

S-[4-Chlor-benzyl]-isothiuronium-Salz $[C_8H_{10}ClN_2S]C_{10}H_{13}O_5S$. Krystalle; F: 168—170°.

4.5-Dimethoxy-1-propyl-benzol-sulfonsäure-(3), *2,3-dimethoxy-5-propylbenzenesulfonic acid* $C_{11}H_{16}O_5S$, Formel IX (R = CH_3).

B. Aus 4-Hydroxy-5-methoxy-1-propyl-benzol-sulfonsäure-(3) beim Erwärmen des Kalium-Salzes mit Dimethylsulfat und wss. Kalilauge (*Clemo, Turnbull*, Soc. **1947** 124, 126). Beim Behandeln einer aus 5.6-Dimethoxy-3-propyl-anilin, wss. Schwefelsäure und Natriumnitrit bereiteten Diazoniumsalz-Lösung mit Schwefeldioxid unter Zusatz von Kupfer-Pulver und Behandeln des Kalium-Salzes der erhaltenen Sulfinsäure mit wss. Wasserstoffperoxid (*Cl., Tu.*).

S-[4-Chlor-benzyl]-isothiuronium-Salz $[C_8H_{10}ClN_2S]C_{11}H_{15}O_5S$. Krystalle; F: 160—163°.

4.5-Dihydroxy-1-propyl-benzol-sulfonsäure-(2) $C_9H_{12}O_5S$.

4-Hydroxy-5-methoxy-1-propyl-benzol-sulfonsäure-(2), *5-hydroxy-4-methoxy-2-propyl=benzenesulfonic acid* $C_{10}H_{14}O_5S$, Formel X (R = H).

B. Aus 3-Methoxy-4-acetoxy-1-propyl-benzol beim Behandeln mit Schwefelsäure bei 0° (*Clemo, Turnbull*, Soc. **1947** 124, 126).

Kalium-Salz $KC_{10}H_{13}O_5S$. Krystalle (aus W.). pH einer 0,1-normalen wss. Lösung: 6,2—6,4. Beim Behandeln mit Eisen(III)-chlorid-Lösung tritt eine blaue Färbung auf.

Barium-Salz. Krystalle (aus W.).

S-[4-Chlor-benzyl]-isothiuronium-Salz $[C_8H_{10}ClN_2S]C_{10}H_{13}O_5S$. Krystalle; F: 169—170° [nach Sintern bei 156°].

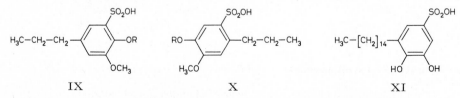

IX   X   XI

4.5-Dimethoxy-1-propyl-benzol-sulfonsäure-(2), *4,5-dimethoxy-2-propylbenzenesulfonic acid* $C_{11}H_{16}O_5S$, Formel X (R = CH_3).

B. Aus 3.4-Dimethoxy-1-propyl-benzol beim Erwärmen mit Schwefelsäure (*Clemo, Turnbull*, Soc. **1947** 124, 126). Aus 4-Hydroxy-5-methoxy-1-propyl-benzol-sulfonsäu=

re-(2) beim Erwärmen des Kalium-Salzes mit Dimethylsulfat und wss. Kalilauge (*Cl.*, *Tu.*). Beim Behandeln einer aus 4.5-Dimethoxy-2-propyl-anilin, wss. Salzsäure und Natriumnitrit bereiteten Diazoniumsalz-Lösung mit Schwefeldioxid unter Zusatz von Kupfer-Pulver und Behandeln des Barium-Salzes der erhaltenen Sulfinsäure mit wss. Wasserstoffperoxid (*Cl.*, *Tu.*).

Kalium-Salz $KC_{11}H_{15}O_5S$. Krystalle (aus W.) mit 3 Mol H_2O.

S-Benzyl-isothiuronium-Salz. Krystalle; F: 185—187°.

S-[4-Chlor-benzyl]-isothiuronium-Salz. $[C_8H_{10}ClN_2S]C_{11}H_{15}O_5S$. Krystalle; F: 158° [nach Sintern bei 145—148°].

5.6-Dihydroxy-1-pentadecyl-benzol-sulfonsäure-(3), *3,4-dihydroxy-5-pentadecylbenzene= sulfonic acid* $C_{21}H_{36}O_5S$, Formel XI.

Diese Konstitution kommt wahrscheinlich der nachstehend beschriebenen Verbindung zu.

B. Aus 3-Pentadecyl-brenzcatechin beim Behandeln mit Schwefelsäure (*Sharma, Kamal, Siddiqui*, J. scient. ind. Res. India **7** B [1948] 67, 68).

Krystalle (aus Acn.); F: 355° [Zers.].

Sulfo-Derivate der Dihydroxy-Verbindungen $C_nH_{2n-8}O_2$

7.8-Dihydroxy-1.2.3.4-tetrahydro-naphthalin-sulfonsäure-(6), *3,4-dihydroxy-5,6,7,8-tetra= hydronaphthalene-2-sulfonic acid* $C_{10}H_{12}O_5S$, Formel XII (R = H).

B. Als Natrium-Salz $NaC_{10}H_{11}O_5S$ (Krystalle [aus W. oder A.] mit 1 Mol H_2O) beim Erhitzen des Natrium-Salzes der 8-Brom-7-hydroxy-1.2.3.4-tetrahydro-naphthalin-sulfonsäure-(6) mit wss. Natronlauge in Gegenwart von Kupfer auf 140° (*Schroeter*, B. **71** [1938] 1040, 1049).

Beim Behandeln des Natrium-Salzes mit Eisen(III)-chlorid-Lösung tritt eine grüne Färbung auf, die nach Zusatz von Natriumacetat in Blau umschlägt.

XII   XIII

7-Hydroxy-8-methoxy-1.2.3.4-tetrahydro-naphthalin-sulfonsäure-(6), *3-hydroxy-4-meth= oxy-5,6,7,8-tetrahydronaphthalene-2-sulfonic acid* $C_{11}H_{14}O_5S$, Formel XII (R = CH_3).

Diese Konstitution kommt wahrscheinlich der nachstehend beschriebenen Verbindung zu.

B. Als Natrium-Salz $NaC_{11}H_{13}O_5S$ (Krystalle [aus W.] mit 1 Mol H_2O) beim Erhitzen des Natrium-Salzes der 7.8-Dimethoxy-1.2.3.4-tetrahydro-naphthalin-sulfonsäure-(6) mit wss. Natronlauge auf 200° (*Schroeter*, B. **71** [1938] 1040, 1050).

Beim Behandeln des Natrium-Salzes mit Eisen(III)-chlorid-Lösung tritt eine blaue Färbung auf.

7.8-Dimethoxy-1.2.3.4-tetrahydro-naphthalin-sulfonsäure-(6), *3,4-dimethoxy-5,6,7,8-tetra= hydronaphthalene-2-sulfonic acid* $C_{12}H_{16}O_5S$, Formel XIII.

B. Als Natrium-Salz $NaC_{12}H_{15}O_5S$ (Krystalle [aus W.] mit 1 Mol H_2O) neben geringen Mengen des im vorangehenden Artikel beschriebenen Natrium-Salzes beim Erwärmen des Natrium-Salzes der 7.8-Dihydroxy-1.2.3.4-tetrahydro-naphthalin-sulfon= säure-(6) mit Dimethylsulfat und wss. Natronlauge unter Luftausschluss (*Schroeter*, B. **71** [1938] 1040, 1049).   [*Rogge*]

Sulfo-Derivate der Dihydroxy-Verbindungen $C_nH_{2n-12}O_2$

3.4-Dihydroxy-naphthalin-sulfonsäure-(1), *3,4-dihydroxynaphthalene-1-sulfonic acid* $C_{10}H_8O_5S$, Formel I (H 303; E I 72; E II 172; dort als 1.2-Dioxy-naphthalin-sulfonsäu= re-(4) bezeichnet).

B. Bei der Bestrahlung einer aus 2-Hydroxy-1-diazonio-naphthalin-sulfonat-(4) und wss. Salzsäure hergestellten Lösung mit Sonnenlicht (*Schmidt, Maier*, B. **64** [1931] 767, 776).

In Wasser leicht löslich, in Äthanol löslich, in Äther mässig löslich.

Kalium-Salz $KC_{10}H_7O_5S$ (H 303). Gelbe Krystalle (aus W.).

Calcium-Salz $Ca(C_{10}H_7O_5S)_2$. Gelbliche Krystalle.

4.5-Dihydroxy-naphthalin-disulfonsäure-(2.7), Chromotropsäure, *4,5-dihydroxynaphth= alene-2,7-disulfonic acid* $C_{10}H_8O_8S_2$, Formel II (H 307; E I 72; E II 174).

B. Aus 8-Hydroxy-naphthalin-trisulfonsäure-(1.3.6) beim Erhitzen des Trinatrium-Salzes mit Natriumhydroxid und wenig Wasser auf 200° (*Allied Chem. & Dye Corp.*, U.S.P. 2272272 [1939]; vgl. H 307). Aus 5-Amino-4-hydroxy-naphthalin-disulfon= säure-(2.7) beim Erhitzen mit wss. Schwefelsäure (3%ig) auf 145° (*Woroshzow, Jurygina*, Anilinokr. Promyšl. **3** [1933] 453, 455; C. **1935** II 593).

Absorptionsspektren (250—400 mµ) von wss. Lösungen der Säure und des Dinatrium-Salzes: *Andress, Topf*, Z. anorg. Ch. **254** [1947] 52, 62, 63. Wässrige Lösungen sind gelb und werden nach Zusatz von Mineralsäuren hellgelb, nach Zusatz von Alkalilaugen violettrot (*Kocsis, Nagy*, Z. anal. Chem. **108** [1937] 317). Wässrige Lösungen fluores-cieren im UV-Licht hellblau (*Ko., Nagy*).

Farbreaktionen: *v. Endrédy, Brugger*, Z. anorg. Ch. **249** [1942] 263, 265; *Emerson, Beacham, Beegle*, J. org. Chem. **8** [1943] 417, 423; *Wenger, Duckert*, Helv. **27** [1944] 1839, 1846, 1848.

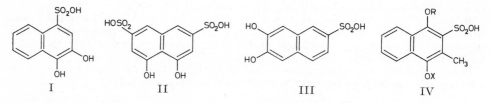

| I | II | III | IV |

6.7-Dihydroxy-naphthalin-sulfonsäure-(2), *6,7-dihydroxynaphthalene-2-sulfonic acid* $C_{10}H_8O_5S$, Formel III (H 308; E II 174; dort als 2.3-Dioxy-naphthalin-sulfonsäure-(6) bezeichnet).

B. Als Kalium-Salz (Krystalle [aus W.]) beim Eintragen von 3-Hydroxy-naphth= alin-disulfonsäure-(2.7) in eine Kaliumhydroxid-Natriumhydroxid-Schmelze bei 200° und anschliessenden Erhitzen auf 250° (*Fieser, Martin*, Am. Soc. **57** [1935] 1840, 1848; vgl. H 308; E II 174).

Beim Behandeln des Kalium-Salzes mit Eisen(III)-chlorid in wss. Lösung tritt eine blauviolette Färbung auf (*Fie., Ma.*). Quantitative Bestimmung durch Titration mit wss. 2.5-Dichlor-benzol-diazonium-(1)-Salz-Lösung: *Elofson, Mecherly*, Anal. Chem. **21** [1949] 565.

1.4-Dihydroxy-2-methyl-naphthalin-sulfonsäure-(3), *1,4-dihydroxy-3-methylnaphthalene-2-sulfonic acid* $C_{11}H_{10}O_5S$, Formel IV (R = X = H).

B. Aus 2-Methyl-naphthochinon-(1.4) beim Erwärmen mit wss. Kaliumhydrogensulfit-Lösung (*Menotti*, Am. Soc. **65** [1943] 1209; s. a. *Baker et al.*, Am. Soc. **64** [1942] 1096, 1098).

Kalium-Salz $KC_{11}H_9O_5S$. Krystalle (aus W.) mit 2 Mol H_2O; F: 193—196° [Zers.] (*Me.*). Brechungsindices der (doppelbrechenden) Krystalle: *Me.*

S-Benzyl-isothiuronium-Salz $[C_8H_{11}N_2S]C_{11}H_9O_5S$. Krystalle (aus wss. A.); F: 138—139° [Zers.] (*Ba. et al.*).

4-Hydroxy-1-acetoxy-2-methyl-naphthalin-sulfonsäure-(3), *4-acetoxy-1-hydroxy-3-methyl= naphthalene-2-sulfonic acid* $C_{13}H_{12}O_6S$, Formel IV (R = H, X = CO-CH₃), und **1-Hydr= oxy-4-acetoxy-2-methyl-naphthalin-sulfonsäure-(3),** *1-acetoxy-4-hydroxy-3-methyl= naphthalene-2-sulfonic acid* $C_{13}H_{12}O_6S$, Formel IV (R = CO-CH₃, X = H).

Diese Konstitutionsformeln kommen für die nachstehend beschriebene Verbindung in Betracht.

B. Neben 1.4-Diacetoxy-2-methyl-naphthalin-sulfonsäure-(3) beim Behandeln von 1.4-Diacetoxy-2-methyl-naphthalin mit Chloroschwefelsäure in Chloroform und anschlies-send mit wss. Kalilauge (*Menotti*, Am. Soc. **65** [1943] 1209).

Kalium-Salz KC$_{13}$H$_{11}$O$_6$S. Krystalle (aus W.) mit 1 Mol H$_2$O, die das Krystallwasser bei 100° abgeben. F: 168—170° [Zers.]. Brechungsindex der Krystalle: *Me.*

1.4-Diacetoxy-2-methyl-naphthalin-sulfonsäure-(3), *1,4-diacetoxy-3-methylnaphthalene-2-sulfonic acid* C$_{15}$H$_{14}$O$_7$S, Formel IV (R = X = CO-CH$_3$).

B. Beim Behandeln einer Lösung von 1.4-Diacetoxy-2-methyl-naphthalin in Chloro≠form mit Chloroschwefelsäure (*Baker et al.,* Am. Soc. **64** [1942] 1096, 1099). Aus 1.4-Di≠hydroxy-2-methyl-naphthalin-sulfonsäure-(3) beim Erhitzen des Kalium-Salzes mit Acet≠anhydrid und Essigsäure (*Menotti,* Am. Soc. **65** [1943] 1209).

Beim Erwärmen des Natrium-Salzes mit wss. Salpetersäure ist 3-Nitro-2-methyl-naphthochinon-(1.4) erhalten worden (*Ba. et al.*).

Natrium-Salz NaC$_{15}$H$_{13}$O$_7$S. Krystalle (aus Me. + Isopropylalkohol); F: 148—150° [Zers.] (*Ba. et al.*).

Kalium-Salz KC$_{15}$H$_{13}$O$_7$S. Krystalle (aus W.); Zers. >205° (*Me.*). Brechungsindices der (doppelbrechenden) Krystalle: *Me.*

Sulfo-Derivate der Dihydroxy-Verbindungen C$_n$H$_{2n-14}$O$_2$

6.6'-Dihydroxy-biphenyl-disulfonsäure-(3.3') C$_{12}$H$_{10}$O$_8$S$_2$.

6.6'-Dimethoxy-biphenyl-disulfonylfluorid-(3.3'), *6,6'-dimethoxybiphenyl-3,3'-disulfonyl difluoride* C$_{14}$H$_{12}$F$_2$O$_6$S$_2$, Formel V.

B. Aus 3-Jod-4-methoxy-benzol-sulfonylfluorid-(1) beim Erhitzen mit Kupfer auf 220° (*Steinkopf, Jaeger,* J. pr. [2] **128** [1930] 63, 75).

Krystalle (aus A.); F: 205—206°.

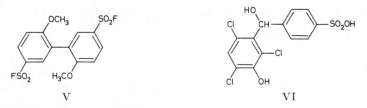

V   VI

1-[3.α-Dihydroxy-benzyl]-benzol-sulfonsäure-(4) C$_{13}$H$_{12}$O$_5$S.

(±)-1-[2.4.6-Trichlor-3.α-dihydroxy-benzyl]-benzol-sulfonsäure-(4), (±)-p-(2,4,6-tri≠chloro-3,α-dihydroxybenzyl)benzenesulfonic acid C$_{13}$H$_9$Cl$_3$O$_5$S, Formel VI.

B. Beim Behandeln von Natrium-[1-formyl-benzol-sulfonat-(4)] mit 2.4.6-Trichlor-phenol (1 Mol) und rauchender Schwefelsäure (*I.G. Farbenind.,* D.R.P. 548822 [1931]; Frdl. **18** 2584, 2585).

Beim Behandeln des Natrium-Salzes (in Wasser leicht löslich; in Schwefelsäure mit gelber Farbe löslich) mit Eisen(III)-chlorid in wss. Lösung tritt eine rotviolette Färbung auf.

Sulfo-Derivate der Dihydroxy-Verbindungen C$_n$H$_{2n-16}$O$_2$

5.5'-Dihydroxy-stilben-disulfonsäure-(2.2') C$_{14}$H$_{12}$O$_8$S$_2$.

4.4'-Dinitro-5.5'-diäthoxy-stilben-disulfonsäure-(2.2'), *5,5'-diethoxy-4,4'-dinitrostilbene-2,2'-disulfonic acid* C$_{18}$H$_{18}$N$_2$O$_{12}$S$_2$, Formel VII.

Diese Konstitution ist vermutlich der nachstehend beschriebenen Verbindung zuzu-ordnen.

B. In geringer Menge beim Erwärmen von Natrium-[4-nitro-5-äthoxy-toluol-sulfon≠at-(2)] mit alkal. wss. Natriumhypochlorit-Lösung (*Buchanan, Loudon, Robertson,* Soc. **1943** 168).

Als *p*-Toluidin-Salz 2C$_7$H$_9$N·C$_{18}$H$_{18}$N$_2$O$_{12}$S$_2$ (Krystalle [aus W.]; Zers. bei 310° bis 311°) und als Säurechlorid C$_{18}$H$_{16}$Cl$_2$N$_2$O$_{10}$S$_2$ (F: 212—215°) charakterisiert.

Beim Erhitzen mit wss. Salzsäure und Eisen ist eine vermutlich als 4.4'-Diamino-5.5'-diäthoxy-stilben-disulfonsäure-(2.2')   zu   formulierende   Verbindung C$_{18}$H$_{22}$N$_2$O$_8$S$_2$ (bräunliche Krystalle [aus W.] mit 2 Mol H$_2$O; unterhalb 350° nicht schmelzend) erhalten worden.

Beim Behandeln mit Zink und Alkalilauge tritt eine violette Färbung auf.

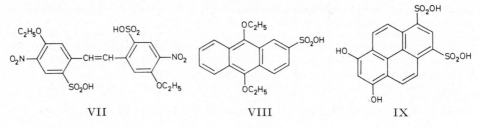

VII VIII IX

Sulfo-Derivate der Dihydroxy-Verbindungen $C_nH_{2n-18}O_2$

9.10-Dihydroxy-anthracen-sulfonsäure-(2) $C_{14}H_{10}O_5S$.

9.10-Diäthoxy-anthracen-sulfonsäure-(2), *9,10-diethoxyanthracene-2-sulfonic acid* $C_{18}H_{18}O_5S$, Formel VIII.

B. Beim Erwärmen von Natrium-[9.10-dioxo-9.10-dihydro-anthracen-sulfonat-(2)] mit Natriumdithionit in Wasser und Erhitzen der Reaktionslösung mit Äthylbromid und Natriumhydroxid in Gegenwart von Jod unter Wasserstoff (*Goudet*, Helv. **14** [1931] 379, 393).

Natrium-Salz $NaC_{18}H_{17}O_5S$. Gelbe Krystalle (aus W.). In Äthanol leicht löslich.

Das Barium-Salz und das Blei(II)-Salz sind in Wasser schwer löslich.

Sulfo-Derivate der Dihydroxy-Verbindungen $C_nH_{2n-22}O_2$

6.8-Dihydroxy-pyren-disulfonsäure-(1.3), *6,8-dihydroxypyrene-1,3-disulfonic acid* $C_{16}H_{10}O_8S_2$, Formel IX.

B. Aus Pyren-tetrasulfonsäure-(1.3.6.8) beim Erhitzen des Tetranatrium-Salzes mit Natriumhydroxid und wenig Wasser bis auf 170° (*Tietze, Bayer*, A. **540** [1939] 189, 206).

Beim Erhitzen mit Schwefelsäure auf 150° im geschlossenen Gefäss ist Pyrendiol-(1.3) erhalten worden.

Neutrale und alkalische wss. Lösungen fluorescieren grün, saure wss. Lösungen fluorescieren blau (*Tie., Bayer*, l. c. S. 195, 197, 206).

Dinatrium-Salz $Na_2C_{16}H_8O_8S_2$. Gelbe Krystalle (aus W.).

Diphenyl-[3.4-dihydroxy-phenyl]-methansulfonsäure $C_{19}H_{16}O_5S$ und **3.4-Dihydroxy-1-benzhydryliden-cyclohexadien-(2.5)-sulfonsäure-(4)** $C_{19}H_{16}O_5S$.

Diphenyl-[4-hydroxy-3-methoxy-phenyl]-methansulfonsäure, *(4-hydroxy-3-methoxy-phenyl)diphenylmethanesulfonic acid* $C_{20}H_{18}O_5S$, Formel X, und **(±)-4-Hydroxy-3-methoxy-1-benzhydryliden-cyclohexadien-(2.5)-sulfonsäure-(4),** *(±)-4-benzhydrylidene-1-hydroxy-2-methoxycyclohexa-2,5-diene-1-sulfonic acid* $C_{20}H_{18}O_5S$, Formel XI.

Diese beiden Konstitutionsformeln kommen für die nachstehend beschriebene „3-Methoxy-fuchson-schwefligsäure" in Betracht.

B. Als Natrium-Salz $NaC_{20}H_{17}O_5S$ (Krystalle [aus W.] mit 4 Mol H_2O) aus Diphenyl-[4-hydroxy-3-methoxy-phenyl]-methanol beim Behandeln mit wss. Salzsäure oder heisser Essigsäure und anschliessend mit wss. Natriumhydrogensulfit-Lösung sowie aus 3-Methoxy-fuchson beim Behandeln von Lösungen in wss. Salzsäure, heisser Essigsäure oder warmem Äthanol mit wss. Natriumhydrogensulfit-Lösung (*Ioffe, Chawin*, Ž. obšč. Chim. **19** [1949] 917, 920, 926; C. A. **1949** 8683).

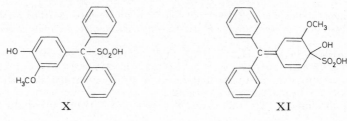

X XI

Phenyl-bis-[4-hydroxy-phenyl]-methansulfonsäure, *bis(p-hydroxyphenyl)phenylmethane=*
sulfonic acid $C_{19}H_{16}O_5S$, Formel XII, und **4-Hydroxy-1-[4-hydroxy-benzhydryliden]-**
cyclohexadien-(2.5)-sulfonsäure-(4), *1-hydroxy-4-(4-hydroxybenzhydrylidene)cyclohexa-*
2,5-diene-1-sulfonic acid $C_{19}H_{16}O_5S$, Formel XIII.

Diese beiden Konstitutionsformeln kommen für die nachstehend beschriebene
„4′-Hydroxy-fuchson-schwefligsäure" in Betracht.

B. Als Natrium-Salz $NaC_{19}H_{15}O_5S$ (Krystalle [aus W.]; E II **8** 245 als Benzaurin-
Salz $C_{19}H_{14}O_2 + NaHSO_3$ beschrieben) beim Erwärmen von Benzaurin (4′-Hydroxy-
fuchson) mit wss. Natriumhydrogensulfit-Lösung (*Ioffe*, Ž. obšč. Chim. **17** [1947] 1916,
1919, 1921, 1922; C. A. **1949** 5771).

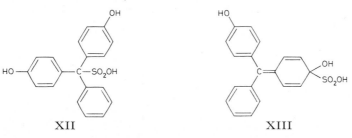

XII   XIII

Sulfo-Derivate der Dihydroxy-Verbindungen $C_nH_{2n-26}O_2$

2.2′-Dihydroxy-[1.1′]binaphthyl-sulfonsäure-(6), *2,2′-dihydroxy-1,1′-binaphthyl-*
6-sulfonic acid $C_{20}H_{14}O_5S$, Formel XIV.

B. Aus 2.2′-Dihydroxy-[1.1′]binaphthyl beim Erwärmen mit Schwefelsäure (*Ioffe,*
Kusnezow, Panow, Ž. obšč. Chim. **6** [1936] 999, 1000; C. **1937** I 2589).

Natrium-Salz $NaC_{20}H_{13}O_5S$. Krystalle.

Barium-Salz. In Wasser löslich.

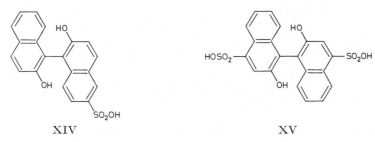

XIV   XV

2.2′-Dihydroxy-[1.1′]binaphthyl-disulfonsäure-(4.4′), *2,2′-dihydroxy-1,1′-binaphthyl-*
4,4′-disulfonic acid $C_{20}H_{14}O_8S_2$, Formel XV.

B. Aus 3-Hydroxy-naphthalin-sulfonsäure-(1) beim Erhitzen des Barium-Salzes mit
Eisen(III)-sulfat oder Eisen(III)-chlorid in Wasser (*Ioffe, Benidiktowa-Fleischer,* Ž. obšč.
Chim. **7** [1937] 2678; C. **1938** II 1589).

Dinatrium-Salz $Na_2C_{20}H_{12}O_8S_2$. Gelbbraun. In Wasser leicht löslich.

Chinin-Salz $C_{20}H_{24}N_2O_2 \cdot C_{20}H_{14}O_8S_2$. Krystalle (aus A.); F: 225°.

2.2′-Dihydroxy-[1.1′]binaphthyl-disulfonsäure-(5.5′), *2,2′-dihydroxy-1,1′-binaphthyl-*
5,5′-disulfonic acid $C_{20}H_{14}O_8S_2$, Formel XVI.

B. Aus 6-Hydroxy-naphthalin-sulfonsäure-(1) beim Erhitzen des Natrium-Salzes mit
Eisen(III)-chlorid oder Eisen(III)-sulfat in Wasser (*Ioffe, Kobjakowa,* Ž. obšč. Chim. **7**
[1937] 2457, 2458; C. **1938** II 1589).

Dinatrium-Salz $Na_2C_{20}H_{12}O_8S_2$. Hellgelb. In Wasser leicht löslich.

Chinin-Salz $C_{20}H_{24}N_2O_2 \cdot C_{20}H_{14}O_8S_2$. Krystalle (aus wss. A.); F: 200° [unkorr.].

2.2′-Dihydroxy-[1.1′]binaphthyl-disulfonsäure-(6.6′), *2,2′-dihydroxy-1,1′-binaphthyl-*
6,6′-disulfonic acid $C_{20}H_{14}O_8S_2$, Formel XVII.

B. Aus 6-Hydroxy-naphthalin-sulfonsäure-(2) beim Behandeln des Natrium-Salzes mit
Eisen(III)-chlorid in Wasser unter Kohlendioxid (*Ioffe, Kusnezow,* Ž. obšč. Chim. **5**

[1935] 877, 880; C. A. **1936** 1047). Neben geringen Mengen 2.2'-Dihydroxy-[1.1']bi⸗ naphthyl-sulfonsäure-(6) beim Erwärmen von [1.1']Binaphthyldiol-(2.2') mit Schwefel⸗ säure (*Ioffe, Kusnezow, Panow*, Ž. obšč. Chim. 6 [1939] 999, 1000; C. **1937** I 2589).

Zerlegung des Dinatrium-Salzes (s. u.) in die Enantiomeren (a) $[\alpha]_D^{20}$: +166° [W.]; b) $[\alpha]_D^{20}$: −154° [W.]; Brucin-Salz 2 $C_{23}H_{26}N_2O_4 \cdot C_{20}H_{14}O_8S_2$; Krystalle [aus wss. A.]; $[\alpha]_D^{19}$: −42,7° [wss. A.]; in Wasser schwer löslich) mit Hilfe von Brucin: *Ioffe, Gratschew*, Ž. obšč. Chim. 5 [1935] 950, 954; C. A. **1936** 1047.

Beim Behandeln mit Eisen(III)-chlorid in wss. Lösung tritt eine blaugrüne Färbung auf (*Io., Ku.*, l. c. S. 881).

Dinatrium-Salz $Na_2C_{20}H_{12}O_8S_2$. Krystalle (aus wss. A.) mit 7 Mol H_2O; in Wasser leicht löslich (*Io., Ku.*, l. c. S. 881). Wässrige Lösungen fluorescieren schwach (*Io., Ku., Pa.*).

Barium-Salz. In Wasser schwer löslich (*Io., Ku., Pa.*).

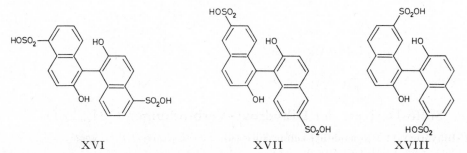

XVI   XVII   XVIII

2.2'-Dihydroxy-[1.1']binaphthyl-disulfonsäure-(7.7'), *2,2'-dihydroxy-1,1'-binaphthyl-7,7'-disulfonic acid* $C_{20}H_{14}O_8S_2$, Formel XVIII.

B. Aus 7-Hydroxy-naphthalin-sulfonsäure-(2) bei 3-tägigem Erhitzen des Natrium-Salzes mit Eisen(III)-chlorid in schwach saurer wss. Lösung (*Ioffe*, Ž. obšč. Chim. 3 [1933] 453, 458; C. A. **1934** 1691).

Zerlegung des Dinatrium-Salzes (s. u.) in die Enantiomeren (a) $[\alpha]_D^{22}$: +259° [W.]; Brucin-Salz 2 $C_{23}H_{26}N_2O_4 \cdot C_{20}H_{14}O_8S_2$: $[\alpha]_D^{20}$: −13,1° [wss. Eg.]; b) $[\alpha]_D^{20}$: −312° [W.]; Brucin-Salz 2 $C_{23}H_{26}N_2O_4 \cdot C_{20}H_{14}O_8S_2$: Krystalle [aus wss. A.]; $[\alpha]_D^{20}$: +24,1° [wss. Eg.]; die aus den beiden Dinatrium-Salzen erhaltenen Disulfonsäuren sind in wss. Lösung ohne erkennbares opt. Drehungsvermögen) mit Hilfe von Brucin: *Ioffe, Gratschew*, Ž. obšč. Chim. 5 [1935] 950, 952, 953; C. A. **1936** 1047.

Dinatrium-Salz. $Na_2C_{20}H_{12}O_8S_2$. Krystalle (aus W.) mit 6 Mol H_2O (*Io.*).

Sulfo-Derivate der Trihydroxy-Verbindungen $C_nH_{2n-6}O_3$

2.3.4-Trihydroxy-benzol-sulfonsäure-(1) $C_6H_6O_6S$.

2.3.4-Trimethoxy-benzolsulfonamid-(1), *2,3,4-trimethoxybenzenesulfonamide* $C_9H_{13}NO_5S$, Formel I.

B. Beim Behandeln einer Lösung von 1.2.3-Trimethoxy-benzol in Chloroform mit Chloroschwefelsäure bei 0°, Behandeln des Reaktionsgemisches mit Eis und Behandeln einer Lösung des Reaktionsprodukts in Chloroform mit Ammoniumcarbonat (*Huntress, Carten*, Am. Soc. **62** [1940] 603).

Krystalle (aus wss. A.); F: 123−124° [unkorr.; Block].

2.4.5-Trihydroxy-benzol-sulfonsäure-(1) $C_6H_6O_6S$.

2.4.5-Trimethoxy-benzol-sulfonsäure-(1), *2,4,5-trimethoxybenzenesulfonic acid* $C_9H_{12}O_6S$, Formel II (X = OH) (E II 177; dort als 1.2.4-Trimethoxy-benzol-sulfonsäure-(5?) be⸗ zeichnet).

B. Aus 1.2.4-Trimethoxy-benzol beim Erwärmen mit Schwefelsäure (*Dorn, Warren, Bullock*, Am. Soc. **61** [1939] 144, 146).

Krystalle.

Beim Behandeln mit wss. Salpetersäure ist 5-Nitro-1.2.4-trimethoxy-benzol erhalten worden.

Anilid (F: 170°): *Dorn, Wa., Bu.*

2.4.5-Trimethoxy-benzol-sulfonylchlorid-(1), *2,4,5-trimethoxybenzenesulfonyl chloride* $C_9H_{11}ClO_5S$, Formel II (X = Cl).

B. Aus 2.4.5-Trimethoxy-benzol-sulfonsäure-(1) (*Dorn, Warren, Bullock*, Am. Soc. **61** [1939] 144, 146).

Krystalle (aus $CHCl_3$); F: 130°. In Aceton und Essigsäure löslich, in Äther schwer löslich.

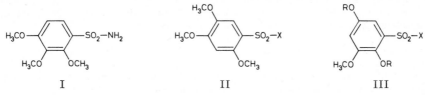

I   II   III

2.4.5-Trimethoxy-benzolsulfonamid-(1), *2,4,5-trimethoxybenzenesulfonamide* $C_9H_{13}NO_5S$, Formel II (X = NH_2).

B. Aus 2.4.5-Trimethoxy-benzol-sulfonylchlorid-(1) (*Dorn, Warren, Bullock*, Am. Soc. **61** [1939] 144, 146).

Krystalle (aus A.); F: 76°. In Aceton, Äthylacetat, Benzol und Wasser schwer löslich, in Chloroform und Äther fast unlöslich.

2.3.5-Trihydroxy-benzol-sulfonsäure-(1) $C_6H_6O_6S$.

2.5-Dihydroxy-3-methoxy-benzol-sulfonsäure-(1), *2,5-dihydroxy-3-methoxybenzenesulfonic acid* $C_7H_8O_6S$, Formel III (R = H, X = OH).

B. Aus 4-Hydroxy-5-methoxy-α-oxo-toluol-sulfonsäure-(3) beim Behandeln mit wss. Natronlauge und wss. Wasserstoffperoxid (*Dorn, Warren, Bullock*, Am. Soc. **61** [1939] 144, 147).

Krystalle (aus W.); Zers. bei 290°. In Essigsäure löslich, in Äther fast unlöslich.

Beim Behandeln mit Eisen(III)-chlorid in wss. Lösung tritt eine purpurrote Färbung auf.

2.3.5-Trimethoxy-benzol-sulfonylchlorid-(1), *2,3,5-trimethoxybenzenesulfonyl chloride* $C_9H_{11}ClO_5S$, Formel III (R = CH_3, X = Cl).

B. Aus 2.5-Dihydroxy-3-methoxy-benzol-sulfonsäure-(1) über 2.3.5-Trimethoxy-benzol-sulfonsäure-(1) (*Dorn, Warren, Bullock*, Am. Soc. **61** [1939] 144, 147).

F: 98°.

2-Hydroxy-1-[3.4-dihydroxy-phenyl]-äthan-sulfonsäure-(1) $C_8H_{10}O_6S$.

(±)-2-[2-Methoxy-4-propyl-phenoxy]-1-[3.4-dimethoxy-phenyl]-äthan-sulfonsäure-(1), *(±)-1-(3,4-dimethoxyphenyl)-2-(2-methoxy-4-propylphenoxy)ethanesulfonic acid* $C_{20}H_{26}O_7S$, Formel IV.

B. Aus (±)-2-[2-Methoxy-4-propyl-phenoxy]-1-[3.4-dimethoxy-phenyl]-äthanol-(1) beim Erhitzen mit Natriumsulfit und wss. Natronlauge auf 135° (*Erdtman, Leopold*, Acta chem. scand. **3** [1949] 1358, 1362, 1373).

S-[Naphthyl-(1)-methyl]-isothiuronium-Salz $[C_{12}H_{13}N_2S]C_{20}H_{25}O_7S$. Krystalle (aus W.); F: 148—150°.

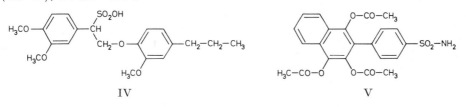

IV   V

Sulfo-Derivate der Trihydroxy-Verbindungen $C_nH_{2n-20}O_3$

1-[1.3.4-Trihydroxy-naphthyl-(2)]-benzol-sulfonsäure-(4) $C_{16}H_{12}O_6S$.

1-[1.3.4-Triacetoxy-naphthyl-(2)]-benzolsulfonamid-(4), *p-(1,3,4-triacetoxy-2-naphthyl)-benzenesulfonamide* $C_{22}H_{19}NO_8S$, Formel V.

B. Aus 1-[3-Hydroxy-1.4-dioxo-1.4-dihydro-naphthyl-(2)]-benzolsulfonamid-(4) beim

Behandeln mit Zink und Acetanhydrid unter Zusatz von Triäthylamin (*Fieser*, Am. Soc. **70** [1948] 3165, 3169; *Fieser et al.*, Am. Soc. **70** [1948] 3203).

Krystalle (aus A.); F: 239—240° (*Fie. et al.*, l. c. S. 3204).

Sulfo-Derivate der Trihydroxy-Verbindungen $C_nH_{2n-22}O_3$

Tris-[4-hydroxy-phenyl]-methansulfonsäure, *tris(p-hydroxyphenyl)methanesulfonic acid* $C_{19}H_{16}O_6S$, Formel VI (X = H), und **4-Hydroxy-1-[4.4'-dihydroxy-benzhydryliden]-cyclohexadien-(2.5)-sulfonsäure-(4),** *4-(4,4'-dihydroxybenzhydrylidene)-1-hydroxycyclo= hexa-2,5-diene-1-sulfonic acid* $C_{19}H_{16}O_6S$, Formel VII (X = H).

Diese beiden Konstitutionsformeln kommen für die nachstehend beschriebene ,,Aurin-schwefligsäure" in Betracht.

B. Als Natrium-Salz $NaC_{19}H_{15}O_6S$ (Krystalle [aus W.]; H **8** 363 als Aurin-Salz $C_{19}H_{14}O_3+NaHSO_3$ beschrieben) beim Erwärmen von Aurin (4.4'-Dihydroxy-fuchson) mit wss. Natriumhydrogensulfit-Lösung (*Ioffe*, Ž. obšč. Chim. **17** [1947] 1916, 1919, 1921; C. A. **1949** 5771).

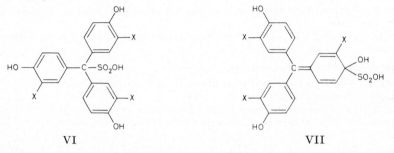

VI   VII

Sulfo-Derivate der Tetrahydroxy-Verbindungen $C_nH_{2n-22}O_4$

Phenyl-bis-[3.4-dihydroxy-phenyl]-methansulfonsäure $C_{19}H_{16}O_7S$ und **3.4-Dihydroxy-1-[3.4-dihydroxy-benzhydryliden]-cyclohexadien-(2.5)-sulfonsäure-(4)** $C_{19}H_{16}O_7S$.

Phenyl-bis-[4-hydroxy-3-methoxy-phenyl]-methansulfonsäure, *bis(4-hydroxy-3-methoxy= phenyl)phenylmethanesulfonic acid* $C_{21}H_{20}O_7S$, Formel VIII, und **(±)-4-Hydroxy-3-meth= oxy-1-[4-hydroxy-3-methoxy-benzhydryliden]-cyclohexadien-(2.5)-sulfonsäure-(4),** *(±)-1-hydroxy-4-(4-hydroxy-3-methoxybenzhydrylidene)-2-methoxycyclohexa-2,5-diene-1-sulf= onic acid* $C_{21}H_{20}O_7S$, Formel IX.

Diese beiden Konstitutionsformeln kommen für die nachstehend beschriebene Verbindung in Betracht.

B. Als Natrium-Salz $NaC_{21}H_{19}O_7S$ (Krystalle [aus W.]) beim Erwärmen von 4'-Hydroxy-3.3'-dimethoxy-fuchson (,,Dimethoxybenzaurin") mit wss. Natriumhydro= gensulfit-Lösung (*Ioffe*, Ž. obšč. Chim. **17** [1947] 1916, 1921; C. A. **1949** 5771).

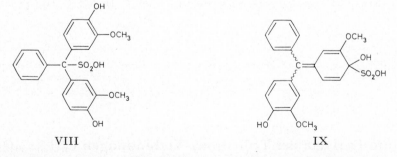

VIII   IX

Sulfo-Derivate der Hexahydroxy-Verbindungen $C_nH_{2n-22}O_6$

Tris-[3.4-dihydroxy-phenyl]-methansulfonsäure $C_{19}H_{16}O_9S$ und **3.4-Dihydroxy-1-[3.4.3'.4'-tetrahydroxy-benzhydryliden]-cyclohexadien-(2.5)-sulfonsäure-(4)** $C_{19}H_{16}O_9S$.

Tris-[4-hydroxy-3-methoxy-phenyl]-methansulfonsäure, *tris(4-hydroxy-3-methoxyphenyl)=*

methanesulfonic acid C$_{22}$H$_{22}$O$_9$S, Formel VI (X = OCH$_3$), und **(±)-4-Hydroxy-3-meth‌oxy-1-[4.4′-dihydroxy-3.3′-dimethoxy-benzhydryliden]-cyclohexadien-(2.5)-sulfon‌säure-(4)**, (±)-*4-(4,4′-dihydroxy-3,3′-dimethoxybenzhydrylidene)-1-hydroxy-2-methoxycyclo‌hexa-2,5-diene-1-sulfonic acid* C$_{22}$H$_{22}$O$_9$S, Formel VII (X = OCH$_3$).

Diese beiden Konstitutionsformeln kommen für die nachstehend beschriebene „Rubrophen-schwefligsäure" in Betracht.

B. Als Natrium-Salz NaC$_{22}$H$_{21}$O$_9$S (Krystalle [aus W.]) beim Behandeln von Rubrophen (4′.4″-Dihydroxy-3.3′.3″-trimethoxy-fuchson) mit wss. Natriumhydrogen‌sulfit-Lösung bei Raumtemperatur (*Dominikiewicz*, Archiwum Chem. Farm. **4** [1939] 58, 67; C. A. **1940** 746) oder bei 80° (*Chinoin*, D.R.P. 695149 [1937]; D.R.P. Org. Chem. **6** 2176; *Földi*, U.S.P. 2134247 [1937]; *Ioffe*, Ž. obšč. Chim. **17** [1947] 1916, 1921; C. A. **1949** 5771).   [*Staehle*]

G. Oxosulfonsäuren

Sulfo-Derivate der Monooxo-Verbindungen C$_n$H$_{2n—4}$O

(±)-5-Oxo-1.1.3-trimethyl-cyclohexen-(3)-sulfonsäure-(2), (±)-*2,6,6-trimethyl-4-oxo‌cyclohex-2-ene-1-sulfonic acid* C$_9$H$_{14}$O$_4$S, Formel I.

B. Neben [5-Oxo-3.3-dimethyl-cyclohexen-(6)-yl]-methansulfonsäure beim Behandeln von Isophoron (1.1.3-Trimethyl-cyclohexen-(3)-on-(5)) in einem Gemisch von Acetan‌hydrid und Äther mit rauchender Schwefelsäure (*Doering, Beringer*, Am. Soc. **71** [1949] 2221, 2224).

Gelbe Krystalle (aus Acetonitril); F: 169—170° [korr.; Zers.].

Beim Erhitzen mit Acetanhydrid und Erhitzen des Reaktionsprodukts mit wss. Kali‌lauge sowie bei 4-tägigem Behandeln mit rauchender Schwefelsäure ist 3.4.5-Trimethyl-phenol erhalten worden.

S-Benzyl-isothiuronium-Salz [C$_8$H$_{11}$N$_2$S]C$_9$H$_{13}$O$_4$S. Krystalle (aus CHCl$_3$); F: 139,5—140° [korr.].

Pyridin-Salz (F: 119,5—120,5° [korr.]): *Doe., Be.*

[5-Oxo-3.3-dimethyl-cyclohexen-(6)-yl]-methansulfonsäure, (*5,5-dimethyl-3-oxocyclohex-1-en-1-yl)methanesulfonic acid* C$_9$H$_{14}$O$_4$S, Formel II.

B. Neben 5-Oxo-1.1.3-trimethyl-cyclohexen-(3)-sulfonsäure-(2) beim Behandeln von Isophoron (1.1.3-Trimethyl-cyclohexen-(3)-on-(5)) in Acetanhydrid und Äther mit rauchender Schwefelsäure unter starker Kühlung (*Doering, Beringer*, Am. Soc. **71** [1949] 2221, 2224).

Krystalle (aus Acetonitril); F: 173—174° [korr.; Zers.].

Beim Erhitzen mit Acetanhydrid und Erhitzen des Reaktionsprodukts mit wss. Kali‌lauge ist 3.4.5-Trimethyl-phenol erhalten worden.

S-Benzyl-isothiuronium-Salz [C$_8$H$_{11}$N$_2$S]C$_9$H$_{13}$O$_4$S. Krystalle (aus Acetonitril); F: 155—155,5° [korr.].

Pyridin-Salz (F: 123—124° [korr.]): *Doe., Be.*

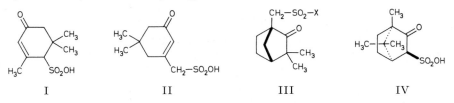

I   II   III   IV

[2-Oxo-3.3-dimethyl-norbornyl-(1)]-methansulfonsäure, Fenchon-sulfonsäure-(10), (*3,3-dimethyl-2-oxo-1-norbornyl)methanesulfonic acid* C$_{10}$H$_{16}$O$_4$S.

[(1R)-2-Oxo-3.3-dimethyl-norbornyl-(1)]-methansulfonsäure, Formel III (X = OH).

Konstitution: *Kuusinen*, Suomen Kem. **31**B [1958] 381.

B. Aus (+)-Fenchon ((1S)-1.3.3-Trimethyl-norbornanon-(2)) und Schwefeltrioxid (*Treibs, Lorenz*, B. **82** [1949] 400, 403).

Krystalle (aus Bzl.) mit 1 Mol H_2O; F: 68° ($Tr., Lo.$). $[\alpha]_D^{22}$: $+35,6°$ [$CHCl_3$; c = 3]; $[\alpha]_D^{23}$: $+24,2°$ [A.; c = 3]; $[\alpha]_D^{23,5}$: $+26,3°$ [W.; c = 5] ($Tr., Lo.$).

Anilid (F: 96,5°): $Tr., Lo.$

Natrium-Salz. Krystalle (aus Me. + Ae.) mit 3 Mol H_2O; F: 218°; $[\alpha]_D^{19}$: $+20,3°$ [W.; c = 3] ($Tr., Lo.$).

Kalium-Salz. Krystalle (aus Me. + Ae.) mit 1,5 Mol H_2O; F: 266—267°; $[\alpha]_D^{19}$: $+24,45°$ [W.; c = 4] ($Tr., Lo.$).

Silber-Salz $AgC_{10}H_{15}O_4S$. Krystalle (aus Me. + Ae.); F: 186°; $[\alpha]_D^{19}$: $+18,8°$ [W.; c = 4] ($Tr., Lo.$).

Barium-Salz. Krystalle (aus Me. + Ae.) mit 2,5 Mol H_2O; F: $> 360°$ [Zers.] ($Tr., Lo.$). $[\alpha]_D^{19}$: $+20,7°$ [W.; c = 3] ($Tr., Lo.$).

Cadmium-Salz. Krystalle (aus Me. + Ae.) mit 4 Mol H_2O; F: 176°; $[\alpha]_D^{19}$: $+21,7°$ [W.; c = 4] ($Tr., Lo.$).

[2-Oxo-3.3-dimethyl-norbornyl-(1)]-methansulfonsäure-methylester, *(3,3-dimethyl-2-oxo-1-norbornyl)methanesulfonic acid methyl ester* $C_{11}H_{18}O_4S$.

[(1R)-2-Oxo-3.3-dimethyl-norbornyl-(1)]-methansulfonsäure-methylester, Formel III (X = OCH_3).

B. Aus [(1R)-2-Oxo-3.3-dimethyl-norbornyl-(1)]-methansulfonsäure und Diazomethan in Äther (*Treibs, Lorenz,* B. **82** [1949] 400, 404).

F: 49° (aus A. + W.). $[\alpha]_D^{21,7}$: $+39,9°$ [$CHCl_3$; c = 2].

[2-Oxo-3.3-dimethyl-norbornyl-(1)]-methansulfonylchlorid, *(3,3-dimethyl-2-oxo-1-norbornyl)methanesulfonyl chloride* $C_{10}H_{15}ClO_3S$.

[(1R)-2-Oxo-3.3-dimethyl-norbornyl-(1)]-methansulfonylchlorid, Formel III (X = Cl).

B. Aus [(1R)-2-Oxo-3.3-dimethyl-norbornyl-(1)]-methansulfonsäure und Thionyl-chlorid (*Treibs, Lorenz,* B. **82** [1949] 400, 404).

Krystalle (aus PAe.); F: 52°. $[\alpha]_D^{25}$: $+23,5°$ [CCl_4; c = 2].

[2-Oxo-3.3-dimethyl-norbornyl-(1)]-methansulfonamid, *(3,3-dimethyl-2-oxo-1-norbornyl)methanesulfonamide* $C_{10}H_{17}NO_3S$.

[(1R)-2-Oxo-3.3-dimethyl-norbornyl-(1)]-methansulfonamid, Formel III (X = NH_2).

B. Neben (3aR)-7.7-Dimethyl-4.5.6.7-tetrahydro-3H-3a.6-methano-benz[c]isothiazol-2.2-dioxid beim Behandeln von [(1R)-2-Oxo-3.3-dimethyl-norbornyl-(1)]-methansulfon-ylchlorid mit wss. Ammoniak (*Treibs, Lorenz,* B. **82** [1949] 400, 404).

Krystalle; F: 103°. $[\alpha]_D^{13}$: $+46,0°$ [$CHCl_3$; c = 3].

2-Oxo-1.7.7-trimethyl-norbornan-sulfonsäure-(3), 2-Oxo-bornan-sulfonsäure-(3),

Campher-sulfonsäure-(3), *2-oxobornane-3-sulfonic acid* $C_{10}H_{16}O_4S$.

(1R)-2-Oxo-bornan-sulfonsäure-(3endo), Formel IV (E II 179; dort als [*d*-Campher]-α-sulfonsäure bezeichnet).

Konstitution und Konfiguration: *Plat, Koch,* Ann. pharm. franç. **26** [1968] 697.

$[\alpha]_{546}^{20}$: $+94,8°$ bzw. $+94,2°$ [Natrium-Salz in W.; c = 2 bzw. 15] (*Darmois, Pérez,* C. r. **191** [1930] 780). Optisches Drehungsvermögen von Natriumchlorid, Bariumchlorid, Lanthanchlorid oder Thoriumnitrat enthaltenden wss. Lösungen: *Da., Pé.*

[2-Oxo-7.7-dimethyl-norbornyl-(1)]-methansulfonsäure, 2-Oxo-bornan-sulfonsäure-(10),

Campher-sulfonsäure-(10), *2-oxobornane-10-sulfonic acid* $C_{10}H_{16}O_4S$.

a) **(1R)-2-Oxo-bornan-sulfonsäure-(10),** Formel V auf S. 587 (H 316; E II 182; dort als [*l*-Campher]-β-sulfonsäure bezeichnet).

F: 197—198° (*Singh, Manhas,* Pr. Indian Acad. [A] **27** [1948] 1, 10). Magnetische Susceptibilität: *Singh et al.,* Pr. Indian Acad. [A] **29** [1949] 309, 311. Löslichkeitsiso-therme von Gemischen mit (±)-2-Oxo-bornan-sulfonsäure-(10) in Wasser bei 35°: *Singh, Perti,* Pr. Indian Acad. [A] **22** [1945] 170, 173.

Ammonium-Salz [NH_4]$C_{10}H_{15}O_4S$ (H 316; E II 182). Krystalle [aus wss. A.]; $[\alpha]_D^{35}$: $-20,0°$ [W.; c = 1] (*Singh, Perti,* Pr. Indian Acad. [A] **22** [1945] 84, 89). Optisches Drehungsvermögen von Lösungen in Wasser bei Wellenlängen von 436 mμ bis 670 mμ: *Si., Pe.,* l. c. S. 88, 91.

Natrium-Salz NaC$_{10}$H$_{15}$O$_4$S. Krystalle; $[\alpha]_D^{33}$: —19,3° [W.; c = 4] (*Singh, Perti, Singh,* Univ. Allahabad Studies **1944** Chem. 37, 45). Optisches Drehungsvermögen von Lösungen in Wasser bei Wellenlängen von 460 mµ bis 670 mµ: *Si., Pe., Si.,* l. c. S. 50.

Silber-Salz AgC$_{10}$H$_{15}$O$_4$S. Krystalle ;$[\alpha]_D^{18}$: —13,7° [W.] (*Naumow, Manulkin,* Ž. obšč. Chim. **5** [1935] 281, 286; C. A. **1935** 5071).

Gallium-Salz Ga(C$_{10}$H$_{15}$O$_4$S)$_3$. Krystalle (aus W.) mit 3 Mol H$_2$O; $[\alpha]_D^{33}$: —19° [W.; c = 5] (*Neogi, Mondal,* J. Indian chem. Soc. **19** [1942] 501).

(±)-Methyl-äthyl-propyl-zinn-Salz. Krystalle [aus W.]; $[\alpha]_D^{18}$: —10,6° [W.] (*Nau., Ma.,* l. c. S. 287).

b) **(1S)-2-Oxo-bornan-sulfonsäure-(10)**, Formel VI (R = H, X = O) auf S. 587 (H 315; E I 74; E II 180; dort als [*d*-Campher]-β-sulfonsäure bezeichnet).

B. Aus (1*R*)-Campher beim Behandeln mit Schwefelsäure und Acetanhydrid (*Poggi, Polverini,* Ann. Chimica applic. **30** [1940] 284, 287; *Bartlett, Knox,* Org. Synth. **45** [1965] 12; vgl. H 315). Aus (+)-1-Hydroxy-camphen ((1*R* ?)-3.3-Dimethyl-2-methylen-nor≠ bornanol-(1) [E III **6** 389]) beim Behandeln mit Schwefelsäure und Acetanhydrid (*Asahina,* Pr. Acad. Tokyo **13** [1937] 38).

Krystalle (aus Bzl.), F: 197—198° [korr.] (*Gonzáles del Tánago,* An. Acad. Farm. **9** [1943] 235, 243); Krystalle (aus E.) mit 0,5 Mol H$_2$O, F: 191—192° [Zers.; nach Sintern bei 120°] (*Asahina,* Pr. Acad. Tokyo **13** [1937] 38); Krystalle mit 1 Mol H$_2$O, F: 193° (*Drucker,* Z. physik. Chem. [A] **165** [1933] 411). Optisches Drehungsvermögen von Lösungen in Wasser bei Wellenlängen von 249 mµ bis 417 mµ: *Lowry, French,* Soc. **1932** 2654, 2656; von Lösungen in Wasser und in wss. Schwefelsäure bei Wellenlängen von 435 mµ bis 671 mµ und Temperaturen von 11,5° bis 92°: *Patterson, Loudon,* Soc. **1932** 1725, 1738. Circulardichroismus von wss. Lösungen: *Lowry, Fr.* Einfluss von Salzen auf das optische Drehungsvermögen von wss. Lösungen: *Dr.* UV-Spektrum einer Lösung in Äthanol: *Shriner, Sutherland,* Am. Soc. **60** [1938] 1314; einer Lösung in Wasser: *Lowry, Fr.,* l. c. S. 2655. Magnetische Susceptibilität: *Singh et al.,* Pr. Indian Acad. [A] **29** [1949] 309, 311. Elektrische Leitfähigkeit von wss. Lösungen: *Dr.* Einfluss von Salzen auf den Aktivitätskoeffizienten und den osmotischen Koeffizienten von wss. Lösungen: *Dr.* Löslichkeitsisotherme von Gemischen mit (±)-2-Oxo-bornan-sulfon≠ säure-(10) in Wasser bei 35°: *Singh, Perti,* Pr. Indian Acad. [A] **22** [1945] 170, 173. Ver- teilung zwischen Wasser und Äther: *Dermer, Dermer,* Am. Soc. **65** [1943] 1653.

In der beim Behandeln mit Natrium und Äthanol erhaltenen 2-Hydroxy-**bo**rnan-sulf≠ onsäure-(10) (s. E II 130, 180; dort als 2-Oxy-camphan-sulfonsäure-(10) bezeichnet) hat wahrscheinlich ein Gemisch von (1*S*)-2*exo*-Hydroxy-bornan-sulfonsäure-(10) mit geringeren Mengen (1*S*)-2*endo*-Hydroxy-bornan-sulfonsäure-(10) vorge- legen; die daraus beim Erwärmen mit Essigsäure und wss. Salzsäure erhaltene Verbin- dung C$_{16}$H$_{16}$O$_3$S (F: 133°; s. E II **19** 18) ist als [(±)-3*exo*-Hydroxy-2*endo*.3*endo*-dimethyl- norbornyl-(2*exo*)]-methansulfonsäure-lacton zu formulieren (*Wolinsky, Dimmel, Gibson,* J. org. Chem. **32** [1967] 2087, 2095).

Ammonium-Salz [NH$_4$]C$_{10}$H$_{15}$O$_4$S (H 315; E I 74; E II 180). Krystalle [aus wss. A.] (*Singh, Perti,* Pr. Indian Acad. [A] **22** [1945] 84, 89). Optisches Drehungsvermögen von wss. Lösungen bei Wellenlängen von 436 mµ bis 670 mµ: *Si., Pe.,* l. c. S. 88, 91. Magne- tische Susceptibilität: *Singh et al.,* Pr. Indian Acad. [A] **29** [1949] 309, 311. 1 g löst sich bei 28° in 0,5 ml Wasser (*Poggi, Polverini,* Ann. Chimica applic. **30** [1940] 284, 290).

Lithium-Salz LiC$_{10}$H$_{15}$O$_4$S. Krystalle [aus A.] (*Gonzáles del Tánago,* An. Acad. Farm. **9** [1943] 235, 249). 1 g löst sich bei Raumtemperatur in 28 ml Wasser (*Poggi, Polverini,* Ann. Chimica applic. **30** [1940] 284, 290).

Natrium-Salz NaC$_{10}$H$_{15}$O$_4$S. Krystalle (*Singh, Perti, Singh,* Univ. Allahabad Studies **1944** Chem. 37, 45; *Poggi, Polverini,* Ann. Chimica applic. **30** [1940] 284, 289). $[\alpha]_{577}^{22}$: + 18,2°; $[\alpha]_{546}^{22}$: + 22,6°; $[\alpha]_{436}^{22}$: + 63,0° [jeweils in W.; c = 25] (*Ebert, Kortüm,* B. **64** [1931] 342, 348). Optisches Drehungsvermögen von wss. Lösungen bei Wellenlängen von 460 mµ bis 670 mµ: *Si., Pe., Si.,* l. c. S. 44, 50.

Hexaquo-kupfer(II)-Salz [Cu(H$_2$O)$_6$](C$_{10}$H$_{15}$O$_4$S)$_2$·H$_2$O. Blaue Krystalle [aus W.] (*Pfeiffer, v. Müllenheim, Quehl,* J. pr. [2] **136** [1933] 249, 255). — Diaquo-bis-äthylen≠ diamin-kupfer(II)-Salz [Cu(C$_2$H$_8$N$_2$)$_2$(H$_2$O)$_2$](C$_{10}$H$_{15}$O$_4$S)$_2$. Violette Krystalle [aus W.] (*Pf., v. M., Qu.,* l. c. S. 256). — Bis-propylendiamin-kupfer(II)-Salz [Cu(C$_3$H$_{10}$N$_2$)$_2$](C$_{10}$H$_{15}$O$_4$S)$_2$ (aus (±)-Propylendiamin hergestellt). Violette Krystalle [aus

W.]; $[\alpha]_{D(?)}^{32}$: $+26°$ [W.; c = 5] (*Neogi, Mondal*, J. Indian chem. Soc. **16** [1939] 433, 435). An der Luft sowie in alkal. wss. Lösung beständig (*Ne., Mo.*).

Tris-äthylendiamin-zink-Salz $[Zn(C_2H_8N_2)_3](C_{10}H_{15}O_4S)_2 \cdot H_2O$. Krystalle [aus W.] (*Pfeiffer, Quehl*, B. **64** [1931] 2667, 2670; *Neogi, Mukherjee*, J. Indian chem. Soc. **11** [1934] 681, 682). $[\alpha]_D^{25}$: $+18,1°$ [W.; c = 5] (*Ne., Mu.*). — Tris-propylendiamin-zink-Salz $[Zn(C_3H_{10}N_2)_3](C_{10}H_{15}O_4S)_2$ (aus (±)-Propylendiamin hergestellt). Krystalle (aus W.); $[\alpha]_D^{30}$: $+22,2°$ [W.; c = 5] (*Neogi, Mondal*, J. Indian chem. Soc. **14** [1937] 653).

Hexaquo-cadmium-Salz $[Cd(H_2O)_6](C_{10}H_{15}O_4S)_2$ (E I 74). Krystalle [aus W.] (*Pfeiffer, v. Müllenheim, Quehl*, J. pr. [2] **136** [1933] 249, 254). — Tris-äthylendiamin-cadmium-Salz $[Cd(C_2H_8N_2)_3](C_{10}H_{15}O_4S)_2 \cdot H_2O$. Krystalle [aus W.] (*Pf., v. M., Qu.*; *Neogi, Mukherjee*, J. Indian chem. Soc. **11** [1934] 225, 227). $[\alpha]_D^{30}$: $+15°$ [W.] (*Ne., Mu.*). — Tris-propylendiamin-cadmium-Salz $[Cd(C_3H_{10}N_2)_3](C_{10}H_{15}O_4S)_2 \cdot H_2O$ (aus (±)-Propylendiamin hergestellt). Krystalle; $[\alpha]_D^{30}$: $+23,5°$ [W.] (*Neogi, Mandal*, J. Indian chem. Soc. **13** [1936] 224, 225).

Gallium-Salz $Ga(C_{10}H_{15}O_4S)_3 \cdot 3H_2O$. Krystalle (aus W.); $[\alpha]_D^{33}$: $+18,6°$ [W.; c = 5] (*Neogi, Mondal*, J. Indian chem. Soc. **19** [1942] 501).

Thallium(I)-Salz $Tl(C_{10}H_{15}O_4S)$. Krystalle (aus W.); F: 267—269° (*Gilman, Abbott*, Am. Soc. **65** [1943] 123).

Tris-biguanid-chrom(III)-Salz $[Cr(C_2H_7N_5)_3](C_{10}H_{15}O_4S)_3$. Rosarote Krystalle (*Rây, Saha*, J. Indian chem. Soc. **14** [1937] 670, 683, **15** [1938] 353, 357). — Hydr⸗oxo-aquo-bis-biguanid-chrom(III)-Salz $[Cr(C_2H_7N_5)_2(OH)(H_2O)](C_{10}H_{15}O_4S)_2$. Rosarote Krystalle (*Rây, Saha*, J. Indian chem. Soc. **15** 357).

Mangan(II?)-Salz. $[\alpha]_D$: $+17,9°$; $[\alpha]_{656}$: $+13,1°$; $[\alpha]_{486}$: $+38,7°$ [jeweils in W.; c = 2] (*Pfeiffer, Nakatsuka*, B. **66** [1933] 415, 417).

[N.N'-Disalicyliden-äthylendiaminato]-eisen(III)-Salz $[Fe(C_{16}H_{14}N_2O_2)](C_{10}H_{15}O_4S)$. Violettschwarze Krystalle; in Äthanol, Chloroform, Aceton und Wasser löslich (*Pfeiffer et al.*, A. **503** [1933] 84, 100, 122).

Kobalt(II)-Salz $Co(C_{10}H_{15}O_4S)_2 \cdot 6H_2O$. Rosarote Krystalle (aus W.); das wasserfreie Salz ist violett (*Backer, Keuning*, R. **53** [1934] 798, 803). $[M]_D^{19}$: $+102,5°$ [W.; c = 1] (*Ba., Keu.*).

Tris-biguanid-kobalt(III)-Salz. $[Co(C_2H_7N_5)_3](C_{10}H_{15}O_4S)_3$. Rötliche Krystalle (*Rây, Dutt*, J. Indian chem. Soc. **16** [1939] 621, 628, **18** [1941] 289, 296). — Oxalato-triäthylentetramin-kobalt(III)-Salz. Rosarote Krystalle; $[\alpha]_D^{25}$: $+12°$ [W.] (*Basolo*, Am. Soc. **70** [1948] 2634, 2637).

Hexaquo-nickel(II)-Salz $[Ni(H_2O)_6](C_{10}H_{15}O_4S)_2$. Hellgrüne Krystalle (*Pfeiffer, v. Müllenheim, Quehl*, J. pr. [2] **136** [1933] 249, 254). — Tris-äthylendiamin-nickel(II)-Salz $[Ni(C_2H_8N_2)_3](C_{10}H_{15}O_4S)_2$. Hellviolette Krystalle (aus W.) mit 1 Mol H_2O (*Pf., v. M., Qu.*, l. c. S. 255).

Bis-[2-amino-äthyl]-sulfid-platin-Komplexsalze. $[Pt(C_4H_{12}N_2S)(C_{10}H_{16}O_4S)Cl_2]$. Gelbe Krystalle (aus W.); F: 179—181° [Zers.]; $[\alpha]_{546}^{15}$: $+9,5°$ [W.] (*Mann*, Soc. **1930** 1745, 1753). — $[Pt(C_4H_{12}N_2S)Cl_3]C_{10}H_{15}O_4S \cdot H_2O$. Gelbe Krystalle; F: 216—217° [Zers.]; $[\alpha]_{546}^{15}$: $+12°$ [W.] (*Mann*, Soc. **1930** 1756). — $[Pt(C_4H_{12}N_2S)(C_{10}H_{16}O_4S)Cl_4]$. Gelbe Krystalle; F: 198—199° [Zers.]; $[\alpha]_{546}^{15}$: $+155°$ [W.] (*Mann*, Soc. **1930** 1755).

Bis-[2-amino-äthyl]-amin-platin-Komplexsalze. $[Pt(C_4H_{13}N_3)(C_{10}H_{16}O_4S)Cl_4]$. Gelbliche Krystalle (aus W.); $[\alpha]_{546}$: $+9,1°$ [W.] (*Mann*, Soc. **1934** 466, 471). — $[Pt(C_4H_{13}N_3)Cl_3]C_{10}H_{15}O_4S$. Gelbe Krystalle (aus W.); $[\alpha]_{546}$: $+9,7°$ [W.] (*Mann*, Soc. **1934** 471).

Methylamin-Salz $CH_5N \cdot C_{10}H_{16}O_4S$. Krystalle (aus A.); F: 167—168°; $[\alpha]_D^{25}$: $+33,7°$ [$CHCl_3$; c = 1]; $[\alpha]_D^{25}$: $+34,6°$ [Me.; c = 1] (*Schreiber, Shriner*, Am. Soc. **57** [1935] 1445). Beim Erhitzen auf 180° ist (1S)-2-Methylimino-bornan-sulfonsäure-(10) erhalten worden (*Sch., Sh.*).

Dimethylamin-Salz $C_2H_7N \cdot C_{10}H_{16}O_4S$. Krystalle (aus E.); F: 69—83°; $[\alpha]_D^{25}$: $+34,6°$ [$CHCl_3$; c = 1]; $[\alpha]_D^{25}$: $+32,1°$ [Me.; c = 1] (*Schreiber, Shriner*, Am. Soc. **57** [1935] 1445).

Trimethylamin-Salz $C_3H_9N \cdot C_{10}H_{16}O_4S$. Krystalle (aus E.); F: 140—145°; $[\alpha]_D^{25}$: $+33,3°$ [$CHCl_3$; c = 1]; $[\alpha]_D^{25}$: $+29,2°$ [Me.; c = 1] (*Schreiber, Shriner*, Am. Soc. **57** [1935] 1445).

Tetramethylammonium-Salz [C$_4$H$_{12}$N]C$_{10}$H$_{15}$O$_4$S. Krystalle [aus A.] (*Poggi, Rovai*, Ann. Chimica applic. **39** [1949] 682, 685).

Tetraäthylammonium-Salz [C$_8$H$_{20}$N]C$_{10}$H$_{15}$O$_4$S. Gelbliche Krystalle [aus A.] (*Poggi, Rovai*, Ann. Chimica applic. **39** [1949] 682, 685).

Tributylamin-Salz C$_{12}$H$_{27}$N·C$_{10}$H$_{16}$O$_4$S. Krystalle (aus PAe. + E.); F: 128—130°; [α]$_D^{25}$: +29,2° [CHCl$_3$; c = 1]; [α]$_D^{25}$: +22,8° [Me.; c = 1] (*Schreiber, Shriner*, Am. Soc. **57** [1935] 1445).

Diisobutylamin-Salz C$_8$H$_{19}$N·C$_{10}$H$_{16}$O$_4$S. Krystalle (aus E.); F: 185° (*Michael, Carlson*, J. org. Chem. **5** [1940] 1, 8).

2-Amino-octan-Salz C$_8$H$_{19}$N·C$_{10}$H$_{16}$O$_4$S (aus (±)-2-Amino-octan hergestellt). Krystalle (aus E. + Cyclohexan); F: 162—165°; [M]$_D^{19}$: +49,5° [W.; c = 3] (*Mann, Porter*, Soc. **1944** 456, 459).

S-Benzyl-isothiuronium-Salz [C$_8$H$_{11}$N$_2$S]C$_{10}$H$_{15}$O$_4$S. Krystalle (aus wss. A.) mit 1 Mol H$_2$O; F: 209,7° [korr.] (*Chambers, Watt*, J. org. Chem. **6** [1941] 376, 378, 379).

1.3-Bis-trimethylammonio-2-methyl-propen-(1)-Salz [C$_{10}$H$_{24}$N$_2$](C$_{10}$H$_{15}$O$_4$S)$_2$ (aus 1.3-Bis-trimethylammonio-2-methyl-propen-(1)-dijodid vom F: 216—217° hergestellt). Krystalle (aus Acn. + A.); F: 261—263° [nach Erweichen]; [α]$_D^{12}$: +16,0° [W.] (*Gibson et al.*, Soc. **1942** 163, 169).

(−)-Amino-imino-bernsteinsäure-dinitril-Salz C$_4$H$_4$N$_4$·C$_{10}$H$_{16}$O$_4$S. Krystalle; F: 237° [Zers.]; [α]$_D^{19}$: −530° [Py.; c = 2]; [α]$_D^{19}$: −366° [W. + Py.] (*Hinkel, Watkins*, Soc. **1940** 1206). — (±)-Amino-imino-bernsteinsäure-dinitril-Salz C$_4$H$_4$N$_4$·C$_{10}$H$_{16}$O$_4$S. Krystalle (aus A.); F: 186°; [α]$_D^{19}$: +26,3° [Py.]; [α]$_D^{19}$: +12,5° [W. + Py.] (*Hi., Wa.*).

c) **(±)-2-Oxo-bornan-sulfonsäure-(10)**, Formel V + Spiegelbild (H 316; E II 182; dort als *dl*-Campher-β-sulfonsäure bezeichnet).

B. Aus (±)-Campher beim Behandeln mit Acetanhydrid und Schwefelsäure (*Bartlett, Knox*, Org. Synth. **45** [1965] 12; vgl. H 316).

Krystalle; F: 202—203° [Zers.; aus Eg.] (*Ba., Knox*), 202—203° (*Singh, Manhas*, Pr. Indian Acad. [A] **27** [1948] 1, 10). Magnetische Susceptibilität: *Singh et al.*, Pr. Indian Acad. [A] **29** [1949] 309, 311. Löslichkeitsisotherme von Gemischen mit (1*R*)-2-Oxo-bornan-sulfonsäure-(10) und mit (1*S*)-2-Oxo-bornan-sulfonsäure-(10) in Wasser bei 35°: *Singh, Perti*, Pr. Indian Acad. [A] **22** [1945] 170, 173.

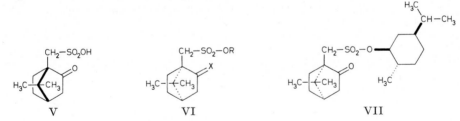

V   VI   VII

2-Methylimino-bornan-sulfonsäure-(10), *2-(methylimino)bornane-10-sulfonic acid* C$_{11}$H$_{19}$NO$_3$S.

(1*S*)-2-Methylimino-bornan-sulfonsäure-(10), Formel VI (R = H, X = N-CH$_3$).

B. Beim Erwärmen von (1*S*)-2-Oxo-bornan-sulfonsäure-(10) in Äthylenglykol mit Methylamin in Äthanol (*Shriner, Sutherland*, Am. Soc. **60** [1938] 1314; *Shriner, Shotton, Sutherland*, Am. Soc. **60** [1938] 2794, 2796).

Krystalle (aus A.); F: 312—313° [Block] (*Shr., Su.; Shr., Sho., Su.*). [α]$_D^{25}$: −137,6° [A.; c = 1] (*Shr., Su.; Shr., Sho., Su.*); [α]$_D^{25}$: −136,0° (Anfangswert) → −41,5° (nach 16 Tagen) [95%ig. A.] (*Schreiber, Shriner*, Am. Soc. **57** [1935] 1445). UV-Absorption (A.): *Shr., Su.*

2-Hydroxyimino-bornan-sulfonsäure-(10), *2-(hydroxyimino)bornane-10-sulfonic acid* C$_{10}$H$_{17}$NO$_4$S.

(1*S*)-2-Hydroxyimino-bornan-sulfonsäure-(10), Formel VI (R = H, X = NOH) (H 315).

Krystalle (aus A.); F: 176,5—177,5° (*Shriner, Sutherland*, Am. Soc. **60** [1938] 1314, 1315). [α]$_D^{25}$: −123,6° [Me.; c = 1]. UV-Absorption (A.): *Sh., Su.*

2-Oxo-bornan-sulfonsäure-(10)-methylester, *2-oxobornane-10-sulfonic acid methyl ester* $C_{11}H_{18}O_4S$.

(1*S*)-**2-Oxo-bornan-sulfonsäure-(10)-methylester,** Formel VI (R = CH_3, X = O) (E I 74).

B. Beim Behandeln von (1*S*)-2-Oxo-bornan-sulfonylchlorid-(10) mit Methanol unter Zusatz von Natriumhydroxid (*Patterson, Loudon,* Soc. **1932** 1725, 1739, 1740).

Krystalle (aus Me.); F: 61°. $[\alpha]_{546}^{17}$: +70,9° [Bzl.; c = 1]; $[\alpha]_{546}^{17}$: +56,2° [CHCl$_3$; c = 5]; $[\alpha]_{546}^{16}$: +56,2° [1.2-Dibrom-äthan; c = 5]; $[\alpha]_{546}^{14,5}$: +59,6° [Nitrobenzol; c = 5]; $[\alpha]_{546}^{16,5}$: +53,0° [Benzaldehyd; c = 5]; $[\alpha]_{546}^{16,5}$: +54,2° [A.; c = 5] (*Pa., Lou.,* l. c. S. 1729). Optisches Drehungsvermögen von Lösungen in Äthanol bei Wellenlängen von 435 mμ bis 671 mμ und Temperaturen von 0° bis 58,5°: *Pa., Lou.,* l. c. S. 1740.

2-Oxo-bornan-sulfonsäure-(10)-äthylester, *2-oxobornane-10-sulfonic acid ethyl ester* $C_{12}H_{20}O_4S$.

(1*S*)-**2-Oxo-bornan-sulfonsäure-(10)-äthylester,** Formel VI (R = C_2H_5, X = O) (E I 74).

B. Beim Behandeln von (1*S*)-2-Oxo-bornan-sulfonylchlorid-(10) mit Äthanol unter Zusatz von Natriumhydroxid (*Patterson, Loudon,* Soc. **1932** 1725, 1740).

Krystalle (aus Me.); F: 46°. $[\alpha]_{546}^{14}$: +70° [Bzl.; c = 1]; $[\alpha]_{546}^{16,5}$: +53,4° [CHCl$_3$; c = 1]; $[\alpha]_{546}^{17}$: +52,4° [1.2-Dibrom-äthan; c = 1]; $[\alpha]_{546}^{15,5}$: +53,0° [A.; c = 5] (*Pa., Lou.,* l. c. S. 1729). Optisches Drehungsvermögen von Lösungen in Benzol bei Wellenlängen von 435 mμ bis 671 mμ und Temperaturen von 10° bis 61°: *Pa., Lou.,* l. c. S. 1740.

2-Oxo-bornan-sulfonsäure-(10)-[2-methyl-5-isopropyl-cyclohexylester], 2-[2-Oxo-bornan-sulfonyl-(10)-oxy]-*p*-menthan, *2-oxobornane-10-sulfonic acid p-menth-2-yl ester* $C_{20}H_{34}O_4S$.

a) (1*S*)-**2-Oxo-bornan-sulfonsäure-(10)-[(1*S*)-carvomenthylester]** $C_{20}H_{34}O_4S$, Formel VII.

B. Aus (1*S*)-Carvomenthol (E III 6 131) und (1*S*)-2-Oxo-bornan-sulfonylchlorid-(10) (*Johnston, Read,* Soc. **1935** 1138, 1140).

Öl. $[\alpha]_D^{15}$: +59,6° [Lösungsmittel nicht angegeben].

b) (1*R*)-**2-Oxo-bornan-sulfonsäure-(10)-[(1*S*)-carvomenthylester]** $C_{20}H_{34}O_4S$, Formel VIII.

B. Aus (1*S*)-Carvomenthol (E III 6 131] und (1*R*)-2-Oxo-bornan-sulfonylchlorid-(10) (*Johnston, Read,* Soc. **1935** 1138, 1140).

Krystalle (aus A.); F: 57—58°. $[\alpha]_D^{15}$: +8,0° [Lösungsmittel nicht angegeben].

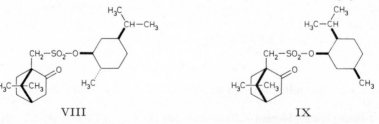

VIII   IX

2-Oxo-bornan-sulfonsäure-(10)-[3-methyl-6-isopropyl-cyclohexylester], 3-[2-Oxo-bornan-sulfonyl-(10)-oxy]-*p*-menthan, *2-oxobornane-10-sulfonic acid p-menth-3-yl ester* $C_{20}H_{34}O_4S$.

a) (1*R*)-**2-Oxo-bornan-sulfonsäure-(10)-[(1*R*)-neoisomenthylester]** $C_{20}H_{34}O_4S$, Formel IX.

B. Aus (1*R*)-Neoisomenthol [E III 6 132] (*Read, Grubb,* Soc. **1934** 313, 317).

Krystalle (aus PAe.); F: 84—86° [Zers. bei 89°]. $[\alpha]_D^{16}$: −41,0°; $[\alpha]_{656}^{16}$: −31,2°; $[\alpha]_{546}^{16}$: −50,5°; $[\alpha]_{486}^{16}$: −70,8° [jeweils in CHCl$_3$; c = 2].

b) (1*S*)-**2-Oxo-bornan-sulfonsäure-(10)-[(1*R*)-neoisomenthylester]** $C_{20}H_{34}O_4S$, Formel X.

B. Aus (1*R*)-Neoisomenthol [E III 6 132] (*Read, Grubb,* Soc. **1934** 313, 317).

Krystalle (aus PAe.); F: 69—70°. $[\alpha]_D^{16}$: +17,3°; $[\alpha]_{656}^{16}$: +12,3°; $[\alpha]_{546}^{16}$: +22,3°; $[\alpha]_{486}^{16}$: +35,2° [jeweils in CHCl$_3$; c = 2].

c) **(1R)-2-Oxo-bornan-sulfonsäure-(10)-[(1R)-menthylester]** $C_{20}H_{34}O_4S$, Formel XI (E I 77).

B. Aus (1*R*)-Menthol (E III **6** 133) und (1*R*)-2-Oxo-bornan-sulfonylchlorid-(10) mit Hilfe von Chinolin (*Read, Grubb,* Soc. **1931** 188, 191).

Krystalle (aus A.); F: 47°. $[\alpha]_D^{16}$: −77,6° [CHCl₃; c = 2].

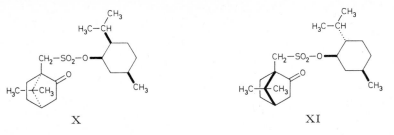

X   XI

d) **(1R)-2-Oxo-bornan-sulfonsäure-(10)-[(1S)-menthylester]** $C_{20}H_{34}O_4S$, Formel XII.

B. Beim Behandeln von (±)-Menthol (E III **6** 137) mit (1*R*)-2-Oxo-bornan-sulfonyl-chlorid-(10) und Chinolin und fraktionierten Krystallisieren des Reaktionsprodukts aus Petroläther und aus Äthylacetat (*Read, Grubb,* Soc. **1931** 188, 192).

Krystalle (aus E.); F: 125,5°. $[\alpha]_D^{15}$: +20,8° [CHCl₃; c = 2]. Bildung von Misch-krystallen mit (1*S*)-2-Oxo-bornan-sulfonsäure-(10)-[(1*R*)-menthylester]: *Read, Gr.*

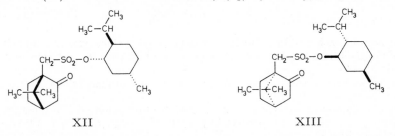

XII   XIII

e) **(1S)-2-Oxo-bornan-sulfonsäure-(10)-[(1R)-menthylester]** $C_{20}H_{34}O_4S$, Formel XIII (E I 75).

B. Aus (1*R*)-Menthol (E III **6** 133) und (1*S*)-2-Oxo-bornan-sulfonylchlorid-(10) mit Hilfe von Chinolin (*Read, Grubb,* Soc. **1931** 188, 190).

Krystalle (aus PAe. oder E.); F: 125,5°. Tetragonal; optische Untersuchung der Krystalle: *Read, Gr.* Bildung von Mischkrystallen mit (1*R*)-2-Oxo-bornan-sulfonsäure-(10)-[(1*S*)-menthylester]: *Read, Gr.*

f) **(1R)-2-Oxo-bornan-sulfonsäure-(10)-[(1R)-isomenthylester]** $C_{20}H_{34}O_4S$, Formel I.

B. Aus (1*R*)-Isomenthol (E III **6** 138) und (1*R*)-2-Oxo-bornan-sulfonylchlorid-(10) (*Read, Grubb, Malcolm,* Soc. **1933** 170, 173).

Krystalle; F: 33−34°. $[\alpha]_D^{15}$: −20,7° [CHCl₃; c = 2].

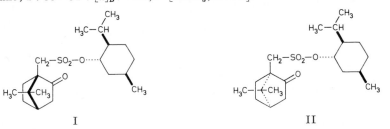

I   II

g) **(1S)-2-Oxo-bornan-sulfonsäure-(10)-[(1R)-isomenthylester]** $C_{20}H_{34}O_4S$, Formel II.

B. Aus (1*R*)-Isomenthol (E III **6** 138) und (1*S*)-2-Oxo-bornan-sulfonylchlorid-(10)

(*Read, Grubb, Malcolm*, Soc. **1933** 170, 173).
F: 30—31°. $[\alpha]_D^{15}$: +35,4° [CHCl$_3$; c = 2].

h) **(1S)-2-Oxo-bornan-sulfonsäure-(10)-[(1S)-neomenthylester]** C$_{20}$H$_{34}$O$_4$S, Formel III.

B. Aus (1S)-Neomenthol (E III **6** 140) und (1S)-2-Oxo-bornan-sulfonylchlorid-(10) mit Hilfe von Pyridin (*Read, Grubb*, Soc. **1933** 167, 169).

Krystalle (aus PAe.); F: 116° [Zers.]. $[\alpha]_D^{18}$: +8,9°; $[\alpha]_{656}^{18}$: +5,3°; $[\alpha]_{546}^{18}$: +12,3°; $[\alpha]_{486}^{18}$: +22,1° [jeweils in CHCl$_3$; c = 2].

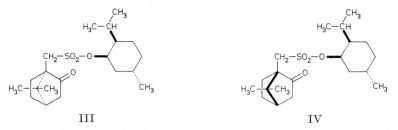

III IV

i) **(1R)-2-Oxo-bornan-sulfonsäure-(10)-[(1S)-neomenthylester]** C$_{20}$H$_{34}$O$_4$S, Formel IV.

B. Aus (1S)-Neomenthol (E III **6** 140) und (1R)-2-Oxo-bornan-sulfonylchlorid-(10) mit Hilfe von Pyridin (*Read, Grubb*, Soc. **1933** 167, 169).

Krystalle (aus PAe.); F: 92° [Zers.]. $[\alpha]_D^{18}$: −50,3°; $[\alpha]_{656}^{18}$: −38,5°; $[\alpha]_{546}^{18}$: −61,3°; $[\alpha]_{486}^{18}$: −84,4° [jeweils in CHCl$_3$; c = 2].

2-Oxo-bornan-sulfonsäure-(10)-[2-methyl-5-isopropenyl-cyclohexylester], 2-[2-Oxo-bornan-sulfonyl-(10)]-*p*-menthen-(8), *2-oxobornane-10-sulfonic acid* p-*menth-8-en-2-yl ester* C$_{20}$H$_{32}$O$_4$S.

(1S)-2-Oxo-bornan-sulfonsäure-(10)-[1S:2R:4S)-*p*-menthen-(8)-yl-(2)-ester] C$_{20}$H$_{32}$O$_4$S, Formel V.

B. Aus (−)-Neodihydrocarveol ((1S)-1r-Methyl-4t-isopropenyl-cyclohexanol-(2c) [E III **6** 256]) und (1S)-2-Oxo-bornan-sulfonylchlorid-(10) (*Johnston, Read*, Soc. **1934** 233, 237).

Krystalle; F: 91—93°.

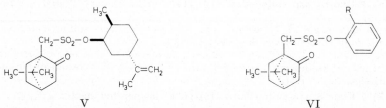

V VI

2-Oxo-bornan-sulfonsäure-(10)-[2-formyl-phenylester], *2-oxobornane-10-sulfonic acid* o-*formylphenyl ester* C$_{17}$H$_{20}$O$_5$S.

(1S)-2-Oxo-bornan-sulfonsäure-(10)-[2-formyl-phenylester], Formel VI (R = CHO) (H 316).

B. Aus (1S)-2-Oxo-bornan-sulfonylchlorid-(10) und Salicylaldehyd mit Hilfe von Pyridin (*Read, Johnston*, Soc. **1934** 226, 233; *Candeli*, Atti Soc. Nat. Mat. Modena **74** [1943] 132, 135).

Krystalle; F: 127° [aus wss. A.] (*Ca*.), 125° [aus A.] (*Read, Jo*.). $[\alpha]_D^{12}$: +43,1° [CHCl$_3$; c = 2] (*Read, Jo*.).

Oxim ((1S)-2-Oxo-bornan-sulfonsäure-(10)-[2-formohydroximoyl-phenylester]) C$_{17}$H$_{21}$NO$_5$S. Krystalle (aus wss. A.); F: 115° (*Ca*.).

2-Oxo-bornan-sulfonsäure-(10)-[3-formyl-phenylester], *2-oxobornane-10-sulfonic acid* m-*formylphenyl ester* C$_{17}$H$_{20}$O$_5$S.

(1S)-2-Oxo-bornan-sulfonsäure-(10)-[3-formyl-phenylester], Formel VII.

B. Aus (1S)-2-Oxo-bornan-sulfonylchlorid-(10) und 3-Hydroxy-benzaldehyd mit Hilfe

von Pyridin (*Read, Johnston*, Soc. **1934** 226, 233).
F: 67°.

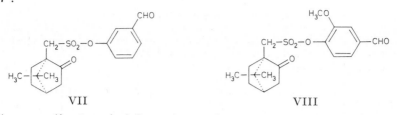

VII   VIII

2-Oxo-bornan-sulfonsäure-(10)-[2-methoxy-4-formyl-phenylester], *2-oxobornane-10-sulfonic acid 4-formyl-2-methoxyphenyl ester* $C_{18}H_{22}O_6S$.

(1S)-2-Oxo-bornan-sulfonsäure-(10)-[2-methoxy-4-formyl-phenylester], Formel VIII.

B. Aus (1S)-2-Oxo-bornan-sulfonylchlorid-(10) und Vanillin mit Hilfe von Pyridin (*Read, Johnston*, Soc. **1934** 226, 233).
F: 128°. $[\alpha]_D^{14}$: $+35,8°$ [$CHCl_3$; c = 2].

2-Oxo-bornan-sulfonsäure-(10)-[2-(hydroxy-cyan-methyl)-phenylester], *2-oxobornane-10-sulfonic acid α-cyano-α-hydroxy-o-tolyl ester* $C_{18}H_{21}NO_5S$.

(1S)-2-Oxo-bornan-sulfonsäure-(10)-[2-((RS)-hydroxy-cyan-methyl)-phenylester], Formel VI (R = CH(OH)-CN).

B. In geringer Menge beim Behandeln einer Lösung von (1S)-2-Oxo-bornan-sulfon≠säure-(10)-[2-formyl-phenylester] in Chloroform mit wss. Natriumhydrogensulfit-Lösung und anschliessenden Behandeln mit Kaliumcyanid (*Candeli*, Atti Soc. Nat. Mat. Modena **74** [1943] 132, 137).
Gelbe Krystalle; F: 150°. In Äther und Äthanol löslich, in Wasser fast unlöslich.

2-Oxo-bornan-sulfonylchlorid-(10), *2-oxobornane-10-sulfonyl chloride* $C_{10}H_{15}ClO_3S$.

a) **(1R)-2-Oxo-bornan-sulfonylchlorid-(10)**, Formel IX (E II 182).
B. Aus (1R)-2-Oxo-bornan-sulfonsäure-(10) und Thionylchlorid (*Read, Storey*, Soc. **1930** 2761, 2768).
F: 70°. $[\alpha]_D$: $-32,0°$ [$CHCl_3$; c = 3].

b) **(1S)-2-Oxo-bornan-sulfonylchlorid-(10)**, Formel X (X = Cl) (H 316; E I 76; E II 181).
F: 70° (*Read, Storey*, Soc. **1930** 2761, 2768), 67° (*Sutherland, Shriner*, Am. Soc. **58** [1936] 62). $[\alpha]_D$: $+32,3°$ [$CHCl_3$; c = 3] (*Read, St.*); $[\alpha]_D^{25}$: $+32,1°$ [$CHCl_3$; c = 1] (*Su., Sh.*).
Überführung in (1S)-10-Mercapto-bornanon-(2) durch Behandeln einer äthanol. Lösung mit Zink und wss. Salzsäure: *Dimroth, Kraft, Aichinger*, A. **545** [1940] 124, 133; durch Behandeln mit Zinn und wss. Salzsäure: *Tukamoto*, J. pharm. Soc. Japan **59** [1939] 149, 165; dtsch. Ref. S. 37, 39; C. A. **1939** 4223. Überführung in (1R)-Campher durch Erwärmen mit Zink und Essigsäure: *Tu.*

c) **(±)-2-Oxo-bornan-sulfonylchlorid-(10)**, Formel IX + Spiegelbild.
B. Aus (±)-2-Oxo-bornan-sulfonsäure-(10) und Thionylchlorid (*Read, Storey*, Soc. **1930** 2761, 2768).
F: 85°.

3-Chlor-2-oxo-bornan-sulfonsäure-(10)-methylester, *3-chloro-2-oxobornane-10-sulfonic acid methyl ester* $C_{11}H_{17}ClO_4S$.

(1S)-3endo-Chlor-2-oxo-bornan-sulfonsäure-(10)-methylester, Formel XI (X = OCH₃).
B. Aus (1S)-3endo-Chlor-2-oxo-bornan-sulfonylchlorid-(10) und Methanol in Gegenwart von Natriumhydroxid (*Patterson, Loudon*, Soc. **1932** 1725, 1739, 1741).
Krystalle (aus A.); F: 61,5°. $[\alpha]_{546}^{17,5}$: $+77,3°$ [Bzl.; c = 1]; $[\alpha]_{546}^{17,5}$: $+113,2°$ [$CHCl_3$; c = 1]; $[\alpha]_{546}^{17,5}$: $+120,3°$ [1.2-Dibrom-äthan; c = 1]; $[\alpha]_{546}^{17}$: $+109,7°$ [A.; c = 1] (*Pa., Lou.*, l. c. S. 1731). Optisches Drehungsvermögen von Lösungen in Benzol und in 1.2-Di≠brom-äthan bei Wellenlängen von 435 mμ bis 623 mμ und Temperaturen von 12,5° bis 66° bzw. von 32,5° bis 88,8°: *Pa., Lou.*

3-Chlor-2-oxo-bornan-sulfonsäure-(10)-äthylester, *3-chloro-2-oxobornane-10-sulfonic acid ethyl ester* $C_{12}H_{19}ClO_4S$.

(1S)-3endo-Chlor-2-oxo-bornan-sulfonsäure-(10)-äthylester, Formel XI (X = OC_2H_5).

B. Aus (1S)-3endo-Chlor-2-oxo-bornan-sulfonylchlorid-(10) und Äthanol in Gegenwart von Natriumhydroxid (*Patterson, Loudon,* Soc. **1932** 1725, 1739, 1741).

Krystalle (aus A.); F: 56°. $[\alpha]_{546}^{17}$: +77,7° [Bzl.; c = 1]; $[\alpha]_{546}^{17}$: +121,7° [1.2-Dibrom-äthan; c = 1]; $[\alpha]_{546}^{18}$: +110,2° [A.; c = 1] (*Pa., Lou.,* l. c. S. 1732). Optisches Drehungs-vermögen von Lösungen in Benzol bei Wellenlängen von 435 mμ bis 623 mμ und Tempera-turen von 11° bis 65°: *Pa., Lou.,* l. c. S. 1742.

3-Chlor-2-oxo-bornan-sulfonylchlorid-(10), *3-chloro-2-oxobornane-10-sulfonyl chloride* $C_{10}H_{14}Cl_2O_3S$.

(1S)-3endo-Chlor-2-oxo-bornan-sulfonylchlorid-(10), Formel XI (X = Cl) (H 317).

B. Aus dem Natrium-Salz der (1S)-3endo-Chlor-2-oxo-bornan-sulfonsäure-(10) (H 316; E II 181) mit Hilfe von Phosphor(V)-chlorid (*Patterson, Loudon,* Soc. **1932** 1725, 1741).

Krystalle (aus Ae.); F: 65°.

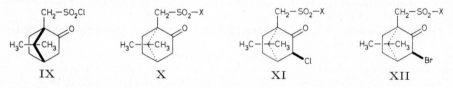

| IX | X | XI | XII |

3-Chlor-2-oxo-bornansulfonamid-(10), *3-chloro-2-oxobornane-10-sulfonamide* $C_{10}H_{16}ClNO_3S$.

(1S)-3endo-Chlor-2-oxo-bornansulfonamid-(10), Formel XI (X = NH_2) (H 317).

Krystalle [aus A.]; F: 144° (*Patterson, Loudon,* Soc. **1932** 1725, 1743). Optisches Drehungsvermögen von Lösungen in Pyridin bei Wellenlängen von 435 mμ bis 623 mμ und Temperaturen von 10° bis 68,5°: *Pa., Lou.*

3-Brom-2-oxo-bornan-sulfonsäure-(10), *3-bromo-2-oxobornane-10-sulfonic acid* $C_{10}H_{15}BrO_4S$.

(1S)-3endo-Brom-2-oxo-bornan-sulfonsäure-(10), Formel XII (X = OH) (H 317; E I 76; E II 181).

B. Aus (1R)-3endo-Brom-bornanon-(2) beim Behandeln mit Acetanhydrid und Schwefel-säure (*Drosdow,* Trudy Moskovsk. zootech. Inst. Konevod. **1944** 28, 30; C. A. **1947** 763; vgl. H 317).

$[\alpha]_D^{17}$: +104° [W.; c = 0,6] (*Dr.*).

[*N.N'*-Disalicyliden-äthylendiaminato]-eisen(III)-Salz [Fe($C_{16}H_{14}N_2O_2$)]$C_{10}H_{14}BrO_4S$. Violettschwarze Krystalle; in Chloroform, Äthanol und Wasser löslich, in Äther fast unlöslich (*Pfeiffer et al.,* A. **503** [1933] 84, 122).

S-Benzyl-isothiuronium-Salz [$C_8H_{11}N_2S$]$C_{10}H_{14}BrO_4S$. Krystalle (aus wss. A.); F: 133,7° [korr.] (*Chambers, Watt,* J. org. Chem. **6** [1941] 376, 378, 379).

N-Methyl-*N*-äthyl-hydroxylamin-Salz $C_3H_9NO \cdot C_{10}H_{15}BrO_4S$. Hellgelbe Kry-stalle (aus E.); F: 96—101°; $[M]_D$: +314° [W.; c = 2] (*Meisenheimer, Denner,* B. **65** [1932] 1799, 1801).

3-Brom-2-oxo-bornan-sulfonsäure-(10)-methylester, *3-bromo-2-oxobornane-10-sulfonic acid methyl ester* $C_{11}H_{17}BrO_4S$.

(1S)-3endo-Brom-2-oxo-bornan-sulfonsäure-(10)-methylester, Formel XII (X = OCH_3).

B. Aus (1S)-3endo-Brom-2-oxo-bornan-sulfonylchlorid-(10) und Methanol in Gegenwart von Natriumhydroxid (*Patterson, Loudon,* Soc. **1932** 1725, 1739, 1742).

Krystalle (aus Me.); F: 64°. $[\alpha]_{546}^{16}$: +112,9° [Bzl.; c = 1]; $[\alpha]_{546}^{16}$: +141,4° [$CHCl_3$; c = 1,4]; $[\alpha]_{546}^{17}$: +140,1° [A.; c = 1] (*Pa., Lou.,* l. c. S. 1732). Optisches Drehungs-vermögen von Lösungen in Benzol bei Wellenlängen von 435 mμ bis 623 mμ und Tempera-turen von 11° bis 59°: *Pa., Lou.*

3-Brom-2-oxo-bornan-sulfonsäure-(10)-äthylester, *3-bromo-2-oxobornane-10-sulfonic acid ethyl ester* $C_{12}H_{19}BrO_4S$.

   (1S)-3endo-Brom-2-oxo-bornan-sulfonsäure-(10)-äthylester, Formel XII $(X = OC_2H_5)$.

   B. Aus (1S)-3endo-Brom-2-oxo-bornan-sulfonylchlorid-(10) und Äthanol in Gegenwart von Natriumhydroxid (*Patterson, Loudon*, Soc. **1932** 1725, 1739, 1742).

   Krystalle [aus A.]; F: 61°. $[\alpha]_{546}^{18}$: $+113,0°$ [Bzl.; c = 1]; $[\alpha]_{546}^{17}$: $+161,4°$ [1.2-Dibrom-äthan; c = 1]; $[\alpha]_{546}^{18}$: $+140,2°$ [CHCl$_3$; c = 1]; $[\alpha]_{546}^{18}$: $+134,7°$ [1.1.2.2-Tetrachlor-äthan; c = 1]; $[\alpha]_{546}^{17}$: $+138,0°$ [A.; c = 1] (*Pa., Lou.*, l. c. S. 1732). Optisches Drehungs-vermögen von Lösungen in Benzol und in 1.2-Dibrom-äthan bei Wellenlängen von 435 mµ bis 623 mµ und Temperaturen von 11° bis 63° bzw. von 10° bis 85°: *Pa., Lou.*

3-Brom-2-oxo-bornan-sulfonylchlorid-(10), *3-bromo-2-oxobornane-10-sulfonyl chloride* $C_{10}H_{14}BrClO_3S$.

   (1S)-3endo-Brom-2-oxo-bornan-sulfonylchlorid-(10), Formel XII $(X = Cl)$ (H 317).

   B. Aus dem Natrium-Salz der (1S)-3endo-Brom-2-oxo-bornan-sulfonsäure-(10) und Phosphor(V)-chlorid (*Patterson, Loudon*, Soc. **1932** 1725, 1742).

   F: 60°.

3-Brom-2-oxo-bornansulfonamid-(10), *3-bromo-2-oxobornane-10-sulfonamide* $C_{10}H_{16}BrNO_3S$.

   (1S)-3endo-Brom-2-oxo-bornansulfonamid-(10), Formel XII $(X = NH_2)$ (H 317).

   Krystalle [aus A.] (*Patterson, Loudon*, Soc. **1932** 1725, 1743). Optisches Drehungs-vermögen von Lösungen in Pyridin bei Wellenlängen von 435 mµ bis 623 mµ und Tem-peraturen von 13,5° bis 81°: *Pa., Lou.*

2-Oxo-bornan-thiosulfonsäure-(10)-S-methylester, *2-oxobornane-10-thiosulfonic acid S-methyl ester* $C_{11}H_{18}O_3S_2$.

   a) **(1S)-2-Oxo-bornan-thiosulfonsäure-(10)-S-methylester,** Formel X $(X = S-CH_3)$ (E I 76).

   B. Beim Behandeln von (1S)-2-Oxo-bornan-sulfonylchlorid-(10) mit wss. Natrium-sulfid-Lösung und mit Dimethylsulfat (*Gibson*, Soc. **1937** 1509, 1512).

   Beim Erwärmen mit *p*-Tolylsulfon-aceton in Äthanol unter Zusatz von Natrium-carbonat sind 1-Methylmercapto-1-*p*-tolylsulfon-aceton und (1S)-2-Oxo-bornan-sulfin-säure-(10) erhalten worden (*Cowie, Gibson*, Soc. **1933** 306, 308). Bildung von geringen Mengen (3aS)-1-Acetyl-8.8-dimethyl-4.5.6.7-tetrahydro-3H-3a.6-methano-benzo[c]thio-phen-dioxid-(2.2) (,,Anhydro-*d*-camphersulfonylaceton") beim Erwärmen mit Äthyl-sulfon-aceton in Äthanol unter Zusatz von Natriumcarbonat: *Cowie, Gibson*, Soc. **1934** 46. Reaktionen mit Sulfinsäuren unter Bildung von Thiosulfonsäure-*S*-methylestern und (1S)-2-Oxo-bornan-sulfinsäure-(10): *Gibson, Loudon*, Soc. **1937** 487.

   b) **(±)-2-Oxo-bornan-thiosulfonsäure-(10)-S-methylester,** Formel X $(X = S-CH_3)$ + Spiegelbild.

   F: 50° (*Gibson*, Soc. **1937** 1509, 1512). In Äther leichter löslich als (1S)-2-Oxo-bornan-thiosulfonsäure-(10)-S-methylester (s. o.).

2-Oxo-bornan-thiosulfonsäure-(10)-S-[2.5-dichlor-phenylester], *2-oxobornane-10-thio-sulfonic acid S-(2,5-dichlorophenyl) ester* $C_{16}H_{18}Cl_2O_3S_2$.

   (1S)-2-Oxo-bornan-thiosulfonsäure-(10)-S-[2.5-dichlor-phenylester], Formel I.

   B. Beim Erwärmen von 2.5-Dichlor-benzol-thiosulfonsäure-(1)-S-[2.5-dichlor-phenyl-ester] mit dem Natrium-Salz der (1S)-2-Oxo-bornan-sulfinsäure-(10) in Äthanol (*Gibson, Loudon*, Soc. **1937** 487).

   F: 121—122°.

[2-Oxo-1.7-dimethyl-norbornyl-(7)]-methansulfonsäure $C_{10}H_{16}O_4S$.

   a) **[(1R)-2-Oxo-1.7syn-dimethyl-norbornyl-(7anti)]-methansulfonsäure,** **(1R)-2-Oxo-bornan-sulfonsäure-(8),** (1R)-Campher-sulfonsäure-(8), *(1R)-2-oxo-bornane-8-sulfonic acid* $C_{10}H_{16}O_4S$, Formel II $(X = OH)$ (H 317; E I 77; E II 183; dort als [*d*-Campher]-π-sulfonsäure bezeichnet).

   Über die Konfiguration am C-Atom 7 s. *Finch, Vaughan*, Am. Soc. **91** [1969] 1416.

b) **(±)-[2-Oxo-1.7syn-dimethyl-norbornyl-(7anti)]-methansulfonsäure, (±)-2-Oxo-bornan-sulfonsäure-(8)**, (±)-Campher-sulfonsäure-(8), (±)-*2-oxobornane-8-sulfonic acid* $C_{10}H_{16}O_4S$, Formel II (X = OH) + Spiegelbild (H 318; E I 78; dort als *dl*-Campher-π-sulfonsäure bezeichnet).

B. Aus (±)-Campher und Chloroschwefelsäure (*Poggi, Pasquarelli*, Ann. Chimica applic. **37** [1947] 321; vgl. H 318).

Cadmium-Salz $Cd(C_{10}H_{15}O_4S)_2$. Orangefarbene hygroskopische Krystalle [aus A.] (*Poggi*, Ann. Chimica applic. **37** [1947] 398, 399).

Mangan(II)-Salz $Mn(C_{10}H_{15}O_4S)_2$. Gelbe hygroskopische Krystalle [aus A.] (*Po.*).

Nickel(II)-Salz $Ni(C_{10}H_{15}O_4S)_2$. Grüne hygroskopische Krystalle (*Po.*).

Kobalt(II)-Salz $Co(C_{10}H_{15}O_4S)_2$. Blaue hygroskopische Krystalle [aus A.] (*Po.*).

Tetramethylammonium-Salz $[C_4H_{12}N]C_{10}H_{15}O_4S$. Krystalle (aus A.); Zers. von 230° an (*Poggi, Rovai*, Ann. Chimica applic. **39** [1949] 682, 685).

Tetraäthylammonium-Salz $[C_8H_{20}N]C_{10}H_{15}O_4S\cdot 2C_{10}H_{16}O_4S$. Krystalle; F: 105° [Zers.] (*Po., Ro.*).

[2-Oxo-1.7-dimethyl-norbornyl-(7)]-methansulfonylbromid $C_{10}H_{15}BrO_3S$.

(1R)-2-Oxo-bornan-sulfonylbromid-(8), (1R)-*2-oxobornane-8-sulfonyl bromide* $C_{10}H_{15}BrO_3S$, Formel II (X = Br) (H 318).

Krystalle (aus E.); F: 145° [unkorr.] (*Sahashi, Iki*, Scient. Pap. Inst. phys. chem. Res. **25** [1934] 73, 74; *Guha, Bhattacharyya*, J. Indian chem. Soc. **21** [1944] 271, 277). $[\alpha]_D^{22}$: +145,5° [$CHCl_3$; c = 7] (*Sa., Iki*).

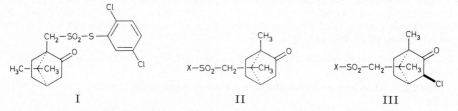

　　　　I　　　　　　　　　　　　　　　II　　　　　　　　　　　　　　III

[3-Chlor-2-oxo-1.7-dimethyl-norbornyl-(7)]-methansulfonsäure $C_{10}H_{15}ClO_4S$.

(1R)-3endo-Chlor-2-oxo-bornan-sulfonsäure-(8), (1R)-*3endo-chloro-2-oxobornane-8-sulfonic acid* $C_{10}H_{15}ClO_4S$, Formel III (X = OH) (H 318; E II 183; dort als α-Chlor-[*d*-campher]-π-sulfonsäure bezeichnet).

Ammonium-Salz $[NH_4]C_{10}H_{14}ClO_4S$ (H 318; E II 183). F: 272° [Zers.]; $[\alpha]_D^{16}$: +80° [A.] (*Ueyanagi*, J. pharm. Soc. Japan **71** [1951] 613; C. A. **1952** 949).

[3-Chlor-2-oxo-1.7-dimethyl-norbornyl-(7)]-methansulfonylchlorid $C_{10}H_{14}Cl_2O_3S$.

a) **(1R)-3endo-Chlor-2-oxo-bornan-sulfonylchlorid-(8)**, (1R)-*3endo-chloro-2-oxobornane-8-sulfonyl chloride* $C_{10}H_{14}Cl_2O_3S$, Formel III (X = Cl) (H 319).

F: 126° (*Ueyanagi*, J. pharm. Soc. Japan **71** [1951] 613; C. A. **1952** 949), 124—126° (*Sano*, J. pharm. Soc. Japan **64** [1944] Nr. 7, S. 2; C. A. **1951** 5665), 123—124° (*Delépine, Labro, Lange*, Bl. [5] **1** [1934] 1252, 1253). $[\alpha]_D^{19}$: +111,3° [A.] (*Ue.*); $[\alpha]_D$: +111° bis +112° [$CHCl_3$] (*De., La., La.*).

Über eine Verbindung mit 1 Mol (1S)-3endo-Brom-2-oxo-bornan-sulfonylchlorid-(8) s. *De., La., La.*

b) **(1S)-3endo-Chlor-2-oxo-bornan-sulfonylchlorid-(8)**, (1S)-*3endo-chloro-2-oxobornane-8-sulfonyl chloride* $C_{10}H_{14}Cl_2O_3S$, Formel IV (X = Cl) auf S. 596.

F: 123—124°; $[\alpha]_D$: —111° bis —112° [$CHCl_3$] (*Delépine, Labro, Lange*, Bl. [5] **1** [1934] 1252, 1253).

[3-Chlor-2-oxo-1.7-dimethyl-norbornyl-(7)]-methansulfonamid $C_{10}H_{16}ClNO_3S$.

a) **(1R)-3endo-Chlor-2-oxo-bornansulfonamid-(8)**, (1R)-*3endo-chloro-2-oxobornane-8-sulfonamide* $C_{10}H_{16}ClNO_3S$, Formel III (X = NH_2) (H 319).

F: 149—150°; $[\alpha]_D$: +90° bis +91° [$CHCl_3$] (*Delépine, Labro, Lange*, Bl. [5] **1** [1934] 1252, 1254). Schmelzdiagramme der binären Systeme mit (1S)-3endo-Chlor-2-oxo-bornansulfonamid-(8) (Racemat; F: 154,5°) und mit (1S)-3endo-Brom-2-oxo-bornansulfonamid-(8) (Molekülverbindung 1:1; F: 160,5°): *De., La., La.*

b) **(1S)-3endo-Chlor-2-oxo-bornansulfonamid-(8)**, (1S)-3endo-*chloro-2-oxobornane-8-sulfonamide* $C_{10}H_{16}ClNO_3S$, Formel IV (X = NH_2).

F: 149—150°; $[\alpha]_D$: —90° bis —91° [$CHCl_3$] (*Delépine, Labro, Lange*, Bl. [5] **1** [1934] 1252, 1254). Schmelzdiagramm des Systems mit (1R)-3endo-Chlor-2-oxo-bornansulfon=amid-(8): *De., La., La.*

[3-Brom-2-oxo-1.7-dimethyl-norbornyl-(7)]-methansulfonsäure $C_{10}H_{15}BrO_4S$.

a) **(1R)-3endo-Brom-2-oxo-bornan-sulfonsäure-(8)**, (1R)-3endo-*bromo-2-oxobornane-8-sulfonic acid* $C_{10}H_{15}BrO_4S$, Formel V (X = OH) (H 319; E I 77; E II 183; dort als α-Brom-[d-campher]-π-sulfonsäure bezeichnet).

B. Aus (1R)-3endo-Brom-bornanon-(2) beim Behandeln mit Chloroschwefelsäure (*Guha, Bhattacharyya*, J. Indian chem. Soc. **21** [1944] 271, 276; vgl. H 319) oder mit rauchender Schwefelsäure (*Regler, Hein*, J. pr. [2] **148** [1937] 1; vgl. H 319).

F: 196° (*Stewart, Allen*, Am. Soc. **54** [1932] 4027, 4033). $[\alpha]_D^{22,5}$: +85,3° [W.; c = 2] (*St., Allen*); $[\alpha]_D$: +78,5° [W.; c = 1,4] (*Plentl, Bogert*, J. org. Chem. **6** [1941] 669, 681). Ammonium-Salz $[NH_4]C_{10}H_{14}BrO_4S$ (H 319; E I 77; E II 183). $[\alpha]_D^{18}$: +96,9° [A.; c = 2] (*Reihlen, Hühn*, A. **489** [1931] 42, 51). Optisches Drehungsvermögen von wss. Lösungen nach Zusatz von Salzen sowie von Lösungen in Gemischen von Wasser mit Methanol, mit Äthanol und mit Propanol-(1): *Campbell*, J. phys. Chem. **35** [1931] 1143, 1146—1154. Optisches Drehungsvermögen von Lösungen in Äthanol und in Wasser bei Wellenlängen von 435 mμ bis 656 mμ: *Rei., Hühn.* Optisches Drehungsvermögen einer wss. Lösung bei Wellenlängen von 250 mμ bis 670 mμ sowie UV-Spektrum einer wss. Lösung: *Tsuchida*, Bl. chem. Soc. Japan **12** [1937] 276, 283; *Kobayashi*, J. chem. Soc. Japan **64** [1943] 129; C.A. **1947** 3339. In 100 g Wasser lösen sich bei 25° 20,6 g (*Ingersoll, Babcock*, Am. Soc. **55** [1933] 341, 344).

Hexaquo-kupfer(II)-Salz $[Cu(H_2O)_6](C_{10}H_{14}BrO_4S)_2$. Hellblaue Krystalle; das wasserfreie Salz ist hellgrün (*Pfeiffer, v. Müllenheim, Quehl*, J. pr. [2] **136** [1933] 249, 255). — Diaquo-bis-äthylendiamin-kupfer(II)-Salz $[Cu(C_2H_8N_2)_2(H_2O)_2]=(C_{10}H_{14}BrO_4S)_2 \cdot H_2O$. Violette Krystalle (*Pf., v. M., Qu.*). — Bis-[1.2-diamino-2-methyl-propan]-kupfer(II)-Salz $[Cu(C_4H_{12}N_2)_2](C_{10}H_{14}BrO_4S)_2$. Violette Krystalle (aus W.); F: 237° (*Chattaway, Drew*, Soc. **1937** 947). — Kupfer(II)-Komplex des Methyl-diäthyl-[2-salicylidenamino-äthyl]-ammonium-Salzes $[Cu(C_{14}H_{22}N_2O)_2](C_{10}H_{14}BrO_4S)_2$. Grüne Krystalle (aus A.); F: 240—245°; in Wasser, Äthanol und Pyridin leicht löslich, in Chloroform schwer löslich (*Pfeiffer, Krebs*, J. pr. [2] **155** [1940] 77, 86, 104).

Silber-Salz $AgC_{10}H_{14}BrO_4S$ (H 320; E II 183). Krystalle (aus W.) mit 1 Mol H_2O (*Regler, Hein*, J. pr. [2] **148** [1937] 1, 3). $[\alpha]_D$: +44,1° [$CHCl_3$ + 10% Py.] (*Hein, Regler*, B. **69** [1936] 1692, 1695). In Äthanol, Aceton und Äther leicht löslich (*Re., Hein*).

Barium-Salz $Ba(C_{10}H_{14}BrO_4S)_2 \cdot 5,5 H_2O$ (H 320). $[\alpha]_D^{21}$: +72,2° [W.; c = 2,5] (*Wittig, Stichnoth*, B. **68** [1935] 928, 932).

Hexaquo-zink-Salz $[Zn(H_2O)_6](C_{10}H_{14}BrO_4S)_2$ (vgl. H 320). Krystalle [aus W.]; das Wasser wird bei 120—130° abgegeben (*Pfeiffer, Quehl*, B. **64** [1931] 2667, 2670). $[\alpha]_D^{20}$: +64,5° [W.; c = 3] (*Pf., Qu.*). — Tris-äthylendiamin-zink-Salz $[Zn(C_2H_8N_2)_3]=(C_{10}H_{14}BrO_4S)_2 \cdot 5 H_2O$. Krystalle (aus W.); $[\alpha]_D^{25}$: +42° [W.; c = 5] (*Neogi, Mukherjee*, J. Indian chem. Soc. **11** [1934] 681, 683). — Tris-propylendiamin-zink-Salz $[Zn(C_3H_{10}N_2)_3](C_{10}H_{14}BrO_4S)_2$ (aus (±)-Propylendiamin hergestellt). Krystalle [aus W.]; $[\alpha]_D^{30}$: +47° [W.; c = 5] (*Neogi, Mondal*, J. Indian chem. Soc. **14** [1937] 653).

Hexaquo-cadmium-Salz $[Cd(H_2O)_6](C_{10}H_{14}BrO_4S)_2$. Krystalle (*Pfeiffer, v. Müllenheim, Quehl*, J. pr. [2] **136** [1933] 249, 254). — Tris-äthylendiamin-cadmium-Salz $[Cd(C_2H_8N_2)_3](C_{10}H_{14}BrO_4S)_2 \cdot 5 H_2O$. Krystalle (aus W.); $[\alpha]_D^{30}$: +138° [W.] (*Neogi, Mukherjee*, J. Indian chem. Soc. **11** [1934] 225, 227). — Tris-propylendiamin-cadmium-Salz $[Cd(C_3H_{10}N_2)_3](C_{10}H_{14}BrO_4S)_2 \cdot 5 H_2O$ (aus (±)-Propylendiamin hergestellt). Krystalle (aus W.); $[\alpha]_D^{30}$: +66° [W.] (*Neogi, Mandal*, J. Indian chem. Soc. **13** [1936] 224, 226).

Lanthan-Salz $La(C_{10}H_{14}BrO_4S)_3$. Krystalle mit 8 Mol H_2O; $[\alpha]_D$: +76,36° [W.; c = 3] (*Dodonow, Protjanowa*, Doklady Akad. S.S.S.R. **68** [1949] 861, 863; C.A. **1950** 968).

Cer(III)-Salz $Ce(C_{10}H_{14}BrO_4S)_3$. Krystalle mit 8 Mol H_2O; $[\alpha]_D$: +76,2° [W.; c = 3] (*Dodonow, Protjanowa*, Doklady Akad. S.S.S.R. **68** [1949] 861, 863).

Neodym-Salz Nd($C_{10}H_{14}BrO_4S$)$_3$. Krystalle mit 9 Mol H_2O; [α]$_D$: +76,0° [W.; c = 3] (*Dodonow, Protjanowa*, Doklady Akad. S.S.S.R. **68** [1949] 861, 863).

[1.2-Bis-(2-salicylidenamino-äthylmercapto)-äthanato]-kobalt(III)-Salz [Co($C_{20}H_{22}N_2O_2S_2$)]$C_{10}H_{14}BrO_4S$. Braune Krystalle (aus Me. + Ae.); [α]$_{546}^{20}$: −7000° [wss. Me.; c = 0,01] (*Dwyer, Lions*, Am. Soc. **72** [1950] 1545, 1548, 1549; s. a. *Dwyer, Lions*, Am. Soc. **69** [1947] 2917, 2918). — cis-Dichloro-triäthylentetramin-kobalt(III)-Salz. Krystalle; [α]$_D^{25}$: +55,6° [W.; c = 0,3] (*Basolo*, Am. Soc. **70** [1948] 2634, 2636).

Hexaquo-nickel(II)-Salz [Ni(H_2O)$_6$]($C_{10}H_{14}BrO_4S$)$_2$. Hellgrüne Krystalle; das wasserfreie Salz ist gelb (*Pfeiffer, v. Müllenheim, Quehl*, J. pr. [2] **136** [1933] 249, 255). — Bis-thiosemicarbazid-nickel(II)-Salz [Ni(CH_5N_3S)$_2$]($C_{10}H_{14}BrO_4S$)$_2$. Hellrote Krystalle mit 1 Mol H_2O; das wasserfreie Salz ist gelb (*Jensen, Rancke-Madsen*, Z. anorg. Ch. **219** [1934] 243, 251, 252). [α]$_D$: +62,5° [A.; c = 0,1] (*Je., Ra.-M.*).

Bis-[1.2-diamino-2-methyl-propan]-palladium(II)-Salz [Pd($C_4H_{12}N_2$)$_2$]($C_{10}H_{14}BrO_4S$)$_2$. [α]$_D^{18}$: +63,2°; [α]$_{656}^{18}$: +46,6°; [α]$_{546}^{18}$: +78,9°; [α]$_{486}^{18}$: +114,2° [jeweils in W.; c = 0,8] bzw. [α]$_D^{18}$: +55,0°; [α]$_{656}^{18}$: +41,0°; [α]$_{546}^{18}$: +69,5°; [α]$_{486}^{18}$: +97,5° [jeweils in W.; c = 0,5] [zwei Präparate] (*Reihlen, Hühn*, A. **489** [1931] 42, 52).

Bis-thiosemicarbazid-platin(II)-Salz [Pt(CH_5N_3S)$_2$]($C_{10}H_{14}BrO_4S$)$_2$. Grüngelbe Krystalle mit 3 Mol H_2O; [M]$_D^{20}$: +598° [wss. Me.; c = 1] (*Jensen*, Z. anorg. Ch. **241** [1939] 115, 127). — cis-Bis-[1.2-diamino-2-methyl-propan]-platin(II)-Salz [Pt($C_4H_{12}N_2$)$_2$]($C_{10}H_{14}BrO_4S$)$_2$. Krystalle (aus W.) mit 1 Mol H_2O; [α]$_D^{20}$: +55°; [α]$_{546}^{20}$: +68° [jeweils in W.; c = 1,4] (*Drew, Head, Tress*, Soc. **1937** 1549). — trans-Bis-[1.2-diamino-2-methyl-propan]-platin(II)-Salz [Pt($C_4H_{12}N_2$)$_2$]($C_{10}H_{14}BrO_4S$)$_2$. Krystalle (aus W.); [α]$_D^{20}$: +56°; [α]$_{578}^{20}$: +58°; [α]$_{546}^{20}$: +69° [jeweils in W.; c = 2,5] (*Drew, Head, Tr.*). — [1.2-Diamino-2-methyl-propan]-[1.3-diamino-2-methyl-propan]-platin(II)-Salz [Pt($C_4H_{12}N_2$)($C_4H_{12}N_2$)]($C_{10}H_{14}BrO_4S$)$_2$. Krystalle (aus W. oder wss. A.); [α]$_D$: +55° [W.; c = 3]; [α]$_{578}$: +56° [W.; c = 2]; [α]$_{546}$: +68° [W.; c = 1,6] (*Drew, Head, Tr.*). — Trichloro-[bis-(2-amino-äthyl)-amin]-platin(IV)-Salz [Pt($C_4H_{13}N_3$)Cl$_3$]$C_{10}H_{14}BrO_4S$. Gelbliche Krystalle (aus W.); F: 263−264° [Zers.]; [α]$_{546}$: +47,6° [W.; c = 0,7] (*Mann*, Soc. **1934** 466, 471). — Tetrachloro-[bis-(2-amino-äthyl)-amin]-platin(IV)-Salz [Pt($C_4H_{13}N_3$)($C_{10}H_{15}BrO_4S$)Cl$_4$]. Gelbe Krystalle (aus W.) mit 2 Mol H_2O; F: 205−208° [Zers.; nach Erweichen bei 120°]; [α]$_{546}$: +43,2° [W.; c = 1] (*Mann*, l. c. S. 472). — Trichloro-[bis-(2-amino-äthyl)-sulfid]-platin(IV)-Salz [Pt($C_4H_{12}N_2S$)Cl$_3$]$C_{10}H_{14}BrO_4S$. Orangefarbene Krystalle (aus W.); F: 224−226° [Zers.]; [α]$_{546}^{15}$: +50° [W.; c = 0,3] (*Mann*, Soc. **1930** 1745, 1756).

Methyl-äthyl-[4-methoxy-phenyl]-telluronium-Salz [$C_{10}H_{15}OTe$]$C_{10}H_{14}BrO_4S$. Krystalle (aus A.); F: 149°; [α]$_D^{20}$: +41,6° [CHCl$_3$; c = 1,5] (*Reichel, Kirschbaum*, A. **523** [1936] 211, 215, 223).

(−)-Methyl-äthyl-phenacyl-sulfonium-Salz [$C_{11}H_{15}OS$]$C_{10}H_{14}BrO_4S$ (H 320). Krystalle (aus A.); F: 196°; [α]$_D$: +46,0°; [α]$_{546}$: +59,0° [jeweils in W.; c = 1,2] (*Balfe, Kenyon, Phillips*, Soc. **1930** 2554, 2565).

2-Amino-octan-Salz $C_8H_{19}N \cdot C_{10}H_{15}BrO_4S$ (aus (±)-2-Amino-octan hergestellt). Krystalle (aus E. + Cyclohexan); F: 180−185° (*Mann, Porter*, Soc. **1944** 456, 459).

1.3-Bis-dimethylamino-2-methyl-propen-(1)-Salz $C_8H_{18}N_2 \cdot 2 C_{10}H_{15}BrO_4S$ (aus 1.3-Bis-dimethylamino-2-methyl-propen-(1) vom Kp: 150−154° hergestellt). Krystalle (aus Heptanol-(1)); F: 174−178°; [M]$_D^{13}$: 536° [W.] (*Gibson et al.*, Soc. **1942** 163, 169).

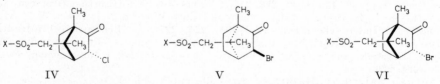

b) **(1S)-3endo-Brom-2-oxo-bornan-sulfonsäure-(8)**, (1S)-3endo-*bromo-2-oxobornane-8-sulfonic acid* $C_{10}H_{15}BrO_4S$, Formel VI (X = OH) (H 321; E I 78; dort als α-Brom-[l-campher]-π-sulfonsäure bezeichnet).

Gewinnung aus (±)-3endo-Brom-2-oxo-bornan-sulfonsäure-(8) mit Hilfe von (S)-1-*p*-

Tolyl-äthylamin: *Ingersoll, Babcock*, Am. Soc. **55** [1933] 341, 344.

Ammonium-Salz (H 321; E I 78). $[\alpha]_D^{25}$: $-86,6°$ [W.(?)].

c) **(±)-3*endo*-Brom-2-oxo-bornan-sulfonsäure-(8)**, (±)-3endo-*bromo-2-oxobornane-8-sulfonic acid* $C_{10}H_{15}BrO_4S$, Formel V + VI (X = OH).

B. Aus (±)-3*endo*-Brom-bornanon-(2) und Chloroschwefelsäure (*Ingersoll, Babcock*, Am. Soc. **55** [1933] 341, 344).

Ammonium-Salz $[NH_4]C_{10}H_{14}BrO_4S$. Krystalle (aus W.); F: $250-254°$ [Zers.]. In 100 g Wasser lösen sich bei $25°$ 15,9 g.

[3-Brom-2-oxo-1.7-dimethyl-norbornyl-(7)]-methansulfonsäure-[3-methyl-6-isopropyl-cyclohexylester] $C_{20}H_{33}BrO_4S$.

a) **(1*R*)-3*endo*-Brom-2-oxo-bornan-sulfonsäure-(8)-[(1*R*)-menthylester]**, (1R)-3endo-*bromo-2-oxobornane-8-sulfonic acid* (1R,3R,4S)-p-*menth-3-yl ester* $C_{20}H_{33}BrO_4S$, Formel VII.

B. Aus (1*R*)-Menthol (E III **6** 133) und (1*R*)-3*endo*-Brom-2-oxo-bornan-sulfonyl=chlorid-(8) mit Hilfe von Pyridin (*Read, Grubb, Malcolm*, Soc. **1933** 170, 173).

Harz. $[\alpha]_D^{17}$: $+27,9°$ [CHCl₃].

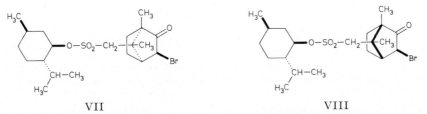

VII   VIII

b) **(1*S*)-3*endo*-Brom-2-oxo-bornan-sulfonsäure-(8)-[(1*R*)-menthylester]**, (1S)-3endo-*bromo-2-oxobornane-8-sulfonic acid* (1R,3R,4S)-p-*menth-3-yl ester* $C_{20}H_{33}BrO_4S$, Formel VIII.

Krystalle (aus PAe.); F: $96-97°$ (*Read, Grubb, Malcolm*, Soc. **1933** 170, 173). $[\alpha]_D^{17}$: $-109,2°$ [CHCl₃].

[3-Brom-2-oxo-1.7-dimethyl-norbornyl-(7)]-methansulfonylchlorid $C_{10}H_{14}BrClO_3S$.

a) **(1*R*)-3*endo*-Brom-2-oxo-bornan-sulfonylchlorid-(8)**, (1R)-3endo-*bromo-2-oxo=bornane-8-sulfonyl chloride* $C_{10}H_{14}BrClO_3S$, Formel V (X = Cl) (H 321; E II 184).

F: $140°$ (*Delépine, Labro, Lange*, Bl. [5] **1** [1934] 1252, 1253). Schmelzdiagramm des Systems mit (1*S*)-3*endo*-Brom-2-oxo-bornan-sulfonylchlorid-(8): *De., La., La.*

b) **(1*S*)-3*endo*-Brom-2-oxo-bornan-sulfonylchlorid-(8)**, (1S)-3endo-*bromo-2-oxo=bornane-8-sulfonyl chloride* $C_{10}H_{14}BrClO_3S$, Formel VI (X = Cl).

F: $140°$ (*Delépine, Labro, Lange*, Bl. [5] **1** [1934] 1252, 1253). $[\alpha]_D$: $-130°$ bis $-131°$ [CHCl₃]. Schmelzdiagramm des Systems mit (1*R*)-3*endo*-Brom-2-oxo-bornan-sulfonyl=chlorid-(8): *De., La., La.*

[3-Brom-2-oxo-1.7-dimethyl-norbornyl-(7)]-methansulfonylbromid $C_{10}H_{14}Br_2O_3S$.

(1*R*)-3*endo*-Brom-2-oxo-bornan-sulfonylbromid-(8), (1R)-3endo-*bromo-2-oxobornane-8-sulfonyl bromide* $C_{10}H_{14}Br_2O_3S$, Formel V (X = Br) (H 321).

Krystalle (aus E.); F: $145°$ [nach Erweichen bei $137°$] (*Guha, Bhattacharyya*, J. Indian chem. Soc. **21** [1944] 271, 276). $[\alpha]_D$: $+144,9°$ [CHCl₃].

[3-Brom-2-oxo-1.7-dimethyl-norbornyl-(7)]-methansulfonamid $C_{10}H_{16}BrNO_3S$.

a) **(1*R*)-3*endo*-Brom-2-oxo-bornansulfonamid-(8)**, (1R)-3endo-*bromo-2-oxobornane-8-sulfonamide* $C_{10}H_{16}BrNO_3S$, Formel V (X = NH₂) (H 321).

F: $145-146°$ (*Delépine, Labro, Lange*, Bl. [5] **1** [1934] 1252, 1254, 1255). $[\alpha]_D$: $+111°$ [Lösungsmittel nicht angegeben]. Schmelzdiagramm des Systems mit (1*S*)-3endo-Brom-2-oxo-bornansulfonamid-(8) (Racemat; F: $175°$): *De., La., La.*

b) **(1*S*)-3*endo*-Brom-2-oxo-bornansulfonamid-(8)**, (1S)-3endo-*bromo-2-oxobornane-8-sulfonamide* $C_{10}H_{16}BrNO_3S$, Formel VI (X = NH₂).

F: $145-146°$ (*Delépine, Labro, Lange*, Bl. [5] **1** [1934] 1252, 1254). $[\alpha]_D$: $-111°$ [Lösungsmittel nicht angegeben]. Schmelzdiagramm der binären Systeme mit (1*R*)-3endo-

Brom-2-oxo-bornansulfonamid-(8) und mit (1 R)-3endo-Chlor-2-oxo-bornansulfonamid-(8):
De., La., La.

Sulfo-Derivate der Monooxo-Verbindungen C$_n$H$_{2n-8}$O

1-Formyl-benzol-sulfonsäure-(2), α-Oxo-toluol-sulfonsäure-(2), α-*oxo*-o-*toluenesulfonic
acid* C$_7$H$_6$O$_4$S, Formel IX (X = OH) (H 323; E I 78; E II 185; dort als Benzaldehyd-
sulfonsäure-(2) bezeichnet).

Beim Behandeln mit 2.4.6-Trichlor-phenol und rauchender Schwefelsäure ist 3-[2.4.6-
Trichlor-3-hydroxy-phenyl]-3H-benz[c][1.2]oxathiol-1.1-dioxid erhalten worden (*I.G.
Farbenind.*, D.R.P. 548822 [1931]; Frdl. **18** 2584).

Farbreaktion beim Behandeln mit 3.3′-Dimethoxy-benzidin in Essigsäure: *Wasicky,
Frehden*, Mikroch. Acta **1** [1937] 55, 59.

α-Oxo-toluol-sulfonylfluorid-(2), α-*oxo*-o-*toluenesulfonyl fluoride* C$_7$H$_5$FO$_3$S, Formel IX
(X = F).

B. Aus Toluol-sulfonylfluorid-(2) beim Behandeln mit Chromylchlorid unter Kühlung
(*Davies, Dick*, Soc. **1932** 2042, 2046).

Als 2.4-Dinitro-phenylhydrazon (F: 216—218°) charakterisiert.

α-Oxo-toluol-sulfonylchlorid-(2), α-*oxo*-o-*toluenesulfonyl chloride* C$_7$H$_5$ClO$_3$S, Formel IX
(X = Cl) (E I 78; dort unter Vorbehalt als ,,Chlorid der Benzaldehyd-sulfonsäure''
bezeichnet).

Bestätigung der ursprünglichen Konstitutionsauffassung (E I 78) und Widerlegung
der später (H **19** 19) angenommenen Formulierung als 1-[Chlor-hydroxy-methyl]-
benzol-sulfonsäure-(2)-lacton (,,Chlortolylsulton''): *Klarmann*, B. **85** [1952] 162.

α-Oxo-N-methyl-toluolsulfonamid-(2), N-*methyl*-α-*oxo*-o-*toluenesulfonamide* C$_8$H$_9$NO$_3$S,
Formel IX (X = NH-CH$_3$).

B. Aus 2-Methyl-2.3-dihydro-benz[d]isothiazol-1.1-dioxid beim Erwärmen mit Blei(IV)-
oxid und wss. Schwefelsäure (*Koetschet, Koetschet, Viaud*, Helv. **13** [1930] 587, 591, 608).

Als Phenylhydrazon (F: 147—149°) charakterisiert.

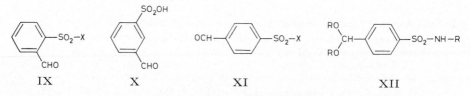

IX   X   XI   XII

1-Formyl-benzol-sulfonsäure-(3), α-Oxo-toluol-sulfonsäure-(3), α-*oxo*-m-*toluenesulfonic
acid* C$_7$H$_6$O$_4$S, Formel X (H 324; E II 185; dort als Benzaldehyd-sulfonsäure-(3) bezeichnet).

Kinetik der Disproportionierung (Bildung von 1-Hydroxymethyl-benzol-sulfonsäu-
re-(3) und 3-Sulfo-benzoesäure) beim Behandeln mit wss. Natronlauge oder wss.-äthanol.
Natronlauge bei 40—60°: *Schilow, Kudrjawzew*, Doklady Akad. S.S.S.R. **63** [1948] 681;
C. A. **1949** 4547.

1-Formyl-benzol-sulfonsäure-(4), α-Oxo-toluol-sulfonsäure-(4), α-*oxo*-p-*toluenesulfonic
acid* C$_7$H$_6$O$_4$S, Formel XI (X = OH) (H 325; dort als Benzaldehyd-sulfonsäure-(4)
bezeichnet).

B. Aus 4-Sulfo-benzoesäure beim Erhitzen mit wasserhaltiger Ameisensäure und
Titan(IV)-oxid auf 260° (*Davies, Hodgson*, Soc. **1943** 84).

Beim Behandeln mit 2 Mol 2.4.6-Trichlor-phenol und Schwefelsäure ist 1-[2.4.6.2′.4′.6′-
Hexachlor-3.3′-dihydroxy-benzhydryl]-benzol-sulfonsäure-(4), beim Behandeln mit 1 Mol
2.4.6-Trichlor-phenol und rauchender Schwefelsäure ist 1-[2.4.6-Trichlor-3.α-dihydroxy-
benzyl]-benzol-sulfonsäure-(4) erhalten worden (*I.G. Farbenind.*, D.R.P. 548822 [1931];
Frdl. **18** 2584).

α-Oxo-toluolsulfonamid-(4), α-*oxo*-p-*toluenesulfonamide* C$_7$H$_7$NO$_3$S, Formel XI
(X = NH$_2$) (E I 78; E II 185).

B. Aus N-[α.α-Diacetoxy-toluol-sulfonyl-(4)]-acetamid beim Erhitzen mit wss. Salz=

säure (*Momose, Uyeda*, J. pharm. Soc. Japan **67** [1947] 23; C. A. **1951** 9498; vgl. *Burton, Hu*, Soc. **1948** 601). Beim Einleiten von Chlorwasserstoff in eine Suspension von 1-Cyan-benzolsulfonamid-(4) in Äther und anschliessenden Behandeln mit einer Lösung von Zinn(II)-chlorid und Chlorwasserstoff in Äther (*Bu., Hu*).

Krystalle (aus W.); F: 123° (*Mo., Uy.*), 118—120° (*Bu., Hu*).

Beim Erwärmen mit Hippursäure, Acetanhydrid und Natriumacetat und Erhitzen des danach isolierten Reaktionsprodukts mit wss.-methanol. Natronlauge ist 2-Benzamino-3-[4-sulfamoyl-phenyl]-acrylsäure $C_{16}H_{14}N_2O_5S$ (Krystalle [aus W.]; F: 197,5—198,5° [nach Sintern bei 150°]) erhalten worden (*Nevenzel, Shelberg, Niemann*, Am. Soc. **71** [1949] 3024).

Phenylhydrazon (F: 237—238° [korr.]): *Ne., Sh., Nie.*

α-Oxo-*N.N*-dimethyl-toluolsulfonamid-(4), N,N-*dimethyl-α-oxo-p-toluenesulfonamide* $C_9H_{11}NO_3S$, Formel XI (X = N(CH₃)₂) (E II 185).

Charakterisierung als *p*-Tolylhydrazon (F: 160°) und als Methyl-phenyl-hydrazon (F: 134—136°): *Koetschet, Koetschet, Viaud*, Helv. **13** [1930] 587, 603, 604.

α-Oxo-*N.N*-diäthyl-toluolsulfonamid-(4), N,N-*diethyl-α-oxo-p-toluenesulfonamide* $C_{11}H_{15}NO_3S$, Formel XI (X = N(C₂H₅)₂).

B. Aus *N.N*-Diäthyl-1-cyan-benzolsulfonamid-(4) beim Behandeln mit Zinn(II)-chlorid und Chlorwasserstoff in Äther (*I.G. Farbenind.*, D.R.P. 726386 [1939]; D.R.P. Org. Chem. **3** 943).

Krystalle; F: 78°. Kp₀,₅: 166°.

Überführung in α-Methylamino-*N.N*-diäthyl-toluolsulfonamid-(4) durch Hydrierung eines Gemisches mit Methylamin an Palladium in wss. Methanol: *I.G. Farbenind.*

[α.α-Diacetoxy-toluol-sulfonyl-(4)]-acetyl-amin, *N*-[α.α-Diacetoxy-toluol-sulfonyl-(4)]-acetamid, N-[α,α-*diacetoxy-p-tolylsulfonyl*]*acetamide* $C_{13}H_{15}NO_7S$, Formel XII (R = CO-CH₃).

B. Aus Toluolsulfonamid-(4) beim Behandeln einer Lösung in Acetanhydrid mit Schwefelsäure und anschliessend mit Chrom(VI)-oxid in Acetanhydrid (*Momose, Uyeda*, J. pharm. Soc. Japan **67** [1947] 23; C. A. **1951** 9498).

Krystalle (aus A.); F: 138°.

2-Nitro-α-oxo-toluolsulfonamid-(4), *3-nitro-α-oxo-p-toluenesulfonamide* $C_7H_6N_2O_5S$, Formel I.

B. Aus 2-Nitro-toluolsulfonamid-(4) beim Erhitzen mit 4-Dichlorsulfamoyl-benzoesäure und wss. Natronlauge sowie beim Erhitzen mit dem Natrium-Salz des *N*-Chlor-benzolsulfonamids in Wasser unter Zusatz von Essigsäure (*Koetschet, Koetschet, Viaud*, Helv. **13** [1930] 587, 594, 602). Reinigung über 2-Nitro-α-phenylimino-toluolsulfonamid-(4) (F: 171—171,5°): *Koe., Koe., Viaud*, l. c. S. 595, 596.

Krystalle (aus W.); F: 149—151°. In Aceton und Äthanol leicht löslich.

Phenylhydrazon (F: 239° [Zers.]) und 4-Nitro-phenylhydrazon (F: 290° [Zers.]): *Koe., Koe., Viaud.*

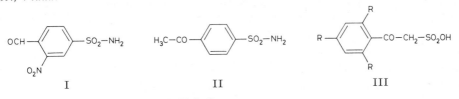

$$\text{I} \hspace{5cm} \text{II} \hspace{5cm} \text{III}$$

1-Acetyl-benzol-sulfonsäure-(4) $C_8H_8O_4S$.

1-Acetyl-benzolsulfonamid-(4), *4-acetylbenzenesulfonamide* $C_8H_9NO_3S$, Formel II.

B. Beim Behandeln von Bis-[4-acetyl-phenyl]-disulfid mit einer Lösung von Chlor in wss. Essigsäure und Behandeln des erhaltenen Sulfonsäurechlorids mit Ammoniumcarbonat in Chloroform (*Burton, Hu*, Soc. **1949** 178, 181).

Krystalle (aus W.); F: 178—179°.

1-Oxo-1-phenyl-äthan-sulfonsäure-(2), *2-oxo-2-phenylethanesulfonic acid* $C_8H_8O_4S$, Formel III (R = H) (E I 78; dort als Acetophenon-ω-sulfonsäure bezeichnet).

B. Aus Acetophenon bei 2-tägigem Behandeln mit einem Gemisch von rauchender

Schwefelsäure, Acetanhydrid und Äther (*Doering, Beringer*, Am. Soc. **71** [1949] 2221, 2224). Aus 2-Brom-1-phenyl-äthanon-(1) beim Erwärmen einer äthanol. Lösung mit wss. Natriumsulfit-Lösung (*Parkes, Tinsley*, Soc. **1934** 1861, 1862).

Krystalle; F: 77—78° [aus E. oder Acetonitril] (*Doe., Be.*), 73—75° (*Pa., Ti.*). Hygroskopisch (*Pa., Ti.*).

Beim Behandeln des Natrium-Salzes mit wss. Benzoldiazoniumalz-Lösung und Natriumacetat ist 1-Oxo-2-phenylhydrazono-1-phenyl-äthan-sulfonsäure-(2) erhalten worden (*Pa., Ti.*).

Ammonium-Salz [NH$_4$]C$_8$H$_7$O$_4$S. Krystalle (aus A.); F: 207° (*Pa., Ti.*).

Natrium-Salz NaC$_8$H$_7$O$_4$S. Krystalle (aus A.); F: 260° [Zers.] (*Pa., Ti.*).

Anilin-Salz (F: 181°) und Phenylhydrazin-Salz (F: 208° [Zers.]): *Pa., Ti.*

1-Oxo-1-[2-sulfo-phenyl]-äthan-sulfonsäure-(2), 1-Sulfoacetyl-benzol-sulfonsäure-(2) C$_8$H$_8$O$_7$S$_2$.

1-Oxo-1-[2-chlorsulfonyl-phenyl]-äthan-sulfonylchlorid-(2), 2-[o-(*chlorosulfonyl*)*phenyl*]-2-oxoethanesulfonyl chloride C$_8$H$_6$Cl$_2$O$_5$S$_2$, Formel IV.

Diese Konstitution kommt der E II 186 als 1-Acetyl-benzol-disulfonyl=chlorid-(3.5) („Acetophenon-disulfonsäure-(3.5)-dichlorid"; Formel V) beschriebenen Verbindung zu (*Weston, Suter*, Am. Soc. **61** [1939] 389).

B. Aus Acetophenon beim Eintragen einer Lösung in Tetrachlormethan in Chloro=schwefelsäure und anschliessenden Erhitzen auf 110° (*We., Su.; Woodruff*, Am. Soc. **66** [1944] 1799; vgl. E II 186).

Krystalle; F: 195—196° [unkorr.; aus CCl$_4$] (*Woo.*), 194—195° [aus Decalin] (*We., Su.*).

Beim Erhitzen mit Wasser ist 3-Oxo-2.3-dihydro-benzo[*b*]thiophen-1.1-dioxid erhalten worden (*We., Su.*).

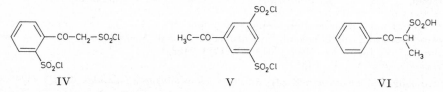

IV   V   VI

(±)-1-Oxo-1-phenyl-propan-sulfonsäure-(2), (±)-*1-oxo-1-phenylpropane-2-sulfonic acid* C$_9$H$_{10}$O$_4$S, Formel VI.

B. Aus (±)-2-Brom-1-phenyl-propanon-(1) beim Erhitzen mit wss. Natriumsulfit-Lösung (*Kratzl*, B. **76** [1943] 895, 898).

Beim Erhitzen mit Nitrobenzol und wss. Natronlauge auf 160° sind Benzoesäure und Oxalsäure (*v. Wacek, Kratzl*, B. **76** [1943] 891, 893), beim Erhitzen mit wss. Natronlauge auf Siedetemperatur unter Stickstoff ist nur Benzoesäure erhalten worden (*Kratzl, Khautz*, M. **78** [1948] 376, 383, 384, 389). Bildung von 1-Phenyl-propanon-(1) beim Behandeln einer wss. Lösung des Natrium-Salzes mit Natriumcyanid und anschliessenden Destillieren im Hochvakuum bei 380—400°: *Kratzl, Däubner, Siegens*, M. **77** [1947] 146, 157.

Natrium-Salz NaC$_9$H$_9$O$_4$S. Krystalle (aus A.); F: 243—244° (*Kr.*).

S-Benzyl-isothiuronium-Salz [C$_8$H$_{11}$N$_2$S]C$_9$H$_9$O$_4$S. Krystalle (aus wss. Salz=säure); F: 126—128° (*Kr.*).

1-Oxo-1-phenyl-propan-sulfonsäure-(3), 3-*oxo-3-phenylpropane-1-sulfonic acid* C$_9$H$_{10}$O$_4$S, Formel VII (H 326; dort als Propiophenon-β-sulfonsäure bezeichnet).

B. Aus 3-Hydroxy-1-phenyl-propanon-(1) beim Erhitzen mit Natriumhydrogensulfit und Schwefeldioxid in Wasser auf 135° (*Kratzl, Däubner, Siegens*, M. **77** [1947] 146, 155, 158). Aus 3-Brom-1-phenyl-propanon-(1) beim Erhitzen mit wss. Natriumsulfit-Lösung (*Kratzl*, B. **76** [1943] 895, 899).

Krystalle (aus CHCl$_3$); F: 132° (*Backer, Strating*, R. **54** [1935] 170, 184). Hygroskopisch (*Ba., St.*). In Wasser, Äthanol und Aceton leicht löslich, in Äther und Benzol fast unlöslich (*Ba., St.*).

Beim Behandeln einer wss. Lösung des Natrium-Salzes mit Natriumcyanid und anschliessenden Destillieren im Hochvakuum bei 200° ist 4-Oxo-4-phenyl-butyronitril erhalten worden (*Kr.*, *Däu.*, *Sie.*, l. c. S. 150, 157).

Natrium-Salz NaC$_9$H$_9$O$_4$S (H 326). Krystalle [aus W. + A.] (*Kr.*).

Barium-Salz Ba(C$_9$H$_9$O$_4$S)$_2$. Krystalle [aus wss. A.] (*Ba.*, *St.*). In Wasser leicht löslich.

S-Benzyl-isothiuronium-Salz [C$_8$H$_{11}$N$_2$S]C$_9$H$_9$O$_4$S. Krystalle; F: 139—140° [aus W. oder aus A.] (*Kr.*).

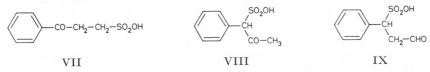

| VII | VIII | IX |

(±)-2-Oxo-1-phenyl-propan-sulfonsäure-(1), (±)-*2-oxo-1-phenylpropane-1-sulfonic acid* C$_9$H$_{10}$O$_4$S, Formel VIII.

B. Neben Phenylaceton beim Erhitzen von (±)-1-Brom-1-phenyl-aceton mit wss. Natriumsulfit-Lösung (*v. Wacek*, *Kratzl*, *v. Bézard*, B. **75** [1942] 1348, 1351, 1355).

Beim Erwärmen mit Chlorwasserstoff enthaltendem Äthanol sind Phenylaceton und Schwefelsäure-monoäthylester erhalten worden (*v. Wacek*, *Kratzl*, Cellulosech. **20** [1942] 108, 110).

Natrium-Salz NaC$_9$H$_9$O$_4$S. Krystalle (aus A.); F: 204—206° (*v. Wa.*, *Kr.*, *v. Bé.*).

S-Benzyl-isothiuronium-Salz [C$_8$H$_{11}$N$_2$S]C$_9$H$_9$O$_4$S. Krystalle (aus A. oder W.); F: 140—141° (*v. Wa.*, *Kr.*, *v. Bé.*).

(±)-3-Oxo-1-phenyl-propan-sulfonsäure-(1), (±)-*3-oxo-1-phenylpropane-1-sulfonic acid* C$_9$H$_{10}$O$_4$S, Formel IX.

Diese Konstitution kommt auch der H 327 beschriebenen ,,Zimtaldehydhydro= sulfonsäure" zu (*Kratzl*, *Däubner*, B. **77/79** [1944/46] 519, 522).

B. Aus *trans*-Zimtaldehyd beim Erhitzen mit wss. Natriumhydrogensulfit-Lösung auf 135° (*Kr.*, *Däu.*, l. c. S. 523, 524).

Elektrische Leitfähigkeit von wss. Lösungen bei Temperaturen von 18° bis 145°: *Hoover*, *Hunten*, J. phys. Chem. **34** [1930] 1361, 1376, 1380.

3-Hydroxy-1-phenyl-propan-disulfonsäure-(1.3), *3-hydroxy-1-phenylpropane-1,3-disulfonic acid* C$_9$H$_{12}$O$_7$S$_2$, Formel X.

Eine als Barium-Salz BaC$_{10}$H$_{10}$O$_7$S$_2$ (Krystalle mit 2 Mol H$_2$O; wenig beständig) isolierte opt.-inakt. Säure dieser Konstitution (s. H 327; E I 79; dort als Sulfohydro= zimtaldehydschweflige Säure bezeichnet) ist beim Einleiten von Schwefeldioxid in eine wss. Lösung von *trans*-Zimtaldehyd und anschliessenden Erwärmen auf 90° erhalten worden (*Hoover*, *Hunten*, J. phys. Chem. **34** [1930] 1361, 1367; *Kratzl*, *Däubner*, B. **77/79** [1944/46] 519, 524).

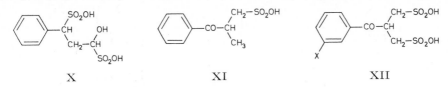

| X | XI | XII |

(±)-1-Oxo-2-methyl-1-phenyl-propan-sulfonsäure-(3), (±)-*2-methyl-3-oxo-3-phenyl= propane-1-sulfonic acid* C$_{10}$H$_{12}$O$_4$S, Formel XI.

B. Beim Erwärmen von 1-Phenyl-propanon-(1) mit Natriumsulfit und Formaldehyd in Wasser (*Suter*, *Bair*, *Bordwell*, J. org. Chem. **10** [1945] 470, 476).

Natrium-Salz NaC$_{10}$H$_{11}$O$_4$S. Krystalle (aus A.).

S-Benzyl-isothiuronium-Salz [C$_8$H$_{11}$N$_2$S]C$_{10}$H$_{11}$O$_4$S. Krystalle (aus wss. A.); F: 146—148° [unkorr.].

2-Benzoyl-propan-disulfonsäure-(1.3), *2-benzoylpropane-1,3-disulfonic acid* C$_{10}$H$_{12}$O$_7$S$_2$, Formel XII (X = H).

B. Beim Behandeln von Acetophenon mit Natriumsulfit und Formaldehyd in Wasser (*Suter*, *Bair*, *Bordwell*, J. org. Chem. **10** [1945] 470, 475).

Dinatrium-Salz Na$_2$C$_{10}$H$_{10}$O$_7$S$_2$. Krystalle (aus A.).

S-Benzyl-isothiuronium-Salz $[C_8H_{11}N_2S]_2C_{10}H_{10}O_7S_2$. Krystalle (aus wss. A.); F: 202—203° [unkorr.].

2-[3-Nitro-benzoyl]-propan-disulfonsäure-(1.3), *2-(3-nitrobenzoyl)propane-1,3-disulfonic acid* $C_{10}H_{11}NO_9S_2$, Formel XII (X = NO_2).

B. Beim Behandeln von 1-[3-Nitro-phenyl]-äthanon-(1) mit Natriumsulfit und Formaldehyd in Wasser (*Suter, Bair, Bordwell,* J. org. Chem. **10** [1945] 470, 475).

Dinatrium-Salz $Na_2C_{10}H_9NO_9S_2$. Krystalle (aus wss. A.).

S-Benzyl-isothiuronium-Salz $[C_8H_{11}N_2S]_2C_{10}H_9NO_9S_2$. Krystalle (aus wss. A.); F: 190—192° [unkorr.].

1-Oxo-1-[2.4.6-trimethyl-phenyl]-äthan-sulfonsäure-(2), 1-Oxo-1-mesityl-äthan-sulfonsäure-(2), *2-oxo-2-mesitylethanesulfonic acid* $C_{11}H_{14}O_4S$, Formel III (R = CH_3) auf S. 599.

B. Aus 2-Brom-1-[2.4.6-trimethyl-phenyl]-äthanon-(1) beim Erhitzen einer äthanol. Lösung mit wss. Natriumsulfit-Lösung auf Siedetemperatur (*Kao, Miao,* J. Chin. chem. Soc. **12** [1945] 71, 73).

Natrium-Salz $NaC_{11}H_{13}O_4S$. Krystalle (*Kao, Miao*).

S-Benzyl-isothiuronium-Salz $[C_8H_{11}N_2S]C_{11}H_{13}O_4S$. Krystalle (aus W.); F: 160° (*Truce, Alfieri,* Am. Soc. **72** [1950] 2740, 2742).

3-Oxo-10.13-dimethyl-17-[1.5-dimethyl-hexyl]-hexadecahydro-1*H*-cyclopenta[*a*]phenanthren-sulfonsäure-(2) $C_{27}H_{46}O_4S$.

3-Oxo-5α-cholestan-sulfonsäure-(2ξ), *3-oxo-5α-cholestane-2ξ-sulfonic acid* $C_{27}H_{46}O_4S$, Formel I (R = H), **vom F: 148°.**

B. Aus 5α-Cholestanon-(3) (E III **7** 1330) beim Behandeln mit Acetanhydrid und Schwefelsäure (*Windaus, Kuhr,* A. **532** [1937] 52, 65).

Krystalle; F: ca. 148° [nach Sintern; aus Acn. + PAe.] (*Wi., Kuhr*), 146—148° [Zers.; aus Eg. oder aus Acn. + PAe.] (*I.G. Farbenind.,* Brit. P. 473629 [1936/37]). In Wasser, Äthanol und Aceton leicht löslich, in Essigsäure löslich (*Wi., Kuhr*).

Beim Erwärmen mit Chrom(VI)-oxid und wasserhaltiger Essigsäure ist 2.3-Seco-5α-cholestandisäure-(2.3) erhalten worden (*Wi., Kuhr*).

Ammonium-Salz. Krystalle (*Wi., Kuhr*).

Phenylhydrazin-Salz $C_6H_8N_2 \cdot C_{27}H_{46}O_4S$. Diese Formulierung wird für eine von *Windaus, Kuhr* (l. c. S. 66) als 3-Phenylhydrazono-5α-cholestan-sulfonsäure-(2ξ) angesehene Verbindung $C_{33}H_{52}N_2O_3S$ in Betracht gezogen (*Djerassi,* J. org. Chem. **13** [1948] 848, 850). F: ca. 180° [Zers.] (*Wi., Kuhr*).

Methylester s. S. 603.

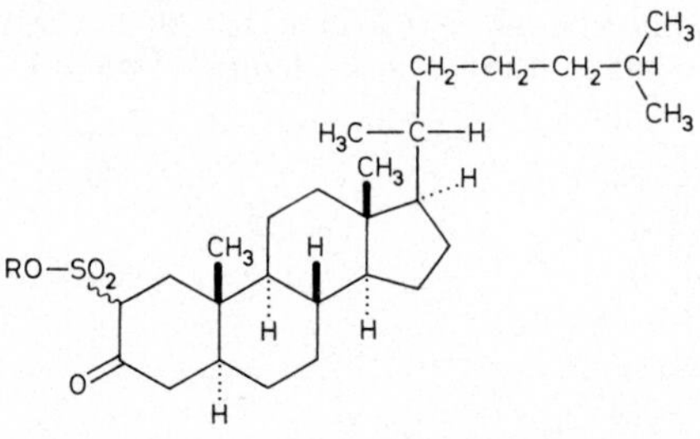

I

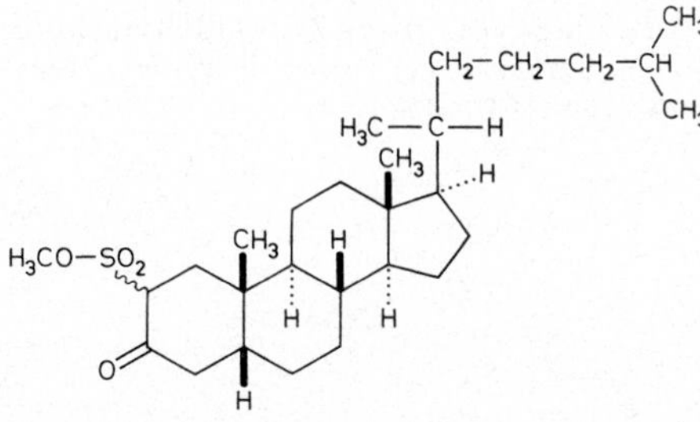

II

3-Oxo-10.13-dimethyl-17-[1.5-dimethyl-hexyl]-hexadecahydro-1*H*-cyclopenta[*a*]phenanthren-sulfonsäure-(2)-methylester $C_{28}H_{48}O_4S$.

a) **3-Oxo-5β-cholestan-sulfonsäure-(2ξ)-methylester,** *3-oxo-5β-cholestane-2ξ-sulfonic acid methyl ester* $C_{28}H_{48}O_4S$, Formel II, **vom F: 183°.**

B. Neben 3-Oxo-5β-cholestan-sulfonsäure-(4ξ)-methylester (F: 105° [S. 603]) beim Behandeln von 5β-Cholestanon-(3) (E III **7** 1328) mit Acetanhydrid und Schwefelsäure und Behandeln des Reaktionsgemisches mit Diazomethan in Äther (*Windaus, Kuhr,* A. **532** [1937] 52, 67; *Windaus, Mielke,* A. **536** [1938] 116, 121, 122).

Krystalle (aus Ae.); F: 182—183° (*Wi., Mie.*). In Äther schwerer löslich als 3-Oxo-5β-cholestan-sulfonsäure-(4ξ)-methylester [F: 105°] (*Wi., Mie.*).

Beim Erwärmen mit Chrom(VI)-oxid in Essigsäure ist 2.3-Seco-5β-cholestandisäu=
re-(2.3) erhalten worden (*Wi., Mie.*; vgl. *Wi., Kuhr*).

b) **3-Oxo-5α-cholestan-sulfonsäure-(2ξ)-methylester,** *3-oxo-5α-cholestane-2ξ-sulfonic
acid methyl ester* $C_{28}H_{48}O_4S$, Formel I (R = CH_3), **vom F: 208°.**

B. Aus 3-Oxo-5α-cholestan-sulfonsäure-(2ξ) (F: 148° [S. 602]) und Diazomethan
in Äther (*Windaus, Kuhr,* A. **532** [1937] 52, 65).

Krystalle; F: 206—208° [nach Sintern]. In Äther schwer löslich.

**3-Oxo-10.13-dimethyl-17-[1.5-dimethyl-hexyl]-hexadecahydro-1H-cyclopenta[a]phen=
anthren-sulfonsäure-(4)** $C_{27}H_{46}O_4S$.

**3-Oxo-10.13-dimethyl-17-[1.5-dimethyl-hexyl]-hexadecahydro-1H-cyclopenta[a]phen=
anthren-sulfonsäure-(4)-methylester** $C_{28}H_{48}O_4S$.

3-Oxo-5β-cholestan-sulfonsäure-(4ξ)-methylester, *3-oxo-5β-cholestane-4ξ-sulfonic
acid methyl ester* $C_{28}H_{48}O_4S$, Formel III, **vom F: 105°.**

B. s. S. 602 im Artikel 3-Oxo-5β-cholestan-sulfonsäure-(2ξ)-methylester (F: 183°).

Krystalle (aus Acn. + W.); F: 104—105° (*Windaus, Mielke,* A. **536** [1938] 116, 122).

Beim Erwärmen mit Chrom(VI)-oxid in Essigsäure ist 3.4-Seco-5β-cholestandisäu=
re-(3.4) erhalten worden.

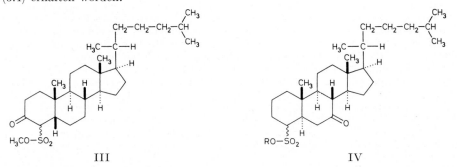

             III   IV

**7-Oxo-10.13-dimethyl-17-[1.5-dimethyl-hexyl]-hexadecahydro-1H-cyclopenta[a]phen=
anthren-sulfonsäure-(4)** $C_{27}H_{46}O_4S$.

7-Oxo-5α-cholestan-sulfonsäure-(4ξ), *7-oxo-5α-cholestane-4ξ-sulfonic acid*
$C_{27}H_{46}O_4S$, Formel IV (R = H), **vom F: 187°.**

B. Aus 7-Oxo-cholesten-(5)-sulfonsäure-(4ξ) (F: 180° [S. 605]) bei der Hydrierung an
Palladium in Äthylacetat (*Windaus, Mielke,* A. **536** [1938] 116, 123).

Krystalle; F: 187°.

Beim Erwärmen mit Chrom(VI)-oxid und wss. Essigsäure sind 5α-Cholestandion-(4.7)
und 7-Oxo-3.4-seco-5α-cholestandisäure-(3.4) erhalten worden.

Die Alkalimetallsalze sind in Wasser schwer löslich.

**7-Oxo-10.13-dimethyl-17-[1.5-dimethyl-hexyl]-hexadecahydro-1H-cyclopenta[a]phen=
anthren-sulfonsäure-(4)-methylester** $C_{28}H_{48}O_4S$.

7-Oxo-5α-cholestan-sulfonsäure-(4ξ)-methylester, *7-oxo-5α-cholestane-4ξ-sulfonic
acid methyl ester* $C_{28}H_{48}O_4S$, Formel IV (R = CH_3), **vom F: 133°.**

B. Aus der im vorangehenden Artikel beschriebenen Säure und Diazomethan (*Windaus, Mielke,* A. **536** [1938] 116, 123).

Krystalle (aus Ae.); F: 133°.

Sulfo-Derivate der Monooxo-Verbindungen $C_nH_{2n-10}O$

(±)-4-Oxo-1.2.3.4-tetrahydro-naphthalin-disulfonsäure-(2.8), (±)-*5-oxo-5,6,7,8-tetrahydro=
naphthalene-1,7-disulfonic acid* $C_{10}H_{10}O_7S_2$, Formel V.

Diese Konstitution kommt für eine von *Ufimzew* (Ž. prikl. Chim. **17** [1944] 557, 562;
C. A. **1946** 2138) als 1-Hydroxy-1.2(oder 1.4)-dihydro-naphthalin-disulfon=
säure-(1.5) formulierte Säure in Betracht (*Rieche, Seeboth,* A. **638** [1960] 101), die als
Dikalium-Salz $K_2C_{10}H_8O_7S_2$ (Krystalle) neben dem Dikalium-Salz einer als Bis-

[5-sulfo-naphthyl-(1)]-amin angesehenen Säure beim Erhitzen von 5-Amino-naphthalin-sulfonsäure-(1) mit wss. Natriumhydrogensulfit-Lösung und Behandeln des danach isolierten Reaktionsprodukts mit Kaliumchlorid in Wasser erhalten worden ist (*Uf.*).

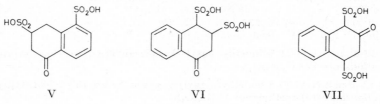

V   VI   VII

4-Oxo-1.2.3.4-tetrahydro-naphthalin-disulfonsäure-(1.2), *4-oxo-1,2,3,4-tetrahydro-naphthalene-1,2-disulfonic acid* $C_{10}H_{10}O_7S_2$, Formel VI.

Diese Konstitution kommt einer von *Ufimzew* (Ž. prikl. Chim. **17** [1944] 557, 561; C. A. **1946** 2138; s. a. *Ufimzew*, Doklady Akad. S.S.S.R. **60** [1948] 239; C. A. **1948** 6782) und von *Cowdrey* (Soc. **1946** 1041, 1042) als 1-Hydroxy-1.2(oder 1.4)-dihydro-naphth-alin-disulfonsäure-(1.4) formulierten opt.-inakt. Säure sowie einer von *Cowdrey* (l. c.) als Bis-[1.4-disulfo-1.2-dihydro-naphthyl-(1)]-amin angesehenen opt.-inakt. Säure zu (*Rieche, Seeboth*, A. **638** [1960] 43, 50), die beim Erwärmen von 4-Amino-naphthalin-sulfonsäure-(1) mit wss. Natriumhydrogensulfit-Lösung und anschliessenden Einleiten von Schwefeldioxid erhalten worden sind (*Co.*). Ein Ammonium-Natrium-Salz der Zusammensetzung $[NH_4]NaC_{10}H_8O_7S_2 \cdot 0,5 H_2O$ hat in der von *Cowdrey* (l. c. S. 1042, 1044) als Natrium-Salz der 1-Amino-1.2-dihydro-naphthalin-disulfon-säure-(1.4) oder als Ammonium-Natrium-Salz der 1-Hydroxy-1.2-dihydro-naphthalin-disulfonsäure-(1.4) angesehenen Verbindung, ein Ammonium-Natri-um-Salz der Zusammensetzung $[NH_4]Na_3(C_{10}H_8O_7S)_2 \cdot 2,5 H_2O$ hat in der von *Cowdrey* (l. c. S. 1042, 1044) als Natrium-Salz des Bis-[1.4-disulfo-1.2-dihydro-naphthyl-(1)]-amins angesehenen Verbindung vorgelegen (*Rie., See.*, l. c. S. 50, 51; s. a. *Uf.*, Doklady Akad. S.S.S.R. **60** 239).

2-Oxo-1.2.3.4-tetrahydro-naphthalin-disulfonsäure-(1.4), *2-oxo-1,2,3,4-tetrahydronaph-thalene-1,4-disulfonic acid* $C_{10}H_{10}O_7S_2$, Formel VII.

Diese Konstitution kommt wahrscheinlich einer von *Ufimzew* (Ž. prikl. Chim. **18** [1945] 214; C. A. **1947** 430) als 2-Hydroxy-1.2-dihydro-naphthalin-disulfonsäure-(1.2) formulierten opt.-inakt. Säure zu (vgl. *Rieche, Seeboth*, A. **638** [1960] 76), die als Kalium-Ammonium-Salz $K[NH_4]C_{10}H_8O_7S_2$ (Krystalle [aus Me. + Acn.]) neben 2-Hydroxy-naphthalin-sulfonsäure-(1) beim Erhitzen von 2-Amino-naphthalin-sulfon-säure-(1) mit wss. Kaliumhydrogensulfit-Lösung erhalten worden ist (*Uf.*).

3-Oxo-10.13-dimethyl-17-[1.5-dimethyl-hexyl]-2.3.6.7.8.9.10.11.12.13.14.15.16.17-tetra-decahydro-1H-cyclopenta[a]phenanthren-sulfonsäure-(6) $C_{27}H_{44}O_4S$.

3-Oxo-cholesten-(4)-sulfonsäure-(6ξ), *3-oxocholest-4-ene-6ξ-sulfonic acid* $C_{27}H_{44}O_4S$, Formel VIII (R = H), vom F: 195°.

B. Aus Cholesten-(4)-on-(3) (*Windaus, Kuhr*, A. **532** [1937] 52, 57), aus 3-Chlor-cholestadien-(3.5) oder aus 3-Acetoxy-cholestadien-(3.5) (*Kuhr*, B. **72** [1939] 929) beim Behandeln mit Acetanhydrid und Schwefelsäure.

Krystalle (aus Ae.); F: 193—195° [Zers.] (*Wi., Kuhr*). In Wasser und Äthanol leicht löslich, in Aceton, Essigsäure und Äther schwer löslich (*Wi., Kuhr*). Hygroskopisch (*Wi., Kuhr*).

Bildung von 4ξ.5-Dihydroxy-5ξ-cholestandion-(3.6) (F: 220—225° [Zers.]) und 3.5:5.6-Diseco-A-nor-cholestantrisäure-(3.5.6) beim Behandeln mit Kaliumpermanganat in Wasser: *Wi., Kuhr*, l. c. S. 60, 62. Bei der Hydrierung an Platin in wss. Essigsäure ist 3ξ-Hydroxy-5ξ-cholestan-sulfonsäure-(6ξ) (Methylester: F: 155°), bei der Hydrie-rung an Palladium/Kohle in wss. Essigsäure ist eine möglicherweise als 3-Oxo-5ξ-cholestan-sulfonsäure-(6ξ) zu formulierende Säure $C_{27}H_{46}O_4S$ (Krystalle [aus Ae.], F: 223—225° [Zers.]; Methylester $C_{28}H_{28}O_4S$: Krystalle [aus Ae.], F: 172—173°) erhalten worden (*Wi., Kuhr*, l. c. S. 59, 60).

Phenylhydrazon (Zers. bei 212—214°): *Wi., Kuhr*.

Salz mit (*R*)-2-Amino-buttersäure $C_4H_9NO_2 \cdot C_{27}H_{44}O_4S$ s. E III **4** 1296.
Salz mit D-Leucin $C_6H_{13}NO_2 \cdot C_{27}H_{44}O_4S$ s. E III **4** 1425.

3-Oxo-10.13-dimethyl-17-[1.5-dimethyl-hexyl]-Δ⁴-tetradecahydro-1*H*-cyclopenta[*a*]phenanthren-sulfonsäure-(6)-methylester $C_{28}H_{46}O_4S$.

3-Oxo-cholesten-(4)-sulfonsäure-(6ξ)-methylester, *3-oxocholest-4-ene-6ξ-sulfonic acid methyl ester* $C_{28}H_{46}O_4S$, Formel VIII (R = CH₃), **vom F: 150°**.

B. Aus der im vorangehenden Artikel beschriebenen Säure und Diazomethan in Äther (*Windaus, Kuhr*, A. **532** [1937] 52, 58; *Kuhr*, B. **72** [1939] 929).

Krystalle (aus Ae.); F: 149—150° (*Wi., Kuhr; Kuhr*). $[\alpha]_D^{16}$: —32,1° [CHCl₃; c = 1,3] (*Wi., Kuhr*). UV-Spektrum (Ae.): *Wi., Kuhr*.

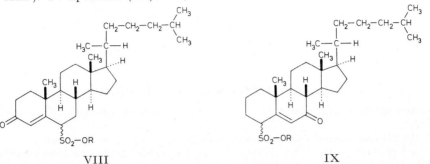

VIII   IX

7-Oxo-10.13-dimethyl-17-[1.5-dimethyl-hexyl]-2.3.4.7.8.9.10.11.12.13.14.15.16.17-tetradecahydro-1*H*-cyclopenta[*a*]phenanthren-sulfonsäure-(4) $C_{27}H_{44}O_4S$.

7-Oxo-cholesten-(5)-sulfonsäure-(4ξ), *7-oxocholest-5-ene-4ξ-sulfonic acid* $C_{27}H_{44}O_4S$, Formel IX (R = H), **vom F: 180°**.

Konstitution: *Windaus, Mielke*, A. **536** [1938] 116, 118.

B. Aus Cholesten-(5)-on-(7) beim Behandeln mit Acetanhydrid und Schwefelsäure bei —10° (*Windaus, Kuhr*, A. **532** [1937] 52, 64).

Krystalle (aus E. + Eg.); F: 178—180° (*Wi., Kuhr*).

Bei der Hydrierung an Palladium in Äthylacetat ist 7-Oxo-5α-cholestan-sulfonsäure-(4ξ) vom F: 187° erhalten worden (*Wi., Mie.*).

7-Oxo-10.13-dimethyl-17-[1.5-dimethyl-hexyl]-Δ⁵-tetradecahydro-1*H*-cyclopenta[*a*]phenanthren-sulfonsäure-(4)-methylester $C_{28}H_{46}O_4S$.

7-Oxo-cholesten-(5)-sulfonsäure-(4ξ)-methylester, *7-oxocholest-5-ene-4ξ-sulfonic acid methyl ester* $C_{28}H_{46}O_4S$, Formel IX (R = CH₃), **vom F: 181°**.

B. Aus der im vorangehenden Artikel beschriebenen Säure und Diazomethan in Äther (*Windaus, Kuhr*, A. **532** [1937] 52, 64).

Krystalle (aus Ae.); F: 180—181° [Zers.].

Sulfo-Derivate der Monooxo-Verbindungen $C_nH_{2n-12}O$

(±)-1-[2-Oxo-1.7.7-trimethyl-norbornyl-(4)]-benzol-sulfonsäure-(4), (±)-*p*-(*2-oxo-4-bornyl)benzenesulfonic acid* $C_{16}H_{20}O_4S$, Formel X.

B. Aus (±)-4-Phenyl-bornanon-(2) beim Behandeln mit Schwefelsäure (*Nametkin, Scheremetewa*, Ž. obšč. Chim. **17** [1947] 335, 340; C. A. **1948** 542).

Krystalle (aus CHCl₃), F: 189—190°.

Barium-Salz $Ba(C_{16}H_{19}O_4S)_2$. Krystalle (aus W.) mit 6 Mol H₂O. Das Krystallwasser wird bei 100—115° abgegeben.

Blei(II)-Salz $Pb(C_{16}H_{19}O_4S)_2$. Krystalle (aus W.) mit 8 Mol H₂O. Das Krystallwasser wird bei 100—120° abgegeben.

(±)-[2-Oxo-7.7-dimethyl-4-phenyl-norbornyl-(1)]-methansulfonsäure, (±)-2-Oxo-4-phenyl-bornan-sulfonsäure-(10), (±)-*2-oxo-4-phenylbornane-10-sulfonic acid* $C_{16}H_{20}O_4S$, Formel XI.

B. Aus (±)-4-Phenyl-bornanon-(2) beim Behandeln mit Acetanhydrid und Schwefelsäure (*Bredt-Savelsberg, Buchkremer,* B. **66** [1933] 1921, 1927).

Krystalle (aus Eg.); F: 239—240° [Zers.].

Beim Erhitzen mit Kaliumhydroxid sind geringe Mengen [2.2.3-Trimethyl-1-phenyl-cyclopenten-(3)-yl]-essigsäure (,,Phenyl-α-campholensäure'') erhalten worden.

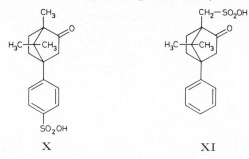

<table>
<tr><td align="center">X</td><td align="center">XI</td></tr>
</table>

Sulfo-Derivate der Monooxo-Verbindungen $C_nH_{2n-16}O$

1-Oxo-acenaphthen-sulfonsäure-(3) $C_{12}H_8O_4S$ und **2-Oxo-acenaphthen-sulfonsäure-(3)** $C_{12}H_8O_4S$.

2.2-Dichlor-1-oxo-acenaphthen-sulfonylchlorid-(3), *2,2-dichloro-1-oxoacenaphthene-3-sulfonyl chloride* $C_{12}H_5Cl_3O_3S$, Formel I, und **1.1-Dichlor-2-oxo-acenaphthen-sulfonyl-chlorid-(3)**, *1,1-dichloro-2-oxoacenaphthene-3-sulfonyl chloride* $C_{12}H_5Cl_3O_3S$, Formel II.

Diese Konstitutionsformeln kommen für zwei Verbindungen (Krystalle [aus CCl_4], F: 194—195° bzw. Krystalle [aus CCl_4], F: 180°) in Betracht, die beim Erhitzen des Natrium-Salzes der 1.2-Dioxo-acenaphthen-sulfonsäure-(3) mit Phosphor(V)-chlorid auf 200° erhalten worden sind (*Dziewoński, Piasecki,* Bl. Acad. polon. [A] **1933** 108, 113).

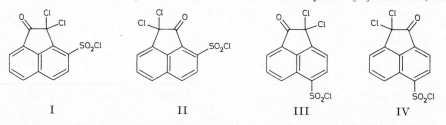

<table>
<tr><td align="center">I</td><td align="center">II</td><td align="center">III</td><td align="center">IV</td></tr>
</table>

1-Oxo-acenaphthen-sulfonsäure-(5) $C_{12}H_8O_4S$ und **2-Oxo-acenaphthen-sulfonsäure-(5)** $C_{12}H_8O_4S$.

2.2-Dichlor-1-oxo-acenaphthen-sulfonylchlorid-(5), *2,2-dichloro-1-oxoacenaphthene-5-sulfonyl chloride* $C_{12}H_5Cl_3O_3S$, Formel III, und **1.1-Dichlor-2-oxo-acenaphthen-sulfonylchlorid-(5)**, *1,1-dichloro-2-oxoacenaphthene-5-sulfonyl chloride* $C_{12}H_5Cl_3O_3S$, Formel IV.

Eine Verbindung (Krystalle [aus CCl_4]; F: 191°), für die diese Konstitutionsformeln in Betracht kommen, ist beim Erhitzen des Natrium-Salzes der 1.2-Dioxo-acenaphthen-sulfonsäure-(5) mit Phosphor(V)-chlorid auf 200° erhalten worden (*Dziewoński, Piasecki,* Bl. Acad. polon. [A] **1933** 108, 111).

1-Benzoyl-benzol-sulfonsäure-(3), Benzophenon-sulfonsäure-(3), *m-benzoylbenzene-sulfonic acid* $C_{13}H_{10}O_4S$, Formel V (X = OH).

B. Beim Behandeln von 1-Chlorcarbonyl-benzol-sulfonsäure-(3) mit Benzol und Aluminiumchlorid in Nitrobenzol (*Ruggli, Grün,* Helv. **24** [1941] 197, 210).

Barium - Salz $Ba(C_{13}H_9O_4S)_2$. Krystalle [aus W.].

1-Benzoyl-benzolsulfonamid-(3), *m-benzoylbenzenesulfonamide* $C_{13}H_{11}NO_3S$, Formel V (X = NH_2).

B. Beim Erwärmen des Natrium-Salzes der 1-Benzoyl-benzol-sulfonsäure-(3) mit Phosphor(V)-chlorid und Behandeln des erhaltenen 1-Benzoyl-benzol-sulfonyl-chlorids-(3) mit wss. Ammoniak (*Ruggli, Grün,* Helv. **24** [1941] 197, 211).

Krystalle (aus W.); F: 144°. In Äthanol leicht löslich.

Oxim C₁₃H₁₂N₂O₃S. Krystalle (aus A. + W.); F: 155°.

N.N-Dimethyl-1-benzoyl-benzolsulfonamid-(3), m-benzoyl-N,N-dimethylbenzenesulfon=
amide C₁₅H₁₅NO₃S, Formel V (X = N(CH₃)₂).

B. Aus 1-Benzoyl-benzol-sulfonylchlorid-(3) (s. im vorangehenden Artikel) beim Behandeln mit Dimethylamin in Äthanol unter Zusatz von Kaliumhydroxid (*Ruggli,
Grün*, Helv. **24** [1941] 197, 211).

Krystalle (aus W.); F: 82—84°.

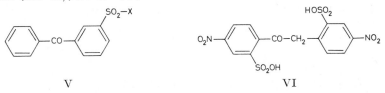

V   VI

α-Oxo-bibenzyl-disulfonsäure-(2.2′), Desoxybenzoin-disulfonsäure-(2.2′)
C₁₄H₁₂O₇S₂.

4.4′-Dinitro-α-oxo-bibenzyl-disulfonsäure-(2.2′), *4,4′-dinitro-α-oxobibenzyl-2,2′-disulfonic
acid* C₁₄H₁₀N₂O₁₁S₂, Formel VI und Tautomeres (E II 186; dort als 4.4′-Dinitro-desoxy=
benzoin-disulfonsäure-(2.2′) bezeichnet).

B. Beim Erwärmen des Dilactons der 4.4′-Dinitro-α.α′-dihydroxy-bibenzyl-disulfon=
säure-(2.2′) mit Äthanol und wss. Ammoniak (*Ruggli, Welge*, Helv. **15** [1932] 576, 579,
585; vgl. E II 186).

Ammonium-Salz. Krystalle [aus W.] (*Ru., We.*).

Barium-Salz BaC₁₄H₈N₂O₁₁S₂. Braune Krystalle (*Ru., We.*).

(±)-1-Oxo-1.2.3.4-tetrahydro-phenanthren-sulfonsäure-(2), (±)-1-oxo-1,2,3,4-tetrahydro=
phenanthrene-2-sulfonic acid C₁₄H₁₂O₄S, Formel VII (R = H, X = OH).

B. Aus 1-Oxo-1.2.3.4-tetrahydro-phenanthren beim Behandeln mit Acetanhydrid und
Schwefelsäure (*Djerassi*, J. org. Chem. **13** [1948] 848, 849, 854).

Krystalle (aus Acn.) mit 1 Mol H₂O; Zers. bei 194—195° [nach partiellem Schmelzen
bei 154° und Wiedererstarren bei 158°].

Ammonium-Salz [NH₄]C₁₄H₁₁O₄S. Krystalle (aus Me.); F: 268° [unkorr.; Zers.;
nach Erweichen bei 260°].

Barium-Salz. In Wasser fast unlöslich.

2.4-Dinitro-phenylhydrazin-Salz (F: 215—216° [Zers.]): *Dj.*, l. c. S. 855.

(±)-1-Oxo-1.2.3.4-tetrahydro-phenanthren-sulfonsäure-(2)-methylester, (±)-1-oxo-
1,2,3,4-tetrahydrophenanthrene-2-sulfonic acid methyl ester C₁₅H₁₄O₄S, Formel VII
(R = H, X = OCH₃).

B. Aus (±)-1-Oxo-1.2.3.4-tetrahydro-phenanthren-sulfonsäure-(2) beim Behandeln
einer Lösung in Methanol mit Diazomethan in Äther (*Djerassi*, J. org. Chem. **13** [1948]
848, 854).

Krystalle (aus Ae.); F: 104—106° [korr.]. UV-Spektren (A. und wss. Natronlauge): *Dj.*

Beim Erhitzen mit Palladium/Kohle in p-Cymol unter Stickstoff sind Phenanthrol-(1)
und 1-Oxo-1.2.3.4-tetrahydro-phenanthren erhalten worden.

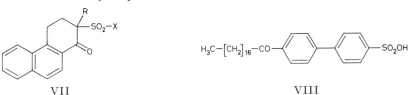

VII   VIII

(±)-1-Oxo-2-methyl-1.2.3.4-tetrahydro-phenanthren-sulfonsäure-(2), (±)-2-methyl-1-oxo-
1,2,3,4-tetrahydrophenanthrene-2-sulfonic acid C₁₅H₁₄O₄S, Formel VII (R = CH₃,
X = OH).

B. Aus (±)-1-Oxo-2-methyl-1.2.3.4-tetrahydro-phenanthren beim Behandeln mit Acet=
anhydrid und Schwefelsäure (*Djerassi*, J. org. Chem. **13** [1948] 848, 855).

Monohydrat: Zers. bei 145—147° [nach Erweichen bei 108° und Wiedererstarren bei 115°].

(±)-1-Oxo-2-methyl-1.2.3.4-tetrahydro-phenanthren-sulfonsäure-(2)-methylester,
(±)-2-methyl-1-oxo-1,2,3,4-tetrahydrophenanthrene-2-sulfonic acid methyl ester $C_{16}H_{16}O_4S$,
Formel VII (R = CH_3, X = OCH_3).

B. Aus (±)-1-Oxo-2-methyl-1.2.3.4-tetrahydro-phenanthren-sulfonsäure-(2) und Diazo=
methan (*Djerassi*, J. org. Chem. **13** [1948] 848, 855).

Krystalle (aus Hexan + Acn.); F: 105—106° [korr.]. UV-Spektrum (A.): *Dj.*

4-Stearoyl-biphenyl-sulfonsäure-(4′), *4′-stearoylbiphenyl-4-sulfonic acid* $C_{30}H_{44}O_4S$,
Formel VIII.

B. Aus 1-[Biphenylyl-(4)]-octadecanon-(1) (*McCorkle*, Iowa Coll. J. **14** [1939/40] 64).
F: 142—145°.

Sulfo-Derivate der Monooxo-Verbindungen $C_nH_{2n-18}O$

9-Oxo-fluoren-sulfonsäure-(2), *9-oxofluorene-2-sulfonic acid* $C_{13}H_8O_4S$, Formel IX
(E II 187).

Beim Eintragen des Kalium-Salzes in heisse Emulsion von geschmolzenem Kalium=
hydroxid in Diphenyläther ist ein Gemisch der Monokalium-Salze der 4-Sulfo-bi=
phenyl-carbonsäure-(2) $C_{13}H_{10}O_5S$ und der 4′-Sulfo-biphenyl-carbonsäure-(2)
$C_{13}H_{10}O_5S$, nach 5-stdg. Erhitzen des Reaktionsgemisches ist daneben 4′-Hydroxy-bi=
phenyl-carbonsäure-(2) erhalten worden (*Huntress*, *Seikel*, Am. Soc. **61** [1939] 816, 818,
821).

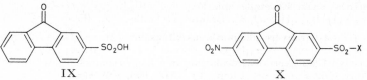

IX   X

7-Nitro-9-oxo-fluoren-sulfonsäure-(2), *7-nitro-9-oxofluorene-2-sulfonic acid* $C_{13}H_7NO_6S$,
Formel X (X = OH).

B. Aus dem Kalium-Salz der 7-Nitro-fluoren-sulfonsäure-(2) mit Hilfe von wss. Kalium=
permanganat-Lösung (*Courtot*, A. ch. [10] **14** [1930] 5, 123).

Beim Erwärmen mit Phosphor(V)-chlorid ist 7-Nitro-9-oxo-fluoren-sulfonylchlorid-(2),
beim Erhitzen mit Phosphor(V)-chlorid auf 180° ist 2.7.9.9-Tetrachlor-fluoren erhalten
worden (*Cou.*, l. c. S. 124).

Kalium-Salz $KC_{13}H_6NO_6S$: *Cou.*

7-Nitro-9-oxo-fluoren-sulfonylchlorid-(2), *7-nitro-9-oxofluorene-2-sulfonyl chloride*
$C_{13}H_6ClNO_5S$, Formel X (X = Cl).

B. Aus 7-Nitro-9-oxo-fluoren-sulfonsäure-(2) beim Erwärmen mit Phosphor(V)-chlorid
(*Courtot*, A. ch. [10] **14** [1930] 5, 124).

Krystalle (aus Eg.); F: 240° [Zers.; Block]. In Benzol schwer löslich.

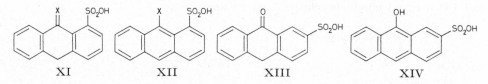

XI   XII   XIII   XIV

9-Oxo-9.10-dihydro-anthracen-sulfonsäure-(1), Anthron-sulfonsäure-(1), *9-oxo-*
9,10-dihydroanthracene-1-sulfonic acid $C_{14}H_{10}O_4S$, Formel XI (X = O), und **9-Hydroxy-**
anthracen-sulfonsäure-(1), *9-hydroxyanthracene-1-sulfonic acid* $C_{14}H_{10}O_4S$, Formel XII
(X = OH) (vgl. E I 79; E II 187).

B. Beim Erwärmen von 9-Nitro-anthracen-sulfonsäure-(1) mit Zink und wss. Schwe=
felsäure und Erhitzen der aus dem Reaktionsprodukt (9-Imino-9.10-dihydro-
anthracen-sulfonsäure-(1) $C_{14}H_{11}NO_3S$ [Formel XI (X = NH)] oder 9-Amino-

anthracen-sulfonsäure-(1) $C_{14}H_{11}NO_3S$ [Formel XII (X = NH_2)]; Zink-Salz: gelbe Krystalle [aus W.]) mit Natriumnitrit und wss. Schwefelsäure bereiteten Diazonium=salz-Lösung (*Woroshzow, Koslow*, Ž. obšč. Chim. **7** [1937] 729, 730, 733; C. **1938** I 589).

Krystalle. Beim Behandeln mit Kaliumcarbonat und Wasser wird eine orangegelbe Lösung erhalten.

Kalium-Salz $KC_{14}H_9O_4S$. Krystalle (aus W.).

9-Oxo-9.10-dihydro-anthracen-sulfonsäure-(2), Anthron-sulfonsäure-(2), *9-oxo-9,10-dihydroanthracene-2-sulfonic acid* $C_{14}H_{10}O_4S$, Formel XIII, und **9-Hydroxy-anthracen-sulfonsäure-(2)**, *9-hydroxyanthracene-2-sulfonic acid* $C_{14}H_{10}O_4S$, Formel XIV (vgl. E II 187).

B. Beim Erhitzen des Natrium-Salzes der 9.10-Dichlor-anthracen-sulfonsäure-(2) mit wss. Natronlauge auf 200° (*Fedorow*, Ž. obšč. Chim. **6** [1936] 444, 446, 452; C. **1936** II 1538).

Natrium-Salz $NaC_{14}H_9O_4S$ (vgl. E II 188). Braungelbe Krystalle (aus A.) mit 1 Mol H_2O. Beim Trocknen im Vakuum über Schwefelsäure bei 105° erfolgt Umwandlung in ein Salz $NaC_{14}H_9O_4S$ (grüne Krystalle [aus A.]).

10-Oxo-9.10-dihydro-anthracen-sulfonsäure-(9), Anthron-sulfonsäure-(10), *10-oxo-9,10-dihydroanthracene-9-sulfonic acid* $C_{14}H_{10}O_4S$, Formel I, und **10-Hydroxy-anthracen-sulfonsäure-(9)**, *10-hydroxyanthracene-9-sulfonic acid* $C_{14}H_{10}O_4S$, Formel II.

B. Aus Anthron beim Erwärmen einer Lösung in Essigsäure mit rauchender Schwefel=säure sowie beim Erwärmen mit Chloroschwefelsäure (*Koslow*, Ž. obšč. Chim. **17** [1947] 747, 751; C. A. **1948** 1254).

Graue Krystalle (aus wss. A.).

Natrium-Salze. a) $NaC_{14}H_9O_4S$. Gelbe Krystalle (aus wss. A.) mit 2 Mol H_2O, die beim Trocknen über Schwefelsäure abgegeben werden. — b) $Na_2C_{14}H_8O_4S$. Grüngelbe hygroskopische Krystalle (aus wss. A.).

Kupfer(II)-Salz $Cu(C_{14}H_9O_4S)_2$. Grüngelbe Krystalle (aus W.).

Magnesium-Salz $Mg(C_{14}H_9O_4S)_2$. Gelbe Krystalle (aus W.) mit 3 Mol H_2O.

Calcium-Salz $Ca(C_{14}H_9O_4S)_2$. Krystalle (aus W.) mit 6 Mol H_2O.

Barium-Salz $Ba(C_{14}H_9O_4S)_2$. Gelbe Krystalle (aus W.) mit 4 Mol H_2O.

Blei(II)-Salz $Pb(C_{14}H_9O_4S)_2$. Krystalle. In Wasser fast unlöslich.

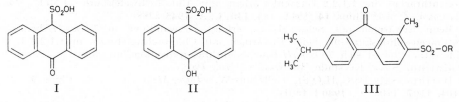

I   II   III

9-Oxo-1-methyl-7-isopropyl-fluoren-sulfonsäure-(2), *7-isopropyl-1-methyl-9-oxofluorene-2-sulfonic acid* $C_{17}H_{16}O_4S$, Formel III (R = H).

B. Als Kalium-Salz $KC_{17}H_{15}O_4S$ (gelbe Krystalle [aus wss. A.]) beim Erhitzen von 9.10-Dioxo-1-methyl-7-isopropyl-9.10-dihydro-phenanthren-sulfonsäure-(2) (S. 638) mit wss. Kalilauge (*Komppa, Fogelberg*, Am. Soc. **54** [1932] 2900, 2907).

9-Oxo-1-methyl-7-isopropyl-fluoren-sulfonsäure-(2)-äthylester, *7-isopropyl-1-methyl-9-oxofluorene-2-sulfonic acid ethyl ester* $C_{19}H_{20}O_4S$, Formel III (R = C_2H_5).

B. Aus dem im vorangehenden Artikel beschriebenen Kalium-Salz mit Hilfe von Diäthylsulfat (*Komppa, Fogelberg*, Am. Soc. **54** [1932] 2900, 2907).

Krystalle; F: 130°.

Sulfo-Derivate der Monooxo-Verbindungen $C_nH_{2n-22}O$

1-Benzoyl-naphthalin-sulfonsäure-(5), *5-benzoylnaphthalene-1-sulfonic acid* $C_{17}H_{12}O_4S$, Formel IV.

Diese Konstitution kommt vermutlich der nachstehend beschriebenen, von *Dziewoński, Moszew* (Roczniki Chem. **11** [1931] 169, 189; C. **1931** I 2875) als 1-Benzoyl-naphthalin-sulfonsäure-(4) angesehenen Verbindung zu (*Ioffe, Naumowa*, Ž. obšč. Chim. **9** [1939]

1121; C. **1940** I 1502).

B. Aus Phenyl-[naphthyl-(1)]-keton beim Behandeln mit rauchender Schwefelsäure (*Io., Nau.*) sowie beim Erwärmen einer Lösung in Nitrobenzol mit Chloroschwefelsäure (*Dz., Mo.*).

Beim Erhitzen des Natrium-Salzes mit Kaliumhydroxid oder Natriumhydroxid und wenig Wasser bis auf 230° bzw. 320° ist Naphthol-(1) erhalten worden (*Dz., Mo.; Io., Nau.*).

Natrium-Salz $NaC_{17}H_{11}O_4S$. Krystalle [aus A. oder W.] (*Dz., Mo.; Io., Nau.*).

Barium-Salz $Ba(C_{17}H_{11}O_4S)_2$. Krystalle [aus W.] (*Io., Nau.*).

Anilin-Salz $C_6H_7N \cdot C_{17}H_{12}O_4S$. Krystalle; F: 236—237° [aus W. oder A.] (*Dz., Mo.*), 235° [aus W.] (*Io., Nau.*).

Überführung in das Säurechlorid $C_{17}H_{11}ClO_3S$ (Krystalle [aus CCl_4]; F: 117—119°) durch Behandlung des Natrium-Salzes mit Phosphor(V)-chlorid sowie in das Säureamid $C_{17}H_{13}NO_3S$ (Krystalle [aus A.]; F: 199—200°) durch Erhitzen des Säurechlorids mit wss. Ammoniak: *Dz., Mo.*

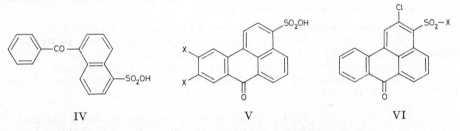

IV   V   VI

Sulfo-Derivate der Monooxo-Verbindungen $C_nH_{2n-24}O$

7-Oxo-7H-benz[de]anthracen-sulfonsäure-(3), *7-oxo-7H-benz*[de]*anthracene-3-sulfonic acid* $C_{17}H_{10}O_4S$, Formel V (X = H) (E II 188; dort als Benzanthron-sulfonsäure-(Bz1) bezeichnet).

B. Als Hauptprodukt beim Erwärmen einer Lösung von Benzanthron (7-Oxo-7H-benz[de]anthracen) in 1.1.2.2-Tetrachlor-äthan mit Chloroschwefelsäure [1 Mol] (*Ioffe, Pawlowa*, Ž. obšč. Chim. **14** [1944] 144, 145; C. A. **1945** 2288).

Beim Erwärmen mit Schwefelsäure erfolgt Umwandlung in 7-Oxo-7H-benz[de]-anthracen-sulfonsäure-(9); beim Erwärmen mit Chloroschwefelsäure in 1.1.2.2-Tetra-chlor-äthan bildet sich 7-Oxo-7H-benz[de]anthracen-disulfonsäure-(3.9) (*Io., Pa.*).

Kalium-Salz. Krystalle [aus wss. A.] (*Io., Pa.*).

Barium-Salz $Ba(C_{17}H_9O_4S)_2$. Gelb [aus W.] (*Ioffe, Mel'tewa*, Ž. obšč. Chim. **9** [1939] 1104, 1107, 1108; C. **1940** I 1501).

Chinin-Salz. Krystalle; F: 240—242° (*Io., Me.*).

2-Chlor-7-oxo-7H-benz[de]anthracen-sulfonylchlorid-(3), *2-chloro-7-oxo-7H-benz*[de]-*anthracene-3-sulfonyl chloride* $C_{17}H_8Cl_2O_3S$, Formel VI (X = Cl).

B. Beim Behandeln von 2-Chlor-7-oxo-7H-benz[de]anthracen mit rauchender Schwe-felsäure und Behandeln der erhaltenen 2-Chlor-7-oxo-7H-benz[de]anthracen-sulfonsäure-(3) $C_{17}H_9ClO_4S$ mit Phosphor(V)-chlorid (*Du Pont de Nemours & Co.*, U.S.P. 2059647 [1935]).

Gelbe Krystalle; F: 242—249° [unkorr.].

2-Chlor-7-oxo-7H-benz[de]anthracensulfonamid-(3), *2-chloro-7-oxo-7H-benz*[de]*anthr-acene-3-sulfonamide* $C_{17}H_{10}ClNO_3S$, Formel VI (X = NH_2).

B. Beim Erhitzen der im vorangehenden Artikel beschriebenen Verbindung in Nitro-benzol mit Ammoniak auf 150° (*Du Pont de Nemours & Co.*, U.S.P. 2059647 [1935]).

F: 308—309°.

9.10-Dichlor-7-oxo-7H-benz[de]anthracen-sulfonsäure-(3), *9,10-dichloro-7-oxo-7H-benz*-[de]*anthracene-3-sulfonic acid* $C_{17}H_8Cl_2O_4S$, Formel V (X = Cl).

B. Aus 9.10-Dichlor-7-oxo-7H-benz[de]anthracen beim Erhitzen mit rauchender Schwefelsäure auf 170° (*Pritchard, Simonsen*, Soc. **1938** 2047, 2051).

Natrium-Salz $NaC_{17}H_7Cl_2O_4S$. Grüngelbe Krystalle (aus wss. A.).

7-Oxo-7*H*-benz[*de*]anthracen-sulfonsäure-(9), *7-oxo-7*H-*benz*[de]*anthracene-9-sulfonic acid* $C_{17}H_{10}O_4S$, Formel VII (X = H).

Diese Konstitution kommt auch einer ursprünglich (*Ioffe, Mel'tewa,* Ž. obšč. Chim. **9** [1939] 1104, 1106; C. **1940** I 1501) als 7-Oxo-7*H*-benz[*de*]anthracen-sulfon= säure-(2) beschriebenen Verbindung zu (s. diesbezüglich *Ioffe, Pawlowa,* Ž. obšč. Chim. **14** [1944] 144; C. A. **1945** 2288).

B. Neben geringen Mengen 7-Oxo-7*H*-benz[*de*]anthracen-sulfonsäure-(3) beim Er= hitzen von Benzanthron (7-Oxo-7*H*-benz[*de*]anthracen) mit Schwefelsäure auf 170° (*Io., Me.,* l. c. S. 1105, 1107; vgl. *Lauer, Irie,* J. pr. [2] **145** [1936] 281, 282, 285; *Pritchard, Simonsen,* Soc. **1938** 2047, 2048, 2049).

Braun; amorph (*Pr., Si.*).

Beim Erhitzen des Natrium-Salzes mit Kaliumchlorat und wss. Salzsäure sind 3.9-Di= chlor-7-oxo-7*H*-benz[*de*]anthracen und geringe Mengen 9-Chlor-7-oxo-7*H*-benz[*de*]= anthracen erhalten worden (*Lauer, Irie; Pr., Si.*). Bildung von 7-Oxo-7*H*-benz[*de*]= anthracen-disulfonsäure-(3.9) beim Erwärmen mit Chloroschwefelsäure in 1.1.2.2-Tetra= chlor-äthan: *Io., Pa.,* l. c. S. 146; beim Erhitzen mit rauchender Schwefelsäure: *Pr., Si.* Überführung in 3.12-Dimethoxy-violanthrendion-(5.10) durch Eintragen des Natrium-Salzes in eine Natriumhydroxid-Kaliumhydroxid-Schmelze bei 220—230° und Erhitzen des Reaktionsprodukts mit Dimethylsulfat und Natriumcarbonat in 1.2-Dichlor-benzol: *Pr., Si.*

Natrium-Salz $NaC_{17}H_9O_4S$. Grüngelbe Krystalle (aus W.) mit 2 Mol H_2O (*Pr., Si.*).

Barium-Salz $Ba(C_{17}H_9O_4S)_2$. Gelb; in Wasser leichter löslich als das Barium-Salz der 7-Oxo-7*H*-benz[*de*]anthracen-sulfonsäure-(3) [S. 610] (*Io., Me.*).

Chinin-Salz. Krystalle; F: 80—82°: *Io., Me.,* l. c. S. 1108.

3-Chlor-7-oxo-7*H*-benz[*de*]anthracen-sulfonsäure-(9), *3-chloro-7-oxo-7*H-*benz*[de]*anthr= acene-9-sulfonic acid* $C_{17}H_9ClO_4S$, Formel VII (X = Cl).

B. Aus 3-Chlor-7-oxo-7*H*-benz[*de*]anthracen beim Erhitzen mit rauchender Schwefel= säure auf 170° (*Pritchard, Simonsen,* Soc. **1938** 2047, 2050).

Natrium-Salz $NaC_{17}H_8ClO_4S$. Gelbe Krystalle (aus wss. A.).

3-Brom-7-oxo-7*H*-benz[*de*]anthracen-sulfonsäure-(9), *3-bromo-7-oxo-7*H-*benz*[de]*anthr= acene-9-sulfonic acid* $C_{17}H_9BrO_4S$, Formel VII (X = Br).

B. Aus 3-Brom-7-oxo-7*H*-benz[*de*]anthracen beim Erhitzen mit rauchender Schwefel= säure auf 130° (*Pritchard, Simonsen,* Soc. **1938** 2047, 2051).

Beim Erwärmen des Natrium-Salzes mit Phosphor(V)-bromid und Erhitzen des Reaktionsprodukts in Xylol auf 160° ist 3.9-Dibrom-7-oxo-7*H*-benz[*de*]anthracen erhalten worden.

Natrium-Salz $NaC_{17}H_8BrO_4S$. Grüne Krystalle (aus wss. A.).

3-Nitro-7-oxo-7*H*-benz[*de*]anthracen-sulfonsäure-(9), *3-nitro-7-oxo-7*H-*benz*[de]*anthr= acene-9-sulfonic acid* $C_{17}H_9NO_6S$, Formel VII (X = NO_2).

B. Aus 3-Nitro-7-oxo-7*H*-benz[*de*]anthracen beim Erhitzen mit rauchender Schwefel= säure auf 130° (*Pritchard, Simonsen,* Soc. **1938** 2047, 2052).

Natrium-Salz $NaC_{17}H_8NO_6S$. Braune Krystalle (aus wss. A.).

7-Oxo-7*H*-benz[*de*]anthracen-disulfonsäure-(3.9), *7-oxo-7*H-*benz*[de]*anthracene-3,9-di= sulfonic acid* $C_{17}H_{10}O_7S_2$, Formel VII (X = SO_2OH).

Eine als Dinatrium-Salz $Na_2C_{17}H_8O_7S_2$ (grüngelbe Krystalle [aus wss. A.]) bzw. als Barium-Salz $BaC_{17}H_8O_7S_2$ (Krystalle [aus W.]) isolierte Säure, für die diese Kon= stitution in Betracht gezogen wird (*Pritchard, Simonsen,* Soc. **1938** 2047, 2048; *Ioffe, Pawlowa,* Ž. obšč. Chim. **14** [1944] 145, 146; C. A. **1945** 2288), ist aus Benzanthron (7-Oxo-7*H*-benz[*de*]anthracen) beim Erhitzen mit rauchender Schwefelsäure auf 170° erhalten worden (*Pr., Si.; Ioffe, Mel'tewa,* Ž. obšč. Chim. **9** [1939] 1104, 1107; C. **1940** I 1501).

7-Oxo-7*H*-benz[*de*]anthracen-disulfonsäure-(9.11) $C_{17}H_{10}O_7S_2$.

3-Chlor-7-oxo-7*H*-benz[*de*]anthracen-disulfonsäure-(9.11), *3-chloro-7-oxo-7*H-*benz*[de]= *anthracene-9,11-disulfonic acid* $C_{17}H_9ClO_7S_2$, Formel VIII.

Eine als Dinatrium-Salz $Na_2C_{17}H_7ClO_7S_2$ (gelbe Krystalle [aus wss. A.]) isolierte Di= sulfonsäure (Säurechlorid $C_{17}H_7Cl_3O_5S_2$: Krystalle [aus Xylol + $CHCl_3$], F: 230—255°;

nicht rein), der vermutlich diese Konstitution zukommt, ist aus 3-Chlor-7-oxo-7*H*-benz[*de*]anthracen beim Erhitzen mit rauchender Schwefelsäure auf 150° erhalten worden (*Pritchard, Simonsen*, Soc. **1938** 2047, 2048, 2050).

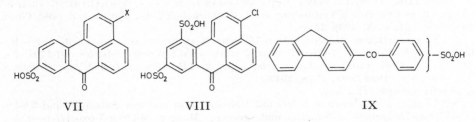

| VII | VIII | IX |

Sulfo-Derivate der Monooxo-Verbindungen $C_nH_{2n-26}O$

2-Benzoyl-fluoren-sulfonsäure-(x), *2-benzoylfluorene-x-sulfonic acid* $C_{20}H_{14}O_4S$, Formel IX.

2-Benzoyl-fluoren-sulfonsäure-(x) vom F: 262°.

B. Aus Phenyl-[fluorenyl-(2)]-keton beim Behandeln mit Schwefelsäure bei 150° (*Dziewoński, Obtutowicz*, Bl. Acad. polon. **1930** 399, 404).

Krystalle (aus wss. Salzsäure); F: 262°.

Natrium-Salz $NaC_{20}H_{13}O_4S$. Krystalle (aus W.).

Anilin-Salz $C_6H_7N \cdot C_{20}H_{14}O_4S$. Krystalle (aus A.); F: 282°.

Überführung in das **Säurechlorid** $C_{20}H_{13}ClO_3S$ (Krystalle [aus Bzn.]; F: 145°) durch Behandlung des Natrium-Salzes mit Phosphor(V)-chlorid sowie in das **Säureamid** $C_{20}H_{15}NO_3S$ (hellgelbe Krystalle [aus A.]; F: 228°) durch Erhitzen des Säurechlorids mit wss. Ammoniak: *Dz., Ob.*

Sulfo-Derivate der Monooxo-Verbindungen $C_nH_{2n-28}O$

1-[1-Oxo-3-phenyl-indenyl-(2)]-benzol-sulfonsäure-(4), p-(*1-oxo-3-phenylinden-2-yl*)-*benzenesulfonic acid* $C_{21}H_{14}O_4S$, Formel X.

B. Aus (±)-3-Hydroxy-2.3.3-triphenyl-propionsäure oder aus 2.3-Diphenyl-indenon-(1) mit Hilfe von rauchender Schwefelsäure (*Ivanoff, Ivanoff*, C. r. **227** [1948] 1379).

Rot; wachsartig.

Beim Behandeln einer wss. Lösung des Natrium-Salzes mit Kaliumpermanganat sind 2-Benzoyl-benzoesäure und 4-Sulfo-benzoesäure erhalten worden.

Natrium-Salz $NaC_{21}H_{13}O_4S$. Orangefarbene Krystalle (aus A.); F: 278—280°.

Barium-Salz $Ba(C_{21}H_{13}O_4S)_2$. Krystalle (aus A.).

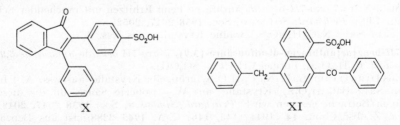

| X | XI |

Sulfo-Derivate der Monooxo-Verbindungen $C_nH_{2n-30}O$

4-Benzyl-1-benzoyl-naphthalin-sulfonsäure-(8), *8-benzoyl-5-benzylnaphthalene-1-sulfonic acid* $C_{24}H_{18}O_4S$, Formel XI.

Diese Konstitution wird für die nachstehend beschriebene Verbindung in Betracht gezogen.

B. Aus Phenyl-[4-benzyl-naphthyl-(1)]-keton beim Erwärmen mit Chloroschwefelsäure in Chloroform (*Dziewoński, Moszew*, Roczniki Chem. **11** [1931] 169, 179; C. A. **1932** 131).

Natrium-Salz NaC$_{24}$H$_{17}$O$_4$S. Krystalle (aus A.).

Anilin-Salz C$_6$H$_7$N·C$_{24}$H$_{18}$O$_4$S. Krystalle (aus wss. A.); F: 221—222°.

Überführung in das Säurechlorid C$_{24}$H$_{17}$ClO$_3$S (Krystalle [aus Bzn.]; F: 155—156°) durch Behandlung mit Phosphor(V)-chlorid sowie in das Säureamid C$_{24}$H$_{19}$NO$_3$S (Krystalle [aus A.]; F: 182—183°) durch Einleiten von Ammoniak in eine Lösung des Säurechlorids in Benzol: *Dz., Mo.*   [*H. Müller*]

Sulfo-Derivate der Dioxo-Verbindungen C$_n$H$_{2n-4}$O$_2$

3.5-Dioxo-cyclohexan-sulfonsäure-(1), *3,5-dioxocyclohexanesulfonic acid* C$_6$H$_8$O$_5$S, Formel I, und Tautomeres (2-Hydroxy-6-oxo-cyclohexen-(1)-sulfonsäure-(4)).

Ein Gemisch dieser Säure mit 3-Hydroxy-benzol-sulfonsäure-(1) hat wahrscheinlich in dem E II **6** 812 als Verbindung C$_6$H$_8$O$_5$S beschriebenen Präparat vorgelegen (*Allan, Podstata*, Collect. **31** [1966] 3573, 3576).

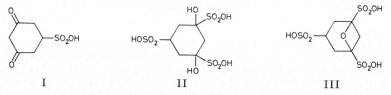

I   II   III

1.3-Dihydroxy-cyclohexan-trisulfonsäure-(1.3.5), *1,3-dihydroxycyclohexane-1,3,5-tri=sulfonic acid* C$_6$H$_{12}$O$_{11}$S$_3$, Formel II.

Für das E II **6** 812 als Verbindung Na$_3$C$_6$H$_9$O$_{11}$S$_3$ und für das nachstehend beschrie-bene Salz ist auch die Formulierung als Trinatrium-Salz der 1.3-Epoxy-cyclohexan-trisulfonsäure-(1.3.5) C$_6$H$_{10}$O$_{10}$S$_3$ (Formel III) in Betracht zu ziehen (*Podstata, Šnobl, Allan*, Collect. **31** [1966] 3563, 3565, 3568).

B. Aus Resorcin beim Erhitzen mit wss. Natriumhydrogensulfit-Lösung (*Ufimzew*, Ž. prikl. Chim. **20** [1947] 1199, 1204; vgl. E II **6** 812).

Beim Behandeln mit wss. Natronlauge sind 3.5-Dioxo-cyclohexan-sulfonsäure-(1) und 3-Hydroxy-benzol-sulfonsäure-(1) erhalten worden (*Allan, Podstata*, Collect. **31** [1966] 3573, 3576, 3580; s. a. *Lauer, Langkammerer*, Am. Soc. **56** [1934] 1628; *Uf.*).

Trinatrium-Salz Na$_3$C$_6$H$_7$O$_{10}$S$_3$. Krystalle (aus W., A. bzw. aus W. + Eg.) mit 2 Mol H$_2$O (*Uf.*; *Po., Šn., Allan*).

3.5-Dioxo-1.1-dimethyl-cyclohexan-sulfonsäure-(4), *4,4-dimethyl-2,6-dioxocyclohexane=sulfonic acid* C$_8$H$_{12}$O$_5$S, Formel IV, und Tautomeres (3-Hydroxy-5-oxo-1.1-di=methyl-cyclohexen-(3)-sulfonsäure-(4)).

B. Aus Dimedon (5.5-Dimethyl-dihydroresorcin) beim Behandeln einer Suspension in Acetanhydrid und Äther mit rauchender Schwefelsäure (*Doering, Beringer*, Am. Soc. **71** [1949] 2221, 2225).

Krystalle (aus Acetonitril); F: 119—121° [korr.].

Beim Erhitzen mit Acetanhydrid und Erhitzen des Reaktionsprodukts mit wss. Natronlauge ist 4.5-Dimethyl-resorcin erhalten worden.

Pyridin-Salz (F: 141—141,5° [korr.]): *Doe., Be.*

S-Benzyl-isothiuronium-Salz [C$_8$H$_{11}$N$_2$S]C$_8$H$_{11}$O$_5$S. F: 157,5—158,5° [korr.].

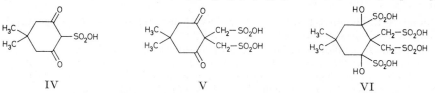

IV   V   VI

4.4-Dimethyl-1.1-bis-sulfomethyl-cyclohexandion-(2.6), **[2.6-Dioxo-4.4-dimethyl-cyclo=hexandiyl-(1.1)]-bis-methansulfonsäure**, *(4,4-dimethyl-2,6-dioxocyclohexylidene)bismeth=anesulfonic acid* C$_{10}$H$_{16}$O$_8$S$_2$, Formel V.

Dinatrium-Salz Na$_2$C$_{10}$H$_{14}$O$_8$S$_2$. *B.* Neben dem im folgenden Artikel beschriebenen

Tetranatrium-Salz beim Erwärmen von Dimedon (5.5-Dimethyl-dihydroresorcin) mit Natriumhydrogensulfit und Formaldehyd in Wasser (*Suter, Bair, Bordwell*, J. org. Chem. **10** [1945] 470, 472, 476). — Krystalle (aus A.).

2.6-Dihydroxy-4.4-dimethyl-1.1-bis-sulfomethyl-cyclohexan-disulfonsäure-(2.6), *1,3-dihydroxy-5,5-dimethyl-2,2-bis(sulfomethyl)cyclohexane-1,3-disulfonic acid* $C_{10}H_{20}O_{14}S_4$, Formel VI.

Tetranatrium-Salz $Na_4C_{10}H_{16}O_{14}S_4$. Bildung aus Dimedon, Natriumhydrogensulfit und Formaldehyd s. im vorangehenden Artikel. — Krystalle [aus wss. A.] (*Suter, Bair, Bordwell*, J. org. Chem. **10** [1945] 470, 477).

Sulfo-Derivate der Dioxo-Verbindungen $C_nH_{2n-8}O_2$

3.6-Dioxo-cyclohexadien-(1.4)-tetrasulfonsäure-(1.2.4.5) $C_6H_4O_{14}S_4$.

3-Hydroxy-6-oxo-cyclohexadien-(1.4)-pentasulfonsäure-(1.2.3.4.5), Thiochronsäure, *3-hydroxy-6-oxocyclohexa-1,4-diene-1,2,3,4,5-pentasulfonic acid* $C_6H_6O_{17}S_5$, Formel VII (H 302, 330; E I 80).

Beim Erwärmen des Pentakalium-Salzes diese Säure mit Cyclohexylamin in Wasser ist das Cyclohexylamin-Salz der 2.5-Bis-cyclohexylamino-3.6-dioxo-cyclohexadien-(1.4)-disulfonsäure-(1.4), beim Erwärmen des Pentakalium-Salzes mit Methylamin in Wasser ist das Kalium-Salz der 2.5-Dihydroxy-3.6-dioxo-cyclohexadien-(1.4)-disulfonsäure-(1.4) erhalten worden (*Garreau*, A. ch. [11] **10** [1938] 485, 502, 550).

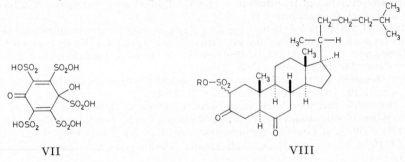

VII   VIII

Sulfo-Derivate der Dioxo-Verbindungen $C_nH_{2n-10}O_2$

3.6-Dioxo-10.13-dimethyl-17-[1.5-dimethyl-hexyl]-hexadecahydro-1H-cyclopenta[a]phen=anthren-sulfonsäure-(2) $C_{27}H_{44}O_5S$.

3.6-Dioxo-5α-cholestan-sulfonsäure-(2ξ), *3,6-dioxo-5α-cholestane-2ξ-sulfonic acid* $C_{27}H_{44}O_5S$, Formel VIII (R = H), vom F: 168°.

B. Aus 5α-Cholestandion-(3.6) beim Behandeln mit Schwefelsäure und Acetanhydrid bei —10° (*Windaus, Mielke*, A. **536** [1938] 116, 124). Aus 3.6-Dioxo-cholesten-(4)-sulfon=säure-(2ξ) (S. 616) bei der Hydrierung an Palladium/Kohle in wasserhaltiger Essigsäure (*Wi., Mie.*).

Krystalle; F: 168° [Zers.].

3.6-Dioxo-10.13-dimethyl-17-[1.5-dimethyl-hexyl]-hexadecahydro-1H-cyclopenta[a]=phenanthren-sulfonsäure-(2)-methylester $C_{28}H_{46}O_5S$.

3.6-Dioxo-5α-cholestan-sulfonsäure-(2ξ)-methylester, *3,6-dioxo-5α-cholestane-2ξ-sulfonic acid methyl ester* $C_{28}H_{46}O_5S$, Formel VIII (R = CH₃), vom F: 205°.

B. Aus der im vorangehenden Artikel beschriebenen Sulfonsäure und Diazomethan in Äther (*Windaus, Mielke*, A. **536** [1938] 116, 124, 125).

Krystalle (aus Me.); F: 203—205°.

Beim Behandeln mit Chrom(VI)-oxid in Essigsäure ist 6-Oxo-2.3-seco-5α-cholestan=disäure-(2.3) erhalten worden.

Sulfo-Derivate der Dioxo-Verbindungen $C_nH_{2n-12}O_2$

3.4-Dioxo-1.2.3.4-tetrahydro-naphthalin-sulfonsäure-(1) $C_{10}H_8O_5S$.

3.4-Bis-hydroxyimino-1.2.3.4-tetrahydro-naphthalin-sulfonsäure-(1) $C_{10}H_{10}N_2O_5S$
s. 1.2-Bis-hydroxyamino-naphthalin-sulfonsäure-(4) (Syst. Nr. 1939).

1.4-Dioxo-1.2.3.4-tetrahydro-naphthalin-sulfonsäure-(2) $C_{10}H_8O_5S$.

1-Hydroxy-4-oxo-1.2.3.4-tetrahydro-naphthalin-disulfonsäure-(1.3), *1-hydroxy-4-oxo-1,2,3,4-tetrahydronaphthalene-1,3-disulfonic acid* $C_{10}H_{10}O_8S_2$, Formel IX.

Diese Konstitution wird einer ursprünglich (*Ufimzew*, Ž. obšč. Chim. **18** [1948] 1395, 1396; C. A. **1949** 2596) als 1.4-Dihydroxy-1.4-dihydro-naphthalin-disulfon=säure-(1.4) angesehenen Verbindung $C_{10}H_{10}O_8S_2$ zugeordnet (*Gorelik, Bogdanow, Rodionow*, Ž. obšč. Chim. **30** [1960] 2959, 2960; J. gen. Chem. U.S.S.R. [Übers.] **30** [1960] 2931, 2932), während von *Asahi* (Chem. pharm. Bl. **11** [1963] 813) die Formulierung als 1.4-Dioxo-1.2.3.4-tetrahydro-naphthalin-disulfonsäure-(2.3) $C_{10}H_8O_8S_2$ (Formel X) in Betracht gezogen wird.

B. Als Dinatrium- bzw. Dikalium-Salz beim Behandeln von Naphthochinon-(1.4) in Äthanol mit wss. Natriumhydrogensulfit- bzw. Kaliumhydrogensulfit-Lösung (*Uf.*, l. c. S. 1396, 1397; s. a. *Botschwar, Tschernyschew, Schemjakin*, Ž. obšč. Chim. **15** [1945] 844, 854, **20** [1950] 2118; C. A. **1947** 747, **1951** 5671).

IX   X

4-Oxo-1-hydroxyimino-1.2.3.4-tetrahydro-naphthalin-sulfonsäure-(2) $C_{10}H_9NO_5S$
s. 4-Hydroxy-1-hydroxyamino-naphthalin-sulfonsäure-(2) (Syst. Nr. 1939).

3.4-Dioxo-1.2.3.4-tetrahydro-naphthalin-disulfonsäure-(1.7) $C_{10}H_8O_8S_2$.

3.4-Bis-hydroxyimino-1.2.3.4-tetrahydro-naphthalin-disulfonsäure-(1.7) $C_{10}H_{10}N_2O_8S_2$
s. 1.2-Bis-hydroxyamino-naphthalin-disulfonsäure-(4.6) (Syst. Nr. 1939).

(±)-1.4-Dioxo-2-methyl-1.2.3.4-tetrahydro-naphthalin-sulfonsäure-(2), (±)-2-methyl-1,4-dioxo-1,2,3,4-tetrahydronaphthalene-2-sulfonic acid $C_{11}H_{10}O_5S$, Formel XI.

Diese Säure liegt den nachstehend beschriebenen, von *Ufimzew* (Ž. obšč. Chim. **14** [1944] 1063, 1066, 1069; C. r. Doklady **44** [1944] 325) als 4-Hydroxy-1-oxo-2-methyl-1.4-dihydro-naphthalin-sulfonate-(4), von *Botschwar, Schemjakin* (Ž. obšč. Chim. **16** [1946] 2033, 2037, 2042; C. A. **1948** 895) als 1-Hydroxy-4-oxo-2-methyl-3.4-di=hydro-naphthalin-sulfonate-(3) formulierten Salzen zugrunde (*Carmack, Moore, Balis*, Am. Soc. **72** [1950] 844; *Moore, Washburn*, Am. Soc. **77** [1955] 6384; *Asahi*, Chem. pharm. Bl. **11** [1963] 813; *Palomo, Villarrodona*, An. Quim. **64** [1968] 493, 496), die sich beim Behandeln von 2-Methyl-naphthochinon-(1.4) mit wss. Lösungen von Ammoniumhydrogensulfit (*Ablondi et al.*, Am. Soc. **65** [1943] 1776), Lithiumhydrogen=sulfit (*Ab. et al.*), Natriumhydrogensulfit (*Menotti*, Am. Soc. **65** [1943] 1209; s. a. *Moore*, Am. Soc. **63** [1941] 2049; *Baker et al.*, Am. Soc. **64** [1942] 1096, 1098), Kaliumhydrogen=sulfit (*Botschwar, Schemjakin*, Ž. obšč. Chim. **13** [1943] 467, 474; C. A. **1944** 3325; *Uf.*, Ž. obšč. Chim. **14** 1066; C. r. Doklady **44** 325) bzw. Calciumhydrogensulfit (*Ab. et al.*) bilden.

Ammonium-Salz [NH4]$C_{11}H_9O_5S$. Krystalle [aus W.] (*Ablondi et al.*, Am. Soc. **65** [1943] 1776).

Lithium-Salz Li$C_{11}H_9O_5S$. Krystalle [aus W.] (*Ablondi et al.*, Am. Soc. **65** [1943] 1776).

Natrium-Salz; Menadion-Natriumhydrogensulfit-Addukt Na$C_{11}H_9O_5S$. Übersicht: *E. Merck*, Vitamine [Darmstadt 1957] S. 214. — Krystalle (aus W. + A.) mit 3 Mol H_2O; F: 154—157° [Zers.; Block] bzw. F: 126° [Kapillare; im vorgeheizten Bad] (*Menotti*, Am. Soc. **65** [1943] 1209). Brechungsindices der Krystalle: *Men.* — Beim

Behandeln mit Semicarbazid-hydrochlorid und Natriumacetat in Wasser ist ein als Semi⹀
carbazon angesehenes, möglicherweise als Natrium-Salz der 1-Oxo-4-semicarbazono-
2-methyl-1.2.3.4-tetrahydro-naphthalin-sulfonsäure-(2) zu formulierendes Salz
$NaC_{12}H_{12}N_3O_5S \cdot H_2O$ erhalten worden, das sich durch Erwärmen mit Wasser in 2-Methyl-
naphthochinon-(1.4)-4-semicarbazon hat überführen lassen (*Botschwar, Schemjakin, Ž.*
obšč. Chim. **16** [1946] 2033, 2040); analoge Reaktionen mit Phenylhydrazin und mit 4-Nitro-
phenylhydrazin: *Botschwar et al.,* Ž. obšč. Chim. **18** [1948] 87, 94, 95; C. A. **1949** 615.
— Nach subcutaner Injektion ist im Harn von Menschen und Hunden Phthalsäure nachgewiesen worden (*Shemiakin, Schukina,* Nature **154** [1944] 513; C. r. Doklady **45** [1944]
157). — Quantitative Bestimmung durch gravimetrische Ermittlung des beim Behandeln
mit wss. Natronlauge entstehenden 2-Methyl-naphthochinons-(1.4): *Schoen,* J. Am.
pharm. Assoc. **34** [1945] 247. Colorimetrische Bestimmung auf Grund der Farbreaktion
beim Behandeln mit Cystein und wss. Natronlauge: *Scudi, Buhs,* J. biol. Chem. **144**
[1942] 599, 600, 603.

Kalium-Salz $KC_{11}H_9O_5S$. Krystalle (aus W.) mit 1 Mol H_2O (*Botschwar, Schemjakin,*
Ž. obšč. Chim. **13** [1943] 467, 474; *Ufimzew,* Ž. obšč. Chim. **14** [1944] 1063, 1066; C. r.
Doklady **44** [1944] 325). — Beim Einleiten von Chlor in eine warme wss. Lösung ist
1.4-Dioxo-2-methyl-1.4-dihydro-naphthalin-sulfonsäure-(3) erhalten worden (*Uf.*). Beim
Behandeln mit wss. Alkalicarbonat-Lösung bildet sich 2-Methyl-naphthochinon-(1.4)
(*Bo., Sch.; Uf.*).

Calcium-Salz $Ca(C_{11}H_9O_5S)_2$. Krystalle (aus Me. + Isopropylalkohol), F: 97—98°;
das wasserfreie Salz schmilzt bei 115—117° [Zers.] (*Ablondi et al.,* Am. Soc. **65** [1943]
1776).

S-Benzyl-isothiuronium-Salz $[C_8H_{11}N_2S]C_{11}H_9O_5S$. Krystalle; F: 127—129°
[Zers.; aus Butanon] (*Baker et al.,* Am. Soc. **64** [1942] 1096, 1098), 126,5—128° (*Menotti,* Am. Soc. **65** [1943] 1209).

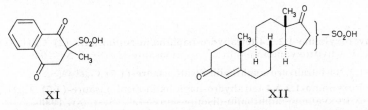

XI   XII

**3.17-Dioxo-10.13-dimethyl-2.3.6.7.8.9.10.11.12.13.14.15.16.17-tetradecahydro-1H-cyclo⹀
penta[a]phenanthren-sulfonsäure-(x)** $C_{19}H_{26}O_5S$.

3.17-Dioxo-androsten-(4)-sulfonsäure-(x), *3,17-dioxoandrost-4-ene-x-sulfonic acid*
$C_{19}H_{26}O_5S$, Formel XII, deren Methylester bei 160° schmilzt.

B. Aus Androsten-(4)-dion-(3.17) beim Behandeln mit Schwefelsäure und Acetanhydrid
(*Windaus, Kuhr,* A. **532** [1937] 52, 64).

Hygroskopische Krystalle (aus Ae.); Zers. bei ca. 196°. In Wasser und Äthanol leicht
löslich, in Essigsäure schwer löslich.

Methylester $C_{20}H_{28}O_5S$. Krystalle (aus wss. Acn.); F: 159—160° [Zers.].

**3-Oxo-10.13-dimethyl-17-acetyl-2.3.6.7.8.9.10.11.12.13.14.15.16.17-tetradecahydro-1H-
cyclopenta[a]phenanthren-sulfonsäure-(x)** $C_{21}H_{30}O_5S$.

3.20-Dioxo-pregnen-(4)-sulfonsäure-(x), *3,20-dioxopregn-4-ene-x-sulfonic acid*
$C_{21}H_{30}O_5S$, Formel XIII, vom F: 192°.

B. Aus Progesteron (Pregnen-(4)-dion-(3.20)) beim Behandeln mit Schwefelsäure und
Acetanhydrid (*Windaus, Kuhr,* A. **532** [1937] 52, 65).

Krystalle; F: 190—192° [Zers.].

Methylester $C_{22}H_{32}O_5S$. Krystalle; F: 160—161°.

**3.6-Dioxo-10.13-dimethyl-17-[1.5-dimethyl-hexyl]-2.3.6.7.8.9.10.11.12.13.14.15.16.17-
tetradecahydro-1H-cyclopenta[a]phenanthren-sulfonsäure-(2)** $C_{27}H_{42}O_5S$.

3.6-Dioxo-cholesten-(4)-sulfonsäure-(2ξ), *3,6-dioxocholest-4-ene-2ξ-sulfonic acid*
$C_{27}H_{42}O_5S$, Formel XIV, vom F: ca. 150°.

Konstitution: *Windaus, Mielke,* A. **536** [1938] 116, 120.

B. Aus Cholesten-(4)-dion-(3.6) beim Behandeln mit Schwefelsäure und Acetanhydrid bei −10° (*Windaus, Kuhr,* A. **532** [1937] 52, 63).

Krystalle (aus Ae.); Zers. bei ca. 150° (*Wi., Kuhr*). In Wasser und Äthanol leicht löslich (*Wi., Kuhr*).

Beim Behandeln mit Diazomethan in Äther und Benzol ist eine nicht identifizierte Verbindung $C_{29}H_{46}N_2O_5S$ (Krystalle [aus Ae.]; F: 164—165° [Zers.]) erhalten worden (*Wi., Kuhr*).

Die Alkalimetallsalze sind in Wasser schwer löslich (*Wi., Kuhr*).

Kupfer(II)-Salz $Cu(C_{27}H_{41}O_5S)_2$. Hellblaue Krystalle [aus A.] (*Wi., Kuhr*).

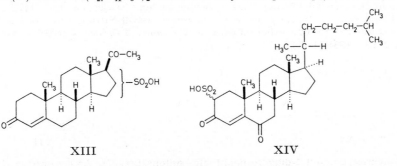

XIII   XIV

Sulfo-Derivate der Dioxo-Verbindungen $C_nH_{2n-14}O_2$

1.2-Dioxo-1.2-dihydro-naphthalin-sulfonsäure-(8) $C_{10}H_6O_5S$.

1-Oxo-2-hydroxyimino-1.2-dihydro-naphthalin-sulfonsäure-(8), *7-(hydroxyimino)-8-oxo-7,8-dihydronaphthalene-1-sulfonic acid* $C_{10}H_7NO_5S$, Formel I, und **7-Nitroso-8-hydroxy-naphthalin-sulfonsäure-(1)**, *8-hydroxy-7-nitrosonaphthalene-1-sulfonic acid* $C_{10}H_7NO_5S$, Formel II.

B. Aus 8-Hydroxy-naphthalin-sulfonsäure-(1) beim Behandeln des Kalium-Salzes mit wss. Natriumnitrit-Lösung und wss. Salzsäure (*Imp. Chem. Ind.,* D.R.P. 609928 [1934]; Frdl. **21** 368). Als Ammonium-Salz beim Erwärmen von 8-Amino-7-hydroxy-naphthalin-sulfonsäure-(1) mit Hydroxylamin-hydrochlorid in wss. Salzsäure (*Bogdanow, Lewkoew,* Ž. obšč. Chim. **7** [1937] 1539, 1542; C. **1937** II 4315).

Ammonium-Salz $[NH_4]C_{10}H_6NO_5S$. Gelbe Krystalle mit 2 Mol H_2O (*Bo., Le.*). Beim Behandeln mit Eisen(III)-chlorid-Lösung tritt eine grüne Färbung auf (*Bo., Le.*).

Natrium-Salz. Gelbe Krystalle (*Imp. Chem. Ind.*).

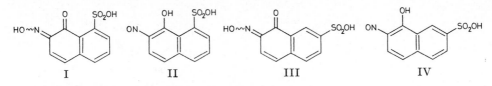

I   II   III   IV

1.2-Dioxo-1.2-dihydro-naphthalin-sulfonsäure-(7) $C_{10}H_6O_5S$.

1-Oxo-2-hydroxyimino-1.2-dihydro-naphthalin-sulfonsäure-(7), *7-(hydroxyimino)-8-oxo-7,8-dihydronaphthalene-2-sulfonic acid* $C_{10}H_7NO_5S$, Formel III, und **7-Nitroso-8-hydroxy-naphthalin-sulfonsäure-(2)**, *8-hydroxy-7-nitrosonaphthalene-2-sulfonic acid* $C_{10}H_7NO_5S$, Formel IV.

B. Als Ammonium-Salz beim Erwärmen von 8-Amino-7-hydroxy-naphthalin-sulfonsäure-(2) mit Hydroxylamin-hydrochlorid in Wasser (*Bogdanow, Lewkoew,* Ž. obšč. Chim. **7** [1937] 1539, 1541; C. **1937** II 4315).

Ammonium-Salz $[NH_4]C_{10}H_6NO_5S$. Gelbe Krystalle mit 2 Mol Wasser, die sich beim Trocknen rot färben. Beim Behandeln mit Eisen(III)-chlorid-Lösung tritt eine grüne Färbung auf.

Kalium-Salz $KC_{10}H_6NO_5S$. Gelbe Krystalle mit 2 Mol Wasser, die sich beim Trocknen rot färben.

2-Oxo-1-hydroxyimino-1.2-dihydro-naphthalin-sulfonsäure-(7), *8-(hydroxyimino)-7-oxo-7,8-dihydronaphthalene-2-sulfonic acid* $C_{10}H_7NO_5S$, Formel V, und **8-Nitroso-7-hydroxy-naphthalin-sulfonsäure-(2)**, *7-hydroxy-8-nitrosonaphthalene-2-sulfonic acid* $C_{10}H_7NO_5S$, Formel VI (H 333; dort als Naphthochinon-(1.2)-oxim-(1)-sulfonsäure-(7) bzw. 1-Nitroso-naphthol-(2)-sulfonsäure-(7) bezeichnet.

Beim Behandeln des Natrium-Salzes mit wss. Natriumhydrogensulfit-Lösung, anschliessenden Erwärmen mit Hydroxylamin-hydrochlorid und Natriumacetat und Erwärmen des Reaktionsprodukts mit wss. Natronlauge ist 1.2-Bis-hydroxyimino-1.2-dihydro-naphthalin-sulfonsäure-(7), beim Behandeln des Natrium-Salzes mit wss. Natriumhydrogensulfit-Lösung und anschliessenden Erwärmen mit Hydroxylamin-hydrochlorid unter Zusatz von wss. Salzsäure ist 3-Nitroso-4-hydroxy-naphthalin-disulfonsäure-(1.6) (S. 621) erhalten worden (*Bogdanow, Lewkoew*, Ž. obšč. Chim. **5** [1935] 18, 25, 27; C. **1936** II 2905).

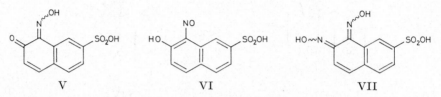

V   VI   VII

1.2-Bis-hydroxyimino-1.2-dihydro-naphthalin-sulfonsäure-(7), *7,8-bis(hydroxyimino)-7,8-dihydronaphthalene-2-sulfonic acid* $C_{10}H_8N_2O_5S$, Formel VII.

B. s. im vorangehenden Artikel.

Natrium-Salz $NaC_{10}H_7N_2O_5S$. Hellgelbe Krystalle mit 4 Mol H_2O (*Bogdanow, Lewkoew*, Ž. obšč. Chim. **5** [1935] 18, 27; C. **1936** II 2905). Beim Behandeln mit Eisen(II)-Salz in wss. Lösung tritt eine braune Färbung auf.

1.2-Dioxo-1.2-dihydro-naphthalin-sulfonsäure-(6) $C_{10}H_6O_5S$.

1-Oxo-2-hydroxyimino-1.2-dihydro-naphthalin-sulfonsäure-(6), *6-(hydroxyimino)-5-oxo-5,6-dihydronaphthalene-2-sulfonic acid* $C_{10}H_7NO_5S$, Formel VIII, und **6-Nitroso-5-hydroxy-naphthalin-sulfonsäure-(2)**, *5-hydroxy-6-nitrosonaphthalene-2-sulfonic acid* $C_{10}H_7NO_5S$, Formel IX.

B. Als Ammonium-Salz beim Erwärmen von 5-Amino-6-hydroxy-naphthalin-sulfonsäure-(2) mit Hydroxylamin-hydrochlorid und wss. Salzsäure (*Bogdanow, Lewkoew*, Ž. obšč. Chim. **7** [1937] 1539, 1540; C. **1937** II 4315).

Ammonium-Salz $[NH_4]C_{10}H_6NO_5S$. Gelbe Krystalle (aus W.) mit 2 Mol H_2O. Beim Behandeln mit Eisen(II)-Salz in wss. Lösung tritt eine grüne Färbung auf.

Kalium-Salz $KC_{10}H_6NO_5S$. Gelbe Krystalle mit 1,5 Mol H_2O.

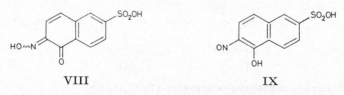

VIII   IX

2-Oxo-1-hydroxyimino-1.2-dihydro-naphthalin-sulfonsäure-(6), *5-(hydroxyimino)-6-oxo-5,6-dihydronaphthalene-2-sulfonic acid* $C_{10}H_7NO_5S$, Formel X, und **5-Nitroso-6-hydroxy-naphthalin-sulfonsäure-(2)**, *6-hydroxy-5-nitrosonaphthalene-2-sulfonic acid* $C_{10}H_7NO_5S$, Formel XI (H 332; E I 81; E II 190; dort als Naphthochinon-(1.2)-oxim-(1)-sulfonsäure-(6) bzw. 1-Nitroso-naphthol-(2)-sulfonsäure-(6) bezeichnet).

Beim Behandeln des Natrium-Salzes mit wss. Natriumhydrogensulfit-Lösung und anschliessenden Erwärmen mit Hydroxylamin-hydrochlorid unter Zusatz von Natriumacetat bzw. unter Zusatz von wss. Salzsäure ist 3.4-Bis-hydroxyimino-1.2.3.4-tetrahydro-naphthalin-disulfonsäure-(1.7) (Syst. Nr. 1939) bzw. 3-Nitroso-4-hydroxy-naphthalin-disulfonsäure-(1.7) (S. 621) erhalten worden (*Bogdanow, Lewkoew*, Ž. obšč. Chim. **5** [1935] 18, 19, 20, 23; C. **1936** II 2905).

Natrium-Eisen(III)-Salz; Naphtholgrün-B (H 332; E I 81; E II 190). Absorptionsspektrum (430—750 mµ bzw. 240—700 mµ): *Ségal*, C. r. **227** [1948] 1266; *Sakurai*, *Fukushima*, Bl. Inst. phys. chem. Res. Tokyo **9** [1930] 605, 608, 610; Bl. Inst. phys. chem. Res. Abstr. Tokyo **3** [1930] 59.

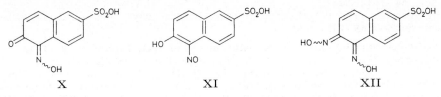

X	XI	XII

1.2-Bis-hydroxyimino-1.2-dihydro-naphthalin-sulfonsäure-(6), *5,6-bis(hydroxyimino)-5,6-dihydronaphthalene-2-sulfonic acid* $C_{10}H_8N_2O_5S$, Formel XII.

B. Aus 3.4-Bis-hydroxyimino-1.2.3.4-tetrahydro-naphthalin-disulfonsäure-(1.7) (Syst. Nr. 1939) beim Behandeln mit wss. Natronlauge (*Bogdanow*, *Lewkoew*, Ž. obšč. Chim. **5** [1935] 18, 24; C. **1936** II 2905).

Natrium-Salz $NaC_{10}H_7N_2O_5S$. Hellgelbe Krystalle (aus W.) mit 4 Mol H_2O. Beim Behandeln mit Eisen(II)-Salz in wss. Lösung tritt eine rotbraune Färbung auf.

4-Brom-1.2-dioxo-1.2-dihydro-naphthalin-sulfonsäure-(6), *8-bromo-5,6-dioxo-5,6-dihydronaphthalene-2-sulfonic acid* $C_{10}H_5BrO_5S$, Formel I.

B. Aus 4-Amino-3-hydroxy-naphthalin-disulfonsäure-(1.7) beim Erhitzen mit Brom in wss. Essigsäure (*Heller*, Ang. Ch. **43** [1930] 1132, 1137).

Kalium-Salz $KC_{10}H_4BrO_5S$. Gelbe Krystalle (aus W.) mit 1 Mol H_2O.

1.2-Dioxo-1.2-dihydro-naphthalin-sulfonsäure-(5) $C_{10}H_6O_5S$.

1-Oxo-2-hydroxyimino-1.2-dihydro-naphthalin-sulfonsäure-(5), *6-(hydroxyimino)-5-oxo-5,6-dihydronaphthalene-1-sulfonic acid* $C_{10}H_7NO_5S$, Formel II, und **6-Nitroso-5-hydroxy-naphthalin-sulfonsäure-(1),** *5-hydroxy-6-nitrosonaphthalene-1-sulfonic acid* $C_{10}H_7NO_5S$, Formel III (H 332; dort als Naphthochinon-(1.2)-oxim-(2)-sulfonsäure-(5) bzw. 2-Nitroso-naphthol-(1)-sulfonsäure-(5) bezeichnet).

B. Aus 6-Amino-5-hydroxy-naphthalin-sulfonsäure-(1) oder aus 5.6-Diamino-naphthalin-sulfonsäure-(1) beim Erwärmen mit Hydroxylamin-hydrochlorid und wss. Salzsäure (*Bogdanow*, *Lewkoew*, Ž. obšč. Chim. **4** [1934] 1353, 1356, 1358; C. **1936** II 1341).

Ammonium-Salz $[NH_4]C_{10}H_6NO_5S$. Gelbe Krystalle (aus W.).

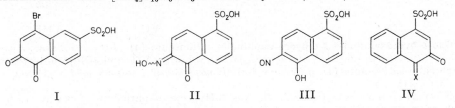

I	II	III	IV

1.2-Dioxo-1.2-dihydro-naphthalin-sulfonsäure-(4), *3,4-dioxo-3,4-dihydronaphthalene-1-sulfonic acid* $C_{10}H_6O_5S$, Formel IV (X = O) (H 330; E I 80; E II 189; dort als Naphthochinon-(1.2)-sulfonsäure-(4) bezeichnet).

Absorptionsspektrum (400—550 mµ) von Lösungen in wss. Salzsäure, auch in Gegenwart von Lithiumsulfat, Kaliumchlorid, Calciumchlorid oder Aluminiumchlorid: *Wingfield*, *Acree*, J. Res. Bur. Stand. **27** [1941] 361. Absorptionsspektrum (400—600 mµ) einer wss. Lösung des Natrium-Salzes: *Neubeck*, *Smythe*, Arch. Biochem. **4** [1944] 435, 438. Nachweis des Semichinons bei der Reduktion: *Michaelis*, Am. Soc. **58** [1936] 873; *Michaelis*, *Schubert*, J. biol. Chem. **119** [1937] 133 Anm.; *Adams*, *Blois*, *Sands*, J. chem. Physics **28** [1958] 774. Polarographie: *Wiesner*, Collect. **12** [1947] 594, 597.

Reaktion mit Glycin-äthylester in wss. Natronlauge unter Bildung von N-[3-Hydroxy-4-oxo-4H-naphthyliden-(1)]-glycin-äthylester (E III **8** 2549): *Obo*, J. Biochem. Tokyo **33** [1941] 231, 233. Beim Erwärmen des Natrium-Salzes mit 2-Amino-pyridin in Wasser auf 90° ist 2-[3.4-Dioxo-3.4-dihydro-naphthyl-(1)-imino]-1-[3.4-dioxo-3.4-dihydro-naphthyl-(1)]-1.2-dihydro-pyridin, beim Erwärmen mit 2-Amino-pyridin in wss. Natronlauge auf 40° ist 2-Hydroxy-naphthochinon-(1.4)-4-[pyridyl-(2)-imin] erhalten worden (*Robzow*, Ž. obšč. Chim. **16** [1946] 221, 231, 232; C. A. **1947** 430). Bildung von 4-[3-Hydroxy-4-oxo-4*H*-naphthyliden-(1)-amino]-benzolsulfonamid-(1)   (F: 271—273°) beim Erwärmen des Natrium-Salzes mit Sulfanilamid in Wasser: *Irreverre, Sullivan*, Am. Soc. **64** [1942] 2230.

Thallium(I)-Salz TlC$_{10}$H$_5$O$_5$S. Krystalle; F: 228—232° [unkorr.; Zers.] (*Gilman, Abbott*, Am. Soc. **65** [1943] 123).

2-Oxo-1-chlorimino-1.2-dihydro-naphthalin-sulfonsäure-(4), *4-(chloroimino)-3-oxo-3,4-dihydronaphthalene-1-sulfonic acid* C$_{10}$H$_6$ClNO$_4$S, Formel IV (X = NCl).

Bildung des (gelben) Kalium-Salzes KC$_{10}$H$_5$ClNO$_4$S beim Einleiten von Chlor in eine mit Kaliumacetat versetzte wss. Lösung von 4-Amino-3-hydroxy-naphthalin-sulfon= säure-(1) und Kaliumacetat: *Swietoslawski, Piltz, Kraczkiewicz*, Roczniki Chem. **11** [1931] 40, 41; C. **1931** I 2339.

2-Oxo-1-bromimino-1.2-dihydro-naphthalin-sulfonsäure-(4), *4-(bromoimino)-3-oxo-3,4-dihydronaphthalene-1-sulfonic acid* C$_{10}$H$_6$BrNO$_4$S, Formel IV (X = NBr).

Bildung des Kalium-Salzes KC$_{10}$H$_5$BrNO$_4$S beim Behandeln von 4-Amino-3-hydr= oxy-naphthalin-sulfonsäure-(1) mit Brom in Wasser unter Zusatz von Kaliumacetat und Kaliumbromid: *Swietoslawski, Piltz, Kraczkiewicz*, Roczniki Chem. **11** [1931] 40, 42; C. **1931** I 2339.

1-Oxo-2-hydroxyimino-1.2-dihydro-naphthalin-sulfonsäure-(4), *3-(hydroxyimino)-4-oxo-3,4-dihydronaphthalene-1-sulfonic acid* C$_{10}$H$_7$NO$_5$S, Formel V (X = H), und **3-Nitroso-4-hydroxy-naphthalin-sulfonsäure-(1)**, *4-hydroxy-3-nitrosonaphthalene-1-sulfonic acid* C$_{10}$H$_7$NO$_5$S, Formel VI (X = H) (H 331; E II 189; dort als Naphthochinon-(1.2)-oxim-(2)-sulfonsäure-(4) bzw. 2-Nitroso-naphthol-(1)-sulfonsäure-(4) bezeichnet) [1]).

B. Aus 3-Amino-4-hydroxy-naphthalin-sulfonsäure-(1) beim Erwärmen mit Hydroxyl= amin-hydrochlorid in wss. Salzsäure (*Bogdanow, Lewkoew*, Ž. obšč. Chim. **4** [1934] 1353, 1355; C. **1936** II 1341).

Ammonium-Salz [NH$_4$]C$_{10}$H$_6$NO$_5$S. Orangegelbe Krystalle (aus W.) mit 2 Mol H$_2$O.

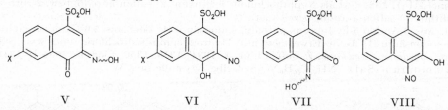

V   VI   VII   VIII

2-Oxo-1-hydroxyimino-1.2-dihydro-naphthalin-sulfonsäure-(4), *4-(hydroxyimino)-3-oxo-3,4-dihydronaphthalene-1-sulfonic acid* C$_{10}$H$_7$NO$_5$S, Formel VII, und **4-Nitroso-3-hydroxy-naphthalin-sulfonsäure-(1)**, *3-hydroxy-4-nitrosonaphthalene-1-sulfonic acid* C$_{10}$H$_7$NO$_5$S, Formel VIII.

Natrium-Salz NaC$_{10}$H$_6$NO$_5$S. *B.* Aus 3-Hydroxy-naphthalin-sulfonsäure-(1) beim Behandeln des Natrium-Salzes mit Natriumnitrit und wss. Salzsäure bei —3° (*Bogda-now, Migatschewa*, Ž. obšč. Chim. **19** [1949] 1490; C. A. **1950** 1082). — Orangefarbene Krystalle (aus W.) mit 2 Mol H$_2$O. — Reaktion mit Anilin in Wasser unter Bildung von *N*-[4-Nitroso-3-hydroxy-naphthyl-(1)]-anilin: *Bo., Mi.* Beim Erwärmen mit wss. Natron= lauge ist 4-Nitroso-naphthalindiol-(1.3) (E III **8** 2550) erhalten worden.

1.2-Dioxo-1.2-dihydro-naphthalin-sulfonsäure-(3) C$_{10}$H$_6$O$_5$S.

2-Oxo-1-hydroxyimino-1.2-dihydro-naphthalin-sulfonsäure-(3), *4-(hydroxyimino)-3-oxo-3,4-dihydronaphthalene-2-sulfonic acid* C$_{10}$H$_7$NO$_5$S, Formel IX (X = H), und **4-Nitroso-3-hydroxy-naphthalin-sulfonsäure-(2)**, *3-hydroxy-4-nitrosonaphthalene-2-sulfonic acid* C$_{10}$H$_7$NO$_5$S, Formel X (X = H).

B. Aus 3-Hydroxy-naphthalin-sulfonsäure-(2) mit Hilfe von Salpetrigsäure (*Holt, Mason*, Soc. **1931** 377, 381).

Krystalle (aus W.) mit 4 Mol H$_2$O; Zers. bei 268°.

Beim Behandeln mit Eisen(III)-chlorid-Lösung tritt eine braune Färbung auf.

---

[1]) Berichtigung zu E II 189, Zeile 8—6 v. u.: Der Passus „Verhalten von Lösun-gen ...; C. **1929** I, 302" ist zu streichen.

1.2-Dioxo-1.2-dihydro-naphthalin-disulfonsäure-(4.7) $C_{10}H_6O_8S_2$.

1-Oxo-2-hydroxyimino-1.2-dihydro-naphthalin-disulfonsäure-(4.7), *3-(hydroxyimino)-4-oxo-3,4-dihydronaphthalene-1,6-disulfonic acid* $C_{10}H_7NO_8S_2$, Formel V (X = SO$_2$OH), und **3-Nitroso-4-hydroxy-naphthalin-disulfonsäure-(1.6)**, *4-hydroxy-3-nitrosonaphthalene-1,6-disulfonic acid* $C_{10}H_7NO_8S_2$, Formel VI (X = SO$_2$OH).

B. Aus 8-Nitroso-7-hydroxy-naphthalin-sulfonsäure-(2) (S. 618) beim Behandeln des Natrium-Salzes mit wss. Natriumhydrogensulfit-Lösung und anschliessenden Erwärmen mit Hydroxylamin-hydrochlorid unter Zusatz von wss. Salzsäure (*Bogdanow, Lewkoew*, Ž. obšč. Chim. **5** [1935] 18, 25; C. **1936** II 2905).

Dinatrium-Salz Na$_2$C$_{10}$H$_5$NO$_8$S$_2$. Gelbe Krystalle (aus W.) mit 3 Mol H$_2$O.

Barium-Salz BaC$_{10}$H$_5$NO$_8$S$_2$. Orangefarbene oder gelbbraune Krystalle mit 3 Mol H$_2$O.

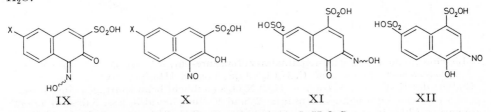

IX   X   XI   XII

1.2-Dioxo-1.2-dihydro-naphthalin-disulfonsäure-(4.6) $C_{10}H_6O_8S_2$.

1-Oxo-2-hydroxyimino-1.2-dihydro-naphthalin-disulfonsäure-(4.6), *3-(hydroxyimino)-4-oxo-3,4-dihydronaphthalene-1,7-disulfonic acid* $C_{10}H_7NO_8S_2$, Formel XI, und **3-Nitroso-4-hydroxy-naphthalin-disulfonsäure-(1.7)**, *4-hydroxy-3-nitrosonaphthalene-1,7-disulfonic acid* $C_{10}H_7NO_8S_2$, Formel XII.

B. Aus 5-Nitroso-6-hydroxy-naphthalin-sulfonsäure-(2) (S. 618) beim Behandeln des Natrium-Salzes mit wss. Natriumhydrogensulfit-Lösung und anschliessenden Erwärmen mit Hydroxylamin-hydrochlorid unter Zusatz von wss. Salzsäure (*Bogdanow, Lewkoew*, Ž. obšč. Chim. **5** [1935] 18, 20; C. **1936** II 2905). Aus 3.4-Bis-hydroxyimino-1.2.3.4-tetra≠ hydro-naphthalin-disulfonsäure-(1.7) (Syst. Nr. 1939) beim Erwärmen mit wss. Salz≠ säure (*Bo., Le.*, l. c. S. 21).

Dinatrium-Salz Na$_2$C$_{10}$H$_5$NO$_8$S$_2$. Gelbe Krystalle (aus W.) mit 2 Mol H$_2$O, die beim Erhitzen bis auf 150° unter Farbumschlag nach Rot und nach Braungelb das Krystall≠ wasser abgeben. Beim Behandeln mit Eisen(II)-Salz in wss. Lösung tritt eine grüne Färbung auf.

Barium-Salz BaC$_{10}$H$_5$NO$_8$S$_2$. Orangegelbe Krystalle (aus W.) mit 3 Mol H$_2$O.

1.2-Dioxo-1.2-dihydro-naphthalin-disulfonsäure-(3.6) $C_{10}H_6O_8S_2$.

2-Oxo-1-hydroxyimino-1.2-dihydro-naphthalin-disulfonsäure-(3.6), *4-(hydroxyimino)-3-oxo-3,4-dihydronaphthalene-2,7-disulfonic acid* $C_{10}H_7NO_8S_2$, Formel IX (X = SO$_2$OH), und **4-Nitroso-3-hydroxy-naphthalin-disulfonsäure-(2.7)**, *3-hydroxy-4-nitrosonaphthalene-2,7-disulfonic acid* $C_{10}H_7NO_8S_2$, Formel X (X = SO$_2$OH) (E II 190; dort als Naphtho≠ chinon-(1.2)-oxim-(1)-disulfonsäure-(3.6) bzw. 1-Nitroso-naphthol-(2)-disulfonsäure-(3.6) und als Nitroso-R-Säure bezeichnet).

Natrium-Silber-Salz AgNa$_2$C$_{10}$H$_4$NO$_8$S$_2$·AgNO$_3$. Gelbe Krystalle mit 3 Mol H$_2$O oder mit 8 Mol H$_2$O (*Bernardi, Schwarz*, Ann. Chimica applic. **21** [1931] 45).

Natrium-Calcium-Salz Ca(Na$_2$C$_{10}$H$_4$NO$_8$S$_2$)$_2$·CaCl$_2$. Grüne Krystalle.

Natrium-Barium-Salz Ba(Na$_2$C$_{10}$H$_4$NO$_8$S$_2$)$_2$·BaCl$_2$. Orangegelbe Krystalle mit 6 Mol H$_2$O.

Natrium-Blei(II)-Salz Pb(Na$_2$C$_{10}$H$_4$NO$_8$S$_2$)$_2$·Pb(NO$_3$)$_2$. Gelbbraune Krystalle, die bei ca. 170° rot werden.

1.4-Dioxo-1.4-dihydro-naphthalin-sulfonsäure-(5) $C_{10}H_6O_5S$.

4-Oxo-1-hydroxyimino-1.4-dihydro-naphthalin-sulfonsäure-(5), *5-(hydroxyimino)-8-oxo-5,8-dihydronaphthalene-1-sulfonic acid* $C_{10}H_7NO_5S$, Formel I, und **5-Nitroso-8-hydroxy-naphthalin-sulfonsäure-(1)**, *8-hydroxy-5-nitrosonaphthalene-1-sulfonic acid* $C_{10}H_7NO_5S$, Formel II.

Bildung des Ammonium-Salzes (fast farblose Krystalle; in wss. Alkalilaugen mit gelber Farbe löslich) beim Eintragen von 8·Amino-naphthalin-sulfonsäure-(1) in ein

Gemisch von Natriumnitrit und Schwefelsäure und Erwärmen des Reaktionsprodukts mit Wasser: *Blangey*, Helv. **21** [1938] 1579, 1599.

1.4-Dioxo-1.4-dihydro-naphthalin-sulfonsäure-(6), *5,8-dioxo-5,8-dihydronaphthalene-2-sulfonic acid* $C_{10}H_6O_5S$, Formel III (X = O).

B. Beim Eintragen von 5.8-Diamino-naphthalin-sulfonsäure-(2) in wss. Salpetersäure [D: 1,2] (*Fabrowicz, Lesniański*, Roczniki Chem. **11** [1931] 636, 643; C. **1931** II 3103).

Kalium-Salz $KC_{10}H_5O_5S$. Orangegelbe Krystalle mit 2 Mol H_2O. Hygroskopisch.

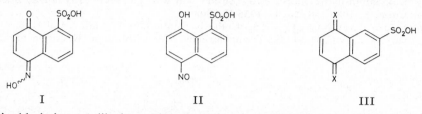

I   II   III

1.4-Bis-chlorimino-1.4-dihydro-naphthalin-sulfonsäure-(6), *5,8-bis(chloroimino)-5,8-di=hydronaphthalene-2-sulfonic acid* $C_{10}H_6Cl_2N_2O_3S$, Formel III (X = NCl).

Bildung des Kalium-Salzes $KC_{10}H_5Cl_2N_2O_3S$ (gelblich) beim Eintragen einer Lösung von 5.8-Diamino-naphthalin-sulfonsäure-(2) und Kaliumchlorid in wss. Salzsäure in eine Lösung von Chlor in wss. Salzsäure: *Swietoslawski, Piltz, Kraczkiewicz*, Roczniki Chem. **11** [1931] 40, 46; C. **1931** I 2339.

4-Oxo-1-hydroxyimino-1.4-dihydro-naphthalin-sulfonsäure-(6), *5-(hydroxyimino)-8-oxo-5,8-dihydronaphthalene-2-sulfonic acid* $C_{10}H_7NO_5S$, Formel IV (X = O), und **5-Nitroso-8-hydroxy-naphthalin-sulfonsäure-(2)**, *8-hydroxy-5-nitrosonaphthalene-2-sulfonic acid* $C_{10}H_7NO_5S$, Formel V (X = OH) (vgl. H 335).

Bildung des Natrium-Salzes $NaC_{10}H_6NO_5S$ (Krystalle) beim Erwärmen von 5-Nitroso-8-amino-naphthalin-sulfonsäure-(2) (s. u.) mit Wasser und Behandeln der Reaktionslösung mit Natriumchlorid: *Blangey*, Helv. **21** [1938] 1579, 1597.

1-Oxo-4-hydroxyimino-1.4-dihydro-naphthalin-sulfonsäure-(6), *8-(hydroxyimino)-5-oxo-5,8-dihydronaphthalene-2-sulfonic acid* $C_{10}H_7NO_5S$, Formel VI (X = O), und **8-Nitroso-5-hydroxy-naphthalin-sulfonsäure-(2)**, *5-hydroxy-8-nitrosonaphthalene-2-sulfonic acid* $C_{10}H_7NO_5S$, Formel VII (X = OH).

Ammonium-Salz $[NH_4]C_{10}H_6NO_5S$. *B*. Aus 8-Nitroso-5-amino-naphthalin-sulfon=säure-(2) (S. 623) beim Erwärmen mit Wasser (*Blangey*, Helv. **21** [1938] 1579, 1595). — Krystalle (aus W. oder A.).

Barium-Salz $Ba(C_{10}H_6NO_5S)_2$. *B*. Aus 1.4-Dioxo-1.4-dihydro-naphthalin-sulfon=säure-(6) beim Erwärmen mit Hydroxylamin-hydrochlorid und Bariumcarbonat in Wasser (*Fabrowicz, Lesniański*, Roczniki Chem. **11** [1931] 636, 644; C. **1931** II 3103). — Gelbbraune Krystalle (aus wss. A.) mit 6 Mol H_2O.

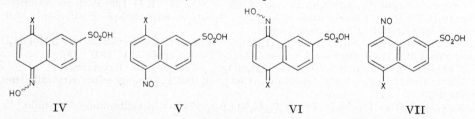

IV   V   VI   VII

4-Imino-1-hydroxyimino-1.4-dihydro-naphthalin-sulfonsäure-(6), *5-(hydroxyimino)-8-imino-5,8-dihydronaphthalene-2-sulfonic acid* $C_{10}H_8N_2O_4S$, Formel IV (X = NH), und **5-Nitroso-8-amino-naphthalin-sulfonsäure-(2)**, *8-amino-5-nitrosonaphthalene-2-sulfonic acid* $C_{10}H_8N_2O_4S$, Formel V (X = NH_2).

Bildung beim Eintragen von 8-Amino-naphthalin-sulfonsäure-(2) in ein Gemisch von Natriumnitrit und Schwefelsäure sowie Überführung in 5-Nitroso-8-hydroxy-naphth=alin-sulfonsäure-(2) (s. o.) durch Erwärmen mit Wasser: *Blangey*, Helv. **21** [1938] 1579, 1597.

1-Imino-4-hydroxyimino-1.4-dihydro-naphthalin-sulfonsäure-(6), *8-(hydroxyimino)-5-imino-5,8-dihydronaphthalene-2-sulfonic acid* $C_{10}H_8N_2O_4S$, Formel VI (X = NH), und **8-Nitroso-5-amino-naphthalin-sulfonsäure-(2)**, *5-amino-8-nitrosonaphthalene-2-sulfonic acid* $C_{10}H_8N_2O_4S$, Formel VII (X = NH$_2$).

B. Aus 5-Amino-naphthalin-sulfonsäure-(2) beim Behandeln mit einem Gemisch von Natriumnitrit und Schwefelsäure (*Blangey*, Helv. **21** [1938] 1579, 1594).

Graugelbe Krystalle. In Wasser fast unlöslich; in wss. Alkalilaugen mit gelber Farbe löslich.

1.4-Dioxo-1.4-dihydro-naphthalin-sulfonsäure-(2), *1,4-dioxo-1,4-dihydronaphthalene-2-sulfonic acid* $C_{10}H_6O_5S$, Formel VIII (X = H) (H 333; E I 81; E II 191; dort als Naphthochinon-(1.4)-sulfonsäure-(2) bezeichnet).

B. Beim Behandeln von Naphthochinon-(1.4) mit wss. Natriumhydrogensulfit-Lösung, Erhitzen der mit Schwefelsäure angesäuerten Reaktionslösung und anschliessenden Behandeln mit Kaliumdichromat und wss. Schwefelsäure (*Fieser, Fieser*, Am. Soc. **57** [1935] 491, 494).

Absorptionsspektrum (240—420 mμ) einer wss. Lösung des Kalium-Salzes oder Natrium-Salzes: *Spruit*, R. **68** [1949] 309, 312, 323.

Beim Erwärmen des Kalium-Salzes mit Sulfanilamid ist 3-[4-Sulfamoyl-anilino]-4-oxo-1-[4-sulfamoyl-phenylimino]-1.4-dihydro-naphthalin-sulfonsäure-(2) erhalten worden (*Irreverre, Sullivan*, Am. Soc. **64** [1942] 2230).

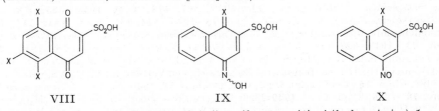

VIII   IX   X

1-Oxo-4-hydroxyimino-1.4-dihydro-naphthalin-sulfonsäure-(2), *4-(hydroxyimino)-1-oxo-1,4-dihydronaphthalene-2-sulfonic acid* $C_{10}H_7NO_5S$, Formel IX (X = O), und **4-Nitroso-1-hydroxy-naphthalin-sulfonsäure-(2)**, *1-hydroxy-4-nitrosonaphthalene-2-sulfonic acid* $C_{10}H_7NO_5S$, Formel X (X = OH) (H 334; dort als Naphthochinon-(1.4)-oxim-(4)-sulfonsäure-(2) bzw. 4-Nitroso-naphthol-(1)-sulfonsäure-(2) bezeichnet).

Bildung des Natrium-Salzes (gelbe Krystalle [aus W.]) beim Erwärmen von 4-Nitroso-1-amino-naphthalin-sulfonsäure-(2) (s. u.) mit Wasser: *Blangey*, Helv. **21** [1938] 1579, 1598.

1-Imino-4-hydroxyimino-1.4-dihydro-naphthalin-sulfonsäure-(2), *4-(hydroxyimino)-1-imino-1,4-dihydronaphthalene-2-sulfonic acid* $C_{10}H_8N_2O_4S$, Formel IX (X = NH), und **4-Nitroso-1-amino-naphthalin-sulfonsäure-(2)**, *1-amino-4-nitrosonaphthalene-2-sulfonic acid* $C_{10}H_8N_2O_4S$, Formel X (X = NH$_2$).

Bildung beim Behandeln von 1-Amino-naphthalin-sulfonsäure-(2) mit einem Gemisch von Natriumnitrit und Schwefelsäure sowie Überführung in 4-Nitroso-1-hydroxy-naphthalin-sulfonsäure-(2) (s. o.) durch Erwärmen mit Wasser: *Blangey*, Helv. **21** [1938] 1579, 1598.

5.6.8-Tribrom-1.4-dioxo-1.4-dihydro-naphthalin-sulfonsäure-(2), *5,6,8-tribromo-1,4-dioxo-1,4-dihydronaphthalene-2-sulfonic acid* $C_{10}H_3Br_3O_5S$, Formel VIII (X = Br).

B. Beim Behandeln des Mononatrium-Salzes der 4-Amino-5-hydroxy-naphthalin-disulfonsäure-(1.7) mit Schwefelsäure, anschliessenden Erwärmen mit Brom in Essigsäure und Erhitzen des Reaktionsgemisches mit Wasser (*Heller*, Ang. Ch. **43** [1930] 1132, 1136).

Kalium-Salz $KC_{10}H_2Br_3O_5S$.

Gelbbraune Krystalle (aus W.) mit 2,5 Mol H_2O, die bei 150° 1,5 Mol H_2O abgeben und dabei rotbraun werden.

5.6-Dioxo-2-methyl-5.6-dihydro-naphthalin-sulfonsäure-(8), *7-methyl-3,4-dioxo-3,4-dihydronaphthalene-1-sulfonic acid* $C_{11}H_8O_5S$, Formel I.

B. Beim Behandeln von 6-Methyl-naphthochinon-(1.2) mit wss. Natriumhydrogensulfit-Lösung, anschliessenden Erhitzen mit wenig Schwefelsäure und Behandeln der

Reaktionslösung mit Kaliumdichromat und wss. Schwefelsäure (*Fieser, Hartwell, Selig-man*, Am. Soc. **58** [1936] 1223, 1227).

Beim Erwärmen des Kalium-Salzes mit Methanol und wenig Schwefelsäure ist 2-Meth-oxy-6-methyl-naphthochinon-(1.4) erhalten worden.

Kalium-Salz KC₁₁H₇O₅S. Orangefarbene Krystalle mit 1 Mol H₂O.

1.4-Dioxo-2-methyl-1.4-dihydro-naphthalin-sulfonsäure-(3), *3-methyl-1,4-dioxo-1,4-di-hydronaphthalene-2-sulfonic acid* C₁₁H₈O₅S, Formel II.

B. Beim Erwärmen von 2-Methyl-naphthochinon-(1.4) mit wss. Natriumhydrogen-sulfit-Lösung, anschliessenden Erhitzen mit Schwefelsäure und Behandeln der Reaktionslösung mit Natriumdichromat und wss. Schwefelsäure (*Baker et al.*, Am. Soc. **64** [1942] 1096, 1099; vgl. *Bochvar* [*Botschwar*] *et al.*, Am. Soc. **65** [1943] 2162; Ž. obšč. Chim. **13** [1943] 322, 324). Aus 1.4-Diacetoxy-2-methyl-naphthalin-sulfonsäure-(3) beim Erwärmen des Natrium-Salzes mit Chrom(VI)-oxid und wss. Essigsäure (*Ba. et al.*). Aus 1.4-Dihydroxy-2-methyl-naphthalin-sulfonsäure-(3) beim Behandeln des Kalium-Salzes mit Kaliumdichromat und wss. Schwefelsäure (*Ba. et al.*, l. c. S. 1098).

Überführung in eine als 4-Hydroxy-1-oxo-2-methyl-1.4-dihydro-naphth-alin-disulfonsäure-(3.4) angesehene Verbindung C₁₁H₁₀O₈S₂ (Dikalium-Salz K₂C₁₁H₈O₈S₂: Krystalle [aus W.]; Barium-Salz BaC₁₁H₈O₈S₂·H₂O: in Wasser schwer lös-lich) durch Behandlung des Kalium-Salzes mit wss. Kaliumhydrogensulfit-Lösung: *Ufimzew*, Ž. obšč. Chim. **14** [1944] 1063, 1067; C. r. Doklady **44** [1944] 325; s. a. *Botsch-war, Schemjakin*, Ž. obšč. Chim. **13** [1943] 467, 473; C. A. **1944** 3325; *Botschwar, Tschernyschew, Schemjakin*, Ž. obšč. Chim. **15** [1945] 844, 856; C. A. **1947** 747. Beim Behandeln mit wss. Kalilauge ist von *Schtschukina, Schwezow, Schemjakin* (Ž. obšč. Chim. **13** [1943] 327) und *Schemiakin, Schukina, Shvezov* (Am. Soc. **65** [1943] 2164) das Dikalium-Salz K₂C₁₁H₆O₅S einer als 4-Hydroxy-1-oxo-2-methylen-1.2-di-hydro-naphthalin-sulfonsäure-(3) angesehenen Verbindung C₁₁H₈O₅S, von *Ufimzew* (Ž. obšč. Chim. **16** [1946] 1020, 1023; C. r. Doklady **51** [1946] 517; s. a. *Ufimzew*, Ž. obšč. Chim. **18** [1948] 1395; C. A. **1949** 2596) hingegen das Dikalium-Salz K₂C₁₁H₈O₆S einer als 2-Hydroxy-1.4-dioxo-2-methyl-1.2.3.4-tetrahydro-naphthalin-sulfon-säure-(3) angesehenen Verbindung C₁₁H₁₀O₆S erhalten worden.

Natrium-Salz NaC₁₁H₇O₅S. Krystalle [aus W.] (*Ba. et al.*).

Kalium-Salz KC₁₁H₇O₅S. Krystalle [aus W.] (*Ba. et al.*; *Bo. et al.*).

S-Benzyl-isothiuronium-Salz [C₈H₁₁N₂S]C₁₁H₇O₅S. Gelbe Krystalle (aus wss. A.); F: 156—157° (*Ba. et al.*).

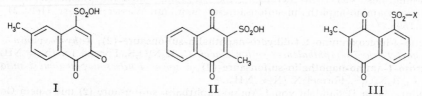

I   II   III

1.4-Dioxo-2-methyl-1.4-dihydro-naphthalin-sulfonsäure-(8), *7-methyl-5,8-dioxo-5,8-di-hydronaphthalene-1-sulfonic acid* C₁₁H₈O₅S, Formel III (X = OH).

B. Aus 1.4-Dioxo-2-methyl-1.4-dihydro-naphthalinsulfonamid-(8) beim Behandeln einer Suspension in Schwefelsäure enthaltender wss. Essigsäure mit Natriumnitrit (*Ben-dich, Chargaff*, Am. Soc. **65** [1943] 1568).

Kalium-Salz KC₁₁H₇O₅S. Gelbe Krystalle.

Thallium(I)-Salz TlC₁₁H₇O₅S. Gelbe Krystalle (aus W.); F: 263—264° [Zers.].

Barium-Salz Ba(C₁₁H₇O₅S)₂. Gelbe Krystalle.

1.4-Dioxo-2-methyl-1.4-dihydro-naphthalinsulfonamid-(8), *7-methyl-5,8-dioxo-5,8-di-hydronaphthalene-1-sulfonamide* C₁₁H₉NO₄S, Formel III (X = NH₂).

B. Aus 2-Methyl-naphthalinsulfonamid-(8) beim Erwärmen mit Chrom(VI)-oxid und wss. Essigsäure (*Bendich, Chargaff*, Am. Soc. **65** [1943] 1568).

Gelbe Krystalle (aus A. + Eg.); F: 231—232° [Zers.].

[1.4-Dioxo-1.4-dihydro-naphthyl-(2)]-methansulfonsäure, *(1,4-dioxo-1,4-dihydro-2-naphthyl)methanesulfonic acid* C₁₁H₈O₅S, Formel IV.

B. Beim Erhitzen von 1.4-Dimethoxy-2-chlormethyl-naphthalin in Methanol mit wss.

Ammoniumhydrogensulfit-Lösung auf 135° und Erwärmen des nach Zusatz von Kaliumchlorid erhaltenen Kalium-Salzes mit Kaliumdichromat und wss. Schwefelsäure (*Baker, Carlson*, Am. Soc. **64** [1942] 2657, 2662).

Kalium-Salz $KC_{11}H_7O_5S$. Krystalle (aus wss. Lösung).

S-Benzyl-isothiuronium-Salz $[C_8H_{11}N_2S]C_{11}H_7O_5S$. Krystalle (aus wss. A.); F: 182—183° [Zers.].

3.4-Dioxo-2.6-dimethyl-3.4-dihydro-naphthalin-sulfonsäure-(1), *2,6-dimethyl-3,4-dioxo-3,4-dihydronaphthalene-1-sulfonic acid* $C_{12}H_{10}O_5S$, Formel V.

B. Beim Behandeln von 3.7-Dimethyl-naphthochinon-(1.2) mit wss. Natriumhydrogen= sulfit-Lösung, kurzen Erhitzen des mit Schwefelsäure angesäuerten Reaktionsgemisches und Behandeln der erhaltenen 3.4-Dihydroxy-2.6-dimethyl-naphthalin-sulfon= säure-(1) $C_{12}H_{12}O_5S$ (Krystalle) mit Kaliumdichromat und wss. Schwefelsäure (*Fieser, Seligman*, Am. Soc. **56** [1934] 2690, 2693).

Als Kalium-Salz $KC_{12}H_9O_5S \cdot H_2O$ isoliert.

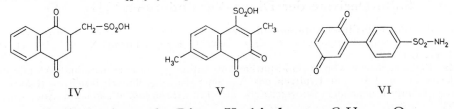

IV   V   VI

Sulfo-Derivate der Dioxo-Verbindungen $C_nH_{2n-16}O_2$

1-[3.6-Dioxo-cyclohexadien-(1.4)-yl]-benzol-sulfonsäure-(4) $C_{12}H_8O_5S$.

1-[3.6-Dioxo-cyclohexadien-(1.4)-yl]-benzolsulfonamid-(4), *p-(3,6-dioxocyclohexa-1,4-dien-1-yl)benzenesulfonamide* $C_{12}H_9NO_4S$, Formel VI.

B. Beim Eintragen einer aus Sulfanilamid, Kaliumnitrit und wss. Salzsäure bereiteten Diazoniumsalz-Lösung in eine mit Natriumacetat versetzte äthanol. Lösung von Benzo= chinon-(1.4) (*Marini-Bettòlo*, G. **71** [1941] 627, 634).

Braune Krystalle (aus wss. A.); F: 204°.

Sulfo-Derivate der Dioxo-Verbindungen $C_nH_{2n-18}O_2$

1.2-Dioxo-acenaphthen-sulfonsäure-(3), Acenaphthenchinon-sulfonsäure-(3), *1,2-dioxoacenaphthene-3-sulfonic acid* $C_{12}H_6O_5S$, Formel VII (E I 81).

Natrium-Salz $NaC_{12}H_5O_5S$. *B*. Als Hauptprodukt beim Eintragen von Natrium= dichromat in eine heisse Suspension des Natrium-Salzes der Acenaphthen-sulfonsäure-(3) in Essigsäure; Reinigung über das Natrium-Salz des Natriumhydrogensulfit-Addukts (*Dziewoński, Piasecki*, Bl. Acad. polon. [A] **1933** 108, 111; vgl. E I 81). — Gelbe Krystalle (aus W.).

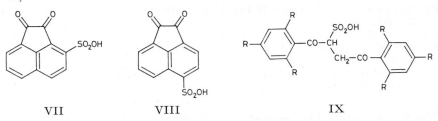

VII   VIII   IX

1.2-Dioxo-acenaphthen-sulfonsäure-(5), Acenaphthenchinon-sulfonsäure-(5), *1,2-dioxoacenaphthene-5-sulfonic acid* $C_{12}H_6O_5S$, Formel VIII.

Natrium-Salz $NaC_{12}H_5O_5S$. *B*. Beim Eintragen von Natriumdichromat in eine heisse Lösung des Natrium-Salzes der Acenaphthen-sulfonsäure-(5) in Essigsäure; Reinigung über das Natrium-Salz $Na_2C_{12}H_6O_8S_2$ (Krystalle [aus W.]) des Natriumhydrogensulfit-Addukts (*Dziewoński, Piasecki*, Bl. Acad. polon. [A] **1933** 108, 110). — Gelbe Krystalle (aus W.). In Äthanol und Essigsäure schwer löslich.

(±)-1.4-Dioxo-1.4-diphenyl-butan-sulfonsäure-(2), (±)-*1,4-dioxo-1,4-diphenylbutane-2-sulfonic acid* $C_{16}H_{14}O_5S$, Formel IX (R = H).

Natrium-Salz $NaC_{16}H_{13}O_5S$. *B.* Aus 1.4-Diphenyl-buten-(2*t*)-dion-(1.4) beim Behandeln mit Natriumhydrogensulfit in wss. Äthanol (*Lutz, Love, Palmer*, Am. Soc. **57** [1935] 1953, 1957). — Krystalle (aus A.); F: 255—262° [korr.] (nicht rein erhalten). — Beim Erhitzen mit wss. Salzsäure ist 2.5-Diphenyl-furan erhalten worden.

(±)-1.4-Dioxo-1.4-bis-[2.4.6-trimethyl-phenyl]-butan-sulfonsäure-(2), **(±)-1.4-Dioxo-1.4-dimesityl-butan-sulfonsäure-(2)**, (±)-*1,4-dimesityl-1,4-dioxobutane-2-sulfonic acid* $C_{22}H_{26}O_5S$, Formel IX (R = CH₃).

B. Aus 1.4-Bis-[2.4.6-trimethyl-phenyl]-buten-(2*t*)-dion-(1.4) beim Erwärmen mit Natriumhydrogensulfit in wss. Äthanol (*Lutz, Reveley*, Am. Soc. **61** [1939] 1854, 1859).

Blei(II)-Salz. Krystalle (aus wss. Me.).

[*Unger*]

Sulfo-Derivate der Dioxo-Verbindungen $C_nH_{2n-20}O_2$

9.10-Dioxo-9.10-dihydro-anthracen-sulfonsäure-(1), Anthrachinon-sulfonsäure-(1), *9,10-dioxo-9,10-dihydroanthracene-1-sulfonic acid* $C_{14}H_8O_5S$, Formel X (X = H) (H 335; E I 81; E II 192).

B. Beim Erhitzen von 3-Sulfo-phthalsäure-anhydrid mit Benzol und Aluminium≠chlorid bis auf 160° und Erhitzen des Kalium-Salzes des danach isolierten Reaktions-produkts mit rauchender Schwefelsäure auf 120° (*Schwenk, Waldmann*, Ang. Ch. **45** [1932] 17, 18).

Krystalle; F: 213,8—214,9° [korr.] (*Seaman, Norton, Maresh*, Ind. eng. Chem. Anal. **14** [1942] 350, 352), 214° [Zers.] (*Lauer*, B. **70** [1937] 1288, 1292). Dissoziationskonstante (Wasser; konduktometrisch ermittelt) bei 20°: 5,40·10⁻¹ (*Lauer*, l. c. S. 1293). Polaro-graphie: *Furman, Stone*, Am. Soc. **70** [1948] 3055, 3057, 3058, 3060.

Kinetik der Reaktion mit Chlor (Bildung von 1-Chlor-anthrachinon) in wss. Lösung bei 94° und 104°: *Lauer*, J. pr. [2] **135** [1932] 182, 188, 191. Kinetik der Bildung von Anthrachinon beim Erhitzen mit wss. Schwefelsäure in Gegenwart von Quecksilber auf 170°, 180° und 190°: *Lauer*, J. pr. [2] **135** 184—186. Beim Erhitzen mit rauchender Schwefelsäure sind 9.10-Dioxo-9.10-dihydro-anthracen-disulfonsäure-(1.6) und 9.10-Di≠oxo-9.10-dihydro-anthracen-disulfonsäure-(1.7) erhalten worden (*Lauer*, J. pr. [2] **137** [1933] 161, 176; vgl. H 335). Überführung in Anthrachinon durch Behandlung einer wss. Lösung des Kalium-Salzes mit Natrium-Amalgam: *Berkengeim, Snamenškaja*, Ž. obšč. Chim. **4** [1934] 31, 56; C. **1935** I 2793. Kinetik der Reaktion mit Ammoniak in wss. Lösung in Gegenwart von Bariumchlorid und Ammoniumchlorid (Bildung von 1-Amino-anthrachinon) bei 160°, 180° und 200°: *Lauer*, J. pr. [2] **135** [1932] 204, 206, 208. Bildung von Anthrachinon beim Erhitzen des Kalium-Salzes mit Glycerin und wss. Natronlauge und anschliessenden Behandeln mit Luft oder wss. Wasserstoffperoxid: *Oda, Tamura, Maeda*, J. Soc. chem. Ind. Japan **41** [1938] 363; J. Soc. chem. Ind. Japan Spl. **41** [1938] 193.

Das Natrium-Salz (H 336; E II 192) ist piezoelektrisch (*Hettich, Steinmetz*, Z. Phys. **76** [1932] 688, 698).

Kalium-Salz (H 336; E II 192). Löslichkeit in Wasser und in wss. Lösungen von Kaliumchlorid: *Lauer*, J. pr. [2] **130** [1931] 185, 191.

Verbindung des Äthylquecksilber-Salzes mit Bis-äthylquecksilber-hydrogen≠phosphat $[C_2H_5Hg]C_{14}H_7O_5S·2$ $[C_2H_5Hg]_2HPO_4$. Herstellung aus dem Natrium-Salz und Bis-äthylquecksilber-hydrogenphosphat in Wasser: *Ainley, Elson, Sexton*, Soc. **1946** 776. — Gelbliche Krystalle (aus W. oder A.), F: 213—214° [Zers.].

4-Chlor-9.10-dioxo-9.10-dihydro-anthracen-sulfonsäure-(1), *4-chloro-9,10-dioxo-9,10-di≠hydroanthracene-1-sulfonic acid* $C_{14}H_7ClO_5S$, Formel X (X = Cl).

B. Neben geringen Mengen 1.4-Dichlor-anthrachinon bei 2¹/₂-stdg. Erwärmen des Dinatrium-Salzes der 9.10-Dioxo-9.10-dihydro-anthracen-disulfonsäure-(1.4) mit wss. Salzsäure und Natriumchlorat (*Koslow*, Ž. obšč. Chim. **17** [1947] 299; C. A. **1948** 551).

Krystalle (aus wss. Salzsäure) mit 3 Mol H_2O; F: 180° [Zers.].

Natrium-Salz $NaC_{14}H_6ClO_5S$. Gelbe Krystalle mit 4 Mol H_2O. Löslichkeit in Wasser: *Ko.*

Barium-Salz Ba($C_{14}H_6ClO_5S$)$_2$. Hellgelbe Krystalle (aus wss. A.) mit 2 Mol H_2O. Löslichkeit in Wasser: *Ko.*

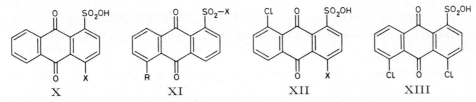

X   XI   XII   XIII

5-Chlor-9.10-dioxo-9.10-dihydro-anthracen-sulfonsäure-(1), *5-chloro-9,10-dioxo-9,10-di= hydroanthracene-1-sulfonic acid* $C_{14}H_7ClO_5S$, Formel XI (R = Cl, X = OH) (H 336; E I 82; E II 193).

B. Neben 4-Chlor-9.10-dioxo-9.10-dihydro-anthracen-disulfonsäure-(1.8) beim Erhitzen von 1-Chlor-anthrachinon mit rauchender Schwefelsäure unter Zusatz von Queck= silber(II)-sulfat auf 160° (*Goldberg*, Soc. **1931** 1771, 1781).

Kinetik der Reaktion mit Chlor (Bildung von 1.5-Dichlor-anthrachinon) in wss. Lösung bei 94° und 104°: *Lauer*, J. pr. [2] **136** [1933] 5, 6, 8.

Beim Erhitzen des Natrium-Salzes mit rauchender Schwefelsäure auf 155° ist 5-Chlor-9.10-dioxo-9.10-dihydro-anthracen-disulfonsäure-(1.6) erhalten worden (*Go.*, l. c. S. 1775, 1786).

5-Chlor-9.10-dioxo-9.10-dihydro-anthracen-sulfonylchlorid-(1), *5-chloro-9,10-dioxo-9,10-dihydroanthracene-1-sulfonyl chloride* $C_{14}H_6Cl_2O_4S$, Formel XI (R = X = Cl).

Gelbe Krystalle (aus Toluol); F: 243—244° [Zers.] (*Goldberg*, Soc. **1931** 1771, 1782).

8-Chlor-9.10-dioxo-9.10-dihydro-anthracen-sulfonsäure-(1), *8-chloro-9,10-dioxo-9,10-di= hydroanthracene-1-sulfonic acid* $C_{14}H_7ClO_5S$, Formel XII (X = H) (H 336; E II 193).

Kinetik der Reaktion mit Chlor (Bildung von 1.8-Dichlor-anthrachinon) in wss. Lösung bei 94° und 104°: *Lauer*, J. pr. [2] **136** [1933] 5.

4.5-Dichlor-9.10-dioxo-9.10-dihydro-anthracen-sulfonsäure-(1), *4,5-dichloro-9,10-dioxo-9,10-dihydroanthracene-1-sulfonic acid* $C_{14}H_6Cl_2O_5S$, Formel XIII.

Bildung neben geringen Mengen 4.5-Dichlor-9.10-dioxo-9.10-dihydro-anthracen-disulf= onsäure-(1.8) beim Erhitzen von 1.8-Dichlor-anthrachinon mit rauchender Schwefel= säure unter Zusatz von Quecksilber(II)-oxid auf 160° sowie Überführung in 1.4.5-Tri= chlor-anthrachinon durch Erwärmen des Natrium-Salzes NaC$_{14}$H$_5$Cl$_2$O$_5$S (Krystalle [aus W.]) mit Kaliumchlorat und wss. Salzsäure: *Goldberg*, Soc. **1931** 1771, 1777, 1791.

4.8-Dichlor-9.10-dioxo-9.10-dihydro-anthracen-sulfonsäure-(1), *4,8-dichloro-9,10-dioxo-9,10-dihydroanthracene-1-sulfonic acid* $C_{14}H_6Cl_2O_5S$, Formel XII (X = Cl).

Bildung neben geringen Mengen 4.8-Dichlor-9.10-dioxo-9.10-dihydro-anthracen-di= sulfonsäure-(1.5) beim Erhitzen von 1.5-Dichlor-anthrachinon mit rauchender Schwefel= säure unter Zusatz von Quecksilber(II)-oxid auf 160° sowie Überführung in 1.4.5-Tri= chlor-anthrachinon durch Erwärmen des Natrium-Salzes (Krystalle [aus W.]) mit Kaliumchlorat und wss. Salzsäure: *Goldberg*, Soc. **1931** 1771, 1777, 1792, 1793.

5.8-Dichlor-9.10-dioxo-9.10-dihydro-anthracen-sulfonsäure-(1), *5,8-dichloro-9,10-dioxo-9,10-dihydroanthracene-1-sulfonic acid* $C_{14}H_6Cl_2O_5S$, Formel I (H 336).

B. Beim Erhitzen des Barium-Salzes des 3-Sulfo-phthalsäure-anhydrids mit 1.4-Di= chlor-benzol und Aluminiumchlorid bis auf 160° und Erhitzen des Kalium-Salzes des Reaktionsprodukts mit rauchender Schwefelsäure auf 120° (*Schwenk*, *Waldmann*, Ang. Ch. **45** [1932] 17, 19).

6.7-Dichlor-9.10-dioxo-9.10-dihydro-anthracen-sulfonsäure-(1), *6,7-dichloro-9,10-dioxo-9,10-dihydroanthracene-1-sulfonic acid* $C_{14}H_6Cl_2O_5S$, Formel II.

B. Neben geringen Mengen 6.7-Dichlor-9.10-dioxo-9.10-dihydro-anthracen-sulfon= säure-(2) bei 2$\frac{1}{2}$-stdg. Erhitzen von 2.3-Dichlor-anthrachinon mit rauchender Schwefel= säure unter Zusatz von Quecksilber(II)-oxid auf 160° (*Goldberg*, Soc. **1932** 73, 79).

Als Kalium-Salz KC$_{14}$H$_5$Cl$_2$O$_5$S (gelbe Krystalle [aus W.]) isoliert.

Beim Erwärmen mit Kaliumchlorat und wss. Salzsäure ist 1.6.7-Trichlor-anthrachinon erhalten worden.

40*

5-Nitro-9.10-dioxo-9.10-dihydro-anthracen-sulfonsäure-(1), *5-nitro-9,10-dioxo-9,10-di=*
hydroanthracene-1-sulfonic acid $C_{14}H_7NO_7S$, Formel XI (R = NO$_2$, X = OH)
(H 336; E I 82; E II 193).

Polarographie: *Furman, Stone*, Am. Soc. **70** [1948] 3055, 3057, 3059, 3060.

9.10-Dioxo-9.10-dihydro-anthracen-sulfonsäure-(2), Anthrachinon-sulfonsäure-(2),
9,10-dioxo-9,10-dihydroanthracene-2-sulfonic acid $C_{14}H_8O_5S$, Formel III (X = OH) (H 337;
E I 83; E II 193).

B. Beim Erhitzen von 4-Sulfo-phthalsäure-anhydrid mit Benzol und Aluminium=
chlorid auf 130° und Erhitzen des Natrium-Salzes des Reaktionsprodukts mit rauchender
Schwefelsäure auf 120° (*Schwenk, Waldmann*, Ang. Ch. **45** [1932] 17, 19). Aus 2-[4-Sulfo-
benzoyl]-benzoesäure beim Erhitzen des Dinatrium-Salzes mit Fluorwasserstoff auf 130°
(*Du Pont de Nemours & Co.*, U.S.P. 2174118 [1936]) oder mit rauchender Schwefelsäure
auf 150° (*Du Pont de Nemours & Co.*, U.S.P. 1870249 [1928], 2107652 [1936]). Aus
9.10-Dioxo-9.10-dihydro-anthracen-disulfonsäure-(?.6) beim Behandeln des Dinatrium-
Salzes mit Natrium-Amalgam und Wasser (*Berkengeĭm, Tschenzowa*, Ž. obšč. Chim. **3**
[1933] 947, 953, 956; C. **1935** I 376). Als Hauptprodukt beim Leiten von Schwefeltrioxid
über Anthrachinon bei 150—170° (*Schwenk*, Ang. Ch. **44** [1931] 912). Aus 9.10-Dichlor-
anthracen-sulfonylchlorid-(2) beim Erhitzen mit Chrom(VI)-oxid und wss. Essigsäure
(*Fedorow*, Ž. obšč. Chim. **6** [1936] 444, 451; C. **1936** II 1538). Aus 9.10-Dichlor-anthracen-
sulfonsäure-(2) beim Erwärmen mit Distickstofftetroxid in Nitrobenzol unter Zusatz von
Quecksilber(II)-nitrat sowie beim Erwärmen des Natrium-Salzes mit wss. Salpetersäure
(*Minaeff, Fedoroff*, Rev. gén. Mat. col. **34** [1930] 376, 380).

Krystalle; F: 210° [Zers.] (*Lauer*, B. **70** [1937] 1288, 1292). Dissoziationskonstante
(Wasser; konduktometrisch ermittelt) bei 20°: 4,2·10^{-1} (*Lauer*, l. c. S. 1293). Redox-
potential: *Geake, Lemon*, Trans. Faraday Soc. **34** [1938] 1409, 1411; *Burstein, Davidson*,
Trans. electroch. Soc. **80** [1941] 175, 178—183; *Jerchel, Möhle*, B. **77/79** [1944/46] 591,
599. Polarographie: *Furman, Stone*, Am. Soc. **70** [1948] 3055, 3057, 3058, 3060.
Kinetik der Reaktion mit Chlor (Bildung von 2-Chlor-anthrachinon) in wss. Lösung
bei 94° und 104°: *Lauer*, J. pr. [2] **135** [1932] 182, 188, 190. Bildung geringer Mengen
Anthrachinon beim Erhitzen mit wss. Schwefelsäure (vgl. E II 194) sowie beim Behandeln
des Natrium-Salzes mit Natrium-Amalgam und Wasser (vgl. H 337): *Berkengeĭm, Snamenškaja*, Ž. obšč. Chim. **4** [1934] 31, 54, 56; C. **1935** I 2793. Kinetik der Reaktion mit Am=
moniak in wss. Lösung in Gegenwart von Bariumchlorid und Ammoniumchlorid (Bildung
von 2-Amino-anthrachinon) bei 160°, 180° und 200°: *Lauer*, J. pr. [2] **135** [1932] 204,
206—208. Beim Erhitzen mit wss. Ammoniak auf 200° sind 2-Amino-anthrachinon
und geringe Mengen einer vermutlich als 3.3'-Diamino-10.10'-dioxo-9.10.9'.10'-tetrahydro-
[9.9']bianthryl zu formulierenden Verbindung (F: 278° [Zers.]) erhalten worden (*Maki*,
J. Soc. chem. Ind. Japan **36** [1933] 559; J. Soc. chem. Ind. Japan Spl. **36** [1933] 199;
vgl. H 338; E I 83). Bildung von Anthrachinon beim Erhitzen des Kalium-Salzes mit
Glycerin und wss. Natronlauge und anschliessenden Behandeln mit Luft oder wss. Wasser=
stoffperoxid: *Oda, Tamura, Maeda*, J. Soc. chem. Ind. Japan **41** [1938] 363; J. Soc.
chem. Ind. Japan Spl. **41** [1938] 193.

S-Benzyl-isothiuronium-Salz [C$_8$H$_{11}$N$_2$S]C$_{14}$H$_7$O$_5$S·H$_2$O. F: 211,1° [korr.]
(*Chambers, Watt*, J. org. Chem. **6** [1941] 376, 378).

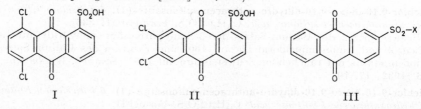

I   II   III

9.10-Dioxo-9.10-dihydro-anthracen-sulfonylchlorid-(2), *9,10-dioxo-9,10-dihydro=*
anthracene-2-sulfonyl chloride $C_{14}H_7ClO_4S$, Formel III (X = Cl) (H 339; E I 83).

B. Aus Anthrachinon beim Erhitzen mit Chloroschwefelsäure auf 135° (*Koslow*, Ž.
prikl. Chim. **20** [1947] 887, 891, 897; C. A. **1948** 7284). Aus 9.10-Dioxo-9.10-dihydro-
anthracen-sulfonsäure-(2) beim Erhitzen des Natrium-Salzes mit Benzotrichlorid (*I.G.
Farbenind.*, D.R.P. 574836 [1931]; Frdl. **19** 627; U.S.P. 2016784 [1932]).

F: 194—195° (*Ko.*).

Beim Behandeln mit Hydrazin in wenig Wasser ist 10-Hydroxy-9-oxo-9.10-dihydro-anthracen-sulfonsäure-(2)-hydrazid (S. 646) erhalten worden (*Curtius, Derlon,* J. pr. [2] **125** [1930] 420, 421).

9.10-Dioxo-*N*-[2-chlor-äthyl]-9.10-dihydro-anthracensulfonamid-(2), N-(*2-chloroethyl*)-*9,10-dioxo-9,10-dihydroanthracene-2-sulfonamide* $C_{16}H_{12}ClNO_4S$, Formel III (X = NH-CH$_2$-CH$_2$Cl).

B. Aus 9.10-Dioxo-9.10-dihydro-anthracen-sulfonylchlorid-(2) und Äthylenimin in Äthanol (*Gen. Aniline & Film Corp.*, U.S.P. 2288178 [1939]).

Krystalle (aus Eg.); F: 173°.

[9.10-Dioxo-9.10-dihydro-anthracen-sulfonyl-(2)]-methyl-chloracetyl-amin, *C*-Chlor-*N*-[9.10-dioxo-9.10-dihydro-anthracen-sulfonyl-(2)]-*N*-methyl-acetamid, 2-*chloro*-N-(*9,10-dioxo-9,10-dihydro-2-anthrylsulfonyl*)-N-*methylacetamide* $C_{17}H_{12}ClNO_5S$, Formel III (X = N(CH$_3$)-CO-CH$_2$Cl).

B. Bei der Umsetzung von 9.10-Dioxo-9.10-dihydro-anthracen-sulfonylchlorid-(2) mit Methylamin und Behandlung des Reaktionsprodukts mit Chloressigsäure-anhydrid bei 140° (*Abderhalden, Riesz,* D.R.P. 539403 [1930]; Frdl. **18** 464).

Krystalle (aus Acn. + PAe.); F: 140° [Zers.].

***C*-Diazo-*N*-[9.10-dioxo-9.10-dihydro-anthracen-sulfonyl-(2)]-malonamidsäure-äthyl⸗ ester,** 2-*diazo*-N-(*9,10-dioxo-9,10-dihydro-2-anthrylsulfonyl*)*malonamic acid ethyl ester* $C_{19}H_{13}N_3O_7S$, Formel III (X = NH-CO-C(N$_2$)-CO-OC$_2$H$_5$).

Diese Konstitution ist der nachstehend beschriebenen Verbindung auf Grund ihrer Bildungsweise in Analogie zu *C*-Diazo-*N*-[toluol-sulfonyl-(4)]-malonamidsäure-äthyl⸗ ester (E II **11** 60) zuzuordnen (vgl. *Regitz,* A. **676** [1964] 101, 105).

B. Aus 9.10-Dioxo-9.10-dihydro-anthracen-sulfonylazid-(2) beim Behandeln mit Malon⸗ säure-diäthylester und Natriumäthylat in Äthanol (*Curtius, Derlon,* J. pr.[2] **125** [1930] 420, 423).

Krystalle (aus A.); F: 183° [Zers.] (*Cu., De.*).

9.10-Dioxo-9.10-dihydro-anthracen-sulfonylazid-(2), *9,10-dioxo-9,10-dihydroanthracene-2-sulfonyl azide* $C_{14}H_7N_3O_4S$, Formel III (X = N$_3$).

B. Neben 9.10-Dioxo-9.10-dihydro-anthracensulfonamid-(2) beim Erwärmen von 9.10-Dioxo-9.10-dihydro-anthracen-sulfonylchlorid-(2) mit Natriumazid in wss. Äthanol (*Curtius, Derlon,* J. pr. [2] **125** [1930] 420).

Gelbe Krystalle (aus A.); F: 153°.

Beim Erhitzen mit *p*-Xylol ist 9.10-Dioxo-*N*-[2.5-dimethyl-phenyl]-9.10-dihydro-anthracensulfonamid-(2) erhalten worden (*Cu., De.*, l. c. S. 422).

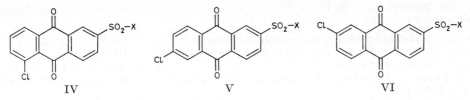

IV V VI

5-Chlor-9.10-dioxo-9.10-dihydro-anthracen-sulfonsäure-(2), *5-chloro-9,10-dioxo-9,10-di⸗ hydroanthracene-2-sulfonic acid* $C_{14}H_7ClO_5S$, Formel IV (X = OH) (E II 194).

B. Neben 8-Chlor-9.10-dioxo-9.10-dihydro-anthracen-sulfonsäure-(2) beim Erhitzen von 1-Chlor-anthrachinon mit rauchender Schwefelsäure auf 160° (*Goldberg,* Soc. **1931** 1771, 1773, 1779).

Kinetik der Reaktion mit Chlor (Bildung von 1.6-Dichlor-anthrachinon) in wss. Lösung bei 94° und 104°: *Lauer,* J. pr. [2] **136** [1933] 5, 7. Beim Erhitzen des Natrium-Salzes mit rauchender Schwefelsäure auf 160° sind 1-Chlor-9.10-dioxo-9.10-dihydro-anthracen-disulfonsäure-(2.6) und 4-Chlor-9.10-dioxo-9.10-dihydro-anthracen-disulfon⸗ säure-(1.7) erhalten worden (*Go.*, l. c. S. 1774, 1783).

Natrium-Salz NaC$_{14}$H$_6$ClO$_5$S. Gelbliche Krystalle (aus W.). In Wasser schwerer löslich als das Natrium-Salz der 8-Chlor-9.10-dioxo-9.10-dihydro-anthracen-sulfon⸗ säure-(2).

5-Chlor-9.10-dioxo-9.10-dihydro-anthracen-sulfonylchlorid-(2), *5-chloro-9,10-dioxo-9,10-dihydroanthracene-2-sulfonyl chloride* C$_{14}$H$_6$Cl$_2$O$_4$S, Formel IV (X = Cl).

B. Aus 5-Chlor-9.10-dioxo-9.10-dihydro-anthracen-sulfonsäure-(2) beim Erhitzen des Natrium-Salzes mit Phosphor(V)-chlorid und Phosphoroxychlorid auf 115° (*Goldberg*, Soc. **1931** 1771, 1780).

Gelbliche Krystalle (aus Bzn.); F: 207—208°.

6-Chlor-9.10-dioxo-9.10-dihydro-anthracen-sulfonsäure-(2), *6-chloro-9,10-dioxo-9,10-di=hydroanthracene-2-sulfonic acid* C$_{14}$H$_7$ClO$_5$S, Formel V (X = OH) (E II 195).

Ein Gemisch mit 7-Chlor-9.10-dioxo-9.10-dihydro-anthracen-sulfonsäure-(2) ist beim Erhitzen des Natrium-Salzes des 4-Sulfo-phthalsäure-anhydrids mit Chlorbenzol und Aluminiumchlorid auf 150° und Erhitzen des Kalium-Salzes des Reaktionsprodukts mit rauchender Schwefelsäure auf 120° erhalten worden (*Schwenk, Waldmann*, Ang. Ch. **45** [1932] 17, 20).

Kinetik der Reaktion mit Chlor (Bildung von 2.6-Dichlor-anthrachinon) in wss. Lösung bei 94° und 104°: *Lauer*, J. pr. [2] **136** [1933] 5, 8. Beim Erhitzen des Kalium-Salzes mit rauchender Schwefelsäure auf 160° ist 3-Chlor-9.10-dioxo-9.10-dihydro-anthracen-disulfonsäure-(2.7) erhalten worden (*Goldberg*, Soc. **1932** 73, 78).

6-Chlor-9.10-dioxo-9.10-dihydro-anthracen-sulfonylchlorid-(2), *6-chloro-9,10-dioxo-9,10-dihydroanthracene-2-sulfonyl chloride* C$_{14}$H$_6$Cl$_2$O$_4$S, Formel V (X = Cl) (E II 195).

B. Aus 6-Chlor-9.10-dioxo-9.10-dihydro-anthracen-sulfonsäure-(2) beim Erhitzen des Natrium-Salzes mit Phosphor(V)-chlorid und Phosphoroxychlorid (*Goldberg*, Soc. **1932** 73, 77).

Gelbliche Krystalle (aus Bzl.); F: 202—203°.

7-Chlor-9.10-dioxo-9.10-dihydro-anthracen-sulfonsäure-(2), *7-chloro-9,10-dioxo-9,10-di=hydroanthracene-2-sulfonic acid* C$_{14}$H$_7$ClO$_5$S, Formel VI (X = OH) (H 339; E II 195).

Kinetik der Reaktion mit Chlor (Bildung von 2.7-Dichlor-anthrachinon) in wss. Lösung bei 94° und 104°: *Lauer*, J. pr. [2] **136** [1933] 5, 8. Beim Erhitzen des Kalium-Salzes mit rauchender Schwefelsäure auf 160° ist 3-Chlor-9.10-dioxo-9.10-dihydro-anthracen-disulfonsäure-(2.6) erhalten worden (*Goldberg*, Soc. **1932** 73, 82).

7-Chlor-9.10-dioxo-9.10-dihydro-anthracen-sulfonylchlorid-(2), *7-chloro-9,10-dioxo-9,10-dihydroanthracene-2-sulfonyl chloride* C$_{14}$H$_6$Cl$_2$O$_4$S, Formel VI (X = Cl) (vgl. E I 83; E II 195).

B. Aus 7-Chlor-9.10-dioxo-9.10-dihydro-anthracen-sulfonsäure-(2) (*Jones, Mason*, Soc. **1934** 1813, 1814) oder aus dem Kalium-Salz dieser Säure (*Goldberg*, Soc. **1932** 73, 78) beim Erhitzen mit Phosphor(V)-chlorid und Phosphoroxychlorid.

Gelbe Krystalle (aus Bzl.); F: 205° (*Jo., Ma.*), 200—201° (*Go.*).

Beim Erhitzen unter 20 Torr auf Siedetemperatur ist 2.7-Dichlor-anthrachinon erhalten worden (*Jo., Ma.*).

8-Chlor-9.10-dioxo-9.10-dihydro-anthracen-sulfonsäure-(2), *8-chloro-9,10-dioxo-9,10-di=hydroanthracene-2-sulfonic acid* C$_{14}$H$_7$ClO$_5$S, Formel VII (X = OH) (E II 195).

B. Neben 5-Chlor-9.10-dioxo-9.10-dihydro-anthracen-sulfonsäure-(2) beim Erhitzen von 1-Chlor-anthrachinon mit rauchender Schwefelsäure auf 160° (*Goldberg*, Soc. **1931** 1771, 1773, 1779).

Kinetik der Reaktion mit Chlor (Bildung von 1.7-Dichlor-anthrachinon) in wss. Lösung bei 94° und 104°: *Lauer*, J. pr. [2] **136** [1933] 5, 7. Beim Erhitzen des Natrium-Salzes mit rauchender Schwefelsäure auf 160° ist 1-Chlor-9.10-dioxo-9.10-dihydro-anthracen-disulfonsäure-(2.7) erhalten worden (*Go.*, l. c. S. 1774, 1785).

Natrium-Salz NaC$_{14}$H$_6$ClO$_5$S. Gelbe Krystalle [aus W.] (*Go.*). In Wasser leichter löslich als das Natrium-Salz der 5-Chlor-9.10-dioxo-9.10-dihydro-anthracen-sulfon=säure-(2) (*Go.*).

8-Chlor-9.10-dioxo-9.10-dihydro-anthracen-sulfonylchlorid-(2), *8-chloro-9,10-dioxo-9,10-dihydroanthracene-2-sulfonyl chloride* C$_{14}$H$_6$Cl$_2$O$_4$S, Formel VII (X = Cl).

B. Aus 8-Chlor-9.10-dioxo-9.10-dihydro-anthracen-sulfonsäure-(2) beim Erhitzen des Natrium-Salzes mit Phosphor(V)-chlorid und Phosphoroxychlorid auf 115° (*Goldberg*, Soc. **1931** 1771, 1780).

Gelbe Krystalle (aus Bzl.); F: 200—201° [Zers.].

1.5-Dichlor-9.10-dioxo-9.10-dihydro-anthracen-sulfonsäure-(2), *1,5-dichloro-9,10-dioxo-9,10-dihydroanthracene-2-sulfonic acid* $C_{14}H_6Cl_2O_5S$, Formel VIII (X = Cl, X' = H).

Bildung neben anderen Verbindungen beim Erhitzen von 1.5-Dichlor-anthrachinon mit rauchender Schwefelsäure auf 160° sowie Überführung in 1.2.5-Trichlor-anthrachinon durch Erwärmen des Natrium-Salzes $NaC_{14}H_5Cl_2O_5$ (Krystalle [aus W.]) mit Kalium= chlorat und wss. Salzsäure: *Goldberg*, Soc. **1931** 1771, 1777, 1792.

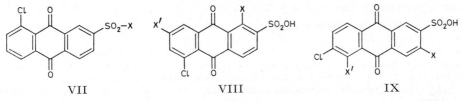

VII   VIII   IX

3.6-Dichlor-9.10-dioxo-9.10-dihydro-anthracen-sulfonsäure-(2), *3,6-dichloro-9,10-dioxo-9,10-dihydroanthracene-2-sulfonic acid* $C_{14}H_6Cl_2O_5S$, Formel IX (X = Cl, X' = H).

B. Aus 2.7-Dichlor-anthrachinon beim Erhitzen mit rauchender Schwefelsäure auf 160° (*Goldberg*, Soc. **1932** 73, 80).

Gelbe Krystalle, die unterhalb 300° nicht schmelzen.

Beim Erwärmen mit Natriumchlorat und wss. Salzsäure ist 2.3.6-Trichlor-anthrachinon erhalten worden.

5.6-Dichlor-9.10-dioxo-9.10-dihydro-anthracen-sulfonsäure-(2), *5,6-dichloro-9,10-dioxo-9,10-dihydroanthracene-2-sulfonic acid* $C_{14}H_6Cl_2O_5S$, Formel IX (X = H, X' = Cl).

Bildung neben 7.8-Dichlor-9.10-dioxo-9.10-dihydro-anthracen-sulfonsäure-(2) beim Erhitzen von 1.2-Dichlor-anthrachinon mit rauchender Schwefelsäure auf 160° sowie Überführung in 1.2.6-Trichlor-anthrachinon durch Erwärmen des Natrium-Salzes $NaC_{14}H_5Cl_2O_5S$ (gelbe Krystalle [aus W.]; in Wasser schwerer löslich als das Natrium-Salz der 7.8-Dichlor-9.10-dioxo-9.10-dihydro-anthracen-sulfonsäure-(2)) mit Kalium= chlorat und wss. Salzsäure: *Goldberg*, Soc. **1931** 1771, 1788.

5.7-Dichlor-9.10-dioxo-9.10-dihydro-anthracen-sulfonsäure-(2), *5,7-dichloro-9,10-dioxo-9,10-dihydroanthracene-2-sulfonic acid* $C_{14}H_6Cl_2O_5S$, Formel VIII (X = H, X' = Cl).

B. Neben 6.8-Dichlor-9.10-dioxo-9.10-dihydro-anthracen-sulfonsäure-(2) beim Er-hitzen von 1.3-Dichlor-anthrachinon mit rauchender Schwefelsäure auf 160° sowie Überführung in 1.3.6-Trichlor-anthrachinon durch Erwärmen des Natrium-Salzes $NaC_{14}H_5Cl_2O_5S$ (Krystalle) mit Kaliumchlorat und wss. Salzsäure: *Goldberg*, Soc. **1931** 1771, 1789.

5.8-Dichlor-9.10-dioxo-9.10-dihydro-anthracen-sulfonsäure-(2), *5,8-dichloro-9,10-dioxo-9,10-dihydroanthracene-2-sulfonic acid* $C_{14}H_6Cl_2O_5S$, Formel X (H 339; E I 83).

B. Beim Erhitzen von 4-Sulfo-phthalsäure-anhydrid mit 1.4-Dichlor-benzol und Aluminiumchlorid auf 170° und Erhitzen des Natrium-Salzes des danach isolierten Reak-tionsprodukts mit rauchender Schwefelsäure (*Schwenk*, *Waldmann*, Ang. Ch. **45** [1932] 17, 20).

Als *p*-Toluidin-Salz (F: 184° [Zers.]) charakterisiert.

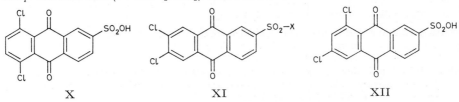

X   XI   XII

6.7-Dichlor-9.10-dioxo-9.10-dihydro-anthracen-sulfonsäure-(2), *6,7-dichloro-9,10-dioxo-9,10-dihydroanthracene-2-sulfonic acid* $C_{14}H_6Cl_2O_5S$, Formel XI (X = OH).

B. Aus 3-Chlor-9.10-dioxo-9.10-dihydro-anthracen-disulfonsäure-(2.6) sowie aus 3-Chlor-9.10-dioxo-9.10-dihydro-anthracen-disulfonsäure-(2.7) beim Erwärmen der Kali= um-Salze mit Kaliumchlorat und wss. Salzsäure (*Goldberg*, Soc. **1932** 73, 78, 82). Aus 2.3-Dichlor-anthrachinon beim Erhitzen mit rauchender Schwefelsäure auf 160° (*Go.*,

l. c. S. 79).

Als Kalium-Salz KC$_{14}$H$_5$Cl$_2$O$_5$S (in Wasser fast unlöslich) isoliert.

6.7-Dichlor-9.10-dioxo-9.10-dihydro-anthracen-sulfonylchlorid-(2), *6,7-dichloro-9,10-di=oxo-9,10-dihydroanthracene-2-sulfonyl chloride* C$_{14}$H$_5$Cl$_3$O$_4$S, Formel XI (X = Cl).

B. Aus dem Kalium-Salz der 6.7-Dichlor-9.10-dioxo-9.10-dihydro-anthracen-sulfon=säure-(2) (*Goldberg*, Soc. **1932** 73, 79).

Gelbliche Krystalle (aus Xylol); F: 228—229°.

6.8-Dichlor-9.10-dioxo-9.10-dihydro-anthracen-sulfonsäure-(2), *6,8-dichloro-9,10-dioxo-9,10-dihydroanthracene-2-sulfonic acid* C$_{14}$H$_6$Cl$_2$O$_5$S, Formel XII.

Bildung neben 5.7-Dichlor-9.10-dioxo-9.10-dihydro-anthracen-sulfonsäure-(2) beim Erhitzen von 1.3-Dichlor-anthrachinon mit rauchender Schwefelsäure auf 160° sowie Überführung in 1.3.7-Trichlor-anthrachinon durch Erwärmen des Natrium-Salzes NaC$_{14}$H$_5$Cl$_2$O$_5$S (Krystalle) mit Kaliumchlorat und wss. Salzsäure: *Goldberg*, Soc. **1931** 1771, 1789.

7.8-Dichlor-9.10-dioxo-9.10-dihydro-anthracen-sulfonsäure-(2), *7,8-dichloro-9,10-dioxo-9,10-dihydroanthracene-2-sulfonic acid* C$_{14}$H$_6$Cl$_2$O$_5$S, Formel I.

Bildung neben 5.6-Dichlor-9.10-dioxo-9.10-dihydro-anthracen-sulfonsäure-(2) beim Erhitzen von 1.2-Dichlor-anthrachinon mit rauchender Schwefelsäure auf 160° sowie Überführung in 1.2.7-Trichlor-anthrachinon durch Erwärmen des Natrium-Salzes NaC$_{14}$H$_5$Cl$_2$O$_5$S (gelbe Krystalle [aus W.]; in Wasser leichter löslich als das Natrium-Salz der 5.6-Dichlor-9.10-dioxo-9.10-dihydro-anthracen-sulfonsäure-(2)) mit Kaliumchlorat und wss. Salzsäure: *Goldberg*, Soc. **1931** 1771, 1788.

1-Brom-9.10-dioxo-9.10-dihydro-anthracen-sulfonylchlorid-(2), *1-bromo-9,10-dioxo-9,10-dihydroanthracene-2-sulfonyl chloride* C$_{14}$H$_6$BrClO$_4$S, Formel II (X = Br).

B. Aus 1-Brom-9.10-dioxo-9.10-dihydro-anthracen-sulfonsäure-(2) (nicht näher be-schrieben) beim Erhitzen des Natrium-Salzes mit Phosphor(V)-chlorid und Phosphor=oxychlorid auf 110° (*I. G. Farbenind.*, D.R.P. 673602 [1935]; Frdl. **25** 746; *Gen. Aniline Works*, U.S.P. 2087438 [1936]).

Gelbe Krystalle (aus Chlorbenzol); F: 237—238°.

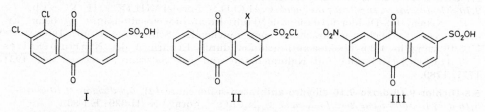

I   II   III

1-Jod-9.10-dioxo-9.10-dihydro-anthracen-sulfonylchlorid-(2), *1-iodo-9,10-dioxo-9,10-di=hydroanthracene-2-sulfonyl chloride* C$_{14}$H$_6$ClIO$_4$S, Formel II (X = I).

B. Aus 1-Jod-9.10-dioxo-9.10-dihydro-anthracen-sulfonsäure-(2) (nicht näher be-schrieben) beim Erhitzen des Natrium-Salzes mit Phosphor(V)-chlorid und Phosphor=oxychlorid auf 110° (*I. G. Farbenind.*, D.R.P. 673602 [1935]; Frdl. **25** 746).

Rote Krystalle (aus Bzl.); F: 223—224°.

7-Nitro-9.10-dioxo-9.10-dihydro-anthracen-sulfonsäure-(2), *7-nitro-9,10-dioxo-9,10-di=hydroanthracene-2-sulfonic acid* C$_{14}$H$_7$NO$_7$S, Formel III.

Bildung neben 5-Nitro-2-[4-sulfo-benzoyl]-benzoesäure beim Erhitzen mit rauchender Schwefelsäure auf 150° sowie Überführung in 7-Chlor-2-nitro-anthrachinon durch Er-wärmen des Natrium-Salzes mit Natriumchlorat und wss. Salzsäure: *Gubelmann, Weiland, Stallmann*, Am. Soc. **53** [1931] 1033, 1035.

9.10-Dioxo-9.10-dihydro-anthracen-disulfonsäure-(1.4), Anthrachinon-disulfon=säure-(1.4), *9,10-dioxo-9,10-dihydroanthracene-1,4-disulfonic acid* C$_{14}$H$_8$O$_8$S$_2$, Formel IV (X = X' = OH).

B. Aus 1.4-Dichlor-anthrachinon beim Erhitzen mit wss. Natriumsulfit-Lösung auf 200° (*Koslow*, Ž. obšč. Chim. **17** [1947] 289, 292; C. A. **1948** 550).

Gelbe Krystalle (aus W.) mit 3 Mol H$_2$O; F: 262° [Zers.] (*Ko.*, l. c. S. 290, 295).

Überführung in 9.10-Dioxo-9.10-dihydro-anthracen-disulfonsäure-(1.4)-monochlorid bzw. in 9.10-Dioxo-9.10-dihydro-anthracen-disulfonylchlorid-(1.4) durch Erhitzen des Natrium-Salzes mit Phosphor(V)-chlorid und Phosphoroxychlorid auf 100° bzw. auf 125°: *Ko.*, l. c. S. 293, 294. Bei $2^1/_2$-stdg. Erwärmen des Dinatrium-Salzes mit Natrium‗ chlorat und wss. Salzsäure sind 4-Chlor-9.10-dioxo-9.10-dihydro-anthracen-sulfon‗ säure-(1) und geringe Mengen 1.4-Dichlor-anthrachinon, bei 10-stdg. Erwärmen ist nur 1.4-Dichlor-anthrachinon erhalten worden (*Ko.*, l. c. S. 293, 299). Bildung von Anthrachinon beim Erhitzen der Säure oder des Natrium-Salzes mit Schwefelsäure unter Zusatz von Kupfer(II)-sulfat oder Quecksilber(II)-sulfat: *Ko.*, l. c. S. 291. Überführung in 4-Hydroxy-9.10-dioxo-9.10-dihydro-anthracen-sulfonsäure-(1) durch Erhitzen mit rauchender Schwefelsäure unter Zusatz von Quecksilber(II)-sulfat auf 135°: *Ko.*, l. c. S. 297.

Ammonium-Salz $[NH_4]_2C_{14}H_6O_8S_2$. Hellgelbe Krystalle (aus A.) mit 2 Mol H_2O (*Ko.*, l. c. S. 296).

Dinatrium-Salz $Na_2C_{14}H_6O_8S_2$. Braungelbe Krystalle (aus W.) mit 1,5 Mol H_2O; gelbe Krystalle (aus W.) mit 6 Mol H_2O (*Ko.*, l. c. S. 293).

Dikalium-Salz $K_2C_{14}H_6O_8S_2$. Braungelbe Krystalle (aus wss. A.) mit 1 Mol H_2O (*Ko.*, l. c. S. 296).

Kupfer(II)-Salz $CuC_{14}H_6O_8S_2$. Gelbe Krystalle (aus wss. A.) mit 3 Mol H_2O (*Ko.*, l. c. S. 296).

Calcium-Salz $CaC_{14}H_6O_8S_2$. Rotbraune Krystalle (aus W.) mit 2 Mol H_2O (*Ko.*, l. c. S. 296).

Strontium-Salz $SrC_{14}H_6O_8S_2$. Farblose Krystalle (aus W.) mit 3 Mol H_2O (*Ko.*, l. c. S. 296).

Barium-Salz $BaC_{14}H_6O_8S_2$. Gelbliche Krystalle (aus W.) mit 1 Mol H_2O (*Ko.*, l. c. S. 296).

Blei(II)-Salz $PbC_{14}H_6O_8S_2$. Gelbe Krystalle [aus W.] (*Ko.*, l. c. S. 296).

9.10-Dioxo-1-chlorsulfonyl-9.10-dihydro-anthracen-sulfonsäure-(4), 9.10-Dioxo-9.10-di‗ hydro-anthracen-disulfonsäure-(1.4)-monochlorid, *4-(chlorosulfonyl)-9,10-dioxo-9,10-di‗ hydroanthracene-1-sulfonic acid* $C_{14}H_7ClO_7S_2$, Formel IV (X = Cl, X' = OH).

B. Aus 9.10-Dioxo-9.10-dihydro-anthracen-disulfonsäure-(1.4) beim Erwärmen des Natrium-Salzes mit Phosphor(V)-chlorid und Phosphoroxychlorid auf 100° (*Koslow*, Ž. obšč. Chim. **17** [1947] 289, 294; C. A. **1948** 550).

Barium-Salz $Ba(C_{14}H_6ClO_7S_2)_2$. Gelbe Krystalle (aus wss. A.) mit 1 Mol H_2O.

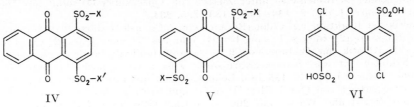

IV   V   VI

9.10-Dioxo-9.10-dihydro-anthracen-disulfonylchlorid-(1.4), *9,10-dioxo-9,10-dihydro‗ anthracene-1,4-disulfonyl dichloride* $C_{14}H_6Cl_2O_6S_2$, Formel IV (X = X' = Cl).

B. Aus 9.10-Dioxo-9.10-dihydro-anthracen-disulfonsäure-(1.4) beim Erhitzen des Natrium-Salzes mit Phosphor(V)-chlorid und Phosphoroxychlorid auf 125° (*Koslow*, Ž. obšč. Chim. **17** [1947] 289, 293; C. A. **1948** 550).

Bräunliche Krystalle (aus Chlorbenzol); F: 239° [Zers.] (*Ko.*).

Beim Behandeln mit wss. Natriumsulfid-Lösung ist 9.10-Dioxo-9.10-dihydro-anthracen-disulfinsäure-(1.4) erhalten worden (*Koslow*, *Šmolin*, Ž. obšč. Chim. **19** [1949] 740, 743; C. A. **1950** 3479).

9.10-Dioxo-9.10-dihydro-anthracendisulfonamid-(1.4), *9,10-dioxo-9,10-dihydroanthracene-1,4-disulfonamide* $C_{14}H_{10}N_2O_6S_2$, Formel IV (X = X' = NH_2).

B. Aus 9.10-Dioxo-9.10-dihydro-anthracen-disulfonylchlorid-(1.4) beim Einleiten von Ammoniak in eine warme Lösung in Benzol (*Koslow*, Ž. obšč. Chim. **17** [1947] 289, 295; C. A. **1948** 550).

Krystalle; F: 319°.

9.10-Dioxo-9.10-dihydro-anthracen-disulfonsäure-(1.5), Anthrachinon-disulfon =
säure-(1.5), *9,10-dioxo-9,10-dihydroanthracene-1,5-disulfonic acid* $C_{14}H_8O_8S_2$, Formel V
(X=OH) (H 340; E I 84; E II 195)[1].

Krystalle (aus wss. Eg.) mit 4 Mol H_2O; F: ca. 313° [korr.; Zers.] (*Seaman*, Ind. eng.
Chem. Anal. **11** [1939] 465, 466). Polarographie: *Furman, Stone*, Am. Soc. **70** [1948]
3055, 3057, 3059).

Kinetik der Reaktion mit Chlor (Bildung von 5-Chlor-9.10-dioxo-9.10-dihydro-anthr =
acen-sulfonsäure-(1)) in wss. Lösung bei 94° und 104°: *Lauer*, J. pr. [2] **135** [1932] 182,
189, 191. Kinetik der Bildung von 9.10-Dioxo-9.10-dihydro-anthracen-sulfonsäure-(1)
beim Erhitzen mit wss. Schwefelsäure unter Zusatz von Quecksilber bei 170°, 180° und
190°: *Lauer*, l. c. S. 185. Kinetik der Reaktion mit Ammoniak in wss. Lösung in Gegenwart von Bariumchlorid und Ammoniumchlorid (Bildung von 5-Amino-9.10-dioxo-
9.10-dihydro-anthracen-sulfonsäure-(1)) bei 160°, 180° und 200°: *Lauer*, J. pr. [2] **135**
[1932] 204, 206—208. Bildung von Anthrachinon beim Behandeln des Dikalium-Salzes
mit Natrium-Amalgam und Wasser: *Berkengeīm, Snamenškaja*, Ž. obšč. Chim. **4** [1934]
31, 56; C. **1935** I 2793.

9.10-Dioxo-9.10-dihydro-anthracen-disulfonylchlorid-(1.5), *9,10-dioxo-9,10-dihydro =
anthracene-1,5-disulfonyl dichloride* $C_{14}H_6Cl_2O_6S_2$, Formel V (X = Cl) (E II 196).

F: 270,5° (*Koslow, Šmolin*, Ž. obšč. Chim. **19** [1949] 740, 741; C. A. **1950** 3479); gelbe
Krystalle (aus Nitrobenzol), F: 260—262° (*Goldberg*, Soc. **1931** 1771, 1794).

Beim Behandeln mit wss. Natriumsulfid-Lösung ist 9.10-Dioxo-9.10-dihydro-anthracen-
disulfinsäure-(1.5) erhalten worden (*Ko., Šm.*).

4.8-Dichlor-9.10-dioxo-9.10-dihydro-anthracen-disulfonsäure-(1.5), *4,8-dichloro-9,10-di =
oxo-9,10-dihydroanthracene-1,5-disulfonic acid* $C_{14}H_6Cl_2O_8S_2$, Formel VI.

Bildung in geringer Menge neben 4.8-Dichlor-9.10-dioxo-9.10-dihydro-anthracen-sulfon =
säure-(1) beim Erhitzen von 1.5-Dichlor-anthrachinon mit rauchender Schwefelsäure
unter Zusatz von Quecksilber(II)-oxid auf 160° sowie Überführung in 1.4.5.8-Tetra =
chlor-anthrachinon durch Erwärmen des Natrium-Salzes mit Kaliumchlorat und wss.
Salzsäure: *Goldberg*, Soc. **1931** 1771, 1777, 1793.

9.10-Dioxo-9.10-dihydro-anthracen-disulfonsäure-(1.6), Anthrachinon-disulfon =
säure-(1.6), *9,10-dioxo-9,10-dihydroanthracene-1,6-disulfonic acid* $C_{14}H_8O_8S_2$, Formel VII
(X = H) (H 341; E II 196).

Über die Bildung im Gemisch mit isomeren Säuren beim Erhitzen von Anthrachinon
mit rauchender Schwefelsäure unter Zusatz von Quecksilber(II)-sulfat auf 160° (vgl.
H 341) s. *Lauer*, J. pr. [2] **130** [1931] 185, 225, 234.

Kinetik der Reaktion mit Chlor (Bildung von 5-Chlor-9.10-dioxo-9.10-dihydro-anthr =
acen-sulfonsäure-(2)) in wss. Lösung bei 94° und 104°: *Lauer*, J. pr. [2] **135** [1932] 182,
189—191. Kinetik der Bildung von 9.10-Dioxo-9.10-dihydro-anthracen-sulfonsäure-(2)
beim Erhitzen mit wss. Schwefelsäure unter Zusatz von Quecksilber auf 170°, 180°
und 190°: *Lauer*, J. pr. [2] **135** 185. Beim Erhitzen mit rauchender Schwefelsäure auf
160° in Gegenwart von Quecksilber(II)-sulfat und Erhitzen des Reaktionsprodukts mit
Calciumhydroxid und Wasser auf 200° sind 1.3.8-Trihydroxy-anthrachinon, 1.2.4.5.8-
Pentahydroxy-anthrachinon und 1.2.4.5.7.8-Hexahydroxy-anthrachinon erhalten worden
(*Lauer*, J. pr. [2] **135** [1932] 361, 367).

5-Chlor-9.10-dioxo-9.10-dihydro-anthracen-disulfonsäure-(1.6), *5-chloro-9,10-dioxo-
9,10-dihydroanthracene-1,6-disulfonic acid* $C_{14}H_7ClO_8S_2$, Formel VII (X = Cl).

Bildung aus 5-Chlor-9.10-dioxo-9.10-dihydro-anthracen-sulfonsäure-(1) beim Erhitzen
des Natrium-Salzes mit rauchender Schwefelsäure auf 155° sowie Überführung in 1.2.5-
Trichlor-anthrachinon durch Erwärmen des Natrium-Salzes $Na_2C_{14}H_5ClO_8S_2$ (gelbe
Krystalle) mit Kaliumchlorat und wss. Salzsäure: *Goldberg*, Soc. **1931** 1771, 1786.

9.10-Dioxo-9.10-dihydro-anthracen-disulfonsäure-(1.7), Anthrachinon-disulfon =
säure-(1.7), *9,10-dioxo-9,10-dihydroanthracene-1,7-disulfonic acid* $C_{14}H_8O_8S_2$, Formel
VIII (X = X′ = H) (H 341; E II 197).

Über die Bildung im Gemisch mit isomeren Säuren beim Erhitzen von Anthrachinon

---

[1]) Berichtigung zu E II 195, Zeile 2 v. u.: An Stelle von „E II **7**, 412" ist zu setzen
„E II **7**, 712".

mit rauchender Schwefelsäure unter Zusatz von Quecksilber(II)-sulfat auf 160° (vgl. H 341) s. *Lauer*, J. pr. [2] **130** [1931] 185, 225, 234.

Kinetik der Reaktion mit Chlor (Bildung von 8-Chlor-9.10-dioxo-9.10-dihydro-anthracen-sulfonsäure-(2)) in wss. Lösung bei 94° und 104°: *Lauer*, J. pr. [2] **135** [1932] 182, 190. Kinetik der Bildung von 9.10-Dioxo-9.10-dihydro-anthracen-sulfonsäure-(2) beim Erhitzen mit wss. Schwefelsäure unter Zusatz von Quecksilber auf 170°, 180° und 190°: *Lauer*, J. pr. [2] **135** 186. Beim Erhitzen mit rauchender Schwefelsäure in Gegenwart von Quecksilber(II)-sulfat auf 160° und Erhitzen des Reaktionsprodukts mit Calciumhydroxid und Wasser auf 200° ist 1.2.4.5.6.8-Hexahydroxy-anthrachinon erhalten worden (*Lauer*, J. pr. [2] **135** [1932] 361, 368).

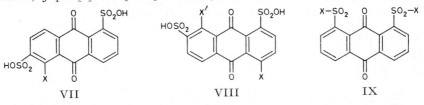

VII   VIII   IX

4-Chlor-9.10-dioxo-9.10-dihydro-anthracen-disulfonsäure-(1.7), *4-chloro-9,10-dioxo-9,10-dihydroanthracene-1,7-disulfonic acid* $C_{14}H_7ClO_8S_2$, Formel VIII (X = Cl, X' = H).

Bildung neben 1-Chlor-9.10-dioxo-9.10-dihydro-anthracen-disulfonsäure-(2.6) beim Erhitzen des Natrium-Salzes der 5-Chlor-9.10-dioxo-9.10-dihydro-anthracen-sulfonsäure-(2) mit rauchender Schwefelsäure auf 160° sowie Überführung in 1.4.6-Trichlor-anthrachinon durch Erwärmen mit Kaliumchlorat und wss. Salzsäure: *Goldberg*, Soc. **1931** 1771, 1783, 1784.

Mononatrium-Salz $NaC_{14}H_6ClO_8S_2$. Krystalle (aus wss. Salzsäure). — Dinatrium-Salz $Na_2C_{14}H_5ClO_8S_2$. Gelbe Krystalle (aus W.).

4.8-Dichlor-9.10-dioxo-9.10-dihydro-anthracen-disulfonsäure-(1.7), *4,8-dichloro-9,10-dioxo-9,10-dihydroanthracene-1,7-disulfonic acid* $C_{14}H_6Cl_2O_8S_2$, Formel VIII (X = X' = Cl).

Eine unter dieser Konstitution beschriebene Säure ist neben anderen Verbindungen beim Erhitzen von 1.5-Dichlor-anthrachinon mit rauchender Schwefelsäure auf 160° erhalten und durch Erwärmen des Natrium-Salzes mit Kaliumchlorat und wss. Salzsäure in eine als 1.2.5.8-Tetrachlor-anthrachinon angesehene Verbindung $C_{14}H_4Cl_4O_4$ (Krystalle [aus Eg.]; F: 282—283°) übergeführt worden (*Goldberg*, Soc. **1931** 1771, 1777, 1792).

9.10-Dioxo-9.10-dihydro-anthracen-disulfonsäure-(1.8), Anthrachinon-disulfonsäure-(1.8), *9,10-dioxo-9,10-dihydroanthracene-1,8-disulfonic acid* $C_{14}H_8O_8S_2$, Formel IX (X = OH) (H 341; E I 84; E II 197).

Krystalle; F: 299,5—300,5° [korr.; Zers.; aus wss. Eg.] (*Seaman*, Ind. eng. Chem. Anal. **11** [1939] 465, 466).

Kinetik der Reaktion mit Chlor (Bildung von 8-Chlor-9.10-dioxo-9.10-dihydro-anthracen-sulfonsäure-(1)) in wss. Lösung bei 94° und 104°: *Lauer*, J. pr. [2] **135** [1932] 182, 189, 191. Kinetik der Bildung von 9.10-Dioxo-9.10-dihydro-anthracen-sulfonsäure-(1) beim Erhitzen mit wss. Schwefelsäure unter Zusatz von Quecksilber auf 170°, 180° und 190°: *Lauer*, l. c. S. 185. Kinetik der Reaktion mit Ammoniak in wss. Lösung in Gegenwart von Bariumchlorid und Ammoniumchlorid (Bildung von 8-Amino-9.10-dioxo-9.10-dihydro-anthracen-sulfonsäure-(1)) bei 160°, 180° und 200°: *Lauer*, J. pr. [2] **135** [1932] 204, 207.

9.10-Dioxo-9.10-dihydro-anthracen-disulfonylchlorid-(1.8), *9,10-dioxo-9,10-dihydroanthracene-1,8-disulfonyl dichloride* $C_{14}H_6Cl_2O_6S_2$, Formel IX (X = Cl) (E II 197).

B. Aus dem Dikalium-Salz der 9.10-Dioxo-9.10-dihydro-anthracen-disulfonsäure-(1.8) mit Hilfe von Phosphor(V)-chlorid (*Koslow*, *Šmolin*, Ž. obšč. Chim. **19** [1949] 740, 742; C. A. **1950** 3479).

F: 221,5°.

4-Chlor-9.10-dioxo-9.10-dihydro-anthracen-disulfonsäure-(1.8), *4-chloro-9,10-dioxo-9,10-dihydroanthracene-1,8-disulfonic acid* $C_{14}H_7ClO_8S_2$, Formel X (X = H).

Bildung neben 5-Chlor-9.10-dioxo-9.10-dihydro-anthracen-sulfonsäure-(1) beim Er-

hitzen von 1-Chlor-anthrachinon mit rauchender Schwefelsäure unter Zusatz von Queck=
silber(II)-sulfat auf 160° sowie Überführung in 1.4.5-Trichlor-anthrachinon durch Erwärmen des Natrium-Salzes $Na_2C_{14}H_5ClO_8S_2$ (Krystalle [aus W.]) mit Kaliumchlorat
und wss. Salzsäure: *Goldberg*, Soc. **1931** 1771, 1781.

4.5-Dichlor-9.10-dioxo-9.10-dihydro-anthracen-disulfonsäure-(1.8), *4,5-dichloro-9,10-di=
oxo-9,10-dihydroanthracene-1,8-disulfonic acid* $C_{14}H_6Cl_2O_8S_2$, Formel X (X = Cl).

Bildung in geringer Menge neben 4.5-Dichlor-9.10-dioxo-9.10-dihydro-anthracen-sulfon=
säure-(1) beim Erhitzen von 1.8-Dichlor-anthrachinon mit rauchender Schwefelsäure
unter Zusatz von Quecksilber(II)-oxid auf 160° sowie Überführung in 1.4.5.8-Tetra=
chlor-anthrachinon durch Erwärmen des Natrium-Salzes (gelbe Krystalle) mit Kalium=
chlorat und wss. Salzsäure: *Goldberg*, Soc. **1931** 1771, 1791.

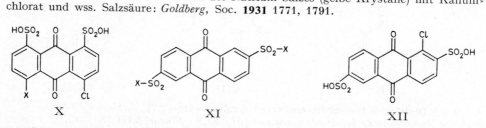

X   XI   XII

9.10-Dioxo-9.10-dihydro-anthracen-disulfonsäure-(2.6), Anthrachinon-disulfon=
säure-(2.6), *9,10-dioxo-9,10-dihydroanthracene-2,6-disulfonic acid* $C_{14}H_8O_8S_2$, Formel XI
(X = OH) (H 342; E I 84; E II 198).

B. Neben 9.10-Dioxo-9.10-dihydro-anthracen-disulfonsäure-(2.7) beim Erhitzen des
Dinatrium-Salzes der 2-[4-Sulfo-benzoyl]-benzoesäure mit rauchender Schwefelsäure auf
150° (*Du Pont de Nemours & Co.*, U.S.P. 1870249 [1928]), auch unter Zusatz von
Vanadiumoxid (*Du Pont de Nemours & Co.*, U.S.P. 1899957 [1928]). Neben 9.10-Dioxo-
9.10-dihydro-anthracen-disulfonsäure-(2.7) beim Erhitzen von 2-Benzoyl-benzoesäure mit
rauchender Schwefelsäure bis auf 155° (*Du Pont de Nemours & Co.*, U.S.P. 2074307
[1936]; vgl. *Beretta, Gallotti*, Ann. Chimica applic. **22** [1932] 272, 273, 275).

Polarographie: *Furman, Stone*, Am. Soc. **70** [1948] 3055, 3057, 3058, 3060.

Kinetik der Reaktion mit Chlor (Bildung von 6-Chlor-9.10-dioxo-9.10-dihydro-anthr=
acen-sulfonsäure-(2)) in wss. Lösung bei 94° und 104°: *Lauer*, J. pr. [2] **135** [1932] 182,
191. Beim Erhitzen mit rauchender Schwefelsäure auf 160° unter Zusatz von Queck=
silber(II)-sulfat und Erhitzen des Reaktionsprodukts mit Calciumhydroxid und Wasser
auf 200° sind 1.2.4.6-Tetrahydroxy-anthrachinon, 1.3.5.7-Tetrahydroxy-anthrachinon
und 1.2.4.5.6.8-Hexahydroxy-anthrachinon erhalten worden (*Lauer*, J. pr. [2] **135** [1932]
361, 364). Kinetik der Reaktion mit Ammoniak in wss. Lösung in Gegenwart von Barium=
chlorid und Ammoniumchlorid (Bildung von 6-Amino-9.10-dioxo-9.10-dihydro-anthracen-
sulfonsäure-(2)) bei 160°, 180° und 200°: *Lauer*, J. pr. [2] **135** [1932] 204, 208. Bildung
von 9.10-Dioxo-9.10-dihydro-anthracen-sulfonsäure-(2) beim Behandeln des Dinatrium-
Salzes mit Natrium-Amalgam und Wasser: *Berkengeïm, Tschenzowa*, Ž. obšč. Chim. **3**
[1933] 947, 953, 956; C. **1935** I 376.

9.10-Dioxo-9.10-dihydro-anthracen-disulfonylchlorid-(2.6), *9,10-dioxo-9,10-dihydro=
anthracene-2,6-disulfonyl dichloride* $C_{14}H_6Cl_2O_6S_2$ Formel XI (X = Cl) (E I 84; E II 198).

F: 250—251° (*Berkengeïm, Tschenzowa*, Ž. obšč. Chim. **3** [1933] 947, 955; C. **1935** I
376).

1-Chlor-9.10-dioxo-9.10-dihydro-anthracen-disulfonsäure-(2.6), *1-chloro-9,10-dioxo-
9,10-dihydroanthracene-2,6-disulfonic acid* $C_{14}H_7ClO_8S_2$, Formel XII.

Bildung neben 4-Chlor-9.10-dioxo-9.10-dihydro-anthracen-disulfonsäure-(1.7) beim Erhitzen des Natrium-Salzes der 5-Chlor-9.10-dioxo-9.10-dihydro-anthracen-sulfonsäure-(2)
mit rauchender Schwefelsäure auf 160° sowie Überführung in 1.2.6-Trichlor-anthrachinon
durch Erwärmen des Natrium-Salzes $Na_2C_{14}H_5ClO_8S_2$ (Krystalle [aus W.]) mit Kalium=
chlorat und wss. Salzsäure: *Goldberg*, Soc. **1931** 1771, 1783.

3-Chlor-9.10-dioxo-9.10-dihydro-anthracen-disulfonsäure-(2.6), *3-chloro-9,10-dioxo-
9,10-dihydroanthracene-2,6-disulfonic acid* $C_{14}H_7ClO_8S_2$, Formel XIII (X = H).

Bildung beim Erhitzen des Kalium-Salzes der 7-Chlor-9.10-dioxo-9.10-dihydro-anthr=

acen-sulfonsäure-(2) mit rauchender Schwefelsäure auf 160° sowie Überführung in 6.7-Dichlor-9.10-dioxo-9.10-dihydro-anthracen-sulfonsäure-(2) durch Erwärmen des K a l i ‑ u m - S a l z e s $K_2C_{14}H_5ClO_8S_2$ (gelbe Krystalle [aus W.]) mit Kaliumchlorat und wss. Salzsäure: *Goldberg*, Soc. **1932** 73, 82.

3.7-Dichlor-9.10-dioxo-9.10-dihydro-anthracen-disulfonsäure-(2.6), *3,7-dichloro-9,10-di‑ oxo-9,10-dihydroanthracene-2,6-disulfonic acid* $C_{14}H_6Cl_2O_8S_2$, Formel XIII (X = Cl).

Eine Disulfonsäure (gelbe Krystalle [aus wss. Schwefelsäure], die unterhalb 300° nicht schmelzen; gegen Alkalichlorat und wss. Salzsäure in der Wärme beständig), der diese Konstitution zugeschrieben wird, ist beim Erhitzen von 2.6-Dichlor-anthra‑ chinon mit rauchender Schwefelsäure auf 160° erhalten worden (*Goldberg*, Soc. **1932** 73, 75, 81).

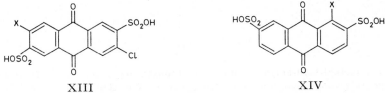

XIII   XIV

9.10-Dioxo-9.10-dihydro-anthracen-disulfonsäure-(2.7), Anthrachinon-disulfon‑ säure-(2.7), *9,10-dioxo-9,10-dihydroanthracene-2,7-disulfonic acid* $C_{14}H_8O_8S_2$, Formel XIV (X = H) (H 342; E I 84; E II 198).

B. s. S. 636 im Artikel 9.10-Dioxo-9.10-dihydro-anthracen-disulfonsäure-(2.6).

Redoxpotential: *Jerchel, Möhle*, B. **77**/79 [1944/46] 591, 599. Polarographie: *Furman, Stone*, Am. Soc. **70** [1948] 3055, 3057, 3058, 3060, 3061.

Kinetik der Reaktion mit Chlor (Bildung von 7-Chlor-9.10-dioxo-9.10-dihydro-anthr‑ acen-sulfonsäure-(2)) in wss. Lösung bei 94° und 104°: *Lauer*, J. pr. [2] **135** [1932] 182, 191. Beim Erhitzen mit rauchender Schwefelsäure auf 160° unter Zusatz von Quecksilber(II)-sulfat und Erhitzen des Reaktionsprodukts mit Calciumhydroxid und Wasser auf 200° sind 1.2.4.7-Tetrahydroxy-anthrachinon und 1.2.4.5.7.8-Hexahydroxy-anthrachinon erhalten worden (*Lauer*, J. pr. [2] **135** [1932] 361, 366). Kinetik der Reaktion mit Ammoniak in wss. Lösung in Gegenwart von Bariumchlorid und Ammoniumchlorid (Bildung von 7-Amino-9.10-dioxo-9.10-dihydro-anthracen-sulfonsäure-(2)) bei 160°, 180° und 200°: *Lauer*, J. pr. [2] **135** [1932] 204, 208. Bildung von Anthrachinon beim Erhitzen des Natrium-Salzes mit Glycerin und wss. Natronlauge auf 190° und Behandeln des mit Wasser versetzten Reaktionsgemisches mit Luft oder wss. Wasserstoffperoxid: *Oda, Tamura, Maeda*, J. Soc. chem. Ind. Japan **41** [1938] 363; J. Soc. chem. Ind. Japan Spl. **41** [1938] 193.

1-Chlor-9.10-dioxo-9.10-dihydro-anthracen-disulfonsäure-(2.7), *1-chloro-9,10-dioxo-9,10-dihydroanthracene-2,7-disulfonic acid* $C_{14}H_7ClO_8S_2$, Formel XIV (X = Cl).

Bildung beim Erhitzen des Natrium-Salzes der 8-Chlor-9.10-dioxo-9.10-dihydro-anthracen-sulfonsäure-(2) mit rauchender Schwefelsäure auf 160° sowie Überführung in 1.2.7-Trichlor-anthrachinon durch Erwärmen des N a t r i u m - S a l z e s $NaC_{14}H_6ClO_8S_2$ (Krystalle [aus W. + A.]) mit Kaliumchlorat in wss. Salzsäure: *Goldberg*, Soc. **1931** 1771, 1785.

3-Chlor-9.10-dioxo-9.10-dihydro-anthracen-disulfonsäure-(2.7), *3-chloro-9,10-dioxo-9,10-dihydroanthracene-2,7-disulfonic acid* $C_{14}H_7ClO_8S_2$, Formel I.

Bildung beim Erhitzen von 6-Chlor-9.10-dioxo-9.10-dihydro-anthracen-sulfonsäure-(2) mit rauchender Schwefelsäure auf 160° sowie Überführung in 6.7-Dichlor-9.10-dioxo-9.10-dihydro-anthracen-sulfonsäure-(2) durch Erwärmen des K a l i u m - S a l z e s $K_2C_{14}H_5ClO_8S_2$ (gelbe Krystalle [aus W.]) mit Kaliumchlorat und wss. Salzsäure: *Gold‑ berg*, Soc. **1932** 73, 78.

9.10-Dioxo-9.10-dihydro-phenanthren-sulfonsäure-(3), *9,10-dioxo-9,10-dihydrophen‑ anthrene-3-sulfonic acid* $C_{14}H_8O_5S$, Formel II (H 343; E II 199; dort als Phenanthren‑ chinon-sulfonsäure-(3) bezeichnet).

Beim Erwärmen mit Kaliumchlorat und wss. Salzsäure sind geringe Mengen 3-Chlor-phenanthren-chinon-(9.10) erhalten worden (*Fieser, Young*, Am. Soc. **53** [1931] 4120,

4125). Nachweis der Bildung des Semichinons bei der Reduktion: *Michaelis, Schubert,*
J. biol. Chem. **119** [1937] 133; *Michaelis, Fetcher,* Am. Soc. **59** [1937] 2460; *Michaelis,
Boeker, Reber,* Am. Soc. **60** [1938] 202; *Michaelis, Reber, Kuck,* Am. Soc. **60** [1938] 214;
Michaelis, Granick, Am. Soc. **70** [1948] 624, 4275. Bildung von 11.13-Diamino-phen=
anthro[9.10-*g*]pteridin-sulfonsäure-(3 oder 6) beim Erhitzen mit 2.4.5.6-Tetraamino-
pyrimidin und wss. Natronlauge: *Cain, Taylor, Daniel,* Am. Soc. **71** [1949] 892, 895.

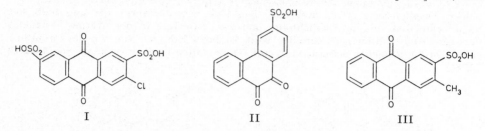

I   II   III

9.10-Dioxo-2-methyl-9.10-dihydro-anthracen-sulfonsäure-(3), *3-methyl-9,10-dioxo-9,10-dihydroanthracene-2-sulfonic acid* $C_{15}H_{10}O_5S$, Formel III.

Bildung beim Erhitzen von 2-Methyl-anthrachinon mit rauchender Schwefelsäure bis
auf 145° sowie Überführung in 3-Chlor-2-methyl-anthrachinon durch Erwärmen mit
Natriumchlorat und wss. Salzsäure: *Hayashi et al.,* J. Soc. chem. Ind. Japan **45** [1942]
118, 121; J. Soc. chem. Ind. Japan Spl. **45** [1942] 40.
Absorptionsspektrum einer Lösung des Natrium-Salzes in Wasser: *Ha. et al.*

[9.10-Dioxo-9.10-dihydro-anthryl-(2)]-methansulfonsäure $C_{15}H_{10}O_5S$.

[1-Chlor-9.10-dioxo-9.10-dihydro-anthryl-(2)]-methansulfonsäure, *(1-chloro-9,10-dioxo-9,10-dihydro-2-anthryl)methanesulfonic acid* $C_{15}H_9ClO_5S$, Formel IV.

Bildung beim Einleiten von Chlor in eine auf 140° erhitzte Lösung von 1-Chlor-2-methyl-
anthrachinon in Trichlorbenzol unter Belichtung und Erwärmen des erhaltenen 1-Chlor-
2-chlormethyl-anthrachinons $C_{15}H_8Cl_2O_2$ (F: ca. 165—167° [Rohprodukt]) mit
wss. Natriumhydrogensulfit-Lösung und mit wss. Natronlauge: *I. G. Farbenind.,* D.R.P.
622311 [1934]; Frdl. **22** 1049.

9.10-Dioxo-1-methyl-7-isopropyl-9.10-dihydro-phenanthren-sulfonsäure-(2), *7-isopropyl-1-methyl-9,10-dioxo-9,10-dihydrophenanthrene-2-sulfonic acid* $C_{18}H_{16}O_5S$, Formel V (R = H).

Diese Konstitution ist der nachstehend beschriebenen, als A-Retenchinonsulfon=
säure bezeichneten Verbindung auf Grund ihrer genetischen Beziehung zur sog.
A-Retensulfonsäure (1-Methyl-7-isopropyl-phenanthren-sulfonsäure-(2) [S. 446]) zuzuordnen.

B. Aus 1-Methyl-7-isopropyl-phenanthren-sulfonsäure-(2) beim Erhitzen mit
Chrom(VI)-oxid in Essigsäure (*Komppa, Wahlforss,* Am. Soc. **52** [1930] 5009, 5014).
Als Kalium-Salz (rot) isoliert (*Ko., Wa.*).
Beim Erhitzen des Kalium-Salzes mit wss. Kalilauge sind 9-Oxo-1-methyl-7-isopropyl-
fluoren-sulfonsäure-(2) und eine krystalline Substanz, die sich durch Verschmelzen mit
Kaliumhydroxid in eine wahrscheinlich als 3-Methyl-4'-isopropyl-biphenyl-
carbonsäure-(2 oder 2') zu formulierende Verbindung $C_{17}H_{18}O_2$ (Krystalle [aus Bzl.];
F: 160°) hat überführen lassen, erhalten worden (*Komppa, Fogelberg,* Am. Soc. **54** [1932]
2900, 2907).

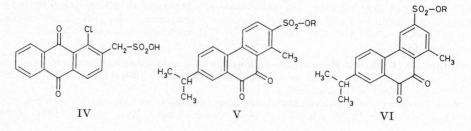

IV   V   VI

9.10-Dioxo-1-methyl-7-isopropyl-9.10-dihydro-phenanthren-sulfonsäure-(2)-äthylester,
7-isopropyl-1-methyl-9,10-dioxo-9,10-dihydrophenanthrene-2-sulfonic acid ethyl ester
$C_{20}H_{20}O_5S$, Formel V (R = C_2H_5).

B. Aus 1-Methyl-7-isopropyl-9.10-dihydro-phenanthren-sulfonsäure-(2)-äthylester
(S. 441) oder aus 1-Methyl-7-isopropyl-phenanthren-sulfonsäure-(2)-äthylester beim Erwärmen mit Chrom(VI)-oxid in Essigsäure (*Komppa, Fogelberg,* Am. Soc. **54** [1932] 2900,
2904, 2907).

Orangegelbe Krystalle (aus Eg.); F: 183—184°.

9.10-Dioxo-1-methyl-7-isopropyl-9.10-dihydro-phenanthren-sulfonsäure-(3), *7-isopropyl-*
1-methyl-9,10-dioxo-9,10-dihydrophenanthrene-3-sulfonic acid $C_{18}H_{16}O_5S$, Formel VI
(R = H).

Diese Konstitution ist der nachstehend beschriebenen, als B-Retenchinonsulfon=
säure bezeichneten Verbindung auf Grund ihrer genetischen Beziehung zur sog.
B-Retensulfonsäure (1-Methyl-7-isopropyl-phenanthren-sulfonsäure-(3) [S. 446]) zuzuordnen.

B. Aus 1-Methyl-7-isopropyl-phenanthren-sulfonsäure-(3) beim Erhitzen des Kalium-
Salzes mit Chrom(VI)-oxid in Essigsäure (*Komppa, Wahlforss,* Am. Soc. **52** [1930] 5009,
5016).

Als Kalium-Salz (orangefarben) isoliert (*Ko., Wa.*).

Beim Erhitzen des Kalium-Salzes mit wss. Kalilauge ist 1-Methyl-7-isopropyl-fluoren=
on-(9) erhalten worden (*Komppa, Fogelberg,* Am. Soc. **54** [1932] 2900, 2908).

9.10-Dioxo-1-methyl-7-isopropyl-9.10-dihydro-phenanthren-sulfonsäure-(3)-äthylester,
7-isopropyl-1-methyl-9,10-dioxo-9,10-dihydrophenanthrene-3-sulfonic acid ethyl ester
$C_{20}H_{20}O_5S$, Formel VI (R = C_2H_5).

B. Aus 1-Methyl-7-isopropyl-9.10-dihydro-phenanthren-sulfonsäure-(3)-äthylester
(S. 442) oder aus 1-Methyl-7-isopropyl-phenanthren-sulfonsäure-(3)-äthylester beim
Erwärmen mit Chrom(VI)-oxid in Essigsäure (*Komppa, Fogelberg,* Am. Soc. **54** [1932]
2900, 2906, 2908).

Orangefarbene Krystalle (aus Eg.); F: 169—171°.

Sulfo-Derivate der Dioxo-Verbindungen $C_nH_{2n-26}O_2$

5.12-Dioxo-5.12-dihydro-naphthacen-disulfonsäure-(2.x), *5,12-dioxo-5,12-dihydronaphth=*
acene-2,x-disulfonic acid $C_{18}H_{10}O_8S_2$, Formel VII.

Eine als Dinatrium-Salz $Na_2C_{18}H_8O_8S_2$ (gelbe Krystalle [aus W.]) isolierte Disulfon=
säure dieser Konstitution ist beim Erhitzen von 3-[4-Chlor-benzoyl]-naphthoesäure-(2)
mit Natriumsulfit und Natriumcarbonat in Wasser unter Zusatz von Kupfer(II)-sulfat
auf 180° und Erhitzen des gebildeten Natrium-Salzes (Krystalle) der 3-[4-Sulfo-
benzoyl]-naphthoesäure-(2) $C_{18}H_{12}O_6S$ mit rauchender Schwefelsäure auf 150°
erhalten worden (*Waldmann, Mathiowetz,* B. **64** [1931] 1713, 1716, 1723).

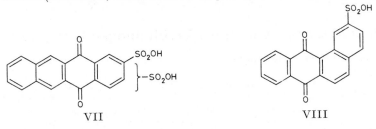

VII   VIII

7.12-Dioxo-7.12-dihydro-benz[*a*]anthracen-sulfonsäure-(2), *7,12-dioxo-7,12-dihydrobenz=*
[*a*]*anthracene-2-sulfonic acid* $C_{18}H_{10}O_5S$, Formel VIII.

B. Aus 7.12-Dioxo-7.12-dihydro-benz[*a*]anthracen-sulfonsäure-(4) beim Erhitzen des
Kalium-Salzes mit Schwefelsäure auf 160° (*Ioffe, Fedorowa,* Ž. obšč. Chim. **14** [1944] 96,
100; C. A. **1945** 927). Aus Benz[*a*]anthracen-chinon-(7.12) beim Erhitzen mit Schwefel=
säure bis auf 160° (*Io., Fe.,* Ž. obšč. Chim. **14** 97, 100; s. a. *Ioffe, Fedorowa,* Ž. obšč. Chim.
11 [1941] 619, 623; C. A. **1941** 6952). Aus 2-[Naphthoyl-(1)]-benzoesäure beim Erhitzen
mit Schwefelsäure bis auf 160° (*Badger,* Soc. **1947** 940, 942).

Die Hydrolyse (Bildung von Benz[a]anthracen-chinon-(7.12)) beim Erhitzen mit wss. Salzsäure erfolgt langsamer als bei 7.12-Dioxo-7.12-dihydro-benz[a]anthracen-sulfon= säure-(4) [s. u.] (*Io., Fe., Ž.* obšč. Chim. **14** 96, 98). Beim Erhitzen des Kalium-Salzes mit Kaliumhydroxid auf 240° sind 2-Hydroxy-benz[a]anthracen-chinon-(7.12) und 7-Hydroxy-naphthoesäure-(2) erhalten worden (*Io., Fe., Ž.* obšč. Chim. **11** 623).

Kalium-Salz $KC_{18}H_9O_5S$. Löslichkeit in Wasser bei 20° (6,5 g/l) und 100° (77,2 g/l): *Io., Fe., Ž.* obšč. Chim. **14** 99.

7.12-Dioxo-7.12-dihydro-benz[a]anthracen-sulfonsäure-(4), *7,12-dioxo-7,12-dihydrobenz=* [a]*anthracene-4-sulfonic acid* $C_{18}H_{10}O_5S$, Formel IX (X = OH) (H 343; E II 200; dort als Naphthanthrachinon-sulfonsäure-(x) bezeichnet).

B. Neben 7.12-Dioxo-7.12-dihydro-benz[a]anthracen-sulfonsäure-(2) aus Benz[a]= anthracen-chinon-(7.12) bei mehrtägigem Behandeln mit rauchender Schwefelsäure sowie beim Erwärmen mit Schwefelsäure (*Ioffe, Fedorowa, Ž.* obšč. Chim. **14** [1944] 88, 90, 96, 97; C. A. **1945** 927; s. a. *Cason, Fieser,* Am. Soc. **62** [1940] 2681, 2685).

Die Hydrolyse (Bildung von Benz[a]anthracen-chinon-(7.12)) beim Erhitzen mit wss. Salzsäure erfolgt schneller als bei 7.12-Dioxo-7.12-dihydro-benz[a]anthracen-sulfon= säure-(2) [S. 639] (*Io., Fe.,* l. c. S. 96, 98). Beim Erhitzen des Kalium-Salzes mit wss. Schwefelsäure erfolgt Umwandlung in 7.12-Dioxo-7.12-dihydro-benz[a]anthracen-sulfon= säure-(2) (*Io., Fe.,* l. c. S. 100). Beim Erwärmen des Kalium-Salzes mit Zink und wss. Ammoniak ist Benz[a]anthracen-sulfonsäure-(4), beim Erhitzen des Kalium-Salzes mit Kaliumhydroxid auf 260° sind Benzoesäure und 5-Hydroxy-naphthoesäure-(2) erhalten worden (*Sempronj,* G. **69** [1939] 448, 449, 450; s. a. *Io., Fe.,* l. c. S. 93, 94).

Kalium-Salz $KC_{18}H_9O_5S$. Löslichkeit in Wasser bei 20° (2,4 g/l) und 100° (12,5 g/l): *Io., Fe.,* l. c. S. 99.

7.12-Dioxo-7.12-dihydro-benz[a]anthracen-sulfonylchlorid-(4), *7,12-dioxo-7,12-di=* hydrobenz[a]*anthracene-4-sulfonyl chloride* $C_{18}H_9ClO_4S$, Formel IX (X = Cl) (E I 85; dort als Naphthanthrachinon-sulfonsäure-(x)-chlorid bezeichnet).

B. Aus 7.12-Dioxo-7.12-dihydro-benz[a]anthracen-sulfonsäure-(4) beim Erhitzen des Kalium-Salzes mit Phosphor(V)-chlorid und Phosphoroxychlorid (*Sempronj,* G. **69** [1939] 448, 449).

Gelbe Krystalle (aus Toluol + Chlorbenzol); F: 263°.

Beim Erhitzen bis auf 275° ist 4-Chlor-benz[a]anthracen-chinon-(7.12) erhalten worden.

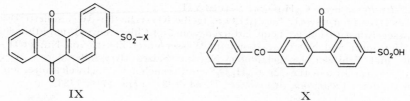

IX   X

Sulfo-Derivate der Dioxo-Verbindungen $C_nH_{2n-28}O_2$

9-Oxo-2-benzoyl-fluoren-sulfonsäure-(7), *7-benzoyl-9-oxofluorene-2-sulfonic acid* $C_{20}H_{12}O_5S$, Formel X.

B. Aus 2-Benzyl-fluoren-sulfonsäure-(7) beim Erhitzen des Natrium-Salzes mit Natrium= dichromat in Essigsäure (*Dziewoński, Reicher,* Bl. Acad. polon. [A] **1931** 643, 647).

Gelbes Öl; als Natrium-Salz $NaC_{20}H_{11}O_5S$ (hellgelbe Krystalle) isoliert.

Beim Erhitzen des Natrium-Salzes mit Kaliumhydroxid bis auf 270° ist 2-Hydroxy-fluorenon-(9) erhalten worden.

Sulfo-Derivate der Dioxo-Verbindungen $C_nH_{2n-32}O_2$

7.14-Dioxo-7.14-dihydro-dibenz[a.h]anthracen-disulfonsäure-(4.11), *7,14-dioxo-7,14-di=* hydrodibenz[a,h]*anthracene-4,11-disulfonic acid* $C_{22}H_{12}O_8S_2$, Formel XI.

B. Aus Dibenz[a.h]anthracen-chinon-(7.14) beim Behandeln mit rauchender Schwefel=

säure (*Cason*, *Fieser*, Am. Soc. **62** [1940] 2681, 2686).

Als Dikalium-Salz (gelbe Krystalle) und als Di-*p*-toluidin-Salz (gelbe Krystalle) isoliert.

Beim Erhitzen des Dikalium-Salzes mit Alkalihydroxid ist 5-Hydroxy-naphthoe= säure-(2) erhalten worden.

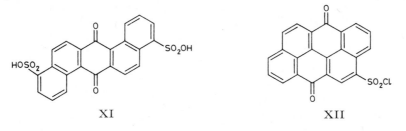

XI   XII

Sulfo-Derivate der Dioxo-Verbindungen $C_nH_{2n-34}O_2$

6.12-Dioxo-6.12-dihydro-dibenzo[*def.mno*]chrysen-sulfonsäure-(4), Anthanthron-sulfonsäure-(4) $C_{22}H_{10}O_5S$.

6.12-Dioxo-6.12-dihydro-dibenzo[*def.mno*]chrysen-sulfonylchlorid-(4), *6,12-dioxo-6,12-dihydrodibenzo*[def,mno]*chrysene-4-sulfonyl chloride* $C_{22}H_9ClO_4S$, Formel XII.

B. Aus 6.12-Dioxo-6.12-dihydro-dibenzo[*def.mno*]chrysen-sulfonsäure-(4) (E II 200; dort als Anthanthron-sulfonsäure-(4) bezeichnet) beim Erhitzen des Kalium-Salzes mit Phosphor(V)-chlorid und Phosphoroxychlorid auf 135° (*Corbellini*, *Atti*, Chimica e Ind. **18** [1936] 295, 297).

Gelbbraune Krystalle (aus Chlorbenzol); F: 306,5—307,5° [unkorr.; nach Sintern bei 288°].

Sulfo-Derivate der Dioxo-Verbindungen $C_nH_{2n-36}O_2$

7.14-Dioxo-7.14-dihydro-dibenzo[*b.def*]chrysen-disulfonsäure-(2.9), *7,14-dioxo-7,14-di= hydrodibenzo*[b,def]*chrysene-2,9-disulfonic acid* $C_{24}H_{12}O_8S_2$, Formel XIII.

Eine als Natrium-Salz (orangegelb) isolierte Säure, der diese Konstitution zukommt (*Koslow*, *Šilaewa*, Ž. obšč. Chim. **30** [1960] 3766, 3769; J. gen. Chem. U.S.S.R. [Übers.] **30** [1960] 3729, 3731), ist aus Dibenzo[*b.def*]chrysen-chinon-(7.14) beim Erhitzen mit rauchender Schwefelsäure auf 140° erhalten und durch Erhitzen mit Kaliumhydroxid auf 300° in 2.9-Dihydroxy-dibenzo[*b.def*]chrysen-chinon-(7.14) übergeführt worden (*I.G. Farbenind.*, D.R.P. 554579 [1929]; Frdl. **19** 2073).

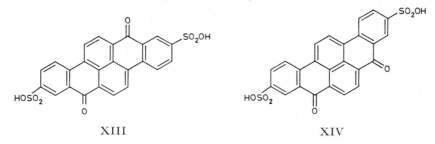

XIII   XIV

5.8-Dioxo-5.8-dihydro-benzo[*rst*]pentaphen-disulfonsäure-(3.10), *5,8-dioxo-5,8-dihydro= benzo*[rst]*pentaphene-3,10-disulfonic acid* $C_{24}H_{12}O_8S_2$, Formel XIV.

Eine als Natrium-Salz (rot) isolierte Disulfonsäure, für die diese Konstitution in Be-tracht kommt, ist beim Erwärmen von Benzo[*rst*]pentaphen-chinon-(5.8) mit rauchender Schwefelsäure erhalten und durch Erhitzen mit Kaliumhydroxid auf 280° in 3.10(?)-Dihydroxy-benzo[*rst*]pentaphen-chinon-(5.8) (E III **8** 3942; dort als 2.11(?)-Dihydroxy-benzo[*rst*]pentaphen-chinon-(5.8) formuliert) übergeführt worden (*I.G. Farbenind.*, D.R.P. 554579 [1929]; Frdl. **19** 2073).

**1.4-Bis-[4-sulfo-phenyl]-anthrachinon, 1.1'-[9.10-Dioxo-9.10-dihydro-anthracendi=
yl-(1.4)]-dibenzoldisulfonsäure-(4.4′)**, p,p′-(9,10-dioxo-9,10-dihydroanthracene-1,4-diyl)=
bisbenzenesulfonic acid $C_{26}H_{16}O_8S_2$, Formel XV.

Eine als Dinatrium-Salz $Na_2C_{26}H_{14}O_8S_2$ (Krystalle [aus W.] mit 3 Mol H_2O) isolierte
Disulfonsäure, der vermutlich diese Konstitution zukommt, ist aus 1.4-Diphenyl-anthra=
chinon beim Erwärmen mit Schwefelsäure erhalten worden (*Weizmann, Bergmann,
Haskelberg*, Soc. **1939** 391, 393, 397).

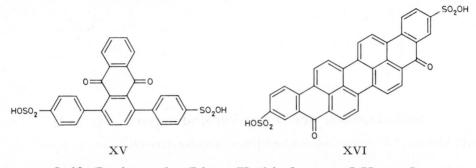

XV   XVI

Sulfo-Derivate der Dioxo-Verbindungen $C_nH_{2n-52}O_2$

5.10-Dioxo-5.10-dihydro-anthra[9.1.2-*cde*]benzo[*rst*]pentaphen-disulfonsäure-(3.12),
5.10-Dioxo-violanthren-disulfonsäure-(3.12), 5,10-dioxo-5,10-dihydroanthra[9,1,2-cde]=
benzo[rst]pentaphene-3,12-disulfonic acid $C_{34}H_{16}O_8S_2$, Formel XVI.

B. Aus Violanthron (E III **7** 4539) beim Erwärmen mit Schwefelsäure auf 80° (*Ioffe,
Kekkonen, Kalita*, Ž. obšč. Chim. **14** [1944] 816, 819; C. A. **1946** 77; *Romanowa, Abosin,
Aškinasi*, Ž. prikl. Chim. **37** [1964] 2268, 2271; J. appl. Chem. U.S.S.R. [Übers.] **37**
[1964] 2238, 2241).

Dunkelblau (*Io., Ke., Ka.*). [*Fahrmeir*]

H. Hydroxy-oxo-sulfonsäuren

Sulfo-Derivate der Hydroxy-oxo-Verbindungen $C_nH_{2n-8}O_2$

2-Hydroxy-1-formyl-benzol-sulfonsäure-(3), 2-Hydroxy-α-oxo-toluol-sulfonsäure-(3),
2-hydroxy-α-oxo-m-*toluenesulfonic acid* $C_7H_6O_5S$, Formel I.

B. Aus 2-Hydroxy-benzol-sulfonsäure-(1) beim Behandeln mit Chloroform und wss.-
äthanol. Natronlauge (*Sen, Ray*, J. Indian chem. Soc. **9** [1932] 173, 176).

Gelbe Krystalle (aus W.), die unterhalb 250° nicht schmelzen.

6-Hydroxy-1-formyl-benzol-sulfonsäure-(3), 6-Hydroxy-α-oxo-toluol-sulfonsäure-(3),
4-hydroxy-α-oxo-m-*toluenesulfonic acid* $C_7H_6O_5S$, Formel II (H 345; E II 202).

Stabilitätskonstanten des Natrium-Kupfer(II)-Salzes $Cu(NaC_7H_4O_5S)_2 \cdot 3H_2O$
(grün), des Natrium-Zink-Salzes $Zn(NaC_7H_4O_5S)_2$ (gelb), des Natrium-Kobalt(II)-
Salzes $Co(NaC_7H_4O_5S)_2 \cdot 2,5 H_2O$ (orangefarben) und des Natrium-Nickel(II)-Salzes
$Ni(NaC_7H_4O_5S)_2 \cdot 2H_2O$ (hellgrün): *Calvin, Melchior*, Am. Soc. **70** [1948] 3270.

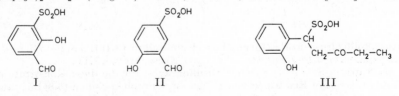

I   II   III

(±)-3-Oxo-1-[2-hydroxy-phenyl]-pentan-sulfonsäure-(1), (±)-1-(o-hydroxyphenyl)-3-oxo=
pentane-1-sulfonic acid $C_{11}H_{14}O_5S$, Formel III, und Tautomeres (2-Hydroxy-2-äthyl-
chroman-sulfonsäure-(4)).

Kalium-Salz. B. Aus 1t(?)-[2-Hydroxy-phenyl]-penten-(1)-on-(3) (F: 108°) beim

Erwärmen mit Kaliumdisulfit in Wasser (*Am. Cyanamid Co.*, U.S.P. 2440669 [1944]). —
Krystalle (aus A.); F: 134°.

**3-Hydroxy-17-oxo-10.13-dimethyl-hexadecahydro-1*H*-cyclopenta[*a*]phenanthren-sulfon≠
säure-(16)** $C_{19}H_{30}O_5S$.

**3-Acetoxy-17-oxo-10.13-dimethyl-hexadecahydro-1*H*-cyclopenta[*a*]phenanthren-sulfon≠
säure-(16)** $C_{21}H_{32}O_6S$.

3β-Acetoxy-17-oxo-5α-androstan-sulfonsäure-(16ξ), *3β-acetoxy-17-oxo-5α-androstane-
16ξ-sulfonic acid* $C_{21}H_{32}O_6S$, Formel IV, **vom F: 172°**.

B. Aus 3β-Acetoxy-5α-androstanon-(17) beim Behandeln mit Schwefelsäure und Acetan≠
hydrid (*Djerassi*, J. org. Chem. **13** [1948] 848, 855).

Krystalle (aus Acn. + Ae.); F: 169—172° [korr.; Zers.]. [α]$_D^{25}$: +33,5° [A.]. UV-Spektrum (A.): *Dj.*, l. c. S. 852.

Beim Erwärmen mit Chrom(VI)-oxid und wasserhaltiger Essigsäure ist 3β-Acetoxy-
16.17-seco-5α-androstandisäure-(16.17) erhalten worden.

Pyridin-Salz. F: 246—248° [unkorr., Zers.]. [α]$_D^{25}$: +32,3° [A.].

Methylester $C_{22}H_{34}O_6S$. Krystalle (aus Hexan + Acn. oder aus A.); F: 189—190°
[korr.]. [α]$_D^{26}$: +53,3° [Acn.].

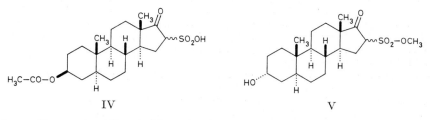

IV   V

**3-Hydroxy-17-oxo-10.13-dimethyl-hexadecahydro-1*H*-cyclopenta[*a*]phenanthren-
sulfonsäure-(16)-methylester** $C_{20}H_{32}O_5S$.

3α-Hydroxy-17-oxo-5α-androstan-sulfonsäure-(16ξ)-methylester, *3α-hydroxy-
17-oxo-5α-androstane-16ξ-sulfonic acid methyl ester* $C_{20}H_{32}O_5S$, Formel V, **vom F: 178°**.

B. Beim Behandeln von 3α-Acetoxy-5α-androstanon-(17) mit Acetanhydrid und
Schwefelsäure, anschliessenden Versetzen mit Wasser und Behandeln einer Lösung des
nach dem Eindampfen erhaltenen Reaktionsprodukts in Methanol mit Diazomethan in
Äther (*Djerassi*, J. org. Chem. **13** [1948] 848, 856).

Krystalle (aus Me.); F: 176—178° [korr.]. [α]$_D^{28}$: +80° [Acn.].

Sulfo-Derivate der Hydroxy-oxo-Verbindungen $C_nH_{2n-10}O_2$

8-Hydroxy-4-oxo-1.2.3.4-tetrahydro-naphthalin-sulfonsäure-(2), *8-hydroxy-4-oxo-
1,2,3,4-tetrahydronaphthalene-2-sulfonic acid* $C_{10}H_{10}O_5S$, Formel VI (R = H).

Diese Konstitution kommt der E II 202 als 8-Hydroxy-4-oxo-1.2.3.4-tetrahydro-
naphthalin-sulfonsäure-(1 oder 2) („5-Oxy-tetralon-(1)-sulfonsäure-(3 oder 4)")
beschriebenen Verbindung zu (*Rieche, Seeboth*, A. **638** [1960] 43, 48); entsprechend ist die
E II 203 als 8-Methoxy-4-oxo-1.2.3.4-tetrahydro-naphthalin-sulfonsäure-
(1 oder 2) beschriebene Verbindung $C_{11}H_{12}O_5S$ als 8-Methoxy-4-oxo-1.2.3.4-tetra≠
hydro-naphthalin-sulfonsäure-(2) (Formel VI [R = CH₃]) zu formulieren.

Beim Behandeln mit wss. Natronlauge ist Naphthalindiol-(1.5) erhalten worden (*Rie.,
See.*; s. dagegen E II 202).

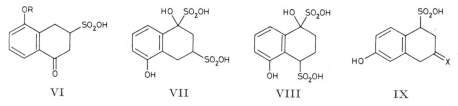

VI   VII   VIII   IX

1.5-Dihydroxy-1.2.3.4-tetrahydro-naphthalin-disulfonsäure-(1.3) $C_{10}H_{12}O_8S_2$, Formel VII
und **1.5-Dihydroxy-1.2.3.4-tetrahydro-naphthalin-disulfonsäure-(1.4)** $C_{10}H_{12}O_8S_2$, Formel
VIII.
Die Identität der E II 203 unter diesen Konstitutionsformeln beschriebenen Verbindungen ist ungewiss (*Rieche, Seeboth*, A. **638** [1960] 43, 48).

6-Hydroxy-3-oxo-1.2.3.4-tetrahydro-naphthalin-sulfonsäure-(1), *6-hydroxy-3-oxo-1,2,3,4-tetrahydronaphthalene-1-sulfonic acid* $C_{10}H_{10}O_5S$, Formel IX (X = O).
Diese Konstitution kommt der E II **8** 167 als 2.7-Dihydroxy-1.2-dihydro-naphthalin-sulfonsäure-(2) beschriebenen Verbindung $C_{10}H_{10}O_5S$ zu (*Rieche, Seeboth*, A. **638** [1960] 66, 72, 76).

6-Hydroxy-3-imino-1.2.3.4-tetrahydro-naphthalin-sulfonsäure-(1), *6-hydroxy-3-imino-1,2,3,4-tetrahydronaphthalene-1-sulfonic acid* $C_{10}H_{11}NO_4S$, Formel IX (X = NH).
Diese Konstitution kommt der E II **8** 167 als 2-Amino-7-hydroxy-1.2-dihydro-naphthalin-sulfonsäure-(2) beschriebenen Verbindung $C_{10}H_{11}NO_4S$ zu (*Rieche, Seeboth*, A. **638** [1960] 66, 72).

3-Hydroxy-5-oxo-1-methyl-5.6.7.8-tetrahydro-naphthalin-sulfonsäure-(4) $C_{11}H_{12}O_5S$.

3-Methoxy-5-oxo-1-methyl-5.6.7.8-tetrahydro-naphthalin-sulfonsäure-(4), *2-methoxy-4-methyl-8-oxo-5,6,7,8-tetrahydronaphthalene-1-sulfonic acid* $C_{12}H_{14}O_5S$, Formel X.
B. Neben 3-Hydroxy-5-oxo-1-methyl-5.6.7.8-tetrahydro-naphthalin beim Erwärmen von 4-[4-Methoxy-2-methyl-5-isopropyl-phenyl]-buttersäure mit Schwefelsäure (*Šolow'ewa, Preobra'shenskii*, Ž. obšč. Chim. **15** [1945] 60, 62; C. A. **1946** 1820).
Krystalle; F: 231—234° [Zers.].
Beim Behandeln mit wss. Schwefelsäure und überhitztem Wasserdampf bei 140° bis 150° sind 4-[4-Methoxy-2-methyl-phenyl]-buttersäure und 3-Hydroxy-5-oxo-1-methyl-5.6.7.8-tetrahydro-naphthalin erhalten worden (*So., Pr.,* l. c. S. 63).
Semicarbazon $C_{13}H_{17}N_3O_5S$. Krystalle (aus W.); F: 240—241° [Zers.].

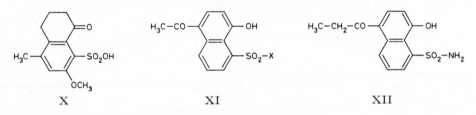

X   XI   XII

Sulfo-Derivate der Hydroxy-oxo-Verbindungen $C_nH_{2n-14}O_2$

4-Hydroxy-1-acetyl-naphthalin-sulfonsäure-(5), *5-acetyl-8-hydroxynaphthalene-1-sulfonic acid* $C_{12}H_{10}O_5S$, Formel XI (X = OH).
B. Aus 4-Hydroxy-1-acetyl-naphthalin-sulfonsäure-(5)-lacton beim Erhitzen mit wss. Natronlauge (*Schetty*, Helv. **30** [1947] 1650, 1655).
Natrium-Salze. a) $NaC_{12}H_9O_5S$. Krystalle. — b) $Na_2C_{12}H_8O_5S$. Gelbe Krystalle (aus W.) mit 3 Mol H_2O.

4-Hydroxy-1-acetyl-naphthalinsulfonamid-(5), *5-acetyl-8-hydroxynaphthalene-1-sulfonamide* $C_{12}H_{11}NO_4S$, Formel XI (X = NH₂).
B. Aus 4-Hydroxy-1-acetyl-naphthalin-sulfonsäure-(5)-lacton beim Behandeln mit wss. Ammoniak (*Schetty*, Helv. **30** [1947] 1650, 1656).
F: 195—197° [Zers.]. In wss. Natronlauge mit gelber Farbe löslich; aus wss. Natriumcarbonat-Lösung krystallisiert das gelbe Mononatrium-Salz.

4-Hydroxy-N-[2-hydroxy-äthyl]-1-acetyl-naphthalinsulfonamid-(5), *5-acetyl-8-hydroxy-N-(2-hydroxyethyl)naphthalene-1-sulfonamide* $C_{14}H_{15}NO_5S$, Formel XI (X = NH-CH₂-CH₂OH).
B. Aus 4-Hydroxy-1-acetyl-naphthalin-sulfonsäure-(5)-lacton und 2-Amino-äthanol-(1) in Wasser (*Schetty*, Helv. **30** [1947] 1650, 1657).
F: 143—145°.

4-Hydroxy-1-propionyl-naphthalin-sulfonsäure-(5) $C_{13}H_{12}O_5S$.

4-Hydroxy-1-propionyl-naphthalinsulfonamid-(5), *8-hydroxy-5-propionylnaphthalene-1-sulfonamide* $C_{13}H_{13}NO_4S$, Formel XII.

B. Aus 4-Hydroxy-1-propionyl-naphthalin-sulfonsäure-(5)-lacton beim Behandeln mit wss. Ammoniak (*Schetty*, Helv. **30** [1947] 1650, 1657).

F: 171—172° [Zers.].

4-Hydroxy-1-butyryl-naphthalin-sulfonsäure-(5) $C_{14}H_{14}O_5S$.

4-Hydroxy-1-butyryl-naphthalinsulfonamid-(5), *5-butyryl-8-hydroxynaphthalene-1-sulfonamide* $C_{14}H_{15}NO_4S$, Formel XIII.

B. Aus 4-Hydroxy-1-butyryl-naphthalin-sulfonsäure-(5)-lacton beim Behandeln mit wss. Ammoniak (*Schetty*, Helv. **30** [1947] 1650, 1657).

F: 157,5—158° [Zers.].

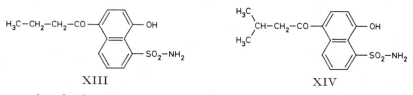

XIII   XIV

4-Hydroxy-1-isovaleryl-naphthalin-sulfonsäure-(5) $C_{15}H_{16}O_5S$.

4-Hydroxy-1-isovaleryl-naphthalinsulfonamid-(5), *8-hydroxy-5-isovalerylnaphthalene-1-sulfonamide* $C_{15}H_{17}NO_4S$, Formel XIV.

B. Aus 4-Hydroxy-1-isovaleryl-naphthalin-sulfonsäure-(5)-lacton beim Behandeln mit wss. Ammoniak (*Schetty*, Helv. **30** [1947] 1650, 1657).

F: 147—148° [Zers.].

3-Hydroxy-17-oxo-13-methyl-7.8.9.11.12.13.14.15.16.17-decahydro-6*H*-cyclopenta[*a*]⸗phenanthren-sulfonsäure-(2) $C_{18}H_{22}O_5S$ **und 3-Hydroxy-17-oxo-13-methyl-7.8.9.11.12.⸗13.14.15.16.17-decahydro-6*H*-cyclopenta[*a*]phenanthren-sulfonsäure-(4)** $C_{18}H_{22}O_5S$.

3-Hydroxy-17-oxo-östratrien-(1.3.5(10))-sulfonsäure-(2), **3-Hydroxy-17-oxo-östratrien-(*A*)-sulfonsäure-(2)**, *3-hydroxy-17-oxoestra-1,3,5(10)-triene-2-sulfonic acid* $C_{18}H_{22}O_5S$, Formel XV, und **3-Hydroxy-17-oxo-östratrien-(1.3.5(10))-sulfonsäure-(4)**, **3-Hydroxy-17-oxo-östratrien-(*A*)-sulfonsäure-(4)**, *3-hydroxy-17-oxoestra-1,3,5(10)-triene-4-sulfonic acid* $C_{18}H_{22}O_5S$, Formel XVI.

Diese beiden Formeln kommen für die nachstehend beschriebene Verbindung in Betracht.

B. Aus (+)-Östron (3-Hydroxy-östratrien-(1.3.5(10))-on-(17)) beim Erwärmen mit Chloroschwefelsäure in Chloroform, Tetrachlormethan und wenig Äther (*Butenandt, Hofstetter*, Z. physiol. Chem. **259** [1939] 222, 229, 230, 234).

Krystalle (aus E. + PAe.); F: ca. 210° [Zers.]. UV-Spektrum (Me.): *Bu., Ho.*

O-Methyl-Derivat $C_{20}H_{26}O_5S$ des Methylesters. Krystalle (aus Me.); F: 207° [nach Sintern bei 197°].

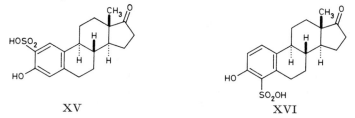

XV   XVI

3-Hydroxy-17-oxo-13-methyl-7.8.9.11.12.13.14.15.16.17-decahydro-6*H*-cyclopenta[*a*]⸗phenanthren-sulfonsäure-(16) $C_{18}H_{22}O_5S$.

3-Hydroxy-17-oxo-östratrien-(1.3.5(10))-sulfonsäure-(16ξ), **3-Hydroxy-17-oxo-östratrien-(*A*)-sulfonsäure-(16ξ)**, *3-hydroxy-17-oxoestra-1,3,5(10)-triene-16ξ-sulfonic acid* $C_{18}H_{22}O_5S$, Formel XVII (R = H), deren Methylester bei 200° schmilzt.

Ammonium-Salz $[NH_4]C_{18}H_{21}O_5S$. B. Aus dem im folgenden Artikel beschriebenen

Methylester beim Behandeln mit wss. Ammoniak (*Djerassi*, J. org. Chem. **13** [1948] 848, 857). — Zers. bei 320—323° [nach Sintern bei 270°; geschlossene Kapillare; im vorgeheizten Bad]. $[\alpha]_D^{26}$: $+124°$ [A.].

3-Hydroxy-17-oxo-13-methyl-7.8.9.11.12.13.14.15.16.17-decahydro-6H-cyclopenta[a]-phenanthren-sulfonsäure-(16)-methylester $C_{19}H_{24}O_5S$.

3-Hydroxy-17-oxo-östratrien-(1.3.5(10))-sulfonsäure-(16ξ)-methylester,
3-Hydroxy-17-oxo-östratrien-(A)-sulfonsäure-(16ξ)-methylester, *3-hydroxy-17-oxoestra-1,3,5(10)-triene-16ξ-sulfonic acid methyl ester* $C_{19}H_{24}O_5S$, Formel XVII (R = CH₃), vom F: 200°.

B. Beim Behandeln von 3-Acetoxy-östratrien-(1.3.5(10))-on-(17) mit Schwefelsäure und Acetanhydrid und Behandeln des nach dem Versetzen mit Wasser und anschliessenden Eindampfen erhaltenen Reaktionsprodukts in Methanol mit Diazomethan in Äther (*Djerassi*, J. org. Chem. **13** [1948] 848, 856).

Krystalle (aus Hexan + Acn.); F: 199—200° [korr.; Zers.]. $[\alpha]_D^{25}$: $+139°$ [Acn.]. UV-Absorption (A.): *Dj.*

Überführung in ein Acetyl-Derivat (nicht rein erhalten; λ_{max} [A.]: 267,5 mμ und 275 mμ): *Dj.*

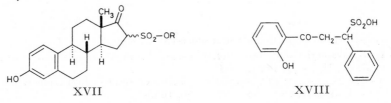

XVII   XVIII

Sulfo-Derivate der Hydroxy-oxo-Verbindungen $C_nH_{2n-16}O_2$

(±)-1-Oxo-3-phenyl-1-[2-hydroxy-phenyl]-propan-sulfonsäure-(3), (±)-*3-(o-hydroxy-phenyl)-3-oxo-1-phenylpropane-1-sulfonic acid* $C_{15}H_{14}O_5S$, Formel XVIII.

B. Aus (±)-2-Phenyl-chromanon-(4) bei 2-tägigem Erhitzen mit Natriumhydrogensulfit oder Schwefeldioxid in Wasser auf 135° (*Richtzenhain*, B. **72** [1939] 2152, 2160). Aus 2′-Hydroxy-*trans*-chalkon beim Erhitzen mit Schwefeldioxid in Wasser auf 135° sowie beim Erwärmen mit Natriumhydrogensulfit in Wasser (*Kratzl, Däubner*, B. **77/79** [1944/46] 519, 526).

Naphthyl-(2)-amin-Salz (F: 191—192° [Zers.]): *Ri.*
Natrium-Salz $NaC_{15}H_{13}O_5S$. Wasserhaltige Krystalle [aus W.] (*Ri.*).
S-Benzyl-isothiuronium-Salz. Krystalle; F: 192° (*Kr., Däu.*).

Sulfo-Derivate der Hydroxy-oxo-Verbindungen $C_nH_{2n-18}O_2$

10-Hydroxy-9-oxo-9.10-dihydro-anthracen-sulfonsäure-(2) $C_{14}H_{10}O_5S$ und Tautomere.

10-Hydroxy-9-oxo-9.10-dihydro-anthracen-sulfonsäure-(2)-hydrazid, *10-hydroxy-9-oxo-9,10-dihydroanthracene-2-sulfonic acid hydrazide* $C_{14}H_{12}N_2O_4S$, Formel I (X = NH-NH₂), und Tautomere (9-Hydroxy-10-oxo-9.10-dihydro-anthracen-sulfonsäure-(2)-hydrazid [Formel II (X = NH-NH₂)] und 9.10-Dihydroxy-anthracen-sulfonsäure-(2)-hydrazid [Formel III (X = NH-NH₂)]).

B. Aus 9.10-Dioxo-9.10-dihydro-anthracen-sulfonylchlorid-(2) beim Behandeln mit Hydrazin in wenig Wasser (*Curtius, Derlon*, J. pr. [2] **125** [1930] 420, 421).

Rote Krystalle (aus A.); F: 222—223°.

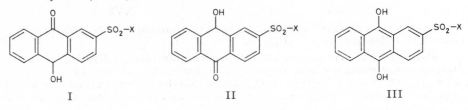

I   II   III

10-Hydroxy-9-oxo-9.10-dihydro-anthracen-sulfonsäure-(2)-isopropylidenhydrazid,
10-hydroxy-9-oxo-9,10-dihydroanthracene-2-sulfonic acid isopropylidenehydrazide
$C_{17}H_{16}N_2O_4S$, Formel I (X = NH-N=C(CH$_3$)$_2$), und Tautomere (9-Hydroxy-10-oxo-
9.10-dihydro-anthracen-sulfonsäure-(2)-isopropylidenhydrazid [Formel II
(X = NH-N=C(CH$_3$)$_2$)] und   9.10-Dihydroxy-anthracen-sulfonsäure-(2)-iso=
propylidenhydrazid [Formel III (X = NH-N=C(CH$_3$)$_2$)]).
    B. Aus der im vorangehenden Artikel beschriebenen Verbindung und Aceton (*Curtius,
Derlon*, J. pr. [2] **125** [1930] 420, 422).
    Gelbe Krystalle (aus Acn.); F: 165°.

2-Hydroxy-1-cinnamoyl-benzol-sulfonsäure-(x) $C_{15}H_{12}O_5S$.

2-Methoxy-1-cinnamohydroximoyl-benzol-sulfonsäure-(x), *1-cinnamohydroximoyl-
2-methoxybenzene-x-sulfonic acid* $C_{16}H_{15}NO_5S$.
    Ein Präparat (Krystalle; F: 188° [Zers.]), in dem vermutlich eine **2-Methoxy-
1-[*trans*-cinnamo-*seqtrans*-hydroximoyl]-benzol-sulfonsäure-(x)**   (Formel IV)   vorgelegen hat, ist beim Behandeln von 2′-Methoxy-*trans*-chalkon-*seqtrans*(?)-oxim (F: 135°
bis 145° [E III **8** 1469]) mit Schwefelsäure erhalten worden (*v. Auwers, Brink*, A. **493**
[1932] 218, 236).

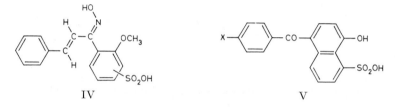

        IV   V

Sulfo-Derivate der Hydroxy-oxo-Verbindungen $C_nH_{2n-22}O_2$

4-Hydroxy-1-benzoyl-naphthalin-sulfonsäure-(5), *5-benzoyl-8-hydroxynaphthalene-
1-sulfonic acid* $C_{17}H_{12}O_5S$, Formel V (X = H) (vgl. E II 206).
    Bildung des Dinatrium-Salzes (gelbe Krystalle) beim Erwärmen von 4-Hydroxy-
1-benzoyl-naphthalin-sulfonsäure-(5)-lacton mit wss. Natronlauge: *Geigy A.G.*, U.S.P.
2359730 [1943].

4-Hydroxy-1-[4-nitro-benzoyl]-naphthalin-sulfonsäure-(5), *8-hydroxy-5-(4-nitrobenzoyl)=
naphthalene-1-sulfonic acid* $C_{17}H_{11}NO_7S$, Formel V (X = NO$_2$).
    Bildung beim Erwärmen von 4-Hydroxy-1-[4-nitro-benzoyl]-naphthalin-sulfonsäure-(5)-
lacton mit wss. Natronlauge sowie Isolierung als Mononatrium-Salz (gelbe Krystalle;
in Wasser schwer löslich) und als Dinatrium-Salz (braune Krystalle; in Wasser schwer
löslich): *Geigy A.G.*, U.S.P. 2359730 [1943].

Sulfo-Derivate der Hydroxy-oxo-Verbindungen $C_nH_{2n-8}O_3$

4-Hydroxy-3.6-dioxo-cyclohexadien-(1.4)-sulfonsäure-(1) $C_6H_4O_6S$.

4-Hydroxy-3-oxo-6-hydroxyimino-cyclohexadien-(1.4)-sulfonsäure-(1), *4-hydroxy-
6-(hydroxyimino)-3-oxocyclohexa-1,4-diene-1-sulfonic acid* $C_6H_5NO_6S$, Formel VI
(X = H), und **6-Nitroso-3.4-dihydroxy-benzol-sulfonsäure-(1),** *3,4-dihydroxy-6-nitroso=
benzenesulfonic acid* $C_6H_5NO_6S$, Formel VII (X = H).
    B. Beim Behandeln einer wss. Lösung des Natrium-Salzes der 3.4-Dihydroxy-benzol-
sulfonsäure-(1) mit Natriumnitrit und mit wss. Salzsäure oder wss. Schwefelsäure (*Zika,
Collect*. **6** [1934] 60, 62).
    Natrium-Salz NaC$_6$H$_4$NO$_6$S. Gelbe Krystalle mit 3 Mol H$_2$O, die sich beim Er-
hitzen heftig zersetzen. In wss. Kalilauge, in wss. Ammoniak und in wss. Alkalicarbonat
mit roter Farbe löslich. — Beim Behandeln des Salzes mit Eisen(III)-chlorid-Lösung
tritt eine blaugrüne Färbung auf, die nach Zusatz von Natriumacetat in Violett umschlägt.
    Kalium-Salz KC$_6$H$_4$NO$_6$S. Gelbbraune Krystalle (aus W.) mit 1 Mol H$_2$O.

2-Nitroso-4-hydroxy-3-oxo-6-hydroxyimino-cyclohexadien-(1.4)-sulfonsäure-(1), *4-hydroxy-6-(hydroxyimino)-2-nitroso-3-oxocyclohexa-1,4-diene-1-sulfonic acid* $C_6H_4N_2O_7S$, Formel VI (X = NO), **2.6-Dinitroso-3.4-dihydroxy-benzol-sulfonsäure-(1)**, *3,4-dihydr= oxy-2,6-dinitrosobenzenesulfonic acid* $C_6H_4N_2O_7S$, Formel VII (X = NO) und weitere Tautomere.

B. Beim Behandeln einer wss. Lösung des Natrium-Salzes der 3.4-Dihydroxy-benzol-sulfonsäure-(1) mit Natriumnitrit und wss. Schwefelsäure (*Frejka, Zika*, Collect. **5** [1933] 253, 256).

Gelbe Krystalle (aus wss. Salzsäure), die beim Erhitzen über offener Flamme explodieren.

Dinatrium-Salz $Na_2C_6H_2N_2O_7S$. Gelbbraune Krystalle (aus W.) mit 1,5 Mol H_2O. Beim Behandeln mit Schwefelsäure kann Explosion erfolgen.

Dikalium-Salz $K_2C_6H_2N_2O_7S$. Gelbbraune Krystalle.

Disilber-Salz $Ag_2C_6H_2N_2O_7S$. Krystalle; in Wasser fast unlöslich. Explosiv.

Calcium-Salz $CaC_6H_2N_2O_7S$. Gelbe Krystalle mit 3 Mol H_2O. Explosiv.

Strontium-Salz $SrC_6H_2N_2O_7S$. Gelbe Krystalle mit 1,5 Mol H_2O. Explosiv.

Barium-Salz $BaC_6H_2N_2O_7S$. Gelbe Krystalle mit 1,5 Mol H_2O. Explosiv.

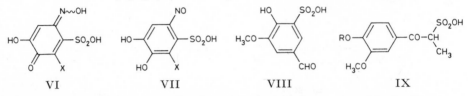

VI   VII   VIII   IX

4.5-Dihydroxy-1-formyl-benzol-sulfonsäure-(3), 4.5-Dihydroxy-α-oxo-toluol-sulfon= säure-(3) $C_7H_6O_6S$.

4-Hydroxy-5-methoxy-α-oxo-toluol-sulfonsäure-(3), *6-hydroxy-5-methoxy-α-oxo-m-tolu= enesulfonic acid* $C_8H_8O_6S$, Formel VIII (E II 208; dort auch als Vanillin-sulfonsäu= re-(5) bezeichnet).

Beim Behandeln mit wss. Natronlauge und wss. Wasserstoffperoxid ist 2.5-Dihydroxy-3-methoxy-benzol-sulfonsäure-(1) erhalten worden (*Dorn, Warren, Bullock*, Am. Soc. **61** [1939] 144, 146).

1-Oxo-1-[3.4-dihydroxy-phenyl]-propan-sulfonsäure-(2) $C_9H_{10}O_6S$.

(±)-1-Oxo-1-[4-hydroxy-3-methoxy-phenyl]-propan-sulfonsäure-(2), *(±)-1-(4-hydroxy-3-methoxyphenyl)-1-oxopropane-2-sulfonic acid* $C_{10}H_{12}O_6S$, Formel IX (R = H).

B. Aus (±)-2-Brom-1-[4-hydroxy-3-methoxy-phenyl]-propanon-(1) beim Erwärmen mit Natriumsulfit in Wasser (*Kratzl*, B. **76** [1943] 895, 898).

Beim Erhitzen mit Nitrobenzol und wss. Kalilauge auf 160° sind Vanillin, Oxalsäure und Vanillinsäure erhalten worden (*v. Wacek, Kratzl*, B. **76** [1943] 891, 893). Bildung von 2.2-Dibrom-1-[5-brom-4-hydroxy-3-methoxy-phenyl]-propanon-(1) beim Erwärmen des Natrium-Salzes mit Brom (Überschuss) in Chloroform: *Kratzl, Bleckmann*, M. **76** [1947] 185, 192.

Dinatrium-Salz $Na_2C_{10}H_{10}O_6S$. Krystalle (aus wss. A.) mit 3 Mol H_2O (*Kr.*, l. c. S. 898).

S-Benzyl-isothiuronium-Salz $[C_8H_{11}N_2S]C_{10}H_{11}O_6S$. Krystalle (aus A.); F: 176° bis 178° (*Kr.*, l. c. S. 898).

(±)-1-Oxo-1-[3.4-dimethoxy-phenyl]-propan-sulfonsäure-(2), *(±)-1-(3,4-dimethoxy= phenyl)-1-oxopropane-2-sulfonic acid* $C_{11}H_{14}O_6S$, Formel IX (R = CH_3).

B. Aus (±)-2-Brom-1-[3.4-dimethoxy-phenyl]-propanon-(1) beim Erwärmen mit Natriumsulfit in Wasser (*v. Wacek, Kratzl, v. Bézard*, B. **75** [1942] 1348, 1356).

Beim Erwärmen des Natrium-Salzes mit Brom in Chloroform ist 2.2-Dibrom-1-[6-brom-3.4-dimethoxy-phenyl]-propanon-(1) erhalten worden (*Kratzl, Bleckmann*, M. **76** [1947] 185, 195).

Natrium-Salz $NaC_{11}H_{13}O_6S$. Krystalle [aus wss. Eg. + A.] (*v. Wa., Kr., v. Bé.*, l. c. S. 1356).

S-Benzyl-isothiuronium-Salz $[C_8H_{11}N_2S]C_{11}H_{13}O_6S$. Krystalle (aus A.); F: 153° (*v. Wa., Kr., v. Bé.*, l. c. S. 1356).

Opt.-inakt. 1-Oxo-1-{3-methoxy-4-[2-oxo-1-methyl-2-(3.4-dimethoxy-phenyl)-äthoxy]-phenyl}-propan-sulfonsäure-(2), *1-[4-(3,4-dimethoxy-α-methylphenacyloxy)-3-methoxy=phenyl]-1-oxopropane-2-sulfonic acid* $C_{21}H_{24}O_9S$, Formel X.

B. Neben 2-[2-Methoxy-4-propionyl-phenoxy]-1-[3.4-dimethoxy-phenyl]-propanon-(1) beim Erhitzen von opt.-inakt. 2-[2-Methoxy-4-(2-brom-propionyl)-phenoxy]-1-[3.4-di=methoxy-phenyl]-propanon-(1) (F: 137—140°) mit Natriumsulfit in Wasser auf 135° (*Kratzl*, B. **77/79** [1944/46] 717, 721).

Natrium-Salz. Krystalle (aus A. + Ae.).

S-Benzyl-isothiuronium-Salz [$C_8H_{11}N_2S$]$C_{21}H_{23}O_9S$. Krystalle (aus A.); F: 176° bis 177°.

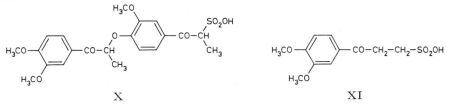

X   XI

1-Oxo-1-[3.4-dihydroxy-phenyl]-propan-sulfonsäure-(3) $C_9H_{10}O_6S$.

1-Oxo-1-[3.4-dimethoxy-phenyl]-propan-sulfonsäure-(3), *3-(3,4-dimethoxyphenyl)-3-oxo=propane-1-sulfonic acid* $C_{11}H_{14}O_6S$, Formel XI.

B. Aus 3-Brom-1-[3.4-dimethoxy-phenyl]-propanon-(1) beim Erwärmen mit Natrium=sulfit in Wasser (*Kratzl*, B. **76** [1943] 895, 899). Aus 3-Hydroxy-1-[3.4-dimethoxy-phenyl]-propanon-(1) beim Erhitzen mit Natriumhydrogensulfit und wss. Schwefel=dioxid auf 135° (*Kratzl, Däubner, Siegens*, M. **77** [1947] 146, 155, 160).

Beim Erhitzen des Natrium-Salzes mit Natriumcyanid im Hochvakuum ist 4-Oxo-4-[3.4-dimethoxy-phenyl]-butyronitril erhalten worden (*Kr., Däu., Sie.*, l. c. S. 157, 162).

Natrium-Salz $NaC_{11}H_{13}O_6S$. Krystalle mit 1 Mol H_2O; F: 204—206° [trübe Schmel=ze] (*Kr.*).

S-Benzyl-isothiuronium-Salz [$C_8H_{11}N_2S$]$C_{11}H_{13}O_6S$. Krystalle (aus wss. Eg.) mit 1 Mol H_2O; das wasserfreie Salz schmilzt bei 148—149° (*Kr.*).

2-Oxo-1-[3.4-dihydroxy-phenyl]-propan-sulfonsäure-(1) $C_9H_{10}O_6S$.

(±)-2-Oxo-1-[4-hydroxy-3-methoxy-phenyl]-propan-sulfonsäure-(1), *(±)-1-(4-hydroxy-3-methoxyphenyl)-2-oxopropane-1-sulfonic acid* $C_{10}H_{12}O_6S$, Formel XII (R = H).

B. Neben [4-Hydroxy-3-methoxy-phenyl]-aceton beim Erwärmen von (±)-1-Brom-1-[3-methoxy-4-acetoxy-phenyl]-aceton mit Natriumsulfit in Wasser (*v. Wacek*, B. **77/79** [1944/46] 85, 88).

Beim Erhitzen des Natrium-Salzes mit Nitrobenzol und wss. Natronlauge auf 160° sind Vanillin und Oxalsäure sowie geringe Mengen Vanillinsäure und Essigsäure erhalten worden (*v. Wacek, Kratzl*, B. **77/79** [1944/46] 516).

Natrium-Salz $NaC_{10}H_{11}O_6S$. Krystalle (aus wss. A.) mit 1 Mol H_2O; Zers. bei 230° bis 232° (*v. Wa.*).

S-Benzyl-isothiuronium-Salz [$C_8H_{11}N_2S$]$C_{10}H_{11}O_6S$. Krystalle (aus A. + Ae.); F: 147—149° (*v. Wa.*).

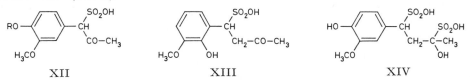

XII   XIII   XIV

(±)-2-Oxo-1-[3.4-dimethoxy-phenyl]-propan-sulfonsäure-(1), *(±)-1-(3,4-dimethoxy=phenyl)-2-oxopropane-1-sulfonic acid* $C_{11}H_{14}O_6S$, Formel XII (R = CH_3).

B. Aus (±)-1-Brom-1-[3.4-dimethoxy-phenyl]-aceton beim Erwärmen mit Natrium=sulfit in Wasser (*v. Wacek*, B. **77/79** [1944/46] 85, 88).

Natrium-Salz $NaC_{11}H_{13}O_6S$. Krystalle; Zers. bei 230—232°.

S-Benzyl-isothiuronium-Salz [$C_8H_{11}N_2S$]$C_{11}H_{13}O_6S$. Krystalle (aus A.); F: 165° bis 167°.

3-Oxo-1-[2.3-dihydroxy-phenyl]-butan-sulfonsäure-(1) $C_{10}H_{12}O_6S$.

(±)-3-Oxo-1-[2-hydroxy-3-methoxy-phenyl]-butan-sulfonsäure-(1), (±)-*1-(2-hydroxy-3-methoxyphenyl)-3-oxobutane-1-sulfonic acid* $C_{11}H_{14}O_6S$, Formel XIII, und Tautomeres (2-Hydroxy-8-methoxy-2-methyl-chroman-sulfonsäure-(4)).

Kalium-Salz. *B.* Aus 1-[2-Hydroxy-3-methoxy-phenyl]-buten-(1)-on-(3) (F: 65° bis 70°) beim Erwärmen mit Kaliumdisulfit in Wasser (*Am. Cyanamid Co.*, U.S.P. 2440669 [1944]). — Krystalle (aus A.); F: 179°.

3-Oxo-1-[3.4-dihydroxy-phenyl]-butan-sulfonsäure-(1) $C_{10}H_{12}O_6S$.

Opt.-inakt. 3-Hydroxy-1-[4-hydroxy-3-methoxy-phenyl]-butan-disulfonsäure-(1.3), *3-hydroxy-1-(4-hydroxy-3-methoxyphenyl)butane-1,3-disulfonic acid* $C_{11}H_{16}O_9S_2$, Formel XIV.

B. Aus 1*t*-[4-Hydroxy-3-methoxy-phenyl]-buten-(1)-on-(3) beim Erwärmen mit Natriumhydrogensulfit in Wasser (*Kratzl, Däubner*, B. **77/79** [1944/46] 519, 525).

Bildung von Vanillin beim Erhitzen mit wss. Natronlauge unter Stickstoff: *Kratzl, Khautz*, M. **78** [1948] 376, 381, 387, 388.

Dinatrium-Salz $Na_2C_{11}H_{14}O_9S_2$. Krystalle [aus W. + A.] (*Kr., Däu.*).

Sulfo-Derivate der Hydroxy-oxo-Verbindungen $C_nH_{2n-14}O_3$

[3-Hydroxy-1.4-dioxo-1.4-dihydro-naphthyl-(2)]-methansulfonsäure, *(3-hydroxy-1,4-dioxo-1,4-dihydro-2-naphthyl)methanesulfonic acid* $C_{11}H_8O_6S$, Formel I, und Tautomeres.

B. Aus Bis-[1.4-dimethoxy-naphthyl-(2)-methyl]-disulfid beim Schütteln einer Suspension in Essigsäure mit wss. Wasserstoffperoxid (*Baker, Carlson*, Am. Soc. **64** [1942] 2657, 2663).

Kalium-Salz $KC_{11}H_7O_6S$. Krystalle.

S-Benzyl-isothiuronium-Salz $[C_8H_{11}N_2S]C_{11}H_7O_6S$. Krystalle (aus A.); F: 200° bis 201° [Zers.].

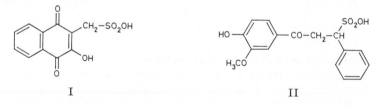

I   II

Sulfo-Derivate der Hydroxy-oxo-Verbindungen $C_nH_{2n-16}O_3$

1-Oxo-3-phenyl-1-[3.4-dihydroxy-phenyl]-propan-sulfonsäure-(3) $C_{15}H_{14}O_6S$.

1-Oxo-3-phenyl-1-[4-hydroxy-3-methoxy-phenyl]-propan-sulfonsäure-(3), *3-(4-hydroxy-3-methoxyphenyl)-3-oxo-1-phenylpropane-1-sulfonic acid* $C_{16}H_{16}O_6S$, Formel II.

B. Aus 4'-Hydroxy-3'-methoxy-*trans*(?)-chalkon (F: 63—66°) beim Erwärmen mit Natriumhydrogensulfit in Wasser (*Kratzl, Däubner*, B. **77/79** [1944/46] 519, 526).

Natrium-Salz $NaC_{16}H_{15}O_6S$. Krystalle (aus W. + A.).

S-Benzyl-isothiuronium-Salz $[C_8H_{11}N_2S]C_{16}H_{15}O_6S$. Krystalle (aus Me.); F: 181° bis 182°.

Sulfo-Derivate der Hydroxy-oxo-Verbindungen $C_nH_{2n-20}O_3$

1-Hydroxy-9.10-dioxo-9.10-dihydro-anthracen-sulfonsäure-(2), *1-hydroxy-9,10-dioxo-9,10-dihydroanthracene-2-sulfonic acid* $C_{14}H_8O_6S$, Formel III (X = H) (H 350; E I 89).

B. Neben 1-Amino-9.10-dioxo-9.10-dihydro-anthracen-sulfonsäure-(2) beim Behandeln der aus 1-Amino-9.10-dioxo-9.10-dihydro-anthracen-sulfonsäure-(2) hergestellten Diazonium-Verbindung mit wss. Ammoniak (*Lynas-Gray, Simonsen*, Soc. **1943** 45).

4-Brom-1-hydroxy-9.10-dioxo-9.10-dihydro-anthracen-sulfonsäure-(2), *4-bromo-1-hydroxy-9,10-dioxo-9,10-dihydroanthracene-2-sulfonic acid* $C_{14}H_7BrO_6S$, Formel III (X = Br).

Eine unter dieser Konstitution beschriebene Säure (orangefarbene Krystalle [aus W.])

ist beim Erhitzen von 1-Hydroxy-anthrachinon mit rauchender Schwefelsäure auf 120°
und Behandeln des mit Wasser verdünnten Reaktionsgemisches mit einer wss. Lösung
von Brom und Kaliumbromid erhalten und durch Erhitzen mit wss. Schwefelsäure in
eine als 4-Brom-1-hydroxy-anthrachinon ($C_{14}H_7BrO_3$) angesehene Verbindung
(F: 184°) übergeführt worden (*Day*, Soc. **1939** 816).

4-Hydroxy-9.10-dioxo-9.10-dihydro-anthracen-sulfonsäure-(1), *4-hydroxy-9,10-dioxo-9,10-dihydroanthracene-1-sulfonic acid* $C_{14}H_8O_6S$, Formel IV (E I 89).

B. Aus 9.10-Dioxo-9.10-dihydro-anthracen-disulfonsäure-(1.4) beim Erhitzen mit
rauchender Schwefelsäure unter Zusatz von Quecksilber(II)-sulfat auf 135° (*Koslow*, Ž.
obšč. Chim. **17** [1947] 289, 297; C. A. **1948** 550).

Überführung in 4-Chlor-1-hydroxy-anthrachinon mit Hilfe von wss. Hypochlorig=
säure: *Ko*.

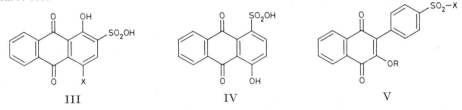

III   IV   V

Sulfo-Derivate der Hydroxy-oxo-Verbindungen $C_nH_{2n-22}O_3$

1-[3-Hydroxy-1.4-dioxo-1.4-dihydro-naphthyl-(2)]-benzol-sulfonsäure-(4), *p-(3-hydroxy-1,4-dioxo-1,4-dihydro-2-naphthyl)benzenesulfonic acid* $C_{16}H_{10}O_6S$, Formel V (R = H, X = OH), und Tautomeres.

B. Aus 2-Hydroxy-naphthochinon-(1.4) beim Behandeln mit wss. Kalilauge und mit
einer aus Sulfanilsäure in wss. Salzsäure bereiteten Diazoniumsalz-Lösung (*Neunhoeffer*,
Weise, B. **71** [1938] 2703, 2707).

K a l i u m - S a l z $KC_{16}H_9O_6S$. Gelbe Krystalle (aus W.) mit 0,5 Mol H_2O.

1-[3-Hydroxy-1.4-dioxo-1.4-dihydro-naphthyl-(2)]-benzolsulfonamid-(4), *p-(3-hydroxy-1,4-dioxo-1,4-dihydro-2-naphthyl)benzenesulfonamide* $C_{16}H_{11}NO_5S$, Formel V (R = H, X = NH₂), und Tautomeres.

B. Aus 2-Hydroxy-naphthochinon-(1.4) beim Behandeln mit Essigsäure und mit einer
aus Sulfanilamid in wss. Salzsäure bereiteten Diazoniumsalz-Lösung unter Zusatz von
Kupfer-Pulver (*Fieser et al.*, Am. Soc. **70** [1948] 3174, 3203).

Gelbe Krystalle (aus Acn. + Bzn.); F: 289—290°.

1-[3-Hydroxy-1.4-dioxo-1.4-dihydro-naphthyl-(2)]-*N*-carbamimidoyl-benzolsulfon=amid-(4), [1-(3-Hydroxy-1.4-dioxo-1.4-dihydro-naphthyl-(2))-benzol-sulfonyl-(4)]-guanidin, *[p-(3-hydroxy-1,4-dioxo-1,4-dihydro-2-naphthyl)phenylsulfonyl]guanidine* $C_{17}H_{13}N_3O_5S$, Formel V (R = H, X = NH-C(NH₂)=NH), und Tautomeres.

B. Aus 2-Hydroxy-naphthochinon-(1.4) beim Behandeln mit Essigsäure und mit einer
aus 4-Amino-*N*-carbamimidoyl-benzolsulfonamid-(1) bereiteten wss. Diazoniumsalz-Lö=
sung unter Zusatz von Kupfer-Pulver (*Fieser et al.*, Am. Soc. **70** [1948] 3174, 3203).

F: 271—272°.

1-[3-Acetoxy-1.4-dioxo-1.4-dihydro-naphthyl-(2)]-benzolsulfonamid-(4), *p-(3-acetoxy-1,4-dioxo-1,4-dihydro-2-naphthyl)benzenesulfonamide* $C_{18}H_{13}NO_6S$, Formel V (R = CO-CH₃, X = NH₂).

B. Aus 1-[3-Hydroxy-1.4-dioxo-1.4-dihydro-naphthyl-(2)]-benzolsulfonamid-(4) mit
Hilfe von Acetanhydrid und Natriumacetat (*Fieser et al.*, Am. Soc. **70** [1948] 3174, 3203).

Krystalle (aus A.); F: 203—204°.

1-[3-Acetoxy-1.4-dioxo-1.4-dihydro-naphthyl-(2)]-*N*-carbamimidoyl-benzolsulfon=amid-(4), [1-(3-Acetoxy-1.4-dioxo-1.4-dihydro-naphthyl-(2))-benzol-sulfonyl-(4)]-guanidin, *[p-(3-acetoxy-1,4-dioxo-1,4-dihydro-2-naphthyl)phenylsulfonyl]guanidine* $C_{19}H_{15}N_3O_6S$, Formel V (R = CO-CH₃, X = NH-C(NH₂)=NH) und Tautomeres.

B. Aus 1-[3-Hydroxy-1.4-dioxo-1.4-dihydro-naphthyl-(2)]-*N*-carbamimidoyl-benzol=

sulfonamid-(4) mit Hilfe von Acetanhydrid und Natriumacetat (*Fieser et al.*, Am. Soc.
70 [1948] 3174, 3203).
    F: 225—226°.

Sulfo-Derivate der Hydroxy-oxo-Verbindungen $C_nH_{2n-8}O_4$

2.5-Dihydroxy-3.6-dioxo-cyclohexadien-(1.4)-sulfonsäure-(1), *2,5-dihydroxy-3,6-dioxo=
cyclohexa-1,4-diene-1-sulfonic acid* $C_6H_4O_7S$, Formel VI, und Tautomeres (E I 92; dort
als 2.5-Dioxy-chinon-sulfonsäure-(3) bezeichnet).
    B. Aus 2.5-Dimethylamino-3.6-dioxo-cyclohexadien-(1.4)-sulfonsäure-(1) oder aus
2.5-Dibutylamino-3.6-dioxo-cyclohexadien-(1.4)-sulfonsäure-(1) beim Erwärmen mit
Kalilauge (*Garreau*, A. ch. [11] **10** [1938] 485, 543, 546).
    Kalium-Salz $K_3C_6HO_7S$. Orangefarbene Krystalle mit 2 Mol H_2O.

<table>
<tr><td align="center">VI</td><td align="center">VII</td></tr>
</table>

2.5-Dihydroxy-3.6-dioxo-cyclohexadien-(1.4)-disulfonsäure-(1.4), *2,5-dihydroxy-3,6-dioxo=
cyclohexa-1,4-diene-1,4-disulfonic acid* $C_6H_4O_{10}S_2$, Formel VII, und Tautomeres; **Euthio=
chronsäure** (H 353; E I 92).
    Diese Verbindung hat auch in der E I 92 beschriebenen „Dioxychinondisulfonsäure"
vorgelegen (*Garreau*, A. ch. [11] **10** [1938] 485, 513).
    B. Aus 2.5-Diamino-3.6-dioxo-cyclohexadien-(1.4)-disulfonsäure-(1.4) beim Erwärmen
des Diammonium-Salzes mit wss. Kalilauge (*Garreau*, Bl. [5] **1** [1934] 1563, 1569; A. ch.
[11] **10** 538). Als Butylamin-Salz (s. u.) bei mehrwöchigem Schütteln von Hydrochinon
mit Butylamin-hydrogensulfit in Wasser unter Zusatz von Kupfer(II)-hydroxid (*Ga.*,
A. ch. [11] **10** 530, 547).
    Butylamin-Salz $4C_4H_{11}N \cdot C_6H_4O_{10}S_2$. Gelbe Krystalle (aus wss. A.) mit 2 Mol
H_2O; F: 220—225° (*Ga.*, A. ch. [11] **10** 547).

Sulfo-Derivate der Hydroxy-oxo-Verbindungen $C_nH_{2n-20}O_4$

3.4-Dihydroxy-9.10-dioxo-9.10-dihydro-anthracen-sulfonsäure-(2), Alizarin-sulfon=
säure-(3), *3,4-dihydroxy-9,10-dioxo-9,10-dihydroanthracene-2-sulfonic acid* $C_{14}H_8O_7S$,
Formel VIII (X = H) (H 355; E I 92; E II 211).
    B. Beim Eintragen von Alizarin in warme rauchende Schwefelsäure (*Nation. Aniline
& Chem. Co.*, U.S.P. 1963383 [1930]; vgl. H 355).
    Beim Behandeln einer wss. Lösung mit Brom (Überschuss) ist 1-Brom-3.4-dihydr=
oxy-9.10-dioxo-9.10-dihydro-anthracen-sulfonsäure-(2) $C_{14}H_7BrO_7S$ (Formel
VIII [X = Br]; Kalium-Salz $KC_{14}H_6BrO_7S$: rote Krystalle [aus W.] mit 2 Mol H_2O)
erhalten worden (*Day*, Soc. **1939** 816).
    Natrium-Salz, Alizarinrot-S (H 355; E I 92; E II 211). Fluorescenz im UV-Licht:
Haitinger, Feigl, Simon, Mikroch. **10** [1931/32] 117, 125. Fluorescenz von sauren und
von alkalischen Lösungen im UV-Licht: *Szebellédy, Sik*, Magyar gyógysz. Társ. Ert.
14 [1938] 383; C. **1938** II 1818. Polarographie: *Furman, Stone*, Am. Soc. **70** [1948] 3055,
3057, 3059. Über die Löslichkeit in Wasser s. *Velasco, Ruiz*, An. Soc. españ. **43** [1947] 735,
742.
    Bis-[4-carbamimidoyl-phenyl]-äther-Salz $C_{14}H_{14}N_4O \cdot C_{14}H_8O_7S$. Rote Kry-
stalle (*Conn*, Anal. Chem. **20** [1948] 585).

1.2-Dihydroxy-9.10-dioxo-9.10-dihydro-anthracen-disulfonsäure-(x.x), Alizarin-
disulfonsäure-(x.x), *1,2-dihydroxy-9,10-dioxo-9,10-dihydroanthracene-x,x-disulfonic
acid* $C_{14}H_8O_{10}S_2$, Formel IX.
    Eine als Guanidin-Salz $CH_5N_3 \cdot C_{14}H_8O_{10}S_2$ (gelbe Krystalle [aus W.]; F: 259° [nach
Sintern]) charakterisierte 1.2-Dihydroxy-9.10-dioxo-9.10-dihydro-anthracen-disulfon=

säure-(x.x) ist beim Erhitzen von Alizarin mit rauchender Schwefelsäure bis auf 150° erhalten worden (*Zimmermann*, Z. physiol. Chem. **192** [1930] 124, 128).

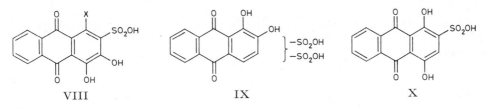

VIII   IX   X

1.4-Dihydroxy-9.10-dioxo-9.10-dihydro-anthracen-sulfonsäure-(2), *1,4-dihydroxy-9,10-dioxo-9,10-dihydroanthracene-2-sulfonic acid* $C_{14}H_8O_7S$, Formel X, und Tautomeres; Chinizarin-sulfonsäure-(2), **Rufiansäure** (E I 93; E II 212).

Diese Verbindung hat nach *Marshall* (Soc. **1931** 3206) auch in dem H 357 beschriebenen 1.4-Dihydroxy-anthrachinon-sulfonsäure-(x)-Präparat von *v. Georgievics* (Z. Farben Textil Ind. **4** [1905] 185, 190; C. **1905** I 1515) vorgelegen.

B. Aus Chinizarin beim Erhitzen mit Natriumsulfit in Wasser unter Zusatz von Kupfer(II)-oxid (*Marshall*; vgl. E I 93) sowie beim Erhitzen mit rauchender Schwefelsäure bis auf 150° (*Zimmermann*, Z. physiol. Chem. **188** [1930] 180, 182).

Beim Erwärmen des Natrium-Salzes mit Kaliumcyanid und Natriumcarbonat in Wasser und anschliessenden Behandeln mit Ammoniumperoxodisulfat ist 1.4-Dihydroxy-9.10-dioxo-9.10-dihydro-anthracen-dicarbonitril-(2.3) erhalten worden (*Marschalk*, Bl. [5] **2** [1935] 1809, 1816).

Ammonium-Salz $[NH_4]C_{14}H_7O_7S$. Rotbraune Krystalle (aus W.), die unterhalb 355° nicht schmelzen (*Zi.*, Z. physiol. Chem. **188** 187).

Natrium-Salz (E I 93). Orangefarbene Krystalle [aus W.] (*Marshall*).

Calcium-Salz $Ca(C_{14}H_7O_7S)_2$. Krystalle [aus W.] (*Zi.*, Z. physiol. Chem. **188** 183).

Dimethylamin-Salz $C_2H_7N \cdot C_{14}H_8O_7S$. Rote Krystalle, F: 255—256°; in kaltem Äthanol schwer löslich (*Zimmermann*, Z. physiol. Chem. **189** [1930] 155, 157).

Trimethylaminoxid-Salz $C_3H_9NO \cdot C_{14}H_8O_7S$. Dunkelrote Krystalle, F: 276—277° [Zers.]; in kaltem Äthanol schwer löslich (*Zi.*, Z. physiol. Chem. **189** 157).

Butandiyldiamin-Salz (Putrescin-Salz) $C_4H_{12}N_2 \cdot 2C_{14}H_8O_7S$. Rotbraune dichroitische Krystalle (aus W.), F: 330—335° [Zers.] (*Zi.*, Z. physiol. Chem. **188** 185).

N.N'-Bis-[3-amino-propyl]-butandiyldiamin-Salz (Spermin-Salz) $C_{10}H_{26}N_4 \cdot 4C_{14}H_8O_7S$. Rote Krystalle (aus W.); F: 275—279° [Zers.] (*Zi.*, Z. physiol. Chem. **188** 186).

Pentandiyldiamin-Salz (Cadaverin-Salz) $C_5H_{14}N_2 \cdot 2C_{14}H_8O_7S$. Rote Krystalle, F: 295° [Zers.]; in Wasser schwer löslich (*Zi.*, Z. physiol. Chem. **188** 186).

Trimethyl-[2-hydroxy-äthyl]-ammonium-Salz (Cholin-Salz) $[C_5H_{14}NO]C_{14}H_7O_7S$. Rote Krystalle (aus wss. A.), F: 332° [Zers.]; in Wasser leicht löslich, in kaltem Äthanol schwer löslich (*Zi.*, Z. physiol. Chem. **188** 187).

Methyl-diäthyl-[2-glycyloxy-äthyl]-ammonium-Salz $[C_9H_{21}N_2O_2]C_{14}H_7O_7S \cdot C_{14}H_8O_7S$. Hellrote Krystalle (aus A.); F: 259—260° [Zers.] (*Gulland, Partridge, Randall*, Soc. **1940** 419, 423).

Sarkosin-Salz $C_3H_7NO_2 \cdot C_{14}H_8O_7S$. Rote Krystalle (aus W.), F: 283—285° [Zers.]; in kaltem Äthanol schwer löslich (*Zi.*, Z. physiol. Chem. **189** 156).

Trimethylammonio-essigsäure-Salz (Betain-Salz) $C_5H_{11}NO_2 \cdot C_{14}H_8O_7S$. Gelbe Krystalle (aus W.), F: 320° [Zers.; nach Sintern von 217° an] (*Zi.*, Z. physiol. Chem. **188** 186).

5-Amino-valeriansäure-Salz $C_5H_{11}NO_2 \cdot C_{14}H_8O_7S$. Rotgelbe dichroitische Krystalle (aus W.), Zers. bei 287° [nach Sintern]; in kaltem Äthanol schwer löslich (*Zi.*, Z. physiol. Chem. **189** 157).

Guanidin-Salz $CH_5N_3 \cdot C_{14}H_8O_7S$. Rotbraune Krystalle (aus W.), die unterhalb 350° nicht schmelzen (*Zi.*, Z. physiol. Chem. **188** 185).

Methylguanidin-Salz $C_2H_7N_3 \cdot C_{14}H_8O_7S$. Rotgelbe Krystalle (aus W.); F: 297° bis 300° [Zers.] (*Zi.*, Z. physiol. Chem. **188** 185).

1.4-Diguanidino-butan-Salz (Arcain-Salz) $C_6H_{16}N_6 \cdot 2C_{14}H_8O_7S$. Rote Krystalle; Zers. bei 306—311°; in Wasser schwer löslich (*Kutscher, Ackermann, Flössner*, Z. physiol.

Chem. **199** [1931] 273).

A r g i n i n - S a l z $C_6H_{14}N_4O_2 \cdot 2C_{14}H_8O_7S$. Rotgelbe Krystalle (aus W.); Zers. bei 290°
bis 300° (*Zi.*, Z. physiol. Chem. **188** 185).

(*S*)-2 - A m i n o - 4 - g u a n i d i n o o x y - b u t t e r s ä u r e - S a l z (L-Canavanin-Salz). Rote
Krystalle (aus W.), die unterhalb 350° nicht schmelzen (*Gulland, Morris*, Soc. **1935** 763,
765).

5.8-Dihydroxy-9.10-dioxo-9.10-dihydro-anthracen-sulfonsäure-(1), *5,8-dihydroxy-9,10-di=
oxo-9,10-dihydroanthracene-1-sulfonic acid* $C_{14}H_8O_7S$, Formel I (X = H), und Tautomeres; C h i n i z a r i n - s u l f o n s ä u r e - (5) (H 357; E I 93).

B. Beim Erhitzen von 3-Sulfo-phthalsäure-anhydrid mit Hydrochinon in einer Natri=
umchlorid-Aluminiumchlorid-Schmelze auf 220° (*Schwenk, Waldmann*, Ang. Ch. **45**
[1932] 17, 19).

Beim Behandeln mit Natriumsulfit in Wasser unter Zusatz von Mangan(IV)-oxid
ist   5.8 - D i h y d r o x y - 9.10 - d i o x o - 9.10 - d i h y d r o - a n t h r a c e n - d i s u l f o n s ä u r e - (1.6)
(C h i n i z a r i n - d i s u l f o n s ä u r e - (2.5) $C_{14}H_8O_{10}S_2$; Formel I [X = SO_2OH] und Tautomeres; Kalium-Salz: rote Krystalle; in Wasser mit orangegelber Farbe, in wss. Natron=
lauge mit blauer Farbe löslich) erhalten worden (*Gen. Aniline Works*, U.S.P. 1 868 593
[1929]).

K a l i u m - S a l z $KC_{14}H_7O_7S$. Rote Krystalle (aus wss. Salzsäure); in Wasser mit rotgelber, in Alkalilaugen mit violetter Farbe löslich (*Sch., Wa.*).

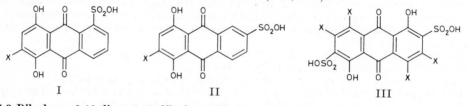

I   II   III

5.8-Dihydroxy-9.10-dioxo-9.10-dihydro-anthracen-sulfonsäure-(2), *5,8-dihydroxy-9,10-di=
oxo-9,10-dihydroanthracene-2-sulfonic acid* $C_{14}H_8O_7S$, Formel II (X = H), und Tautomeres; C h i n i z a r i n - s u l f o n s ä u r e - (6) (H 357; E II 212).

B. Beim Erhitzen von 4-Sulfo-phthalsäure-anhydrid mit Hydrochinon in einer Natri=
umchlorid-Aluminiumchlorid-Schmelze auf 220° oder mit 4-Chlor-phenol in Schwefel=
säure unter Zusatz von Borsäure auf 200° (*Schwenk, Waldmann*, Ang. Ch. **45** [1932] 17, 20).

Beim Behandeln mit Natriumsulfit in Wasser unter Zusatz von Mangan(IV)-oxid ist
1.4 - D i h y d r o x y - 9.10 - d i o x o - 9.10 - d i h y d r o - a n t h r a c e n - d i s u l f o n s ä u r e - (2.6)
(C h i n i z a r i n - d i s u l f o n s ä u r e - (2.6) $C_{14}H_8O_{10}S_2$; Formel II [X = SO_2OH] und Tautomeres; Kalium-Salz: orangerote Krystalle; in Wasser mit orangegelber Farbe, in wss.
Natronlauge mit blauer Farbe löslich) erhalten worden (*Gen. Aniline Works*, U.S.P.
1 868 593 [1929]).

N a t r i u m - S a l z $NaC_{14}H_7O_7S$ (H 357). Rotbraune Krystalle (aus wss. Salzsäure); in
Wasser mit rotgelber, in Alkalilaugen mit blauer, in Schwefelsäure mit roter Farbe löslich
(*Sch., Wa.*).

1.5-Dihydroxy-9.10-dioxo-9.10-dihydro-anthracen-disulfonsäure-(2.6), A n t h r a r u f i n -
d i s u l f o n s ä u r e - (2.6), *1,5-dihydroxy-9,10-dioxo-9,10-dihydroanthracene-2,6-disulfonic
acid* $C_{14}H_8O_{10}S_2$, Formel III (X = H) (H 358).

B. Aus Anthrarufin beim Erhitzen mit rauchender Schwefelsäure auf 150° bzw. 120°
(*Zimmermann*, Z. physiol. Chem. **192** [1930] 124, 128; *Marshall*, Soc. **1937** 254; vgl.
H 358).

Überführung in 1.2.5.6-Tetrahydroxy-anthrachinon durch Erhitzen des Dinatrium-
Salzes mit Natriumhydroxid, Natriumchlorat und wenig Wasser auf 270° (vgl. H 358):
Ma. Beim Behandeln einer wss. Lösung des Dikalium-Salzes mit Brom ist 3.4.7.8 - T e t r a =
b r o m - 1.5 - d i h y d r o x y - 9.10 - d i o x o - 9.10 - d i h y d r o - a n t h r a c e n - d i s u l f o n s ä u r e - (2.6)
$C_{14}H_4Br_4O_{10}S_2$ (Formel III [X = Br]; D i k a l i u m - S a l z $K_2C_{14}H_2Br_4O_{10}S_2$: orangerot;
beim Erwärmen mit wss. Ammoniak und wenig Kupfer tritt eine dunkelblaue Färbung
auf) erhalten worden (*Day*, Soc. **1939** 816).

K r e a t i n - S a l z $2C_4H_9N_3O_2 \cdot C_{14}H_8O_{10}S_2$. Gelbe Krystalle (aus W.); Zers. bei 310° (*Zi.*,
l. c. S. 129).

**1.5-Dihydroxy-2.6-bis-sulfomethyl-anthrachinon, [1.5-Dihydroxy-9.10-dioxo-9.10-di⁼
hydro-anthracendiyl-(2.6)]-bis-methansulfonsäure,** (*1,5-dihydroxy-9,10-dioxo-9,10-di⁼
hydroanthracene-2,6-diyl*)*bismethanesulfonic acid* $C_{16}H_{12}O_{10}S_2$, Formel IV.

Bildung beim Erwärmen von Anthrarufin mit wss. Natronlauge und einer wss. Lösung
des Formaldehyd-Natriumhydrogensulfit-Addukts sowie Überführung in 1.5-Dihydroxy-
2.6-dimethyl-anthrachinon durch Erhitzen mit wss. Kalilauge bis auf 180°: *Marschalk,
Kœnig, Ouroussoff,* Bl. [5] **3** [1936] 1545, 1552, 1560.

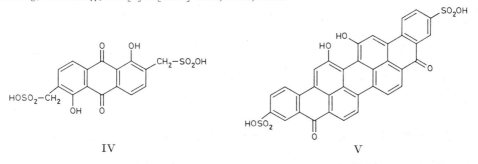

IV   V

Sulfo-Derivate der Hydroxy-oxo-Verbindungen $C_nH_{2n-52}O_4$

**16.17-Dihydroxy-5.10-dioxo-5.10-dihydro-anthra[9.1.2-*cde*]benzo[*rst*]pentaphen-disulfon⁼
säure-(3.12), 16.17-Dihydroxy-5.10-dioxo-violanthren-disulfonsäure-(3.12),** *16,17-di⁼
hydroxy-5,10-dioxo-5,10-dihydroanthra[9,1,2-cde]benzo[rst]pentaphene-3,12-disulfonic acid*
$C_{34}H_{16}O_{10}S_2$, Formel V.

B. Beim Behandeln von 5.10-Dioxo-violanthren-disulfonsäure-(3.12) mit Mangan(IV)-
oxid und wasserhaltiger Schwefelsäure, Behandeln des Reaktionsprodukts mit wss.
Natriumcarbonat-Lösung und Natriumdithionit und Leiten von Luft durch die Reaktionslösung (*Ioffe, Kekkonen, Kalita,* Ž. obšč. Chim. **14** [1944] 816, 820; C. A. **1946** 77).
Aus 16.17-Dihydroxy-violanthrendion-(5.10) beim Behandeln mit rauchender Schwefel⁼
säure (*Io., Ke., Ka.*).

Grün. In Wasser schwer löslich, in Äthanol fast unlöslich. Beim Behandeln mit wss.
Alkalilaugen werden grüne Lösungen erhalten.

Beim Erwärmen mit rauchender Schwefelsäure entsteht die im folgenden Artikel beschriebene Verbindung.

**16.17-Sulfonyldioxy-5.10-dioxo-5.10-dihydro-anthra[9.1.2-*cde*]benzo[*rst*]pentaphen-
disulfonsäure-(3.12), 16.17-Sulfonyldioxy-5.10-dioxo-violanthren-disulfonsäure-(3.12),**
*5,10-dioxo-16,17-(sulfonyldioxy)-5,10-dihydroanthra[9,1,2-cde]benzo[rst]pentaphene-
3,12-disulfonic acid* $C_{34}H_{14}O_{12}S_3$, Formel VI.

B. Aus Violanthron (E III **7** 4539) beim Erhitzen mit rauchender Schwefelsäure auf
170° (*Ioffe, Kekkonen, Kalita,* Ž. obšč. Chim. **14** [1944] 816, 820; C. A. **1946** 77). Aus
16.17-Dihydroxy-violanthrendion-(5.10) oder aus 16.17-Dihydroxy-5.10-dioxo-violan⁼
thren-disulfonsäure-(3.12) beim Erwärmen mit rauchender Schwefelsäure (*Io., Ke., Ka.*).

Violett. In Wasser mit rotvioletter Farbe, in Äthanol mit roter Farbe und gelber
Fluorescenz löslich. Beim Behandeln mit wss. Alkalilaugen werden rotviolette Lösungen erhalten.

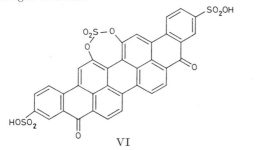   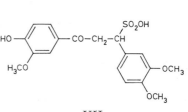

VI   VII

Sulfo-Derivate der Hydroxy-oxo-Verbindungen $C_nH_{2n-16}O_5$

3-Oxo-1.3-bis-[3.4-dihydroxy-phenyl]-propan-sulfonsäure-(1) $C_{15}H_{14}O_8S$.

**(±)-3-Oxo-3-[4-hydroxy-3-methoxy-phenyl]-1-[3.4-dimethoxy-phenyl]-propan-sulfon=
säure-(1)**, *(±)-1-(3,4-dimethoxyphenyl)-3-(4-hydroxy-3-methoxyphenyl)-3-oxopropane-
1-sulfonic acid* $C_{18}H_{20}O_8S$, Formel VII.

B. Aus 4'-Hydroxy-3.4.3'-trimethoxy-*trans*(?)-chalkon (F: 153°) beim Erhitzen mit
Natriumhydrogensulfit in Wasser (*Kratzl, Däubner,* B. **77**/79 [1944/46] 519, 527).

Beim Erhitzen mit 24%ig. wss. Natronlauge unter Stickstoff sind 1-[4-Hydroxy-
3-methoxy-phenyl]-äthanon-(1), Veratrumsäure und 3.4-Dimethoxy-benzylalkohol, beim
Erhitzen mit 4%ig. wss. Natronlauge ist Veratrumaldehyd erhalten worden (*Kratzl,
Khautz,* M. **78** [1948] 376, 381, 388, 390).

Naphthyl-(2)-amin-Salz (F: 156°): *Kr., Däu.*

S-Benzyl-isothiuronium-Salz $[C_8H_{11}N_2S]C_{18}H_{19}O_8S$. Krystalle (aus A.); F: 107°
[Zers.].

Sulfo-Derivate der Hydroxy-oxo-Verbindungen $C_nH_{2n-20}O_5$

1.3.4-Trihydroxy-9.10-dioxo-9.10-dihydro-anthracen-sulfonsäure-(2), Purpurin-
sulfonsäure-(3), *1,3,4-trihydroxy-9,10-dioxo-9,10-dihydroanthracene-2-sulfonic acid*
$C_{14}H_8O_8S$, Formel VIII (H 362; E I 94; E II 213).

B. Aus Purpurin beim Erhitzen mit rauchender Schwefelsäure bis auf 150° (*Zimmermann,* Z. physiol. Chem. **192** [1930] 124, 130; vgl. H 362).

Butandiyldiamin-Salz (Putrescin-Salz) $C_4H_{12}N_2 \cdot 2C_{14}H_8O_8S$. Krystalle (aus
W.); F: 258°.

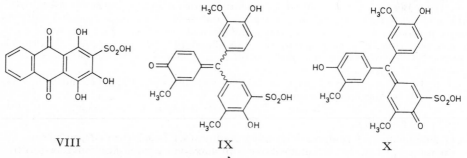

VIII   IX   X

Sulfo-Derivate der Hydroxy-oxo-Verbindungen $C_nH_{2n-24}O_6$

**4.5-Dihydroxy-1-[(3.4-dihydroxy-phenyl)-(3-hydroxy-4-oxo-cyclohexadien-(2.5)-yliden)-
methyl]-benzol-sulfonsäure-(3), 3.4'.5'.3''.4''-Pentahydroxy-fuchson-sulfonsäure-(3')**
$C_{19}H_{14}O_9S$ und **5-Hydroxy-4-oxo-1-[3.4.3'.4'-tetrahydroxy-benzhydryliden]-cyclohexa=
dien-(2.5)-sulfonsäure-(3), 5.3'.4'.3''.4''-Pentahydroxy-fuchson-sulfonsäure-(3)**
$C_{19}H_{14}O_9S$.

**4-Hydroxy-5-methoxy-1-[(4-hydroxy-3-methoxy-phenyl)-(3-methoxy-4-oxo-cyclohexa=
dien-(2.5)-yliden)-methyl]-benzol-sulfonsäure-(3), 4'.4''-Dihydroxy-3.5'.3''-trimethoxy-
fuchson-sulfonsäure-(3')**, *2-hydroxy-5-[4-hydroxy-3-methoxy-α-(3-methoxy-4-oxocyclohexa-
2,5-diene-1-ylidene)benzyl]-3-methoxybenzenesulfonic acid* $C_{22}H_{20}O_9S$, Formel IX, und
**5-Methoxy-4-oxo-1-[4.4'-dihydroxy-3.3'-dimethoxy-benzhydryliden]-cyclohexadien-(2.5)-
sulfonsäure-(3), 4'.4''-Dihydroxy-5.3'.3''-trimethoxy-fuchson-sulfonsäure-(3)**, *3-(4,4'-di=
hydroxy-3,3'-dimethoxybenzhydrylidene)-5-methoxy-6-oxocyclohexa-1,4-diene-1-sulfonic acid*
$C_{22}H_{20}O_9S$, Formel X.

Eine als Calcium-Salz (dunkle, metallisch glänzende Krystalle [aus W.], die unterhalb 280° nicht schmelzen) isolierte Säure ist beim Eintragen von Amylnitrit in eine Suspension des Calcium-Salzes der 4-Hydroxy-5-methoxy-1-[4.4'-dihydroxy-3.3'-di=
methoxy-benzhydryl]-benzol-sulfonsäure-(3) $C_{22}H_{22}O_9S$ (aus Calcium-[4-hydr=

oxy-5-methoxy-α-oxo-toluol-sulfonat-(3)] und Guajacol hergestellt) in Chlorwasserstoff enthaltendem Äthanol erhalten worden (*Chinoin*, D.R.P. 695149 [1937]; D.R.P. Org. Chem. **6** 2179, 2182; *Földi*, U.S.P. 2134247 [1937]).

[*Breither*]

J. Sulfo-Derivate der Carbonsäuren

Sulfo-Derivate der Monocarbonsäuren $C_nH_{2n-4}O_2$

(±)-4-Sulfo-2.3.3-trimethyl-cyclopenten-(1)-carbonsäure-(1), (±)-*2,3,3-trimethyl-4-sulfocyclopent-1-ene-1-carboxylic acid* $C_9H_{14}O_5S$, Formel I (R = H, X = OH) (H 368; E I 95; E II 214; dort als Sulfocamphylsäure bezeichnet).

Beim Erhitzen mit Natriumhydroxid und wenig Wasser auf 210° sind 2.2.3-Trimethyl-cyclopentadien-(3.5)-carbonsäure-(1) („α-Camphylsäure"), 2.3.3-Trimethyl-cyclopenta≠dien-(1.4)-carbonsäure-(1) („β-Camphylsäure") und 1.1.2.4.8.8-Hexamethyl-3a.4.7.7a-tetrahydro-4.7-methano-inden-dicarbonsäure-(3.5) („Di-β-camphylsäure"; F: 234°) erhalten worden (*Alder, Windemuth*, A. **543** [1940] 28, 31, 36; vgl. H 368). Überführung in eine Verbindung $C_{16}H_{20}O_4$ (Krystalle [aus W.]; F: 145—147°) durch Behandeln einer Lösung in Äthylacetat mit Ozon, Erwärmen des erhaltenen Ozonids mit Wasser und Erhitzen des Reaktionsprodukts auf 140°: *Lewis, Simonsen*, Soc. **1937** 457. Bildung von 3-Sulfo-2.2-dimethyl-glutarsäure, Dimethylmalonsäure und Oxalsäure beim Erhitzen mit wss. Salpetersäure (vgl. H 368): *Le., Si.*

(±)-4-Methoxysulfonyl-2.3.3-trimethyl-cyclopenten-(1)-carbonsäure-(1)-methylester, (±)-*4-(methoxysulfonyl)-2,3,3-trimethylcyclopent-1-ene-1-carboxylic acid methyl ester* $C_{11}H_{18}O_5S$, Formel I (R = CH₃, X = OCH₃).

Diese Konstitution kommt dem H 369 beschriebenen, dort als 1.1.2-Trimethyl-cyclo≠penten-(3)-carbonsäure-(3)-sulfonsäure-(2)-dimethylester formulierten Sulfocamphyl≠säure-dimethylester zu (*Lewis, Simonsen*, Soc. **1937** 457).

Beim Behandeln einer Lösung in Tetrachlormethan mit Ozon und Erwärmen des Reaktionsprodukts mit Wasser ist eine Verbindung $C_{11}H_{18}O_8S$ (Krystalle [aus Me.]; F: 83—85°) erhalten worden.

(±)-4-Bromsulfonyl-2.3.3-trimethyl-cyclopenten-(1)-carbonsäure-(1), (±)-*4-(bromo≠sulfonyl)-2,3,3-trimethylcyclopent-1-ene-1-carboxylic acid* $C_9H_{13}BrO_4S$, Formel I (R = H, X = Br).

Diese Konstitution kommt dem H 369 beschriebenen, dort als 1.1.2-Trimethyl-cyclo≠penten-(3)-carbonsäure-(3)-sulfonsäure-(2)-monobromid formulierten Sulfocamphyl≠säure-monobromid zu (*Lewis, Simonsen*, Soc. **1937** 457).

Beim Erhitzen in Xylol auf 130° ist 4-Brom-2.3.3-trimethyl-cyclopenten-(1)-carbon≠säure-(1) erhalten worden (*Le., Si.*; vgl. H 369).

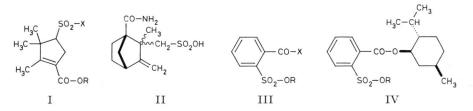

I   II   III   IV

Sulfo-Derivate der Monocarbonsäuren $C_nH_{2n-6}O_2$

3-Methyl-3-sulfomethyl-2-methylen-norbornan-carbonsäure-(4) $C_{11}H_{16}O_5S$.

[2-Methyl-3-methylen-1-carbamoyl-norbornyl-(2)]-methansulfonsäure, (*1-carbamoyl-2-methyl-3-methylenenorborn-2-yl)methanesulfonic acid* $C_{11}H_{17}NO_4S$.

[(1R:2Ξ)-2-Methyl-3-methylen-1-carbamoyl-norbornyl-(2)]-methansulfonsäure, Formel II.

Eine Verbindung (Krystalle [aus Me. + Ae.]; F: 236° [Zers.]; $[\alpha]_D^{18}$: −65,8° [W.;

c = 1]), der vermutlich diese Konstitution zukommt, ist beim Behandeln von (1R)-3.3-Di‍methyl-2-methylen-norbornan-carbamid-(1) (E III **9** 323) mit einem Gemisch von Schwefelsäure und Acetanhydrid erhalten worden (*Asahina, Kawahata*, B. **72** [1939] 1540, 1542, 1547).

Sulfo-Derivate der Monocarbonsäuren $C_nH_{2n-8}O_2$

2-Sulfo-benzoesäure, o-*sulfobenzoic acid* $C_7H_6O_5S$, Formel III (R = H, X = OH) (H 369; E I 96; E II 215).

B. Aus 2-Chlor-benzoesäure beim Erhitzen mit Natriumsulfit, wss. Natronlauge und Kupfer(II)-sulfat auf 170° (*Geigy A.G.*, Schweiz. P. 227349 [1942]; U.S.P. 2407351 [1943]). Aus Saccharin (3-Oxo-2.3-dihydro-benz[d]isothiazol-1.1-dioxid) beim Erhitzen mit wss. Schwefelsäure (*Oliverio, Salazar*, Rend. Fac. Sci. Cagliari **1** [1931] 51; vgl. H 369, 370; E I 96; E II 215).

F: 135° (*L.* u. *A. Kofler*, Thermo-Mikro-Methoden, 3. Aufl. [Weinheim 1954] S. 476). Thermische Analyse des Systems mit Benzidin: *Quehenberger*, M. **80** [1949] 595, 601.

Isomerisierung zu 3-Sulfo-benzoesäure beim Erhitzen mit Schwefelsäure oder mit Schwefelsäure und Quecksilber(II)-sulfat auf 200°: *Reese*, Am. Soc. **54** [1932] 2009, 2012, 2013. Beim Erhitzen einer aus dem Monoammonium-Salz und rauchender Schwefel‍säure hergestellten Lösung mit 1 Mol Brom bis auf 180° sind 3-Brom-2-sulfo-benzoesäure-anhydrid und geringere Mengen 3.6-Dibrom-2-sulfo-benzoesäure-anhydrid, bei Anwendung von 2 Mol Brom ist 3.6-Dibrom-2-sulfo-benzoesäure-anhydrid, bei Anwendung von 4,5 Mol Brom sind 3.4.5.6-Tetrabrom-2-sulfo-benzoesäure-anhydrid und geringe Mengen 3.5.6-Tribrom-2-sulfo-benzoesäure-anhydrid erhalten worden (*Twiss, Farinholt*, Am. Soc. **58** [1936] 1561). Analoge Reaktionen mit Chlor und mit Jod: *Tw., Fa.* Das Mono‍kalium-Salz reagiert mit Phosphor(V)-chlorid in der Hitze unter Bildung von 2-Chlor‍sulfonyl-benzoylchlorid und geringen Mengen 2-Chlor-benzoylchlorid (*Davies, Dick*, Soc. **1932** 2042, 2044; vgl. H 370). Überführung in 2-Chlor-benzoesäure bzw. 2-Brom-benzoesäure durch Erhitzen mit Kupfer(II)-chlorid bzw. Kupfer(II)-bromid: *Varma, Parekh, Subramanium*, J. Indian chem. Soc. **16** [1939] 460. Bildung von Benzoesäure bei der Reduktion an Blei-Kathoden in wss. Natronlauge: *Matsui, Sakurada*, Mem. Coll. Sci. Kyoto [A] **15** [1932] 181, 184; beim Erwärmen mit wss. Natronlauge und Nickel-Aluminium-Legierung: *Schwenk et al.*, J. org. Chem. **9** [1944] 1, 2.

S-Benzyl-isothiuronium-Salz $[C_8H_{11}N_2S]_2C_7H_4O_5S$. Krystalle; F: 205,5−206,5° [korr.; aus wss. A.] (*Campaigne, Suter*, Am. Soc. **64** [1942] 3040), 205−206° [aus A. oder wss. A.] (*Veibel, Lillelund*, Bl. [5] **5** [1938] 1153, 1157).

1-[3-Methyl-6-isopropyl-cyclohexyloxycarbonyl]-benzol-sulfonsäure-(2), 2-Sulfo-benzoe‍säure-[3-methyl-6-isopropyl-cyclohexylester], 3-[2-Sulfo-benzoyloxy]-p-menthan, o-*sulfobenzoic acid* p-*menth-3-yl ester* $C_{17}H_{24}O_5S$.

2-Sulfo-benzoesäure-[(1R)-menthylester] $C_{17}H_{24}O_5S$, Formel IV (R = H).

B. Beim Erwärmen von 2-Sulfo-benzoesäure-anhydrid mit der Kalium-Verbindung des (1R)-Menthols (E III **6** 133) in Toluol (*Rule, Smith*, Soc. **1931** 1482, 1488).

$[M]_D^{18}$: −152° [A.; c = 2]; $[M]_D^{18}$: −167° [A. + HCl; c = 2]. Optisches Drehungs‍vermögen von Lösungen in Äthanol und in Chlorwasserstoff enthaltendem Äthanol bei Wellenlängen von 435 mμ bis 670 mμ: *Rule, Sm.*

Kalium-Salz $KC_{17}H_{23}O_5S$. Krystalle (aus Me.). $[M]_{546}^{18}$: −175° [A.; c = 5] (*Rule, Sm.*, l. c. S. 1485).

1-Carbamoyl-benzol-sulfonsäure-(2), o-*carbamoylbenzenesulfonic acid* $C_7H_7NO_4S$, Formel III (R = H, X = NH$_2$) (H 371; E II 215; dort als Benzamid-o-sulfonsäure und als o-Sulfo-benzamid bezeichnet).

Ammonium-Salz $[NH_4]C_7H_6NO_4S$ (H 372; E II 215). Krystalle (aus W. oder A.); F: 257−260° (*Mameli, Mannessier-Mameli*, G. **70** [1940] 855, 869).

1-Benzolsulfonylcarbamoyl-benzol-sulfonsäure-(2), o-(*phenylsulfonylcarbamoyl)benzene‍sulfonic acid* $C_{13}H_{11}NO_6S_2$, Formel III (R = H, X = NH-SO$_2$-C$_6$H$_5$).

B. Aus 3-Oxo-2-benzolsulfonyl-2.3-dihydro-benz[d]isothiazol-1.1-dioxid beim Erhitzen mit wss. Natronlauge (*Hart, McClelland, Fowkes*, Soc. **1938** 2114, 2117).

Krystalle; F: 209−212°.

α.α-Bis-äthylamino-α-hydroxy-toluol-sulfonsäure-(2), α,α-*bis(ethylamino)-α-hydroxy-o-toluenesulfonic acid* $C_{11}H_{18}N_2O_4S$, Formel V (X = OH).

Eine Säure (Krystalle [aus Ae.], F: 186—188°), der diese Konstitution zugeschrieben wird, ist aus 3.3-Bis-äthylamino-3*H*-benz[*c*][1.2]oxathiol-1.1-dioxid beim Erhitzen mit wss. Kalilauge erhalten worden (*Oddo, Mingoia*, G. **61** [1931] 435, 444).

2-Methoxysulfonyl-benzoesäure-[3-methyl-6-isopropyl-cyclohexylester], 3-[2-Methoxy= sulfonyl-benzoyloxy]-*p*-menthan, o-(*methoxysulfonyl*)*benzoic acid* p-*menth-3-yl ester* $C_{18}H_{26}O_5S$.

    2-Methoxysulfonyl-benzoesäure-[(1*R*)-menthylester] $C_{18}H_{26}O_5S$, Formel IV (R = CH₃) auf S. 657.

B. Aus 2-Sulfo-benzoesäure-[(1*R*)-menthylester] beim Behandeln des Silber-Salzes mit Methyljodid (*Rule, Smith*, Soc. **1931** 1482, 1488).

Harz; auch im Hochvakuum nicht destillierbar. $[M]_D^{18}$: —181° [A.; c = 6]; $[M]_D^{18}$: —150° [Bzl.; c = 5]. Optisches Drehungsvermögen von Lösungen in Äthanol und in Benzol bei Wellenlängen von 435 mμ bis 670 mμ: *Rule, Sm.*

1-Carbamoyl-benzol-sulfonsäure-(2)-phenylester, o-*carbamoylbenzene sulfonic acid phenyl ester* $C_{13}H_{11}NO_4S$, Formel III (R = C₆H₅, X = NH₂) auf S. 657.

Diese Konstitution kommt der H 378 als 2-Sulfamoyl-benzoesäure-phenylester („Benzoesäure-phenylester-o-sulfamid") beschriebenen Verbindung $C_{13}H_{11}NO_4S$ vom F: 132° zu; die H 373 als 1-Carbamoyl-benzol-sulfonsäure-(2)-phenylester („Benz= amid-o-sulfonsäurephenylester") beschriebene Verbindung (F: 95°) ist hingegen als 1-Cyan-benzol-sulfonsäure-(2)-phenylester ($C_{13}H_9NO_3S$; Formel VI [X = OC₆H₅]) zu formulieren (*Loev, Kormendy*, J. org. Chem. **27** [1962] 2448).

1-Cyan-benzol-sulfonylfluorid-(2), o-*cyanobenzenesulfonyl fluoride* $C_7H_4FNO_2S$, Formel VI (X = F).

B. Beim Erhitzen von 1-Cyan-benzol-sulfonylchlorid-(2) in Xylol mit wss. Kalium= fluorid-Lösung (*Davies, Dick*, Soc. **1932** 2042, 2046).

Krystalle (aus A. + PAe.); F: 88—89°.

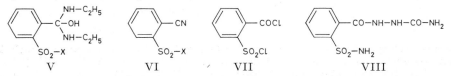

          V   VI   VII   VIII

2-Chlorsulfonyl-benzoylchlorid, o-(*chlorosulfonyl*)*benzoyl chloride* $C_7H_4Cl_2O_3S$, Formel VII (H 375; E I 96; E II 216; dort als „symm. (labiles) o-Sulfo-benzoesäure-dichlorid" bezeichnet).

B. Als Hauptprodukt beim Erhitzen des Kalium-Salzes der 2-Sulfo-benzoesäure mit Phosphor(V)-chlorid und Destillieren des Reaktionsprodukts unter vermindertem Druck (*Davies, Dick*, Soc. **1932** 2042, 2044; vgl. H 375; E I 96).

F: 40°. Kp₂: 187—188°.

Beim Erwärmen mit Zinkfluorid in Benzol oder Petroläther sind geringe Mengen 2-Sulfo-benzoesäure-anhydrid erhalten worden.

3.3-Dichlor-3*H*-benz[*c*][1.2]oxathiol-1.1-dioxid, „asymm. o-Sulfo-benzoesäure-dichlorid" $C_7H_4Cl_2O_3S$ (H 373; E I 96; E II 216) s. unter Syst. Nr. 2672.

α.α-Bis-äthylamino-α-hydroxy-toluolsulfonamid-(2), α,α-*bis(ethylamino)-α-hydroxy-o-toluenesulfonamide* $C_{11}H_{19}N_3O_3S$, Formel V (X = NH₂).

Eine Verbindung (Krystalle [aus E.]; F: 159°), der diese Konstitution zugeschrieben wird, ist beim Erwärmen von Äthylmagnesiumbromid mit Äthylamin in Äther und anschliessend mit Saccharin (3-Oxo-2.3-dihydro-benz[*d*]isothiazol-1.1-dioxid) in Benzol erhalten und durch Erhitzen mit Acetanhydrid und Natriumacetat in 3.3-Bis-äthylamino-3*H*-benz[*c*][1.2]oxathiol-1.1-dioxid übergeführt worden (*Oddo, Mingoia*, G. **61** [1931] 435, 442).

1-[2-Sulfamoyl-benzoyl]-semicarbazid, 1-(2-*sulfamoylbenzoyl*)*semicarbazide* $C_8H_{10}N_4O_4S$, Formel VIII.

B. Als Hauptprodukt beim Erwärmen von Saccharin (3-Oxo-2.3-dihydro-benz[*d*]iso=

thiazol-1.1-dioxid) mit Semicarbazid-hydrochlorid und Natriumacetat in wss. Äthanol (*Mannessier-Mameli*, G. **71** [1941] 25, 33).

Krystalle (aus W.); F: 210—215° [Zers.]. In Methanol und Äthanol leicht löslich, in Aceton schwer löslich, in Äther und Benzol fast unlöslich; in wss. Alkalilaugen löslich.

3.5.6-Trijod-2-sulfo-benzoesäure, *2,3,5-triiodo-6-sulfobenzoic acid* $C_7H_3I_3O_5S$, Formel IX.

B. Als Hauptprodukt beim Erhitzen von 3.4.5.6-Tetrajod-2-sulfo-benzoesäure-anhydrid mit Wasser und Behandeln einer Lösung des Reaktionsprodukts in wss. Ammoniak mit Schwefelwasserstoff (*Twiss, Farinholt*, Am. Soc. **58** [1936] 1561, 1565).

Diammonium-Salz $[NH_4]_2C_7HI_3O_5S$. Krystalle (aus W.).

4-Nitro-2-sulfo-benzoesäure, *4-nitro-2-sulfobenzoic acid* $C_7H_5NO_7S$, Formel X (R = H, X = OH) (H 380).

B. Aus 6-Nitro-benzo[*b*]thiophen-1.1-dioxid beim Behandeln mit wss. Kalilauge und Kaliumpermanganat (*Challenger, Clapham*, Soc. **1948** 1615, 1616). Aus 4.4′-Di=nitro-stilben-disulfonsäure-(2.2′) (nicht charakterisiert) beim Erwärmen des Dinatrium-Salzes mit wss. Natriumcarbonat-Lösung und Kaliumpermanganat (*Ruggli, Welge*, Helv. **15** [1932] 576, 583).

Wasserhaltige Krystalle vom F: 70°; nach mehrstündigem Erwärmen auf 80° liegt der Schmelzpunkt bei 145° (*Ch., Cl.*).

Mononatrium-Salz. Hellgelbe Krystalle mit 1 Mol H_2O [nach Trocknen bei 120°] (*Ru., We.*).

Barium-Salz $BaC_7H_3NO_7S$ (H 380). Krystalle [aus W.] (*Ru., We.*).

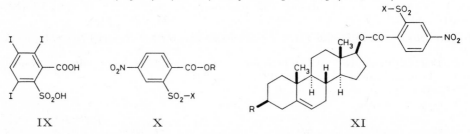

IX   X   XI

4-Nitro-1-äthoxycarbonyl-benzol-sulfonsäure-(2), 4-Nitro-2-sulfo-benzoesäure-äthylester, *4-nitro-2-sulfobenzoic acid ethyl ester* $C_9H_9NO_7S$, Formel X (R = C_2H_5, X = OH) (H 381).

B. Aus 4-Nitro-2-chlorsulfonyl-benzoylchlorid (H 382, 383) beim Erwärmen mit Äthanol, Benzol und Pyridin (*Grob, Goldberg*, Helv. **32** [1949] 172, 179; vgl. H 381). Aus 4-Nitro-2-sulfo-benzoesäure-anhydrid beim Erwärmen mit Äthanol (*Grob, Go.*, l. c. S. 180).

Krystalle (aus Bzl.); F: 65°.

3-Chlor-17-[4-nitro-2-sulfo-benzoyloxy]-10.13-dimethyl-Δ⁵-tetradecahydro-1*H*-cyclo=penta[*a*]phenanthren $C_{26}H_{32}ClNO_7S$.

3β-Chlor-17β-[4-nitro-2-sulfo-benzoyloxy]-androsten-(5), 4-Nitro-2-sulfo-benzoe=säure-[3β-chlor-androsten-(5)-yl-(17β)-ester], *3β-chloro-17β-(4-nitro-2-sulfobenzoyloxy)=androst-5-ene* $C_{26}H_{32}ClNO_7S$, Formel XI (R = Cl, X = OH).

B. Beim Erwärmen von 3β-Chlor-androsten-(5)-ol-(17β) mit 4-Nitro-2-sulfo-benzoe=säure-anhydrid in Benzol (*Grob, Goldberg*, Helv. **32** [1949] 184, 188).

Kalium-Salz $KC_{26}H_{31}ClNO_7S$. Krystalle (aus wss. A.). In Aceton leicht löslich, in Äthanol schwer löslich, in Wasser fast unlöslich.

Pyridin-Salz $C_5H_5N \cdot C_{26}H_{32}ClNO_7S$. Krystalle (aus A. + Py.); F: 177—179° [korr.; Zers.].

3-Hydroxy-17-[4-nitro-2-sulfo-benzoyloxy]-10.13-dimethyl-Δ⁵-tetradecahydro-1*H*-cyclo=penta[*a*]phenanthren $C_{26}H_{33}NO_8S$.

17β-[4-Nitro-2-sulfo-benzoyloxy]-androsten-(5)-ol-(3β), 4-Nitro-2-sulfo-benzoe=säure-[3β-hydroxy-androsten-(5)-yl-(17β)-ester], *17β-(4-nitro-2-sulfobenzoyloxy)androst-5-en-3β-ol* $C_{26}H_{33}NO_8S$, Formel XI (R = OH, X = OH).

B. Beim Erwärmen von 3β-Acetoxy-androsten-(5)-ol-(17β) mit 4-Nitro-2-sulfo-benzoe=säure-anhydrid in Benzol und Erwärmen des Reaktionsprodukts mit wss.-äthanol.

Natriumcarbonat-Lösung (*Grob, Goldberg*, Helv. **32** [1949] 172, 181).
Natrium-Salz $NaC_{26}H_{32}NO_8S$. Hygroskopisch.

3-Hydroxy-17-[4-nitro-2-sulfo-benzoyloxy]-13-methyl-7.8.9.11.12.13.14.15.16.17-deca
hydro-6*H*-cyclopenta[*a*]phenanthren $C_{25}H_{27}NO_8S$.

17β-[4-Nitro-2-sulfo-benzoyloxy]-östratrien-(1.3.5(10))-ol-(3), **17β-[4-Nitro-**
2-sulfo-benzoyloxy]-östratrien-(*A*)-ol-(3), **4-Nitro-2-sulfo-benzoesäure-[3-hydroxy-**
östratrien-(1.3.5(10))-yl-(17β)-ester], *17β-(4-nitro-2-sulfobenzoyloxy)estra-1,3,5(10)-trien-*
3-ol $C_{25}H_{27}NO_8S$, Formel XII.

B. Beim Erwärmen von 3-Acetoxy-östratrien-(1.3.5(10))-ol-(17β) mit 4-Nitro-2-sulfo-
benzoesäure-anhydrid in Benzol und Erwärmen des Reaktionsprodukts mit wss.-
äthanol. Natriumcarbonat-Lösung (*Grob, Goldberg*, Helv. **32** [1949] 184, 189).
Natrium-Salz $NaC_{25}H_{26}NO_8S$. Krystalle (aus Me.). In Wasser fast unlöslich.

3-[4-Nitro-2-sulfo-benzoyloxy]-17-oxo-10.13-dimethyl-Δ⁵-tetradecahydro-1*H*-cyclo=
penta[*a*]phenanthren $C_{26}H_{31}NO_8S$.

3β-[4-Nitro-2-sulfo-benzoyloxy]-androsten-(5)-on-(17), **4-Nitro-2-sulfo-benzoe=**
säure-[17-oxo-androsten-(5)-yl-(3β)-ester], *3β-(4-nitro-2-sulfobenzoyloxy)androst-5-en-*
17-one $C_{26}H_{31}NO_8S$, Formel XIII (X = OH).

B. Beim Erwärmen von 3β-Hydroxy-androsten-(5)-on-(17) mit 4-Nitro-2-sulfo-benzoe=
säure-anhydrid in Benzol (*Grob, Goldberg*, Helv. **32** [1949] 172, 181).
Krystalle (aus Ae. + Bzl.); F: 158—160° [korr.; Zers.].
Bei der Hydrierung des Kalium-Salzes an Nickel in wss. Äthanol ist 4-Amino-2-sulfo-
benzoesäure-[17β-hydroxy-androsten-(5)-yl-(3β)-ester] erhalten worden.

4-Nitro-2-methoxysulfonyl-benzoesäure-methylester, *2-(methoxysulfonyl)-4-nitrobenzoic*
acid methyl ester $C_9H_9NO_7S$, Formel X (R = CH_3, X = OCH_3).

B. Aus 4-Nitro-2-sulfo-benzoesäure und Diazomethan (*Challenger, Clapham*, Soc. **1948**
1615, 1616).
Krystalle (aus Bzl. + PAe.); F: 114—115°.

3-Acetoxy-17-[4-nitro-2-chlorsulfonyl-benzoyloxy]-10.13-dimethyl-Δ⁵-tetradecahydro-
1*H*-cyclopenta[*a*]phenanthren $C_{28}H_{34}ClNO_8S$.

3β-Acetoxy-17β-[4-nitro-2-chlorsulfonyl-benzoyloxy]-androsten-(5), *3β-acetoxy-*
17β-[2-(chlorosulfonyl)-4-nitrobenzoyloxy]androst-5-ene, $C_{28}H_{34}ClNO_8S$, Formel XI
(R = O-CO-CH_3, X = Cl).

B. Beim Erwärmen von 3β-Acetoxy-androsten-(5)-ol-(17β) mit 4-Nitro-2-chlorsulf=
onyl-benzoylchlorid (H 382, 383), Pyridin und Benzol (*Grob, Goldberg*, Helv. **32** [1949]
172, 179).
Krystalle (aus wss. Acn.); F: 205—208° [korr.; Zers.].

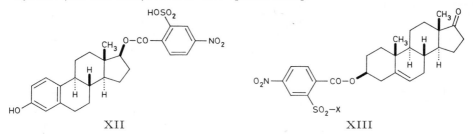

XII   XIII

3-[4-Nitro-2-chlorsulfonyl-benzoyloxy]-17-oxo-10.13-dimethyl-Δ⁵-tetradecahydro-1*H*-
cyclopenta[*a*]phenanthren $C_{26}H_{30}ClNO_7S$.

3β-[4-Nitro-2-chlorsulfonyl-benzoyloxy]-androsten-(5)-on-(17), **4-Nitro-2-chlor=**
sulfonyl-benzoesäure-[17-oxo-androsten-(5)-yl-(3β)-ester], *3β-[2-(chlorosulfonyl)-4-nitro=*
benzoyloxy]androst-5-en-17-one $C_{26}H_{30}ClNO_7S$, Formel XIII (X = Cl).

B. Beim Erwärmen von 3β-Hydroxy-androsten-(5)-on-(17) mit 4-Nitro-2-chlorsulf=
onyl-benzoylchlorid (H 382, 383), Pyridin und Benzol (*Grob, Goldberg*, Helv. **32** [1949]
172, 179).
Krystalle (aus wss. Acn.); F: 185° [korr.; Zers.].

3-Sulfo-benzoesäure, m-*sulfobenzoic acid* $C_7H_6O_5S$, Formel I (X = OH) (H 384; E I 98; E II 217).

B. Aus 3-Chlorsulfonyl-benzoesäure beim Erhitzen mit Wasser (*Ruggli, Grün*, Helv. **24** [1941] 197, 203; *Delaby, Harispe, Paris*, Bl. [5] **12** [1945] 954, 957). Aus Benzoe= säure beim Einleiten von Schwefeltrioxid bei 140° (*Lauer*, J. pr. [2] **143** [1935] 127, 138; vgl. H 384). Beim Einleiten von Schwefeltrioxid in Benzotrichlorid und Erhitzen des Reaktionsprodukts mit wss. Alkalilauge (*Lauer*, J. pr. [2] **142** [1935] 252, 256).

F: 133° (*Ru., Grün*), 133° [Block] (*De., Ha., Pa.*).

Bildung von Benzoesäure bei der Reduktion an Blei-Kathoden in wss. Natronlauge: *Matsui, Sakurada*, Mem. Coll. Sci. Kyoto [A] **15** [1932] 181, 184; beim Erwärmen mit wss. Natronlauge und Nickel-Aluminium-Legierung: *Schwenk et al.*, J. org. Chem. **9** [1944] 1, 2.

Aluminium-Salz $Al(C_7H_5O_5S)_3$. Krystalle. In Wasser, Äthanol und Essigsäure fast unlöslich (*Dominikiewicz*, Archiwum Chem. Farm. **1** [1934] 93, 102; C. **1935** I 1539).

S-Benzyl-isothiuronium-Salz $[C_8H_{11}N_2S]C_7H_5O_5S$. Krystalle (aus A. oder wss. A.); F: 163—164° (*Veibel, Lillelund*, Bl. [5] **5** [1938] 1153, 1157).

1-[Naphthyl-(2)-oxycarbonyl]-benzol-sulfonsäure-(3), 3-Sulfo-benzoesäure-[naphth= yl-(2)-ester], m-*sulfobenzoic acid 2-naphthyl ester* $C_{17}H_{12}O_5S$, Formel II.

B. Beim Erwärmen von 3-Chlorsulfonyl-benzoesäure oder von 1-Chlorcarbonyl-benzol-sulfonsäure-(3) mit Naphthol-(2) und Pyridin (*Ruggli, Grün*, Helv. **24** [1941] 197, 209, 210).

Natrium-Salz. Krystalle (aus W.).

Barium-Salz $Ba(C_{17}H_{11}O_5S)_2$. Krystalle (aus W.) mit 1 Mol H_2O.

Pyridin-Salz $C_5H_5N \cdot C_{17}H_{12}O_5S$. Krystalle (aus W.) mit 2 Mol H_2O; F: 74°.

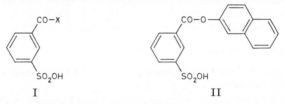

I   II

3.4-Bis-[4-(3-sulfo-benzoyloxy)-3-methyl-phenyl]-hexadien-(2.4), 4.4′-Bis-[3-sulfo-benzoyloxy]-3.3′-dimethyl-α.α′-diäthyliden-bibenzyl, α,α′-*diethylidene-3,3′-dimethyl-4,4′-bis(3-sulfobenzoyloxy)bibenzyl* $C_{34}H_{30}O_{10}S_2$, Formel III.

Eine unter dieser Konstitution beschriebene Verbindung (Dinatrium-Salz $Na_2C_{34}H_{28}O_{10}S_2$: F: ca. 300° [Zers.]) ist beim Erwärmen von 3.4-Bis-[4-hydroxy-3-methyl-phenyl]-hexadien-(2.4) (F: 187—189° [E III **6** 5730]) mit 3-Chlorsulfonyl-benzoesäure und Pyridin erhalten worden (*Niederl et al.*, Am. Soc. **70** [1948] 508, 510, 511).

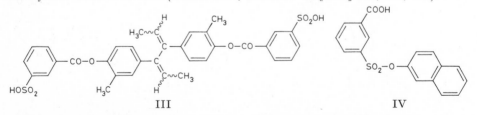

III   IV

1-Chlorcarbonyl-benzol-sulfonsäure-(3), m-(*chlorocarbonyl*)*benzenesulfonic acid* $C_7H_5ClO_4S$, Formel I (X = Cl).

B. Als Hauptprodukt beim Erwärmen von 3-Sulfo-benzoesäure mit Thionylchlorid (*Ruggli, Grün*, Helv. **24** [1941] 197, 206).

Krystalle; F: 45°. In Äther leicht löslich, in Benzol fast unlöslich.

1-Carbamoyl-benzol-sulfonsäure-(3), m-*carbamoylbenzenesulfonic acid* $C_7H_7NO_4S$, Formel I (X = NH_2) (H 385; dort als m-Sulfo-benzamid bezeichnet).

B. Beim Einleiten von Ammoniak in eine äther. Lösung von 1-Chlorcarbonyl-benzol-sulfonsäure-(3) (*Ruggli, Grün*, Helv. **24** [1941] 197, 208).

Ammonium-Salz $[NH_4]C_7H_6NO_4S$. Krystalle (aus W.).

3-[Naphthyl-(2)-oxysulfonyl]-benzoesäure, m-(*2-naphthyloxysulfonyl*)*benzoic acid* $C_{17}H_{12}O_5S$, Formel IV.

B. Beim Behandeln von 3-Chlorsulfonyl-benzoesäure mit Naphthol-(2) und wss. Natronlauge (*Ruggli, Grün,* Helv. **24** [1941] 197, 205).

Krystalle (aus wss. A.); F: 155°. In Äthanol, Äther und Benzol leicht löslich, in Wasser fast unlöslich.

N a t r i u m - S a l z. In Wasser schwer löslich.

B a r i u m - S a l z. In Wasser fast unlöslich.

3-[Naphthyl-(2)-oxysulfonyl]-benzoesäure-[naphthyl-(2)-ester], m-(*2-naphthyloxy≈ sulfonyl*)*benzoic acid 2-naphthyl ester* $C_{27}H_{18}O_5S$, Formel V.

B. Beim Behandeln einer äther. Lösung von 3-Chlorsulfonyl-benzoylchlorid mit Naphthol-(2) und Pyridin (*Ruggli, Grün,* Helv. **24** [1941] 197, 204).

Krystalle; F: 172°. In warmer Essigsäure leicht löslich, in Äthanol. Äther und Wasser fast unlöslich.

3-Fluorsulfonyl-benzoesäure, m-(*fluorosulfonyl*)*benzoic acid* $C_7H_5FO_4S$, Formel VI (X = OH) (E II 217).

B. Aus 3-Chlorsulfonyl-benzoesäure beim Erwärmen mit Natriumfluorid in Wasser (*I.G. Farbenind.,* D.R.P. 764384 [1938]; D.R.P. Org. Chem. **3** 1001).

F: 148—149°.

3-Fluorsulfonyl-benzoylchlorid, m-(*fluorosulfonyl*)*benzoyl chloride* $C_7H_4ClFO_3S$, Formel VI (X = Cl) (E II 217).

Kp_{16}: 143° (*I. G. Farbenind.,* D.R.P. 764384 [1938]; D.R.P. Org. Chem. **3** 1001).

Beim Erwärmen mit Bis-[4-amino-phenyl]-sulfon, Pyridin und Aceton ist Bis-[4-(3-fluorsulfonyl-benzamino)-phenyl]-sulfon erhalten worden.

3-Chlorsulfonyl-benzoesäure, m-(*chlorosulfonyl*)*benzoic acid* $C_7H_5ClO_4S$, Formel VII (X = Cl) (H 386; E II 218).

B. Aus 3-Sulfo-benzoesäure beim Erhitzen des Natrium-Salzes mit Phosphor(V)-chlorid und Phosphoroxychlorid und anschliessenden Behandeln mit Wasser (*Blangey, Fierz-David, Stamm,* Helv. **25** [1942] 1162, 1173; vgl. H 386). Aus Benzoylchlorid beim Erhitzen mit Schwefeltrioxid oder Chloroschwefelsäure auf 130° (*Gen. Aniline & Film Corp.,* U.S.P. 2273974 [1939]).

Krystalle; F: 137° [Block; aus Bzl.] (*Delaby, Harispe, Paris,* Bl. [5] **12** [1945] 954, 957), 134° [nach Sublimation im Hochvakuum bei 125—130°] (*Bl., Fierz-D., St.*), 134° [aus Ae.] (*Gur'janowa,* Ž. fiz. Chim. **21** [1947] 411, 415; C. A. **1947** 6786), 133° [aus Toluol] (*Gen. Aniline & Film Corp.*). Dipolmoment (ε; Bzl.): 3,84 D (*Gu.,* l. c. S. 411, 417).

Überführung in Bis-[3-carboxy-phenyl]-disulfid durch Behandeln mit Zink und wss.-äthanol. Salzsäure und Versetzen der Reaktionslösung mit Eisen(III)-chlorid: *Brand, Gabel, Rosenkranz,* B. **70** [1937] 296, 304. Überführung in 3-Mercapto-benzoesäure durch Erhitzen mit Phosphor, wasserhaltiger Phosphorsäure und wenig Kaliumjodid: *Miescher, Billeter,* Helv. **22** [1939] 601, 610. Bildung von 3-Sulfo-benzoesäure-[naphthyl-(2)-ester] beim Erwärmen mit Naphthol-(2) und Pyridin: *Ruggli, Grün,* Helv. **24** [1941] 197, 209. Beim Behandeln mit Pyridin und Äther und anschliessend mit Anilin sind 1-Phenyl≈ carbamoyl-benzol-sulfonsäure-(3) und geringe Mengen 3-Phenylsulfamoyl-benzoesäure erhalten worden (*Ru., Grün,* l. c. S. 212).

1-Cyan-benzol-sulfonylchlorid-(3), m-*cyanobenzenesulfonyl chloride* $C_7H_4ClNO_2S$, Formel VIII (X = Cl).

B. Aus 3-Sulfamoyl-benzoesäure beim Erhitzen mit Phosphor(V)-chlorid bis auf 190° (*Delaby, Harispe, Paris,* Bl. [5] **12** [1945] 954, 960).

Krystalle (aus PAe.); F: 46—47°.

3-Sulfamoyl-benzoesäure, m-*sulfamoylbenzoic acid* $C_7H_7NO_4S$, Formel VII (X = NH₂) (H 386; E I 98; E II 218; dort als Benzoesäure-*m*-sulfamid bezeichnet).

B. Aus 3-Chlorsulfonyl-benzoesäure mit Hilfe von wss. Ammoniak (*Delaby, Harispe, Paris,* Bl. [5] **12** [1945] 954, 960; *Abderhalden, Riesz,* Fermentf. **12** [1931] 180, 214; vgl. E II 218).

Krystalle; F: 244,5—245° [korr.; aus W.] (*Elderfield et al.,* Am. Soc. **68** [1946] 1272, 1275), 236° [aus W.] (*Ruggli, Grün,* Helv. **24** [1941] 197, 205), 228° [Block; aus wss. Acn.]

(*De., Ha., Pa.*).

Beim Erhitzen mit Phosphor(V)-chlorid bis auf 190° ist 1-Cyan-benzol-sulfonyl=chlorid-(3) erhalten worden (*De., Ha., Pa.*; vgl. H 386).

3-[Chloracetyl-sulfamoyl]-benzoesäure, m-[(*chloroacetyl*)*sulfamoyl*]*benzoic acid* C₉H₈ClNO₅S, Formel VII (X = NH-CO-CH₂Cl).

$C_9H_8ClNO_5S$, Formel VII (X = NH-CO-CH$_2$Cl).

B. Beim Erhitzen von 3-Sulfamoyl-benzoesäure mit Chloressigsäure-anhydrid auf 130° (*Abderhalden, Riesz*, Fermentf. **12** [1931] 180, 214).

Krystalle (aus Ae. + PAe.); F: 212° [Zers.].

N-[1-Carboxy-benzol-sulfonyl-(3)]-glycin, 3-[Carboxymethyl-sulfamoyl]-benzoesäure, N-(m-*carboxyphenylsulfonyl*)*glycine* C₉H₉NO₆S, Formel VII (X = NH-CH₂-COOH).

B. Beim Behandeln von 3-Chlorsulfonyl-benzoesäure in Aceton mit Glycin und wss. Natronlauge (*Abderhalden, Riesz*, Fermentf. **12** [1931] 180, 196).

Krystalle (aus Ae. + PAe.); F: 178°.

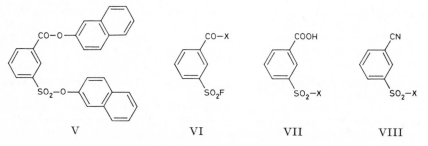

| V | VI | VII | VIII |

N-[1-Carboxy-benzol-sulfonyl-(3)]-DL-leucin, N-(m-*carboxyphenylsulfonyl*)-DL-*leucine* C₁₃H₁₇NO₆S, Formel VII (X = NH-CH(COOH)-CH₂-CH(CH₃)₂).

B. Beim Behandeln von 3-Chlorsulfonyl-benzoesäure in Aceton mit DL-Leucin und wss. Natronlauge (*Abderhalden, Riesz*, Fermentf. **12** [1931] 180, 196).

Krystalle (aus Ae. + PAe.); F: 187°.

N-[N-(1-Carboxy-benzol-sulfonyl-(3))-DL-leucyl]-glycin, N-[N-(m-*carboxyphenyl*=*sulfonyl*)-DL-*leucyl*]*glycine* C₁₅H₂₀N₂O₇S, Formel VII (X = NH-CH(CO-NH-CH₂-COOH)-CH₂-CH(CH₃)₂).

B. Beim Behandeln von 3-Chlorsulfonyl-benzoesäure in Aceton mit N-DL-Leucyl-glycin und wss. Natronlauge (*Abderhalden, Riesz*, Fermentf. **12** [1931] 180, 196).

Krystalle (aus Ae. + PAe.); F: 190°.

(±)-3-{[N-(2-Brom-4-methyl-valeryl)-glycyl]-sulfamoyl}-benzoesäure, (±)-[1-Carboxy-benzol-sulfonyl-(3)]-[N-(2-brom-4-methyl-valeryl)-glycyl]-amin, (±)-m-{[N-(*2-bromo-4-methylvaleryl*)*glycyl*]*sulfamoyl*}*benzoic acid* C₁₅H₁₉BrN₂O₆S, Formel VII (X = NH-CO-CH₂-NH-CO-CH(Br)-CH₂-CH(CH₃)₂).

B. Beim Behandeln von 3-[Chloracetyl-sulfamoyl]-benzoesäure mit wss. Ammoniak und Behandeln des Reaktionsprodukts mit (±)-2-Brom-4-methyl-valerylbromid und wss. Natriumcarbonat-Lösung (*Abderhalden, Riesz*, Fermentf. **12** [1931] 180, 215).

Krystalle (aus Ae.); F: 174°.

3-Dichlorsulfamoyl-benzoesäure, m-(*dichlorosulfamoyl*)*benzoic acid* C₇H₅Cl₂NO₄S, Formel VII (X = NCl₂).

B. Beim Behandeln von 3-Sulfamoyl-benzoesäure mit Chlor in Chloroform unter Zusatz von Natriumhydrogencarbonat (*Wašil'ewškaja*, Ž. obšč. Chim. **10** [1940] 683; C. **1940** II 2606).

Krystalle. In wss. Lösungen von Natriumcarbonat und von Natriumhydrogencarbonat löslich, in Wasser fast unlöslich.

3-Sulfamoyl-benzoesäure-äthylester, m-*sulfamoylbenzoic acid ethyl ester* C₉H₁₁NO₄S, Formel IX (X = OC₂H₅) auf S. 666 (H 387).

B. Aus 3-Sulfamoyl-benzoesäure beim Erwärmen mit Schwefelsäure enthaltendem Äthanol (*Kelly, Robson, Short*, Soc. **1945** 240).

Krystalle (aus wss. A.); F: 129°.

3-Sulfamoyl-benzamid, m-*sulfamoylbenzamide* $C_7H_8N_2O_3S$, Formel IX (X = NH_2) (H 387; E I 99; dort als Benzoesäure-*m*-sulfonsäure-diamid bezeichnet).

Krystalle; F: 176° [Block; aus A.] (*Delaby, Harispe, Paris*, Bl. [5] **12** [1945] 954, 958), 175° [aus wss. A.] (*Ruggli, Grün*, Helv. **24** [1941] 197, 204).

3-Sulfamoyl-benzimidsäure-äthylester, m-*sulfamoylbenzimidic acid ethyl ester* $C_9H_{12}N_2O_3S$, Formel X (R = H, X = OC_2H_5).

Hydrochlorid. *B.* Aus 1-Cyan-benzolsulfonamid-(3) beim Behandeln mit Chlorwasser= stoff enthaltendem Äthanol (*Delaby, Harispe, Paris*, Bl. [5] **12** [1945] 954, 985). — Krystalle; F: 102° [Block]. In Wasser leicht löslich, in Benzol mässig löslich, in Äthanol schwer löslich, in Äther fast unlöslich. — Reaktion mit Äthylendiamin in Äthanol unter Bildung von 2-[3-Sulfamoyl-phenyl]-Δ^2-imidazolin-hydrochlorid: *De., Ha., Pa.,* l. c. S. 960.

1-Cyan-benzolsulfonamid-(3), m-*cyanobenzenesulfonamide* $C_7H_6N_2O_2S$, Formel VIII (X = NH_2) (H 387).

B. Aus 1-Cyan-benzol-sulfonylchlorid-(3) beim Behandeln mit wss. Ammoniak (*Delaby, Harispe, Paris*, Bl. [5] **12** [1945] 954, 960).

Krystalle (aus W.); F: 153° [Block].

***N*-Methyl-1-cyan-benzolsulfonamid-(3)**, m-*cyano-N-methylbenzenesulfonamide* $C_8H_8N_2O_2S$, Formel VIII (X = NH-CH_3).

B. Aus 1-Cyan-benzol-sulfonylchlorid-(3) beim Erwärmen mit Methylamin in wss. Äthanol (*Delaby, Harispe, Paris*, Bl. [5] **12** [1945] 954, 961).

Krystalle; F: 109° [Block].

***N.N*-Dimethyl-1-cyan-benzolsulfonamid-(3)**, m-*cyano-N,N-dimethylbenzenesulfonamide* $C_9H_{10}N_2O_2S$, Formel VIII (X = $N(CH_3)_2$).

B. Aus 1-Cyan-benzol-sulfonylchlorid-(3) beim Erwärmen mit Dimethylamin in wss. Äthanol (*Delaby, Harispe, Paris*, Bl. [5] **12** [1945] 954, 961).

Krystalle (aus wss. A.); F: 123° [Block].

***N*-Äthyl-1-cyan-benzolsulfonamid-(3)**, m-*cyano-N-ethylbenzenesulfonamide* $C_9H_{10}N_2O_2S$, Formel VIII (X = NH-C_2H_5).

B. Aus 1-Cyan-benzol-sulfonylchlorid-(3) beim Erwärmen mit Äthylamin in wss. Äthanol (*Delaby, Harispe, Paris*, Bl. [5] **12** [1945] 954, 961).

Krystalle (aus wss. A.); F: 84°.

***N.N*-Diäthyl-1-cyan-benzolsulfonamid-(3)**, m-*cyano-N,N-diethylbenzenesulfonamide* $C_{11}H_{14}N_2O_2S$, Formel VIII (X = $N(C_2H_5)_2$).

B. Aus 1-Cyan-benzol-sulfonylchlorid-(3) beim Erwärmen mit Diäthylamin in Äthanol (*Delaby, Harispe, Paris*, Bl. [5] **12** [1945] 954, 961).

Krystalle (aus A.); F: 65°.

***N*-Propyl-1-cyan-benzolsulfonamid-(3)**, m-*cyano-N-propylbenzenesulfonamide* $C_{10}H_{12}N_2O_2S$, Formel VIII (X = NH-CH_2-CH_2-CH_3).

B. Aus 1-Cyan-benzol-sulfonylchlorid-(3) beim Erwärmen mit Propylamin in Äthanol (*Delaby, Harispe, Paris*, Bl. [5] **12** [1945] 954, 961).

Krystalle; F: 75°.

***N*-Allyl-1-cyan-benzolsulfonamid-(3)**, N-*allyl*-m-*cyanobenzenesulfonamide* $C_{10}H_{10}N_2O_2S$, Formel VIII (X = NH-CH_2-CH=CH_2).

B. Aus 1-Cyan-benzol-sulfonylchlorid-(3) beim Behandeln mit Allylamin in Äthanol (*Delaby, Harispe, Paris*, Bl. [5] **12** [1945] 954, 961).

Krystalle (aus wss. A.); F: 64°.

1-Carbamimidoyl-benzolsulfonamid-(3), 3-Sulfamoyl-benzamidin, m-*carbamimidoyl= benzenesulfonamide* $C_7H_9N_3O_2S$, Formel X (R = H, X = NH_2).

Hydrochlorid $C_7H_9N_3O_2S \cdot HCl$. *B.* Aus 3-Sulfamoyl-benzimidsäure-äthylester-hydrochlorid beim Behandeln mit äthanol. Ammoniak (*Delaby, Harispe, Paris*, Bl. [5] **12** [1945] 954, 958; *Andrewes, King, Walker*, Pr. roy. Soc. [B] **133** [1946] 20, 33). — Krystalle; F: 248—249° [aus W.] (*An., King, Wa.*), 237° [Block; aus A. + Ae.] (*De., Ha., Pa.*).

1-Methylcarbamimidoyl-benzolsulfonamid-(3), 3-Sulfamoyl-*N*-methyl-benzamidin,
m-*(methylcarbamimidoyl)benzenesulfonamide* $C_8H_{11}N_3O_2S$, Formel X (R = H,
X = NH-CH₃) und Tautomeres.

Hydrochlorid $C_8H_{11}N_3O_2S \cdot HCl$. *B.* Aus 3-Sulfamoyl-benzimidsäure-äthylester-
hydrochlorid beim Behandeln mit Methylamin in Äthanol (*Delaby, Harispe, Paris*, Bl. [5]
12 [1945] 954, 959). — Krystalle (aus A. + Ae.); F: 248—249° [Block]. In Wasser leicht
löslich, in Äthanol mässig löslich, in Äther schwer löslich.

**1-[*N.N*-Dimethyl-carbamimidoyl]-benzolsulfonamid-(3), 3-Sulfamoyl-*N.N*-dimethyl-
benzamidin,** m-(N,N-*dimethylcarbamimidoyl)benzenesulfonamide* $C_9H_{13}N_3O_2S$, Formel X
(R = H, X = N(CH₃)₂).

Hydrochlorid $C_9H_{13}N_3O_2S \cdot HCl$. *B.* Aus 3-Sulfamoyl-benzimidsäure-äthylester-
hydrochlorid beim Behandeln mit Dimethylamin in Äthanol (*Delaby, Harispe, Paris*,
Bl. [5] **12** [1945] 954, 959). — Krystalle (aus A. + Ae.); F: 278° [korr.; Block]. In Wasser
und in warmem Äthanol löslich, in Äther schwer löslich.

1-Äthylcarbamimidoyl-benzolsulfonamid-(3), 3-Sulfamoyl-*N*-äthyl-benzamidin,
m-*(ethylcarbamimidoyl)benzenesulfonamide* $C_9H_{13}N_3O_2S$, Formel X (R = H,
X = NH-C₂H₅) und Tautomeres.

Hydrochlorid $C_9H_{13}N_3O_2S \cdot HCl$. *B.* Aus 3-Sulfamoyl-benzimidsäure-äthylester-
hydrochlorid beim Behandeln mit Äthylamin in Äthanol (*Delaby, Harispe, Paris*, Bl. [5]
12 [1945] 954, 959). — Krystalle (aus A. + Ae.); F: 258° [Block].

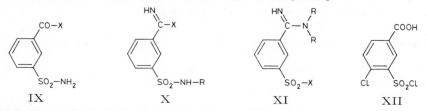

IX   X   XI   XII

1-Propylcarbamimidoyl-benzolsulfonamid-(3), 3-Sulfamoyl-*N*-propyl-benzamidin,
m-*(propylcarbamimidoyl)benzenesulfonamide* $C_{10}H_{15}N_3O_2S$, Formel X (R = H,
X = NH-CH₂-CH₂-CH₃) und Tautomeres.

Hydrochlorid $C_{10}H_{15}N_3O_2S \cdot HCl$. *B.* Aus 3-Sulfamoyl-benzimidsäure-äthylester-
hydrochlorid beim Behandeln mit Propylamin in Äthanol (*Delaby, Harispe, Paris*, Bl. [5]
12 [1945] 954, 959). — Krystalle (aus A. + Ae.); F: 197° [Block].

1-Allylcarbamimidoyl-benzolsulfonamid-(3), 3-Sulfamoyl-*N*-allyl-benzamidin, m-*(allyl=
carbamimidoyl)benzenesulfonamide* $C_{10}H_{13}N_3O_2S$, Formel X (R = H,
X = NH-CH₂-CH=CH₂), und Tautomeres.

Hydrochlorid $C_{10}H_{13}N_3O_2S \cdot HCl$. *B.* Aus 3-Sulfamoyl-benzimidsäure-äthylester-
hydrochlorid beim Behandeln mit Allylamin in Äthanol (*Delaby, Harispe, Paris*, Bl. [5]
12 [1945] 954, 959). — Krystalle (aus A. + Ae.); F: 227—228° [Block]. In warmem
Äthanol löslich.

N-Methyl-1-carbamimidoyl-benzolsulfonamid-(3), 3-Methylsulfamoyl-benzamidin,
m-*carbamimidoyl-N-methylbenzenesulfonamide* $C_8H_{11}N_3O_2S$, Formel X (R = CH₃,
X = NH₂).

Hydrochlorid $C_8H_{11}N_3O_2S \cdot HCl$. *B.* Beim Behandeln von *N*-Methyl-1-cyan-benzol=
sulfonamid-(3) mit Chlorwasserstoff enthaltendem Äthanol und Behandeln des
erhaltenen   3-Methylsulfamoyl-benzimidsäure-äthylester-hydrochlorids
$C_{10}H_{14}N_2O_3S \cdot HCl$ (Krystalle) mit äthanol. Ammoniak (*Delaby, Harispe, Paris*, Bl. [5]
12 [1945] 954, 963). — Krystalle (aus A. + Ae.); F: 169° [Block].

N-Methyl-1-methylcarbamimidoyl-benzolsulfonamid-(3), 3-Methylsulfamoyl-*N*-methyl-
benzamidin, N-*methyl*-m-*(methylcarbamimidoyl)benzenesulfonamide* $C_9H_{13}N_3O_2S$, Formel
X (R = CH₃, X = NH-CH₃), und Tautomeres.

Hydrochlorid $C_9H_{13}N_3O_2S \cdot HCl$. *B.* Beim Behandeln von *N*-Methyl-1-cyan-
benzolsulfonamid-(3) mit Chlorwasserstoff enthaltendem Äthanol und Behandeln des
Reaktionsprodukts mit Methylamin in Äthanol (*Delaby, Harispe, Paris*, Bl. [5] **12** [1945]
954, 965). — Krystalle (aus A. + Ae.); F: 218° [Block].

N-Methyl-1-äthylcarbamimidoyl-benzolsulfonamid-(3), 3-Methylsulfamoyl-*N*-äthyl-
benzamidin, m-(*ethylcarbamimidoyl*)-N-*methylbenzenesulfonamide* $C_{10}H_{15}N_3O_2S$, Formel
X (R = CH$_3$, X = NH-C$_2$H$_5$) und Tautomeres.

Hydrochlorid $C_{10}H_{15}N_3O_2S \cdot HCl$. *B.* Beim Behandeln von *N*-Methyl-1-cyan-
benzolsulfonamid-(3) mit Chlorwasserstoff enthaltendem Äthanol und Behandeln des
Reaktionsprodukts mit Äthylamin in Äthanol (*Delaby, Harispe, Paris*, Bl. [5] **12** [1945]
954, 965). — Krystalle (aus A. + Ae.); F: 205° [Block].

N.N-Dimethyl-1-carbamimidoyl-benzolsulfonamid-(3), 3-Dimethylsulfamoyl-benzamidin,
m-*carbamimidoyl*-N,N-*dimethylbenzenesulfonamide* $C_9H_{13}N_3O_2S$, Formel XI (R = H,
X = N(CH$_3$)$_2$).

Hydrochlorid $C_9H_{13}N_3O_2S \cdot HCl$. *B.* Beim Behandeln von *N.N*-Dimethyl-1-cyan-
benzolsulfonamid-(3) mit Chlorwasserstoff enthaltendem Äthanol und Behandeln des
Reaktionsprodukts mit äthanol. Ammoniak (*Delaby, Harispe, Paris*, Bl. [5] **12** [1945]
954, 963, 964). — Krystalle (aus A. + Ae.); F: 179° [Block].

N.N-Dimethyl-1-[*N.N*-dimethyl-carbamimidoyl]-benzolsulfonamid-(3), 3-Dimethyl⸗
sulfamoyl-*N.N*-dimethyl-benzamidin, m-(N,N-*dimethylcarbamimidoyl*)-N,N-*dimethyl⸗
benzenesulfonamide* $C_{11}H_{17}N_3O_2S$, Formel XI (R = CH$_3$, X = N(CH$_3$)$_2$).

Hydrochlorid $C_{11}H_{17}N_3O_2S \cdot HCl$. *B.* Beim Behandeln von *N.N*-Dimethyl-1-cyan-
benzolsulfonamid-(3) mit Chlorwasserstoff enthaltendem Äthanol und Behandeln des
Reaktionsprodukts mit Dimethylamin in Äthanol (*Delaby, Harispe, Paris*, Bl. [5] **12**
[1945] 954, 963, 966). — Krystalle (aus A. + Ae.); F: ca. 210° [Block].

N-Äthyl-1-carbamimidoyl-benzolsulfonamid-(3), 3-Äthylsulfamoyl-benzamidin,
m-*carbamimidoyl*-N-*ethylbenzenesulfonamide* $C_9H_{13}N_3O_2S$, Formel X (R = C$_2$H$_5$,
X = NH$_2$).

Hydrochlorid $C_9H_{13}N_3O_2S \cdot HCl$. *B.* Beim Behandeln von *N*-Äthyl-1-cyan-benzol⸗
sulfonamid-(3) mit Chlorwasserstoff enthaltendem Äthanol und Behandeln des erhaltenen
3-Äthylsulfamoyl-benzimidsäure-äthylester-hydrochlorids $C_{11}H_{16}N_2O_3S \cdot$
HCl mit äthanol. Ammoniak (*Delaby, Harispe, Paris*, Bl. [5] **12** [1945] 954, 964). —
Krystalle (aus A. + Ae.); F: 162° [Block].

N-Äthyl-1-äthylcarbamimidoyl-benzolsulfonamid-(3), 3-Äthylsulfamoyl-*N*-äthyl-benz⸗
amidin, N-*ethyl*-m-(*ethylcarbamimidoyl*)*benzenesulfonamide* $C_{11}H_{17}N_3O_2S$, Formel X
(R = C$_2$H$_5$, X = NH-C$_2$H$_5$) und Tautomeres.

Hydrochlorid $C_{11}H_{17}N_3O_2S \cdot HCl$. *B.* Beim Behandeln von *N*-Äthyl-1-cyan-benzol⸗
sulfonamid-(3) mit Chlorwasserstoff enthaltendem Äthanol und Behandeln des Reak⸗
tionsprodukts mit Äthylamin in Äthanol (*Delaby, Harispe, Paris*, Bl. [5] **12** [1945] 954,
966). — Krystalle (aus A. + Ae.); F: 198° [Block].

N-Äthyl-1-allylcarbamimidoyl-benzolsulfonamid-(3), 3-Äthylsulfamoyl-*N*-allyl-benz⸗
amidin, m-(*allylcarbamimidoyl*)-N-*ethylbenzenesulfonamide* $C_{12}H_{17}N_3O_2S$, Formel X
(R = C$_2$H$_5$, X = NH-CH$_2$-CH=CH$_2$) und Tautomeres.

Hydrochlorid $C_{12}H_{17}N_3O_2S \cdot HCl$. *B.* Beim Behandeln von *N*-Äthyl-1-cyan-benzol⸗
sulfonamid-(3) mit Chlorwasserstoff enthaltendem Äthanol und Behandeln des Reak⸗
tionsprodukts mit Allylamin in Äthanol (*Delaby, Harispe, Paris*, Bl. [5] **12** [1945] 954,
966). — Krystalle (aus A. + Ae.); F: 192° [Block].

N.N-Diäthyl-1-carbamimidoyl-benzolsulfonamid-(3), 3-Diäthylsulfamoyl-benzamidin,
m-*carbamimidoyl*-N,N-*diethylbenzenesulfonamide* $C_{11}H_{17}N_3O_2S$, Formel XI (R = H,
X = N(C$_2$H$_5$)$_2$).

Hydrochlorid $C_{11}H_{17}N_3O_2S \cdot HCl$. *B.* Beim Behandeln von *N.N*-Diäthyl-1-cyan-
benzolsulfonamid-(3) mit Chlorwasserstoff enthaltendem Äthanol und Behandeln des
Reaktionsprodukts mit äthanol. Ammoniak (*Delaby, Harispe, Paris*, Bl. [5] **12** [1945]
954, 963, 964). — Krystalle (aus A. + Ae.); F: 168° [Block].

N.N-Diäthyl-1-[*N.N*-diäthyl-carbamimidoyl]-benzolsulfonamid-(3), 3-Diäthylsulfamoyl-
N.N-diäthyl-benzamidin, m-(N,N-*diethylcarbamimidoyl*)-N,N-*diethylbenzenesulfonamide*
$C_{15}H_{25}N_3O_2S$, Formel XI (R = C$_2$H$_5$, X = N(C$_2$H$_5$)$_2$).

Hydrochlorid. *B.* Beim Behandeln von *N.N*-Diäthyl-1-cyan-benzolsulfonamid-(3)
mit Chlorwasserstoff enthaltendem Äthanol und Behandeln des Reaktionsprodukts mit
Diäthylamin in Äthanol (*Delaby, Harispe, Paris*, Bl. [5] **12** [1945] 954, 963, 967). —

Hygroskopische Krystalle.

N-Propyl-1-carbamimidoyl-benzolsulfonamid-(3), 3-Propylsulfamoyl-benzamidin,
m-*carbamimidoyl-N-propylbenzenesulfonamide* $C_{10}H_{15}N_3O_2S$, Formel X
(R = CH$_2$-CH$_2$-CH$_3$, X = NH$_2$) auf S. 666.

Hydrochlorid $C_{10}H_{15}N_3O_2S \cdot HCl$. *B.* Beim Behandeln von *N*-Propyl-1-cyan-benzol=
sulfonamid-(3) mit Chlorwasserstoff enthaltendem Äthanol und Behandeln des erhaltenen
3-Propylsulfamoyl-benzimidsäure-äthylester-hydrochlorids $C_{12}H_{18}N_2O_3S \cdot$
HCl (Krystalle) mit äthanol. Ammoniak (*Delaby, Harispe, Paris*, Bl. [5] **12** [1945] 954,
964). — Krystalle (aus A.); F: 190° [Block].

**N-Propyl-1-methylcarbamimidoyl-benzolsulfonamid-(3), 3-Propylsulfamoyl-N-methyl-
benzamidin,** m-(*methylcarbamimidoyl*)-*N-propylbenzenesulfonamide* $C_{11}H_{17}N_3O_2S$, Formel
X (R = CH$_2$-CH$_2$-CH$_3$, X = NH-CH$_3$) [auf S. 666] und Tautomeres.

Hydrochlorid $C_{11}H_{17}N_3O_2S \cdot HCl$. *B.* Beim Behandeln von *N*-Propyl-1-cyan-benzol=
sulfonamid-(3) mit Chlorwasserstoff enthaltendem Äthanol und Behandeln des Reaktionsprodukts mit Methylamin in Äthanol (*Delaby, Harispe, Paris*, Bl. [5] **12** [1945] 954, 966). —
Krystalle (aus A. + Ae.); F: 212° [Block].

**N-Propyl-1-propylcarbamimidoyl-benzolsulfonamid-(3), 3-Propylsulfamoyl-N-propyl-
benzamidin,** N-*propyl*-m-(*propylcarbamimidoyl*)*benzenesulfonamide* $C_{13}H_{21}N_3O_2S$,
Formel X (R = CH$_2$-CH$_2$-CH$_3$, X = NH-CH$_2$-CH$_2$-CH$_3$) [auf S. 666] und Tautomeres.

Hydrochlorid $C_{13}H_{21}N_3O_2S \cdot HCl$. *B.* Beim Behandeln von *N*-Propyl-1-cyan-benzol=
sulfonamid-(3) mit Chlorwasserstoff enthaltendem Äthanol und Behandeln des Reaktionsprodukts mit Propylamin in Äthanol (*Delaby, Harispe, Paris*, Bl. [5] **12** [1945] 954, 966). —
Krystalle (aus A. + Ae.); F: 221° [Block].

N-Allyl-1-carbamimidoyl-benzolsulfonamid-(3), 3-Allylsulfamoyl-benzamidin, N-*allyl*-
m-*carbamimidoylbenzenesulfonamide* $C_{10}H_{13}N_3O_2S$, Formel X (R = CH$_2$-CH=CH$_2$,
X = NH$_2$) auf S. 666.

Hydrochlorid $C_{10}H_{13}N_3O_2S \cdot HCl$. *B.* Beim Behandeln von *N*-Allyl-1-cyan-benzol=
sulfonamid-(3) mit Chlorwasserstoff enthaltendem Äthanol und Behandeln des erhaltenen
3-Allylsulfamoyl-benzimidsäure-äthylester-hydrochlorids $C_{12}H_{16}N_2O_3S \cdot HCl$
(Krystalle) mit äthanol. Ammoniak (*Delaby, Harispe, Paris*, Bl. [5] **12** [1945] 954, 964). —
Krystalle (aus A.); F: 171° [Block].

**N-Allyl-1-äthylcarbamimidoyl-benzolsulfonamid-(3), 3-Allylsulfamoyl-N-äthyl-benz=
amidin,** N-*allyl*-m-(*ethylcarbamimidoyl*)*benzenesulfonamide* $C_{12}H_{17}N_3O_2S$, Formel X
(R = CH$_2$-CH=CH$_2$, X = NH-C$_2$H$_5$) [auf S. 666] und Tautomeres.

Hydrochlorid $C_{12}H_{17}N_3O_2S \cdot HCl$. *B.* Beim Behandeln von *N*-Allyl-1-cyan-benzol=
sulfonamid-(3) mit Chlorwasserstoff enthaltendem Äthanol und Behandeln des Reaktionsprodukts mit Äthylamin in Äthanol (*Delaby, Harispe, Paris*, Bl. [5] **12** [1945] 954,
966). — Krystalle (aus A. + Ae.); F: 175° [Block].

4-Chlor-3-chlorsulfonyl-benzoesäure, 4-*chloro*-3-(*chlorosulfonyl*)*benzoic acid* $C_7H_4Cl_2O_4S$,
Formel XII auf S. 666.

Eine Verbindung (Krystalle [aus Toluol]; F: 158°), der vermutlich diese Konstitution
zukommt, ist beim Einleiten von Schwefeltrioxid in 4-Chlor-benzoylchlorid bei 110—160°
erhalten worden (*Gen. Aniline & Film Corp.*, U.S.P. 2273974 [1939]).

5-Chlor-3-sulfo-benzoesäure, 3-*chloro*-5-*sulfobenzoic acid* $C_7H_5ClO_5S$, Formel I
(R = X = OH).

B. Beim Behandeln einer aus 5-Amino-3-sulfo-benzoesäure bereiteten Diazoniumsalz-
Lösung mit Kupfer(I)-chlorid und wss. Salzsäure (*Ruggli, Dahn*, Helv. **27** [1944] 1116,
1118).

Krystalle (aus W.).

5-Chlor-1-carbamoyl-benzol-sulfonsäure-(3), 3-*carbamoyl*-5-*chlorobenzenesulfonic acid*
$C_7H_6ClNO_4S$, Formel I (R = NH$_2$, X = OH).

B. Beim Behandeln von 5-Chlor-3-chlorsulfonyl-benzoesäure mit Pyridin und Sättigen
des mit Äther verdünnten Reaktionsgemisches mit Ammoniak (*Ruggli, Dahn*, Helv. **27**
[1944] 1116, 1120).

Krystalle (aus A.); F: ca. 290°.

5-Chlor-3-chlorsulfonyl-benzoesäure, *3-chloro-5-(chlorosulfonyl)benzoic acid* $C_7H_4Cl_2O_4S$, Formel I (R = OH, X = Cl).

B. Beim Erhitzen von 5-Chlor-3-sulfo-benzoesäure mit Phosphor(V)-chlorid und Behandeln einer Lösung des Reaktionsprodukts in Benzol mit Wasser (*Ruggli, Dahn,* Helv. **27** [1944] 1116, 1119).

Krystalle (aus Bzl. + $CHCl_3$); F: 160—161°. In Äther leicht löslich, in Benzol löslich.

Beim Behandeln mit Pyridin und Sättigen des mit Äther verdünnten Reaktionsgemisches mit Ammoniak ist 5-Chlor-1-carbamoyl-benzol-sulfonsäure-(3) erhalten worden.

5-Chlor-3-sulfamoyl-benzoesäure, *3-chloro-5-sulfamoylbenzoic acid* $C_7H_6ClNO_4S$, Formel I (R = OH, X = NH_2).

Ammonium-Salz [NH_4]$C_7H_5ClNO_4S$. *B.* Aus 5-Chlor-3-chlorsulfonyl-benzoesäure beim Behandeln mit wss. Ammoniak (*Ruggli, Dahn,* Helv. **27** [1944] 1116, 1119). — Krystalle (aus W.); F: 197—199°.

5-Chlor-3-sulfamoyl-benzamid, *3-chloro-5-sulfamoylbenzamide* $C_7H_7ClN_2O_3S$, Formel I (R = X = NH_2).

B. Beim Erhitzen von 5-Chlor-3-sulfo-benzoesäure mit Phosphor(V)-chlorid und Behandeln einer Lösung des Reaktionsprodukts in Benzol mit wss. Ammoniak (*Ruggli, Dahn,* Helv. **27** [1944] 1116, 1119).

Krystalle (aus A.); F: 142—143°.

6-Chlor-3-sulfo-benzoesäure, *2-chloro-5-sulfobenzoic acid* $C_7H_5ClO_5S$, Formel II (R = H, X = OH)· (H 388).

B. Aus 2-Chlor-benzoesäure beim Erhitzen mit rauchender Schwefelsäure (*Polaczek,* Roczniki Chem. **15** [1935] 578, 580; C. **1936** I 2354).

Monokalium-Salz $KC_7H_4ClO_5S$ (vgl. H 388). Krystalle (aus W.). In kaltem Wasser schwer löslich, in Äthanol fast unlöslich.

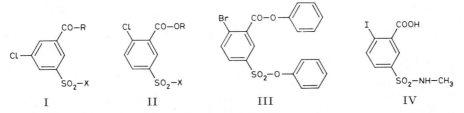

I   II   III   IV

6-Chlor-3-phenoxysulfonyl-benzoesäure-phenylester, *2-chloro-5-(phenoxysulfonyl)benzoic acid phenyl ester* $C_{19}H_{13}ClO_5S$, Formel II (R = C_6H_5, X = OC_6H_5).

B. Beim Erhitzen des Monokalium-Salzes der 6-Chlor-3-sulfo-benzoesäure mit Phenol und Phosphoroxychlorid auf 120° (*Polaczek,* Roczniki Chem. **15** [1935] 578, 581; C. **1936** I 2354).

Krystalle (aus A.).

6-Chlor-3-chlorsulfonyl-benzoesäure, *2-chloro-5-(chlorosulfonyl)benzoic acid* $C_7H_4Cl_2O_4S$, Formel II (R = H, X = Cl).

B. Aus 2-Chlor-benzoesäure beim Erwärmen mit Chloroschwefelsäure (*Basu, Das-Gupta,* J. Indian chem. Soc. **16** [1939] 100, 103; *Farbenfabr. Bayer,* Brit.P. 864829 [1959]; s. a. *Gen. Aniline & Film Corp.,* U.S.P. 2273444 [1939]).

F: 147—149° (*Farbenfabr. Bayer*), 143° [aus Toluol] (*Gen. Aniline & Film Corp.*), 101° [aus PAe.] (*Basu, Das-G.*).

6-Chlor-3-sulfamoyl-benzoesäure, *2-chloro-5-sulfamoylbenzoic acid* $C_7H_6ClNO_4S$, Formel II (R = H, X = NH_2).

B. Aus 6-Chlor-3-chlorsulfonyl-benzoesäure beim Behandeln mit wss. Ammoniak (*Basu, Das-Gupta,* J. Indian chem. Soc. **16** [1939] 100, 103; *Gen. Aniline & Film Corp.,* U.S.P. 2273444 [1939]). Aus 6-Chlor-toluolsulfonamid-(3) beim Erwärmen mit wss. Natronlauge und Kaliumpermanganat (*Gen. Aniline & Film Corp.*).

Krystalle (aus wss. A.); F: 217—219° (*Basu, Das-G.*).

Beim Erhitzen mit Kupfer(I)-cyanid und Pyridin auf 180° ist 4-Sulfamoyl-phthalsäure-imid erhalten worden (*Gen. Aniline & Film Corp.*).

6-Chlor-3-dimethylsulfamoyl-benzoesäure, *2-chloro-5-(dimethylsulfamoyl)benzoic acid*
$C_9H_{10}ClNO_4S$, Formel II (R = H, X = $N(CH_3)_2$).
Krystalle (aus A.); F: 181° (*I.G. Farbenind.*, D.R.P. 642758 [1935]; Frdl. **23** 541).

6-Chlor-3-diäthylsulfamoyl-benzoesäure, *2-chloro-5-(diethylsulfamoyl)benzoic acid*
$C_{11}H_{14}ClNO_4S$, Formel II (R = H, X = $N(C_2H_5)_2$).
B. Aus 6-Chlor-3-chlorsulfonyl-benzoesäure und Diäthylamin (*Basu, Das-Gupta*, J. Indian chem. Soc. **16** [1939] 100, 103).
Krystalle (aus Bzl.); F: 147° (*Basu, Das-G.*), 145—146° (*I.G. Farbenind.*, D.R.P. 642758 [1935]; Frdl. **23** 541).

6-Brom-3-phenoxysulfonyl-benzoesäure-phenylester, *2-bromo-5-(phenoxysulfonyl)benzoic acid phenyl ester* $C_{19}H_{13}BrO_5S$, Formel III.
B. Beim Erhitzen des Monokalium-Salzes der 6-Brom-3-sulfo-benzoesäure mit Phenol und Phosphoroxychlorid auf 120° (*Polaczek*, Roczniki Chem. **15** [1935] 578, 580; C. **1936** I 2354).
Krystalle (aus A.); F: 125—126°.

6-Jod-3-methylsulfamoyl-benzoesäure, *2-iodo-5-(methylsulfamoyl)benzoic acid*
$C_8H_8INO_4S$, Formel IV.
B. Beim Behandeln von 6-Jod-3-chlorsulfonyl-benzoesäure (aus 2-Jod-benzoesäure und Chloroschwefelsäure hergestellt) mit Methylamin in Wasser (*Gen. Aniline & Film Corp.*, U.S.P. 2273444 [1939]).
F: 182°.
Beim Erhitzen mit Kupfer(I)-cyanid und Pyridin auf 170° ist 4-Methylsulfamoyl-phthalsäure-imid erhalten worden.

5-Nitro-3-sulfo-benzoesäure, *3-nitro-5-sulfobenzoic acid* $C_7H_5NO_7S$, Formel V
(R = X = OH) (H 389; E I 99).
B. Aus Benzoesäure beim Erhitzen mit rauchender Schwefelsäure auf 215° und an-schliessenden Behandeln mit Salpetersäure (*Shah, Bhatt*, Soc. **1933** 1373; *Ruggli, Grün*, Helv. Engi-Festband [1941] 9, 14; vgl. H 389).
Krystalle mit 1 Mol H_2O, F: 70°; die wasserfreie Säure schmilzt bei 152° (*Shah, Bh.*); Krystalle (aus Ae. oder Dioxan); F: 152° (*Ru., Grün*).
Monoammonium-Salz [NH_4]$C_7H_4NO_7S$. Krystalle (*Shah, Bh.*).
Mononatrium-Salz $NaC_7H_4NO_7S \cdot 0{,}5\ H_2O$. Krystalle (*Shah, Bh.*).
Monokalium-Salz $KC_7H_4NO_7S \cdot H_2O$. Krystalle (*Shah, Bh.*).
Strontium-Salze. a) $SrC_7H_3NO_7S \cdot 4H_2O$. Krystalle [aus W.] (*Ru., Grün*). —
b) $Sr(C_7H_4NO_7S)_2 \cdot 2H_2O$. Krystalle (*Ruggli, Dahn*, Helv. **27** [1944] 867, 874).
Barium-Salze. a) $Ba(C_7H_4NO_7S)_2 \cdot 2BaC_7H_3NO_7S \cdot 10H_2O$. Krystalle [aus W.] (*Ru., Grün*). — b) $Ba(C_7H_4NO_7S)_2 \cdot 4\ H_2O$ (H 389). Krystalle [aus W.] (*Shah, Bh.*; *Ru., Grün*).
Bis-[*S*-benzyl-isothiuronium]-Salz [$C_8H_{11}N_2S$]$_2C_7H_3NO_7S$. Krystalle (aus wss. A.); F: 173—174° (*Ru., Dahn*).

5-Nitro-1-carbamoyl-benzol-sulfonsäure-(3), *3-carbamoyl-5-nitrobenzenesulfonic acid*
$C_7H_6N_2O_6S$, Formel V (R = NH_2, X = OH).
Ammonium-Salz [NH_4]$C_7H_5N_2O_6S$. *B.* Beim Erwärmen von 5-Nitro-3-sulfo-benzoe= säure mit Thionylchlorid unter Zusatz von Jod und Einleiten von Ammoniak in eine äther. Lösung des Reaktionsprodukts (*Ruggli, Grün*, Helv. Engi-Festband [1941] 9, 16, 18). — Krystalle (aus W.).

5-Nitro-3-chlorsulfonyl-benzoesäure, *3-(chlorosulfonyl)-5-nitrobenzoic acid* $C_7H_4ClNO_6S$,
Formel V (R = OH, X = Cl).
B. Aus 5-Nitro-3-chlorsulfonyl-benzoylchlorid beim Behandeln mit Wasser (*Shah, Bhatt*, Soc. **1933** 1373; *Ruggli, Grün*, Helv. Engi-Festband [1941] 9, 15).
Krystalle (aus Bzl.); F: 170° (*Shah, Bh.*; *Ru., Grün*).
Beim Behandeln mit Pyridin und Behandeln des Reaktionsprodukts mit Anilin in Äther ist das Anilin-Salz der 5-Nitro-1-phenylcarbamoyl-benzol-sulfonsäure-(3) erhalten worden (*Ru., Grün*, l. c. S. 18; *Ruggli, Dahn*, Helv. **27** [1944] 867, 878).

5-Nitro-3-chlorsulfonyl-benzoylchlorid, *3-(chlorosulfonyl)-5-nitrobenzoylchloride*
$C_7H_3Cl_2NO_5S$, Formel V (R = X = Cl).
B. Aus 5-Nitro-3-sulfo-benzoesäure beim Erhitzen des Mononatrium-Salzes oder des

Monokalium-Salzes mit Phosphor(V)-chlorid (*Shah, Bhatt*, Soc. **1933** 1373).

Krystalle (aus CCl₄); F: 64° (*Shah, Bh.*; *Ruggli, Grün*, Helv. Engi-Festband [1941] 9, 15).

5-Nitro-3-sulfamoyl-benzoesäure, *3-nitro-5-sulfamoylbenzoic acid* $C_7H_6N_2O_6S$, Formel V (R = OH, X = NH₂).

B. Aus 5-Nitro-3-chlorsulfonyl-benzoesäure beim Erhitzen mit wss. Ammoniak (*Shah, Bhatt*, Soc. **1933** 1373). Aus 5-Nitro-3-sulfamoyl-benzamid beim Erhitzen mit wss. Salz= säure (*Shah, Bh.*).

Krystalle; F: 230°. In Methanol, Äthanol und Aceton leicht löslich, in Wasser mässig löslich, in Benzol fast unlöslich.

5-Nitro-3-sulfamoyl-benzamid, *3-nitro-5-sulfamoylbenzamide* $C_7H_7N_3O_5S$, Formel V (R = X = NH₂).

B. Aus 5-Nitro-3-chlorsulfonyl-benzoylchlorid beim Erhitzen mit wss. Ammoniak (*Shah, Bhatt*, Soc. **1933** 1373).

Krystalle (aus W.); F: 226° [nach Sintern von 213° an].

2.4-Dinitro-3-sulfo-benzoesäure, *2,4-dinitro-3-sulfobenzoic acid* $C_7H_4N_2O_9S$, Formel VI (E II 218).

B. Aus 2.3.4-Trinitro-benzoesäure beim Erhitzen mit Natriumsulfit in Wasser (*Schmitt*, Mém. Poudres **27** [1937] 131, 142).

Hygroskopische Krystalle. In Wasser leicht löslich, in Äther und kaltem Äthanol schwer löslich.

4.6-Dinitro-3-sulfo-benzoesäure, *2,4-dinitro-5-sulfobenzoic acid* $C_7H_4N_2O_9S$, Formel VII.

B. Aus 2.4.5-Trinitro-benzoesäure beim Erhitzen mit Natriumsulfit in Wasser (*Schmitt*, Mém. Poudres **27** [1937] 131, 142).

Hygroskopische Krystalle. In Wasser leicht löslich, in Äther und kaltem Äthanol schwer löslich.

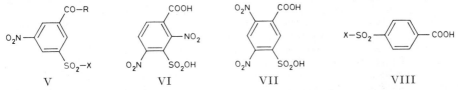

| V | VI | VII | VIII |

4-Sulfo-benzoesäure, *p-sulfobenzoic acid* $C_7H_6O_5S$, Formel VIII (X = OH) (H 389; E I 99; E II 218).

Bildung von Benzoesäure bei der Reduktion an Blei-Kathoden in wss. Natronlauge: *Matsui, Sakurada*, Mem. Coll. Sci. Kyoto [A] **15** [1932] 181, 185. Beim Erhitzen mit Ameisensäure und Titan(IV)-oxid auf 250° ist 1-Formyl-benzol-sulfonsäure-(4) erhalten worden (*Davies, Hodgson*, Soc. **1943** 84).

Aluminium-Salz Al(C₇H₅O₅S)₃. Krystalle; in Wasser, Äthanol und heisser Essigsäure leicht löslich (*Dominikiewcz*, Archiwum Chem. Farm. **1** [1934] 93, 101; C. **1935** I 1539).

S-Benzyl-isothiuronium-Salz [C₈H₁₁N₂S]C₇H₅O₅S. Krystalle (aus A.); F: 212,6° bis 214,4° [korr.] (*Campaigne, Suter*, Am. Soc. **64** [1942] 3040).

1-Cyan-benzol-sulfonsäure-(4), *p-cyanobenzenesulfonic acid* $C_7H_5NO_3S$, Formel IX (X = OH) (H 390; E I 99).

B. Aus 4-Sulfamoyl-benzoesäure oder aus 4-Sulfo-benzoesäure beim Erhitzen mit Benzolsulfonamid bis auf 270° (*Oxley et al.*, Soc. **1946** 763, 766, 770).

Überführung in 4-Chlor-benzonitril bzw. 4-Brom-benzonitril durch Erhitzen mit Kupfer(II)-chlorid bzw. Kupfer(II)-bromid: *Varma, Parekh, Subramanium*, J. Indian chem. Soc. **16** [1939] 460.

Ammonium-Salz. Krystalle (aus wss. Lösung), die unterhalb 290° nicht schmelzen (*Ox. et al.*).

Guanidin-Salz. F: 236—237° (*Ox. et al.*).

1-Carbamimidoyl-benzol-sulfonsäure-(4), *p-carbamimidoylbenzenesulfonic acid* $C_7H_8N_2O_3S$, Formel X.

B. Bei mehrtägigem Behandeln von Kalium-[1-cyan-benzol-sulfonat-(4)] mit Chlor=

wasserstoff enthaltendem Äthanol und Behandeln des Reaktionsprodukts mit äthanol. Ammoniak (*Andrewes, King, Walker,* Pr. roy. Soc. [B] **133** [1946] 20, 49). Aus Ammonium-[1-cyan-benzol-sulfonat-(4)] beim Erhitzen auf 310° (*Boots Pure Drug Co.*, U.S.P. 2 433 489 [1944]).

Krystalle (aus W.), die unterhalb 370° nicht schmelzen (*An., King, Wa.*).

4-Fluorsulfonyl-benzoesäure, p-*(fluorosulfonyl)benzoic acid* $C_7H_5FO_4S$, Formel VIII (X = F) (E II 219).

B. Aus 4-Chlorsulfonyl-benzoylchlorid beim Erhitzen mit wss. Kaliumfluorid-Lösung (*Davies, Dick,* Soc. **1932** 2042, 2044).

Krystalle (aus W.); F: 271°.

4-Chlorsulfonyl-benzoesäure, p-*(chlorosulfonyl)benzoic acid* $C_7H_5ClO_4S$, Formel VIII (X = Cl) (E II 219).

B. Aus 4-Sulfo-benzoesäure beim Behandeln des Mononatrium-Salzes mit Phosphor(V)-chlorid (*Blangey, Fierz-David, Stamm,* Helv. **25** [1942] 1162, 1174).

Krystalle; F: 220—222° [Zers.; nach Sublimation im Hochvakuum bei 150—160°].

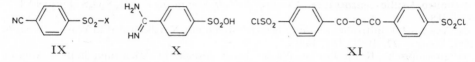

IX   X   XI

4-Chlorsulfonyl-benzoesäure-anhydrid, p-*(chlorosulfonyl)benzoic anhydride* $C_{14}H_8Cl_2O_7S_2$, Formel XI.

B. Aus 4-Chlorsulfonyl-benzoylchlorid beim Erwärmen mit Zinkfluorid oder Zink=chlorid in Benzol (*Davies, Dick,* Soc. **1932** 2042, 2044).

Krystalle (aus Anisol oder Xylol); F: 197°.

4-Chlorsulfonyl-benzoylchlorid, p-*(chlorosulfonyl)benzoylchloride* $C_7H_4Cl_2O_3S$, Formel XII (X = Cl) (E I 99; E II 219; dort als *p*-Sulfobenzoesäure-dichlorid bezeichnet).

B. Aus 4-Sulfo-benzoesäure beim Erhitzen des Kalium-Salzes mit Phosphor(V)-chlorid (*Davies, Dick,* Soc. **1932** 2042, 2044; vgl. E I 99).

Krystalle; F: 57° (*v. Braun, Rudolph,* B. **74** [1941] 264, 271), 55—57° [aus PAe.] (*Da., Dick*). Kp_{12}: 150° (*v. B., Ru.*).

Beim Erhitzen mit wss. Kaliumfluorid-Lösung ist 4-Fluorsulfonyl-benzoesäure, beim Erwärmen mit Zinkfluorid oder Zinkchlorid in Benzol ist 4-Chlorsulfonyl-benzoesäure-anhydrid erhalten worden (*Da., Dick*).

1-Cyan-benzol-sulfonylchlorid-(4), p-*cyanobenzenesulfonyl chloride* $C_7H_4ClNO_2S$, Formel IX (X = Cl) (H 390; E I 100).

B. Aus 4-Sulfamoyl-benzoesäure beim Erhitzen mit Phosphor(V)-chlorid und Phosphor=oxychlorid bis auf 200° (*Ishifuku et al.,* J. pharm. Soc. Japan **69** [1949] 417; C. A. **1950** 1924; vgl. H 390).

Krystalle (aus Bzl. oder CCl_4); F: 110° (*Ish. et al.*).

Beim Behandeln mit 1 Mol Hydroxylamin in wss. Äthanol sind 1-Cyan-benzolsulfono=hydroxamsäure-(4) und geringe Mengen *N.N*-Bis-[1-cyan-benzol-sulfonyl-(4)]-hydroxyl=amin, beim Behandeln mit überschüssigem Hydroxylamin in wss. Äthanol sind 4-Hydr=oxysulfamoyl-benzamidoxim und geringe Mengen 4-Hydroxysulfamoyl-benzamid er=halten worden (*Andrewes, King, Walker,* Pr. roy. Soc. [B] **133** [1946] 20, 50, 55).

4-Sulfamoyl-benzoesäure, p-*sulfamoylbenzoic acid* $C_7H_7NO_4S$, Formel VIII (X = NH_2) (H 390; E I 100; E II 219).

B. Beim Behandeln von 4-Brom-benzolsulfonamid-(1) mit Butyllithium in Äther und anschliessend mit festem Kohlendioxid (*Gilman, Melstrom,* Am. Soc. **70** [1948] 4177).

Krystalle; F: 296—297° [aus wss. A.] (*Flaschenträger et al.,* Z. physiol. Chem. **225** [1934] 157, 163), 296° [unkorr.; aus wss. A.] (*Hartles, Williams,* Biochem. J. **41** [1947] 206), 295° [aus W.] (*Andrewes, King, Walker,* Pr. roy. Soc. [B] **133** [1946] 20, 57), 293° [aus W.] (*Delaby, Harispe,* Bl. [5] **10** [1943] 580, 582), 290—291° [Zers.; aus A.] (*Frank, Blegen, Deutschman,* J. Polymer Sci. **3** [1948] 58, 59), 290—290,5° [unkorr.] (*Miller et al.,* Am. Soc. **62** [1940] 2099, 2101), 286° [aus A.] (*Hackman,* Austral. chem. Inst. J. Pr. **13** [1946] 456, 459). UV-Absorptionsmaxima (A.): *Ha., Wi.* Löslichkeit in Wasser: *Fl. et al.*

4-Diäthylsulfamoyl-benzoesäure, p-*(diethylsulfamoyl)benzoic acid* $C_{11}H_{15}NO_4S$, Formel VIII (X = $N(C_2H_5)_2$) auf S. 671.

B. Beim Behandeln von 4-Jod-N.N-diäthyl-benzolsulfonamid-(1) mit Butyllithium in Äther bei −75° und anschliessend mit festem Kohlendioxid (*Gilman, Arntzen*, Am. Soc. **69** [1947] 1537).

Krystalle (aus A. oder Eg.); F: 192—194° [trübe Schmelze].

4-Sulfamoyl-benzoylchlorid, p-*sulfamoylbenzoyl chloride* $C_7H_6ClNO_3S$, Formel XII (X = NH_2).

B. Aus 4-Sulfamoyl-benzoesäure beim Erwärmen des Kalium-Salzes mit Thionyl‑ chlorid (*Rodionow, Jaworškaja*, Ž. obšč. Chim. **18** [1948] 110, 112; C. A. **1948** 4976).

Krystalle (aus Bzl.); F: 139°.

4-Dimethylsulfamoyl-benzoylchlorid, p-*(dimethylsulfamoyl)benzoyl chloride* $C_9H_{10}ClNO_3S$, Formel XII (X = $N(CH_3)_2$).

B. Aus 4-Dimethylsulfamoyl-benzoesäure beim Erwärmen mit Thionylchlorid (*Frank, Blegen, Deutschman*, J. Polymer Sci. **3** [1948] 58, 60).

Krystalle; F: 141—143°. Kp_4: 178—180°.

N-[1-Chlorcarbonyl-benzol-sulfonyl-(4)]-phosphorimidsäure-trichlorid, 4-Trichlor‑ phosphoranylidensulfamoyl-benzoylchlorid, N-[p-*(chlorocarbonyl)phenylsulfonyl]phosphor‑ imidic trichloride* $C_7H_4Cl_4NO_3PS$, Formel XII (X = $N=PCl_3$) (H 391; dort als Phosphor‑ säure-trichlorid-[4-chlorformyl-benzolsulfonylimid] bezeichnet).

B. Aus 4-Sulfamoyl-benzoesäure beim Erwärmen des Kalium-Salzes mit Phosphor(V)- chlorid (*Rodionow, Jaworškaja*, Ž. obšč. Chim. **18** [1948] 110, 111; C. A. **1948** 4976; vgl. H 391).

Hygroskopische Krystalle (aus Bzl.); F: 82°.

Bei der Destillation unter 3—4 Torr ist 1-Cyan-benzol-sulfonylchlorid-(4) erhalten worden (*Ro., Ja.*; vgl. H 391).

4-Sulfamoyl-benzamid, p-*sulfamoylbenzamide* $C_7H_8N_2O_3S$, Formel XIII (R = H, X = NH_2) (H 391; E I 100; dort als p-Sulfobenzoesäure-diamid bezeichnet).

B. Aus 4-Sulfamoyl-benzoesäure-äthylester mit Hilfe von wss. Ammoniak (*Kamlet*, U.S.P. 2111913 [1937]). Aus 1-Carbamimidoyl-benzolsulfonamid-(4) beim Behandeln mit wss. Äthanol (*Amorosa*, Farmaco **4** [1949] 290, 298). Aus 1-Cyan-benzolsulfonamid-(4) beim Sättigen einer wss. Lösung mit Chlorwasserstoff (*Delaby, Harispe, Renard*, Bl. [5] **11** [1944] 227, 232).

Krystalle; F: 238° [aus W.] (*De., Ha., Re.*), 235—236° [aus W.] (*Rodionow, Jaworškaja*, Ž. obšč. Chim. **18** [1948] 110, 112; C. A. **1948** 4976), 230° [Zers.; aus W.] (*Am.*).

4-Sulfamoyl-N-methyl-benzamid, N-*methyl-p-sulfamoylbenzamide* $C_8H_{10}N_2O_3S$, Formel XIII (R = CH_3, X = NH_2).

B. In geringer Menge neben anderen Verbindungen bei mehrwöchigem Behandeln von 4-Sulfamoyl-benzimidsäure-äthylester-hydrochlorid mit Methylamin in Äthanol (*Andre‑ wes, King, Walker*, Pr. roy. Soc. [B] **133** [1946] 20, 46).

Krystalle (aus W.); F: 208—209°.

4-Dimethylsulfamoyl-N-methyl-benzamid, p-*(dimethylsulfamoyl)-N-methylbenzamide* $C_{10}H_{14}N_2O_3S$, Formel XIII (R = CH_3, X = $N(CH_3)_2$).

B. Beim Erwärmen von 4-Dimethylsulfamoyl-benzoesäure mit Thionylchlorid und Behandeln des erhaltenen Säurechlorids mit wss. Methylamin (*Andrewes, King, Walker*, Pr. roy. Soc. [B] **133** [1946] 20, 47).

Krystalle (aus W.); F: 156°.

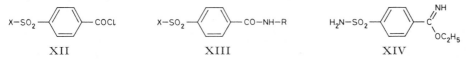

        XII   XIII   XIV

4-Sulfamoyl-benzimidsäure-äthylester, p-*sulfamoylbenzimidic acid ethyl ester* $C_9H_{12}N_2O_3S$, Formel XIV.

B. Aus 1-Cyan-benzolsulfonamid-(4) beim Einleiten von Chlorwasserstoff in eine äthanol. Lösung (*Delaby, Harispe*, Bl. [5] **10** [1943] 580, 583; *Iris, Leyva, Ramirez*, Rev. Inst. Salubridad **7** [1946] 95, 97; *Andrewes, King, Walker*, Pr. roy. Soc. [B] **133**

[1946] 20, 32).

Krystalle (aus A.); F: 157° (*De., Ha.*).

Bei mehrwöchigem Behandeln des Hydrochlorids mit Methylamin in äthanol. Lösung sind 1-Methylcarbamimidoyl-benzolsulfonamid-(4), 1-[*N.N'*-Dimethyl-carbamimidoyl]-benzolsulfonamid-(4) und geringe Mengen 4-Sulfamoyl-*N*-methyl-benzamid (*An., King, Wa.*, l. c. S. 46), beim Behandeln des Hydrochlorids (s. u.) mit Anilin sind 4-Sulfamoyl-*N*-phenyl-benzimidsäure-äthylester, 1-[*N.N'*-Diphenyl-carbamimidoyl]-benzolsulfonamid-(4) und 1-Phenylcarbamimidoyl-benzolsulfonamid-(4) (*Delaby, Harispe, Renard*, Bl. [5] **11** [1944] 227, 229, 232) erhalten worden. Bildung von 1-[*Δ²*-Imidazolinyl-(2)]-benzolsulfonamid-(4) beim Behandeln des Hydrochlorids mit Äthylendiamin in Äthanol: *De., Ha., Re.*, l. c. S. 231. Bildung von 1-Methoxycarbamimidoyl-benzolsulfonamid-(4) und von 1-[*N.N'*-Dimethoxy-carbamimidoyl]-benzolsulfonamid-(4) bei 2-wöchigem Behandeln des Hydrochlorids mit *O*-Methyl-hydroxylamin in Äthanol: *An., King, Wa.*, l. c. S. 56.

Hydrochlorid $C_9H_{12}N_2O_3S \cdot HCl$. Gelbe Krystalle, F: 233° [im Vakuum über Calciumchlorid getrocknetes Präparat] (*Iris, Leyva, Ra.*); Krystalle, F: 182—183 (*De., Ha.*). In Wasser leicht löslich, in Methanol löslich, in Äthanol schwer löslich, in Äther und Benzol fast unlöslich (*De., Ha.*).

1-Cyan-benzolsulfonamid-(4), p-*cyanobenzenesulfonamide* $C_7H_6N_2O_2S$, Formel I (X = NH₂) auf S. 676 (H 391; E I 100).

B. Beim Erwärmen einer aus Sulfanilamid bereiteten Diazoniumsalz-Lösung mit einer aus Kupfer(II)-sulfat, Natriumcyanid und Wasser hergestellten Lösung (*Miller et al.*, Am. Soc. **62** [1940] 2099, 2101; s. a. *Iris, Leyva, Ramirez*, Rev. Inst. Salubridad **7** [1946] 95, 96; *Amorosa*, Farmaco **4** [1949] 290, 298) oder mit einer aus Nickel(II)-chlorid, Natriumcyanid und Wasser hergestellten Lösung (*Andrewes, King, Walker*, Pr. roy. Soc. [B] **133** [1946] 20, 32). Beim Einleiten von Ammoniak in eine Lösung von 1-Cyan-benzolsulfonylchlorid-(4) in Benzol oder Äther (*Rodionow, Jaworškaja*, Ž. obšč. Chim. **18** [1948] 110, 112; C. A. **1948** 4976; vgl. H 391).

Krystalle (aus W.); F: 169° (*Delaby, Harispe*, Bl. [5] **10** [1943] 580, 583). In Äthylacetat, Äther und Benzol schwer löslich (*De., Ha.*). Löslichkeit in Wasser und in Äthanol: *De., Ha.*

***N*-Methyl-1-cyan-benzolsulfonamid-(4)**, p-*cyano*-N-*methylbenzenesulfonamide* $C_8H_8N_2O_2S$, Formel I (X = NH-CH₃) auf S. 676.

B. Beim Erwärmen einer aus 4-Amino-*N*-methyl-benzolsulfonamid-(1) bereiteten Diazoniumsalz-Lösung mit einer aus Kupfer(I)-cyanid, Natriumcyanid und Wasser hergestellten Lösung (*Andrewes, King, Walker*, Pr. roy. Soc. [B] **133** [1946] 20, 36). Aus 1-Cyan-benzol-sulfonylchlorid-(4) beim Erhitzen mit wss. Methylamin-Lösung (*Delaby, Harispe*, Bl. [5] **11** [1944] 234, 236).

Krystalle; F: 127—128° [aus E.] (*An., King, Wa.*), 117,5° (*De., Ha., Ch.*).

***N.N*-Dimethyl-1-cyan-benzolsulfonamid-(4)**, p-*cyano*-N,N-*dimethylbenzenesulfonamide* $C_9H_{10}N_2O_2S$, Formel I (X = N(CH₃)₂) auf S. 676.

B. Beim Behandeln einer aus 4-Amino-*N.N*-dimethyl-benzolsulfonamid-(1) bereiteten Diazoniumsalz-Lösung mit einer aus Kupfer(I)-cyanid, Natriumcyanid und Wasser hergestellten Lösung (*Andrewes, King, Walker*, Pr. roy. Soc. [B] **133** [1946] 20, 36).

Krystalle (aus A.); F: 124°.

***N*-Äthyl-1-cyan-benzolsulfonamid-(4)**, p-*cyano*-N-*ethylbenzenesulfonamide* $C_9H_{10}N_2O_2S$, Formel I (X = NH-C₂H₅) auf S. 676.

B. Aus 1-Cyan-benzol-sulfonylchlorid-(4) beim Erhitzen mit wss. Äthylamin-Lösung (*Delaby, Harispe, Chevrier*, Bl. [5] **11** [1944] 234, 236).

Krystalle; F: 122°.

***N.N*-Diäthyl-1-cyan-benzolsulfonamid-(4)**, p-*cyano*-N,N-*diethylbenzenesulfonamide* $C_{11}H_{14}N_2O_2S$, Formel I (X = N(C₂H₅)₂) auf S. 676.

B. Aus 1-Cyan-benzol-sulfonylchlorid-(4) beim Behandeln mit Diäthylamin in Äthanol (*Delaby, Harispe, Bonhomme*, Bl. [5] **12** [1945] 152, 156) oder in Äther (*Andrewes, King, Walker*, Pr. roy. Soc. [B] **133** [1946] 20, 36).

Krystalle; F: 94—95° [aus A.] (*An., King, Wa.*), 94° [aus W.] (*De., Ha., Bo.*).

N-Propyl-1-cyan-benzolsulfonamid-(4), p-*cyano*-N-*propylbenzenesulfonamide*
$C_{10}H_{12}N_2O_2S$, Formel I (X = NH-CH$_2$-CH$_2$-CH$_3$).
    B. Aus 1-Cyan-benzol-sulfonylchlorid-(4) beim Erwärmen mit Propylamin in Äthanol (*Delaby, Harispe, Chevrier,* Bl. [5] **11** [1944] 234, 237).
    Krystalle; F: 96,5°.

N-Butyl-1-cyan-benzolsulfonamid-(4), N-*butyl*-p-*cyanobenzenesulfonamide* $C_{11}H_{14}N_2O_2S$,
Formel I (X = NH-[CH$_2$]$_3$-CH$_3$).
    B. Beim Erwärmen einer aus 4-Amino-*N*-butyl-benzolsulfonamid-(1) bereiteten Diazoniumsalz-Lösung mit einer aus Kupfer(I)-cyanid, Natriumcyanid und Wasser hergestellten Lösung (*Andrewes, King, Walker,* Pr. roy. Soc. [B] **133** [1946] 20, 37).
    Krystalle (aus E.); F: 99—100°.

N-Allyl-1-cyan-benzolsulfonamid-(4), N-*allyl*-p-*cyanobenzenesulfonamide* $C_{10}H_{10}N_2O_2S$,
Formel I (X = NH-CH$_2$-CH=CH$_2$).
    B. Aus 1-Cyan-benzol-sulfonylchlorid-(4) beim Erwärmen mit Allylamin in Äthanol (*Delaby, Harispe, Chevrier,* Bl. [5] **11** [1944] 234, 237).
    Krystalle; F: 81,5—82°.

N.N-Bis-[2-hydroxy-äthyl]-1-cyan-benzolsulfonamid-(4), p-*cyano*-N,N-*bis(2-hydroxy*=
ethyl)benzenesulfonamide $C_{11}H_{14}N_2O_4S$, Formel I (X = N(CH$_2$-CH$_2$OH)$_2$).
    B. Aus 1-Cyan-benzol-sulfonylchlorid-(4) beim Erwärmen mit Bis-[2-hydroxy-äthyl]-amin in Aceton (*Andrewes, King, Walker,* Pr. roy. Soc. [B] **133** [1946] 20, 38).
    Krystalle (aus E.); F: 131—132°.

[1-Cyan-benzol-sulfonyl-(4)]-acetyl-amin, *N*-[1-Cyan-benzol-sulfonyl-(4)]-acetamid,
N-(p-*cyanophenylsulfonyl*)*acetamide* $C_9H_8N_2O_3S$, Formel I (X = NH-CO-CH$_3$).
    B. Beim Erwärmen einer aus *N*-[4-Amino-benzol-sulfonyl-(4)]-acetamid bereiteten Diazoniumsalz-Lösung mit einer aus Kupfer(II)-sulfat, Kaliumcyanid und Wasser hergestellten Lösung (*I. G. Farbenind.,* D.R.P. 726386 [1939]; D.R.P. Org. Chem. 3 943, 945).
    Hellgelbe Krystalle (aus A.); F: 210°.

N.N'-Bis-[1-cyan-benzol-sulfonyl-(4)]-guanidin, N,N'-*bis*(p-*cyanophenylsulfonyl*)=
guanidine $C_{15}H_{11}N_5O_4S_2$, Formel II und Tautomeres.
    B. Beim Behandeln von 1-Cyan-benzol-sulfonylchlorid-(4) mit Guanidin in Aceton unter Zusatz von wss. Natronlauge (*Andrewes, King, Walker,* Pr. roy. Soc. [B] **133** [1946] 20, 61).
    Krystalle (aus Eg. oder wss. A.); F: 255—258°.

N-[1-Cyan-benzol-sulfonyl-(4)]-*S*-methyl-isothioharnstoff, 1-(p-*cyanophenylsulfonyl*)-
2-methylisothiourea $C_9H_9N_3O_2S_2$, Formel I (X = NH-C(S-CH$_3$)=NH) und Tautomeres.
    B. Beim Erhitzen von 1-Cyan-benzol-sulfonylchlorid-(4) mit *S*-Methyl-isothiuronium-sulfat und Pyridin (*Andrewes, King, Walker,* Pr. roy. Soc. [B] **133** [1946] 20, 40).
    Krystalle (aus W.); F: 132—133°.

N-Cyanmethyl-1-cyan-benzolsulfonamid-(4), p-*cyano*-N-(*cyanomethyl*)*benzenesulfonamide*
$C_9H_7N_3O_2S$, Formel I (X = NH-CH$_2$-CN).
    B. Beim Behandeln von 1-Cyan-benzol-sulfonylchlorid-(4) mit Glycinnitril-sulfat und Pyridin (*Andrewes, King, Walker,* Pr. roy. Soc. [B] **133** [1946] 20, 39).
    Krystalle (aus W.); F: 139—140°.

1-Carbamimidoyl-benzolsulfonamid-(4), 4-Sulfamoyl-benzamidin, p-*carbamimidoyl*=
benzenesulfonamide $C_7H_9N_3O_2S$, Formel III (R = H, X = NH$_2$).
    B. Aus 4-Sulfamoyl-benzimidsäure-äthylester-hydrochlorid beim Behandeln mit äthanol. Ammoniak (*Delaby, Harispe,* Bl. [5] **10** [1943] 580, 584; *Jensen, Schmith,* Z. physiol. Chem. **280** [1944] 35, 38; *Iris, Leyva, Ramirez,* Rev. Inst. Salubridad **7** [1946] 95, 97; *Sikdar, Basu,* J. Indian chem. Soc. **22** [1945] 339, 345; *Andrewes, King, Walker,* Pr. roy. Soc. [B] **133** [1946] 20, 32; *Amorosa,* Farmaco **4** [1949] 290, 298). Aus 1-Cyan-benzolsulfonamid-(4) beim Erhitzen von Ammonium-benzolsulfonat auf 250° (*Oxley, Short,* Soc. **1946** 147, 149). Beim Erwärmen von 1-Carbamimidoyl-benzol-sulfonsäure-(4) mit Chloroschwefelsäure und Behandeln des Reaktionsgemisches mit wss. Ammoniak (*Boots Pure Drug Co.,* U.S.P. 2414892 [1944]).

Krystalle; F: 228° [Zers.] (*An., King, Wa.*), 223° [Zers.] (*Ox., Sh.*), 203° (*Iris, Leyva, Ra.*). Löslichkeit in Wasser: *De., Ha.*

Beim Erhitzen mit Acetylaceton auf 130° sind 1-[4.6-Dimethyl-pyrimidinyl-(2)]-benzolsulfonamid-(4) und geringe Mengen 4-Sulfamoyl-benzamid erhalten worden (*An., King, Wa.*, l. c. S. 48).

Hydrochlorid $C_7H_9N_3O_2S \cdot HCl$. Krystalle, F: 244—246° [aus A.] (*Am.*), 242—244° [aus wss. Salzsäure] (*Si., Basu*), 242° (*De., Ha.*), 240° [aus A.] (*Je., Sch.*); Krystalle (aus W.) mit 0,5 Mol H_2O, F: 250—251° (*An., King, Wa.*), 250—252° (*Ox., Sh.*).

Nitrat $C_7H_9N_3O_2S \cdot HNO_3$. Krystalle (aus W.) mit 1 Mol H_2O; F: 195—196° (*Walker*, Soc. **1949** 1996, 2001).

Acetat $C_7H_9N_3O_2S \cdot C_2H_4O_2$. Krystalle (aus W.); F: 227—228° (*Wa.*).

Benzoat $C_7H_9N_3O_2S \cdot C_7H_6O_2$. Krystalle (aus W.); F: 231—232° (*Wa.*).

Pikrat. Gelbe Krystalle (aus W. oder A.); F: 222—224° (*Am.*).

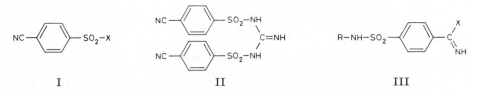

$$\text{I} \qquad\qquad\qquad \text{II} \qquad\qquad\qquad \text{III}$$

1-Methylcarbamimidoyl-benzolsulfonamid-(4), 4-Sulfamoyl-*N*-methyl-benzamidin, p-(*methylcarbamimidoyl*)*benzenesulfonamide* $C_8H_{11}N_3O_2S$, Formel III (R = H, X = NH-CH$_3$) und Tautomeres.

B. Aus 4-Sulfamoyl-benzimidsäure-äthylester-hydrochlorid beim Behandeln mit Methylamin in Äthanol bei 0° (*Delaby, Harispe, Renard*, Bl. [5] **11** [1944] 227, 230) oder bei 37°, in diesem Falle neben geringeren Mengen der im folgenden Artikel beschriebenen Verbindung und wenig 4-Sulfamoyl-*N*-methyl-benzamid (*Andrewes, King, Walker*, Pr. roy. Soc. [B] **133** [1946] 20, 46).

Krystalle (aus W.); F: 249° (*De., Ha., Re.*), 222° [Zers.] (*An., King, Wa.*). In Wasser leicht löslich, in Äthanol löslich, in Äther fast unlöslich (*De., Ha., Re.*).

Hydrochlorid $C_8H_{11}N_3O_2S \cdot HCl$. Krystalle; F: 254—255° [aus A. + Ae.] (*De., Ha., Re.*), 253—254° (*An., King, Wa.*).

1-[*N.N'*-Dimethyl-carbamimidoyl]-benzolsulfonamid-(4), 4-Sulfamoyl-*N.N'*-dimethyl-benzamidin, p-(N,N'-*dimethylcarbamimidoyl*)*benzenesulfonamide* $C_9H_{13}N_3O_2S$, Formel IV (R = CH$_3$, X = NH$_2$) auf S. 678.

B. s. im vorangehenden Artikel.

Hydrochlorid $C_9H_{13}N_3O_2S \cdot HCl$. Krystalle (aus W.); F: 310° (*Andrewes, King, Walker*, Pr. roy. Soc. [B] **133** [1946] 20, 46).

1-Äthylcarbamimidoyl-benzolsulfonamid-(4), 4-Sulfamoyl-*N*-äthyl-benzamidin, p-(*ethyl-carbamimidoyl*)*benzenesulfonamide* $C_9H_{13}N_3O_2S$, Formel III (R = H, X = NH-C$_2$H$_5$) und Tautomeres.

B. Aus 4-Sulfamoyl-benzimidsäure-äthylester-hydrochlorid beim Behandeln mit Äthylamin in Äthanol (*Delaby, Harispe, Renard*, Bl. [5] **11** [1944] 227, 230).

Hydrochlorid $C_9H_{13}N_3O_2S \cdot HCl$. Krystalle (aus A. + Ae.); F: 262°.

1-[*N.N*-Diäthyl-carbamimidoyl]-benzolsulfonamid-(4), 4-Sulfamoyl-*N.N*-diäthyl-benz-amidin, p-(N,N-*diethylcarbamimidoyl*)*benzenesulfonamide* $C_{11}H_{17}N_3O_2S$, Formel III (R = H, X = N(C$_2$H$_5$)$_2$).

B. Aus 4-Sulfamoyl-benzimidsäure-äthylester-hydrochlorid beim Behandeln mit Diäthylamin in Äthanol (*Delaby, Harispe, Renard*, Bl. [5] **11** [1944] 227, 231).

Hydrochlorid. Hygroskopische Krystalle (aus A. + Ae.); F: 112—113°.

1-[*N.N'*-Diäthyl-carbamimidoyl]-benzolsulfonamid-(4), 4-Sulfamoyl-*N.N'*-diäthyl-benz-amidin, p-(N,N'-*diethylcarbamimidoyl*)*benzenesulfonamide* $C_{11}H_{17}N_3O_2S$, Formel IV (R = C$_2$H$_5$, X = NH$_2$) auf S. 678.

B. Aus 4-Sulfamoyl-benzimidsäure-äthylester-hydrochlorid beim Erwärmen mit Äthylamin in Äthanol (*Delaby, Harispe, Renard*, Bl. [5] **11** [1944] 227, 231).

Hydrochlorid $C_{11}H_{17}N_3O_2S \cdot HCl$. Krystalle (aus A. + Ae.); F: 231—232°.

1-Propylcarbamimidoyl-benzolsulfonamid-(4), 4-Sulfamoyl-*N*-propyl-benzamidin,
p-(*propylcarbamimidoyl*)*benzenesulfonamide* $C_{10}H_{15}N_3O_2S$, Formel III (R = H,
X = NH-CH$_2$-CH$_2$-CH$_3$) und Tautomeres.

B. Aus 4-Sulfamoyl-benzimidsäure-äthylester-hydrochlorid beim Behandeln mit
Propylamin in Äthanol (*Delaby, Harispe, Renard*, Bl. [5] **11** [1944] 227, 230).

Hydrochlorid $C_{10}H_{15}N_3O_2S \cdot HCl$. Krystalle (aus A. + Ae.), F: 247°; Krystalle mit
2 Mol H$_2$O, F: 184°.

1-Allylcarbamimidoyl-benzolsulfonamid-(4), 4-Sulfamoyl-*N*-allyl-benzamidin,
p-(*allylcarbamimidoyl*)*benzenesulfonamide* $C_{10}H_{13}N_3O_2S$, Formel III (R = H,
X = NH-CH$_2$-CH=CH$_2$) und Tautomeres.

B. Aus 4-Sulfamoyl-benzimidsäure-äthylester-hydrochlorid beim Behandeln mit
Allylamin in Äthanol (*Delaby, Harispe, Renard*, Bl. [5] **11** [1944] 227, 230).

Hydrochlorid $C_{10}H_{13}N_3O_2S \cdot HCl$. Krystalle (aus A. + Ae.); F: 235°.

***N*-Methyl-1-carbamimidoyl-benzolsulfonamid-(4), 4-Methylsulfamoyl-benzamidin,**
p-*carbamimidoyl-N-methylbenzenesulfonamide* $C_8H_{11}N_3O_2S$, Formel III (R = CH$_3$,
X = NH$_2$).

B. Beim Einleiten von Chlorwasserstoff in eine äthanol. Lösung von *N*-Methyl-1-cyan-
benzolsulfonamid-(4) und Behandeln des erhaltenen 4-Methylsulfamoyl-benzimid=
säure-äthylester-hydrochlorids $C_{10}H_{14}N_2O_3S \cdot HCl$ (Krystalle) mit äthanol. Am=
moniak (*Delaby, Harispe, Chevrier*, Bl. [5] **11** [1944] 234, 236; *Andrewes, King, Walker*,
Pr. roy. Soc. [B] **133** [1946] 20, 36).

Hydrochlorid $C_8H_{11}N_3O_2S \cdot HCl$. Krystalle; F: 290—291° [aus W.] (*An., King, Wa.*),
284,5° (*De., Ha., Ch.*).

***N*-Methyl-1-methylcarbamimidoyl-benzolsulfonamid-(4), 4-Methylsulfamoyl-*N*-methyl-
benzamidin,** N-*methyl-p-(methylcarbamimidoyl)benzenesulfonamide* $C_9H_{13}N_3O_2S$, Formel
III (R = CH$_3$, X = NH-CH$_3$) und Tautomeres.

B. Beim Einleiten von Chlorwasserstoff in eine äthanol. Lösung von *N*-Methyl-1-cyan-
benzolsulfonamid-(4) und Behandeln des Reaktionsprodukts mit Methylamin in Äther
und Äthanol (*Delaby, Harispe, Bonhomme*, Bl. [5] **12** [1945] 152, 157).

Hydrochlorid $C_9H_{13}N_3O_2S \cdot HCl$. Krystalle (aus A. + Ae.); F: 242° [korr.]. In Wasser leicht löslich, in Aceton löslich, in kaltem Äthanol schwer löslich, in Äther fast
unlöslich.

***N*-Methyl-1-[*N.N*-dimethyl-carbamimidoyl]-benzolsulfonamid-(4), 4-Methylsulfamoyl-
N.N-dimethyl-benzamidin,** p-(N,N-*dimethylcarbamimidoyl*)-N-*methylbenzenesulfonamide*
$C_{10}H_{15}N_3O_2S$, Formel III (R = CH$_3$, X = N(CH$_3$)$_2$).

B. Beim Einleiten von Chlorwasserstoff in eine äthanol. Lösung von *N*-Methyl-1-cyan-
benzolsulfonamid-(4) und Behandeln des Reaktionsprodukts mit Dimethylamin in Äther
und Äthanol (*Delaby, Harispe, Bonhomme*, Bl. [5] **12** [1945] 152, 159).

Hydrochlorid $C_{10}H_{15}N_3O_2S \cdot HCl$. Krystalle (aus A.); F: 257—258° [korr.]. In Wasser leicht löslich, in kaltem Äthanol schwer löslich, in Äther fast unlöslich.

***N*-Methyl-1-[*N.N'*-dimethyl-carbamimidoyl]-benzolsulfonamid-(4), 4-Methylsulfamoyl-
N.N'-dimethyl-benzamidin,** p-(N,N'-*dimethylcarbamimidoyl*)-N-*methylbenzenesulfonamide*
$C_{10}H_{15}N_3O_2S$, Formel IV (R = CH$_3$, X = NH-CH$_3$).

B. Beim Einleiten von Chlorwasserstoff in eine äthanol. Lösung von *N*-Methyl-1-cyan-
benzolsulfonamid-(4) und Erwärmen des Reaktionsprodukts mit Methylamin in Äthanol
auf 100° (*Delaby, Harispe, Bonhomme*, Bl. [5] **12** [1945] 152, 158).

Hydrochlorid $C_{10}H_{15}N_3O_2S \cdot HCl$. Krystalle (aus A. + Ae.); F: 270° [korr.]. In
Wasser leicht löslich, in kaltem Äthanol schwer löslich, in Äther fast unlöslich.

***N*-Methyl-1-[*N.N*-diäthyl-carbamimidoyl]-benzolsulfonamid-(4), 4-Methylsulfamoyl-
N.N-diäthyl-benzamidin,** p-(N,N-*diethylcarbamimidoyl*)-N-*methylbenzenesulfonamide*
$C_{12}H_{19}N_3O_2S$, Formel III (R = CH$_3$, X = N(C$_2$H$_5$)$_2$).

B. Beim Einleiten von Chlorwasserstoff in eine äthanol. Lösung von *N*-Methyl-1-cyan-
benzolsulfonamid-(4) und Behandeln des Reaktionsprodukts mit Diäthylamin in Äther
und Äthanol (*Delaby, Harispe, Bonhomme*, Bl. [5] **12** [1945] 152, 159).

Hydrochlorid $C_{12}H_{19}N_3O_2S \cdot HCl$. Hygroskopische Krystalle (aus A. + Ae.); F: 179°.
In Wasser und Äthanol leicht löslich, in Äther fast unlöslich.

N.N-Dimethyl-1-carbamimidoyl-benzolsulfonamid-(4), 4-Dimethylsulfamoyl-benzamidin,
p-*carbamimidoyl*-N,N-*dimethylbenzenesulfonamide* $C_9H_{13}N_3O_2S$, Formel IV (R = H,
X = N(CH$_3$)$_2$).

B. Beim Einleiten von Chlorwasserstoff in eine äthanol. Lösung von *N*.*N*-Dimethyl-
1-cyan-benzolsulfonamid-(4) und Behandeln des Reaktionsprodukts mit äthanol.
Ammoniak (*Andrewes, King, Walker*, Pr. roy. Soc. [B] **133** [1946] 20, 36).

Hydrochlorid $C_9H_{13}N_3O_2S \cdot HCl$. Krystalle (aus W.); F: 251—252°.

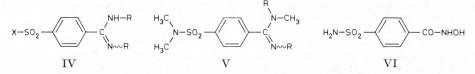

IV   V   VI

N.N-Dimethyl-1-methylcarbamimidoyl-benzolsulfonamid-(4), 4-Dimethylsulfamoyl-
N-methyl-benzamidin, N,N-*dimethyl*-p-*(methylcarbamimidoyl)benzenesulfonamide*
$C_{10}H_{15}N_3O_2S$, Formel V (R = H) und Tautomeres.

B. Beim Erhitzen von 4-Dimethylsulfamoyl-*N*-methyl-benzamid mit Phosphor(V)-
chlorid in Toluol und Behandeln des Reaktionsprodukts mit äthanol. Ammoniak (*Andrewes, King, Walker*, Pr. roy. Soc. [B] **133** [1946] 20, 47).

Pikrat $C_{10}H_{15}N_3O_2S \cdot C_6H_3N_3O_7$. Orangefarbene Krystalle (aus wss. A.); F: 222° oder
F: 260°.

N.N-Dimethyl-1-[N.N'-dimethyl-carbamimidoyl]-benzolsulfonamid-(4), 4-Dimethyl=
sulfamoyl-N.N'-dimethyl-benzamidin, p-(N,N'-*dimethylcarbamimidoyl*)-N,N-*dimethyl=*
benzenesulfonamide $C_{11}H_{17}N_3O_2S$, Formel IV (R = CH$_3$, X = N(CH$_3$)$_2$).

B. Beim Erhitzen von 4-Dimethylsulfamoyl-*N*-methyl-benzamid mit Phosphor(V)-
chlorid in Toluol und Behandeln des Reaktionsprodukts mit äthanol. Methylamin-
Lösung (*Andrewes, King, Walker*, Pr. roy. Soc. [B] **133** [1946] 20, 47).

Hydrochlorid $C_{11}H_{17}N_3O_2S \cdot HCl$. Krystalle (aus W.); F: 296—298°.

N.N-Dimethyl-1-trimethylcarbamimidoyl-benzolsulfonamid-(4), 4-Dimethylsulfamoyl-
tri-N-methyl-benzamidin, N,N-*dimethyl*-p-*(trimethylcarbamimidoyl)benzenesulfonamide*
$C_{12}H_{19}N_3O_2S$, Formel V (R = CH$_3$).

B. Beim Erhitzen von 4-Dimethylsulfamoyl-*N*-methyl-benzamid mit Phosphor(V)-
chlorid in Toluol und Behandeln des Reaktionsprodukts mit Dimethylamin in Äthanol
(*Andrewes, King, Walker*, Pr. roy. Soc. [B] **133** [1946] 20, 48).

Pikrat $C_{12}H_{19}N_3O_2S \cdot C_6H_3N_3O_7$. Gelbliche Krystalle (aus wss. Me.); F: 182—183°.

N-Äthyl-1-carbamimidoyl-benzolsulfonamid-(4), 4-Äthylsulfamoyl-benzamidin, p-*carb=*
amimidoyl-N-*ethylbenzenesulfonamide* $C_9H_{13}N_3O_2S$, Formel III (R = C$_2$H$_5$, X = NH$_2$)
auf S. 676.

B. Beim Einleiten von Chlorwasserstoff in eine äthanol. Lösung von *N*-Äthyl-1-cyan-
benzolsulfonamid-(4) und Behandeln des erhaltenen 4-Äthylsulfamoyl-benzimid=
säure-äthylester-hydrochlorids $C_{11}H_{16}N_2O_3S \cdot HCl$ mit äthanol. Ammoniak (*Delaby, Harispe, Chevrier*, Bl. [5] **11** [1944] 234, 236).

Krystalle; F: 199°.

N-Äthyl-1-äthylcarbamimidoyl-benzolsulfonamid-(4), 4-Äthylsulfamoyl-N-äthyl-benz-
amidin, N-*ethyl*-p-*(ethylcarbamimidoyl)benzenesulfonamide* $C_{11}H_{17}N_3O_2S$, Formel III
(R = C$_2$H$_5$, X = NH-C$_2$H$_5$) [und Tautomeres] auf S. 676.

B. Beim Einleiten von Chlorwasserstoff in eine äthanol. Lösung von *N*-Äthyl-1-cyan-
benzolsulfonamid-(4) und Behandeln des Reaktionsprodukts mit Äthylamin in Äther
und Äthanol (*Delaby, Harispe, Bonhomme*, Bl. [5] **12** [1945] 152, 157).

Hydrochlorid $C_{11}H_{17}N_3O_2S \cdot HCl$. Krystalle (aus A. + Ae.); F: 190,5° [korr.]. In
Wasser, Äthanol und Aceton leicht löslich, in Äther fast unlöslich.

N-Äthyl-1-[N.N'-diäthyl-carbamimidoyl]-benzolsulfonamid-(4), 4-Äthylsulfamoyl-
N.N'-diäthyl-benzamidin, p-(N,N'-*diethylcarbamimidoyl*)-N-*ethylbenzenesulfonamide*
$C_{13}H_{21}N_3O_2S$, Formel IV (R = C$_2$H$_5$, X = NH-C$_2$H$_5$).

B. Beim Einleiten von Chlorwasserstoff in eine äthanol. Lösung von *N*-Äthyl-1-cyan-
benzolsulfonamid-(4) und Erwärmen des Reaktionsprodukts mit Äthylamin in Äthanol

(*Delaby, Harispe, Bonhomme*, Bl. [5] **12** [1945] 152, 159).

Hydrochlorid $C_{13}H_{21}N_3O_2S \cdot HCl$. Krystalle (aus A. + Ae.); F: 228° [korr.]. In Wasser leicht löslich.

N-Äthyl-1-propylcarbamimidoyl-benzolsulfonamid-(4), 4-Äthylsulfamoyl-*N*-propyl-benzamidin, N-*ethyl*-p-(*propylcarbamimidoyl*)*benzenesulfonamide* $C_{12}H_{19}N_3O_2S$, Formel III (R = C_2H_5, X = $NH\text{-}CH_2\text{-}CH_2\text{-}CH_3$) [und Tautomeres] auf S. 676.

B. Beim Einleiten von Chlorwasserstoff in eine äthanol. Lösung von *N*-Äthyl-1-cyan-benzolsulfonamid-(4) und Behandeln des Reaktionsprodukts mit Propylamin in Äther und Äthanol (*Delaby, Harispe, Bonhomme*, Bl. [5] **12** [1945] 152, 158).

Hydrochlorid $C_{12}H_{19}N_3O_2S \cdot HCl$. Krystalle (aus A. + Ae.); F: 182° [korr.].

N.N-Diäthyl-1-carbamimidoyl-benzolsulfonamid-(4), 4-Diäthylsulfamoyl-benzamidin, p-*carbamimidoyl*-N,N-*diethylbenzenesulfonamide* $C_{11}H_{17}N_3O_2S$, Formel IV (R = H, X = $N(C_2H_5)_2$).

B. Beim Einleiten von Chlorwasserstoff in eine äthanol. Lösung von *N.N*-Diäthyl-1-cyan-benzolsulfonamid-(4) und Behandeln des erhaltenen 4-Diäthylsulfamoyl-benzimidsäure-äthylester-hydrochlorids $C_{13}H_{20}N_2O_3S \cdot HCl$ (Krystalle) mit äthanol. Ammoniak (*Andrewes, King, Walker*, Pr. roy. Soc. [B] **133** [1946] 20, 37).

Hydrochlorid $C_{11}H_{17}N_3O_2S \cdot HCl$. Krystalle (aus W.); F: 232—233°.

N-Propyl-1-carbamimidoyl-benzolsulfonamid-(4), 4-Propylsulfamoyl-benzamidin, p-*carbamimidoyl*-N-*propylbenzenesulfonamide* $C_{10}H_{15}N_3O_2S$, Formel III (R = $CH_2\text{-}CH_2\text{-}CH_3$, X = NH_2) auf S. 676.

B. Beim Einleiten von Chlorwasserstoff in eine äthanol. Lösung von *N*-Propyl-1-cyan-benzolsulfonamid-(4) und Behandeln des erhaltenen 4-Propylsulfamoyl-benzimidsäure-äthylester-hydrochlorids $C_{12}H_{18}N_2O_3S \cdot HCl$ (Krystalle) mit äthanol. Ammoniak (*Delaby, Harispe, Chevrier*, Bl. [5] **11** [1944] 234, 237).

Hydrochlorid $C_{10}H_{15}N_3O_2S \cdot HCl$. Krystalle (aus A.); F: 191°.

N-Propyl-1-propylcarbamimidoyl-benzolsulfonamid-(4), 4-Propylsulfamoyl-*N*-propyl-benzamidin, N-*propyl*-p-(*propylcarbamimidoyl*)*benzenesulfonamide* $C_{13}H_{21}N_3O_2S$, Formel III (R = $CH_2\text{-}CH_2\text{-}CH_3$, X = $NH\text{-}CH_2\text{-}CH_2\text{-}CH_3$) [und Tautomeres] auf S. 676.

B. Beim Einleiten von Chlorwasserstoff in eine äthanol. Lösung von *N*-Propyl-1-cyan-benzolsulfonamid-(4) und Behandeln des Reaktionsprodukts mit Propylamin in Äther und Äthanol (*Delaby, Harispe, Bonhomme*, Bl. [5] **12** [1945] 152, 157).

Hydrochlorid $C_{13}H_{21}N_3O_2S \cdot HCl$. Krystalle (aus A. + Ae.); F: 191° [korr.]. In Wasser, Äthanol und Aceton leicht löslich, in Äther schwer löslich.

N-Propyl-1-[*N.N'*-dipropyl-carbamimidoyl]-benzolsulfonamid-(4), 4-Propylsulfamoyl-*N.N'*-dipropyl-benzamidin, p-(N,N'-*dipropylcarbamimidoyl*)-N-*propylbenzenesulfonamide* $C_{16}H_{27}N_3O_2S$, Formel IV (R = $CH_2\text{-}CH_2\text{-}CH_3$, X = $NH\text{-}CH_2\text{-}CH_2\text{-}CH_3$).

B. Beim Einleiten von Chlorwasserstoff in eine äthanol. Lösung von *N*-Propyl-1-cyan-benzolsulfonamid-(4) und Erwärmen des Reaktionsprodukts mit Propylamin in Äthanol auf 100° (*Delaby, Harispe, Bonhomme*, Bl. [5] **12** [1945] 152, 159).

Hydrochlorid $C_{16}H_{27}N_3O_2S \cdot HCl$. Krystalle (aus A. + Ae.); F: 195,5° [korr.].

N-Butyl-1-carbamimidoyl-benzolsulfonamid-(4), 4-Butylsulfamoyl-benzamidin, N-*butyl*-p-*carbamimidoylbenzenesulfonamide* $C_{11}H_{17}N_3O_2S$, Formel III (R = $[CH_2]_3\text{-}CH_3$, X = NH_2) auf S. 676.

B. Beim Einleiten von Chlorwasserstoff in eine äthanol. Lösung von *N*-Butyl-1-cyan-benzolsulfonamid-(4) und Behandeln des Reaktionsprodukts mit äthanol. Ammoniak (*Andrewes, King, Walker*, Pr. roy. Soc. [B] **133** [1946] 20, 37).

Hydrochlorid $C_{11}H_{17}N_3O_2S \cdot HCl$. Krystalle (aus W.) mit 0,5 Mol H_2O; F: 127—129°.

N-Allyl-1-carbamimidoyl-benzolsulfonamid-(4), 4-Allylsulfamoyl-benzamidin, N-*allyl*-p-*carbamimidoylbenzenesulfonamide* $C_{10}H_{13}N_3O_2S$, Formel III (R = $CH_2\text{-}CH\text{=}CH_2$, X = NH_2) auf S. 676.

B. Beim Einleiten von Chlorwasserstoff in eine äthanol. Lösung von *N*-Allyl-1-cyan-benzolsulfonamid-(4) und Behandeln des erhaltenen 4-Allylsulfamoyl-benzimidsäure-äthylester-hydrochlorids $C_{12}H_{16}N_2O_3S \cdot HCl$ (Krystalle) mit äthanol. Ammoniak (*Delaby, Harispe, Chevrier*, Bl. [5] **11** [1944] 234, 237).

Hydrochlorid $C_{10}H_{13}N_3O_2S \cdot HCl$. Krystalle (aus A.); F: 207,5°.

N-Allyl-1-allylcarbamimidoyl-benzolsulfonamid-(4), 4-Allylsulfamoyl-*N*-allyl-benzamidin, N-*allyl*-p-(*allylcarbamimidoyl*)*benzenesulfonamide* $C_{13}H_{17}N_3O_2S$, Formel III
(R = CH$_2$-CH=CH$_2$, X = NH-CH$_2$-CH=CH$_2$) [und Tautomeres] auf S. 676.

B. Beim Einleiten von Chlorwasserstoff in eine äthanol. Lösung von *N*-Allyl-1-cyan-benzolsulfonamid-(4) und Behandeln des Reaktionsprodukts mit Allylamin in Äther und Äthanol (*Delaby, Harispe, Bonhomme*, Bl. [5] **12** [1945] 152, 157).

Hydrochlorid $C_{13}H_{17}N_3O_2S\cdot HCl$. Krystalle (aus A. + Ae.); F: 171° [korr.]. In Wasser und Äthanol leicht löslich, in Äther schwer löslich.

N.N-Bis-[2-hydroxy-äthyl]-1-carbamimidoyl-benzolsulfonamid-(4), 4-[Bis-(2-hydroxy-äthyl)-sulfamoyl]-benzamidin, p-*carbamimidoyl*-N,N-*bis*(*2-hydroxyethyl*)*benzenesulfon*= *amide* $C_{11}H_{17}N_3O_4S$, Formel IV (R = H, X = N(CH$_2$-CH$_2$OH)$_2$) auf S. 678.

B. Beim Einleiten von Chlorwasserstoff in eine äthanol. Lösung von *N.N*-Bis-[2-hydr= oxy-äthyl]-1-cyan-benzolsulfonamid-(4) und Behandeln des Reaktionsprodukts mit äthanol. Ammoniak (*Andrewes, King, Walker*, Pr. roy. Soc. [B] **133** [1946] 20, 38).

Hydrochlorid $C_{11}H_{17}N_3O_4S\cdot HCl$. Krystalle (aus A.); F: 203—204°.

[1-Carbamimidoyl-benzol-sulfonyl-(4)]-benzoyl-amin, *N*-[1-Carbamimidoyl-benzol-sulfonyl-(4)]-benzamid, N-(p-*carbamimidoylphenylsulfonyl*)*benzamide* $C_{14}H_{13}N_3O_3S$, Formel IV (R = H, X = NH-CO-C$_6$H$_5$) auf S. 678.

B. Beim Einleiten von Chlorwasserstoff in eine äthanol. Lösung von *N*-[1-Cyan-benzol-sulfonyl-(4)]-benzamid (aus 1-Cyan-benzolsulfonamid-(4) und Benzoylchlorid her-gestellt) und Behandeln des Reaktionsprodukts mit äthanol. Ammoniak (*Sikdar, Basu*, J. Indian chem. Soc. **22** [1945] 339, 345).

Hydrochlorid $C_{14}H_{13}N_3O_3S\cdot HCl$. Krystalle (aus wss. Salzsäure); F: 210—211°.

1.*N*-Dicarbamimidoyl-benzolsulfonamid-(4), 4-Carbamimidoylsulfamoyl-benzamidin, p,N-*dicarbamimidoylbenzenesulfonamide* $C_8H_{11}N_5O_2S$, Formel III (R = C(NH$_2$)=NH, X = NH$_2$) [und Tautomeres] auf S. 676.

B. Beim Einleiten von Chlorwasserstoff in eine Lösung von *N*-[1-Cyan-benzol-sulfon= yl-(4)]-S-methyl-isothioharnstoff in Äthanol und Dioxan und Behandeln des Reaktions-produkts mit äthanol. Ammoniak (*Andrewes, King, Walker*, Pr. roy. Soc. [B] **133** [1946] 20, 40).

Hydrochlorid $C_8H_{11}N_5O_2S\cdot HCl$. Krystalle (aus W.) mit 1 Mol H$_2$O; F: 140° [im vorgeheizten Bad], 165—170° [bei langsamem Erhitzen].

N-Carbamimidoylmethyl-1-carbamimidoyl-benzolsulfonamid-(4), 4-[Carbamimidoyl= methyl-sulfamoyl]-benzamidin, p-*carbamimidoyl*-N-(*carbamimidoylmethyl*)*benzenesulfon*= *amide* $C_9H_{13}N_5O_2S$, Formel III (R = CH$_2$-C(NH$_2$)=NH, X = NH$_2$) auf S. 676.

B. Beim Einleiten von Chlorwasserstoff in eine Lösung von *N*-Cyanmethyl-1-cyan-benzolsulfonamid-(4) in Äthanol und Dioxan und Behandeln des Reaktionsprodukts mit äthanol. Ammoniak (*Andrewes, King, Walker*, Pr. roy. Soc. [B] **133** [1946] 20, 40).

Dihydrochlorid $C_9H_{13}N_5O_2S\cdot 2HCl$. Krystalle (aus W.) mit 2,5 Mol H$_2$O; F: 204°.

4-Sulfamoyl-benzohydroxamsäure, p-*sulfamoylbenzohydroxamic acid* $C_7H_8N_2O_4S$, Formel VI auf S. 678.

B. Beim Behandeln von 4-Sulfamoyl-benzoesäure-äthylester in Dioxan mit Hydroxyl= amin und methanol. Kalilauge (*Andrewes, King, Walker*, Pr. roy. Soc. [B] **133** [1946] 20, 61).

Krystalle (aus wss. A.); F: 178°.

4-Sulfamoyl-benzamidoxim, p-*sulfamoylbenzamide oxime* $C_7H_9N_3O_3S$, Formel VII (R = H, X = H).

B. Aus 4-Sulfamoyl-benzimidsäure-äthylester-hydrochlorid beim Behandeln mit Hydroxylamin in Äthanol (*Delaby, Harispe, Renard*, Bl. [5] **11** [1944] 227, 230). Aus 1-Cyan-benzolsulfonamid-(4) beim Erwärmen mit Hydroxylamin und Natriumcarbonat in wss. Äthanol (*Andrewes, King, Walker*, Pr. roy. Soc. [B] **133** [1946] 20, 53) oder mit Hydroxylamin in Äthanol (*Hackman*, Austral. chem. Inst. J. Pr. **13** [1946] 456, 458, 460).

Krystalle; F: 216° (*De., Har., Re.*), 210° [Zers.; aus W.] (*An., King, Wa.*), 203—204° [Zers.; aus W.] (*Hack.*).

Hydrochlorid $C_7H_9N_3O_3S\cdot HCl$. Krystalle (aus W.) mit 0,5 Mol H$_2$O, F: 152—153°

[Zers.] und (nach Wiedererstarren) F: 201° [Zers.] (*An., King, Wa.*); F: 154° [Zers.] (*Hack.*).

1-Methoxycarbamimidoyl-benzolsulfonamid-(4), 4-Sulfamoyl-*O*-methyl-benzamidoxim, p-*sulfamoylbenzamide O-methyloxime* $C_8H_{11}N_3O_3S$, Formel VII (R = CH_3, X = H).

B. Neben 1-[*N.N'*-Dimethoxy-carbamimidoyl]-benzolsulfonamid-(4) bei 2-wöchigem Behandeln von 4-Sulfamoyl-benzimidsäure-äthylester-hydrochlorid mit *O*-Methyl-hydr‍oxylamin in Äthanol (*Andrewes, King, Walker,* Pr. roy. Soc. [B] **133** [1946] 20, 56).

Hydrochlorid $C_8H_{11}N_3O_3S \cdot HCl$. Krystalle (aus W.); F: 214−215°.

1-Äthoxycarbamimidoyl-benzolsulfonamid-(4), 4-Sulfamoyl-*O*-äthyl-benzamidoxim, p-*sulfamoylbenzamide O-ethyloxime* $C_9H_{13}N_3O_3S$, Formel VII (R = C_2H_5, X = H).

B. Neben 1-[*N.N'*-Diäthoxy-carbamimidoyl]-benzolsulfonamid-(4) bei 2-wöchigem Behandeln von 4-Sulfamoyl-benzimidsäure-äthylester-hydrochlorid mit *O*-Äthyl-hydr‍oxylamin in Äthanol (*Andrewes, King, Walker,* Pr. roy. Soc. [B] **133** [1946] 20, 57).

Krystalle (aus W.); F: 152−153°.

Hydrochlorid $C_9H_{13}N_3O_3S \cdot HCl$. Krystalle (aus W.); F: 221−222° [Zers.].

1-Propyloxycarbamimidoyl-benzolsulfonamid-(4), 4-Sulfamoyl-*O*-propyl-benzamidoxim, p-*sulfamoylbenzamide O-propyloxime* $C_{10}H_{15}N_3O_3S$, Formel VII (R = $CH_2\text{-}CH_2\text{-}CH_3$, X = H).

B. Neben 1-[*N.N'*-Dipropyloxy-carbamimidoyl]-benzolsulfonamid-(4) bei mehr-wöchigem Behandeln von 4-Sulfamoyl-benzimidsäure-äthylester-hydrochlorid mit *O*-Propyl-hydroxylamin in Äthanol (*Andrewes, King, Walker,* Pr. roy. Soc. [B] **133** [1946] 20, 58).

Krystalle (aus Bzl.) mit 0,5 Mol Benzol; F: 127−128°.

Hydrochlorid $C_{10}H_{15}N_3O_3S \cdot HCl$. Krystalle; F: 178−180°.

1-Butyloxycarbamimidoyl-benzolsulfonamid-(4), 4-Sulfamoyl-*O*-butyl-benzamidoxim, p-*sulfamoylbenzamide O-butyloxime* $C_{11}H_{17}N_3O_3S$, Formel VII (R = $[CH_2]_3\text{-}CH_3$, X = H).

B. Aus 4-Sulfamoyl-benzimidsäure-äthylester-hydrochlorid bei 2-wöchigem Behandeln mit *O*-Butyl-hydroxylamin in Äthanol (*Andrewes, King, Walker,* Pr. roy. Soc. [B] **133** [1946] 20, 58).

Hydrochlorid $C_{11}H_{17}N_3O_3S \cdot HCl$. Krystalle (aus W.) mit 1 Mol H_2O; F: 136−137° [Zers.].

4-Diäthylsulfamoyl-benzamidoxim, p-(*diethylsulfamoyl*)*benzamide oxime* $C_{11}H_{17}N_3O_3S$, Formel VIII (R = C_2H_5, X = OH).

B. Aus *N.N*-Diäthyl-1-cyan-benzolsulfonamid-(4) beim Erwärmen mit Hydroxylamin in wss. Äthanol (*Andrewes, King, Walker,* Pr. roy. Soc. [B] **133** [1946] 20, 54).

Krystalle (aus A.); F: 123−124°.

Hydrochlorid $C_{11}H_{17}N_3O_3S \cdot HCl$. Krystalle; F: 210° [Zers.].

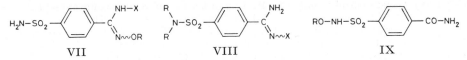

        VII   VIII   IX

4-[Bis-(2-hydroxy-äthyl)-sulfamoyl]-benzamidoxim, p-[*bis(2-hydroxyethyl)sulfamoyl*]‍benzamide *oxime* $C_{11}H_{17}N_3O_5S$, Formel VIII (R = $CH_2\text{-}CH_2OH$, X = OH).

B. Aus *N.N*-Bis-[2-hydroxy-äthyl]-1-cyan-benzolsulfonamid-(4) beim Erwärmen mit Hydroxylamin in wss. Äthanol (*Andrewes, King, Walker,* Pr. roy. Soc. [B] **133** [1946] 20, 54).

Krystalle (aus A.); F: 183−184°.

Hydrochlorid $C_{11}H_{17}N_3O_5S \cdot HCl$. Krystalle; F: 172−173° [Zers.].

1-Carbamoyloxycarbamimidoyl-benzolsulfonamid-(4), 4-Sulfamoyl-*O*-carbamoyl-benz‍amidoxim, p-*sulfamoylbenzamide O-carbamoyloxime* $C_8H_{10}N_4O_4S$, Formel VII (R = $CO\text{-}NH_2$, X = H).

Konstitution: *Eloy, Lenaers,* Chem. Reviews **62** [1962] 155, 171, 172; *Buyle, Lenaers, Eloy,* Helv. **47** [1964] 790.

B. Aus 4-Sulfamoyl-benzamidoxim-hydrochlorid beim Behandeln mit Kaliumcyanat

in Wasser (*Andrewes, King, Walker*, Pr. roy. Soc. [B] **133** [1946] 20, 58).
Krystalle; F: 202° [Zers.] (*An., King, Wa.*).

1-[*N.N′*-Dimethoxy-carbamimidoyl]-benzolsulfonamid-(4), *N.N′*-Dimethoxy-4-sulfamoyl-benzamidin, p-(N,N′-*dimethoxycarbamimidoyl*)*benzenesulfonamide* $C_9H_{13}N_3O_4S$, Formel VII (R = CH$_3$, X = OCH$_3$).
B. s. S. 681 im Artikel 1-Methoxycarbamimidoyl-benzolsulfonamid-(4).
Krystalle (aus W. oder CHCl$_3$); F: 145—146° (*Andrewes, King, Walker*, Pr. roy. Soc. [B] **133** [1946] 20, 56).

1-[*N.N′*-Diäthoxy-carbamimidoyl]-benzolsulfonamid-(4), *N.N′*-Diäthoxy-4-sulfamoyl-benzamidin, p-(N,N′-*diethoxycarbamimidoyl*)*benzenesulfonamide* $C_{11}H_{17}N_3O_4S$, Formel VII (R = C$_2$H$_5$, X = OC$_2$H$_5$).
B. s. S. 681 im Artikel 1-Äthoxycarbamimidoyl-benzolsulfonamid-(4).
Krystalle (aus W.); F: 130—131° (*Andrewes, King, Walker*, Pr. roy. Soc. [B] **133** [1946] 20, 57).

1-[*N.N′*-Dipropyloxy-carbamimidoyl]-benzolsulfonamid-(4), *N.N′*-Dipropyloxy-4-sulf᠆amoyl-benzamidin, p-(N,N′-*dipropoxycarbamimidoyl*)*benzenesulfonamide* $C_{13}H_{21}N_3O_4S$, Formel VII (R = CH$_2$-CH$_2$-CH$_3$, X = O-CH$_2$-CH$_2$-CH$_3$).
B. s. S. 681 im Artikel 1-Propyloxycarbamimidoyl-benzolsulfonamid-(4).
Krystalle (aus W. oder Bzl.); F: 133—134° (*Andrewes, King, Walker*, Pr. roy. Soc. [B] **133** [1946] 20, 58).

4-Sulfamoyl-benzamidrazon, p-*sulfamoylbenzamidrazone* $C_7H_{10}N_4O_2S$, Formel VIII (R = H, X = NH$_2$) und Tautomeres.
B. Aus 4-Sulfamoyl-benzimidsäure-äthylester-hydrochlorid beim Behandeln mit Hydrazin-hydrat in Äthanol (*Andrewes, King, Walker*, Pr. roy. Soc. [B] **133** [1946] 20, 48).
Hydrochlorid $C_7H_{10}N_4O_2S \cdot HCl$. Krystalle (aus W.); F: 187° [Zers.].

4-Hydroxysulfamoyl-benzamid, p-(*hydroxysulfamoyl*)*benzamide* $C_7H_8N_2O_4S$, Formel IX (R = H).
B. In geringer Menge neben 4-Hydroxysulfamoyl-benzamidoxim beim Behandeln von 1-Cyan-benzol-sulfonylchlorid-(4) mit Hydroxylamin (Überschuss) in wss. Äthanol (*Andrewes, King, Walker*, Pr. roy. Soc. [B] **133** [1946] 20, 55).
Krystalle (aus W.); F: 295° [Zers.].

4-Äthoxysulfamoyl-benzamid, p-(*ethoxysulfamoyl*)*benzamide* $C_9H_{12}N_2O_4S$, Formel IX (R = C$_2$H$_5$).
B. In geringer Menge neben 4-Äthoxysulfamoyl-benzamidoxim beim Erwärmen von *N*-Äthoxy-1-cyan-benzolsulfonamid-(4) mit Hydroxylamin in wss. Äthanol (*Andrewes, King, Walker*, Pr. roy. Soc. [B] **133** [1946] 20, 56).
Krystalle (aus W.); F: 215—216°.

***N*-Hydroxy-1-cyan-benzolsulfonamid-(4), 1-Cyan-benzolsulfonohydroxamsäure-(4),** p-*cyano*-N-*hydroxybenzenesulfonamide* $C_7H_6N_2O_3S$, Formel X (X = OH).
B. Neben geringen Mengen *N.N*-Bis-[1-cyan-benzol-sulfonyl-(4)]-hydroxylamin beim Behandeln von 1-Cyan-benzol-sulfonylchlorid-(4) mit Hydroxylamin (1 Mol) in wss. Äthanol (*Andrewes, King, Walker*, Pr. roy. Soc. [B] **133** [1946] 20, 50).
Krystalle (aus wss. Me.); F: 178° [Zers.].
Gegen warmes Wasser nicht beständig. Beim Einleiten von Chlorwasserstoff in eine äthanol. Lösung und Behandeln des Reaktionsprodukts mit äthanol. Ammoniak ist 1-Carbamimidoyl-benzol-sulfinsäure-(4) erhalten worden.
Beim Behandeln mit wss. Natronlauge tritt eine gelbe Färbung auf.

***N*-Methoxy-1-cyan-benzolsulfonamid-(4),** p-*cyano*-N-*methoxybenzenesulfonamide* $C_8H_8N_2O_3S$, Formel X (X = OCH$_3$).
B. Aus 1-Cyan-benzol-sulfonylchlorid-(4) beim Behandeln mit *O*-Methyl-hydroxylamin in Äther (*Andrewes, King, Walker*, Pr. roy. Soc. [B] **133** [1946] 20, 43).
Krystalle (aus Bzl.); F: 118—119°.

***N*-Äthoxy-1-cyan-benzolsulfonamid-(4),** p-*cyano*-N-*ethoxybenzenesulfonamide* $C_9H_{10}N_2O_3S$, Formel X (X = OC$_2$H$_5$).
B. Aus 1-Cyan-benzol-sulfonylchlorid-(4) beim Behandeln mit *O*-Äthyl-hydroxylamin

in Äther (*Andrewes, King, Walker*, Pr. roy. Soc. [B] **133** [1946] 20, 44).
Krystalle (aus Bzl.); F: 98—99°.

N-Propyloxy-1-cyan-benzolsulfonamid-(4), p-*cyano*-N-*propoxybenzenesulfonamide*
$C_{10}H_{12}N_2O_3S$, Formel X (X = O-CH_2-CH_2-CH_3).
B. Aus 1-Cyan-benzol-sulfonylchlorid-(4) beim Behandeln mit *O*-Propyl-hydroxylamin
und Pyridin (*Andrewes, King, Walker*, Pr. roy. Soc. [B] **133** [1946] 20, 44).
Krystalle (aus A.); F: 135—136°.

N-Butyloxy-1-cyan-benzolsulfonamid-(4), N-*butoxy*-p-*cyanobenzenesulfonamide*
$C_{11}H_{14}N_2O_3S$, Formel X (X = O-[CH_2]$_3$-CH_3).
B. Neben N.N-Bis-[1-cyan-benzol-sulfonyl-(4)]-*O*-butyl-hydroxylamin beim Behan-
deln von 1-Cyan-benzol-sulfonylchlorid-(4) mit *O*-Butyl-hydroxylamin und Pyridin
(*Andrewes, King, Walker*, Pr. roy. Soc. [B] **133** [1946] 20, 45).
Krystalle (aus Me.); F: 121°.

N.N-Bis-[1-cyan-benzol-sulfonyl-(4)]-hydroxylamin, p,p'-*dicyano*-N-*hydroxydibenzene*=
sulfonamide $C_{14}H_9N_3O_5S_2$, Formel XI (R = H).
B. Aus 1-Cyan-benzol-sulfinsäure-(4) beim Behandeln des Natrium-Salzes mit Natrium=
nitrit und wss. Salzsäure (*Andrewes, King, Walker*, Pr. roy. Soc. [B] **133** [1946] 20, 50).
Krystalle (aus Me.); F: 138° [Zers.].

N.N-Bis-[1-cyan-benzol-sulfonyl-(4)]-*O*-butyl-hydroxylamin, N-*butoxy*-p,p'-*dicyano*=
dibenzenesulfonamide $C_{18}H_{17}N_3O_5S_2$, Formel XI (R = [CH_2]$_3$-CH_3).
B. s. o. im Artikel N-Butyloxy-1-cyan-benzolsulfonamid-(4).
Krystalle (aus Eg.); F: 205° (*Andrewes, King, Walker*, Pr. roy. Soc. [B] **133** [1946]
20, 45).

N-Methoxy-1-carbamimidoyl-benzolsulfonamid-(4), **4-Methoxysulfamoyl-benzamidin**,
p-*carbamimidoyl*-N-*methoxybenzenesulfonamide* $C_8H_{11}N_3O_3S$, Formel XII (R = CH_3,
X = H).
B. Beim Einleiten von Chlorwasserstoff in eine äthanol. Lösung von N-Methoxy-
1-cyan-benzolsulfonamid-(4) und Behandeln des Reaktionsprodukts mit äthanol.
Ammoniak (*Andrewes, King, Walker*, Pr. roy. Soc. [B] **133** [1946] 20, 43).
Krystalle (aus A.); F: 214° [Zers.].
Hydrochlorid $C_8H_{11}N_3O_3S\cdot HCl$. Krystalle; F: 235—236° [Zers.].

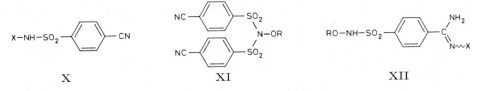

X   XI   XII

N-Äthoxy-1-carbamimidoyl-benzolsulfonamid-(4), **4-Äthoxysulfamoyl-benzamidin**,
p-*carbamimidoyl*-N-*ethoxybenzenesulfonamide* $C_9H_{13}N_3O_3S$, Formel XII (R = C_2H_5,
X = H).
B. Beim Einleiten von Chlorwasserstoff in eine äthanol. Lösung von N-Äthoxy-1-cyan-
benzolsulfonamid-(4) und Behandeln des Reaktionsprodukts mit äthanol. Ammoniak
(*Andrewes, King, Walker*, Pr. roy. Soc. [B] **133** [1946] 20, 44).
Krystalle (aus A.); F: 222° [Zers.].
Hydrochlorid $C_9H_{13}N_3O_3S\cdot HCl$. Krystalle mit 0,5 Mol H_2O; F: 222° [Zers.].

N-Propyloxy-1-carbamimidoyl-benzolsulfonamid-(4), **4-Propyloxysulfamoyl-benzamidin**,
p-*carbamimidoyl*-N-*propoxybenzenesulfonamide* $C_{10}H_{15}N_3O_3S$, Formel XII
(R = CH_2-CH_2-CH_3, X = H).
B. Beim Einleiten von Chlorwasserstoff in eine Lösung von N-Propyloxy-1-cyan-
benzolsulfonamid-(4) in Äthanol und Dioxan und Behandeln des danach isolierten Reaktionsprodukts mit äthanol. Ammoniak (*Andrewes, King, Walker*, Pr. roy. Soc. [B] **133**
[1946] 20, 45).
Hellgelbe Krystalle (aus Me.); F: 222—223° [Zers.].
Hydrochlorid $C_{10}H_{15}N_3O_3S\cdot HCl$. Krystalle; F: 188—189°.

N-Butyloxy-1-carbamimidoyl-benzolsulfonamid-(4), 4-Butyloxysulfamoyl-benzamidin,
N-*butoxy*-p-*carbamimidoylbenzenesulfonamide* $C_{11}H_{17}N_3O_3S$, Formel XII (R = [CH$_2$]$_3$-CH$_3$, X = H).

B. Beim Einleiten von Chlorwasserstoff in eine äthanol. Lösung von *N*-Butyloxy-1-cyan-benzolsulfonamid-(4) und Behandeln des Reaktionsprodukts mit äthanol. Ammoniak (*Andrewes, King, Walker,* Pr. roy. Soc. [B] **133** [1946] 20, 45).

Krystalle (aus A.); F: 218° [Zers.].

Hydrochlorid $C_{11}H_{17}N_3O_3S \cdot HCl$. Krystalle mit 0,5 Mol H_2O; F: 135—137°.

4-Hydroxysulfamoyl-benzamidoxim, p-(*hydroxysulfamoyl*)*benzamide oxime* $C_7H_9N_3O_4S$, Formel XII (R = H, X = OH).

B. s. S. 682 im Artikel 4-Hydroxysulfamoyl-benzamid.

Krystalle (aus W.) mit 1 Mol H_2O; F: 152—153° [Zers.] (*Andrewes, King, Walker,* Pr. roy. Soc. [B] **133** [1946] 20, 55).

4-Methoxysulfamoyl-benzamidoxim, p-(*methoxysulfamoyl*)*benzamide oxime* $C_8H_{11}N_3O_4S$, Formel XII (R = CH$_3$, X = OH).

B. Aus *N*-Methoxy-1-cyan-benzolsulfonamid-(4) beim Erwärmen mit Hydroxylamin in wss. Äthanol (*Andrewes, King, Walker,* Pr. roy. Soc. [B] **133** [1946] 20, 55).

Hydrochlorid $C_8H_{11}N_3O_4S \cdot HCl$. Krystalle; F: 198° [Zers.].

4-Äthoxysulfamoyl-benzamidoxim, p-(*ethoxysulfamoyl*)*benzamide oxime* $C_9H_{13}N_3O_4S$, Formel XII (R = C$_2$H$_5$, X = OH).

B. s. S. 682 im Artikel 4-Äthoxysulfamoyl-benzamid.

Hydrochlorid $C_9H_{13}N_3O_4S \cdot HCl$. Krystalle mit 0,5 Mol H_2O; F: 151—152° (*Andrewes, King, Walker,* Pr. roy. Soc. [B] **133** [1946] 20, 56).

4-Propyloxysulfamoyl-benzamidoxim, p-(*propoxysulfamoyl*)*benzamide oxime* $C_{10}H_{15}N_3O_4S$, Formel XII (R = CH$_2$-CH$_2$-CH$_3$, X = OH).

B. Aus *N*-Propyloxy-1-cyan-benzolsulfonamid-(4) beim Erwärmen mit Hydroxylamin in wss. Äthanol (*Andrewes, King, Walker,* Pr. roy. Soc. [B] **133** [1946] 20, 56).

Hydrochlorid $C_{10}H_{15}N_3O_4S \cdot HCl$. Krystalle mit 0,5 Mol H_2O; F: 145—150° [Zers.].

4-Butyloxysulfamoyl-benzamidoxim, p-(*butoxysulfamoyl*)*benzamide oxime* $C_{11}H_{17}N_3O_4S$, Formel XII (R = [CH$_2$]$_3$-CH$_3$, X = OH).

B. Aus *N*-Butyloxy-1-cyan-benzolsulfonamid-(4) beim Erwärmen mit Hydroxylamin in wss. Äthanol (*Andrewes, King, Walker,* Pr. roy. Soc. [B] **133** [1946] 20, 56).

Hydrochlorid $C_{11}H_{17}N_3O_4S \cdot HCl$. Krystalle (aus W.) mit 0,5 Mol H_2O; F: ca. 130°.

1-Cyan-benzol-sulfonsäure-(4)-hydrazid, p-*cyanobenzenesulfonic acid hydrazide*
$C_7H_7N_3O_2S$, Formel X (X = NH$_2$).

B. Aus 1-Cyan-benzol-sulfonylchlorid-(4) beim Behandeln mit Hydrazin-hydrat in Äthanol (*Andrewes, King, Walker,* Pr. roy. Soc. [B] **133** [1946] 20, 59).

Krystalle (aus A.); F: 148° [Zers.].

Beim Erwärmen mit Hydroxylamin in wss. Äthanol ist 1-Hydroxycarbamimidoyl-benzol-sulfinsäure-(4) erhalten worden.

N.N'-Bis-[1-cyan-benzol-sulfonyl-(4)]-hydrazin, N,N'-*bis*(p-*cyanophenylsulfonyl*)*hydrazine* $C_{14}H_{10}N_4O_4S_2$, Formel I.

B. Aus 1-Cyan-benzol-sulfonylchlorid-(4) beim Behandeln mit Hydrazin in Äthanol unter Zusatz von wss. Natronlauge (*Andrewes, King, Walker,* Pr. roy. Soc. [B] **133** [1946] 20, 59).

Krystalle (aus Eg.); F: 252° [Zers.]. In wss. Ammoniak (mit gelber Farbe) sowie in warmer wss. Natriumhydrogencarbonat-Lösung löslich.

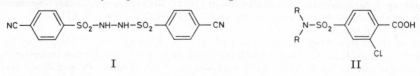

I   II

2-Chlor-4-sulfamoyl-benzoesäure, 2-*chloro-4-sulfamoylbenzoic acid* $C_7H_6ClNO_4S$, Formel II (R = H).

B. Aus 2-Chlor-toluolsulfonamid-(4) beim Erhitzen mit wss. Kaliumpermanganat-

Lösung (*Basu, Das-Gupta,* J. Indian chem. Soc. **16** [1939] 100, 102).
Krystalle; F: 198—199°.

2-Chlor-4-dimethylsulfamoyl-benzoesäure, *2-chloro-4-(dimethylsulfamoyl)benzoic acid*
$C_9H_{10}ClNO_4S$, Formel II (R = CH_3).
B. Aus 2-Chlor-*N*.*N*-dimethyl-toluolsulfonamid-(4) (*I.G. Farbenind.*, D.R.P. 642758
[1935]; Frdl. **23** 541).
Krystalle (aus wss. A.); F: 182°.

2-Nitro-4-sulfo-benzoesäure, *2-nitro-4-sulfobenzoic acid* $C_7H_5NO_7S$, Formel III
(X = X′ = OH) (H 391).
B. Aus 2-Nitro-toluol-sulfonsäure-(4) bei mehrtägigem Behandeln des Kalium-Salzes
mit Kaliumpermanganat und wss. Kalilauge (*Hirwe, Jambhekar,* J. Indian chem. Soc.
10 [1933] 47, 48; vgl. H 391).
Hygroskopische Krystalle (aus W.) mit 2,5 Mol H_2O; F: 111°.
Barium-Salz $BaC_7H_3NO_7S$ (H 391). Gelbliche Krystalle (aus W.) mit 2 Mol H_2O.
Das Krystallwasser wird beim Erhitzen unter vermindertem Druck auf 180° abgegeben.

2-Nitro-4-chlorsulfonyl-benzoesäure, *4-(chlorosulfonyl)-2-nitrobenzoic acid* $C_7H_4ClNO_6S$,
Formel III (X = OH, X′ = Cl).
B. Aus 2-Nitro-4-chlorsulfonyl-benzoylchlorid beim Behandeln mit Wasser (*Hirwe,
Jambhekar,* J. Indian chem. Soc. **10** [1933] 47, 49).
F: 202° [Zers.; nach Erweichen bei 192°]. In warmem Benzol leicht löslich.

2-Nitro-4-chlorsulfonyl-benzoylchlorid, *4-(chlorosulfonyl)-2-nitrobenzoyl chloride*
$C_7H_3Cl_2NO_5S$, Formel III (X = X′ = Cl).
B. Aus 2-Nitro-4-sulfo-benzoesäure beim Erhitzen des Monokalium-Salzes mit Phos=
phor(V)-chlorid (*Hirwe, Jambhekar,* J. Indian chem. Soc. **10** [1933] 47, 49).
Krystalle (aus Bzl.); F: 160° [nach Erweichen bei 145°].
Beim Behandeln mit Wasser ist 2-Nitro-4-chlorsulfonyl-benzoesäure erhalten worden.

2-Nitro-4-sulfamoyl-benzoesäure, *2-nitro-4-sulfamoylbenzoic acid* $C_7H_6N_2O_6S$, Formel III
(X = OH, X′ = NH_2).
B. Aus 2-Nitro-4-sulfamoyl-benzamid beim Erhitzen mit wss. Salzsäure (*Hirwe, Jamb=
hekar,* J. Indian chem. Soc. **10** [1933] 47, 50). Aus 2-Nitro-4-chlorsulfonyl-benzoesäure
beim Behandeln mit wss. Ammoniak (*Hi., Ja.*).
Krystalle (aus W.); F: 192°.

2-Nitro-4-sulfamoyl-benzamid, *2-nitro-4-sulfamoylbenzamide* $C_7H_7N_3O_5S$, Formel III
(X = X′ = NH_2) (E I 100; dort als 2-Nitro-benzoesäure-sulfonsäure-(4)-diamid bezeich-
net).
Krystalle (aus W.); F: 226° (*Hirwe, Jambhekar,* J. Indian chem. Soc. **10** [1933] 47, 49).
Beim Erhitzen mit wss. Salzsäure ist 2-Nitro-4-sulfamoyl-benzoesäure erhalten worden.

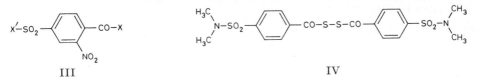

III   IV

Bis-[4-dimethylsulfamoyl-benzoyl]-disulfid, *bis[4-(dimethylsulfamoyl)benzoyl] disulfide*
$C_{18}H_{20}N_2O_6S_4$, Formel IV.
B. Beim Eintragen einer Lösung von 4-Dimethylsulfamoyl-benzoylchlorid in Chloro=
form in mit Schwefelwasserstoff gesättigtes Pyridin und Behandeln des Reaktionsprodukts in Äthanol mit Jod (*Frank, Blegen, Deutschman,* J. Polymer. Sci. **3** [1948]
58, 61).
Krystalle (aus $CHCl_3$ + A.); F: 191—192°.

4-Sulfamoyl-thiobenzamid, p-*sulfamoylthiobenzamide* $C_7H_8N_2O_2S_2$, Formel V.
B. Aus 1-Cyan-benzolsulfonamid-(4) beim Sättigen einer äthanol. Lösung mit Am=
moniak und mit Schwefelwasserstoff und anschliessenden Erwärmen auf 100° (*Jensen,
Schmith,* Z. physiol. Chem. **280** [1944] 35, 38).
Gelbe Krystalle (aus W.); F: 195°.

4-Sulfamoyl-thiobenzimidsäure-benzylester, p-*sulfamoylthiobenzimidic acid benzyl ester* C₁₄H₁₄N₂O₂S₂, Formel VI.

B. Beim Behandeln von 1-Cyan-benzolsulfonamid-(4) mit Benzylmercaptan in Äthyl= acetat unter Einleiten von Chlorwasserstoff (*Delaby, Harispe, Renard*, Bl. [5] **11** [1944] 227, 232).

Hydrochlorid C₁₄H₁₄N₂O₂S₂·HCl. Krystalle; F: 193°. In Wasser löslich, in Äthanol, Äther und Benzol fast unlöslich.

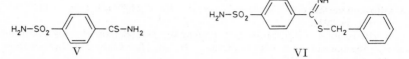

V   VI

1-Cyan-benzol-thiosulfonsäure-(4)-S-[4-cyan-phenylester], p-*cyanobenzenethiosulfonic acid* S-(p-*cyanophenyl*) *ester* C₁₄H₈N₂O₂S₂, Formel VII.

Konstitution: *Cymerman, Willis*, Soc. **1951** 1332.

B. Beim Erwärmen von 1-Cyan-benzol-sulfonylchlorid-(4) mit Natriumsulfit und Natriumcarbonat in wss. Aceton und anschliessenden Behandeln mit wss. Salzsäure (*Cymerman, Koebner, Short*, Soc. **1948** 381).

Krystalle (aus wss. A.); F: 158—159° (*Cy., Koe., Sh.*).

Beim Erhitzen mit Ammonium-benzolsulfonat auf 250° sind Bis-[4-carbamimidoyl-phenyl]-disulfid und 1-Carbamimidoyl-benzol-sulfonsäure-(4) erhalten worden (*Bauer, Cymerman*, Soc. **1950** 109, 110, 113; s. a. *Oxley, Short*, Soc. **1946** 147, 149).

3.5-Disulfo-benzoesäure, *3,5-disulfobenzoic acid* C₇H₆O₈S₂, Formel VIII (X = OH) (H 393; E II 221).

B. Aus Benzoesäure beim Erhitzen mit rauchender Schwefelsäure auf 250° (*Lock, Nottes*, M. **68** [1936] 51, 52, 57; *Weston, Suter*, Org. Synth. Coll. Vol. III [1955] 288; vgl. H 393).

3.5-Bis-chlorsulfonyl-benzoesäure, *3,5-bis(chlorosulfonyl)benzoic acid* C₇H₄Cl₂O₆S₂, Formel VIII (X = Cl) (vgl. H 394).

B. Aus Benzoesäure beim Erhitzen mit Chloroschwefelsäure und rauchender Schwefel= säure auf 200° (*CIBA*, Schweiz.P. 200059 [1936]) oder mit rauchender Schwefelsäure und Phosphor(V)-oxid bis auf 250° und anschliessend mit Chloroschwefelsäure bis auf 180° (*Bell, Bennett*, Soc. **1930** 1, 3).

Krystalle; F: 193° [aus Bzl.] (*Bell, Be.*), 193° [aus Chlorbenzol] (*CIBA*).

3.5-Disulfamoyl-benzoesäure, *3,5-disulfamoylbenzoic acid* C₇H₈N₂O₆S₂, Formel VIII (X = NH₂).

B. Aus 3.5-Bis-chlorsulfonyl-benzoesäure beim Behandeln mit wss. Ammoniak (*Wašil'ewškaja*, Ž. obšč. Chim. **10** [1940] 683; C. **1940** II 2606).

Krystalle; F: 249—250°.

3.5-Bis-dichlorsulfamoyl-benzoesäure, *3,5-bis(dichlorosulfamoyl)benzoic acid* C₇H₄Cl₄N₂O₆S₂, Formel VIII (X = NCl₂).

B. Aus 3.5-Disulfamoyl-benzoesäure beim Behandeln mit Chlor in Chloroform unter Zusatz von Natriumhydrogencarbonat (*Wašil'ewškaja*, Ž. obšč. Chim. **10** [1940] 683; C. **1940** II 2606).

Krystalle. In Wasser fast unlöslich.

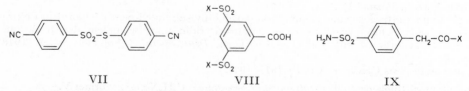

VII   VIII   IX

[4-Sulfo-phenyl]-essigsäure C₈H₈O₅S.

[4-Sulfamoyl-phenyl]-essigsäure-äthylester, (p-*sulfamoylphenyl*)*acetic acid ethyl ester* C₁₀H₁₃NO₄S, Formel IX (X = OC₂H₅).

B. Beim Behandeln von Phenylessigsäure-äthylester mit Chloroschwefelsäure und

Behandeln des Reaktionsprodukts mit wss. Ammoniak (*I.G. Farbenind.*, D.R.P. 726386 [1939]; D.R.P. Org. Chem. **3** 943, 945).

Krystalle (aus A.); F: 172°.

C-[4-Sulfamoyl-phenyl]-acetamid, 2-(p-*sulfamoylphenyl*)*acetamide* $C_8H_{10}N_2O_3S$, Formel IX (X = NH₂).

B. Aus [4-Sulfamoyl-phenyl]-essigsäure-äthylester beim Behandeln mit wss. Ammoniak (*I.G. Farbenind.*, D.R.P. 726386 [1939]; D.R.P. Org. Chem. **3** 943, 945).

Krystalle (aus W.); F: 190°.

1-Cyanmethyl-benzolsulfonamid-(4), α-*cyano*-p-*toluenesulfonamide* $C_8H_8N_2O_2S$, Formel X.

B. Beim Behandeln von α-Chlor-toluol-sulfonylchlorid-(4) oder α-Brom-toluol-sulfonylchlorid-(4) in Aceton mit wss. Ammoniak und Erwärmen des Reaktionsprodukts mit Natriumcyanid in wss. Äthanol (*Andrewes, King, Walker*, Pr. roy. Soc. [B] **133** [1946] 20, 34).

Krystalle (aus W.); F: 184°.

X   XI

1-Carbamimidoylmethyl-benzolsulfonamid-(4), C-[4-Sulfamoyl-phenyl]-acetamidin, α-*carbamimidoyl*-p-*toluenesulfonamide* $C_8H_{11}N_3O_2S$, Formel XI.

B. Beim Einleiten von Chlorwasserstoff in eine Lösung von 1-Cyanmethyl-benzolsulfonamid-(4) in Äthanol und Dioxan und Behandeln des danach isolierten Reaktionsprodukts mit äthanol. Ammoniak (*Andrewes, King, Walker*, Pr. roy. Soc. [B] **133** [1946] 20, 34).

Hydrochlorid $C_8H_{11}N_3O_2S \cdot HCl$. Krystalle (aus Me. + E.); F: 215°. In Wasser, Methanol und Äthanol leicht löslich.

Sulfo-phenyl-essigsäure, *phenylsulfoacetic acid* $C_8H_8O_5S$.

(S)-Sulfo-phenyl-essigsäure, Formel XII (E II 221).

Konfiguration: *Brewster*, Am. Soc. **81** [1959] 5475, 5478.

B. Aus (S)-Mercapto-phenyl-essigsäure (*Br.*).

$[M]_D$: +52° [W.] (*Br.*; s. a. *Mulder*, R. **51** [1932] 174, 175).

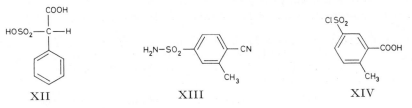

XII   XIII   XIV

4-Sulfo-2-methyl-benzoesäure $C_8H_8O_5S$.

2-Methyl-1-cyan-benzolsulfonamid-(4), 4-*cyano*-m-*toluenesulfonamide* $C_8H_8N_2O_2S$, Formel XIII (vgl. E I 102; dort als 2-Methyl-benzonitril-sulfamid-(4) bezeichnet).

B. Beim Erhitzen einer aus 6-Amino-toluolsulfonamid-(3) bereiteten Diazoniumsalz-Lösung mit einer aus Nickel(II)-chlorid, Natriumcyanid und Wasser hergestellten Lösung (*Andrewes, King, Walker*, Pr. roy. Soc. [B] **133** [1946] 20, 35).

Krystalle (aus wss. A.); F: 187°.

5-Sulfo-2-methyl-benzoesäure $C_8H_8O_5S$.

5-Chlorsulfonyl-2-methyl-benzoesäure, 5-(*chlorosulfonyl*)-o-*toluic acid* $C_8H_7ClO_4S$, Formel XIV.

Eine Verbindung (F: 152°), der vermutlich diese Konstitution zukommt, ist beim Einleiten von Schwefeltrioxid in o-Toluoylchlorid bei 110° sowie beim Behandeln von o-Toluylsäure mit Chloroschwefelsäure erhalten worden (*Gen. Aniline & Film Corp.*, U.S.P. 2237974 [1939]).

6-Sulfo-2-methyl-benzoesäure $C_8H_8O_5S$.

3-Chlor-2-methyl-1-cyan-benzol-sulfonylchlorid-(6), *4-chloro-2-cyano-m-toluenesulfonyl chloride* $C_8H_5Cl_2NO_2S$, Formel I.

B. Aus 6-Chlor-2-amino-toluol-sulfonsäure-(3) über 3-Chlor-2-methyl-1-cyan-benzol-sulfonsäure-(6) (*Grasselli Dyestuff Corp.*, U.S.P. 1712365 [1928]).

F: 74—75°.

4-Chlor-2-methyl-1-cyan-benzol-sulfonylchlorid-(6), *5-chloro-2-cyano-m-toluenesulfonyl chloride* $C_8H_5Cl_2NO_2S$, Formel II.

B. Aus 4-Chlor-2-methyl-anilin über 5-Chlor-2-amino-toluol-sulfonsäure-(3) und 4-Chlor-2-methyl-1-cyan-benzol-sulfonsäure-(6) (*I.G. Farbenind.*, Schweiz. P. 134099 [1928]; *Grasselli Dyestuff Corp.*, U.S.P. 1712365 [1928]).

F: 74—75°.

2-Sulfomethyl-benzoesäure $C_8H_8O_5S$.

[2-Cyan-phenyl]-methansulfonsäure, *o-cyanotoluene-α-sulfonic acid* $C_8H_7NO_3S$, Formel III (X = OH).

B. Aus 2-Chlormethyl-benzonitril beim Erhitzen mit wss. Natriumsulfit-Lösung (*Ruggli*, Helv. **14** [1931] 541, 543).

Natrium-Salz $NaC_8H_6NO_3S$. Krystalle (aus wss. A.) mit 1 Mol H_2O; F: 252—254°.

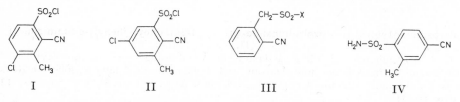

I   II   III   IV

[2-Cyan-phenyl]-methansulfonylchlorid, *o-cyanotoluene-α-sulfonyl chloride* $C_8H_6ClNO_2S$, Formel III (X = Cl).

B. Aus [2-Cyano-phenyl]-methansulfonsäure beim Behandeln des Natrium-Salzes mit Phosphor(V)-chlorid (*Ruggli*, Helv. **14** [1931] 541, 544).

Krystalle (aus Bzl. + PAe. oder aus Ae.); F: 85—86°.

Beim Behandeln mit Triäthylamin in Benzol ist Stilben-dicarbonitril-(2.2′) (F: 191,5° bis 192,5°) erhalten worden.

4-Sulfo-3-methyl-benzoesäure $C_8H_8O_5S$.

3-Methyl-1-cyan-benzolsulfonamid-(4), *4-cyano-o-toluenesulfonamide* $C_8H_8N_2O_2S$, Formel IV.

B. Beim Erhitzen einer aus 5-Amino-toluolsulfonamid-(2) bereiteten Diazoniumsalz-Lösung mit einer aus Nickel(II)-chlorid, Natriumcyanid und Wasser hergestellten Lösung (*Andrewes, King, Walker*, Pr. roy. Soc. [B] **133** [1946] 20, 35).

Krystalle (aus wss. A.); F: 195° [nach Sintern].

3-Methyl-1-carbamimidoyl-benzolsulfonamid-(4), **4-Sulfamoyl-3-methyl-benzamidin**, *4-carbamimidoyl-o-toluenesulfonamide* $C_8H_{11}N_3O_2S$, Formel V (X = H).

B. Beim Einleiten von Chlorwasserstoff in eine Lösung von 3-Methyl-1-cyan-benzol-sulfonamid-(4) in Äthanol und Dioxan und Behandeln des Reaktionsprodukts mit äthanol. Ammoniak (*Andrewes, King, Walker*, Pr. roy. Soc. [B] **133** [1946] 20, 35).

Hydrochlorid $C_8H_{11}N_3O_2S \cdot HCl$. Krystalle (aus W.); F: 257—258°.

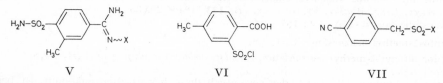

V   VI   VII

4-Sulfamoyl-3-methyl-benzamidoxim, *4-sulfamoyl-m-toluamide oxime* $C_8H_{11}N_3O_3S$, Formel V (X = OH).

B. Aus 3-Methyl-1-cyan-benzolsulfonamid-(4) beim Erwärmen mit Hydroxylamin

in wss. Äthanol (*Andrewes, King, Walker*, Pr. roy. Soc. [B] **133** [1946] 20, 54).
Krystalle (aus W.); F: 183—184° [Zers.].
Hydrochlorid $C_8H_{11}N_3O_3S \cdot HCl$. Krystalle (aus W.); F: 223° [Zers.].

2-Sulfo-4-methyl-benzoesäure $C_8H_8O_5S$.

2-Chlorsulfonyl-4-methyl-benzoesäure, 2-(*chlorsulfonyl*)-p-*toluic acid* $C_8H_7ClO_4S$, Formel VI.
B. Aus *p*-Toluoylchlorid beim Behandeln mit Chloroschwefelsäure, zuletzt bei 150° (*Charlesworth, Robinson*, Soc. **1934** 1531).
Krystalle (aus $CHCl_3$); F: 110°. In Äthanol, Äther, Chloroform und warmem Benzol leicht löslich, in Petroläther schwer löslich.

4-Sulfomethyl-benzoesäure $C_8H_8O_5S$.

[4-Cyan-phenyl]-methansulfonsäure, p-*cyanotoluene-α-sulfonic acid* $C_8H_7NO_3S$, Formel VII (X = OH).
B. Aus 4-Brommethyl-benzonitril beim Erhitzen mit wss. Natriumsulfit-Lösung (*Andrewes, King, Walker*, Pr. roy. Soc. [B] **133** [1946] 20, 33).
Natrium-Salz $NaC_8H_6NO_3S$. Krystalle (aus W.); F: ca. 309°.

[4-Cyan-phenyl]-methansulfonylchlorid, p-*cyanotoluene-α-sulfonyl chloride* $C_8H_6ClNO_2S$, Formel VII (X = Cl).
B. Beim Behandeln von 4-Chlormethyl-benzonitril mit Thioharnstoff in Äthanol und Einleiten von Chlor in eine wss. Lösung des Reaktionsprodukts (*Miller et al.*, Am. Soc. **62** [1940] 2099, 2101).
Krystalle (aus Bzl.); F: 102—103° [unkorr.].

[4-Cyan-phenyl]-methansulfonamid, p-*cyanotoluene-α-sulfonamide* $C_8H_8N_2O_2S$, Formel VII (X = NH_2).
B. Aus [4-Cyan-phenyl]-methansulfonylchlorid beim Behandeln mit wss. Ammoniak (*Miller et al.*, Am. Soc. **62** [1940] 2099, 2101). Beim Erwärmen des Natrium-Salzes der [4-Cyan-phenyl]-methansulfonsäure mit Phosphor(V)-chlorid und wenig Phosphoroxy⸗ chlorid und Behandeln des Reaktionsprodukts mit wss. Ammoniak (*Andrewes, King, Walker*, Pr. roy. Soc. [B] **133** [1946] 20, 33).
Krystalle (aus wss. A.); F: 216—217° [unkorr.; aus wss. A.] (*Mi. et al.*), 216° [aus wss. A.] (*An., King, Wa.*).

[4-Carbamimidoyl-phenyl]-methansulfonamid, 4-Sulfamoylmethyl-benzamidin, p-*carb⸗ amimidoyltoluene-α-sulfonamide* $C_8H_{11}N_3O_2S$, Formel VIII.
B. Beim Einleiten von Chlorwasserstoff in eine Lösung von [4-Cyan-phenyl]-methan⸗ sulfonamid in Äthanol und Dioxan und Behandeln des danach isolierten Reaktionspro⸗ dukts mit äthanol. Ammoniak (*Andrewes, King, Walker*, Pr. roy. Soc. [B] **133** [1946] 20, 34).
Hydrochlorid $C_8H_{11}N_3O_2S \cdot HCl$. Krystalle (aus Me. + E.); F: 253—254°.

3.5-Disulfo-4-methyl-benzoesäure, 3,5-*disulfo*-p-*toluic acid* $C_8H_8O_8S_2$, Formel IX (H 399).
B. Beim Erhitzen von *p*-Toluylsäure mit rauchender Schwefelsäure auf 180° und Erhitzen des Reaktionsprodukts mit Wasser (*Asahina, Asano*, B. **66** [1933] 687).
Barium-Salz $BaC_8H_6O_8S_2 \cdot H_2O$. Krystalle (aus W.).

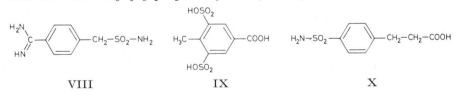

       VIII   IX   X

3-[4-Sulfo-phenyl]-propionsäure $C_9H_{10}O_5S$.

3-[4-Sulfamoyl-phenyl]-propionsäure, 3-(p-*sulfamoylphenyl*)*propionic acid* $C_9H_{11}NO_4S$, Formel X.
B. Beim Behandeln einer aus 4-Amino-benzolsulfonamid-(1) bereiteten wss. Diazonium⸗ salz-Lösung mit Acrylsäure in Aceton und mit Kupfer(II)-chlorid und Behandeln des Reaktionsprodukts mit Zink und Essigsäure (*Müller*, Ang. Ch. **61** [1949] 179, 183). Aus

4-Sulfamoyl-*trans*-zimtsäure beim Behandeln mit wss. Natronlauge und Natrium-Amalgam (*Burton, Hu*, Soc. **1949** 178, 180).

Krystalle; F: 168° (*Mü.*), 148—150° [aus W.] (*Bu., Hu*).

1-[2-Cyan-äthyl]-benzolsulfonamid-(4), p-(*2-cyanoethyl*)*benzenesulfonamide* C₉H₁₀N₂O₂S, Formel XI.

B. Beim Behandeln einer aus 4-Amino-benzolsulfonamid-(1) bereiteten wss. Diazonium⸗salz-Lösung mit Acrylnitril in Aceton und mit Kupfer(II)-chlorid und Behandeln des danach isolierten Reaktionsprodukts mit Zink und Essigsäure (*Müller*, Ang. Ch. **61** [1949] 179, 182).

Krystalle (aus Me.); F: 185°.

XI   XII

(±)-1-[2-Chlor-2-cyan-äthyl]-benzol-sulfonsäure-(4), (±)-p-(*2-chloro-2-cyanoethyl*)⸗ *benzenesulfonic acid* C₉H₈ClNO₃S, Formel XII.

B. Beim Behandeln einer mit Natriumacetat versetzten Lösung von Acrylnitril in Aceton mit einer aus 4-Amino-benzol-sulfonsäure-(1) bereiteten wss. Diazoniumsalz-Lösung und Kupfer(II)-chlorid (*Brunner, Perger*, M. **79** [1948] 187, 196).

Krystalle (aus wss. Salzsäure); F: 137—139°.

3-Sulfo-3-phenyl-propionsäure, *3-phenyl-3-sulfopropionic acid* C₉H₁₀O₅S.

a) **(+)-3-Sulfo-3-phenyl-propionsäure**, Formel I oder Spiegelbild.

Gewinnung aus dem unter b) beschriebenen Racemat mit Hilfe von Chinin: *Mulder*, R. **50** [1931] 719, 722.

[M]_D: +3,2° [W.; c = 2,5]; [M]_D: −14,8° [Barium-Salz in W.; c = 2]. Optisches Drehungsvermögen von wss. Lösungen der Säure sowie des Barium-Salzes bei Wellenlängen von 536 mμ bis 674 mμ bzw. von 516 mμ bis 674 mμ: *Mu.*

b) **(±)-3-Sulfo-3-phenyl-propionsäure**, Formel I + Spiegelbild (H 399; E II 223).

B. Aus (±)-3-Oxo-1-phenyl-propan-sulfonsäure-(1) beim Behandeln des Barium-Salzes mit wss. Silbernitrat-Lösung (*Kratzl, Däubner*, B. **77/79** [1944/46] 519, 525).

Beim Erwärmen des Kalium-Salzes mit Phosphor(III)-bromid und Phosphor(V)-bromid und Behandeln des mit Äther versetzten Reaktionsgemisches mit Wasser ist 3-Brom-3-phenyl-propionsäure, beim Erwärmen des Kalium-Salzes mit Phosphor(V)-bromid ist (2*RS*:3*SR*)-2.3-Dibrom-3-phenyl-propionsäure erhalten worden (*Hunter, Sorenson*, Am. Soc. **54** [1932] 3364, 3367).

S-Benzyl-isothiuronium-Salz [C₈H₁₁N₂S]₂C₉H₈O₅S. Krystalle (aus A.); F: 149° (*Kr., Däu.*).

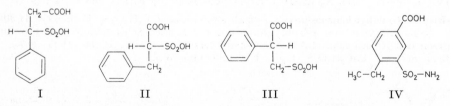

I   II   III   IV

2-Sulfo-3-phenyl-propionsäure, *3-phenyl-2-sulfopropionic acid* C₉H₁₀O₅S.

a) **(+)-2-Sulfo-3-phenyl-propionsäure**, Formel II oder Spiegelbild.

Gewinnung aus dem unter b) beschriebenen Racemat mit Hilfe von Chinin: *Mulder*, R. **51** [1932] 174, 176.

[M]_D: +72,2° [W.; c = 1]; [M]_D^{20}: +109,1° [Dinatrium-Salz in W.; c = 1,4]. Optisches Drehungsvermögen von wss. Lösungen der Säure und des Dinatrium-Salzes bei Wellenlängen von 536 mμ bis 626 mμ: *Mu.*

Geschwindigkeit der Racemisierung beim Erwärmen mit wss. Natronlauge: *Mu.*

Barium-Salz BaC₉H₈O₅S. Krystalle mit 4 Mol H₂O; das Krystallwasser wird bei 130° abgegeben.

b) **(±)-2-Sulfo-3-phenyl-propionsäure**, Formel II + Spiegelbild (vgl. E II 223).

B. Beim Erhitzen von Brom-benzyl-malonsäure unter 10 Torr auf 130° und Behandeln des Reaktionsprodukts mit wss. Kalilauge und mit Kaliumdisulfit (*Mulder*, R. **51** [1932] 174, 175; s. a. *Kratzl, Däubner*, B. **77/79** [1944/46] 519, 525).

Barium-Salz $BaC_9H_8O_5S$. Krystalle (aus W.) mit 2 Mol H_2O; das Krystallwasser wird bei 135° abgegeben (*Mu.*).

S-Benzyl-isothiuronium-Salz $[C_8H_{11}N_2S]_2C_9H_8O_5S$. Krystalle (aus A.); F: 173° bis 174° (*Kr., Däu.*).

3-Sulfo-2-phenyl-propionsäure, *2-phenyl-3-sulfopropionic acid* $C_9H_{10}O_5S$.

a) **(+)-3-Sulfo-2-phenyl-propionsäure**, Formel III oder Spiegelbild.

Gewinnung aus dem unter c) beschriebenen Racemat mit Hilfe von Strychnin: *Mulder*, R. **50** [1931] 719, 721.

$[M]_D$: +194° [W.; c = 0,6]; $[M]_D$: +193° [Dinatrium-Salz in W.; c = 0,6]; $[M]_D^{20}$: +185° [Barium-Salz in W.; c = 1,6]. Optisches Drehungsvermögen einer wss. Lösung des Barium-Salzes bei Wellenlängen von 516 mμ bis 674 mμ: *Mu.*

Barium-Salz $BaC_9H_8O_5S$. Krystalle mit 1 Mol H_2O; das Krystallwasser wird bei 130° abgegeben.

b) **(−)-3-Sulfo-2-phenyl-propionsäure**, Formel III oder Spiegelbild.

Gewinnung aus dem Racemat mit Hilfe von Brucin: *Mulder*, R. **50** [1931] 719, 721.

$[M]_D$: −184° [Dinatrium-Salz in W.; c = 0,6]; $[M]_D$: −178° [Barium-Salz in W.; c = 1,8].

c) **(±)-3-Sulfo-2-phenyl-propionsäure**, Formel III + Spiegelbild.

B. Aus Atropasäure beim Erhitzen mit Kaliumsulfit in Wasser auf 125° (*Mulder*, R. **50** [1931] 719, 720).

Monokalium-Salz $KC_9H_9O_5S$. Krystalle (aus W.) mit 1 Mol H_2O; das Krystallwasser wird bei 120° abgegeben.

Barium-Salz $BaC_9H_8O_5S$. Krystalle mit 0,5 Mol H_2O; das Krystallwasser wird bei 130° abgegeben.

3-Sulfo-4-äthyl-benzoesäure $C_9H_{10}O_5S$.

3-Sulfamoyl-4-äthyl-benzoesäure, *4-ethyl-3-sulfamoylbenzoic acid* $C_9H_{11}NO_4S$, Formel IV (H 400).

B. Aus 1-Äthyl-4-isopropyl-benzolsulfonamid-(2) beim Erhitzen mit Kaliumdichromat und wss. Schwefelsäure (*Todd*, Am. Soc. **71** [1949] 1356).

Krystalle (aus wss. A.); F: 253—259° [nach Erweichen bei 235°].

Sulfo-Derivate der Monocarbonsäuren $C_nH_{2n-10}O_2$

4-Sulfo-zimtsäure $C_9H_8O_5S$.

4-Sulfamoyl-zimtsäure, *4-sulfamoylcinnamic acid* $C_9H_9NO_4S$ (H 403; E II 225).

4-Sulfamoyl-*trans*-zimtsäure, Formel V.

B. Beim Erwärmen von α-Oxo-toluolsulfonamid-(4) mit Malonsäure, Pyridin und wenig Piperidin (*Burton, Hu*, Soc. **1949** 178, 179).

Krystalle (aus Eg.); F: 276° [Zers.] (*Bu., Hu*).

Die gleiche Verbindung hat vermutlich in einem Präparat (F: 285°) vorgelegen, das beim Behandeln einer aus 4-Amino-benzolsulfonamid-(1) bereiteten wss. Diazoniumsalz-Lösung mit Acrylsäure in Aceton und mit Kupfer(II)-chlorid und Erwärmen des Reaktionsprodukts mit Natriumacetat in wss. Äthanol erhalten worden ist (*Müller*, Ang. Ch. **61** [1949] 179, 183).

2-Methyl-3-[3-sulfo-2.4.6-trimethyl-phenyl]-acrylsäure $C_{13}H_{16}O_5S$.

3-Chlor-2-methyl-3-[5-brom-3-chlorsulfonyl-2.4.6-trimethyl-phenyl]-acrylsäure, *3-bromo-β-chloro-5-(chlorosulfonyl)-2,4,6,α-tetramethylcinnamic acid* $C_{13}H_{13}BrCl_2O_4S$.

a) **(+)-3-Chlor-2-methyl-3-[5-brom-3-chlorsulfonyl-2.4.6-trimethyl-phenyl]-acryl**-säure vom F: **184°**, vermutlich **(+)-3*t*-Chlor-2-methyl-3*c*-[5-brom-3-chlorsulfonyl-2.4.6-trimethyl-phenyl]-acrylsäure**, Formel VI oder Spiegelbild.

B. Aus (−)-3*t*(?)-Chlor-2-methyl-3*c*(?)-[3-brom-2.4.6-trimethyl-phenyl]-acrylsäure (F:

155—156° [E III **9** 2838]) beim Behandeln mit Chloroschwefelsäure (*Adams, Miller,* Am. Soc. **62** [1940] 53, 56).

Krystalle (aus PAe.); F: 183—184° [korr.]. $[\alpha]_D^{20}$: +10,0° [Bzl.; c = 0,4].

b) (—)-3-Chlor-2-methyl-3-[5-brom-3-chlorsulfonyl-2.4.6-trimethyl-phenyl]-acryl= säure vom F: **184°**, vermutlich (—)-3*t*-Chlor-2-methyl-3*c*-[5-brom-3-chlorsulfonyl-2.4.6-trimethyl-phenyl]-acrylsäure, Formel VI oder Spiegelbild.

B. Aus (+)-3*t*(?)-Chlor-2-methyl-3*c*(?)-[3-brom-2.4.6-trimethyl-phenyl]-acrylsäure (F: 155—156° [E III **9** 2838]) beim Behandeln mit Chloroschwefelsäure (*Adams, Miller,* Am. Soc. **62** [1940] 53, 56).

Krystalle (aus PAe.); F: 183—184° [korr.]. $[\alpha]_D^{20}$: —8,6° [Bzl.; c = 0,4].

c) (±)-3-Chlor-2-methyl-3-[5-brom-3-chlorsulfonyl-2.4.6-trimethyl-phenyl]-acryl= säure vom F: **189°**, vermutlich (±)-3*t*-Chlor-2-methyl-3*c*-[5-brom-3-chlorsulfonyl-2.4.6-trimethyl-phenyl]-acrylsäure, Formel VI + Spiegelbild.

B. Aus (±)-3*t*(?)-Chlor-2-methyl-3*c*(?)-[3-brom-2.4.6-trimethyl-phenyl]-acrylsäure (F: 157—158° [E III **9** 2838]) beim Behandeln mit Chloroschwefelsäure (*Adams, Miller,* Am. Soc. **62** [1940] 53, 55).

Krystalle (aus PAe.); F: 188—189° [korr.].

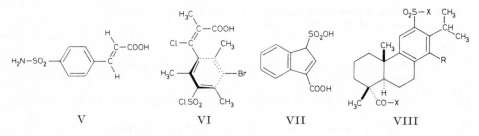

V   VI   VII   VIII

Sulfo-Derivate der Monocarbonsäuren $C_nH_{2n-12}O_2$

(±)-1-Sulfo-inden-carbonsäure-(3), (±)-*1-sulfoindene-3-carboxylic acid* $C_{10}H_8O_5S$, Formel VII.

Eine als Natrium-Salz $NaC_{10}H_7O_5S$ (Krystalle [aus W. oder wss. A.]) isolierte Säure, der wahrscheinlich diese Konstitution zukommt (vgl. die analog hergestellte Inden-carbonsäure-(3) [E III **9** 3069]), ist bei der Bestrahlung von Lösungen von 2-Oxo-1-diazo-1.2-dihydro-naphthalin-sulfonsäure-(4) oder von 1-Oxo-2-diazo-1.2-dihydro-naphthalin-sulfonsäure-(4) (Syst. Nr. 2202) in wss. Salzsäure mit Sonnenlicht erhalten worden (*Süs,* A. **556** [1944] 65, 70, 81; s. a. *de Jonge, Dijkstra,* R. **67** [1948] 328, 340).

6-Sulfo-1.4a-dimethyl-7-isopropyl-1.2.3.4.4a.9.10.10a-octahydro-phenanthren-carbon= säure-(1) $C_{20}H_{28}O_5S$.

12-Sulfo-13-isopropyl-podocarpatrien-(8.11.13)-säure-(15) [1]), **12-Sulfo-13-isopropyl-podocarpatrien-(C)-säure-(15)**, *13-isopropyl-12-sulfopodocarpa-8,11,13-trien-15-oic acid* $C_{20}H_{28}O_5S$, Formel VIII (R = H, X = OH).

Konstitution: *Campbell, Morgana,* Am. Soc. **63** [1941] 1838.

B. Aus (+)-Dehydroabietinsäure (13-Isopropyl-podocarpatrien-(8.11.13)-säure-(15)) beim Behandeln mit Schwefelsäure bei —5° (*Fieser, Campbell,* Am. Soc. **60** [1938] 2631, 2633; *Ca., Mo.,* l. c. S. 1841; s. a. *Fleck, Palkin,* Am. Soc. **61** [1939] 247; *Hasselstrom, Brennan, Hopkins,* Am. Soc. **63** [1941] 1759) oder mit Chloroschwefelsäure in Tetrachlor= methan (*Hercules Powder Co.,* U.S.P. 2207890 [1938]).

Krystalle (aus Eg.) mit 0,5 Mol H_2O, F: 247—248° [korr.; Zers.; bei 110°/15 Torr ge= trocknetes Präparat] (*Fie., Ca.*); Krystalle mit 3 Mol H_2O, F: 230° [korr.; Zers.] (*Ca., Mo.*), 223—224° [korr.; Zers.; aus W.] (*Ha., Br., Ho.*). $[\alpha]_D^{25}$: +72,4° [A.; c = 2,5] (*Fie., Ca.*).

Beim Behandeln mit wss. Salpetersäure und Schwefelsäure sind 12.14-Dinitro-13-iso= propyl-podocarpatrien-(8.11.13)-säure-(15) und 14-Nitro-12-sulfo-13-isopropyl-podocarpa= trien-(8.11.13)-säure-(15) (*Ca., Mo.,* l. c. S. 1843; *Fie., Ca.*), beim Behandeln mit Salpeter=

---

[1]) Stellungsbezeichnung bei von Podocarpan abgeleiteten Namen s. E III **6** 2098.

säure (D: 1,5) ist nur 14-Nitro-12-sulfo-13-isopropyl-podocarpatrien-(8.11.13)-säure-(15) (*Hasselstrom, Hopkins*, Am. Soc. **63** [1941] 421) erhalten worden. Bildung von (+)-De= hydroabietinsäure beim Erhitzen mit wss. Schwefelsäure auf 135°: *Fie., Ca.*, l. c. S. 2634. Verhalten beim Erhitzen mit Kalilauge unter Stickstoff auf 300°: *Fie., Ca.*, l. c. S. 2632, 2634.

Natrium-Salz NaC$_{20}$H$_{27}$O$_5$S. Krystalle [aus Eg.] (*Fl., Pa.*).

6-Methoxysulfonyl-1.4a-dimethyl-7-isopropyl-1.2.3.4.4a.9.10.10a-octahydro-phenanthren-carbonsäure-(1)-methylester C$_{22}$H$_{32}$O$_5$S.

12-Methoxysulfonyl-13-isopropyl-podocarpatrien-(8.11.13)-säure-(15)-methylester, 12-Methoxysulfonyl-13-isopropyl-podocarpatrien-(*C*)-säure-(15)-methylester, *13-iso= propyl-12-(methoxysulfonyl)podocarpa-8,11,13-trien-15-oic acid methyl ester* C$_{22}$H$_{32}$O$_5$S, Formel VIII (R = H, X = OCH$_3$).

B. Aus 12-Sulfo-13-isopropyl-podocarpatrien-(8.11.13)-säure-(15) beim Behandeln mit Diazomethan in Äther (*Fieser, Campbell*, Am. Soc. **60** [1938] 2631, 2633) sowie beim Er= hitzen des Natrium-Salzes mit Dimethylsulfat (*Hasselstrom, McPherson*, Am. Soc. **60** [1938] 2340, 2341).

Krystalle; F: 177—177,5° [korr.] (*Hasselstrom, Brennan, Hopkins*, Am. Soc. **63** [1941] 1759), 176,7—177,7° [korr.; aus Acn. + Me.] (*Ha., McPh.*), 175—176° (*Fie., Ca.*). [α]$_D^{25}$: +76,2° [A.; c = 0,5] (*Fie., Ca.*).

6-Äthoxysulfonyl-1.4a-dimethyl-7-isopropyl-1.2.3.4.4a.9.10.10a-octahydro-phenanthren-carbonsäure-(1)-äthylester C$_{24}$H$_{36}$O$_5$S.

12-Äthoxysulfonyl-13-isopropyl-podocarpatrien-(8.11.13)-säure-(15)-äthylester, 12-Äthoxysulfonyl-13-isopropyl-podocarpatrien-(*C*)-säure-(15)-äthylester, *12-(ethoxy= sulfonyl)-13-isopropylpodocarpa-8,11,13-trien-15-oic acid ethyl ester* C$_{24}$H$_{36}$O$_5$S, Formel VIII (R = H, X = OC$_2$H$_5$).

B. Aus 12-Sulfo-13-isopropyl-podocarpatrien-(8.11.13)-säure-(15) beim Erhitzen des Natrium-Salzes mit Diäthylsulfat (*Hasselstrom, McPherson*, Am. Soc. **60** [1938] 2340, 2341).

Krystalle (aus Acn. + Me.); F: 150,4—151,4° [korr.].

6-Sulfamoyl-1.4a-dimethyl-7-isopropyl-1.2.3.4.4a.9.10.10a-octahydro-phenanthren-carb= amid-(1) C$_{20}$H$_{30}$N$_2$O$_3$S.

12-Sulfamoyl-13-isopropyl-podocarpatrien-(8.11.13)-amid-(15), 12-Sulfamoyl-13-isopropyl-podocarpatrien-(*C*)-amid-(15), *13-isopropyl-12-sulfamoylpodocarpa-8,11,13-trien-15-amide* C$_{20}$H$_{30}$N$_2$O$_3$S, Formel VIII (R = H, X = NH$_2$).

B. Beim Erhitzen von 12-Sulfo-13-isopropyl-podocarpatrien-(8.11.13)-säure-(15) mit Phosphor(V)-chlorid und anschliessenden Behandeln mit wss. Ammoniak (*Hasselstrom, McPherson*, Am. Soc. **60** [1938] 2340).

Krystalle (aus A.); F: 254—255,5° [korr.; Zers.].

8-Nitro-6-sulfo-1.4a-dimethyl-7-isopropyl-1.2.3.4.4a.9.10.10a-octahydro-phenanthren-carbonsäure-(1) C$_{20}$H$_{27}$NO$_7$S.

14-Nitro-12-sulfo-13-isopropyl-podocarpatrien-(8.11.13)-säure-(15), 14-Nitro-12-sulfo-13-isopropyl-podocarpatrien-(*C*)-säure-(15), *13-isopropyl-14-nitro-12-sulfo= podocarpa-8,11,13-trien-15-oic acid* C$_{20}$H$_{27}$NO$_7$S, Formel VIII (R = NO$_2$, X = OH).

Konstitution: *Campbell, Morgana*, Am. Soc. **63** [1941] 1838, 1840.

B. Aus 12-Sulfo-13-isopropyl-podocarpatrien-(8.11.13)-säure-(15) beim Behandeln mit Salpetersäure (D: 1,5) bei 0° (*Hasselstrom, Hopkins*, Am. Soc. **63** [1941] 421) oder mit wss. Salpetersäure und Schwefelsäure, in diesem Falle neben 12.14-Dinitro-13-isopropyl-podocarpatrien-(8.11.13)-säure-(15) (*Ca., Mo.*, l. c. S. 1843).

Krystalle (aus Bzl. + A.), die unterhalb 300° nicht schmelzen (*Ha., Ho.*).

8-Nitro-6-methoxysulfonyl-1.4a-dimethyl-7-isopropyl-1.2.3.4.4a.9.10.10a-octahydro-phenanthren-carbonsäure-(1)-methylester C$_{22}$H$_{31}$NO$_7$S.

14-Nitro-12-methoxysulfonyl-13-isopropyl-podocarpatrien-(8.11.13)-säure-(15)-methylester, 14-Nitro-12-methoxysulfonyl-13-isopropyl-podocarpatrien-(*C*)-säure-(15)-methylester, *13-isopropyl-12-(methoxysulfonyl)-14-nitropodocarpa-8,11,13-trien-15-oic acid methyl ester* C$_{22}$H$_{31}$NO$_7$S, Formel VIII (R = NO$_2$, X = OCH$_3$).

B. Aus 14-Nitro-12-sulfo-13-isopropyl-podocarpatrien-(8.11.13)-säure-(15) beim Erhitzen des Natrium-Salzes mit Dimethylsulfat (*Hasselstrom, Hopkins*, Am. Soc. **63** [1941] 421).

Krystalle (aus Acn.); F: 244,3—244,7° [korr.].

8-Nitro-6-äthoxysulfonyl-1.4a-dimethyl-7-isopropyl-1.2.3.4.4a.9.10.10a-octahydro-phen=anthren-carbonsäure-(1)-äthylester C$_{24}$H$_{35}$NO$_7$S.

14-Nitro-12-äthoxysulfonyl-13-isopropyl-podocarpatrien-(8.11.13)-säure-(15)-äthyl=ester, **14-Nitro-12-äthoxysulfonyl-13-isopropyl-podocarpatrien-(C)-säure-(15)-äthylester**, *12-(ethoxysulfonyl)-13-isopropyl-14-nitropodocarpa-8,11,13-trien-15-oic acid ethyl ester* C$_{24}$H$_{35}$NO$_7$S, Formel VIII (R = NO$_2$, X = OC$_2$H$_5$) auf S. 692.

B. Aus 14-Nitro-12-sulfo-13-isopropyl-podocarpatrien-(8.11.13)-säure-(15) beim Er-hitzen des Natrium-Salzes mit Diäthylsulfat (*Hasselstrom, Hopkins*, Am. Soc. **63** [1941] 421).

Krystalle (aus Acn.); F: 195,8—196° [korr.].

Sulfo-Derivate der Monocarbonsäuren C$_n$H$_{2n-14}$O$_2$

2-Sulfo-naphthoesäure-(1) C$_{11}$H$_8$O$_5$S.

1-Cyan-naphthalin-sulfonsäure-(2), *1-cyanonaphthalene-2-sulfonic acid* C$_{11}$H$_7$NO$_3$S, Formel IX (E I 105; E II 225).

Überführung in Naphthalin-dicarbonitril-(1.2) durch Erhitzen des Natrium-Salzes mit Kalium-hexacyanoferrat(II) im Kohlendioxid-Strom unter 40 Torr bis auf 370°: *Brad-brook, Linstead*, Soc. **1936** 1739, 1740.

Natrium-Salz NaC$_{11}$H$_6$NO$_3$S. Krystalle (aus A.).

3-Sulfo-naphthoesäure-(1) C$_{11}$H$_8$O$_5$S.

1-Cyan-naphthalin-sulfonsäure-(3), *4-cyanonaphthalene-2-sulfonic acid* C$_{11}$H$_7$NO$_3$S, Formel X (X = OH).

B. Beim Erwärmen einer aus 4-Amino-naphthalin-sulfonsäure-(2) bereiteten Diazonium=salz-Lösung mit einer aus Kupfer(II)-sulfat, Kaliumcyanid und Wasser hergestellten Lö-sung (*Bradbrook, Linstead*, Soc. **1936** 1739, 1741).

Überführung in Naphthalin-dicarbonitril-(1.3) durch Erhitzen des Natrium-Salzes mit Kalium-hexacyanoferrat(II) im Kohlendioxid-Strom unter 100 Torr auf 400°: *Br., Li.*, l. c. S. 1741, 1742.

Natrium-Salz NaC$_{11}$H$_6$NO$_3$S. Krystalle (aus A.).

1-Cyan-naphthalin-sulfonylchlorid-(3), *4-cyanonaphthalene-2-sulfonyl chloride* C$_{11}$H$_6$ClNO$_2$S, Formel X (X = Cl).

B. Aus 1-Cyan-naphthalin-sulfonsäure-(3) mit Hilfe von Phosphor(V)-chlorid (*CIBA*, D.R.P. 582614 [1931]; Frdl. **20** 1250).

Krystalle (aus PAe.); F: 127°.

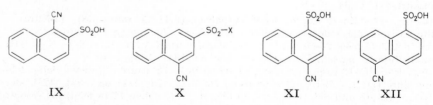

| IX | X | XI | XII |

4-Sulfo-naphthoesäure-(1) C$_{11}$H$_8$O$_5$S.

1-Cyan-naphthalin-sulfonsäure-(4), *4-cyanonaphthalene-1-sulfonic acid* C$_{11}$H$_7$NO$_3$S, Formel XI (E II 225).

B. Beim Erwärmen einer aus 4-Amino-naphthalin-sulfonsäure-(1) bereiteten Diazoni=umsalz-Lösung mit einer aus Kupfer(II)-sulfat, Kaliumcyanid und Wasser hergestellten Lösung (*Bradbrook, Linstead*, Soc. **1936** 1739, 1742; vgl. E II 225).

Überführung in Naphthalin-dicarbonitril-(1.4) durch Erhitzen des Kalium-Salzes mit Kalium-hexacyanoferrat(II) im Kohlendioxid-Strom unter 100 Torr bis auf 360°: *Br., Li.*

Kalium-Salz KC$_{11}$H$_6$NO$_3$S. Braungelbe Krystalle (aus W.).

5-Sulfo-naphthoesäure-(1) $C_{11}H_8O_5S$.

1-Cyan-naphthalin-sulfonsäure-(5), *5-cyanonaphthalene-1-sulfonic acid* $C_{11}H_7NO_3S$, Formel XII (E II 226; vgl. H 404).

Überführung in Naphthalin-dicarbonitril-(1.5) durch Erhitzen des Natrium-Salzes mit Kalium-hexacyanoferrat(II) in Kohlendioxid-Strom unter 40 Torr bis auf 420°: *Bradbrook, Linstead*, Soc. **1936** 1739, 1742.

Natrium-Salz $NaC_{11}H_6NO_3S$. Krystalle (aus A.).

6-Sulfo-naphthoesäure-(1) $C_{11}H_8O_5S$.

1-Cyan-naphthalin-sulfonylchlorid-(6), *5-cyanonaphthalene-2-sulfonyl chloride* $C_{11}H_6ClNO_2S$, Formel I.

B. Aus 5-Amino-naphthalin-sulfonsäure-(2) über 1-Cyan-naphthalin-sulfonsäure-(6) (*Hurd, Fancher, Bonner*, J. org. Chem. **12** [1947] 369, 370).

Gelbe Krystalle (aus Bzl. + Hexan); F: 151—153° [korr.].

Überführung in 6-Chlor-naphthonitril-(1) durch Erhitzen mit Phosphor(V)-chlorid auf 160°: *Hurd, Fa., Bo.*

8-Sulfo-naphthoesäure-(1) $C_{11}H_8O_5S$.

1-Cyan-naphthalin-sulfonsäure-(8), *8-cyanonaphthalene-1-sulfonic acid* $C_{11}H_7NO_3S$, Formel II (X = OH) (E II 226).

Überführung in Naphthalin-dicarbonitril-(1.8) durch Erhitzen des Natrium-Salzes mit Kalium-hexacyanoferrat(II) im Kohlendioxid-Strom unter 80 Torr bis auf 400°: *Bradbrook, Linstead*, Soc. **1936** 1739, 1743.

Natrium-Salz $NaC_{11}H_6NO_3S$ (E II 226). Krystalle (aus W.).

1-Cyan-naphthalin-sulfonylchlorid-(8), *8-cyanonaphthalene-1-sulfonyl chloride* $C_{11}H_6ClNO_2S$, Formel II (X = Cl) (E II 227).

B. Aus dem Natrium-Salz der 1-Cyan-naphthalin-sulfonsäure-(8) mit Hilfe von Phosphor(V)-chlorid (*Cumming, Muir*, J. roy. tech. Coll. **3** [1936] 562, 565; vgl. E II 227).

Krystalle (aus Acn.); F: 139°.

1-Cyan-naphthalinsulfonamid-(8), *8-cyanonaphthalene-1-sulfonamide* $C_{11}H_8N_2O_2S$, Formel II (X = NH₂).

B. Beim Behandeln von 1-Cyan-naphthalin-sulfonylchlorid-(8) in Aceton mit wss. Ammoniak (*Cumming, Muir*, J. roy. tech. Coll. **3** [1936] 562, 565).

Krystalle (aus wss. Ammoniak); F: 334—336°.

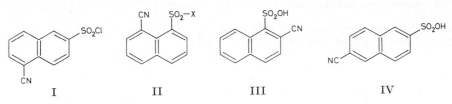

I   II   III   IV

1-Sulfo-naphthoesäure-(2) $C_{11}H_8O_5S$.

2-Cyan-naphthalin-sulfonsäure-(1), *2-cyanonaphthalene-1-sulfonic acid* $C_{11}H_7NO_3S$, Formel III (E II 228).

Überführung in Naphthoesäure-(2) durch Erhitzen des Kalium-Salzes mit 80%ig. wss. Schwefelsäure: *Wahl, Basilios*, C. r. **221** [1945] 446; Bl. **1947** 482. Überführung in Naphthalin-dicarbonitril-(1.2) durch Erhitzen des Natrium-Salzes mit Kalium-hexacyanoferrat(II) im Kohlendioxid-Strom unter 40 Torr bis auf 390°: *Bradbrook, Linstead*, Soc. **1936** 1739, 1741.

Natrium-Salz $NaC_{11}H_6NO_3S$. Krystalle [aus A.] (*Br., Li.*).

6-Sulfo-naphthoesäure-(2) $C_{11}H_8O_5S$.

2-Cyan-naphthalin-sulfonsäure-(6), *6-cyanonaphthalene-2-sulfonic acid* $C_{11}H_7NO_3S$, Formel IV (E II 228).

Beim Erhitzen des Natrium-Salzes mit Kalium-hexacyanoferrat(II) im Kohlendioxid-Strom unter 50 Torr bis auf 450° ist Naphthalin-dicarbonitril-(2.6) (*Bradbrook, Linstead*, Soc. **1936** 1739, 1743), beim Erhitzen des Natrium-Salzes mit Kaliumcyanid im Kohlen=

dioxid-Strom sind daneben geringe Mengen Naphthalin-dicarbonitril-(1.6) (*King, Wright,* Soc. **1939** 253, 255) erhalten worden.

Natrium-Salz $NaC_{11}H_6NO_3S$. Krystalle [aus W.] (*Br., Li.*).

7-Sulfo-naphthoesäure-(2) $C_{11}H_8O_5S$.

2-Cyan-naphthalin-sulfonsäure-(7), *7-cyanonaphthalene-2-sulfonic acid* $C_{11}H_7NO_3S$, Formel V (E II 229).

Beim Erhitzen des Natrium-Salzes mit Kalium-hexacyanoferrat(II) im Kohlendioxid-Strom unter 35 Torr bis auf 400° ist Naphthalin-dicarbonitril-(2.7) (*Bradbrook, Linstead,* Soc. **1936** 1739, 1743), beim Erhitzen des Kalium-Salzes mit Kaliumcyanid im Kohlen= dioxid-Strom ist daneben Naphthalin-dicarbonitril-(1.7) (*King, Wright,* Soc. **1939** 253, 255) erhalten worden.

Natrium-Salz $NaC_{11}H_6NO_3S$. Gelbliche Krystalle [aus wss. Eg.] (*Br., Li.*).

Kalium-Salz $KC_{11}H_6NO_3S$. Braune Krystalle (aus W.) mit 2,5 Mol H_2O; das Kry= stallwasser wird bei 120° abgegeben (*King, Wr.*).

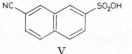   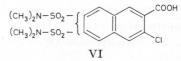

               V   VI

x.x-Disulfo-naphthoesäure-(2) $C_{11}H_8O_8S_2$.

3-Chlor-x.x-bis-dimethylsulfamoyl-naphthoesäure-(2), *3-chloro-x,x-bis(dimethylsulfamoyl)-2-naphthoic acid* $C_{15}H_{17}ClN_2O_6S_2$, Formel VI.

3-Chlor-x.x-bis-dimethylsulfamoyl-naphthoesäure-(2) vom F: 252°.

B. Beim Erwärmen von 3-Chlor-naphthoesäure-(2) mit Chloroschwefelsäure und Phosphor(V)-oxid und Behandeln des erhaltenen Säurechlorids mit Dimethylamin in Wasser (*Gen. Aniline & Film Corp.,* U.S.P. 2273444 [1939]).

Krystalle (aus 1.2-Dichlor-benzol); F: 251—252°.

Beim Erhitzen mit Kupfer(I)-cyanid und Pyridin auf 170° ist x.x-Bis-dimethyl= sulfamoyl-naphthalin-dicarbonsäure-(2.3)-imid (F: 300°) erhalten worden.

Sulfo-Derivate der Monocarbonsäuren $C_nH_{2n-16}O_2$

4′-Sulfo-biphenyl-carbonsäure-(4), *4′-sulfobiphenyl-4-carboxylic acid* $C_{13}H_{10}O_5S$, Formel VII.

B. Aus Biphenyl-carbonsäure-(4) (*McCorkle,* Iowa Coll. J. **14** [1939/40] 64).

Als *p*-Toluidin-Salz (F: 288—289°) charakterisiert.

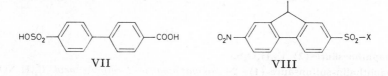

                 VII   VIII

Sulfo-Derivate der Monocarbonsäuren $C_nH_{2n-18}O_2$

2-Sulfo-fluoren-carbonsäure-(9) $C_{14}H_{10}O_5S$.

(±)-7-Nitro-2-sulfo-fluoren-carbonsäure-(9), *(±)-2-nitro-7-sulfofluorene-9-carboxylic acid* $C_{14}H_9NO_7S$, Formel VIII (X = OH).

B. Aus (±)-2-Nitro-fluoren-carbonsäure-(9) beim Behandeln mit Schwefelsäure (*Rose,* Soc. **1932** 2360).

Krystalle (aus Eg. + $CHCl_3$). In Wasser, Aceton und Äthanol leicht löslich, in Benzol schwer löslich. Beim Behandeln mit kalten wss. Alkalilaugen werden blaugrüne Lösungen erhalten.

Überführung in 7-Nitro-fluoren-sulfonsäure-(2) durch Erhitzen des Monokalium-Salzes auf 190°: *Rose.*

Monokalium-Salz $KC_{14}H_8NO_7S$. Gelbe Krystalle. In wss. Natronlauge mit grüner Farbe löslich.

(±)-7-Nitro-2-chlorsulfonyl-fluoren-carbonylchlorid-(9), *(±)-2-(chlorosulfonyl)-7-nitro-fluorene-9-carbonyl chloride* $C_{14}H_7Cl_2NO_5S$, Formel VIII (X = Cl).

B. Aus dem Monokalium-Salz der (±)-7-Nitro-2-sulfo-fluoren-carbonsäure-(9) mit Hilfe von Phosphor(V)-chlorid (*Rose*, Soc. **1932** 2360).

Krystalle (aus Acn.); F: 159°.

Sulfo-Derivate der Monocarbonsäuren $C_nH_{2n-20}O_2$

2-Sulfo-anthracen-carbonsäure-(1), *2-sulfo-1-anthroic acid* $C_{15}H_{10}O_5S$, Formel IX.

B. Aus 9.10-Dioxo-2-sulfo-9.10-dihydro-anthracen-carbonsäure-(1) beim Erwärmen mit Zink und wss. Ammoniak (*I.G. Farbenind.*, D.R.P. 557246 [1931]; Frdl. **19** 1901).

Krystalle (aus W.).

IX   X

3-Sulfo-anthracen-carbonsäure-(2), *3-sulfo-2-anthroic acid* $C_{15}H_{10}O_5S$, Formel X.

B. Aus 9.10-Dioxo-3-sulfo-9.10-dihydro-anthracen-carbonsäure-(2) beim Erhitzen des Natrium-Salzes mit Zink und wss. Ammoniak (*I.G. Farbenind.*, D.R.P. 557246 [1931]; Frdl. **19** 1901).

Krystalle (aus W.).

Sulfo-Derivate der Monocarbonsäuren $C_nH_{2n-24}O_2$

2-Sulfo-pyren-carbonsäure-(1) $C_{17}H_{10}O_5S$.

1-Cyan-pyren-sulfonsäure-(2), *1-cyanopyrene-2-sulfonic acid* $C_{17}H_9NO_3S$, Formel XI (X = OH).

B. Beim Behandeln von 1-Amino-pyren-sulfonsäure-(2)-hydrochlorid mit Natrium-nitrit und wss. Salzsäure und Erwärmen des Reaktionsprodukts mit einer aus Kupfer(II)-sulfat, Kaliumcyanid und Wasser hergestellten Lösung (*Vollmann et al.*, A. **531** [1937] 1, 60, 141).

Natrium-Salz $NaC_{17}H_8NO_3S$. Hellgelbe Krystalle.

1-Cyan-pyren-sulfonylchlorid-(2), *1-cyanopyrene-2-sulfonyl chloride* $C_{17}H_8ClNO_2S$, Formel XI (X = Cl).

B. Aus 1-Cyan-pyren-sulfonsäure-(2) (*Vollmann et al.*, A. **531** [1937] 1, 141).

Krystalle (aus Chlorbenzol); F: 265°.

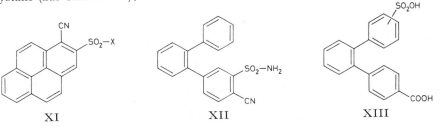

XI   XII   XIII

3-Sulfo-*o*-terphenyl-carbonsäure-(4) $C_{19}H_{14}O_5S$.

4-Cyan-*o*-terphenylsulfonamid-(3), *4-cyano-o-terphenyl-3-sulfonamide* $C_{19}H_{14}N_2O_2S$, Formel XII.

B. Beim Erwärmen der aus 4-Amino-*o*-terphenyl-sulfonsäure-(3) mit Hilfe von Natri-umnitrit und wss. Salzsäure hergestellten Diazonium-Verbindung mit einer aus Kupfer(II)-sulfat, Natriumcyanid und Wasser bereiteten Lösung, Erhitzen des Natrium-Salzes der erhaltenen 4-Cyan-*o*-terphenyl-sulfonsäure-(3) mit Phosphor(V)-chlorid auf 150° und Behandeln einer Lösung des danach isolierten Säurechlorids in Benzol mit wss. Ammoniak (*Allen, Burness,* J. org. Chem. **14** [1949] 163, 166).

Krystalle (aus A.); F: 273—276°.

x-Sulfo-*o*-terphenyl-carbonsäure-(4), *x-sulfo-o-terphenyl-4-carboxylic acid* $C_{19}H_{14}O_5S$, Formel XIII.

x-Sulfo-*o*-terphenyl-carbonsäure-(4) vom F: 248°.

B. Beim Behandeln von *o*-Terphenyl-carbonsäure-(4) mit Chloroschwefelsäure in 1.1.2.2-Tetrachlor-äthan (*Allen, Burness,* J. org. Chem. **14** [1949] 163, 168).

Krystalle (aus Nitromethan); F: 243—248°.

Überführung in x-Chlorsulfonyl-*o*-terphenyl-carbonylchlorid-(4) $C_{19}H_{12}Cl_2O_3S$ (F: 141—149°) durch Erhitzen mit Phosphor(V)-chlorid sowie in x-Sulf= amoyl-*o*-terphenyl-carbamid-(4) $C_{19}H_{16}N_2O_3S$ (Krystalle [aus A.]; F: 272—277°) durch Erwärmen des Dichlorids mit Ammoniumcarbonat und wss. Ammoniak: *Allen, Bu.*

Sulfo-Derivate der Dicarbonsäuren $C_nH_{2n-6}O_4$

2.6-Disulfo-spiro[3.3]heptan-dicarbonsäure-(2.6), *2,6-disulfospiro[3.3]heptane-2,6-di= carboxylic acid* $C_9H_{12}O_{10}S_2$.

a) **(+)-2.6-Disulfo-spiro[3.3]heptan-dicarbonsäure-(2.6)**, Formel I oder Spiegelbild.

Gewinnung aus dem Racemat (s. u.) mit Hilfe von Brucin: *Backer, Kemper,* R. **57** [1938] 761, 768.

$[M]_D$: +26,6° [Tetranatrium-Salz in W.; c = 0,4].

b) **(±)-2.6-Disulfo-spiro[3.3]heptan-dicarbonsäure-(2.6)**, Formel I + Spiegelbild.

B. Aus (±)-2.6-Dibrom-spiro[3.3]heptan-dicarbonsäure-(2.6) beim Erwärmen des Diammonium-Salzes mit Ammoniumsulfit in Wasser (*Backer, Kemper,* R. **57** [1938] 761, 767).

Barium-Salz $Ba_2C_9H_8O_{10}S_2$. Krystalle mit 5 Mol H_2O, die beim Erhitzen unter ver-mindertem Druck auf 150° 3 Mol Wasser abgeben.

Thallium(I)-Salz $Tl_4C_9H_8O_{10}S_2$. Krystalle (aus A.).

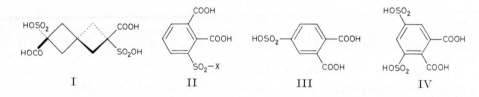

I II III IV

Sulfo-Derivate der Dicarbonsäuren $C_nH_{2n-10}O_4$

3-Sulfo-phthalsäure, *3-sulfophthalic acid* $C_8H_6O_7S$, Formel II (X = OH) (H 405).

Barium-Salz $Ba(C_8H_5O_7S)_2$. Herstellung aus dem Barium-Salz $Ba_3(C_8H_3O_7S)_2$ (H 406) durch Erwärmen mit wss. Salzsäure: *Schwenk, Waldmann,* Ang. Ch. **45** [1932] 17, 18. — Krystalle (aus W.). — Beim Erhitzen auf 220° bildet sich das Barium-Salz $Ba(C_8H_3O_6S)_2$ des 3-Sulfo-phthalsäure-anhydrids.

3-Sulfamoyl-phthalsäure, *3-sulfamoylphthalic acid* $C_8H_7NO_6S$, Formel II (X = NH_2) (H 406; E I 105; E II 229).

F: 161—163° [bei schnellem Erhitzen] (*Kononenko,* Ž. prikl. Chim. **19** [1946] 411, 413; C. A. **1947** 1216).

3-Chlorsulfamoyl-phthalsäure, *3-(chlorosulfamoyl)phthalic acid* $C_8H_6ClNO_6S$, Formel II (X = NHCl).

B. Aus 3-Sulfamoyl-phthalsäure beim Behandeln mit wss. Natriumhypochlorit-Lösung (*Kononenko,* Ž. prikl. Chim. **19** [1946] 411, 414; C. A. **1947** 1216).

Mononatrium-Salz $NaC_8H_5ClNO_6S$. Krystalle mit 3 Mol H_2O.

3-Dichlorsulfamoyl-phthalsäure, *3-(dichlorosulfamoyl)phthalic acid* $C_8H_5Cl_2NO_6S$, Formel II (X = NCl_2).

B. Beim Einleiten von Chlor in eine aus 3-Sulfamoyl-phthalsäure, Natriumcarbonat und Wasser hergestellte Lösung (*Kononenko*, Ž. prikl. Chim. **19** [1946] 411, 414; C. A. **1947** 1216).

Krystalle; F: 107—109° [Zers.]. In Wasser und Äthanol schwer löslich, in Benzol, Chloroform, Äther und Aceton fast unlöslich.

Farbreaktionen: *Ko*.

Dinatrium-Salz $Na_2C_8H_3Cl_2NO_6S$. Krystalle (aus W.) mit 3 Mol H_2O.

4-Sulfo-phthalsäure, *4-sulfophthalic acid* $C_8H_6O_7S$, Formel III (H 406; E II 230).

B. Aus Phthalsäure-anhydrid beim Erhitzen mit rauchender Schwefelsäure unter Zusatz von Quecksilber(II)-sulfat auf 130° (*I.G. Farbenind.*, D.R.P. 500914 [1927]; Frdl. **17** 504; s. a. *Lauer*, J. pr. [2] **138** [1933] 81, 87, 91).

3.5-Disulfo-phthalsäure, *3,5-disulfophthalic acid* $C_8H_6O_{10}S_2$, Formel IV.

B. Aus 3.5-Disulfo-phthalsäure-anhydrid beim Behandeln mit wss. Kalilauge (*Waldmann, Schwenk*, A. **487** [1931] 287, 292). Neben 4-Sulfo-phthalsäure beim Erhitzen von Phthalsäure-anhydrid mit rauchender Schwefelsäure unter Zusatz von Quecksilber(II)-sulfat auf 200° (*Lauer*, J. pr. [2] **138** [1933] 81, 91). Aus 3-Sulfo-phthalsäure-anhydrid beim Erhitzen mit rauchender Schwefelsäure auf 200° (*Lauer*).

Dikalium-Salz. Krystalle (aus W.) mit 2 Mol H_2O (*Wa., Sch.*).

Barium-Salz. Krystalle [aus W.] (*Lauer*).

Sulfo-Derivate der Dicarbonsäuren $C_nH_{2n-14}O_4$

[2-(x-Sulfo-benzyl)-cyclopentyliden]-malonsäure $C_{15}H_{16}O_7S$.

C-**[2-(x-Sulfo-benzyl)-cyclopentyliden]-malonamidsäure-äthylester**, *2-[2-(x-sulfobenzyl)=cyclopentylidene]malonamic acid ethyl ester* $C_{17}H_{21}NO_6S$, Formel V.

(±)-*C*-**[2-(x-Sulfo-benzyl)-cyclopentyliden]-malonamidsäure-äthylester vom F: 120°.**

B. Aus (±)-[2-Benzyl-cyclopentyliden]-cyan-essigsäure-äthylester (F: 81—83°) beim Behandeln mit Schwefelsäure (*Duff, Ingold*, Soc. **1934** 87, 92).

Krystalle (aus $CHCl_3$ + Bzl.); F: 120°.

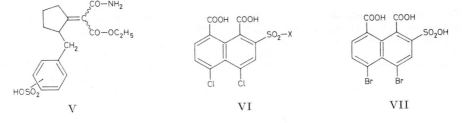

V   VI   VII

Sulfo-Derivate der Dicarbonsäuren $C_nH_{2n-16}O_4$

2-Sulfo-naphthalin-dicarbonsäure-(1.8), 2-Sulfo-naphthalsäure $C_{12}H_8O_7S$.

4.5-Dichlor-2-sulfo-naphthalsäure, *4,5-dichloro-2-sulfonaphthalic acid* $C_{12}H_6Cl_2O_7S$, Formel VI (X = OH).

B. Aus 5.6-Dichlor-acenaphthen-sulfonsäure-(3) beim Erhitzen mit Natriumdichromat und Essigsäure (*Daschewskiĭ, Karischin*, Promyšl. org. Chim. **6** [1939] 507, 509; C. A. **1940** 2362).

Krystalle (aus wss. Salzsäure).

Beim Erhitzen auf 160° erfolgt Umwandlung in das Anhydrid (F: 229—230°).

4.5-Dichlor-2-chlorsulfonyl-naphthalsäure, *4,5-dichloro-2-(chlorosulfonyl)naphthalic acid* $C_{12}H_5Cl_3O_6S$, Formel VI (X = Cl).

B. Aus 4.5-Dichlor-2-sulfo-naphthalsäure beim Behandeln des Natrium-Salzes mit Phosphor(V)-chlorid (*Daschewskiĭ, Karischin*, Promyšl. org. Chim. **6** [1939] 507, 510;

C. A. **1940** 2362).

Krystalle (aus Bzl. + A.); F: 219—220°. In Benzol und Essigsäure leicht löslich, in Äthanol und Wasser schwer löslich.

4.5-Dichlor-2-sulfamoyl-naphthalsäure, *4,5-dichloro-2-sulfamoylnaphthalic acid* $C_{12}H_7Cl_2NO_6S$, Formel VI (X = NH_2).

B. Aus 4.5-Dichlor-2-chlorsulfonyl-naphthalsäure beim Behandeln mit äthanol. Ammoniak (*Daschewskiǐ, Karischin,* Promyšl. org. Chim. **6** [1939] 507, 510; C. A. **1940** 2362).

Krystalle (aus W.); Zers. bei 380—382°. In Äthanol und Essigsäure schwer löslich, in Benzol fast unlöslich.

4.5-Dibrom-2-sulfo-naphthalsäure, *4,5-dibromo-2-sulfonaphthalic acid* $C_{12}H_6Br_2O_7S$, Formel VII.

B. Aus 5.6-Dibrom-acenaphthen-sulfonsäure-(3) beim Erhitzen mit Natriumdichromat und Essigsäure (*Daschewskiǐ, Karischin,* Promyšl. org. Chim. **6** [1939] 507, 510; C. A. **1940** 2362).

Krystalle (aus wss. Salzsäure). In Wasser und Essigsäure leicht löslich.

Beim Erhitzen auf 154° erfolgt Umwandlung in das Anhydrid (F: 235—236°).

2.7-Disulfo-naphthalin-dicarbonsäure-(1.8), 2.7-Disulfo-naphthalsäure $C_{12}H_8O_{10}S_2$.

4.5-Dichlor-2.7-disulfo-naphthalsäure, *4,5-dichloro-2,7-disulfonaphthalic acid* $C_{12}H_6Cl_2O_{10}S_2$, Formel VIII (X = Cl).

B. Aus 5.6-Dichlor-acenaphthen-disulfonsäure-(3.8) beim Erhitzen mit Natrium=dichromat und Essigsäure (*Daschewskiǐ, Karischin,* Promyšl. org. Chim. **6** [1939] 507, 510; C. A. **1940** 2362).

Krystalle (aus wss. Salzsäure); F: 176—177° [Zers.]. In Wasser, Essigsäure und Äthanol leicht löslich.

4.5-Dibrom-2.7-disulfo-naphthalsäure, *4,5-dibromo-2,7-disulfonaphthalic acid* $C_{12}H_6Br_2O_{10}S_2$, Formel VIII (X = Br).

B. Aus 5.6-Dibrom-acenaphthen-disulfonsäure-(3.8) beim Erhitzen mit Natrium=dichromat und Essigsäure (*Daschewskiǐ, Karischin,* Promyšl. org. Chim. **6** [1939] 507, 511; C. A. **1940** 2362).

Krystalle (aus wss. Salzsäure). In Wasser und Essigsäure leicht löslich.

Beim Erhitzen auf 126° erfolgt Umwandlung in das Anhydrid (F: 159—160°).

3.6-Disulfo-naphthalin-dicarbonsäure-(1.8), 3.6-Disulfo-naphthalsäure, *3,6-disulfo=naphthalic acid* $C_{12}H_8O_{10}S_2$, Formel IX (X = OH).

Diese Konstitution kommt der H 410 beschriebenen 3.x-Disulfo-naphthalsäure zu (*Dziewoński, Majewicz, Schimmer,* Bl. Acad. polon. [A] **1936** 43, 47).

B. Aus Naphthalsäure-anhydrid beim Erhitzen mit rauchender Schwefelsäure bis auf 230° und anschliessenden Behandeln mit Wasser (*Dz., Ma., Sch.;* vgl. H 410).

Überführung in 3.6-Dichlor-naphthalsäure-anhydrid durch Erhitzen des Natrium-Salzes mit Phosphor(V)-chlorid auf 300°: *Dz., Ma., Sch.*

Natrium-Salz. Gelbe Krystalle (aus W.).

3.6-Dichlorsulfonyl-naphthalsäure, *3,6-bis(chlorosulfonyl)naphthalic acid* $C_{12}H_6Cl_2O_8S_2$, Formel IX (X = Cl).

B. Aus 3.6-Disulfo-naphthalsäure (*Dziewoński, Majewicz, Schimmer,* Bl. Acad. polon. [A] **1936** 43, 48).

Krystalle; F: 192° [Zers.].

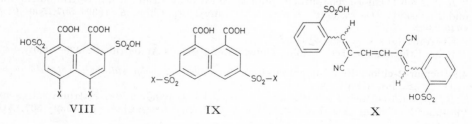

VIII   IX   X

Sulfo-Derivate der Dicarbonsäuren $C_nH_{2n-24}O_4$

2.5-Bis-[2-sulfo-benzyliden]-hexen-(3)-disäure $C_{20}H_{16}O_{10}S_2$.

2.5-Bis-[2-sulfo-benzyliden]-hexen-(3)-disäure-dinitril, 1.1'-[2.5-Dicyan-hexa=trien-(1.3.5)-diyl]-dibenzol-disulfonsäure-(2.2'), *o,o'-(2,5-dicyanohexa-1,3,5-trienediyl)bis=benzenesulfonic acid* $C_{20}H_{14}N_2O_6S_2$, Formel X.

Eine als Dinatrium-Salz $Na_2C_{20}H_{12}N_2O_6S_2$ (gelbe Krystalle [aus W.] mit 1 Mol H_2O, die unterhalb 315° nicht schmelzen) isolierte Disulfonsäure dieser Konstitution ist beim Behandeln von Hexen-(3)-disäure-dinitril (F: 75—77°) mit dem Natrium-Salz der α-Oxo-toluol-sulfonsäure-(2) in wss. Äthanol unter Zusatz von äthanol. Natrium=äthylat erhalten worden (*Du Pont de Nemours & Co.*, U.S.P. 2462407 [1948]).

[*Geibler*]

K. Sulfo-Derivate der Hydroxycarbonsäuren

Sulfo-Derivate der Hydroxycarbonsäuren $C_nH_{2n-4}O_3$

3-Hydroxy-7.7-dimethyl-4-sulfomethyl-norbornan-carbonsäure-(1) $C_{11}H_{18}O_6S$.

3-Acetoxy-7.7-dimethyl-4-sulfomethyl-norbornan-carbonsäure-(1), *2-acetoxy-10-sulfo=bornane-4-carboxylic acid* $C_{13}H_{20}O_7S$.

(1R)-3ξ-Acetoxy-7.7-dimethyl-4-sulfomethyl-norbornan-carbonsäure-(1), Formel I.
Eine unter dieser Konstitution und Konfiguration beschriebene Verbindung (Krystalle [aus E.]; Zers. bei 173°) ist beim Behandeln von (1R)-3.3-Dimethyl-2-methylen-nor=bornan-carbonsäure-(4) mit Schwefelsäure und Acetanhydrid erhalten und mit Hilfe von Diazomethan in in den Dimethylester $C_{15}H_{24}O_7S$ (Krystalle [aus PAe.]; F: 91°; $[\alpha]_D^{24}$: −3,8° [A.; c = 1]) übergeführt worden (*Asahina, Kawahata*, B. 72 [1939] 1540, 1543, 1544).

Sulfo-Derivate der Hydroxycarbonsäuren $C_nH_{2n-8}O_3$

2-Hydroxy-3-sulfo-benzoesäure, 3-Sulfo-salicylsäure, *3-sulfosalicylic acid* $C_7H_6O_6S$, Formel I (R = H, X = H) (E II 231).
B. Beim Erwärmen des aus 6-Hydroxy-5-sulfo-1-carboxy-benzol-diazonium-(3)-betain hergestellten Monokalium-Salzes mit wss. Äthanol (*Hirve*, J. Indian chem. Soc. 7 [1930] 893, 895).

Krystalle (aus W.) mit 5 Mol H_2O, von denen beim Trocknen im Exsiccator 3 Mol abgegeben werden; das Dihydrat schmilzt bei F: 152,5° (*Hi.*).

Beim Einleiten eines Brom-Luft-Gemisches in eine wss. Lösung des Dikalium-Salzes ist das Monokalium-Salz der 5-Brom-2-hydroxy-3-sulfo-benzoesäure erhalten worden (*Hi.*). Beim Behandeln mit Dimethylsulfat und wss. Alkalilauge sowie beim Erhitzen mit Dimethylsulfat und Kaliumcarbonat in Xylol erfolgt keine Reaktion (*Shah, Bhatt, Kanga*, J. Univ. Bombay 3, Tl. 2 [1934] 155).

Natrium-Salz $NaC_7H_5O_6S$. Krystalle (aus W.) mit 1,5 Mol H_2O; in Wasser leicht löslich (*Hi.*).

Kalium-Salz $KC_7H_5O_6S$. In heissem Wasser schwer löslich (*Hi.*).

Barium-Salz $BaC_7H_4O_6S$ (E II 231). Krystalle (aus W.) mit 1,5 Mol H_2O; in heissem Wasser schwer löslich (*Hi.*).

5-Brom-2-hydroxy-3-sulfo-benzoesäure, 5-Brom-3-sulfo-salicylsäure, *5-bromo-3-sulfosalicylic acid* $C_7H_5BrO_6S$, Formel II (R = H, X = Br).
B. Als Monokalium-Salz beim Einleiten eines Brom-Luft-Gemisches in eine wss. Lösung des Dikalium-Salzes der 2-Hydroxy-3-sulfo-benzoesäure (*Hirve*, J. Indian chem. Soc. 7 [1930] 893, 896). Beim Erhitzen des aus 6-Hydroxy-5-sulfo-1-carboxy-benzol-diazonium-(3)-betain hergestellten Monokalium-Salzes mit wss. Bromwasserstoffsäure und Kupfer-Pulver (*Hi.*).

Krystalle (aus W.) mit 4 Mol H_2O, F: 98—100°; das nach dem Trocknen im Exsicca-tor erhaltene Dihydrat schmilzt bei 174°. In Wasser leicht löslich.

Kalium-Salz $KC_7H_4BrO_6S$. Krystalle (aus W.).

5-Nitro-2-hydroxy-3-sulfo-benzoesäure, 5-Nitro-3-sulfo-salicylsäure, *5-nitro-3-sulfosalicylic acid* C$_7$H$_5$NO$_8$S, Formel II (R = H, X = NO$_2$).

B. Aus 5-Nitro-2-hydroxy-benzoesäure beim Erhitzen mit rauchender Schwefelsäure (*Meldrum, Hirwe,* J. Indian chem. Soc. **7** [1930] 887, 890).

Krystalle (aus W.) mit 2 Mol H$_2$O.

Kalium-Salze. a) KC$_7$H$_4$NO$_8$S. In Wasser schwer löslich. — b) K$_2$C$_7$H$_3$NO$_8$S. Rote Krystalle (aus W.) mit 2,5 Mol H$_2$O. In Wasser schwer löslich. — c) K$_3$C$_7$H$_2$NO$_8$S. Gelbe Krystalle (aus W.) mit 3 Mol H$_2$O. In Wasser leicht löslich. Das wasserfreie Salz ist rot.

Silber-Salz Ag$_2$C$_7$H$_3$NO$_8$S. Gelbe Krystalle (aus W.). In Wasser schwer löslich.

Barium-Salze. a) BaC$_7$H$_3$NO$_8$S. In Wasser schwer löslich. — b) Ba$_3$(C$_7$H$_2$NO$_8$S)$_2$. Gelbe Krystalle mit 12 Mol H$_2$O. In Wasser fast unlöslich.

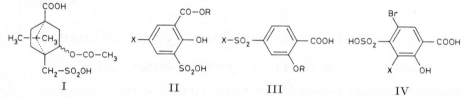

I II III IV

5-Nitro-2-hydroxy-3-sulfo-benzoesäure-methylester, 5-Nitro-2-hydroxy-1-methoxy-carbonyl-benzol-sulfonsäure-(3), *5-nitro-3-sulfosalicylic acid methyl ester* C$_8$H$_7$NO$_8$S, Formel II (R = CH$_3$, X = NO$_2$).

B. Aus 5-Nitro-2-hydroxy-3-sulfo-benzoesäure (*Meldrum, Hirwe,* J. Indian chem. Soc. **7** [1930] 887, 891).

Krystalle (aus W.). In Wasser und Äthanol leicht löslich.

Kalium-Salz KC$_8$H$_6$NO$_8$S. In Wasser schwer löslich.

Barium-Salze. a) BaC$_8$H$_5$NO$_8$S. Gelbliche Krystalle. In heissem Wasser schwer löslich. — b) Ba(C$_8$H$_6$NO$_8$S)$_2$. Gelbliche Krystalle. In heissem Wasser löslich.

5-Nitro-2-hydroxy-3-sulfo-benzoesäure-äthylester, 5-Nitro-2-hydroxy-1-äthoxycarbonyl-benzol-sulfonsäure-(3), *5-nitro-3-sulfosalicylic acid ethyl ester* C$_9$H$_9$NO$_8$S, Formel II (R = C$_2$H$_5$, X = NO$_2$).

B. Aus 5-Nitro-2-hydroxy-3-sulfo-benzoesäure (*Meldrum, Hirwe,* J. Indian chem. Soc. **7** [1930] 887, 892).

Krystalle (aus W.). In Wasser und Äthanol leicht löslich.

Kalium-Salz KC$_9$H$_8$NO$_8$S. In Wasser schwer löslich.

Barium-Salze. a) BaC$_9$H$_7$NO$_8$S. Gelbliche Krystalle. In heissem Wasser schwer löslich. — b) Ba(C$_9$H$_8$NO$_8$S)$_2$. In heissem Wasser leicht löslich.

2-Hydroxy-4-sulfo-benzoesäure, 4-Sulfo-salicylsäure, *4-sulfosalicylic acid* C$_7$H$_6$O$_6$S, Formel III (R = H, X = OH).

B. Aus 4-Sulfo-1-carboxy-benzol-diazonium-(2)-betain beim Erhitzen mit wss. Salzsäure (*Hirwe, Jambhekar,* J. Indian chem. Soc. **10** [1933] 47, 50).

Hygroskopische Krystalle (aus W.) mit 3 Mol H$_2$O, F: 82°; das nach dem Trocknen über Schwefelsäure erhaltene Dihydrat schmilzt bei 133° (*Hi., Ja.,* J. Indian chem. Soc. **10** 50).

Reaktion mit Brom (1 Mol bzw. 2 Mol bzw. 3 Mol) in Wasser unter Bildung von 5-Brom-2-hydroxy-4-sulfo-benzoesäure bzw. 3.5-Dibrom-2-hydroxy-4-sulfo-benzoesäure bzw. 3.5.6-Tribrom-2-hydroxy-4-sulfo-benzoesäure: *Hirwe, Jambhekar,* Pr. Indian Acad. [A] **3** [1936] 261, 263. Beim Behandeln mit wss. Salpetersäure (D: 1,4) und Acetanhydrid unter Kühlung bzw. ohne Kühlung wird es als Hauptprodukt 5-Nitro-2-hydroxy-4-sulfo-benzoesäure bzw. 3.5-Dinitro-2-hydroxy-4-sulfo-benzoesäure, beim Erwärmen mit wss. Salpetersäure (D: 1,4) auf 100° ist 2.4.6-Trinitro-3-hydroxy-benzol-sulfonsäure-(1) erhalten worden (*Hirwe, Jambhekar,* Pr. Indian Acad. [A] **3** [1936] 236, 237).

Beim Behandeln mit Eisen(III)-chlorid-Lösung tritt eine violette Färbung auf (*Hi., Ja.,* J. Indian chem. Soc. **10** 50).

Natrium-Salz NaC$_7$H$_5$O$_6$S. Krystalle (aus W.) mit 2 Mol H$_2$O (*Hi., Ja.,* J. Indian chem. Soc. **10** 51).

Kalium-Salz KC$_7$H$_5$O$_6$S. Gelbe Krystalle [aus W.] (*Hi., Ja.,* J. Indian chem. Soc. **10** 51).

Calcium-Salz CaC$_7$H$_4$O$_6$S. Krystalle mit 6 Mol H$_2$O; in Wasser löslich (*Hi.*, *Ja.*, J. Indian chem. Soc. **10** 51).

Barium-Salz BaC$_7$H$_4$O$_6$S. Rötliche Krystalle (aus W.) mit 4 Mol H$_2$O; in heissem Wasser schwer löslich (*Hi.*, *Ja.*, J. Indian chem. Soc. **10** 51).

2-Methoxy-4-sulfo-benzoesäure, *4-sulfo-o-anisic acid* C$_8$H$_8$O$_6$S, Formel III (R = CH$_3$, X = OH).

B. Aus 2-Hydroxy-4-sulfo-benzoesäure beim Erhitzen mit wss. Natronlauge und Dimethylsulfat (*Shah, Bhatt, Kanga*, Soc. **1933** 1375, 1378).

Krystalle mit 1 Mol H$_2$O; F: 152°.

Barium-Salz BaC$_8$H$_6$O$_6$S: *Shah, Bh., Ka.*

2-Methoxy-4-chlorsulfonyl-benzoesäure, *4-(chlorosulfonyl)-o-anisic acid* C$_8$H$_7$ClO$_5$S, Formel III (R = CH$_3$, X = Cl).

B. Aus dem Mononatrium-Salz der 2-Methoxy-4-sulfo-benzoesäure mit Hilfe von Phosphor(V)-chlorid (*Shah, Bhatt, Kanga*, Soc. **1933** 1375, 1378).

Krystalle (aus Bzl. oder Toluol); F: 149,5°.

2-Methoxy-4-sulfamoyl-benzoesäure, *4-sulfamoyl-o-anisic acid* C$_8$H$_9$NO$_5$S, Formel III (R = CH$_3$, X = NH$_2$).

B. Aus 2-Methoxy-4-chlorsulfonyl-benzoesäure mit Hilfe von Ammoniak (*Shah, Bhatt, Kanga*, Soc. **1933** 1375, 1378). Aus 2-Methoxy-toluolsulfonamid-(4) mit Hilfe von Kalium= permanganat (*Shah, Bh., Ka.*).

Krystalle; F: 201°.

5-Brom-2-hydroxy-4-sulfo-benzoesäure, 5-Brom-4-sulfo-salicylsäure, *5-bromo-4-sulfosalicylic acid* C$_7$H$_5$BrO$_6$S, Formel IV (X = H).

B. Aus 2-Hydroxy-4-sulfo-benzoesäure und Brom (1 Mol) in Wasser (*Hirwe, Jambhekar*, Pr. Indian Acad. [A] **3** [1936] 261, 263).

Krystalle (aus W.) mit 4 Mol H$_2$O; F: 210°.

Kalium-Salz KC$_7$H$_4$BrO$_6$S. Krystalle (aus W.).

Barium-Salz BaC$_7$H$_3$BrO$_6$S. Graue Krystalle (aus W.) mit 4 Mol H$_2$O. Beim Erhitzen im Vakuum auf 200° werden 3 Mol Wasser abgegeben.

3.5-Dibrom-2-hydroxy-4-sulfo-benzoesäure, 3.5-Dibrom-4-sulfo-salicylsäure, *3,5-dibromo-4-sulfosalicylic acid* C$_7$H$_4$Br$_2$O$_6$S, Formel IV (X = Br).

B. Aus 2-Hydroxy-4-sulfo-benzoesäure und Brom (2 Mol) in Wasser (*Hirwe, Jambhekar*, Pr. Indian Acad. [A] **3** [1936] 261, 263).

Hygroskopische Krystalle (aus W.) mit 4 Mol H$_2$O; F: 83°. In Wasser leichter löslich als 5-Brom-2-hydroxy-4-sulfo-benzoesäure (s. o.).

Kalium-Salz KC$_7$H$_3$Br$_2$O$_6$S. Krystalle (aus W.).

Barium-Salz BaC$_7$H$_2$Br$_2$O$_6$S. Graue Krystalle (aus W.) mit 1 Mol H$_2$O.

3.5.6-Tribrom-2-hydroxy-4-sulfo-benzoesäure, 3.5.6-Tribrom-4-sulfo-salicylsäure, *3,5,6-tribromo-4-sulfosalicylic acid* C$_7$H$_3$Br$_3$O$_6$S, Formel V auf S. 705.

B. Aus 2-Hydroxy-4-sulfo-benzoesäure und Brom (3 Mol) in Wasser (*Hirwe, Jambhekar*, Pr. Indian Acad. [A] **3** [1936] 261, 263).

Krystalle (aus W.); F: 115°.

Barium-Salz BaC$_7$HBr$_3$O$_6$S. Graue Krystalle (aus W.) mit 2 Mol H$_2$O.

5-Nitro-2-hydroxy-4-sulfo-benzoesäure, 5-Nitro-4-sulfo-salicylsäure, *5-nitro-4-sulfosalicylic acid* C$_7$H$_5$NO$_8$S, Formel VI (X = H) auf S. 705.

B. Neben geringen Mengen 3.5-Dinitro-2-hydroxy-4-sulfo-benzoesäure beim Behandeln von 2-Hydroxy-4-sulfo-benzoesäure mit wss. Salpetersäure (D: 1,4) und Acetanhydrid unter Kühlung (*Hirwe, Jambhekar*, Pr. Indian Acad. [A] **3** [1936] 236, 237).

Gelbliche Krystalle (aus W.) mit 2 Mol H$_2$O; F: 166—167°. Hygroskopisch.

Kalium-Salz KC$_7$H$_4$NO$_8$S. Gelbliche Krystalle (aus W.) mit 1 Mol H$_2$O.

Barium-Salz BaC$_7$H$_3$NO$_8$S. Orangefarbene Krystalle (aus W.) mit 1 Mol H$_2$O. In heissem Wasser schwer löslich.

3.5-Dinitro-2-hydroxy-4-sulfo-benzoesäure, 3.5-Dinitro-4-sulfo-salicylsäure, *3,5-dinitro-4-sulfosalicylic acid* C$_7$H$_4$N$_2$O$_{10}$S, Formel VI (X = NO$_2$) auf S. 705.

B. Neben geringen Mengen 5-Nitro-2-hydroxy-4-sulfo-benzoesäure beim Behandeln von 2-Hydroxy-4-sulfo-benzoesäure mit wss. Salpetersäure (D: 1,4) und Acetanhydrid ohne Kühlung (*Hirwe, Jambhekar*, Pr. Indian Acad. [A] **3** [1936] 236, 238).

Gelbliche Krystalle (aus W.); Zers. oberhalb 261°.

Beim Erwärmen mit wss.-äthanol. Ammoniumsulfid-Lösung ist 3-Nitro-5-amino-2-hydroxy-4-sulfo-benzoesäure erhalten worden.

Kalium-Salze. a) $KC_7H_3N_2O_{10}S$. Gelbe Krystalle (aus W.). — b) $K_2C_7H_2N_2O_{10}S$. Gelbe Krystalle (aus W.).

Barium-Salz $BaC_7H_2N_2O_{10}S$. Rote Krystalle (aus W.) mit 2 Mol H_2O.

6-Hydroxy-3-sulfo-benzoesäure, 5-Sulfo-salicylsäure, *5-sulfosalicylic acid* $C_7H_6O_6S$, Formel VII (X = OH) (H 411; E I 106; E II 232).

Herstellung aus Salicylsäure und Schwefelsäure (vgl. H 411): *Parchomenko*, Chem. Listy **32** [1938] 292; C. **1939** I 795. Bildung aus 6-Brom-3-sulfo-benzoesäure oder aus 6-Chlor-3-sulfo-benzoesäure (Monokalium-Salz) beim Erhitzen mit Kaliumcarbonat in Wasser unter Zusatz von Kupfer auf 170°: *Polaczek*, Roczniki Chem. **15** [1935] 578, 581; C. **1936** I 2354.

F: 225° [Zers.] (*Ishihara*, J. pharm. Soc. Japan **49** [1929] 579, 602; dtsch. Ref. S. 134; C. A. **1929** 4684), 224° (*Fischer*, Pharm. Ztg. **81** [1936] 243; *L. u. A. Kofler*, Thermo-Mikro-Methoden, 3. Aufl. [Weinheim 1954] S. 577); Krystalle mit 2,5 Mol H_2O, F: 115° (*Ishi.*); Krystalle mit 2 Mol H_2O, F: 108—113° (*Schulze*, Dtsch. Apoth.-Ztg. **51** [1936] 319). Bei der Bestrahlung von Lösungen in Schwefelsäure mit UV-Licht tritt violette oder blaue Fluorescenz auf (*Neelakantam, Row*, Pr. Indian Acad. [A] **15** [1942] 81, 85; *Neelakantam, Sitaraman*, Pr. Indian Acad. [A] **21** [1945] 45, 52). Fluorescenz und Phosphores= cenz von festen Lösungen in Borsäure: *Nee., Si.* Das Mononatrium-Salz fluoresciert im UV-Licht grünblau (*Costeanu, Cocosinschi*, Bulet. Cernăuţi **5** [1931] 169, 170). 6-Hydroxy-3-sulfo-benzoesäure ist in Wasser schwerer löslich als 2-Hydroxy-3-sulfo-benzoesäure (*Hirve*, J. Indian chem. Soc. **7** [1930] 893). Verteilung zwischen Wasser und Äther: *Dermer, Dermer*, Am. Soc. **65** [1943] 1653. Spektrophotometrische Untersuchung der Komplexbildung mit Eisen(III)-Salz: *Foley, Anderson*, Am. Soc. **70** [1948] 1195; mit Uranyl-Salz: *Foley, Anderson*, Am. Soc. **71** [1949] 909; mit Kupfer(II)-Salz: *Turner, Anderson*, Am. Soc. **71** [1949] 912.

Überführung in 3-Chlor-2-hydroxy-benzoesäure durch Einleiten von Chlor (1 Mol) in eine Lösung in Essigsäure und Behandeln des Reaktionsprodukts mit Wasserdampf: *Hirwe, Rana, Gavankar*, Pr. Indian Acad. [A] **8** [1938] 208, 209. Reaktion mit Chlor in Essigsäure bei 60° unter Bildung von 3.5-Dichlor-2-hydroxy-benzoesäure: *Hoffmann*, Bl. **1948** 1046. Beim Behandeln mit Quecksilber(II)-oxid in Wasser und Erhitzen des er- haltenen Quecksilber(II)-Salzes $Hg(OH)(C_7H_5O_6S) \cdot H_2O$ mit 6-Hydroxy-3-sulfo-salicyl= säure in Wasser ist 2-Hydroxy-5-sulfo-3-hydroxymercurio-benzoesäure erhalten wor- den (*Ishihara*, J. pharm. Soc. Japan **49** [1929] 579, 596; dtsch. Ref. S. 134; C. A. **1929** 4684).

Charakterisierung als Anilin-Salz (F: 235°): *Ishihara*, J. pharm. Soc. Japan **49** [1929] 579, 603.

Farbreaktionen: *Erben*, Bio. Z. **220** [1930] 227, 229; *Thiel, Peter*, Z. anal. Chem. **103** [1935] 161, 162; *Darnell, Walker*, Ind. eng. Chem. Anal. **12** [1940] 242; *v. Endrédy, Brugger*, Z. anorg. Ch. **249** [1942] 263, 265. Colorimetrische Bestimmung auf Grund der Farbreaktion mit Eisen(III)-chlorid: *Rikliš, Wyšozkaja*, Farmacija Moskau **9** [1946] Nr. 6, S. 18, 21; C. A. **1947** 7670.

Natrium-Salz $Na_2C_7H_4O_6S$ (vgl. H 412). Krystalle (aus wss. A.) mit 2,5 Mol H_2O (*Ishihara*, J. pharm. Soc. Japan **49** [1929] 759, 787, 790; dtsch. Ref. S. 140, 146; C. A. **1930** 601).

Kalium-Salz $K_2C_7H_4O_6S$ (vgl. H 412). Krystalle (aus W.) mit 1,5 Mol H_2O (*Ishihara*, J. pharm. Soc. Japan **49** [1929] 579, 606; dtsch. Ref. S. 134; C. A. **1929** 4684). In Was- ser leicht löslich.

Kupfer(II)-Salz $CuC_7H_4O_6S$ (H 412). Über die Bildung von Ammoniakaten $CuC_7H_4O_6S \cdot 8 NH_3$, $CuC_7H_4O_6S \cdot 6 NH_3$, $CuC_7H_4O_6S \cdot 5 NH_3$ und $CuC_7H_4O_6S \cdot 2 NH_3$ beim Be- handeln mit flüssigem Ammoniak s. *Spacu, Voichescu*, Z. anorg. Ch. **226** [1936] 273, 284. — Natrium-Kupfer(II)-Salz $Na_4[Cu(C_7H_3O_6S)_2] \cdot 7 H_2O$. Hellgrüne Krystalle (aus W.); in Wasser löslich (*Spacu, Macarovici*, Bulet. Cluj **8** [1936] 364, 368). — Barium-Kupfer(II)-Salz $Ba_2[Cu(C_7H_3O_6S)_2] \cdot 7 H_2O$. Hellgrüne Krystalle; in Wasser schwer löslich (*Sp.*, *Ma.*).

Zink-Salz $ZnC_7H_4O_6S$ (H 412). Über die Bildung von Ammoniakaten $ZnC_7H_4O_6S \cdot 8NH_3$, $ZnC_7H_4O_6S \cdot 4NH_3$ und $ZnC_7H_4O_6S \cdot 2NH_3$ beim Behandeln mit flüssigem Ammoniak s. *Spacu*, *Voichescu*, Z. anorg. Ch. **227** [1936] 129, 139.

Cadmium-Salze. a) $CdC_7H_4O_6S$ (H 412). Über die Bildung von Ammoniakaten $CdC_7H_4O_6S \cdot 10NH_3$, $CdC_7H_4O_6S \cdot 6NH_3$, $CdC_7H_4O_6S \cdot 5NH_3$, $CdC_7H_4O_6S \cdot 4NH_3$, $CdC_7H_4O_6S \cdot 2NH_3$ und $CdC_7H_4O_6S \cdot NH_3$ s. *Spacu*, *Voichescu*, Z. anorg. Ch. **227** [1936] 385, 394. — b) $Cd(C_7H_5O_6S)_2 \cdot 8H_2O$. Krystalle; in Wasser leicht löslich (*Kertèsz*, J. Chim. phys. **35** [1938] 367, 374). — Cadmium-Kupfer(II)-Salz $[Cd(H_2O)_6]_2[Cu(C_7H_3O_6S)_2]$. Grüne Krystalle (*Spacu*, *Macarovici*, Bulet. Cluj **8** [1936] 364, 372).

Quecksilber(II)-Salz $Hg(OH)(C_7H_5O_6S) \cdot H_2O$ s. S. 704.

Aluminium-Salz $Al(C_7H_5O_6S)_3$. In Wasser und Äthanol leicht löslich; die Lösungen fluorescieren violettblau (*Dominikiewicz*, Archiwum Chem. Farm. **1** [1934] 93, 102; C. **1935** I 1539).

Blei(II)-Kupfer(II)-Salz $Pb_2[Cu(C_7H_3O_6S)_2] \cdot 3H_2O$. Hellgrüne Krystalle; in den gebräuchlichen Lösungsmitteln fast unlöslich (*Spacu*, *Macarovici*, Bulet. Cluj **8** [1936] 364, 372).

Eisen(III)-Salz. Absorptionsspektren von Lösungen in wss. Salzsäure und in wss. Ammoniak: *Thiel*, *Peter*, Z. anal. Chem. **103** [1935] 161, 162; von Fluorid enthaltenden wss. Lösungen: *Weyl*, *Rudow*, Z. anorg. Ch. **226** [1936] 341, 347, 348.

Kobalt(III)-Komplexsalze ($C_2H_8N_2 = $ Äthylendiamin): $[trans\text{-}Co(C_2H_8N_2)_2Cl_2]$-$C_7H_5O_6S \cdot H_2O$. Grüne Krystalle; in Wasser schwer löslich, in Äthanol fast unlöslich (*Spacu*, *Macarovici*, Bulet. Cluj **8** [1936] 364, 373). — $[trans\text{-}Co(C_2H_8N_2)_2Cl_2]_2C_7H_4O_6S \cdot H_2O$. Grüne Krystalle; in Wasser schwer löslich (*Sp.*, *Ma.*). — $[trans\text{-}Co(C_2H_8N_2)_2(H_2O)Cl]$-$C_7H_4O_6S \cdot H_2O$. Grauviolette Krystalle; in Wasser mit grünblauer Farbe löslich (*Sp.*, *Ma.*). — $[trans\text{-}Co(C_2H_8N_2)_2Cl_2]_4[Cu(C_7H_3O_6S)_2] \cdot 6H_2O$. Grüne Krystalle; in Wasser löslich, in Äthanol fast unlöslich (*Sp.*, *Ma.*). — $[Co(NH_3)_5Cl]_2[Cu(C_7H_3O_6S)_2] \cdot 4H_2O$. Rotviolette Krystalle; in Wasser schwer löslich, in Äthanol fast unlöslich (*Sp.*, *Ma.*). — $[Co(NH_3)_5NO_2]_2[Cu(C_7H_3O_6S)_2] \cdot 2H_2O$. Gelbgrüne Krystalle; in Wasser schwer löslich, in Äthanol fast unlöslich (*Sp.*, *Ma.*). — $[Co(NH_3)_5SCN]_2[Cu(C_7H_3O_6S)_2] \cdot 4H_2O$. Rote Krystalle; in heissem Wasser löslich (*Sp.*, *Ma.*).

S-Benzyl-isothiuronium-Salz $[C_8H_{11}N_2S]C_7H_5O_6S$. F: 203—204° (*Veibel*, *Lillesund*, Bl. [5] **5** [1938] 1153, 1157).

S-[4-Chlor-benzyl]-isothiuronium-Salz $[C_8H_{10}ClN_2S]C_7H_5O_6S$. Krystalle (aus Dioxan); F: 181° [korr.] (*Dewey*, *Sperry*, Am. Soc. **61** [1939] 3251).

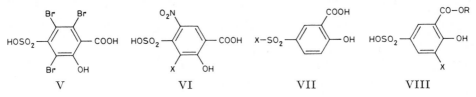

V	VI	VII	VIII

6-Hydroxy-3-sulfamoyl-benzoesäure, 5-Sulfamoyl-salicylsäure, *5-sulfamoyl-salicylic acid* $C_7H_7NO_5S$, Formel VII (X = NH_2) (E I 107; E II 234; dort als Salicyl-säure-sulfonamid-(5) bezeichnet).

F: 231° (*Hartles*, *Williams*, Biochem. J. **41** [1947] 206, 208). UV-Absorptionsmaxima (A.): *Ha.*, *Wi.*

6-Hydroxy-3-carbamimidoylsulfamoyl-benzoesäure, *5-(carbamimidoylsulfamoyl)salicylic acid* $C_8H_9N_3O_5S$, Formel VII (X = NH-C(NH$_2$)=NH) und Tautomeres.

B. Aus 6-Hydroxy-3-chlorsulfonyl-benzoesäure beim Erwärmen mit Guanidin-hydrochlorid in Methanol (*v. Euler*, *Hasselquist*, *Jaarma*, Ark. Kemi **34**A Nr. 19 [1947] 6).

Krystalle (aus Eg.); F: 245—245,5° [Zers.]. In Methanol und Wasser leicht löslich. Beim Behandeln mit Eisen(III)-chlorid in äthanol. Lösung tritt eine rotviolette Färbung auf.

5-Jod-6-hydroxy-3-sulfo-benzoesäure, 3-Jod-5-sulfo-salicylsäure, *3-iodo-5-sulfo-salicylic acid* $C_7H_5IO_6S$, Formel VIII (R = H, X = I).

B. Als Monokalium-Salz beim Behandeln von 2-Hydroxy-5-sulfo-3-carboxy-phenylquecksilber-betain oder von Bis-[2-hydroxy-5-sulfo-3-carboxy-phenyl]-quecksilber mit wss. Kaliumcarbonat-Lösung und mit einer wss. Lösung von Jod und Kaliumjodid (*Ishihara*, J. pharm. Soc. Japan **49** [1929] 759, 775; dtsch. Ref. S. 140, 143; C. A. **1930** 601).

Lösungsmittelhaltige Krystalle (aus Eg. + Ae. + CHCl$_3$), Zers. bei 205° [nach Schmelzen bei 153° und Wiedererstarren bei 155°]; nach dem Trocknen bei 120—130° liegt der Zersetzungspunkt bei 229—231° (*Ishi.*, l. c. S. 777).

Beim Behandeln mit Salpetersäure (D: 1,5) sind 5-Nitro-6-hydroxy-3-sulfo-benzoesäure und 3.5-Dinitro-2-hydroxy-benzoesäure (bei 20°) sowie Pikrinsäure (bei 70°) erhalten worden (*Ishi.*, l. c. S. 778).

Charakterisierung als Anilin-Salz (Zers. bei 273—274°): *Ishi.*, l. c. S. 777.

Kalium-Salz KC$_7$H$_4$IO$_6$S·0,5 C$_2$H$_5$OH: *Ishi.*, l. c. S. 776.

Basisches Quecksilber(II)-Salz Hg(OH)(C$_7$H$_4$IO$_6$S). Krystalle (aus W.) mit 1 Mol H$_2$O; in Wasser schwer löslich (*Ishi.*, l. c. S. 917).

Verbindung mit 3.5-Dijod-4-hydroxy-benzol-sulfonsäure-(1) C$_7$H$_5$IO$_6$S·C$_6$H$_4$I$_2$O$_4$S. Krystalle (aus Eg. + CHCl$_3$) mit 2 Mol H$_2$O; F: 112°; in Wasser und Äthanol leicht löslich (*Ishihara*, J. pharm. Soc. Japan **49** [1929] 902, 922; C. A. **1930** 1361). — Barium-Salz Ba(C$_7$H$_4$IO$_6$S)(C$_6$H$_3$I$_2$O$_4$S). B. Beim Behandeln des Barium-Salzes der 2-Hydroxy-5-sulfo-3-hydroxymercurio-benzoesäure mit einer wss. Lösung von Jod und Kaliumjodid (*Ishi.*, l. c. S. 774, 921). Krystalle (aus W.) mit 3 Mol H$_2$O (*Ishi.*, l. c. S. 774, 922).

5-Nitro-6-hydroxy-3-sulfo-benzoesäure, 3-Nitro-5-sulfo-salicylsäure, *3-nitro-5-sulfosalicylic acid* C$_7$H$_5$NO$_8$S, Formel VIII (R = H, X = NO$_2$) (H 413; E II 234).

B. Aus 6-Hydroxy-3-sulfo-benzoesäure beim Behandeln mit Salpetersäure und Schwefelsäure oder mit Salpetersäure und Acetanhydrid (*Meldrum, Hirve*, J. Indian chem. Soc. **7** [1930] 887, 889; vgl. H 413).

Krystalle (aus W.) mit 4 Mol H$_2$O (*Me., Hi.*); gelbliche Krystalle mit 1 Mol H$_2$O, F: 90—93°; die wasserfreie Verbindung schmilzt bei 160—162° (*Ishihara*, J. pharm. Soc. Japan **49** [1929] 759, 782; dtsch. Ref. S. 140, 145; C. A. **1930** 601). In Äthanol leicht löslich (*Ishi.*).

Charakterisierung als Anilin-Salz (F: 235): *Ishi.*, l. c. S. 783.

Natrium-Salz Na$_2$C$_7$H$_3$NO$_8$S·NaC$_7$H$_4$NO$_8$S. Rote Krystalle (aus W.); in Wasser leicht löslich (*Ishi.*, l. c. S. 781).

Kalium-Salze. a) KC$_7$H$_4$NO$_8$S (E II 234). Gelbliche Krystalle (aus W.) mit 1 Mol H$_2$O (*Me., Hi.*). — b) K$_2$C$_7$H$_3$NO$_8$S. Gelbe Krystalle (aus W.) mit 1 Mol H$_2$O; in heissem Wasser mässig löslich (*Me., Hi.*). — c) K$_3$C$_7$H$_2$NO$_8$S. Rötlichgelbe Krystalle (aus W.) mit 1 Mol H$_2$O; in Wasser leicht löslich (*Me., Hi.*).

Barium-Salze. a) BaC$_7$H$_3$NO$_8$S (H 413). Krystalle (aus W.) mit 1 Mol H$_2$O; in Wasser schwer löslich (*Me., Hi.*; *Ishi.*, l. c. S. 782). — b) Ba(C$_7$H$_4$NO$_8$S)$_2$. Gelbe Krystalle (aus wss. Salzsäure) mit 2,5 Mol H$_2$O (*Me., Hi.*).

5-Nitro-6-hydroxy-3-sulfo-benzoesäure-methylester, 5-Nitro-6-hydroxy-1-methoxy-carbonyl-benzol-sulfonsäure-(3), *3-nitro-5-sulfosalicylic acid methyl ester* C$_8$H$_7$NO$_8$S, Formel VIII (R = CH$_3$, X = NO$_2$).

B. Aus 5-Nitro-6-hydroxy-3-sulfo-benzoesäure (*Meldrum, Hirve*, J. Indian chem. Soc. **7** [1930] 887, 891).

Hygroskopische Krystalle (aus W.). In Äthanol leicht löslich.

Kalium-Salz KC$_8$H$_6$NO$_8$S. Krystalle. In Wasser schwer löslich.

Barium-Salze. a) BaC$_8$H$_5$NO$_8$S. Gelbe Krystalle; in heissem Wasser schwer löslich. — b) Ba(C$_8$H$_6$NO$_8$S)$_2$. Gelbliche Krystalle; in heissem Wasser leicht löslich.

5-Nitro-6-hydroxy-3-sulfo-benzoesäure-äthylester, 5-Nitro-6-hydroxy-1-äthoxycarbonyl-benzol-sulfonsäure-(3), *3-nitro-5-sulfosalicylic acid ethyl ester* C$_9$H$_9$NO$_8$S, Formel VIII (R = C$_2$H$_5$, X = NO$_2$).

B. Aus 5-Nitro-6-hydroxy-3-sulfo-benzoesäure (*Meldrum, Hirve*, J. Indian chem. Soc. **7** [1930] 887, 892).

Hygroskopische Krystalle (aus W.). In Äthanol leicht löslich.

Kalium-Salz KC$_9$H$_8$NO$_8$S. In Wasser schwer löslich.

Barium-Salze. a) BaC$_9$H$_7$NO$_8$S. Gelbe Krystalle; in heissem Wasser schwer löslich. — b) Ba(C$_9$H$_8$NO$_8$S)$_2$. Gelbliche Krystalle; in heissem Wasser leicht löslich.

3-Hydroxy-4-sulfo-benzoesäure, *3-hydroxy-4-sulfobenzoic acid* $C_7H_6O_6S$, Formel IX
(R = H, X = OH) (H 413).

B. Aus 3-Hydroxy-benzoesäure beim Erwärmen mit Schwefelsäure (*Ishihara*, J. pharm.
Soc. Japan **50** [1930] 132, 142; C. A. **1930** 4002; s. a. *Shah*, Soc. **1930** 1293, 1295).

Grüngelbe Krystalle (aus W.) mit 2,5 Mol H_2O, F: 206°; das nach dem Trocknen
erhaltene Monohydrat schmilzt bei 213° (*Shah*). Krystalle (aus W.) mit 1 Mol H_2O, die
bei 100° $^2/_3$ Mol H_2O abgeben und dann bei 212–214° schmelzen; die wasserfreie
Verbindung (durch Trocknen bei 150° erhalten) schmilzt bei 227–230° (*Ishi.*). Beim
Behandeln mit wss. Alkalilaugen werden violett fluorescierende Lösungen erhalten
(*Shah*).

Beim Behandeln mit Quecksilber(II)-oxid in Wasser und Erhitzen des gebildeten
Quecksilber-Salzes $Hg_3(OH)_2(C_7H_4O_6S)_2 \cdot H_2O$ mit 3-Hydroxy-4-sulfo-benzoesäure in
Wasser ist 5-Hydroxy-4-sulfo-2-hydroxymercurio-benzoesäure erhalten worden (*Ishi.*,
l. c. S. 145).

Charakterisierung als Anilin-Salz (F: 233–234°): *Ishi.*, l. c. S. 143.

Ammonium-Salz $[NH_4]C_7H_5O_6S$, Natrium-Salz $NaC_7H_5O_6S \cdot 1,5H_2O$ und
Kalium-Salz $KC_7H_5O_6S \cdot H_2O$: *Shah*.

3-Methoxy-4-sulfo-benzoesäure, *4-sulfo-m-anisic acid* $C_8H_8O_6S$, Formel IX (R = CH_3,
X = OH) (E II 235).

B. Aus 3-Hydroxy-4-sulfo-benzoesäure beim Behandeln mit wss. Kalilauge und
Dimethylsulfat und anschliessenden Erhitzen mit Kaliumhydroxid (*Shah*, Soc. **1930**
1293, 1296).

Krystalle mit 2 Mol H_2O; F: 228°.

Beim Erhitzen mit Kaliumhydroxid (oder Natriumhydroxid) auf 270° bzw. auf 310° ist
3-Hydroxy-4-sulfo-benzoesäure bzw. 3.4-Dihydroxy-benzoesäure als Hauptprodukt erhalten worden.

Natrium-Salz $NaC_8H_7O_6S$. Krystalle (aus W.).

Kalium-Salz $KC_8H_7O_6S_2O$. Krystalle (aus W.) mit 1 Mol H_2O.

Barium-Salz $BaC_8H_6O_6S$. Krystalle (aus W.) mit 4 Mol H_2O, von denen bei 120°
3 Mol abgegeben werden.

3-Methoxy-4-chlorsulfonyl-benzoesäure, *4-(chlorosulfonyl)-m-anisic acid* $C_8H_7ClO_5S$,
Formel IX (R = CH_3, X = Cl).

B. Aus 3-Methoxy-4-chlorsulfonyl-benzoylchlorid bei mehrtägigem Behandeln mit
Wasser (*Shah*, Soc. **1930** 1293, 1297).

Krystalle (aus Toluol); F: 214°.

3-Methoxy-4-chlorsulfonyl-benzoylchlorid, *4-(chlorosulfonyl)-m-anisoyl chloride*
$C_8H_6Cl_2O_4S$, Formel X (X = Cl).

B. Aus 3-Methoxy-4-sulfo-benzoesäure beim Erhitzen des Monokalium-Salzes mit
Phosphor(V)-chlorid (*Shah*, Soc. **1930** 1293, 1297).

F: 87°. In Benzol leicht löslich, in Tetrachlormethan schwer löslich.

3-Methoxy-4-sulfamoyl-benzoesäure, *4-sulfamoyl-m-anisic acid* $C_8H_9NO_5S$, Formel IX
(R = CH_3, X = NH_2) (E II 235).

B. Aus 3-Methoxy-4-chlorsulfonyl-benzoesäure beim Erwärmen mit wss. Ammoniak
(*Shah*, Soc. **1930** 1293, 1298). Aus 3-Methoxy-4-sulfamoyl-benzamid beim Erhitzen mit
wss. Salzsäure (*Shah*).

Krystalle (aus wss. A.); F: 290° [Zers.]. In Methanol, Äthanol und Aceton leicht löslich,
in heissem Wasser löslich, in Benzol fast unlöslich.

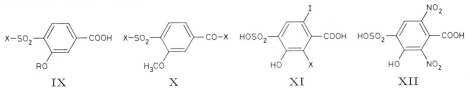

        IX   X   XI   XII

3-Methoxy-4-sulfamoyl-benzamid, *4-sulfamoyl-m-anisamide* $C_8H_{10}N_2O_4S$, Formel X
(X = NH_2).

B. Aus 3-Methoxy-4-chlorsulfonyl-benzoylchlorid beim Erwärmen mit wss. Ammoniak

(*Shah*, Soc. **1930** 1293, 1298).

Krystalle (aus W.); F: 255°.

6-Jod-3-hydroxy-4-sulfo-benzoesäure, *5-hydroxy-2-iodo-4-sulfobenzoic acid* $C_7H_5IO_6S$, Formel XI (X = H).

B. Aus 5-Hydroxy-4-sulfo-2-hydroxymercurio-benzoesäure beim Behandeln des Mononatrium-Salzes mit einer wss. Lösung von Jod und Kaliumjodid sowie beim Behandeln des Trinatrium-Salzes mit einer Lösung von Jod und Kaliumjodid in wss. Jod‐wasserstoffsäure (*Ishihara*, J. pharm. Soc. Japan **50** [1930] 132, 149, 270, 287; C. A. **1930** 4002).

Krystalle mit 2 Mol H_2O, F: 89—91°; die wasserfreie Verbindung schmilzt bei 170° bis 171°. In Wasser und Äthanol leicht löslich.

Überführung in 2.6-Dinitro-3-hydroxy-4-sulfo-benzoesäure durch Behandlung mit Salpetersäure (D: 1,5): *Ishi.*, l. c. S. 289. Beim Erhitzen mit wss. Kalilauge auf 230° ist 2.5-Dihydroxy-4-sulfo-benzoesäure, beim Erhitzen mit wss. Kalilauge auf 280° ist Oxalsäure erhalten worden (*Ishi.*, l. c. S. 290).

Charakterisierung als Anilin-Salz (F: 241—242°): *Ishi.*, l. c. S. 151.

Beim Behandeln mit Eisen(III)-chlorid-Lösung tritt eine rotviolette Färbung auf. Kalium-Salz $KC_7H_4IO_6S$. Krystalle (aus W.) mit 1,5 Mol H_2O. In Wasser schwer löslich. Über eine Verbindung dieses Salzes mit dem Monokalium-Salz der 3-Hydroxy-4-sulfo-benzoesäure s. *Ishi.*, l. c. S. 148.

2.6-Dijod-3-hydroxy-4-sulfo-benzoesäure, *3-hydroxy-2,6-diiodo-4-sulfobenzoic acid* $C_7H_4I_2O_6S$, Formel XI (X = I).

B. Aus 5-Hydroxy-4-sulfo-2-hydroxymercurio-benzoesäure beim Behandeln des Trinatrium-Salzes mit einer wss. Lösung von Jod und Kaliumjodid (*Ishihara*, J. pharm. Soc. Japan **50** [1930] 132, 147; C. A. **1930** 4002).

Hygroskopische Krystalle (aus W.) mit 2 Mol H_2O; F: 115—116°; die wasserfreie Verbindung zersetzt sich bei 210—235° (*Ishi.*, l. c. S. 155). In Wasser, Äthanol und Essigsäure leicht löslich.

Beim Erwärmen mit Salpetersäure (D: 1,5) ist 2.4.6-Trinitro-3-hydroxy-benzoesäure erhalten worden (*Ishi.*, l. c. S. 151).

2.6-Dinitro-3-hydroxy-4-sulfo-benzoesäure, *3-hydroxy-2,6-dinitro-4-sulfobenzoic acid* $C_7H_4N_2O_{10}S$, Formel XII.

B. Aus 6-Jod-3-hydroxy-4-sulfo-benzoesäure beim Behandeln mit Salpetersäure [D: 1,5] (*Ishihara*, J. pharm. Soc. Japan **50** [1930] 270, 289; C. A. **1930** 4002).

Wasserhaltige gelbliche Krystalle, die bei 125° das Krystallwasser abgeben und danach bei 133—134° schmelzen (*Ishihara*, J. pharm. Soc. Japan **50** [1930] 132, 153; C. A. **1930** 4002); gelbliche Krystalle mit 3 Mol H_2O, Zers. bei 193—195° [nach Trocknen bei 105°] (*Ishi.*, l. c. S. 289). In Wasser, Äthanol und Äther leicht löslich, in Benzol fast unlöslich (*Ishi.*, l. c. S. 153, 289).

Beim Behandeln mit Eisen(III)-chlorid-Lösung tritt eine rotbraune Färbung auf (*Ishi.*, l. c. S. 153, 289).

5-Hydroxy-3-sulfo-benzoesäure, *3-hydroxy-5-sulfobenzoic acid* $C_7H_6O_6S$, Formel I (R = H, X = OH) (H 413; dort als 5-Sulfo-3-oxy-benzoesäure bezeichnet).

B. Aus 5-Sulfo-1-carboxy-benzol-diazonium-(3)-betain beim Erhitzen mit Wasser (*Shah, Bhatt*, Soc. **1933** 1373).

Krystalle mit 2 Mol H_2O, die beim Trocknen 1 Mol H_2O abgeben; das Monohydrat schmilzt bei 142° [nach Sintern bei 135°].

Ammonium-Salz $[NH_4]C_7H_5O_6S$, Natrium-Salz $NaC_7H_5O_6S$, Monokalium-Salz $KC_7H_5O_6S \cdot 1,5H_2O$ und Dikalium-Salz $K_2C_7H_4O_6S \cdot 3H_2O$: *Shah, Bh.*

5-Methoxy-3-sulfo-benzoesäure, *5-sulfo-m-anisic acid* $C_8H_8O_6S$, Formel I (R = CH_3, X = OH).

B. Aus 5-Hydroxy-3-sulfo-benzoesäure beim Behandeln mit wss. Kalilauge und Dimethylsulfat und anschliessenden Erhitzen (*Shah, Bhatt*, Soc. **1933** 1373).

Krystalle mit 2 Mol H_2O; F: 125°.

Natrium-Salz $NaC_8H_7O_6S$, Kalium-Salz $KC_8H_7O_6S \cdot H_2O$ und Barium-Salz $BaC_8H_6O_6S$: *Shah, Bh.*

5-Methoxy-3-chlorsulfonyl-benzoesäure, *5-(chlorosulfonyl)-m-anisic acid* $C_8H_7ClO_5S$,
Formel I (R = CH_3, X = Cl).

B. Aus 5-Methoxy-3-chlorsulfonyl-benzoylchlorid bei mehrtägigem Behandeln mit
Wasser (*Shah, Bhatt,* Soc. **1933** 1373).

Krystalle (aus Bzl. oder Toluol); F: 160°.

5-Methoxy-3-chlorsulfonyl-benzoylchlorid, *5-(chlorosulfonyl)-m-anisoyl chloride*
$C_8H_6Cl_2O_4S$, Formel II (X = Cl).

B. Aus 5-Methoxy-3-sulfo-benzoesäure beim Behandeln des Monokalium-Salzes mit
Phosphor(V)-chlorid (*Shah, Bhatt,* Soc. **1933** 1373).

F: 51,5°.

5-Methoxy-3-sulfamoyl-benzoesäure, *5-sulfamoyl-m-anisic acid* $C_8H_9NO_5S$, Formel I
(R = CH_3, X = NH_2).

B. Aus 5-Methoxy-3-chlorsulfonyl-benzoesäure beim Erwärmen mit wss. Ammoniak
(*Shah, Bhatt,* Soc. **1933** 1373). Aus 5-Methoxy-3-sulfamoyl-benzamid beim Erhitzen mit
wss. Salzsäure (*Shah, Bh.*). Aus 5-Methoxy-toluolsulfonamid-(3) beim Behandeln mit wss.
Kaliumpermanganat-Lösung (*Shah, Bh.*).

F: 214°. In Methanol, Äthanol und Aceton leicht löslich, in heissem Wasser löslich, in
Benzol fast unlöslich.

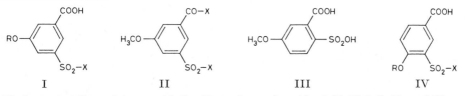

I   II   III   IV

5-Methoxy-3-sulfamoyl-benzamid, *5-sulfamoyl-m-anisamide* $C_8H_{10}N_2O_4S$, Formel II
(X = NH_2).

B. Aus 5-Methoxy-3-chlorsulfonyl-benzoylchlorid beim Behandeln mit wss. Ammoniak
(*Shah, Bhatt,* Soc. **1933** 1373).

Krystalle (aus W.); F: 184°.

5-Hydroxy-2-sulfo-benzoesäure $C_7H_6O_6S$.

5-Methoxy-2-sulfo-benzoesäure, *6-sulfo-m-anisic acid* $C_8H_8O_6S$, Formel III (E II 235;
dort als 6-Sulfo-3-methoxy-benzoesäure bezeichnet).

Beim Behandeln dieser Säure mit Brom (1 Mol) in wss. Schwefelsäure ist 6-Brom-
3-methoxy-benzoesäure erhalten worden (*Shah, Bhatt, Kanga,* J. Univ. Bombay **3**, Tl. 2
[1934] 153).

4-Hydroxy-3-sulfo-benzoesäure, *4-hydroxy-3-sulfobenzoic acid* $C_7H_6O_6S$, Formel IV
(R = H, X = OH) (H 414; E I 107; E II 235).

Krystalle mit 2 Mol H_2O; die wasserfreie Verbindung zersetzt sich bei 243° (*Ishihara,*
J. pharm. Soc. Japan **49** [1929] 1177, 1182; C. A. **1930** 1361).

Charakterisierung als Anilin-Salz (F: 256° [Zers.]; die Schmelze erstarrt bei 268—269°
wieder): *Ishi.,* l. c. S. 1183.

Beim Behandeln mit Eisen(III)-chlorid in wss. Lösung tritt eine dunkelrote Färbung
auf (*Ishi.*).

Barium-Salz $Ba(C_7H_5O_6S)_2$. In Wasser schwer löslich (*Ishi.*).

Aluminium-Salz $Al(C_7H_5O_6S)_3$: *Dominikiewicz,* Archiwum Chem. Farm. **1** [1934]
93, 102; C. **1935** I 1539.

4-Methoxy-3-sulfo-benzoesäure, *3-sulfo-p-anisic acid* $C_8H_8O_6S$, Formel IV (R = CH_3,
X = OH) (H 414; E I 107).

B. Aus 4-Methoxy-toluol-sulfonsäure-(3) beim Erhitzen mit wss. Kaliumpermanganat-
Lösung (*Shah, Bhatt, Kanga,* Soc. **1933** 1375, 1380).

Krystalle mit 2 Mol H_2O; F: 250—251°.

Barium-Salz $BaC_8H_6O_6S \cdot 2 H_2O$ (vgl. H 414): *Shah, Bh., Ka.*

4-Methoxy-3-chlorsulfonyl-benzoesäure, *3-(chlorosulfonyl)-p-anisic acid* $C_8H_7ClO_5S$,
Formel IV (R = CH_3, X = Cl).

B. Aus 4-Methoxy-3-chlorsulfonyl-benzoylchlorid bei mehrtägigem Behandeln mit

Wasser (*Shah, Bhatt, Kanga*, Soc. **1933** 1375, 1380).
Krystalle (aus Toluol); F: 178°.

4-Methoxy-3-chlorsulfonyl-benzoylchlorid, *3-(chlorosulfonyl)-p-anisoyl chloride*
$C_8H_6Cl_2O_4S$, Formel V (X = Cl).
B. Aus 4-Methoxy-3-sulfo-benzoesäure beim Erhitzen des Monokalium-Salzes mit
Phosphor(V)-chlorid (*Shah, Bhatt, Kanga*, Soc. **1933** 1375, 1380).
Krystalle (aus Bzl. oder Toluol); F: 70°.

4-Methoxy-3-sulfamoyl-benzoesäure, *3-sulfamoyl-p-anisic acid* $C_8H_9NO_5S$, Formel IV
(R = CH_3, X = NH_2) (H 415).
B. Aus 4-Methoxy-3-chlorsulfonyl-benzoesäure beim Erwärmen mit wss. Ammoniak
(*Shah, Bhatt, Kanga*, Soc. **1933** 1375, 1381). Aus 4-Methoxy-3-sulfamoyl-benzamid beim
Erhitzen mit wss. Salzsäure (*Shah, Bh., Ka.*).
F: 288°.

4-Methoxy-3-sulfamoyl-benzamid, *3-sulfamoyl-p-anisamide* $C_8H_{10}N_2O_4S$, Formel V
(X = NH_2).
B. Aus 4-Methoxy-3-chlorsulfonyl-benzoylchlorid (*Shah, Bhatt, Kanga*, Soc. **1933** 1375,
1380).
F: 262°.

5-Chlor-4-hydroxy-3-sulfo-benzoesäure, *3-chloro-4-hydroxy-5-sulfobenzoic acid*
$C_7H_5ClO_6S$, Formel VI (R = H, X = Cl).
B. Aus 3-Chlor-4-hydroxy-benzoesäure beim Erhitzen mit rauchender Schwefelsäure
(*Medokš, Dobrowol'škaja*, Ž. prikl. Chim. **13** [1940] 191, 192; C. A. **1941** 4444).
Beim Erhitzen des Monokalium-Salzes mit Kaliumhydroxid und wenig Wasser in
Gegenwart von Kupfer-Pulver und Kaliumjodid auf 180° ist das Kalium-Salz
$KC_7H_5O_7S$ der 4.5-Dihydroxy-3-sulfo-benzoesäure $C_7H_6O_7S$ (Formel VI [R = H,
X = OH]) erhalten worden.
Kalium-Salze. a) $KC_7H_4ClO_6S$. In heissem Wasser leicht löslich, in Methanol,
Äthanol, Aceton und Pyridin schwer löslich, in Äther und Benzol fast unlöslich. —
b) $K_2C_7H_3ClO_6S$. Krystalle (aus W.) mit 1,5 Mol H_2O. In Wasser leicht löslich, in Äthanol
und Methanol schwer löslich, in Äther, Benzol, Aceton und Pyridin fast unlöslich.

5-Jod-4-hydroxy-3-sulfo-benzoesäure, *4-hydroxy-3-iodo-5-sulfobenzoic acid* $C_7H_5IO_6S$,
Formel VI (R = H, X = I).
B. Aus dem Dinatrium-Salz der 4-Hydroxy-5-sulfo-3-hydroxymercurio-benzoesäure
beim Behandeln mit einer wss. Lösung von Jod und Kaliumjodid (*Ishihara*, J. pharm.
Soc. Japan **49** [1929] 1177, 1186; C. A. **1930** 1361; *Ishihara*, J. pharm. Soc. Japan **50**
[1930] 29, 41, 43, 44).
Krystalle (aus W.) mit 2 Mol H_2O, die bei 100−120° 1 Mol H_2O abgeben; das Mono≈
hydrat zersetzt sich bei 202−203° (*Ishi.*, J. pharm. Soc. Japan **50** 50).
Beim Erwärmen mit Salpetersäure (D: 1,5) ist Pikrinsäure erhalten worden (*Ishi.*,
J. pharm. Soc. Japan **49** 1188).
Charakterisierung als Anilin-Salz (F: 262−264° [Zers.]): *Ishi.*, J. pharm. Soc. Japan
50 45.
Kalium-Salz $KC_7H_4IO_6S$. In Wasser schwer löslich (*Ishi.*, J. pharm. Soc. Japan **49**
1186, **50** 44). Beim Behandeln mit wss. Eisen(III)-chlorid-Lösung tritt eine violette
Färbung auf.

**5-Jod-4-hydroxy-3-sulfo-benzoesäure-äthylester, 5-Jod-4-hydroxy-1-äthoxycarbonyl-
benzol-sulfonsäure-(3),** *4-hydroxy-3-iodo-5-sulfobenzoic acid ethyl ester* $C_9H_9IO_6S$,
Formel VI (R = C_2H_5, X = I).
B. Aus 5-Jod-4-hydroxy-3-sulfo-benzoesäure beim Behandeln mit wss.-äthanol. Salz≈
säure (*Ishihara*, J. pharm. Soc. Japan **49** [1929] 1177, 1186; C. A. **1930** 1361).
Krystalle (aus Eg., $CHCl_3$ oder Bzn.) mit 2 Mol H_2O, die bei 100° 1 Mol H_2O abgeben;
das Monohydrat schmilzt bei 120−124°. In Wasser, Äthanol und Essigsäure leicht löslich,
in anderen organischen Lösungsmitteln schwer löslich oder fast unlöslich.
Beim Behandeln mit Salpetersäure (D: 1,5) sind 3.5-Dinitro-4-hydroxy-benzoesäu≈
re-äthylester und eine als 5-Nitro-4-hydroxy-3-sulfo-benzoesäure angesehene Verbindung (S. 711) erhalten worden (*Ishi.*, l. c. S. 1188).

Charakterisierung als Anilin-Salz (F: 243°): *Ishi.*, l. c. S. 1187.

Beim Behandeln mit Eisen(III)-chlorid in wss. Lösung tritt eine violettrote Färbung auf.

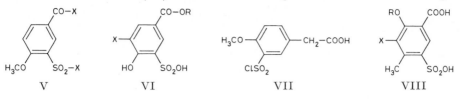

V   VI   VII   VIII

5-Nitro-4-hydroxy-3-sulfo-benzoesäure, *4-hydroxy-3-nitro-5-sulfobenzoic acid* $C_7H_5NO_8S$, Formel VI (R = H, X = NO_2).

Eine unter dieser Konstitution beschriebene, als Barium-Salz $BaC_7H_3NO_8S$ (gelbe Krystalle [aus W.] mit 3 Mol H_2O, die bei 120° das Wasser abgeben und dabei rotbraun werden) isolierte Verbindung ist neben 3.5-Dinitro-4-hydroxy-benzoesäure-äthylester beim Behandeln von 5-Jod-4-hydroxy-3-sulfo-benzoesäure-äthylester mit Salpetersäure (D: 1,5) erhalten worden (*Ishihara*, J. pharm. Soc. Japan **49** [1929] 1177, 1188; C. A. **1930** 1361).

[4-Hydroxy-3-sulfo-phenyl]-essigsäure $C_8H_8O_6S$.

[4-Methoxy-3-chlorsulfonyl-phenyl]-essigsäure, *[3-(chlorosulfonyl)-4-methoxyphenyl]-acetic acid* $C_9H_9ClO_5S$, Formel VII.

B. Aus [4-Methoxy-phenyl]-essigsäure beim Behandeln mit Chloroschwefelsäure (*Burger, Avakian*, J. org. Chem. **5** [1940] 606, 607).

Krystalle (aus Bzl.); F: 164—165°.

6-Hydroxy-3-sulfo-4-methyl-benzoesäure, *4-methyl-5-sulfosalicylic acid* $C_8H_8O_6S$, Formel VIII (R = H, X = H).

B. Aus 2-Hydroxy-4-methyl-benzoesäure beim Behandeln mit Schwefelsäure (*Meldrum, Bamji*, J. Indian chem. Soc. **13** [1936] 641, 642).

Krystalle (aus W.) mit 4 Mol H_2O; F: 93°.

Beim Einleiten von Brom-Dampf in eine wss. Lösung ist 2.4.6-Tribrom-3-methyl-phenol, beim Behandeln von Lösungen in wss. Bromwasserstoffsäure mit Brom-Dampf sind 3.5-Dibrom-2-hydroxy-4-methyl-benzoesäure und 5-Brom-6-hydroxy-3-sulfo-4-methyl-benzoesäure erhalten worden. Bildung von 5-Nitro-6-hydroxy-3-sulfo-4-methyl-benzoesäure, 3.5-Dinitro-2-hydroxy-4-methyl-benzoesäure und 2.4.6-Trinitro-3-methyl-phenol beim Behandeln mit Salpetersäure und Schwefelsäure: *Me., Ba.*

Natrium-Salz $NaC_8H_7O_6S$. Krystalle (aus W.) mit 1 Mol H_2O.

Kalium-Salz $KC_8H_7O_6S$. Krystalle (aus W.) mit 3 Mol H_2O.

Calcium-Salz $Ca(C_8H_7O_6S)_2$. Krystalle (aus W.) mit 5 Mol H_2O.

Barium-Salz $Ba(C_8H_7O_6S)_2$. Krystalle (aus W.) mit 5 Mol H_2O.

6-Methoxy-3-sulfo-4-methyl-benzoesäure, *4-methyl-5-sulfo-o-anisic acid* $C_9H_{10}O_6S$, Formel VIII (R = CH_3, X = H).

B. Aus 6-Hydroxy-3-sulfo-4-methyl-benzoesäure beim Behandeln mit wss. Natronlauge und Dimethylsulfat, zuletzt unter Erhitzen (*Meldrum, Bamji*, J. Indian chem. Soc. **13** [1936] 641, 642). Aus 2-Methoxy-4-methyl-benzoesäure beim Erwärmen mit rauchender Schwefelsäure (*Me., Ba.*).

Krystalle (aus W.) mit 2 Mol H_2O; F: 193° [Zers.].

Beim Behandeln einer Lösung in wss. Bromwasserstoffsäure mit Brom ist 3-Brom-2-methoxy-4-methyl-benzoesäure erhalten worden.

Natrium-Salz $NaC_9H_9O_6S \cdot 2H_2O$: *Me., Ba.*

5-Brom-6-hydroxy-3-sulfo-4-methyl-benzoesäure, *3-bromo-4-methyl-5-sulfosalicylic acid* $C_8H_7BrO_6S$, Formel VIII (R = H, X = Br).

B. Als Hauptprodukt beim Einleiten von Brom-Dampf in eine Lösung von 6-Hydroxy-3-sulfo-4-methyl-benzoesäure in wss. Bromwasserstoffsäure bei 0° (*Meldrum, Bamji*, J. Indian chem. Soc. **13** [1936] 641, 643).

Krystalle (aus W.); F: 183°.

Kalium-Salz $KC_8H_6BrO_6S$. Krystalle (aus W.) mit 1 Mol H_2O.

Calcium-Salz $Ca(C_8H_6BrO_6S)_2$. Krystalle (aus W.).

5-Nitro-6-hydroxy-3-sulfo-4-methyl-benzoesäure, *4-methyl-3-nitro-5-sulfosalicylic acid* $C_8H_7NO_8S$, Formel VIII (R = H, X = NO_2).

B. Aus 6-Hydroxy-3-sulfo-4-methyl-benzoesäure beim Behandeln mit einem Gemisch von Salpetersäure und rauchender Schwefelsäure (*Meldrum, Bamji,* J. Indian chem. Soc. **13** [1936] 641, 644).

Krystalle (aus W.); F: 85°.

Calcium-Salz $CaC_8H_5NO_8S$. Gelbliche Krystalle (aus W.) mit 4 Mol H_2O.

Barium-Salz $BaC_8H_5NO_8S$. Gelbliche Krystalle (aus W.) mit 4 Mol H_2O.

Sulfo-Derivate der Hydroxycarbonsäuren $C_nH_{2n-14}O_3$

3-Hydroxy-4-sulfo-naphthoesäure-(2), *3-hydroxy-4-sulfo-2-naphthoic acid* $C_{11}H_8O_6S$, Formel IX (E II 237).

B. Aus 3-Hydroxy-naphthoesäure-(2) beim Erhitzen mit Natriumsulfit und Man= gan(IV)-oxid in Wasser auf 130° (*Bogdanow, Iwanowa,* Ž. obšč. Chim. **8** [1938] 1071, 1075; C. **1939** II 3411; s. a. *Bogdanow, Karandaschewa,* Ž. obšč. Chim. **16** [1946] 1613, 1615; C. A. **1947** 6230).

Beim Erhitzen mit wss. Natronlauge und Natriumhydrogensulfit sind 2-Hydroxy-naphthalin-sulfonsäure-(1) und Naphthol-(2) erhalten worden (*Bo., Ka.*).

Beim Behandeln mit Eisen(III)-chlorid-Lösung tritt eine blaue Färbung auf (*Bo., Iw.*).

Natrium-Salz $NaC_{11}H_7O_6S$ (vgl. E II 237). Gelbe Krystalle mit 5 Mol bzw. 4,5 Mol H_2O (*Bo., Iw.; Bo., Ka.*).

3-Hydroxy-5-sulfo-naphthoesäure-(2), *3-hydroxy-5-sulfo-2-naphthoic acid* $C_{11}H_8O_6S$, Formel X (X = OH) (H 417).

Überführung in x-Nitro-3-hydroxy-5-dimethylsulfamoyl-naphthoesäu= re-(2) $C_{13}H_{12}N_2O_7S$ (gelbliche Krystalle [aus Eg.]; Zers. bei 270—275°) durch aufein-anderfolgende Behandlung mit Phosphor(V)-chlorid, mit Wasser, mit Salpetersäure und Schwefelsäure, mit wss. Salzsäure und mit Dimethylamin: *I.G. Farbenind.,* D.R.P. 611284 [1933]; Frdl. **21** 373.

Charakterisierung als *p*-Toluidin-Salz (F: 247° [Zers.]): *Cross,* J. Soc. Dyers Col. **62** [1946] 150.

Aluminium-Salz $Al_2O(C_{11}H_7O_6S)_4$ (gelbliche Krystalle; in Wasser und Äthanol leicht löslich): *Dominikiewicz,* Archiwum Chem. Farm. **1** [1934] 93, 97, 105; C. **1935** I 1539.

3-Hydroxy-5-dimethylsulfamoyl-naphthoesäure-(2), *3-hydroxy-5-(dimethylsulfamoyl)-2-naphthoic acid* $C_{13}H_{13}NO_5S$, Formel X (X = N(CH$_3$)$_2$).

F: 206—208° (*I.G. Farbenind.,* D.R.P. 611284 [1933]; Frdl. **21** 373, 378).

Natrium-Salz. Gelbliche Krystalle (aus W.).

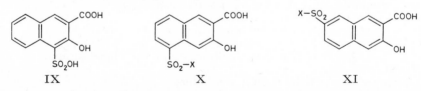

IX   X   XI

3-Hydroxy-7-sulfo-naphthoesäure-(2), *3-hydroxy-7-sulfo-2-naphthoic acid* $C_{11}H_8O_6S$, Formel XI (X = OH) (H 417; E II 237).

Diese Konstitution kommt der nachstehend beschriebenen, ursprünglich (*Geigy A.G.,* D.R.P. 672858 [1937]; Frdl. **25** 158) als 3-Hydroxy-8-sulfo-naphthoesäure-(2) angesehenen Verbindung zu (*Cross,* J. Soc. Dyers Col. **62** [1946] 150).

B. Beim Behandeln von 4-Amino-3-hydroxy-naphthoesäure-(2) mit Schwefelsäure bei 60° oder mit rauchender Schwefelsäure bei 25° und Erwärmen des aus dem Reaktions-produkt bereiteten Diazoniumsulfats mit wasserhaltigem Äthanol in Gegenwart von Kupfer und Kupfer(II)-sulfat (*Geigy A.G.*).

Charakterisierung als *p*-Toluidin-Salz (F: 268—269° [Zers.]): *Cr.*

Natrium-Salz $NaC_{11}H_7O_6S$ (H 418). Aus konz. wss. Lösung krystallisiert das Mono=

hydrat, aus verd. wss. Lösung krystallisiert das Dihydrat (gelbe Krystalle) (*Cr.*). Das Krystallwasser wird bei 140—150° abgegeben (*Cr.*).

Aluminium-Salz Al(C₁₁H₇O₆S)₃. Gelbe Krystalle; in Äthanol, Wasser und heisser Essigsäure leicht löslich; wss. Lösungen fluorescieren blaugrün (*Dominikiewicz*, Archiwum Chem. Farm. **1** [1934] 93, 98, 105; C. **1935** I 1539).

3-Hydroxy-7-chlorsulfonyl-naphthoesäure-(2), *7-(chlorosulfonyl)-3-hydroxy-2-naphthoic acid* C₁₁H₇ClO₅S, Formel XI (X = Cl).

B. Aus 3-Hydroxy-7-sulfo-naphthoesäure-(2) beim Behandeln des Natrium-Salzes mit Phosphor(V)-chlorid und anschliessendem Erhitzen mit wss. Salzsäure (*I.G. Farbenind.*, D.R.P. 589520 [1932]; Frdl. **20** 488).

Gelbliche Krystalle (aus Acn.); F: 190°. In Äther, in Benzol und in Aceton schwer löslich.

Sulfo-Derivate der Hydroxycarbonsäuren C_nH_{2n-8}O₄

2.3-Dihydroxy-4-sulfo-benzoesäure, *2,3-dihydroxy-4-sulfobenzoic acid* C₇H₆O₇S, Formel XII.

Eine unter dieser Konstitution beschriebene, als Barium-Salz BaC₇H₄O₇S isolierte Säure ist neben anderen Verbindungen bei der Oxydation von Toluol-sulfonsäure-(4) oder von 2-Hydroxy-toluol-sulfonsäure-(4) in wss. Schwefelsäure an Blei-Anoden oder Platin-Anoden bei 70—75° erhalten worden (*Yokoyama*, Helv. **13** [1930] 1257, 1258, 1262).

2.5-Dihydroxy-4-sulfo-benzoesäure, *2,5-dihydroxy-4-sulfobenzoic acid* C₇H₆O₇S, Formel XIII.

B. Aus 6-Jod-3-hydroxy-4-sulfo-benzoesäure beim Erhitzen mit wss. Kalilauge auf 230° (*Ishihara*, J. pharm. Soc. Japan **50** [1930] 270, 290; C. A. **1930** 4002).

Krystalle mit 1,5 Mol H₂O, F: 202—203°; die wasserfreie Verbindung zersetzt sich bei 208—209° (*Ishi.*, l. c. S. 293). In Wasser und Äthanol leicht löslich.

Beim Erhitzen des Monokalium-Salzes auf 140° ist das im folgenden Artikel beschriebene Anhydrid, beim Erhitzen des Monokalium-Salzes auf höhere Temperatur sind Hydrochinon und 3-Hydroxy-benzoesäure erhalten worden (*Ishi.*, l. c. S. 291, 295). Bildung von 3.4-Dihydroxy-benzoesäure beim Erhitzen des Monokalium-Salzes mit wss. Kalilauge auf 290°: *Ishi.*, l. c. S. 292.

Charakterisierung als Anilin-Salz (F: 218—219°): *Ishi.*, l. c. S. 294.

Kalium-Salz KC₇H₅O₇S. Krystalle (aus W.) mit 0,5 Mol H₂O. Farbreaktionen: *Ishi.*

XII   XIII

2.5-Dihydroxy-4-sulfo-benzoesäure-anhydrid, *2,5-dihydroxy-4-sulfobenzoic anhydride* C₁₄H₁₀O₁₃S₂, Formel XIV.

B. Als Barium-Salz beim Erhitzen des Monokalium-Salzes der 2.5-Dihydroxy-4-sulfo-benzoesäure mit wss. Bariumchlorid-Lösung (*Ishihara*, J. pharm. Soc. Japan **50** [1930] 270, 293).

Charakterisierung als Anilin-Salz (F: 227—228°): *Ishi.*, l. c. S. 294.

Barium-Salz BaC₁₄H₈O₁₃S₂. Hellgelbe Krystalle (aus Eg.). In Wasser schwer löslich.

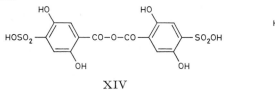

XIV

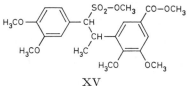

XV

Sulfo-Derivate der Hydroxycarbonsäuren $C_nH_{2n-16}O_6$

4.5-Dihydroxy-3-[2-sulfo-1-methyl-2-(3.4-dihydroxy-phenyl)-äthyl]-benzoesäure $C_{16}H_{16}O_9S$.

4.5-Dimethoxy-3-[2-methoxysulfonyl-1-methyl-2-(3.4-dimethoxy-phenyl)-äthyl]-benzoesäure-methylester, *5-[3,4-dimethoxy-β-(methoxysulfonyl)-α-methylphenethyl]veratric acid methyl ester* $C_{22}H_{28}O_9S$, Formel XV.

Eine opt.-inakt. Verbindung (Krystalle [aus Me.]; F: 145°), der wahrscheinlich diese Konstitution zukommt, ist beim Erhitzen einer als 7-Methoxy-3-methyl-2-[3.4-dimeth‑oxy-phenyl]-2.3-dihydro-benzofuran-carbonsäure-(5) angesehenen opt.-inakt. Verbindung (F: 134°) mit wss. Schwefeldioxid in Gegenwart von Kupfer auf 130° und Behandeln des Reaktionsprodukts mit Diazomethan in Äther erhalten worden (*Freudenberg, Meister, Flickinger*, B. **70** [1937] 500, 506, 513; *Freudenberg, Adam*, zit. bei *Richtzenhain*, B. **72** [1939] 2152, 2155 Anm. 8).

L. Sulfo-Derivate der Oxocarbonsäuren

Sulfo-Derivate der Oxocarbonsäuren $C_nH_{2n-10}O_3$

3-Oxo-3-[2-sulfo-phenyl]-propionsäure, *3-oxo-3-(o-sulfophenyl)propionic acid* $C_9H_8O_6S$, Formel I.

Die E II 239 unter dieser Konstitution beschriebene, dort als 2-Sulfo-benzoylessigsäure bezeichnete Verbindung ist als 2-Carboxymethylsulfon-benzoesäure zu formulieren (*Arndt, Kirsch, Nachtwey*, B. **59** [1926] 1074, 1076).

Sulfo-Derivate der Oxocarbonsäuren $C_nH_{2n-18}O_3$

2-[4-Sulfo-benzoyl]-benzoesäure, *o-(4-sulfobenzoyl)benzoic acid* $C_{14}H_{10}O_6S$, Formel II (X = H).

B. Aus 2-[4-Chlor-benzoyl]-benzoesäure beim Erhitzen des Natrium-Salzes mit Natriumsulfit in Wasser auf 180° (*Scottish Dyes Ltd.*, D.R.P. 516674 [1926]; Frdl. **17** 513; *Du Pont de Nemours & Co.*, U.S.P. 2107652 [1936]). Beim Einleiten von Chlor in eine aus 2-[4-Mercapto-benzoyl]-benzoesäure und wss. Natronlauge hergestellte Lösung bei 70—90° (*Newport Chem. Corp.*, U.S.P. 1810013 [1927]).

Als Mononatrium-Salz (Krystalle [aus A.]) isoliert (*Newport Chem. Corp.*).

Beim Behandeln des Mononatrium-Salzes mit einem Gemisch von Salpetersäure und rauchender Schwefelsäure ist 5-Nitro-2-[4-sulfo-benzoyl]-benzoesäure $C_{14}H_9NO_8S$ (Formel II [X = NO_2]; als Natrium-Salz $NaC_{14}H_8NO_8S$ [Krystalle; in kaltem Äthanol schwer löslich] isoliert) erhalten worden (*Gubelmann, Weiland, Stallmann*, Am. Soc. **53** [1931] 1033, 1035).

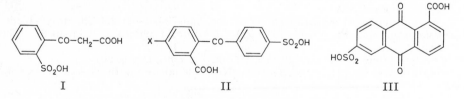

I   II   III

Sulfo-Derivate der Oxocarbonsäuren $C_nH_{2n-22}O_4$

9.10-Dioxo-6-sulfo-9.10-dihydro-anthracen-carbonsäure-(1), *9,10-dioxo-6-sulfo-9,10-dihydro-1-anthroic acid* $C_{15}H_8O_7S$, Formel III.

B. Aus 7-Oxo-7H-benz[de]anthracen-sulfonsäure-(9) beim Erhitzen mit Chrom(VI)-

oxid und wss. Essigsäure (*Pritchard, Simonsen*, Soc. **1938** 2047, 2049).

Gelbe Krystalle (aus wss. Salzsäure) mit 1,5 Mol H_2O; F: 271—274°. In Wasser, Äthanol und Essigsäure leicht löslich.

Beim Erhitzen des Ammonium-Salzes mit wss. Ammoniak und Mangan(IV)-oxid auf 200° sind 6-Amino-9.10-dioxo-9.10-dihydro-anthracen-carbonsäure-(1) und geringe Mengen 2-Amino-anthrachinon erhalten worden.

Diammonium-Salz $[NH_4]_2C_{15}H_6O_7S$. Gelbe Krystalle (aus wss. A.).

Barium-Salz $BaC_{15}H_6O_7S$. In Wasser schwer löslich.

M. Sulfo-Derivate der Hydroxy-oxo-carbonsäuren

Sulfo-Derivate der Hydroxy-oxo-carbonsäuren $C_nH_{2n-22}O_6$

1.4-Dihydroxy-9.10-dioxo-3-sulfo-9.10-dihydro-anthracen-carbonsäure-(2) $C_{15}H_8O_9S$ und Tautomeres.

1.4-Dihydroxy-9.10-dioxo-2-cyan-9.10-dihydro-anthracen-sulfonsäure-(3), *3-cyano-1,4-dihydroxy-9,10-dioxo-9,10-dihydroanthracene-2-sulfonic acid* $C_{15}H_7NO_7S$, Formel IV, und Tautomeres (9.10-Dihydroxy-1.4-dioxo-2-cyan-1.4-dihydro-anthracen-sulfonsäure-(3)).

B. Aus 1.4-Dihydroxy-9.10-dioxo-9.10-dihydro-anthracen-carbonitril-(2) beim Erwärmen mit Natriumsulfit in Wasser unter Durchleiten von Luft (*Marschalk*, Bl. [5] **2** [1935] 1809, 1822). Aus 1.4-Dihydroxy-9.10-dioxo-9.10-dihydro-anthracen-sulfonsäure-(2) beim Behandeln des Natrium-Salzes mit Kaliumcyanid und Natriumcarbonat in Wasser unter Durchleiten von Luft (*Ma.*, l. c. S. 1821).

Orangefarbene Krystalle.

Überführung in 1.4-Dihydroxy-9.10-dioxo-9.10-dihydro-anthracen-carbonitril-(2) durch Erwärmen mit Natriumdithionit und Natriumhydrogencarbonat in Wasser und Leiten von Luft durch eine alkalische Lösung des Reaktionsprodukts: *Ma.*, l. c. S. 1822. Beim Erwärmen mit Kaliumcyanid in Wasser und Behandeln der Reaktionslösung mit Luft oder mit Ammoniumperoxodisulfat ist 1.4-Dihydroxy-9.10-dioxo-9.10-dihydro-anthracen-dicarbonitril-(2.3) erhalten worden (*Ma.*, l. c. S. 1824).

Beim Behandeln mit wss. Alkalilaugen tritt eine blaue Färbung auf.

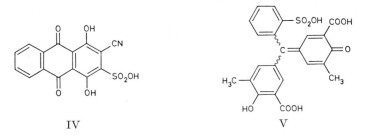

IV   V

Sulfo-Derivate der Hydroxy-oxo-carbonsäuren $C_nH_{2n-28}O_6$

2-Oxo-3-methyl-5-[4-hydroxy-2'-sulfo-5-methyl-3-carboxy-benzhydryliden]-cyclohexadien-(3.6)-carbonsäure-(1), 4'-Hydroxy-2''-sulfo-5.5'-dimethyl-fuchson-dicarbonsäure-(3.3'), Eriochromcyanin, *4'-hydroxy-5,5'-dimethyl-2''-sulfofuchsone-3,3'-dicarboxylic acid* $C_{23}H_{18}O_9S$, Formel V (E II 240).

Absorptionsspektren von wss. Lösungen bei verschiedenem pH: *Werner*, Chemie Beih. Nr. 48 [1944] 92.

Beim Behandeln mit Aluminiumchlorid in wss. Essigsäure tritt eine violette Färbung auf (*Eegriwe*, Z. anal. Chem. **76** [1929] 438, 440; s. a. *Alten, Weiland, Knippenberg*, Z. anal. Chem. **96** [1934] 91, 92; *Eegriwe*, Z. anal. Chem. **108** [1937] 268; *Millner*, Z. anal. Chem. **113** [1938] 83; *Millner, Kúnos*, Z. anal. Chem. **113** [1938] 102; *We.*, l. c. S. 94).

[*G. Richter*]

VII. Seleninsäuren und Selenonsäuren

A. Monoseleninsäuren

Monoseleninsäuren $C_nH_{2n}O_2Se$

[1-Methyl-cyclohexyl]-methanseleninsäure $C_8H_{16}O_2Se$.

[1-Chlormethyl-cyclohexyl]-methanseleninsäure, *[1-(chloromethyl)cyclohexyl]methane= seleninic acid* $C_8H_{15}ClO_2Se$, Formel I (X = Cl).

B. Aus Trichlor-[(1-chlormethyl-cyclohexyl)-methyl]-selen beim Behandeln mit Silberoxid in wss. Äthanol (*Backer, Winter,* R. **56** [1937] 492, 508).

Krystalle (aus Bzl. + Ae.); F: 100—100,5° [Zers.]. In Äthanol und Benzol löslich, in Wasser und Äther schwer löslich.

Trichlor-[(1-chlormethyl-cyclohexyl)-methyl]-selen, [(1-Chlormethyl-cyclohexyl)-methyl]-selentrichlorid, *trichloro{[1-(chloromethyl)cyclohexyl]methyl}selenium* $C_8H_{14}Cl_4Se$, Formel II (X = Cl).

B. Beim Einleiten von Chlor in eine Lösung von 2-Selena-spiro[3.5]nonan in Tetra= chlormethan (*Backer, Winter,* R. **56** [1937] 492, 508).

Krystalle (aus PAe.); F: 102—104° [geringfügige Zers.]. In Äthanol, Äther und Benzol leicht löslich.

[1-Brommethyl-cyclohexyl]-methanseleninsäure, *[1-(bromomethyl)cyclohexyl]methane= seleninic acid* $C_8H_{15}BrO_2Se$, Formel I (X = Br).

B. Aus Tribrom-[(1-brommethyl-cyclohexyl)-methyl]-selen beim Behandeln mit Silber= oxid in wss. Äthanol (*Backer, Winter,* R. **56** [1937] 492, 507).

Krystalle (aus Bzl. + Ae.); F: 102,5—103° [gelbe Schmelze]. In Äthanol und Benzol leicht löslich, in Wasser und Äther schwer löslich.

Beim Erwärmen des Natrium-Salzes in Äthanol ist 2-Selena-spiro[3.5]nonan-2.2-dioxid erhalten worden (*Ba., Wi.,* l. c. S. 508).

Natrium-Salz $NaC_8H_{14}BrO_2Se$. Krystalle [aus A. + Ae.] (*Ba., Wi.*).

Tribrom-[(1-brommethyl-cyclohexyl)-methyl]-selen, [(1-Brommethyl-cyclohexyl)-methyl]-selentribromid, *tribromo{[1-(bromomethyl)cyclohexyl]methyl}selenium* $C_8H_{14}Br_4Se$, Formel II (X = Br).

B. Aus 2-Selena-spiro[3.5]nonan und Brom in Tetrachlormethan (*Backer, Winter,* R. **56** [1937] 492, 507).

Gelbe Krystalle (aus CCl_4); F: 121—122° [Zers.].

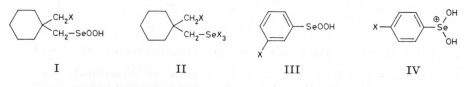

I   II   III   IV

Monoseleninsäuren $C_nH_{2n-6}O_2Se$

Benzolseleninsäure, *benzeneseleninic acid* $C_6H_6O_2Se$, Formel III (X = H) (H 422; E I 110; E II 241).

B. Beim Behandeln von Diphenyldiselenid in Dioxan mit wss. Wasserstoffperoxid (*McCullough, Gould,* Am. Soc. **71** [1949] 674).

Krystalle (aus W.); F: 122—123° (*Behaghel, Seibert,* B. **65** [1932] 812, 816). Disso= ziationsexponent (Wasser; potentiometrisch ermittelt) bei 25°: 4,79 (*McC., Gould*).

Beim Behandeln mit wss. Bromwasserstoffsäure unter Zusatz von Ammoniumbromid ist Tribrom-phenyl-selen erhalten worden (*Foster*, Am. Soc. **55** [1933] 822, 827; vgl. *Be., Sei.*). Bildung von Diphenyldiselenid und Acetaldehyd beim Erhitzen mit Äthyl-phenyl-selenid bis auf 200°: *Foster*, R. **54** [1935] 447, 450, 458.

Dihydroxy-phenyl-selenonium, *dihydroxyphenylselenonium* $[C_6H_7O_2Se]^\oplus$, Formel IV (X = H).

Nitrat $[C_6H_7O_2Se]NO_3$ (H 422 [im Artikel Benzolseleninsäure]; dort als „Verbindung $C_6H_6O_2Se + HNO_3$" bezeichnet). *B.* Aus Benzolseleninsäure und Salpetersäure (*Foster*, Am. Soc. **55** [1933] 822, 827). — Krystalle; F: 110—112°.

Trichlor-phenyl-selen, Phenylselentrichlorid, *trichlorophenylselenium* $C_6H_5Cl_3Se$, Formel V (X = Cl).

B. Beim Einleiten von Chlor in Lösungen von Phenylselenocyanat oder von Diphenyl-diselenid in Chloroform (*Behaghel, Seibert*, B. **66** [1933] 708, 715), in Lösungen von Tribrom-phenyl-selen oder von Benzolselenenylbromid in Äther (*Foster*, Am. Soc. **55** [1933] 822, 827) sowie in eine Lösung von Benzolseleninsäure in Wasser (*Fo.*).

Krystalle; F: 133—134° [aus Bzl. + HCl oder aus Bzl. + CS_2] (*Fo.*); Zers. bei 133—134° (*Be., Sei.*). In Wasser leicht löslich, in den gebräuchlichen organischen Lösungsmitteln mit Ausnahme von Äther, Petroläther und Schwefelkohlenstoff löslich (*Fo.*, l. c. S. 824). In Gegenwart von Chlorwasserstoff oder Chlor haltbar; an der Luft nicht beständig (*Fo.*; s. a. *Be., Sei.*). Beim Erhitzen auf 110° ist 4-Chlor-benzol-selenenylchlorid-(1) (*Foster*, R. **53** [1934] 405, 412), beim Erhitzen unter vermindertem Druck auf 170° ist Benzol-selenenylchlorid (*Behaghel, Hofmann*, B. **72** [1939] 582) erhalten worden.

Tribrom-phenyl-selen, Phenylselentribromid, *tribromophenylselenium* $C_6H_5Br_3Se$, Formel V (X = Br) (E II 241).

B. Aus Benzolselenenylbromid (*Behaghel, Seibert*, B. **65** [1932] 812, 816; vgl. *Foster*, Am. Soc. **55** [1933] 822, 827) oder aus Phenylselenocyanat (*Be., Sei.*) beim Behandeln mit Brom in Chloroform. Aus Benzolseleninsäure beim Behandeln mit wss. Bromwasser-stoffsäure unter Zusatz von Ammoniumbromid (*Fo.*; vgl. *Be., Sei.*).

Rote Krystalle; F: 105—106° [aus CCl_4] (*Fo.*), 105° [aus $CHCl_3$] (*Be., Sei.*). In Wasser leicht löslich, in den gebräuchlichen organischen Lösungsmitteln mit Ausnahme von Äther, Petroläther und Schwefelkohlenstoff löslich (*Fo.*, l. c. S. 824).

Beim Erhitzen auf 110° ist 4-Brom-benzol-selenenylbromid-(1) (*Foster*, R. **53** [1934] 405, 412), beim Erhitzen unter vermindertem Druck auf 170° (*Behaghel, Hofmann*, B. **72** [1939] 582) sowie beim Aufbewahren über Phosphor(V)-oxid oder Kaliumhydroxid (*Be., Sei.*, l. c. S. 814) ist Benzolselenenylbromid erhalten worden. Bildung von Diphenyl-diselenid beim Erwärmen mit Zink in Äther oder Benzol: *Be., Sei.*

3-Fluor-benzol-seleninsäure-(1), m-*fluorobenzeneseleninic acid* $C_6H_5FO_2Se$, Formel III (X = F).

B. Beim Erwärmen von Bis-[3-fluor-phenyl]-diselenid (nicht näher beschrieben) in Äther mit wss. Wasserstoffperoxid (*McCullough, Gould*, Am. Soc. **71** [1949] 674).

Krystalle (aus W.); F: 115—124° [Zers.]. Dissoziationsexponent (Wasser; potentio-metrisch ermittelt) bei 25°: 4,34.

4-Fluor-benzol-seleninsäure-(1), p-*fluorobenzeneseleninic acid* $C_6H_5FO_2Se$, Formel VI (X = F).

B. Beim Erwärmen von Bis-[4-fluor-phenyl]-diselenid (nicht näher beschrieben) in Äther mit wss. Wasserstoffperoxid (*McCullough, Gould*, Am. Soc. **71** [1949] 674).

Krystalle (aus W.); F: 132—140° [Zers.]. Dissoziationsexponent (Wasser; potentio-metrisch ermittelt) bei 25°: 4,50.

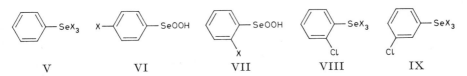

        V   VI   VII   VIII   IX

2-Chlor-benzol-seleninsäure-(1), o-*chlorobenzeneseleninic acid* $C_6H_5ClO_2Se$, Formel VII (X = Cl).

B. Aus Trichlor-[2-chlor-phenyl]-selen oder aus Tribrom-[2-chlor-phenyl]-selen beim

Behandeln mit Wasser (*Behaghel, Seibert*, B. **66** [1933] 708, 716).
Krystalle; F: 160°.

Trichlor-[2-chlor-phenyl]-selen, [2-Chlor-phenyl]-selentrichlorid, *trichloro=* (o-*chlorophenyl*)*selenium* C₆H₄Cl₄Se, Formel VIII (X = Cl).

B. Aus 2-Chlor-phenylselenocyanat und Chlor (*Behaghel, Seibert*, B. **66** [1933] 708, 715). Aus Bis-[2-chlor-phenyl]-diselenid mit Hilfe von Chlor oder Sulfurylchlorid (*Be., Sei.*).
Krystalle; Zers. bei 162°.

Tribrom-[2-chlor-phenyl]-selen, [2-Chlor-phenyl]-selentribromid, *tribromo=* (o-*chlorophenyl*)*selenium* C₆H₄Br₃ClSe, Formel VIII (X = Br).

B. Aus 2-Chlor-phenylselenocyanat und Brom (*Behaghel, Seibert*, B. **66** [1933] 708, 714).
Rote Krystalle (aus CHCl₃); Zers. bei 107° (*Be., Sei.*).
Beim Erhitzen auf Temperaturen oberhalb des Schmelzpunkts ist Bis-[2-chlor-phenyl]-diselenid erhalten worden (*Behaghel, Müller*, B. **68** [1935] 1540, 1546).

3-Chlor-benzol-seleninsäure-(1), m-*chlorobenzeneseleninic acid* C₆H₅ClO₂Se, Formel III (X = Cl) auf S. 716.

B. Aus Trichlor-[3-chlor-phenyl]-selen oder aus Tribrom-[3-chlor-phenyl]-selen beim Behandeln mit Wasser (*Behaghel, Seibert*, B. **66** [1933] 708, 716). Beim Behandeln von Bis-[3-chlor-phenyl]-diselenid (nicht näher beschrieben) in Dioxan mit wss. Wasserstoff= peroxid (*McCullough, Gould*, Am. Soc. **71** [1949] 674).
Krystalle; F: 155° (*Be., Sei.*), 145—147° [Zers.; aus Me. + W.] (*McC., Gould*). Dissoziationsexponent (Wasser; potentiometrisch ermittelt) bei 25°: 4,47 (*McC., Gould*, l. c. S. 675).

Trichlor-[3-chlor-phenyl]-selen, [3-Chlor-phenyl]-selentrichlorid, *trichloro=* (m-*chlorophenyl*)*selenium* C₆H₄Cl₄Se, Formel IX (X = Cl).

B. Aus 3-Chlor-phenylselenocyanat und Chlor (*Behaghel, Seibert*, B. **66** [1933] 708, 716).
Krystalle; Zers. bei 150°.

Tribrom-[3-chlor-phenyl]-selen, [3-Chlor-phenyl]-selentribromid, *tribromo-* (m-*chlorophenyl*)*selenium* C₆H₄Br₃ClSe, Formel IX (X = Br).

B. Aus 3-Chlor-phenylselenocyanat und Brom (*Behaghel, Seibert*, B. **66** [1933] 708, 714).
Orangerote Krystalle (aus CHCl₃); Zers. bei 107—108°.

4-Chlor-benzol-seleninsäure-(1), p-*chlorobenzeneseleninic acid* C₆H₅ClO₂Se, Formel VI (X = Cl) (E II 241).

B. Aus Trichlor-[4-chlor-phenyl]-selen (*Foster*, R. **53** [1934] 405, 415; vgl. *Behaghel, Seibert*, B. **66** [1933] 708, 716) oder (neben Bis-[4-chlor-phenyl]-diselenid) aus 4-Chlor-benzol-selenenylchlorid-(1) (*Fo.*, l. c. S. 413) beim Erwärmen mit wss. Ammoniak oder wss. Natriumcarbonat-Lösung. Aus Tribrom-[4-chlor-phenyl]-selen mit Hilfe von Wasser (*Be., Sei.*). Aus Bis-[4-chlor-phenyl]-diselenid mit Hilfe von Salpetersäure (*Fo.*) oder wss. Wasserstoffperoxid (*McCullough, Gould*, Am. Soc. **71** [1949] 674).
Krystalle; F: 184° [aus W.] (*Fo.*), 179—180° (*Be., Sei.*). Dissoziationsexponent (Wasser; potentiometrisch ermittelt) bei 25°: 4,48 (*McC., Gould*).
Beim Behandeln mit Diphenylamin und Schwefelsäure tritt eine blaue Färbung auf (*Challenger, James*, Soc. **1936** 1609, 1612).

Trichlor-[4-chlor-phenyl]-selen, [4-Chlor-phenyl]-selentrichlorid, *trichloro=* (p-*chlorophenyl*)*selenium* C₆H₄Cl₄Se, Formel X (X = Cl).

B. Aus Bis-[4-chlor-phenyl]-diselenid mit Hilfe von Chlor (*Behaghel, Seibert*, B. **66** [1933] 708, 715, 716; *Foster*, R. **53** [1934] 405, 411) oder Sulfurylchlorid (*Be., Sei.*). Aus 4-Chlor-benzol-selenenylchlorid-(1) (*Fo.*) oder aus 4-Chlor-phenylselenocyanat (*Be., Sei.*) mit Hilfe von Chlor.
Krystalle; F: 184° [Zers.; aus Bzl. + HCl] (*Fo.*), 172° [Zers.] (*Be., Sei.*).
Beim Erhitzen auf Temperaturen oberhalb 155° sind 1.4-Dichlor-benzol und Selen erhalten worden (*Fo.*).

Tribrom-[4-chlor-phenyl]-selen, [4-Chlor-phenyl]-selentribromid, *tribromo=*
(p-*chlorophenyl*)*selenium* $C_6H_4Br_3ClSe$, Formel X (X = Br).

B. Aus 4-Chlor-phenylselenocyanat mit Hilfe von Brom (*Behaghel, Seibert*, B. **66** [1933]
708, 714).

Rote Krystalle (aus $CHCl_3$); Zers. bei $123-124°$.

3-Brom-benzol-seleninsäure-(1), m-*bromobenzeneseleninic acid* $C_6H_5BrO_2Se$, Formel III
(X = Br) auf S. 716.

B. Beim Behandeln von Bis-[3-brom-phenyl]-diselenid (nicht näher beschrieben) in
Dioxan mit wss. Wasserstoffperoxid (*McCullough, Gould*, Am. Soc. **71** [1949] 674).

Krystalle (aus Me. + W.); F: $157-159°$. Dissoziationsexponent (Wasser; potentiometrisch ermittelt) bei $25°$: 4,43.

4-Brom-benzol-seleninsäure-(1), p-*bromobenzeneseleninic acid* $C_6H_5BrO_2Se$, Formel VI
(X = Br) auf S. 717 (E II 241).

B. Aus Tribrom-[4-brom-phenyl]-selen oder (neben Bis-[4-brom-phenyl]-diselenid) aus
4-Brom-benzol-selenenylbromid-(1) beim Erwärmen mit wss. Ammoniak oder wss. Natri=
umcarbonat-Lösung (*Foster*, R. **53** [1934] 405, 413, 415). Aus Bis-[4-brom-phenyl]-diselenid
mit Hilfe von wss. Wasserstoffperoxid (*McCullough, Gould*, Am. Soc. **71** [1949] 674).

Krystalle; F: $187°$ [Zers.; aus W.] (*Fo.*), $177-181°$ [aus Me. + W.] (*McC., Gould*).
Dissoziationsexponent (Wasser; potentiometrisch ermittelt) bei $25°$: 4,50 (*McC., Gould*).

Beim Behandeln mit Diphenylamin und Schwefelsäure tritt eine blaue Färbung auf
(*Challenger, James*, Soc. **1936** 1609, 1612).

Dihydroxy-[4-brom-phenyl]-selenonium, (p-*bromophenyl*)*dihydroxyselenonium*
$[C_6H_6BrO_2Se]^{\oplus}$, Formel IV (X = Br) auf S. 716.

Nitrat $[C_6H_6BrO_2Se]NO_3$. *B.* Beim Behandeln eines Gemisches von 4-Brom-seleno=
phenol und Bis-[4-brom-phenyl]-diselenid mit Salpetersäure (*Foster*, R. **53** [1934] 405,
411). — F: $174-177°$.

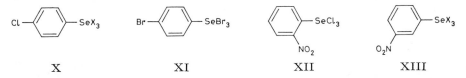

X   XI   XII   XIII

Tribrom-[4-brom-phenyl]-selen, [4-Brom-phenyl]-selentribromid, *tribromo=*
(p-*bromophenyl*)*selenium* $C_6H_4Br_4Se$, Formel XI.

B. Aus Bis-[4-brom-phenyl]-diselenid und Brom in Petroläther (*Foster*, R. **53** [1934]
405, 411).

Rote Krystalle (aus CCl_4 + Brom); F: $132°$ [Zers.].

Beim Erwärmen mit Tetrachlormethan sowie beim Erhitzen auf $135°$ bildet sich
4-Brom-benzol-selenenylbromid-(1) (*Fo.*, l. c. S. 413).

2-Nitro-benzol-seleninsäure-(1), o-*nitrobenzeneseleninic acid* $C_6H_5NO_4Se$, Formel VII
(X = NO_2) auf S. 717.

B. Aus Trichlor-[2-nitro-phenyl]-selen (*Behaghel, Seibert*, B. **66** [1933] 708, 716; *Foss*,
Am. Soc. **70** [1948] 421) oder aus Tribrom-[2-nitro-phenyl]-selen [nicht näher beschrie-
ben] (*Be., Sei.*) beim Behandeln mit Wasser. Aus 2-Nitro-phenylselenocyanat beim Behandeln mit Salpetersäure und Schwefelsäure bei $-15°$ (*Challenger, James*, Soc. **1936**
1609, 1613).

Krystalle [aus W.] (*Foss*). F: $184°$ (*Be., Sei.*).

Beim Behandeln mit Kaliumthiosulfat und wss. Schwefelsäure ist S-[2-Nitro-benzol-
selenenyl-(1)]-hydrogenthiosulfat erhalten worden (*Foss*).

Trichlor-[2-nitro-phenyl]-selen, [2-Nitro-phenyl]-selentrichlorid, *trichloro=*
(o-*nitrophenyl*)*selenium* $C_6H_4Cl_3NO_2Se$, Formel XII.

B. Beim Einleiten von Chlor in Lösungen von 2-Nitro-phenylselenocyanat (*Behaghel,
Seibert*, B. **66** [1933] 708, 714), von Bis-[2-nitro-phenyl]-diselenid (*Be., Sei.*) oder von
[2-Nitro-phenyl]-benzyl-selenid (*Behaghel, Hofmann*, B. **72** [1939] 697, 700) in Chloro=
form. Aus Bis-[2-nitro-phenyl]-diselenid mit Hilfe von Sulfurylchlorid (*Be., Sei.*).

Krystalle (aus Bzl.); F: $154°$ [Zers.] (*Be., Sei.; Be., Ho.*).

Beim Erhitzen unter vermindertem Druck auf Temperaturen oberhalb des Schmelzpunkts ist 2-Nitro-benzol-selenenylchlorid-(1) erhalten worden (*Be., Sei.*).

3-Nitro-benzol-seleninsäure-(1), m-*nitrobenzeneseleninic acid* $C_6H_5NO_4Se$, Formel III (X = NO_2) auf S. 716 (E I 111).

B. Aus Trichlor-[3-nitro-phenyl]-selen oder aus Tribrom-[3-nitro-phenyl]-selen mit Hilfe von Wasser (*Behaghel, Seibert*, B. **66** [1933] 708, 716). Aus Bis-[3-nitro-phenyl]-diselenid mit Hilfe von Salpetersäure (*Foster*, Am. Soc. **63** [1941] 1361).

Krystalle; F: 156° [aus W.] (*Be., Sei.*), 156° (*Fo.*), 152° [aus W.] (*McCullough, Gould*, Am. Soc. **71** [1949] 674). Dissoziationsexponent (Wasser; potentiometrisch ermittelt) bei 25°: 4,07 (*McC., Gould*).

Trichlor-[3-nitro-phenyl]-selen, [3-Nitro-phenyl]-selentrichlorid, *trichloro-* (m-*nitrophenyl)selenium* $C_6H_4Cl_3NO_2Se$, Formel XIII (X = Cl).

B. Aus Bis-[3-nitro-phenyl]-diselenid mit Hilfe von Chlor oder Sulfurylchlorid (*Behaghel, Seibert*, B. **66** [1933] 708, 715). Aus 3-Nitro-phenylselenocyanat mit Hilfe von Chlor (*Be., Sei.*).

Krystalle; Zers. bei 132°.

Tribrom-[3-nitro-phenyl]-selen, [3-Nitro-phenyl]-selentribromid, *tribromo-* (m-*nitrophenyl)selenium* $C_6H_4Br_3NO_2Se$, Formel XIII (X = Br).

B. Aus 3-Nitro-phenylselenocyanat und Brom in Chloroform (*Behaghel, Seibert*, B. **66** [1933] 708, 713).

Rote Krystalle (aus Eg., $CHCl_3$ oder CCl_4); Zers. bei 114°.

4-Nitro-benzol-seleninsäure-(1), p-*nitrobenzeneseleninic acid* $C_6H_5NO_4Se$, Formel I (X = OH).

B. Aus Trichlor-[4-nitro-phenyl]-selen oder aus Tribrom-[4-nitro-phenyl]-selen mit Hilfe von Wasser (*Behaghel, Seibert*, B. **66** [1933] 708, 716). Als Hauptprodukt beim Behandeln von Phenylselenocyanat oder von 4-Nitro-phenylselenocyanat mit Salpetersäure und Schwefelsäure (*Challenger, James*, Soc. **1936** 1609, 1612).

Krystalle (aus W.); F: 214—215° (*Be., Sei.*), 214° [Zers.] (*Ch., Ja.*).

Bildung von Bis-[4-nitro-phenyl]-diselenid beim Behandeln mit wss. Schwefeldioxid: *Ch., Ja.* Überführung in 4-Nitro-benzol-selenonsäure-(1) durch Erhitzen mit Salpetersäure und geringen Mengen wss. Salzsäure: *Banks, Hamilton*, Am. Soc. **62** [1940] 1859.

Beim Behandeln mit Diphenylamin und Schwefelsäure tritt eine blaue Färbung auf (*Ch., Ja.*).

Trichlor-[4-nitro-phenyl]-selen, [4-Nitro-phenyl]-selentrichlorid, *trichloro-* (p-*nitrophenyl)selenium* $C_6H_4Cl_3NO_2Se$, Formel II (X = Cl).

B. Aus 4-Nitro-phenylselenocyanat mit Hilfe von Chlor (*Behaghel, Seibert*, B. **66** [1933] 708, 715). Aus Bis-[4-nitro-phenyl]-diselenid mit Hilfe von Chlor oder Sulfurylchlorid (*Be., Sei.*).

Krystalle; Zers. bei 183—184°.

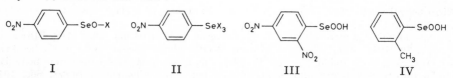

I II III IV

Tribrom-[4-nitro-phenyl]-selen, [4-Nitro-phenyl]-selentribromid, *tribromo-* (p-*nitrophenyl)selenium* $C_6H_4Br_3NO_2Se$, Formel II (X = Br).

B. Aus 4-Nitro-phenylselenocyanat und Brom in Chloroform (*Behaghel, Seibert*, B. **66** [1933] 708, 713).

Rote Krystalle (aus CCl_4); Zers. bei 107—108° (*Be., Sei.*).

Beim Erhitzen auf Temperaturen oberhalb des Schmelzpunkts sind 4-Nitro-benzol-selenenylbromid-(1) und Bis-[4-nitro-phenyl]-diselenid erhalten worden (*Behaghel, Müller*, B. **68** [1935] 1540, 1544).

4-Nitro-benzolseleninamid-(1), p-*nitrobenzeneseleninamide* $C_6H_6N_2O_3Se$, Formel I (X = NH_2).

B. Beim Behandeln von 4-Nitro-benzol-seleninsäure-(1) mit Thionylchlorid und Behandeln des Reaktionsprodukts mit wss. Ammoniak (*Banks, Hamilton*, Am. Soc. **62** [1940] 1859).

Gelbe Krystalle; F: 183° [Zers.].

2.4-Dinitro-benzol-seleninsäure-(1), *2,4-dinitrobenzeneseleninic acid* $C_6H_4N_2O_6Se$, Formel III.

B. Aus 2.4-Dinitro-phenylselenocyanat beim Behandeln mit Salpetersäure und Schwe= felsäure bei —15° (*Challenger, James*, Soc. **1936** 1609, 1613).

Charakterisierung durch Überführung in Bis-[2.4-dinitro-phenyl]-diselenid (F: 262°): *Ch., Ja.*

Toluol-seleninsäure-(2), *o-tolueneseleninic acid* $C_7H_8O_2Se$, Formel IV (E II 241).

B. Aus 2-Methyl-selenophenol mit Hilfe von Salpetersäure (*Foster*, Am. Soc. **61** [1939] 2972). Bildung beim Behandeln von Di-*o*-tolyl-diselenid mit Brom in Chloroform und Behandeln des Reaktionsprodukts mit wss. Natriumcarbonat-Lösung: *Behaghel, Hofmann*, B. **72** [1939] 697, 704.

Krystalle; F: 123—125° (*Fo.*).

Kupfer(II)-Salz. Blaue Krystalle (*Fo.*).

Toluol-seleninsäure-(3), *m-tolueneseleninic acid* $C_7H_8O_2Se$, Formel V (E II 242).

B. Aus 3-Methyl-selenophenol mit Hilfe von Salpetersäure (*Foster*, Am. Soc. **61** [1939] 2972). Aus Di-*m*-tolyl-diselenid mit Hilfe von wss. Wasserstoffperoxid (*McCullough, Gould*, Am. Soc. **71** [1949] 674).

Krystalle; F: 121° [Zers.; aus W.] (*McC., Gould*), 118—119° (*Fo.*). Dissoziationsexpo= nent (Wasser; potentiometrisch ermittelt) bei 25°: 4,80 (*McC., Gould*).

Kupfer(II)-Salz. Blaue Krystalle (*Fo.*).

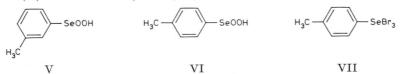

V   VI   VII

Toluol-seleninsäure-(4), *p-tolueneseleninic acid* $C_7H_8O_2Se$, Formel VI (E II 242).

B. Aus Tribrom-*p*-tolyl-selen mit Hilfe von Wasser (*Behaghel, Seibert*, B. **66** [1933] 708, 716). Aus Di-*p*-tolyl-diselenid mit Hilfe von wss. Wasserstoffperoxid (*McCullough, Gould*, Am. Soc. **71** [1949] 674).

Krystalle; F: 170° [aus Me. + W.] (*McC., Gould*), 169—170° (*Be., Sei.*). Dissozia= tionsexponent (Wasser; potentiometrisch ermittelt) bei 25°: 4,88 (*McC., Gould*, l. c. S. 675).

Tribrom-*p*-tolyl-selen, *p*-Tolylselentribromid, *tribromo-p-tolylselenium* $C_7H_7Br_3Se$, Formel VII (E II 242).

B. Aus *p*-Tolylselenocyanat und Brom (*Behaghel, Seibert*, B. **66** [1933] 708, 714).

Rote Krystalle (aus $CHCl_3$); Zers. bei 115—116°.

Toluol-seleninsäure-(α) $C_7H_8O_2Se$.

Dihydroxy-benzyl-selenonium, *benzyldihydroxyselenonium* $[C_7H_9O_2Se]^\oplus$, Formel VIII.

Nitrat $[C_7H_9O_2Se]NO_3$. *B.* Aus Dibenzyldiselenid beim Behandeln mit Salpetersäure (*Painter, Franke, Gortner*, J. org. Chem. **5** [1940] 579, 588). — Krystalle; F: 113° [nicht rein erhalten].

4-Chlor-toluol-seleninsäure-(α), *p-chlorotoluene-α-seleninic acid* $C_7H_7ClO_2Se$, Formel IX (X = Cl).

B. Aus Bis-[4-chlor-benzyl]-diselenid beim Behandeln mit wss. Salpetersäure [D: 1,41] (*Poggi, Speroni*, G. **64** [1934] 501, 504).

Krystalle (aus W.); F: 120,5° [Zers.].

4-Brom-toluol-seleninsäure-(α), *p-bromotoluene-α-seleninic acid* $C_7H_7BrO_2Se$, Formel IX (X = Br).

B. Aus Bis-[4-brom-benzyl]-diselenid beim Behandeln mit wss. Salpetersäure [D: 1,41] (*Poggi, Speroni*, G. **64** [1934] 501, 505).

Krystalle (aus W.); F: 128,5° [Zers.].

4-Nitro-toluol-seleninsäure-(α), p-*nitrotoluene-α-seleninic acid* C$_7$H$_7$NO$_4$Se, Formel IX (X = NO$_2$).
   B. Aus Bis-[4-nitro-benzyl]-diselenid beim Behandeln mit wss. Salpetersäure [D: 1,41] (*Speroni, Mannelli*, G. **64** [1934] 506, 508).
   Rötlichgelbe Krystalle (aus W.); F: 132° [Zers.].

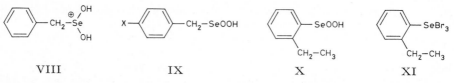

VIII   IX   X   XI

1-Äthyl-benzol-seleninsäure-(2), o-*ethylbenzeneseleninic acid* C$_8$H$_{10}$O$_2$Se, Formel X.
   B. Aus Tribrom-[2-äthyl-phenyl]-selen (*Behaghel, Hofmann*, B. **72** [1939] 582, 593).
   Krystalle (aus saurer wss. Lösung); F: 124°.

Tribrom-[2-äthyl-phenyl]-selen, [2-Äthyl-phenyl]-selentribromid, *tribromo= (o-ethylphenyl)selenium* C$_8$H$_9$Br$_3$Se, Formel XI.
   B. Aus 2-Äthyl-phenylselenocyanat und Brom in Chloroform (*Behaghel, Hofmann*, B. **72** [1939] 582, 593).
   Rote Krystalle (aus CHCl$_3$); F: 118—121°.

1-*tert*-Butyl-benzol-seleninsäure-(4), p-tert-*butylbenzeneseleninic acid* C$_{10}$H$_{14}$O$_2$Se, Formel XII.
   B. Aus dem im folgenden Artikel beschriebenen Nitrat beim Behandeln mit wss. Natronlauge (*Backer, Hurenkamp*, R. **61** [1942] 802, 804).
   Krystalle (aus W.); F: 133—134°.

Dihydroxy-[4-*tert*-butyl-phenyl]-selenonium, (p-tert-*butylphenyl)dihydroxyselenonium* [C$_{10}$H$_{15}$O$_2$Se]$^\oplus$, Formel XIII.
   Nitrat [C$_{10}$H$_{15}$O$_2$Se]NO$_3$. *B.* Aus Bis-[4-*tert*-butyl-phenyl]-diselenid mit Hilfe von Salpetersäure (*Backer, Hurenkamp*, R. **61** [1942] 802, 804). — F: 122—124°.

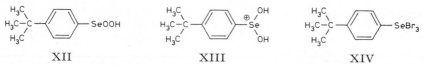

XII   XIII   XIV

Tribrom-[4-*tert*-butyl-phenyl]-selen, [4-*tert*-Butyl-phenyl]-selentribromid, *tribromo*(p-tert-*butylphenyl)selenium* C$_{10}$H$_{13}$Br$_3$Se, Formel XIV.
   B. Aus Bis-[4-*tert*-butyl-phenyl]-diselenid und Brom in Benzin (*Backer, Hurenkamp*, R. **61** [1942] 802, 804).
   Orangefarbene Krystalle; F: 126°.

Monoseleninsäuren C$_n$H$_{2n-14}$O$_2$Se

Biphenyl-seleninsäure-(2), *biphenyl-2-seleninic acid* C$_{12}$H$_{10}$O$_2$Se, Formel I.
   B. Aus Trichlor-[biphenylyl-(2)]-selen oder aus Tribrom-[biphenylyl-(2)]-selen beim Erwärmen mit wss. Natriumcarbonat-Lösung (*Behaghel, Hofmann*, B. **72** [1939] 582, 586). Beim Erwärmen von Bis-[biphenylyl-(2)]-diselenid in Äther mit wss. Wasserstoffperoxid (*McCullough, Gould*, Am. Soc. **71** [1949] 674).
   Krystalle (aus W.); F: 128° (*Be., Ho.*), 89° (*McC., Gould*). Dissoziationsexponent (Wasser; potentiometrisch ermittelt) bei 25°: 4,67 (*McC., Gould*).

Trichlor-[biphenylyl-(2)]-selen, Biphenylyl-(2)-selentrichlorid, (*biphenyl-2-yl)= trichloroselenium* C$_{12}$H$_9$Cl$_3$Se, Formel II (X = Cl).
   B. Beim Einleiten von Chlor in Lösungen von Biphenylyl-(2)-selenocyanat oder von Bis-[biphenylyl-(2)]-diselenid in Chloroform (*Behaghel, Hofmann*, B. **72** [1939] 582, 586).
   Gelbliche Krystalle, die bei 140—150° [Zers.] schmelzen (nicht rein erhalten).
   Beim Behandeln mit methanol. Kalilauge ist Dibenzoselenophen, beim Erwärmen mit organischen Lösungsmitteln sowie beim Behandeln mit Schwefelsäure ist Dibenzo=

selenophen-5.5-dichlorid erhalten worden. Überführung in eine als 2-Chlor-dibenzoseleno=
phen-5.5-dibromid angesehene Verbindung (F: 130—131°) durch Erhitzen und Behandeln des danach isolierten Reaktionsprodukts mit Brom in Chloroform: *Be., Ho.*, l. c. S.
588.

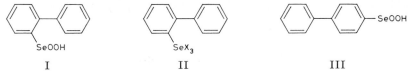

          I   II   III

Tribrom-[biphenylyl-(2)]-selen, Biphenylyl-(2)-selentribromid, *(biphenyl-2-yl)=*
tribromoselenium $C_{12}H_9Br_3Se$, Formel II (X = Br.).
    B. Aus Bis-[biphenylyl-(2)]-diselenid und Brom in Chloroform (*Behaghel, Hofmann,*
B. **72** [1939] 582, 586; s. dagegen *McCullough, Campbell, Gould,* Am. Soc. **72** [1950]
5753).
    Rote Krystalle (aus CHCl₃ + Brom); F: 128° (*Be., Ho.*).
    Beim Behandeln mit methanol. Kalilauge ist Dibenzoselenophen, beim Erhitzen auf
140° ist eine als 2-Brom-dibenzoselenophen angesehene Verbindung (F: 95—96°) erhalten worden (*Be., Ho.*, l. c. S. 589).

Biphenyl-seleninsäure-(4), *biphenyl-4-seleninic acid* $C_{12}H_{10}O_2Se$, Formel III.
    B. Als Hauptprodukt beim Erwärmen von Trichlor-[biphenylyl-(4)]-selen oder von
Tribrom-[biphenylyl-(4)]-selen mit wss. Natriumcarbonat-Lösung (*Behaghel, Hofmann,*
B. **72** [1939] 582, 591).
    Krystalle (aus saurer wss. Lösung); F: 165°.

Trichlor-[biphenylyl-(4)]-selen, Biphenylyl-(4)-selentrichlorid, *(biphenyl-4-yl)=*
trichloroselenium $C_{12}H_9Cl_3Se$, Formel IV (X = Cl).
    B. Beim Einleiten von Chlor in eine Lösung von Bis-[biphenylyl-(4)]-diselenid in
Chloroform (*Behaghel, Hofmann,* B. **72** [1939] 582, 590). Aus Biphenyl-seleninsäure-(4)
beim Behandeln mit wss. Salzsäure (*Be., Ho.*).
    Krystalle (aus Bzl.); F: 162—164°.
    Beim Erhitzen auf Temperaturen oberhalb des Schmelzpunkts entsteht 4-Chlor-
biphenyl. Überführung in Biphenyl-selenenylchlorid-(4) durch Schütteln einer Suspension in Chloroform mit Aceton: *Be., Ho.*

Tribrom-[biphenylyl-(4)]-selen, Biphenylyl-(4)-selentribromid, *(biphenyl-4-yl)=*
tribromoselenium $C_{12}H_9Br_3Se$, Formel IV (X = Br).
    B. Aus Bis-[biphenylyl-(4)]-diselenid und Brom in Chloroform (*Behaghel, Hofmann,*
B. **72** [1939] 582, 590).
    Rote Krystalle (aus CHCl₃); F: 126°.
    An der Luft nicht beständig. Beim Erhitzen auf Temperaturen oberhalb des Schmelz-
punkts entsteht 4-Brom-biphenyl. Überführung in Biphenyl-selenenylbromid-(4) durch
Schütteln einer Suspension in Chloroform mit Aceton: *Be., Ho.*

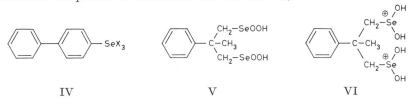

         IV   V   VI

B. Diseleninsäuren

2-Methyl-2-phenyl-propan-diseleninsäure-(1.3), *2-methyl-2-phenylpropane-1,3-diseleninic*
acid $C_{10}H_{14}O_4Se_2$, Formel V.
    B. Aus 4-Methyl-4-phenyl-[1.2]diselenolan beim Behandeln mit wss. Salpetersäure
[D: 1,3] (*Backer, Winter,* R. **56** [1937] 691, 695).
    Krystalle (aus W.); F: 113°.

1.3-Bis-dihydroxyselenonio-2-methyl-2-phenyl-propan, Tetra-*Se*-hydroxy-[2-methyl-2-phenyl-propandiyl]-diselenonium, Se,Se,Se′,Se′-*tetrahydroxy(2-methyl-2-phenylpropane*=*diyl)diselenonium* [C₁₀H₁₆O₄Se₂]$^{\oplus\oplus}$, Formel VI.

Dinitrat [C₁₀H₁₆O₄Se₂](NO₃)₂. *B*. Aus 2-Methyl-2-phenyl-propan-diseleninsäure-(1.3) beim Behandeln mit Salpetersäure (*Backer, Winter,* R. **56** [1937] 691, 695). — Krystalle Zers. bei 70°.

C. Hydroxyseleninsäuren

2-Hydroxy-benzol-seleninsäure-(1) C₆H₆O₃Se.

4-[2-Selenino-phenoxy]-benzoesäure, p-(o-*seleninophenoxy*)*benzoic acid* C₁₃H₁₀O₅Se, Formel VII.

B. Aus 4-[2-Selenocyanato-phenoxy]-benzoesäure beim Erhitzen mit wss. Salpeter=säure [33 %ig] (*Thompson, Turner,* Soc. **1938** 29, 33).

Krystalle (aus Eg.); F: 212° [Zers.].

Beim Eintragen in wss. Schwefelsäure (85 %ig) und Erwärmen der (dunkelgrünen) Reaktionslösung ist Phenoxaselenin-carbonsäure-(2)-10-oxid erhalten worden.

VII   VIII

Dihydroxy-[2-(4-carboxy-phenyl)-phenyl]-selenonium, [o-(p-*carboxyphenoxy*)*phenyl*]=*dihydroxyselenonium* [C₁₃H₁₁O₅Se]$^{\oplus}$, Formel VIII.

Nitrat [C₁₃H₁₁O₅Se]NO₃. *B*. Aus 4-[2-Selenino-phenoxy]-benzoesäure beim Behandeln mit Salpetersäure (*Thompson, Turner,* Soc. **1938** 29, 33). — Krystalle (aus wss. Sal=petersäure); Zers. bei 120—130°.

3-Hydroxy-benzol-seleninsäure-(1) C₆H₆O₃Se.

3-Methoxy-benzol-seleninsäure-(1), m-*methoxybenzeneseleninic acid* C₇H₈O₃Se, Formel IX.

B. Beim Erwärmen einer Lösung von Bis-[3-methoxy-phenyl]-diselenid in Äther mit wss. Wasserstoffperoxid (*McCullough, Gould,* Am. Soc. **71** [1949] 674).

Krystalle (aus W.); F: 118°. Dissoziationsexponent (Wasser; potentiometrisch ermit=telt) bei 25°: 4,65.

4-Hydroxy-benzol-seleninsäure-(1) C₆H₆O₃Se.

4-Methoxy-benzol-seleninsäure-(1), p-*methoxybenzeneseleninic acid* C₇H₈O₃Se, Formel X (R = CH₃, X = H).

B. Beim Erwärmen einer Lösung von Bis-[4-methoxy-phenyl]-diselenid in Äther mit wss. Wasserstoffperoxid (*McCullough, Gould,* Am. Soc. **71** [1949] 674).

Krystalle (aus W.); F: 101°. Dissoziationsexponent (Wasser; potentiometrisch ermit=telt) bei 25°: 5,05.

4-Acetoxy-benzol-seleninsäure-(1), p-*acetoxybenzeneseleninic acid* C₈H₈O₄Se, Formel X (R = CO-CH₃, X = H).

B. Aus 4-Acetoxy-1-acetylseleno-benzol oder aus Bis-[4-acetoxy-phenyl]-diselenid beim Behandeln mit Salpetersäure (D: 1,5) oder mit Salpetersäure und Acetanhydrid, jeweils bei —10° (*Keimatsu, Yokota,* J. pharm. Soc. Japan **51** [1931] 605, 609, 612; dtsch. Ref. S. 89, 90; C. A. **1932** 121).

Krystalle (aus Eg. + Ae.); Zers. bei 139°. In warmem Wasser, Äthanol und Essig=säure löslich, in Äther schwer löslich.

3-Nitro-4-hydroxy-benzol-seleninsäure-(1), *4-hydroxy-3-nitrobenzeneseleninic acid* C₆H₅NO₅Se, Formel X (R = H, X = NO₂).

B. Neben 2.4-Dinitro-phenol beim Behandeln von 4-Acetoxy-phenylselenocyanat mit

Salpetersäure und Schwefelsäure bei −10° (*Keimatsu, Yokota*, J. pharm. Soc. Japan **51** [1931] 605, 612; dtsch. Ref. S. 89, 90; C. A. **1932** 121).

Gelbe Krystalle (aus A.); F: 132° [Zers.]. In Äther fast unlöslich.

Beim Erwärmen mit wss. Natronlauge und Natriumdithionit unter Wasserstoff ist Bis-[3-amino-4-hydroxy-phenyl]-diselenid erhalten worden (*Kei., Yo.*, l. c. S. 613).

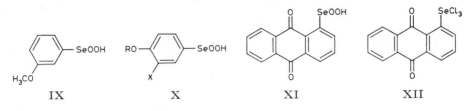

      IX   X   XI   XII

D. Oxoseleninsäuren

9.10-Dioxo-9.10-dihydro-anthracen-seleninsäure-(1), Anthrachinon-seleninsäure-(1), *9,10-dioxo-9,10-dihydroanthracene-1-seleninic acid* $C_{14}H_8O_4Se$, Formel XI.

B. Aus Trichlor-[9.10-dioxo-9.10-dihydro-anthryl-(1)]-selen beim Behandeln mit wss. Alkalilauge (*Behaghel, Müller*, B. **67** [1934] 105, **68** [1935] 1540, 1549). Aus Bis-[9.10-dioxo-9.10-dihydro-anthryl-(1)]-diselenid beim Behandeln mit Salpetersäure (*Be., Mü.*, B. **68** 1549).

Krystalle; F: ca. 203° [Zers.; aus wss. Lösung] (*Be., Mü.*, B. **68** 1549); Krystalle (aus Dioxan), die bei 204−205° [Zers.] erweichen (*Rheinboldt, Giesbrecht*, B. **88** [1955] 666, 673).

Überführung in 9.10-Dioxo-9.10-dihydro-anthracen-selenensäure-(1) durch Behandeln mit Kaliumjodid-Lösung oder Äthanol: *Be., Mü.*, B. **68** 1549.

Trichlor-[9.10-dioxo-9.10-dihydro-anthryl-(1)]-selen, [9.10-Dioxo-9.10-dihydro-anthryl-(1)]-selentrichlorid, *trichloro(9,10-dioxo-9,10-dihydro-1-anthryl)selenium* $C_{14}H_7Cl_3O_2Se$, Formel XII.

B. Beim Behandeln einer Lösung von Bis-[9.10-dioxo-9.10-dihydro-anthryl-(1)]-diselenid in Essigsäure mit Chlor oder Sulfurylchlorid (*Behaghel, Müller*, B. **67** [1934] 105, 107).

Krystalle (aus CHCl₃ + Eg.); F: 203° [Zers.]. Beim Umkrystallisieren aus Chloroform oder Benzol erfolgt partielle Zersetzung.

Beim Erwärmen einer Lösung in Chloroform mit Aceton ist 1-Chlorseleno-anthrachinon erhalten worden.

E. Selenino-Derivate der Carbonsäuren

Selenino-phenyl-essigsäure, *phenylseleninoacetic acid* $C_8H_8O_4Se$.

a) **(+)-Selenino-phenyl-essigsäure**, vermutlich **(S)-Selenino-phenyl-essigsäure**, $C_8H_8O_4Se$, Formel I.

B. Aus Bis-[(S?)-phenyl-carboxy-methyl]-diselenid [E III **10** 493] (*A. Fredga*, Diss. [Uppsala 1935] S. 143).

$[M]_D^{25}$: +1021° [W.; c = 1,3].

      I   II   III   IV

b) (±)-Selenino-phenyl-essigsäure C₈H₈O₄Se, Formel I + Spiegelbild.

B. Beim Einleiten von Stickstoffdioxid in eine äther. Lösung von opt.-inakt. Bis-[phenyl-carboxy-methyl]-diselenid (F: 148—149,5°) und Behandeln des Reaktionsprodukts mit Wasser (*A. Fredga*, Diss. [Uppsala 1935] S. 141).

F: 93° [Zers.]. An der Luft nicht beständig.

F. Selenino-Derivate der Hydroxycarbonsäuren

6-Hydroxy-3-selenino-benzoesäure, 5-Selenino-salicylsäure C₇H₆O₅Se.

6-Hydroxy-3-selenino-benzoesäure-methylester, 6-Hydroxy-1-methoxycarbonyl-benzol-seleninsäure-(3), *5-seleninosalicylic acid methyl ester* C₈H₈O₅Se, Formel II (R = CH₃).

B. Aus 6-Hydroxy-3-trichlorseleno-benzoesäure-methylester beim Behandeln mit Wasser (*Nelson, Degering, Bilderback*, Am. Soc. **60** [1938] 1239).

Monohydrat. F: 162,4—162,9° [korr.; Zers.]. In Äthanol löslich, in Äther, Benzol und Wasser fast unlöslich.

Beim Behandeln mit Acetylchlorid ist 6-Hydroxy-3-trichlorseleno-benzoesäure-methylester erhalten worden.

6-Hydroxy-3-selenino-benzoesäure-äthylester, 6-Hydroxy-1-äthoxycarbonyl-benzol-seleninsäure-(3), *5-seleninosalicylic acid ethyl ester* C₉H₁₀O₅Se, Formel II (R = C₂H₅).

B. Aus 6-Hydroxy-3-trichlorseleno-benzoesäure-äthylester beim Behandeln mit Wasser (*Nelson, Degering, Bilderback*, Am. Soc. **60** [1938] 1239).

Monohydrat. F: 142,4° [korr.; Zers.].

6-Hydroxy-3-selenino-benzoesäure-propylester, 6-Hydroxy-1-propyloxycarbonyl-benzol-seleninsäure-(3), *5-seleninosalicylic acid propyl ester* C₁₀H₁₂O₅Se, Formel II (R = CH₂-CH₂-CH₃).

B. Aus 6-Hydroxy-3-trichlorseleno-benzoesäure-propylester beim Behandeln mit Wasser (*Nelson, Degering, Bilderback*, Am. Soc. **60** [1938] 1239).

Monohydrat. F: 115° [korr.; Zers.].

6-Hydroxy-3-trichlorseleno-benzoesäure-methylester, Trichlor-[4-hydroxy-3-methoxy-carbonyl-phenyl]-selen, *trichloro[4-hydroxy-3-(methoxycarbonyl)phenyl]selenium* C₈H₇Cl₃O₃Se (R = CH₃).

B. Aus Salicylsäure-methylester beim Behandeln mit Selen(IV)-chlorid (*Nelson, Degering, Bilderback*, Am. Soc. **60** [1938] 1239).

Gelb. F: 167—168° [korr.; Zers.]. In Äthanol löslich, in Äther fast unlöslich. Hygroskopisch.

An der Luft erfolgt Umwandlung in 6-Hydroxy-1-methoxycarbonyl-benzol-seleninsäure-(3).

6-Hydroxy-3-trichlorseleno-benzoesäure-äthylester, Trichlor-[4-hydroxy-3-äthoxycarbonyl-phenyl]-selen, *trichloro[3-(ethoxycarbonyl)-4-hydroxyphenyl]selenium* C₉H₉Cl₃O₃Se, Formel III (R = C₂H₅).

B. Aus Salicylsäure-äthylester beim Behandeln mit Selen(IV)-chlorid (*Nelson, Degering, Bilderback*, Am. Soc. **60** [1938] 1239).

Gelb. F: 159,1° [korr.; Zers.]. Hygroskopisch.

6-Hydroxy-3-trichlorseleno-benzoesäure-propylester, Trichlor-[4-hydroxy-3-propyloxy-carbonyl-phenyl]-selen, *trichloro[4-hydroxy-3-(propoxycarbonyl)phenyl]selenium* C₁₀H₁₁Cl₃O₃Se, Formel III (R = CH₂-CH₂-CH₃).

B. Aus Salicylsäure-propylester beim Behandeln mit Selen(IV)-chlorid (*Nelson, Degering, Bilderback*, Am. Soc. **60** [1938] 1239).

Gelb. F: 148° [korr.; Zers.]. Hygroskopisch.

4-Hydroxy-3-selenino-benzoesäure C₇H₆O₅Se.

4-[2.4-Dichlor-phenoxy]-3-selenino-benzoesäure, *4-(2,4-dichlorophenoxy)-3-selenino-benzoic acid* C₁₃H₈Cl₂O₅Se, Formel IV.

B. Aus 4-[2.4-Dichlor-phenoxy]-3-selenocyanato-benzoesäure beim Erhitzen mit wss. Salpetersäure [52%ig] (*Thompson, Turner*, Soc. **1938** 29, 35).

Krystalle (aus wss. A.), die bei ca. 176° erweichen; bei höherer Temperatur erfolgt Zersetzung.

Beim Behandeln mit Schwefelsäure (anfangs blaue, später dunkelrote Lösung) und Behandeln des Reaktionsprodukts mit wss. Kaliumdisulfit-Lösung ist 6.8-Dichlor-phen=oxaselenin-carbonsäure-(2) erhalten worden.

G. Monoselenonsäuren

Benzolselenonsäure $C_6H_6O_3Se$.

4-Nitro-benzol-selenonsäure-(1), p-*nitrobenzeneselenonic acid* $C_6H_5NO_5Se$, Formel V.

B. Aus 4-Nitro-benzol-seleninsäure-(1) beim Erhitzen mit wss. Kaliumpermanganat-Lösung (*Rao*, J. Indian chem. Soc. **18** [1941] 1, 4) oder mit Salpetersäure und geringen Mengen wss. Salzsäure (*Banks, Hamilton*, Am. Soc. **62** [1940] 1859).

Gelbe Krystalle mit 4 Mol H_2O; F: 113—115° (*Ba., Ha.*).

In wss. Lösung nicht beständig (*Ba., Ha.*).

Kalium-Salz $KC_6H_4NO_5Se$. Wasserhaltige Krystalle (*Rao*).

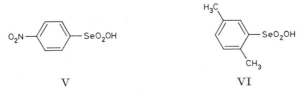

V   VI

p-**Xylol-selenonsäure-(2)**, 2,5-*xyleneselenonic acid* $C_8H_{10}O_3Se$, Formel VI (E I 111).

Elektrische Leitfähigkeit von Lösungen in Essigsäure: *Hantzsch, Langbein*, Z. anorg. Ch. **204** [1932] 193, 198, 199.

VIII. Tellurinsäuren

Hydroxytellurinsäuren

2-Hydroxy-benzol-tellurinsäure-(1) $C_6H_6O_3Te$.

Trichlor-[2-*p*-tolyloxy-phenyl]-tellur, [2-*p*-Tolyloxy-phenyl]-tellurtrichlorid, *trichloro*[o-(p-*tolyloxy*)*phenyl*]*tellurium* $C_{13}H_{11}Cl_3OTe$, Formel I (R = CH₃).

B. Beim Erwärmen von 2-*p*-Tolyloxy-phenylquecksilber-chlorid mit Tellur(IV)-chlorid in Chloroform (*Campbell, Turner*, Soc. **1938** 37, 39).

Gelbe Krystalle (aus CHCl₃); F: 180—185° [Zers.].

Beim Erhitzen bis auf 240° ist 2-Methyl-phenoxatellurin-10.10-dichlorid erhalten worden.

4-[2-Trichlortelluro-phenoxy]-benzoesäure, Trichlor-[2-(4-carboxy-phenoxy)-phenyl]-tellur, [o-(p-*carboxyphenoxy*)*phenyl*]*trichlorotellurium* $C_{13}H_9Cl_3O_3Te$, Formel I (R = COOH).

B. Beim Erwärmen von 2-[4-Carboxy-phenoxy]-phenylquecksilber-chlorid mit Tellur(IV)-chlorid in Acetonitril (*Campbell, Turner*, Soc. **1938** 37, 40).

Krystalle (aus Acetonitril); F: 205—206° [Zers.]. In Dioxan leicht löslich.

4-Hydroxy-benzol-tellurinsäure-(1), p-*hydroxybenzenetellurinic acid* $C_6H_6O_3Te$, Formel II (R = H, X = OH).

B. Aus Trichlor-[4-hydroxy-phenyl]-tellur beim Behandeln mit wss. Natronlauge (*Reichel, Kirschbaum*, A. **523** [1936] 211, 219).

Krystalle (aus Eg.). Beim Erhitzen erfolgt Zersetzung.

Beim Behandeln mit Salpetersäure (1,4 Mol bzw. 2,8 Mol bzw. 6 Mol) und Schwefel=säure bei 0° ist 3-Nitro-4-hydroxy-benzol-tellurinsäure-(1) bzw. 3.5-Dinitro-4-hydroxy-benzol-tellurinsäure-(1) bzw. eine als [3.5-Dinitro-4-hydroxy-benzol-tellurin=säure-(1)]-salpetersäure-anhydrid angesehene Verbindung $C_6H_3N_3O_9Te$ (Krystalle [aus Eg.]; durch Erhitzen mit wss. Schwefelsäure in 3.5-Dinitro-4-hydroxy-benzol-tellurinsäure-(1) überführbar) erhalten worden.

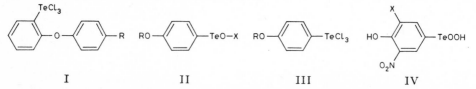

I   II   III   IV

4-Methoxy-benzol-tellurinsäure-(1), p-*methoxybenzenetellurinic acid* $C_7H_8O_3Te$, Formel II (R = CH₃, X = OH) (E II 243; dort als 4-Methoxy-phenyltellurtrihydroxyd bezeichnet).

In dem von *Morgan, Kellett* (E II 243, 244) beschriebenen Präparat hat möglicher=weise 4-Methoxy-benzol-tellurinylchlorid-(1) (S. 729) vorgelegen.

B. Aus Trichlor-[4-methoxy-phenyl]-tellur oder aus 4-Methoxy-benzol-tellurinyl=chlorid-(1) beim Behandeln mit heisser wss. Natronlauge (*Reichel, Kirschbaum*, A. **523** [1936] 211, 219).

Krystalle (aus Eg.).

4-Äthoxy-benzol-tellurinsäure-(1), p-*ethoxybenzenetellurinic acid* $C_8H_{10}O_3Te$, Formel II (R = C₂H₅, X = OH) (E II 244; dort als 4-Äthoxy-phenyltellurtrihydroxyd bezeichnet).

B. Aus Trichlor-[4-äthoxy-phenyl]-tellur oder aus 4-Äthoxy-benzol-tellurinyl=chlorid-(1) beim Behandeln mit heisser wss. Natronlauge (*Reichel, Kirschbaum*, A. **523** [1936] 211, 218).

Krystalle (aus Eg.).

4-Hydroxy-benzol-tellurinylchlorid-(1), p-*hydroxybenzenetellurinyl chloride* $C_6H_5ClO_2Te$, Formel II (R = H, X = Cl).

B. Aus Trichlor-[4-hydroxy-phenyl]-tellur beim Behandeln mit Wasser (*Reichel, Kirschbaum*, A. **523** [1936] 211, 219).

Krystalle (aus Eg.). Beim Erhitzen erfolgt Zersetzung.

4-Methoxy-benzol-tellurinylchlorid-(1), p-*methoxybenzenetellurinyl chloride* $C_7H_7ClO_2Te$, Formel II (R = CH$_3$, X = Cl).

B. Aus Trichlor-[4-methoxy-phenyl]-tellur beim Behandeln mit Wasser (*Reichel, Kirschbaum*, A. **523** [1936] 211, 218).

Krystalle (aus Eg.); Zers. bei 400—500°.

4-Äthoxy-benzol-tellurinylchlorid-(1), p-*ethoxybenzenetellurinyl chloride* $C_8H_9ClO_2Te$, Formel II (R = C$_2$H$_5$, X = Cl).

B. Aus Trichlor-[4-äthoxy-phenyl]-tellur beim Behandeln mit Wasser (*Reichel, Kirschbaum*, A. **523** [1936] 211, 218).

Krystalle (aus Eg.); Zers. bei 400—500°.

Trichlor-[4-hydroxy-phenyl]-tellur, [4-Hydroxy-phenyl]-tellurtrichlorid, *trichloro*(p-*hydroxyphenyl*)*tellurium* $C_6H_5Cl_3OTe$, Formel III (R = H).

B. Beim Erwärmen von Phenol mit Tellur(IV)-chlorid in Tetrachlormethan oder ohne Lösungsmittel (*Reichel, Kirschbaum*, A. **523** [1936] 211, 219).

Krystalle (aus Eg.); F: 213°.

Beim Behandeln mit Wasser ist 4-Hydroxy-benzol-tellurinylchlorid-(1), beim Behandeln mit wss. Natronlauge ist 4-Hydroxy-benzol-tellurinsäure-(1) erhalten worden. Bildung von geringen Mengen Bis-[4-hydroxy-phenyl]-telluroxid beim Behandeln mit wss. Kaliumdisulfit-Lösung: *Rei., Ki.*

Trichlor-[4-methoxy-phenyl]-tellur, [4-Methoxy-phenyl]-tellurtrichlorid, *trichloro*(p-*methoxyphenyl*)*tellurium* $C_7H_7Cl_3OTe$, Formel III (R = CH$_3$) (E II 244).

Gelbe Krystalle (aus Eg.); F: 182° (*Reichel, Kirschbaum*, A. **523** [1936] 211, 218).

Trichlor-[4-äthoxy-phenyl]-tellur, [4-Äthoxy-phenyl]-tellurtrichlorid, *trichloro*(p-*ethoxyphenyl*)*tellurium* $C_8H_9Cl_3OTe$, Formel III (R = C$_2$H$_5$) (E II 244).

Gelbe Krystalle (aus Eg.); F: 184° (*Reichel, Kirschbaum*, A. **523** [1936] 211, 217).

Die beim Erhitzen mit Phenetol erhaltene Verbindung (*Morgan, Drew*, Soc. **127** [1925] 2307, 2312; vgl. E II 244) ist nicht als 2.2′-Dichlor-4.4′-diäthoxy-diphenyltellurid, sondern als Dichlor-bis-[4-äthoxy-phenyl]-tellur zu formulieren (*Morgan, Burstall*, Soc. **1930** 2599; *Mo., Drew*).

3-Nitro-4-hydroxy-benzol-tellurinsäure-(1), *4-hydroxy-3-nitrobenzenetellurinic acid* $C_6H_5NO_5Te$, Formel IV (X = H).

B. Aus 4-Hydroxy-benzol-tellurinsäure-(1) beim Behandeln mit Salpetersäure (1,4 Mol) und Schwefelsäure bei 0° (*Reichel, Kirschbaum*, A. **523** [1936] 211, 220).

Gelb. F: 221° [Zers.]. In Essigsäure löslich.

3.5-Dinitro-4-hydroxy-benzol-tellurinsäure-(1), *4-hydroxy-3,5-dinitrobenzenetellurinic acid* $C_6H_4N_2O_7Te$, Formel IV (X = NO$_2$).

B. Aus 4-Hydroxy-benzol-tellurinsäure-(1) beim Behandeln mit Salpetersäure (2,8 Mol) und Schwefelsäure bei 0° (*Reichel, Kirschbaum*, A. **523** [1936] 211, 220).

Nicht näher beschrieben; durch Überführung in Bis-[3.5-dinitro-4-hydroxy-phenyl]-ditellurid (F: 153°) charakterisiert.

[*Bollwan*]

Sachregister

Das Register enthält die Namen der in diesem Band abgehandelten Verbindungen mit Ausnahme von Salzen, deren Kationen aus Metallionen oder protonierten Basen bestehen, und von Additionsverbindungen.

Die im Register aufgeführten Namen („Registernamen") unterscheiden sich von den im Text verwendeten Namen im allgemeinen dadurch, daß Substitutionspräfixe und Hydrierungsgradpräfixe hinter den Stammnamen gesetzt („invertiert") sind, und dass alle Stellungsbezeichnungen (Zahlen oder Buchstaben), die zu Substitutionspräfixen, Hydrierungsgradpräfixen, systematischen Endungen und zum Funktionssuffix gehören, sowie alle zur Konfigurationskennzeichnung dienenden genormten Präfixe und Symbole (s. „Stereochemische Bezeichnungsweisen"; S. IX) weggelassen sind.

Der Registername enthält demnach die folgenden Bestandteile in der angegebenen Reihenfolge:

1. den Register-Stammnamen (in Fettdruck); dieser setzt sich zusammen aus

    a) dem (mit Stellungsbezeichnung versehenen) Stammvervielfachungsaffix (z. B. Bi in [1.2']Binaphthyl),

    b) stammabwandelnden Präfixen[1]),

    c) dem Namensstamm (z. B. Hex in Hexan; Pyrr in Pyrrol),

    d) Endungen (z. B. -an, -en, -in zur Kennzeichnung des Sättigungszustandes von Kohlenstoff-Gerüsten; -ol, -in, -olin, -olidin usw. zur Kennzeichnung von Ringgrösse und Sättigungszustand bei Heterocyclen),

    e) dem Funktionssuffix zur Kennzeichnung der Hauptfunktion (z. B. -ol, -dion, -säure, -tricarbonsäure),

    f) Additionssuffixen (z. B. oxid in Äthylenoxid).

2. Substitutionspräfixe, d. h. Präfixe, die den Ersatz von Wasserstoff-Atomen durch andere Substituenten kennzeichnen (z. B. Chlor-äthyl in 2-Chlor-1-äthyl-naphthalin).

3. Hydrierungsgradpräfixe (z. B. Tetrahydro in 1.2.3.4-Tetrahydro-naphthalin; Didehydro in 4.4'-Didehydro-β-carotindion-(3.3')).

4. Funktionsabwandlungssuffixe (z. B. oxim in Aceton-oxim; dimethylester in Bernsteinsäure-dimethylester).

---

[1]) Zu den stammabwandelnden Präfixen (die mit Stellungsbezeichnungen versehen sein können) gehören:

Austauschpräfixe (z. B. Dioxa in 3.9-Dioxa-undecan; Thio in Thioessigsäure,

Gerüstabwandlungspräfixe (z. B. Bicyclo in Bicyclo[2.2.2]octan; Spiro in Spiro[4.5]octan; Seco in 5.6-Seco-cholestanon-(5)),

Brückenpräfixe (z. B. Methano in 1.4-Methano-naphthalin; Cyclo in 2.5-Cyclo-benzocyclohepten; Epoxy in 4.7-Epoxy-inden),

Anellierungspräfixe (z. B. Benzo in Benzocyclohepten; Cyclopenta in Cyclopenta[a]phenanthren),

Erweiterungspräfixe (z. B. Homo in D-Homo-androsten-(5)),

Subtraktionspräfixe (z. B. Nor in A-Nor-cholestan; Desoxy in 2-Desoxyglucose).

Beispiele:

meso-1.6-Diphenyl-hexin-(3)-diol-(2.5) wird registriert als **Hexindiol**, Diphenyl-;
4a.8a-Dimethyl-octahydro-1*H*-naphthalinon-(2)-semicarbazon wird registriert als
    Naphthalinon, Dimethyl-octahydro-, semicarbazon;
8-Hydroxy-4.5.6.7-tetramethyl-3a.4.7.7a-tetrahydro-4.7-äthano-indenon-(9) wird
    registriert als **4.7-Äthano-indenon**, Hydroxy-tetramethyl-tetrahydro-.

Besondere Regelungen gelten für Radikofunktionalnamen, d. h. Namen, die
aus einer oder mehreren Radikalbezeichnungen und der Bezeichnung einer Funk-
tionsklasse oder eines Ions zusammengesetzt sind:

Bei Radikofunktionalnamen von Verbindungen, deren Funktionsgruppe (oder
ional bezeichnete Gruppe) mit nur einem Radikal unmittelbar verknüpft ist, umfasst der (in Fettdruck gesetzte) Register-Stammname die Bezeichnung dieses Radikals und die Funktionsklassenbezeichnung (oder Ionenbezeichnung) in unver-
änderter Reihenfolge; Präfixe, die eine Veränderung des Radikals ausdrücken,
werden hinter den Stammnamen gesetzt.

Beispiele:

Äthylbromid, Phenylbenzoat, Phenyllithium und Butylamin werden unverändert registriert;
3-Chlor-4-brom-benzhydrylchlorid wird registriert als **Benzhydrylchlorid**, Chlor-brom-;
1-Methyl-butylamin wird registriert als **Butylamin**, Methyl-.

Bei Radikofunktionalnamen von Verbindungen mit einem mehrwertigen Radikal, das unmittelbar mit den Funktionsgruppen (oder ional bezeichneten Gruppen)
verknüpft ist, umfasst der Register-Stammname die Bezeichnung dieses Radikals
und die (gegebenenfalls mit einem Vervielfachungsaffix versehene) Funktionsklassenbezeichnung (oder Ionenbezeichnung), nicht aber weitere im Namen ent-
haltene Radikalbezeichnungen, auch wenn sie sich auf unmittelbar mit einer der
Funktionsgruppen verknüpfte Radikale beziehen.

Beispiele:

Benzylidendiacetat, Äthylendiamin und Äthylenchloridbromid werden unverändert registriert;
1.2.3.4-Tetrahydro-naphthalindiyl-(1.4)-diamin wird registriert als **Naphthalindiyldiamin**,
    Tetrahydro-;
N.N-Diäthyl-äthylendiamin wird registriert als **Äthylendiamin**, Diäthyl-.

Bei Radikofunktionalnamen, deren (einzige) Funktionsgruppe mit mehreren
Radikalen unmittelbar verknüpft ist, besteht hingegen der Register-Stammname
nur aus der Funktionsklassenbezeichnung (oder Ionenbezeichnung); die Radikalbezeichnungen werden sämtlich hinter dieser angeordnet.

Beispiele:

Methyl-benzyl-amin wird registriert als **Amin**, Methyl-benzyl-;
Trimethyl-äthyl-ammonium wird registriert als **Ammonium**, Trimethyl-äthyl-;
Diphenyläther wird registriert als **Äther**, Diphenyl-;
Phenyl-[2-äthyl-naphthyl-(1)]-keton-oxim wird registriert als **Keton**, Phenyl-[äthyl-
    naphthyl]-, oxim.

Massgebend für die alphabetische Anordnung von Verbindungsnamen sind in
erster Linie der Register-Stammname (wobei die durch Kursivbuchstaben oder

Ziffern repräsentierten Differenzierungsmarken in erster Näherung unberück-
sichtigt bleiben), in zweiter Linie die nachgestellten Präfixe, in dritter Linie die
Funktionsabwandlungssuffixe.

Beispiele:

> *sec*-Butylalkohol erscheint unter dem Buchstaben B;
> Cyclopenta[*a*]naphthalin, Methyl- erscheint nach Cyclopentan;
> Cyclopenta[*b*]naphthalin, Brom- erscheint nach Cyclopenta[*a*]naphthalin, Methyl-.

Von griechischen Zahlwörtern abgeleitete Namen oder Namensteile sind einheitlich mit c (nicht mit k) geschrieben.

Die Buchstaben i und j werden unterschieden.

Die Umlaute ä, ö und ü gelten hinsichtlich ihrer alphabetischen Einordnung als
ae, oe bzw. ue.

A

Aceton, Amino-benzamino- 316
—, Benzamino-, [(toluol-sulfonyl)-
   oxim] 316
—, Chlor-[toluol-sulfonylamino]- 275
—, [Dinitro-phenoxy]-, [(toluol-
   sulfonyl)-oxim] 314
—, [Nitro-phenoxy]-, [(toluol-
   sulfonyl)-oxim] 314
—, [Nitro-phenyl]-, [(toluol-
   sulfonyl)-oxim] 312
—, [(Toluol-sulfonyl)-
   äthansulfinimidoyl]- 305
Aceton-[benzolsulfonyl-oxim] 81
— [chlor-benzol-sulfonylhydrazon] 91
— [chlor-nitro-toluol-
   sulfonylhydrazon] 326
— [dinitro-benzol-sulfonylhydrazon] 160
— [naphthalin-sulfonylhydrazon] 386
— [nitro-benzol-sulfonylhydrazon]
   116, 130, 152
— [(nitro-benzol-sulfonyl)-methyl-
   hydrazon] 152
— [nitro-styrol-sulfonylhydrazon]
   371, 372
— [(toluol-sulfonyl)-oxim] 311
Acetonitril, Benzolsulfonyloxy- 49
—, Benzolsulfonyloxyimino-[chlor-
   phenyl]- 83
—, Benzolsulfonyloxyimino-phenyl- 83
—, [Toluol-sulfonyloxy]- 256
—, [Toluol-sulfonyloxyimino]-[chlor-
   phenyl]- 315
—, [Toluol-sulfonyloxyimino]-[nitro-
   phenyl]- 315
—, [Toluol-sulfonyloxyimino]-phenyl- 315
Acetophenon, Brom-, [benzolsulfonyl-
   oxim] 82
—, Nitro-[toluol-sulfonyloxy]- 246
—, [Toluol-sulfonyloxy]- 166
Acetophenon-[nitro-benzol-
   sulfonylhydrazon] 117, 132, 154
— [(toluol-sulfonyl)-oxim] 311
Acetophenon-disulfonsäure-dichlorid 600
Acetylen, Bis-[sulfo-phenyl]- 478
Acrylamid, Dichlor-benzolsulfonyloxy- 49
Acrylonitril, Dichlor-
   benzolsulfonyloxy- 50
Acrylsäure, Benzamino-[sulfamoyl-
   phenyl]- 599
—, Chlor-methyl-[brom-chlorsulfonyl-
   trimethyl-phenyl]- 691
—, [Phenyl-acetamino]-[toluol-
   sulfonyloxy]-, methylester 262
Adipinsäure, Benzolsulfonylamino- 75
—, [Benzolsulfonyl-methyl-amino]- 75
Äthan, [Amino-äthylamino]-[(toluol-
   sulfonylamino)-äthylamino]- 291
—, Benzolsulfonylamino-acetamino- 76

Äthan, Benzolsulfonylamino-
   [benzolsulfonyl-acetyl-amino]- 77
—, Benzolsulfonylamino-
   [benzolsulfonyl-benzoyl-amino]- 77
—, Benzolsulfonylamino-
   [benzolsulfonyl-methyl-amino]- 77
—, Benzolsulfonyloxy-äthoxy- 44
—, Bis-[acetylsulfamoyl-phenoxy]- 511
—, Bis-[(äthoxycarbonylmethyl-
   sulfamoyl)-phenoxy]- 511
—, Bis-[äthylsulfamoyl-phenoxy]- 510
—, Bis-[benzolsulfonyl-äthyl-amino]- 77
—, Bis-benzolsulfonylamino- 76
—, Bis-{[bis-(hydroxy-äthyl)-
   sulfamoyl]-phenoxy}- 511
—, Bis-[(carboxymethyl-sulfamoyl)-
   phenoxy]- 511
—, Bis-[chlor-hydroxy-benzol-
   sulfonylamino]- 489
—, Bis-[chlorsulfonyl-phenoxy]- 505
—, Bis-[chlor-(toluol-sulfonyl)-
   äthansulfinimidoyl]- 306
—, Bis-[(diäthylamino-methyl-
   butylsulfamoyl)-phenoxy]- 511
—, Bis-[diäthylsulfamoyl-phenoxy]- 510
—, Bis-[dibenzolsulfonyl-amino]- 81
—, Bis-[dibutylsulfamoyl-phenoxy]- 510
—, Bis-[dichlor-benzol-sulfonylamino]- 93
—, Bis-[dimethylsulfamoyl-phenoxy]- 510
—, Bis-[dioctylsulfamoyl-phenoxy]- 510
—, Bis-[dipropylsulfamoyl-phenoxy]- 510
—, Bis-[di-(toluol-sulfonyl)-amino]- 309
—, Bis-[(hydroxy-äthylsulfamoyl)-
   phenoxy]- 510
—, Bis-[isopropylsulfamoyl-phenoxy]- 510
—, Bis-[methylsulfamoyl-phenoxy]- 509
—, Bis-[nitro-benzol-sulfonylamino]- 150
—, Bis-[propylsulfamoyl-phenoxy]- 510
—, Bis-[sulfamoyl-phenoxy]- 509
—, Bis-[sulfo-phenyl]- 474
—, Bis-[(toluol-sulfonyl)-äthyl-amino]- 292
—, Bis-[(toluol-sulfonyl)-allyl-amino]- 293
—, Bis-[toluol-sulfonylamino]- 292
—, Bis-[(toluol-sulfonyl)-(amino-
   äthyl)-amino]- 293
—, Bis-[(toluol-sulfonylamino)-
   äthylamino]- 291
—, Bis-[(toluol-sulfonylamino)-
   propylamino]- 294
—, Bis-[(toluol-sulfonyl)-benzoyl-
   amino]- 293
—, Bis-[(toluol-sulfonyl)-butyl-amino]- 293
—, Bis-[(toluol-sulfonyl)-(chlor-
   äthyl)-amino]- 292
—, Bis-[(toluol-sulfonyl)-(hydroxy-
   äthyl)-amino]- 293
—, Bis-[(toluol-sulfonyl)-isobutyl-
   amino]- 293

Äthan, Bis-[(toluol-sulfonyl)-
isopropyl-amino]- 293
—, Bis-[(toluol-sulfonyl)-methyl-
amino]- 292
—, Bis-[toluol-sulfonyloxy]- 225
—, Bis-[(toluol-sulfonyl)-propyl-
amino]- 292
—, [Brom-benzol-sulfonylamino]-[(brom-
benzol-sulfonyl)-äthyl-amino]- 107
—, Chlor-benzolsulfonyloxy- 37
—, [Chlor-dinitro-benzol-
sulfonylamino]-[hydroxy-äthoxy]- 161
—, [Nitro-benzol-sulfonylamino]-
acetamino- 150
—, [Nitro-benzol-sulfonylamino]-
[amino-äthylmercapto]- 138
—, [Toluol-sulfonylamino]-acetamino- 290
—, [Toluol-sulfonylamino]-[amino-
äthylamino]- 290
—, [Toluol-sulfonylamino]-[amino-
propylamino]- 291
—, [Toluol-sulfonylamino]-benzamino- 290
—, [Toluol-sulfonylamino]-[(toluol-
sulfonyl)-(chlor-äthyl)-amino]- 292
—, [Toluol-sulfonylamino]-[(toluol-
sulfonyl)-(hydroxy-äthyl)-amino]- 333
—, [Toluol-sulfonyloxy]-[äthoxy-äthoxy]-
224
—, [(Toluol-sulfonyloxy)-äthoxy]-
[äthoxy-äthoxy]- 224
—, [Toluol-sulfonyloxy]-benzoyloxy- 225
—, [Toluol-sulfonyloxy]-[chlor-
phenoxy]- 223
—, [Toluol-sulfonyloxy]-[hydroxy-
phenoxy]- 225
—, [Toluol-sulfonyloxy]-naphthyloxy- 224
—, [Toluol-sulfonyloxy]-[phenyl-
äthoxy]- 224
—, Trichlor-bis-[chlor-sulfo-phenyl]- 474
—, Trichlor-bis-[(toluol-sulfonyloxy)-
phenyl]- 237
—, Trichlor-[chlor-benzol-sulfonyloxy]-
[chlor-phenyl]- 89
Äthan-disulfonsäure, Phenyl- 460
Äthanol, Benzolsulfonylamino- 57
—, [Toluol-sulfonylamino]- 272, 332
Äthanon, [Brom-phenyl]-, [benzolsulfonyl-
oxim] 82
—, Diphenyl-, [(toluol-sulfonyl)-oxim] 314
—, [Nitro-(toluol-sulfonyloxy)-phenyl]- 246
—, Phenyl-, [(toluol-sulfonyl)-oxim] 311
—, [(Toluol-sulfonyloxy)-phenyl]- 166
Äthansulfinamidin, Bis-[carboxy-benzol-
sulfonyl]- 306
—, Chlor-di-[toluol-sulfonyl]- 306
—, Di-[toluol-sulfonyl]- 306
Äthan-sulfinsäure, Phenyl- 12
Äthansulfonamid, [Nitro-phenyl]- 337
—, Phenyl- 337

Äthansulfonamidin, Bis-[carboxy-benzol-
sulfonyl]- 306
Äthan-sulfonsäure, Acetoxy-phenyl- 532
—, Cyclopentyl- 29
—, [Dimethoxy-phenyl]- 572
—, [Hydroxy-methoxy-phenyl]- 572
—, Hydroxy-phenyl- 532
—, [Hydroxy-(toluol-sulfonyloxy)-
dimethyl-butyrylamino]- 260
—, [Methoxy-propyl-phenoxy]-
[dimethoxy-phenyl]- 581
—, [Methyl-isopropyl-cyclohexyl]- 29
—, Nitro-phenyl- 336
—, Oxo-mesityl- 602
—, Oxo-phenyl- 599
—, Oxo-[trimethyl-phenyl]- 602
—, Phenyl- 336
Äthan-sulfonylbromid, Phenyl- 336
Äthan-sulfonylchlorid, [Nitro-phenyl]- 337
—, Oxo-[chlorsulfonyl-phenyl]- 600
—, Phenyl- 336
Äthan-thiosulfonsäure, Phenyl-,
phenäthylester 337
Äther, Bis-[brom-chlorsulfonyl-phenyl]- 494
—, Bis-[brom-sulfo-phenyl]- 494
—, Bis-[chlorsulfonyl-phenyl]- 506
—, Bis-[sulfamoyl-phenyl]- 512
—, Bis-[sulfo-phenyl]- 501
—, Bis-[(toluol-sulfonylamino)-äthyl]- 272
—, Bis-[(toluol-sulfonyloxy)-äthyl]- 225
—, Bis-[(toluol-sulfonyloxy)-dimethyl-
benzyl]- 232
—, Bis-[(toluol-sulfonyloxy)-oxo-
isopropyl]- 248
Äthindiyl-dibenzol-disulfonsäure 478
Äthylen, [Brom-benzol-sulfonylamino]-
diphenyl- 106
—, Dichlor-bis-[chlor-sulfo-phenyl]- 477
Äthylendiamin, Benzolsulfonyl- 76
—, Benzolsulfonyl-acetyl- 76
—, Benzolsulfonyl-methyl-octadecyl- 76
—, Bis-[brom-benzol-sulfonyl]-äthyl- 107
—, Bis-[chlor-hydroxy-benzol-sulfonyl]- 489
—, Bis-[dichlor-benzol-sulfonyl]- 93
—, Bis-[nitro-benzol-sulfonyl]- 150
—, Bis-[(toluol-sulfonylamino)-propyl]- 294
—, [Brom-benzol-sulfonyl]-dimethyl-
äthyl- 107
—, Dibenzolsulfonyl- 76
—, Dibenzolsulfonyl-acetyl- 77
—, Dibenzolsulfonyl-benzoyl- 77
—, Dibenzolsulfonyl-diäthyl- 77
—, Dibenzolsulfonyl-methyl- 77
—, [Dichlor-benzol-sulfonyl]-diäthyl- 96
—, Di-[toluol-sulfonyl]- 292
—, Di-[toluol-sulfonyl]-bis-[chlor-
äthyl]- 292
—, Di-[toluol-sulfonyl]-bis-[hydroxy-
äthyl]- 293

Butanon, [Methoxy-benzyloxy-phenyl]-,
    [benzolsulfonyl-oxim] 83
—, Methyl-, [nitro-benzol-
    sulfonylhydrazon] 116, 130, 152
—, Phenyl-, [nitro-benzol-
    sulfonylhydrazon] 117, 132, 154
Butanon-[nitro-benzol-
    sulfonylhydrazon] 116, 130, 152
Butan-sulfonsäure, Cyclopentyl- 29
—, Dioxo-bis-[trimethyl-phenyl]- 626
—, Dioxo-dimesityl- 626
—, Dioxo-diphenyl- 626
—, Oxo-[hydroxy-methoxy-phenyl]-
    649
—, Phenyl- 348
Butendisäure, Benzolsulfonyloxy-,
    diäthylester 50
Butendisäure-bis-benzolsulfonamid 61
Butenon, Phenyl-, [nitro-benzol-
    sulfonylhydrazon] 132, 154
Butin, [Toluol-sulfonyloxy]- 193
Buttersäure, Amino-benzolsulfonylamino- 77
—, Benzamino-[toluol-sulfonyloxy]-,
    äthylester 264
—, Benzolsulfonylamino- 67
—, Benzolsulfonylamino-äthylmercapto- 72
—, Benzolsulfonylamino-hydroxy- 72
—, [Naphthalin-sulfonylamino]-hydroxy-
    408
—, {[(Naphthalin-sulfonyl)-glycyl]-
    amino}- 404
—, [(Naphthalin-sulfonyl)-methyl-
    amino]-hydroxy- 408
—, [Toluol-sulfonylamino]- 283
—, [Toluol-sulfonylamino]-dimethyl- 284
Butyramid, [Dichlor-benzol-sulfonyl]- 95
—, [Nitro-benzol-sulfonyl]-dimethyl- 141
—, [Toluol-sulfonyl]- 276

C

Cadalin-sulfonsäure 431
Campesterol, [Toluol-sulfonyl]- 216
Camphen-sulfonsäure 32
Campher-sulfinsäure, Brom- 23
Campher-sulfonsäure 584, 593
Cannabidiol, Bis-[nitro-benzol-
    sulfonyl]- 125
Chinizarin-disulfonsäure 654
Chinizarin-sulfonsäure 653, 654
Chloramin-T 300
Choladien, [Toluol-sulfonyloxy]-
    diphenyl- 222
Cholansäure, Bis-[toluol-sulfonyloxy]-
    oxo-, methylester 264
—, Dihydroxy-[toluol-sulfonyloxy]-,
    methylester 262
—, Hydroxy-[toluol-sulfonyloxy]-,
    methylester 261

Cholansäure, [Toluol-sulfonyloxy]-dioxo-,
    methylester 264
—, [Toluol-sulfonyloxy]-oxo-,
    methylester 263, 264
Cholanthren-sulfonsäure, Methyl- 450
—, Methyl-, methylester 450
Cholenol, [Toluol-sulfonyloxy]-
    diphenyl- 238
Cholensäure, [Toluol-sulfonyloxy]-,
    methylester 259
Cholestadien-sulfonsäure 382
Cholestadien-sulfonsäure-methylester 382
Cholestan, Dibrom-[toluol-sulfonyloxy]- 213
—, Dichlor-[toluol-sulfonyloxy]- 213
—, [Toluol-sulfonyloxy]- 213
—, [Toluol-sulfonyloxy]-acetoxy- 233
Cholestanol, [Toluol-sulfonyloxy]- 233
Cholestanon, [Toluol-sulfonyloxy]- 247
Cholestan-sulfonsäure, Dioxo- 614
—, Dioxo-, methylester 614
—, Hydroxy- 538
—, Hydroxy-, methylester 538
—, Oxo- 602, 603, 604
—, Oxo-, methylester 602, 603, 604
—, Phenylhydrazono- 602
Cholestan-sulfonsäure-methylester 369
Cholesten, Benzolsulfonyloxy- 41
—, Brom-[toluol-sulfonyloxy]- 216
—, [Toluol-sulfonyloxy]- 215
—, [Toluol-sulfonyloxy]-benzoyloxy- 234
Cholestenon, [Toluol-sulfonyloxy]-
    247, 248
Cholesten-sulfonsäure, Dioxo- 616
—, Oxo- 604, 605
—, Oxo-, methylester 605
Cholesterin, Benzolsulfonyl- 41
Chroman-sulfonsäure, Hydroxy-äthyl- 642
—, Hydroxy-methoxy-methyl- 650
Chromotropsäure 576
Chrysen-sulfonsäure 449
—, Hydroxy- 566
Chrysen-sulfonylchlorid, Methoxy- 566
Cinnamamid, [Dichlor-benzol-sulfonyl]- 96
—, Dichlor-[naphthalin-sulfonyl]- 402
—, [Naphthalin-sulfonyl]- 402
Croceinsäure 556
Crotonamid, [Nitro-benzol-sulfonyl]-
    methyl- 141
Crotonamidin, [Nitro-benzol-sulfonyl]-
    methyl- 142
Cumolsulfonamid 344
—, Chlor- 344
—, Nitro- 344
Cumol-sulfonylchlorid, Nitro- 344
3.5-Cyclo-androstan, [Toluol-
    sulfonyloxy]-methoxy- 234
3.5-Cyclo-cyclopenta[a]phenanthren,
    [Toluol-sulfonyloxy]-methoxy-
    dimethyl-hexadecahydro- 234

Naphthalin, [Toluol-sulfonyloxy]-
   dimethyl- 219
—, [Toluol-sulfonyloxy]-dimethyl-
   tetrahydro- 215
—, [Toluol-sulfonyloxyimino]-
   tetrahydro- 312
—, [Toluol-sulfonyloxy]-tetrahydro- 214
—, Tribrom-[toluol-sulfonyloxy]- 218
Naphthalin-dicarbonsäure s. *Naphthalsäure*
Naphthalin-disulfinsäure 17
Naphthalindisulfonamid 463, 465, 468
—, Bis-[diazo-äthoxycarbonyl-acetyl]- 465
—, Bis-[diazo-carbamoyl-acetyl]- 465
—, Bis-[diazo-carboxy-acetyl]- 465
—, Diglykoloyl- 465
—, Tetramethyl- 465
—, Trichlor- 463
Naphthalin-disulfonsäure 462, 463,
   467, 468
—, Amino-dihydro- 604
—, Benzoyloxy- 560
—, Bis-hydroxyimino-tetrahydro- 615
—, Brom-hydroxy- 558
—, Chlor-hydroxy- 559, 560
—, Dihydroxy- 576
—, Dihydroxy-dihydro- 615
—, Dihydroxy-tetrahydro- 644
—, Dioxo-tetrahydro- 615
—, Hydroxy- 546, 547, 548, 558, 559, 560
—, Hydroxy-dihydro- 603, 604
—, Hydroxy-oxo-methyl-dihydro- 624
—, Hydroxy-oxo-tetrahydro- 615
—, Nitro- 466
—, Nitro-hydroxy- 558
—, Nitroso-hydroxy- 621
—, Oxo-hydroxyimino-dihydro- 621
—, Oxo-tetrahydro- 546, 603, 604
—, Tetrahydro- 462
—, Trichlor- 463
Naphthalin-disulfonsäure-äthylester 464
— amid 465
— bis-benzylidenhydrazid 466
— bis-isopropylidenhydrazid 466
— dihydrazid 466
— diphenylester 464
Naphthalin-disulfonylazid 466
Naphthalin-disulfonylchlorid 463, 464, 468
—, Äthoxycarbonyloxy- 547, 548
—, Chlor- 466
—, Nitro- 466, 467
—, Tetrahydro- 462
—, Trichlor- 463
Naphthalinon, Dihydro-, [(toluol-
   sulfonyl)-oxim] 312
—, Methoxy-dihydro-, [(toluol-
   sulfonyl)-oxim] 314
Naphthalin-sulfinsäure 12, 14
—, Brom-[dioxo-dihydro-anthryloxy]- 21
—, Chlor- 13, 14, 15

Naphthalin-sulfinsäure, [Dioxo-dihydro-
   anthryloxy]- 21
—, Hydroxy-, naphthylester 22
—, Methoxy- 21
—, Nitro- 13, 14, 15
—, Nitro-methyl- 16
—, [Nitro-phenoxy]- 21
Naphthalin-sulfinsäure-methylester
   13, 14
— [naphthylsulfon-propylester] 14
Naphthalinsulfonamid 384, 399
—, Äthoxy- 541, 557
—, Äthyl- 428
—, Benzoyl- 610
—, Benzyl-benzoyl- 613
—, Bis-[hydroxy-äthyl]- 400
—, Bis-hydroxymethyl- 384
—, Brom- 392, 415, 416, 417
—, Butyl- 400
—, *sec*-Butyl- 400
—, *tert*-Butyl- 431
—, Chlor- 387, 388, 389, 411, 412
—, Chlor-tetrahydro- 375
—, Cyan- 695
—, Diäthyl- 400
—, Dibenzyl- 451
—, Dibutyl- 400
—, Diisobutyl- 400
—, Dimethyl- 423, 429, 430
—, Dimethyl-äthyl-tetrahydro- 380
—, Dimethyl-isopropyl- 431
—, Dimethyl-tetrahydro- 377, 378
—, Dioxo-methyl-dihydro- 624
—, Fluor- 387, 411
—, Hydroxy- 550
—, Hydroxy-acetyl- 644
—, Hydroxy-butyryl- 645
—, Hydroxy-[hydroxy-äthyl]-acetyl- 644
—, Hydroxy-isovaleryl- 645
—, Hydroxy-propionyl- 645
—, Isobutyl- 400
—, Isopropyl- 400
—, Isopropyl-tetrahydro- 379
—, Jod- 393, 394, 395, 418, 419
—, Methoxy- 541, 550, 557
—, Methyl- 400, 423, 425, 426, 427, 428
—, Methyl-tetrahydro- 376
—, Nitro- 395, 396, 420, 421
—, Nitro-äthyl- 396
—, Nitro-diäthyl- 397
—, Nitro-dimethyl- 396, 424
—, Nitro-methyl- 396, 424, 425
—, Nitro-methyl-äthyl- 424
—, Nitro-methyl-diäthyl- 425
—, Nitro-trimethyl- 424
—, Propyl-tetrahydro- 379
—, Sulfonyl-bis- 553, 556
—, Tetrachlor- 415
—, Tetrahydro- 375

Phenanthren-sulfonsäure, Methyl-isopropyl-
dihydro-, methylester 441, 442
—, Methyl-tetrahydro- 440
—, Oxo-methyl-tetrahydro- 607
—, Oxo-methyl-tetrahydro-,
methylester 608
—, Oxo-tetrahydro- 607
—, Oxo-tetrahydro-, methylester 607
—, Tetrahydro- 440
Phenanthren-sulfonylchlorid 445
—, Äthoxy-methyl-isopropyl- 565
—, Chlor-methoxy-methyl-isopropyl- 563
—, Dihydro- 441
—, Methoxy-methyl-isopropyl- 564
—, Methyl-isopropyl- 446, 447
—, Methyl-isopropyl-dihydro- 442
Phenanthren-thiosulfonsäure,
Methyl-isopropyl-, [methyl-
isopropyl-phenanthrylester] 447
Phenol, Bis-benzolsulfonyloxy- 46
—, [Nitro-benzol-sulfonyloxy]- 135
—, [(Toluol-sulfonyloxy)-äthoxy]- 225
—, [Toluol-sulfonyloxy]-methoxy- 238
Phenol-disulfonsäure 522; Derivate s. unter
Benzol-disulfonsäure
Phenol-sulfonsäure 488, 496, 498; Derivate
s. unter Benzol-sulfonsäure
o-Phenylendiamin, Benzolsulfonyl-
methyl- 87
p-Phenylendiamin, Benzolsulfonyl-
methyl- 87
Phenyl-propan-sulfonsäure, Oxo- 601
Phenylselentribromid 717
—, Äthyl- 722
—, Brom- 719
—, tert-Butyl- 722
—, Chlor- 719
—, Nitro- 720
Phenylselentrichlorid 717
—, Chlor- 718
—, Nitro- 719, 720
Phenyltellurtrichlorid, Äthoxy- 729
—, Hydroxy- 729
—, Methoxy- 729
—, p-Tolyloxy- 728
Phosphin, Triäthyl-, [toluol-sulfonylimid] 310
—, Tributyl-, [toluol-sulfonylimid] 310
—, Tripropyl-, [toluol-sulfonylimid] 310
Phosphoran, [Toluol-sulfonylimino]-
triäthyl- 310
—, [Toluol-sulfonylimino]-tributyl- 310
—, [Toluol-sulfonylimino]-tripropyl- 310
Phosphorimidsäure, [Chlorcarbonyl-
benzol-sulfonyl]-, trichlorid 673
Phthalsäure, Chlorsulfamoyl- 698
—, Dichlorsulfamoyl- 699
—, Disulfo- 699
—, Sulfamoyl- 698
—, Sulfo- 698, 699

Picen, Acetoxy-heptamethyl-[toluol-
sulfonyloxymethyl]-eicosahydro- 235
—, Bis-[toluol-sulfonyloxy]-
heptamethyl-methylen-docosahydro- 234
—, Diacetoxy-heptamethyl-[toluol-
sulfonyloxymethyl]-eicosahydro- 240
—, [Toluol-sulfonyloxy]-octamethyl-
eicosahydro- 218
Picen-carbonsäure, Benzoyloxy-
hexamethyl-[toluol-
sulfonyloxymethyl]-octadecahydro-,
methylester 261
Pikrylsulfonsäure 161
Pinan, [Toluol-sulfonyloxy]- 197
Pinocampheol, [Toluol-sulfonyl]- 198
Podocarpatrienamid, Sulfamoyl-
isopropyl- 693
Podocarpatriensäure, Äthoxysulfonyl-
isopropyl-, äthylester 693
—, Methoxysulfonyl-isopropyl-,
methylester 693
—, Nitro-äthoxysulfonyl-isopropyl-,
äthylester 694
—, Nitro-methoxysulfonyl-isopropyl-,
methylester 693
—, Nitro-sulfo-isopropyl- 693
—, Sulfo-isopropyl- 692
Pregnadien, [Toluol-sulfonyloxy]- 217
—, [Toluol-sulfonyloxy]-methyl-
diphenyl- 222
Pregnan, [Toluol-sulfonyloxy]-acetoxy- 233
Pregnandiol, [Toluol-sulfonyloxy]-
benzoyloxy- 241
Pregnandion, [Toluol-sulfonyloxy]- 251
—, [Toluol-sulfonyloxy]-acetoxy- 254
Pregnanol, [Toluol-sulfonyloxy]-
acetoxy-benzoyloxy- 241
Pregnanon, Hydroxy-[toluol-sulfonyloxy]-
acetoxy- 253
—, Hydroxy-[toluol-sulfonyloxy]-
diacetoxy- 255
—, [Toluol-sulfonyloxy]-acetoxy- 250
—, [Toluol-sulfonyloxy]-diacetoxy- 253
Pregnansäure, [Toluol-sulfonyloxy]-
acetoxy-methyl-, methylester 261
Pregnendion, [Toluol-sulfonyloxy]- 252
—, [Toluol-sulfonyloxy]-acetoxy- 254
—, [Toluol-sulfonyloxy]-
[methoxycarbonyl-propionyloxy]- 254
Pregnenol, [Toluol-sulfonyloxy]-methyl-
diphenyl- 237
—, [Toluol-sulfonyloxy]-methyl-phenyl- 237
Pregnenon, Hydroxy-[toluol-sulfonyloxy]-
251
—, [Toluol-sulfonyloxy]- 247
—, [Toluol-sulfonyloxy]-acetoxy- 251
—, [Toluol-sulfonyloxy]-methyl- 247
Pregnensäure, [Toluol-sulfonyloxy]-
methyl-, methylester 259

Pregnen-sulfonsäure, Dioxo- 616
—, Dioxo-, methylester 616
Propan, Benzolsulfinyloxy-phenylsulfon- 4
—, Bis-[acetylsulfamoyl-phenoxy]- 512
—, Bis-[äthylsulfamoyl-phenoxy]- 512
—, Bis-[benzolsulfonyl-methyl-amino]-
   bis-[(benzolsulfonyl-methyl-
   amino)-methyl]- 77
—, Bis-[chlorsulfonyl-phenoxy]- 505
—, Bis-dihydroxyselenonio-methyl-
   phenyl- 724
—, Bis-dimethylamino-[toluol-
   sulfonyloxy]- 264
—, Bis-[dimethylsulfamoyl-phenoxy]- 511
—, Bis-[nitro-benzol-sulfonylamino]- 150
—, Bis-[sulfamoyl-phenoxy]- 511
—, Bis-[(toluol-sulfonyl)-äthyl-amino]- 294
—, Bis-[(toluol-sulfonylamino)-
   äthylamino]- 292
—, Bis-[toluol-sulfonylamino]-bis-
   [(toluol-sulfonylamino)-methyl]- 296
—, Bis-[toluol-sulfonylamino]-
   brommethyl-[(toluol-
   sulfonylamino)-methyl]- 296
—, Bis-[toluol-sulfonylamino]-
   chlormethyl-[(toluol-
   sulfonylamino)-methyl]- 296
—, Bis-[(toluol-sulfonyl)-methyl-
   amino]- 294
—, Bis-[(toluol-sulfonyl)-methyl-
   amino]-methoxy- 297
—, Bis-[(toluol-sulfonyl)-propyl-
   amino]- 295
—, [Brom-benzol-sulfonylamino]-
   äthylamino-methyl- 107
—, Dibrom-benzolsulfonylamino- 54
—, [Nitro-benzol-sulfonylamino]-
   acetamino- 151
—, Nitro-benzolsulfonyloxy-methyl- 37
—, Nitro-bis-benzolsulfonyloxy-äthyl- 44
—, Nitro-bis-benzolsulfonyloxy-
   benzolsulfonyloxymethyl- 45
—, Nitro-bis-benzolsulfonyloxy-methyl- 44
—, Nitro-bis-[toluol-sulfonyloxy]-äthyl- 226
—, Nitro-bis-[toluol-sulfonyloxy]-
   methyl- 226
—, Nitro-bis-[toluol-sulfonyloxy]-
   [toluol-sulfonyloxymethyl]- 238
—, Nitro-[toluol-sulfonyloxy]-methyl- 190
—, [Toluol-sulfonylamino]-[amino-
   äthylamino]- 294
—, [Toluol-sulfonylamino]-bis-
   [(toluol-sulfonyl)-methyl-amino]-
   {[(toluol-sulfonyl)-methyl-amino]-
   methyl}- 295
—, [Toluol-sulfonyloxy]-benzyloxy- 225
—, [Toluol-sulfonyloxy]-phenyl- 209
—, Tris-[toluol-sulfonylamino]-
   [(toluol-sulfonylamino)-methyl]- 295

Propandiol, Benzolsulfonylamino-methyl- 57
—, [Brom-benzol-sulfonylamino]-methyl- 106
—, [Toluol-sulfonylamino]-methyl- 273
—, [Toluol-sulfonyloxy]- 238
Propan-diseleninsäure, Methyl-phenyl- 723
Propan-disulfonsäure, Benzoyl- 601
—, Hydroxy-phenyl- 536, 601
—, [Nitro-benzoyl]- 602
Propandiyldiamin, Bis-[nitro-benzol-
   sulfonyl]- 150
—, Di-[toluol-sulfonyl]-diäthyl- 294
—, Di-[toluol-sulfonyl]-dimethyl- 294
—, Di-[toluol-sulfonyl]-dipropyl- 295
—, [Nitro-benzol-sulfonyl]-acetyl- 151
—, [Nitro-benzol-sulfonyl]-methyl- 151
—, [Toluol-sulfonyl]-[amino-äthyl]- 294
—, [Toluol-sulfonyloxy]-tetramethyl- 264
Propanol, Benzolsulfonylamino-methyl- 57
—, [Benzolsulfonyl-methyl-amino]- 57
—, Bis-[(toluol-sulfonyl)-methyl-amino]- 297
—, [Brom-benzol-sulfonylamino]-methyl- 106
—, Brom-benzyl- 537
—, [Toluol-sulfonylamino]- 269
—, [Toluol-sulfonylamino]-methyl- 273
—, [Toluol-sulfonyloxy]- 225
—, Trichlor-benzolsulfonylamino- 57
Propanon, Phenyl-, [(toluol-sulfonyl)-
   oxim] 311
Propansulfonamid, Phenyl- 344
—, Phenyl-methylen- 374
Propan-sulfonsäure, Acetoxy-phenyl- 536
—, Diphenyl- 440
—, Hydroxy-methyl-phenyl- 537
—, Hydroxy-phenyl- 535
—, Methyl-[äthyl-phenyl]- 357
—, Methyl-[butyl-phenyl]- 361
—, Methyl-[tert-butyl-phenyl]- 362
—, Methyl-p-cumenyl- 360
—, Methyl-[decyl-phenyl]- 368
—, Methyl-[hexyl-phenyl]- 366
—, [Methyl-isopropyl-cyclopentyl]- 30
—, Methyl-[isopropyl-phenyl]- 360
—, Methyl-[octyl-phenyl]- 368
—, Methyl-[tert-pentyl-phenyl]- 364
—, Methyl-[propyl-phenyl]- 360
—, Methyl-p-tolyl- 354
—, Methyl-[tridecyl-phenyl]- 369
—, Methyl-[undecyl-phenyl]- 368
—, [Naphthalin-sulfonylamino]-hydroxy- 410
—, [(Naphthalin-sulfonyl)-methyl-
   amino]-hydroxy- 410
—, Oxo-[dimethoxy-phenyl]- 648, 649
—, Oxo-[hydroxy-methoxy-phenyl]-
   648, 649
—, Oxo-[hydroxy-methoxy-phenyl]-
   [dimethoxy-phenyl]- 656
—, Oxo-{methoxy-[oxo-
   methyl-(dimethoxy-phenyl)-äthoxy]-
   phenyl}- 649

Toluol, Brom-benzolsulfonyloxy- 39
—, Brom-dinitro-[toluol-sulfonyloxy]- 206
—, Brom-nitro-benzolsulfonyloxy- 39, 40
—, Brom-nitro-[brom-benzol-
 sulfonyloxy]- 10
—, Brom-nitro-[nitro-benzol-
 sulfonyloxy]- 122
—, Brom-nitro-[toluol-sulfonyloxy]- 207
—, Brom-[toluol-sulfonyloxy]- 205, 206
—, Chlor-benzolsulfonyloxy- 38
—, Chlor-[toluol-sulfonyloxy]- 204
—, Dibrom-benzolsulfonyloxy- 39
—, Dibrom-nitro-benzolsulfonyloxy- 40
—, Dibrom-[toluol-sulfonyloxy]- 205, 206
—, Dichlor-benzolsulfonyloxy- 38, 39
—, Dichlor-[toluol-sulfonyloxy]- 204, 205
—, Dinitro-benzolsulfonyloxy- 40
—, Jod-dinitro-[toluol-sulfonyloxy]- 206
—, Nitro-benzolsulfonyloxy- 39
—, Nitro-[brom-benzol-sulfonyloxy]- 101
—, Nitro-[toluol-sulfonylmercapto]- 328
—, Nitro-[toluol-sulfonyloxy]- 204, 207
—, [Toluol-sulfonyloxy]-benzyl- 221
—, Tribrom-benzolsulfonyloxy- 39
—, Tribrom-[toluol-sulfonyloxy]- 206
—, Trichlor-benzolsulfonyloxy- 39
—, Trichlor-[toluol-sulfonyloxy]- 205
Toluoldisulfonamid 459
—, Dichlor- 460
—, Hydroxy- 527, 530
—, Hydroxy-bis-carboxymethyl- 525
—, Hydroxy-bis-[methyl-(carboxymethyl-
 carbamoyl)-butyl]- 530
Toluol-disulfonsäure, Hydroxy- 527
Toluol-disulfonsäure-chlorid 459
Toluol-disulfonylchlorid 459, 460
—, Chlor- 460
Toluol-disulfonylfluorid 459
—, Hydroxy- 527
—, Nitro-hydroxy- 527
Toluol-peroxysulfonsäure 265
Toluol-seleninsäure 721
—, Brom- 721
—, Chlor- 721
—, Nitro- 722
Toluol-selenosulfonsäure-[nitro-
 phenylester] 176, 329
Toluolsulfinamidin, Dibenzolsulfonyl- 80
—, Di-[toluol-sulfonyl]- 307
Toluol-sulfinimidsäure, Benzolsulfonyl-,
 äthylester 79
Toluol-sulfinsäure 6, 8, 11
—, Chlor- 7, 11
—, Chlor-[nitro-phenoxy]- 20
—, [Chlor-nitro-phenoxy]- 19
—, Dichlor- 7, 8, 11
—, [Dinitro-phenoxy]- 19
—, [Dioxo-dihydro-anthryloxy]- 19
—, Methoxy- 19

Toluol-sulfinsäure, Nitro- 7
—, [Nitro-phenoxy]- 19
o-**Toluolsulfinsäure** 6; *Derivate s. unter*
 Toluol-sulfinsäure
p-**Toluolsulfinsäure** 8; *Derivate s. unter*
 Toluol-sulfinsäure
Toluol-sulfinsäure-äthylester 9
— *sec*-butylester 9
— menthylester 9
— methylester 8
— [methyl-isopropyl-cyclohexylester] 9
— [phenyl-äthylester] 9
— [propyl-butenylester] 9
— [p-tolylsulfon-propylester] 10
Toluol-sulfinylchlorid 7
—, Dichlor-nitro- 326
Toluolsulfonamid 167, 266, 331
—, Äthansulfinyl- 302
—, Äthoxy- 524, 526, 530
—, Äthyl- 268
—, Äthyl-[chlor-äthyl]- 268
—, Äthylen-bis- 292
—, [Amino-äthyl]- 290
—, [(Amino-äthylamino)-äthyl]- 290
—, [(Amino-äthylamino)-propyl]- 294
—, [(Amino-propylamino)-äthyl]- 291
—, Azidocarbimidoyl- 279
—, [Benzyl-*aci*-nitro]- 318
—, Bis-äthylamino-hydroxy- 659
—, Bis-[chlor-äthyl]- 269
—, Bis-[chlor-butenyl]- 271
—, Bis-[cyan-äthyl]- 332
—, Bis-[fluor-äthyl]- 268
—, Bis-[hydroxy-äthyl]- 272, 332
—, Bis-[(toluol-sulfonyl-amino)-äthyl]- 294
—, Bis-[(toluol-sulfonyloxy)-äthyl]- 273
—, Brom- 172, 180, 322
—, [Brom-äthyl]- 268
—, [Brom-allyl]- 271
—, Brom-methoxy- 528
—, Brom-methyl- 302
—, Butyl- 269
—, *sec*-Butyl- 270
—, Butyloxy- 524
—, Chlor- 169, 177, 178, 300, 319, 320
—, [Chlor-acetonyl]- 275
—, [Chlor-äthyl]- 268
—, Chlor-butyl- 301
—, Chlor-methyl- 301
—, Chlor-nitro- 174, 175, 176, 181, 182, 183
—, [Chlor-propyl]- 269
—, Cyanmethyl- 168, 280
—, Decandiyl-bis- 297
—, [Diäthoxy-äthyl]- 274
—, Diäthyl- 268
—, Dibrom- 302
—, Dibutyl- 270
—, Dichlor- 170, 171, 172, 178, 179,
 180, 301, 320, 321

Toluol-sulfonsäure-hydrazid 316
— hydroxyamid 316
— [hydroxy-cyclohexylester] 227, 228
— [hydroxy-dioxo-dihydro-anthrylester] 254
— [hydroxy-methoxy-phenylester] 238
— [hydroxy-propylester] 225
— isobornylester 199
— isobutylester 190
— isomenthylester 193
— isopentylester 190
— isopropylester 189
— [jod-cyclohexylester] 192
— [jod-dinitro-methyl-phenylester] 206
— [jod-dinitro-phenylester] 203, 204
— [jod-phenylester] 201, 202
— menthylester 166, 192, 330
— [methoxy-äthylester] 222
— [methoxy-allyl-phenylester] 234
— [methoxy-benzyl-phenylester] 236
— [methoxy-bis-hydroxymethyl-
   phenylester] 240
— [methoxy-cyclohexylester] 229
— [methoxy-diformohydroximoyl-
   phenylester] 253
— [methoxy-diformyl-phenylester] 253
— [methoxy-phenäthylester] 232
— [methoxy-phenylester] 231, 232
— [methyl-benzyl-phenylester] 221
— [methyl-bis-brommethyl-phenylester] 209
— [methyl-bis-hydroxymethyl-
   phenylester] 239
— [methyl-cyclohexylester] 192
— [methyl-diformyl-phenylester] 250
— methylester 187
— [methyl-heptylester] 190
— [methyl-isopropyl-cyclohexylester]
   166, 192, 330
— [methyl-isopropyl-phenanthrylester] 222
— [methyl-isopropyl-phenylester] 210
— [methyl-24-nor-choladienylester] 217
— [methyl-phenyl-äthylester] 209
— [methyl-phenyl-butylester] 211
— [methyl-phenyl-propylester] 209
— [methyl-propinylester] 193
— naphthylester 218, 331
— neoisomenthylester 192
— [nitro-acetyl-phenylester] 246
— [nitro-biphenylylester] 219, 220
— [nitro-butylester] 189
— [nitro-dimethyl-phenylester] 207
— [nitro-formyl-phenylester] 246
— [nitro-isobutylester] 190
— [nitro-methoxy-phenylester] 231
— [nitro-methyl-phenylester] 204, 207
— [nitro-naphthylester] 218
— [nitro-phenylester] 202
— norbornylester 193
— octadecenylester 193
— octadecylester 191

Toluol-sulfonsäure-oleanenylester 218
— [oxo-p-menthenylester] 246
— [oxo-methyl-cyclopentenylester]
   245
— [oxo-methyl-isopropyl-
   cyclohexylester] 245
— [tert-pentyl-phenylester] 212
— [phenäthyloxy-äthylester] 224
— [phenoxy-äthylester] 223
— [phenyl-cyclohexylester] 214
— phenylester 200, 330
— pinanylester 197
— pregnadienylester 217
— propargylester 193
— propinylester 193
— [propyl-butylester] 190
— propylester 188
— [propyloxy-äthylester] 223
— stigmastanylester 214
— stigmasterylester 217
— tetradecylester 191
— [tetrahydro-naphthylester] 214
[Toluol-sulfonsäure]-[toluol-
   thiosulfonsäure]-anhydrid 329
Toluol-sulfonsäure-m-tolylester 204
— o-tolylester 204
— p-tolylester 206
— [triacetoxy-phenacylester] 255
— [tribenzoyloxy-phenacylester] 255
— [tribrom-methyl-phenylester] 206
— [tribrom-naphthylester] 218
— [tribrom-nitro-phenylester] 203
— [trichlor-methyl-phenylester] 205
— [trimethyl-norbornylester] 198
— [trinitro-biphenylylester] 220
— ureid 278
— [3.5]xylylester 208
Toluol-sulfonylazid 319
Toluol-sulfonylbromid 266
Toluol-sulfonylchlorid 167, 265, 331
—, Äthoxy- 526
—, Äthoxycarbonyloxy- 529
—, Brom- 172, 180, 321, 322
—, Brom-methoxy- 528
—, Brom-nitro- 183
—, Chlor- 169, 170, 177, 319, 320, 333
—, Chlor-nitro- 174, 175, 176, 181,
   182, 183 326
— [Chlorsulfonyl-phenylsulfon]- 528
—, Dibrom- 322
—, Dichlor- 170, 171, 172, 178, 179,
   180, 320, 321
—, Dinitro- 176
—, Dinitro-äthoxy- 527
—, Fluor- 177
—, Fluor-nitro- 181
—, Jod- 180, 323
—, Methoxy- 523, 525
—, Nitro- 173, 174, 325, 333

Z

Ergänzung zu Band II

2. Teil

Ergänzung zu Band V[1])

Ergänzung zu Band VI[2])

Ergänzungen zu Band VII[3])

Ergänzung zu Band IX[4])

---

[1]) Gesamtregister s. Band V, 4. Teil S. 2838—2948.
[2]) Gesamtregister s. Band VI, 9. Teil S. 7181—7776.
[3]) Gesamtregister s. Band VIII, 5. Teil S. 4641—5344.
[4]) Gesamtregister s. Band X, 6. Teil.

Subject Index

The compound names contained in this index are presented in an inverted form. This means, all prefixes denoting substituents or the degree of hydrogenation of a compound in a systematic way (i. e. according to international nomenclature) have been placed behind the "trunk name" which comprises all or most of the residual parts of a name. Labels and prefixes which denote the configuration in a systematic way (e. g. *cis*, *seqtrans*, *meso*, *exo*) have been omitted from the compound names in this index.

> Examples: *meso*-3,4-Bis(benzyloxy)-1,6-diphenylhexa-1,5-diene is indexed as
> **Hexa-1,5-diene,** 3,4-bis(benzyloxy)-1,6-diphenyl-,
> (±)-*cis*-1,2-Dichloro-5-phenyl-1,2,3,4-tetrahydronaphthalene is indexed as
> **Naphthalene,** 1,2-dichloro-5-phenyl-1,2,3,4-tetrahydro-.

The following parts of a compound name belong to the trunk name:

1. All prefixes except those mentioned above, particularly
   Fusion prefixes (e. g. cyclopenta in Cyclopenta[*a*]phenanthrene),
   Bridge prefixes (e. g. methano in 1.4-Methanonaphthalene; cyclo in 2.5-Cyclobenzocycloheptene),
   Addition prefixes (e. g. homo in D-Homoandrost-5-ene),
   Subtraction prefixes (e. g. nor in A-Nor-5α-cholestane; deoxy in 2-Deoxyglucose),
   Skeleton modification prefixes (e. g. bicyclo in Bicyclo[2.2.2]octane; spiro in Spiro[4.5]octane; seco in 5.6-Secocholestan-5-one),
   Replacement prefixes (e. g. oxa and aza in 3.9-Dioxa-6-azaundecane; thio in Thioacetic acid).

2. The stem (i. e. cyclopent in 2-Hydroxycyclopentanone).

3. Endings (e. g. -ane, -ene, -yne denoting the saturation state of a hydrocarbon; -ole, -ine, -oline, -olidine denoting the ring size and saturation state in a heterocycle; -yl denoting the valence in a free radical).

4. The function suffix denoting the principal function (e. g. -ol, -one, -oic acid).

5. Addition suffixes (e. g. -oxide in ethylene oxide).

Suffixes denoting modifications of the principal function do <u>not</u> belong to the trunk name; they appear behind inverted prefixes.

> Examples: 5-Chloro-7,8-dimethoxy-3,4-dihydronaphthalene-1(2*H*)one oxime is indexed as
> **Naphthalene-1(2*H*)-one,** 5-chloro-7,8-dimethoxy-3,4-dihydro-, oxime,
> Dodecahydro-3a*H*-cyclopenta[*a*]naphthalene-3a-carboxylic acid ethyl ester is
> indexed as **3a*H*-Cyclopenta[*a*]naphthalene-3a-carboxylic acid,** dodecahydro-, ethyl
> ester.

If, in a radiofunctional name (a name formed from the name of a radical and the name of a functional class or an ion, e. g. -ether, -ketone, -mercaptane, -chloride, -cyanate, -phosphate, -mercury), the functional group or the ion is immediately connected to no more than one radical, the trunk name comprises the name of that radical and the name of the functional class or the ion. In the radicofunctional name of a bifunctional (or polyfunctional) compound the trunk name comprises the name of the multivalent radical, the multiplying affix, and the name of the functional groups or ions. If, in a compound with radicofunctional name, there is only one functional group or ion and if this is immediately connected to more than one univalent radical, the trunk name is represented by the name of the functional class or the ion exclusively.

Examples: Ethyl bromide, 2-Naphthyl isocyanate, and Butylamine are indexed unchanged,
4-Methylbenzhydryl chloride is indexed as **Benzhydryl chloride**, 4-methyl-,
4-Methylbenzylamine is indexed as **Benzylamine**, 4-methyl-,
N,N-Diethylethylene diamine is indexed as **Ethylene diamine**, N,N-diethyl,
2-Chloro-p-phenylendiamine is indexed als p-**Phenylendiamine**, 2-chloro-,
Bis(2-chloroethyl) ether is indexed as **Ether**, bis(2-chloroethyl)-,
1-Methyl-2-naphthyl phenyl ketone is indexed as **Ketone**, 1-methyl-2-naphthyl phenyl-,
Methylbenzylamine is indexed as **Amine** methylbenzyl-,
Triethylmethylammonium is indexed as **Ammonium**, triethylmethyl-.

A

Abietatrienoic acid
    see *Podocarpatrienoic acid, isopropyl-*
Acenaphthene-3,8-disulfonamide,
—, 5,6-dibromo- 473
—, 5,6-dichloro- 473
Acenaphthene-3,8-disulfonic acid,
—, 5-bromo- 473
—, 5,6-dibromo- 473
—, 5,6-dichloro- 473
Acenaphthene-3,8-disulfonyl dichloride,
—, 5,6-dibromo- 473
—, 5,6-dichloro- 473
Acenaphthene-3-sulfinic acid 16
Acenaphthene-5-sulfinic acid 16
Acenaphthene-3-sulfonamide,
—, 5,6-dibromo- 437
—, 5,6-dichloro- 436
Acenaphthene-3-sulfonic acid 435
—, 5-bromo- 436
—, 6-bromo- 436
—, 5,6-dibromo- 437
—, 5,6-dichloro- 436
—, 1,2-dioxo- 625
Acenaphthene-5-sulfonic acid
    ethyl ester 437
    methyl ester 437
—, 1.2-dioxo- 625
—, 6-nitro- 437
Acenaphthene-3-sulfonyl chloride 435
—, 5,6-dibromo- 437
—, 5,6-dichloro- 436
—, 1,1-dichloro-2-oxo- 606
—, 2,2-dichloro-1-oxo- 606
Acenaphthene-5-sulfonyl chloride 437
—, 2,2-dichloro-1-oxo- 606
—, 6-nitro- 437
—, 7-nitro- 437
Acetamide,
—, 2-amino-*N*-(*p*-tolylsulfonyl)- 297
—, *N*-[2-(benzenesulfonamido)ethyl]- 76
—, *N*-[2-(benzenesulfonamido)ethyl]-*N*-(phenylsulfonyl)- 77
—, *N*-benzyl-*N*-(2-naphthylsulfonyl)- 401
—, *N*-(benzylsulfonyl)- 332
—, 2-(2-bromo-4-methylvaleramido)-*N*-(*p*-tolylsulfonyl)- 298
—, *N*-(*p*-bromophenylsulfonyl)- 106
—, *N*-(*p*-bromophenylsulfonyl)-*N*-ethyl- 106
—, *N*-(*p*-bromophenylsulfonyl)-*N*-methyl- 106
—, 2-chloro-*N*-(9,10-dioxo-9,10-dihydro-2-anthrylsulfonyl)-*N*-methyl- 629
—, 2-(4-chloro-2-methoxybenzylthio)-*N*-(*p*-nitrophenylsulfonyl)- 148
—, 2-chloro-*N*-(*p*-nitrophenylsulfonyl)- 140
—, 2-chloro-*N*-(phenylsulfonyl)- 59

—, 2-chloro-*N*-(*p*-tolylsulfonyl)- 275
—, *N*-(*p*-cyanophenylsulfonyl)- 675
—, *N*-(α,α-diacetoxy-*p*-tolylsulfonyl)- 599
—, *N*-(2,5-dibromophenylsulfonyl)- 109
—, *N*-(2,5-dichlorophenylsulfonyl)- 93
—, *N*-(3,4-dichlorophenylsulfonyl)- 95
—, 2,2-dichloro-*N*-(phenylsulfonyl)- 59
—, *N*-(3,4-dichlorophenylsulfonyl)-*N*-methyl- 95
—, *N*-(*p*-ethoxyphenylsulfonyl)- 507
—, *N*-ethyl-*N*-(2-naphthylsulfonyl)- 401
—, *N*-ethyl-*N*-(*m*-nitrophenylsulfonyl)- 128
—, *N*-(*p*-ethylphenylsulfonyl)- 335
—, *N*-ethyl-*N*-(*p*-tolylsulfonyl)- 275
—, *N*-(5-isopropyl-2-methylphenylsulfonyl)- 350
—, *N*-(mesitylsulfonyl)- 346
—, *N*-(*p*-methoxyphenylsulfonyl)- 506
—, *N*-methyl-*N*-(2-naphthylsulfonyl)- 401
—, *N*-methyl-*N*-(*m*-nitrophenylsulfonyl)- 128
—, *N*-methyl-*N*-(phenylsulfonyl)- 60
—, *N*-methyl-*N*-(*p*-tolylsulfonyl)- 275
—, *N*-(1-naphthylsulfonyl)- 384
—, *N*-(2-naphthylsulfonyl)- 400
—, *N*-[2-(*p*-nitrobenzenesulfonamido)ethyl]- 150
—, *N*-[3-(*p*-nitrobenzenesulfonamido)propyl]- 151
—, *N*-(*m*-nitrophenylsulfonyl)- 128
—, *N*-(*o*-nitrophenylsulfonyl)- 115
—, *N*-(*p*-nitrophenylsulfonyl)- 139
—, *N*-(2-nitrostyrylsulfonyl)- 371
—, *N*-(4-nitrostyrylsulfonyl)- 372
—, 2-(*N*-pentylbenzenesulfonamido)- 65
—, 2-phenoxy-*N*-(*p*-tolylsulfonyl)- 281
—, *N*-(phenylsulfonyl)- 59
—, 2-(phenylsulfonyloxy)- 49
—, 2-phenyl-*N*-(*p*-tolylsulfonyl)- 277
—, 2-(*p*-sulfamoylphenyl)- 687
—, *N*-(5,6,7,8-tetrahydro-2-naphthylsulfonyl)- 375
—, *N*-[2-(*p*-toluenesulfonamido)ethyl]- 290
—, *N*-(*o*-tolylsulfonyl)- 168
—, *N*-(*p*-tolylsulfonyl)- 275
—, 2-(*p*-tolylsulfonyloxy)- 256
—, 2,2,2-trichloro-*N*-(phenylsulfonyl)- 59
—, *N*-(2,4,5-trimethylphenylsulfonyl)- 345
Acetamidine,
—, *N*,*N*′-bis(*p*-nitrophenylsulfonyl)- 140
—, *N*,*N*-diethyl-2-(diethylamino)-*N*′-(phenylsulfonyl)- 77
—, *N*,*N*-diethyl-*N*′-(*p*-nitrophenylsulfonyl)- 140
—, 2-(dimethylamino)-*N*,*N*-dimethyl-*N*′-(*p*-nitrophenylsulfonyl)- 151
—, *N*,*N*-dimethyl-*N*′-(*p*-nitrophenylsulfonyl)- 140
—, *N*,*N*-dimethyl-*N*′-(phenylsulfonyl)- 59

Benzamide *(continued)*
—, o-(1-acetylacetonylthio)-N-
  (p-tolylsulfonyl)- 285
—, N-[2-(benzenesulfonamido)ethyl]-N-
  (phenylsulfonyl)- 77
—, N-(benzylsulfonyl)- 332
—, p-[bis(2-hydroxyethyl)sulfamoyl]-,
  oxime 681
—, N,N'-bis(phenylsulfonyl)-
  o,o'-dithiobis- 70
—, N,N-bis[2-(p-toluenesulfonamido)≈
  ethyl]- 291
—, N,N'-bis(p-tolylsulfonyl)-
  o,o'-dithiobis- 285
—, N,N'-bis(p-tolylsulfonyl)-
  N,N'-ethylenebis- 293
—, p-(butoxysulfamoyl)-,
  oxime 684
—, p-*tert*-butyl-N-
  (p-nitrophenylsulfonyl)- 144
—, N-(p-carbamimidoylphenylsulfonyl)- 680
—, o-chloro-N-(o-chlorophenylsulfonyl)- 88
—, o-chloro-N-(1-naphthylsulfonyl)- 384
—, N-(p-chlorophenylsulfonyl)- 90
—, 3-chloro-5-sulfamoyl- 669
—, N-chloro-N-(p-tolylsulfonyl)- 301
—, p-chloro-N-(p-tolylsulfonyl)- 277
—, 3,5-dibromo-N-
  (m-nitrophenylsulfonyl)- 128
—, 5,5'-dichloro-N,N'-bis≈
  (phenylsulfonyl)-2,2'-dithiobis- 71
—, N-(3,4-dichlorophenylsulfonyl)-
  N-methyl- 95
—, 2,5-dichloro-N-(p-tolylsulfonyl)- 277
—, p-(diethylsulfamoyl)-,
  oxime 681
—, 3,4-dimethyl-N-(1-naphthylsulfonyl)- 384
—, 3,4-dimethyl-N-(2-naphthylsulfonyl)- 401
—, 2,4-dimethyl-N-
  (p-nitrophenylsulfonyl)- 144
—, 3,4-dimethyl-N-
  (p-nitrophenylsulfonyl)- 144
—, p-(dimethylsulfamoyl)-N-methyl- 673
—, 3,4-dimethyl-N-(p-tolylsulfonyl)- 278
—, 3,4-dimethyl-N-(3,4-xylylsulfonyl)- 338
—, p-(ethoxysulfamoyl)- 682
  oxime 684
—, 4-ethyl-3-methyl-N-
  (p-nitrophenylsulfonyl)- 144
—, p-ethyl-N-(p-nitrophenylsulfonyl)- 144
—, p-(ethylsulfonyl)-N-(phenylsulfonyl)- 71
—, N-ethyl-N-(p-tolylsulfonyl)- 277
—, N-(o-hydroxyphenylsulfonyl)- 489
—, N-(p-hydroxyphenylsulfonyl)-
  3,4-dimethyl- 506
—, p-(hydroxysulfamoyl)- 682
  oxime 684
—, p-(isopropylthio)-N-
  (p-nitrophenylsulfonyl)- 148

—, p-(methoxysulfamoyl)-,
  oxime 684
—, N-methyl-N-(phenylsulfonyl)- 60
—, N-methyl-p-sulfamoyl- 673
—, p-(methylsulfonyl)-N-
  (phenylsulfonyl)- 71
—, p-(methylthio)-N-(p-tolylsulfonyl)- 285
—, N-(o-nitrophenylsulfonyl)- 115
—, o-nitro-N-(phenylsulfonyl)- 60
—, p-nitro-N-(phenylsulfonyl)- 60
—, 2-nitro-4-sulfamoyl- 685
—, 3-nitro-5-sulfamoyl- 671
—, N-(phenylsulfonyl)- 60
—, p-(propoxysulfamoyl)-,
  oxime 684
—, m-sulfamoyl- 665
—, p-sulfamoyl- 673
  O-butyloxime 681
  O-carbamoyloxime 681
  O-ethyloxime 681
  O-methyloxime 681
  oxime 680
  O-propyloxime 681
—, N-[2-(p-toluenesulfonamido)ethyl]- 290
—, N-(p-tolylsulfonyl)- 276
—, 3,4,5-trimethoxy-N-(p-tolylsulfonyl)- 290
Benzamidine,
—, N,N'-bis(p-nitrophenylsulfonyl)- 143
—, 3,4-dimethyl-N-
  (p-nitrophenylsulfonyl)- 144
—, N-methyl-N'-(p-nitrophenylsulfonyl)-
  142
—, N-(p-nitrophenylsulfonyl)- 142
—, N-(p-tolylsulfonyl)- 277
Benzamidrazone,
—, p-sulfamoyl- 682
7H-Benz[de]anthracene-3,9-disulfonic acid,
—, 7-oxo- 611
7H-Benz[de]anthracene-9,11-disulfonic acid,
—, 3-chloro-7-oxo- 611
7H-Benz[de]anthracene-3-sulfonamide,
—, 2-chloro-7-oxo- 610
Benz[a]anthracene-2-sulfonic acid 448
—, 7,12-dioxo-7,12-dihydro- 639
Benz[a]anthracene-4-sulfonic acid 449
  ethylester 449
—, 7,12-dioxo-7,12-dihydro- 640
7H-Benz[de]anthracene-3-sulfonic acid,
—, 9,10-dichloro-7-oxo- 610
—, 7-oxo- 610
7H-Benz[de]anthracene-9-sulfonic acid,
—, 3-bromo-7-oxo- 611
—, 3-chloro-7-oxo- 611
—, 3-nitro-7-oxo- 611
—, 7-oxo- 611
Benz[a]anthracene-4-sulfonyl chloride 449
—, 7,12-dioxo-7,12-dihydro- 640
7H-Benz[de]anthracene-3-sulfonyl chloride,
—, 2-chloro-7-oxo- 610

Benzenesulfonic acid *(continued)*
—, *p*-iodo- 110
—, 2-iodo-5-nitro-,
    phenyl ester 159
—, *m*-iodosyl- 110
—, *o*-iodosyl- 110
—, *p*-iodosyl- 110
—, 2-isopropyl-5-methyl- 350
—, 5-isopropyl-2-methyl- 349
—, 5-isopropyl-2-methyl-3-nitro- 350
—, 4-mercapto- 517
—, *m*-methoxy- 496
—, *o*-methoxy- 489
—, *p*-methoxy- 499
    2-bromoethyl ester 502
    butyl ester 504
    2-chloroethyl ester 502
    ethyl ester 502
    isopropyl ester 504
    m-methoxyphenyl ester 504
    methyl ester 501
    propyl ester 503
—, *m*-[(methylsulfonyl)sulfamoyl]-,
    hexadecyl ester 454
—, *m*-nitro- 118
    benzhydrylidenehydrazide 132
    benzylidenehydrazide 131
    biphenyl-2-yl ester 124
    biphenyl-3-yl ester 125
    (4-bromobenzylidene)hydrazide 131
    m-chlorophenyl ester 120
    sec-butylidenehydrazide 130
    m-chlorophenyl ester 120
    cinnamylidenehydrazide 132
    cyclohexylidenehydrazide 131
    (1,3-dimethylbut-2-enylidene)=
      hydrazide 131
    (1,3-dimethylbutylidene)hydrazide 130
    (1,2-dimethylpropylidene)hydrazide 130
    2,4-dinitrophenyl ester 122
    ethyl ester 119
    m-fluorophenyl ester 120
    hydrazide 130
    (β-hydroxy-α-phenylphenethylidene)=
      hydrazide 133
    m-iodophenyl ester 120
    isopropylidenehydrazide 130
    p-menth-3-yl ester 119
    (4-methoxybenzylidene)hydrazide 133
    m-methoxyphenyl ester 125
    o-methoxyphenyl ester 125
    p-methoxyphenyl ester 125
    (α-methylbenzylidene)hydrazide 132
    (1-methylbutylidene)hydrazide 130
    (1-methyl-3-phenylallylidene)=
      hydrazide 132
    (1-methyl-3-phenylpropylidene)=
      hydrazide 132
    (2-nitrobenzylidene)hydrazide 131

(3-nitrobenzylidene)hydrazide 131
(4-nitrobenzylidene)hydrazide 131
m-nitrophenyl ester 120
o-nitrophenyl ester 120
p-nitrophenyl ester 120
phenyl ester 12 0
salicylidenehydrazide 133
vanillylidenehydrazide 133
veratrylidenehydrazide 133
—, *o*-nitro-,
    benzhydrylidenehydrazide 118
    benzylidenehydrazide 117
    biphenyl-2-yl ester 114
    biphenyl-3-yl ester 114
    biphenyl-4-yl ester 114
    sec-butylidenehydrazide 116
    p-chlorophenyl ester 113
    cinnamylidenehydrazide 117
    cyclohexylidenehydrazide 116
    (1,3-dimethylbut-2-enylidene)=
      hydrazide 116
    (1,3-dimethylbutylidene)hydrazide 116
    (1,2-dimethylpropylidene)hydrazide 116
    ethyl ester 113
    (1-ethylpropylidene)hydrazide 116
    hydrazide 116
    isopropylidenehydrazide 116
    p-menth-3-yl ester 113
    (4-methoxybenzylidene)hydrazide 118
    (4-methylbenzhydrylidene)hydrazide
      118
    (α-methylbenzylidene)hydrazide 117
    (1-methyl-3-phenylpropylidene)=
      hydrazide 117
    1-naphthyl ester 114
    2-naphthyl ester 114
    (2-nitrobenzylidene)hydrazide 117
    (3-nitrobenzylidene)hydrazide 117
    (4-nitrobenzylidene)hydrazide 117
    phenyl ester 113
    salicylidenehydrazide 118
    o-tolyl ester 113
    p-tolyl ester 113
    2,4,6-trichlorophenyl ester 113
    vanillylidenehydrazide 118
—, *p*-nitro- 134
    benzylidenehydrazide 153
    biphenyl-2-yl ester 135
    biphenyl-3-yl ester 135
    biphenyl-4-yl ester 135
    (4-bromobenzylidene)hydrazide 153
    sec-butylidenehydrazide 152
    N'-carbamimidoylhydrazide 155
    cyclohexylidenehydrazide 153
    (1,3-dimethylbut-2-enylidene)=
      hydrazide 153
    (1,3-dimethylbutylidene)hydrazide 152
    (1,2-dimethylpropylidene)hydrazide 152
    ethyl ester 134

Benzenesulfonyl chloride *(continued)*
—, 2,5-di-*sec*-butyl- 361
—, 2,4-di-*tert*-butyl-5-nitro- 362
—, 2,4-dichloro- 92
—, 2,5-dichloro- 93
—, 3,4-dichloro- 94
—, 4-(diethylsulfamoyl)-2-nitro- 458
—, 2,5-diiodo- 112
—, 2,4-diisopropyl- 358
—, 2,5-diisopropyl- 358
—, 2,4-diisopropyl-5-nitro- 358
—, 2,4-dimethoxy- 569
—, 4,5-dimethoxy-2-nitroso- 568
—, 4-(dimethylsulfamoyl)-2-nitro- 458
—, 2,4-dinitro- 159
—, 3,5-dinitro- 160
—, 4-(2,4-dinitrophenoxy)-3-nitro- 516
—, 3,3'-dinitro-4,4'-thiobis- 521
—, 4,4'-dithiobis- 518
—, *p*-(dodecyloxy)- 505
—, *p*-ethoxy- 505
—, 4-(ethoxycarbonyloxy)-
    2,3,5-trimethyl- 536
—, *p,p'*-(ethylenedioxy)bis- 505
—, *m*-(ethylsulfonyl)- 498
—, *p*-fluoro- 88
—, *p*-(hexadecyloxy)- 505
—, 4-(2-hydroxy-1-naphthylsulfonyl)- 518
—, 4-(2-hydroxy-1-naphthylthio)- 517
—, *p*-iodo- 110
—, 2-iodo-5-nitro- 159
—, 5-isopropyl-2-methyl- 349
—, *p*-methoxy- 504
—, 6-methyl-*m,m'*-sulfonylbis- 528
—, 4-(methylthio)- 517
—, *m*-nitro- 126
—, *o*-nitro- 114
—, *p*-nitro- 136
—, 3-nitro-4-(*p*-nitrophenoxy)- 515
—, *p*-(*p*-nitrophenoxy)- 505
—, *p,p'*-oxybis- 506
—, pentaethyl- 366
—, pentamethyl- 356
—, *p*-pentyl- 353
—, *p-tert*-pentyl- 353
—, *p*-propoxy- 505
—, *m,m'*-sulfonylbis- 498
—, 2,3,4,5-tetramethyl- 351
—, 2,3,5,6-tetramethyl- 352
—, 2,4,6-tribromo- 109
—, 2,4,6-tribromo-3-hydroxy- 497
—, 2,4,6-tribromo-3-methoxy- 497
—, 2,3,4-trichloro- 96
—, 2,4,5-trichloro- 96
—, 2,4,6-trichloro- 96
—, 3,4,5-trichloro- 97
—, 2,4,5-triisopropyl- 365
—, 2,4,6-triisopropyl- 365
—, 2,4,6-triisopropyl-3-nitro- 365

—, 2,3,5-trimethoxy- 581
—, 2,4,5-trimethoxy- 581
—, 2,4,6-trimethyl- 346
—, *p,p'*-(trimethylenedioxy)bis- 505
Benzenesulfonyl fluoride 51
—, *m*-bromo- 97
—, 3-bromo-*x*-nitro- 159
—, *m*-chloro- 88
—, *p*-chloro- 90
—, 3-chloro-2-hydroxy- 513
—, 3-chloro-4-hydroxy- 513
—, 3-chloro-*x*-nitro- 159
—, 4-chloro-3-nitro- 157
—, *o*-cyano- 659
—, *p*-decyl- 365
—, *p*-ethyl- 335
—, 4-ethyl-3-nitro- 335
—, 3-iodo-4-methoxy- 514
—, *m*-nitro- 126
—, *o*-nitro- 114
—, *p*-nitro- 136
—, 2,4,6-trimethyl-3,5-dinitro- 348
—, 2,4,6-trimethyl-3-nitro- 347
Benzenesulfonyl iodide 52
—, *p*-chloro- 90
Benzenetellurinic acid,
—, *p*-ethoxy- 728
—, *p*-hydroxy- 728
—, 4-hydroxy-3,5-dinitro- 729
—, 4-hydroxy-3-nitro- 729
—, *p*-methoxy- 728
Benzenetellurinyl chloride,
—, *p*-ethoxy- 729
—, *p*-hydroxy- 729
—, *p*-methoxy- 729
Benzenethiosulfonic acid
    S-methyl ester 163
    S-(*o*-nitrophenyl) ester 163
    S-phenyl ester 163
—, *p*-bromo-,
    S-(*p*-bromophenyl) ester 164
    S-(*o*-nitrophenyl) ester 164
—, *p*-chloro-,
    S-(*p*-chlorophenyl) ester 164
    S-(2,5-dichlorophenyl) ester 164
—, *p*-cyano-,
    S-(*p*-cyanophenyl) ester 686
—, 2,5-dichloro-,
    S-(2,5-dichlorophenyl) ester 164
—, 3,5-dinitro-,
    S-phenyl ester 165
—, *o*-iodo-,
    S-(*o*-iodophenyl) ester 165
—, *m*-nitro-,
    S-(2,5-dichlorophenyl) ester 165
—, *p*-nitro-, *S*-(*p*-nitrophenyl) ester 165
Benzene-1,3,5-trisulfonic acid 483
—, 2,4,6-trimethyl- 483
Benzene-1,3,5-trisulfonyl trichloride 483

Dibenzo[*def*,*mno*]chrysene-4-sulfonyl
  chloride,
—, 6,12-dioxo-6,12-dihydro- 641
13*H*-Dibenzo[*a*,*g*]fluorene-11-sulfonic
  acid 450
4*H*,8*H*-Dibenzo[*cd*,*mn*]pyrene-4,8-dione,
—, 12-(*p*-tolylsulfonyloxy)- 252
Disulfide,
—, bis[4-(dimethylsulfamoyl)benzoyl] 685
—, (*o*-nitrophenyl)-(*p*-tolylsulfonyl) 328
—, 6-nitro-*m*-tolyl-(*p*-tolylsulfonyl) 328
Ditoluene-α-sulfonamide,
—, *p*,*p*′-dinitro- 333
Di-*p*-toluenesulfonamide 309
—, *N*-chloro- 309
—, *N*,*N*′-ethylenebis- 309
—, *N*-octadecyl- 309
Docosanoic acid,
—, 22-(benzenesulfonamido)- 70
Dodecanoic acid,
—, 2-(*N*-methylbenzenesulfonamido)- 70

E

Ergosta-5,22-diene,
—, 3-(*p*-tolylsulfonyloxy)- 217
Ergosta-5,24(28)-diene,
—, 3-(*p*-tolylsulfonyloxy)- 217
Ergostane,
—, 3-(*p*-tolylsulfonyloxy)- 214
Ergost-5-ene,
—, 3-(*p*-tolylsulfonyloxy)- 216
Ergost-8(14)-ene,
—, 3-(*p*-tolylsulfonyloxy)- 217
Eriochromcyanin 715
Erythrit,
—, O^1,O^2,O^3,O^4-
    tetrakis(*p*-tolylsulfonyl)- 240
Estra-1,3,5,7,9-pentaen-17-one,
—, 3-(phenylsulfonyloxy)- 47
Estra-1,3,5(10),7-tetraen-17-one,
—, 3-(phenylsulfonyloxy)- 47
Estra-1,3,5(10)-triene,
—, 3-(benzoyloxy)-17-
    (*p*-tolylsulfonyloxy)- 236
—, 3-methoxy-17-(*p*-tolylsulfonyloxy)- 235
—, 17-methoxy-3-(*p*-tolylsulfonyloxy)- 235
Estra-1,3,5(10)-triene-2-sulfonic
  acid,
—, 3-hydroxy-17-oxo- 645
Estra-1,3,5(10)-triene-4-sulfonic
  acid,
—, 3-hydroxy-17-oxo- 645
Estra-1,3,5(10)-triene-16-sulfonic
  acid,
—, 3-hydroxy-17-oxo- 645
    methyl ester 646
Estra-1,3,5(10)-trien-3-ol,
—, 17-(4-nitro-2-sulfobenzoyloxy)- 661

—, 17-(*p*-tolylsulfonyloxy)- 235
Estra-1,3,5(10)-trien-17-one,
—, 3-(phenylsulfonyloxy)- 47
Ethane,
—, 1-(benzoyloxy)-2-
    (*p*-tolylsulfonyloxy)- 225
—, 1,2-bis(*p*-tolylsulfonyloxy)- 225
—, 1-(*m*-chlorophenoxy)-2-
    (*p*-tolylsulfonyloxy)- 223
—, 1-(*p*-chlorophenoxy)-2-
    (*p*-tolylsulfonyloxy)- 223
—, 1-chloro-2-(phenylsulfonyloxy)- 37
—, 1-(2-ethoxyethoxy)-2-
    (*p*-tolylsulfonyloxy)- 224
—, 1-(2-ethoxyethoxy)-2-[2-
    (*p*-tolylsulfonyloxy)ethoxy]- 224
—, 1-ethoxy-2-(phenylsulfonyloxy)- 44
—, 1-(*o*-hydroxyphenoxy)-2-
    (*p*-tolylsulfonyloxy)- 225
—, 1-(α-methylbenzyloxy)-2-
    (*p*-tolylsulfonyloxy)- 224
—, 1-(2-naphthyloxy)-2-
    (*p*-tolylsulfonyloxy)- 224
—, 1,1,1-trichloro-2,2-bis[*p*-
    (*p*-tolylsulfonyloxy)phenyl]- 237
—, 1,1,1-trichloro-2-(*o*-chlorophenyl)-
    2-(*p*-chlorophenylsulfonyloxy)- 89
—, 1,1,1-trichloro-2-(*p*-chlorophenyl)-
    2-(*p*-chlorophenylsulfonyloxy)- 89
Ethane-1,2-disulfonic acid,
—, 1-phenyl- 460
Ethanesulfinamidine,
—, *N*,*N*′-bis(*p*-tolylsulfonyl)- 306
—, 2-chloro-*N*,*N*′-bis(*p*-tolylsulfonyl)- 306
Ethanesulfinic acid,
—, 1-phenyl- 12
—, 2-phenyl- 12
Ethanesulfonamide,
—, 2-(*p*-nitrophenyl)- 337
—, 2-phenyl- 337
Ethanesulfonic acid,
—, 2-cyclopentyl- 29
—, 1-(3,4-dimethoxyphenyl)- 572
—, 1-(3,4-dimethoxyphenyl)-2-(2-methoxy-
    4-propylphenoxy)- 581
—, 1-(4-hydroxy-3-methoxyphenyl)- 572
—, 2-hydroxy-2-phenyl- 532
—, 2-(*p*-menth-3-yl)- 29
—, 2-nitro-1-phenyl- 336
—, 2-oxo-2-mesityl- 602
—, 2-oxo-2-phenyl- 599
—, 1-phenyl- 336
—, 2-phenyl- 336
Ethanesulfonyl bromide,
—, 2-phenyl- 336
Ethanesulfonyl chloride,
—, 2-[*o*-(chlorosulfonyl)phenyl]-2-oxo- 600
—, 2-(*p*-nitrophenyl)- 337
—, 2-phenyl- 336

Naphthalene-2-sulfonic acid *(continued)*
—, 1-acetoxy-4-hydroxy-3-methyl- 576
—, 4-acetoxy-1-hydroxy-3-methyl- 576
—, 1-amino-4-nitroso- 623
—, 5-amino-8-nitroso- 623
—, 8-amino-5-nitroso- 622
—, 6-(benzoyloxy)- 554
—, 5,8-bis(chloroimino)-5,8-dihydro- 622
—, 5,6-bis(hydroxyimino)-5,6-dihydro- 619
—, 7,8-bis(hydroxyimino)-7,8-dihydro- 618
—, 1-bromo- 415
—, 4-bromo- 416
    ethyl ester 416
    methyl ester 416
—, 5-bromo- 416
    ethyl ester 417
    methyl ester 416
—, 8-bromo- 417
    ethyl ester 417
    methyl ester 417
—, 8-bromo-5,6-dioxo-5,6-dihydro- 619
—, 7-*tert*-butyl- 431
—, 5-chloro-6-hydroxy- 555
—, 3-chloro-5,6,7,8-tetrahydro- 375
—, 1-cyano- 694
—, 4-cyano- 694
—, 6-cyano- 695
—, 7-cyano- 696
—, 1,4-diacetoxy-3-methyl- 577
—, 1,5-dichloro- 412
—, 3,7-dichloro- 412
—, 6,7-dihydroxy- 576
—, 1,4-dihydroxy-3-methyl- 576
—, 3,4-dihydroxy-5,6,7,8-tetrahydro- 575
—, 3,4-dimethoxy-5,6,7,8-tetrahydro- 575
—, 3,7-dimethyl- 430
—, 6,7-dimethyl- 430
—, 3,6-dimethyl-5,6,7,8-tetrahydro- 378
—, 3,7-dimethyl-5,6,7,8-tetrahydro- 378
—, 6,7-dimethyl-5,6,7,8-tetrahydro- 377
—, 1,4-dioxo-1,4-dihydro- 623
—, 5,8-dioxo-5,8-dihydro- 622
—, 4-(ethoxycarbonyloxy)-, ethyl ester 540
—, 6-ethyl- 428
—, 6-fluoro- 411
—, 1-hydroxy- 540
—, 3-hydroxy- 550
—, 5-hydroxy- 542
—, 6-hydroxy- 553
    hydrazide 554
—, 7-hydroxy- 555
—, 8-hydroxy- 542
—, 5-hydroxy-6,8-dinitro- 542
—, 7-hydroxy-4,8-dinitro- 555
—, 8-hydroxy-5,7-dinitro- 542
—, 4-(hydroxyimino)-1-imino-
    1,4-dihydro- 623
—, 5-(hydroxyimino)-8-imino-
    5,8-dihydro- 622

—, 8-(hydroxyimino)-5-imino-
    5,8-dihydro- 623
—, 4-(hydroxyimino)-1-oxo-1,4-dihydro- 623
—, 4-(hydroxyimino)-3-oxo-3,4-dihydro- 620
—, 5-(hydroxyimino)-6-oxo-5,6-dihydro- 618
—, 5-(hydroxyimino)-8-oxo-5,8-dihydro- 622
—, 6-(hydroxyimino)-5-oxo-5,6-dihydro- 618
—, 7-(hydroxyimino)-8-oxo-7,8-dihydro- 617
—, 8-(hydroxyimino)-5-oxo-5,8-dihydro- 622
—, 8-(hydroxyimino)-7-oxo-7,8-dihydro- 618
—, 3-hydroxy-4-methoxy-
    5,6,7,8-tetrahydro- 575
—, 1-hydroxy-4-nitroso- 623
—, 3-hydroxy-4-nitroso- 620
—, 5-hydroxy-6-nitroso- 618
—, 5-hydroxy-8-nitroso- 622
—, 6-hydroxy-5-nitroso- 618
—, 7-hydroxy-8-nitroso- 618
—, 8-hydroxy-5-nitroso- 622
—, 8-hydroxy-7-nitroso- 617
—, 8-hydroxy-4-oxo-1,2,3,4-tetrahydro- 643
—, 3-hydroxy-5,6,7,8-tetrahydro- 539
—, 4-hydroxy-5,6,7,8-tetrahydro- 539
—, 4-iodo- 418
    ethyl ester 418
    methyl ester 418
—, 5-iodo- 418
    ethyl ester 419
    methyl ester 419
—, 8-iodo- 419
    ethyl ester 419
    methyl ester 419
—, 3-methoxy- 550
—, 6-methoxy- 554
—, 4-methyl- 423
—, 5-methyl- 425
—, 6-methyl- 427
—, 7-methyl- 427
—, 8-methyl- 426
—, 3-methyl-1,4-dioxo-1,4-dihydro- 624
—, 2-methyl-1,4-dioxo-
    1,2,3,4-tetrahydro- 615
—, 3-methyl-5,6,7,8-tetrahydro- 376
—, 1-nitro- 419
—, 5-nitro- 420
—, 8-nitro- 421
—, 7,7'-sulfonylbis- 556
—, 4,6,7,8-tetrachloro- 415
—, 5,6,7,8-tetrahydro- 375
—, 5,6,8-tribromo-1,4-dioxo-
    1,4-dihydro- 623
—, 1,4,6-trichloro- 413
—, 1,5,6-trichloro- 413
—, 3,6,8-trichloro- 413
—, 4,5,8-trichloro- 414
—, 4,6,8-trichloro- 414
—, 4,7,8-trichloro- 414
—, 5,6,8-trichloro- 414
—, 6,7,8-trichloro- 415

Formelregister

Im Formelregister sind die Verbindungen entsprechend dem System von *Hill* (Am. Soc. 22 [1900] 478—949)

1. nach der Zahl der C-Atome,
2. nach der Zahl der H-Atome,
3. nach der alphabetischen Reihenfolge der übrigen Elemente (einschliesslich D)

angeordnet. Isomere sind nach steigender Seitenzahl aufgeführt. Verbindungen unbekannter Konstitution finden sich am Schluss der jeweiligen Isomeren-Reihe.

C$_7$-Gruppe

C₈-Gruppe

C$_9$-Gruppe

C_{10}-Gruppe

5.6.8-Trichlor-naphthalin-
sulfonsäure-(2) 414
1.2.4-Trichlor-naphthalin-
sulfonsäure-(x) 414
6.7.8-Trichlor-naphthalin-
sulfonsäure-(2) 415
1.2.8-Trichlor-naphthalin-
sulfonsäure-(x) 421
1.4.5-Trichlor-naphthalin-
sulfonsäure-(x) 421
2.3.6-Trichlor-naphthalin-
sulfonsäure-(x) 422
$C_{10}H_5Cl_3O_4S_2$ 4-Chlor-naphthalin-
disulfonylchlorid-(1.5) 466
$C_{10}H_5Cl_3O_6S_2$ 5.6.7-Trichlor-naphthalin-
disulfonsäure-(1.3) 463
$C_{10}H_5Cl_3O_6S_3$ Naphthalin-
trisulfonylchlorid-(1.3.5) 483
Naphthalin-trisulfonylchlorid-
(1.3.6) 484
$C_{10}H_5Cl_3O_7S_3$ 4-Hydroxy-naphthalin-
trisulfonylchlorid-(1.3.6) 548
8-Hydroxy-naphthalin-
trisulfonylchlorid-(1.3.5) 548
$C_{10}H_5Cl_4NO_2S$ 4.6.7.8-Tetrachlor-
naphthalinsulfonamid-(2) 415
$C_{10}H_6BrClO_2S$ 2-Brom-naphthalin-
sulfonylchlorid-(1) 392
4-Brom-naphthalin-
sulfonylchlorid-(1) 392
7-Brom-naphthalin-
sulfonylchlorid-(1) 392
8-Brom-naphthalin-
sulfonylchlorid-(1) 392
4-Brom-naphthalin-
sulfonylchlorid-(2) 416
5-Brom-naphthalin-
sulfonylchlorid-(2) 417
8-Brom-naphthalin-
sulfonylchlorid-(2) 417
$C_{10}H_6BrClO_3S$ 8-Chlor-5-brom-naphthalin-
sulfonsäure-(1) 393
$C_{10}H_6BrNO_4S$ 2-Oxo-1-bromimino-
1.2-dihydro-naphthalin-
sulfonsäure-(4) 620
$C_{16}H_6Br_2O_2S$ 8-Brom-naphthalin-
sulfonylbromid-(2) 417
$C_{10}H_6ClFO_2S$ 2-Fluor-naphthalin-
sulfonylchlorid-(1) 387
4-Fluor-naphthalin-
sulfonylchlorid-(1) 387
6-Fluor-naphthalin-
sulfonylchlorid-(2) 411
$C_{10}H_6ClIO_2S$ 2-Jod-naphthalin-
sulfonylchlorid-(1) 393
4-Jod-naphthalin-
sulfonylchlorid-(1) 394
5-Jod-naphthalin-
sulfonylchlorid-(1) 394

8-Jod-naphthalin-sulfonylchlorid-(1) 395
1-Jod-naphthalin-
sulfonylchlorid-(2) 418
4-Jod-naphthalin-
sulfonylchlorid-(2) 418
5-Jod-naphthalin-
sulfonylchlorid-(2) 419
8-Jod-naphthalin-
sulfonylchlorid-(2) 419
$C_{10}H_6ClNO_4S$ 4-Nitro-naphthalin-
sulfonylchlorid-(1) 395
5-Nitro-naphthalin-
sulfonylchlorid-(1) 395
8-Nitro-naphthalin-
sulfonylchlorid-(1) 396
1-Nitro-naphthalin-
sulfonylchlorid-(2) 420
5-Nitro-naphthalin-
sulfonylchlorid-(2) 421
8-Nitro-naphthalin-
sulfonylchlorid-(2) 421
2-Oxo-1-chlorimino-1.2-dihydro-
naphthalin-sulfonsäure-(4) 620
$C_{10}H_6ClNO_6S$ 4-Chlor-7-nitro-3-hydroxy-
naphthalin-sulfonsäure-(1) 552
$C_{10}H_6Cl_2N_2O_3S$ 1.4-Bis-chlorimino-
1.4-dihydro-naphthalin-
sulfonsäure-(6) 622
$C_{10}H_6Cl_2O_2S$ 2-Chlor-naphthalin-
sulfonylchlorid-(1) 387
4-Chlor-naphthalin-
sulfonylchlorid-(1) 388
7-Chlor-naphthalin-
sulfonylchlorid-(1) 388
8-Chlor-naphthalin-
sulfonylchlorid-(1) 388
1-Chlor-naphthalin-
sulfonylchlorid-(2) 411
5-Chlor-naphthalin-
sulfonylchlorid-(2) 411
7-Chlor-naphthalin-
sulfonylchlorid-(2) 412
8-Chlor-naphthalin-
sulfonylchlorid-(2) 412
$C_{10}H_6Cl_2O_3S$ 4.5-Dichlor-naphthalin-
sulfonsäure-(1) 389
5.8-Dichlor-naphthalin-
sulfonsäure-(1) 389
1.5-Dichlor-naphthalin-
sulfonsäure-(2) 412
3.7-Dichlor-naphthalin-
sulfonsäure-(2) 412
$C_{10}H_6Cl_2O_4S_2$ Naphthalin-
disulfonylchlorid-(1.3) 463
Naphthalin-disulfonylchlorid-(1.4) 463
Naphthalin-disulfonylchlorid-(1.5) 464
Naphthalin-disulfonylchlorid-(1.7) 468
$C_{10}H_6Cl_3NO_2S$ 5.6.7-Trichlor-
naphthalinsulfonamid-(1) 391

C_{12}-Gruppe

$C_{12}H_{17}NO_3S$ N-[p-Cymol-sulfonyl-(2)]-
  acetamid 350
$C_{12}H_{17}NO_3S_2$ N-[Toluol-sulfonyl-(4)]-
  S-äthyl-S-acetonyl-sulfimin 305
$C_{12}H_{17}NO_4S$ N-Benzolsulfonyl-glycin-
  butylester 63
  N-Benzolsulfonyl-N-butyl-glycin 65
  N-Benzolsulfonyl-N-isobutyl-glycin 65
  N-Benzolsulfonyl-N-propyl-alanin 67
  N-Benzolsulfonyl-norleucin 68
  N-Benzolsulfonyl-leucin 68
  N-Benzolsulfonyl-isoleucin 69
  N-Benzolsulfonyl-alloisoleucin 69
  N-Methyl-N-[2-acetoxy-äthyl]-
  toluolsulfonamid-(4) 272
  N-[Toluol-sulfonyl-(4)]-alanin-
  äthylester 282
  2-Äthoxy-N-[toluol-sulfonyl-(4)]-
  propionamid 282
  N-[Toluol-sulfonyl-(4)]-valin 283
  N-[Toluol-sulfonyl-(α)]-valin 333
  N-[m-Xylol-sulfonyl-(4)]-N-äthyl-
  glycin 340
  N-[Mesitylen-sulfonyl-(2)]-sarkosin 347
  N-[Mesitylen-sulfonyl-(2)]-alanin 347
$C_{12}H_{17}NO_4S_2$ 2-Benzolsulfonylamino-
  4-äthylmercapto-buttersäure 72
  N-[Toluol-sulfonyl-(4)]-methionin 287
$C_{12}H_{17}NO_5S$ N-[Toluol-sulfonyl-(4)]-N-
  [2-hydroxy-propyl]-glycin 281
$C_{12}H_{17}N_3O_2S$ N-Äthyl-
  1-allylcarbamimidoyl-
  benzolsulfonamid-(3) 667
  N-Allyl-1-äthylcarbamimidoyl-
  benzolsulfonamid-(3) 668
$C_{12}H_{17}N_3O_4S$ 2-Nitro-benzol-
  sulfonsäure-(1)-[1.3-dimethyl-
  butylidenhydrazid] 116
  3-Nitro-benzol-sulfonsäure-(1)-
  [1.3-dimethyl-butylidenhydrazid] 130
  N'-[4-Nitro-benzol-sulfonyl-(1)]-
  N.N-diäthyl-acetamidin 140
  N-[4-Nitro-benzol-sulfonyl-(1)]-
  4-methyl-valeramidin 141
  4-Nitro-benzol-sulfonsäure-(1)-
  [1.3-dimethyl-butylidenhydrazid] 152
$C_{12}H_{17}N_3O_5S$ N'-[4-Nitro-benzol-
  sulfonyl-(1)]-N-isopentyl-
  harnstoff 145
$C_{12}H_{18}BrNO_2S$ 4-Brom-N-hexyl-
  benzolsulfonamid-(1) 105
  N-Methyl-N-[β-brom-isobutyl]-
  toluolsulfonamid-(4) 270
  N-Methyl-N-[β-brom-isobutyl]-
  toluolsulfonamid-(α) 332
$C_{12}H_{18}ClNO_2S_2$ N-[Toluol-sulfonyl-(4)]-S-
  [2-chlor-äthyl]-S-propyl-
  sulfimin 302

N-[Toluol-sulfonyl-(4)]-S-äthyl-S-
  [2-chlor-propyl]-sulfimin 303
N-[Toluol-sulfonyl-(4)]-S-äthyl-S-
  [3-chlor-propyl]-sulfimin 303
$C_{12}H_{18}ClNO_3S_2$ N-[Toluol-sulfonyl-(4)]-S-
  [2-chlor-äthyl]-S-[2-methoxy-
  äthyl]-sulfimin 305
  N-Chlor-4-hexyloxy-
  benzolsulfonamid-(1) 508
$C_{12}H_{18}Cl_2N_2O_2S$ 3.4-Dichlor-N-
  [2-diäthylamino-äthyl]-
  benzolsulfonamid-(1) 96
$C_{12}H_{18}N_2O_2S_2$ N-[Toluol-sulfonyl-(4)]-S-
  tert-butyl-isothioharnstoff 279
$C_{12}H_{18}N_2O_3S$ 3-Propylsulfamoyl-
  benzimidsäure-äthylester 668
  4-Propylsulfamoyl-benzimidsäure-
  äthylester 679
$C_{12}H_{18}N_2O_4S$ Nα-Benzolsulfonyl-lysin 78
  Nδ-Benzolsulfonyl-lysin 78
  3-Nitro-N.N-dipropyl-
  benzolsulfonamid-(1) 127
  3-Nitro-N.N-diisopropyl-
  benzolsulfonamid-(1) 127
  4-Nitro-N.N-dipropyl-
  benzolsulfonamid-(1) 137
  4-Nitro-N.N-diisopropyl-
  benzolsulfonamid-(1) 137
  Nα-[Toluol-sulfonyl-(4)]-ornithin 298
  Nδ-[Toluol-sulfonyl-(4)]-ornithin 298
  6-Nitro-1.3-diisopropyl-
  benzolsulfonamid-(4) 358
$C_{12}H_{18}N_4O_4S$ Nα-Benzolsulfonyl-arginin 78
  C-Dimethylamino-N'-[4-nitro-benzol-
  sulfonyl-(1)]-N.N-dimethyl-
  acetamidin 151
$C_{12}H_{18}N_4O_4S_2$ Benzol-disulfonsäure-
  (1.3)-bis-isopropylidenhydrazid 454
$C_{12}H_{18}N_4O_5S$ N-[N-(Toluol-sulfonyl-(4))-
  glycyl]-serin-hydrazid 280
  N-[N-(Toluol-sulfonyl-(4))-seryl]-
  glycin-hydrazid 286
$C_{12}H_{18}O_3S$ Toluol-sulfonsäure-(4)-
  [1-äthyl-propylester] 190
  Toluol-sulfonsäure-(4)-isopentylester 190
  Pentamethylbenzolsulfonsäure-
  methylester 356
  2-Methyl-2-[4-äthyl-phenyl]-propan-
  sulfonsäure-(1) 357
  1.3-Diisopropyl-benzol-
  sulfonsäure-(4) 358
  1.3-Dimethyl-5-tert-butyl-benzol-
  sulfonsäure-(2) 359
$C_{12}H_{18}O_4S$ Toluol-sulfonsäure-(4)-
  [2-propyloxy-äthylester] 223
  4-Butyloxy-benzol-sulfonsäure-(1)-
  äthylester 503
  4-Propyloxy-benzol-sulfonsäure-(1)-
  propylester 503

C₁₃-Gruppe

$C_{14}H_{14}O_4S_3$ Di-[toluol-sulfonyl-(4)]-
    sulfid 329

$C_{14}H_{14}O_4S_5$ Di-[toluol-sulfonyl-(4)]-
    trisulfid 329

$C_{14}H_{14}O_5S$ Toluol-sulfonsäure-(4)-
    [5-hydroxy-2-methoxy-phenylester] 238
    4-Methoxy-benzol-sulfonsäure-(1)-
    [3-methoxy-phenylester] 504

$C_{14}H_{14}O_6S_2$ 1.1'-Äthyliden-dibenzol-
    disulfonsäure-(4.4') 474
    3.3'-Dimethyl-biphenyl-
    disulfonsäure-(4.4') 475

$C_{14}H_{15}ClO_2S$ 2-tert-Butyl-naphthalin-
    sulfonylchlorid-(7) 431

$C_{14}H_{15}NO_3S$ N-[Naphthalin-sulfonyl-(2)]-
    N-äthyl-acetamid 401

$C_{14}H_{15}NO_4S$ 4-Hydroxy-1-butyryl-
    naphthalinsulfonamid-(5) 645

$C_{14}H_{15}NO_4S_2$ Di-[toluol-sulfonyl-(4)]-
    amin 309

$C_{14}H_{15}NO_5S$ 4-[Naphthalin-sulfonyl-(2)-
    amino]-3-hydroxy-buttersäure 408
    N-[2-Methoxy-naphthalin-
    sulfonyl-(1)]-sarkosin 549
    4-Hydroxy-N-[2-hydroxy-äthyl]-
    1-acetyl-naphthalinsulfonamid-(5) 644

$C_{14}H_{16}Cl_2O_5S$ 2-[2.5-Dichlor-benzol-
    sulfonyl-(1)-oxy]-1-acetoxy-
    cyclohexan 93

$C_{14}H_{16}N_2O_4S$ 8-Nitro-N.N-diäthyl-
    naphthalinsulfonamid-(1) 397

$C_{14}H_{16}N_2O_4S_2$ N.N'-Dibenzolsulfonyl-
    äthylendiamin 76
    3.3'-Dimethyl-
    biphenyldisulfonamid-(4.4') 475
    4.4'-Dimethyl-biphenyldisulfonamid-(3.3')
    475
    4.4'-Dimethyl-biphenyl-
    disulfonsäure-(2.2')-diamid 475

$C_{14}H_{16}N_2O_6S_2$ 1.2-Bis-[4-sulfamoyl-
    phenoxy]-äthan 509

$C_{14}H_{16}N_2O_6S_3$ 4.4'-Sulfonyl-bis-
    toluolsulfonamid-(2) 528

$C_{14}H_{16}O_3S$ 2-tert-Butyl-naphthalin-
    sulfonsäure-(7) 431

$C_{14}H_{16}O_7S$ Benzolsulfonyloxy-
    maleinsäure-diäthylester 50

$C_{14}H_{17}BrO_5S$ 2-[4-Brom-benzol-
    sulfonyl-(1)-oxy]-1-acetoxy-
    cyclohexan 103

$C_{14}H_{17}NO_2S$ N.N-Diäthyl-
    naphthalinsulfonamid-(2) 400
    N-Butyl-naphthalinsulfonamid-(2) 400
    N-sec-Butyl-
    naphthalinsulfonamid-(2) 400
    N-Isobutyl-naphthalinsulfonamid-(2) 400
    2-tert-Butyl-
    naphthalinsulfonamid-(7) 431

$C_{14}H_{17}NO_4S$ N.N-Bis-[2-hydroxy-äthyl]-
    naphthalinsulfonamid-(2) 400

$C_{14}H_{17}NO_6S_2$ 3-[(Naphthalin-
    sulfonyl-(2))-methyl-amino]-
    2-hydroxy-propan-sulfonsäure-(1) 410

$C_{14}H_{18}N_2O_4S_2$ Tetra-N-methyl-
    naphthalindisulfonamid-(1.5) 465

$C_{14}H_{18}N_2O_8S$ N-[4-Nitro-benzol-
    sulfonyl-(1)]-asparaginsäure-
    diäthylester 149

$C_{14}H_{18}N_4O_7S$ N-{N-[N-(N-Benzolsulfonyl-
    glycyl)-glycyl]-glycyl}-glycin 63

$C_{14}H_{18}O_3S$ Toluol-sulfonsäure-(4)-
    [norbornyl-(2)-ester] 193

$C_{14}H_{20}ClNO_4S$ 6-Nitro-1.3-di-tert-butyl-
    benzol-sulfonylchlorid-(4) 362

$C_{14}H_{20}Cl_4N_2O_4S_2$ Tetrakis-N-[2-chlor-
    äthyl]-benzoldisulfonamid-(1.3) 454

$C_{14}H_{20}N_2O_5S$ α-[α-Benzolsulfonylamino-
    isobutyrylamino]-isobuttersäure 67
    N^δ-[Toluol-sulfonyl-(4)]-N^α-acetyl-
    ornithin 299

$C_{14}H_{20}O_2S$ Toluol-sulfinsäure-(4)-
    [1-propyl-buten-(2)-ylester] 9

$C_{14}H_{20}O_3S$ Toluol-sulfonsäure-(4)-
    [3-methyl-cyclohexylester] 192
    4.7-Dimethyl-2-isopropyl-indan-
    sulfonsäure-(5) 380

$C_{14}H_{20}O_4S$ Toluol-sulfonsäure-(4)-
    [4-methoxy-cyclohexylester] 229
    [Toluol-sulfonyl-(4)-oxy]-
    [4-hydroxy-cyclohexyl]-methan 230

$C_{14}H_{20}O_6S_2$ 2-Methansulfonyloxy-1-
    [toluol-sulfonyl-(4)-oxy]-
    cyclohexan 228

$C_{14}H_{21}BrO_3S$ 4-Brom-benzol-
    sulfonsäure-(1)-[1-methyl-
    heptylester] 98

$C_{14}H_{21}ClO_2S$ 1.4-Di-sec-butyl-benzol-
    sulfonylchlorid-(2) 361
    1.3-Di-tert-butyl-benzol-
    sulfonylchlorid-(4) 362

$C_{14}H_{21}NO_2S$ 1.1-Dimethyl-6-äthyl-
    1.2.3.4-tetrahydro-
    naphthalinsulfonamid-(x) 380
    1.1.6.7-Tetramethyl-
    1.2.3.4-tetrahydro-
    naphthalinsulfonamid-(x) 380

$C_{14}H_{21}NO_4S$ N-Benzolsulfonyl-N-hexyl-
    glycin 65
    N-[Toluol-sulfonyl-(4)]-valin-
    äthylester 283
    N-[Toluol-sulfonyl-(4)]-leucin-
    methylester 284
    N-[Mesitylen-sulfonyl-(2)]-alanin-
    äthylester 347

$C_{14}H_{22}BrNO_2S$ 4-Brom-N.N-dibutyl-
    benzolsulfonamid-(1) 105

C₁₅-Gruppe

$C_{16}H_{18}O_5S$ Toluol-sulfonsäure-(4)-
[4-methyl-2.6-bis-hydroxymethyl-
phenylester] 239
$C_{16}H_{18}O_6S$ Toluol-sulfonsäure-(4)-
[4-methoxy-2.6-bis-hydroxymethyl-
phenylester] 240
$C_{16}H_{18}O_6S_2$ 1.2-Bis-[toluol-
sulfonyl-(4)-oxy]-äthan 225
$C_{16}H_{18}O_7S_2$ 4-Hydroxy-5-[6-hydroxy-
3.4-dimethyl-phenylsulfon]-
o-xylol-sulfonsäure-(3) 573
  3-Hydroxy-6-[4-hydroxy-2.5-dimethyl-
  phenylsulfon]-p-xylol-
  sulfonsäure-(2) 574
$C_{16}H_{18}O_{10}S_3$ Bis-[6-hydroxy-5-sulfo-
3.4-dimethyl-phenyl]-sulfon 573
$C_{16}H_{19}ClN_2O_4S_3$ 2-Chlor-N.N'-di-[toluol-
sulfonyl-(4)]-äthansulfinamidin-(1) 306
$C_{16}H_{19}NO_4S$ N-[Naphthalin-sulfonyl-(2)]-
leucin 406
$C_{16}H_{20}N_2O_4S_2$ N.N'-Äthylen-bis-
toluolsulfonamid-(4) 292
$C_{16}H_{20}N_2O_4S_3$ N.N'-Di-[toluol-
sulfonyl-(4)]-äthansulfinamidin 306
$C_{16}H_{20}N_2O_5S_2$ Verbindung $C_{16}H_{20}N_2O_5S_2$
aus Toluolsulfonamid-(2) 167
$C_{16}H_{20}N_2O_6S_2$ 1.2-Bis-
[4-methylsulfamoyl-phenoxy]-
äthan 509
$C_{16}H_{20}N_2O_6S_3$ 6.6'-Sulfonyl-bis-
p-xylolsulfonamid-(2) 535
$C_{16}H_{20}N_4O_4S_2$ Naphthalin-
disulfonsäure-(1.5)-bis-
isopropylidenhydrazid 466
$C_{16}H_{20}O_4$ Verbindung $C_{16}H_{20}O_4$ aus 4-Sulfo-
2.3.3-trimethyl-cyclopenten-(1)-
carbonsäure-(1) 657
$C_{16}H_{20}O_4S$ 1-[2-Oxo-1.7.7-trimethyl-
norbornyl-(4)]-benzol-
sulfonsäure-(4) 605
  2-Oxo-4-phenyl-bornan-
  sulfonsäure-(10) 605
$C_{16}H_{21}N_3O_9S$ N-{N-[N-(Toluol-
sulfonyl-(4))-seryl]-glycyl}-
asparaginsäure 286
$C_{16}H_{22}O_3S$ Toluol-sulfonsäure-(4)-
[hexahydro-indanyl-(1)-ester] 194
  Toluol-sulfonsäure-(4)-[hexahydro-
  indanyl-(4)-ester] 194
  Toluol-sulfonsäure-(4)-
  [3.3-dimethyl-norbornyl-(2)-
  ester] 194
  Toluol-sulfonsäure-(4)-
  [7.7-dimethyl-norbornyl-(1)-
  ester] 194
$C_{16}H_{23}NO_2S$ 1-[Decahydro-naphthyl-(1)]-
benzolsulfonamid-(4) 381
  1-[Octahydro-4H-naphthyl-(4a)]-
  benzolsulfonamid-(4) 381

  1-[1.7.7-Trimethyl-norbornyl-(2)]-
  benzolsulfonamid-(x) 381
$C_{16}H_{23}NO_5S$ 2-Nitro-benzol-
sulfonsäure-(1)-[3-methyl-
6-isopropyl-cyclohexylester] 113
  3-Nitro-benzol-sulfonsäure-(1)-
  [3-methyl-6-isopropyl-
  cyclohexylester] 119
  4-Nitro-benzol-sulfonsäure-(1)-
  [3-methyl-6-isopropyl-
  cyclohexylester] 134
$C_{16}H_{24}N_2O_5S$ N-[N-Benzolsulfonyl-alanyl]-
alanin-butylester 66
  N-[3-Nitro-benzol-sulfonyl-(1)]-
  N-butyl-hexanamid 128
$C_{16}H_{24}N_6O_7S$ [β-Semicarbazono-
isopropyloxy]-[β'-(toluol-
sulfonyl-(4)-oxy)-
β-semicarbazono-isopropyloxy]-
methan 249
$C_{16}H_{25}BrO_3S$ 4-Brom-benzol-
sulfonsäure-(1)-decylester 98
$C_{16}H_{25}ClO_2S$ Pentaäthylbenzolsulfonylchlorid 366
$C_{16}H_{25}FO_2S$ 1-Decyl-benzol-
sulfonylfluorid-(4) 365
$C_{16}H_{25}NO_4S$ N-Benzolsulfonyl-leucin-
butylester 68
$C_{16}H_{26}BrNO_2S$ 4-Brom-N.N-dineopentyl-
benzolsulfonamid-(1) 105
$C_{16}H_{26}ClNO_3S$ N-Chlor-4-decyloxy-
benzolsulfonamid-(1) 508
$C_{16}H_{26}O_3S$ 1.2.4-Triisopropyl-benzol-
sulfonsäure-(5)-methylester 364
  2-Methyl-2-[4-hexyl-phenyl]-propan-
  sulfonsäure-(1) 366
  Pentaäthylbenzolsulfonsäure 366
$C_{16}H_{27}NO_2S$ N-Heptyl-
mesitylensulfonamid-(2) 346
  1.4-Dimethyl-2-octyl-
  benzolsulfonamid-(x) 366
$C_{16}H_{27}NO_2S_2$ N-Benzolsulfonyl-
S.S-diisopentyl-sulfimin 80
$C_{16}H_{27}NO_3S$ 4-Decyloxy-
benzolsulfonamid-(1) 508
$C_{16}H_{27}N_3O_2S$ C-Diäthylamino-
N'-benzolsulfonyl-N.N-diäthyl-
acetamidin 77
  N-Propyl-1-[N.N'-dipropyl-
  carbamimidoyl]-benzolsulfonamid-(4)
  679
$C_{16}H_{28}NO_2PS$ Tripropylphosphin-[toluol-
sulfonyl-(4)-imid] 310
$C_{16}H_{28}N_2O_4S_2$ N.N'-Bis-[1-methyl-butyl]-
benzoldisulfonamid-(1.4) 458
$C_{16}H_{30}O_3S$ 1-[Cyclopenten-(2)-yl]-
undecan-sulfonsäure-(11) 31
$C_{16}H_{31}NO_2S$ 1-[Cyclopenten-(2)-yl]-
undecansulfonamid-(11) 31

C₁₇-Gruppe

$C_{17}H_7Cl_3O_5S_2$ 3-Chlor-7-oxo-7H-benz[de]anthracen-disulfonylchlorid-(9.11) 611

$C_{17}H_8ClNO_3S$ 1-Cyan-pyren-sulfonylchlorid-(2) 697

$C_{17}H_8Cl_2O_3S$ 2-Chlor-7-oxo-7H-benz[de]anthracen-sulfonylchlorid-(3) 610

$C_{17}H_8Cl_2O_4$ 9.10-Dichlor-7-oxo-7H-benzanthracen-sulfonsäure-(3) 610

$C_{17}H_9BrO_4S$ 3-Brom-7-oxo-7H-benz[de]anthracen-sulfonsäure-(9) 611

$C_{17}H_9ClO_4S$ 2-Chlor-7-oxo-7H-benz[de]anthracen-sulfonsäure-(3) 610

3-Chlor-7-oxo-7H-benz[de]anthracen-sulfonsäure-(9) 611

$C_{17}H_9ClO_7S_2$ 3-Chlor-7-oxo-7H-benz[de]anthracen-disulfonsäure-(9.11) 611

$C_{17}H_9NO_3S$ 1-Cyan-pyren-sulfonsäure-(2) 697

$C_{17}H_9NO_6S$ 3-Nitro-7-oxo-7H-benz[de]anthracen-sulfonsäure-(9) 611

$C_{17}H_{10}ClNO_3S$ 2-Chlor-7-oxo-7H-benz[de]anthracensulfonamid-(3) 610

$C_{17}H_{10}O_4S$ 7-Oxo-7H-benz[de]anthracen-sulfonsäure-(3) 610

7-Oxo-7H-benz[de]anthracen-sulfonsäure-(9) 611

7-Oxo-7H-benz[de]anthracen-sulfonsäure-(2) 611

$C_{17}H_{10}O_7S_2$ 7-Oxo-7H-benz[de]anthracen-diulfonsäure-(3.9) 611

$C_{17}H_{11}Br_3O_3S$ Toluol-sulfonsäure-(4)-[1.3.6-tribrom-naphthyl-(2)-ester] 218

$C_{17}H_{11}ClO_3S$ 1-Benzoyl-naphthalin-sulfonylchlorid-(5) 610

$C_{17}H_{11}NO_7S$ 4-Hydroxy-1-[4-nitro-benzoyl]-naphthalin-sulfonsäure-(5) 647

$C_{17}H_{12}BrNO_5S$ Toluol-sulfonsäure-(4)-[6-brom-1-nitro-naphthyl-(2)-ester] 218

$C_{17}H_{12}ClNO_3S$ 2-Chlor-N-[naphthalin-sulfonyl-(1)]-benzamid 384

$C_{17}H_{12}ClNO_5S$ C-Chlor-N-[9.10-dioxo-9.10-dihydro-anthracen-sulfonyl-(2)]-N-methyl-acetamid 629

$C_{17}H_{12}N_2O_7S$ Toluol-sulfonsäure-(4)-[1.6-dinitro-naphthyl-(2)-ester] 219

$C_{17}H_{12}N_8O_6$ Bis-[2-nitro-benzyliden]-Derivat $C_{17}H_{12}N_8O_6$ aus 1-Amino-5-hydroxy-1H-[1.2.3]triazol-carbonsäure-(4)-hydrazid oder Diazomalonsäure-dihydrazid 385

$C_{17}H_{12}O_4S$ Naphthalin-sulfonsäure-(2)-[2-formyl-phenylester] 399

1-Benzoyl-naphthalin-sulfonsäure-(5) 609

1-Benzoyl-naphthalin-sulfonsäure-(4) 609

$C_{17}H_{12}O_5S$ 4-Benzoyloxy-naphthalin-sulfonsäure-(1) 541

6-Benzoyloxy-naphthalin-sulfonsäure-(2) 554

4-Hydroxy-1-benzoyl-naphthalin-sulfonsäure-(5) 647

3-Sulfo-benzoesäure-[naphthyl-(2)-ester] 662

3-[Naphthyl-(2)-oxysulfonyl]-benzoesäure 663

$C_{17}H_{12}O_8S_2$ 7-Benzoyloxy-naphthalin-disulfonsäure-(1.3) 560

$C_{17}H_{13}NO_3S$ N-Benzolsulfonyl-naphthamid-(1) 61

N-Benzolsulfonyl-naphthamid-(2) 61

1-Benzoyl-naphthalinsulfonamid-(5) 610

$C_{17}H_{13}NO_4S$ N-[3-Hydroxy-4-oxo-4H-naphthyliden-(1)]-toluolsulfonamid-(4) und N-[3.4-Dioxo-3.4-dihydro-naphthyl-(1)]-toluolsulfonamid-(4) 275

$C_{17}H_{13}NO_5S$ Toluol-sulfonsäure-(4)-[4-nitro-naphthyl-(1)-ester] 218

5-Nitro-1-methyl-naphthalin-sulfonsäure-(4)-phenylester 424

$C_{17}H_{13}N_3O_5S$ 1-[3-Hydroxy-1.4-dioxo-1.4-dihydro-naphthyl-(2)]-N-carbamimidoyl-benzolsulfonamid-(4) 651

$C_{17}H_{14}N_2O_2S$ Naphthalin-sulfonsäure-(1)-benzylidenhydrazid 386

$C_{17}H_{14}N_6O_2$ Dibenzyliden-Derivat $C_{17}H_{14}N_6O_2$ aus 1-Amino-5-hydroxy-1H-[1.2.3]triazol-carbonsäure-(4)-hydrazid oder Diazomalonsäure-dihydrazid 385

$C_{17}H_{14}N_6O_4$ Bis-salicyliden-Derivat $C_{17}H_{14}N_6O_4$ aus 1-Amino-5-hydroxy-1H-[1.2.3]triazol-carbonsäure-(4)-hydrazid oder Diazomalonsäure-dihydrazid 385

$C_{17}H_{14}O_3S$ Toluol-sulfonsäure-(4)-[naphthyl-(2)-ester] 218

Toluol-sulfonsäure-(α)-[naphthyl-(2)-ester] 331

$C_{17}H_{14}O_4S$ 4-Hydroxy-1-benzyl-naphthalin-sulfonsäure-(5) 565

$C_{17}H_{16}N_2O_4S$ 10-Hydroxy-9-oxo-9.10-dihydro-anthracen-sulfonsäure-(2)-isopropylidenhydrazid und Tautomere 647

$C_{17}H_{16}N_2O_5S$ N-[4-Nitro-benzol-sulfonyl-(1)]-5.6.7.8-tetrahydro-naphthamid-(2) 145

C₂₀-Gruppe

$C_{20}H_{19}NO_2S_2$ N-Benzolsulfonyl-
S.S-dibenzyl-sulfimin 80
$C_{20}H_{19}NO_4S_2$ N-[Naphthalin-sulfonyl-(2)]-
S-benzyl-cystein 408
$C_{20}H_{20}N_2O_4S_3$ N.N'-Di-[toluol-
sulfonyl-(4)]-benzolsulfinamidin 307
$C_{20}H_{20}O_5S$ 9.10-Dioxo-1-methyl-
7-isopropyl-9.10-dihydro-
phenanthren-sulfonsäure-(2)-
äthylester 639
9.10-Dioxo-1-methyl-7-isopropyl-
9.10-dihydro-phenanthren-
sulfonsäure-(3)-äthylester 639
$C_{20}H_{21}ClO_3S$ 3-Äthoxy-1-methyl-
7-isopropyl-phenanthren-
sulfonylchlorid-(9) und 3-Äthoxy-
1-methyl-7-isopropyl-phenanthren-
sulfonylchlorid-(10) 565
$C_{20}H_{22}N_2O_6S_2$ Cyclohexandion-(1.4)-bis-
[O-(toluol-sulfonyl-(4))-oxim] 314
$C_{20}H_{22}N_2O_{10}S_2$ 6.6'-Dinitro-
4.4'-diisopropyl-stilben-
disulfonsäure-(2.2') 477
$C_{20}H_{22}O_3S$ 1-Methyl-7-isopropyl-
phenanthren-sulfonsäure-(2)-
äthylester 446
1-Methyl-7-isopropyl-phenanthren-
sulfonsäure-(3)-äthylester 447
$C_{20}H_{22}O_4S$ 3-Methoxy-1-methyl-
7-isopropyl-phenanthren-
sulfonsäure-(9)-methylester und
3-Methoxy-1-methyl-7-isopropyl-
phenanthren-sulfonsäure-(10)-
methylester 564
$C_{20}H_{22}O_5S$ 4-[Toluol-sulfonyl-(4)-oxy]-
1-benzoyloxy-cyclohexan 229
$C_{20}H_{22}O_9S_2$ Bis-[β'-(toluol-
sulfonyl-(4)-oxy)-β-oxo-
isopropyl]-äther 248
$C_{20}H_{22}O_{10}S_2$ 2.3-Bis-benzolsulfonyloxy-
bernsteinsäure-diäthylester 50
$C_{20}H_{23}NO_6S$ 2-Benzamino-3-[toluol-
sulfonyl-(4)-oxy]-buttersäure-
äthylester 264
$C_{20}H_{24}Cl_2O_4S_2$ 2.3.4.6.2'.3'.4'.6'-
Octamethyl-biphenyl-
disulfonylchlorid-(5.5') 475
$C_{20}H_{24}N_2O_5S$ Nα-[Toluol-sulfonyl-(4)]-
Nε-benzoyl-lysin 299
Nε-[Toluol-sulfonyl-(4)]-Nα-benzoyl-
lysin 299
$C_{20}H_{24}N_2O_8S_4$ N.N'-Dibenzolsulfonyl-
N.N'-dimethyl-cystin 72
N.N'-Di-[toluol-sulfonyl-(4)]-cystin 286
$C_{20}H_{24}N_4O_7S$ [Naphthalin-sulfonyl-(2)]→
glycyl→alanyl→glycyl→alanin 403
$C_{20}H_{24}O_3S$ 1-Methyl-7-isopropyl-
9.10-dihydro-phenanthren-
sulfonsäure-(2)-äthylester 441

1-Methyl-7-isopropyl-9.10-dihydro-
phenanthren-sulfonsäure-(3)-
äthylester 442
$C_{20}H_{24}O_6S_2$ 1.2-Bis-[toluol-
sulfonyl-(4)-oxy]-cyclohexan 228
1.4-Bis-[toluol-sulfonyl-(4)-oxy]-
cyclohexan 230
1.1.3.5-Tetramethyl-3-[3-sulfo-
4-methyl-phenyl]-indan-
sulfonsäure-(6) 478
$C_{20}H_{25}Br_2NO_4S_2$ Bis-[4-brom-benzol-
sulfonyl-(1)]-octyl-amin 107
$C_{20}H_{25}NO_4S_2$ α-[Toluol-sulfonyl-(4)-
amino]-β-benzylmercapto-
isovaleriansäure-methylester 287
$C_{20}H_{25}N_3O_6S$ N-{N-[N-(Naphthalin-
sulfonyl-(2))-leucyl]-glycyl}-glycin 407
$C_{20}H_{26}Cl_2N_2O_4S_2$ 1.2-Bis-[(toluol-
sulfonyl-(4))-(2-chlor-äthyl)-
amino]-äthan 292
$C_{20}H_{26}Cl_2N_2O_4S_4$ 1.2-Bis-[2-chlor-N-(toluol-
sulfonyl-(4))-äthan=
sulfinimidoyl-(1)]-äthan 306
$C_{20}H_{26}N_2O_4S_2$ 1.1.3.5-Tetramethyl-3-
[3-sulfamoyl-4-methyl-phenyl]-
indansulfonamid-(6) 478
$C_{20}H_{26}N_2O_5S$ N-[N-(Naphthalin-
sulfonyl-(2))-norvalyl]-norvalin 406
N-[N-(Naphthalin-sulfonyl-(2))-
valyl]-valin 406
$C_{20}H_{26}N_4O_8S_4$ 3.3'-Dinitro-tetra-
N-äthyl-4.4'-dithio-bis-
benzolsulfonamid-(1) 521
$C_{20}H_{26}O_5S$ 3-Methoxy-17-oxo-
östratrien-(1.3.5(10))-
sulfonsäure-(2(oder 1))-
methylester 645
$C_{20}H_{26}O_6S_2$ 2.3.4.6.2'.3'.4'.6'-
Octamethyl-biphenyl-
disulfonsäure-(5.5') 475
$C_{20}H_{26}O_7S$ 2-[2-Methoxy-4-propyl-
phenoxy]-1-[3.4-dimethoxy-phenyl]-
äthan-sulfonsäure-(1) 581
$C_{20}H_{26}O_{10}S_2$ 2.4-Bis-[toluol-
sulfonyl-(4)-oxy]-hexantetrol-
(1.3.5.6) 241
$C_{20}H_{27}NO_7S$ 8-Nitro-6-sulfo-1.4a-
dimethyl-7-isopropyl-1.2.3.4.4a.=
9.10.10a-octahydro-phenanthren-
carbonsäure-(1) 693
$C_{20}H_{28}N_2O_4S_2$ 1.2-Bis-[(toluol-
sulfonyl-(4))-äthyl-amino]-äthan 292
1.4-Bis-[(toluol-sulfonyl-(4))-
methyl-amino]-butan 295
1.6-Bis-[toluol-sulfonyl-(4)-amino]-
hexan 296
$C_{20}H_{28}N_2O_5S_2$ 1.3-Bis-[(toluol-
sulfonyl-(4))-methyl-amino]-
2-methoxy-propan 297

C_{21}-Gruppe

$C_{21}H_{20}O_{10}S$ Toluol-sulfonsäure-(4)-
[3.4.5-triacetoxy-phenacylester] 255

$C_{21}H_{21}NO_2S_2$ N-[Toluol-sulfonyl-(4)]-
S.S-dibenzyl-sulfimin 305

$C_{21}H_{21}NO_3S$ N-[1.2.4.5-Tetramethyl-
benzol-sulfonyl-(3)]-
naphthamid-(1) 352

$C_{21}H_{21}NO_6S_3$ Tri-[toluol-sulfonyl-(4)]-
amin 310

$C_{21}H_{21}NO_7S_3$ Tri-[toluol-sulfonyl-(4)]-
aminoxid 310
Tri-[toluol-sulfonyl-(4)]-
hydroxylamin 316

$C_{21}H_{22}N_2O_4S_3$ N.N'-Di-[toluol-
sulfonyl-(4)]-toluolsulfinamidin-(α) 307

$C_{21}H_{22}N_2O_5S$ 9-Nitro-1-[toluol-
sulfonyl-(4)-oxyimino]-1.2.3.4.5.₆
6.7.8-octahydro-phenanthren 313

$C_{21}H_{22}O_5S$ Toluol-sulfonsäure-(4)-
[4-cyclohexyl-2.6-diformyl-
phenylester] 251

$C_{21}H_{23}NO_3S$ 4-[Toluol-sulfonyl-(4)-
oxyimino]-
1.2.3.4.5.6.7.8-octahydro-
phenanthren 313
1-[Toluol-sulfonyl-(4)-oxyimino]-
1.2.3.4.5.6.7.8-octahydro-anthracen 313
1-[Toluol-sulfonyl-(4)-oxyimino]-
1.2.3.4.5.6.7.8-octahydro-
phenanthren 313

$C_{21}H_{24}O_4S$ 3-Methoxy-1-methyl-
7-isopropyl-phenanthren-
sulfonsäure-(9)-äthylester und
3-Methoxy-1-methyl-7-isopropyl-
phenanthren-sulfonsäure-(10)-
äthylester 564

$C_{21}H_{24}O_5S$ 4-[Toluol-sulfonyl-(4)-oxy]-
1-benzoyloxymethyl-cyclohexan 230
4-Benzoyloxy-1-[toluol-sulfonyl-(4)-
oxymethyl]-cyclohexan 230

$C_{21}H_{24}O_9S$ 1-Oxo-1-{3-methoxy-4-[2-oxo-
1-methyl-2-(3.4-dimethoxy-
phenyl)-äthoxy]-phenyl}-propan-
sulfonsäure-(2) 649

$C_{21}H_{26}N_2O_5S$ N$^\alpha$-[Toluol-sulfonyl-(4)]-
N$^\alpha$-methyl-N$^\varepsilon$-benzoyl-lysin 299
N$^\alpha$-[Toluol-sulfonyl-(4)]-N$^\varepsilon$-methyl-
N$^\varepsilon$-benzoyl-lysin 299
N$^\varepsilon$-[Toluol-sulfonyl-(4)]-N$^\alpha$-methyl-
N$^\alpha$-benzoyl-lysin 300

$C_{21}H_{26}N_2O_6S$ N$^\alpha$-Benzolsulfonyl-
N$^\varepsilon$-benzyloxycarbonyl-lysin-
methylester 78

$C_{21}H_{26}O_5S$ Toluol-sulfonsäure-(4)-
[2.6-bis-hydroxymethyl-
4-cyclohexyl-phenylester] 240

$C_{21}H_{26}O_6S_2$ 4-[Toluol-sulfonyl-(4)-oxy]-
1-[toluol-sulfonyl-(4)-oxymethyl]-
cyclohexan 231

$C_{21}H_{28}O_3S$ 4-[Toluol-sulfonyl-(α)-oxy]-
1-[1.1.3.3-tetramethyl-butyl]-
benzol 331

$C_{21}H_{28}O_8S_2$ 2.3-Bis-[toluol-
sulfonyl-(4)-oxy]-propionaldehyd-
diäthylacetal 248

$C_{21}H_{29}BrO_3$ Verbindung $C_{21}H_{29}BrO_3$ aus
4-Brom-12-[toluol-
sulfonyl-(4)-oxy]-3-oxo-
androstan-carbonsäure-(17)-
methylester 263

$C_{21}H_{30}N_2O_4S_2$ 1.3-Bis-[(toluol-
sulfonyl-(4))-äthyl-amino]-
propan 294
1.5-Bis-[(toluol-sulfonyl-(4))-
methyl-amino]-pentan 295

$C_{21}H_{30}O_3$ Verbindungen $C_{21}H_{30}O_3$ aus
12-[Toluol-sulfonyl-(4)-oxy]-3-oxo-
androstan-carbonsäure-(17)-
methylester 263

$C_{21}H_{30}O_5S$ 3-Oxo-10.13-dimethyl-
17-acetyl-2.3.6.7.8.9.10.11.12.13.₆
14.15.16.17-tetradecahydro-
1H-cyclopenta[a]phenanthren-
sulfonsäure-(x), 3.20-Dioxo-
pregnen-(4)-sulfonsäure-(x) 616

$C_{21}H_{32}N_4O_4S_2$ 1.3-Bis-[2-(toluol-
sulfonyl-(4)-amino)-äthylamino]-
propan 292

$C_{21}H_{32}O_6S$ 3-Acetoxy-17-oxo-
10.13-dimethyl-hexadecahydro-
1H-cyclopenta[a]phenanthren-
sulfonsäure-(16), 3-Acetoxy-
17-oxo-androstan-sulfonsäure-(16) 643

$C_{21}H_{34}O_3$ Verbindung $C_{21}H_{34}O_3$ aus
20-[Toluol-sulfonyl-(4)-oxy]-
3-acetoxy-pregnanon-(11) 250

$C_{21}H_{35}NO_3S$ N-[Toluol-sulfonyl-(4)]-
myristinamid 276

$C_{21}H_{36}O_3S$ Toluol-sulfonsäure-(4)-
tetradecylester 191
2-Methyl-2-[4-undecyl-phenyl]-
propan-sulfonsäure-(1) 368

$C_{21}H_{36}O_5S$ 5.6-Dihydroxy-1-pentadecyl-
benzol-sulfonsäure-(3) 575

C$_{22}$-Gruppe

$C_{22}H_9ClO_4S$ 6.12-Dioxo-6.12-dihydro-
dibenzo[def.mno]chrysen-
sulfonylchlorid-(4) 641

$C_{22}H_{12}Cl_4O_8S_2$ 1.5-Bis-[3.5-dichlor-
2-hydroxy-benzol-sulfonyl-(1)-
oxy]-naphthalin 492

$C_{22}H_{12}O_8S_2$ 7.14-Dioxo-7.14-dihydro-
dibenz[a.h]anthracen-
disulfonsäure-(4.11) 640

$C_{22}H_{14}O_6S_2$ Dibenz[a.h]anthracen-
disulfonsäure-(4.11) 481

$C_{22}H_{16}O_6S_2$ Naphthalin-disulfonsäure-(1.5)-diphenylester 464

$C_{22}H_{17}NO_3S$ N-[10-Formyl-10H-anthryliden-(9)]-toluolsulfonamid-(4) und N-[10-Formyl-anthryl-(9)]-toluolsulfonamid-(4) 274

$C_{22}H_{18}O_3S$ 3-Methyl-cholanthren-sulfonsäure-(x)-methylester 450

$C_{22}H_{19}NO_8S$ 1-[1.3.4-Triacetoxy-naphthyl-(2)]-benzolsulfonamid-(4) 581

$C_{22}H_{20}N_2O_3S$ N'-[Toluol-sulfonyl-(4)]-N-[stilbencarbonyl-(2)]-hydrazin 317

$C_{22}H_{20}O_9S$ 4.4''-Dihydroxy-3.5'.3''-trimethoxy-fuchson-sulfonsäure-(3') und 4'.4''-Dihydroxy-5.3'.3''-trimethoxy-fuchson-sulfonsäure-(3) 656

$C_{22}H_{21}NO_{11}S_3$ 2-Nitro-1.3-bis-benzolsulfonyloxy-2-benzolsulfonyloxymethyl-propan 45

$C_{22}H_{22}O_9S$ Tris-[4-hydroxy-3-methoxy-phenyl]-methansulfonsäure und 4-Hydroxy-3-methoxy-1-[4.4'-dihydroxy-3.3'-dimethoxy-benzhydryliden]-cyclohexadien-(2.5)-sulfonsäure-(4) 582
Rubrophen-schwefligsäure 583
4-Hydroxy-5-methoxy-1-[4.4'-dihydroxy-3.3'-dimethoxy-benzhydryl]-benzol-sulfonsäure-(3) 656

$C_{22}H_{24}N_2O_4S_3$ N.N'-Di-[toluol-sulfonyl-(4)]-p-xylol-sulfinamidin-(α) 307

$C_{22}H_{26}O_4S$ 3-Methoxy-1-methyl-7-isopropyl-phenanthren-sulfonsäure-(9)-propylester und 3-Methoxy-1-methyl-7-isopropyl-phenanthren-sulfonsäure-(10)-propylester 564

$C_{22}H_{26}O_5S$ 1.4-Dioxo-1.4-bis-[2.4.6-trimethyl-phenyl]-butan-sulfonsäure-(2) 626

$C_{22}H_{26}O_8S_2$ Benzol-disulfonsäure-(1.4)-bis-[5-oxo-3.3-dimethyl-cyclohexen-(6)-ylester] 457

$C_{22}H_{27}NO_2S$ N-[(2.2.6-Trimethyl-cyclohexyl)-phenyl-methylen]-benzolsulfonamid 58

$C_{22}H_{28}N_2O_4S_2$ 1.2-Bis-[(toluol-sulfonyl-(4))-allyl-amino]-äthan 293

$C_{22}H_{28}N_2O_8S_4$ N.N'-Dibenzolsulfonyl-cystin-diäthylester 72
N.N'-Di-[toluol-sulfonyl-(4)]-N.N'-dimethyl-cystin 287

$C_{22}H_{28}N_2O_{10}S_2$ 1.2-Bis-[4-(äthoxycarbonylmethyl-sulfamoyl)-phenoxy]-äthan 511

$C_{22}H_{28}O_9S$ 4.5-Dimethoxy-3-[2-methoxysulfonyl-1-methyl-2-(3.4-dimethoxy-phenyl)-äthyl]-benzoesäure-methylester 714

$C_{22}H_{29}N_3O_6S$ N-{N-[N-(Naphthalin-sulfonyl-(2))-glycyl]-norvalyl}-norvalin 404
N-{N-[N-(Naphthalin-sulfonyl-(2))-glycyl]-valyl}-valin 404

$C_{22}H_{29}N_3O_7S_2$ N^α-[Toluol-sulfonyl-(4)]-N^ε-[N-(toluol-sulfonyl-(4))-glycyl]-lysin 299

$C_{22}H_{30}N_2O_5S$ N-[N-(Naphthalin-sulfonyl-(2))-leucyl]-leucin 407

$C_{22}H_{30}N_2O_6S_2$ N^α.N^ε-Dibenzolsulfonyl-lysin-butylester 73

$C_{22}H_{31}NO_7S$ 8-Nitro-6-methoxysulfonyl-1.4a-dimethyl-7-isopropyl-1.2.3.4.4a.9.10.10a-octahydro-phenanthren-carbonsäure-(1)-methylester 693

$C_{22}H_{32}N_2O_4S_2$ 1.2-Bis-[(toluol-sulfonyl-(4))-propyl-amino]-äthan 292
1.2-Bis-[(toluol-sulfonyl-(4))-isopropyl-amino]-äthan 293
1.6-Bis-[(toluol-sulfonyl-(4))-methyl-amino]-hexan 297
1.8-Bis-[toluol-sulfonyl-(4)-amino]-octan 297

$C_{22}H_{32}N_2O_6S_2$ 1.2-Bis-[4-diäthylsulfamoyl-phenoxy]-äthan 510

$C_{22}H_{32}N_2O_{10}S_2$ 1.2-Bis-{4-[bis-(2-hydroxy-äthyl)-sulfamoyl]-phenoxy}-äthan 511

$C_{22}H_{32}O_5S$ 3.20-Dioxo-pregnen-(4)-sulfonsäure-(x)-methylester 616
6-Methoxysulfonyl-1.4a-dimethyl-7-isopropyl-1.2.3.4.4a.9.10.10a-octahydro-phenanthren-carbonsäure-(1)-methylester 693

$C_{22}H_{34}N_4O_4S_2$ 1.2-Bis-[3-(toluol-sulfonyl-(4)-amino)-propylamino]-äthan 294

$C_{22}H_{34}O_6S$ 3-Acetoxy-17-oxo-androstan-sulfonsäure-(16)-methylester 643

$C_{22}H_{36}ClN_3O_6S$ 2-Chlor-3.5-dinitro-N-hexadecyl-benzolsulfonamid-(1) 161

$C_{22}H_{37}BrO_3S$ 4-Brom-benzol-sulfonsäure-(1)-hexadecylester 99

$C_{22}H_{37}ClO_2S$ 4-Hexadecyloxy-benzol-sulfonylchlorid-(1) 505

$C_{22}H_{37}Cl_2NO_3S$ N.N-Dichlor-4-hexadecyloxy-benzolsulfonamid-(1) 509

$C_{22}H_{38}ClNO_3S$ N-Chlor-4-hexadecyloxy-benzolsulfonamid-(1) 509

$C_{22}H_{38}O_3S$ 1-Hexadecyl-benzol-sulfonsäure-(4) 368

C_{23}-Gruppe

C_{24}-Gruppe

C$_{26}$H$_{33}$NO$_8$S 3-Hydroxy-17-[4-nitro-
   2-sulfo-benzoyloxy]-
   10.13-dimethyl-Δ^5-tetradecahydro-
   1H-cyclopenta[a]phenanthren 660
C$_{26}$H$_{34}$O$_4$S 3-[Toluol-sulfonyl-(4)-oxy]-
   17-oxo-10.13-dimethyl-
   Δ^5-tetradecahydro-1H-cyclopenta[a]-
   phenanthren 247
C$_{26}$H$_{34}$O$_5$S 12-[Toluol-sulfonyl-(4)-oxy]-
   3.17-dioxo-10.13-dimethyl-
   hexadecahydro-1H-cyclopenta[a]-
   phenanthren 250
C$_{26}$H$_{34}$O$_6$S 5-Hydroxy-3-[toluol-
   sulfonyl-(4)-oxy]-6.17-dioxo-
   10.13-dimethyl-hexadecahydro-
   1H-cyclopenta[a]phenanthren 253
C$_{26}$H$_{35}$ClO$_3$S 3-Chlor-17-[toluol-sulfonyl-(4)-
   oxy]-10.13-dimethyl-Δ^5-tetradecahydro-
   1H-cyclopenta[a]phenanthren 215
C$_{26}$H$_{36}$N$_4$O$_7$S [Naphthalin-sulfonyl-(2)]$\rightarrow$
   leucyl$\rightarrow$leucyl$\rightarrow$glycyl$\rightarrow$glycin 407
C$_{26}$H$_{36}$O$_3$S 3-[Toluol-sulfonyl-(4)-oxy]-
   10.13-dimethyl-Δ^5-tetradecahydro-
   1H-cyclopenta[a]phenanthren 215
C$_{26}$H$_{36}$O$_4$S 3-[Toluol-sulfonyl-(4)-oxy]-
   17-oxo-10.13-dimethyl-
   hexadecahydro-1H-cyclopenta[a]-
   phenanthren 246
C$_{26}$H$_{40}$N$_2$O$_6$S$_2$ 1.2-Bis-
   [4-dipropylsulfamoyl-phenoxy]-
   äthan 510

C$_{27}$-Gruppe

C$_{27}$H$_{18}$O$_5$S 3-[Naphthyl-(2)-oxysulfonyl]-
   benzoesäure-[naphthyl-(2)-ester] 663
C$_{27}$H$_{22}$N$_2$O$_{10}$S$_2$ Bis-[5-nitro-2-(toluol-
   sulfonyl-(4)-oxy)-phenyl]-methan 237
C$_{27}$H$_{23}$BrO$_3$S 4-[4-Brom-benzol-
   sulfonyl-(1)-oxy]-1-
   [1.1-diphenyl-propyl]-benzol 102
C$_{27}$H$_{24}$O$_9$S$_3$ 1.2.3-Tris-[toluol-
   sulfonyl-(4)-oxy]-benzol 238
   1.2.4-Tris-[toluol-sulfonyl-(4)-oxy]-
   benzol 239
C$_{27}$H$_{35}$N$_3$O$_6$S$_3$ N-[2-(Toluol-sulfonyl-(4)-
   amino)-äthyl]-N-{2-[(toluol-
   sulfonyl-(4))-äthyl-amino]-
   äthyl}-toluolsulfonamid-(4) 294
C$_{27}$H$_{38}$O$_4$S 17-[Toluol-sulfonyl-(4)-oxy]-
   6-methoxy-10.13-dimethyl-
   hexadecahydro-3.5-cyclo-
   cyclopenta[a]phenanthren 234
C$_{27}$H$_{42}$N$_2$O$_4$S$_2$ 1.13-Bis-[toluol-
   sulfonyl-(4)-amino]-tridecan 297
C$_{27}$H$_{42}$O$_5$S 3.6-Dioxo-10.13-dimethyl-17-
   [1.5-dimethyl-hexyl]-2.3.6.7.8.9.⁊
   10.11.12.13.14.15.16.17-
   tetradecahydro-1H-cyclopenta[a]⁊

phenanthren-sulfonsäure-(2),
   3.6-Dioxo-cholesten-(4)-sulfonsäure-(2)
   616
C$_{27}$H$_{44}$O$_3$S 10.13-Dimethyl-
   17-[1.5-dimethyl-hexyl]-2.7.8.9.10.⁊
   11.12.13.14.15.16.17-dodecahydro-
   1H-cyclopenta[a]phenanthren-
   sulfonsäure-(6), Cholestadien-
   (3.5)-sulfonsäure-(6) 382
C$_{27}$H$_{44}$O$_4$S 3-Oxo-10.13-dimethyl-17-
   [1.5-dimethyl-hexyl]-2.3.6.7.8.9.⁊
   10.11.12.13.14.15.16.17-
   tetradecahydro-1H-cyclopenta[a]⁊
   phenanthren-sulfonsäure-(6),
   3-Oxo-cholesten-(4)-sulfonsäure-(6)
   604
   7-Oxo-10.13-dimethyl-17-
   [1.5-dimethyl-hexyl]-2.3.4.7.8.9.⁊
   10.11.12.13.14.15.16.17-
   tetradecahydro-1H-cyclopenta[a]⁊
   phenanthren-sulfonsäure-(4),
   7-Oxo-cholesten-(5)-sulfonsäure-(4) 605
C$_{27}$H$_{44}$O$_5$S 3.6-Dioxo-10.13-dimethyl-17-
   [1.5-dimethyl-hexyl]-
   hexadecahydro-1H-cyclopenta[a]⁊
   phenanthren-sulfonsäure-(2),
   3.6-Dioxo-cholestan-sulfonsäure-(2) 614
C$_{27}$H$_{46}$O$_4$S 3-Oxo-10.13-dimethyl-17-
   [1.5-dimethyl-hexyl]-
   hexadecahydro-1H-cyclopenta[a]⁊
   phenanthren-sulfonsäure-(2),
   3-Oxo-cholestan-sulfonsäure-(2) 602
   7-Oxo-10.13-dimethyl-17-
   [1.5-dimethyl-hexyl]-
   hexadecahydro-1H-cyclopenta[a]⁊
   phenanthren-sulfonsäure-(4),
   7-Oxo-cholestan-sulfonsäure-(4) 603
   3-Oxo-cholestan-sulfonsäure-(6) 604
C$_{27}$H$_{48}$O$_4$S 3-Hydroxy-10.13-dimethyl-17-
   [1.5-dimethyl-hexyl]-
   hexadecahydro-1H-cyclopenta[a]⁊
   phenanthren-sulfonsäure-(6),
   3-Hydroxy-cholestan-
   sulfonsäure-(6) 538
C$_{27}$H$_{50}$N$_2$O$_2$S N'-Benzolsulfonyl-N-methyl-
   N-octadecyl-äthylendiamin 76

C$_{28}$-Gruppe

C$_{28}$H$_{20}$O$_8$S$_2$ 2.3-Bis-[toluol-
   sulfonyl-(4)-oxy]-anthrachinon 254
C$_{28}$H$_{22}$O$_3$S 9.10-Diphenyl-anthracen-
   sulfonsäure-(2)-äthylester 451
C$_{28}$H$_{23}$Cl$_3$O$_6$S$_2$ 2.2.2-Trichlor-1.1-bis-
   [4-(toluol-sulfonyl-(4)-oxy)-
   phenyl]-äthan 237
C$_{28}$H$_{24}$N$_2$O$_6$S$_4$ Bis-[2-(toluol-
   sulfonyl-(4)-carbamoyl)-phenyl]-
   disulfid 285

$C_{28}H_{49}NO_4S$ 22-Benzolsulfonylamino-
docosansäure-(1) 70

$C_{28}H_{50}O_3S$ 10.13-Dimethyl-17-
[1.5-dimethyl-hexyl]-
hexadecahydro-1H-cyclopenta[a]-
phenanthren-sulfonsäure-(6)-
methylester, Cholestan-
sulfonsäure-(6)-methylester 369

$C_{28}H_{50}O_4S$ 3-Hydroxy-10.13-dimethyl-17-
[1.5-dimethyl-hexyl]-
hexadecahydro-1H-cyclopenta[a]-
phenanthren-sulfonsäure-(6)-
methylester 538

C_{29}-Gruppe

$C_{29}H_{16}O_5S$ 12-[Toluol-sulfonyl-(4)-oxy]-
4.8-dioxo-4H.8H-dibenzo[$cd.mn$]-
pyren 252

$C_{29}H_{40}O_4S$ 3-Oxo-10.13-dimethyl-17-
[β-(toluol-sulfonyl-(4)-oxy)-
isopropyl]-Δ^4-tetradecahydro-
1H-cyclopenta[a]phenanthren 247

$C_{29}H_{46}N_2O_5S$ Verbindung $C_{29}H_{46}N_2O_5S$ aus
3.6-Dioxo-cholesten-(4)-sulfonsäure-(2)
617

C_{30}-Gruppe

$C_{30}H_{26}O_6S_2$ 9.10-Diphenyl-anthracen-
disulfonsäure-(2.6)-diäthylester 482
9.10-Diphenyl-anthracen-
disulfonsäure-(2.7)-diäthylester 482

$C_{30}H_{28}N_2O_6S_2$ $N.N'$-Di-[toluol-
sulfonyl-(4)]-$N.N'$-äthylen-bis-
benzamid 293

$C_{30}H_{28}O_6S_2$ 4.4'-Bis-benzolsulfonyloxy-
$\alpha.\alpha'$-diäthyl-stilben 45

$C_{30}H_{32}N_2O_8S_4$ 1.2-Bis-[di-(toluol-
sulfonyl-(4))-amino]-äthan 309

$C_{30}H_{38}O_7S$ 12-[Toluol-sulfonyl-(4)-oxy]-
3-oxo-10.13-dimethyl-
17-acetoxyacetyl-
Δ^4-tetradecahydro-1H-cyclopenta[a]-
phenanthren 254

$C_{30}H_{40}O_6S$ 3-Acetoxy-10.13-dimethyl-17-
[(toluol-sulfonyl-(4)-oxy)-
acetyl]-Δ^5-tetradecahydro-
1H-cyclopenta[a]phenanthren 251

$C_{30}H_{40}O_7S$ 3.11-Dioxo-10.13-dimethyl-
17-[1-(toluol-sulfonyl-(4)-oxy)-
2-acetoxy-äthyl]-hexadecahydro-
1H-cyclopenta[a]phenanthren 254

$C_{30}H_{42}O_5S$ 2-[3-(Toluol-sulfonyl-(4)-
oxy)-10.13-dimethyl-Δ^5-
tetradecahydro-1H-cyclopenta[a]-
phenanthrenyl-(17)]-propionsäure-
methylester 259

$C_{30}H_{42}O_6S$ 3-Acetoxy-11-oxo-
10.13-dimethyl-17-[1-(toluol-
sulfonyl-(4)-oxy]-äthyl]-
hexadecahydro-1H-cyclopenta[a]-
phenanthren 250
Verbindung $C_{30}H_{42}O_6S$ aus 20-[Toluol-
sulfonyl-(4)-oxy]-3-acetoxy-
pregnanon-(11) 250

$C_{30}H_{42}O_7S$ 17-Hydroxy-3-acetoxy-11-oxo-
10.13-dimethyl-17-[1-(toluol-
sulfonyl-(4)-oxy)-äthyl]-
hexadecahydro-1H-cyclopenta[a]-
phenanthren 253
12-[Toluol-sulfonyl-(4)-oxy]-
3-acetoxy-10.13-dimethyl-
hexadecahydro-1H-cyclopenta[a]-
phenanthren-carbonsäure-(17)-
methylester 261

$C_{30}H_{44}N_2O_8S_2$ Bis-[3-nitro-
2.4.6-triisopropyl-phenyl]-
disulfon (?) 365

$C_{30}H_{44}O_4S$ 4-Stearoyl-biphenyl-
sulfonsäure-(4') 608

$C_{30}H_{44}O_5S$ 3-Acetoxy-10.13-dimethyl-17-
[1-(toluol-sulfonyl-(4)-oxy)-
äthyl]-hexadecahydro-
1H-cyclopenta[a]phenanthren 233
4-[4-Stearoyl-phenoxy]-benzol-
sulfonsäure-(1) 501

$C_{30}H_{48}N_2O_6S_2$ 1.2-Bis-
[4-dibutylsulfamoyl-phenoxy]-äthan 510

C_{31}-Gruppe

$C_{31}H_{41}BrO_8S$ 4-Brom-12-[toluol-
sulfonyl-(4)-oxy]-17-
[3-methoxycarbonyl-propionyloxy]-
3-oxo-10.13-dimethyl-
hexadecahydro-1H-cyclopenta[a]-
phenanthren 249

$C_{31}H_{42}O_8S$ 12-[Toluol-sulfonyl-(4)-oxy]-
17-[3-methoxycarbonyl-
propionyloxy]-3-oxo-
10.13-dimethyl-hexadecahydro-
1H-cyclopenta[a]phenanthren 249

$C_{31}H_{44}O_3S$ 3-[Toluol-sulfonyl-(4)-oxy]-
10.13-dimethyl-17-[1.2-dimethyl-
allyl]-Δ^5-tetradecahydro-
1H-cyclopenta[a]phenanthren 217

$C_{31}H_{44}O_8S$ 3-Hydroxy-12-[toluol-
sulfonyl-(4)-oxy]-17-
[3-methoxycarbonyl-propionyloxy]-
10.13-dimethyl-hexadecahydro-
1H-cyclopenta[a]phenanthren 239

C_{32}-Gruppe

$C_{32}H_{30}O_6S_2$ 4.4'-Bis-[toluol-
sulfonyl-(4)-oxy]-
$\alpha.\alpha'$-diäthyliden-bibenzyl 237

$C_{32}H_{34}O_5S$ 17-[Toluol-sulfonyl-(4)-oxy]-3-benzoyloxy-13-methyl-7.8.9.11.12.13.14.15.16.17-decahydro-6H-cyclopenta[a]phenanthren 236

$C_{32}H_{34}O_7S_2$ Bis-[2-(toluol-sulfonyl-(4)-oxy)-3.5-dimethyl-benzyl]-äther 232

$C_{32}H_{34}O_8S_2$ 3.4-Bis-[4-(toluol-sulfonyl-(4)-oxy)-phenyl]-hexandiol-(3.4) 241

$C_{32}H_{34}O_{12}S_4$ 1.2.3.4-Tetrakis-[toluol-sulfonyl-(4)-oxy]-butan 240

$C_{32}H_{38}N_4O_8S_4$ 1.2.3-Tris-[toluol-sulfonyl-(4)-amino]-2-[(toluol-sulfonyl-(4)-amino)-methyl]-propan 295

$C_{32}H_{40}N_6O_{16}S_4$ $N.N'$-Bis-[N-benzolsulfonyl-γ-glutamyl]-cystin-bis-[carboxymethyl-amid] 74

$C_{32}H_{44}O_7S$ 4-[3-(Toluol-sulfonyl-(4)-oxy)-7.12-dioxo-10.13-dimethyl-hexadecahydro-1H-cyclopenta[a]phenanthrenyl-(17)]-valeriansäure-methylester 264

$C_{32}H_{44}O_8S$ 3-Acetoxy-11-oxo-10.13-dimethyl-17-[1-(toluol-sulfonyl-(4)-oxy)-2-acetoxy-äthyl]-hexadecahydro-1H-cyclopenta[a]phenanthren 253

$C_{32}H_{44}O_9S$ 17-Hydroxy-3-acetoxy-11-oxo-10.13-dimethyl-17-[2-(toluol-sulfonyl-(4)-oxy)-1-acetoxy-äthyl]-hexadecahydro-1H-cyclopenta[a]phenanthren 255

$C_{32}H_{46}O_5S$ 4-[3-(Toluol-sulfonyl-(4)-oxy)-10.13-dimethyl-Δ^5-tetradecahydro-1H-cyclopenta[a]phenanthrenyl-(17)]-valeriansäure-methylester 259

$C_{32}H_{46}O_6S$ 4-[6-(Toluol-sulfonyl-(4)-oxy)-3-oxo-10.13-dimethyl-hexadecahydro-1H-cyclopenta[a]phenanthrenyl-(17)]-valeriansäure-methylester 263
4-[12-(Toluol-sulfonyl-(4)-oxy)-3-oxo-10.13-dimethyl-hexadecahydro-1H-cyclopenta[a]phenanthrenyl-(17)]-valeriansäure-methylester 263
4-[3-(Toluol-sulfonyl-(4)-oxy)-6-oxo-10.13-dimethyl-hexadecahydro-1H-cyclopenta[a]phenanthrenyl-(17)]-valeriansäure-methylester 264

$C_{32}H_{46}O_7S$ 2-[12-(Toluol-sulfonyl-(4)-oxy)-3-acetoxy-10.13-dimethyl-hexadecahydro-1H-cyclopenta[a]phenanthrenyl-(17)]-propionsäure-methylester 261

$C_{32}H_{48}O_6S$ 4-[12-Hydroxy-3-(toluol-sulfonyl-(4)-oxy)-10.13-dimethyl-hexadecahydro-1H-cyclopenta[a]phenanthrenyl-(17)]-valeriansäure-methylester 261

$C_{32}H_{48}O_7S$ 4-[7.12-Dihydroxy-3-(toluol-sulfonyl-(4)-oxy)-10.13-dimethyl-hexadecahydro-1H-cyclopenta[a]phenanthrenyl-(17)]-valeriansäure-methylester 262

$C_{32}H_{51}NO_4S_2$ Di-[toluol-sulfonyl-(4)]-octadecyl-amin 309

$C_{32}H_{54}N_4O_6S_2$ 1.2-Bis-[4-(4-diäthylamino-1-methyl-butylsulfamoyl)-phenoxy]-äthan 511

C$_{33}$-Gruppe

$C_{33}H_{36}N_2O_{10}S_2$ 3.5-Bis-[3-nitro-benzol-sulfonyl-(1)-oxy]-1-pentyl-4-[3-methyl-6-isopropenyl-cyclohexen-(2)-yl]-benzol 125

$C_{33}H_{40}N_4O_8S_4$ 1.3-Bis-[benzolsulfonyl-methyl-amino]-2.2-bis-[(benzolsulfonyl-methyl-amino)-methyl]-propan 77
1.3-Bis-[toluol-sulfonyl-(4)-amino]-2.2-bis-[(toluol-sulfonyl-(4)-amino)-methyl]-propan 296

$C_{33}H_{42}O_6S_2$ 3.17-Bis-[toluol-sulfonyl-(4)-oxy]-10.13-dimethyl-Δ^5-tetradecahydro-1H-cyclopenta[a]phenanthren 234

$C_{33}H_{42}O_9S$ 12-[Toluol-sulfonyl-(4)-oxy]-3-oxo-10.13-dimethyl-17-[(3-methoxycarbonyl-propionyloxy)-acetyl]-Δ^4-tetradecahydro-1H-cyclopenta[a]phenanthren 254

$C_{33}H_{50}O_3S$ 3-Benzolsulfonyloxy-10.13-dimethyl-17-[1.5-dimethyl-hexyl]-Δ^5-tetradecahydro-1H-cyclopenta[a]phenanthren 41

$C_{33}H_{52}N_2O_3S$ 3-Phenylhydrazono-cholestan-sulfonsäure-(2) 602

C$_{34}$-Gruppe

$C_{34}H_{14}O_{12}S_3$ 16.17-Sulfonyldioxy-5.10-dioxo-violanthren-disulfonsäure-(3.12) 655

$C_{34}H_{16}O_8S_2$ 5.10-Dioxo-violanthren-disulfonsäure-(3.12) 642

$C_{34}H_{16}O_{10}S_2$ 16.17-Dihydroxy-5.10-dioxo-violanthren-disulfonsäure-(3.12) 655

$C_{34}H_{30}N_2O_6S$ N'-Benzolsulfonyl-N-[3.4.5-tribenzyloxy-benzoyl]-hydrazin 86

$C_{34}H_{30}O_{10}S_2$ 3.4-Bis-[4-(3-sulfo-benzoyloxy)-3-methyl-phenyl]-hexadien-(2.4) 662

$C_{34}H_{34}O_{12}S_2$ 2.5-Bis-[toluol-sulfonyl-(4)-oxy]-1.6-dibenzoyloxy-hexandiol-(3.4) 242
3.4-Bis-[toluol-sulfonyl-(4)-oxy]-1.6-dibenzoyloxy-hexandiol-(2.5) 243

$C_{34}H_{38}O_{14}S_4$ 1.2.5.6-Tetrakis-[toluol-sulfonyl-(4)-oxy]-hexandiol-(3.4) 244

$C_{34}H_{50}O_4S$ 3-[Toluol-sulfonyl-(4)-oxy]-2-oxo-10.13-dimethyl-17-[1.5-dimethyl-hexyl]-Δ^3-tetradecahydro-1H-cyclopenta[a]-phenanthren 247
3-[Toluol-sulfonyl-(4)-oxy]-10.13-dimethyl-17-[4-oxo-1.5-dimethyl-hexyl]-Δ^5-tetradecahydro-1H-cyclopenta[a]phenanthren 248

$C_{34}H_{51}BrO_3S$ 7-Brom-3-[toluol-sulfonyl-(4)-oxy]-10.13-dimethyl-17-[1.5-dimethyl-hexyl]-Δ^5-tetradecahydro-1H-cyclopenta[a]-phenanthren 216

$C_{34}H_{52}Br_2O_3S$ 5.6-Dibrom-3-[toluol-sulfonyl-(4)-oxy]-10.13-dimethyl-17-[1.5-dimethyl-hexyl]-hexadecahydro-1H-cyclopenta[a]-phenanthren 213

$C_{34}H_{52}Cl_2O_3S$ 5.6-Dichlor-3-[toluol-sulfonyl-(4)-oxy]-10.13-dimethyl-17-[1.5-dimethyl-hexyl]-hexadecahydro-1H-cyclopenta[a]-phenanthren 213

$C_{34}H_{52}O_3S$ 3-[Toluol-sulfonyl-(4)-oxy]-10.13-dimethyl-17-[1.5-dimethyl-hexyl]-Δ^5-tetradecahydro-1H-cyclopenta[a]phenanthren 215

$C_{34}H_{52}O_4S$ 3-[Toluol-sulfonyl-(4)-oxy]-6-oxo-10.13-dimethyl-17-[1.5-dimethyl-hexyl]-hexadecahydro-1H-cyclopenta[a]-phenanthren 247

$C_{34}H_{54}O_3S$ 3-[Toluol-sulfonyl-(4)-oxy]-10.13-dimethyl-17-[1.5-dimethyl-hexyl]-hexadecahydro-1H-cyclopenta[a]phenanthren 213

$C_{34}H_{54}O_4S$ 6-Hydroxy-3-[toluol-sulfonyl-(4)-oxy]-10.13-dimethyl-17-[1.5-dimethyl-hexyl]-hexadecahydro-1H-cyclopenta[a]-phenanthren 233

C_{35}-Gruppe

$C_{35}H_{44}N_4O_8S_4$ 2-[Toluol-sulfonyl-(4)-amino]-1.3-bis-[(toluol-sulfonyl-(4))-methyl-amino]-2-{[(toluol-sulfonyl-(4))-methyl-amino]-methyl}-propan 295

$C_{35}H_{46}O_4S$ 3-[Toluol-sulfonyl-(4)-oxy]-10.13-dimethyl-17-[2-hydroxy-1-methyl-2-phenyl-äthyl]-Δ^5-tetradecahydro-1H-cyclopenta[a]-phenanthren 237

$C_{35}H_{46}O_7S$ 17-Hydroxy-3-benzoyloxy-10.13-dimethyl-17-[1-hydroxy-2-(toluol-sulfonyl-(4)-oxy)-äthyl]-hexadecahydro-1H-cyclopenta[a]phenanthren 241

$C_{35}H_{52}O_3S$ 3-[Toluol-sulfonyl-(4)-oxy]-10.13-dimethyl-17-[1.4.5-trimethyl-hexen-(2)-yl]-Δ^5-tetradecahydro-1H-cyclopenta[a]-phenanthren 217
3-[Toluol-sulfonyl-(4)-oxy]-10.13-dimethyl-17-[1-methyl-4-isopropyl-penten-(4)-yl]-Δ^5-tetradecahydro-1H-cyclopenta[a]-phenanthren 217

$C_{35}H_{54}O_3S$ 3-[Toluol-sulfonyl-(4)-oxy]-10.13-dimethyl-17-[1.4.5-trimethyl-hexyl]-Δ^5-tetradecahydro-1H-cyclopenta[a]-phenanthren 216
3-[Toluol-sulfonyl-(4)-oxy]-10.13-dimethyl-17-[1.4.5-trimethyl-hexyl]-$\Delta^{8(14)}$-tetradecahydro-1H-cyclopenta[a]phenanthren 217

$C_{35}H_{56}O_3S$ 3-[Toluol-sulfonyl-(4)-oxy]-10.13-dimethyl-17-[1.4.5-trimethyl-hexyl]-hexadecahydro-1H-cyclopenta[a]-phenanthren 214

C_{36}-Gruppe

$C_{36}H_{26}O_{10}S$ Toluol-sulfonsäure-(4)-[3.4.5-tribenzoyloxy-phenacylester] 255

$C_{36}H_{27}NO_7S_3$ Tris-[biphenyl-sulfonyl-(4)]-hydroxylamin 435
Tris-[biphenyl-sulfonyl-(4)]-aminoxid 435

$C_{36}H_{34}O_2S_2$ 1-Methyl-7-isopropyl-phenanthren-thiosulfonsäure-(3)-S-[1-methyl-7-isopropyl-phenanthryl-(3)-ester] 447

$C_{36}H_{50}O_{11}S$ 12-[Toluol-sulfonyl-(4)-oxy]-3.17-bis-[3-methoxycarbonyl-propionyloxy]-10.13-dimethyl-hexadecahydro-1H-cyclopenta[a]-phenanthren 240

$C_{36}H_{54}O_3S$ 3-[Toluol-sulfonyl-(4)-oxy]-10.13-dimethyl-17-[1.5-dimethyl-4-äthyl-hexen-(2)-yl]-Δ^5-tetradecahydro-1H-cyclopenta[a]phenanthren 217

C$_{36}$H$_{56}$O$_5$S 3-[Toluol-sulfonyl-(4)-oxy]-
4-acetoxy-10.13-dimethyl-17-
[1.5-dimethyl-hexyl]-
hexadecahydro-1H-cyclopenta[a]=
phenanthren 233
7-[Toluol-sulfonyl-(4)-oxy]-
3-acetoxy-10.13-dimethyl-17-
[1.5-dimethyl-hexyl]-
hexadecahydro-1H-cyclopenta[a]=
phenanthren 233

C$_{36}$H$_{58}$O$_3$S 3-[Toluol-sulfonyl-(4)-oxy]-
10.13-dimethyl-17-[1.5-dimethyl-
4-äthyl-hexyl]-hexadecahydro-
1H-cyclopenta[a]phenanthren 214

C$_{36}$H$_{60}$N$_2$O$_4$S$_2$ N.N'-Didodecyl-
biphenyldisulfonamid-(4.4') 472

C$_{37}$-Gruppe

C$_{37}$H$_{48}$O$_8$S 17-Hydroxy-3-benzoyloxy-
10.13-dimethyl-17-[2-(toluol-
sulfonyl-(4)-oxy)-1-acetoxy-
äthyl]-hexadecahydro-
1H-cyclopenta[a]phenanthren 241

C$_{37}$H$_{56}$O$_3$S 10-[Toluol-sulfonyl-(4)-oxy]-
2.2.4a.6a.6b.9.9.12a-octamethyl-
Δ^{14}-eicosahydro-picen 218

C$_{38}$-Gruppe

C$_{38}$H$_{38}$O$_{14}$S$_2$ 3.5-Bis-[toluol-
sulfonyl-(4)-oxy]-2.4-diacetoxy-
1.6-dibenzoyloxy-hexan 243
2.5-Bis-[toluol-sulfonyl-(4)-oxy]-
3.4-diacetoxy-1.6-dibenzoyloxy-
hexan 243
3.4-Bis-[toluol-sulfonyl-(4)-oxy]-
2.5-diacetoxy-1.6-dibenzoyloxy-
hexan 243

C$_{38}$H$_{56}$O$_6$S 9-[Toluol-sulfonyl-(4)-oxy]-
5a.5b.8.8.11a-pentamethyl-
1-isopropenyl-eicosahydro-
cyclopenta[a]chrysen-
carbonsäure-(3a)-methylester 260

C$_{39}$-Gruppe

C$_{39}$H$_{33}$NO$_8$S N-[Toluol-sulfonyl-(4)]-
asparaginsäure-bis-[4-phenyl-
phenacylester] 288

C$_{39}$H$_{52}$O$_9$S$_2$ 4-[3.12-Bis-(toluol-
sulfonyl-(4)-oxy)-11-oxo-
10.13-dimethyl-hexadecahydro-
1H-cyclopenta[a]phenanthrenyl-(17)]-
valeriansäure-methylester 264

C$_{39}$H$_{58}$O$_5$S 10-Acetoxy-2.2.6a.6b.9.9.12a-
heptamethyl-4a-[toluol-
sulfonyl-(4)-oxymethyl]-
Δ^{14}-eicosahydro-picen 235

C$_{40}$-Gruppe

C$_{40}$H$_{35}$NO$_8$S N-[Toluol-sulfonyl-(4)]-
glutaminsäure-bis-[4-phenyl-
phenacylester] 289

C$_{41}$-Gruppe

C$_{41}$H$_{42}$O$_{14}$S$_4$ 2.3.4.5-Tetrakis-[toluol-
sulfonyl-(4)-oxy]-1-benzoyloxy-hexan 241

C$_{41}$H$_{48}$O$_8$S 3-[Toluol-sulfonyl-(4)-oxy]-
10.13-dimethyl-17-[1-methyl-
2.2-diphenyl-vinyl]-
Δ^5-tetradecahydro-1H-cyclopenta[a]=
phenanthren 222

C$_{41}$H$_{50}$O$_4$S 3-[Toluol-sulfonyl-(4)-oxy]-
10.13-dimethyl-17-[2-hydroxy-
1-methyl-2.2-diphenyl-äthyl]-
Δ^5-tetradecahydro-1H-cyclopenta[a]=
phenanthren 237

C$_{41}$H$_{56}$O$_5$S 3-[Toluol-sulfonyl-(4)-oxy]-
7-benzoyloxy-10.13-dimethyl-17-
[1.5-dimethyl-hexyl]-
Δ^5-tetradecahydro-1H-cyclopenta[a]=
phenanthren 234

C$_{41}$H$_{60}$O$_7$S 5.10-Diacetoxy-2.2.6a.6b.9.9.12a-
heptamethyl-4a-[toluol-
sulfonyl-(4)-oxymethyl]-
Δ^{14}-eicosahydro-picen 240

C$_{43}$-Gruppe

C$_{43}$H$_{52}$O$_3$S 3-[Toluol-sulfonyl-(4)-oxy]-
10.13-dimethyl-17-[1-methyl-
4.4-diphenyl-buten-(3)-yl]-
Δ^5-tetradecahydro-1H-cyclopenta[a]=
phenanthren 222

C$_{43}$H$_{54}$O$_4$S 3-[Toluol-sulfonyl-(4)-oxy]-
10.13-dimethyl-17-[4-hydroxy-
1-methyl-4.4-diphenyl-butyl]-
Δ^5-tetradecahydro-1H-cyclopenta[a]=
phenanthren 238

C$_{43}$H$_{81}$NO$_2$S N.N-Dioctadecyl-
toluolsulfonamid-(4) 271

C$_{44}$-Gruppe

C$_{44}$H$_{62}$O$_6$S$_2$ 10.14-Bis-[toluol-
sulfonyl-(4)-oxy]-1.4a.6a.6b.9.9.12a-
heptamethyl-2-methylen-
docosahydro-picen 234

C$_{44}$H$_{75}$NO$_6$S$_2$ Bis-[4-hexadecyloxy-benzol-
sulfonyl-(1)]-amin 509

C$_{45}$-Gruppe

C$_{45}$H$_{60}$O$_7$S 10-Benzoyloxy-1.2.6b.9.9.12a-
hexamethyl-4a-[toluol-
sulfonyl-(4)-oxymethyl]-
Δ^{14}-octadecahydro-6H-picen-
carbonsäure-(6a)-methylester 261

C_{46}-Gruppe

$C_{46}H_{80}N_2O_6S_2$ 1.2-Bis-
[4-dioctylsulfamoyl-phenoxy]-
äthan 510

C_{48}-Gruppe

$C_{48}H_{42}O_{14}S_2$ 1.6-Bis-[toluol-
sulfonyl-(4)-oxy]-
2.3.4.5-tetrabenzoyloxy-hexan 243
3.5-Bis-[toluol-sulfonyl-(4)-oxy]-
1.2.4.6-tetrabenzoyloxy-hexan 244
3.4-Bis-[toluol-sulfonyl-(4)-oxy]-
1.2.5.6-tetrabenzoyloxy-hexan 244
$C_{48}H_{46}O_{16}S_4$ 2.3.4.5-Tetrakis-[toluol-
sulfonyl-(4)-oxy]-
1.6-dibenzoyloxy-hexan 244

C_{50}-Gruppe

$C_{50}H_{61}N_7O_{12}S_6$ Bis-
[$\beta.\beta'.\beta''$-tris-(toluol-
sulfonyl-(4)-amino)-tert-butyl]-
amin 295

C_{54}-Gruppe

$C_{54}H_{90}N_2O$ N-Nitroso-Derivat $C_{54}H_{90}N_2O$
einer Verbindung $C_{54}H_{91}N$
s. bei Toluol-sulfonsäure-(4)-cholesteryl-
ester 216
$C_{54}H_{91}N$ Verbindung $C_{54}H_{91}N$ aus Toluol-
sulfonsäure-(4)-cholesterylester 216

C_{55}-Gruppe

$C_{55}H_{93}N$ N-Methyl-Derivat $C_{55}H_{93}N$
einer Verbindung $C_{54}H_{91}N$ s. bei
Toluol-sulfonsäure-(4)-cholesterylester
216

C_{56}-Gruppe

$C_{56}H_{93}NO$ N-Acetyl-Derivat $C_{56}H_{93}NO$
einer Verbindung $C_{54}H_{91}N$ s. bei
Toluol-sulfonsäure-(4)-cholesterylester
216

Ergänzung zu Band VI [1])

$C_6H_9Na_3O_{11}S_3$ Verbindung $Na_3C_6H_9O_{11}S_3$
s. bei 1.3-Dihydroxy-cyclohexan-
trisulfonsäure-(1.3.5) 613

Ergänzungen zu Band VII und VIII [2])

$C_{14}H_4Cl_4O_4$ 1.2.5.8-Tetrachlor-anthrachinon
635
$C_{14}H_7BrO_3$ 4-Brom-1-hydroxy-anthrachinon
651

$C_{15}H_8Cl_2O_2$ 1-Chlor-2-chlormethyl-
anthrachinon 638

Ergänzung zu Band IX [3])

$C_{17}H_{18}O_2$ 3-Methyl-4'-isopropyl-biphenyl-
carbonsäure-(2(oder 2')) 638

---

[1]) Gesamtregister s. Band VI, 9. Teil, S. 7780—8247.
[2]) Gesamtregister s. Band VIII, 6. Teil, S. 5741—6379.
[3]) Gesamtregister s. Band X, 7. Teil.